Beilsteins Handbuch der Organischen Chemie

(Beilsteins) Handbuch der Organischen Chemie

Vierte Auflage

Drittes und Viertes Ergänzungswerk

Die Literatur von 1930 bis 1959 umfassend

Herausgegeben vom
Beilstein-Institut für Literatur der Organischen Chemie
Frankfurt am Main

Bearbeitet von

Hans-G. Boit

Unter Mitwirkung von

Oskar Weissbach

Erich Bayer · Marie-Elisabeth Fernholz · Volker Guth · Hans Härter
Irmgard Hagel · Ursula Jacobshagen · Rotraud Kayser · Maria Kobel
Klaus Koulen · Bruno Langhammer · Dieter Liebegott · Richard Meister
Annerose Naumann · Wilma Nickel · Burkhard Polenski · Annemarie Reichard
Eleonore Schieber · Eberhard Schwarz · Ilse Sölken · Achim Trede · Paul Vincke

Siebzehnter Band

Dritter Teil

Springer-Verlag Berlin · Heidelberg · New York 1975

ISBN 3-540-07084-2 Springer-Verlag, Berlin·Heidelberg·New York
ISBN 0-387-07084-2 Springer-Verlag, New York·Heidelberg·Berlin

© by Springer-Verlag, Berlin · Heidelberg 1975
Library of Congress Catalog Card Number: 22—79
Printed in Germany

Satz, Druck und Bindearbeiten: Universitätsdruckerei H. Stürtz AG Würzburg

Mitarbeiter der Redaktion

Inhalt

Dritte Abteilung

Heterocyclische Verbindungen

(Fortsetzung)

1. Verbindungen mit einem Chalkogen-Ringatom

II. Hydroxy-Verbindungen

B. Dihydroxy-Verbindungen

C. Trihydroxy-Verbindungen

D. Tetrahydroxy-Verbindungen

Abkürzungen und Symbole
für physikalische Grössen und Einheiten[1])

Å	Ångström-Einheiten (10^{-10} m)
at	technische Atmosphäre(n) ($98066,5$ N·m^{-2} = $0,980665$ bar = $735,559$ Torr)
atm	physikalische Atmosphäre(n) (101325 N·m^{-2} = $1,01325$ bar = 760 Torr)
C_p (C_p^0)	Wärmekapazität (des idealen Gases) bei konstantem Druck
C_v (C_v^0)	Wärmekapazität (des idealen Gases) bei konstantem Volumen
D	1) Debye (10^{-18} esE·cm)
	2) Dichte (z. B. D_4^{20}: Dichte bei $20°$, bezogen auf Wasser von $4°$)
D (R — X)	Energie der Dissoziation der Verbindung RX in die freien Radikale R· und X·
E	Erstarrungspunkt
EPR	Elektronen-paramagnetische Resonanz (= Elektronenspin-Resonanz)
F	Schmelzpunkt
h	Stunde(n)
K	Grad Kelvin
Kp	Siedepunkt
[M]$_\lambda^t$	molares optisches Drehungsvermögen für Licht der Wellenlänge λ bei der Temperatur t
min	Minute(n)
n	1) bei Dimensionen von Elementarzellen: Anzahl der Moleküle pro Elementarzelle
	2) Brechungsindex (z. B. $n_{656,1}^{15}$: Brechungsindex für Licht der Wellenlänge $656,1$ nm bei $15°$)
nm	Nanometer (= mμ = 10^{-9} m)
pK	negativer dekadischer Logarithmus der Dissoziationskonstante
s	Sekunde(n)
Torr	Torr (= mm Quecksilber)
α	optisches Drehungsvermögen (z. B. α_D^{20}: ... [unverd.; $1 = 1$]: Drehungsvermögen der unverdünnten Flüssigkeit für Licht der Natrium-D-Linie bei $20°$ und 1 dm Rohrlänge)
[α]	spezifisches optisches Drehungsvermögen (z. B. $[\alpha]_{546}^{23}$: ... [Butanon; c = $1,2$]: spezifisches Drehungsvermögen einer Lösung in Butanon, die $1,2$ g der Substanz in 100 ml Lösung enthält, für Licht der Wellenlänge 546 nm bei $23°$)
ε	1) Dielektrizitätskonstante
	2) Molarer dekadischer Extinktionskoeffizient
μ	Mikron (10^{-6} m)
°	Grad Celcius oder Grad (Drehungswinkel)

---

[1]) Bezüglich weiterer, hier nicht aufgeführter Symbole und Abkürzungen für physikalisch chemische Grössen und Einheiten s. International Union of Pure and Applied Chemistry Manual of Symbols and Terminology for Physicochemical Quantities and Units (1969) [London 1970]; s. a. Symbole, Einheiten und Nomenklatur in der Physik (Vieweg-Verlag, Braunschweig).

Weitere Abkürzungen

A.	Äthanol	Py.	Pyridin
Acn.	Aceton	*RRI*	The Ring Index [2. Aufl. 1960]
Ae.	Diäthyläther	*RIS*	The Ring Index [2. Aufl. 1960]
alkal.	alkalisch		Supplement
Anm.	Anmerkung	S.	Seite
B.	Bildungsweise(n), Bildung	s.	siehe
Bd.	Band	s. a.	siehe auch
Bzl.	Benzol	s. o.	siehe oben
Bzn.	Benzin	sog.	sogenannt
bzw.	beziehungsweise	Spl.	Supplement
Diss.	Dissertation	stdg.	stündig
E	Ergänzungswerk des Beilstein-Handbuches	s. u.	siehe unten
		Syst. Nr.	System-Nummer (im Beilstein-Handbuch)
E.	Äthylacetat		
Eg.	Essigsäure (Eisessig)	Tl.	Teil
engl. Ausg.	englische Ausgabe	unkorr.	unkorrigiert
Gew.-%	Gewichtsprozent	unverd.	unverdünnt
H	Hauptwerk des Beilstein-Handbuches	verd.	verdünnt
		vgl.	vergleiche
konz.	konzentriert	W.	Wasser
korr.	korrigiert	wss.	wässrig
Me.	Methanol	z. B.	zum Beispiel
opt.-inakt.	optisch inaktiv	Zers.	Zersetzung
PAe.	Petroläther		

In den Seitenüberschriften sind die Seiten des Beilstein-Hauptwerks angegeben, zu denen der auf der betreffenden Seite des vorliegenden Ergänzungswerks befindliche Text gehört.

Die mit einem Stern (*) markierten Artikel betreffen Präparate, über deren Konfiguration und konfigurative Einheitlichkeit keine Angaben oder hinreichend zuverlässige Indizien vorliegen. Wenn mehrere Präparate in einem solchen Artikel beschrieben sind, ist deren Identität nicht gewährleistet.

Stereochemische Bezeichnungsweisen

Übersicht

Präfix	Definition in §	Symbol	Definition in §
allo	5c, 6c	c	4
altro	5c, 6c	c_F	7a
anti	9	D	6
arabino	5c	D_g	6b
cat$_F$	7a	D_r	7b
cis	2	D_s	6b
endo	8	(E)	3
ent	10d	L	6
erythro	5a	L_g	6b
exo	8	L_r	7b
galacto	5c, 6c	L_s	6b
gluco	5c, 6c	r	4c, d, e
glycero	6c	(r)	1a
gulo	5c, 6c	(R)	1a
ido	5c, 6c	(R_a)	1b
lyxo	5c	(R_p)	1b
manno	5c, 6c	(s)	1a
meso	5b	(S)	1a
rac	10d	(S_a)	1b
racem.	5b	(S_p)	1b
ribo	5c	t	4
syn	9	t_F	7a
talo	5c, 6c	(Z)	3
threo	5a	α	10a, c
trans	2	α_F	10b, c
xylo	5c	β	10a, c
		β_F	10b, c
		ξ	11a
		Ξ	11b
		(Ξ)	11b
		(Ξ_a)	11c
		(Ξ_p)	11c

§ 1. a) Die Symbole (*R*) und (*S*) bzw. (*r*) und (*s*) kennzeichnen die absolute Konfiguration an Chiralitätszentren (Asymmetriezentren) bzw. „Pseudoasymmetriezentren" gemäss der „Sequenzregel" und ihren Anwendungsvorschriften (*Cahn, Ingold, Prelog*, Experientia **12** [1956] 81; Ang. Ch. **78** [1966] 413, 419; Ang. Ch. internat. Ed. **5** [1966] 385, 390; *Cahn, Ingold*, Soc. **1951** 612; s. a. *Cahn*, J. chem. Educ. **41** [1964] 116, 508). Zur Kennzeichnung der Konfiguration von Racematen aus Verbindungen mit mehreren Chiralitätszentren dienen die Buchstabenpaare (*RS*) und (*SR*), wobei z. B. durch das Symbol (1*RS*:2*SR*) das aus dem (1*R*:2*S*)-Enantiomeren und dem (1*S*:2*R*)-Enantiomeren bestehende Racemat spezifiziert wird (vgl. *Cahn, Ingold, Prelog*, Ang. Ch. **78** 435; Ang. Ch. internat. Ed. **5** 404).

Beispiele:
  (R)-Propan-1,2-diol [E IV **1** 2468]
  ($1R:2S:3S$)-Pinanol-(3) [E III **6** 281]
  ($3aR:4S:8R:8aS:9s$)-9-Hydroxy-2.2.4.8-tetramethyl-decahydro-
    4.8-methano-azulen [E III **6** 425]
  ($1RS:2SR$)-1-Phenyl-butandiol-(1.2) [E III **6** 4663]

b) Die Symbole (R_a) und (S_a) bzw. (R_p) und (S_p) werden in Anlehnung an den Vorschlag von *Cahn, Ingold* und *Prelog* (Ang. Ch. **78** 437; Ang. Ch. internat. Ed. **5** 406) zur Kennzeichnung der Konfiguration von Elementen der axialen bzw. planaren Chiralität verwendet.

Beispiele:
  (R_a)-1,11-Dimethyl-5,7-dihydro-dibenz[c, e]oxepin [E III/IV **17** 642]
  ($R_a:S_a$)-3.3′.6′.3″-Tetrabrom-2′.5′-bis-[((1R)-menthyloxy)-acetoxy]-
    2.4.6.2″.4″.6″-hexamethyl-p-terphenyl [E III **6** 5820]
  (R_p)-Cyclohexanhexol-(1r.2c.3t.4c.5t.6t) [E III **6** 6925]

§ 2. Die Präfixe *cis* und *trans* geben an, dass sich in (oder an) der Bezifferungseinheit[1]), deren Namen diese Präfixe vorangestellt sind, die beiden Bezugsliganden[2]) auf der gleichen Seite (*cis*) bzw. auf den entgegengesetzten Seiten (*trans*) der (durch die beiden doppelt-gebundenen Atome verlaufenden) Bezugsgeraden (bei Spezifizierung der Konfiguration an einer Doppelbindung) oder der (durch die Ringatome festgelegten) Bezugsfläche (bei Spezifizierung der Konfiguration an einem Ring oder einem Ringsystem) befinden. Bezugsliganden sind

1) bei Verbindungen mit konfigurativ relevanten Doppelbindungen die von Wasserstoff verschiedenen Liganden an den doppelt-gebundenen Atomen,

2) bei Verbindungen mit konfigurativ relevanten angularen Ringatomen die exocyclischen Liganden an diesen Atomen,

3) bei Verbindungen mit konfigurativ relevanten peripheren Ringatomen die von Wasserstoff verschiedenen Liganden an diesen Atomen.

Beispiele:
  $β$-Brom-*cis*-zimtsäure [E III **9** 2732]
  trans-$β$-Nitro-4-methoxy-styrol [E III **6** 2388]
  5-Oxo-*cis*-decahydro-azulen [E III **7** 360]
  cis-Bicyclohexyl-carbonsäure-(4) [E III **9** 261]

§ 3. Die Symbole (*E*) und (*Z*) am Anfang des Namens (oder eines Namensteils) einer Verbindung kennzeichnen die Konfiguration an der (den) Doppelbindung(en), deren Stellungsbezeichnung bei Anwesenheit von

---

[1]) Eine Bezifferungseinheit ist ein durch die Wahl des Namens abgegrenztes cyclisches, acyclisches oder cyclisch-acyclisches Gerüst (von endständigen Heteroatomen oder Heteroatom-Gruppen befreites Molekül oder Molekül-Bruchstück), in dem jedes Atom eine andere Stellungsziffer erhält; z. B. liegt im Namen Stilben nur eine Bezifferungseinheit vor, während der Name 3-Phenyl-penten-(2) aus zwei, der Name [1-Äthyl-propenyl]-benzol aus drei Bezifferungseinheiten besteht.

[2]) Als „Ligand" wird hier ein einfach kovalent gebundenes Atom oder eine einfach kovalent gebundene Atomgruppe verstanden.

mehreren Doppelbindungen dem Symbol beigefügt ist. Sie zeigen an, dass sich die — jeweils mit Hilfe der Sequenzregel (s. § 1 a) ausgewählten — Bezugsliganden[2]) der beiden doppelt gebundenen Atome auf den entgegengesetzten Seiten (E) bzw. auf der gleichen Seite (Z) der (durch die doppelt gebundenen Atome verlaufenden) Bezugsgeraden befinden.

Beispiele:
    (E)-1,2,3-Trichlor-propen [E IV **1** 748]
    (Z)-1,3-Dichlor-but-2-en [E IV **1** 786]

§ 4. a) Die Symbole *c* bzw. *t* hinter der Stellungsziffer einer C,C-Doppelbindung sowie die der Bezeichnung eines doppelt-gebundenen Radikals (z. B. der Endung „yliden") nachgestellten Symbole -(*c*) bzw. -(*t*) geben an, dass die jeweiligen „Bezugsliganden"[2]) an den beiden doppelt-gebundenen Kohlenstoff-Atomen cis-ständig (*c*) bzw. transständig (*t*) sind (vgl. § 2). Als Bezugsligand gilt auf jeder der beiden Seiten der Doppelbindung derjenige Ligand, der der gleichen Bezifferungseinheit[1]) angehört wie das mit ihm verknüpfte doppelt-gebundene Atom; gehören beide Liganden eines der doppelt-gebundenen Atome der gleichen Bezifferungseinheit an, so gilt der niedrigerbezifferte als Bezugsligand.

Beispiele:
    3-Methyl-1-[2.2.6-trimethyl-cyclohexen-(6)-yl]-hexen-(2*t*)-ol-(4) [E III **6** 426]
    (1S:9R)-6.10.10-Trimethyl-2-methylen-bicyclo[7.2.0]undecen-(5*t*)
        [E III **5** 1083]
    5α-Ergostadien-(7.22*t*) [E III **5** 1435]
    5α-Pregnen-(17(20)*t*)-ol-(3β) [E III **6** 2591]
    (3S)-9.10-Seco-ergostatrien-(5*t*.7*c*.10(19))-ol-(3) [E III **6** 2832]
    1-[2-Cyclohexyliden-äthyliden-(*t*)]-cyclohexanon-(2) [E III **7** 1231]

b) Die Symbole *c* bzw. *t* hinter der Stellungsziffer eines Substituenten an einem doppelt-gebundenen endständigen Kohlenstoff-Atom eines acyclischen Gerüstes (oder Teilgerüstes) geben an, dass dieser Substituent cis-ständig (*c*) bzw. trans-ständig (*t*) (vgl. § 2) zum „Bezugsliganden" ist. Als Bezugsligand gilt derjenige Ligand[2]) an der nichtendständigen Seite der Doppelbindung, der der gleichen Bezifferungseinheit angehört wie die doppelt-gebundenen Atome; liegt eine an der Doppelbindung verzweigte Bezifferungseinheit vor, so gilt der niedriger bezifferte Ligand des nicht-endständigen doppelt-gebundenen Atoms als Bezugsligand.

Beispiele:
    1*c*.2-Diphenyl-propen-(1) [E III **5** 1995]
    1*t*.6*t*-Diphenyl-hexatrien-(1.3*t*.5) [E III **5** 2243]

c) Die Symbole *c* bzw. *t* hinter der Stellungsziffer 2 eines Substituenten am Äthylen-System (Äthylen oder Vinyl) geben die cis-Stellung (*c*) bzw. die trans-Stellung (*t*) (vgl. § 2) dieses Substituenten zu dem durch das Symbol *r* gekennzeichneten Bezugsliganden an dem mit 1 bezifferten Kohlenstoff-Atom an.

Beispiele:
    1.2*t*-Diphenyl-1*r*-[4-chlor-phenyl]-äthylen [E III **5** 2399]
    4-[2*t*-Nitro-vinyl-(*r*)]-benzoesäure-methylester [E III **9** 2756]

d) Die mit der Stellungsziffer eines Substituenten oder den Stellungsziffern einer im Namen durch ein Präfix bezeichneten Brücke eines
Ringsystems kombinierten Symbole *c* bzw. *t* geben an, dass sich
der Substituent oder die mit dem Stamm-Ringsystem verknüpften
Brückenatome auf der gleichen Seite (*c*) bzw. der entgegengesetzten
Seite (*t*) der „Bezugsfläche" befinden wie der Bezugsligand [2]) (der auch
aus einem Brückenzweig bestehen kann), der seinerseits durch Hinzu-
fügen des Symbols *r* zu seiner Stellungsziffer kenntlich gemacht ist.
Die „Bezugsfläche" ist durch die Atome desjenigen Ringes (oder
Systems von ortho/peri-anellierten Ringen) bestimmt, an dem alle
Liganden gebunden sind, deren Stellungsziffern die Symbole *r*, *c*
oder *t* aufweisen. Bei einer aus mehreren isolierten Ringen oder Ring-
systemen bestehenden Verbindung kann jeder Ring bzw. jedes Ringsystem als gesonderte Bezugsfläche für Konfigurationskennzeichen
fungieren; die zusammengehörigen (d. h. auf die gleichen Bezugs-
flächen bezogenen) Sätze von Konfigurationssymbolen *r*, *c* und *t* sind
dann im Namen der Verbindung durch Klammerung voneinanderge-
trennt oder durch Strichelung unterschieden (s. Beispiele 3 und 4
unter Abschnitt e).

Beispiele:
1*r*.2*t*.3*c*.4*t*-Tetrabrom-cyclohexan [E III **5** 51]
1*r*-Äthyl-cyclopentanol-(2*c*) [E III **6** 79]
1*r*.2*c*-Dimethyl-cyclopentanol-(1) [E III **6** 80]

e) Die mit einem (gegebenenfalls mit hochgestellter Stellungsziffer ausgestatteten) Atomsymbol kombinierten Symbole *r*, *c* oder *t* beziehen
sich auf die räumliche Orientierung des indizierten Atoms (das sich
in diesem Fall in einem weder durch Präfix noch durch Suffix be-
nannten Teil des Moleküls befindet). Die Bezugsfläche ist dabei durch
die Atome desjenigen Ringsystems bestimmt, an das alle indizierten
Atome und gegebenenfalls alle weiteren Liganden gebunden sind,
deren Stellungsziffern die Symbole *r*, *c* oder *t* aufweisen. Gehört ein
indiziertes Atom dem gleichen Ringsystem an wie das Ringatom, zu
dessen konfigurativer Kennzeichnung es dient (wie z. B. bei Spiro-
Atomen), so umfasst die Bezugsfläche nur denjenigen Teil des Ringsystems [3]), dem das indizierte Atom nicht angehört.

Beispiele:
2*t*-Chlor-(4a*r*H.8a*t*H)-decalin [E III **5** 250]
(3a*r*H.7a*c*H)-3a.4.7.7a-Tetrahydro-4*c*.7*c*-methano-inden [E III **5** 1232]
1-[(4a*R*)-6*t*-Hydroxy-2*c*.5.5.8a*t*-tetramethyl-(4a*r*H)-decahydro-naphth⸗
yl-(1*t*)]-2-[(4a*R*)-6*t*-hydroxy-2*t*.5.5.8a*t*-tetramethyl-(4a*r*H)-decahydro-
naphthyl-(1*t*)]-äthan [E III **6** 4829]
4*c*.4't'-Dihydroxy-(1*r*H.1'*r*'H)-bicyclohexyl [E III **6** 4153]
6*c*.10*c*-Dimethyl-2-isopropyl-(5*r*C¹)-spiro[4.5]decanon-(8) [E III **7** 514]

§ 5. a) Die Präfixe *erythro* bzw. *threo* zeigen an, dass sich die jeweiligen
„Bezugsliganden" an zwei Chiralitätszentren, die einer acyclischen
Bezifferungseinheit [1]) (oder dem unverzweigten acyclischen Teil einer
komplexen Bezifferungseinheit) angehören, in der Projektionsebene

---

[3]) Bei Spiran-Systemen erfolgt die Unterteilung des Ringsystems in getrennte Bezugs-
systeme jeweils am Spiro-Atom.

auf der gleichen Seite (*erythro*) bzw. auf den entgegengesetzten Seiten (*threo*) der „Bezugsgeraden" befinden. Bezugsgerade ist dabei die in „gerader Fischer-Projektion" [4]) wiedergegebene Kohlenstoffkette der Bezifferungseinheit, der die beiden Chiralitätszentren angehören. Als Bezugsliganden dienen jeweils die von Wasserstoff verschiedenen extracatenalen (d. h. nicht der Kette der Bezifferungseinheit angehörenden) Liganden [2]) der in den Chiralitätszentren befindlichen Atome.

Beispiele:
threo-Pentan-2,3-diol [E IV **1** 2543]
threo-2-Amino-3-methyl-pentansäure-(1) [E III **4** 1463]
threo-3-Methyl-asparaginsäure [E III **4** 1554]
erythro-2.4′.α.α′-Tetrabrom-bibenzyl [E III **5** 1819]

b) Das Präfix *meso* gibt an, dass ein mit 2n Chiralitätszentren (n = 1, 2, 3 usw.) ausgestattetes Molekül eine Symmetrieebene aufweist. Das Präfix *racem.* kennzeichnet ein Gemisch gleicher Mengen von Enantiomeren, die zwei identische Chiralitätszentren oder zwei identische Sätze von Chiralitätszentren enthalten.

Beispiele:
meso-Pentan-2,4-diol [E IV **1** 2543]
racem.-1.2-Dicyclohexyl-äthandiol-(1.2) [E III **6** 4156]
racem.-(1*r*H.1′*r*′H)-Bicyclohexyl-dicarbonsäure-(2*c*.2′*c*′) [E III **9** 4020]

c) Die „Kohlenhydrat-Präfixe" *ribo, arabino, xylo* und *lyxo* bzw. *allo, altro, gluco, manno, gulo, ido, galacto* und *talo* kennzeichnen die relative Konfiguration von Molekülen mit drei Chiralitätszentren (deren mittleres ein „Pseudoasymmetriezentrum" sein kann) bzw. vier Chiralitätszentren, die sich jeweils in einer unverzweigten acyclischen Bezifferungseinheit [1]) befinden. In den nachstehend abgebildeten „Leiter-Mustern" geben die horizontalen Striche die Orientierung der wie unter a) definierten Bezugsliganden an der jeweils in „abwärts bezifferter vertikaler Fischer-Projektion" [5]) wiedergegebenen Kohlenstoffkette an.

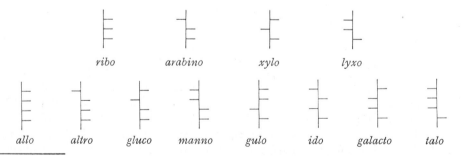

ribo   arabino   xylo   lyxo

allo   altro   gluco   manno   gulo   ido   galacto   talo

[4]) Bei „gerader Fischer-Projektion" erscheint eine Kohlenstoffkette als vertikale oder horizontale Gerade; in dem der Projektion zugrunde liegenden räumlichen Modell des Moleküls sind an jedem Chiralitätszentrum (sowie an einem Zentrum der Pseudoasymmetrie) die catenalen (d. h. der Kette angehörenden) Bindungen nach der dem Betrachter abgewandten Seite der Projektionsebene, die extracatenalen (d. h. nicht der Kette angehörenden) Bindungen nach der dem Betrachter zugewandten Seite der Projektionsebene hin gerichtet.

Beispiele:
  ribo-2,3,4-Trimethoxy-pentan-1,5-diol [E IV **1** 2834]
  galacto-Hexan-1,2,3,4,5,6-hexaol [E IV **1** 2844]

§ 6. a) Die „Fischer-Symbole" D bzw. L im Namen einer Verbindung mit
     einem Chiralitätszentrum geben an, dass sich der Bezugsligand (der
     von Wasserstoff verschiedene extracatenale Ligand; vgl. § 5a) am
     Chiralitätszentrum in der „abwärts-bezifferten vertikalen Fischer-
     Projektion" [5]) der betreffenden Bezifferungseinheit [1]) auf der rechten
     Seite (D) bzw. auf der linken Seite (L) der das Chiralitätszentrum ent-
     haltenden Kette befindet.

     Beispiele:
       D-Tetradecan-1,2-diol [E IV **1** 2631]
       L-4-Hydroxy-valeriansäure [E III **3** 612]

   b) In Kombination mit dem Präfix *erythro* geben die Symbole D und L
     an, dass sich die beiden Bezugsliganden (s. § 5a) auf der rechten Seite
     (D) bzw. auf der linken Seite (L) der Bezugsgeraden in der „abwärts-
     bezifferten vertikalen Fischer-Projektion" der betreffenden Beziffe-
     rungseinheit befinden. Die mit dem Präfix *threo* kombinierten Sym-
     bole D_g und D_s geben an, dass sich der höherbezifferte (D_g) bzw. der
     niedrigerbezifferte (D_s) Bezugsligand auf der rechten Seite der „ab-
     wärts-bezifferten vertikalen Fischer-Projektion" befindet; linksseitige
     Position des jeweiligen Bezugsliganden wird entsprechend durch die
     Symbole L_g bzw. L_s angezeigt.
     In Kombination mit den in § 5c aufgeführten konfigurationsbestim-
     menden Präfixen werden die Symbole D und L ohne Index verwendet;
     sie beziehen sich dabei jeweils auf die Orientierung des höchstbezif-
     ferten (d. h. des in der Abbildung am weitesten unten erscheinenden)
     Bezugsliganden (die in § 5c abgebildeten „Leiter-Muster" repräsen-
     tieren jeweils das D-Enantiomere).

     Beispiele:
       D-*erythro*-Nonan-1,2,3-triol [E IV **1** 2792]
       D_s-*threo*-2.3-Diamino-bernsteinsäure [E III **4** 1528]
       L_g-*threo*-Hexadecan-7,10-diol [E IV **1** 2636]
       D-*lyxo*-Pentan-1,2,3,4-tetraol [E IV **1** 2811]
       6-Allyloxy-D-*manno*-hexan-1,2,3,4,5-pentaol [E IV **1** 2846]

   c) Kombinationen der Präfixe D-*glycero* oder L-*glycero* mit einem der
     in § 5c aufgeführten, jeweils mit einem Fischer-Symbol versehenen
     Kohlenhydrat-Präfixe für Bezifferungseinheiten mit vier Chiralitäts-
     zentren dienen zur Kennzeichnung der Konfiguration von Molekülen
     mit fünf in einer Kette angeordneten Chiralitätszentren (deren mitt-
     leres auch „Pseudoasymmetriezentrum" sein kann). Dabei bezieht
     sich das Kohlenhydrat-Präfix auf die vier niedrigstbezifferten Chirali-
     tätszentren nach der in § 5c und § 6b gegebenen Definition, das
     Präfix D-*glycero* oder L-*glycero* auf das höchstbezifferte (d. h. in der
     Abbildung am weitesten unten erscheinende) Chiralitätszentrum.

---

[5]) Eine „abwärts-bezifferte vertikale Fischer-Projektion" ist eine vertikal orientierte
„gerade Fischer-Projektion" (s. Anm. 4), bei der sich das niedrigstbezifferte Atom am
oberen Ende der Kette befindet.

Beispiel:
D-*glycero*-L-*gulo*-Heptit [E IV **1** 2854]

§ 7. a) Die Symbole c_F bzw. t_F hinter der Stellungsziffer eines Substituenten an einer mehrere Chiralitätszentren aufweisenden unverzweigten acyclischen Bezifferungseinheit [1]) geben an, dass sich dieser Substituent und der Bezugssubstituent, der seinerseits durch das Symbol r_F gekennzeichnet wird, auf der gleichen Seite (c_F) bzw. auf den entgegengesetzten Seiten (t_F) der wie in § 5a definierten Bezugsgeraden befinden. Ist eines der endständigen Atome der Bezifferungseinheit Chiralitätszentrum, so wird der Stellungsziffer des „catenoiden" Substituenten (d. h. des Substituenten, der in der Fischer-Projektion als Verlängerung der Kette erscheint) das Symbol cat_F beigefügt.

b) Die Symbole D_r bzw. L_r am Anfang eines mit dem Kennzeichen r_F ausgestatteten Namens geben an, dass sich der Bezugssubstituent auf der rechten Seite (D_r) bzw. auf der linken Seite (L_r) der in „abwärtsbezifferter vertikaler Fischer-Projektion" wiedergegebenen Kette der Bezifferungseinheit befindet.

Beispiele:
Heptan-1,2r_F,3c_F,4t_F,5c_F,6c_F,7-heptaol [E IV **1** 2854]
D_r-1cat_F.2cat_F-Diphenyl-1r_F-[4-methoxy-phenyl]-äthandiol-(1.2c_F)
    [E III **6** 6589]

§ 8.   Die Symbole *exo* bzw. *endo* hinter der Stellungsziffer eines Substituenten an einem dem Hauptring [6]) angehörenden Atom eines Bicyclo= alkan-Systems geben an, dass der Substituent der Brücke [6]) zugewandt (*exo*) bzw. abgewandt (*endo*) ist.

Beispiele:
2*endo*-Phenyl-norbornen-(5) [E III **5** 1666]
(±)-1.2*endo*.3*exo*-Trimethyl-norbornandiol-(2*exo*.3*endo*) [E III **6** 4146]
Bicyclo[2.2.2]octen-(5)-dicarbonsäure-(2*exo*.3*exo*) [E III **9** 4054]

§ 9. a) Die Symbole *syn* bzw. *anti* hinter der Stellungsziffer eines Substituenten an einem Atom der Brücke [6]) eines Bicycloalkan-Systems oder einer Brücke über einem ortho- oder ortho/peri-anellierten Ringsystem geben an, dass der Substituent demjenigen Hauptzweig)[6] zugewandt (*syn*) bzw. abgewandt (*anti*) ist, der das niedrigstbezifferte aller in den Hauptzweigen enthaltenen Ringatome aufweist.

Beispiele:
1.7*syn*-Dimethyl-norbornanol-(2*endo*) [E III **6** 236]
(3a*S*)-3*c*.9*anti*-Dihydroxy-1*c*.5.5.8a*c*-tetramethyl-(3a*rH*)-decahydro-
    1*t*.4*t*-methano-azulen [E III **6** 4183]

---

[6]) Ein Brücken-System besteht aus drei „Zweigen", die zwei „Brückenkopf-Atome" miteinander verbinden; von den drei Zweigen bilden die beiden „Hauptzweige" den „Hauptring", während der dritte Zweig als „Brücke" bezeichnet wird. Als Hauptzweige gelten
1. die Zweige, die einem ortho- oder ortho/peri-anellierten Ringsystem angehören (und zwar a) dem Ringsystem mit der grössten Anzahl von Ringen, b) dem Ringsystem mit der grössten Anzahl von Ringgliedern),
2. die gliedreichsten Zweige (z. B. bei Bicycloalkan-Systemen),
3. die Zweige, denen auf Grund vorhandener Substituenten oder Mehrfachbindungen Bezifferungsvorrang einzuräumen ist.

(3aR)-2c.8t.11c.11ac.12$anti$-Pentahydroxy-1.1.8c-trimethyl-4-methylen-
(3arH.4acH)-tetradecahydro-7t.9at-methano-cyclopenta[b]heptalen
[E III **6** 6892]

b) In Verbindung mit einem stickstoffhaltigen Funktionsabwandlungs-
suffix an einem auf ,,-aldehyd" oder ,,-al" endenden Namen kennzeichnen *syn* bzw. *anti* die cis-Orientierung bzw. trans-Orientierung
des Wasserstoff-Atoms der Aldehyd-Gruppe zum Substituenten X der
abwandelnden Gruppe =N-X, bezogen auf die durch die doppelt-
gebundenen Atome verlaufende Gerade.

Beispiel:
Perillaaldehyd-*anti*-oxim [E III **7** 567]

§ 10. a) Die Symbole α bzw. β hinter der Stellungsziffer eines ringständigen
Substituenten im halbrationalen Namen einer Verbindung mit einer
dem Cholestan [E III **5** 1132] entsprechenden Bezifferung und Pro-
jektionslage geben an, dass sich der Substituent auf der dem Betrachter abgewandten (α) bzw. zugewandten (*β*) Seite der Fläche des
Ringgerüstes befindet.

Beispiele:
3$β$-Chlor-7α-brom-cholesten-(5) [E III **5** 1328]
Phyllocladandiol-(15α.16α) [E III **6** 4770]
Lupanol-(1$β$) [E III **6** 2730]
Onocerandiol-(3$β$.21α) [E III **6** 4829]

b) Die Symbole α$_F$ bzw. β$_F$ hinter der Stellungsziffer eines an der Seitenkette befindlichen Substituenten im halbrationalen Namen einer Verbindung der unter a) erläuterten Art geben an, dass sich der Substituent auf der rechten (α$_F$) bzw. linken (β$_F$) Seite der in ,,aufwärts-
bezifferter vertikaler Fischer-Projektion" [7] dargestellten Seitenkette
befindet.

Beispiele:
3$β$-Chlor-24α$_F$-äthyl-cholestadien-(5.22t) [E III **5** 1436]
24β$_F$-Äthyl-cholesten-(5) [E III **5** 1336]

c) Sind die Symbole α, β, α$_F$ oder β$_F$ nicht mit der Stellungsziffer
eines Substituenten kombiniert, sondern zusammen mit der Stellungsziffer eines angularen Chiralitätszentrums oder eines Wasser=
stoff-Atoms — in diesem Fall mit dem Atomsymbol H versehen
(αH, βH, α$_F$$H$ bzw. β$_F$$H$) — unmittelbar vor dem Namensstamm einer
Verbindung mit halbrationalem Namen angeordnet, so kennzeichnen
sie entweder die Orientierung einer angularen exocyclischen Bindung,
deren Lage durch den Namen nicht festgelegt ist, oder sie zeigen an,
dass die Orientierung des betreffenden exocyclischen Liganden oder
Wasserstoff-Atoms (das — wie durch Suffix oder Präfix ausge-
drückt — auch substituiert sein kann) in der angegebenen Weise von
der mit dem Namensstamm festgelegten Orientierung abweicht.

Beispiele:
5-Chlor-5α-cholestan [E III **5** 1135]
5$β$.14$β$.17$β$$H$-Pregnan [E III **5** 1120]

---

[7]) Eine ,,aufwärts-bezifferte vertikale Fischer-Projektion" ist eine vertikal orientierte
,,gerade Fischer-Projektion" (s. Anm. 4), bei der sich das niedrigstbezifferte Atom am
unteren Ende der Kette befindet.

18α.19βH-Ursen-(20(30)) [E III **5** 1444]
(13R)-8βH-Labden-(14)-diol-(8.13) [E III **6** 4186]
5α.20β$_F$H.24β$_F$H-Ergostanol-(3β) [E III **6** 2161]

d) Die Symbole α bzw. β vor einem systematischen oder halbrationalen Namen eines Kohlenhydrats geben an, dass sich die am niedriger bezifferten Nachbaratom des cyclisch gebundenen Sauerstoffatoms befindliche Hydroxy-Gruppe (oder sonstige Heteroatom-Gruppe) in der geraden Fischer-Projektion auf der gleichen (α) bzw. der entgegengesetzten (β) Seite der Bezugsgeraden befindet wie der Bezugsligand (vgl. § 5a, 5c, 6a).

Beispiele:
Methyl-α-D-ribopyranosid [E III/IV **17** 2425]
Tetra-O-acetyl-α-D-fructofuranosylchlorid [E III/IV **17** 2651]

e) Das Präfix *ent* vor dem Namen einer Verbindung mit mehreren Chiralitätszentren, deren Konfiguration mit dem Namen festgelegt ist, dient zur Kennzeichnung des Enantiomeren der betreffenden Verbindung. Das Präfix *rac* wird zur Kennzeichnung des einer solchen Verbindung entsprechenden Racemats verwendet.

Beispiele:
ent-7βH-Eudesmen-(4)-on-(3) [E III **7** 692]
rac-Östrapentaen-(1.3.5.7.9) [E III **5** 2043]

§ 11. a) Das Symbol ξ tritt an die Stelle von *cis, trans, c, t, c$_F$, t$_F$, cat$_F$, endo, exo, syn, anti*, α, β, α$_F$ oder β$_F$, wenn die Konfiguration an der betreffenden Doppelbindung bzw. an dem betreffenden Chiralitätszentrum (oder die konfigurative Einheitlichkeit eines Präparats hinsichtlich des betreffenden Strukturelements) ungewiss ist.

Beispiele:
(Ξ)-3.6-Dimethyl-1-[(1Ξ)-2.2.6c-trimethyl-cyclohexyl-(r)]-octen-(6ξ)-in-(4)-ol-(3) [E III **6** 2097]
1t,2-Dibrom-3-methyl-penta-1,3ξ-dien [E IV **1** 1022]
10t-Methyl-(8ξH.10aξH)-1.2.3.4.5.6.7.8.8a.9.10.10a-dodecahydro-phen‚anthren-carbonsäure-(9r) [E III **9** 2626]
D$_r$-1ξ-Phenyl-1ξ-p-tolyl-hexanpentol-(2r$_F$.3t$_F$.4c$_F$.5c$_F$.6) [E III **6** 6904]
(1S)-1.2ξ.3.3-Tetramethyl-norbornanol-(2ξ) [E III **6** 331]
3ξ-Acetoxy-5ξ.17ξ-pregnen-(20) [E III **6** 2592]
28-Nor-17ξ-oleanen-(12) [E III **5** 1438]
5.6β.22ξ.23ξ-Tetrabrom-3β-acetoxy-24β$_F$-äthyl-5α-cholestan [E III **6** 2179]

b) Das Symbol Ξ tritt an die Stelle von D oder L, das Symbol (Ξ) an die Stelle von (R) oder (S) bzw. von (E) oder (Z), wenn die Konfiguration an dem betreffenden Chiralitätszentrum bzw. an der betreffenden Doppelbindung (oder die konfigurative Einheitlichkeit eines Präparats hinsichtlich des betreffenden Strukturelements) ungewiss ist.

Beispiele:
N-{N-[N-(Toluol-sulfonyl-(4))-glycyl]-Ξ-seryl}-L-glutaminsäure [E III **11** 280]
(Ξ)-1-Acetoxy-2-methyl-5-[(R)-2.3-dimethyl-2.6-cyclo-norbornyl-(3)]-pentanol-(2) [E III **6** 4183]
(14Ξ:18Ξ)-Ambranol-(8) [E III **6** 431]
(1Z,3Ξ)-1,2-Dibrom-3-methyl-penta-1,3-dien [E IV **1** 1022]

c) Die Symbole ($\varXi_a$) und ($\varXi_p$) zeigen unbekannte Konfiguration von
   Strukturelementen mit axialer bzw. planarer Chiralität (oder
   ungewisse Einheitlichkeit eines Präparats hinsichtlich dieser Elemente)
   an; das Symbol (ξ) kennzeichnet unbekannte Konfiguration eines
   Pseudoasymmetriezentrums.

   Beispiele:
   ($\varXi_a$)-3β.3′β-Dihydroxy-(7ξH.7′ξH)-[7.7′]bi[ergostatrien-(5.8.22t)-yl]
        [E III 6 5897]
   (3ξ)-5-Methyl-spiro[2.5]octan-dicarbonsäure-(1r.2c) [E III 9 4002]

Transliteration von russischen Autorennamen

Russisches Schriftzeichen		Deutsches Äquivalent (BEILSTEIN)	Englisches Äquivalent (Chemical Abstracts)	Russisches Schriftzeichen		Deutsches Äquivalent (BEILSTEIN)	Englisches Äquivalent (Chemical Abstracts)
А	а	a	a	Р	р	r	r
Б	б	b	b	С	с	s̄	s
В	в	w	v	Т	т	t	t
Г	г	g	g	У	у	u	u
Д	д	d	d	Ф	ф	f	f
Е	е	e	e	Х	х	ch	kh
Ж	ж	sh	zh	Ц	ц	z	ts
З	з	s	z	Ч	ч	tsch	ch
И	и	i	i	Ш	ш	sch	sh
Й	й	ï	ï	Щ	щ	schtsch	shch
К	к	k	k	Ы	ы	y	y
Л	л	l	l		ь	’	’
М	м	m	m	Э	э	ė	e
Н	н	n	n	Ю	ю	ju	yu
О	о	o	o	Я	я	ja	ya
П	п	p	p				

Dritte Abteilung

Heterocyclische Verbindungen

(Fortsetzung)

B. Dihydroxy-Verbindungen

Dihydroxy-Verbindungen $C_nH_{2n}O_3$

Dihydroxy-Verbindungen $C_4H_8O_3$

2,5-Dimethoxy-tetrahydro-furan $C_6H_{12}O_3$.

a) *cis*-**2,5-Dimethoxy-tetrahydro-furan** $C_6H_{12}O_3$, Formel I (R = CH$_3$).

B. Aus *cis*-2,5-Dimethoxy-2,5-dihydro-furan bei der Hydrierung an Raney-Nickel in Methanol unter 100 at (*Nielsen et al.*, Acta chem. scand. **12** [1958] 63, 65; s. a. *Gagnaire, Vottero*, Bl. **1970** 164, 166). Herstellung von Gemischen mit dem unter b) beschriebenen Stereoisomeren durch Hydrierung von opt.-inakt. 2,5-Dimethoxy-2,5-dihydro-furan (Gemisch der Stereoisomeren) an Raney-Nickel in Methanol in Gegenwart von Natrium≈carbonat oder an einem Nickel-Kieselgur-Katalysator in Methanol bei 30—50 at: *Imp. Chem. Ind.*, D.B.P. 972256 [1951]; D.R.B.P.Org.Chem. 1950—1951 **6** 2328, 2329; U.S.P. 2465988 [1947]; s. a. *Clauson-Kaas et al.*, Acta chem. scand. **4** [1950] 1233, 1238; *Basi-lewškaja et al.*, Ž. obšč. Chim. **28** [1958] 1097, 1102; engl. Ausg. S. 1065, 1068. Trennung von dem unter b) beschriebenen Stereoisomeren: *Ni. et al.*; *Kankaanperä, Miikki*, Acta chem. scand. **23** [1969] 1471, 1472; *Aito et al.*, Bl. chem. Soc. Japan **40** [1967] 130, 131.

Dipolmoment (ε; Bzl.): 2,4 D (*Aito et al.*).

Kp$_{760}$: 147°; n$_D^{25}$: 1,4148 [Präparat von ungewisser konfigurativer Einheitlichkeit] (*Ni. et al.*). Kp: 134°; n$_D^{25}$: 1,4160 [konfigurativ fast einheitliches Präparat] (*Aito et al.*). Kp$_{40}$: 63°; n$_D^{20}$: 1,4174 [mit 3% ($\pm$)-*trans*-2,5-Dimethoxy-tetrahydro-furan verunreinigtes Präparat] (*Ka., Mi.*). ^{1}H-NMR-Spektrum (C$_6$D$_6$) und ^{1}H-^{1}H-Spin-Spin-Kopplungs-konstanten: *Gagnaire, Vottero*, Bl. **1972** 873; s. a. *Aito et al.*

b) ($\pm$)-*trans*-**2,5-Dimethoxy-tetrahydro-furan** $C_6H_{12}O_3$, Formel II + Spiegelbild.

B. Aus ($\pm$)-*trans*-2,5-Dimethoxy-2,5-dihydro-furan bei der Hydrierung an Raney-Nickel in Methanol unter 100 at (*Nielsen et al.*, Acta chem. scand. **12** [1958] 63, 65; s. a. *Gagnaire, Vottero*, Bl. **1970** 164, 166). Herstellung von Gemischen mit dem unter a) beschriebenen Stereoisomeren sowie Trennung von diesem s. o.

Dipolmoment (ε; Bzl.): 2,2 D (*Aito et al.*, Bl. chem. Soc. Japan **40** [1967] 130, 131).

Kp$_{760}$: 144°; n$_D^{25}$: 1,4158 [Präparat von ungewisser konfigurativer Einheitlichkeit] (*Ni. et al.*). Kp: 130°; n$_D^{25}$: 1,4175 [konfigurativ fast einheitliches Präparat] (*Aito et al.*). Kp$_{40}$: 62°; n$_D^{20}$: 1,4187 [mit 2% *cis*-2,5-Dimethoxy-tetrahydro-furan verunreinigtes Präparat] (*Kankaanperä, Miikki*, Acta chem. scand. **23** [1969] 1471, 1472). ^{1}H-NMR-Spektrum (C$_6$D$_6$) und ^{1}H-^{1}H-Spin-Spin-Kopplungskonstanten: *Gagnaire, Vottero*, Bl. **1972** 873; s. a. *Aito et al.*

Beim Erhitzen eines Gemisches mit dem unter a) beschriebenen Stereoisomeren mit wss. Bromwasserstoffsäure sind Succinaldehyd, Furan und Benzofuran erhalten worden (*Cope, Keller*, J. org. Chem. **21** [1956] 141).

| I | II | III | IV |

*Opt.-inakt. 2,5-Diäthoxy-tetrahydro-furan $C_8H_{16}O_3$, Formel III (R = C$_2$H$_5$).

B. Aus opt.-inakt. 2,5-Diäthoxy-2,5-dihydro-furan (Gemisch der Stereoisomeren) bei der Hydrierung an Raney-Nickel ohne Lösungsmittel oder in Äthanol (*Fakstorp et al.*, Am. Soc. **72** [1950] 869, 872; *Clauson-Kaas et al.*, Acta chem. scand. **4** [1950] 1233, 1239; s. a. *Basi-lewškaja et al.*, Ž. obšč. Chim. **28** [1958] 1097, 1102; engl. Ausg. S. 1065, 1068). Bei der Behandlung eines Gemisches von Furan, Äthanol und Natriumcarbonat mit Chlor bei

$-15°$ und anschliessenden Hydrierung an Raney-Nickel (*Smith Ltd.*, Brit.P. 703929 [1954]).

Kp: $167-174°$; n_D^{25}: 1,4170 (*Cl.-K. et al.*). Kp_{15}: $67-69°$; D_4^{25}: 0,9670; n_D^{25}: 1,4173 (*Ba. et al.*). Kp_1: $30-31°$; D_4^{25}: 0,9598; n_D^{25}: 1,4164 (*Fa. et al.*).

In einem beim Behandeln mit wss. Salzsäure und anschliessend mit Phenylhydrazin und wss. Essigsäure erhaltenen Präparat vom F: $183-184°$ (*Fa. et al.*, l. c. S. 871; s. a. *Desaty et al.*, Croat. chem. Acta **37** [1965] 227) hat ein Gemisch von 1-Phenyl-(4a*r*,4b*c*,13b*c*)-1,4a,4b,5,6,13b-hexahydro-4*H*-dipyridazino[1,6-*a*;4,3-*c*]chinolin und 1-Phenyl-(4a*r*,4b*t*,13b*c*)-1,4a,4b,5,6,13b-hexahydro-4*H*-dipyridazino[1,6-*a*;4,3-*c*]chinolin vorgelegen (*Hjeds, Larsen*, Acta chem. scand. **25** [1971] 2394; s. a. *Ciamician, Zanetti*, B. **23** [1890] 1784).

*Opt.-inakt. 2,5-Dipropoxy-tetrahydro-furan $C_{10}H_{20}O_3$, Formel III ($R = CH_2\text{-}CH_2\text{-}CH_3$).
B. Aus opt.-inakt. 2,5-Dipropoxy-2,5-dihydro-furan (n_D^{27}: 1,4386) bei der Hydrierung an Raney-Nickel in Äthanol oder Dioxan (*Fakstorp et al.*, Am. Soc. **72** [1950] 869, 872).
Kp_1: $47-48°$; D_{4j}^{25}: 0,9268; n_D^{25}: 1,4227 [Präparat von ungewisser Einheitlichkeit].

*Opt.-inakt. 2,5-Dibutoxy-tetrahydro-furan $C_{12}H_{24}O_3$, Formel III ($R = [CH_2]_3\text{-}CH_3$).
B. Aus opt.-inakt. 2,5-Dibutoxy-2,5-dihydro-furan (n_D^{27}: 1,4368) bei der Hydrierung an Raney-Nickel in Äthanol oder Dioxan (*Fakstorp et al.*, Am. Soc. **72** [1950] 869, 872).
Kp_6: $107-110°$. D_4^{25}: 0,9251. n_D^{25}: 1,4281.

***cis*-2,5-Diacetoxy-tetrahydro-furan** $C_8H_{12}O_5$, Formel I ($R = CO\text{-}CH_3$).
B. Aus *cis*-2,5-Diacetoxy-2,5-dihydro-furan bei der Hydrierung an Raney-Nickel in Äthanol unter Druck (*Elming, Clauson-Kaas*, Acta chem. scand. **6** [1952] 535, 539).
Krystalle; F: $18-21°$. $Kp_{0,3}$: $84-86°$. n_D^{25}: 1,4371.

*Opt.-inakt. 2,5-Bis-propionyloxy-tetrahydro-furan $C_{10}H_{16}O_5$, Formel III ($R = CO\text{-}CH_2\text{-}CH_3$).
B. Aus opt.-inakt. 2,5-Bis-propionyloxy-2,5-dihydro-furan (F: $56-57,5°$) bei der Hydrierung an Raney-Nickel in Äthanol unter Druck (*Elming, Clauson-Kaas*, Acta chem. scand. **6** [1952] 535, 541).
Krystalle; F: $11-14°$. $Kp_{0,1}$: $88-91°$. n_D^{25}: 1,4372.

*Opt.-inakt. 2,5-Bis-butyryloxy-tetrahydro-furan $C_{12}H_{20}O_5$, Formel III ($R = CO\text{-}CH_2\text{-}CH_2\text{-}CH_3$).
B. Aus opt.-inakt. 2,5-Bis-butyryloxy-2,5-dihydro-furan (Gemisch der Stereoisomeren) bei der Hydrierung an Raney-Nickel in Äthanol unter Druck (*Elming, Clauson-Kaas*, Acta chem. scand. **6** [1952] 535, 542).
$Kp_{0,1}$: $100-104°$. n_D^{25}: 1,4392.

*Opt.-inakt. 2,5-Bis-benzoyloxy-tetrahydro-furan $C_{18}H_{16}O_5$, Formel III ($R = CO\text{-}C_6H_5$).
B. Aus opt.-inakt. 2,5-Bis-benzoyloxy-2,5-dihydro-furan (Gemisch der Stereoisomeren) bei der Hydrierung an Raney-Nickel in Dioxan unter Druck (*Elming, Clauson-Kaas*, Acta chem. scand. **6** [1952] 535, 543).
Krystalle (aus Me. oder Acn.); F: $125°$ [nach partiellem Schmelzen bei $80-84°$].

(±)-3*c*,4*t*-Dibrom-2*r*,5*c*-dimethoxy-tetrahydro-furan $C_6H_{10}Br_2O_3$, Formel IV + Spiegelbild.
Konfigurationszuordnung: *Gagnaire et al.*, Bl. **1963** 2779, 2780.
B. Neben anderen Stereoisomeren beim Behandeln von opt.-inakt. 2,5-Dimethoxy-2,5-dihydro-furan (Stereoisomeren-Gemisch) mit Brom in Dichlormethan bei $-60°$ (*Sheehan, Bloom*, Am. Soc. **74** [1952] 3825, 3827).
Krystalle (aus PAe.); F: $88-89°$ (*Sh., Bl.*).

Tetrahydro-furan-3,4-diol $C_4H_8O_3$.

a) ***cis*-Tetrahydro-furan-3,4-diol, 1,4-Anhydro-erythrit**, Erythritan $C_4H_8O_3$, Formel V ($R = H$) auf S. 1996 (H 153; dort auch als Erythran bezeichnet).
B. Beim Erhitzen von Erythrit mit wenig Toluol-4-sulfonsäure (*Phillips Petr. Co.*,

U.S.P. 2 572 566 [1949]) oder Schwefelsäure (*Reppe et al.*, A. **596** [1955] 1, 138) unter vermindertem Druck. In mässiger Ausbeute beim kurzen Erhitzen von (2*RS*,3*SR*)-4-Chlor-2,3-epoxy-butan-1-ol mit wenig Ameisensäure und Erwärmen des Reaktionsgemisches mit Wasser (*Hawkins*, Soc. **1959** 248, 255).

Hygroskopische Flüssigkeit; Kp_4: 121—122° (*Re. et al.*). Kp_{2-3}: 144°; n_D^{20}: 1,4767 (*Brimacombe et al.*, Tetrahedron **4** [1958] 351, 359). $Kp_{0,5}$: 105°; n_D^{20}: 1,4800 (*Phillips Petr. Co.*). $Kp_{0,2-0,5}$: 105—107°; n_D^{26}: 1,478 (*Otey, Mehltretter*, J. org. Chem. **26** [1961] 1673). OH-Valenzschwingungsbanden (CCl_4; intramolekulare Wasserstoffbrücken-Bindung): *Br. et al.*, l. c. S. 353. Komplexbildung mit Borsäure: *Krantz et al.*, J. phys. Chem. **41** [1937] 1087, 1088.

Geschwindigkeit der oxydativen Spaltung mit Hilfe von wss. Perjodsäure (0,1 n) und von wss. Natriumperjodat-Lösung (0,1 n) bei 5°: *Klosterman, Smith*, Am. Soc. **74** [1952] 5336, 5337; mit Hilfe von Blei(IV)-acetat in Essigsäure bei 20°: *Br. et al.*, l. c. S. 353, 360.

Äthylendiamin-Kupfer(II)-Komplexverbindung $[Cu(C_2H_8N_2)]C_4H_6O_3$. Blaue Krystalle mit 1 Mol H_2O (*Jonassen et al.*, Am. Soc. **77** [1955] 2667, 2668, 2670).

Charakterisierung als Bis-[4-nitro-benzoyl]-Derivat (F: 173—174°): *Kl., Sm.*; als Bis-phenylcarbamoyl-Derivat (F: 186—188°): *Ha.*

b) (*S*)-*trans*-Tetrahydro-furan-3,4-diol, 1,4-Anhydro-L_g-threit, L_g-Threitan $C_4H_8O_3$, Formel VI (R = H).

B. Beim Erhitzen von L_g-Threit mit wss. Schwefelsäure auf 120° (*Klosterman, Smith*, Am. Soc. **74** [1952] 5336, 5338; *Brimacombe et al.*, Tetrahedron **4** [1958] 351, 359).

Hygroskopische Krystalle; F: 63—64° (*Br. et al.*), 60—61° [aus Dioxan + Ae.] (*Kl., Sm.*). Kp_{16}: 120° (*Br. et al.*). $[\alpha]_D^{20}$: —4° [W.; c = 7] (*Br. et al.*); $[\alpha]_D^{25}$: —5° [W.; c = 7] (*Kl., Sm.*). OH-Valenzschwingungsbande (CCl_4; keine Wasserstoffbrücken-Bindung): *Br. et al.*, l. c. S. 353.

Geschwindigkeit der oxydativen Spaltung mit Hilfe von wss. Perjodsäure (0,1 n) und von wss. Natriumperjodat-Lösung (0,1 n) bei 5°: *Kl., Sm.*, l. c. S. 5337; mit Hilfe von Blei(IV)-acetat in Essigsäure bei 20°: *Br. et al.*, l. c. S. 360.

Charakterisierung als Bis-[4-nitro-benzoyl]-Derivat (F: 191—192°): *Kl., Sm.*

c) (±)-*trans*-Tetrahydro-furan-3,4-diol, 1,4-Anhydro-DL-threit, DL-Threitan $C_4H_8O_3$, Formel VI (R = H) + Spiegelbild.

B. Beim Erhitzen von DL-Threit mit wenig Toluol-4-sulfonsäure (*Phillips Petr. Co.*, U.S.P. 2 572 566 [1949]) oder Phosphorsäure (*Hawkins*, Soc. **1959** 248, 253) unter vermindertem Druck. Beim Erwärmen von But-2c-en-1,4-diol mit wss. Wasserstoffperoxid in Gegenwart von Quecksilber(II)-nitrat und Salpetersäure (*BASF*, D.B.P. 833 963 [1951]; D.R.B.P. Org. Chem. 1950—1951 **6** 2318). Beim Behandeln von 2,5-Dihydrofuran mit Ameisensäure und wss. Wasserstoffperoxid und Erwärmen des Reaktionsprodukts mit Methanol (*BASF*, D.B.P. 855 861 [1951]). Beim Erhitzen von 3,4-Epoxytetrahydro-furan mit Wasser (*Reppe et al.*, A. **596** [1955] 1, 100, 139; s. a. *Ha.*).

Hygroskopische Krystalle; F: 30—40°; Kp_{3-4}: 153—156° (*BASF*, D.B.P. 855 861); $Kp_{0,5}$: 118°; n_D: 1,4795 (*Phillips Petr. Co.*).

Charakterisierung als Bis-phenylcarbamoyl-Derivat (F: 206—208°): *Ha.*, l. c. S. 253.

4-Methoxy-tetrahydro-furan-3-ol $C_5H_{10}O_3$.

a) (±)-*cis*-4-Methoxy-tetrahydro-furan-3-ol, DL-O^2-Methyl-1,4-anhydro-erythrit $C_5H_{10}O_3$, Formel V (R = CH_3) + Spiegelbild.

B. Beim Erwärmen von (2*RS*,3*SR*)-4-Chlor-2,3-epoxy-butan-1-ol mit Methanol und wenig Schwefelsäure (*Hawkins*, Soc. **1959** 248, 256).

Kp_{13}: 77—78°. n_D^{20}: 1,4544.

Charakterisierung als Phenylcarbamoyl-Derivat (F: 92—94°): *Ha.*

b) (±)-*trans*-4-Methoxy-tetrahydro-furan-3-ol, O^2-Methyl-1,4-anhydro-DL-threit $C_5H_{10}O_3$, Formel VI (R = CH_3) + Spiegelbild.

B. Aus 3,4-Epoxy-tetrahydro-furan beim Erwärmen mit Methanol in Gegenwart von Schwefelsäure (*Hawkins*, Soc. **1959** 248, 253) sowie beim Erhitzen mit Methanol in Gegenwart von Aluminiumoxid auf 250° (*I.G. Farbenind.*, D.R.P. 734 474 [1941]; D.R.P. Org. Chem. **6** 2372; s. a. *Reppe et al.*, A. **596** [1955] 1, 100, 139).

Kp_{13}: 103—104°; n_D^{20}: 1,4545 (*Ha.*). Kp_{11}: 107° (*I.G. Farbenind.*).

Reaktion mit Acetylen unter Bildung von $(\pm)$-*trans*-3-Methoxy-4-vinyloxy-tetrahydro-furan ($C_7H_{12}O_3$; Kp_{34}: 82—83°): *Reppe et al.*, A. **601** [1956] 81, 107.
Charakterisierung als Phenylcarbamoyl-Derivat (F: 97—99°): *Ha*.

V   VI   VII   VIII

4-Äthoxy-tetrahydro-furan-3-ol $C_6H_{12}O_3$.

a) **$(\pm)$-*cis*-4-Äthoxy-tetrahydro-furan-3-ol**, DL-O^2-Äthyl-1,4-anhydro-erythrit $C_6H_{12}O_3$, Formel V (R = C_2H_5) + Spiegelbild.
B. Beim Erwärmen von $(2RS,3SR)$-4-Chlor-2,3-epoxy-butan-1-ol mit Äthanol unter Zusatz von Toluol-4-sulfonsäure (*Hawkins*, Soc. **1959** 248, 256).
Kp_{12}: 85—88°. n_D^{20}: 1,4553.
Charakterisierung als Phenylcarbamoyl-Derivat (F: 73—75°): *Ha*.

b) **$(\pm)$-*trans*-4-Äthoxy-tetrahydro-furan-3-ol**, O^2-Äthyl-1,4-anhydro-DL-threit $C_6H_{12}O_3$, Formel VI (R = C_2H_5) + Spiegelbild.
B. Beim Erhitzen von 3,4-Epoxy-tetrahydro-furan mit Äthanol in Gegenwart von Aluminiumoxid (*I.G. Farbenind.*, D.R.P. 734474 [1941]; D.R.P. Org. Chem. **6** 2372; *Reppe et al.*, A. **596** [1955] 1, 139).
Kp_{12}: 112°.

$(\pm)$-*trans*-4-Butoxy-tetrahydro-furan-3-ol, O^2-Butyl-1,4-anhydro-DL-threit $C_8H_{16}O_3$, Formel VI (R = $[CH_2]_3$-CH_3) + Spiegelbild.
B. Analog $(\pm)$-*trans*-4-Äthoxy-tetrahydro-furan-3-ol [s. o.] (*I.G. Farbenind.*, D.R.P. 734474 [1941]; D.R.P. Org. Chem. **6** 2372; *Reppe et al.*, A. **596** [1955] 1, 139).
Kp_{15}: 134°.

$(\pm)$-*trans*-4-Phenoxy-tetrahydro-furan-3-ol, O^2-Phenyl-1,4-anhydro-DL-threit $C_{10}H_{12}O_3$, Formel VI (R = C_6H_5) + Spiegelbild.
B. Analog $(\pm)$-*trans*-4-Äthoxy-tetrahydro-furan-3-ol [s. o.] (*I.G. Farbenind.*, D.R.P. 734474 [1941]; D.R.P. Org. Chem. **6** 2372; *Reppe et al.*, A. **596** [1955] 1, 139).
$Kp_{0,5}$: 131°.

$(\pm)$-*trans*-4-Benzyloxy-tetrahydro-furan-3-ol, O^2-Benzyl-1,4-anhydro-DL-threit $C_{11}H_{14}O_3$, Formel VI (R = CH_2-C_6H_5) + Spiegelbild.
B. Analog $(\pm)$-*trans*-4-Äthoxy-tetrahydro-furan-3-ol [s. o.] (*I.G. Farbenind.*, D.R.P. 734474 [1941]; D.R.P. Org. Chem. **6** 2372; *Reppe et al.*, A. **596** [1955] 1, 139).
$Kp_{0,6}$: 162°.

$(\pm)$-*trans*-4-[4-Hydroxy-butoxy]-tetrahydro-furan-3-ol, O^2-[4-Hydroxy-butyl]-1,4-anhydro-DL-threit $C_8H_{16}O_4$, Formel VI (R = $[CH_2]_4$-OH) + Spiegelbild.
B. Analog $(\pm)$-*trans*-4-Äthoxy-tetrahydro-furan-3-ol [s. o.] (*I.G. Farbenind.*, D.R.P. 734474 [1941]; D.R.P. Org. Chem. **6** 2372; *Reppe et al.*, A. **596** [1955] 1, 139).
Kp_{12}: 201°.

3,4-Bis-[4-nitro-benzoyloxy]-tetrahydro-furan $C_{18}H_{14}N_2O_9$.

a) **cis-3,4-Bis-[4-nitro-benzoyloxy]-tetrahydro-furan**, Bis-O-[4-nitro-benzoyl]-1,4-anhydro-erythrit $C_{18}H_{14}N_2O_9$, Formel VII.
B. Beim Behandeln von cis-Tetrahydro-furan-3,4-diol mit 4-Nitro-benzoylchlorid und Pyridin (*Klosterman*, *Smith*, Am. Soc. **74** [1952] 5336, 5339).
Krystalle (aus Acn.); F: 173—174°.

b) **(S)-*trans*-3,4-Bis-[4-nitro-benzoyloxy]-tetrahydro-furan**, Bis-O-[4-nitro-benzoyl]-1,4-anhydro-L_g-threit $C_{18}H_{14}N_2O_9$, Formel VIII.
B. Beim Behandeln von (S)-*trans*-Tetrahydro-furan-3,4-diol mit 4-Nitro-benzoyl=

chlorid und Pyridin (*Klosterman, Smith*, Am. Soc. **74** [1952] 5336, 5338).
Krystalle (aus Acn., A., Bzl. oder aus CHCl$_3$ + PAe.); F: 191—192°.

3-Methoxy-4-phenylcarbamoyloxy-tetrahydro-furan, Phenylcarbamidsäure-[4-methoxy-tetrahydro-[3]furylester] C$_{12}$H$_{15}$NO$_4$.

a) **(±)-*cis*-3-Methoxy-4-phenylcarbamoyloxy-tetrahydro-furan, DL-*O²*-Methyl-*O³*-phenylcarbamoyl-1,4-anhydro-erythrit** C$_{12}$H$_{15}$NO$_4$, Formel IX (R = CH$_3$) + Spiegelbild.
B. Aus (±)-*cis*-4-Methoxy-tetrahydro-furan-3-ol (*Hawkins*, Soc. **1959** 248, 256).
Krystalle (aus A.); F: 92—94°.

b) **(±)-*trans*-3-Methoxy-4-phenylcarbamoyloxy-tetrahydro-furan, *O²*-Methyl-*O³*-phenylcarbamoyl-1,4-anhydro-DL-threit** C$_{12}$H$_{15}$NO$_4$, Formel X (R = CH$_3$) + Spiegelbild.
B. Aus (±)-*trans*-4-Methoxy-tetrahydro-furan-3-ol (*Hawkins*, Soc. **1959** 248, 253).
Krystalle (aus Bzl. + Bzn.); F: 97—99°.

(±)-*cis*-3-Äthoxy-4-phenylcarbamoyloxy-tetrahydro-furan, (±)-Phenylcarbamidsäure-[*cis*-4-äthoxy-tetrahydro-[3]furylester], DL-*O²*-Äthyl-*O³*-phenylcarbamoyl-1,4-anhydro-erythrit C$_{13}$H$_{17}$NO$_4$, Formel IX (R = C$_2$H$_5$) + Spiegelbild.
B. Aus (±)-*cis*-4-Äthoxy-tetrahydro-furan-3-ol (*Hawkins*, Soc. **1959** 248, 256).
F: 73—75°.

IX   X   XI

3,4-Bis-phenylcarbamoyloxy-tetrahydro-furan C$_{18}$H$_{18}$N$_2$O$_5$.

a) ***cis*-3,4-Bis-phenylcarbamoyloxy-tetrahydro-furan, Bis-*O*-phenylcarbamoyl-1,4-anhydro-erythrit** C$_{18}$H$_{18}$N$_2$O$_5$, Formel IX (R = CO-NH-C$_6$H$_5$).
B. Aus *cis*-Tetrahydro-furan-3,4-diol (*Hawkins*, Soc. **1959** 248, 255).
Krystalle (aus A.); F: 186—188°.

b) **(±)-*trans*-3,4-Bis-phenylcarbamoyloxy-tetrahydro-furan, Bis-*O*-phenylcarbamoyl-1,4-anhydro-DL-threit** C$_{18}$H$_{18}$N$_2$O$_5$, Formel X (R = CO-NH-C$_6$H$_5$) + Spiegelbild.
B. Aus (±)-*trans*-Tetrahydro-furan-3,4-diol (*Hawkins*, Soc. **1959** 248, 253).
F: 206—208°.

***cis*-3,4-Bis-nitryloxy-tetrahydro-furan, Di-*O*-nitro-1,4-anhydro-erythrit** C$_4$H$_6$N$_2$O$_7$, Formel XI.
B. Beim Behandeln von *cis*-Tetrahydro-furan-3,4-diol mit Schwefelsäure und Salpetersäure (*Forman et al.*, J. Am. pharm. Assoc. **30** [1941] 132).
Kp$_1$: 89°.

(±)-*trans*-Tetrahydro-thiophen-3,4-diol C$_4$H$_8$O$_2$S, Formel XII (R = H) + Spiegelbild.
B. Beim Erwärmen von *racem.*-1,4-Dichlor-butan-2,3-diol mit Natriumsulfid in Wasser (*Kilmer et al.*, J. biol. Chem. **145** [1942] 495, 498; *Kosak, Holbrook*, Ohio J. Sci. **53** [1953] 370).
Krystalle; F: 61—62° [aus A.] (*Ko., Ho.*), 54—58° [durch Sublimation gereinigtes Präparat] (*Ki. et al.*).

1,1-Dioxo-tetrahydro-1λ⁶-thiophen-3,4-diol C$_4$H$_8$O$_4$S.

a) ***cis*-1,1-Dioxo-tetrahydro-1λ⁶-thiophen-3,4-diol** C$_4$H$_8$O$_4$S, Formel XIII.
B. Beim Behandeln von 2,5-Dihydro-thiophen-1,1-dioxid mit wss. Wasserstoffperoxid und wenig Osmium(VIII)-oxid (*Procházka, Horák*, Collect. **24** [1959] 1509, 1511) oder mit Kaliumpermanganat und Magnesiumsulfat in Methanol (*van Zuydewijn*, R. **57** [1938] 445, 453).
Krystalle; F: 131—132° [Kofler-App.; aus A. + Bzl.] (*Pr., Ho.*, l. c. S. 1511), 129°

bis 131° [aus CHCl$_3$] (*v. Zu.*).

Beim Behandeln mit Thionylchlorid und Pyridin ist (3a*r*,6a*c*)-Tetrahydro-thieno=
[3,4][1,3,2]dioxathiol-2,5,5-trioxid erhalten worden (*Procházka, Horák*, Collect. **24** [1959]
609, 614). Verhalten beim Behandeln mit wss. Natronlauge (Bildung von Milchsäure,
Acrylsäure, Methansulfinsäure und Dimethylsulfon): *Procházka, Horák*, Collect. **24** [1959]
1677.

XII   XIII   XIV   XV

b) (±)-*trans*-1,1-Dioxo-tetrahydro-1λ^6-thiophen-3,4-diol $C_4H_8O_4S$, Formel XIV
(R = H) + Spiegelbild.

B. Beim Behandeln einer Lösung von 2,5-Dihydro-thiophen in Essigsäure mit wss.
Wasserstoffperoxid und anschliessenden Erwärmen (*Birch, McAllan*, Soc. **1951** 2556,
2561). Beim Behandeln von 2,5-Dihydro-thiophen-1,1-dioxid mit Peroxyessigsäure in
Essigsäure und Erhitzen des Reaktionsprodukts mit Wasser (*van Zuydewijn*, R. **57**
[1938] 445, 453). Beim Behandeln von 3,4-Epoxy-tetrahydro-thiophen-1,1-dioxid mit
Wasser in Gegenwart von Perchlorsäure (*Procházka, Horák*, Collect. **24** [1959] 1509,
1511; *Sorenson*, J. org. Chem. **24** [1959] 1796; s. a. *van Lohuizen, Backer*, R. **68**
[1949] 1137, 1140).

Krystalle; F: 159—160° [korr.; aus A.] (*Bi., McA.*), 159—160° [aus Bzl.] (*v. Zu.*).
Verhalten beim Behandeln mit wss. Natronlauge (Bildung von Milchsäure, Acryl=
säure, Methansulfinsäure und Dimethylsulfon): *Procházka, Horák*, Collect. **24** [1959]
1677.

cis-3,4-Diäthoxy-tetrahydro-thiophen $C_8H_{16}O_2S$, Formel XV (R = C$_2$H$_5$).

B. Beim Erhitzen von *meso*-2,3-Diäthoxy-1,4-dijod-butan mit Kaliumsulfid in wss.
Äthanol (*Wyeth Inc.*, U.S.P. 2400436 [1943]).

Kp: 115—117°.

Beim Erwärmen mit wss. Bromwasserstoffsäure ist *cis*-Tetrahydro-thiophen-
3,4-diol (C$_4$H$_8$O$_2$S; Formel XV [R = H]; Öl) erhalten worden.

Verbindung mit Quecksilber(II)-chlorid. Krystalle (aus A.); F: 142—144°.

(±)-*trans*-3,4-Diacetoxy-tetrahydro-thiophen $C_8H_{12}O_4S$, Formel XII (R = CO-CH$_3$)
+ Spiegelbild.

B. Beim Erwärmen von *racem.*-2,3-Diacetoxy-1,4-dichlor-butan mit Natriumsulfid-
nonahydrat in Äthanol (*Kosak, Holbrook*, Ohio J. Sci. **53** [1953] 370). Beim Behandeln
von (±)-*trans*-Tetrahydro-thiophen-3,4-diol mit Acetanhydrid unter Zusatz von wss.
Salzsäure (*Ko., Ho.*).

Krystalle (aus PAe.); F: 42—44°.

(±)-*trans*-3,4-Diacetoxy-1,1-dioxo-tetrahydro-1λ^6-thiophen, (±)-*trans*-3,4-Diacetoxy-
tetrahydro-thiophen-1,1-dioxid $C_8H_{12}O_6S$, Formel XIV (R = CO-CH$_3$) + Spiegelbild.

B. Beim Erhitzen von 3,4-Epoxy-tetrahydro-thiophen-1,1-dioxid mit Essigsäure auf
210° (*van Lohuizen, Backer*, R. **68** [1949] 1137, 1141).

Krystalle (aus Me.); F: 154—155°.

(±)-*trans*-3,4-Bis-benzoyloxy-tetrahydro-thiophen $C_{18}H_{16}O_4S$, Formel XII
(R = CO-C$_6$H$_5$) + Spiegelbild.

B. Beim Behandeln von (±)-*trans*-Tetrahydro-thiophen-3,4-diol mit Benzoylchlorid
und wss. Natronlauge (*Kosak, Holbrook*, Ohio J. Sci. **53** [1953] 370).

Krystalle (aus PAe.); F: 136—137°.

2,5,5-Trioxo-(3a*r*,6a*c*)-tetrahydro-2λ^4,5λ^6-thieno[3,4][1,3,2]dioxathiol, (3a*r*,6a*c*)-Tetra=
hydro-thieno[3,4][1,3,2]dioxathiol-2,5,5-trioxid, Schwefligsäure-[1,1-dioxo-*cis*-tetra=
hydro-1λ^6-thiophen-3,4-diylester] $C_4H_6O_5S_2$, Formel I.

B. Beim Behandeln von *cis*-1,1-Dioxo-tetrahydro-1λ^6-thiophen-3,4-diol mit Thionyl=

chlorid und Pyridin (*Procházka, Horák*, Collect. **24** [1959] 609, 614).

Krystalle (aus Acn.), die bei 129—136° [Kofler-App.] schmelzen [nach Sublimation von 122° an].

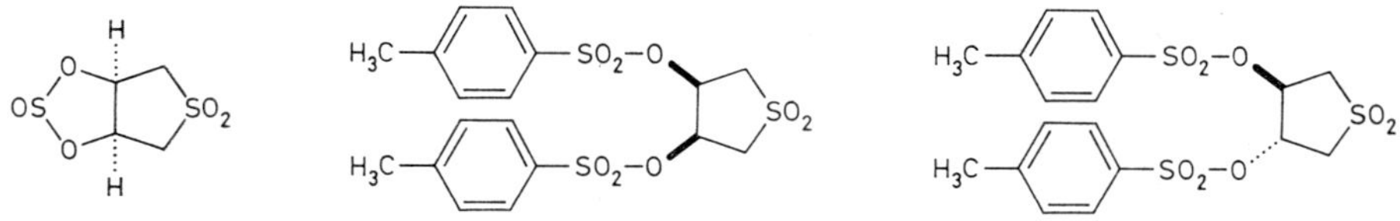

I   II   III

1,1-Dioxo-3,4-bis-[toluol-4-sulfonyloxy]-tetrahydro-1λ^6-thiophen, 3,4-Bis-[toluol-4-sulfonyloxy]-tetrahydro-thiophen-1,1-dioxid $C_{18}H_{20}O_8S_3$.

a) *cis*-**3,4-Bis-[toluol-4-sulfonyloxy]-tetrahydro-thiophen-1,1-dioxid** $C_{18}H_{20}O_8S_3$, Formel II.

B. Bei kurzem Behandeln von *cis*-1,1-Dioxo-tetrahydro-1λ^6-thiophen-3,4-diol mit Toluol-4-sulfonylchlorid und Pyridin (*Procházka, Horák*, Collect. **24** [1959] 1509, 1511, 1513).

Krystalle (aus Propan-1-ol); F: 166—167° [Kofler-App.] (*Pr., Ho.*, l. c. S. 1513).

Beim Behandeln mit flüssigem Ammoniak ist 3-Amino-2,3-dihydro-thiophen-1,1-di=oxid erhalten worden (*Procházka, Horák*, Collect. **24** [1959] 2278, 2280, 2283).

b) **(±)-*trans*-3,4-Bis-[toluol-4-sulfonyloxy]-tetrahydro-thiophen-1,1-dioxid** $C_{18}H_{20}O_8S_3$, Formel III + Spiegelbild.

B. Bei kurzem Behandeln von (±)-*trans*-1,1-Dioxo-tetrahydro-1λ^6-thiophen-3,4-diol mit Toluol-4-sulfonylchlorid und Pyridin (*Procházka, Horák*, Collect. **24** [1959] 1509, 1511, 1513).

Krystalle (aus A.); F: 144—145° [Kofler-App.] (*Pr., Ho.*, l. c. S. 1513).

Beim Behandeln mit flüssigem Ammoniak ist 3-Amino-2,3-dihydro-thiophen-1,1-di=oxid erhalten worden (*Procházka, Horák*, Collect. **24** [1959] 2278, 2280, 2283).

*Opt.-inakt. 1,1-Dioxo-tetrahydro-1λ^6-thiophen-3,4-dithiol $C_4H_8O_2S_3$, Formel IV (R = H).

B. Aus opt.-inakt. 3,4-Bis-acetylmercapto-tetrahydro-thiophen-1,1-dioxid (s. u.) mit Hilfe von Methanol und Chlorwasserstoff (*Du Pont de Nemours & Co.*, U.S.P. 2408094 [1943]).

Krystalle (aus Me.); F: 126—128°.

*Opt.-inakt. 3,4-Bis-acetylmercapto-1,1-dioxo-tetrahydro-1λ^6-thiophen, 3,4-Bis-acetyl=mercapto-tetrahydro-thiophen-1,1-dioxid $C_8H_{12}O_4S_3$, Formel IV (R = CO-CH$_3$).

B. Beim Behandeln von (±)-*trans*-3,4-Dibrom-tetrahydro-thiophen-1,1-dioxid mit Thioessigsäure und Pyridin (*Du Pont de Nemours & Co.*, U.S.P. 2408094 [1943]).

Krystalle (aus Me.); F: 155—156°.

---

*Opt.-inakt. 3-Methoxy-2-methoxymethyl-oxetan $C_6H_{12}O_3$, Formel V.

B. Beim Erwärmen von opt.-inakt. 4-Chlor-1,3-dimethoxy-butan-2-ol (n_D^{20}: 1,4512) mit Natriummethylat in Methanol (*Adams et al.*, Soc. **1959** 559, 567). Beim Behandeln von opt.-inakt. 1,4-Dichlor-3-methoxy-butan-2-ol (n_D^{20}: 1,4760), von opt.-inakt. 1,4-Di=chlor-2,3-epoxy-butan (nicht charakterisiert) oder von opt.-inakt. 1-Chlor-3,4-epoxy-2-methoxy-butan (n_D^{20}: 1,4468) mit Natriummethylat in Methanol (*Ad. et al.*, l. c. S. 564, 567).

Kp_{13}: 58—59°; n_D^{20}: 1,4233 [Präparat aus 4-Chlor-1,3-dimethoxy-butan-2-ol].

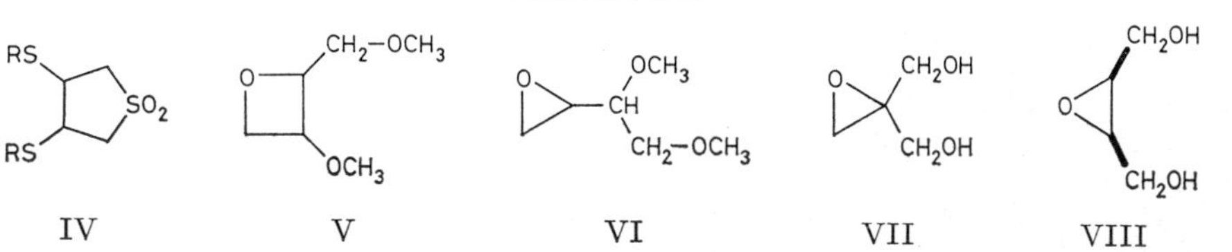

IV   V   VI   VII   VIII

*Opt.-inakt. 1,2-Dimethoxy-1-oxiranyl-äthan, 1,2-Epoxy-3,4-dimethoxy-butan $C_6H_{12}O_3$, Formel VI.

B. Beim Behandeln von opt.-inakt. 2-Chlor-3,4-dimethoxy-butan-1-ol (Kp$_8$: 97—108°) mit Natriummethylat in Methanol (*Blicke, Biel*, Am. Soc. **76** [1954] 3163, 3166). Neben geringeren Mengen 4-Chlor-1,3-dimethoxy-butan-2-ol (nicht charakterisiert) beim Erwärmen von opt.-inakt. 1-Chlor-2,3-epoxy-4-methoxy-butan (n$_D^{20}$: 1,4460) mit Säure enthaltendem Methanol und Behandeln des Reaktionsprodukts mit wss. Natronlauge (*Adams et al.*, Soc. **1959** 559, 566).

Kp$_{25}$: 74—76°; Kp$_{10}$: 59—62° (*Bl., Biel*). Kp$_{13}$: 62,5°; n$_D^{20}$: 1,4214 (*Ad. et al.*).

2,2-Bis-hydroxymethyl-oxiran $C_4H_8O_3$, Formel VII.

B. Beim Behandeln von 2-Chlormethyl-propan-1,2,3-triol mit wss. Natronlauge (*Shell Devel. Co.*, U.S.P. 2070990 [1934]).

Kp$_{0,6}$: 120°.

---

cis-2,3-Bis-hydroxymethyl-oxiran, *meso*-2,3-Epoxy-butan-1,4-diol, 2,3-Anhydro-erythrit $C_4H_8O_3$, Formel VIII.

B. Aus But-2c-en-1,4-diol beim Behandeln mit Peroxybenzoesäure in Chloroform (*Bose et al.*, Soc. **1959** 3314, 3318) oder mit wss. Wasserstoffperoxid in Gegenwart von Natriumhydrogenwolframat auf Aktivkohle (*Shell Devel. Co.*, U.S.P. 2870171 [1956]).

Hygroskopische Krystalle; F: 57,5—58,5° [aus Acn. + Ae.] (*Bose et al.*), 52—53° [aus Butanon; Präparat von ungewisser Einheitlichkeit] (*Shell Devel. Co.*).

*Opt.-inakt. 2,3-Bis-methoxymethyl-oxiran, 2,3-Epoxy-1,4-dimethoxy-butan $C_6H_{12}O_3$, Formel IX (R = CH$_3$).

B. Beim Behandeln eines Gemisches von 70% 1,4-Dimethoxy-but-2t-en und 30% 1,4-Dimethoxy-but-2c-en in Äther mit N-Brom-succinimid in Wasser und Behandeln des Reaktionsprodukts mit wss. Natronlauge (*Adams et al.*, Soc. **1959** 559, 566).

Kp$_{13}$: 67—70°. n$_D^{20}$: 1,4220.

*Opt.-inakt. 2,3-Bis-äthoxymethyl-oxiran, 1,4-Diäthoxy-2,3-epoxy-butan $C_8H_{16}O_3$, Formel IX (R = C$_2$H$_5$).

B. Beim Behandeln einer Lösung von opt.-inakt. 1,4-Diäthoxy-3-brom-butan-2-ol (Kp$_{0,5}$: 91—92,5°; n$_D^{25}$: 1,4644) in Äther mit wss. Natronlauge, anfangs bei —20° (*Horrom, Zaugg*, Am. Soc. **79** [1957] 1754).

Kp$_{17}$: 93—94°. n$_D^{25}$: 1,4218.

(±)-*trans*-2,3-Bis-benzyloxymethyl-oxiran, *racem.*-1,4-Bis-benzyloxy-2,3-epoxy-butan, Di-O-benzyl-2,3-anhydro-DL-threit $C_{18}H_{20}O_3$, Formel X + Spiegelbild.

B. Beim Behandeln von 1,4-Bis-benzyloxy-but-2t-en mit Monoperoxyphthalsäure in Äther (*Kiss, Sirokmán*, Helv. **43** [1960] 334, 337; s. a. *Kiss, Sirokmán*, Chimia **13** [1959] 114).

Kp$_2$: 236—238°; n$_D^{20}$: 1,5480 (*Kiss, Si.*, Helv. **43** 337).

IX   X   XI   XII

*Opt.-inakt. *cis*-2,3-Bis-tetrahydro[3]furyloxymethyl-oxiran, (2RS,3SR)-2,3-Epoxy-1,4-bis-[(Ξ)-tetrahydro[3]furyloxy]-butan, Bis-O-tetrahydro[3]furyl-2,3-anhydro-erythrit $C_{12}H_{20}O_5$, Formel XI.

B. Beim Behandeln von opt.-inakt. 1,4-Bis-tetrahydro[3]furyloxy-but-2c-en (Kp$_2$: 145—150°) in Wasser mit Chlor und Erwärmen des Reaktionsprodukts mit wss. Calciumhydroxid (*Reppe et al.*, A. **596** [1955] 1, 139).

Bei 162—170°/1 Torr destillierbar.

*Opt.-inakt. 2-Hydroxymethyl-3-mercaptomethyl-thiiran, 2,3-Epithio-4-mercapto-butan-1-ol $C_4H_8OS_2$, Formel XII.

B. Neben 3,4-Dimercapto-butan-1,2-diol (n_D^{18}: 1,5820) beim Erwärmen von opt.-inakt. 1,2-Diacetoxy-3,4-bis-acetylmercapto-butan (F: 78°) mit Chlorwasserstoff enthaltendem Äthanol unter Stickstoff (*Evans et al.*, Soc. **1949** 248, 252).

$Kp_{0,05}$: 76—79°; n_D^{18}: 1,5800 [unreines Präparat].

Bis-phenylcarbamoyl-Derivat $C_{18}H_{18}N_2O_3S_2$. F: 142°.

Dihydroxy-Verbindungen $C_5H_{10}O_3$

*Opt.-inakt. 2,3-Dibutoxy-tetrahydro-pyran $C_{13}H_{26}O_3$, Formel I (R = [CH$_2$]$_3$-CH$_3$).

B. Aus opt.-inakt. 2,3-Dibutoxy-3,4-dihydro-2*H*-pyran (n_D^{25}: 1,4440) bei der Hydrierung an Raney-Nickel in Dioxan bei 50°/65 at (*Baganz*, *Brinckmann*, B. **89** [1956] 1565, 1568).

Kp_{11}: 124°. D_4^{25}: 0,928. n_D^{25}: 1,4380.

*Opt.-inakt. 2-Äthoxy-3-phenoxy-tetrahydro-pyran $C_{13}H_{18}O_3$, Formel II (R = C_2H_5).

B. Aus opt.-inakt. 2-Äthoxy-3-phenoxy-3,4-dihydro-2*H*-pyran (n_D^{25}: 1,5210) bei der Hydrierung an Raney-Nickel in Dioxan bei 50°/137 at (*Baganz*, *Brinckmann*, B. **89** [1956] 1565, 1567).

Kp_{12}: 148°; Kp_8: 136°. D_4^{25}: 1,077. n_D^{25}: 1,5106.

*Opt.-inakt. 2-Butoxy-3-phenoxy-tetrahydro-pyran $C_{15}H_{22}O_3$, Formel II (R = [CH$_2$]$_3$-CH$_3$).

B. Beim Erhitzen von opt.-inakt. 2-Äthoxy-3-phenoxy-tetrahydro-pyran (s. o.) mit Butan-1-ol und wenig Schwefelsäure auf 155° (*Baganz*, *Brinckmann*, B. **89** [1956] 1565, 1567).

Kp_{4-5}: 144°. D_4^{25}: 1,038. n_D^{25}: 1,5019.

*Opt.-inakt. 2,3-Diacetoxy-tetrahydro-pyran $C_9H_{14}O_5$, Formel I (R = CO-CH$_3$).

B. Beim Behandeln von opt.-inakt. Tetrahydro-pyran-2,3-diol (E III **1** 3301) mit Acetanhydrid und Pyridin (*Barker et al.*, Tetrahedron **7** [1959] 10, 17). Beim Behandeln von (±)-*trans*-3-Chlor-tetrahydro-pyran-2-ol (Syst. Nr. 113) mit wss. Natronlauge und Behandeln des Reaktionsprodukts mit Acetanhydrid und Pyridin (*Gerecs*, *Egyed*, Acta chim. hung. **19** [1959] 195, 199). Neben Bis-[3-acetoxy-tetrahydro-pyran-2-yl]-äther (F: 132—133°) beim Behandeln von 3,4-Dihydro-2*H*-pyran mit Wasserstoffperoxid in *tert*-Butylalkohol unter Zusatz von Osmium(VIII)-oxid und Behandeln des Reaktionsprodukts mit Acetanhydrid und Pyridin (*Hurd*, *Kelso*, Am. Soc. **70** [1948] 1484).

Bei 108—120°/2—5 Torr destillierbar (*Hurd*, *Ke.*). Kp_2: 109—112° (*Ge.*, *Eg.*). Kp_1: 96—100°; n_D^{27}: 1,444 (*Hurd*, *Edwards*, J. org. Chem. **14** [1949] 680, 685). Bei 70—72°/0,1 Torr destillierbar; n_D^{20}: 1,4458 (*Ba. et al.*).

I   II   III

(±)-*trans*(?)-2-Benzoyloxy-tetrahydro-pyran-3-ol $C_{12}H_{14}O_4$, vermutlich Formel III (R = H) + Spiegelbild.

B. Aus 3,4-Dihydro-2*H*-pyran beim Behandeln mit Peroxybenzoesäure in Chloroform (*Barker et al.*, Tetrahedron **7** [1959] 10, 15, 16).

Krystalle (aus Ae. + Bzn.); F: 85—87°. IR-Banden (Nujol; 3460—1703 cm^{-1}): *Ba. et al.*, l. c. S. 17.

(±)-*trans*(?)-2,3-Bis-benzoyloxy-tetrahydro-pyran $C_{19}H_{18}O_5$, vermutlich Formel III (R = CO-C_6H_5) + Spiegelbild.

B. Beim Behandeln der im vorangehenden Artikel beschriebenen Verbindung mit Benzoylchlorid und Pyridin (*Barker et al.*, Tetrahedron **7** [1959] 10, 17).

Krystalle (aus Me.); F: 70—75°.

2,3-Bis-[3,5-dinitro-benzoyloxy]-tetrahydro-pyran $C_{19}H_{14}N_4O_{13}$, Formel IV.

Für die nachstehend beschriebene opt.-inakt. Verbindung ist neben dieser Formulierung auch die Formulierung als (±)-2,5-Bis-[3,5-dinitro-benzoyloxy]-valeraldehyd in Betracht zu ziehen (vgl. E III **9** 1930).

B. Beim Behandeln von opt.-inakt. Tetrahydro-pyran-2,3-diol (E III **1** 3301) mit 3,5-Dinitro-benzoylchlorid und Pyridin (*Hurd, Kelso*, Am. Soc. **70** [1948] 1484).

Krystalle (aus A. + E.); F: 174,5—175,5°.

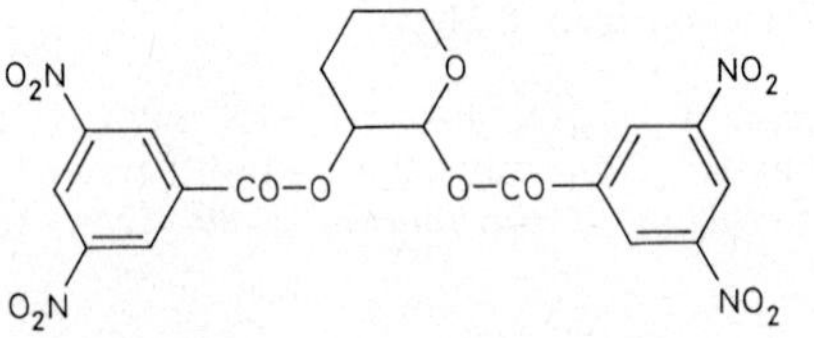

IV 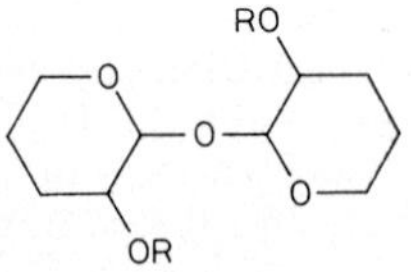   V

*Opt.-inakt. **Bis-[3-hydroxy-tetrahydro-pyran-2-yl]-äther** $C_{10}H_{18}O_5$, Formel V (R = H).

B. Neben Tetrahydro-pyran-2,3-diol (E III **1** 3301) beim Behandeln von 3,4-Dihydro-2*H*-pyran mit Wasserstoffperoxid in *tert*-Butylalkohol unter Zusatz von Osmium=(VIII)-oxid sowie beim Behandeln von opt.-inakt. Bis-[3-acetoxy-tetrahydro-pyran-2-yl]-äther (F: 132—133°) mit Bariummethylat in Methanol (*Hurd, Kelso*, Am. Soc. **70** [1948] 1484).

Krystalle (nach Sublimation); F: 141,5—142°.

*Opt.-inakt. **Bis-[3-acetoxy-tetrahydro-pyran-2-yl]-äther** $C_{14}H_{22}O_7$, Formel V (R = CO-CH₃).

B. Neben 2,3-Diacetoxy-tetrahydro-pyran (S. 2001) beim Behandeln von 3,4-Dihydro-2*H*-pyran mit Wasserstoffperoxid in *tert*-Butylalkohol unter Zusatz von Osmium(VIII)-oxid und Behandeln des Reaktionsprodukts mit Acetanhydrid und Pyridin (*Hurd, Kelso*, Am. Soc. **70** [1948] 1484).

Krystalle (aus Me.); F: 132—133°. Bei 1 Torr sublimierbar.

*Opt.-inakt. **Bis-[3-(3,5-dinitro-benzoyloxy)-tetrahydro-pyran-2-yl]-äther** $C_{24}H_{22}N_4O_{15}$, Formel VI.

B. Aus opt.-inakt. Bis-[3-hydroxy-tetrahydro-pyran-2-yl]-äther [s. o.] (*Hurd, Kelso*, Am. Soc. **70** [1948] 1484).

Krystalle (aus E. + Acetanhydrid); F: 245—246°.

(2Ξ,5R)-5-Acetoxy-2-äthoxy-tetrahydro-pyran $C_9H_{16}O_4$, Formel VII (R = C₂H₅).

Über ein bei der Hydrierung von (3R,6Ξ)-3-Acetoxy-6-äthoxy-3,6-dihydro-2*H*-pyran (Diastereoisomeren-Gemisch [E II **17** 185; dort als Acetyl-pseudoarabinal-äthylacetal bezeichnet]) an Palladium/Kohle in Methanol erhaltenes Präparat (Kp₀,₁: 85—95°; n_D^{13}: 1,4435; $[\alpha]_D^{17}$: +45,3° [CHCl₃]) s. *Allerton et al.*, Soc. **1952** 255.

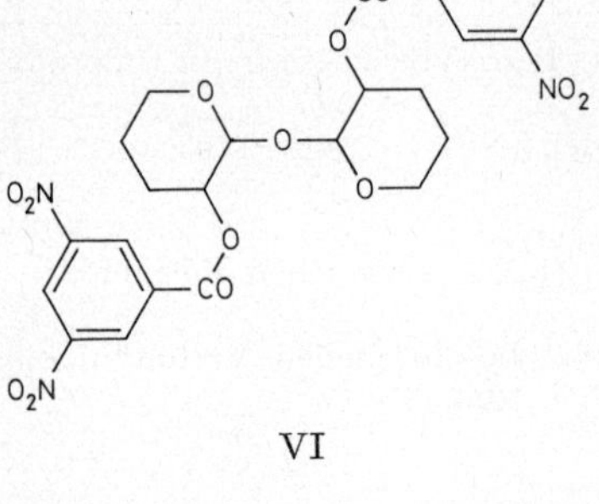

VI   VII   VIII

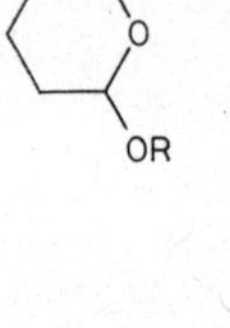

(2Ξ,5R)-2,5-Diacetoxy-tetrahydro-pyran $C_9H_{14}O_5$, Formel VII (R = CO-CH$_3$).

Über ein bei der Hydrierung von (3R,6Ξ)-3,6-Diacetoxy-3,6-dihydro-2H-pyran (Dia= stereoisomeren-Gemisch [E II **17** 185; dort als Diacetyl-pseudoarabinal bezeichnet]) an Palladium/Kohle in Methanol erhaltenes Präparat (bei 97—119°/0,03 Torr destillierbar; n_D^{21}: 1,4425; $[\alpha]_D^{17}$: +34,4° [CHCl$_3$]) s. *Allerton et al.*, Soc. **1952** 255.

---

*Opt.-inakt. 2,6-Dimethoxy-tetrahydro-pyran $C_7H_{14}O_3$, Formel VIII (R = CH$_3$).

Über ein Präparat (Kp$_{21}$: 65—67°; D_{25}^{25}: 1,013; n_D^{25}: 1,4262), in dem vermutlich eine Verbindung dieser Konstitution vorgelegen hat, s. *Longley et al.*, Am. Soc. **74** [1952] 2012, 2015.

*Opt.-inakt. 2,6-Diäthoxy-tetrahydro-pyran $C_9H_{18}O_3$, Formel VIII (R = C$_2$H$_5$).

B. Beim Behandeln von (±)-2-Äthoxy-3,4-dihydro-2H-pyran mit Chlorwasserstoff ent= haltendem Äthanol (*Hall, Howe*, Soc. **1951** 2480, 2482; *Distillers Co.*, D.B.P. 950123 [1956]).

Kp$_{13}$: 82°; D_4^{20}: 0,9673; n_D^{20}: 1,4290 (*Hall, Howe*). Kp$_{11}$: 78—79°; D_4^{20}: 0,9677; n_D^{20}: 1,4297 (*Distillers Co.*).

*Opt.-inakt. 2,6-Dibutoxy-tetrahydro-pyran $C_{13}H_{26}O_3$, Formel VIII (R = [CH$_2$]$_3$-CH$_3$).

B. Beim Behandeln von (±)-2-Butoxy-3,4-dihydro-2H-pyran mit Butan-1-ol unter Zu= satz von wss. Salzsäure (*Hall, Howe*, Soc. **1951** 2480, 2482).

Kp$_9$: 126°. n_D^{20}: 1,4371.

*Opt.-inakt. 2,6-Diisobutoxy-tetrahydro-pyran $C_{13}H_{26}O_3$, Formel VIII (R = CH$_2$-CH(CH$_3$)$_2$).

B. Neben 1,1,5,5-Tetraisobutoxy-pentan beim Behandeln von (±)-2-Isobutoxy-3,4-di= hydro-2H-pyran mit Isobutylalkohol unter Zusatz von wss. Salzsäure (*Smith et al.*, Am. Soc. **74** [1952] 2018).

Kp$_{0,07}$: 63°. D_4^{20}: 0,9177. n_D^{20}: 1,4322.

*Opt.-inakt. 2,6-Bis-allyloxy-tetrahydro-pyran $C_{11}H_{18}O_3$, Formel VIII (R = CH$_2$-CH=CH$_2$).

B. Neben 1,1,5,5-Tetrakis-allyloxy-pentan beim Erwärmen von (±)-2-Methoxy-3,4-di= hydro-2H-pyran mit Allylalkohol unter Zusatz von wss. Salzsäure (*Smith et al.*, Am. Soc. **74** [1952] 2018).

Kp$_{3,3}$: 78—80°. D_4^{20}: 0,9898. n_D^{20}: 1,4575.

*Opt.-inakt. 2-Isobutoxy-6-phenoxy-tetrahydro-pyran $C_{15}H_{22}O_3$, Formel IX (R = C$_6$H$_5$).

B. Beim Erwärmen von (±)-2-Isobutoxy-3,4-dihydro-2H-pyran mit Phenol unter Zu= satz von wss. Salzsäure (*Smith et al.*, Am. Soc. **74** [1952] 2018).

Kp$_{0,5}$: 104°. D_4^{20}: 1,0221. n_D^{20}: 1,4398.

*Opt.-inakt. 2-Decanoyloxy-6-isobutoxy-tetrahydro-pyran, Decansäure-[6-isobutoxy-tetrahydro-pyran-2-ylester] $C_{19}H_{36}O_4$, Formel IX (R = CO-[CH$_2$]$_8$-CH$_3$).

B. Beim Behandeln von (±)-2-Isobutoxy-3,4-dihydro-2H-pyran mit Decansäure unter Zusatz von wss. Salzsäure (*Smith et al.*, Am. Soc. **74** [1952] 2018).

Kp$_{0,05}$: 130°. D_4^{20}: 0,9388. n_D^{20}: 1,4448.

*Opt.-inakt. Bis-[6-methoxy-tetrahydro-pyran-2-yl]-äther $C_{12}H_{22}O_5$, Formel X.

B. In geringer Menge neben Glutaraldehyd beim Behandeln von (±)-2-Methoxy-3,4-dihydro-2H-pyran mit wss. Salzsäure (*Smith et al.*, Am. Soc. **74** [1952] 2018).

Kp$_1$: 114—116°.

Tetrahydro-pyran-3,4-diol $C_5H_{10}O_3$.

a) **(3R)-*cis*-Tetrahydro-pyran-3,4-diol, D-*erythro*-1,5-Anhydro-2-desoxy-pentit, Dihydro-D-arabinal** $C_5H_{10}O_3$, Formel XI (R = H).

B. Aus (3R)-*cis*-3,4-Diacetoxy-tetrahydro-pyran beim Behandeln mit Bariummethylat

in Methanol (*Bhattacharya et al.*, J. org. Chem. **28** [1963] 428, 434).
Krystalle (aus E.); F: 42—44°. $[\alpha]_D^{20}$: —51,4° [W.; c = 2].

b) **(3S)-*cis*-Tetrahydro-pyran-3,4-diol, L-*erythro*-1,5-Anhydro-2-desoxy-pentit,**
Dihydro-L-arabinal $C_5H_{10}O_3$, Formel XII (R = H).
B. Aus (3S)-*cis*-3,4-Diacetoxy-tetrahydro-pyran (S. 2005) beim Erwärmen mit wss.-äthanol. Natronlauge sowie aus (3S)-*cis*-3,4-Dihydro-2H-pyran-3,4-diol ($[\alpha]_D^{20}$: —202° [W.]) bei der Hydrierung an Platin in wss. Äthanol (*Brimacombe et al.*, Tetrahedron **4** [1958] 351, 358, 359). Aus (3S)-*cis*-3,4-Dihydro-2H-pyran-3,4-diol ($[\alpha]_D^{22}$: —199,5° [W.]) bei der Hydrierung an Palladium in Äthanol (*Felton, Freudenberg*, Am. Soc. **57** [1935] 1637, 1638).
Kp_1: 83—85°; n_D^{27}: 1,4848; $[\alpha]_D$: +48,2° [W.] (*Fe., Fr.*). $Kp_{0,2-0,3}$: 120°; $[\alpha]_D^{20}$: +64° [W.; c = 1,5] (*Br. et al.*). OH-Valenzschwingungsbanden (CCl_4; intramolekulare Wasser=stoffbrücken-Bindung): *Br. et al.*, l. c. S. 353.
Geschwindigkeit der oxydativen Spaltung mit Hilfe von wss. Natriumperjodat-Lösung bei 0° sowie mit Hilfe von Blei(IV)-acetat in Essigsäure bei 20°: *Br. et al.*, l. c. S. 353, 360.

    IX   X   XI   XII

c) **(±)-*cis*-Tetrahydro-pyran-3,4-diol, DL-*erythro*-1,5-Anhydro-2-desoxy-pentit**
$C_5H_{10}O_3$, Formel XI + XII (R = H).
B. Beim Behandeln einer Lösung von 3,6-Dihydro-2H-pyran in Äther und Pyridin mit Osmium(VIII)-oxid und Schütteln einer Lösung des Reaktionsprodukts in Chloroform mit wss. Kalilauge und Mannit (*Bauer, Stuetz*, Am. Soc. **78** [1956] 4097). In mässiger Aus-beute beim Behandeln von 3,6-Dihydro-2H-pyran mit Kaliumpermanganat in wss. Äthanol bei —15° (*Heuberger, Owen*, Soc. **1952** 910, 913). Neben *trans*-Tetrahydro-pyran-3,4-diol bei der Hydrierung von Methyl-β-L-arabinopyranosid an Kupferoxid-Chromoxid in Dioxan bei 240°/250 at (*Ba., St.*; s. a. *Francis, Perlin*, Canad. J. Chem. **37** [1959] 1229, 1231).
$Kp_{0,3}$: 84—87°; n_D^{21}: 1,4875 (*He., Owen*).
Charakterisierung als Bis-[toluol-4-sulfonyl]-Derivat (F: 133—134° [korr.] bzw. F: 131—132°): *Ba., St.*, l. c. S. 4099; *He., Owen*, l. c. S. 913.

d) **(3R)-*trans*-Tetrahydro-pyran-3,4-diol, D_g-*threo*-1,5-Anhydro-2-desoxy-pentit,**
Dihydro-D-xylal, Dihydro-D-lyxal $C_5H_{10}O_3$, Formel XIII (R = H).
B. Bei der Behandlung von (3R)-*trans*-3,4-Diacetoxy-tetrahydro-pyran mit Barium=hydroxid in Methanol sowie bei der Hydrierung von (3R)-*trans*-3,4-Dihydro-2H-pyran-3,4-diol an Palladium in Methanol (*Gehrke, Obst*, B. **64** [1931] 1724, 1728). Aus (3R)-*trans*-3,4-Diacetoxy-tetrahydro-pyran beim Erwärmen mit wss.-äthanol. Natron=lauge (*Brimacombe et al.*, Tetrahedron **4** [1958] 351, 358).
Krystalle (aus Chloressigsäure-äthylester), F: 67—68°; $Kp_{0,2-0,3}$: 97—99°; $[\alpha]_D$: —44,9° [W.; c = 7] (*Ge., Obst*). Hygroskopische Krystalle, F: 69°; $Kp_{0,5}$: 75—80°; $[\alpha]_D^{20}$: —29,6° [W.; c = 2,5] (*Br. et al.*). OH-Valenzschwingungsbanden (CCl_4; intramolekulare Wasserstoffbrücken-Bindung): *Br. et al.*, l. c. S. 353.
Geschwindigkeit der oxydativen Spaltung mit Hilfe von wss. Natriumperjodat-Lösung bei 0° sowie mit Hilfe von Blei(IV)-acetat in Essigsäure bei 20°: *Br. et al.*, l. c. S. 353, 360.

e) **(±)-*trans*-Tetrahydro-pyran-3,4-diol, DL-*threo*-1,5-Anhydro-2-desoxy-pentit**
$C_5H_{10}O_3$, Formel XIII (R = H) + Spiegelbild.
B. Beim Behandeln von 3,6-Dihydro-2H-pyran mit wss. Wasserstoffperoxid und Ameisensäure und Erwärmen des Reaktionsprodukts mit wss. Natronlauge (*Heuberger, Owen*, Soc. **1952** 910, 913; s. a. *Olsen*, Acta chem. scand. **5** [1951] 1168, 1170). Aus (±)-3,4-Epoxy-tetrahydro-pyran (*Paul, Tchelitcheff*, C. r. **224** [1947] 1722). Neben

cis-Tetrahydro-pyran-3,4-diol bei der Hydrierung von Methyl-β-L-arabinopyranosid an Kupferoxid-Chromoxid in Dioxan bei 240°/250 at (*Bauer, Stuetz*, Am. Soc. **78** [1956] 4097, 4098, 4099; s. a. *Francis, Perlin*, Canad. J. Chem. **37** [1959] 1229, 1231).

Kp$_9$: 158−159°; D$_4^{18}$: 1,225; n$_D^{18}$: 1,4873 (*Paul, Tch.*). Kp$_{0,5}$: 100−102°; n$_D^{23}$: 1,4861 (*He., Owen*).

Charakterisierung als Bis-phenylcarbamoyl-Derivat (F: 212° bzw. F: 206−208°): *Paul, Tch.*, l. c. S. 1723; *Ol.*, l. c. S. 1171; als Bis-[toluol-4-sulfonyl]-Derivat (F: 161,5° bis 163,5° [korr.] bzw. F: 161−162°): *Ba., St.*, l. c. S. 4099; *He., Owen*, l. c. S. 913.

XIII   XIV   XV

3,4-Diacetoxy-tetrahydro-pyran C$_9$H$_{14}$O$_5$.

a) **(3R)-*cis*-3,4-Diacetoxy-tetrahydro-pyran, Di-*O*-acetyl-D-*erythro*-1,5-anhydro-2-desoxy-pentit** C$_9$H$_{14}$O$_5$, Formel XI (R = CO-CH$_3$).

B. Aus (3R)-*cis*-3,4-Diacetoxy-3,4-dihydro-2H-pyran bei der Hydrierung an Palladium in Methanol (*Fletcher, Hudson*, Am. Soc. **71** [1949] 3682, 3685).

Kp$_{0,2}$: 90°; n$_D^{20}$: 1,4523 (*Fl., Hu.*). [α]$_D^{20}$: −45,1° [CHCl$_3$; c = 3] (*Fl., Hu.*); [α]$_D^{20}$: −47,3° [CHCl$_3$; c = 5] (*Bhattacharya et al.*, J. org. Chem. **28** [1963] 428, 434).

b) **(3S)-*cis*-3,4-Diacetoxy-tetrahydro-pyran, Di-*O*-acetyl-L-*erythro*-1,5-anhydro-2-desoxy-pentit** C$_9$H$_{14}$O$_5$, Formel XII (R = CO-CH$_3$) (E II 182; dort als „rechtsdrehendes 3,4-Diacetoxy-tetrahydropyran" bezeichnet).

B. Aus (3S)-*cis*-3,4-Diacetoxy-3,4-dihydro-2H-pyran ([α]$_D^{20}$: −236° [CHCl$_3$]) bei der Hydrierung an Platin in wss. Äthanol (*Brimacombe et al.*, Tetrahedron **4** [1958] 351, 358).

Kp$_{0,2}$: 86−90°; [α]$_D^{20}$: +75° [W.; c = 1] (Präparat von ungewisser Einheitlichkeit).

c) **(3R)-*trans*-3,4-Diacetoxy-tetrahydro-pyran, Di-*O*-acetyl-D$_g$-*threo*-1,5-anhydro-2-desoxy-pentit** C$_9$H$_{14}$O$_5$, Formel XIII (R = CO-CH$_3$).

B. Aus (3R)-*trans*-3,4-Diacetoxy-3,4-dihydro-2H-pyran bei der Hydrierung an Palladium in Methanol (*Gehrke, Obst*, B. **64** [1931] 1724, 1727) oder an Platin in wss. Äthanol (*Brimacombe et al.*, Tetrahedron **4** [1958] 351, 358).

Kp$_{0,5}$: 102°; [α]$_D^{20}$: −38° [CHCl$_3$; c = 1] (*Br. et al.*). Kp$_{0,2-0,3}$: 82−83°; [α]$_D$: −38,3° [A.; c = 6] (*Ge., Obst*).

(±)-*trans*-3,4-Bis-benzoyloxy-tetrahydro-pyran, Di-*O*-benzoyl-DL-*threo*-1,5-anhydro-2-desoxy-pentit C$_{19}$H$_{18}$O$_5$, Formel XIII (R = CO-C$_6$H$_5$) + Spiegelbild.

B. Aus (±)-*trans*-Tetrahydro-pyran-3,4-diol (*Olsen*, Acta chem. scand. **5** [1951] 1168, 1171).

Krystalle; F: 87−90°.

(±)-*trans*-3,4-Bis-phenylcarbamoyloxy-tetrahydro-pyran, Bis-*O*-phenylcarbamoyl-DL-*threo*-1,5-anhydro-2-desoxy-pentit C$_{19}$H$_{20}$N$_2$O$_5$, Formel XIII (R = CO-NH-C$_6$H$_5$) + Spiegelbild.

B. Aus (±)-*trans*-Tetrahydro-pyran-3,4-diol (*Paul, Tchelitcheff*, C. r. **224** [1947] 1722, 1723; *Olsen*, Acta chem. scand. **5** [1951] 1168, 1171).

Krystalle; F: 212° (*Paul, Tch.*), 206−208° [aus Acn. + Bzl.] (*Ol.*).

3,4-Bis-[toluol-4-sulfonyloxy]-tetrahydro-pyran C$_{19}$H$_{22}$O$_7$S$_2$.

a) **(±)-*cis*-3,4-Bis-[toluol-4-sulfonyloxy]-tetrahydro-pyran, Bis-*O*-[toluol-4-sulfonyl]-DL-*erythro*-1,5-anhydro-2-desoxy-pentit** C$_{19}$H$_{22}$O$_7$S$_2$, Formel XIV + Spiegelbild.

B. Beim Behandeln von (±)-*cis*-Tetrahydro-pyran-3,4-diol mit Toluol-4-sulfonylchlorid und Pyridin (*Heuberger, Owen*, Soc. **1952** 910, 913; *Bauer, Stuetz*, Am. Soc. **78** [1956] 4097, 4099).

Krystalle (aus A.); F: 133−134° [korr.] (*Ba., St.*), 131−132° (*He., Owen*).

b) **(±)-*trans*-3,4-Bis-[toluol-4-sulfonyloxy]-tetrahydro-pyran, Bis-*O*-[toluol-4-sulfonyl]-DL-*threo*-1,5-anhydro-2-desoxy-pentit** $C_{19}H_{22}O_7S_2$, Formel XV + Spiegelbild.

B. Beim Behandeln von (±)-*trans*-Tetrahydro-pyran-3,4-diol mit Toluol-4-sulfonyl=chlorid und Pyridin (*Heuberger, Owen,* Soc. **1952** 910, 913; *Bauer, Stuetz,* Am. Soc. **78** [1956] 4097, 4099).

Krystalle (aus A.); F: 161,5—163,5° [korr.] (*Ba., St.*), 161—162° (*He., Owen*).

4,5-Diacetoxy-2,3-dichlor-tetrahydro-pyran $C_9H_{12}Cl_2O_5$.

a) **(4*R*)-4*r*,5*c*-Diacetoxy-2ξ,3ξ-dichlor-tetrahydro-pyran** $C_9H_{12}Cl_2O_5$, Formel I.

B. Beim Einleiten von Chlor in eine Lösung von (3*R*)-*cis*-3,4-Diacetoxy-3,4-dihydro-2*H*-pyran (F: 99—100° [S. 2035]) in Chloroform (*Gachokidse,* Ž. obšč. Chim. **15** [1945] 539, 545; C. A. **1946** 4674).

Krystalle (aus Ae.), F: 100—102°; $[\alpha]_D^{18}$: −165,8° [$CHCl_3$; c = 12] (*Ga.;* s. dagegen *Vargha, Kuszman,* B. **96** [1963] 411, 415).

I   II   III   IV

b) **(4*S*)-4*r*,5*c*-Diacetoxy-2ξ,3ξ-dichlor-tetrahydro-pyran** $C_9H_{12}Cl_2O_5$, Formel II.

B. Beim Einleiten von Chlor in eine Lösung von (3*S*)-*cis*-3,4-Diacetoxy-3,4-dihydro-2*H*-pyran (F: 100° [S. 2035]) in Chloroform (*Gachokidse,* Ž. obšč. Chim. **10** [1940] 507, 511; C. **1940** II 2027).

Krystalle (aus Ae.), F: 100—101°; $[\alpha]_D^{18}$: +166° [$CHCl_3$; c = 0,1] (*Ga.,* s. dagegen *Vargha, Kuszman,* B. **96** [1963] 411, 415).

c) **(4*S*)-4*r*,5*t*-Diacetoxy-2ξ,3ξ-dichlor-tetrahydro-pyran** $C_9H_{12}Cl_2O_5$, Formel III.

B. Beim Einleiten von Chlor in eine Lösung von (3*R*)-*trans*-3,4-Diacetoxy-3,4-dihydro-2*H*-pyran (F: 40—42°) in Chloroform (*Gachokidse,* Ž. obšč. Chim. **15** [1945] 530, 535; C. A. **1946** 4673).

Krystalle (aus A.); F: 96—98°. $[\alpha]_D^{20}$: +86,4° [$CHCl_3$; c = 0,1].

2,5-Dimethoxy-2-methyl-tetrahydro-furan $C_7H_{14}O_3$, Formel IV (R = CH_3).

Ein Gemisch (bei 147—155°/759 Torr destillierbar; n_D^{25}: 1,4166) der opt.-inakt. Stereo=isomeren dieser Konstitution ist bei der Hydrierung von opt.-inakt. 2,5-Dimethoxy-2-methyl-2,5-dihydro-furan (Stereoisomeren-Gemisch) an Raney-Nickel in Methanol unter Druck erhalten worden (*Elming, Clauson-Kaas,* Acta chem. scand. **6** [1952] 867, 869).

*Opt.-inakt. 2,5-Diäthoxy-2-methyl-tetrahydro-furan $C_9H_{18}O_3$, Formel IV (R = C_2H_5).

B. Aus opt.-inakt. 2,5-Diäthoxy-2-methyl-2,5-dihydro-furan (n_D^{25}: 1,4264) bei der Hydrierung an Raney-Nickel in Äthanol oder Dioxan unter Druck (*Fakstorp et al.,* Am.Soc. **72** [1950] 869, 872).

Kp_1: 44—47°; D_4^{25}: 0,9398; n_D^{25}: 1,4273.

(3*R*)-3*r*,4*c*-Diacetoxy-2ξ-chlor-5*t*-methyl-tetrahydro-furan, Di-*O*-acetyl-5-desoxy-ξ-D-ribofuranosylchlorid $C_9H_{13}ClO_5$, Formel V (X = H).

B. Beim Behandeln von Tri-*O*-acetyl-5-desoxy-ξ-D-ribofuranose ($Kp_{0,2}$: 118—120°) mit Acetylchlorid und Chlorwasserstoff in Äther (*Kissman, Baker,* Am. Soc. **79** [1957] 5534, 5537; s. a. *Kissman et al.,* Am. Soc. **79** [1957] 1185, 1187).

Öl; nicht näher beschrieben.

(±)-2*r*-Chlormethyl-tetrahydro-furan-3*c*,4*t*-diol, 1-Chlor-DL-2,5-anhydro-1-desoxy-xylit $C_5H_9ClO_3$, Formel VI (R = R′ = H) + Spiegelbild.

B. Beim Erhitzen von Xylit oder von DL-1,4-Anhydro-xylit im Chlorwasserstoff-Strom in Gegenwart von Magnesiumsulfat auf 105° (*Danilow et al.,* Ž. obšč. Chim. **27**

[1957] 2434, 2443; engl. Ausg. S. 2498, 2504; s. a. *Danilow, Kasimirowa*, Sbornik Statei obšč. Chim. **1953** 1646, 1647; C. A. **1955** 6840).
Krystalle (aus E.); F: 48—49° (*Da. et al.*), 44—45° (*Da., Ka.*). Kp_2: 160—161°; $Kp_{0,3}$: 140—141°; D_4^{20}: 1,3722; n_D^{20}: 1,5030 (*Da. et al.*).

(±)-**3c,4t-Bis-benzoyloxy-2r-chlormethyl-tetrahydro-furan, Di-*O*-benzoyl-1-chlor-DL-2,5-anhydro-1-desoxy-xylit** $C_{19}H_{17}ClO_5$, Formel VI (R = R' = CO-C_6H_5) + Spiegelbild.
B. Beim Behandeln von 1-Chlor-DL-2,5-anhydro-1-desoxy-xylit (S. 2006) mit Benzoyl=chlorid und Pyridin (*Danilow, Kasimirowa*, Sbornik Statei obšč. Chim. **1953** 1646, 1648; C. A. **1955** 6840).
Krystalle (aus A.); F: 114—115°.

V   VI   VII

(±)-**2r-Chlormethyl-4t-phenylcarbamoyloxy-tetrahydro-furan-3c-ol**, $C_{12}H_{14}ClNO_4$, Formel VI (R' = CO-NH-C_6H_5, R = H) + Spiegelbild, und (±)-**5t-Chlormethyl-4t-phenyl=carbamoyloxy-tetrahydro-furan-3r-ol** $C_{12}H_{14}ClNO_4$, Formel VI (R' = H, R = CO-NH-C_6H_5) + Spiegelbild, **1-Chlor-*O*³(oder *O*⁴)-phenylcarbamoyl-DL-2,5-anhydro-1-desoxy-xylit**.
B. Bei kurzem Erwärmen von 1-Chlor-DL-2,5-anhydro-1-desoxy-xylit (S. 2006) mit Phenylisocyanat (1 Mol) im geschlossenen Gefäss (*Danilow et al.*, Ž. obšč. Chim. **27** [1957] 2434, 2443; engl. Ausg. S. 2498, 2505).
Krystalle (aus Ae.); F: 137—138°.

(±)-**2r-Chlormethyl-3c,4t-bis-phenylcarbamoyloxy-tetrahydro-furan, 1-Chlor-bis-*O*-phenylcarbamoyl-DL-2,5-anhydro-1-desoxy-xylit** $C_{19}H_{19}ClN_2O_5$, Formel VI (R = R' = CO-NH-C_6H_5) + Spiegelbild.
B. Beim Erhitzen von 1-Chlor-DL-2,5-anhydro-1-desoxy-xylit (S. 2006) mit Phenyliso=cyanat (Überschuss) in Benzol auf 150° (*Danilow et al.*, Ž. obšč. Chim. **27** [1957] 2434, 2443; engl. Ausg. S. 2498, 2505).
Krystalle (aus A. + W.); F: 151—152°.

(±)-**2r-Chlormethyl-3c,4t-bis-[toluol-4-sulfonyloxy]-tetrahydro-furan, 1-Chlor-bis-*O*-[toluol-4-sulfonyl]-DL-2,5-anhydro-1-desoxy-xylit** $C_{19}H_{21}ClO_7S_2$, Formel VII + Spiegel-bild.
B. Beim Behandeln von 1-Chlor-DL-2,5-anhydro-1-desoxy-xylit (S. 2006) mit Toluol-4-sulfonylchlorid und Pyridin (*Danilow et al.*, Ž. obšč. Chim. **27** [1957] 2434, 2443; engl. Ausg. S. 2498, 2504).
Krystalle (aus Me.); F: 104°.

(3*R*)-**3r,4c-Diacetoxy-2ξ-chlor-5t-fluormethyl-tetrahydro-furan, Di-*O*-acetyl-5-fluor-5-desoxy-ξ-D-ribofuranosylchlorid** $C_9H_{12}ClFO_5$, Formel V (X = F).
B. Beim Behandeln von Tri-*O*-acetyl-5-fluor-5-desoxy-β-D-ribofuranose mit Acetyl=chlorid und Chlorwasserstoff in Äther (*Kissman, Weiss*, Am. Soc. **80** [1958] 5559, 5562).
Krystalle; wenig beständig.

(3*R*)-**3r,4c-Diacetoxy-2ξ-chlor-5t-jodmethyl-tetrahydro-furan, Di-*O*-acetyl-5-jod-5-des=oxy-ξ-D-ribofuranosylchlorid** $C_9H_{12}ClIO_5$, Formel V (X = I).
B. Bei mehrtägigem Behandeln von Methyl-[di-*O*-acetyl-5-jod-5-desoxy-β-D-ribo=furanosid] (*Kanazawa et al.*, J. chem. Soc. Japan Pure Chem. Sect. **80** [1959] 517, 520; C. A. **1961** 6368) oder von Tri-*O*-acetyl-5-jod-5-desoxy-β-D-ribofuranose (*Kanazawa, Sato*, J. chem. Soc. Japan Pure Chem. Sect. **80** [1959] 200, 202; C. A. **1961** 6385) mit Acetylchlorid und Chlorwasserstoff in Äther. Beim Behandeln von Benzyl-[di-*O*-acetyl-5-jod-5-desoxy-β-D-ribofuranosid] mit Chlorwasserstoff in Äther (*Ka. et al.*).

Öl; wenig beständig. $[\alpha]_D^{10}$: $+24° \to +36°$ [Bzl.; frisch hergestelltes, mit Äther gewaschenes Präparat] (*Ka., Sato*).

(**2R**)-**5ξ-Methoxy-2r-methyl-tetrahydro-furan-3t-ol**, Methyl-ξ-D-*erythro*-2,5-didesoxy-pentofuranosid $C_6H_{12}O_3$, Formel VIII.

B. Beim Behandeln von D-*erythro*-3,4-Dihydroxy-valeraldehyd-dimethyldithioacetal („2,5-Didesoxy-D-ribose-dimethylmercaptal") mit Quecksilber(II)-chlorid in Methanol (*Zinner, Wigert,* B. **92** [1959] 2893, 2896).

Öl. $[\alpha]_D^{21}$: $-60,1°$ [Py.; c = 3].

(**2R**)-**3t,5ξ-Diacetoxy-2r-methyl-tetrahydro-furan**, Di-O-acetyl-ξ-D-*erythro*-2,5-didesoxy-pentofuranose $C_9H_{14}O_5$, Formel IX.

B. Beim Behandeln von D-*erythro*-3,4-Dihydroxy-valeraldehyd („2,5-Didesoxy-D-ribose") mit Acetanhydrid und Pyridin (*Zinner, Wigert,* B. **92** [1959] 2893, 2896).

Öl. $[\alpha]_D^{18}$: $+38,2°$ [$CHCl_3$; c = 3].

---

*Opt.-inakt. **2,3-Dimethoxy-5-methyl-tetrahydro-furan** $C_7H_{14}O_3$, Formel X.

B. Neben 3-Methoxy-5-methyl-tetrahydro-furan-2-ol (n_D^{20}: 1,4412 [Syst. Nr. 119]) beim Behandeln von opt.-inakt. 4-Hydroxy-2-methoxy-valeraldehyd-dimethylacetal (n_D^{20}: 1,4302) mit wss. Schwefelsäure unter Stickstoff (*Birkofer, Dutz,* A. **608** [1957] 17, 21). Kp_{12}: 52°. n_D^{20}: 1,4200.

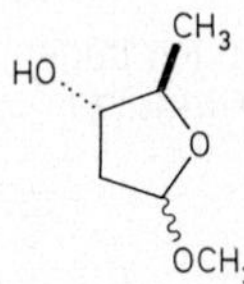

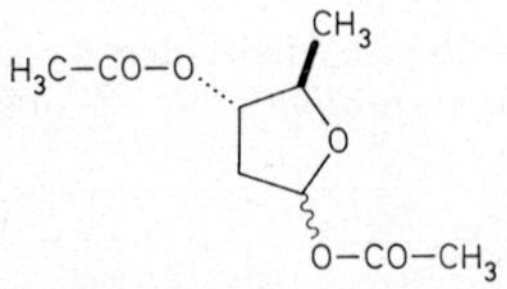

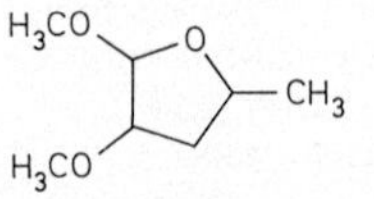

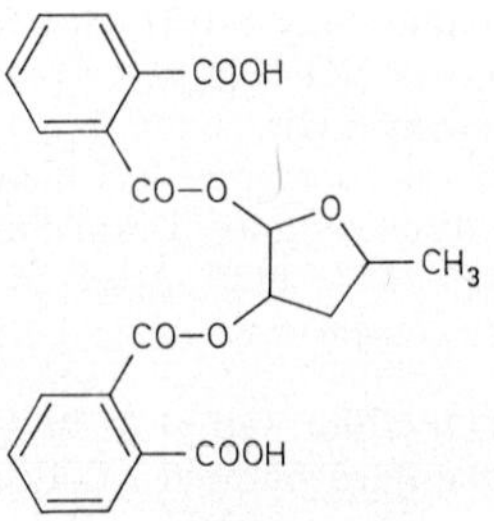

VIII   IX   X   XI

---

*Opt.-inakt. **2,3-Bis-[2-carboxy-benzoyloxy]-5-methyl-tetrahydro-furan** $C_{21}H_{18}O_9$, Formel XI.

B. Beim Erhitzen von opt.-inakt. 4-Hydroxy-2-methoxy-valeraldehyd-dimethylacetal (vgl. E III **1** 3301) mit Phthalsäure-anhydrid (*Pummerer et al.,* B. **68** [1935] 480, 488). Krystalle (aus PAe.); F: 80°.

(±)-**2-[3,5-Dinitro-benzoyloxy]-2-[3,5-dinitro-benzoyloxymethyl]-tetrahydro-furan** $C_{19}H_{14}N_4O_{13}$, Formel XII.

Eine mit Vorbehalt unter dieser Konstitution beschriebene, wahrscheinlich aber als 1,5-Bis-[3,5-dinitro-benzoyloxy]-pentan-2-on (E III **9** 1931) zu formulierende Verbindung (Krystalle [aus Acn.], F: 154—157° [im vorgeheizten Bad]) ist beim Erwärmen von opt.-inakt. 1,6,9,13-Tetraoxa-dispiro[4.2.4.2]tetradecan (F: 103°) mit wss. Salz=säure und Behandeln des Reaktionsprodukts mit 3,5-Dinitro-benzoylchlorid und Pyridin erhalten worden (*Hurd, Edwards,* J. org. Chem. **14** [1949] 680, 687).

(**2R**)-**5t(?)-Chlor-3t-[4-chlor-benzoyloxy]-2r-[4-chlor-benzoyloxymethyl]-tetrahydro-furan**, Bis-O-[4-chlor-benzoyl]-α(?)-D-*erythro*-2-desoxy-pentofuranosylchlorid $C_{19}H_{15}Cl_3O_5$, vermutlich Formel XIII (X = Cl).

Bezüglich der Zuordnung der Konfiguration am C-Atom 1 (Kohlenhydrat-Bezifferung) vgl. *Haynes, Newth,* Adv. Carbohydrate Chem. **10** [1955] 207, 232.

B. Beim Behandeln einer Lösung von Methyl-[bis-O-(4-chlor-benzoyl)-ξ-D-*erythro*-2-desoxy-pentofuranosid] (aus 2-Desoxy-D-ribose hergestellt) in Äther mit Chlorwasser=stoff in Essigsäure (*Fox et al.,* Am. Soc. **83** [1961] 4066, 4068; s. a. *Hoffer et al.,* Am. Soc. **81** [1959] 4112).

Krystalle (aus CCl_4); F: 118—120° [unkorr.] (*Fox et al.*).

XII   XIII

**(2R)-5t(?)-Chlor-3t-p-toluoyloxy-2r-p-toluoyloxymethyl-tetrahydro-furan, Di-O-p-tolu=
oyl-α(?)-D-erythro-2-desoxy-pentofuranosylchlorid** $C_{21}H_{21}ClO_5$, vermutlich Formel XIII
(X = CH$_3$).
Bezüglich der Zuordnung der Konfiguration am C-Atom 1 (Kohlenhydrat-Bezifferung)
vgl. *Haynes, Newth*, Adv. Carbohydrate Chem. **10** [1955] 207, 232.
B. Beim Behandeln von Methyl-[di-O-p-toluoyl-β-D-erythro-2-desoxy-pentofuranosid]
mit Chlorwasserstoff in Essigsäure (*Hoffer*, B. **93** [1960] 2777, 2779; s. a. *Hoffer et al.*,
Am. Soc. **81** [1959] 4112).
Krystalle (aus Toluol oder CCl$_4$); F: 109° [unkorr.; Zers.] (*Ho.*). [α]$_D^{25}$: +108° (Anfangs-
wert) → +65° (nach 90 min) [Dimethylformamid; c = 1] (*Ho.*).

***Opt.-inakt. 5-Hydroxymethyl-tetrahydro-furan-3-ol, 4-Hydroxy-tetrahydro-furfuryl=
alkohol** $C_5H_{10}O_3$, Formel I (R = H).
B. Neben Pentan-1,2,4,5-tetraol (Kp$_2$: 185—187°) beim Erwärmen von opt.-inakt.
1,2;4,5-Diepoxy-pentan (F: ca. −19°) mit wss. Schwefelsäure (*Paul, Tchelitcheff*, C. r.
239 [1954] 1504).
Kp$_{10}$: 153—156°. D$_4^{20}$: 1,210. n$_D^{20}$: 1,4802.

*Opt.-inakt. 5-Methoxymethyl-tetrahydro-furan-3-ol $C_6H_{12}O_3$, Formel II.
B. Neben 1,5-Dimethoxy-pentan-2,4-diol (n$_D^{20}$: 1,4592) beim Erwärmen von opt.-
inakt. 1,2;4,5-Diepoxy-pentan (F: ca. −19°) mit Schwefelsäure enthaltendem Methanol
(*Paul, Tchelitcheff*, C. r. **239** [1954] 1504).
Kp$_{20}$: 118—123°. D$_4^{20}$: 1,096. n$_D^{20}$: 1,4542.

I   II   III

*Opt.-inakt. 4-Phenylcarbamoyloxy-2-[phenylcarbamoyloxy-methyl]-tetrahydro-furan
$C_{19}H_{20}N_2O_5$, Formel I (R = CO-NH-C$_6$H$_5$).
B. Aus opt.-inakt. 5-Hydroxymethyl-tetrahydro-furan-3-ol (s. o.) und Phenyliso=
cyanat (*Paul, Tchelitcheff*, C. r. **239** [1954] 1504).
Krystalle (aus Bzl.); F: 162°.

***Opt.-inakt. 4-[1]Naphthylcarbamoyloxy-2-[[1]naphthylcarbamoyloxy-methyl]-tetra=
hydro-furan** $C_{27}H_{24}N_2O_5$, Formel III.
B. Aus opt.-inakt. 5-Hydroxymethyl-tetrahydro-furan-3-ol (s. o.) und [1]Naphthyl=
isocyanat (*Paul, Tchelitcheff*, C. r. **239** [1954] 1504).
Krystalle (aus A.); F: 175°.

3-Methyl-1,1-dioxo-tetrahydro-1λ⁶-thiophen-3,4-diol $C_5H_{10}O_4S$.
a) **(±)-3-Methyl-1,1-dioxo-tetrahydro-1λ⁶-thiophen-3r,4c-diol** $C_5H_{10}O_4S$, Formel IV
+ Spiegelbild.
B. Bei mehrwöchigem Erwärmen von 3-Methyl-2,5-dihydro-thiophen-1,1-dioxid mit
Osmium(VIII)-oxid, Kaliumchlorat und Wasser (*van Zuydewijn*, R. **57** [1938] 445, 452).
Krystalle (aus PAe.); F: 125—126°.

b) **(±)-3-Methyl-1,1-dioxo-tetrahydro-1λ^6-thiophen-3r,4t-diol** $C_5H_{10}O_4S$, Formel V
(R = H) + Spiegelbild.

B. Beim Erhitzen von (±)-3r,4t-Diacetoxy-3-methyl-tetrahydro-thiophen-1,1-dioxid
mit Wasser (*van Zuydewijn*, R. **57** [1938] 445, 452).
Krystalle (aus PAe.); F: 126—127°.

IV   V   VI   VII

**(±)-3r,4t-Diacetoxy-3-methyl-1,1-dioxo-tetrahydro-1λ^6-thiophen, (±)-3r,4t-Diacetoxy-
3-methyl-tetrahydro-thiophen-1,1-dioxid** $C_9H_{14}O_6S$, Formel V (R = CO-CH$_3$) + Spiegelbild.

B. Beim mehrwöchigen Behandeln von 3-Methyl-2,5-dihydro-thiophen-1,1-dioxid mit
Peroxyessigsäure und Behandeln des Reaktionsprodukts mit Acetanhydrid und wenig
Schwefelsäure (*van Zuydewijn*, R. **57** [1938] 445, 451).
Krystalle (aus Bzl.); F: 140—142,5°.

3-Acetoxy-4-acetoxymethyl-tetrahydro-furan $C_9H_{14}O_5$, Formel VI.

In einem ursprünglich (*Olsen*, Z. Naturf. **1** [1946] 676, 681) mit Vorbehalt unter dieser
Konstitution beschriebenen Präparat (Kp$_{10,5}$: 146—146,5°) hat (±)-1,2,4-Triacetoxy-
butan vorgelegen (*Olsen*, Acta chem. scand. **4** [1950] 463, 467).

3,3-Bis-hydroxymethyl-oxetan $C_5H_{10}O_3$, Formel VII (R = H).

B. Neben 2-Methylen-propan-1,3-diol beim Erwärmen von 2-Brommethyl-2-hydroxy=
methyl-propan-1,3-diol mit äthanol. Kalilauge (*Govaert, Beyaert*, Pr. Akad. Amsterdam
42 [1939] 790, 792; *Issidorides, Matar*, Am. Soc. **77** [1955] 6382). Beim Erwärmen von
Pentaerythrit mit Diäthylcarbonat und äthanol. Kalilauge und Erhitzen des Reaktions-
gemisches unter vermindertem Druck auf 180° (*Pattison*, Am. Soc. **79** [1957] 3455; s. a.
Cheymol et al., Bl. **1959** 1184).
F: 84° [nach Destillation unter vermindertem Druck] (*Go., Be.*). Kp$_{3,5}$: 155° (*Pa.*);
Kp$_{0,4}$: 128° (*Go., Be.*).

3-Äthoxymethyl-3-hydroxymethyl-oxetan, [3-Äthoxymethyl-oxetan-3-yl]-methanol
$C_7H_{14}O_3$, Formel VIII.

B. Neben 2,6-Dioxa-spiro[3.3]heptan beim Erwärmen von 2,2-Bis-chlormethyl-
propan-1,3-diol mit äthanol. Kalilauge (*Henkel & Cie.*, D.B.P. 938013 [1952]).
Kp$_3$: 100—103°.

3,3-Bis-äthoxymethyl-oxetan $C_9H_{18}O_3$, Formel VII (R = C$_2$H$_5$).

B. Beim Erwärmen von 3,3-Bis-chlormethyl-oxetan mit Kaliumäthylat in Äthanol
(*Farthing*, Soc. **1955** 3648, 3651).
Kp$_{19}$: 81,5—82°.

3,3-Bis-phenoxymethyl-oxetan $C_{17}H_{18}O_3$, Formel VII (R = C$_6$H$_5$).

B. Beim Erhitzen von 3,3-Bis-chlormethyl-oxetan mit Kaliumphenolat auf 120°
(*Farthing*, Soc. **1955** 3648, 3649, 3651).
Krystalle (aus Me.); F: 68°. Kp$_{0,05}$: 143°.

3,3-Bis-acetoxymethyl-oxetan $C_9H_{14}O_5$, Formel VII (R = CO-CH$_3$).

B. Beim Erhitzen von 3,3-Bis-hydroxymethyl-oxetan mit Acetanhydrid (*Govaert,
Beyaert*, Pr. Akad. Amsterdam **42** [1939] 790, 793). Neben 3-Acetoxymethyl-3-chlor=
methyl-oxetan beim Erhitzen von 3,3-Bis-chlormethyl-oxetan mit Kaliumacetat auf
180° (*Farthing*, Soc. **1955** 3648, 3649, 3651).
Kp$_{21}$: 152° (*Fa.*); Kp$_{12}$: 146° (*Go., Be.*).

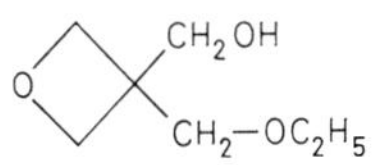

VIII 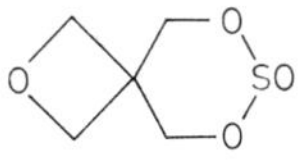   IX 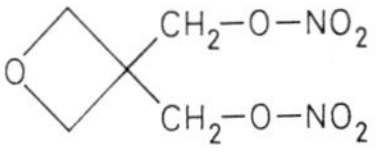   X

7-Oxo-2,6,8-trioxa-7λ^4-thia-spiro[3.5]nonan, 2,6,8-Trioxa-7-thia-spiro[3.5]nonan-7-oxid $C_5H_8O_4S$, Formel IX.

B. Beim Erhitzen von 3,9-Dioxo-2,4,8,10-tetraoxa-3λ^4,9λ^4-dithia-spiro[5.5]undecan (E IV 1 2815) auf 260° (*Wawzonek, Loft*, J. org. Chem. **24** [1959] 641).

Krystalle (nach Sublimation bei 60°/1 Torr); F: 74—75°.

3,3-Bis-nitryloxymethyl-oxetan $C_5H_8N_2O_7$, Formel X.

B. In mässiger Ausbeute beim Erwärmen von 3-Nitryloxy-2,2-bis-nitryloxymethyl-propan-1-ol mit Natriumäthylat in Äthanol (*Elrick et al.*, Am. Soc. **76** [1954] 1374).

Krystalle (aus CCl_4); F: 89—91° [Fisher-Johns-Block].

3,3-Bis-benzolsulfonylmethyl-oxetan $C_{17}H_{18}O_5S_2$, Formel XI.

B. Neben einer bei 140—147° schmelzenden Substanz beim Behandeln eines Gemisches von 3,3-Bis-[phenylmercapto-methyl]-oxetan und 3-Chlormethyl-3-[phenylmercapto-methyl]-oxetan (aus 3,3-Bis-chlormethyl-oxetan und Natriumthiophenolat in Äthanol hergestellt) in Essigsäure mit wss. Wasserstoffperoxid (*Campbell*, J. org. Chem. **22** [1957] 1029, 1034).

Krystalle (aus A.); F: 159—159,5°. IR-Banden ($CHCl_3$; 7,7—12,5 μ): *Ca.*, l. c. S. 1035.

3,3-Bis-thiocyanatomethyl-oxetan $C_7H_8N_2OS_2$, Formel XII.

B. Neben 3-Chlormethyl-3-thiocyanatomethyl-oxetan beim Erwärmen von 3,3-Bis-chlormethyl-oxetan mit Natriumthiocyanat in Aceton (*Campbell*, J. org. Chem. **22** [1957] 1029, 1033).

Krystalle (aus A.); F: 81,8—82,1°. Bei der Destillation erfolgt Umwandlung in eine Substanz von hohem Molekulargewicht.

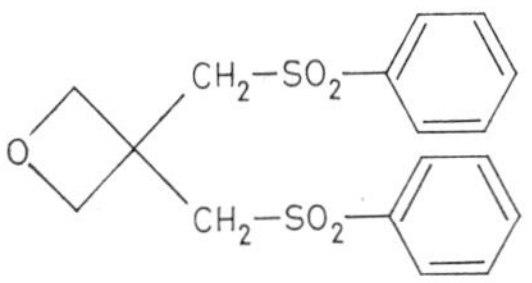

XI 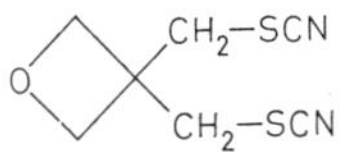   XII 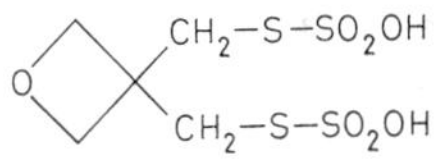   XIII 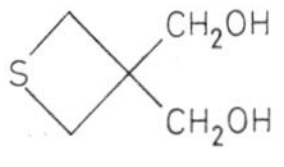   XIV

3,3-Bis-[sulfomercapto-methyl]-oxetan $C_5H_{10}O_7S_4$, Formel XIII.

Dinatrium-Salz $Na_2C_5H_8O_7S_4$. *B.* Beim Erwärmen von 3,3-Bis-chlormethyl-oxetan mit Natriumthiosulfat in wss. Äthanol (*Campbell*, J. org. Chem. **22** [1957] 1029, 1033). — Krystalle (aus wss. A.) mit 3 Mol H_2O (*Ca.*). IR-Banden ($CHCl_3$; 2,8—10,8 μ): *Ca.*, l. c. S. 1035. — Über die Konstitution einer von *Campbell* (l. c.) beim Erwärmen mit Natriumthiosulfat und wss.-äthanol. Salzsäure erhaltenen, mit Vorbehalt als 2-Oxa-6,7,8-trithia-spiro[3.5]nonan formulierten Verbindung $C_5H_8OS_3$ (Krystalle; F: 90° bis 91°) s. *Breslow, Skolnitz*, Chem. Heterocycl. Compounds **21** [1966] 690, 691; s. aber *Goethals*, Bl. Soc. chim. Belg. **72** [1963] 396, 402. Beim Behandeln mit wss. Salzsäure ist eine mit Vorbehalt als 2-Oxa-6,7-dithia-spiro[3.4]octan angesehene Substanz $C_5H_8OS_2(?)$ (gelbes Öl; bei 100—110°/2,5 Torr destillierbar) erhalten worden (*Ca.*; s. dazu *Go.*).

3,3-Bis-hydroxymethyl-thietan $C_5H_{10}O_2S$, Formel XIV.

B. In geringer Menge beim Behandeln von 5-[Acetylmercapto-methyl]-2,2-dimethyl-5-[toluol-4-sulfonyloxymethyl]-[1,3]dioxan in Chloroform mit Natriummethylat in Methanol (*Bladon, Owen*, Soc. **1950** 585, 589).

F: 72—74° [durch Sublimation bei 90—120°/1 Torr gereinigtes Präparat].

[Henseleit]

Dihydroxy-Verbindungen $C_6H_{12}O_3$

*Opt.-inakt. 2,2-Diäthyl-1,3-bis-[3-hydroxy-2-methyl-tetrahydro-pyran-2-yloxy]-propan, 3,3-Bis-[3-hydroxy-2-methyl-tetrahydro-pyran-2-yloxymethyl]-pentan $C_{19}H_{36}O_6$, **Formel I.**
Diese Konstitution wird der nachstehend beschriebenen Verbindung zugeordnet.
B. Beim Erwärmen von 2,2-Diäthyl-propan-1,3-diol mit (±)-3,6-Dihydroxy-hexan-2-on und Phosphorylchlorid (*Petersen, Gisvold*, J. Am. pharm. Assoc. **45** [1956] 572, 577).
Krystalle (nach Sublimation oberhalb 125°); F: 211—214° [geschlossene Kapillare].

---

*Opt.-inakt. 2-Methyl-tetrahydro-pyran-3,4-diol $C_6H_{12}O_3$, **Formel II.**
B. Bei der Hydrierung von Maltol (3-Hydroxy-2-methyl-pyran-4-on) an Palladium in Äthanol und Behandlung des Reaktionsprodukts mit Natriumboranat in Methanol (*Hsü*, J. Antibiotics Japan [A] **11** [1958] 233, 242).
IR-Spektrum (2—14 µ): *Yü.*, l. c. S. 237.
Charakterisierung durch Überführung in ein **Diacetyl-Derivat** ($C_{10}H_{16}O_5$; F: 29° bis 33° [?]): *Hsü.*

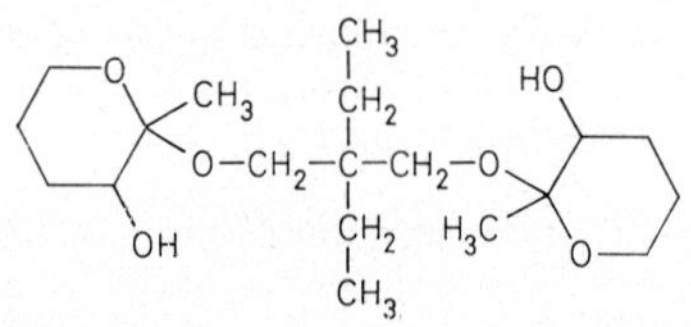

I 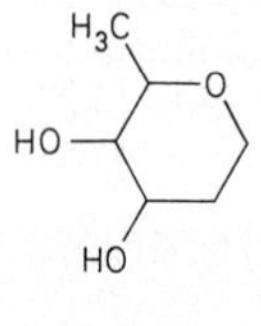   II 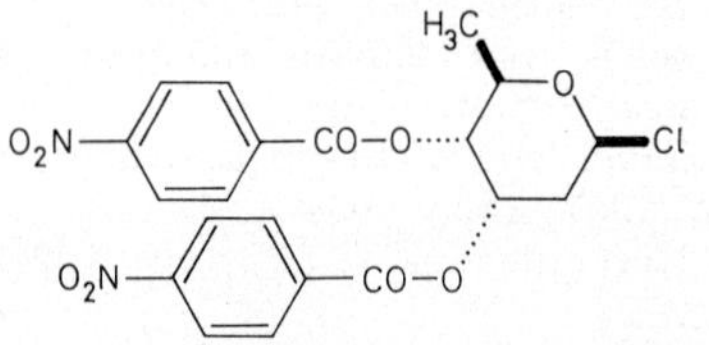   III

(2R)-6c-Chlor-2r-methyl-3t,4t-bis-[4-nitro-benzoyloxy]-tetrahydro-pyran, Bis-*O*-[4-nitro-benzoyl]-β-D-*ribo*-2,6-didesoxy-hexopyranosylchlorid $C_{20}H_{17}ClN_2O_9$, **Formel III.**
Konfigurationszuordnung: *Zorbach, Payne*, Am. Soc. **82** [1960] 4979, 4981.
B. Aus Tris-*O*-[4-nitro-benzoyl]-β-D-*ribo*-2,6-didesoxy-hexopyranose beim Behandeln mit Chlorwasserstoff in Dichlormethan (*Zorbach, Payne*, Am. Soc. **80** [1958] 5564, 5567).
Krystalle (aus CH_2Cl_2 + Ae.), die bei 96—103° [Zers.] schmelzen (*Zo., Pa.*, Am. Soc. **80** 5567). $[\alpha]_D^{25}$: —185,9° [$CHCl_3$; c = 2] (*Zo., Pa.*, Am. Soc. **82** 4983).

(2R)-3t(oder 4t)-Acetoxy-6c(?)-brom-2r-methyl-tetrahydro-pyran-4t(oder 3t)-ol, O^3(oder O^4)-Acetyl-β(?)-D-*ribo*-2,6-didesoxy-hexopyranosylbromid $C_8H_{13}BrO_4$, **vermutlich Formel IV** (R = CO-CH$_3$, R′ = H oder R = H, R′ = CO-CH$_3$).
B. Beim Behandeln von Tri-*O*-acetyl-β-D-*ribo*-2,6-didesoxy-hexopyranose mit Bromwasserstoff in einem Gemisch von Essigsäure und Acetanhydrid (*Zorbach, Payne*, Am. Soc. **80** [1958] 5564, 5567).
Krystalle (aus Ae. + Hexan); F: 75—77,5° [Zers.]. $[\alpha]_D^{25}$: +59,0° [$CHCl_3$; c = 1].

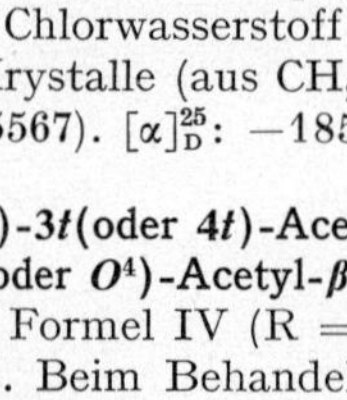

IV 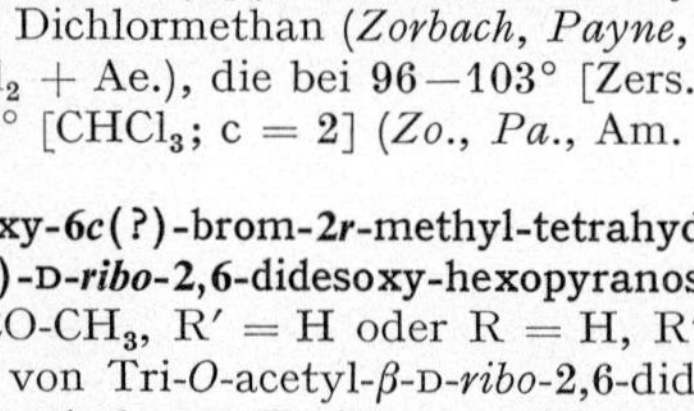   V 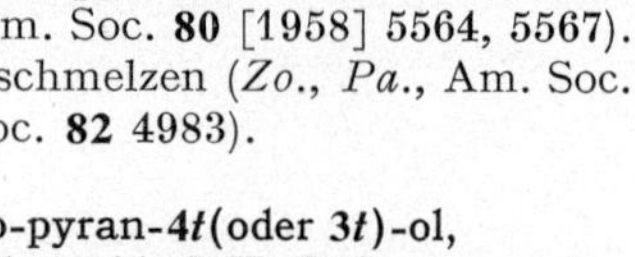   VI

(2R)-6c-Brom-2r-methyl-3t,4t-bis-[4-nitro-benzoyloxy]-tetrahydro-pyran, Bis-*O*-[4-nitro-benzoyl]-β-D-*ribo*-2,6-didesoxy-hexopyranosylbromid $C_{20}H_{17}BrN_2O_9$, **Formel V.**
Konfigurationszuordnung: *Zorbach, Payne*, Am. Soc. **82** [1960] 4979, 4981.
B. Aus Tris-*O*-[4-nitro-benzoyl]-β-D-*ribo*-2,6-didesoxy-hexopyranose beim Behandeln mit Bromwasserstoff in Dichlormethan (*Zorbach, Payne*, Am. Soc. **80** [1958] 5564, 5567).
Krystalle, die bei 91—101° [Zers.] schmelzen (*Zo., Pa.*, Am. Soc. **80** 5567). $[\alpha]_D^{25}$: +139,1° [$CHCl_3$; c = 2] (*Zo., Pa.*, Am. Soc. **82** 4983). Nur bei tiefer Temperatur be-

ständig (*Zo.*, *Pa.*, Am. Soc. **80** 5567).

(**2R**)-6*t*-Äthoxy-3*t*-methansulfonyloxy-2*r*-methyl-tetrahydro-pyran, Äthyl-[*O*⁴-methan=
sulfonyl-α-D-*erythro*-2,3,6-tridesoxy-hexopyranosid] C₉H₁₈O₅S, Formel VI.

B. Beim Erhitzen von (2*R*)-6*t*-Äthoxy-3*t*-methansulfonyloxy-2*r*-methansulfonyloxy=
methyl-tetrahydro-pyran mit Natriumjodid in Aceton auf 120° und Hydrieren des Reaktionsprodukts an Raney-Nickel in mit Diäthylamin versetztem Methanol (*Laland et al.*,
Soc. **1950** 738, 742).

Öl. $[\alpha]_D^{20}$: +122,9° [Acn.; c = 2].

(**2S**)-6*t*-Äthoxy-2*r*-jodmethyl-3*t*-[toluol-4-sulfonyloxy]-tetrahydro-pyran, Äthyl-[6-jod-
*O*⁴-(toluol-4-sulfonyl)-α-D-*erythro*-2,3,6-tridesoxy-hexopyranosid] C₁₅H₂₁IO₅S,
Formel VII.

B. Aus (2*R*)-6*t*-Äthoxy-3*t*-[toluol-4-sulfonyloxy]-2*r*-[toluol-4-sulfonyloxymethyl]-tetra=
hydro-pyran beim Erhitzen mit Natriumjodid in Aceton auf 110° (*Laland et al.*, Soc. **1950**
738, 741).

Krystalle (aus wss. A.); F: 58—59°. $[\alpha]_D^{20}$: +88,8° [Bzl.; c = 0,4].

5-Hydroxy-2-[3-hydroxy-6-methyl-tetrahydro-pyran-2-yloxy]-hexanal C₁₂H₂₂O₅,
Formel VIII, und cyclische Tautomere.

Für die nachstehend beschriebene opt.-inakt. Verbindung wird die Formulierung als
[3-Hydroxy-6-methyl-tetrahydro-pyran-2-yl]-[2-hydroxy-6-methyl-tetra=
hydro-pyran-3-yl]-äther in Betracht gezogen.

B. Aus opt.-inakt. 6-Methyl-tetrahydro-pyran-2,3-diol [charakterisiert durch Überführung in (±)-2-[2,4-Dinitro-phenylhydrazono]-5-hydroxy-hexanal-[2,4-dinitro-phenylhydr=
azon] (F: 243—245°)] beim Erhitzen (*Zelinski, Eichel,* J. org. Chem. **23** [1958] 462, 464).
Kp₅: >56°. n_D^{25}: 1,4461.

VII   VIII   IX

(±)-2-Methoxy-2-methoxymethyl-tetrahydro-pyran C₈H₁₆O₃, Formel IX.

B. Beim Erwärmen von opt.-inakt. 1,7,10,15-Tetraoxa-dispiro[5.2.5.2]hexadecan (F:
161°) mit Chlorwasserstoff enthaltendem Methanol (*Owen, Peto,* Soc. **1956** 1146, 1151).
Kp₅₀: 110°. n_D^{20}: 1,4382.

Bei der Behandlung mit wss. Salzsäure und anschliessenden Umsetzung mit [2,4-Di=
nitro-phenyl]-hydrazin sind eine Verbindung C₁₂H₁₄N₄O₅ (Krystalle [aus Dioxan],
F: 164°; λ_{max}: 360 nm [CHCl₃] bzw. 355 nm [A.]) und 2-[2,4-Dinitro-phenylhydrazono]-
6-hydroxy-hexanal-[2,4-dinitro-phenylhydrazon] (F: 224—226°) erhalten worden.

(**2R,3Ξ**)-2*r*-Hydroxymethyl-tetrahydro-pyran-3-ol C₆H₁₂O₃, Formel X (R = H).

B. Aus (*R*)-2-Hydroxymethyl-4*H*-pyran-3-on bei der Hydrierung an Raney-Nickel in
wss. Äthanol (*Matthews et al.*, Soc. **1955** 2511, 2513).
Öl. n_D^{19}: 1,478.

(**2R,3Ξ**)-3-Methoxy-2-methoxymethyl-tetrahydro-pyran C₈H₁₆O₃, Formel X (R = CH₃).

B. Bei wiederholtem Behandeln von (2*R*,3Ξ)-2-Hydroxymethyl-tetrahydro-pyran-3-ol
mit Natrium und flüssigem Ammoniak und anschliessend mit Methyljodid (*Matthews
et al.*, Soc. **1955** 2511, 2513).

Bei 100°/12 Torr destillierbar. n_D^{19}: 1,437.

Beim Erhitzen mit wss. Salpetersäure und anschliessenden Behandeln mit Natrium=
nitrit und Salpetersäure ist 2-Methoxy-glutarsäure erhalten worden.

(2R,3Ξ)-3-Acetoxy-2-acetoxymethyl-tetrahydro-pyran $C_{10}H_{16}O_5$, Formel X (R = CO-CH$_3$).

B. Beim Behandeln von (2R,3Ξ)-2-Hydroxymethyl-tetrahydro-pyran-3-ol (S. 2013) mit Acetanhydrid und Pyridin (*Matthews et al.*, Soc. **1955** 2511, 2514).

Öl; bei 183°/15 Torr destillierbar. $n_D^{22(?)}$: 1,4465.

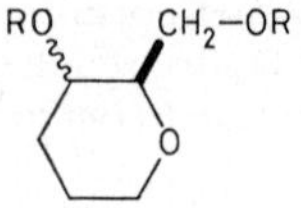

X 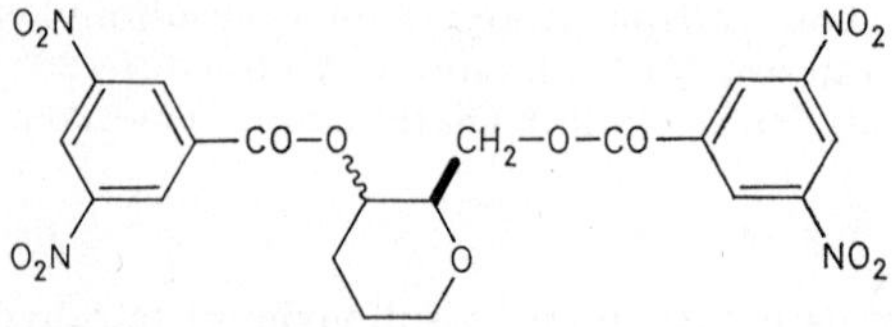   XI 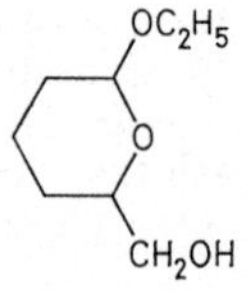   XII

(2R,3Ξ)-3-[3,5-Dinitro-benzoyloxy]-2-[3,5-dinitro-benzoyloxymethyl]-tetrahydro-pyran $C_{20}H_{16}N_4O_{13}$, Formel XI.

B. Aus (2R,3Ξ)-2-Hydroxymethyl-tetrahydro-pyran-3-ol [S. 2013] (*Matthews et al.*, Soc. **1955** 2511, 2513).

F: 172°.

---

*Opt.-inakt. 2-Äthoxy-6-hydroxymethyl-tetrahydro-pyran, [6-Äthoxy-tetrahydro-pyran-2-yl]-methanol $C_8H_{16}O_3$, Formel XII.

B. Beim Behandeln von (±)-[3,4-Dihydro-2H-pyran-2-yl]-methanol mit Äthanol unter Zusatz von wss. Salzsäure (*Zelinsky et al.*, J. org. Chem. **23** [1958] 184).

Kp$_{98}$: 151—154°; Kp$_7$: 90—94°. n_D^{20}: 1,4510.

(2S)-*trans*-2-Äthoxy-6-methansulfonyloxymethyl-tetrahydro-pyran $C_9H_{18}O_5S$, Formel I.

B. Bei der Behandlung von (2R)-6t-Äthoxy-3t-methansulfonyloxy-2r-methansulfonyl= oxymethyl-3,6-dihydro-2H-pyran mit Natriumjodid in Aceton und Hydrierung des Reaktionsprodukts an Raney-Nickel in Diäthylamin und Wasser enthaltendem Methanol (*Laland et al.*, Soc. **1950** 738, 742).

Öl. $[\alpha]_D^{20}$: +65,3° [Acn.; c = 2,5].

---

*Opt.-inakt. 3-Hydroxymethyl-tetrahydro-pyran-4-ol $C_6H_{12}O_3$, Formel II (R = R' = H).

B. Beim Erwärmen von Acrylaldehyd mit wss. Schwefelsäure und Hydrieren des Reaktionsprodukts an Raney-Nickel in Äthanol bei 110°/120 at (*Olsen et al.*, Acta chem. scand. **6** [1952] 859, 865). Beim Behandeln von opt.-inakt. 4-Acetoxy-3-acetoxymethyl-tetra= hydro-pyran (Kp$_{14}$: 147° bzw. F: 43—46°) mit Chlorwasserstoff enthaltendem Methanol (*Olsen*, Acta chem. scand. **5** [1951] 1326, 1333; *Ol. et al.*, l. c. S. 864). Aus opt.-inakt. Tetrahydro-pyrano[4,3][1,3]dioxin (F: 55—56°) mit Hilfe von wss. Salzsäure (*Hanschke*, B. **88** [1955] 1043, 1047).

Kp$_{12}$: 158—160°; Kp$_1$: 140—143°; $n_D^{22,5}$: 1,4840 (*Ol.*, l. c. S. 1333). Kp$_{10}$: 158—160°; D_4^{20}: 1,1736; n_D^{20}: 1,4825 (*Ol. et al.*, l. c. S. 865). Kp$_8$: 156,5°; D_4^{22}: 1,1837; n_D^{22}: 1,4860 (*Ol. et al.*, l. c. S. 864). Kp$_1$: 147°; D_4^{25}: 1,176; n_D^{20}: 1,4884 (*Ha.*).

Opt.-inakt. 3-Hydroxymethyl-tetrahydro-pyran-4-ol hat wahrscheinlich auch in zwei von *Du Pont de Nemours & Co.* (U.S.P. 2493964) und von *Dermer et al.* (Am. Soc. **73** [1951] 5869) aus Buta-1,3-dien und Paraformaldehyd erhaltenen Präparaten (a) Kp$_{760}$: 290—291°, Kp$_1$: 120°; D^{24}: 1,175; b) Kp$_2$: 128—133°) vorgelegen (*Ol. et al.*, l. c. S. 859, 862).

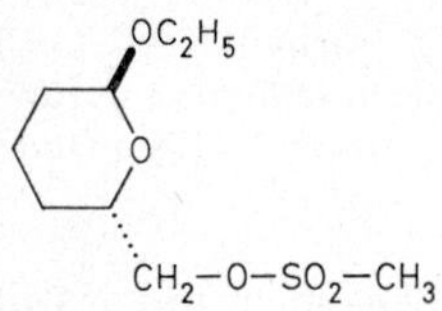

I 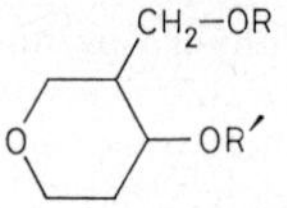   II 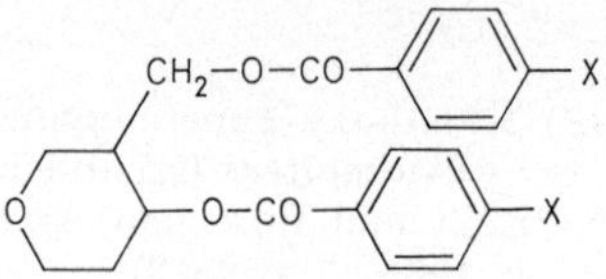   III

4-Methoxy-3-methoxymethyl-tetrahydro-pyran $C_8H_{16}O_3$, Formel II (R = R' = CH_3).
Diese Konstitution kommt wahrscheinlich der nachstehend beschriebenen, von *Dermer*, *Hawkins* (Am. Soc. **74** [1952] 4595) als 3-Methoxy-4-methoxymethyl-tetrahydro-pyran $C_8H_{16}O_3$ angesehenen opt.-inakt. Verbindung zu (vgl. das aus Buta-1,3-dien und Formaldehyd erhaltene Reaktionsprodukt [*Olsen*, Acta chem. scand. **5** [1951] 1326, 1333]).
B. Neben anderen Verbindungen beim Behandeln von Buta-1,3-dien mit Formaldehyddimethylacetal unter Zusatz von Schwefelsäure (*De.*, *Ha.*).
Kp_{30}: 107°; D_4^{28}: 1,012; n_D^{28}: 1,4372 (*De.*, *Ha.*).

4-Acetoxy-3-[acetoxymethoxy-methyl]-tetrahydro-pyran $C_{11}H_{18}O_6$, Formel II
(R = CH_2-O-CO-CH_3, R' = CO-CH_3), und **4-Acetoxymethoxy-3-acetoxymethyl-tetra=hydro-pyran** $C_{11}H_{18}O_6$, Formel II (R = CO-CH_3, R' = CH_2-O-CO-CH_3).
Diese beiden Konstitutionsformeln werden für die nachstehend beschriebene opt.-in=akt. Verbindung in Betracht gezogen.
B. Neben 4-Acetoxy-3-acetoxymethyl-tetrahydro-pyran (Kp_{14}: 147°) beim Erhitzen von opt.-inakt. Tetrahydro-pyrano[4,3][1,3]dioxin (F: 54—55°) mit Acetanhydrid und Schwefelsäure (*Olsen*, Acta chem. scand. **5** [1951] 1326, 1332).
Kp_8: 161—163°.

*****Opt.-inakt. 4-Acetoxy-3-acetoxymethyl-tetrahydro-pyran** $C_{10}H_{16}O_5$, Formel II
(R = R' = CO-CH_3).
B. Neben anderen Verbindungen beim Erhitzen von Buta-1,3-dien mit Paraformaldehyd und Essigsäure unter Zusatz von Schwefelsäure bis auf 180° (*Olsen et al.*, Acta chem. scand. **6** [1952] 859, 864; s. a. *Olsen*, Acta chem. scand. **5** [1951] 1326, 1333). Beim Erhitzen von 1,5-Diacetoxy-pent-2ξ-en (Kp_{13}: 124—128°) mit Paraformaldehyd, Essigsäure und Schwe=felsäure (*Ol. et al.*, l. c. S. 864; *Shell Devel. Co.*, U.S.P. 2513133 [1947]). Neben anderen Verbindungen beim Erhitzen von 3,6-Dihydro-2H-pyran mit Paraformaldehyd und Essig=säure unter Zusatz von Schwefelsäure (*Ol.*, l. c. S. 1332). Beim Behandeln von opt.-inakt. 3-Hydroxymethyl-tetrahydro-pyran-4-ol (aus Acrylaldehyd hergestellt) mit Acetanhydrid und Pyridin (*Shell Devel. Co.*).
Krystalle; F: 43—46° [aus A.] (*Ol. et al.*, l. c. S. 864), 44,5° [aus Methylcyclohexan + Toluol] (*Hanschke*, B. **88** [1955] 1043, 1047). Kp_{14}: 147°; Kp_{10}: 137—139° (*Ol.*, l. c. S. 1332). $Kp_{0,2}$: 75—79°; D_4^{20}: 1,133; n_D^{20}: 1,4508 (*Shell Devel. Co.*). D_4^{20}: 1,144 [unterkühlte Schmelze] (*Ha.*). n_D^{21}: 1,4530 [unterkühlte Schmelze] (*Ol. et al.*, l. c. S. 864).

*****Opt.-inakt. 4-Benzoyloxy-3-benzoyloxymethyl-tetrahydro-pyran** $C_{20}H_{20}O_5$, Formel III
(X = H).
B. Aus opt.-inakt. 3-Hydroxymethyl-tetrahydro-pyran-4-ol [S. 2014] (*Hanschke*, B. **88** [1955] 1043, 1047).
Krystalle (aus Methylcyclohexan + Toluol); F: 65,5°.

*****Opt.-inakt. 4-[4-Nitro-benzoyloxy]-3-[4-nitro-benzoyloxymethyl]-tetrahydro-pyran**
$C_{20}H_{18}N_2O_9$, Formel III (X = NO_2).
B. Aus opt.-inakt. 3-Hydroxymethyl-tetrahydro-pyran-4-ol [S. 2014] (*Hanschke*, B. **88** [1955] 1043, 1047).
Krystalle (aus E.); F: 154—155°.

*****Opt.-inakt. 4-Phenylcarbamoyloxy-3-[phenylcarbamoyloxy-methyl]-tetrahydro-pyran**
$C_{20}H_{22}N_2O_5$, Formel II (R = R' = CO-NH-C_6H_5).
B. Aus opt.-inakt. 3-Hydroxymethyl-tetrahydro-pyran-4-ol [S. 2014] und Phenyliso=cyanat (*Olsen*, Acta chem. scand. **5** [1951] 1326, 1333; *Olsen et al.*, Acta chem. scand. **6** [1952] 859, 864).
Krystalle (aus A.); F: 145° (*Ol.*), 144—145° (*Ol. et al.*).

*****Opt.-inakt. 2-Oxo-tetrahydro-2λ⁴-pyrano[4,3-d][1,3,2]dioxathiin, Tetrahydro-pyrano=
[4,3-d][1,3,2]dioxathiin-2-oxid** $C_6H_{10}O_4S$, Formel IV.
B. Beim Behandeln von opt.-inakt. 3-Hydroxymethyl-tetrahydro-pyran-4-ol (n_D^{20}: 1,4884) mit Thionylchlorid und Pyridin (*Hanschke*, B. **88** [1955] 1043, 1047).
$Kp_{0,2}$: 80—82°. D_4^{20}: 1,356. n_D^{20}: 1,4905.

3-Hydroxymethyl-tetrahydro-thiopyran-4-ol $C_6H_{12}O_2S$, Formel V (R = H).
Diese Konstitution kommt vermutlich der nachstehend beschriebenen opt.-inakt. Verbindung zu.
B. Aus der im folgenden Artikel beschriebenen Verbindung (*Olsen, Rutland*, B. **86** [1953] 361, 365).
Kp$_7$: 169—171° bzw. 162—165° [zwei Präparate].

IV   V   VI   VII

4-Acetoxy-3-acetoxymethyl-tetrahydro-thiopyran $C_{10}H_{16}O_4S$, Formel V (R = CO-CH$_3$).
Diese Konstitution wird für die nachstehend beschriebene opt.-inakt. Verbindung auf Grund ihrer Bildungsweise in Analogie zu opt.-inakt. 4-Acetoxy-3-acetoxymethyl-tetra=
hydro-pyran (S. 2015) in Betracht gezogen (*Olsen, Rutland*, B. **86** [1953] 361, 363).
B. Neben Tetrahydro-thiopyrano[4,3][1,3]dioxin (?) (F: 120—121°) beim Erhitzen von 3,6-Dihydro-2*H*-thiopyran mit Paraformaldehyd und wss. Essigsäure unter Zusatz von Schwefelsäure (*Ol., Ru.*, l. c. S. 365).
Kp$_7$: 151—152°; D$_4^{23}$: 1,1460; n$_D^{23}$: 1,4674 [unreines Präparat].

4-Phenylcarbamoyloxy-3-[phenylcarbamoyloxy-methyl]-tetrahydro-thiopyran
$C_{20}H_{22}N_2O_4S$, Formel V (R = CO-NH-C$_6$H$_5$).
Diese Konstitution kommt vermutlich der nachstehend beschriebenen opt.-inakt. Verbindung zu.
B. Beim Erwärmen von opt.-inakt. Tetrahydro-thiopyrano[4,3][1,3]dioxin (?) (F: 120—121°) mit Chlorwasserstoff enthaltendem Methanol und Behandeln des Reaktionsprodukts mit Phenylisocyanat in Benzol (*Olsen, Rutland*, B. **86** [1953] 361, 365).
Krystalle (aus A.); F: 167,5—169,5°.

*Opt.-inakt. 2-Äthoxy-5-hydroxymethyl-tetrahydro-pyran, [6-Äthoxy-tetrahydro-pyran-3-yl]-methanol $C_8H_{16}O_3$, Formel VI.
B. Beim Erhitzen von (±)-5-Hydroxy-4-hydroxymethyl-valeraldehyd-diäthylacetal mit wenig Toluol-4-sulfonsäure-monohydrat unter vermindertem Druck (*Marvel, Drysdale*, Am. Soc. **75** [1953] 4601).
Kp$_{1,5}$: 95—97°. n$_D^{20}$: 1,4563.

*Opt.-inakt. 2-Methoxy-4-methyl-tetrahydro-pyran-4-ol $C_7H_{14}O_3$, Formel VII.
B. Beim Behandeln von (±)-3-Hydroxy-5,5-dimethoxy-3-methyl-valeriansäure-methyl=
ester mit Lithiummalanat in Tetrahydrofuran und Erhitzen des Reaktionsprodukts (*Cornforth et al.*, Tetrahedron **5** [1959] 311, 326).
Kp$_{0,1}$: 60—62°.

2,6-Dimethoxy-4-methyl-tetrahydro-pyran $C_8H_{16}O_3$, Formel VIII.
Diese Konstitution kommt wahrscheinlich der nachstehend beschriebenen opt.-inakt. Verbindung zu.
B. Neben grösseren Mengen 5-Hydroxy-3-methyl-valeriansäure-lacton beim Behandeln von opt.-inakt. 2-Methoxy-4-methyl-3,4-dihydro-2*H*-pyran (n$_D^{25}$: 1,4370) mit wss. Salz=
säure und anschliessenden Erwärmen in wss. Natronlauge (*Longley et al.*, Am. Soc. **74** [1952] 2012, 2014).
Kp$_{20}$: 76—78°. D$_{25}^{25}$: 0,983. n$_D^{25}$: 1,4252.

4-Hydroxymethyl-tetrahydro-pyran-3-ol $C_6H_{12}O_3$, Formel IX.
Diese Konstitution wird für die nachstehend beschriebene opt.-inakt. Verbindung in

Betracht gezogen.

B. Aus opt.-inakt. Tetrahydro-pyrano[3,4][1,3]dioxin (?) (Kp$_8$: 83—84°; n$_D^{20}$: 1,4734) beim Erwärmen mit [2,4-Dinitro-phenyl]-hydrazin und wss. Schwefelsäure (*Hanschke,* B. **88** [1955] 1043, 1047).

Kp$_{0,08}$: 127°. D$_4^{20}$: 1,1762. n$_D^{20}$: 1,4872.

Bis-[4-nitro-benzoyl]-Derivat C$_{20}$H$_{18}$N$_2$O$_9$. Krystalle (aus Me.); F: 129—130°.

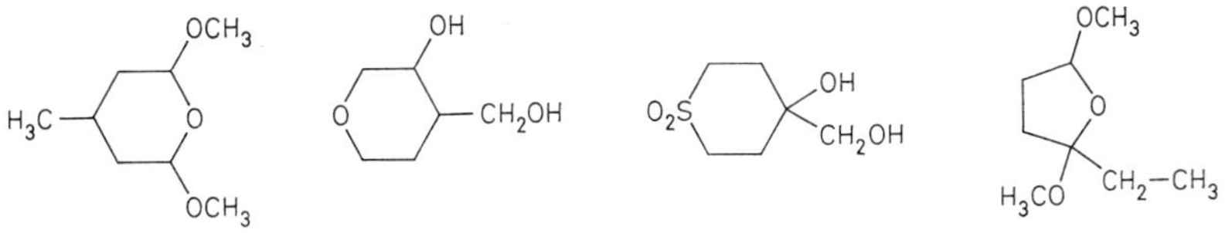

VIII   IX   X   XI

4-Hydroxymethyl-1,1-dioxo-tetrahydro-1λ^6-thiopyran-4-ol C$_6$H$_{12}$O$_4$S, Formel X.

B. Aus 6,6-Dioxo-1-oxa-6λ^6-thia-spiro[2.5]octan beim Erhitzen mit wss. Schwefelsäure (*Overberger, Katchman,* Am. Soc. **78** [1956] 1965, 1967).

Krystalle (aus Me.); F: 163—164,5° [korr.].

*Opt.-inakt. 2-Äthyl-2,5-dimethoxy-tetrahydro-furan C$_8$H$_{16}$O$_3$, Formel XI.

B. Aus opt.-inakt. 2-Äthyl-2,5-dimethoxy-2,5-dihydro-furan (n$_D^{20}$: 1,4364) bei der Hydrierung an Palladium/Strontiumcarbonat in Methanol (*Levisalles,* Bl. **1957** 997, 1000).

Kp$_{20}$: 69°. n$_D^{18}$: 1,4302.

Charakterisierung durch Überführung in 4-[2,4-Dinitro-phenylhydrazono]-hexanal-[2,4-dinitro-phenylhydrazon] (F: 176°): *Le.*

(2S)-2r-[(S)-1,2-Dichlor-äthyl]-tetrahydro-furan-3c,4c-diol, 1,2-Dichlor-3,6-anhydro-1,2-didesoxy-D-mannit C$_6$H$_{10}$Cl$_2$O$_3$, Formel XII, **und (2R)-4c-Chlor-2r-[(S)-2-chlor-1-hydroxy-äthyl]-tetrahydro-furan-3c-ol, 2,6-Dichlor-1,4-anhydro-2,6-didesoxy-D-mannit** C$_6$H$_{10}$Cl$_2$O$_3$, Formel XIII.

Diese beiden Formeln werden für die nachstehend beschriebene Verbindung in Betracht gezogen.

B. Neben anderen Verbindungen beim Erhitzen von D-Mannit mit wss. Salzsäure (*Montgomery, Wiggins,* Soc. **1948** 2204, 2207).

Krystalle (aus E.); F: 216—217°. [α]$_D^{22}$: +27,8° [A.; c = 1].

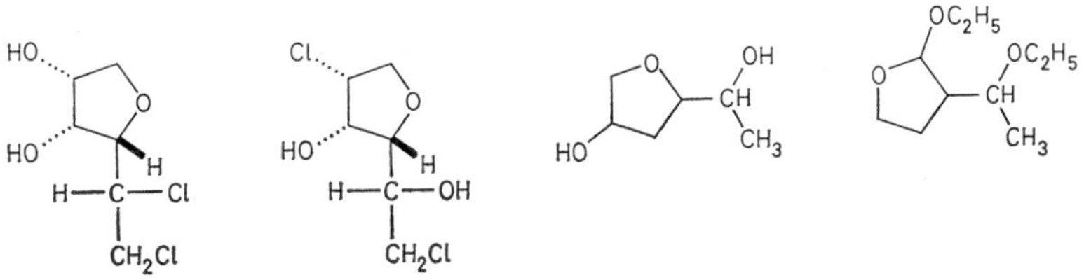

XII   XIII   XIV   XV

5-[1-Hydroxy-äthyl]-tetrahydro-furan-3-ol C$_6$H$_{12}$O$_3$, Formel XIV.

Präparate (z. B. Kp$_1$: 118—125°; D$_{25}^{25}$: 1,1452; n$_D^{25}$: 1,4752) von unbekanntem opt. Drehungsvermögen, in denen möglicherweise eine Verbindung oder ein Gemisch von Verbindungen dieser Konstitution vorgelegen hat, sind neben anderen Substanzen bei der Hydrierung von D-Glucose, D-Maltose, D-Saccharose oder D-Lactose an Kupferoxid-Chromoxid in Äthanol bei 250°/300 at erhalten worden (*Zartman, Adkins,* Am. Soc. **55** [1933] 4559, 4561).

2-Äthoxy-3-[1-äthoxy-äthyl]-tetrahydro-furan C$_{10}$H$_{20}$O$_3$, Formel XV.

Diese Konstitution wird der nachstehend beschriebenen opt.-inakt. Verbindung auf

Grund ihrer Bildungsweise in Analogie zu 2-Äthoxy-3-[1-äthoxy-äthyl]-tetrahydro-pyran (S. 2022) zugeordnet (*Paul, Tchelitcheff*, Bl. **1950** 1155, 1158).

B. Neben 2'-Äthoxy-3-[1-äthoxy-äthyl]-[2,3']bifuryl (?) (Kp_{10}: 148—149°; n_D^{25}: 1,4525) aus 2,3-Dihydro-furan und Acetaldehyd-diäthylacetal in Gegenwart des Borfluorid-Äther-Addukts (*Paul, Tch.*).

Kp_{20}: 84—85°. $D_4^{24,5}$: 0,945. $n_D^{24,5}$: 1,4253.

(*2S*)-*2r,3t*-Dimethyl-tetrahydro-furan-3*c*,4*c*-diol, ⌐3-Methyl-2,5-anhydro-1-desoxy-L-arabit $C_6H_{12}O_3$, Formel I (in der Literatur auch als Didesoxy-dihydro-streptose und als Bis-desoxystreptose bezeichnet).

B. Aus [(3*S*)-4*c*-Hydroxy-4*t*,5*c*-dimethyl-tetrahydro-[3*r*]furyl]-[O^3,O^4,O^6-triacetyl-2-(acetyl-methyl-amino)-2-desoxy-α(?)-L-glucopyranosid] („Tetraacetyl-bis-desoxystrep≠tobiosamin") beim Erhitzen mit wss. Schwefelsäure (*Brink et al.*, Am. Soc. **70** [1948] 2085, 2089).

Krystalle (aus Ae.); F: 90—91°. $[\alpha]_D^{25}$: +32° [$CHCl_3$; c =1], +21° [W.; c = 1]. Bei 50—60°/10^{-4} Torr sublimierbar.

I   II   III   IV

(*2S*)-*2r,3t*-Dimethyl-3*c*,4*c*-bis-[4-nitro-benzoyloxy]-tetrahydro-furan $C_{20}H_{18}N_2O_9$, Formel II.

B. Beim Behandeln der im vorangehenden Artikel beschriebenen Verbindung mit 4-Nitro-benzoylchlorid und Pyridin (*Brink et al.*, Am. Soc. **70** [1948] 2085, 2089).

Krystalle (aus Me.); F: 141—142°.

---

*Opt.-inakt. 4-Methoxy-2,5-dimethyl-tetrahydro-furan-3-ol $C_7H_{14}O_3$, Formel III.

B. Beim Behandeln von opt.-inakt. 2,5-Dimethyl-2,5-dihydro-furan (Kp: 90—93°) mit wss. Alkalihypochlorit-Lösung, Behandeln des Reaktionsprodukts mit wss. Calciumhydr≠oxid und Erwärmen des erhaltenen 3,4-Epoxy-2,5-dimethyl-tetrahydro-furans $C_6H_{10}O_2$ mit Methanol in Gegenwart von Aluminiumoxid auf 100° (*Reppe et al.*, A. **596** [1955] 1, 139).

Kp_{10}: 102°.

(*2R*?)-*3t,4c*-Diacetoxy-*2r,5t*-dimethyl-tetrahydro-furan, O^3,O^4-Diacetyl-2,5-anhydro-1,6-didesoxy-D(?)-mannit $C_{10}H_{16}O_5$, vermutlich Formel IV.

B. Aus O^3,O^4-Diacetyl-1,6-dichlor-2,5-anhydro-1,6-didesoxy-D(?)-mannit (s. u.) bei der Hydrierung an Raney-Nickel in Triäthylamin bei 100°/105 at (*Cope, Shen*, Am. Soc. **78** [1956] 5912, 5916).

Kp_{12}: 110°. n_D^{25}: 1,4352. $[\alpha]_D^{25}$: +15,1° [Me.; c = 8].

(*2S*?)-*2r,5t*-Bis-chlormethyl-tetrahydro-furan-*3t,4c*-diol, 1,6-Dichlor-2,5-anhydro-1,6-didesoxy-D(?)-mannit $C_6H_{10}Cl_2O_3$, vermutlich Formel V (R = H).

B. Aus 1,4;2,5;3,6-Trianhydro-D-mannit beim Erwärmen mit wss. Salzsäure (*Cope, Shen*, Am. Soc. **78** [1956] 5912, 5916).

Krystalle (aus Bzl.); F: 87,6—88°. $Kp_{0,2}$: 128°. n_D^{25}: 1,5193. $[\alpha]_D^{26}$: +14,2° [Me.; c = 1].

(*2S*?)-*3t,4c*-Diacetoxy-*2r,5t*-bis-chlormethyl-tetrahydro-furan, O^3,O^4-Diacetyl-1,6-di≠chlor-2,5-anhydro-1,6-didesoxy-D(?)-mannit $C_{10}H_{14}Cl_2O_5$, vermutlich Formel V (R = CO-CH₃).

B. Beim Erwärmen der im vorangehenden Artikel beschriebenen Verbindung mit Acetanhydrid und Natriumacetat (*Cope, Shen*, Am. Soc. **78** [1956] 5912, 5916).

$Kp_{0,2}$: 152°. n_D^{25}: 1,4750.

(2S?)-2r,5t-Bis-chlormethyl-3t,4c-bis-methansulfonyloxy-tetrahydro-furan, 1,6-Dichlor-O^3,O^4-bis-methansulfonyl-2,5-anhydro-1,6-didesoxy-D(?)-mannit $C_8H_{14}Cl_2O_7S_2$, vermutlich Formel V (R = SO_2-CH_3).

B. Beim Behandeln von 1,4;2,5;3,6-Trianhydro-D-mannit mit Methansulfonylchlorid und Pyridin (*Cope, Shen,* Am. Soc. **78** [1956] 5912, 5916).
Krystalle (aus A.); F: 98,2—99,2°.

(2R)-2r,5t-Bis-jodmethyl-tetrahydro-furan-3c,4t-diol, 1,6-Dijod-2,5-anhydro-1,6-didesoxy-L-idit $C_6H_{10}I_2O_3$, Formel VI.

B. Beim Erwärmen von (2S)-2r,5t-Bis-[toluol-4-sulfonyloxymethyl]-tetrahydro-furan-3c,4t-diol mit Natriumjodid in Aceton (*Vargha, Puskás,* B. **76** [1943] 859, 862).
Krystalle (aus Bzn.); F: 110—111°. $[\alpha]_D^{20}$: +97,1° [$CHCl_3$; c = 3].

5-Hydroxymethyl-2-methoxy-2-methyl-tetrahydro-furan, [5-Methoxy-5-methyl-tetrahydro-[2]furyl]-methanol $C_7H_{14}O_3$, Formel VII (R = H).

Ein Racemat oder ein Gemisch der Racemate dieser Konstitution hat als Hauptbestandteil in den nachstehend beschriebenen Präparaten vorgelegen (*Pojarlieff,* Am. Soc. **56** [1934] 2685).

B. Beim Aufbewahren von (±)-5,6-Dihydroxy-hexan-2-on und Behandeln des (als Bis-[5-hydroxy-2-methyl-tetrahydro-pyran-2-yl]-äther [$C_{12}H_{22}O_5$] angesehenen) Reaktionsprodukts (Kp$_{0,3-0,4}$: 175—180°; durch Behandlung mit Acetanhydrid und Pyridin in eine Verbindung $C_{16}H_{26}O_7$ [$Kp_{0,2-0,3}$: 170—180°] überführbar) mit Chlorwasserstoff enthaltendem Methanol (*Levene, Walti,* J. biol. Chem. **88** [1930] 771, 781, 782). Beim Behandeln von (±)-5,6-Dihydroxy-hexan-2-on mit Chlorwasserstoff enthaltendem Methanol (*Le., Wa.,* l. c. S. 779).

$Kp_{1,5}$: 66—69°; D^{25}: 1,0614; n_D^{25}: 1,4496 [Präparat aus (±)-5,6-Dihydroxy-hexan-2-on] (*Le., Wa.,* l. c. S. 779); Kp_{15}: 101—103° [Präparat aus Bis-[5-hydroxy-2-methyl-tetrahydro-pyran-2-yl]-äther] (*Le., Wa.,* l. c. S. 782).

V	VI	VII	VIII

*Opt.-inakt. 2-Methoxy-5-methoxymethyl-2-methyl-tetrahydro-furan $C_8H_{16}O_3$, Formel VII (R = CH_3).

B. Beim Behandeln von (±)-5-Hydroxy-6-methoxy-hexan-2-on mit Chlorwasserstoff enthaltendem Methanol (*Pojarlieff,* Am. Soc. **56** [1934] 2685). Beim Erwärmen von opt.-inakt. 5-Hydroxymethyl-2-methoxy-2-methyl-tetrahydro-furan (Präparat vom $Kp_{1,5}$: 66—69°) mit Methyljodid und Silberoxid (*Levene, Walti,* J. biol. Chem. **88** [1930] 771, 780).

Kp_{17}: 74°; D^{25}: 0,9922; n_D^{25}: 1,4302 (*Le., Wa.*). Kp_{14}: 72°; n_D^{25}: 1,4252 (*Po.*).

*Opt.-inakt. 5-Acetoxymethyl-2-methoxy-2-methyl-tetrahydro-furan $C_9H_{16}O_4$, Formel VII (R = CO-CH_3).

B. Beim Behandeln von opt.-inakt. 5-Hydroxymethyl-2-methoxy-2-methyl-tetrahydro-furan (Präparat vom $Kp_{1,5}$: 66—69°) mit Acetanhydrid und Pyridin (*Levene, Walti,* J. biol. Chem. **88** [1930] 771, 779).

Kp_{16}: 102—104°.

---

cis-2,5-Bis-hydroxymethyl-tetrahydro-furan $C_6H_{12}O_3$, Formel VIII (R = H) (vgl. E II 183).

B. Aus 5-Hydroxymethyl-furan-2-carbaldehyd bei der Hydrierung an Raney-Nickel in Äther (*Cope, Baxter,* Am. Soc. **77** [1955] 393, 394; s. a. *Haworth et al.,* Soc. **1945** 1) oder Methanol (*Turner et al.,* Anal. Chem. **26** [1954] 898) bei 160°/140 at. Aus cis-Tetrahydro-furan-2,5-dicarbonsäure-dimethylester (*Cope, Ba.*) oder *cis*-Tetrahydro-furan-2,5-di-carbonsäure-diäthylester (*Gryszkiewicz-Trochimowski et al.*, Bl. **1958** 603) beim Behandeln mit Lithiumalanat in Tetrahydrofuran.

Kp$_3$: 115° (*Gr.-T. et al.*); Kp$_{0,25}$: 105°; Kp$_{0,1}$: 104° (*Cope, Ba.*). D$_4^{25}$: 1,544 (*Gr.-T. et al.*). n$_D^{25}$: 1,475–1,477 (*Cope, Ba.*), 1,4772 (*Gr.-T. et al.*). UV-Spektrum (220–320 nm) eines geringe Mengen 2,5-Bis-hydroxymethyl-furan enthaltenden Präparats: *Tu. et al.*, l. c. S. 899.

IX   X   XI

*Opt.-inakt. **2-Hydroxymethyl-5-methoxymethyl-tetrahydro-furan, 5-Methoxymethyl-tetrahydro-furfurylalkohol** $C_7H_{14}O_3$, Formel IX (R = H, R' = CH$_3$).

B. Beim Erwärmen von opt.-inakt. 1,2;5,6-Diepoxy-hexan (n$_D^{15}$: 1,4445) mit Natrium-methylat in Methanol (*Wiggins, Wood*, Soc. **1950** 1566, 1572).

Öl; n$_D^{22}$: 1,4511 (*Wi., Wood*).

Eine von *Shafizadeh, Stacey* (Soc. **1952** 3608) unter der gleichen Konstitution beschriebene, aus vermeintlichem 5-Methoxymethyl-furfurylalkohol (n$_D^{17}$: 1,479) [S. 2051; im Artikel (*Z*)-2-[2]Furyl-2-methoxy-äthanol] bei der Hydrierung an Raney-Nickel in wss. Methanol erhaltene Verbindung (Öl; n$_D^{18}$: 1,457; *O*-Methyl-Derivat $C_8H_{16}O_3$: Kp$_{12}$: 75°; n$_D^{21}$: 1,4368; 4-Nitro-benzoyl-Derivat $C_{14}H_{17}NO_6$: F: 59,5° [aus Ae.]) ist wahrscheinlich als 2-Methoxy-2-[tetrahydro-[2]furyl]-äthanol ($C_7H_{14}O_3$) zu formulieren.

*Opt.-inakt. **2,5-Bis-methoxymethyl-tetrahydro-furan** $C_8H_{16}O_3$, Formel IX (R = R' = CH$_3$).

B. Beim Erwärmen von opt.-inakt. 2,5-Bis-hydroxymethyl-tetrahydro-furan (n$_D^{19}$: 1,4760) oder von opt.-inakt. 5-Methoxymethyl-tetrahydro-furfurylalkohol (n$_D^{22}$: 1,4511) mit Methyljodid und Silberoxid (*Wiggins, Wood*, Soc. **1950** 1566, 1572).

Öl; n$_D^{19,5}$: 1,4369 (Präparat aus 2,5-Bis-hydroxymethyl-tetrahydro-furan); n$_D^{21}$: 1,4370 (Präparat aus 5-Methoxymethyl-tetrahydro-furfurylalkohol).

cis-**2,5-Bis-äthoxymethyl-tetrahydro-furan** $C_{10}H_{20}O_3$, Formel VIII (R = C$_2$H$_5$).

B. Beim Erwärmen von *cis*-2,5-Bis-[toluol-4-sulfonyloxymethyl]-tetrahydro-furan mit Äthanol unter Zusatz von wss. Natronlauge (*Newth, Wiggins*, Soc. **1948** 155, 158).

Kp$_{760}$: 210° (*Ne., Wi.*); Kp$_{13}$: 98,5° (*Cope, Anderson*, Am. Soc. **78** [1956] 149, 151). n$_D^{19}$: 1,4356 (*Ne., Wi.*); n$_D^{25}$: 1,4313 (*Cope, An.*).

*Opt.-inakt. **2,5-Bis-acetoxymethyl-tetrahydro-furan** $C_{10}H_{16}O_5$, Formel IX (R = R' = CO-CH$_3$) (vgl. E II 183).

B. Beim Erhitzen von opt.-inakt. 2,5-Bis-hydroxymethyl-tetrahydro-furan (n$_D^{19}$: 1,4760) mit Acetanhydrid und Natriumacetat (*Haworth et al.*, Soc. **1945** 1, 2). Beim Erwärmen von opt.-inakt. 1,6-Dijod-hexan-2,5-diol (F: 94–95°) mit Silberacetat in wss. Äthanol und Behandeln des Reaktionsprodukts mit Acetanhydrid und Pyridin (*Wiggins, Wood*, Soc. **1950** 1566, 1575).

Kp$_{15}$: 158–164°; n$_D^{22}$: 1,4511 [Präparat aus 1,6-Dijod-hexan-2,5-diol] (*Wi., Wood*); Kp$_{0,015}$: 115°; n$_D^{19}$: 1,4515 [Präparat aus 2,5-Bis-hydroxymethyl-tetrahydro-furan] (*Ha. et al.*).

*Opt.-inakt. **2,5-Bis-[3,5-dinitro-benzoyloxymethyl]-tetrahydro-furan** $C_{20}H_{16}N_4O_{13}$, Formel X.

B. Aus opt.-inakt. 2,5-Bis-hydroxymethyl-tetrahydro-furan [n$_D^{19}$: 1,4760] (*Haworth et al.*,

Soc. **1945** 1, 2).

Krystalle; F: 173°.

cis-2,5-Bis-[toluol-4-sulfonyloxymethyl]-tetrahydro-furan $C_{20}H_{24}O_7S_2$, Formel XI.

B. Beim Behandeln von *cis*-2,5-Bis-hydroxymethyl-tetrahydro-furan mit Toluol-4-sulfonylchlorid und Pyridin (*Newth, Wiggins*, Soc. **1948** 155, 156; *Cope, Baxter*, Am. Soc. **77** [1955] 393, 395).

Krystalle (aus A.); F: 128,2—130° (*Cope, Ba.*), 127,5—128° (*Ne., Wi.*).

Beim Erhitzen mit methanol. Ammoniak auf 160° und Erhitzen des Reaktionsprodukts mit wss. Bariumhydroxid ist 8-Oxa-3-aza-bicyclo[3.2.1]octan erhalten worden (*Ne., Wi.*, l. c. S. 157; s. a. *Wiggins, Wood*, Soc. **1950** 1566, 1572). Bildung von 3,3-Dimethyl-8-oxa-3-azonia-bicyclo[3.2.1]octan-[toluol-4-sulfonat], 3-Methyl-8-oxa-3-aza-bicyclo[3.2.1]-octan und geringen Mengen 2,5-Bis-dimethylaminomethyl-tetrahydro-furan (Kp$_{23}$: 117°; n$_D^{25}$: 1,4507) beim Erhitzen mit Dimethylamin in Tetrahydrofuran auf 150°: *Cope, Schweizer*, Am. Soc. **81** [1959] 4577, 4579. Reaktion mit der Natrium-Verbindung des Malonsäure-diäthylesters in Tetrahydrofuran bei 110° unter Bildung von 8-Oxa-bicyclo-[3.2.1]octan-3,3-dicarbonsäure-diäthylester: *Cope, Anderson*, Am. Soc. **78** [1956] 149, 151.

3,4-Dimethyl-1,1-dioxo-tetrahydro-1λ^6-thiophen-3,4-diol $C_6H_{12}O_4S$.

a) **3,4t-Dimethyl-1,1-dioxo-tetrahydro-1λ^6-thiophen-3r,4c-diol** $C_6H_{12}O_4S$, Formel XII (R = H).

B. Aus 3,4-Dimethyl-2,5-dihydro-thiophen-1,1-dioxid beim Behandeln mit Kaliumpermanganat in Wasser (*Backer, Strating*, R. **53** [1934] 525, 529) oder mit Kaliumpermanganat in wss. Äthanol unter Zusatz von Magnesiumsulfat bei —30° (*van Zuydewijn*, R. **57** [1938] 445, 451).

Krystalle (aus Bzl.), F: 144—145,5° (*v. Zu.*); Krystalle (aus W.) mit 0,5 Mol H_2O, F: 121,5—122,5° [geschlossene Kapillare] (*Ba., St.*). Krystallographische Untersuchung des Hemihydrats (monoklin) sowie Brechungsindices der Krystalle: *Ba., St.*

b) **(±)-3,4c-Dimethyl-1,1-dioxo-tetrahydro-1λ^6-thiophen-3r,4t-diol** $C_6H_{12}O_4S$, Formel XII (R = H) + Spiegelbild.

B. Aus (±)-3r,4t-Dibrom-3,4c-dimethyl-tetrahydro-thiophen-1,1-dioxid (F: ca. 215° [Zers.]) beim Erhitzen mit Wasser (*Backer, Bottema*, R. **51** [1932] 294, 297; *Backer, Strating*, R. **53** [1934] 525, 528; *van Zuydewijn*, R. **57** [1938] 445, 451).

Krystalle (aus Acn. + Bzn.); F: 175—176° (*Ba., Bo.; v. Zu.*). Krystallographische Untersuchung: *Ba., St.*

3,4-Diacetoxy-3,4-dimethyl-1,1-dioxo-tetrahydro-1λ^6-thiophen, 3,4-Diacetoxy-3,4-dimethyl-tetrahydro-thiophen-1,1-dioxid $C_{10}H_{16}O_6S$.

a) **3r,4c-Diacetoxy-3,4t-dimethyl-tetrahydro-thiophen-1,1-dioxid** $C_{10}H_{16}O_6S$, Formel XII (R = CO-CH$_3$).

B. Aus 3,4t-Dimethyl-1,1-dioxo-tetrahydro-1λ^6-thiophen-3r,4c-diol (*Backer, Strating*, R. **53** [1934] 525, 530).

Krystalle (aus W.) mit 1,5 Mol H_2O; F: 92°. Die wasserfreie Verbindung schmilzt bei 111°.

XII   XIII   XIV   XV

b) **(±)-3r,4t-Diacetoxy-3,4c-dimethyl-tetrahydro-thiophen-1,1-dioxid** $C_{10}H_{16}O_6S$, Formel XIII (R = CO-CH$_3$) + Spiegelbild.

B. Beim Behandeln von 3,4-Dimethyl-2,5-dihydro-thiophen-1,1-dioxid mit Peroxyessigsäure in Essigsäure und Behandeln des Reaktionsprodukts mit Acetanhydrid unter Zusatz von Schwefelsäure (*van Zuydewijn*, R. **57** [1938] 445, 450). Beim Erwärmen von (±)-3,4c-Dimethyl-1,1-dioxo-tetrahydro-1λ^6-thiophen-3r,4t-diol mit Acetanhydrid unter

Zusatz von Schwefelsäure (*Backer, Bottema*, R. **51** [1932] 294, 298).
Krystalle; F: 138° [aus W.] (*Ba., Bo.*), 136—138° [aus Bzl. + PAe.] (*v. Zu.*).

***Opt.-inakt. 3,4-Bis-hydroxymethyl-tetrahydro-thiophen** $C_6H_{12}O_2S$, Formel XIV (R = H).
B. Aus opt.-inakt. Tetrahydro-thiophen-3,4-dicarbonsäure-diäthylester (n_D^{21}: 1,4821) mit Hilfe von Lithiumalanat (*Marvel, Ryder*, Am. Soc. **77** [1955] 66).
F: 90—92° [nach Sublimation].

***Opt.-inakt. 3,4-Bis-acetoxymethyl-tetrahydro-thiophen** $C_{10}H_{16}O_4S$, Formel XIV (R = COCH₃).
B. Beim Behandeln von opt.-inakt. 3,4-Bis-hydroxymethyl-tetrahydro-thiophen (F: 90—92°) mit Acetanhydrid und Pyridin (*Marvel, Ryder*, Am. Soc. **77** [1955] 66).
$Kp_{3,8}$: 152° [unkorr.]. n_D^{19}: 1,4933.
Beim Erhitzen unter Stickstoff auf 610°, auch in Gegenwart von Triäthylamin, ist 3,4-Dimethyl-thiophen erhalten worden.

***Opt.-inakt. 3,4-Bis-acetoxymethyl-1,1-dioxo-tetrahydro-1λ^6-thiophen, 3,4-Bis-acetoxymethyl-tetrahydro-thiophen-1,1-dioxid** $C_{10}H_{16}O_6S$, Formel XV.
B. Neben geringen Mengen Tetrahydro-thieno[3,4-*c*]furan-5,5-dioxid (F: 99—99,5°) beim Behandeln einer Lösung von opt.-inakt. 3,4-Bis-acetoxymethyl-tetrahydro-thiophen (s. o.) in Essigsäure mit wss. Wasserstoffperoxid und anschliessendem Destillieren unter vermindertem Druck (*Marvel et al.*, Am. Soc. **78** [1956] 6171, 6173).
Krystalle (aus A. +Ae.); F: 89,5—92,5° (*Ma. et al.*, l. c. S. 6174).

Dihydroxy-Verbindungen $C_7H_{14}O_2$

***Opt.-inakt. 2-Methoxy-3-[1-methoxy-äthyl]-tetrahydro-pyran** $C_9H_{18}O_3$, Formel I (R = CH₃).
B. Aus 3,4-Dihydro-2*H*-pyran und Acetaldehyd-dimethylacetal in Gegenwart des Borfluorid-Äther-Addukts (*Paul, Tchelitcheff*, Bl. **1950** 1155, 1156; Gen. Aniline & Film Corp., U.S.P. 2561307 [1948]).
Kp_{28}: 100°; n_D^{25}: 1,4375 (*Gen. Aniline & Film Corp.*); Kp_{20}: 90—91°; $D_4^{24,5}$: 0,988; $n_D^{24,5}$: 1,4355 (*Paul, Tch.*).

***Opt.-inakt. 2-Äthoxy-3-[1-äthoxy-äthyl]-tetrahydro-pyran** $C_{11}H_{22}O_3$, Formel I (R = C₂H₅).
B. Aus 3,4-Dihydro-2*H*-pyran und Acetaldehyd-diäthylacetal in Gegenwart des Borfluorid-Äther-Addukts (*Paul, Tchelitcheff*, Bl. **1950** 1155, 1156).
Kp_{20}: 108°. $D_4^{25,5}$: 0,943. $n_D^{25,5}$: 1,4322.

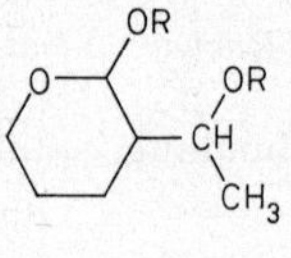

| I | II | III | IV |

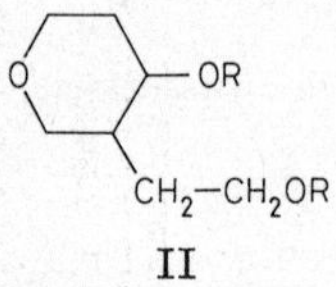

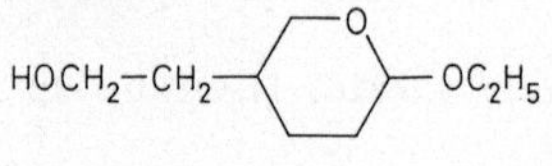

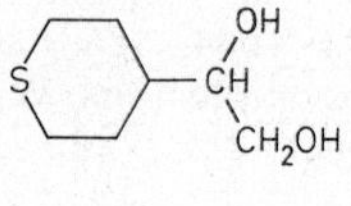

***Opt.-inakt. 2-Isobutoxy-3-[1-isobutoxy-äthyl]-tetrahydro-pyran** $C_{15}H_{30}O_3$, Formel I (R = CH₂-CH(CH₃)₂).
B. Aus 3,4-Dihydro-2*H*-pyran und Acetaldehyd-diisobutylacetal in Gegenwart des Borfluorid-Äther-Addukts (*Paul, Tchelitcheff*, Bl. **1950** 1155, 1157).
Kp_{20}: 143—144°. D_4^{25}: 0,915. n_D^{25}: 1,4361.

***Opt.-inakt. 3-[2-Hydroxy-äthyl]-tetrahydro-pyran-4-ol** $C_7H_{14}O_3$, Formel II (R = H).
B. Aus opt.-inakt. Hexahydro-furo[3,2-*c*]pyran-2-on (n_D^{23}: 1,4814) beim Behandeln mit Lithiumalanat in Äther (*Olsen, Brandal*, Acta chem. scand. **8** [1954] 420, 425).
Kp_{12}: 181—183°.

*Opt.-inakt. 4-Phenylcarbamoyloxy-3-[2-phenylcarbamoyloxy-äthyl]-tetrahydro-pyran $C_{21}H_{24}N_2O_5$, Formel II (R = CO-NH-C$_6$H$_5$).

B. Aus der im vorangehenden Artikel beschriebenen Verbindung und Phenylisocyanat (*Olsen, Brandal*, Acta chem. scand. **8** [1954] 420, 425).

Krystalle (aus Bzl.); F: 127—130°.

---

*Opt.-inakt. 2-[6-Äthoxy-tetrahydro-pyran-3-yl]-äthanol $C_9H_{18}O_3$, Formel III.

B. Beim Erhitzen von (±)-6-Hydroxy-4-hydroxymethyl-hexanal-diäthylacetal unter vermindertem Druck (*Marvel, Drysdale*, Am. Soc. **75** [1953] 4601).

Kp$_{1,6}$: 97°. n$_D^{21,5}$: 1,4602.

(±)-1-Tetrahydrothiopyran-4-yl-äthan-1,2-diol $C_7H_{14}O_2S$, Formel IV.

B. Beim Behandeln von Tetrahydro-thiopyran-4-carbonylchlorid mit Diazomethan in Äther, Erwärmen des erhaltenen Diazoketons mit Essigsäure und Erwärmen des Reaktionsprodukts mit Lithiumalanat in Äther (*Cockburn, McKay*, Am. Soc. **76** [1954] 5703).

Krystalle (aus Bzl. + PAe.); F: 71,5—72°.

Beim Erwärmen mit wss. Bromwasserstoffsäure auf 100° ist eine als 7-Hydroxy= methyl-1-thionia-norbornan-bromid ([$C_7H_{13}OS$]Br) angesehene Verbindung (Kry= stalle [aus A. + Acn.], F: 218° [korr.; geschlossene Kapillare; im vorgeheizten Bad]) erhalten worden.

(±)-2ξ,4t-Dimethyl-tetrahydro-pyran-3r,4c-diol $C_7H_{14}O_3$, Formel V + Spiegelbild.

B. Aus (±)-4,6-Dimethyl-3,6-dihydro-2H-pyran beim Behandeln mit wss. Kalium= permanganat-Lösung (*Gresham, Steadman*, Am. Soc. **71** [1949] 737).

Krystalle (aus CCl$_4$); F: 74—74,5°. Beim Aufbewahren erfolgt Umwandlung in eine bei 90—90,5° schmelzende Modifikation, die sich durch Erhitzen auf Temperaturen ober-halb des Schmelzpunkts in die niedrigerschmelzende Modifikation zurückverwandeln lässt.

***cis*-2,6-Bis-hydroxymethyl-tetrahydro-pyran** $C_7H_{14}O_3$, Formel VI.

B. Aus *cis*-Tetrahydro-pyran-2,6-dicarbonsäure-diäthylester beim Erwärmen mit Lithiumalanat in Äther (*Cope, Fournier*, Am. Soc. **79** [1957] 3896, 3897).

Krystalle (aus Ae. + PAe.); F: 45,7—46,4°.

V   VI   VII

***cis*-2,6-Bis-[toluol-4-sulfonyloxymethyl]-tetrahydro-pyran** $C_{21}H_{26}O_7S_2$, Formel VII.

B. Beim Behandeln von *cis*-2,6-Bis-hydroxymethyl-tetrahydro-pyran mit Toluol-4-sulfonylchlorid und Pyridin (*Cope, Fournier*, Am. Soc. **79** [1957] 3896, 3897).

Krystalle (aus Me.); F: 93,8—94,8°.

Beim Erhitzen mit der Natrium-Verbindung des Malonsäure-diäthylesters in Tetra= hydrofuran auf 110° ist 9-Oxa-bicyclo[3.3.1]nonan-3,3-dicarbonsäure-diäthylester er-halten worden.

---

*Opt.-inakt. 2,5-Dimethoxy-2-propyl-tetrahydro-furan $C_9H_{18}O_3$, Formel VIII.

B. Aus opt.-inakt. 2,5-Dimethoxy-2-propyl-2,5-dihydro-furan (n$_D^{20}$: 1,4402) bei der Hydrierung an Palladium/Strontiumcarbonat in Methanol (*Levisalles*, Bl. **1957** 997, 1000).

Kp$_{20}$: 93°. n$_D^{20}$: 1,4287.

Charakterisierung durch Überführung in 4-[2,4-Dinitro-phenylhydrazono]-heptanal-[2,4-dinitro-phenylhydrazon] (F: 174—175°): *Le.*

*Opt.-inakt. 3-Isopropyl-2,5-dimethoxy-tetrahydro-furan $C_9H_{18}O_3$, Formel IX.

B. Aus opt.-inakt. 3-Isopropyl-2,5-dimethoxy-2,5-dihydro-furan (n_D^{25}: 1,4388) bei der Hydrierung an Raney-Nickel in Methanol bei 70°/100 at (*Elming, Clauson-Kaas,* Acta chem. scand. **6** [1952] 867, 869).

Kp_{14}: 74—76°. n_D^{25}: 1,4240.

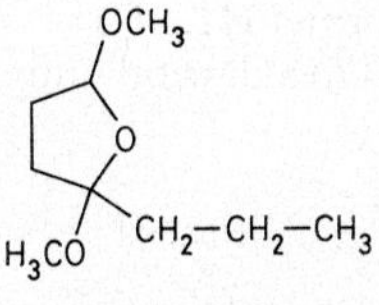

VIII 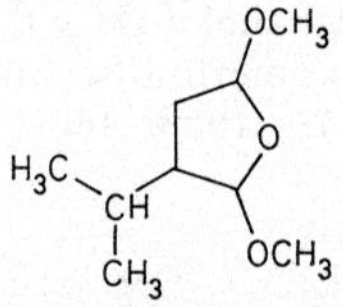   **IX** 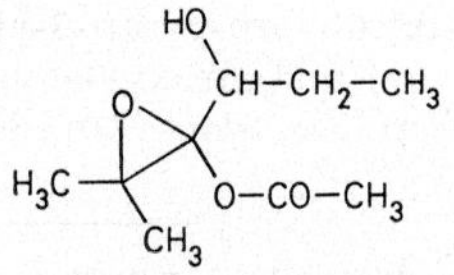   **X** 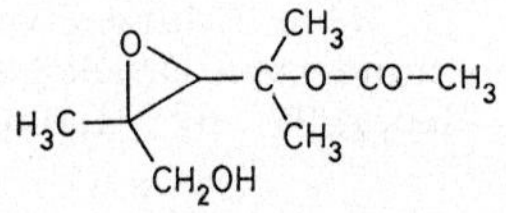   **XI**

4-Acetoxy-4,5-epoxy-5-methyl-hexan-3-ol $C_9H_{16}O_4$, Formel X.

Diese Konstitution wird für die nachstehend beschriebene opt.-inakt. Verbindung in Betracht gezogen.

B. Aus 2-Methyl-hexa-2,3-dien mit Hilfe von Peroxyessigsäure (*Panšewitsch-Koljada, Idel'tschik,* Ž. obšč. Chim. **24** [1954] 1617, 1621; engl. Ausg. S. 1601, 1603).

Kp_2: 83—85°. D_4^{20}: 1,0281. n_D^{20}: 1,4370.

O-Acetyl-Derivat $C_{11}H_{18}O_5$ (3,4-Diacetoxy-2,3-epoxy-2-methyl-hexan(?)). Kp_7: 123,5—124°. D_4^{20}: 1,0447. n_D^{20}: 1,4325.

4-Acetoxy-2,3-epoxy-2,4-dimethyl-pentan-1-ol $C_9H_{16}O_4$, Formel XI.

Diese Konstitution wird der nachstehend beschriebenen opt.-inakt. Verbindung auf Grund ihrer Bildungsweise in Analogie zu 6-Acetoxy-4,5-epoxy-4,6-dimethyl-heptan-3-ol (S. 2027) zugeordnet (*Panšewitsch-Koljada,* Ž. obšč. Chim. **26** [1956] 2161, 2165; engl. Ausg. S. 2413, 2417).

B. Neben 1,2;3,4-Diepoxy-2,4-dimethyl-pentan (n_D^{20}: 1,4213) beim Behandeln von 2,4-Dimethyl-penta-1,3-dien in Äther mit Peroxyessigsäure (*Pa.-Ko.*).

Kp_8: 109—112°. D_4^{20}: 1,0635. n_D^{20}: 1,4414.

Dihydroxy-Verbindungen $C_8H_{16}O_3$

2-Propyl-tetrahydro-pyran-3,4-diol $C_8H_{16}O_3$, Formel I.

Diese Konstitution wird der nachstehend beschriebenen opt.-inakt. Verbindung zugeordnet (*Hanschke,* B. **88** [1955] 1053, 1058).

B. Beim Erhitzen von opt.-inakt. 4-Chlor-2-propyl-tetrahydro-pyran (n_D^{20}: 1,4577) mit wss.-methanol. Kalilauge sowie beim Leiten von opt.-inakt. 2-Propyl-tetrahydro-pyran-4-ol (n_D^{20}: 1,4682) über Kaliumdihydrogenphosphat/Graphit bei 250°, Behandeln des jeweiligen Reaktionsprodukts mit wss. Wasserstoffperoxid und Ameisensäure und anschliessend mit wss. Salzsäure enthaltendem Methanol (*Ha.*).

$Kp_{0,6}$: 124—127°. D_4^{30}: 1,0893. n_D^{20}: 1,4760.

Bis-[4-nitro-benzoyl]-Derivat $C_{22}H_{22}N_2O_9$ (3,4-Bis-[4-nitro-benzoyloxy]-2-propyl-tetrahydro-pyran(?)). Krystalle (aus A. + Methylcyclohexan); F: 146°.

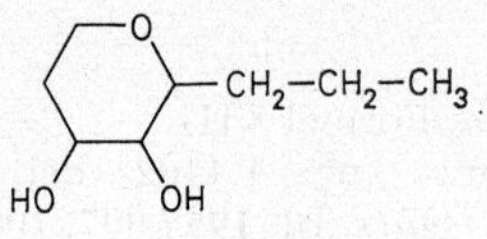

I 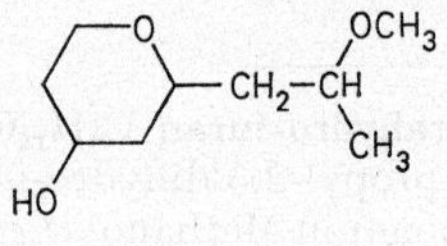   **II** 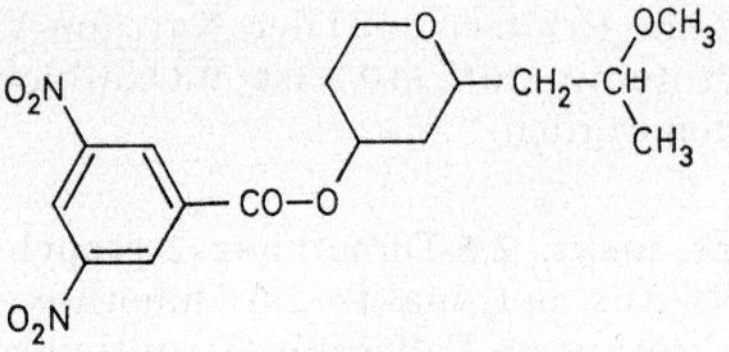   **III**

*Opt.-inakt. 2-[2-Methoxy-propyl]-tetrahydro-pyran-4-ol $C_9H_{18}O_3$, Formel II.

B. Beim Behandeln von (±)-3-Methoxy-butyraldehyd mit But-3-en-1-ol und wss.

Schwefelsäure (*Hanschke*, B. **88** [1955] 1053, 1059).
$Kp_{0,2}$: 91°; $Kp_{0,04}$: 84°. D_4^{20}: 1,007. n_D^{20}: 1,4600.

*Opt.-inakt. 4-[3,5-Dinitro-benzoyloxy]-2-[2-methoxy-propyl]-tetrahydro-pyran $C_{16}H_{20}N_2O_8$, Formel III.
B. Aus der im vorangehenden Artikel beschriebenen Verbindung (*Hanschke*, B. **88** [1955] 1053, 1059).
Krystalle (aus A.); F: 112—113°.

*Opt.-inakt. 2-Äthoxy-3-[α-äthoxy-isopropyl]-tetrahydro-pyran $C_{12}H_{24}O_3$, Formel IV.
B. Aus 3,4-Dihydro-2H-pyran und Aceton-diäthylacetal in Gegenwart des Borfluorid-Äther-Addukts (*Paul, Tchelitcheff*, Bl. **1950** 1155, 1157).
Kp_{20}: 117—118°. D_4^{26}: 0,948. n_D^{26}: 1,4398.

3-[1-Hydroxy-äthyl]-4-methyl-tetrahydro-pyran-4-ol $C_8H_{16}O_3$, Formel V.
Diese Konstitution kommt wahrscheinlich der nachstehend beschriebenen opt.-inakt. Verbindung zu.
B. Aus 1-[4-Hydroxy-4-methyl-tetrahydro-pyran-3-yl]-äthanon (?) ($Kp_{0,5}$: 67°; D_4^{20}: 1,0857; hergestellt aus Bis-[3-oxo-butyl]-äther) durch Hydrierung (*Treibs*, Ang. Ch. **60** [1948] 289, 292).
Krystalle; F: 111°. Kp_{710}: 262°; $Kp_{0,2}$: 105°.

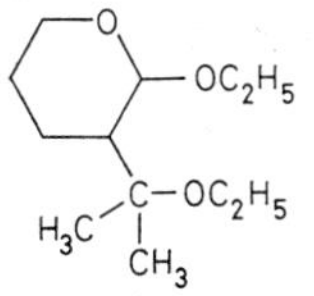

IV 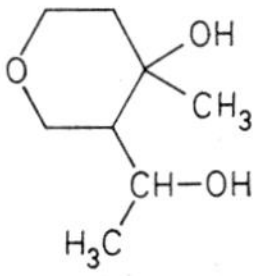   V 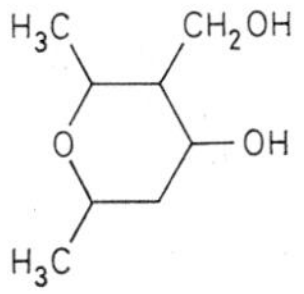   VI 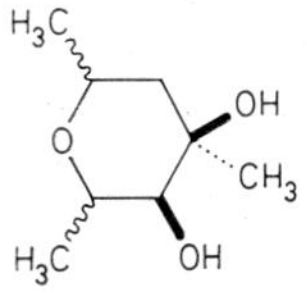   VII

3-Hydroxymethyl-2,6-dimethyl-tetrahydro-pyran-4-ol $C_8H_{16}O_3$, Formel VI.
Diese Konstitution kommt nach *Späth et al.* (B. **76** [1943] 722, 729) wahrscheinlich dem früher (s. H **1** 825) als 5,7-Epoxy-octan-1,3-diol formulierten „Dialdanalkohol" (F: 49—53°) zu.

(±)-2ξ,4t,6ξ-Trimethyl-tetrahydro-pyran-3r,4c-diol $C_8H_{16}O_3$, Formel VII + Spiegelbild.
B. Aus opt.-inakt. 2,4,6-Trimethyl-3,6-dihydro-2H-pyran (Kp_{760}: 132—137°; n_D^{20}: 1,4399) beim Behandeln mit Kaliumpermanganat und wss. Natronlauge (*Shell Devel. Co.*, U.S.P. 2452977 [1944]).
F: 79,7—80°. Kp_{760}: 235—240°.

*Opt.-inakt. 2-Methoxy-3-methoxymethyl-3,5-dimethyl-tetrahydro-pyran $C_{10}H_{20}O_3$, Formel VIII.
B. Aus opt.-inakt. 2-Methoxy-3-methoxymethyl-3,5-dimethyl-3,4-dihydro-2H-pyran (Kp_9: 78—79°; n_D^{20}: 1,4488) bei der Hydrierung an Platin in Essigsäure (*Hall*, Soc. **1954** 4303, 4305).
Kp_{10}: 86—87°. n_D^{20}: 1,4398.

*Opt.-inakt. 1-Tetrahydro[2]furyl-butan-1,3-diol $C_8H_{16}O_3$, Formel IX.
B. Aus (±)-1-Tetrahydro[2]furyl-butan-1,3-dion oder aus 1-[2]Furyl-butan-1,3-dion bei der Hydrierung an Raney-Nickel in Äther bei 125°/150—200 at (*Sprague, Adkins*, Am. Soc. **56** [1934] 2669, 2670).
Kp_{24}: 160—163°.

2,2,5,5-Tetramethyl-tetrahydro-furan-3,4-diol $C_8H_{16}O_3$.

a) **2,2,5,5-Tetramethyl-tetrahydro-furan-3r,4c-diol, cis-2,2,5,5-Tetramethyl-tetrahydro-furan-3,4-diol** $C_8H_{16}O_3$, Formel X.

B. Aus 2,2,5,5-Tetramethyl-2,5-dihydro-furan beim Behandeln mit Kaliumpermanganat in wss. Äthanol unter Zusatz von Magnesiumsulfat (*Heuberger, Owen*, Soc. **1952** 910, 913).

Krystalle (aus PAe.); F: 93—94°.

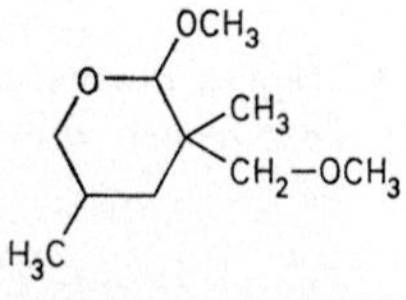

VIII 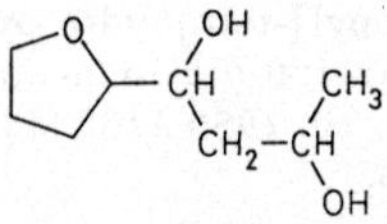   IX 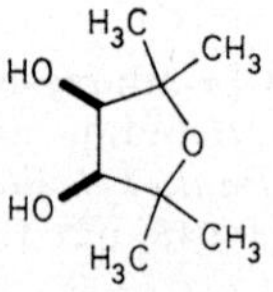   X 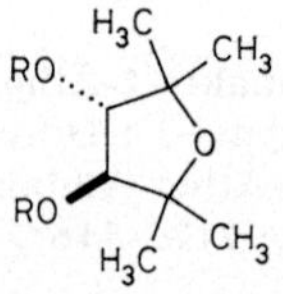   XI

b) **(±)-2,2,5,5-Tetramethyl-tetrahydro-furan-3r,4t-diol, (±)-trans-2,2,5,5-Tetramethyl-tetrahydro-furan-3,4-diol** $C_8H_{16}O_3$, Formel XI (R = H) + Spiegelbild.

B. Aus 3,4-Epoxy-2,2,5,5-tetramethyl-tetrahydro-furan beim Erhitzen mit wss. Schwefelsäure und Dioxan (*Heuberger, Owen*, Soc. **1952** 910, 913).

Krystalle (aus Bzn.); F: 158—159°.

(±)-trans-3,4-Bis-methansulfonyloxy-2,2,5,5-tetramethyl-tetrahydro-furan $C_{10}H_{20}O_7S_2$, Formel XI (R = SO_2-CH_3) + Spiegelbild.

B. Beim Behandeln von (±)-trans-2,2,5,5-Tetramethyl-tetrahydro-furan-3,4-diol mit Methansulfonylchlorid und Pyridin sowie beim Behandeln von 3,4-Epoxy-2,2,5,5-tetramethyl-tetrahydro-furan mit Methansulfonsäure und Behandeln des Reaktionsprodukts mit Methansulfonylchlorid und Pyridin (*Heuberger, Owen*, Soc. **1952** 910, 913).

Krystalle (aus Me.); F: 104°.

cis-2,2,5,5-Tetramethyl-3,4-bis-[toluol-4-sulfonyloxy]-tetrahydro-furan $C_{22}H_{28}O_7S_2$, Formel XII.

B. Beim Behandeln von cis-2,2,5,5-Tetramethyl-tetrahydro-furan-3,4-diol mit Toluol-4-sulfonylchlorid und Pyridin (*Heuberger, Owen*, Soc. **1952** 910, 914).

Krystalle (aus Me.); F: 131—132°.

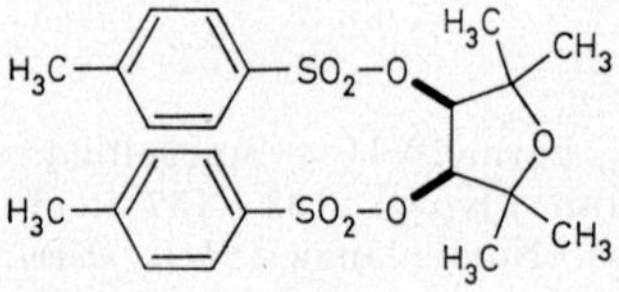

XII 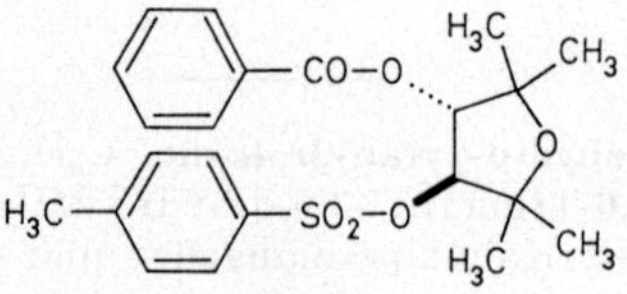   XIII 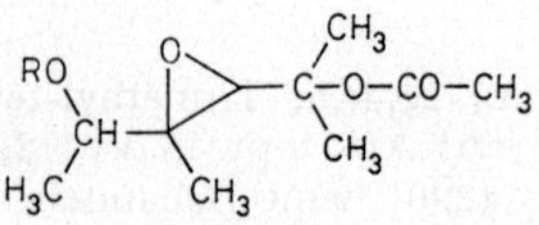   XIV

(±)-trans-3-Benzoyloxy-2,2,5,5-tetramethyl-4-[toluol-4-sulfonyloxy]-tetrahydro-furan $C_{22}H_{26}O_6S$, Formel XIII + Spiegelbild.

B. Beim Behandeln von 3,4-Epoxy-2,2,5,5-tetramethyl-tetrahydro-furan mit Toluol-4-sulfonsäure in Äther und Behandeln des Reaktionsprodukts mit Benzoylchlorid und Pyridin (*Heuberger, Owen*, Soc. **1952** 910, 913).

Krystalle (aus A.); F: 141—142°.

5-Acetoxy-3,4-epoxy-3,5-dimethyl-hexan-2-ol $C_{10}H_{18}O_4$, Formel XIV (R = H).

Diese Konstitution kommt wahrscheinlich der nachstehend beschriebenen, ursprünglich als 3-Acetoxy-4,5-epoxy-3,5-dimethyl-hexan-2-ol ($C_{10}H_{18}O_4$) angesehenen opt.-inakt. Verbindung zu (*Panšewitsch-Koljada*, Ž. obšč. Chim. **26** [1956] 2161; engl. Ausg. S. 2413).

B. Neben 2,3;4,5-Diepoxy-2,4-dimethyl-hexan (Kp_2: 50—52°; n_D^{20}: 1,4220) beim Behandeln von 2,4-Dimethyl-hexa-2,4ξ-dien (Kp_{746}: 115—117°; n_D^{20}: 1,4435) in Äther mit

Peroxyessigsäure [2 Mol] (*Panšewitsch-Koljada et al.*, Sbornik Statei obšč. Chim. **1953** 1418, 1422; C. A. **1955** 4615).

Kp_2: 100—104°; D_4^{20}: 1,0580; Oberflächenspannung bei 20°: 31,95 g·s^{-2}; n_D^{20}: 1,4460 (*Pa.-K. et al.*).

2,5-Diacetoxy-3,4-epoxy-2,4-dimethyl-hexan $C_{12}H_{20}O_5$, Formel XIV (R = CO-CH$_3$).
Diese Konstitution kommt wahrscheinlich der nachstehend beschriebenen opt.-inakt. Verbindung zu.

B. Beim Erhitzen der im vorangehenden Artikel beschriebenen Verbindung mit Acetanhydrid (*Panšewitsch-Koljada et al.*, Sbornik Statei obšč. Chim. **1953** 1418, 1423; C. A. **1955** 4615).

$Kp_{2,5}$: 104—106°. D^{20}: 1,0690. Oberflächenspannung bei 20°: 31,51 g·s^{-2}. n_D^{20}: 1,4405.

Dihydroxy-Verbindungen $C_9H_{18}O_3$

*Opt.-inakt. **2-Äthoxy-3-[1-äthoxy-butyl]-tetrahydro-pyran** $C_{13}H_{26}O_3$, Formel I.
B. Aus 3,4-Dihydro-2H-pyran und Butyraldehyd-diäthylacetal in Gegenwart des Borfluorid-Äther-Addukts (*Paul, Tchelitcheff*, Bl. **1950** 1155, 1157).
Kp_{20}: 129—130°. $D_4^{17,5}$: 0,941. $n_D^{17,5}$: 1,4397.

            I   II   III

2-Hydroxymethyl-2,4,6-trimethyl-tetrahydro-pyran-4-ol $C_9H_{18}O_3$, Formel II.
Diese Konstitution kommt wahrscheinlich der nachstehend beschriebenen opt.-inakt. Verbindung zu.

B. Aus einer wahrscheinlich als 1,3,5-Trimethyl-2,6-dioxa-bicyclo[3.2.1]octan-7-on zu formulierenden opt.-inakt. Verbindung vom F: 65° (s. E I **3** 219; dort als Verbindung $C_9H_{14}O_3$ beschrieben) beim Erwärmen mit Lithiumalanat in Äther (*Dietrich et al.*, A. **603** [1957] 8, 14).

Krystalle (aus PAe.); F: 121—123°.

Diacetyl-Derivat $C_{13}H_{22}O_5$ (4-Acetoxy-2-acetoxymethyl-2,4,6-trimethyl-tetrahydro-pyran(?)). $Kp_{0,05}$: 55—60°. n_D^{19}: 1,4480.

3-Acetoxy-2,3-epoxy-2-methyl-octan-4-ol $C_{11}H_{20}O_4$, Formel III.
Diese Konstitution wird für die nachstehend beschriebene opt.-inakt. Verbindung in Betracht gezogen.

B. Beim Behandeln von 2-Methyl-octa-2,3-dien in Äther mit Peroxyessigsäure (*Panšewitsch-Koljada, Idel'tschik*, Ž. obšč. Chim. **24** [1954] 1617, 1622; engl. Ausg. S. 1601, 1604).

Kp_3: 120—123°. D_4^{20}: 0,9711. n_D^{20}: 1,4415 [unreines Präparat].

*Opt.-inakt. **6-Acetoxy-4,5-epoxy-4,6-dimethyl-heptan-3-ol** $C_{11}H_{20}O_4$, Formel IV.
B. Neben 2,3;4,5-Diepoxy-2,4-dimethyl-heptan ($Kp_{4,5}$: 64—66°; n_D^{20}: 1,4320) beim Behandeln von 2,4-Dimethyl-hepta-2,4ξ-dien (Kp_{738}: 138—141°; n_D^{20}: 1,4488) in Äther mit Peroxyessigsäure [2 Mol] (*Panšewitsch-Koljada*, Ž. obšč. Chim. **26** [1956] 2161, 2163; engl. Ausg. S. 2413, 2415). Beim Behandeln von (±)-6-Acetoxy-4,6-dimethyl-hept-4-en-3-ol (Kp_4: 106—107°; n_D^{20}: 1,4515) in Äther mit Peroxyessigsäure (*Pa.-K.*, l. c. S. 2169).

Kp_4: 120—125°; D_4^{20}: 1,0361; n_D^{20}: 1,4475 [Präparat aus 2,4-Dimethyl-hepta-2,4-dien] (*Pa.-K.*, l. c. S. 2166). Kp_2: 107—109°; D_4^{20}: 1,0347; n_D^{20}: 1,4474 [Präparat aus (±)-6-Acetoxy-4,6-dimethyl-hept-4-en-3-ol] (*Pa.-K.*, l. c. S. 2169).

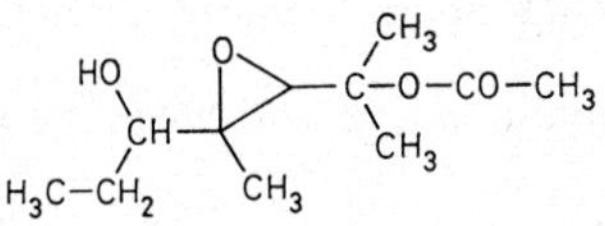

IV

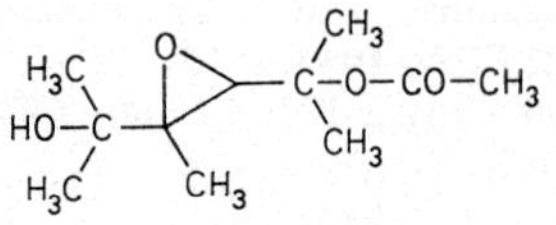

V

***Opt.-inakt. 5-Acetoxy-3,4-epoxy-2,3,5-trimethyl-hexan-2-ol** $C_{11}H_{20}O_4$, Formel V.

B. Neben 2,3;4,5-Diepoxy-2,3,5-trimethyl-hexan (Kp$_9$: 78,5—80°; n$_D^{20}$: 1,4325) beim Behandeln von 2,3,5-Trimethyl-hexa-2,4-dien in Äther mit Peroxyessigsäure (*Panšewitsch-Koljada*, Ž. obšč. Chim. **26** [1956] 2161, 2163, 2166; engl. Ausg. S. 2413, 2415, 2418).

Kp$_9$: 120—123°. D$_4^{20}$: 1,0435. n$_D^{20}$: 1,4490.

Dihydroxy-Verbindungen $C_{10}H_{20}O_3$

***Opt.-inakt. 1-Oxa-cycloundecan-6,7-diol** $C_{10}H_{20}O_3$, Formel VI.

B. Aus (±)-7-Hydroxy-1-oxa-cycloundecan-6-on bei der Hydrierung an Platin in Äthanol (*Prelog et al.*, Helv. **33** [1950] 1937, 1946).

Krystalle (aus Bzl.); F: 136—138° [korr.; nach Sublimation im Hochvakuum].

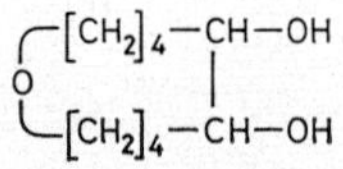

VI

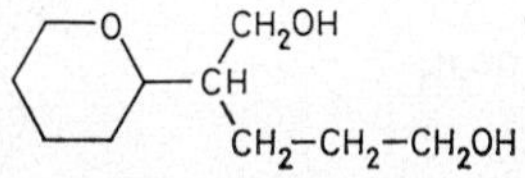

VII

***Opt.-inakt. 2-Tetrahydropyran-2-yl-pentan-1,5-diol** $C_{10}H_{20}O_3$, Formel VII.

B. Aus opt.-inakt. 5-Hydroxy-2-tetrahydropyran-2-yl-valeraldehyd (F: 85°) durch Hydrierung (*Colonge*, *Corbet*, C. r. **245** [1957] 974).

Kp$_4$: 155°.

***Opt.-inakt. 1,5-Bis-[4-nitro-benzoyloxy]-2-tetrahydropyran-2-yl-pentan** $C_{24}H_{26}N_2O_9$, Formel VIII.

B. Aus der im vorangehenden Artikel beschriebenen Verbindung (*Colonge*, *Corbet*, C. r. **245** [1957] 974).

F: 88° [aus Bzl.].

***Opt.-inakt. 2,5-Bis-[3-hydroxy-propyl]-tetrahydro-furan** $C_{10}H_{20}O_3$, Formel IX (R = H).

B. Aus 2,5-Bis-[3-hydroxy-propyl]-furan oder aus 2,5-Bis-[3-oxo-propyl]-furan bei der Hydrierung an Ruthenium/Kohle in Dioxan bei 100° (*Webb*, *Borcherdt*, Am. Soc. **73** [1951] 752). Aus opt.-inakt. 1,2-Bis-[5-oxo-tetrahydro-[2]furyl]-äthan (F: 110—111°) bei Hydrierung an Kupferoxid-Chromoxid in Dioxan bei 250°/114 at (*Hayashi*, J. chem. Soc. Japan Ind. Chem. Sect. **60** [1957] 282, 284; C. A. **1959** 8105).

Kp$_1$: 135—136°; n$_D^{25}$: 1,4753—1,4757 (*Webb*, *Bo.*). Kp$_{0,1}$: 140—142°; D$_4^{20}$: 1,0488; n$_D^{20}$: 1,4767 (*Ha.*).

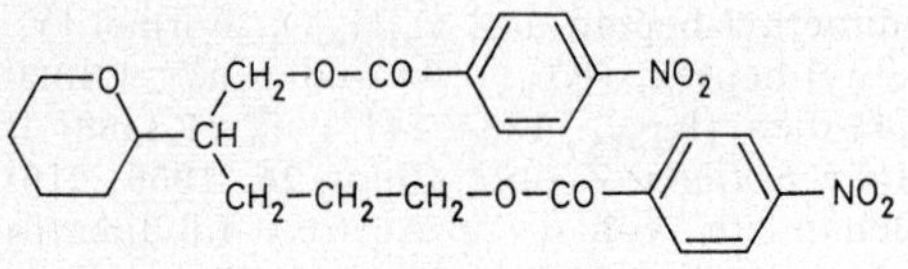

VIII

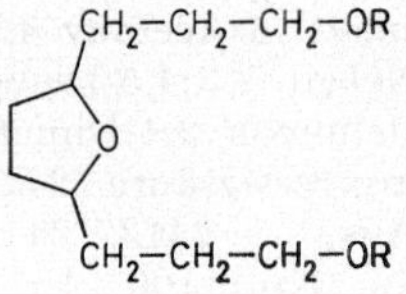

IX

***Opt.-inakt. 2,5-Bis-[3-phenylcarbamoyloxy-propyl]-tetrahydro-furan** $C_{24}H_{30}N_2O_5$, Formel IX (R = CO-NH-C$_6$H$_5$).

B. Aus opt.-inakt. 2,5-Bis-[3-hydroxy-propyl]-tetrahydro-furan [s. o.] (*Hayashi*,

J. chem. Soc. Japan Ind. Chem. Sect. **60** [1957] 282, 284; C. A. **1959** 8105).
F: 107—108° [aus CCl$_4$].

---

*Opt.-inakt. **7-Acetoxy-5,6-epoxy-5,7-dimethyl-octan-4-ol** C$_{12}$H$_{22}$O$_4$, Formel X (R = H).
Die Konstitutionszuordnung ist auf Grund der Bildungsweise in Analogie zu opt.-inakt. 6-Acetoxy-4,5-epoxy-4,6-dimethyl-heptan-3-ol (S. 2027) erfolgt.

B. Neben 2,3;4,5-Diepoxy-2,4-dimethyl-octan (Kp$_5$: 88—94°; n$_D^{20}$: 1,4330) beim Behandeln von 2,4-Dimethyl-octa-2,4ξ-dien (Kp$_{746}$: 161—163°; n$_D^{20}$: 1,4495) in Äther mit Peroxyessigsäure (2 Mol) (*Panšewitsch-Koljada et al.*, Sbornik Statei obšč. Chim. **1953** 1418, 1423; C. A. **1955** 4615).
Kp$_3$: 126—130°. D$_4^{20}$: 1,0155. Oberflächenspannung bei 20°: 31,9 g·s^{-2}. n$_D^{20}$: 1,4500.

Beim Behandeln mit Schwefelsäure enthaltendem Methanol und Erhitzen des Reaktionsprodukts ist eine Verbindung C$_{11}$H$_{22}$O$_3$ (Kp$_2$: 105—110°; D$_4^{20}$: 1,0112; n$_D^{20}$: 1,4551; 2,4-Dinitro-phenylhydrazon: F: 134—142°) erhalten worden (*Pa.-K. et al.*, l. c. S. 1424).

---

*Opt.-inakt. **2,5-Diacetoxy-3,4-epoxy-2,4-dimethyl-octan** C$_{14}$H$_{24}$O$_5$, Formel X (R = CO-CH$_3$).
Bezüglich der Konstitutionszuordnung s. die Bemerkung im vorangehenden Artikel.
B. Beim Erhitzen der im vorangehenden Artikel beschriebenen Verbindung mit Acetanhydrid (*Panšewitsch-Koljada et al.*, Sbornik Statei obšč. Chim. **1953** 1418, 1423; C. A. **1955** 4615).
Kp$_3$: 121—123°. D$_4^{20}$: 1,0351. n$_D^{20}$: 1,4433.

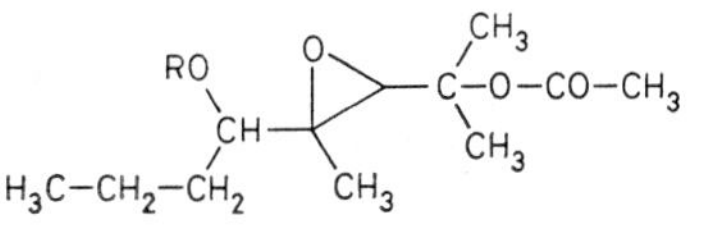

     X 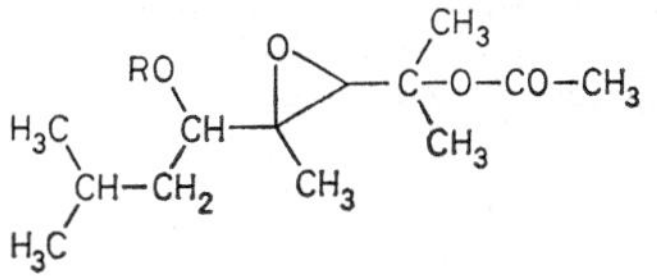   XI

Dihydroxy-Verbindungen C$_{11}$H$_{22}$O$_3$

*Opt.-inakt. **7-Acetoxy-5,6-epoxy-2,5,7-trimethyl-octan-4-ol** C$_{13}$H$_{24}$O$_4$, Formel XI (R = H).
Die Konstitutionszuordnung ist auf Grund der Bildungsweise in Analogie zu opt.-inakt. 6-Acetoxy-4,5-epoxy-4,6-dimethyl-heptan-3-ol (S. 2027) erfolgt.

B. Neben 2,3;4,5-Diepoxy-2,4,7-trimethyl-octan (Kp$_2$: 58—60°; n$_D^{20}$: 1,4327) beim Behandeln von 2,4,7-Trimethyl-octa-2,4ξ-dien (Kp$_{10}$: 53—54°; n$_D^{20}$: 1,4480) in Äther mit Peroxyessigsäure (*Panšewitsch-Koljada et al.*, Sbornik Statei obšč. Chim. **1953** 1418, 1424; C. A. **1955** 4615).
Kp$_3$: 119—120°. D$_4^{20}$: 0,9962. n$_D^{20}$: 1,4460.

---

*Opt.-inakt. **2,5-Diacetoxy-3,4-epoxy-2,4,7-trimethyl-octan** C$_{15}$H$_{26}$O$_5$, Formel XI (R = CO-CH$_3$).
Bezüglich der Konstitutionszuordnung s. die Bemerkung im vorangehenden Artikel.
B. Beim Erhitzen der im vorangehenden Artikel beschriebenen Verbindung mit Acetanhydrid (*Panšewitsch-Koljada et al.*, Sbornik Statei obšč. Chim. **1953** 1418, 1425; C. A. **1955** 4615).
Kp$_3$: 126—136°. D$_4^{20}$: 1,0287. Oberflächenspannung bei 20°: 29,86 g·s^{-2}. n$_D^{20}$: 1,4447.

Dihydroxy-Verbindungen C$_{12}$H$_{24}$O$_3$

*Opt.-inakt. **1-Oxa-cyclotridecan-7,8-diol** C$_{12}$H$_{24}$O$_3$, Formel XII.
B. Aus (±)-8-Hydroxy-1-oxa-cyclotridecan-7-on bei der Hydrierung an Platin in Äthanol (*Prelog et al.*, Helv. **33** [1950] 1937, 1947).
Krystalle (aus Bzl.); F: 125—126° [korr.; nach Sublimation im Hochvakuum].

(±)-4-[γ-Hydroxy-isopentyl]-2,2-dimethyl-tetrahydro-pyran-4-ol $C_{12}H_{24}O_3$, Formel XIII.

B. Aus (±)-4-[3-Hydroxy-3-methyl-but-1-inyl]-2,2-dimethyl-tetrahydro-pyran-4-ol bei der Hydrierung an Nickel in Äthanol bei 10 at (*Nasarow, Iwanowa,* Ž. obšč. Chim. **26** [1956] 78, 88; engl. Ausg. S. 79, 87).

Kp_2: 118°.

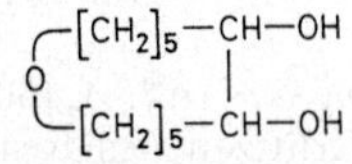

XII 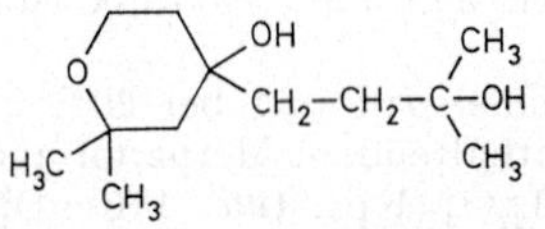   XIII 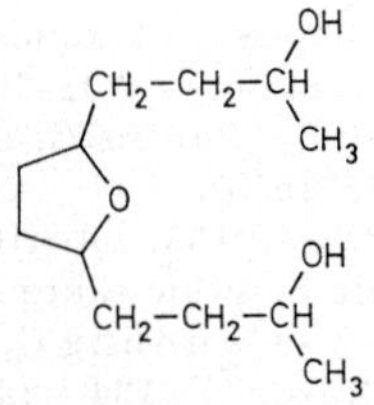   XIV 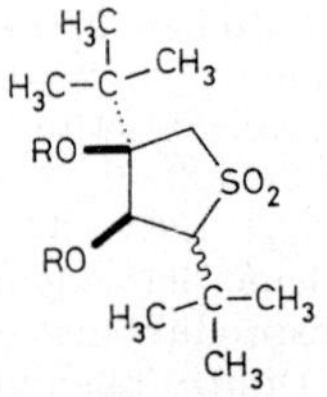   XV

*Opt.-inakt. 2,5-Bis-[3-hydroxy-butyl]-tetrahydro-furan $C_{12}H_{24}O_3$, Formel XIV.

B. Aus 2,5-Bis-[3-oxo-butyl]-furan bei der Hydrierung an Ruthenium/Kohle in Dioxan bei 100° (*Webb, Borcherdt,* Am. Soc. **73** [1951] 752).

Kp_1: 141—143°. n_D^{25}: 1,4703.

(±)-2ξ,4t-Di-*tert*-butyl-1,1-dioxo-tetrahydro-1λ⁶-thiophen-3r,4c-diol $C_{12}H_{24}O_4S$, Formel XV (R = H) + Spiegelbild.

B. Aus (±)-2,4-Di-*tert*-butyl-2,5-dihydro-thiophen-1,1-dioxid beim Behandeln mit Kaliumpermanganat in wss. Aceton unter Zusatz von Natriumcarbonat (*Backer, Strating,* R. **56** [1937] 1069, 1077).

Krystalle (aus Bzl.); F: 192,5°.

Beim Behandeln mit Blei(IV)-acetat in Essigsäure oder in Benzol ist 2,4-Di-*tert*-butyl-4-hydroxy-1,1-dioxo-dihydro-1λ⁶-thiophen-3-on (F: 82—83°) erhalten worden (*Ba., St.,* l. c. S. 1084).

(±)-3r,4c-Diacetoxy-2ξ,4t-di-*tert*-butyl-1,1-dioxo-tetrahydro-1λ⁶-thiophen, (±)-3r,4c-Di-acetoxy-2ξ,4t-di-*tert*-butyl-tetrahydro-thiophen-1,1-dioxid $C_{16}H_{28}O_6S$, Formel XV (R = CO-CH₃) + Spiegelbild.

B. Aus der im vorangehenden Artikel beschriebenen Verbindung (*Backer, Strating,* R. **56** [1937] 1069, 1077).

Krystalle (aus Bzn.); F: 144—144,5°.

*Opt.-inakt. 3,4-Di-*tert*-butyl-1,1-dioxo-tetrahydro-1λ⁶-thiophen-3,4-diol $C_{12}H_{24}O_4S$, Formel XVI (R = H).

B. Aus Bis-[2-oxo-3,3-dimethyl-butyl]-sulfon beim Erwärmen mit Aluminium-Amalgam und Äthanol (*Backer, Strating,* R. **56** [1937] 1069, 1092).

Krystalle (aus Bzn.); F: 107°.

*Opt.-inakt. 3,4-Diacetoxy-3,4-di-*tert*-butyl-1,1-dioxo-tetrahydro-1λ⁶-thiophen, 3,4-Di-acetoxy-3,4-di-*tert*-butyl-tetrahydro-thiophen-1,1-dioxid $C_{16}H_{28}O_6S$, Formel XVI (R = CO-CH₃).

B. Aus der im vorangehenden Artikel beschriebenen Verbindung (*Backer, Strating,* R. **56** [1937] 1069, 1092).

Krystalle (aus wss. Eg.); F: 112,5—113°.

2-Acetoxy-3,4-epoxy-2,4-dimethyl-decan-5-ol $C_{14}H_{26}O_4$, Formel XVII (R = H).

Diese Konstitution kommt wahrscheinlich der nachstehend beschriebenen opt.-inakt. Verbindung zu.

B. Neben 2,3;4,5-Diepoxy-2,4-dimethyl-decan (Kp₃: 105—107°; n_D^{20}: 1,4412) beim Behandeln von 2,4-Dimethyl-deca-2,4ξ-dien (Kp₃: 88°; n_D^{20}: 1,4521) in Äther mit Peroxy=

essigsäure (*Pansewitsch-Koljada*, Ž. obšč. Chim. **26** [1956] 2161, 2163, 2166; engl. Ausg. S. 2413, 2415, 2418).
Kp$_3$: 126—128°. D$_4^{20}$: 0,9911. n$_D^{20}$: 1,4543.

2,5-Diacetoxy-3,4-epoxy-2,4-dimethyl-decan C$_{16}$H$_{28}$O$_5$, Formel XVII (R = CO-CH$_3$).
Diese Konstitution kommt wahrscheinlich der nachstehend beschriebenen opt.-inakt. Verbindung zu.
B. Beim Erhitzen der im vorangehenden Artikel beschriebenen Verbindung mit Acet≠ anhydrid (*Pansewitsch-Koljada*, Ž. obšč. Chim. **26** [1956] 2161, 2167; engl. Ausg. S. 2413, 2415).
Kp$_3$: 140,5—145°. D$_4^{20}$: 1,0000. n$_D^{20}$: 1,4481.

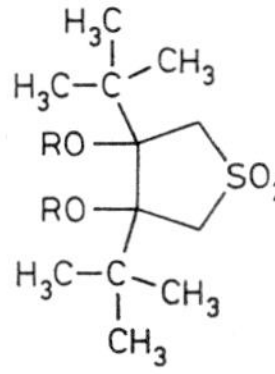

XVI 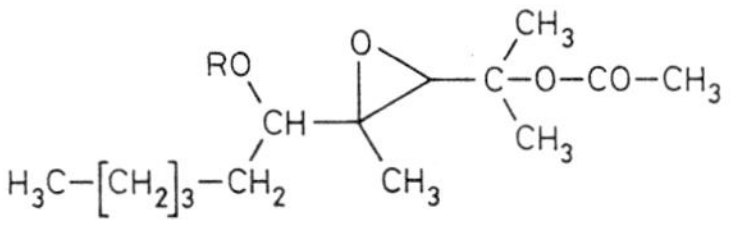   XVII 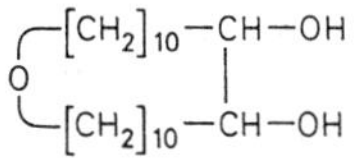   XVIII

Dihydroxy-Verbindungen C$_{22}$H$_{44}$O$_3$

*Opt.-inakt. **1-Oxa-cyclotricosan-12,13-diol** C$_{22}$H$_{44}$O$_3$, Formel XVIII.
B. Aus (±)-13-Hydroxy-1-oxa-cyclotricosan-12-on bei der Hydrierung an Platin in Äthanol (*Prelog et al.*, Helv. **33** [1950] 1937, 1948).
Krystalle (aus PAe.); F: 67—68°.   [*Haltmeier*]

Dihydroxy-Verbindungen C$_n$H$_{2n-2}$O$_3$

Dihydroxy-Verbindungen C$_4$H$_6$O$_3$

(±)-*trans*-**2-Benzoyloxy-2,3-dihydro-furan-3-ol** C$_{11}$H$_{10}$O$_4$, Formel I + Spiegelbild.
Eine Verbindung (Krystalle [aus CHCl$_3$]; F: 98—100°), der wahrscheinlich diese Konstitution und Konfiguration zukommt, ist beim Behandeln von Furan mit Peroxy≠ benzoesäure in Chloroform erhalten worden (*Böeseken et al.*, R. **50** [1931] 1023, 1028).

2,5-Dimethoxy-2,5-dihydro-furan C$_6$H$_{10}$O$_3$.
Über die Konfiguration der folgenden Stereoisomeren s. *Gagnaire, Vottero*, Bl. **1963** 2779; *Aito et al.*, Bl. chem. Soc. Japan **40** [1967] 130; *Barbier et al.*, Bl. **1968** 2330.

a) *cis*-**2,5-Dimethoxy-2,5-dihydro-furan** C$_6$H$_{10}$O$_3$, Formel II (R = CH$_3$).
B. Im Gemisch mit dem unter b) beschriebenen Stereoisomeren beim Behandeln von Furan mit Methanol und Brom und anschliessend mit Ammoniak, jeweils unterhalb −25° (*Burness*, Org. Synth. Coll. Vol. V [1973] 403; s. a. *Hufford et al.*, Am. Soc. **74** [1952] 3014, 3016; *Basilewskaja et al.*, Ž. obšč. Chim. **28** [1958] 1097, 1101; engl. Ausg. S. 1065), oder mit Methanol, Brom und Kaliumacetat bei −7° (*Clauson-Kaas et al.*, Acta chem. scand. **2** [1948] 109, 112) sowie bei der Elektrolyse eines Gemisches von Furan, Methanol und Ammoniumbromid bei −22° (*Clauson-Kaas et al.*, Acta chem. scand. **6** [1952] 531, 532; s. dazu *Clauson-Kaas, Tyle*, Acta chem. scand. **6** [1952] 962; *Limborg, Clauson-Kaas*, Acta chem. scand. **7** [1953] 235; *Kröper*, Houben-Weyl **6**, Tl. 3 [1965] 711, 712).
Isolierung aus Gemischen mit dem unter b) beschriebenen Stereoisomeren durch frak≠ tionierte Destillation: *Nielsen et al.*, Acta chem. scand. **12** [1958] 63, 64; *Alder et al.*, A. **638** [1960] 187, 193; *Gagnaire, Vottero*, Bl. **1963** 2779, 2783.

Kp_{90}: 96°; n_D^{25}: 1,4318 (*Ni. et al.*). Kp_{50}: 79°; D_4^{20}: 1,0730; n_D^{20}: 1,4346 (*Al. et al.*). Kp_{13}: 54° (*Ga., Vo.*). ¹H-NMR-Spektrum (CCl_4): *Ga., Vo.*; s. a. *Barbier et al.*, Bl. **1968** 2330.

Überführung in 2r,5c-Dimethoxy-tetrahydro-furan-3t(?),4t(?)-diol (F: 34—36°; bezüglich der Konfiguration s. *Ba. et al.*, l. c. S. 2331): *Ni. et al.*, l. c. S. 65. Beim Erwärmen eines Gemisches mit dem unter b) beschriebenen Stereoisomeren mit Methanol in Gegenwart des Borfluorid-Äther-Addukts sind 2,3,5-Trimethoxy-tetrahydro-furan (Stereo= isomeren-Gemisch), 1,1,2,4,4-Pentamethoxy-butan und 1,1,4,4-Tetramethoxy-but-2-en (*Clauson-Kaas et al.*, Acta chem. scand. 9 [1955] 111, 113), beim Erhitzen eines solchen Gemisches mit Buta-1,3-dien in wss. Dioxan auf 200° sind Cyclohex-4-en-1,2-di= carbaldehyd (n_D^{20}: 1,4940) und 1,3-Dimethoxy-1,3,3a,4,7,7a-hexahydro-isobenzofuran [n_D^{21}: 1,4775] (*Hufford et al.*, Am. Soc. 74 [1952] 3014, 3017) erhalten worden.

I   II   III   IV

b) (±)-*trans*-2,5-Dimethoxy-2,5-dihydro-furan $C_6H_{10}O_3$, Formel III (R = CH_3) + Spiegelbild.

Herstellung sowie Isolierung s. bei dem unter a) beschriebenen Stereoisomeren.

Kp_{90}: 98,5°; n_D^{25}: 1,4331 (*Nielsen et al.*, Acta chem. scand. 12 [1958] 63, 64). Kp_{50}: 82°; D_4^{20}: 1,0717; n_D^{20}: 1,4351 (*Alder et al.*, A. 638 [1960] 187, 194). Kp_{13}: 56° (*Gagnaire, Vottero*, Bl. 1963 2779, 2783). ¹H-NMR-Spektrum (CCl_4): *Ga., Vo.*; s. a. *Barbier et al.*, Bl. **1968** 2330.

*Opt.-inakt. 2,5-Diäthoxy-2,5-dihydro-furan $C_8H_{14}O_3$, Formel IV (R = C_2H_5).

B. Beim Behandeln von Furan mit Äthanol und Brom unterhalb −25° und anschliessend mit Ammoniak unterhalb −5° (*Fakstorp et al.*, Am. Soc. 72 [1950] 869, 870) oder mit Äthanol, Brom und Kaliumacetat bei −7° (*Clauson-Kaas et al.*, Acta chem. scand. 2 [1948] 109, 113) sowie bei der Elektrolyse eines Gemisches von Furan, Äthanol und Ammoniumbromid bei −22° (*Clauson-Kaas*, Acta chem. scand. 6 [1952] 569; s. dazu *Kröper*, Houben-Weyl 6 Tl. 3 [1965] 711, 712).

Kp_{760}: 184—186°; n_D^{25}: 1,4305 (*Cl.-K.*). Kp_{12}: 71—73°; D_4^{20}: 1,0019; n_D^{20}: 1,4309 (*Cl.-K. et al.*, l. c. S. 114). Kp_1: 50—53°; n_D^{25}: 1,4310 (*Fa. et al.*).

Hydrierung an Platin, Palladium/Bariumsulfat, Kupferoxid-Chromoxid und an Raney-Nickel unter verschiedenen Bedingungen (Bildung von 2,5-Diäthoxy-tetrahydro-furan [S. 1993] und anderen Verbindungen): *Fa. et al.*, l. c. S. 873.

*Opt.-inakt. 2,5-Dipropoxy-2,5-dihydro-furan $C_{10}H_{18}O_3$, Formel IV (R = CH_2-CH_2-CH_3).

B. Aus Furan und Propan-1-ol beim Behandeln mit Brom unterhalb −25° und anschliessend mit Ammoniak unterhalb −5° (*Fakstorp et al.*, Am. Soc. 72 [1950] 869, 870, 872). Bei der Elektrolyse eines Gemisches von Furan, Propan-1-ol, Acetylbromid und Bis-[2-hydroxy-äthyl]-amin (*Kemisk Vaerk Køge*, D.B.P. 848501 [1951]; D.R.B.P. Org. Chem. 1950—1951 6 2330).

Kp_{12}: 93—97° (*Kemisk Vaerk Køge*). Kp_3: 84°; n_D^{27}: 1,4386 (*Fa. et al.*).

*Opt.-inakt. 2,5-Diisopropoxy-2,5-dihydro-furan $C_{10}H_{18}O_3$, Formel IV (R = $CH(CH_3)_2$).

B. Aus Furan und Propan-2-ol beim Behandeln mit Brom und Kaliumacetat bei −7° (*Clauson-Kaas et al.*, Acta chem. scand. 2 [1948] 109, 114). Bei der Elektrolyse eines Gemisches von Furan, Propan-2-ol und Ammoniumbromid (*Kemisk Vaerk Køge*, D.B.P. 848501 [1951]; D.R.B.P. Org. Chem. 1950—1951 6 2330).

Kp_{12}: 83—84°. D_4^{20}: 0,9539. n_D^{20}: 1,4284 (*Cl.-K.*). Kp_9: 74—76° (*Kemisk Vaerk Køge*).

*Opt.-inakt. 2,5-Dibutoxy-2,5-dihydro-furan $C_{12}H_{22}O_3$, Formel IV (R = $[CH_2]_3$-CH_3).

B. Aus Furan und Butan-1-ol beim Behandeln mit Brom und Kaliumacetat bei −7° (*Clauson-Kaas et al.*, Acta chem. scand. 2 [1948] 109, 113) oder beim Behandeln mit

Brom unterhalb $-25°$ und anschliessend mit Ammoniak unterhalb $-5°$ (*Fakstorp et al.*, Am. Soc. **72** [1950] 869, 870, 872).

Kp_{12}: $118-120°$; D_4^{20}: 0,9436; n_D^{20}: 1,4371 (*Cl.-K. et al.*). Kp_2: $102°$; n_D^{27}: 1,4368 (*Fa. et al.*).

*Opt.-inakt. 2,5-Bis-isopentyloxy-2,5-dihydro-furan $C_{14}H_{26}O_3$, Formel IV
$(R = CH_2\text{-}CH_2\text{-}CH(CH_3)_2)$.

B. Beim Behandeln von Furan mit Isopentylalkohol, Brom und Kaliumacetat bei $-7°$ (*Clauson-Kaas et al.*, Acta chem. scand. **2** [1948] 109, 113).

Kp_{12}: $130-131°$. D_4^{20}: 0,9267. n_D^{20}: 1,4380.

2,5-Diacetoxy-2,5-dihydro-furan $C_8H_{10}O_5$.
Über die Konfiguration der folgenden Stereoisomeren s. *Barbier et al.*, Bl. **1968** 2330, 2332.

a) ***cis*-2,5-Diacetoxy-2,5-dihydro-furan** $C_8H_{10}O_5$, Formel II $(R = CO\text{-}CH_3)$.

B. Im Gemisch mit dem unter b) beschriebenen Stereoisomeren beim Erwärmen von Furan mit Blei(IV)-acetat in Essigsäure (*Elming, Clauson-Kaas*, Acta chem. scand. **6** [1952] 535, 537) sowie beim Behandeln von Furan mit Essigsäure, Acetanhydrid und Brom unter Zusatz von Kaliumacetat (*Clauson-Kaas et al.*, Acta chem. scand. **4** [1950] 1233, 1236).

Isolierung aus Gemischen mit dem unter b) beschriebenen Stereoisomeren durch fraktionierte Krystallisation aus Methanol: *El., Cl.-K.*, l. c. S. 538; s. a. *Barbier et al.*, Bl. **1968** 2330, 2337.

Krystalle (aus Me.); F: $51-52°$ (*El., Cl.-K.*), $49°$ (*Ba. et al.*). n_D^{25}: 1,4541 [flüssiges Präparat] (*El., Cl.-K.*). ^{1}H-NMR-Spektrum (CCl_4) sowie ^{1}H-^{1}H-Spin-Spin-Kopplungs-konstanten: *Jacobsen et al.*, Acta chem. scand. **25** [1971] 2785; *Ba. et al.*, l. c. S. 2335.

Pyrolyse unter Bildung von 2-Acetoxy-furan: *Clauson-Kaas, Elming*, Acta chem. scand. **6** [1952] 560; *Cava et al.*, Am. Soc. **78** [1956] 2304.

b) **(±)-*trans*-2,5-Diacetoxy-2,5-dihydro-furan** $C_8H_{10}O_5$, Formel III $(R = CO\text{-}CH_3)$ + Spiegelbild.

B. s. bei dem unter a) beschriebenen Stereoisomeren.

Isolierung aus Gemischen mit dem unter a) beschriebenen Stereoisomeren: *Barbier et al.*, Bl. **1968** 2330, 2337; *Jacobsen et al.*, Acta chem. scand. **25** [1971] 2785.

Krystalle (aus Me.); F: $56°$ (*Ba. et al.*), $53,5-55,5°$ (*Ja. et al.*). ^{1}H-NMR-Spektrum (CCl_4) sowie ^{1}H-^{1}H-Spin-Spin-Kopplungskonstanten: *Ja. et al.*; *Ba. et al.*

*Opt.-inakt. 2,5-Bis-propionyloxy-2,5-dihydro-furan $C_{10}H_{14}O_5$, Formel IV
$(R = CO\text{-}C_2H_5)$.

B. Erwärmen von Furan mit Blei(IV)-propionat in Propionsäure (*Elming, Clauson-Kaas*, Acta chem. scand. **6** [1952] 535, 539).

Krystalle (aus Me.); F: $56-57,5°$.

*Opt.-inakt. 2,5-Bis-butyryloxy-2,5-dihydro-furan $C_{12}H_{18}O_5$, Formel IV
$(R = CO\text{-}CH_2\text{-}CH_2\text{-}CH_3)$.

B. Beim Behandeln von Furan mit Blei(IV)-butyrat in Buttersäure (*Elming, Clauson-Kaas*, Acta chem. scand. **6** [1952] 535, 541).

F: $-3°$ bis $+1°$. $Kp_{0,2}$: $104-107°$. n_D^{25}: 1,4497.

2,5-Bis-benzoyloxy-2,5-dihydro-furan $C_{18}H_{14}O_5$.
Über die Konfiguration der beiden folgenden Stereoisomeren s. *Arita et al.*, J. chem. Soc. Japan Ind. Chem. Sect. **72** [1969] 1896; C. A. **73** [1970] 10122; *Kolb, Black*, Chem. Commun. **1969** 1119.

a) ***cis*-2,5-Bis-benzoyloxy-2,5-dihydro-furan** $C_{18}H_{14}O_5$, Formel II $(R = CO\text{-}C_6H_5)$.

B. Neben dem unter b) beschriebenen Stereoisomeren beim Erwärmen von Furan mit Blei(IV)-benzoat in Benzol (*Elming, Clauson-Kaas*, Acta chem. scand. **6** [1952] 535, 543).

Krystalle; F: $169,5-170,5°$ [aus Bzl.] (*Arita et al.*, J. chem. Soc. Japan Ind. Chem. Sect. **72** [1969] 1896), $167°$ [aus Furan] (*Kolb, Black*, Chem. Commun. **1969** 1119), $165-167°$ [aus Me.] (*El., Cl.-K.*). ^{1}H-NMR-Spektrum ($CDCl_3$): *Ar. et al.*, l. c. S. 1897.

b) **(±)-*trans*-2,5-Bis-benzoyloxy-2,5-dihydro-furan** $C_{18}H_{14}O_5$, Formel III ($R = CO-C_6H_5$) + Spiegelbild auf S. 2032.

B. s. bei dem unter a) beschriebenen Stereoisomeren.

Krystalle; F: 196,5° [aus Dioxan] (*Arita et al.*, J. chem. Soc. Japan Ind. Chem. Sect. **72** [1969] 1896), 211° [aus Furan] (*Kolb, Black,* Chem. Commun. **1969** 1119). ^{1}H-NMR-Spektrum ($CDCl_3$): *Ar. et al.*, l. c. S. 1897.

Dihydroxy-Verbindungen $C_5H_8O_3$

3,4-Dihydro-2*H*-pyran-3,4-diol $C_5H_8O_3$.

a) **(3*R*)-*cis*-3,4-Dihydro-2*H*-pyran-3,4-diol, 1,5-Anhydro-2-desoxy-D-*erythro*-pent-1-enit**, D-Arabinal $C_5H_8O_3$, Formel V ($R = H$) (E II 183).

B. Aus Di-*O*-acetyl-1,5-anhydro-2-desoxy-D-*erythro*-pent-1-enit mit Hilfe von wss. Bariumhydroxid (*Karrer et al.*, Helv. **18** [1935] 1435, 1442; vgl. E II 183).

Krystalle (aus Bzl.); F: 80—81° (*Ka. et al.*). $[\alpha]_D^{22}$: +196° [W.; c = 2] (*Ohta*, J. Biochem. Tokyo **38** [1951] 31, 33; C. A. **1951** 10204).

Beim Behandeln mit Osmium(VIII)-oxid und Wasserstoffperoxid in *tert*-Butylalkohol sind D-Arabinose und D-Erythronsäure erhalten worden (*Hockett, Millman*, Am. Soc. **63** [1941] 2587).

b) **(3*S*)-*cis*-3,4-Dihydro-2*H*-pyran-3,4-diol, 1,5-Anhydro-2-desoxy-L-*erythro*-pent-1-enit**, L-Arabinal $C_5H_8O_3$, Formel VI ($R = H$) (E II 184).

B. Aus Di-*O*-acetyl-1,5-anhydro-2-desoxy-L-*erythro*-pent-1-enit ($[\alpha]_D^{20}$: —236° [$CHCl_3$]; S. 2035) mit Hilfe von wss. Bariumhydroxid (*Brimacombe et al.*, Tetrahedron **4** [1958] 351, 359; vgl. E II 184).

F: 80—82°; $[\alpha]_D^{20}$: —202° [W.; c = 3] (*Br. et al.*).

Abbau zu L-Erythrose mit Hilfe von Ozon: *Felton, Freudenberg,* Am. Soc. **57** [1935] 1637, 1638. Bildung von L-Ribose (vgl. E II 184) und geringeren Mengen L-Arabinose beim Behandeln mit Peroxybenzoesäure in Chloroform: *Austin, Humoller,* Am. Soc. **56** [1934] 1152. Beim Behandeln mit Chlorwasserstoff enthaltendem Methanol ist bei 20° Methyl-[β-L-*erythro*-2-desoxy-pentopyranosid] (*Deriaz et al.*, Soc. **1949** 2836, 2839), bei 64° hingegen 4,5,5-Trimethoxy-pentan-2-on [E III **1** 3314] (*Deriaz et al.*, Soc. **1949** 1222, 1230) erhalten worden.

Über ein beim Behandeln von Di-*O*-acetyl-1,5-anhydro-2-desoxy-L-*erythro*-pent-1-enit mit Natriumäthylat in Äthanol und Chloroform erhaltenes Präparat (F: 83°) von ungewisser Einheitlichkeit s. *Gachokidse*, Ž. obšč. Chim. **10** [1940] 507, 509; C. **1940** II 2028.

c) **(3*R*)-*trans*-3,4-Dihydro-2*H*-pyran-3,4-diol, 1,5-Anhydro-2-desoxy-D$_g$-*threo*-pent-1-enit**, D-Lyxal, D-Xylal $C_5H_8O_3$, Formel VII ($R = H$) (E II 184).

B. Aus Di-*O*-acetyl-1,5-anhydro-2-desoxy-D$_g$-*threo*-pent-1-enit beim Behandeln mit Natriummethylat in Methanol bzw. mit Natriumäthylat in Äthanol und Chloroform (*Overend et al.*, Soc. **1950** 1027; *Gachokidse*, Ž. obšč. Chim. **15** [1945] 530, 532; C. A. **1946** 4673).

Krystalle; F: 51° [aus A. + Ae.] (*Ov. et al.*), 50—51° [aus A.] (*Ga.*), 49—50° [aus E.] (*Gehrke, Obst,* B. **64** [1931] 1724, 1726). Bei 100—105°/0,05 Torr destillierbar (*Ov. et al.*). $[\alpha]_D^{20}$: —254,1° [W.; c = 1] (*Ga.*); $[\alpha]_D$: —259° [W.; c = 1] (*Ov. et al.*); $[\alpha]_D$: —254° [W.; c = 5] (*Ge., Obst*).

Überführung in D-Lyxose durch Umsetzung mit Peroxybenzoesäure und anschliessende Hydrolyse: *Ge., Obst,* l. c. S. 1728. Beim Erwärmen mit Chlorwasserstoff enthaltendem Methanol ist 4,5,5-Trimethoxy-pentan-2-on erhalten worden (*Ov. et al.*, l. c. S. 1028).

(3*R*)-*trans*-3,4-Dimethoxy-3,4-dihydro-2*H*-pyran, Di-*O*-methyl-1,5-anhydro-2-desoxy-D$_g$-*threo*-pent-1-enit, Di-*O*-methyl-D-xylal $C_7H_{12}O_3$, Formel VII ($R = CH_3$).

B. Beim Erwärmen von 1,5-Anhydro-2-desoxy-D$_g$-*threo*-pent-1-enit mit wss. Natronlauge und Dimethylsulfat und Behandeln des Reaktionsprodukts mit Methyljodid und Silberoxid (*Haworth et al.*, Soc. **1937** 780).

Kp_{17}: ca. 73°. n_D^{20}: 1,4566. $[\alpha]_D^{19}$: —180° [CHCl$_3$; c = 0,2].

Bei aufeinanderfolgender Umsetzung mit Peroxybenzoesäure, Methylierung und Hydrolyse ist ein Gemisch von O^2,O^3,O^4-Trimethyl-D-lyxose und O^2,O^3,O^4-Trimethyl-D-xylose erhalten worden (*Ha. et al.*, l. c. S. 781).

V   VI   VII   VIII

3,4-Diacetoxy-3,4-dihydro-2H-pyran $C_9H_{12}O_5$.

a) **(3R)-cis-3,4-Diacetoxy-3,4-dihydro-2H-pyran, Di-O-acetyl-1,5-anhydro-2-desoxy-D-erythro-pent-1-enit**, Di-O-acetyl-D-arabinal $C_9H_{12}O_5$, Formel V (R = CO-CH$_3$) (E II 184).

B. Aus Tri-O-acetyl-β-D-arabinopyranosylbromid (S. 2281) beim Behandeln mit Zink und wss. Essigsäure (*Karrer et al.*, Helv. **18** [1935] 1435, 1441; *Davoll, Lythgoe*, Soc. **1949** 2526, 2530; vgl. E II 183).

$Kp_{0,05}$: 76—78° (*Vargha, Kuszmann*, B. **96** [1963] 411, 415). Bezüglich des früher (E II **17** 184) angegebenen Schmelzpunkts (99—100°) s. *Va., Ku.*, l. c. S. 411. $[\alpha]_D^{20}$: +265,3° [CHCl$_3$; c = 4] (*Hockett, Millman*, Am. Soc. **63** [1941] 2587).

b) **(3S)-cis-3,4-Diacetoxy-3,4-dihydro-2H-pyran, Di-O-acetyl-1,5-anhydro-2-desoxy-L-erythro-pent-1-enit**, Di-O-acetyl-L-arabinal $C_9H_{12}O_5$, Formel VI (R = CO-CH$_3$) (E II 184).

B. Aus Tri-O-acetyl-β-L-arabinopyranosylbromid (S. 2282) beim Behandeln mit Kupfer enthaltendem Zink und wss. Essigsäure (*Austin, Humoller*, Am. Soc. **56** [1934] 1152; vgl. E II 184).

Krystalle (aus CCl$_4$); F: 100° (*Gachokidse*, Ž. obšč. Chim. **10** [1940] 507, 508, 509; C. **1940** II 2028; s. dagegen *Vargha, Kuszmann*, B. **96** [1963] 411). $[\alpha]_D^{20}$: —262,2° (?) [CHCl$_3$] (*Ga.*).

Beim Erwärmen mit Chlorwasserstoff enthaltendem Methanol ist Lävulinsäure erhalten worden (*Bergmann, Machemer*, B. **66** [1933] 1063).

Präparate ($[\alpha]_D^{19}$: —231° [CHCl$_3$] bzw. $[\alpha]_D^{20}$: —236° [CHCl$_3$]) von ungewisser Einheitlichkeit sind beim Behandeln von Tri-O-acetyl-β-L-arabinopyranosylbromid mit Zink und wss. Essigsäure unter Zusatz von Hexachloroplatin(IV)-säure bei —10° erhalten worden (*Deriaz et al.*, Soc. **1949** 1879, 1881; *Brimacombe et al.*, Tetrahedron **4** [1958] 351, 358).

c) **(3R)-trans-3,4-Diacetoxy-3,4-dihydro-2H-pyran, Di-O-acetyl-1,5-anhydro-2-desoxy-D$_g$-threo-pent-1-enit**, Di-O-acetyl-D-xylal $C_9H_{12}O_5$, Formel VII (R = CO-CH$_3$) (E II 184).

B. Beim Behandeln von Tri-O-acetyl-α-D-xylopyranosylbromid (S. 2282) mit Zink, wss. Essigsäure und Natriumacetat unter Zusatz von Kupfer(II)-sulfat bei —8° (*Helferich, Gindy*, B. **87** [1954] 1488, 1490; s. a. *Brimacombe et al.*, Tetrahedron **4** [1958] 351, 358).

Krystalle; F: 40—42° [aus CCl$_4$] (*Gachokidse*, Ž. obšč. Chim. **15** [1945] 530, 532; C. A. **1946** 4673), 39—40° [aus E.] (*Gehrke, Obst*, B. **64** [1931] 1724, 1726). $[\alpha]_D^{20}$: —318,5° [CHCl$_3$; c = 1] (*Ga.*); $[\alpha]_D$: —314,1° [CHCl$_3$; c = 6] (*Ge., Obst*). Optisches Drehungsvermögen von Lösungen in Äthanol (670,8—276,8 nm) und in Chloroform (670,8 bis 297,4 nm) bei 20°: *Harris et al.*, Soc. **1936** 1403, 1406; s. a. *Sticzay et al.*, Chem. Zvesti **24** [1970] 203.

Beim Behandeln mit einer Suspension von Phenanthren-9,10-chinon in Benzol unter Bestrahlung mit UV-Licht und anschliessenden Behandeln mit Natriummethylat in Methanol ist (12R)-(9aξ,13aξ)-11,12,13,13a-Tetrahydro-9aH-phenanthro[9,10-b]pyrano[2,3-e][1,4]dioxin-12r,13t-diol (F: 258—259°) erhalten worden (*He., Gi.*, l. c. S. 1490).

*Opt.-inakt. 2,3-Dibutoxy-3,4-dihydro-2H-pyran $C_{13}H_{24}O_3$, Formel VIII.

B. Beim Erhitzen von 1,2-Dibutoxy-äthylen (aus 1,1,2-Tributoxy-äthan hergestellt) mit Acrylaldehyd in Gegenwart von Hydrochinon auf 210° (*Baganz, Brinckmann,* B. **89** [1956] 1565, 1567).

Kp_{12}: 128°; Kp_{5-6}: 112°. D_4^{25}: 0,940. n_D^{25}: 1,4440.

*Opt.-inakt. 2-Äthoxy-3-phenoxy-3,4-dihydro-2H-pyran $C_{13}H_{16}O_3$, Formel IX.

B. Beim Erhitzen von 1-Äthoxy-2-phenoxy-äthylen (Kp_{13}: 116°) mit Acrylaldehyd in Gegenwart von Hydrochinon auf 210° (*Baganz, Brinckmann,* B. **89** [1956] 1565, 1567).

Krystalle; F: ca. 12°. Kp_{13}: 149°; Kp_7: 130°. D_4^{25}: 1,097. n_D^{25}: 1,5210.

IX   X   XI   XII

*Opt.-inakt. 2,3-Bis-äthylmercapto-3,4-dihydro-2H-pyran $C_9H_{16}OS_2$, Formel X.

B. In mässiger Ausbeute beim Erhitzen von 1,2-Bis-äthylmercapto-äthylen (aus Äthanthiol und 1,2-Dichlor-äthan hergestellt) mit Acrylaldehyd in Gegenwart von Hydrochinon auf 160° (*Baganz, Brinckmann,* B. **89** [1956] 1565, 1568).

Kp_{11}: 116—127° [unreines Präparat].

(±)-4,6-Diäthoxy-3,6-dihydro-2H-pyran $C_9H_{16}O_3$, Formel XI.

In einem von *Woods, Temin* (Am. Soc. **72** [1950] 139, 141) mit Vorbehalt unter dieser Konstitution beschriebenen, beim Erwärmen eines Gemisches von (±)-2r-Äthoxy-3c,4t-dibrom-tetrahydro-pyran und (±)-2r-Äthoxy-3t,4c-dibrom-tetrahydro-pyran mit äthanol. Kalilauge oder äthanol. Natriumäthylat erhaltenen Präparat (Kp_{760}: 205°; Kp_{17}: 98—101°; n_D^{27}: 1,4445) hat wahrscheinlich ein Gemisch von (±)-*trans*-2,3-Diäth= oxy-3,6-dihydro-2H-pyran, (±)-*cis*-3,6-Diäthoxy-3,6-dihydro-2H-pyran und (±)-*trans*-3,6-Diäthoxy-3,6-dihydro-2H-pyran vorgelegen (vgl. *Srivastava et al.,* J. org. Chem. **37** [1972] 190). Das bei der Hydrierung dieses Präparats an Palladium/Kohle erhaltene vermeintliche 2,4-Diäthoxy-tetrahydro-pyran ($C_9H_{18}O_3$) ist dementsprechend wahrscheinlich ein Gemisch von *trans*-2,3-Diäthoxy-tetrahydro-pyran, *trans*-2,5-Diäth= oxy-tetrahydro-pyran und *cis*-2,5-Diäthoxy-tetrahydro-pyran gewesen (vgl. *Sr. et al.,* l. c. S. 194).

---

*Opt.-inakt. 2,3-Dimethoxy-5-methyl-2,3-dihydro-furan $C_7H_{12}O_3$, Formel XII.

B. In geringer Menge neben anderen Verbindungen bei kurzem Erwärmen von Furfuryl= alkohol mit Chlorwasserstoff enthaltendem Methanol in Gegenwart von Hydrochinon unter Stickstoff (*Birkofer, Dutz,* A. **608** [1957] 7, 11, 16).

Kp_{12}: 58—61°. n_D^{20}: 1,4440.

Bis-[3-hydroxy-5-methyl-2,3-dihydro-[2]furyl]-äther $C_{10}H_{14}O_5$, Formel I, sowie
[3-Hydroxy-5-methyl-2,3-dihydro-[2]furyl]-[2-hydroxy-5-methyl-2,3-dihydro-[3]furyl]-äther $C_{10}H_{14}O_5$, Formel II, und Tautomeres.

Diese Formeln kommen für die nachstehend beschriebene opt.-inakt. Verbindung in Betracht.

B. In geringer Menge neben Lävulinsäure beim Erwärmen von opt.-inakt. 5-Methyl-2,3-dihydro-furan-2,3-diol (F: 132—134° [Syst. Nr. 120]) mit wss. Salzsäure (*Birkofer, Beckmann,* A. **620** [1959] 21, 31).

Krystalle (aus E.); F: 119°.

---

*Opt.-inakt. 2,5-Dimethoxy-2-methyl-2,5-dihydro-furan $C_7H_{12}O_3$, Formel III (R = CH_3).

B. Bei der Elektrolyse eines Gemisches von 2-Methyl-furan, Methanol und Ammonium=

bromid bei −15° (*Clauson-Kaas et al.*, Acta chem. scand. **6** [1952] 545; s. a. *Lewis*, Soc. **1956** 1083). Beim Behandeln von 2-Methyl-furan mit Methanol, Brom und Kaliumacetat bei −7° (*Clauson-Kaas, Limborg*, Acta chem. scand. **1** [1947] 619, 621; s. a. *Potts, Robinson*, Soc. **1955** 2675, 2685; *Letsinger, Lasco*, J. org. Chem. **21** [1956] 764).

Kp_{760}: 158−159°; n_D^{25}: 1,426 (*Cl.-K. et al.*). Kp_{10}: 46°; n_D^{26}: 1,4272 (*Let., La.*). Kp: 152°; Kp_8: 46° (*Cl.-K., Li.*). Kp_{68}: 79°; n_D^{20}: 1,4289 (*Po., Ro.*). Kp_{20}: 61−62°; n_D^{22}: 1,4296 (*Le.*). UV-Absorptionsmaxima (Me.): 208 nm und 214 nm (*Po., Ro.*).

Bei 4-stdg. Erwärmen mit Chlorwasserstoff enthaltendem Methanol sind Lävulinsäure-methylester, 4,4-Dimethoxy-valeriansäure-methylester und 2,4,5-Trimethoxy-2-methyl-tetrahydro-furan (*Clauson-Kaas, Nielsen*, Acta chem. scand. **9** [1955] 475, 482), bei kurzem Behandeln mit Chlorwasserstoff enthaltendem Methanol sind 4,5,5-Trimethoxy-pentan-2-on (Hauptprodukt) und Lävulinsäure-methylester (*Šrogl*, Collect. **29** [1964] 1380, 1384) erhalten worden.

I   II   III

*Opt.-inakt. **2,5-Diäthoxy-2-methyl-2,5-dihydro-furan** $C_9H_{16}O_3$, Formel III (R = C_2H_5).

B. Beim Behandeln von 2-Methyl-furan mit Äthanol und Brom bei −50° und anschliessend mit Ammoniak unterhalb −5° (*Fakstorp et al.*, Am. Soc. **72** [1950] 869, 870, 872).

Kp_3: 88−92°; n_D^{25}: 1,4264 [Präparat von ungewisser Einheitlichkeit].

Dihydroxy-Verbindungen $C_6H_{10}O_3$

(2R)-6t-Äthoxy-3c-jod-2r-[toluol-4-sulfonyloxymethyl]-3,6-dihydro-2H-pyran $C_{15}H_{19}IO_5S$, Formel IV (R = H).

Ein Präparat (Öl; $[\alpha]_D^{20}$: −59,6° [Bzl.; c = 1,5]), in dem vermutlich diese Verbindung vorgelegen hat, ist beim Behandeln von (2R)-6t-Äthoxy-3t-[toluol-4-sulfonyloxy]-2r-[toluol-4-sulfonyloxymethyl]-3,6-dihydro-2H-pyran mit Natriumjodid in Aceton erhalten worden (*Laland et al.*, Soc. **1950** 738, 742).

2-Methyl-3,4-dihydro-2H-pyran-3,4-diol $C_6H_{10}O_3$.

a) **(2R)-2r-Methyl-3,4-dihydro-2H-pyran-3t,4t-diol, 1,5-Anhydro-2,6-didesoxy-D-*ribo*-hex-1-enit** $C_6H_{10}O_3$, Formel V (R = H) (E II 186; dort als d(+)-Digitoxoseen-(1.2) bezeichnet).

B. Beim Behandeln von Di-*O*-acetyl-1,5-anhydro-2,6-didesoxy-D-*ribo*-hex-1-enit (S. 2038) mit methanol. Bariumhydroxid-Lösung (*Iselin, Reichstein*, Helv. **27** [1944] 1203, 1208).

Krystalle (aus Butanon + Ae.); F: 117−120° [korr.].

Beim Behandeln mit wss. Schwefelsäure sind D-Digitoxose (D-*ribo*-2,6-Didesoxy-hexose) und eine Verbindung $C_6H_{12}O_4$ (Krystalle [aus Acn. + Ae.]; F: 143−144°) erhalten worden.

b) **(2S)-2r-Methyl-3,4-dihydro-2H-pyran-3t,4c-diol, 1,5-Anhydro-2,6-didesoxy-L-*arabino*-hex-1-enit**, L-Rhamnal $C_6H_{10}O_3$, Formel VI (R = H) (E II 185).

Herstellung aus L-Rhamnose über Di-*O*-acetyl-L-rhamnal (vgl. E II 185): *Iselin, Reichstein*, Helv. **27** [1944] 1146, 1148.

c) **(2S)-2r-Methyl-3,4-dihydro-2H-pyran-3c,4c-diol, 2,6-Anhydro-1,5-didesoxy-L-*arabino*-hex-5-enit**, L-Fucal $C_6H_{10}O_3$, Formel VII (R = H).

B. Beim Behandeln von Di-*O*-acetyl-2,6-anhydro-1,5-didesoxy-L-*arabino*-hex-5-enit (S. 2039) mit methanol. Bariumhydroxid-Lösung (*Iselin, Reichstein*, Helv. **27** [1944] 1200, 1202).

Krystalle (aus Bzl.); F: 70−72°. $[\alpha]_D^{15}$: +10,4° [Acn.; c = 1].

d) **(2S)-2r-Methyl-3,4-dihydro-2H-pyran-3c,4t-diol, 1,5-Anhydro-2,6-didesoxy-L-*xylo*-hex-1-enit** $C_6H_{10}O_3$, Formel VIII (R = H).

Ein Präparat ($[\alpha]_D^{13}$: $-133,6°$ [W.; c = 5]), in dem vermutlich diese Verbindung als Hauptbestandteil vorgelegen hat, ist beim Behandeln von Di-O-acetyl-1,5-anhydro-2,6-di= desoxy-L-*xylo*-hex-1-enit (?) (F: 79—80° [S. 2039]) mit methanol. Bariumhydroxid Lösung erhalten worden (*Meyer, Reichstein*, Helv. **29** [1946] 139, 151).

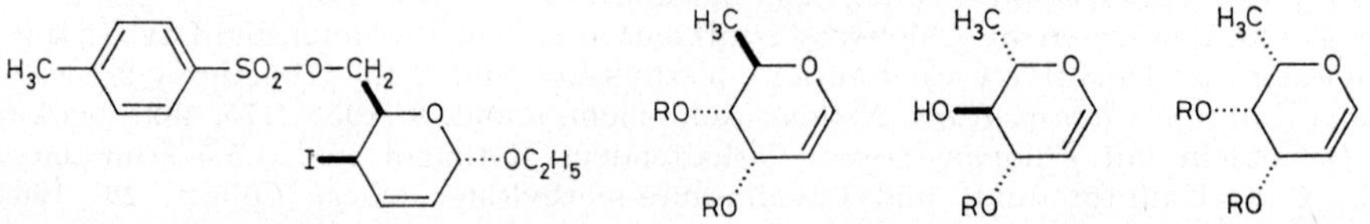

IV   V   VI   VII

4-Methoxy-2-methyl-3,4-dihydro-2H-pyran-3-ol $C_7H_{12}O_3$.

a) **(2R)-4c-Methoxy-2r-methyl-3,4-dihydro-2H-pyran-3t-ol, O^3-Methyl-1,5-anhydro-2,6-didesoxy-D-*arabino*-hex-1-enit**, O^3-Methyl-D-rhamnal, D-Thevetal $C_7H_{12}O_3$, Formel IX (R = H).

B. Beim Behandeln von O^4-Acetyl-O^3-methyl-1,5-anhydro-2,6-didesoxy-D-*arabino*-hex-1-enit (s. u.) mit methanol. Bariumhydroxid-Lösung (*Vischer, Reichstein*, Helv. **27** [1944] 1332, 1343).

Krystalle; F: ca. 26°. $Kp_{0,03}$: 47—49°. $[\alpha]_D^{14}$: $-75,6°$ [W.; c = 5].

b) **(2S)-4c-Methoxy-2r-methyl-3,4-dihydro-2H-pyran-3t-ol, O^3-Methyl-1,5-anhydro-2,6-didesoxy-L-*arabino*-hex-1-enit**, O^3-Methyl-L-rhamnal, L-Thevetal $C_7H_{12}O_3$, Formel VI (R = CH$_3$).

B. Beim Behandeln von O^4-Acetyl-O^3-methyl-1,5-anhydro-2,6-didesoxy-L-*arabino*-hex-1-enit (s. u.) mit methanol. Bariumhydroxid-Lösung (*Blindenbacher, Reichstein*, Helv. **31** [1948] 2061, 2063).

Krystalle (nach Destillation bei 45—47°/0,1 Torr); F: 25°. $[\alpha]_D^{20}$: $+75°$ [W.; c = 1].

3-Acetoxy-4-methoxy-2-methyl-3,4-dihydro-2H-pyran $C_9H_{14}O_4$.

a) **(2R)-3t-Acetoxy-4c-methoxy-2r-methyl-3,4-dihydro-2H-pyran, O^4-Acetyl-O^3-methyl-1,5-anhydro-2,6-didesoxy-D-*arabino*-hex-1-enit**, O^4-Acetyl-O^3-methyl-D-rhamnal $C_9H_{14}O_4$, Formel IX (R = CO-CH$_3$).

B. Beim Behandeln von O^1,O^2,O^4-Triacetyl-O^3-methyl-6-desoxy-β-D-glucopyranose mit Bromwasserstoff in Essigsäure und Acetanhydrid und Behandeln des Reaktionsprodukts mit verkupfertem Zink und wss. Essigsäure unter Zusatz von Natriumacetat (*Vischer, Reichstein*, Helv. **27** [1944] 1332, 1343).

Öl. $[\alpha]_D^{16}$: $-32,6°$ [Acn.; c = 5].

b) **(2S)-3t-Acetoxy-4c-methoxy-2r-methyl-3,4-dihydro-2H-pyran, O^4-Acetyl-O^3-methyl-1,5-anhydro-2,6-didesoxy-L-*arabino*-hex-1-enit**, O^4-Acetyl-O^3-methyl-L-rhamnal $C_9H_{14}O_4$, Formel X (R = CH$_3$).

B. Aus O^1,O^2,O^4-Triacetyl-O^3-methyl-6-desoxy-β-L-glucopyranose analog dem unter a) beschriebenen Stereoisomeren (*Blindenbacher, Reichstein*, Helv. **31** [1948] 2061, 2063).

$Kp_{0,02}$: 50—53°. $[\alpha]_D^{20}$: $+32,4°$ [Acn.; c = 2].

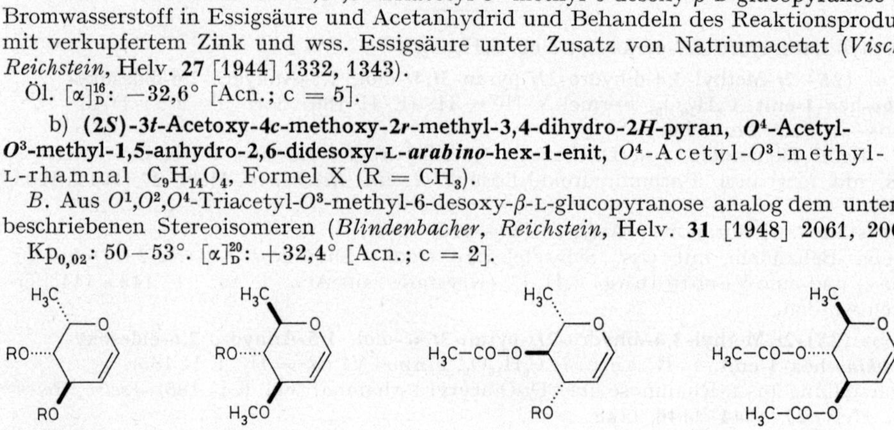

VIII   IX   X   XI

3,4-Diacetoxy-2-methyl-3,4-dihydro-2H-pyran $C_{10}H_{14}O_5$.

a) **(2R)-3t,4t-Diacetoxy-2r-methyl-3,4-dihydro-2H-pyran, Di-O-acetyl-1,5-anhydro-2,6-didesoxy-D-*ribo*-hex-1-enit** $C_{10}H_{14}O_5$, Formel V (R = CO-CH$_3$).

B. Beim Behandeln von 1,5-Anhydro-2,6-didesoxy-D-*ribo*-hex-1-enit (S. 2037) mit

Acetanhydrid und Pyridin (*Micheel*, B. **63** [1930] 347, 355). In geringer Menge beim Behandeln von Tetra-*O*-acetyl-6-desoxy-*β*(?)-D-allopyranose (S. 2547) mit Bromwasser≠stoff in Essigsäure und Acetanhydrid und Behandeln des Reaktionsprodukts mit ver≠kupfertem Zink und wss. Essigsäure unter Zusatz von Natriumacetat (*Iselin, Reichstein*, Helv. **27** [1944] 1203, 1207).

Krystalle; F: 51—52° [aus Pentan] (*Is., Re.*), 47—50° (*Mi.*). [α]$_D^{19}$: +387° [CHCl$_3$; c = 1] (*Mi.*); [α]$_D^{20}$: +388° [CHCl$_3$; c = 1] (*Is., Re.*).

b) **(2R)-3t,4c-Diacetoxy-2r-methyl-3,4-dihydro-2H-pyran, Di-O-acetyl-1,5-anhydro-2,6-didesoxy-D-*arabino*-hex-1-enit,** Di-O-acetyl-D-rhamnal C$_{10}$H$_{14}$O$_5$, Formel XI.

B. Beim Behandeln von Tri-*O*-acetyl-6-desoxy-α-D-glucopyranosylbromid mit Zink und wss. Essigsäure (*Micheel*, B. **63** [1930] 347, 359).

Öl. [α]$_D^{18}$: —68,5° [CHCl$_3$; c = 1].

c) **(2S)-3t,4c-Diacetoxy-2r-methyl-3,4-dihydro-2H-pyran, Di-O-acetyl-1,5-anhydro-2,6-didesoxy-L-*arabino*-hex-1-enit,** Di-O-acetyl-L-rhamnal C$_{10}$H$_{14}$O$_5$, Formel X (R = CO-CH$_3$) (E II 185).

B. Beim Behandeln von Tri-*O*-acetyl-6-desoxy-α-L-mannopyranosylbromid mit ver≠kupfertem Zink und wss. Essigsäure unter Zusatz von Natriumacetat (*Iselin, Reichstein*, Helv. **27** [1944] 1146, 1148; vgl. E II 185).

Kp$_{0,06}$: 68—69° (*Is., Re.*). [α]$_D^{18}$: +68,0° [CHCl$_3$] (*Micheel*, B. **63** [1930] 347, 357).

Beim Behandeln mit Peroxybenzoesäure in Chloroform ist O^3,O^4-Diacetyl-O^1-benzoyl-6-desoxy-ξ-L-glucopyranose (F: 193°; [α]$_D^{24}$: —15,2° [CHCl$_3$]) erhalten worden (*Mac-Phillamy, Elderfield*, J. org. Chem. **4** [1939] 150, 160).

d) **(2R)-3c,4c-Diacetoxy-2r-methyl-3,4-dihydro-2H-pyran, Di-O-acetyl-2,6-anhydro-1,5-didesoxy-D-*arabino*-hex-5-enit,** Di-O-acetyl-D-fucal C$_{10}$H$_{14}$O$_5$, Formel XII.

B. Aus D-Fucose (*Cleaver et al.*, Soc. **1959** 409, 411, 415).

F: 50—52°. [α]$_D^{25}$: —7,1° [Acn.].

e) **(2S)-3c,4c-Diacetoxy-2r-methyl-3,4-dihydro-2H-pyran, Di-O-acetyl-2,6-anhydro-1,5-didesoxy-L-*arabino*-hex-5-enit,** Di-O-acetyl-L-fucal C$_{10}$H$_{14}$O$_5$, Formel VII (R = CO-CH$_3$).

B. Neben O^2,O^3,O^4-Triacetyl-L-fucose beim Behandeln von Tetra-*O*-acetyl-L-fucopyr≠anose mit Bromwasserstoff in Essigsäure und Acetanhydrid und Behandeln des Reak≠tionsprodukts mit verkupfertem Zink und wss. Essigsäure unter Zusatz von Natrium≠acetat (*Iselin, Reichstein*, Helv. **27** [1944] 1200, 1202).

Krystalle (aus Ae. + PAe.); F: 49—50°. [α]$_D^{19}$: +9,9° [Acn.; c = 1].

f) **(2S)-3c,4t-Diacetoxy-2r-methyl-3,4-dihydro-2H-pyran, Di-O-acetyl-1,5-anhydro-2,6-didesoxy-L-*xylo*-hex-1-enit** C$_{10}$H$_{14}$O$_5$, Formel VIII (R = CO-CH$_3$).

Ein Präparat (Krystalle [aus Ae. + PAe.], F: 79—80°; [α]$_D^{15}$: —291,5° [Acn.; c = 3]), in dem wahrscheinlich diese Verbindung vorgelegen hat, ist in geringer Menge beim Er≠hitzen von 6-Desoxy-L-idose mit Acetanhydrid unter Zusatz von Natriumacetat, Behan≠deln des Reaktionsprodukts mit Bromwasserstoff in Essigsäure und Behandeln des danach isolierten Reaktionsprodukts mit verkupfertem Zink und wss. Essigsäure erhalten worden (*Meyer, Reichstein*, Helv. **29** [1946] 139, 150).

*Opt.-inakt. 2-Äthyl-2,5-dimethoxy-2,5-dihydro-furan C$_8$H$_{14}$O$_3$, Formel XIII.
B. Beim Behandeln von 2-Äthyl-furan mit Methanol und Brom unter Zusatz von Natriumcarbonat (*Levisalles*, Bl. **1957** 997, 1000).

Kp$_{13}$: 63°; n$_D^{20}$: 1,4364 [unreines Präparat].

Charakterisierung durch Überführung in 3-Äthyl-pyridazin-pikrat (F: 135°): *Le.*, l. c. S. 1001.

XII   XIII   XIV   XV

*Opt.-inakt. 2,5-Dimethoxy-2,5-dimethyl-2,5-dihydro-furan $C_8H_{14}O_3$, Formel XIV.

B. Beim Behandeln von 2,5-Dimethyl-furan mit Methanol und Brom unter Zusatz von Natriumcarbonat (*Levisalles*, Bl. **1957** 997, 1001; s. a. *Letsinger, Lasco*, J. org. Chem. **21** [1956] 764).

Kp_{16}: 59°; n_D^{16}: 1,4312 (*Lev.*). Kp_7: 44—49°; n_D^{25}: 1,4305 (*Let., La.*).

(±)-1r,2t-Diacetoxy-4,5-epoxy-cyclohexan $C_{10}H_{14}O_5$, Formel XV + Spiegelbild.

B. Aus (±)-*trans*-4,5-Diacetoxy-cyclohexen beim Behandeln mit Peroxybenzoesäure in Chloroform (*Meinwald,Nozaki*, Am. Soc. **80** [1958] 3132, 3135).

Bei 115—122°/0,9 Torr destillierbar. n_D^{25}: 1,4619.

Dihydroxy-Verbindungen $C_7H_{12}O_3$

*Opt.-inakt. 2,5-Dimethoxy-2-propyl-2,5-dihydro-furan $C_9H_{16}O_3$, Formel I.

B. Beim Behandeln von 2-Propyl-furan mit Methanol und Brom unter Zusatz von Natriumcarbonat (*Levisalles*, Bl. **1957** 997, 1000).

Kp_{18}: 76—78°. n_D^{20}: 1,4402.

---

*Opt.-inakt. 3-Isopropyl-2,5-dimethoxy-2,5-dihydro-furan $C_9H_{16}O_3$, Formel II.

B. Bei der Elektrolyse eines Gemisches von 3-Isopropyl-furan, Ammoniumbromid und Methanol (*Elming*, Acta chem. scand. **6** [1952] 572, 573).

Kp_{15}: 84—86°. n_D^{25}: 1,4388.

I   II   III

*Opt.-inakt. 2,5-Diacetoxy-3-isopropyl-2,5-dihydro-furan $C_{11}H_{16}O_5$, Formel III.

B. Beim Erwärmen von 3-Isopropyl-furan mit Blei(IV)-acetat in Essigsäure (*Elming*, Acta chem. scand. **6** [1952] 578).

$Kp_{0,1}$: 88—91°. n_D^{25}: 1,4550.

Dihydroxy-Verbindungen $C_8H_{14}O_3$

*Opt.-inakt. 2-Methoxy-3-methoxymethyl-3,5-dimethyl-3,4-dihydro-2H-pyran $C_{10}H_{18}O_3$, Formel IV.

B. Beim Erwärmen von opt.-inakt. 2-Methoxymethyl-2,4-dimethyl-glutaraldehyd (n_D^{20}: 1,4457) mit Methanol in Gegenwart von Bleicherde (*Hall*, Soc. **1954** 4303, 4305).

Kp_9: 78—79°. n_D^{20}: 1,4488.

---

*Opt.-inakt. 2-Butyl-2,5-dimethoxy-2,5-dihydro-furan $C_{10}H_{18}O_3$, Formel V.

B. Beim Behandeln von 2-Butyl-furan mit Methanol und Brom unter Zusatz von Natriumcarbonat unterhalb —25° (*Levisalles*, Bl. **1957** 997, 1001; s. a. *Potts, Robinson*, Soc. **1955** 2675, 2685).

Kp_{15}: 91—100°; n_D^{21}: 1,4387 (*Le.*). UV-Absorptionsmaxima (Me.): 212 nm, 220 nm und 260 nm (*Po., Ro.*).

---

*Opt.-inakt. 2,5-Dimethoxy-2-methyl-5-propyl-2,5-dihydro-furan $C_{10}H_{18}O_3$, Formel VI.

B. Beim Behandeln von 2-Methyl-5-propyl-furan mit Methanol und Brom unter Zusatz von Natriumcarbonat unterhalb —10° (*Levisalles*, Bl. **1957** 997, 1001).

Kp$_{22}$: 87—89°. n$_D^{21}$: 1,4535 [unreines Präparat].
Charakterisierung durch Überführung in 3-Methyl-6-propyl-pyridazin-pikrolonat (F: 147° [Zers.]): *Le.*

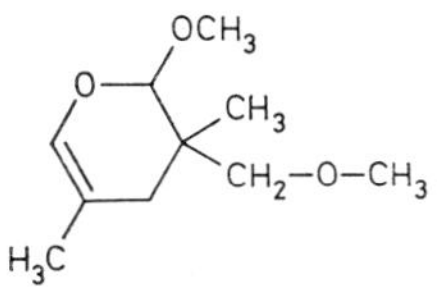

IV 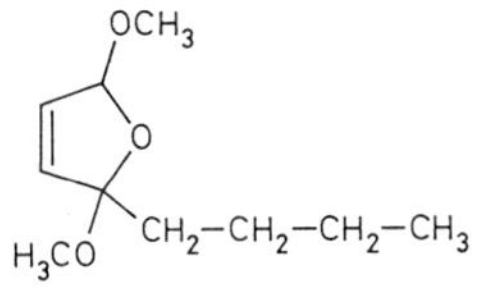   V 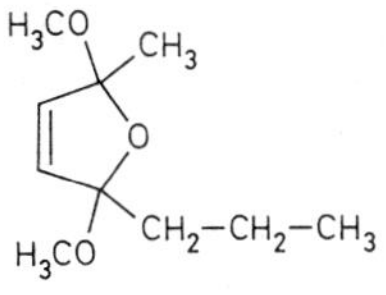   VI

Octahydro-isobenzofuran-5,6-diol C$_8$H$_{14}$O$_3$.

a) **(3ar,7ac)-Octahydro-isobenzofuran-5c(?),6c(?)-diol** C$_8$H$_{14}$O$_3$, vermutlich Formel VII.

B. Aus *cis*-1,3,3a,4,7,7a-Hexahydro-isobenzofuran beim Behandeln mit Kaliumper= manganat und Wasser (*Eliel, Pillar*, Am. Soc. **77** [1955] 3600, 3602).
Krystalle (aus CHCl$_3$ + PAe.); F: 100—104° [unkorr.]. OH-Valenzschwingungsbanden (CCl$_4$; intramolekulare Wasserstoffbrücken-Bindung): *El., Pi.*, l. c. S. 3602.
Geschwindigkeitskonstante der Reaktion mit Blei(IV)-acetat in Essigsäure bei 25°: *El., Pi.*, l. c. S. 3601, 3603.
Bis-*O*-[3,5-dinitro-benzoyl]-Derivat s. u.

b) **(±)-(3ar,7ac)-Octahydro-isobenzofuran-5c,6t-diol** C$_8$H$_{14}$O$_3$, Formel VIII + Spie= gelbild.
B. Beim Behandeln von *cis*-1,3,3a,4,7,7a-Hexahydro-isobenzofuran mit Ameisensäure und wss. Wasserstoffperoxid (*Eliel, Pillar*, Am. Soc. **77** [1955] 3600, 3603, 6729).
Krystalle (aus CHCl$_3$ + PAe.); F: 130—132° [unkorr.]. OH-Valenzschwingungsbanden (CCl$_4$; intramolekulare Wasserstoffbrücken-Bindung): *El., Pi.*, l. c. S. 3602.
Geschwindigkeitskonstante der Reaktion mit Blei(IV)-acetat in Essigsäure bei 25°: *El., Pi.*, l. c. S. 3603.
Bis-*O*-[3,5-dinitro-benzoyl]-Derivat s. u.

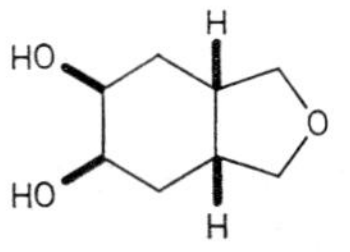

VII 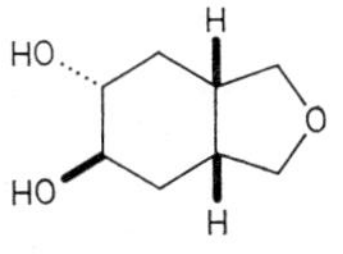   VIII 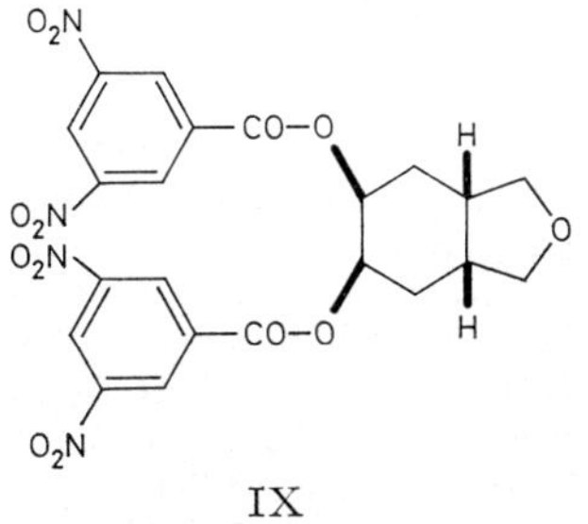   IX

5,6-Bis-[3,5-dinitro-benzoyloxy]-octahydro-isobenzofuran C$_{22}$H$_{18}$N$_4$O$_{13}$.

a) **5c(?),6c(?)-Bis-[3,5-dinitro-benzoyloxy]-(3ar,7ac)-octahydro-isobenzofuran** C$_{22}$H$_{18}$N$_4$O$_{13}$, vermutlich Formel IX.
B. Aus (3ar,7ac)-Octahydro-isobenzofuran-5c(?),6c(?)-diol [s. o.] (*Eliel, Pillar*, Am. Soc. **77** [1955] 3600, 3603).
Krystalle (aus A. + E.); F: 195—197° [unkorr.].

b) **(±)-5c,6t-Bis-[3,5-dinitro-benzoyloxy]-(3ar,7ac)-octahydro-isobenzofuran** C$_{22}$H$_{18}$N$_4$O$_{13}$, Formel X + Spiegelbild.
B. Aus (±)-(3ar,7ac)-Octahydro-isobenzofuran-5c,6t-diol (*Eliel, Pillar*, Am. Soc. **77** [1955] 3600, 3603).
Krystalle (aus A. + E.); F: 196—198° [unkorr.].

3,4-Epoxy-1,2,3,4-tetramethyl-cyclobutan-1,2-diol $C_8H_{14}O_3$.

a) **3c,4c-Epoxy-1,2t,3t,4t-tetramethyl-cyclobutan-1r,2c-diol** $C_8H_{14}O_3$, Formel XI.

B. Aus 1,2t,3,4-Tetramethyl-cyclobut-3-en-1r,2c-diol beim Behandeln mit Peroxy=
essigsäure in Essigsäure (*Criegee, Noll,* A. **627** [1959] 1, 10).

Krystalle (aus Cyclohexan); F: 88°. OH-Valenzschwingungsbande (intramolekulare
Wasserstoffbrücken-Bindung): *Cr., Noll,* l. c. S. 5, 10.

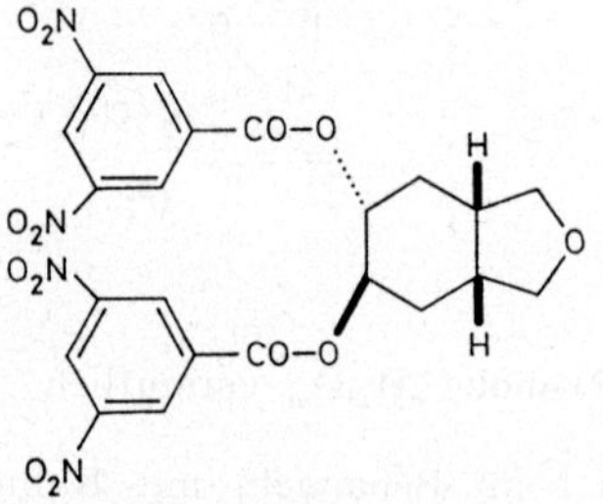

X 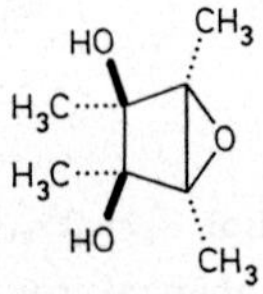   XI 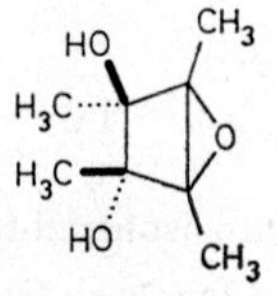   XII

b) **(±)-3,4-Epoxy-1,2c,3,4-tetramethyl-cyclobutan-1r,2t-diol** $C_8H_{14}O_3$, Formel XII
+ Spiegelbild.

B. Aus (±)-1,2c,3,4-Tetramethyl-cyclobut-3-en-1r,2t-diol beim Behandeln mit Peroxy=
essigsäure in Essigsäure (*Criegee, Noll,* A. **627** [1959] 1, 5, 10).

Krystalle (aus Cyclohexan); F: 127°. OH-Valenzschwingungsbanden (intramolekulare
Wasserstoffbrücken-Bindung): *Cr., Noll,* l. c. S. 5, 11.

*Opt.-inakt. **1,2-Diacetoxy-3,4-epoxy-1,2,3,4-tetramethyl-cyclobutan** $C_{12}H_{18}O_5$,
Formel XIII.

B. Aus opt.-inakt. 3,4-Diacetoxy-1,2,3,4-tetramethyl-cyclobuten (n_D^{20}: 1,4516) beim
Erwärmen mit Monoperoxyphthalsäure in Chloroform (*Criegee, Noll,* A. **627** [1959] 1, 11).
$Kp_{0,1}$: 70—75°. n_D^{20}: 1,4582.

Bei langem Behandeln einer Lösung in wss. Aceton mit Schwefelsäure sind geringe
Mengen 3,4-Diacetoxy-1,2,3,4-tetramethyl-cyclobutan-1,2-diol (F: 137—139°) und
3,4-Epoxy-1,2c,3,4-tetramethyl-cyclobutan-1r,2t-diol erhalten worden.

2,3-Bis-hydroxymethyl-7-oxa-norbornan $C_8H_{14}O_3$.

a) **(±)-2endo,3exo-Bis-hydroxymethyl-7-oxa-norbornan** $C_8H_{14}O_3$, Formel XIV
+ Spiegelbild.

Diese Konfiguration kommt vermutlich der nachstehend beschriebenen Verbindung zu.

B. Bei der Behandlung von 7-Oxa-norborn-5-en-2exo,3exo-dicarbonsäure-dimethylester
mit Lithiumalanat in Tetrahydrofuran und Hydrierung des erhaltenen 5,6-Bis-hydr=
oxymethyl-7-oxa-norborn-2-ens ($C_8H_{12}O_3$; Öl; Bis-[1?]naphthylcarbamoyl-
Derivat $C_{30}H_{26}N_2O_5$: Krystalle [aus A.], F: 184,5°) an Raney-Nickel in Äthylacetat
(*Jolivet,* A. ch. [13] **5** [1960] 1191, 1197; s. a. *Riobé, Jolivet,* C. r. **243** [1956] 164).

Krystalle (aus A.); F: 104°. Kp_{20}: 177°.

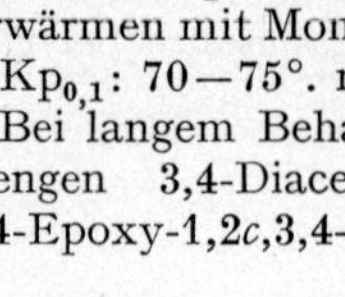

XIII 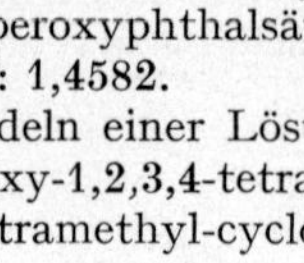   XIV 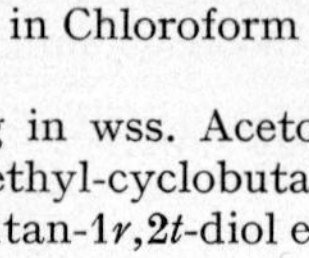   XV 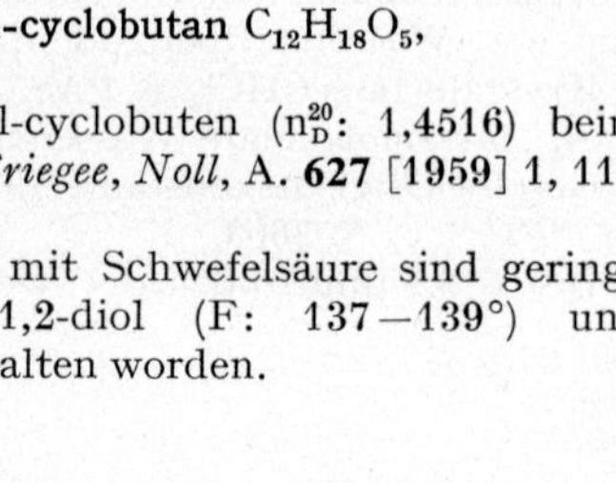   XVI

b) **2exo,3exo-Bis-hydroxymethyl-7-oxa-norbornan** $C_8H_{14}O_3$, Formel XV (R = H).

B. Aus 7-Oxa-norbornan-2exo,3exo-dicarbonsäure-dimethylester beim Behandeln mit Lithiumalanat in Äther (*Jur'ew et al.*, Ž. obšč. Chim. **31** [1961] 2898, 2901; engl. Ausg. S. 2700, 2703) oder in Tetrahydrofuran (*Jolivet*, A. ch. [13] **5** [1960] 1191, 1199; s. a. *Riobé*, *Jolivet*, C. r. **243** [1956] 164). Aus 7-Oxa-norbornan-2exo,3exo-dicarbonsäure-anhydrid beim Erwärmen mit Lithiumalanat in Äther (*Bowe et al.*, Soc. **1960** 1541, 1545).

F: 62° (*Ju. et al.*), 58—61° [nach Sublimation bei 80°/10⁻³ Torr] (*Bowe et al.*).

Bis-phenylcarbamoyl-Derivat und Bis-[1?]naphthylcarbamoyl-Derivat s. u.

2exo,3exo-Bis-[phenylcarbamoyloxy-methyl]-7-oxa-norbornan $C_{22}H_{24}N_2O_5$, Formel XV (R = CO-NH-C_6H_5).

B. Aus 2exo,3exo-Bis-hydroxymethyl-7-oxa-norbornan und Phenylisocyanat (*Jur'ew et al.*, Ž. obšč. Chim. **31** [1961] 2898, 2901; engl. Ausg. S. 2700, 2703).

Krystalle (aus Bzl.); F: 170—171°.

2exo,3exo-Bis-[[1?]naphthylcarbamoyloxy-methyl]-7-oxa-norbornan $C_{30}H_{28}N_2O_5$, vermutlich Formel XVI.

B. Aus 2exo,3exo-Bis-hydroxymethyl-7-oxa-norbornan und [1?]Naphthylisocyanat (*Jolivet*, A. ch. [13] **5** [1960] 1191, 1199).

Krystalle (aus A.); F: 196°.

Dihydroxy-Verbindungen $C_9H_{16}O_3$

(±)-5t(?)-Methyl-(3ar,7ac)-octahydro-isobenzofuran-5c(?),6c(?)-diol $C_9H_{16}O_3$, vermutlich Formel I + Spiegelbild.

B. Beim Behandeln einer Lösung von (±)-5-Methyl-(3ar,7ac)-1,3,3a,4,7,7a-hexahydro-isobenzofuran in Dioxan mit Osmium(VIII)-oxid und anschliessend mit Schwefelwasser≠stoff (*Wendler*, *Slates*, Am. Soc. **80** [1958] 3937).

Krystalle (aus Ae.); F: 95—98°.

Beim Behandeln einer Lösung in Tetrahydrofuran mit Natriumperjodat in Wasser und Behandeln einer Lösung des Reaktionsprodukts in Benzol mit Pyridin und Essigsäure ist 5-Methyl-(3ar,6ar)-3,3a,6,6a-tetrahydro-1H-cyclopenta[c]furan-4-carbaldehyd erhalten worden.

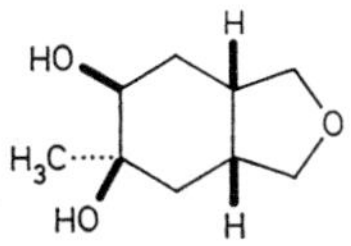

I 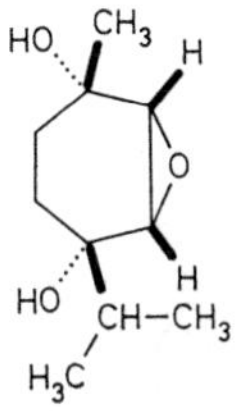   II 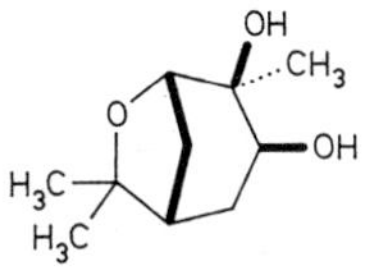   III 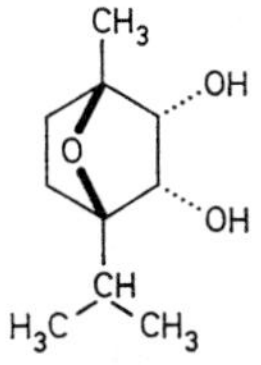   IV

Dihydroxy-Verbindungen $C_{10}H_{18}O_3$

(±)-2c(?),3c(?)-Epoxy-1-isopropyl-4t-methyl-cyclohexan-1r,4c-diol, (1RS,2SR?,4RS)-2,3-Epoxy-p-menthan-1,4-diol $C_{10}H_{18}O_3$, vermutlich Formel II + Spiegelbild.

B. Neben einer krystallinen Verbindung vom F: 87—90° beim Behandeln von (±)-p-Menth-2-en-1r,4c-diol mit Peroxybenzoesäure in Chloroform (*Richter*, *Presting*, B. **64** [1931] 878, 881).

Krystalle (aus CHCl₃ + PAe.), F: 102°; Krystalle (aus W.) mit 1 Mol H₂O, F: 75°.

4,7,7-Trimethyl-6-oxa-bicyclo[3.2.1]octan-3,4-diol, 6,8-Epoxy-p-menthan-1,2-diol $C_{10}H_{18}O_3$.

In dem früher (s. H 154) unter dieser Konstitution beschriebenen „cis-Pinolglykol" (F: 125°) hat (1rO)-1,8-Epoxy-p-menthan-2t,6t-diol (S. 2045) vorgelegen (*Wolinsky et al.*, Tetrahedron **27** [1971] 753, 757).

(±)-**4**endo,**7,7**-Trimethyl-6-oxa-bicyclo[**3.2.1**]octan-**3**exo,**4**exo-diol, (**1**RS,**2**RS,**4**RS)-**6,8**-Epoxy-p-menthan-**1,2**-diol $C_{10}H_{18}O_3$, Formel III + Spiegelbild.

Diese Konfiguration kommt der früher (s. H 155; E II 186) beschriebenen, als „inaktives *trans*-Pinolglykol" bezeichneten Verbindung (F: 129°) zu (*Wolinsky et al.*, Tetrahedron **27** [1971] 753, 760).

———

1-Isopropyl-4-methyl-7-oxa-norbornan-2,3-diol, 1,4-Epoxy-p-menthan-2,3-diol $C_{10}H_{18}O_3$.

Die von *Henderson, Robertson* (E II 186) unter dieser Konstitution beschriebenen, als 1.4-Oxido-p-menthandiole-(2.3) bezeichneten Verbindungen vom F: 172° bzw. vom F: 174° sind als (**1**RS,**2**RS,**4**RS)-p-Menthan-1,2,4-triol bzw. als (**1**S,**2**S,**4**S)-p-Menthan-1,2,4-triol zu formulieren (*Garside et al.*, Soc. [C] **1969** 716, 718; s. a. *Hikino*, J. pharm. Soc. Japan **85** [1965] 477; C. A. **1965** 5679). Entsprechendes gilt für die E II 186 beschriebenen O-[4-Nitro-benzoyl]-Derivate ($C_{17}H_{21}NO_6$) und Bis-O-[4-nitro-benzoyl]-Derivate ($C_{24}H_{24}N_2O_9$) der beiden Verbindungen.

(±)-**1-Isopropyl-4-methyl-7-oxa-norbornan-2**endo,**3**endo-diol, (**1**RS,**2**RS,**3**SR)-**1,4-Epoxy-p-menthan-2,3-diol,** (±)-Ascaridolglykol $C_{10}H_{18}O_3$, Formel IV + Spiegelbild (E I 89; E II 186; dort als α-Ascaridolglykol bezeichnet).

Konfigurationszuordnung: *Jacob, Ourisson*, Bl. **1958** 734.

Krystalle (aus A.); F: 61—62°. n_D^{25}: 1,485 [unterkühlte Schmelze]. OH-Valenz=schwingungsbanden (CCl_4): *Ja., Ou.*, l. c. S. 735.

(±)-**3**endo-**Benzoyloxy-1-isopropyl-4-methyl-7-oxa-norbornan-2**endo-**ol,** (**1**RS,**2**RS,**3**SR)-**2-Benzoyloxy-1,4-epoxy-p-menthan-3-ol** $C_{17}H_{22}O_4$, Formel V (X = H) + Spiegelbild (E I 90; dort als „Monobenzoat des α-Ascaridolglykols" bezeichnet).

Krystalle; F: 135—136° [aus A.] (*Halpern*, J. Am. pharm. Assoc. **40** [1951] 68, 70), 129—130° [unkorr.; nach Sublimation bei 0,01 Torr] (*Jacob, Ourisson*, Bl. **1958** 734).

(±)-**1-Isopropyl-4-methyl-3**endo-**[4-nitro-benzoyloxy]-7-oxa-norbornan-2**endo-**ol,** (**1**RS,**2**RS,**3**SR)-**1,4-Epoxy-2-[4-nitro-benzoyloxy]-p-menthan-3-ol** $C_{17}H_{21}NO_6$, Formel V (X = NO_2) + Spiegelbild.

Diese Konstitution kommt vermutlich dem nachstehend beschriebenen (±)-O-Mono-[4-nitro-benzoyl]-ascaridolglykol zu.

B. Aus (**1**RS,**2**RS,**3**SR)-1,4-Epoxy-p-menthan-2,3-diol (s. o.) und 4-Nitro-benzoyl=chlorid (*Paget*, Soc. **1938** 829, 832).

Krystalle (aus $CHCl_3$); F: 150°.

V   VI   VII   VIII

(±)-**2**endo-**Acetoxy-3**endo-**benzoyloxy-1-isopropyl-4-methyl-7-oxa-norbornan,** (**1**RS,**2**RS,**3**SR)-**3-Acetoxy-2-benzoyloxy-1,4-epoxy-p-menthan** $C_{19}H_{24}O_5$, Formel VI + Spiegelbild.

B. Beim Erhitzen von (**1**RS,**2**RS,**3**SR)-2-Benzoyloxy-1,4-epoxy-p-menthan-3-ol mit Acetanhydrid (*Jacob, Ourisson*, Bl. **1958** 734).

Krystalle (aus PAe.); F: 39—41°. n_D^{24}: 1,5100 [unterkühlte Schmelze].

(±)-**2**endo,**3**endo-**Bis-benzoyloxy-1-isopropyl-4-methyl-7-oxa-norbornan,** (**1**RS,**2**RS,**3**SR)-**2,3-Bis-benzoyloxy-1,4-epoxy-p-menthan** $C_{24}H_{26}O_5$, Formel VII (X = H) + Spiegelbild (E I 90; dort als „Dibenzoat des α-Ascaridolglykols" bezeichnet).

B. Beim Behandeln von (±)-1,4-Epoxy-p-menth-2-en mit Brom in Tetrachlormethan und Erhitzen des Reaktionsprodukts mit Silberbenzoat in Toluol (*Halpern*, J. Am. pharm. Assoc. **40** [1951] 68, 69).

Krystalle (aus A.); F: 116—117° (*Ha.*, l. c. S. 70).

(±)-1-Isopropyl-4-methyl-2*endo*,3*endo*-bis-[4-nitro-benzoyloxy]-7-oxa-norbornan,
(*1RS,2RS,3SR*)-1,4-Epoxy-2,3-bis-[4-nitro-benzoyloxy]-*p*-menthan $C_{24}H_{24}N_2O_9$,
Formel VII (X = NO$_2$) + Spiegelbild.
  B. Beim Erwärmen von (1*RS*,2*RS*,3*SR*)-1,4-Epoxy-*p*-menthan-2,3-diol mit 4-Nitro-
benzoylchlorid und Pyridin (*Paget*, Soc. **1938** 829, 832).
  Krystalle (aus E.); F: 174°.

1,3,3-Trimethyl-2-oxa-bicyclo[2.2.2]octan-6*exo*,7*anti*-diol, (1*r*)-1,8-Epoxy-*p*-menthan-
2,6-diol, (1*rO*)-1,8-Epoxy-*p*-menthan-2*t*,6*t*-diol $C_{10}H_{18}O_3$, Formel VIII.
  Diese Konstitution und Konfiguration kommt der früher (s. H 154) als 6,8-Epoxy-
p-menthan-1,2-diol formulierten, als „*cis*"-Pinolglykol bezeichneten Verbindung vom
F: 125° zu (*Wolinsky et al.*, Tetrahedron **27** [1971] 753, 757). Entsprechend sind das H 155
beschriebene Di-*O*-acetyl-Derivat (F: 97—98°) und das Di-*O*-propionyl-Derivat (F: 106°)
dieser Verbindung als 6*exo*,7*anti*-Diacetoxy-1,3,3-trimethyl-2-oxa-bicyclo=
[2.2.2]octan, (1*rO*)-2*t*,6*t*-Diacetoxy-1,8-epoxy-*p*-menthan ($C_{14}H_{22}O_5$) bzw.
als 6*exo*,7*anti*-1,3,3-Trimethyl-bis-propionyloxy-2-oxa-bicyclo[2.2.2]octan,
(1*rO*)-1,8-Epoxy-2*t*,6*t*-bis-propionyloxy-*p*-menthan ($C_{16}H_{26}O_5$) zu formulieren.

Dihydroxy-Verbindungen $C_{11}H_{20}O_3$

*Opt.-inakt. 2-Isopropyl-octahydro-benzofuran-3,4-diol $C_{11}H_{20}O_3$, Formel IX (R = H).
  B. Aus 2-Isopropyl-benzofuran-3,4-diol bei der Hydrierung an Raney-Nickel in Dioxan
bei 100°/190 at (*Shriner, Witte*, Am. Soc. **36** [1941] 2134, 2136).
  Krystalle (aus PAe.); F: 134°.

*Opt.-inakt. 2-Isopropyl-3,4-bis-phenylcarbamoyloxy-octahydro-benzofuran $C_{25}H_{30}N_2O_5$,
Formel IX (R = CO-NH-C$_6$H$_5$).
  B. Aus der im vorangehenden Artikel beschriebenen Verbindung und Phenylisocyanat
(*Shriner, Witte*, Am. Soc. **63** [1941] 2134, 2136).
  Krystalle (aus A.); F: 192°.

Dihydroxy-Verbindungen $C_{12}H_{22}O_3$

(±)-4-[3-Hydroxy-3-methyl-but-1*c*(?)-enyl]-2,2-dimethyl-tetrahydro-pyran-4-ol
$C_{12}H_{22}O_3$, vermutlich Formel X.
  B. Aus (±)-4-[3-Hydroxy-3-methyl-but-1-inyl]-2,2-dimethyl-tetrahydro-pyran-4-ol bei
der Hydrierung an Palladium in Äthanol (*Nasarow, Iwanowa*, Ž. obšč. Chim. **26** [1956] 78,
88; engl. Ausg. S. 79, 87).
  Kp$_2$: 117—117,5°.

IX   X   XI   XII

Dihydroxy-Verbindungen $C_{13}H_{24}O_3$

(±)-2*exo*-Hydroxymethyl-2*endo*,6,6,9*anti*-tetramethyl-3-oxa-bicyclo[3.3.1]nonan-
9*syn*-ol $C_{13}H_{24}O_3$, Formel XI + Spiegelbild.
  Diese Konstitution und Konfiguration kommt wahrscheinlich der nachstehend beschriebenen Verbindung zu.
  B. Neben einer wahrscheinlich als 3*c*,6,6,7a-Tetramethyl-(3a*r*,7a*c*)-octahydro-3*t*,7*t*-oxa=
äthano-benzofuran-2ξ-ol zu formulierenden Verbindung (F: 139—140°) beim Erwärmen

von (±)-9syn-Hydroxy-2endo,6,6,9anti-tetramethyl-3-oxa-bicyclo[3.3.1]nonan-2exo-carbᵒnsäure-lacton (?) (F: 113—114°) mit Lithiumalanat in Äther (*Dietrich et al.*, A. **603** [1957] 8, 13).

Krystalle (aus Ae. + PAe.); F: 107—108°.

Dihydroxy-Verbindungen $C_{15}H_{28}O_3$

(±)-1-[1-Hydroxy-cyclohexyl]-2-[4-hydroxy-2,2-dimethyl-tetrahydro-pyran-4-yl]-äthan, (±)-4-[2-(1-Hydroxy-cyclohexyl)-äthyl]-2,2-dimethyl-tetrahydro-pyran-4-ol $C_{15}H_{28}O_3$, Formel XII.

B. Aus (±)-4-[1-Hydroxy-cyclohexyläthinyl]-2,2-dimethyl-tetrahydro-pyran-4-ol bei der Hydrierung an Nickel in Äthanol (*Nasarow, Iwanowa*, Ž. obšč. Chim. **26** [1956] 78, 89; engl. Ausg. S. 79, 88).

Kp_2: 150—151°.   [*Henseleit*]

Dihydroxy-Verbindungen $C_nH_{2n-4}O_3$

Dihydroxy-Verbindungen $C_4H_4O_3$

2,5-Bis-methylmercapto-thiophen $C_6H_8S_3$, Formel I.

B. Beim Behandeln von 2-Methylmercapto-thiophen mit Butyllithium in Äther und Erwärmen des Reaktionsgemisches mit Schwefel und mit Methyljodid (*Gol'dfarb et al.*, Ž. obšč. Chim. **29** [1959] 3631, 3634; engl. Ausg. S. 3592, 3594).

Kp_{12}: 133° (*Go. et al.*, l. c. S. 3634); Kp_{10}: 126—127° (*Gol'dfarb et al.*, Ž. obšč. Chim. **29** [1959] 2034, 2038; engl. Ausg. S. 2003, 2006). D_4^{20}: 1,2291 (*Go. et al.*, l. c. S. 2038). n_D^{20}: 1,6375 (*Go. et al.*, l. c. S. 3634), 1,6348 (*Go. et al.*, l. c. S. 2038).

Beim Behandeln mit Acetylchlorid, Zinn(IV)-chlorid und Benzol sowie beim Erwärmen mit Acetanhydrid und Phosphorsäure ist 1-[2,5-Bis-methylmercapto-[3]thienyl]-äthanon erhalten worden (*Go. et al.*, l. c. S. 2040).

2,5-Bis-[2,2-dimethoxy-äthylmercapto]-thiophen $C_{12}H_{20}O_4S_3$, Formel II.

B. Beim Behandeln von 2,5-Dijod-thiophen mit Lithium und Brombenzol und Behandeln des Reaktionsprodukts mit Bis-[2,2-dimethoxy-äthyl]-disulfid in Äther (*Pandya, Tilak*, J. scient. ind. Res. India **18**B [1959] 371, 373).

Charakterisierung durch Überführung in 2,5-Bis-[2-(2,4-dinitro-phenylhydrazono)-äthylmercapto]-thiophen (s. u.): *Pa., Ti.*

2,5-Bis-[2-(2,4-dinitro-phenylhydrazono)-äthylmercapto]-thiophen $C_{20}H_{16}N_8O_8S_3$, Formel III.

B. Aus 2,5-Bis-[2,2-dimethoxy-äthylmercapto]-thiophen und [2,4-Dinitro-phenyl]-hydrazin (*Pandya, Tilak*, J. scient. ind. Res. India **18** B [1959] 371, 375).

Orangefarbene Krystalle (aus Eg.); F: 196—197°.

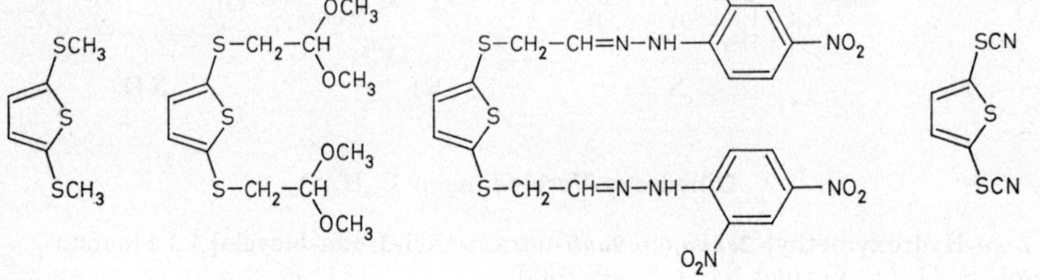

I   II   III   IV

2,5-Dithiocyanato-thiophen $C_6H_2N_2S_3$, Formel IV.

B. Beim Behandeln von Thiophen mit Dirhodan in Äther unter Zusatz von Aluminiumᵒ

chlorid oder Aluminiumthiocyanat (*Söderbäck*, Acta chem. scand. **8** [1954] 1851, 1856).
Krystalle (aus Bzn. oder CCl₄); F: 87—88°.
Hautreizende Wirkung: *Sö*.

2,5-Bis-[2-carboxy-phenylmercapto]-thiophen, 2,2′-Thiophen-2,5-diyldimercapto-di-benzoesäure C₁₈H₁₂O₄S₃, Formel V (X = OH).
B. Beim Erhitzen von 2,5-Dijod-thiophen mit 2-Mercapto-benzoesäure und Kalium=carbonat in Amylalkohol unter Zusatz von Kupfer(II)-acetat (*Steinkopf et al.*, A. **527** [1937] 237, 255). Reinigung über das Kalium-Salz oder das Ammonium-Salz: *Steinkopf*, A. **532** [1937] 282, 285.
Krystalle (aus Nitrobenzol oder Äthylbenzoat); Zers. bei 300—305° (*St. et al.*).
Reaktion mit Salpetersäure unter Bildung von 2,5-Bis-[2-carboxy-benzolsulfinyl]-3,4-dinitro-thiophen: *St. et al.*, l. c. S. 256. Beim Erwärmen mit Phosphor(V)-chlorid (10 Mol) in Benzol ist 3-Chlor-2,5-bis-[2-chlorcarbonyl-phenylmercapto]-thiophen er-halten worden (*St. et al.*, l. c. S. 256).

2,5-Bis-[2-chlorcarbonyl-phenylmercapto]-thiophen C₁₈H₁₀Cl₂O₂S₃, Formel V (X = Cl).
B. Aus 2,5-Bis-[2-carboxy-phenylmercapto]-thiophen beim Erwärmen mit Phos=phor(V)-chlorid in Benzol (*Steinkopf et al.*, A. **527** [1937] 237, 255).
Krystalle (aus Bzn.); F: 155,5—157,5° [nach Sintern].

2,5-Bis-[2-carbamoyl-phenylmercapto]-thiophen C₁₈H₁₄N₂O₂S₃, Formel V (X = NH₂).
B. Beim Behandeln einer Lösung von 2,5-Bis-[2-chlorcarbonyl-phenylmercapto]-thiophen in Benzol mit Ammoniak (*Steinkopf et al.*, A. **527** [1937] 237, 255).
Krystalle (aus Äthylbenzoat); F: 278—279° [Zers.].

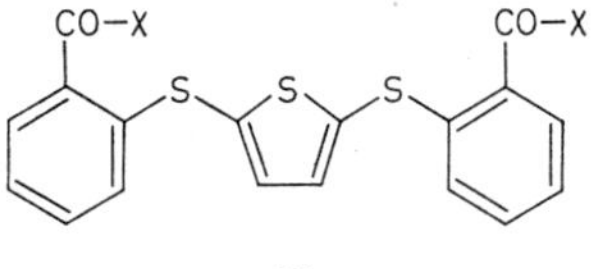

V 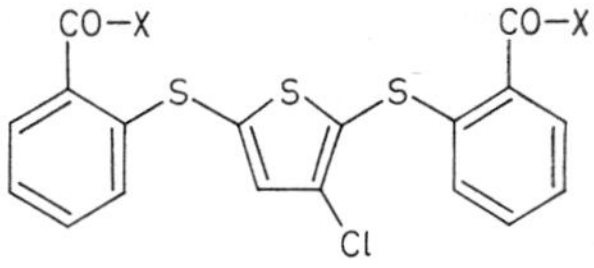   VI

2,5-Bis-[2-carboxy-phenylmercapto]-3-chlor-thiophen, 2,2′-[3-Chlor-thiophen-2,5-diyl=dimercapto]-di-benzoesäure C₁₈H₁₁ClO₄S₃, Formel VI (X = OH).
B. Aus 3-Chlor-2,5-bis-[2-chlorcarbonyl-phenylmercapto]-thiophen beim Erwärmen mit wss. Natronlauge (*Steinkopf et al.*, A. **527** [1937] 237, 256).
Krystalle (aus Äthylbenzoat); F: 311° [Zers.].

3-Chlor-2,5-bis-[2-chlorcarbonyl-phenylmercapto]-thiophen C₁₈H₉Cl₃O₂S₃, Formel VI (X = Cl).
B. Beim Erwärmen von 2,5-Bis-[2-carboxy-phenylmercapto]-thiophen mit Phos=phor(V)-chlorid (10 Mol) in Benzol (*Steinkopf et al.*, A. **527** [1937] 237, 256).
Krystalle (aus Bzn.); F: 154,5—156°.

2,5-Bis-[2-carboxy-phenylmercapto]-3-chlor-4-nitro-thiophen, 2,2′-[3-Chlor-4-nitro-thio=phen-2,5-diyldimercapto]-di-benzoesäure C₁₈H₁₀ClNO₆S₃, Formel VII.
B. Beim Behandeln von 2,5-Bis-[2-carboxy-phenylmercapto]-3-chlor-thiophen mit Salpetersäure (*Steinkopf et al.*, A. **527** [1937] 237, 257).
Krystalle (aus Methylbenzoat); Zers. bei 220—225°.

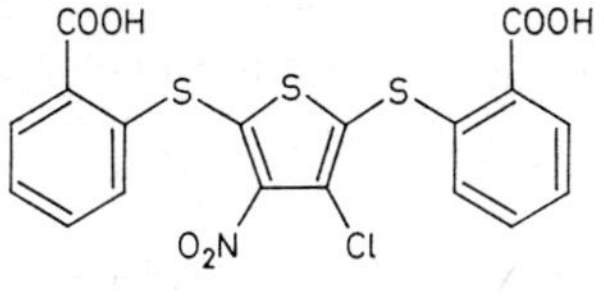

VII 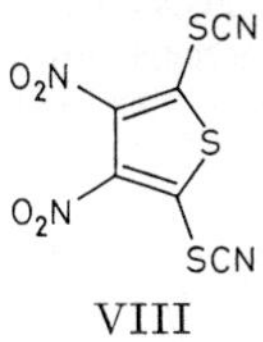   VIII 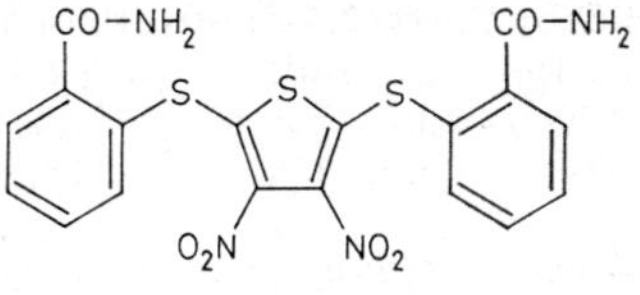   IX

3,4-Dinitro-2,5-dithiocyanato-thiophen C₆N₄O₄S₃, Formel VIII.
B. Beim Erwärmen von 2,5-Dichlor-3,4-dinitro-thiophen mit Natriumthiocyanat in

Äthanol (*Texas Co.*, U.S.P. 2562988 [1948]).
Zers. bei ca. 240°.

2,5-Bis-[2-carbamoyl-phenylmercapto]-3,4-dinitro-thiophen $C_{18}H_{12}N_4O_6S_3$, Formel IX.
B. Beim Erwärmen von 2,5-Bis-[2-carboxy-benzolsulfinyl]-3,4-dinitro-thiophen mit Thionylchlorid und Behandeln einer Lösung des Reaktionsprodukts in Benzol mit Am=moniak (*Steinkopf et al.*, A. **527** [1937] 237, 256).
Krystalle (aus Amylalkohol); F: 204−205° [Zers.].

2,5-Bis-[2-carboxy-benzolsulfinyl]-3,4-dinitro-thiophen, 2,2′-[3,4-Dinitro-thiophen-2,5-disulfinyl]-di-benzoesäure $C_{18}H_{10}N_2O_{10}S_3$, Formel X.
B. Beim Behandeln von 2,5-Bis-[2-carboxy-phenylmercapto]-thiophen mit Salpeter=säure (*Steinkopf et al.*, A. **527** [1937] 237, 256).
Pulver (aus Ae. + PAe.); Zers. bei 217,5°.

Thiophen-3,4-diol $C_4H_4O_2S$, Formel XI (R = H) und Tautomere.
Die nachstehend beschriebene Verbindung liegt nach Ausweis des ¹H-NMR-Spektrums als 4-Hydroxy-thiophen-3-on (Formel XII) vor (*Mortensen et al.*, Tetrahedron **27** [1971] 3839, 3847).
B. Aus 3,4-Dihydroxy-thiophen-2,5-dicarbonsäure beim Erhitzen unter vermindertem Druck (*Gogte et al.*, Tetrahedron **23** [1967] 2437, 2441; s. a. *Du Pont de Nemours & Co.*, U.S.P. 2453103 [1944]).
Krystalle; F: 90−91,5° [aus Bzl. + E.] (*Du Pont*), 90−91° [aus Bzl. + Bzn.] (*Go. et al.*).

X   XI   XII

3,4-Dimethoxy-thiophen $C_6H_8O_2S$, Formel XI (R = CH₃).
B. Beim Behandeln von Thiophen-3,4-diol mit Diazomethan in Äther (*Du Pont de Nemours & Co.*, U.S.P. 2453103 [1944]). Aus 3,4-Dimethoxy-thiophen-2,5-dicarbonsäure beim Erhitzen mit Kupfer-Pulver unter vermindertem Druck (*Overberger, Lal*, Am. Soc. **73** [1951] 2956), beim Erhitzen ohne Zusatz in Chinolin (*Du Pont*) sowie beim Erhitzen mit Kupferoxid-Chromoxid in Chinolin (*Fager*, Am. Soc. **67** [1945] 2217).
Kp_{22}: 122° (*Du Pont*); Kp_{17}: 110° (*Ov., Lal*); Kp_{10-11}: 100−101,5° (*Du Pont*). D_4^{25}: 1,2081 (*Ov., Lal*). n_D^{25}: 1,5386 (*Ov., Lal*).

3,4-Bis-benzoyloxy-thiophen $C_{18}H_{12}O_4S$, Formel XI (R = CO-C₆H₅).
B. Beim Behandeln von Thiophen-3,4-diol mit Benzoylchlorid und Pyridin (*Du Pont de Nemours & Co.*, U.S.P. 2453103 [1944]). Beim Erwärmen von 3,4-Dimethoxy-thiophen mit Aluminiumchlorid in Benzol und Behandeln des nach der Hydrolyse (wss. Salzsäure) erhaltenen Reaktionsprodukts mit Benzoylchlorid und wss. Natronlauge (*Fager*, Am. Soc. **67** [1945] 2217).
Krystalle; F: 109,5−110° [aus wss. A.] (*Fa.*), 108−110° [aus Me.] (*Du Pont*).

3,4-Dimethoxy-2,5-dinitro-thiophen $C_6H_6N_2O_6S$, Formel I.
B. Beim Behandeln von 3,4-Dimethoxy-thiophen in Acetanhydrid mit Salpetersäure und Essigsäure (*Overberger, Lal*, Am. Soc. **73** [1951] 2956).
Krystalle (aus PAe.); F: 116,5−117,2°.

3,4-Bis-[2-carboxy-phenylmercapto]-thiophen, 2,2′-Thiophen-3,4-diyldimercapto-di-benzoesäure $C_{18}H_{12}O_4S_3$, Formel II.
B. Beim Erhitzen von 3,4-Dijod-thiophen mit 2-Mercapto-benzoesäure und Kalium=carbonat in Amylalkohol unter Zusatz von Kupfer(II)-acetat (*Steinkopf et al.*, A. **527** [1937] 237, 261).

Krystalle (aus Äthylbenzoat); F: 282—283° [nach Sintern].

Beim Behandeln mit Salpetersäure ist 3,4-Bis-[2-carboxy-benzolsulfinyl]-thiophen erhalten worden.

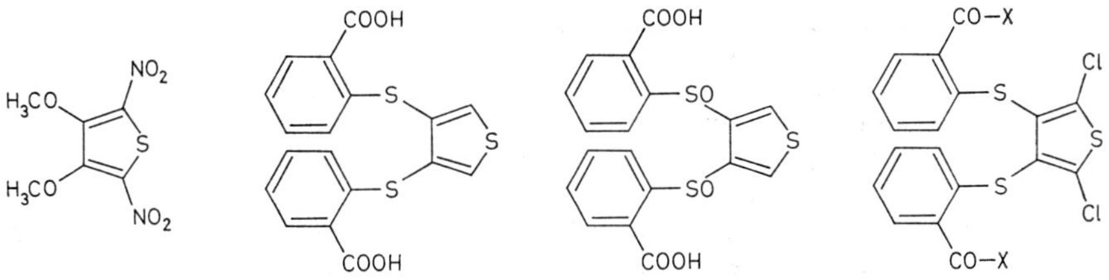

| I | II | III | IV |

3,4-Bis-[2-carboxy-benzolsulfinyl]-thiophen, 2,2′-[Thiophen-2,5-disulfinyl]-di-benzoe⹀ säure $C_{18}H_{12}O_6S_3$, Formel III.

B. Beim Behandeln von 3,4-Bis-[2-carboxy-phenylmercapto]-thiophen mit rauchender Salpetersäure (*Steinkopf et al.*, A. **527** [1937] 237, 261).

Krystalle (aus A.); Zers. bei 262°.

3,4-Bis-[2-carboxy-phenylmercapto]-2,5-dichlor-thiophen, 2,2′-[2,5-Dichlor-thiophen-3,4-diyldimercapto]-di-benzoesäure $C_{18}H_{10}Cl_2O_4S_3$, Formel IV (X = OH).

B. Beim Erhitzen von 2,5-Dichlor-3,4-bis-[2-chlorcarbonyl-phenylmercapto]-thiophen mit wss. Kalilauge (*Steinkopf et al.*, A. **527** [1937] 237, 261).

Krystalle (aus Äthylbenzoat); Zers. bei 321°.

2,5-Dichlor-3,4-bis-[2-chlorcarbonyl-phenylmercapto]-thiophen $C_{18}H_8Cl_4O_2S_3$, Formel IV (X = Cl).

B. Beim Erwärmen von 3,4-Bis-[2-carboxy-phenylmercapto]-thiophen mit Phos⹀ phor(V)-chlorid in Benzol (*Steinkopf et al.*, A. **527** [1937] 237, 261).

Krystalle (aus Bzl.); F: 166—168°.

Dihydroxy-Verbindungen $C_5H_6O_3$

4-Methoxy-pyrylium $[C_6H_7O_2]^+$, Formel V.

Perchlorat $[C_6H_7O_2]ClO_4$. *B.* Beim Erwärmen von Pyran-4-on mit Dimethylsulfat und anschliessenden Behandeln mit einem Gemisch von wss. Perchlorsäure, Acetanhydrid und Äther (*Hafner, Kaiser*, A. **618** [1958] 140, 152). — Krystalle (aus Eg.); F: 76—77°.

4-Methylmercapto-pyrylium $[C_6H_7OS]^+$, Formel VI.

Jodid $[C_6H_7OS]I$. *B.* Beim Erwärmen einer Lösung von Pyran-4-thion in Aceton mit Methyljodid (*Traverso*, Ann. Chimica **46** [1956] 821, 834). — F: 96—98°.

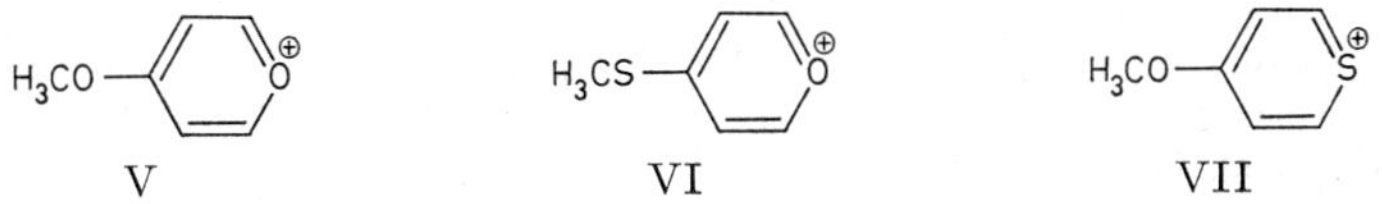

| V | VI | VII |

4-Methoxy-thiopyrylium $[C_6H_7OS]^+$, Formel VII.

Perchlorat $[C_6H_7OS]ClO_4$. *B.* Beim Erwärmen von Thiopyran-4-on mit Dimethylsulfat und anschliessenden Behandeln mit wss. Perchlorsäure (*Traverso*, B. **91** [1958] 1224, 1228). — Krystalle (aus Me.); F: 125°. — Beim Behandeln mit wss. Kaliumhydrogen⹀ sulfid-Lösung ist Thiopyran-4-thion erhalten worden.

2-Methoxy-5-methyl-furan-3-ol $C_6H_8O_3$, Formel VIII (R = CH$_3$), und Tautomeres (2-Methoxy-5-methyl-furan-3-on).

B. Beim Erwärmen von (±)-3-Chlor-1-methoxy-pentan-2,4-dion mit Kaliumacetat und Essigsäure unter Zusatz von Acetanhydrid (*Henecka*, B. **82** [1949] 32, 35).

Krystalle (aus Bzn.); F: 46—47,5°.

Beim Erwärmen mit Semicarbazid-hydrochlorid und Natriumacetat in Wasser ist 2,4-Disemicarbazono-valeraldehyd-semicarbazon erhalten worden.

5-Methyl-2-phenoxy-furan-3-ol $C_{11}H_{10}O_3$, Formel VIII (R = C_6H_5), und Tautomeres (5-Methyl-2-phenoxy-furan-3-on).

B. Beim Erhitzen von (±)-3-Chlor-1-phenoxy-pentan-2,4-dion mit Kaliumacetat und Essigsäure unter Zusatz von Acetanhydrid (*Henecka*, B. **82** [1949] 32, 35).

Krystalle (aus Bzn.); F: 63—64°. Bei 143°/1 Torr destillierbar.

2-Hydroxymethyl-5-methoxy-furan, 5-Methoxy-furfurylalkohol $C_6H_8O_3$, Formel IX.

B. Aus 5-Methoxy-furan-2-carbonsäure-methylester beim Erwärmen mit Lithiumalanat in Äther (*Manly, Amstutz*, J. org. Chem. **21** [1956] 516, 518).

Kp_{14}: 112—115°; Kp_8: 103—105°.

2-Hydroxymethyl-5-methoxy-thiophen, [5-Methoxy-[2]thienyl]-methanol $C_6H_8O_2S$, Formel X.

B. Beim Behandeln einer Lösung von 5-Methoxy-thiophen-2-carbaldehyd in Tetrahydro= furan mit wss. Natriumboranat-Lösung (*Sicé*, Am. Soc. **75** [1953] 3697, 3699).

$Kp_{0,7}$: 84°. D_4^{30}: 1,210. n_D^{30}: 1,5493.

2-Äthylmercapto-5-hydroxymethyl-thiophen, [5-Äthylmercapto-[2]thienyl]-methanol $C_7H_{10}OS_2$, Formel XI (R = C_2H_5).

B. Neben 5-Äthylmercapto-thiophen-2-carbonsäure beim Behandeln von 5-Äthyl= mercapto-thiophen-2-carbaldehyd mit wss. Kalilauge (*Profft*, Monatsber. dtsch. Akad. Berlin **1** [1959] 180, 186).

Kp_{16}: 142—146°.

2-Hydroxymethyl-5-propylmercapto-thiophen, [5-Propylmercapto-[2]thienyl]-methanol $C_8H_{12}OS_2$, Formel XI (R = CH_2-CH_2-CH_3).

B. Neben 5-Propylmercapto-thiophen-2-carbonsäure beim Behandeln von 5-Propyl= mercapto-thiophen-2-carbaldehyd mit wss. Kalilauge (*Profft*, Monatsber. dtsch. Akad. Berlin **1** [1959] 180, 186).

Kp_{16}: 148—155°. n_D^{20}: 1,578.

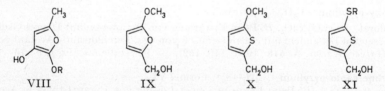

VIII   IX   X   XI

2-Butylmercapto-5-hydroxymethyl-thiophen, [5-Butylmercapto-[2]thienyl]-methanol $C_9H_{14}OS_2$, Formel XI (R = $[CH_2]_3$-CH_3).

B. Neben 5-Butylmercapto-thiophen-2-carbonsäure beim Behandeln von 5-Butyl= mercapto-thiophen-2-carbaldehyd mit wss. Kalilauge (*Profft*, Monatsber. dtsch. Akad. Berlin **1** [1959] 180, 186).

Kp_{16}: 179—184°.

2-Hydroxymethyl-5-isobutylmercapto-thiophen, [5-Isobutylmercapto-[2]thienyl]-methanol $C_9H_{14}OS_2$, Formel XI (R = CH_2-$CH(CH_3)_2$).

B. Neben 5-Isobutylmercapto-thiophen-2-carbonsäure beim Behandeln von 5-Iso= butylmercapto-thiophen-2-carbaldehyd mit wss. Kalilauge (*Profft*, Monatsber. dtsch. Akad. Berlin **1** [1959] 180, 186).

$Kp_{0,5}$: 119—120°.

2-Hydroxymethyl-5-pentylmercapto-thiophen, [5-Pentylmercapto-[2]thienyl]-methanol $C_{10}H_{16}OS_2$, Formel XI (R = $[CH_2]_4$-CH_3).

B. Neben 5-Pentylmercapto-thiophen-2-carbonsäure beim Behandeln von 5-Pentyl=

mercapto-thiophen-2-carbaldehyd mit wss. Kalilauge (*Profft*, Monatsber. dtsch. Akad. Berlin **1** [1959] 180, 186).
Kp_{18}: 180—185°.

2-Hydroxymethyl-5-isopentylmercapto-thiophen, [5-Isopentylmercapto-[2]thienyl]-methanol $C_{10}H_{16}OS_2$, Formel XI (R = CH_2-CH_2-$CH(CH_3)_2$).
B. Neben 5-Isopentylmercapto-thiophen-2-carbonsäure beim Behandeln von 5-Iso≠pentylmercapto-thiophen-2-carbaldehyd mit wss. Kalilauge (*Profft*, Monatsber. dtsch. Akad. Berlin **1** [1959] 180, 186).
Kp_{18}: 182—184°. n_D^{20}: 1,560.

2-Hexylmercapto-5-hydroxymethyl-thiophen, [5-Hexylmercapto-[2]thienyl]-methanol $C_{11}H_{18}OS_2$, Formel XI (R = $[CH_2]_5$-CH_3).
B. Neben 5-Hexylmercapto-thiophen-2-carbonsäure beim Behandeln von 5-Hexyl≠mercapto-thiophen-2-carbaldehyd mit wss. Kalilauge (*Profft*, Monatsber. dtsch. Akad. Berlin **1** [1959] 180, 186).
Kp_{18}: 198—202°. n_D^{20}: 1,555.

2-Heptylmercapto-5-hydroxymethyl-thiophen, [5-Heptylmercapto-[2]thienyl]-methanol $C_{12}H_{20}OS_2$, Formel XI (R = $[CH_2]_6$-CH_3).
B. Neben 5-Heptylmercapto-thiophen-2-carbonsäure beim Behandeln von 5-Heptyl≠mercapto-thiophen-2-carbaldehyd mit wss. Kalilauge (*Profft*, Monatsber. dtsch. Akad. Berlin **1** [1959] 180, 186).
$Kp_{0,4}$: 148—150°. n_D^{20}: 1,547.

Dihydroxy-Verbindungen $C_6H_8O_3$

(R)-3-Benzoyloxy-2-benzoyloxymethyl-2H-pyran $C_{20}H_{16}O_5$, Formel I.
B. Beim Behandeln von (R)-2-Hydroxymethyl-4H-pyran-3-on mit Benzoylchlorid und Pyridin (*Matthews et al.*, Soc. **1955** 2511, 2513).
Krystalle; F: 85°. $[\alpha]_D$: +64° [Me.; c = 2].

2-[5-Methoxy-[2]thienyl]-äthanol $C_7H_{10}O_2S$, Formel II.
B. Beim Behandeln von 2-Methoxy-thiophen mit Phenyllithium in Äther und an≠schliessend mit Äthylenoxid (*Herz, Tsai*, Am. Soc. **77** [1955] 3529, 3533).
$Kp_{0,3}$: 87—89°. n_D^{23}: 1,5384.
[1(?)]Naphthylcarbamoyl-Derivat $C_{18}H_{17}NO_3S$. Krystalle (aus Bzn.); F: 107,8° bis 108° [korr.].

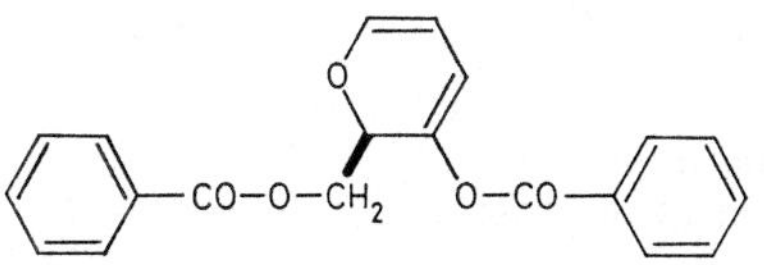

I 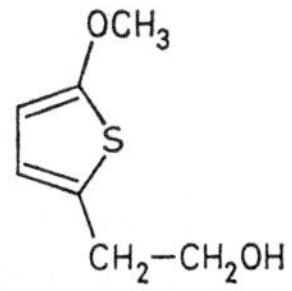 II 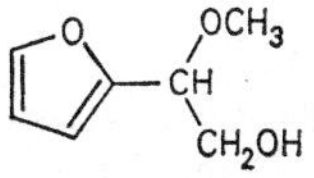 III

(Ξ)-2-[2]Furyl-2-methoxy-äthanol $C_7H_{10}O_3$, Formel III.
B. Als Hauptprodukt beim Behandeln von D-Glucal (1,5-Anhydro-2-desoxy-D-*arabino*-hex-1-enit) mit Chlorwasserstoff enthaltendem Methanol (*Zwierzchowska-Nowakowska, Zamojski*, Roczniki Chem. **48** [1974] 1019, 1024).
$Kp_{0,05}$: 80° (*Zw.-N., Za.*). ^{1}H-NMR-Absorption, IR-Banden (3500—745 cm^{-1}) sowie UV-Absorptionsmaxima (A.; 216,5 nm und 266 nm): *Zw.-N., Za.*

(Ξ)-2-[2]Furyl-2-methoxy-äthanol hat wahrscheinlich auch in einem von *Shafizadeh, Stacey* (Soc. **1952** 3608) nach dem gleichen Verfahren erhaltenen, als 5-Methoxy≠methyl-furfurylalkohol ($C_7H_{10}O_3$) angesehenen Präparat (Kp$_{0,3}$: 47°; n_D^{17}: 1,479; λ_{max}: 216 nm; 3,5-Dinitro-benzoyl-Derivat $C_{14}H_{12}N_2O_8$: Krystalle [aus Me.], F: 90°) vorgelegen (*Zw.-N., Za.*, l. c. S. 1021).

(±)-1-[2]Thienyl-1,2-dithiocyanato-äthan $C_8H_6N_2S_3$, Formel IV (X = H).

B. Beim Behandeln von 2-Vinyl-thiophen mit Dirhodan in Benzol unter der Einwirkung von Sonnenlicht (*Emerson, Patrick,* J. org. Chem. **13** [1948] 729, 731).

Krystalle (aus Bzl. + Hexan); F: 87°.

(±)-5-Chlor-2-[1,2-dithiocyanato-äthyl]-thiophen $C_8H_5ClN_2S_3$, Formel IV (X = Cl).

B. Neben 5-Chlor-2-[1-isothiocyanato-2-thiocyanato-äthyl]-thiophen beim Behandeln von 5-Chlor-2-vinyl-thiophen mit Dirhodan in Benzol unter der Einwirkung von Sonnenlicht (*Emerson, Patrick,* J. org. Chem. **13** [1948] 729, 732).

Krystalle (aus Bzl. + Hexan); F: 99°.

(±)-5-Brom-2-[1,2-dithiocyanato-äthyl]-thiophen $C_8H_5BrN_2S_3$, Formel IV (X = Br).

B. Beim Behandeln von 5-Brom-2-vinyl-thiophen mit Kaliumthiocyanat und Brom in Essigsäure (*Emerson, Patrick,* J. org. Chem. **13** [1948] 729, 733).

Krystalle (aus Bzl. + Hexan): F: 96°.

3,4-Bis-[2-carboxy-phenylmercapto]-2,5-dimethyl-thiophen, 2,2'-[2,5-Dimethyl-thiophen-3,4-diyldimercapto]-di-benzoesäure $C_{20}H_{16}O_4S_3$, Formel V.

B. Beim Erhitzen von 3,4-Dijod-2,5-dimethyl-thiophen mit 2-Mercapto-benzoesäure und Kaliumcarbonat in Amylalkohol unter Zusatz von Kupfer(II)-acetat (*Steinkopf et al.,* A. **536** [1938] 128, 132).

Krystalle (aus Eg.); Zers. oberhalb 295°.

2,5-Bis-hydroxymethyl-furan $C_6H_8O_3$, Formel VI (R = H) (E I 90).

B. Aus 2,5-Bis-acetoxymethyl-furan beim Erwärmen mit äthanol. Kalilauge (*Tsuboyama, Yanagita,* Scient. Pap. Inst. phys. chem. Res. **53** [1959] 318, 326). Aus 5-Hydroxymethyl-furan-2-carbaldehyd bei der Hydrierung an Raney-Nickel in Äther bei 75°/100 at (*Newth, Wiggins,* Research **3** [1950] 50) sowie beim Behandeln mit wss. Formaldehyd und wss. Natronlauge (*Turner et al.,* Anal. Chem. **26** [1954] 898).

Krystalle; F: 75,5—77° [aus CHCl₃] (*Ne., Wi.*), 74,5—75° (*Tu. et al.*), 73—74° [aus Bzn.] (*Ts., Ya.*). UV-Spektrum (200—350 nm): *Tu. et al.*

IV   V   VI   VII

2,5-Bis-acetoxymethyl-furan $C_{10}H_{12}O_5$, Formel VI (R = CO-CH₃) (E I 90).

B. Beim Erhitzen von 5-Dimethylaminomethyl-furfurylalkohol mit Acetanhydrid und Natriumacetat (*Tsuboyama, Yanagita,* Scient. Pap. Inst. phys. chem. Res. **53** [1959] 318, 326).

Krystalle (aus Bzn.); F: 62—64°.

2,5-Bis-benzoyloxymethyl-furan $C_{20}H_{16}O_5$, Formel VI (R = CO-C₆H₅).

B. Beim Behandeln von 2,5-Bis-hydroxymethyl-furan mit Benzoylchlorid und Pyridin (*Newth, Wiggins,* Research **3** [1950] 50).

Krystalle (aus A.); F: 76—77°.

2-[Butylmercapto-methyl]-5-hydroxymethyl-furan, 5-[Butylmercapto-methyl]-furfuryl-alkohol $C_{10}H_{16}O_2S$, Formel VII.

B. Aus 5-[Butylmercapto-methyl]-furan-2-carbonsäure-methylester beim Behandeln mit Lithiumalanat in Äther (*Mndshojan et al.,* Doklady Akad. Armjansk. S.S.R. **27** [1958] 305; C. A. **1960** 481).

Kp₄: 147—148°. D₄²⁰: 1,0843. n_D²⁰: 1,5231.

2,5-Bis-hydroxymethyl-thiophen $C_6H_8O_2S$, Formel VIII (R = H).
B. Beim Behandeln von 2,5-Bis-acetoxymethyl-thiophen mit Natriumäthylat in Äthanol (*Griffing, Salisbury*, Am. Soc. **70** [1948] 3416, 3417).
$Kp_{0,25}$: 162−166°. n_D^{25}: 1,5690.

2,5-Bis-äthoxymethyl-thiophen $C_{10}H_{16}O_2S$, Formel VIII (R = C_2H_5).
B. Beim Erwärmen von 2,5-Bis-chlormethyl-thiophen mit Natriumäthylat in Äthanol (*Griffing, Salisbury*, Am. Soc. **70** [1948] 3416, 3418).
Kp_{12-13}: 124−126°.

2,5-Bis-[2-hydroxy-äthoxymethyl]-thiophen $C_{10}H_{16}O_4S$, Formel VIII (R = CH_2-CH_2OH).
B. Beim Erwärmen von 2,5-Bis-chlormethyl-thiophen mit einer aus Natrium und Äthylenglykol hergestellten Lösung (*Griffing, Salisbury*, Am. Soc. **70** [1948] 3416, 3418).
Bei 210−220°/1 Torr destillierbar.

2,5-Bis-acetoxymethyl-thiophen $C_{10}H_{12}O_4S$, Formel VIII (R = CO-CH_3).
B. Beim Erwärmen von 2,5-Bis-chlormethyl-thiophen mit Kaliumacetat in Essigsäure (*Griffing, Salisbury*, Am. Soc. **70** [1948] 3416, 3417).
Kp_2: 140−142°.

2,5-Bis-[2-cyan-äthoxymethyl]-thiophen $C_{12}H_{14}N_2O_2S$, Formel VIII (R = CH_2-CH_2-CN).
B. Beim Erwärmen von 2,5-Bis-hydroxymethyl-thiophen mit Acrylnitril in Dioxan (*Griffing, Salisbury*, Am. Soc. **70** [1948] 3416, 3418).
$Kp_{0,5}$: 210−212°.
Bei der Hydrierung an Raney-Kobalt bei 125°/175 at ist 2,5-Bis-hydroxymethyl-thiophen erhalten worden.

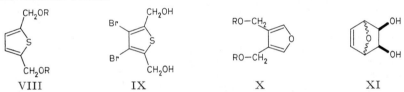

VIII	IX	X	XI

3,4-Dibrom-2,5-bis-hydroxymethyl-thiophen $C_6H_6Br_2O_2S$, Formel IX.
B. Neben anderen Verbindungen beim Behandeln von 3,4-Dibrom-thiophen-2,5-dicarbaldehyd mit wss. Kalilauge (*Steinkopf, Eger*, A. **533** [1938] 270, 274).
Krystalle (aus Toluol); F: 174°.

3,4-Bis-hydroxymethyl-furan $C_6H_8O_3$, Formel X (R = H).
B. Aus Furan-3,4-dicarbonsäure-dimethylester (*Kornfeld*, J. org. Chem. **20** [1955] 1135, 1136) oder aus Furan-3,4-dicarbonsäure-diäthylester (*Williams et al.*, J. org. Chem. **20** [1955] 1139, 1142; *Ko.*) beim Behandeln mit Lithiumalanat in Äther.
Kp_6: 146−148° (*Ko.*); Kp_1: 120° (*Wi. et al.*). n_D^{20}: 1,4970 (*Wi. et al.*); n_D^{25}: 1,5021 (*Ko.*).
Charakterisierung als Dibenzoyl-Derivat (F: 100−102°): *Ko.*

3,4-Bis-methoxymethyl-furan $C_8H_{12}O_3$, Formel X (R = CH_3).
B. Beim Erwärmen von 3,4-Bis-hydroxymethyl-furan mit Natriumhydrid in Äther und anschliessend mit Methyljodid (*Williams et al.*, J. org. Chem. **20** [1955] 1139, 1143).
Kp_{20}: 96°. n_D^{20}: 1,14611.

3,4-Bis-acetoxymethyl-furan $C_{10}H_{12}O_5$, Formel X (R = CO-CH_3).
B. Beim Erhitzen von 3,4-Bis-hydroxymethyl-furan mit Acetanhydrid unter Zusatz von Natriumacetat (*Williams et al.*, J. org. Chem. **20** [1955] 1139, 1142) oder Pyridin (*Am. Cyanamid Co.*, U.S.P. 2732379 [1953]; s. a. *Kornfeld*, J. org. Chem. **20** [1955] 1135, 1136).
Krystalle; F: 32−35° (*Ko.*), 30−32° [aus Ae.] (*Elming, Clauson-Kaas*, Acta chem. scand. **9** [1955] 23, 25). Kp_6: 134−137°; n_D^{25}: 1,4666 (*Ko.*); Kp_1: 96°; n_D^{20}: 1,4675 (*Wi. et al.*); $Kp_{0,1}$: 88−90°; n_D^{25}: 1,4672 (*El., Cl.-K.*).

3,4-Bis-benzoyloxymethyl-furan $C_{20}H_{16}O_5$, Formel X (R = CO-C_6H_5).
B. Beim Behandeln von 3,4-Bis-hydroxymethyl-furan mit Benzoylchlorid und Pyridin
(*Kornfeld*, J. org. Chem. **20** [1955] 1135, 1136).
Krystalle (aus Bzl. + Bzn.); F: 100—102° [unkorr.].

***7-Oxa-norborn-5-en-2r,3c-diol** $C_6H_8O_3$, Formel XI.
B. Beim Behandeln von 3a,4,7,7a-Tetrahydro-4,7-epoxido-benzo[1,3]dioxol-2-on vom
F: 149° mit wss. Natronlauge (*Newman, Addor*, Am. Soc. **77** [1955] 3789, 3792).
Krystalle (aus Bzl.); F: 147—152° [korr.]. Bei 100°/10 Torr sublimierbar.

Dihydroxy-Verbindungen $C_7H_{10}O_3$

4-Methoxy-2,6-dimethyl-pyrylium $[C_8H_{11}O_2]^+$, Formel I (R = CH_3) (H 293; E I 153;
E II 316 [im Artikel 4-Oxo-2,6-dimethyl-1,4-pyran bzw. 2,6-Dimethyl-pyron-(4)]).
Perchlorat $[C_8H_{11}O_2]ClO_4$ (E I 153; E II 316). Krystalle; F: 195° [aus Me.] (*Anker,
Cook*, Soc. **1946** 117, 119), 192—193° [Zers.] (*Gibbs et al.*, Am. Soc. **52** [1930] 4895, 4903).
IR-Banden (Nujol; 1654—1494 cm⁻¹): *Tsubomura*, J. chem. Soc. Japan Pure Chem.
Sect. **78** [1957] 1528, 1530; C. A. **1958** 5124; J. chem. Physics **28** [1958] 355. UV-Spek=
trum von Lösungen in Methanol (200—280 nm): *Ts.*; in Äthanol (220—300 nm): *Gi.
et al.*, l. c. S. 4899. — Beim Behandeln mit wss. Natriumsulfid-Lösung ist bei Raumtemperatur 2,6-Dimethyl-pyran-4-thion, in der Wärme hingegen 2,6-Dimethyl-thio=
pyran-4-thion erhalten worden (*Traverso*, Ann. Chimica **46** [1956] 821, 827, 829, 834).
Reaktion mit Äthanol unter Bildung von 4-Äthoxy-2,6-dimethyl-pyrylium-perchlorat:
An., Cook. Bildung von 5-Methoxy-2-nitro-*m*-xylol beim Erwärmen mit Nitromethan
in Gegenwart von Natrium-*tert*-butylat in *tert*-Butylalkohol sowie Bildung von Cyan-
[2,6-dimethyl-pyran-4-yliden]-essigsäure-äthylester beim Erwärmen mit Cyanessigsäure-
äthylester in Gegenwart von Natrium-*tert*-butylat in *tert*-Butylalkohol: *Ohta, Kato*, Bl.
chem. Soc. Japan **32** [1959] 707, 709. Reaktion mit Piperidin in Äthanol unter Bildung
von 2,6-Dimethyl-4-piperidino-pyrylium-perchlorat: *An., Cook*, l. c. S. 120. Beim Behandeln mit Cyclopentadienylnatrium in Tetrahydrofuran und anschliessenden Erwärmen mit Kalium-*tert*-butylat in *tert*-Butylalkohol ist 6-Methoxy-4,8-dimethyl-azulen
erhalten worden (*Hafner, Kaiser*, A. **618** [1958] 140, 150).
Jodid $[C_8H_{11}O_2]I$ (H 293; E I 153). *B.* Beim Erwärmen von 2,6-Dimethyl-pyran-4-on
mit Dimethylsulfat in Methanol und anschliessenden Behandeln mit wss. Natriumjodid-
Lösung (*Anker, Cook*, Soc. **1946** 117, 119; vgl. H 293). — Zers. bei 110° (*An., Cook*).

I   II   III

4-Äthoxy-2,6-dimethyl-pyrylium $[C_9H_{13}O_2]^+$, Formel I (R = C_2H_5).
Perchlorat $[C_9H_{13}O_2]ClO_4$. *B.* Beim Erwärmen von 4-Methoxy-2,6-dimethyl-pyrylium-
perchlorat mit Äthanol (*Anker, Cook*, Soc. **1946** 117, 119). — Krystalle; F: 126—128°
[aus Me.] (*Meerwein et al.*, J. pr. [2] **147** [1937] 257, 283), 124° (*An., Cook*).
Tetrafluoroborat $[C_9H_{13}O_2]BF_4$. *B.* Beim Behandeln von 2,6-Dimethyl-pyran-4-on mit
Triäthyloxonium-tetrafluoroborat in Dichlormethan (*Meerwein et al.*, J. pr. [2] **147**
[1937] 257, 282) oder mit Äthylbromid und Silber-tetrafluoroborat in 1,2-Dichlor-äthan
(*Meerwein et al.*, Ar. **291** [1958] 541, 552). — Krystalle (aus CH_2Cl_2 + Ae.); F: 90—91°
(*Me. et al.*, J. pr. [2] **147** 283).

4-Acetoxy-2,6-dimethyl-pyrylium $[C_9H_{11}O_3]^+$, Formel I (R = CO-CH_3).
Tetrafluoroborat $[C_9H_{11}O_3]BF_4$. Eine von *Seel* (Z. anorg. Chem. **250** [1943] 331, 349)
unter dieser Konstitution beschriebene Verbindung (F: 139° [Zers.]) ist als 2,6-Di=
methyl-pyran-4-on-Borfluorid-Addukt erkannt worden (*Meerwein et al.*, A. **632** [1960]
38, 55 Anm. 19).

2,6-Dimethyl-4-methylmercapto-pyrylium $[C_8H_{11}OS]^+$, Formel II (R = CH₃) (E I 156; E II 317 [im Artikel 4-Thion-2.6-dimethyl-1.4-pyran]).

Perchlorat (E I 156; E II 317). Beim Behandeln mit Natriumhydrogensulfid in Wasser ist 2,6-Dimethyl-pyran-4-thion erhalten worden (*Traverso*, Ann. Chimica **46** [1956] 821, 828). Reaktion mit Nitromethan in Gegenwart von Natrium-*tert*-butylat in *tert*-Butylalkohol unter Bildung von 5-Methylmercapto-2-nitro-*m*-xylol sowie Reaktion mit Malononitril in Gegenwart von Natrium-*tert*-butylat in *tert*-Butylalkohol unter Bildung einer als [2,6-Dimethyl-4-methylmercapto-4*H*-pyran-4-ylmethyl]-malononitril oder [2,6-Dimethyl-4-methylmercapto-2*H*-pyran-2-ylmethyl]-malononitril zu formulierenden Verbindung (F: 132−133°): *Ohta, Kato*, Bl. chem. Soc. Japan **32** [1959] 707, 710.

Jodid $[C_8H_{11}OS]I$. B. Beim Erwärmen von 2,6-Dimethyl-pyran-4-thion in Aceton mit Methyljodid (*King et al.*, Am. Soc. **73** [1951] 300). − F: 176−177° [Zers.; Fisher-Johns-Block; aus CH₃NO₂ + Ae.] (*King et al.*). − Beim Erwärmen mit Piperidin und Methanol ist 2,6-Dimethyl-4-piperidino-pyrylium-jodid erhalten worden (*King, Ozog*, J. org. Chem. **20** [1955] 448, 450).

4-Allylmercapto-2,6-dimethyl-pyrylium $[C_{10}H_{13}OS]^+$, Formel II (R = CH₂-CH=CH₂).

Jodid $[C_{10}H_{13}OS]I$. B. Beim Erwärmen von 2,6-Dimethyl-pyran-4-thion mit Allyljodid in Aceton (*King et al.*, Am. Soc. **73** [1951] 300). − Krystalle (aus Acn.); F: 106−107° [Zers.; Fisher-Johns-Block].

4-Benzylmercapto-2,6-dimethyl-pyrylium $[C_{14}H_{15}OS]^+$, Formel III (X = H).

Perchlorat $[C_{14}H_{15}OS]ClO_4$. B. Beim Erwärmen von 4-Methoxy-2,6-dimethyl-pyrylium-perchlorat mit Benzylmercaptan in Methanol (*Anker, Cook*, Soc. **1946** 117, 120). − Krystalle (aus Me.); F: 146° (*An., Cook*), 145−146° [Zers.] (*King et al.*, Am. Soc. **73** [1951] 300).

Jodid $[C_{14}H_{15}OS]I$. B. Beim Erwärmen von 2,6-Dimethyl-pyran-4-thion in Aceton mit Benzyljodid (*King et al.*, Am. Soc. **73** [1951] 300). − F: 156−158° [Zers.; Fisher-Johns-Block; aus CH₃NO₂ + Ae.] (*King et al.*). − Beim Erwärmen einer Lösung in Methanol mit Methylamin in Wasser sind 1,2,6-Trimethyl-4-methylamino-pyridinium-jodid und 4-Benzylmercapto-1,2,6-trimethyl-pyridinium-jodid erhalten worden (*King, Ozog*, J. org. Chem. **20** [1955] 448, 453).

4-Brom-benzolsulfonat $[C_{14}H_{15}OS][C_6H_4BrO_3S]$. B. Beim Erwärmen von 2,6-Dimethyl-pyran-4-thion mit 4-Brom-benzolsulfonsäure-benzylester in Aceton (*King et al.*, Am. Soc. **73** [1951] 300). − F: 114−115° [Zers.; Fisher-Johns-Block; aus CH₃NO₂ + Ae.].

2,6-Dimethyl-4-[4-nitro-benzylmercapto]-pyrylium $[C_{14}H_{14}NO_3S]^+$, Formel III (X = NO₂).

Jodid $[C_{14}H_{14}NO_3S]I$. B. Beim Erwärmen von 2,6-Dimethyl-pyran-4-thion in Aceton mit 4-Nitro-benzyljodid (*King et al.*, Am. Soc. **73** [1951] 300). − F: 124−125° [Zers.; Fisher-Johns-Block; aus CH₃NO₂ + Ae.].

4-*trans*-Cinnamylmercapto-2,6-dimethyl-pyrylium $[C_{16}H_{17}OS]^+$, Formel IV.

Bromid $[C_{16}H_{17}OS]Br$. B. Beim Behandeln von 2,6-Dimethyl-pyran-4-thion mit 3-Brom-1*t*-phenyl-propen in Benzol (*King et al.*, Am. Soc. **73** [1951] 300). − F: 157−159° [Zers.; Fisher-Johns-Block].

IV   V

Bis-[2,6-dimethyl-pyrylium-4-ylmercapto]-methan, 2,6,2′,6′-Tetramethyl-4,4′-methylen-dimercapto-di-pyrylium $[C_{15}H_{18}O_2S_2]^{2+}$, Formel V.

Dijodid $[C_{15}H_{18}O_2S_2]I_2$. B. Beim Erwärmen von 2,6-Dimethyl-pyran-4-thion in Aceton mit Dijodmethan (*King et al.*, Am. Soc. **73** [1951] 300). − F: 184−185° [Zers.; Fisher-Johns-Block; aus CH₃NO₂ + Ae.].

2,6-Dimethyl-4-phenacylmercapto-pyrylium $[C_{15}H_{15}O_2S]^+$, Formel VI (X = H).

Perchlorat $[C_{15}H_{15}O_2S]ClO_4$. F: 200—201° [Fisher-Johns-Block] (*King et al.*, Am. Soc. **73** [1951] 300).

Bromid $[C_{15}H_{15}O_2S]Br$. *B.* Beim Erwärmen von 2,6-Dimethyl-pyran-4-thion mit Phen=acylbromid in Aceton (*King et al.*, Am. Soc. **73** [1951] 300). — F: 190° [Zers.; Fisher-Johns-Block; aus CH_3NO_2 + Ae.].

4-[4-Chlor-phenacylmercapto]-2,6-dimethyl-pyrylium $[C_{15}H_{14}ClO_2S]^+$, Formel VI (X = Cl).

Bromid $[C_{15}H_{14}ClO_2S]Br$. *B.* Beim Erwärmen von 2,6-Dimethyl-pyran-4-thion mit 2-Brom-1-[4-chlor-phenyl]-äthanon in Benzol (*Ozog et al.*, Am. Soc. **74** [1952] 6225, 6226). — F: 208—209° [Zers.].

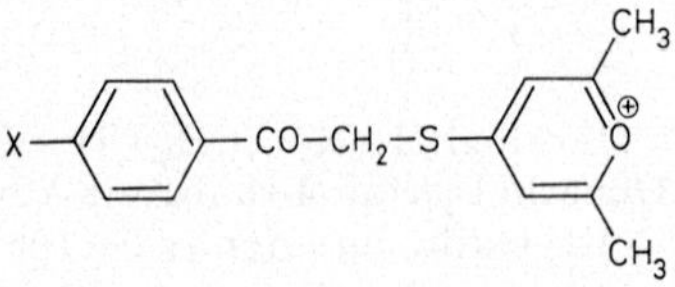

VI 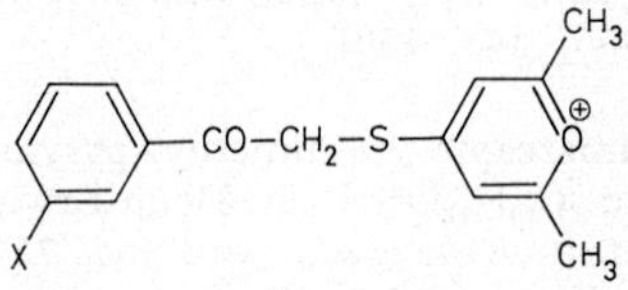   VII

4-[3-Brom-phenacylmercapto]-2,6-dimethyl-pyrylium $[C_{15}H_{14}BrO_2S]^+$, Formel VII (X = Br).

Bromid $[C_{15}H_{14}BrO_2S]Br$. *B.* Beim Erwärmen von 2,6-Dimethyl-pyran-4-thion mit 2-Brom-1-[3-brom-phenyl]-äthanon in Benzol (*Ozog et al.*, Am. Soc. **74** [1952] 6225, 6226). — F: 192—193° [Zers.].

4-[4-Brom-phenacylmercapto]-2,6-dimethyl-pyrylium $[C_{15}H_{14}BrO_2S]^+$, Formel VI (X = Br).

Bromid $[C_{15}H_{14}BrO_2S]Br$. *B.* Beim Erwärmen von 2,6-Dimethyl-pyran-4-thion mit 2-Brom-1-[4-brom-phenyl]-äthanon in Benzol (*Ozog et al.*, Am. Soc. **74** [1952] 6225, 6226). — F: 198° [Zers.].

2,6-Dimethyl-4-[2-nitro-phenacylmercapto]-pyrylium $[C_{15}H_{14}NO_4S]^+$, Formel VIII.

Bromid $[C_{15}H_{14}NO_4S]Br$. *B.* Beim Erwärmen von 2,6-Dimethyl-pyran-4-thion mit 2-Brom-1-[2-nitro-phenyl]-äthanon in Aceton (*King et al.*, Am. Soc. **73** [1951] 300). — F: 171—172° [Zers.; Fisher-Johns-Block; aus CH_3NO_2 + Ae.].

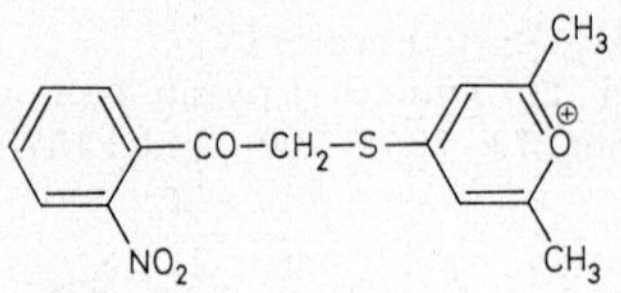

VIII 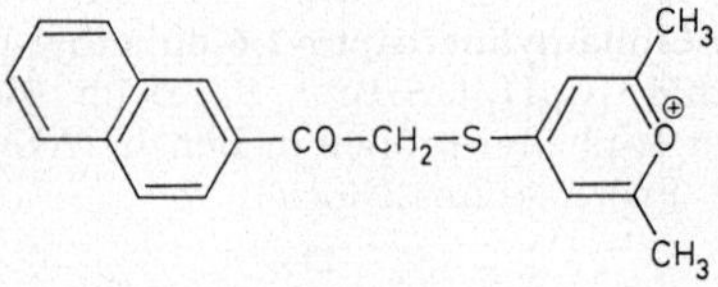   IX

2,6-Dimethyl-4-[3-nitro-phenacylmercapto]-pyrylium $[C_{15}H_{14}NO_4S]^+$, Formel VII (X = NO$_2$).

Bromid $[C_{15}H_{14}NO_4S]Br$. *B.* Beim Erwärmen von 2,6-Dimethyl-pyran-4-thion mit 2-Brom-1-[3-nitro-phenyl]-äthanon in Benzol (*Ozog et al.*, Am. Soc. **74** [1952] 6225, 6226). — F: 149—150° [Zers.].

2,6-Dimethyl-4-[4-nitro-phenacylmercapto]-pyrylium $[C_{15}H_{14}NO_4S]^+$, Formel VI (X = NO$_2$).

Bromid $[C_{15}H_{14}NO_4S]Br$. *B.* Beim Erwärmen von 2,6-Dimethyl-pyran-4-thion mit

2-Brom-1-[4-nitro-phenyl]-äthanon in Benzol (*Ozog et al.*, Am. Soc. **74** [1952] 6225, 6226). — F: 171—172° [Zers.].

2,6-Dimethyl-4-[4-methyl-phenacylmercapto]-pyrylium $[C_{16}H_{17}O_2S]^+$, Formel VI (X = CH₃).
Bromid $[C_{16}H_{17}O_2S]$Br. *B.* Beim Erwärmen von 2,6-Dimethyl-pyran-4-thion mit 2-Brom-1-*p*-tolyl-äthanon in Benzol (*Ozog et al.*, Am. Soc. **74** [1952] 6225, 6226). — F: 193—194° [Zers.].

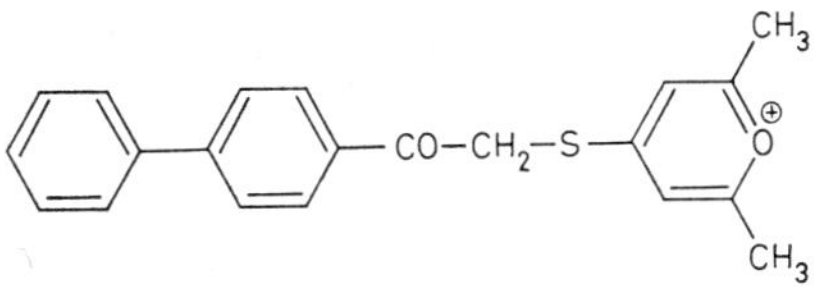

X 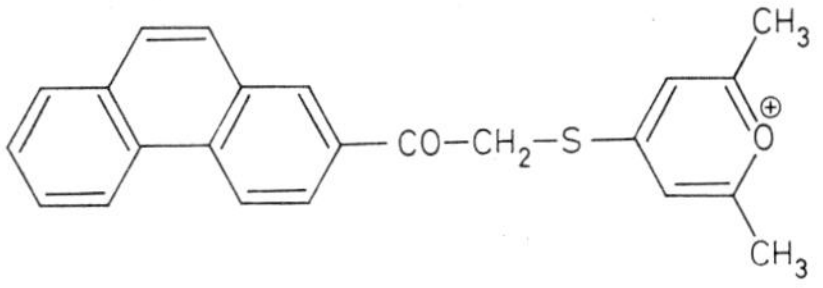   XI

2,6-Dimethyl-4-[2-[2]naphthyl-2-oxo-äthylmercapto]-pyrylium $[C_{19}H_{17}O_2S]^+$, Formel IX.
Bromid $[C_{19}H_{17}O_2S]$Br. *B.* Beim Erwärmen von 2,6-Dimethyl-pyran-4-thion mit 2-Brom-1-[2]naphthyl-äthanon in Benzol (*Ozog et al.*, Am. Soc. **74** [1952] 6225, 6226). — F: 210—211° [Zers.].

2,6-Dimethyl-4-[4-phenyl-phenacylmercapto]-pyrylium $[C_{21}H_{19}O_2S]^+$, Formel X.
Bromid $[C_{21}H_{19}O_2S]$Br. *B.* Beim Erwärmen von 2,6-Dimethyl-pyran-4-thion mit 1-Biphenyl-4-yl-2-brom-äthanon in Benzol (*Ozog et al.*, Am. Soc. **74** [1952] 6225, 6226). — F: 174—175° [Zers.].

2,6-Dimethyl-4-[2-oxo-2-[2]phenanthryl-äthylmercapto]-pyrylium $[C_{23}H_{19}O_2S]^+$, Formel XI.
Bromid $[C_{23}H_{19}O_2S]$Br. *B.* Beim Erwärmen von 2,6-Dimethyl-pyran-4-thion mit 2-Brom-1-[2]phenanthryl-äthanon in Aceton (*King et al.*, Am. Soc. **73** [1951] 300). — F: 227—228° [Zers.; Fisher-Johns-Block; aus CH₃NO₂ + Ae.].

4-[4-Methoxy-phenacylmercapto]-2,6-dimethyl-pyrylium $[C_{16}H_{17}O_3S]^+$, Formel VI (X = OCH₃).
Bromid $[C_{16}H_{17}O_3S]$Br. *B.* Beim Erwärmen von 2,6-Dimethyl-pyran-4-thion mit 2-Brom-1-[4-methoxy-phenyl]-äthanon in Benzol (*Ozog et al.*, Am. Soc. **74** [1952] 6225, 6226). — F: 195—196° [Zers.].

2,6-Dimethyl-4-[4-methylmercapto-phenacylmercapto]-pyrylium $[C_{16}H_{17}O_2S_2]^+$, Formel VI (X = SCH₃).
Bromid $[C_{16}H_{17}O_2S_2]$Br. *B.* Beim Erwärmen von 2,6-Dimethyl-pyran-4-thion mit 2-Brom-1-[4-methylmercapto-phenyl]-äthanon in Aceton (*King et al.*, Am. Soc. **73** [1951] 300). — F: 183—184° [Zers.; Fisher-Johns-Block; aus CH₃NO₂ + Ae.].

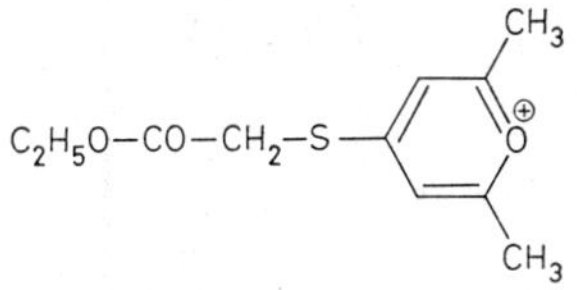

I 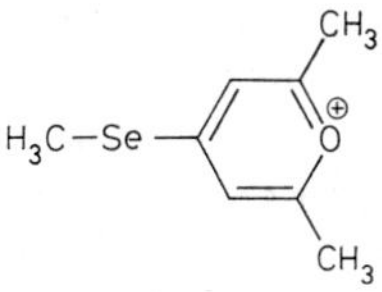   II

4-Äthoxycarbonylmethylmercapto-2,6-dimethyl-pyrylium $[C_{11}H_{15}O_3S]^+$, Formel I.
Jodid $[C_{11}H_{15}O_3S]$I. *B.* Beim Erwärmen von 2,6-Dimethyl-pyran-4-thion mit Jodessigsäure-äthylester in Aceton (*King et al.*, Am. Soc. **73** [1951] 300). — F: 128—129° [Zers.; Fisher-Johns-Block; aus CH₃NO₂ + Ae.].

2,6-Dimethyl-4-methylseleno-pyrylium $[C_8H_{11}OSe]^+$, Formel II.

Jodid $[C_8H_{11}OSe]I$. *B.* Beim Behandeln von 2,6-Dimethyl-pyran-4-selon in Aceton mit Methyljodid (*Traverso*, Ann. Chimica **47** [1957] 3, 12). — Krystalle; F: 160° [Zers.]. — Beim Behandeln mit wss. Natriumhydrogensulfid-Lösung ist 2,6-Dimethyl-pyran-4-thion erhalten worden.

2,6-Dimethyl-4-methylmercapto-thiopyrylium $[C_8H_{11}S_2]^+$, Formel III.

Jodid $[C_8H_{11}S_2]I$. *B.* Beim Behandeln von 2,6-Dimethyl-thiopyran-4-thion in Aceton mit Methyljodid (*Traverso*, Ann. Chimica **46** [1956] 821, 829). — F: 130—132° [Zers.] (*Tr.*, Ann. Chimica **46** 829). — Beim Behandeln mit wss. Natriumhydrogenselenid-Lösung ist 2,6-Dimethyl-thiopyran-4-selon erhalten worden (*Traverso*, Ann. Chimica **47** [1957] 1244, 1253).

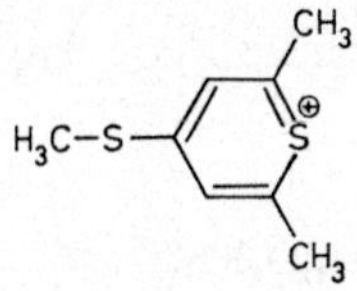

III 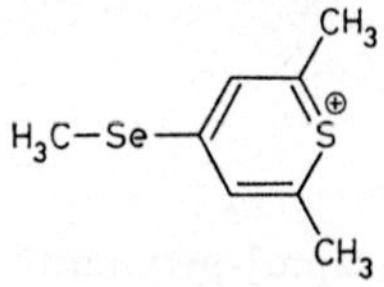   IV 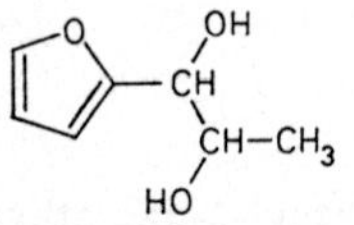   V 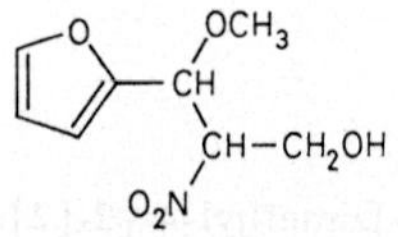   VI

2,6-Dimethyl-4-methylseleno-thiopyrylium $[C_8H_{11}SSe]^+$, Formel IV.

Jodid $[C_8H_{11}SSe]I$. *B.* Beim Behandeln von 2,6-Dimethyl-thiopyran-4-selon in Aceton mit Methyljodid (*Traverso*, Ann. Chimica **47** [1957] 1244, 1253). — Krystalle; F: 165° [Zers.]. — Beim Behandeln mit wss. Natriumhydrogensulfid-Lösung ist 2,6-Di≠ methyl-thiopyran-4-thion erhalten worden.

1-[2]Furyl-propan-1,2-diol $C_7H_{10}O_3$, Formel V.

Diese Konstitution kommt der früher (s. E I 91) als 1-[2]Furyl-propan-1,3-diol formulierten linksdrehenden Verbindung (F: 50,5°; $[\alpha]_D^{17,5}$: —11,2° [wss. A.]) zu (*Liang*, Z. physiol. Chem. **244** [1936] 238). Dementsprechend sind die E I 91 beschriebenen Derivate dieser Verbindung als 1,2-Diacetoxy-1-[2]furyl-propan ($C_{11}H_{14}O_5$), als 1,2-Bis-benzoyloxy-1-[2]furyl-propan ($C_{21}H_{18}O_5$), als 1-[2]Furyl-1,2-bis-[4-nitro-benzoyloxy]-propan ($C_{21}H_{16}N_2O_9$) und als 1-[2]Furyl-1,2-bis-phenyl≠ carbamoyloxy-propan ($C_{21}H_{20}N_2O_5$) zu formulieren.

---

*Opt.-inakt. 3-[2]Furyl-3-methoxy-2-nitro-propan-1-ol $C_8H_{11}NO_5$, Formel VI.

B. Beim Behandeln von (±)-2-[1-Methoxy-2-nitro-äthyl]-furan mit Formaldehyd und Natriumacetat in Methanol (*Saikachi, Hoshida*, J. pharm. Soc. Japan **78** [1958] 917, 920; C. A. **1958** 20113).

Bei 140—148°/1,5 Torr destillierbar.

Dihydroxy-Verbindungen $\dot{C}_8H_{12}O_3$

*Opt.-inakt. 1-[2]Furyl-butan-1,3-diol $C_8H_{12}O_3$, Formel VII.

B. Aus (±)-4-[2]Furyl-4-hydroxy-butan-2-on bei der Hydrierung an Nickel in Methanol (*I.G. Farbenind.*, D.R.P. 702894 [1939]; D.R.P. Org. Chem. **6** 2345).

Kp_{12}: 145—146°.

2,5-Bis-[2-hydroxy-äthyl]-thiophen $C_8H_{12}O_2S$, Formel VIII (R = H).

B. Neben 2-[2]Thienyl-äthanol beim Behandeln von Thiophen mit Butyllithium in Äther und anschliessend mit Äthylenoxid (*Gol'dfarb, Kirmalowa*, Ž. obšč. Chim. **25** [1955] 1373, 1376; engl. Ausg. S. 1321, 1324).

Bei 140—160°/3 Torr destillierbar.

2,5-Bis-[2-phenylcarbamoyloxy-äthyl]-thiophen $C_{22}H_{22}N_2O_4S$, Formel VIII (R = CO-NH-C_6H_5).

B. Aus 2,5-Bis-[2-hydroxy-äthyl]-thiophen und Phenylisocyanat (*Gol'dfarb, Kirmalowa*,

Ž. obšč. Chim. **25** [1955] 1373, 1376; engl. Ausg. S. 1321, 1324).
Krystalle (aus A.); F: 154,5—155°.

3,4-Bis-hydroxymethyl-2,5-dimethyl-thiophen $C_8H_{12}O_2S$, Formel IX (R = H).

B. Aus 3,4-Bis-acetoxymethyl-2,5-dimethyl-thiophen beim Behandeln mit Natrium=
äthylat in Äthanol (*Kondakowa, Gol'dfarb*, Izv. Akad. S.S.S.R. Otd. chim. **1958** 590, 593;
engl. Ausg. S. 570, 573).
Krystalle (aus Heptan); F: 76—77°.

3,4-Bis-äthoxymethyl-2,5-dimethyl-thiophen $C_{12}H_{20}O_2S$, Formel IX (R = C_2H_5).

B. Beim Erwärmen von 3,4-Bis-chlormethyl-2,5-dimethyl-thiophen mit wss. Äthanol
(*Kondakowa, Gol'dfarb*, Izv. Akad. S.S.S.R. Otd. chim. **1958** 590, 594; engl. Ausg. S. 570,
573).
Kp_{20}: 155—161°.

VII   VIII   IX   X

3,4-Bis-acetoxymethyl-2,5-dimethyl-thiophen $C_{12}H_{16}O_4S$, Formel XI (R = $CO-CH_3$).

B. Beim Erwärmen von 3,4-Bis-chlormethyl-2,5-dimethyl-thiophen mit Natriumacetat
und Essigsäure (*Kondakowa, Gol'dfarb*, Izv. Akad. S.S.S.R. Otd. chim. **1958** 590, 593;
engl. Ausg. S. 570, 573).
Krystalle (aus A.); F: 57—58°.

***Opt.-inakt. 1,3-Dimethoxy-1,3,3a,4,7,7a-hexahydro-isobenzofuran** $C_{10}H_{16}O_3$, Formel X.

B. Neben Cyclohex-4-en-1,2-dicarbaldehyd (n_D^{20}: 1,4940; Hauptprodukt) beim Erhitzen
von opt.-inakt. 2,5-Dimethoxy-2,5-dihydro-furan (Kp_1: 42°; n_D^{20}: 1,4296) mit Buta-1,3-dien
in wss. Dioxan unter Zusatz von *tert*-Butyl-brenzcatechin (*Hufford et al.*, Am. Soc. **74**
[1952] 3014, 3017).
$Kp_{1,5}$: 64—65°; n_D^{21}: 1,4775.
Reaktion mit [4-Nitro-phenyl]-hydrazin unter Bildung von Cyclohex-4-en-1,2-dicarb=
aldehyd-bis-[4-nitro-phenylhydrazon] (F: 219°).

Dihydroxy-Verbindungen $C_9H_{14}O_3$

***Opt.-inakt. 1-[2]Furyl-2-methyl-butan-1,3-diol** $C_9H_{14}O_3$, Formel I.

B. Aus opt.-inakt. 4-[2]Furyl-4-hydroxy-3-methyl-butan-2-on (Kp_{15}: 130—140°) mit
Hilfe von Natrium-Amalgam (*I.G. Farbenind.*, D.R.P. 702894 [1939]; D.R.P. Org. Chem.
6 2345).
Kp_{12}: 147—148°.

I   II   III

3-[2]Furyl-pentan-1,5-diol $C_9H_{14}O_3$, Formel II.

B. Bei der Behandlung von 2-Äthoxy-4-[2]furyl-3,4-dihydro-2H-pyran mit wss.-
methanol. Salzsäure, Neutralisation mit Natriumhydrogencarbonat und anschliessenden
Hydrierung an Raney-Nickel bei 140—160°/40—120 at (*Longley et al.*, Am. Soc. **74** [1952]
2012, 2014).
Kp_5: 173°. D_{25}^{25}: 1,088. n_D^{25}: 1,4843.

(3ar,7ac)-Octahydro-4c,7c-methano-isobenzofuran-5t(?),6t(?)-diol $C_9H_{14}O_3$, vermutlich Formel III.

B. Aus (3ar,7ac)-1,3,3a,4,7,7a-Hexahydro-4c,7c-methano-isobenzofuran mit Hilfe von Kaliumpermanganat (*Eliel, Pillar,* Am. Soc. **77** [1955] 3600, 3603).

Krystalle (aus $CHCl_3$ + PAe.); F: 71—72°.

Dihydroxy-Verbindungen $C_{10}H_{16}O_3$

2,5-Bis-[3-hydroxy-propyl]-furan $C_{10}H_{16}O_3$, Formel IV.

B. Aus 2,5-Bis-[3-oxo-propyl]-furan bei der Behandlung mit Lithiummalanat in Äther(?) sowie bei der Hydrierung an Kupferoxid-Chromoxid in Äther bei 145—175°/200 at (*Webb, Borcherdt,* Am. Soc. **73** [1951] 752).

Kp_2: 145°. n_D^{25}: 1,4993.

2,5-Bis-[α-hydroxy-isopropyl]-furan $C_{10}H_{16}O_3$, Formel V.

B. Beim Behandeln von Furan-2,5-dicarbonsäure-diäthylester mit Methylmagnesium= jodid in Äther (*Ackman et al.,* J. org. Chem. **20** [1955] 1147, 1157).

Krystalle (aus Hexan); F: 70—71°.

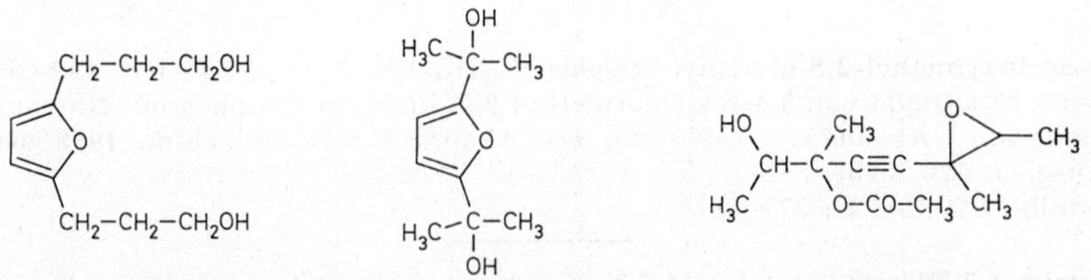

IV   V   VI

*Opt.-inakt. 3-Acetoxy-6,7-epoxy-3,6-dimethyl-oct-4-in-2-ol $C_{12}H_{18}O_4$, Formel VI.

B. Neben 2,3;6,7-Diepoxy-3,6-dimethyl-oct-4-in ($Kp_{0,5}$: 62—64°) beim Behandeln von 3,6-Dimethyl-octa-2,6-dien-4-in (Kp_{20}: 71—73°) in Äther mit einem Gemisch von Peroxyessigsäure und Essigsäure (*Malenok, Kul'kina,* Ž. obšč. Chim. **24** [1954] 1837, 1839; engl. Ausg. S. 1801, 1802).

Kp_1: 121—122°. D_{20}^{20}: 1,0585. n_D^{20}: 1,4671.

(6R)-2ξ-Hydroperoxy-7aξ-methoxy-3,6-dimethyl-2,4,5,6,7,7a-hexahydro-benzofuran $C_{11}H_{18}O_4$, Formel VII, und **(6R)-7aξ-Hydroperoxy-2ξ-methoxy-3,6-dimethyl-2,4,5,6,7,7a-hexahydro-benzofuran** $C_{11}H_{18}O_4$, Formel VIII.

Diese beiden Formeln kommen für die nachstehend beschriebene, ursprünglich (*Schenck, Foote,* Ang. Ch. **70** [1958] 505) als 8a-Methoxy-4,7-dimethyl-3,5,6,7,8,8a-hexa= hydro-benzo[c][1,2]dioxin-3-ol bzw. 3-Methoxy-4,7-dimethyl-3,5,6,7-tetra= hydro-8H-benzo[c][1,2]dioxin-8a-ol ($C_{11}H_{18}O_4$) angesehene Verbindung in Betracht (*Foote, Wexler,* Am. Soc. **86** [1964] 3879 Anm. 9).

B. Beim Behandeln von (R)-3,6-Dimethyl-4,5,6,7-tetrahydro-benzofuran („(+)-Mentho= furan") in Methanol mit Sauerstoff in Gegenwart von Rose Bengale (E II **19** 261) (*Sch., Fo.*).

Krystalle; F: 77—78° (*Sch., Fo.*).

Beim Aufbewahren erfolgt Umwandlung in (6R)-7aξ-Hydroxy-3,6-dimethyl-4,5,6,7-tetrahydro-benzofuran-2-on (*Sch., Fo.*).

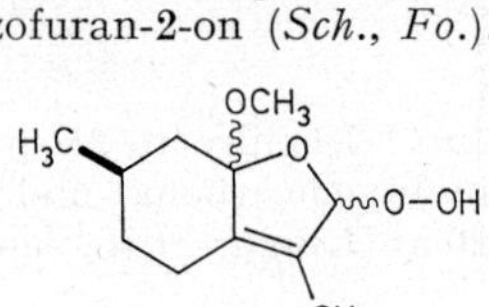

VII 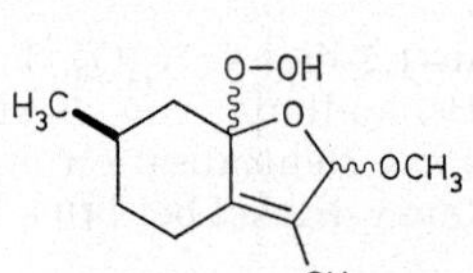   VIII

Dihydroxy-Verbindungen $C_{11}H_{18}O_3$

*Opt.-inakt. 1-[2]Furyl-4-methyl-hexan-1,4-diol $C_{11}H_{18}O_3$, Formel IX.

B. Aus opt.-inakt. 1-[2]Furyl-4-methyl-hex-2-in-1,4-diol (F: 79°) bei der Hydrierung an Palladium (*Mikadse, Gwerdziteli*, Trudy Tbilissk. Univ. **62** [1957] 167, 172; C. A. **1959** 328).

Kp_5: 145—146°. D_4^{20}: 1,0725. n_D^{20}: 1,4940.

2-*tert*-Butyl-3,4-bis-methoxymethyl-5-methyl-thiophen $C_{13}H_{22}O_2S$, Formel X.

B. Beim Erwärmen von 2-*tert*-Butyl-3,4-bis-chlormethyl-5-methyl-thiophen mit Natriummethylat in Methanol (*Gol'dfarb, Konstantinow*, Izv. Akad. S.S.S.R. Otd. chim. **1957** 217, 220; engl. Ausg. S. 229, 231).

Kp_7: 128—130°. D_4^{20}: 1,0253. n_D^{20}: 1,5070.

Beim Erwärmen mit Raney-Nickel in Äther ist 4,5-Bis-methoxymethyl-2,2-dimethyl-heptan (Kp_{28}: 123—125°; n_D^{20}: 1,4111) erhalten worden.

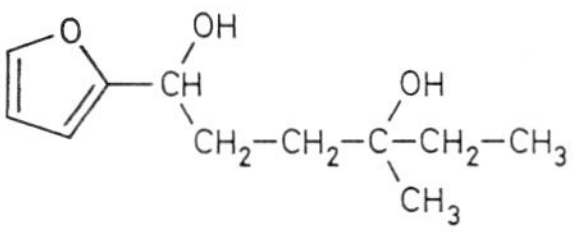

IX 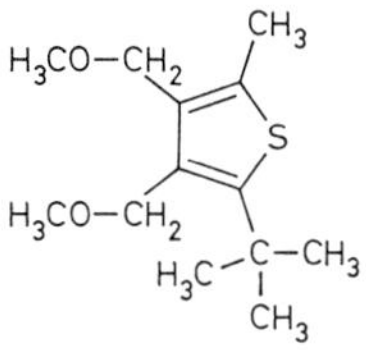   X 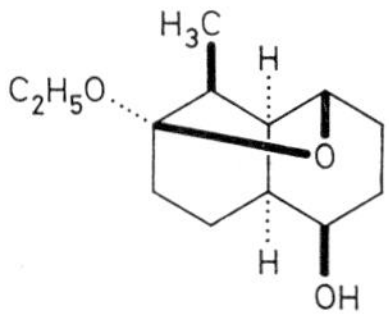   XI

(±)-7c-Äthoxy-8t(?)-methyl-(4ar,8ac)-decahydro-1t,7t-epoxido-naphthalin-4t-ol
$C_{13}H_{22}O_3$, Formel XI + Spiegelbild.

B. Aus (±)-6-Äthoxy-5t(?)-methyl-(4ar,8ac)-1,2,3,4,4a,5,8,8a-octahydro-naphthalin-1t,⁼ 4t-diol beim Aufbewahren, beim Behandeln mit dem Borfluorid-Äther-Addukt in Petrol⁼ äther sowie beim Erwärmen in Chloroform (*Beyler, Sarett*, Am. Soc. **74** [1952] 1406, 1409).

$Kp_{0,2}$: 103—104°.

Beim Aufbewahren an der Luft sowie beim Behandeln mit wss. Essigsäure erfolgt Um-wandlung in 5t,8t-Dihydroxy-1t(?)-methyl-(4ar,8ac)-octahydro-naphthalin-2-on. Beim Er-wärmen mit Acetanhydrid und Pyridin und Behandeln des Reaktionsprodukts mit wss. Essigsäure ist 5t-Acetoxy-8t-hydroxy-1t(?)-methyl-(4ar,8ac)-octahydro-naphthalin-2-on erhalten worden.

(±)-4t,7c-Diacetoxy-8t(?)-methyl-(4ar,8ac)-decahydro-1t,7t-epoxido-naphthalin $C_{15}H_{22}O_5$, Formel XII + Spiegelbild.

B. Neben 5t,8t-Diacetoxy-1t(?)-methyl-(4ar,8ac)-octahydro-naphthalin-2-on beim Er-wärmen von (±)-5t-Acetoxy-8t-hydroxy-1t(?)-methyl-(4ar,8ac)-octahydro-naphthalin-2-on oder von (±)-5t,8t-Dihydroxy-1t(?)-methyl-(4ar,8ac)-octahydro-naphthalin-2-on mit Acet⁼ ylchlorid unter Zusatz von Pyridin (*Beyler, Sarett*, Am. Soc. **74** [1952] 1406, 1409).

Krystalle (aus Me.); F: 108—109° [Kofler-App.].

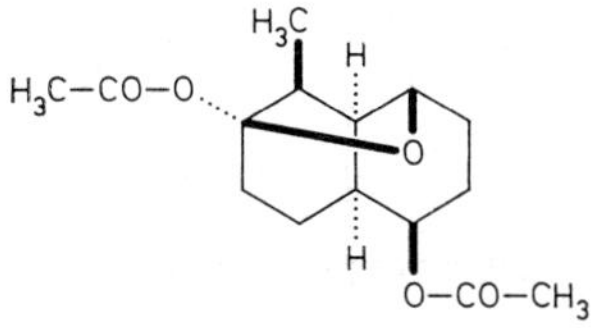

XII 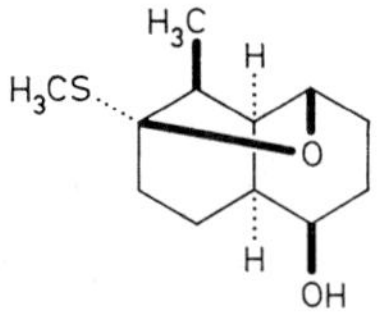   XIII 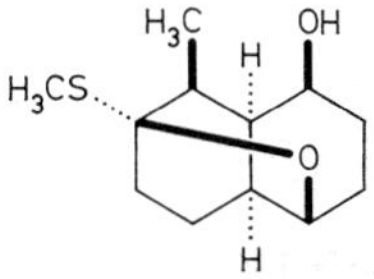   XIV

(±)-8t(?)-Methyl-7c-methylmercapto-(4ar,8ac)-decahydro-1t,7t-epoxido-naphthalin-4t-ol $C_{12}H_{20}O_2S$, Formel XIII + Spiegelbild, und **(±)-5t(?)-Methyl-6c-methylmercapto-(4ar,⁼ 8ac)-decahydro-1t,6t-epoxido-naphthalin-4t-ol** $C_{12}H_{20}O_2S$, Formel XIV + Spiegelbild.

Diese beiden Formeln kommen für die nachstehend beschriebene Verbindung in Be-tracht.

B. Beim Behandeln von (±)-5t,8t-Dihydroxy-1t(?)-methyl-(4ar,8ac)-octahydro-naphth⁼

alin-2-on mit Methanthiol und Zinkchlorid in Äther (*Beyler, Sarett*, Am. Soc. **74** [1952] 1406, 1408).

Krystalle (aus Ae.); F: 101—102° [Kofler-App.].

(±)-6c-Methoxy-5c(?)-methyl-(4ar,8ac)-decahydro-1t,6t-epoxido-naphthalin-4t-ol $C_{12}H_{20}O_3$, Formel XV + Spiegelbild.

B. Beim Behandeln von (±)-5t,8t-Dihydroxy-1t(?)-methyl-(4ar,8ac)-octahydro-naphth= alin-2-on mit Chlorwasserstoff enthaltendem Methanol (*Beyler, Sarett*, Am. Soc. **74** [1952] 1406, 1410).

Krystalle (aus Acetonitril); F: 122—123° [Kofler-App.].

Beim Erwärmen mit wss. Essigsäure erfolgt Umwandlung in 5c(?)-Methyl-(4ar,8ac)-decahydro-1t,6t-epoxido-naphthalin-4t,6c-diol (Syst. Nr. 768). Beim Behandeln mit *N*-Brom-acetamid, Pyridin und *tert*-Butylalkohol ist 6c-Methoxy-5c(?)-methyl-(4ar,8ac)-octahydro-1t,6t-epoxido-naphthalin-4-on erhalten worden.

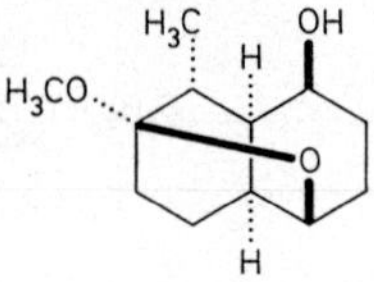

XV 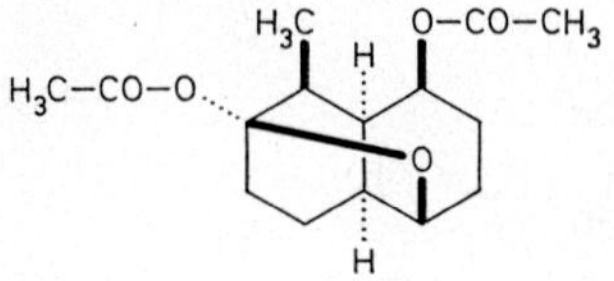   XVI

(±)-4t,6c-Diacetoxy-5t(?)-methyl-(4ar,8ac)-decahydro-1t,6t-epoxido-naphthalin $C_{15}H_{22}O_5$, Formel XVI + Spiegelbild.

B. Beim Behandeln von (±)-5t-Acetoxy-8t-hydroxy-1t(?)-methyl-(4ar,8ac)-octahydro-naphthalin-2-on mit Acetanhydrid unter Zusatz von wss. Perchlorsäure und Essigsäure (*Beyler, Sarett*, Am. Soc. **74** [1952] 1406, 1409).

Krystalle (aus wss. Me.); F: 95—96°.

Dihydroxy-Verbindungen $C_{12}H_{20}O_3$

(±)-4-[3-Hydroxy-3-methyl-but-1-inyl]-2,2-dimethyl-tetrahydro-pyran-4-ol $C_{12}H_{20}O_3$, Formel I.

B. Beim Behandeln von 2,2-Dimethyl-tetrahydro-pyran-4-on mit 2-Methyl-but-3-in-2-ol und Kaliumhydroxid in Äther (*Nasarow, Iwanowa*, Ž. obšč. Chim. **26** [1956] 78, 87; engl. Ausg. S. 79, 87). Beim Behandeln von (±)-4-Äthinyl-2,2-dimethyl-tetrahydro-pyran-4-ol mit Aceton und Kaliumhydroxid in Äther (*Na., Iw.*).

Kp_3: 130—134°; $Kp_{2,5}$: 128—132° [zwei Präparate].

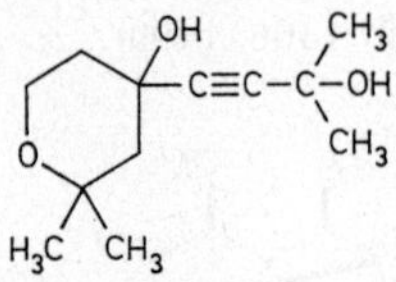

I 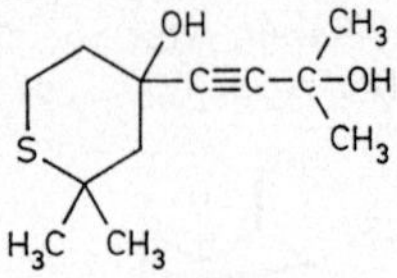   II 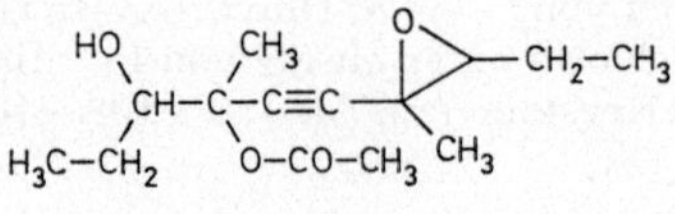   III

(±)-4-[3-Hydroxy-3-methyl-but-1-inyl]-2,2-dimethyl-tetrahydro-thiopyran-4-ol $C_{12}H_{20}O_2S$, Formel II.

B. Beim Erwärmen von 2-Methyl-but-3-in-2-ol mit Äthylmagnesiumbromid in Äther und anschliessend mit 2,2-Dimethyl-tetrahydro-thiopyran-4-on (*Nasarow, Iwanowa*, Ž. obšč. Chim. **26** [1956] 78, 89; engl. Ausg. S. 79, 88).

$Kp_{2,5}$: 150—155°.

***Opt.-inakt. 4-Acetoxy-7,8-epoxy-4,7-dimethyl-dec-5-in-3-ol** $C_{14}H_{22}O_4$, Formel III.

B. Neben 3,4;7,8-Diepoxy-4,7-dimethyl-dec-5-in ($Kp_{0,5}$: 87,5—88°; n_D^{20}: 1,4565) beim

Behandeln von 4,7-Dimethyl-deca-3,7-dien-5-in ($Kp_{0,5}$: $72-74°$; n_D^{20}: 1,4878) in Äther mit einem Gemisch von Peroxyessigsäure und Essigsäure (*Malenok et al.*, Ž. obšč. Chim. **28** [1958] 428, 432; engl. Ausg. S. 421, 424).
$Kp_{0,5}$: $127-129°$. D_{20}^{20}: 1,0202. n_D^{20}: 1,4690.

---

*Opt.-inakt. **3,6-Diäthyl-6,7-epoxy-oct-4-in-2,3-diol** $C_{12}H_{20}O_3$, Formel IV (R = H).

B. In geringer Menge neben 3,6-Diäthyl-2,3;6,7-diepoxy-oct-4-in ($Kp_{0,5}$: $85,5-86°$; n_D^{30}: 1,4596) und der im folgenden Artikel beschriebenen Verbindung ($Kp_{0,5}$: $125-127°$; n_D^{20}: 1,4700) beim Behandeln von 3,6-Diäthyl-octa-2,6-dien-4-in ($Kp_{0,5}$: $68-69°$) in Äther mit einem Gemisch von Peroxyessigsäure und Essigsäure (*Malenok et al.*, Ž. obšč. Chim. **28** [1958] 428, 432; engl. Ausg. S. 421, 424).
Krystalle (aus Ae.); F: 77°.

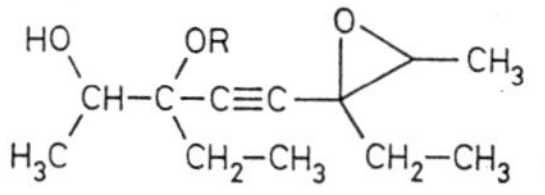

IV 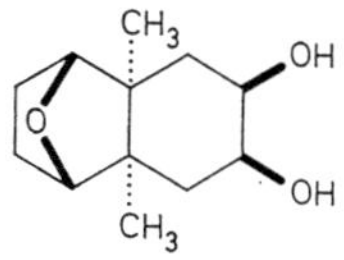   V

*Opt.-inakt. **3-Acetoxy-3,6-diäthyl-6,7-epoxy-oct-4-in-2-ol** $C_{14}H_{22}O_4$, Formel IV (R = CO-CH$_3$).

B. s. im vorangehenden Artikel.
$Kp_{0,5}$: $125-127°$; D_{20}^{20}: 1,0227; n_D^{20}: 1,4700 (*Malenok et al.*, Ž. obšč. Chim. **28** [1958] 428, 433; engl. Ausg. S. 421, 424).

4a,8a-Dimethyl-(4ar,8ac)-decahydro-1t,4t-epoxido-naphthalin-6t,7t-diol $C_{12}H_{20}O_3$, Formel V.

B. Beim Behandeln von 4a,8a-Bis-[äthylmercapto-methyl]-(4ar,8ac)-1,2,3,4,4a,5,=8,8a-octahydro-1t,4t-epoxido-naphthalin mit Osmium(VIII)-oxid in Äther und wenig Pyridin unter Lichtausschluss, Behandeln des Reaktionsprodukts mit Natriumsulfit in wss. Äthanol und Erwärmen des erhaltenen 4a,8a-Bis-[äthylmercapto-methyl]-(4ar,8ac)-decahydro-1t,4t-epoxido-naphthalin-6t,7t-diols mit Raney-Nickel in Äthanol (*Stork et al.*, Am. Soc. **75** [1953] 384, 390).
Krystalle (aus Bzl. + Cyclohexan); F: 107—109°.

Dihydroxy-Verbindungen $C_{14}H_{24}O_3$

(±)-1-[2]Furyl-4-isopropyl-5-methyl-hexan-1,4-diol $C_{14}H_{24}O_3$, Formel VI.

B. Aus (±)-1-[2]Furyl-4-isopropyl-5-methyl-hex-2-in-1,4-diol bei der Hydrierung an Platin (*Mikadse, Gwerdziteli*, Trudy Tbilissk. Univ. **62** [1957] 167, 174; C. A. **1959** 328).
Kp_4: $140-142°$. D_4^{20}: 1,0304. n_D^{20}: 1,4935.

2,5-Di-tert-butyl-3,4-bis-hydroxymethyl-thiophen $C_{14}H_{24}O_2S$, Formel VII (R = H).

B. Aus 3,4-Bis-acetoxymethyl-2,5-di-tert-butyl-thiophen beim Behandeln mit Natrium=äthylat in Äthanol (*Gol'dfarb, Kondakowa*, Izv. Akad. S.S.S.R. Otd. chim. **1956** 1208, 1213; engl. Ausg. S. 1235, 1239).
Krystalle (aus Heptan); F: 166—167°.

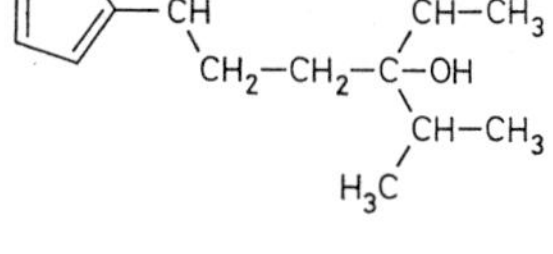

VI 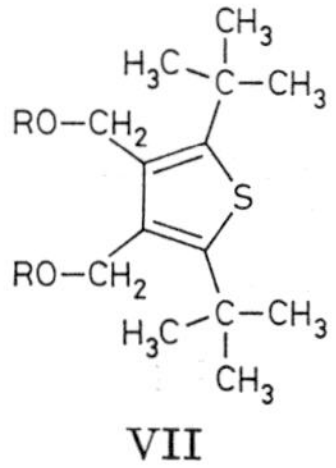   VII 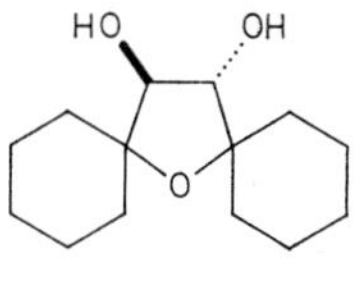   VIII 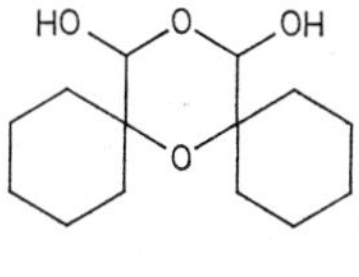   IX

2,5-Di-*tert*-butyl-3,4-bis-methoxymethyl-thiophen $C_{16}H_{28}O_2S$, Formel VII (R = CH_3).

B. Beim Erwärmen von 2,5-Di-*tert*-butyl-3,4-bis-chlormethyl-thiophen mit Natrium=
methylat in Methanol (*Gol'dfarb, Konštantinow*, Izv. Akad. S.S.S.R. Otd. chim. **1957** 217,
220; engl. Ausg. S. 229, 231).

Kp$_6$: 139–141°. D$_4^{20}$: 1,0072. n$_D^{20}$: 1,5058.

3,4-Bis-acetoxymethyl-2,5-di-*tert*-butyl-thiophen $C_{18}H_{28}O_4S$, Formel VII (R = CO-CH$_3$).

B. Beim Erwärmen von 2,5-Di-*tert*-butyl-3,4-bis-chlormethyl-thiophen mit Natrium=
acetat und Essigsäure (*Gol'dfarb, Kondakowa*, Izv. Akad. S.S.S.R. Otd. chim. **1956** 1208,
1212; engl. Ausg. S. 1235, 1239).

Krystalle (aus Heptan); F: 135–135,5°.

**(±)-7-Oxa-dispiro[5.1.5.2]pentadecan-14*r*,15*t*-diol, (±)-*trans*-7-Oxa-dispiro[5.1.5.2]=
pentadecan-14,15-diol** $C_{14}H_{24}O_3$, Formel VIII.

B. Aus (±)-1,1'-Dioxa-[2,2']bispiro[2.5]octyl beim Erhitzen mit Wasser auf 120°
(*Chanley*, Am. Soc. **71** [1949] 829, 832). Aus 14*r*,15*c*-Epoxy-7-oxa-dispiro[5.1.5.2]=
pentadecan beim Erhitzen mit wss. Salzsäure auf 120° (*Ch.*).

Krystalle (aus Bzn.); F: 145–146°.

Beim Behandeln mit wss. Perjodsäure ist eine als 7,15-Dioxa-dispiro[5.1.5.3]hexa=
decan-14,16-diol (Formel IX) angesehene Verbindung $C_{14}H_{24}O_4$ (Krystalle [aus wss.
A.], F: 133° [Zers.]) erhalten worden.

Dihydroxy-Verbindungen $C_{15}H_{26}O_3$

(+)-10*c*-Acetoxy-6*c*,7*c*-epoxy-3,7*t*,11,11-tetramethyl-cycloundec-2*c*-en-*r*-ol, *O*-Acetyl-
caucalol $C_{17}H_{28}O_4$, Formel I (R = H) oder Spiegelbild.

Konstitution und Konfiguration: *Sasaki et al.*, Tetrahedron Letters **1966** 623, 631.

B. Neben geringen Mengen Isocaucalol (S. 2065) beim Behandeln von Di-*O*-acetyl-cau=
calol (s. u.) mit Natriumäthylat (1/4 Mol) in Äthanol (*Mitsui*, Bl. Inst. phys. chem. Res.
Tokyo **20** [1941] 708, 712).

Krystalle (aus A. + W.); F: 188,5–189° (*Mi.*). [α]$_D^{16}$: +53,3° [CHCl$_3$; c = 4] (*Mi.*).

Beim Behandeln mit Chrom(VI)-oxid und wss. Essigsäure sind geringe Mengen einer
Verbindung $C_{17}H_{26}O_5$ (?) (Krystalle [aus wss. A.], F: 158–159°) erhalten worden (*Mi.*).

I   II   III

(+)-3*r*,5*c*-Diacetoxy-8*c*,9*c*-epoxy-1,4,4,8*t*-tetramethyl-cycloundec-1*c*-en, Di-*O*-acetyl-cau=
calol $C_{19}H_{30}O_5$, Formel I (R = CO-CH$_3$) oder Spiegelbild.

Konstitution und Konfiguration: *Sasaki et al.*, Tetrahedron Letters **1966** 623, 629.

Isolierung aus Samen von Caucalis scabra: *Mitsui*, Bl. Inst. phys. chem. Res. Tokyo **20**
[1941] 529; C. A. **1943** 4071.

Krystalle (aus PAe. oder wss. Me.); F: 121–122°. [α]$_D^{15,5}$: +32,4° [CHCl$_3$; c = 5].

(−)-5*c*-Acetoxy-3*r*-benzoyloxy-8*c*,9*c*-epoxy-1,4,4,8*t*-tetramethyl-cycloundec-1*c*-en,
O-Acetyl-*O'*-benzoyl-caucalol $C_{24}H_{32}O_5$, Formel I (R = CO-C$_6$H$_5$) oder Spiegelbild.

B. Beim Erwärmen von *O*-Acetyl-caucalol (s. o.) mit Benzoylchlorid und Pyridin
(*Mitsui*, Bl. Inst. phys. chem. Res. Tokyo **20** [1941] 708, 713).

Krystalle (aus A.); F: 168,5–169°. [α]$_D^{19}$: −49,7° [CHCl$_3$; c = 9].

(−)-1,5,8,8-Tetramethyl-12-oxa-bicyclo[7.2.1]dodec-5c-en-2exo,7exo-diol, Isocaucalol
$C_{15}H_{26}O_3$, Formel II (R = H) oder Spiegelbild.

Konstitution und Konfiguration: *Sasaki et al.*, Tetrahedron Letters **1966** 623, 624, 631.

B. Aus Di-*O*-acetyl-caucalol (S. 2064) beim Erwärmen mit Natriumhydroxid in Äthanol oder mit Natriummäthylat in Äthanol (*Mitsui*, Bl. Inst. phys. chem. Res. Tokyo **20** [1941] 533, 535; C. A. **1943** 4071; Bl. Inst. phys. chem. Res. Tokyo **20** [1941] 708, 711).

Krystalle (aus PAe.); F: 120−121° (*Mi.*, l. c. S. 536). $[\alpha]_D^{13,5}$: −99,1° [$CHCl_3$; c = 3] (*Mi.*, l. c. S. 536).

Beim Behandeln einer äther. Lösung mit Chlorwasserstoff ist eine Verbindung $C_{15}H_{25}ClO_2$ (Krystalle [aus PAe.], F: 188−189°; $[\alpha]_D^{10}$: +37,9° [$CHCl_3$, c = 2]) erhalten worden (*Mi.*, l. c. S. 547).

(−)-3exo,8exo-Diacetoxy-2,2,5,9-tetramethyl-12-oxa-bicyclo[7.2.1]dodec-4c-en, Di-
O-acetyl-isocaucalol $C_{19}H_{30}O_5$, Formel II (R = CO-CH₃) oder Spiegelbild.

B. Aus Isocaucalol (s. o.) beim Erhitzen mit Acetanhydrid und Natriumacetat (*Mitsui*, Bl. Inst. phys. chem. Res. Tokyo **20** [1941] 540, 543; C. A. **1943** 4071) sowie beim Behandeln mit Acetylchlorid (oder Acetanhydrid) und Pyridin (*Mi.*, l. c. S. 544, 545).

Krystalle (aus A. + W.) vom F: 86°; $[\alpha]_D^8$: −77,6° [$CHCl_3$]. Krystalle (aus wss. A.) vom F: 58,5°, die sich durch Umkrystallisieren aus Äthanol und Wasser in die Modifikation vom F: 86° umwandeln lassen; $[\alpha]_D^{26}$: −77,7° [$CHCl_3$; c = 4].

(−)-3exo,8exo-Bis-benzoyloxy-2,2,5,9-tetramethyl-12-oxa-bicyclo[7.2.1]dodec-4c-en,
Di-O-benzoyl-isocaucalol $C_{29}H_{34}O_5$, Formel II (R = CO-C₆H₅) oder Spiegelbild.

B. Beim Behandeln von Isocaucalol (s. o.) mit Benzoylchlorid und Pyridin (*Mitsui*, Bl. Inst. phys. chem. Res. Tokyo **20** [1941] 540, 545; C. A. **1943** 4071).

Krystalle (aus A.); F: 162−162,5°. $[\alpha]_D^{17,5}$: −104,7° [$CHCl_3$; c = 9].

(1S)-5c,6t-Epoxy-2ξ-hydroxymethyl-6c,10,10-trimethyl-(1r,9t)-bicyclo[7.2.0]undecan-
2ξ-ol $C_{15}H_{26}O_3$, Formel III.

     a) **Stereoisomeres vom F: 119°.**

B. In geringer Menge neben (1S)-5c,6t-Epoxy-6c,10,10-trimethyl-(1r,9t)-bicyclo[7.2.0]⁼ undecan-2-on (Hauptprodukt) und dem unter b) beschriebenen Stereoisomeren beim Behandeln von (−)-Caryophyllenoxid ((1S)-5c,6t-Epoxy-6c,10,10-trimethyl-2-methylen-(1r,9t)-bicyclo[7.2.0]undecan) mit Kaliumpermanganat in wasserhaltigem Aceton (*Treibs*, B. **80** [1947] 56, 62).

Krystalle (aus Bzl.); F: 119°. α_D^{20}: −1,0° [A.; Rohrlänge nicht angegeben].

     b) **Stereoisomeres vom F: 141°.**

B. s. bei dem unter a) beschriebenen Stereoisomeren.

Krystalle (aus Bzl.), F: 141°; α_D^{20}: −72,0° [A.; Rohrlänge nicht angegeben] (*Treibs*, B. **80** [1947] 56, 62).

4a,5ξ-Epoxy-8c-isopropyl-2c,5ξ-dimethyl-(4aξ,8ar)-decahydro-naphthalin-1c,2t-diol
$C_{15}H_{26}O_3$, Formel IV.

Eine Verbindung (Krystalle [aus Bzl. + Cyclohexan]; F: 186,5−187° [unkorr.]), der wahrscheinlich diese Konstitution und Konfiguration zukommt, ist beim Erwärmen von Dysoxylonendiepoxid (1ξ,8a;5ξ,6ξ-Diepoxy-4c-isopropyl-1ξ,6ξ-dimethyl-(4ar,8aξ)-decahydro-naphthalin (F: 86−87°; aus Dysoxylonen [E III **5** 1087] hergestellt) mit Tolu⁼ ol-4-sulfonsäure in Äthanol erhalten worden (*Hildebrand, Sutherland*, Austral. J. Chem. **12** [1959] 678, 689).

(5aR)-1c,3,3,6t-Tetramethyl-(5ar,8at)-octahydro-1t,4t-äthano-cyclopent[c]oxepin-
8c,9anti-diol, Kessylglykol, Kessoglykol $C_{15}H_{26}O_3$, Formel V (R = H).

Konstitution und Konfiguration: *Itô et al.*, Tetrahedron **23** [1967] 553; s. a. *Itô et al.*, Tetrahedron Letters **1963** 1787.

B. Aus *O*-Acetyl-kessylglykol [S. 2066] (*Kaneoka, Tutida*, J. pharm. Soc. Japan **61** [1941]

6; C. A. **1941** 4773) oder aus Di-*O*-acetyl-kessylglykol [s. u.] (*Asahina, Nakanishi*, J. pharm. Soc. Japan **49** [1929] 135, 139; dtsch. Ref. S. 14; C. **1929** I 2530) mit Hilfe von äthanol. Kalilauge.

Krystalle (aus PAe.), F: 128° (*Ka., Tu.*); Krystalle (aus A.) mit 1 Mol H_2O, F: 58—59° (*As., Na.*). $[\alpha]_D^{23}$: —24,4° [A.; c = 6] (*Ka., Tu.*).

Überführung in 7-Isopropyl-1,4-dimethyl-azulen durch Erhitzen mit Aktivkohle auf 250°: *Ka., Tu.; Ukita*, J. pharm. Soc. Japan **64** [1944] 285, 291; C. A. **1951** 2912. Beim Behandeln mit wss. Kaliumpermanganat-Lösung sind eine Verbindung $C_{15}H_{22}O_6$ (Krystalle [aus Ae.], Zers. bei 180°) und ein Hydroxydiketon $C_{15}H_{22}O_4$ (Krystalle [aus Bzl. + PAe.], F: 145°; $[\alpha]_D^{26}$: +98° [A.]; Oxim $C_{15}H_{23}NO_4$: Krystalle [aus E. + PAe.], Zers. bei 191°; Semicarbazon $C_{16}H_{25}N_3O_4$: Krystalle [aus wss. A.], F: 236—237°; *O*-Acetyl-Derivat $C_{17}H_{24}O_5$: F: 124°) erhalten worden (*Kaneoka, Yosikura*, J. pharm. Soc. Japan **61** [1941] 8; C. A. **1941** 4773). Über Umwandlungen des erwähnten Hydroxy-diketons $C_{15}H_{22}O_4$ s. *Kaneoka, Kurosaki*, J. pharm. Soc. Japan **61** [1941] 9, 10; C. A. **1941** 4773; *Kaneoka*, J. pharm. Soc. Japan **61** [1941] 123, 125; C. A. **1942** 1603; s. a. *J. L. Simonsen*, The Terpenes, Bd. 5 [Cambridge 1957] S. 574.

IV   V   VI

(5a*R*)-8*c*-Acetoxy-1*c*,3,3,6*t*-tetramethyl-(5a*r*,8a*t*)-octahydro-1*t*,4*t*-äthano-cyclopent[*c*]-oxepin-9*anti*-ol, *O*-Acetyl-kessylglykol $C_{17}H_{28}O_4$, Formel V (R = CO-CH_3).
B. Aus Di-*O*-acetyl-kessylglykol (s. u.) beim Erwärmen mit äthanol. Kalilauge (*Kaneoka, Tutida*, J. pharm. Soc. Japan **61** [1941] 6; C. A. **1941** 4773).
Krystalle; F: 112° [aus Ae.] (*Ka., Tu.*), 101—103° [unkorr.; aus Bzn.] (*Itô et al.*, Tetrahedron **23** [1967] 553, 561). $[\alpha]_D$: —65,7° [$CHCl_3$; c = 10] (*Itô et al.*); $[\alpha]_D^{30}$: —99,2° [A.; c = 1] (*Ka., Tu.*).

(5a*R*)-8*c*,9*anti*-Diacetoxy-1*c*,3,3,6*t*-tetramethyl-(5a*r*,8a*t*)-octahydro-1*t*,4*t*-äthano-cyclopent[*c*]oxepin, Di-*O*-acetyl-kessylglykol $C_{19}H_{30}O_5$, Formel VI (R = CO-CH_3).
Isolierung aus Wurzeln von Valeriana officinalis: *Asahina, Nakanishi*, J. pharm. Soc. Japan **49** [1929] 135, 138; dtsch. Ref. S. 14; C. **1929** I 2530; *Kaneoka, Tutida*, J. pharm. Soc. Japan **61** [1941] 6; C. A. **1941** 4773.
Krystalle (aus wss. A.); F: 119° (*As., Na.*), 117° (*Ka., Tu.*). $[\alpha]_D^{18}$: —58,1° [A.; c = 2] (*As., Na.*); $[\alpha]_D^{23}$: —68,9° [A.; c = 7] (*Ka., Tu.*).

(5a*R*)-8*c*,9*anti*-Bis-benzoyloxy-1*c*,3,3,6*t*-tetramethyl-(5a*r*,8a*t*)-octahydro-1*t*,4*t*-äthano-cyclopent[*c*]oxepin, Di-*O*-benzoyl-kessylglykol $C_{29}H_{34}O_5$, Formel VI (R = CO-C_6H_5).
B. Aus Kessylglykol [S. 2065] (*Kaneoka, Tutida*, J. pharm. Soc. Japan **61** [1941] 6; C. A. **1941** 4773).
F: 179°. $[\alpha]_D^{20}$: —48,1° [$CHCl_3$; c = 1].

Dihydroxy-Verbindungen $C_{16}H_{28}O_3$

*****Opt.-inakt. 6-Acetoxy-9,10-epoxy-6,9-dimethyl-tetradec-7-in-5-ol** $C_{18}H_{30}O_4$, Formel VII.
B. In geringer Menge neben 5,6;9,10-Diepoxy-6,9-dimethyl-tetradec-7-in (Kp$_{0,5}$: 116° bis 117°; n$_D^{20}$: 1,4578) beim Behandeln von 6,9-Dimethyl-tetradeca-5,9-dien-7-in (Kp$_2$: 111—115°; n$_D^{20}$: 1,4855) in Äther mit Peroxyessigsäure und Essigsäure (*Malenok et al.*, Ž. obšč. Chim. **28** [1958] 428, 430; engl. Ausg. S. 421, 422).
Kp$_{0,5}$: 160—164°; n$_D^{20}$: 1,4809 [unreines Präparat].

*Opt.-inakt. 7,8-Epoxy-4,7-dipropyl-dec-5-in-3,4-diol $C_{16}H_{28}O_3$, Formel VIII (R = H).

B. Aus der im folgenden Artikel beschriebenen Verbindung beim Erwärmen mit wss. Natriumcarbonat-Lösung (*Malenok, Kul'kina,* Ž. obšč. Chim. **25** [1955] 1462, 1466; engl. Ausg. S. 1407, 1409).

Krystalle (aus Me.); F: 110°.

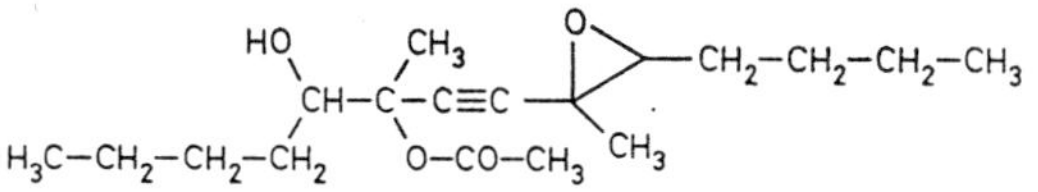

VII 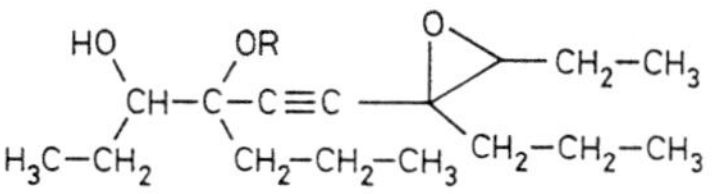   VIII

*Opt.-inakt. 4-Acetoxy-7,8-epoxy-4,7-dipropyl-dec-5-in-3-ol $C_{18}H_{30}O_4$, Formel VIII (R = CO-CH₃).

B. Aus opt.-inakt. 3,4;7,8-Diepoxy-4,7-dipropyl-dec-5-in ($\text{Kp}_{0,5}$: 109—110°; n_D^{20}: 1,4573) beim Erhitzen mit Essigsäure (*Malenok, Kul'kina,* Ž. obšč. Chim. **25** [1955] 1462, 1465; engl. Ausg. S. 1407, 1409).

Kp_1: 156—157°. D_{20}^{20}: 0,9824. n_D^{20}: 1,4675.

Dihydroxy-Verbindungen $C_nH_{2n-6}O_3$

Dihydroxy-Verbindungen $C_7H_8O_3$

*4-Methylmercapto-2-[2-methylmercapto-propenyl]-thiophen $C_9H_{12}S_3$, Formel I (R = CH₃).

Konstitutionszuordnung: *Arndt, Walter,* B. **94** [1961] 1757.

B. Beim Behandeln von 5-[2-Mercapto-propenyl]-thiophen-3-thiol (F: 52° [Syst. Nr. 2508]) mit Dimethylsulfat und wss. Natronlauge (*Arndt,* Rev. Fac. Sci. Istanbul [A] **13** [1948] 57, 75).

Krystalle (aus Me.); F: 47° (*Ar.*).

Charakterisierung durch Überführung in ein Chloromercurio-Derivat $C_9H_{11}ClHgS_3$ (F: 172°): *Ar.*

*4-Benzylmercapto-2-[2-benzylmercapto-propenyl]-thiophen $C_{21}H_{20}S_3$, Formel I (R = CH₂-C₆H₅).

Bezüglich der Konstitution vgl. *Arndt, Walter,* B. **94** [1961] 1757.

B. Beim Erwärmen von 5-[2-Mercapto-propenyl]-thiophen-3-thiol (F: 52° [Syst. Nr. 2508]) mit Benzylchlorid und Natriumäthylat in Äthanol (*Arndt,* Rev. Fac. Sci. Istanbul [A] **13** [1948] 57, 75).

Krystalle (aus Bzn.); F: 76° (*Ar.*).

Charakterisierung durch Überführung in ein Bis-chloromercurio-Derivat $C_{21}H_{18}Cl_2Hg_2S_3$ (F: 175° [Zers.]): *Ar.*

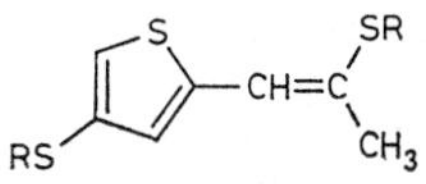

I 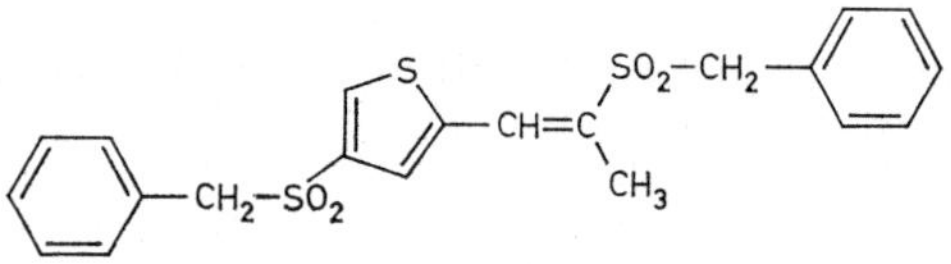   II

*4-[Toluol-α-sulfonyl]-2-[2-(toluol-α-sulfonyl)-propenyl]-thiophen $C_{21}H_{20}O_4S_3$, Formel II.

B. Beim Behandeln einer Lösung von 4-Benzylmercapto-2-[2-benzylmercapto-propenyl]-thiophen (F: 76°) in Essigsäure mit wss. Wasserstoffperoxid (*Arndt,* Rev.

Fac. Sci. Istanbul [A] **13** [1948] 57, 75).
Krystalle (aus A.); F: 176,5°.

Dihydroxy-Verbindungen $C_8H_{10}O_3$

4-[2]Furyl-3,4-bis-phenylcarbamoyloxy-but-1-en $C_{22}H_{20}N_2O_5$, Formel III.
Zwei opt.-inakt. Verbindungen (Krystalle; F: 116—118° bzw. F: 189°) dieser Konstitution sind beim Behandeln von Furfural mit Acrylaldehyd, verkupfertem Zink, Essig=
säure und wss. Äthanol und Behandeln des erhaltenen 1-[2]Furyl-but-3-en-1,2-di=
ols $C_8H_{10}O_3$ (Kp$_3$: 115—116°; D$_4^{21}$: 1,1612; n$_D^{21}$: 1,5130) mit Phenylisocyanat erhalten
worden (*Wiemann*, Bl. [5] **2** [1935] 1209, 1211; A. ch. [11] **5** [1936] 267, 290).

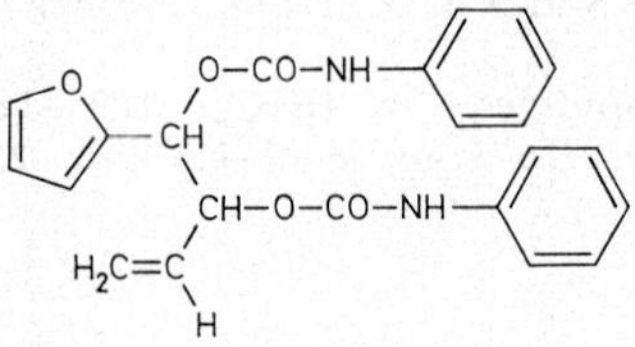

III 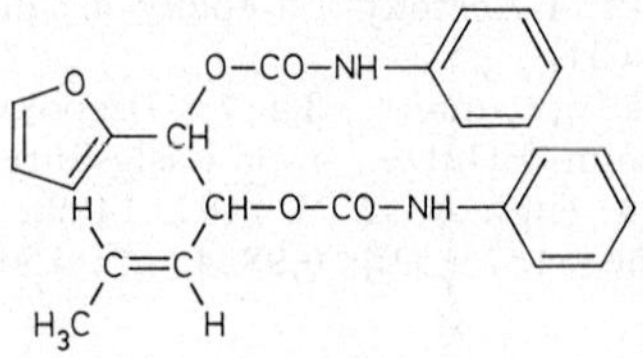   IV

Dihydroxy-Verbindungen $C_9H_{12}O_3$

***Opt.-inakt. 5-[2]Furyl-4,5-bis-phenylcarbamoyloxy-pent-2*t*-en** $C_{23}H_{22}N_2O_5$, Formel IV.
B. Neben einem Stereoisomeren(?) beim Behandeln von Furfural mit *trans*-Croton=
aldehyd, verkupfertem Zink und Essigsäure in wss. Äthanol und Behandeln des erhal=
tenen 1-[2]Furyl-pent-3*t*-en-1,2-diols $C_9H_{12}O_3$ (Kp$_{2,8}$: 125°; D$_4^{20}$: 1,1322; n$_D^{20}$: 1,5120)
mit Phenylisocyanat (*Wiemann*, Bl. [5] **2** [1935] 1209, 1212; A. ch. [11] **5** [1936] 267, 291).
F: 222—223° [Block].

***3-Benzylmercapto-5-[2-benzylmercapto-but-1-enyl]-2-methyl-thiophen** $C_{23}H_{24}S_3$,
Formel V.
B. Beim Behandeln von Nonan-3,5,7-trion mit Phosphor(V)-sulfid in Benzol, Erwär=
men des Reaktionsprodukts (F: 57°) mit methanol. Kalilauge und Behandeln des erhal=
tenen 5-[2-Mercapto-but-1-enyl]-2-methyl-thiophen-3-thiols mit Benzylchlorid und
Natriumäthylat in Äthanol (*Arndt, Traverso*, B. **89** [1956] 124, 128).
Krystalle (aus wss. A.); F: 43°.

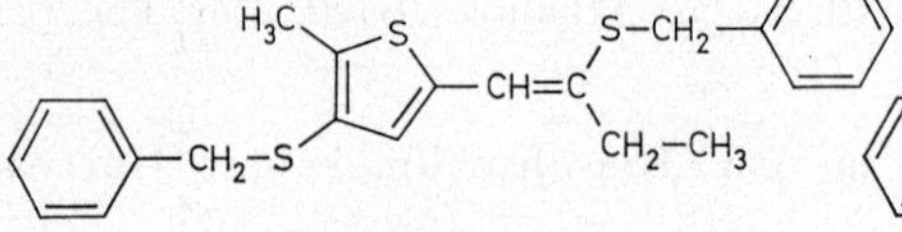

V 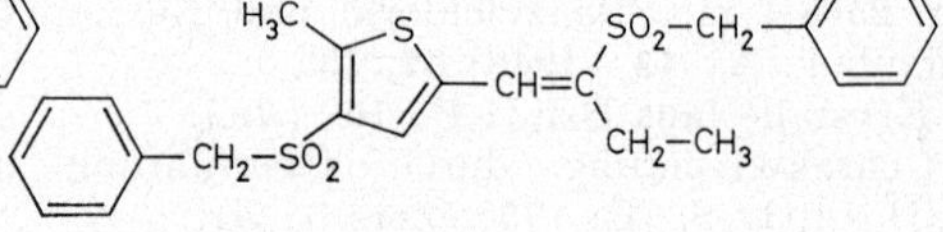   VI

***2-Methyl-3-[toluol-α-sulfonyl]-5-[2-(toluol-α-sulfonyl)-but-1-enyl]-thiophen**
$C_{23}H_{24}O_4S_3$, Formel VI.
B. Beim Behandeln einer Lösung von 3-Benzylmercapto-5-[2-benzylmercapto-but-
1-enyl]-2-methyl-thiophen (F: 43°) in Essigsäure mit wss. Wasserstoffperoxid (*Arndt,
Traverso*, B. **89** [1956] 124, 128).
Krystalle (aus A.); F: 165—166°.

**4,5,6,7,8,8-Hexachlor-1c,3c-dimethoxy-(3ar,7ac)-1,3,3a,4,7,7a-hexahydro-4c,7c-methano-
isobenzofuran** $C_{11}H_{10}Cl_6O_3$, Formel VII (R = CH$_3$).
Konfigurationszuordnung: *Singer, Ballschmiter*, B. **101** [1968] 17, 19; *Feichtinger et al.*,

B. 101 [1968] 2776, 2779.

B. Beim Erwärmen einer Lösung von 1*c*,3*c*,4,5,6,7,8,8-Octachlor-(3a*r*,7a*c*)-1,3,3a,4,⸗ 7,7a-hexahydro-4*c*,7*c*-methano-isobenzofuran in Benzol mit Natriummethylat in Methanol (*Fe. et al.*, l. c. S. 2782; *Ruhrchemie A.G.*, D.B.P. 1022236 [1956]; U.S.P. 2879275 [1957]).

Krystalle (aus PAe.); F: 167—168°.

1*c*(?),3*c*(?)-Diäthoxy-4,5,6,7,8,8-hexachlor-(3a*r*,7a*c*)-1,3,3a,4,7,7a-hexahydro-4*c*,7*c*-methano-isobenzofuran $C_{13}H_{14}Cl_6O_3$, vermutlich Formel VII (R = C_2H_5).

B. Beim Behandeln von 1*c*,3*c*,4,5,6,7,8,8-Octachlor-(3a*r*,7a*c*)-1,3,3a,4,7,7a-hexahydro-4*c*,7*c*-methano-isobenzofuran (S. 377) mit Äthanol und Kaliumhydroxid (*Ruhrchemie A.G.*, D.B.P. 1022236 [1956]; U.S.P. 2879275 [1957]).

Krystalle (aus Me.); F: 67° und (nach Wiedererstarren) F: 77°.

1*c*(?),3*c*(?)-Bis-allyloxy-4,5,6,7,8,8-hexachlor-(3a*r*,7a*c*)-1,3,3a,4,7,7a-hexahydro-4*c*,7*c*-methano-isobenzofuran $C_{15}H_{14}Cl_6O_3$, vermutlich Formel VII (R = CH_2-CH=CH_2).

B. Beim Erwärmen einer Lösung von 1*c*,3*c*,4,5,6,7,8,8-Octachlor-(3a*r*,7a*c*)-1,3,3a,4,⸗ 7,7a-hexahydro-4*c*,7*c*-methano-isobenzofuran (S. 377) in Benzol mit Natriumallylat in Allylalkohol (*Ruhrchemie A.G.*, D.B.P. 1022236 [1956]; U.S.P. 2879275 [1957]).

$Kp_{0,05}$: 130—145°. n_D^{20}: 1,5360.

4,5,6,7,8,8-Hexachlor-1*c*(?),3*c*(?)-bis-prop-2-inyloxy-(3a*r*,7a*c*)-1,3,3a,4,7,7a-hexahydro-4*c*,7*c*-methano-isobenzofuran $C_{15}H_{10}Cl_6O_3$, vermutlich Formel VII (R = CH_2-C≡CH).

B. Beim Erwärmen einer Lösung von 1*c*,3*c*,4,5,6,7,8,8-Octachlor-(3a*r*,7a*c*)-1,3,3a,4,⸗ 7,7a-hexahydro-4*c*,7*c*-methano-isobenzofuran (S. 377) in Benzol mit Natrium-prop-2-inylat in Prop-2-in-1-ol (*Ruhrchemie A.G.*, D.B.P. 1022236 [1956]; U.S.P. 2879275 [1957]).

Krystalle (aus PAe.); F: 71°.

1*c*,3*c*-Diacetoxy-4,5,6,7,8,8-hexachlor-(3a*r*,7a*c*)-1,3,3a,4,7,7a-hexahydro-4*c*,7*c*-methano-isobenzofuran $C_{13}H_{10}Cl_6O_5$, Formel VII (R = CO-CH_3).

Konfigurationszuordnung: *Feichtinger et al.*, B. **101** [1968] 2776, 2779.

B. Beim Erhitzen von 1*c*,3*c*,4,5,6,7,8,8-Octachlor-(3a*r*,7a*c*)-1,3,3a,4,7,7a-hexahydro-4*c*,7*c*-methano-isobenzofuran mit Silberacetat und Essigsäure (*Fe. et al.*, l. c. S. 2782; *Ruhrchemie A.G.*, D.B.P. 1022236 [1956]; U.S.P. 2879275 [1957]).

Krystalle (aus PAe.), F: 267° [korr.] (*Ruhrchemie A.G.*) oder F: 168—168,5° (*Fe. et al.*).

VII   VIII   IX   X

Dihydroxy-Verbindungen $C_{11}H_{16}O_3$

***Opt.-inakt. 1-[2]Furyl-4-methyl-hex-2-en-1,4-diol** $C_{11}H_{16}O_3$, Formel VIII.

B. Aus opt.-inakt. 1-[2]Furyl-4-methyl-hex-2-in-1,4-diol (F: 78—79°) bei der Hydrierung (*Mikadse, Gwerdziteli*, Trudy Tbilissk. Univ. **62** [1957] 167, 172; C. A. **1959** 328).

Kp_6: 142—144°. D^{20}: 1,0774. n_D^{20}: 1,5015.

Dihydroxy-Verbindungen $C_{12}H_{18}O_3$

4a,8a-Bis-hydroxymethyl-(4a*r*,8a*c*)-1,2,3,4,4a,5,8,8a-octahydro-1*t*,4*t*-epoxido-naphthalin $C_{12}H_{18}O_3$, Formel IX (X = H).

B. Aus 1,2,3,4,5,8-Hexahydro-1*t*,4*t*-epoxido-naphthalin-4a*r*,8a*c*-dicarbonsäure-dimeth⸗

ylester beim Behandeln mit Lithiumalanat in Äther (*Stork et al.*, Am. Soc. **75** [1953] 384, 389).

Krystalle (aus A. + Bzl.); F: 154—154,5°.

Beim Behandeln mit Methansulfonylchlorid (1 Mol) und Pyridin ist 1,2,3,4,5,8-Hexa=hydro-1*t*,4*t*-epoxido-4a*r*,8a*c*-[2]oxapropano-naphthalin erhalten worden (*St. et al.*, l. c. S. 390).

4a,8a-Bis-methansulfonyloxymethyl-(4a*r*,8a*c*)-1,2,3,4,4a,5,8,8a-octahydro-1*t*,4*t*-epoxido-naphthalin $C_{14}H_{22}O_7S_2$, Formel IX (X = SO_2-CH_3).

B. Beim Behandeln von 4a,8a-Bis-hydroxymethyl-(4a*r*,8a*c*)-1,2,3,4,4a,5,8,8a-octa=hydro-1*t*,4*t*-epoxido-naphthalin in Benzol und Pyridin mit Methansulfonylchlorid (*Stork et al.*, Am. Soc. **75** [1953] 384, 389).

Krystalle (aus A.); F: 154—154,5° [Zers.].

Überführung in 1,2,3,4,5,8-Hexahydro-1*t*,4*t*-epoxido-4a*r*,8a*c*-[2]oxapropano-naphth=alin durch Erwärmen mit Lithiumalanat in Tetrahydrofuran: *St. et al.*, l. c. S. 390. Beim Erwärmen mit Natriumsulfid-nonahydrat in Äthanol ist ein Gemisch von 1,2,3,4,=5,8-Hexahydro-1*t*,4*t*-epoxido-4a*r*,8a*c*-[2]thiapropano-naphthalin und 1,2,3,4,5,8-Hexa=hydro-1*t*,4*t*-epoxido-4a*r*,8a*c*-[2]oxapropano-naphthalin erhalten worden (*St. et al.*, l. c. S. 389).

4a,8a-Bis-[äthylmercapto-methyl]-(4a*r*,8a*c*)-1,2,3,4,4a,5,8,8a-octahydro-1*t*,4*t*-epoxido-naphthalin $C_{16}H_{26}OS_2$, Formel X.

B. Neben 1,2,3,4,5,8-Hexahydro-1*t*,4*t*-epoxido-4a*r*,8a*c*-[2]oxapropano-naphthalin beim Erwärmen einer Lösung von 4a,8a-Bis-methansulfonyloxymethyl-(4a*r*,8a*c*)-1,2,3,4,4a,=5,8,8a-octahydro-1*t*,4*t*-epoxido-naphthalin in Benzol mit Äthanthiol und Kalium-*tert*-butylat in *tert*-Butylalkohol (*Stork et al.*, Am. Soc. **75** [1953] 384, 390).

Krystalle (aus PAe.); F: 45—45,5°.

Dihydroxy-Verbindungen $C_{14}H_{22}O_3$

4a,8a-Bis-hydroxymethyl-6,7-dimethyl-(4a*r*,8a*c*)-1,2,3,4,4a,5,8,8a-octahydro-1*t*,4*t*-ep=oxido-naphthalin $C_{14}H_{22}O_3$, Formel XI (X = H).

B. Aus 6,7-Dimethyl-1,2,3,4,5,8-hexahydro-1*t*,4*t*-epoxido-naphthalin-4a*r*,8a*c*-dicarbon=säure-dimethylester beim Behandeln mit Lithiumalanat in Äther (*Stork et al.*, Am. Soc. **75** [1953] 384, 389).

Krystalle (aus Me.); F: 188—190°.

4a,8a-Bis-methansulfonyloxymethyl-6,7-dimethyl-(4a*r*,8a*c*)-1,2,3,4,4a,5,8,8a-octahydro-1*t*,4*t*-epoxido-naphthalin $C_{16}H_{26}O_7S_2$, Formel XI (X = SO_2-CH_3).

B. Beim Behandeln von 4a,8a-Bis-hydroxymethyl-6,7-dimethyl-(4a*r*,8a*c*)-1,2,3,4,4a,=5,8,8a-octahydro-1*t*,4*t*-epoxido-naphthalin in Benzol und Pyridin mit Methansulfonyl=chlorid (*Stork et al.*, Am. Soc. **75** [1953] 384, 389).

Krystalle (aus A.); F: 168° [Zers.].

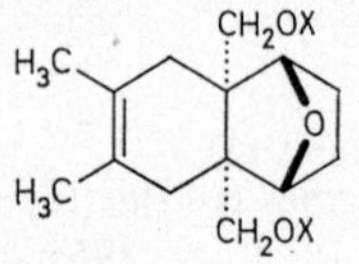

XI 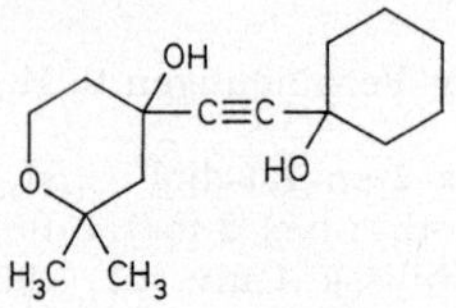　　　　　　　　XII 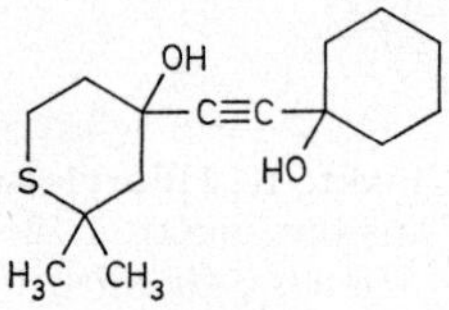　　　　　　　　XIII

Dihydroxy-Verbindungen $C_{15}H_{24}O_3$

(±)-4-[1-Hydroxy-cyclohexyläthinyl]-2,2-dimethyl-tetrahydro-pyran-4-ol $C_{15}H_{24}O_3$, Formel XII.

B. Neben Bis-[1-hydroxy-cyclohexyl]-acetylen beim Behandeln von (±)-4-Äthinyl-

2,2-dimethyl-tetrahydro-pyran-4-ol mit Cyclohexanon und Kaliumhydroxid in Äther (*Nasarow, Iwanowa*, Ž. obšč. Chim. **26** [1956] 78, 89; engl. Ausg. S. 79, 87).
Kp$_3$: 165—167°.

(±)-4-[1-Hydroxy-cyclohexyläthinyl]-2,2-dimethyl-tetrahydro-thiopyran-4-ol
C$_{15}$H$_{24}$O$_2$S, Formel XIII.
B. Beim Behandeln von 1-Äthinyl-cyclohexanol mit Äthylmagnesiumbromid in Äther und Erwärmen des Reaktionsgemisches mit 2,2-Dimethyl-tetrahydro-thiopyran-4-on (*Nasarow, Iwanowa*, Ž. obšč. Chim. **26** [1956] 78, 90; engl. Ausg. S. 79, 88).
Kp$_{2,5}$: 164—168°.

(3aR)-8ξ,8a-Epoxy-5t-[(S)-β-hydroxy-isopropyl]-3,8ξ-dimethyl-(3ar,8aξ)-1,3a,4,5,6,7,8,8a-octahydro-azulen-4c-ol C$_{15}$H$_{24}$O$_3$, Formel XIV.
B. Aus Arborescin ((S)-2-[3aR)-8ξ,8a-Epoxy-4c-hydroxy-3,8ξ-dimethyl-(3ar,8aξ)-1,3a,4,5,6,7,8,8a-octahydro-azulen-5t-yl]-propionsäure-lacton) mit Hilfe von Lithium=
alanat (*Mazur, Meisels*, Chem. and Ind. **1956** 492).
F: 162—163°. [α]$_D$: +40° [CHCl$_3$].
Beim Behandeln mit Toluol-4-sulfonylchlorid und Pyridin sind (3aS)-6ξ,6a-Epoxy-3c,6ξ,9-trimethyl-(3ar,6aξ,9ac,9bt)-2,3,3a,4,5,6,6a,7,9a,9b-decahydro-azuleno[4,5-*b*]furan und geringe Mengen einer durch Erhitzen unter 0,01 Torr auf 140° in 7-Isopropyl-1,4-dimethyl-azulen überführbaren Substanz erhalten worden.

XIV   XV

Dihydroxy-Verbindungen C$_{20}$H$_{34}$O$_3$

(7aS)-4ξ-Hydroxymethyl-3t,8,8,11a-tetramethyl-(7ar,11at,11bc)-dodecahydro-3c,5ac-methano-naphth[2,1-*b*]oxepin-9t-ol, *ent*-(13R,16Ξ)-8,16-Epoxy-pimaran-3β,17-diol [1]),
Isodarutigenol-B C$_{20}$H$_{34}$O$_3$, Formel XV (R = H).
B. Neben Isodarutigenol-C (*ent*-(13R,16Ξ)-Pimar-8-en-3β,16,17-triol) beim Erhitzen von Darutosid ([*ent*-(13R,16Ξ)-3β,17-Dihydroxy-pimar-8(14)-en-16-yl]-β-D-glucopyrano=
sid) mit wss.-äthanol. Schwefelsäure (*Pudles et al.*, Bl. **1959** 693; *Diara et al.*, Bl. **1963** 99, 104).
Krystalle (aus A. oder Bzl.); F: 183° [korr.; Kofler-App.]. [α]$_D$: +15° [A.; c = 2].
Beim Erhitzen in wss.-äthanol. Schwefelsäure erfolgt partielle Umwandlung in Iso=
darutigenol-C (*Di. et al.*). Beim Behandeln mit Chrom(VI)-oxid in wasserhaltiger Essig=
säure ist *ent*-(13R)-8-Hydroxy-13-methyl-3-oxo-podocarpan-13-carbonsäure-lacton erhalten worden (*Di. et al.*, l. c. S. 105).

**(7aS)-9t-Acetoxy-4ξ-acetoxymethyl-3t,8,8,11a-tetramethyl-(7ar,11at,11bc)-dodecahydro-3c,5ac-methano-naphth[2,1-*b*]oxepin, *ent*-(13R,16Ξ)-3β,17-Diacetoxy-8,16-epoxy-
pimaran, Di-O-acetyl-isodarutigenol-B** C$_{24}$H$_{38}$O$_5$, Formel XV (R = CO-CH$_3$).
B. Beim Behandeln von Isodarutigenol-B (s. o.) mit Acetanhydrid und Pyridin (*Diara et al.*, Bl. **1963** 99, 105).
Krystalle (aus wss. Me.); F: 96°. [α]$_D$: −3° [A.; c = 3].
Beim Behandeln mit Chrom(VI)-oxid und wasserhaltiger Essigsäure ist *ent*-(13R)-
3β-Acetoxy-8-hydroxy-13-methyl-podocarpan-13-carbonsäure-lacton erhalten worden.

[Haltmeier]

---

[1]) Stellungsbezeichnung bei von Pimaran abgeleiteten Namen s. E III **9** 355 Anm. 2.

Dihydroxy-Verbindungen $C_nH_{2n-8}O_3$

Dihydroxy-Verbindungen $C_8H_8O_3$

2,3-Dihydro-benzofuran-4,6-diol $C_8H_8O_3$, Formel I (R = H).
Die Identität des früher (s. E II 187) unter dieser Konstitution beschriebenen Präparats (F: 176—178°) ist ungewiss (*Davies, Norris*, Soc. **1950** 3195, 3196).
B. Beim Erwärmen von 4,6-Diacetoxy-2,3-dihydro-benzofuran mit wss. Natronlauge (*Da., No.*, l. c. S. 3199; *Geissman, Hinreiner*, Am. Soc. **73** [1951] 782, 785).
Krystalle (aus Bzl.); F: 118,5—119,5° (*Da., No.*). Kp$_3$: 189° (*Ge., Hi.*).

4-Methoxy-2,3-dihydro-benzofuran-6-ol $C_9H_{10}O_3$, Formel II (R = H).
B. Aus 6-Benzyloxy-4-methoxy-benzofuran bei der Hydrierung an Palladium/Kohle in Essigsäure (*Foster et al.*, Soc. **1939** 930, 933).
Krystalle (aus CCl$_4$ + PAe.); F: 77° (*Clarke et al.*, Soc. **1948** 2260, 2263).

4,6-Dimethoxy-2,3-dihydro-benzofuran $C_{10}H_{12}O_3$, Formel II (R = CH$_3$).
Die Identität des früher (s. E II 187) unter dieser Konstitution beschriebenen Präparats (F: 109°) ist ungewiss (*Foster, Robertson*, Soc. **1939** 921, 923).
B. Aus 4,6-Dimethoxy-benzofuran bei der Hydrierung an Palladium/Kohle in Essigsäure (*Fo., Ro.*).
Krystalle (aus Me.); F: 52°.

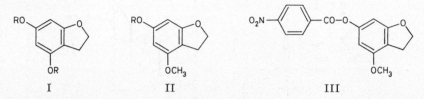

I   II   III

6-Acetoxy-4-methoxy-2,3-dihydro-benzofuran $C_{11}H_{12}O_4$, Formel II (R = CO-CH$_3$).
B. Aus 6-Acetoxy-4-methoxy-benzofuran bei der Hydrierung an Platin in Essigsäure (*Gruber, Horváth*, M. **80** [1949] 563, 570).
Krystalle (aus Ae. + PAe.); F: 54—56°.

4,6-Diacetoxy-2,3-dihydro-benzofuran $C_{12}H_{12}O_5$, Formel I (R = CO-CH$_3$).
Die Identität des früher (s. E II 187) unter dieser Konstitution beschriebenen Präparats (F: 177°) ist ungewiss (vgl. *Davies, Norris*, Soc. **1950** 3195, 3196).
B. Aus 3,4,6-Triacetoxy-benzofuran bei der Hydrierung an Palladium/Kohle in Essigsäure bei 70° bzw. an Platin in Äthanol (*Da., No.*, l. c. S. 3198; *Geissman, Hinreiner*, Am. Soc. **73** [1951] 782, 785).
Krystalle (aus Ae. + PAe.); F: 68,5—70° (*Ge., Hi.*), 69° (*Da., No.*). Kp$_5$: 176° (*Ge., Hi.*).

4-Methoxy-6-[4-nitro-benzoyloxy]-2,3-dihydro-benzofuran $C_{16}H_{13}NO_6$, Formel III.
B. Beim Behandeln von 4-Methoxy-2,3-dihydro-benzofuran-6-ol mit 4-Nitro-benzoylchlorid und Pyridin (*Foster et al.*, Soc. **1939** 930, 933).
Krystalle (aus A.); F: 159—160°.

2,3-Dihydro-benzofuran-6,7-diol $C_8H_8O_3$, Formel IV (R = H).
B. Aus 6,7-Dihydroxy-benzofuran-3-on bei der Hydrierung an Palladium/Kohle in Essigsäure (*Späth, Pailer*, B. **69** [1936] 767, 769; *Lagercrantz*, Acta chem. scand. **10** [1956] 647, 651). Aus 6,7-Diacetoxy-2,3-dihydro-benzofuran beim Erwärmen mit wss. Natriumcarbonat-Lösung (*Davies, Deegan*, Soc. **1950** 3202, 3204).
Krystalle; F: 112—113° [unkorr.; aus Bzl. + PAe.] (*Da., De.*), 112° [Kofler-App.; aus Bzl. + PAe. bzw. aus Ae. + PAe.] (*La.; Sp., Pa.*).
Beim Erhitzen mit Äpfelsäure und Schwefelsäure auf 120° ist 9-Hydroxy-2,3-dihydro-furo[3,2-g]chromen-7-on erhalten worden (*Sp., Pa.*).

6,7-Dimethoxy-2,3-dihydro-benzofuran $C_{10}H_{12}O_3$, Formel IV (R = CH_3).
B. Beim Erwärmen von 2,3-Dihydro-benzofuran-6,7-diol mit Dimethylsulfat und wss.
Natronlauge (*Bickel, Schmid,* Helv. **36** [1953] 664, 683).
Kp_{13}: 135—138°.

6,7-Diacetoxy-2,3-dihydro-benzofuran $C_{12}H_{12}O_5$, Formel IV (R = CO-CH_3).
B. Beim Behandeln von 2,3-Dihydro-benzofuran-6,7-diol mit Acetanhydrid und
Pyridin (*Bickel, Schmid,* Helv. **36** [1953] 664, 684). Aus 3,6,7-Triacetoxy-benzofuran
bei der Hydrierung an Palladium/Kohle in Essigsäure bei 65° (*Davies, Deegan,* Soc. **1950**
3202, 3204).
Krystalle (aus Me.); F: 116° [unkorr.] (*Da., De.; Bi., Sch.*).

---

*Opt.-inakt. **1,3-Dimethoxy-phthalan** $C_{10}H_{12}O_3$, Formel V (R = CH_3).
B. Beim Behandeln von Phthalaldehyd mit Dimethylsulfat und wss.-methanol.
Natronlauge (*Schmitz,* B. **91** [1958] 410, 412).
Kp_{11}: 113,5—115,5°. n_D^{20}: 1,5110.

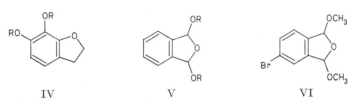

IV   V   VI

*Opt.-inakt. **1,3-Diäthoxy-phthalan** $C_{12}H_{16}O_3$, Formel V (R = C_2H_5).
B. Beim Erwärmen von 2-Diäthoxymethyl-benzaldehyd mit Äthanol (*Powell, Reseford,*
J. org. Chem. **18** [1953] 810, 812).
Krystalle (aus PAe.); F: 56°. IR-Spektrum (CCl$_4$; 2—15 μ): *Po., Re.*

*Opt.-inakt. **5-Brom-1,3-dimethoxy-phthalan** $C_{10}H_{11}BrO_3$, Formel VI.
B. Beim Erwären von α,α,α',α'-Tetraacetoxy-4-brom-o-xylol mit Methanol unter
Zusatz von wss. Schwefelsäure (*Weygand et al.,* B. **80** [1947] 391, 397).
Krystalle (aus Me.); F: 65—69°.

Dihydroxy-Verbindungen $C_9H_{10}O_3$

(±)-2-Methoxy-6-oxiranylmethyl-phenol, (±)-2-[2,3-Epoxy-propyl]-6-methoxy-phenol
$C_{10}H_{12}O_3$, Formel VII.
B. Aus 2-Allyl-6-methoxy-phenol mit Hilfe von Peroxyessigsäure (*Panšewitsch-Koljada,
Idel'tschik,* Ž. obšč. Chim. **25** [1955] 2215, 2221; engl. Ausg. S. 2177, 2182).
Kp_5: 153—158°. D_4^{20}: 1,2090. n_D^{20}: 1,5545.

(±)-1,2-Diacetoxy-3-oxiranylmethyl-benzol, (±)-1,2-Diacetoxy-3-[2,3-epoxy-propyl]-
benzol $C_{13}H_{14}O_5$, Formel VIII.
B. Aus 1,2-Diacetoxy-3-allyl-benzol beim Behandeln mit Peroxybenzoesäure in Chloro=
form (*Schöpf et al.,* A. **544** [1940] 30, 58).
Krystalle (aus E. + PAe.); F: 86°. $Kp_{0,05}$: 160°.

(±)-1,2-Dimethoxy-4-oxiranylmethyl-benzol, (±)-4-[2,3-Epoxy-propyl]-1,2-dimethoxy-
benzol $C_{11}H_{14}O_3$, Formel IX (R = CH_3) (H 156; dort als [3.4-Dimethoxy-benzyl]-
äthylenoxyd bezeichnet).
B. Aus *O*-Methyl-eugenol (4-Allyl-1,2-dimethoxy-benzol) beim Behandeln mit Peroxy=
benzoesäure in Chloroform (*Noller, Kneeland,* Am. Soc. **68** [1946] 201).
Kp_{10}: 190—195°.

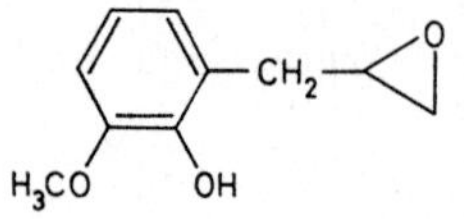

VII 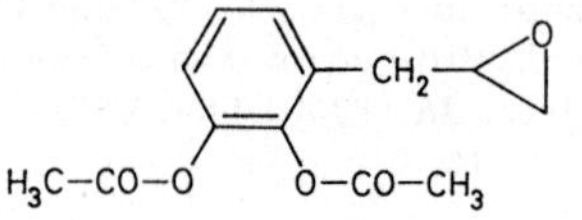   VIII 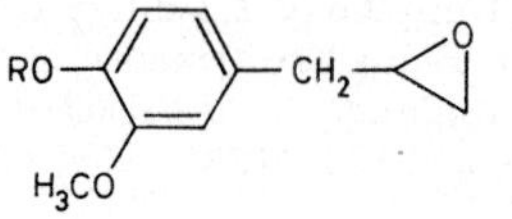   IX

(±)-1-Äthoxy-2-methoxy-4-oxiranylmethyl-benzol, (±)-1-Äthoxy-4-[2,3-epoxy-propyl]-2-methoxy-benzol $C_{12}H_{16}O_3$, Formel IX (R = C_2H_5).

B. Aus *O*-Äthyl-eugenol (1-Äthoxy-4-allyl-2-methoxy-benzol) beim Behandeln mit Jod und Quecksilber(II)-oxid in wasserhaltigem Äther (*Haworth, Kelly*, Soc. **1936** 998, 1000).

Krystalle (aus Ae. + PAe.); F: 37—38°. $Kp_{0,2}$: 137—138°.

(±)-1-Acetoxy-2-methoxy-4-oxiranylmethyl-benzol, (±)-1-Acetoxy-4-[2,3-epoxy-propyl]-2-methoxy-benzol $C_{12}H_{14}O_4$, Formel IX (R = CO-CH$_3$).

B. Aus *O*-Acetyl-eugenol (1-Acetoxy-4-allyl-2-methoxy-benzol) beim Behandeln mit Peroxybenzoesäure in Chloroform (*Schöpf et al.*, A. **544** [1940] 30, 58).

Krystalle (aus E. + PAe.); F: 50—52°; $Kp_{0,05}$: 133° (*Sch. et al.*). UV-Absorptions=maximum (A.): 274 nm (*Patterson, Hibbert*, Am. Soc. **65** [1943] 1862, 1864).

---

*Opt.-inakt. 2-Methoxy-2-[4-methoxy-phenyl]-3-methyl-oxiran, 1,2-Epoxy-1-methoxy-1-[4-methoxy-phenyl]-propan $C_{11}H_{14}O_3$, Formel X.

B. Beim Behandeln von (±)-2-Brom-1-[4-methoxy-phenyl]-propan-1-on mit Natrium=methylat in Äther (*Temnikowa, Almaschi*, Ž. obšč. Chim. **23** [1953] 1498; engl. Ausg. S. 1567).

Kp_3: 93—94°. D_4^{20}: 1,105. $n_{656,3}^{20}$: 1,50384.

(±)-2-Methoxy-6-[*trans*(?)-3-methyl-oxiranyl]-phenol, 2-[(1*RS*,2*RS*(?))-1,2-Epoxy-propyl]-6-methoxy-phenol $C_{10}H_{12}O_3$, vermutlich Formel XI (R = H) + Spiegelbild.

B. Aus 2-Methoxy-6-*trans*(?)-propenyl-phenol (F: 72°; „*o*-Isoeugenol") mit Hilfe von Peroxyessigsäure (*Panšewitsch-Koljada, Idel'tschik*, Ž. obšč. Chim. **25** [1955] 2215, 2221; engl. Ausg. S. 2177, 2182).

Krystalle (aus Bzl.); F: 88—89°.

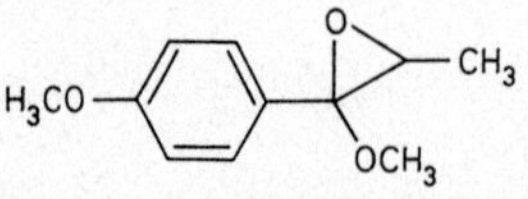

X 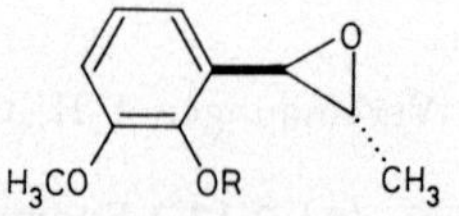   XI 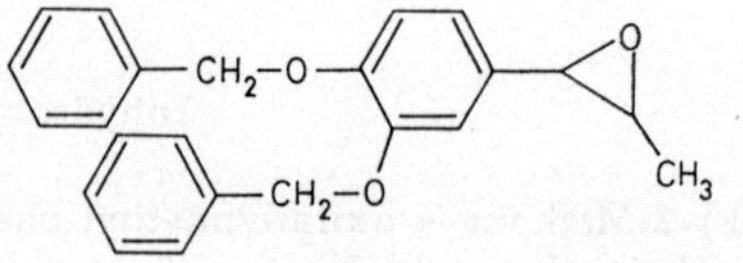   XII

(±)-*trans*(?)-2-[2-Acetoxy-3-methoxy-phenyl]-3-methyl-oxiran, 2-Acetoxy-1-[(1*RS*,2*RS*(?))-1,2-epoxy-propyl]-3-methoxy-benzol $C_{12}H_{14}O_4$, vermutlich Formel XI (R = CO-CH$_3$) + Spiegelbild.

B. Beim Erhitzen der im vorangehenden Artikel beschriebenen Verbindung mit Acet=anhydrid (*Panšewitsch-Koljada, Idel'tschik*, Ž. obšč. Chim. **25** [1955] 2215, 2222; engl. Ausg. S. 2177, 2182).

Kp_5: 158°. D_4^{20}: 1,1565. n_D^{20}: 1,5230.

---

*Opt.-inakt. 1,2-Bis-benzyloxy-4-[3-methyl-oxiranyl]-benzol, 1,2-Bis-benzyloxy-4-[1,2-epoxy-propyl]-benzol $C_{23}H_{22}O_3$, Formel XII.

B. Aus opt.-inakt. 1-[3,4-Bis-benzyloxy-phenyl]-2-brom-propan-1-ol (E III **6** 6343) beim Erwärmen mit Kaliumhydroxid in Methanol und Äthanol (*Kovács, Horváth*, J. org. Chem. **14** [1949] 306, 308).

Krystalle (aus PAe.); F: 56°.

*Opt.-inakt. 1-Acetoxy-2-methoxy-4-[3-methyl-oxiranyl]-benzol, 1-Acetoxy-4-[1,2-ep-oxy-propyl]-2-methoxy-benzol $C_{12}H_{14}O_4$, Formel I.

B. Aus *O*-Acetyl-isoeugenol (1-Acetoxy-2-methoxy-4-propenyl-benzol; nicht charak-terisiert) beim Behandeln mit Peroxybenzoesäure in Chloroform (*Freudenberg, Richtzen-hain,* B. **76** [1943] 997, 1005).

$Kp_{0,3}$: 117°.

(±)-2-Äthoxy-chroman-7-ol $C_{11}H_{14}O_3$, Formel II (R = H).

B. Beim Erwärmen von Resorcin mit Acrylaldehyd und Chlorwasserstoff enthaltendem Äthanol (*Clayton et al.,* Soc. **1953** 581, 585).

Bei 98°/0,002 Torr destillierbar.

[3,5-Dinitro-benzoyl]-Derivat s. u.

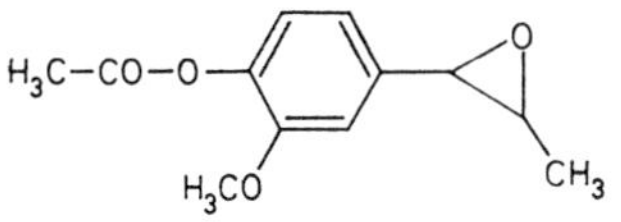

I 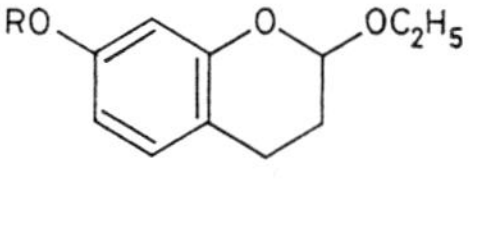   II

(±)-7-Acetoxy-2-äthoxy-chroman $C_{13}H_{16}O_4$, Formel II (R = CO-CH$_3$).

B. Beim Erwärmen von (±)-2-Äthoxy-chroman-7-ol mit Acetanhydrid und Pyridin (*Clayton et al.,* Soc. **1953** 581, 585).

Bei 93°/0,004 Torr destillierbar.

(±)-2-Äthoxy-7-[3,5-dinitro-benzoyloxy]-chroman $C_{18}H_{16}N_2O_8$, Formel III.

B. Beim Erwärmen von (±)-2-Äthoxy-chroman-7-ol mit 3,5-Dinitro-benzoylchlorid und Pyridin (*Clayton et al.,* Soc. **1953** 581, 585).

Gelbliche Krystalle (aus A.); F: 113,5°.

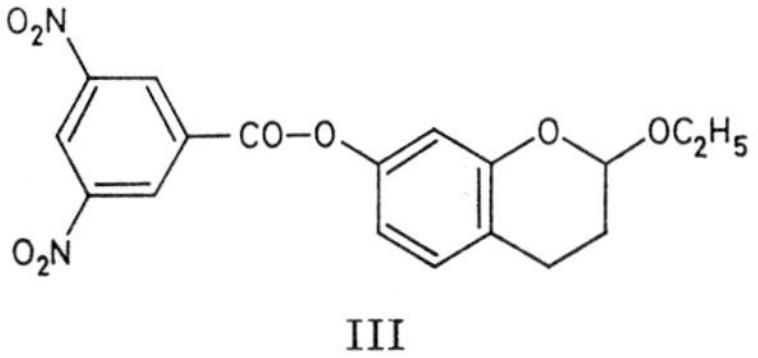

III 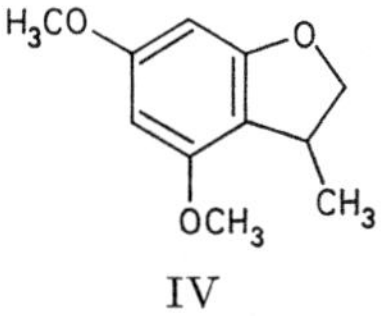   IV 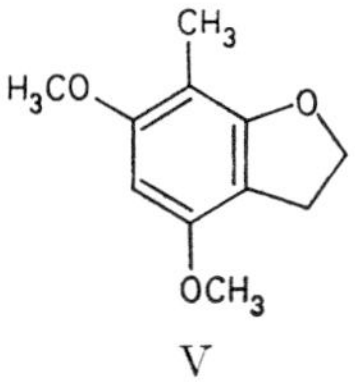   V

(±)-4,6-Dimethoxy-3-methyl-2,3-dihydro-benzofuran $C_{11}H_{14}O_3$, Formel IV.

B. Aus 4,6-Dimethoxy-3-methyl-benzofuran bei der Hydrierung an Palladium in Essig-säure (*Foster, Robertson,* Soc. **1939** 921, 925).

$Kp_{0,05}$: 91—92°.

4,6-Dimethoxy-7-methyl-2,3-dihydro-benzofuran $C_{11}H_{14}O_3$, Formel V.

B. Aus 4,6-Dimethoxy-benzofuran-7-carbaldehyd oder aus 4,6-Dimethoxy-7-methyl-benzofuran bei der Hydrierung an Palladium/Kohle in Essigsäure (*Foster, Robertson,* Soc. **1939** 921, 923, 925).

Krystalle (aus wss. A.); F: 73°.

Dihydroxy-Verbindungen $C_{10}H_{12}O_3$

(±)-1,1-Dioxo-3-phenyl-tetrahydro-1λ^6-thiophen-3r,4c(?)-diol $C_{10}H_{12}O_4S$, vermutlich Formel VI + Spiegelbild.

B. Aus 3-Phenyl-2,5-dihydro-thiophen-1,1-dioxid beim Behandeln mit Kaliumperman-ganat in wss. Aceton (*Backer, Strating,* R. **53** [1934] 525, 541).

Krystalle (aus W.) mit 0,5 Mol H_2O, F: 109—110°; die wasserfreie Verbindung schmilzt bei 134—135°.

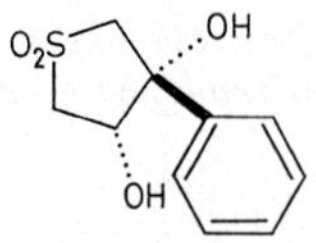

VI 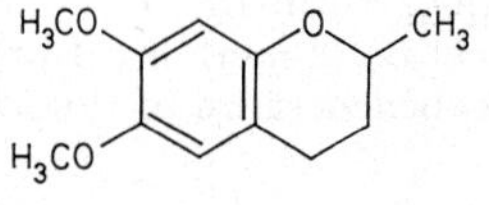 VII 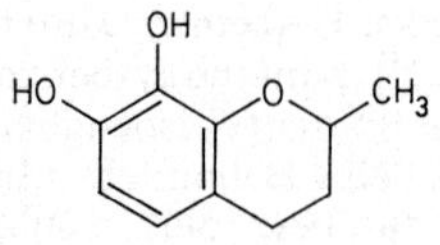 VIII

(±)-6,7-Dimethoxy-2-methyl-chroman $C_{12}H_{16}O_3$, Formel VII.

B. Aus (±)-6,7-Dimethoxy-2-methyl-chroman-4-on beim Behandeln mit amalgamiertem Zink, Essigsäure und wss. Salzsäure (*Dann et al.*, A. **587** [1954] 16, 32).

Krystalle (nach Destillation); F: 47—48°. n_D^{20}: 1,545 [unterkühlte Schmelze].

(±)-2-Methyl-chroman-7,8-diol $C_{10}H_{12}O_3$, Formel VIII.

B. Aus 7,8-Dihydroxy-2-methyl-chromen-4-on bei der Hydrierung an Palladium/Kohle in Essigsäure (*Kawai et al.*, J. pharm. Soc. Japan **75** [1955] 274, 277; C. A. **1956** 1787).

Krystalle (aus Bzl.); F: 122—123°.

*Opt.-inakt. 2-Äthoxy-4-methyl-chroman-7-ol $C_{12}H_{16}O_3$, Formel IX.

B. Beim Erwärmen von Resorcin mit *trans*-Crotonaldehyd und Chlorwasserstoff enthaltendem Äthanol (*Clayton et al.*, Soc. **1953** 581, 586).

Bei 102°/0,003 Torr destillierbar.

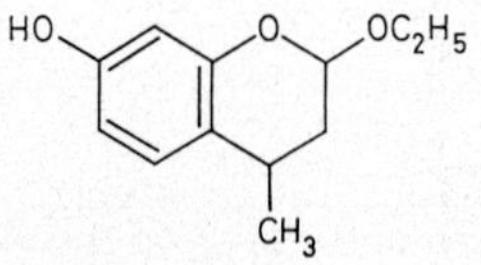

IX 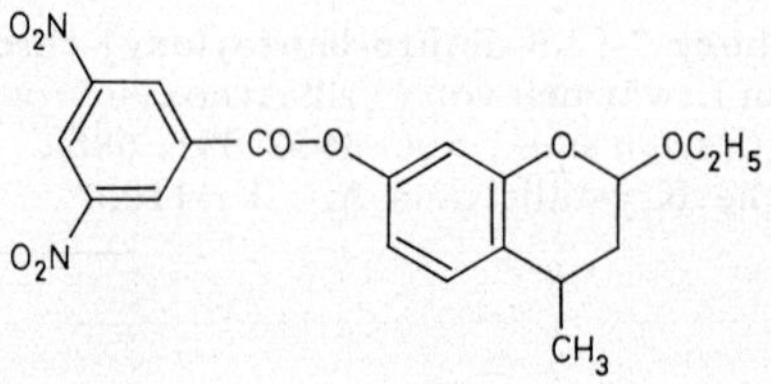 X

*Opt.-inakt. 2-Äthoxy-7-[3,5-dinitro-benzoyloxy]-4-methyl-chroman $C_{19}H_{18}N_2O_8$, Formel X.

B. Beim Erwärmen der im vorangehenden Artikel beschriebenen Verbindung mit 3,5-Dinitro-benzoylchlorid und Pyridin (*Clayton et al.*, Soc. **1953** 581, 586).

Gelbliche Krystalle (aus A.); F: 108°.

(±)-6-Methoxy-4-methyl-chroman-4-ol $C_{11}H_{14}O_3$, Formel XI.

B. Beim Behandeln von 6-Methoxy-chroman-4-on mit Methylmagnesiumjodid in Äther (*Colonge, Guyot*, Bl. **1958** 325, 328).

F: 71°.

(±)-7-Methoxy-4-methyl-chroman-4-ol $C_{11}H_{14}O_3$, Formel XII.

B. Aus 7-Methoxy-chroman-4-on und Methylmagnesiumjodid in Äther (*Colonge, Guyot*, Bl. **1958** 325, 328).

F: 61°.

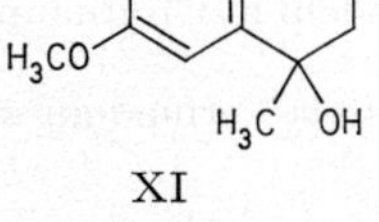

XI 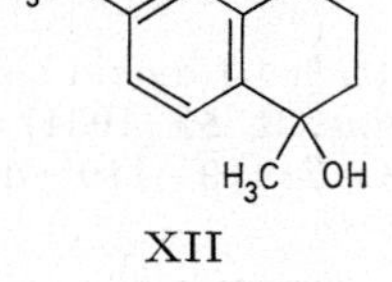 XII 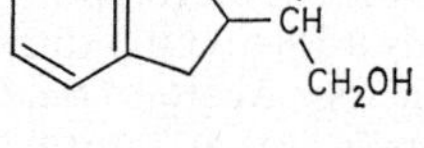 XIII

*Opt.-inakt. 1-[2,3-Dihydro-benzofuran-2-yl]-äthan-1,2-diol $C_{10}H_{12}O_3$, Formel XIII.

B. Aus (±)-1-Benzofuran-2-yl-äthan-1,2-diol bei der Hydrierung an Raney-Nickel in Äthanol (*Zaugg*, Am. Soc. **76** [1954] 5818).

Zwischen 55° und 70° schmelzend. Bei 155—162°/1,5 Torr destillierbar; n_D^{25}: 1,5653.

Dihydroxy-Verbindungen $C_{11}H_{14}O_3$

*Opt.-inakt. 1-[2]Furyl-4-methyl-hex-2-in-1,4-diol $C_{11}H_{14}O_3$, Formel I.

B. Beim Behandeln von Furfural mit (±)-3-Hydroxy-3-methyl-pent-1-inylmagnesium-bromid in Äther (*Mikadse, Gwerdziteli*, Trudy Tbilissk. Univ. **62** [1957] 167, 170; C. A. **1959** 328).

Krystalle (aus Bzl.); F: 78—79°.

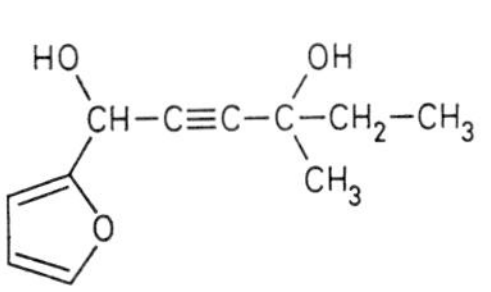

I 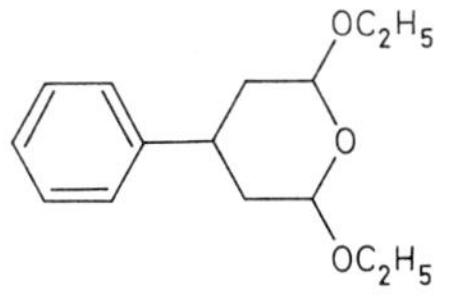   II 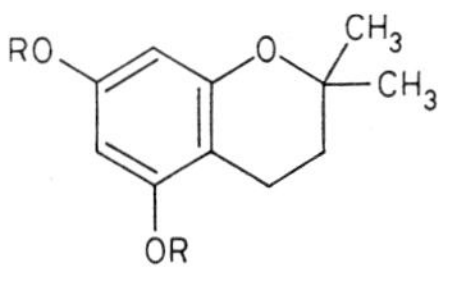   III

2,6-Diäthoxy-4-phenyl-tetrahydro-pyran $C_{15}H_{22}O_3$, vgl. Formel II.

Über ein Präparat (Kp₁: 143—146°; D_{25}^{25}: 1,035; n_D^{25}: 1,4980), in dem wahrscheinlich eine Verbindung dieser Konstitution vorgelegen hat, s. *Longley et al.*, Am. Soc. **74** [1952] 2012, 2015.

2,2-Dimethyl-chroman-5,7-diol $C_{11}H_{14}O_3$, Formel III (R = H).

B. Beim Erwärmen von Phloroglucin mit 1-Brom-3-methyl-but-2-en und Zinkchlorid in Benzol (*Wolfrom, Wildi*, Am. Soc. **73** [1951] 235, 239). Aus 5,7-Dihydroxy-2,2-dimethyl-chroman-4-on beim Behandeln mit amalgamiertem Zink, wss. Salzsäure, Essigsäure und Äthanol (*Bridge et al.*, Soc. **1937** 279, 285).

Krystalle; F: 162—163° [aus W. bzw. aus Ae. + PAe.] (*Br. et al.*; *Späth, Eiter*, B. **74** [1941] 1851, 1861), 160—163° [korr.; Kofler-App.; aus Ae. + PAe.] (*Polonsky*, Bl. **1956** 914, 917), 162—162,5° [nach Sublimation bei 140—160°/0,01 Torr] (*Schmid et al.*, Helv. **34** [1951] 186, 194), 162° [aus Bzl. bzw. nach Sublimation im Vakuum] (*McGookin et al.*, Soc. **1937** 748, 754, **1939** 1579, 1586), 161,5—162° [korr.; aus Bzl.] (*Wolfrom et al.*, Am. Soc. **68** [1946] 406, 416). IR-Spektrum (KBr; 2—15 μ): *Po.*, l. c. S. 918. UV-Spektrum (A.; 225—375 nm): *Morton, Sawires*, Soc. **1940** 1052, 1059; *Po.*, l. c. S. 916.

Charakterisierung durch Überführung in 2,2-Dimethyl-6,8-bis-phenylazo-chroman-5,7-diol (F: 256° [Zers.]): *McG. et al.*, Soc. **1939** 1586.

5-Methoxy-2,2-dimethyl-chroman-7-ol $C_{12}H_{16}O_3$, Formel IV.

B. Aus 7-Hydroxy-5-methoxy-2,2-dimethyl-chroman-4-on beim Erwärmen mit amalgamiertem Zink, wss. Salzsäure und Äthanol (*George, Robertson*, Soc. **1937** 1535, 1540). Beim Erhitzen von 5-Methoxy-2,2-dimethyl-6-[3-phenyl-propionyl]-chroman-7-ol mit wss. Kalilauge auf 250° (*Lahey*, Univ. Queensland Pap. Dep. Chem. **1** Nr. 20 [1942] 2, 11).

Krystalle; F: 103—104° [aus PAe.] (*Ge., Ro.*), 103° [aus Me.] (*La.*).

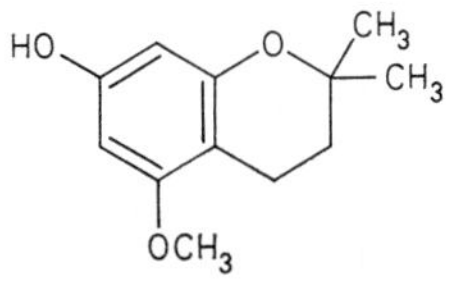

IV 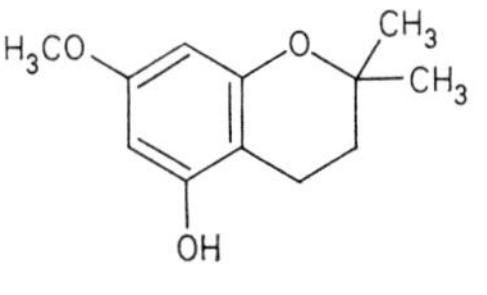   V 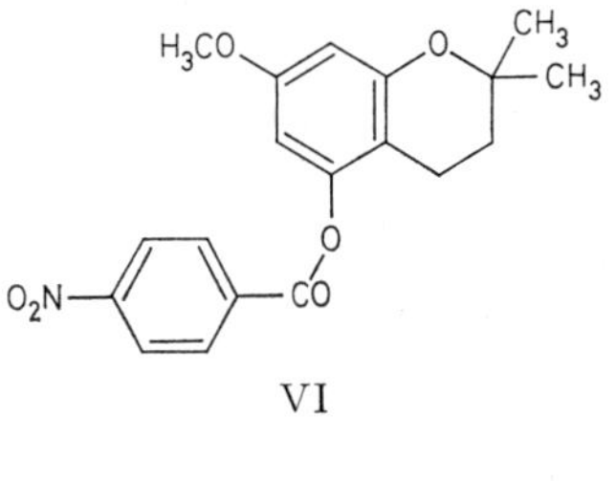   VI

7-Methoxy-2,2-dimethyl-chroman-5-ol $C_{12}H_{16}O_3$, Formel V.

B. Aus 5-Hydroxy-7-methoxy-2,2-dimethyl-chroman-4-on beim Erwärmen mit amalgamiertem Zink, wss. Salzsäure und Äthanol (*George, Robertson*, Soc. **1937** 1535, 1539).
$Kp_{0,4}$: 125—128°.

5,7-Dimethoxy-2,2-dimethyl-chroman $C_{13}H_{18}O_3$, Formel III (R = CH_3).

B. Beim Behandeln von 2,2-Dimethyl-chroman-5,7-diol mit Methyljodid und Kalium=carbonat in Aceton bzw. mit Diazomethan in Methanol (*Robertson, Subramaniam*, Soc. **1937** 286, 291; *Späth, Eiter*, B. **74** [1941] 1851, 1861). Aus 5,7-Dimethoxy-2,2-dimethyl-chroman-4-on beim Erwärmen mit amalgamiertem Zink, Essigsäure und wss. Salzsäure (*Ro., Su.*). Aus 5,7-Dimethoxy-2,2-dimethyl-chroman-6-carbonsäure beim Erhitzen auf 145° (*Ro., Su.*).
Bei 105—106°/0,05 Torr bzw. bei 70—80°/0,02 Torr destillierbar (*Ro., Su.; Sp., Ei.*).

5,7-Diacetoxy-2,2-dimethyl-chroman $C_{15}H_{18}O_5$, Formel III (R = CO-CH_3).

B. Aus 2,2-Dimethyl-chroman-5,7-diol beim Erhitzen mit Acetanhydrid (*Späth, Eiter*, B. **74** [1941] 1851, 1861) sowie beim Erwärmen mit Acetanhydrid und Pyridin (*Bridge et al.*, Soc. **1937** 279, 283).
Krystalle; F: 86° [aus Me.] (*Br. et al.; Sp., Ei.*), 84—85° [aus A. + W.] (*Wolfrom et al.*, Am. Soc. **68** [1946] 406, 416).

7-Methoxy-2,2-dimethyl-5-[4-nitro-benzoyloxy]-chroman $C_{19}H_{19}NO_6$, Formel VI.

B. Beim Erwärmen von 7-Methoxy-2,2-dimethyl-chroman-5-ol mit 4-Nitro-benzoyl=chlorid und Pyridin (*George, Robertson*, Soc. **1937** 1535, 1539, 1541).
Gelbe Krystalle (aus A.); F: 123°.

5-Methoxy-2,2-dimethyl-7-[4-nitro-benzoyloxy]-chroman $C_{19}H_{19}NO_6$, Formel VII.

B. Beim Erwärmen von 5-Methoxy-2,2-dimethyl-chroman-7-ol mit 4-Nitro-benzoyl=chlorid und Pyridin (*George, Robertson*, Soc. **1937** 1535, 1540).
Krystalle (aus A.); F: 143°.

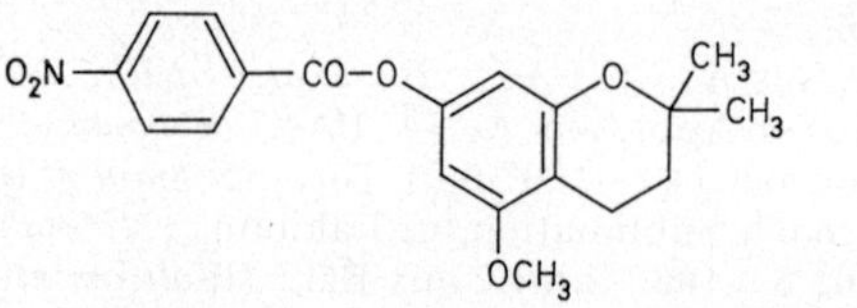

VII 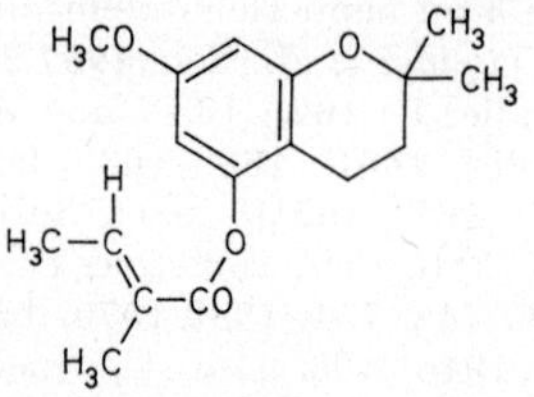   VIII

7-Methoxy-2,2-dimethyl-5-[2-methyl-*trans*-crotonoyloxy]-chroman, 7-Methoxy-2,2-dimethyl-5-tigloyloxy-chroman, Tiglinsäure-[7-methoxy-2,2-dimethyl-chroman-5-ylester] $C_{17}H_{22}O_4$, Formel VIII.

B. Beim Behandeln von 7-Methoxy-2,2-dimethyl-chroman-5-ol mit Tigloylchlorid (2-Methyl-*trans*-crotonoylchlorid) und Pyridin (*Polonsky*, Bl. **1958** 929, 941).
Bei 140—150°/0,03 Torr destillierbar.
Beim Behandeln mit Aluminiumchlorid in Nitrobenzol ist 5-Methoxy-2,3,8,8-tetra=methyl-2,3,9,10-tetrahydro-8*H*-pyrano[2,3-*f*]chromen-4-on (F: 160—161° [korr.]) erhalten worden.

6,7-Dimethoxy-2,2-dimethyl-chroman $C_{13}H_{18}O_3$, Formel IX.

B. Aus 6,7-Dimethoxy-2,2-dimethyl-2*H*-chromen bei der Hydrierung an Raney-Nickel in Methanol (*Huls*, Bl. Soc. chim. Belg. **67** [1958] 22, 30; s. a. *Alertsen*, Acta chem. scand. **9** [1955] 1725).
Krystalle; F: 60° (*Al.; Huls*). UV-Spektrum (Me.; 230—315 nm): *Huls*, l. c. S. 31; s. a. *Al.*

---

*Opt.-inakt. **2,3-Dimethyl-chroman-7,8-diol** $C_{11}H_{14}O_3$, Formel X (R = H).
B. Beim Erwärmen der im folgenden Artikel beschriebenen Verbindung mit wss. Salz=
säure und Äthanol (*Kawai et al.*, J. pharm. Soc. Japan **75** [1955] 274, 276; C. A. **1956**
1787).
Krystalle (aus Bzn.); F: 60—61°. Kp_4: 144°.

IX   X

*Opt.-inakt. **7,8-Diacetoxy-2,3-dimethyl-chroman** $C_{15}H_{18}O_5$, Formel X (R = CO-CH$_3$).
B. Aus 7,8-Diacetoxy-2,3-dimethyl-chromen-4-on bei der Hydrierung an Palladium/
Kohle in Essigsäure (*Kawai et al.*, J. pharm. Soc. Japan **75** [1955] 274, 276; C. A. **1956**
1787).
Krystalle (aus Me.); F: 105—106°.

*Opt.-inakt. **2,3-Dimethyl-7,8-bis-[4-nitro-benzoyloxy]-chroman** $C_{25}H_{20}N_2O_9$, Formel XI.
B. Beim Behandeln von opt.-inakt. 2,3-Dimethyl-chroman-7,8-diol mit 4-Nitro-benzoyl=
chlorid und Pyridin (*Kawai et al.*, J. pharm. Soc. Japan **75** [1955] 274, 276; C. A. **1956**
1787).
Hellgelbe Krystalle (aus Bzl.); F: 169—170°.

XI   XII   XIII

*Opt.-inakt. **3,4-Diäthoxy-2-isopropyl-2,3-dihydro-benzofuran** $C_{15}H_{22}O_3$, Formel XII.
B. Aus 4-Hydroxy-2-isopropyliden-2H-benzofuran-3-on bei der Hydrierung an Raney-
Nickel in Äthanol bei 60°/90 at (*Shriner, Witte*, Am. Soc. **63** [1941] 2134, 2136).
Kp_3: 115°.

(±)-2-[4-Hydroxy-2,3-dihydro-benzofuran-2-yl]-propan-2-ol, (±)-2-[α-Hydroxy-iso=
propyl]-2,3-dihydro-benzofuran-4-ol $C_{11}H_{14}O_3$, Formel XIII.
B. Beim Erwärmen von (±)-1-[4-Hydroxy-2,3-dihydro-benzofuran-2-yl]-äthanon mit
Methylmagnesiumjodid in Äther, Benzol und Anisol (*Schamschurin*, Ž. obšč. Chim. **21**
[1951] 2068, 2072; engl. Ausg. S. 2313, 2317).
Krystalle (aus wss. Me.); F: 44—46°.

Dihydroxy-Verbindungen $C_{12}H_{16}O_3$

*Opt.-inakt. **2-Methoxy-3-[α-methoxy-benzyl]-tetrahydro-pyran** $C_{14}H_{20}O_3$, Formel I.
B. Beim Erwärmen von 3,4-Dihydro-2H-pyran mit Benzaldehyd-dimethylacetal unter
Zusatz des Borfluorid-Äther-Addukts (*Paul, Tchelitcheff*, Bl. **1950** 1155, 1157).
Kp_{20}: 164—165°. D_4^{19}: 1,064. n_D^{19}: 1,5139.

(±)-5,6-Diacetoxy-2,7,8-trimethyl-chroman $C_{16}H_{20}O_5$, Formel II.
B. Beim Erhitzen von (±)-2,7,8-Trimethyl-chroman-5,6-chinon („Chromanrot 141")
mit Acetanhydrid, Zink und Natriumacetat (*John, Emte*, Z. physiol. Chem. **261** [1939]
24, 33).
Krystalle (aus Ae. + PAe.); F: 82°. UV-Absorptionsmaximum: 282 nm.

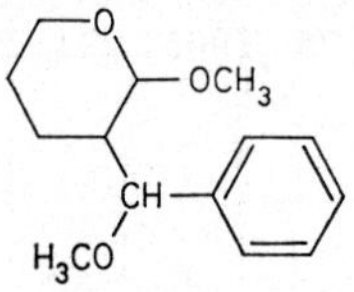

I

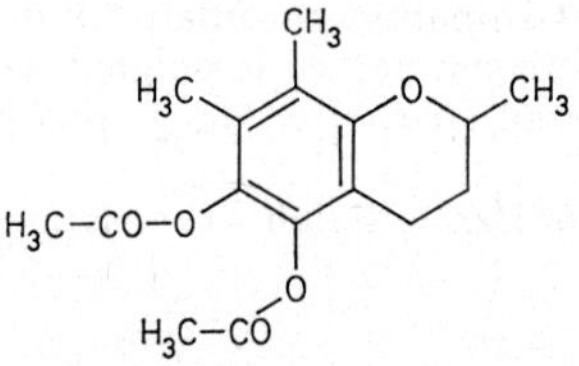

II

(3R)-3r,4t,5-Trimethyl-isochroman-6,8-diol, (3R)-trans-3,4,5-Trimethyl-isochroman-6,8-diol, (−)-Decarboxydihydrocitrinin $C_{12}H_{16}O_3$, Formel III.

B. Beim Erwärmen von D$_g$-*threo*-3-[3,5-Dihydroxy-2-methyl-phenyl]-butan-2-ol mit wss. Formaldehyd und wss. Salzsäure (*Wang et al.*, Sci. Rec. China **4** [1951] 253, 256). Aus (−)-Dihydrocitrinin ((3R)-6,8-Dihydroxy-3r,4t,5-trimethyl-isochroman-7-carbon= säure) beim Erhitzen in Glycerin bis auf 200° oder beim Erhitzen mit wss. Natronlauge (*Brown et al.*, Soc. **1949** 867, 875) sowie beim Erhitzen mit Pyridin und wss. Salzsäure (*Wang et al.*, l. c. S. 257).

Krystalle (aus A. + Bzl.) mit 0,5 Mol Benzol; F: 201,5−202,5° [korr.] und F: 181,9° bis 182,9° [korr.] (*Wang et al.*). Kp$_{0,1}$: 180° (*Br. et al.*). [α]$_D^8$: −24° [A.; c = 1] (*Wang et al.*). UV-Spektrum (A.; 220−295 nm): *Wang et al.*, l. c. S. 255.

Beim Erwärmen mit Eisen(III)-chlorid in Äthanol ist (−)-Decarboxycitrinin ((3R)-8-Hydroxy-3r,4t,5-trimethyl-3,4-dihydro-isochromen-6-on) erhalten worden (*Wang et al.*, l. c. S. 258).

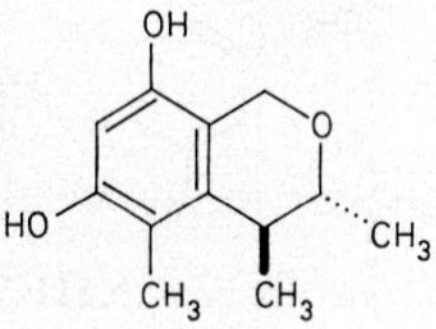

III

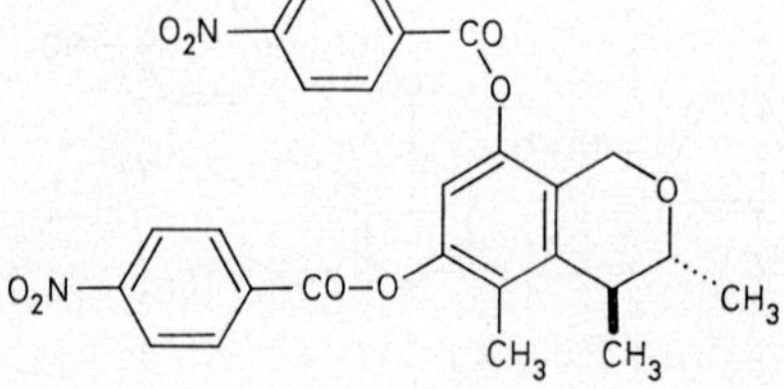

IV

(3R)-3r,4t,5-Trimethyl-6,8-bis-[4-nitro-benzoyloxy]-isochroman, Bis-*O*-[4-nitro-benzoyl]-Derivat des (−)-Decarboxydihydrocitrinins $C_{26}H_{22}N_2O_9$, Formel IV.

B. Aus der im vorangehenden Artikel beschriebenen Verbindung (*Brown et al.*, Soc. **1949** 867, 875; *Wang et al.*, Sci. Rec. China **4** [1951] 253, 258).

Hellgelbe Krystalle; F: 160,5−161,5° [korr.; aus Ae. + Cyclohexan] (*Wang et al.*), 160° [aus A.] (*Br. et al.*).

Dihydroxy-Verbindungen $C_{13}H_{18}O_3$

2-[4-Methoxy-phenyl]-4,6-dimethyl-tetrahydro-pyran-4-ol $C_{14}H_{20}O_3$, Formel V.

Zwei Präparate (a) Krystalle [aus PAe.], F: 124−125°; b) Krystalle [aus PAe.], F: 84° bis 85°), in denen opt.-inakt. Verbindungen dieser Konstitution vorgelegen haben, sind beim Behandeln von 4-Methoxy-benzaldehyd mit (±)-4-Methyl-pent-4-en-2-ol und Schwe= felsäure erhalten worden (*Hudson, Schmerlaib*, Tetrahedron **1** [1957] 284, 287).

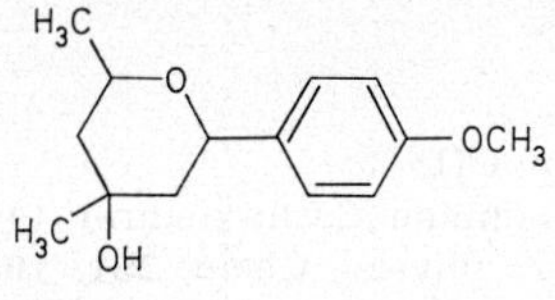

V

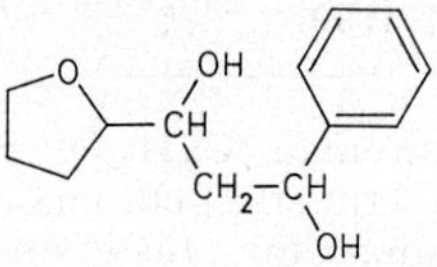

VI

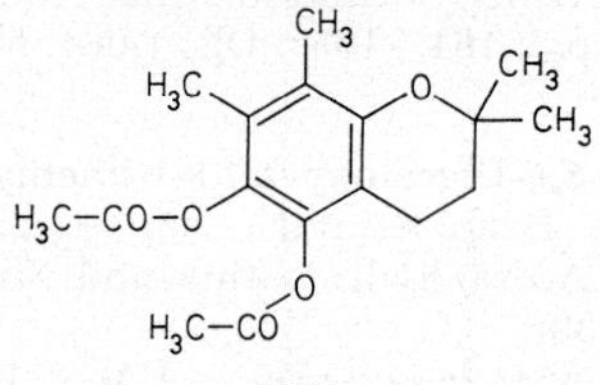

VII

*Opt.-inakt. 1-Phenyl-3-tetrahydro[2]furyl-propan-1,3-diol $C_{13}H_{18}O_3$, Formel VI.

B. Neben 3-Phenyl-1-tetrahydro[2]furyl-propan-1-ol (n_D^{25}: 1,5262) bei der Hydrierung von 1-[2]Furyl-3-phenyl-propan-1,3-dion an Raney-Nickel in Äther bei 125°/200 at (*Sprague, Adkins*, Am. Soc. **56** [1934] 2669, 2671).

Kp$_2$: 170—171°.

5,6-Diacetoxy-2,2,7,8-tetramethyl-chroman $C_{17}H_{22}O_5$, Formel VII.

B. Beim Erhitzen von 2,2,7,8-Tetramethyl-chroman-5,6-chinon („Chromanrot 109") mit Acetanhydrid und Zink unter Zusatz von Natriumacetat (*John, Emte*, Z. physiol. Chem. **261** [1939] 24, 34).

Krystalle (aus Ae. + PAe.); F: 91°.

Dihydroxy-Verbindungen $C_{14}H_{20}O_3$

(±)-1-[2]Furyl-4-isopropyl-5-methyl-hex-2-in-1,4-diol $C_{14}H_{20}O_3$, Formel VIII.

B. Beim Behandeln von Furfural mit 3-Hydroxy-3-isopropyl-4-methyl-pent-1-inyl= magnesium-bromid in Äther (*Mikadse, Gwerdziteli*, Trudy Tbilissk. Univ. **62** [1957] 167, 170; C. A. **1959** 328).

Krystalle (aus Bzn.); F: 84—84,5°.

5,8-Diacetoxy-2,2,4,4,7-pentamethyl-chroman $C_{18}H_{24}O_5$, Formel IX.

B. Beim Erhitzen von 2,2,4,4,7-Pentamethyl-chroman-5,8-chinon mit Zink, Acet= anhydrid und Essigsäure (*Baker et al.*, Soc. **1958** 1007).

Krystalle (aus PAe.); F: 95°.

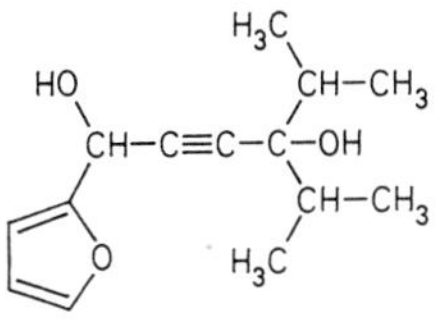

VIII 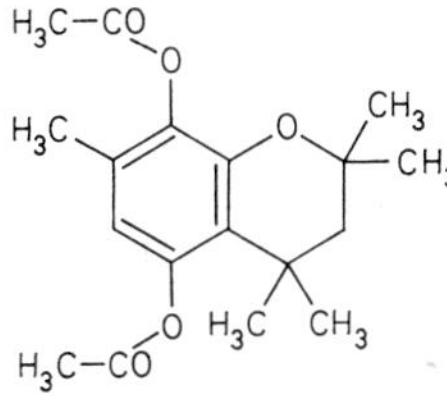   IX 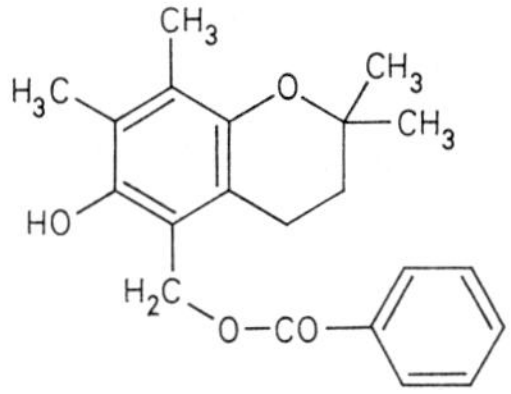   X 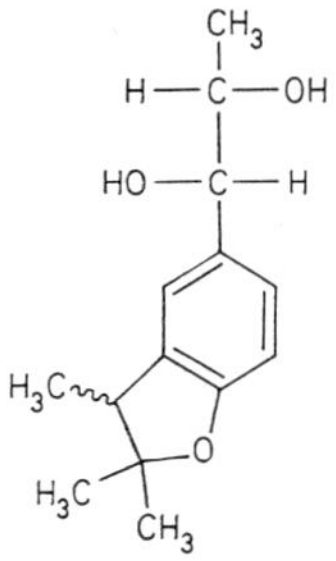   XI

5-Benzoyloxymethyl-2,2,7,8-tetramethyl-chroman-6-ol $C_{21}H_{24}O_4$, Formel X.

B. Beim Behandeln von 2,2,5,7,8-Pentamethyl-chroman-6-ol mit Dibenzoylperoxid in Benzol (*Inglett, Mattill*, Am. Soc. **77** [1955] 6552).

Krystalle; F: 125—126°. UV-Absorptionsmaximum (Isooctan): 301 nm.

(1*RS*,2*RS*)-1-[(3*Ξ*)-2,2,3-Trimethyl-2,3-dihydro-benzofuran-5-yl]-propan-1,2-diol $C_{14}H_{20}O_3$, Formel XI + Spiegelbild.

B. Beim Behandeln einer Lösung von (±)-2,2,3-Trimethyl-5-*trans*-propenyl-2,3-di= hydro-benzofuran in Pyridin mit wss. Kaliumpermanganat-Lösung (*Barton et al.*, Soc. **1958** 4393, 4395).

Krystalle (aus Bzl. + PAe.); F: 78—80°. UV-Absorptionsmaxima (A.): 233 nm und 285 nm.

Dihydroxy-Verbindungen $C_{16}H_{24}O_3$

8-Isopentyl-7-methoxy-2,2-dimethyl-chroman-5-ol $C_{17}H_{26}O_3$, Formel XII (R = H).

B. Aus der im folgenden Artikel beschriebenen Verbindung bei der Hydrierung an Palladium/Kohle in Essigsäure (*Pierpoint et al.*, Soc. **1951** 3104).

Krystalle (aus PAe.); F: 86°.

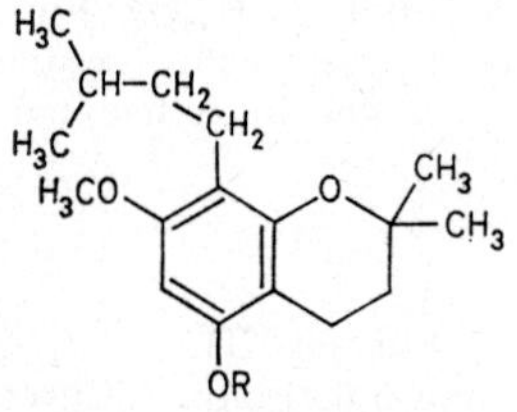

XII 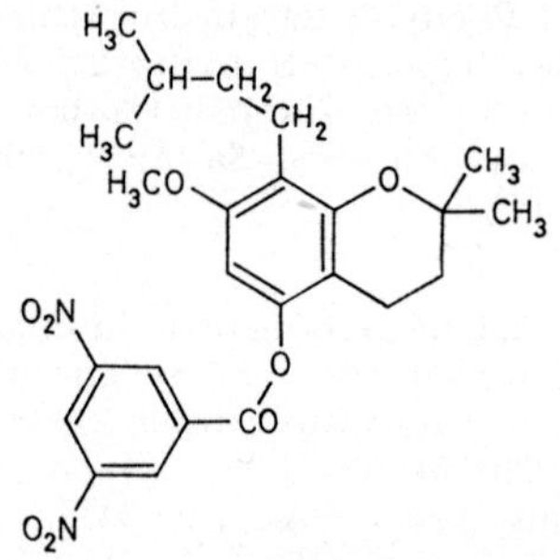   XIII

5-Benzyloxy-8-isopentyl-7-methoxy-2,2-dimethyl-chroman $C_{24}H_{32}O_3$, Formel XII
(R = CH_2-C_6H_5).

B. Beim Erwärmen von 1-[5-Benzyloxy-7-methoxy-2,2-dimethyl-chroman-8-yl]-3-methyl-butan-1-on in Toluol mit amalgamiertem Zink und wss. Salzsäure (*Pierpoint et al.*, Soc. **1951** 3104).

Krystalle (aus Me.); F: 59—60°.

5-[3,5-Dinitro-benzoyloxy]-8-isopentyl-7-methoxy-2,2-dimethyl-chroman $C_{24}H_{28}N_2O_8$, Formel XIII.

B. Beim Erwärmen von 8-Isopentyl-7-methoxy-2,2-dimethyl-chroman-5-ol mit 3,5-Dinitro-benzoylchlorid und Pyridin (*Pierpoint et al.*, Soc. **1951** 3104; s. a. *Wolfrom et al.*, Am. Soc. **68** [1946] 406, 416).

Gelbe Krystalle; F: 131° [aus wss. A.] (*Pi. et al.*), 128,5—129° [aus wss. A. oder wss. Acn.] (*Wo. et al.*).

Dihydroxy-Verbindungen $C_{18}H_{28}O_3$

7-Heptyl-2,2-dimethyl-chroman-6,8-diol $C_{18}H_{28}O_3$, Formel I.

B. Beim Erhitzen von 3-Heptyl-6-[3-methyl-but-2-enyl]-benzen-1,2,4-triol oder von 2-Heptyl-3-hydroxy-5-[3-methyl-but-2-enyl]-[1,4]benzochinon mit Zinn(II)-chlorid, wss. Salzsäure und Essigsäure (*Cardani et al.*, Rend. Ist. lomb. **91** [1957] 624, 632).

Krystalle (aus wss. A.); F: 79°.

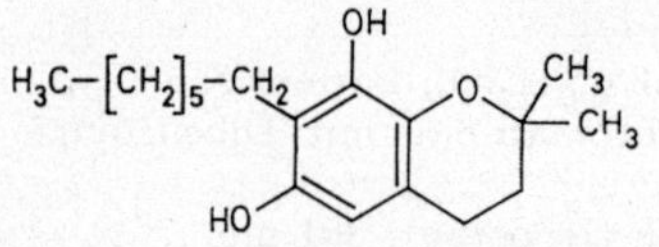

I 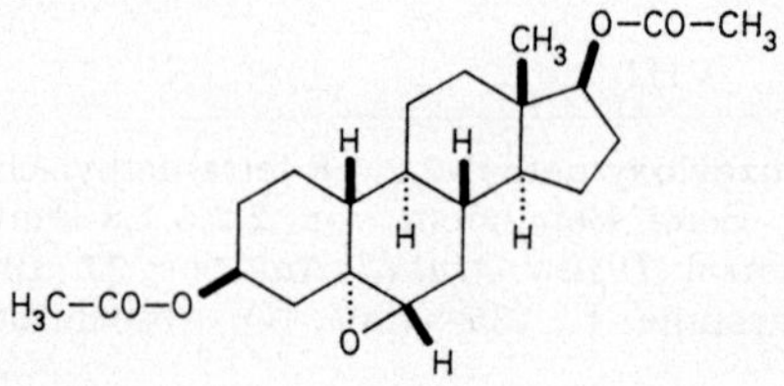   II

3β,17β-Diacetoxy-5,6α-epoxy-5α-östran $C_{22}H_{32}O_5$, Formel II.

B. Aus 3β,17β-Diacetoxy-östr-5-en beim Behandeln mit Monoperoxyphthalsäure in Äther (*Villotti et al.*, Am. Soc. **81** [1959] 4566, 4568).

Krystalle (aus Me.); F: 146—148° [unkorr.; Fisher-App.]. $[\alpha]_D$: —28° [$CHCl_3$].

Beim Erwärmen mit Methylmagnesiumbromid in Äther und Tetrahydrofuran ist 6β-Methyl-5α-östran-3β,5,17β-triol erhalten worden.

Dihydroxy-Verbindungen $C_{19}H_{30}O_3$

[7-Heptyl-6-hydroxy-2,2-dimethyl-chroman-8-yl]-methanol, 7-Heptyl-8-hydroxymethyl-2,2-dimethyl-chroman-6-ol $C_{19}H_{30}O_3$, Formel III.

B. Aus 7-Heptyl-6-hydroxy-2,2-dimethyl-chroman-8-carbaldehyd bei der Hydrierung

an Palladium/Kohle in Methanol (*Cardani et al.*, Rend. Ist. lomb. **91** [1957] 624, 635).
Krystalle (aus Hexan); F: 80°.

III   IV

***Opt.-inakt. 2,10a-Dimethyl-1,1-dioxo-Δ^{10b}-tetradecahydro-1λ^6-naphtho[2,1-f]thio=
chromen-4,8-diol** $C_{19}H_{30}O_4S$, Formel IV.

B. Aus opt.-inakt. 2,10a-Dimethyl-1,1-dioxo-Δ^{10b}-dodecahydro-1λ^6-naphtho[2,1-f]=
thiochromen-4,8-dion (F: 215—216°) bei der Hydrierung an Platin in Chlorwasser=
stoff enthaltender Essigsäure (*Nasarow et al.*, Izv. Akad. S.S.S.R. Otd. chim. **1953** 1091,
1098; engl. Ausg. S. 969, 975).
Krystalle (aus Bzl.) mit 0,5 Mol Benzol; F: 245—246° [geschlossene Kapillare].

1α,2α-Epoxy-5α-androstan-3β,17β-diol $C_{19}H_{30}O_3$, Formel V.

B. Aus 1α,2α-Epoxy-5α-androstan-3,17-dion oder aus 17β-Hydroxy-1α,2α-epoxy-
5α-androstan-3-on beim Behandeln mit Natriumboranat in wss. Methanol (*Searle & Co.*,
U.S.P. 2 851 454 [1957]).
Lösungsmittelhaltige Krystalle (aus Butanon), die bei 170° Lösungsmittel abgeben und
bei 195—205° [Zers.] schmelzen.

4β,5-Epoxy-5β-androstan-3α,17β-diol $C_{19}H_{30}O_3$, Formel VI (R = H).

B. Neben der im folgenden Artikel beschriebenen Verbindung beim Erwärmen von
17β-Acetoxy-4β,5-epoxy-5β-androstan-3-on mit Natriumboranat in Äthanol (*Camerino
et al.*, Farmaco Ed. scient. **13** [1958] 39, 45).
Krystalle (aus Me.); F: 197—200° [unkorr.].

V   VI

17β-Acetoxy-4β,5-epoxy-5β-androstan-3α-ol $C_{21}H_{32}O_4$, Formel VI (R = CO-CH$_3$).

B. s. im vorangehenden Artikel.
Krystalle (aus wss. Me.); F: 162—164° [unkorr.] (*Camerino et al.*, Farmaco Ed. scient.
13 [1958] 39, 45).

5,6α-Epoxy-5α-androstan-3β,17β-diol $C_{19}H_{30}O_3$, Formel VII (R = H).

B. Aus Androst-5-en-3β,17β-diol beim Behandeln mit Peroxybenzoesäure in Chloroform
(*Madaewa et al.*, Ž. obšč. Chim. **10** [1940] 213, 214; C. **1940** II 1298; *Wada*, J. pharm.
Soc. Japan **79** [1959] 684, 687; C. A. **1959** 22085). Aus 3β-Hydroxy-5,6α-epoxy-5α-
androstan-17-on beim Behandeln mit Natriumboranat in Äthanol (*Wada*, l. c. S. 687).
Aus 3β,17β-Diacetoxy-5,6α-epoxy-5α-androstan beim Erwärmen mit methanol. Kalilauge
(*Bowers et al.*, Am. Soc. **81** [1959] 5233, 5240).
Krystalle (aus E.); F: 203—204° [unkorr.] (*Bo. et al.*), 199—200,5° [unkorr.] (*Wada*,
l. c. S. 687), 198—199° [unkorr.] (*Ma. et al.*). Bei 205—210°/5 Torr sublimierbar (*Ma.
et al.*). $[\alpha]_D^{28}$: −74° [Dioxan; c = 1] (*Wada*, l. c. S. 687); $[\alpha]_D$: −75° [CHCl$_3$] (*Bo. et al.*).
Beim Erwärmen mit Toluol-4-sulfonsäure und Pyridin ist 1-[3β,5,17β-Trihydroxy-
5α-androstan-6β-yl]-pyridinium-[toluol-4-sulfonat] erhalten worden (*Campbell et al.*, Am.
Soc. **80** [1958] 4717, 4719).

3β-Acetoxy-5,6α-epoxy-5α-androstan-17β-ol $C_{21}H_{32}O_4$, Formel VII (R = CO-CH$_3$).

B. Aus 3β-Acetoxy-5,6α-epoxy-5α-androstan-17-on bei der Hydrierung an Platin in Äthanol (*Ruzicka, Muhr*, Helv. **27** [1944] 503, 510).

Krystalle (aus E.); F: 146—147° [korr.] und (nach Wiedererstarren) F: 152,5—153,5°. $[\alpha]_D^{14}$: −66° [CHCl$_3$; c = 0,5].

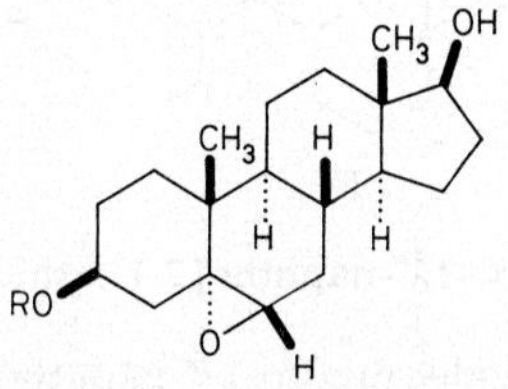

VII 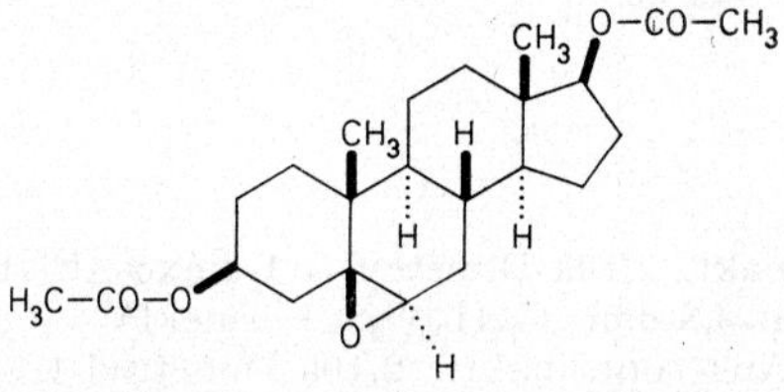   VIII

3,17-Diacetoxy-5,6-epoxy-10,13-dimethyl-hexadecahydro-cyclopenta[a]phenanthren $C_{23}H_{34}O_5$.

a) **3β,17β-Diacetoxy-5,6β-epoxy-5β-androstan** $C_{23}H_{34}O_5$, Formel VIII.

B. s. bei dem unter b) beschriebenen Stereoisomeren.

Krystalle (aus CH$_2$Cl$_2$ + Me.), F: 139—141° [Kofler-App.] (*Akhtar, Barton*, Am.Soc. **86** [1964] 1528, 1531); Krystalle (aus Ae.), F: 126° (*Schering-Kahlbaum A. G.*, Brit. P. 488 814 [1937]).

b) **3β,17β-Diacetoxy-5,6α-epoxy-5α-androstan** $C_{23}H_{34}O_5$, Formel IX (R = CO-CH$_3$).

B. Neben dem unter a) beschriebenen Stereoisomeren beim Behandeln von 3β,17β-Di=acetoxy-androst-5-en mit Peroxybenzoesäure in Chloroform bzw. mit Monoperoxyphthal=säure in Chloroform und Äther (*Schering-Kahlbaum A. G.*, Brit. P. 488 814 [1937]; *Butenandt, Surányi*, B. **75** [1942] 597, 604; *Bowers, Ringold*, Tetrahedron **3** [1958] 14, 22). Aus 5,6α-Epoxy-5α-androstan-3β,17β-diol beim Erhitzen mit Acetanhydrid (*Madaewa et al.*, Ž. obšč. Chim. **10** [1940] 213, 215; C. **1940** II 1298) sowie beim Behandeln mit Acetan=hydrid und Pyridin (*Wada*, J. pharm. Soc. Japan **79** [1959] 684, 687; C. A. **1959** 22085). Beim Behandeln von 3β-Acetoxy-5,6α-epoxy-5α-androstan-17β-ol mit Acetanhydrid und Pyridin (*Ruzicka, Muhr*, Helv. **27** [1944] 503, 510).

Krystalle; F: 166—168° [unkorr.; aus Me.] (*Bo., Ri.*), 165—166° [korr.; aus Me.] (*Ru., Muhr*), 165—165,5° [unkorr.] aus E.] (*Ma. et al.*), 164—166° [aus Ae.] (*Schering-Kahlbaum A. G.*), 164—165,5° [unkorr.; aus wss. Acn.] (*Wada*), 165° [aus E. bzw. Me.] (*Bu., Su.*; *Ackroyd et al.*, Soc. **1957** 4099, 4101). $[\alpha]_D^{14}$: −69,3° [CHCl$_3$; c = 1] (*Ru., Muhr*); $[\alpha]_D^{20}$: −71° [CHCl$_3$] (*Ringold et al.*, J. org. Chem. **22** [1957] 99); $[\alpha]_D$: −66° [CHCl$_3$] (*Bo., Ri.*).

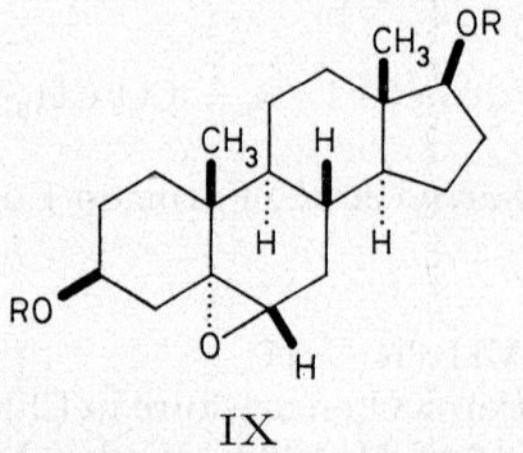

IX 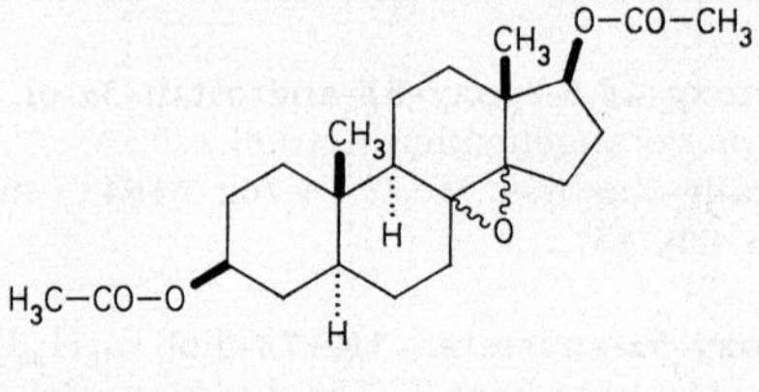   X

5,6α-Epoxy-3β,17β-bis-propionyloxy-5α-androstan $C_{25}H_{38}O_5$, Formel IX (R = CO-CH$_2$-CH$_3$).

B. Beim Behandeln von 5,6α-Epoxy-5α-androstan-3β,17β-diol mit Propionsäure-anhydrid und Pyridin (*Wada*, J. pharm. Soc. Japan **79** [1959] 687, 693; C. A. **1959** 22086).

Krystalle (aus Acn.); F: 115,5—117° [unkorr.]. $[\alpha]_D^{18}$: −60° [CHCl$_3$; c = 1].

3β,17β-Diacetoxy-8,14-epoxy-5α,8ξ,14ξ-androstan $C_{23}H_{34}O_5$, Formel X.

B. Aus 3β,17β-Diacetoxy-5α-androst-8(14)-en mit Hilfe von Monoperoxyphthalsäure (*Antonucci et al.*, J. org. Chem. **16** [1951] 1891, 1896).

Krystalle (aus wss. Me.); F: 187—188° [unkorr.].

Beim Erwärmen mit wss. Schwefelsäure enthaltendem Äthanol ist 3β,17β-Diacetoxy-5α-androsta-8,14-dien erhalten worden.

3β-Acetoxy-16α,17α-epoxy-15ξ-methoxy-5α-androstan $C_{22}H_{34}O_4$, Formel XI.

B. Aus 3β-Acetoxy-15ξ-methoxy-5α-androst-16-en (F: 101—102°) beim Behandeln mit Peroxybenzoesäure in Chloroform (*Fajkoš*, Collect. **23** [1958] 2155, 2165).

Krystalle (aus Me.); F: 121—122° [Kofler-App.]. $[\alpha]_D^{20}$: −56° [CHCl$_3$; c = 2].

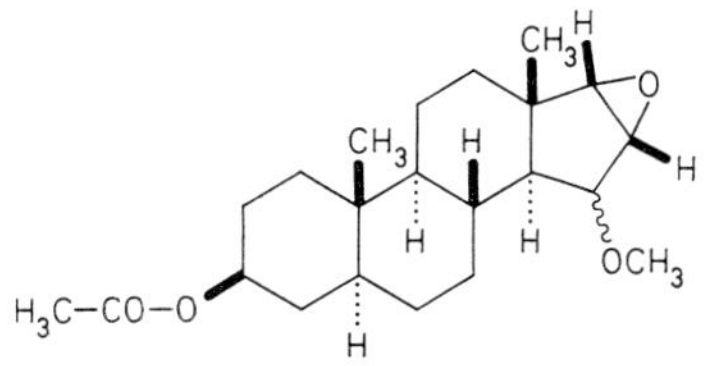

XI

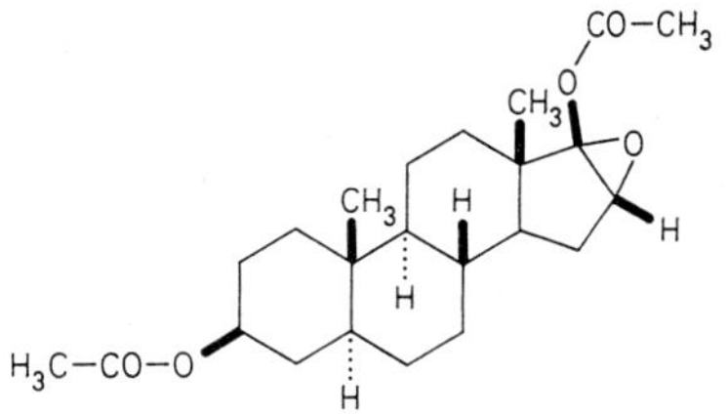

XII

3β,17β-Diacetoxy-16α,17α-epoxy-5α-androstan $C_{23}H_{34}O_5$, Formel XII.

B. Aus 3β,17-Diacetoxy-5α-androst-16-en beim Behandeln mit Peroxybenzoesäure in Benzol (*Leeds et al.*, Am. Soc. **76** [1954] 2943, 2946).

Krystalle (aus Acn. + PAe.); F: 151—152° [korr.] (*Le. et al.*), 149—150° [korr.] (*Johnson et al.*, Am. Soc. **79** [1957] 1991, 1993). $[\alpha]_D^{23}$: +22,9° [CHCl$_3$] (*Le. et al.*).

Beim Chromatographieren an Silicagel oder beim Erhitzen auf 200° sowie beim Behandeln einer Lösung in Methanol mit wss. Schwefelsäure und Behandeln des Reaktionsprodukts mit Acetanhydrid und Pyridin ist 3β,16α-Diacetoxy-5α-androstan-17-on (*Le. et al.*; s. a. *Jo. et al.*), beim Erwärmen mit Kieselsäure und Diisopropyläther ist daneben 3β,16β-Diacetoxy-5α-androstan-17-on (*Jo. et al.*) erhalten worden.

Dihydroxy-Verbindungen $C_{20}H_{32}O_3$

*Opt.-inakt. 1-[8-Hydroxy-7-methyl-3-propyl-isochroman-6-yl]-heptan-2-ol, 6-[2-Hydroxy-heptyl]-7-methyl-3-propyl-isochroman-8-ol $C_{20}H_{32}O_3$, Formel I (R = H).

B. Aus (±)-Hexahydro-aporubropunctatin ((±)-1-[8-Hydroxy-7-methyl-3-propyl-isochroman-6-yl]-heptan-2-on) beim Behandeln mit Kaliumboranat in wss. Methanol (*Haws et al.*, Soc. **1959** 3598, 3610).

Krystalle (aus wss. A.); F: 99—100°. UV-Absorptionsmaxima (A.): 274 nm und 282 nm.

*Opt.-inakt. 8-Acetoxy-6-[2-acetoxy-heptyl]-7-methyl-3-propyl-isochroman $C_{24}H_{36}O_5$, Formel I (R = CO-CH$_3$).

B. Beim Behandeln der im vorangehenden Artikel beschriebenen Verbindung mit Acetanhydrid und Pyridin (*Haws et al.*, Soc. **1959** 3598, 3610).

Krystalle (aus wss. A.); F: 62—63°. UV-Absorptionsmaximum (A.): 268 nm.

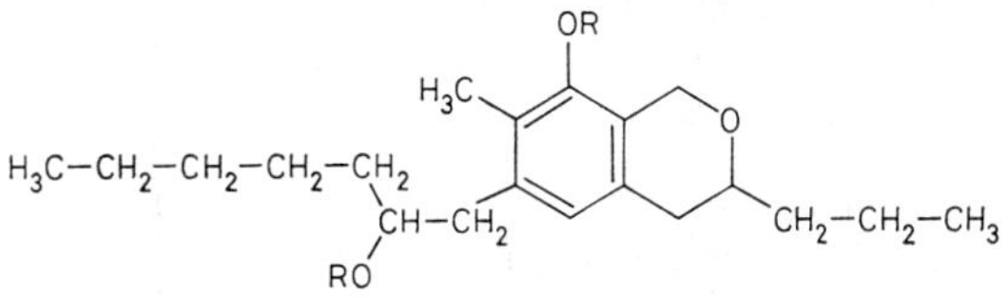

I

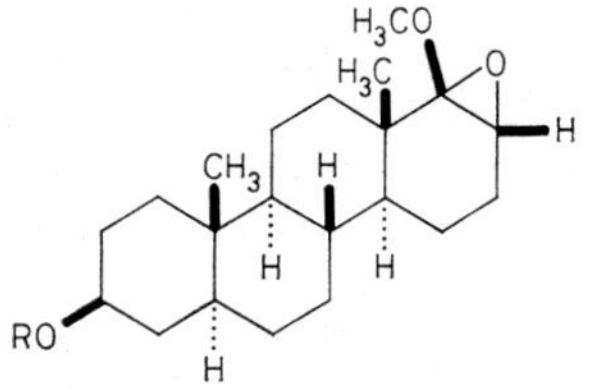

II

17α,17aα-Epoxy-17aβ-methoxy-*D*-homo-5α-androstan-3β-ol $C_{21}H_{34}O_3$, Formel II
(R = H).

Für die nachstehend beschriebene Verbindung ist ausser dieser Konstitution und Konfiguration (*Prins, Shoppee*, Soc. **1946** 494, 498; s. a. *Evans et al.*, Soc. **1957** 1451, 1452) auch die Formulierung als 3β,17ξ-Dihydroxy-*D*-homo-5α-androstan-17a-on ($C_{20}H_{32}O_3$; Formel III) in Betracht zu ziehen (vgl. diesbezüglich *Sigg, Tamm*, Helv. **43** [1960] 1402, 1405, 1407).

B. Beim Behandeln einer Lösung von 3β-Acetoxy-17β-brom-*D*-homo-5α-androstan-17a-on in Äther mit Natriummethylat in Methanol (*Pr., Sh.*).

Krystalle (aus Acn.); F: 226° [korr.; nach Sintern bei 218°]; $[α]_D^{13}$: −38,2° [Acn.; c = 0,5] (*Pr., Sh.*).

3β-Acetoxy-17α,17aα-epoxy-17aβ-methoxy-*D*-homo-5α-androstan $C_{23}H_{36}O_4$, Formel II
(R = CO-CH₃).

Diese Konstitution und Konfiguration ist für die nachstehend beschriebene Verbindung in Betracht gezogen worden (*Prins, Shoppee*, Soc. **1946** 494, 498; s. a. *Evans et al.*, Soc. **1957** 1451, 1452).

B. Beim Erwärmen von 3β-Acetoxy-17β-brom-*D*-homo-5α-androstan-17a-on mit Kaliumhydrogencarbonat und wss. Methanol (*Pr., Sh.*).

Krystalle (aus Me.), F: 164−166° [korr.]; bei 140°/0,02 Torr sublimierbar (*Pr., Sh.*).

8-Acetoxy-6,6a-epoxy-10a,12a-dimethyl-octadecahydro-chrysen-1-ol $C_{22}H_{34}O_4$.

a) **3β-Acetoxy-5,6α-epoxy-*D*-homo-5α-androstan-17aβ-ol** $C_{22}H_{34}O_4$, Formel IV
(R = H).

B. Neben dem unter b) beschriebenen Stereoisomeren bei der Hydrierung von 3β-Acetoxy-5,6α-epoxy-*D*-homo-5α-androstan-17a-on an Platin in Äthanol (*Goldberg et al.*, Helv. **30** [1947] 1441, 1449).

Krystalle (aus Ae. + Hexan); F: 209−212° [korr.]. $[α]_D^{18}$: −89,6° und −91,6° [CHCl₃; c = 1,8 bzw. 1,7].

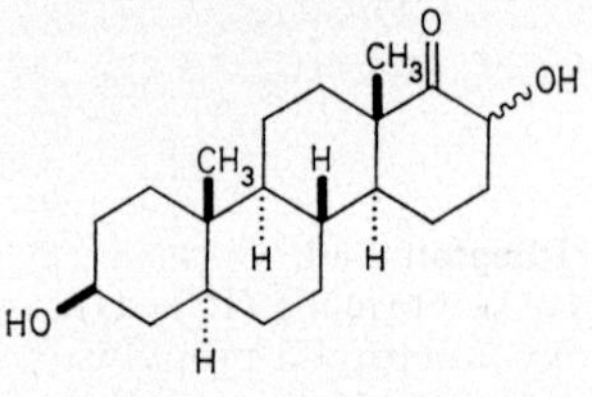

III 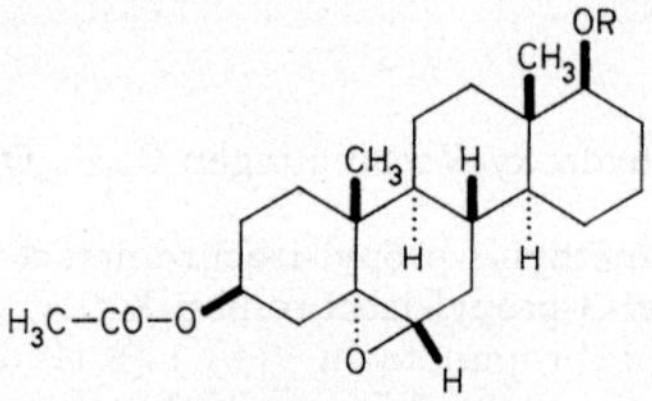   IV 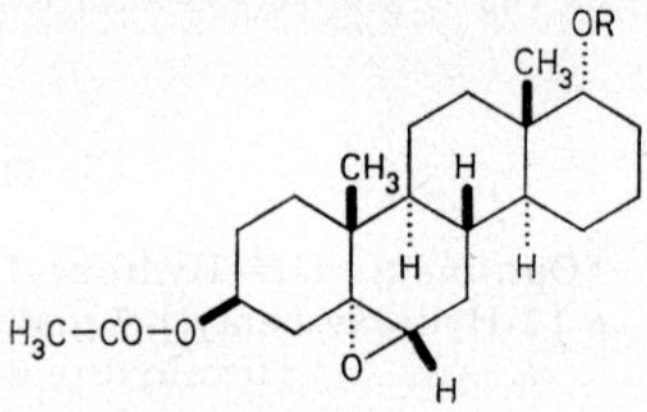   V

b) **3β-Acetoxy-5,6α-epoxy-*D*-homo-5α-androstan-17aα-ol** $C_{22}H_{34}O_4$, Formel V
(R = H).

B. s. bei dem unter a) beschriebenen Stereoisomeren.

Krystalle (aus Ae. + PAe.); F: 199−203° [korr.] (*Goldberg et al.*, Helv. **30** [1947] 1441, 1449). $[α]_D^{18}$: −80,5° und −78,4° [CHCl₃; c = 0,8 bzw. 0,9].

1,8-Diacetoxy-6,6a-epoxy-10a,12a-dimethyl-octadecahydro-chrysen $C_{24}H_{36}O_5$.

a) **3β,17aβ-Diacetoxy-5,6α-epoxy-*D*-homo-5α-androstan** $C_{24}H_{36}O_5$, Formel IV
(R = CO-CH₃).

B. Beim Behandeln von 3β-Acetoxy-5,6α-epoxy-*D*-homo-5α-androstan-17aβ-ol mit Acetanhydrid und Pyridin (*Goldberg et al.*, Helv. **30** [1947] 1441, 1449).

Krystalle (aus Ae. + Hexan); F: 197−200° [korr.].

b) **3β,17aα-Diacetoxy-5,6α-epoxy-*D*-homo-5α-androstan** $C_{24}H_{36}O_5$, Formel V
(R = CO-CH₃).

B. Beim Behandeln von 3β-Acetoxy-5,6α-epoxy-*D*-homo-5α-androstan-17aα-ol mit Acetanhydrid und Pyridin (*Goldberg et al.*, Helv. **30** [1947] 1441, 1449).

Krystalle (aus Ae. + Hexan); F: 221−222,5° [korr.].

5,6α-Epoxy-17α-methyl-5α-androstan-3β,17β-diol, 5,6α-Epoxy-21-nor-5α,17βH-pregnan-3β,17-diol $C_{20}H_{32}O_3$, Formel VI (R = H).

B. Aus 17α-Methyl-androst-5-en-3β,17β-diol beim Behandeln mit Monoperoxyphthal=säure in Chloroform und Äther (*Julia, Heusser*, Helv. **35** [1952] 2080, 2084; *Julia*, A. ch. [12] **8** [1953] 410, 438) sowie mit Hilfe von Peroxyessigsäure (*Campbell et al.*, Am. Soc. **80** [1958] 4717, 4718). Aus 3β-Acetoxy-5,6α-epoxy-17α-methyl-5α-androstan-17β-ol beim Behandeln mit Kaliumcarbonat in wss. Methanol (*Ju., He.*).

Krystalle; F: 245—247° [korr.; evakuierte Kapillare; aus E.] (*Ju.; Ju., He.*), 242° [Kofler-App.; aus A.] (*Ca. et al.*). $[\alpha]_D^{19}$: −64,4° [Py.; c = 1]; $[\alpha]_D^{20}$: −63,3° [Py.; c = 1] (*Ju., He.*).

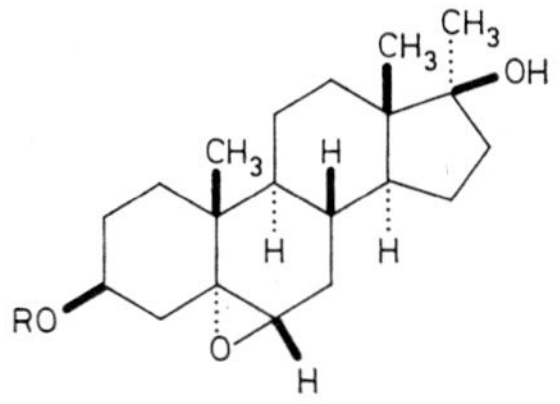

VI 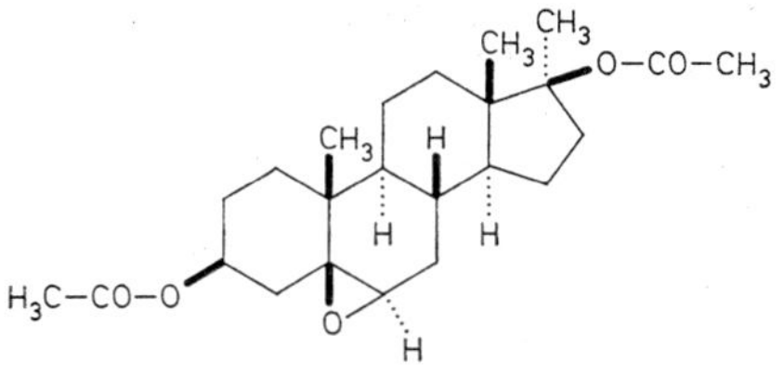   VII

3β-Acetoxy-5,6α-epoxy-17α-methyl-5α-androstan-17β-ol, 3β-Acetoxy-5,6α-epoxy-21-nor-5α,17βH-pregnan-17-ol $C_{22}H_{34}O_4$, Formel VI (R = CO-CH₃).

B. Aus 3β-Acetoxy-17α-methyl-androst-5-en-3β,17β-diol beim Behandeln mit Mono=peroxyphthalsäure in Chloroform und Äther (*Julia, Heusser*, Helv. **35** [1952] 2080, 2085; *Julia*, A. ch. [12] **8** [1953] 410, 438; *Ackroyd et al.*, Soc. **1957** 4099, 4103) sowie mit Hilfe von Peroxybenzoesäure (*Ringold et al.*, J. org. Chem. **22** [1957] 99). Beim Behandeln von 5,6α-Epoxy-17α-methyl-5α-androstan-3β,17β-diol mit Acetanhydrid und Pyridin (*Ju., He.; Ack. et al.; Campbell et al.*, Am. Soc. **80** [1958] 4717, 4718).

Krystalle; F: 168—170° [Kofler-App.; aus E.] (*Ca. et al.*), 167—169° [aus Acn. + Hexan] (*Ack. et al.*), 167—168° [korr.; evakuierte Kapillare; aus Acn. + Hexan] (*Ju.; Ju., He.*). $[\alpha]_D^{20}$: −87° [CHCl₃; c = 1] (*Ju., He.*); $[\alpha]_D$: −89° [CHCl₃; c = 0,1] (*Ca. et al.*).

3,17-Diacetoxy-5,6-epoxy-10,13,17-trimethyl-hexadecahydro-cyclopenta[a]phenanthren $C_{24}H_{36}O_5$.

a) **3β,17β-Diacetoxy-5,6β-epoxy-17α-methyl-5β-androstan, 3β,17-Diacetoxy-5,6β-epoxy-21-nor-5β,17βH-pregnan** $C_{24}H_{36}O_5$, Formel VII.

B. Neben dem unter b) beschriebenen Stereoisomeren beim Behandeln von 3β,17β-Di=acetoxy-17α-methyl-androst-5-en mit Monoperoxyphthalsäure in Äther (*Julia, Heusser*, Helv. **35** [1952] 2080, 2085; *Julia*, A. ch. [12] **8** [1953] 410, 439).

Krystalle (aus Me.); F: 159—160° [korr.; evakuierte Kapillare]; $[\alpha]_D^{20}$: −27° [CHCl₃; c = 1] (*Ju.; Ju., He.*).

b) **3β,17β-Diacetoxy-5,6α-epoxy-17α-methyl-5α-androstan, 3β,17-Diacetoxy-5,6α-epoxy-21-nor-5α,17βH-pregnan** $C_{24}H_{36}O_5$, Formel VIII.

B. s. bei dem unter a) beschriebenen Stereoisomeren.

Krystalle (aus Hexan); F: 153—154° [korr.; evakuierte Kapillare] (*Julia*, A. ch. [12] **8** [1953] 410, 439; *Julia, Heusser*, Helv. **35** [1952] 2080, 2085). $[\alpha]_D^{20}$: −70,4° [CHCl₃; c = 1] (*Ju.; Ju., He.*).

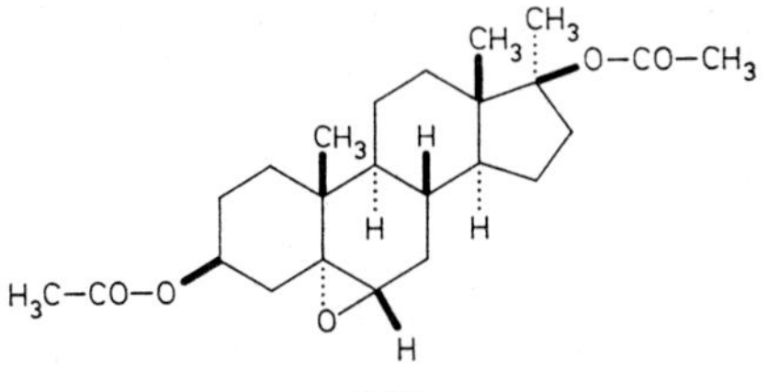

VIII 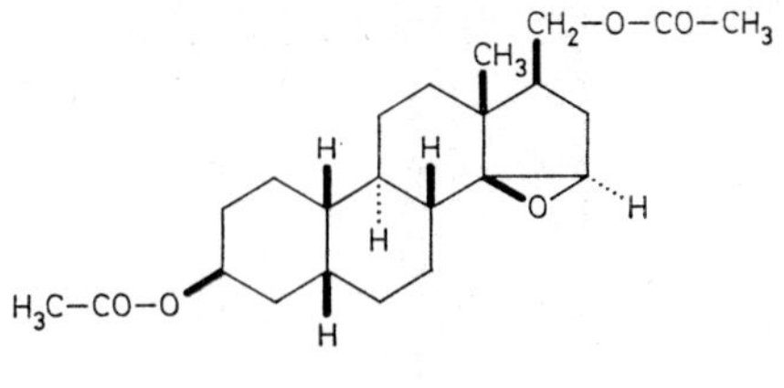   IX

5,6α-Epoxy-17α-methyl-3β-propionyloxy-5α-androstan-17β-ol, 5,6α-Epoxy-3β-propionyloxy-21-nor-5α,17βH-pregnan-17-ol $C_{23}H_{36}O_4$, Formel VI (R = CO-CH$_2$-CH$_3$).

B. Beim Behandeln von 5,6α-Epoxy-17α-methyl-5α-androstan-3β,17β-diol mit Propion= säure-anhydrid und Pyridin (*Wada*, J. pharm. Soc. Japan **79** [1959] 693; C. A. **1959** 22086).

Krystalle (aus Acn. + Dioxan); F: 164—167° [unkorr.].

3β-Acetoxy-17β-acetoxymethyl-14,15β-epoxy-5β,14β-androstan, 3β,20-Diacetoxy-14,15β-epoxy-21-nor-5β,14β-pregnan $C_{24}H_{36}O_5$, Formel IX.

B. In geringer Menge neben 3β,20-Diacetoxy-21-nor-5β,14β-pregnan-14-ol beim Be- handeln von 3β-Acetoxy-14,15β-epoxy-21-nor-5β,14β-pregnan-20-säure mit Lithiumalanat in Äther und Behandeln der Reaktionsprodukte mit Acetanhydrid und Pyridin (*Linde, Meyer*, Helv. **42** [1959] 807, 821).

Krystalle (aus PAe.); F: 115—118° [korr.; Kofler-App.] und (nach Wiedererstarren) F: 137—139°.

7-Hydroxymethyl-10b-methyl-hexadecahydro-5a,8-methano-cyclohepta[5,6]naphtho= [2,1-b]furan-7-ol $C_{20}H_{32}O_3$.

a) **(3aR)-7t-Hydroxymethyl-10b-methyl-(3ar,3bt,10at,10bc,12ac)-hexadecahydro-5ac,8c-methano-cyclohepta[5,6]naphtho[2,1-b]furan-7c-ol** $C_{20}H_{32}O_3$, Formel X (R = H).

Die Konfigurationszuordnung an den C-Atomen 3a und 12a ist auf Grund der geneti- schen Beziehung zu (3aR)-6c-Brom-10b-methyl-(3ar,3bt,10at,10bc,12ac)-hexadecahydro-5ac,8c-methano-cyclohepta[5,6]naphtho[2,1-b]furan-7-on erfolgt.

B. Aus Cafestol ((3bS)-7c-Hydroxymethyl-10b-methyl-(3br,10ac,10bt)-3b,4,5,6,7,8,9,= 10,10a,10b,11,12-dodecahydro-5at,8t-methano-cyclohepta[5,6]naphtho[2,1-b]furan-7t-ol [S. 2151]) bei der Hydrierung an Palladium/Kohle in Äthanol (*Chakravorty, Wesner*, Am. Soc. **64** [1942] 2235; *Haworth et al.*, Soc. **1955** 1983, 1989). Aus (3aR)-7t-Acetoxymethyl-10b-methyl-(3ar,3bt,10at,10bc,12ac)-hexadecahydro-5ac,8c-methano-cyclohepta[5,6]naphtho= [2,1-b]furan-7c-ol beim Erwärmen mit Kaliumcarbonat und wss. Methanol (*Wettstein et al.*, Helv. **24** [1941] 332E, 350E), mit methanol. Kalilauge (*Hauptmann, França*, Am. Soc. **65** [1943] 81, 82) oder mit wss.-äthanol. Kalilauge (*Chakravorty et al.*, Am. Soc. **65** [1943] 929, 931).

Krystalle; F: 160—163° [korr.; aus wss. Acn.] (*We. et al.*), 162° (*Hau., Fr.*), 156—157° (*Haw. et al.*), 154,5—157° [aus wss. Me.] (*Ch. et al.*). Bei 150°/0,004 Torr sublimierbar (*We. et al.*). [α]$_D$: —8,6° [CHCl$_3$(?)] (*Hau., Fr.*).

b) **(3aS)-7c-Hydroxymethyl-10b-methyl-(3ar,3bc,10ac,10bt,12ac)-hexadecahydro-5at,8t-methano-cyclohepta[5,6]naphtho[2,1-b]furan-7t-ol** $C_{20}H_{32}O_3$, Formel XI (R = H).

B. Aus (3aS)-7c-Acetoxymethyl-10b-methyl-(3ar,3bc,10ac,10bt,12ac)-hexadecahydro-5at,8t-methano-cyclohepta[5,6]naphtho[2,1-b]furan-7t-ol beim Erwärmen mit Kalium- hydrogencarbonat und wss. Methanol (*Hauptmann, França*, Am. Soc. **65** [1943] 81, 84).

Lösungsmittelhaltige Krystalle (aus wss. Acn.); F: 188° (*Ha., Fr.*).

Beim Erhitzen unter 0,01 Torr auf 100° erfolgt partielle Zersetzung (*Ha., Fr.*).

Ein Präparat (Krystalle; F: 171—175° [nach Sintern bei 165—166°]; [α]$_D^{23}$: —67,8° [Me.]) von ungewisser konfigurativer Einheitlichkeit ist aus Cafestol enthaltendem (s. diesbezüglich *Kaufmann, Sen Gupta*, Fette Seifen **65** [1963] 529) Kahweol ((3bS)-7c-Hydroxymethyl-10b-methyl-(3br,10ac,10bt)-3b(?),4(?),5,6,7,8,9,10,10a,10b-decahydro-5at,8t-methano-cyclohepta[5,6]naphtho[2,1-b]furan-7t-ol [S. 2167]) bei der Hydrierung an Platin in Äthanol erhalten worden (*Bengis, Anderson*, J. biol. Chem. **97** [1932] 93, 108).

X   XI

7-Acetoxymethyl-10b-methyl-hexadecahydro-5a,8-methano-cyclohepta[5,6]naphtho⸗[2,1-*b*]furan-7-ol $C_{22}H_{34}O_4$.

a) **(3a*R*)-7*t*-Acetoxymethyl-10b-methyl-(3a*r*,3b*t*,10a*t*,10b*c*,12a*c*)-hexadecahydro-5a*c*,8*c*-methano-cyclohepta[5,6]naphtho[2,1-*b*]furan-7*c*-ol** $C_{22}H_{34}O_4$, Formel X (R = CO-CH₃).

B. Beim Behandeln von (3a*R*)-7*t*-Hydroxymethyl-10b-methyl-(3a*r*,3b*t*,10a*t*,10b*c*,⸗12a*c*)-hexadecahydro-5a*c*,8*c*-methano-cyclohepta[5,6]naphtho[2,1-*b*]furan-7*c*-ol mit Acet⸗anhydrid und Pyridin (*Chakravorty et al.*, Am. Soc. **65** [1943] 1325, 1328). Aus *O*-Acetyl-cafestol ((3b*S*)-7*c*-Acetoxymethyl-10b-methyl-(3b*r*,10a*c*,10b*t*)-3b,4,5,6,7,8,9,10,10a,10b,⸗11,12-dodecahydro-5a*t*,8*t*-methano-cyclohepta[5,6]naphtho[2,1-*b*]furan-7*t*-ol) bei der Hydrierung an Palladium in Äthanol (*Wettstein et al.*, Helv. **24** [1941] 332 E, 350 E), an Palladium/Bariumsulfat in Essigsäure (*Hauptmann*, *França*, Am. Soc. **65** [1943] 81, 82) oder an Palladium/Kohle in Äthanol (*Chakravorty et al.*, Am. Soc. **65** [1943] 929, 931).

Krystalle; F: 152—154,5° [aus wss. Me.] (*Ch. et al.*, l. c. S. 931), 153—154° [korr.; aus Hexan + Acn.] (*We. et al.*), 152—154° (*Haworth et al.*, Soc. **1955** 1983, 1989), 151° bis 152° (*Hau.*, *Fr.*). [α]$_D^{29}$: −20,4° [CHCl₃] (*Ch. et al.*, l. c. S. 931); [α]$_D$: −26,8° [CHCl₃(?)] (*Hau.*, *Fr.*). UV-Absorptionsmaximum (A.): 212 nm (*Haw. et al.*).

Beim Erhitzen mit Zink unter 1,5 Torr auf 200° ist (3a*R*)-10b-Methyl-(3a*r*,3b*t*,10a*t*,⸗10b*c*,12a*c*)-hexadecahydro-5a*c*,8*c*-methano-cyclohepta[5,6]naphtho[2,1-*b*]furan-7ξ-carb⸗aldehyd (Semicarbazon: F: 217—218°; 4-Nitro-phenylhydrazon: F: 231—233°) erhalten worden (*Ch. et al.*, l. c. S. 931).

b) **(3a*S*)-7*c*-Acetoxymethyl-10b-methyl-(3a*r*,3b*c*,10a*c*,10b*t*,12a*c*)-hexadecahydro-5a*t*,8*t*-methano-cyclohepta[5,6]naphtho[2,1-*b*]furan-7*t*-ol** $C_{22}H_{34}O_4$, Formel XI (R = CO-CH₃).

Diese Konfiguration kommt wahrscheinlich der nachstehend beschriebenen Verbindung zu.

B. Aus *O*-Acetyl-cafestol ((3b*S*)-7*c*-Acetoxymethyl-10b-methyl-(3b*r*,10a*c*,10b*t*)-3b,4,5,⸗6,7,8,9,10,10a,10b,11,12-dodecahydro-5a*t*,8*t*-methano-cyclohepta[5,6]naphtho[2,1-*b*]⸗furan-7*t*-ol) bei der Hydrierung an Raney-Nickel in Äthanol (*Hauptmann*, *França*, Am. Soc. **65** [1943] 81, 84).

Krystalle (aus wss. Acn.); F: 156°. [α]$_D^{28}$: −37,5° [A.; c = 0,02].

Dihydroxy-Verbindungen $C_{21}H_{34}O_3$

3β,20ξ-Diacetoxy-20ξ,21-epoxy-5α-pregnan $C_{25}H_{38}O_5$, Formel I.

Diese Konstitution kommt vermutlich der nachstehend beschriebenen Verbindung zu.

B. Neben anderen Verbindungen beim Behandeln von 3β,20-Diacetoxy-5α-pregn-20-en mit Peroxybenzoesäure in Benzol (*Vanderhaeghe et al.*, Am. Soc. **74** [1952] 2810, 2811, 2813).

F: 120—125° [korr.].

10,13-Dimethyl-17-oxiranyl-hexadecahydro-cyclopenta[*a*]phenanthren-3,17-diol $C_{21}H_{34}O_3$.

a) **Höherschmelzendes 20ξ,21-Epoxy-5α,17βH-pregnan-3β,17-diol** $C_{21}H_{34}O_3$, Formel II (R = H).

B. Aus 3β-Acetoxy-20ξ,21-epoxy-5α,17βH-pregnan-17-ol vom F: 184—187° [korr.] (S. 2090) beim Behandeln mit wss.-methanol. Kalilauge (*Salamon*, *Reichstein*, Helv. **30** [1947] 1929, 1938).

Krystalle (aus CHCl₃ + Ae.); F: 203—205° [korr.; Kofler-App.].

b) **Niedrigerschmelzendes 20ξ,21-Epoxy-5α,17βH-pregnan-3β,17-diol** $C_{21}H_{34}O_3$, Formel II (R = H).

B. Aus 3β-Acetoxy-20ξ,21-epoxy-5α,17βH-pregnan-17-ol vom F: 162—165° [korr.] (S. 2090) oder aus 3β-Benzoyloxy-20ξ,21-epoxy-5α,17βH-pregnan-17-ol vom F: 206—208° [korr.] (S. 2090) beim Behandeln mit methanol. Kalilauge (*Salamon*, *Reichstein*, Helv. **30** [1947] 1929, 1938, 1944).

Krystalle (aus Acn. + Ae.), die zwischen 168° und 182° [korr.; Kofler-App.] schmelzen [Rohprodukt] (*Sa.*, *Re.*).

Ein Präparat (Krystalle [aus wss. Me.]; F: 180—182°) von ungewisser Einheitlichkeit ist aus 5α,17βH-Pregn-20-en-3β,17-diol beim Behandeln mit Monoperoxyphthalsäure in Chloroform erhalten worden (*Serini, Logemann*, B. **71** [1938] 1362, 1364; s. dazu *Sa., Re.*).

I   II

3-Acetoxy-10,13-dimethyl-17-oxiranyl-hexadecahydro-cyclopenta[*a*]phenanthren-17-ol $C_{23}H_{36}O_4$.

a) **3β-Acetoxy-20ξ,21-epoxy-5α,17βH-pregnan-17-ol** $C_{23}H_{36}O_4$, Formel II (R = CO-CH₃), vom F: 184—187°.

B. Neben dem unter b) beschriebenen Stereoisomeren und 3β-Acetoxy-17,20ξ-epoxy-5α,17βH-pregnan-21-ol (S. 2091) beim Behandeln von 3β-Acetoxy-5α,17βH-pregn-20-en-17-ol mit Peroxybenzoesäure in Chloroform (*Salamon, Reichstein*, Helv. **30** [1947] 1929, 1936).

Krystalle (aus CH_2Cl_2 + Ae.); F: 184—187° [korr.; Kofler-App.]. $[\alpha]_D^{15}$: −3,5° [Acn.; c = 0,9].

Beim Erhitzen mit Kaliumhydroxid in wasserhaltigem Dioxan auf 127° bzw. auf 162° und Behandeln des jeweiligen Reaktionsprodukts mit Acetanhydrid und Pyridin sind 3β,20ξ,21-Triacetoxy-5α,17βH-pregnan-17-ol (F: 148—150° [korr.]; E III **6** 6682) und 3β,21-Diacetoxy-17,20ξ-epoxy-5α,17βH-pregnan (F: 144—146° [korr.]; S. 2092) bzw. 3β-Acetoxy-5α-androstan-17-on erhalten worden (*Sa., Re.*, l. c. S. 1940).

b) **3β-Acetoxy-20ξ,21-epoxy-5α,17βH-pregnan-17-ol** $C_{23}H_{36}O_4$, Formel II (R = CO-CH₃), vom F: 162—165°.

B. s. bei dem unter a) beschriebenen Stereoisomeren.

Krystalle (aus Ae.); F: 162—165° [korr.; Kofler-App.] (*Salamon, Reichstein*, Helv. **30** [1947] 1929, 1937). $[\alpha]_D^{12}$: −13,5° [Acn.; c = 0,8].

Beim Erhitzen mit Kaliumhydroxid in wasserhaltigem Dioxan auf 146° und Behandeln des Reaktionsprodukts mit Acetanhydrid und Pyridin ist 3β,20ξ,21-Triacetoxy-5α,17βH-pregnan-17-ol (F: 118—120° [korr.]; E III **6** 6681) erhalten worden (*Sa., Re.*, l. c. S. 1941).

3β-Benzoyloxy-20ξ,21-epoxy-5α,17βH-pregnan-17-ol $C_{28}H_{38}O_4$, Formel II (R = CO-C₆H₅).

B. Aus 3β-Benzoyloxy-5α,17βH-pregnan-17,20ξ,21-triol (F: 248—249° [korr.]; E III **9** 693) beim Erwärmen mit Toluol-4-sulfonylchlorid in Benzol unter Zusatz von Pyridin (*Salamon, Reichstein*, Helv. **30** [1947] 1929, 1943). Aus 3β-Benzoyloxy-21-[toluol-4-sulfon≈ yloxy]-5α,17βH-pregnan-17,20ξ-diol (F: 178—180° [korr.; Zers.]; E III **11** 241) beim Chromatographieren an alkalihaltigem Aluminiumoxid in Benzol (*Sa., Re.*).

Krystalle (aus Acn.); F: 206—208° [korr.; Kofler-App.].

3,3′-Diacetoxy-10,13,3′-trimethyl-hexadecahydro-spiro[cyclopenta[*a*]phenanthren-17,2′-oxiran] $C_{25}H_{38}O_5$.

a) **3α,20α_F-Diacetoxy-17,20β_F-epoxy-5β-pregnan** $C_{25}H_{38}O_5$, Formel III.
Über die Konfiguration am C-Atom 20 s. *Soloway et al.*, Am. Soc. **76** [1954] 2941.

B. Beim Erhitzen von 3α-Hydroxy-5β-pregnan-20-on mit Acetanhydrid unter Zusatz von Toluol-4-sulfonsäure und Behandeln des Reaktionsprodukts mit Peroxybenzoesäure in Benzol (*Kritchevsky, Gallagher*, Am. Soc. **73** [1951] 184, 187).

Krystalle (aus Acn. + PAe.); F: 167—168°; $[\alpha]_D^{25}$: −6,3° [CHCl₃] (*Kr., Ga.*).

Beim Behandeln mit wss.-äthanol. Natronlauge ist 3α,17-Dihydroxy-5β-pregnan-20-on erhalten worden (*Kr., Ga.*).

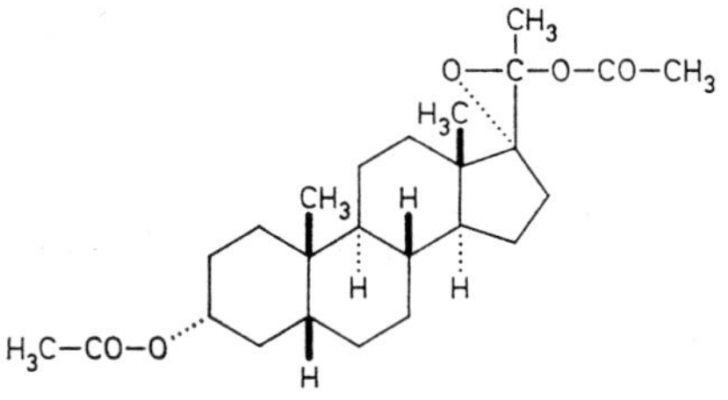

III 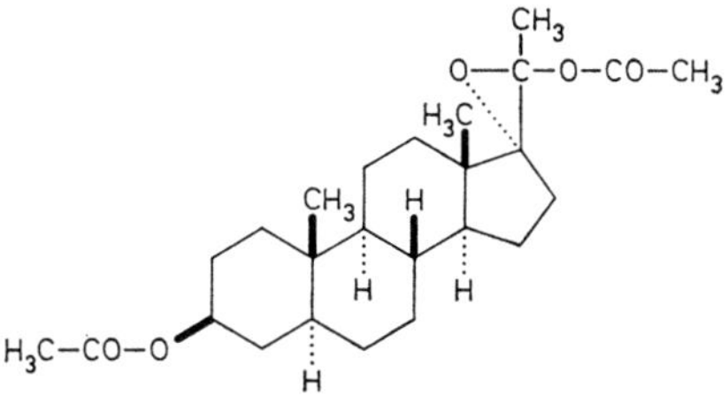   IV

b) **3β,20α_F-Diacetoxy-17,20β_F-epoxy-5α-pregnan** $C_{25}H_{38}O_5$, Formel IV.
Über die Konfiguration am C-Atom 20 s. *Soloway et al.*, Am. Soc. **76** [1954] 2941;
Nussbaum, Carlon, Tetrahedron **8** [1960] 145.

B. Beim Erhitzen von 3β-Acetoxy-5α-pregnan-20-on mit Acetanhydrid unter Zusatz
von Toluol-4-sulfonsäure und Behandeln des Reaktionsprodukts mit Peroxybenzoesäure
in Benzol (*Kritchevsky, Gallagher*, Am. Soc. **73** [1951] 184, 187).

Krystalle (aus Acn. + PAe.); F: 190—193°; $[\alpha]_D^{28}$: —37° [CHCl$_3$] (*Kr., Ga.*).

Beim Erhitzen mit Essigsäure ist 3β-Acetoxy-17-hydroxy-5α-pregnan-20-on erhalten
worden (*So. et al.*). Bildung von 3β,17-Diacetoxy-5α,17βH-pregnan-20-on beim Behandeln
mit Silicagel in Petroläther sowie beim Erhitzen auf 235°: *So. et al.*

3β-Acetoxy-17,20ξ-epoxy-20ξ-formyloxy-5α-pregnan $C_{24}H_{35}ClO_5$, Formel V
(R = CO-CH$_3$).

B. Aus 3β-Acetoxy-5-chlor-20-methyl-5α-pregn-17(20)ξ-en-21-al (F: 194—195°) beim
Behandeln mit Monoperoxyphthalsäure in Äthylacetat und Benzol (*Chamberlin et al.*,
Am. Soc. **79** [1957] 456, 458).

F: 139—142° [unkorr.]. $[\alpha]_D^{24}$: —5,2° [CHCl$_3$].

17,20ξ-Epoxy-5α,17βH-pregnan-3β,21-diol $C_{21}H_{34}O_3$, Formel VI (R = H).

B. Beim Erhitzen der im folgenden Artikel beschriebenen Verbindung mit Kalium=
hydroxid in wasserhaltigem Dioxan (*Salamon, Reichstein*, Helv. **30** [1947] 1929, 1937).

Krystalle, die zwischen 200° und 214° [Kofler-App.] schmelzen [Rohprodukt].

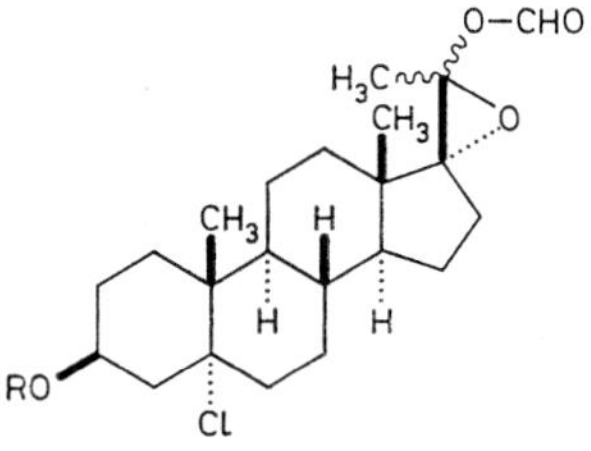

V 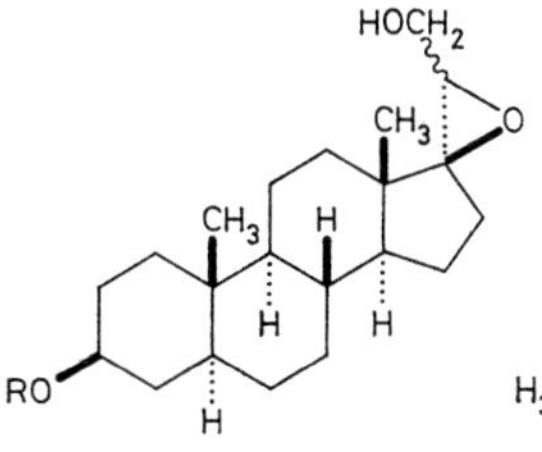   VI 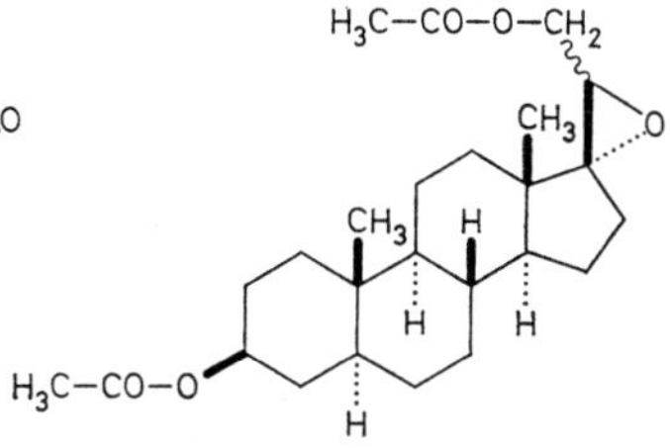   VII

3β-Acetoxy-17,20ξ-epoxy-5α,17βH-pregnan-21-ol $C_{23}H_{36}O_4$, Formel VI (R = CO-CH$_3$).
Die Konfiguration am C-Atom 17 ergibt sich aus der genetischen Beziehung zu
3β,21-Diacetoxy-17,20ξ-epoxy-5α,17βH-pregnan (F: 144—146° [korr.] [S. 2092]).

B. s. S. 2090 im Artikel 3β-Acetoxy-20ξ,21-epoxy-5α,17βH-pregnan-17-ol vom F:
184—187°.

Krystalle (aus CHCl$_3$ + Ae.), die zwischen 152° und 174° [Kofler-App.] schmelzen (*Salamon, Reichstein*, Helv. **30** [1947] 1929, 1937).

**3-Acetoxy-3'-acetoxymethyl-10,13-dimethyl-hexadecahydro-spiro[cyclopenta[a]phen=
anthren-17,2'-oxiran]** $C_{25}H_{38}O_5$.

a) **3β,21-Diacetoxy-17,20ξ-epoxy-5α-pregnan** $C_{25}H_{38}O_5$, Formel VII.
B. s. bei dem unter b) beschriebenen Stereoisomeren.

Krystalle (aus Acn. + PAe.); F: 149—153° [korr.; Kofler-App.] (*Lardon, Reichstein*,
Helv. **34** [1951] 756, 762). $[\alpha]_D^{17}$ +18° [CHCl$_3$; c = 1].

Beim Erhitzen mit Kaliumhydroxid in wasserhaltigem Dioxan und Behandeln des Reaktionsprodukts mit Acetanhydrid und Pyridin sind eine Verbindung $C_{27}H_{40}O_6$ (Krystalle [aus Ae. + PAe.], F: 134—136° [korr.; Kofler-App.], $[\alpha]_D^{16}$: —9,4° [CHCl$_3$; c = 2]; möglicherweise 3β,20,21-Triacetoxy-5α-pregn-17(20)ξ-en) und geringere Mengen 3β,20α_F,21-Triacetoxy-5α-pregnan-17-ol erhalten worden.

b) **3β,21-Diacetoxy-17,20ξ-epoxy-5α,17βH-pregnan** $C_{25}H_{38}O_5$, Formel VIII, vom F: 144—146°.

B. Neben grösseren Mengen des unter a) beschriebenen Stereoisomeren beim Behandeln von 3β,21-Diacetoxy-5α-pregn-17(20)t-en mit Peroxybenzoesäure in Chloroform (*Lardon, Reichstein*, Helv. **34** [1951] 756, 762). Neben 3β,20ξ,21-Triacetoxy-5α,17βH-pregnan-17-ol (F: 148—150° [korr.]; E III **6** 6682) beim Erhitzen von 3β-Acetoxy-20ξ,21-epoxy-5α,17βH-pregnan-17-ol vom F: 184—187° [korr.] (S. 2090) mit Kaliumhydroxid in wasserhaltigem Dioxan auf 127° und Behandeln des Reaktionsprodukts mit Acetanhydrid und Pyridin (*Salamon, Reichstein*, Helv. **30** [1947] 1929, 1940). Beim Behandeln von 17,20ξ-Epoxy-5α,17βH-pregnan-3β,21-diol (bei 200—214° schmelzend [S. 2091]) oder von 3β-Acetoxy-17,20ξ-epoxy-5α,17βH-pregnan-21-ol (bei 152—174° schmelzend [S. 2091]) mit Acetanhydrid und Pyridin (*Sa., Re.,* l. c. S. 1937).

Krystalle; F: 144—146° [korr.; Kofler-App.; aus Ae. + PAe.] (*Sa., Re.*), 136—138° [korr.; Kofler-App.; aus PAe.] (*La., Re.*). $[\alpha]_D^{18}$: —28,2° [CHCl$_3$; c = 0,7] (*La., Re.*).

c) **3β,21-Diacetoxy-17,20ξ-epoxy-5α,17βH-pregnan** $C_{25}H_{38}O_5$, Formel VIII, vom F: 120—122°.

B. Neben 3β,20ξ,21-Triacetoxy-5α,17βH-pregnan-17-ol (F: 118—120° [korr.]; E III **6** 6681) beim Erhitzen von 3β,17-Diacetoxy-21-brom-5α,17βH-pregnan-20ξ-ol (F: 150—152° [korr.; Zers.]; E III **6** 6408) mit Kaliumhydroxid in wasserhaltigem Dioxan auf 142° und Behandeln des Reaktionsprodukts mit Acetanhydrid und Pyridin (*Salamon, Reichstein*, Helv. **30** [1947] 1616, 1629).

Krystalle (aus PAe.); F: 120—122° [korr.; Kofler-App.].

18,20ξ-Epoxy-20ξ-methoxy-5α-pregnan-3β-ol $C_{22}H_{36}O_3$, Formel IX (R = H).

B. Beim Behandeln von 18,20ξ-Epoxy-5α-pregnan-3β,20ξ-diol (F: 158,5—159° [Zers.]; Syst. Nr. 775) mit Chlorwasserstoff enthaltendem Methanol (*Lábler, Šorm*, Collect. **24** [1959] 2975, 2983).

Krystalle (aus Hexan); F: 174—175° [Kofler-App.]. $[\alpha]_D^{20}$: +75° [CHCl$_3$; c = 2].

VIII   IX

3β-Acetoxy-18,20ξ-epoxy-20ξ-methoxy-5α-pregnan $C_{24}H_{38}O_4$, Formel IX (R = CO-CH$_3$).

B. Beim Behandeln der im vorangehenden Artikel beschriebenen Verbindung mit Acetanhydrid und Pyridin (*Lábᵢer, Šorm*, Collect. **24** [1959] 2975, 2983).

Krystalle (aus Me.); F: 172,5—173° [Kofler-App.]. $[\alpha]_D^{20}$: +56,5° [CHCl$_3$; c = 2].

3β,20β_F-Diacetoxy-1α,2α-epoxy-5α-pregnan $C_{25}H_{38}O_5$, Formel X.

B. Neben 3β,20β_F-Diacetoxy-5α-pregnan-1α,2β-diol beim Behandeln von 3β,20β_F-Diacetoxy-5α-pregn-1-en mit Peroxybenzoesäure in Chloroform (*Schütt, Tamm*, Helv. **41** [1958] 1751, 1759).

Krystalle (aus Me.); F: 112—115° [korr.; Kofler-App.]. $[\alpha]_D^{20}$: +21° [CHCl$_3$; c = 1].

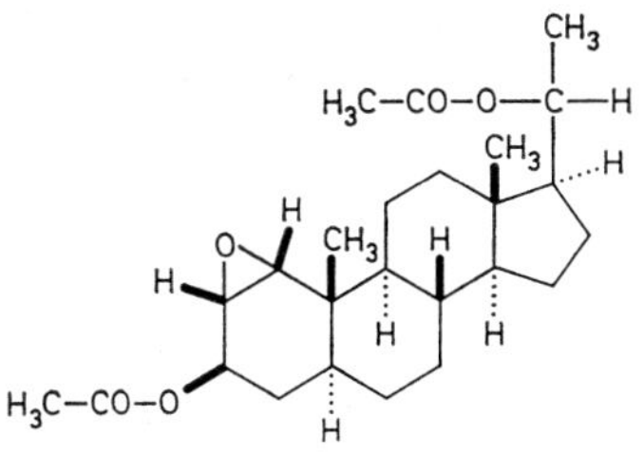

X 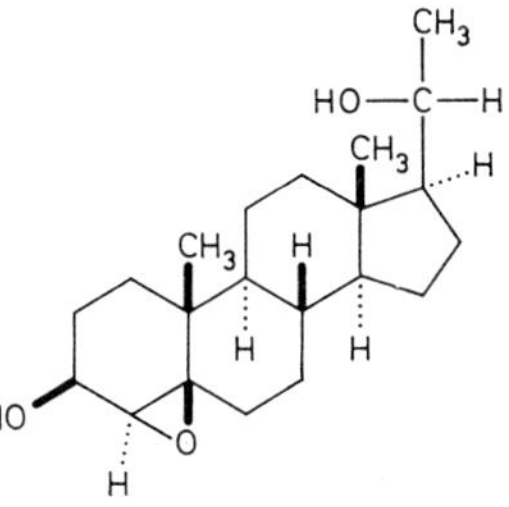   XI

**4,5-Epoxy-17-[1-hydroxy-äthyl]-10,13-dimethyl-hexadecahydro-cyclopenta[*a*]phen=
anthren-3-ol** $C_{21}H_{34}O_3$.

a) **4β,5-Epoxy-5β-pregnan-3β,20β_F-diol** $C_{21}H_{34}O_3$, Formel XI.

B. Aus Pregn-4-en-3β,20β_F-diol beim Behandeln mit Monoperoxyphthalsäure in
Chloroform (*Camerino, Patelli*, Farmaco Ed. scient. **11** [1956] 579, 584).
Krystalle (aus A.); F: 237—239° [Fisher-Johns-App.].

b) **4β,5-Epoxy-5β-pregnan-3α,20β_F-diol** $C_{21}H_{34}O_3$, Formel XII.

B. Aus 4β,5-Epoxy-5β-pregnan-3,20-dion beim Behandeln mit Natriumboranat in
Äthanol (*Camerino et al.*, Farmaco Ed. scient. **13** [1958] 39, 46).
Krystalle (aus Me.); F: 223—225° [unkorr.].

c) **4α,5-Epoxy-5α-pregnan-3β,20β_F-diol** $C_{21}H_{34}O_3$, Formel XIII (R = H).

B. Aus 4α,5-Epoxy-5α-pregnan-3,20-dion beim Behandeln mit Natriumboronat in
Äthanol (*Camerino et al.*, Farmaco Ed. scient. **13** [1958] 39, 47; *Camerino, Sciaky*, G. **89**
[1959] 654, 659).
Krystalle; F: 248—251° [unkorr.; aus A.] (*Ca. et al.*), 235—237° [unkorr.; Fisher-
Johns-App.; aus Me.] (*Ca., Sc.*). [α]$_D^{22}$: +49° [A.; c = 1] (*Ca., Sc.*).

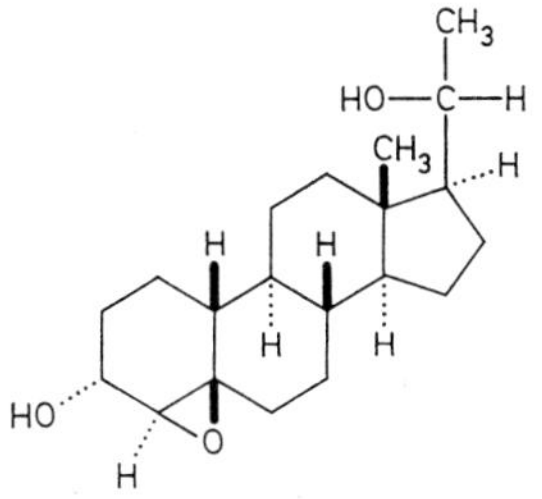

XII 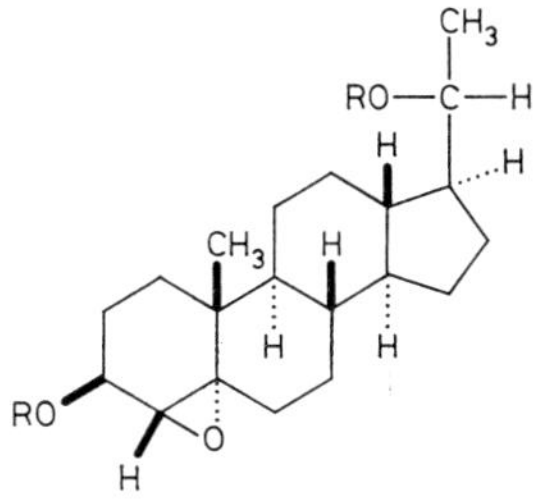   XIII

3β,20β_F-Diacetoxy-4α,5-epoxy-5α-pregnan $C_{25}H_{38}O_5$, Formel XIII (R = CO-CH$_3$).

B. Aus 4α,5-Epoxy-5α-pregnan-3β,20β_F-diol (*Camerino, Sciaky*, G. **89** [1959] 654, 659).
Krystalle (aus Me.); F: 145—147° [unkorr.; Fisher-Johns-App.]. [α]$_D^{22}$: +61° [CHCl$_3$;
c = 1].

5,6α-Epoxy-5α-pregnan-3β,20β_F-diol $C_{21}H_{34}O_3$, Formel I (R = H).

B. Aus Pregn-5-en-3β,20β_F-diol beim Behandeln mit Monoperoxyphthalsäure in
Chloroform (*Wada*, J. pharm. Soc. Japan **79** [1959] 684, 687; C. A. **1959** 22085). Aus
3β-Hydroxy-5,6α-epoxy-5α-pregnan-20-on beim Behandeln mit Natriumboranat in
Äthanol (*Wada*).
Krystalle (aus E.); F: 240—245° [unkorr.]. [α]$_D^{24}$: —74° [CHCl$_3$; c = 0,5].

3β,20β_F-Diacetoxy-5,6α-epoxy-5α-pregnan $C_{25}H_{38}O_5$, Formel I (R = CO-CH$_3$).

B. Aus 3β,20β_F-Diacetoxy-pregn-5-en mit Hilfe von Peroxybenzoesäure (*Ringold
et al.*, J. org. Chem. **22** [1957] 99).
Krystalle; F: 180—181° [unkorr.]. [α]$_D^{20}$: —39° [CHCl$_3$].

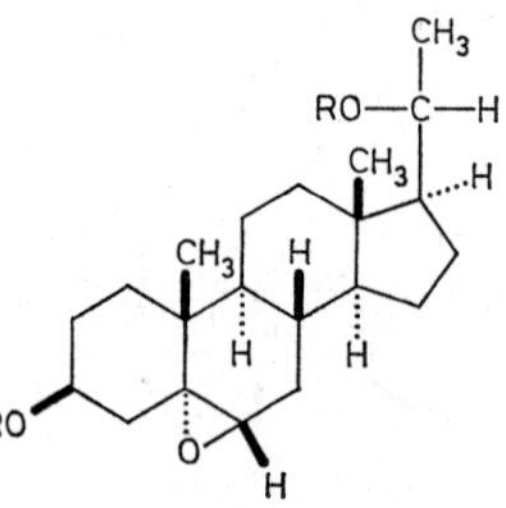

I

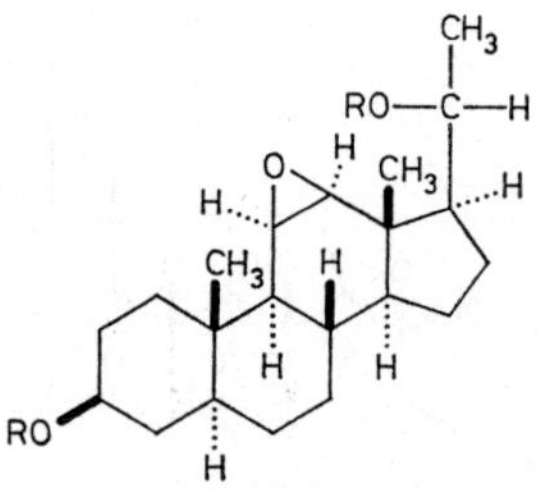

II

**11,12-Epoxy-17-[1-hydroxy-äthyl]-10,13-dimethyl-hexadecahydro-cyclopenta[a]phen=
anthren-3-ol** $C_{21}H_{34}O_3$.

a) **11β,12β-Epoxy-5α-pregnan-3β,20β$_F$-diol** $C_{21}H_{34}O_3$, Formel II (R = H).

B. Aus 3β,20β$_F$-Diacetoxy-11α-brom-5α-pregnan-12β-ol oder aus 3β,20β$_F$-Diacetoxy-
11β,12β-epoxy-5α-pregnan beim Erwärmen mit methanol. Kalilauge (*Callow, James*,
Soc. **1956** 4744, 4748). Aus 3β-Acetoxy-11α-brom-20β$_F$-hydroxy-5α-pregnan-12-on beim
Behandeln mit Natriumboranat und Natriumhydrogencarbonat in wss. Äthanol (*Kirk
et al.*, Soc. **1957** 1046, 1053).

Krystalle; F: 216—226° [Kofler-App.] (*Ca., Ja.*), 218—221° [aus wss. Me.] (*Kirk
et al.*). [α]$_D^{22}$: +5° [CHCl₃; c = 1] (*Ca., Ja.*); [α]$_D^{24}$: +34° [CHCl₃; c = 1] (*Kirk et al.*).

b) **11α,12α-Epoxy-5α-pregnan-3β,20β$_F$-diol** $C_{21}H_{34}O_3$, Formel III.

Diese Konstitution und Konfiguration kommt vermutlich der nachstehend beschriebenen Verbindung zu.

B. Aus 3β,20β$_F$-Diacetoxy-11β-brom-5α-pregnan-12α-ol oder aus 3β-Acetoxy-11β-brom-
5α-pregnan-12α,20β$_F$-diol (Rohprodukt; bei 210—217° schmelzend; [α]$_D^{23}$: −20° [CHCl₃])
beim Erwärmen mit methanol. Kalilauge (*Callow, James*, Soc. **1956** 4744, 4748).

Krystalle, die bei 200—220° [Kofler-App.] schmelzen (Rohprodukt).

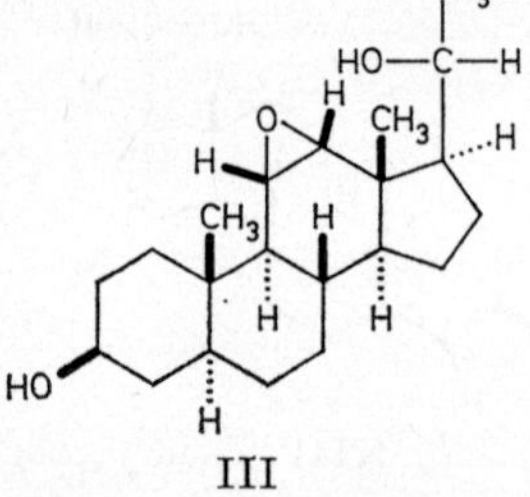

III

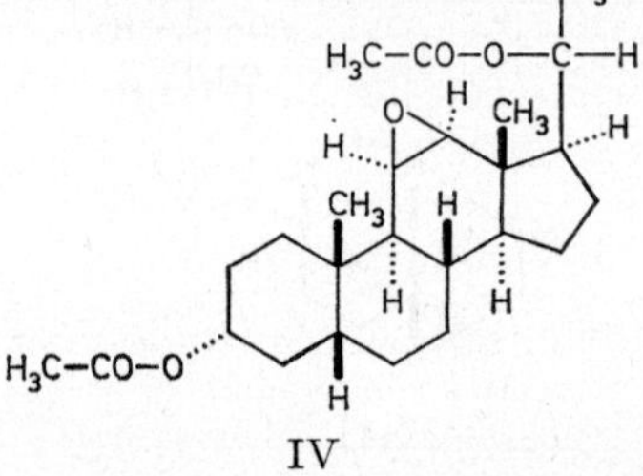

IV

**3-Acetoxy-17-[1-acetoxy-äthyl]-11,12-epoxy-10,13-dimethyl-hexadecahydro-cyclo=
penta[a]phenanthren** $C_{25}H_{38}O_5$.

a) **3α,20β$_F$-Diacetoxy-11β,12β-epoxy-5β-pregnan** $C_{25}H_{38}O_5$, Formel IV.

B. Bei der Behandlung von 3α,20β$_F$-Diacetoxy-12α-brom-5β-pregnan-11β-ol mit
Kalium-*tert*-butylat in *tert*-Butylalkohol und anschliessenden Acetylierung (*Jones,
Wluka*, Soc. **1959** 907, 910).

Krystalle (aus Me.); F: 159—160° [korr.; Kofler-App.]. [α]$_D$: +74° [CHCl₃; c = 1].

b) **3β,20β$_F$-Diacetoxy-11β,12β-epoxy-5α-pregnan** $C_{25}H_{38}O_5$, Formel II (R = CO-CH₃).

B. Neben anderen Verbindungen beim Erwärmen von 3β,20β$_F$-Diacetoxy-11α-brom-
5α-pregnan-12-on mit Natriumboranat und wss. Natriumhydrogencarbonat in Äthanol
und Dioxan (*Callow, James*, Soc. **1956** 4744, 4747).

Krystalle (aus Hexan); F: 153—155° [korr.; Kofler-App.]. [α]$_D^{23}$: +51° [CHCl₃;
c = 1].

3β,20β$_F$-Diacetoxy-16α,17-epoxy-5α-pregnan $C_{25}H_{38}O_5$, Formel V.

B. Neben 3β,20β$_F$-Diacetoxy-5α-pregnan-17-ol und 3β,20α$_F$-Diacetoxy-5α-pregnan-

17-ol beim Behandeln einer Lösung von 3β-Acetoxy-16α,17-epoxy-5α-pregnan-20-on in Benzol mit Lithiumalanat in Äther und Behandeln des Reaktionsprodukts mit Acetanhydrid und Pyridin (*Plattner et al.*, Helv. **31** [1948] 2210, 2212).

Krystalle (aus Me. + W.); F: 160–161° [korr.; evakuierte Kapillare]. $[\alpha]_D^{21}$: +52,6° [Acn.; c = 1].

12α,20α$_F$-Epoxy-5α,14β,17β*H*-pregnan-3β,11α-diol, 12α,20α$_F$-Epoxy-diginan-3β,11α-diol [1]) $C_{21}H_{34}O_3$, Formel VI (R = H).

Konstitution und Konfiguration: *Shoppee et al.*, Soc. **1962** 3610, 3619.

B. Aus 12α,20α$_F$-Epoxy-14β,17β*H*-pregn-5-en-3β,11α-diol (hergestellt aus Diginigenin) bei der Hydrierung an Platin in Essigsäure (*Shoppee*, Helv. **27** [1944] 246, 252).

Krystalle (aus Acn. + Ae. + Pentan); F: 190–191° [korr.; Kofler-App.]. $[\alpha]_D^{16}$: +7,9° [Acn.; c = 1].

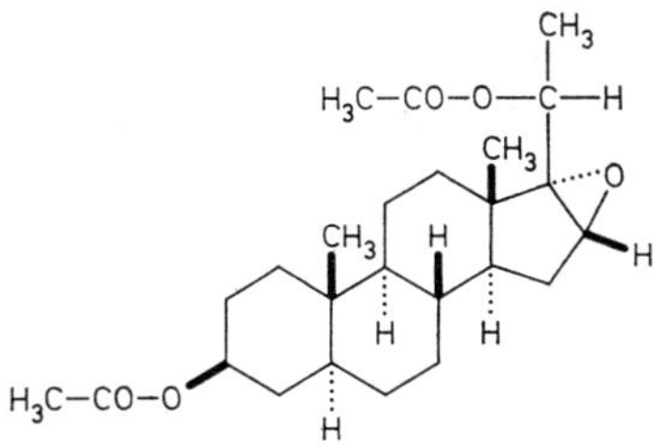

V

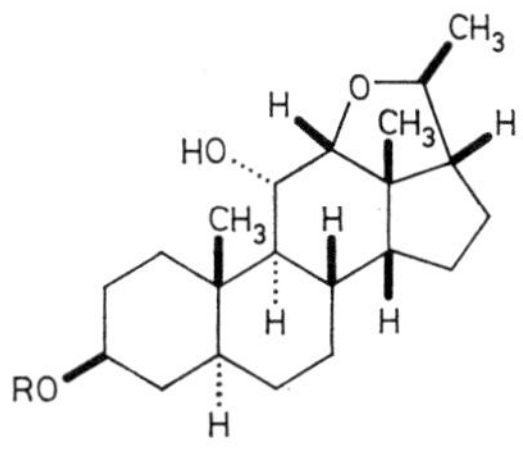

VI

3β-Acetoxy-12α,20α$_F$-epoxy-5α,14β,17β*H*-pregnan-11α-ol, 3β-Acetoxy-12α,20α$_F$-epoxy-diginan-11α-ol $C_{23}H_{36}O_4$, Formel VI (R = CO-CH_3).

B. Beim Erhitzen der im vorangehenden Artikel beschriebenen Verbindung mit Acetanhydrid (*Shoppee*, Helv. **27** [1944] 246, 253).

Bei 130–140°/0,02 Torr destillierbar.

Hydroxy-Verbindungen $C_{24}H_{40}O_3$

2-Acetoxy-8-[2-hydroxy-äthyl]-4a,6a,7-trimethyl-octadecahydro-naphth[2′,1′;4,5]indeno[2,1-*b*]furan $C_{26}H_{42}O_4$.

a) **3β-Acetoxy-16β,22ξ-epoxy-5β-cholan-24-ol, 3β-Acetoxy-25,26,27-trinor-5β,22ξ*H*-furostan-24-ol** $C_{26}H_{42}O_4$, Formel VII.

B. Beim Behandeln von 27-Nor-5β,22ξ*H*-furost-24*t*-en-3β-ol (F: 119–121°; aus Dihydrosarsasapogenin hergestellt) mit Acetanhydrid und Pyridin, Behandeln des erhaltenen *O*-Acetyl-Derivats mit Osmium(VIII)-oxid in wss. Dioxan und Behandeln des Reaktionsprodukts mit Natriumboranat in Methanol (*Thompson et al.*, Am. Soc. **81** [1959] 5225, 5229).

Krystalle (aus wss. Me.); F: 120–122° [Kofler-App.]. $[\alpha]_D^{20}$: +2° [$CHCl_3$; c = 1].

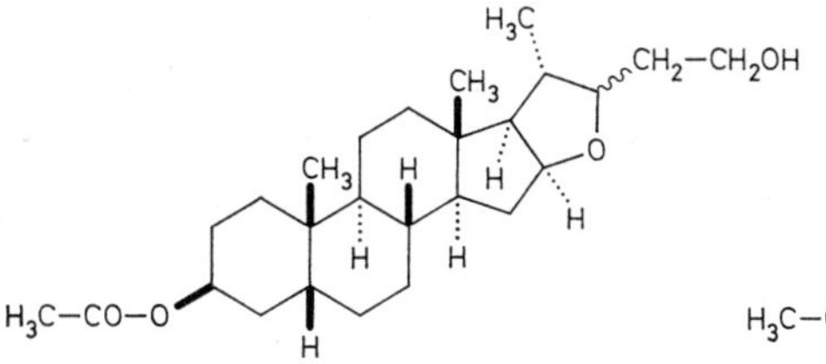

VII

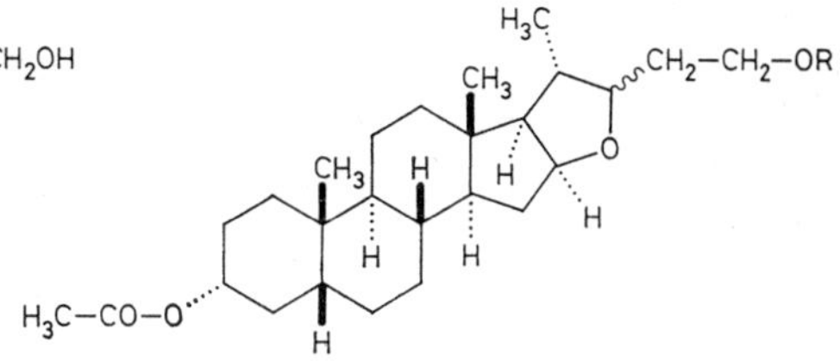

VIII

---

[1]) Die Stellungsbezeichnung bei von Diginan abgeleiteten Namen entspricht der bei Pregnan verwendeten.

b) **3α-Acetoxy-16β,22ξ-epoxy-5β-cholan-24-ol, 3α-Acetoxy-25,26,27-trinor-5β,22ξH-furostan-24-ol** $C_{26}H_{42}O_4$, Formel VIII (R = H).

B. Aus 3α-Acetoxy-16β,22ξ-epoxy-5β-cholan-24-al (Semicarbazon: F: 217—220°) beim Behandeln mit Natriumboranat in Methanol (*Thompson et al.*, Am. Soc. **81** [1959] 5225, 5229).

Krystalle (aus PAe.); F: 101—102,5° [Kofler-App.]. $[\alpha]_D^{20}$: +20° [CHCl$_3$; c = 1].

IX   X

3α-Acetoxy-16β,22ξ-epoxy-24-[toluol-4-sulfonyloxy]-5β-cholan, 3α-Acetoxy-24-[toluol-4-sulfonyloxy]-25,26,27-trinor-5β,22ξH-furostan $C_{33}H_{48}O_6S$, Formel VIII (R = SO$_2$-C$_6$H$_4$-CH$_3$).

B. Aus der im vorangehenden Artikel beschriebenen Verbindung beim Behandeln mit Toluol-4-sulfonylchlorid und Pyridin (*Thompson et al.*, Am. Soc. **81** [1959] 5225, 5229).

Krystalle (aus PAe.); F: 134—136° [Kofler-App.]. $[\alpha]_D^{20}$: +23° [CHCl$_3$; c = 1].

9,11α-Epoxy-5β-cholan-3α,24-diol $C_{24}H_{40}O_3$, Formel IX (R = H).

B. Aus 9,11α-Epoxy-3-oxo-5β-cholan-24-säure-methylester oder aus 9,11α-Epoxy-3α-hydroxy-5β-cholan-24-säure-methylester beim Behandeln mit Lithiumalanat in Äther (*Fieser, Rajagopalan*, Am. Soc. **73** [1951] 118, 121).

Krystalle (aus wss. Me.); F: 184—185° [unkorr.]. $[\alpha]_D^{25}$: +27° [Dioxan].

3α,24-Diacetoxy-9,11α-epoxy-5β-cholan $C_{28}H_{44}O_5$, Formel IX (R = CO-CH$_3$).

B. Beim Behandeln von 9,11α-Epoxy-5β-cholan-3α,24-diol mit Acetanhydrid und Pyridin (*Fieser, Rajagopalan*, Am. Soc. **73** [1951] 118, 121).

Krystalle (aus Me.); F: 104—105° [unkorr.]. $[\alpha]_D^{25}$: +41° [Dioxan].

3α,9-Epoxy-5β-cholan-11β,24-diol $C_{24}H_{40}O_3$, Formel X.

B. Aus 3α,9-Epoxy-11-oxo-5β-cholan-24-säure-methylester beim Behandeln mit Lithiumalanat in Äther (*Fieser, Rajagopalan*, Am. Soc. **73** [1951] 118, 121).

Krystalle (aus Bzl. + Bzn. + Ae.), F: 155—156° [unkorr.]; Krystalle (aus Me.) mit 6 Mol H$_2$O, F: 104—105° und (nach Wiedererstarren bei weiterem Erhitzen) F: 155°. $[\alpha]_D^{25}$: +63° [Dioxan].

O-Acetyl-Derivat $C_{26}H_{42}O_4$. Krystalle (aus Me.); F: 130—131° [unkorr.]. $[\alpha]_D^{25}$: +57° [Dioxan].

Hydroxy-Verbindungen $C_{26}H_{44}O_3$

(2$\overline{RS}$)-5(oder 7 oder 8)-Methoxy-2-methyl-2-[(4R,8R)-4,8,12-trimethyl-tridecyl]-chroman-6-ol [1]), (2$\overline{RS}$,4'R,8'R)-5(oder 7 oder 8)-Methoxy-tocol [1]) [2]) $C_{27}H_{46}O_3$, Formel XI.

B. Beim Erwärmen von (7R,11R)-*trans*-Phytol (E IV **1** 2208) mit 2-Methoxy-hydro≠chinon, Ameisensäure und Benzol (*Karrer, Dürr*, Helv. **32** [1949] 1361, 1363).

Bei 180—190°/0,03 Torr destillierbar.

O-Acetyl-Derivat $C_{29}H_{48}O_4$. Kp$_{0,03}$: 200—205°.

O-Allophanoyl-Derivat $C_{29}H_{48}N_2O_5$. Krystalle [aus A.]; F: 105—107°.

---

[1]) Über das Symbol (2$\overline{RS}$) s. S. 1407 Anm. 1.

[2]) Stellungsbezeichnung bei von Tocol abgeleiteten Namen s. Formel V auf S. 1408.

XI

2-Acetoxy-8-[3-hydroxy-butyl]-4a,6a,7-trimethyl-octadecahydro-naphth[2′,1′;4,5]=indeno[2,1-b]furan $C_{28}H_{46}O_4$.

   a) **(25Ξ)-3β-Acetoxy-27-nor-5β,22ξH-furostan-25-ol** $C_{28}H_{46}O_4$, Formel XII (R = H).

   B. Aus 3β-Acetoxy-27-nor-5β,22ξH-furostan-25-on (F: 157—159°; hergestellt aus Dihydrosarsasapogenin) beim Behandeln mit Natriumboranat in Methanol (*Thompson et al.*, Am. Soc. **81** [1959] 5225, 5229).

   Krystalle (aus PAe.); F: 148—150° [Kofler-App.]. $[\alpha]_D^{20}$: +2° [CHCl$_3$; c = 1].
   [Toluol-4-sulfonyl]-Derivat s. u.

XII   XIII

   b) **(25Ξ)-3α-Acetoxy-27-nor-5β,22ξH-furostan-25-ol** $C_{28}H_{46}O_4$, Formel XIII (R = H).

   B. Aus 3α-Acetoxy-27-nor-5β,22ξH-furostan-25-on (F: 114—116°; hergestellt aus Dihydroepisarsasapogenin) beim Behandeln mit Natriumboranat in Methanol (*Thompson et al.*, Am. Soc. **81** [1959] 5225, 5228).

   Krystalle (aus PAe.); F: 117—119° [Kofler-App.]. $[\alpha]_D^{20}$: +21° [CHCl$_3$; c = 1].
   [Toluol-4-sulfonyl]-Derivat s. u.

2-Acetoxy-4a,6a,7-trimethyl-8-[3-(toluol-4-sulfonyloxy)-butyl]-octadecahydro-naphth=[2′,1′;4,5]indeno[2,1-b]furan $C_{35}H_{52}O_6S$.

   a) **(25Ξ)-3β-Acetoxy-25-[toluol-4-sulfonyloxy]-27-nor-5β,22ξH-furostan** $C_{35}H_{52}O_6S$, Formel XII (R = SO$_2$-C$_6$H$_4$-CH$_3$).

   B. Beim Behandeln von (25Ξ)-3β-Acetoxy-27-nor-5β,22ξH-furostan-25-ol (s. o.) mit Toluol-4-sulfonylchlorid und Pyridin (*Thompson et al.*, Am. Soc. **81** [1959] 5225, 5229).

   Krystalle (aus PAe.); F: 112—114° [Kofler-App.]. $[\alpha]_D^{20}$: +3° [CHCl$_3$; c = 1].

   b) **(25Ξ)-3α-Acetoxy-25-[toluol-4-sulfonyloxy]-27-nor-5β,22ξH-furostan** $C_{35}H_{52}O_6S$, Formel XIII (R = SO$_2$-C$_6$H$_4$-CH$_3$).

   B. Beim Behandeln von (25Ξ)-3α-Acetoxy-27-nor-5β,22ξH-furostan-25-ol (s. o.) mit Toluol-4-sulfonylchlorid und Pyridin (*Thompson et al.*, Am. Soc. **81** [1959] 5225, 5229).

   Krystalle (aus Bzl. + PAe.); F: 122—124° [Kofler-App.]. $[\alpha]_D^{20}$: +24° [CHCl$_3$; c = 1].

Dihydroxy-Verbindungen $C_{27}H_{46}O_3$

(2$\overline{RS}$)-6-Acetoxy-2,5(oder 2,7)-dimethyl-7(oder 5)-methylmercapto-2-[(4R,8R)-4,8,12-trimethyl-tridecyl]-chroman [1]**, (2$\overline{RS}$,4′R,8′R)-O-Acetyl-5(oder 7)-methyl-7(oder 5)-methylmercapto-tocol** [1] [2]) $C_{30}H_{50}O_3S$, Formel XIV (R = CH$_3$, X = SCH$_3$ oder R = SCH$_3$, X = CH$_3$).

   B. Beim Erhitzen von (7R,11R)-*trans*-Phytol (E IV **1** 2208) mit 2-Methyl-6-methyl=mercapto-hydrochinon (E III **6** 6315) und Ameisensäure und Erwärmen des Reaktions-produkts mit Acetanhydrid und Pyridin (*Karrer, Dutta*, Helv. **31** [1948] 2080, 2086).

   Bei 200—210°/0,005 Torr destillierbar.

---

[1]) Über das Symbol (2$\overline{RS}$) s. S. 1407 Anm. 1.

[2]) Stellungsbezeichnung bei von Tocol abgeleiteten Namen s. Formel V auf S. 1408.

XIV

$(2\overline{RS})$-5(oder 8)-Methoxy-2,8(oder 2,5)-dimethyl-2-[(4R,8R)-4,8,12-trimethyl-tridecyl]-chroman-6-ol [1]), $(2\overline{RS},4'R,8'R)$-5(oder 8)-Methoxy-8(oder 5)-methyl-tocol [1]) [2]) $C_{28}H_{48}O_3$. Formel XV (R = OCH_3, X = CH_3 oder R = CH_3, X = OCH_3).

B. Beim Erwärmen von $(7R,11R)$-*trans*-Phytol (E IV **1** 2208) mit 2-Methoxy-5-methyl-hydrochinon, Ameisensäure und Benzol (*Karrer, Dürr*, Helv. **32** [1949] 1361, 1364).

Acetyl-Derivat $C_{30}H_{50}O_4$. Bei 200—220°/0,03 Torr destillierbar.

Allophanoyl-Derivat $C_{30}H_{50}N_2O_5$. F: 103° [nach Sintern bei 100°].

XV

$(2\overline{RS})$-2,5(oder 2,8)-Dimethyl-8(oder 5)-methylmercapto-2-[(4R,8R)-4,8,12-trimethyl-tridecyl]-chroman-6-ol [1]), $(2\overline{RS},4'R,8'R)$-5(oder 8)-Methyl-8(oder 5)-methylmercapto-tocol [1]) [2]) $C_{28}H_{48}O_2S$, Formel XV (R = SCH_3, X = CH_3 oder R = CH_3, X = SCH_3).

B. Beim Erhitzen von $(7R,11R)$-*trans*-Phytol (E IV **1** 2208) mit 2-Methyl-5-methyl‌mercapto-hydrochinon und Ameisensäure (*Karrer, Dutta*, Helv. **31** [1948] 2080, 2087).

O-Acetyl-Derivat $C_{30}H_{50}O_3S$. Bei 210—220°/0,01 Torr destillierbar.

10,13-Dimethyl-17-[1-(5-methyl-tetrahydro-pyran-2-yl)-äthyl]-hexadecahydro-cyclo‌penta[a]phenanthren-3,16-diol $C_{27}H_{46}O_3$.

a) **Höherschmelzendes (22Ξ,25R)-22,26-Epoxy-5α-cholestan-3β,16ξ-diol** $C_{27}H_{46}O_3$, Formel I (R = H).

B. Neben dem unter b) beschriebenen Stereoisomeren und grösseren Mengen Dihydro‌tigogenin ((25R)-5α,22ξH-Furostan-3β,26-diol) bei der Hydrierung von Kryptogenin ((25R)-3β,26-Dihydroxy-cholest-5-en-16,22-dion) oder von 5,6-Dihydro-kryptogenin ((25R)-3β,26-Dihydroxy-5α-cholestan-16,22-dion) an Platin in Essigsäure (*Scheer et al.*, Am. Soc. **79** [1957] 3218, 3219).

Krystalle (aus E.); F: 240—240,5°, F: 265—268° und F: 276—277° [Kofler-App.]. $[\alpha]_D^{20}$: —22° [$CHCl_3$; c = 1]. IR-Banden ($CHCl_3$; 1129—907 cm^{-1}): *Sch. et al.*, l. c. S. 3220.

Diacetyl-Derivat s. u. und Bis-[3,5-dinitro-benzoyl]-Derivat s. S. 2099.

b) **Niedrigerschmelzendes (22Ξ,25R)-22,26-Epoxy-5α-cholestan-3β,16ξ-diol** $C_{27}H_{46}O_3$, Formel I (R = H).

B. s. bei dem unter a) beschriebenen Stereoisomeren.

Krystalle (aus E.); F: 212—215° [Kofler-App.] (*Scheer et al.*, Am. Soc. **79** [1957] 3218, 3220). $[\alpha]_D^{20}$: +5,5° [$CHCl_3$; c = 1]. IR-Banden ($CHCl_3$; 1129—905 cm^{-1}): *Sch. et al.*

Diacetyl-Derivat und Bis-[3,5-dinitro-benzoyl]-Derivat S. 2099.

3,16-Diacetoxy-10,13-dimethyl-17-[1-(5-methyl-tetrahydro-pyran-2-yl)-äthyl]-hexa‌decahydro-cyclopenta[a]phenanthren $C_{31}H_{50}O_5$.

a) **(22Ξ,25R)-3β,16ξ-Diacetoxy-22,26-epoxy-5α-cholestan** $C_{31}H_{50}O_5$, Formel I (R = CO-CH_3), vom F: 153°.

B. Beim Behandeln von höherschmelzendem (22Ξ,25R)-22,26-Epoxy-5α-cholestan-

---

[1]) Über das Symbol $(2\overline{RS})$ s. S. 1407 Anm.

[2]) Stellungsbezeichnung bei von Tocol abgeleiteten Namen s. Formel V auf S. 1408.

3β,16ξ-diol (S. 2098) mit Acetanhydrid und Pyridin (*Scheer et al.*, Am. Soc. **79** [1957] 3218, 3219).

Krystalle (aus Me.); F: 152—153° [Kofler-App.]. $[\alpha]_D^{20}$: +31° [CHCl$_3$; c = 1].

b) **(22$\varXi$,25R)-3β,16ξ-Diacetoxy-22,26-epoxy-5α-cholestan** C$_{31}$H$_{50}$O$_5$, Formel I (R = CO-CH$_3$), vom F: **182°**.

B. Beim Behandeln von niedrigerschmelzendem (22$\varXi$,25R)-22,26-Epoxy-5α-cholestan-3β,16ξ-diol (S. 2098) mit Acetanhydrid und Pyridin (*Scheer et al.*, Am. Soc. **79** [1957] 3218, 3220).

Krystalle (aus Me.); F: 179—182° [Kofler-App.]. $[\alpha]_D^{20}$: +54° [CHCl$_3$; c = 1].

3,16-Bis-[3,5-dinitro-benzoyloxy]-10,13-dimethyl-17-[1-(5-methyl-tetrahydro-pyran-2-yl)-äthyl]-hexadecahydro-cyclopenta[*a*]phenanthren C$_{41}$H$_{50}$N$_4$O$_{13}$.

a) **(22$\varXi$,25R)-3β,16ξ-Bis-[3,5-dinitro-benzoyloxy]-22,26-epoxy-5α-cholestan** C$_{41}$H$_{50}$N$_4$O$_{13}$, Formel I (R = CO-C$_6$H$_3$(NO$_2$)$_2$), vom F: **269°**.

B. Beim Behandeln von höherschmelzendem (22$\varXi$,25R)-22,26-Epoxy-5α-cholestan-3β,16ξ-diol (S. 2098) mit 3,5-Dinitro-benzoylchlorid und Pyridin (*Scheer et al.*, Am. Soc. **79** [1957] 3218, 3220).

Krystalle (aus Acn. + Me.); F: 268—269° [Kofler-App.]. $[\alpha]_D^{20}$: +19° [CHCl$_3$; c = 1].

b) **(22$\varXi$,25R)-3β,16ξ-Bis-[3,5-dinitro-benzoyloxy]-22,26-epoxy-5α-cholestan** C$_{41}$H$_{50}$N$_4$O$_{13}$, Formel I (R = CO-C$_6$H$_3$(NO$_2$)$_2$), vom F: **237°**.

B. Beim Behandeln von niedrigerschmelzendem (22$\varXi$,25R)-3β,16ξ-diol (S. 2098) mit 3,5-Dinitro-benzoylchlorid und Pyridin (*Scheer et al.*, Am. Soc. **79** [1957] 3218, 3220).

Krystalle (aus Acn. + Me.); F: 235—237° [Kofler-App.]. $[\alpha]_D^{20}$: +36° [CHCl$_3$; c = 1].

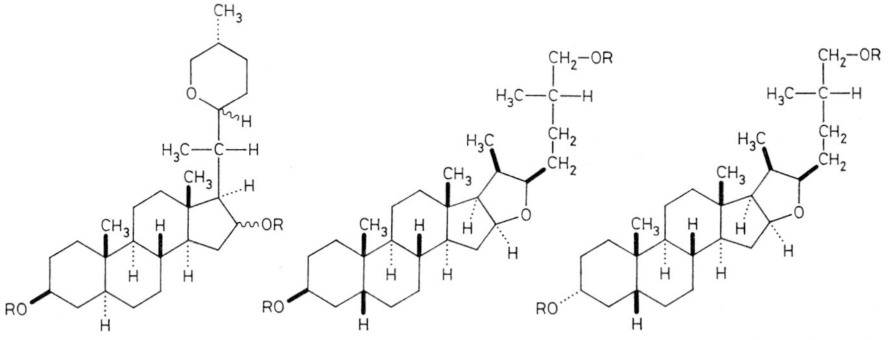

I   II   III

8-[4-Hydroxy-3-methyl-butyl]-4a,6a,7-trimethyl-octadecahydro-naphth[2′,1′;4,5]indeno[2,1-*b*]furan-2-ol C$_{27}$H$_{46}$O$_3$.

a) **(25S)-5β,20αH,22αH-Furostan-3β,26-diol, Dihydropseudosarsasapogenin** C$_{27}$H$_{46}$O$_3$, Formel II (R = H).

Über die Konfiguration an den C-Atomen 20 und 22 s. *Wall, Serota*, Am. Soc. **76** [1954] 2850.

B. Aus Pseudosarsasapogenin [(25S)-5β-Furost-20(22)-en-3β,26-diol] (*Marker, Rohrmann*, Am. Soc. **62** [1940] 521, 524; *Scheer et al.*, Am. Soc. **77** [1955] 641, 645) oder aus Cyclopseudosarsasapogenin [,,20-Isosarsasapogenin''; (25S)-5β,20αH,22βO-Spirostan-3β-ol] (*Wall et al.*, Am. Soc. **77** [1955] 1230, 1236) bei der Hydrierung an Platin in Essigsäure. Aus Di-O-acetyl-dihydropseudosarsasapogenin (S. 2103) bem Erwärmen mit wss.-methanol. Kalilauge (*Wall et al.*).

Krystalle; F: 168—170° [aus Acn.] (*Ma., Ro.*), 167—170° [Kofler-App.; aus E.] (*Sch. et al.*), 167—168° [Kofler-App.; aus E.] (*Wall et al.*). $[\alpha]_D^{20}$: —7,5° [CHCl$_3$; c = 1] (*Sch. et al.*); $[\alpha]_D^{25}$: —8,1° [CHCl$_3$; c = 1] (*Wall et al.*). IR-Spektrum (CS$_2$; 7,7—11 μ): *Wall et al.*, l. c. S. 1233.

Beim Erwärmen mit Chrom(VI)-oxid und wss. Essigsäure und Behandeln einer äther.

Lösung des Reaktionsprodukts mit wss. Natronlauge sind (25S)-3-Oxo-5β,20αH,22αH-furostan-26-säure und 5β-Pregn-16-en-3,20-dion erhalten worden (*Ma., Ro.*; s. a. *Marker et al.*, Am. Soc. **64** [1942] 1655, 1657; *Wall et al.*). Bildung einer Verbindung $C_{27}H_{44}O_5$ (Krystalle [aus wss. Me.], F: 253—254°) beim Erwärmen mit wss. Wasserstoffperoxid und Essigsäure und Erwärmen des Reaktionsprodukts mit methanol. Kalilauge: *Marker et al.*, Am. Soc. **62** [1940] 2532, 2534.

b) **(25S)-5β,20αH,22αH-Furostan-3α,26-diol, Dihydropseudoepisarsasapogenin** $C_{27}H_{46}O_3$, Formel III (R = H).

Bezüglich der Zuordnung der Konfiguration an den C-Atomen 20 und 22 vgl. Dihydro=pseudosarsasapogenin (S. 2099).

B. Aus Pseudoepisarsasapogenin ((25S)-5β-Furost-20(22)-en-3α,26-diol) bei der Hydrie-rung an Platin in Essigsäure (*Marker et al.*, Am. Soc. **62** [1940] 648).

Krystalle (aus Acn.); F: 135—137°.

c) **(25R)-5β,20αH,22αH-Furostan-3β,26-diol, Dihydropseudosmilagenin** $C_{27}H_{46}O_3$, Formel IV (R = H).

Über die Konfiguration an den C-Atomen 20 und 22 s. *Wall, Serota*, Am. Soc. **76** [1954] 2850.

B. Aus Pseudosmilagenin [(25R)-5β-Furost-20(22)-en-3β,26-diol] (*Scheer et al.*, Am. Soc. **77** [1955] 641, 645) oder aus Cyclopseudosmilagenin [„20-Isosmilagenin"; (25R)-5β,20αH,=22αO-Spirostan-3β-ol] (*Wall et al.*, Am. Soc. **77** [1955] 1230, 1236) bei der Hydrierung an Platin in Essigsäure. Aus Di-O-acetyl-dihydropseudosmilagenin (S. 2104) beim Er-wärmen mit wss.-methanol. Kalilauge (*Wall et al.*).

Krystalle (aus Acn.), F: 161—162° [Kofler-App.]; [α]: +2,7° [CHCl₃; c = 1] (*Wall et al.*). Krystalle (aus E.) mit 1 Mol H₂O, F: 159—161° [Kofler-App.]; $[α]_D^{20}$: —1,8° [CHCl₃; c = 1] (*Sch. et al.*). IR-Spektrum (CS₂; 7,7—11 μ): *Wall et al.*, l. c. S. 1233.

IV   V

d) **(25S)-5β,22ξH-Furostan-3β,26-diol, Dihydrosarsasapogenin** $C_{27}H_{46}O_3$, Formel V (R = X = H).

B. Aus Sarsasapogenin ((25S)-5β,22αO-Spirostan-3β-ol) beim Erwärmen mit Lithium=alanat in Chlorwasserstoff enthaltendem Äther (*Doukas, Fontaine*, Am. Soc. **75** [1953] 5355) sowie bei der Hydrierung an Platin in Essigsäure (*Scheer et al.*, Am. Soc. **77** [1955] 641, 645; *Wall et al.*, Am. Soc. **77** [1955] 1230, 1236). Aus Sarsasapogeninsäure-methyl=ester ((25S)-3β-Hydroxy-16,22-dioxo-5β-cholestan-26-säure-methylester) beim Erwärmen mit Äthanol und Natrium (*Marker, Shabica*, Am. Soc. **64** [1942] 721). Aus O³-Acetyl-dihydrosarsasapogenin (S. 2103) beim Erwärmen mit äthanol. Kalilauge (*Marker, Rohr-mann*, Am. Soc. **61** [1939] 846, 849) oder mit Äthanol unter Zusatz von wss. Salz=säure (*Marker, Lopez*, Am. Soc. **69** [1947] 2389, 2391).

Krystalle; F: 166—168° [Kofler-App.; aus E.] (*Sch. et al.*), 164—165° [Kofler-App.; aus Acn.] (*Wall et al.*), 163—165° [aus Acn.] (*Ma., Sh.*), 163—164° [aus wss. Acn.] (*Ma., Lo.*). $[α]_D^{20}$: —4° [CHCl₃; c = 1] (*Sch. et al.*); $[α]_D^{25}$: —6,9° [CHCl₃; c = 1] (*Wall et al.*). IR-Spektrum (CS₂; 7,4—11,4 μ): *K. Dobriner, E. R. Katzenellenbogen, R. N. Jones*, Infra-red Absorption Spectra of Steroids [New York 1953] Nr. 280; *Wall et al.*, l. c. S. 1233; IR-Spektrum (CHCl₃ und Nujol; 7,5—12 μ): *Sch. et al.*, l. c. S. 643.

Beim Erhitzen mit Acetanhydrid, Erwärmen des Reaktionsprodukts mit Chrom(VI)-oxid und wss. Essigsäure und Erhitzen des danach isolierten Reaktionsprodukts mit Alkali=

lauge sind 3β-Hydroxy-16,17-seco-5β-androstan-16,17-disäure, 3β-Hydroxy-16-oxo-23,24-dinor-5β-cholan-22-säure und 3β,16β-Dihydroxy-23,24-dinor-5β-cholan-22-säure-16-lacton erhalten worden (*Marker, Rohrmann*, Am. Soc. **61** [1939] 3477).

e) **(25S)-5β,22ξH-Furostan-3α,26-diol, Dihydroepisarsasapogenin** $C_{27}H_{46}O_3$, Formel VI (R = X = H).

B. Aus Episarsasapogenin ((25S)-5β,22αO-Spirostan-3α-ol) bei der Hydrierung an Platin in Essigsäure bei 70° (*Marker, Rohrmann*, Am. Soc. **61** [1939] 943).

Krystalle (aus Ae. + Pentan); F: 136°. Ein Gemisch mit dem unter g) beschriebenen Stereoisomeren (Modifikation vom F: 134—136°) schmilzt bei der gleichen Temperatur.

VI   VII

f) **(25R)-5β,22ξH-Furostan-3β,26-diol, Dihydrosmilagenin** $C_{27}H_{46}O_3$, Formel VII (R = X = H).

B. Aus Smilagenin („Isosarsasapogenin"; (25R)-5β,22αO-Spirostan-3β-ol) bei der Hydrierung an Platin in Essigsäure (*Marker, Rohrmann*, Am. Soc. **61** [1939] 846, 851; *Scheer et al.*, Am. Soc. **77** [1955] 641, 643, 645; *Wall et al.*, Am. Soc. **77** [1955] 1230, 1232, 1236).

Krystalle; F: 164—165,5° [Kofler-App.; aus E.] (*Sch. et al.*), 162—163° [Kofler-App.; aus Acn.] (*Wall et al.*), 162° [aus wss. Acn.] (*Ma., Ro.*). [α]$_D^{20}$: +3,0° [CHCl$_3$; c = 1] (*Sch. et al.*); [α]$_D^{25}$: +1,5° [CHCl$_3$; c = 1] (*Wall et al.*). IR-Spektrum (CHCl$_3$ und Nujol bzw. CS$_2$; 7,5—12 μ): *Sch. et al.*, l. c. S. 643; *Wall et al.*, l. c. S. 1233.

g) **(25R)-5β,22ξH-Furostan-3α,26-diol, Dihydroepismilagenin** $C_{27}H_{46}O_3$, Formel VIII. Die Konfigurationszuordnung ist auf Grund der Bildungsweise in Analogie zu Dihydroepisarsasapogenin (s. o.) erfolgt.

B. Aus Epismilagenin ((25R)-5β,22αO-Spirostan-3α-ol) bei der Hydrierung an Platin in Essigsäure bei 75° (*Marker et al.*, Am. Soc. **64** [1942] 818, 821).

Krystalle (aus Acn.), F: 180—182°; Krystalle (aus Ae. + Pentan), F: 134—136°. Ein Gemisch der niedrigerschmelzenden Modifikation mit dem unter e) beschriebenen Stereoisomeren schmilzt bei 136°.

h) **(25R)-5α,20αH,22αH-Furostan-3β,26-diol, Dihydropseudotigogenin** $C_{27}H_{46}O_3$, Formel IX (R = X = H).

B. Aus Pseudotigogenin [(25R)-5α-Furost-20(22)-en-3β,26-diol] (*Marker et al.*, Am. Soc. **62** [1940] 2523, 2532; *Callow et al.*, Soc. **1955** 1966, 1977), aus Pseudodiosgenin [(25R)-Furosta-5,20(22)-dien-3β,26-diol] (*Ma. et al.*, Am. Soc. **62** 2531), aus Pseudokryptogenin [(25R)-Furosta-5,16,20(22)-trien-3β,26-diol] (*Marker et al.*, Am. Soc. **69** [1947] 2167, 2200), aus Pseudotigogenon [(25R)-26-Hydroxy-5α-furost-20(22)-en-3-on] (*Marker, Turner*, Am. Soc. **62** [1942] 3003), aus Cyclopseudotigogenin [(25R)-5α,20αH,22αO-Spirostan-3β-ol] oder aus Cyclopseudodiosgenin [(25R)-20αH,22αO-Spirost-5-en-3β-ol] (*Wall, Walens, Am. Soc. **77** [1955] 5661, 5664; *Ca. et al.*) bei der Hydrierung an Platin in Essigsäure. Aus Di-O-acetyl-dihydropseudotigogenin [S. 2104] (*Wall, Wa.*).

Krystalle; F: 202—205° [aus Ae. bzw. Me.] (*Ma. et al.*, Am. Soc. **62** 2532; *Ma., Tu.*), 195—196° [Kofler-App.; aus Me.] (*Wall, Wa.*). [α]$_D^{25}$: +20° [Py.] (*Wall, Wa.*).

i) **(25R)-5α,20αH,22αH-Furostan-3α,26-diol, Dihydropseudoepitigogenin** $C_{27}H_{46}O_3$, Formel X (R = H).

Bezüglich der Zuordnung der Konfiguration an den C-Atomen 20 und 22 vgl. Di=

hydropseudosarsasapogenin (S. 2099).

B. Aus Pseudoepitigogenin ((25R)-5α-Furost-20(22)-en-3α,26-diol) bei der Hydrierung an Platin in Essigsäure (*Marker*, Am. Soc. **62** [1940] 2621, 2624).

Krystalle (aus Me.); F: 193—196°.

VIII   IX   X

j) **(25S)-5α,22ξH-Furostan-3β,26-diol, Dihydroneotigogenin** $C_{27}H_{46}O_3$, Formel XI ($R = X = H$).

B. Beim Behandeln von N,O-Diacetyl-dihydrotomatidin ((25S)-3β-Acetoxy-26-acetyl= amino-5α,22ξH-furostan; F: 65—80°) mit Distickstofftetraoxid und Natriumacetat in Tetrachlormethan, Erwärmen des erhaltenen N-Nitroso-Derivats in Heptan und Erwärmen des Reaktionsprodukts mit methanol. Kalilauge (*Sato, Latham*, J. org. Chem. **22** [1957] 981). Beim Erwärmen von (25S)-26-[Acetyl-nitroso-amino]-3β-nitrosyloxy-5α,22ξH-furostan (?) (F: 104—108°; aus Dihydrotomatidin hergestellt) in Heptan und Erwärmen des Reaktionsprodukts mit äthanol. Kalilauge und anschliessend mit Chlorwasserstoff enthalten-dem Methanol (*Sato, La.*). Aus O^3-Acetyl-dihydroneotigogenin (S. 2103) beim Erwärmen mit äthanol. Kalilauge (*Marker et al.*, Am. Soc. **69** [1947] 2167, 2188).

Krystalle; F: 170—173° [unkorr.; Kofler-App.; aus Acn. + Hexan] (*Sato, La.*), 168° bis 170° [aus E.] (*Ma. et al.*).

k) **(25R)-5α,22ξH-Furostan-3β,26-diol, Dihydrotigogenin** $C_{27}H_{46}O_3$, Formel XII ($R = X = H$).

B. Aus Tigogenin ((25R)-5α,22αO-Spirostan-3β-ol) bei der Hydrierung an Platin in Essigsäure bei 70° (*Marker, Rohrmann*, Am. Soc. **61** [1939] 1516) sowie beim Erwärmen mit Lithiumalanat in Chlorwasserstoff enthaltendem Äther (*Doukas, Fontaine*, Am. Soc. **75** [1953] 5355). Aus Kryptogenin ((25R)-3β,26-Dihydroxy-cholest-5-en-16,22-dion) oder aus 5,6-Dihydro-kryptogenin ((25R)-3β,26-Dihydroxy-5α-cholestan-16,22-dion) bei der Hydrierung an Platin in Essigsäure bei 70° (*Marker et al.*, Am. Soc. **69** [1947] 2167, 2199, 2200; s. a. *Scheer et al.*, Am. Soc. **79** [1957] 3218, 3219, 3220). Aus Di-O-acetyl-dihydro= tigogenin (S. 2104) beim Erwärmen mit alkohol. Kalilauge (*Ma. et al.*; *Elks et al.*, Soc. **1954** 1739, 1745; *Sato, Latham*, J. org. Chem. **22** [1957] 981. Aus O^3-Acetyl-dihydrotigogenin (S. 2103) beim Erwärmen mit methanol. Kalilauge (*Callow, Massy-Beresford*, Soc. **1958** 2645, 2651).

Krystalle; F: 169—171° [Kofler-App.; aus E.] (*Sch. et al.*), 167—171° [korr.; Kofler-App.; aus Acn.] (*Ca., Ma.-B.*), 168—170,5° [unkorr.; Kofler-App.; aus Acn.] (*Sato, La.*), 170° [aus Ae.] (*Ma. et al.*). $[α]_D^{20}$: −4° [CHCl₃; c = 1] (*Do., Fo.*; *Ca., Ma.-B.*); $[α]_D$: −6° [CHCl₃; c = 1] (*Elks et al.*).

(22$Ξ$,25R)-25-Deuterio-5α-furostan-3β,26-diol. Über ein 0,5 Grammatom Deuterium enthaltendes Präparat (F: 169—171° [korr.; Kofler-App.]; $[α]$: −4° [CHCl₃]), das aus entsprechend markiertem Tigogenin ((25R)-5α,22αO-Spirostan-3β-ol) hergestellt worden ist, s. *Ca., Ma.-B.*, l. c. S. 2653.

(22$Ξ$,25R)-20,25-Dideuterio-5α-furostan-3β,26-diol. Über ein 0,8 Grammatom Deuterium enthaltendes Präparat (Krystalle [aus Acn.], F: 165—170° [korr.; Kofler-App.]; $[α]_D$: −5° [CHCl₃]), das aus entsprechend markiertem Tigogenin ((25R)-5α,22αO-Spirostan-3β-ol) hergestellt worden ist, s. *Ca., Ma.-B.*, l. c. S. 2652.

XI   XII

2-Acetoxy-8-[4-hydroxy-3-methyl-butyl]-4a,6a,7-trimethyl-octadecahydro-naphth=
[2',1';4,5]indeno[2,1-*b*]furan $C_{29}H_{48}O_4$.

a) **(25S)-3β-Acetoxy-5β,22ξH-furostan-26-ol**, *O*³-Acetyl-dihydrosarsasapogenin
$C_{29}H_{48}O_4$, Formel V (R = CO-CH₃, X = H) auf S. 2100.
B. Aus *O*-Acetyl-sarsasapogenin ((25S)-3β-Acetoxy-5β,22αO-spirostan) bei der Hydrie-
rung an Platin in Essigsäure (*Thompson et al.*, Am. Soc. **81** [1959] 5225, 5228; s. a. *Marker,
Rohrmann*, Am. Soc. **61** [1939] 846, 849; *Marker, Lopez*, Am. Soc. **69** [1947] 2389, 2391).
Krystalle (aus wss. Me.); F: 96—97°; $[\alpha]_D^{20}$: +2° [CHCl₃; c = 1] (*Th. et al.*).

b) **(25S)-3α-Acetoxy-5β,22ξH-furostan-26-ol**, *O*³-Acetyl-dihydroepisarsasapogenin
$C_{29}H_{48}O_4$, Formel VI (R = CO-CH₃, X = H) auf S. 2101.
B. Aus *O*-Acetyl-episarsasapogenin ((25S)-3α-Acetoxy-5β,22αO-spirostan) bei der
Hydrierung an Platin in Essigsäure (*Thompson et al.*, Am. Soc. **81** [1959] 5225, 5228).
Krystalle (aus wss. Me.); F: 131—133° [Kofler-App.]. $[\alpha]_D^{20}$: +16° [CHCl₃; c = 1].

c) **(25R)-3β-Acetoxy-5α,20αH,22αH-furostan-26-ol**, *O*³-Acetyl-dihydropseudotigo=
genin $C_{29}H_{48}O_4$, Formel IX (R = CO-CH₃, X = H).
B. Aus *O*-Acetyl-cyclopseudotigogenin ((25R)-3β-Acetoxy-5α,20αH,22αO-spirostan) bei
der Hydrierung an Platin in Natriumacetat und Wasser enthaltender Essigsäure (*Callow
et al.*, Soc. **1955** 1966, 1976).
Krystalle (aus Me.); F: 145—151° [korr.; Kofler-App.].

d) **(25S)-3β-Acetoxy-5α,22ξH-furostan-26-ol**, *O*³-Acetyl-dihydroneotigogenin
$C_{29}H_{48}O_4$, Formel XI (R = CO-CH₃, X = H).
B. Aus *O*-Acetyl-neotigogenin [(25S)-3β-Acetoxy-5α,22αO-spirostan] (*Sato, Latham*,
Am. Soc. **78** [1956] 3150, 3152) oder aus *O*-Acetyl-yamogenin [*O*-Acetyl-neodiosgenin;
(25S)-3β-Acetoxy-22αO-spirost-5-en] (*Marker et al.*, Am. Soc. **69** [1947] 2167, 2188) bei der
Hydrierung an Platin in Essigsäure.
Krystalle (aus wss. Acn.); F: 112—113,5° [unkorr.; Kofler-App.] (*Sato, La.*).

e) **(25R)-3β-Acetoxy-5α,22ξH-furostan-26-ol**, *O*³-Acetyl-dihydrotigogenin $C_{29}H_{48}O_4$,
Formel XII (R = CO-CH₃, X = H).
B. Aus *O*-Acetyl-tigogenin ((25R)-3β-Acetoxy-5α,22αO-spirostan) bei der Hydrierung
an Platin in Essigsäure (*Elks et al.*, Soc. **1954** 1739, 1745; *Sato, Latham*, Am. Soc. **78** [1956]
3150, 3152; *Wall, Jones*, Am. Soc. **79** [1957] 3222, 3227) oder in wss. Perchlorsäure bzw.
Natriumacetat enthaltender Essigsäure (*Callow, Massy-Beresford*, Soc. **1958** 2645, 2651;
Callow et al., Soc. **1955** 1966, 1977). Aus *O*-Acetyl-diosgenin ((25R)-3β-Acetoxy-22αO-spi=
rost-5-en) bei der Hydrierung an Platin in Essigsäure (*Marker et al.*, Am. Soc. **69** [1947]
2167, 2201).
Krystalle (aus wss. A.); F: 70—73° (*Sato, La.*).

2-Acetoxy-8-[4-acetoxy-3-methyl-butyl]-4a,6a,7-trimethyl-octadecahydro-naphth=
[2',1';4,5]indeno[2,1-*b*]furan $C_{31}H_{50}O_5$.

a) **(25S)-3β,26-Diacetoxy-5β,20αH,22αH-furostan**, Di-*O*-acetyl-dihydropseudo=
sarsasapogenin $C_{31}H_{50}O_5$, Formel II (R = CO-CH₃) auf S. 2099.
B. Aus Dihydropseudosarsasapogenin (S. 2099) beim Erhitzen mit Acetanhydrid (*Marker, Rohrmann*, Am. Soc. **62** [1940] 521, 524) sowie beim Behandeln mit Acetanhydrid

und Pyridin (*Wall et al.*, Am. Soc. **77** [1955] 1230, 1236). Aus Di-*O*-acetyl-pseudosarsasa=pogenin ((25*S*)-3β,26-Diacetoxy-5β-furost-20(22)-en bei der Hydrierung an Platin in Essigsäure enthaltendem Äthanol bzw. in Essigsäure (*Ma.*, *Ro.*; *Wall et al.*).

Krystalle; F: 95—97° [aus Pentan] (*Ma.*, *Ro.*), 95,5—96,5° [aus Me.] (*Wall et al.*). $[\alpha]_D^{20}$: —1,8° [CHCl$_3$; c = 1] (*Scheer et al.*, Am. Soc. **77** [1955] 641, 645); $[\alpha]_D^{25}$: —2,6° [CHCl$_3$; c = 1] (*Wall et al.*).

Beim Behandeln mit Chrom(VI)-oxid und wasserhaltiger Essigsäure, Hydrieren des Reaktionsprodukts an Platin in Essigsäure und Erwärmen des Hydrierungsprodukts mit äthanol. Kalilauge ist 5β-Pregnan-3β,16β,20β_F-triol erhalten worden (*Marker et al.*, Am. Soc. **63** [1941] 779, 780).

b) **(25*R*)-3β,26-Diacetoxy-5β,20α*H*,22α*H*-furostan, Di-*O*-acetyl-dihydropseudosmila=genin** $C_{31}H_{50}O_5$, Formel IV (R = CO-CH$_3$) auf S. 2100.

B. Beim Behandeln von Dihydropseudosmilagenin (S. 2100) mit Acetanhydrid und Pyridin (*Wall et al.*, Am. Soc. **77** [1955] 1230, 1236). Aus Di-*O*-acetyl-pseudosmilagenin ((25*R*)-3β,26-Diacetoxy-5β-furost-20(22)-en) bei der Hydrierung an Platin in Essigsäure (*Wall et al.*).

Krystalle (aus Me.); F: 97—98° (*Scheer et al.*, Am. Soc. **77** [1955] 641, 645), 96—97° (*Wall et al.*). $[\alpha]_D^{20}$: —4,3° [CHCl$_3$; c = 1] (*Sch. et al.*); $[\alpha]_D^{25}$: —3,8° [CHCl$_3$; c = 1] (*Wall et al.*).

c) **(25*S*)-3β,26-Diacetoxy-5β,22ξ*H*-furostan, Di-*O*-acetyl-dihydrosarsasapogenin** $C_{31}H_{50}O_5$, Formel V (R = X = CO-CH$_3$) auf S. 2100.

B. Aus Dihydrosarsasapogenin (S. 2100) beim Erhitzen mit Acetanhydrid (*Marker, Shabica*, Am. Soc. **64** [1942] 721) sowie beim Behandeln mit Acetanhydrid und Pyridin (*Doukas, Fontaine*, Am. Soc. **75** [1953] 5355; *Scheer et al.*, Am. Soc. **77** [1955] 641, 646; *Wall et al.*, Am. Soc. **77** [1955] 1230, 1236).

Krystalle (aus Ae. + Pentan), F: 116—118° (*Ma., Sh.*); lösungsmittelhaltige (?) Krystalle (aus Me.), F: 68—69° (*Sch. et al.*). $[\alpha]_D^{20}$: —3,1° bzw. —5° [CHCl$_3$; c = 1] (*Sch. et al.*; *Do., Fo.*); $[\alpha]_D^{25}$: —3,9° [CHCl$_3$; c = 1] (*Wall et al.*).

d) **(25*R*)-3β,26-Diacetoxy-5β,22ξ*H*-furostan, Di-*O*-acetyl-dihydrosmilagenin** $C_{31}H_{50}O_5$, Formel VII (R = X = CO-CH$_3$) auf S. 2101.

B. Beim Behandeln von Dihydrosmilagenin (S. 2101) mit Acetanhydrid und Pyridin (*Scheer et al.*, Am. Soc. **77** [1955] 641, 645; *Wall et al.*, Am. Soc. **77** [1955] 1230, 1236). Krystalle (aus Me.); F: 93—94° (*Wall et al.*), 91—93° (*Sch. et al.*). $[\alpha]_D^{20}$: —1° [CHCl$_3$; c = 1] (*Sch. et al.*); $[\alpha]_D^{25}$: +2,1° [CHCl$_3$; c = 1] (*Wall et al.*).

e) **(25*R*)-3β,26-Diacetoxy-5α,20α*H*,22α*H*-furostan, Di-*O*-acetyl-dihydropseudotigo=genin** $C_{31}H_{50}O_5$, Formel IX (R = X = CO-CH$_3$) auf S. 2102.

B. Beim Erhitzen von Dihydropseudotigogenin (S. 2101) mit Acetanhydrid (*Marker, Turner*, Am. Soc. **62** [1940] 3003; *Marker et al.*, Am. Soc. **69** [1947] 2167, 2201, 2209). Beim Erwärmen von *O*³-Acetyl-dihydropseudotigogenin (S. 2103) mit Acetanhydrid und Pyridin (*Callow et al.*, Soc. **1955** 1966, 1976). Aus Di-*O*-acetyl-pseudotigogenin [(25*R*)-3β,26-Diacetoxy-5α-furost-20(22)-en] (*Wall, Walens*, Am. Soc. **77** [1955] 5661, 5664) oder aus Di-*O*-acetyl-pseudodiosgenin [(25*R*)-3β,26-Diacetoxy-furosta-5,20(22)-dien] (*Ma., Tu.*) bei der Hydrierung an Platin in Essigsäure.

Krystalle; F: 124—126° [aus Acetanhydrid] (*Ma. et al.*, Am. Soc. **69** 2209), 123—124° [korr.; Kofler-App.; aus Me.] (*Ca. et al.*), 122—124° [aus Me.] (*Ma., Tu.*), 122—123° [Kofler-App.; aus Me.] (*Wall, Wa.*). $[\alpha]_D^{20}$: —17° [CHCl$_3$; c = 1] (*Ca. et al.*); $[\alpha]_D^{25}$: —15° [Dioxan] (*Wall, Wa.*).

Beim Behandeln mit Chrom(VI)-oxid und wasserhaltiger Essigsäure ist 3β-Acetoxy-16β-[(*R*)-5-acetoxy-4-methyl-valeryloxy]-5α-pregnan-20-on erhalten worden (*Marker et al.*, Am. Soc. **63** [1941] 772, 775; *Wall et al.*, Am. Soc. **77** [1955] 5665, 5668).

f) **(25*R*)-3α,26-Diacetoxy-5α,20α*H*,22α*H*-furostan, Di-*O*-acetyl-dihydropseudoepi=tigogenin** $C_{31}H_{50}O_5$, Formel X (R = CO-CH$_3$) auf S. 2102.

B. Aus Dihydropseudoepitigogenin [S. 2101] (*Marker*, Am. Soc. **62** [1940] 2621, 2624). F: 118—121°.

g) **(25*R*)-3β,26-Diacetoxy-5α,22ξ*H*-furostan, Di-*O*-acetyl-dihydrotigogenin** $C_{31}H_{50}O_5$, Formel XII (R = X = CO-CH$_3$).

B. Beim Erhitzen von Dihydrotigogenin (S. 2102) mit Acetanhydrid (*Marker et al.*,

Am. Soc. **63** [1941] 763, 766; *Doukas, Fontaine*, Am. Soc. **75** [1953] 5355). Beim Erwärmen von O^3-Acetyl-dihydrotigogenin (S. 2103) mit Acetanhydrid und Pyridin (*Elks et al.*, Soc. **1954** 1739, 1745; *Callow et al.*, Soc. **1955** 1966, 1977). Aus Di-*O*-acetyl-kryptogenin ((25*R*)-3β,26-Diacetoxy-cholest-5-en-16,22-dion) oder aus Di-*O*-acetyl-5,6-dihydro-kryptogenin ((25*R*)-3β,26-Diacetoxy-5α-cholestan-16,22-dion) bei der Hydrierung an Platin in Essigsäure bei 70° (*Marker et al.*, Am. Soc. **69** [1947] 2167, 2199, 2200). Beim Behandeln von *N,O*-Diacetyl-tetrahydrosolasodin ((25*R*)-3β-Acetoxy-26-acetylamino-5α,22ξ*H*-furost$=$ an [F: 141—143°]) mit Distickstofftetraoxid und Natriumacetat in Tetrachlormethan und Erwärmen des Reaktionsprodukts in Heptan (*Sato, Latham*, J. org. Chem. **22** [1957] 981).

Krystalle; F: 116—117° (*Do., Fo.*), 115—116° [aus Me.] (*Ma. et al.*, Am. Soc. **69** 2199), 114—116° [korr.; Kofler-App.; aus wss. Me. bzw. Me.] (*Elks et al.*; *Ca. et al.*). $[\alpha]_D^{20}$: −12,5° [CHCl$_3$; c = 1] (*Ca. et al.*), −15° [CHCl$_3$] (*Do., Fo.*); $[\alpha]_D$: −14° [CHCl$_3$] (*Elks et al.*). IR-Spektrum (CS$_2$; 7,4—11,4 µ): *Jones et al.*, Am. Soc. **75** [1953] 158, 165; *K. Dobriner, E. R. Katzenellenbogen, R. N. Jones*, Infrared Absorptions Spectra of Steroids [New York 1953] Nr. 285.

Beim Erwärmen mit Chrom(VI)-oxid und wasserhaltiger Essigsäure ist Di-*O*-acetyl-5,6-dihydro-kryptogenin ((25*R*)-3β,26-Diacetoxy-5α-cholestan-16,22-dion) erhalten worden (*Ma. et al.*, Am. Soc. **69** 2201).

2-Benzoyloxy-8-[4-benzoyloxy-3-methyl-butyl]-4a,6a,7-trimethyl-octadecahydro-naphth[2',1';4,5]indeno[2,1-*b*]furan C$_{41}$H$_{54}$O$_5$.

a) **(25*S*)-3β,26-Bis-benzoyloxy-5β,20α*H*,22α*H*-furostan**, Di-*O*-benzoyl-dihydro$=$ pseudosarsasapogenin C$_{41}$H$_{54}$O$_5$, Formel II (R = CO-C$_6$H$_5$) auf S. 2099.

B. Beim Erwärmen von Dihydropseudosarsasapogenin (S. 2099) mit Benzoylchlorid und Pyridin (*Scheer et al.*, Am. Soc. **77** [1955] 641, 645).

Krystalle; F: 129—131° [Kofler-App.]. $[\alpha]_D^{20}$: +3,1° [CHCl$_3$; c = 1].

b) **(25*R*)-3β,26-Bis-benzoyloxy-5β,20α*H*,22α*H*-furostan**, Di-*O*-benzoyl-dihydro$=$ pseudosmilagenin C$_{41}$H$_{54}$O$_5$, Formel IV (R = CO-C$_6$H$_5$) auf S. 2100.

B. Beim Erwärmen von Dihydropseudosmilagenin (S. 2100) mit Benzoylchlorid und Pyridin (*Scheer et al.*, Am. Soc. **77** [1955] 641, 645).

Krystalle (aus Ae. + Me.); F: 153—155° [Kofler-App.]. $[\alpha]_D^{20}$: 0° [CHCl$_3$].

c) **(25*S*)-3β,26-Bis-benzoyloxy-5β,22ξ*H*-furostan**, Di-*O*-benzoyl-dihydrosarsa$=$ sapogenin C$_{41}$H$_{54}$O$_5$, Formel V (R = X = CO-C$_6$H$_5$) auf S. 2100.

B. Aus Dihydrosarsasapogenin (S. 2100) beim Behandeln mit Benzoylchlorid und Pyridin (*Scheer et al.*, Am. Soc. **77** [1955] 641, 646; s. a. *Doukas, Fontaine*, Am. Soc. **75** [1953] 5335).

Krystalle; F: 95,5—98° [aus Ae. + Me.] (*Sch. et al.*), 95—97° [aus Acn.] (*Do., Fo.*). $[\alpha]_D^{20}$: +3,0° [CHCl$_3$; c = 1] (*Sch. et al.*).

d) **(25*R*)-3β,26-Bis-benzoyloxy-5β,22ξ*H*-furostan**, Di-*O*-benzoyl-dihydrosmila$=$ genin C$_{41}$H$_{54}$O$_5$, Formel VII (R = X = CO-C$_6$H$_5$) auf S. 2101.

B. Beim Behandeln von Dihydrosmilagenin (S. 2101) mit Benzoylchlorid und Pyridin (*Scheer et al.*, Am. Soc. **77** [1955] 641, 645).

Krystalle (aus Ae. + Me.); F: 138—140° [Kofler-App.]. $[\alpha]_D^{20}$: +20,1° [CHCl$_3$; c = 1].

e) **(25*S*)-3β,26-Bis-benzoyloxy-5α,22ξ*H*-furostan**, Di-*O*-benzoyl-dihydroneotigogenin C$_{41}$H$_{54}$O$_5$, Formel XI (R = X = CO-C$_6$H$_5$) auf S. 2103.

B. Beim Behandeln von Dihydroneotigogenin (S. 2102) mit Benzoylchlorid und Pyridin (*Sato, Latham*, J. org. Chem. **22** [1957] 981).

Krystalle (aus Me. + Ae.) mit 0,5 Mol Methanol; F: 114—116,5° [unkorr.; Kofler-App.].

f) **(25*R*)-3β,26-Bis-benzoyloxy-5α,22ξ*H*-furostan**, Di-*O*-benzoyl-dihydrotigogenin C$_{41}$H$_{54}$O$_5$, Formel XII (R = X = CO-C$_6$O$_5$) auf S. 2103.

B. Beim Behandeln von Dihydrotigogenin (S. 2102) mit Benzoylchlorid und Pyridin (*Marker, Rohrmann*, Am. Soc. **61** [1939] 1516; *Sato, Latham*, J. org. Chem. **22** [1957] 981).

Krystalle; F: 112—114,5° [unkorr.; Kofler-App.; aus Me. + Ae.] (*Sato, La.*), 110—112° [aus wss. Acn.] (*Ma., Ro.*).

4a,6a,7-Trimethyl-8-[3-methyl-4-(4-nitro-benzoyloxy)-butyl]-2-[4-nitro-benzoyloxy]-octadecahydro-naphtho[2',1';4,5]indeno[2,1-*b*]furan C$_{41}$H$_{52}$N$_2$O$_9$.

a) **(25S)-3β,26-Bis-[4-nitro-benzoyloxy]-5β,20αH,22αH-furostan, Bis-O-[4-nitro-benzoyl]-dihydropseudosarsasapogenin** $C_{41}H_{52}N_2O_9$, Formel II (R = CO-C$_6$H$_4$-NO$_2$) auf S. 2099.

B. Beim Erwärmen von Dihydropseudosarsasapogenin (S. 2099) mit 4-Nitro-benzoyl= chlorid und Pyridin (*Marker, Rohrmann*, Am. Soc. **62** [1940] 521, 524).

Krystalle (aus E.); F: 196—197,5°.

b) **(25S)-3α,26-Bis-[4-nitro-benzoyloxy]-5β,20αH,22αH-furostan, Bis-O-[4-nitro-benzoyl]-dihydropseudoepisarsasapogenin** $C_{41}H_{52}N_2O_9$, Formel III (R = CO-C$_6$H$_4$-NO$_2$) auf S. 2099.

B. Beim Erwärmen von Dihydropseudoepisarsasapogenin (S. 2100) mit 4-Nitro-benzoylchlorid und Pyridin (*Marker et al.*, Am. Soc. **62** [1940] 648).

Krystalle (aus Acn.); F: 207—209°.

(25S)-3β,26-Bis-[3,5-dinitro-benzoyloxy]-5β,22ξH-furostan, Bis-O-[3,5-dinitro-benzoyl]-dihydrosarsasapogenin $C_{41}H_{50}N_4O_{13}$, Formel V (R = X = CO-C$_6$H$_3$(NO$_2$)$_2$) auf S. 2100.

B. Beim Erwärmen von Dihydrosarsasapogenin (S. 2100) mit 3,5-Dinitro-benzoyl= chlorid und Pyridin (*Marker, Rohrmann*, Am. Soc. **61** [1939] 846, 849).

Gelbliche Krystalle (aus E.); F: 220°.

4a,6a,7-Trimethyl-8-[3-methyl-4-(toluol-4-sulfonyloxy)-butyl]-octadecahydro-naphth= [2',1';4,5]indeno[2,1-b]furan-2-ol $C_{34}H_{52}O_5S$.

a) **(25S)-26-[Toluol-4-sulfonyloxy]-5β,22ξH-furostan-3β-ol, O^{26}-[Toluol-4-sulfonyl]-dihydrosarsasapogenin** $C_{34}H_{52}O_5S$, Formel V (R = H, X = SO$_2$-C$_6$H$_4$-CH$_3$) auf S. 2100.

B. Beim Behandeln von Dihydrosarsasapogenin (S. 2100) mit Toluol-4-sulfonylchlorid und Pyridin (*Scheer et al.*, Am. Soc. **77** [1955] 641, 646).

Krystalle (aus Ae. + PAe.); F: 131—133° [Kofler-App.]. [α]$_D^{20}$: 0° [CHCl$_3$; c = 1].

b) **(25R)-26-[Toluol-4-sulfonyloxy]-5β,22ξH-furostan-3β-ol, O^{26}-[Toluol-4-sulfonyl]-dihydrosmilagenin** $C_{34}H_{52}O_5S$, Formel VII (R = H, X = SO$_2$-C$_6$H$_4$-CH$_3$) auf S. 2101.

B. Beim Behandeln von Dihydrosmilagenin (S. 2101) mit Toluol-4-sulfonylchlorid und Pyridin (*Scheer et al.*, Am. Soc. **77** [1955] 641, 646).

Krystalle (aus Ae. + PAe.); F: 134—135,5° [Kofler-App.]. [α]$_D^{20}$: −4,6° [CHCl$_3$; c = 1].

2-Acetoxy-4a,6a,7-trimethyl-8-[3-methyl-4-(toluol-4-sulfonyloxy)-butyl]-octadeca= hydro-naphth[2',1';4,5]indeno[2,1-b]furan $C_{36}H_{54}O_6S$.

a) **(25S)-3β-Acetoxy-26-[toluol-4-sulfonyloxy]-5β,22ξH-furostan** $C_{36}H_{54}O_6S$, Formel V (R = CO-CH$_3$, X = SO$_2$-C$_6$H$_4$-CH$_3$) auf S. 2100.

B. Beim Behandeln von O^3-Acetyl-dihydrosarsasapogenin (S. 2103) mit Toluol-4-sulfonylchlorid und Pyridin (*Thompson et al.*, Am. Soc. **81** [1959] 5225, 5228).

Krystalle (aus PAe.); F: 34—36°. [α]$_D^{20}$: +3° [CHCl$_3$; c = 1].

b) **(25S)-3α-Acetoxy-26-[toluol-4-sulfonyloxy]-5β,22ξH-furostan** $C_{36}H_{54}O_6S$, Formel VI (R = CO-CH$_3$, X = SO$_2$-C$_6$H$_4$-CH$_3$) auf S. 2101.

B. Beim Behandeln von O^3-Acetyl-dihydroepisarsasapogenin (S. 2103) mit Toluol-4-sulfonylchlorid und Pyridin (*Thompson et al.*, Am. Soc. **81** [1959] 5225, 5228).

Krystalle (aus PAe.); F: 118—120° [Kofler-App.]. [α]$_D^{20}$: +21° [CHCl$_3$; c = 1].

4β,5-Epoxy-5β-cholestan-3β,6β-diol $C_{27}H_{46}O_3$, Formel XIII (R = H).

B. Aus Cholest-4-en-3β,6β-diol (E III **6** 5122) beim Behandeln mit Peroxybenzoesäure in Chloroform bzw. in Benzol und Chloroform (*Rosenheim, Starling*, Soc. **1937** 377, 383; *Henbest, Wilson*, Soc. **1957** 1958, 1964).

Krystalle (aus Acn.); F: 164—165° (*Ro., St.*), 161—164° [Kofler-App.] (*He., Wi.*). [α]$_D^{20}$: −7,5°; [α]$_{546}^{20}$: −9,2° [jeweils in CHCl$_3$; c = 0,6] (*Ro., St.*).

3β,6β-Diacetoxy-4β,5-epoxy-5β-cholestan $C_{31}H_{50}O_5$, Formel XIII (R = CO-CH$_3$).

B. Aus 4β,5-Epoxy-5β-cholestan-3β,6β-diol (*Rosenheim, Starling*, Soc. **1937** 377, 383).

Krystalle (aus Me.); F: 154—155°. [α]$_D^{19}$: −58,5°; [α]$_{546}^{19}$: −69,6° [jeweils in CHCl$_3$; c = 1].

5,6β-Epoxy-5β-cholestan-3β,4β-diol $C_{27}H_{46}O_3$, Formel XIV (R = X = H).

B. Aus Cholest-5-en-3β,4β-diol beim Behandeln mit Peroxybenzoesäure in Chloroform (*Rosenheim, Starling*, Soc. **1937** 377, 380).

Krystalle (aus Acn.); F: 173—174°. $[α]_D^{19}$: +3,9°; $[α]_{546}^{19}$: +4,5° [jeweils in $CHCl_3$; c = 1].

XIII   XIV

3β-Acetoxy-5,6β-epoxy-5β-cholestan-4β-ol $C_{29}H_{48}O_4$, Formel XIV (R = CO-CH₃, X = H).

B. Aus 3β-Acetoxy-cholest-5-en-4β-ol beim Behandeln mit Peroxybenzoesäure in Benzol und Chloroform (*Lieberman, Fukushima*, Am. Soc. **72** [1950] 5211, 5217).

Krystalle (aus Ae. + Acn.); F: 194—196° [korr.; Hershberg-App.]. $[α]_D^{32}$: −30,9° [$CHCl_3$; c = 0,4].

3β,4β-Diacetoxy-5,6β-epoxy-5β-cholestan $C_{31}H_{50}O_5$, Formel XIV (R = X = CO-CH₃).

B. Beim Behandeln von 5,6β-Epoxy-5β-cholestan-3β,4β-diol mit Acetanhydrid und Pyridin (*Lieberman, Fukushima*, Am. Soc. **72** [1950] 5211, 5217; s. a. *Rosenheim, Starling*, Soc. **1937** 377, 380).

Krystalle; F: 178—179° [aus Me.] (*Ro., St.*), 174—175° [korr.; Hershberg-App.] (*Li., Fu.*). $[α]_D^{19}$: −22,1°; $[α]_{546}^{19}$: −27,5° [jeweils in $CHCl_3$; c = 0,6] (*Ro., St.*); $[α]_D^{31}$: −22,1° [$CHCl_3$; c = 0,2] (*Li., Fu.*).

17-[1,5-Dimethyl-hexyl]-5,6-epoxy-10,13-dimethyl-hexadecahydro-cyclopenta[a]phenanthren-3,7-diol $C_{27}H_{46}O_3$.

a) **5,6β-Epoxy-5β-cholestan-3β,7β-diol** $C_{27}H_{46}O_3$, Formel I (R = X = H).

B. Aus 5-Brom-5α-cholestan-3β,6β,7β-triol beim Erwärmen mit wss. Kalilauge (*Romero*, J. org. Chem. **22** [1957] 1267). Neben grösseren Mengen des unter b) beschriebenen Stereoisomeren beim Behandeln von Cholest-5-en-3β,7β-diol mit Monoperoxyphthalsäure in Äther (*Ro.*).

Krystalle (aus PAe.); F: 166—167° [unkorr.]. $[α]_D$: +50° [$CHCl_3$].

b) **5,6α-Epoxy-5α-cholestan-3β,7β-diol** $C_{27}H_{46}O_3$, Formel II.

B. s. bei dem unter a) beschriebenen Stereoisomeren.

F: 153—155° [unkorr.] (*Romero*, J. org. Chem. **22** [1957] 1267). $[α]_D$: +12° [$CHCl_3$].

c) **5,6α(?)-Epoxy-5α(?)-cholestan-3β,7α-diol** $C_{27}H_{46}O_3$, vermutlich Formel III (R = X = H).

Die Zuordnung der Konfiguration an den C-Atomen 5 und 6 ist auf Grund der Bildungsweise in Analogie zu 3β-Benzoyloxy-5,6α-epoxy-5α-cholestan-7α-ol (S. 2108) erfolgt.

B. Aus Cholest-5-en-3β,7α-diol mit Hilfe von Peroxybenzoesäure (*Barr et al.*, Soc. **1936** 1437, 1439).

Krystalle (aus Me.); F: 173—175°.

3β,7α-Diacetoxy-5,6α(?)-epoxy-5α(?)-cholestan $C_{31}H_{50}O_5$, vermutlich Formel III (R = X = CO-CH₃).

B. Beim Erwärmen der im vorangehenden Artikel beschriebenen Verbindung mit Acetanhydrid und Pyridin (*Barr et al.*, Soc. **1936** 1437, 1439).

Krystalle (aus A.); F: 203—204°.

I   II   III

3-Benzoyloxy-17-[1,5-dimethyl-hexyl]-5,6-epoxy-10,13-dimethyl-hexadecahydro-cyclopenta[a]phenanthren-7-ol $C_{34}H_{50}O_4$.

a) **3β-Benzoyloxy-5,6β-epoxy-5β-cholestan-7β-ol** $C_{34}H_{50}O_4$, Formel I (R = CO-C$_6$H$_5$, X = H).

B. Aus 3β-Benzoyloxy-cholest-5-en-7β-ol beim Behandeln mit Peroxybenzoesäure in Benzol (*Henbest, Wilson*, Soc. **1957** 1958, 1965).

Krystalle (aus Acn.); F: 173—177° [Kofler-App.] und (nach Wiedererstarren bei weiterem Erhitzen) F: 185—186°. [α]$_D$: +46° [CHCl$_3$].

b) **3β-Benzoyloxy-5,6α-epoxy-5α-cholestan-7α-ol** $C_{34}H_{50}O_4$, Formel III (R = CO-C$_6$H$_5$, X = H).

B. Aus 3β-Benzoyloxy-cholest-5-en-7α-ol beim Behandeln mit Peroxybenzoesäure in Benzol (*Henbest, Wilson*, Soc. **1957** 1958, 1964; *Bergmann, Meyers*, A. **620** [1959] 46, 60).

Krystalle; F: 191—193° [Kofler-App.; aus Acn.] (*He., Wi.*), 188—190° [korr.; aus CHCl$_3$ + Me.] (*Be., Me.*). [α]$_D^{25}$: −42,7° [CHCl$_3$; c = 1] (*Be., Me.*); [α]$_D$: −52° [CHCl$_3$] (*He., Wi.*).

3β,7β-Bis-benzoyloxy-5,6β-epoxy-5β-cholestan $C_{41}H_{54}O_5$, Formel I (R = X = CO-C$_6$H$_5$).

B. Aus 3β,7β-Bis-benzoyloxy-5-brom-5α-cholestan-6β-ol beim Erwärmen mit wss. Kalilauge (*Romero*, J. org. Chem. **22** [1957] 1267).

F: 151—153° [unkorr.]. [α]$_D$: +86° [CHCl$_3$].

3β-Acetoxy-8,9-epoxy-5α,8α-cholestan-7α-ol $C_{29}H_{48}O_4$, Formel IV (R = H).

B. Neben 3β-Acetoxy-8,14-epoxy-5α,8α-cholestan-7α-ol beim Behandeln von 3β-Acet-oxy-5α-cholest-7-en mit Peroxybenzoesäure in Chloroform (*Wintersteiner, Moore*, Am. Soc. **65** [1943] 1507, 1511; *Fieser et al.*, Am. Soc. **75** [1953] 4719, 4720).

Krystalle; F: 148—149° [aus Me.] (*Fi. et al.*), 145,5—146° [aus wss. A.] (*Wi., Mo.*). [α]$_D^{23}$: +27,6° [CHCl$_3$; c = 1] (*Wi., Mo.*).

3β,7α-Diacetoxy-8,9-epoxy-5α,8α-cholestan $C_{31}H_{50}O_5$, Formel IV (R = CO-CH$_3$).

B. Beim Behandeln von 3β-Acetoxy-8,9-epoxy-5α,8α-cholestan-7α-ol mit Acetanhydrid und Pyridin (*Wintersteiner, Moore*, Am. Soc. **65** [1943] 1507, 1512).

Krystalle (aus Me.); F: 63—64° [nach Sintern von 59° an].

8,14-Epoxy-5α,8α-cholestan-3β,7α-diol $C_{27}H_{46}O_3$, Formel V (R = X = H).

Diese Konstitution und Konfiguration kommt auch einer von *Schenck et al.* (B. **69** [1936] 2696, 2702) als Cholestan-3,7,8-triol beschriebenen Verbindung zu (*Wintersteiner, Moore*, Am. Soc. **65** [1943] 1507, 1509; *Fieser, Ourisson*, Am. Soc. **75** [1953] 4404).

B. Aus 5α-Cholest-8(14)-en-3β,7α-diol beim Behandeln mit Peroxybenzoesäure in Chloroform (*Fi., Ou.*, l. c. S. 4412). Aus 5α-Cholest-7-en-3β-ol beim Behandeln mit Peroxybenzoesäure in Chloroform (*Sch. et al.*). Aus 3β-Acetoxy-8,14-epoxy-5α,8α-cholestan-7α-ol oder aus 3β,7α-Diacetoxy-8,14-epoxy-5α,8α-cholestan beim Erwärmen mit methanol. Kalilauge (*Wi., Mo.*, l. c. S. 1512).

Krystalle; F: 192° [aus Acn.] (*Sch. et al.*), 186—187° [korr.; aus Me. oder Acn.] (*Fi., Ou.; Wi., Mo.*). [α]$_D^{21}$: +8,1° [CHCl$_3$; c = 1] (*Wi., Mo.*); [α]$_D^{25}$: +7,0° [CHCl$_3$; c = 1] (*Fi., Ou.*).

Verbindung mit Digitonin. Krystalle (aus wss. A.); Zers. bei 225° (*Wi., Mo.*).

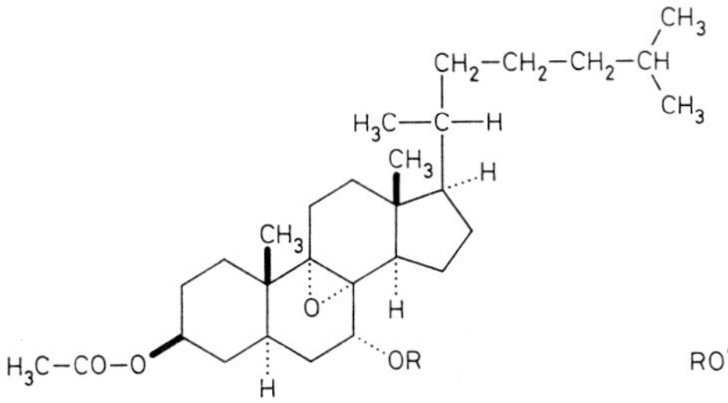

IV 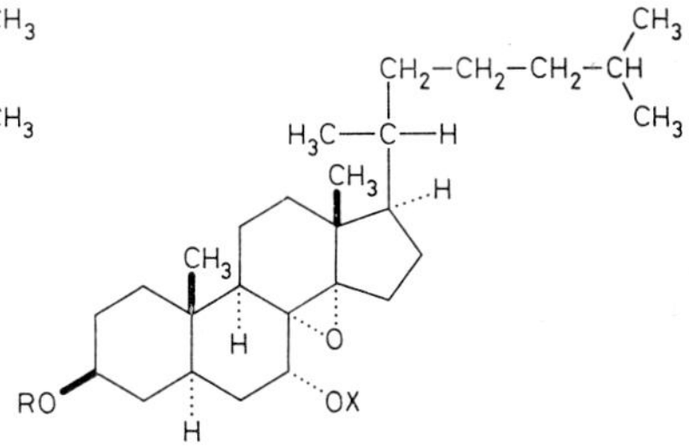   V

3β-Acetoxy-8,14-epoxy-5α,8α-cholestan-7α-ol $C_{29}H_{48}O_4$, Formel V (R = CO-CH$_3$, X = H).

B. Neben 3β-Acetoxy-8,9-epoxy-5α,8α-cholestan-7α-ol beim Behandeln von 3β-Acetoxy-5α-cholest-7-en mit Peroxybenzoesäure in Chloroform (*Wintersteiner, Moore*, Am. Soc. **65** [1943] 1507, 1511; *Fieser et al.*, Am. Soc. **75** [1953] 4719, 4720; s. a. *Buser*, Helv. **30** [1947] 1379, 1388; *Plattner et al.*, Helv. **31** [1948] 852, 859).

Krystalle; F: 122–123° [aus Me.] (*Wi., Mo.*; *Fi. et al.*), 121–122° [korr.; evakuierte Kapillare; aus Me.] (*Pl. et al.*; *Bu.*). [α]$_D^{21}$: +5,6° [CHCl$_3$; c = 1] (*Pl. et al.*); [α]$_D^{23}$: +6,1° [CHCl$_3$; c = 1] (*Wi., Mo.*); [α]$_D$: +5,5° [CHCl$_3$] (*Fi. et al.*).

Beim Erwärmen mit Äthanol unter Zusatz von wss. Salzsäure ist 3β-Hydroxy-5α-cholest-8(14)-en-7-on erhalten worden (*Fi. et al.*, l. c. S. 4722).

3β,7α-Diacetoxy-8,14-epoxy-5α,8α-cholestan $C_{31}H_{50}O_5$, Formel V (R = X = CO-CH$_3$).

B. Beim Behandeln von 8,14-Epoxy-5α,8α-cholestan-3β,7α-diol mit Acetanhydrid und Pyridin (*Schenck et al.*, B. **69** [1936] 2696, 2702; *Wintersteiner, Moore*, Am. Soc. **65** [1943] 1507, 1512; *Fieser, Ourisson*, Am. Soc. **75** [1953] 4404, 4412).

Krystalle; F: 164–165° [aus Me.] (*Sch. et al.*), 162–163° [korr.; aus Me.] (*Fi., Ou.*; *Wi., Mo.*). [α]$_D^{23}$: −11,9° [CHCl$_3$; c = 1] (*Wi., Mo.*); [α]$_D^{25}$: −13,4° [CHCl$_3$; c = 1] (*Fi., Ou.*).

17-[1,5-Dimethyl-hexyl]-9,10-epoxy-5,13-dimethyl-hexadecahydro-cyclopenta[a]phenanthren-3,6-diol $C_{27}H_{46}O_3$.

a) **9,10-Epoxy-5-methyl-19-nor-5β,9β-cholestan-3β,6β-diol** $C_{27}H_{46}O_3$, Formel VI (R = H).

B. Aus 3β,6β-Diacetoxy-9,10-epoxy-5-methyl-19-nor-5β,9β-cholestan mit Hilfe von äthanol. Kalilauge (*Ellis, Petrow*, Soc. **1952** 2246, 2252).

Krystalle (aus PAe. + Acn.); F: 148–149° [unkorr.].

b) **9,10-Epoxy-5-methyl-19-nor-5β,10α-cholestan-3β,6β-diol** $C_{27}H_{46}O_3$, Formel VII (R = H).

Über die Konfiguration an den C-Atomen 9 und 10 s. *Jones, Marples*, J. C. S. Perkin I **1972** 792, 797.

B. Aus 3β,6β-Diacetoxy-9,10-epoxy-5-methyl-19-nor-5β,10α-cholestan mit Hilfe von äthanol. Kalilauge (*Petrow*, Soc. **1939** 998, 1001).

F: 174,5–175,5° [korr.; aus wss. Acn. oder Bzl.] (*Pe.*), 173–174° [aus wss. Me.] (*Jo., Ma.*). [α]$_D^{19}$: +35,3° [CHCl$_3$; c = 2] (*Pe.*); [α]$_D^{22}$: 26° [CHCl$_3$; c = 0,7] (*Jo., Ma.*).

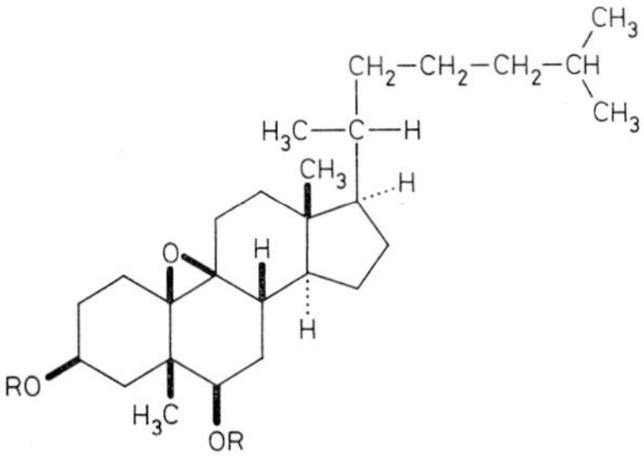

VI 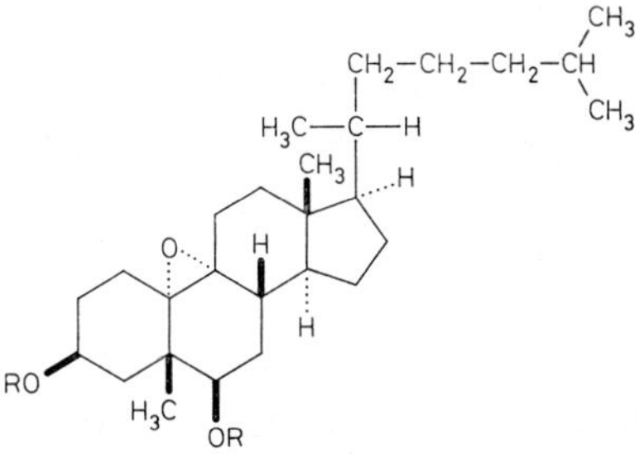   VII

3,6-Diacetoxy-17-[1,5-dimethyl-hexyl]-9,10-epoxy-5,13-dimethyl-hexadecahydro-cyclopenta[a]phenanthren $C_{31}H_{50}O_5$.

a) **3β,6β-Diacetoxy-9,10-epoxy-5-methyl-19-nor-5β,9β-cholestan** $C_{31}H_{50}O_5$, Formel VI (R = CO-CH$_3$).

B. s. bei dem unter b) beschriebenen Stereoisomeren.

Krystalle (aus wss. Me.); F: 101—102° [unkorr.] (*Ellis, Petrow*, Soc. **1952** 2246, 2251). $[\alpha]_D^{20}$: +57,8° [CHCl$_3$; c = 1].

Beim Erwärmen mit Äthanol unter Zusatz von wss. Salzsäure und Erhitzen des Reaktionsprodukts mit Acetanhydrid und Natriumacetat sind 3β,6β-Diacetoxy-5-methyl-19-nor-5β-cholesta-1(10),9(11)-dien und 3β,6β-Diacetoxy-5-methyl-19-nor-5β-cholesta-9,11-dien erhalten worden. Bildung von 3β,6β-Diacetoxy-5-methyl-19-nor-5β,10β-cholest-9(11)-en-10-ol (F: 185° [E III **6** 6473]) beim Erwärmen mit Perjodsäure in wss. Aceton: *El., Pe.*

b) **3β,6β-Diacetoxy-9,10-epoxy-5-methyl-19-nor-5β,10α-cholestan** $C_{31}H_{50}O_5$, Formel VII (R = CO-CH$_3$).

B. Neben dem unter a) beschriebenen Stereoisomeren beim Behandeln von 3β,6β-Diacetoxy-5-methyl-19-nor-5β-cholest-9-en mit Essigsäure und wss. Wasserstoffperoxid oder mit Peroxybenzoesäure in Chloroform (*Ellis, Petrow*, Soc. **1952** 2246, 2251; s. a. *Petrow*, Soc. **1939** 998, 1001).

Krystalle (aus wss. Me. + Acn.); F: 132,5—133,5° [korr.]; $[\alpha]_D^{18}$: +8,7° [CHCl$_3$; c = 3] (*Pe.*).

Dihydroxy-Verbindungen $C_{28}H_{48}O_3$

(2$\overline{RS}$)-8-Methoxy-2,5,7-trimethyl-2-[(4R,8R)-4,8,12-trimethyl-tridecyl]-chroman-6-ol [1]), **(2$\overline{RS}$,4'R,8'R)-8-Methoxy-5,7-dimethyl-tocol** [1])[2]) $C_{29}H_{50}O_3$, Formel VIII.

B. Beim Erwärmen von (7R,11R)-*trans*-Phytol (E IV **1** 2208) mit 2-Methoxy-3,5-dimethyl-hydrochinon, Ameisensäure und Benzol (*Karrer, Dürr*, Helv. **32** [1949] 1361, 1366).

Acetyl-Derivat $C_{31}H_{52}O_4$. Bei 210—220°/0,02 Torr destillierbar.

Allophanoyl-Derivat $C_{31}H_{52}N_2O_5$. Krystalle (aus A.); F: 159—161°.

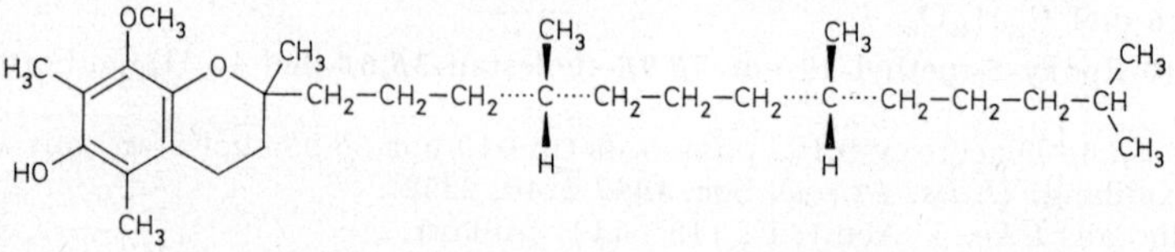

VIII

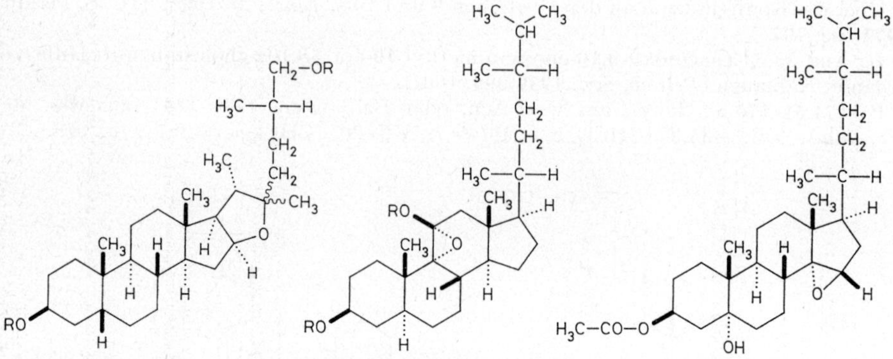

IX   X   XI

---

[1]) Über das Symbol (2$\overline{RS}$) s. S. 1407 Anm. 1.
[2]) Stellungsbezeichnung bei von Tocol abgeleiteten Namen s. Formel V auf S. 1408.

(25S)-22-Methyl-5β,22ξH-furostan-3β,26-diol $C_{28}H_{48}O_3$, Formel IX (R = H).

B. Beim Behandeln von O-Acetyl-sarsasapogenin ((25S)-3β-Acetoxy-5β,22αO-spirostan) mit Methylmagnesiumjodid in Äther (*Marker, Rohrmann*, Am. Soc. **62** [1940] 900).

Krystalle (aus E. + Pentan); F: 179—181,5°.

(25S)-22-Methyl-3β,26-bis-[4-nitro-benzoyloxy]-5β,22ξH-furostan $C_{42}H_{54}N_2O_9$, Formel IX (R = CO-C$_6$H$_4$-NO$_2$).

B. Aus der im vorangehenden Artikel beschriebenen Verbindung (*Marker, Rohrmann*, Am. Soc. **62** [1940] 900).

Krystalle (aus Ae.); F: 192—194°.

3β,11β-Diacetoxy-9,11α-epoxy-5α-ergostan $C_{32}H_{52}O_5$, Formel X (R = CO-CH$_3$).

B. Aus 3β,11-Diacetoxy-5α-ergost-9(11)-en beim Behandeln mit Monoperoxyphthal=säure in Äther (*Crawshaw et al.*, Soc. **1954** 731, 735).

Krystalle (aus Me.); F: 162,5—163,5° [Kofler-App.]. [α]$_D$: +32° [CHCl$_3$]. IR-Banden (Nujol; 5,7—8,1 μ): *Cr. et al.*

Beim Erwärmen mit methanol. Kalilauge ist 3β-Acetoxy-9-hydroxy-5α-ergostan-11-on erhalten worden.

3β-Acetoxy-14,15α-epoxy-5α-ergostan-5-ol $C_{30}H_{50}O_4$, Formel XI.

B. Aus 3β-Acetoxy-5α-ergost-14-en-5-ol beim Behandeln mit Monoperoxyphthalsäure in Dioxan und Äther (*Bladon*, Soc. **1954** 736).

Krystalle (aus Me.); F: 161—163° [Kofler-App.]. [α]$_D$: +19° [CHCl$_3$; c = 1].

Dihydroxy-Verbindungen $C_{29}H_{50}O_3$

8-Äthyl-8-[4-hydroxy-3-methyl-butyl]-4a,6a,7-trimethyl-octadecahydro-naphth=[2′,1′;4,5]indeno[2,1-b]furan-2-ol $C_{29}H_{50}O_3$.

a) **(25S)-22-Äthyl-5β,22ξH-furostan-3β,26-diol** $C_{29}H_{50}O_3$, Formel XII (R = H).

B. Beim Behandeln von O-Acetyl-sarsasapogenin ((25S)-3β-Acetoxy-5β,22αO-spirostan) mit Äthylmagnesiumbromid in Äther (*Marker, Rohrmann*, Am. Soc. **62** [1940] 900).

Krystalle (*Marker et al.*, Am. Soc. **63** [1941] 772). F: 159—161,5° [aus E. + Pentan] (*Ma., Ro.*). Krystallographische Untersuchung: *Ma. et al.*

Diacetyl-Derivat s. S. 2112.

b) **(25R)-22-Äthyl-5β,22ξH-furostan-3β,26-diol** $C_{29}H_{50}O_3$, Formel XIII (R = H).

B. Beim Erwärmen von Smilagenin ((25R)-5β,22αO-Spirostan-3β-ol) mit Äthyl=magnesiumbromid in Äther und anschliessend in Benzol (*Marker et al.*, Am. Soc. **63** [1941] 772).

Krystalle (aus E.); F: 161—162°. Krystallographische Untersuchung: *Ma. et al.*

Diacetyl-Derivat s. S. 2112.

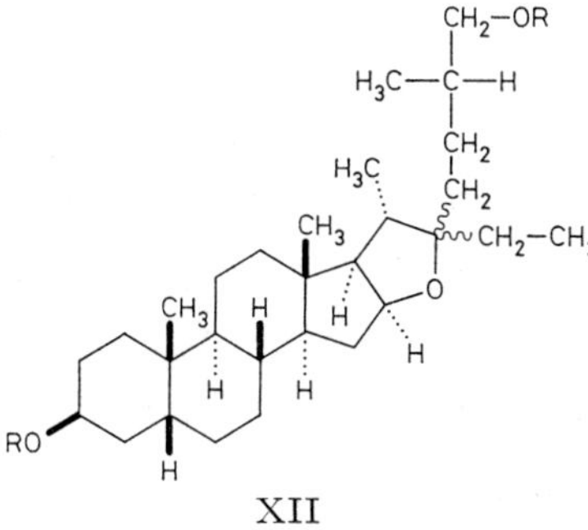

XII 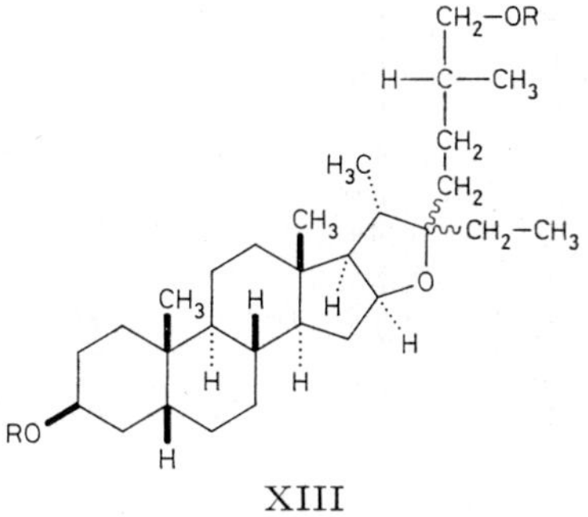　　　　　　　　　　　　XIII

c) **(25R)-22-Äthyl-5α,22ξH-furostan-3β,26-diol** $C_{29}H_{50}O_3$, Formel XIV (R = H).

B. Beim Erwärmen von Tigogenin ((25R)-5α,22αO-Spirostan-3β-ol) mit Äthylmagne=

siumbromid in Äther und anschliessend in Benzol (*Marker et al.*, Am. Soc. **63** [1941] 772).
Aus (25*R*)-22-Äthyl-22ξ*H*-furost-5-en-3β,26-diol (F: 211—214°; hergestellt aus Diosgenin)
bei der Hydrierung an Platin in Essigsäure (*Ma. et al.*).
Krystalle (aus A.); F: 192—194°.
Bis-[4-nitro-benzoyl]-Derivat s. u.

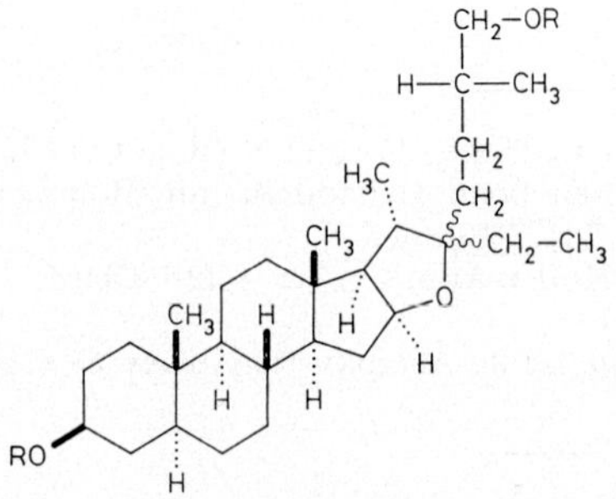

XIV 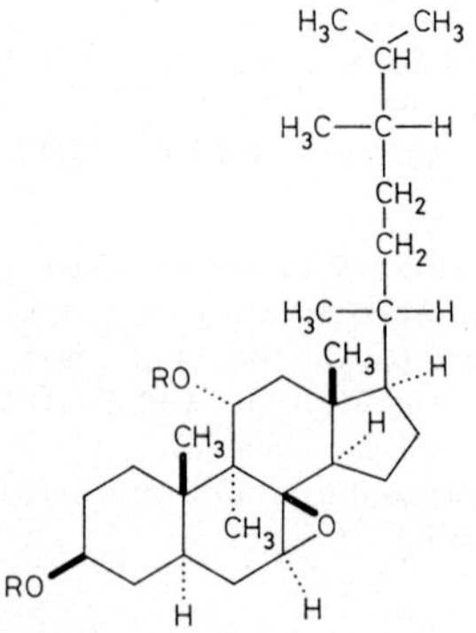   XV

2-Acetoxy-8-[4-acetoxy-3-methyl-butyl]-8-äthyl-4a,6a,7-trimethyl-octadecahydro-naphth[2′,1′;4,5]indeno[2,1-*b*]furan $C_{33}H_{54}O_5$.

a) **(25*S*)-3β,26-Diacetoxy-22-äthyl-5β,22ξ*H*-furostan** $C_{33}H_{54}O_5$, Formel XII
(R = CO-CH$_3$).
B. Beim Erhitzen von (25*S*)-22-Äthyl-5β,22ξ*H*-furostan-3β,26-diol (S. 2111) mit Acet=
anhydrid (*Marker, Rohrmann*, Am. Soc. **62** [1940] 900).
Krystalle (aus wss. Me.); F: 89—91°.

b) **(25*R*)-3β,26-Diacetoxy-22-äthyl-5β,22ξ*H*-furostan** $C_{33}H_{54}O_5$, Formel XIII
(R = CO-CH$_3$).
B. Beim Erhitzen von (25*R*)-22-Äthyl-5β,22ξ*H*-furostan-3β,26-diol (S. 2111) mit Acet=
anhydrid (*Marker et al.*, Am. Soc. **63** [1941] 772).
Krystalle (aus Me.); F: 89—91°.

(25*R*)-22-Äthyl-3β,26-bis-[4-nitro-benzoyloxy]-5α,22ξ*H*-furostan $C_{43}H_{56}N_2O_9$,
Formel XIV (R = CO-C$_6$H$_4$-NO$_2$).
B. Beim Behandeln von (25*R*)-22-Äthyl-5α,22ξ*H*-furostan-3β,26-diol (S. 2111) mit
4-Nitrobenzoylchlorid und Pyridin (*Marker et al.*, Am. Soc. **63** [1941] 772).
Krystalle (aus E.); F: 183—184°.

7β(?),8-Epoxy-9-methyl-5α-ergostan-3β,11α-diol $C_{29}H_{50}O_3$, vermutlich Formel XV
(R = H).
B. Aus 3β-Acetoxy-7β(?),8-epoxy-9-methyl-5α-ergostan-11-on (F: 138—139,5° [korr.];
[α]$_D$: −15° [CHCl$_3$]) beim Behandeln mit Lithiumalanat in Äther oder Tetrahydrofuran
(*Jones et al.*, Soc. **1958** 2156, 2165).
Krystalle (aus Me.); F: 200—207° [korr.; Kofler-App.]. [α]$_D$: −7° [CHCl$_3$; c = 1].
IR-Banden (Nujol; 9,7—10,9 μ): *Jo. et al.*

3β,11α-Diacetoxy-7β(?),8-epoxy-9-methyl-5α-ergostan $C_{33}H_{54}O_5$, vermutlich Formel XV
(R = CO-CH$_3$).
B. Beim Behandeln der im vorangehenden Artikel beschriebenen Verbindung mit
Acetanhydrid und Pyridin (*Jones et al.*, Soc. **1958** 2156, 2165).
Krystalle (aus Me.); F: 165,5—167,5° [korr.; Kofler-App.]. [α]$_D$: −6° [CHCl$_3$; c = 1].
IR-Banden (CS$_2$; 5,7—11,3 μ): *Jo. et al.*   [*Otto*]

Dihydroxy-Verbindungen $C_nH_{2n-10}O_3$

Dihydroxy-Verbindungen $C_8H_6O_3$

2-[3-Hydroxy-benzo[b]thiophen-2-ylmercapto]-benzoesäure-[toluol-4-sulfonylamid]
$C_{22}H_{17}NO_4S_3$, Formel I (R = H), und **(±)-2-[3-Oxo-benzo[b]thiophen-2-ylmercapto]-benzoesäure-[toluol-4-sulfonylamid]** $C_{22}H_{17}NO_4S_3$, Formel II.

B. Beim Erwärmen von Benzo[b]thiophen-3-ol mit 2-[Toluol-4-sulfonyl]-benz[d]iso=
thiazol-3-on in Benzol unter Zusatz von Piperidin (*Fowkes, McClelland*, Soc. **1945** 405).
Aus 2-[3-Acetoxy-benzo[b]thiophen-2-ylmercapto]-benzoesäure-[toluol-4-sulfonylamid]
beim Erwärmen mit wss. Natronlauge (*Fo., McC.*).

Krystalle (aus Bzl.), F: 149°; Krystalle (aus A.) mit 1 Mol Äthanol; F: 112°.

Beim Erhitzen in Xylol ist [2,2']Spirobi[benzo[b]thiophen]-3,3'-dion erhalten worden.

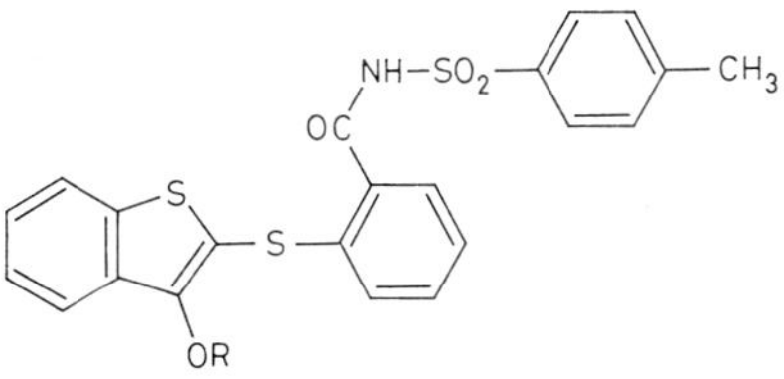

I 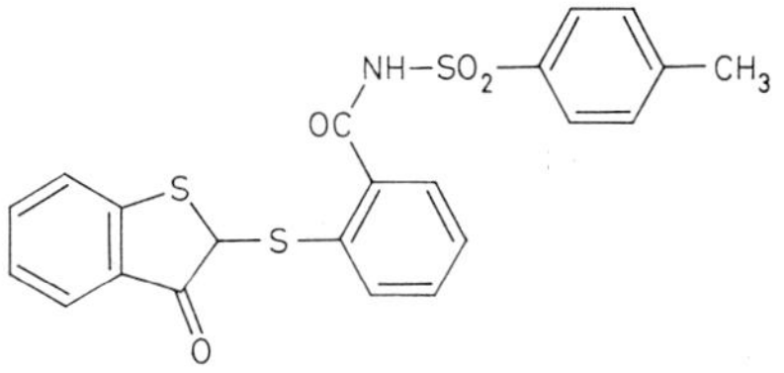   II

2-[3-Acetoxy-benzo[b]thiophen-2-ylmercapto]-benzoesäure-[toluol-4-sulfonylamid]
$C_{24}H_{19}NO_5S_3$, Formel I (R = CO-CH_3).

B. Neben anderen Verbindungen beim Erwärmen von 2-[Toluol-4-sulfonyl]-benz[d]iso=
thiazol-3-on mit Kaliumacetat und Acetanhydrid (*Fowkes, McClelland*, Soc. **1945** 405).

Krystalle (aus Eg.); F: 203°.

**5-Chlor-2-[5-chlor-3-hydroxy-benzo[b]thiophen-2-ylmercapto]-benzoesäure-benzol=
sulfonylamid** $C_{21}H_{13}Cl_2NO_4S_3$, Formel III (R = H), und **(±)-5-Chlor-2-[5-chlor-3-oxo-
benzo[b]thiophen-2-ylmercapto]-benzoesäure-benzolsulfonylamid** $C_{21}H_{13}Cl_2NO_4S_3$,
Formel IV.

B. Neben 5,5'-Dichlor-[2,2']spirobi[benzo[b]thiophen]-3,3'-dion beim Erwärmen von
5-Chlor-benzo[b]thiophen-3-ol mit 2-Benzolsulfonyl-5-chlor-benz[d]isothiazol-3-on in
Benzol unter Zusatz von Piperidin (*Fowkes, McClelland*, Soc. **1945** 405). Aus 2-[3-Acetoxy-
5-chlor-benzo[b]thiophen-2-ylmercapto]-5-chlor-benzoesäure-benzolsulfonylamid beim Er=
wärmen mit wss. Natronlauge (*Fo., McC.*).

Krystalle (aus Bzl. + Bzn.); F: 184°.

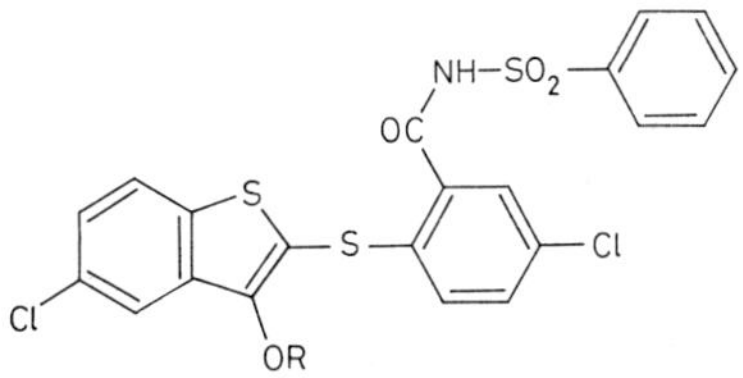

III 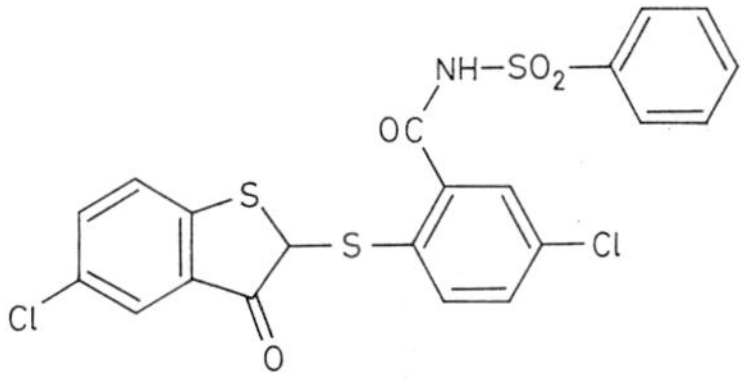   IV

2-[3-Acetoxy-5-chlor-benzo[b]thiophen-2-ylmercapto]-5-chlor-benzoesäure-acetylamid
$C_{19}H_{13}Cl_2NO_4S_2$, Formel V.

B. Neben anderen Verbindungen beim Erhitzen von 5-Chlor-benz[d]isothiazol-3-on
mit Acetanhydrid und Kaliumacetat (*Fowkes, McClelland*, Soc. **1945** 405).

Krystalle (aus Eg.); F: 254°.

**2-[3-Acetoxy-5-chlor-benzo[b]thiophen-2-ylmercapto]-5-chlor-benzoesäure-benzol=
sulfonylamid** $C_{23}H_{15}Cl_2NO_5S_3$, Formel III (R = CO-CH_3).

B. Neben anderen Verbindungen beim Erwärmen von 2-Benzolsulfonyl-5-chlor-benz[d]isothiazol-3-on mit Kaliumacetat und Acetanhydrid (*Fowkes, McClelland*, Soc. **1945** 405).

Krystalle (aus Eg.); F: 223°.

Beim Erhitzen in Anilin, anschliessenden Behandeln mit wss. Salzsäure und Erhitzen des Reaktionsprodukts (F: ca. 253°) in Nitrobenzol ist 5-Chlor-2-phenyl-benz[d]iso=thiazol-3-on erhalten worden.

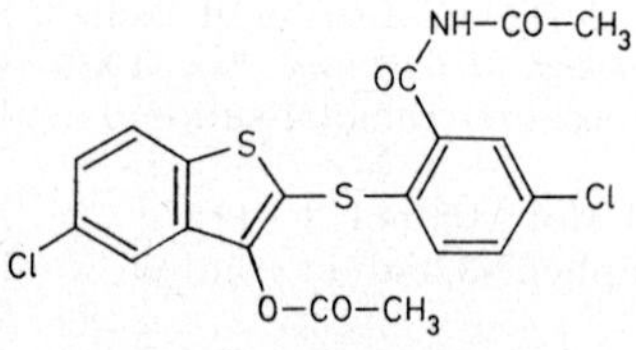

V 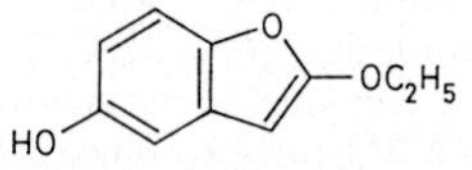   VI 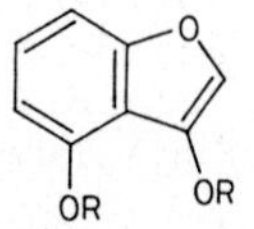   VII 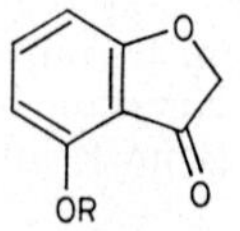   VIII

2-Äthoxy-benzofuran-5-ol $C_{10}H_{10}O_3$, Formel VI.

Diese Konstitution kommt der nachstehend beschriebenen, ursprünglich (*McElvain, Cohen*, Am. Soc. **64** [1942] 260, 264) als 7-Äthoxy-bicyclo[4.2.0]octa-3,6-dien-2,5-dion angesehenen Verbindung zu (*McElvain, Engelhardt*, Am. Soc. **66** [1944] 1077, 1080).

B. Beim Erwärmen von [1,4]Benzochinon mit Keten-diäthylacetal in Benzol (*McE., Co.*).

Krystalle (aus Bzl. + Bzn.); F: 94—95° (*McE., Co.*).

Benzofuran-3,4-diol $C_8H_6O_3$, Formel VII (R = H), und **4-Hydroxy-benzofuran-3-on** $C_8H_6O_3$, Formel VIII (R = H).

Die nachstehend beschriebene Verbindung liegt nach Ausweis des ^{1}H-NMR-Spektrums in Deuteriochloroform und in Dimethylsulfoxid als 4-Hydroxy-benzofuran-3-on vor (*Huke, Görlitzer*, Ar. **302** [1969] 423, 425).

B. Beim Erwärmen von 2-Brom-1-[2,6-dihydroxy-phenyl]-äthanon mit Natrium=acetat-trihydrat in Äthanol unter Zusatz von Natriumdithionit (*Shriner, Witte*, Am. Soc. **61** [1939] 2328).

Krystalle (aus Bzn.); F: 120° [korr.; nach partieller Sublimation von 85° an] (*Sh., Wi.*).

4-Methoxy-benzofuran-3-ol $C_9H_8O_3$, Formel IX, und **4-Methoxy-benzofuran-3-on** $C_9H_8O_3$, Formel VIII (R = CH$_3$).

B. Beim Behandeln einer Lösung von Benzofuran-3,4-diol in Chloroform mit Diazo=methan in Äther (*Farmer et al.*, Soc. **1956** 3600, 3606).

Krystalle (aus Bzn.); F: 151°.

3,4-Diacetoxy-benzofuran $C_{12}H_{10}O_5$, Formel VII (R = CO-CH$_3$).

B. Beim Erhitzen von Benzofuran-3,4-diol mit Acetanhydrid unter Zusatz von Schwe=felsäure (*Farmer et al.*, Soc. **1956** 3600, 3605).

Krystalle (aus Bzn.); F: 61°.

3,4-Bis-benzoyloxy-benzofuran $C_{22}H_{14}O_5$, Formel VII (R = CO-C$_6$H$_5$).

B. Beim Erwärmen eines Gemisches von Benzofuran-3,4-diol, Benzoylchlorid, Natrium=carbonat und wss. Aceton (*Shriner, Witte*, Am. Soc. **61** [1939] 2328).

Krystalle (aus E.); F: 183° [korr.].

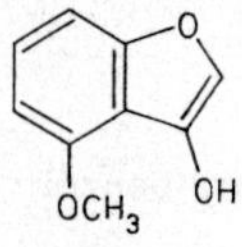

IX 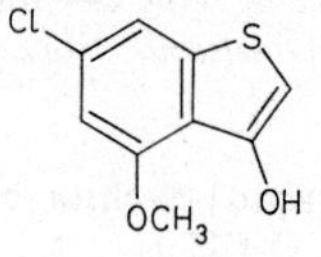   X 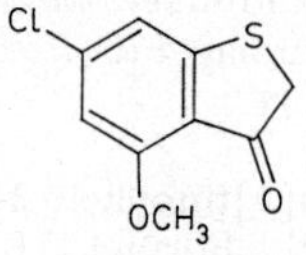   XI 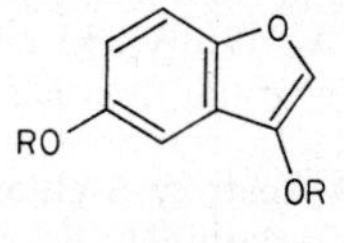   XII

6-Chlor-4-methoxy-benzo[b]thiophen-3-ol $C_9H_7ClO_2S$, Formel X, und **6-Chlor-4-methoxy-benzo[b]thiophen-3-on** $C_9H_7ClO_2S$, Formel XI.

B. Beim Erwärmen von [5-Chlor-2-cyan-3-methoxy-phenylmercapto]-essigsäure mit Natriumsulfid in Wasser (Shibata, Nishi, J. Soc. chem. Ind. Japan **39** [1936] 600, 601; J. Soc. chem. Ind. Japan Spl. **39** [1936] 280).

Krystalle (aus Bzl.); F: 193°.

Benzofuran-3,5-diol $C_8H_6O_3$, Formel XII (R = H), und **5-Hydroxy-benzofuran-3-on** $C_8H_6O_3$, Formel XIII (R = H).

Die nachstehend beschriebene Verbindung liegt nach Ausweis des ^{1}H-NMR-Spektrums in Dimethylsulfoxid als 5-Hydroxy-benzofuran-3-on vor (Huke, Görlitzer, Ar. **302** [1969] 423, 425).

B. Beim Erwärmen von 2-Chlor-1-[2,5-dihydroxy-phenyl]-äthanon oder von 2-Brom-1-[2,5-dihydroxy-phenyl]-äthanon mit Natriumacetat in Methanol (Kloetzel et al., J. org. Chem. **20** [1955] 38, 43, 44).

Krystalle (aus Diisopropyläther); F: 152—153° [unkorr.] (Kl. et al.).

5-Methoxy-benzofuran-3-ol $C_9H_8O_3$, Formel XIV (R = CH₃), und **5-Methoxy-benzofuran-3-on** $C_9H_8O_3$, Formel XIII (R = CH₃) (E I 92; dort als 3-Oxy-5-methoxy-cumaran bzw. 5-Methoxy-3-oxo-cumaran bezeichnet).

B. Beim Behandeln von Benzofuran-3,5-diol mit Diazomethan in Benzol (Kloetzel et al., J. org. Chem. **20** [1955] 38, 43).

Krystalle (aus Me.); F: 92,5—93,5°.

5-Acetoxy-benzofuran-3-ol $C_{10}H_8O_4$, Formel XIV (R = CO-CH₃), und **5-Acetoxy-benzofuran-3-on** $C_{10}H_8O_4$, Formel XIII (R = CO-CH₃).

B. Beim Erwärmen von 1-[5-Acetoxy-2-hydroxy-phenyl]-2-chlor-äthanon mit Natriumacetat-trihydrat in Äthanol (Kloetzel et al., J. org. Chem. **20** [1955] 38, 44). Aus 1-[5-Acetoxy-2-hydroxy-phenyl]-2-brom-äthanon beim Erwärmen mit Silberacetat in Toluol oder Essigsäure (Kl. et al., l. c. S. 43) sowie beim Behandeln mit Kalium-phthalimid in Dimethylformamid (Alberti, Cattapan, Rend. Ist. lomb. **91** [1957] 13, 21). Beim Behandeln von 1-[2,5-Diacetoxy-phenyl]-2-diazo-äthanon mit Essigsäure unter Zusatz von Acetanhydrid und Schwefelsäure (Kl. et al., l. c. S. 45).

Krystalle; F: 96—97° [aus A.] (Al., Ca.), 95—96° [aus Ae. + PAe.] (Kl. et al.).

XIII   XIV   XV   XVI

3,5-Diacetoxy-benzofuran $C_{12}H_{10}O_5$, Formel XII (R = CO-CH₃).

B. Beim Behandeln von Benzofuran-3,5-diol mit Acetanhydrid unter Zusatz von Schwefelsäure (Kloetzel et al., J. org. Chem. **20** [1955] 38, 44).

Krystalle (aus A.); F: 85,5—86,5°.

5-Methoxy-benzo[b]thiophen-3-ol $C_9H_8O_2S$, Formel XV, und **5-Methoxy-benzo[b]-thiophen-3-on** $C_9H_8O_2S$, Formel XVI (E I 92; dort als 3-Oxy-5-methoxy-thionaphthen bzw. 5-Methoxy-3-oxo-dihydrothionaphthen bezeichnet).

B. In geringer Menge beim Erwärmen von [4-Methoxy-phenylmercapto]-essigsäure mit Phosphor(V)-oxid in Benzol (Guha et al., B. **92** [1959] 2771, 2774).

Krystalle (aus PAe.); F: 103°.

6-Chlor-5-methoxy-benzo[b]thiophen-3-ol $C_9H_7ClO_2S$, Formel I (R = CH₃), und **6-Chlor-5-methoxy-benzo[b]thiophen-3-on** $C_9H_7ClO_2S$, Formel II (R = CH₃).

B. Aus [3-Chlor-4-methoxy-phenylmercapto]-essigsäure beim Behandeln mit Chloroschwefelsäure sowie beim Erwärmen mit Phosphor(III)-chlorid und anschliessenden Behandeln mit Aluminiumchlorid in Chlorbenzol (CIBA, D.B.P. 1017304 [1952]; U.S.P. 2735853 [1952]).

Krystalle (aus wss. Eg.); F: 195°.

5-Äthoxy-6-chlor-benzo[*b*]thiophen-3-ol $C_{10}H_9ClO_2S$, Formel I (R = C_2H_5), und
5-Äthoxy-6-chlor-benzo[*b*]thiophen-3-on $C_{10}H_9ClO_2S$, Formel II (R = C_2H_5).

B. Aus [4-Äthoxy-3-chlor-phenylmercapto]-essigsäure beim Erwärmen mit Phos=
phor(III)-chlorid in 1,2-Dichlor-benzol und anschliessenden Behandeln mit Aluminium=
chlorid (*CIBA*, D.B.P. 1017304 [1952]; U.S.P. 2735853 [1952]).
Krystalle (aus Eg.); F: 139°.

I   II   III   IV

6-Brom-5-methoxy-benzo[*b*]thiophen-3-ol $C_9H_7BrO_2S$, Formel III (R = CH_3), und
6-Brom-5-methoxy-benzo[*b*]thiophen-3-on $C_9H_7BrO_2S$, Formel IV (R = CH_3).

B. Aus [3-Brom-4-methoxy-phenylmercapto]-essigsäure beim Erwärmen mit Phos=
phor(III)-chlorid in 1,2-Dichlor-benzol und anschliessenden Behandeln mit Aluminium=
chlorid (*CIBA*, U.S.P. 2735853 [1952]).
Krystalle (aus Eg.); F: 213—214°.

5-Äthoxy-6-brom-benzo[*b*]thiophen-3-ol $C_{10}H_9BrO_2S$, Formel III (R = C_2H_5), und
5-Äthoxy-6-brom-benzo[*b*]thiophen-3-on $C_{10}H_9BrO_2S$, Formel IV (R = C_2H_5).

B. Aus [4-Äthoxy-3-brom-phenylmercapto]-essigsäure beim Erwärmen mit Phos=
phor(III)-chlorid in 1,2-Dichlor-benzol und anschliessenden Behandeln mit Aluminium=
chlorid (*CIBA*, U.S.P. 2735853 [1952]).
Krystalle (aus Eg.); F: 151—152°.

Benzofuran-3,6-diol $C_8H_6O_3$, Formel V (R = H), und **6-Hydroxy-benzofuran-3-on**
$C_8H_6O_3$, Formel VI (R = H) (H 156; E I 92; E II 188; dort als 3.6-Dioxy-cumaron bzw.
6-Oxy-3-oxo-cumaran bezeichnet).

Die nachstehend beschriebene Verbindung liegt nach Ausweis des ¹H-NMR-Spektrums
in Dimethylsulfoxid als 6-Hydroxy-benzofuran-3-on vor (*Huke, Görlitzer*, Ar. 302 [1969]
423, 425).

B. Beim Erwärmen von Resorcin mit Chloracetylchlorid und Aluminiumchlorid in
Nitrobenzol (*Arima, Okamoto*, J. chem. Soc. Japan 50 [1929] 344, 347; C. A. 1932 139;
Davies et al., Soc. 1950 3206, 3210) oder in Äther (*Balakrishna et al.*, Pr. Indian Acad.
[A] 29 [1949] 394, 399). Beim Einleiten von Chlorwasserstoff in ein Gemisch von Resorcin,
Chloracetonitril, Zinkchlorid und Äther, Erhitzen des Reaktionsprodukts mit Wasser
und Erwärmen des Reaktionsprodukts mit Kaliumacetat in Äthanol (*Horning, Reisner*,
Am. Soc. 70 [1948] 3619). Beim Erwärmen von 1-[2,4-Dihydroxy-phenyl]-2-methoxy-
äthanon mit wss. Bromwasserstoffsäure (*Ba. et al.*, l. c. S. 398).

Krystalle; F: 245° [unkorr.; Zers.; aus A.] (*Da. et al.*), 243—244° [aus Eg.] (*Ar., Ok.*),
243—243,5° [aus W.] (*Horn., Re.*). UV-Spektrum (A.; 220—360 nm): *Horváth*, M. 82 [1951
982, 985.

6-Methoxy-benzofuran-3-ol $C_9H_8O_3$, Formel V (R = CH_3), und **6-Methoxy-benzofuran-
3-on** $C_9H_8O_3$, Formel VI (R = CH_3) (H 156; E I 92; E II 188; dort als 3-Oxy-6-methoxy
cumaron bzw. 6-Methoxy-cumaranon-(3) bezeichnet).

B. Aus 3-Methoxy-phenol und Chloracetylchlorid über 2-Chlor-1-[2-hydroxy-4-meth=
oxy-phenyl]-äthanon (*Balakrishna et al.*, Pr. Indian Acad. [A] 29 [1949] 394, 399). Aus
[3-Methoxy-phenoxy]-essigsäure beim Erwärmen mit Phosphor(V)-chlorid in Benzol und
anschliessenden Behandeln mit Zinn(IV)-chlorid (*Barltrop*, Soc. 1946 958, 962). Beim
Erwärmen von 1-[2-Hydroxy-4-methoxy-phenyl]-2-methoxy-äthanon mit wss. Brom=
wasserstoffsäure (*Bal. et al.*). Beim Behandeln von Benzofuran-3,6-diol mit Dimeth=
ylsulfat und Kaliumcarbonat in Aceton (*Bal. et al.*).

Krystalle (aus A.); F: 124—125° (*Dawkins, Mulholland*, Soc. 1959 2203, 2207). UV-
Absorptionsmaxima (A.): 208 nm, 233 nm, 268 nm und 318 nm (*Da., Mu.*).

Bildung von Bis-[3-hydroxy-6-methoxy-benzofuran-2-yl]-methan beim Erwärmen mit wss. Formaldehyd (1 Mol), wss. Salzsäure, Zinkchlorid und Methanol: *Shriner, Anderson,* Am. Soc. **60** [1938] 1415. Beim Erwärmen einer Lösung in Äthanol mit Aceton unter Zusatz von Zinkchlorid ist 2-Isopropyliden-6-methoxy-benzofuran-3-on, beim Behandeln einer Lösung in Essigsäure mit Aceton unter Zusatz von wss. Salzsäure ist 2,2-Bis-[3-hydroxy-6-methoxy-benzofuran-2-yl]-propan erhalten worden (*Sh., An.*). Bildung einer als 7-Methoxy-1-[6-methoxy-benzofuran-3-yliden]-3,4-dihydro-1*H*-dibenzofuran-2-on angesehenen Verbindung (F: 184—185°) beim Behandeln mit Natriumamid in Äther und anschliessenden Erwärmen mit Diäthyl-methyl-[3-oxo-butyl]-ammoniumjodid in Äthanol: *Bar.* Bildung einer wahrscheinlich als 2'-[2-Diäthylamino-äthyl]-6,6'-dimethoxy-[2,3']bibenzofuranyliden-3-on oder als 2-[2-Diäthylamino-äthyl]-6,6'-dimethoxy-[2,3']bibenzofuranyl-3-on zu formulierenden Verbindung (Hydrochlorid; F: 233°) beim Behandeln mit Diäthyl-[2-chlor-äthyl]-amin in Toluol und anschliessenden Erwärmen mit Natriumamid (*Bar.*, l. c. S. 963).

RO... V   RO... VI   H₃C—CO—O... VII

6-Acetoxy-benzofuran-3-ol $C_{10}H_8O_4$, Formel V (R = CO-CH₃), und **6-Acetoxy-benzofuran-3-on** $C_{10}H_8O_4$, Formel VI (R = CO-CH₃).

In den früher (s. E I 93; E II 189) unter dieser Konstitution (als 3-Oxy-6-acetoxy-cumaron bzw. 6-Acetoxy-cumaranon-(3)) beschriebenen Präparaten (F: 79°, F: 81° bzw. F: 77—78°) hat vermutlich 3,6-Diacetoxy-benzofuran vorgelegen (*Davies et al.*, Soc. **1950** 3206, 3208).

B. Beim Behandeln von Benzofuran-3,6-diol mit wss. Natronlauge und anschliessend mit Acetanhydrid (*Da. et al.*, l. c. S. 3210).

Krystalle (aus A.); F: 125—126° [unkorr.]. Bei 110°/0,5 Torr sublimierbar.

3,6-Diacetoxy-benzofuran $C_{12}H_{10}O_5$, Formel VII.

In den früher (s. E I 93; E II 189) unter dieser Konstitution (als 3.6-Diacetoxy-cumaron) beschriebenen Präparaten (F: 157—159° bzw. F: 158°) hat vermutlich 1-[3,6-Diacetoxy-benzofuran-2-yl]-äthanon vorgelegen (*Davies et al.*, Soc. **1950** 3206, 3208).

B. Beim Behandeln von Benzofuran-3,6-diol mit Acetanhydrid und Pyridin (*Da. et al.*, l. c. S. 3210).

Krystalle (aus wss. Me.); F: 81°.

5-Brom-benzofuran-3,6-diol $C_8H_5BrO_3$, Formel VIII (R = H), und **5-Brom-6-hydroxy-benzofuran-3-on** $C_8H_5BrO_3$, Formel IX (R = H).

B. Beim Erwärmen von 1-[5-Brom-2,4-dihydroxy-phenyl]-2-chlor-äthanon mit Kaliumacetat in Äthanol (*Gruber, Horváth*, M. **81** [1950] 828, 835). Aus 1-[4-Acetoxy-5-brom-2-hydroxy-phenyl]-2-chlor-äthanon beim Erwärmen mit äthanol. Kalilauge (*Gr., Ho.*).

Krystalle (aus wss. Me.); F: 231—233° [Zers.; nach Sublimation bei 120—130°/0,01 Torr] (*Gr., Ho.*). UV-Absorptionsmaxima (A.): 238 nm, 271,5 nm und 329 nm (*Horváth*, M. **82** [1951] 982, 984).

6-Acetoxy-5-brom-benzofuran-3-ol $C_{10}H_7BrO_4$, Formel VIII (R = CO-CH₃), und **6-Acetoxy-5-brom-benzofuran-3-on** $C_{10}H_7BrO_4$, Formel IX (R = CO-CH₃).

B. Aus der im vorangehenden Artikel beschriebenen Verbindung (*Gruber, Horváth*, M. **81** [1950] 828, 835).

Krystalle (aus Ae. + PAe.); F: 92—94°.

6-Methoxy-benzo[*b*]thiophen-3-ol $C_9H_8O_2S$, Formel X (R = CH₃), und **6-Methoxy-benzo[*b*]thiophen-3-on** $C_9H_8O_2S$, Formel XI (R = CH₃) (H 156; E I 93; E II 190; dort als 3-Oxy-6-methoxy-thionaphthen bzw. 6-Methoxy-3-oxo-dihydrothionaphthen bezeichnet).

B. Aus [3-Methoxy-phenylmercapto]-essigsäure mit Hilfe von Schwefelsäure (*Perold, van Lingen*, B. **92** [1959] 293, 297). Aus [2-Carbamoyl-5-methoxy-phenylmercapto]-

essigsäure beim Erwärmen mit wss. Natronlauge (*I.G. Farbenind.*, Schweiz.P. 139070 [1928]).

Krystalle (aus W.); F: 117° [korr.] (*Pe., v. Li.*).

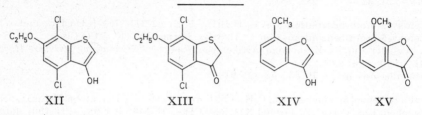

VIII   IX   X   XI

6-Äthoxy-benzo[b]thiophen-3-ol $C_{10}H_{10}O_2S$, Formel X ($R = C_2H_5$), und **6-Äthoxy-benzo=[b]thiophen-3-on** $C_{10}H_{10}O_2S$, Formel XI ($R = C_2H_5$) (E I 93; E II 190; dort als 3-Oxy-6-äthoxy-thionaphthen bzw. 6-Äthoxy-3-oxo-dihydrothionaphthen bezeichnet).

B. Aus [5-Äthoxy-2-carbamoyl-phenylmercapto]-essigsäure beim Erwärmen mit wss. Natronlauge (*I.G. Farbenind.*, D.R.P. 568670 [1927]; Frdl. **19** 827; *Gen. Aniline Works*, U.S.P. 1785813 [1928]; *I.G. Farbenind.*, D.R.P. 543286 [1927]; Frdl. **18** 484).

Hellgelbe Krystalle (nach Sublimation); F: 123—124° (*Dalgliesh, Mann*, Soc. **1947** 653, 658).

2,4-Dinitro-phenylhydrazon (F: 217—219° [Zers.]): *Da., Mann.*

2-[3-Hydroxy-benzo[b]thiophen-6-yloxy]-äthanol, 6-[2-Hydroxy-äthoxy]-benzo=[b]thiophen-3-ol $C_{10}H_{10}O_3S$, Formel X ($R = CH_2\text{-}CH_2OH$), und **6-[2-Hydroxy-äthoxy]-benzo[b]thiophen-3-on** $C_{10}H_{10}O_3S$, Formel XI ($R = CH_2\text{-}CH_2OH$).

B. Beim Erwärmen von [2-Amino-5-(2-hydroxy-äthoxy)-phenylmercapto]-essigsäure-lactam mit wss. Natronlauge, anschliessenden Behandeln mit Natriumnitrit und Schwefel=säure, Erwärmen der mit Natriumcarbonat neutralisierten Reaktionslösung mit wss. Natrium-[tetracyano-cuprat(I)]-Lösung und mit wss. Natronlauge und Erwärmen des danach isolierten Reaktionsprodukts mit wss. Schwefelsäure (*Du Pont de Nemours & Co.*, U.S.P. 2228753 [1938]). Beim Erhitzen von Benzo[b]thiophen-3,6-diol mit Äthylen=oxid in Benzol auf 170° (*Du Pont*).

F: 106°.

6-[2-Äthoxy-äthoxy]-benzo[b]thiophen-3-ol $C_{12}H_{14}O_3S$, Formel X ($R = CH_2\text{-}CH_2\text{-}OC_2H_5$), und **6-[2-Äthoxy-äthoxy]-benzo[b]thiophen-3-on** $C_{12}H_{14}O_3S$, Formel XI ($R = CH_2\text{-}CH_2\text{-}OC_2H_5$).

B. Aus 4-[2-Äthoxy-äthoxy]-anilin über [5-(2-Äthoxy-äthoxy)-2-amino-phenylmer=capto]-essigsäure (*CIBA*, U.S.P. 2080862 [1936]).

Krystalle; F: 84—85°.

6-Äthoxy-4,7-dichlor-benzo[b]thiophen-3-ol $C_{10}H_8Cl_2O_2S$, Formel XII, und **6-Äthoxy-4,7-dichlor-benzo[b]thiophen-3-on** $C_{10}H_8Cl_2O_2S$, Formel XIII.

B. Aus 4-Äthoxy-2,5-dichlor-anilin über [5-Äthoxy-2-amino-3,6-dichlor-phenylmer=capto]-essigsäure, [3-Äthoxy-2,5-dichlor-6-cyan-phenylmercapto]-essigsäure und 3-Amino-6-äthoxy-4,7-dichlor-benzo[b]thiophen-2-carbonsäure (*I.G. Farbenind.*, D.R.P. 631655 [1933]; Frdl. **23** 733; U.S.P. 2076872 [1934]).

Krystalle (aus Eg.); F: 191—192°.

XII   XIII   XIV   XV

7-Methoxy-benzofuran-3-ol $C_9H_8O_3$, Formel XIV, und **7-Methoxy-benzofuran-3-on** $C_9H_8O_3$, Formel XV.

B. Beim Behandeln des aus 2,3-Dimethoxy-benzoesäure mit Hilfe von Thionylchlorid

hergestellten Säurechlorids mit Diazomethan in Äther und Behandeln des erhaltenen Diazoketons mit Essigsäure (*Richtzenhain, Alfredsson*, B. **89** [1956] 378, 385).
Krystalle (nach Sublimation bei $80-90°/12$ Torr); F: 85°.

6-Brom-benzo[*b*]thiophen-4,5-diol $C_8H_5BrO_2S$, Formel I (R = H).
B. Beim Behandeln einer warmen Lösung von 6-Brom-benzo[*b*]thiophen-4,5-chinon in Chloroform mit Schwefeldioxid (*Fries et al.*, A. **527** [1937] 83, 103).
Benzol enthaltende Krystalle (aus Bzl.), F: 133°; die vom Benzol befreite Verbindung schmilzt bei 248°.

4,5-Diacetoxy-6-brom-benzo[*b*]thiophen $C_{12}H_9BrO_4S$, Formel I (R = CO-CH$_3$).
B. Aus der im vorangehenden Artikel beschriebenen Verbindung (*Fries et al.*, A. **527** [1937] 83, 103).
Krystalle (aus Me.); F: 140°.

4-Methoxy-benzofuran-6-ol $C_9H_8O_3$, Formel II (R = H).
B. Aus 6-Hydroxy-4-methoxy-benzofuran-2-carbonsäure beim Erhitzen mit Kupfer-Pulver in Chinolin auf 210° (*Reichstein et al.*, Helv. **18** [1935] 816, 828). Aus 6-Hydroxy-4-methoxy-benzofuran-7-carbonsäure beim Erhitzen (*Gruber, Horváth*, M. **80** [1949] 563, 568).
Krystalle (aus Bzn.); F: $55-57°$ (*Re. et al.*).

4,6-Dimethoxy-benzofuran $C_{10}H_{10}O_3$, Formel II (R = CH$_3$).
B. Aus [2-Formyl-3,5-dimethoxy-phenoxy]-essigsäure beim Erhitzen mit Natrium=acetat und Acetanhydrid (*Foster, Robertson*, Soc. **1939** 921, 923). Beim Hydrieren von 3-Acetoxy-4,6-dimethoxy-benzofuran an Platin in Essigsäure und Erhitzen des Reaktions-produkts unter vermindertem Druck (*Bickel, Schmid*, Helv. **36** [1953] 664, 686).
Kp$_{0,15}$: $108-110°$ (*Fo., Ro.*).
Verbindung mit Pikrinsäure $C_{10}H_{10}O_3 \cdot C_6H_3N_3O_7$. Rote Krystalle (aus Me.); F: 95° (*Fo., Ro.*), $93,5-94,5°$ (*Bi., Sch.*).

6-Benzyloxy-4-methoxy-benzofuran $C_{16}H_{14}O_3$, Formel II (R = CH$_2$-C$_6$H$_5$).
B. Aus [5-Benzyloxy-2-formyl-3-methoxy-phenoxy]-essigsäure beim Erhitzen mit Natriumacetat und Acetanhydrid (*Foster et al.*, Soc. **1939** 930, 932).
Krystalle (aus wss. A.); F: $55-56°$.

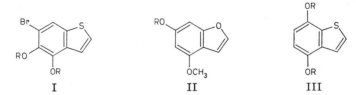

$\qquad\qquad$ I $\qquad\qquad\qquad\qquad$ II $\qquad\qquad\qquad\qquad$ III

6-Acetoxy-4-methoxy-benzofuran $C_{11}H_{10}O_4$, Formel II (R = CO-CH$_3$).
B. Beim Hydrieren von 3,6-Diacetoxy-4-methoxy-benzofuran an Platin in Essigsäure und Erhitzen des Reaktionsprodukts im Hochvakuum (*Gruber, Horváth*, M. **80** [1949] 563, 570).
Krystalle (aus Ae. + PAe.); F: $67-69°$.

Benzo[*b*]thiophen-4,7-diol $C_8H_6O_2S$, Formel III (R = H).
B. Aus Benzo[*b*]thiophen-4,7-chinon bei der Hydrierung an Platin in Äthylacetat (*Blackhall, Thomson*, Soc. **1954** 3916, 3918).
Krystalle (aus Bzl.); F: $171-172°$ [Zers.].

4,7-Diacetoxy-benzo[*b*]thiophen $C_{12}H_{10}O_4S$, Formel III (R = CO-CH$_3$).
B. Aus Benzo[*b*]thiophen-4,7-diol (*Blackhall, Thomson*, Soc. **1954** 3916, 3919).
Krystalle (aus PAe.); F: 147°.

5,6-Dimethoxy-benzofuran $C_{10}H_{10}O_3$, Formel IV.

B. Aus [2-Formyl-4,5-dimethoxy-phenoxy]-essigsäure beim Erhitzen mit Natrium=
acetat und Acetanhydrid (*Whalley*, Soc. **1953** 3479, 3481). Aus 5,6-Dimethoxy-benzo=
furan-2-carbonsäure beim Erhitzen mit Kupfer-Pulver in Chinolin auf 220° (*Tanaka*,
J. chem. Soc. Japan Pure Chem. Sect. **72** [1951] 307, 309; C. A. **1952** 2535; Am. Soc.
73 [1951] 872; *King et al.*, Soc. **1954** 1392, 1395).

Krystalle; F: 59° [aus wss. Me.] (*Wh.*), 54—55° [aus PAe.] (*King et al.*), 53—54° (*Ta.*).

Benzo[*b*]thiophen-5,6-diol $C_8H_6O_2S$, Formel V (R = H).

B. Aus 5,6-Dimethoxy-benzo[*b*]thiophen beim Erhitzen mit Pyridin-hydrochlorid bis
auf 190° (*Bew, Clemo*, Soc. **1953** 1314).

Krystalle (aus Ae. + Bzn.); F: 134—137°.

IV   V   VI

5,6-Dimethoxy-benzo[*b*]thiophen $C_{10}H_{10}O_2S$, Formel V (R = CH$_3$).

B. Aus 4-[2,2-Diäthoxy-äthylmercapto]-1,2-dimethoxy-benzol beim Behandeln mit
Zinn(IV)-chlorid in Chloroform (*Banfield et al.*, Soc. **1956** 2603, 2607). Aus 5,6-Dimeth=
oxy-benzo[*b*]thiophen-2-carbonsäure beim Erhitzen mit Kupfer-Pulver in Chinolin
(*Bew, Clemo*, Soc. **1953** 1314; *Campaigne, Cline*, J. org. Chem. **21** [1956] 39, 43).

Krystalle; F: 100—101° [nach Sublimation bei 120°/15 Torr] (*Ba. et al.*), 99—100°
[nach Sublimation unter vermindertem Druck] (*Ca., Cline*), 89—91° (*Bew, Clemo*).
UV-Absorptionsmaxima (A.): 236 nm, 263 nm, 297 nm und 307 nm (*Ca., Cline*).

Benzofuran-6,7-diol $C_8H_6O_3$, Formel VI (R = H).

B. Aus 6,7-Diacetoxy-benzofuran beim Erwärmen mit methanol. Kalilauge unter Stick=
stoff (0,05 Torr) bis auf 85° (*Bickel, Schmid*, Helv. **36** [1953] 664, 685).

Krystalle (aus Bzl.); F: 72,5—74°.

6,7-Dimethoxy-benzofuran $C_{10}H_{10}O_3$, Formel VI (R = CH$_3$).

B. Aus 6,7-Dimethoxy-2,3-dihydro-benzofuran beim Erhitzen mit Palladium/Kohle
im Hochvakuum auf 180° (*Bickel, Schmid*, Helv. **36** [1953] 664, 684). Aus 6,7-Dimeth=
oxy-benzofuran-2-carbonsäure beim Erhitzen mit Kupfer-Pulver in Chinolin (*Reichstein
et al.*, Helv. **18** [1935] 816, 822). Beim Erhitzen von 6-Hydroxy-7-methoxy-benzofuran-
5-carbonsäure auf 250° und Behandeln des Reaktionsprodukts mit Diazomethan in
Äther unter Zusatz von wenig Methanol (*Bi., Sch.*, l. c. S. 680).

Krystalle; F: ca. 55° [aus Bzl. + Bzn.] (*Re. et al.*), 48,5—49,5° [aus wss. Me.] (*Bi.,
Sch.*). Bei 50—60°/0,02 Torr destillierbar (*Bi., Sch.*). UV-Spektrum (A.; 220—300 nm):
Bi., Sch., l. c. S. 671.

Verbindung mit Pikrinsäure. Rote Krystalle (aus Me.); F: 62,5—63,5° (*Bi., Sch.*).

6,7-Diacetoxy-benzofuran $C_{12}H_{10}O_5$, Formel VI (R = CO-CH$_3$).

B. Beim Hydrieren von 3,6,7-Triacetoxy-benzofuran an Platin in Essigsäure und
Erhitzen des Reaktionsprodukts unter 0,05 Torr (*Bickel, Schmid*, Helv. **36** [1953] 664,
685).

Krystalle (aus wss. Me.); F: 96—97°.

Dihydroxy-Verbindungen $C_9H_8O_3$

(3*S*)-2-[(*Ξ*)-Penta-2,4-diinyliden]-tetrahydro-furan-3*r*,4*c*-diol $C_9H_8O_3$, Formel VII.

B. Beim Behandeln von (2*S*,3*R*)-Nona-4,6,8-triin-1,2,3-triol mit wss. Natronlauge unter
Stickstoff bei Lichtausschluss (*Jones, Stephenson*, Soc. **1959** 2197, 2202).

Krystalle (aus Ae. + Hexan); F: 94° [Zers.]. [α]$_D$: —165° [A.; c = 0,5]. UV-Ab=
sorptionsmaxima (A.): 216 nm, 224 nm, 278,5 nm und 293 nm.

VII   VIII   IX

2-Äthoxy-chromenylium $[C_{11}H_{11}O_2]^+$, Formel VIII.

Tetrafluoroborat $[C_{11}H_{11}O_2]BF_4$. *B.* Beim Behandeln von Cumarin mit Triäthyl=
oxonium-tetrafluoroborat in Dichlormethan (*Meerwein et al.*, J. pr. [2] **147** [1937] 257,
283) oder mit Äthylbromid und Silber-tetrafluoroborat (*Meerwein et al.*, Ar. **291** [1958]
541, 552). — Krystalle; F: 106° [Zers.; aus 1,2-Dichlor-äthan] (*Me. et al.*, l. c. S. 284).

3-Acetoxy-7-methoxy-2H-chromen $C_{12}H_{12}O_4$, Formel IX.

B. Aus [2-Carboxymethoxy-4-methoxy-phenyl]-essigsäure beim Erhitzen mit Natrium=
acetat und Acetanhydrid (*Richards et al.*, Soc. **1948** 1610).

Krystalle (aus PAe.); F: 97°.

4-Methoxy-chromenylium $[C_{10}H_9O_2]^+$, Formel X (X = OCH_3).

2,4-Dinitro-benzolsulfonat $[C_{10}H_9O_2]C_6H_3N_2O_7S$. *B.* Beim Erwärmen von Chromen-
4-on mit 2,4-Dinitro-benzolsulfonsäure-methylester (*Kiprianow, Tolmatschew*, Ž. obšč.
Chim. **29** [1959] 2868, 2872; engl. Ausg. S. 2828, 2831). — Krystalle; F: 206°.

4-Methylmercapto-chromenylium $[C_{10}H_9OS]^+$, Formel X (X = SCH_3).

Trijodid $[C_{10}H_9OS]I_3$. *B.* Beim Erwärmen von Chromen-4-thion mit Methyljodid
(*Kiprianow, Tolmatschew*, Ž. obšč. Chim. **29** [1959] 2868, 2873; engl. Ausg. S. 2828,
2832). — Krystalle (aus Eg.); F: 165°.

2,4-Dinitro-benzolsulfonat $[C_{10}H_9OS]C_6H_3N_2O_7S$. *B.* Beim Erwärmen von Chromen-
4-thion mit 2,4-Dinitro-benzolsulfonsäure-methylester (*Ki., To.*). — Krystalle (aus Eg.);
F: 184°.

6,7-Dimethoxy-1H-isochromen $C_{11}H_{12}O_3$, Formel XI.

B. Aus [2-Hydroxymethyl-4,5-dimethoxy-phenyl]-acetaldehyd beim Erhitzen mit
Natriumacetat und Essigsäure (*Chatterjea*, B. **91** [1958] 2636).

Krystalle (aus A.); F: 64°. Wenig beständig.

Verbindung mit Pikrinsäure $C_{11}H_{12}O_3 \cdot C_6H_3N_3O_7$. Braune Krystalle; F: 102°
bis 103°.

2-Methyl-benzofuran-3,6-diol $C_9H_8O_3$, Formel XII (R = H), und **(±)-6-Hydroxy-2-meth=
yl-benzofuran-3-on** $C_9H_8O_3$, Formel XIII (R = H) (E II 190; dort als 3.6-Dioxy-
2-methyl-cumaron bzw. 6-Oxy-3-oxo-2-methyl-cumaran bezeichnet).

B. Beim Erwärmen von Resorcin mit (±)-2-Brom-propionylbromid und Aluminium=
chlorid in Nitrobenzol (*Arima, Okamoto*, J. chem. Soc. Japan **50** [1929] 344, 347; C. A.
1932 139).

Krystalle (aus Eg.); F: 142—143° (*Ar., Ok.*; s. dagegen E II 190).

X   XI   XII   XIII

6-Methoxy-2-methyl-benzofuran-3-ol $C_{10}H_{10}O_3$, Formel XII (R = CH_3), und **(±)-6-Meth=
oxy-2-methyl-benzofuran-3-on** $C_{10}H_{10}O_3$, Formel XIII (R = CH_3) (E I 94; E II 191;
dort als 3-Oxy-6-methoxy-2-methyl-cumaron bzw. 6-Methoxy-2-methyl-cumaranon bezeichnet).

B. Aus (±)-2-[3-Methoxy-phenoxy]-propionylchlorid beim Behandeln mit Aluminium=

chlorid in Benzol (*Birch et al.*, Soc. **1936** 1834, 1836). Beim Behandeln von 2-Methyl-benzofuran-3,6-diol mit Diazomethan in Äther (*Arima, Okamoto*, J. chem. Soc. Japan **50** [1929] 344, 348; C. A. **1932** 139).

Hellgelbe Krystalle (aus Bzn.); F: 49° (*Ar., Ok.*; s. dagegen E I 94; E II 191). Kp_1: 120—125° (*Bi. et al.*).

2,4-Dinitro-phenylhydrazon (F: 206°): *Bi. et al.*

5,6-Dimethoxy-2-methyl-benzofuran $C_{11}H_{12}O_3$, Formel I.

B. Aus 5,6-Dimethoxy-2-methyl-benzofuran-3-ol bei der Hydrierung an Palladium/Kohle in Essigsäure (*Müller, Richter*, B. **77/79** [1944/46] 12, 16).

Krystalle (aus wss. A.); F: 95—96°.

4,6-Dimethoxy-3-methyl-benzofuran $C_{11}H_{12}O_3$, Formel II (H 157; dort als 4.6-Dimeth=oxy-3-methyl-cumaron bezeichnet).

B. Aus [3,5-Dimethoxy-phenoxy]-aceton beim Behandeln mit Schwefelsäure (*Birch, Robertson*, Soc. **1938** 306, 307).

Krystalle; F: 36°. $Kp_{0,1}$: 100—102°.

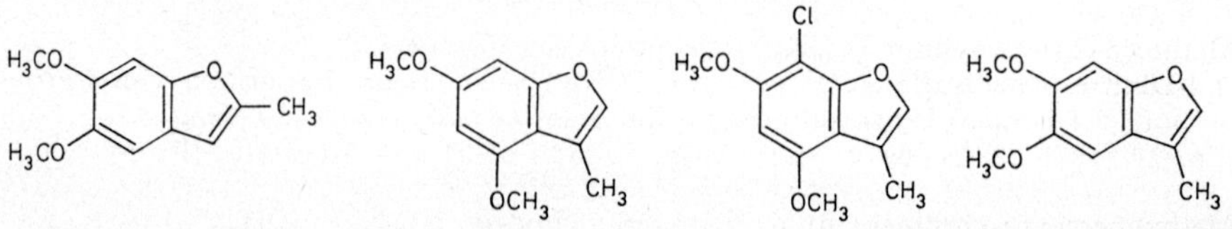

I   II   III   IV

7-Chlor-4,6-dimethoxy-3-methyl-benzofuran $C_{11}H_{11}ClO_3$, Formel III.

B. Aus [2-Acetyl-6-chlor-3,5-dimethoxy-phenoxy]-essigsäure beim Erhitzen mit Natriumacetat und Acetanhydrid (*Dawkins, Mulholland*, Soc. **1959** 2211, 2218). Aus 7-Chlor-4,6-dimethoxy-3-methyl-benzofuran-2-carbonsäure beim Erhitzen mit Kupfer-Pulver in Chinolin auf 190° (*Da., Mu.*).

Krystalle (aus A.); F: 148° [korr.]. Bei 130°/10⁻⁴ Torr sublimierbar. UV-Absorptions=maxima (A.): 216 nm, 220 nm, 263 nm, ca. 275 nm und 320 nm.

5,6-Dimethoxy-3-methyl-benzofuran $C_{11}H_{12}O_3$, Formel IV.

B. Aus [2-Acetyl-4,5-dimethoxy-phenoxy]-essigsäure beim Erhitzen mit Natrium=acetat und Acetanhydrid (*Jones et al.*, Soc. **1949** 562, 564).

Krystalle (aus wss. Eg.); F: 99°.

5,6-Dimethoxy-3-methyl-benzo[b]thiophen $C_{11}H_{12}O_2S$, Formel V.

B. Aus [3,4-Dimethoxy-phenylmercapto]-aceton beim Erhitzen mit Phosphor(V)-oxid auf 170° (*Banfield et al.*, Soc. **1956** 4791, 4797).

Krystalle (aus Bzn.); F: 107—107,5°.

6,7-Dimethoxy-3-methyl-benzofuran $C_{11}H_{12}O_3$, Formel VI (H 157; E I 95; dort als 6.7-Dioxy-3-methyl-cumaron bezeichnet).

Kp_1: 109—112° (*Sakai, Kato*, J. pharm. Soc. Japan **55** [1935] 691, 694; dtsch. Ref. S. 123, 126).

Beim Erwärmen mit wss. Salzsäure auf 100° ist eine Verbindung $C_{22}H_{24}O_6$ (Krystalle; F: 127—128°) erhalten worden (*Sa., Kato*, l. c. S. 702). Bildung von 7-Meth=oxy-3-methyl-benzofuran-6-ol(?) ($C_{10}H_{10}O_3$; Kp_1: 119—122°; Benzoyl-Derivat $C_{17}H_{14}O_4$: Krystalle, F: 144—145°) beim Behandeln mit Äthylmagnesiumjodid (2 Mol) in Äther: *Sa., Kato*, l. c. S. 703.

5-Methyl-benzofuran-3,6-diol $C_9H_8O_3$, Formel VII (R = H), und **6-Hydroxy-5-methyl-benzofuran-3-on** $C_9H_8O_3$, Formel VIII (R = H).

B. Aus 2-Chlor-1-[2,4-dihydroxy-5-methyl-phenyl]-äthanon beim Erwärmen mit

Kaliumacetat in Methanol (*Horváth*, M. **82** [1951] 901, 908, 910) oder mit Natrium≠ acetat in Äthanol (*Murai*, Sci. Rep. Saitama Univ. [A] **1** [1954] 153, 154).

Krystalle; F: 254—256° [Zers.; aus wss. Me.] (*Ho.*, l. c. S. 908), 228° [Zers.; aus A.] (*Mu.*). Bei 120—140°/0,01 Torr sublimierbar (*Ho.*, l. c. S. 908). UV-Absorptionsmaxima (A.): 234 nm, 274 nm und 324 nm (*Horváth*, M. **82** [1951] 982, 984).

Oxim (F: 180—181° [Zers.]): *Mu.*

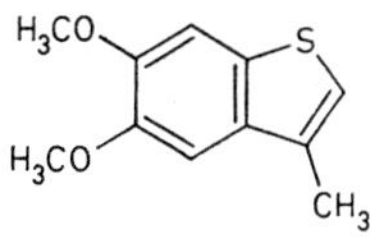

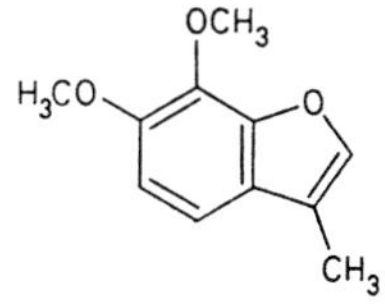

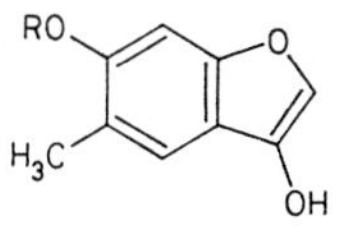

6-Acetoxy-5-methyl-benzofuran-3-ol $C_{11}H_{10}O_4$, Formel VII (R = CO-CH$_3$), und **6-Acetoxy-5-methyl-benzofuran-3-on** $C_{11}H_{10}O_4$, Formel VIII (R = CO-CH$_3$).

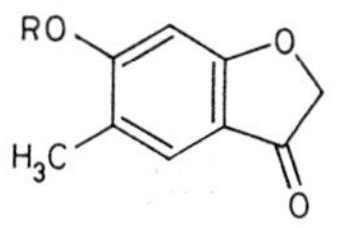

B. Beim Erhitzen der im vorangehenden Artikel beschriebenen Verbindung mit Acet≠ anhydrid und Acetylchlorid (*Horváth*, M. **82** [1951] 982, 987).

Krystalle (aus Ae. + PAe.); F: 89—91°.

4,7-Diacetoxy-5-methyl-benzo[*b*]thiophen $C_{13}H_{12}O_4S$, Formel IX (R = CO-CH$_3$).

B. Aus 5-Methyl-benzo[*b*]thiophen-4,7-chinon beim Erhitzen mit Zink-Pulver, Essig≠ säure, Natriumacetat und Acetanhydrid (*Tarbell et al.*, Am. Soc. **67** [1945] 1643).

Krystalle (aus PAe.); F: 116—117° [korr.].

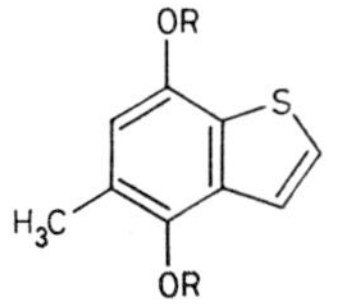

7-Chlor-5-methoxy-6-methyl-benzo[*b*]thiophen-3-ol $C_{10}H_9ClO_2S$, Formel X, und **7-Chlor-5-methoxy-6-methyl-benzo[*b*]thiophen-3-on** $C_{10}H_9ClO_2S$, Formel XI.

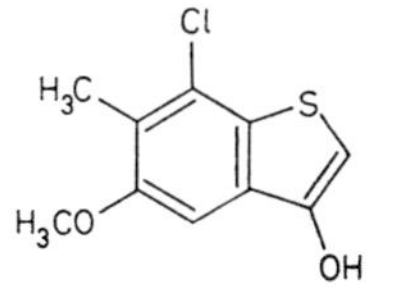

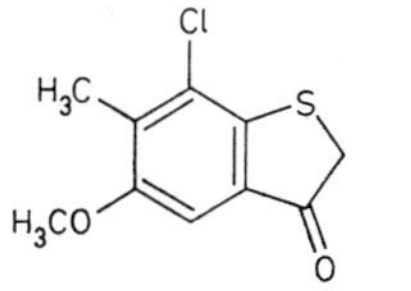

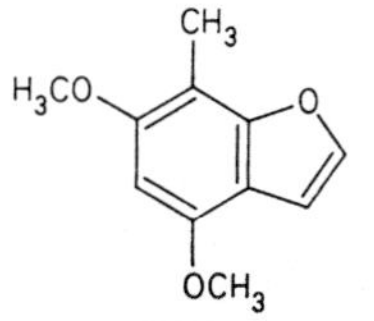

B. Aus [2-Chlor-4-methoxy-3-methyl-phenylmercapto]-acetylchlorid mit Hilfe von Aluminiumchlorid (*I.G. Farbenind.*, D.R.P. 637210 [1934]; Frdl. **23** 735; *Gen. Aniline Works*, U.S.P. 2021267 [1935]).

Krystalle (aus Eg.); F: 185—186°.

4,6-Dimethoxy-7-methyl-benzofuran $C_{11}H_{12}O_3$, Formel XII.

B. Aus 4,6-Dimethoxy-7-methyl-benzofuran-2-carbonsäure beim Erhitzen mit Kupfer-Pulver in Chinolin (*Foster, Robertson*, Soc. **1939** 921, 925).

F: 38°. Kp$_{0,3}$: 70—71°.

Verbindung mit Pikrinsäure $C_{11}H_{12}O_3 \cdot C_6H_3N_3O_7$. Braune Krystalle (aus Me.); F: 110°.

Dihydroxy-Verbindungen $C_{10}H_{10}O_3$

4-Methoxy-2-methyl-chromenylium $[C_{11}H_{11}O_2]^+$, Formel I.

2,4-Dinitro-benzolsulfonat $[C_{11}H_{11}O_2]C_6H_3N_2O_7S$. *B.* Beim Erwärmen von 2-Methyl-chromen-4-on mit 2,4-Dinitro-benzolsulfonsäure-methylester (*Kiprianow, Tolmatschew*, Ž. obšč. Chim. **29** [1959] 2868, 2873; engl. Ausg. S. 2828, 2832). — F: 192—193°.

6-Hydroxy-2-methyl-chromenylium $[C_{10}H_9O_2]^+$, Formel II.

Tetrachloroferrat(III) $[C_{10}H_9O_2]FeCl_4$. *B.* Beim Behandeln von Hydrochinon mit

4-Chlor-but-3-en-2-on in Essigsäure und mit Eisen(III)-chlorid in wss. Salzsäure (*Nešmejanow et al.*, Doklady Akad. S.S.S.R. **93** [1953] 71, 72; C. A. **1955** 3953). — Violette Krystalle (aus Eg.); F: 122—123°. Absorptionsspektrum (Eg.; 300—580 nm): *Nešmejanow et al.*, Izv. Akad. S.S.S.R. Otd. chim. **1954** 784, 785, 788; engl. Ausg. S. 675, 676, 679.

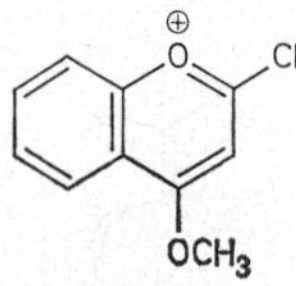

I 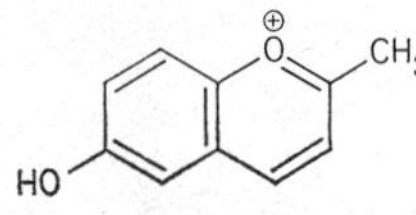   II 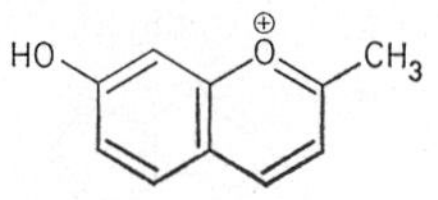   III 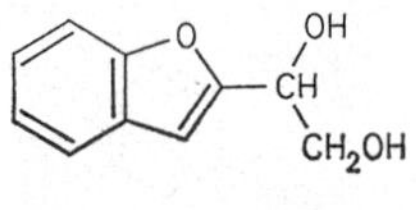   IV

7-Hydroxy-2-methyl-chromenylium $[C_{10}H_9O_2]^+$, Formel III.

Tetrachloroferrat(III) $[C_{10}H_9O_2]FeCl_4$. *B.* Beim Behandeln von Resorcin mit 4-Chlor-but-3-en-2-on in Essigsäure und mit Eisen(III)-chlorid in wss. Salzsäure (*Nešmejanow et al.*, Doklady Akad. S.S.S.R. **93** [1953] 71, 72; C. A. **1955** 3953). — Violette Krystalle (aus Eg.); F: 145°. Absorptionsspektrum (Eg.; 330—580 nm): *Nešmejanow et al.*, Izv. Akad. S.S.S.R. Otd. chim. **1954** 784, 785, 788; engl. Ausg. S. 675, 676, 679.

(±)-1-Benzofuran-2-yl-äthan-1,2-diol $C_{10}H_{10}O_3$, Formel IV.

B. Aus 2-Acetoxy-1-benzofuran-2-yl-äthanon beim Behandeln mit Lithiumalanat in Äther (*Zaugg*, Am. Soc. **76** [1954] 5818).

Krystalle (aus Bzl.); F: 87—88°.

5-Äthyl-benzofuran-3,6-diol $C_{10}H_{10}O_3$, Formel V (R = H), und **5-Äthyl-6-hydroxy-benzofuran-3-on** $C_{10}H_{10}O_3$, Formel VI (R = H).

B. Aus 1-[5-Äthyl-2,4-dihydroxy-phenyl]-2-chlor-äthanon beim Erwärmen mit Natriumacetat in Äthanol (*Davies et al.*, Soc. **1950** 3206, 3211; *Murai*, Sci. Rep. Saitama Univ. [A] **1** [1952] 23, 24) oder mit Kaliumacetat in Methanol (*Horváth*, M. **82** [1951] 901, 910).

Krystalle; F: 191—192° [aus Me.] (*Da. et al.*), 188—191° [Zers.; aus W.] (*Ho.*, l. c. S. 908), 186,5° [Zers.; aus A.] (*Mu.*, l. c. S. 24). Bei 110—130°/0,01 Torr sublimierbar (*Ho.*, l. c. S. 908). UV-Spektrum (A.; 210—360 nm): *Horváth*, M. **82** [1951] 982, 985.

Oxim (F: 163—164° [Zers.]): *Murai*, Sci. Rep. Saitama Univ. [A] **1** [1954] 153, 155.

6-Acetoxy-5-äthyl-benzofuran-3-ol $C_{12}H_{12}O_4$, Formel V (R = CO-CH_3), und **6-Acetoxy-5-äthyl-benzofuran-3-on** $C_{12}H_{12}O_4$, Formel VI (R = CO-CH_3).

B. Beim Erhitzen der im vorangehenden Artikel beschriebenen Verbindung mit Acetanhydrid und Acetylchlorid (*Horváth*, M. **82** [1951] 982, 988).

Krystalle (aus wss. Me.); F: 58—60°.

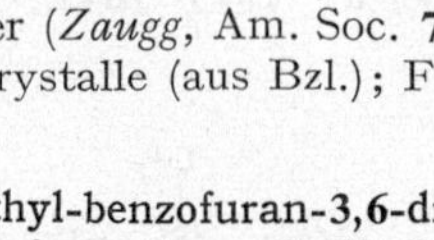

V 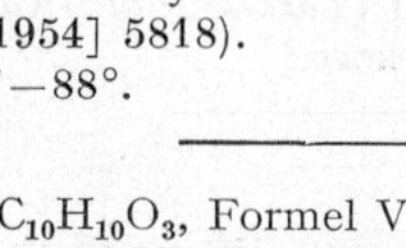   VI 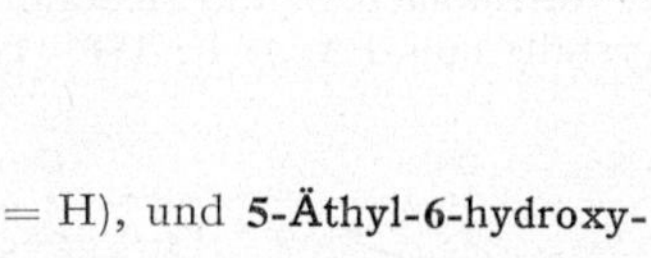   VII

3,6-Diacetoxy-5-äthyl-benzofuran $C_{14}H_{14}O_5$, Formel VII.

B. Beim Erwärmen von 5-Äthyl-benzofuran-3,6-diol (s. o.) mit Acetylchlorid und Äthylacetat (*Davies et al.*, Soc. **1950** 3206, 3212).

Krystalle (aus Me.); F: 69—70°.

6-Äthoxy-5-äthyl-4-methoxy-benzofuran $C_{13}H_{16}O_3$, Formel VIII.

B. Beim Erwärmen von 1-[6-Äthoxy-4-methoxy-benzofuran-5-yl]-äthanon in einem

Gemisch von Äthanol, Essigsäure und wss. Salzsäure mit amalgamiertem Zink (*Späth*, *Gruber*, B. **74** [1941] 1492, 1497).
F: 54—57° [nach Destillation bei 120—140°/1 Torr.].

4,6-Dimethoxy-2,3-dimethyl-benzofuran $C_{12}H_{14}O_3$, Formel IX.
B. Aus 3-[3,5-Dimethoxy-phenoxy]-butan-2-on beim Behandeln mit Schwefelsäure (*Curd, Robertson*, Soc. **1933** 714, 717).
Krystalle (aus wss. A. oder wss. Eg.); F: 55°.
Verbindung mit Pikrinsäure $C_{12}H_{14}O_3 \cdot C_6H_3N_3O_7$. Dunkelrote Krystalle (aus A.); F: 129—130°.

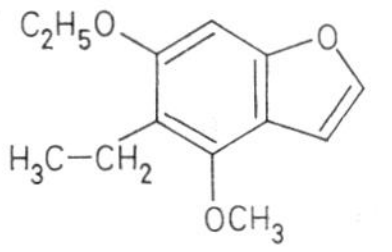

VIII 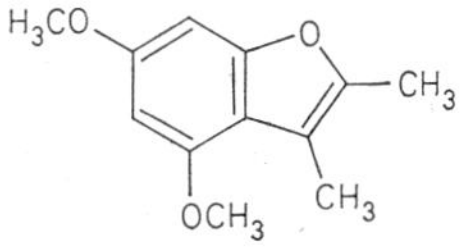   IX 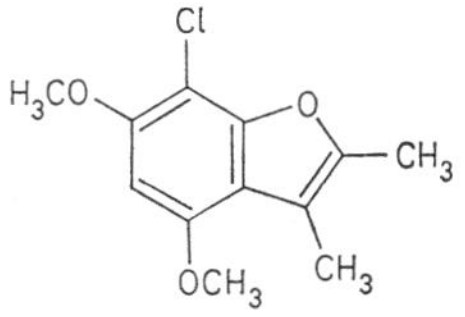   X

7-Chlor-4,6-dimethoxy-2,3-dimethyl-benzofuran $C_{12}H_{13}ClO_3$, Formel X.
B. Aus 4-[7-Chlor-4,6-dimethoxy-3-methyl-benzofuran-2-ylmethylen]-2-phenyl-Δ^2-oxazolin-5-on mit Hilfe von Alkalilauge (*Dawkins, Mulholland*, Soc. **1959** 2211, 2219).
Krystalle (aus Me.); F: 290° [korr.].

2,3-Bis-hydroxymethyl-benzo[*b*]thiophen $C_{10}H_{10}O_2S$, Formel XI.
B. Beim Erhitzen von 2,3-Bis-chlormethyl-benzo[b]thiophen mit Kaliumacetat in Essigsäure und Erwärmen des erhaltenen 2,3-Bis-acetoxymethyl-benzo[b]thiophens (Öl) mit wss.-äthanol. Kalilauge (*Ried, Grabosch*, B. **91** [1958] 2485, 2489).
Krystalle (aus Bzl.); F: 136—137° [unkorr.].

6-Methoxy-3,5-dimethyl-benzofuran-4-ol $C_{11}H_{12}O_3$, Formel XII (R = H).
B. Aus 4-Acetoxy-6-methoxy-3,5-dimethyl-benzofuran beim Erwärmen mit wss. Natronlauge (*Dean et al.*, Soc. **1954** 4565, 4568).
Krystalle (aus Me.); F: 119°.

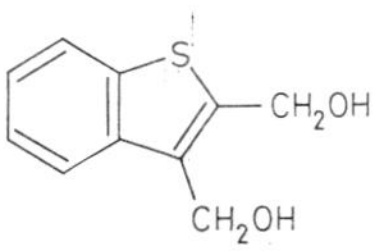

XI 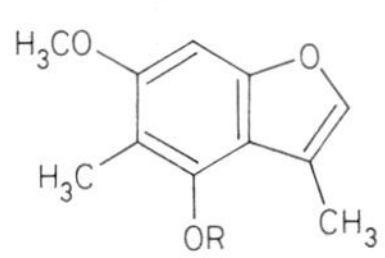   XII 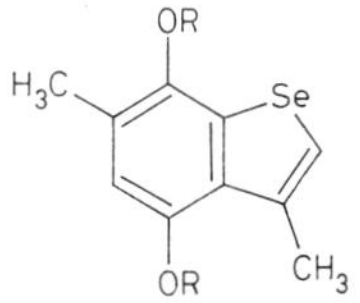   XIII 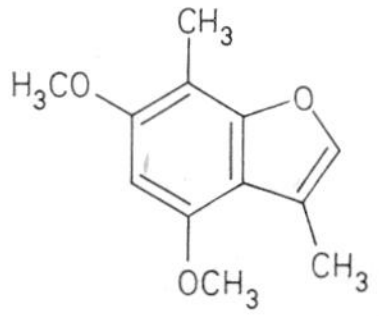   XIV

4,6-Dimethoxy-3,5-dimethyl-benzofuran $C_{12}H_{14}O_3$, Formel XII (R = CH_3).
B. Aus [3,5-Dimethoxy-4-methyl-phenoxy]-aceton beim Behandeln mit Schwefelsäure (*Asahina, Yanagita*, B. **70** [1937] 66, 70; J. pharm. Soc. Japan **57** [1937] 280, 291). Beim Erwärmen von 6-Methoxy-3,5-dimethyl-benzofuran-4-ol mit Methyljodid und Kaliumcarbonat in Aceton (*Dean et al.*, Soc. **1954** 4565, 4568). Aus 4,6-Dimethoxy-3,5-dimethyl-benzofuran-2-carbonsäure beim Erhitzen mit Kupfer(II)-carbonat auf 220° (*Dean et al.*, Soc. **1957** 1577, 1580) sowie beim Erhitzen mit Kupfer-Pulver in Chinolin auf 220° (*As., Ya.*, B. **70** 68; J. pharm. Soc. Japan **57** 288).
Bei 170—180°/15 Torr bzw. bei 142—150°/8 Torr destillierbar [zwei Präparate] (*As., Ya.*); Kp$_{0,005}$: 80—85° (*Dean et al.*, Soc. **1954** 4568).
Verbindung mit Pikrinsäure $C_{12}H_{14}O_3 \cdot C_6H_3N_3O_7$. Rote Krystalle; F: 95° [aus wss. A.] (*Dean et al.*, Soc. **1954** 4568), 94° (*As., Ya.*).

4-Acetoxy-6-methoxy-3,5-dimethyl-benzofuran $C_{13}H_{14}O_4$, Formel XII (R = $CO-CH_3$).
B. Aus [2-Acetyl-3-hydroxy-5-methoxy-4-methyl-phenoxy]-essigsäure beim Erhitzen

mit Natriumacetat und Acetanhydrid (*Dean et al.*, Soc. **1954** 4565, 4568).
Krystalle (aus Bzn.); F: 71°.

3,6-Dimethyl-benzo[*b*]selenophen-4,7-diol $C_{10}H_{10}O_2Se$, Formel XIII (R = H).
B. Aus 3,6-Dimethyl-benzo[*b*]selenophen-4,7-chinon bei der Hydrierung an Palladium/
Kohle in Äther (*Schmitt, Seilert*, A. **562** [1949] 15, 21).
Krystalle (nach Sublimation im Hochvakuum bei 140°); F: 186°.

4,7-Diacetoxy-3,6-dimethyl-benzo[*b*]selenophen $C_{14}H_{14}O_4Se$, Formel XIII (R = CO-CH$_3$).
B. Beim Erwärmen von 3,6-Dimethyl-benzo[*b*]selenophen-4,7-diol mit Acetylchlorid
und Benzol (*Schmitt, Seilert*, A. **562** [1949] 15, 21).
Krystalle (aus A.); F: 152°. Bei 140° im Hochvakuum sublimierbar.

4,6-Dimethoxy-3,7-dimethyl-benzofuran $C_{12}H_{14}O_3$, Formel XIV.
B. Aus 4,6-Dimethoxy-3,7-dimethyl-benzofuran-2-carbonsäure beim Erhitzen mit
Kupfer(II)-carbonat (*Dean et al.*, Soc. **1957** 1577, 1581). In geringer Menge neben 4,6-Di=
methoxy-3,7-dimethyl-benzofuran-2-carbonsäure beim Eintragen von 3-Chlor-5,7-di=
methoxy-4,8-dimethyl-cumarin oder von 3-Brom-5,7-dimethoxy-4,8-dimethyl-cumarin
in heisse Gemische von *O*-Äthyl-diäthylenglykol und Kaliumhydroxid (*Dean et al.*, Soc.
1954 4569).
Krystalle; F: 95—96°(?) (*Dean et al.*, Soc. **1957** 1581) F: 69—71° (*Dean et al.*, Soc.
1954 4569). Kp$_{20}$: 142° (*Dean et al.*, Soc. **1954** 4569).
Verbindung mit Pikrinsäure $C_{12}H_{14}O_3 \cdot C_6H_3N_3O_7$. Braune Krystalle (aus wss.
A.); F: 94—95° (*Dean et al.*, Soc. **1954** 4569).

6-Methoxy-4,5-dimethyl-benzo[*b*]thiophen-3-ol $C_{11}H_{12}O_2S$, Formel I, und **6-Methoxy-
4,5-dimethyl-benzo[*b*]thiophen-3-on** $C_{11}H_{12}O_2S$, Formel II.
B. Aus 3-Amino-6-methoxy-*o*-xylol-4-sulfonsäure über [2-Carbamoyl-5-methoxy-
3,4-dimethyl-phenylmercapto]-essigsäure (*I.G. Farbenind.*, D.R.P. 622985 [1932]; Frdl.
22 786; *Gen. Aniline Works*, U.S.P. 1938053 [1933]).
F: 152—154°.

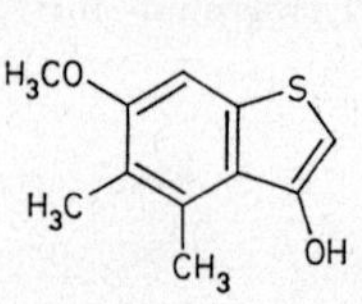

I 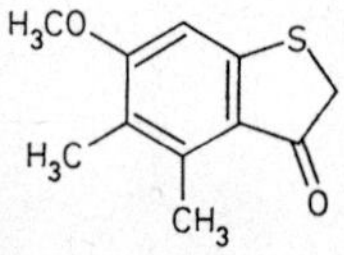   II 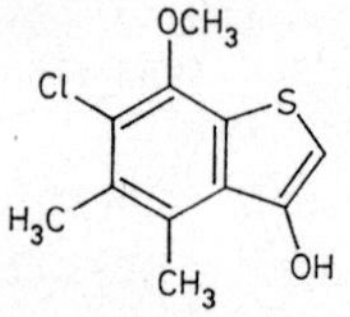   III 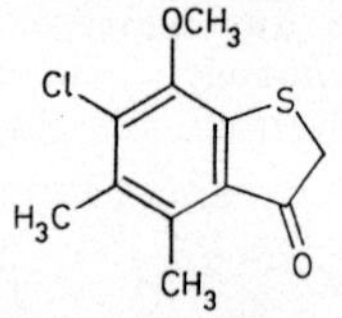   IV

6-Chlor-7-methoxy-4,5-dimethyl-benzo[*b*]thiophen-3-ol $C_{11}H_{11}ClO_2S$, Formel III,
und **6-Chlor-7-methoxy-4,5-dimethyl-benzo[*b*]thiophen-3-on** $C_{11}H_{11}ClO_2S$, Formel IV.
B. Aus 5-Methoxy-2,3-dimethyl-anilin über [3-Chlor-6-cyan-2-methoxy-4,5-dimethyl-
phenylmercapto]-essigsäure (*I.G. Farbenind.*, D.R.P. 624638 [1932]; Frdl. **22** 784).
F: 132—133°.

2-Äthoxy-4,6-dimethyl-benzofuran-5-ol $C_{12}H_{14}O_3$, Formel V.
B. In geringer Menge beim Erhitzen von 2,6-Dimethyl-[1,4]benzochinon mit Keten-
diäthylacetal auf 150° (*McElvain, Engelhardt*, Am. Soc. **66** [1944] 1077, 1081).
Krystalle (aus Bzl. + PAe.); F: 100—101° [nach Sublimation].

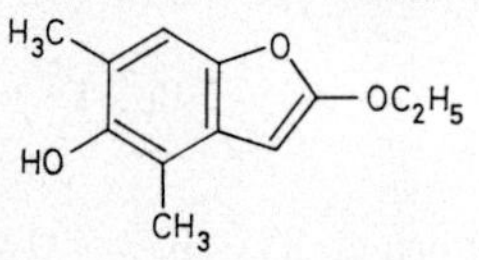

V 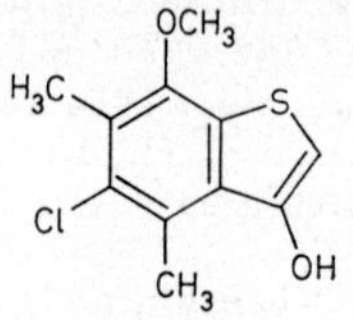   VI 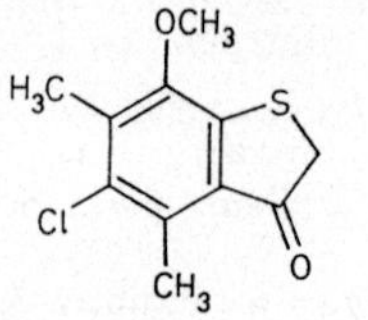   VII

5-Chlor-7-methoxy-4,6-dimethyl-benzo[*b*]thiophen-3-ol $C_{11}H_{11}ClO_2S$, Formel VI, und
5-Chlor-7-methoxy-4,6-dimethyl-benzo[*b*]thiophen-3-on $C_{11}H_{11}ClO_2S$, Formel VII.

B. Aus [4-Chlor-2-methoxy-3,5-dimethyl-phenylmercapto]-essigsäure mit Hilfe von
Chloroschwefelsäure sowie aus [4-Chlor-2-methoxy-3,5-dimethyl-phenylmercapto]-acetyl=
chlorid mit Hilfe von Aluminiumchlorid (*I.G. Farbenind.*, D.R.P. 624638 [1932]; Frdl.
22 784; *Gen. Aniline Works*, U.S.P. 1938053 [1933]).

F: 118°.

6-Chlor-5-methoxy-4,7-dimethyl-benzo[*b*]thiophen-3-ol $C_{11}H_{11}ClO_2S$, Formel VIII
(X = Cl), und **6-Chlor-5-methoxy-4,7-dimethyl-benzo[*b*]thiophen-3-on** $C_{11}H_{11}ClO_2S$,
Formel IX (X = Cl).

B. Beim Erhitzen von [3-Chlor-6-cyan-4-methoxy-2,5-dimethyl-phenylmercapto]-
essigsäure (hergestellt aus 3-Methoxy-2,5-dimethyl-anilin) mit wss. Natronlauge und
Erwärmen des Reaktionsprodukts mit Schwefelsäure (*I.G. Farbenind.*, D.R.P. 624638
[1932]; Frdl. **22** 784; *Gen. Aniline Works*, U.S.P. 1938053 [1933]).

F: 129—130°.

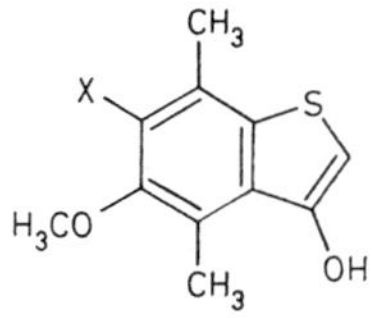

VIII 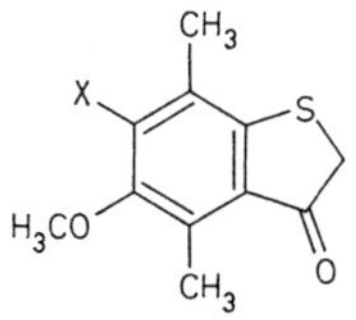   IX 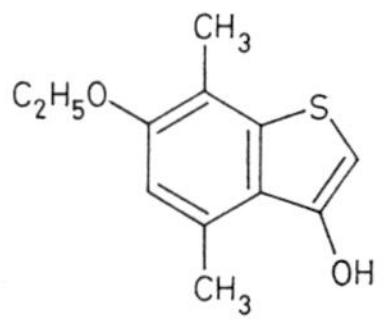   X 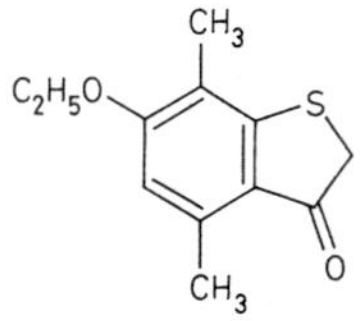   XI

6-Brom-5-methoxy-4,7-dimethyl-benzo[*b*]thiophen-3-ol $C_{11}H_{11}BrO_2S$, Formel VIII
(X = Br), und **6-Brom-5-methoxy-4,7-dimethyl-benzo[*b*]thiophen-3-on** $C_{11}H_{11}BrO_2S$,
Formel IX (X = Br).

B. Aus [3-Brom-4-methoxy-2,5-dimethyl-phenylmercapto]-acetylchlorid mit Hilfe von
Aluminiumchlorid (*Gen. Aniline Works*, U.S.P. 1938053 [1933]).

F: 94°.

6-Äthoxy-4,7-dimethyl-benzo[*b*]thiophen-3-ol $C_{12}H_{14}O_2S$, Formel X, und **6-Äthoxy-
4,7-dimethyl-benzo[*b*]thiophen-3-on** $C_{12}H_{14}O_2S$, Formel XI.

B. Beim Erhitzen von [3-Äthoxy-6-cyan-2,5-dimethyl-phenylmercapto]-essigsäure
(hergestellt aus 4-Äthoxy-2,5-dimethyl-anilin) mit wss. Natronlauge und Erwärmen des
Reaktionsprodukts mit Schwefelsäure (*I.G. Farbenind.*, D.R.P. 622985 [1932]; Frdl.
22 786; *Gen. Aniline Works*, U.S.P. 1938053 [1933]).

F: 94—96°.

5-Chlor-6-methoxy-4,7-dimethyl-benzo[*b*]thiophen-3-ol $C_{11}H_{11}ClO_2S$, Formel XII
(R = CH₃), und **5-Chlor-6-methoxy-4,7-dimethyl-benzo[*b*]thiophen-3-on** $C_{11}H_{11}ClO_2S$,
Formel XIII (R = CH₃).

B. Aus [4-Chlor-3-methoxy-2,5-dimethyl-phenylmercapto]-essigsäure mit Hilfe von
Chloroschwefelsäure (*I.G. Farbenind.*, D.R.P. 624638 [1932]; Frdl. **22** 784; *Gen. Aniline
Works*, U.S.P. 1938053 [1933]).

F: 128—130°.

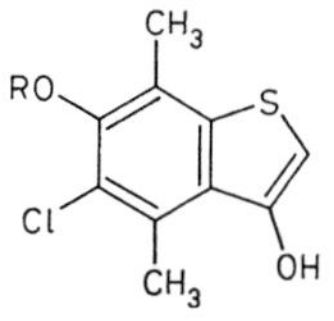

XII 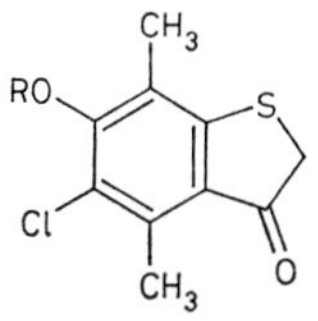   XIII 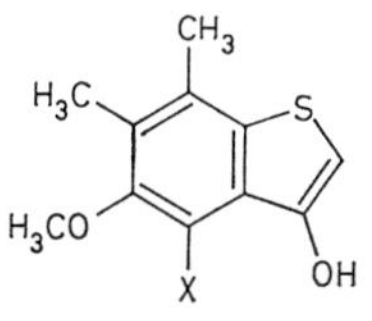   XIV 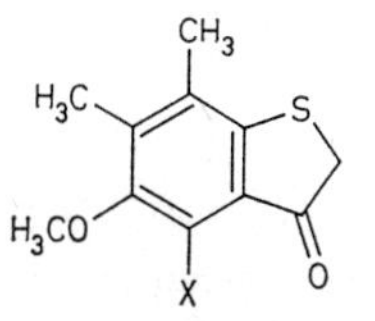   XV

6-Äthoxy-5-chlor-4,7-dimethyl-benzo[*b*]thiophen-3-ol $C_{12}H_{13}ClO_2S$, Formel XII
(R = C_2H_5), und **6-Äthoxy-5-chlor-4,7-dimethyl-benzo[*b*]thiophen-3-on** $C_{12}H_{13}ClO_2S$,
Formel XIII (R = C_2H_5).
   B. Aus [3-Äthoxy-4-chlor-2,5-dimethyl-phenylmercapto]-essigsäure mit Hilfe von
Chloroschwefelsäure (*I.G. Farbenind.*, D.R.P. 624638 [1932]; Frdl. **22** 784; *Gen. Aniline
Works*, U.S.P. 1938053 [1933]).
   F: 133—134°.

5-Methoxy-6,7-dimethyl-benzo[*b*]thiophen-3-ol $C_{11}H_{12}O_2S$, Formel XIV (X = H), und
5-Methoxy-6,7-dimethyl-benzo[*b*]thiophen-3-on $C_{11}H_{12}O_2S$, Formel XV (X = H).
   B. Beim Behandeln von [4-Methoxy-2,3-dimethyl-phenylmercapto]-acetylchlorid mit
Aluminiumchlorid in Schwefelkohlenstoff (*I.G. Farbenind.*, D.R.P. 602095 [1932];
Frdl. **21** 983; *Gen. Aniline Works*, U.S.P. 1938053 [1933]).
   F: 150°.

4-Chlor-5-methoxy-6,7-dimethyl-benzo[*b*]thiophen-3-ol $C_{11}H_{11}ClO_2S$, Formel XIV
(X = Cl), und **4-Chlor-5-methoxy-6,7-dimethyl-benzo[*b*]thiophen-3-on** $C_{11}H_{11}ClO_2S$,
Formel XV (X = Cl).
   B. Aus [5-Chlor-4-methoxy-2,3-dimethyl-phenylmercapto]-essigsäure (hergestellt aus
4-Methoxy-2,3-dimethyl-anilin) mit Hilfe von Chloroschwefelsäure (*Gen. Aniline Works*,
U.S.P. 1938053 [1933]).
   F: 152°.

Dihydroxy-Verbindungen $C_{11}H_{12}O_3$

5,7-Dimethoxy-2,2-dimethyl-2*H*-chromen $C_{13}H_{16}O_3$, Formel I.
   B. Beim Erwärmen von 5,7-Dimethoxy-2,2-dimethyl-chroman-4-ol mit Phosphoryl=
chlorid und Pyridin in Benzol und Erhitzen des Reaktionsprodukts unter vermindertem
Druck (*Bencze et al.*, Helv. **39** [1956] 923, 942).
   Bei 95—97°/0,02 Torr destillierbar. IR-Spektrum (CH_2Cl_2; 2—15 μ): *Be. et al.* UV-Ab=
sorptionsmaxima (A.): 234 nm und 288 nm.

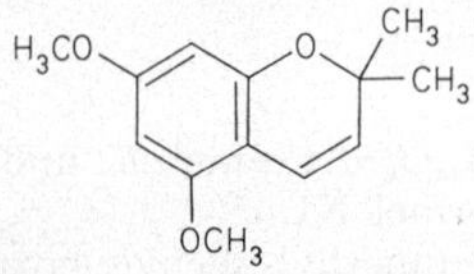

I 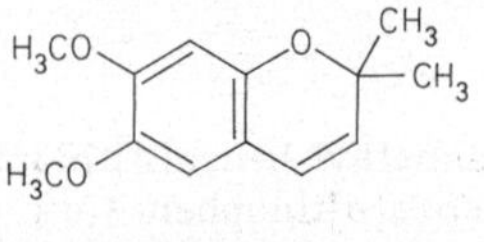   II

6,7-Dimethoxy-2,2-dimethyl-2*H*-chromen, Ageratochromen $C_{13}H_{16}O_3$, Formel II.
   Isolierung aus Ageratum houstonianum: *Alertsen*, Acta polytech. scand. Chem. Ser.
Nr. 13 [1961] 1, 12; s. a. *Alertsen*, Acta chem. scand. **9** [1955] 1725.
   B. Aus 6,7-Dimethoxy-2,2-dimethyl-chroman-4-ol beim Erhitzen mit Aluminium=
oxid auf 160° (*Huls*, Bl. Soc. chim. Belg. **67** [1958] 22, 30).
   Krystalle (aus PAe., Me. oder wss. Me.); F: 47,5° (*Al.*; *Huls*). IR-Spektrum (CCl_4;
2—15 μ): *Al.*, Acta polytech. scand. Chem. Ser. Nr. 13, Abb. 7. UV-Spektrum (240 nm
bis 350 nm) von Lösungen in Hexan: *Al.*, Acta polytech. scand. Chem. Ser. Nr. 13, Abb.1;
in Methanol: *Huls*.

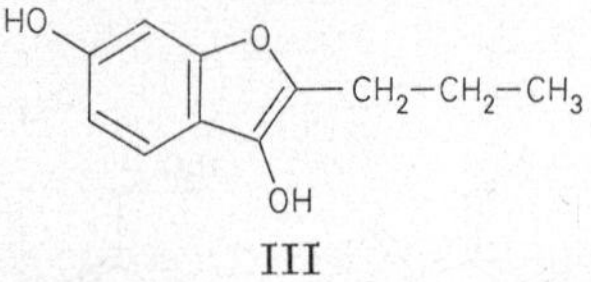

III 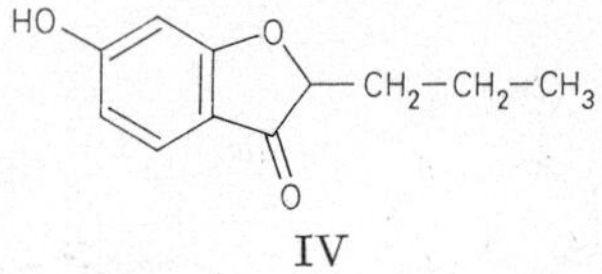   IV

2-Propyl-benzofuran-3,6-diol $C_{11}H_{12}O_3$, Formel III, und **(±)-6-Hydroxy-2-propyl-
benzofuran-3-on** $C_{11}H_{12}O_3$, Formel IV.
   B. Beim Erwärmen von Resorcin mit (±)-2-Brom-valerylchlorid und Aluminiumchlorid

in Nitrobenzol (*Kamthong, Robertson*, Soc. **1939** 933, 936).
Krystalle (aus Bzl.); F: 108—109°.

3-Allyl-6-methoxy-2,3-dihydro-benzofuran-3-ol $C_{12}H_{14}O_3$, Formel V.
B. Beim Behandeln von 6-Methoxy-benzofuran-3-on (S. 2116) mit Allylmagnesium=
bromid in Äther (*Barltrop*, Soc. **1946** 958, 963).
Kp_{18}: 154°.

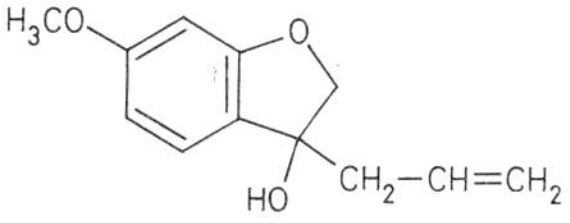

V 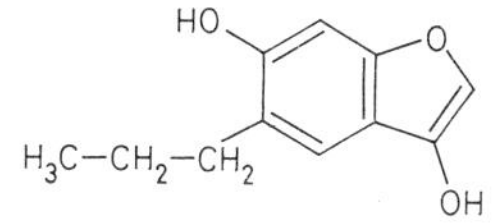   VI 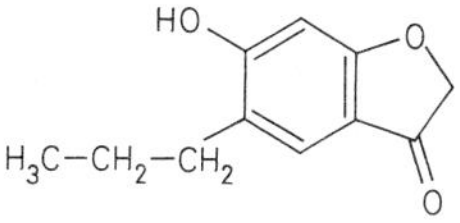   VII

5-Propyl-benzofuran-3,6-diol $C_{11}H_{12}O_3$, Formel VI, und **6-Hydroxy-5-propyl-benzofuran-3-on** $C_{11}H_{12}O_3$, Formel VII.
B. Aus 2-Chlor-1-[2,4-dihydroxy-5-propyl-phenyl]-äthanon beim Erwärmen mit
Natriumacetat in Äthanol (*Murai*, Sci. Rep. Saitama Univ. [A] **1** [1954] 153, 155).
Krystalle (aus A.); F: 169—170° [Zers.].
Oxim (F: 147—148° [Zers.]): *Mu.*

2-Isopropyl-benzofuran-3,4-diol $C_{11}H_{12}O_3$, Formel VIII (R = H), und **(±)-4-Hydroxy-2-isopropyl-benzofuran-3-on** $C_{11}H_{12}O_3$, Formel IX (R = H).
B. Aus 4-Hydroxy-2-isopropyliden-benzofuran-3-on bei der Hydrierung an Platin in
Äthanol (*Shriner, Witte*, Am. Soc. **63** [1941] 2134).
Krystalle; F: 92°.

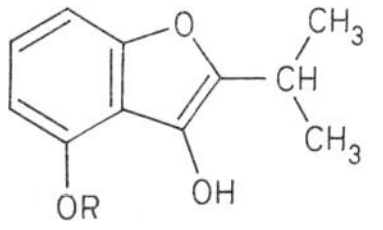

VIII 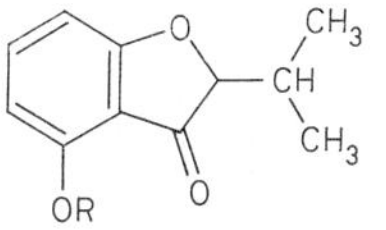   IX 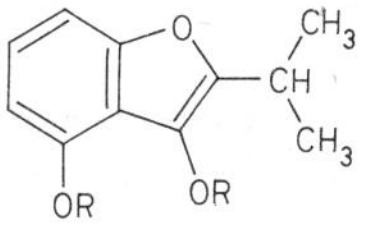   X

4-Acetoxy-2-isopropyl-benzofuran-3-ol $C_{13}H_{14}O_4$, Formel VIII (R = CO-CH₃), und
(±)-4-Acetoxy-2-isopropyl-benzofuran-3-on $C_{13}H_{14}O_4$, Formel IX (R = CO-CH₃).
B. Neben der im folgenden Artikel beschriebenen Verbindung beim Erhitzen von
2-Isopropyl-benzofuran-3,4-diol (s. o.) mit Acetanhydrid (*Shriner, Witte*, Am. Soc. **63**
[1941] 2134).
Kp_3: 147°. D_{20}^{20}: 1,1970. n_D^{20}: 1,5320.

3,4-Diacetoxy-2-isopropyl-benzofuran $C_{15}H_{16}O_5$, Formel X (R = CO-CH₃).
B. Als Hauptprodukt beim Erhitzen von 2-Isopropyl-benzofuran-3,4-diol (s. o.) mit
Acetanhydrid (*Shriner, Witte*, Am. Soc. **63** [1941] 2134).
Krystalle (aus A.); F: 72—74°.

3,4-Bis-benzoyloxy-2-isopropyl-benzofuran $C_{25}H_{20}O_5$, Formel X (R = CO-C₆H₅).
B. Beim Erwärmen von 2-Isopropyl-benzofuran-3,4-diol (s. o.) mit Benzoylchlorid und
Natriumcarbonat in wss. Aceton (*Shriner, Witte*, Am. Soc. **63** [1941] 2134).
Krystalle (aus A.); F: 132°.

2-Isopropyl-3,4-bis-phenylcarbamoyloxy-benzofuran $C_{25}H_{22}N_2O_5$, Formel X
(R = CO-NH-C₆H₅).
B. Aus 2-Isopropyl-benzofuran-3,4-diol (s. o.) und Phenylisocyanat (*Shriner, Witte*,
Am. Soc. **63** [1941] 2134).
Krystalle (aus Bzl. + Bzn.); F: 220°.

2-Isopropyl-benzofuran-3,6-diol $C_{11}H_{12}O_3$, Formel XI (R = H), und **(±)-6-Hydroxy-2-isopropyl-benzofuran-3-on** $C_{11}H_{12}O_3$, Formel XII (R = H).

B. Beim Behandeln von Resorcin mit (±)-α-Chlor-isovaleronitril und Zinkchlorid in Äther unter Einleiten von Chlorwasserstoff und Erwärmen des Reaktionsprodukts mit Wasser (*Yamashita*, Sci. Rep. Tohoku Univ. [I] **24** [1935] 205). Beim Erwärmen von Resorcin mit (±)-α-Brom-isovalerylbromid und Aluminiumchlorid in Nitrobenzol (*Arima, Okamoto*, J. chem. Soc. Japan **50** [1929] 344, 348; C. A. **1932** 139).

Krystalle; F: 180—181° [aus A. oder Eg.] (*Ar., Ok.*), 174—176° [aus wss. Me.] (*Ya.*). UV-Absorptionsmaxima (A.): 235 nm, 273,5 nm und 319 nm (*Horváth*, M. **82** [1951] 982, 984).

XI   XII   XIII

2-Isopropyl-6-methoxy-benzofuran-3-ol $C_{12}H_{14}O_3$, Formel XI (R = CH$_3$), und **(±)-2-Isopropyl-6-methoxy-benzofuran-3-on** $C_{12}H_{14}O_3$, Formel XII (R = CH$_3$).

B. Beim Behandeln des aus (±)-α-[3-Methoxy-phenoxy]-isovaleriansäure mit Hilfe von Phosphor(V)-chlorid hergestellten Säurechlorids mit Aluminiumchlorid in Benzol (*Bridge et al.*, Soc. **1937** 1530, 1534). Aus 2-Isopropyliden-6-methoxy-benzofuran-3-on bei der Hydrierung an Platin in Äthanol (*Shriner, Anderson*, Am. Soc. **60** [1938] 1415). Aus 2-Isopropyl-benzofuran-3,6-diol (s. o.) beim Erwärmen mit Methyljodid und Kaliumcarbonat in Aceton (*Br. et al.*, l. c. S. 1533).

Krystalle; F: 78° [aus PAe.] (*Br. et al.*), 75—75,5° [aus A.] (*Sh., An.*).

3,6-Diacetoxy-2-isopropyl-benzofuran $C_{15}H_{16}O_5$, Formel XIII (R = CO-CH$_3$).

B. Aus 2-Isopropyl-benzofuran-3,6-diol (s. o.) beim Erhitzen mit Acetanhydrid unter Zusatz von Natriumacetat (*Bridge et al.*, Soc. **1937** 1530, 1533).

Krystalle (aus PAe.); F: 56°.

2-Isopropyl-benzofuran-4,6-diol $C_{11}H_{12}O_3$, Formel I (R = H).

B. Aus Anhydrovisamminol (2-Isopropyl-4-hydroxy-7-methyl-furo[3,2-g]chromen-5-on) beim Erhitzen mit wss. Kalilauge unter Stickstoff (*Bencze et al.*, Helv. **39** [1956] 923, 937).

Krystalle (aus PAe.); F: 174,5—175° [Kofler-App.]. UV-Absorptionsmaximum (A.): 256 nm.

2-Isopropyl-4,6-dimethoxy-benzofuran $C_{13}H_{16}O_3$, Formel I (R = CH$_3$).

B. Beim Erwärmen von 2-[4,6-Dimethoxy-2,3-dihydro-benzofuran-2-yl]-propan-2-ol mit Phosphorylchlorid, Pyridin und Toluol (*Bencze et al.*, Helv. **39** [1956] 923, 936).

Bei 80—90° im Hochvakuum destillierbar. IR-Spektrum (CS$_2$; 3—15 μ): *Be. et al.* UV-Absorptionsmaximum (A.): 255 nm.

I   II   III

2-[4-Hydroxy-benzofuran-2-yl]-propan-2-ol, 2-[α-Hydroxy-isopropyl]-benzofuran-4-ol $C_{11}H_{12}O_3$, Formel II.

B. Beim Erwärmen einer Lösung von 1-[4-Benzyloxy-benzofuran-2-yl]-äthanon in Benzol mit Methylmagnesiumjodid in Äther und Hydrieren des neben 4-Benzyloxy-2-isopropenyl-benzofuran erhaltenen 2-[4-Benzyloxy-benzofuran-2-yl]-propan-2-ols (C$_{18}$H$_{18}$O$_3$) an Palladium/Kohle in Äthanol (*Miyano, Matsui*, B. **92** [1959] 2487, 2491).

Krystalle (aus Acn. + Bzl.); F: 160—161° [unkorr.].

2-[6-Benzyloxy-benzofuran-2-yl]-propan-2-ol $C_{18}H_{18}O_3$, Formel III.

B. Beim Erwärmen von 6-Benzyloxy-benzofuran-2-carbonsäure-äthylester mit Methyl=
magnesiumjodid in Äther (*Mackenzie et al.*, Soc. **1949** 2057, 2061).
Krystalle (aus wss. A.); F: 74°.

3-Äthyl-6-methoxy-2-methyl-benzofuran-5-ol $C_{12}H_{14}O_3$, Formel IV (R = H).

Diese Konstitution kommt der nachstehend beschriebenen, ursprünglich (*Müller et al.*,
B. **77/79** [1944/46] 766, 776) als 5,6-Dimethoxy-2,3-dimethyl-benzofuran
($C_{12}H_{14}O_3$) angesehenen Verbindung zu (*Müller et al.*, J. org. Chem. **19** [1954] 472, 475).

B. Aus 2-[1-Äthyl-2-veratroyloxy-propenyl]-5-methoxy-[1,4]benzochinon (F: 149°)
beim Behandeln mit Natriummethylat in Methanol (*Mü. et al.*, J. org. Chem. **19** 481).
Krystalle (aus Me.); F: 103—105° (*Mü. et al.*, B. **77/79** 776), 101—102° (*Mü. et al.*,
J. org. Chem. **19** 482).

Verbindung mit Pikrinsäure $C_{12}H_{14}O_3 \cdot C_6H_3N_3O_7$. Violettbraune Krystalle (aus
A.); F: 112—114° (*Mü. et al.*, B. **77/79** 777), 112—113° (*Mü. et al.*, J. org. Chem. **19** 482).

3-Äthyl-5,6-dimethoxy-2-methyl-benzofuran $C_{13}H_{16}O_3$, Formel IV (R = CH_3).

B. Aus 2-[4,5-Dimethoxy-2-propionyl-phenoxy]-propionsäure beim Erhitzen mit
Natriumacetat und Acetanhydrid (*Müller et al.*, J. org. Chem. **19** [1954] 472, 478). Aus
3-[2-Hydroxy-4,5-dimethoxy-phenyl]-pentan-2-on-phenylhydrazon beim Behandeln mit
Schwefelsäure enthaltendem Äthanol (*Mü. et al.*). Aus 3-[2-Hydroxy-4,5-dimethoxy-
phenyl]-2-veratroyloxy-pent-2-en (E III **10** 1419) beim Erhitzen mit wss. Natronlauge,
beim Behandeln mit methanol. Natriummethylat sowie beim Behandeln mit Schwefel=
säure (*Müller, Richter*, B. **77/79** [1944/46] 12, 15).
Krystalle; F: 29—30° (*Mü., Ri.*), 28—29° (*Mü. et al.*). Bei 150—160° / 0,02 Torr
destillierbar (*Mü., Ri.*).

Verbindung mit Pikrinsäure $C_{13}H_{16}O_3 \cdot C_6H_3N_3O_7$. Braune Krystalle (aus A.);
F: 95—96° (*Mü. et al.*), 94—96° (*Mü., Ri.*).

**3-[2-Hydroxy-äthyl]-2-hydroxymethyl-benzo[*b*]thiophen, 2-[2-Hydroxymethyl-benzo=
[*b*]thiophen-3-yl]-äthanol** $C_{11}H_{12}O_2S$, Formel V.

Diese Konstitution kommt wahrscheinlich der nachstehend beschriebenen Verbindung zu.

B. Beim Behandeln von 3-Chlormethyl-benzo[*b*]thiophen mit Magnesium in Äther
und anschliessend mit Formaldehyd (*Gaertner*, Am. Soc. **74** [1952] 2185, 2187).
Krystalle (aus Acn. + Bzl.); F: 141—142° [korr.].

IV   V   VI   VII

2,3,5-Trimethyl-benzofuran-4,6-diol, Usneol $C_{11}H_{12}O_3$, Formel VI (R = H) (E II 191;
dort als 4.6-Dioxy-2.3.5-trimethyl-cumaron bezeichnet).

B. Aus Pyrousninsäure ([4,6-Dihydroxy-3,5-dimethyl-benzofuran-2-yl]-essigsäure)
beim Erhitzen unter vermindertem Druck (*Curd, Robertson*, Soc. **1933** 1173, 1177).
Krystalle (aus $CHCl_3$ + PAe.); F: 178—179°.

4-Methoxy-2,3,5-trimethyl-benzofuran-6-ol $C_{12}H_{14}O_3$, Formel VI (R = CH_3).

B. Aus 6-Hydroxy-4-methoxy-2,3,5-trimethyl-benzofuran-7-carbonsäure beim Erhitzen auf 220° (*Curd, Robertson*, Soc. **1933** 714, 718).
Krystalle (aus wss. A.); F: 133°.

4,6-Dimethoxy-2,3,5-trimethyl-benzofuran $C_{13}H_{16}O_3$, Formel VII (R = CH_3).

B. Beim Erwärmen von 2,3,5-Trimethyl-benzofuran-4,6-diol oder von 4-Methoxy-

2,3,5-trimethyl-benzofuran-6-ol mit Methyljodid und Kaliumcarbonat in Aceton (*Curd*, *Robertson*, Soc. **1933** 714, 716, 718).

Krystalle, die unterhalb 10° schmelzen. Kp_5: $168-172°$; Kp_1: $140-145°$ [zwei Präparate].

Verbindung mit Pikrinsäure $C_{13}H_{16}O_3 \cdot C_6H_3N_3O_7$. Dunkelrote Krystalle (aus A.); F: $87-88°$.

4-Äthoxy-2,3,5-trimethyl-benzofuran-6-ol $C_{13}H_{16}O_3$, Formel VI (R = C_2H_5).

B. Aus 4-Äthoxy-6-hydroxy-2,3,5-trimethyl-benzofuran-7-carbonsäure beim Erhitzen mit Kupfer auf 220° (*Curd*, *Robertson*, Soc. **1933** 714, 719).

Krystalle (aus wss. A.); F: $123-124°$.

4,6-Diäthoxy-2,3,5-trimethyl-benzofuran $C_{15}H_{20}O_3$, Formel VII (R = C_2H_5).

B. Beim Erwärmen von 2,3,5-Trimethyl-benzofuran-4,6-diol oder von 4-Äthoxy-2,3,5-trimethyl-benzofuran-6-ol mit Äthyljodid und Kaliumcarbonat in Aceton (*Curd*, *Robertson*, Soc. **1933** 714, 716, 720).

Krystalle (aus wss. A.); F: $82-83°$.

Verbindung mit Pikrinsäure $C_{15}H_{20}O_3 \cdot C_6H_3N_3O_7$. Rote Krystalle (aus A.); F: $84-85°$.

4,6-Dimethoxy-2,3,7-trimethyl-benzofuran $C_{13}H_{16}O_3$, Formel VIII.

B. Aus 3-[3,5-Dimethoxy-2-methyl-phenoxy]-butan-2-on beim Behandeln mit Schwefelsäure (*Curd*, *Robertson*, Soc. **1933** 714, 718).

Krystalle (aus wss. A.); F: 68°.

Verbindung mit Pikrinsäure $2C_{13}H_{16}O_3 \cdot C_6H_3N_3O_7$. Grüne Krystalle (aus A.); F: $110-111°$.

[3-Hydroxy-4,6,7-trimethyl-benzofuran-5-yloxy]-essigsäure $C_{13}H_{14}O_5$, Formel IX (R = CH_2-COOH), und **[4,6,7-Trimethyl-3-oxo-2,3-dihydro-benzofuran-5-yloxy]-essigsäure** $C_{13}H_{14}O_5$, Formel X (R = CH_2-COOH).

B. Aus 1,4-Bis-carboxymethoxy-2,3,5-trimethyl-benzol beim Erwärmen mit konz. Schwefelsäure (*Smith et al.*, J. org. Chem. **4** [1939] 323, 332).

Krystalle (aus wss. Eg.); F: $211-213°$.

VIII   IX   X   XI

*Opt.-inakt. 6,7-Dimethoxy-3,3a,8,8a-tetrahydro-1*H*-indeno[1,2-*c*]furan $C_{13}H_{16}O_3$, Formel XI.

Bildung beim Erwärmen von opt.-inakt. 1,2-Bis-hydroxymethyl-4,5-dimethoxy-indan (F: $100-102°$) mit Phosphor(III)-bromid in Benzol und Behandeln des Reaktionsprodukts mit Natriumcyanid in Wasser(?): *Horning*, *Walker*, Am. Soc. **75** [1953] 4592.

Krystalle (aus Ae.); F: $82-83,5°$.

Dihydroxy-Verbindungen $C_{12}H_{14}O_3$

7-Hydroxy-2,4,5-trimethyl-chromenylium $[C_{12}H_{13}O_2]^+$, Formel XII (E I 95; dort als 7-Oxy-2.4.5-trimethyl-benzopyrylium bezeichnet).

Chlorid $[C_{12}H_{13}O_2]Cl$. Gelbe Krystalle mit 0,75 Mol H_2O; F: 105° (*Brockmann*, *Junge*, B. **76** [1943] 1028, 1033; s. dagegen E I 95).

Perchlorat $[C_{12}H_{13}O_2]ClO_4$. Gelbe Krystalle mit 0,5 Mol H_2O; F: $175,5°$ (*Br.*, *Ju.*).

5-Butyl-benzofuran-3,6-diol $C_{12}H_{14}O_3$, Formel XIII, und **5-Butyl-6-hydroxy-benzofuran-3-on** $C_{12}H_{14}O_3$, Formel XIV.

B. Aus 2-Chlor-1-[5-butyl-2,4-dihydroxy-phenyl]-äthanon beim Erwärmen mit

Natriumacetat in Äthanol (*Murai*, Sci. Rep. Saitama Univ. [A] **1** [1954] 153, 155).

Krystalle (aus A.); F: 167—168° [Zers.].

Oxim (F: 143—144° [Zers.]): *Mu*.

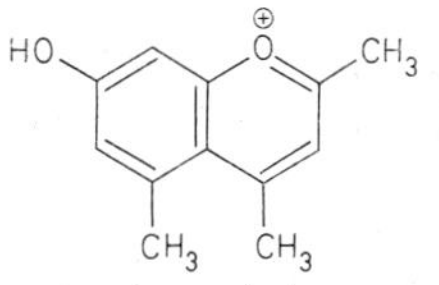

XII 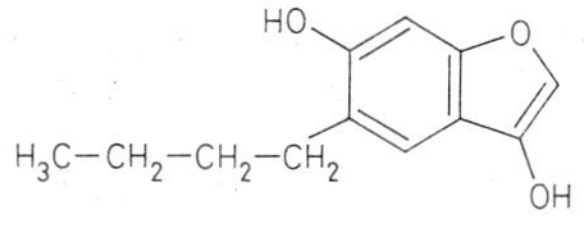   XIII 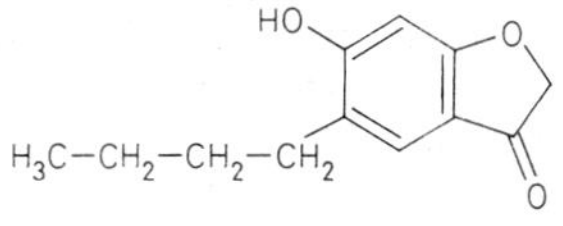   XIV

(±)-1-Äthyl-5-chlor-1,2-epoxy-7,8-dimethoxy-1,2,3,4-tetrahydro-naphthalin $C_{14}H_{17}ClO_3$, Formel XV.

Diese Verbindung hat wahrscheinlich in dem nachstehend beschriebenen Präparat vorgelegen.

B. Beim Erwärmen von 4-Äthyl-8-chlor-5,6-dimethoxy-1,2-dihydro-naphthalin mit Quecksilber(II)-acetat in wss. Essigsäure und Erhitzen des Reaktionsprodukts mit wss. Schwefelsäure (*Ghosh, Robinson*, Soc. **1944** 506, 509).

Öl; bei 135°/0,02 Torr destillierbar.

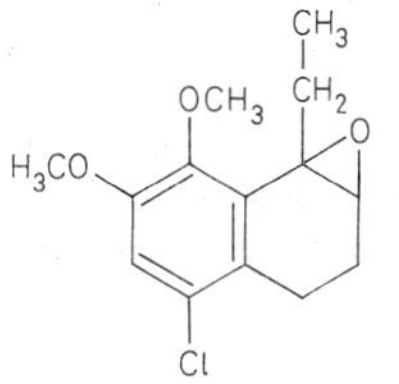

XV 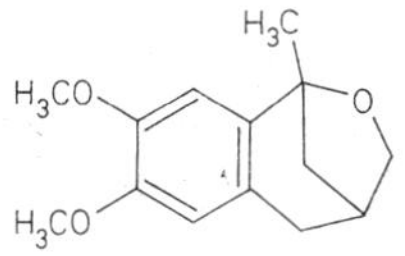   XVI

(±)-7,8-Dimethoxy-1-methyl-1,3,4,5-tetrahydro-1,4-methano-benz[*c*]oxepin $C_{14}H_{18}O_3$, Formel XVI.

Diese Konstitution wird der nachstehend beschriebenen Verbindung zugeordnet.

B. Aus (±)-6-[3,4-Dimethoxy-phenyl]-5-hydroxy-hexan-2-on beim Behandeln mit einem Gemisch von wss. Salzsäure und Essigsäure (*Haworth, Atkinson*, Soc. **1938** 797, 807).

Krystalle (aus PAe.); F: 96°.

Dihydroxy-Verbindungen $C_{13}H_{16}O_3$

5-Pentyl-benzofuran-3,6-diol $C_{13}H_{16}O_3$, Formel I, und **6-Hydroxy-5-pentyl-benzofuran-3-on** $C_{13}H_{16}O_3$, Formel II.

B. Aus 2-Chlor-1-[2,4-dihydroxy-5-pentyl-phenyl]-äthanon beim Erwärmen mit Natriumacetat in Äthanol (*Murai*, Sci. Rep. Saitama Univ. [A] **1** [1954] 153, 155).

Krystalle (aus A.); F: 158—159° [Zers.].

Oxim (F: 141—142° [Zers.]): *Mu*.

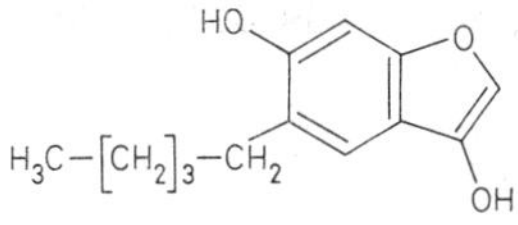

I 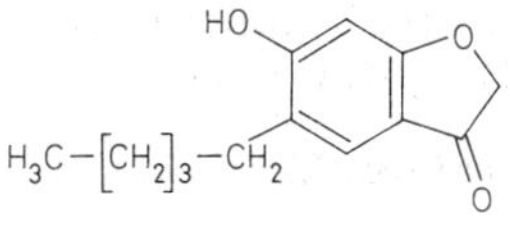   II 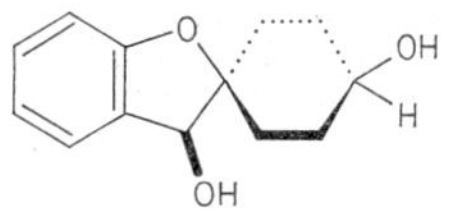   III

3H-Spiro[benzofuran-2,1'-cyclohexan]-3,4'-diol $C_{13}H_{16}O_3$.

a) **(+)-(3Ξ)-(2rO¹)-3H-Spiro[benzofuran-2,1'-cyclohexan]-3,4'c-diol**, (+)-α-Grisan-3,4'-diol $C_{13}H_{16}O_3$, Formel III oder Spiegelbild.

B. Aus (3Ξ)-4'c-[*N*-(1*R*)-Menthyl-phthalamoyloxy]-(2rO¹)-3H-spiro[benzofuran-2,1'-

cyclohexan]-3-ol vom F: 190° (s. u.) beim Erhitzen mit wss. Kalilauge (*McCloskey*, Soc. **1958** 4732, 4737).

Krystalle; F: 203—205° [korr.]. $[\alpha]_D^{21}$: +73° [A.; c = 1].

b) (—)-(3*Ξ*)-(2*rO*¹)-3*H*-Spiro[benzofuran-2,1'-cyclohexan]-3,4'c-diol, (—)-α-Grisan-3,4'-diol $C_{13}H_{16}O_3$, Formel III oder Spiegelbild.

B. Aus (3*Ξ*)-4'c-[*N*-(1*R*)-Menthyl-phthalamoyloxy]-(2*rO*¹)-3*H*-spiro[benzofuran-2,1'-cyclohexan]-3-ol vom F: 219° (s. u.) beim Erhitzen mit wss. Kalilauge (*McCloskey*, Soc. **1958** 4732, 4737).

Krystalle (aus Bzl. + Acn.); F: 206—207° [korr.]. $[\alpha]_D^{20}$: —73° [A.; c = 0,8].

c) (±)-(2*rO*¹)-3*H*-Spiro[benzofuran-2,1'-cyclohexan]-3,4'c-diol, (±)-α-Grisan-3,4'-diol $C_{13}H_{16}O_3$, Formel III + Spiegelbild.

B. Aus α-4'-Hydroxy-grisan-3-on (4'c-Hydroxy-(2*rO*¹)-spiro[benzofuran-2,1'-cyclohexan]-3-on) beim Behandeln mit Natriumboranat in wss. Methanol (*McCloskey*, Soc. **1958** 4732, 4736).

Krystalle; F: 175,5—180,5° [korr.; nach Erweichen bei 171°]. Aus Benzol sind Krystalle vom F: 148—158° [korr.; trübe Schmelze], aus Methanol sind Krystalle vom F: 199° [korr.; nach Erweichen bei 171°] erhalten worden. UV-Absorptionsmaxima (A.): 281 nm und 288 nm.

d) (±)-(2*rO*¹)-3*H*-Spiro[benzofuran-2,1'-cyclohexan]-3,4't-diol, (±)-β-Grisan-3,4'-diol $C_{13}H_{16}O_3$, Formel IV + Spiegelbild.

B. Aus β-4'-Hydroxy-grisan-3-on (4't-Hydroxy-(2*rO*¹)-spiro[benzofuran-2,1'-cyclohexan]-3-on) beim Behandeln mit Natriumboranat in wss. Methanol (*McCloskey*, Soc. **1958** 4732, 4737).

Krystalle; F: 171—175° [nach Sintern bei 169°]. Aus wss. Methanol sind Krystalle vom F: 168—176° [korr.; nach Sintern bei 156°], aus Benzol sind Krystalle vom F: 131° bis 139° [korr.] erhalten worden. UV-Absorptionsmaxima (A.): 281 nm und 287,5 nm.

IV   V

4'-[*N*-*p*-Menthan-3-yl-phthalamoyloxy]-3*H*-spiro[benzofuran-2,1'-cyclohexan]-3-ol $C_{31}H_{39}NO_5$.

a) (3*Ξ*)-4'c-[*N*-(1*R*)-Menthyl-phthalamoyloxy]-(2*rO*¹)-3*H*-spiro[benzofuran-2,1'-cyclohexan]-3-ol $C_{31}H_{39}NO_5$, Formel V, vom F: 219°.

B. Neben dem unter b) beschriebenen Stereoisomeren beim Behandeln von 4'c-[*N*-(1*R*)-Menthyl-phthalamoyloxy]-(2*rO*¹)-spiro[benzofuran-2,1'-cyclohexan]-3-on mit Natriumboranat in Methanol (*McCloskey*, Soc. **1958** 4732, 4736).

Krystalle (aus Bzl.); F: 218—219° [korr.]. $[\alpha]_D$: —57° [A.; c = 1].

b) (3*Ξ*)-4'c-[*N*-(1*R*)-Menthyl-phthalamoyloxy]-(2*rO*¹)-3*H*-spiro[benzofuran-2,1'-cyclohexan]-3-ol $C_{31}H_{39}NO_5$, Formel V, vom F: 190°.

B. s. bei dem unter a) beschriebenen Stereoisomeren.

Krystalle (aus Ae.); F: 188—190° [korr.] (*McCloskey*, Soc. **1958** 4732, 4736). $[\alpha]_D^{21}$: +19° [Bzl.; c = 1]; $[\alpha]_D^{21}$: +10° [A.; c = 1].

Dihydroxy-Verbindungen $C_{14}H_{18}O_3$

5-Hexyl-benzofuran-3,6-diol $C_{14}H_{18}O_3$, Formel VI, und **5-Hexyl-6-hydroxy-benzofuran-3-on** $C_{14}H_{18}O_3$, Formel VII.

B. Aus 2-Chlor-1-[5-hexyl-2,4-dihydroxy-phenyl]-äthanon beim Erwärmen mit Natriumacetat in Äthanol (*Murai*, Sci. Rep. Saitama Univ. [A] **1** [1954] 153, 156).

Krystalle (aus A.); F: 161—162° [Zers.].

Oxim (F: 141—142° [Zers.]): *Mu.*

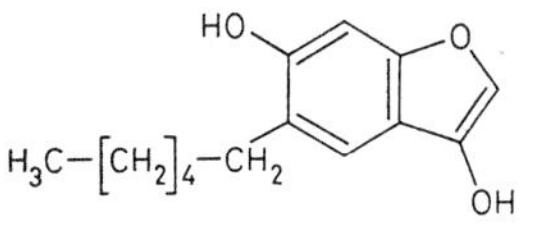

VI 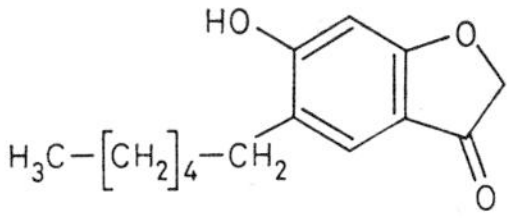   VII

2-Isopropyl-4,6,7-trimethyl-benzofuran-3,5-diol $C_{14}H_{18}O_3$, Formel VIII (R = H), und
(±)-5-Hydroxy-2-isopropyl-4,6,7-trimethyl-benzofuran-3-on $C_{14}H_{18}O_3$, Formel IX
(R = H).

Diese Konstitution wird für die nachstehend beschriebene Verbindung in Betracht
gezogen.

B. Beim Erhitzen von 2,3,5-Trimethyl-hydrochinon mit 3-Methyl-crotonsäure in
flüssigem Fluorwasserstoff auf 110° (*Offe, Barkow,* B. **80** [1947] 464, 467).

Krystalle (aus Me.), F: 184° [nach Destillation im Hochvakuum]; bisweilen ist ein
Schmelzpunkt von 196° beobachtet worden. UV-Absorptionsmaximum: 270 nm.

2,4-Dinitro-phenylhydrazon (F: 288°): *Offe, Ba.*

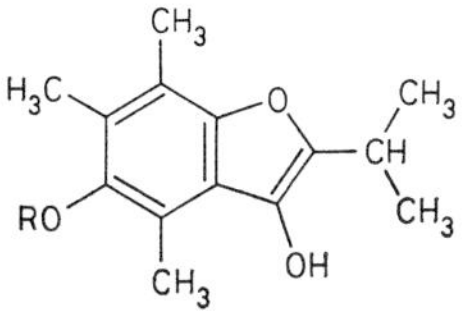

VIII 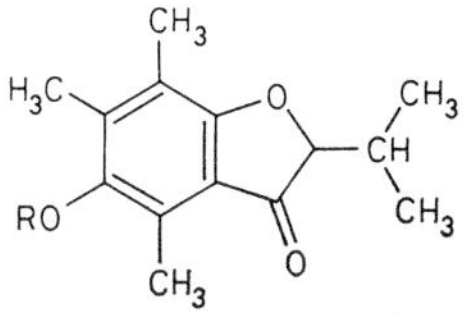   IX

2-Isopropyl-5-methoxy-4,6,7-trimethyl-benzofuran-3-ol $C_{15}H_{20}O_3$, Formel VIII (R = CH₃),
und **(±)-2-Isopropyl-5-methoxy-4,6,7-trimethyl-benzofuran-3-on** $C_{15}H_{20}O_3$, Formel IX
(R = CH₃).

B. Beim Behandeln von 2-Isopropyl-4,6,7-trimethyl-benzofuran-3,5-diol (s. o.) mit wss.
Natronlauge und mit Dimethylsulfat (*Offe, Barkow,* B. **80** [1947] 464, 467).

Krystalle (aus Me. oder wss. Me.); F: 84°.

5-Acetoxy-2-isopropyl-4,6,7-trimethyl-benzofuran-3-ol $C_{16}H_{20}O_4$, Formel VIII
(R = CO-CH₃), und **(±)-5-Acetoxy-2-isopropyl-4,6,7-trimethyl-benzofuran-3-on**
$C_{16}H_{20}O_4$, Formel IX (R = CO-CH₃).

B. Beim Behandeln von 2-Isopropyl-4,6,7-trimethyl-benzofuran-3,5-diol (s. o.) mit
Acetanhydrid und Pyridin (*Offe, Barkow,* B. **80** [1947] 464, 467).

Krystalle (aus Me.); F: 112°.

Dihydroxy-Verbindungen $C_{15}H_{20}O_3$

(1R)-1r,3c-Dimethyl-3,4,6,7,8,9-hexahydro-1H-benz[g]isochromen-5,10-diol $C_{15}H_{20}O_3$,
Formel X (R = H).

B. Aus (+)-Eleutherin ((1R)-9-Methoxy-1r,3c-dimethyl-3,4-dihydro-1H-benz[g]iso⸗
chromen-5,10-chinon) bei der Hydrierung an Platin in Essigsäure (*Schmid et al.,* Helv.
33 [1950] 1751, 1761).

Krystalle (aus Ae.); F: 176—182° [Zers.]. An der Luft nicht beständig.

(1R)-5-Methoxy-1r,3c-dimethyl-3,4,6,7,8,9-hexahydro-1H-benz[g]isochromen-10-ol
$C_{16}H_{22}O_3$, Formel XI (R = CH₃).

B. Aus (1R)-5,9-Dimethoxy-1r,3c-dimethyl-3,4-dihydro-1H-benz[g]isochromen-10-ol
(hergestellt aus (+)-Eleutherin) bei der Hydrierung an Platin in Essigsäure (*Schmid et al.,*
Helv. **33** [1950] 1751, 1763).

Krystalle (aus Ae. + PAe.); F: 140—141° [korr.].

(1R)-5,10-Dimethoxy-1r,3c-dimethyl-3,4,6,7,8,9-hexahydro-1H-benz[g]isochromen
$C_{17}H_{24}O_3$, Formel X (R = CH₃).

B. Aus (1R)-5-Methoxy-1r,3c-dimethyl-3,4,6,7,8,9-hexahydro-1H-benz[g]isochromen-

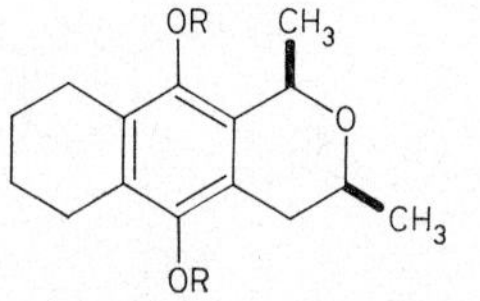

X 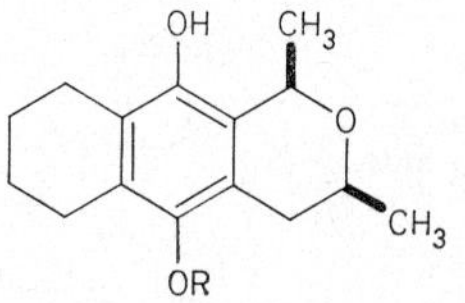   XI

10-ol [S. 2135] (*Schmid et al.*, Helv. **33** [1950] 1751, 1763). Beim Erwärmen von (1R)-5-Acetoxy-1r,3c-dimethyl-3,4,6,7,8,9-hexahydro-1H-benz[g]isochromen-10-ol (s. u.) mit wss. Natronlauge unter Zusatz von Natriumdithionit und Erhitzen des Reaktionsprodukts mit Dimethylsulfat und wss. Kalilauge (*Sch. et al.*). Aus (1R)-5,9,10-Trimethoxy-1r,3c-dimethyl-3,4-dihydro-1H-benz[g]isochromen (hergestellt aus (+)-Eleutherin) bei der Hydrierung (*Sch. et al.*).
Krystalle (aus wss. A.); F: 98—99°.

(1R)-5-Äthoxy-1r,3c-dimethyl-3,4,6,7,8,9-hexahydro-1H-benz[g]isochromen-10-ol
$C_{17}H_{24}O_3$, Formel XI (R = C_2H_5).
B. Aus (1R)-5-Äthoxy-9-methoxy-1r,3c-dimethyl-3,4-dihydro-1H-benz[g]isochromen-10-ol (hergestellt aus (+)-Eleutherin) bei der Hydrierung an Platin in Essigsäure (*Schmid et al.*, Helv. **33** [1950] 1751, 1763).
Krystalle (aus Ae. + PAe.); F: 143°.

(1R)-5-Acetoxy-1r,3c-dimethyl-3,4,6,7,8,9-hexahydro-1H-benz[g]isochromen-10-ol
$C_{17}H_{22}O_4$, Formel XI (R = CO-CH$_3$).
B. Aus (1R)-5-Acetoxy-9-methoxy-1r,3c-dimethyl-3,4-dihydro-1H-benz[g]isochromen-10-ol (hergestellt aus (+)-Eleutherin) bei der Hydrierung an Platin in Essigsäure (*Schmid et al.*, Helv. **33** [1950] 1751, 1763).
F: 173—175° [aus wss. A.]. $[\alpha]_D^{20}$: +154° [CHCl$_3$; c = 1].   [*Tarrach*]

Dihydroxy-Verbindungen $C_{19}H_{28}O_3$

(3bS)-5a,7c-Bis-hydroxymethyl-9b-methyl-(3br,5ac,9ac,9bt)-3b,4,5,5a,6,7,8,9,9a,9b,=10,11-dodecahydro-phenanthro[2,1-b]furan $C_{19}H_{28}O_3$, Formel I.
B. Aus (3bS)-9b-Methyl-(3br,5ac,9ac,9bt)-3b,4,5,5a,6,7,8,9,9a,9b,10,11-dodecahydro-phenanthro[2,1-b]furan-5a,7c-dicarbonsäure [hergestellt aus Cafestol] (*Bendas, Djerassi*, Chem. and Ind. **1955** 1481).
F: 107—108°. $[\alpha]_D$: −15° [CHCl$_3$].

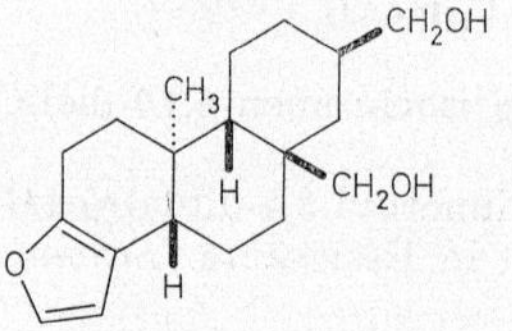

I 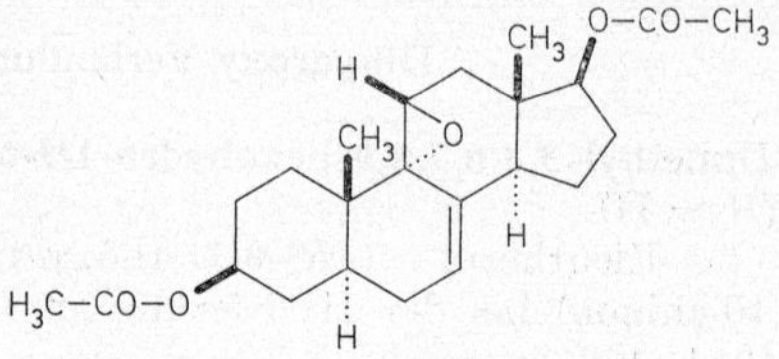   II

3β,17β-Diacetoxy-9,11α-epoxy-5α-androst-7-en $C_{23}H_{32}O_5$, Formel II.
B. Aus 3β,17β-Diacetoxy-5α-androsta-7,9(11)-dien beim Behandeln mit Monoperoxy=phthalsäure in Äther (*Heusser et al.*, Helv. **35** [1952] 295, 301).
Krystalle (aus Ae.); F: 152—153,5° [unkorr.; Block; evakuierte Kapillare]. $[\alpha]_D^{21}$: −66° [CHCl$_3$; c = 1]. UV-Spektrum (A.; 200—320 nm): *Heusser et al.*, l. c. S. 296.
Beim Behandeln einer Lösung in Dioxan mit wss. Schwefelsäure ist 3β,17β-Diacetoxy-5α-androst-8-en-7ξ,11α-diol (F: 208—210°) erhalten worden (*Heusser et al.*). Bildung von 3β,17β-Diacetoxy-5α,9β-androst-7-en-11-on und 3β,17β-Diacetoxy-5α-androst-8-en-11-on beim Behandeln mit dem Borfluorid-Äther-Addukt in Benzol: *Heusler, Wettstein*, Helv. **36** [1953] 398, 408; s. a. *Heusser et al.*

Dihydroxy-Verbindungen $C_{21}H_{32}O_3$

18,20ξ-Epoxy-20ξ-methoxy-pregn-5-en-3β-ol $C_{22}H_{34}O_3$, Formel III.

B. Beim Behandeln von 20α$_F$-Amino-pregn-5-en-3β,18-diol mit *N*-Chlor-succinimid in Dichlormethan, Erwärmen des gebildeten *N*-Chlor-Derivats mit Natriummethylat in Methanol, Erwärmen des erhaltenen Imins mit wss. Schwefelsäure und Behandeln des Reaktionsprodukts mit Chlorwasserstoff enthaltendem Methanol (*Lábler*, *Šorm*, Collect. **25** [1960] 265, 269; s. a. *Lábler*, *Šorm*, Chem. and Ind. **1959** 598).

Krystalle (aus Hexan); F: 145—146° [Kofler-App.]. $[\alpha]_D$: +24° [CHCl$_3$; c = 2].

16α,17-Epoxy-pregn-4-en-3β,20β$_F$-diol $C_{21}H_{32}O_3$, Formel IV (R = H).

B. Aus 16α,17-Epoxy-pregn-4-en-3,20-dion beim Behandeln mit Natriumboranat in Methanol (*Camerino*, *Alberti*, G. **85** [1955] 51, 54).

Krystalle (aus Me. + Acn.) mit 0,5 Mol H$_2$O, F: 158—162° [unkorr.]; $[\alpha]_D^{25}$: +51° [CHCl$_3$; c = 1] (*Ca.*, *Al.*). IR-Spektrum (Nujol; 11,2—12 μ): *Meda*, G. **87** [1957] 52, 55.

III   IV   V

3β,20β$_F$-Diacetoxy-16α,17-epoxy-pregn-4-en $C_{25}H_{36}O_5$, Formel IV (R = CO-CH$_3$).

B. Beim Behandeln von 16α,17-Epoxy-pregn-4-en-3β,20β$_F$-diol mit Acetanhydrid und Pyridin (*Camerino*, *Alberti*, G. **85** [1955] 51, 55).

Krystalle (aus Me.), F: 192—195° [unkorr.]; $[\alpha]_D^{25}$: +71° [CHCl$_3$; c = 1] (*Ca.*, *Al.*). IR-Spektrum (Nujol; 11,2—12 μ): *Meda*, G. **87** [1957] 52, 55.

16,17-Epoxy-17-[1-hydroxy-äthyl]-10,13-dimethyl-Δ⁵-tetradecahydro-cyclopenta[a]-phenanthren-3-ol $C_{21}H_{32}O_3$.

a) **16α,17-Epoxy-pregn-5-en-3β,20β$_F$-diol** $C_{21}H_{32}O_3$, Formel V (R = H).

B. Neben dem unter b) beschriebenen Stereoisomeren beim Behandeln von 16α,17-Epoxy-3β-hydroxy-pregn-5-en-20-on mit Natriumboranat in Methanol (*Camerino*, *Modelli*, G. **86** [1956] 1219, 1222).

Krystalle (aus E.) mit 0,5 Mol Äthylacetat; F: 186—188° [unkorr.]. $[\alpha]_D^{22}$: −59° [A.; c = 0,5].

b) **16α,17-Epoxy-pregn-5-en-3β,20α$_F$-diol** $C_{21}H_{32}O_3$, Formel VI (R = H).

B. s. bei dem unter a) beschriebenen Stereoisomeren.

Krystalle (aus Me.), F: 210° [unkorr.]; $[\alpha]_D^{22}$: −50° [A.; c = 0,3] (*Camerino*, *Modelli*, G. **86** [1956] 1219, 1222).

3-Acetoxy-17-[1-acetoxy-äthyl]-16,17-epoxy-10,13-dimethyl-Δ⁵-tetradecahydro-cyclopenta[a]phenanthren $C_{25}H_{36}O_5$.

a) **3β,20β$_F$-Diacetoxy-16α,17-epoxy-pregn-5-en** $C_{25}H_{36}O_5$, Formel V (R = CO-CH$_3$).

B. Beim Behandeln von 16α,17-Epoxy-pregn-5-en-3β,20β$_F$-diol mit Acetanhydrid und Pyridin (*Camerino*, *Modelli*, G. **86** [1956] 1219, 1223).

Krystalle (aus Acn.); F: 150° [unkorr.]. $[\alpha]_D^{22}$: −7° [CHCl$_3$; c = 1].

Beim Erhitzen mit Acetanhydrid und wenig Toluol-4-sulfonsäure auf 150° sind eine Verbindung $C_{25}H_{36}O_5$ (Krystalle, F: 154° [unkorr.], $[\alpha]_D^{22}$: −209° [CHCl$_3$]; durch Hydrolyse in eine Verbindung $C_{21}H_{32}O_3$ [F: 217—224° [unkorr.]; $[\alpha]_D^{22}$: −190° [A.]] überführbar), eine Verbindung vom F: 136° [unkorr.] ($[\alpha]_D^{22}$: −195° [CHCl$_3$]) und eine Verbindung $C_{25}H_{36}O_5$ (Krystalle, F: 80°, $[\alpha]_D^{22}$: −167° [CHCl$_3$]; durch Hydrolyse in eine

Verbindung $C_{21}H_{32}O_3$ [F: 208° [unkorr.]; $[\alpha]_D^{22}$: +85° [A.]] überführbar) erhalten worden.

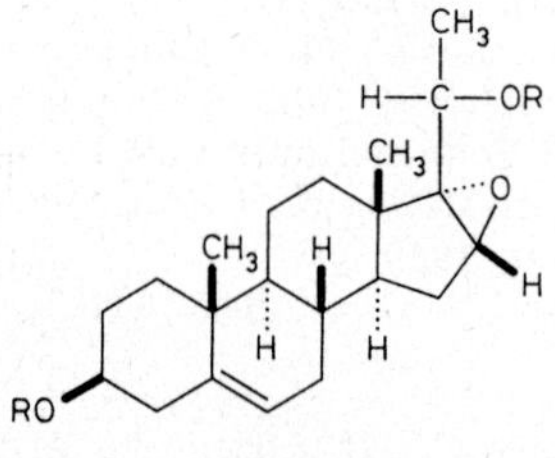

VI 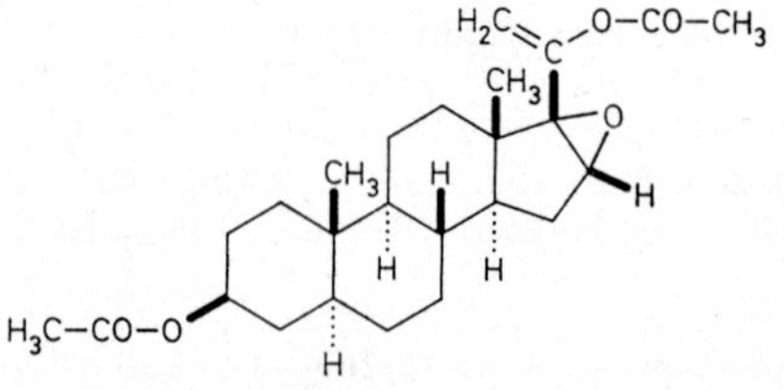   VII

b) **3β,20α$_F$-Diacetoxy-16α,17-epoxy-pregn-5-en** $C_{25}H_{36}O_5$, Formel VI (R = CO-CH$_3$).

B. Beim Behandeln von 16α,17-Epoxy-pregn-5-en-3β,20α$_F$-diol mit Acetanhydrid und Pyridin (*Camerino, Modelli*, G. **86** [1956] 1219, 1223).

Krystalle (aus Acn.); F: 168° [unkorr.]. $[\alpha]_D^{22}$: −62° [CHCl$_3$; c = 0,7].

Beim Erhitzen mit Acetanhydrid und wenig Toluol-4-sulfonsäure auf 170° ist 3β,16α,=20α$_F$-Triacetoxy-17-methyl-18-nor-17βH-pregna-5,13-dien erhalten worden.

3β,20-Diacetoxy-16α,17-epoxy-5α-pregn-20-en $C_{25}H_{36}O_5$, Formel VII.

B. Aus 3β,20-Diacetoxy-5α-pregna-16,20-dien beim Behandeln mit Peroxybenzoesäure in Chloroform und Benzol (*Moffett, Slomp*, Am. Soc. **76** [1954] 3678, 3681).

Krystalle (aus PAe.); F: 128−131° [unkorr.; Fisher-Johns-Block]. $[\alpha]_D^{24}$: +30° [CHCl$_3$; c = 0,6].

12α,20α$_F$-Epoxy-14β,17βH-pregn-5-en-3β,11α-diol $C_{21}H_{32}O_3$, Formel VIII (R = H).

Über die Konfiguration am C-Atom 11 s. *Shoppee et al.*, Soc. **1962** 3610, 3619.

B. Beim Erhitzen von Diginigenin (12α,20α$_F$-Epoxy-3β-hydroxy-14β,17βH-pregn-5-en-11,15-dion) mit Hydrazin-hydrat und äthanol. Natriumäthylat auf 180° (*Shoppee*, Helv. **27** [1946] 246, 251).

Krystalle (aus Me. + W.); F: 163−164° [korr.; Kofler-App.; nach Schmelzen bei ca. 85° und Wiedererstarren]; $[\alpha]_D^{15}$: −71,5° [Acn.; c = 0,5] (*Sh.*).

3β-Acetoxy-12α,20α$_F$-epoxy-14β,17βH-pregn-5-en-11α-ol $C_{23}H_{34}O_4$, Formel VIII (R = CO-CH$_3$).

B. Beim Erhitzen der im vorangehenden Artikel beschriebenen Verbindung mit Acet=anhydrid (*Shoppee*, Helv. **27** [1946] 246, 252).

Krystalle (aus Pentan); F: 61−62°. Bei 100−110°/0,01 Torr sublimierbar.

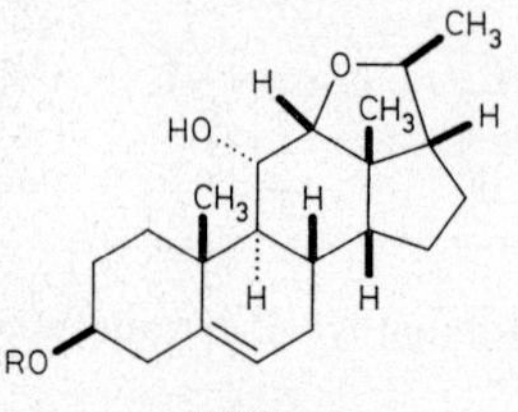

VIII 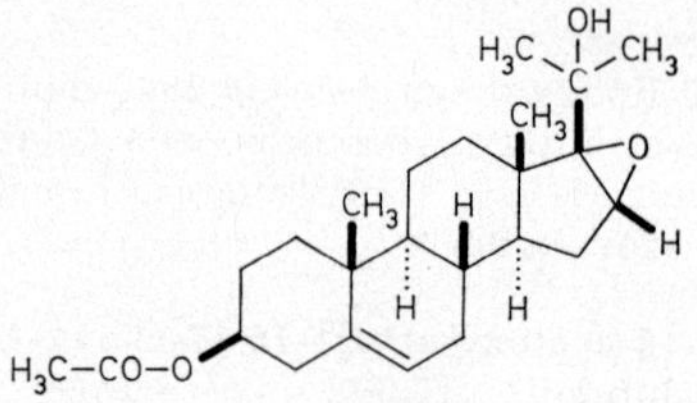   IX

Dihydroxy-Verbindungen $C_{22}H_{34}O_3$

3β-Acetoxy-16α,17-epoxy-20-methyl-pregn-5-en-20-ol, 3β-Acetoxy-16α,17-epoxy-23,24-dinor-chol-5-en-20-ol $C_{24}H_{36}O_4$, Formel IX.

B. Beim Behandeln von 3β-Acetoxy-16α,17-epoxy-pregn-5-en-20-on mit Methyl=magnesiumbromid in Äther und Benzol (*Cole, Julian*, J. org. Chem. **19** [1954] 131, 137).

Krystalle; F: 169−170°.

Dihydroxy-Verbindungen $C_{27}H_{44}O_3$

(25R)-22ξH-Furost-5-en-3β,26-diol, Dihydrodiosgenin $C_{27}H_{44}O_3$, Formel I (R = H).

B. Aus Diosgenin ((25R)-22αO-Spirost-5-en-3β-ol) beim Behandeln mit Lithiumalanat in Chlorwasserstoff enthaltendem Äther (*Doukas, Fontaine*, Am. Soc. **75** [1953] 5355). Krystalle (aus Acn.); F: 158—160°. $[\alpha]_D^{20}$: −35° [CHCl₃].

(25R)-3β,26-Diacetoxy-22ξH-furost-5-en, Di-O-acetyl-dihydrodiosgenin $C_{31}H_{48}O_5$, Formel I (R = CO-CH₃).

B. Beim Behandeln der im vorangehenden Artikel beschriebenen Verbindung mit Acetanhydrid und wenig Pyridin (*Doukas, Fontaine*, Am. Soc. **75** [1953] 5355).
F: 115—117°; $[\alpha]_D^{20}$: −39° [CHCl₃] (*Do., Fo.*). IR-Spektrum (CS₂; 10—12 μ): *Wall et al.*, Anal. Chem. **24** [1952] 1337, 1338.

8-[4-Hydroxy-3-methyl-butyl]-4a,6a,7-trimethyl-Δ⁷-hexadecahydro-naphth[2′,1′;4,5]‹indeno[2,1-b]furan-2-ol $C_{27}H_{44}O_3$.

a) **(25S)-5β-Furost-20(22)-en-3β,26-diol, Pseudosarsasapogenin** $C_{27}H_{44}O_3$, Formel II (R = H).

B. Beim Erhitzen von O-Acetyl-sarsasapogenin ((25S)-3β-Acetoxy-5β,22αO-spirostan) mit Acetanhydrid, Propionsäure-anhydrid, Buttersäure-anhydrid oder Bernsteinsäure‹anhydrid auf 200° (*Marker, Rohrmann*, Am. Soc. **62** [1940] 518; s. a. *Scheer et al.*, Am. Soc. **77** [1955] 641, 644; *Wall et al.*, Am. Soc. **77** [1955] 1230, 1235) oder mit Acetanhydrid enthaltender Octansäure auf 240° (*Cameron et al.*, Soc. **1955** 2807, 2811) sowie beim Erhitzen von Cyclopseudosarsasapogenin (20-Isosarsasapogenin, Neosarsasapogenin; (25S)-5β,20αH,22βO-Spirostan-3β-ol) mit Acetanhydrid (*Wall et al.*; *Callow et al.*, Soc. **1955** 1966, 1975; s. a. *Wall, Walens*, Am. Soc. **77** [1955] 5661, 5664) und Erwärmen des jeweiligen Reaktionsprodukts mit äthanol. Kalilauge oder methanol. Kalilauge.
Krystalle; F: 171—173° [aus E.] (*Ma., Ro.*, l. c. S. 519), 171—172° [Kofler-App.; aus E.] (*Wall et al.*), 167—169° [Kofler-App.; aus E. + Py.] (*Sch. et al.*), 165—168° [Kofler-App.; aus Me.] (*Cam. et al.*). $[\alpha]_D^{20}$: +12° [CHCl₃; c = 1] (*Sch. et al.*); $[\alpha]_D^{24}$: +12° [CHCl₃; c = 0,7] (*Cam. et al.*); $[\alpha]_D^{25}$: +12° [Dioxan; c = 1] (*Wall et al.*). IR-Spektrum (CHCl₃; 5,1—7,1 μ): *Hayden et al.*, Anal. Chem. **26** [1954] 550. UV-Absorptionsmaximum (A.): 215 nm (*Cam. et al.*).
Beim Behandeln mit wss.-äthanol. Salzsäure (*Marker, Rohrmann*, Am. Soc. **62** [1940] 896; *Sch. et al.*; *Wall et al.*, l. c. S. 1236) sowie mit wss. Salzsäure enthaltendem Chloro‹form (*Sch. et al.*) oder Äthylacetat (*Cal. et al.*) ist Sarsasapogenin ((25S)-5β,22αO-Spiro‹stan-3β-ol), beim Behandeln mit geringe Mengen wss. Salzsäure enthaltendem Äthanol (*Cal. et al.*) oder wss. Methanol (*Ziegler et al.*, Am. Soc. **77** [1955] 1223, 1228) sowie mit einem Gemisch von Essigsäure und Äthanol (*Wall et al.*) ist Cyclopseudosarsasapogenin ((25S)-5β,20αH,22βO-Spirostan-3β-ol) erhalten worden. Bildung von 5β-Pregn-16-en-3,20-dion, (S)-2-Methyl-glutarsäure und 3-Oxo-16,17-diseco-5β-androstan-16,17-disäure beim Behandeln mit Chrom(VI)-oxid und wasserhaltiger Essigsäure und Schütteln einer äther. Lösung des Reaktionsprodukts mit wss. Natronlauge: *Ma., Ro.*, l. c. S. 519; *Marker et al.*, Am. Soc. **63** [1941] 779, 781; *Sch. et al.* Überführung in 3β-Hydroxy-16β-[(S)-5-hydroxy-4-methyl-valeryloxy]-5β-pregnan-20-on ($C_{27}H_{44}O_5$) durch Behandlung mit Natri‹umperjodat, Kaliumcarbonat und wenig Kaliumpermanganat in wenig Wasser enthalten‹dem Benzol und Dioxan: *Wall, Serota*, J. org. Chem. **24** [1959] 741. Beim Erwärmen mit Essigsäure und wss. Wasserstoffperoxid und Erwärmen des Reaktionsprodukts mit meth‹anol. Kalilauge ist eine Verbindung $C_{27}H_{44}O_5$ (Krystalle [aus wss. Me.]; F: 253—254°) erhalten worden (*Marker et al.*, Am. Soc. **62** [1940] 2532, 2534).
Bis-[4-nitro-benzoyl]-Derivat und Bis-[3,5-dinitro-benzoyl]-Derivat s. S. 2142.

b) **(25S)-5β-Furost-20(22)-en-3α,26-diol, Pseudoepisarsasapogenin** $C_{27}H_{44}O_3$, Formel III.
Die Konstitutionszuordnung ist auf Grund der Bildungsweise in Analogie zu Pseudo‹sarsasapogin (s. o.) erfolgt.
B. Beim Erhitzen von O-Acetyl-episarsasapogenin ((25S)-3α-Acetoxy-5β,22αO-spiro‹stan) mit Acetanhydrid auf 200° und Erwärmen des Reaktionsprodukts mit äthanol. Kalilauge (*Marker et al.*, Am. Soc. **62** [1940] 648).

Krystalle (aus Acn.); F: 211—213°.

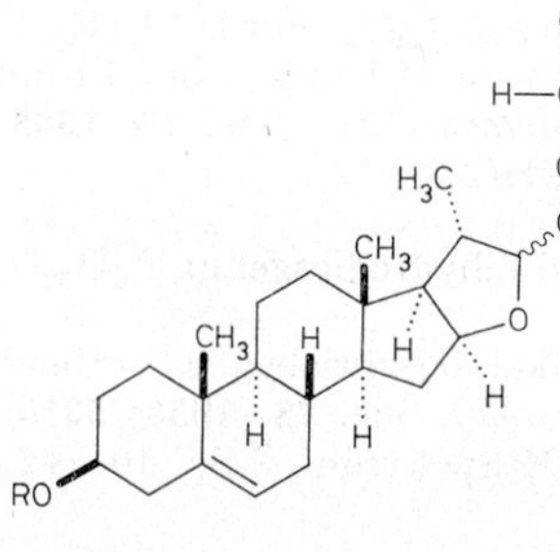

I

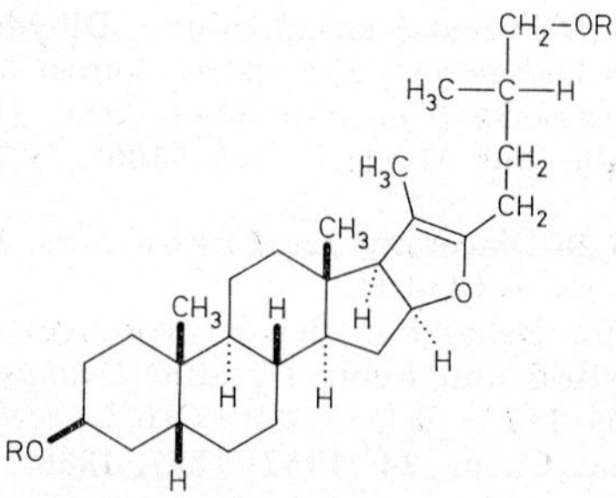

II

c) **(25R)-5β-Furost-20(22)-en-3β,26-diol, Pseudosmilagenin** $C_{27}H_{44}O_3$, Formel IV (R = H).

B. Beim Erhitzen von Smilagenin („Isosarsasapogenin"; (25R)-5β,22αO-Spirostan-3β-ol) oder von O-Acetyl-smilagenin mit Acetanhydrid auf 200° (*Marker et al.*, Am. Soc. **62** [1940] 648; *Scheer et al.*, Am. Soc. **77** [1955] 641, 644; *Wall et al.*, Am. Soc. **77** [1955] 1230, 1235) oder mit Acetanhydrid enthaltender Octansäure auf 240° (*Cameron et al.*, Soc. **1955** 2807, 2811) sowie beim Erhitzen von Cyclopseudosmilagenin („20-Isosmila= genin", Neosmilagenin; (25R)-5β,20αH,22αO-Spirostan-3β-ol) mit Acetanhydrid (*Wall et al.*, s. a. *Wall, Walens*, Am. Soc. **77** [1955] 5661, 5664) und Erwärmen des jeweiligen Reaktionsprodukts mit methanol. Kalilauge.

Krystalle; F: 161—162° [Kofler-App.; aus E.] (*Wall et al.*), 158—161° [Kofler-App.; aus E. + Py. bzw. aus wss. Me.] (*Sch. et al.*; *Ca. et al.*). [α]$_D^{20}$: +24° [CHCl$_3$; c = 1] (*Sch. et al.*; *Ca. et al.*); [α]$_D^{25}$: +20° [Dioxan; c = 1] (*Wall et al.*). IR-Spektrum (CHCl$_3$; 5,1—7,1 μ): *Hayden et al.*, Anal. Chem. **26** [1954] 550.

Bis-[3,5-dinitro-benzoyl]-Derivat s. S. 2142.

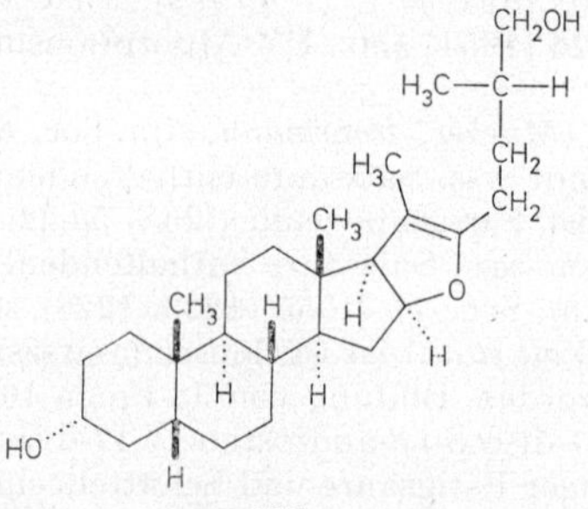

III

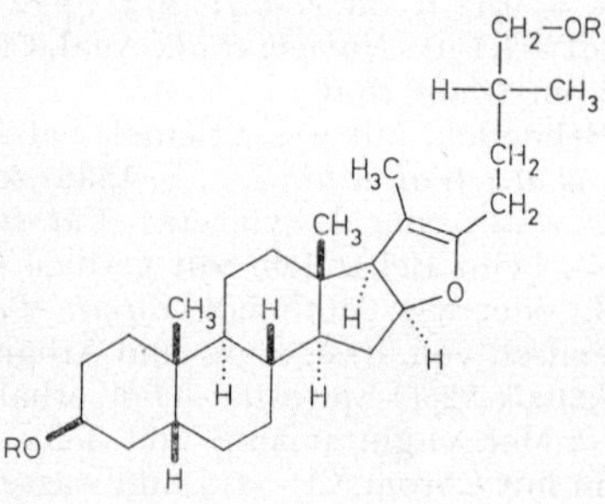

IV

d) **(25S)-5α-Furost-20(22)-en-3β,26-diol, Pseudoneotigogenin** $C_{27}H_{44}O_3$, Formel V.

B. Beim Erhitzen von O-Acetyl-neotigogenin ((25S)-3β-Acetoxy-5α,22αO-spirostan) mit Octansäure und Acetanhydrid auf 240° (*Callow, James*, Soc. **1955** 1671, 1674) oder von Cyclopseudoneotigogenin ((25S)-5α,20αH,22βO-Spirostan-3β-ol) mit Acetanhydrid (*Callow et al.*, Soc. **1955** 1966, 1975) und Erwärmen des jeweiligen Reaktionsprodukts mit methanol. Kalilauge.

Krystalle (aus Acn.); F: 180—184° [korr.; Kofler-App.]; [α]$_D^{21}$: +10°; [α]$_{546}^{21}$: +13° [jeweils CHCl$_3$; c = 1] (*Ca., Ja.*).

e) **(25R)-5α-Furost-20(22)-en-3β,26-diol, Pseudotigogenin** $C_{27}H_{44}O_3$, Formel VI (R = H).

B. Beim Erhitzen von Pseudohecogenin ((25R)-3β,26-Dihydroxy-5α-furost-20(22)-en-12-on) mit Hydrazin-hydrat, Kaliumhydroxid und Diäthylenglykol bis auf 205° (*Cameron et al.*, Soc. **1955** 2807, 2812). Beim Erhitzen von Tigogenin ((25R)-5α,22αO-Spirostan-3β-ol) mit Octansäure und Erwärmen des Reaktionsprodukts mit methanol.

Natronlauge (*Callow, Massy-Beresford*, Soc. **1958** 2645, 2650). Aus Di-*O*-acetyl-pseudo⸗tigogenin (s. u.) beim Erwärmen mit äthanol. Kalilauge bzw. methanol. Kalilauge (*Marker, Rohrmann*, Am. Soc. **62** [1940] 898; *Ca. et al.*, l. c. S. 2811; *Wall, Walens*, Am. Soc. **77** [1955] 5661, 5664).

Krystalle; F: 193—196° [aus wss. Acn.] (*Ma., Ro.*), 185—187° [aus Me.] (*Dickson et al.*, Soc. **1955** 443, 446). [α]$_D^{20}$: +24° [CHCl$_3$; c = 0,5] (*Cam. et al.*; s. a. *Di. et al.*). IR-Spektrum (CHCl$_3$; 5,1—7,1 µ): *Hayden et al.*, Anal. Chem. **26** [1954] 550. IR-Ab⸗sorption: *Di. et al.* UV-Absorptionsmaximum (A.): 214 nm (*Cam. et al.*).

      V   VI

     f) **(25R)-5α-Furost-20(22)-en-3α,26-diol, Pseudoepitigogenin** C$_{27}$H$_{44}$O$_3$, Formel VII. Die Konstitutionszuordnung ist auf Grund der Bildungsweise in Analogie zu Pseudo⸗sarsasapogenin (S. 2139) erfolgt.

B. Beim Erhitzen von Epitigogenin ((25R)-5α,22αO-Spirostan-3α-ol) mit Acetanhydrid auf 200° und Erwärmen des Reaktionsprodukts mit äthanol. Kalilauge (*Marker*, Am. Soc. **62** [1940] 2621, 2623).

Krystalle (aus Acn.); F: 148—150°.

2-Acetoxy-8-[4-acetoxy-3-methyl-butyl]-4a,6a,7-trimethyl-Δ⁷-hexadecahydro-naphth[2′,1′;4,5]indeno[2,1-*b*]furan C$_{31}$H$_{48}$O$_5$.

     a) **(25S)-3β,26-Diacetoxy-5β-furost-20(22)-en, Di-*O*-acetyl-pseudosarsasapogenin** C$_{31}$H$_{48}$O$_5$, Formel II (R = CO-CH$_3$).

B. Beim Behandeln von Pseudosarsasapogenin (S. 2139) mit Acetanhydrid und Pyridin (*Scheer et al.*, Am. Soc. **77** [1955] 641, 644).

Bei 150°/0,001 Torr destillierbar (*Sch. et al.*). [α]$_D^{20}$: −5,8° [CHCl$_3$; c = 1] (*Sch. et al.*). IR-Spektrum (CS$_2$; 5,1—7,1 µ): *Hayden et al.*, Anal. Chem. **26** [1954] 550.

     b) **(25R)-3β,26-Diacetoxy-5β-furost-20(22)-en, Di-*O*-acetyl-pseudosmilagenin** C$_{31}$H$_{48}$O$_5$, Formel IV (R = CO-CH$_3$).

B. Beim Behandeln von Pseudosmilagenin (S. 2140) mit Acetanhydrid und Pyridin (*Scheer et al.*, Am. Soc. **77** [1955] 641, 644).

Öl; [α]$_D^{20}$: +8,3° [CHCl$_3$; c = 1] (*Sch. et al.*). IR-Spektrum (CS$_2$; 5,1—7,1 µ): *Hayden et al.*, Anal. Chem. **26** [1954] 550.

     c) **(25R)-3β,26-Diacetoxy-5α-furost-20(22)-en, Di-*O*-acetyl-pseudotigogenin** C$_{31}$H$_{48}$O$_5$, Formel VI (R = CO-CH$_3$).

B. Beim Behandeln von Pseudotigogenin (S. 2140) mit Acetanhydrid und Pyridin (*Cameron et al.*, Soc. **1955** 2807, 2811; *Callow, Massy-Beresford*, Soc. **1958** 2645, 2650). Beim Erhitzen von Tigogenin ((25R)-5α,22αO-Spirostan-3β-ol) mit Acetanhydrid auf 200° (*Marker, Rohrmann*, Am. Soc. **62** [1940] 898). Aus *O*-Acetyl-tigogenin ((25R)-3β-Acetoxy-5α,22αO-spirostan) beim Erhitzen mit Octansäure unter Zusatz von Acet⸗anhydrid auf 240° (*Cam. et al.*) sowie beim Erhitzen mit Pyridin-hydrochlorid enthal⸗tendem Acetanhydrid (*Wall, Walens*, Am. Soc. **77** [1955] 5661, 5664). Beim Erhitzen von Cyclopseudotigogenin („20-Isotigogenin"; (25R)-5α,20αH,22αO-Spirostan-3β-ol) mit Acetanhydrid (*Callow et al.*, Soc. **1955** 1966, 1974; *Wall, Wa.*). Beim Erhitzen von (25R)-3β,26-Diacetoxy-5α-furost-22ξ-en (S. 2142) oder von (25R)-3β,26-Diacetoxy-22-äth⸗

oxy-5α,22αH-furostan (aus Kryptogenin hergestellt) in Gegenwart von Aktivkohle unter vermindertem Druck auf 158° (*Hirschmann, Hirschmann*, Tetrahedron **3** [1958] 243, 253, 254). Aus (25R)-3β,26-Diacetoxy-5α-furosta-16,20(22)-dien bei der Hydrierung an Palladium/Bariumsulfat in Äthylacetat (*Nussbaum et al.*, J. org. Chem. **17** [1952] 426, 429).

Krystalle (aus Me.); F: 70—72° (*Nu. et al.*), 68—70° (*Cam. et al.*). $[α]_D^{20}$: +3,5° bzw. +7° [CHCl₃; c = 1] (*Cam. et al.; Nu. et al.*). IR-Spektrum (CS₂; 5,1—7,1 μ): *Hayden et al.*, Anal. Chem. **26** [1954] 550; *Cal. et al.*, l. c. S. 1970. IR-Banden (CS₂; 7,7—11,1 μ): *Hi., Hi.*, l. c. S. 247.

(25S)-3β,26-Bis-[4-nitro-benzoyloxy]-5β-furost-20(22)-en, Bis-O-[4-nitro-benzoyl]-pseudosarsasapogenin $C_{41}H_{50}N_2O_9$, Formel II (R = CO-C₆H₄-NO₂) auf S. 2140.

B. Aus Pseudosarsasapogenin [S. 2139] (*Marker, Rohrmann*, Am. Soc. **62** [1940] 518). Krystalle (aus Acn.); F: 156,5—159°.

2-[3,5-Dinitro-benzoyloxy]-8-[4-(3,5-dinitro-benzoyloxy)-3-methyl-butyl]-4a,6a,7-trimethyl-Δ⁷-hexadecahydro-naphth[2′,1′;4,5]indeno[2,1-b]furan $C_{41}H_{48}N_4O_{13}$.

a) **(25S)-3β,26-Bis-[3,5-dinitro-benzoyloxy]-5β-furost-20(22)-en, Bis-O-[3,5-dinitro-benzoyl]-pseudosarsasapogenin** $C_{41}H_{48}N_4O_{13}$, Formel II (R = CO-C₆H₃(NO₂)₂) auf S. 2140.

B. Beim Erwärmen von Pseudosarsasapogenin (S. 2139) mit 3,5-Dinitro-benzoylchlorid und Pyridin (*Scheer et al.*, Am. Soc. **77** [1955] 641, 644).

Krystalle (aus Acn. + Me.); F: 192—194° [Kofler-App.] (*Sch. et al.*). $[α]_D^{20}$: +29° [CHCl₃; c = 1] (*Sch. et al.*). IR-Spektrum (Nujol; 5,1—7,1 μ): *Hayden et al.*, Anal. Chem. **26** [1954] 550.

b) **(25R)-3β,26-Bis-[3,5-dinitro-benzoyloxy]-5β-furost-20(22)-en, Bis-O-[3,5-dinitro-benzoyl]-pseudosmilagenin** $C_{41}H_{48}N_4O_{13}$, Formel IV (R = CO-C₆H₃(NO₂)₂) auf S. 2140.

B. Beim Erwärmen von Pseudosmilagenin (S. 2140) mit 3,5-Dinitro-benzoylchlorid und Pyridin (*Scheer et al.*, Am. Soc. **77** [1955] 641, 644).

Krystalle (aus Acn. + Me.); F: 176—178° [Kofler-App.] (*Sch. et al.*). $[α]_D^{20}$: +19° [CHCl₃; c = 1] (*Sch. et al.*). IR-Spektrum (Nujol; 5,1—7,1 μ): *Hayden et al.*, Anal. Chem. **26** [1954] 550.

(25R)-5α-Furost-22ξ-en-3β,26-diol $C_{27}H_{44}O_3$, Formel VIII (R = H).

B. Beim Behandeln einer Lösung der im folgenden Artikel beschriebenen Verbindung in Methanol mit wss. Kaliumcarbonat-Lösung (*Hirschmann, Hirschmann*, Tetrahedron **3** [1958] 243, 253).

Krystalle (aus Acn.); F: 152° [korr.] und (nach Wiedererstarren bei weiterem Erhitzen) F: 209°. IR-Banden (KBr; 5,9—10,6 μ): *Hi., Hi.*

Beim Erhitzen auf Temperaturen oberhalb 150° sowie beim Behandeln mit Äthanol und Essigsäure ist Tigogenin ((25R)-5α,22αO-Spirostan-3β-ol) erhalten worden.

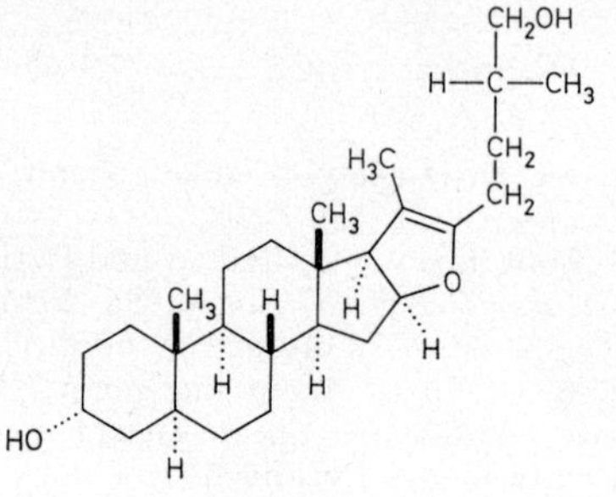

VII 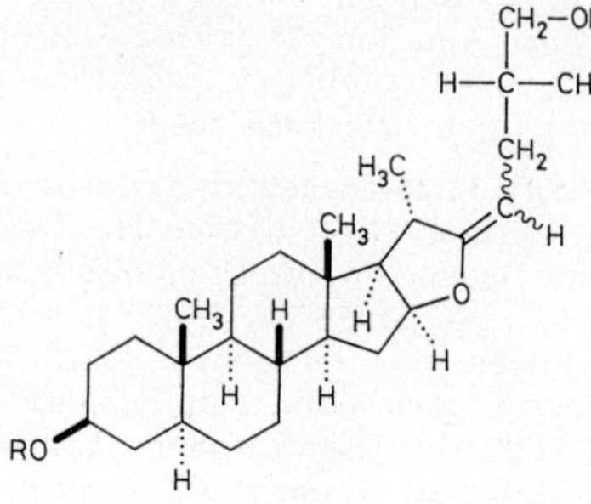   VIII

(25R)-3β,26-Diacetoxy-5α-furost-22ξ-en $C_{31}H_{48}O_5$, Formel VIII (R = CO-CH₃).
B. Beim Behandeln von (25R)-3β,26-Diacetoxy-5α,22αH-furostan-22-ol (aus Krypto-

genin hergestellt) mit Calciumsulfat in Benzol sowie beim Erhitzen von (25R)-3β,26-Di$\approx$ acetoxy-22-äthoxy-5α,22αH-furostan (aus Kryptogenin hergestellt) in Gegenwart von Silber unter vermindertem Druck auf 158° (*Hirschmann, Hirschmann*, Tetrahedron **3** [1958] 243, 252, 253).

[α]$_D^{23}$: $+3°$ [A.; c = 0,6]. IR-Banden (CS$_2$; 7,6—11,1 μ): *Hi., Hi.*, l. c. S. 247.

Beim Erhitzen in Gegenwart von Aktivkohle unter vermindertem Druck auf 158° ist Di-O-acetyl-pseudotigogenin (S. 2141) erhalten worden. Bildung von O-Acetyl-tigogenin-lacton (3β-Acetoxy-16β-hydroxy-23,24-dinor-5α-cholan-22-säure-lacton) und 3β-Acetoxy-5α-pregn-16-en-20-on beim Behandeln mit Chrom(VI)-oxid in Essigsäure: *Hi., Hi.*

Dihydroxy-Verbindungen C$_{28}$H$_{46}$O$_3$

3β-Acetoxy-7β,8-epoxy-5α,9β-ergost-22t-en-11α-ol C$_{30}$H$_{48}$O$_4$, Formel IX.

Bezüglich der Konfiguration am C-Atom 11 vgl. *Crawshaw et al.*, Soc. **1955** 3420.

B. Aus 3β-Acetoxy-5α,9β-ergosta-7,22t-dien-11α-ol mit Hilfe von Monoperoxyphthal$\approx$ säure (*Henbest, Wagland*, Soc. **1954** 728, 730).

Krystalle (aus Me.), F: 190—210° [Kofler-App.]; [α]$_D$: $+61°$ [CHCl$_3$; c = 0,8] (*He., Wa.*).

9,11α-Epoxy-5α-ergost-7-en-3β,5-diol C$_{28}$H$_{46}$O$_3$, Formel X (R = R' = H).

B. Aus 3β-Acetoxy-9,11α-epoxy-5α-ergost-7-en-5-ol beim Erwärmen mit methanol. Kalilauge (*Bladon et al.*, Soc. **1953** 2916, 2918). Aus 3β,5-Diacetoxy-9,11α-epoxy-5α-ergost-7-en beim Behandeln mit Lithiumalanat in Äther (*Bl. et al.*).

Krystalle (aus Diisopropyläther + Me.); F: 214,5—219,5° [Kofler-App.]. [α]$_D$: $-6°$ [CHCl$_3$; c = 0,7].

IX   X

3β-Acetoxy-9,11α-epoxy-5α-ergost-7-en-5-ol C$_{30}$H$_{48}$O$_4$, Formel X (R = CO-CH$_3$, R' = H).

B. Neben anderen Verbindungen beim Behandeln von 3β-Acetoxy-5α-ergosta-7,9(11)-dien-5-ol mit Monoperoxyphthalsäure in Äther (*Bladon et al.*, Soc. **1953** 2916, 2918).

Krystalle (aus Me.); F: 222—227° [Kofler-App.]. [α]$_D$: $+15°$ [CHCl$_3$; c = 0,7].

3β,5-Diacetoxy-9,11α-epoxy-5α-ergost-7-en C$_{32}$H$_{50}$O$_5$, Formel X (R = R' = CO-CH$_3$).

B. Aus 3β,5-Diacetoxy-5α-ergosta-7,9(11)-dien beim Behandeln mit Monoperoxy-phthalsäure in Äther (*Bladon et al.*, Soc. **1953** 2916, 2918).

Krystalle (aus Me.); F: 144,5—147,5° [Kofler-App.]. [α]$_D$: $+71°$ [CHCl$_3$; c = 0,9].

3β,11-Diacetoxy-5,8-epoxy-5α,8α-ergost-9(11)-en C$_{32}$H$_{50}$O$_5$, Formel XI.

B. Aus 3β,11α-Diacetoxy-5,8-epoxy-5α,8α-ergostan-9-ol beim Behandeln mit Thionyl$\approx$ chlorid und Pyridin (*Clayton et al.*, Soc. **1953** 2009, 2013).

Krystalle (aus wss. A.); F: 149—152° [korr.; Kofler-App.]. [α]$_D$: $+100°$ [CHCl$_3$; c = 0,6]. IR-Banden (CCl$_4$; 1750—1218 cm^{-1}): *Cl. et al.*

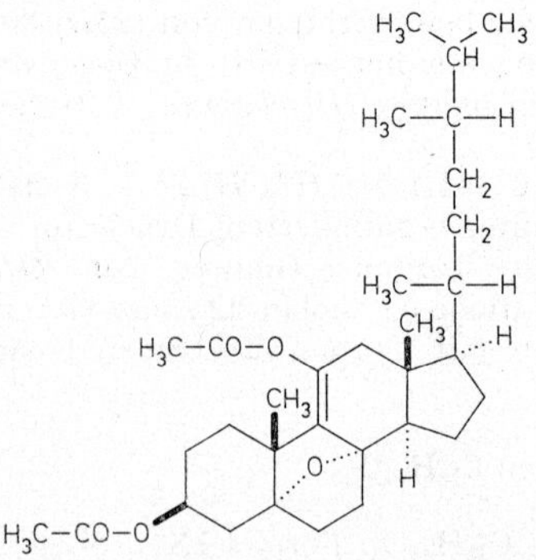

XI 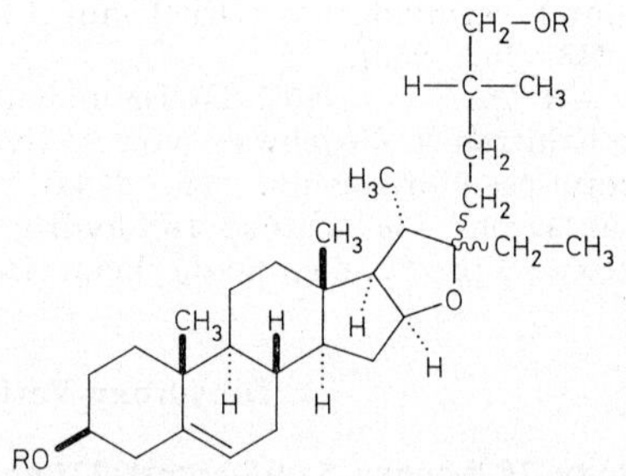   XII

Dihydroxy-Verbindungen $C_{29}H_{48}O_3$

(25R)-22-Äthyl-22ξH-furost-5-en-3β,26-diol $C_{29}H_{48}O_3$, Formel XII (R = H).

B. Beim Behandeln von Diosgenin ((25R)-22αO-Spirost-5-en-3β-ol) mit Äthylmagne≈
siumbromid in Äther und anschliessenden Erwärmen mit Benzol (*Marker et al.*, Am.
Soc. **63** [1941] 772).

Krystalle (aus A.); F: 211—214°.

(25R)-22-Äthyl-3β,26-bis-[4-nitro-benzoyloxy]-22ξH-furost-5-en $C_{43}H_{54}N_2O_9$,
Formel XII (R = CO-C_6H_4-NO_2).

B. Beim Behandeln der im vorangehenden Artikel beschriebenen Verbindung mit
4-Nitro-benzoylchlorid und Pyridin (*Marker et al.*, Am. Soc. **63** [1941] 772).

Krystalle (aus E.); F: 183—184°.

Dihydroxy-Verbindungen $C_{30}H_{50}O_3$

3β,7-Diacetoxy-9,11α-epoxy-lanost-7-en $C_{34}H_{54}O_5$, Formel XIII.

B. Aus 3β,7-Diacetoxy-lanosta-7,9(11)-dien beim Behandeln mit Monoperoxyphthal≈
säure in Äther (*Mijović et al.*, Helv. **35** [1952] 964, 977).

F: 109—111° [korr.; evakuierte Kapillare]. [α]$_D$: +13° [CHCl$_3$; c = 1]. IR-Spektrum
(Nujol; 2—16 μ): *Mi. et al.*, l. c. S. 971.

Beim Erwärmen mit Essigsäure enthaltendem Methanol ist 3β-Acetoxy-11α-hydroxy-
lanost-8-en-7-on erhalten worden.

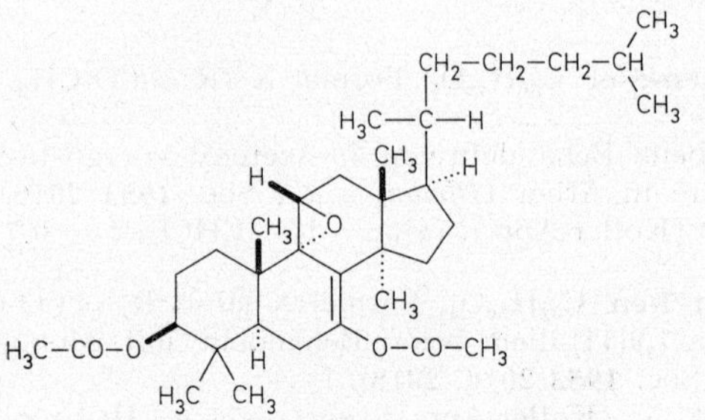

XIII 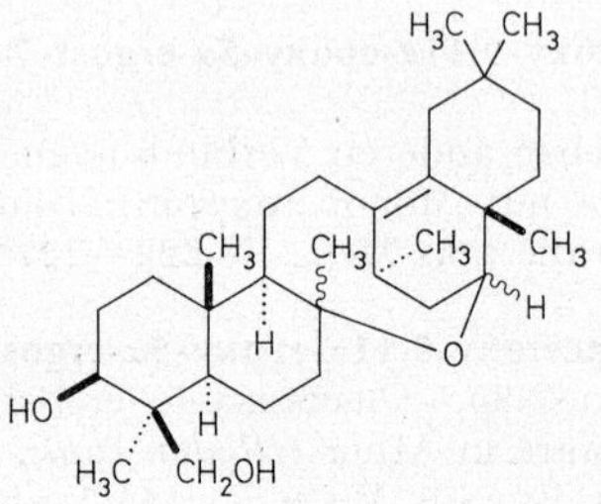   XIV

8,16ξ-Epoxy-8,14-seco-8ξ-olean-13(18)-en-3β,24-diol [1]) $C_{30}H_{50}O_3$, Formel XIV.

Eine von *Meyer et al.* (Helv. **33** [1950] 687, 1835) unter dieser Konstitution und Konfiguration beschriebene, von *Ochiai et al.* (B. **70** [1937] 2083, 2092) als Sojasapogenol-D

[1]) Stellungsbezeichnung bei von Oleanan abgeleiteten Namen s. E III **5** 1341.

bezeichnete Verbindung (F: 298—299°) ist als 21ξ(oder 22ξ)-Methoxy-olean-13(18)-en-3β,24-diol (E III **6** 6500) zu formulieren (*Cainelli et al.*, Helv. **41** [1958] 2053).

(20Ξ)-3β,28-Diacetoxy-20,29-epoxy-lupan [1]**), Di-*O*-acetyl-betulinoxid** C$_{34}$H$_{54}$O$_5$, Formel XV.

B. Aus Di-*O*-acetyl-betulin (3β,28-Diacetoxy-lup-20(29)-en) beim Behandeln mit Monoperoxyphthalsäure in Äther und Chloroform (*Ruzicka et al.*, Helv. **25** [1942] 161, 164, 165).

Krystalle (aus Me.); F: 210—215° [korr.; geschlossene Kapillare].

Beim Erwärmen mit Äthanol oder mit wss. Dioxan ist (20Ξ)-3β,28-Diacetoxy-lupan-29-al (F: 248—253° [korr.] [E III **8** 2460]) erhalten worden.

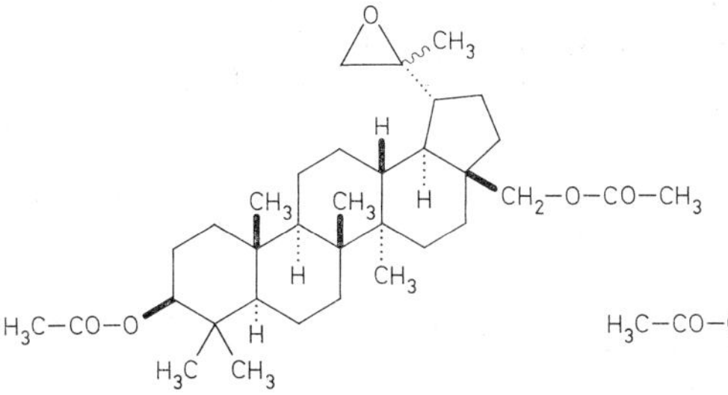

XV 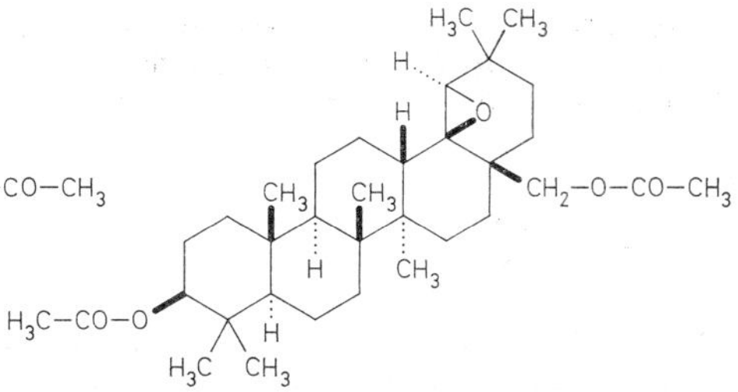   XVI

3β,28-Diacetoxy-18,19β-epoxy-oleanan [2]**), Di-*O*-acetyl-moradioloxid** C$_{34}$H$_{54}$O$_5$, Formel XVI.

B. Beim Erwärmen einer Lösung von Di-*O*-acetyl-moradiol (3β,28-Diacetoxy-olean-18-en) in Essigsäure mit wss. Wasserstoffperoxid (*Barton, Brooks*, Soc. **1951** 257, 272).

Krystalle (aus CHCl$_3$ + Me.); F: 255—256° [unkorr.]; [α]$_D$: +17° [CHCl$_3$; c = 10] (*Ba., Br.*). UV-Spektrum (Hexan; 175—185 nm): *Turner*, Soc. **1959** 30, 31.

Beim Erwärmen mit Lithiumalanat in Äther und Erwärmen des Reaktionsprodukts mit Acetanhydrid und Pyridin sind 3β-Acetoxy-28-nor-olean-16,18-dien und geringere Mengen 3β-Acetoxy-19β,28(?)-epoxy-olean-13(18)-en (C$_{32}$H$_{50}$O$_3$; Krystalle [aus CHCl$_3$ + Me.], F: 248—250° [unkorr.]; [α]$_D$: —2° [CHCl$_3$; c = 2]) erhalten worden (*Ba., Br.*, l. c. S. 265, 275).

Dihydroxy-Verbindungen C$_n$H$_{2n-12}$O$_3$

Dihydroxy-Verbindungen C$_{10}$H$_8$O$_3$

6-Äthoxy-4-methoxy-5-vinyl-benzofuran C$_{13}$H$_{14}$O$_3$, Formel I.

B. Beim Erhitzen von 3*c*-[6-Äthoxy-4-methoxy-benzofuran-5-yl]-acrylsäure unter vermindertem Druck auf 190° (*Gruber*, M. **76** [1946/47] 46, 50).

Bei 120—130°/0,01 Torr destillierbar.

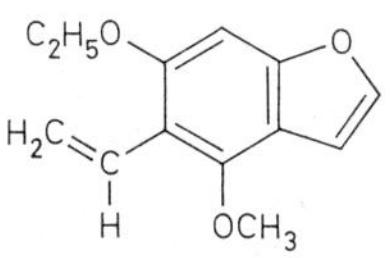

I 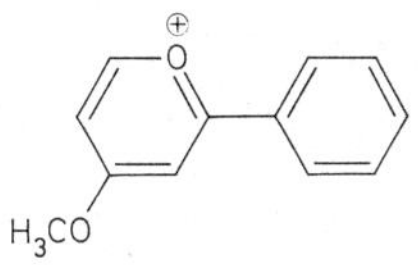   II 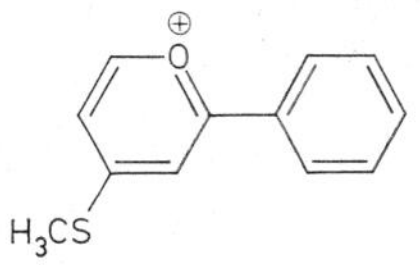   III

---

[1]) Stellungsbezeichnung bei von Lupan abgeleiteten Namen s. E III **5** 1342.
[2]) Siehe S. 2144 Anm.

Dihydroxy-Verbindungen $C_{11}H_{10}O_3$

4-Methoxy-2-phenyl-pyrylium $[C_{12}H_{11}O_2]^+$, Formel II.
Perchlorat $[C_{12}H_{11}O_2]ClO_4$. *B.* Beim Erwärmen von 2-Phenyl-pyran-4-on mit Dimethyl=
sulfat und Behandeln des Reaktionsgemisches mit wss. Perchlorsäure (*Traverso*, Ann.
Chimica **46** [1956] 821, 830; *Hafner, Kaiser*, A. **618** [1958] 140, 152). — Krystalle;
F: 157—160° [Zers.; aus Me.] (*Tr.*), 147—148° [aus Eg.] (*Ha., Ka.*).

4-Methylmercapto-2-phenyl-pyrylium $[C_{12}H_{11}OS]^+$, Formel III.
Jodid $[C_{12}H_{11}OS]I$. *B.* Beim Erwärmen von 2-Phenyl-pyran-4-thion in Aceton mit
Methyljodid (*Traverso*, Ann. Chimica **46** [1956] 821, 830). — Orangegelbe Krystalle (aus
Acn.); F: 173—174° [Zers.].

(±)-[2]Furyl-[4-hydroxy-phenyl]-methanol $C_{11}H_{10}O_3$, Formel IV (R = H), und
(±)-[2]Furyl-[2-hydroxy-phenyl]-methanol $C_{11}H_{10}O_3$, Formel V (R = H).
Diese beiden Formeln kommen für die nachstehend beschriebene Verbindung in Be-
tracht.
B. Beim Erwärmen von Furfural mit Phenol und wss. Salzsäure (*Porai-Koschitz et al.*,
Kunstst. **23** [1933] 97, 98; Ž. prikl. Chim. **6** [1933] 685, 687; C. **1935** I 2609).
Amorphes Pulver (aus A. + W.); F: ca. 150°.

(±)-[2]Furyl-[4-methoxy-phenyl]-methanol $C_{12}H_{12}O_3$, Formel IV (R = CH₃).
B. Aus [2]Furyl-[4-methoxy-phenyl]-keton mit Hilfe von Zink und äthanol. Natron=
lauge (*Mndshojan et al.*, Doklady Akad. Armjansk. S.S.R. **29** Nr. 1 [1959] 41; C. A. **1960**
7673).
Öl; nicht destillierbar.

(±)-[4-Äthoxy-phenyl]-[2]furyl-methanol $C_{13}H_{14}O_3$, Formel IV (R = C₂H₅).
B. Aus [4-Äthoxy-phenyl]-[2]furyl-keton mit Hilfe von Zink und äthanol. Natronlauge
(*Mndshojan et al.*, Doklady Akad. Armjansk. S.S.R. **29** Nr. 1 [1959] 41; C. A. **1960** 7673).
Kp: 98—100°.

(±)-[2]Furyl-[4-propoxy-phenyl]-methanol $C_{14}H_{16}O_3$, Formel IV (R = CH₂-CH₂-CH₃).
B. Aus [2]Furyl-[4-propoxy-phenyl]-keton mit Hilfe von Zink und äthanol. Natron=
lauge (*Mndshojan et al.*, Doklady Akad. Armjansk. S.S.R. **29** Nr. 1 [1959] 41; C. A. **1960**
7673).
Kp: 110—112°.

(±)-[4-Butoxy-phenyl]-[2]furyl-methanol $C_{15}H_{18}O_3$, Formel IV (R = [CH₂]₃-CH₃).
B. Aus [4-Butoxy-phenyl]-[2]furyl-keton mit Hilfe von Zink und äthanol. Natronlauge
(*Mndshojan et al.*, Doklady Akad. Armjansk. S.S.R. **29** Nr. 1 [1959] 41; C. A. **1960** 7673).
Kp: 102—104°.

(±)-[2]Furyl-[4-pentyloxy-phenyl]-methanol $C_{16}H_{20}O_3$, Formel IV (R = [CH₂]₄-CH₃).
B. Aus [2]Furyl-[4-pentyloxy-phenyl]-keton mit Hilfe von Zink und äthanol.
Natronlauge (*Mndshojan et al.*, Doklady Akad. Armjansk. S.S.R. **29** Nr. 1 [1959] 41;
C. A. **1960** 7673).
Kp: 112—114°.

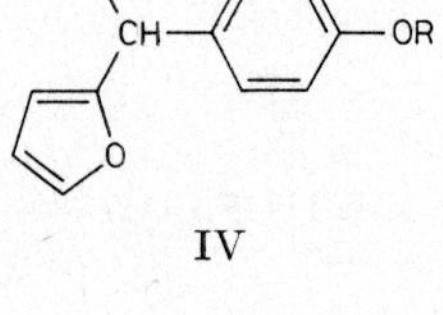

IV 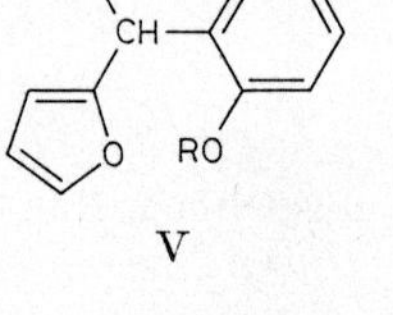   V 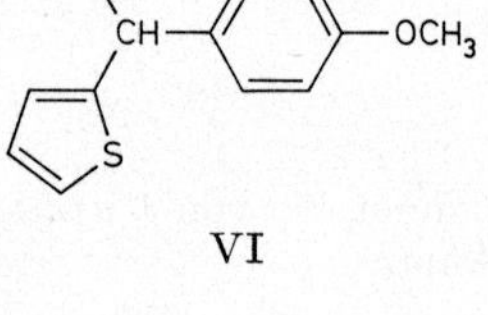   VI 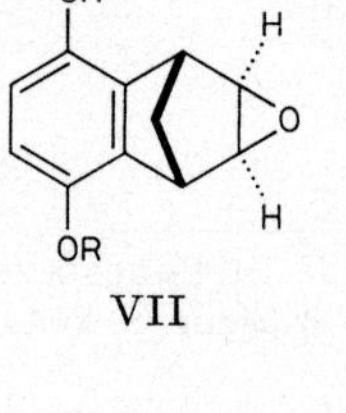   VII

(±)-[4-Benzyloxy-phenyl]-[2]furyl-methanol $C_{18}H_{16}O_3$, Formel IV (R = CH_2-C_6H_5), und (±)-[2-Benzyloxy-phenyl]-[2]furyl-methanol $C_{18}H_{16}O_3$, Formel V (R = CH_2-C_6H_5). Diese Konstitutionsformeln kommen für die nachstehend beschriebene Verbindung in Betracht.

B. Beim Erwärmen von (±)-[2]Furyl-[4(oder 2)-hydroxy-phenyl]-methanol (F: ca. 150° [S. 2146]) mit *N*-Benzyl-*N*,*N*-dimethyl-anilinium-chlorid und wss. Natronlauge (*Porai-Koschitz et al.*, Kunstst. **23** [1933] 97, 99; Ž. prikl. Chim. **6** [1933] 685, 687; C. **1935** I 2609). Krystalle (aus Acn. + A.); F: 161—162°.

Acetyl-Derivat $C_{20}H_{18}O_4$ (Acetoxy-[4(oder 2)-benzyloxy-phenyl]-[2]furyl-methan). Krystalle (aus A. + Ae.); F: 285—287°.

(±)-[4-Methoxy-phenyl]-[2]thienyl-methanol $C_{12}H_{12}O_2S$, Formel VI. *B.* Beim Behandeln von 4-Methoxy-benzaldehyd mit [2]Thienylnatrium in Benzol oder mit [2]Thienylmagnesiumbromid in Äther (*Van Zyl et al.*, Am. Soc. **78** [1956] 1955, 1956, 1957). Krystalle (aus Ae. + PAe.); F: 52,7—53,6°.

2c,3c-Epoxy-5,8-dimethoxy-1,2,3,4-tetrahydro-1r,4c-methano-naphthalin $C_{13}H_{14}O_3$, Formel VII (R = CH_3). *B.* Neben 2c-Acetoxy-5,8-dimethoxy-1,2,3,4-tetrahydro-1r,4c-methano-naphthalin-9syn-ol beim Behandeln einer Lösung von 5,8-Dimethoxy-1,4-dihydro-1,4-methano-naphthalin in Chloroform mit Peroxyessigsäure und Natriumacetat (*Meinwald, Wiley*, Am. Soc. **80** [1958] 3667, 3670). Krystalle (aus A.); F: 119,5—120° [Fisher-Johns-App.].

Beim Erhitzen mit Essigsäure unter Zusatz von Toluol-4-sulfonsäure ist 2c-Acetoxy-5,8-dimethoxy-1,2,3,4-tetrahydro-1r,4c-methano-naphthalin-9syn-ol erhalten worden.

5,8-Diacetoxy-2c,3c-epoxy-1,2,3,4-tetrahydro-1r,4c-methano-naphthalin $C_{15}H_{14}O_5$, Formel VII (R = CO-CH_3). *B.* Aus 5,8-Diacetoxy-1,4-dihydro-1,4-methano-naphthalin mit Hilfe von Trifluor‌peroxyessigsäure und Natriumcarbonat (*Meinwald, Wiley*, Am. Soc. **80** [1958] 3667, 3669). Krystalle (aus A.); F: 107,5—108° [Fisher-Johns-App.]. IR-Banden (KBr; 5,7—11,7 μ): *Me., Wi.*

Beim Erwärmen mit wss. Natronlauge und Behandeln des Reaktionsprodukts mit Acetanhydrid und Pyridin ist 2c,5,8,9syn-Tetraacetoxy-1,2,3,4-tetrahydro-1r,4c-methano-naphthalin erhalten worden.

Dihydroxy-Verbindungen $C_{12}H_{12}O_3$

4-Methoxy-2-methyl-6-phenyl-pyrylium $[C_{13}H_{13}O_2]^+$, Formel VIII. Perchlorat $[C_{13}H_{13}O_2]ClO_4$. *B.* Beim Erwärmen von 2-Methyl-6-phenyl-pyran-4-on mit Dimethylsulfat und Behandeln des Reaktionsgemisches mit wss. Perchlorsäure (*Traverso*, Ann. Chimica **46** [1956] 821, 831). — Krystalle (aus Me.); F: 198°.

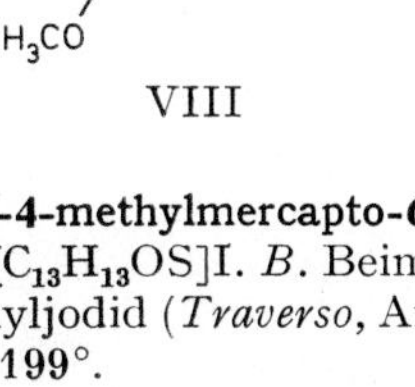

VIII 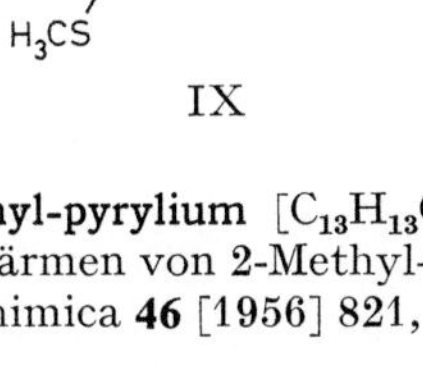　　　　　　　IX 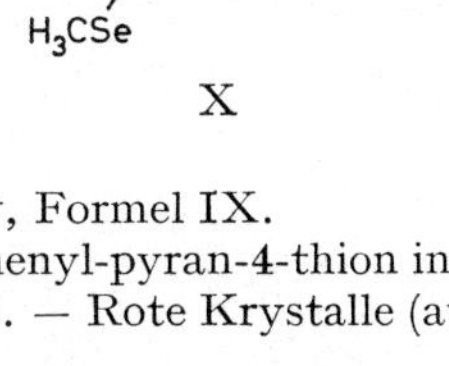　　　　　　　X

2-Methyl-4-methylmercapto-6-phenyl-pyrylium $[C_{13}H_{13}OS]^+$, Formel IX. Jodid $[C_{13}H_{13}OS]I$. *B.* Beim Erwärmen von 2-Methyl-6-phenyl-pyran-4-thion in Aceton mit Methyljodid (*Traverso*, Ann. Chimica **46** [1956] 821, 832). — Rote Krystalle (aus Me.); F: 198—199°.

Perchlorat [$C_{13}H_{13}OS$]ClO$_4$. *B.* Beim Erwärmen von 2-Methyl-6-phenyl-pyran-4-thion mit Dimethylsulfat und Behandeln des Reaktionsgemisches mit wss. Perchlorsäure. — Krystalle (aus Me.); F: 198° [Zers.].

2-Methyl-4-methylseleno-6-phenyl-pyrylium [$C_{13}H_{13}OSe$]$^+$, Formel X.

Jodid [$C_{13}H_{13}OSe$]I. *B.* Beim Behandeln von 2-Methyl-6-phenyl-pyran-4-selon in Aceton mit Methyljodid (*Traverso*, Ann. Chimica **47** [1957] 1244, 1250). — Orangerote Krystalle. Beim Erwärmen erfolgt Zersetzung.

Dihydroxy-Verbindungen $C_{15}H_{18}O_3$

(±)-[2]Furyl-[2-hydroxy-3-isopropyl-6-methyl-phenyl]-methanol $C_{15}H_{18}O_3$, Formel XI (R = H).

B. Beim Erhitzen von Furfural mit Thymol unter Zusatz von Phosphor(V)-oxid in Toluol (*Strubell*, J. pr. [4] **9** [1959] 153, 156, 159).

Krystalle (aus PAe.); F: 124—126°.

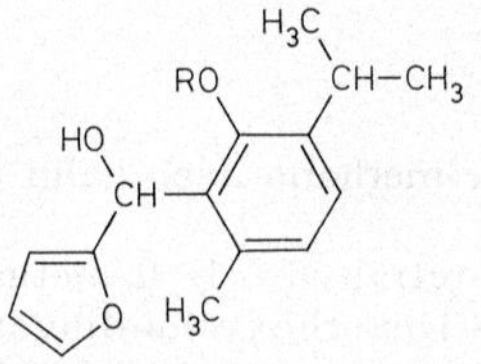

XI 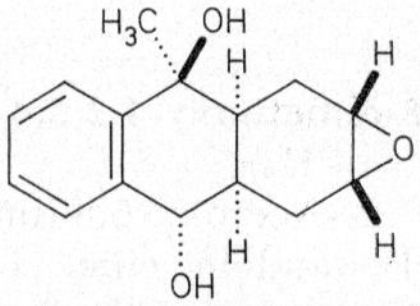   XII

(±)-[2-Benzyloxy-3-isopropyl-6-methyl-phenyl]-[2]furyl-methanol $C_{22}H_{24}O_3$, Formel XI (R = CH$_2$-C$_6$H$_5$).

B. Beim Erwärmen der im vorangehenden Artikel beschriebenen Verbindung mit *N*-Benzyl-*N,N*-dimethyl-anilinium-chlorid und wss. Natronlauge (*Strubell*, J. pr. [4] **9** [1959] 153, 159).

Krystalle; F: 183°.

(±)-2c,3c-Epoxy-9c-methyl-(4ar,9ac)-1,2,3,4,4a,9,9a,10-octahydro-anthracen-9t,10c-diol $C_{15}H_{18}O_3$, Formel XII und Spiegelbild.

B. Beim Behandeln einer Lösung von (±)-9c-Methyl-(4ar,9ac)-1,4,4a,9,9a,10-hexahydro-anthracen-9t,10c-diol in Dioxan mit Peroxybenzoesäure in Chloroform (*Schemjakin et al.*, Izv. Akad. S.S.S.R., Ser. chim. **1964** 1024, 1033, engl. Ausg. S. 953, 960; s. a. *Schemjakin et al.*, Doklady Akad. S.S.S.R. **128** [1959] 113, 115, 116; Pr. Acad. Sci. U.S.S.R. Chem. Sect. **124—129** [1959] 717, 719).

Krystalle (aus A.); F: 168—170°. UV-Absorptionsmaximum (A.): 261 nm.

Überführung in 9c-Methyl-(4ar,9ac)-1,2,3,4,4a,9,9a,10-octahydro-2t,9t-epoxido-anthracen-3c,10c-diol (S. 2149) mit Hilfe von Kalium-*tert*-butylat: *Sch. et al.*

(3aS)-9b-Hydroxymethyl-5-methoxy-(3ar,9ac,9bc)-1,2,3,3a,8,9,9a,9b-octahydro-phen-anthro[4,5-bcd]furan, [(3aS)-5-Methoxy-(3ar,9ac)-1,2,3,8,9,9a-hexahydro-3aH-phen-anthro[4,5-bcd]furan-9bc-yl]-methanol $C_{16}H_{20}O_3$, Formel XIII.

B. Aus (3aS)-5-Methoxy-(3ar,9ac)-1,2,3,8,9,9a-hexahydro-3aH-phenanthro[4,5-bcd]-furan-9b-carbaldehyd (hergestellt aus (−)-Codein) beim Behandeln mit Lithiumalanat in Tetrahydrofuran (*Rapoport et al.*, Am. Soc. **80** [1958] 5767, 5772).

Krystalle (nach Sublimation bei 90°/0,1 Torr); F: 98—99°. [α]$_D^{25}$: +24° [A.; c = 1]. UV-Absorptionsmaximum (A.): 286 nm.

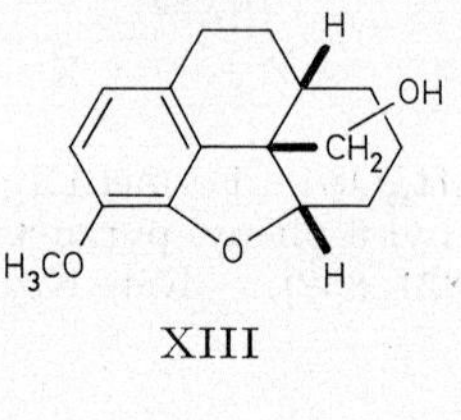

XIII 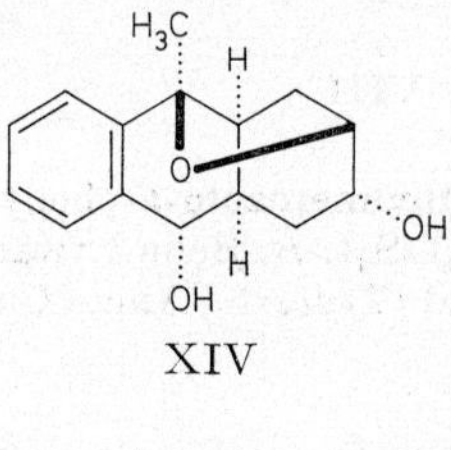   XIV

(±)-9c-Methyl-(4ar,9ac)-1,2,3,4,4a,9,9a,10-octahydro-2t,9t-epoxido-anthracen-3c,10c-diol C_{15}H_{18}O_3, Formel XIV und Spiegelbild.

B. Beim Erwärmen von (±)-2c,3c-Epoxy-9c-methyl-(4ar,9ac)-1,2,3,4,4a,9,9a,10-octahydro-anthracen-9t,10c-diol mit Kalium-tert-butylat in tert. Butanol (*Schemjakin et al.*, Izv. Akad. S.S.S.R., Ser. chim. **1964** 1024, 1033, engl. Ausg. S. 953, 960; s. a. *Schemjakin et al.*, Doklady Akad. S.S.S.R. **128** [1959] 113, 115, 116; Pr. Acad. Sci. U.S.S.R. Chem. Sect. **124–129** [1959] 717, 719).

Krystalle (aus A.); F: 175—176°. UV-Absorptionsmaximum (A.): 260 nm.

Dihydroxy-Verbindungen C_{16}H_{20}O_3

(3RS,4RS?)-4-[4-Methoxy-phenyl]-3-[2]thienyl-hexan-3-ol C_{17}H_{22}O_2S, vermutlich Formel I + Spiegelbild.

B. Beim Behandeln von (±)-4-[4-Methoxy-phenyl]-hexan-3-on mit [2]Thienyllithium in Äther (*Morgan et al.*, Am. Soc. **77** [1955] 5658).

Krystalle (aus Hexan); F: 59,5—60°.

5,7-Dimethoxy-2,2-dimethyl-8-[3-methyl-but-2-enyl]-2H-chromen, Di-O-methyl-osajinol C_{18}H_{24}O_3, Formel II.

B. Beim Erwärmen von Tri-O-methyl-pomiferin (3-[3,4-Dimethoxy-phenyl]-5-methoxy-8,8-dimethyl-6-[3-methyl-but-2-enyl]-8H-pyrano[2,3-f]chromen-4-on) mit äthanol. Kalilauge und Erwärmen einer Lösung des Reaktionsprodukts in Aceton mit Dimethylsulfat und wss. Kalilauge (*Wolfrom et al.*, Am. Soc. **68** [1946] 406, 417).

Krystalle (aus wss. A.); F: 63,5—64°.

(±)-6,6,9-Trimethyl-7,8,9,10-tetrahydro-6H-benzo[c]chromen-1,3-diol C_{16}H_{20}O_3, Formel III (R = H).

B. Beim Erhitzen von (±)-1,3-Dihydroxy-9-methyl-7,8,9,10-tetrahydro-benzo[c]chromen-6-on mit Methylmagnesiumjodid in Anisol (*Russell et al.*, Soc. **1941** 826, 829).

Bei 200°/0,1 Torr destillierbar. Absorptionsmaximum (A.): 275 nm.

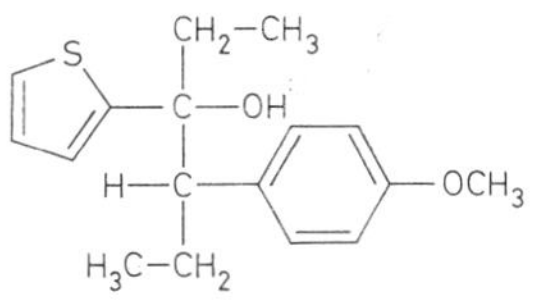

I 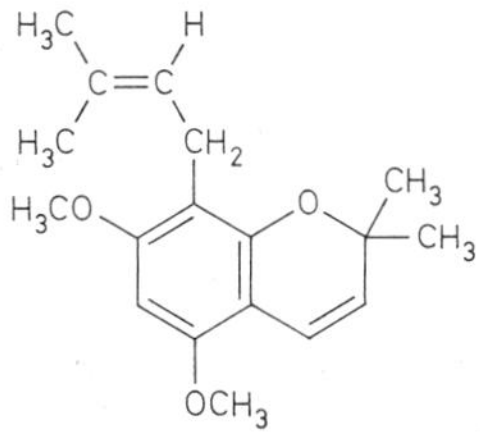   II 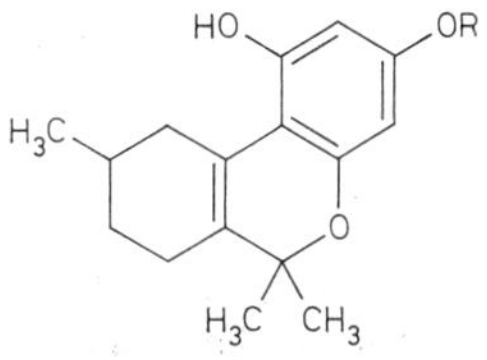   III

(±)-3-Butoxy-6,6,9-trimethyl-7,8,9,10-tetrahydro-6H-benzo[c]chromen-1-ol C_{20}H_{28}O_3, Formel III (R = [CH_2]_3-CH_3).

B. Beim Erwärmen der im vorangehenden Artikel beschriebenen Verbindung mit Butylbromid und Natriumäthylat in Äthanol (*Bergel et al.*, Soc. **1943** 286).

Bei 185—189°/0,01 Torr destillierbar.

(±)-6,6,9-Trimethyl-3-pentyloxy-7,8,9,10-tetrahydro-6H-benzo[c]chromen-1-ol C_{21}H_{30}O_3, Formel III (R = [CH_2]_4-CH_3).

B. Beim Erwärmen von (±)-6,6,9-Trimethyl-7,8,9,10-tetrahydro-6H-benzo[c]chromen-1,3-diol mit Pentylbromid und Natriumäthylat in Äthanol (*Bergel et al.*, Soc. **1943** 286).

Bei 205—210°/0,1 Torr destillierbar.

(±)-3-Hexyloxy-6,6,9-trimethyl-7,8,9,10-tetrahydro-6H-benzo[c]chromen-1-ol C_{22}H_{32}O_3, Formel III (R = [CH_2]_5-CH_3).

B. Beim Erwärmen von (±)-6,6,9-Trimethyl-7,8,9,10-tetrahydro-6H-benzo[c]chromen-1,3-diol mit Hexylbromid und Natriumäthylat in Äthanol (*Bergel et al.*, Soc. **1943** 286).

Bei 205—209°/0,2 Torr destillierbar.

(±)-3-Heptyloxy-6,6,9-trimethyl-7,8,9,10-tetrahydro-6*H*-benzo[*c*]chromen-1-ol $C_{23}H_{34}O_3$, Formel III (R = [CH$_2$]$_6$-CH$_3$).

B. Beim Erwärmen von (±)-6,6,9-Trimethyl-7,8,9,10-tetrahydro-6*H*-benzo[*c*]chromen-1,3-diol mit Heptylbromid und Natriumäthylat in Äthanol (*Bergel et al.*, Soc. **1943** 286). Bei 210—215°/0,15 Torr destillierbar.

(3a*R*)-9b-Äthyl-5-methoxy-(3a*r*,9a*c*,9b*c*)-1,2,3,3a,8,9,9a,9b-octahydro-phenanthro-[4,5-*bcd*]furan-3*t*-ol $C_{17}H_{22}O_3$, Formel IV (R = H).

B. Aus (3a*R*)-5-Methoxy-9b-vinyl-(3a*r*,9a*c*,9b*c*)-1,2,3,3a,8,9,9a,9b-octahydro-phen= anthro[4,5-*bcd*]furan-3*t*-ol oder (3a*R*)-5-Methoxy-9b-vinyl-(3a*r*,9a*c*,9b*c*)-1,2,3,3a,9a,9b-hexahydro-phenanthro[4,5-*bcd*]furan-3*t*-ol bzw. aus (3a*R*)-5-Methoxy-9b-vinyl-(3a*r*,= 9a*c*,9b*c*)-3,3a,9a,9b-tetrahydro-phenanthro[4,5-*bcd*]furan-3*t*-ol oder (3a*R*)-5-Methoxy-9b-vinyl-(3a*r*,9b*c*)-2,3,3a,9b-tetrahydro-phenanthro[4,5-*bcd*]furan-3*t*-ol (sämtlich aus (−)-Codein hergestellt) bei der Hydrierung an Palladium/Bariumsulfat oder Platin in Methanol oder Äthanol (*Rapoport*, J. org. Chem. **13** [1948] 714, 719, 720; *Bentley et al.*, Soc. **1956** 1963, 1967).
Bei 100°/0,05 Torr destillierbar (*Ra.*).
[3,5-Dinitro-benzoyl]-Derivat s. u. und [Biphenyl-4-carbonyl]-Derivat s. S. 2151.

9b-Äthyl-3,5-dimethoxy-1,2,3,3a,8,9,9a,9b-octahydro-phenanthro[4,5-*bcd*]furan $C_{18}H_{24}O_3$.

a) **(3a*R*)-9b-Äthyl-3*c*,5-dimethoxy-(3a*r*,9a*c*,9b*c*)-1,2,3,3a,8,9,9a,9b-octahydro-phenanthro[4,5-*bcd*]furan** $C_{18}H_{24}O_3$, Formel V.

B. Aus (3a*R*)-3*c*,5-Dimethoxy-9b-vinyl-(3a*r*,9a*c*,9b*c*)-1,2,3,3a,8,9,9a,9b-octahydro-phenanthro[4,5-*bcd*]furan (aus Isocodein hergestellt) bei der Hydrierung an Platin in Methanol (*Rapoport, Payne*, Am. Soc. **74** [1952] 2630, 2635).
Bei 60—70°/0,1 Torr destillierbar.

IV   V

b) **(3a*R*)-9b-Äthyl-3*t*,5-dimethoxy-(3a*r*,9a*c*,9b*c*)-1,2,3,3a,8,9,9a,9b-octahydro-phenanthro[4,5-*bcd*]furan** $C_{18}H_{24}O_3$, Formel IV (R = CH$_3$).

B. Aus (3a*R*)-3*t*,5-Dimethoxy-9b-vinyl-(3a*r*,9a*c*,9b*c*)-1,2,3,3a,8,9,9a,9b-octahydro-phen= anthro[4,5-*bcd*]furan oder (3a*R*)-3*t*,5-Dimethoxy-9b-vinyl-(3a*r*,9a*c*,9b*c*)-1,2,3,3a,9a,9b-hexahydro-phenanthro[4,5-*bcd*]furan bzw. aus (3a*R*)-3*t*,5-Dimethoxy-9b-vinyl-(3a*r*,= 9a*c*,9b*c*)-3,3a,9a,9b-tetrahydro-phenanthro[4,5-*bcd*]furan oder (3a*R*)-3*t*,5-Dimethoxy-9b-vinyl-(3a*r*,9b*c*)-2,3,3a,9b-tetrahydro-phenanthro[4,5-*bcd*]furan (sämtlich aus (−)-Co= dein hergestellt) bei der Hydrierung an Palladium/Bariumsulfat oder Platin in Methanol oder Essigsäure (*Rapoport*, J. org. Chem. **13** [1948] 714, 719, 720; *Small*, J. org. Chem. **20** [1955] 953, 958; *Bentley et al.*, Soc. **1956** 1963, 1967).
Krystalle; F: 52,5—53° [nach Sublimation bei 75—80° im Hochvakuum] (*Sm.*), 52° bis 53° [nach Sublimation] (*Be. et al.*), 51—52° [aus Pentan] (*Ra.*). Bei 40°/0,05 Torr sublimierbar (*Ra.*). $[\alpha]_D^{20}$: −44,0° [A.; c = 1,4] (*Ra.*); $[\alpha]_D^{23}$: −43° [A.; c = 1,7] (*Be. et al.*).

(3a*R*)-9b-Äthyl-3*t*-[3,5-dinitro-benzoyloxy]-5-methoxy-(3a*r*,9a*c*,9b*c*)-1,2,3,3a,8,9,9a,9b-octahydro-phenanthro[4,5-*bcd*]furan $C_{24}H_{24}N_2O_8$, Formel IV (R = CO-C$_6$H$_3$(NO$_2$)$_2$).

B. Aus (3a*R*)-9b-Äthyl-5-methoxy-(3a*r*,9a*c*,9b*c*)-1,2,3,3a,8,9,9a,9b-octahydro-phen= anthro[4,5-*bcd*]furan-3*t*-ol [s. o.] (*Bentley et al.*, Soc. **1956** 1963, 1967).
Gelbe Krystalle (aus Me.); F: 116°. $[\alpha]_D^{20,5}$: +169° [CHCl$_3$; c = 0,6]; $[\alpha]_D^{22}$: +165° [CHCl$_3$; c = 0,5].

(3a*R*)-9b-Äthyl-3*t*-[biphenyl-4-carbonyloxy]-5-methoxy-(3a*r*,9a*c*,9b*c*)-1,2,3,3a,8,9,9a,9b-octahydro-phenanthro[4,5-*bcd*]furan $C_{30}H_{30}O_4$, Formel IV (R = CO-C_6H_4-C_6H_5).

B. Beim Erwärmen von (3a*R*)-9b-Äthyl-5-methoxy-(3a*r*,9a*c*,9b*c*)-1,2,3,3a,8,9,9a,9b-octahydro-phenanthro[4,5-*bcd*]furan-3*t*-ol (S. 2150) mit Biphenyl-4-carbonylchlorid und Pyridin (*Rapoport*, J. org. Chem. **13** [1948] 714, 720).

Krystalle (aus A.); F: 170—172° [korr.]. $[\alpha]_D^{20}$: +3,4° [Dioxan; c = 1].

Dihydroxy-Verbindungen $C_{17}H_{22}O_3$

*Opt.-inakt. **8-Methoxy-3,4,4a,4b,5,6,10b,11,12,12a-decahydro-1*H*-naphth[2,1-*f*]isothio⹀chromen-12-ol** $C_{18}H_{24}O_2S$, Formel VI.

B. Aus opt.-inakt. 8-Methoxy-1,3,4,4a,4b,5,6,12a-octahydro-naphth[2,1-*f*]isothio⹀chromen-12-on (F: 279—281°) beim Erwärmen mit Natrium und Isoamylalkohol (*McGinnis, Robinson*, Soc. **1941** 404, 408).

Krystalle (aus Eg.); F: 179—181°.

(3a*R*)-9b-Äthyl-5-methoxy-3ξ-methyl-(3a*r*,9a*c*,9b*c*)-1,2,3,3a,8,9,9a,9b-octahydro-phen⹀anthro[4,5-*bcd*]furan-3ξ-ol $C_{18}H_{24}O_3$, Formel VII.

B. Beim Erwärmen von [2-((3a*R*)-3ξ-Hydroxy-5-methoxy-3ξ-methyl-(3a*r*,9a*c*)-1,2,3,9a-tetrahydro-3a*H*-phenanthro[4,5-*bcd*]furan-9b*c*-yl)-äthyl]-trimethyl-ammonium-jodid (F: 269—271° [korr.]; aus (−)-Codein hergestellt) mit Silberoxid in Wasser und Hydrieren des erhaltenen (3a*R*)-5-Methoxy-3ξ-methyl-9b-vinyl-(3a*r*,9a*c*,9b*c*)-1,2,3,3a,9a,9b-hexa⹀hydro-phenanthro[4,5-*bcd*]furan-3ξ-ols ($C_{18}H_{20}O_3$; Krystalle [nach Sublimation bei 100°/0,1 Torr]; $[\alpha]_D^{20}$: +24,4° [A.]) an Platin in Methanol (*Small, Rapoport*, J. org. Chem. **12** [1947] 284, 289).

Krystalle [nach Sublimation bei 100°/0,1 Torr]; F: 98—100°. $[\alpha]_D^{20}$: −29,9° [A.; c = 1].

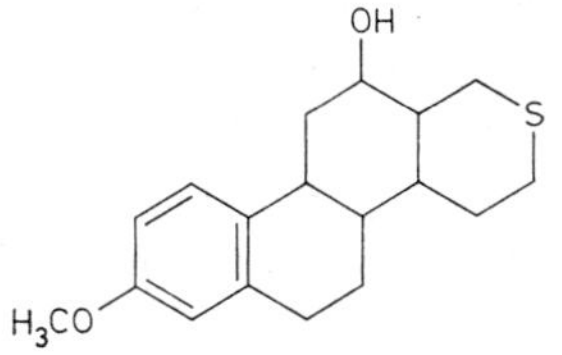

VI 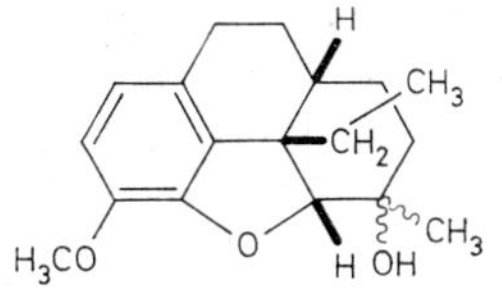   VII 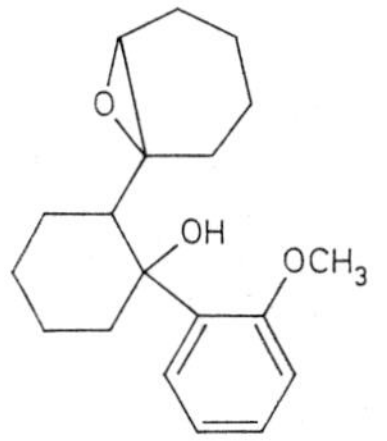   VIII

Dihydroxy-Verbindungen $C_{18}H_{24}O_3$

*Opt.-inakt. **1′,2′-Epoxy-2-[2-methoxy-phenyl]-bicyclohexyl-2-ol** $C_{19}H_{26}O_3$, Formel VIII.

B. Aus opt.-inakt. 2-Cyclohex-1-enyl-1-[2-methoxy-phenyl]-cyclohexanol (F: 68—70°) beim Behandeln mit Monoperoxyphthalsäure in Äther (*Barker et al.*, Soc. **1958** 1077, 1080).

Krystalle (aus Ae. + Bzl.); F: 137°.

Dihydroxy-Verbindungen $C_{20}H_{28}O_3$

5,6α-Epoxy-19-nor-5α,17β*H*-pregn-20-in-3β,17-diol $C_{20}H_{28}O_3$, Formel IX.

B. Beim Behandeln einer Lösung von 19-Nor-17β*H*-pregn-5-en-20-in-3β,17-diol in Chloroform mit Monoperoxyphthalsäure in Äther (*Zderic et al.*, Am. Soc. **81** [1959] 3120, 3124).

Krystalle [aus Ae. + Me.]; F: 202—205° [unkorr.]. $[\alpha]_D$: −63° [$CHCl_3$].

(3b*S*)-7*c*-Hydroxymethyl-10b-methyl-(3b*r*,10a*c*,10b*t*)-3b,4,5,6,7,8,9,10,10a,10b,11,12-dodecahydro-5a*t*,8*t*-methano-cyclohepta[5,6]naphtho[2,1-*b*]furan-7*t*-ol, Cafestol, Cafe⹀sterol, Coffeol $C_{20}H_{28}O_3$, Formel X (R = H).

Konstitution: *Haworth, Johnstone*, Chem. and Ind. **1956** 168; *Djerassi et al.*, Am. Soc. **81**

[1959] 2386. Konfiguration: *Scott et al.*, Am. Soc. **84** [1962] 3197; Tetrahedron **20** [1964] 1339, 1349. Über die Identität von Isocafesterol (*Chakravorty et al.*, Am. Soc. **65** [1943] 1325) mit Cafestol s. *Wettstein et al.*, Helv. **28** [1945] 1004; *Djerassi et al.*, J. org. Chem. **18** [1953] 1449.

Isolierung aus Kaffeebohnen: *Slotta, Neisser*, B. **71** [1938] 1991, 1993; *Wettstein et al.*, Helv. **24** [1941] 332E, 346E; *Chakravorty et al.*, Am. Soc. **65** [1943] 929, 930; *Dj. et al.*, J. org. Chem. **18** 1457; *Haworth et al.*, Soc. **1955** 1983, 1986.

Bildung aus Kahweol ((3bS)-7c-Hydroxymethyl-10b-methyl-(3br,10ac,10bt)-3b(?),4(?), 5,6,7,8,9,10,10a,10b-decahydro-5at,8t-methano-cyclohepta[5,6]naphtho[2,1-*b*]furan-7t-ol [S.2167]) bei der Behandlung mit Äthanol und Natrium sowie bei der Hydrierung an Nickel in Äthanol: *We. et al.*, Helv. **28** 1008, 1010.

Krystalle; F: 163—165° [korr.; aus Ae. + Pentan] (*Wettstein et al.*, Helv. **26** [1943] 1197, 1208), 158—160° [aus Hexan] (*Ch. et al.*, l. c. S. 931), 158—159° (*Haworth et al.*, Soc. **1955** 1983, 1987), 156—158° [unkorr.; aus Ae. bzw. PAe.] (*Dj. et al.*, J. org. Chem. **18** 1458; *Hauptmann, França*, Am. Soc. **65** [1943] 81, 84). Krystalle (aus Me.) mit 1 Mol Methanol; F: 156—158° [nach Abgabe des Methanols bei 120°] (*Ha., Fr.*). [α]$_D^{20}$: −107° [CHCl$_3$; c = 1] (*We. et al.*, Helv. **24** 347E); [α]$_D^{24}$: −97° [CHCl$_3$] (*Dj. et al.*, J. org. Chem. **18** 1458]; [α]$_D^{30}$: −108° [CHCl$_3$]; [α]$_D^{30}$: −114° [Acn.] (*Ch. et al.*, l. c. S. 1327). ¹H-NMR-Absorption (CH$_2$Cl$_2$): *Corey et al.*, Am. Soc. **80** [1958] 1204. IR-Spektrum (CHCl$_3$; 2—16 µ): *Dj. et al.*, J. org. Chem. **18** 1455. UV-Spektrum (Isopropylalkohol; 220 bis 250 nm): *Ch. et al.*, l. c. S. 1326. UV-Absorptionsmaximum (A.): 222 nm bzw. 224 nm (*Ha. et al.*, Soc. **1955** 1987; *Dj. et al.*, J. org. Chem. **18** 1458; s. dazu *We. et al.*, Helv. **28** 1004).

Überführung in Anhydrocafestol ((3bS)-10b-Methyl-(3br,10ac,10bt)-3b,4,5,6,7,8,9,10, 10a,10b,11,12-dodecahydro-5at,8t-methano-cyclohepta[5,6]naphtho[2,1-*b*]furan-7ξ-carb aldehyd (F: 128°) durch Erhitzen mit Zink unter 0,01 Torr auf 190° sowie durch Erhitzen mit Zink in Toluol: *Slotta, Neisser*, B. **71** [1938] 2342, 2345; *CIBA*, U.S.P. 2372841 [1940]. Beim Behandeln mit Monoperoxyphthalsäure in Äther und Behandeln des Reaktionsprodukts mit Acetanhydrid und Pyridin ist Diacetoxy-oxy-cafestenolid [(3bS)-12a-Acetoxy-7c-acetoxymethyl-7t-hydroxy-10b-methyl-(3br,10ac,10bt,12aξ)- 4,5,6,7,8,9,10,10a,10b,11,12,12a-dodecahydro-3bH-5at,8t-methano-cyclohepta[5,6]naph tho[2,1-*b*]furan-2-on] (*We. et al.*, Helv. **26** 1215), beim Behandeln mit Chrom(VI)-oxid und wasserhaltiger Essigsäure ist Hydroxy-oxo-norcafestenolid [(3bS)-12a-Hydroxy-10b-methyl-(3br,10ac,10bt,12aξ)-3b,4,5,6,8,9,10,10a,10b,11,12,12a-dodecahydro-5at,8t-methano-cyclohepta[5,6]naphtho[2,1-*b*]furan-2,7-dion] (*Ha. et al.*, Soc. **1955** 1988) erhalten worden.

Charakterisierung als Maleinsäure-anhydrid-Addukt (F: 191—193° bzw. F: 190—192°): *Ha. et al.*, Soc. **1955** 1987; *Ch. et al.*, l. c. S. 931.

IX   X

(3bS)-7c-Acetoxymethyl-10b-methyl-(3br,10ac,10bt)-3b,4,5,6,7,8,9,10,10a,10b,11,12-dodecahydro-5at,8t-methano-cyclohepta[5,6]naphtho[2,1-*b*]furan-7t-ol, *O*-Acetyl-cafestol $C_{22}H_{30}O_4$, Formel X (R = CO-CH$_3$).

B. Aus Cafestol (S. 2151) beim Erhitzen mit Acetanhydrid und Natriumacetat (*Slotta, Neisser*, B. **71** [1938] 2342, 2345) sowie beim Behandeln mit Acetanhydrid und Pyridin (*Hauptmann, França*, Z. physiol. Chem. **259** [1939] 245, 248; *Wettstein et al.*, Helv. **24** [1941] 322E, 346E; *Chakravorty et al.*, Am. Soc. **65** [1943] 929, 931, 1325, 1328; *Ferrari*, Farmaco **6** [1951] 726, 733; *Djerassi et al.*, J. org. Chem. **18** [1953] 1449, 1458; *Haworth et al.*, Soc. **1955** 1983, 1987).

Krystalle; F: 173—175° [korr.; aus Acn. + Hexan oder aus Me.] (*Wettstein, Miescher*, Helv. **26** [1943] 631, 637), 173° [aus Me.] (*Fe.*, Farmaco **6** 733), 167—168° [aus PAe.] (*Ha. et al.*), 163—167° [aus wss. Acn.] (*Ch. et al.*, l. c. S. 1328), 164—166° [korr.; aus Me. bzw. PAe.] (*Dj. et al.*; *Ha., Fr.*). Bei 125—130°/0,001 Torr sublimierbar (*Ch. et al.*, l. c. S. 929; s. a. *Sl., Ne.*). $[\alpha]_D^{18}$: −89° [CHCl$_3$; c = 1] (*Fe.*, Farmaco **6** 733); $[\alpha]_D^{20}$: −91° [CHCl$_3$] (*We., Mi.*, Helv. **26** 637); $[\alpha]_D^{23}$: −89° [CHCl$_3$; c = 1] (*Wettstein et al.*, Helv. **28** [1945] 1004, 1010; s. a. *Ha. et al.*); $[\alpha]_D^{24}$: −90° [CHCl$_3$] (*Dj. et al.*). IR-Spektrum (CHCl$_3$ bzw. Nujol; 2—16 μ): *Dj. et al.*, l. c. S. 1455; *Fe.*, Farmaco **6** 731. UV-Spektrum (Isopropylalkohol bzw. Hexan; 225—330 nm): *Ch. et al.*, l. c. S. 930; *We. et al.*, Helv. **24** 336 E. UV-Absorptionsmaximum (A.): 222 nm bzw. 224 nm (*Ha. et al.*; *Dj. et al.*; s. dazu *We. et al.*, Helv. **28** 1006).

Bei der Hydrierung an Platin in Essigsäure sind O-Acetyl-hexahydrocafestol ((4aR)-8c-Acetoxymethyl-4t(?)-äthyl-11b-methyl-(4ar,11ac,11bt)-tetradecahydro-6at,9t-methano-cyclohepta[a]naphthalin-3ξ,8t-diol [F: 189—190° [korr.] bzw. F: 193°]) und (4aR)-8c-Acetoxymethyl-4ξ-[2-hydroxy-äthyl]-11b-methyl-(4ar,11ac,11bt)-tetradecahydro-6at,9t-methano-cyclohepta[a]naphthalin-8t-ol (charakterisiert durch Überführung in (4aR)-4ξ-[2-Hydroxy-äthyl]-11b-methyl-(4ar,11ac,11bt)-tetradecahydro-6at,9t-methano-cyclo≈hepta[a]naphthalin-8-on [F: 99—100°] und [(4aR)-10b-Methyl-8-oxo-(4ar,11ac,11bt)-tetradecahydro-6at,9t-methano-cyclohepta[a]naphthalin-4ξ-yl]-essigsäure [F: 198—199° [korr.]]) erhalten worden (*We. et al.*, Helv. **24** 354 E; *Ferrari*, Farmaco **7** [1952] 134, 136; *Wettstein, Miescher*, Helv. **25** [1942] 718, 723, 729; s. a. *Sl., Ne.*).

Charakterisierung als Maleinsäure-anhydrid-Addukt (F: 195—196° bzw. F: 188—190° [unkorr.] bzw. F: 187—189° [korr.]): *Ha. et al.*; *Dj. et al.*; *We. et al.*, Helv. **24** 347 E.

Dihydroxy-Verbindungen C$_{21}$H$_{30}$O$_3$

3-Acetoxy-17-äthinyl-5,6-epoxy-10,13-dimethyl-hexadecahydro-cyclopenta[a]phen≈anthren-17-ol C$_{23}$H$_{32}$O$_4$.

a) **3β-Acetoxy-5,6β-epoxy-5β,17βH-pregn-20-in-17-ol** C$_{23}$H$_{32}$O$_4$, Formel XI.

B. Neben dem unter b) beschriebenen Stereoisomeren beim Behandeln von 3β-Acet≈oxy-17βH-pregn-5-en-20-in-17-ol mit Monoperoxyphthalsäure in Äther und Chloroform (*Ackroyd et al.*, Soc. **1957** 4099, 4104).

Krystalle; F: 190° [aus A.] (*Ack. et al.*), 180—187° [unkorr.] (*W. Neudert, H. Röpke*, Steroid-Spektrenatlas [Berlin 1965] Nr. 369). $[\alpha]_D^{20}$: −61° [CHCl$_3$; c = 1] (*Ack. et al.*). IR-Spektrum (KBr; 2—15 μ): *Ne., Rö.*

XI   XII

b) **3β-Acetoxy-5,6α-epoxy-5α,17βH-pregn-20-in-17-ol** C$_{23}$H$_{32}$O$_4$, Formel XII.

B. s. bei dem unter a) beschriebenen Stereoisomeren.

Krystalle (aus Me.); F: 235—237° (*Ackroyd et al.*, Soc. **1957** 4099, 4104), 228—232° [unkorr.] (*W. Neudert, H. Röpke*, Steroid-Spektrenatlas [Berlin 1965] Nr. 329). $[\alpha]_D^{20}$: −108° [CHCl$_3$; c = 1] (*Ack. et al.*); $[\alpha]_D$: −110° [CHCl$_3$; c = 1]; $[\alpha]_{546}$: −132° [CHCl$_3$; c = 1] (*Ne., Rö.*). ¹H-NMR-Spektrum: *Ne., Rö.* IR-Spektrum (KBr; 2—15 μ): *Ne., Rö.*

Dihydroxy-Verbindungen C$_{22}$H$_{32}$O$_3$

5,6-Epoxy-10,13-dimethyl-17-propin-1-yl-hexadecahydro-cyclopenta[a]phenanthren-3,17-diol C$_{22}$H$_{32}$O$_3$.

a) **5,6β-Epoxy-21-methyl-5β,17βH-pregn-20-in-3β,17-diol, 5,6β-Epoxy-21,24-dinor-5β,17βH-chol-20-in-3β,17-diol** C$_{22}$H$_{32}$O$_3$, Formel I (R = H).

B. Neben dem unter b) beschriebenen Stereoisomeren beim Behandeln einer Lösung

von 21,24-Dinor-17βH-chol-5-en-20-in-3β,17-diol in Tetrahydrofuran mit Monoperoxy=
phthalsäure in Äther (*Barton et al.*, Soc. **1959** 1957, 1960).

Krystalle (aus wss. A.) mit 1 Mol H_2O, die je nach der Geschwindigkeit des Erhitzens
zwischen 180° und 200° schmelzen. $[\alpha]_D^{22}$: $-58°$ [CHCl$_3$; c = 1].

b) **5,6α-Epoxy-21-methyl-5α,17βH-pregn-20-in-3β,17-diol, 5,6α-Epoxy-21,24-dinor-
5α,17βH-chol-20-in-3β,17-diol** $C_{22}H_{32}O_3$, Formel II (R = H).

B. s. bei dem unter a) beschriebenen Stereoisomeren.

Krystalle (aus wss. A.) mit 1 Mol H_2O; F: 200—201° (*Barton et al.*, Soc. **1959** 1957,
1960). $[\alpha]_D^{24}$: $-121°$ [CHCl$_3$; c = 1].

**3-Acetoxy-5,6-epoxy-10,13-dimethyl-17-propin-1-yl-hexadecahydro-cyclopenta[a]phen=
anthren-17-ol** $C_{24}H_{34}O_4$.

a) **3β-Acetoxy-5,6β-epoxy-21-methyl-5β,17βH-pregn-20-in-17-ol, 3β-Acetoxy-
5,6β-epoxy-21,24-dinor-5β,17βH-chol-20-in-17-ol** $C_{24}H_{34}O_4$, Formel I (R = CO-CH$_3$).

B. Aus 5,6β-Epoxy-21,24-dinor-5β,17βH-chol-20-in-3β,17-diol (*Barton et al.*, Soc. **1959**
1957, 1960).

Krystalle (aus wss. A.); F: 192—193°. $[\alpha]_D^{22}$: $-74°$ [CHCl$_3$; c = 1].

b) **3β-Acetoxy-5,6α-epoxy-21-methyl-5α,17βH-pregn-20-in-17-ol, 3β-Acetoxy-
5,6α-epoxy-21,24-dinor-5α,17βH-chol-20-in-17-ol** $C_{24}H_{34}O_4$, Formel II (R = CO-CH$_3$).

B. Aus 5,6α-Epoxy-21,24-dinor-5α,17βH-chol-20-in-3β,17-diol (*Barton et al.*, Soc. **1959**
1957, 1960).

Krystalle (aus Me.); F: 245—247°. $[\alpha]_D^{23}$: $-110°$ [CHCl$_3$; c = 1].

I   II

**5,6-Epoxy-10,13-dimethyl-17-propin-1-yl-3-propionyloxy-hexadecahydro-cyclopenta[a]=
phenanthren-17-ol** $C_{25}H_{36}O_4$.

a) **5,6β-Epoxy-21-methyl-3β-propionyloxy-5β,17βH-pregn-20-in-17-ol, 5,6β-Epoxy-
3β-propionyloxy-21,24-dinor-5β,17βH-chol-20-in-17-ol** $C_{25}H_{36}O_4$, Formel I
(R = CO-CH$_2$-CH$_3$).

B. Aus 5,6β-Epoxy-21,24-dinor-5β,17βH-chol-20-in-3β,17-diol (*Barton et al.*, Soc. **1959**
1957, 1960).

Krystalle (aus wss. Me.); F: 158—160°. $[\alpha]_D^{24}$: $-52°$ [CHCl$_3$; c = 1].

b) **5,6α-Epoxy-21-methyl-3β-propionyloxy-5α,17βH-pregn-20-in-17-ol, 5,6α-Epoxy-
3β-propionyloxy-21,24-dinor-5α,17βH-chol-20-in-17-ol** $C_{25}H_{36}O_4$, Formel II
(R = CO-CH$_2$-CH$_3$).

B. Aus 5,6α-Epoxy-21,24-dinor-5α,17βH-chol-20-in-3β,17-diol (*Barton et al.*, Soc. **1959**
1957, 1960).

Krystalle (aus wss. Me.); F: 206—207°. $[\alpha]_D^{21}$: $-104°$ [CHCl$_3$; c = 1].

Dihydroxy-Verbindungen $C_{23}H_{34}O_3$

5,6α-Epoxy-21-nor-5α,17βH-chol-20-in-3β,17-diol $C_{23}H_{34}O_3$, Formel III.

B. Beim Behandeln einer Lösung von 21-Nor-17βH-chol-5-en-20-in-3β,17-diol in
Tetrahydrofuran mit Monoperoxyphthalsäure in Äther (*Barton et al.*, Soc. **1959** 1957,
1960).

Krystalle (aus Acn. + Hexan); F: 121—123°. $[\alpha]_D^{24}$: $-116°$ [CHCl$_3$; c = 0,6].

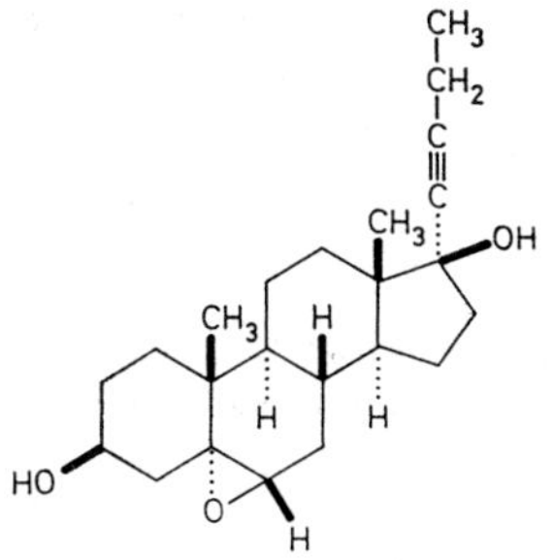

III 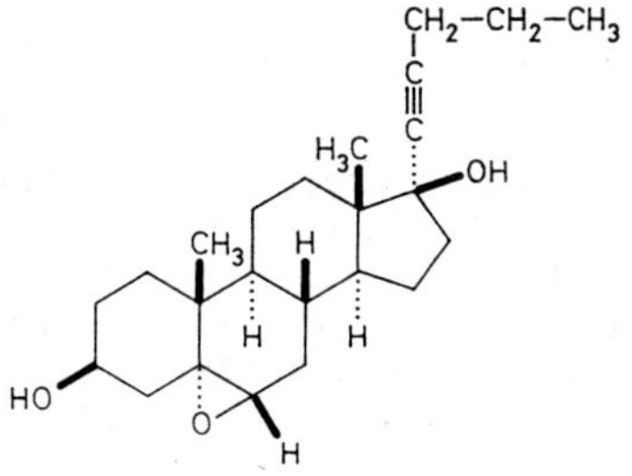   IV

Dihydroxy-Verbindungen $C_{24}H_{36}O_3$

5,6α-Epoxy-24-methyl-21-nor-5α,17βH-chol-20-in-3β,17-diol, 5,6α-Epoxy-21,26,27-tri-nor-5α,17βH-cholest-20-in-3β,17-diol $C_{24}H_{36}O_3$, Formel IV.

B. Beim Behandeln einer Lösung von 24-Methyl-21-nor-17βH-chol-5-en-20-in-3β,17-diol in Tetrahydrofuran mit Monoperoxyphthalsäure in Äther (*Barton et al.*, Soc. **1959** 1957, 1960).

Krystalle (aus Acn. + Hexan); F: 147—148°. $[\alpha]_D^{22}$: −93° [CHCl$_3$; c = 1].

Dihydroxy-Verbindungen $C_{27}H_{42}O_3$

(25R)-5α-Furosta-16,20(22)-dien-3β,26-diol, 5,6-Dihydro-pseudokryptogenin $C_{27}H_{42}O_3$, Formel V (R = H).

B. Aus der im folgenden Artikel beschriebenen Verbindung (*Nussbaum et al.*, J. org. Chem. **17** [1952] 426, 428).

Krystalle; F: 189—191° [unkorr.]. $[\alpha]_D^{20}$: +31° [CHCl$_3$]. UV-Absorptionsmaximum (A.): 227 nm.

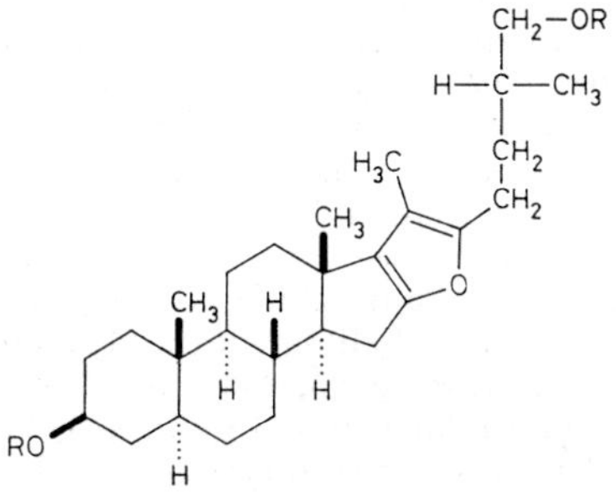

V 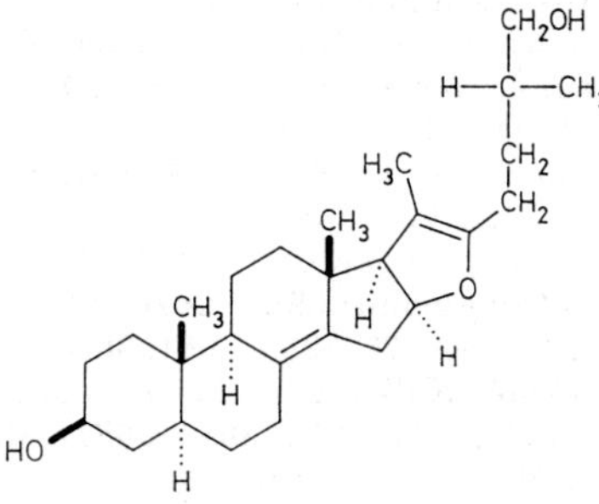   VI

(25R)-3β,26-Diacetoxy-5α-furosta-16,20(22)-dien, Di-O-acetyl-5,6-dihydro-pseudokryptogenin $C_{31}H_{46}O_5$, Formel V (R = CO-CH$_3$).

B. Beim Erhitzen von Di-O-acetyl-5,6-dihydro-kryptogenin (E III **8** 3559) mit Acetanhydrid auf 200° bzw. mit Acetanhydrid unter Zusatz von Toluol-4-sulfonsäure (*Marker et al.*, Am. Soc. **69** [1947] 2167, 2200; *Nussbaum et al.*, J. org. Chem. **17** [1952] 426, 428).

Krystalle; F: 97—98° (*Nu. et al.*), 96—98° [aus A.] (*Ma. et al.*). $[\alpha]_D^{20}$: +10° [CHCl$_3$] (*Nu. et al.*). UV-Absorptionsmaximum (A.): 226 nm (*Nu. et al.*).

Charakterisierung als Maleinsäure-anhydrid-Addukt (F: 167—168° [unkorr.]): *Nu. et al.*, l. c. S. 430.

(25R)-5α-Furosta-8(14),20(22)-dien-3β,26-diol, 8,14-Didehydro-pseudotigogenin $C_{27}H_{42}O_3$, Formel VI.

B. Beim Erhitzen von (25R)-3β-Acetoxy-5α,22αO-spirost-8(14)-en mit Acetanhydrid auf 200° und Erwärmen des Reaktionsprodukts mit methanol. Kalilauge (*Mancera et al.*, Soc. **1952** 1021, 1025).

Krystalle (aus Hexan + Acn.); F: 167—168° [unkorr.]. $[\alpha]_D^{20}$: +54° [$CHCl_3$; c = 0,7].

(25R)-5α-Furosta-7,20(22)-dien-3β,26-diol, Pseudo-γ-diosgenin, 7,8-Didehydro-pseudotigogenin $C_{27}H_{42}O_3$, Formel VII.

B. Beim Erhitzen von (25R)-3β-Acetoxy-5α,22αO-spirost-7-en mit Acetanhydrid auf 200° und Erwärmen des Reaktionsprodukts mit methanol. Kalilauge (*Djerassi et al.*, J. org. Chem. **16** [1951] 754, 758).

Krystalle (aus Hexan + Acn.); F: 175—177° [korr.; Kofler-App.]. $[\alpha]_D^{20}$: +36° [Dioxan].

VII   VIII

(25R)-Furosta-5,20(22)-dien-3β,26-diol, Pseudodiosgenin $C_{27}H_{42}O_3$, Formel VIII (R = X = H).

In dem von *Marker et al.* (Am. Soc. **65** [1943] 1199, 1206) aus Trillium erectum isolierten Kappogenin hat ein Gemisch von Pseudodiosgenin und Nologenin ((25R)-20ξH-Furost-5-en-3β,17,20,26-tetrol) vorgelegen (*Marker, Lopez*, Am. Soc. **69** [1947] 2380).

B. Aus Pseudokryptogenin ((25R)-Furosta-5,16,20(22)-trien-3β,26-diol) bei der Hydrierung an Raney-Nickel in Äthanol oder an Palladium/Bariumsulfat in Äthylacetat (*Kaufmann, Rosenkranz*, Am. Soc. **70** [1948] 3502, 3504). Beim Erhitzen von Diosgenin ((25R)-22αO-Spirost-5-en-3β-ol) mit Octansäure-anhydrid enthaltender Octansäure auf 240° (*Cameron et al.*, Soc. **1955** 2807, 2811). Beim Erhitzen von Diosgenin, Benzoylchlorid und Natriumacetat auf 220° und Erwärmen des Reaktionsprodukts mit äthanol. Natronlauge (*Parke, Davis & Co.*, U.S.P. 2352848 [1940]). Beim Erhitzen von Cyclopseudodiosgenin (Neodiosgenin; (25R)-20αH,22αO-Spirost-5-en-3β-ol) auf Schmelztemperatur (*Wall, Walens*, Am. Soc. **77** [1955] 5661, 5664). Aus Di-O-acetyl-pseudodiosgenin (S. 2157) mit Hilfe von äthanol. Kalilauge (*Marker et al.*, Am. Soc. **62** [1940] 2525, 2531; *Ka., Ro.*; *Gould et al.*, Am. Soc. **74** [1952] 3685, 3687) oder methanol. Kalilauge (*Cam. et al.*). Aus (25R)-3β-Acetoxy-26-butyryloxy-furosta-5,20(22)-dien oder aus Di-O-butyryl-pseudodiosgenin (S. 2158) mit Hilfe von Alkalilauge (*Uhle*, Am. Soc. **76** [1954] 4245). Aus (25R)-3β-Acetoxy-26-benzoyloxy-furosta-5,20(22)-dien mit Hilfe von Calciumhydroxid in Äthanol (*N. V. Organon*, D.B.P. 957481 [1957]).

Krystalle; F: 157—163° und F: 174—177° [Kofler-App.; aus wss. Me.] (*Cam. et al.*), 173—175° [aus Me. + Ae.] (*N. V. Organon*), 165—168° [unkorr.; Block] (*Ziegler et al.*, Am. Soc. **77** [1955] 1223, 1228), 161—162° (*Uhle*). Höhere Schmelzpunkte sind wahrscheinlich auf Beimengungen von Cyclopseudodiosgenin und Diosgenin zurückzuführen (*Cam. et al.*). $[\alpha]_D^{18}$: —36° [$CHCl_3$; c = 2] (*Cam. et al.*); $[\alpha]_D^{25}$: —39° [$CHCl_3$; c = 1] (*Zi. et al.*); $[\alpha]_D$: —28° [$CHCl_3$] (*Callow et al.*, Soc. **1955** 1966, 1971). IR-Spektrum (CHCl₃; 5,1—7,1 μ): *Hayden et al.*, Anal. Chem. **26** [1954] 550. UV-Absorptionsmaxima (A.): 202 nm und 217 nm (*Cam. et al.*).

Beim Behandeln mit wss. Salzsäure enthaltendem Äthanol (*Zi. et al.*; *Cal. et al.*, l. c. S. 1975) oder mit Essigsäure (*Wall, Wa.*) ist Cyclopseudodiosgenin (Neodiosgenin; (25R)-20αH,22αO-Spirost-5-en-3β-ol), beim Erwärmen mit wss. Salzsäure enthaltendem Äthanol (*Ma. et al.*, Am. Soc. **62** 2531; *Ma. Lo.*, l. c. S. 2382; *Go. et al.*; *Zi. et al.*) sowie beim Behandeln mit wss. Salzsäure enthaltendem Dioxan (*Zi. et al.*) ist Diosgenin

((25*R*)-22α*O*-Spirost-5-en-3β-ol) erhalten worden. Bildung von 5α-Pregn-16-en-3,6,20-trion beim Behandeln mit Chrom(VI)-oxid und wasserhaltiger Essigsäure bzw. mit Kalium= permanganat und Schwefelsäure enthaltender Essigsäure und Schütteln einer äther. Lösung des jeweiligen Reaktionsprodukts mit wss. Natronlauge: *Marker et al.*, Am. Soc. **62** [1940] 3006, 3008; *Parke, Davis & Co.*, U.S.P. 2352848 [1940], 2352852 [1941].

2-Acetoxy-8-[4-acetoxy-3-methyl-butyl]-4a,6a,7-trimethyl-2,3,4,4a,4b,5,6,6a,6b,9a,10,= 10a,10b,11-tetradecahydro-1*H*-naphth[2′,1′;4,5]indeno[2,1-*b*]furan $C_{31}H_{46}O_5$.

a) **(25*R*)-3β,26-Diacetoxy-furosta-5,20(22)-dien, Di-*O*-acetyl-pseudodiosgenin** $C_{31}H_{46}O_5$, Formel VIII (R = X = CO-CH₃).

B. Beim Erwärmen von Pseudodiosgenin (S. 2156) mit Acetanhydrid (*Marker, Turner*, Am. Soc. **62** [1940] 3003; *Kaufmann, Rosenkranz*, Am. Soc. **70** [1948] 3502, 3504) oder mit Acetanhydrid und Pyridin (*Cameron et al.*, Soc. **1955** 2807, 2811, 2812; *Ziegler et al.*, Am. Soc. **77** [1955] 1223, 1228). Aus Di-*O*-acetyl-pseudokryptogenin ((25*R*)-3β,26-Di= acetoxy-furosta-5,16,20(22)-trien) bei der Hydrierung an Raney-Nickel in Äthanol oder an Palladium/Bariumsulfat in Äthylacetat (*Ka., Ro.*). Aus Di-*O*-acetyl-16,17-dihydro-kryptogenin ((−)(25*R*)-3β,26-Diacetoxy-22ξ*H*-furost-5-en-22-ol [E III 8 3557]) beim Er= hitzen mit Phosphorylchlorid und Pyridin, mit Acetanhydrid oder mit 1,2,3,4-Tetra= hydro-naphthalin (*Ka., Ro.*). Aus Diosgenin ((25*R*)-22α*O*-Spirost-5-en-3β-ol) beim Er= hitzen mit Acetanhydrid auf 200° (*Marker et al.*, Am. Soc. **62** [1940] 2525, 2531) sowie beim Erhitzen mit Acetanhydrid und Pyridin unter Zusatz von Acetylchlorid (*Dauben, Fonken*, Am. Soc. **76** [1954] 4618) oder unter Zusatz von wss. Salzsäure, Phosphoryl= chlorid oder Methylamin-hydrochlorid (*N. V. Organon*, D.B.P. 957481 [1957]). Aus *O*-Acetyl-diosgenin ((25*R*)-3β-Acetoxy-22α*O*-spirost-5-en) beim Erhitzen mit Acet= anhydrid auf 195° (*Wall et al.*, Am. Soc. **77** [1955] 5665, 5667) sowie beim Erhitzen mit Acetanhydrid unter Zusatz von Aluminiumoxid (*Gould et al.*, Am. Soc. **74** [1952] 3685, 3687), von Ammoniumchlorid (*Wall et al.*), von Pyridin-hydrochlorid (*Da., Fo.; Wall, Walens*, Am. Soc. **77** [1955] 5661, 5664; *Wall et al.*), von Pyridin und Acetylchlorid (*Da., Fo.*) oder von Pyridin und wss. Salzsäure (*N. V. Organon*). Beim Erhitzen von Cyclopseudodiosgenin (Neodiosgenin; (25*R*)-20α*H*,22α*O*-Spirost-5-en-3β-ol) oder von *O*-Acetyl-cyclopseudodiosgenin mit Acetanhydrid (*Zi. et al.; Wall, Wa.; Callow et al.*, Soc. **1955** 1966, 1975).

Krystalle; F: 102—104° [Kofler-App.; aus Me.] (*Cam. et al.*), 102° [aus Me.] (*N. V. Organon*), 101° [aus Me.] (*Marker, Lopez*, Am. Soc. **69** [1947] 2380, 2382), 99—101° [Kofler-App.; aus Me.] (*Wall, Wa.*), 98,5—100,5° [aus Ae. + Me.] (*Go. et al.*), 99—100° [aus Me.] (*Zi. et al.*). Bei 130—140°/10⁻⁵ Torr sublimierbar (*Cam. et al.*). [α]$_D^{20}$: −39° [CHCl₃; c = 1] (*Cam. et al.*); [α]$_D^{23}$: −41° [CHCl₃; c = 1] (*Zi. et al.*); [α]$_D^{25}$: −47,0° [CHCl₃; c = 1] (*Go. et al.*); [α]$_D$: −54° [CHCl₃; c = 1]; [α]$_{546}$: −65° [CHCl₃; c = 1] (*W. Neudert, H. Röpke*, Steroid-Spektrenatlas [Berlin 1965] Nr. 871). IR-Spektrum (KBr [2—15 μ] bzw. CS₂ [5,1—7,1 μ]): *Ne., Rö.; Hayden et al.*, Anal. Chem. **26** [1954] 550. UV-Spektrum (Me. [210—255 nm] bzw. Isooctan [225—255 nm]): *Ne., Rö.; Marker et al.*, Am. Soc. **69** [1947] 2167, 2200. UV-Absorptionsmaxima (A.): 206 nm und 215 nm (*Cam. et al.*).

Beim Behandeln mit Chrom(VI)-oxid und wasserhaltiger Essigsäure ist Diosondiacetat (3β-Acetoxy-16β-[(*R*)-5-acetoxy-4-methyl-valeryloxy]-pregn-5-en-20-on) erhalten worden (*Marker et al.*, Am. Soc. **63** [1941] 774, 776; *Ma., Lo.; Go. et al.; Wall et al.*).

b) **(25*S*)-3β,26-Diacetoxy-furosta-5,20(22)-dien, Di-*O*-acetyl-pseudoyamogenin** $C_{31}H_{46}O_5$, Formel IX.

Die Konstitutionszuordnung ist auf Grund der Bildungsweise in Analogie zu Di-*O*-acetyl-pseudodiosgenin (s. o.) erfolgt.

B. Beim Erhitzen von *O*-Acetyl-yamogenin ((25*S*)-3β-Acetoxy-22α*O*-spirost-5-en) mit Acetanhydrid auf 200° (*Marker et al.*, Am. Soc. **69** [1947] 2167, 2188).

Krystalle (aus Me.); F: 101—102°.

(25*R*)-3β,26-Bis-propionyloxy-furosta-5,20(22)-dien, Di-*O*-propionyl-pseudodiosgenin $C_{33}H_{50}O_5$, Formel VIII (R = X = CO-CH₂-CH₃).

B. Beim Erhitzen von Diosgenin ((25*R*)-22α*O*-Spirost-5-en-3β-ol) mit Propionsäure-anhydrid ohne Zusatz (*CIBA*, D.B.P. 946898 [1953]; U.S.P. 2755277 [1953]) oder unter

Zusatz von Pyridin und Methylamin-hydrochlorid auf 145° (*N. V. Organon*, D.B.P. 957481 [1957]).

Krystalle; F: 90—90,5° [aus Me.] (*N. V. Organon*), 84,5—85,5° (*Ziegler et al.*, Am. Soc. **77** [1955] 1223, 1228), 79—80° [aus Me.] (*CIBA*). $[\alpha]_D^{20}$: —24,9° [A.] (*N. V. Organon*).

(25R)-3β-Acetoxy-26-butyryloxy-furosta-5,20(22)-dien $C_{33}H_{50}O_5$, Formel VIII (R = CO-CH₃, X = CO-CH₂-CH₂-CH₃) auf S. 2156.

B. Beim Erhitzen von *O*-Acetyl-diosgenin ((25R)-3β-Acetoxy-22αO-spirost-5-en) mit Buttersäure-anhydrid (*Uhle*, Am. Soc. **76** [1954] 4245, **83** [1961] 1460, 1469).

Krystalle (aus Me.); F: 119—120° (*Uhle*, Am. Soc. **83** 1469). IR-Banden (KBr; 5,8—8,4 μ): *Uhle*, Am. Soc. **83** 1469.

(25R)-3β,26-Bis-butyryloxy-furosta-5,20(22)-dien, Di-*O*-butyryl-pseudodiosgenin $C_{35}H_{54}O_5$, Formel VIII (R = X = CO-CH₂-CH₂-CH₃) auf S. 2156.

B. Beim Erhitzen von Diosgenin ((25R)-22αO-Spirost-5-en-3β-ol) oder von Pseudo=diosgenin ((25R)-Furosta-5,20(22)-dien-3β,26-diol) mit Buttersäure-anhydrid (*Uhle*, Am. Soc. **76** [1954] 4245, **83** [1961] 1460, 1469).

Krystalle (aus Me.), F: 79—80°; $[\alpha]_D^{26}$: —16,8° [Me.] (*Uhle*, Am. Soc. **76** 4245, **83** 1469). IR-Banden (KBr; 5,8—8,4 μ): *Uhle*, Am. Soc. **83** 1469.

(25R)-3β-Acetoxy-26-benzoyloxy-furosta-5,20(22)-dien $C_{36}H_{48}O_5$, Formel VIII (R = CO-CH₃, X = CO-C₆H₅) auf S. 2156.

B. Beim Erhitzen von *O*-Acetyl-diosgenin ((25R)-3β-Acetoxy-22αO-spirost-5-en) mit Benzoylchlorid und Pyridin auf 135° (*N. V. Organon*, D.B.P. 957481 [1957]).

Krystalle (aus A.); F: 117—118°.

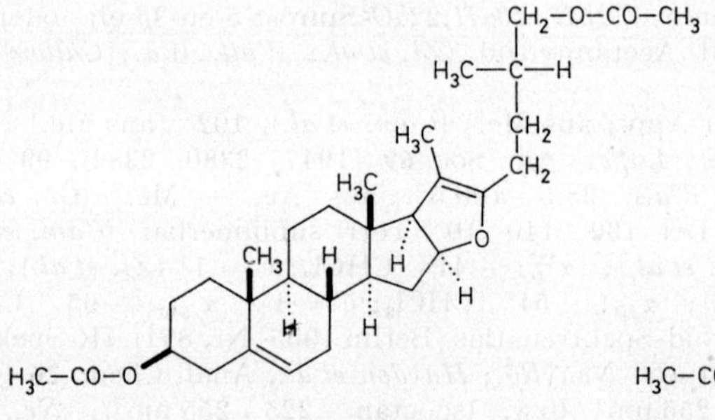

IX

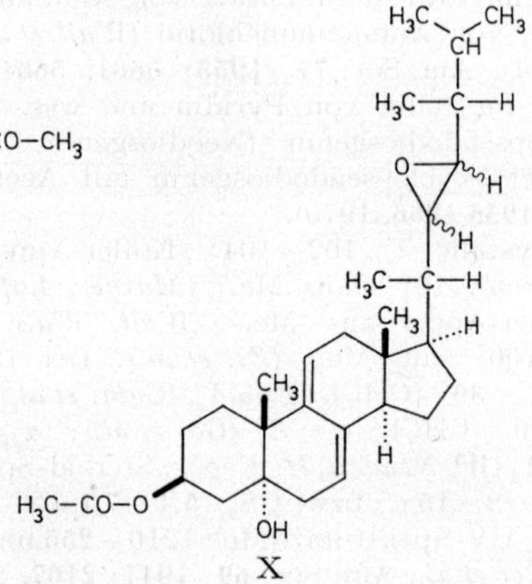

X

Dihydroxy-Verbindungen $C_{28}H_{44}O_3$

3-Acetoxy-17-[2,3-epoxy-1,4,5-trimethyl-hexyl]-10,13-dimethyl-Δ⁷,⁹⁽¹¹⁾-dodecahydro-1H-cyclopenta[a]phenanthren-5-ol $C_{30}H_{46}O_4$.

a) **3β-Acetoxy-22ξ,23ξ-epoxy-5α-ergosta-7,9(11)-dien-5-ol** $C_{30}H_{46}O_4$, Formel X, **vom F: 204°**.

B. Beim Erwärmen von 3β-Acetoxy-5,8-epidioxy-22ξ,23ξ-epoxy-5α,8α-ergosta-6,9(11)-dien (F: 204—205° [korr.]) mit Kaliumhydroxid und Zink in Propan-1-ol und Behandeln des Reaktionsprodukts mit Acetanhydrid und Pyridin (*Bladon et al.*, Soc. **1952** 4883, 4890).

Krystalle (aus Me.); F: 202—204° [korr.; Kofler-App.]. $[\alpha]_D$: +56° [CHCl₃; c = 2]. UV-Absorptionsmaximum (A.): 243 nm.

b) **3β-Acetoxy-22ξ,23ξ-epoxy-5α-ergosta-7,9(11)-dien-5-ol** $C_{30}H_{46}O_4$, Formel X, **vom F: 189°**.

B. Aus 3β-Acetoxy-5,8-epidioxy-22ξ,23ξ-epoxy-5α,8α-ergosta-6,9(11)-dien (F: 164° bis

167° [korr.]) analog der im vorangehenden Artikel beschriebenen Verbindung (*Bladon et al.*, Soc. **1952** 4883, 4890).

Krystalle (aus Me.); F: 188—189° [korr.; Kofler-App.]. $[\alpha]_D$: +52° [CHCl$_3$; c = 2]. UV-Absorptionsmaximum (A.): 243 nm.

(25R)-6-Methyl-furosta-5,20(22)-dien-3β,26-diol C$_{28}$H$_{44}$O$_3$, Formel XI.

B. Beim Erhitzen von (25R)-3β-Acetoxy-6-methyl-22αO-spirost-5-en (aus Diosgenin hergestellt) mit Octansäure und Octansäure-anhydrid und Erwärmen des Reaktions-produkts mit wss.-methanol. Kalilauge (*Burn et al.*, Soc. **1957** 4092, 4096).

Krystalle (aus Me.); F: 179° und F: 184—186°. $[\alpha]_D^{25}$: −81° [CHCl$_3$; c = 0,4].

5,6α-Epoxy-5α-ergosta-8,22t-dien-3β,7α-diol C$_{28}$H$_{44}$O$_3$, Formel XII (R = X = H).

B. Neben 5,6α-Epoxy-3β-hydroxy-5α-ergost-22t-en-7-on beim Erhitzen von Ergosterin≈peroxid (5,8-Epidioxy-5α,8α-ergosta-6,22t-dien-3β-ol) in einem Gemisch von Dodecan und Decan auf **197°** (*Bergmann, Meyers*, A. **620** [1959] 46, 58, 61).

Krystalle (aus Acn.); F: 184,5—186° [korr.]. $[\alpha]_D^{25}$: −113° [CHCl$_3$; c = 0,9]. IR-Banden (KBr; 3,1—12,5 μ): *Be., Me.*

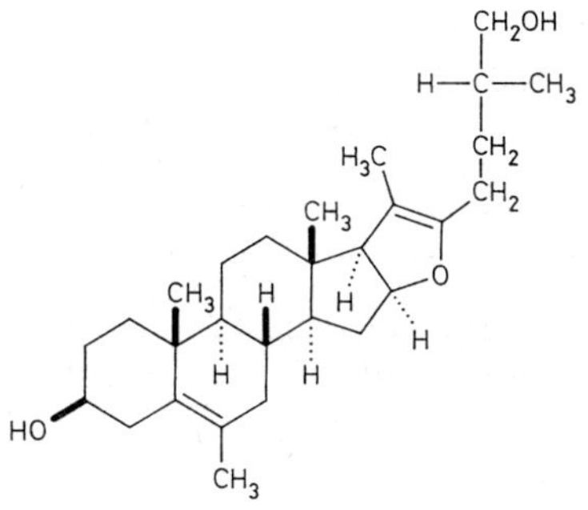

XI 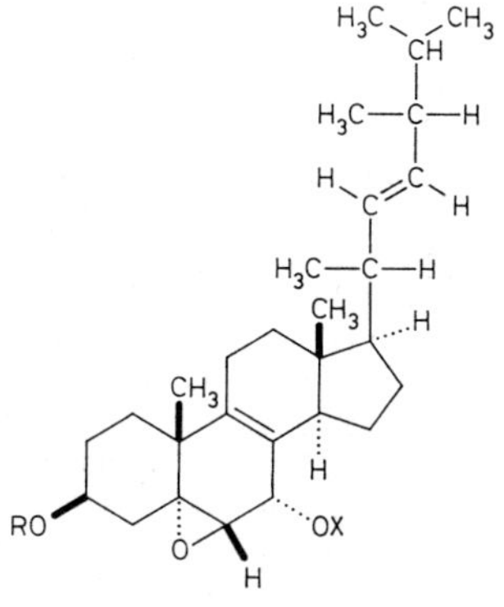   XII

3β-Acetoxy-5,6α-epoxy-5α-ergosta-8,22t-dien-7α-ol C$_{30}$H$_{46}$O$_4$, Formel XII (R = CO-CH$_3$, X = H).

B. Als Hauptprodukt beim Erhitzen von O-Acetyl-ergosterinperoxid (3β-Acetoxy-5,8-epidioxy-5α,8α-ergosta-6,22t-dien) in Dodecan (*Bergmann, Meyers*, A. **620** [1959] 46, 58, 61).

Krystalle (nach Sublimation im Hochvakuum bei 145°); F: 120,5—122° [korr.]. $[\alpha]_D^{25}$: −137° [CHCl$_3$; c = 1].

3β,7α-Diacetoxy-5,6α-epoxy-5α-ergosta-8,22t-dien C$_{32}$H$_{48}$O$_5$, Formel XII (R = X = CO-CH$_3$).

B. Beim Behandeln von 5,6α-Epoxy-5α-ergosta-8,22t-dien-3β,7α-diol oder von 3β-Acetoxy-5,6α-epoxy-5α-ergosta-8,22t-dien-7α-ol mit Acetanhydrid und Pyridin (*Berg-mann, Meyers*, A. **620** [1959] 46, 61).

Krystalle (aus Me.); F: 148—150° [korr.]. $[\alpha]_D^{25}$: −147° [CHCl$_3$; c = 1]. IR-Banden (KBr; 5,8—12,4 μ): *Be., Me.*

9,11α-Epoxy-5α-ergosta-7,22t-dien-3β,5-diol C$_{28}$H$_{44}$O$_3$, Formel XIII (R = X = H).

B. Aus 5α-Ergosta-7,9(11),22t-trien-3β,5-diol beim Behandeln mit Peroxybenzoesäure in Benzol (*Burie et al.*, Soc. **1953** 3237, 3241). Aus 3β,5-Diacetoxy-9,11α-epoxy-5α-ergosta-7,22t-dien beim Erwärmen mit Lithiumalanat in Äther (*Elks et al.*, Soc. **1954** 463, 466).

Krystalle; F: 214—217° [aus Me.] (*Bu. et al.*), 209—213° [aus wss. Acn.] (*Elks et al.*).

[α]$_D$: $-4°$ bzw. $-1°$ [CHCl$_3$; c = 1] (*Bu. et al.*; *Elks et al.*). IR-Banden (Nujol; 3620 bis 816 cm^{-1}): *Elks et al.* UV-Absorptionsmaximum (A.): 207 nm (*Bu. et al.*).

3β-Acetoxy-9,11α-epoxy-5α-ergosta-7,22t-dien-5-ol C$_{30}$H$_{46}$O$_4$, Formel XIII (R = CO-CH$_3$, X = H).

B. Aus 3β-Acetoxy-5α-ergosta-7,9(11),22t-trien-5-ol beim Behandeln mit Monoperoxy= phthalsäure in Äther (*Bladon et al.*, Soc. **1953** 2921, 2928; *Sewell et al.*, Soc. **1956** 4689) oder mit Peroxybenzoesäure in Chloroform (*Inhoffen, Mengel*, B. **87** [1954] 146, 154).

Krystalle; F: 229—237° [Kofler-App.; aus Diisopropyläther] (*Bl. et al.*), 232° [unkorr.; aus Acn.] (*In., Me.*). [α]$_D^{22}$: $+12°$ bzw. $+2°$ [CHCl$_3$; c = 1] (*In., Me.*; *Bl. et al.*).

5-Acetoxy-9,11α-epoxy-5α-ergosta-7,22t-dien-3β-ol C$_{30}$H$_{46}$O$_4$, Formel XIII (R = H, X = CO-CH$_3$).

B. Aus 5-Acetoxy-5α-ergosta-7,9(11),22t-trien-3β-ol beim Behandeln mit Monoperoxy= phthalsäure in Äther (*Burke et al.*, Soc. **1953** 3227, 3241).

Krystalle (aus Me.); F: 163—164°. [α]$_D$: $+48°$ [CHCl$_3$]. UV-Absorptionsmaximum (A.): 206 nm.

3β,5-Diacetoxy-9,11α-epoxy-5α-ergosta-7,22t-dien C$_{32}$H$_{48}$O$_5$, Formel XIII (R = X = CO-CH$_3$).

B. Aus 3β,5-Diacetoxy-5α-ergosta-7,9(11),22t-trien beim Behandeln mit Monoperoxy= phthalsäure in Äther (*Bladon et al.*, Soc. **1953** 2921, 2931) oder mit Peroxybenzoesäure in Benzol (*Burke et al.*, Soc. **1953** 3227, 3241).

Krystalle; F: 128° (*Bu. et al.*), 125—127° [Kofler-App.; aus wss. Acn.] (*Bl. et al.*). [α]$_D$: $+57,5°$ bzw. $+50°$ [CHCl$_3$; c = 0,7] (*Bl. et al.*; *Bu. et al.*). IR-Banden (CS$_2$; 1740—807 cm^{-1}): *Bl. et al.* UV-Absorptionsmaximum (A.): 205 nm (*Bu. et al.*).

Beim Behandeln mit Borfluorid in Äther und Benzol ist 3β,5-Diacetoxy-5α-ergosta-7,22t-dien-11-on (*Bl. et al.*), beim Behandeln mit Schwefelsäure enthaltendem wss. Dioxan sind (+)-3β,5-Diacetoxy-5α-ergosta-8,22t-dien-7ξ,11α-diol (F: 152—153°) und 3β-Acetoxy-ergosta-5,9(11),22t-trien-7-on (*Bu. et al.*, l. c. S. 3243) sowie 3β,5-Diacetoxy-5α-ergosta-9(11),22t-dien-7-on und 3β,5-Diacetoxy-5α-ergosta-8,22t-dien-7-on (*Elks et al.*, Soc. **1954** 463, 465) erhalten worden.

XIII   XIV

Dihydroxy-Verbindungen C$_{29}$H$_{46}$O$_3$

16α,21α-Epoxy-24-nor-olean-12-en-22α,28-diol [1]) C$_{29}$H$_{46}$O$_3$, Formel XIV.

B. Beim Behandeln von 16α,21α-Epoxy-22α,28-isopropylidendioxy-24-nor-olean-12-en (aus Aescigenin hergestellt) mit einem wss. Salzsäure enthaltenden Chloroform-Methanol-Gemisch (*Cainelli et al.*, Helv. **40** [1957] 2390, 2403).

Krystalle (aus CH$_2$Cl$_2$ + Me.); F: 259—260° [korr.; geschlossene Kapillare]. [α]$_D$: $+68°$ [CHCl$_3$; c = 1].   [*Otto*]

---

[1]) Stellungsbezeichnung bei von Oleanan abgeleiteten Namen s. E III **5** 1341.

Dihydroxy-Verbindungen $C_nH_{2n-14}O_3$

Dihydroxy-Verbindungen $C_{12}H_{10}O_3$

*4-Methylmercapto-2-[β-methylmercapto-styryl]-thiophen $C_{14}H_{14}S_3$, Formel I
(R = CH₃).

B. Beim Behandeln von 5-[β-Mercapto-styryl]-thiophen-3-thiol (Syst. Nr. 2512) mit
Dimethylsulfat und wss. Natronlauge (*Arndt, Traverso*, B. **89** [1956] 124, 127)·

Charakterisierung durch Überführung in ein Chloromercurio-Derivat $C_{14}H_{13}ClHgS_3$
(Krystalle [aus Acn.]; F: 163°): *Ar., Tr.*

*4-Benzylmercapto-2-[β-benzylmercapto-styryl]-thiophen $C_{26}H_{22}S_3$, Formel I
(R = CH₂-C₆H₅).

B. Beim Erwärmen von 5-[β-Mercapto-styryl]-thiophen-3-thiol (Syst. Nr. 2512) mit
Benzylchlorid und Natriumäthylat in Äthanol (*Arndt, Traverso*, B. **89** [1956] 124, 127).

Charakterisierung durch Überführung in das Disulfon (s. u.) und in ein Bis-chloro=
mercurio-Derivat $C_{26}H_{20}Cl_2Hg_2S_3$ (F: 132°): *Ar., Tr.*

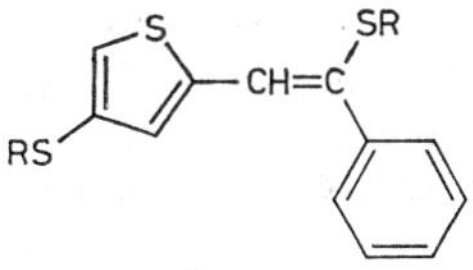

I 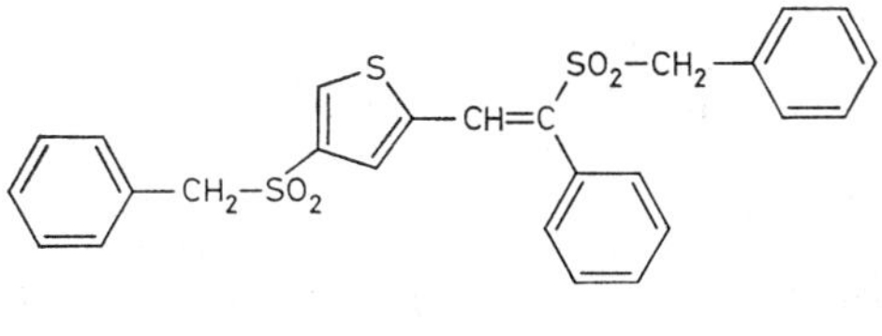   II

*4-[Toluol-α-sulfonyl]-2-[β-(toluol-α-sulfonyl)-styryl]-thiophen $C_{26}H_{22}O_4S_3$, Formel II.

B. Beim Behandeln einer Lösung von 4-Benzylmercapto-2-[β-benzylmercapto-styryl]-
thiophen (s. o.) in Essigsäure mit wss. Wasserstoffperoxid (*Arndt, Traverso*, B. **89** [1956]
124, 127).

Krystalle (aus A.); F: 146°.

Dihydroxy-Verbindungen $C_{13}H_{12}O_3$

(±)-6-Methoxy-2-methyl-2,3-dihydro-naphtho[1,2-b]furan-5-ol $C_{14}H_{14}O_3$, Formel III
(R = H).

B. Beim Behandeln einer Lösung von 2-Allyl-5-methoxy-[1,4]naphthochinon in Essig=
säure mit Zinn(II)-chlorid und wss. Salzsäure, Versetzen mit wss. Bromwasserstoffsäure
und anschliessenden Erhitzen (*Eisenhuth, Schmid*, Helv. **41** [1958] 2021, 2036).

Dimorph; Krystalle (aus A.); F: 115,5—116,5° bzw. F: 104—105° [Kofler-App.].
UV-Spektrum (A.; 200—370 nm): *Ei., Sch.*, l. c. S. 2026.

Beim Schütteln mit Eisen(III)-chlorid und wss. Aceton ist 2-[2-Hydroxy-propyl]-
5-methoxy-[1,4]naphthochinon erhalten worden (*Ei., Sch.*, l. c. S. 2038). Bildung von
1-[5-Acetoxy-6-methoxy-2-methyl-2,3-dihydro-naphtho[1,2-b]furan-9-yl]-äthanon beim
Erwärmen mit Acetanhydrid unter Zusatz von Zinkchlorid: *Ei., Sch.*, l. c. S. 2037.

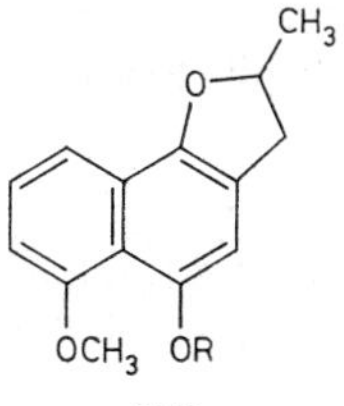

III 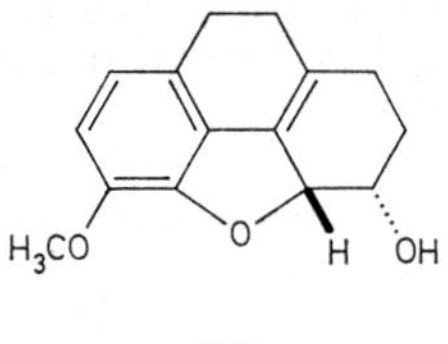   IV 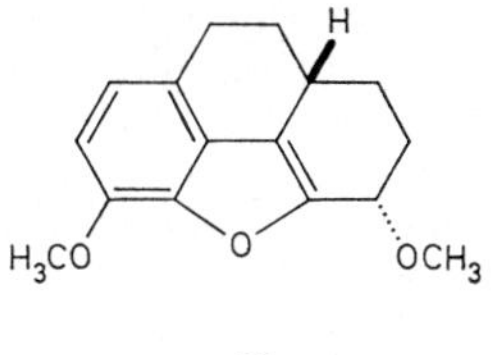   V 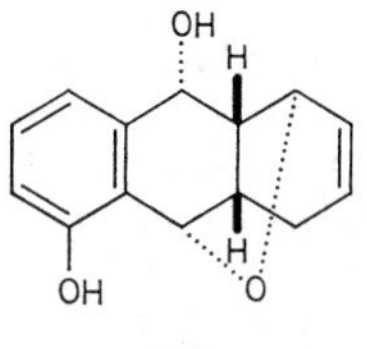   VI

(±)-5-Acetoxy-6-methoxy-2-methyl-2,3-dihydro-naphtho[1,2-*b*]furan $C_{16}H_{16}O_4$, Formel III (R = CO-CH₃).

Korrektur: CH_3

B. Beim Erwärmen der im vorangehenden Artikel beschriebenen Verbindung mit Acetanhydrid und Pyridin (*Eisenhuth, Schmid*, Helv. **41** [1958] 2021, 2037).
Krystalle (aus Ae.); F: 113—114° [Kofler-App.].

Dihydroxy-Verbindungen $C_{14}H_{14}O_3$

(3a*R*)-5-Methoxy-(3a*r*)-1,2,3,3a,8,9-hexahydro-phenanthro[4,5-*bcd*]furan-3*t*-ol $C_{15}H_{16}O_3$, Formel IV.

Diese Konstitution (und Konfiguration) kommt für die nachstehend beschriebene Verbindung in Betracht (die Position der Doppelbindung ist nicht bewiesen).

B. Neben *O*-Methyl-morphenol (S. 1680) beim Erwärmen von Neopin-dihydromethin-methojodid (wahrscheinlich [2-((3a*R*)-3*t*-Hydroxy-5-methoxy-(3a*r*)-1,2,3,8-tetrahydro-3a*H*-phenanthro[4,5-*bcd*]furan-9*bc*-yl)-äthyl]-trimethyl-ammonium-jodid) mit Natrium≈cyclohexylat in Cyclohexanol (*Bentley, Thomas*, Soc. **1955** 3237, 3243).
Kp₀,₀₂: 170°. In Chloroform rechtsdrehend.

Korrektur: $Kp_{0,02}$

(9a*R*)-3*t*,5-Dimethoxy-(9a*r*)-1,2,3,8,9,9a-hexahydro-phenanthro[4,5-*bcd*]furan $C_{16}H_{18}O_3$, Formel V.

B. Neben (3a*R*)-3*t*,5-Dimethoxy-(3a*r*,9a*c*)-1,2,3,8,9,9a-hexahydro-3a*H*-phenanthro≈[4,5-*bcd*]furan-9*bc*-carbaldehyd beim Behandeln von (*Ξ*)-1-[(3a*R*)-3*t*,5-Dimethoxy-(3a*r*,9a*c*)-1,2,3,8,9,9a-hexahydro-3a*H*-phenanthro[4,5-*bcd*]furan-9*bc*-yl]-äthan-1,2-diol (aus (−)-Codein hergestellt) mit Natriumperjodat und Natriumhydrogencarbonat in wss. Äthanol (*Rapoport et al.*, Am. Soc. **80** [1958] 5767, 5772).
Krystalle (aus Heptan); F: 107—108° [korr.; nach Sublimation im Hochvakuum].
[α]$_D^{25}$: −140° [A.; c = 1]. UV-Absorptionsmaxima (A.): 252 nm, 259 nm, 284 nm und 294 nm.

(±)-(4a*r*,9a*c*)-1,4,4a,9,9a,10-Hexahydro-1*t*,10*t*-epoxido-anthracen-5,9*t*-diol $C_{14}H_{14}O_3$, Formel VI + Spiegelbild.

Diese Konfiguration kommt wahrscheinlich der nachstehend beschriebenen Verbindung zu (*Inhoffen et al.*, Croat. chem. Acta **29** [1957] 329, 337).

B. Beim Behandeln einer Lösung von (±)-(4a*r*,9a*c*)-1,4,4a,9,9a,10-Hexahydro-anthr≈acen-1*t*(?),5,9*t*(?),10*t*(?)-tetraol (F: 257—258° [Zers.]) in Dioxan mit wss. Salzsäure (*In. et al.*, l. c. S. 343).
Krystalle (aus Acn.); F: 257—258° [Zers.; Kofler-App.].

Dihydroxy-Verbindungen $C_{15}H_{16}O_3$

5,10-Diacetoxy-2,2-dimethyl-3,4-dihydro-2*H*-benzo[*g*]chromen $C_{19}H_{20}O_5$, Formel VII (E I 97; dort als „Diacetyl-Derivat des 5.8-Dioxy-2.2-dimethyl-6.7-benzo-chromans" (Dihydro-α-lapachons) bezeichnet).

B. Aus 5,10-Diacetoxy-2,2-dimethyl-2*H*-benzo[*g*]chromen (E II 193) bei der Hydrierung an Platin (*Hooker*, Am. Soc. **58** [1936] 1190, 1194).
F: 169,8—170°.

(±)-6-Methoxy-2,2-dimethyl-3,4-dihydro-2*H*-benzo[*h*]chromen-4-ol $C_{16}H_{18}O_3$, Formel VIII.

B. Aus 6-Methoxy-2,2-dimethyl-2,3-dihydro-benzo[*h*]chromen-4-on beim Erwärmen mit Lithiumalanat in Äther (*Livingstone, Watson*, Soc. **1956** 3701, 3703).
Krystalle (aus wss. A.); F: 107,5—109° (*Li., Wa.*).
Beim Erhitzen mit Phosphorsäure ist eine nach *Cotterill et al.* (Tetrahedron **24** [1968] 1981, 1986) als 14,16-Dimethoxy-6,6,8,8-tetramethyl-(6a*r*,6b*t*,14b*c*)-6,6a,6b,7,8,14b-hexa≈hydro-dibenzo[*h,h'*]cyclopenta[1,2-*c*;5,4,3-*de*]dichromen zu formulierende Verbindung (bei 245—254° schmelzend) erhalten worden (*Li., Wa.*, l. c. S. 3704).

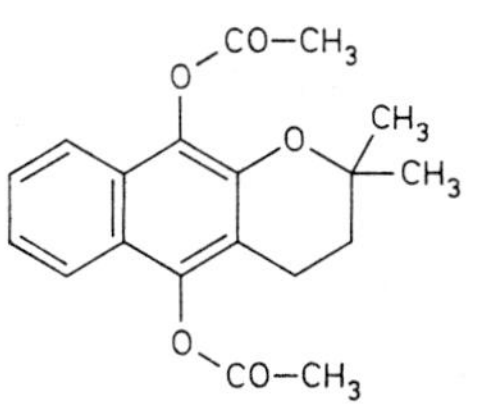

VII 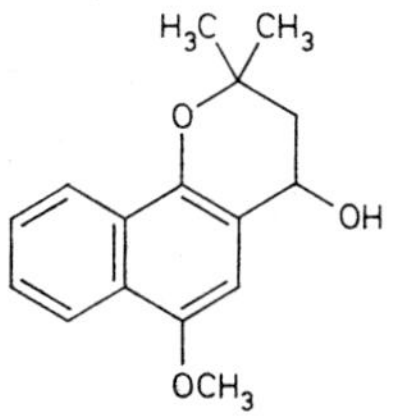   VIII 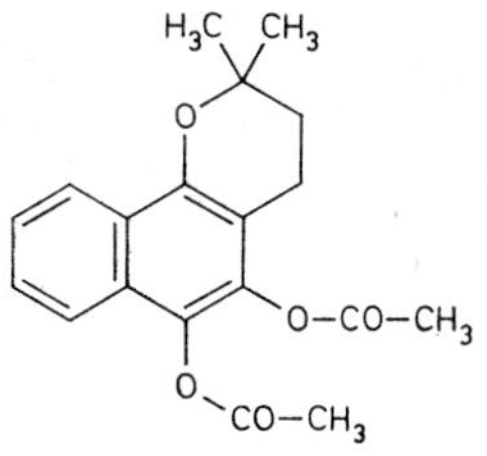   IX

5,6-Diacetoxy-2,2-dimethyl-3,4-dihydro-2*H*-benzo[*h*]chromen $C_{19}H_{20}O_5$, Formel IX
(H 160; E I 97; dort als „Diacetyl-Derivat des 5.6-Dioxy-2.2-dimethyl-7.8-benzo-
chromans (Dihydro-β-lapachons)" bezeichnet.
B. Aus 5,6-Diacetoxy-2,2-dimethyl-2*H*-benzo[*h*]chromen bei der Hydrierung an Platin
in Äthanol (*Hooker*, Am. Soc. **58** [1936] 1190, 1194).
Krystalle; F: 162—162,6°.

4,9-Diacetoxy-2,2,3-trimethyl-2,3-dihydro-naphtho[2,3-*b*]furan $C_{19}H_{20}O_5$, Formel I.
Eine als Di-*O*-acetyl-dihydro-α-isodunnion bezeichnete Verbindung (Krystalle
[aus Me.]; F: 135—136°) dieser Konstitution von unbekanntem opt. Drehungsvermögen
ist beim Erhitzen von α-Isodunnion (2,2,3-Trimethyl-2,3-dihydro-naphtho[2,3-*b*]furan-
4,9-chinon) mit Zink, Acetanhydrid und Pyridin erhalten worden (*Price, Robinson*, Soc.
1940 1493, 1496).

(+)-4,9-Diacetoxy-2,3,3-trimethyl-2,3-dihydro-naphtho[2,3-*b*]furan $C_{19}H_{20}O_5$, Formel II
(in der Literatur auch als Di-*O*-acetyl-dihydro-α-dunnion bezeichnet).
B. Beim Erhitzen von (+)-α-Dunnion ((+)-2,3,3-Trimethyl-2,3-dihydro-naphtho-
[2,3-*b*]furan-4,9-chinon) mit Zink, Acetanhydrid und Pyridin (*Price, Robinson*, Soc. **1940**
1493, 1496).
Krystalle (aus Me.); F: 119—121°. $[\alpha]_D^{18}$: +80,4° [CHCl$_3$; c = 4].

4-Äthyl-6-methoxy-2-methyl-2,3-dihydro-naphtho[1,2-*b*]furan-5-ol $C_{16}H_{18}O_3$.
a) **(*R*)-4-Äthyl-6-methoxy-2-methyl-2,3-dihydro-naphtho[1,2-*b*]furan-5-ol**
$C_{16}H_{18}O_3$, Formel III (R = H).
B. Aus (+)-Eleutherin [(1*R*)-9-Methoxy-1*r*,3*c*-dimethyl-3,4-dihydro-benzo[*g*]iso-
chromen-5,10-chinon] (*Schmid et al.*, Helv. **33** [1950] 1751, 1766) oder aus Alloeleutherin
[(1*S*)-9-Methoxy-1*r*,3*t*-dimethyl-3,4-dihydro-benzo[*g*]isochromen-5,10-chinon] (*Schmid,
Ebnöther*, Helv. **34** [1951] 561, 573) beim Erhitzen mit amalgamiertem Zink, wss. Salzsäure
und Toluol unter Durchleiten von Wasserstoff.
Krystalle (aus A.), F: 121,5—122,5°; $[\alpha]_D^{19}$: −1,1° [CHCl$_3$; c = 4] (*Sch. et al.*). UV-
Spektrum (A.; 220—370 nm): *Sch. et al.*, l. c. S. 1753.
Hydrierung an Platin in Essigsäure unter Bildung von (*R*)-4-Äthyl-2-methyl-2,3,6,7,-
8,9-hexahydro-naphtho[1,2-*b*]furan-5-ol: *Sch. et al.*, l. c. S. 1767. Beim Behandeln mit
Monoperoxyphthalsäure in Äther ist (*S*)-2-Äthyl-3-[2-hydroxy-propyl]-8-methoxy-
[1,4]naphthochinon erhalten worden (*Sch. et al.*, l. c. S. 1768; vgl. *Sch., Eb.*, l. c. S.567).
O-Acetyl-Derivat s. S. 2164.

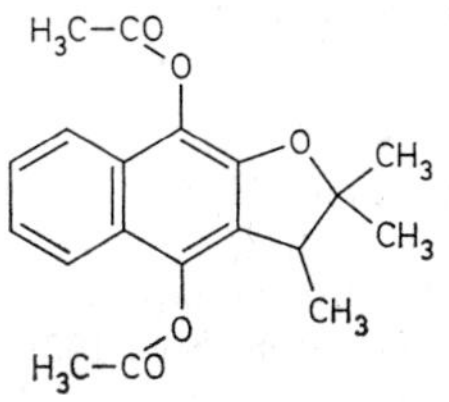

I 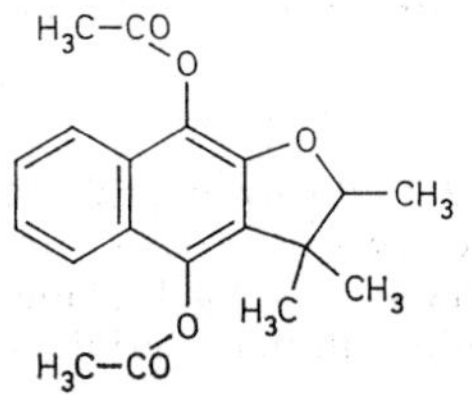   II 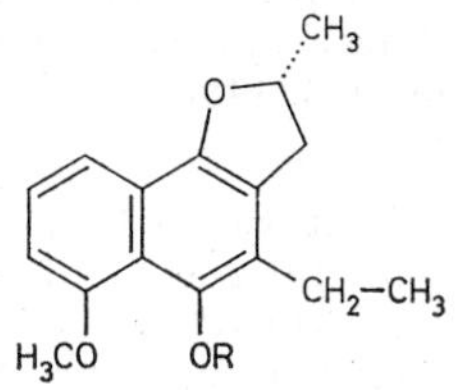   III

b) **(S)-4-Äthyl-6-methoxy-2-methyl-2,3-dihydro-naphtho[1,2-b]furan-5-ol**
$C_{16}H_{18}O_3$, Formel IV (R = H).

B. Beim Erwärmen von Isoeleutherin ((1R)-9-Methoxy-1r,3t-dimethyl-3,4-dihydro-benzo[g]isochromen-5,10-chinon) mit amalgamiertem Zink, wss. Salzsäure und Toluol unter Durchleiten von Wasserstoff (*Schmid, Ebnöther,* Helv. **34** [1951] 561, 570).

Krystalle (aus A.); F: 121—122°. $[\alpha]_D^{19}$: +2,5° [CHCl$_3$; c = 4].

Beim Behandeln mit Monoperoxyphthalsäure in Äther ist (R)-2-Äthyl-3-[2-hydroxy-propyl]-8-methoxy-[1,4]naphthochinon erhalten worden. Hydrierung an Platin in Essig= säure unter Bildung von (S)-4-Äthyl-2-methyl-2,3,6,7,8,9-hexahydro-naphtho[1,2-b]= furan-5-ol: *Sch., Eb.,* l. c. S. 571.

O-Acetyl-Derivat s. u.

(R)-4-Äthyl-5,6-dimethoxy-2-methyl-2,3-dihydro-naphtho[1,2-b]furan $C_{17}H_{20}O_3$, Formel III (R = CH$_3$).

B. Beim Erwärmen einer Lösung von (R)-4-Äthyl-6-methoxy-2-methyl-2,3-dihydro-naphtho[1,2-b]furan-5-ol in Aceton mit Dimethylsulfat und wss. Kalilauge (*Schmid, Ebnöther,* Helv. **34** [1951] 561, 574).

F: 96—98° [aus wss. Me.].

5-Acetoxy-4-äthyl-6-methoxy-2-methyl-2,3-dihydro-naphtho[1,2-b]furan $C_{18}H_{20}O_4$.

a) **(R)-5-Acetoxy-4-äthyl-6-methoxy-2-methyl-2,3-dihydro-naphtho[1,2-b]furan**
$C_{18}H_{20}O_4$, Formel III (R = CO-CH$_3$).

B. Beim Erwärmen von (R)-4-Äthyl-6-methoxy-2-methyl-2,3-dihydro-naphtho[1,2-b]= furan-5-ol mit Acetanhydrid und Natriumacetat (*Schmid et al.,* Helv. **33** [1950] 1751, 1767).

Krystalle (aus Me.); F: 138—139°. $[\alpha]_D^{20}$: −6,9° [CHCl$_3$; c = 4].

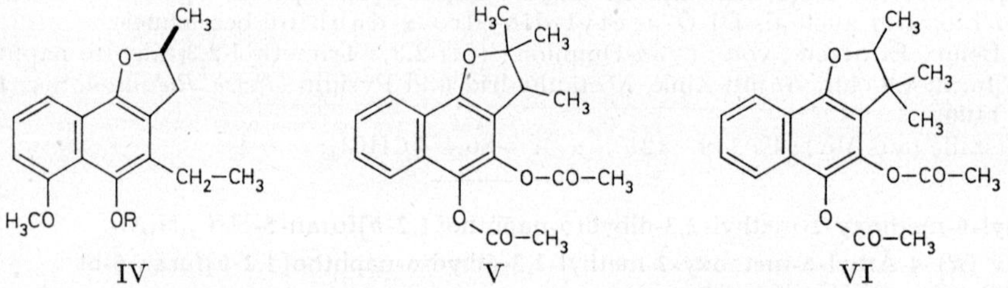

IV   V   VI

b) **(S)-5-Acetoxy-4-äthyl-6-methoxy-2-methyl-2,3-dihydro-naphtho[1,2-b]furan**
$C_{18}H_{20}O_4$, Formel IV (R = CO-CH$_3$).

B. Beim Erwärmen von (S)-4-Äthyl-6-methoxy-2-methyl-2,3-dihydro-naphtho[1,2-b]= furan-5-ol mit Acetanhydrid und Natriumacetat (*Schmid, Ebnöther,* Helv. **34** [1951] 561, 571).

Krystalle (aus Me.); F: 138—139,5°. $[\alpha]_D^{19}$: +6,8° [CHCl$_3$; c = 3].

4,5-Diacetoxy-2,2,3-trimethyl-2,3-dihydro-naphtho[1,2-b]furan, $C_{19}H_{20}O_5$, Formel V.

Eine als Di-*O*-acetyl-dihydro-β-isodunnion bezeichnete Verbindung (Krystalle [aus wss. Me.]; F: 119—121°) dieser Konstitution von unbekanntem opt. Drehungsver-mögen ist aus β-Isodunnion (2,2,3-Trimethyl-2,3-dihydro-naphtho[1,2-b]furan-4,5-chinon) beim Erhitzen mit Zink, Acetanhydrid und Pyridin erhalten worden (*Price, Robinson,* Soc. **1940** 1493, 1496).

(+)-4,5-Diacetoxy-2,3,3-trimethyl-2,3-dihydro-naphtho[1,2-b]furan $C_{19}H_{20}O_5$, Formel VI (in der Literatur auch als Di-*O*-acetyl-dihydro-dunnion bezeichnet).

B. Beim Erhitzen von (+)-Dunnion ((+)-2,3,3-Trimethyl-2,3-dihydro-naphtho[1,2-b]= furan-4,5-chinon) mit Zink, Acetanhydrid und Pyridin (*Price, Robinson,* Soc. **1939** 1522, 1526).

Krystalle (aus Me.); F: 143—144°. $[\alpha]_D^{16}$: +16,7° [CHCl$_3$; c = 3].

Dihydroxy-Verbindungen $C_{16}H_{18}O_3$

**(3aR)-9b-Äthyl-3,5-dimethoxy-(3ar,9ac,9bc)-1,3a,8,9,9a,9b-hexahydro-phenanthro=
[4,5-bcd]furan** $C_{18}H_{22}O_3$, Formel VII.

B. Aus (3aR)-3,5-Dimethoxy-9b-vinyl-(3ar,9ac,9bc)-1,3a,9a,9b-tetrahydro-phen=
anthro[4,5-bcd]furan (hergestellt aus Dihydrothebain) bei der Hydrierung an Palladium-
Calciumcarbonat in Äthanol (*Sargent, Small*, J. org. Chem. **16** [1951] 1031, 1035).

Krystalle (aus PAe.); F: 65—66,5° [nach Sublimation bei 130°/0,4 Torr]. $[\alpha]_D^{20}$: —134°
[A.; c = 0,4].

Beim Behandeln mit Äthanol und Natrium ist (4aS)-4a-Äthyl-5-hydroxy-6-methoxy-
(4ar,10ac)-1,4,4a,9,10,10a-hexahydro-2H-phenanthren-3-on erhalten worden.

5-Methoxy-9b-vinyl-1,2,3,3a,8,9,9a,9b-octahydro-phenanthro[4,5-bcd]furan-3-ol
$C_{17}H_{20}O_3$.

a) **(3aR)-5-Methoxy-9b-vinyl-(3ar,9ac,9bc)-1,2,3,3a,8,9,9a,9b-octahydro-phen=
anthro[4,5-bcd]furan-3c-ol** $C_{17}H_{20}O_3$, Formel VIII (R = H) (E II 192; dort als 3-Oxy-
6-methoxy-4.5-oxido-12-vinyl-1.2.3.4.9.10.11.12-oktahydro-phenanthren bezeichnet).

B. Neben (3aR)-3c,5-Dimethoxy-9b-vinyl-(3ar,9ac,9bc)-1,2,3,3a,8,9,9a,9b-octahydro-
phenanthro[4,5-bcd]furan beim Behandeln von Tetrahydro-γ-methylmorphimethin-
methojodid ([2-((3aR)-3c-Hydroxy-5-methoxy-(3ar,9ac)-1,2,3,8,9,9a-hexahydro-3aH-
phenanthro[4,5-bcd]furan-9bc-yl)-äthyl]-trimethyl-ammonium-jodid) mit Silberoxid und
Wasser, Eindampfen der Reaktionslösung und Erhitzen des Rückstands unter vermindertem Druck bis auf 140° (*Rapoport, Payne*, Am. Soc. **74** [1952] 2630, 2634).

Öl; als Biphenyl-4-carbonyl-Derivat (S. 2166) charakterisiert.

b) **(3aR)-5-Methoxy-9b-vinyl-(3ar,9ac,9bc)-1,2,3,3a,8,9,9a,9b-octahydro-phen=
anthro[4,5-bcd]furan-3t-ol** $C_{17}H_{20}O_3$, Formel IX (R = H).

B. Aus α-Tetrahydrocodeimethin (Tetrahydro-α-methylmorphimethin; (3aR)-5-Meth=
oxy-9b-[2-dimethylamino-äthyl]-(3ar,9ac,9bc)-1,2,3,3a,8,9,9a,9b-octahydro-phenanthro=
[4,5-bcd]furan-3t-ol) beim Erwärmen mit wss. Wasserstoffperoxid und Erhitzen des
Reaktionsprodukts unter vermindertem Druck auf 140° (*Bentley et al.*, Soc. **1956** 1963,
1967) sowie beim Erwärmen mit Methyljodid und Äthanol, Behandeln des Reaktionsprodukts mit Silberoxid in Wasser, Eindampfen der Reaktionslösung und Erhitzen des
Rückstands unter vermindertem Druck bis auf 140° (*Rapoport*, J. org. Chem. **13** [1948]
714, 720; *Rapoport, Payne*, Am. Soc. **74** [1952] 2630, 2633).

Krystalle (aus wss. A.); F: 57—59° (*Ra., Pa.*). $[\alpha]_D^{25}$: +19,2° [A.; c = 1] (*Ra., Pa.*).

2,4-Dinitro-benzoyl-Derivat und Biphenyl-4-carbonyl-Derivat s. S. 2166.

VII   VIII   IX

3,5-Dimethoxy-9b-vinyl-1,2,3,3a,8,9,9a,9b-octahydro-phenanthro[4,5-bcd]furan
$C_{18}H_{22}O_3$.

a) **(3aR)-3c,5-Dimethoxy-9b-vinyl-(3ar,9ac,9bc)-1,2,3,3a,8,9,9a,9b-octahydro-
phenanthro[4,5-bcd]furan** $C_{18}H_{22}O_3$, Formel VIII (R = CH₃).

B. s. o. im Artikel (3aR)-5-Methoxy-9b-vinyl-(3ar,9ac,9bc)-1,2,3,3a,8,9,9a,9b-octahydro-
phenanthro[4,5-bcd]furan-3c-ol.

Krystalle (aus wss. A.), F: 73,5—75°; $[\alpha]_D^{21}$: +14,1° [Dioxan; c = 1] (*Rapoport, Payne*,
Am. Soc. **74** [1952] 2630, 2634).

b) **(3aR)-3t,5-Dimethoxy-9b-vinyl-(3ar,9ac,9bc)-1,2,3,3a,8,9,9a,9b-octahydro-
phenanthro[4,5-bcd]furan** $C_{18}H_{22}O_3$, Formel IX (R = CH₃).

B. Aus Tetrahydro-α-dimethylmorphimethin ((3aR)-3t,5-Dimethoxy-9b-[2-dimethyl=
amino-äthyl]-(3ar,9ac,9bc)-1,2,3,3a,8,9,9a,9b-octahydro-phenanthro[4,5-bcd]furan) beim
Erwärmen mit wss. Wasserstoffperoxid und Erhitzen des Reaktionsprodukts unter ver-

mindertem Druck (*Bentley et al.*, Soc. **1956** 1963, 1967) sowie beim Behandeln mit Methyljodid und Äthanol, Behandeln des Reaktionsprodukts mit Silberoxid und Wasser, Eindampfen der Reaktionslösung und Erhitzen des Rückstands unter vermindertem Druck bis auf 140° (*Rapoport*, J. org. Chem. **13** [1948] 714, 721).

$Kp_{0,05}$: 170° (*Be. et al.*); n_D^{25}: 1,5631 (*Rapoport, Payne*, Am. Soc. **74** [1952] 2630, 2633). $[\alpha]_D^{21}$: +1,27° [$CHCl_3$; c = 1,6] (*Be. et al.*); $[\alpha]_D^{25}$: +2,6° [A.; c = 1,5] (*Ra., Pa.*).

(3aR)-3t-[2,4-Dinitro-benzoyloxy]-5-methoxy-9b-vinyl-(3ar,9ac,9bc)-1,2,3,3a,8,9,9a,9b-octahydro-phenanthro[4,5-bcd]furan $C_{24}H_{22}N_2O_8$, Formel IX (R = $CO-C_6H_3(NO_2)_2$).

B. Aus (3aR)-5-Methoxy-9b-vinyl-(3ar,9ac,9bc)-1,2,3,3a,8,9,9a,9b-octahydro-phenanthro[4,5-bcd]furan-3t-ol (*Bentley et al.*, Soc. **1956** 1963, 1967).

Krystalle (aus Me.); F: 146°.

3-[Biphenyl-4-carbonyloxy]-5-methoxy-9b-vinyl-1,2,3,3a,8,9,9a,9b-octahydro-phenanthro[4,5-bcd]furan $C_{30}H_{28}O_4$.

a) **(3aR)-3c-[Biphenyl-4-carbonyloxy]-5-methoxy-9b-vinyl-(3ar,9ac,9bc)-1,2,3,3a,8,9,9a,9b-octahydro-phenanthro[4,5-bcd]furan** $C_{30}H_{28}O_4$, Formel VIII (R = $CO-C_6H_4-C_6H_5$).

B. Beim Behandeln von (3aR)-5-Methoxy-9b-vinyl-(3ar,9ac,9bc)-1,2,3,3a,8,9,9a,9b-octahydro-phenanthro[4,5-bcd]furan-3c-ol mit Biphenyl-4-carbonylchlorid und Pyridin (*Rapoport, Payne*, Am. Soc. **74** [1952] 2630, 2634).

Krystalle (aus A.); F: 117–119° [korr.]. $[\alpha]_D^{20}$: −171° [Dioxan; c = 1].

b) **(3aR)-3t-[Biphenyl-4-carbonyloxy]-5-methoxy-9b-vinyl-(3ar,9ac,9bc)-1,2,3,3a,8,9,9a,9b-octahydro-phenanthro[4,5-bcd]furan** $C_{30}H_{28}O_4$, Formel IX (R = $CO-C_6H_4-C_6H_5$).

B. Beim Behandeln von (3aR)-5-Methoxy-9b-vinyl-(3ar,9ac,9bc)-1,2,3,3a,8,9,9a,9b-octahydro-phenanthro[4,5-bcd]furan-3t-ol mit Biphenyl-4-carbonylchlorid und Pyridin (*Rapoport*, J. org. chem. **13** [1948] 714, 720).

Krystalle (aus A.); F: 168–170° [korr.]. $[\alpha]_D^{20}$: +53,9° [Dioxan; c = 1].

Dihydroxy-Verbindungen $C_{18}H_{22}O_3$

3,17β-Diacetoxy-6α,7α-epoxy-östra-1,3,5(10)-trien, Di-*O*-acetyl-6α,7α-epoxy-östradiol $C_{22}H_{26}O_5$, Formel X.

B. Aus 3,17β-Diacetoxy-östra-1,3,5(10),6-tetraen beim Behandeln mit Monoperoxyphthalsäure in Äther und Tetrahydrofuran (*Iriarte et al.*, Am. Soc. **80** [1958] 6105, 6108).

Krystalle (aus Me.); F: 167–169° [unkorr.]. $[\alpha]_D^{20}$: −47° [$CHCl_3$]. UV-Absorptionsmaxima (A.): 269 nm und 276 nm.

Überführung in Östra-1,3,5(10)-trien-3,7α,17β-triol durch Erwärmen mit Lithiumalanat in Tetrahydrofuran: *Ir. et al.*, l. c. S. 6108. Beim Erwärmen mit Raney-Nickel und Äthanol und Behandeln des Reaktionsprodukts mit Acetanhydrid und Pyridin ist Di-*O*-acetyl-östradiol (3,17β-Diacetoxy-östra-1,3,5(10)-trien) erhalten worden (*Ir. et al.*, l. c. S. 6110).

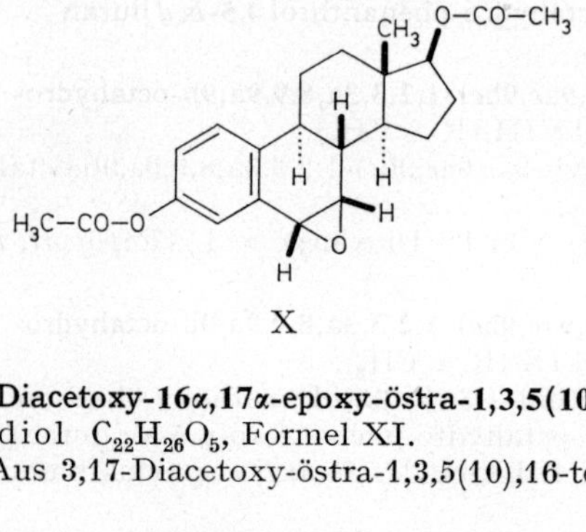

X 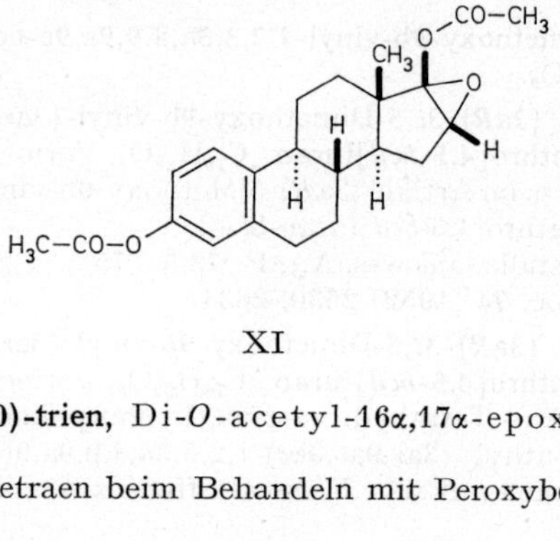   XI

3,17β-Diacetoxy-16α,17α-epoxy-östra-1,3,5(10)-trien, Di-*O*-acetyl-16α,17α-epoxyöstradiol $C_{22}H_{26}O_5$, Formel XI.

B. Aus 3,17-Diacetoxy-östra-1,3,5(10),16-tetraen beim Behandeln mit Peroxybenzoe säure in Benzol (*Leeds et al.*, Am. Soc. **76** [1954] 2943, 2947).

Krystalle (aus Acn. + PAe.); F: 150—152° [korr.]. $[\alpha]_D^{27}$: +94,9° [CHCl$_3$].

Beim Behandeln mit wss. Perchlorsäure und Essigsäure sowie beim Chromatographieren an Silicagel erfolgt Umwandlung in 3,16α-Diacetoxy-östra-1,3,5(10)-trien-17-on. Beim Behandeln mit Lithiumalanat in Äther und Benzol ist Östriol (Östra-1,3,5(10)-trien-3,16α, 17β-triol) erhalten worden.

Dihydroxy-Verbindungen C$_{20}$H$_{26}$O$_3$

(3bS)-7c-Hydroxymethyl-10b-methyl-(3br,10ac,10bt)-3b(?),4(?),5,6,7,8,9,10,10a,10b-decahydro-5at,8t-methano-cyclohepta[5,6]naphtho[2,1-b]furan-7t-ol, **Kahweol** C$_{20}$H$_{26}$O$_3$, vermutlich Formel XII (R = X = H).

Konstitution: *Kaufmann, Sen Gupta*, B. **96** [1963] 2489, **97** [1964] 2652; die Konfiguration ergibt sich aus der genetischen Beziehung zu Cafestol (S. 2151).

Isolierung aus dem Fett von gerösteten Kaffeebohnen: *Kaufmann, Sen Gupta*, Fette Seifen **65** [1963] 529. Ein von *Bengis, Anderson* (J. biol. Chem. **97** [1932] 99, 103) beschriebenes Präparat (Krystalle [aus Acn. + PAe.], F: 143—143,5°; $[\alpha]_D$: −204,5° [Me.]) ist nicht einheitlich gewesen (*Wettstein, Miescher*, Helv. **26** [1943] 631, 632).

Krystalle (aus Bzl. + PAe.); F: 88—90°; $[\alpha]_D^{20}$: −270° [Me.; c = 1] (*Ka., Sen G.*, Fette Seifen **65** 531). IR-Spektrum (CCl$_4$; 1—12 μ) sowie UV-Spektrum (Me.; 210 nm bis 320 nm): *Ka., Sen G.*, Fette Seifen **65** 531.

(3bS)-7c-Acetoxymethyl-10b-methyl-(3br,10ac,10bt)-3b(?),4(?),5,6,7,8,9,10,10a,10b-decahydro-5at,8t-methano-cyclohepta[5,6]naphtho[2,1-b]furan-7t-ol, O-Acetyl-kahweol C$_{22}$H$_{28}$O$_4$, vermutlich Formel XII (R = CO-CH$_3$, X = H).

B. Neben der im folgenden Artikel beschriebenen Verbindung beim Behandeln von Kahweol (s. o.) mit Acetanhydrid und Pyridin (*Kaufmann, Sen Gupta*, Fette Seifen **65** [1963] 529, 531).

Krystalle (aus Cyclohexan); F: 118—120°. $[\alpha]_D^{20}$: −265° [Lösungsmittel nicht angegeben].

(3bS)-7t-Acetoxy-7c-acetoxymethyl-10b-methyl-(3br,10ac,10bt)-3b(?),4(?),5,6,7,8,9,-10,10a,10b-decahydro-5at,8t-methano-cyclohepta[5,6]naphtho[2,1-b]furan, **Di-O-acetyl-kahweol** C$_{24}$H$_{30}$O$_5$, vermutlich Formel XII (R = X = CO-CH$_3$).

B. s. im vorangehenden Artikel.

Krystalle (aus Me.), F: 115°; $[\alpha]_D^{20}$: −245° [Lösungsmittel nicht angegeben] (*Kaufmann, Sen Gupta*, Fette Seifen **65** [1963] 529, 531).

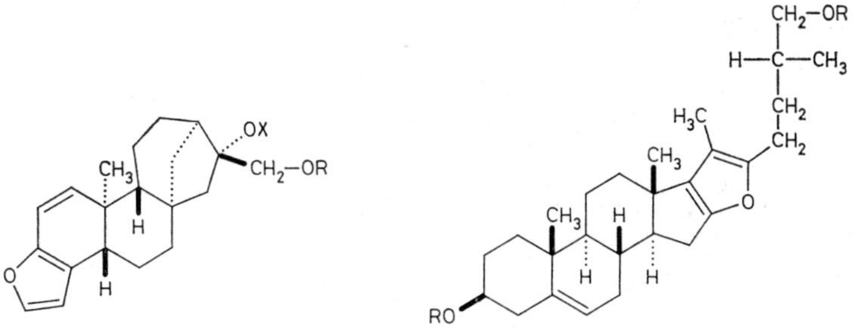

XII   XIII

Dihydroxy-Verbindungen C$_{27}$H$_{40}$O$_3$

(25R)-Furosta-5,16,20(22)-trien-3β,26-diol, **Pseudokryptogenin**, Pseudopennogenin C$_{27}$H$_{40}$O$_3$, Formel XIII (R = H).

B. Beim Erhitzen von Di-O-acetyl-kryptogenin ((25R)-3β,26-Diacetoxy-cholest-5-en-16,22-dion) mit Acetanhydrid auf 200° und Behandeln des Reaktionsprodukts mit Kaliumhydrogencarbonat und wss. Äthanol (*Marker et al.*, Am. Soc. **69** [1947] 2167, 2200). Beim Erhitzen von Di-O-acetyl-kryptogenin mit Toluol-4-sulfonsäure und Acetanhydrid und Erwärmen des Reaktionsprodukts mit wss.-methanol. Kalilauge (*Sandoval et al.*, Am. Soc. **73** [1951] 3820, 3822). Beim Erhitzen von Di-*O*-acetyl-nologenin [(25*R*)-3β,26-Di$\approx$ acetoxy-20ξH,22ξH-furost-5-en-17,20-diol] (*Parke, Davis & Co.*, U.S.P. 2408832 [1944]) oder von (25*R*)-3β-Acetoxy-22αO-spirost-5-en-17-ol (*Ma. et al.*, l. c. S. 2208) mit Acet$\approx$ anhydrid auf 200° und Behandeln des jeweiligen Reaktionsprodukts mit äthanol. Kali$\approx$ lauge.

Krystalle; F: 192—193° [aus Me.] (*Ma. et al.*, l. c. S. 2208), 189—191° [aus Bzl. + Me.] (*Sa. et al.*). [α]$_D^{20}$: —39° [CHCl$_3$] (*Sa. et al.*). UV-Spektrum (A.; 230—270 nm): *Ma. et al.*, l. c. S. 2200. UV-Absorptionsmaximum (A.): 226 nm (*Sa. et al.*).

Überführung in Kryptogenin ((25*R*)-3β,26-Dihydroxy-cholest-5-en-16,22-dion) durch Erwärmen mit wss.-äthanol. Salzsäure: *Ma. et al.*, l. c. S. 2200. Bei der Hydrierung an Platin in Essigsäure ist (25*R*)-5α,20αH,22αH-Furostan-3β,26-diol (*Ma. et al.*, l. c. S. 2200), bei der Hydrierung an Raney-Nickel in Äthanol oder an Palladium/Bariumsulfat in Äthyl$\approx$ acetat ist hingegen (25*R*)-Furosta-5,20(22)-dien-3β,26-diol (*Kaufmann, Rosenkranz*, Am. Soc. **70** [1948] 3502, 3504) erhalten worden.

(25*R*)-3β,26-Diacetoxy-furosta-5,16,20(22)-trien, Di-*O*-acetyl-pseudokryptogenin C$_{31}$H$_{44}$O$_5$, Formel XIII (R = CO-CH$_3$).

B. Beim Erhitzen von Pseudokryptogenin (S. 2167) mit Acetanhydrid (*Kaufmann, Rosenkranz*, Am. Soc. **70** [1948] 3502, 3504; *Sandoval et al.*, Am. Soc. **73** [1951] 3820, 3822).

Krystalle, F: 94—95° [aus Me.] (*Sa. et al.*), 93—94° (*Ka., Ro.*); Krystalle (aus Me.) mit 1 Mol Methanol (?), F: 124—126° (*Parke, Davis & Co.*, U.S.P. 2408832 [1944]; s. a. *Marker et al.*, Am. Soc. **69** [1947] 2167, 2208). [α]$_D^{20}$: —44° [CHCl$_3$] (*Sa. et al.*); [α]$_D^{20}$: —35° [A.] (*Ka., Ro.*). UV-Absorptionsmaximum (A.): 226 nm (*Sa. et al.*).

Beim Behandeln mit Chrom(VI)-oxid und wss. Essigsäure ist 3β,26-Diacetoxy-cholesta-5,17(20)-dien-16,22-dion erhalten worden (*Sa. et al.*). Hydrierung an Raney-Nickel in Äthanol oder an Palladium/Bariumsulfat in Äthylacetat unter Bildung von (25*R*)-3β,$\approx$ 26-Diacetoxy-furosta-5,20(22)-dien: *Ka., Ro.*

Dihydroxy-Verbindungen C$_n$H$_{2n-16}$O$_3$

Dihydroxy-Verbindungen C$_{12}$H$_8$O$_3$

6-Methoxy-naphtho[2,3-*b*]furan-3-ol C$_{13}$H$_{10}$O$_3$, Formel I, und **6-Methoxy-naphtho$\approx$ [2,3-*b*]furan-3-on** C$_{13}$H$_{10}$O$_3$, Formel II.

B. Beim Erwärmen von 2-Diazo-1-[3,7-dimethoxy-[2]naphthyl]-äthanon in Essigsäure (*Haberland, Siegert*, B. **71** [1938] 2619, 2620).

Krystalle; F: 172°.

I   II   III

2-Äthoxy-naphtho[1,2-*b*]furan-5-ol C$_{14}$H$_{12}$O$_3$, Formel III.

B. In geringer Menge beim Erhitzen von [1,4]Naphthochinon mit Keten-diäthylacetal (*McElvain, Engelhardt*, Am. Soc. **66** [1944] 1077, 1082).

Krystalle (aus Bzl. + PAe.); F: 106—108° [nach Sublimation im Vakuum].

5-Methoxy-naphtho[1,2-*b*]furan-3-ol C$_{13}$H$_{10}$O$_3$, Formel IV, und **5-Methoxy-naphtho$\approx$ [1,2-*b*]furan-3-on** C$_{13}$H$_{10}$O$_3$, Formel V.

B. Beim Erwärmen von 2-Chlor-1-[1,4-dimethoxy-[2]naphthyl]-äthanon mit Calcium$\approx$

carbonat und wss. Methanol (*Spruit*, R. **67** [1948] 285, 295).
Krystalle (aus PAe.); F: 143° [unkorr.].

Naphtho[1,2-*b*]thiophen-3,7-diol $C_{12}H_8O_2S$, Formel VI (R = H), und **7-Hydroxy-naphtho[1,2-*b*]thiophen-3-on** $C_{12}H_8O_2S$, Formel VII (R = H).

B. Beim Erhitzen von [6-Hydroxy-[1]naphthylmercapto]-essigsäure mit Phosphor(V)-oxid in 1,1,2,2-Tetrachlor-äthan auf 120° und Behandeln des Reaktionsprodukts mit wss. Kalilauge (*Jusa, Steckler*, M. **72** [1939] 143, 164).
F: 102—105° [nach Destillation im Hochvakuum].

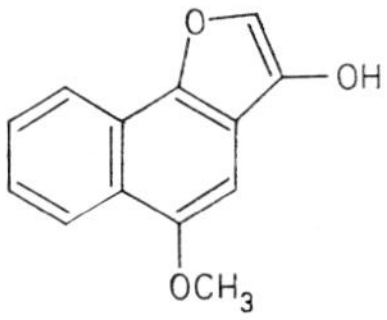

IV 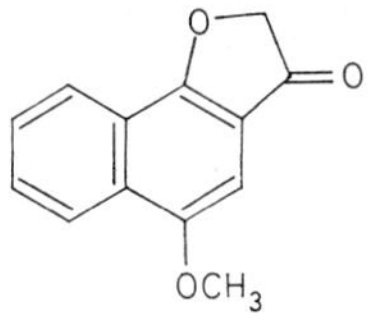   V 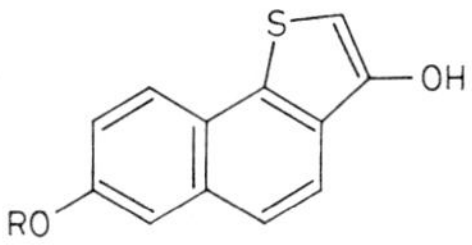   VI 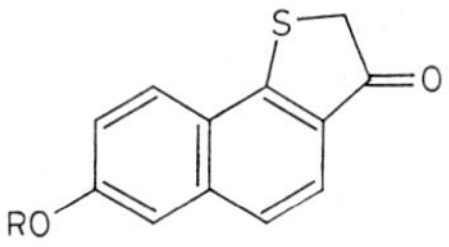   VII

7-Methoxy-naphtho[1,2-*b*]thiophen-3-ol $C_{13}H_{10}O_2S$, Formel VI (R = CH_3), und **7-Methoxy-naphtho[1,2-*b*]thiophen-3-on** $C_{13}H_{10}O_2S$, Formel VII (R = CH_3).

B. Aus 6-Methoxy-[2]naphthylamin über mehrere Stufen (*I.G. Farbenind.*, D.R.P. 568568 [1930]; Frdl. **19** 1828; *Gen. Aniline Works*, U.S.P. 1961628 [1931]).
Krystalle (aus Bzn.); F: 173°.

Naphtho[1,2-*b*]thiophen-3,8-diol $C_{12}H_8O_2S$, Formel VIII, und **8-Hydroxy-naphtho[1,2-*b*]thiophen-3-on** $C_{12}H_8O_2S$, Formel IX.

B. Beim Erhitzen von [7-Hydroxy-[1]naphthylmercapto]-essigsäure mit Phosphor(V)-oxid in 1,1,2,2-Tetrachlor-äthan auf 120° und Behandeln des Reaktionsprodukts mit wss. Kalilauge (*Jusa, Steckler*, M. **72** [1939] 143, 164).
Krystalle; F: 137—139° [durch Destillation mit Wasserdampf gereinigtes Präparat].

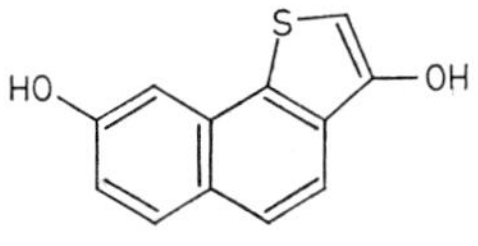

VIII 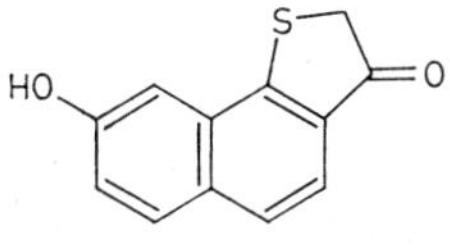   IX 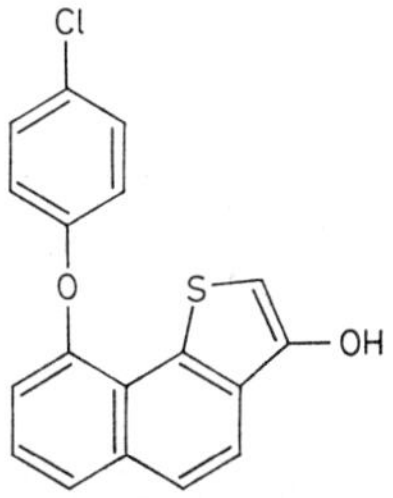   X 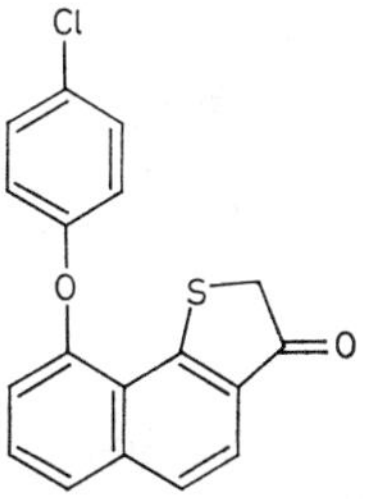   XI

9-[4-Chlor-phenoxy]-naphtho[1,2-*b*]thiophen-3-ol $C_{18}H_{11}ClO_2S$, Formel X, und **9-[4-Chlor-phenoxy]-naphtho[1,2-*b*]thiophen-3-on** $C_{18}H_{11}ClO_2S$, Formel XI.

B. Beim Erwärmen von [8-(4-Chlor-phenoxy)-[1]naphthylmercapto]-essigsäure mit Phosphor(III)-chlorid in Chlorbenzol und anschliessend mit Aluminiumchlorid (*Farbenfabr. Bayer*, D.B.P. 911063 [1951]).
Krystalle (aus Bzl.); F: 146—148°.

7-Chlor-5-methoxy-naphtho[2,1-*b*]thiophen-1-ol $C_{13}H_9ClO_2S$, Formel XII (R = CH_3), und **7-Chlor-5-methoxy-naphtho[2,1-*b*]thiophen-1-on** $C_{13}H_9ClO_2S$, Formel XIII (R = CH_3).

B. Beim Erwärmen von [6-Chlor-4-methoxy-[2]naphthylmercapto]-essigsäure mit Phosphor(III)-chlorid in Chlorbenzol und anschliessend mit Aluminiumchlorid (*I.G. Farbenind.*, D.R.P. 559524 [1931]; Frdl. **19** 783).
Krystalle (aus Eg.); F: 209°.

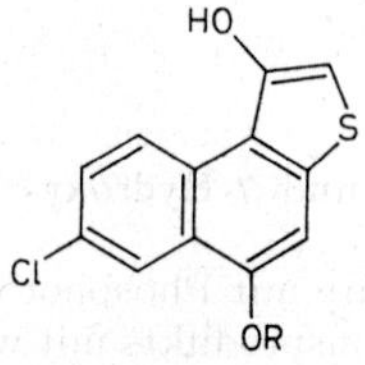

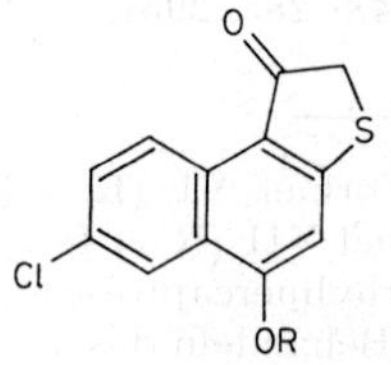

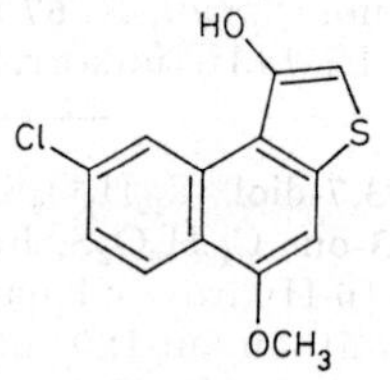

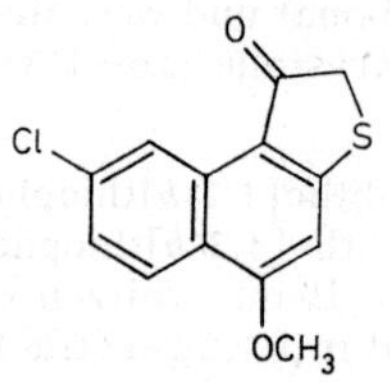

XII   XIII   XIV   XV

5-Äthoxy-7-chlor-naphtho[2,1-*b*]thiophen-1-ol $C_{14}H_{11}ClO_2S$, Formel XII (R = C_2H_5), und **5-Äthoxy-7-chlor-naphtho[2,1-*b*]thiophen-1-on** $C_{14}H_{11}ClO_2S$, Formel XIII (R = C_2H_5).

B. Aus [4-Äthoxy-6-chlor-[2]naphthylmercapto]-essigsäure beim Erwärmen mit Phos‑phor(III)-chlorid in Chlorbenzol und anschliessend mit Aluminiumchlorid (*I.G. Farben‑ind.*, D.R.P. 559524 [1931]; Frdl. **19** 783).

F: 203°.

8-Chlor-5-methoxy-naphtho[2,1-*b*]thiophen-1-ol $C_{13}H_9ClO_2S$, Formel XIV, und **8-Chlor-5-methoxy-naphtho[2,1-*b*]thiophen-1-on** $C_{13}H_9ClO_2S$, Formel XV.

B. Beim Erwärmen von [7-Chlor-4-methoxy-[2]naphthylmercapto]-essigsäure mit Phosphor(III)-chlorid in Chlorbenzol und anschliessend mit Aluminiumchlorid (*I.G. Far‑benind.*, D.R.P. 559524 [1931]; Frdl. **19** 783).

Krystalle (aus Eg.); F: 242°.

Naphtho[2,1-*b*]thiophen-1,7-diol $C_{12}H_8O_2S$, Formel I, und **7-Hydroxy-naphtho[2,1-*b*]‑thiophen-1-on** $C_{12}H_8O_2S$, Formel II.

B. Beim Erwärmen von [6-Hydroxy-[2]naphthylmercapto]-essigsäure mit Phosphor(V)-oxid in 1,1,2,2-Tetrachlor-äthan und Behandeln des Reaktionsprodukts mit wss. Kali‑lauge (*Jusa, Steckler*, M. **72** [1939] 143, 164).

Krystalle; F: 130—133° [Zers.; nach Destillation im Hochvakuum].

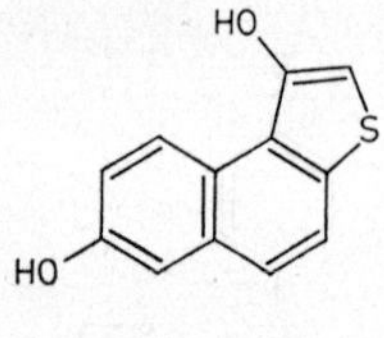

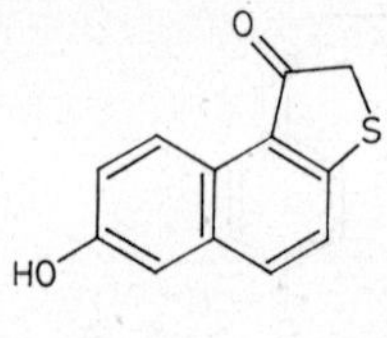

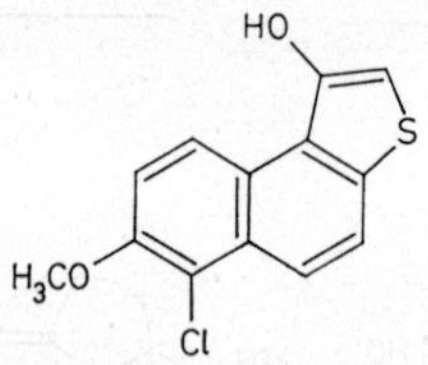

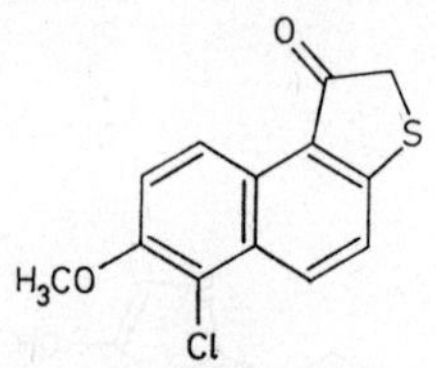

I   II   III   IV

6-Chlor-7-methoxy-naphtho[2,1-*b*]thiophen-1-ol $C_{13}H_9ClO_2S$, Formel III, und **6-Chlor-7-methoxy-naphtho[2,1-*b*]thiophen-1-on** $C_{13}H_9ClO_2S$, Formel IV.

B. Aus [5-Chlor-6-methoxy-[2]naphthylmercapto]-essigsäure mit Hilfe von Phos‑phor(III)-chlorid und von Aluminiumchlorid (*CIBA*, D.R.P. 743675 [1937]; D.R.P. Org. Chem. **1**, Tl. 2, S. 694; U.S.P. 2250630 [1938]).

Krystalle (aus 1,2-Dichlor-benzol); F: 265—266°.

Naphtho[2,1-*b*]thiophen-1,8-diol $C_{12}H_8O_2S$, Formel V, und **8-Hydroxy-naphtho[2,1-*b*]‑thiophen-1-on** $C_{12}H_8O_2S$, Formel VI.

B. Beim Erhitzen von [7-Hydroxy-[2]naphthylmercapto]-essigsäure mit Phosphor(V)-oxid in 1,1,2,2-Tetrachlor-äthan auf 120° und Behandeln des Reaktionsprodukts mit wss. Kalilauge (*Jusa, Steckler*, M. **72** [1939] 143, 164).

Krystalle; F: 92° [nach Destillation im Hochvakuum].

8-Äthoxy-7-chlor-naphtho[2,1-*b*]thiophen-1-ol $C_{14}H_{11}ClO_2S$, Formel VII (R = C_2H_5), und **8-Äthoxy-7-chlor-naphtho[2,1-*b*]thiophen-1-on** $C_{14}H_{11}ClO_2S$, Formel VIII (R = C_2H_5).

B. Beim Erwärmen von [7-Äthoxy-6-chlor-[2]naphthylmercapto]-essigsäure mit

Phosphor(V)-chlorid in Benzol und anschliessend mit Aluminiumchlorid (*I.G. Farbenind.*, Schweiz.P. 156927 [1931]).
Krystalle (aus Eg.); F: 240°.

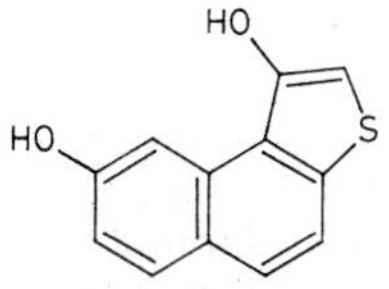

V 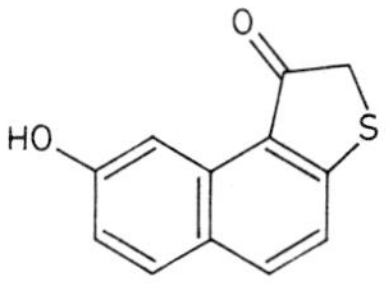   VI 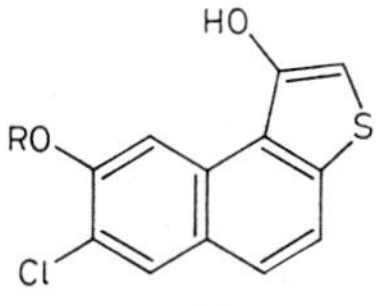   VII 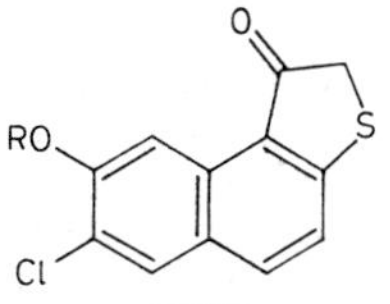   VIII

2-Methoxy-dibenzofuran-1-ol C$_{13}$H$_{10}$O$_3$, Formel IX (R = H).
B. Beim Behandeln eines Gemisches von 1-Brom-2-methoxy-dibenzofuran und Butyl-bromid mit Magnesium in Äther und Benzol und anschliessend mit Sauerstoff (*Gilman, Van Ess*, Am. Soc. **61** [1939] 1365, 1368).
Krystalle (aus PAe.); F: 111—111,5°.

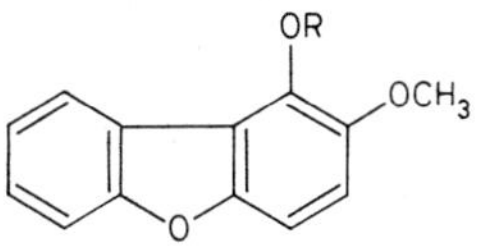

IX 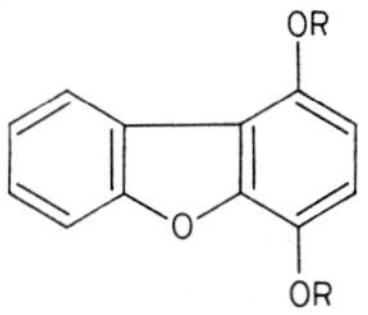   X 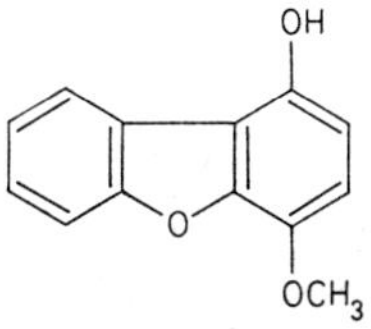   XI 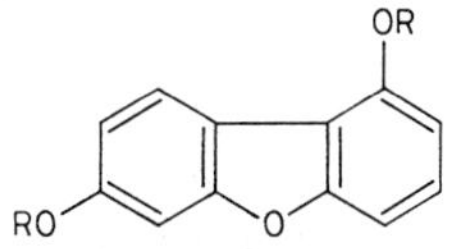   XII

1,2-Dimethoxy-dibenzofuran C$_{14}$H$_{12}$O$_3$, Formel IX (R = CH$_3$).
B. Beim Erwärmen von 2-Methoxy-dibenzofuran-1-ol mit Methyljodid und Kalium-carbonat in Aceton (*Gilman, Van Ess*, Am. Soc. **61** [1939] 1365, 1368).
Krystalle (aus PAe.); F: 79°.

Dibenzofuran-1,4-diol C$_{12}$H$_8$O$_3$, Formel X (R = H).
B. Aus 4-Methoxy-dibenzofuran-1-ol beim Erhitzen mit wss. Jodwasserstoffsäure und Phosphor (*Gilman, Van Ess*, Am. Soc. **61** [1939] 1365, 1369). Aus Dibenzofuran-1,4-chinon mit Hilfe von Zink und Essigsäure (*Adler, Magnusson*, Acta chem. scand. **13** [1959] 505, 517).
Krystalle (aus W.); F: 217—219° (*Ad., Ma.*), 217—218° [Zers.] (*Gi., Van Ess*).

4-Methoxy-dibenzofuran-1-ol C$_{13}$H$_{10}$O$_3$, Formel XI.
B. Beim Behandeln eines Gemisches von 1-Brom-4-methoxy-dibenzofuran und Butyl-bromid mit Magnesium in Äther und Benzol und anschliessend mit Sauerstoff (*Gilman, Van Ess*, Am. Soc. **61** [1939] 1365, 1369).
Krystalle (aus wss. A.); F: 155°.

1,4-Dimethoxy-dibenzofuran C$_{14}$H$_{12}$O$_3$, Formel X (R = CH$_3$).
B. Beim Behandeln von 4-Methoxy-dibenzofuran-1-ol mit wss. Natronlauge und Di-methylsulfat (*Gilman, Van Ess*, Am. Soc. **61** [1939] 1365, 1369).
Krystalle (aus PAe.); F: 78,5°.

Dibenzofuran-1,7-diol C$_{12}$H$_8$O$_3$, Formel XII (R = H).
B. Aus 2,4,2',6'-Tetramethoxy-biphenyl beim Erhitzen mit wss. Bromwasserstoffsäure (*Wachtmeister*, Acta chem. scand. **8** [1954] 1433, 1440).
Krystalle (aus Bzl.); F: 163,5—164,5° und F: 156—157° [unkorr.].

1,7-Dimethoxy-dibenzofuran C$_{14}$H$_{12}$O$_3$, Formel XII (R = CH$_3$).
B. Beim Behandeln von Dibenzofuran-1,7-diol mit Diazomethan in Äther (*Wacht-meister*, Acta chem. scand. **8** [1954] 1433, 1441).
Krystalle (aus wss. Eg.); F: 67—68°.

1,7-Diacetoxy-dibenzofuran $C_{16}H_{12}O_5$, Formel XII (R = CO-CH$_3$).

B. Beim Behandeln von Dibenzofuran-1,7-diol mit Acetanhydrid und Pyridin (*Wacht-meister*, Acta chem. scand. **8** [1954] 1433, 1441).

Krystalle (aus Me.); F: 142—143° [unkorr.].

Dibenzofuran-1,8-diol $C_{12}H_8O_3$, Formel I (R = H).

B. Aus 2′,6′-Dichlor-biphenyl-2,5-diol beim Erhitzen mit wss. Natronlauge unter Zusatz von Natriumdithionit (*I.G. Farbenind.*, D.R.P. 679976 [1936]; D.R.P. Org. Chem. **6** 2377; *Gen. Aniline Works*, U.S.P. 2172572 [1936]). Aus 9-Chlor-dibenzofuran-2-ol beim Erhitzen mit Kaliumhydroxid und Natriumacetat (*Schimmelschmidt*, A. **566** [1950] 184, 203).

F: 241—242° (*I.G. Farbenind.*; *Gen. Aniline Works*); F: 184—185° (*Sch.*).

Diacetyl-Derivat (F: 128—130°) s. u.

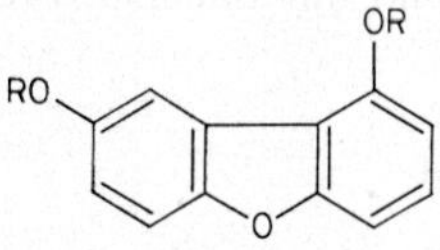

RO⎯⎯OR ⎯⎯ OCH$_3$ ⎯⎯ OH⎯⎯OH

I 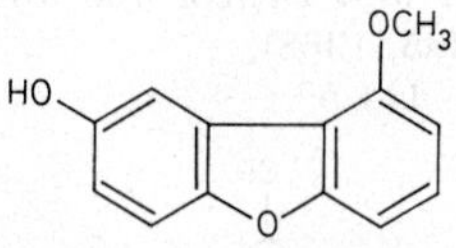   II 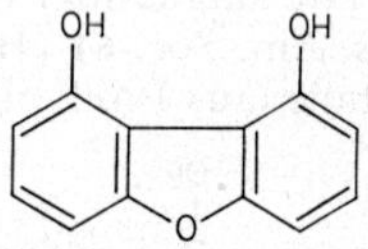   III

9-Methoxy-dibenzofuran-2-ol $C_{13}H_{10}O_3$, Formel II.

B. Neben Dibenzofuran-1,8-diol (F: 184—185°) beim Erhitzen von 2′-Chlor-6′-methoxy-biphenyl-2,5-diol mit Kaliumhydroxid und Natriumacetat unter Zusatz von Natrium-dithionit (*Schimmelschmidt*, A. **566** [1950] 184, 202).

F: 145—146°.

1,8-Dimethoxy-dibenzofuran $C_{14}H_{12}O_3$, Formel I (R = CH$_3$).

B. Aus Dibenzofuran-1,8-diol (*Schimmelschmidt*, A. **566** [1950] 184, 202).

Krystalle (aus Eg.); F: 70—71°.

1,8-Diacetoxy-dibenzofuran $C_{16}H_{12}O_5$, Formel I (R = CO-CH$_3$).

B. Aus Dibenzofuran-1,8-diol (*Schimmelschmidt*, A. **566** [1950] 184, 202).

F: 128—130°.

Dibenzofuran-1,9-diol $C_{12}H_8O_3$, Formel III.

B. Aus Biphenyl-2,6,2′,6′-tetraol beim Erhitzen mit Zinkchlorid auf 250° (*Simada, Hata*, Scient. Pap. Inst. phys. chem. Res. **35** [1939] 365, 371).

Krystalle (aus W.); F: 215°.

Dibenzofuran-2,7-diol $C_{12}H_8O_3$, Formel IV (R = H).

B. Aus 2′,4′-Dichlor-biphenyl-2,5-diol beim Erhitzen mit wss. Natronlauge unter Zusatz von Natriumdithionit auf 260° (*I.G. Farbenind.*, D.R.P. 679976 [1936]; D.R.P. Org. Chem. **6** 2377; *Gen. Aniline Works*, U.S.P. 2172572 [1936]). Aus 2′-Chlor-4′-methoxy-biphenyl-2,5-diol beim Erhitzen mit Kaliumhydroxid und Natriumacetat unter Zusatz von Natriumdithionit auf 250° (*Schimmelschmidt*, A. **566** [1950] 184, 201). Aus 6-Chlor-dibenzofuran-2-ol oder aus 7-Chlor-dibenzofuran-2-ol beim Erhitzen mit Kaliumhydroxid und Natriumacetat auf 250° (*Sch.*, l. c. S. 202).

Krystalle (aus Chlorbenzol); F: 196—197° (*Sch.*), 192—193° (*I.G. Farbenind.*; *Gen. Aniline Works*).

Diacetyl-Derivat (F: 164—165°) s. S. 2173.

Diese Verbindung hat vermutlich auch in einem ursprünglich (*I.G. Farbenind.*; *Gen. Aniline Works*) als Dibenzofuran-2,6-diol $C_{12}H_8O_3$ (Formel V) angesehenen, beim Erhitzen von 2′,3′-Dichlor-biphenyl-2,5-diol mit wss. Natronlauge unter Zusatz von Natriumdithionit auf 270° erhaltenen Präparat (F: 194—195°) vorgelegen (vgl. *Sch.*, l. c. S. 193, 202).

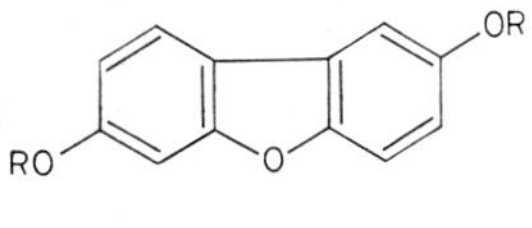

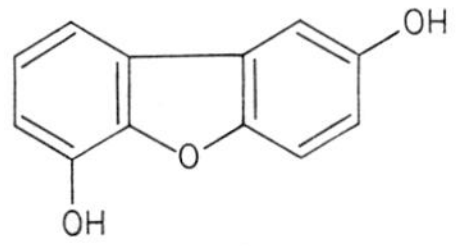

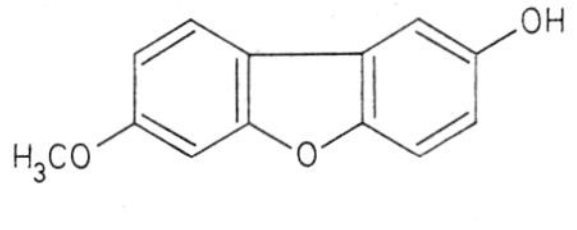

IV   V   VI

7-Methoxy-dibenzofuran-2-ol $C_{13}H_{10}O_3$, Formel VI.

B. Aus 2'-Chlor-4'-methoxy-biphenyl-2,5-diol beim Erhitzen mit Kaliumhydroxid und Natriumacetat unter Zusatz von Natriumdithionit bis auf 210° (*Schimmelschmidt*, A. **566** [1950] 184, 201; s. a. *I.G. Farbenind.*, D.R.P. 679976 [1936]; D.R.P. Org. Chem. **6** 2377; *Gen. Aniline Works*, U.S.P. 2172572 [1936]).

Krystalle; F: 151—152° [aus Toluol] (*I.G. Farbenind.*; *Gen. Aniline Works*), 146—147° [aus Bzl.] (*Sch.*). Kp$_3$: 230° (*Sch.*).

2,7-Dimethoxy-dibenzofuran $C_{14}H_{12}O_3$, Formel IV (R = CH$_3$).

B. Beim Behandeln von 7-Methoxy-dibenzofuran-2-ol mit wss. Kalilauge und Dimethyl≈ sulfat (*Schimmelschmidt*, A. **566** [1950] 184, 201).

Krystalle (aus Eg.); F: 112—113°. Kp$_3$: 197—198°.

2,7-Diacetoxy-dibenzofuran $C_{16}H_{12}O_5$, Formel IV (R = CO-CH$_3$).

B. Aus Dibenzofuran-2,7-diol (*Schimmelschmidt*, A. **566** [1950] 184, 201).

F: 164—165°.

2,7-Dimethoxy-3(?)-nitro-dibenzofuran $C_{14}H_{11}NO_5$, vermutlich Formel VII.

B. Beim Behandeln einer Lösung von 2,7-Dimethoxy-dibenzofuran in Essigsäure mit wss. Salpetersäure (*I.G. Farbenind.*, D.R.P. 681640 [1936]; D.R.P. Org. Chem. **6** 2380; *Gen. Aniline Works*, U.S.P. 2121331 [1937]).

Krystalle; F: 172—173°.

Dibenzofuran-2,8-diol $C_{12}H_8O_3$, Formel VIII (R = H).

B. Aus 2'-Chlor-5'-methoxy-biphenyl-2,5-diol beim Erhitzen mit Kaliumhydroxid und Natriumacetat unter Zusatz von Natriumdithionit bis auf 280° (*I.G. Farbenind.*, D.R.P. 679976 [1936]; D.R.P. Org. Chem. **6** 2377; *Gen. Aniline Works*, U.S.P. 2172572 [1936]; s. a. *Schimmelschmidt*, A. **566** [1950] 184, 201). Aus 8-Chlor-dibenzofuran-2-ol beim Er≈ hitzen mit wss. Natronlauge unter Zusatz von Kupfer-Pulver auf 270° (*Sch.*, l. c. S. 203).

F: 243—244° (*I.G. Farbenind.*; *Gen. Aniline Works*), 242—243° (*Swislowsky*, Iowa Coll. J. **14** [1939] 92), 239—240° [aus Chlorbenzol] (*Sch.*).

Diacetyl-Derivat (F: 154—155° bzw. F: 150—151°) s. S. 2174.

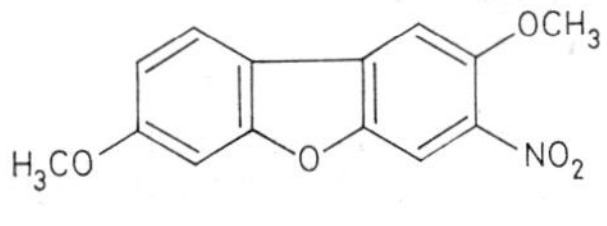

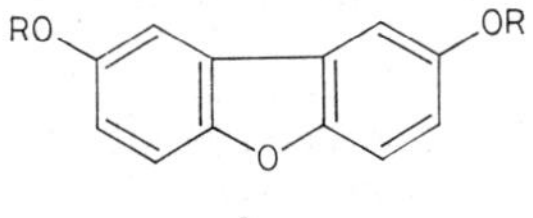

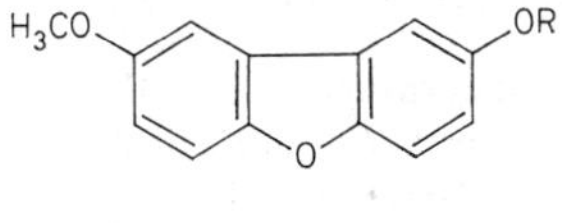

VII   VIII   IX

8-Methoxy-dibenzofuran-2-ol $C_{13}H_{10}O_3$, Formel IX (R = H).

B. Aus 2'-Chlor-5'-methoxy-biphenyl-2,5-diol beim Erhitzen mit Kaliumhydroxid und Natriumacetat unter Zusatz von Natriumdithionit auf 185—190° (*Schimmelschmidt*, A. **566** [1950] 184, 201).

F: 116—118°. Kp$_3$: 180—185°.

2,8-Dimethoxy-dibenzofuran $C_{14}H_{12}O_3$, Formel VIII (R = CH$_3$).

B. Beim Erhitzen von 2,8-Dibrom-dibenzofuran mit Natriumhydroxid unter Zusatz von Kupfer-Pulver und wss. Kupfer(II)-sulfat-Lösung auf 240° und Erwärmen des Reak≈ tionsprodukts mit Dimethylsulfat und wss. Natronlauge (*Gilman et al.*, Am. Soc. **66** [1944] 798, 799). Aus Dibenzofuran-2,8-diol (oder 8-Methoxy-dibenzofuran-2-ol) und Dimethyl≈ sulfat (*Schimmelschmidt*, A. **566** [1950] 184, 201, 203).

Krystalle; F: 89—90° [aus Cyclohexan] (*Sch.*), 88—89° [aus A.] (*Gi. et al.*). Kp$_5$: 187° (*Gi. et al.*).

Verbindung mit Pikrinsäure. F: 117—118° (*Swislowsky*, Iowa Coll. J. **14** [1939] 92).

2-Acetoxy-8-methoxy-dibenzofuran $C_{15}H_{12}O_4$, Formel IX (R = CO-CH$_3$).
Über ein aus 2,8-Dimethoxy-dibenzofuran durch Hydrolyse und Acetylierung erhaltenes Präparat (F: 110°) von ungewisser Einheitlichkeit s. *Swislowsky*, Iowa Coll. J. **14** [1939] 92.

2,8-Diacetoxy-dibenzofuran $C_{16}H_{12}O_5$, Formel VIII (R = CO-CH$_3$).
B. Aus Dibenzofuran-2,8-diol (*Swislowsky*, Iowa Coll. J. **14** [1939] 92; *Schimmelschmidt*, A. **566** [1950] 184, 201).
F: 154—155° (*Sch.*), 150—151° (*Sw.*).

3-Brom-2,8-dimethoxy-dibenzofuran $C_{14}H_{11}BrO_3$, Formel X (X = H).
B. Aus 2,8-Dimethoxy-dibenzofuran (*Hogg*, Iowa Coll. J. **20** [1945] 15, 16).
F: 115—116°.

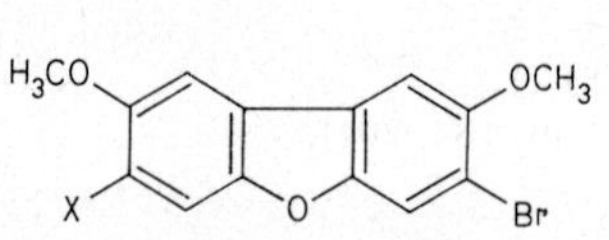

X 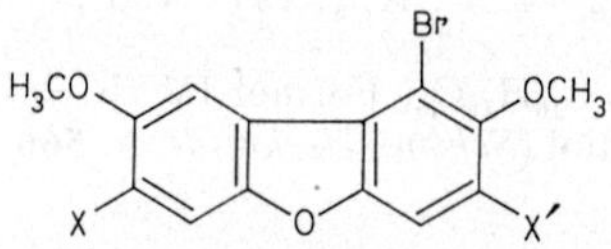   XI 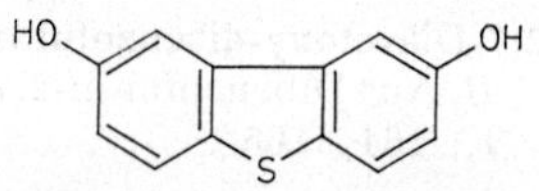   XII

1,3-Dibrom-2,8-dimethoxy-dibenzofuran $C_{14}H_{10}Br_2O_3$, Formel XI (X = H, X' = Br), und **1,7-Dibrom-2,8-dimethoxy-dibenzofuran** $C_{14}H_{10}Br_2O_3$, Formel XI (X = Br, X' = H).
Diese Konstitutionsformeln sind nach *Hogg* (Iowa Coll. J. **20** [1945] 15, 16) für die nachstehend beschriebene, ursprünglich als 1,9-Dibrom-2,8-dimethoxy-dibenzofuran angesehene Verbindung in Betracht zu ziehen.
B. Bei der Umsetzung von Dibenzofuran-2,8-diol mit Brom und Methylierung des erhaltenen 1,3 (oder 1,7)-Dibrom-dibenzofuran-2,8-diols [$C_{12}H_6Br_2O_3$; F: 201° bis 202°; Diacetyl-Derivat $C_{16}H_{10}Br_2O_5$: F: 173,5—174°] (*Swislowsky*, Iowa Coll. J. **14** [1939] 92). Neben 3,7-Dibrom-2,8-dimethoxy-dibenzofuran beim Behandeln von 2,8-Dimethoxy-dibenzofuran mit Brom in Essigsäure (*Gilman et al.*, Am. Soc. **66** [1944] 798, 800).
Krystalle; F: 196—197° [aus Isopropylalkohol] (*Gi. et al.*).

3,7-Dibrom-2,8-dimethoxy-dibenzofuran $C_{14}H_{10}Br_2O_3$, Formel X (X = Br).
B. s. im vorangehenden Artikel.
Krystalle (aus Eg.); F: 260—261° (*Gilman et al.*, Am. Soc. **66** [1944] 798, 800).

Dibenzothiophen-2,8-diol $C_{12}H_8O_2S$, Formel XII.
B. Aus 2,8-Dibrom-dibenzothiophen beim Erhitzen mit Bariumhydroxid und Wasser unter Zusatz von Kupfer-Pulver auf 250° (*Socony-Vacuum Oil Co.*, U.S.P. 2479513 [1947], 2571384 [1947]).
Krystalle (aus wss. Me.); F: 278—279° [unkorr.].

5,5-Dioxo-5λ⁶-dibenzothiophen-2,8(?)-diol $C_{12}H_8O_4S$, vermutlich Formel I (R = H).
B. Aus 5,5-Dioxo-5λ⁶-dibenzothiophen-2,8-disulfonsäure beim Erhitzen mit wss. Natronlauge bis auf 230° (*Courtot*, C. r. **198** [1934] 2260).
F: 331°.

2,8(?)-Bis-benzoyloxy-5,5-dioxo-5λ⁶-dibenzothiophen, 2,8(?)-Bis-benzoyloxy-dibenzothiophen-5,5-dioxid $C_{26}H_{16}O_6S$, vermutlich Formel I (R = CO-C$_6$H$_5$).
B. Aus der im vorangehenden Artikel beschriebenen Verbindung (*Courtot*, C. r. **198** [1934] 2260).
F: 227—228°.

Dibenzofuran-3,4-diol $C_{12}H_8O_3$, Formel II (R = H).

B. Beim Erhitzen einer Lösung von 4-Methoxy-dibenzofuran-3-ol in Essigsäure mit wss. Bromwasserstoffsäure (*Gilman, Cheney*, Am. Soc. **61** [1939] 3149, 3152).
Krystalle (aus W.); F: 164—164,5°.

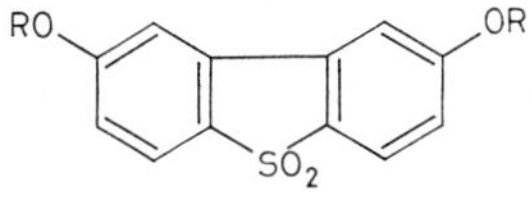

I 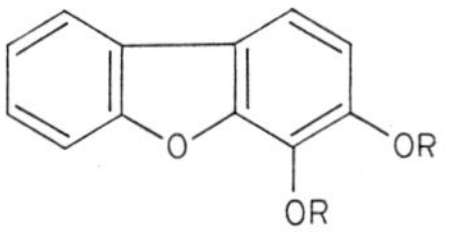   II 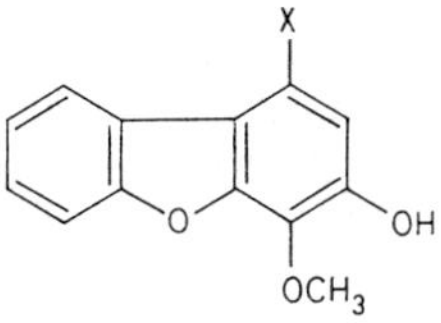   III

4-Methoxy-dibenzofuran-3-ol $C_{13}H_{10}O_3$, Formel III (X = H).

B. Beim Erwärmen der aus 3-Amino-4-methoxy-dibenzofuran hergestellten Diazonium-Verbindung mit wss. Kupfer(II)-sulfat-Lösung (*Gilman et al.*, Am. Soc. **61** [1939] 951, 953).
Krystalle (aus wss. A.); F: 109—110°.

3,4-Dimethoxy-dibenzofuran $C_{14}H_{12}O_3$, Formel II (R = CH$_3$).

B. Beim Behandeln von 4-Methoxy-dibenzofuran-3-ol mit wss. Natronlauge und Dimethylsulfat (*Gilman, Cheney*, Am. Soc. **61** [1939] 3149, 3152).
Krystalle (aus PAe.); F: 60—61°.
Beim Behandeln mit Acetylchlorid und Aluminiumchlorid in Nitrobenzol ist 1-[3,4-Di=methoxy-dibenzofuran-1-yl]-äthanon erhalten worden.

3,4-Diacetoxy-dibenzofuran $C_{16}H_{12}O_5$, Formel II (R = CO-CH$_3$).

B. Beim Behandeln von Dibenzofuran-3,4-diol mit Acetanhydrid unter Zusatz von Schwefelsäure (*Gilman, Cheney*, Am. Soc. **61** [1939] 3149, 3152).
Krystalle (aus Me.); F: 104—105°.

1-Brom-4-methoxy-dibenzofuran-3-ol $C_{13}H_9BrO_3$, Formel III (X = Br).

B. Beim Behandeln von 4-Methoxy-dibenzofuran-3-ol mit Brom (1 Mol) in Essigsäure (*Gilman, Cheney*, Am. Soc. **61** [1939] 3149, 3153). Beim Behandeln von 1-Brom-4-meth=oxy-dibenzofuran-3-ylamin mit Natriumnitrit und wss. Schwefelsäure und anschliessenden Erwärmen mit wss. Kupfer(II)-sulfat-Lösung (*Gi., Ch.*).
Krystalle (aus Bzl.); F: 161—162°.

1-Brom-3,4-dimethoxy-dibenzofuran $C_{14}H_{11}BrO_3$, Formel IV (X = Br).

B. Beim Behandeln von 3,4-Dimethoxy-dibenzofuran mit Brom (1 Mol) in Essigsäure (*Gilman, Cheney*, Am. Soc. **61** [1939] 3149, 3153). Beim Behandeln von 1-Brom-4-methoxy-dibenzofuran-3-ol mit wss. Natronlauge und Dimethylsulfat (*Gi., Ch.*).
Krystalle (aus A.); F: 108°.

3,4-Dimethoxy-1-nitro-dibenzofuran $C_{14}H_{11}NO_5$, Formel IV (X = NO$_2$).

B. Beim Behandeln einer Lösung von 3,4-Dimethoxy-dibenzofuran in Essigsäure mit Salpetersäure (*Gilman, Avakian*, Am. Soc. **68** [1946] 580, 583).
Krystalle (aus Eg.); F: 146—147°.

Dibenzofuran-3,7-diol $C_{12}H_8O_3$, Formel V (R = H) (E II 193; dort als 2,7-Dioxy-di=phenylenoxyd bezeichnet).

B. Aus 2,4,2′,4′-Tetramethoxy-biphenyl beim Erhitzen mit wss. Jodwasserstoffsäure und Phosphor (*Asahina, Aoki*, J. pharm. Soc. Japan **64** [1944] Nr. 1, S. 41, 46; C. A. **1951**

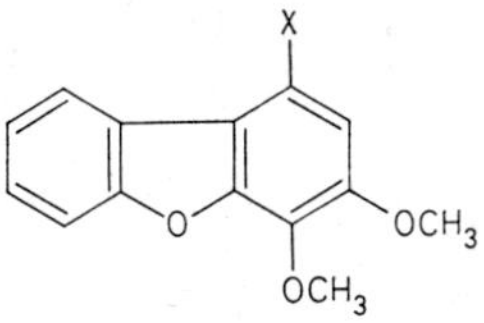

IV 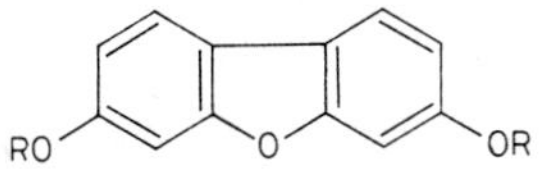   V 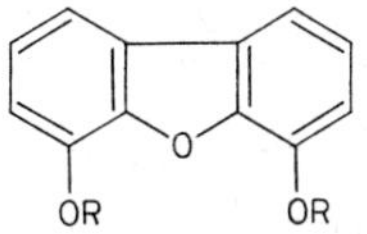   VI

2928). Aus 3,7-Dimethoxy-dibenzofuran beim Erhitzen mit wss. Jodwasserstoffsäure (*Hata et al.*, Bl. chem. Soc. Japan **10** [1935] 425, 431).

Krystalle (aus W.) mit 0,5 Mol H_2O; F: 241—241,5° (*Hata et al.*); Krystalle (aus wss. A.), F: 242,5° (*As., Aoki*).

3,7-Diacetoxy-dibenzofuran $C_{16}H_{12}O_5$, Formel V (R = CO-CH$_3$) (E II 193; dort als 2.7-Diacetoxy-diphenylenoxyd bezeichnet).

B. Aus Dibenzofuran-3,7-diol (*Asahina, Aoki*, J. pharm. Soc. Japan **64** [1944] Nr. 1, S. 41, 46; C. A. **1951** 2928).

Krystalle (aus wss. Me.); F: 153,5—154,5°. UV-Spektrum (A.): *As., Aoki*, l. c. S. 43.

Dibenzofuran-4,6-diol $C_{12}H_8O_3$, Formel VI (R = H).

B. Aus 4,6-Dijod-dibenzofuran beim Erhitzen mit wss. Natronlauge, Kupfer(II)-sulfat und Kupfer-Pulver auf 220° (*Gilman, Avakian*, Am. Soc. **67** [1945] 349). Aus 6-Methoxy-dibenzofuran-4-ol beim Erhitzen mit wss. Jodwasserstoffsäure (*Gilman, Young*, Am. Soc. **57** [1935] 1121) oder mit wss. Bromwasserstoffsäure und Essigsäure (*Gilman, Cheney*, Am. Soc. **61** [1939] 3149, 3150).

Krystalle (aus wss. Me.); F: 200—202° (*Gi., Ch.*).

Beim Erhitzen mit wss. Ammoniak und Natriumhydrogensulfit auf 190° ist 4,6-Diamino-dibenzofuran erhalten worden (*Gi., Ch.*, l. c. S. 3154).

Diacetyl-Derivat (F: 177°) s. u.

6-Methoxy-dibenzofuran-4-ol $C_{13}H_{10}O_3$, Formel VII (X = H).

B. Neben anderen Verbindungen beim Erwärmen von 4-Methoxy-dibenzofuran mit Butyllithium in Äther und Behandeln des Reaktionsgemisches mit äther. Butylmagnesiumbromid-Lösung und mit Sauerstoff (*Gilman et al.*, Am. Soc. **61** [1939] 951, 953).

Krystalle (aus PAe.); F: 111—112°.

4,6-Dimethoxy-dibenzofuran $C_{14}H_{12}O_3$, Formel VI (R = CH$_3$).

B. Beim Behandeln von Dibenzofuran-4,6-diol (*Gilman, Avakian*, Am. Soc. **67** [1945] 349) oder von 6-Methoxy-dibenzofuran-4-ol (*Gilman, Cheney*, Am. Soc. **61** [1939] 3149, 3150) mit Dimethylsulfat, wss. Kalilauge und Aceton.

Krystalle (aus PAe.); F: 128—129° (*Gi., Ch.; Gi., Av.*).

Beim Behandeln mit Acetylchlorid und Aluminiumchlorid in Nitrobenzol ist 1-[4,6-Dimethoxy-dibenzofuran-1-yl]-äthanon, beim Behandeln mit Oxalylchlorid und Aluminiumchlorid in Nitrobenzol sind Bis-[4,6-dimethoxy-dibenzofuran-1-yl]-äthandion (Hauptprodukt), 4,6-Dimethoxy-dibenzofuran-1-carbonsäure und Bis-[4,6-dimethoxy-dibenzofuran-1-yl]-keton erhalten worden (*Gi., Ch.*, l. c. S. 3151, 3152). Bildung von 3-Brom-4,6-dimethoxy-dibenzofuran bei der Umsetzung mit Butyllithium und mit Brom: *Hogg*, Iowa Coll. J. **20** [1945] 15, 17.

Verbindung mit Pikrinsäure $C_{14}H_{12}O_3 \cdot C_6H_3N_3O_7$. Krystalle (aus A.); F: 161° bis 162° (*Gi., Ch.*).

4,6-Diacetoxy-dibenzofuran $C_{16}H_{12}O_5$, Formel VI (R = CO-CH$_3$).

B. Aus Dibenzofuran-4,6-diol (*Gilman, Cheney*, Am. Soc. **61** [1939] 3149, 3154).

Krystalle (aus Me.); F: 177°.

1-Brom-4,6-dimethoxy-dibenzofuran $C_{14}H_{11}BrO_3$, Formel VIII (X = H).

B. Beim Behandeln von 4,6-Dimethoxy-dibenzofuran mit Brom (1 Mol) in Essigsäure (*Gilman, Cheney*, Am. Soc. **61** [1939] 3149, 3153).

Krystalle (aus A.); F: 152°.

VII   VIII   IX   X

3-Brom-4,6-dimethoxy-dibenzofuran $C_{14}H_{11}BrO_3$, Formel IX (X = H).
B. Bei der Umsetzung von 4,6-Dimethoxy-dibenzofuran mit Butyllithium und an-
schliessend mit Brom (*Hogg*, Iowa Coll. J. **20** [1945] 15, 17).
F: 117,5—119°.

1,3(?)-Dibrom-6-methoxy-dibenzofuran-4-ol $C_{13}H_8Br_2O_3$, vermutlich Formel VII
(X = Br).
B. Beim Behandeln von 6-Methoxy-dibenzofuran-4-ol mit Brom (2 Mol) in Essigsäure
(*Gilman, Cheney*, Am. Soc. **61** [1939] 3149, 3153).
Krystalle (aus Eg.); F: 177—178°.

1,3(?)-Dibrom-4,6-dimethoxy-dibenzofuran $C_{14}H_{10}Br_2O_3$, vermutlich Formel IX
(X = Br).
B. Aus 1,3(?)-Dibrom-6-methoxy-dibenzofuran-4-ol (F: 177—178°) und Dimethylsulfat
(*Gilman, Cheney*, Am. Soc. **61** [1939] 3149, 3153).
Krystalle (aus Eg.); F: 173,5—174°.

1,9-Dibrom-dibenzofuran-4,6-diol $C_{12}H_6Br_2O_3$, Formel X.
B. Beim Behandeln von Dibenzofuran-4,6-diol mit Brom (2 Mol) in Essigsäure (*Gilman,
Cheney*, Am. Soc. **61** [1939] 3149, 3153).
Krystalle (aus Xylol); F: 239—240° [Zers.].

1,9-Dibrom-4,6-dimethoxy-dibenzofuran $C_{14}H_{10}Br_2O_3$, Formel VIII (X = Br).
B. Aus 1,9-Dibrom-dibenzofuran-4,6-diol und Dimethylsulfat (*Gilman, Cheney*, Am.
Soc. **61** [1939] 3149, 3153). Beim Behandeln von 4,6-Dimethoxy-dibenzofuran mit Brom
(2 Mol) in Essigsäure (*Gi., Ch.*).
Krystalle (aus Eg.); F: 167—168°.

Dihydroxy-Verbindungen $C_{13}H_{10}O_3$

1,7-Dimethoxy-xanthen $C_{15}H_{14}O_3$, Formel I.
B. Aus 1,7-Dimethoxy-xanthen-9-on beim Erwärmen mit Äthanol und Natrium (*Cavill
et al.*, Soc. **1949** 1567, 1569).
Krystalle (aus Me.); F: 79°.

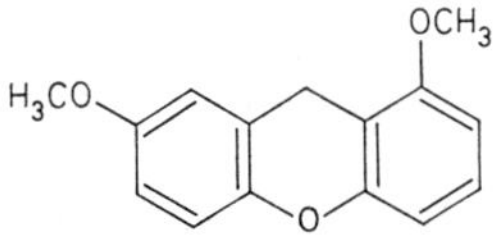

I 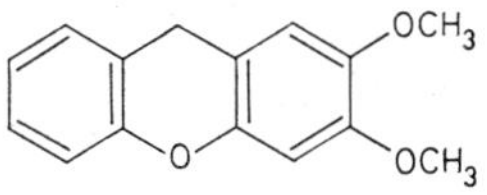   II

2,3-Dimethoxy-xanthen $C_{15}H_{14}O_3$, Formel II.
B. Aus 2,3-Dimethoxy-xanthen-9-on beim Behandeln mit Äthanol und Natrium
(*Cavill et al.*, Soc. **1949** 1567, 1570).
Krystalle (aus PAe.); F: 88°.
Beim Behandeln einer Lösung in Chloroform mit Ozon ist 2,3-Dimethoxy-xanthen-9-on
erhalten worden.

4-Methoxy-benzo[*h*]chromenylium $[C_{14}H_{11}O_2]^+$, Formel III.
2-Nitro-benzolsulfonat $[C_{14}H_{11}O_2]C_6H_4NO_5S$. *B.* Beim Erhitzen von Benzo[*h*]chromen-
4-on mit 2-Nitro-benzolsulfonsäure-methylester (*Kiprianow, Tolmatschew*, Ž. obšč.
Chim. **29** [1959] 2868, 2872; engl. Ausg. S. 2828, 2831). — Krystalle (aus Acetanhydrid);
F: 153°.

5,6-Diacetoxy-2H-benzo[*h*]chromen $C_{17}H_{14}O_5$, Formel IV.
Diese Konstitution wird für die nachstehend beschriebene Verbindung in Betracht
gezogen.

Neben einer als 5,10-Diacetoxy-2H-benzo[g]chromen (Formel V) angesehenen Verbindung $C_{17}H_{14}O_5$ (Krystalle [aus A.], F: 223,5—224,5° [Zers.] [s. E II **8** 357]) beim Erhitzen von 2-Allyl-3-hydroxy-[1,4]naphthochinon mit Acetanhydrid und Natrium= acetat (*Hooker*, Am. Soc. **58** [1936] 1190, 1197).
Krystalle (aus A.); F: 178,5—179,5.

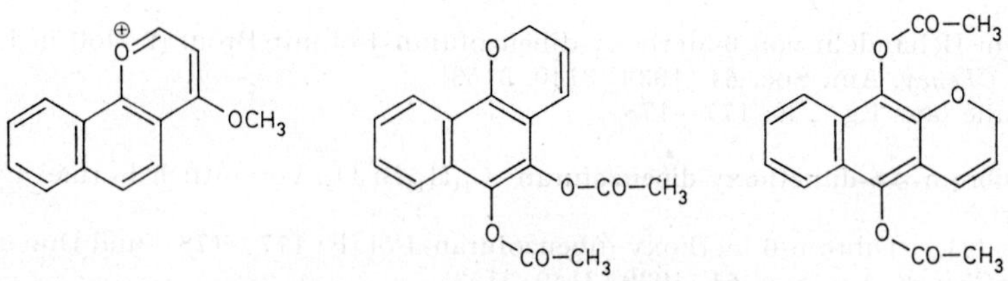

III   IV   V

1-Methoxy-benzo[f]chromenylium $[C_{14}H_{11}O_2]^+$, Formel VI.
2-Nitro-benzolsulfonat $[C_{14}H_{11}O_2]C_6H_4NO_5S$. *B.* Beim Erhitzen von Benzo[f]chromen-1-on mit 2-Nitro-benzolsulfonsäure-methylester (*Kiprianow, Tolmatschew*, Ž. obšč. Chim. **29** [1959] 2868, 2872; engl. Ausg. S. 2828, 2831). — Krystalle (aus Eg.); F: 132°.

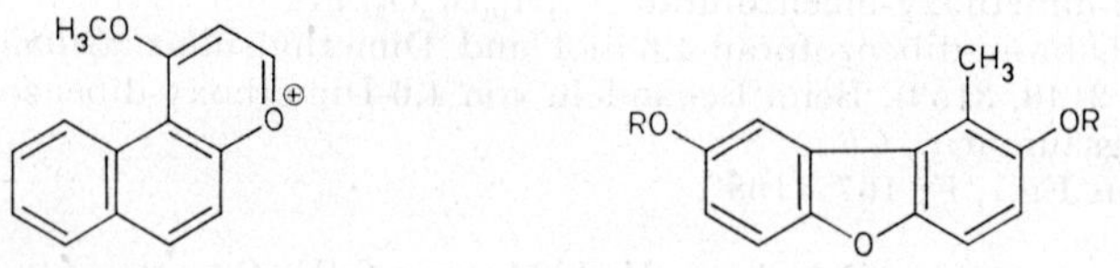

VI   VII

1-Methyl-dibenzofuran-2,8-diol $C_{13}H_{10}O_3$, Formel V (R = H).
B. Aus 2,8-Dimethoxy-1-methyl-dibenzofuran mit Hilfe von wss. Bromwasserstoff= säure und Essigsäure (*Hogg*, Iowa Coll. J. **20** [1945] 15).
F: 187—188°.

2,8-Dimethoxy-1-methyl-dibenzofuran $C_{15}H_{14}O_3$, Formel VII (R = CH$_3$).
B. Bei der Umsetzung von 1-Brom-2,8-dimethoxy-dibenzofuran mit Butyllithium und mit Dimethylsulfat (*Hogg*, Iowa Coll. J. **20** [1945] 15).
F: 85—86°.

7(?)-Brom-2,8-dimethoxy-1-methyl-dibenzofuran $C_{15}H_{13}BrO_3$, vermutlich Formel VIII.
B. Aus 1-Methyl-dibenzofuran-2,8-diol bei aufeinanderfolgender Umsetzung mit Brom und mit Dimethylsulfat (*Hogg*, Iowa Coll. J. **20** [1945] 15, 16).
F: 143—145°.

1-Methyl-dibenzofuran-3,7-diol $C_{13}H_{10}O_3$, Formel IX.
B. Beim Erhitzen von 3,7-Dimethoxy-9-methyl-dibenzofuran-1-carbonsäure mit wss. Jodwasserstoffsäure und Essigsäure unter Zusatz von Phosphor und Erhitzen des Reak-tionsprodukts unter vermindertem Druck (*Shibata*, Acta phytoch. Tokyo **14** [1944] 177, 182). Aus 3,7-Dihydroxy-9-methyl-dibenzofuran-2-carbonsäure beim Erhitzen (*Sh.*).
Krystalle; F: 212° [nach Sublimation unter vermindertem Druck]. UV-Spektrum (230—325 nm): *Sh.*, l. c. S. 178.

3-Methyl-dibenzofuran-1,7-diol $C_{13}H_{10}O_3$, Formel X (R = H).
B. Beim Erhitzen von 4-Jod-3,5-dimethoxy-toluol mit 1-Jod-2,4-dimethoxy-benzol und Kupfer-Pulver und Erhitzen des Reaktionsprodukts mit wss. Bromwasserstoffsäure (*Wachtmeister*, Acta chem. scand. **10** [1956] 1404, 1412).
Krystalle (aus Bzl.); F: 166—167° [unkorr.].

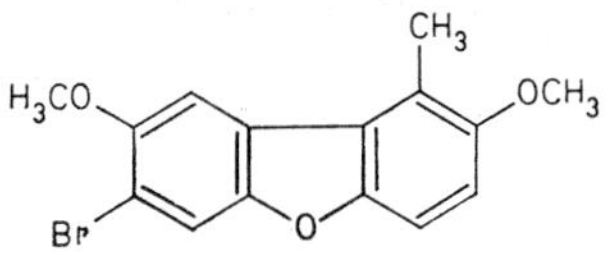

VIII 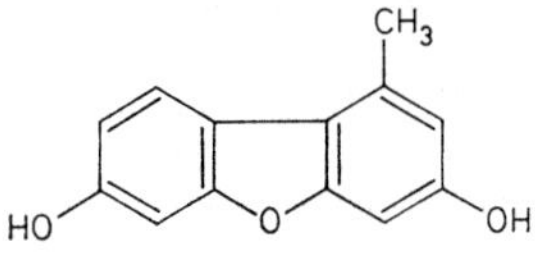   IX 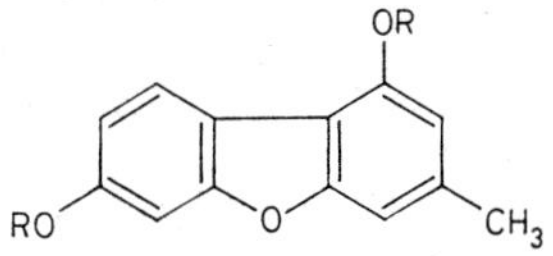   X

1,7-Diacetoxy-3-methyl-dibenzofuran $C_{17}H_{14}O_5$, Formel X (R = CO-CH$_3$).
B. Beim Erwärmen von 3-Methyl-dibenzofuran-1,7-diol mit Acetanhydrid und wenig Pyridin (*Wachtmeister*, Acta chem. scand. **10** [1956] 1404, 1412).
Krystalle (aus Me.); F: 129—130° [unkorr.].

Dihydroxy-Verbindungen $C_{14}H_{12}O_3$

*Opt.-inakt. α-[3-(4-Methoxy-phenyl)-3-phenyl-oxiranylperoxy]-benzylalkohol,**
[α-Hydroxy-benzyl]-[3-(4-methoxy-phenyl)-3-phenyl-oxiranyl]-peroxid $C_{22}H_{20}O_5$,
Formel XI.
B. Aus opt.-inakt. 2,3-Epoxy-3-[4-methoxy-phenyl]-1,3-diphenyl-propan-1-ol (F: ca. 120°) an der Luft (*Bickel*, Am. Soc. **59** [1937] 325, 327).
Krystalle (aus Ae. + PAe.); F: 150° [Zers.].

2,2-Bis-[2-methoxy-phenyl]-oxiran $C_{16}H_{16}O_3$, Formel XII.
B. Aus 2-Chlor-1,1-bis-[2-methoxy-phenyl]-äthanol (nicht näher beschrieben) mit Hilfe von Natriumäthylat (*Wittig, Gauss*, B. **80** [1947] 363, 373).
Krystalle (aus A.); F: 158—159°.

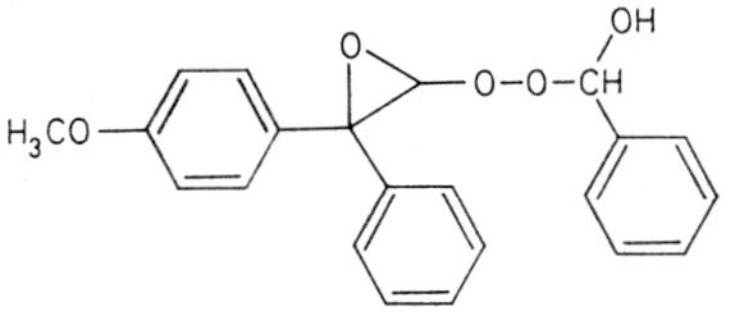

XI 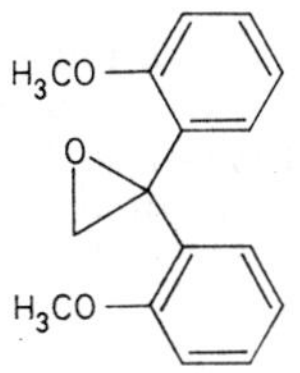   XII 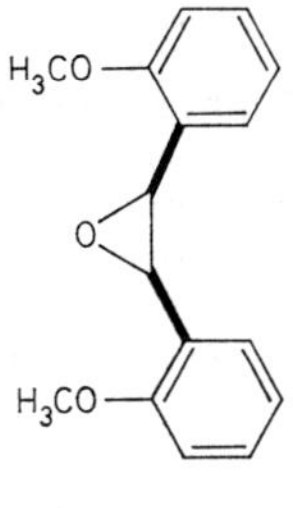   XIII 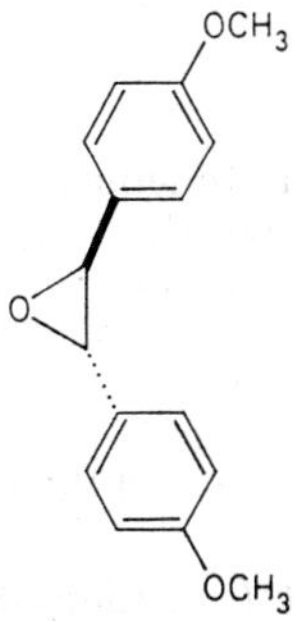   XIV

cis-2,3-Bis-[2-methoxy-phenyl]-oxiran $C_{16}H_{16}O_3$, Formel XIII.
B. Aus (±)-[*threo*-α'-Hydroxy-2,2'-dimethoxy-bibenzyl-α-yl]-trimethyl-ammonium-jodid beim Erhitzen mit Wasser und Silberoxid (*Wilson, Read*, Soc. **1935** 1120, 1121).
Krystalle (aus wss. A.); F: 127—128°.

(±)-trans-2,3-Bis-[4-methoxy-phenyl]-oxiran $C_{16}H_{16}O_3$, Formel XIV + Spiegelbild.
B. Aus *trans*-4,4'-Dimethoxy-stilben beim Behandeln mit Peroxybenzoesäure in Benzol (*Lynch, Pausacker*, Soc. **1955** 1525, 1527). Beim Erwärmen einer Lösung von (±)-α-Chlor-4,4'-dimethoxy-desoxybenzoin in Benzol mit Aluminiumisopropylat und Isopropylalkohol unter Entfernen des entstehenden Acetons (*Henne, Bruylants*, Bl. Soc. chim. Belg. **57** [1948] 320, 328). Beim Behandeln von (−)-*threo*(?)-α'-Amino-4,4'-dimeth=oxy-bibenzyl-α-ol [F: 111—112°] (*Read, Campbell*, Soc. **1930** 2674, 2678) oder aus (±)-*erythro*(?)-α'-Amino-4,4'-dimethoxy-bibenzyl-α-ol [F: 143—144°] (*McKenzie, Pirie*, B. **69** [1936] 861, 875) mit wss. Schwefelsäure und Natriumnitrit.
Krystalle (aus A.); F: 142—143° (*Read, Ca.; McK., Pi.*), 142° [korr.] (*Ly., Pa.*), 141—142° (*He., Br.*).

*Opt.-inakt. 2-[2-Hydroxy-5-nitro-phenyl]-5-nitro-2,3-dihydro-benzofuran-3-ol
$C_{14}H_{10}N_2O_7$, Formel I (R = H).
B. Aus der im folgenden Artikel beschriebenen Verbindung beim Behandeln mit methanol. Natronlauge (*Moureu et al.*, Bl. **1955** 1560, 1566).
Krystalle (aus wss. A.); F: 234° [korr.; Block].

*Opt.-inakt. 3-Acetoxy-2-[2-acetoxy-5-nitro-phenyl]-5-nitro-2,3-dihydro-benzofuran
$C_{18}H_{14}N_2O_9$, Formel I (R = CO-CH$_3$).
B. Neben grösseren Mengen 2,2′,α,α′-Tetraacetoxy-5,5′-dinitro-bibenzyl (F: 168° bzw. F: 169°) beim Erwärmen von opt.-inakt. 5,5′-Dinitro-bibenzyl-2,2′,α,α′-tetraol (F: 258° [korr.] bzw. F: 310—312° [korr.]) mit Acetanhydrid und Pyridin (*Moureu et al.*, Bl. **1955** 1560, 1565).
Krystalle (aus A.); F: 178° [Kofler-App.].

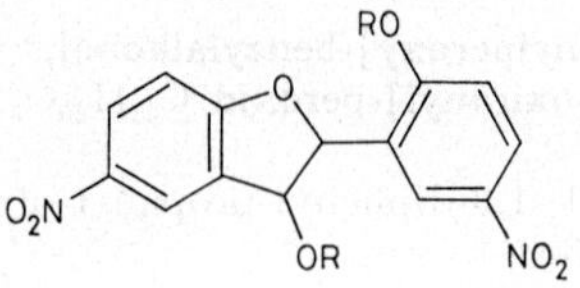

I 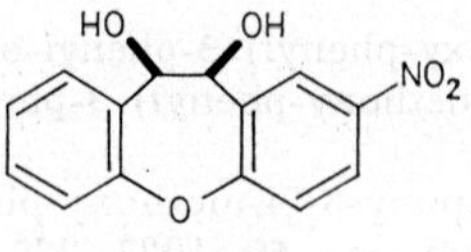   II 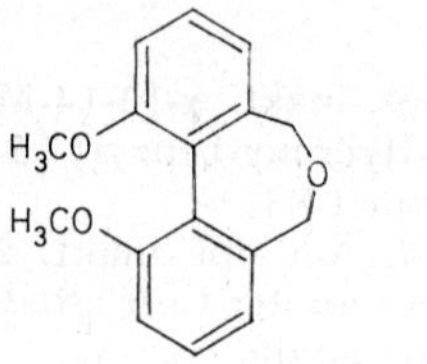   III

(±)-2-Nitro-10,11-dihydro-dibenz[b,f]oxepin-10r,11c-diol, (±)-cis-2-Nitro-10,11-dihydro-dibenz[b,f]oxepin-10,11-diol $C_{14}H_{11}NO_5$, Formel II + Spiegelbild.
B. Beim Behandeln einer Lösung von 2-Nitro-dibenz[b,f]oxepin in Benzol mit Osmium=(VIII)-oxid und Pyridin und Behandeln einer Lösung des Reaktionsprodukts in Chloro=form mit Mannit und wss. Kalilauge (*Loudon, Summers*, Soc. **1957** 3809, 3812).
Krystalle (aus Bzl. + Me.); F: 196°.

1,11-Dimethoxy-5,7-dihydro-dibenz[c,e]oxepin $C_{16}H_{16}O_3$, Formel III.
Über die Konformation von in Hexan gelöstem 1,11-Dimethoxy-5,7-dihydro-dibenz=[c,e]oxepin s. *Braude, Forbes*, Soc. **1955** 3776, 3779.
B. Aus 2,2′-Bis-hydroxymethyl-6,6′-dimethoxy-biphenyl beim Erwärmen mit wss. Schwefelsäure (*Hall, Turner*, Soc. **1951** 3072).
Krystalle (aus A.); F: 136° (*Hall, Tu.*). UV-Spektrum (Hexan; 220—310 nm): *Beaven et al.*, Soc. **1952** 854, 860.

2,10-Dimethoxy-5,7-dihydro-dibenz[c,e]oxepin $C_{16}H_{16}O_3$, Formel IV.
B. Aus 2,2′-Bis-hydroxymethyl-5,5′-dimethoxy-biphenyl beim Erwärmen mit wss. Schwefelsäure (*Beaven et al.*, Soc. **1954** 131, 136).
Krystalle (aus A.); F: 159—160°. UV-Spektrum (A.; 210—320 nm): *Be. et al.*, l. c. S. 133.

1-Äthyl-dibenzofuran-2,8-diol $C_{14}H_{12}O_3$, Formel V (R = H).
B. Aus 1-Äthyl-2,8-dimethoxy-dibenzofuran mit Hilfe von wss. Bromwasserstoffsäure und Essigsäure (*Hogg*, Iowa Coll. J. **20** [1945] 15, 16).
F: 142—143°.

IV 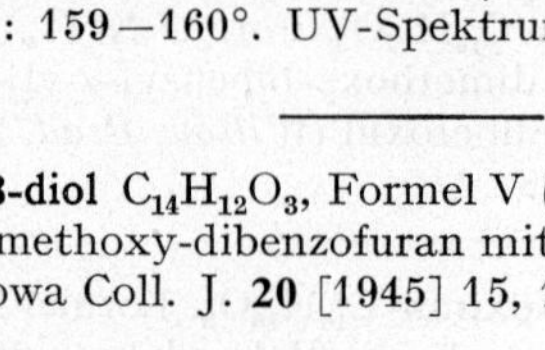   V 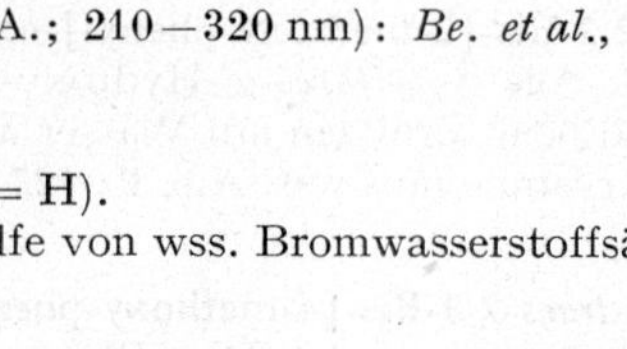   VI

1-Äthyl-2,8-dimethoxy-dibenzofuran $C_{16}H_{16}O_3$, Formel V (R = CH_3).

B. Bei der Umsetzung von 1-Brom-2,8-dimethoxy-dibenzofuran mit Butyllithium und mit Diäthylsulfat (*Hogg*, Iowa Coll. J. **20** [1945] 15, 16).

F: 71—72°.

1-Äthyl-7(?)-brom-2,8-dimethoxy-dibenzofuran $C_{16}H_{15}BrO_3$, vermutlich Formel VI.

B. Beim Behandeln von 1-Äthyl-dibenzofuran-2,8-diol mit Brom in Essigsäure und Behandeln des Reaktionsprodukts mit wss. Natronlauge und Dimethylsulfat (*Hogg*, Iowa Coll. J. **20** [1945] 15, 16).

F: 116—117°.

2-[4-Methoxy-dibenzofuran-1-yl]-äthanol $C_{15}H_{14}O_3$, Formel VII.

B. Beim Behandeln von 1-Brom-4-methoxy-dibenzofuran mit Magnesium in Äther und Erwärmen des Reaktionsgemisches mit Äthylenoxid, zuletzt in Benzol (*Gilman et al.*, Am. Soc. **61** [1939] 2836, 2838).

Krystalle (aus PAe.); F: 96—96,5°.

1,3-Dimethyl-dibenzofuran-2,8-diol $C_{14}H_{12}O_3$, Formel VIII (R = H), und **1,7-Dimethyl-dibenzofuran-2,8-diol** $C_{14}H_{12}O_3$, Formel IX (R = H).

Diese Konstitutionsformeln kommen für die nachstehend beschriebene Verbindung in Betracht.

B. Aus der im folgenden Artikel beschriebenen Verbindung (*Swislowsky*, Iowa Coll. J. **14** [1939] 92).

F: 168—169°.

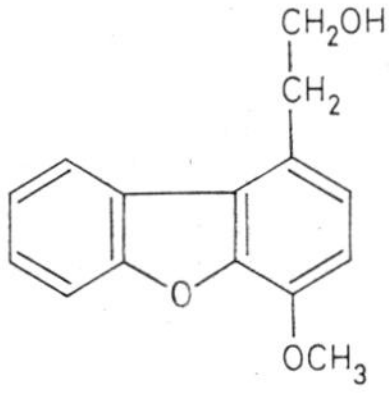

VII 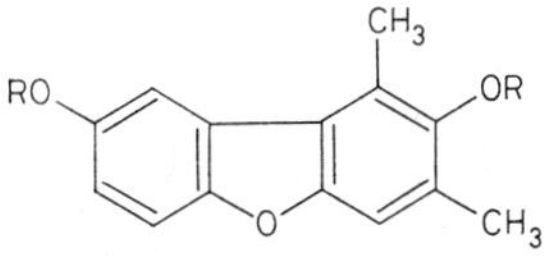   VIII 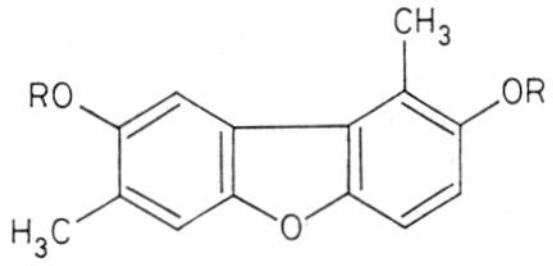   IX

2,8-Dimethoxy-1,3-dimethyl-dibenzofuran $C_{16}H_{16}O_3$, Formel VIII (R = CH_3), und **2,8-Dimethoxy-1,7-dimethyl-dibenzofuran** $C_{16}H_{16}O_3$, Formel IX (R = CH_3).

Diese Konstitutionsformeln kommen für die nachstehend beschriebene Verbindung in Betracht.

B. Bei der Umsetzung von 1,3(oder 1,7)-Dibrom-2,8-dimethoxy-dibenzofuran [F: 196—197° (S. 2174)] (*Swislowsky*, Iowa Coll. J. **14** [1939] 92) oder von 7(?)-Brom-2,8-dimethoxy-1-methyl-benzofuran [F: 143—145° (S. 2178)] (*Hogg*, Iowa Coll. J. **20** [1945] 15, 16) mit Butyllithium und mit Dimethylsulfat.

F: 106—107° (*Sw.*).

3,9-Dimethyl-dibenzofuran-1,7-diol, Pannarol $C_{14}H_{12}O_3$, Formel X (R = H).

B. In geringer Menge beim Erhitzen von 2-Jod-3,5-dimethoxy-toluol mit 4-Jod-3,5-dimethoxy-toluol und Kupfer-Pulver und Erhitzen des Reaktionsprodukts mit wss. Bromwasserstoffsäure (*Åkermark et al.*, Acta chem. scand. **13** [1959] 1855, 1861). Aus Pannarsäure (3,9-Dihydroxy-1,7-dimethyl-dibenzofuran-2,6-dicarbonsäure) beim Erhitzen ohne Lösungsmittel sowie beim Erhitzen mit wasserhaltiger Ameisensäure (*Åk. et al.*, l. c. S. 1860).

Krystalle (aus wss. A.); F: 184—185° [Kofler-App.]. UV-Absorptionsmaxima (A.): 233 nm, 267 nm, 287 nm, 300 nm und 312 nm.

Diacetyl-Derivat (F: 136,5—137,5°) s. S. 2182.

1,7-Dimethoxy-3,9-dimethyl-dibenzofuran $C_{16}H_{16}O_3$, Formel X (R = CH_3).

B. Beim Erwärmen von 3,9-Dimethyl-dibenzofuran-1,7-diol mit Dimethylsulfat und

Kaliumcarbonat in Aceton (*Åkermark et al.*, Acta chem. scand. **13** [1959] 1855, 1861).
Krystalle (aus wss. Me.); F: 94,5—95,5°.

1,7-Diacetoxy-3,9-dimethyl-dibenzofuran $C_{18}H_{16}O_5$, Formel X (R = CO-CH$_3$).
B. Aus 3,9-Dimethyl-dibenzofuran-1,7-diol (*Åkermark et al.*, Acta chem. scand. **13** [1959] 1855, 1860).
Krystalle (aus Me.); F: 136,5—137,5° [Kofler-App.]. UV-Absorptionsmaxima (A.): 226 nm, 258 nm und 285 nm.

1,9-Dimethyl-dibenzofuran-3,7-diol $C_{14}H_{12}O_3$, Formel XI (R = H).
B. Neben 6,6'-Dimethyl-biphenyl-2,4,2',4'-tetraol beim Erhitzen von 2,4,2',4'-Tetra=
methoxy-6,6'-dimethyl-biphenyl mit wss. Jodwasserstoffsäure (*Musso*, B. **91** [1958] 349,
358; s. a. *Asahina*, *Aoki*, J. pharm. Soc. Japan **64** [1944] Nr. 1, S. 41, 45; C. A. **1951**
2928; *Shibata*, Acta phytoch. Tokyo **14** [1944] 9, 34).
Krystalle; F: 247—248° [korr.; Zers.; nach Sublimation im Hochvakuum] (*Mu.*),
243,5° [aus wss. Acn. oder wss. A.] (*As.*, *Aoki*). OH-Valenzschwingungsbanden (KBr und
CCl$_4$): *Musso*, *v. Grunelius*, B. **92** [1959] 3101, 3105.
Diacetyl-Derivat (F: 179°) s. u.

| X | XI | XII |

3,7-Dimethoxy-1,9-dimethyl-dibenzofuran $C_{16}H_{16}O_3$, Formel XI (R = CH$_3$).
B. Beim Erhitzen von 2,4,2',4'-Tetramethoxy-6,6'-dimethyl-biphenyl mit wss. Brom=
wasserstoffsäure und Behandeln des Reaktionsprodukts mit Dimethylsulfat und Alkali=
lauge (*Wachtmeister*, Acta chem. scand. **12** [1958] 147, 162). Beim Erwärmen von 1,9-Di=
methyl-dibenzofuran-3,7-diol mit Dimethylsulfat und Kaliumcarbonat in Aceton (*Shibata*,
Acta phytoch. Tokyo **14** [1944] 9, 34).
Krystalle (aus A.); F: 159—160° [Kofler-App.] (*Wa.*), 157° (*Sh.*). UV-Absorptions=
maxima (A.): 226 nm, 239 nm, 257 nm, 263 nm, 299 nm und 309 nm (*Wa.*).

3,7-Diacetoxy-1,9-dimethyl-dibenzofuran $C_{18}H_{16}O_5$, Formel XI (R = CO-CH$_3$).
B. Aus 1,9-Dimethyl-dibenzofuran-3,7-diol (*Asahina*, *Aoki*, J. pharm. Soc. Japan **64**
[1944] Nr. 1, S. 41, 46; C. A. **1951** 2928).
Krystalle (aus A.); F: 179°.

2,8-Dimethoxy-1,x-dimethyl-dibenzofuran $C_{16}H_{16}O_3$, Formel XII.
B. Bei aufeinanderfolgender Umsetzung von 2,8-Dimethoxy-1-methyl-dibenzofuran
mit Butyllithium und mit Dimethylsulfat (*Hogg*, Iowa Coll. J. **20** [1945] 15, 16).
F: 129—131°.

3,7-Dimethyl-dibenzofuran-1,9-diol $C_{14}H_{12}O_3$, Formel XIII (R = H).
B. Aus 2,6,2',6'-Tetramethoxy-4,4'-dimethyl-biphenyl beim Erhitzen mit wss. Jod=
wasserstoffsäure oder mit Pyridin-hydrochlorid (*Musso*, *Beecken*, B. **92** [1959] 1416,
1421) sowie beim Erhitzen mit wss. Bromwasserstoffsäure (*Åkermark et al.*, Acta chem.
scand. **13** [1959] 1855, 1861).
Krystalle; F: 190—192° [Kofler-App.; aus Dimethylsulfoxid + W.] (*Åk. et al.*), 188°
[korr.; Kofler-App.; nach Sublimation im Hochvakuum] (*Mu.*, *Be.*). OH-Valenz=
schwingungsbanden (KBr und CCl$_4$; intramolekulare Wasserstoffbrücken-Bindung):
Musso, *v. Grunelius*, B. **92** [1959] 3101, 3103.
Beim Behandeln mit Kaliumnitrosodisulfonat und Dinatriumhydrogenphosphat in wss.
Aceton ist 9-Hydroxy-3,7-dimethyl-dibenzofuran-1,4-chinon erhalten worden (*Mu.*, *Be.*).

1,9-Diacetoxy-3,7-dimethyl-dibenzofuran $C_{18}H_{16}O_5$, Formel XIII (R = CO-CH$_3$).

B. Aus 3,7-Dimethyl-dibenzofuran-1,9-diol (*Musso, Beecken*, B. **92** [1959] 1416, 1422).
Krystalle (aus Bzl. oder Cyclohexan); F: 161—162,5° [korr.; Kofler-App.].

3,7-Dimethyl-dibenzofuran-2,8-diol $C_{14}H_{12}O_3$, Formel XIV (R = H).
Diese Konstitution kommt auch der früher (s. H **17** 161) als 4,6-Dimethyl-dibenzo-
furan-2,8-diol beschriebenen Verbindung vom F: 232° (,,3.6-Dioxy-1.8-dimethyl-
diphenylenoxyd") zu (*Gilman et al.*, Am. Soc. **66** [1944] 798, 800).

B. Aus 2,5,2′,5′-Tetramethoxy-4,4′-dimethyl-biphenyl oder aus 2,8-Dimethoxy-
3,7-dimethyl-dibenzofuran beim Erhitzen mit wss. Bromwasserstoffsäure und Essigsäure
(*Gi. et al.*).
Krystalle (aus wss. A.); F: 231—232° [nach Sintern bei 228°].

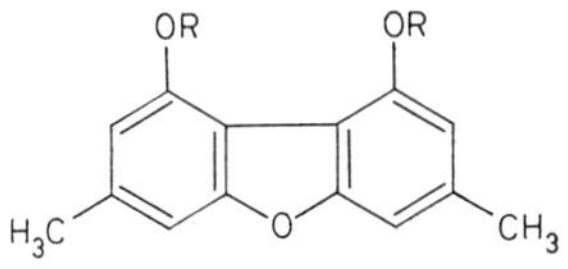

XIII 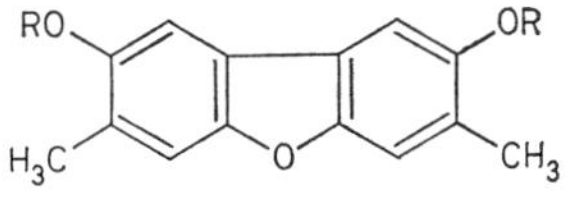   XIV

2,8-Dimethoxy-3,7-dimethyl-dibenzofuran $C_{16}H_{16}O_3$, Formel XIV (R = CH$_3$).
B. Beim Erwärmen von 3,7-Dibrom-2,8-dimethoxy-dibenzofuran mit Butyllithium
in Äther und Benzol und anschliessenden Behandeln mit Dimethylsulfat (*Gilman et al.*,
Am. Soc. **66** [1944] 798, 800).
Krystalle (aus A.); F: 144—144,5°.

Dihydroxy-Verbindungen $C_{15}H_{14}O_3$

2-Phenyl-chroman-3,4-diol, Flavan-3,4-diol $C_{15}H_{14}O_3$.

a) **(±)-2r-Phenyl-chroman-3t,4c-diol** $C_{15}H_{14}O_3$, Formel I (R = H) + Spiegelbild.
Konfigurationszuordnung: *Corey et al.*, Tetrahedron Letters **1961** 429, 430.

B. Aus (±)-*trans*-3-Hydroxy-2-phenyl-chroman-4-on bei der Hydrierung an Palladium
in Essigsäure enthaltendem Äthanol sowie beim Behandeln mit Natriumboranat in
Methanol oder mit Lithiumalanat in Äther (*Bognár, Rákosi*, Acta chim. hung. **14** [1958]
369, 374).
Krystalle (aus A.); F: 145° (*Bognár et al.*, Tetrahedron **19** [1963] 391, 392). Krystalle
(aus W.) mit 1 Mol H$_2$O; F: 145—146° [unkorr.] (*Bo., Rá.*). UV-Spektrum (A.; 215 nm
bis 295 nm): *Bo., Rá.*, l. c. S. 374.
Di-O-benzoyl-Derivat (F: 156—157°) und Bis-O-[4-nitro-benzoyl]-Derivat (F: 167° bis
168°) s. S. 2184.

b) **(±)-2r-Phenyl-chroman-3t,4t-diol** $C_{15}H_{14}O_3$, Formel II (R = H) + Spiegelbild.
Konfigurationszuordnung: *Corey et al.*, Tetrahedron Letters **1961** 429, 432.

B. Aus (±)-4ξ-Amino-2r-phenyl-chroman-3t-ol (F: 172—173°) mit Hilfe von Salpetrig-
säure (*Bognár et al.*, Tetrahedron **19** [1963] 391, 393; s. a. *Bognár et al.*, Tetrahedron
Letters **1959** Nr. 19, S. 4, 6).
Krystalle (aus Me.); F: 160° (*Bo. et al.*, Tetrahedron Letters **1959** Nr. 19, S. 4, 6).
Di-O-benzoyl-Derivat (F: 121—122°) s. S. 2184.

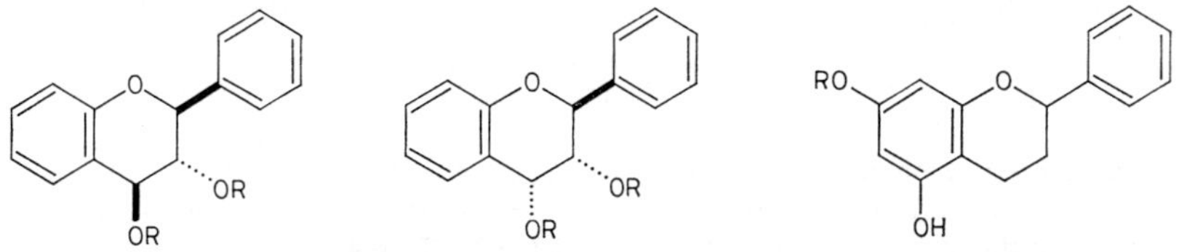

I   II   III

3,4-Bis-benzoyloxy-2-phenyl-chroman $C_{29}H_{22}O_5$.

a) **(±)-3t,4c-Bis-benzoyloxy-2r-phenyl-chroman** $C_{29}H_{22}O_5$, Formel I ($R = CO\text{-}C_6H_5$) + Spiegelbild.

B. Aus (±)-2r-Phenyl-chroman-3t,4c-diol (*Bognár et al.*, Tetrahedron **19** [1963] 391, 392). Krystalle (aus A.); F: 156—157°.

b) **(±)-3t,4t-Bis-benzoyloxy-2r-phenyl-chroman** $C_{29}H_{22}O_5$, Formel II ($R = CO\text{-}C_6H_5$) + Spiegelbild.

B. Aus (±)-2r-Phenyl-chroman-3t,4t-diol (*Bognár et al.*, Tetrahedron **19** [1963] 391, 393). Krystalle (aus Me.); F: 121—122°.

(±)-3t,4c-Bis-[4-nitro-benzoyloxy]-2r-phenyl-chroman $C_{29}H_{20}N_2O_9$, Formel I ($R = CO\text{-}C_6H_4\text{-}NO_2$) + Spiegelbild.

B. Aus (±)-2r-Phenyl-chroman-3t,4c-diol (*Bognár, Rákosi*, Acta chim. hung. **14** [1958] 369, 376).

Krystalle (aus A.); F: 167—168°.

(±)-2-Phenyl-chroman-5,7-diol, (±)-Flavan-5,7-diol $C_{15}H_{14}O_3$, Formel III ($R = H$).

B. Beim Behandeln von (±)-5,7-Dihydroxy-2-phenyl-chroman-4-on in Essigsäure mit Zink und wss. Salzsäure (*Robertson et al.*, Soc. **1950** 3117, 3121).

Krystalle (aus Bzl.); F: 196°.

5-Methoxy-2-phenyl-chroman-7-ol $C_{16}H_{16}O_3$.

a) **(S)-5-Methoxy-2-phenyl-chroman-7-ol** $C_{16}H_{16}O_3$, Formel IV ($R = H$).

Konfiguration: *Cardillo et al.*, Soc. [C] **1971** 3967, 3968.

B. Aus (−)-Dracosäure ((S)-7-Hydroxy-5-methoxy-2-phenyl-chroman-8-carbonsäure; hergestellt aus Dracorubin) beim Erhitzen mit Kupfer-Pulver in Chinolin (*Robertson et al.*, Soc. **1950** 3117, 3120).

Krystalle (aus Bzn. + Bzl. oder aus Bzn. + Me.); F: 95°.$[\alpha]_D^{25}$: −11,5° [Me.; c = 1].

b) **(±)-5-Methoxy-2-phenyl-chroman-7-ol** $C_{16}H_{16}O_3$, Formel IV ($R = H$) + Spiegelbild.

B. Beim Behandeln einer Lösung von (±)-7-Hydroxy-5-methoxy-2-phenyl-chroman-4-on in Essigsäure mit Zink-Pulver und wss. Salzsäure (*Robertson et al.*, Soc. **1950** 3117, 3121).

Krystalle (aus Bzl. + Bzn.); F: 96°.

Beim Behandeln mit einem aus Cyanwasserstoff, Chlorwasserstoff und Äther hergestellten Reaktionsgemisch ist 7-Hydroxy-5-methoxy-2-phenyl-chroman-8-carbaldehyd erhalten worden (*Ro. et al.*, l. c. S. 3122).

(±)-7-Methoxy-2-phenyl-chroman-5-ol $C_{16}H_{16}O_3$, Formel III ($R = CH_3$).

B. Aus (±)-5-Hydroxy-7-methoxy-2-phenyl-chroman-4-on mit Hilfe von amalgamiertem Zink, wss. Salzsäure und Essigsäure (*Robertson et al.*, Soc. **1950** 3117, 3121). Aus (±)-5,7-Dimethoxy-2-phenyl-chroman beim Erwärmen mit Aluminiumchlorid in Benzol (*Robertson et al.*, Soc. **1954** 3137, 3141).

Krystalle (aus Bzn. + Me.), F: 148° (*Ro. et al.*, Soc. **1950** 3121); F: 204° (*Ro. et al.*, Soc. **1954** 3141).

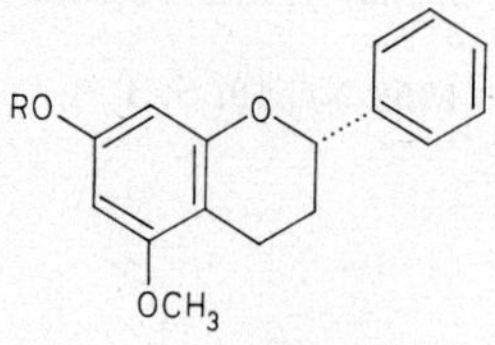

IV 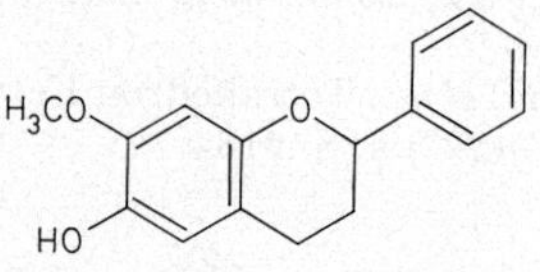   V 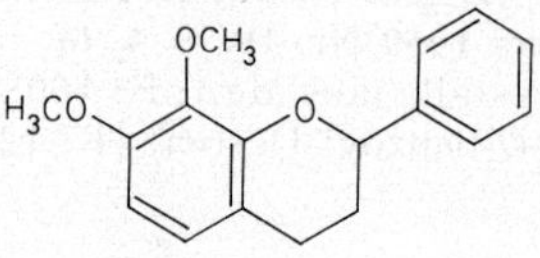   VI

(±)-5,7-Dimethoxy-2-phenyl-chroman $C_{17}H_{18}O_3$, Formel IV ($R = CH_3$) + Spiegelbild.

B. Aus (±)-5,7-Dimethoxy-2-phenyl-chroman-4-on mit Hilfe von amalgamiertem Zink und wss. Salzsäure (*Robertson et al.*, Soc. **1954** 3137, 3141).

Krystalle (aus Me.); F: 137°.

(±)-7-Benzyloxy-2-phenyl-chroman-5-ol $C_{22}H_{20}O_3$, Formel III (R $=CH_2$-C_6H_5) auf S. 2183.

B. Aus (±)-7-Benzyloxy-5-hydroxy-2-phenyl-chroman-4-on mit Hilfe von amalgamiertem Zink und wss. Salzsäure (*Robertson et al.*, Soc. **1954** 3137, 3140).

Krystalle (aus Me.); F: 139°.

(±)-7-Benzyloxy-5-methoxy-2-phenyl-chroman $C_{23}H_{22}O_3$, Formel IV (R $=CH_2$-C_6H_5) + Spiegelbild.

B. Aus (±)-7-Benzyloxy-5-methoxy-2-phenyl-chroman-4-on mit Hilfe von amalgamiertem Zink und wss. Salzsäure (*Robertson et al.*, Soc. **1954** 3137, 3140).

Krystalle (aus Ae.); F: 71°.

(±)-7-Methoxy-2-phenyl-chroman-6-ol $C_{16}H_{16}O_3$, Formel V.

B. Aus (±)-6-Hydroxy-7-methoxy-2-phenyl-chroman-4-on mit Hilfe von amalgamiertem Zink und wss. Salzsäure (*Robertson et al.*, Soc. **1954** 3137, 3141).

Krystalle (aus wss. Me.); F: 112°.

(±)-7,8-Dimethoxy-2-phenyl-chroman $C_{17}H_{18}O_3$, Formel VI.

B. Aus (±)-7,8-Dimethoxy-2-phenyl-chroman-4-on mit Hilfe von amalgamiertem Zink und wss. Salzsäure (*Robertson et al.*, Soc. **1954** 3137, 3141).

Krystalle (aus Me.); F: 100°.

2-[4-Methoxy-phenyl]-chroman-4-ol $C_{16}H_{16}O_3$, Formel VII.

Über (±)-*cis*-2-[4-Methoxy-phenyl]-chroman-4-ol (F: 152—153°) und (±)-*trans*-2-[4-Methoxy-phenyl]-chroman-4-ol (F: 131—132°) s. *Bokadia et al.*, Soc. **1960** 3308, 3310. Konfiguration: *Clark-Lewis, Baig,* Austral. J. Chem. **24** [1971] 2580, 2591.

In einem von *Karrer et al.* (Helv. **13** [1930] 1308, 1311) beschriebenen Präparat (F: 144° bis 145°) hat ein Stereoisomeren-Gemisch vorgelegen (*Bo. et al.*).

(±)-2-[4-Hydroxy-phenyl]-chroman-7-ol, (±)-**Flavan-7,4′-diol** $C_{15}H_{14}O_3$, Formel VIII (R = H).

B. Aus (±)-7-Acetoxy-2-[4-acetoxy-phenyl]-chroman beim Erwärmen mit Kalium=acetat in Äthanol (*Freudenberg, Weinges,* A. **590** [1954] 140, 152).

Krystalle (aus W.); F: 193—195°.

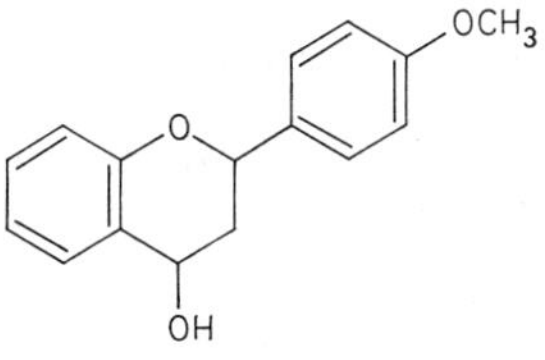

VII 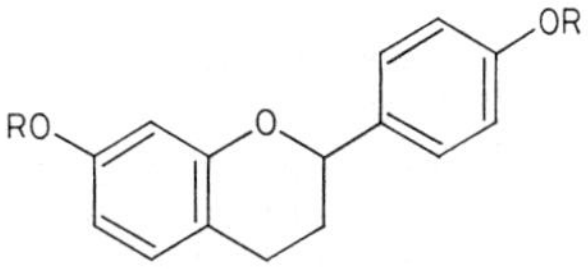   VIII

(±)-2-[4-Hydroxy-phenyl]-7-methoxy-chroman, (±)-**4-[7-Methoxy-chroman-2-yl]-phenol** $C_{16}H_{16}O_3$, Formel IX (R = H).

B. Aus (±)-2-[4-Acetoxy-phenyl]-7-methoxy-chroman beim Erwärmen mit Kalium=acetat in Äthanol (*Freudenberg et al.*, B. **90** [1957] 957, 962).

Krystalle (aus wss. A.); F: 144°. UV-Absorptionsmaxima: 226 nm, 282 nm und 288 nm.

(±)-2-[4-Methoxy-phenyl]-chroman-7-ol $C_{16}H_{16}O_3$, Formel X (R = H).

B. Aus (±)-7-Acetoxy-2-[4-methoxy-phenyl]-chroman beim Erwärmen mit Kalium=acetat in Äthanol (*Freudenberg et al.*, B. **90** [1957] 957, 961).

Krystalle (aus wss. Me.); F: 106—107°. UV-Absorptionsmaxima: 225 nm, 283 nm und 288 nm (*Fr. et al.*, l. c. S. 962).

(±)-7-Methoxy-2-[4-methoxy-phenyl]-chroman $C_{17}H_{18}O_3$, Formel VIII (R = CH_3).

B. Aus 7-Methoxy-2-[4-methoxy-phenyl]-chromenylium-chlorid bei der Hydrierung an Platin in Methanol (*Freudenberg et al.*, B. **90** [1957] 957, 961). Aus (±)-7-Methoxy-2-[4-methoxy-phenyl]-chroman-4-on bei der Hydrierung an Palladium/Kohle in Essigsäure (*Prillinger, Schmid*, M. **72** [1939] 427, 431).

Krystalle; F: 85—88° [aus A.] (*Pr., Sch.*), 85° [aus wss. Me.] (*Fr. et al.*). UV-Absorptionsmaxima: 229, nm, 283 nm und 288 nm (*Fr. et al.*, l. c. S. 962).

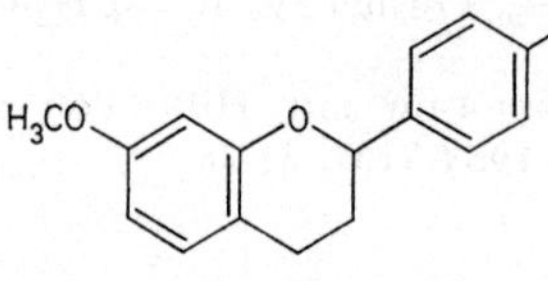

IX 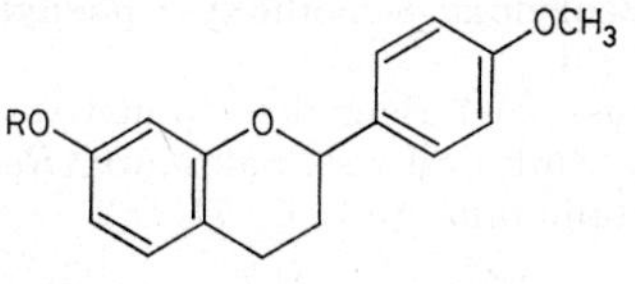   X

(±)-7-Acetoxy-2-[4-methoxy-phenyl]-chroman $C_{18}H_{18}O_4$, Formel X (R = CO-CH₃).

B. Bei der Hydrierung von 7-Hydroxy-2-[4-methoxy-phenyl]-chromenylium-chlorid an Platin in Methanol und Behandlung des Reaktionsprodukts mit Acetanhydrid und Pyridin (*Freudenberg et al.*, B. **90** [1957] 957, 960).

Krystalle (aus wss. A.); F: 88°.

(±)-2-[4-Acetoxy-phenyl]-7-methoxy-chroman $C_{18}H_{18}O_4$, Formel IX (R = CO-CH₃).

B. Bei der Hydrierung von 2-[4-Hydroxy-phenyl]-7-methoxy-chromenylium-chlorid an Platin in Methanol und Behandlung des Reaktionsprodukts mit Acetanhydrid und Pyridin (*Freudenberg et al.*, B. **90** [1957] 957, 962).

Krystalle (aus wss. Me.); F: 78°.

(±)-7-Acetoxy-2-[4-acetoxy-phenyl]-chroman $C_{19}H_{18}O_5$, Formel VIII (R = CO-CH₃).

B. Bei der Hydrierung von 7-Hydroxy-2-[4-hydroxy-phenyl]-chromenylium-chlorid an Platin in Methanol und Behandlung des Reaktionsprodukts mit Acetanhydrid und Pyridin (*Freudenberg, Weinges*, A. **590** [1954] 140, 152).

Krystalle (aus A.); F: 137°.

(±)-7-Acetoxy-2-[4-acetoxy-phenyl]-6,8-dichlor-chroman $C_{19}H_{16}Cl_2O_5$, Formel XI.

B. Bei der Hydrierung von 6,8-Dichlor-7-hydroxy-2-[4-hydroxy-phenyl]-chromenylium-perchlorat an Platin in Methanol und anschliessenden Acetylierung (*Freudenberg, Alonso de Lama*, A. **612** [1958] 78, 92).

Krystalle (aus Me.); F: 130—135°.

(±)-2-[3,4-Dihydroxy-phenyl]-chroman, (±)-4-Chroman-2-yl-brenzcatechin, (±)-Flavan-3',4'-diol $C_{15}H_{14}O_3$, Formel XII (R = H).

B. Aus 3-[2-Benzoyloxy-phenyl]-1-[3,4-bis-benzoyloxy-phenyl]-propan-1-on mit Hilfe von Lithiumalanat (*Hathway, Seakins*, Soc. **1957** 1562, 1566).

Krystalle (aus PAe.); F: 132°.

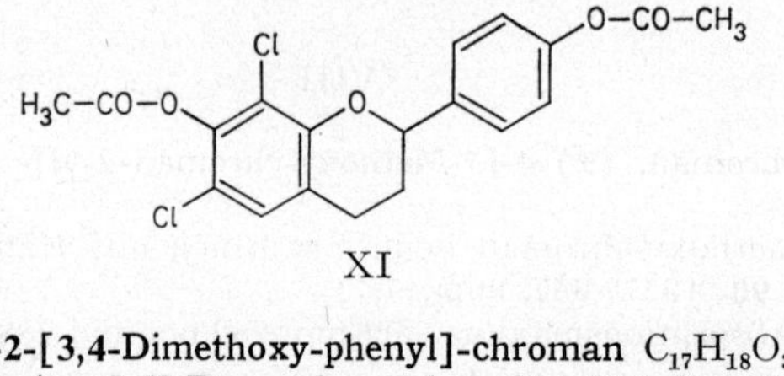

XI 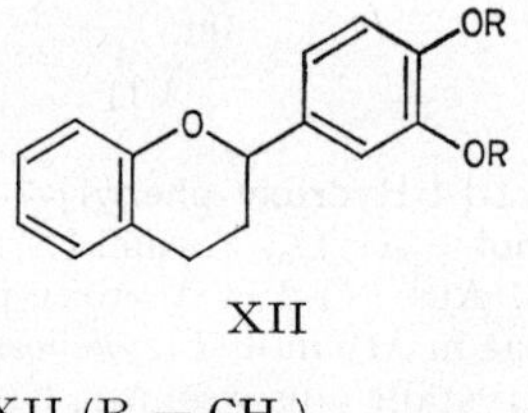   XII

(±)-2-[3,4-Dimethoxy-phenyl]-chroman $C_{17}H_{18}O_3$, Formel XII (R = CH₃).

B. Aus 3-[2-Benzoyloxy-phenyl]-1-[3,4-dimethoxy-phenyl]-propan-1-on mit Hilfe von Lithiumalanat (*Hathway, Seakins*, Soc. **1957** 1562, 1566). Beim Behandeln von (±)-4-Chroman-2-yl-brenzcatechin mit Diazomethan in Äther (*Ha., Se.*).

Krystalle; F: 99—100°.

3-[4-Hydroxy-phenyl]-chroman-7-ol $C_{15}H_{14}O_3$.

a) **(S)-3-[4-Hydroxy-phenyl]-chroman-7-ol, (−)-Equol** $C_{15}H_{14}O_3$, Formel I (R = H).

Konstitution: *Wessely, Prillinger*, B. **72** [1939] 629. Konfiguration: *Kurosawa et al.*,

Chem. Commun. **1968** 1265.

Isolierung aus dem Harn von trächtigen Stuten: *Marrian, Haslewood*, Biochem. J. **26** [1932] 1227, 1229; von Kühen: *Suemitsu, Hiura*, J. agric. chem. Soc. Japan **27** [1953] 825; C. A. **1955** 16124; von trächtigen Ziegen: *Klyne, Wright*, Biochem. J. **66** [1957] 92, 95.

Krystalle; F: 192° [aus wss. A.] (*Wessely et al.*, M. **71** [1938] 215, 220), 189—190,5° [unkorr.; aus Bzl.] (*Ma., Ha.*). $[\alpha]_D^{22}$: —20° [A.(?)] (*Suemitsu et al.*, J. agric. chem. Soc. Japan **29** [1955] 591, 592; C. A. **1958** 20511); $[\alpha]_D$: —17° [A.] (*Kl., Wr.*); $[\alpha]_D$: —15,1° [A.(?); c = 2] (*We. et al.*); $[\alpha]_{546}^{20}$: —21,5° [A.] (*Ma., Ha.*).

Beim Erhitzen mit Kaliumhydroxid bis auf 240° sind 4-Hydroxy-benzoesäure, 2,4-Di= hydroxy-benzoesäure und 1-[2,4-Dihydroxy-phenyl]-2-[4-hydroxy-phenyl]-propen (F: 162°) erhalten worden (*We. et al.*, l. c. S. 221; s. a. *Marrian, Beall*, Biochem. J. **29** [1935] 1586, 1588).

Diacetyl-Derivat s. S. 2188.

b) (±)-3-[4-Hydroxy-phenyl]-chroman-7-ol $C_{15}H_{14}O_3$, Formel I (R = H) + Spiegel-bild.

B. Aus Daidzein (7-Hydroxy-3-[4-hydroxy-phenyl]-chromen-4-on) bei der Hydrierung an Palladium in Essigsäure (*Wessely, Prillinger*, B. **72** [1939] 629, 632).

Krystalle (aus wss. A.); F: 158° [nach Sintern bei 156,5°] (unreines Präparat).

Diacetyl-Derivat (F: 128°) s. S. 2188.

(±)-3-[4-Methoxy-phenyl]-chroman-7-ol $C_{16}H_{16}O_3$, Formel II.

B. Aus Formononetin (7-Hydroxy-3-[4-methoxy-phenyl]-chromen-4-on) bei der Hydrierung an Palladium/Kohle in Essigsäure (*Wessely, Prillinger*, M. **72** [1939] 197).

Krystalle (aus wss. A.); F: 160° [nach Sintern von 155,5° an].

I   II   III

7-Methoxy-3-[4-methoxy-phenyl]-chroman $C_{17}H_{18}O_3$.

a) **(S)-7-Methoxy-3-[4-methoxy-phenyl]-chroman, (−)-Di-O-methyl-equol** $C_{17}H_{18}O_3$, Formel I (R = CH_3).

B. Beim Behandeln von (S)-3-[4-Hydroxy-phenyl]-chroman-7-ol mit Dimethylsulfat und wss. Natronlauge (*Marrian, Haslewood*, Biochem. J. **26** [1932] 1227, 1230).

Krystalle; F: 92° [nach Sintern] (*Wessely et al.*, M. **71** [1938] 215, 221), 89,5—90,5° (*Anderson, Marrian*, J. biol. Chem. **127** [1939] 649, 652), 88,5—89,5° [aus A.] (*Ma., Ha.*). $[\alpha]_D^{22}$: —17,4° [A.] (*Suemitsu et al.*, J. agric. chem. Soc. Japan **29** [1955] 591, 593; C. A. **1958** 20511); $[\alpha]_D^{23}$: —19,5° [A.] (*An., Ma.*). UV-Spektrum (230—300 nm): *Wessely, Prillinger*, B. **72** [1939] 629, 631.

Beim Erhitzen mit Äthylmagnesiumjodid bis auf 180° ist (S)-3-[4-Hydroxy-phenyl]-chroman-7-ol erhalten worden (*We., Pr.*, l. c. S. 633).

b) **(±)-7-Methoxy-3-[4-methoxy-phenyl]-chroman** $C_{17}H_{18}O_3$, Formel I (R = CH_3) + Spiegelbild.

B. Aus (±)-3-[4-Hydroxy-phenyl]-chroman-7-ol und Diazomethan (*Wessely, Prillinger*, B. **72** [1939] 629, 632). Aus (±)-3-[4-Methoxy-phenyl]-chroman-7-ol und Diazomethan (*Wessely, Prillinger*, M. **72** [1939] 197). Aus (±)-7-Methoxy-3-[4-methoxy-phenyl]-chroman-4-on bei der Hydrierung an Platin in Essigsäure (*Bradbury, White*, Soc. **1953** 871, 875) sowie beim Erhitzen mit amalgamiertem Zink, wss. Salzsäure und Essigsäure (*Anderson, Marrian*, J. biol. Chem. **127** [1939] 649, 655; *Suemitsu et al.*, J. agric. chem. Soc. Japan **29** [1955] 591, 594; C. A. **1958** 20511). Aus Di-O-methyl-daidzein (7-Methoxy-3-[4-methoxy-phenyl]-chromen-4-on) bei der Hydrierung an Palladium in Essigsäure (*We., Pr.*, B. **72** 632).

Krystalle; F: 116,5—117,5° [aus A.] (*We., Pr.*, M. **72** 199), 112,5—114° [aus Me.; nach Sintern bei 111°] (*An., Ma.*), 112—113° [aus A.] (*Br., Wh.*). Über eine Modifikation (?) vom F: 106—107° (aus A.) s. *Br., Wh.* UV-Spektrum (230—300 nm): *We., Pr.*, B. **72** 631.

7-Acetoxy-3-[4-acetoxy-phenyl]-chroman $C_{19}H_{18}O_5$.

a) **(S)-7-Acetoxy-3-[4-acetoxy-phenyl]-chroman, (−)-Di-O-acetyl-equol** $C_{19}H_{18}O_5$, Formel I (R = CO-CH₃).

B. Aus (*S*)-3-[4-Hydroxy-phenyl]-chroman-7-ol (*Marrian, Haslewood*, Biochem. J. **26** [1932] 1227, 1231; *Wessely et al.*, M. **71** [1938] 215, 221; *Suemitsu et al.*, J. agric. chem. Soc. Japan **29** [1955] 591, 593; C. A. **1958** 20511).

Krystalle; F: 128° (*We. et al.*), 122,5° [aus Me.] (*Ma., Ha.*), 120—122° (*Su. et al.*). $[\alpha]_D^{22}$: −19,3° [A.] (*Su. et al.*). UV-Spektrum (230—290 nm): *Wessely, Prillinger*, B. **72** [1939] 629, 631.

b) **(±)-7-Acetoxy-3-[4-acetoxy-phenyl]-chroman** $C_{19}H_{18}O_5$, Formel I (R = CO-CH₃) + Spiegelbild.

B. Aus (±)-3-[4-Hydroxy-phenyl]-chroman-7-ol (*Wessely, Prillinger*, B. **72** [1939] 629, 632).

Krystalle (aus A.); F: 128°. UV-Spektrum (230—290 nm): *We., Pr.*, l. c. S. 631.

(S)-7-Benzoyloxy-3-[4-benzoyloxy-phenyl]-chroman, Di-O-benzoyl-Derivat des (−)-Equols $C_{29}H_{22}O_5$, Formel I (R = CO-C₆H₅).

B. Aus (*S*)-3-[4-Hydroxy-phenyl]-chroman-7-ol (*Marrian, Haslewood*, Biochem. J. **26** [1932] 1227, 1231; *Klyne, Wright*, Biochem. J. **66** [1957] 92, 96).

Krystalle (aus CHCl₃ + Me.); F: 187—189° [unter Bildung einer flüssig-krystallinen Phase]; Klärpunkt: 223,5—225° (*Ma., Ha.*, l. c. S. 1231; vgl. *Kl., Wr.*, l. c. S. 96).

(±)-2-[4-Hydroxy-phenyl]-2-methyl-2,3-dihydro-benzofuran-6-ol $C_{15}H_{14}O_3$, Formel III (R = H).

B. Aus 1-[2,4-Dihydroxy-phenyl]-2-[4-hydroxy-phenyl]-propen (F: 162°) beim Erhitzen im Hochvakuum (*Wessely et al.*, M. **71** [1938] 215, 225; s. a. *Marrian, Beall*, Biochem. J. **29** [1935] 1586, 1588).

Krystalle (nach Sublimation bei 140—150°/0,02 Torr); F: 136—137° [nach Sintern bei 130°] (*Ma., Be.*).

Dibenzoyl-Derivat (F: 136° bzw. 133—134°) s. u.

(±)-6-Methoxy-2-[4-methoxy-phenyl]-2-methyl-2,3-dihydro-benzofuran $C_{17}H_{18}O_3$, Formel III (R = CH₃).

B. Beim Behandeln von (±)-2-[4-Hydroxy-phenyl]-2-methyl-2,3-dihydro-benzofuran-6-ol mit Diazomethan in Äther (*Marrian, Beall*, Biochem. J. **29** [1935] 1586, 1588; s. a. *Wessely et al.*, M. **71** [1938] 215, 225).

Krystalle; F: 74° [nach Sintern von 66° an; aus Ae. + PAe.] (*We. et al.*), 66,5—69° [nach Sintern bei 60°; durch Sublimation bei 100—110°/0,03 Torr gereinigtes Präparat] (*Ma., Be.*).

(±)-6-Benzoyloxy-2-[4-benzoyloxy-phenyl]-2-methyl-2,3-dihydro-benzofuran $C_{29}H_{22}O_5$, Formel III (R = CO-C₆H₅).

B. Aus (±)-2-[4-Hydroxy-phenyl]-2-methyl-2,3-dihydro-benzofuran-6-ol (*Marrian, Beall*, Biochem. J. **29** [1935] 1586, 1588; *Wessely et al.*, M. **71** [1938] 215, 225).

Krystalle; F: 136° [nach Sintern bei 131°; aus A. oder Eg.] (*We. et al.*), 133—134° [aus A.] (*Ma., Be.*).

9,9-Dimethyl-xanthen-3,6-diol $C_{15}H_{14}O_3$, Formel IV (R = H).

Diese Konstitution kommt auch der früher (s. H **6** 810; H **17** 161) unter Vorbehalt als 10,11-Dihydro-dibenz[b,f]oxepin-3,7-diol (,,4,4'-Dioxy-2,2'-oxido-dibenzyl") beschriebenen Verbindung (F: 263°) der vermeintlichen Zusammensetzung $C_{14}H_{12}O_3$ zu (*Hanousek*, Collect. **24** [1959] 1061, 1065).

B. Beim Erhitzen von Resorcin mit Aceton und Zinkchlorid (*Ha.*, l. c. S. 1069; s. a. *Sen et al.*, J. Indian chem. Soc. **7** [1930] 997, 1002).

Krystalle (aus wss. A.); F: 266,5° [korr.; Block] (*Ha.*). Bei 175—200°/0,7 Torr sublimierbar (*Ha.*).

Reaktion mit Brom unter Bildung eines Dibrom-Derivats $C_{15}H_{12}Br_2O_3$ (F: 153° [aus A.]): *Sen et al.* Beim Behandeln mit wss. Salpetersäure ist ein Dinitro-Derivat $C_{15}H_{12}N_2O_7$ (Krystalle [aus A.]; F: 268° [korr.; Block]) erhalten worden (*Ha.*, l. c. S. 1070).

3,6-Dimethoxy-9,9-dimethyl-xanthen $C_{17}H_{18}O_3$, Formel IV (R = CH_3).

B. Beim Behandeln von 9,9-Dimethyl-xanthen-3,6-diol mit wss. Natronlauge und Dimethylsulfat (*Hanousek*, Collect. **24** [1959] 1061, 1070).

Krystalle (aus A.); F: 88—90°. Bei 180—185°/0,8 Torr destillierbar.

Beim Erhitzen mit wss. Salpetersäure (40%ig) ist ein Nitro-Derivat $C_{17}H_{17}NO_5$ (Krystalle [aus wss. A.]; F: 151—153° [korr.; Block]) erhalten worden.

3,6-Diacetoxy-9,9-dimethyl-xanthen $C_{19}H_{18}O_5$, Formel IV (R = CO-CH_3) (H **6** 810; dort als „Diacetat $C_{18}H_{16}O_5$" [F: 150—151°] bezeichnet).

B. Beim Erhitzen von 9,9-Dimethyl-xanthen-3,6-diol mit Acetanhydrid und Pyridin (*Hanousek*, Collect. **24** [1959] 1061, 1070).

Krystalle (aus A.); F: 151,5—152,5° [korr.; Block].

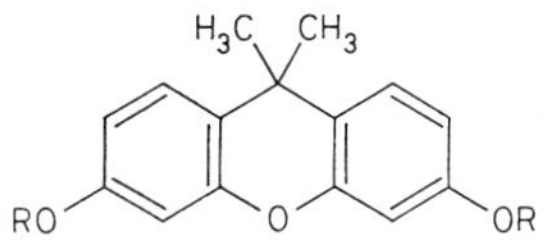

IV 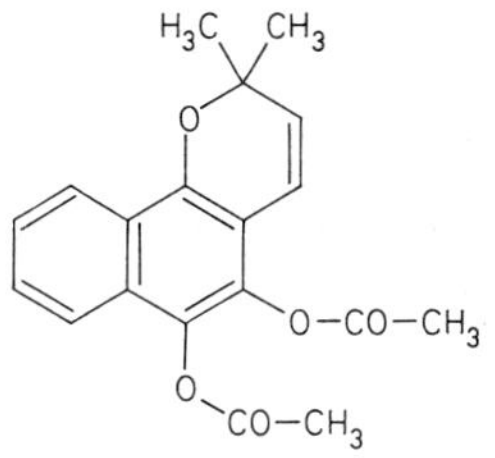   V 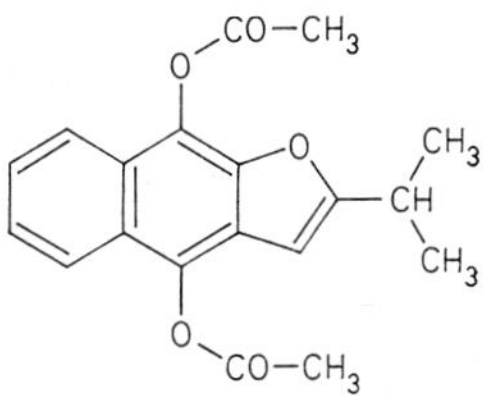   VI

3,6-Bis-benzoyloxy-9,9-dimethyl-xanthen $C_{29}H_{22}O_5$, Formel IV (R = CO-C_6H_5) (H **6** 810; dort als „Dibenzoat $C_{28}H_{20}O_5$" [F: 180°] bezeichnet).

B. Beim Erhitzen von 9,9-Dimethyl-xanthen-3,6-diol mit Benzoylchlorid und Pyridin (*Hanousek*, Collect. **24** [1959] 1061, 1070).

Krystalle (aus E.); F: 185,5—186,5° [korr.; Block].

5,6-Diacetoxy-2,2-dimethyl-2*H*-benzo[*h*]chromen $C_{19}H_{18}O_5$, Formel V.

B. Neben 5,10-Diacetoxy-2,2-dimethyl-2*H*-benzo[*g*]chromen $C_{19}H_{18}O_5$ (F: 131—132°) [H **8** 327; E II **17** 193] beim Erhitzen von 2-Hydroxy-3-[3-methyl-but-2-enyl]-[1,4]naphthochinon mit Natriumacetat und Acetanhydrid (*Hooker*, Am. Soc. **58** [1936] 1190, 1194).

Krystalle (aus A.); F: 128—129°.

Beim Erwärmen mit wss. Schwefelsäure und Essigsäure oder mit wss. Natronlauge, jeweils unter Luftzutritt, ist 2,2-Dimethyl-2*H*-benzo[*g*]chromen-5,10-chinon, beim Erwärmen mit äthanol. Kalilauge unter Durchleiten von Luft sind daneben geringe Mengen 2-Hydroxy-3-[2-methyl-propenyl]-[1,4]naphthochinon erhalten worden.

4,9-Diacetoxy-2-isopropyl-naphtho[2,3-*b*]furan $C_{19}H_{18}O_5$, Formel VI.

B. Beim Erhitzen von 2-Isopropyl-naphtho[2,3-*b*]furan-4,9-chinon mit Zink-Pulver und Acetanhydrid (*Hooker*, Am. Soc. **58** [1936] 1190, 1195).

Krystalle (aus A.); F: 167—168°.

4,5-Diacetoxy-2-isopropyl-naphtho[1,2-*b*]furan $C_{19}H_{18}O_5$, Formel VII.

B. Beim Erhitzen von 2-Isopropyl-naphtho[1,2-*b*]furan-4,5-chinon mit Zink-Pulver und Acetanhydrid (*Hooker*, Am. Soc. **58** [1936] 1190, 1195).

Krystalle (aus A.); F: 135,5—136,5°.

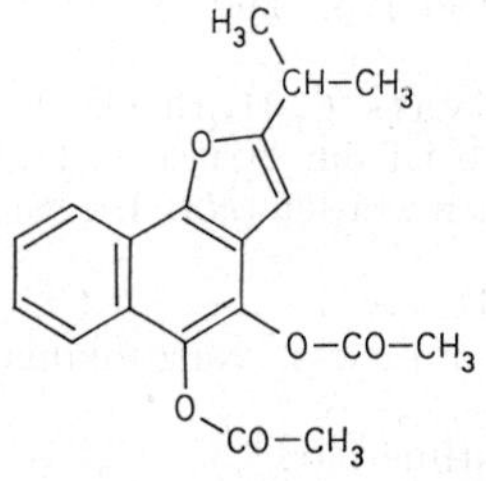

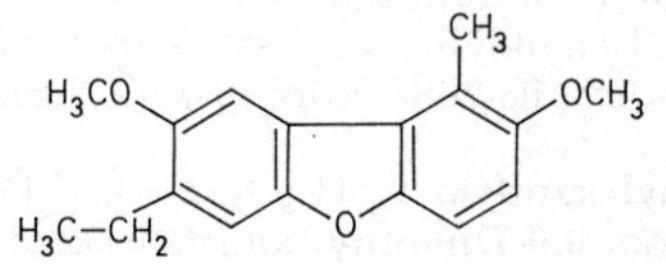

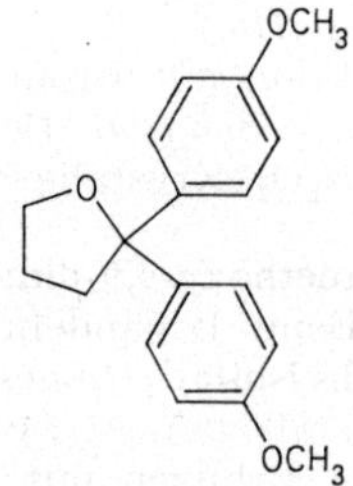

VII   VIII   IX

7(?)-Äthyl-2,8-dimethoxy-1-methyl-dibenzofuran $C_{17}H_{18}O_3$, vermutlich Formel VIII.

B. Bei der Umsetzung von 7(?)-Brom-2,8-dimethoxy-1-methyl-dibenzofuran (F:
143—145° [S. 2178]) mit Butyllithium und mit Diäthylsulfat (*Hogg*, Iowa Coll. J. **20**
[1945] 15, 16).

Verbindung mit Pikrinsäure. F: 144—144,5°.

Dihydroxy-Verbindungen $C_{16}H_{16}O_3$

2,2-Bis-[4-methoxy-phenyl]-tetrahydro-furan $C_{18}H_{20}O_3$, Formel IX.

B. Beim Erwärmen von 4-Hydroxy-buttersäure-lacton mit 4-Methoxy-phenylmagne=
sium-bromid in Äther (*Bartlett*, *McCollum*, Am. Soc. **78** [1956] 1441, 1449).

Krystalle (aus Cyclohexan); F: 62,7—63°.

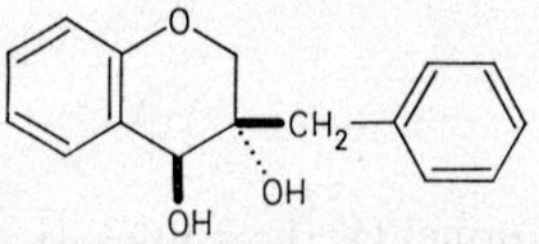

X 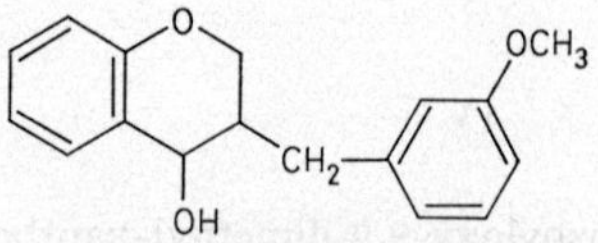   XI

(±)-3-Benzyl-chroman-3r,4t-diol $C_{16}H_{16}O_3$, Formel X + Spiegelbild.

B. Aus (±)-3-Benzyl-3-hydroxy-chroman-4-on beim Erwärmen mit Aluminiumiso=
propylat und Isopropylalkohol unter Entfernen des entstehenden Acetons (*Dann*,
Hofmann, B. **96** [1963] 320, 326; s. a. *Dann*, *Hofmann*, Naturwiss. **44** [1957] 559).

Krystalle (aus Bzl.); F: 129—130°.

Beim Behandeln mit Blei(IV)-acetat in Essigsäure ist eine wahrscheinlich als 2-[3-Phen=
yl-acetonyloxy]-benzaldehyd zu formulierende Verbindung (F: 110—113°; Bis-[2,4-di=
nitro-phenylhydrazon]: F: 218—220°) erhalten worden.

*Opt.-inakt. 3-[3-Methoxy-benzyl]-chroman-4-ol $C_{17}H_{18}O_3$, Formel XI.

B. Aus 3-[3-Methoxy-benzyliden]-chroman-4-on (F: 103—104°) bei der Hydrierung
an Raney-Nickel, anfangs in Äthanol, zuletzt in Natriumhydroxid enthaltendem Äthanol
(*Pfeiffer et al.*, A. **564** [1949] 208, 216).

Krystalle (aus A.); F: 96—97°.

*Opt.-inakt. 3-[4-Methoxy-benzyl]-chroman-4-ol $C_{17}H_{18}O_3$, Formel XII (R = H).

B. Aus (±)-3-[4-Methoxy-benzyl]-chroman-4-on bei der Hydrierung an Raney-Nickel
in Äthanol (*Pfeiffer et al.*, A. **564** [1949] 208, 218). Aus 3-[4-Methoxy-benzyliden]-
chroman-4-on (F: 134°) bei der Hydrierung an Raney-Nickel, anfangs in Äthanol, zuletzt
in Natriumhydroxid enthaltendem Äthanol (*Pf. et al.*).

Krystalle (aus Bzn.); F: 119°.

*Opt.-inakt. 3-[4-Methoxy-benzyl]-4-phenylcarbamoyloxy-chroman $C_{24}H_{23}NO_4$,
Formel XII (R = CO-NH-C_6H_5).

B. Aus der im vorangehenden Artikel beschriebenen Verbindung und Phenylisocyanat

(*Pfeiffer et al.*, A. **564** [1949] 208, 218).
Krystalle (aus Bzn.); F: 134°.

---

*Opt.-inakt. **2-Methoxy-2-methyl-4-phenyl-chroman-7-ol** $C_{17}H_{18}O_3$, Formel XIII
(R = H).
B. Beim Behandeln von Resorcin mit 4-Phenyl-but-3-en-2-on (nicht charakterisiert)
und Chlorwasserstoff enthaltendem Methanol (*Clayton et al.*, Soc. **1953** 581, 585).
Öl; bei 140—145°/0,1 Torr destillierbar.
Acetyl-Derivat (F: 115—116°) s. u.

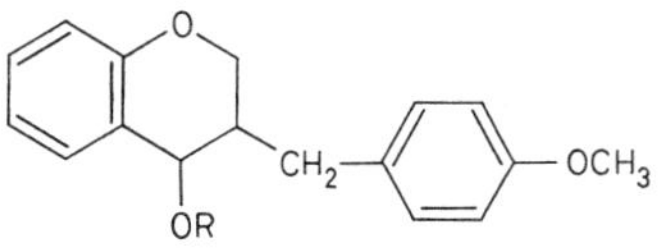

XII 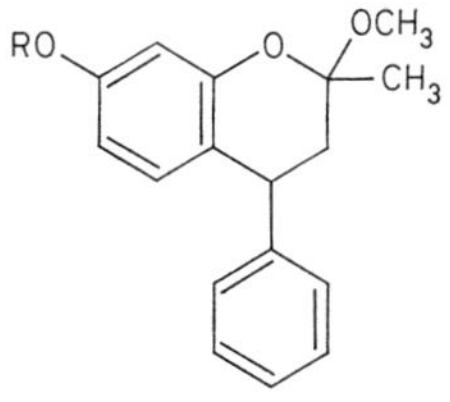   XIII 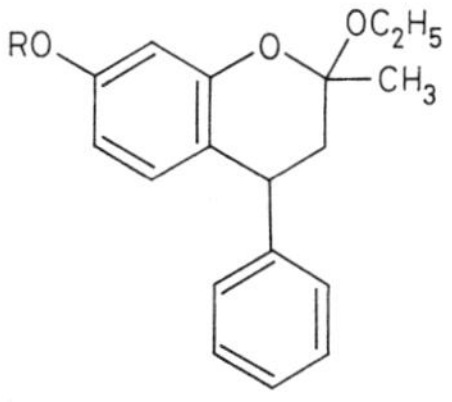   XIV

*Opt.-inakt. **2-Äthoxy-2-methyl-4-phenyl-chroman-7-ol** $C_{18}H_{20}O_3$, Formel XIV
(R = H).
B. Beim Behandeln von Resorcin mit 4-Phenyl-but-3-en-2-on (nicht charakterisiert)
und Chlorwasserstoff enthaltendem Äthanol (*Clayton et al.*, Soc. **1953** 581, 584).
Krystalle (aus wss. A.); F: 167°.
Acetyl-Derivat (F: 101—102°) s. u.

*Opt.-inakt. **2-Äthoxy-7-methoxy-2-methyl-4-phenyl-chroman** $C_{19}H_{22}O_3$, Formel XIV
(R = CH₃).
B. Beim Erwärmen einer Lösung von opt.-inakt. 2-Äthoxy-2-methyl-4-phenyl-
chroman-7-ol (F: 167°) in Aceton mit Dimethylsulfat und Natriumhydroxid (*Clayton
et al.*, Soc. **1953** 581, 584).
Krystalle (aus Ae.); F: 82°.
Beim Erwärmen mit Methylmagnesiumjodid in Äther ist 2-[3-Äthoxy-3-methyl-
1-phenyl-butyl]-5-methoxy-phenol erhalten worden.

*Opt.-inakt. **7-Acetoxy-2-methoxy-2-methyl-4-phenyl-chroman** $C_{19}H_{20}O_4$, Formel XIII
(R = CO-CH₃).
B. Aus opt.-inakt. 2-Methoxy-2-methyl-4-phenyl-chroman-7-ol [s. o.] (*Clayton et al.*,
Soc. **1953** 581, 585).
Krystalle (aus wss. Me.); F: 115—116°.

*Opt.-inakt. **7-Acetoxy-2-äthoxy-2-methyl-4-phenyl-chroman** $C_{20}H_{22}O_4$, Formel XIV
(R = CO-CH₃).
B. Aus opt.-inakt. 2-Äthoxy-2-methyl-4-phenyl-chroman-7-ol [s. o.] (*Clayton et al.*,
Soc. **1953** 581, 584).
Krystalle (aus A.); F: 101—102°.

2-[4-Methoxy-phenyl]-6-methyl-chroman-3-ol $C_{17}H_{18}O_3$.
a) **(±)-2r-[4-Methoxy-phenyl]-6-methyl-chroman-3c-ol, (±)-*cis*-2-[4-Methoxy-
phenyl]-6-methyl-chroman-3-ol** $C_{17}H_{18}O_3$, Formel I (R = H) + Spiegelbild.
B. Bei der Behandlung von 3-Benzyloxy-2-[4-methoxy-phenyl]-6-methyl-chromen-
4-on (*Kashikar et al.*, Indian J. Chem. **2** [1964] 485, 487) oder von 3-Benzoyloxy-2-[4-
methoxy-phenyl]-6-methyl-chromen-4-on (*Kashikar, Kulkarni*, J. scient. ind. Res. India
18 B [1959] 413, 416; *Ka. et al.*) mit Lithiumalanat in Äther und Benzol und anschliessenden Hydrierung an Raney-Nickel.
Krystalle (aus Bzl. + PAe.); F: 120—121°.
Acetyl-Derivat (F: 141—142°) s. S. 2192.

b) **(±)-2r-[4-Methoxy-phenyl]-6-methyl-chroman-3t-ol, (±)-*trans*-2-[4-Methoxy-phenyl]-6-methyl-chroman-3-ol** $C_{17}H_{18}O_3$, Formel II (R = H) + Spiegelbild.

B. Aus (±)-2r-[4-Methoxy-phenyl]-6-methyl-chroman-3t,4c-diol bei der Hydrierung an Palladium/Kohle in Dioxan (*Kashikar et al.*, Indian J. Chem. **2** [1964] 485, 488).

Krystalle (aus Bzl. + Bzn.); F: 102—104°.

Acetyl-Derivat (F: 101—103°) s. u.

c) Ein ebenfalls als 2-[4-Methoxy-phenyl]-6-methyl-chroman-3-ol beschriebenes opt.-inakt. Präparat (Krystalle [aus A.], F: 135°; O-Acetyl-Derivat $C_{19}H_{20}O_4$: Krystalle [aus A.], F: 150°) ist von *Kashikar, Kulkarni* (J. scient. ind. Res. India **18** B [1959] 413, 416) bei der Hydrierung von 3-Hydroxy-2-[4-methoxy-phenyl]-6-methyl-chromen-4-on an Raney-Nickel in Äthanol bei 110—120°/40 at erhalten worden.

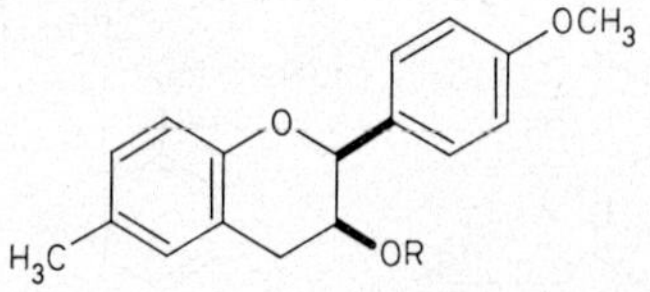

I 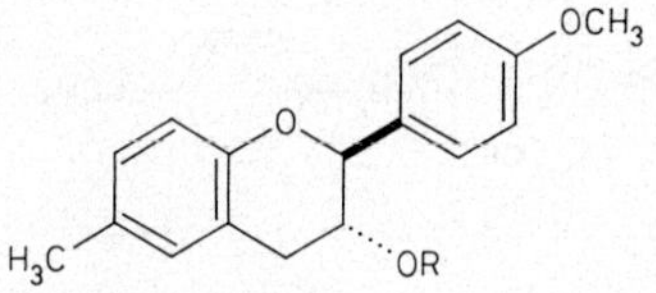 II

3-Acetoxy-2-[4-methoxy-phenyl]-6-methyl-chroman $C_{19}H_{20}O_4$.

a) **(±)-3c-Acetoxy-2r-[4-methoxy-phenyl]-6-methyl-chroman, (±)-*cis*-3-Acetoxy-2-[4-methoxy-phenyl]-6-methyl-chroman** $C_{19}H_{20}O_4$, Formel I (R = CO-CH₃) + Spiegelbild.

B. Aus (±)-*cis*-2-[4-Methoxy-phenyl]-6-methyl-chroman-3-ol (*Kashikar, Kulkarni*, J. scient. ind. Res. India **18** B [1959] 413, 416; *Kashikar et al.*, Indian J. Chem. **2** [1964] 485, 487).

Krystalle (aus A.); F: 141—142°.

b) **(±)-3t-Acetoxy-2r-[4-methoxy-phenyl]-6-methyl-chroman, (±)-*trans*-3-Acetoxy-2-[4-methoxy-phenyl]-6-methyl-chroman** $C_{19}H_{20}O_4$, Formel II (R = CO-CH₃) + Spiegelbild.

B. Aus (±)-*trans*-2-[4-Methoxy-phenyl]-6-methyl-chroman-3-ol (*Kashikar et al.*, Indian J. Chem. **2** [1964] 485, 488).

Krystalle (aus Bzn.); F: 101—103°.

2-[4-Methoxy-phenyl]-6-methyl-chroman-4-ol $C_{17}H_{18}O_3$.

Über die Konfiguration der beiden folgenden Stereoisomeren s. *Clark-Lewis et al.*, Austral. J. Chem. **16** [1963] 107, 109.

a) **(±)-2r-[4-Methoxy-phenyl]-6-methyl-chroman-4c-ol, (±)-*cis*-2-[4-Methoxy-phenyl]-6-methyl-chroman-4-ol** $C_{17}H_{18}O_3$, Formel III (R = H) + Spiegelbild.

B. Aus (±)-2-[4-Methoxy-phenyl]-6-methyl-chroman-4-on bei der Hydrierung an Raney-Nickel in Äthanol oder an Platin in Essigsäure sowie beim Behandeln mit Titan(III)-chlorid in Äthanol unter Zusatz von wss. Ammoniak oder mit Natriumboranat in Äthanol (*Kashikar, Kulkarni*, J. scient. ind. Res. India **18** B [1959] 418, 420, 421) oder mit Lithiumalanat in Äther (*Kulkarni, Joshi*, J. scient. ind. Res. India **16** B [1957] 249, 252). Aus (±)-3t-Brom-2r-[4-methoxy-phenyl]-6-methyl-chroman-4-on beim Behandeln mit Lithiumalanat in Äther (*Joshi, Kulkarni*, J. scient. ind. Res. India **16** B [1957] 355, 357).

Krystalle (aus A.); F: 138° (*Ku., Jo.*).

Acetyl-Derivat (F: 153°) s. S. 2193.

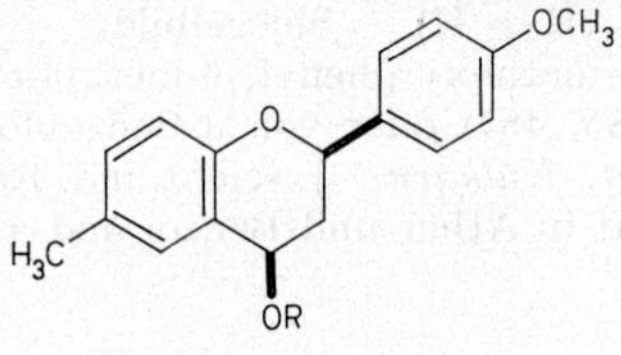

III 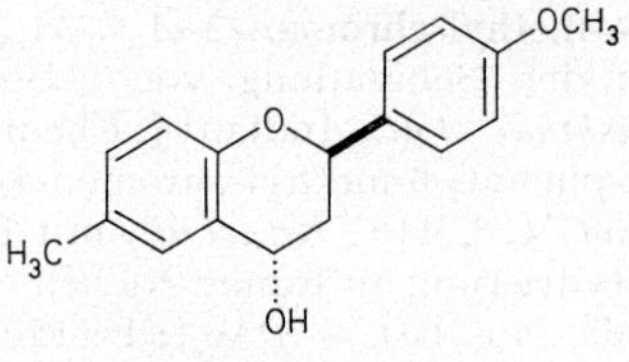 IV

b) **(±)-2r-[4-Methoxy-phenyl]-6-methyl-chroman-4t-ol, (±)-trans-2-[4-Methoxy-phenyl]-6-methyl-chroman-4-ol** $C_{17}H_{18}O_3$, Formel IV + Spiegelbild.

B. Aus (±)-2-[4-Methoxy-phenyl]-6-methyl-chroman-4-on beim Behandeln mit amalgamiertem Aluminium und Äthanol (*Kashikar, Kulkarni*, J. scient. ind. Res. India **18** B [1959] 418, 421).

Krystalle (aus Bzl.); F: 127—128°.

(±)-4c-Acetoxy-2r-[4-methoxy-phenyl]-6-methyl-chroman, (±)-cis-4-Acetoxy-2-[4-methoxy-phenyl]-6-methyl-chroman $C_{19}H_{20}O_4$, Formel III (R = CO-CH₃) + Spiegelbild.

B. Aus (±)-cis-2-[4-Methoxy-phenyl]-6-methyl-chroman-4-ol (S. 2192) (*Kulkarni, Joshi*, J. scient. ind. Res. India **16** B [1957] 249, 252).

Krystalle (aus A.); F: 153°.

*****Opt.-inakt. Bis-[2-(4-methoxy-phenyl)-6-methyl-chroman-4-yl]-äther** $C_{34}H_{34}O_5$, Formel V.

B. Aus (±)-cis-[4-Methoxy-phenyl]-6-methyl-chroman-4-ol (S. 2192) beim Behandeln mit Zinkchlorid in Benzol (*Joshi, Kulkarni*, J. scient. ind. Res. India **16** B [1957] 355, 357).

Krystalle (aus Bzl. + PAe.); F: 203—204°.

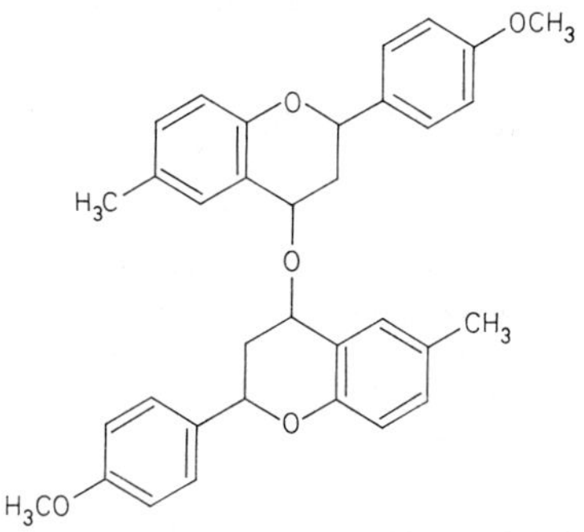

V

3-Brom-2-[4-methoxy-phenyl]-6-methyl-chroman-4-ol $C_{17}H_{17}BrO_3$.

Über die Konfiguration der beiden folgenden Stereoisomeren s. *Clark-Lewis et al.*, Austral. J. Chem. **16** [1963] 107, 108.

a) **(±)-3c-Brom-2r-[4-methoxy-phenyl]-6-methyl-chroman-4c-ol** $C_{17}H_{17}BrO_3$, Formel VI (R = H) + Spiegelbild.

B. Aus (±)-3c-Brom-2r-[4-methoxy-phenyl]-6-methyl-chroman-4-on beim Behandeln mit Lithiummalanat in Äther und Benzol (*Joshi, Kulkarni*, J. scient. ind. Res. India **16** B [1957] 355, 358) oder mit Natriumboranat in Äthanol und Dioxan (*Kashikar, Kulkarni*, J. scient. ind. Res. India **18** B [1959] 418, 421). Aus (±)-3t-Brom-2r-[4-methoxy-phenyl]-6-methyl-chroman-4-on beim Behandeln mit Natriumboranat in Äthanol (*Ka., Ku.*).

Krystalle (aus A.); F: 175° (*Jo., Ku.*, J. scient. ind. Res. India **16** B 358). IR-Banden: *Joshi, Kulkarni*, J. Indian chem. Soc. **34** [1957] 753, 759.

Beim Erwärmen einer Lösung in Äthanol mit Kaliumacetat und Behandeln des Reaktionsprodukts mit Acetanhydrid und Pyridin ist 4-Acetoxy-2-[4-methoxy-phenyl]-6-methyl-2H-chromen erhalten worden (*Jo., Ku.*, J. scient. ind. Res. India **16** B 358).

Acetyl-Derivat (F: 142°) s. S. 2194.

b) **(±)-3t-Brom-2r-[4-methoxy-phenyl]-6-methyl-chroman-4c-ol** $C_{17}H_{17}BrO_3$, Formel VII (R = H) + Spiegelbild.

B. Aus (±)-3t-Brom-2r-[4-methoxy-phenyl]-6-methyl-chroman-4-on beim Behandeln mit Lithiummalanat in Äther (*Joshi, Kulkarni*, J. scient. ind. Res. India **16** B [1957] 355, 357).

Krystalle (aus A.); F: 200° [Zers.] (*Jo., Ku.*, J. scient. ind. Res. India **16** B 357). IR-Banden: *Joshi, Kulkarni*, J. Indian chem. Soc. **34** [1957] 753, 759.

Beim Erwärmen einer Lösung in Äthanol mit Kaliumacetat und Behandeln des Reak-

tionsprodukts mit Acetanhydrid und Pyridin ist 3c,4t-Diacetoxy-2r-[4-methoxy-phenyl]-6-methyl-chroman erhalten worden (*Jo., Ku.,* J. scient. ind. Res. India **16** B 357).
Acetyl-Derivat (F: 184°) s. u.

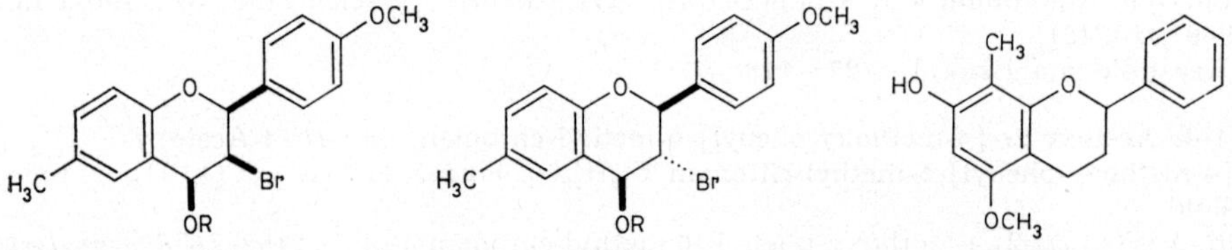

VI   VII   VIII

4-Acetoxy-3-brom-2-[4-methoxy-phenyl]-6-methyl-chroman $C_{19}H_{19}BrO_4$.

a) **(±)-4c-Acetoxy-3c-brom-2r-[4-methoxy-phenyl]-6-methyl-chroman** $C_{19}H_{19}BrO_4$, Formel VI (R = CO-CH$_3$) + Spiegelbild.
B. Aus (±)-3c-Brom-2r-[4-methoxy-phenyl]-6-methyl-chroman-4c-ol (*Joshi, Kulkarni,* J. scient. ind. Res. India **16** B [1957] 355, 358).
Krystalle (aus A.); F: 142°.

b) **(±)-4c-Acetoxy-3t-brom-2r-[4-methoxy-phenyl]-6-methyl-chroman** $C_{19}H_{19}BrO_4$, Formel VII (R = CO-CH$_3$) + Spiegelbild.
B. Aus (±)-3t-Brom-2r-[4-methoxy-phenyl]-6-methyl-chroman-4c-ol (*Joshi, Kulkarni,* J. scient. ind. Res. India **16** B [1957] 355, 357).
Krystalle (aus A.); F: 184°.

(±)-5-Methoxy-8-methyl-2-phenyl-chroman-7-ol $C_{17}H_{18}O_3$, Formel VIII + Spiegelbild.
B. Aus (±)-7-Hydroxy-5-methoxy-8-methyl-2-phenyl-chroman-4-on sowie aus (±)-7-Hydroxy-5-methoxy-2-phenyl-chroman-8-carbaldehyd beim Behandeln mit amalgamier=tem Zink und wss. Salzsäure in Essigsäure (*Robertson et al.,* Soc. **1950** 3117, 3122).
Krystalle (aus PAe. + Me.); F: 120°.

2,10-Bis-hydroxymethyl-5,7-dihydro-dibenz[c,e]oxepin $C_{16}H_{16}O_3$, Formel IX (R = H).
B. Aus 2,5,2′,5′-Tetrakis-hydroxymethyl-biphenyl beim Erwärmen mit wss. Schwefel=säure (*Beaven et al.,* Soc. **1954** 131, 137).
Krystalle (aus A.); F: 192° [Zers.]. UV-Spektrum (A.; 200–290 nm): *Be. et al.,* l. c. S. 133.

2,10-Bis-[2-carboxy-benzoyloxymethyl]-5,7-dihydro-dibenz[c,e]oxepin $C_{32}H_{24}O_9$, Formel IX (R = CO-C$_6$H$_4$-COOH).
B. Aus 2,10-Bis-hydroxymethyl-5,7-dihydro-dibenz[c,e]oxepin (*Beaven et al.,* Soc. **1954** 131, 137).
Krystalle (aus wss. Eg.); F: 179–179,5°.

2,8-Bis-[2-hydroxy-äthyl]-dibenzofuran $C_{16}H_{16}O_3$, Formel X.
B. Aus 2,8-Bis-methoxycarbonylmethyl-dibenzofuran beim Erwärmen mit Lithium=alanat in Tetrahydrofuran (*Whaley, White,* J. org. Chem. **18** [1953] 309, 311).
Krystalle (aus wss. A.); F: 98°.

1,4,6,9-Tetramethyl-dibenzofuran-3,7-diol $C_{16}H_{16}O_3$, Formel XI (R = H).
B. Neben 3,6,3′,6′-Tetramethyl-biphenyl-2,4,2′,4′-tetraol beim Erhitzen von 2,4,2′,4′-Tetramethoxy-3,6,3′,6′-tetramethyl-biphenyl mit wss. Jodwasserstoffsäure und Phosphor (*Asahina, Aoki,* J. pharm. Soc. Japan **64** [1944] Nr. 1, S. 41, 44; C. A. **1951** 2928).
Krystalle; F: 204–207° (*As., Aoki*). UV-Spektrum (A.; 220–320 nm): *Shibata,* Acta phytoch. Tokyo **14** [1944] 9, 17.

3,7-Diacetoxy-1,4,6,9-tetramethyl-dibenzofuran $C_{20}H_{20}O_5$, Formel XI (R = CO-CH$_3$).
B. Beim Erwärmen von 1,4,6,9-Tetramethyl-dibenzofuran-3,7-diol mit Acetanhydrid

unter Zusatz von Schwefelsäure (*Asahina, Aoki,* J. pharm. Soc. Japan **64** [1944] Nr. 1, S. 41, 45; C. A. **1951** 2928).
Krystalle (aus A.); F: 203—204°.

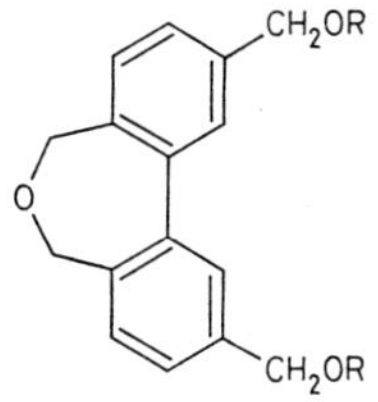

IX 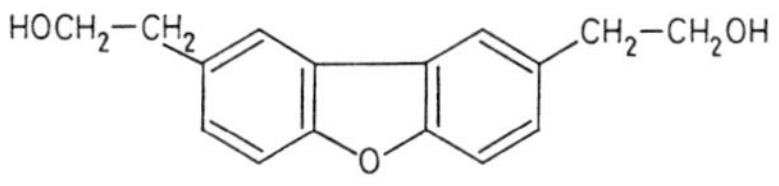   X 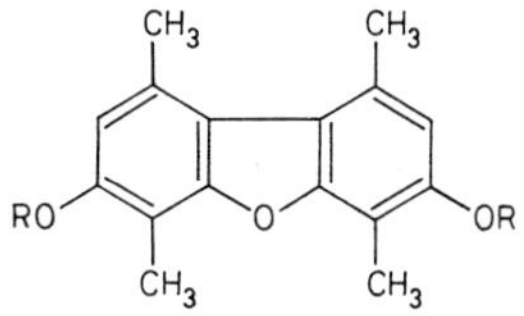   XI

(*S*)-3,8-Dimethoxy-5,6,11,12-tetrahydro-2*H*-naphtho[8a,1,2-*de*]chromen $C_{18}H_{20}O_3$, Formel XII.
Diese Konstitution und Konfiguration kommt wahrscheinlich der nachstehend beschriebenen Verbindung (,,6-Methoxy-theben-5,8-dien") zu (vgl. *Bentley, Cardwell,* Soc. **1955** 3252, 3259).
B. Beim Erwärmen von Dihydrothebain-ψ-dihydromethin-methojodid ([2-((*S*)-5-Hyᵈroxy-3,6-dimethoxy-9,10-dihydro-2*H*-phenanthren-4a-yl)-äthyl]-trimethyl-ammonium-jodid) mit wss. Kalilauge (*Bentley, Wain,* Soc. **1952** 972, 974).
Harz; bei 255—256°/8 Torr destillierbar (*Be., Wain*).

(3a*R*)-3,5-Dimethoxy-9b-vinyl-(3a*r*,9a*c*,9b*c*)-1,3a,8,9,9a,9b-hexahydro-phenanthroᵈ[4,5-*bcd*]furan $C_{18}H_{20}O_3$, Formel XIII (E II 194; dort als 3,6-Dimethoxy-4,5-oxido-12-vinyl-1.4.9.10.11.12-hexahydro-phenanthren bezeichnet).
B. Beim Erwärmen von Dihydrothebain-dihydromethin ((3a*R*)-9b-[2-Dimethylamino-äthyl]-3,5-dimethoxy-(3a*r*,9a*c*,9b*c*)-1,3a,8,9,9a,9b-hexahydro-phenanthro[4,5-*bcd*]furan) mit wss. Wasserstoffperoxid und Erhitzen des Reaktionsprodukts bis auf 150° (*Bentley et al.,* Soc. **1956** 1963, 1968).
Krystalle (aus Me.); F: 120—121°. $[\alpha]_D^{18}$: —104° [A.; c = 1].

(3a*R*)-5-Methoxy-9b-vinyl-(3a*r*,9a*c*,9b*c*)-1,2,3,3a,9a,9b-hexahydro-phenanthro[4,5-*bcd*]ᵈfuran-3*t*-ol $C_{17}H_{18}O_3$, Formel XIV (R = H) (E II 194; dort als ,,bei 102—103° schmelᵈzendes 3-Oxy-6-methoxy-4.5-oxido-12-vinyl-1.2.3.4.11.12-hexahydro-phenanthren" bezeichnet).
B. Beim Erwärmen von Dihydrocodeimethin ((3a*R*)-9b-[2-Dimethylamino-äthyl]-5-methoxy-(3a*r*,9a*c*,9b*c*)-1,2,3,3a,9a,9b-hexahydro-phenanthro[4,5-*bcd*]furan-3*t*-ol) mit wss. Wasserstoffperoxid und Erhitzen des Reaktionsprodukts unter vermindertem Druck bis auf 150° (*Bentley et al.,* Soc. **1956** 1963, 1967).
Krystalle (aus Hexan); F: 102°. $[\alpha]_D^{20}$: +78° [A.; c = 1].

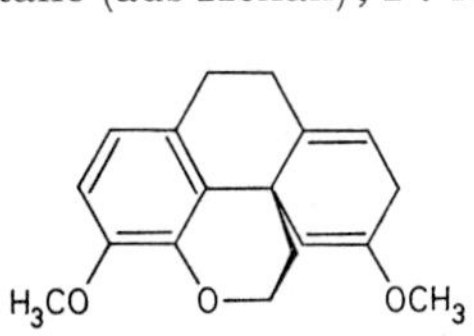

XII 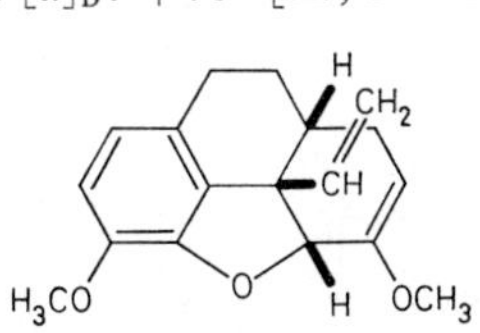   XIII 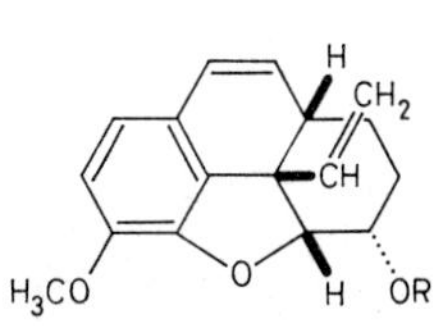   XIV

(3a*R*)-3*t*,5-Dimethoxy-9b-vinyl-(3a*r*,9a*c*,9b*c*)-1,2,3,3a,9a,9b-hexahydro-phenanthroᵈ[4,5-*bcd*]furan $C_{18}H_{20}O_3$, Formel XIV (R = CH₃).
B. Beim Behandeln von Tetrahydrothebainmethin-methojodid ([2-((3a*R*)-3*t*,5-Diᵈmethoxy-(3a*r*,9a*c*)-1,2,3,9a-tetrahydro-3a*H*-phenanthro[4,5-*bcd*]furan-9b*c*-yl)-äthyl]-triᵈmethyl-ammonium-jodid) mit Silberoxid und Wasser, Eindampfen der Reaktionslösung und Erhitzen des Rückstandes unter vermindertem Druck bis auf 120° (*Small,* J. org. Chem. **20** [1955] 953, 957).

Kp$_{0,05}$: 100° (*Rapoport*, J. org. Chem. **13** [1948] 714, 719). n$_D^{20}$: 1,5890 (*Sm.*); n$_D^{27}$: 1,5860 (*Sm.*), 1,5861 (*Ra.*). [α]$_D^{20}$: +63,4° [A.; c = 2] (*Sm.*); [α]$_D^{20}$: +61,0° [A.; c = 2] (*Ra.*).

(3a*R*)-3*t*-Biphenyl-4-carbonyloxy-5-methoxy-9b-vinyl-(3a*r*,9a*c*,9b*c*)-1,2,3,3a,9a,9b-hexa-hydro-phenanthro[4,5-*bcd*]furan $C_{30}H_{26}O_4$, Formel XIV (R = CO-C$_6$H$_4$-C$_6$H$_5$).

B. Neben (3a*R*)-3*t*,5-Dimethoxy-9b-vinyl-(3a*r*,9a*c*,9b*c*)-1,2,3,3a,9a,9b-hexahydro-phen-anthro[4,5-*bcd*]furan beim Behandeln von [2-((3a*R*)-3*t*-Hydroxy-5-methoxy-(3a*r*,9a*c*)-1,2,3,9a-tetrahydro-3a*H*-phenanthro[4,5-*bcd*]furan-9b*c*-yl)-äthyl]-trimethyl-ammonium-jodid („Dihydro-α-methylmorphimethin-methojodid($\Delta^{9,10}$)") mit Silberoxid und Wasser, Eindampfen der Reaktionslösung, Erhitzen des Rückstandes unter vermindertem Druck bis auf 140° und Erwärmen des Reaktionsprodukts mit Biphenyl-4-carbonylchlorid und Pyridin (*Rapoport*, J. org. Chem. **13** [1948] 714, 717).

Krystalle (aus A.); F: 173—174° [korr.]. Bei 160°/0,05 Torr sublimierbar. [α]$_D^{20}$: +73,4° [Dioxan; c = 1].

Dihydroxy-Verbindungen $C_{17}H_{18}O_3$

4,4-Bis-[4-hydroxy-phenyl]-1-methyl-tetrahydro-thiopyranium [$C_{18}H_{21}O_2S$]$^+$, Formel I.

Jodid [$C_{18}H_{21}O_2S$]I. *B*. Beim Erwärmen von Tetrahydro-thiopyran-4-on mit Phenol und Methyljodid sowie beim Erwärmen von Tetrahydro-thiopyran-4-on mit Phenol, Essigsäure und wss. Salzsäure und Behandeln des Reaktionsprodukts mit Methyljodid (*Cardwell*, Soc. **1950** 1059, 1061). — Krystalle (aus Me.); F: 203° [unkorr.; Zers.]. — Beim Behandeln mit Diazomethan in Äther und Methanol und Erwärmen des Reaktionsprodukts mit Methyljodid und Kaliumcarbonat in Methanol ist 3,3-Bis-[4-methoxy-phenyl]-5-methyl-mercapto-pent-1-en erhalten worden.

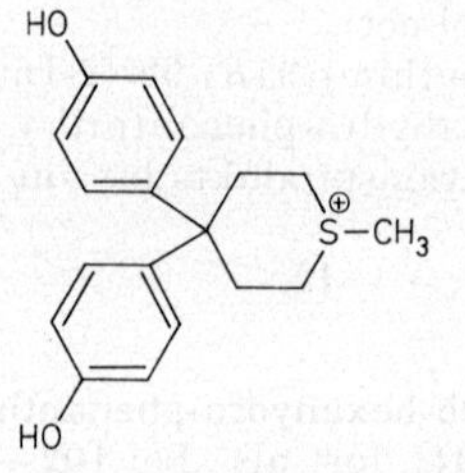

I 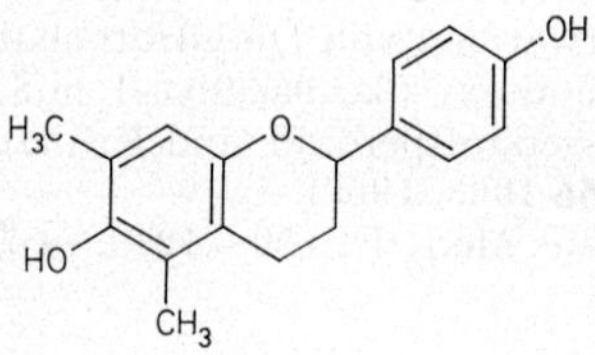 II

(±)-2-[4-Hydroxy-phenyl]-5,7-dimethyl-chroman-6-ol $C_{17}H_{18}O_3$, Formel II.

B. Aus 6-Hydroxy-2-[4-hydroxy-phenyl]-5,7-dimethyl-chromenylium-chlorid bei der Hydrierung an Platin in Essigsäure (*Karrer*, *Fatzer*, Helv. **24** [1941] 1317, 1321).

Krystalle (aus wss. A.); F: 228°.

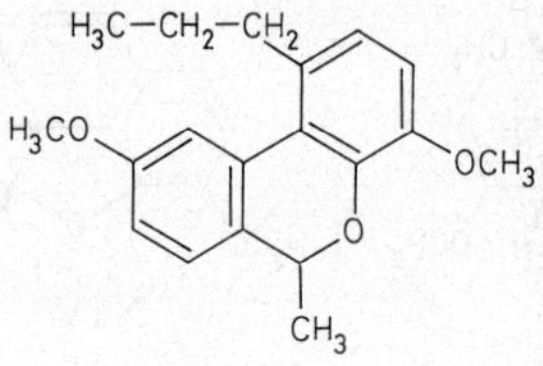

III 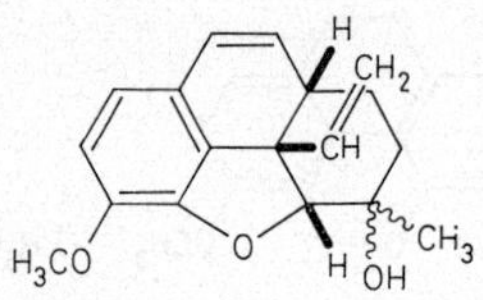 IV

(−)-4,9-Dimethoxy-6-methyl-1-propyl-6*H*-benzo[*c*]chromen $C_{19}H_{22}O_3$, Formel III.

Bezüglich der Konstitution dieser ursprünglich als (+)-6-Methoxy-x-methyl-thebendien beschriebenen Verbindung vgl. *Bentley*, *Robinson*, Soc. **1952** 947, 949; K. W. *Bentley*, The Chemistry of the Morphine Alkaloids [Oxford 1954] S. 283.

B. Aus (+)-4,9-Dimethoxy-6-methyl-1-propenyl-6*H*-benzo[*c*]chromen (F: 99—101°;

$[\alpha]_D^{22}$: $+9°$ [A.] [S. 2216]) bei der Hydrierung an Platin in Äthanol (*Small*, *Fry*, J. org. Chem. **3** [1938] 509, 531).

Krystalle (aus A.); F: 56—59,5° (*Sm.*, *Fry*). $[\alpha]_D^{29}$: $-5°$ [A.; c = 1] (*Sm.*, *Fry*).

(+)-(3aR)-5-Methoxy-3ξ-methyl-9b-vinyl-(3ar,9ac,9bc)-1,2,3,3a,9a,9b-hexahydro-phenanthro[4,5-bcd]furan-3ξ-ol $C_{18}H_{20}O_3$, Formel IV.

B. Beim Erwärmen von 6-Methyl-dihydromethylmorphimethin-methojodid ((+)-[2-((3aR)-3ξ-Hydroxy-5-methoxy-3ξ-methyl-(3ar,9ac)-1,2,3,9a-tetrahydro-3aH-phenanthro[4,5-bcd]furan-9bc-yl)-äthyl]-trimethyl-ammonium-jodid (F: 269—271° [korr.]) mit Silberoxid und Wasser, Eindampfen der Reaktionslösung und Erhitzen des Rückstands unter vermindertem Druck bis auf 110° (*Small*, *Rapoport*, J. org. Chem. **12** [1947] 284, 289).

Krystalle (aus PAe.). Bei 100°/0,1 Torr sublimierbar. $[\alpha]_D^{20}$: $+24,4°$ [A.; c = 1].

Dihydroxy-Verbindungen $C_{18}H_{20}O_3$

*Opt.-inakt. **2,5-Bis-[4-methoxy-phenyl]-2,5-dimethyl-tetrahydro-furan** $C_{20}H_{24}O_3$, Formel V.

B. Beim Erwärmen von 1,4-Bis-[4-methoxy-phenyl]-butan-1,4-dion mit Methylmagnesiumjodid in Äther und Benzol und Erhitzen des erhaltenen 2,5-Bis-[4-methoxyphenyl]-hexan-2,5-diols (F: 100—106°) mit Essigsäure (*Buchta*, *Schaeffer*, A. **597** [1955] 129, 139).

Krystalle (aus Eg.); F: 157—159° [unkorr.; nach Sintern bei 142°].

Beim Erhitzen mit wss. Salzsäure enthaltender Essigsäure ist 2,5-Bis-[4-methoxyphenyl]-hexa-2,4-dien (F: 219°) erhalten worden.

(±)-2r,3t-Diäthyl-2,3c-bis-[4-hydroxy-phenyl]-oxiran, (RS,RS)-3,4-Epoxy-3,4-bis-[4-hydroxy-phenyl]-hexan, (RS,RS)-α,α'-Diäthyl-α,α'-epoxy-bibenzyl-4,4'-diol $C_{18}H_{20}O_3$ (R = H) + Spiegelbild.

B. Aus α,α'-Diäthyl-*trans*-stilben-4,4'-diol beim Behandeln mit Peroxybenzoesäure in Äther (*v. Wessely et al.*, M. **73** [1941] 127, 153).

Krystalle (aus A. + W.) mit 1 Mol H_2O; F: 145° [Zers.; bei schnellem Erhitzen].

Beim Erhitzen ist 4,4-Bis-[4-hydroxy-phenyl]-hexan-3-on erhalten worden.

(±)-2r,3t-Diäthyl-2,3c-bis-[4-methoxy-phenyl]-oxiran, (RS,RS)-3,4-Epoxy-3,4-bis-[4-methoxy-phenyl]-hexan, (RS,RS)-α,α'-Diäthyl-α,α'-epoxy-4,4'-dimethoxy-bibenzyl $C_{20}H_{24}O_3$, Formel VI (R = CH₃) + Spiegelbild.

B. Aus α,α'-Diäthyl-4,4'-dimethoxy-*trans*-stilben beim Behandeln mit Peroxybenzoesäure in Äther (*v. Wessely et al.*, M. **73** [1941] 127, 155). Beim Behandeln von (±)-2r,3t-Diäthyl-2,3c-bis-[4-hydroxy-phenyl]-oxiran-monohydrat mit Dimethylsulfat und Alkalilauge (*v. We. et al.*, l. c. S. 154).

Krystalle (aus A.); F: 119° [nach Sintern von 116,5° an].

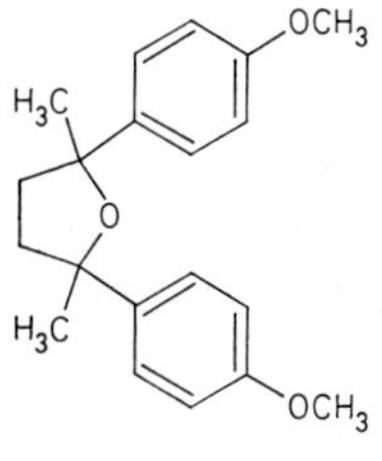

V 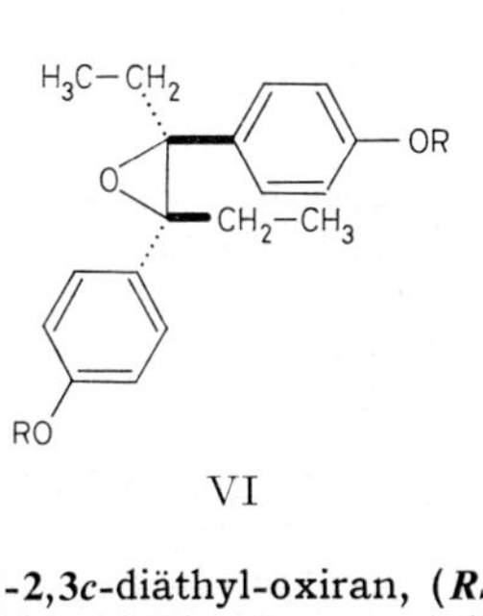   VI 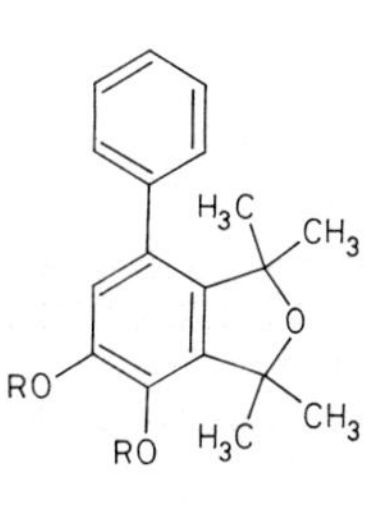   VII

(±)-2r,3t-Bis-[4-acetoxy-phenyl]-2,3c-diäthyl-oxiran, (RS,RS)-3,4-Bis-[4-acetoxyphenyl]-3,4-epoxy-hexan, (RS,RS)-4,4'-Diacetoxy-α,α'-diäthyl-α,α'-epoxy-bibenzyl $C_{22}H_{24}O_5$, Formel VI (R = CO-CH₃) + Spiegelbild.

B. Aus 4,4'-Diacetoxy-α,α'-diäthyl-*trans*-stilben beim Behandeln mit Peroxybenzoe=

säure in Äther (*v. Wessely et al.*, M. **73** [1941] 127, 155). Beim Behandeln von (±)-2*r*,3*t*-Di=
äthyl-2,3*c*-bis-[4-hydroxy-phenyl]-oxiran-monohydrat mit Acetanhydrid und Pyridin
(*v. We. et al.*, l. c. S. 154).

Krystalle (aus A. bei schnellem Abkühlen), F: 98° [nach Sintern von 95° an]; Krystalle
(aus A. bei langsamem Abkühlen), F: 104° [nach Sintern von 102° an].

1,1,3,3-Tetramethyl-7-phenyl-phthalan-4,5-diol $C_{18}H_{20}O_3$, Formel VII (R = H).

B. Beim Behandeln von opt.-inakt. 1,1,3,3-Tetramethyl-7-phenyl-7,7a-dihydro-
6*H*-isobenzofuran-5-on (F: 119—120°) in Dioxan mit wss. Wasserstoffperoxid und wss.
Kalilauge (*Tamate*, J. chem. Soc. Japan Pure Chem. Sect. **80** [1959] 1047, 1049; C. A.
1961 4470).

Krystalle (aus Bzl.); F: 215—222°. IR-Spektrum (Nujol; 2,5—17 μ): *Ta.*, l. c. S. 1048.

4,5-Diacetoxy-1,1,3,3-tetramethyl-7-phenyl-phthalan $C_{22}H_{24}O_5$, Formel VII
(R = CO-CH$_3$).

B. Aus 1,1,3,3-Tetramethyl-7-phenyl-phthalan-4,5-diol (*Tamate*, J. chem. Soc. Japan
Pure Chem. Sect. **80** [1959] 1047, 1049; C. A. **1961** 4470).

Krystalle (aus A.); F: 119—120°.

Dihydroxy-Verbindungen $C_{19}H_{22}O_3$

(±)-2-Methyl-4-xanthen-9-yl-pentan-2,4-diol $C_{19}H_{22}O_3$, Formel VIII.

Diese Konstitution wird für die nachfolgend beschriebene Verbindung in Betracht
gezogen.

B. Neben [9,9′]Bixanthenyl und 2-Xanthen-9-yl-propan-2-ol bei der Umsetzung von
Xanthen-9-yllithium mit Aceton (*Rigaudy, Kha-Vang Thang*, C. r. **249** [1959] 1008).

F: 133° [Block].

1,3,4,5,6,8-Hexamethyl-xanthen-2,7-diol $C_{19}H_{22}O_3$, Formel IX (R = H).

B. Beim Behandeln von Bis-[2,5-dihydroxy-3,4,6-trimethyl-phenyl]-methan mit
warmem Äthanol (*Smith et al.*, Am. Soc. **72** [1950] 3651, 3654).

Krystalle, die bei 260—268° schmelzen.

Beim Behandeln mit Eisen(III)-chlorid in Äthanol unter Zusatz von wss. Salzsäure ist
Bis-[2,4,5-trimethyl-3,6-dioxo-cyclohexa-1,4-dienyl]-methan erhalten worden.

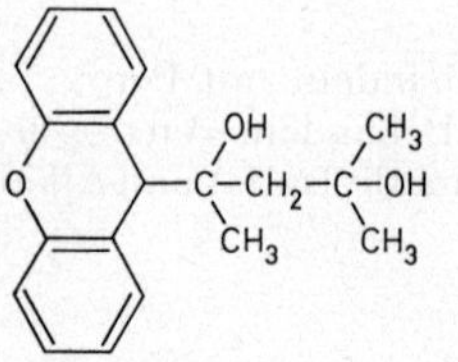

VIII 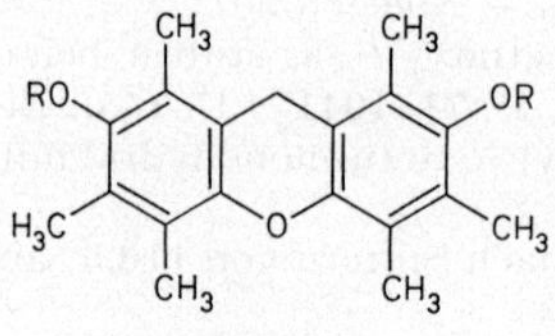   IX 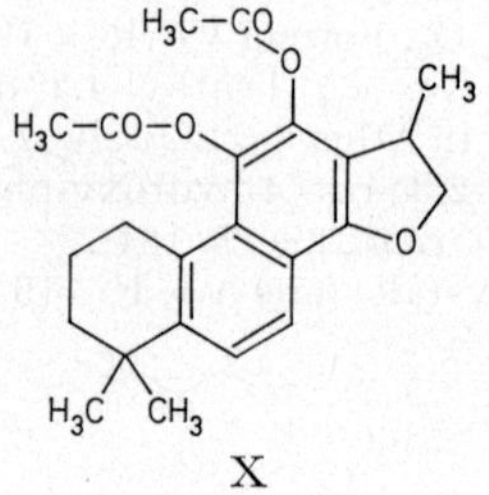   X

2,7-Diacetoxy-1,3,4,5,6,8-hexamethyl-xanthen $C_{23}H_{26}O_5$, Formel IX (R = CO-CH$_3$).

B. Aus 1,3,4,5,6,8-Hexamethyl-xanthen-2,7-diol (*Smith et al.*, Am. Soc. **72** [1950]
3651, 3654).

Krystalle (aus Bzn.); F: 243,5—245,5°.

**Opt.-akt. 10,11-Diacetoxy-1,6,6-trimethyl-1,2,6,7,8,9-hexahydro-phenanthro[1,2-*b*]=
furan, Di-*O*-acetyl-leukokryptotanshinon** $C_{23}H_{26}O_5$, Formel X.

B. Beim Behandeln von (—)-Kryptotanshinon ((—)-1,6,6-Trimethyl-1,2,6,7,8,9-hexa=
hydro-phenanthro[1,2-*b*]furan-10,11-chinon) mit Zink-Pulver, Acetanhydrid und Essig=
säure (*Takiura*, J. pharm. Soc. Japan **61** [1941] 475, 481).

Krystalle (aus Ae.); F: 151—152°.

Dihydroxy-Verbindungen C$_{20}$H$_{24}$O$_3$

1-Pentyl-9-propyl-dibenzofuran-3,7-diol C$_{20}$H$_{24}$O$_3$, Formel XI (R = X = H).

B. Aus Didymsäure (3-Hydroxy-7-methoxy-1-pentyl-9-propyl-dibenzofuran-2-carbon=säure) beim Erhitzen mit wss. Jodwasserstoffsäure und Essigsäure (*Shibata*, J. pharm. Soc. Japan **64** [1944] Nr. 1, S. 50, 57; C. A. **1951** 2929).

Krystalle (aus PAe. + Bzl.); F: 120°.

7-Methoxy-1-pentyl-9-propyl-dibenzofuran-3-ol C$_{21}$H$_{26}$O$_3$, Formel XI (R = H, X = CH$_3$).

B. Aus 3-Hydroxy-7-methoxy-1-pentyl-9-propyl-dibenzofuran-2-carbonsäure beim Erhitzen auf 200° (*Shibata*, J. pharm. Soc. Japan **64** [1944] Nr. 1, S. 50, 57; C. A. **1951** 2929; Acta phytoch. Tokyo **14** [1944] 9, 30).

Krystalle (aus PAe.); F: 81—82°. UV-Spektrum (A.; 220—330 nm): *Sh.*, J. pharm. Soc. Japan **64** 52; Acta phytoch. Tokyo **14** 16.

3,7-Dimethoxy-1-pentyl-9-propyl-dibenzofuran C$_{22}$H$_{28}$O$_3$, Formel XI (R = X = CH$_3$).

B. Beim Erwärmen von 7-Methoxy-1-pentyl-9-propyl-dibenzofuran-3-ol mit Dimethyl=sulfat und Kaliumcarbonat in wss. Aceton (*Shibata*, J. pharm. Soc. Japan **64** [1944] Nr. 1, S. 50, 58; C. A. **1951** 2929; Acta phytoch. Tokyo **14** [1944] 9, 36).

Krystalle; F: 31°.

3,7-Diacetoxy-1-pentyl-9-propyl-dibenzofuran C$_{24}$H$_{28}$O$_5$, Formel XI (R = X = CO-CH$_3$).

B. Aus 1-Pentyl-9-propyl-dibenzofuran-3,7-diol (*Shibata*, J. pharm. Soc. Japan **64** [1944] Nr. 1, S. 50, 57; C. A. **1951** 2929; Acta phytoch. Tokyo **14** [1944] 9, 31).

Krystalle (aus wss. A.); F: 60—61°. UV-Spektrum (A.; 220—330 nm): *Sh.*, J. pharm. Soc. Japan **64** 52; Acta phytoch. Tokyo **14** 19.

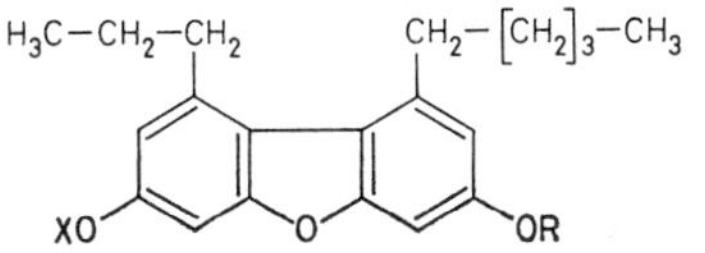

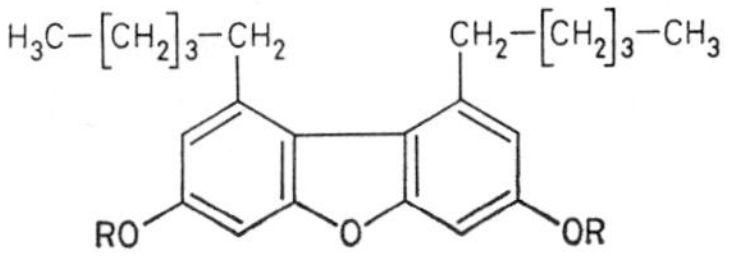

Dihydroxy-Verbindungen C$_{22}$H$_{28}$O$_3$

1,9-Dipentyl-dibenzofuran-3,7-diol C$_{22}$H$_{28}$O$_3$, Formel XII (R = H).

B. Aus 6,6'-Dipentyl-biphenyl-2,4,2',4'-tetraol beim Erhitzen mit Zinkchlorid auf 250° (*Wachtmeister*, Acta chem. scand. **12** [1958] 147, 161).

Krystalle (aus Bzl. + Bzn.); F: 124—125° [Kofler-App.; durch Sublimation im Vakuum gereinigtes Präparat].

3,7-Dimethoxy-1,9-dipentyl-dibenzofuran C$_{24}$H$_{32}$O$_3$, Formel XII (R = CH$_3$).

B. Beim Behandeln von 1,9-Dipentyl-dibenzofuran-3,7-diol mit Diazomethan in Äther und Methanol (*Wachtmeister*, Acta chem. scand. **12** [1958] 147, 161).

Krystalle (aus wss. Eg.); F: 72—73°. UV-Absorptionsmaxima (A.): 229,5 nm, 240,5 nm, 255 nm, 262 nm, 300 nm und 307 nm.

Dihydroxy-Verbindungen C$_n$H$_{2n-18}$O$_3$

Dihydroxy-Verbindungen C$_{14}$H$_{10}$O$_3$

5(?),6(?)-Dimethoxy-2-phenyl-benzo[*b*]thiophen C$_{16}$H$_{14}$O$_2$S, vermutlich Formel I.

B. Aus 2-[3,4-Dimethoxy-phenylmercapto]-1-phenyl-äthanon beim Erhitzen mit Phosphor(V)-oxid auf 190° oder mit Zinkchlorid auf 180° (*Banfield et al.*, Soc. **1956** 4791, 4798).

Krystalle (aus wss. A.); F: 116,5—117°.

3,5-Dichlor-2-phenyl-benzo[*b*]thiophen-6,7-diol $C_{14}H_8Cl_2O_2S$, Formel II (R = H).

Diese Konstitution ist wahrscheinlich der nachstehend beschriebenen, ursprünglich als 2,5-Dichlor-3-phenyl-benzo[*b*]thiophen-6,7-diol angesehenen Verbindung zuzuordnen.

B. Aus (±)-3,4,5,5,7,7-Hexachlor-2-phenyl-4,7-dihydro-5*H*-benzo[*b*]thiophen-6-on (Syst. Nr. 2466) beim Erwärmen mit Zinn(II)-chlorid in Essigsäure (*Fries et al.*, A. **527** [1937] 83, 113).

Krystalle (aus Bzn.); F: 160°.

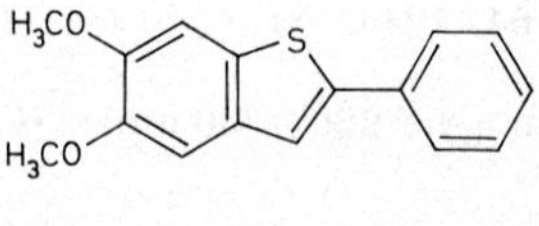

I 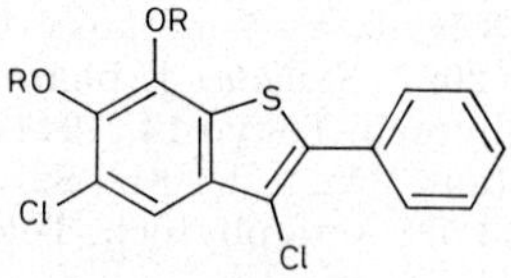   II

6,7-Diacetoxy-3,5-dichlor-2-phenyl-benzo[*b*]thiophen $C_{18}H_{12}Cl_2O_4S$, Formel II (R = CO-CH₃).

B. Aus der im vorangehenden Artikel beschriebenen Verbindung (*Fries et al.*, A. **527** [1937] 83, 113).

Krystalle (aus A.); F: 152°.

5-Brom-2-[5-brom-2-hydroxy-phenyl]-benzofuran-3-ol $C_{14}H_8Br_2O_3$, Formel III (R = H), und **5-Brom-2-[5-brom-2-hydroxy-phenyl]-benzofuran-3-on** $C_{14}H_8Br_2O_3$, Formel IV.

B. Beim Einleiten von Chlorwasserstoff in methanol. Lösungen von (±)-5,5′-Dibrom-2,2′-dihydroxy-benzoin (E III **8** 3650) oder von (±)-5,5′-Dibrom-2,2′-dimethoxy-benzoin (*Finkelstein, Linder*, Am. Soc. **71** [1949] 1010, 1015).

Krystalle (aus Toluol); F: 158—159°.

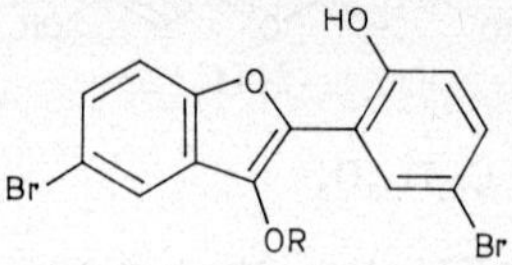

III 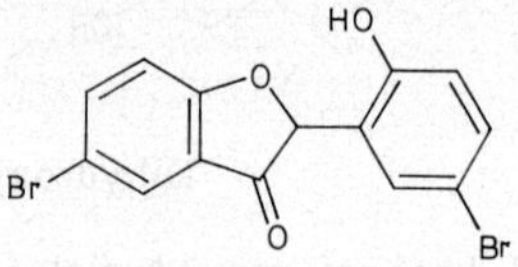   IV

5-Brom-2-[5-brom-2-hydroxy-phenyl]-3-methoxy-benzofuran, 4-Brom-2-[5-brom-3-methoxy-benzofuran-2-yl]-phenol $C_{15}H_{10}Br_2O_3$, Formel III (R = CH₃).

B. Beim Einleiten von Chlorwasserstoff in eine Lösung von (±)-5,5′-Dibrom-2,2′-dihydroxy-benzoin (E III **8** 3650) in Methanol (*Finkelstein, Linder*, Am. Soc. **71** [1949] 1010, 1015).

Krystalle (aus Me.); F: 103—104°.

2-[4-Hydroxy-phenyl]-benzofuran-6-ol $C_{14}H_{10}O_3$, Formel V (R = H).

B. Aus 6-Benzyloxy-2-[4-benzyloxy-phenyl]-benzofuran beim Erwärmen mit wss. Salzsäure und Essigsäure (*Sugiyama*, Bl. Inst. phys. chem. Res. Tokyo **19** [1940] 802, 805; C. A. **1940** 5842).

Krystalle (aus A. + W.); F: 243—244°.

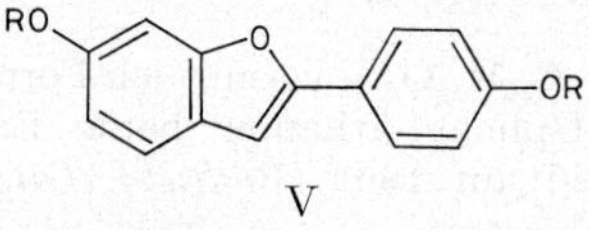

V 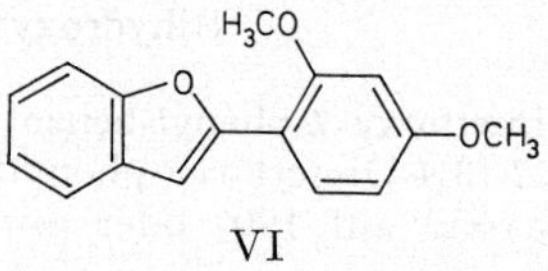   VI

6-Benzyloxy-2-[4-benzyloxy-phenyl]-benzofuran $C_{28}H_{22}O_3$, Formel V (R = CH₂-C₆H₅).

B. Beim Erwärmen von (±)-[4-Benzyloxy-phenyl]-chlor-essigsäure-äthylester mit

4-Benzyloxy-2-hydroxy-benzaldehyd unter Zusatz von Kaliumcarbonat und Natrium=
jodid in Butanon, Behandeln des Reaktionsprodukts mit äthanol. Kalilauge und Erhitzen des danach isolierten Reaktionsprodukts in Chinolin auf 180° (*Sugiyama*, Bl.
Inst. phys. chem. Res. Tokyo **19** [1940] 802, 804; C. A. **1940** 5842).
    Krystalle (aus Bzl.); F: 165° und (nach Wiedererstarren bei weiterem Erhitzen)
F: 176°.

6-Benzoyloxy-2-[4-benzoyloxy-phenyl]-benzofuran $C_{28}H_{18}O_5$, Formel V (R = CO-C$_6$H$_5$).
    B. Aus 2-[4-Hydroxy-phenyl]-benzofuran-6-ol (*Sugiyama*, Bl. Inst. phys. chem. Res.
Tokyo **19** [1940] 802, 806; C. A. **1940** 5842).
    Krystalle (aus Acn.); F: 170,5—171,5°.

6-[4-Nitro-benzoyloxy]-2-[4-(4-nitro-benzoyloxy)-phenyl]-benzofuran $C_{28}H_{16}N_2O_9$,
Formel V (R = CO-C$_6$H$_4$-NO$_2$).
    B. Aus 2-[4-Hydroxy-phenyl]-benzofuran-6-ol (*Sugiyama*, Bl. Inst. phys. chem. Res.
Tokyo **19** [1940] 802, 806; C. A. **1940** 5842).
    Krystalle (aus Py.); F: 211—212°.

2-[2,4-Dimethoxy-phenyl]-benzofuran $C_{16}H_{14}O_3$, Formel VI.
    B. Aus 2′-Benzyloxy-2,4-dimethoxy-desoxybenzoin bei der Hydrierung an Palladium/
Kohle in Essigsäure (*Whalley, Lloyd*, Soc. **1956** 3213, 3218). Aus 3-[2,4-Dimethoxy-
benzoyl]-benzofuran-2-carbonsäure-methylester beim Erwärmen mit methanol. Kali=
lauge (*Wh., Ll.*, l. c. S. 3221).
    Krystalle (aus Me.); F: 53°.

4,6-Dimethoxy-3-phenyl-benzofuran $C_{16}H_{14}O_3$, Formel VII (H 162; E II 194; dort als
4,6-Dimethoxy-3-phenyl-cumaron bezeichnet).
    B. Aus 4,6-Dimethoxy-3-phenyl-benzofuran-2-carbonsäure beim Erwärmen mit
Quecksilber(II)-chlorid in wss. Äthanol sowie beim Erhitzen mit Kupfer-Pulver in
Chinolin auf 220° (*Ahluwalia et al.*, Pr. Indian Acad. [A] **49** [1959] 104, 107).
    Krystalle (aus Me.); F: 89—90°.

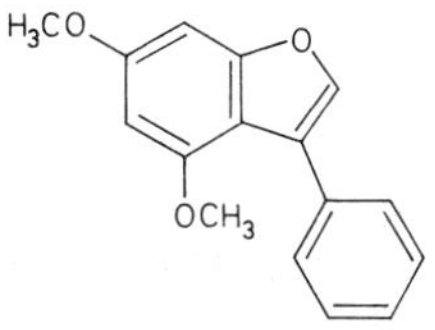

        VII 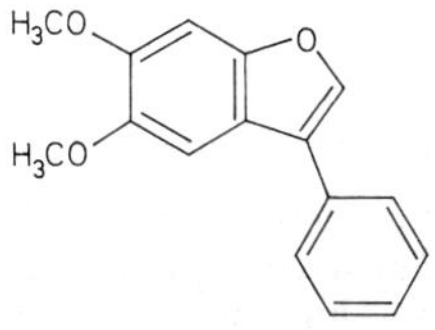   VIII 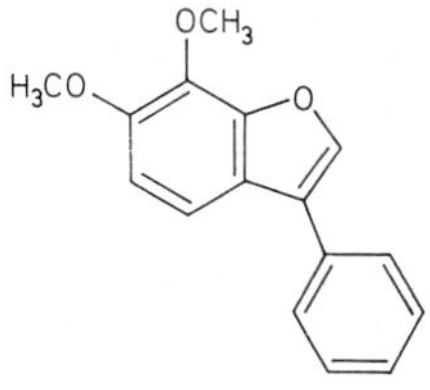   IX

5,6-Dimethoxy-3-phenyl-benzofuran $C_{16}H_{14}O_3$, Formel VIII.
    B. Aus 5,6-Dimethoxy-3-phenyl-benzofuran-2-carbonsäure beim Erwärmen mit
Quecksilber(II)-chlorid in wss. Äthanol sowie beim Erhitzen mit Kupfer-Pulver in
Chinolin auf 220° (*Ahluwalia et al.*, Tetrahedron **4** [1958] 271, 273).
    Krystalle (aus Me.); F: 94—95°.

6,7-Dimethoxy-3-phenyl-benzofuran $C_{16}H_{14}O_3$, Formel IX (H 162; dort als 6.7-Dimeth=
oxy-3-phenyl-cumaron bezeichnet).
    B. Aus 6,7-Dimethoxy-3-phenyl-benzofuran-2-carbonsäure beim Erwärmen mit
Quecksilber(II)-chlorid in wss. Äthanol sowie beim Erhitzen mit Kupfer-Pulver in
Chinolin auf 220° (*Ahluwalia et al.*, Tetrahedron **4** [1958] 271, 274).
    Krystalle (aus A.); F: 83—84°.

6-Methoxy-3-[3-methoxy-phenyl]-benzofuran $C_{16}H_{14}O_3$, Formel X.
    B. Aus [5-Methoxy-2-(3-methoxy-benzoyl)-phenoxy]-essigsäure beim Erhitzen mit

Natriumacetat und Acetanhydrid auf 150° (*Johnson, Robertson*, Soc. **1950** 2381, 2386). Krystalle (aus Me.); F: 55°.

6-Methoxy-3-[4-methoxy-phenyl]-benzofuran $C_{16}H_{14}O_3$, Formel XI.

B. Aus [5-Methoxy-2-(4-methoxy-benzoyl)-phenoxy]-essigsäure beim Erhitzen mit Natriumacetat und Acetanhydrid auf 160° (*Johnson, Robertson*, Soc. **1950** 2381, 2385). Krystalle (aus wss. Eg.); F: 60°.

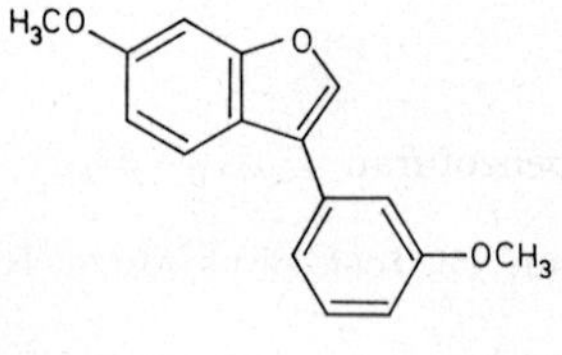

X 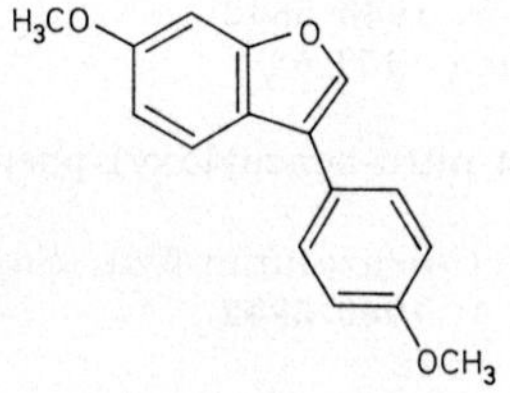   XI 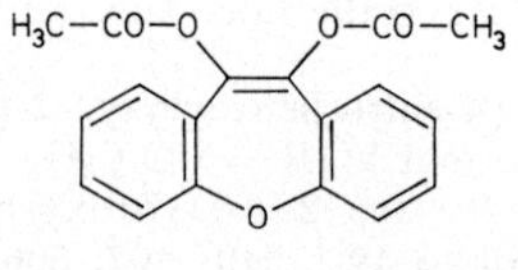   XII

10,11-Diacetoxy-dibenz[*b,f*]oxepin $C_{18}H_{14}O_5$, Formel XII.

B. Beim Erhitzen von Dibenz[*b,f*]oxepin-10,11-dion mit Zink-Pulver, Natriumacetat und Acetanhydrid (*Mathys et al.*, Helv. **39** [1956] 1095, 1099).

Krystalle (aus Hexan + Bzl.); F: 138° [korr.; nach Sublimation bei 130°/0,01 Torr]. IR-Spektrum (Nujol; 2–16 μ): *Ma. et al.*, l. c. S. 1097. UV-Spektrum (A.; 220–350 nm): *Ma. et al.*, l. c. S. 1096.

Dihydroxy-Verbindungen $C_{15}H_{12}O_3$

3-Methoxy-2-[4-methoxy-phenyl]-4*H*-chromen $C_{17}H_{16}O_3$, Formel I.

Diese Konstitution kommt wahrscheinlich der nachstehend beschriebenen, ursprünglich als 3-Methoxy-2-[4-methoxy-phenyl]-2*H*-chromen angesehenen Verbindung zu (vgl. *Gramshaw et al.*, Soc. **1958** 4040, 4041; *Marathe*, Chem. and Ind. **1962** 1793).

B. Aus 3-Methoxy-2-[4-methoxy-phenyl]-chromenylium-chlorid beim Behandeln mit Lithiumalanat in Äther (*Karrer, Seyhan*, Helv. **33** [1950] 2209).

Krystalle (aus Ae.); F: 81°.

(±)-2,3-Dimethoxy-2-phenyl-2*H*-chromen $C_{17}H_{16}O_3$, Formel II (R = CH₃).

B. Beim Erwärmen von (±)-3-Methoxy-2-phenyl-2*H*-chromen-2-ol (E III **8** 2842) mit Methanol (*Freudenberg, Weinges*, A. **590** [1954] 140, 154). Beim Erwärmen von 3-Methoxy-2-phenyl-chromenylium-chlorid (*Reichel, Döring*, A. **606** [1957] 137, 148), von 3-Methoxy-2-phenyl-chromenylium-perchlorat (*Dilthey, Höschen*, J. pr. [2] **138** [1933] 42, 47) oder von 3-Methoxy-2-phenyl-chromenylium-tetrachloroferrat(III) (*Karrer, Fatzer*, Helv. **25** [1942] 1138) mit Methanol.

Krystalle; F: 117–118° (*Di., Hö.*), 117° [unkorr.; aus Me.] (*Re., Dö.*), 116° [aus Me.] (*Ka., Fa.*). UV-Spektrum (220–320 nm): *Fr., We.*, l. c. S. 146.

Beim Behandeln mit Monoperoxyphthalsäure in Äther ist 2,3-Dimethoxy-2-phenyl-chroman-4-on (F: 177°) erhalten worden (*Ka., Fa.*). Reaktion mit Brom in Chloroform unter Bildung von 3-Methoxy-2-phenyl-chromenylium-tribromid: *Karrer et al.*, Helv. **26** [1943] 2116, 2120.

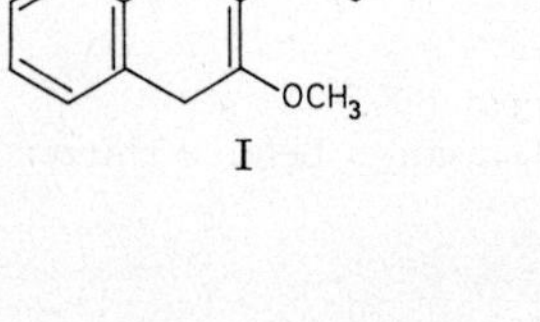

I 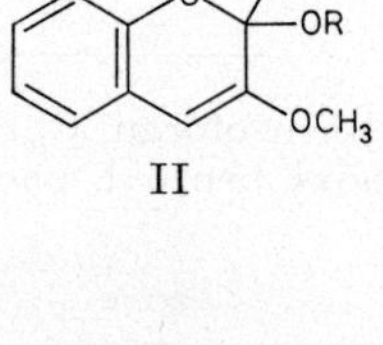   II 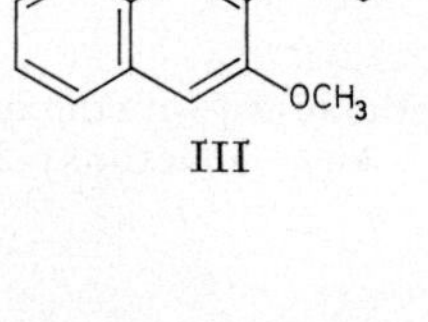   III

(±)-2-Äthoxy-3-methoxy-2-phenyl-2*H*-chromen $C_{18}H_{18}O_3$, Formel II (R = C_2H_5).

B. Beim Erwärmen von (±)-3-Methoxy-2-phenyl-2*H*-chromen-2-ol (E III **8** 2842) mit Äthanol (*Hill, Melhuish,* Soc. **1935** 1161, 1165; *Karrer et al.,* Helv. **26** [1943] 2116, 2120; *Freudenberg, Weinges,* A. **590** [1954] 140, 154). Beim Behandeln von 3-Methoxy-2-phenyl-chromenylium-chlorid (*Reichel, Döring,* A. **606** [1957] 137, 148) oder von 3-Methoxy-2-phenyl-chromenylium-perchlorat (*Dilthey, Höschen,* J. pr. [2] **138** [1933] 42, 47) mit Äthanol.

Krystalle; F: 126° (*Di., Hö.*), 125° [unkorr.; aus A.] (*Re., Dö.*), 124° [aus wss. A.] (*Ka. et al.*).

(±)-2-Acetoxy-3-methoxy-2-phenyl-2*H*-chromen $C_{18}H_{16}O_4$, Formel II (R = CO-CH₃).

B. Beim Erwärmen von (±)-3-Methoxy-2-phenyl-2*H*-chromen-2-ol (E III **8** 2842) oder von 3-Methoxy-2-phenyl-chromenylium-chlorid mit Acetanhydrid und Pyridin (*Freudenberg, Weinges,* A. **590** [1954] 140, 154).

Krystalle (aus Me.); F: 78°. UV-Spektrum (220—320 nm): *Fr., We.,* l. c. S. 146.

Bei der Hydrierung an Palladium/Bariumsulfat in Essigsäure ist eine wahrscheinlich als 2-[3-Acetoxy-2-methoxy-3-phenyl-propyl]-phenol zu formulierende Verbindung (F: 102°) erhalten worden.

3-Methoxy-2-phenyl-chromenylium $[C_{16}H_{13}O_2]^+$, Formel III (E II 195; dort als 3-Methoxy-2-phenyl-benzopyrylium bezeichnet).

Chlorid. *B.* Beim Behandeln eines Gemisches von 2-Methoxy-1-phenyl-äthanon und Salicylaldehyd in Äther (*Reichel, Döring,* A. **606** [1957] 137, 147) oder in Ameisensäure (*Karrer et al.,* Helv. **26** [1943] 2116, 2120) mit Chlorwasserstoff. Beim Behandeln von 3-Methoxy-cumarin mit Phenylmagnesiumbromid in Äther und Benzol und anschliessend mit wss. Salzsäure (*Heilbron et al.,* Soc. **1931** 1701, 1702). — Krystalle (aus E. oder Chlorbenzol); F: 94—96° (*Re., Dö.,* l. c. S. 140, 147). — Beim Behandeln mit Wasser ist 3-Methoxy-2-phenyl-2*H*-chromen-2-ol (E III **8** 2842) erhalten worden (*Re., Dö.,* l. c. S. 148; vgl. *Ka. et al.*).

Perchlorat $[C_{16}H_{13}O_2]ClO_4$. Gelbe Krystalle; F: 195—196° (*Dilthey, Höschen,* J. pr. [2] **138** [1933] 42, 47). — Beim Behandeln einer Suspension in Essigsäure mit wss. Wasserstoffperoxid ist [2-Benzoyloxy-phenyl]-essigsäure erhalten worden (*Di., Hö.*).

Tribromid $[C_{16}H_{13}O_2]Br_3$. *B.* Aus (±)-2,3-Dimethoxy-2-phenyl-2*H*-chromen und Brom in Chloroform (*Ka. et al.,* l. c. S. 2120). — Rote Krystalle (aus CHCl₃); F: 122° (*Ka. et al.*).

Tetrachloroferrat(III) $[C_{16}H_{13}O_2]FeCl_4$ (E II 195). Gelbe Krystalle (aus wss. Eg.); F: 121,5° [unkorr.] (*Re., Dö.,* l. c. S. 148).

7-Brom-3-methoxy-2-phenyl-chromenylium $[C_{16}H_{12}BrO_2]^+$, Formel IV.

Tetrachloroferrat(III) $[C_{16}H_{12}BrO_2]FeCl_4$. *B.* Beim Behandeln eines Gemisches von 4-Brom-2-hydroxy-benzaldehyd und 2-Methoxy-1-phenyl-äthanon in Äther mit Chlorwasserstoff und Behandeln des Reaktionsprodukts mit Eisen(III)-chlorid und wss. Salzsäure (*Shriner, Moffett,* Am. Soc. **61** [1939] 1474, 1476). — Gelbe Krystalle (aus Eg.); F: 182—185°.

IV   V   VI

2-[4-Brom-phenyl]-3-methoxy-chromenylium $[C_{16}H_{12}BrO_2]^+$, Formel V.

Chlorid $[C_{16}H_{12}BrO_2]Cl$. *B.* Beim Behandeln eines Gemisches von Salicylaldehyd und 1-[4-Brom-phenyl]-2-methoxy-äthanon in Äther mit Chlorwasserstoff (*Shriner, Moffett,* Am. Soc. **61** [1939] 1474, 1476). — 0,75 Mol Chlorwasserstoff enthaltende braune Krystalle (aus wss. Salzsäure); F: 105,5—107° [Zers.].

Tetrachloroferrat(III) $[C_{16}H_{12}BrO_2]FeCl_4$. Rotbraune Krystalle (aus Eg.); F: 148° bis 150° (*Sh., Mo.*).

4-Methoxy-2-phenyl-chromenylium $[C_{16}H_{13}O_2]^+$, Formel VI (X = OCH_3).
Perchlorat $[C_{16}H_{13}O_2]ClO_4$. Krystalle (aus Eg.); F: 223° (*Kiprianow, Tolmatschew,* Ž. obšč. Chim. **29** [1959] 2868, 2873; engl. Ausg. S. 2828, 2832).
2-Nitro-benzolsulfonat. *B.* Beim Erwärmen von 2-Phenyl-chromen-4-on mit 2-Nitrobenzolsulfonsäure-methylester (*Ki., To.,* l. c. S. 2872). — Krystalle (aus Acetanhydrid); F: 185°.

4-Methylmercapto-2-phenyl-chromenylium $[C_{16}H_{13}OS]^+$, Formel VI (X = SCH_3).
Jodid $[C_{16}H_{13}OS]I$. *B.* Beim Behandeln von 2-Phenyl-chromen-4-thion in Chloroform mit Methyljodid (*Baker et al.,* Soc. **1952** 1303, 1306). — Krystalle; F: 220—222° [unkorr.].

6-Hydroxy-2-phenyl-chromenylium $[C_{15}H_{11}O_2]^+$, Formel VII (R = H) (E II 195; dort als 6-Oxy-2-phenyl-benzopyrylium bezeichnet).
Tetrachloroferrat(III) $[C_{15}H_{11}O_2]FeCl_4$ (E II 195). *B.* Beim Behandeln von Hydrochinon mit 3-Chlor-1-phenyl-propenon und Eisen(III)-chlorid in einem Gemisch von wss. Salzsäure und Essigsäure (*Nešmejanow et al.,* Doklady Akad. S.S.S.R. **93** [1953] 71, 74; C. A. **1955** 3953). — Rotorangefarbene Krystalle (aus Eg.); F: 158—159°(?) (*Ne. et al.,* Doklady Akad. S.S.S.R. **93** 74). Absorptionsspektrum (Eg.; 290—580 nm): *Nešmejanow et al.,* Izv. Akad. S.S.S.R. Otd. chim. **1954** 784, 786, 790; engl. Ausg. S. 675, 677, 680.

6-Methoxy-2-phenyl-chromenylium $[C_{16}H_{13}O_2]^+$, Formel VII (R = CH_3) (E II 195; dort als 6-Methoxy-2-phenyl-benzopyrylium bezeichnet).
Chlorid (E II 195). *B.* Beim Behandeln eines Gemisches von 4-Methoxy-phenol und Propiolophenon in Essigsäure mit Schwefelsäure und Behandeln des Reaktionsprodukts mit wss. Salzsäure (*Johnson, Melhuish,* Soc. **1947** 346, 349). Beim Behandeln von 2-Hydroxy-5-methoxy-benzaldehyd mit Acetophenon in Äthylacetat unter Einleiten von Chlorwasserstoff (*Whalley,* Soc. **1950** 2792). — Braune Krystalle; F: 95—96° (*Jo., Me.*).
Tetrachloroferrat(III) (E II 195). *B.* Beim Einleiten von Chlorwasserstoff in eine Suspension von 3-[2-Hydroxy-5-methoxy-phenyl]-1,5-diphenyl-pentan-1,5-dion in Essigsäure und anschliessenden Behandeln mit Eisen(III)-chlorid (*Hill,* Soc. **1935** 85, 87). — Braune Krystalle (aus Eg.); F: 205° (*Hill*), 202—203° [unkorr.] (*Jo., Me.,* l. c. S. 350).
2,4,6-Trinitro-3-trifluormethyl-phenolat $[C_{16}H_{13}O_2]C_7HF_3N_3O_7$. *B.* Aus 2-Hydroxy-5-methoxy-chalkon und 2,4,6-Trinitro-3-trifluormethyl-phenol in Äthanol (*Wh.*). — Grünbraune Krystalle (aus Me.) mit 0,5 Mol H_2O; F: 178° [Zers.] (*Wh.*).

VII $\qquad\qquad$ VIII $\qquad\qquad$ IX

2-[4-Brom-phenyl]-6-hydroxy-chromenylium $[C_{15}H_{10}BrO_2]^+$, Formel VIII.
Tetrachloroferrat(III) $[C_{15}H_{10}BrO_2]FeCl_4$. *B.* Beim Behandeln von Hydrochinon mit 1-[4-Brom-phenyl]-3-chlor-propenon und Eisen(III)-chlorid in einem Gemisch von wss. Salzsäure und Essigsäure (*Nešmejanow et al.,* Doklady Akad. S.S.S.R. **93** [1953] 71, 74; C. A. **1955** 3953). — Rote Krystalle (aus Eg.); F: 191—191,5° (*Ne. et al.,* Doklady Akad. S.S.S.R. **93** 74). Absorptionsspektrum (Eg.; 295—580 nm): *Nešmejanow et al.,* Izv. Akad. S.S.S.R. Otd. chim. **1954** 784, 786, 790; engl. Ausg. S. 675, 677, 680.

7-Hydroxy-2-phenyl-chromenylium $[C_{15}H_{11}O_2]^+$, Formel IX (R = H) (H 162; dort als 7-Oxy-2-phenyl-benzopyrylium bezeichnet).
Chlorid $[C_{15}H_{11}O_2]Cl$ (H 162). *B.* Beim Behandeln eines Gemisches von 2,4-Dihydroxy-benzaldehyd und Acetophenon in Ameisensäure (*Freudenberg, Weinges,* A. **590** [1954] 140, 150; vgl. H 162) oder in Äthylacetat (*Hayashi,* Acta phytoch. Tokyo **8** [1935]

179, 193) mit Chlorwasserstoff. Beim Behandeln von Resorcin mit Propiolophenon in Essigsäure unter Zusatz von Schwefelsäure und Behandeln des Reaktionsprodukts mit wss. Salzsäure (*Johnson, Melhuish*, Soc. **1947** 346, 349). — Orangefarbene Krystalle (aus wss. Salzsäure) mit 1 Mol H_2O, die sich bei 152—153° schwarz färben, aber unterhalb 300° nicht schmelzen (*Fr., We.*); braune Krystalle (aus wss. Salzsäure) mit 2 Mol H_2O, die sich bei 130° verfärben; oberhalb 140° erfolgt Zersetzung (*Ha.*). Absorptionsspektrum (220—500 nm) einer Lösung in Chlorwasserstoff enthaltendem Äthanol: *Ha.*, l. c. S. 187. — Beim Behandeln mit Acetanhydrid und Pyridin ist 2,4-Diacetoxy-*trans*(?)-chalkon (F: 98°) erhalten worden (*Fr., We.*, l. c. S. 153).

Perchlorat $[C_{15}H_{11}O_2]ClO_4$. Orangefarbene Krystalle (aus Eg.); F: 220—221° [unkorr.] (*Jo., Me.*).

Tetrachloroferrat(III) $[C_{15}H_{11}O_2]FeCl_4$. *B.* Beim Behandeln von Resorcin mit 3-Chlor-1-phenyl-propenon und Eisen(III)-chlorid in einem Gemisch von wss. Salzsäure und Essigsäure (*Nešmejanow et al.*, Doklady Akad. S.S.S.R. **93** [1953] 71, 74; C. A. **1955** 3953). — Orangerote Krystalle (aus Eg.); F: 166—167° [unkorr.] (*Jo., Me.*), 163—164° (*Ne. et al.*, Doklady Akad. S.S.S.R. **93** 74). Absorptionsspektrum (Eg.; 330—580 nm): *Nešmejanow et al.*, Izv. Akad. S.S.S.R. Otd. chim. **1954** 784, 787, 790; engl. Ausg. S. 675, 678, 680.

2,4,6-Trinitro-3-trifluormethyl-phenolat $[C_{15}H_{11}O_2]C_7HF_3N_3O_7$. *B.* Beim Behandeln von 2,4-Dihydroxy-*trans*(?)-chalkon mit 2,4,6-Trinitro-3-trifluormethyl-phenol in Äthanol (*Whalley*, Soc. **1950** 2792). — Rotbraune Krystalle (aus Me.); F: 236—238° [Zers.] (*Wh.*).

7-Methoxy-2-phenyl-chromenylium $[C_{16}H_{13}O_2]^+$, Formel IX (R = CH$_3$) (H 163; E I 98; dort als 7-Methoxy-2-phenyl-benzopyrylium bezeichnet).

Chlorid $[C_{16}H_{13}O_2]Cl$ (H 163; E I 98). *B.* Beim Behandeln von 3-Methoxy-phenol mit Propiolophenon in Essigsäure unter Zusatz von Schwefelsäure und Behandeln des Reaktionsprodukts mit wss. Salzsäure (*Johnson, Melhuish*, Soc. **1947** 346, 349). Beim Behandeln von 2-Hydroxy-4-methoxy-benzaldehyd mit Acetophenon in Äthylacetat unter Einleiten von Chlorwasserstoff (*Row, Seshadri*, Pr. Indian Acad. [A] **13** [1941] 510, 513; vgl. H 163). — Braune Krystalle (aus wss. Salzsäure) mit 1 Mol H_2O, F: 105° bis 106° (*Row, Se.*); orangefarbene Krystalle (aus wss. Salzsäure), F: 96—97° (*Jo., Me.*).

Perchlorat $[C_{16}H_{13}O_2]ClO_4$. *B.* Beim Behandeln einer mit wss. Perchlorsäure versetzten Suspension von 3-[2-Hydroxy-4-methoxy-phenyl]-1,5-diphenyl-pentan-1,5-dion in Äther mit Chlorwasserstoff (*Hill*, Soc. **1935** 85, 87). — Gelbe Krystalle (aus Eg.); F: 222—223° [unkorr.] (*Jo., Me.*), 222° (*Hill*).

Tetrachloroferrat(III) $[C_{16}H_{13}O_2]FeCl_4$ (H 163). *B.* Beim Behandeln einer Suspension von 3-[2-Hydroxy-4-methoxy-phenyl]-1,5-diphenyl-pentan-1,5-dion in Acetanhydrid mit Eisen(III)-chlorid und wss. Salzsäure (*Hill*). — Braune Krystalle (aus Eg.); F: 150—151° [unkorr.] (*Jo., Me.*), 147° (*Hill*).

2-[4-Brom-phenyl]-7-hydroxy-chromenylium $[C_{15}H_{10}BrO_2]^+$, Formel X.

Tetrachloroferrat(III) $[C_{15}H_{10}BrO_2]FeCl_4$. *B.* Beim Behandeln von Resorcin mit 1-[4-Brom-phenyl]-3-chlor-propenon und Eisen(III)-chlorid in einem Gemisch von wss. Salzsäure und Essigsäure (*Nešmejanow et al.*, Doklady Akad. S.S.S.R. **93** [1953] 71, 74; C. A. **1955** 3953). — Orangefarbene Krystalle (aus Eg.); F: 169° (*Ne. et al.*, Doklady Akad. S.S.S.R. **93** 74). Absorptionsspektrum (Eg.; 290—580 nm): *Nešmejanow et al.*, Izv. Akad. S.S.S.R. Otd. chim. **1954** 784, 787, 790; engl. Ausg. S. 675, 678, 680.

X   XI   XII

8-Methoxy-2-phenyl-chromenylium $[C_{16}H_{13}O_2]^+$, Formel XI (E II 195; dort als 8-Meth=
oxy-2-phenyl-benzopyrylium bezeichnet).

Tetrachloroferrat(III) $[C_{16}H_{13}O_2]FeCl_4$ (E II 195). *B.* Beim Einleiten von Chlorwasser=
stoff in eine Suspension von 3-[2-Hydroxy-3-methoxy-phenyl]-1,5-diphenyl-pentan-
1,5-dion in Essigsäure und anschliessenden Behandeln mit Eisen(III)-chlorid in Essig=
säure (*Beaven, Hill*, Soc. **1936** 256). — Rotbraune Krystalle (aus Eg.); F: 162°.

(±)-2-Äthoxy-2-[4-methoxy-phenyl]-2*H*-chromen $C_{18}H_{18}O_3$, Formel XII.

Diese Konstitution kommt wahrscheinlich der nachstehend beschriebenen, ursprünglich
als (±)-4-Äthoxy-2-[4-methoxy-phenyl]-4*H*-chromen angesehenen Verbindung
zu (vgl. *VanAllan*, J. org. Chem. **32** [1967] 1897).

B. Beim Behandeln von 2-[4-Methoxy-phenyl]-chromenylium-chlorid mit Äthanol und
wss. Natronlauge (*Hill, Melhuish*, Soc. **1935** 1161, 1164).

Krystalle (aus A.); F: 86°.

Beim Erwärmen mit wss. Äthanol ist 2-Hydroxy-4′-methoxy-*trans*(?)-chalkon (F: 147°)
erhalten worden.

2-[4-Hydroxy-phenyl]-chromenylium $[C_{15}H_{11}O_2]^+$, Formel I (R = H) (E II 196; dort als
2-[4-Oxy-phenyl]-benzopyrylium bezeichnet).

Chlorid $[C_{15}H_{11}O_2]Cl$ (E II 196). *B.* Beim Einleiten von Chlorwasserstoff in ein Gemisch
von Salicylaldehyd und 1-[4-Hydroxy-phenyl]-äthanon in Ameisensäure (*Michaelidis,
Wizinger*, Helv. **34** [1951] 1761, 1766; *Freudenberg, Weinges*, A. **590** [1954] 140, 149) oder
in Äthylacetat (*Hayashi*, Acta phytoch. Tokyo **8** [1935] 179, 192). — Orangefarbene
Krystalle (aus wss. Salzsäure), die sich bei 135° schwarz färben (*Fr., We.*); braunrote
Krystalle (aus wss.-äthanol. Salzsäure) mit 2 Mol H_2O, Zers. bei 127—128° (*Ha.*). Absorptionsspektrum (220—500 nm) einer Lösung in Chlorwasserstoff enthaltendem Äthanol:
Ha., l. c. S. 187. — Beim Behandeln mit Acetanhydrid und Pyridin ist 2,4′-Diacetoxy-
trans(?)-chalkon (F: 94—95°) erhalten worden (*Fr., We.*, l. c. S. 153).

Perchlorat $[C_{15}H_{11}O_2]ClO_4$. Orangegelbe Krystalle (aus wss. Perchlorsäure); F: 229° bis
231° (*Mi., Wi.*). Absorptionsmaximum (A. + wss. Perchlorsäure): 452 nm (*Mi., Wi.*,
l. c. S. 1763).

I   II   III

2-[4-Methoxy-phenyl]-chromenylium $[C_{16}H_{13}O_2]^+$, Formel I (R = CH₃) (H 163; dort als
2-[4-Methoxy-phenyl]-benzopyrylium bezeichnet).

Chlorid $[C_{16}H_{13}O_2]Cl$ (H 163). *B.* Beim Einleiten von Chlorwasserstoff in ein Gemisch
von Salicylaldehyd und 1-[4-Methoxy-phenyl]-äthanon in wasserhaltiger Ameisensäure
(*Michaelidis, Wizinger*, Helv. **34** [1951] 1761, 1766) oder in Äthylacetat (*Kondo, Nakagawa*, J. pharm. Soc. Japan **50** [1930] 928, 930; dtsch. Ref. S. 121; C. A. **1931** 515). —
Krystalle (aus wss. Salzsäure) mit 2 Mol H_2O; F: 86° (*Ko., Na.*).

Perchlorat $[C_{16}H_{13}O_2]ClO_4$. *B.* Beim Erwärmen von Cumarin mit Phosphorylchlorid
und Zinkchlorid und anschliessend mit Anisol und Erwärmen des Reaktionsprodukts
mit wss. Perchlorsäure (*Mi., Wi.*). — Krystalle (aus wss. Perchlorsäure); F: 196—197°
(*Mi., Wi.*). Absorptionsmaximum (A. + wss. Perchlorsäure): 442—444 nm (*Mi., Wi.*).

Tetrachloroferrat(III) $[C_{16}H_{13}O_2]FeCl_4$ (H 163). *B.* Beim Erwärmen von Cumarin mit
Anisol und Phosphorylchlorid und Behandeln des Reaktionsprodukts mit wss. Salzsäure
und Eisen(III)-chlorid (*Goswami, Chakravarty*, J. Indian chem. Soc. **11** [1934] 713). —
Orangefarbene Krystalle (aus Eg.); F: 155—156° (*Harford, Hill*, Soc. **1937** 41).

6-Chlor-2-[4-hydroxy-phenyl]-chromenylium $[C_{15}H_{10}ClO_2]^+$, Formel II.

Chlorid $[C_{15}H_{10}ClO_2]Cl$. *B.* Beim Behandeln von 5-Chlor-2-hydroxy-benzaldehyd mit
1-[4-Hydroxy-phenyl]-äthanon und Alkalilauge und Erwärmen des Reaktionsprodukts

mit wss.-äthanol. Salzsäure (*Hensel*, A. **611** [1958] 97, 102). — Krystalle (aus Eg.) mit 1 Mol Essigsäure und 1 Mol Wasser; F: 173—174° [Zers.].

6-Brom-2-[4-methoxy-phenyl]-chromenylium $[C_{16}H_{12}BrO_2]^+$, Formel III.

Perchlorat $[C_{16}H_{12}BrO_2]ClO_4$. *B.* Beim Erhitzen einer Lösung von 6-Brom-3-[4-methoxy-benzoyl]-cumarin (aus 5-Brom-2-hydroxy-benzaldehyd und 3-[4-Methoxy-phenyl]-3-oxo-propionsäure-äthylester in Gegenwart von Piperidin hergestellt) in Essigsäure mit wss. Perchlorsäure (*Mercier et al.*, Bl. **1958** 702, 707). — Krystalle (aus Eg. oder wss. Perchlorsäure); F: 258°. Absorptionsmaximum (A.): 305 nm.

4-Acetoxy-7-methoxy-3-phenyl-2H-chromen $C_{18}H_{16}O_4$, Formel IV.

B. Beim Erwärmen von 2-Hydroxy-4-methoxy-desoxybenzoin mit Paraformaldehyd und Natriumhydrogencarbonat in wss. Äthanol und Erwärmen des Reaktionsprodukts mit Acetanhydrid (*Ray, Ray*, Sci. Culture **18** [1953] 600).
Krystalle (aus wss. A.); F: 115°.

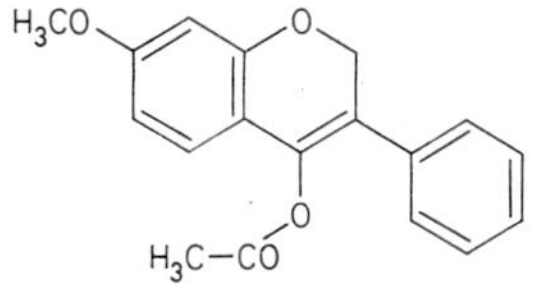

IV 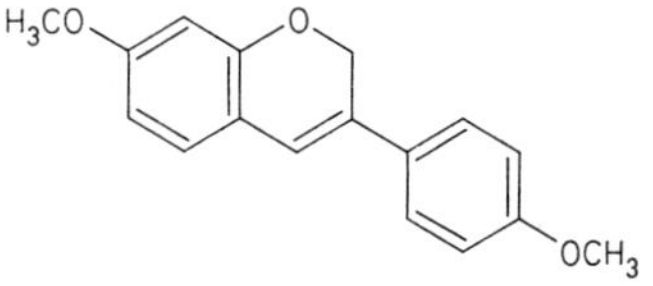   V

7-Methoxy-3-[4-methoxy-phenyl]-2H-chromen $C_{17}H_{16}O_3$, Formel V.

B. Aus 7-Methoxy-3-[4-methoxy-phenyl]-chromen-4-on bei der Hydrierung an Platin in Essigsäure (*Bradbury, White*, Soc. **1953** 871, 875).
Krystalle (aus Bzl. + A.); F: 160—161° [korr.]. UV-Spektrum (A.; 230—360 nm): *Br., Wh.*, l. c. S. 873.

2-Benzyl-5-methoxy-benzofuran-3-ol $C_{16}H_{14}O_3$, Formel VI, und **(±)-2-Benzyl-5-methoxy-benzofuran-3-on** $C_{16}H_{14}O_3$, Formel VII.

B. Beim Erwärmen von 1,4-Dimethoxy-benzol mit (±)-2-Brom-3-phenyl-propionyl≠chlorid und Aluminiumchlorid in Schwefelkohlenstoff und Erwärmen des nach dem Behandeln mit wss. Salzsäure erhaltenen Reaktionsprodukts mit Natriumacetat in Äthanol (*Shriner, Damschroder*, Am. Soc. **60** [1938] 894). Aus 2-[(Z?)-Benzyliden]-5-meth≠oxy-benzofuran-3-on (F: 109—110°; bezüglich der Konfiguration s. *Brady et al.*, Tetrahedron **29** [1973] 359) bei der Hydrierung an Platin in Essigsäure (*Sh., Da.*).
Krystalle (aus A.); F: 76—77° (*Sh., Da.*).

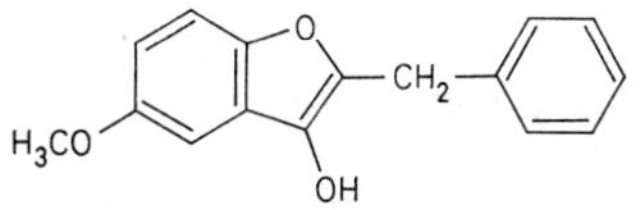

VI 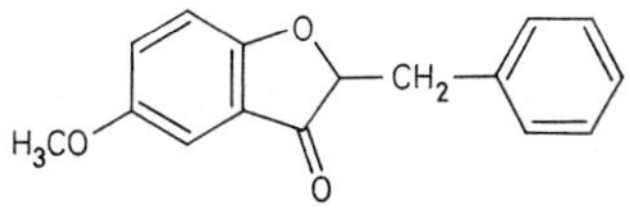   VII

2-Benzyl-benzofuran-3,6-diol $C_{15}H_{12}O_3$, Formel VIII (R = X = H), und **(±)-2-Benzyl-6-hydroxy-benzofuran-3-on** $C_{15}H_{12}O_3$, Formel IX (R = H).

B. Beim Behandeln von Resorcin mit (±)-2-Brom-3-phenyl-propionitril, Zinkchlorid und Chlorwasserstoff in Äther und anschliessenden Erwärmen mit Wasser (*Baker*, Soc. **1930** 1015, 1019).
Krystalle (aus CHCl₃); F: 161°.

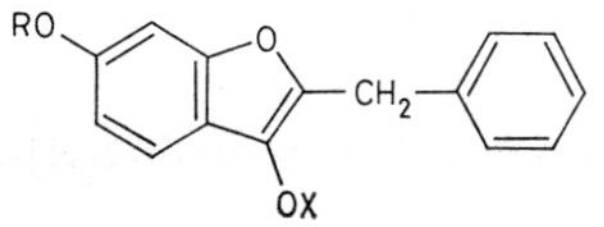

VIII 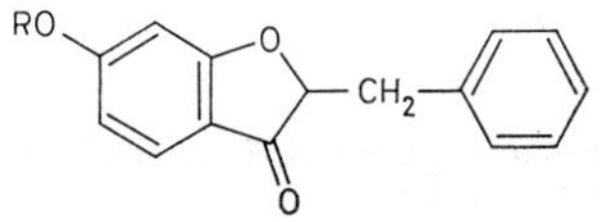   IX

2-Benzyl-6-methoxy-benzofuran-3-ol $C_{16}H_{14}O_3$, Formel VIII (R = CH_3, X = H), und **2-Benzyl-6-methoxy-benzofuran-3-on** $C_{16}H_{14}O_3$, Formel IX (R = CH_3).

B. Beim Erwärmen von 1,3-Dimethoxy-benzol mit ($\pm$)-2-Brom-3-phenyl-propionyl≈chlorid und Aluminiumchlorid in Schwefelkohlenstoff (*Shriner, Damschroder,* Am. Soc. **60** [1938] 894) oder in Äther (*Balakrishna et al.,* Pr. Indian Acad. [A] **30** [1949] 163, 169) und Erwärmen des nach dem Behandeln mit wss. Salzsäure erhaltenen Reaktions≈produkts mit Natriumacetat in Äthanol. Aus 2-[(Z?)-Benzyliden]-6-methoxy-benzofuran-3-on (über die Konfiguration s. *Brady et al.,* Tetrahedron **29** [1973] 359) bei der Hydrie=rung an Platin in Essigsäure (*Sh., Da.*).

Krystalle; F: 94—95° [aus PAe.] (*Ba. et al.*), 92—93,5° [aus A.] (*Sh., Da.*).

3,6-Diacetoxy-2-benzyl-benzofuran $C_{19}H_{16}O_5$, Formel VIII (R = X = CO-CH_3).

B. Aus 2-Benzyl-benzofuran-3,6-diol (*Baker,* Soc. **1930** 1015, 1020).

Krystalle (aus Me.); F: 76°.

($\pm$)-1,1-Dioxo-2-[α-phenylmercapto-benzyl]-1λ^6-benzo[b]thiophen-3-ol $C_{21}H_{16}O_3S_2$, Formel X (X = H), und **opt.-inakt. 1,1-Dioxo-2-[α-phenylmercapto-benzyl]-1λ^6-benzo[b]thiophen-3-on** $C_{21}H_{16}O_3S_2$, Formel XI (X = H).

Diese Konstitution kommt vermutlich der nachstehend beschriebenen Verbindung zu (*Mustafa, Zayed,* Am Soc. **79** [1957] 3500).

B. Beim Erwärmen von 2-Benzyliden-1,1-dioxo-1λ^6-benzo[b]thiophen-3-on (F: 148°) mit Thiophenol (*Mu., Za.*).

Krystalle (aus Bzl.); F: 138°.

X   XI   XII

($\pm$)-7-Chlor-1,1-dioxo-2-[α-phenylmercapto-benzyl]-1λ^6-benzo[b]thiophen-3-ol $C_{21}H_{15}ClO_3S_2$, Formel X (X = Cl), und **opt.-inakt. 7-Chlor-1,1-dioxo-2-[α-phenyl=mercapto-benzyl]-1λ^6-benzo[b]thiophen-3-on** $C_{21}H_{15}ClO_3S_2$, Formel XI (X = Cl).

Diese Konstitution kommt vermutlich der nachstehend beschriebenen Verbindung zu (*Mustafa, Zayed,* Am. Soc. **79** [1957] 3500).

B. Beim Erhitzen von 2-Benzyliden-7-chlor-1,1-dioxo-1λ^6-benzo[b]thiophen-3-on (F: 216°) mit Thiophenol auf 120° (*Asker et al.,* J. org. Chem. **23** [1958] 1781).

Krystalle (aus Bzl.); F: 150° [unkorr.] (*As. et al.*).

4,6-Dimethoxy-2-methyl-3-phenyl-benzofuran $C_{17}H_{16}O_3$, Formel XII.

B. Beim Behandeln von 4,6-Dimethoxy-2-methyl-benzofuran-3-ol (4,6-Dimethoxy-2-methyl-benzofuran-3-on) mit Phenylmagnesiumbromid in Äther (*Birch et al.,* Soc. **1936** 1834, 1837).

Krystalle (aus Me.); F: 125°.

6-Methoxy-2-[4-methoxy-phenyl]-3-methyl-benzofuran $C_{17}H_{16}O_3$, Formel XIII.

B. Beim Erwärmen von 1-[2-Hydroxy-4-methoxy-phenyl]-äthanon mit ($\pm$)-Chlor-[4-methoxy-phenyl]-essigsäure-äthylester und Kaliumcarbonat in Butanon, Behandeln des Reaktionsprodukts mit wss.-methanol. Kalilauge und Erhitzen des angesäuerten Reaktionsgemisches (*Molho, Mentzer,* C. r. **223** [1946] 333).

F: 96—97°.

2-[2,4-Dihydroxy-phenyl]-5-methyl-benzofuran, 4-[5-Methyl-benzofuran-2-yl]-resorcin $C_{15}H_{12}O_3$, Formel XIV.

B. Aus 2,4-Dihydroxy-2′-methoxy-5′-methyl-desoxybenzoin beim Erwärmen mit

Aluminiumbromid in Benzol (*Dann et al.*, A. **631** [1960] 116, 127).
Krystalle (aus wss. Eg.); F: 170—173° [unkorr.; Block].

XIII   XIV

Dihydroxy-Verbindungen C₁₆H₁₄O₃

*Opt.-inakt. **3,4-Dichlor-2,5-dimethoxy-2,5-diphenyl-2,5-dihydro-furan** $C_{18}H_{16}Cl_2O_3$,
Formel I (R = CH₃).

B. Beim Erhitzen von 3,4-Dichlor-2,5-diphenyl-furan oder von opt.-inakt. 2,5-Di=
äthoxy-3,4-dichlor-2,5-diphenyl-2,5-dihydro-furan (nicht charakterisiert) mit Phos=
phor(V)-chlorid und Phosphorylchlorid und Erwärmen des jeweiligen Reaktionsprodukts
mit Methanol (*Lutz, Reese*, Am. Soc. **81** [1959] 3397, 3400).
F: 96—97°.

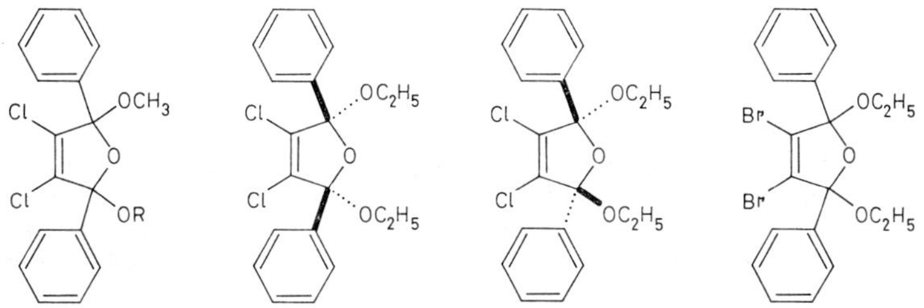

I   II   III   IV

*Opt.-inakt. **2-Äthoxy-3,4-dichlor-5-methoxy-2,5-diphenyl-2,5-dihydro-furan**
$C_{19}H_{18}Cl_2O_3$, Formel I (R = C₂H₅).

B. Beim Erwärmen von (±)-2r,5t(?)-Diäthoxy-3,4-dichlor-2,5c(?)-diphenyl-2,5-dihydro-
furan (F: 125,5°) mit Thionylchlorid und Behandeln des Reaktionsprodukts mit Natrium=
methylat enthaltendem Methanol (*Lutz, Reese*, Am. Soc. **81** [1959] 3397, 3400).
Krystalle (aus Me.); F: 105—107°.

2,5-Diäthoxy-3,4-dichlor-2,5-diphenyl-2,5-dihydro-furan $C_{20}H_{20}Cl_2O_3$.

a) **2r,5c(?)-Diäthoxy-3,4-dichlor-2,5t(?)-diphenyl-2,5-dihydro-furan** $C_{20}H_{20}Cl_2O_3$,
vermutlich Formel II.

B. Neben 2r,5t(?)-Diäthoxy-3,4-dichlor-2,5c(?)-diphenyl-2,5-dihydro-furan (F: 125,5°)
beim Behandeln von 2,3-Dichlor-1,4-diphenyl-but-2c-en-1,4-dion mit Chlorwasserstoff
(oder Schwefelsäure) enthaltendem Äthanol (*Lutz, Reese*, Am. Soc. **81** [1959] 3397, 3400).
Krystalle (aus A.); F: 67,5—68,5°.
Überführung in 1,4-Diphenyl-butan-1,4-dion durch Erhitzen mit Zink-Pulver und
Essigsäure: *Lutz, Re.* Bildung von 2-Acetoxy-4-chlor-2,5-diphenyl-furan-3-on beim Behandeln mit Acetanhydrid unter Zusatz von Schwefelsäure: *Lutz, Re.*

b) **(±)-2r,5t(?)-Diäthoxy-3,4-dichlor-2,5c(?)-diphenyl-2,5-dihydro-furan**
$C_{20}H_{20}Cl_2O_3$, vermutlich Formel III + Spiegelbild.

B. Beim Behandeln von 3,4-Dichlor-1,4-diphenyl-but-2t-en-1,4-dion mit Chlorwasser=
stoff enthaltendem 95%ig. wss. Äthanol (*Lutz, Reese*, Am. Soc. **81** [1959] 3397, 3400).
Krystalle (aus A.); F: 125—125,5°.
Überführung in 1,4-Diphenyl-butan-1,4-dion durch Erhitzen mit Zink-Pulver und
Essigsäure: *Lutz, Re.* Beim Erwärmen mit Thionylchlorid und Behandeln des Reaktionsprodukts mit Natriummethylat in Methanol ist 2-Äthoxy-3,4-dichlor-5-methoxy-2,5-di=
phenyl-2,5-dihydro-furan (F: 105—107°) erhalten worden. Bildung von 2-Acetoxy-
4-chlor-2,5-diphenyl-furan-3-on beim Behandeln mit Acetanhydrid unter Zusatz von
Schwefelsäure: *Lutz, Re.*

*Opt.-inakt. 2,5-Diäthoxy-3,4-dibrom-2,5-diphenyl-2,5-dihydro-furan $C_{20}H_{20}Br_2O_3$, Formel IV.

B. Beim Behandeln von 2,3-Dibrom-1,4-diphenyl-but-2c-en-1,4-dion mit wasserfreiem Äthanol unter Zusatz von Schwefelsäure (*Lutz, Reese*, Am. Soc. **81** [1959] 3397, 3400). Krystalle (aus A.); F: 94,5—96,5°.

6-Methoxy-2-p-tolyl-chromenylium $[C_{17}H_{15}O_2]^+$, Formel V.

2,4,6-Trinitro-3-trifluormethyl-phenolat $[C_{17}H_{15}O_2]C_7HF_3N_3O_7$. *B*. Beim Behandeln von 2-Hydroxy-5-methoxy-benzaldehyd mit 1-p-Tolyl-äthanon und Chlorwasserstoff in Äthylacetat und Behandeln des nach der Hydrolyse erhaltenen 2-Hydroxy-5-meth‌oxy-4'-methyl-chalkons mit 2,4,6-Trinitro-3-trifluormethyl-phenol in Äthanol (*Whalley*, Soc. **1950** 2792). — Orangebraune Nadeln (aus Me.), die sich bei längerer Berührung mit dem Lösungsmittel in schwärzliche Tafeln umwandeln; F: 160—163° [Zers.].

V   VI   VII

7-Hydroxy-2-p-tolyl-chromenylium $[C_{16}H_{13}O_2]^+$, Formel VI.

2,4,6-Trinitro-3-trifluormethyl-phenolat $[C_{16}H_{13}O_2]C_7HF_3N_3O_7$. *B*. Beim Behandeln von 2,4-Dihydroxy-benzaldehyd mit 1-p-Tolyl-äthanon und Chlorwasserstoff in Äthylacetat und Behandeln des nach der Hydrolyse erhaltenen 2,4-Dihydroxy-4'-methyl-chalkons mit 2,4,6-Trinitro-3-trifluormethyl-phenol in Äthanol (*Whalley*, Soc. **1950** 2792). — Rot‌braune Krystalle (aus Me.); F: 220—222° [Zers.].

8-Methoxy-2-p-tolyl-chromenylium $[C_{17}H_{15}O_2]^+$, Formel VII.

Tetrachloroferrat(III) $[C_{17}H_{15}O_2]FeCl_4$. *B*. Beim Einleiten von Chlorwasserstoff in eine Suspension von 3-[2-Hydroxy-3-methoxy-phenyl]-1,5-di-p-tolyl-pentan-1,5-dion in Essig‌säure und anschliessenden Behandeln mit Eisen(III)-chlorid in Essigsäure (*Beaven, Hill*, Soc. **1936** 256). — Braune Krystalle (aus Eg.); F: 179° [Zers.].

(±)-7-Methoxy-3-[4-methoxy-phenyl]-2-methyl-2H-chromen $C_{18}H_{18}O_3$, Formel VIII.

B. Aus 7-Methoxy-3-[4-methoxy-phenyl]-2-methyl-chromen-4-on beim Erwärmen mit Lithiumalanat in Äther und Benzol (*Bradbury, White*, Soc. **1953** 871, 874).

Krystalle (aus Bzl. + PAe. oder nach Sublimation bei 130—140°/4 Torr); F: 128° [korr.]. UV-Spektrum (A.; 230—360 nm): *Br., Wh.*, l. c. S. 873.

7-Hydroxy-5-methyl-2-phenyl-chromenylium $[C_{16}H_{13}O_2]^+$, Formel IX (E II 197; dort als 7-Oxy-5-methyl-2-phenyl-benzopyrylium bezeichnet).

2,4,6-Trinitro-3-trifluormethyl-phenolat $[C_{16}H_{13}O_2]C_7HF_3N_3O_7$. *B*. Beim Behandeln von 2,4-Dihydroxy-6-methyl-chalkon (aus 7-Hydroxy-5-methyl-2-phenyl-chromenylium-chlorid [E II 197] durch Hydrolyse hergestellt) mit 2,4,6-Trinitro-3-trifluormethyl-phenol in Äthanol (*Whalley*, Soc. **1950** 2792). — Rotbraune Krystalle (aus Me.); F: 220—222° [Zers.].

7-Hydroxy-6-methyl-2-phenyl-chromenylium $[C_{16}H_{13}O_2]^+$, Formel X (R = H).

Chlorid $[C_{16}H_{13}O_2]Cl$. *B*. Beim Behandeln von 2,4-Dihydroxy-5-methyl-benzaldehyd mit Acetophenon und Chlorwasserstoff in Äthylacetat (*Collins et al.*, Soc. **1950** 1876, 1881). — Braungelbe Krystalle (aus wss. Salzsäure) mit 0,25 Mol H_2O; F: 162° [Zers.].

7-Methoxy-6-methyl-2-phenyl-chromenylium $[C_{17}H_{15}O_2]^+$, Formel X (R = CH_3).

Chlorid $[C_{17}H_{15}O_2]Cl$. *B*. Beim Behandeln von 2-Hydroxy-4-methoxy-5-methyl-benz‌

aldehyd mit Acetophenon und Chlorwasserstoff in Äthylacetat (*Collins et al.*, Soc. **1950** 1876, 1881). — Orangegelbe Krystalle (aus wss. HCl); F: 174° [Zers.].

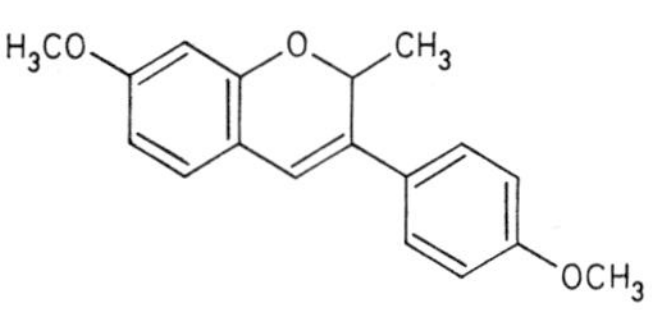

H₃CO ... O ... CH₃ / OCH₃   HO ... O⁺ ... phenyl / CH₃   RO ... O⁺ ... phenyl / H₃C

VIII 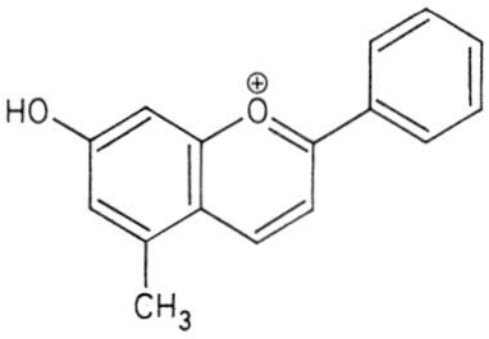   **IX** 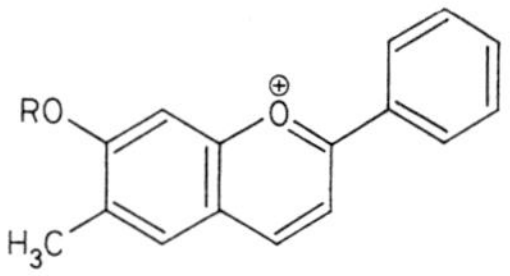   **X**

3-Methoxy-2-[4-methoxy-phenyl]-6-methyl-4H-chromen $C_{18}H_{18}O_3$, Formel XI.

B. Aus 3-Methoxy-2-[4-methoxy-phenyl]-6-methyl-chromen-4-on beim Behandeln mit Lithiumalanat in Äther (*Kulkarni, Joshi*, J. scient. ind. Res. India **16** B [1957] 249, 251). Krystalle (aus A.); F: 108°.

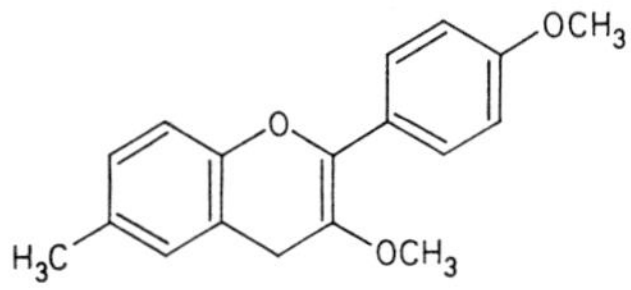

         XI 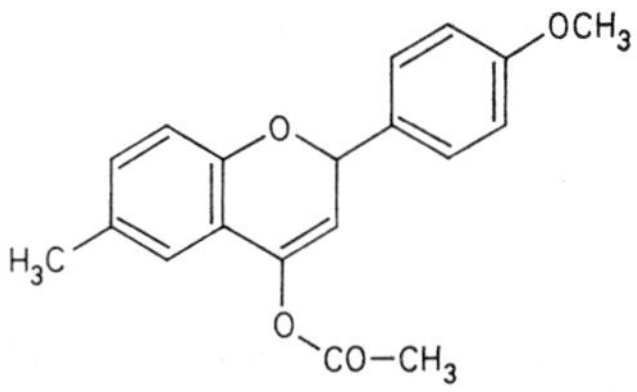   **XII**

(±)-4-Acetoxy-2-[4-methoxy-phenyl]-6-methyl-2H-chromen $C_{19}H_{18}O_4$, Formel XII.

B. Beim Erwärmen von (±)-3c-Brom-2r-[4-methoxy-phenyl]-6-methyl-chroman-4c-ol mit Kaliumacetat in Äthanol und Behandeln des Reaktionsprodukts mit Acetanhydrid und Pyridin (*Joshi, Kulkarni*, J. scient. ind. Res. India **16** B [1957] 355, 358). Krystalle (aus A.); F: 165°.

7-Hydroxy-8-methyl-2-phenyl-chromenylium $[C_{16}H_{13}O_2]^+$, Formel XIII.

Chlorid $[C_{16}H_{13}O_2]Cl$. *B*. Beim Behandeln von 2,4-Dihydroxy-3-methyl-benzaldehyd mit Acetophenon und Chlorwasserstoff in Äthylacetat (*Collins et al.*, Soc. **1950** 1876, 1881). — Rote Krystalle (aus wss. Salzsäure); F: 127°.

Perchlorat. Rote Krystalle (aus Eg.); F: 187° [Zers.] (*Co. et al.*).

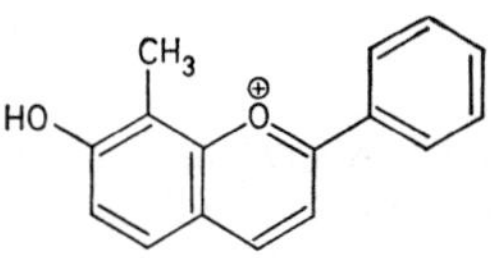

         XIII 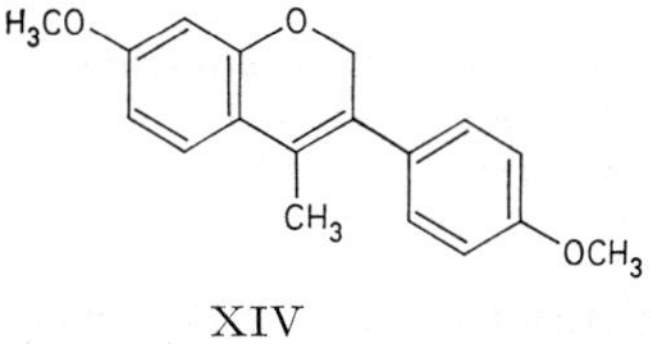   **XIV**

7-Methoxy-3-[4-methoxy-phenyl]-4-methyl-2H-chromen $C_{18}H_{18}O_3$, Formel XIV.

B. Beim Behandeln von (±)-7-Methoxy-3-[4-methoxy-phenyl]-chroman-4-on in Benzol mit Methylmagnesiumjodid in Äther und Erwärmen des vom Äther befreiten Reaktions-gemisches (*Bradbury White*, Soc. **1953** 871, 875). Krystalle (aus Acn.); F: 124—125° [korr.]. UV-Spektrum (A.; 230—360 nm): *Br.*, *Wh.*, l. c. S. 873.

(±)-5-Methyl-1,1-dioxo-2-[α-phenylmercapto-benzyl]-1λ⁶-benzo[b]thiophen-3-ol $C_{22}H_{18}O_3S_2$, Formel I (R = H), und opt.-inakt. **5-Methyl-1,1-dioxo-2-[α-phenylmercapto-benzyl]-1λ⁶-benzo[b]thiophen-3-on** $C_{22}H_{18}O_3S_2$, Formel II (R = H).

Diese Konstitution kommt wahrscheinlich der nachstehend beschriebenen Verbindung zu.

B. Beim Erhitzen von 2-Benzyliden-5-methyl-1,1-dioxo-1λ^6-benzo[*b*]thiophen-3-on (F: 209°) mit Thiophenol auf 100° (*Asker et al.*, J. org. Chem. **23** [1958] 1781).

Krystalle (aus Bzl. + PAe.); F: 116° [unkorr.].

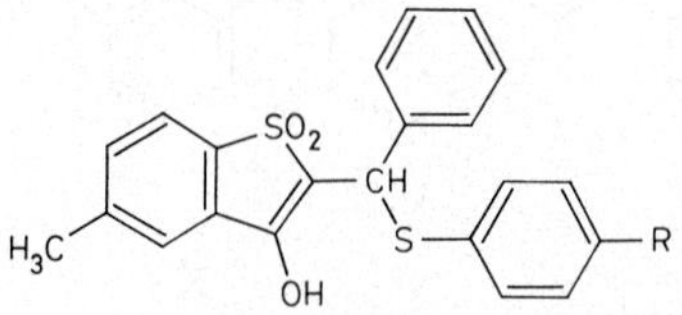

I 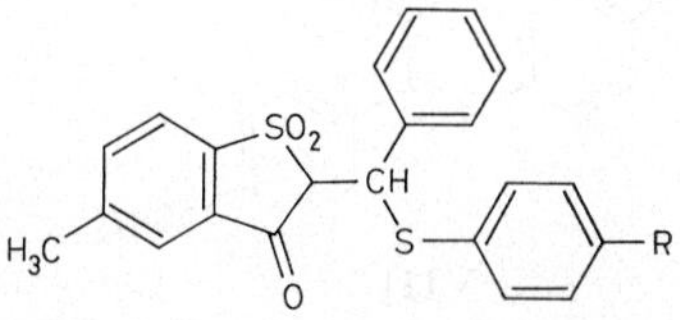   II

(±)-5-Methyl-1,1-dioxo-2-[α-*p*-tolylmercapto-benzyl]-1λ^6-benzo[*b*]thiophen-3-ol $C_{23}H_{20}O_3S_2$, Formel I (R = CH$_3$), und opt.-inakt. 5-Methyl-1,1-dioxo-2-[α-*p*-tolyl= mercapto-benzyl]-1λ^6-benzo[*b*]thiophen-3-on $C_{23}H_{20}O_3S_2$, Formel II (R = CH$_3$).

Diese Konstitution kommt wahrscheinlich der nachstehend beschriebenen Verbindung zu.

B. Beim Erhitzen von 2-Benzyliden-5-methyl-1,1-dioxo-1λ^6-benzo[*b*]thiophen-3-on (F: 209°) mit Thio-*p*-kresol auf 130° (*Asker et al.*, J. org. Chem. **23** [1958] 1781).

Krystalle (aus Bzl.); F: 156° [unkorr.].

(±)-6-Methyl-1,1-dioxo-2-[α-phenylmercapto-benzyl]-1λ^6-benzo[*b*]thiophen-3-ol $C_{22}H_{18}O_3S_2$, Formel III (R = H), und opt.-inakt. 6-Methyl-1,1-dioxo-2-[α-phenyl= mercapto-benzyl]-1λ^6-benzo[*b*]thiophen-3-on $C_{22}H_{18}O_3S_2$, Formel IV (R = H).

Diese Konstitution kommt wahrscheinlich der nachstehend beschriebenen Verbindung zu.

B. Beim Erhitzen von 2-Benzyliden-6-methyl-1,1-dioxo-1λ^6-benzo[*b*]thiophen-3-on (F: 210°) mit Thiophenol auf 120° (*Asker et al.*, J. org. Chem. **23** [1958] 1781).

Krystalle (aus Bzl.); F: 155° [unkorr.].

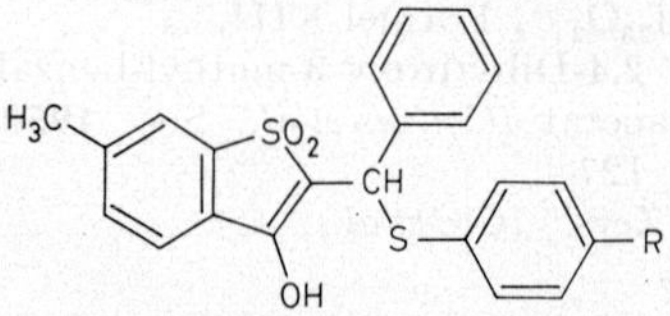

III 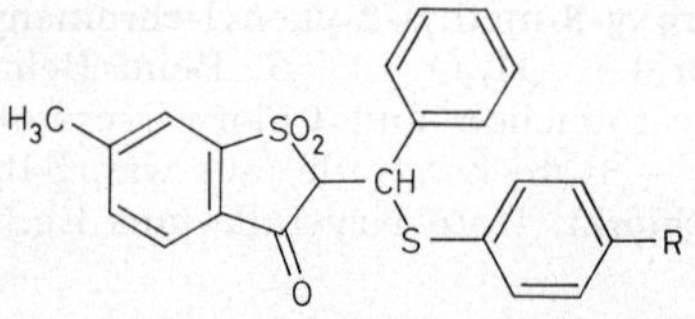   IV

(±)-6-Methyl-1,1-dioxo-2-[α-*p*-tolylmercapto-benzyl]-1λ^6-benzo[*b*]thiophen-3-ol $C_{23}H_{20}O_3S_2$, Formel III (R = CH$_3$), und opt.-inakt. 6-Methyl-1,1-dioxo-2-[α-*p*-tolyl= mercapto-benzyl]-1λ^6-benzo[*b*]thiophen-3-on $C_{23}H_{20}O_3S_2$, Formel IV (R = CH$_3$).

Diese Konstitution kommt wahrscheinlich der nachstehend beschriebenen Verbindung zu.

B. Beim Erhitzen von 2-Benzyliden-6-methyl-1,1-dioxo-1λ^6-benzo[*b*]thiophen-3-on (F: 210°) mit Thio-*p*-kresol auf 130° (*Asker et al.*, J. org. Chem. **23** [1958] 1781).

Krystalle (aus Bzl.); F: 182° [unkorr.].

(±)-7-Methyl-1,1-dioxo-2-[α-phenylmercapto-benzyl]-1λ^6-benzo[*b*]thiophen-3-ol $C_{22}H_{18}O_3S_2$, Formel V (R = H), und opt.-inakt. 7-Methyl-1,1-dioxo-2-[α-phenylmercapto-benzyl]-1λ^6-benzo[*b*]thiophen-3-on $C_{22}H_{18}O_3S_2$, Formel VI (R = H).

Diese Konstitution kommt wahrscheinlich der nachstehend beschriebenen Verbindung zu.

B. Beim Erhitzen von 2-Benzyliden-7-methyl-1,1-dioxo-1λ^6-benzo[*b*]thiophen-3-on (F: 158°) mit Thiophenol auf 100° (*Asker et al.*, J. org. Chem. **23** [1958] 1781).

Krystalle (aus Bzl.); F: 137° [unkorr.].

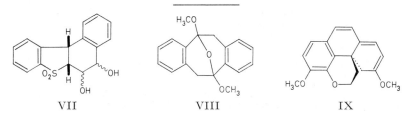

V   VI

(±)-7-Methyl-1,1-dioxo-2-[α-*p*-tolylmercapto-benzyl]-1λ⁶-benzo[*b*]thiophen-3-ol
$C_{23}H_{20}O_3S_2$, Formel V (R = CH_3), und opt.-inakt. 7-Methyl-1,1-dioxo-2-[α-*p*-tolyl=
mercapto-benzyl]-1λ⁶-benzo[*b*]thiophen-3-on $C_{23}H_{20}O_3S_2$, Formel VI (R = CH_3).
Diese Konstitution kommt wahrscheinlich der nachstehend beschriebenen Verbin-
dung zu.
B. Beim Erhitzen von 2-Benzyliden-7-methyl-1,1-dioxo-1λ⁶-benzo[b]thiophen-3-on
(F: 158°) mit Thio-*p*-kresol auf 100° (*Asker et al.*, J. org. Chem. **23** [1958] 1781).
Krystalle (aus Bzl. + PAe.); F: 135° [unkorr.].

(±)-7,7-Dioxo-(6a*r*,11b*c*(?))-5,6,6a,11b-tetrahydro-7λ⁶-benzo[*b*]naphtho[1,2-*d*]thiophen-
5ξ,6ξ-diol $C_{16}H_{14}O_4S$, vermutlich Formel VII + Spiegelbild.
B. Beim Erhitzen von (±)-*cis*(?)-6a,11b-Dihydro-benzo[b]naphtho[1,2-*d*]thiophen-
7,7-dioxid (F: 182°) in Essigsäure mit wss. Wasserstoffperoxid (*Davies et al.*, Soc. **1952**
4678, 4682).
Krystalle (aus Bzn.); F: 201°.

H₃CO

VII   VIII   IX

(±)-5,11-Dimethoxy-5,6,11,12-tetrahydro-5,11-epoxido-dibenzo[*a,e*]cycloocten $C_{18}H_{18}O_3$,
Formel VIII.
B. Beim Behandeln einer Lösung von 6*H*,12*H*-Dibenzo[*a,e*]cycloocten-5,11-dion in
Methanol mit Dimethylsulfat und wss. Kalilauge (*Wawzonek*, Am. Soc. **62** [1940] 745, 747).
Krystalle (aus A.); F: 143—144°.

(*S*)-3,8-Dimethoxy-5,6-dihydro-4*H*-naphtho[8a,1,2-*de*]chromen $C_{18}H_{18}O_3$, Formel IX.
Diese Konstitution und Konfiguration kommt wahrscheinlich der nachstehend beschriebenen Verbindung zu (vgl. *Bentley, Cardwell*, Soc. **1955** 3252, 3259).
B. Beim Erwärmen von β-Dihydrothebainmethin ((4b*S*)-4b-[2-Dimethylamino-äthyl]-
3,6-dimethoxy-4b,5-dihydro-[4]phenanthrol) mit Methyljodid und Äthanol und Erhitzen
des Reaktionsprodukts mit wss. Kalilauge (*Bentley et al.*, Soc. **1952** 958, 965).
Hellgelbe Krystalle (aus Ae.); F: 88°. Absorptionsspektrum (200—430 nm): *Be. et al.*,
l. c. S. 959.

(3a*R*)-5-Methoxy-9b-vinyl-(3a*r*,9a*c*,9b*c*)-3,3a,9a,9b-tetrahydro-phenanthro[4,5-*bcd*]=
furan-3*t*-ol $C_{17}H_{16}O_3$, Formel X (R = H).
B. Aus α-Codeimethin-*N*-oxid ((3a*R*)-9b-[2-(Dimethyl-oxy-amino)-äthyl]-5-methoxy-
(3a*r*,9a*c*,9b*c*)-3,3a,9a,9b-tetrahydro-phenanthro[4,5-*bcd*]furan-3*t*-ol) beim Erhitzen unter
vermindertem Druck bis auf 150° (*Bentley et al.*, Soc. **1956** 1963, 1967).
Öl. $[α]_D^{20}$: —125° [A.; c = 2]. UV-Spektrum (230—330 nm): *Be. et al.*, l. c. S. 1963.
Beim Erwärmen mit wss.-äthanol. Kalilauge ist (3a*R*)-5-Methoxy-9b-vinyl-(3a*r*,9b*c*)-
2,3,3a,9b-tetrahydro-phenanthro[4,5-*bcd*]furan-3*t*-ol erhalten worden.
2,4-Dinitro-benzoyl-Derivat (F: 165°) s. S. 2214.

(3aR)-3t,5-Dimethoxy-9b-vinyl-(3ar,9ac,9bc)-3,3a,9a,9b-tetrahydro-phenanthro=[4,5-bcd]furan $C_{18}H_{18}O_3$, Formel X (R = CH_3).

B. Aus (3aR)-9b-[2-Dimethylamino-äthyl]-3t,5-dimethoxy-(3ar,9ac,9bc)-3,3a,9a,9b-tetrahydro-phenanthro[4,5-bcd]furan („α-Codeimethin-methyläther") beim Erwärmen mit wss. Wasserstoffperoxid und Erhitzen des erhaltenen N-Oxids unter vermindertem Druck bis auf 145° *(Bentley et al.,* Soc. **1956** 1963, 1967).

Krystalle (aus Me.); F: 115°. $[\alpha]_D^{21}$: —256° [$CHCl_3$; c = 1].

(3aR)-3t-[2,4-Dinitro-benzoyloxy]-5-methoxy-9b-vinyl-(3ar,9ac,9bc)-3,3a,9a,9b-tetra=hydro-phenanthro[4,5-bcd]furan $C_{24}H_{18}N_2O_8$, Formel X (R = CO-$C_6H_3(NO_2)_2$).

B. Aus (3aR)-5-Methoxy-9b-vinyl-(3ar,9ac,9bc)-3,3a,9a,9b-tetrahydro-phenanthro=[4,5-bcd]furan-3t-ol *(Bentley et al.,* Soc. **1956** 1963, 1967).

Krystalle (aus Me.); F: 165°.

(3aR)-3,5-Dimethoxy-9b-vinyl-(3ar,9ac,9bc)-1,3a,9a,9b-tetrahydro-phenanthro[4,5-bcd]=furan $C_{18}H_{18}O_3$, Formel XI (E II 198; dort als 3.6-Dimethoxy-4.5-oxido-12-vinyl-1.4.11.=12-tetrahydro-phenanthren und als 6-Methoxy-13-vinyl-tetrahydromorphenol-methyl=äther bezeichnet).

B. Beim Behandeln von Dihydrothebainmethin-methojodid ([2-((3aR)-3,5-Dimethoxy-(3ar,9ac)-1,9a-dihydro-3aH-phenanthro[4,5-bcd]furan-9bc-yl)-äthyl]-trimethyl-ammoni=um-jodid) mit Thallium(I)-hydroxid in Wasser, Eindampfen der Reaktionslösung und Erhitzen des Rückstands unter vermindertem Druck bis auf 120° *(Sargent, Small,* J. org. Chem. **16** [1951] 1031, 1035; vgl. E II **17** 198). Beim Erhitzen von Dihydrothebain=methin-N-oxid ((3aR)-9b-[2-(Dimethyl-oxy-amino)-äthyl]-3,5-dimethoxy-(3ar,9ac,9bc)-1,3a,9a,9b-tetrahydro-phenanthro[4,5-bcd]furan; aus (3aR)-9b-[2-Dimethylamino-äthyl]-3,5-dimethoxy-(3ar,9ac,9bc)-1,3a,9a,9b-tetrahydro-phenanthro[4,5-bcd]furan mit Hilfe von wss. Wasserstoffperoxid hergestellt) unter vermindertem Druck bis auf 150° *(Bentley et al.,* Soc. **1956** 1963, 1968).

Krystalle; F: 123—124,5° [unkorr.] *(Sa., Sm.),* 123—124° [aus Me.] *(Be. et al.).* $[\alpha]_D^{25}$: —238° [A.; c = 1] *(Be. et al.).*

(3aR)-5-Methoxy-9b-vinyl-(3ar,9bc)-2,3,3a,9b-tetrahydro-phenanthro[4,5-bcd]furan-3t-ol $C_{17}H_{16}O_3$, Formel XII (R = H).

B. Aus (3aR)-5-Methoxy-9b-vinyl-(3ar,9ac,9bc)-3,3a,9a,9b-tetrahydro-phenanthro=[4,5-bcd]furan-3t-ol (S. 2213) beim Erwärmen mit wss.-äthanol. Kalilauge *(Bentley et al.,* Soc. **1956** 1963, 1967). Beim Erwärmen von β-Codeimethin ((3aR)-9b-[2-Dimethylamino-äthyl]-5-methoxy-(3ar,9bc)-2,3,3a,9b-tetrahydro-phenanthro[4,5-bcd]furan-3t-ol) mit wss. Wasserstoffperoxid und Erhitzen des erhaltenen Aminoxids unter vermindertem Druck bis auf 148° *(Be. et al.).*

Krystalle (aus Hexan); F: 107—108°. $[\alpha]_D^{21}$: +434° [$CHCl_3$; c = 1]; $[\alpha]_D^{21}$: +498° [A.; c = 1]. UV-Spektrum (230—360 nm): *Be. et al.,* l. c. S. 1963.

X   XI   XII

(3aR)-3t,5-Dimethoxy-9b-vinyl-(3ar,9bc)-2,3,3a,9b-tetrahydro-phenanthro[4,5-bcd]furan $C_{18}H_{18}O_3$, Formel XII (R = CH_3).

B. Aus (3aR)-3t,5-Dimethoxy-9b-vinyl-(3ar,9ac,9bc)-3,3a,9a,9b-tetrahydro-phenan=thro[4,5-bcd]furan (s. o.) beim Erwärmen mit wss.-äthanol. Kalilauge *(Bentley et al.,* Soc. **1956** 1963, 1968). Beim Erwärmen von (3aR)-9b-[2-Dimethylamino-äthyl]-3t,5-di=methoxy-(3ar,9bc)-2,3,3a,9b-tetrahydro-phenanthro[4,5-bcd]furan („β-Codeimethin-methyläther") mit wss. Wasserstoffperoxid und Erhitzen des erhaltenen Aminoxids unter vermindertem Druck bis auf 130° *(Be. et al.).*

$Kp_{0,05}$: 200°. $[\alpha]_D^{18}$: +498° [A.; c = 0,4].

Dihydroxy-Verbindungen $C_{17}H_{16}O_3$

7-Hydroxy-5-methyl-2-*p*-tolyl-chromenylium $[C_{17}H_{15}O_2]^+$, Formel I.

2,4,6-Trinitro-3-trifluormethyl-phenolat $[C_{17}H_{15}O_2]C_7HF_3N_3O_7$. *B*. Beim Behandeln von 2,4-Dihydroxy-6-methyl-benzaldehyd mit 1-*p*-Tolyl-äthanon und Chlorwasserstoff in Äthylacetat und Behandeln des nach der Hydrolyse erhaltenen 2,4-Dihydroxy-6,4'-di= methyl-chalkons mit 2,4,6-Trinitro-3-trifluormethyl-phenol in Äthanol (*Whalley*, Soc. **1950** 2792). — Orangerote Krystalle (aus Me.); F: 207° [Zers.].

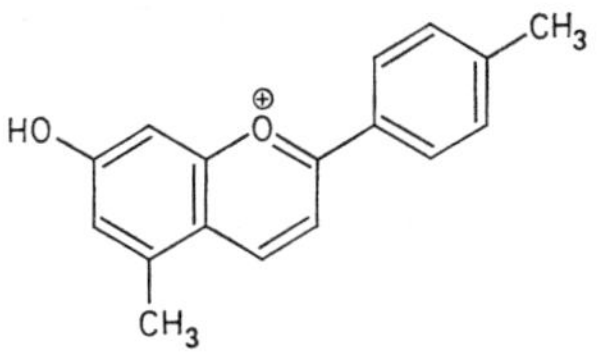

I 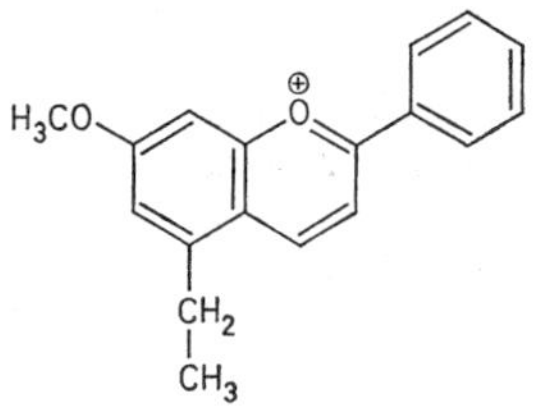   II

5-Äthyl-7-methoxy-2-phenyl-chromenylium $[C_{18}H_{17}O_2]^+$, Formel II.

Chlorid $[C_{18}H_{17}O_2]Cl$. *B*. Beim Behandeln von 2-Äthyl-6-hydroxy-4-methoxy-benz= aldehyd mit Acetophenon und Chlorwasserstoff in Äthylacetat (*Brown et al.*, Soc. **1949** 859, 865). — Braune Krystalle (aus wss. Salzsäure); Zers. bei 161°.

4-Äthyl-7-methoxy-3-[4-methoxy-phenyl]-2*H*-chromen $C_{19}H_{20}O_3$, Formel III.

B. Beim Behandeln einer Lösung von (±)-7-Methoxy-3-[4-methoxy-phenyl]-chroman-4-on in Benzol mit Äthylmagnesiumjodid in Äther, Erwärmen des vom Äther befreiten Reaktionsgemisches und Erhitzen des nach dem Behandeln mit wss. Salzsäure erhaltenen Reaktionsprodukts unter vermindertem Druck (*Bradbury*, *White*, Soc. **1953** 871, 875). Krystalle (aus A.); F: 81—82°. Kp$_2$: 194°. UV-Spektrum (A.; 230—360 nm): *Br.*, *Wh.*, l. c. S. 873.

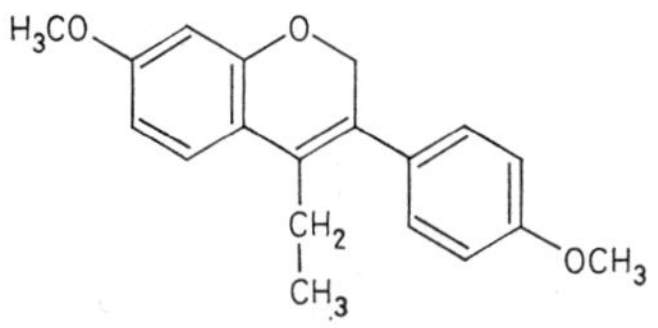

III 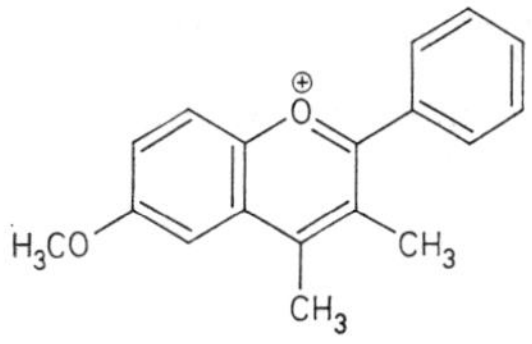   IV

6-Methoxy-3,4-dimethyl-2-phenyl-chromenylium $[C_{18}H_{17}O_2]^+$, Formel IV.

Chlorid. *B*. Beim Behandeln von 6-Methoxy-3,4-dimethyl-cumarin mit Phenylmagnesi= umbromid in Äther und anschliessend mit wss. Salzsäure (*Heilbron*, *Howard*, Soc. **1934** 1571). — Hellbraune Krystalle.

Tetrachloroferrat(III) $[C_{18}H_{17}O_2]FeCl_4$. Braune Krystalle (aus Eg.); F: 80° [Zers.] (*He.*, *Ho.*).

7-Methoxy-3,4-dimethyl-2-phenyl-chromenylium $[C_{18}H_{17}O_2]^+$, Formel V (E II 199; dort als 7-Methoxy-3.4-dimethyl-2-phenyl-benzopyrylium bezeichnet).

Tetrachloroferrat(III) $[C_{18}H_{17}O_2]FeCl_4$ (E II 199). Dieses Salz hat auch in einem ursprünglich (*Heilbron et al.*, Soc. **1933** 430, 432) als 2-Äthyl-7-methoxy-4-phenyl-chromenylium-tetrachloroferrat(III) angesehenen Präparat (gelbe Krystalle [aus Eg.], F: 110—111°) vorgelegen (*Heilbron et al.*, Soc. **1933** 1263), das beim Behandeln einer Lösung von 7-Methoxy-3,4-dimethyl-cumarin in Benzol mit Phenylmagnesiumbromid in Äther und Versetzen des vom Äther befreiten Reaktionsgemisches mit wss. Salzsäure und Eisen(III)-chlorid erhalten worden ist (*He. et al.*, l. c. S. 432).

5-Hydroxy-4,7-dimethyl-2-phenyl-chromenylium $[C_{17}H_{15}O_2]^+$, Formel VI.

Chlorid $[C_{17}H_{15}O_2]$Cl. *B.* Beim Behandeln von 1-Phenyl-butan-1,3-dion mit 5-Methyl-resorcin in Essigsäure unter Einleiten von Chlorwasserstoff (*Brockmann, Junge*, B. **76** [1943] 1028, 1033). — Braunrote Krystalle (aus A. + wss. Salzsäure) mit 2 Mol H_2O; Zers. oberhalb 160°.

7-Hydroxy-5,6-dimethyl-2-phenyl-chromenylium $[C_{17}H_{15}O_2]^+$, Formel VII (R = H).

Chlorid. *B.* Beim Behandeln von 4,6-Dihydroxy-2,3-dimethyl-benzaldehyd mit Aceto-phenon und Chlorwasserstoff in Äthylacetat (*Collins et al.*, Soc. **1950** 1876, 1881). — Gelbe Krystalle (aus wss. Salzsäure); F: 204—206° [Zers.].

Perchlorat $[C_{17}H_{15}O_2]ClO_4$. Rotbraune Krystalle [aus Eg.] (*Co. et al.*).

2,4,6-Trinitro-3-trifluormethyl-phenolat $[C_{17}H_{15}O_2]C_7HF_3N_3O_7$. *B.* Bei der Hydrolyse des Chlorids (s. o.) und Umsetzung des erhaltenen 4,6-Dihydroxy-2,3-dimethyl-chalkons mit 2,4,6-Trinitro-3-trifluormethyl-phenol in Äthanol (*Whalley*, Soc. **1950** 2792). — Rotbraune Krystalle (aus Me.); F: 241—243° [Zers.].

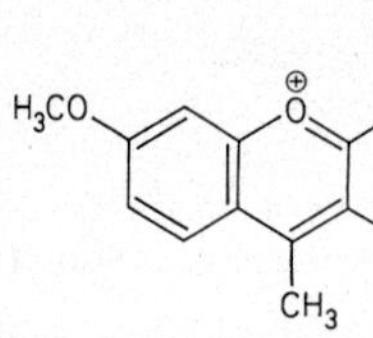

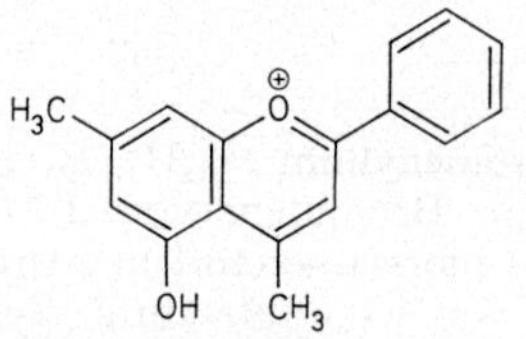

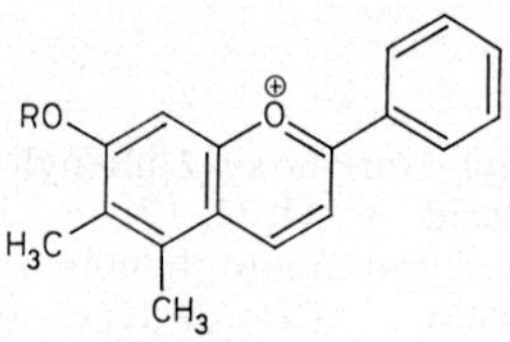

V   VI   VII

7-Methoxy-5,6-dimethyl-2-phenyl-chromenylium $[C_{18}H_{17}O_2]^+$, Formel VII (R = CH_3).

Chlorid $[C_{18}H_{17}O_2]$Cl. *B.* Beim Behandeln von 6-Hydroxy-4-methoxy-2,3-dimethyl-benzaldehyd mit Acetophenon und Chlorwasserstoff in Äthylacetat (*Robertson, Whalley*, Soc. **1949** 3038, 3039). — Orangegelbe Krystalle (aus wss. Salzsäure); F: 179° [Zers.].

6-Hydroxy-5,7-dimethyl-2-phenyl-chromenylium $[C_{17}H_{15}O_2]^+$, Formel VIII.

Chlorid $[C_{17}H_{15}O_2]$Cl. *B.* Beim Behandeln von 3,6-Dihydroxy-2,4-dimethyl-benzaldehyd mit Acetophenon in Ameisensäure unter Einleiten von Chlorwasserstoff (*Karrer, Fatzer*, Helv. **24** [1941] 1317, 1319). — Braunrote Krystalle (aus A.) mit 2 Mol H_2O; F: ca. 130° [Zers.].

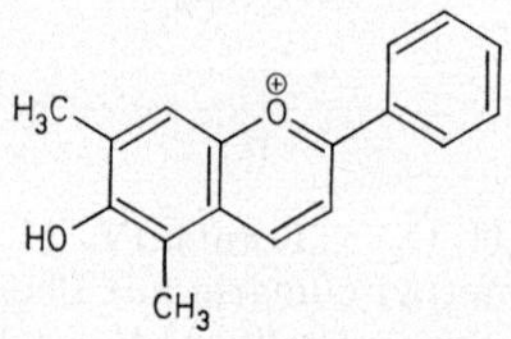

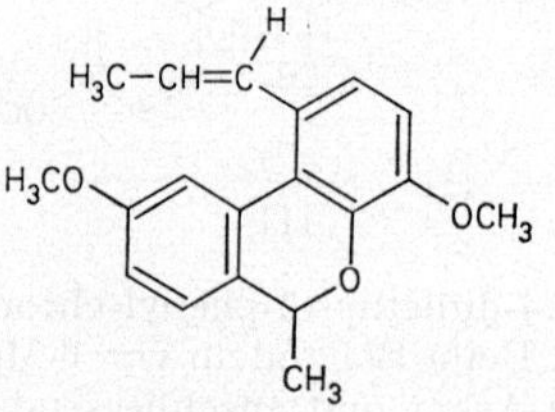

VIII   IX

4,9-Dimethoxy-6-methyl-1-propenyl-6H-benzo[c]chromen $C_{19}H_{20}O_3$, Formel IX.

Über die Konstitution der nachstehend beschriebenen, von *Small, Fry* (J. org. Chem. **3** [1938] 509) als 6-Methoxy-x-methyl-thebentriene bezeichneten Stereoisomeren s. *Bent-ley, Robinson*, Soc. **1952** 947, 949; *K. W. Bentley*, The Chemistry of the Morphine Alkaloids [Oxford 1954] S. 283.

a) *(+)-4,9-Dimethoxy-6-methyl-1-propenyl-6H-benzo[c]chromen** $C_{19}H_{20}O_3$ vom F: 101°.

B. Neben dem unter c) beschriebenen Stereoisomeren beim Erhitzen von α-Methyl-dihydrothebain-isomethin ((R_a?)-6-[(*E*)-2-Dimethylamino-propyl]-3,5′-dimethoxy-2′-vin-yl-biphenyl-2-ol; Salicylat: F: 163—164,5° [E III **13** 2434]) mit wss. Salzsäure, Behan-deln des Reaktionsprodukts mit Methyljodid und Erhitzen des erhaltenen Methojodids mit wss. Natronlauge (*Small, Fry*, J. org. Chem. **3** [1938] 509, 530). Beim Erhitzen des

aus ,,α-Methyl-9-dimethylamino-6-methoxy-thebendien'' ((−)-1-[2-Dimethylamino-prop≠
yl]-4,9-dimethoxy-6-methyl-6H-benzo[c]chromen [F: 76,5−78°]) hergestellten Metho≠
jodids oder des aus ,,δ-Methyl-9-dimethylamino-6-methoxy-thebendien'' ((+)-1-[2-Di≠
methylamino-propyl]-4,9-dimethoxy-6-methyl-6H-benzo[c]chromen [F: 101,5−103°])
hergestellten Methojodids mit wss. Natronlauge (Sm., Fry, l. c. S. 531, 534).
Krystalle (aus A. + W.); F: 99−101°. $[\alpha]_D^{22}$: +9° [A.; c = 0,6].

b) *(−)-4,9-Dimethoxy-6-methyl-1-propenyl-6H-benzo[c]chromen $C_{19}H_{20}O_3$ vom
F: 101°.
B. Beim Erhitzen des aus ,,η-Methyl-9-dimethylamino-6-methoxy-thebendien''
((−)-1-[2-Dimethylamino-propyl]-4,9-dimethoxy-6-methyl-6H-benzo[c]chromen [F:
101,5−103°]) hergestellten Methojodids mit wss. Natronlauge (Small, Fry, J. org. Chem.
3 [1938] 509, 538).
Krystalle (aus wss. A.); F: 99−101,5°. $[\alpha]_D^{25}$: −7,2° [A.; c = 0,6].

c) *(±)-4,9-Dimethoxy-6-methyl-1-propenyl-6H-benzo[c]chromen $C_{19}H_{20}O_3$ vom
F: 93°.
B. Aus (±)-3,5′-Dimethoxy-6-propenyl-2′-vinyl-biphenyl-2-ol (,,Vinyldihydro-
x-methylthebaol''; O-Acetyl-Derivat, F: 103−105,5°) beim Erhitzen mit wss. Salzsäure
(Small, Fry, J. org. Chem. **3** [1938] 509, 531). Über eine weitere Bildungsweise s. bei dem
unter a) beschriebenen Stereoisomeren.
Krystalle (aus A. + W.); F: 91,5−93,5°.

Dihydroxy-Verbindungen $C_{18}H_{18}O_3$

7-Hydroxy-4-methyl-2-phenäthyl-chromenylium $[C_{18}H_{17}O_2]^+$, Formel X, und **7-Hydroxy-
2-methyl-4-phenäthyl-chromenylium** $[C_{18}H_{17}O_2]^+$, Formel XI.
Eines dieser beiden Kationen liegt den nachstehend beschriebenen Salzen zugrunde.
Chlorid. *B.* Beim Behandeln von Resorcin mit 6-Phenyl-hexan-2,4-dion in Essigsäure
unter Einleiten von Chlorwasserstoff (Borsche, Lewinsohn, B. **66** [1933] 1792, 1798). −
Gelbe Krystalle.
Tetrachloroferrat(III) $[C_{18}H_{17}O_2]FeCl_4$. Braune Krystalle (aus Eg. + wss. Salzsäure);
F: 154° (Bo., Le.).

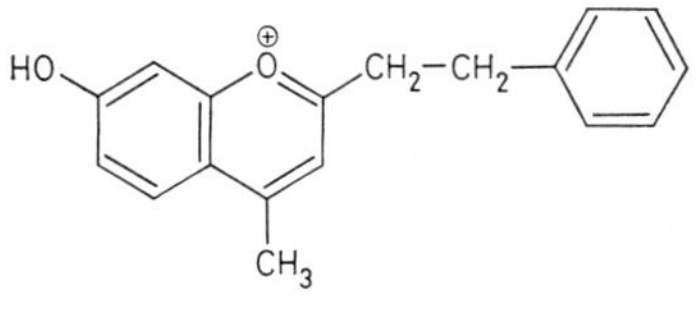

X 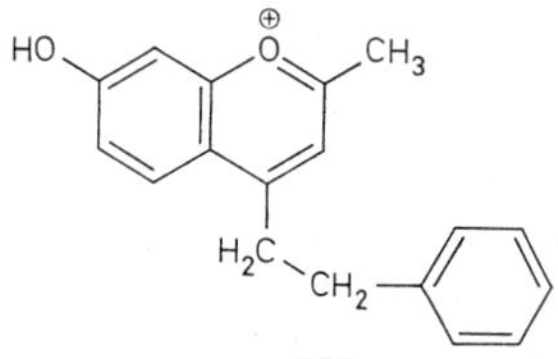   XI

*Opt.-inakt. **6-Allyl-8-methoxy-2-phenyl-chroman-4-ol** $C_{19}H_{20}O_3$, Formel XII.
B. Aus (±)-6-Allyl-8-methoxy-2-phenyl-chroman-4-on beim Behandeln mit Natrium≠
boranat in Äthanol unter Zusatz von Borsäure (Pew, Am. Soc. **77** [1955] 2881).
Krystalle (aus wss. A.); F: 126−127° [korr.].

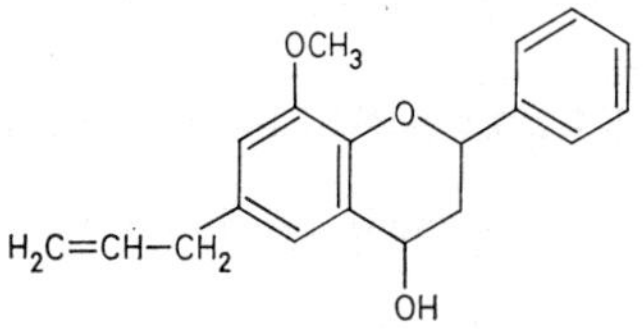

XII 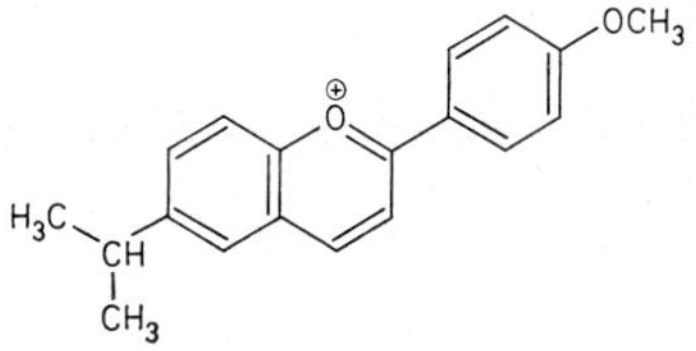   XIII

6-Isopropyl-2-[4-methoxy-phenyl]-chromenylium $[C_{19}H_{19}O_2]^+$, Formel XIII.
Perchlorat. *B.* Beim Erhitzen von 6-Isopropyl-3-[4-methoxy-benzoyl]-cumarin (aus
2-Hydroxy-5-isopropyl-benzaldehyd und 3-[4-Methoxy-phenyl]-3-oxo-propionsäure-äth≠

ylester in Gegenwart von Piperidin hergestellt) mit Essigsäure und wss. Perchlorsäure (*Mercier et al.*, Bl. **1958** 702, 707). — F: 208°. UV-Absorptionsmaximum (A.): 230 nm.

7-Hydroxy-5,6-dimethyl-2-p-tolyl-chromenylium $[C_{18}H_{17}O_2]^+$, Formel I.

    2,4,6-Trinitro-3-trifluormethyl-phenolat $[C_{18}H_{17}O_2]C_7HF_3N_3O_7$. *B*. Beim Behandeln von 4,6-Dihydroxy-2,3-dimethyl-benzaldehyd mit 1-p-Tolyl-äthanon und Chlorwasserstoff in Äthylacetat und Behandeln des nach der Hydrolyse erhaltenen Reaktionsprodukts mit 2,4,6-Trinitro-3-trifluormethyl-phenol in Äthanol (*Whalley*, Soc. **1950** 2792). — Grünbraune Krystalle (aus Me.) mit 0,5 Mol H_2O; F: 243—244° [Zers.].

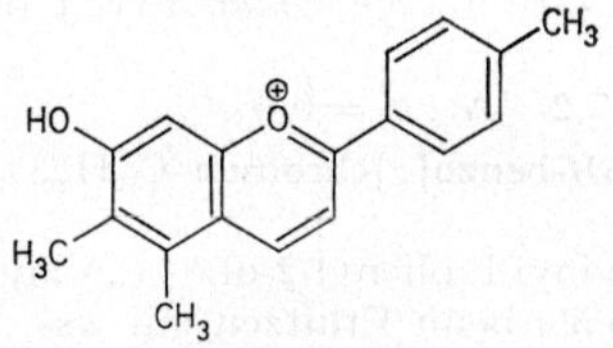

I 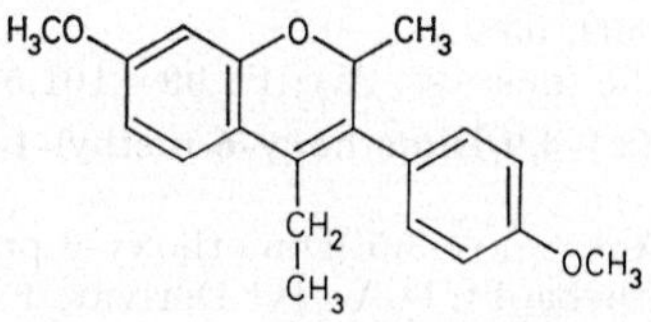   II

(±)-4-Äthyl-7-methoxy-3-[4-methoxy-phenyl]-2-methyl-2H-chromen $C_{20}H_{22}O_3$, Formel II.

    B. Beim Behandeln von opt.-inakt. 7-Methoxy-3-[4-methoxy-phenyl]-2-methyl-chroman-4-on mit Äthylmagnesiumbromid in Äther und Erwärmen des vom Äther befreiten Reaktionsgemisches in Benzol (*Lawson*, Soc. **1954** 4448).

    Krystalle (aus A.); F: 104—105°.

2-Äthyl-7-methoxy-3-methyl-4-phenyl-chromenylium $[C_{19}H_{19}O_2]^+$, Formel III.

    Perchlorat $[C_{19}H_{19}O_2]ClO_4$. *B*. Beim Behandeln von 2-Äthyl-7-methoxy-3-methylchromen-4-on mit Phenylmagnesiumbromid in Äther und Benzol und anschliessend mit wss. Perchlorsäure (*Heilbron et al.*, Soc. **1933** 430, 433). — Gelbe Krystalle (aus Eg.); F: 203—205° [Zers.].

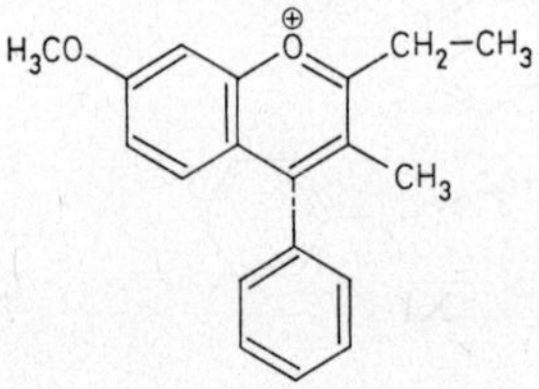

III 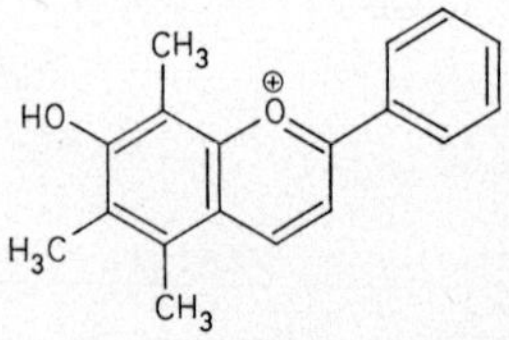   IV 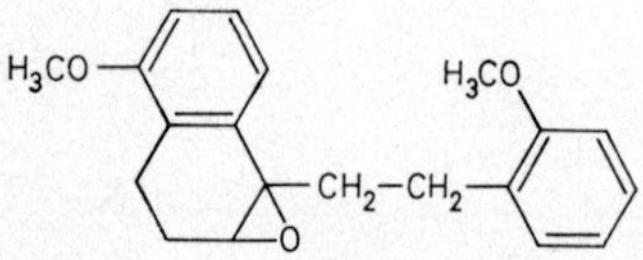   V

7-Hydroxy-5,6,8-trimethyl-2-phenyl-chromenylium $[C_{18}H_{17}O_2]^+$, Formel IV.

    Chlorid $[C_{18}H_{17}O_2]Cl$. *B*. Beim Behandeln von 2,4-Dihydroxy-3,5,6-trimethyl-benzaldehyd mit Acetophenon in Äthylacetat unter Einleiten von Chlorwasserstoff (*Whalley*, Soc. **1949** 3278). — Orangefarbene Krystalle (aus wss. Salzsäure); F: 224° [Zers.].

(±)-1,2-Epoxy-5-methoxy-1-[2-methoxy-phenäthyl]-1,2,3,4-tetrahydro-naphthalin $C_{20}H_{22}O_3$, Formel V.

    Diese Konstitution kommt wahrscheinlich der nachstehend beschriebenen Verbindung zu.

    B. Neben zwei mit Vorbehalt als 5-Methoxy-3′-[2-methoxy-benzyl]-3,4-dihydro-2H-spiro[naphthalin-1,2′-oxirane] (Formel VI) formulierten opt.-inakt. Verbindungen $C_{20}H_{22}O_3$ (jeweils Krystalle [aus E. + PAe.], F: 87° bzw. F: 95—96°) beim Behandeln von 8-Methoxy-4-[2-methoxy-phenäthyl]-1,2-dihydro-naphthalin mit Peroxybenzoesäure in Chloroform bei —15° (*Hardegger et al.*, Helv. **28** [1945] 628, 636).

    Öl; im Hochvakuum bei 215° destillierbar.

Beim Erhitzen mit wss. Bromwasserstoffsäure und Essigsäure ist 5,6,11,12-Tetra=
hydro-chrysen-1,7-diol ($C_{18}H_{16}O_2$; F: 275° [korr.; Zers.]), beim Behandeln mit
80%ig. wss. Schwefelsäure und Essigsäure sind geringe Mengen 1,7-Dimethoxy-
5,6,11,12-tetrahydro-chrysen ($C_{20}H_{20}O_2$; Krystalle; F: 218° [korr.]), beim Erhitzen
mit Bromwasserstoff in Essigsäure sind ein Phenol $C_{18}H_{16}O_3$ (Krystalle, F: 215° [korr.])
und dessen O-Methyl-Derivat $C_{19}H_{18}O_3$ (Krystalle, F: 166° [korr.]) erhalten worden
(*Ha. et al.*, l. c. S. 630, 636, 637).

Spiro[cyclohexan-1,9'-xanthen]-3',6'-diol $C_{18}H_{18}O_3$, Formel VII (R = H).
Bezüglich der Einheitlichkeit des nachstehend beschriebenen Präparats vgl. *Weissberger, Thiele*, Soc. **1934** 148, 150.
B. Beim Erhitzen von Cyclohexanon mit Resorcin (2 Mol) und Zinkchlorid in Gegenwart von Chlorwasserstoff bis auf 190° (*Sen et al.*, J. Indian chem. Soc. **7** [1930] 997,
1003).
Braunes Pulver (aus A.); Zers. bei 213° (*Sen et al.*).
Überführung in ein Dibrom-Derivat $C_{18}H_{16}Br_2O_3$ (rotes Pulver [aus Acn.], das
unterhalb 280° nicht schmilzt): *Sen et al.*

3',6'-Bis-benzoyloxy-spiro[cyclohexan-1,9'-xanthen] $C_{32}H_{26}O_5$, Formel VII
(R = $CO-C_6H_5$).
B. Aus Spiro[cyclohexan-1,9'-xanthen]-3',6'-diol (*Sen et al.*, J. Indian chem. Soc. **7**
[1930] 997, 1004).
Pulver (aus Bzl.), das bei 202—203° sintert.

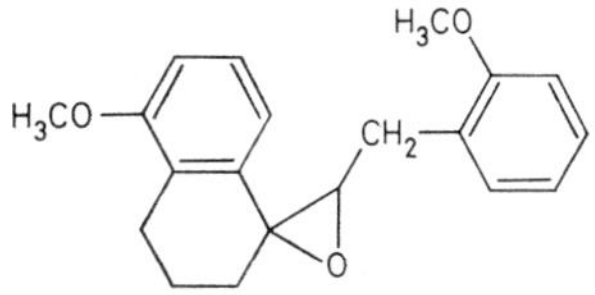

VI 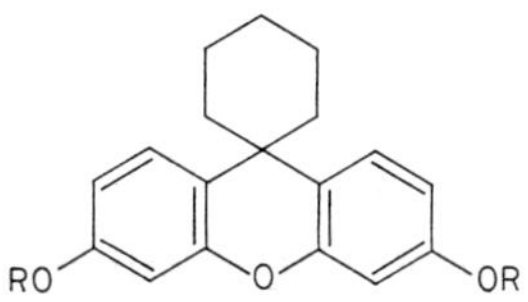   VII 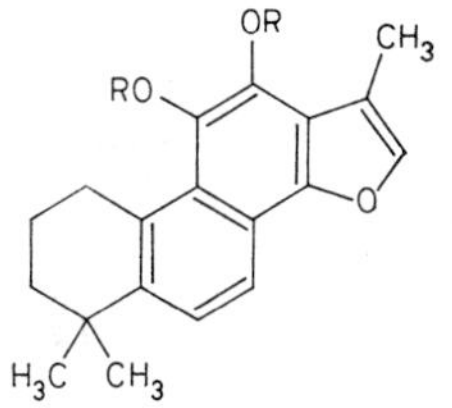   VIII

Dihydroxy-Verbindungen $C_{19}H_{20}O_3$

10,11-Dimethoxy-1,6,6-trimethyl-6,7,8,9-tetrahydro-phenanthro[1,2-b]furan, Di-O-
methyl-leukotanshinon-IIA $C_{21}H_{24}O_3$, Formel VIII (R = CH_3).
B. Bei der Hydrierung von Tanshinon-IIA (1,6,6-Trimethyl-6,7,8,9-tetrahydro-phen=
anthro[1,2-b]furan-10,11-chinon) an Palladium in Äthanol und anschliessenden Behandlung mit Dimethylsulfat und wss. Natronlauge (*Wessely, Lauterbach*, B. **75** [1942]
958, 965).
Krystalle (aus A.); F: 92° [nach Sintern bei 90°]. UV-Spektrum (A.; 240—350 nm):
We., La., l. c. S. 964.
Verbindung mit Pikrinsäure. Rote Krystalle; F: 105—107° [Kofler-App.].

10,11-Diacetoxy-1,6,6-trimethyl-6,7,8,9-tetrahydro-phenanthro[1,2-b]furan, Di-O-
acetyl-leukotanshinon-IIA $C_{23}H_{24}O_5$, Formel VIII (R = $CO-CH_3$).
B. Beim Erhitzen von Tanshinon-IIA (1,6,6-Trimethyl-6,7,8,9-tetrahydro-phenanthro=
[1,2-b]furan-10,11-chinon) mit Zink-Pulver, Natriumacetat und Acetanhydrid (*Takiura*,
J. pharm. Soc. Japan **61** [1941] 475, 482; *Wessely, Lauterbach*, B. **75** [1942] 958, 965).
Krystalle; F: 176° [aus E. + PAe.; nach Sintern bei 172°; Kofler-App.] (*We., La.*),
171—172° (*Ta.*).

Dihydroxy-Verbindungen $C_{20}H_{22}O_3$

7,8-Diacetoxy-6,9-dimethyl-3-[4-methyl-pent-3-enyl]-benzo[de]chromen, Di-O-acetyl-
dihydrobiflorin $C_{24}H_{26}O_5$, Formel IX.
B. Beim Erhitzen von Biflorin (6,9-Dimethyl-3-[4-methyl-pent-3-enyl]-benzo[de]=

chromen-7,8-chinon) mit Zink-Pulver und Acetanhydrid unter Zusatz von Natriumacetat (*Gonçalves de Lima et al.*, Helv. **41** [1958] 1386, 1389).

Krystalle (aus PAe.); F: 104—105° [korr.]. UV-Spektrum (A.; 220—400 nm): *Go. de L. et al.*, l. c. S. 1387.

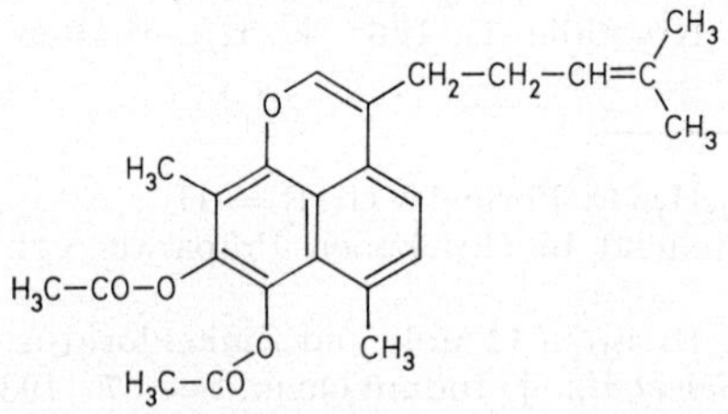

IX

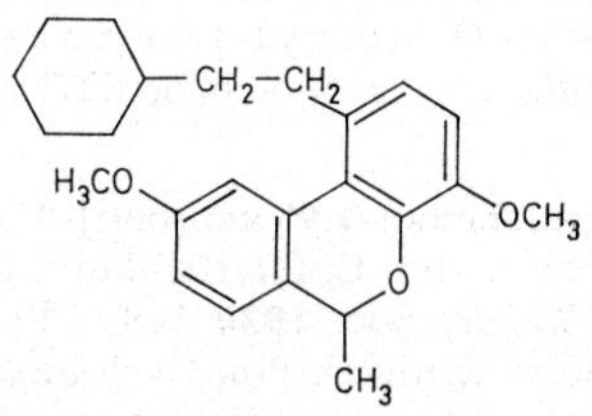

X

Dihydroxy-Verbindungen C$_{22}$H$_{26}$O$_3$

(±)-1-[2-Cyclohexyl-äthyl]-4,9-dimethoxy-6-methyl-6*H*-benzo[*c*]chromen C$_{24}$H$_{30}$O$_3$, Formel X.

Über die Konstitution der nachstehend beschriebenen, von *Small et al.* (J. org. Chem. **12** [1947] 839, 859) als „*rac*. Phenyl-6-methoxy-thebenan" bezeichneten Verbindung s. *Bentley, Robinson*, Soc. **1952** 947, 949; *K. W. Bentley*, The Chemistry of the Morphine Alkaloids [Oxford 1954] S. 279.

B. Aus (±)-4,9-Dimethoxy-6-methyl-1-styryl-6*H*-benzo[*c*]chromen („*rac*-Phenyl-6-methoxy-thebentrien" [S. 2249]) bei der Hydrierung an Platin in Essigsäure enthaltendem Äthylacetat (*Sm. et al.*).

Krystalle (aus Acn.); F: 80—83,5°.   [*Haltmeier*]

Dihydroxy-Verbindungen C$_n$H$_{2n-20}$O$_3$

Dihydroxy-Verbindungen C$_{14}$H$_8$O$_3$

3,5-Dimethoxy-phenanthro[4,5-*bcd*]furan C$_{16}$H$_{12}$O$_3$, Formel I.

B. Neben 3-Methoxy-phenanthro[4,5-*bcd*]furan und 3-Methoxy-[4]phenanthrol beim Erhitzen von (9a*R*)-3*t*,5-Dimethoxy-(9a*r*)-1,2,3,8,9,9a-hexahydro-phenanthro[4,5-*bcd*]= furan (aus (−)-Codein hergestellt) mit Palladium/Kohle in 1-*tert*-Butyl-4-methyl-benzol (*Rapoport et al.*, Am. Soc. **80** [1958] 5767, 5772).

Krystalle (aus Hexan); F: 122—123° [korr.]. UV-Spektrum (A.; 210—370 nm): *Ra. et al.*, l. c. S. 5769.

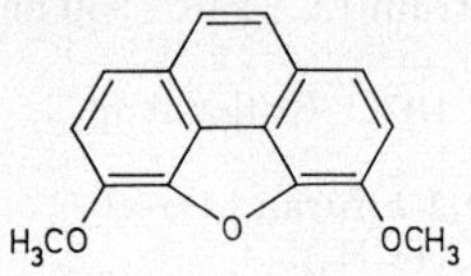

I

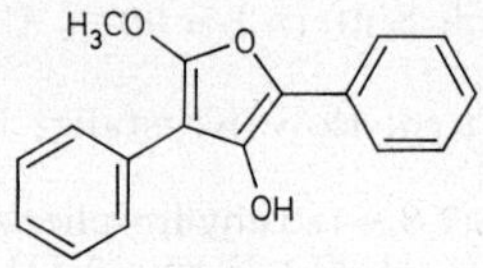

II

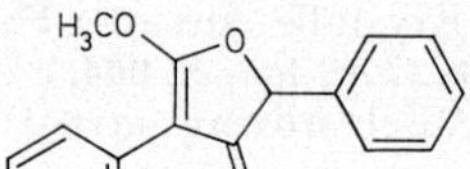

III

Dihydroxy-Verbindungen C$_{16}$H$_{12}$O$_3$

5-Methoxy-2,4-diphenyl-furan-3-ol C$_{17}$H$_{14}$O$_3$, Formel II, und **(±)-5-Methoxy-2,4-diphenyl-furan-3-on** C$_{17}$H$_{14}$O$_3$, Formel III.

B. Neben 4-Methoxy-3,5-diphenyl-5*H*-furan-2-on beim Behandeln von 3,5-Diphenyl-furan-2,4-dion (Syst. Nr. 2515) in Dioxan mit Diazomethan in Äther (*McElvain, Davie*, Am. Soc. **74** [1952] 1816, 1818).

Krystalle (aus Ae. + PAe.); F: 117—118°.

2,4-Bis-[4-hydroxy-phenyl]-thiophen C$_{16}$H$_{12}$O$_2$S, Formel IV (R = H).

B. Aus 2,4-Bis-[4-methoxy-phenyl]-thiophen beim Erhitzen mit Pyridin-hydrochlorid (*Demerseman et al.*, Soc. **1954** 2720).

Krystalle (aus Eg.); F: 243°.

2,4-Bis-[4-methoxy-phenyl]-thiophen C$_{18}$H$_{16}$O$_2$S, Formel IV (R = CH$_3$).

B. Aus 1-[4-Methoxy-phenyl]-äthanon-phenylimin beim Erhitzen mit Schwefel auf 180° (*Demerseman et al.*, Soc. **1954** 2720).

Krystalle (aus A.); F: 205°.

IV   V

2,4-Bis-[4-hydroxy-phenyl]-selenophen C$_{16}$H$_{12}$O$_2$Se, Formel V (R = H).

B. Aus 2,4-Bis-[4-methoxy-phenyl]-selenophen beim Erhitzen mit Pyridin-hydrochlorid (*Demerseman et al.*, Soc. **1954** 4193, 4196).

Krystalle (aus Eg.); F: 218°.

2,4-Bis-[4-methoxy-phenyl]-selenophen C$_{18}$H$_{16}$O$_2$Se, Formel V (R = CH$_3$).

B. Aus 1-[4-Methoxy-phenyl]-äthanon-phenylimin beim Erhitzen mit Selen auf 185° (*Demerseman et al.*, Soc. **1954** 2720).

Krystalle (aus A. + Bzl.); F: 214°. UV-Spektrum (A.; 250—350 nm): *De. et al.*

3,4-Diacetoxy-2,5-diphenyl-furan C$_{20}$H$_{16}$O$_5$, Formel VI.

Eine von *Lutz et al.* (Am. Soc. **56** [1934] 1980, 1986) und von *Lutz, Stuart* (Am. Soc. **58** [1936] 1885, 1886, 1889) unter dieser Konstitution beschriebene Verbindung (F: 139° bis 139,5°) ist als 2-Acetoxy-2,5-diphenyl-furan-3-on zu formulieren; in der aus ihr mit Hilfe von Acetylchlorid und Schwefelsäure erhaltenen Verbindung vom F: 132° (*Lutz et al.*) hat dementsprechend nicht 3-Acetoxy-4-chlor-2,5-diphenyl-furan, sondern 2-Chlor-2,5-di= phenyl-furan-3-on vorgelegen (*Kohler, Woodward*, Am. Soc. **58** [1936] 1933—1936).

1,1-Dioxo-2,5-diphenyl-1λ^6-thiophen-3,4-diol C$_{16}$H$_{12}$O$_4$S, Formel VII (R = H).

B. Beim Erwärmen von Dibenzylsulfon mit Diäthyloxalat und Natriumäthylat in Äthanol (*Overberger et al.*, Am. Soc. **72** [1950] 2856, 2857; s. a. *Eastman, Wagner*, Am. Soc. **71** [1949] 4089, 4090).

Krystalle; F: 238—239° [unkorr.; aus Toluol + A.] (*Ov. et al.*), 232—233° [unkorr.; aus A. + Bzl.] (*Ea., Wa.*). UV-Spektrum (A.; 220—400 nm): *Ov. et al.* Scheinbarer Dissoziationsexponent pK$_1'$ (in Wasser): ca. 4,3 (*Ea., Wa.*).

3,4-Dimethoxy-1,1-dioxo-2,5-diphenyl-1λ^6-thiophen, 3,4-Dimethoxy-2,5-diphenyl-thiophen-1,1-dioxid C$_{18}$H$_{16}$O$_4$S, Formel VII (R = CH$_3$).

B. Beim Behandeln einer Lösung von 1,1-Dioxo-2,5-diphenyl-1λ^6-thiophen-3,4-diol in Methanol und Dioxan oder in Äther und Benzol mit Diazomethan in Äther (*Overberger, Hoyt*, Am. Soc. **73** [1951] 3305, 3306).

Krystalle (aus A.); F: 148,3—149,3° [korr.].

3,4-Bis-benzoyloxy-1,1-dioxo-2,5-diphenyl-1λ^6-thiophen, 3,4-Bis-benzoyloxy-2,5-di= phenyl-thiophen-1,1-dioxid C$_{30}$H$_{20}$O$_6$S, Formel VII (R = CO-C$_6$H$_5$).

B. Beim Behandeln von 1,1-Dioxo-2,5-diphenyl-1λ^6-thiophen-3,4-diol mit Benzoyl= chlorid und Pyridin (*Overberger et al.*, Am. Soc. **72** [1950] 2856, 2857).

Krystalle (aus E. + A.); F: 192,5—193,8° [unkorr.].

2,5-Bis-[2-chlor-phenyl]-1,1-dioxo-1λ^6-thiophen-3,4-diol C$_{16}$H$_{10}$Cl$_2$O$_4$S, Formel VIII (R = H).

B. Beim Erwärmen von Bis-[2-chlor-benzyl]-sulfon mit Diäthyloxalat und Natrium=

äthylat in Äthanol (*Overberger et al.*, Am. Soc. **75** [1953] 2075).
Krystalle (aus Toluol); F: 158—159,5° [korr.].

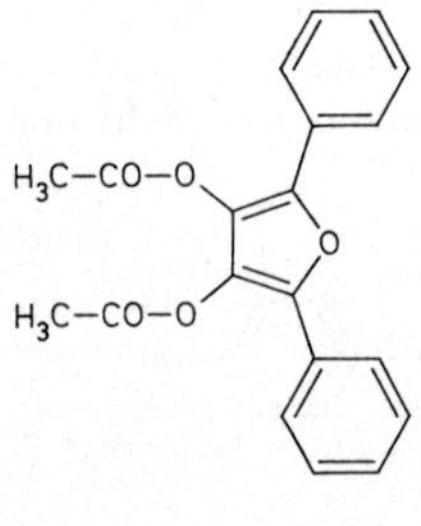

VI 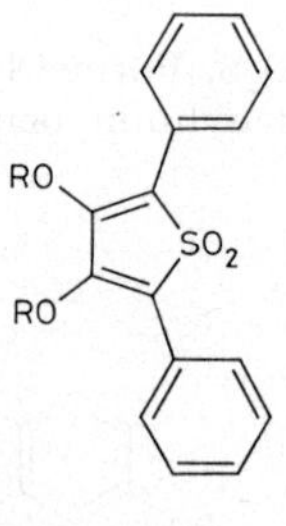   VII 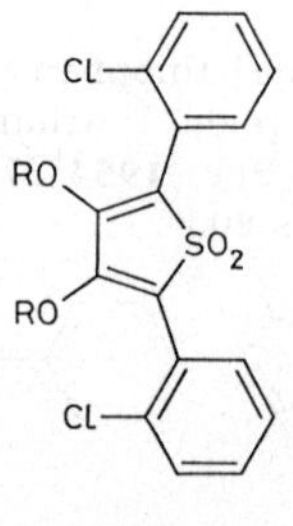   VIII 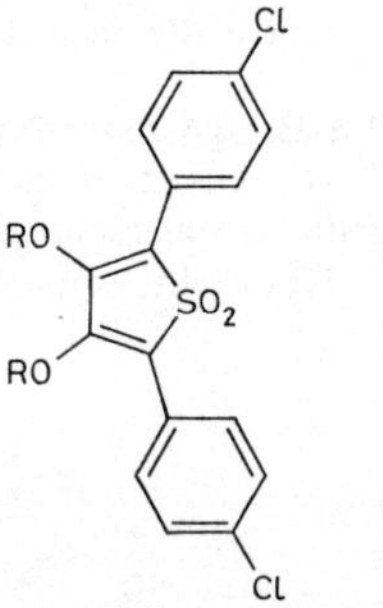   IX

3,4-Bis-benzoyloxy-2,5-bis-[2-chlor-phenyl]-1,1-dioxo-1λ^6-thiophen, 3,4-Bis-benzoyloxy-2,5-bis-[2-chlor-phenyl]-thiophen-1,1-dioxid $C_{30}H_{18}Cl_2O_6S$, Formel VIII
(R = CO-C$_6$H$_5$).
B. Aus 2,5-Bis-[2-chlor-phenyl]-1,1-dioxo-1λ^6-thiophen-3,4-diol (*Overberger et al.*, Am. Soc. **75** [1953] 2075).
Krystalle (aus A. + Toluol); F: 214—215° [korr.].

2,5-Bis-[4-chlor-phenyl]-1,1-dioxo-1λ^6-thiophen-3,4-diol $C_{16}H_{10}Cl_2O_4S$, Formel IX
(R = H).
B. Beim Erwärmen von Bis-[4-chlor-benzyl]-sulfon mit Diäthyloxalat und Natrium=
äthylat in Äthanol (*Overberger et al.*, Am. Soc. **72** [1950] 2856, 2858).
Krystalle (aus A.); F: 239—241,5° [korr.].

2,5-Bis-[4-chlor-phenyl]-3,4-dimethoxy-1,1-dioxo-1λ^6-thiophen, 2,5-Bis-[4-chlor-phenyl]-3,4-dimethoxy-thiophen-1,1-dioxid $C_{18}H_{14}Cl_2O_4S$, Formel IX (R = CH$_3$).
B. Beim Behandeln einer Lösung von 2,5-Bis-[4-chlor-phenyl]-1,1-dioxo-1λ^6-thiophen-3,4-diol in Aceton mit Diazomethan in Äther (*Overberger, Hoyt*, Am. Soc. **73** [1951] 3305, 3307).
Gelbe Krystalle (aus A. + Acn.); F: 207,5—208,5° [unkorr.].

2,5-Bis-[2,4-dichlor-phenyl]-1,1-dioxo-1λ^6-thiophen-3,4-diol $C_{16}H_8Cl_4O_4S$, Formel X
(R = H).
B. Beim Erwärmen von Bis-[2,4-dichlor-benzyl]-sulfon mit Diäthyloxalat und Na=
triumäthylat in Äthanol (*Overberger et al.*, Am. Soc. **75** [1953] 2075).
Krystalle (aus Chlorbenzol); F: 239—240° [korr.].

3,4-Bis-benzoyloxy-2,5-bis-[2,4-dichlor-phenyl]-1,1-dioxo-1λ^6-thiophen, 3,4-Bis-benzoyloxy-2,5-bis-[2,4-dichlor-phenyl]-thiophen-1,1-dioxid $C_{30}H_{16}Cl_4O_6S$, Formel X
(R = CO-C$_6$H$_5$).
B. Aus 2,5-Bis-[2,4-dichlor-phenyl]-1,1-dioxo-1λ^6-thiophen-3,4-diol (*Overberger et al.*, Am. Soc. **75** [1953] 2075).
Krystalle (aus Chlorbenzol); F: 233—234° [korr.].

1,1-Dioxo-2,5-bis-[2,4,5-trichlor-phenyl]-1λ^6-thiophen-3,4-diol $C_{16}H_6Cl_6O_4S$, Formel XI
(R = H).
B. Beim Erwärmen (22 h) von Bis-[2,4,5-trichlor-benzyl]-sulfon mit Diäthyloxalat und Natriumäthylat in Äthanol (*Overberger et al.*, Am. Soc. **75** [1953] 2075).
Krystalle (aus A.); F: 291—292° [korr.].

3,4-Bis-benzoyloxy-1,1-dioxo-2,5-bis-[2,4,5-trichlor-phenyl]-1λ^6-thiophen, 3,4-Bis-benzoyloxy-2,5-bis-[2,4,5-trichlor-phenyl]-thiophen-1,1-dioxid $C_{30}H_{14}Cl_6O_6S$, Formel XI
(R = CO-C$_6$H$_5$).
B. Beim Behandeln von 1,1-Dioxo-2,5-bis-[2,4,5-trichlor-phenyl]-1λ^6-thiophen-3,4-diol

mit Benzoylchlorid und Pyridin (*Overberger et al.*, Am. Soc. **75** [1953] 2075).
Krystalle (aus Chlorbenzol); F: 275—276° [korr.].

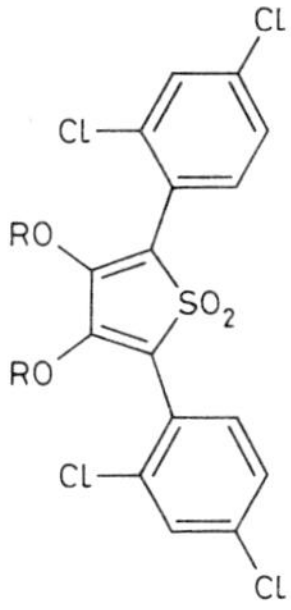

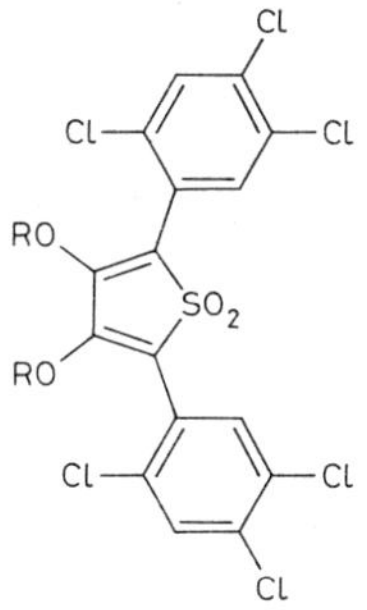

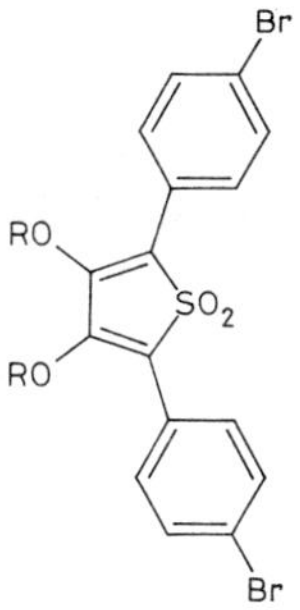

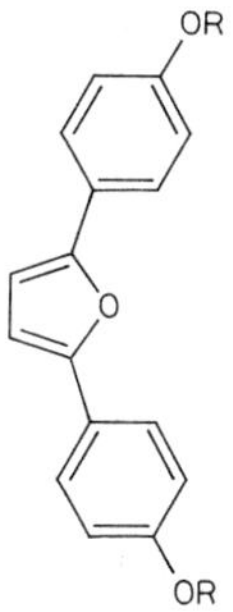

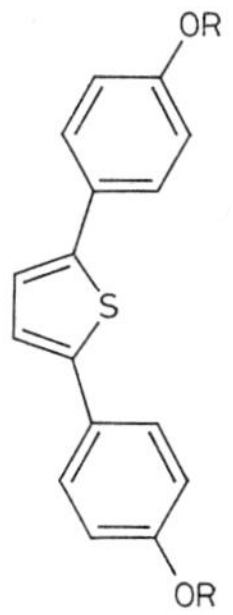

X   XI   XII   XIII   XIV

2,5-Bis-[4-brom-phenyl]-1,1-dioxo-1λ⁶-thiophen-3,4-diol $C_{16}H_{10}Br_2O_4S$, Formel XII (R = H).

B. Beim Erwärmen von Bis-[4-brom-benzyl]-sulfon mit Diäthyloxalat und Natrium=
äthylat in Äthanol (*Overberger et al.*, Am. Soc. **75** [1953] 2075).
Krystalle (aus wss. A.); F: 249—250° [korr.].

**3,4-Bis-benzoyloxy-2,5-bis-[4-brom-phenyl]-1,1-dioxo-1λ⁶-thiophen, 3,4-Bis-benzoyl=
oxy-2,5-bis-[4-brom-phenyl]-thiophen-1,1-dioxid** $C_{30}H_{18}Br_2O_6S$, Formel XII (R = CO-C₆H₅).

B. Beim Behandeln von 2,5-Bis-[4-brom-phenyl]-1,1-dioxo-1λ⁶-thiophen-3,4-diol mit
Benzoylchlorid und Pyridin (*Overberger et al.*, Am. Soc. **75** [1953] 2075).
Gelbe Krystalle (aus A.); F: 205—206° [korr.].

2,5-Bis-[4-hydroxy-phenyl]-furan $C_{16}H_{12}O_3$, Formel XIII (R = H).

B. Beim Erhitzen von 1,4-Bis-[4-äthoxy-phenyl]-butan-1,4-dion mit Pyridin-hydro=
chlorid bis auf 220° (*Kao et al.*, Pr. Indian Acad. [A] **32** [1950] 162, 169).
Krystalle (aus Bzl. + A.); F: 214—215°.

2,5-Bis-[4-äthoxy-phenyl]-furan $C_{20}H_{20}O_3$, Formel XIII (R = C₂H₅).

B. Beim Erhitzen von 1,4-Bis-[4-äthoxy-phenyl]-butan-1,4-dion mit Essigsäure und
wss. Salzsäure (*Kao et al.*, Pr. Indian Acad. [A] **32** [1950] 162, 169).
Krystalle (aus A.); F: 177—177,5°.
Lösungen in organischen Lösungsmitteln fluorescieren im UV-Licht violett.

2,5-Bis-[4-hydroxy-phenyl]-thiophen $C_{16}H_{12}O_2S$, Formel XIV (R = H).

B. Beim Erhitzen von 2,5-Bis-[4-methoxy-phenyl]-thiophen mit Kaliumhydroxid in
Äthylenglykol unter 5 Torr bis auf 230° (*Campaigne, Foye*, J. org. Chem. **17** [1952] 1405,
1411).
Krystalle (aus CHCl₃ + A.); F: 266—268° [korr.].

2,5-Bis-[4-methoxy-phenyl]-thiophen $C_{18}H_{16}O_2S$, Formel XIV (R = CH₃).

B. Beim Erhitzen von 1-[4-Methoxy-phenyl]-äthanon mit Phosphor(V)-sulfid in Xylol
(*Böttcher, Bauer*, A. **574** [1951] 218, 226). Beim Einleiten von Chlorwasserstoff und Schwe=
felwasserstoff in eine Suspension von 1,4-Bis-[4-methoxy-phenyl]-butan-1,4-dion und
Zinkchlorid in Chloroform (*Campaigne, Foye*, J. org. Chem. **17** [1952] 1405, 1410).
Krystalle; F: 215—216° [korr.] (*Ca., Foye*), 207° [aus Bzl.] (*Bö., Ba.*).

2,5-Bis-[4-acetoxy-phenyl]-thiophen $C_{20}H_{16}O_4S$, Formel XIV (R = CO-CH₃).

B. Aus 2,5-Bis-[4-hydroxy-phenyl]-thiophen (*Campaigne, Foye*, J. org. Chem. **17** [1952]
1405, 1411).
F: 173—174° [korr.].

9,10-Dimethoxy-6,7-dihydro-indeno[2,1-c]chromen $C_{18}H_{16}O_3$, Formel I.

B. Beim Erwärmen von (±)-3-[3,4-Dimethoxy-benzyl]-chroman-4-on mit Phosphor(V)-oxid in Benzol (*Pfeiffer, Döring,* B. **71** [1938] 269, 282).

Krystalle (aus A.); F: 177—179,5° [Zers.].

5,6-Dihydro-benzo[b]naphtho[2,1-d]thiophen-1,4-diol $C_{16}H_{12}O_2S$, Formel II (R = H), und **4a,5,6,11b-Tetrahydro-benzo[b]naphtho[2,1-d]thiophen-1,4-dion** $C_{16}H_{12}O_2S$, Formel III.

B. Bei kurzem Erwärmen (10 min) von [1,4]Benzochinon mit 3-Vinyl-benzo[b]thiophen (1,5 Mol) in Essigsäure (*Davies, Porter,* Soc. **1957** 4961, 4964).

Gelbe Krystalle (aus Bzl.); F: 206—207°.

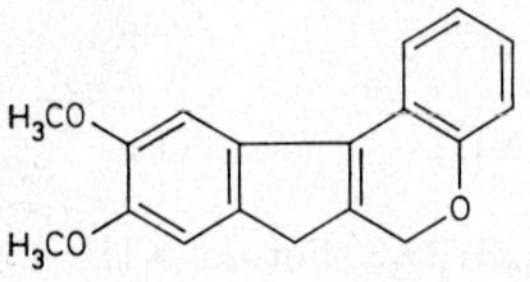

I 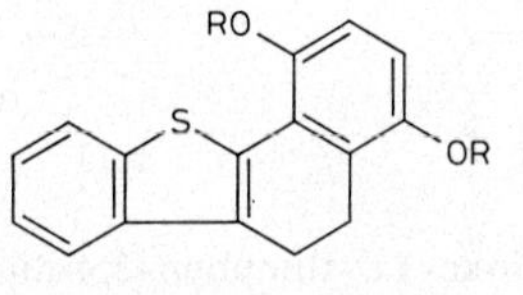   II 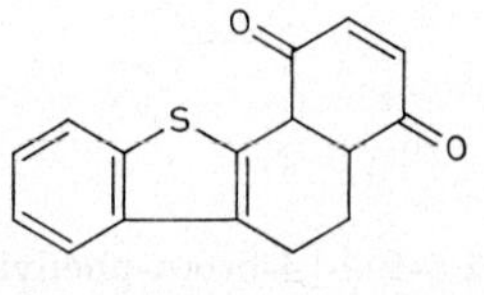   III

1,4-Diacetoxy-5,6-dihydro-benzo[b]naphtho[2,1-d]thiophen $C_{20}H_{16}O_4S$, Formel II (R = CO-CH$_3$).

B. Aus der im vorangehenden Artikel beschriebenen Verbindung (*Davies, Porter,* Soc. **1957** 4961, 4964).

Krystalle (aus Bzl.); F: 209—210°.

---

*Opt.-inakt. 5,6-Diacetoxy-7,7-dioxo-5,6-dihydro-7λ^6-benzo[b]naphtho[1,2-d]thiophen, 5,6-Diacetoxy-5,6-dihydro-benzo[b]naphtho[1,2-d]thiophen-7,7-dioxid $C_{20}H_{16}O_6S$, Formel IV.

B. Beim Behandeln von 7,7-Dioxo-7λ^6-benzo[b]naphtho[1,2-d]thiophen-5,6-chinon mit Zink-Pulver, Natriumacetat und Acetanhydrid (*Davies et al.,* Soc. **1952** 4678, 4682).

Krystalle (aus A.); F: 280—281°.

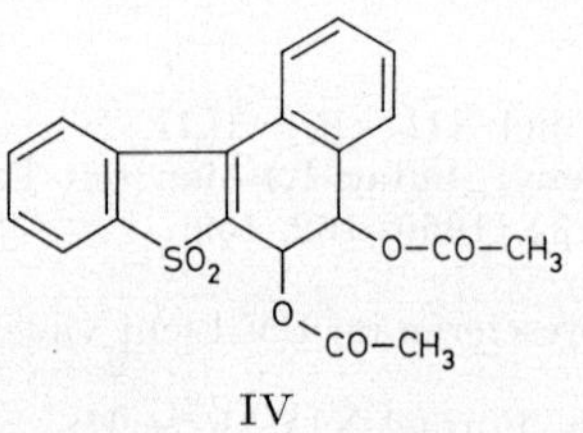

IV 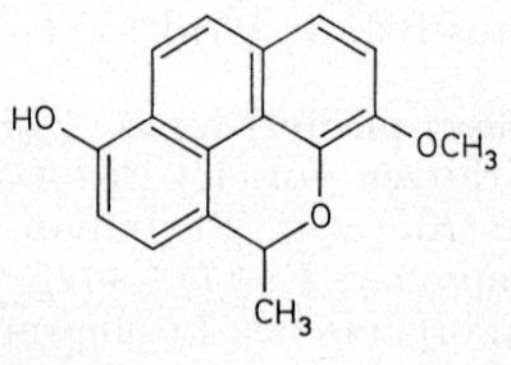   V

3-Methoxy-5-methyl-5H-naphtho[8,1,2-cde]chromen-8-ol $C_{17}H_{14}O_3$, Formel V.

Diese Konstitution kommt dem H 166 und E I 98 beschriebenen **Thebenol** zu (*Bentley, Cardwell,* Soc. **1955** 3252, 3259, 3260). Entsprechendes gilt für die H 166, 167 und E I 98 beschriebenen Derivate des Thebenols: **Northebenol** ($C_{16}H_{12}O_3$) ist als 5-Methyl-5H-naphtho[8,1,2-cde]chromen-3,8-diol, **Methebenol** (O-Methyl-thebenol; $C_{18}H_{16}O_3$) ist als 3,8-Dimethoxy-5-methyl-5H-naphtho[8,1,2-cde]chromen, **Äthebenol** (O-Äthyl-thebenol; $C_{19}H_{18}O_3$) ist als 8-Äthoxy-3-methoxy-5-methyl-5H-naphtho=[8,1,2-cde]chromen, **Prothebenol** (O-Propyl-thebenol; $C_{20}H_{20}O_3$) ist als 3-Methoxy-5-methyl-8-propoxy-5H-naphtho[8,1,2-cde]chromen, **O-Acetyl-thebenol** (,,The=benolacetat''; $C_{19}H_{16}O_4$) ist als 8-Acetoxy-3-methoxy-5-methyl-5H-naphtho=[8,1,2-cde]chromen zu formulieren.

Dihydroxy-Verbindungen $C_{17}H_{14}O_3$

(±)-[2]Furyl-[4-methoxy-phenyl]-phenyl-methanol $C_{18}H_{16}O_3$, Formel VI.

B. Aus [2]Furyl-[4-methoxy-phenyl]-keton und Phenylmagnesiumbromid (*Maxim,*

Popesco, Bulet. Soc. Chim. România **16** [1934] 89, 111).
Krystalle (aus Bzl.); F: 129°.

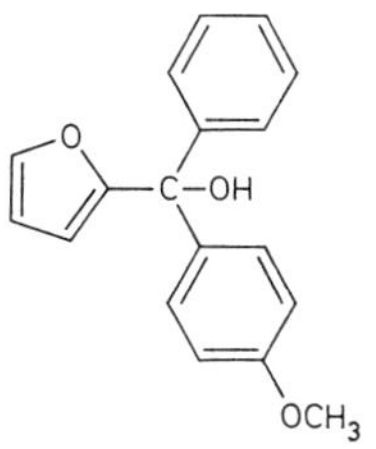

VI 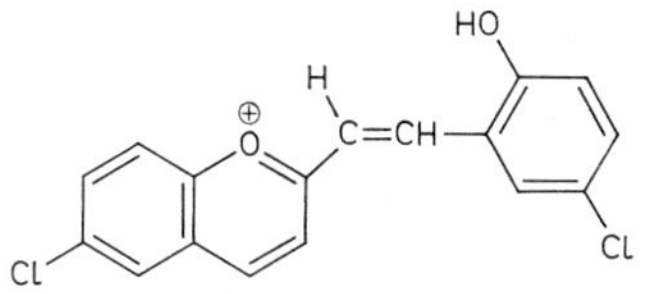   VII

***6-Chlor-2-[5-chlor-2-hydroxy-styryl]-chromenylium** $[C_{17}H_{11}Cl_2O_2]^+$, Formel VII.
Perchlorat $[C_{17}H_{11}Cl_2O_2]ClO_4$. *B.* Beim Behandeln von 1,5-Bis-[5-chlor-2-hydroxy-phenyl]-penta-1,4-dien-3-on (F: 190—191°) mit heisser Essigsäure und wss. Perchlor=
säure (*Kuhn, Hensel*, B. **86** [1953] 1333, 1337). — Rote pleochroitische Krystalle (aus
Eg. + Ameisensäure); F: 235—236° [Zers.]. — Beim Behandeln mit Diäthylamin in
Benzol ist 6,6'-Dichlor-[2,2']spirobichromen erhalten worden.

Dihydroxy-Verbindungen $C_{18}H_{16}O_3$

(±)-1-[4-Methoxy-phenyl]-2-phenyl-1-[2]thienyl-äthanol $C_{19}H_{18}O_2S$, Formel VIII.
B. Aus 2-Phenyl-1-[2]thienyl-äthanon und 4-Methoxy-phenylmagnesium-bromid sowie
aus [4-Methoxy-phenyl]-[2]thienyl-keton und Benzylmagnesiumbromid (*Robson et al.*,
Brit. J. Pharmacol. Chemotherapy **5** [1950] 376, 378).
F: 74°.

(±)-2-[4-Äthoxy-phenyl]-1-phenyl-1-[2]thienyl-äthanol $C_{20}H_{20}O_2S$, Formel IX.
B. Aus 2-[4-Äthoxy-phenyl]-1-[2]thienyl-äthanon und Phenylmagnesiumbromid (*Robson et al.*, Brit. J. Pharmacol. Chemotherapy **5** [1950] 376, 378).
Krystalle (aus PAe.); F: 83°.

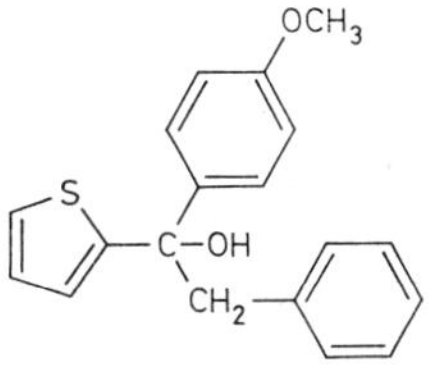

VIII 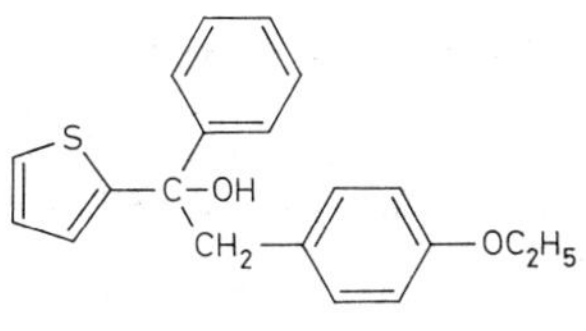   IX 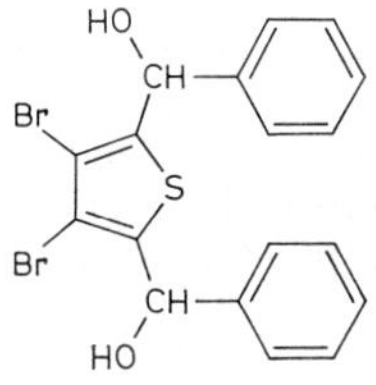   X

***Opt.-inakt. 3,4-Dibrom-2,5-bis-[α-hydroxy-benzyl]-thiophen** $C_{18}H_{14}Br_2O_2S$, Formel X.
B. Beim Erwärmen einer Lösung von 3,4-Dibrom-thiophen-2,5-dicarbaldehyd in
Benzol mit Phenylmagnesiumbromid in Äther (*Steinkopf et al.*, A. **546** [1941] 180, 198).
Krystalle (aus Bzl. + PAe.); F: 161°.

2,4-Bis-[4-hydroxy-phenyl]-3,5-dimethyl-thiophen $C_{18}H_{16}O_2S$, Formel XI (R = H).
B. Beim Erhitzen von 2,4-Bis-[4-methoxy-phenyl]-3,5-dimethyl-thiophen mit Kalium=
hydroxid in Äthylenglykol auf 225° (*Campaigne*, Am. Soc. **66** [1944] 684).
Krystalle (aus Bzl.); F: 194—196° [Zers.].

2,4-Bis-[4-methoxy-phenyl]-3,5-dimethyl-thiophen $C_{20}H_{20}O_2S$, Formel XI (R = CH₃).
B. Beim Erhitzen von 2,4-Diäthyl-2,4,6-tris-[4-methoxy-phenyl]-5-methyl-[1,3]di=

thiin („Anhydro-p-methoxypropiophenon-disulfid"; F: 158,1 — 158,6°) mit einem Kupfer= oxid-Chromoxid-Bariumoxid-Katalysator in Xylol (*Campaigne*, Am. Soc. **66** [1944] 684).
Krystalle (aus Me.); F: 112,3 — 112,8° [korr.]. Absorptionsspektrum (Me.; 230 — 310 nm): *Ca.*

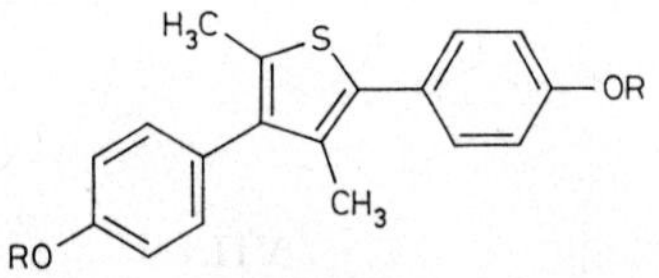

XI 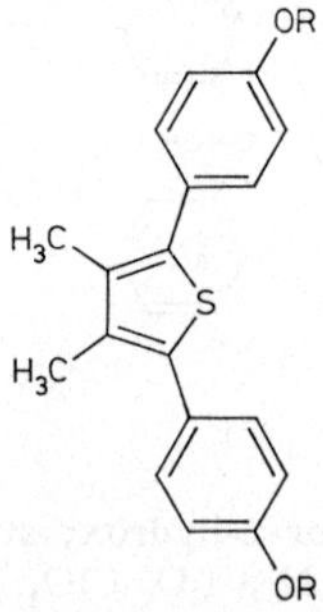   XII

2,4-Bis-[4-acetoxy-phenyl]-3,5-dimethyl-thiophen $C_{22}H_{20}O_4S$, Formel XI (R = CO-CH$_3$).
B. Beim Erwärmen von 2,4-Bis-[4-hydroxy-phenyl]-3,5-dimethyl-thiophen mit Acet= anhydrid und Natriumacetat (*Campaigne*, Am. Soc. **66** [1944] 684).
Krystalle (aus A.); F: 125,9 — 126,9° [korr.; nach Erweichen bei 121°].

2,5-Bis-[4-hydroxy-phenyl]-3,4-dimethyl-thiophen $C_{18}H_{16}O_2S$, Formel XII (R = H).
B. Aus 2,5-Bis-[4-methoxy-phenyl]-3,4-dimethyl-thiophen beim Erhitzen mit Pyridin-hydrochlorid auf 210° (*Böttcher, Lüttringhaus*, A. **557** [1947] 89, 92, 101).
Krystalle (aus Eg. oder Bzl.); F: 227°. Im Hochvakuum bei 160 — 170° sublimierbar. An der Luft erfolgt allmählich Blaufärbung.

2,5-Bis-[4-methoxy-phenyl]-3,4-dimethyl-thiophen $C_{20}H_{20}O_2S$, Formel XII (R = CH$_3$).
Konstitutionszuordnung: *Böttcher, Bauer*, A. **574** [1951] 218, 223, 226.
B. Beim Erhitzen von 1-[4-Methoxy-phenyl]-propan-1-on mit Phosphor(V)-sulfid in Xylol (*Bö., Ba.*). Neben 5-[4-Methoxy-phenyl]-[1,2]dithiol-3-thion beim Erhitzen von *trans*-Anethol (4-*trans*-Propenyl-anisol) mit Schwefel auf 185° bzw. 200° (*Böttcher, Lüttringhaus*, A. **557** [1947] 89, 101; *Gaudin, Pottier*, C. r. **224** [1947] 479).
Krystalle; F: 172° [aus E. bzw. aus Bzl. + E.] (*Bö., Ba.; Bö., Lü.*), 169° (*Ga., Po.*).

2,5-Bis-[4-benzoyloxy-phenyl]-3,4-dimethyl-thiophen $C_{32}H_{24}O_4S$, Formel XII (R = CO-C$_6$H$_5$).
B. Beim Behandeln von 2,5-Bis-[4-hydroxy-phenyl]-3,4-dimethyl-thiophen mit Benzo= ylchlorid und Pyridin (*Böttcher, Lüttringhaus*, A. **557** [1947] 89, 102).
Krystalle (aus Butylacetat); F: 189°.

Dihydroxy-Verbindungen $C_{20}H_{20}O_3$

*Opt.-inakt. 1′,2′-Epoxy-6,6′-dimethoxy-1,2,3,4,1′,2′,3′,4′-octahydro-[1,2′]binaphthyl $C_{22}H_{24}O_3$, Formel I.
B. Aus (±)-6,6′-Dimethoxy-1,2,3,4,3′,4′-hexahydro-[1,2′]binaphthyl beim Behandeln mit Peroxybenzoesäure in Chloroform (*Woodward, Eastman*, Am. Soc. **66** [1944] 674, 677).
Gelbe Krystalle (aus A.); F: 127 — 128,5°. Absorptionsspektrum (A.; 240 — 335 nm; λ_{max}: 283 nm): *Wo., Ea.*

Dihydroxy-Verbindungen $C_{21}H_{22}O_3$

Bis-[2-hydroxy-3,5-dimethyl-phenyl]-[2]thienyl-methan $C_{21}H_{22}O_2S$, Formel II.
B. Beim Erwärmen von Thiophen-2-carbaldehyd mit 2,4-Dimethyl-phenol in Essig= säure und Schwefelsäure (*Azuma et al.*, J. chem. Soc. Japan Ind. Chem. Sect. **61** [1958] 469, 474; C. A. **1961** 2601).
Krystalle (aus Bzn.); F: 213 — 214,5°.

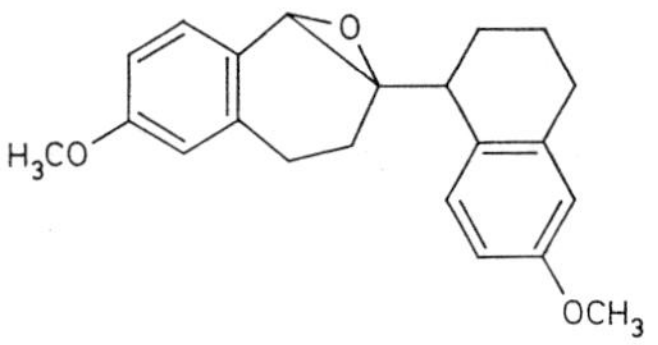

I 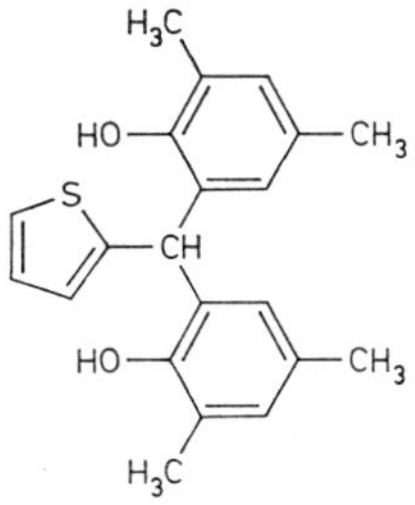   II

Dihydroxy-Verbindungen C₂₂H₂₄O₃

2,5-Bis-[2-hydroxy-3,4,6-trimethyl-phenyl]-furan $C_{22}H_{24}O_3$, Formel III (R = H).

B. Aus 1,4-Bis-[2-hydroxy-3,4,6-trimethyl-phenyl]-butan-1,4-dion beim Erhitzen unter 20 Torr (*Smith, Holmes,* Am. Soc. **73** [1951] 3847, 3850). Aus 2,5-Bis-[2-acetoxy-3,4,6-tri= methyl-phenyl]-furan beim Erwärmen mit wss. Salzsäure (*Sm., Ho.*).

Krystalle (aus PAe. oder A.); F: 130—131° [unkorr.].

2,5-Bis-[2-acetoxy-3,4,6-trimethyl-phenyl]-furan $C_{26}H_{28}O_5$, Formel III (R = CO-CH₃).

B. Beim Erwärmen von 1,4-Bis-[2-hydroxy-3,4,6-trimethyl-phenyl]-butan-1,4-dion oder von 1,4-Bis-[2-acetoxy-3,4,6-trimethyl-phenyl]-butan-1,4-dion mit Acetanhydrid unter Zusatz von Schwefelsäure (*Smith, Holmes,* Am. Soc. **73** [1951] 3847, 3849).

Krystalle (aus PAe.); F: 114—116° [unkorr.].

3,4-Diacetoxy-2,5-dimesityl-furan $C_{26}H_{28}O_5$, Formel IV (R = CO-CH₃).

B. Beim Behandeln von 2-Hydroxy-1,4-dimesityl-but-2*t*-en-1,4-dion oder von 2,5,2′,5′-Tetramesityl-[2,2′]bifuryl-3,3′-dion mit Acetanhydrid unter Zusatz von Schwefelsäure (*Lutz, McGinn,* Am. Soc. **65** [1943] 849, 853). Bei kurzem Erwärmen von 2-Acetoxy-1,4-dimesityl-but-2*t*-en-1,4-dion mit Acetanhydrid unter Zusatz von Schwefelsäure (*Lutz, McG.*).

Krystalle (aus Me.); F: 154,5—155° [korr.].

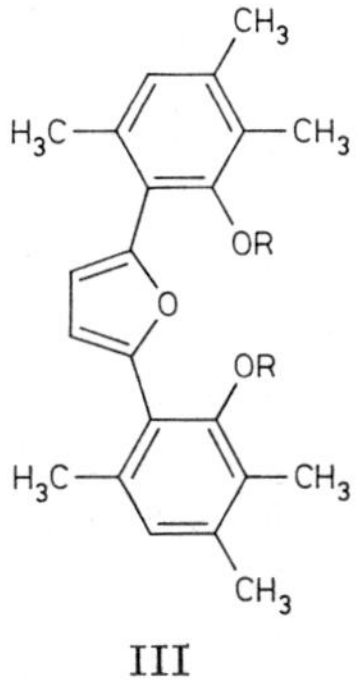

III 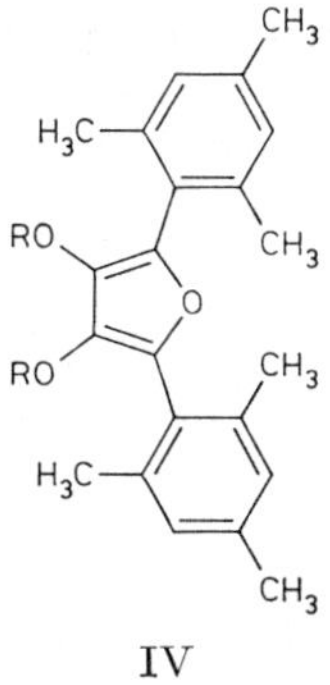   IV 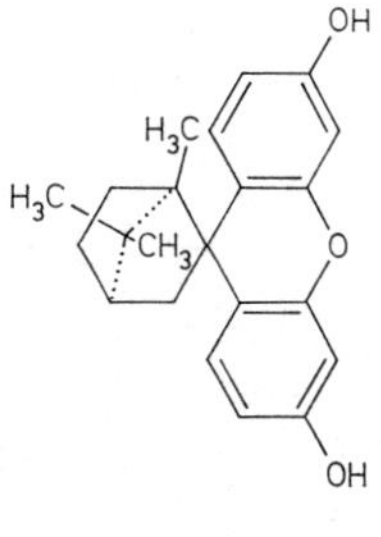   V

2,5-Dimesityl-3,4-bis-propionyloxy-furan $C_{28}H_{32}O_5$, Formel IV (R = CO-CH₂-CH₃).

B. Beim Erwärmen von 2-Hydroxy-1,4-dimesityl-but-2*t*-en-1,4-dion mit Propionsäure-anhydrid unter Zusatz von Schwefelsäure (*Lutz, McGinn,* Am. Soc. **65** [1943] 849, 853).

Krystalle (aus A.); F: 72—72,5°.

(1R)-1,7,7-Trimethyl-spiro[norbornan-2,9′-xanthen]-3′,6′-diol $C_{22}H_{24}O_3$, Formel V.

Eine als Dibenzoyl-Derivat $C_{36}H_{32}O_5$ ((1R)-3′,6′-Bis-benzoyloxy-1,7,7-trimethyl-spiro[norbornan-2,9′-xanthen]; rote Krystalle [aus A.], F: 120°) charakterisierte Verbindung (rotes Pulver [aus A.], F: 200°), der vermutlich diese Konstitution zukommt, ist beim Erhitzen von (1R)-Campher (E III 7 404) mit Resorcin (2 Mol) und Zinkchlorid auf 180° erhalten worden (*Sen et al.*, J. Indian chem. Soc. **7** [1930] 997, 999, 1002; s. dazu *Weissberger, Thiele*, Soc. **1934** 148).

Dihydroxy-Verbindungen C$_{23}$H$_{26}$O$_3$

(±)-2-[(*Ξ*)-Furfuryliden]-8-methoxy-(4a*r*,4b*t*,10b*t*,12a*t*)-1,2,3,4,4a,4b,5,6,10b,11,12,12a-dodecahydro-chrysen-1*t*-ol C$_{24}$H$_{28}$O$_3$, Formel VI (R = H).

Die Konfiguration am C-Atom 1 ist nicht bewiesen (*Johnson et al.*, Am. Soc. **80** [1958] 661, 672, 678).

B. Aus 2-[(*Ξ*)-Furfuryliden]-8-methoxy-(4a*r*,4b*t*,10b*t*,12a*t*)-3,4,4a,4b,5,6,10b,11,12,=12a-decahydro-2*H*-chrysen-1-on (F: 185—189°) beim Erwärmen mit Natriumboranat in wss. Methanol (*Jo. et al.*).

Krystalle; F: 186—188° und F: 185—186,5° [korr.; nach Sublimation]. UV-Absorp=tionsmaxima (A.): 263 nm, 269 nm und 281 nm.

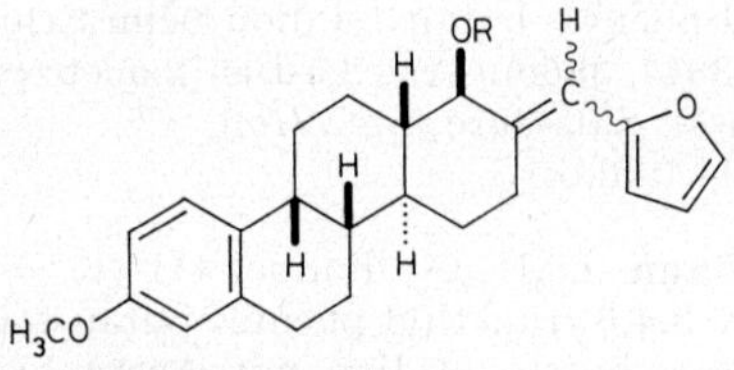

VI 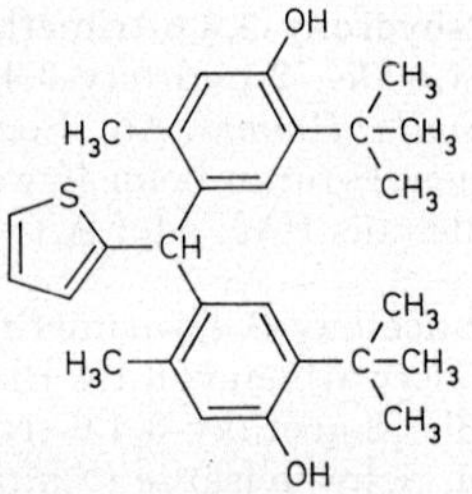   VII

(±)-1*t*-Acetoxy-2-[(*Ξ*)-furfuryliden]-8-methoxy-(4a*r*,4b*t*,10b*t*,12a*t*)-1,2,3,4,4a,4b,=5,6,10b,11,12,12a-dodecahydro-chrysen C$_{26}$H$_{30}$O$_4$, Formel VI (R = CO-CH$_3$).

Die Konfiguration am C-Atom 1 ist nicht bewiesen (*Johnson et al.*, Am. Soc. **80** [1958] 661, 679).

B. Aus der im vorangehenden Artikel beschriebenen Verbindung (*Jo. et al.*).

Krystalle (aus Ae.); F: 133—135° [korr.].

Dihydroxy-Verbindungen C$_{27}$H$_{34}$O$_3$

Bis-[5-*tert*-butyl-4-hydroxy-2-methyl-phenyl]-[2]thienyl-methan C$_{27}$H$_{34}$O$_2$S, Formel VII.

B. Beim Erwärmen von Thiophen-2-carbaldehyd mit 2-*tert*-Butyl-5-methyl-phenol und geringen Mengen wss. Salzsäure (*Beaver, Stoffel*, Am. Soc. **74** [1952] 3410).

Krystalle (aus Heptan); F: 223,3—223,7° [korr.].

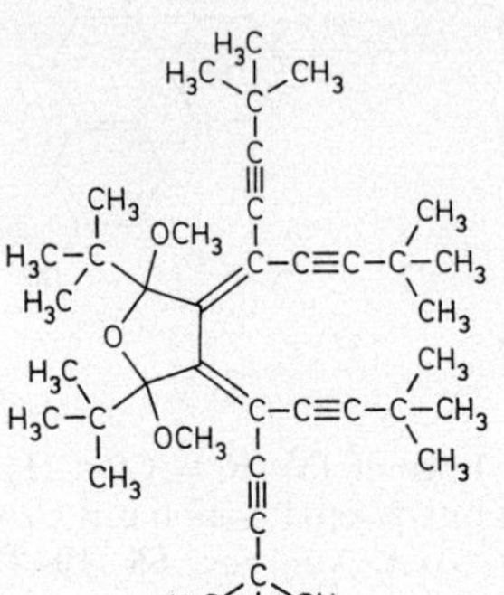

VIII 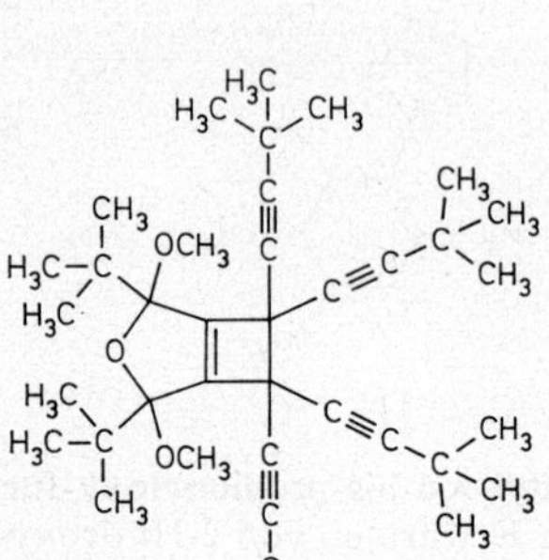   IX

Dihydroxy-Verbindungen C$_{38}$H$_{56}$O$_3$

2,5-Di-*tert*-butyl-3,4-bis-[1-(3,3-dimethyl-but-1-inyl)-4,4-dimethyl-pent-2-inyliden]-2,5-dimethoxy-tetrahydro-furan C$_{40}$H$_{60}$O$_3$, Formel VIII, und **1,3-Di-*tert*-butyl-**

4,4,5,5-tetrakis-[3,3-dimethyl-but-1-inyl]-1,3-dimethoxy-1,3,4,5-tetrahydro-cyclo=
buta[c]furan, 2,4-Di-*tert*-butyl-6,6,7,7-tetrakis-[3,3-dimethyl-but-1-inyl]-2,4-dimethoxy-
3-oxa-bicyclo[3.2.0]hept-1(5)-en $C_{40}H_{60}O_3$, Formel IX.
Eine Verbindung (F: 250°), für die *Sparks, Marvel* (Am. Soc. **58** [1936] 865, 867, 870)
diese beiden Konstitutionsformeln in Betracht gezogen haben, ist als 1,2-Di-*tert*-butyl-
3,4-bis-[1-(3,3-dimethyl-but-1-inyl)-4,4-dimethyl-pent-2-inyliden]-1,2-dimethoxy-cyclo=
butan zu formulieren (*Tseng et al.*, Tetrahedron **30** [1974] 377, 381, 383). Entsprechendes gilt für die analoge Diäthoxy-Verbindung, die analoge Dibutoxy-Verbindung und
die analoge Bis-dodecyloxy-Verbindung.

Dihydroxy-Verbindungen $C_nH_{2n-22}O_3$

Dihydroxy-Verbindungen $C_{16}H_{10}O_3$

3-Methoxy-benzo[b]naphtho[2,3-d]furan-6-ol $C_{17}H_{12}O_3$, Formel I.
B. Neben einer Verbindung vom F: 225—226° beim Behandeln von 3-Benzyl-6-meth=
oxy-benzofuran-2-carbonylchlorid mit Aluminiumchlorid in Benzol (*Chatterjea, Roy*, J.
Indian chem. Soc. **34** [1957] 155, 158).
Krystalle; F: 183—184° [unkorr.].

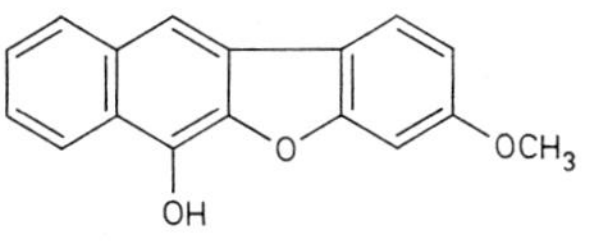

I 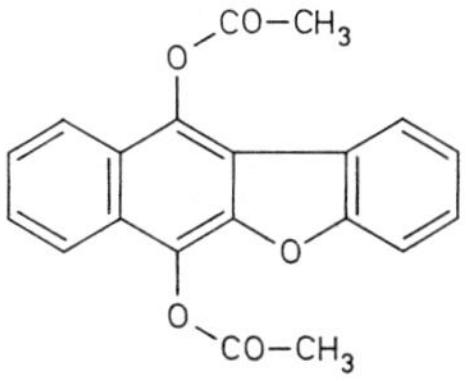   II

6,11-Diacetoxy-benzo[b]naphtho[2,3-d]furan $C_{20}H_{14}O_5$, Formel II.
B. Aus Benzo[b]naphtho[2,3-d]furan-6,11-chinon beim Erhitzen mit Zink-Pulver,
Natriumacetat und Acetanhydrid (*Chatterjea*, J. Indian chem. Soc. **31** [1954] 101, 104)
sowie beim Hydrieren in Methanol und Erhitzen des erhaltenen Benzo[b]naphtho=
[2,3-d]furan-6,11-diols $C_{16}H_{10}O_3$ (Krystalle) mit Acetanhydrid (*Gen. Aniline Works*,
U.S.P. 2068197 [1934]).
Krystalle (aus Eg.); F: 246° (*Gen. Aniline Works*), 245,5—246° [unkorr.] (*Ch.*).

6,11-Bis-benzoyloxy-benzo[b]naphtho[2,3-d]thiophen $C_{30}H_{18}O_4S$, Formel III.
B. Beim Behandeln von Benzo[b]naphtho[2,3-d]thiophen-6,11-chinon mit Natrium=
dithionit und wss. Natronlauge und anschliessend mit Benzoylchlorid und wss. Natron=
lauge (*Mayer*, A. **488** [1931] 259, 278).
Krystalle (aus A.); F: 257—258°.

9-Methoxy-benzo[b]naphtho[1,2-d]furan-6-ol $C_{17}H_{12}O_3$, Formel IV (R = H).
B. Aus [2-(6-Methoxy-benzofuran-3-yl)-phenyl]-essigsäure beim Behandeln mit
Schwefelsäure (*Johnson, Robertson*, Soc. **1950** 2381, 2388).
Krystalle (aus Bzl. oder wss. A.); F: 163°.

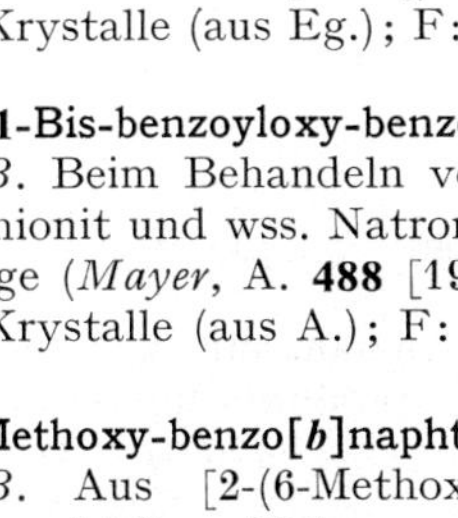

III 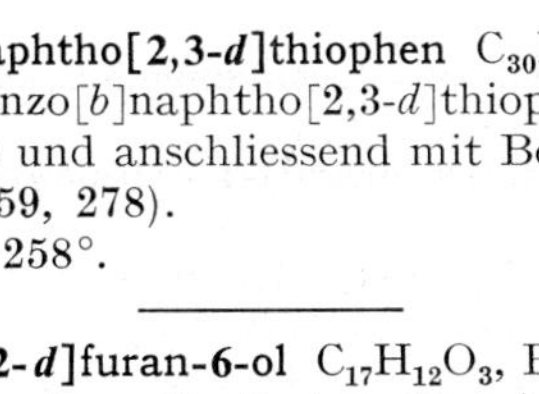   IV 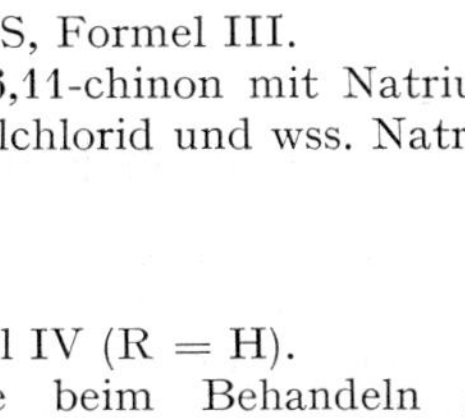   V

9-Methoxy-6-[4-nitro-benzoyloxy]-benzo[b]naphtho[1,2-d]furan $C_{24}H_{15}NO_6$, Formel IV
(R = CO-C$_6$H$_4$-NO$_2$).

B. Aus 9-Methoxy-benzo[b]naphtho[1,2-d]furan-6-ol (*Johnson, Robertson*, Soc. **1950**
2381, 2388).

Gelbe Krystalle (aus E.); F: 191°.

6-Methoxy-benzo[kl]xanthen-10-ol $C_{17}H_{12}O_3$, Formel V.

B. Beim Behandeln einer aus 8-Chlor-7-methoxy-[1]naphthylamin bereiteten wss.
Diazoniumsalz-Lösung mit [1,4]Benzochinon, Behandeln des Reaktionsprodukts mit
Natriumdithionit in Wasser und Erhitzen des danach isolierten Reaktionsprodukts mit
Natriumhydroxid und wenig Wasser (*CIBA*, U.S.P. 2546872 [1948]; D.B.P. 841916
[1951]; D.R.B.P. Org. Chem. 1950–1951 **6** 2411).

Gelbe Krystalle (aus Chlorbenzol); F: 204–206°.

Dihydroxy-Verbindungen $C_{17}H_{12}O_3$

6,11-Diacetoxy-7-methyl-benzo[b]naphtho[2,3-d]furan $C_{21}H_{16}O_5$, Formel VI.

B. Aus 7-Methyl-benzo[b]naphtho[2,3-d]furan-6,11-chinon durch reduktive Acety=
lierung (*Chatterjea*, J. Indian chem. Soc. **32** [1955] 265, 269).

Krystalle (aus Eg.); F: 270–272° [unkorr.; unter Dunkelfärbung].

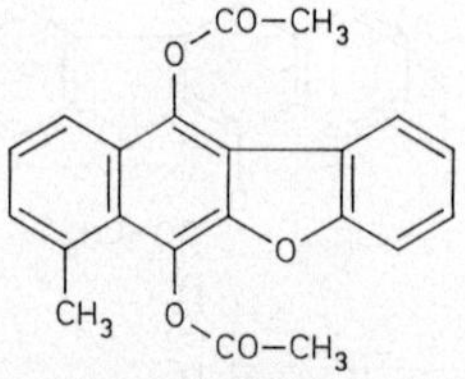

VI 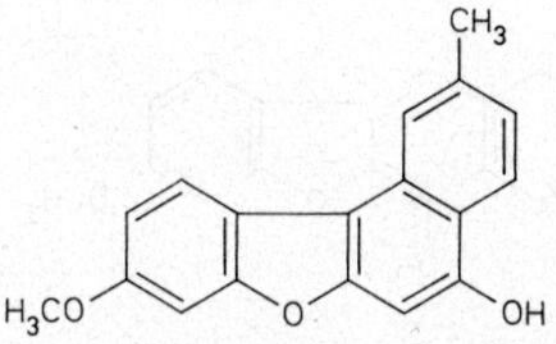   VII

9-Methoxy-2-methyl-benzo[b]naphtho[1,2-d]furan-5-ol $C_{18}H_{14}O_3$, Formel VII.

Eine ursprünglich (*Chatterjea*, J. Indian chem. Soc. **30** [1953] 103, 111) unter dieser
Konstitution beschriebene Verbindung (F: 164–166°) ist als [6-Methoxy-3-*m*-tolyl-
benzofuran-2-yl]-essigsäure-[9-methoxy-2-methyl-benzo[b]naphtho[1,2-d]furan-5-ylester]
zu formulieren (vgl. *Chatterjea et al.*, Indian J. Chem. **11** [1973] 958).

Dihydroxy-Verbindungen $C_{18}H_{14}O_3$

*2-[4-Äthoxy-phenyl]-1-[4-methoxy-phenyl]-1-[2]thienyl-äthylen $C_{21}H_{20}O_2S$,
Formel VIII.

B. Beim Behandeln von 2-[4-Äthoxy-phenyl]-1-[2]thienyl-äthanon mit 4-Methoxy-
phenylmagnesium-bromid in Äther und Erhitzen des Reaktionsprodukts unter Zusatz
von wss. Schwefelsäure oder unter Zusatz von Ameisensäure (*Robson et al.*, Brit. J.
Pharmacol. Chemotherapy **5** [1950] 376, 377, 378).

Krystalle (aus Me. oder A.); F: 105°. Kp$_2$: 242°.

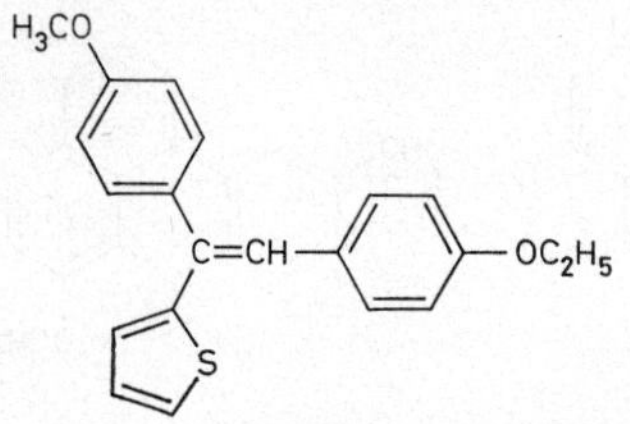

VIII 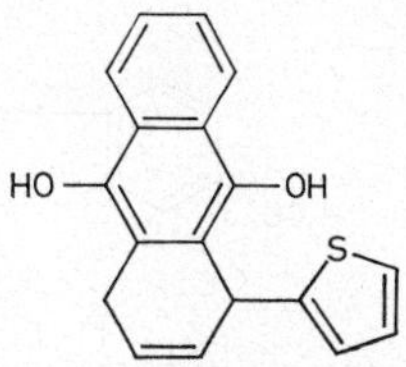   IX 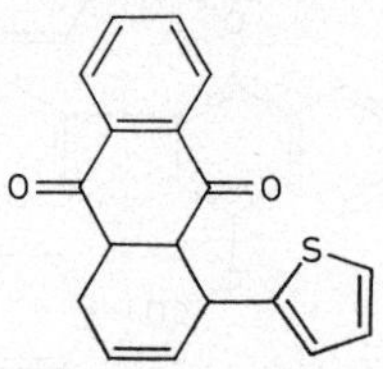   X

(±)-1-[2]Thienyl-1,4-dihydro-anthracen-9,10-diol $C_{18}H_{14}O_2S$, Formel IX, und opt.-inakt.
1-[2]Thienyl-1,4,4a,9a-tetrahydro-anthrachinon $C_{18}H_{14}O_2S$, Formel X.

B. Beim Erwärmen von 1-[2]Thienyl-buta-1,3-dien (aus 4-[2]Thienyl-but-2-en-1-ol [n_D^{25}: 1,5561] hergestellt) mit [1,4]Naphthochinon auf 100° (*Gmitter, Benton,* Am. Soc. **72** [1950] 4586, 4588).

Krystalle (aus A.); F: 159—160° [unkorr.].

10,11-Dimethoxy-1,6-dimethyl-phenanthro[1,2-b]furan, Di-*O*-methyl-leukotanshinon-I
$C_{20}H_{18}O_3$, Formel XI (R = CH_3).

B. Bei der Hydrierung von Tanshinon-I (1,6-Dimethyl-phenanthro[1,2-b]furan-10,11-chinon) an Palladium in Äthanol und Behandlung des Reaktionsgemisches mit Dimethylsulfat und wss. Natronlauge unter Wasserstoff (*v. Wessely, Bauer,* B. **75** [1942] 617, 622). Beim Erwärmen von Tanshinon-I mit Zink-Pulver und wss.-äthanol. Natronlauge und Behandeln des Reaktionsgemisches mit Dimethylsulfat (*v. Wessely, Wang,* B. **73** [1940] 19, 22).

Krystalle; F: 93—94,6° [aus wss. A.] (*v. We., Wang*), 94° [aus A.] (*v. We., Ba.*). UV-Spektrum (A.; 250—370 nm): *v. Wessely, Lauterbach,* B. **75** [1942] 958, 964.

Verbindung mit Pikrinsäure. Rote Krystalle; F: 134° [Kofler-App.] (*v. We., Ba.*).

10,11-Diacetoxy-1,6-dimethyl-phenanthro[1,2-b]furan, Di-*O*-acetyl-leukotanshinon-I
$C_{22}H_{18}O_5$, Formel XI (R = CO-CH_3).

B. Beim Erhitzen von Tanshinon-I (1,6-Dimethyl-phenanthro[1,2-b]furan-10,11-chinon) mit Zink-Pulver, Natriumacetat und Acetanhydrid (*v. Wessely, Wang,* B. **73** [1940] 19, 21).

Krystalle (aus A.); F: 209°.

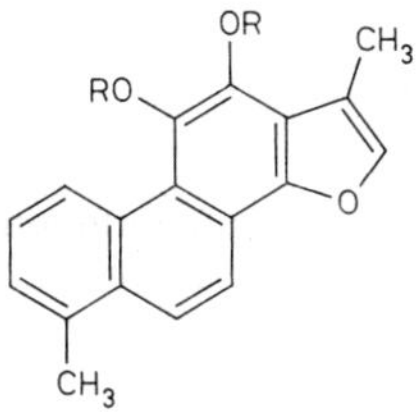

XI 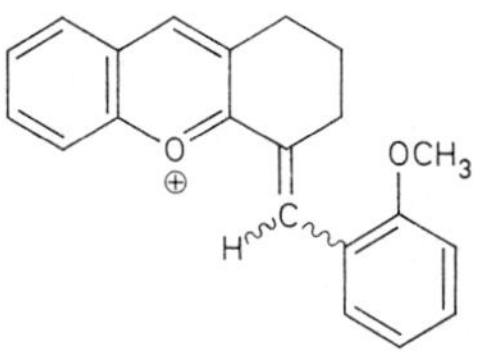   XII

Dihydroxy-Verbindungen $C_{20}H_{18}O_3$

*4-[2-Methoxy-benzyliden]-1,2,3,4-tetrahydro-xanthylium $[C_{21}H_{19}O_2]^+$, Formel XII.

Tetrachloroferrat(III) $[C_{21}H_{19}O_2]FeCl_4$. *B.* Beim Erhitzen von 1,2,3,4-Tetrahydro-xanthylium-tetrachloroferrat(III) mit 2-Methoxy-benzaldehyd in Acetanhydrid und Essigsäure (*Roosens, Creyf,* Bl. Soc. chim. Belg. **66** [1957] 125, 126, 129). — Krystalle; F: 160—161° [unkorr.; Kofler-App.]. Absorptionsmaximum (Eg.): 508 nm.

---

*4-[4-Hydroxy-benzyliden]-1,2,3,4-tetrahydro-xanthylium $[C_{20}H_{17}O_2]^+$, Formel XIII (R = H).

Tetrachloroferrat(III) $[C_{20}H_{17}O_2]FeCl_4$. *B.* Beim Erhitzen von 1,2,3,4-Tetrahydro-xanthylium-tetrachloroferrat(III) mit 4-Hydroxy-benzaldehyd in Acetanhydrid und Essigsäure (*Roosens, Creyf,* Bl. Soc. chim. Belg. **66** [1957] 125, 126, 129). — Krystalle; F: 205° [unkorr.; Kofler-App.]. Absorptionsmaximum (Eg.): 548 nm.

---

*4-[4-Methoxy-benzyliden]-1,2,3,4-tetrahydro-xanthylium $[C_{21}H_{19}O_2]^+$, Formel XIII (R = CH_3).

Tetrachloroferrat(III) $[C_{21}H_{19}O_2]FeCl_4$. *B.* Beim Erhitzen von 1,2,3,4-Tetrahydro-xanthylium-tetrachloroferrat(III) mit 4-Methoxy-benzaldehyd in Acetanhydrid und Essigsäure (*Roosens, Creyf,* Bl. Soc. chim. Belg. **66** [1957] 125, 126, 129). — Krystalle; F: 161° [unkorr.; Kofler-App.]. Absorptionsmaximum (Eg.): 534 nm.

XIII   XIV

Dihydroxy-Verbindungen $C_{24}H_{26}O_3$

4a,8a-Bis-hydroxymethyl-6,7-diphenyl-(4ar,8ac)-1,2,3,4,4a,5,8,8a-octahydro-1t,4t-ep=
oxido-naphthalin $C_{24}H_{26}O_3$, Formel XIV (X = H).

B. Aus 6,7-Diphenyl-1,2,3,4,5,8-hexahydro-1t,4t-epoxido-naphthalin-4ar,8ac-dicarbon=
säure-dimethylester beim Behandeln mit Lithiumalanat in Tetrahydrofuran (*Stork et al.*,
Am. Soc. **75** [1953] 384, 389).

Krystalle (aus Py. + A.); F: 229—230° [korr.].

4a,8a-Bis-methansulfonyloxymethyl-6,7-diphenyl-(4ar,8ac)-1,2,3,4,4a,5,8,8a-octahydro-
1t,4t-epoxido-naphthalin $C_{26}H_{30}O_7S_2$, Formel XIV (X = SO$_2$-CH$_3$).

B. Beim Behandeln von 4a,8a-Bis-hydroxymethyl-6,7-diphenyl-(4ar,8ac)-1,2,3,4,4a,
5,8,8a-octahydro-1t,4t-epoxido-naphthalin mit Methansulfonylchlorid, Pyridin und Ben=
zol (*Stork et al.*, Am. Soc. **75** [1953] 384, 389).

Krystalle (aus Py. + A.); F: 187—189°.   [*Tarrach*]

Dihydroxy-Verbindungen $C_nH_{2n-24}O_3$

Dihydroxy-Verbindungen $C_{19}H_{14}O_3$

9-[2-Phenoxy-phenyl]-xanthen-9-ol $C_{25}H_{18}O_3$, Formel I.

B. Beim Erwärmen von Xanthen-9-on mit 2-Phenoxy-phenylmagnesium-jodid (aus
[2-Jod-phenyl]-phenyl-äther hergestellt) in Benzol (*Clarkson, Gomberg*, Am. Soc. **52** [1930]
2881, 2887).

Krystalle; F: 136—137°.

Beim Erhitzen mit Essigsäure ist [9,9']Spirobixanthen erhalten worden.

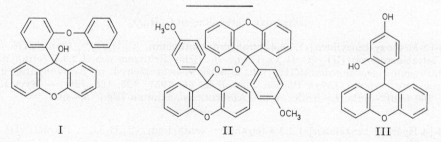

I   II   III

Bis-[9-(4-methoxy-phenyl)-xanthen-9-yl]-peroxid $C_{40}H_{30}O_6$, Formel II (E I 108).

B. Beim Behandeln einer Lösung von 9-[4-Methoxy-phenyl]-xanthen in Benzol mit
Luft unter der Einwirkung von Sonnenlicht (*Schönberg, Mustafa*, Soc. **1947** 997, 1000).

Krystalle (aus Xylol); F: 205° [Zers.].

4-Xanthen-9-yl-resorcin $C_{19}H_{14}O_3$, Formel III (vgl. E II 201).

B. Neben Xanthen, Xanthen-9-on, Di-xanthen-9-yl-äther und 4,6-Bis-xanthen-9-yl-
resorcin beim Behandeln von Resorcin mit Xanthen-9-ol in Essigsäure (*Mizukami,
Kanaya*, J. pharm. Soc. Japan **84** [1964] 57, 61; C. A. **61** [1964] 4303; vgl. E II 201).

Krystalle (aus Ae. + PAe.); F: 142—142,5°.

3-[2-Hydroxy-phenyl]-benzo[*f*]chromenylium $[C_{19}H_{13}O_2]^+$, Formel IV (R = H).
Chlorid $[C_{19}H_{13}O_2]$Cl. *B.* Beim Behandeln von 2-Hydroxy-[1]naphthaldehyd mit
1-[2-Hydroxy-phenyl]-äthanon und Chlorwasserstoff in Äthylacetat (*Acharya et al.*, Soc.
1940 817). Beim Behandeln von 2-Hydroxy-[1]naphthaldehyd mit 1-[2-Benzoyloxy-
phenyl]-äthanon und Chlorwasserstoff in Essigsäure und Erwärmen des Reaktionsprodukts mit wss.-äthanol. Salzsäure (*Russell, Speck*, Am. Soc. **63** [1941] 851). — Rote
Krystalle; F: 215—220° [Zers.; aus Eg. + wss. Salzsäure] (*Ach. et al.*); Zers. bei ca.
200° (*Ru., Sp.*).

IV   V   VI

3-[2-Methoxy-phenyl]-benzo[*f*]chromenylium $[C_{20}H_{15}O_2]^+$, Formel IV (R = CH$_3$).
Chlorid $[C_{20}H_{15}O_2]$Cl. *B.* Beim Behandeln von 1-[2-Methoxy-phenyl]-äthanon mit
2-Hydroxy-[1]naphthaldehyd in Äther unter Einleiten von Chlorwasserstoff (*Russell,
Speck*, Am. Soc. **63** [1941] 851). — Orangefarbene Krystalle (aus wss.-äthanol. Salz=
säure); Zers. bei 110°.

3-[3-Methoxy-phenyl]-benzo[*f*]chromenylium $[C_{20}H_{15}O_2]^+$, Formel V.
Chlorid. *B.* Beim Behandeln von [2]Naphthol mit 1-[3-Methoxy-phenyl]-propinon
in Essigsäure unter Zusatz von Schwefelsäure und Behandeln des Reaktionsprodukts
mit wss. Salzsäure (*Johnson, Melhuish*, Soc. **1947** 346, 348). — Rote Krystalle (aus wss.
Salzsäure); F: 124—125° [unkorr.].
Perchlorat $[C_{20}H_{15}O_2]$ClO$_4$. Braune Krystalle (aus Eg.); F: 210—211° [unkorr.] (*Jo.,
Me.*).
Tetrachloroferrat(III) $[C_{20}H_{15}O_2]$FeCl$_4$. Orangefarbene Krystalle (aus Eg.); F: 178°
bis 179° [unkorr.] (*Jo., Me.*).

3-[4-Hydroxy-phenyl]-benzo[*f*]chromenylium $[C_{19}H_{13}O_2]^+$, Formel VI (R = H).
Chlorid $[C_{19}H_{13}O_2]$Cl. *B.* Beim Behandeln von 1-[4-Hydroxy-phenyl]-äthanon mit
2-Hydroxy-[1]naphthaldehyd in Essigsäure unter Einleiten von Chlorwasserstoff (*Russell, Speck*, Am. Soc. **63** [1941] 851). — Rote Krystalle (aus wss.-äthanol. Salzsäure);
Zers. bei ca. 200°.

3-[4-Methoxy-phenyl]-benzo[*f*]chromenylium $[C_{20}H_{15}O_2]^+$, Formel VI (R = CH$_3$).
Chlorid $[C_{20}H_{15}O_2]$Cl. *B.* Beim Behandeln von 1-[4-Methoxy-phenyl]-äthanon mit
2-Hydroxy-[1]naphthaldehyd in Äthylacetat unter Einleiten von Chlorwasserstoff (*Kondo, Segawa*, J. pharm. Soc. Japan **51** [1931] 859, 861; dtsch. Ref. S. 111; C. A. **1932**
727). — Rote Krystalle mit 2 Mol H$_2$O; F: 177°.
Perchlorat. *B.* Aus 2-[4-Methoxy-benzoyl]-benzo[*f*]chromen-3-on beim Erhitzen mit
wss. Perchlorsäure und Essigsäure (*Mercier et al.*, Bl. **1958** 702, 707). — Rote Krystalle
(aus Eg.); F: 281—282°. Absorptionsmaxima (A.): 240 nm und 325 nm.
Tetrachloroferrat(III) $[C_{20}H_{15}O_2]$FeCl$_4$. *B.* Beim Behandeln von [2]Naphthol mit
3-Chlor-1-[4-methoxy-phenyl]-propenon, wss. Salzsäure, Eisen(III)-chlorid und Essig=
säure (*Nešmejanow et al.*, Doklady Akad. S.S.S.R. **93** [1953] 71, 74; C. A. **1955** 3953). —
Rote Krystalle (aus Eg.); F: 206—207° (*Ne. et al.*, Doklady Akad. S.S.S.R. **93** 74).
Absorptionsspektrum (Eg.; 300—580 nm): *Nešmejanow et al.*, Izv. Akad. S.S.S.R. Otd.
chim. **1954** 784, 789, 792; engl. Ausg. S. 675, 679, 682.

2-[2-Hydroxy-[1]naphthyl]-chromenylium $[C_{19}H_{13}O_2]^+$, Formel VII (R = H).
Perchlorat $[C_{19}H_{13}O_2]$ClO$_4$. *B.* Beim Erwärmen von Cumarin mit [2]Naphthol, Zink=
chlorid und Phosphorylchlorid und Behandeln einer Lösung des Reaktionsprodukts in

Essigsäure mit wss. Perchlorsäure (*Michaelidis, Wizinger*, Helv. **34** [1951] 1761, 1767). — Orangerote Krystalle (aus Eg. + wss. Perchlorsäure); F: 202—203° [nach Sintern von 190° an]. Absorptionsmaximum (A.): 508—512 nm (*Mi., Wi.*, l. c. S. 1763).

2-[2-Methoxy-[1]naphthyl]-chromenylium $[C_{20}H_{15}O_2]^+$, Formel VII (R = CH_3).
Perchlorat $[C_{20}H_{15}O_2]ClO_4$. *B*. Beim Erwärmen von Cumarin mit 2-Methoxy-naphth=alin, Zinkchlorid und Phosphorylchlorid und Behandeln einer Lösung des Reaktions-produkts in Essigsäure mit wss. Perchlorsäure (*Michaelidis, Wizinger*, Helv. **34** [1951] 1761, 1767). — Krystalle (aus Eg. + wss. Perchlorsäure); F: 214—216°. Absorptions-maximum (A.): 504 nm (*Mi., Wi.*, l. c. S. 1763).

2-[4-Hydroxy-[1]naphthyl]-chromenylium $[C_{19}H_{13}O_2]^+$, Formel VIII (R = H).
Perchlorat $[C_{19}H_{13}O_2]ClO_4$. *B*. Beim Erwärmen von Cumarin mit [1]Naphthol, Zink=chlorid und Phosphorylchlorid und Behandeln einer Lösung des Reaktionsprodukts in Essigsäure mit wss. Perchlorsäure (*Michaelidis, Wizinger*, Helv. **34** [1951] 1761, 1768). — Rote Krystalle (aus wss. Eg. + wss. Perchlorsäure); F: 234—236°. Absorptionsmaxi-mum (A.): 514 nm (*Mi., Wi.*, l. c. S. 1764).

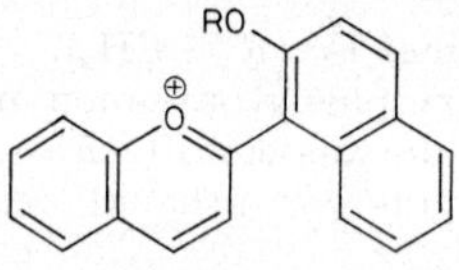

VII 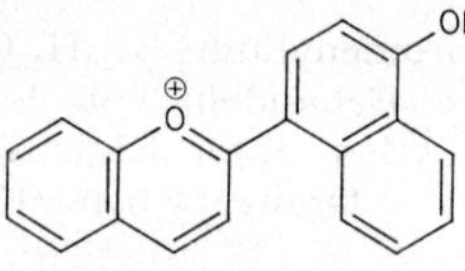   VIII 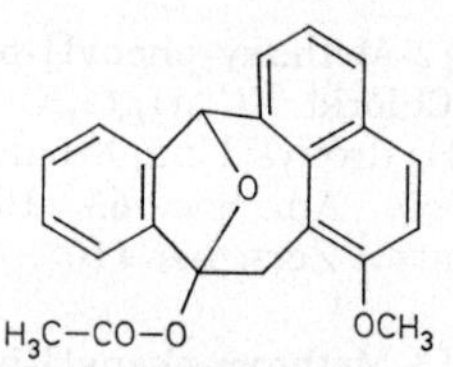   IX

2-[4-Methoxy-[1]naphthyl]-chromenylium $[C_{20}H_{15}O_2]^+$, Formel VIII (R = CH_3).
Perchlorat $[C_{20}H_{15}O_2]ClO_4$. *B*. Beim Erwärmen von Cumarin mit 1-Methoxy-naphth=alin, Zinkchlorid und Phosphorylchlorid und Behandeln einer Lösung des Reaktions-produkts in Essigsäure mit wss. Perchlorsäure (*Michaelidis, Wizinger*, Helv. **34** [1951] 1761, 1767). — Rote Krystalle (aus Eg. + wss. Perchlorsäure); F: 211—213°. Absorp-tionsmaximum (A.): 500—502 nm (*Mi., Wi.*, l. c. S. 1763).

(±)-8-Acetoxy-6-methoxy-8,13-dihydro-7H-8,13-epoxido-benzo[5,6]cycloocta[1,2,3-de]=naphthalin $C_{22}H_{18}O_4$, Formel IX.
Konstitutionszuordnung: *Biffin et al.*, Soc. **1965** 7500, 7503.
B. Aus (±)-6-Methoxy-8,13-dihydro-7H-8,13-epoxido-benzo[5,6]cycloocta[1,2,3-de]=naphthalin-8-ol [E III **8** 3036] (*Fieser*, Am. Soc. **55** [1933] 4963, 4976).
Krystalle (aus A.); F: 184° (*Fi.*).

Dihydroxy-Verbindungen $C_{20}H_{16}O_3$

1,1-Bis-[4-hydroxy-phenyl]-phthalan, Phenolphthalan $C_{20}H_{16}O_3$, Formel X (R = H).
B. Aus Phenolphthalein (3,3-Bis-[4-hydroxy-phenyl]-phthalid) beim Erwärmen mit Lithiumalanat in Äther (*Schultz, Schnekenburger*, Ar. **291** [1958] 362, 365).
Krystalle (aus wss. A.); F 204,8°.

1,1-Bis-[4-acetoxy-phenyl]-phthalan $C_{24}H_{20}O_5$, Formel X (R = CO-CH_3).
B. Aus 1,1-Bis-[4-hydroxy-phenyl]-phthalan (*Schultz, Schnekenburger*, Ar. **291** [1958] 362, 365).
Krystalle (aus A.); F: 135°.

*Opt.-inakt. 1,3-Bis-[4-methoxy-phenyl]-phthalan $C_{22}H_{20}O_3$, Formel XI.
B. Aus 1,3-Bis-[4-methoxy-phenyl]-isobenzofuran beim Erwärmen mit Natrium-Amalgam und Äthanol (*Blicke, Patelski*, Am. Soc. **60** [1938] 2642).
Krystalle (aus A.); F: 115—116°.
Beim Behandeln mit Zinkchlorid, Essigsäure und Acetanhydrid ist 2-Methoxy-

9-[4-methoxy-phenyl]-anthracen erhalten worden. Überführung in 1,2-Bis-[4-methoxy-benzoyl]-benzol durch Behandlung mit Natriumdichromat und Essigsäure: *Bl., Pa.*

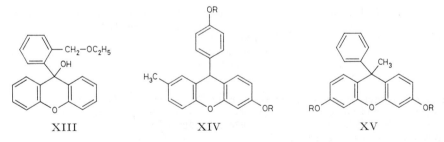

X   XI   XII

(±)-9-[α-Hydroxy-benzyl]-xanthen-9-ol $C_{20}H_{16}O_3$, Formel XII.

B. Neben Xanthen-9-on bei aufeinanderfolgendem Behandeln einer Suspension von [9,9′]Bixanthenyl-9,9′-diol in Benzol mit Äthylmagnesiumbromid in Äther, mit Pyridin, mit Benzaldehyd bei 50° und mit wss. Ammoniumchlorid-Lösung (*Oppenauer*, R. **58** [1939] 316, 326).

Krystalle (aus Bzn. + Ae.); F: 192—195° [korr.].

9-[2-Äthoxymethyl-phenyl]-xanthen-9-ol $C_{22}H_{20}O_3$, Formel XIII.

B. Beim Erwärmen von Xanthen-9-on mit 2-Äthoxymethyl-phenylmagnesium-bromid in Äther und Benzol (*Blicke, Weinkauff*, Am. Soc. **54** [1932] 1446, 1451).

Krystalle (aus Bzl.); F: 153—154°.

Beim Erhitzen mit Natriumdichromat und Essigsäure ist 2-[9-Hydroxy-xanthen-9-yl]-benzoesäure-lacton erhalten worden (*Bl., We.*, l. c. S. 1452).

(±)-9-[4-Hydroxy-phenyl]-7-methyl-xanthen-3-ol $C_{20}H_{16}O_3$, Formel XIV (R = H).

B. Beim Erhitzen von Resorcin mit 4-Hydroxy-benzaldehyd, *p*-Kresol und Zinkchlorid (*Tu, Lollar*, J. Am. Leather Chemists Assoc. **45** [1950] 324, 329).

Als Di-acetyl-Derivat (s. u.) isoliert.

XIII   XIV   XV

(±)-6-Acetoxy-9-[4-acetoxy-phenyl]-2-methyl-xanthen $C_{24}H_{20}O_5$, Formel XIV (R = CO-CH₃).

B. Aus (±)-9-[4-Hydroxy-phenyl]-7-methyl-xanthen-3-ol (*Tu, Lollar*, J. Am. Leather Chemists Assoc. **45** [1950] 324, 329).

F: 185° [unkorr.].

9-Methyl-9-phenyl-xanthen-3,6-diol $C_{20}H_{16}O_3$, Formel XV (R = H).

Bezüglich der Einheitlichkeit des nachstehend beschriebenen Präparats vgl. *Weiss-berger, Thiele*, Soc. **1934** 148, 150.

B. Beim Erhitzen von Acetophenon mit Resorcin (2 Mol), Zinkchlorid und Chlor⸗

wasserstoff bis auf 190° (*Sen et al.*, J. Indian chem. Soc. **7** [1930] 997, 1001).

Pulver (aus A.); F 152° (*Sen et al.*).

Überführung in ein Dibrom-Derivat $C_{20}H_{14}Br_2O_3$ (Krystalle [aus A.], F: 160°): *Sen et al.*

3,6-Bis-benzoyloxy-9-methyl-9-phenyl-xanthen $C_{34}H_{24}O_5$, Formel XV (R = CO-C_6H_5).

B. Aus 9-Methyl-9-phenyl-xanthen-3,6-diol (*Sen et al.*, J. Indian chem. Soc. **7** [1930] 997, 1001).

F: 115° [aus Acn.].

Dihydroxy-Verbindungen $C_{21}H_{18}O_3$

*Opt.-inakt. 2,3-Epoxy-1-[4-methoxy-phenyl]-1,3-diphenyl-propan-1-ol $C_{22}H_{20}O_3$, Formel I.

B. Beim Behandeln von opt.-inakt. 2,3-Epoxy-1-[4-methoxy-phenyl]-3-phenyl-propan-1-on (vermutlich aus 4′-Methoxy-*trans*-chalkon hergestellt) mit Phenyllithium (1 Mol) in Äther bei −15° (*Bickel*, Am. Soc. **59** [1937] 325, 327).

Krystalle (aus Acn. + PAe.); F: 136°.

Beim Behandeln mit methanol. Kalilauge ist 2,3-Epoxy-3-[4-methoxy-phenyl]-1,3-diphenyl-propan-1-ol (F: ca. 120°) erhalten worden. Reaktion mit Phenyllithium in Äther unter Bildung von [4-Methoxy-phenyl]-diphenyl-methanol sowie Reaktion mit Phenylmagnesiumbromid in Äther unter Bildung von 1-[4-Methoxy-phenyl]-1,3,3-tri≠phenyl-propan-1,2-diol (F: 132°): *Bi.*

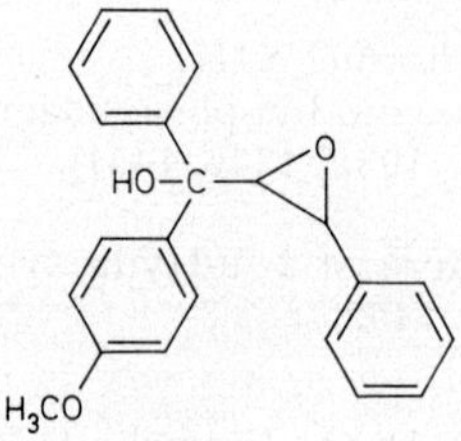

I 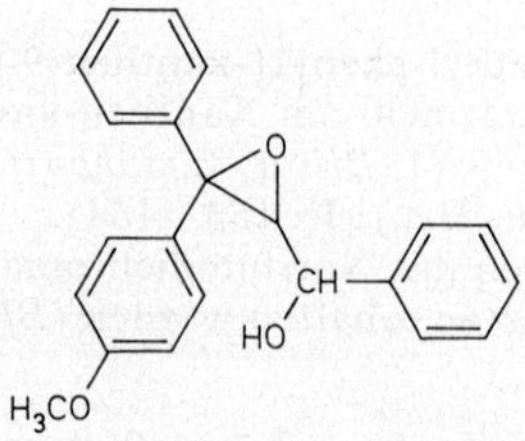   II

*Opt.-inakt. 2,3-Epoxy-3-[4-methoxy-phenyl]-1,3-diphenyl-propan-1-ol $C_{22}H_{20}O_3$, Formel II.

B. Aus opt.-inakt. 2,3-Epoxy-1-[4-methoxy-phenyl]-1,3-diphenyl-propan-1-ol (F: 136°) beim Behandeln mit methanol. Kalilauge (*Bickel*, Am. Soc. **59** [1937] 325, 327).

Krystalle (aus Ae. + PAe.); F: ca. 120°.

An der Luft erfolgt allmählich Umwandlung in [α-Hydroxy-benzyl]-[3-(4-methoxy-phenyl)-3-phenyl-oxiranyl]-peroxid (F: 150° [Zers.]).

(±)-1,2-Dimethyl-7-nitro-9-phenyl-xanthen-4,9-diol $C_{21}H_{17}NO_5$, Formel III.

B. Aus 2-[2-Hydroxy-4,5-dimethyl-phenoxy]-5-nitro-benzophenon beim Behandeln mit Schwefelsäure (*Loudon, Scott*, Soc. **1953** 269, 272).

Krystalle (aus wss. Eg.); F: 221°.

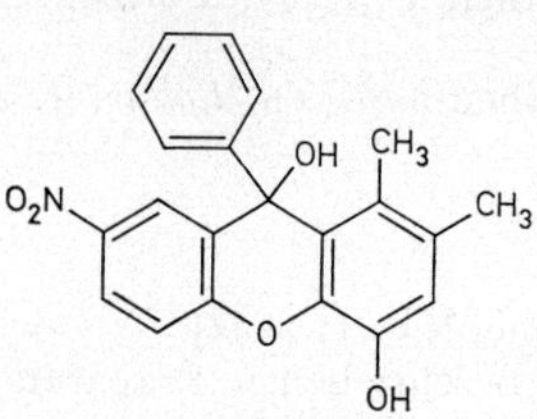

III 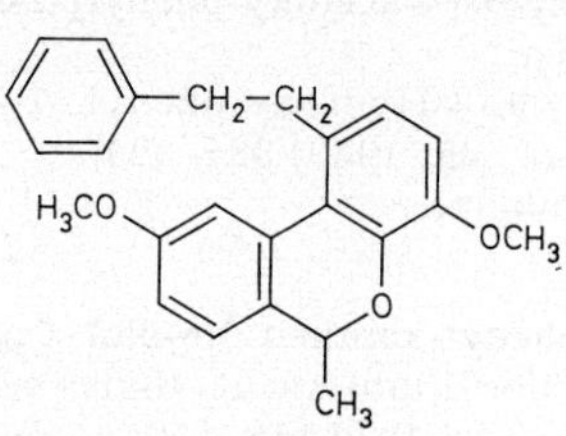   IV

Dihydroxy-Verbindungen $C_{22}H_{20}O_3$

(±)-4,9-Dimethoxy-6-methyl-1-phenäthyl-6H-benzo[c]chromen $C_{24}H_{24}O_3$, Formel IV.
Über die Konstitution der nachstehend beschriebenen, von *Small et al.* (J. org. Chem.
12 [1947] 839, 859) als „*rac.* Phenyl-6-methoxy-thebendien" bezeichneten Verbindung s. *Bentley, Robinson,* Soc. **1952** 947, 949; *K. W. Bentley,* The Chemistry of the
Morphine Alkaloids [Oxford 1954] S. 279.

B. Aus (±)-4,9-Dimethoxy-6-methyl-1-styryl-6H-benzo[c]chromen („*rac.* Phenyl-
6-methoxy-thebentrien" [S. 2249]) bei der Hydrierung an Platin in Äthylacetat (*Sm.
et al.*).
Krystalle (aus Me.); F: 119—120,5° (*Sm. et al.*).

Dihydroxy-Verbindungen $C_{40}H_{56}O_3$

**1-[4-Hydroxy-2,6,6-trimethyl-cyclohex-2-enyl]-16-[6-hydroxy-4,4,7a-trimethyl-
2,4,5,6,7,7a-hexahydro-benzofuran-2-yl]-3,7,12-trimethyl-heptadeca-1,3,5,7,9,11,13,15-
octaen** $C_{40}H_{56}O_3$.
Über die Konfiguration der folgenden Stereoisomeren am C-Atom 7a des Hexahydrobenzofuran-Systems s. *Goodfellow et al.,* Tetrahedron Letters **1973** 3925, 3927; *Cadosch,
Eugster,* Helv. **57** [1974] 1466, 1470.

a) **1t-[(1R)-4t-Hydroxy-2,6,6-trimethyl-cyclohex-2-en-r-yl]-16-[(7aR)-6c-hydroxy-
4,4,7a-trimethyl-(7ar)-2,4,5,6,7,7a-hexahydro-benzofuran-2ξ-yl]-3,7,12-trimethyl-
heptadeca-1,3t,5t,7t,9t,11t,13t,15c-octaen, (3S,5R,8Ξ,3'R,6'R)-5,8-Epoxy-5,8-dihydro-
β,ε-carotin-3,3'-diol**[1] $C_{40}H_{56}O_3$, Formel V (R = H), vom F: 178°; **Flavoxanthin**
(H 30 99).
Isolierung aus Antheren von Asphodelus albus: *Tappi,* G. **81** [1951] 621, 624; aus
Botrydium granulatum: *Carter et al.,* Pr. roy. Soc. [B] **128** [1940] 82, 95; aus dem
Fruchtfleisch von Cucurbita-Arten: *Šawinow, Prozenko,* Ukr. chim. Ž. **20** [1954] 399,
402; C. A. **1956** 3563; aus Blüten von Taraxacum officinale, wobei Flavoxanthin nach
Egger (Planta **80** [1968] 65, 71) wahrscheinlich erst während der Aufarbeitung des
Pflanzenmaterials gebildet wird: *Karrer, Rutschmann,* Helv. **25** [1942] 1144, 1147.

B. Neben dem unter b) beschriebenen Stereoisomeren beim Behandeln von Xanthophyllepoxid (S. 2239) mit Chlorwasserstoff in Chloroform (*Cadosch, Eugster,* Helv. **57**
[1974] 1466, 1470, 1472; s. a. *Cholnoky et al.,* Acta chim. hung. **6** [1955] 143, 156).
Krystalle; F: 178° [aus Me.; unkorr.; evakuierte Kapillare] (*Ka., Ru.,* l. c. S. 1148).
Absorptionsmaxima von Lösungen in Petroläther: 421 nm und 450 nm (*Ka., Ru.*); 421 nm
und 449 nm (*Goodwin,* Biochem. J. **62** [1956] 346, 348); in Schwefelkohlenstoff: 420 nm,
449 nm und 479 nm (*Ka., Ru.*).
Diacetyl-Derivat (F: 157°) s. S. 2238.

V

b) **1t-[(1R)-4t-Hydroxy-2,6,6-trimethyl-cyclohex-2-en-r-yl]-16-[(7aR)-6c-hydroxy-
4,4,7a-trimethyl-(7ar)-2,4,5,6,7,7a-hexahydro-benzofuran-2ξ-yl]-3,7,12-trimethyl-
heptadeca-1,3t,5t,7t,9t,11t,13t,15c-octaen, (3S,5R,8Ξ,3'R,6'R)-5,8-Epoxy-5,8-dihydro-
β,ε-carotin-3,3'-diol**[1] $C_{40}H_{56}O_3$, Formel V (R = H), vom F: 185°; **Chrysanthemaxanthin.**
Isolierung aus Blüten von Sarothamnus scoparius: *Karrer, Jucker,* Helv. **27** [1944] 1585,
1587; s. dazu *Karrer, Krause-Voigt,* Helv. **30** [1947] 1158. Chrysanthemaxanthin wird
wahrscheinlich erst während der Aufarbeitung des Pflanzenmaterials gebildet (*Egger,*
Planta **80** [1968] 65, 73).

---

[1] Stellungsbezeichnung bei von β,ε-Carotin (*all-trans*-α-Carotin) abgeleiteten Namen
s. E III **5** 2458.

B. s. bei dem unter a) beschriebenen Stereoisomeren.

Gelbe Krystalle (aus Me.); F: 184—185° [unkorr.; evakuierte Kapillare] (*Ka.*, *Ju.*, Helv. **27** 1586). Absorptionsspektrum (A.; 200—470 nm): *Karrer*, *Jucker*, Helv. **26** [1943] 626, 627. Absorptionsmaxima von Lösungen in Petroläther: 421 nm und 448 nm (*Goodwin*, Biochem. J. **62** [1956] 346, 348); in Benzol: 452 nm; in Schwefelkohlenstoff: 451 nm und 480 nm (*Ka.*, *Ju.*, Helv. **27** 1588).

c) 1*t*-[(1*R*)-4*t*-Hydroxy-2,6,6-trimethyl-cyclohex-2-en-*r*-yl]-16-[(7a*S*)-6*t*-hydroxy-4,4,7a-trimethyl-(7a*r*)-2,4,5,6,7,7a-hexahydro-benzofuran-2ξ-yl]-3,7,12-trimethyl-heptadeca-1,3*t*,5*t* 7*t*,9*t*,11*t*,13*t*,15*c*-octaen, (3*S*,5*S*,8*Ξ*,3′*R*,6′*R*)-5,8-Epoxy-5,8-dihydro-β,ε-carotin-3,3′-diol [1]) $C_{40}H_{56}O_3$, Formel VI, vom F: 179°.

B. Neben dem unter d) beschriebenen Stereoisomeren beim Behandeln von (3*S*,5*S*,6*R*,3′*R*,6′*R*)-5,6-Epoxy-5,6-dihydro-β,ε-carotin-3,3′-diol (S. 2239) mit Chlorwasserstoff in Chloroform (*Karrer*, *Jucker*, Helv. **28** [1945] 300, 311).

Krystalle (aus Ae. + Me.); F: 179° [unkorr.; evakuierte Kapillare] (*Ka.*, *Ju.*, l. c. S. 312). $[\alpha]_{656}^{22}$: +180° bis +190° [Bzl.; c = 0,1] (*Karrer et al.*, Helv. **28** [1945] 1156). Absorptionsmaxima von Lösungen in Benzin: 421 nm und 450 nm; in Schwefelkohlenstoff: 450 nm und 479 nm (*Ka.*, *Ju.*, l. c. S. 312).

VI

d) 1*t*-[(1*R*)-4*t*-Hydroxy-2,6,6-trimethyl-cyclohex-2-en-*r*-yl]-16-[(7a*S*)-6*t*-hydroxy-4,4,7a-trimethyl-(7a*r*)-2,4,5,6,7,7a-hexahydro-benzofuran-2ξ-yl]-3,7,12-trimethyl-heptadeca-1,3*t*,5*t*,7*t*,9*t*,11*t*,13*t*,15*c*-octaen, (3*S*,5*S*,8*Ξ*,3′*R*,6′*R*)-5,8-Epoxy-5,8-dihydro-β,ε-carotin-3,3′-diol [1]) $C_{40}H_{56}O_3$, Formel VI, vom F: 185°.

B. s. bei dem unter c) beschriebenen Stereoisomeren.

Krystalle (aus Ae. + Me.); F: 184—185° [unkorr.; evakuierte Kapillare] (*Karrer*, *Jucker*, Helv. **28** [1945] 300, 312). Absorptionsmaxima (CS₂): 450 nm und 479 nm.

1*t*-[(1*R*)-4*t*-Acetoxy-2,6,6-trimethyl-cyclohex-2-en-*r*-yl]-16-[(7a*R*)-6*c*-acetoxy-4,4,7a-trimethyl-(7a*r*)-2,4,5,6,7,7a-hexahydro-benzofuran-2ξ-yl]-3,7,12-trimethyl-heptadeca-1,3*t*,5*t*,7*t*,9*t*,11*t*,13*t*,15*c*-octaen, (3*S*,5*R*,8*Ξ*,3′*R*,6′*R*)-3,3′-Diacetoxy-5,8-epoxy-5,8-dihydro-β,ε-carotin $C_{44}H_{60}O_5$, Formel V (R = CO-CH₃), vom F: 157°; Di-*O*-acetyl-flavoxanthin.

B. Beim Erwärmen von Flavoxanthin (S. 2237) mit Pyridin und Acetanhydrid (*Karrer*, *Rutschmann*, Helv. **25** [1942] 1144, 1148).

Orangerote Krystalle (aus Me.); F: 157° [unkorr.; evakuierte Kapillare].

1*t*-[(4*R*)-4-Hydroxy-2,6,6-trimethyl-cyclohex-1-enyl]-16-[(7a*R*)-6*c*-hydroxy-4,4,7a-trimethyl-(7a*r*)-2,4,5,6,7,7a-hexahydro-benzofuran-2ξ-yl]-3,7,12-trimethyl-heptadeca-1,3*t*,5*t*,7*t*,9*t*,11*t*,13*t*,15*c*-octaen, (3*S*,5*R*,8*Ξ*,3′*R*)-5,8-Epoxy-5,8-dihydro-β,β-carotin-3,3′-diol [2]) $C_{40}H_{56}O_3$, Formel VII, vom F: 177°; Mutatoxanthin.

Über die Konfiguration am C-Atom 7a des Hexahydrobenzofuran-Systems s. *Goodfellow et al.*, Tetrahedron Letters **1973** 3925, 3927.

B. Neben Auroxanthin (3*S*,5*R*,8*Ξ*,3′*S*,5′*R*,8′*Ξ*)-5,8;5′,8′-Diepoxy-5,8,5′,8′-tetrahydro-β,β-carotin-3,3′-diol beim Behandeln einer Lösung von Violaxanthin ((3*S*,5*R*,6*S*,3′*S*,5′*R*,6′*S*)-5,6;5′,6′-Diepoxy-5,6,5′,6′-tetrahydro-β,β-carotin-3,3′-diol) in Methanol mit wss. Salzsäure (*Karrer*, *Rutschmann*, Helv. **27** [1944] 1684, 1689).

---

[1]) Stellungsbezeichnung bei von β,ε-Carotin (*all-trans*-α-Carotin) abgeleiteten Namen s. E III **5** 2458.

[2]) Stellungsbezeichnung bei von β,β-Carotin (*all-trans*-β-Carotin) abgeleiteten Namen s. E III **5** 2453.

Krystalle (aus Me.); F: 177° [unkorr.; evakuierte Kapillare] (*Ka., Ru.*). Absorptions-maxima von Lösungen in Petroläther: 426 nm und 456 nm; in Benzol: 439 nm und 468 nm; in Schwefelkohlenstoff: 431 nm, 459 nm und 488 nm; in Chloroform 437 nm und 468 nm; in Äthanol: 427 nm und 457 nm (*Ka., Ru.*, l. c. S. 1688).

VII

1-[1,2-Epoxy-4-hydroxy-2,6,6-trimethyl-cyclohexyl]-18-[4-hydroxy-2,6,6-trimethyl-cyclohex-2-enyl]-3,7,12,16-tetramethyl-octadeca-1,3,5,7,9,11,13,15,17-nonaen $C_{40}H_{56}O_3$.

a) **1*t*-[(1*S*)-1,2*t*-Epoxy-4*c*-hydroxy-2*c*,6,6-trimethyl-cyclohex-*r*-yl]-18*t*-[(1*R*)-4*t*-hydroxy-2,6,6-trimethyl-cyclohex-2-en-*r*-yl]-3,7,12,16-tetramethyl-octadeca-1,3*t*,5*t*,7*t*,9*t*,11*t*,13*t*,15*t*,17-nonaen**, **(3*S*,5*R*,6*S*,3′*R*,6′*R*)-5,6-Epoxy-5,6-dihydro-β,ε-carotin-3,3′-diol**[1]), **Xanthophyllepoxid**, Luteinepoxid $C_{40}H_{56}O_3$, Formel VIII.

Konfigurationszuordnung: *Goodfellow et al.*, Tetrahedron Letters **1973** 3925; *Buchecker et al.*, Helv. **57** [1974] 631, 645; *Cadosch, Eugster*, Helv. **57** [1974] 1466.

Xanthophyllepoxid hat nach *Karrer, Rutschmann* (Helv. **28** [1945] 1526) wahrschein-lich auch in einem von *Hey* (Biochem. J. **31** [1937] 532) aus Elodea canadensis isolierten, als Eloxanthin bezeichneten Präparat (F: 182,5–183° [korr.; evakuierte Kapillare]; $[\alpha]_{644}^{18}$: +225° [Bzl.]) sowie nach *Egger* (Planta **80** [1968] 65) und *Tóth, Szabolcs* (Acta chim. hung. **64** [1970] 393, 405) auch in einem von *Kuhn, Lederer* (Z. physiol. Chem. **200** [1931] 108; vgl. dazu *Cholnoky et al.*, Soc. [C] **1969** 1256, 1262) aus Blüten von Tara= xacum officinale isolierten, als Taraxanthin bezeichneten Präparat der vermeint-lichen Zusammensetzung $C_{40}H_{56}O_4$ (Krystalle [aus Me.], F: 184,5–185,5° [korr.; Block]; $[\alpha]_{644}^{22}$: +200° [CS_2]; λ_{max} [CS_2]: 441 nm, 469 nm und 501 nm) vorgelegen.

Isolierung aus Antheren von Asphodelus albus: *Tappi*, G. **81** [1951] 621, 624; aus Früchten von Capsicum annuum: *Cholnoky et al.*, Acta chim. hung. **6** [1955] 143, 146, 166; aus Blüten von Caltha palustris: *Karrer, Jucker*, Helv. **30** [1947] 1774; aus Cladophora fracta: *Tischer*, Z. physiol. Chem. **310** [1958] 50, 55; aus Blüten von Sarothamnus sco-parius: *Karrer, Krause-Voigt*, Helv. **30** [1947] 1158; aus Keimlingen von Lepidium sati-vum: *Karrer et al.*, Helv. **31** [1948] 113, 117; aus Blüten von Tragopogon'pratensis und von Astern-Arten: *Karrer et al.*, Helv. **28** [1945] 1146, 1150, 1155.

Krystalle (aus Ae. + Me.); F: 191° (*Ka. et al.*, Helv. **28** 1152). Absorptionsmaxima von Lösungen in Benzol: 430 nm, 456 nm und 482,5 nm (*Eugster, Karrer*, Helv. **40** [1957] 69, 71); von Lösungen in Schwefelkohlenstoff: 470 nm und 500 nm (*Ka., Kr.-Vo.*).

VIII

---

b) **1*t*-[(1*R*)-1,2*t*-Epoxy-4*t*-hydroxy-2*c*,6,6-trimethyl-cyclohex-*r*-yl]-18*t*-[(1*R*)-4*t*-hydr= oxy-2,6,6-trimethyl-cyclohex-2-en-*r*-yl]-3,7,12,16-tetramethyl-octadeca-1,3*t*,5*t*,7*t*,9*t*,11*t*,= 13*t*,15*t*,17-nonaen**, **(3*S*,5*S*,6*R*,3′*R*,6′*R*)-5,6-Epoxy-5,6-dihydro-β,ε-carotin-3,3′-diol**[1]) $C_{40}H_{56}O_3$, Formel IX (R = H).

Konfigurationszuordnung: *Goodfellow et al.*, Tetrahedron Letters **1973** 3925; *Cadosch*,

---

[1]) Stellungsbezeichnung bei von β,ε-Carotin (*all-trans*-α-Carotin) abgeleiteten Namen s. E III **5** 2458.

Eugster, Helv. **57** [1974] 1466.

B. Beim Behandeln von $(3R,3'R,6'R)$-3,3'-Diacetoxy-β,ε-carotin (E III **6** 5873, **10** 4882) mit Monoperoxyphthalsäure in Äther und Benzol und Erwärmen des Reaktionsprodukts mit Kaliumhydroxid in Methanol und Äther (*Karrer, Jucker*, Helv. **28** [1945] 300, 310).

Krystalle; F: 192° [unkorr.; evakuierte Kapillare; aus Ae. + Me.] (*Ka., Ju.*). Absorptionsmaxima (CS$_2$): 472 nm und 501 nm (*Ka., Ju.*).

Diacetyl-Derivat (F: 184—185°) s. u.

IX

1*t*-[(1*R*)-4*t*-Acetoxy-1,2*t*-epoxy-2*c*,6,6-trimethyl-cyclohex-*r*-yl]-18*t*-[(1*R*)-4*t*-acetoxy-2,6,6-trimethyl-cyclohex-2-en-*r*-yl]-3,7,12,16-tetramethyl-octadeca-1,3*t*,5*t*,7*t*,9*t*,11*t*,13*t*,-15*t*,17-nonaen,** **(3*S*,5*S*,6*R*,3'*R*,6'*R*)-3,3'-Diacetoxy-5,6-epoxy-5,6-dihydro-β,ε-carotin** $C_{44}H_{60}O_5$, Formel IX (R = CO-CH$_3$).

B. Beim Behandeln von $(3S,5S,6R,3'R,6'R)$-5,6-Epoxy-5,6-dihydro-β,ε-carotin-3,3'-diol mit Acetanhydrid und Pyridin (*Karrer, Jucker*, Helv. **28** [1945] 300, 311).

Krystalle (aus Ae. + Me.); F: 184—185°.

1-[1,2-Epoxy-4-hydroxy-2,6,6-trimethyl-cyclohexyl]-18-[4-hydroxy-2,6,6-trimethyl-cyclohex-1-enyl]-3,7,12,16-tetramethyl-octadeca-1,3,5,7,9,11,13,15,17-nonaen $C_{40}H_{56}O_3$.

Ein als **Antheraxanthin** bezeichnetes Präparat (Krystalle [aus A.], F: 205° [unkorr.; evakuierte Kapillare]; λ_{max} 448 nm, 481 nm und 512,5 nm [CS$_2$], 428 nm, 460,5 nm und 490,5 nm [CHCl$_3$]) von ungewisser Einheitlichkeit ist von *Karrer, Oswald* (Helv. **18** [1935] 1303, 1304) aus Staubbeuteln von Lilium tigrinum isoliert und ein als **Zeaxanthinep-oxid** bezeichnetes Präparat (Krystalle [aus Me.], F: 205° [unkorr.; evakuierte Kapillare]; λ_{max} [CS$_2$]: 475 nm und 510 nm) von ungewisser Einheitlichkeit ist von *Karrer, Jucker* (Helv. **28** [1945] 300, 312) bei der Behandlung von Di-*O*-acetyl-zeaxanthin ((3*R*,3'*R*)-3,3'-Diacetoxy-β,β-carotin [E III **6** 5868, **10** 4881]) mit Monoperoxyphthal-säure in Äther und anschliessenden Hydrolyse erhalten worden.

a) **1***t*-[(1*S*)-1,2*t*-Epoxy-4*c*-hydroxy-2*c*,6,6-trimethyl-cyclohex-*r*-yl]-18*t*-[(4*R*)-4-hydroxy-2,6,6-trimethyl-cyclohex-1-enyl]-3,7,12,16-tetramethyl-octadeca-1,3*t*,5*t*,7*t*,9*t*,11*t*,13*t*,15*t*,17-nonaen,** **(3*S*,5*R*,6*S*,3'*R*)-5,6-Epoxy-5,6-dihydro-β,β-carotin-3,3'-diol, Antheraxanthin-A** $C_{40}H_{56}O_3$, Formel X.

B. Neben dem unter b) beschriebenen Stereoisomeren und anderen Verbindungen beim Behandeln von Di-*O*-acetyl-zeaxanthin ((3*R*,3'*R*)-3,3'-Diacetoxy-β,β-carotin [E III **6** 5868, **10** 4881]) mit Monoperoxyphthalsäure in Äther und Behandeln des Reaktionsprodukts mit methanol. Kalilauge (*Bartlett et al.*, Soc. [C] **1969** 2527, 2538).

Krystalle (aus Me.); F: 186° [korr.; evakuierte Kapillare].

X

b) **1***t*-[(1*R*)-1,2*t*-Epoxy-4*t*-hydroxy-2*c*,6,6-trimethyl-cyclohex-*r*-yl]-18*t*-[(4*R*)-4-hydr-oxy-2,6,6-trimethyl-cyclohex-1-enyl]-3,7,12,16-tetramethyl-octadeca-1,3*t*,5*t*,7*t*,9*t*,11*t*,-13*t*,15*t*,17-nonaen,** **(3*S*,5*S*,6*R*,3'*R*)-5,6-Epoxy-5,6-dihydro-β,β-carotin-3,3'-diol[1]), Antheraxanthin-B** $C_{40}H_{56}O_3$, Formel XI.

B. s. bei dem unter a) beschriebenen Stereoisomeren.

---

[1]) Stellungsbezeichnung bei von β,β-Carotin (all-*trans*-β-Carotin) abgeleiteten Namen s. E III **5** 2453.

Krystalle (aus Me.); F: 175° [korr.; evakuierte Kapillare] (*Bartlett et al.*, Soc. [C] **1969** 2527, 2538).

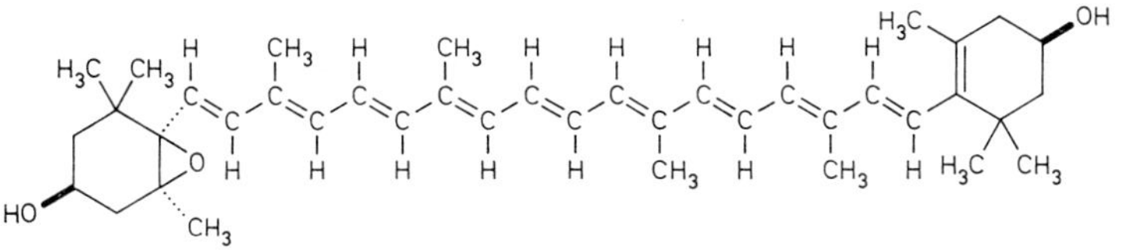

XI

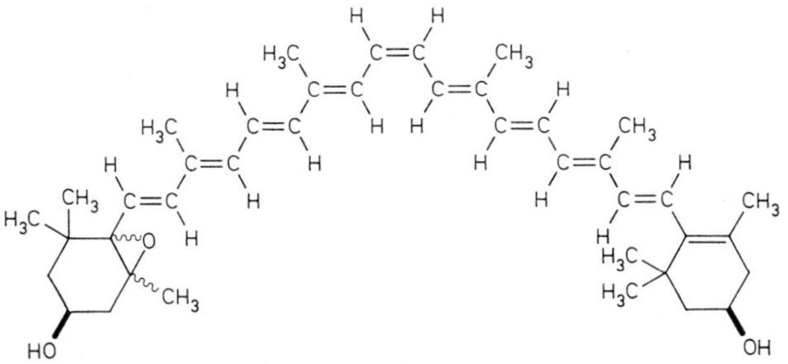

XII

c) 1*t*-[(1*Ξ*,2*Ξ*,4*S*)-1,2-Epoxy-4-hydroxy-2,6,6-trimethyl-cyclohexyl]-18*t*-[(4*R*)-4-hydroxy-2,6,6-trimethyl-cyclohex-1-enyl]-3,7,12,16-tetramethyl-octadeca-1,3*t*,5*t*,7*t*,9*c*,11*t*,13*t*,15*t*,17-nonaen, (3*S*,5*Ξ*,6*Ξ*,3′*R*)-5,6-Epoxy-5,6-dihydro-15-*cis*-β,β-carotin-3,3′-diol[1]) $C_{40}H_{56}O_3$, Formel XII.

Diese Konfiguration kommt vermutlich dem nachstehend beschriebenen *cis*-Antheraxanthin zu; über die Konfiguration der Kohlenstoff-Kette s. *Tappi, Karrer*, Helv. **32** [1949] 50, 53; *Nitsche, Egger*, Phytochemistry **8** [1969] 1577, 1581.

Isolierung aus Pollen von Lilium regale: *Sawinow, Kudrizkaja*, Ukr. chim. Ž. **25** [1959] 210, 212; C. A. **1960** 3614; aus Staubbeuteln von Lilium candidum: *Ta., Ka.*, l. c. S. 54. Rotgelbe Krystalle (aus Me.); F: 110° [unkorr.; evakuierte Kapillare] (*Ta., Ka.*). Absorptionsspektrum (A.; 220—520 nm bzw. 300—490 nm): *Ta., Ka.*, l. c. S. 51; *Sa., Ku.* Absorptionsmaxima von Lösungen in Benzol: 457 nm und 487 nm (*Ta., Ka.; Sa., Ku.*, l. c. S. 211); in Schwefelkohlenstoff: 476 nm und 506 nm (*Ta., Ka.*).

Beim Behandeln einer Lösung in Schwefelkohlenstoff mit Jod sowie bei der Bestrahlung einer Lösung in Methanol mit UV-Licht erfolgt partielle Isomerisierung zu einer als Antheraxanthin bezeichneten Verbindung (λ_{max} [CS$_2$]: 479 nm und 509 nm) (*Ta., Ka.*, l. c. S. 52). Beim Behandeln mit Chlorwasserstoff in Chloroform ist ein als Mutatoxanthin (S. 2238) angesehenes Präparat vom F: 172° erhalten worden (*Ta., Ka.*, l. c. S. 55; vgl. *Sa., Ku.*, l. c. S. 211).   (*Haltmeier*)

Dihydroxy-Verbindungen $C_nH_{2n-26}O_3$

Dihydroxy-Verbindungen $C_{19}H_{12}O_3$

9-Hydroxy-acenaphtho[1,2-*b*]chromenylium $[C_{19}H_{11}O_2]^+$, Formel I.

Chlorid $[C_{19}H_{11}O_2]Cl$. *B*. Beim Behandeln einer Lösung von Acenaphthen-1-on und 2,4-Dihydroxy-benzaldehyd in Essigsäure mit Chlorwasserstoff (*Sircar, Gopalan*, J. Indian chem. Soc. **9** [1932] 103, 105). Beim Behandeln von 2-[2,4-Dihydroxy-benzyliden]-acenaphthen-1-on in Äther mit Chlorwasserstoff (*Si., Go.*, l. c. S. 106). — Rote Krystalle (aus wss. Salzsäure); F: 131°. — An der Luft und gegen Wasser nicht beständig.

Perchlorat $[C_{19}H_{11}O_2]ClO_4$. F: 260° [Zers.] (*Si., Go.*).

Tetrachloroferrat(III) $[C_{19}H_{11}O_2]FeCl_4$. Braune Krystalle (aus Eg.); Zers. bei 236° bis 237° (*Si., Go.*).

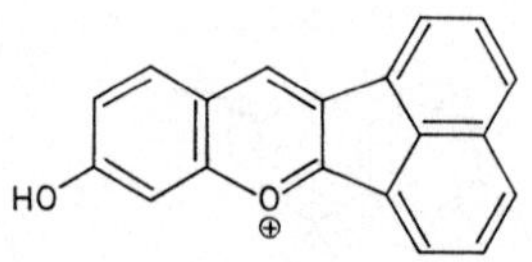

I 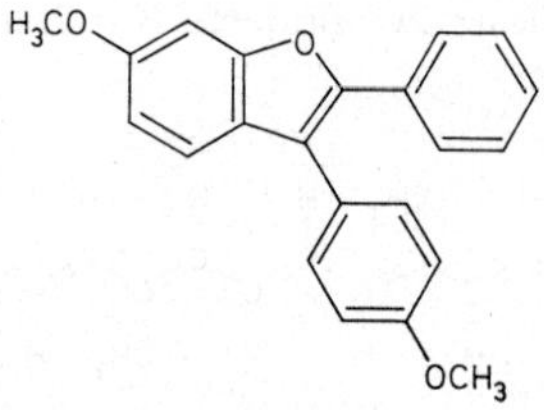 II 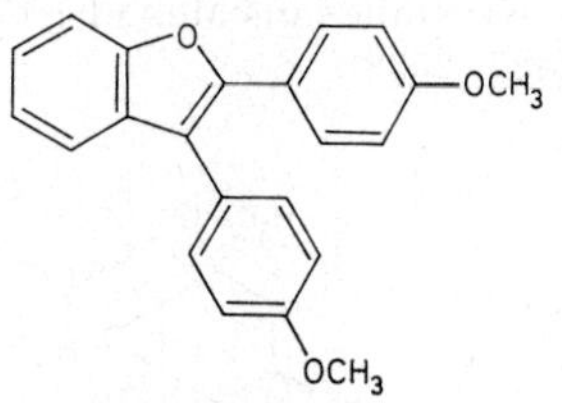 III

Dihydroxy-Verbindungen $C_{20}H_{14}O_3$

6-Methoxy-3-[4-methoxy-phenyl]-2-phenyl-benzofuran $C_{22}H_{18}O_3$, Formel II.
Diese Konstitution wird der nachstehend beschriebenen Verbindung zugeordnet.
B. Beim Erhitzen von 4'-Methoxy-benzoin mit Resorcin in Dioxan unter Zusatz von
wss. Salzsäure und Erwärmen des Reaktionsprodukts mit wss. Natronlauge und Dimethyl=
sulfat (*Brown et al.*, Soc. **1958** 4305, 4307).
Krystalle (aus PAe.); F: 131—132°.

2,3-Bis-[4-methoxy-phenyl]-benzofuran $C_{22}H_{18}O_3$, Formel III.
B. In geringer Menge beim Erhitzen von 4,4'-Dimethoxy-benzoin mit Phenol in Dioxan
unter Zusatz von wss. Salzsäure (*Brown et al.*, Soc. **1958** 4305, 4307).
Krystalle (aus PAe.); F: 147—148°.

1,3-Bis-[4-hydroxy-phenyl]-isobenzofuran $C_{20}H_{14}O_3$, Formel IV (R = H).
Diese Konstitution kommt dem früher (s. H **8** 368) als 2-Hydroxy-10-[4-hydroxy-
phenyl]-anthron beschriebenen, aus Phenolphthalein beim Behandeln mit Schwefelsäure
erhaltenen **Phenolphthalidin** zu (*Blicke, Weinkauff*, Am. Soc. **54** [1932] 1454, 1457;
s. a. *Blicke, Patelski*, Am. Soc. **58** [1936] 559, 561).
Beim Behandeln mit wss. Natronlauge und Kaliumpermanganat (*Bl., We.*, l. c. S. 1458;
vgl. H **8** 368), mit wss. Natronlauge und Kalium-hexacyanoferrat(III) (*Blicke, Patelski*,
Am. Soc. **58** [1936] 276, 278) oder mit Natriumdichromat, Essigsäure und Schwefelsäure
(*Bl., Pa.*, l. c. S. 561) ist 1,2-Bis-[4-hydroxy-benzoyl]-benzol erhalten worden.

1,3-Bis-[4-methoxy-phenyl]-isobenzofuran $C_{22}H_{18}O_3$, Formel IV (R = CH$_3$).
B. Beim Erwärmen von 2-Formyl-benzonitril mit 4-Methoxy-phenylmagnesium-
bromid in Äther und Benzol und Erwärmen des Reaktionsprodukts in Aceton mit wss.
Salzsäure (*Blicke, Patelski*, Am. Soc. **58** [1936] 559, 561). Beim Behandeln von 3-[4-Meth=
oxy-phenyl]-phthalid mit 4-Methoxy-phenylmagnesium-jodid in Äther und Benzol
(*Blicke, Patelski*, Am. Soc. **58** [1936] 273, 275). Aus 2-[4,4'-Dimethoxy-benzhydryl]-benzoe=
säure beim Behandeln mit Schwefelsäure (*Blicke, Weinkauff*, Am. Soc. **54** [1932] 1454,
1458) sowie beim Erwärmen mit Zinkchlorid und Acetanhydrid (*Blicke, Warzynski*, Am.
Soc. **62** [1940] 3191, 3194).
Gelbe Krystalle (aus Acn. + A., aus Me. + Acn. oder aus A.); F: 126—127°.

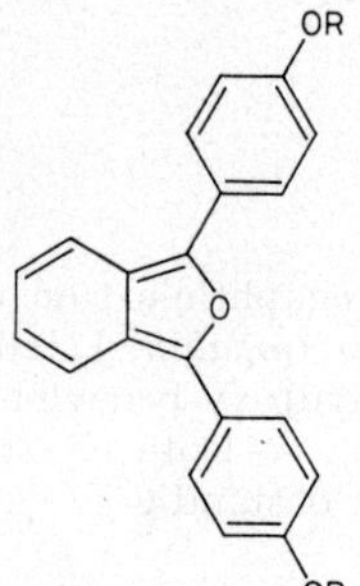

IV 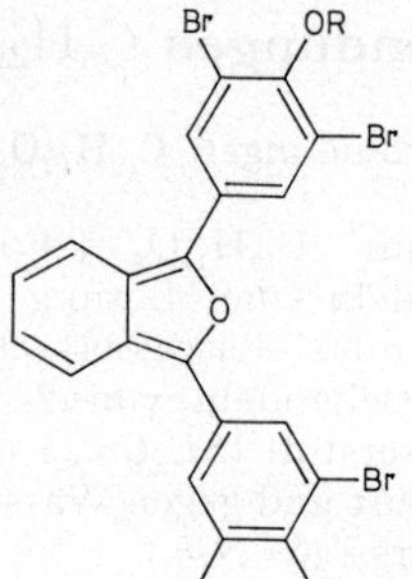 V 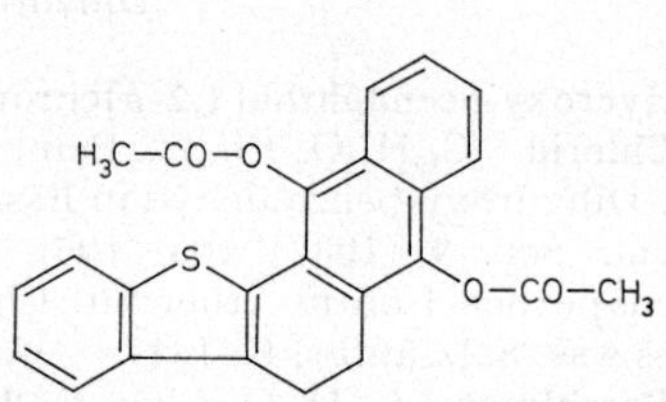 VI

1,3-Bis-[3,5-dibrom-4-hydroxy-phenyl]-isobenzofuran $C_{20}H_{10}Br_4O_3$, Formel V (R = H).
Diese Konstitution kommt der früher (s. H 8 369) als 1,3-Dibrom-10-[3,5-dibrom-4-hydroxy-phenyl]-2-hydroxy-anthron beschriebenen, beim Behandeln mit 2-[3,5,3′,5′-Tetrabrom-4,4′-dihydroxy-benzhydryl]-benzoesäure mit Schwefelsäure erhaltenen Verbindung zu (*Blicke, Patelski*, Am. Soc. **58** [1936] 276).
Gelbe Krystalle (aus Acn.); F: 240—242° [Zers.].

1,3-Bis-[4-acetoxy-3,5-dibrom-phenyl]-isobenzofuran $C_{24}H_{14}Br_4O_5$, Formel V
(R = CO-CH$_3$).
Diese Konstitution kommt der früher (s. H 8 369) als Diacetyl-Derivat des 1,3-Dibrom-10-[3,5-dibrom-4-hydroxy-phenyl]-2-hydroxy-anthrons beschriebenen Verbindung (F: 256°) zu (*Blicke, Patelski*, Am. Soc. **58** [1936] 276).
Krystalle (aus Eg.); F: 264—266° [Zers.].

5,13-Diacetoxy-6,7-dihydro-anthra[1,2-b]benzo[d]thiophen $C_{24}H_{18}O_4S$, Formel VI.
B. Beim Behandeln von 6,7-Dihydro-anthra[1,2-b]benzo[d]thiophen-5,13-chinon mit Zink-Pulver, Natriumacetat und Acetanhydrid (*Davies, Porter*, Soc. **1957** 4961, 4965).
Krystalle (aus Bzl.); F: 253—254°.

Dihydroxy-Verbindungen $C_{21}H_{16}O_3$

2-[2-Methoxy-phenyl]-3-phenyl-chromenylium $[C_{22}H_{17}O_2]^+$, Formel VII.
Perchlorat $[C_{22}H_{17}O_2]ClO_4$. *B.* Beim Einleiten von Chlorwasserstoff in ein Gemisch von Salicylaldehyd, 2-Methoxy-desoxybenzoin, wss. Perchlorsäure und Äther (*Otter, Shriner*, Am. Soc. **73** [1951] 887, 888, 889). — Gelbe Krystalle (aus Eg.); F: 225—226° [korr.; Zers.]. Absorptionsspektrum (1,2-Dichlor-äthan; 230—550 nm): *Ot., Sh.*, l. c. S. 888. Elektrische Leitfähigkeit einer Lösung in Acetonitril: *Ot., Sh.*, l. c. S. 890.

VII   VIII   IX

2-[3-Methoxy-phenyl]-3-phenyl-chromenylium $[C_{22}H_{17}O_2]^+$, Formel VIII.
Perchlorat $[C_{22}H_{17}O_2]ClO_4$. *B.* Beim Einleiten von Chlorwasserstoff in ein Gemisch von Salicylaldehyd, 3-Methoxy-desoxybenzoin, wss. Perchlorsäure und Äther (*Otter, Shriner*, Am. Soc. **73** [1951] 887, 888, 889). — Orangefarbene Krystalle (aus Eg.); F: 193° bis 194° [korr.; Zers.]. Absorptionsspektrum (1,2-Dichlor-äthan; 230—550 nm): *Ot., Sh.*, l. c. S. 888. Elektrische Leitfähigkeit einer Lösung in Acetonitril: *Ot., Sh.*, l. c. S. 890.

2-[4-Methoxy-phenyl]-3-phenyl-chromenylium $[C_{22}H_{17}O_2]^+$, Formel IX.
Perchlorat $[C_{22}H_{17}O_2]ClO_4$. *B.* Beim Einleiten von Chlorwasserstoff in ein Gemisch von Salicylaldehyd, 4-Methoxy-desoxybenzoin, wss. Perchlorsäure und Äther (*Otter, Shriner*, Am. Soc. **73** [1951] 887, 888, 889). — Rote Krystalle (aus Eg.); F: 199—201° [korr.; Zers.]. Absorptionsspektrum (1,2-Dichlor-äthan; 230—550 nm): *Ot., Sh.*, l. c. S. 888. Elektrische Leitfähigkeit einer Lösung in Acetonitril: *Ot., Sh.*, l. c. S. 890.

(±)-2,7-Dimethoxy-2,4-diphenyl-2H-chromen $C_{23}H_{20}O_3$, Formel X (R = CH$_3$) (H 171; dort als „Dimethyläther des 7-Oxy-2.4-diphenyl-benzopyranols-(2)" bezeichnet).
Für die früher (H 171) und nachstehend beschriebene Verbindung wird von *Brockmann, Junge* (B. **77/79** [1944/46] 44, 51) ausser dieser Konstitution auch die Formulierung als (±)-4,7-Dimethoxy-2,4-diphenyl-4H-chromen $C_{23}H_{20}O_3$ (Formel XI [R = CH$_3$])

in Betracht gezogen.

B. Beim Behandeln von 2,4-Diphenyl-chromen-7-on mit Diazomethan, Methanol und Äther (*Br., Ju.*).

Krystalle; F: 116° [aus Me.] (*Collins et al.*, Soc. **1950** 1876, 1881), 114° (*Br., Ju.*).

Beim Erhitzen mit wss. Jodwasserstoffsäure unter Zusatz von Phosphor ist 2,4-Di$\approx$phenyl-chromen-7-on erhalten worden (*Br., Ju.*).

(±)-2-Äthoxy-7-methoxy-2,4-diphenyl-2*H*-chromen $C_{24}H_{22}O_3$, Formel X (R = C_2H_5).

Für die nachstehend beschriebene Verbindung wird ausser dieser Konstitution auch die Formulierung als (±)-4-Äthoxy-7-methoxy-2,4-diphenyl-4*H*-chromen $C_{24}H_{22}O_3$ (Formel XI [R = C_2H_5]) in Betracht gezogen.

B. Beim Behandeln von 2,4-Diphenyl-chromen-7-on mit Diazomethan und Äthanol (*Brockmann, Junge*, B. **77/79** [1944/46] 44, 51).

Krystalle; F: 82°.

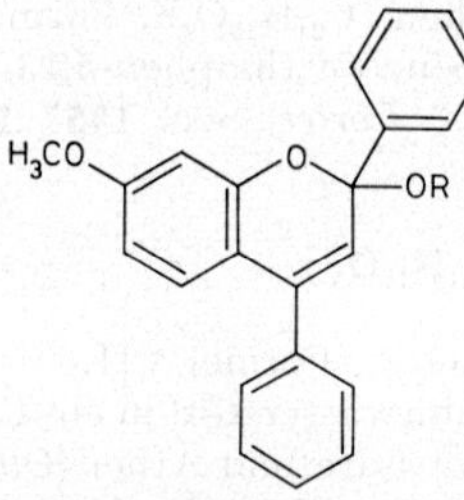

X 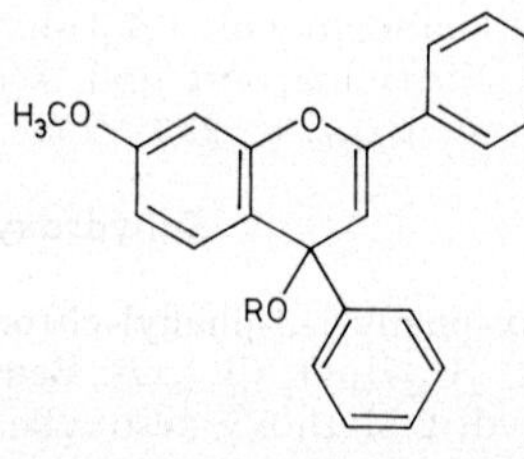   XI

(±)-2-Acetoxy-7-methoxy-2,4-diphenyl-2*H*-chromen $C_{24}H_{20}O_4$, Formel X (R = CO-CH_3).

Für die nachstehend beschriebene Verbindung wird ausser dieser Konstitution auch die Formulierung als (±)-4-Acetoxy-7-methoxy-2,4-diphenyl-4*H*-chromen $C_{24}H_{20}O_4$ (Formel XI [R = CO-CH_3]) in Betracht gezogen.

B. Beim Behandeln von (±)-7-Methoxy-2,4-diphenyl-2*H*-chromen-2-ol (E III **8** 3065) mit Acetanhydrid und Pyridin (*Brockmann, Junge*, B. **77/79** [1944/46] 44, 51).

Krystalle (aus Acn. + Ae.); F: 168°.

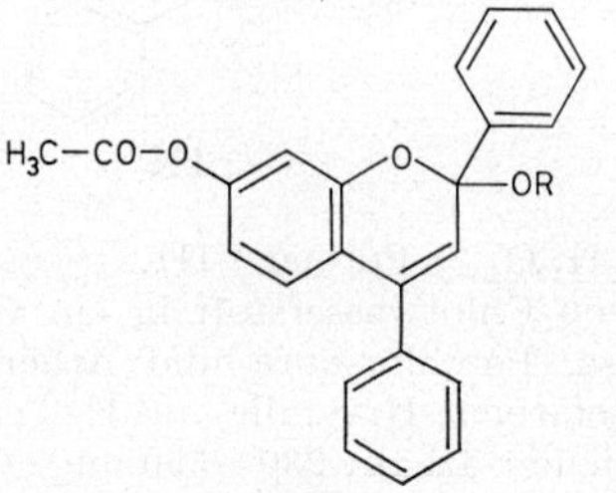

XII 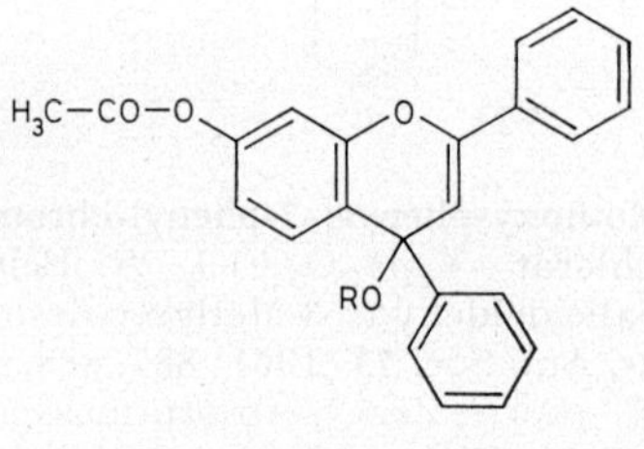   XIII

(±)-7-Acetoxy-2-äthoxy-2,4-diphenyl-2*H*-chromen $C_{25}H_{22}O_4$, Formel XII (R = C_2H_5).

Für die nachstehend beschriebene Verbindung wird ausser dieser Konstitution auch die Formulierung als (±)-7-Acetoxy-4-äthoxy-2,4-diphenyl-4*H*-chromen $C_{25}H_{22}O_4$ (Formel XIII [R = C_2H_5]) in Betracht gezogen.

B. Beim Erhitzen von 2,4-Diphenyl-chromen-7-on mit Acetanhydrid unter Zusatz von Schwefelsäure und Behandeln des Reaktionsprodukts mit Äthanol (*Brockmann, Junge*, B. **77/79** [1944/46] 44, 50).

Krystalle (aus Ae. + A.); F: 110—112°.

(±)-2,7-Diacetoxy-2,4-diphenyl-2*H*-chromen $C_{25}H_{20}O_5$, Formel XII (R = CO-CH_3).

Die Identität des früher (s. H 171) mit Vorbehalt unter dieser Konstitution beschrie-benen Präparats vom F: 110—112° [Zers.] ist ungewiss (*Brockmann, Junge*, B. **77/79** [1944/46] 44, 45).

(±)-7-Benzoyloxy-2-methoxy-2,4-diphenyl-2H-chromen $C_{29}H_{22}O_4$, Formel XIV
(R = CH$_3$).

Für die nachstehend beschriebene Verbindung wird ausser dieser Konstitution auch die Formulierung als (±)-7-Benzoyloxy-4-methoxy-2,4-diphenyl-4H-chromen $C_{29}H_{22}O_4$ (Formel XV [R = CH$_3$]) in Betracht gezogen.

B. Beim Behandeln von 7-Hydroxy-2,4-diphenyl-chromenylium-chlorid mit Benzoyl≈ chlorid und methanol. Natronlauge (*Brockmann, Junge,* B. **77/79** [1944/46] 44, 51). Beim Behandeln von 2,4-Diphenyl-chromen-7-on mit Benzoylchlorid und Pyridin und anschliessend mit Methanol (*Br., Ju.,* l. c. S. 46).

Krystalle (aus Ae. + Me.); F: 112—113°.

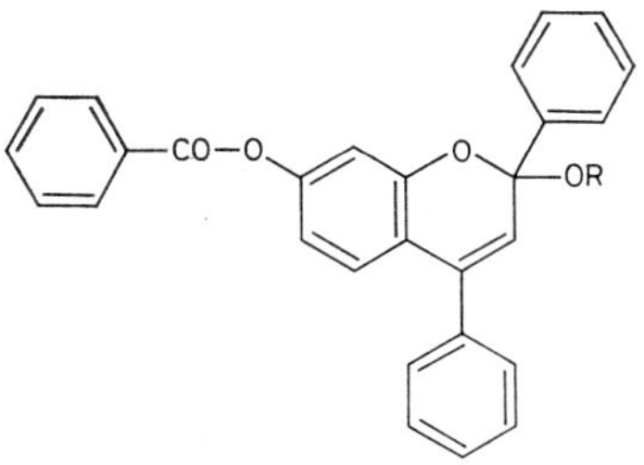

XIV 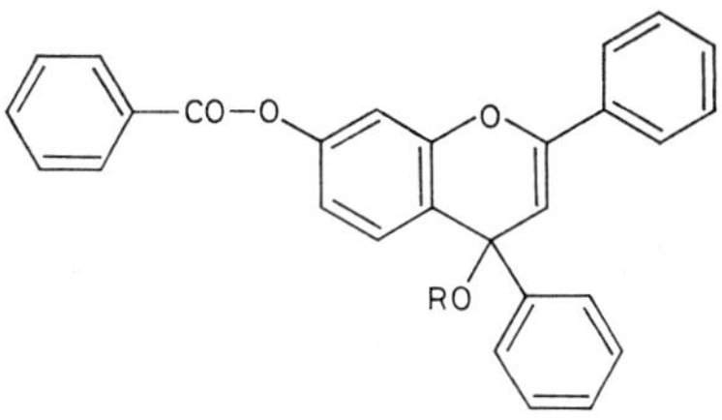   XV

(±)-2-Äthoxy-7-benzoyloxy-2,4-diphenyl-2H-chromen $C_{30}H_{24}O_4$, Formel XIV
(R = C$_2$H$_5$).

Für die nachstehend beschriebene Verbindung wird ausser dieser Konstitution auch die Formulierung als (±)-4-Äthoxy-7-benzoyloxy-2,4-diphenyl-4H-chromen $C_{30}H_{24}O_4$ (Formel XV [R = C$_2$H$_5$]) in Betracht gezogen.

B. Beim Behandeln von 2,4-Diphenyl-chromen-7-on mit Benzoylchlorid und Pyridin und anschliessend mit Äthanol (*Brockmann, Junge,* B. **77/79** [1944/46] 44, 50).

Krystalle (aus A. + E.); F: 138°.

(±)-2,7-Bis-benzoyloxy-2,4-diphenyl-2H-chromen $C_{35}H_{24}O_5$, Formel XIV (R = CO-C$_6$H$_5$).

Die Identität des früher (s. H 171) mit Vorbehalt unter dieser Konstitution beschrie≈ benen Präparats (Zers. >110°) ist ungewiss (*Brockmann, Junge,* B. **77/79** [1944/46] 44, 45, 51).

Bis-[7-acetoxy-2,4-diphenyl-2H-chromen-2-yl]-äther $C_{46}H_{34}O_7$, Formel I.

Diese Konstitution kommt vielleicht der nachstehend beschriebenen opt.-inakt. Ver≈ bindung zu.

B. Beim Erhitzen von 2,4-Diphenyl-chromen-7-on mit Acetanhydrid und Natrium≈ acetat (*Brockmann, Junge,* B. **77/79** [1944/46] 44, 47, 50).

Krystalle (aus Acn. + PAe.); F: 165°.

7-Hydroxy-2,4-diphenyl-chromenylium $[C_{21}H_{15}O_2]^+$, Formel II (R = H) (E II 203; dort als 7-Oxy-2.4-diphenyl-benzopyrylium bezeichnet).

Perchlorat $[C_{21}H_{15}O_2]ClO_4$. Orangefarbene Krystalle (aus Eg.); F: 260—262° [Zers.] (*Collins et al.,* Soc. **1950** 1876, 1881).

7-Methoxy-2,4-diphenyl-chromenylium $[C_{22}H_{17}O_2]^+$, Formel II (R = CH$_3$) (E I 109; E II 203; dort als 7-Methoxy-2.4-diphenyl-benzopyrylium bezeichnet).

Chlorid (E I 109). Krystalle, die von 110° an schmelzen (*Brockmann, Junge,* B. **77/79** [1944/46] 44, 51).

Perchlorat (E II 203). Orangegelbe Krystalle; F: 238° (*Collins et al.,* Soc. **1950** 1876, 1881).

Pikrat $[C_{22}H_{17}O_2]C_6H_2N_3O_7$. *B.* Beim Behandeln von 2,7(oder 4,7)-Dimethoxy-2,4-di≈ phenyl-2(oder 4)H-chromen (F: 114° [S. 2243]) mit Pikrinsäure in Äthanol und Äther (*Br., Ju.*). — Orangegelbe Krystalle; F: 172° (*Br., Ju.*).

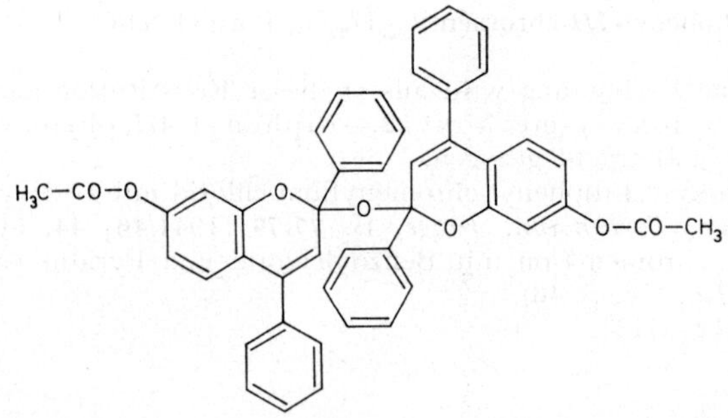

I 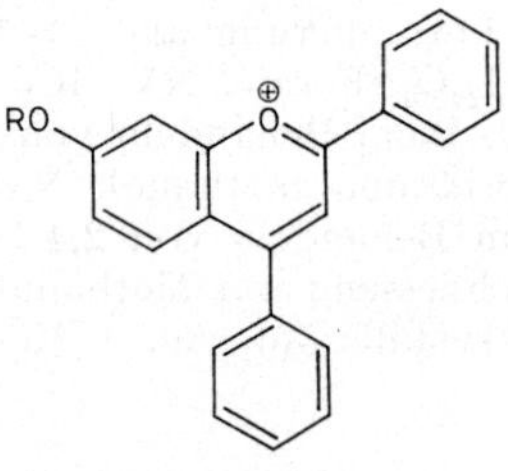   II

7-Acetoxy-2,4-diphenyl-chromenylium $[C_{23}H_{17}O_3]^+$, Formel II (R = CO-CH₃).

Perchlorat $[C_{23}H_{17}O_3]ClO_4$. *B.* Beim Behandeln einer Lösung von 7-Acetoxy-2(oder 4)-äthoxy-2,4-diphenyl-2(oder 4)*H*-chromen (F: 110—112° [S. 2244]) in Äther mit Per=chlorsäure (*Brockmann, Junge*, B. **77/79** [1944/46] 44, 50). — Gelbe Krystalle mit 1 Mol H₂O; F: 120°. Bei schnellem Erhitzen erfolgt Verpuffung.

Pikrat $[C_{23}H_{17}O_3]C_6H_2N_3O_7$. *B.* Analog dem Perchlorat [s. o.] (*Br., Ju.*). — Orange-farbene Krystalle; F: 188—191°.

7-Benzoyloxy-2,4-diphenyl-chromenylium $[C_{28}H_{19}O_3]^+$, Formel II (R = CO-C₆H₅).

Perchlorat $[C_{28}H_{19}O_3]ClO_4$. *B.* Beim Behandeln einer Lösung von 2(oder 4)-Äthoxy-7-benzoyloxy-2,4-diphenyl-2(oder 4)*H*-chromen (F: 138° [S. 2245]) in Äther mit Per=chlorsäure (*Brockmann, Junge*, B. **77/79** [1944/46] 44, 51). — Gelbe Krystalle; F: 198°. Bei schnellem Erhitzen erfolgt Verpuffung.

7-Methoxy-3-[4-methoxy-phenyl]-4-phenyl-2*H*-chromen $C_{23}H_{20}O_3$, Formel III.

B. Beim Erwärmen von 7-Methoxy-3-[4-methoxy-phenyl]-chroman-4-on mit Phenyl=magnesiumbromid in Äther und Benzol, anschliessenden Behandeln mit wss. Salzsäure und Erhitzen des Reaktionsprodukts unter vermindertem Druck auf 250° (*Bradbury*, Austral. J. Chem. **6** [1953] 447).

Krystalle (aus Acn.); F: 142° [korr.]. UV-Spektrum (A.; 220—350 nm): *Br.*

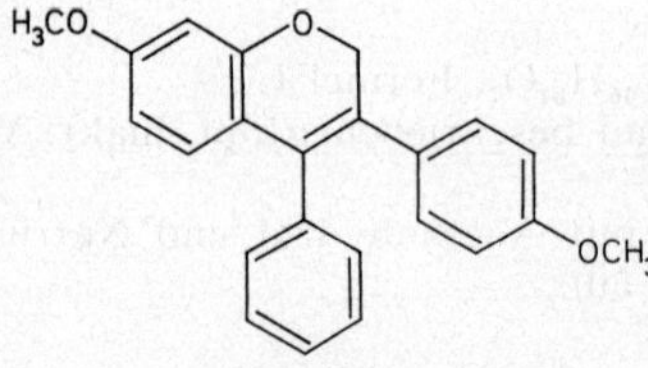

III 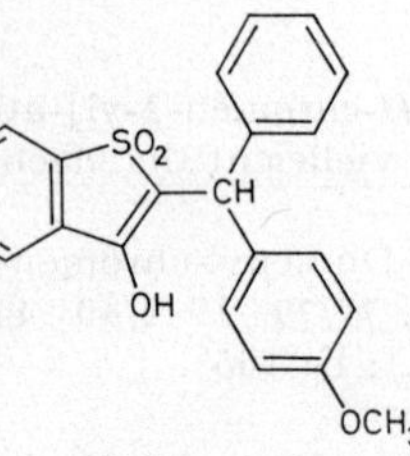   IV 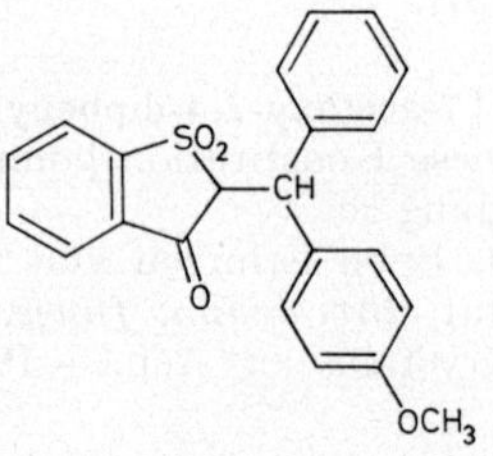   V

(±)-2-[4-Methoxy-benzhydryl]-1,1-dioxo-1λ^6-benzo[*b*]thiophen-3-ol $C_{22}H_{18}O_4S$, Formel IV, und opt.-inakt. **2-[4-Methoxy-benzhydryl]-1,1-dioxo-1λ^6-benzo[*b*]thiophen-3-on** $C_{22}H_{18}O_4S$, Formel V.

B. Beim Erwärmen von 2-Benzyliden-1,1-dioxo-1λ^6-benzo[*b*]thiophen-3-on mit 4-Methoxy-phenylmagnesium-bromid in Äther und Benzol (*Mustafa, Sallam*, Am. Soc. **81** [1959] 1980, 1982). Beim Erwärmen von 2-[4-Methoxy-benzyliden]-1,1-dioxo-1λ^6-benzo[*b*]thiophen-3-on mit Phenylmagnesiumbromid in Äther und Benzol (*Mu., Sa.*).

Krystalle (aus Bzl.); F: 161° [unkorr.].

2,3-Bis-[4-methoxy-phenyl]-5-methyl-benzofuran $C_{23}H_{20}O_3$, Formel VI.

B. Beim Erwärmen von 4,4′-Dimethoxy-benzoin mit *p*-Kresol in Dioxan unter Zusatz

von wss. Salzsäure (*Brown et al.*, Soc. **1958** 4305, 4306).
Krystalle (aus A.); F: 122—123°.

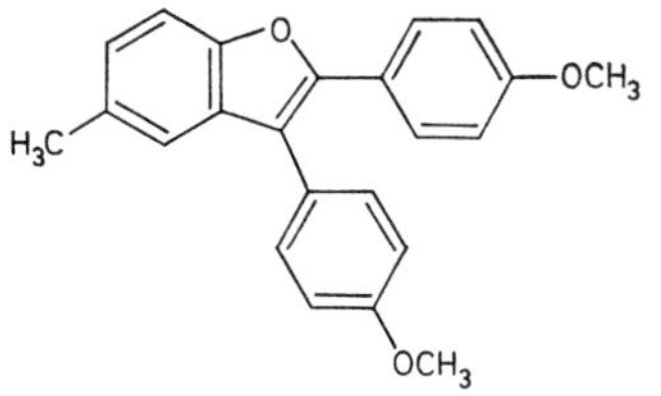

VI 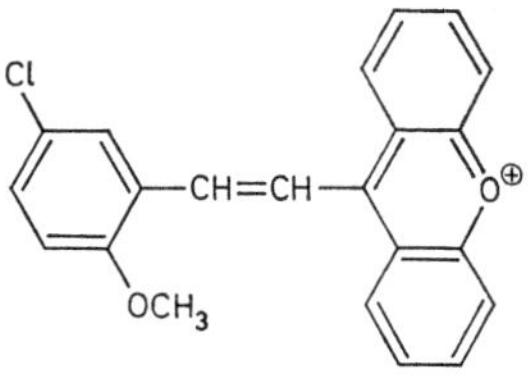   VII

*9-[5-Chlor-2-methoxy-styryl]-xanthylium $[C_{22}H_{16}ClO_2]^+$, Formel VII.
Perchlorat $[C_{22}H_{16}ClO_2]ClO_4$. *B*. Beim Erwärmen von 9-Methyl-xanthylium-perchlorat
mit 5-Chlor-2-methoxy-benzaldehyd in Essigsäure und Acetanhydrid (*Hensel*, A. **611**
[1958] 97, 104). — Rote Krystalle (aus Eg.); Zers. bei 197—198°.

*9-[4-Methoxy-styryl]-xanthylium $[C_{22}H_{17}O_2]^+$, Formel VIII.
Perchlorat $[C_{22}H_{17}O_2]ClO_4$. *B*. Beim Erwärmen von 9-Methyl-xanthylium-perchlorat
mit 4-Methoxy-benzaldehyd in Essigsäure (*Wizinger, Renckhoff*, Helv. **24** [1941] 369 E,
381 E). — Grüne Krystalle; Zers. bei 187°. — Beim Erhitzen mit Essigsäure und
Natriumacetat ist eine Verbindung $C_{44}H_{32}O_4$ (Krystalle [aus Eg. + Natriumacetat],
F: 195°) erhalten worden (*Wi., Re.*, l. c. S. 387 E), in der vielleicht ein 1-[4-Meth‹
oxy-phenyl]-1-[2-(4-methoxy-phenyl)-2*H*-cyclopenta[*kl*]xanthen-1-yl]-
2-xanthen-9-yliden-äthan (Formel IX) vorgelegen hat (vgl. 1,3-Diphenyl-2-[1,3,3-
triphenyl-allyl]-inden [E III **6** 7170]).

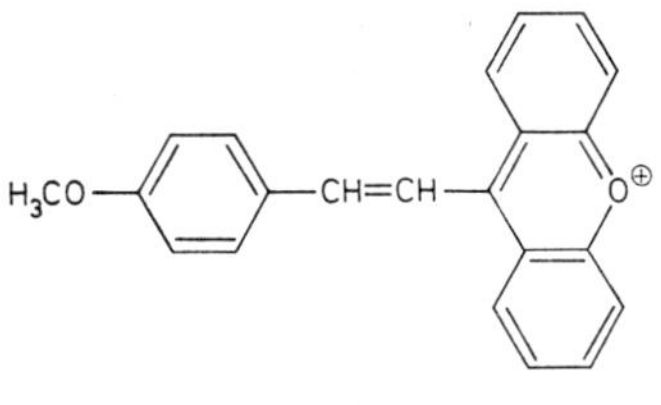

VIII 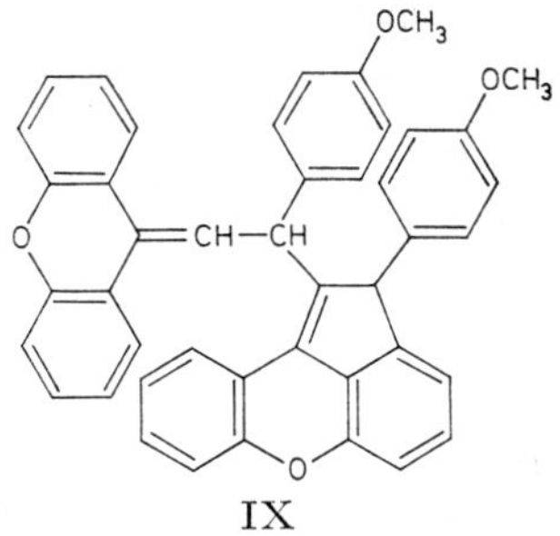   IX

Dihydroxy-Verbindungen $C_{22}H_{18}O_3$

7-Hydroxy-5-methyl-2,4-diphenyl-chromenylium $[C_{22}H_{17}O_2]^+$, Formel X.
Chlorid $[C_{22}H_{17}O_2]Cl$. *B*. Beim Behandeln von 5-Methyl-resorcin mit *trans*-Chalkon
und Chlorwasserstoff enthaltendem Äthanol unter Zusatz von Chloranil (*Brockmann,
Junge*, B. **76** [1943] 1028, 1031). — Gelbe Krystalle (aus Me.); F: 226—230°.

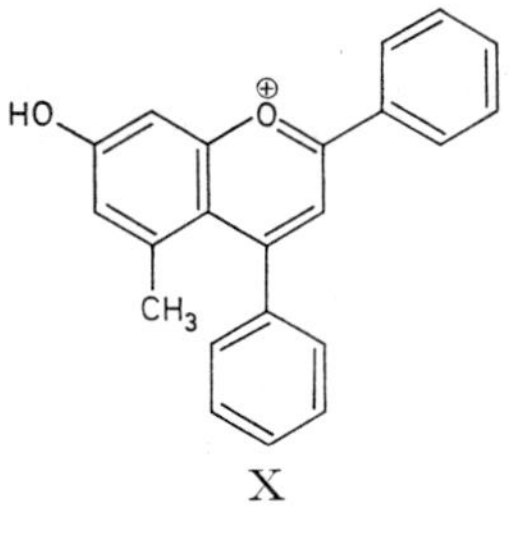

X 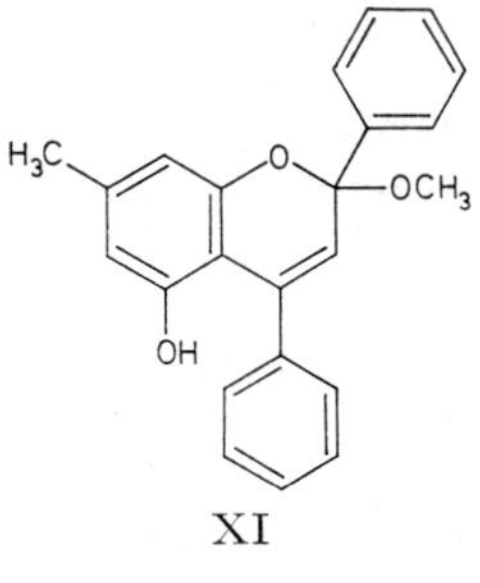   XI

(±)-2-Methoxy-7-methyl-2,4-diphenyl-2H-chromen-5-ol $C_{23}H_{20}O_3$, Formel XI.

Für die nachstehend beschriebene Verbindung wird ausser dieser Konstitution auch die Formulierung als (±)-4-Methoxy-7-methyl-2,4-diphenyl-4H-chromen-5-ol $C_{23}H_{20}O_3$ (Formel XII) in Betracht gezogen.

B. Beim Erwärmen von 7-Methyl-2,4-diphenyl-chromen-5-on mit Methanol (*Brockmann, Junge*, B. **76** [1943] 1028, 1031).

Krystalle; F: 136°.

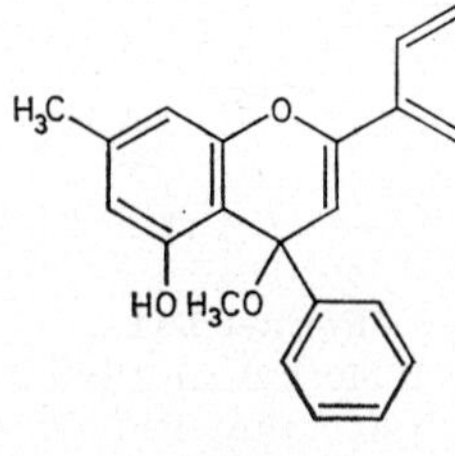

XII 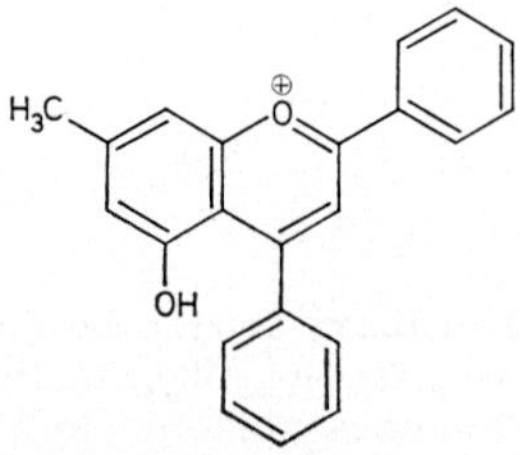 XIII

5-Hydroxy-7-methyl-2,4-diphenyl-chromenylium $[C_{22}H_{17}O_2]^+$, Formel XIII.

Chlorid $[C_{22}H_{17}O_2]Cl$. *B.* Beim Einleiten von Chlorwasserstoff in eine Lösung von 5-Methyl-resorcin und Dibenzoylmethan (E III **7** 3838) in Essigsäure (*Brockmann, Junge*, B. **76** [1943] 1028, 1031). — Rote Krystalle (aus Me. + wss. Salzsäure) mit 0,5 Mol H_2O; Zers. bei 195°.

Perchlorat $[C_{22}H_{17}O_2]ClO_4$. *B.* Beim Behandeln einer Lösung von 2(oder 4)-Meth=oxy-7-methyl-2,4-diphenyl-2(oder 4)H-chromen-5-ol (s. o.) in Methanol und Äther mit Perchlorsäure (*Br., Ju.*). — Rote Krystalle; F: 245°.

(±)-2-[4-Methoxy-benzhydryl]-5-methyl-1,1-dioxo-1λ⁶-benzo[b]thiophen-3-ol $C_{23}H_{20}O_4S$, Formel I, und **opt.-inakt. 2-[4-Methoxy-benzhydryl]-5-methyl-1,1-dioxo-1λ⁶-benzo[b]=thiophen-3-on** $C_{23}H_{20}O_4S$, Formel II.

B. Beim Erwärmen von 2-Benzyliden-5-methyl-1,1-dioxo-1λ⁶-benzo[b]thiophen-3-on mit 4-Methoxy-phenylmagnesium-bromid in Äther und Benzol (*Mustafa, Sallam*, Am. Soc. **81** [1959] 1980, 1982). Beim Erwärmen von 2-[4-Methoxy-benzyliden]-5-methyl-1,1-dioxo-1λ⁶-benzo[b]thiophen-3-on mit Phenylmagnesiumbromid in Äther und Benzol (*Mu., Sa.*).

Krystalle (aus Bzl.); F: 171° [unkorr.].

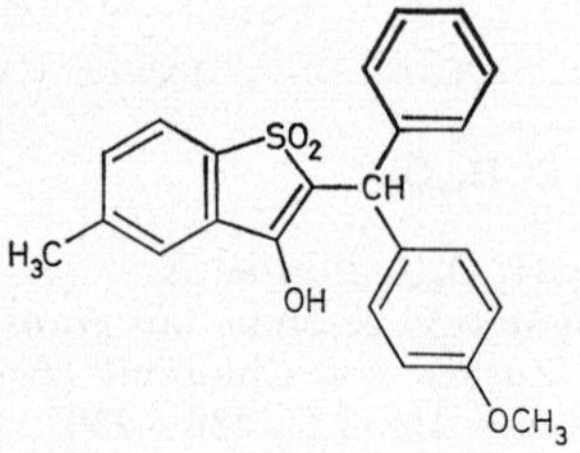

I 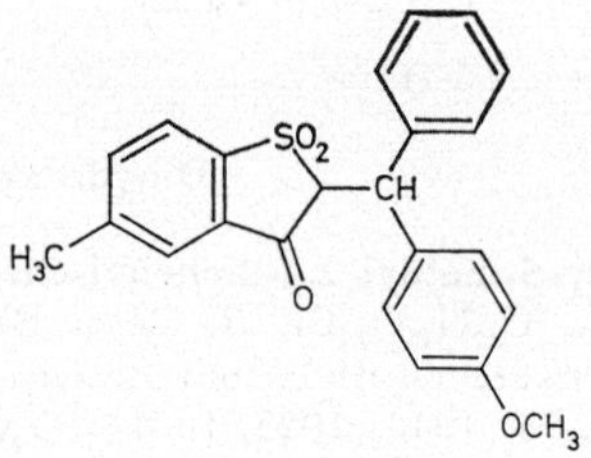 II

(±)-2-[4-Methoxy-benzhydryl]-6-methyl-1,1-dioxo-1λ⁶-benzo[b]thiophen-3-ol $C_{23}H_{20}O_4S$, Formel III, und **opt.-inakt. 2-[4-Methoxy-benzhydryl]-6-methyl-1,1-dioxo-1λ⁶-benzo[b]=thiophen-3-on** $C_{23}H_{20}O_4S$, Formel IV.

B. Beim Erwärmen von 2-Benzyliden-6-methyl-1,1-dioxo-1λ⁶-benzo[b]thiophen-3-on mit 4-Methoxy-phenylmagnesium-bromid in Äther und Benzol (*Mustafa, Sallam*, Am. Soc. **81** [1959] 1980, 1982). Beim Erwärmen von 2-[4-Methoxy-benzyliden]-6-methyl-1,1-dioxo-1λ⁶-benzo[b]thiophen-3-on mit Phenylmagnesiumbromid in Äther und Benzol (*Mu., Sa.*).

Krystalle (aus Bzl.); F: 170° [unkorr.].

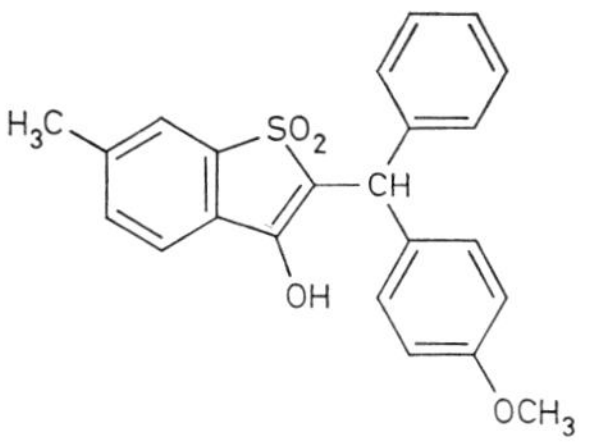

III 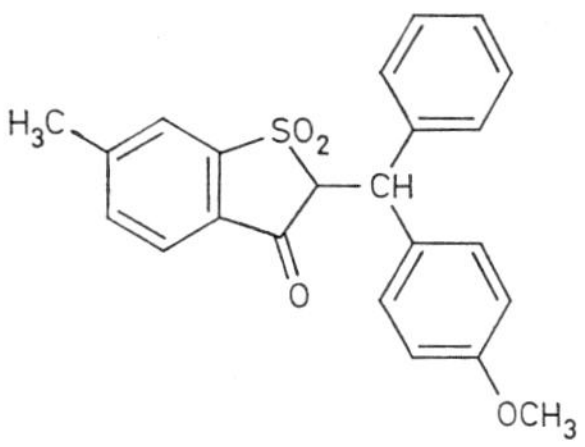   IV

(±)-2-[4-Methoxy-benzhydryl]-7-methyl-1,1-dioxo-1λ^6-benzo[b]thiophen-3-ol $C_{23}H_{20}O_4S$, Formel V, und opt.-inakt. 2-[4-Methoxy-benzhydryl]-7-methyl-1,1-dioxo-1λ^6-benzo[b]thiophen-3-on $C_{23}H_{20}O_4S$, Formel VI.

B. Beim Erwärmen von 2-Benzyliden-7-methyl-1,1-dioxo-1λ^6-benzo[b]thiophen-3-on mit 4-Methoxy-phenylmagnesium-bromid in Äther und Benzol (*Mustafa, Sallam*, Am. Soc. **81** [1959] 1980, 1982). Beim Erwärmen von 2-[4-Methoxy-benzyliden]-7-methyl-1,1-dioxo-1λ^6-benzo[b]thiophen-3-on mit Phenylmagnesiumbromid in Äther und Benzol (*Mu., Sa.*).

Krystalle (aus Bzl.); F: 154° [unkorr.].

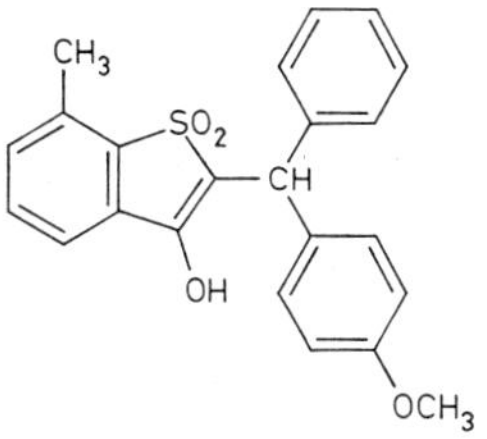

V 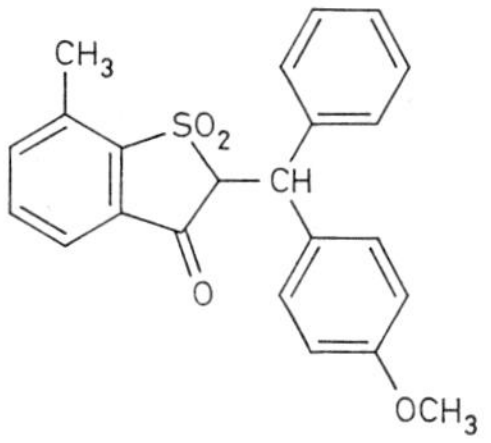   VI 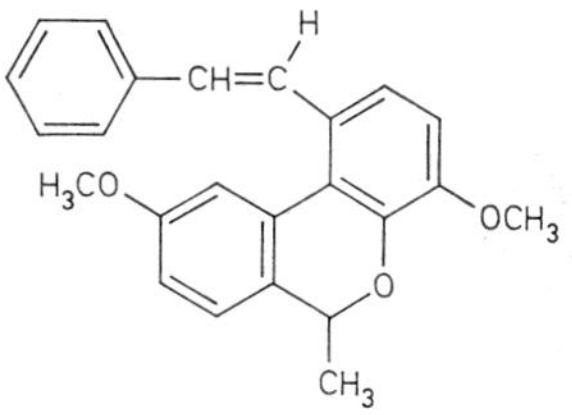   VII

*(±)-4,9-Dimethoxy-6-methyl-1-styryl-6H-benzo[c]chromen $C_{24}H_{22}O_3$, Formel VII.

Diese Konstitution kommt der nachstehend beschriebenen, ursprünglich als *rac.* Phenyl-6-methoxy-thebentrien bezeichneten Verbindung zu (*Bentley, Robinson*, Soc. **1952** 947, 949; *K. W. Bentley*, The Chemistry of the Morphine Alkaloids [Oxford 1954] S. 279).

B. Beim Erhitzen von sog. (+)-Vinylphenyldihydrothebaol ((*R*a)-3,5'-Dimethoxy-6-styryl-2'-vinyl-biphenyl-2-ol [E III **6** 6618]) mit wss. Salzsäure und wenig Dioxan, Behandeln des Reaktionsprodukts mit Dimethylsulfat und wss. Alkalilauge und Erhitzen des danach isolierten Reaktionsprodukts mit Natriumäthylat in Äthanol (*Small et al.*, J. org. Chem. **12** [1947] 839, 860). Aus (+)-[2-(4,9-Dimethoxy-6-methyl-6H-benzo[c]chromen-1-yl)-1-phenyl-äthyl]-trimethyl-ammonium-jodid („(+)-α-Phenyl-9-dimethylamino-6-methoxy-thebendien-methojodid") beim Erwärmen mit Natriumäthylat in Äthanol (*Sm. et al.*, l. c. S. 859).

Krystalle (aus E.); F: 162,5—163° (*Small et al.*, l. c. S. 859).

Bei der Hydrierung an Platin in Äthylacetat ist 4,9-Dimethoxy-6-methyl-1-phenäthyl-6H-benzo[c]chromen (S. 2237), bei der Hydrierung an Platin in Essigsäure enthaltendem Äthylacetat ist hingegen 1-[2-Cyclohexyl-äthyl]-4,9-dimethoxy-6-methyl-6H-benzo[c]chromen(?) (S. 2220) erhalten worden (*Sm. et al.*, l. c. S. 859).

Dihydroxy-Verbindungen $C_{23}H_{20}O_3$

6-Äthyl-7-hydroxy-2,4-diphenyl-chromenylium [$C_{23}H_{19}O_2$]+, Formel VIII.

Chlorid [$C_{23}H_{19}O_2$]Cl. B. Beim Behandeln von 4-Äthyl-resorcin mit Dibenzoylmethan (E III **7** 3838) und Chlorwasserstoff in Äthylacetat (*Broadbent et al.*, Soc. **1952** 4957). — Orangefarbene Krystalle (aus wss.-äthanol. Salzsäure) mit 2 Mol H_2O; Zers. bei 255°.

Perchlorat [$C_{23}H_{19}O_2$]ClO$_4$. Gelbe Krystalle; Zers. oberhalb 154—156° (*Br. et al.*).

Tetrachloroferrat(III) $[C_{23}H_{19}O_2]FeCl_4$. Gelbe Krystalle (aus Eg.); F: 210° [Zers.] (*Br. et al.*).

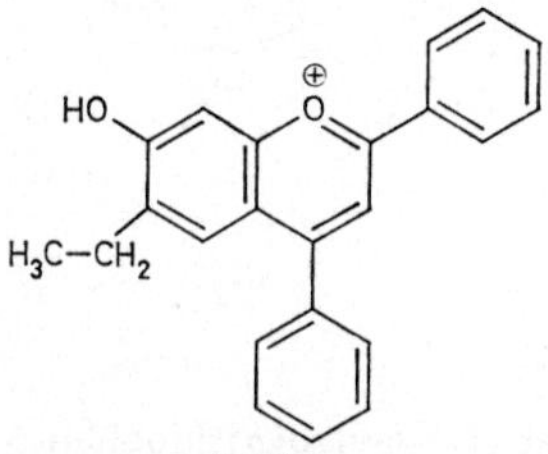

VIII 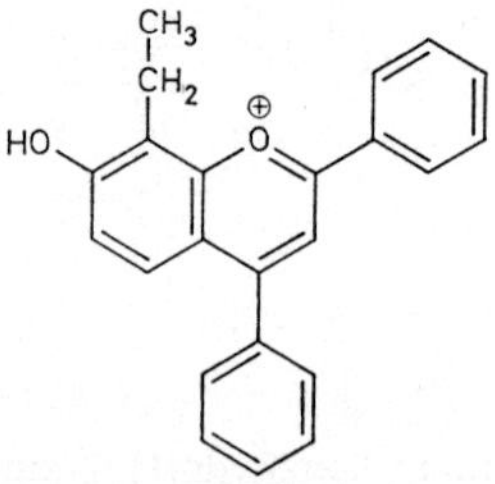   IX

8-Äthyl-7-hydroxy-2,4-diphenyl-chromenylium $[C_{23}H_{19}O_2]^+$, Formel IX.

Chlorid $[C_{23}H_{19}O_2]Cl$. *B.* Beim Behandeln von 2-Äthyl-resorcin mit Dibenzoylmethan (E III **7** 3838) und Chlorwasserstoff in Äthylacetat (*Broadbent et al.*, Soc. **1952** 4957). — Orangefarbene Krystalle (aus wss.-äthanol. Salzsäure); F: 120°.

Perchlorat $[C_{23}H_{19}O_2]ClO_4$. Gelbe Krystalle (aus Eg.); F: 261° [Zers.] (*Br. et al.*).

Tetrachloroferrat(III) $[C_{23}H_{19}O_2]FeCl_4$. Gelbe Krystalle (aus Eg.); Zers. bei 210—220° (*Br. et al.*).

Dihydroxy-Verbindungen $C_{40}H_{54}O_3$

1t-[(1Ξ,2Ξ,4S)-1,2-Epoxy-4-hydroxy-2,6,6-trimethyl-cyclohexyl]-18-[(4R)-4-hydroxy-2,6,6-trimethyl-cyclohex-1-enyl]-3,7,12,16-tetramethyl-octadeca-1,3t,5t,7t,9t,11t,13t,15t-octaen-17-in, (3S,5Ξ,6Ξ,3′R)-5,6-Epoxy-7′,8′-didehydro-5,6-dihydro-β,β-carotin-3,3′-diol[1] $C_{40}H_{54}O_3$, Formel X.

Diese Konstitution und Konfiguration kommt wahrscheinlich dem nachstehend beschriebenen **Diadinoxanthin** zu (*Aitzetmüller et al.*, Chem. Commun. **1968** 32; *Bartlett et al.*, Soc. [C] **1969** 2527, 2535).

Isolierung aus Diatomeen und Dinoflagellaten: *Strain et al.*, Biol. Bl. **86** [1944] 169, 174, 180; aus Euglena-Arten: *Strain*, Ann. Priestley Lect. Nr. 32 [1958] 50; *Ai. et al.*

F: 158—162° (*Ai. et al.*). ¹H-NMR-Absorption (Pentadeuteriopyridin): *Ai. et al.* IR-Banden (KBr; 3400—705 cm⁻¹): *Ai. et al.* Absorptionsspektrum (A.; 410—500 nm): *St. et al.*, l. c. S. 173; *St.*, l. c. S. 52; Absorptionsmaxima (A.): 424 nm, 448 nm und 478 nm (*Ai.et al.*). Massenspektrum: *Ai. et al.*

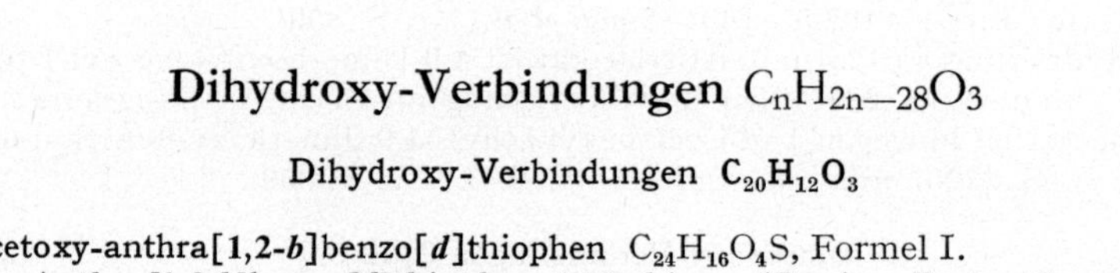

X

Dihydroxy-Verbindungen $C_nH_{2n-28}O_3$

Dihydroxy-Verbindungen $C_{20}H_{12}O_3$

5,13-Diacetoxy-anthra[1,2-b]benzo[d]thiophen $C_{24}H_{16}O_4S$, Formel I.

B. Aus Anthra[1,2-b]benzo[d]thiophen-5,13-chinon (*Davies, Porter*, Soc. **1957** 4961, 4965).

Krystalle (aus Bzl.); F: 310—311°.

---

[1]) Stellungsbezeichnung bei von β,β-Carotin (*all-trans-β*-Carotin) abgeleiteten Namen s. E III **5** 2453.

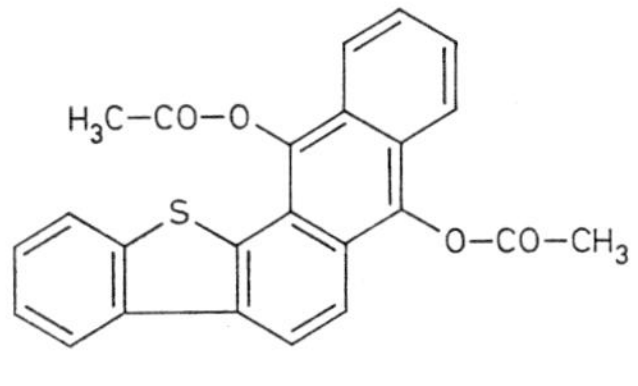

I 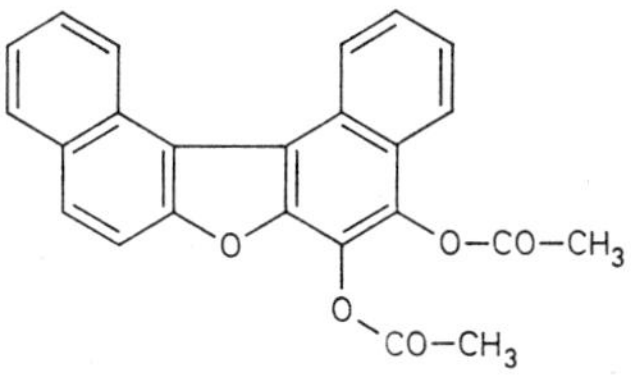   II

5,6-Diacetoxy-dinaphtho[2,1-*b*;1′,2′-*d*]furan $C_{24}H_{16}O_5$, Formel II.

B. Beim Erhitzen von Dinaphtho[2,1-*b*;1′,2′-*d*]furan-5,6-chinon mit Zink-Pulver, Acetanhydrid und Natriumacetat (*Brunnstrom*, Am. Soc. **77** [1955] 2463).
Krystalle (aus Eg.); F: 181—182°.

Dihydroxy-Verbindungen $C_{23}H_{18}O_3$

2-[4-Methoxy-phenyl]-4,6-diphenyl-pyrylium $[C_{24}H_{19}O_2]^+$, Formel III (E I 109; E II 205).

Perchlorat (E II 205). Absorptionsmaximum (A.): 454 nm (*Wizinger et al.*, Helv. **39** [1956] 5, 7).
Tetrafluoroborat. F: 207—209° (*Dimroth et al.*, B. **90** [1957] 1668, 1671).

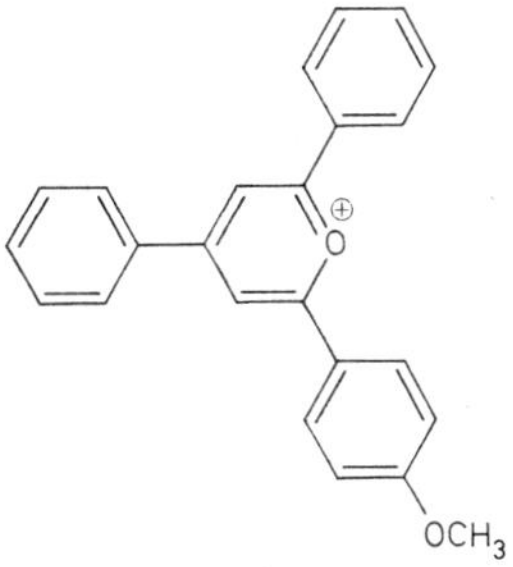

III 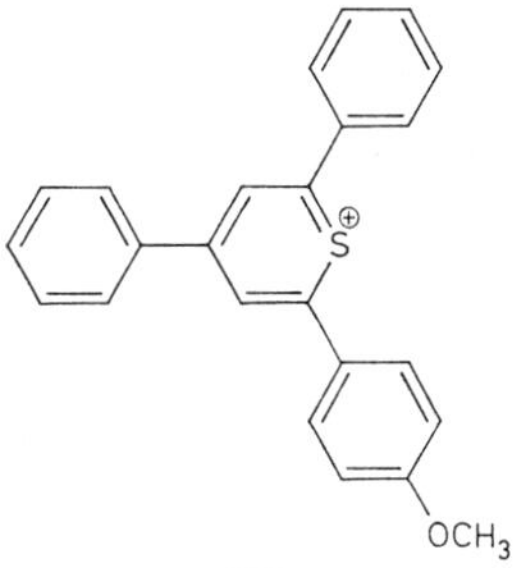   IV 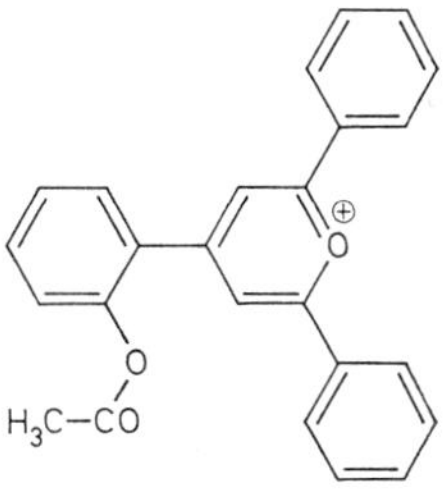   V

2-[4-Methoxy-phenyl]-4,6-diphenyl-thiopyrylium $[C_{24}H_{19}OS]^+$, Formel IV.

Perchlorat $[C_{24}H_{19}OS]ClO_4$. *B.* Beim Behandeln von 2-[4-Methoxy-phenyl]-4,6-di= phenyl-pyrylium-perchlorat mit Natriumsulfid in wss. Aceton (*Wizinger, Ulrich*, Helv. **39** [1956] 207, 214). — Orangerote Krystalle; F: 148—150°. Absorptionsmaximum (Eg.): 460 nm (*Wi., Ul.*, l. c. S. 209).

4-[2-Acetoxy-phenyl]-2,6-diphenyl-pyrylium $[C_{25}H_{19}O_3]^+$, Formel V.

Tetrachloroferrat(III) $[C_{25}H_{19}O_3]FeCl_4$. *B.* Beim Behandeln von 3-[2-Hydroxy-phenyl]-1,5-diphenyl-pentan-1,5-dion mit Acetanhydrid, Eisen(III)-chlorid und wss. Salzsäure (*Hill*, Soc. **1935** 85, 88). — Grünlichbraune Krystalle (aus Eg.); F: 181°.

4-[4-Methoxy-phenyl]-2,6-diphenyl-pyrylium $[C_{24}H_{19}O_2]^+$, Formel VI (E II 207).

Perchlorat (E II 207). *B.* Beim Behandeln von Acetophenon mit 4-Methoxy-benz= aldehyd unter Zusatz von Phosphorylchlorid oder Schwefelsäure und Erwärmen des Reaktionsprodukts mit wss. Perchlorsäure und Äthanol (*Wizinger et al.*, Helv. **39** [1956] 5, 13). — Orangegelbe Krystalle (aus A.); F: 257—258°. Absorptionsmaximum (A.): 418 nm (*Wi. et al.*, l. c. S. 7).

Tetrafluoroborat. *B.* Beim Erwärmen von Acetophenon mit 4-Methoxy-benzaldehyd und dem Borfluorid-Äther-Adduct (*Lombard, Stephan*, Bl. **1958** 1458, 1460). — Gelbe Krystalle; F: 252—253° [aus Acn.] (*Lo., St.*), 235—236° (*Dimroth et al.*, B. **90** [1957] 1668, 1671).

4-[4-Methoxy-phenyl]-2,6-diphenyl-thiopyrylium $[C_{24}H_{19}OS]^+$, Formel VII.

Perchlorat. *B.* Beim Behandeln von 4-[4-Methoxy-phenyl]-2,6-diphenyl-pyrylium-perchlorat mit Natriumsulfid in wss. Aceton (*Wizinger, Ulrich*, Helv. **39** [1956] 207, 214). — Orangefarbene Krystalle (aus Eg.); F: 214—215°. Absorptionsmaximum (Eg.): 430 nm (*Wi., Ul.*, l. c. S. 209).

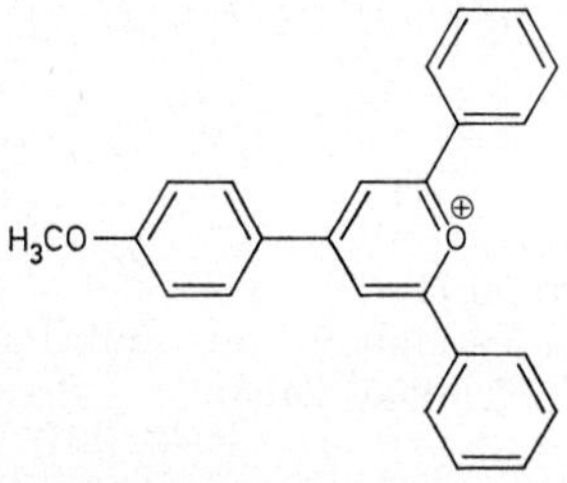

VI 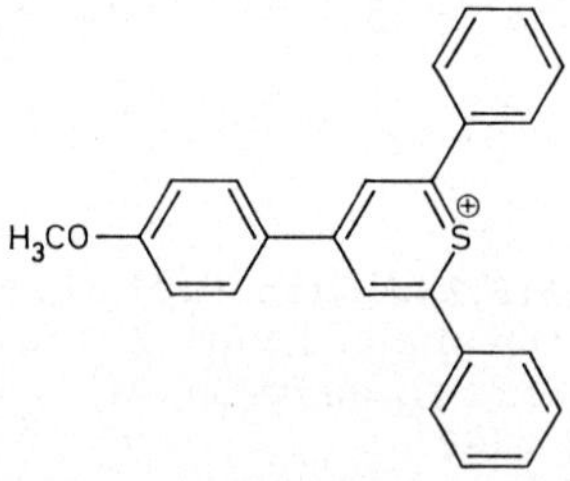   VII 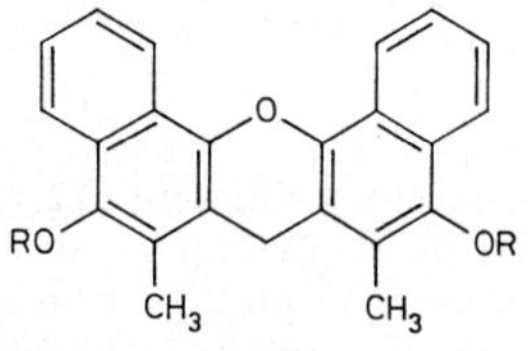   VIII

5,9-Diacetoxy-6,8-dimethyl-7H-dibenzo[c,h]xanthen $C_{27}H_{22}O_5$, Formel VIII (R = CO-CH$_3$).

B. Neben Bis-[1,4-diacetoxy-3-methyl-[2]naphthyl]-methan beim Behandeln von 2-Methyl-naphthalin-1,4-diol mit wss. Formaldehyd und wss. Salzsäure und Erwärmen des Reaktionsprodukts mit Acetanhydrid und Pyridin (*v. Euler, Kispéczy*, J. pr. [2] **160** [1942] 195, 201).

Krystalle (aus CHCl$_3$); F: 305—306°.

Dihydroxy-Verbindungen $C_{24}H_{20}O_3$

5,9-Diacetoxy-7-propyl-7H-dibenzo[c,h]xanthen $C_{28}H_{24}O_5$, Formel IX.

B. Beim Erhitzen von 5,9-Dihydroxy-7-propyl-dibenzo[c,h]xanthenylium-chlorid mit Acetanhydrid und Zink-Pulver (*Fieser, Fieser*, Am. Soc. **63** [1941] 1572, 1575).

Krystalle (aus A.); F: 275—280° [Zers.].

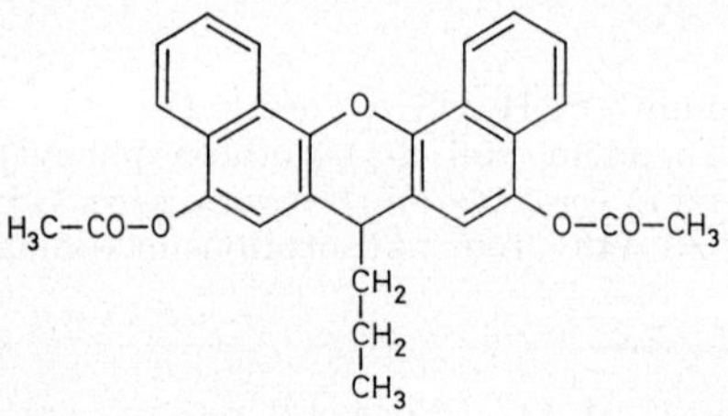

IX 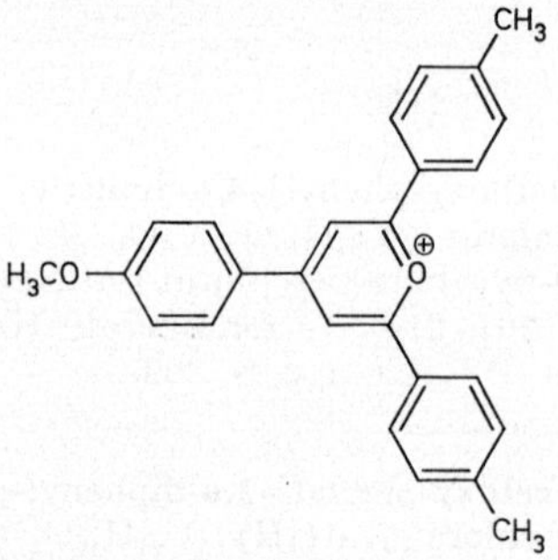   X

Dihydroxy-Verbindungen $C_{25}H_{22}O_3$

4-[4-Methoxy-phenyl]-2,6-di-p-tolyl-pyrylium $[C_{26}H_{23}O_2]^+$, Formel X.

Tetrafluoroborat. *B.* Beim Erwärmen von 1-p-Tolyl-äthanon mit 4-Methoxy-benz≠aldehyd und dem Borfluorid-Äther-Adukt (*Lombard, Stephan*, Bl. **1958**, 1458, 1460). — Gelbe Krystalle (aus Acn.); F: 318—320°.

Dihydroxy-Verbindungen $C_nH_{2n-30}O_3$

Dihydroxy-Verbindungen $C_{20}H_{10}O_3$

Perylo[1,12-bcd]furan-6,7-diol $C_{20}H_{10}O_3$, Formel I.

B. Beim Erhitzen des Blei(II)-Salzes des [1,1']Binaphthyl-2,7,2',7'-tetraols mit

Aluminiumchlorid auf 180° (*Ioffe, Gratschew*, Ž. obšč. Chim. **3** [1933] 463, 469; C. **1935** I 391).

Grüne Krystalle (aus Xylol), die bei 250—260° schmelzen.

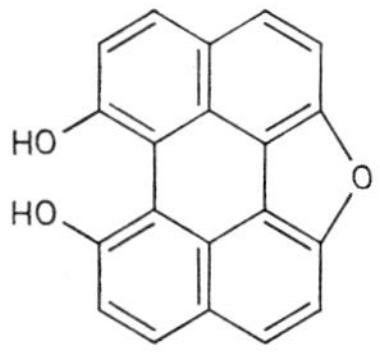

I 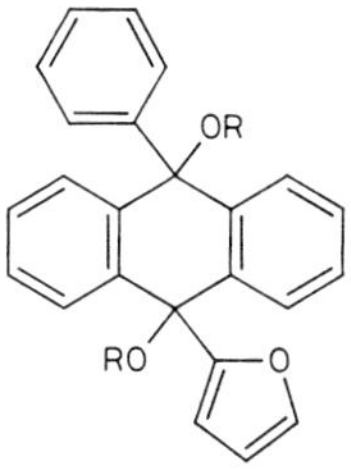   II 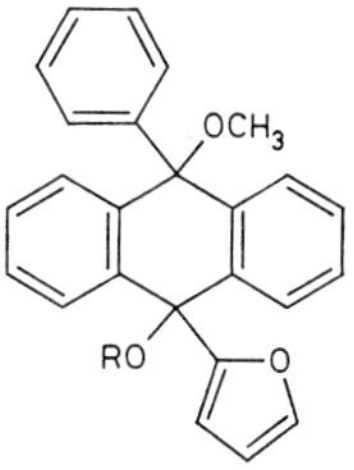   III

Dihydroxy-Verbindungen $C_{24}H_{18}O_3$

*9-[2]Furyl-10-phenyl-9,10-dihydro-anthracen-9,10-diol $C_{24}H_{18}O_3$, Formel II (R = H).

B. Beim Behandeln von 10-Hydroxy-10-phenyl-anthron mit [2]Furylmagnesium=bromid in Äther und Benzol (*Brisson*, A. ch. [12] **7** [1952] 311, 327).

Krystalle (aus Bzl.); F: 204° [Block].

Beim Behandeln einer Lösung in Äther mit wss. Salzsäure ist 5-[10-Phenyl-[9]anthryl]-3H-furan-2-on erhalten worden (*Br.*, l. c. S. 333).

*9-[2]Furyl-10-methoxy-10-phenyl-9,10-dihydro-[9]anthrol $C_{25}H_{20}O_3$, Formel III (R = H).

B. Beim Behandeln von 10-Methoxy-10-phenyl-anthron mit [2]Furylmagnesium=bromid in Äther und Benzol (*Brisson*, A. ch. [12] **7** [1952] 311, 326).

Krystalle (aus Bzn.); F: 126° (*Br.*).

Beim Behandeln einer Lösung in Äther mit wss. Salzsäure sind 4-Oxo-4-[10-phenyl-[9]anthryl]-buttersäure-methylester und 5-[10-Phenyl-[9]anthryl]-3H-furan-2-on (*Étienne, Brisson*, C. r. **227** [1948] 288), beim Behandeln einer Lösung in Äther mit wss. Salzsäure unter Zusatz von Methanol ist nur 4-Oxo-4-[10-phenyl-[9]anthryl]-butter=säure-methylester (*Br.*, l. c. S. 328) erhalten worden.

*9-[2]Furyl-9,10-dimethoxy-10-phenyl-9,10-dihydro-anthracen $C_{26}H_{22}O_3$, Formel III (R = CH$_3$).

a) Stereoisomeres vom F: 249°.

B. Beim Behandeln von 9-[2]Furyl-10-phenyl-9,10-dihydro-anthracen-9,10-diol (F: 204°) mit Methyljodid und Kaliumhydroxid (*Brisson*, A. ch. [12] **7** [1952] 311, 336).

Krystalle (aus E.); F: 249° [Block].

b) Stereoisomeres vom F: 188°.

B. Neben dem unter a) beschriebenen Stereoisomeren beim Behandeln von 9-[2]Furyl-10-methoxy-10-phenyl-9,10-dihydro-[9]anthrol (F: 126°) mit Methyljodid und Kalium=hydroxid (*Brisson*, A. ch. [12] **7** [1952] 311, 336).

Krystalle (aus Me.); F: 188° [Block].

*9-Äthoxy-9-[2]furyl-10-methoxy-10-phenyl-9,10-dihydro-anthracen $C_{27}H_{24}O_3$, Formel III (R = C$_2$H$_5$).

B. Beim Behandeln von 9-[2]Furyl-10-methoxy-10-phenyl-9,10-dihydro-[9]anthrol (F: 126°) mit Äthyljodid und Kaliumhydroxid (*Brisson*, A. ch. [12] **7** [1952] 311, 337).

Krystalle (aus A.); F: 189° [Block].

*9,10-Diäthoxy-9-[2]furyl-10-phenyl-9,10-dihydro-anthracen $C_{28}H_{26}O_3$, Formel II (R = C$_2$H$_5$).

a) Stereoisomeres vom F: 186°.

B. Neben dem unter b) beschriebenen Stereoisomeren beim Behandeln von 9-[2]Furyl=10-phenyl-9,10-dihydro-anthracen-9,10-diol (F: 204°) mit Äthyljodid und Kaliumhydr-

oxid (*Brisson*, A. ch. [12] **7** [1952] 311, 337).
  Krystalle (aus E.); F: 186° [Block].
  b) Stereoisomeres vom F: 246°.
  B. s. bei dem unter a) beschriebenen Stereoisomeren.
  Krystalle (aus A.); F: 246° [Block] (*Brisson*, A. ch. [12] **7** [1952] 311, 337).

***9-Phenyl-10-[2]thienyl-9,10-dihydro-anthracen-9,10-diol** $C_{24}H_{18}O_2S$, Formel IV.
  B. Beim Behandeln von 10-Hydroxy-10-[2]thienyl-anthron mit Phenylmagnesium=
bromid in Äther und Benzol und Erwärmen des vom Äther befreiten Reaktionsgemisches
(*Étienne*, Bl. **1947** 634, 638).
  Krystalle (aus Acn.); F: 212° [Block].

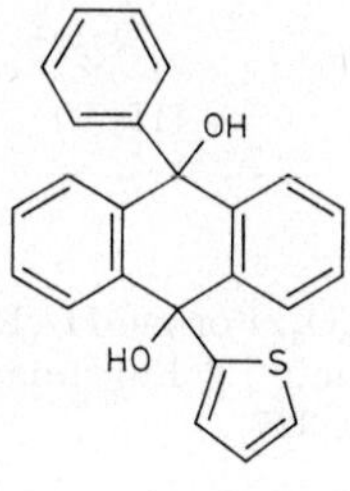

IV 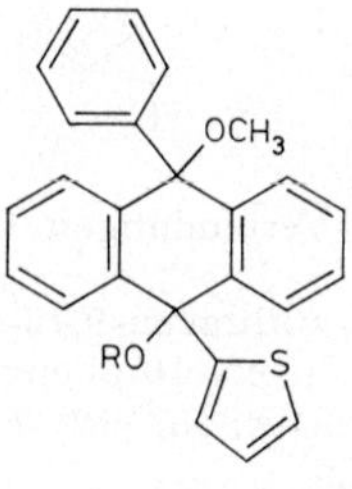   V 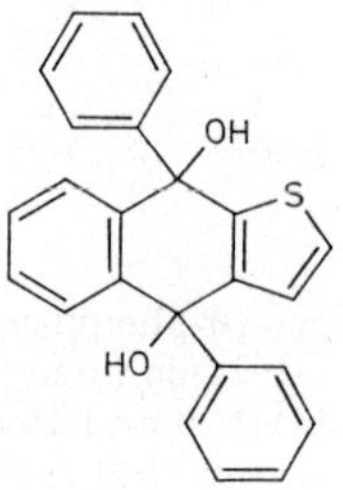   VI

***10-Methoxy-10-phenyl-9-[2]thienyl-9,10-dihydro-[9]anthrol** $C_{25}H_{20}O_2S$, Formel V
(R = H).
  a) Stereoisomeres vom F: 212°.
  B. Neben dem unter b) beschriebenen Stereoisomeren beim Erwärmen von 10-Meth=
oxy-10-phenyl-anthron mit [2]Thienylmagnesiumbromid in Äther und Benzol (*Étienne*,
Bl. **1947** 634, 637).
  Krystalle (aus Acn.); F: 212° [Block]. Bei ca. 185°/1 Torr destillierbar.
  b) Stereoisomeres vom F: 193°.
  B. s. bei dem unter a) beschriebenen Stereoisomeren.
  Krystalle (aus Bzl.); F: 192—193° [Block] (*Étienne*, Bl. **1947** 634, 637). Bei ca.
160°/1 Torr sublimierbar.

***9,10-Dimethoxy-9-phenyl-10-[2]thienyl-9,10-dihydro-anthracen** $C_{26}H_{22}O_2S$, Formel V
(R = CH₃).
  B. Beim Erwärmen von 10-Methoxy-10-phenyl-9-[2]thienyl-9,10-dihydro-[9]anthrol
(Stereoisomere vom F: 193° und vom F: 212°) in Benzol mit Methanol unter Zusatz von
wss. Salzsäure (*Étienne*, Bl. **1947** 634, 638).
  Krystalle (aus Bzl.); F: 284° [Block].

***Opt.-inakt. 4,9-Diphenyl-4,9-dihydro-naphtho[2,3-*b*]thiophen-4,9-diol** $C_{24}H_{18}O_2S$,
Formel VI.
  a) Stereoisomeres vom F: 236°.
  B. Beim Behandeln von Naphtho[2,3-*b*]thiophen-4,9-chinon mit Phenylmagnesium=
bromid in Äther und Benzol und Erwärmen des von Äther befreiten Reaktionsgemisches
(*Étienne*, Bl. **1947** 634, 636).
  Krystalle (aus Acn.); F: 236° [Block].
  b) Stereoisomeres (?) vom F: 198°.
  B. In geringer Menge beim Behandeln von Naphtho[2,3-*b*]thiophen-4,9-chinon mit
Phenyllithium in Äther (*Étienne*, Bl. **1947** 634, 636).
  Krystalle (aus CS₂); F: 198° [Block].

Dihydroxy-Verbindungen $C_{25}H_{20}O_3$

***2-[4-Methoxy-styryl]-4,6-diphenyl-pyrylium** $[C_{26}H_{21}O_2]^+$, Formel VII (vgl. E II 210).
  Perchlorat (vgl. E II 210). Absorptionsmaximum (Eg.) eines nach dem E II 210 an-

gegebenen Verfahren hergestellten Präparats: 506—508 nm (*Wizinger, Wagner,* Helv. **34** [1951] 2290, 2296).

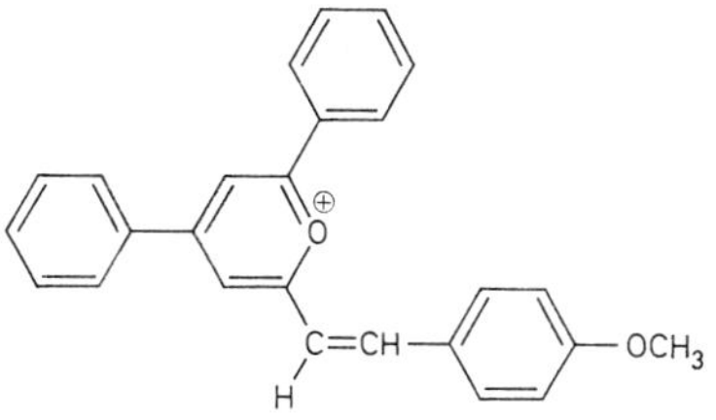

VII 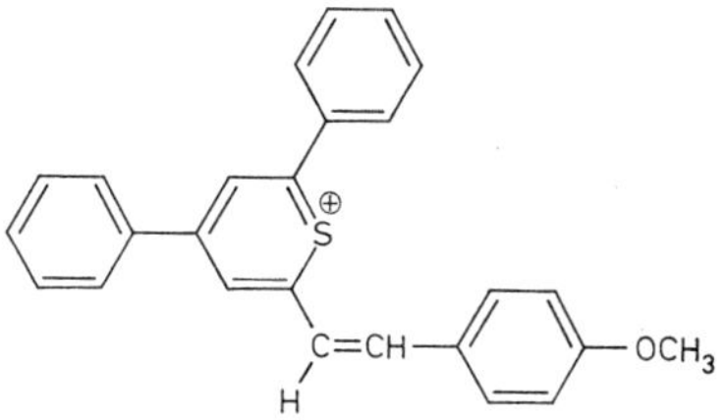   VIII

*2-[4-Methoxy-styryl]-4,6-diphenyl-thiopyrylium $[C_{26}H_{21}OS]^+$, Formel VIII.

Perchlorat $[C_{26}H_{21}OS]ClO_4$. *B.* Beim Behandeln von 2-[4-Methoxy-styryl]-4,6-diphenyl-pyrylium-perchlorat (S. 2254) mit Natriumsulfid in wss. Aceton und anschliessend mit wss. Perchlorsäure (*Wizinger, Ulrich,* Helv. **39** [1956] 207, 215). — Rote Krystalle (aus Eg.); Zers. oberhalb 225°. Absorptionsmaximum (Eg.): 520—522 nm (*Wi., Ul.,* l. c. S. 213).

Dihydroxy-Verbindungen $C_{28}H_{26}O_3$

6-[2-Hydroxy-3,5-dimethyl-benzyl]-9,11-dimethyl-7H-benzo[c]xanthen-5-ol $C_{28}H_{26}O_3$, Formel IX (R = H).

B. Beim Erwärmen von Naphthalin-1,4-diol mit 2-Hydroxy-3,5-dimethyl-benzylalkohol und Chlorwasserstoff enthaltendem Äthanol (*v. Euler, Kispéczy,* J. pr. [2] **160** [1942] 195, 201).

Krystalle (aus Eg.), F: 222—224° [Zers.]; Krystalle (aus CHCl₃), F: 200—204°.

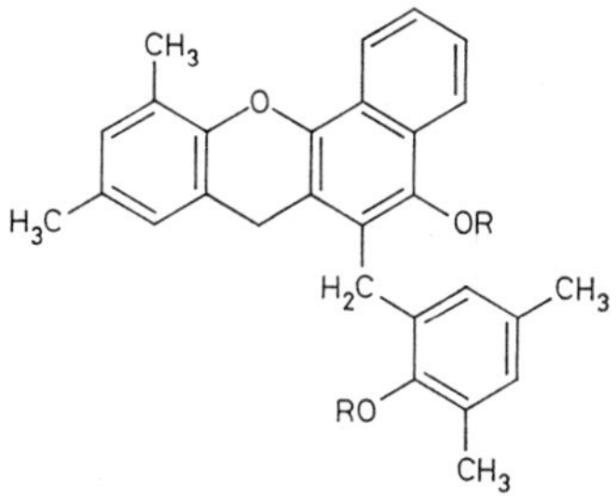

IX

5-Acetoxy-6-[2-acetoxy-3,5-dimethyl-benzyl]-9,11-dimethyl-7H-benzo[c]xanthen $C_{32}H_{30}O_5$, Formel IX (R = CO-CH₃).

B. Aus der im vorangehenden Artikel beschriebenen Verbindung (*v. Euler, Kispéczy,* J. pr. [2] **160** [1942] 195, 202).

Krystalle (aus Eg.); F: 230—231°.

Dihydroxy-Verbindungen $C_nH_{2n-32}O_3$

Dihydroxy-Verbindungen $C_{24}H_{16}O_3$

1,2-Bis-[2-methoxy-phenyl]-naphtho[2,1-b]furan $C_{26}H_{20}O_3$, Formel I.

B. Beim Erhitzen von [2]Naphthol mit 2,2'-Dimethoxy-benzoin in Dioxan unter Zusatz von wss. Salzsäure (*Brown et al.,* Soc. **1958** 4305).

Krystalle (aus PAe.); F: 125—126°.

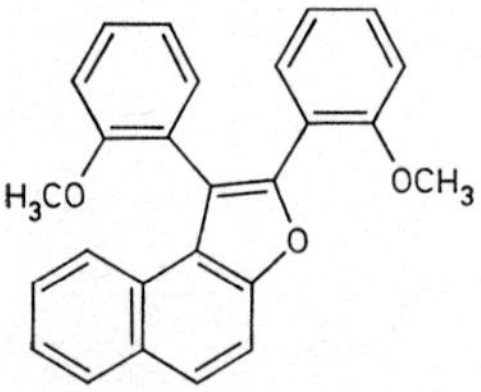

I 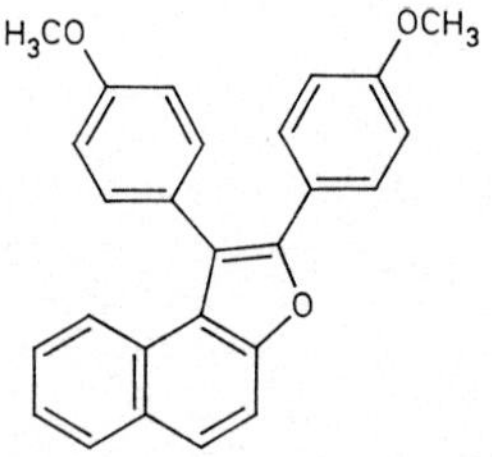   II 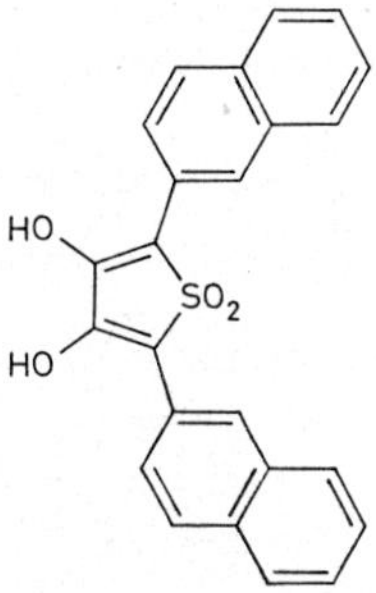   III

1,2-Bis-[4-methoxy-phenyl]-naphtho[2,1-b]furan $C_{26}H_{20}O_3$, Formel II.

B. Beim Erhitzen von [2]Naphthol mit 4,4′-Dimethoxy-benzoin in Dioxan unter Zusatz von wss. Salzsäure (*Brown et al.*, Soc. **1958** 4305).

Krystalle (aus PAe.); F: 116—117°.

2,5-Di-[2]naphthyl-1,1-dioxo-1λ^6-thiophen-3,4-diol $C_{24}H_{16}O_4S$, Formel III.

B. Beim Behandeln von Bis-[2]naphthylmethyl-sulfon mit Natriumäthylat in Äthanol und anschliessenden Erwärmen mit Diäthyloxalat (*Overberger et al.*, Am. Soc. **72** [1950] 2856, 2858).

Krystalle (aus A. + Toluol); F: 299,5° [korr.; Zers.].

Dihydroxy-Verbindungen $C_{25}H_{18}O_3$

9,9-Diphenyl-xanthen-3,6-diol $C_{25}H_{18}O_3$, Formel IV.

Bezüglich der Einheitlichkeit des nachstehend beschriebenen Präparats vgl. *Weissberger, Thiele*, Soc. **1934** 148, 150.

B. Beim Erhitzen von Benzophenon mit Resorcin in Gegenwart von Zinkchlorid und Chlorwasserstoff auf 190° (*Sen et al.*, J. Indian chem. Soc. **7** [1930] 997, 999).

Braune Krystalle (aus A. oder Acn.); F: 125—127° (*Sen et al.*).

Beim Behandeln einer Lösung in Äthanol mit Brom ist ein Dibrom-Derivat $C_{25}H_{16}Br_2O_3$ (rote Krystalle [aus A.], F: 175°) erhalten worden (*Sen et al.*).

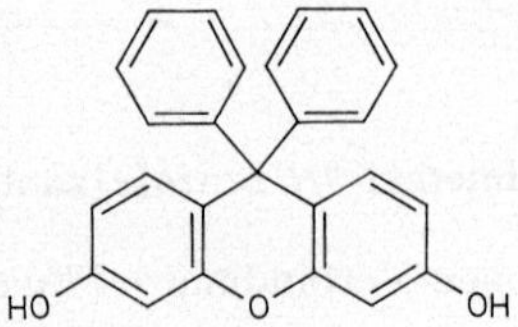

IV 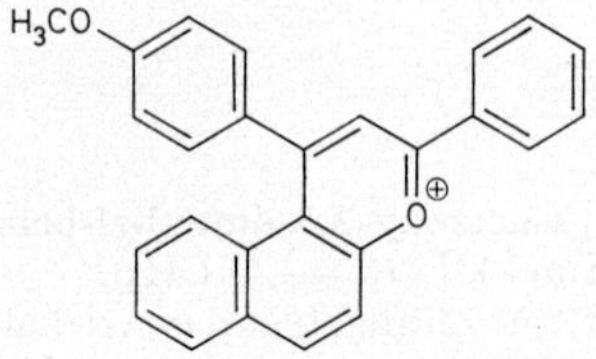   V

1-[4-Methoxy-phenyl]-3-phenyl-benzo[f]chromenylium $[C_{26}H_{19}O_2]^+$, Formel V.

Perchlorat $[C_{26}H_{19}O_2]ClO_4$. B. Analog dem Pikrat [s. u.] (*Dilthey et al.*, J. pr. [2] **148** [1937] 210, 214). — Orangerote Krystalle; F: 252—253° [Zers.] (*Di. et al.*).

Pikrat $[C_{26}H_{19}O_2]C_6H_2N_3O_7$. B. Beim Behandeln von [2]Naphthol mit 4-Methoxy-*trans*-chalkon und Chlorwasserstoff in Äthanol unter Zusatz von Chloranil und Behandeln des Reaktionsprodukts mit Pikrinsäure in Äthanol (*Robinson, Walker*, Soc. **1935** 941, 945). — Rote Krystalle; F: 210—212° (*Di. et al.*), 204° [aus A.] (*Ro., Wa.*).

(±)-1,3-Bis-[4-methoxy-phenyl]-1H-benzo[f]chromen $C_{27}H_{22}O_3$, Formel VI.

B. Beim Erwärmen von [2]Naphthol mit 4,4′-Dimethoxy-*trans*-chalkon und Chlor=

wasserstoff enthaltendem Äthanol (*Dilthey et al.*, J. pr. [2] **148** [1937] 210, 215).
Krystalle (aus Bzl.); F: 193—194°.

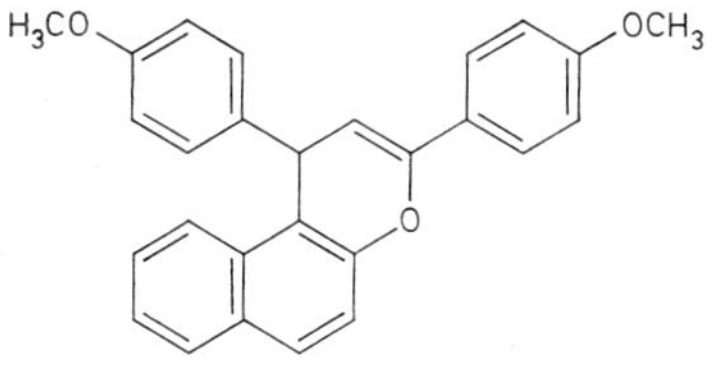

VI 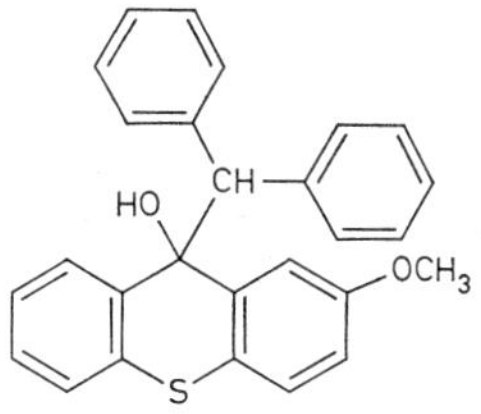   VII

Dihydroxy-Verbindungen $C_{26}H_{20}O_3$

(±)-9-Benzhydryl-2-methoxy-thioxanthen-9-ol $C_{27}H_{22}O_2S$, Formel VII.

B. Aus 2-Methoxy-thioxanthen-9-on und Benzhydrylnatrium (*Bergmann, Corte*, B. **66**
[1933] 39, 43).
Krystalle (aus Amylalkohol); F: 207—209°.

---

*Opt.-inakt. 5,11-Dimethyl-acenaphtho[1,2-*d*]dibenz[*b,f*]oxepin-3b,12b-diol $C_{26}H_{20}O_3$,
Formel VIII.

B. Beim Erhitzen von Acenaphthenchinon mit *p*-Kresol und Schwefelsäure (*Matei,
Bogdan*, B. **67** [1934] 1834, 1839).
Krystalle (aus A.) mit 1 Mol Äthanol, F: 190—191° [bei schnellem Erhitzen]; Krystalle
(aus Toluol) mit 1 Mol Toluol; F: 148°; Krystalle (aus Eg.) mit 1 Mol Essigsäure, F: 136°;
die lösungsmittelfreie Verbindung schmilzt bei 225°.
Beim Behandeln einer Lösung in Essigsäure mit Schwefelsäure ist 2',7'-Dimethyl-spiro=
[acenaphthen-1,9'-xanthen]-2-on erhalten worden.

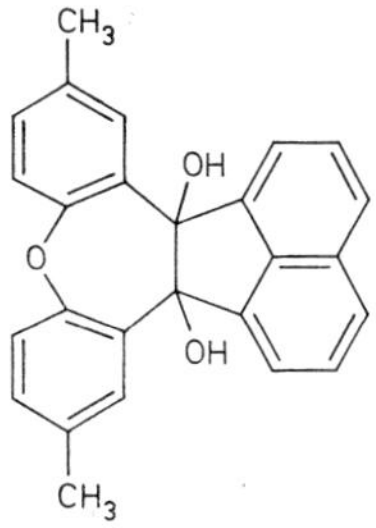

VIII 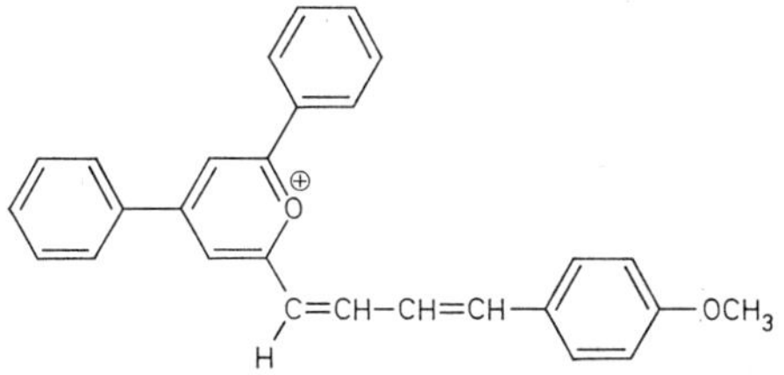   IX

Dihydroxy-Verbindungen $C_{27}H_{22}O_3$

*2-[4-(4-Methoxy-phenyl)-buta-1,3-dienyl]-4,6-diphenyl-pyrylium $[C_{28}H_{23}O_2]^+$,
Formel IX.

Perchlorat $[C_{28}H_{23}O_2]ClO_4$. *B.* Beim Erwärmen des 2-Methyl-4,6-diphenyl-pyrylium-
Salzes der Sulfoessigsäure mit 4-Methoxy-zimtaldehyd in Acetanhydrid und Behandeln
des Reaktionsprodukts mit Natriumperchlorat in Äthanol (*Wizinger, Kölliker*, Helv. **38**
[1955] 372, 379). — Schwarzviolette Krystalle (aus Eg.); F: 239°. Absorptionsmaximum
(Eg.): 554 nm.

Dihydroxy-Verbindungen $C_{28}H_{24}O_3$

*Opt.-inakt. 5,7,9,11-Tetramethyl-acenaphtho[1,2-*d*]dibenz[*b,f*]oxepin-3b,12b-diol
$C_{28}H_{24}O_3$, Formel X.

B. Neben 2',4',5',7'-Tetramethyl-spiro[acenaphthen-1,9'-xanthen]-2-on beim Erhitzen
von Acenaphthenchinon mit 2,4-Dimethyl-phenol in Essigsäure unter Zusatz von Schwe=
felsäure (*Matei, Bogdan*, B. **71** [1938] 2292, 2295).
Krystalle (aus Acn. + W.) mit 1 Mol Aceton; F: 281—282°.

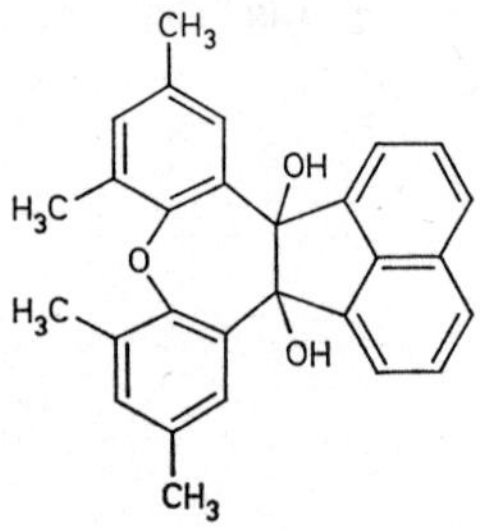

X 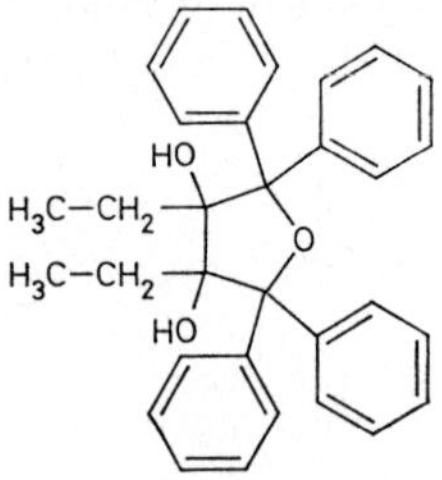   XI

Dihydroxy-Verbindungen C₃₂H₃₂O₃

*Opt.-inakt. 3,4-Diäthyl-2,2,5,5-tetraphenyl-tetrahydro-furan-3,4-diol $C_{32}H_{32}O_3$, Formel XI.

B. Aus 2,2,5,5-Tetraphenyl-furan-3,4-dion und Äthylmagnesiumbromid (*Jašnopol'skiĭ*, Ž. obšč. Chim. **18** [1948] 1789; C. A. **1949** 3405).

Krystalle (aus A.); F: 91—93°.

Dihydroxy-Verbindungen $C_nH_{2n-34}O_3$

Dihydroxy-Verbindungen $C_{25}H_{16}O_3$

Spiro[fluoren-9,9'-xanthen]-3',6'-diol $C_{25}H_{16}O_3$, Formel I (R = H).

Bezüglich der Einheitlichkeit des nachstehend beschriebenen Präparats vgl. *Weissberger, Thiele*, Soc. **1934** 148, 150.

B. Beim Erhitzen von Fluoren-9-on mit Resorcin in Gegenwart von Zinkchlorid und Chlorwasserstoff auf 190° (*Sen et al.*, J. Indian chem. Soc. **7** [1930] 997, 1000; vgl. *Mukherjee, Dutt*, Pr. Acad. Sci. Agra Oudh **5** [1935] 234, 237).

Gelbe Krystalle (aus Bzl.); F: 232° (*Mu., Dutt*), 220° (*Sen et al.*). Absorptionsmaximum: 419,5 nm (*Mu., Dutt*, l. c. S. 239).

Überführung in ein Dibrom-Derivat $C_{25}H_{14}Br_2O_3$ (Krystalle [aus A.], die unterhalb 300° nicht schmelzen; λ_{max}: 426 nm) durch Behandlung mit Brom in Äthanol: *Mu., Dutt*, l. c. S. 237, 239.

3',6'-Bis-chloracetoxy-spiro[fluoren-9,9'-xanthen] $C_{29}H_{18}Cl_2O_5$, Formel I (R = CO-CH₂Cl).

B. Aus Spiro[fluoren-9,9'-xanthen]-3',6'-diol (*Sen et al.*, J. Indian chem. Soc. **7** [1930] 997, 1000).

Krystalle (aus A. + CHCl₃); F: 182°.

3',6'-Bis-benzoyloxy-spiro[fluoren-9,9'-xanthen] $C_{39}H_{24}O_5$, Formel I (R = CO-C₆H₅).

B. Aus Spiro[fluoren-9,9'-xanthen]-3',6'-diol (*Mukherjee, Dutt*, Pr. Acad. Sci. Agra Oudh **5** [1935] 234, 238).

Hellgelbe Krystalle (aus Py.); F: 212°.

Spiro[fluoren-9,9'-xanthen]-4',5'-diol $C_{25}H_{16}O_3$, Formel II (R = H).

Bezüglich der Einheitlichkeit des nachstehend beschriebenen Präparats vgl. *Weissberger, Thiele*, Soc. **1934** 148, 150.

B. Beim Erhitzen von Fluoren-9-on mit Brenzcatechin in Gegenwart von Chlorwasserstoff auf 200° (*Mukherjee, Dutt*, Pr. Acad. Sci. Agra Oudh **5** [1935] 234, 238).

Orangerote Krystalle (aus W.); F: 169° (*Mu., Dutt*). Absorptionsmaximum: 461,9 nm (*Mu., Dutt*, l. c. S. 239).

Überführung in ein Dibrom-Derivat $C_{25}H_{14}Br_2O_3$ (gelbe Krystalle [aus A.], die unterhalb 300° nicht schmelzen; λ_{max}: 474 nm) durch Behandlung mit Brom in Äthanol: *Mu., Dutt*, l. c. S. 238, 239.

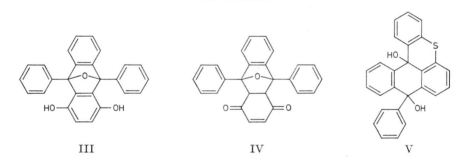

I   II

4′,5′-Bis-benzoyloxy-spiro[fluoren-9,9′-xanthen] $C_{39}H_{24}O_5$, Formel II (R = CO-C_6H_5).
B. Aus Spiro[fluoren-9,9′-xanthen]-4′,5′-diol (*Mukherjee, Dutt*, Pr. Acad. Sci. Agra
Oudh **5** [1935] 234, 238).
Hellgelbe Krystalle (aus Py.); F: 141°.

Dihydroxy-Verbindungen $C_{26}H_{18}O_3$

9,10-Diphenyl-9,10-dihydro-9,10-epoxido-anthracen-1,4-diol $C_{26}H_{18}O_3$, Formel III, und
opt.-inakt. **9,10-Diphenyl-4a,9,9a,10-tetrahydro-9,10-epoxido-anthracen-1,4-dion**
$C_{26}H_{18}O_3$, Formel IV.
B. Aus 1,3-Diphenyl-isobenzofuran und [1,4]Benzochinon in Äther bei −10° (*de
Barry Barett*, Soc. **1935** 1326).
Krystalle (aus $CHCl_3$); F: 203° [Zers.].

III   IV   V

*Opt.-inakt. **9-Phenyl-9H-naphtho[3,2,1-kl]thioxanthen-9,13b-diol** $C_{26}H_{18}O_2S$,
Formel V.
B. Beim Behandeln von (±)-13b-Hydroxy-13bH-naphtho[3,2,1-kl]thioxanthen-9-on
mit Phenylmagnesiumbromid in Benzol (*Panico*, A. ch. [12] **10** [1955] 695, 724).
Krystalle (aus Ae.); F: 234—235° [Block]. Absorptionsspektrum von Lösungen in
Äthanol (200—300 nm) und in Essigsäure (200—650 nm): *Pa.*, l. c. S. 750.
Beim Behandeln mit Titan(III)-chlorid in Essigsäure unter Lichtausschluss ist 9-Phen=
yl-naphtho[3,2,1-kl]thioxanthen erhalten worden (*Pa.*, l. c. S. 725).

Dihydroxy-Verbindungen $C_{27}H_{20}O_3$

2-Biphenyl-4-yl-7-hydroxy-3-phenyl-chromenylium $[C_{27}H_{19}O_2]^+$, Formel VI (R = H).
Chlorid $[C_{27}H_{19}O_2]Cl$. *B.* Neben 2-Biphenyl-4-yl-3-phenyl-chromen-7-on beim Be=
handeln einer Lösung von 2,4-Dihydroxy-benzaldehyd und 4-Phenyl-desoxybenzoin in
Äthylacetat mit Chlorwasserstoff (*Mee et al.*, Soc. **1957** 3093, 3095). — Rote Krystalle
(aus Eg. + wss. Salzsäure); F: 309—310° [Zers.].
Perchlorat $[C_{27}H_{19}O_2]ClO_4$. Rote Krystalle (aus Eg. + wss. Perchlorsäure) mit 6,5 Mol
H_2O; F: 265° [Zers.] (*Mee et al.*).
Tetrachloroferrat(III) $[C_{27}H_{19}O_2]FeCl_4$. Rote Krystalle (aus Eg. + Eisen(III)-chlorid
+ wss. Salzsäure) mit 1 Mol H_2O; F: 218—221° [Zers.] (*Mee et al.*).
Pikrat $[C_{27}H_{19}O_2]C_6H_2N_3O_7$. *B.* Aus 2-Biphenyl-4-yl-3-phenyl-chromen-7-on und
Pikrinsäure in Benzol (*Mee et al.*). — Gelbbraune Krystalle; F: 220° [Zers.].

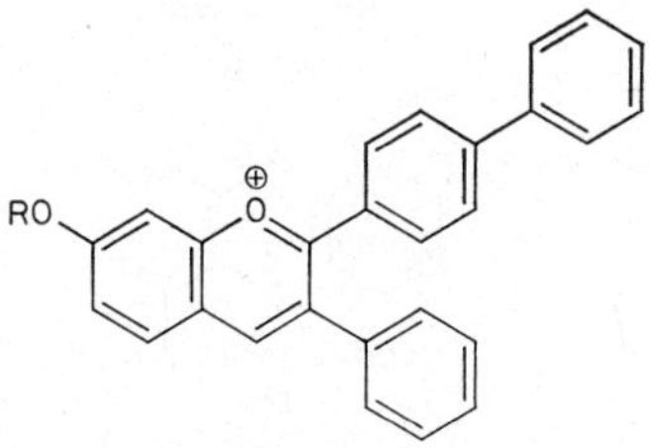

VI 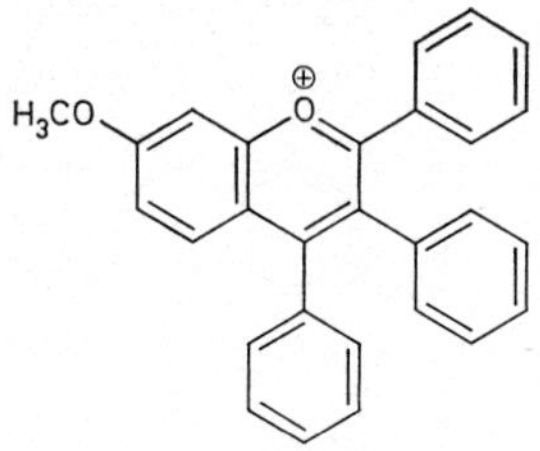   VII

2-Biphenyl-4-yl-7-methoxy-3-phenyl-chromenylium $[C_{28}H_{21}O_2]^+$, Formel VI (R = CH$_3$).
Perchlorat $[C_{28}H_{21}O_2]ClO_4$. *B.* Bei der Behandlung von 2-Biphenyl-4-yl-3-phenyl-chromen-7-on mit Dimethylsulfat und Kaliumcarbonat in Benzol und Umsetzung des Reaktionsprodukts mit Perchlorsäure (*Mee et al.*, Soc. **1957** 3093, 3095). —Rote Krystalle (aus Eg. + wss. Perchlorsäure); F: 235° [Zers.].

———

7-Methoxy-2,3,4-triphenyl-chromenylium $[C_{28}H_{21}O_2]^+$, Formel VII.
Tetrachloroferrat(III) $[C_{28}H_{21}O_2]FeCl_4$. *B.* Aus 7-Methoxy-3,4-diphenyl-cumarin und Phenylmagnesiumbromid über das Chlorid (*Heilbron, Howard*, Soc. **1934** 1571). — Braune Krystalle; F: 140—142° [Zers.].

———

*9-[2-(4-Methoxy-phenyl)-2-phenyl-vinyl]-xanthylium $[C_{28}H_{21}O_2]^+$, Formel VIII.
Perchlorat $[C_{28}H_{21}O_2]ClO_4$. *B.* Beim Erwärmen von 9-Methyl-xanthylium-perchlorat mit 4-Methoxy-benzophenon, Phosphor(V)-chlorid und Acetylchlorid (*Wizinger, Renck-hoff*, Helv. **24** [1941] 369 E, 383 E). — Rote Krystalle (aus CHCl$_3$ + Ae.); Zers. bei 152° bis 155°. — Beim Behandeln mit Pyridin ist 9-[(4-Methoxy-phenyl)-phenyl-vinyliden]-xanthen erhalten worden (*Wi., Re.*, l. c. S. 387 E).

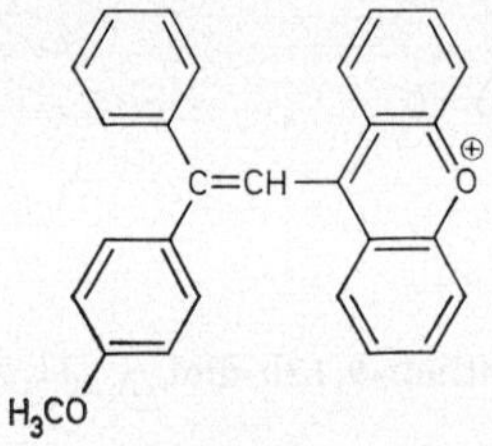

VIII 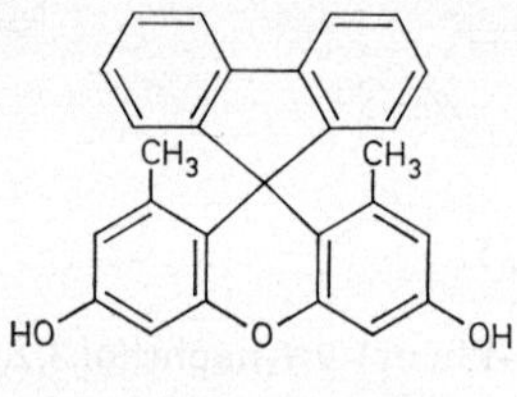   IX

1',8'-Dimethyl-spiro[fluoren-9,9'-xanthen]-3',6'-diol $C_{27}H_{20}O_3$, Formel IX.
B. Beim Erhitzen von Fluoren-9-on mit 5-Methyl-resorcin bis auf 200° unter Einleiten von Chlorwasserstoff (*Mukherjee, Dutt*, Pr. Acad. Sci. Agra Oudh **5** [1935] 234, 238). Krystalle (aus A.), die unterhalb 300° nicht schmelzen.

Dihydroxy-Verbindungen C$_{28}$H$_{22}$O$_3$

*Opt.-inakt. 2,5-Dimethoxy-2,3,4,5-tetraphenyl-2,5-dihydro-furan $C_{30}H_{26}O_3$, Formel X (R = CH$_3$).
B. Beim Behandeln von 1,2,3,4-Tetraphenyl-but-2c-en-1,4-dion mit Methanol und Chlorwasserstoff (*Madelung, Oberwegner*, A. **490** [1931] 201, 234). Krystalle (aus PAe.); F: 164°.

*Opt.-inakt. 2,5-Diäthoxy-2,3,4,5-tetraphenyl-2,5-dihydro-furan $C_{32}H_{30}O_3$, Formel X (R = C$_2$H$_5$).
B. Beim Behandeln von 1,2,3,4-Tetraphenyl-but-2c-en-1,4-dion mit Schwefelsäure enthaltendem Äthanol oder mit Chlorwasserstoff enthaltendem Äthanol (*Lutz, Reese*, Am. Soc. **81** [1959] 3397, 3401). Krystalle (aus A.); F: 156,5—157,5°. UV-Absorptionsmaximum (A.): 260 nm.

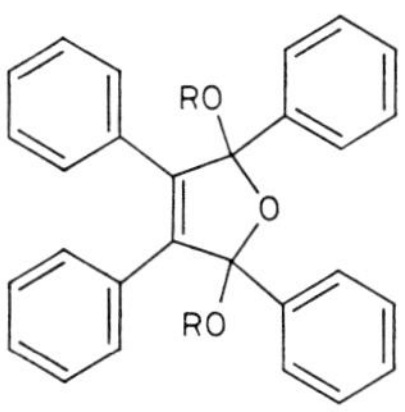

X 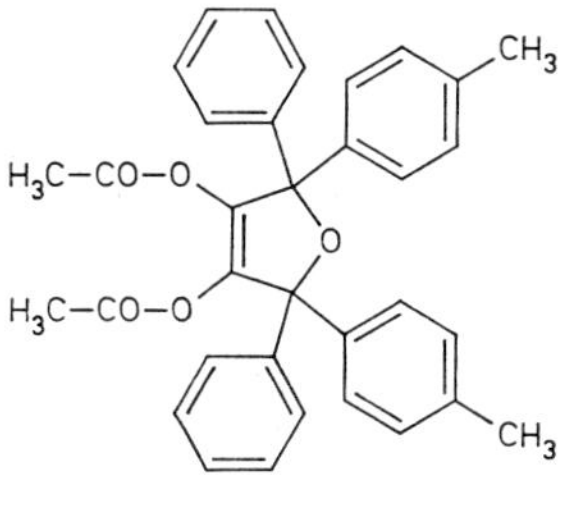   XI 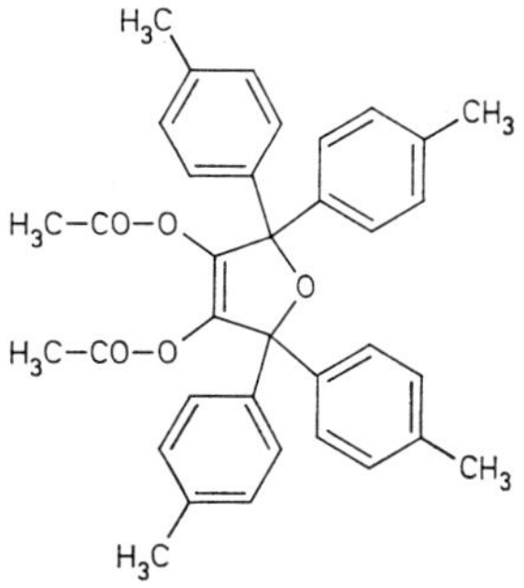   XII

Dihydroxy-Verbindungen C₃₀H₂₆O₃

*Opt.-inakt. 3,4-Diacetoxy-2,5-diphenyl-2,5-di-*p*-tolyl-2,5-dihydro-furan $C_{34}H_{30}O_5$, Formel XI.

B. Aus opt.-inakt. 1,4-Diphenyl-1,4-di-*p*-tolyl-but-2-in-1,4-diol (Präparate vom F: 144° bis 146° oder vom F: 132—134°) beim Erwärmen mit Mangan(III)-acetat in Essigsäure (*Soniš*, Ž. obšč. Chim. **20** [1950] 1261, 1270; engl. Ausg. S. 1311, 1318).

Gelbe Krystalle (aus Me.); F: 80—82°.

Dihydroxy-Verbindungen C₃₂H₃₀O₃

3,4-Diacetoxy-2,2,5,5-tetra-*p*-tolyl-2,5-dihydro-furan $C_{36}H_{34}O_5$, Formel XII.

B. Aus 1,1,4,4-Tetra-*p*-tolyl-but-2-in-1,4-diol beim Erwärmen mit Mangan(III)-acetat in Essigsäure (*Soniš*, Ž. obšč. Chim. **20** [1950] 1261, 1268; engl. Ausg. S. 1311, 1316).

Gelbe Krystalle (aus Me.); F: 85—87°.

Dihydroxy-Verbindungen C_nH_{2n—36}O₃

Dihydroxy-Verbindungen C₂₇H₁₈O₃

9-[Bis-(4-methoxy-phenyl)-vinyliden]-xanthen $C_{29}H_{22}O_3$, Formel I.

B. Aus 9-[2,2-Bis-(4-methoxy-phenyl)-vinyl]-xanthylium-perchlorat beim Erwärmen mit Pyridin (*Wizinger, Renckhoff*, Helv. **24** [1941] 369 E, 387 E).

Krystalle (aus Bzn.); F: 124°.

Am Tageslicht erfolgt Umwandlung in 6-Methoxy-3-[4-methoxy-phenyl]-spiro[inden-1,9'-xanthen] (s. u.).

6-Methoxy-3-[4-methoxy-phenyl]-spiro[inden-1,9'-xanthen] $C_{29}H_{22}O_3$, Formel II.

B. Aus 9-[2,2-Bis-(4-methoxy-phenyl)-vinyl]-xanthylium-perchlorat beim Erhitzen mit Essigsäure (*Wizinger, Renckhoff*, Helv. **24** [1941] 369 E, 388 E).

Krystalle (aus Eg.); F: 178°.

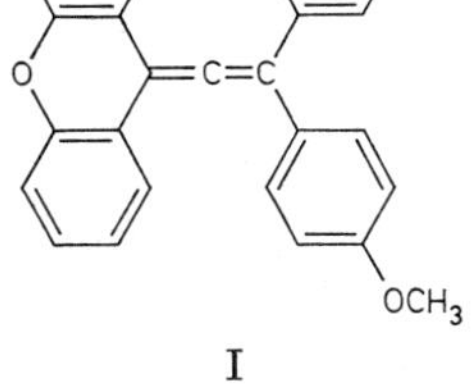

I 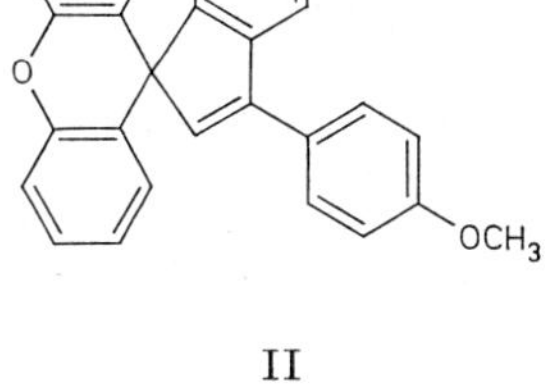   II 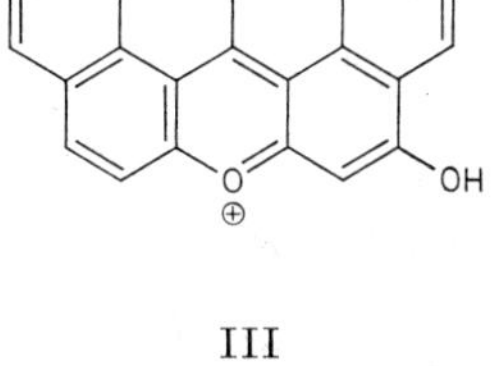   III

5-Hydroxy-14-phenyl-dibenzo[a,j]xanthenylium $[C_{27}H_{17}O_2]^+$, Formel III.

Perchlorat $[C_{27}H_{17}O_2]ClO_4$. *B*. Beim Erwärmen von ($\pm$)-5-Acetoxy-14-phenyl-14*H*-di=
benzo[a,j]xanthen mit Mangan(IV)-oxid und Essigsäure unter Einleiten von Chlor=
wasserstoff und Behandeln einer Lösung des erhaltenen Chlorids in Essigsäure mit wss.
Perchlorsäure (*Dilthey, Dornheim*, J. pr. [2] **150** [1937] 45, 50). — Orangerote Krystalle;
F: 290—293° [Zers.]. — Beim Behandeln von Lösungen in Pyridin oder Dioxan mit
Wasser ist 14-Phenyl-dibenzo[a,j]xanthen-5-on erhalten worden (*Di., Do.*, l. c. S. 51).

($\pm$)-5-Acetoxy-14-[4-methoxy-phenyl]-14*H*-dibenzo[a,j]xanthen $C_{30}H_{22}O_4$, Formel IV.

B. Beim Erhitzen von ($\pm$)-[2-Hydroxy-[1]naphthyl]-[4-methoxy-phenyl]-methanol
oder von ($\pm$)-1-[α-Piperidino-4-methoxy-benzyl]-[2]naphthol mit Naphthalin-1,3-diol in
Essigsäure und Erhitzen des jeweiligen Reaktionsprodukts mit Acetanhydrid unter Zu=
satz von Schwefelsäure (*Dilthey, Dornheim*, J. pr. [2] **150** [1937] 45, 52, 53).
Krystalle; F: 235—236°.

IV   V   VI

14-[3-Methoxy-phenyl]-14*H*-dibenzo[a,j]xanthen-14-ol $C_{28}H_{20}O_3$, Formel V.

B. Beim Behandeln von 14-[3-Methoxy-phenyl]-14*H*-dibenzo[a,j]xanthen mit Mangan=
(IV)-oxid und Essigsäure unter Einleiten von Chlorwasserstoff und Eintragen des Reak=
tionsgemisches in Wasser (*Dilthey et al.*, J. pr. [2] **152** [1939] 49, 81).
Krystalle (aus Bzl. + Bzn.); F: 230—231°.

14-[3-Methoxy-phenyl]-dibenzo[a,j]xanthenylium $[C_{28}H_{19}O_2]^+$, Formel VI.

Perchlorat $[C_{28}H_{19}O_2]ClO_4$. *B*. Aus 14-[3-Methoxy-phenyl]-14*H*-dibenzo[a,j]xanthen-
14-ol beim Behandeln mit wss. Salzsäure und anschliessend mit wss. Perchlorsäure (*Dilthey et al.*, J. pr. [2] **152** [1939] 49, 82). — Rote Krystalle (aus Eg.); F: 289° [nach Sintern
von 282° an].

Tetrachloroferrat(III) $[C_{28}H_{19}O_2]FeCl_4$. *B*. Aus 14-[3-Methoxy-phenyl]-14*H*-dibenzo=
[a,j]xanthen-14-ol und Eisen(III)-chlorid (*Di. et al.*, l. c. S. 83). — Braunrote Krystalle;
F: 222—224°.

14-[4-Methoxy-phenyl]-14*H*-dibenzo[a,j]xanthen-14-ol $C_{28}H_{20}O_3$, Formel VII
(R = CH$_3$) (H 173; dort als 9-Oxy-9-[4-methoxy-phenyl]-1.2;7.8-dibenzo-xanthen be=
zeichnet).
Krystalle (aus Xylol); F: 275° (*Dilthey, Dahm*, J. pr. [2] **141** [1934] 61, 63).

14-[4-Benzoyloxy-phenyl]-14*H*-dibenzo[a,j]xanthen-14-ol $C_{34}H_{22}O_4$, Formel VII
(R = CO-C$_6$H$_5$).
B. Aus 14-[4-Benzoyloxy-phenyl]-14*H*-dibenzo[a,j]xanthen beim Erhitzen mit Blei(IV)-
oxid und Essigsäure (*Dilthey et al.*, J. pr. [2] **152** [1939] 99, 107).
Krystalle (aus Bzl. + Bzn.); Zers. von 270° an.

**14-Hydroperoxy-14-[4-methoxy-phenyl]-14*H*-dibenzo[a,j]xanthen, 14-[4-Methoxy-
phenyl]-14*H*-dibenzo[a,j]xanthen-14-ylhydroperoxid** $C_{28}H_{20}O_4$, Formel VIII.
B. Beim Behandeln einer Suspension von 14-[4-Methoxy-phenyl]-dibenzo[a,j]xanthen=
ylium-perchlorat in Essigsäure mit wss. Wasserstoffperoxid (*Dilthey, Dahm*, J. pr. [2]
141 [1934] 61, 63).
Krystalle (aus Bzl.); Zers. bei 185—186°. An der Luft erfolgt Rotfärbung.

14-[4-Hydroxy-phenyl]-dibenzo[*a,j*]xanthenylium $[C_{27}H_{17}O_2]^+$, Formel IX (R = H).
   Perchlorat $[C_{27}H_{17}O_2]ClO_4$. *B*. Beim Erhitzen von 14-[4-Benzoyloxy-phenyl]-dibenzo=
[*a,j*]xanthenylium-perchlorat mit wss.-äthanol. Natronlauge und Behandeln einer heissen
Lösung des Reaktionsprodukts in Essigsäure mit wss. Perchlorsäure (*Dilthey et al.*, J. pr.
[2] **152** [1939] 99, 108). — Hellrote Krystalle (aus Eg.); F: 320—321° [Zers.].

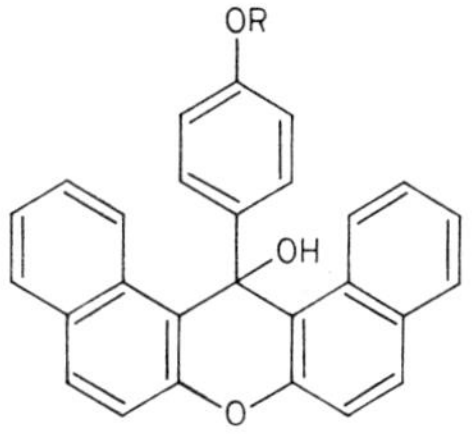

VII 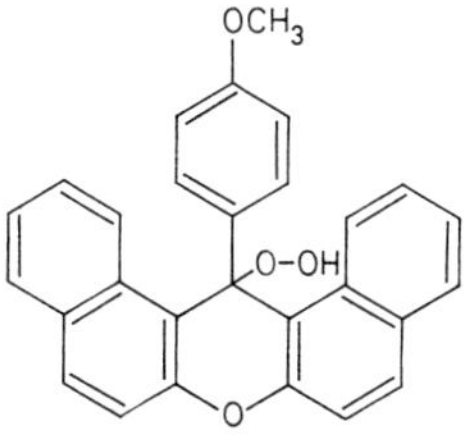   VIII 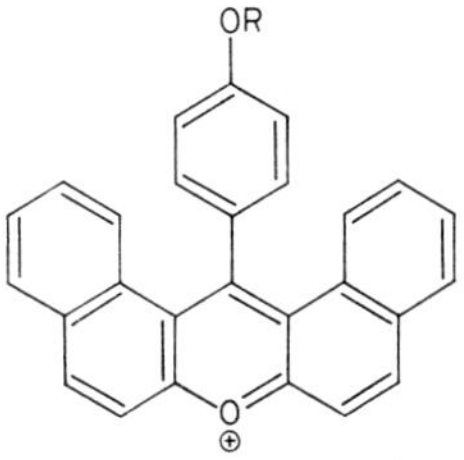   IX

14-[4-Benzoyloxy-phenyl]-dibenzo[*a,j*]xanthenylium $[C_{34}H_{21}O_3]^+$, Formel IX
(R = CO-C$_6$H$_5$).
   Perchlorat $[C_{34}H_{21}O_3]ClO_4$. *B*. Beim Behandeln einer Lösung von 14-[4-Benzoyloxy-
phenyl]-14*H*-dibenzo[*a,j*]xanthen-14-ol in Essigsäure mit wss. Perchlorsäure unter Licht=
ausschluss (*Dilthey et al.*, J. pr. [2] **152** [1939] 99, 107). — Rote Krystalle (aus Eg.); F:
290—291° [Zers.]. — Beim Erhitzen mit Essigsäure unter Belichtung ist 3-Benzoyloxy-
benzo[*a*]phenanthro[1,10,9-*jkl*]xanthenylium-perchlorat erhalten worden.

5,9-Diacetoxy-7-phenyl-7*H*-dibenzo[*c,h*]xanthen $C_{31}H_{22}O_5$, Formel X.
   B. Beim Erhitzen von 5,9-Dihydroxy-7-phenyl-dibenzo[*c,h*]xanthenylium-chlorid mit
Acetanhydrid und Zink-Pulver (*Fieser, Fieser*, Am. Soc. **63** [1941] 1572, 1575).
   Krystalle (aus Bzl. + Bzn.); Zers. bei 260—270°.

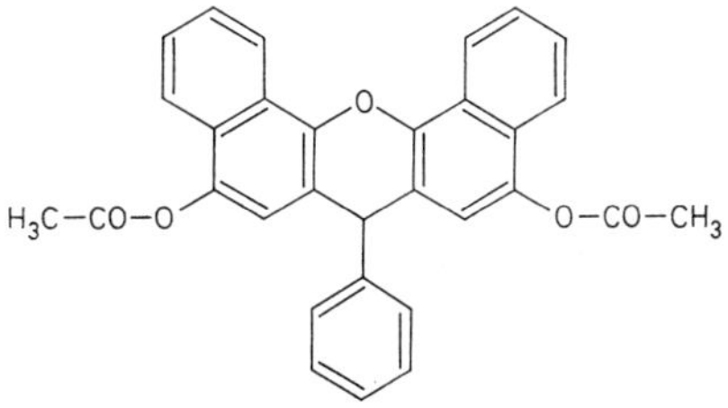

X 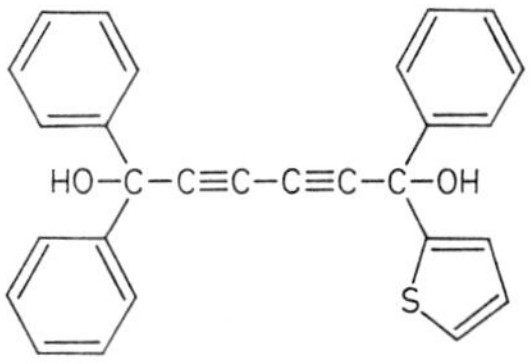   XI

Dihydroxy-Verbindungen C$_{28}$H$_{20}$O$_3$

(±)-1,1,6-Triphenyl-6-[2]thienyl-hexa-2,4-diin-1,6-diol $C_{28}H_{20}O_2S$, Formel XI.
   B. Beim Behandeln von 1,1-Diphenyl-penta-2,4-diin-1-ol mit Phenyl-[2]thienyl-keton
und Kaliumhydroxid in Tetrahydrofuran bei —10° (*Cadiot*, A. ch. [13] **1** [1956] 214, 240).
   Krystalle (aus Bzn. + Dioxan); F: 150°.

Dihydroxy-Verbindungen C$_{29}$H$_{22}$O$_3$

***4-[2-(4-Methoxy-phenyl)-2-phenyl-vinyl]-2-phenyl-chromenylium** $[C_{30}H_{23}O_2]^+$,
Formel XII.
   Perchlorat $[C_{30}H_{23}O_2]ClO_4$. *B*. Beim Erhitzen von 2-Phenyl-chromenylium-perchlorat
mit 1-[4-Methoxy-phenyl]-1-phenyl-äthylen in Essigsäure (*Wizinger, Luthiger*, Helv. **36**
[1953] 526, 530). — Grüne Krystalle; F: 249°. Absorptionsmaximum (Eg.): 538 nm
(*Wi., Lu.*).

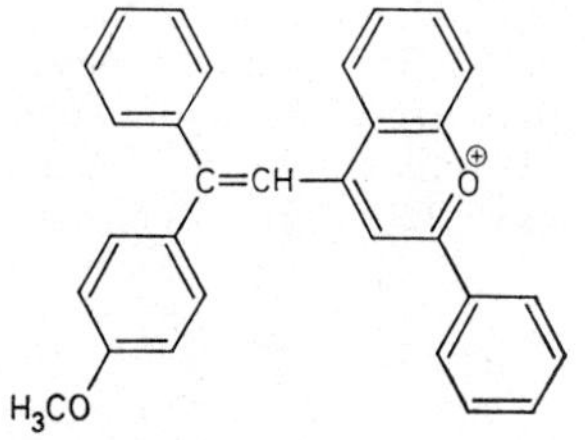

XII 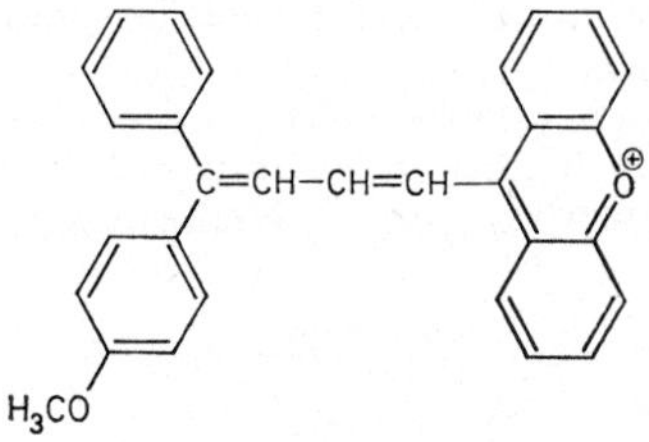   XIII

*9-[4-(4-Methoxy-phenyl)-4-phenyl-buta-1,3-dienyl]-xanthylium $[C_{30}H_{23}O_2]^+$,
Formel XIII.

Perchlorat $[C_{30}H_{23}O_2]ClO_4$. *B*. Beim Erwärmen von Xanthen-9-yliden-acetaldehyd mit
1-[4-Methoxy-phenyl]-1-phenyl-äthylen in Acetanhydrid und Essigsäure und mit wss.
Perchlorsäure (*Wizinger, Arni*, B. **92** [1959] 2309, 2318). — Rote Krystalle; F: 204—206°.
Absorptionsmaximum (Eg.): 665 nm (*Wi., Arni*, l. c. S. 2314).

Dihydroxy-Verbindungen $C_{30}H_{24}O_3$

*Opt.-inakt. 2-[3-Hydroxy-4,5-diphenyl-[2]furyl]-1,2-diphenyl-äthanol, 2-[α'-Hydroxy-
bibenzyl-α-yl]-4,5-diphenyl-furan-3-ol $C_{30}H_{24}O_3$, Formel I, und **2-[α'-Hydroxy-bibenzyl-
α-yl]-4,5-diphenyl-furan-3-on** $C_{30}H_{24}O_3$, Formel II.

B. Aus 2-[α'-Oxo-bibenzyl-α-yliden]-4,5-diphenyl-furan-3-on (F: 212—213°) bei der
Hydrierung an Palladium/Kohle in Äthanol (*Yates, Weisbach*, Am. Soc. **85** [1963] 2943,
2948; s. a. *Yates, Weisbach*, Chem. and Ind. **1957** 1482).

Krystalle (aus A.); F: 194—195° [unkorr.] (*Ya., We.*, Am. Soc. **85** 2948). UV-Ab=
sorptionsmaxima (A.): 242 nm und 315 nm (*Ya., We.*, Am. Soc. **85** 2948).

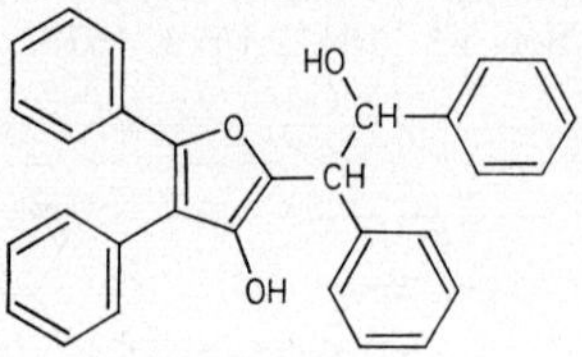

I 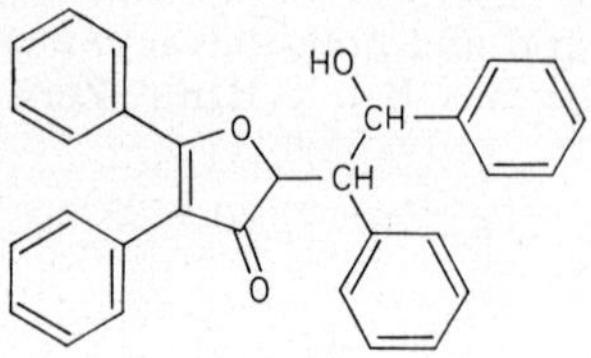   II

2,5-Bis-[α-hydroxy-benzyl]-3,4-diphenyl-furan $C_{30}H_{24}O_3$, Formel III.
Diese Konstitution wird für die nachstehend beschriebene opt.-inakt. Verbindung
in Betracht gezogen.

B. Neben anderen Verbindungen beim Behandeln von (±)-Benzoin mit Mononatrium=
acetylenid in flüssigem Ammoniak (*Cymerman-Craig et al.*, Austral. J. Chem. **9** [1956]
391, 394).

Gelbe Krystalle (aus CHCl$_3$ + PAe.); F: 195—196° [Zers.].

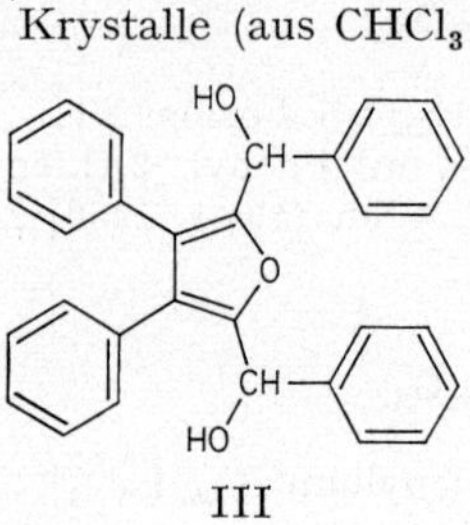

III 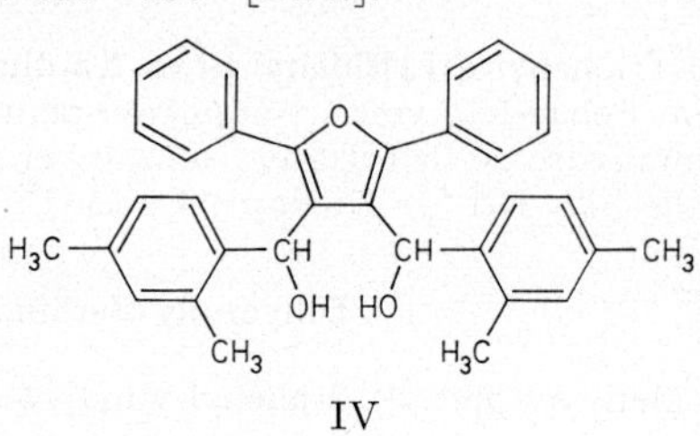   IV

Dihydroxy-Verbindungen $C_{34}H_{32}O_3$

*Opt.-inakt. 3,4-Bis-[α-hydroxy-2,4-dimethyl-benzyl]-2,5-diphenyl-furan $C_{34}H_{32}O_3$,
Formel IV.

B. Aus 3,4-Bis-[2,4-dimethyl-benzoyl]-2,5-diphenyl-furan beim Erwärmen mit Zink und äthanol. Kalilauge (*Nightingale, Sukornick*, J. org. Chem. **24** [1959] 497, 500). Krystalle (aus A.); F: 156,5—158° [unkorr.].

Dihydroxy-Verbindungen $C_nH_{2n-38}O_3$

Dihydroxy-Verbindungen $C_{26}H_{14}O_3$

5,10-Diacetoxy-benzo[6,7]pentapheno[13,14-*bcd*]furan $C_{30}H_{18}O_5$, Formel V.

Eine unter dieser Konstitution beschriebene Verbindung (orangegelbe Krystalle [aus Eg.], F: 265° [unkorr.]) ist beim Erhitzen von Benzo[*h*]pentaphen-5,10,15,16-dichinon(?) (F: 285° [E III 7 4812]) mit Zink-Pulver und Acetanhydrid erhalten worden (*Rădulescu, Bărbulescu*, Bulet. [2] **1** [1939] 7, 14; s. dagegen *Zinke et al.*, M. **83** [1952] 1497, 1498).

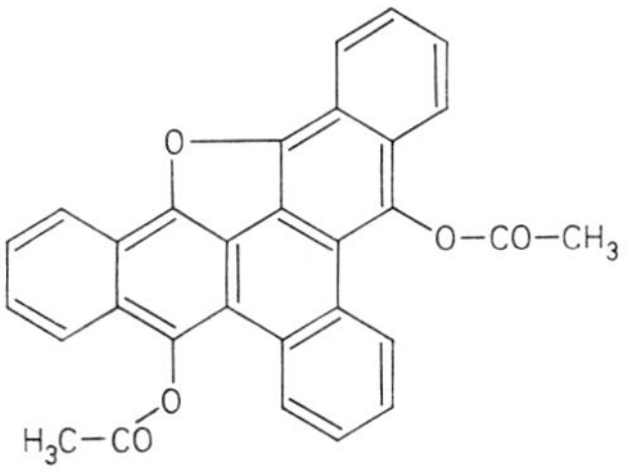

V 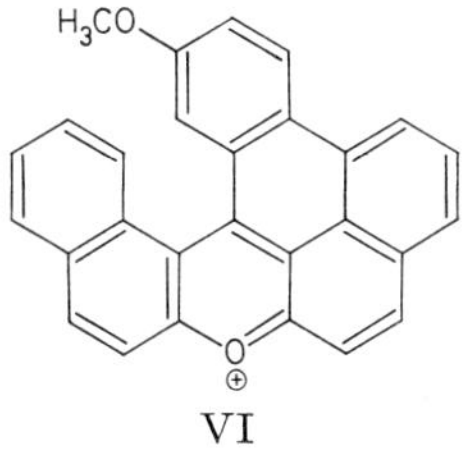   VI 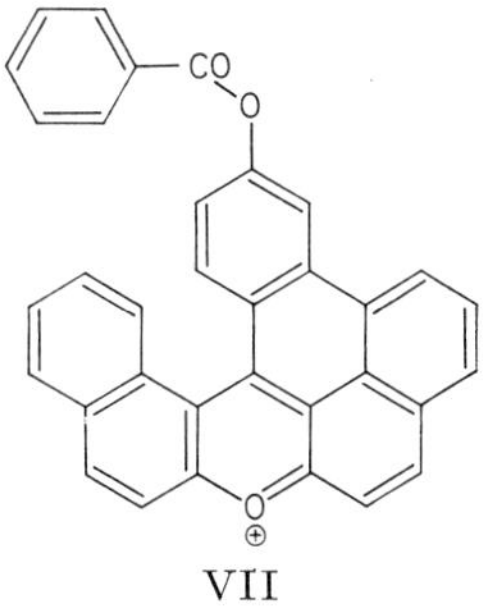   VII

Dihydroxy-Verbindungen $C_{27}H_{16}O_3$

2-Methoxy-benzo[*a*]phenanthro[1,10,9-*jkl*]xanthenylium $[C_{28}H_{17}O_2]^+$, Formel VI.

Perchlorat $[C_{28}H_{17}O_2]ClO_4$. *B.* Beim Erhitzen von 14-[3-Methoxy-phenyl]-dibenzo[*a,j*]= xanthenylium-perchlorat mit Essigsäure unter Belichtung (*Dilthey et al.*, J. pr. [2] **152** [1939] 49, 83). — Absorptionsspektrum (Acetanhydrid; 300—700 nm): *Di. et al.*, l. c. S. 62.

3-Benzoyloxy-benzo[*a*]phenanthro[1,10,9-*jkl*]xanthenylium $[C_{34}H_{19}O_3]^+$, Formel VII.

Perchlorat $[C_{34}H_{19}O_3]ClO_4$. *B.* Beim Erhitzen von 14-[4-Benzoyloxy-phenyl]-dibenzo= [*a,j*]xanthenylium-perchlorat mit Essigsäure unter Belichtung (*Dilthey et al.*, J. pr. [2] **152** [1939] 99, 108). — Violette Krystalle; F: 327—328° [Zers.]. — Beim Behandeln mit wss.-äthanol. Natronlauge und Eintragen der Reaktionslösung in Wasser ist Benzo[*a*]= phenanthro[1,10,9-*jkl*]xanthen-3-on erhalten worden (*Di. et al.*, l. c. S. 109).

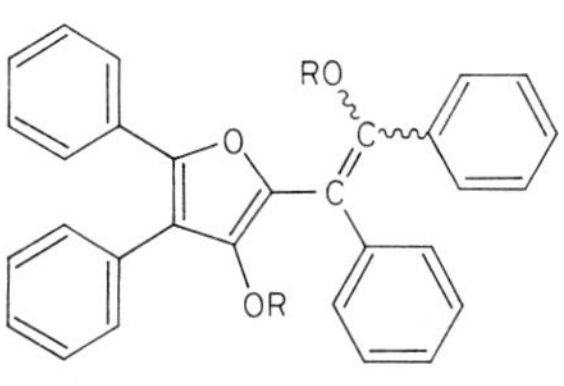

VIII 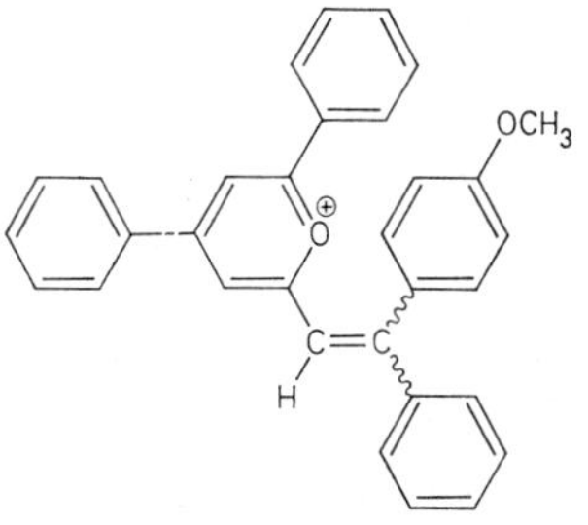   IX

Dihydroxy-Verbindungen $C_{30}H_{22}O_3$

*****3-Acetoxy-2-[α'-acetoxy-stilben-α-yl]-4,5-diphenyl-furan** $C_{34}H_{26}O_5$, Formel VIII (R = CO-CH₃).

B. Beim Erhitzen von 2-[α'-Oxo-bibenzyl-α-yliden]-4,5-diphenyl-furan-3-on (F: 212°

bis 213°) mit Zink-Pulver, Acetanhydrid und Natriumacetat (*Yates, Weisbach*, Am. Soc. **85** [1963] 2943, 2948; s. a. *Yates, Weisbach*, Chem. and Ind. **1957** 1482).
Krystalle (aus Bzl. + Hexan); F: 201—202,5° [unkorr.]. Absorptionsmaxima (A.): 234 nm, 278 nm und 338 nm.

Dihydroxy-Verbindungen $C_{31}H_{24}O_3$

*2-[2-(4-Methoxy-phenyl)-2-phenyl-vinyl]-4,6-diphenyl-pyrylium $[C_{32}H_{25}O_2]^+$, Formel IX.
Perchlorat $[C_{32}H_{25}O_2]ClO_4$. *B.* Beim Erhitzen von 4,6-Diphenyl-pyran-2-on mit 1-[4-Methoxy-phenyl]-1-phenyl-äthylen, Phosphor(V)-chlorid und Phosphorylchlorid und Behandeln einer Lösung des Reaktionsprodukts in Essigsäure mit wss. Perchlorsäure (*Wizinger et al.*, Helv. **39** [1956] 1, 3). Beim Erhitzen des 2-Methyl-4,6-diphenyl-pyr= ylium-Salzes der Sulfoessigsäure mit 4-Methoxy-benzophenon und Phosphorylchlorid und Behandeln einer Lösung des Reaktionsprodukts in Essigsäure mit wss. Perchlor= säure (*I.G. Farbenind.*, D.R.P. 734920 [1930]; D.R.P. Org. Chem. **1**, Tl. 2, S. 1193). — Rote Krystalle (aus Eg.); Zers. bei ca. 242° (*Wi. et al.*); Zers. bei 242° (*I.G. Farbenind.*). Absorptionsmaximum (Eg.): 526 nm (*Wi. et al.*, l. c. S. 1).

Dihydroxy-Verbindungen $C_nH_{2n-40}O_3$

Dihydroxy-Verbindungen $C_{30}H_{20}O_3$

5,12-Diphenyl-5,12-dihydro-5,12-epoxido-naphthacen-6,11-diol $C_{30}H_{20}O_3$, Formel X, und **opt.-inakt. 5,12-Diphenyl-5,5a,11a,12-tetrahydro-5,12-epoxido-naphthacen-6,11-dion** $C_{30}H_{20}O_3$, Formel XI.
B. Beim Erhitzen von 1,3-Diphenyl-isobenzofuran mit [1,4]Naphthochinon in Xylol (*Bergmann*, Soc. **1938** 1147, 1150).
Krystalle; F: 155—157° [aus E.] (*Dufraisse, Compagnon*, C. r. **207** [1938] 585, 587), 150° [rotschwarze Schmelze; aus Butylacetat] (*Be.*).
Beim Behandeln mit wss. Bromwasserstoffsäure und Essigsäure sind 6,11-Diphenyl-naphthacen-5,12-chinon und 1,2-Dibenzoyl-benzol erhalten worden (*Badger et al.*, Soc. **1954** 3151, 3156; vgl. *Be.*). Reaktion mit Phenylmagnesiumbromid unter Bildung von 1,3-Diphenyl-isobenzofuran: *Be.*

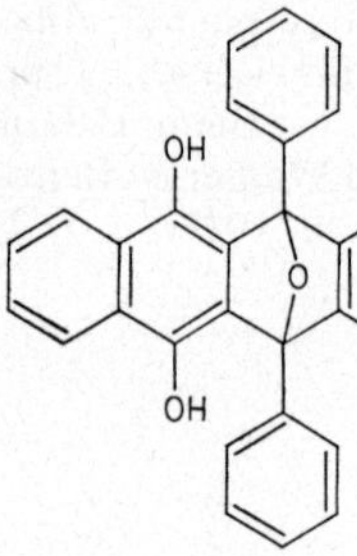

X 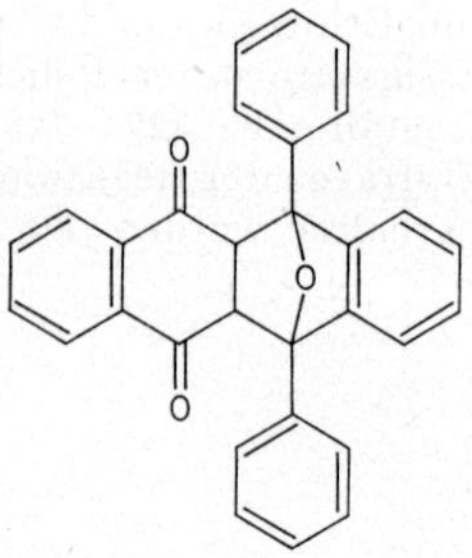   XI 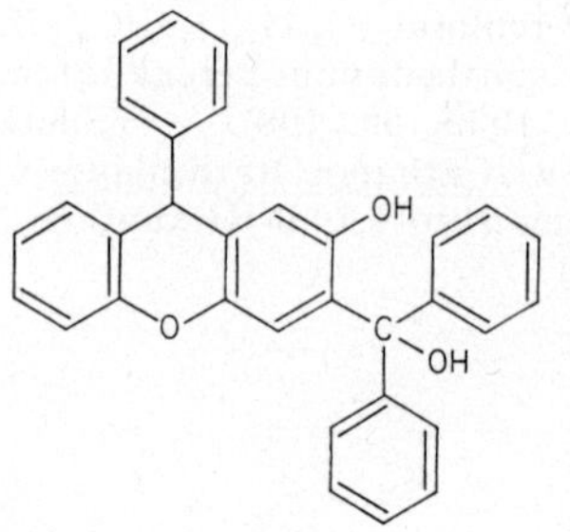   XII

Dihydroxy-Verbindungen $C_{32}H_{24}O_3$

(±)-[2-Hydroxy-9-phenyl-xanthen-3-yl]-diphenyl-methanol, (±)-3-[α-Hydroxy-benz= hydryl]-9-phenyl-xanthen-2-ol $C_{32}H_{24}O_3$, Formel XII.
B. Neben 7,14-Diphenyl-chromeno[2,3-*b*]xanthen beim Erhitzen von 2,5-Bis-[α-hydr= oxy-benzhydryl]-hydrochinon mit Acetanhydrid (*Liebermann, Barrollier*, A. **509** [1934] 38, 45).
Krystalle (aus wss. A.); F: 165°.
Beim Erhitzen im Sauerstoff-Strom ist 7,14-Diphenyl-chromeno[2,3-*b*]xanthen er-halten worden.

Dihydroxy-Verbindungen C₃₅H₃₀O₃

2-[12*t*(?)-(4-Methoxy-phenyl)-dodeca-1,3*t*(?),5*t*(?),7*t*(?),9*t*(?),11-hexaen-ξ-yl]-4,6-di=
phenyl-pyrylium [$C_{36}H_{31}O_2$]⁺, vermutlich Formel XIII.
   Perchlorat [$C_{36}H_{31}O_2$]ClO₄. *B.* Beim Erhitzen des 2-Methyl-4,6-diphenyl-pyrylium-
Salzes der Sulfoessigsäure mit 11*t*(?)-[4-Methoxy-phenyl]-undeca-2*t*(?),4*t*(?),6*t*(?),8*t*(?),10-
pentaenal und Acetanhydrid und anschliessenden Behandeln mit Natriumperchlorat in
Äthanol (*Wizinger, Kölliker*, Helv. **38** [1955] 372, 379). — Grünlichschwarze Krystalle
(aus Eg.); Zers. bei ca. 245°. Absorptionsmaximum (Eg.): 666 nm.

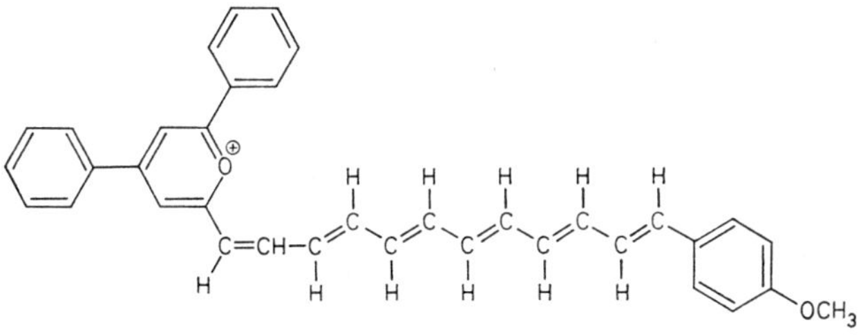

XIII

Dihydroxy-Verbindungen C$_n$H$_{2n-44}$O₃

Dihydroxy-Verbindungen C₃₀H₁₆O₃

10,17-Diacetoxy-trinaphthyleno[5,6-*bcd*]furan $C_{34}H_{20}O_5$, Formel XIV.
   Diese Konstitution kommt wahrscheinlich der nachstehend beschriebenen Verbin-
dung zu.
   B. Beim Erhitzen von Trinaphthyleno[5,6-*bcd*]furan-10,17-chinon(?) (F: 362°) mit
Zink-Pulver, Acetanhydrid und Pyridin unter Zusatz von Essigsäure (*Pummerer et al.*,
B. **72** [1939] 1623, 1632).
   Hellgelbe Krystalle (aus Nitrobenzol oder Chinolin); Zers. bei 328° [im vorgeheizten
Bad].

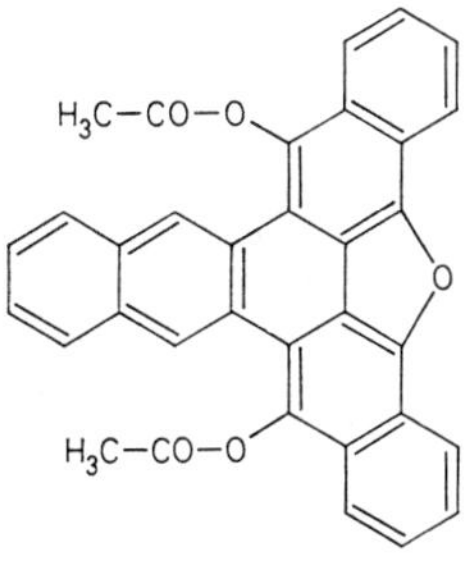

XIV 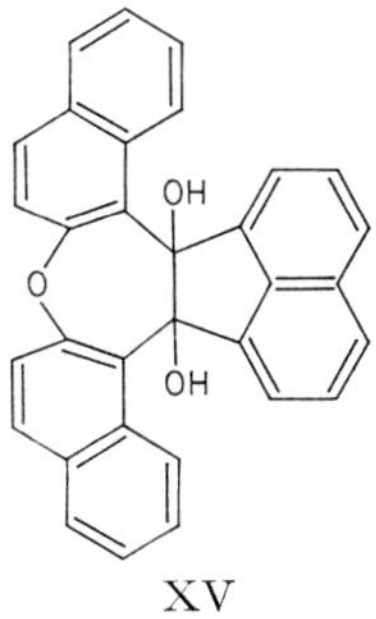   XV

Dihydroxy-Verbindungen C₃₂H₂₀O₃

*Opt.-inakt. **Acenaphtho[1,2-*d*]dinaphth[2,1-*b*;1′,2′-*f*]oxepin-3b,16c-diol** $C_{32}H_{20}O_3$,
Formel XV.
   B. Beim Erwärmen von Acenaphthenchinon mit [2]Naphthol und wss.-äthanol. Salz=
säure (*Matei, Bogdan*, B. **67** [1934] 1834, 1840).
   Krystalle (aus A.) mit 1 Mol Äthanol; Krystalle (aus Eg.) mit 1 Mol Essigsäure;
F: 180—182° [Zers.].

Dihydroxy-Verbindungen $C_nH_{2n-48}O_3$

1,11-Dimethoxy-5,5,7,7-tetraphenyl-5,7-dihydro-dibenz[c,e]oxepin $C_{40}H_{32}O_3$, Formel XVI.

a) **(−)-1,11-Dimethoxy-5,5,7,7-tetraphenyl-5,7-dihydro-dibenz[c,e]oxepin** $C_{40}H_{32}O_3$.

B. Beim Einleiten von Chlorwasserstoff in eine Lösung von (−)-2,2′-Bis-[α-hydroxy-benzhydryl]-6,6′-dimethoxy-biphenyl in Benzol (*Wittig, Petri,* A. **505** [1933] 17, 38).

Krystalle; F: 242,5−243°. $[\alpha]_D^{20}$: −393° [$CHCl_3$; c = 0,5].

Beim Erhitzen auf 315° erfolgt Racemisierung.   Geschwindigkeitskonstante der Racemisierung in Chlorbenzol-Lösung bei 182,5° und bei 211°: *Wi., Pe.*

b) **(±)-1,11-Dimethoxy-5,5,7,7-tetraphenyl-5,7-dihydro-dibenz[c,e]oxepin** $C_{40}H_{32}O_3$.

B. Aus (±)-2,2′-Bis-[α-hydroxy-benzhydryl]-6,6′-dimethoxy-biphenyl beim Erhitzen mit Essigsäure (*Wittig, Leo,* B. **64** [1931] 2395, 2401).

Krystalle (aus Bzl.); F: 314−316°.

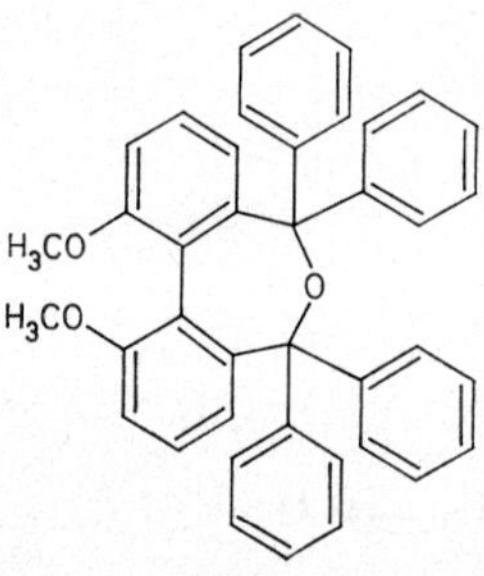

XVI 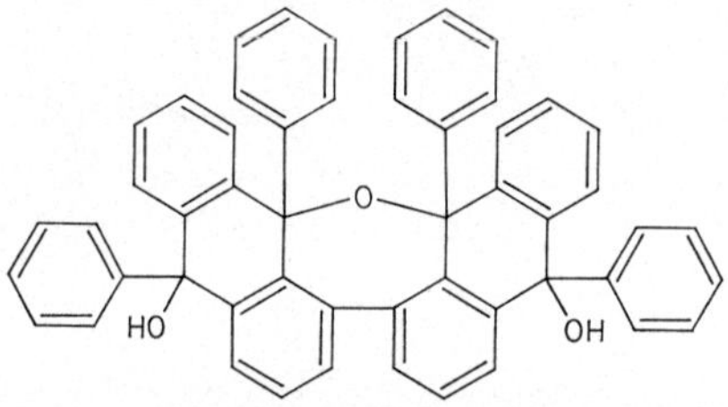   XVII

Dihydroxy-Verbindungen $C_nH_{2n-68}O_3$

7,11b,12a,17-Tetraphenyl-7,11b,12a,17-tetrahydro-dianthra[9,1-bc;1′,9′-ef]oxepin-7,17-diol $C_{52}H_{36}O_3$, Formel XVII.

Diese Konstitution kommt vermutlich der nachstehend beschriebenen opt.-inakt. Verbindung zu.

B. Aus opt.-inakt. 9,10,9′,10′-Tetraphenyl-9,10,9′,10′-tetrahydro-[1,1′]bianthryl-9,10,9′,10′-tetraol (F: 309−310°) beim Erhitzen mit Essigsäure (*Sauvage,* A. ch. [12] **2** [1947] 844, 850).

Krystalle (aus Py.); F: 514−515°.   [*Lim*]

C. Trihydroxy-Verbindungen

Trihydroxy-Verbindungen $C_nH_{2n}O_4$

Trihydroxy-Verbindungen $C_4H_8O_4$

2-Methoxy-tetrahydro-furan-3,4-diol, Methyl-tetrofuranosid $C_5H_{10}O_4$.

a) **(2S)-2r-Methoxy-tetrahydro-furan-3c,4c-diol, Methyl-α-D-erythrofuranosid** $C_5H_{10}O_4$, Formel I (R = H).

B. Neben dem unter b) beschriebenen Stereoisomeren beim Behandeln von D-Erythrose (*Hockett, Maynard*, Am. Soc. **61** [1939] 2111, 2113; *Ballou*, Am. Soc. **82** [1960] 2585, 2587) oder einer als O^2,O^3(oder O^2,O^4)-Diformyl-D-erythrose angesehenen Verbindung [[α]$_D^{25}$: +20° (W.); aus D-Glucose mit Hilfe von Blei(IV)-acetat (2 Mol) in Essigsäure hergestellt] (*Baxter, Perlin*, Canad. J. Chem. **38** [1960] 2217, 2222) mit Chlorwasserstoff enthaltendem Methanol.

Bei 65—85°/0,2 Torr destillierbar (*Ba., Pe.*). n_D: 1,4665 (*Ba., Pe.*). [α]$_D^{25}$: +133° [W.; c = 1] (*Ba., Pe.*).

Charakterisierung als Bis-O-[4-nitro-benzoyl]-Derivat (F: 109—110°; [α]$_D^{25}$: −17,3° [CHCl$_3$]): *Ba., Pe.*, l. c. S. 2223.

b) **(2R)-2r-Methoxy-tetrahydro-furan-3t,4t-diol, Methyl-β-D-erythrofuranosid** $C_5H_{10}O_4$, Formel II.

B. s. bei dem unter a) beschriebenen Stereoisomeren.

Öl; bei 80—90°/0,5 Torr destillierbar; n_D: 1,4630; [α]$_D^{25}$: −148° [W.; c = 1,5] (*Baxter, Perlin*, Canad. J. Chem. **38** [1960] 2217, 2222).

Charakterisierung als O^2,O^3-Carbonyl-Derivat (F: 73°; [α]$_D^{25}$: −152° [CHCl$_3$]): *Ba., Pe.*, l. c. S. 2223.

Über ein mit geringen Mengen des unter a) beschriebenen Stereoisomeren verunreinigtes Präparat (Kp$_{0,1}$: 89—92°; [α]$_D^{25}$: −149° [CHCl$_3$]) s. *Ballou*, Am Soc. **82** [1960] 2585, 2587.

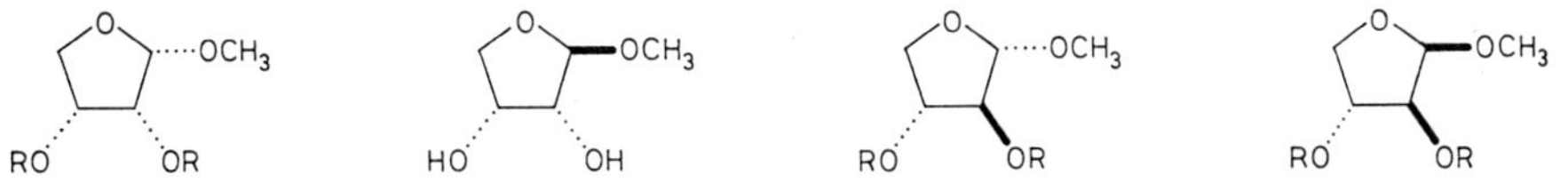

| I | II | III | IV |

c) **(2S)-2r-Methoxy-tetrahydro-furan-3t,4c-diol, Methyl-α-D-threofuranosid** $C_5H_{10}O_4$, Formel III (R = H).

B. Neben geringen Mengen des unter d) beschriebenen Stereoisomeren beim Behandeln einer als O^2,O^3(oder O^2,O^4)-Diformyl-D-threose angesehenen Verbindung (Rohprodukt; [α]$_D^{27}$: +15° [W.]; aus D-Galactose mit Hilfe von Blei(IV)-acetat (2 Mol) in Essigsäure hergestellt) mit Chlorwasserstoff enthaltendem Methanol (*Baxter, Perlin*, Canad. J. Chem. **38** [1960] 2217, 2223, 2224).

Öl; bei 85—100°/0,2 Torr destillierbar. [α]$_D^{25}$: +97° [W.; c = 2].

Geschwindigkeitskonstante der Reaktion mit Blei(IV)-acetat in Essigsäure bei 25°: *Ba., Pe.*, l. c. S. 2220.

Charakterisierung als Bis-O-[4-nitro-benzoyl]-Derivat (F: 131—133°; [α]$_D^{25}$: −115° [CHCl$_3$]): *Ba., Pe.*, l. c. S. 2224.

d) **(2R)-2r-Methoxy-tetrahydro-furan-3c,4t-diol, Methyl-β-D-threofuranosid** $C_5H_{10}O_4$, Formel IV (R = H).

B. s. bei dem unter c) beschriebenen Stereoisomeren.

Öl; bei 80—90°/0,2 Torr destillierbar (*Baxter, Perlin*, Canad. J. Chem. **38** [1960] 2217, 2223). [α]$_D^{25}$: −193° [W.; c = 1].

Geschwindigkeitskonstante der Reaktion mit Blei(IV)-acetat in Essigsäure bei 25°: *Ba.*, *Pe.*, l. c. S. 2220.

Charakterisierung als Bis-*O*-[4-nitro-benzoyl]-Derivat (F: 55—57°; $[\alpha]_D^{25}$: —213° [CHCl$_3$]): *Ba.*, *Pe.*, l. c. S. 2224.

(3*S*)-2ξ,3*r*,4*t*-Triacetoxy-tetrahydro-furan, Tri-*O*-acetyl-ξ-D-threofuranose $C_{10}H_{14}O_7$, Formel V.

B. Beim Erwärmen von D-Threose mit Acetanhydrid und Natriumacetat (*Hockett*, Am. Soc. **57** [1935] 2260, 2263; *Gachokidse*, Ž. obšč. Chim. **15** [1945] 530, 534, 535; C. A. **1946** 4673; *Perlin, Brice*, Canad. J. Chem. **34** [1956] 541, 550).

Krystalle (aus A.); F: 118—120° (*Pe., Br.*), 118° (*Ga.*), 117—118° [korr.] (*Ho.*). $[\alpha]_D^{20}$: +35,9° [CHCl$_3$; c = 0,3] (*Ga.*); $[\alpha]_D^{20}$: +35,6° [CHCl$_3$; c = 3] (*Ho.*); $[\alpha]_D^{25}$: +34,4° [CHCl$_3$; c = 2] (*Pe., Br.*).

2-Methoxy-3,4-bis-[4-nitro-benzoyloxy]-tetrahydro-furan $C_{19}H_{16}N_2O_{10}$.

a) **(2*S*)-2*r*-Methoxy-3*c*,4*c*-bis-[4-nitro-benzoyloxy]-tetrahydro-furan, Methyl-[bis-*O*-(4-nitro-benzoyl)-α-D-erythrofuranosid]** $C_{19}H_{16}N_2O_{10}$, Formel I (R = CO-C$_6$H$_4$-NO$_2$).

B. Beim Erwärmen von Methyl-α-D-erythrofuranosid mit 4-Nitro-benzoylchlorid und Pyridin (*Baxter, Perlin*, Canad. J. Chem. **38** [1960] 2217, 2223).

Krystalle (aus E. + Hexan); F: 109—110°. $[\alpha]_D^{25}$: —17,3° [CHCl$_3$; c = 2].

b) **(2*S*)-2*r*-Methoxy-3*t*,4*c*-bis-[4-nitro-benzoyloxy]-tetrahydro-furan, Methyl-[bis-*O*-(4-nitro-benzoyl)-α-D-threofuranosid]** $C_{19}H_{16}N_2O_{10}$, Formel III (R = CO-C$_6$H$_4$-NO$_2$).

B. Beim Erwärmen von Methyl-α-D-threofuranosid mit 4-Nitro-benzoylchlorid und Pyridin (*Baxter, Perlin*, Canad. J. Chem. **38** [1960] 2217, 2224).

Krystalle (aus E. + Hexan); F: 131—133°. $[\alpha]_D^{25}$: —115° [CHCl$_3$; c = 2].

c) **(2*R*)-2*r*-Methoxy-3*c*,4*t*-bis-[4-nitro-benzoyloxy]-tetrahydro-furan, Methyl-[bis-*O*-(4-nitro-benzoyl)-β-D-threofuranosid]** $C_{19}H_{16}N_2O_{10}$, Formel IV (R = CO-C$_6$H$_4$-NO$_2$).

B. Aus Methyl-β-D-threofuranosid und 4-Nitro-benzoylchlorid (*Baxter, Perlin*, Canad. J. Chem. **38** [1960] 2217, 2224).

Krystalle (aus E. + Pentan) mit 1 Mol Äthylacetat; F: 55—57°. $[\alpha]_D^{25}$: —213° [CHCl$_3$; c = 2].

---

*Opt.-inakt. 2,5-Dimethoxy-tetrahydro-furan-3-ol $C_6H_{12}O_4$, Formel VI (R = CH$_3$).

B. Beim Erwärmen von opt.-inakt. 3,4-Epoxy-2,5-dimethoxy-tetrahydro-furan (F: 43—45°) mit Lithiumalanat in Äther (*Sheehan, Bloom*, Am. Soc. **74** [1952] 3825, 3828).

Kp$_{0,9}$: 48—51°; n$_D^{25}$: 1,4382 (*Sh., Bl.*).

Beim Erwärmen mit wss. Salzsäure und Behandeln der (vom gebildeten Methanol befreiten) Reaktionslösung mit 3-Oxo-glutarsäure und Methylamin in Wasser ist 6*exo*-Hydroxy-tropan-3-on (über die Konfiguration dieser Verbindung s. *Renz, Lindenmann*, Z. physiol. Chem. **321** [1960] 148, 149) erhalten worden (*Sh., Bl.*).

H$_3$C—CO—O   O—CO—CH$_3$

      V   VI   VII

*Opt.-inakt. 2,3,5-Trimethoxy-tetrahydro-furan $C_7H_{14}O_4$, Formel VII (R = CH$_3$).

B. Beim Behandeln von Furan mit Brom (1 Mol) und Methanol (*Stoll et al.*, Helv. **36** [1953] 1500, 1504). Beim Behandeln von opt.-inakt. 2,5-Dimethoxy-2,5-dihydro-furan (vgl. S. 2031) mit Bromwasserstoff enthaltendem Methanol (*St. et al.*, l. c. S. 1502). Beim Behandeln von opt.-inakt. 2,5-Diacetoxy-2,5-dihydro-furan (aus Furan mit Hilfe von Blei(IV)-acetat hergestellt; vgl. S. 2033) mit Chlorwasserstoff enthaltendem Methanol (*St. et al.*, l. c. S. 1504). Beim Erwärmen von opt.-inakt. 2,5-Dimethoxy-tetrahydro-furan-3-ol (s. o.) mit Methyljodid und Silberoxid (*Kebrle, Karrer*, Helv. **37** [1954] 484, 491).

Kp_{15}: 85° [Präparat aus 2,5-Dimethoxy-2,5-dihydro-furan] (*St. et al.*, l. c. S. 1503).
Kp_{13}: 70—72° [Präparat aus 2,5-Diacetoxy-2,5-dihydro-furan] (*St. et al.*, l. c. S. 1504).
Bei 85—86°/13 Torr destillierbar; n_D^{20}: 1,4300 (*Ke., Ka.*). Bei 72—80°/14 Torr destillierbar [Präparat aus Furan] (*St. et al.*, l. c. S. 1504).
Beim Erwärmen mit wss. Salzsäure und Behandeln der Reaktionslösung mit 3-Oxo-glutarsäure, Methylamin-hydrochlorid und Natriumacetat in Wasser ist 6*exo*(?)-Methoxy-tropan-3-on (Pikrat: F: 154°) erhalten worden (*Ke., Ka.*, l. c. S. 492).

*Opt.-inakt. 2,5-Diäthoxy-tetrahydro-furan-3-ol $C_8H_{16}O_4$, Formel VI (R = C_2H_5).
B. Bei der Hydrierung von opt.-inakt. 2,5-Diäthoxy-4-brom-tetrahydro-furan-3-ol ($Kp_{0,6}$: 84—88°) an Raney-Nickel in methanol. Kalilauge (*Stoll et al.*, Helv. **35** [1952] 1263, 1268).
Bei 94—102°/12 Torr destillierbar.

*Opt.-inakt. 2,3,5-Triäthoxy-tetrahydro-furan $C_{10}H_{20}O_4$, Formel VII (R = C_2H_5).
B. Beim Behandeln von Furan mit Brom (1 Mol) und Äthanol (*Stoll et al.*, Helv. **36** [1953] 1500, 1504). Beim Behandeln von opt.-inakt. 2,5-Diäthoxy-2,5-dihydro-furan (S. 2032) mit Bromwasserstoff enthaltendem Äthanol (*St. et al.*, l. c. S. 1503). Neben geringen Mengen Äthoxysuccinaldehyd-tetraäthylacetal beim Erwärmen von opt.-inakt. 2,5-Diäthoxy-2,5-dihydro-furan (S. 2032) mit Äthanol unter Zusatz des Borfluorid-Äther-Addukts (*Clauson-Kaas et al.*, Acta chem. scand. **9** [1955] 111, 113).
Kp_{14}: 100,1—104°; n_D^{25}: 1,422—1,423 [Präparat aus 2,5-Diäthoxy-2,5-dihydro-furan] (*Cl.-Kaas*, l. c. S. 112). Bei 91—98°/15 Torr destillierbar [Präparate aus Furan und aus 2,5-Diäthoxy-2,5-dihydro-furan] (*St. et al.*, l. c. S. 1503, 1505).

*Opt.-inakt. 2,3,5-Tripropoxy-tetrahydro-furan $C_{13}H_{26}O_4$, Formel VII
(R = CH_2-CH_2-CH_3).
B. Beim Behandeln von Furan mit Brom und Propan-1-ol (*Sandoz*, U.S.P. 2774773 [1954]). Beim Behandeln von opt.-inakt. 2,5-Diäthoxy-2,5-dihydro-furan (S. 2032) mit Bromwasserstoff enthaltendem Propan-1-ol (*Stoll et al.*, Helv. **36** [1953] 1500, 1504).
Kp_{12}: 110—112° (*Sandoz*); Kp_{12}: 109—112° (*St. et al.*, l. c. S. 1502).

*Opt.-inakt. 2,3,5-Triisopropoxy-tetrahydro-furan $C_{13}H_{26}O_4$, Formel VII (R = $CH(CH_3)_2$).
B. Beim Behandeln von Furan mit Brom und Propan-2-ol (*Sandoz*, U.S.P. 2774773 [1954]). Beim Behandeln von opt.-inakt. 2,5-Diäthoxy-2,5-dihydro-furan (S. 2032) mit Bromwasserstoff enthaltendem Propan-2-ol (*Stoll et al.*, Helv. **36** [1953] 1500, 1503, 1504).
Kp_{14}: 104—105° (*St. et al.; Sandoz*).

(±)-4*t*-Chlor-2ξ,5ξ-dimethoxy-tetrahydro-furan-3*r*-ol $C_6H_{11}ClO_4$, Formel VIII
+ Spiegelbild.
Über die Konfiguration an den C-Atomen 3 und 4 s. *Kebrle, Karrer*, Helv. **37** [1954] 484, 486.
B. Beim Behandeln von opt.-inakt. 2,5-Dimethoxy-2,5-dihydro-furan (vgl. S. 2031) mit wss. Natriumhypochlorit-Lösung (*Sheehan, Bloom*, Am. Soc. **74** [1952] 3825, 3827) sowie mit *tert*-Butylhypochlorit in wss. Essigsäure (*Ginsburg*, Bl. Res. Coun. Israel **2** [1952] 268) oder in wss. Aceton (*Ke., Ka.*, l. c. S. 491).
Kp_6: 100—103° (*Gi.*). $Kp_{0,1}$: 80°; n_D^{25}: 1,4569 (*Sh., Bl.*). Bei 76—85°/0,5 Torr destillierbar (*Ke., Ka.*).

*Opt.-inakt. 2,5-Diäthoxy-4-chlor-tetrahydro-furan-3-ol $C_8H_{15}ClO_4$, Formel IX
(R = C_2H_5).
B. Beim Behandeln von opt.-inakt. 2,5-Diäthoxy-2,5-dihydro-furan (S. 2032) mit *tert*-Butylhypochlorit in Essigsäure (*Stoll et al.*, Helv. **35** [1952] 1263, 1267).
$Kp_{0,3}$: 94—96°.

VIII   IX   X

*Opt.-inakt. 4-Chlor-2,5-diisopropoxy-tetrahydro-furan-3-ol $C_{10}H_{19}ClO_4$, Formel IX (R = CH(CH$_3$)$_2$).

B. Beim Behandeln von opt.-inakt. 2,5-Diisopropoxy-2,5-dihydro-furan (S. 2032) mit *tert*-Butylhypochlorit in Essigsäure (*Stoll et al.*, Helv. **35** [1952] 1263, 1267, 1268).

Kp$_{0,2}$: 82 $-$ 86°.

*Opt.-inakt. 2,5-Diacetoxy-4-chlor-tetrahydro-furan-3-ol $C_8H_{11}ClO_6$, Formel IX (R = CO-CH$_3$).

B. Beim Behandeln von opt.-inakt. 2,5-Diacetoxy-2,5-dihydro-furan (vgl. S. 2033) mit *tert*-Butylhypochlorit in Essigsäure (*Sandoz*, D.B.P. 837700 [1951]; D.R.B.P. Org. Chem. 1950$-$1951 **6** 2333; *Stoll et al.*, Helv. **35** [1952] 1263, 1267).

Kp$_{0,15}$: 132 $-$ 134° (*Sandoz*).

*Opt.-inakt. 2,5-Diäthoxy-4-brom-tetrahydro-furan-3-ol $C_8H_{15}BrO_4$, Formel X.

B. Aus opt.-inakt. 2,5-Diäthoxy-2,5-dihydro-furan (S. 2032) mit Hilfe von wss. Hypo=
bromigsäure (*Stoll et al.*, Helv. **35** [1952] 1263, 1268).

Kp$_{0,6}$: 84 $-$ 88° (*St. et al.*).

Beim Behandeln eines nach dem angegebenen Verfahren hergestellten Präparats mit Natrium-äthanthiolat in Äthanol, Erwärmen des gebildeten 2,5-Diäthoxy-4-äthyl=
mercapto-tetrahydro-furan-3-ols ($C_{10}H_{20}O_4S$; Kp$_{0,2}$: 91 $-$ 98° [Rohprodukt]) mit wss. Salzsäure und anschliessenden Behandeln mit 3-Oxo-glutarsäure und Methylamin sind zwei 6-Äthylmercapto-7-hydroxy-tropan-3-one (F: 82 $-$ 84° bzw. F: 116 $-$ 118°) erhalten worden (*Süess*, Helv. **42** [1959] 495, 499, 500).

Trihydroxy-Verbindungen $C_5H_{10}O_4$

**(2S)-2r-Methoxy-tetrahydro-pyran-3t,4t-diol, Methyl-[β-L-*erythro*-4-desoxy-pento=
pyranosid], Methyl-[4-desoxy-β-L-ribopyranosid]** $C_6H_{12}O_4$, Formel I.

B. Bei der Hydrierung von Methyl-[4-brom-4-desoxy-α-D-lyxopyranosid] an Raney-
Nickel in Calciumhydroxid enthaltendem Methanol (*Kent, Ward*, Soc. **1953** 416).

Öl; n$_D^{21}$: 1,4815. [α]$_D^{21}$: +39,2° [W.; c = 0,2].

**(2R)-5c-Chlor-2r-methoxy-tetrahydro-pyran-3c,4t-diol, Methyl-[4-chlor-4-desoxy-
α-L-xylopyranosid]** $C_6H_{11}ClO_4$, Formel II.

Über die Konfiguration am C-Atom 4 (Kohlenhydrat-Bezifferung) s. *Jones et al.*, Canad. J. Chem. **38** [1960] 1122, 1123, 1124.

B. Neben 4-Chlor-4-desoxy-L-xylose und geringen Mengen anderer Verbindungen (vgl. *Jo. et al.*, l. c. S. 1128) beim Behandeln von Methyl-[4-chlor-O^2,O^3-sulfonyl-4-desoxy-
α-L-xylopyranosid] (s. u.) mit Ammoniak in Methanol und Erwärmen des Reaktions-
produkts mit wss. Schwefelsäure (*Bragg et al.*, Canad. J. Chem. **37** [1959] 1412, 1414).

Krystalle (aus Ae. + Bzn.), F: 102 $-$ 104° [unkorr.; Kofler-App.]; [α]$_D^{24}$: +119° [W.; c = 2] (*Br. et al.*).

I   II   III   IV

**(3aS)-7t-Chlor-4t-methoxy-2,2-dioxo-(3ar,7at)-tetrahydro-2λ^6-[1,3,2]dioxathiolo=
[4,5-c]pyran, Methyl-[4-chlor-O^2,O^3-sulfonyl-4-desoxy- α-L-xylopyranosid]** $C_6H_9ClO_6S$, Formel III.

Über die Konfiguration am C-Atom 4 (Kohlenhydrat-Bezifferung) s. *Jones et al.*, Canad. J. Chem. **38** [1960] 1122, 1124.

B. Beim Eintragen von Methyl-β-D-arabinopyranosid in ein Gemisch von Sulfuryl=
chlorid, Pyridin und Chloroform (*Bragg et al.*, Canad. J. Chem. **37** [1959] 1412, 1414).

Krystalle (aus Ae. + Bzn.), F: 108,5° [unkorr.; Kofler-App.]; [α]$_D^{24}$: $-$89° [Me.; c = 1] (*Br. et al.*).

(2S)-5c-Brom-2r-methoxy-tetrahydro-pyran-3t,4t-diol, Methyl-[4-brom-4-desoxy-α-D-lyxopyranosid] $C_6H_{11}BrO_4$, Formel IV.

B. Beim Erwärmen von Methyl-[3,4-anhydro-β-L-ribopyranosid] (n_D^{22}: 1,4350; $[α]_D^{22}$: +98,6° [Acn.]; von den Autoren irrtümlicherweise als Methyl-[3,4-anhydro-α-D-lyxopyranosid] formuliert; aus Methyl-[O⁴-(toluol-4-sulfonyl)-α-D-lyxopyranosid] hergestellt) mit wss. Bromwasserstoffsäure und Aceton (*Kent, Ward*, Soc. **1953** 416).

Krystalle (aus E.); F: 134—135°. $[α]_D^{21}$: +14,6° [Me.; c = 0,7].

Relative Geschwindigkeit der Reaktion mit Blei(IV)-acetat in Essigsäure: *Kent, Ward*.

2-Methoxy-tetrahydro-pyran-3,5-diol, Methyl-[3-desoxy-pentopyranosid] $C_6H_{12}O_4$.

a) **(2R)-2r-Methoxy-tetrahydro-pyran-3c,5c-diol, Methyl-[α-L-*erythro*-3-desoxy-pentopyranosid]**, Methyl-[3-desoxy-α-L-ribopyranosid] $C_6H_{12}O_4$, Formel V.

B. Als Hauptprodukt beim Erwärmen von Methyl-[2,3-anhydro-α-L-ribopyranosid] mit Natrium-methanthiolat in Methanol und Erwärmen des Reaktionsprodukts mit Raney-Nickel in Äthanol (*Mukherjee, Todd*, Soc. **1947** 969, 972).

F: 95,5—96°; $[α]_D^{25}$: −120° [CHCl₃; c = 1], −157° [W.; c = 1] (*Lemieux et al.*, Canad. J. Chem. **47** [1969] 4413, 4424).

Charakterisierung durch Überführung in ein (*R*)-4,5-Dihydroxy-2-[4-nitro-phenylhydrazono]-valeraldehyd-[4-nitro-phenylhydrazon] (F: 254°): *Mu., Todd*, l. c. S. 973.

b) **(2R)-2r-Methoxy-tetrahydro-pyran-3t,5t-diol, Methyl-[β-D-*erythro*-3-desoxy-pentopyranosid]**, Methyl-[3-desoxy-β-D-ribopyranosid] $C_6H_{12}O_4$, Formel VI (R = H).

B. Bei der Hydrierung von Methyl-[3-brom-3-desoxy-β-D-xylopyranosid] an Raney-Nickel in methanol. Kalilauge (*Kent et al.*, Soc. **1949** 1232, 1234). Neben geringen Mengen Methyl-[β-D-*erythro*-2-desoxy-pentopyranosid] beim Behandeln von Methyl-[2,3-anhydro-β-D-ribopyranosid] mit Lithiumalanat in Äther (*Allerton, Overend*, Soc. **1951** 1480, 1482).

Öl; bei 110—112°/0,01 Torr destillierbar; n_D^{26}: 1,4566; $[α]_D^{19}$: −13,3° (?) [W.; c = 3] (*Kent et al.*); vgl. die Angaben unter c).

V   VI   VII   VIII

c) **(2S)-2r-Methoxy-tetrahydro-pyran-3t,5t-diol, Methyl-[β-L-*erythro*-3-desoxy-pentopyranosid]**, Methyl-[3-desoxy-β-L-ribopyranosid] $C_6H_{12}O_4$, Formel VII.

B. Beim Erwärmen von Methyl-[2,3-anhydro-β-L-ribopyranosid] mit Natrium-methanthiolat in Methanol und Erwärmen des erhaltenen Methyl-[3-methylmercapto-3-desoxy-β-L-xylopyranosids] ($C_7H_{14}O_4S$) mit Raney-Nickel in wss. Äthanol (*Mukherjee, Todd*, Soc. **1947** 969, 971, 972). Bildung bei der Hydrierung von Methyl-[2,3-anhydro-β-L-ribopyranosid] an Raney-Nickel in Äthanol bei 110°/100 at: *Mu., Todd*, l. c. S. 972.

Hygroskopisches Öl; $[α]_D^{18}$: +142,2° [CHCl₃; c = 2] (*Mu., Todd*). $[α]_D^{25}$: +142° [CDCl₃], +95° [D₂O] (*Lemieux, Pavia*, Canad. J. Chem. **46** [1968] 1453).

(2R)-3t,5t-Bis-[3,5-dinitro-benzoyloxy]-2r-methoxy-tetrahydro-pyran, Methyl-[bis-O-(3,5-dinitro-benzoyl)-β-D-*erythro*-3-desoxy-pentopyranosid] $C_{20}H_{16}N_4O_{14}$, Formel VI (R = CO-C₆H₃(NO₂)₂).

B. Beim Behandeln von Methyl-[β-D-*erythro*-3-desoxy-pentopyranosid] mit 3,5-Dinitro-benzoylchlorid und Pyridin (*Kent et al.*, Soc. **1949** 1232, 1234).

Krystalle (aus A.); F: 157—158°.

(2R)-2r-Methoxy-3t,5t-bis-[toluol-4-sulfonyloxy]-tetrahydro-pyran, Methyl-[bis-O-(toluol-4-sulfonyl)-β-D-*erythro*-3-desoxy-pentopyranosid] $C_{20}H_{24}O_8S_2$, Formel VI (R = SO₂-C₆H₄-CH₃).

B. Beim Behandeln von Methyl-[β-D-*erythro*-3-desoxy-pentopyranosid] mit Toluol-

4-sulfonylchlorid und Pyridin (*Allerton, Overend,* Soc. **1951** 1480, 1483).
Krystalle; F: 89°. $[\alpha]_D^{21}$: $-61°$ [CHCl$_3$; c = 0,4].

(2R)-4c-Chlor-2r-methoxy-tetrahydro-pyran-3t,5t-diol, Methyl-[3-chlor-3-desoxy-β-D-xylopyranosid] $C_6H_{11}ClO_4$, Formel VIII.

B. Neben geringen Mengen Methyl-[2-chlor-2-desoxy-β-D-arabinopyranosid] ($C_6H_{11}ClO_4$) beim Erwärmen von Methyl-[2,3-anhydro-β-D-ribopyranosid] mit wss. Salz≈
säure und Aceton (*Allerton, Overend,* Soc. **1951** 1480, 1482).
Öl; bei 135—140°/0,008 Torr destillierbar. n_D^{18}: 1,4950. $[\alpha]_D^{18}$: $-24,3°$ [CHCl$_3$; c = 0,7].

(2R)-4c-Brom-2r-methoxy-tetrahydro-pyran-3t,5t-diol, Methyl-[3-brom-3-desoxy-β-D-xylopyranosid] $C_6H_{11}BrO_4$, Formel IX.

B. Neben geringen Mengen Methyl-[2-brom-2-desoxy-β-D-arabinopyranosid] ($C_6H_{11}BrO_4$) beim Erwärmen von Methyl-[2,3-anhydro-β-D-ribopyranosid] in Aceton mit wss. Bromwasserstoffsäure (*Kent et al.,* Soc. **1949** 1232, 1234).
Krystalle; F: 101—102°. $[\alpha]_D^{18}$: $-16,4°$ [Me.; c = 0,4].

2-Methoxy-4-nitro-tetrahydro-pyran-3,5-diol $C_6H_{11}NO_6$.

a) **(2R)-2r-Methoxy-4t-nitro-tetrahydro-pyran-3t,5t-diol, Methyl-[3-nitro-3-desoxy-β-D-ribopyranosid]** $C_6H_{11}NO_6$, Formel X.

B. Neben geringen Mengen des unter c) beschriebenen Stereoisomeren beim Behandeln einer Lösung von (R)-Methoxy-[2-oxo-äthoxy]-acetaldehyd (E III **1** 3183; dort
auch als L′-Methoxy-diglykolaldehyd bezeichnet) in wss. Äthanol mit Nitromethan und
methanol. Natriummethylat und Verreiben des erhaltenen Natrium-Salzes (s. u.) mit
einem Gemisch von Kaliumhydrogensulfat und Natriumhydrogensulfat (*Baer, Fischer,*
Am. Soc. **81** [1959] 5184, 5187, 5188; *Baer, Kovář,* Canad. J. Chem. **49** [1971] 1940,
1950).
Krystalle; F: 92—93° [aus Ae. + Me.] (*Baer, Fi.*), 90—92° [aus E. + PAe.] (*Baer,
Ko.*). $[\alpha]_D^{23}$: $-117°$ [W.; c = 1] (*Baer, Fi.*).
Charakterisierung durch Überführung in Methyl-[3-amino-3-desoxy-β-D-ribopyrano≈
sid]-hydrochlorid (F: 169—170°; $[\alpha]_D^{23}$: $-122,5°$ [W.]): *Baer, Fi.*
Natrium-Salz $NaC_6H_{10}NO_6$. Krystalle; Zers. oberhalb 160° (*Baer, Fi.,* l. c. S. 5187).
$[\alpha]_D$: $-156,1°$ (nach 3 min) $\rightarrow$ $-117,0°$ (Endwert; nach 17 h) [W.; c = 1] (*Baer, Fi.,*
l. c. S. 5187).

IX   X   XI   XII

b) **(2S)-2r-Methoxy-4t-nitro-tetrahydro-pyran-3t,5t-diol, Methyl-[3-nitro-3-desoxy-β-L-ribopyranosid]** $C_6H_{11}NO_6$, Formel XI.

B. Neben geringen Mengen des unter d) beschriebenen Stereoisomeren beim Behandeln
einer Lösung von (S)-Methoxy-[2-oxo-äthoxy]-acetaldehyd (E III **1** 3182; dort
auch als D′-Methoxy-diglykolaldehyd bezeichnet) in wss. Äthanol mit Nitromethan und
methanol. Natriummethylat und Verreiben des erhaltenen Natrium-Salzes (s. u.) mit
einem Gemisch von Kaliumhydrogensulfat und Natriumhydrogensulfat (*Baer, Fischer,*
Am. Soc. **81** [1959] 5184, 5187, 5188; *Baer, Kovář,* Canad. J. Chem. **49** [1971] 1940,
1951).
Krystalle; F: 92—93° (*Baer, Ko.*).
Natrium-Salz $NaC_6H_{10}NO_6$. Krystalle; Zers. bei 160—161° (*Baer, Fi.,* l. c. S. 5187).
$[\alpha]_D^{25}$: $+152°$ (nach 5 min) $\rightarrow$ $+119°$ (Endwert; nach 23 h) [W.; c = 1] (*Baer, Fi.,* l. c.
S. 5188).

c) **(2R)-2r-Methoxy-4c-nitro-tetrahydro-pyran-3t,5t-diol, Methyl-[3-nitro-3-desoxy-β-D-xylopyranosid]** $C_6H_{11}NO_6$, Formel XII.

B. s. bei dem unter a) beschriebenen Stereoisomeren.
Krystalle (aus E. + PAe.); F: 186—187° (*Baer, Kovář,* Canad. J. Chem. **49** [1971]

1940, 1950).

Charakterisierung durch Überführung in Methyl-[3-amino-3-desoxy-β-D-xylo⸗
pyranosid] (F: 195° [Zers.]; [α]$_D$: −65,4° [W.]): *Baer, Fischer*, Am. Soc. **81** [1959] 5184,
5188, 5189.

d) **(2S)-2r-Methoxy-4c-nitro-tetrahydro-pyran-3t,5t-diol, Methyl-[3-nitro-3-desoxy-
β-L-xylopyranosid]** C$_6$H$_{11}$NO$_6$, Formel I.

B. s. bei dem unter b) beschriebenen Stereoisomeren.

Krystalle; F: 186−187° (*Baer, Kovář*, Canad. J. Chem. **49** [1971] 1940, 1951).

6-Methoxy-tetrahydro-pyran-3,4-diol, Methyl-[2-desoxy-pentopyranosid] C$_6$H$_{12}$O$_4$.

a) **(3S)-6c-Methoxy-tetrahydro-pyran-3r,4c-diol, Methyl-[α-L-*erythro*-2-desoxy-
pentopyranosid]**, Methyl-[2-desoxy-α-L-ribopyranosid] C$_6$H$_{12}$O$_4$, Formel II.

B. Neben grösseren Mengen des unter c) beschriebenen Stereoisomeren beim Behandeln von L-*erythro*-2-Desoxy-pentose („2-Desoxy-L-ribose") mit Chlorwasserstoff
enthaltendem Methanol (*Deriaz et al.*, Soc. **1949** 2836, 2839).

Krystalle (aus Bzl.); F: 99−100° (*De. et al.*). [α]$_D^{20}$: −176° [CHCl$_3$; c = 0,8]; [α]$_D^{20}$:
−70° [Me.; c = 0,8]; [α]$_D^{20}$: −43,4° [W.; c = 1] (*De. et al.*).

Beim Behandeln mit Chlorwasserstoff enthaltendem Methanol ist ein Gleichgewichts-
gemisch mit dem unter c) beschriebenen Stereoisomeren erhalten worden (*De. et al.*).
Geschwindigkeit der Reaktion mit Blei(IV)-acetat in Essigsäure bei Raumtemperatur:
De. et al., l. c. S. 2836. Geschwindigkeit der Hydrolyse in wss. Salzsäure (0,005n) bei
100°: *Overend et al.*, Soc. **1949** 2841, 2843, 2845.

b) **(3R)-6t-Methoxy-tetrahydro-pyran-3r,4c-diol, Methyl-[β-D-*erythro*-2-desoxy-
pentopyranosid]**, Methyl-[2-desoxy-β-D-ribopyranosid] C$_6$H$_{12}$O$_4$, Formel III
(R = H).

B. Bei der Hydrierung von Methyl-[2-brom-2-desoxy-β-D-arabinopyranosid] an
Raney-Nickel in Methanol (*Kent et al.*, Soc. **1949** 1232, 1234). Bei langsamem Erhitzen
von Methyl-[ξ-*erythro*-2-desoxy-pentofuranosid] (aus D-*erythro*-2-Desoxy-pentose hergestellt) und Behandeln des Reaktionsprodukts mit Chlorwasserstoff enthaltendem
Methanol (*Overend et al.*, Soc. **1951** 994, 996).

F: 83,5° (*Ov. et al.*).

Charakterisierung als Bis-O-[toluol-4-sulfonyl]-Derivat (F: 104−107°; [α]$_D^{20}$: −115,5°
[CHCl$_3$]): *Allerton, Overend*, Soc. **1951** 1480, 1483.

c) **(3S)-6t-Methoxy-tetrahydro-pyran-3r,4c-diol, Methyl-[β-L-*erythro*-2-desoxy-
pentopyranosid]**, Methyl-[2-desoxy-β-L-ribopyranosid] C$_6$H$_{12}$O$_4$, Formel IV
(R = H).

B. Beim Behandeln von L-Arabinal (1,5-Anhydro-2-desoxy-L-*erythro*-pent-1-enit) mit
Chlorwasserstoff enthaltendem Methanol (*Deriaz et al.*, Soc. **1949** 2836, 2839; s. a.
Felton, Freudenberg, Am. Soc. **57** [1935] 1637, 1639). Über eine weitere Bildungsweise
s. bei dem unter a) beschriebenen Stereoisomeren.

Krystalle; F: 83−84° [aus Bzl. oder Ae.] (*De. et al.*), 81−83° [aus Ae.] (*Allerton,
Overend*, Soc. **1954** 3629, 3631), 81−82° [aus Bzn. oder Ae.] (*Fe., Fr.*). [α]$_D^{20}$: +193°
[CHCl$_3$; c = 0,6] (*De. et al.*); [α]$_D^{20}$: +181,8° [CHCl$_3$; c = 0,6] (*Al., Ov.*); [α]$_D^{20}$: +210°
[Me.; c = 0,8]; [α]$_D^{20}$: +202,3° [W.; c = 1] (*De. et al.*); [α]$_D$: +218,5° [W.] (*Fe., Fr.*).

Beim Behandeln mit Chlorwasserstoff enthaltendem Methanol ist ein Gleichgewichts-
gemisch mit dem unter a) beschriebenen Stereoisomeren erhalten worden (*De. et al.*).
Geschwindigkeit der Reaktion mit Blei(IV)-acetat in Essigsäure bei Raumtemperatur:
De. et al. Geschwindigkeit der Hydrolyse in wss. Salzsäure (0,005n) bei 100°: *Overend
et al.*, Soc. **1949** 2841, 2843, 2845.

I   II   III   IV

(2S)-2r,4t,5t-Trimethoxy-tetrahydro-pyran, Methyl-[O^3,O^4-dimethyl-β-L-erythro-2-des=oxy-pentopyranosid] $C_8H_{16}O_4$, Formel IV (R = CH₃).

B. Beim Behandeln einer Lösung von Methyl-[β-L-erythro-2-desoxy-pentopyranosid] (S. 2275) in flüssigem Ammoniak mit Natrium und mit Methyljodid (*Deriaz et al.*, Soc. **1949** 2836, 2839).

Öl; bei 85—95°/12 Torr destillierbar. n_D^{20}: 1,4440. $[\alpha]_D^{20}$: +224° [W.; c = 1].

2,4,5-Triacetoxy-tetrahydro-pyran, Tri-O-acetyl-2-desoxy-pentopyranose $C_{11}H_{16}O_7$.

In einem von *Davoll, Lythgoe* (Soc. **1949** 2526, 2529) beim Behandeln von D-erythro-2-Desoxy-pentose (,,2-Desoxy-D-ribose") mit Acetanhydrid und Pyridin erhaltenen Präparat (Öl; bei 180°/0,1 Torr destillierbar; $[\alpha]_D^{17}$: −52,5° [CHCl₃]) hat wahrscheinlich ein Gemisch der beiden folgenden Stereoisomeren vorgelegen (vgl. *Zinner, Wittenburg*, B. **94** [1961] 2072, 2073, 2077).

a) **(2R)-2r,4c,5c-Triacetoxy-tetrahydro-pyran, Tri-O-acetyl-α-D-erythro-2-desoxy-pentopyranose**, Tri-O-acetyl-2-desoxy-α-D-ribopyranose $C_{11}H_{16}O_7$, Formel V (R = CO-CH₃).

B. s. bei dem unter b) beschriebenen Stereoisomeren.

Öl; $[\alpha]_D^{20}$: +28,1° [CHCl₃; c = 1] (*Zinner, Wittenburg*, B. **94** [1961] 2072, 2078).

b) **(2S)-2r,4t,5t-Triacetoxy-tetrahydro-pyran, Tri-O-acetyl-β-D-erythro-2-desoxy-pentopyranose**, Tri-O-acetyl-2-desoxy-β-D-ribopyranose $C_{11}H_{16}O_7$, Formel VI (R = CO-CH₃).

Konfigurationszuordnung: *Zinner, Wittenburg*, B. **94** [1961] 2072, 2073.

B. Beim Behandeln von D-erythro-2-Desoxy-pentose (,,2-Desoxy-D-ribose") mit Acetan= hydrid und Pyridin (*Allerton, Overend*, Soc. **1951** 1480, 1483). Neben geringen Mengen des unter a) beschriebenen Stereoisomeren beim Behandeln einer Lösung von D-erythro-2-Desoxy-pentose in Pyridin mit Pyridin-hydrochlorid und Behandeln des Reaktions= gemisches mit Acetanhydrid (*Zi., Wi.*, l. c. S. 2077, 2078).

Krystalle (aus Me.), F: 98°; $[\alpha]_D^{23}$: −171,8° [CHCl₃; c = 0,6] (*Al., Ov.*).

2,4,5-Tris-benzoyloxy-tetrahydro-pyran, Tri-O-benzoyl-2-desoxy-pentopyranose $C_{26}H_{22}O_7$.

In einem von *Allerton, Overend* (Soc. **1951** 1480, 1483) aus D-erythro-2-Desoxy-pentose (,,2-Desoxy-D-ribose") erhaltenen Präparat (Krystalle [aus A.]; F: 127°; $[\alpha]_D^{23}$: −65° [CHCl₃]) hat ein Gemisch der beiden folgenden Stereoisomeren vorgelegen (*Pedersen et al.*, Am. Soc. **82** [1960] 3425, 3426; *Zinner et al.*, B. **93** [1960] 340, 341).

a) **(2R)-2r,4c,5c-Tris-benzoyloxy-tetrahydro-pyran, Tri-O-benzoyl-α-D-erythro-2-des=oxy-pentopyranose**, Tri-O-benzoyl-2-desoxy-α-D-ribopyranose $C_{26}H_{22}O_7$, Formel V (R = CO-C₆H₅).

Konfigurationszuordnung: *Zinner et al.*, B. **93** [1960] 340, 341.

B. Neben dem unter b) beschriebenen Stereoisomeren beim Behandeln einer Lösung von D-erythro-2-Desoxy-pentose (,,2-Desoxy-D-ribose") in Pyridin mit Benzoylchlorid (*Zi., et al.*, l. c. S. 344; s. a. *Pedersen et al.*, Am. Soc. **82** [1960] 3425, 3427).

Krystalle; F: 151—152° [korr.; aus 2-Methoxy-äthanol] (*Pe. et al.*), 149—150° [aus A.] (*Zi. et al.*, l. c. S. 341). $[\alpha]_D^{20}$: +41,6° [CHCl₃; c = 1] (*Pe. et al.*); $[\alpha]_D^{22}$: +48,5° [CHCl₃; c = 2] (*Zi. et al.*).

V   VI   VII

b) **(2S)-2r,4t,5t-Tris-benzoyloxy-tetrahydro-pyran, Tri-O-benzoyl-β-D-erythro-2-des=oxy-pentopyranose**, Tri-O-benzoyl-2-desoxy-β-D-ribopyranose $C_{26}H_{22}O_7$, Formel VI (R = CO-C₆H₅).

Konfigurationszuordnung: *Zinner et al.*, B. **93** [1960] 340, 341.

B. Beim Eintragen von β-D-erythro-2-Desoxy-pentose (,,2-Desoxy-β-D-ribose") in ein Gemisch von Benzoylchlorid und Pyridin (*Zi. et al.*, l. c. S. 344, 345). Über eine weitere

Bildungsweise s. bei dem unter a) beschriebenen Stereoisomeren.

Krystalle; F: 159—161° [korr.; aus 2-Methoxy-äthanol] (*Pedersen et al.*, Am. Soc. **82** [1960] 3425, 3427), 159—160° [aus A.] (*Zi. et al.*, l. c. S. 341). [α]$_D^{20}$: —195° [CHCl$_3$; c = 1] (*Pe. et al.*); [α]$_D^{23}$: —204° [CHCl$_3$; c = 1] (*Zi. et al.*).

Bis-[(4R)-4r,5c-dihydroxy-tetrahydro-pyran-2ξ-yl]-äther, Bis-[ξ-L-*erythro*-2-desoxy-pentopyranosyl]-äther C$_{10}$H$_{18}$O$_7$, Formel VII.

Diese Konstitution und Konfiguration ist vermutlich der nachstehend beschriebenen, als „Desoxypentose-disaccharid" bezeichneten Verbindung auf Grund ihrer Bildungsweise zuzuordnen.

B. Neben anderen Verbindungen beim Behandeln von Tri-*O*-acetyl-β-L-arabinopyr= anosylbromid (S. 2282) mit Zink-Pulver und Essigsäure bei —10° und Behandeln der in geringer Menge isolierten T e t r a - *O* - a c e t y l - V e r b i n d u n g (C$_{18}$H$_{26}$O$_{11}$; Krystalle [aus A.], F: 184,5—185,5°; Krystalle [aus Bzl.], F: 167—169°; [α]$_D^{23}$: +69,5° [CHCl$_3$; c = 2]) mit Bariumhydroxid in Wasser (*Felton*, Am. Soc. **58** [1936] 2313).

Krystalle (aus Isopropylalkohol + Ae.); F: ca. 177—180° [Zers.].

(2R)-2r-Methoxy-4t,5t-bis-[toluol-4-sulfonyloxy]-tetrahydro-pyran, Methyl-[bis-*O*-(toluol-4-sulfonyl)-β-D-*erythro*-2-desoxy-pentopyranosid] C$_{20}$H$_{24}$O$_8$S$_2$, Formel III (R = SO$_2$-C$_6$H$_4$-CH$_3$) auf S. 2275.

B. Aus Methyl-[β-D-*erythro*-2-desoxy-pentopyranosid] (S. 2275) und Toluol-4-sulfon= ylchlorid (*Allerton, Overend*, Soc. **1951** 1480, 1483).

Krystalle (aus wss. A.); F: 104—107°. [α]$_D^{20}$: —115,5° [CHCl$_3$; c = 7].

Tetrahydro-pyran-3,4,5-triol C$_5$H$_{10}$O$_4$.

a) **Tetrahydro-pyran-3r,4c,5c-triol, 1,5-Anhydro-ribit** C$_5$H$_{10}$O$_4$, Formel VIII (R = H).

Konfigurationszuordnung: *Fletcher, Hudson*, Am. Soc. **71** [1949] 3682, 3686.

B. Beim Behandeln von Tri-*O*-benzoyl-1,5-anhydro-ribit (S. 2278) mit Bariummethylat in Methanol (*Jeanloz et al.*, Am. Soc. **70** [1948] 4052).

Krystalle (aus Ae.); F: 128—129° (*Je. et al.*).

Charakterisierung als Tri-*O*-acetyl-Derivat (F: 133—134°): *Je. et al.*

b) **(3R)-Tetrahydro-pyran-3r,4,5t-triol, 1,5-Anhydro-D-arabit** C$_5$H$_{10}$O$_4$, Formel IX (R = H).

Konfigurationszuordnung: *Fletcher, Hudson*, Am. Soc. **71** [1949] 3682, 3685.

B. Beim Behandeln von Tri-*O*-acetyl-1,5-anhydro-D-arabit (S. 2278) mit Natrium= methylat oder Bariummethylat in Methanol (*Fletcher, Hudson*, Am. Soc. **69** [1947] 1672).

Krystalle (aus A.), F: 96—97°; [α]$_D^{20}$: —98,6° [W.; c = 1] (*Fl., Hu.*, Am. Soc. **69** 1673).

Charakterisierung als Tri-*O*-benzoyl-Derivat (F: 120—121°; [α]$_D^{20}$: —220° [CHCl$_3$]): *Fl., Hu.*, Am. Soc. **69** 1674.

c) **(3S)-Tetrahydro-pyran-3r,4,5t-triol, 1,5-Anhydro-L-arabit** C$_5$H$_{10}$O$_4$, Formel X (R = H).

B. Beim Behandeln von Tri-*O*-acetyl-1,5-anhydro-L-arabit (S. 2278) mit Natrium= methylat in Methanol (*Rice, Inatome*, Am. Soc. **80** [1958] 4709).

Krystalle (aus A. + E.); F: 95—96°. [α]$_D^{25}$: +101° [W.; c = 2].

d) **Tetrahydro-pyran-3r,4t,5c-triol, 1,5-Anhydro-xylit** C$_5$H$_{10}$O$_4$, Formel XI (R = H).

Konfigurationszuordnung: *Fletcher, Hudson*, Am. Soc. **71** [1949] 3682, 3685.

B. Beim Behandeln von Tri-*O*-acetyl-1,5-anhydro-xylit (S. 2278) mit Bariummethylat in Methanol (*Fletcher, Hudson*, Am. Soc. **69** [1947] 921, 922).

Krystalle (aus A.); F: 116—117° (*Fl., Hu.*, Am. Soc. **69** 922).

Charakterisierung als Tri-*O*-benzoyl-Derivat (F: 146—147°): *Fl., Hu.*, Am. Soc. **69** 923.

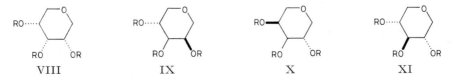

       VIII   IX   X   XI

3,4,5-Triacetoxy-tetrahydro-pyran $C_{11}H_{16}O_7$.

a) **3r,4c,5c-Triacetoxy-tetrahydro-pyran, Tri-O-acetyl-1,5-anhydro-ribit** $C_{11}H_{16}O_7$, Formel VIII (R = CO-CH₃).

B. Beim Behandeln von 1,5-Anhydro-ribit (S. 2277) mit Acetanhydrid und Pyridin (*Jeanloz et al.*, Am. Soc. **70** [1948] 4052).
Krystalle (aus A.); F: 133—134°.

b) **(3R)-3r,4,5t-Triacetoxy-tetrahydro-pyran, Tri-O-acetyl-1,5-anhydro-D-arabit** $C_{11}H_{16}O_7$, Formel IX (R = CO-CH₃).

B. Beim Erhitzen von 1,5-Anhydro-D-arabit (S. 2277) mit Acetanhydrid und Pyridin (*Fletcher, Hudson*, Am. Soc. **69** [1947] 1672). Bildung beim Erwärmen von Tri-O-acetyl-β-D-arabinopyranosylbromid mit Kalium-O-äthyl-dithiocarbonat (Kalium-äthylxantho≈ genat) in Äthanol und Erwärmen des Reaktionsprodukts mit Raney-Nickel in Äthanol sowie beim Erwärmen von Phenyl-[tri-O-acetyl-1-thio-ξ-D-arabinopyranosid] (aus Tri-O-acetyl-β-D-arabinopyranosylbromid hergestellt) oder von [2]Naphthyl-[tri-O-acetyl-1-thio-α-D-arabinopyranosid] mit Raney-Nickel in Äthanol: *Fl., Hu.*
Krystalle (aus A. + Bzl.); F: 58°. [α]$_D^{20}$: −74,2° [CHCl₃; c = 1].

c) **(3S)-3r,4,5t-Triacetoxy-tetrahydro-pyran, Tri-O-acetyl-1,5-anhydro-L-arabit** $C_{11}H_{16}O_7$, Formel X (R = CO-CH₃).

B. In geringer Menge neben anderen Verbindungen beim Behandeln von O²,O³,O⁴-Tri≈ acetyl-O¹-nitro-β-L-arabinopyranose mit Natriumboranat in wss. Dioxan und Behandeln des Reaktionsprodukts mit Acetanhydrid und Pyridin (*Rice, Inatome*, Am. Soc. **80** [1958] 4709).
Krystalle (aus Ae. + PAe.); F: 50—52°. [α]$_D^{25}$: +73,6° [CHCl₃; c = 2].

d) **3r,4t,5c-Triacetoxy-tetrahydro-pyran, Tri-O-acetyl-1,5-anhydro-xylit** $C_{11}H_{16}O_7$, Formel XI (R = CO-CH₃).

B. Bei der Hydrierung von 2-Acetoxy-di-O-acetyl-D-xylal (Tri-O-acetyl-1,5-anhydro-D$_g$-threo-pent-1-enit) an Palladium in Essigsäure (*Fletcher, Hudson*, Am. Soc. **69** [1947] 921, 922). Beim Erwärmen von Phenyl-[tri-O-acetyl-1-thio-β-D-xylopyranosid] mit Raney-Nickel in Äthanol (*Fl., Hu.*).
Krystalle (aus A.); F: 122—123°.

3,4,5-Tris-benzoyloxy-tetrahydro-pyran $C_{26}H_{22}O_7$.

a) **3r,4c,5c-Tris-benzoyloxy-tetrahydro-pyran, Tri-O-benzoyl-1,5-anhydro-ribit** $C_{26}H_{22}O_7$, Formel VIII (R = CO-C₆H₅).

B. Beim Erwärmen von [2]Naphthyl-[tri-O-benzoyl-1-thio-β-D-ribopyranosid] mit Raney-Nickel in Äthanol (*Jeanloz et al.*, Am. Soc. **70** [1948] 4052).
Krystalle (aus Ae.); F: 156—157°.

b) **(3R)-3r,4,5t-Tris-benzoyloxy-tetrahydro-pyran, Tri-O-benzoyl-1,5-anhydro-D-arabit** $C_{26}H_{22}O_7$, Formel IX (R = CO-C₆H₅).

B. Beim Erwärmen einer Lösung von 1,5-Anhydro-D-arabit (S. 2277) in Pyridin mit Benzoylchlorid (*Fletcher, Hudson*, Am. Soc. **69** [1947] 1672).
Krystalle (aus A.); F: 120—121°. [α]$_D^{20}$: −220° [CHCl₃].

c) **3r,4t,5c-Tris-benzoyloxy-tetrahydro-pyran, Tri-O-benzoyl-1,5-anhydro-xylit** $C_{26}H_{22}O_7$, Formel XI (R = CO-C₆H₅).

B. Beim Behandeln einer Lösung von 1,5-Anhydro-xylit (S. 2277) in Pyridin mit Benz≈ oylchlorid (*Fletcher, Hudson*, Am. Soc. **69** [1947] 921, 923).
Krystalle (aus A.); F: 146—147°.

(2R)-2r-Fluor-tetrahydro-pyran-3c,4t,5c-triol, α-D-Xylopyranosylfluorid $C_5H_9FO_4$, Formel XII (R = H).

B. Beim Behandeln von Tri-O-acetyl-D-xylopyranosylfluorid (aus Tri-O-acetyl-α-D-xylo≈ pyranosylbromid hergestellt) oder von Tri-O-acetyl-α-D-xylopyranosylfluorid (S. 2279) mit Natriummethylat in Methanol (*Micheel*, B. **90** [1957] 1612, 1614).
Krystalle (aus A. oder Isopropylalkohol); F: 105° [Zers.]. [α]$_D^{20}$: +76° [A.; c = 1].

3,4,5-Triacetoxy-2-fluor-tetrahydro-pyran $C_{11}H_{15}FO_7$.

a) **Tri-*O*-acetyl-β-L-arabinopyranosylfluorid**, β-L-Acetofluorarabinopyranose
$C_{11}H_{15}FO_7$, Formel XIII (R = CO-CH₃).
Über die Konfiguration am C-Atom 1 s. *Brauns*, Am. Soc. **47** [1925] 1285, 1290;
Haynes, Newth, Adv. Carbohydrate Chem. **10** [1955] 207, 232, 233; *Yamana*, J. org. Chem.
31 [1966] 3698, 3702.
B. Beim Behandeln von Tetra-*O*-acetyl-α-L-arabinopyranose oder von Tetra-*O*-acetyl-
β-L-arabinopyranose mit Fluorwasserstoff (*Brauns*, Am. Soc. **46** [1924] 1484, 1485).
Krystalle (aus W.), F: 117—118°; $[\alpha]_D^{20}$: +138,2° [CHCl₃; c = 2] (*Br.*, Am. Soc. **46**
1485).

b) **Tri-*O*-acetyl-α-D-xylopyranosylfluorid**, α-D-Acetofluorxylopyranose
$C_{11}H_{15}FO_7$, Formel XII (R = CO-CH₃).
Über die Konfiguration am C-Atom 1 s. *Brauns*, Am. Soc. **47** [1925] 1285, 1290;
Haynes, Newth, Adv. Carbohydrate Chem. **10** [1955] 207, 232, 233; *Yamana*, J. org. Chem.
31 [1966] 3698, 3702.
B. Beim Behandeln von Tetra-*O*-acetyl-β-D-xylopyranose mit Fluorwasserstoff (*Brauns*,
Am. Soc. **45** [1923] 833).
Krystalle (aus A.), F: 87°; $[\alpha]_D^{20}$: +67,2° [CHCl₃(?)] (*Br.*, Am. Soc. **45** 835).

           XII   XIII   XIV   XV

3,4,5-Triacetoxy-2-chlor-tetrahydro-pyran $C_{11}H_{15}ClO_7$.

a) **Tri-*O*-acetyl-β-D-ribopyranosylchlorid**, β-D-Acetochlorribopyranose
$C_{11}H_{15}ClO_7$, Formel XIV (R = CO-CH₃).
Über die Konfiguration am C-Atom 1 s. *Haynes, Newth*, Adv. Carbohydrate Chem. **10**
[1955] 207, 232, 233; *Yamana*, J. org. Chem. **31** [1966] 3698, 3702.
B. Beim Behandeln von Tetra-*O*-acetyl-β-D-ribopyranose mit Chlorwasserstoff in Äther
oder mit Titan(IV)-chlorid in Chloroform (*Zinner*, B. **83** [1950] 153, 156).
Krystalle (aus Ae.), F: 95°; $[\alpha]_D^{22}$: −169,6° [CHCl₃; c = 5] (*Zi.*).

b) **Tri-*O*-acetyl-β-D-arabinopyranosylchlorid**, β-D-Acetochlorarabinopyranose
$C_{11}H_{15}ClO_7$, Formel XV (R = CO-CH₃).
Über die Konfiguration am C-Atom 1 s. *Haynes, Newth*, Adv. Carbohydrate Chem. **10**
[1955] 207, 232, 233.
B. Beim Behandeln von D-Arabinose mit Acetylchlorid (*Hudson, Phelps*, Am. Soc. **46**
[1924] 2591, 2602). Beim Behandeln von Tetra-*O*-acetyl-D-arabinopyranose (aus D-Ara⸗
binose hergestellt) mit Phosphor(V)-chlorid und Aluminiumchlorid in Chloroform (*Fox,
Goodman*, Am. Soc. **73** [1951] 3256).
Krystalle [aus CHCl₃ + Ae.] (*Hu., Ph.*). F: 151—152° [korr.] (*Fox, Go.*). $[\alpha]_D^{20}$: −246°
[CHCl₃] (*Hu., Ph.*); $[\alpha]_D^{26}$: −243° [CHCl₃; c = 2] (*Fox, Go.*).

c) **Tri-*O*-acetyl-β-L-arabinopyranosylchlorid**, β-L-Acetochlorarabinopyranose
$C_{11}H_{15}ClO_7$, Formel I (R = CO-CH₃) (H **31** 40).
Über die Konfiguration am C-Atom 1 s. *Haynes, Newth*, Adv. Carbohydrate Chem. **10**
[1955] 207, 232, 233; *Yamana*, J. org. Chem. **31** [1966] 3698, 3702.
B. Beim Erwärmen von L-Arabinose mit Acetylchlorid und wenig Zinkchlorid
(*Brauns*, Am. Soc. **46** [1924] 1484, 1486). Beim Erwärmen von Tetra-*O*-acetyl-α-L-arabino⸗
pyranose mit Titan(IV)-chlorid in Chloroform (*Ohle et al.*, B. **62** [1929] 833, 845) oder mit
Phosphor(V)-chlorid und Aluminiumchlorid in Chloroform (*Shdanow, Dorofeenko*, Dok⸗
lady Akad. S.S.S.R. **113** [1957] 601; Pr. Acad. Sci. U.S.S.R. Chem. Sect. **112—117**
[1957] 271; *Shdanow et al.*, Doklady Akad. S.S.S.R. **117** [1957] 990; Pr. Acad. Sci. U.S.S.R.
Chem. Sect. **112—117** [1957] 1083).
Krystalle; F: 150—152° (*Sh., Do.*), 146° [aus Ae. + PAe.] (*Ohle et al.*). $[\alpha]_D^{18}$: +242,6°
[CHCl₃; c = 1] (*Ohle et al.*).
Beim Behandeln mit Silbersulfat und Pyridin ist eine als 1-[Tri-*O*-acetyl-α-L-arabino⸗

pyranosyl]-pyridinium-[tri-O-acetyl-α-L-arabinopyranosylsulfat] angesehene Verbindung (F: 153°; $[\alpha]_D^{18}$: $+28°$ [CHCl$_3$]) erhalten worden (*Ohle et al.*, l. c. S. 845, 846).

d) **Tri-O-acetyl-α-D-xylopyranosylchlorid**, α-D-Acetochlorxylopyranose $C_{11}H_{15}ClO_7$, Formel II (R = CO-CH$_3$) (H 31 51).

Über die Konfiguration am C-Atom 1 s. *Haynes, Newth*, Adv. Carbohydrate Chem. **10** [1955] 207, 232, 233; *Yamana*, J. org. Chem. **31** [1966] 3698, 3702.

B. Beim Erwärmen von Tri-O-acetyl-β-D-xylopyranosylchlorid (s. u.) mit Silberchlorid in Äther (*Schlubach, Gilbert*, B. **63** [1930] 2292, 2297). Beim Erwärmen von Tetra-O-acetyl-β-D-xylopyranose mit Titan(IV)-chlorid in Chloroform (*Ohle et al.*, B. **62** [1929] 833, 846) oder mit Phosphor(V)-chlorid, Aluminiumchlorid und Acetylchlorid (*Shdanow, Schtscherbakowa*, Doklady Akad. S.S.S.R. **90** [1953] 185, 186; C. A. **1954** 5114).

Krystalle; F: 105° [aus PAe.] (*Sh., Sch.*), 105° (*Mattok, Phillips*, Soc. **1958** 130, 135), 100—101° (aus Bzl. + Bzn.) (*Ohle et al.*), 96° (*Sch., Gi.*). $[\alpha]_D^{18}$: $+167,9°$ [CHCl$_3$; c = 1] (*Ohle et al.*); $[\alpha]_D^{22}$: $+150,9°$ [CCl$_4$; c = 1] (*Sch., Gi.*); $[\alpha]_D$: $+171°$ [CHCl$_3$; c = 2] (*Ma., Ph.*).

Kinetik der Reaktion mit Methanol in Abwesenheit und in Anwesenheit von Queck= silber(II)-chlorid bei Temperaturen von 21,6° bis 32,8°: *Ma., Ph.*, l. c. S. 131, 133. Beim Behandeln mit Silbersulfat und Pyridin ist eine wahrscheinlich als 1-[Tri-O-acetyl-β-D-xylopyranosyl]-pyridinium-[tri-O-acetyl-β-D-xylopyranosylsulfat] zu formulierende Verbindung (F: 143°; $[\alpha]_D^{18}$: $-41,2°$ [CHCl$_3$]) erhalten worden (*Ohle et al.*). Bildung von D-(1*S*)-Tri-O-acetyl-1-phenyl-1,5-anhydro-xylit und geringen Mengen D-(1*R*)-Tri-O-acetyl-1-phenyl-1,5-anhydro-xylit beim Erwärmen mit Phenylmagnesiumbromid (Überschuss) in Äther und Behandeln des Reaktionsprodukts mit Acetanhydrid und Natriumacetat: *Hurd, Bonner*, Am. Soc. **67** [1945] 1972, 1975, 1976.

e) **Tri-O-acetyl-β-D-xylopyranosylchlorid**, β-D-Acetochlorxylopyranose $C_{11}H_{15}ClO_7$, Formel III (R = CO-CH$_3$).

Über die Konfiguration am C-Atom 1 s. *Yamana*, J. org. Chem. **31** [1966] 3698, 3702.

B. Bei kurzem Erwärmen (3 min) von Tri-O-acetyl-α-D-xylopyranosylbromid (S. 2282) mit Silberchlorid in Äther (*Schlubach, Gilbert*, B. **63** [1930] 2292, 2297). Beim Schütteln von Tetra-O-acetyl-β-D-xylopyranose mit Aluminiumchlorid in Chloroform (*Korytnyk, Mills*, Soc. **1959** 636, 644).

Krystalle (aus Ae. bzw. aus Ae. + Bzn.); F: 112—113° (*Sch., Gi.*; *Ko., Mi.*). $[\alpha]_D^{23,5}$: $-131,0°$ [CCl$_4$; c = 1] (*Sch., Gi.*); $[\alpha]_D^{23}$: $-141,0°$ [CHCl$_3$; c = 1] (*Ko., Mi.*).

Geschwindigkeit der Epimerisierung am C-Atom 1 in Quecksilber(II)-chlorid enthalten= dem Äther bei 25°: *Sch., Gi.* Beim Erwärmen mit Silberchlorid in Äther ist Tri-O-acetyl-α-D-xylopyranosylchlorid (s. o.), beim Behandeln mit Silbercarbonat und wss. Aceton ist O^2,O^3,O^4-Triacetyl-α-D-xylopyranose erhalten worden (*Sch., Gi.*).

f) **Tri-O-acetyl-α-D-lyxopyranosylchlorid**, α-D-Acetochlorlyxopyranose $C_{11}H_{15}ClO_7$, Formel IV (R = CO-CH$_3$).

Über die Konfiguration am C-Atom 1 s. *Haynes, Newth*, Adv. Carbohydrate Chem. **10** [1955] 207, 232, 233.

B. Beim Erwärmen von Tetra-O-acetyl-α-D-lyxopyranose mit Titan(IV)-chlorid in Chloroform (*Zinner, Brandner*, B. **89** [1956] 1507, 1514).

Krystalle (aus Ae.), F: 96°; $[\alpha]_D^{20}$: $+91,0°$ [CHCl$_3$; c = 4] (*Zi., Br.*).

I   **II**   **III**   **IV**

3,4,5-Tris-benzoyloxy-2-chlor-tetrahydro-pyran $C_{26}H_{21}ClO_7$.

a) **Tri-O-benzoyl-α-D-ribopyranosylchlorid**, α-D-Benzochlorribopyranose $C_{26}H_{21}ClO_7$, Formel V (R = CO-C$_6$H$_5$).

Über die Konfiguration am C-Atom 1 s. *Yamana*, J. org. Chem. **31** [1966] 3698, 3702.

B. s. bei dem unter b) beschriebenen Stereoisomeren.

Krystalle (aus CHCl$_3$ + Ae.); F: 203—204°; $[\alpha]_D^{20}$: $+60°$ [CHCl$_3$; c = 1] (*Ness et al.*, Am. Soc. **73** [1951] 959, 962).

Geschwindigkeitskonstante der Methanolyse in einem Methanol-Dioxan-Gemisch (9:1) bei 20°: *Ness et al.*, l. c. S. 961, 963.

b) **Tri-*O*-benzoyl-β-D-ribopyranosylchlorid**, β-D-Benzochlorribopyranose $C_{26}H_{21}ClO_7$, Formel VI (R = CO-C₆H₅).

Über die Konfiguration am C-Atom 1 s. *Yamana*, J. org. Chem. **31** [1966] 3698, 3702.

B. Neben geringen Mengen des unter a) beschriebenen Stereoisomeren beim Erwärmen von Tetra-*O*-benzoyl-β-D-ribopyranose mit Titan(IV)-chlorid in Chloroform (*Ness et al.*, Am. Soc. **73** [1951] 959, 962). Bei kurzem Erwärmen (5 min) von Tri-*O*-benzoyl-β-D-ribo‿pyranosylbromid mit Silberchlorid in Äther und Benzol (*Ness et al.*).

Krystalle (aus Ae. + CHCl₃), F: 162—163°; $[\alpha]_D^{20}$: —147° [CHCl₃; c = 1] (*Ness et al.*). Geschwindigkeitskonstante der Methanolyse in einem Methanol-Dioxan-Gemisch (9:1) bei 20°: *Ness et al.*, l. c. S. 961, 963.

3,4,5-Triacetoxy-2-brom-tetrahydro-pyran $C_{11}H_{15}BrO_7$.

a) **Tri-*O*-acetyl-β-D-ribopyranosylbromid**, β-D-Acetobromribopyranose $C_{11}H_{15}BrO_7$, Formel VII (R = CO-CH₃).

Über die Konfiguration am C-Atom 1 s. *Haynes, Newth*, Adv. Carbohydrate Chem. **10** [1955] 207, 232, 233; *Horton, Turner*, J. org. Chem. **30** [1965] 3387, 3390, 3391; *Yamana*, J. org. Chem. **31** [1966] 3698, 3702.

B. Beim Behandeln von Tetra-*O*-acetyl-β-D-ribopyranose mit Bromwasserstoff in Essigsäure (*Levene, Tipson*, J. biol. Chem. **92** [1931] 109, 111, 112).

Krystalle, F: 96°; $[\alpha]_D^{25}$: —209,3° [CHCl₃; c = 2] (*Le., Ti.*).

Beim Behandeln mit Silbercarbonat und Methanol ist O^3,O^4-Diacetyl-O^1,O^2-[(*Ξ*)-1-meth‿oxy-äthyliden]-α-D-ribopyranose (F: 77—78°; $[\alpha]_D^{26}$: +2,4° [CHCl₃]) erhalten worden (*Le., Ti.*). Bildung von O^1,O^2-[(*Ξ*)-1-(3-Acetoxy-acetonyloxy)-äthyliden]-O^3,O^4-diacetyl-α-D-ribopyranose (F: 97—98°; $[\alpha]_D^{24}$: —11,6° [CHCl₃]) beim Behandeln mit 1-Acetoxy-3-hydroxy-aceton und Silbercarbonat in Benzol: *Klingensmith, Evans*, Am. Soc. **61** [1939] 3012, 3015.

V   VI   VII   VIII

b) **Tri-*O*-acetyl-β-L-ribopyranosylbromid**, β-L-Acetobromribopyranose $C_{11}H_{15}BrO_7$, Formel VIII (R = CO-CH₃).

Bezüglich der Konfiguration am C-Atom 1 s. *Haynes, Newth*, Adv. Carbohydrate Chem. **10** [1955] 207, 232, 233.

B. Beim Behandeln von Tetra-*O*-acetyl-β-L-ribopyranose mit Bromwasserstoff in Essig‿säure (*Klingensmith, Evans*, Am. Soc. **61** [1939] 3012, 3014).

Krystalle (aus Ae. + PAe.), F: 94,5—95,5°; $[\alpha]_D^{23}$: +224,8° [CHCl₃; c = 3] (*Kl., Ev.*).

Beim Behandeln mit 1-Acetoxy-3-hydroxy-aceton und Silbercarbonat in Benzol ist O^1,O^2-[(*Ξ*)-1-(3-Acetoxy-acetonyloxy)-äthyliden]-O^3,O^4-diacetyl-α-L-ribopyranose (F: 97° bis 98°; $[\alpha]_D^{25}$: +11,8° [CHCl₃]) erhalten worden (*Kl., Ev.*, l. c. S. 3015).

c) **Tri-*O*-acetyl-β-D-arabinopyranosylbromid**, β-D-Acetobromarabinopyran‿ose $C_{11}H_{15}BrO_7$, Formel IX (R = CO-CH₃) auf S. 2283.

Über die Konfiguration am C-Atom 1 s. *Haynes, Newth*, Adv. Carbohydrate Chem. **10** [1955] 207, 232, 233; *Horton, Turner*, J. org. Chem. **30** [1965] 3387, 3389.

B. Beim Behandeln von D-Arabinose mit Acetylbromid (*Hudson, Phelps*, Am. Soc. **46** [1924] 2591, 2602). Beim Einleiten von Bromwasserstoff in eine Suspension von D-Arabi‿nose in Acetanhydrid (*Karrer et al.*, Helv. **18** [1935] 1435, 1440). Beim Behandeln von Tetra-*O*-acetyl-D-arabinopyranose mit Bromwasserstoff in Essigsäure unter Zusatz von Acet‿anhydrid (*Wright, Khorana*, Am. Soc. **80** [1958] 1994, 1998). Beim Behandeln von Tetra-*O*-acetyl-α-D-arabinopyranose mit Bromwasserstoff in Essigsäure (*Gachokidse*, Ž. obšč. Chim. **15** [1945] 539, 541; C. A. **1946** 4674).

Krystalle; F: 139° [Zers.; aus Ae.] (*Gehrke, Aichner*, B. **60** [1927] 918, 919), 137° [aus

Bzl. + Bzn.] (*Wr., Kh.*), 135° [aus E.] (*Ga.*). $[\alpha]_D^{20}$: −290,7° [$CHCl_3$; c = 4] (*Wr., Kh.*), −290° [$CHCl_3$] (*Hu., Ph.*); $[\alpha]_D^{22}$: −283,4° [$CHCl_3$] (*Ge., Ai.*).
Wenig beständig (*Ge., Ai.*).

d) **Tri-*O*-acetyl-*β*-L-arabinopyranosylbromid**, *β*-L-Acetobromarabinopyranose $C_{11}H_{15}BrO_7$, Formel X (R = $CO-CH_3$) (H **31** 40).
Über die Konfiguration am C-Atom 1 s. *Brauns*, Am. Soc. **47** [1925] 1285, 1290; *Haynes, Newth*, Adv. Carbohydrate Chem. **10** [1955] 207, 232, 233; *Yamana*, J. org. Chem. **31** [1966] 3698, 3702.
B. Beim Einleiten von Bromwasserstoff in eine Suspension von L-Arabinose in Acetanhydrid (*Meisenheimer, Jung*, B. **60** [1927] 1462, 1463; *Felton, Freudenberg*, Am. Soc. **57** [1935] 1637, 1638; vgl. H **31** 40). Beim Behandeln von L-Arabinose mit einer Lösung von Acetylbromid in Essigsäure (*Scheurer, Smith*, Am. Soc. **76** [1954] 3224). Beim Behandeln von L-Arabinose mit Acetanhydrid unter Zusatz von wss. Perchlorsäure und Eintragen von Phosphor und Brom in das Reaktionsgemisch (*Helferich et al.*, B. **86** [1953] 873). Beim Behandeln von Tetra-*O*-acetyl-L-arabinose mit Bromwasserstoff in Essigsäure unter Zusatz von Acetanhydrid (*Wright, Khorana*, Am. Soc. **80** [1958] 1994, 1998). Beim Behandeln von Tetra-*O*-acetyl-*α*-L-arabinopyranose mit Bromwasserstoff in Essigsäure (*Gehrke, Aichner*, B. **60** [1927] 918, 919; *Gachokidse*, Ž. obšč. Chim. **10** [1940] 507, 580; C. A. **1940** 7857; *Deriaz et al.*, Soc. **1949** 1879, 1881).
Krystalle; F: 139° [Zers.; aus Ae.] (*Ge., Ai.*), 139° (*Fe., Fr.*), 137° [aus Ae. bzw. aus Bzl. + Bzn.] (*Sch., Sm.*; *Wr., Kh.*). $[\alpha]_D^{20}$: +288° [$CHCl_3$] (*Hudson, Phelps*, Am. Soc. **46** [1924] 2591), +287° [$CHCl_3$; c = 4] (*Wr., Kh.*), +283,6° [$CHCl_3$] (*Ge., Ai.*), +282,0° [$CHCl_3$; c = 4] (*De. et al.*); $[\alpha]_D^{24}$: +284° [$CHCl_3$] (*Sch., Sm.*).
Wenig beständig (*Ge., Ai.*).

e) **Tri-*O*-acetyl-*α*-D-xylopyranosylbromid**, *α*-D-Acetobromxylopyranose $C_{11}H_{15}BrO_7$, Formel XI (R = $CO-CH_3$) (H **31** 51).
Über die Konfiguration am C-Atom 1 s. *Haynes, Newth*, Adv. Carbohydrate Chem. **10** [1955] 207, 232, 233; *Horton, Turner*, J. org. Chem. **30** [1965] 3387, 3388; *Yamana*, J. org. Chem. **31** [1966] 3698, 3702.
B. Beim Behandeln von D-Xylose mit einer Lösung von Acetylbromid in Essigsäure (*Scheurer, Smith*, Am. Soc. **76** [1954] 3224). Beim Behandeln von D-Xylose mit Acetanhydrid unter Zusatz von wss. Perchlorsäure und Eintragen von Phosphor und Brom in das Reaktionsgemisch (*Helferich, Gindy*, B. **87** [1954] 1488, 1489).
Krystalle [aus E.] (*Gachokidse*, Ž. obšč. Chim. **15** [1945] 530, 531; C. A. **1946** 4673); F: 103° (*Ga.*), 101−102° (*He., Gi.*). $[\alpha]_D^{20}$: +212° [$CHCl_3$] (*He., Gi.*), +207° [$CHCl_3$] (*Ga.*).
IR-Banden (Nujol; 934−740 cm^{-1}): *Barker et al.*, Soc. **1954** 3468, 3471.
Bei kurzem Erwärmen (3 min) mit Silberchlorid in Äther ist Tri-*O*-acetyl-*β*-D-xylopyranosylchlorid (*Schlubach, Gilbert*, B. **63** [1930] 2292, 2297), beim Erwärmen mit Silberazid in Äther ist Tri-*O*-acetyl-*β*-D-xylopyranosylazid (*Bertho*, A. **562** [1949] 229, 234) erhalten worden. Geschwindigkeitskonstante der Solvolyse in 60%ig. wss. Aceton bei 16° sowie in Methanol bei 16° und 21,2°: *Newth, Phillips*, Soc. **1953** 2904, 2907, 2909. Bildung von O^1,O^3,O^4-Triacetyl-*α*-D-xylopyranose, O^2,O^3,O^4-Triacetyl-*α*-D-xylopyranose und O^2,O^3,O^4-Triacetyl-*β*-D-xylopyranose beim Behandeln mit wss. Aceton bzw. mit Dimethylsulfoxid und mit Wasser (*Antia*, Am. Soc. **80** [1958] 6138, 6141; *Srivastava*, Chem. and Ind. **1959** 159. Geschwindigkeitskonstante der Reaktion mit Piperidin in Aceton bei 2°, 18° und 29°: *Chapman, Laird*, Chem. and Ind. **1954** 20. Beim Behandeln mit Nicotinsäure-amid in Acetonitril und Essigsäure und Erwärmen des Reaktionsprodukts mit wss. Bromwasserstoffsäure sind zwei [3-Carbamoyl-1-D-xylopyranosyl-pyridinium]-bromide (a) F: 139−140°; $[\alpha]_D^{18}$: −44,1° [W.]; b) F: 170−171°; $[\alpha]_D$: +4,2° [W.]) erhalten worden (*Viscontini et al.*, Helv. **38** [1955] 909, 911−913). Bildung von 3-[Tri-*O*-acetyl-*β*-D-xylopyranosyloxy]-*cis*-crotonsäure-methylester beim Behandeln mit Acetessigsäure-methylester, Silberoxid und wenig Benzylamin in Äther: *Ballou, Link*, Am. Soc. **73** [1951] 1134, 1138.

f) **Tri-*O*-acetyl-*α*-L-xylopyranosylbromid**, *α*-L-Acetobromxylopyranose $C_{11}H_{15}BrO_7$, Formel XII (R = $CO-CH_3$).
Über die Konfiguration am C-Atom 1 s. *Haynes, Newth*, Adv. Carbohydrate Chem. **10** [1955] 207, 232, 233.
B. Beim Eintragen von L-Xylose in ein aus Acetanhydrid und Bromwasserstoff erhal-

tenes Gemisch (*Kreider, Evans,* Am. Soc. **58** [1936] 797, 799). Beim Behandeln von Tetra-O-acetyl-β-L-xylopyranose mit Bromwasserstoff in Essigsäure (*Helferich et al.,* B. **72** [1939] 1953, 1956).

Krystalle [aus Ae.] (*Kr., Ev.*). F: 102° [korr.] (*Kr., Ev.*), 95—97° (*He. et al.*). $[\alpha]_D^{23}$: −211,6° [CHCl₃; c = 4] (*Kr., Ev.*).

IX   X   XI   XII

g) **Tri-O-acetyl-α-D-lyxopyranosylbromid,** α-D-Acetobromlyxopyranose C₁₁H₁₅BrO₇, Formel XIII (R = CO-CH₃).

Über die Konfiguration am C-Atom 1 s. *Horton, Turner,* J. org. Chem. **30** [1965] 3387, 3390; *Durette, Horton,* Carbohydrate Res. **18** [1971] 57, 65.

B. Beim Behandeln von Tetra-O-acetyl-α-D-lyxopyranose mit Bromwasserstoff in Essigsäure unter Zusatz von Chloroform (*Du., Ho.,* l. c. S. 77; s. a. *Levene, Wolfrom,* J. biol. Chem. **78** [1928] 525, 528; *Reyle, Reichstein,* Helv. **35** [1952] 98, 105; *Ho., Tu.*).

Krystalle (aus Ae. + PAe.), F: 118°; $[\alpha]_D^{26}$: +143,8° [CHCl₃; c = 1] (*Du., Ho.,* l. c. S. 77).

Beim Schütteln eines nicht krystallinen Präparats mit Silbercarbonat und Methanol sind O^3,O^4-Diacetyl-O^1,O^2-[($\mathcal{Z}$)-1-methoxy-äthyliden]-β-D-lyxopyranose (F: 90°; $[\alpha]_D^{22}$: −103,5° [CHCl₃]) und geringe Mengen Methyl-[tri-O-acetyl-α-D-lyxopyranosid] erhalten worden (*Le., Wo.,* l. c. S. 531).

3,4,5-Tris-benzoyloxy-2-brom-tetrahydro-pyran C₂₆H₂₁BrO₇.

a) **Tri-O-benzoyl-α-D-ribopyranosylbromid,** α-D-Benzobromribopyranose C₂₆H₂₁BrO₇, Formel XIV (R = CO-C₆H₅).

Über die Konfiguration am C-Atom 1 s. *Yamana,* J. org. Chem. **31** [1966] 3698, 3702.

B. s. bei dem unter b) beschriebenen Stereoisomeren.

Krystalle (aus E. + Pentan), F: 164—166°; $[\alpha]_D^{20}$: +78° [CHCl₃; c = 1] (*Ness et al.,* Am. Soc. **73** [1951] 959, 961).

Geschwindigkeitskonstante der Methanolyse in einem Methanol-Dioxan-Gemisch (9:1) bei 20°: *Ness et al.,* l. c. S. 961, 962.

b) **Tri-O-benzoyl-β-D-ribopyranosylbromid,** β-D-Benzobromribopyranose C₂₆H₂₁BrO₇, Formel VII (R = CO-C₆H₅) auf S. 2281.

Über die Konfiguration am C-Atom 1 s. *Yamana,* J. org. Chem. **31** [1966] 3698, 3702.

B. Neben geringen Mengen des unter a) beschriebenen Stereoisomeren beim Behandeln einer Lösung von Tetra-O-benzoyl-β-D-ribopyranose in 1,2-Dichlor-äthan mit Bromwasserstoff in Essigsäure (*Jeanloz et al.,* Am. Soc. **70** [1948] 4052; *Ness et al.,* Am. Soc. **73** [1951] 959, 961). Beim Behandeln von O^2,O^3,O^4-Tribenzoyl-D-ribopyranose (Gemisch der Anomeren) oder von O^2,O^3,O^4-Tribenzoyl-β-D-ribopyranose mit 1,2-Dichlor-äthan und Bromwasserstoff enthaltender Essigsäure unter Zusatz von Acetanhydrid (*Fletcher, Ness,* Am. Soc. **76** [1954] 760, 763).

Krystalle; F: 156—158° [korr.; Kofler-App.; aus CH₂Cl₂ + Pentan] (*Je. et al.*), 155° bis 158° [korr.; Zers. aus CH₂Cl₂ + Pentan] (*Fl., Ness*), 150—154° [aus E. + Ae.] (*Ness et al.*). $[\alpha]_D^{20}$: −203° [CHCl₃; c = 2] (*Fl., Ness*), −202° [CHCl₃; c = 1] (*Ness et al.*), −199° [CHCl₃; c = 1] (*Je. et al.*).

Bildung von geringen Mengen Tri-O-benzoyl-α-D-ribopyranosylbromid (s. o.) beim Behandeln mit Bromwasserstoff in Essigsäure: *Ness et al.,* Am. Soc. **73** [1951] 959, 961. Geschwindigkeitskonstante der Methanolyse in einem Methanol-Dioxan-Gemisch (9:1) bei 20°: *Ness et al.,* l. c. S. 961, 962. Beim Behandeln mit Benzylalkohol, Chinolin und Benzol und Behandeln einer Lösung des Reaktionsprodukts in Chloroform mit Natriummethylat in Methanol ist O^1,O^2-[($\mathcal{Z}$)-α-Benzyloxy-benzyliden]-α-D-ribopyranose (F: 103° bis 104° [korr.]; $[\alpha]_D^{20}$: +6,6° [CHCl₃]) erhalten worden (*Fletcher, Ness,* Am. Soc. **77** [1955] 5337, 5339).

c) **Tri-O-benzoyl-β-D-arabinopyranosylbromid,** β-D-Benzobromarabino=
pyranose $C_{26}H_{21}BrO_7$, Formel IX (R = CO-C$_6$H$_5$).

B. Beim Behandeln von Lösungen von Tetra-O-benzoyl-α-D-arabinopyranose oder von
Tetra-O-benzoyl-β-D-arabinopyranose in 1,2-Dichlor-äthan mit Bromwasserstoff in Essig=
säure (*Fletcher, Hudson*, Am. Soc. **72** [1950] 4173, 4175).

Krystalle (aus 1,2-Dichlor-äthan + Pentan); F: 147—148°. [α]$_D^{20}$: −353,3° [CHCl₃;
c = 1].

Geschwindigkeitskonstante der Methanolyse in einem Methanol-Dioxan-Gemisch (9:1)
bei 20°: *Fl., Hu.*, l. c. S. 4174.

d) **Tri-O-benzoyl-β-L-arabinopyranosylbromid,** β-L-Benzobromarabino=
pyranose $C_{26}H_{21}BrO_7$, Formel X (R = CO-C$_6$H$_5$).

In den von *Wolfrom, Christman* (Am. Soc. **58** [1936] 39, 41) bzw. von *Fletcher, Hudson*
(Am. Soc. **69** [1947] 1145) unter dieser Konstitution und Konfiguration beschriebenen,
beim Behandeln von Tetra-O-benzoyl-α-L-arabinopyranose (*Wo., Ch.*) bzw. von Tetra-
O-benzoyl-β-L-arabinopyranose (*Fl., Hu.*) in 1,2-Dichlor-äthan mit Bromwasserstoff in
Essigsäure hergestellten und aus Methanol umkrystallisierten Präparaten (F: 144—145°;
[α]$_D^{26}$: +203° [CHCl₃] bzw. F: 144—145°; [α]$_D$: +201,8° [CHCl₃]) hat Methyl-[tri-
O-benzoyl-α-L-arabinopyranosid] (S. 2465) vorgelegen (*Fletcher, Hudson*, Am. Soc. **72**
[1950] 4173 Anm. 3).

e) **Tri-O-benzoyl-α-D-xylopyranosylbromid,** α-D-Benzobromxylopyranose
$C_{26}H_{21}BrO_7$, Formel XI (R = CO-C$_6$H$_5$).

Über die Konfiguration am C-Atom 1 s. *Yamana*, J. org. Chem. **31** [1966] 3698, 3702.

B. Beim Behandeln einer Lösung von Tetra-O-benzoyl-α-D-xylopyranose in Dioxan
und Chloroform (*Major, Cook*, Am. Soc. **58** [1936] 2333) sowie von Lösungen von Tetra-
O-benzoyl-α-D-xylopyranose oder von Tetra-O-benzoyl-β-D-xylopyranose in 1,2-Dichlor-
äthan (*Fletcher, Hudson*, Am. Soc. **69** [1947] 921, 923) mit Bromwasserstoff in Essigsäure.

Krystalle; F: 136—137° [aus Bzl. + Hexan] (*Fl., Hu.*, Am. Soc. **69** 923), 134—135°
[aus Bzl. + PAe.] (*Ma., Cook*). [α]$_D^{20}$: +118,7° [CHCl₃; c = 2] (*Fl., Hu.*, Am. Soc. **69**
923), +117° [CHCl₃; c = 2] (*Ma., Cook*).

Beim Behandeln mit Silbercarbonat und wss. Aceton ist O^2,O^3,O^4-Tri-O-benzoyl-
α-D-xylopyranose (*Ma., Cook; Fletcher*, Am. Soc. **75** [1953] 2624, 2626], beim Erwärmen
mit Methanol sowie beim Behandeln mit Methanol und Silbercarbonat ist Methyl-
[tri-O-benzoyl-β-D-xylopyranosid] (*Fletcher, Hudson*, Am. Soc. **72** [1950] 4173, 4176,
4177) erhalten worden. Geschwindigkeitskonstante der Methanolyse in einem Methanol-
Dioxan-Gemisch (9:1) bei 20°: *Fl., Hu.*, Am. Soc. **72** 4177.

f) **Tri-O-benzoyl-α-L-xylopyranosylbromid,** α-L-Benzobromxylopyranose
$C_{26}H_{21}BrO_7$, Formel XII (R = CO-C$_6$H$_5$).

B. Beim Behandeln von Lösungen von Tetra-O-benzoyl-α-L-xylopyranose oder von
Tetra-O-benzoyl-β-L-xylopyranose in Dioxan und Chloroform mit Bromwasserstoff in
Essigsäure (*Major, Cook*, Am. Soc. **58** [1936] 2333).

Krystalle; F: 134—135°. [α]$_D^{20}$: −116° [CHCl₃; c = 2].

XIII   XIV   XV

g) **Tri-O-benzoyl-α-D-lyxopyranosylbromid,** α-D-Benzobromlyxopyranose
$C_{26}H_{21}BrO_7$ (R = CO-C$_6$H$_5$).

B. Beim Behandeln einer Lösung von Tetra-O-benzoyl-α-D-lyxopyranose in 1,2-Di=
chlor-äthan mit Bromwasserstoff in Essigsäure (*Fletcher et al.*, Am. Soc. **73** [1951] 3698).
Öl; [α]$_D^{20}$: −58,1° [CHCl₃; c = 5].

O^3,O^4-Dibenzoyl-O^2-methansulfonyl-β-D-arabinopyranosylbromid $C_{20}H_{19}BrO_8S$, Formel XV.

B. Beim Behandeln einer Lösung von O^1,O^3,O^4-Tribenzoyl-O^2-methansulfonyl-β-D-ara=

binopyranose in Essigsäure und Dichlormethan mit Bromwasserstoff in Essigsäure (*Wood, Fletcher*, Am. Soc. **80** [1958] 5242, 5245).

Krystalle (aus Ae.); F: 130,5—131,2° [korr.]. $[\alpha]_D^{20}$: —351° [CH_2Cl_2; c = 0,7].

Beim Behandeln mit Silberbenzoat in Dichlormethan ist O^1,O^3,O^4-Tribenzoyl-O^2-methan= sulfonyl-α-D-arabinopyranose erhalten worden.

Tri-*O*-acetyl-β-L-arabinopyranosyljodid, β-L-Acetojodarabinopyranose $C_{11}H_{15}IO_7$, Formel I (R = CO-CH₃).

Über die Konfiguration am C-Atom 1 s. *Brauns*, Am. Soc. **47** [1925] 1285, 1290; *Haynes, Newth*, Adv. Carbohydrate Chem. **10** [1955] 207, 232, 233; *Yamana*, J. org. Chem. **31** [1966] 3698, 3702.

B. Beim Behandeln von Tetra-*O*-acetyl-α-L-arabinopyranose mit Jodwasserstoff in Essigsäure (*Brauns*, Am. Soc. **46** [1924] 1484, 1487).

Krystalle (aus Ae.); $[\alpha]_D^{20}$: +339,1° [CHCl₃; c = 2] (*Br.*, Am. Soc. **46** 1487).

Wenig beständig (*Br.*, Am. Soc. **46** 1487).

3,4,5-Triacetoxy-2-azido-tetrahydro-pyran $C_{11}H_{15}N_3O_7$.

a) **Tri-*O*-acetyl-α-L-arabinopyranosylazid** $C_{11}H_{15}N_3O_7$, Formel II (R = CO-CH₃).

B. Beim Erwärmen von Tri-*O*-acetyl-β-L-arabinopyranosylbromid mit Silberazid in Äther (*Bertho*, A. **562** [1949] 229, 236).

Krystalle (aus Me. + W.); F: 88—89° (*Be.*, l. c. S. 236). $[\alpha]_D^{20}$: —11° [CHCl₃; c = 1] (*Be.*, l. c. S. 232).

I   II   III   IV

b) **Tri-*O*-acetyl-β-D-xylopyranosylazid** $C_{11}H_{15}N_3O_7$, Formel III (R = CO-CH₃).

B. Beim Erwärmen von Tri-*O*-acetyl-α-D-xylopyranosylbromid mit Silberazid in Äther (*Bertho*, A. **562** [1949] 229, 234).

Krystalle (aus Me. oder aus Me. + W.); F: 87,5°. $[\alpha]_D^{16}$: —79,3° [CHCl₃; c = 1].

[*Blazek*]

---

*Opt.-inakt. 2,4,5-Trimethoxy-2-methyl-tetrahydro-furan $C_8H_{16}O_4$, Formel IV.

Konstitutionszuordnung: *Birkofer, Dutz*, A. **608** [1957] 7, 11.

B. In geringer Menge beim Erwärmen von Furfurylalkohol mit Chlorwasserstoff ent= haltendem Methanol (*Clauson-Kaas, Nielsen*, Acta chem. scand. **9** [1955] 475, 480; *Bi., Dutz*, l. c. S. 16). Bildung beim Erwärmen von 2-Methoxymethyl-furan oder von opt.-inakt. 2,5-Dimethoxy-2-methyl-2,5-dihydro-furan [Stereoisomeren-Gemisch] mit Chlor= wasserstoff enthaltendem Methanol: *Cl.-K., Ni.*, l. c. S. 481, 482.

Kp_{12}: 74,5°; n_D^{25}: 1,4241 (*Bi., Dutz*, l. c. S. 16); Kp_{10}: 75°; n_D^{25}: 1,4239 [Präparat aus Furfurylalkohol] (*Cl.-K., Ni.*).

Bildung von 6exo(?)-Methoxy-1-methyl-tropan-3-on (Pikrat: F: 135—136°) beim Erhitzen mit wss. Salzsäure und Behandeln der Reaktionslösung mit 3-Oxo-glutar= säure, Methylamin-hydrochlorid und Natriumcitrat: *Cl.-K., Ni.*, l. c. S. 480, 481.

Beim Behandeln mit [2,4-Dinitro-phenyl]-hydrazin und wss. Schwefelsäure ist 4-[2,4-Di= nitro-phenylhydrazono]-2-methoxy-valeraldehyd-[2,4-dinitro-phenylhydrazon], beim Be= handeln mit [2,4-Dinitro-phenyl]-hydrazin und Schwefelsäure enthaltendem Methanol sind 4-[2,4-Dinitro-phenylhydrazono]-pent-2-enal-[2,4-dinitro-phenylhydrazon] (F: 271°) und 4-[2,4-Dinitro-phenylhydrazono]-valeriansäure-methylester erhalten worden (*Bi., Dutz*, l. c. S. 17).

2-Methoxy-5-methyl-tetrahydro-furan-3,4-diol, Methyl-[5-desoxy-pentofuranosid] $C_6H_{12}O_4$.

a) **(2R)-2r-Methoxy-5c-methyl-tetrahydro-furan-3t,4t-diol, Methyl-[5-desoxy-β-D-ribofuranosid]** $C_6H_{12}O_4$, Formel V.

B. Beim Erwärmen von Methyl-[O^2,O^3-isopropyliden-5-desoxy-β-D-ribofuranosid] mit wss.-methanol. Schwefelsäure (*Shunk et al.*, Am. Soc. **77** [1955] 2210).

Hygroskopisches Öl, das beim Aufbewahren krystallin erstarrt. $Kp_{0,3}$: 83—88°.$[\alpha]_D^{23}$: —76° [A.; c = 2].

b) **(3S)-2ξ-Methoxy-5c-methyl-tetrahydro-furan-3r,4t-diol, Methyl-[5-desoxy-ξ-D-arabinofuranosid]** $C_6 H_{12} O_4$, Formel VI.

Gemische (Krystalle [aus $CHCl_3$ + PAe.], die zwischen 73° und 78° schmelzen; $[\alpha]_D$: +76° bis +85° [$CHCl_3$]) der Anomeren, aus denen sich das α-Anomere durch fraktionierte Krystallisation aus Tetrachlormethan hat isolieren lassen, sind beim Erwärmen von 5-Desoxy-D-arabinose-dimethyldithioacetal (sowie des entsprechenden Diäthyldithioacetals oder Dibutyldithioacetals) mit Quecksilber(II)-chlorid und Methanol erhalten worden (*Zinner et al.*, B. **92** [1959] 1618, 1620, 1623).

c) **(2R)-2r-Methoxy-5t-methyl-tetrahydro-furan-3t,4c-diol, Methyl-[5-desoxy-α-L-arabinofuranosid]** $C_6 H_{12} O_4$, Formel VII.

B. Neben Methyl-[5-desoxy-β-L-arabinofuranosid] beim Erwärmen von 5-Desoxy-L-arabinose-diäthyldithioacetal mit Quecksilber(II)-chlorid und Methanol (*Swan, Evans*, Am. Soc. **57** [1935] 200). Beim Behandeln von Methyl-[O^3-(toluol-4-sulfonyl)-α-L-arabinofuranosid] mit Acetanhydrid und Pyridin, Erwärmen des erhaltenen Esters mit Natriumjodid in Aceton und Hydrieren des Reaktionsprodukts an Raney-Nickel in wss.-methanol. Natronlauge (*Levene, Compton*, J. biol. Chem. **116** [1936] 189, 200, 201).

Krystalle; F: 89—90° [aus CCl_4] (*Swan, Ev.*), 88—89° [aus Ae.] (*Le., Co.*), 87,5—88° (*Patterson et al.*, Am. Soc. **78** [1956] 5868, 5869). Kp_5: 133—137° (*Swan, Ev.*); $Kp_{0,3}$: 95—100° (*Le., Co.*); $Kp_{0,2}$: 96—100° (*Pa. et al.*). $[\alpha]_D^{25}$: —130° [$CHCl_3$; c = 2] (*Le., Co.*); $[\alpha]_D^{31}$: —129,2° [$CHCl_3$; c = 4] (*Swan, Ev.*); $[\alpha]_D^{25}$: —135° [Me.; c = 2] (*Pa. et al.*).

Überführung eines überwiegend aus Methyl-[5-desoxy-α-L-arabinofuranosid] bestehenden Präparats ($[\alpha]_D$: —73,9° [$CHCl_3$]) in Methyl-[O^2,O^3-dimethyl-5-desoxy-L-arabinofuranosid] $C_8 H_{16} O_4$ (Gemisch der Anomeren; Kp_6: 60—65°) durch Behandlung mit Dimethylsulfat und wss. Natronlauge unter Zusatz von Tetrachlormethan: *Swan, Ev.*

V	VI	VII	VIII

2,4-Dimethoxy-5-methyl-tetrahydro-furan-3-ol $C_7 H_{14} O_4$.

a) **(2S)-2r,4t-Dimethoxy-5t-methyl-tetrahydro-furan-3c-ol, Methyl-[O^3-methyl-5-desoxy-α-D-xylofuranosid]** $C_7 H_{14} O_4$, Formel VIII (R = H).

B. s. bei dem unter b) beschriebenen Stereoisomeren.

$Kp_{0,3}$: 58—62°; n_D^{25}: 1,4410; $[\alpha]_D^{25}$: +124,5° [W.; c = 3] (*Levene, Compton*, J. biol. Chem. **112** [1936] 775, 779).

b) **(2R)-2r,4c-Dimethoxy-5c-methyl-tetrahydro-furan-3t-ol, Methyl-[O^3-methyl-5-desoxy-β-D-xylofuranosid]** $C_7 H_{14} O_4$, Formel IX (R = H).

B. Neben dem unter a) beschriebenen Stereoisomeren beim Erwärmen von O^3-Methyl-5-desoxy-D-xylose mit Chlorwasserstoff enthaltendem Methanol (*Levene, Compton*, J. biol. Chem. **112** [1936] 775, 779).

Krystalle; F: 48—50°. $Kp_{0,3}$: 72—75°. $[\alpha]_D^{25}$: —127,9° [W.; c = 3].

2,3,4-Trimethoxy-5-methyl-tetrahydro-furan $C_8 H_{16} O_4$.

a) **(2S)-2r,3c,4t-Trimethoxy-5t-methyl-tetrahydro-furan, Methyl-[O^2,O^3-dimethyl-5-desoxy-α-D-xylofuranosid]** $C_8 H_{16} O_4$, Formel VIII (R = CH_3).

B. Beim Erwärmen von Methyl-[O^3-methyl-5-desoxy-α-D-xylofuranosid] mit Methyljodid und Silberoxid (*Levene, Compton*, J. biol. Chem. **112** [1936] 775, 780).

Krystalle; F: 34—35°. $Kp_{0,5}$: 39—41°. $[\alpha]_D^{26}$: +154,0° [W.; c = 1].

b) **(2R)-2r,3t,4c-Trimethoxy-5c-methyl-tetrahydro-furan, Methyl-[O^2,O^3-dimethyl-5-desoxy-β-D-xylofuranosid]** $C_8 H_{16} O_4$, Formel IX (R = CH_3).

B. Beim Erwärmen von Methyl-[O^3-methyl-5-desoxy-β-D-xylofuranosid] mit Methyljodid und Silberoxid (*Levene, Compton*, J. biol. Chem. **112** [1936] 775, 781).

$Kp_{0,5}$: 38—40°. n_D^{25}: 1,4261. $[\alpha]_D^{26}$: —102,4° [W.; c = 2].

IX   X   XI   XII

2,3,4-Triacetoxy-5-methyl-tetrahydro-furan, Tri-*O*-acetyl-5-desoxy-pentofuranose $C_{11}H_{16}O_7$.

a) **(2*S*)-2*r*,3*t*,4*t*-Triacetoxy-5*c*-methyl-tetrahydro-furan, Tri-*O*-acetyl-5-desoxy-*β*-D-ribofuranose** $C_{11}H_{16}O_7$, Formel X (R = CO-CH$_3$).

B. Neben Tri-*O*-acetyl-5-desoxy-*α*-D-ribofuranose ($C_{11}H_{16}O_7$; Formel XI [R = CO-CH$_3$]; $Kp_{0,1}$: 100—103°; $[α]_D^{25}$: +17° [CHCl$_3$] [unreines Präparat]) beim Behandeln von 5-Desoxy-D-ribose mit Acetanhydrid und Pyridin (*Kissman, Baker*, Am. Soc. **79** [1957] 5534, 5537).

Krystalle (aus Hexan + Ae.); F: 64—65°. $[α]_D^{25}$: −26,9° [CHCl$_3$; c = 2].

b) **(3*R*)-2*ξ*,3*r*,4*t*-Triacetoxy-5*t*-methyl-tetrahydro-furan, Tri-*O*-acetyl-5-desoxy-D-xylofuranose** $C_{11}H_{16}O_7$, Formel XII (R = CO-CH$_3$).

In dem nachstehend beschriebenen Präparat hat nach *Jochims, Taigel* (B. **103** [1970] 448, 456, 462) ein Gemisch der Anomeren vorgelegen.

B. Beim Behandeln von 5-Desoxy-D-xylose mit Acetanhydrid und Pyridin (*Levene, Compton*, J. biol. Chem. **111** [1935] 325, 332, 333).

$Kp_{0,3}$: 105—106°; n_D^{24}: 1,4422; $[α]_D^{26}$: +60,9° [CHCl$_3$; c = 3] (*Le., Co.*).

2-Methoxy-5-methyl-3,4-bis-[toluol-4-sulfonyloxy]-tetrahydro-furan $C_{20}H_{24}O_8S_2$.

a) **(2*S*)-2*r*-Methoxy-5*t*-methyl-3*t*,4*c*-bis-[toluol-4-sulfonyloxy]-tetrahydro-furan, Methyl-[bis-*O*-(toluol-4-sulfonyl)-5-desoxy-*α*-D-arabinofuranosid]** $C_{20}H_{24}O_8S_2$, Formel I (X = H).

B. Bei der Hydrierung von Methyl-[5-jod-bis-*O*-(toluol-4-sulfonyl)-5-desoxy-*α*-D-arabinofuranosid] an Raney-Nickel in mit methanol. Natronlauge versetztem Dioxan (*Chang, Fang*, Acta chim. sinica **23** [1957] 157, 177; engl. Ref. S. 178; C. A. **1958** 16 220).

Krystalle (aus PAe.); F: 64—66°. $[α]_D^{16}$: +56,8° [CHCl$_3$; c = 1].

Beim Erwärmen mit Natriummethylat in Methanol ist Methyl-[2,3-anhydro-5-desoxy-*α*-D-lyxofuranosid] erhalten worden.

b) **(2*R*)-2*r*-Methoxy-5*t*-methyl-3*t*,4*c*-bis-[toluol-4-sulfonyloxy]-tetrahydro-furan, Methyl-[bis-*O*-(toluol-4-sulfonyl)-5-desoxy-*α*-L-arabinofuranosid]** $C_{20}H_{24}O_8S_2$, Formel II (X = H).

B. Bei der Hydrierung von Methyl-[5-jod-bis-*O*-(toluol-4-sulfonyl)-5-desoxy-*α*-L-arabinofuranosid] an Raney-Nickel in mit methanol. Natronlauge oder Diäthylamin versetztem Dioxan (*Chang, Fang*, Scientia Peking **6** [1957] 131, 136, 137).

Krystalle; F: 65,5—67° [aus PAe.], 62—63° [aus A.]. $[α]_D^{30}$: −53,7° [CHCl$_3$; c = 1].

Beim Erwärmen mit Natriummethylat in Methanol ist Methyl-[2,3-anhydro-5-desoxy-*α*-L-lyxofuranosid] erhalten worden.

I   II

(2*S*)-2*r*,3*t*,4*t*-Triacetoxy-5*c*-fluormethyl-tetrahydro-furan, Tri-*O*-acetyl-5-fluor-5-desoxy-*β*-D-ribofuranose $C_{11}H_{15}FO_7$, Formel III.

B. Beim Behandeln einer Lösung von 5-Fluor-5-desoxy-D-ribose (aus Methyl-[5-fluor-O^2,O^3-isopropyliden-5-desoxy-*β*-D-ribofuranosid] hergestellt) in Pyridin mit Acetanhydrid (*Kissman, Weiss*, Am. Soc. **80** [1958] 5559, 5561).

Krystalle (aus Ae.); F: 100—101° [korr.; Kofler-App.]. Bei 95—98°/0,1 Torr sublimierbar. $[α]_D^{25}$: −26,8° [CHCl$_3$; c = 2].

(2S)-3t,4t-Diacetoxy-2r-jodmethyl-5c-methoxy-tetrahydro-furan, Methyl-[di-O-acetyl-5-jod-5-desoxy-β-D-ribofuranosid] $C_{10}H_{15}IO_6$, Formel IV (R = CH_3).

B. Beim Behandeln von Methyl-[O^5-(toluol-4-sulfonyl)-β-D-ribofuranosid] (aus Methyl-β-D-ribofuranosid hergestellt) mit Acetanhydrid und Pyridin und Erwärmen des Reaktionsprodukts mit Natriumjodid in Aceton (*Kanazawa et al.*, J. chem. Soc. Japan Pure Chem. Sect. **80** [1959] 517, 519, 520; engl. Ref. S. A 39; C. A. **1961** 6386).

Bei 105—115°/0,001 Torr destillierbar. $[\alpha]_D^{18}$: —15,2° [$CHCl_3$; c = 0,6].

(2R)-3t,4t-Diacetoxy-2r-benzyloxy-5c-jodmethyl-tetrahydro-furan, Benzyl-[di-O-acetyl-5-jod-5-desoxy-β-D-ribofuranosid $C_{16}H_{19}IO_6$, Formel IV (R = CH_2-C_6H_5).

B. Beim Behandeln von Benzyl-[O^5-(toluol-4-sulfonyl)-β-D-ribofuranosid] (aus Benzyl-β-D-ribofuranosid hergestellt) mit Acetanhydrid und Pyridin und Erwärmen des Reaktionsprodukts mit Natriumjodid in Aceton (*Kanazawa et al.*, J. chem. Soc. Japan Pure Chem. Sect. **80** [1959] 517, 521; engl. Ref. S. A 39; C. A. **1961** 6386).

Bei 160—170°/0,001 Torr unter partieller Zersetzung destillierbar.

III   IV   V

2,3,4-Triacetoxy-5-jodmethyl-tetrahydro-furan $C_{11}H_{15}IO_7$.

a) **(2R)-2r,3c,4c-Triacetoxy-5t-jodmethyl-tetrahydro-furan, Tri-O-acetyl-5-jod-5-desoxy-α-D-ribofuranose** $C_{11}H_{15}IO_7$, Formel V.

B. Beim Erwärmen von O^1,O^2,O^3-Triacetyl-O^5-[toluol-4-sulfonyl]-α-D-ribofuranose mit Natriumjodid in Aceton (*Kanazawa, Sato*, J. chem. Soc. Japan Pure Chem. Sect. **80** [1959] 200, 202; engl. Ref. S. A 15; C. A. **1961** 6385).

Öl; $[\alpha]_D^{10}$: +70,0° [A.; c = 0,5].

b) **(2S)-2r,3t,4t-Triacetoxy-5c-jodmethyl-tetrahydro-furan, Tri-O-acetyl-5-jod-5-desoxy-β-D-ribofuranose** $C_{11}H_{15}IO_7$, Formel IV (R = CO-CH_3).

B. Beim Erwärmen von O^1,O^2,O^3-Triacetyl-O^5-[toluol-4-sulfonyl]-β-D-ribofuranose mit Natriumjodid in Aceton (*Kanazawa, Sato*, J. chem. Soc. Japan Pure Chem. Sect. **80** [1959] 200, 202; engl. Ref. S. A15; C. A. **1961** 6385).

Krystalle (aus Ae.); F: 86—88°. Bei 160—165°/0,001 Torr destillierbar. $[\alpha]_D^{22}$: —39° [A.; c = 1].

2-Jodmethyl-5-methoxy-3,4-bis-[toluol-4-sulfonyloxy]-tetrahydro-furan $C_{20}H_{23}IO_8S_2$.

a) **(2S)-2r-Jodmethyl-5c-methoxy-3t,4t-bis-[toluol-4-sulfonyloxy]-tetrahydro-furan, Methyl-[5-jod-bis-O-(toluol-4-sulfonyl)-5-desoxy-β-D-ribofuranosid]** $C_{20}H_{23}IO_8S_2$, Formel VI (R = CH_3).

B. Beim Erwärmen von Methyl-[tris-O-(toluol-4-sulfonyl)-β-D-ribofuranosid] mit Natriumjodid in Aceton (*Kanazawa et al.*, J. chem. Soc. Japan Pure Chem. Sect. **80** [1959] 517, 520; engl. Ref. S. A 39; C. A. **1961** 6386).

Krystalle (aus Me.); F: 64—66°. $[\alpha]_D^{15}$: +53° [$CHCl_3$; c = 1].

b) **(2S)-2r-Jodmethyl-5t-methoxy-3t,4c-bis-[toluol-4-sulfonyloxy]-tetrahydro-furan, Methyl-[5-jod-bis-O-(toluol-4-sulfonyl)-5-desoxy-α-D-arabinofuranosid]** $C_{20}H_{23}IO_8S_2$, Formel I (X = I).

B. Beim Erwärmen von Methyl-[tris-O-(toluol-4-sulfonyl)-α-D-arabinofuranosid] mit Natriumjodid in Aceton (*Chang, Fang*, Acta chim. sinica **23** [1957] 175, 176; engl. Ref. S. 178; C. A. **1958** 16220).

Krystalle (aus Me.). F: 122—123,5°. $[\alpha]_D^{13}$: +52,7° [$CHCl_3$; c = 1].

c) **(2R)-2r-Jodmethyl-5t-methoxy-3t,4c-bis-[toluol-4-sulfonyloxy]-tetrahydro-furan, Methyl-[5-jod-bis-O-(toluol-4-sulfonyl)-5-desoxy-α-L-arabinofuranosid]** $C_{20}H_{23}IO_8S_2$, Formel II (X = I).

B. Beim Erwärmen von Methyl-[tris-O-(toluol-4-sulfonyl)-α-L-arabinofuranosid] mit Natriumjodid in Aceton oder Butanon (*Chang, Fang*, Scientia Peking **6** [1957] 131, 135, 136).

Krystalle (aus Me.); F: 122—123,5°. $[\alpha]_D^{30}$: —52,7° [$CHCl_3$; c = 1].

d) **(2S)-2r-**Jodmethyl-**5c**-methoxy-**3c,4t**-bis-[toluol-4-sulfonyloxy]-tetrahydro-furan, Methyl-[5-jod-bis-O-(toluol-4-sulfonyl)-5-desoxy-β-D-xylofuranosid] $C_{20}H_{23}IO_8S_2$, Formel VII.

B. Beim Erwärmen von Methyl-[tris-O-(toluol-4-sulfonyl)-β-D-xylofuranosid] mit Natriumjodid in Aceton (*Chang, Liu*, Acta chim. sinica **23** [1957] 169, 172; engl. Ref. S. 174; C. A. **1958** 16220).

Krystalle (aus Me.); F: 105—106°. $[\alpha]_D^{23,5}$: −55° [CHCl$_3$; c = 1].

Bei der Hydrierung an Raney-Nickel in Methanol und Dioxan in Gegenwart von Diäthylamin und Behandlung einer Lösung des Reaktionsprodukts in Chloroform mit Natriummethylat in Methanol ist Methyl-[2,3-anhydro-5-desoxy-β-D-ribofuranosid] erhalten worden (*Ch., Liu*, l. c. S. 173).

(2R)-2r-Benzyloxy-**5c**-jodmethyl-**3t,4t**-bis-[toluol-4-sulfonyloxy]-tetrahydro-furan, Benzyl-[5-jod-bis-O-(toluol-4-sulfonyl)-5-desoxy-β-D-ribofuranosid] $C_{26}H_{27}IO_8S_2$, Formel VI (R = CH$_2$-C$_6$H$_5$).

B. Beim Erwärmen von Benzyl-[tris-O-(toluol-4-sulfonyl)-β-D-ribofuranosid] mit Natriumjodid in Aceton (*Kanazawa et al.*, J. chem. Soc. Japan Pure Chem. Sect. **80** [1959] 517, 521; engl. Ref. S. A 39; C. A. **1961** 6386).

Krystalle (aus A.); F: 89°. $[\alpha]_D^{24}$: +16,5° [Dioxan; c = 2].

---

*Opt.-inakt. 2-Hydroxymethyl-2,5-dimethoxy-tetrahydro-furan, 2,5-Dimethoxy-tetra= hydro-furfurylalkohol $C_7H_{14}O_4$, Formel VIII (R = CH$_3$).

B. Bei der Hydrierung von opt.-inakt. 2,5-Dimethoxy-2,5-dihydro-furfurylalkohol (S. 2329) an Raney-Nickel in Methanol unter 100 at (*Clauson-Kaas et al.*, Acta chem. scand. **7** [1953] 845, 846).

Kp$_{13}$: 106—107°. n_D^{25}: 1,4477.

Beim Erwärmen mit Chlorwasserstoff enthaltendem Methanol ist eine als 2,5,5-Tri= methoxy-tetrahydro-pyran angesehene Verbindung $C_8H_{16}O_4$ (Kp$_{760}$: 203—205°; n_D^{25}: 1,4351) erhalten worden.

*Opt.-inakt. 2,5-Dimethoxy-2-methoxymethyl-tetrahydro-furan $C_8H_{16}O_4$, Formel IX (R = CH$_3$).

B. Bei der Hydrierung von opt.-inakt. 2,5-Dimethoxy-2-methoxymethyl-2,5-dihydro-furan (S. 2329) an Raney-Nickel in Methanol unter 100 at (*Clauson-Kaas*, Acta chem. scand. **6** [1952] 556, 558; s. a. *Lewis*, Soc. **1957** 531, 535).

Kp$_{12}$: 81—82°; n_D^{25}: 1,4289 (*Cl.-K.*). Kp$_{14}$: 86°; $n_D^{15,5}$: 1,4325 (*Le.*).

Beim Erwärmen mit wss. Schwefelsäure (0,1 n) und Behandeln der mit Calcium= carbonat neutralisierten Reaktionslösung mit 3-Oxo-glutarsäure und Methylamin ist 1-Methoxymethyl-tropan-3-on erhalten worden (*Kebrle, Karrer*, Helv. **37** [1954] 484, 489, 492). Überführung in 1,5,5-Trimethoxy-pentan-2-on durch Behandlung mit Chlor= wasserstoff enthaltendem Methanol: *Le.* Bildung von 2-Methoxymethyl-1-phenyl-pyrrol beim Erhitzen mit Anilin auf 250°: *Elming, Clauson-Kaas*, Acta chem. scand. **6** [1952] 867, 871, 872.

*Opt.-inakt. 2,5-Diäthoxy-2-hydroxymethyl-tetrahydro-furan, 2,5-Diäthoxy-tetrahydro-furfurylalkohol $C_9H_{18}O_4$, Formel VIII (R = C$_2$H$_5$).

B. Bei der Hydrierung von opt.-inakt. 2,5-Diäthoxy-2,5-dihydro-furfurylalkohol (S. 2329) Raney-Nickel in Äthanol oder Dioxan (*Fakstorp et al.*, Am. Soc. **72** [1950] 869, 872).

Kp$_1$: 85—86°. D_4^{25}: 1,0537. n_D^{25}: 1,4401.

*Opt.-inakt. 2-Acetoxymethyl-2,5-dimethoxy-tetrahydro-furan $C_9H_{16}O_5$, Formel IX
($R = CO\text{-}CH_3$).

B. Bei der Hydrierung von opt.-inakt. 2-Acetoxymethyl-2,5-dimethoxy-2,5-dihydro-
furan (Kp_{12}: 119°; n_D^{25}: 1,4433) an Raney-Nickel in Methanol unter 100 at (*Clauson-Kaas
et al.*, Acta chem. scand. **7** [1953] 845, 846).

Kp_{13}: 114—115°. n_D^{25}: 1,4358.

Beim Erwärmen mit Chlorwasserstoff enthaltendem Methanol ist eine als 2,5,5-Tri=
methoxy-tetrahydro-pyran angesehene Verbindung (Kp_{12}: 82—84°; n_D^{25}: 1,4352) erhalten
worden.

VIII   IX   X   XI

2-Hydroxymethyl-tetrahydro-furan-3,4-diol $C_5H_{10}O_4$.

a) **(2R)-2r-Hydroxymethyl-tetrahydro-furan-3t,4t-diol, D-1,4-Anhydro-ribit**
$C_5H_{10}O_4$, Formel X ($R = H$).

Über Konstitution und Konfiguration s. *Weygand, Wirth*, B. **85** [1952] 1000, 1004.

B. Beim Behandeln von Tri-O-benzoyl-α-D-ribofuranosylbromid (aus O^1-Acetyl-
O^2,O^3,O^5-tribenzoyl-β-D-ribofuranose und Bromwasserstoff hergestellt) mit Lithium=
alanat in Äther (*We., Wi.*, l. c. S. 1007). Beim Erwärmen von 1-Amino-D-1-desoxy-ribit-
hydrochlorid mit wss. Salzsäure und Salpetersäure (*Kuhn, Wendt*, B. **81** [1948] 553).

Krystalle [aus A.] (*Kuhn, We.*). F: 99° (*Kuhn, We.; We., Wi.*). Bei 140°/0,01 Torr
destillierbar [Rohprodukt] (*Kuhn, We.; We., Wi.*). $[\alpha]_D^{20}$: +71° [W.; c = 0,5] (*We.,
Wi.*); $[\alpha]_D^{21}$: +66,7° [W.; c = 9] (*Kuhn, We.*).

b) **(±)-2r-Hydroxymethyl-tetrahydro-furan-3t,4t-diol, DL-1,4-Anhydro-ribit** $C_5H_{10}O_4$,
Formel X ($R = H$) + Spiegelbild.

B. Beim Erhitzen von Ribit mit wss. Salzsäure auf 110° (*MacDonald et al.*, Am. Soc.
80 [1958] 3379; s. a. *Baddiley et al.*, Soc. **1957** 4058, 4062).

Krystalle; F: 76,5—77° [aus Butan-1-ol + Hexan] (*MacD. et al.*), 74—75° [aus
Bzl. + A. + Ae.] (*Ba. et al.*).

Charakterisierung als Tri-O-benzoyl-Derivat (F: 116—117° bzw. F: 114°): *Ba. et al.*;
MacD. et al.

c) **(2R)-2r-Hydroxymethyl-tetrahydro-furan-3c,4c-diol, 2,5-Anhydro-D-arabit**
$C_5H_{10}O_4$, Formel XI.

B. Beim Erhitzen von O^3,O^4-Isopropyliden-2,5-anhydro-D-arabit mit wss. Schwefel=
säure [1 n] (*Cifonelli et al.*, Am. Soc. **77** [1955] 121, 125).

Öl; bei 125—135°/0,2 Torr destillierbar. n_D^{23}: 1,4941. $[\alpha]_D^{23}$: —1,4° [W.; c = 1].

Charakterisierung als Tris-O-[toluol-4-sulfonyl]-Derivat (F: 128—129°; $[\alpha]_D^{23}$: +27,4°
[CHCl$_3$]): *Ci. et al.*

d) **(2S)-2r-Hydroxymethyl-tetrahydro-furan-3c,4c-diol, 2,5-Anhydro-L-arabit**
$C_5H_{10}O_4$, Formel XII.

B. Bei der Hydrierung von 2,5-Anhydro-L-arabinose an Raney-Nickel in Wasser bei
120°/35 at (*Cifonelli et al.*, Am. Soc. **77** [1955] 121, 124).

Öl; bei 115—125°/0,09 Torr destillierbar. n_D^{25}: 1,4901. $[\alpha]_D^{28}$: +0,2° [W.; c = 5,9].

Charakterisierung als Tris-O-[toluol-4-sulfonyl]-Derivat (F: 128°; $[\alpha]_D^{23}$: —27,4°
[CHCl$_3$]): *Ci. et al.*

e) **(±)-2r-Hydroxymethyl-tetrahydro-furan-3t,4c-diol, 1,4-Anhydro-DL-arabit**
$C_5H_{10}O_4$, Formel XIII ($R = H$) + Spiegelbild.

Diese Konstitution und Konfiguration kommt vermutlich der nachstehend beschriebenen Verbindung zu (*Anno*, J. agric. chem. Soc. Japan **22** [1949] 148, 149; C. A. **1952**
3502).

B. Aus einer vermutlich als Tri-O-acetyl-1,4-anhydro-DL-arabit zu formulierenden
Verbindung (F: 122—123° [S. 2291]) beim Erwärmen mit äthanol. Kalilauge (*Yabuta
et al.*, J. agric. chem. Soc. Japan **17** [1941] 581, 583) sowie beim Behandeln mit Barium=

hydroxid in wss. Äthanol (*Anno*, J. agric. chem. Soc. Japan **22** [1949] 145, 146; C. A. **1952** 3501).

Krystalle (aus Acn.); F: 115—116° (*Ya. et al.*; *Anno*, l. c. S. 146).

Bei mehrtägigem Behandeln einer Lösung in Pyridin mit Tritylchlorid (1 Mol) und Behandeln des Reaktionsgemisches mit Acetanhydrid bzw. mit Benzoylchlorid ist eine Verbindung $C_{28}H_{28}O_6$ (Krystalle [aus Me.], F: 225—226°; vermutlich O^2,O^3-Diacetyl-O^5-trityl-1,4-anhydro-DL-arabit) bzw. eine Verbindung $C_{38}H_{32}O_6$ (Krystalle [aus A.], F: 195,5—196,5°; vermutlich O^2,O^3-Dibenzoyl-O^5-trityl-1,4-anhydro-DL-arabit) erhalten worden (*Anno*, l. c. S. 147).

Charakterisierung als Tri-*O*-benzoyl-Derivat (F: 144—145°): *Anno*, l. c. S. 147.

XII XIII XIV XV

f) (±)-2r-Hydroxymethyl-tetrahydro-furan-3c,4t-diol, DL-1,4-Anhydro-xylit $C_5H_{10}O_4$, Formel XIV (R = H) + Spiegelbild.

B. Beim Erhitzen von Xylit mit wenig Benzolsulfonsäure unter Stickstoff auf 160° (*Carson, Maclay*, Am. Soc. **67** [1945] 1808).

Hygroskopische Krystalle (aus Isoamylalkohol + Ae.); F: 37—38° (*Ca., Ma.*). Bei 145—165°/0,01 Torr destillierbar; D_4^{25}: 1,354; n_D^{25}: 1,4977 [flüssiges Präparat] (*Ca., Ma.*).

Charakterisierung als Tri-*O*-benzoyl-Derivat (F: 79—80°) und als Tris-*O*-phenylcarbamoyl-Derivat (F: 193—194,5° [korr.]): *Ca., Ma.*; als Tris-*O*-[toluol-4-sulfonyl]-Derivat (F: 106°): *Danilow et al.*, Ž. obšč. Chim. **27** [1957] 2434, 2437; engl. Ausg. S. 2498, 2500.

(±)-3c,4t-Bis-allyloxy-2r-allyloxymethyl-tetrahydro-furan, Tri-*O*-allyl-DL-1,4-anhydro-xylit $C_{14}H_{22}O_4$, Formel XIV (R = CH_2-CH=CH$_2$) + Spiegelbild.

B. Beim Erwärmen von DL-1,4-Anhydro-xylit (s. o.) mit Allylbromid und wss. Alkalilauge (*Anikeewa, Sarubinškiĭ*, Ž. obšč. Chim. **28** [1958] 3206, 3209; engl. Ausg. S. 3233, 3236).

$Kp_{0,8}$: 105—106°; D_4^{20}: 1,0090; n_D^{20}: 1,4692.

(±)-2r-Trityloxymethyl-tetrahydro-furan-3c,4t-diol, O^5-Trityl-DL-1,4-anhydro-xylit $C_{24}H_{24}O_4$, Formel XV (R = H) + Spiegelbild.

B. Beim Behandeln von DL-1,4-Anhydro-xylit (s. o.) mit Tritylchlorid und Pyridin (*Carson, Maclay*, Am. Soc. **67** [1945] 1808; *Danilow et al.*, Ž. obšč. Chim. **27** [1957] 2434, 2437; engl. Ausg. S. 2498, 2500).

Krystalle; F: 60° (*Da. et al.*).

Charakterisierung als Di-*O*-acetyl-Derivat (F: 134—135°): *Ca., Ma.*; *Da. et al.*; als Bis-*O*-[toluol-4-sulfonyl]-Derivat (F: 146—147°): *Da. et al.*

(±)-3c,4t-Diacetoxy-2r-trityloxymethyl-tetrahydro-furan, O^2,O^3-Diacetyl-O^5-trityl-DL-1,4-anhydro-xylit $C_{28}H_{28}O_6$, Formel XV (R = CO-CH$_3$) + Spiegelbild.

B. Aus O^5-Trityl-DL-1,4-anhydro-xylit [s. o.] (*Carson, Maclay*, Am. Soc. **67** [1945] 1808; *Danilow et al.*, Ž. obšč. Chim. **27** [1957] 2434, 2437; engl. Ausg. S. 2498, 2500).

Krystalle (aus A.); F: 134—135° (*Ca., Ma.*; *Da. et al.*).

(±)-3t,4c-Diacetoxy-2r-acetoxymethyl-tetrahydro-furan, Tri-*O*-acetyl-1,4-anhydro-DL-arabit $C_{11}H_{16}O_7$, Formel XIII (R = CO-CH$_3$) + Spiegelbild.

Diese Konstitution und Konfiguration kommt vermutlich der nachstehend beschriebenen Verbindung zu (vgl. *Anno*, J. agric. chem. Soc. Japan **22** [1949] 148, 149; C. A. **1952** 3502).

B. In mässiger Ausbeute beim Erhitzen von Xylit unter Kohlendioxid auf 210° und

Erhitzen des Reaktionsprodukts mit Acetanhydrid (*Anno*, J. agric. chem. Soc. Japan **22** [1949] 145, 146; C. A. **1952** 3501; s. a. *Yabuta et al.*, J. agric. chem. Soc. Japan **17** [1941] 581, 583).

Krystalle (aus wss. A.); F: 122—123° (*Ya. et al.*; *Anno*, l. c. S. 146). Bei 135°/1 Torr sublimierbar (*Ya. et al.*).

Beim Erwärmen einer Lösung in Aceton mit wss. Natronlauge und Dimethylsulfat ist eine vermutlich als Tri-*O*-methyl-1,4-anhydro-DL-arabit zu formulierende Verbindung $C_8H_{16}O_4$ ($Kp_{6,5}$: 80—81°; $n_D^{10,5}$: 1,4457) erhalten worden (*Anno*, l. c. S. 150).

(±)-4*t*-Benzoyloxy-2*r*-hydroxymethyl-tetrahydro-furan-3*c*-ol, O^2-Benzoyl-DL-1,4-anhydro-xylit $C_{12}H_{14}O_5$, Formel I + Spiegelbild.

B. Beim Erwärmen von O^2-Benzoyl-O^3,O^5-isopropyliden-DL-1,4-anhydro-xylit oder von O^2-Benzoyl-O^3,O^5-cyclohexyliden-DL-1,4-anhydro-xylit mit wss. Essigsäure (*Danilow et al.*, Ž. obšč. Chim. **27** [1957] 2434, 2442; engl. Ausg. S. 2498, 2504).

Krystalle (aus A.); F: 91—92°.

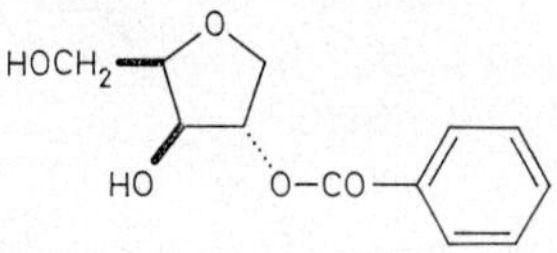

I 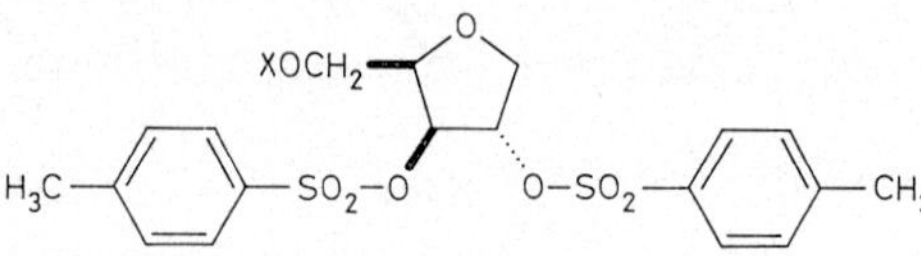   II

3,4-Bis-benzoyloxy-2-benzoyloxymethyl-tetrahydro-furan $C_{26}H_{22}O_7$.

a) (±)-3*t*,4*t*-Bis-benzoyloxy-2*r*-benzoyloxymethyl-tetrahydro-furan, Tri-*O*-benzoyl-DL-1,4-anhydro-ribit $C_{26}H_{22}O_7$, Formel X (R = CO-C_6H_5) auf S. 2290 + Spiegelbild.

B. Beim Behandeln von DL-1,4-Anhydro-ribit (S. 2290) mit Benzoylchlorid und Pyridin (*Baddiley et al.*, Soc. **1957** 4058, 4062; *MacDonald et al.*, Am. Soc. **80** [1958] 3379).

Krystalle; F: 116—117° [aus Butan-1-ol] (*MacD. et al.*), 114° [aus A.] (*Ba. et al.*).

b) (±)-3*t*,4*c*-Bis-benzoyloxy-2*r*-benzoyloxymethyl-tetrahydro-furan, Tri-*O*-benzoyl-1,4-anhydro-DL-arabit $C_{26}H_{22}O_7$, Formel XIII (R = CO-C_6H_5) + Spiegelbild.

Diese Konstitution und Konfiguration kommt vermutlich der nachstehend beschriebenen Verbindung zu.

B. Beim Behandeln einer vermutlich als 1,4-Anhydro-DL-arabit zu formulierenden Verbindung (F: 115—116° [S. 2290]) mit Benzoylchlorid und Pyridin (*Anno*, J. agric. chem. Soc. Japan **22** [1949] 145, 147; C. A. **1952** 3501).

Krystalle (aus A.); F: 144—145°.

c) (±)-3*c*,4*t*-Bis-benzoyloxy-2*r*-benzoyloxymethyl-tetrahydro-furan, Tri-*O*-benzoyl-DL-1,4-anhydro-xylit $C_{26}H_{22}O_7$, Formel XIV (R = CO-C_6H_5) + Spiegelbild.

B. Beim Behandeln von DL-1,4-Anhydro-xylit [S. 2291] mit Benzoylchlorid und Pyridin (*Carson, Maclay*, Am. Soc. **67** [1945] 1808).

Krystalle (aus A.); F: 79—80°.

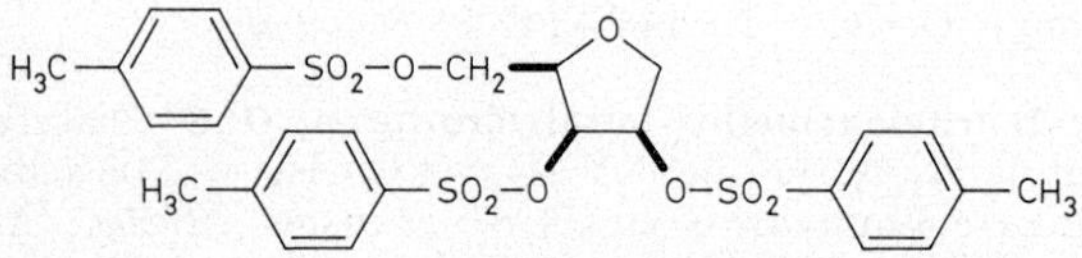

III

(±)-3*c*,4*t*-Bis-phenylcarbamoyloxy-2*r*-phenylcarbamoyloxymethyl-tetrahydro-furan, Tris-*O*-phenylcarbamoyl-DL-1,4-anhydro-xylit $C_{26}H_{25}N_3O_7$, Formel XIV (R = CO-NH-C_6H_5) + Spiegelbild.

B. Aus DL-1,4-Anhydro-xylit (S. 2291) und Phenylisocyanat (*Carson, Maclay*, Am. Soc. **67** [1945] 1808).

Krystalle (aus A.); F: 193—194,5° [korr.].

(±)-3c,4t-Bis-[toluol-4-sulfonyloxy]-2r-trityloxymethyl-tetrahydro-furan, O^2,O^3-Bis-[toluol-4-sulfonyl]-O^5-trityl-DL-1,4-anhydro-xylit $C_{38}H_{36}O_8S_2$, Formel II (X = $C(C_6H_5)_3$) + Spiegelbild.

B. Beim Behandeln von O^5-Trityl-DL-1,4-anhydro-xylit (S. 2291) mit Toluol-4-sulfonyl=chlorid und Pyridin (*Danilow et al.*, Ž. obšč. Chim. **27** [1957] 2434, 2437; engl. Ausg. S. 2498, 2500).

Krystalle; F: 146—147°.

3,4-Bis-[toluol-4-sulfonyloxy]-2-[toluol-4-sulfonyloxymethyl]-tetrahydro-furan $C_{26}H_{28}O_{10}S_3$.

a) **(2R)-3c,4c-Bis-[toluol-4-sulfonyloxy]-2r-[toluol-4-sulfonyloxymethyl]-tetrahydro-furan**, Tris-*O*-[toluol-4-sulfonyl]-2,5-anhydro-D-arabit $C_{26}H_{28}O_{10}S_3$, Formel III.

B. Aus 2,5-Anhydro-D-arabit [S. 2290] (*Cifonelli*, Am. Soc. **77** [1955] 121, 125).

Krystalle (aus wss. A.); F: 128—129°. $[\alpha]_D^{23}$: +27,4° [CHCl$_3$; c = 6].

IV

b) **(2S)-3c,4c-Bis-[toluol-4-sulfonyloxy]-2r-[toluol-4-sulfonyloxymethyl]-tetrahydro-furan**, Tris-*O*-[toluol-4-sulfonyl]-2,5-anhydro-L-arabit $C_{26}H_{28}O_{10}S_3$, Formel IV.

B. Aus 2,5-Anhydro-L-arabit [S. 2290] (*Cifonelli et al.*, Am. Soc. **77** [1955] 121, 124).

Krystalle (aus A.); F: 128°. $[\alpha]_D^{23}$: −27,4° [CHCl$_3$; c = 6].

c) **(±)-3c,4t-Bis-[toluol-4-sulfonyloxy]-2r-[toluol-4-sulfonyloxymethyl]-tetrahydro-furan**, Tris-*O*-[toluol-4-sulfonyl]-DL-1,4-anhydro-xylit $C_{26}H_{28}O_{10}S_3$, Formel II (X = SO_2-C_6H_4-CH_3) + Spiegelbild.

B. Beim Behandeln von DL-1,4-Anhydro-xylit (S. 2291) mit Toluol-4-sulfonylchlorid und Pyridin (*Danilow et al.*, Ž. obšč. Chim. **27** [1957] 2434, 2437; engl. Ausg. S. 2498, 2500).

Krystalle (aus A.); F: 106°.

(±)-2-Oxo-(4ar,7ac)-tetrahydro-2λ^4-furo[3,2-d][1,3,2]dioxathiin-7c-ol, O^3,O^5-Sulfinyl-DL-1,4-anhydro-xylit $C_5H_8O_5S$, Formel V (R = H) + Spiegelbild.

B. Beim Behandeln von DL-1,4-Anhydro-xylit (S. 2291) mit Thionylchlorid (*Danilow et al.*, Ž. obšč. Chim. **27** [1957] 2434, 2438; engl. Ausg. S. 2498, 2501).

Krystalle (aus Ae.); F: 83—84°.

(±)-7c-Acetoxy-2-oxo-(4ar,7ac)-tetrahydro-2λ^4-furo[3,2-d][1,3,2]dioxathiin, O^2-Acetyl-O^3,O^5-sulfinyl-DL-1,4-anhydro-xylit $C_7H_{10}O_6S$, Formel V (R = CO-CH$_3$) + Spiegelbild.

B. Beim Erwärmen von O^3,O^5-Sulfinyl-DL-1,4-anhydro-xylit (s. o.) mit Acetanhydrid und Natriumacetat (*Danilow et al.*, Ž. obšč. Chim. **27** [1957] 2434, 2438; engl. Ausg. S. 2498, 2501).

Kp$_{0,15}$: 105—107°. D$_D^{20}$: 1,4261. n$_D^{20}$: 1,4810.

(±)-7c-Benzoyloxy-2-oxo-(4ar,7ac)-tetrahydro-2λ^4-furo[3,2-d][1,3,2]dioxathiin, O^2-Benzoyl-O^3,O^5-sulfinyl-DL-1,4-anhydro-xylit $C_{12}H_{12}O_6S$, Formel V (R = CO-C$_6$H$_5$).

B. Beim Behandeln von O^3,O^5-Sulfinyl-DL-1,4-anhydro-xylit (s. o.) mit Benzoylchlorid und Pyridin (*Danilow et al.*, Ž. obšč. Chim. **27** [1957] 2434, 2438; engl. Ausg. S. 2498, 2501).

Krystalle; F: 96—98°.

(±)-2-Oxo-7c-[toluol-4-sulfonyloxy]-(4ar,7ac)-tetrahydro-2λ^4-furo[3,2-d][1,3,2]dioxa=thiin, O^3,O^5-Sulfinyl-O^2-[toluol-4-sulfonyl]-DL-1,4-anhydro-xylit $C_{12}H_{14}O_7S_2$, Formel V (R = SO_2-C_6H_4-CH_3).

B. Beim Behandeln von O^3,O^5-Sulfinyl-DL-1,4-anhydro-xylit (s. o.) mit Toluol-4-sulfon=

ylchlorid und Pyridin (*Danilow et al.*, Ž. obšč. Chim. **27** [1957] 2434, 2438; engl. Ausg. S. 2498, 2501).
Krystalle (aus A.); F: 60—61°.

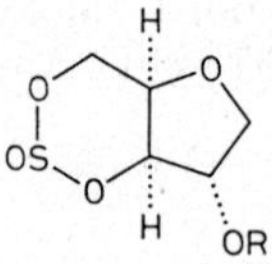

V 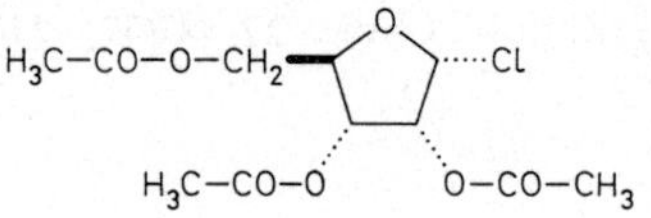   VI 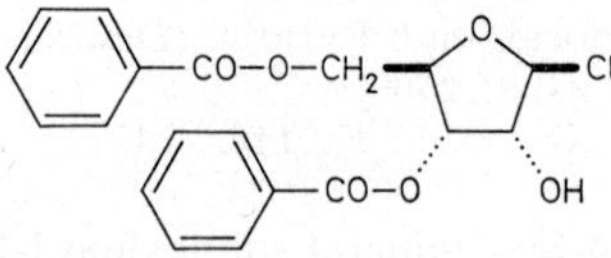   VII

Tri-*O*-acetyl-α-D-ribofuranosylchlorid, α-D-Acetochlorribofuranose $C_{11}H_{15}ClO_7$, Formel VI.
Über die Konfiguration am C-Atom 1 s. *Zinner*, B. **83** [1950] 153, 154; s. a. *Haynes*, *Newth*, Adv. Carbohydrate Chem. **10** [1955] 207, 233.
B. Beim Behandeln von Tetra-*O*-acetyl-β-D-ribofuranose mit Chlorwasserstoff in Äther (*Zi.*, l. c. S. 156).
Öl; $[\alpha]_D^{22}$: ca. +40° [CHCl$_3$; c = 4] (*Zi.*).
Wenig beständig; beim Aufbewahren wird Chlorwasserstoff abgegeben (*Zi.*).

O^3,O^5-Dibenzoyl-β-D-ribofuranosylchlorid $C_{19}H_{17}ClO_6$, Formel VII.
Diese Konfiguration wird für die nachstehend beschriebene Verbindung in Betracht gezogen (*Ness*, *Fletcher*, J. org. Chem. **22** [1957] 1465, 1467).
B. Beim Behandeln einer Lösung von O^1,O^3,O^5-Tribenzoyl-α-D-ribofuranose in Dichlormethan und Tetrachlormethan mit Chlorwasserstoff (*Ness*, *Fletcher*, Am. Soc. **78** [1956] 4710, 4714).
Krystalle (aus Ae.); F: 123—124° [korr.; Zers.; im vorgeheizten Bad]; $[\alpha]_D^{20}$: +1,2° (nach 5 min) [CH$_2$Cl$_2$; c = 4] (*Ness*, *Fl.*, Am. Soc. **78** 4714).
Beim Behandeln mit Quecksilber(II)-acetat in Benzol ist O^5-Benzoyl-O^1,O^2,O^3-[(Ξ)-phenylmethantriyl]-α-D-ribofuranose (*Ness*, *Fl.*, J. org. Chem. **22** 1468), beim Behandeln mit Silberbenzoat in Benzol sind O^1,O^3,O^5-Tribenzoyl-α-D-ribofuranose und geringere Mengen O^1,O^3,O^5-Tribenzoyl-β-D-ribofuranose (*Ness*, *Fl.*, Am. Soc. **78** 4714; J. org. Chem. **22** 1468) erhalten worden.

O^2,O^5-Dibenzoyl-β-D-ribofuranosylchlorid $C_{19}H_{17}ClO_6$, Formel VIII (X = Cl).
Diese Konfiguration kommt wahrscheinlich der nachstehend beschriebenen Verbindung zu (*Ness*, *Fletcher*, J. org. Chem. **22** [1957] 1470, 1471).
B. Beim Behandeln von O^5-Benzoyl-O^1,O^2,O^3-[(Ξ)-phenylmethantriyl]-α-D-ribofuranose mit Chlorwasserstoff in Dichlormethan (*Ness*, *Fl.*, l. c. S. 1472, 1473).
Krystalle (aus Ae. + Pentan); F: 128—129° [korr.; Zers.; im vorgeheizten Bad].
$[\alpha]_D^{20}$: −20° (nach 4 min) → +42° (Endwert nach 65 h) [CHCl$_3$]; $[\alpha]_D^{20}$: −29° (nach 5 min) →0° (Endwert; nach 97 min) [CH$_2$Cl$_2$].
Beim Behandeln mit Silberbenzoat in Benzol ist O^5-Benzoyl-O^1,O^2,O^3-[(Ξ)-phenylmethantriyl]-α-D-ribofuranose erhalten worden.

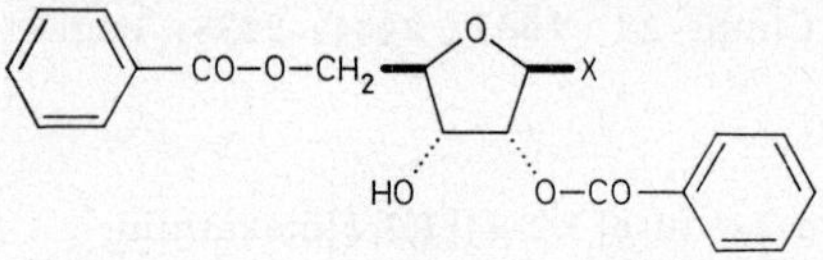

VIII 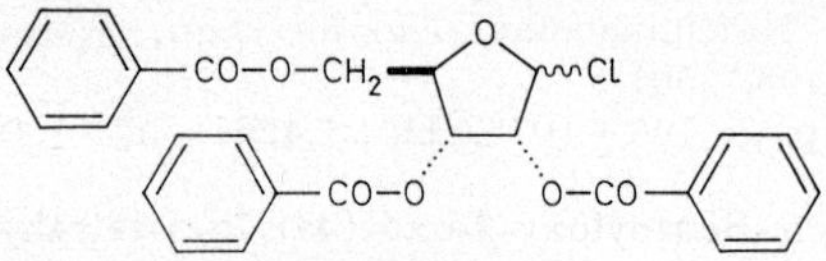   IX

Tri-*O*-benzoyl-ξ-D-ribofuranosylchlorid $C_{26}H_{21}ClO_7$, Formel IX.
B. Beim Behandeln von O^1-Acetyl-O^2,O^3,O^5-tribenzoyl-β-D-ribofuranose mit Chlorwasserstoff in Äther (*Kissman et al.*, Am. Soc. **77** [1955] 18, 22; *Haynes et al.*, Soc. **1957** 3727, 3731).
Harz (*Ki. et al.*). $[\alpha]_D^{20}$: +69,7° [CH$_3$NO$_2$; c = 2] (*Ha. et al.*).

O^3,O^5-Dibenzoyl-α-D-ribofuranosylbromid $C_{19}H_{17}BrO_6$, Formel X.
Diese Konfiguration kommt wahrscheinlich der nachstehend beschriebenen Verbindung

zu (*Ness, Fletcher*, J. org. Chem. **22** [1957] 1465, 1467; *Gorin*, Canad. J. Chem. **40** [1962] 275, 276).

B. Beim Behandeln einer Lösung von O^1,O^3,O^5-Tribenzoyl-α-D-ribofuranose (S. 2505) in Dichlormethan mit Bromwasserstoff (*Ness, Fletcher*, Am. Soc. **76** [1954] 1663, 1666).

Krystalle (aus CH_2Cl_2 + Ae. + Pentan); F: 104—105° [korr.; Zers.; im vorgeheizten Bad]; $[α]_D^{20}$: +96° (nach 3 min) [$CHCl_3$; c = 0,5] (*Ness, Fl.*, Am. Soc. **76** 1666).

Wenig beständig (*Ness, Fl.*, Am. Soc. **76** 1666); beim Aufbewahren einer Lösung in Chloroform wird Bromwasserstoff abgegeben (*Ness, Fl.*, J. org. Chem. **22** 1467).

O^2,O^5-Dibenzoyl-β-D-ribofuranosylbromid $C_{19}H_{17}BrO_6$, Formel VIII (X = Br).

Über die Konfiguration am C-Atom 1 s. *Ness, Fletcher*, J. org. Chem. **22** [1957] 1470, 1471.

B. Aus O^3-Benzoyl-O^1,O^2,O^3-[(Ξ)-phenylmethantriyl]-α-D-ribofuranose mit Hilfe von Bromwasserstoff (*Ness, Fl.*).

Amorph; $[α]_D^{20}$: ca. −71° [CH_2Cl_2].

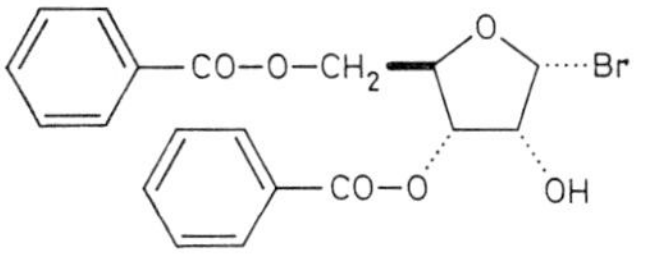

X 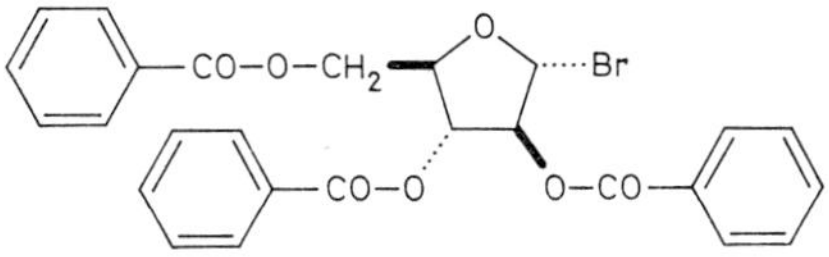　　　　　　　　　　　　　　　　　　XI

3,4-Bis-benzoyloxy-2-benzoyloxymethyl-5-brom-tetrahydro-furan $C_{26}H_{21}BrO_7$.

a) **Tri-O-benzoyl-α-D-arabinofuranosylbromid**, α-D-Benzobromarabino-furanose $C_{26}H_{21}BrO_7$, Formel XI.

Über die Konfiguration am C-Atom 1 s. *Haynes, Newth*, Adv. Carbohydrate Chem. **10** [1955] 207, 233.

B. Neben dem unter b) beschriebenen Stereoisomeren beim Behandeln von Methyl-[tri-O-benzoyl-α-D-arabinofuranosid] mit Bromwasserstoff in Essigsäure (*Ness, Fletcher*, Am. Soc. **80** [1958] 2007, 2009).

Krystalle (aus Ae. + Pentan); F: 103—104° [korr.]; $[α]_D^{20}$: +84,8° [CH_2Cl_2; c = 1] (*Ness, Fl.*).

Beim Behandeln mit wss. Aceton ist O^1,O^3,O^5-Tribenzoyl-β-D-arabinofuranose erhalten worden (*Ness, Fl.*).

b) **Tri-O-benzoyl-β-D-arabinofuranosylbromid**, β-D-Benzobromarabino-furanose $C_{26}H_{21}BrO_7$, Formel I.

B. s. bei dem unter a) beschriebenen Stereoisomeren.

Krystalle (aus Ae.); F: 130—132° [korr.]; $[α]_D^{20}$: −138° [CH_2Cl_2; c = 1] (*Ness, Fletcher*, Am. Soc. **80** [1958] 2007, 2009).

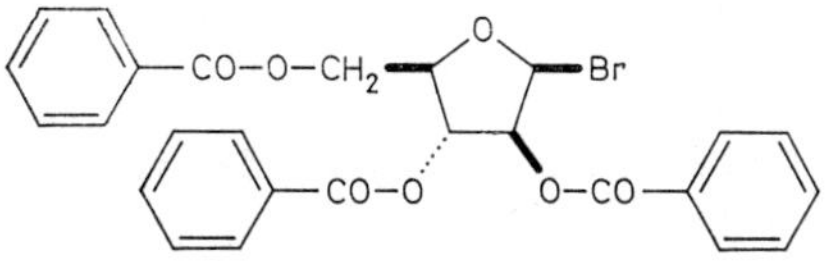

I 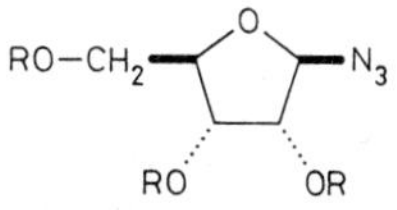　　　　　　　　　　　　　　　　　　II

β-D-Ribofuranosylazid $C_5H_9N_3O_4$, Formel II (R = H).

B. Beim Behandeln von Tri-O-benzoyl-β-D-ribofuranosylazid mit Natriummethylat in Methanol (*Baddiley et al.*, Soc. **1957** 4769, 4772).

Amorph; $[α]_D^{20}$: −193° [W.; c = 2].

Tri-O-benzoyl-β-D-ribofuranosylazid $C_{26}H_{21}N_3O_7$, Formel II (R = CO-C_6H_5).

B. Beim Behandeln einer Suspension von O^1-Acetyl-O^2,O^3,O^5-tribenzoyl-β-D-ribofuranose in Äther mit Chlorwasserstoff und Erwärmen des Reaktionsprodukts mit Natriumazid in Acetonitril (*Carrington et al.*, Soc. **1965** 6864, 6867; s. a. *Baddiley et al.*, Soc. **1957** 4769, 4772).

Nadeln (aus Me.), F: 70° (*Ca. et al.*); Nadeln (aus Me.), F: 66,5—67°; Prismen (aus Me.), F: 62—63° (*Ba. et al.*). $[\alpha]_D^{22}$: —41,2° [$CHCl_3$; c = 3] (*Ba. et al.*).

Bei der Hydrierung an Platin in Äthylacetat sind O^2,O^3,O^5-Tribenzoyl-ξ-D-ribofuranosyl=amin (Hydrochlorid: F: 142—143,5°; $[\alpha]_D^{20}$: +51,7° [A.]) [nach $1^1/_2$ Stunden] und N,O^3,O^5-Tribenzoyl-α-D-ribofuranosylamin [nach $4^1/_2$ Stunden] erhalten worden (*Ba. et al.*).

2-Hydroxymethyl-5-methoxy-tetrahydro-furan-3-ol, 3-Hydroxy-5-methoxy-tetrahydro-furfurylalkohol, Methyl-[2-desoxy-pentofuranosid] $C_6H_{12}O_4$.

a) **(2R)-2r-Hydroxymethyl-5ξ-methoxy-tetrahydro-furan-3t-ol, Methyl-[ξ-D-*erythro*-2-desoxy-pentofuranosid]**, Methyl-[2-desoxy-ξ-D-ribofuranosid] $C_6H_{12}O_4$, Formel III.

Das nachstehend beschriebene Präparat wird als Gemisch der Anomeren angesehen.

B. Beim Behandeln von D-*erythro*-2-Desoxy-pentose (,,2-Desoxy-D-ribose'') mit Chlor=wasserstoff enthaltendem Methanol (*Deriaz et al.*, Soc. **1949** 2836, 2840).

Bei 115—125°/0,45 Torr destillierbar; n_D^{23}: 1,4673; $[\alpha]_D^{23}$: +38,4° [Eg.] (*De. et al.*).

Beim langsamen Erhitzen und Behandeln des Reaktionsprodukts mit Chlorwasserstoff enthaltendem Methanol ist Methyl-[β-D-*erythro*-2-desoxy-pentopyranosid] (S. 2275) erhalten worden (*Overend et al.*, Soc. **1951** 994, 996).

b) **(2S)-2r-Hydroxymethyl-5ξ-methoxy-tetrahydro-furan-3t-ol, Methyl-[ξ-L-*erythro*-2-desoxy-pentofuranosid]**, Methyl-[2-desoxy-ξ-L-ribofuranosid] $C_6H_{12}O_4$, Formel IV (R = CH_3).

Das nachstehend beschriebene Präparat wird als Gemisch der Anomeren angesehen.

B. Bei $^1/_4$-stdg. Behandeln von L-*erythro*-2-Desoxy-pentose (,,2-Desoxy-L-ribose'') mit Chlorwasserstoff enthaltendem Methanol (*Deriaz et al.*, Soc. **1949** 2836, 2840).

Bei 120—140°/0,14 Torr destillierbar. $[\alpha]_D^{20}$: —27,6° [W.].

Beim Behandeln mit Natrium und flüssigem Ammoniak und mit Methyljodid ist Methyl-[O^3,O^5-dimethyl-ξ-L-*erythro*-2-desoxy-pentofuranosid] ($C_8H_{16}O_4$; bei 96—101°/12—15 Torr destillierbar; n_D^{20}: 1,4335; $[\alpha]_D^{20}$: +5,9° [W.]) erhalten worden.

        III   IV   V

(2S)-5ξ-Äthoxy-2r-hydroxymethyl-tetrahydro-furan-3t-ol, Äthyl-[ξ-L-*erythro*-2-desoxy-pentofuranosid], Äthyl-[2-desoxy-ξ-L-ribofuranosid] $C_7H_{14}O_4$, Formel IV (R = C_2H_5).

Ein Präparat (Kp$_{0,1}$: ca. 110—120°; $[\alpha]_D^{21}$: —26,5° [A.]), in dem ein Gemisch mit ca. 10% Äthyl-[ξ-L-*erythro*-2-desoxy-pentopyranosid] vorgelegen hat, ist beim Behandeln von 2-Desoxy-L-ribose-diäthyldithioacetal mit Quecksilber(II)-oxid und Quecksilber(II)-chlorid in Äthanol erhalten worden (*Deriaz et al.*, Soc. **1949** 1879, 1883).

(2R)-3t-Acetoxy-2r-acetoxymethyl-5c-methoxy-tetrahydro-furan, Methyl-[di-O-acetyl-β-D-*erythro*-2-desoxy-pentofuranosid] $C_{10}H_{16}O_6$, Formel V.

B. Beim Erwärmen von Methyl-[di-O-acetyl-S-äthyl-2-thio-β-D-arabinofuranosid] mit Raney-Nickel in Äthanol (*Anderson et al.*, Am. Soc. **81** [1959] 898, 901).

Kp$_{0,002}$: 70—72°. n_D^{20}: 1,4440. $[\alpha]_D^{31}$: —55° [$CHCl_3$; c = 2].

(2R)-5ξ-Äthoxy-2r-benzoyloxymethyl-tetrahydro-furan-3t-ol, Äthyl-[O^5-benzoyl-ξ-D-*erythro*-2-desoxy-pentofuranosid] $C_{14}H_{18}O_5$, Formel VI.

In dem nachstehend beschriebenen Präparat hat vermutlich ein Gemisch der Anomeren vorgelegen.

B. Beim Behandeln von O^5-Benzoyl-D-*erythro*-2-desoxy-pentose-dibutyldithioacetal mit Quecksilber(II)-chlorid und Quecksilber(II)-oxid in Äthanol (*Yokoyama et al.*, J. chem. Soc. Japan Pure Chem. Sect. **76** [1955] 348; C. A. **1957** 17762).

Öl; bei 140—150°/0,1 Torr destillierbar. $[\alpha]_D^{18}$: +2,4° [$CHCl_3$].

Beim Behandeln mit Acetanhydrid und Pyridin ist Äthyl-[O^3-acetyl-O^5-benzoyl-

ξ-D-*erythro*-2-desoxy-pentofuranosid] ($C_{16}H_{20}O_6$; bei 135—155°/0,05 Torr destillierbar; $[\alpha]_D^{17}$: +16,5° [$CHCl_3$]) erhalten worden.

(2R)-3t,5t-Bis-benzoyloxy-2r-benzoyloxymethyl-tetrahydro-furan, Tri-O-benzoyl-α-D-*erythro*-2-desoxy-pentofuranose, Tri-O-benzoyl-2-desoxy-α-D-ribofuranose $C_{26}H_{22}O_7$, Formel VII (X = H).

B. Neben Tri-O-benzoyl-β-D-*erythro*-2-desoxy-pentofuranose ($C_{26}H_{22}O_7$; Formel VIII [X = H]; Öl; $[\alpha]_D^{18}$: +4,2° [$CHCl_3$]; nicht rein erhalten) beim Behandeln von O^5-Benzoyl-ξ-D-*erythro*-2-desoxy-pentofuranose (aus O^5-Benzoyl-D-*erythro*-2-desoxy-pentose-diäthyldithioacetal hergestellt) mit Benzoylchlorid und Pyridin (*Zinner, Nimz,* B. **91** [1958] 1657).

Krystalle (aus A. + W.); F: 111—111,5°. $[\alpha]_D^{18}$: +78,0° [$CHCl_3$; c = 1,5].

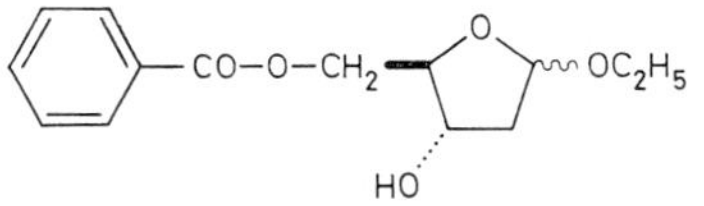

VI 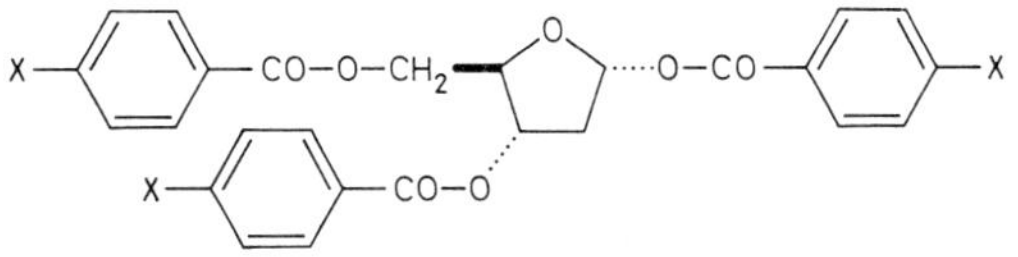   VII

3,5-Bis-[4-nitro-benzoyloxy]-2-[4-nitro-benzoyloxymethyl]-tetrahydro-furan $C_{26}H_{19}N_3O_{13}$.

a) **(2R)-3t,5t-Bis-[4-nitro-benzoyloxy]-2r-[4-nitro-benzoyloxymethyl]-tetrahydro-uran, Tris-O-[4-nitro-benzoyl]-α-D-*erythro*-2-desoxy-pentofuranose** $C_{26}H_{19}N_3O_{13}$, Formel VII (X = NO_2).

B. Neben dem unter b) beschriebenen Stereoisomeren beim Behandeln von O^5-[4-Nitrobenzoyl]-D-*erythro*-2-desoxy-pentofuranose (aus O^5-[4-Nitro-benzoyl]-D-*erythro*-2-desoxy-pentose-diisobutyldithioacetal hergestellt) mit 4-Nitro-benzoylchlorid und Pyridin (*Ness, Fletcher,* Am. Soc. **81** [1959] 4752).

Krystalle; F: 164—165° [korr.]. $[\alpha]_D^{20}$: +69,9° [$CHCl_3$; c = 0,7].

b) **(2R)-3t,5c-Bis-[4-nitro-benzoyloxy]-2r-[4-nitro-benzoyloxymethyl]-tetrahydrofuran, Tris-O-[4-nitro-benzoyl]-β-D-*erythro*-2-desoxy-pentofuranose** $C_{26}H_{19}N_3O_{13}$, Formel VIII (X = NO_2).

B. s. bei dem unter a) beschriebenen Stereoisomeren.

Krystalle; F: 172—173° [korr.]; $[\alpha]_D^{20}$: +17° [$CHCl_3$; c = 0,4] (*Ness, Fletcher,* Am. Soc. **81** [1959] 4752).

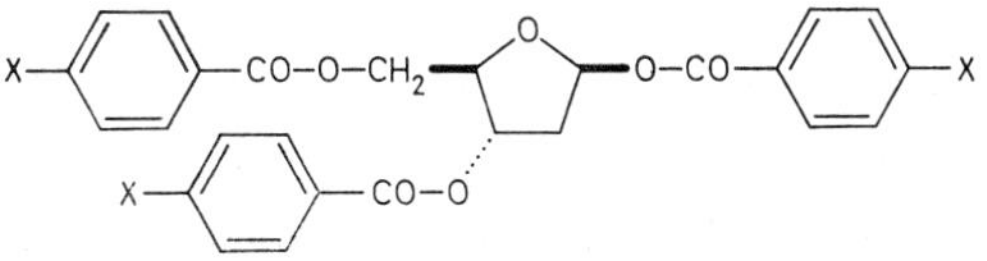

VIII 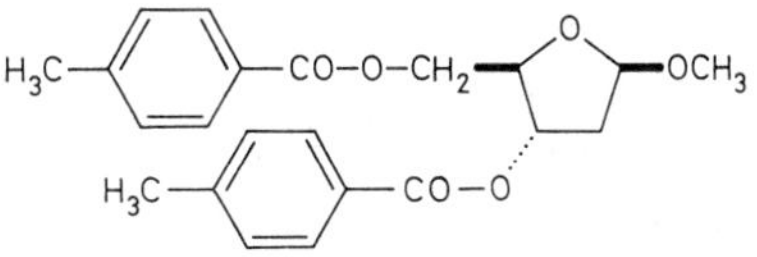   IX

(2R)-5c-Methoxy-3t-p-toluoyloxy-2r-p-toluoyloxymethyl-tetrahydro-furan, Methyl-[di-O-p-toluoyl-β-D-*erythro*-2-desoxy-pentofuranosid] $C_{22}H_{24}O_6$, Formel IX.

Über die Konfiguration am C-Atom 1 (Kohlenhydrat-Bezifferung) s. *MacDonald, Fletcher,* Am. Soc. **84** [1962] 1262, 1263.

B. Beim Erwärmen von Di-O-p-toluoyl-α(?)-D-*erythro*-2-desoxy-pentofuranosylchlorid (S. 2009) mit Methanol (*Hoffer,* B. **93** [1960] 2777, 2779).

Krystalle; F: 76,5—78° [aus $CHCl_3$] (*MacD., Fl.*), 76,5° (*Ho.*). $[\alpha]_D^{20}$: −8,1° [$CHCl_3$; c = 2,5] (*MacD., Fl.*); $[\alpha]_D^{25}$: −6,2° [$CHCl_3$; c = 2] (*Ho.*).

(2R)-5ξ-Methoxy-3t-[toluol-4-sulfonyloxy]-2r-[toluol-4-sulfonyloxymethyl]-tetrahydrofuran, Methyl-[bis-O-(toluol-4-sulfonyl)-ξ-D-*erythro*-2-desoxy-pentofuranosid] $C_{20}H_{24}O_8S_2$, Formel X.

In dem nachstehend beschriebenen Präparat hat vermutlich ein Gemisch der Anomeren vorgelegen.

B. Aus Methyl-[ξ-D-*erythro*-2-desoxy-pentofuranosid] [hergestellt aus D-*erythro*-2-Desoxy-pentose] (*Allerton, Overend*, Soc. **1951** 1480, 1483).
Öl; [α]_D : −121° [CHCl₃].

(2*R*)-2*r*-Hydroxymethyl-5*t*-phosphonooxy-tetrahydro-furan-3*t*-ol, *O*¹-Phosphono-α-D-*erythro*-2-desoxy-pentofuranose, *O*¹-Phosphono-2-desoxy-α-D-ribofuranose $C_5H_{11}O_7P$, Formel XI.

Über die Konfiguration am C-Atom 1 (Kohlenhydrat-Bezifferung) s. *Tarr*, Canad. J. Biochem. Physiol. **36** [1958] 517, 523; *MacDonald, Fletcher*, Am. Soc. **84** [1962] 1262.

B. Als Hauptprodukt beim Behandeln einer Lösung von Di-*O-p*-toluoyl-α(?)-D-*erythro*-2-desoxy-pentofuranosylchlorid (S. 2009) in Benzol mit Disilberhydrogenphosphat und Lithiumhydroxid in Wasser (*MacD., Fl.*). Beim Behandeln von Thymidin (1-[β-D-*erythro*-2-Desoxy-pentofuranosyl]-5-methyl-pyrimidin-2,4-dion) mit Bis-cyclohexylamin-hydrogenphosphat in Wasser in Gegenwart eines Thymidinphosphorylase-Präparats (*Friedkin, Roberts*, J. biol. Chem. **207** [1954] 257, 259). Beim Behandeln mit sog. Guanindesoxyribosid (9-[β-D-*erythro*-2-Desoxy-pentofuranosyl]-guanin) mit Dinatriumhydrogenphosphat in Wasser in Gegenwart eines Nucleosidphosphorylase-Präparats (*Friedkin*, J. biol. Chem. **184** [1950] 449, 451, 452; *Tarr*, l. c. S. 522, 523).

In neutraler oder schwach alkalischer wss. Lösung beständig (*Kalckar*, Biochim. biophys. Acta **12** [1953] 250, 257); in schwach saurer wss. Lösung erfolgt Hydrolyse (*Friedkin, Kalckar*, J. biol. Chem. **184** [1950] 437, 441; *Ka.*).

Cyclohexylamin-Salz $2C_6H_{13}N \cdot C_5H_{11}O_7P$. Krystalle (aus W. + Butan-1-ol + Ae.); Zers. bei 152° (*Fr.*, J. biol. Chem. **184** 452). [α]_D^{20}: +34,5° [W.] (*MacD., Fl.*, l. c. S. 1264); [α]_D^{22,5}: +38,8° [W.; c = 3] (*Tarr*).

X   XI   XII

(2*R*)-5ξ-Methoxy-2*r*-phosphonooxymethyl-tetrahydro-furan-3*t*-ol, Methyl-[*O*⁵-phosphono-ξ-D-*erythro*-2-desoxy-pentofuranosid] $C_6H_{13}O_7P$, Formel XII (X = H).

B. Neben geringen Mengen Methyl-[di-*O*-phosphono-ξ-D-*erythro*-2-desoxy-pentofuranosid] (s. u.) bei der Behandlung von Methyl-[ξ-D-*erythro*-2-desoxy-pentofuranosid] (Gemisch der Anomeren) mit Chlorophosphorsäure-diphenylester und Pyridin und Hydrierung des Reaktionsprodukts an Platin in Methanol (*Ukita, Nagasawa*, Chem. pharm. Bl. **7** [1959] 655).

Cyclohexylamin-Salz $2C_6H_{13}N \cdot C_6H_{13}O_7P$. Krystalle (aus A. + Ae.); F: 173° [Zers.]. [α]_D^{17}: +32,9° [W.; c = 2].

(2*R*)-5ξ-Methoxy-3*t*-phosphonooxy-2*r*-phosphonooxymethyl-tetrahydro-furan, Methyl-[di-*O*-phosphono-ξ-D-*erythro*-2-desoxy-pentofuranosid] $C_6H_{14}O_{10}P_2$, Formel XII (X = PO(OH)₂).

B. s. o. im Artikel Methyl-[*O*⁵-phosphono-ξ-D-*erythro*-2-desoxy-pentofuranosid].

Cyclohexylamin-Salz $3C_6H_{13}N \cdot C_6H_{14}O_{10}P_2$. Krystalle (aus Me. + Isopropylalkohol); F: 215−216° [Zers.]; [α]_D^{21}: +18,2° [W.; c = 1] (*Ukita, Nagasawa*, Chem. pharm. Bl. **7** [1959] 655).

(2*R*)-3*t*-Acetoxy-5*c*-acetoxymethyl-2*r*-methoxy-tetrahydro-furan, Methyl-[di-*O*-acetyl-β-D-*erythro*-3-desoxy-pentofuranosid] $C_{10}H_{16}O_6$, Formel XIII.

B. Beim Erwärmen von Methyl-[di-*O*-acetyl-*S*-äthyl-3-thio-β-D-xylofuranosid] mit Raney-Nickel in Äthanol und Behandeln des Reaktionsprodukts mit Acetanhydrid und Pyridin (*Anderson et al.*, Am. Soc. **81** [1959] 898, 900).

Öl; bei 50−60°/0,15 Torr destillierbar. n_D^{20}: 1,4496. [α]_D^{26}: −37° [CHCl₃; c = 2].

Charakterisierung durch Überführung in (*S*)-4,5-Dihydroxy-2-[4-nitro-phenylhydrazono]-valeraldehyd-[4-nitro-phenylhydrazon] (F: 253,5−255,5°): *An. et al.*

XIII   XIV

1,2,3-Triacetoxy-1-oxiranyl-propan, 1,2,3-Triacetoxy-4,5-epoxy-pentan $C_{11}H_{16}O_7$,
Formel XIV.
Diese Konstitution wird für die nachstehend beschriebene opt.-inakt. Verbindung in
Betracht gezogen.
B. Neben Penta-*O*-acetyl-DL-arabit beim Behandeln von Penta-1,4-dien-3-ol mit wss.
Wasserstoffperoxid und Ameisensäure und Behandeln des nach der Abtrennung von ge-
bildetem DL-Arabit verbliebenen öligen Reaktionsprodukts mit Acetanhydrid und Pyridin
(*Wieman, Gardan*, Bl. **1958** 433, 435).
Flüssigkeit. D^{22}: 1,2. $n_D^{22,5}$: 1,460.   [*Möhle*]

Trihydroxy-Verbindungen $C_6H_{12}O_4$

**(2*S*)-2*r*-Methyl-tetrahydro-pyran-3*t*,4*c*,5*c*-triol, 2,6-Anhydro-1-desoxy-L-mannit,
1,5-Anhydro-L-rhamnit** $C_6H_{12}O_4$, Formel I (R = H).
B. Beim Behandeln von Tetra-*O*-acetyl-β-L-rhamnopyranose mit Bromwasserstoff in
Essigsäure und Behandeln des Reaktionsprodukts mit Lithiumalanat in Äther (*Ness et al.*,
Am. Soc. **72** [1950] 4547).
Krystalle (aus Me.); F: 123—124° [korr.]. $[\alpha]_D^{20}$: +83,8° [W.; c = 1].

Tri-*O*-acetyl-2,6-anhydro-1-desoxy-L-mannit, Tri-*O*-acetyl-1,5-anhydro-L-rhamnit
$C_{12}H_{18}O_7$, Formel I (R = CO-CH_3).
B. Beim Erwärmen von 1,5-Anhydro-L-rhamnit (s. o.) mit Acetanhydrid und Pyridin
(*Ness et al.*, Am. Soc. **72** [1950] 4547).
Krystalle (aus A. + Pentan); F: 61—62°. $[\alpha]_D^{20}$: +48,1° [CHCl_3; c = 1].

Tri-*O*-benzoyl-2,6-anhydro-1-desoxy-L-mannit, Tri-*O*-benzoyl-1,5-anhydro-L-rhamnit
$C_{27}H_{24}O_7$, Formel I (R = CO-C_6H_5).
B. Beim Behandeln von 1,5-Anhydro-L-rhamnit (s. o.) mit Benzoylchlorid und Pyridin
(*Ness et al.*, Am. Soc. **72** [1950] 4547).
Krystalle (aus Me.); F: 169—170° [korr.]. $[\alpha]_D^{20}$: +279° [CHCl_3; c = 1].

4,5-Diacetoxy-2-chlor-6-methyl-tetrahydro-pyran-3-ol $C_{10}H_{15}ClO_6$.

a) **O^3,O^4-Diacetyl-6-desoxy-α-D-glucopyranosylchlorid,** O^3,O^4-Diacetyl-
α-D-chinovopyranosylchlorid $C_{10}H_{15}ClO_6$, Formel II (R = H).
B. Beim Behandeln von O^3,O^4-Diacetyl-O^2-trichloracetyl-6-desoxy-β-D-glucopyranosyl=
chlorid (S. 2300) mit Ammoniak in Äther und Erwärmen der Reaktionslösung (*Hardegger*,
Montavon, Helv. **30** [1947] 632, 636).
Krystalle (aus CCl_4); F: 119° [korr.]. $[\alpha]_D$: +222° [CHCl_3; c = 1].
Beim Aufbewahren erfolgt Zersetzung (*Ha., Mo.*, l. c. S. 637).

I   II   III   IV

b) **O^3,O^4-Diacetyl-6-desoxy-β-D-glucopyranosylchlorid,** O^3,O^4-Diacetyl-
β-D-chinovopyranosylchlorid $C_{10}H_{15}ClO_6$, Formel III (R = H).
B. Beim Behandeln von O^3,O^4-Diacetyl-O^2-trichloracetyl-6-desoxy-β-D-glucopyranos=
ylchlorid (S. 2300) mit Ammoniak in Äther bei —10° und Eindampfen der Reaktionslösung
unter vermindertem Druck in der Kälte (*Hardegger, Montavon*, Helv. **30** [1947] 632, 637).

Krystalle (aus Ae. + CCl_4); F: ca. 68°. Wenig beständig.

Charakterisierung durch Überführung in Äthyl-[tri-O-acetyl-6-desoxy-α-D-gluco-pyranosid] (F: 45°; $[α]_D$: +77° [A.]): *Ha., Mo.*

3,4,5-Triacetoxy-2-chlor-6-methyl-tetrahydro-pyran $C_{12}H_{17}ClO_7$.

a) **Tri-O-acetyl-6-desoxy-α-D-glucopyranosylchlorid, Tri-O-acetyl-α-D-chinovo-pyranosylchlorid** $C_{12}H_{17}ClO_7$, Formel II (R = CO-CH₃) (in der Literatur auch als α-D-Acetochlorchinovose bezeichnet).

B. s. u. im Artikel O^3,O^4-Diacetyl-O^2-trichloracetyl-6-desoxy-β-D-glucopyranosylchlorid.

Krystalle (aus Bzl.); F: 136° [korr.] (*Hardegger, Montavon*, Helv. **30** [1947] 632, 636). $[α]_D$: +204° [CHCl₃; c = 0,8].

b) **Tri-O-acetyl-6-desoxy-β-D-glucopyranosylchlorid, Tri-O-acetyl-β-D-chinovo-pyranosylchlorid** $C_{12}H_{17}ClO_7$, Formel III (R = CO-CH₃).

B. Beim Erwärmen von Tetra-O-acetyl-6-desoxy-β-D-glucopyranose mit Phosphor(III)-chlorid unter Einleiten von Chlorwasserstoff (*Garrido Espinosa*, An. Univ. catol. Valparaiso Nr. 4 [1957] 245, 251).

Krystalle (aus Ae.); F: 143°. $[α]_D^{19}$: −25,1° [Bzl.; c = 2,5].

Beim Schütteln einer Lösung in Chloroform mit kaltem Wasser erfolgt Umwandlung in das unter a) beschriebene Stereoisomere (*Ga. Es.*, l. c. S. 253).

c) **Tri-O-acetyl-6-desoxy-α-L-mannopyranosylchlorid, Tri-O-acetyl-α-L-rhamno-pyranosylchlorid, α-L-Acetochlorrhamnopyranose** $C_{12}H_{17}ClO_7$, Formel IV (R = CO-CH₃).

B. Beim Erwärmen von Tetra-O-acetyl-ξ-L-rhamnopyranose (aus L-Rhamnose hergestellt) mit Titan(IV)-chlorid in Chloroform (*Ohle et al.*, B. **62** [1929] 833, 846, 847).

F: 72,5° [aus Ae. + PAe.]. $[α]_D^{20}$: −127° [CHCl₃; c = 1].

Beim Behandeln mit Silbersulfat und Pyridin sind geringe Mengen einer als 1-[Tri-O-acetyl-α-L-rhamnopyranosyl]-pyridinium-[tri-O-acetyl-α-L-rhamnopyranosylsulfat] an-gesehenen Verbindung (F: 142°; $[α]_D^{18}$: −52,4° [CHCl₃]) erhalten worden.

O^3,O^4-Diacetyl-O^2-trichloracetyl-6-desoxy-β-D-glucopyranosylchlorid, O^3,O^4-Diacetyl-O^2-trichloracetyl-β-D-chinovopyranosylchlorid $C_{12}H_{14}Cl_4O_7$, Formel III (R = CO-CCl₃).

B. Neben geringen Mengen Tri-O-acetyl-6-desoxy-α-D-glucopyranosylchlorid (s. o.) beim Erhitzen von Tetra-O-acetyl-6-desoxy-β-D-glucopyranose mit Phosphor(V)-chlorid auf 140° (*Hardegger, Montavon*, Helv. **30** [1947] 632, 635).

Krystalle (aus CCl_4 oder A.); F: 148° [korr.]. $[α]_D$: +7° [CHCl₃; c = 1].

Tri-O-benzoyl-6-desoxy-α-L-mannopyranosylchlorid, Tri-O-benzoyl-α-L-rhamnopyrano-sylchlorid, α-L-Benzochlorrhamnopyranose $C_{27}H_{23}ClO_7$, Formel IV (R = CO-C₆H₅).

B. Beim Erwärmen von Tetra-O-benzoyl-α-L-rhamnopyranose (S. 2552) mit Titan(IV)-chlorid in Chloroform (*Ness et al.*, Am. Soc. **73** [1951] 296, 299).

Krystalle (aus Acn. + Pentan); F: 165−166°. $[α]_D^{20}$: +136° [CHCl₃; c = 1].

6-Chlor-6-desoxy-α-D-glucopyranosylfluorid $C_6H_{10}ClFO_4$, Formel V (R = H).

B. Beim Behandeln von Tri-O-acetyl-6-chlor-6-desoxy-α-D-glucopyranosylfluorid (s. u.) mit Natriummethylat in Methanol (*Helferich, Bredereck*, B. **60** [1927] 1995, 2001).

Krystalle (aus Me. + Ae.); Zers. bei 138° [unter Abgabe von Fluorwasserstoff]. $[α]_D^{20}$: +88,8° [W.; p = 3].

Tri-O-acetyl-6-chlor-6-desoxy-α-D-glucopyranosylfluorid $C_{12}H_{16}ClFO_7$, Formel V (R = CO-CH₃).

B. Beim Behandeln von Tetra-O-acetyl-6-chlor-6-desoxy-β-D-glucopyranose mit Fluor-wasserstoff bei −20° (*Helferich, Bredereck*, B. **60** [1927] 1995, 2000, 2001).

Krystalle (aus $CHCl_3$ + PAe.); F: 151−152° [korr.]. $[α]_D^{20}$: +107° [CHCl₃; p = 3].

Tri-O-acetyl-6-chlor-6-desoxy-α-D-glucopyranosylchlorid $C_{12}H_{16}Cl_2O_7$, Formel VI.

B. Beim Behandeln von Tetra-O-acetyl-6-chlor-6-desoxy-β-D-glucopyranose mit Phosphor(V)-chlorid und Aluminiumchlorid in Chloroform (*Helferich, Bredereck*, B. **60** [1927] 1995, 1999, 2000).

Krystalle (aus CHCl$_3$ + PAe.); F: 156° [korr.]. $[\alpha]_D^{20}$: +196,8° [CHCl$_3$; p = 5].

O²,O³-Diacetyl-O⁴-methyl-6-desoxy-α-L-mannopyranosylbromid, O²,O³-Diacetyl-O⁴-methyl-α-L-rhamnopyranosylbromid C₁₁H₁₇BrO₆, Formel VII.

B. Beim Behandeln von O¹,O²,O³-Triacetyl-O⁴-methyl-L-rhamnopyranose (Gemisch der Anomeren) mit Bromwasserstoff in Essigsäure (*Levene, Muskat,* J. biol. Chem. **105** [1934] 431, 439, 440; *Levene, Compton,* J. biol. Chem. **114** [1936] 9, 19).

Krystalle; F: 104—105° [aus Ae.] (*Le., Co.*), 104,5° [aus Ae. + Bzn.] (*Le., Mu.*). $[\alpha]_D^{24}$: −178,6° [CHCl$_3$; c = 2] (*Le., Mu.*); $[\alpha]_D^{26}$: −183,9° [CHCl$_3$; c = 2] (*Le., Co.*).

3,4,5-Triacetoxy-2-brom-6-methyl-tetrahydro-pyran C₁₂H₁₇BrO₇.

a) **Tri-O-acetyl-6-desoxy-α-D-glucopyranosylbromid,** Tri-O-acetyl-α-D-chinovo=pyranosylbromid C₁₂H₁₇BrO₇, Formel VIII (X = H) (in der Literatur auch als α-D-Acetobromchinovose bezeichnet).

B. Beim Behandeln von Tetra-O-acetyl-6-desoxy-α-D-glucopyranose oder von Tetra-O-acetyl-6-desoxy-β-D-glucopyranose (*Helferich et al.,* J. pr. [2] **153** [1939] 285, 291, 292) sowie von Methyl-[tri-O-acetyl-6-desoxy-α-D-glucopyranosid] (*Compton,* Am. Soc. **60** [1938] 395, 398) oder von Methyl-[tri-O-acetyl-6-desoxy-β-D-glucopyranosid] (*Micheel,* B. **63** [1930] 347, 358) mit Bromwasserstoff in Essigsäure.

Krystalle; F: 150—152° [aus Bzl.] (*Co.*), 143,5—144° [korr.; aus Me., A. oder Propan-1-ol] (*He. et al.*), 135—136° [aus Bzl. + PAe.] (*Mi.*, l. c. S. 359). $[\alpha]_D^{17}$: +228,4° [CHCl$_3$; c = 2] (*Micheel,* B. **63** [1930] 755); $[\alpha]_D^{15}$: +247° [CHCl$_3$; p = 1] (*He. et al.*); $[\alpha]_D^{26}$: +246,6° [CHCl$_3$; c = 4] (*Co.*).

b) **Tri-O-acetyl-6-desoxy-α-L-mannopyranosylbromid,** Tri-O-acetyl-α-L-rhamno=pyranosylbromid, α-L-Acetobromrhamnopyranose C₁₂H₁₇BrO₇, Formel IX (R = CO-CH₃) (H 31 70).

B. Beim Behandeln von Tetra-O-acetyl-L-rhamnopyranose (Gemisch der Anomeren) mit Titan(IV)-bromid in Chloroform (*Zemplén, Gerecs,* B. **67** [1934] 2049).

Krystalle [aus Ae. + PAe.] (*Reyle et al.,* Helv. **33** [1950] 1541, 1545 Anm. 1). F: 69° bis 70° (*Finan, Warren,* Soc. **1962** 2823), 64—65° (*Re. et al.*). $[\alpha]_D^{20}$: −165° [CHCl$_3$] (*Ze., Ge.*); $[\alpha]_D^{20}$: −172° [CHCl$_3$; c = 1] (*Fi., Wa.*).

Eine von *Fischer et al.* (B. **53** [1920] 2362, 2376, 2382) beim Schütteln mit Silber=carbonat und Methanol sowie beim Behandeln mit Methanol und Chinolin erhaltene, als γ-Methylrhamnosid-triacetat bezeichnete Verbindung (F: 83—85°; $[\alpha]_D^{16}$: +28,1° [1,1,2,2-Tetrachlor-äthan]) ist als O³,O⁴-Diacetyl-O¹,O²-[(Ξ)-1-methoxy-äthyliden]-β-L-rhamnopyranose zu formulieren (*Braun,* B. **63** [1930] 1972; *Bott et al.,* Soc. **1930** 1395, 1399; *Haworth et al.,* Soc. **1931** 2861, 2862). Bildung einer vermutlich als [(1R)-Menthyl]-[O³,O⁴-diacetyl-ξ-L-rhamnopyranosid] zu formulierenden Verbindung (F: 134—135° [korr.]; $[\alpha]_D^{11}$: +13,3° [A.]) beim Schütteln mit (1R)-Menthol (E III 6 133) und Silber=carbonat in Äther: *Fi. et al.,* l. c. S. 2384, 2385. Beim Behandeln mit Trimethylamin in Benzol und Äthanol ist O²,O³-Diacetyl-1,4-anhydro-α-L-rhamnopyranose erhalten worden (*Micheel, Micheel,* B. **63** [1930] 2862, 2865).

Tri-O-benzoyl-6-desoxy-α-L-mannopyranosylbromid, Tri-O-benzoyl-α-L-rhamno=pyranosylbromid, α-L-Benzobromrhamnopyranose C₂₇H₂₃BrO₇, Formel IX (R = CO-C₆H₅).

B. Beim Behandeln von Tetra-O-benzoyl-α-L-rhamnopyranose (S. 2552) mit Brom=wasserstoff in Essigsäure (*Ness et al.,* Am. Soc. **73** [1951] 296, 299).

Krystalle (aus Bzl. + Pentan); F: 163—164°. $[\alpha]_D^{20}$: +64,8° [CHCl$_3$; c = 1]. Geschwindigkeitskonstante der Bildung von Methyl-[tri-O-benzoyl-α-L-rhamno=

pyranosid] beim Behandeln mit einem Methanol-Dioxan-Gemisch (9:1) bei 20°: *Ness et al.*, l. c. S. 297. Bei 2-tägigem Behandeln mit Methanol und Benzol unter Zusatz von Chinolin ist O^3,O^4-Dibenzoyl-O^1,O^2-[(Z)-α-methoxy-benzyliden]-β-L-rhamnopyranose (F: 174—175°; $[α]_D^{20}$: +37,5° [CHCl$_3$]) erhalten worden (*Ness et al.*, l. c. S. 299).

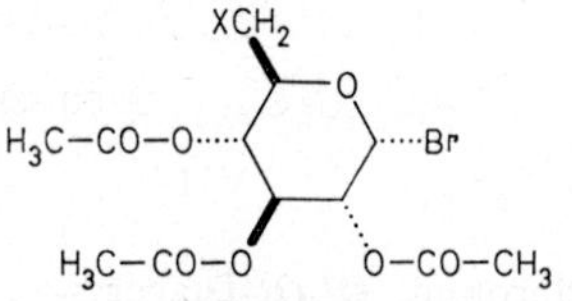

VIII 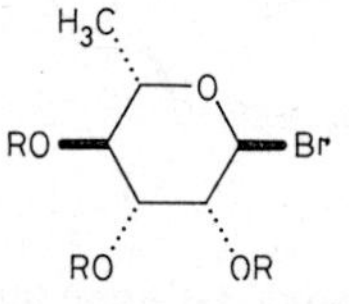   IX 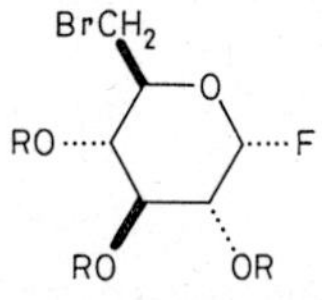   X

Tri-O-acetyl-6-fluor-6-desoxy-α-D-glucopyranosylbromid $C_{12}H_{16}BrFO_7$, Formel VIII (X = F).

Über der Konfiguration am C-Atom 1 s. *Haynes, Newth*, Adv. Carbohydrate Chem. **10** [1955] 207, 233.

B. Beim Behandeln einer Tetra-O-acetyl-6-fluor-6-desoxy-ξ-D-glucopyranose (F: 125° bis 126°; $[α]_D^{19}$: +20,1° [Py.]) mit Bromwasserstoff in Essigsäure (*Helferich, Gnüchtel*, B. **74** [1941] 1035, 1038).

Krystalle (aus CHCl$_3$ + PAe.); F: 127—128° [korr.]; $[α]_D^{21}$: +234° [CHCl$_3$; p = 2] (*He., Gn.*).

2-Brommethyl-6-fluor-tetrahydro-pyran-3,4,5-triol $C_6H_{10}BrFO_4$.

a) **6-Brom-6-desoxy-α-D-glucopyranosylfluorid** $C_6H_{10}BrFO_4$, Formel X (R = H).

B. Beim Behandeln von Tri-O-acetyl-6-brom-6-desoxy-α-D-glucopyranosylfluorid mit Natriummethylat in Methanol (*Micheel*, B. **90** [1957] 1612, 1616).

F: 131° [Zers.]. $[α]_D^{20}$: +82° [W.; c = 1].

b) **6-Brom-6-desoxy-β-D-glucopyranosylfluorid** $C_6H_{10}BrFO_4$, Formel XI (R = H).

B. Beim Behandeln von Tri-O-acetyl-6-brom-6-desoxy-β-D-glucopyranosylfluorid mit Natriummethylat in Methanol (*Micheel*, B. **90** [1957] 1612, 1615).

Krystalle (aus A.); F: 110—112° [Zers.]. $[α]_D^{20}$: +35° [W.; c = 1].

3,4,5-Triacetoxy-2-brommethyl-6-fluor-tetrahydro-pyran $C_{12}H_{16}BrFO_7$.

a) **Tri-O-acetyl-6-brom-6-desoxy-α-D-glucopyranosylfluorid** $C_{12}H_{16}BrFO_7$, Formel X (R = CO-CH$_3$).

B. Beim Behandeln von Tetra-O-acetyl-6-brom-6-desoxy-α-D-glucopyranose oder von Tetra-O-acetyl-6-brom-6-desoxy-β-D-glucopyranose mit einem Gemisch von Fluor≠wasserstoff und Acetanhydrid (*Micheel*, B. **90** [1957] 1612, 1615).

Krystalle (aus Isopropylalkohol); F: 149°. $[α]_D^{20}$: +104° [CHCl$_3$; c = 1].

b) **Tri-O-acetyl-6-brom-6-desoxy-β-D-glucopyranosylfluorid** $C_{12}H_{16}BrFO_7$, Formel XI (R = CO-CH$_3$).

B. Beim Behandeln von Tri-O-acetyl-6-brom-6-desoxy-α-D-glucopyranosylbromid mit Silberfluorid in Acetonitril (*Micheel*, B. **90** [1957] 1612, 1615).

Krystalle (aus Isopropylalkohol); F: 99°. $[α]_D^{20}$: +36° [CHCl$_3$; c = 1].

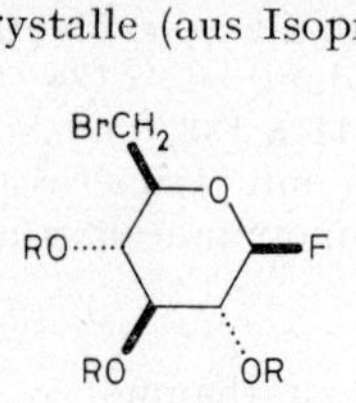

XI 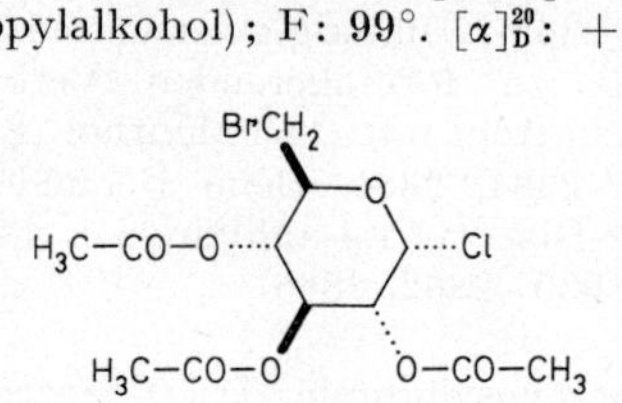   XII 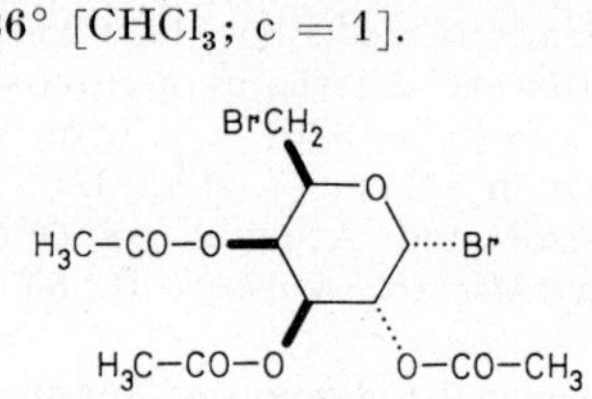   XIII

Tri-O-acetyl-6-chlor-6-desoxy-α-D-glucopyranosylbromid $C_{12}H_{16}BrClO_7$, Formel VIII (X = Cl).

B. Beim Behandeln von Tetra-O-acetyl-6-chlor-6-desoxy-β-D-glucopyranose mit Brom≠wasserstoff in Essigsäure (*Helferich, Bredereck*, B. **60** [1927] 1995, 2000).

Krystalle (aus A.); F: 165—166° [korr.]. $[\alpha]_D^{20}$: +209° [CHCl$_3$; p = 2].

Beim Behandeln mit Silbercarbonat in Aceton ist O^2,O^3,O^4-Triacetyl-6-chlor-6-des=
oxy-ξ-D-glucopyranose (F: 125°; $[\alpha]_D^{19}$: +18,1° [CHCl$_3$]) erhalten worden.

Tri-O-acetyl-6-brom-6-desoxy-α-D-glucopyranosylchlorid C$_{12}$H$_{16}$BrClO$_7$, Formel XII.
Über die Konfiguration am C-Atom 1 s. *Haynes, Newth*, Adv. Carbohydrate Chem. **10**
[1955] 207, 233.

B. In geringer Menge beim Erhitzen von Tri-O-acetyl-6-brom-6-desoxy-α-D-gluco=
pyranosylbromid mit 6-Benzoylamino-9-chloromercurio-purin in Xylol (*Parikh et al.*,
Am. Soc. **79** [1957] 2778, 2779, 2780).

Krystalle (aus A.), F: 165,5—166,5° [korr.]; $[\alpha]_D^{28}$: +170,1° [CHCl$_3$; c = 1] (*Pa. et al.*).

Beim Erwärmen mit Silberacetat und Essigsäure ist Tetra-O-acetyl-6-brom-6-desoxy-
β-D-glucopyranose erhalten worden (*Pa. et al.*).

3,4,5-Triacetoxy-2-brom-6-brommethyl-tetrahydro-pyran C$_{12}$H$_{16}$Br$_2$O$_7$.

a) **Tri-O-acetyl-6-brom-6-desoxy-α-D-glucopyranosylbromid** C$_{12}$H$_{16}$Br$_2$O$_7$,
Formel VIII (X = Br) (H **31** 150).

B. Beim Erwärmen von Methyl-[O^2,O^3,O^4-triacetyl-O^6-trityl-α-D-glucopyranosid] (*Helferich et al.*, A. **447** [1926] 19, 21), von O^1,O^2,O^3,O^4-Tetraacetyl-O^6-trityl-α-D-glucopyranose
oder von O^1,O^2,O^3,O^4-Tetraacetyl-O^6-trityl-β-D-glucopyranose (*Helferich et al.*, B. **58**
[1925] 872, 878, 879) sowie von Tri-O-acetyl-1,6-anhydro-β-D-glucopyranose (*Karrer,
Smirnoff*, Helv. **5** [1922] 124, 128; *Irvine, Oldham*, Soc. **127** [1925] 2729, 2732) mit Phos=
phor(V)-bromid.

Krystalle; F: 177—178° [aus Acn.] (*Ka., Sm.*, l. c. S. 128), 173° [aus CHCl$_3$ + Bzn.]
(*Ir., Ol.*), 172° [aus E.] (*He. et al.*, A. **447** 21). Bei 160—180°/10⁻¹ Torr sublimierbar
(*Bredereck, Höschele*, B. **86** [1953] 47, 50). $[\alpha]_D$: +189,9° [CHCl$_3$; c = 2] (*Ir., Ol.*), +191,4°
[CHCl$_3$] (*Ka., Sm.*, l. c. S. 128); $[\alpha]_D^{14}$: +184,4° [E.; c = 3] (*Wrede*, Z. physiol. Chem. **115**
[1921] 284, 290); $[\alpha]_D$: +185,9° [Eg.; c = 1] (*Ir., Ol.*); $[\alpha]_D^{20}$: +189,1° [Py.; p = 3]
(*He. et al.*, A. **447** 21).

Bildung von 3,6-Anhydro-D-glucose und 6-Brom-6-desoxy-D-glucose beim Erhitzen
mit Wasser: *Fischer et al.*, B. **53** [1920] 873, 879, 880. Beim Behandeln mit Silbercarbonat
in Chloroform sind zwei Bis-[tri-O-acetyl-6-brom-6-desoxy-ξ-D-glucopyranosyl]-äther
[F: 212° bzw. F: 152°] (*Karrer et al.*, Helv. **4** [1921] 796, 799, 800), beim Behandeln mit
Silbersulfat und Pyridin ist eine als 1-[Tri-O-acetyl-6-brom-6-desoxy-β-D-glucopyranosyl]-
pyridinium-[tri-O-acetyl-6-brom-6-desoxy-β-D-glucopyranosylsulfat] angesehene Verbindung [Krystalle (aus A.) mit 2 Mol Äthanol; F: 62—69°] (*Ohle et al.*, B. **62** [1929] 833, 847,
848) erhalten worden.

b) **Tri-O-acetyl-6-brom-6-desoxy-α-D-galactopyranosylbromid, Tri-O-acetyl-6-brom-
α-D-fucopyranosylbromid** C$_{12}$H$_{16}$Br$_2$O$_7$, Formel XIII.

B. Beim Behandeln von Penta-O-acetyl-β-D-galactopyranose mit flüssigem Bromwas=
serstoff (*Schlubach, Wagenitz*, B. **65** [1932] 304, 306).

Krystalle (aus Ae.); F: 100°. $[\alpha]_D^{20}$: +203° [CHCl$_3$; c = 1].

**Tri-O-benzoyl-6-desoxy-α-L-mannopyranosyljodid, Tri-O-benzoyl-α-L-rhamnopyranosyl=
jodid**, α-L-Benzojodrhamnopyranose C$_{27}$H$_{23}$IO$_7$, Formel I.

B. Beim Behandeln einer Lösung von Tetra-O-benzoyl-α-L-rhamnopyranose (S. 2552)
in 1,2-Dichlor-äthan mit Jodwasserstoff in Essigsäure (*Ness et al.*, Am. Soc. **73** [1951] 296,
299).

Krystalle (aus Bzl. + Pentan); F: 143—144° [Zers.; im vorgeheizten Bad]. $[\alpha]_D^{20}$: −27,1°
[CHCl$_3$; c = 1].

I

II

(2S)-3t,4c,5c-Tris-benzoyloxy-2r-jodmethyl-tetrahydro-pyran, Tri-O-benzoyl-1-jod-2,6-anhydro-1-desoxy-D-mannit $C_{27}H_{23}IO_7$, Formel II.

B. Beim Erwärmen von O^2,O^3,O^4-Tribenzoyl-O^6-[toluol-4-sulfonyl]-1,5-anhydro-D-man= nit mit Natriumjodid in Aceton (*Zervas, Papadimitriou,* B. **73** [1940] 174).
Krystalle (aus Me.); F: 143—144°. $[\alpha]_D^{20}$: —167° [$CHCl_3$; p = 2].

Tri-O-acetyl-6-jod-6-desoxy-α-D-glucopyranosylbromid $C_{12}H_{16}BrIO_7$, Formel III
(X = $CO\text{-}CH_3$).

B. Beim Behandeln von Tetra-O-acetyl-6-jod-6-desoxy-α-D-glucopyranose mit Brom= wasserstoff in Äther (*Capon et al.,* Soc. **1964** 3242, 3244). Beim Behandeln einer Lösung von Tetra-O-acetyl-6-jod-6-desoxy-β-D-glucopyranose in Chloroform mit Bromwasser= stoff in Essigsäure (*Helferich, Collatz,* B. **61** [1928] 1640, 1644, 1645).
Krystalle (aus Eg.), die je nach der Geschwindigkeit des Erhitzens zwischen 168° und 177° [Zers.] schmelzen (*He., Co.*); F: 166° [Zers.; aus Toluol] (*Ca. et al.,* l. c. S. 3243, 3244). $[\alpha]_D^{23}$: +178,9° [$CHCl_3$; p = 10]; $[\alpha]_D$: +164,0° [$CHCl_3$; c = 3] (*Ca. et al.*).

O^3,O^4-Diacetyl-6-jod-O^2-[toluol-4-sulfonyl]-6-desoxy-α-D-glucopyranosylbromid
$C_{17}H_{20}BrIO_8S$, Formel III (X = $SO_2\text{-}C_6H_4\text{-}CH_3$).

B. Beim Behandeln von O^1,O^3,O^4-Triacetyl-6-jod-O^2-[toluol-4-sulfonyl]-6-desoxy-α-D-glucopyranose oder von O^1,O^3,O^4-Triacetyl-6-jod-O^2-[toluol-4-sulfonyl]-6-desoxy-β-D-glucopyranose mit Bromwasserstoff in Essigsäure (*Hardegger et al.,* Helv. **31** [1948] 2247, 2251).
Krystalle (aus Eg.); F: 143° [korr.]. $[\alpha]_D$: +154° [$CHCl_3$; c = 1].

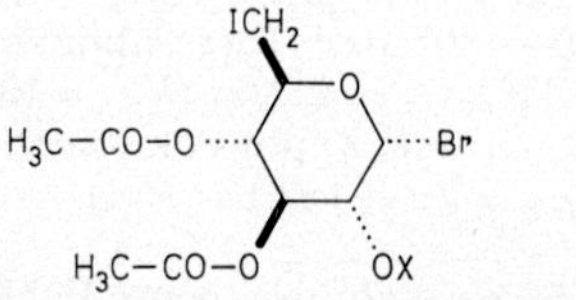

III 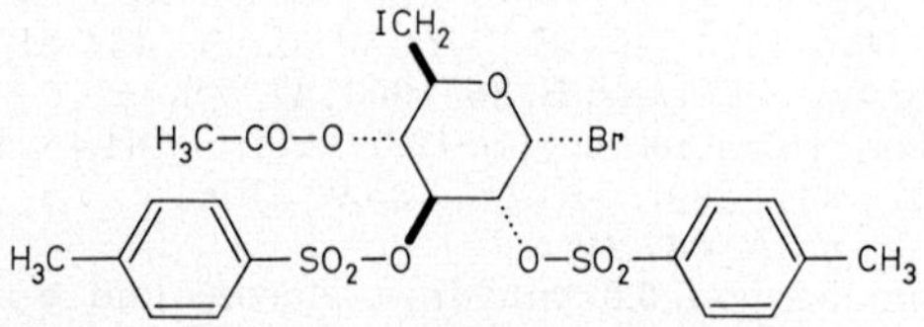   IV

O^4-Acetyl-6-jod-O^2,O^3-bis-[toluol-4-sulfonyl]-6-desoxy-α-D-glucopyranosylbromid
$C_{22}H_{24}BrIO_9S_2$, Formel IV.

Über Konstitution und Konfiguration s. *Hess, Eveking,* B. **67** [1934] 1908, 1911, 1912.
B. Bei mehrtägigem Behandeln von mit Pyridin vorbehandelter Stärke mit Toluol-4-sulfonylchlorid und Pyridin, Erwärmen des Reaktionsprodukts mit Natriumjodid in Aceton und mehrtägigem Behandeln des erhaltenen Polysaccharids mit Bromwasserstoff in Essigsäure (*Hess, Pfleger,* A. **507** [1933] 48, 51, 52; *Hess et al.,* A. **507** [1933] 55, 59, 60).
Amorphes Pulver; $[\alpha]_D^{20}$: +114,7° [$CHCl_3$] [Rohprodukt] (*Hess et al.*).

Tri-O-acetyl-6-jod-6-desoxy-α-D-glucopyranosyljodid $C_{12}H_{16}I_2O_7$, Formel V.
B. Beim Behandeln einer Lösung von Tetra-O-acetyl-6-jod-6-desoxy-β-D-glucopyranose in Chloroform mit Jodwasserstoff in Essigsäure (*Helferich, Collatz,* B. **61** [1928] 1640, 1645, 1646).
Krystalle (aus E.); Zers. bei ca. 150°. $[\alpha]_D^{21}$: +105,9° [$CHCl_3$; p = 5].

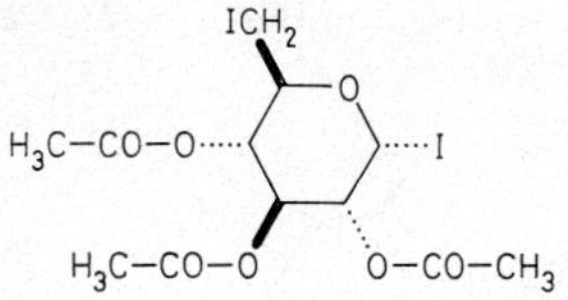

V 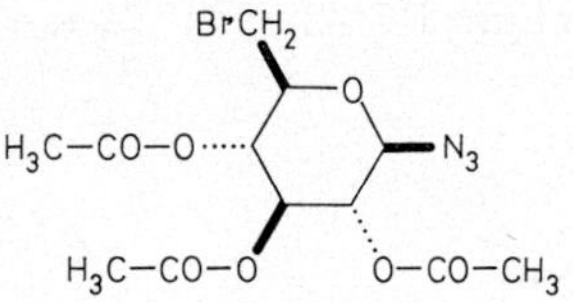   VI 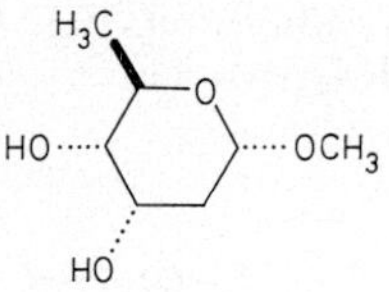   VII

Tri-O-acetyl-6-brom-6-desoxy-β-D-glucopyranosylazid $C_{12}H_{16}BrN_3O_7$, Formel VI.
B. Beim Erwärmen von Tri-O-acetyl-6-brom-6-desoxy-α-D-glucopyranosylbromid mit

Natriumazid in Acetonitril (*Bertho*, B. **63** [1930] 836, 842).

Krystalle (aus Me.); F: 137—138° [Zers.; nach Sintern]. $[\alpha]_D^{23}$: —15,2° [CHCl$_3$; c = 2].

6-Methoxy-2-methyl-tetrahydro-pyran-3,4-diol, Methyl-[2,6-didesoxy-hexopyranosid] C$_7$H$_{14}$O$_4$.

a) **(2R)-6t-Methoxy-2r-methyl-tetrahydro-pyran-3t,4t-diol, Methyl-[α-D-*ribo*-2,6-didesoxy-hexopyranosid], Methyl-α-D-digitoxopyranosid** C$_7$H$_{14}$O$_4$, Formel VII.

B. Beim Behandeln von Methyl-[di-O-acetyl-α-D-*ribo*-2,6-didesoxy-hexopyranosid] mit Bariumhydroxid in wss. Methanol (*Gut, Prins*, Helv. **30** [1947] 1223, 1229) oder mit Natriummethylat in Methanol (*Kuhn et al.*, Helv. **45** [1962] 881, 898). Beim Behandeln von Methyl-[O⁴-(toluol-4-sulfonyl)-α-D-*ribo*-2,6-didesoxy-hexopyranosid] mit wss. Methanol und Natrium-Amalgam (*Bolliger, Ulrich*, Helv. **35** [1952] 93, 96). Beim Erwärmen von Methyl-[bis-O-(toluol-4-sulfonyl)-2,3-anhydro-α-D-allopyranosid] mit Lithiumalanat in Äther oder in Tetrahydrofuran (*Bo., Ul.*, l. c. S. 97).

Kp$_{0,06}$: 50° (*Bo., Ul.*). $[\alpha]_D^{20}$: +192° [Me.; c = 2] (*Bo., Ul.*); $[\alpha]_D^{21}$: +192,5° [Me.; c = 0,5] (*Kuhn et al.*).

b) **(2R)-6t-Methoxy-2r-methyl-tetrahydro-pyran-3c,4t-diol, Methyl-[α-D-*xylo*-2,6-didesoxy-hexopyranosid], Methyl-α-D-boivinopyranosid** C$_7$H$_{14}$O$_4$, Formel VIII.

B. Beim Behandeln von Methyl-[bis-O-(toluol-4-sulfonyl)-α-D-*xylo*-2,6-didesoxy-hexopyranosid] mit wss. Methanol und Natrium-Amalgam unter Kohlendioxid (*Bolliger, Reichstein*, Helv. **36** [1953] 302, 307).

Öl; bei 50—70°/0,05 Torr destillierbar. $[\alpha]_D^{20}$: +108,7° [Me.; c = 1].

4,6-Dimethoxy-2-methyl-tetrahydro-pyran-3-ol C$_8$H$_{16}$O$_4$.

a) **(2R)-4t,6t-Dimethoxy-2r-methyl-tetrahydro-pyran-3t-ol, Methyl-[O³-methyl-α-D-*ribo*-2,6-didesoxy-hexopyranosid], Methyl-α-D-cymaropyranosid** C$_8$H$_{16}$O$_4$, Formel IX.

B. Beim Behandeln von Methyl-[O³-methyl-O⁴-(toluol-4-sulfonyl)-α-D-*ribo*-2,6-didesoxy-hexopyranosid] mit wss. Methanol und Natrium-Amalgam (*Bolliger, Ulrich*, Helv. **35** [1952] 93, 97). Bei der Hydrierung von Methyl-[6-jod-O³-methyl-α-D-*ribo*-2,6-didesoxy-hexopyranosid] an Raney-Nickel in Methanol unter Eintragen von methanol. Natronlauge (*Prins*, Helv. **29** [1946] 378, 381). Bei der Hydrierung von Methyl-[6-jod-O³-methyl-O⁴-(toluol-4-sulfonyl)-α-D-*ribo*-2,6-didesoxy-hexopyranosid] (s. S. 2309 im Artikel Methyl-[6-jod-O³-methyl-α-D-*ribo*-2,6-didesoxy-hexopyranosid]) an Raney-Nickel in Methanol unter Eintragen von methanol. Natronlauge und Behandlung des Reaktionsprodukts mit wss. Methanol und Natrium-Amalgam (*Pr.*).

Krystalle; F: 41—44° [aus Pentan] (*Bo., Ul.*), 34—36° (*Pr.*). Das Rohprodukt ist bei 30—40°/0,05 Torr destillierbar (*Bo., Ul.*). $[\alpha]_D^{14}$: +210° [Me.; c = 1] (*Pr.*); $[\alpha]_D^{17}$: +212° [Me.; c = 1] (*Bo., Ul.*).

VIII   IX   X   XI

b) **(2R)-4t,6ξ-Dimethoxy-2r-methyl-tetrahydro-pyran-3t-ol, Methyl-[O³-methyl-ξ-D-*ribo*-2,6-didesoxy-hexopyranosid], Methyl-ξ-D-cymaropyranosid** C$_8$H$_{16}$O$_4$, Formel X (R = H).

B. Beim Erwärmen von D-Cymarose (O³-Methyl-D-*ribo*-2,6-didesoxy-hexose) mit Chlorwasserstoff enthaltendem Methanol (*Elderfield*, J. biol. Chem. **111** [1935] 527, 533).

Kp$_{0,2}$: 54—64°. n$_D^{25}$: 1,4475.

Beim Erwärmen mit Methyljodid und Silberoxid ist Methyl-[di-O-methyl-ξ-D-*ribo*-2,6-didesoxy-hexopyranosid] (C$_9$H$_{18}$O$_4$; Formel X [R = CH$_3$]; Kp$_{0,2}$: 45—48°; n$_D^{25}$: 1,4341) erhalten worden.

c) **(2S)-4c,6t-Dimethoxy-2r-methyl-tetrahydro-pyran-3t-ol, Methyl-[O³-methyl-α-L-arabino-2,6-didesoxy-hexopyranosid]**, Methyl-α-L-oleandropyranosid $C_8H_{16}O_4$, Formel XI.

Isolierung aus den beim Behandeln von (−)-Oleandomycin mit Chlorwasserstoff enthaltendem Methanol erhaltenen Anomeren-Gemischen (*Els et al.*, Am. Soc. **80** [1958] 3777, 3780; *Celmer, Hobbs*, Carbohydrate Res. **1** [1965] 137, 142).

Öl; $[\alpha]_D^{22}$: −125,6° [A.; c = 5] (*Ce., Ho.*).

d) **(2S)-4c,6c-Dimethoxy-2r-methyl-tetrahydro-pyran-3t-ol, Methyl-[O³-methyl-β-L-arabino-2,6-didesoxy-hexopyranosid]**, Methyl-β-L-oleandropyranosid $C_8H_{16}O_4$, Formel XII.

Isolierung aus den beim Behandeln von (−)-Oleandomycin mit Chlorwasserstoff enthaltendem Methanol erhaltenen Anomeren-Gemischen (*Els et al.*, Am. Soc. **80** [1958] 3777, 3789; *Celmer, Hobbs*, Carbohydrate Res. **1** [1965] 137, 142).

Krystalle, F: 74−78°; $[\alpha]_D^{22}$: +71,5° [A.; c = 2] (*Ce., Ho.*).

e) **(2R)-4t,6t-Dimethoxy-2r-methyl-tetrahydro-pyran-3c-ol, Methyl-[O³-methyl-α-D-xylo-2,6-didesoxy-hexopyranosid]**, Methyl-α-D-sarmentopyranosid $C_8H_{16}O_4$, Formel XIII.

B. Beim Behandeln von Methyl-[O³-methyl-O⁴-(toluol-4-sulfonyl)-α-D-xylo-2,6-didesoxy-hexopyranosid] mit wss. Methanol und Natrium-Amalgam (*Hauenstein, Reichstein*, Helv. **33** [1950] 446, 453).

Krystalle, F: 33−36° [Rohprodukt]; bei 50−60°/0,2 Torr destillierbar; $[\alpha]_D^{20}$: +156,0° [Acn.; c = 2] (Rohprodukt).

XII   XIII   XIV   XV

f) **(2R)-4t,6c-Dimethoxy-2r-methyl-tetrahydro-pyran-3c-ol, Methyl-[O³-methyl-β-D-xylo-2,6-didesoxy-hexopyranosid]**, Methyl-β-D-sarmentopyranosid $C_8H_{16}O_4$, Formel XIV.

B. Beim Behandeln von Methyl-[O³-methyl-O⁴-(toluol-4-sulfonyl)-β-D-xylo-2,6-didesoxy-hexopyranosid] mit wss. Methanol und Natrium-Amalgam (*Hauenstein, Reichstein*, Helv. **33** [1950] 446, 454).

Krystalle; F: 40−45°; $[\alpha]_D^{20}$: −39,4° [Acn.] (Rohprodukt)].

g) **(2R)-4c,6ξ-Dimethoxy-2r-methyl-tetrahydro-pyran-3c-ol, Methyl-[O³-methyl-ξ-D-lyxo-2,6-didesoxy-hexopyranosid]**, Methyl-ξ-D-diginopyranosid $C_8H_{16}O_4$, Formel XV.

In dem nachstehend beschriebenen Präparat hat wahrscheinlich ein Gemisch der Anomeren vorgelegen (*Hauenstein, Reichstein*, Helv. **33** [1950] 446, 450).

B. Beim Behandeln von Methyl-[O³-methyl-O⁴-(toluol-4-sulfonyl)-ξ-D-lyxo-2,6-didesoxy-hexopyranosid] (aus Methyl-[O³-methyl-α-D-lyxo-2-desoxy-hexopyranosid] über das O⁴,O⁶-Bis-[toluol-4-sulfonyl]-Derivat und Methyl-[O³-methyl-6-jod-O⁴-(toluol-4-sulfonyl)-ξ-D-lyxo-2,6-didesoxy-hexopyranosid] hergestellt) mit wss. Methanol und Natrium-Amalgam (*Tamm, Reichstein*, Helv. **31** [1948] 1630, 1642).

Öl; bei 50−70°/0,08 Torr destillierbar; $[\alpha]_D^{20}$: +81,4° [Acn.; c = 2] (*Tamm, Re.*).

(2R)-3t,4t-Diacetoxy-6t-methoxy-2r-methyl-tetrahydro-pyran, Methyl-[di-O-acetyl-α-D-ribo-2,6-didesoxy-hexopyranosid], Methyl-[di-O-acetyl-α-D-digitoxopyranosid] $C_{11}H_{18}O_6$, Formel I.

B. Beim Behandeln von Tri-O-acetyl-β-D-ribo-2,6-didesoxy-hexopyranose (S. 2307) mit Chlorwasserstoff enthaltendem Methanol (*Kuhn et al.*, Helv. **45** [1962] 881, 898). Beim Behandeln von Methyl-[α-D-ribo-2-desoxy-hexopyranosid] mit Toluol-4-sulfonylchlorid und Pyridin und anschliessend mit Acetanhydrid, Erwärmen des Reaktionsprodukts mit Natriumjodid in Aceton, Hydrieren der erhaltenen Jod-Verbindung an Raney-Nickel unter Eintragen von methanol. Natronlauge und Behandeln des danach isolierten Reaktionsprodukts mit Acetanhydrid und Pyridin (*Gut, Prins,* Helv. **30** [1947] 1223, 1228, 1229).

Krystalle; F: 82—83° [aus Ae. + Pentan] (*Kuhn et al.*), 80° [aus Ae. + PAe.] (*Gut, Pr.*). Umwandlungspunkt: 76—78° (*Kuhn et al.*). Das Rohprodukt ist bei 65—85°/0,02 Torr destillierbar (*Gut, Pr.*). $[\alpha]_D^{18}$: +196,6° [CHCl$_3$; c = 1] (*Gut, Pr.*); $[\alpha]_D^{21}$: +221° [Py.; c = 0,6] (*Kuhn et al.*).

(2R)-3t,4t,6c-Triacetoxy-2r-methyl-tetrahydro-pyran, Tri-O-acetyl-β-D-ribo-2,6-didesoxy-hexopyranose, Tri-O-acetyl-β-D-digitoxopyranose C$_{12}$H$_{18}$O$_7$, Formel II (R = CO-CH$_3$).

B. Beim Behandeln von D-Digitoxose (D-*ribo*-2,6-Didesoxy-hexose) mit Acetanhydrid und Pyridin (*Zorbach, Payne,* Am. Soc. **80** [1958] 5564, 5566).

Krystalle (aus Ae. + Pentan); F: 86,5—87,5° und F: 75,5—76,5°. $[\alpha]_D^{25}$: +36,2° [CHCl$_3$; c = 2].

(2R)-6c-Methoxy-2r-methyl-3t,4t-bis-[4-nitro-benzoyloxy]-tetrahydro-pyran, Methyl-[bis-O-(4-nitro-benzoyl)-β-D-ribo-2,6-didesoxy-hexopyranosid], Methyl-[bis-O-(4-nitro-benzoyl)-β-D-digitoxopyranosid] C$_{21}$H$_{20}$N$_2$O$_{10}$, Formel III (R = CH$_3$).

B. Beim Behandeln einer Lösung von Bis-O-[4-nitro-benzoyl]-β-D-*ribo*-2,6-didesoxy-hexopyranosylchlorid (oder Bis-O-[4-nitro-benzoyl]-β-D-*ribo*-2,6-didesoxy-hexopyranosyl≈ bromid) in Dichlormethan mit Methanol und wiederholtem Eindampfen des Reaktions-produkts mit Methanol unter vermindertem Druck bei 30° (*Zorbach, Payne,* Am. Soc. **82** [1960] 4979, 4983).

Krystalle (aus A.); F: 132,5—135,5° [Kofler-App.]. $[\alpha]_D^{25}$: +128,0° [Me.; c = 0,3].

I   II   III

(2R)-3t,4t,6c-Tris-benzoyloxy-2r-methyl-tetrahydro-pyran, Tri-O-benzoyl-β-D-ribo-2,6-di≈ desoxy-hexopyranose, Tri-O-benzoyl-β-D-digitoxopyranose C$_{27}$H$_{24}$O$_7$, Formel II (R = CO-C$_6$H$_5$).

B. Beim Behandeln von D-Digitoxose (D-*ribo*-2,6-Didesoxy-hexose) mit Benzoylchlorid und Pyridin (*Zorbach, Payne,* Am. Soc. **80** [1958] 5564, 5566).

Krystalle (aus Ae.); F: 176—177°. $[\alpha]_D^{20}$: +40,7° [CHCl$_3$; c = 1].

Beim Behandeln mit Bromwasserstoff in Essigsäure ist eine Verbindung C$_{13}$H$_{15}$BrO$_4$ (Krystalle [aus Ae. + Hexan], F: 110—111°; vermutlich O^1-Benzoyl-3(oder 4)-brom-ξ-D-*ribo*-2,3,6(oder 2,4,6)-tridesoxy-hexopyranose) erhalten worden (*Zo., Pa.,* l. c. S. 5565, 5567).

(2R)-2r-Methyl-3t,4t,6c-tris-[4-nitro-benzoyloxy]-tetrahydro-pyran, Tris-O-[4-nitro-benzoyl]-β-D-ribo-2,6-didesoxy-hexopyranose, Tris-O-[4-nitro-benzoyl]-β-D-digi≈ toxopyranose C$_{27}$H$_{21}$N$_3$O$_{13}$, Formel III (R = CO-C$_6$H$_4$-NO$_2$).

B. Beim Behandeln von D-Digitoxose (D-*ribo*-2,6-Didesoxy-hexose) mit 4-Nitro-benzoylchlorid und Pyridin (*Zorbach, Payne,* Am. Soc. **80** [1958] 5564, 5567).

Krystalle (aus Acn.); F: 181—182° und F: 182—205° [Zers.]. $[\alpha]_D^{20}$: +55,6° [CHCl$_3$; c = 0,3]; $[\alpha]_D^{20}$: +42,8° [Acn.; c = 0,5].

(2R)-6t-Methoxy-2r-methyl-3t-[toluol-4-sulfonyloxy]-tetrahydro-pyran-4t-ol, Methyl-[O^1-(toluol-4-sulfonyl)-α-D-ribo-2,6-didesoxy-hexopyranosid], Methyl-[O^4-(toluol-4-sulfonyl)-α-D-digitoxopyranosid] C$_{14}$H$_{20}$O$_6$S, Formel IV (R = H).

B. Beim Erwärmen von Methyl-[O^4,O^6-bis-(toluol-4-sulfonyl)-2,3-anhydro-α-D-allo≈ pyranosid] mit Lithiumalanat in Tetrahydrofuran (*Bolliger, Ulrich,* Helv. **35** [1952] 93, 96).

Krystalle (aus A. + Ae.); F: 135—137° [korr.; Kofler-App.]. $[\alpha]_D^{18}$: +144,8° [CHCl$_3$; c = 2].

4,6-Dimethoxy-2-methyl-3-[toluol-4-sulfonyloxy]-tetrahydro-pyran $C_{15}H_{22}O_6S$.

a) **(2R)-4t,6t-Dimethoxy-2r-methyl-3t-[toluol-4-sulfonyloxy]-tetrahydro-pyran, Methyl-[O³-methyl-O⁴-(toluol-4-sulfonyl)-α-D-*ribo*-2,6-didesoxy-hexopyranosid], Methyl-[O-(toluol-4-sulfonyl)-α-D-cymaropyranosid]** $C_{15}H_{22}O_6S$, Formel IV (R = CH$_3$).

B. Bei 3-tägigem Erwärmen von Methyl-[O⁴-(toluol-4-sulfonyl)-α-D-*ribo*-2,6-didesoxy-hexopyranosid] (S. 2307) mit Silberoxid und Methyljodid (*Bolliger, Ulrich*, Helv. **35** [1952] 93, 97).

Krystalle (aus Ae. + Pentan); F: 85—87°. $[\alpha]_D^{18}$: +151,8° [CHCl$_3$; c = 2].

b) **(2R)-4t,6t-Dimethoxy-2r-methyl-3c-[toluol-4-sulfonyloxy]-tetrahydro-pyran, Methyl-[O³-methyl-O⁴-(toluol-4-sulfonyl)-α-D-*xylo*-2,6-didesoxy-hexopyranosid], Methyl-[O-(toluol-4-sulfonyl)-α-D-sarmentopyranosid]** $C_{15}H_{22}O_6S$, Formel V (X = CH$_3$).

B. Bei der Hydrierung von Methyl-[6-jod-O³-methyl-O⁴-(toluol-4-sulfonyl)-α-D-*xylo*-2,6-didesoxy-hexopyranosid] an Raney-Nickel in Methanol unter Eintragen von methanol. Natronlauge (*Hauenstein, Reichstein*, Helv. **33** [1950] 446, 452, 453).

Öl; $[\alpha]_D^{20}$: +31,7° [CHCl$_3$; c = 2].

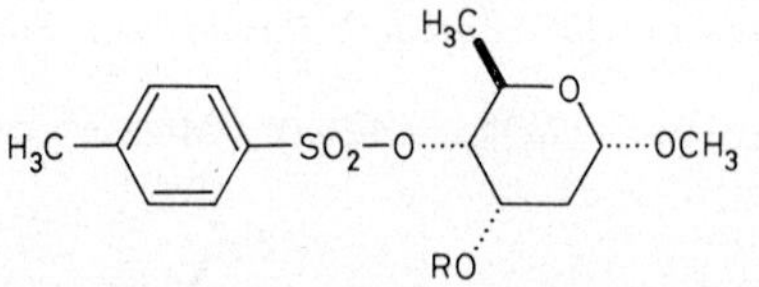

IV 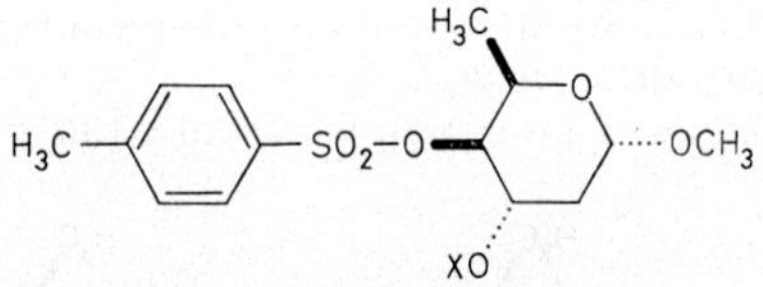   V

c) **(2R)-4t,6c-Dimethoxy-2r-methyl-3c-[toluol-4-sulfonyloxy]-tetrahydro-pyran, Methyl-[O³-methyl-O⁴-(toluol-4-sulfonyl)-β-D-*xylo*-2,6-didesoxy-hexopyranosid], Methyl-[O-(toluol-4-sulfonyl)-β-D-sarmentopyranosid]** $C_{15}H_{22}O_6S$, Formel VI (X = CH$_3$).

B. Bei der Hydrierung von Methyl-[6-jod-O³-methyl-O⁴-(toluol-4-sulfonyl)-β-D-*xylo*-2,6-didesoxy-hexopyranosid] (s. S. 2309 im Artikel Methyl-[6-jod-O³-methyl-O⁴-(toluol-4-sulfonyl)-α-D-*xylo*-2,6-didesoxy-hexopyranosid]) an Raney-Nickel in Methanol unter Eintragen von methanol. Natronlauge (*Hauenstein, Reichstein*, Helv. **33** [1950] 446, 453).

Krystalle (aus Ae. + PAe.); F: 94—95°. $[\alpha]_D^{24}$: —40,8° [CHCl$_3$; c = 1].

(2R)-6t-Methoxy-2r-methyl-3c,4t-bis-[toluol-4-sulfonyloxy]-tetrahydro-pyran, Methyl-[bis-O-(toluol-4-sulfonyl)-α-D-*xylo*-2,6-didesoxy-hexopyranosid], Methyl-[bis-O-(toluol-4-sulfonyl)-α-D-boivinopyranosid] $C_{21}H_{26}O_8S_2$, Formel V (X = SO$_2$-C$_6$H$_4$-CH$_3$).

B. Neben einer mit Vorbehalt als Methyl-[bis-O-(toluol-4-sulfonyl)-β-D-*xylo*-2,6-didesoxy-hexopyranosid] (Formel VI [X = SO$_2$-C$_6$H$_4$-CH$_3$]) formulierten Verbindung $C_{21}H_{26}O_8S_2$ (Krystalle [aus Ae.], F: 88—90° [Zers.]; $[\alpha]_D^{19}$: —7,5° [CHCl$_3$; c = 1]) beim Erwärmen von Methyl-[tris-O-(toluol-4-sulfonyl)-α-D-*xylo*-2-desoxy-hexopyranosid] mit Natriumjodid in Aceton und Hydrieren des Reaktionsprodukts an Raney-Nickel in Äthanol unter Eintragen von äthanol. Natronlauge (*Bolliger, Reichstein*, Helv. **36** [1953] 302, 307).

Krystalle (aus Ae.); F: 58—68° [Zers.]. $[\alpha]_D^{19}$: +22,9° [CHCl$_3$; c = 1].

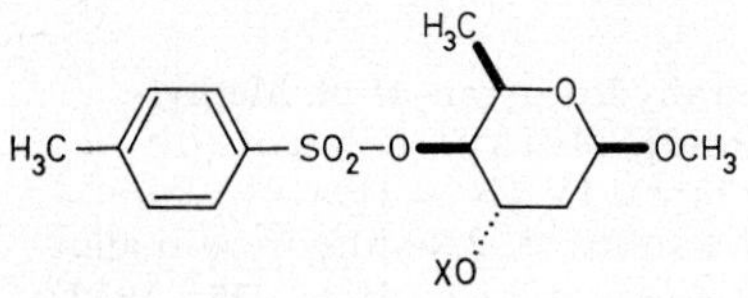

VI 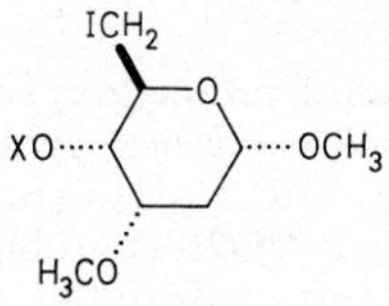   VII 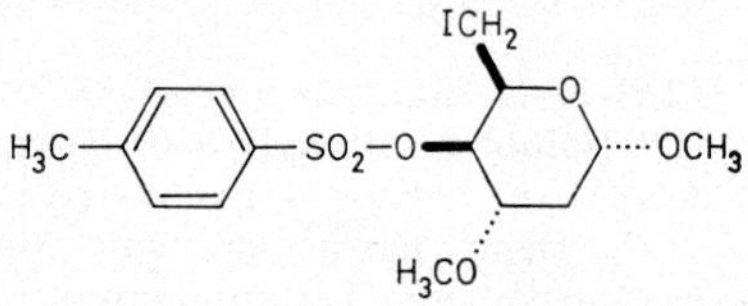   VIII

(2S)-2r-Jodmethyl-**4t,6t**-dimethoxy-tetrahydro-pyran-**3t**-ol, Methyl-[6-jod-O^3-methyl-
α-D-**ribo**-2,6-didesoxy-hexopyranosid] $C_8H_{15}IO_4$, Formel VII (X = H).

    B. In geringer Menge neben Methyl-[6-jod-O^3-methyl-O^4-(toluol-4-sulfonyl)-
α-D-*ribo*-2,6-didesoxy-hexopyranosid] ($C_{15}H_{21}IO_6S$; Formel VII
[X = SO_2-C_6H_4-CH_3]; amorph) beim Behandeln von Methyl-[O^3-methyl-α-D-*ribo*-2-des≠
oxy-hexopyranosid] mit Toluol-4-sulfonylchlorid und Pyridin und Erwärmen des Reaktionsprodukts mit Natriumjodid in Aceton (*Prins*, Helv. **29** [1946] 378, 380).

    Krystalle (aus Ae. + Pentan); F: 102—103° [korr.; Kofler-App.]. $[α]_D^{16}$: +147,8°
[$CHCl_3$; c = 1].

(2S)-2r-Jodmethyl-**4t,6t**-dimethoxy-**3c**-[toluol-4-sulfonyloxy]-tetrahydro-pyran, Methyl-
[6-jod-O^3-methyl-O^4-(toluol-4-sulfonyl)-α-D-**xylo**-2,6-didesoxy-hexopyranosid]
$C_{15}H_{21}IO_6S$, Formel VIII.

    B. Neben Methyl-[6-jod-O^3-methyl-O^4-(toluol-4-sulfonyl)-β-D-*xylo*-2,6-di≠
desoxy-hexopyranosid] ($C_{15}H_{21}IO_6S$; Formel IX; Öl) beim Erwärmen von Methyl-
[O^3-methyl-O^4,O^6-bis-(toluol-4-sulfonyl)-β-D-*xylo*-2-desoxy-hexopyranosid] oder von Meth≠
yl-[O^3-methyl-O^4,O^6-bis-(toluol-4-sulfonyl)-α-D-*xylo*-2-desoxy-hexopyranosid] mit Natri≠
umjodid in Aceton (*Hauenstein, Reichstein*, Helv. **33** [1950] 446, 450).

    Krystalle (aus Ae. + Pentan); F: 119—120° [korr.; Kofler-App.]. $[α]_D^{17}$: +72,6°
[$CHCl_3$; c = 1].

                   IX   X

(2R)-2r-[(**1R,5R**)-5-Hydroxy-1-methyl-triacontyloxy]-**6t**-methyl-tetrahydro-pyran-
3t,5c-diol, [(**1R,5R**)-5-Hydroxy-1-methyl-triacontyl]-[α-L-**arabino**-3,6-didesoxy-hexopyr≠
anosid], [(1R,5R)-5-Hydroxy-1-methyl-triacontyl]-α-ascarylopyranosid
$C_{37}H_{74}O_5$, Formel X.

    In dem von *Polonsky et al.* (C. r. **240** [1955] 2265) und von *Fouquey et al.* (Bl. Soc.
Chim. biol. **39** [1957] 101, 104, **44** [1962] 69, 74, 75) unter dieser Konstitution und Konfiguration beschriebenen, aus Eiern von Parascaris equorum (Ascaris megalocephala)
isolierten Ascarosid-B (Krystalle [aus **Ae.** + $CHCl_3$], F: 83—84°; $[α]_D$: −49° [$CHCl_3$]
[*Fo. et al.*, Bl. Soc. Chim. biol. **39** 104]) hat ein Gemisch von [(1R,29R)-29-Hydroxy-
1-methyl-triacontyl]-[α-L-*arabino*-3,6-didesoxy-hexopyranosid] ($C_{37}H_{74}O_5$;
Formel XI [n = 25]) und [(1R,31R)-31-Hydroxy-1-methyl-dotriacontyl]-[α-L-
arabino-3,6-didesoxy-hexopyranosid] ($C_{39}H_{78}O_5$; Formel XI [n = 27]) vorgelegen (*Kirrmann, Wakselman*, Bl. **1967** 937, 939; *Tarr, Schnoes*, Arch. Biochem. **158** [1973]
288, 292, 295) [1]).

(2R,6R)-2,6-Bis-[(**2R**)-**3t,5c**-dihydroxy-**6t**-methyl-tetrahydro-pyran-**2r**-yloxy]-hentria≠
contan, D$_g$-**threo**-2,6-Bis-[α-L-**arabino**-3,6-didesoxy-hexopyranosyloxy]-hentriacontan
$C_{43}H_{84}O_8$, Formel XIII.

    In dem von *Polonsky et al.* (C. r. **240** [1955] 2265) und von *Fouquey et al.* (Bl. Soc.
Chim. biol. **39** [1957] 101, 112, 127, **44** [1962] 69, 75) unter dieser Konstitution und

---

    [1]) In dem von *Polonsky et al.* (C. r. **240** [1955] 2265) und von *Fouquey et al.* (Bl. Soc.
Chim. biol. **39** [1957] 101, 103) ebenfalls aus Eiern von Parascaris equorum isolierten
Ascarosid-A (Ascarylalkohol-A) (Krystalle [aus Ae. + $CHCl_3$], F: 79—80°; $[α]_D$:
−55° [$CHCl_3$]) hat ein Gemisch der [(R)-1-Methyl-alkyl]-[α-L-*arabino*-3,6-didesoxy-
hexopyranoside] der Bruttoformeln $C_{32}H_{64}O_4$ bis $C_{36}H_{72}O_4$ (Formel XII [n = 22 bis 26])
vorgelegen (*Fouquey et al.*, Bl. Soc. Chim. biol. **44** [1962] 69, 71, 72).

Konfiguration beschriebenen, aus Eiern von Parascaris equorum (Ascaris megalocephala) isolierten Ascarosid-C (Krystalle [aus A. + Ae.], F: 93—95°; $[\alpha]_D$: —77,5° [CHCl$_3$]; Tetra-*O*-methyl-Derivat: F: 43—44°) [*Fo. et al.*, Bl. Soc. Chim. biol. **39** 112, 128]) hat ein Gemisch von D$_g$-*threo*-2,30-Bis-[α-L-*arabino*-3,6-didesoxy-hexopyranos=yloxy]-hentriacontan ($C_{43}H_{84}O_8$; Formel XIV [n = 25]) und D$_g$-*threo*-2,32-Bis-[α-L-*arabino*-3,6-didesoxy-hexopyranosyloxy]-tritriacontan ($C_{45}H_{88}O_8$; Formel XIV [n = 27]) vorgelegen (vgl. *Kirrmann, Wakselman*, Bl. **1967** 937, 939; *Tarr, Schnoes*, Arch. Biochem. **158** [1973] 288, 290).

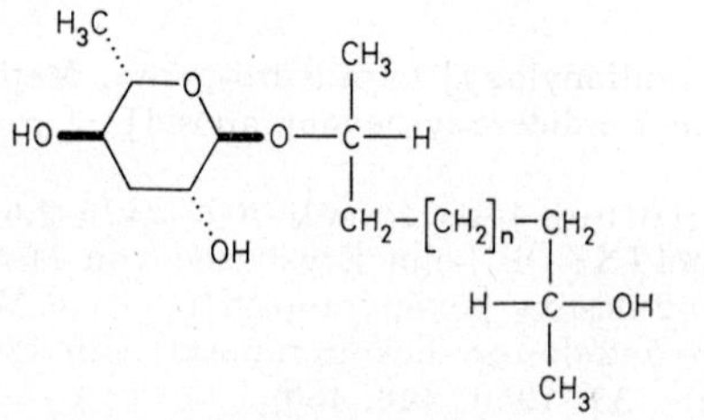

XI

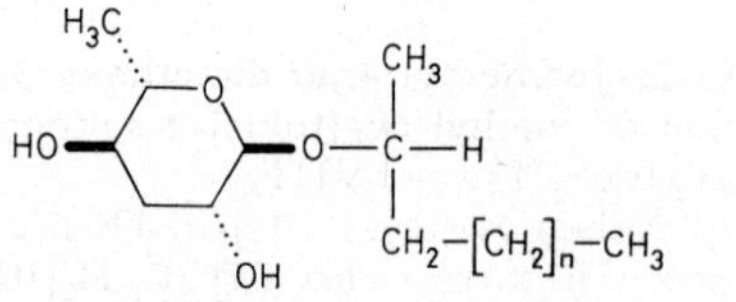

XII

(2S)-3*t*,5*t*-Diacetoxy-2*r*-jodmethyl-6*t*-methoxy-tetrahydro-pyran, Methyl-[di-*O*-acetyl-6-jod-α-D-*ribo*-3,6-didesoxy-hexopyranosid] $C_{11}H_{17}IO_6$, Formel I.

Diese Konstitution und Konfiguration kommt wahrscheinlich der nachstehend beschriebenen Verbindung zu (*Gut, Prins*, Helv. **30** [1947] 1223, 1226 Anm. 2).

B. In geringer Menge beim Erwärmen von Methyl-[*O*⁴-acetyl-*O*⁶-(toluol-4-sulfonyl)-2,3-anhydro-α-D-allopyranosid] (aus Methyl-[2,3-anhydro-α-D-allopyranosid] hergestellt) mit Natriumjodid in Aceton, Hydrieren des Reaktionsprodukts an Raney-Nickel in Methanol unter Eintragen von methanol. Natronlauge und Behandeln des erhaltenen Gemisches mit Acetanhydrid und Pyridin (*Gut, Pr.*, l. c. S. 1231, 1232).

Krystalle (aus Ae. + PAe.); F: 127—128° [korr.; Kofler-App.]. Bei 90°/0,005 Torr sublimierbar. $[\alpha]_D^{21}$: +127,4° [CHCl$_3$; c = 1].

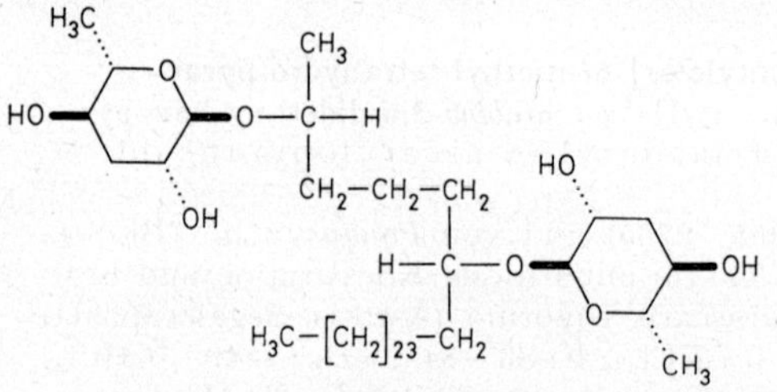

XIII

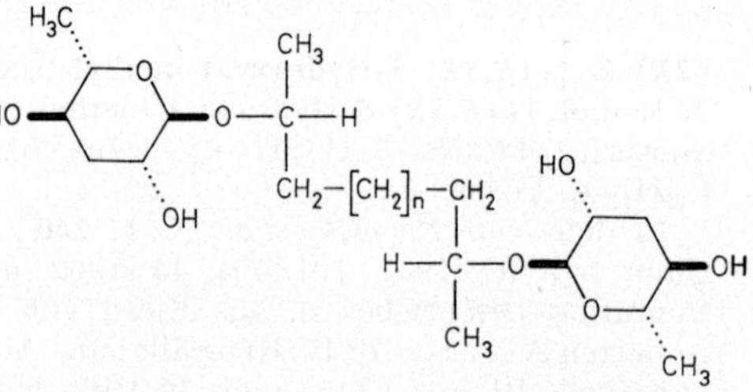

XIV

(2R)-5*t*-Chlor-6*r*-chlormethyl-2*r*-methoxy-tetrahydro-pyran-3*c*,4*t*-diol, Methyl-[4,6-dichlor-4,6-didesoxy-α-D-galactopyranosid] $C_7H_{12}Cl_2O_4$, Formel II (X = H).

Über die Konfiguration an dem das Chlor tragenden ringständigen C-Atom s. *Jones et al.*, Canad. J. Chem. **38** [1960] 1122.

B. Beim Behandeln von Methyl-[4,6-dichlor-*O*²,*O*³-sulfonyl-4,6-didesoxy-α-D-galactopyranosid] mit Ammoniak in Methanol, Eindampfen des Reaktionsprodukts mit wss. Natronlauge unter vermindertem Druck und Erhitzen des erhaltenen Natrium-Salzes mit Kupfer(II)-sulfat in Wasser (*Helferich et al.*, B. **56** [1923] 1083, 1086, 1087). Neben 4,6-Dichlor-4,6-didesoxy-D-galactose beim Behandeln von Methyl-[4,6-dichlor-*O*²,*O*³-sulfonyl-4,6-didesoxy-α-D-galactopyranosid] mit Ammoniak in Methanol und Erhitzen des Reaktionsprodukts mit wss. Schwefelsäure (*Bragg et al.*, Canad. J. Chem. **37** [1959] 1412, 1414).

Krystalle; F: 158° [Kofler-App.; aus CHCl$_3$] (*Br. et al.*), 155° [aus Bzl.] (*He. et al.*). Bei 100°/0,2 Torr sublimierbar (*He. et al.*). $[\alpha]_D^{20}$: +180,7° [A.; p = 5] (*He. et al.*); $[\alpha]_D^{24}$: +184° [W.; c = 2] (*Br. et al.*).

(2R)-3c,4t-Diacetoxy-5t-chlor-6t-chlormethyl-2r-methoxy-tetrahydro-pyran, Methyl-[di-O-acetyl-4,6-dichlor-4,6-didesoxy-α-D-galactopyranosid] $C_{11}H_{16}Cl_2O_6$, Formel II (X = CO-CH$_3$).

B. Beim Behandeln von Methyl-[4,6-dichlor-4,6-didesoxy-α-D-galactopyranosid] mit Acetanhydrid und Pyridin (*Helferich et al.*, B. **58** [1925] 886, 888).

Krystalle (aus A.); F: 110°.

(2R)-3c,4t-Bis-benzoyloxy-5t-chlor-6t-chlormethyl-2r-methoxy-tetrahydro-pyran, Methyl-[di-O-benzoyl-4,6-dichlor-4,6-didesoxy-α-D-galactopyranosid] $C_{21}H_{20}Cl_2O_6$, Formel II (X = CO-C$_6$H$_5$).

B. Beim Behandeln von Methyl-[4,6-dichlor-4,6-didesoxy-α-D-galactopyranosid] mit Benzoylchlorid und Pyridin (*Helferich et al.*, B. **58** [1925] 886, 889).

F: 117°. $[\alpha]_D^{22}$: +180,6° [Py.; p = 8].

I   II   III   IV

7-Chlor-6-chlormethyl-4-methoxy-2,2-dioxo-tetrahydro-2λ^6-[1,3,2]dioxathiolo[4,5-c]pyran $C_7H_{10}Cl_2O_6S$.

Über die Konfiguration der beiden folgenden Anomeren am C-Atom 7 s. *Jones et al.*, Canad. J. Chem. **38** [1960] 1122.

a) **Methyl-[4,6-dichlor-O^2,O^3-sulfonyl-4,6-didesoxy-α-D-galactopyranosid]** $C_7H_{10}Cl_2O_6S$, Formel III.

B. Beim Eintragen von Methyl-α-D-glucopyranosid in ein Gemisch von Sulfuryl=chlorid, Pyridin und Chloroform (*Helferich*, B. **54** [1921] 1082; *Helferich et al.*, B. **56** [1923] 1083, 1085; *Bragg et al.*, Canad. J. Chem. **37** [1959] 1412, 1414).

Krystalle (aus Ae. + PAe.); F: 106° (*He. et al.*, B. **56** 1085), 104—105° [unkorr.; Kofler-App.] (*Br. et al.*). $[\alpha]_D^{17}$: +140,0° [Eg.; p = 8] (*He.*); $[\alpha]_D^{24}$: +140° [Me.; c = 2] (*Br. et al.*).

Bei 2-tägigem Behandeln mit wss. Salzsäure ist 4,6-Dichlor-O^2,O^3-sulfonyl-4,6-dides=oxy-D-galactose, beim Behandeln mit Ammoniak in Methanol und Behandeln des Reak=tionsprodukts mit wss. Salzsäure ist hingegen 4,6-Dichlor-4,6-didesoxy-D-galactose er=halten worden (*Helferich et al.*, B. **58** [1925] 886, 889, 890).

b) **Methyl-[4,6-dichlor-O^2,O^3-sulfonyl-4,6-didesoxy-β-D-galactopyranosid]** $C_7H_{10}Cl_2O_6S$, Formel IV.

B. In geringer Menge beim Eintragen von Methyl-β-D-glucopyranosid in ein Gemisch von Sulfurylchlorid, Pyridin und Chloroform (*Helferich*, B. **54** [1921] 1082).

Krystalle (aus Ae. + PAe.); F: 137° [unkorr.; Zers.]. $[\alpha]_D^{19}$: −11,8° [Eg.; p = 5].

3-Chlor-2-chlormethyl-6-methoxy-4,5-bis-[toluol-4-sulfonyloxy]-tetrahydro-pyran $C_{21}H_{24}Cl_2O_8S_2$.

Bezüglich der Konfiguration der beiden folgenden Anomeren an dem das Chlor tra=genden ringständigen C-Atom vgl. *Jones et al.*, Canad. J. Chem. **38** [1960] 1122.

a) **Methyl-[4,6-dichlor-bis-O-(toluol-4-sulfonyl)-4,6-didesoxy-α-D-galactopyranosid]** $C_{21}H_{24}Cl_2O_8S_2$, Formel II (X = SO$_2$-C$_6$H$_4$-CH$_3$).

B. Bei mehrtägigem Erwärmen von Methyl-α-D-glucopyranosid mit Toluol-4-sulfonyl=chlorid und Pyridin (*Hess, Stenzel*, B. **68** [1935] 981, 987). Bei mehrtägigem Erwärmen von Methyl-[tetrakis-O-(toluol-4-sulfonyl)-α-D-glucopyranosid] oder von Methyl-[4-chlor-tris-O-(toluol-4-sulfonyl)-4-desoxy-α-D-galactopyranosid] mit Pyridin-hydrochlorid und Pyridin (*Hess, St.*, l. c. S. 988).

Krystalle (aus A.); F: 119—120°; $[\alpha]_D^{18}$: +102,5° [CHCl$_3$; c = 1]; $[\alpha]_D^{19}$: +97,2° [Py.; c = 1]; $[\alpha]_D^{22}$: +100,5° [Acn.; c = 1] (*Hess, St.*).

Über ein beim Behandeln von Methyl-[4,6-dichlor-4,6-didesoxy-α-D-galactopyranosid] mit Toluol-4-sulfonylchlorid und Pyridin erhaltenes Präparat (bei 117° sinternd; $[\alpha]_D^{22}$: +95,8° [Py.]) von ungewisser Einheitlichkeit s. *Helferich et al.*, B. **58** [1925] 886, 889.

b) **Methyl-[4,6-dichlor-bis-O-(toluol-4-sulfonyl)-4,6-didesoxy-β-D-galactopyranosid]** $C_{21}H_{24}Cl_2O_8S_2$, Formel V.

B. Bei mehrtägigem Erwärmen von Methyl-β-D-glucopyranosid mit Toluol-4-sulfonyl= chlorid und Pyridin (*Hess, Stenzel*, B. **68** [1935] 981, 988). Beim Erwärmen von Methyl-[tetrakis-O-(toluol-4-sulfonyl)-β-D-glucopyranosid] mit Pyridin-hydrochlorid und Pyridin (*Hess, St.*).

Krystalle (aus A.); F: 147,5—148°. $[\alpha]_D^{19}$: +23,3° [CHCl₃; c = 0,4]; $[\alpha]_D^{18}$: +19,2° [Py.; c = 0,4]; $[\alpha]_D^{18}$: +35,9° [Acn.; c = 0,6].

V   VI

(2S)-3c-Chlor-2r-jodmethyl-6t-methoxy-4c,5t-bis-[toluol-4-sulfonyloxy]-tetrahydro-pyran, Methyl-[4-chlor-6-jod-bis-O-(toluol-4-sulfonyl)-4,6-didesoxy-α-D-galacto= pyranosid] $C_{21}H_{24}ClIO_8S_2$, Formel VI.

B. Beim Erhitzen von Methyl-[4-chlor-tris-O-(toluol-4-sulfonyl)-4-desoxy-α-D-galacto= pyranosid] mit Natriumjodid in Aceton (*Hess, Stenzel*, B. **68** [1935] 981, 986).

Krystalle (aus A.); F: 127—128°. $[\alpha]_D^{20}$: +120,5° [Bzl.; c = 1]; $[\alpha]_D^{19}$: +107,6° [CHCl₃; c = 1]; $[\alpha]_D^{19}$: +96,5° [Acn.; c = 1].

2-Hydroxymethyl-tetrahydro-pyran-3,4-diol $C_6H_{12}O_4$.

a) **(2R)-2r-Hydroxymethyl-tetrahydro-pyran-3t,4t-diol, D-*ribo*-1,5-Anhydro-2-des= oxy-hexit**, Dihydro-D-altral $C_6H_{12}O_4$, Formel VII.

B. In geringer Menge neben D-*arabino*-1,5-anhydro-2-desoxy-hexit und anderen Ver= bindungen bei der Hydrierung von Methyl-α-D-glucopyranosid an Kupferoxid-Chrom= oxid in Äthanol bei 220°/135 at (*v. Rudloff, Tulloch*, Canad. J. Chem. **35** [1957] 1504, 1507, 1509) oder von 1,6-Anhydro-β-D-glucopyranose an Kupferoxid-Chromoxid in Dioxan bei 180°/70—100 at (*Gorin*, J. org. Chem. **24** [1959] 49, 52).

Krystalle; F: 105—106° [aus E.] (*Go.*), 104—104,5° [aus Ae. + Me.] (*v. Ru., Tu.*, l. c. S. 1509). $[\alpha]_D^{27}$: +73° [W.; c = 1] (*Go.*); $[\alpha]_D$: +72,6° [W.; c = 1] (*v. Ru., Tu.*).

Beim Behandeln mit Perjodsäure in wss. Lösung und Behandeln der mit Barium= carbonat neutralisierten Reaktionslösung mit Natriumboranat ist 2-[3-Hydroxy-prop= oxy]-propan-1,3-diol erhalten worden (*v. Ru., Tu.*, l. c. S. 1510).

b) **(2R)-2r-Hydroxymethyl-tetrahydro-pyran-3t,4c-diol, D-*arabino*-1,5-Anhydro-2-desoxy-hexit**, Dihydro-D-glucal $C_6H_{12}O_4$, Formel VIII (X = H) (H **31** 115; E I **17** 110; dort als *d*-Hydroglucal bezeichnet).

B. Beim Behandeln von Tri-O-acetyl-D-*arabino*-1,5-anhydro-2-desoxy-hexit (S. 2313) mit Natriummethylat in Methanol (*Foster et al.*, Acta chem. scand. **12** [1958] 1819, 1823) oder mit Bariumhydroxid in Methanol (*Gehrke, Obst*, B. **64** [1931] 1724, 1729). Bei der Hydrierung von D-Glucal (S. 2332) an Palladium/Asbest in Methanol (*Ge., Obst*). Neben geringen Mengen D-*ribo*-1,5-Anhydro-2-desoxy-hexit (s. o.) bei der Hydrierung von 1,6-Anhydro-β-D-glucopyranose an Kupferoxid-Chromoxid in Dioxan bei 180°/70 bis 100 at (*Gorin*, J. org. Chem. **24** [1959] 49, 52).

Krystalle; F: 88° [aus CHCl₃ + Bzn.] (*Fo. et al.*), 87—88° [aus E.] (*Go.*), 86—87° [aus E.] (*Ge., Obst*). $[\alpha]_D^{27}$: +19° [W.; c = 1] (*Go.*); $[\alpha]_D$: +16,5° [W.; c = 4] (*Ge., Obst*); $[\alpha]_D$: +16° [W.; c = 2] (*Fo. et al.*).

Bildung von D-*ribo*-1,5-Anhydro-2-desoxy-hexit (s. o.) und D-*arabino*-2,6-Anhydro-5-desoxy-hexit (S. 2313) beim Erwärmen mit Acetanhydrid in Gegenwart von Borfluorid und Behandeln des Reaktionsprodukts mit Natriummethylat in Methanol: *Francis*, *v. Rudloff*, Canad. J. Chem. **37** [1959] 972, 976. Beim Behandeln mit Perjodsäure in wss. Lösung und Behandeln der mit Bariumcarbonat neutralisierten Reaktionslösung mit Natriumboranat ist 2-[3-Hydroxy-propoxy]-propan-1,3-diol erhalten worden (*v. Rudloff, Tulloch*, Canad. J. Chem. **35** [1957] 1504, 1510).

Charakterisierung als O^6-[Toluol-4-sulfonyl]-Derivat (F: 104°; $[\alpha]_D$: +8,5° [CHCl$_3$]): *Fo. et al.*, l. c. S. 1824.

VII   VIII   IX   X

c) **(2R)-2r-Hydroxymethyl-tetrahydro-pyran-3c,4c-diol, D-*arabino*-2,6-Anhydro-5-desoxy-hexit**, Dihydro-D-galactal C$_6$H$_{12}$O$_4$, Formel IX (R = H).

B. Beim Behandeln von Tri-*O*-acetyl-D-*arabino*-2,6-anhydro-5-desoxy-hexit (s. u.) mit Natriummethylat in Methanol (*Overend et al.*, Soc. **1950** 671, 675). Bei der Hydrierung von D-Galactal (S. 2332) an Raney-Nickel in Methanol (*Ov. et al.*) oder an Palladium in Methanol (*Lohaus, Widmaier*, A. **520** [1935] 301, 304).

Krystalle; F: 128—129° [aus wss. A.] (*Ov. et al.*), 128° (*Lo., Wi.*). $[\alpha]_D^{20}$: +41,8° [W.; c = 0,5] (*Ov. et al.*).

Beim Erwärmen mit Acetanhydrid in Gegenwart von Borfluorid und Behandeln des Reaktionsprodukts mit Natriummethylat in Methanol sind geringe Mengen D-*ribo*-1,5-Anhydro-2-desoxy-hexit (S. 2312) erhalten worden (*Francis, v. Rudloff*, Canad. J. Chem. **37** [1959] 972, 973, 976).

(2R)-4c-Methoxy-2r-methoxymethyl-tetrahydro-pyran-3t-ol, O^3,O^6-Dimethyl-D-*arabino*-1,5-anhydro-2-desoxy-hexit C$_8$H$_{16}$O$_4$, Formel X (X = H).

B. Beim Behandeln von Tri-*O*-methyl-cellulose mit Chlorwasserstoff in Äther, Behandeln des erhaltenen O^2,O^3,O^6-Trimethyl-α(?)-D-glucopyranosylchlorids (S. 2589) mit Natrium in Äther und Hydrieren des Reaktionsprodukts (Kp$_{0,04}$: 65°; $[\alpha]_D^{20}$: −25° [CHCl$_3$]) an Platin (*Hess, Littmann*, A. **506** [1933] 298, 303).

Kp$_{0,03}$: 66°. $[\alpha]_D^{20}$: −16,4° [CHCl$_3$; c = 3]; $[\alpha]_D^{20}$: +6,3° [W.; c = 2].

Charakterisierung als *O*-[3,5-Dinitro-benzoyl]-Derivat (F: 172—173°) und als *O*-[Toluol-4-sulfonyl]-Derivat (F: 73—74°): *Hess, Li.*, l. c. S. 304.

(2R)-3c,4c-Dimethoxy-2r-methoxymethyl-tetrahydro-pyran, Tri-*O*-methyl-D-*arabino*-2,6-anhydro-5-desoxy-hexit C$_9$H$_{18}$O$_4$, Formel IX (R = CH$_3$).

B. Bei der Hydrierung von Tri-*O*-methyl-D-galactal (S. 2333) an Palladium in Äthanol (*Kuhn, Baer*, B. **88** [1955] 1537, 1541).

Kp$_{0,001}$: 40°. n$_D^{23}$: 1,4473. $[\alpha]_D^{23}$: +23,7° [CHCl$_3$; c = 1].

3,4-Diacetoxy-2-acetoxymethyl-tetrahydro-pyran C$_{12}$H$_{18}$O$_7$.

a) **(2R)-3t,4c-Diacetoxy-2r-acetoxymethyl-tetrahydro-pyran, Tri-*O*-acetyl-D-*arabino*-1,5-anhydro-2-desoxy-hexit** C$_{12}$H$_{18}$O$_7$, Formel XI (H **31** 116; E I **17** 111; dort als Triacetyl-*d*-hydroglucal bezeichnet).

B. Bei der Hydrierung von Tri-*O*-acetyl-D-glucal (S. 2333) an Palladium/Asbest in Methanol (*Gehrke, Obst*, B. **64** [1931] 1724, 1729; vgl. H **31** 116; E I **17** 111).

Krystalle; F: 41—42,5° (*Igarashi, Honma*, Tetrahedron Letters **1968** 751, 754 Anm. 8). $[\alpha]_D^{24}$: +34,5° [A.] (*Ig., Ho.*); $[\alpha]_D$: +35,0° [A.; c = 10] (*Ge., Obst*).

b) **(2R)-3c,4c-Diacetoxy-2r-acetoxymethyl-tetrahydro-pyran, Tri-*O*-acetyl-D-*arabino*-2,6-anhydro-5-desoxy-hexit** C$_{12}$H$_{18}$O$_7$, Formel XII.

B. Bei der Hydrierung von Tri-*O*-acetyl-D-galactal (S. 2334) an Platin in Methanol (*Overend et al.*, Soc. **1950** 671, 674).

Öl; bei 120—130°/1 Torr destillierbar. n$_D^{21}$: 1,4558. $[\alpha]_D^{20}$: +55,9° [CHCl$_3$; c = 0,3].

H₃C—CO—O—CH₂ ... (Formel XI)

H₃C—CO—O—CH₂ ... (Formel XII)

HOCH₂ ... (Formel XIII)

XI   XII   XIII

(2R)-3t-[3,5-Dinitro-benzoyloxy]-4c-methoxy-2r-methoxymethyl-tetrahydro-pyran,
O^4-[3,5-Dinitro-benzoyl]-O^3,O^6-dimethyl-D-arabino-1,5-anhydro-2-desoxy-hexit
$C_{15}H_{18}N_2O_9$, Formel X (X = CO-C₆H₃(NO₂)₂).
B. Beim Behandeln von O^3,O^6-Dimethyl-D-arabino-1,5-anhydro-2-desoxy-hexit mit
3,5-Dinitro-benzoylchlorid und Pyridin (*Hess, Littmann*, A. **506** [1933] 298, 304).
Krystalle (aus Me.); F: 172—173°. $[\alpha]_D^{20}$: −69,1° [Bzl.; c = 2]; $[\alpha]_D^{20}$: −15° [CHCl₃;
c = 1]; $[\alpha]_D^{20}$: −10,2° [Acn.; c = 3].

(2R)-2r-Hydroxymethyl-4c-[toluol-4-sulfonyloxy]-tetrahydro-pyran-3t-ol, O^3-[Toluol-
4-sulfonyl]-D-arabino-1,5-anhydro-2-desoxy-hexit $C_{13}H_{18}O_6S$, Formel XIII.
B. Beim Erwärmen von O^4,O^6-[(Ξ)-Benzyliden]-O^3-[toluol-4-sulfonyl]-D-arabino-1,5-an=
hydro-2-desoxy-hexit mit Chlorwasserstoff enthaltendem Methanol (*Foster et al.*, Acta
chem. scand. **12** [1958] 1819, 1823).
Krystalle (aus CHCl₃ + Bzn.); F: 111°. $[\alpha]_D$: +23,4° [CHCl₃; c = 0,5].

(2R)-2r-[Toluol-4-sulfonyloxy-methyl]-tetrahydro-pyran-3t,4c-diol, O^6-[Toluol-
4-sulfonyl]-D-arabino-1,5-anhydro-2-desoxy-hexit $C_{13}H_{18}O_6S$, Formel VIII
(X = SO₂-C₆H₄-CH₃).
B. Beim Behandeln von D-arabino-1,5-Anhydro-2-desoxy-hexit (S. 2312) mit Toluol-
4-sulfonylchlorid und Pyridin (*Foster et al.*, Acta chem. scand. **12** [1958] 1819, 1824).
F: 104° [aus CHCl₃ + Bzn.]. $[\alpha]_D$: +8,5° [CHCl₃; c = 1].

(2R)-4c-Methoxy-2r-methoxymethyl-3t-[toluol-4-sulfonyloxy]-tetrahydro-pyran,
O^3,O^6-Dimethyl-O^4-[toluol-4-sulfonyl]-D-arabino-1,5-anhydro-2-desoxy-hexit $C_{15}H_{22}O_6S$,
Formel X (X = SO₂-C₆H₄-CH₃).
B. Beim Behandeln von O^3,O^6-Dimethyl-D-arabino-1,5-anhydro-2-desoxy-hexit (S. 2313)
mit Toluol-4-sulfonylchlorid und Pyridin (*Hess, Littmann*, A. **506** [1933] 298, 304).
Krystalle (aus PAe.); F: 73—74°. $[\alpha]_D^{20}$: −8,7° [CHCl₃; c = 1].

2,3-Dichlor-4,5-dimethoxy-6-methoxymethyl-tetrahydro-pyran $C_9H_{16}Cl_2O_4$.

a) **2-Chlor-tri-O-methyl-2-desoxy-α-D-glucopyranosylchlorid** $C_9H_{16}Cl_2O_4$,
Formel I (R = CH₃).
In dem nachstehend beschriebenen Präparat hat vermutlich ein Gemisch der in der
Überschrift genannten Verbindung mit 2-Chlor-tri-O-methyl-2-desoxy-β-D-mannopyranos=
ylchlorid vorgelegen (vgl. das analog hergestellte Tri-O-acetyl-2-chlor-2-desoxy-α-D-gluco=
pyranosylchlorid [s. u.] und Tri-O-acetyl-2-chlor-2-desoxy-β-D-mannopyranosylchlorid
[S. 2315]).
B. Beim Behandeln einer Lösung von Tri-O-methyl-D-glucal (S. 2333) in Chloroform
mit Chlor (*Danilow, Gachokidse*, Ž. obšč. Chim. **6** [1936] 704, 717; B. **69** [1936] 2130, 2139).
Pulver [aus Ae.] (*Da., Ga.,* Ž. obšč. Chim. **6** 717). $[\alpha]_D^{17}$: +121,1° [CHCl₃; c = 2] (*Da.,
Ga.,* Ž. obšč. Chim. **6** 717; B. **69** 2139).

b) **2-Chlor-tri-O-methyl-2-desoxy-α-D-galactopyranosylchlorid** $C_9H_{16}Cl_2O_4$,
Formel II (R = CH₃).
Diese Konfiguration wird der nachstehend beschriebenen Verbindung zugeordnet.
B. Beim Behandeln einer Lösung von Tri-O-methyl-D-galactal (S. 2333) in Chloroform
mit Chlor (*Gachokidse*, Ž. obšč. Chim. **10** [1940] 497, 505; C. A. **1940** 7857).
Öl; $[\alpha]_D^{19}$: +110,2° [CHCl₃; c = 0,5].

3,4-Diacetoxy-2-acetoxymethyl-5,6-dichlor-tetrahydro-pyran $C_{12}H_{16}Cl_2O_7$.

a) **Tri-O-acetyl-2-chlor-2-desoxy-α-D-glucopyranosylchlorid** $C_{12}H_{16}Cl_2O_7$, Formel I
(R = CO-CH₃).
In den von *Fischer et al.* (B. **53** [1920] 509, 529, 530) und von *Danilow, Gachokidse*

(Ž. obšč. Chim. **6** [1936] 704, 712; B. **69** [1936] 2130, 2135) unter dieser Konfiguration beschriebenen Präparaten (F: ca. 92—94°; $[\alpha]_D^{15}$: +199,7° [1,1,2,2-Tetrachlor-äthan] bzw. F: 89—92°; $[\alpha]_D^{19}$: +198,4° [CHCl$_3$]) haben Gemische der in der Überschrift genannten Verbindung mit Tri-O-acetyl-2-chlor-2-desoxy-β-D-mannopyranosylchlorid (s. u.) vorgelegen (*Igarashi et al.*, J. org. Chem. **35** [1970] 610, 611; *Adamson, Foster*, Carbohydrate Res. **10** [1969] 517, 518).

B. Neben Tri-O-acetyl-2-chlor-2-desoxy-β-D-mannopyranosylchlorid beim Behandeln von Lösungen von Tri-O-acetyl-D-glucal (S. 2333) in Tetrachlormethan (*Ig. et al.*, l. c. S. 615; *Ad., Fo.*; s. a. *Fi. et al.*) oder in Chloroform (*Lefar, Weill*, J. org. Chem. **30** [1965] 954; s. a. *Da., Ga.*) mit Chlor. Aus dem unter b) beschriebenen Stereoisomeren beim Erwärmen mit Titan(IV)-chlorid in Chloroform (*Ig. et al.*).

Dipolmoment (ε; Bzl.): 2,38 D (*Ig. et al.*).

Krystalle; F: 99—101° [aus Ae. + PAe.] (*Ig. et al.*), 96—97° [aus Ae. + PAe.] (*Ad., Fo.*, l. c. S. 521), 95° (*Le., We.*). $[\alpha]_D^{24}$: +227,6° [CHCl$_3$; c = 1] (*Ig. et al.*); $[\alpha]_D^{25}$: +227,8° [CHCl$_3$; c = 1] (*Ad., Fo.*).

b) **Tri-O-acetyl-2-chlor-2-desoxy-β-D-glucopyranosylchlorid** C$_{12}$H$_{16}$Cl$_2$O$_7$, **Formel III.**

In einem von *Brigl* (Z. physiol. Chem. **116** [1921] 1, 18 Anm. 1, 46, 47) mit Vorbehalt unter dieser Konstitution und Konfiguration beschriebenen Präparat (F: 83°; $[\alpha]_D^{15}$: +65,7° [1,1,2,2-Tetrachlor-äthan]) hat wahrscheinlich Tri-O-acetyl-2-chlor-2-desoxy-α-D-mannopyranosylchlorid (s. u.) vorgelegen (vgl. *Igarashi et al.*, J. org. Chem. **35** [1970] 610, 615).

B. Neben Tri-O-acetyl-2-chlor-2-desoxy-α-D-glucopyranosylchlorid (S. 2314) und geringen Mengen der beiden Tri-O-acetyl-2-chlor-2-desoxy-D-mannopyranosylchloride (s. u.) beim Behandeln von Tri-O-acetyl-D-glucal (S. 2333) mit N-Chlor-succinimid und Chlorwasserstoff in Äther bei —75° (*Ig. et al.*, l. c. S. 616).

Krystalle (aus Ae. + PAe.); F: 122,5—123° [unkorr.]; $[\alpha]_D^{24}$: +42,7° [CHCl$_3$; c = 1] (*Ig. et al.*).

I   II   III   IV

c) **Tri-O-acetyl-2-chlor-2-desoxy-α-D-mannopyranosylchlorid** C$_{12}$H$_{16}$Cl$_2$O$_7$, **Formel IV.**

Eine von *Lefar, Weill* (J. org. Chem. **30** [1965] 954) unter dieser Konstitution und Konfiguration beschriebene Verbindung (F: 139—140°) ist als Tri-O-acetyl-2-chlor-2-desoxy-β-D-mannopyranosylchlorid (s. u.) zu formulieren (*Igarashi et al.*, J. org. Chem. **35** [1970] 610, 612).

B. Beim Erwärmen des unter d) beschriebenen Stereoisomeren mit Titan(IV)-chlorid in Chloroform (*Ig. et al.*, l. c. S. 615).

Krystalle (aus Ae. + PAe.), F: 85,5—86° und F: 62—62,5°; $[\alpha]_D^{24}$: +62,7° [CHCl$_3$; c = 1] (*Ig. et al.*,).

Die gleiche Verbindung hat wahrscheinlich in einem Präparat (Krystalle [aus wss. A. oder aus Amylalkohol]; F: 83°; $[\alpha]_D^{15}$: +65,7° [1,1,2,2-Tetrachlor-äthan]) vorgelegen, das von *Brigl* (Z. physiol. Chem. **116** [1921] 1, 46, 47) beim Erhitzen von O^3,O^4,O^6-Triacetyl-β-D-glucopyranosylchlorid mit Phosphor(V)-chlorid auf 105° erhalten worden ist (vgl. *Ig. et al.*).

d) **Tri-O-acetyl-2-chlor-2-desoxy-β-D-mannopyranosylchlorid** C$_{12}$H$_{16}$Cl$_2$O$_7$, **Formel V.**

Diese Konfiguration kommt der nachstehend beschriebenen, ursprünglich (*Lefar, Weill*, J. org. Chem. **30** [1965] 954) als Tri-O-acetyl-2-chlor-2-desoxy-α-D-mannopyranosylchlorid angesehenen Verbindung zu (*Igarashi et al.*, J. org. Chem. **35** [1970] 610, 612).

B. s. bei dem unter a) beschriebenen Stereoisomeren.

Dipolmoment (ε; Bzl.): 3,63 D (*Ig. et al.*, l. c. S. 615).

Krystalle; F: 145,5—146° [unkorr.; aus Ae. + PAe.] (*Ig. et al.*), 139—140° (*Le., We.*), 137—138° [aus Ae. + PAe.] (*Adamson, Foster*, Carbohydrate Res. **10** [1969] 517, 521). $[\alpha]_D^{23}$: —44,0° [CHCl₃; c = 1] (*Ig. et al.*). $[\alpha]_D^{25}$: —39,5° [CHCl₃; c = 0,2] (*Ad., Fo.*).

e) **Tri-*O*-acetyl-2-chlor-2-desoxy-α-D-galactopyranosylchlorid** $C_{12}H_{16}Cl_2O_7$, Formel II (R = CO-CH₃).

Diese Konfiguration wird der nachstehend beschriebenen Verbindung zugeordnet.

B. Beim Behandeln einer Lösung von Tri-*O*-acetyl-D-galactal (S. 2334) in Chloroform mit Chlor (*Gachokidse*, Ž. obšč. Chim. **10** [1940] 497, 500; C. A. **1940** 7857).

Krystalle; F: 105°. $[\alpha]_D^{19}$: +188,7° [CHCl₃; c = 0,3].

V   VI   VII

(**2*R*)-3*t*,4*c*-Bis-benzoyloxy-2*r*-benzoyloxymethyl-6*t*-brom-tetrahydro-pyran, Tri-*O*-benzoyl-α-D-*arabino*-2-desoxy-hexopyranosylbromid** $C_{27}H_{23}BrO_7$, Formel VI.

B. Beim Behandeln von Tetra-*O*-benzoyl-β-D-*arabino*-2-desoxy-hexopyranose mit Bromwasserstoff in Essigsäure (*Bergmann et al.*, B. **56** [1923] 1052, 1055).

Krystalle (aus CHCl₃ + PAe.); F: 139° [korr.; bei schnellem Erhitzen]. $[\alpha]_D^{16}$: +121,4° [1,1,2,2-Tetrachlor-äthan].

An der Luft nicht beständig.

3,4-Diacetoxy-2-acetoxymethyl-5,6-dibrom-tetrahydro-pyran $C_{12}H_{16}Br_2O_7$.

a) **Tri-*O*-acetyl-2-brom-2-desoxy-α-D-glucopyranosylbromid** $C_{12}H_{16}Br_2O_7$, Formel VII.

In Präparaten (F: 117—118° [korr.]; $[\alpha]_D$: +7,3° bis +17,4° [1,1,2,2-Tetrachloräthan] bzw. $[\alpha]_D^{18}$: +13,7° [CHCl₃]), die beim Behandeln von Tri-*O*-acetyl-D-glucal (S. 2333) mit Brom in Tetrachlormethan (*Fischer et al.*, B. **53** [1920] 509, 528) bzw. in Chloroform (*Danilow, Gachokidse*, Ž. obšč. Chim. **6** [1936] 704, 712; B. **69** [1936] 2130, 2135) erhalten worden sind, haben Gemische der in der Überschrift genannten Verbindung mit Tri-*O*-acetyl-2-brom-2-desoxy-α-D-mannopyranosylbromid (*Lemieux, Fraser-Reid*, Canad. J. Chem. **42** [1964] 532, 533; *Nakamura et al.*, Chem. pharm. Bl. **12** [1964] 1302) und geringen Mengen der entsprechenden Anomeren (*Le., Fr.-R.*) vorgelegen.

B. Beim Behandeln von Tetra-*O*-acetyl-2-brom-2-desoxy-β-D-glucopyranose mit Bromwasserstoff in Essigsäure unter Zusatz von Acetanhydrid (*Na. et al.*, l. c. S. 1306).

Krystalle (aus Ae. + PAe.), F: 92—93°; $[\alpha]_D^{21}$: +260,0° [CHCl₃; c = 1] (*Na. et al.*).

b) **Tri-*O*-acetyl-2-brom-2-desoxy-α-D-galactopyranosylbromid** $C_{12}H_{16}Br_2O_7$, Formel VIII.

Diese Konfiguration wird der nachstehend beschriebenen Verbindung zugeordnet.

B. Beim Behandeln von Tri-*O*-acetyl-D-galactal (S. 2334) mit Brom in Chloroform (*Gachokidse*, Ž. obšč. Chim. **10** [1940] 497, 501; C. A. **1940** 7857).

Öl; $[\alpha]_D^{19}$: +17,8° [CHCl₃; c = 0,4].

An der Luft nicht beständig.

—————

6-Äthoxy-2-hydroxymethyl-tetrahydro-pyran-3-ol $C_8H_{16}O_4$.

a) (**2*R*)-6*t*-Äthoxy-2*r*-hydroxymethyl-tetrahydro-pyran-3*t*-ol, Äthyl-[α-D-*erythro*-2,3-didesoxy-hexopyranosid]** $C_8H_{16}O_4$, Formel IX (X = H).

B. Bei der Hydrierung von Äthyl-2,3-didesoxy-[α-D-*erythro*-hex-2-enopyranosid] (*O*¹-Äthyl-α-D-pseudoglucal; S. 2330) an Palladium in Methanol oder in Äthanol (*Bergmann*, A. **443** [1925] 223, 236, 237) oder an Platin in Methanol (*Laland et al.*, Soc. **1950** 738, 741).

Krystalle; F: 72—72,5° [aus E. + PAe.] (*Be.*), 67—69° [aus Bzl. + PAe.] (*La. et al.*). [α]$_D^{17}$: +156,1° [A.; p = 9] (*Be.*); [α]$_D^{20}$: +139,8° [W.; p = 9] (*Be.*), +140,6° [W.; c = 0,7] (*La. et al.*). IR-Banden (Nujol; 921—735 cm^{-1}): *Barker et al.*, Soc. **1954** 4211, 4213.

Relative Geschwindigkeit der Hydrolyse in wss. Salzsäure (1 n) bei 18°: *Butler et al.*, Soc. **1950** 1433, 1436, 1439; sowie in wss. Salzsäure (0,001 n) bei 96°: *Be.*, l. c. S. 229.

Bis-[4-nitro-benzoyl]-Derivat (F: 131,5—132,5°): *Bu. et al.*, l. c. S. 1438; Bis-methansulfonyl-Derivat (F: 68—69°; [α]$_D^{20}$: +118,7° [Acn.]) und Bis-[toluol-4-sulfonyl]-Derivat (F: 58—60°; [α]$_D^{20}$: +85° [Bzl.]): *La. et al.*

b) (**2R**)-6c-Äthoxy-2r-hydroxymethyl-tetrahydro-pyran-3t-ol, Äthyl-[β-D-*erythro*-2,3-didesoxy-hexopyranosid] C$_8$H$_{16}$O$_4$, Formel X.

B. Neben Äthyl-[α-D-*erythro*-2,3-didesoxy-hexopyranosid] (S. 2316) beim Erwärmen von O^4,O^6-Diacetyl-D-*erythro*-2,3-didesoxy-hexose mit Orthoameisensäure-triäthylester und wenig Ammoniumchlorid in Äthanol und Behandeln des Reaktionsprodukts (Kp$_{0,8}$: 121—123°; n$_D^{20}$: 1,4490; [α]$_D^{20}$: +47,6° [A.]) mit Bariumhydroxid in Wasser (*Bergmann*, A. **443** [1925] 223, 239, 240).

Krystalle (aus E. + PAe.); F: 95°. [α]$_D^{20}$: −29,5° [W.; p = 5].

Relative Geschwindigkeit der Hydrolyse in wss. Salzsäure (0,001 n) bei 96°: *Be.*, l. c. S. 229.

VIII　　　　　　　　　　IX　　　　　　　　　X　　　　　　　　　XI

3-Acetoxy-2-acetoxymethyl-6-äthoxy-tetrahydro-pyran C$_{12}$H$_{20}$O$_6$.

a) (**2R**)-3t-Acetoxy-2r-acetoxymethyl-6t-äthoxy-tetrahydro-pyran, Äthyl-[di-O-acetyl-α-D-*erythro*-2,3-didesoxy-hexopyranosid] C$_{12}$H$_{20}$O$_6$, Formel IX (R = CO-CH$_3$).

B. Beim Erwärmen von Äthyl-[α-D-*erythro*-2,3-didesoxy-hexopyranosid] mit Acet‌anhydrid und Natriumacetat (*Bergmann*, A. **443** [1925] 223, 237).

Kp$_{0,5}$: 125—127°. n$_D^{20}$: 1,4457. [α]$_D^{20}$: +117,9° [A.; p = 11].

b) (**2R**)-3c-Acetoxy-2r-acetoxymethyl-6ξ-äthoxy-tetrahydro-pyran, Äthyl-[di-O-acetyl-ξ-D$_g$-*threo*-2,3-didesoxy-hexopyranosid] C$_{12}$H$_{20}$O$_6$, Formel XI.

B. Bei der Hydrierung von Äthyl-[di-O-acetyl-2,3-didesoxy-ξ-D$_g$-*threo*-hex-2-eno‌pyranosid] (Kp$_{0,05}$: 136—138° [S. 2330]) mit Hilfe von Palladium (*Lohaus*, *Widmaier*, A. **520** [1935] 301, 304).

Kp$_{0,04}$: 107—108°. [α]$_D^{20}$: +23,8° [Lösungsmittel nicht angegeben].

(**2R**)-3t,6ξ-Diacetoxy-2r-acetoxymethyl-tetrahydro-pyran, Tri-O-acetyl-ξ-D-*erythro*-2,3-didesoxy-hexopyranose C$_{12}$H$_{18}$O$_7$, Formel XII.

B. Bei der Hydrierung von Tri-O-acetyl-2,3-didesoxy-ξ-D-*erythro*-hex-2-enopyranose (S. 2331) an Palladium/Kohle in Äther (*Overend et al.*, Soc. **1949** 1358, 1362) oder an Palladium in Essigsäure, in diesem Falle neben grösseren Mengen Di-O-acetyl-D-*erythro*-1,5-anhydro-2,3-didesoxy-hexit [E II **17** 182] (*Bergmann*, *Breuers*, A. **470** [1929] 51, 54—56).

Öl; bei 150—157°/1,5 Torr (*Be.*, *Br.*) bzw. bei 120—130°/0,01 Torr (*Ov. et al.*) destil-lierbar. n$_D^{15}$: 1,4548 (*Ov. et al.*); n$_D^{17}$: 1,4545 (*Be.*, *Br.*). [α]$_D^{15}$: +32,6° [CHCl$_3$; c = 1] (*Ov. et al.*).

(**2R**)-6t-Äthoxy-3t-[4-nitro-benzoyloxy]-2r-[4-nitro-benzoyloxymethyl]-tetrahydro-pyran, Äthyl-[bis-O-(4-nitro-benzoyl)-α-D-*erythro*-2,3-didesoxy-hexopyranosid] C$_{22}$H$_{22}$N$_2$O$_{10}$, Formel IX (X = CO-C$_6$H$_4$-NO$_2$).

B. Beim Behandeln von Äthyl-[α-D-*erythro*-2,3-didesoxy-hexopyranosid] (S. 2316) mit 4-Nitro-benzoylchlorid und Pyridin (*Butler et al.*, Soc. **1950** 1433, 1438).

Krystalle (aus A.); F: 131,5—132,5°. [α]$_D^{19}$: +109° [Bzl.; c = 1].

(2R)-6t-Äthoxy-3t-methansulfonyloxy-2r-methansulfonyloxymethyl-tetrahydro-pyran,
Äthyl-[bis-O-methansulfonyl-α-D-erythro-2,3-didesoxy-hexopyranosid] $C_{10}H_{20}O_8S_2$,
Formel IX (X = SO$_2$-CH$_3$).

B. Beim Behandeln von Äthyl-[α-D-*erythro*-2,3-didesoxy-hexopyranosid] (S. 2316) mit
Methansulfonylchlorid und Pyridin (*Laland et al.*, Soc. **1950** 738, 741).

Krystalle (aus wss. A.); F: 68—69°. $[\alpha]_D^{20}$: +118,7° [Acn.; c = 1].

(2R)-6t-Äthoxy-3t-[toluol-4-sulfonyloxy]-2r-[toluol-4-sulfonyloxymethyl]-tetrahydro-
pyran, Äthyl-[bis-O-(toluol-4-sulfonyl)-α-D-erythro-2,3-didesoxy-hexopyranosid]
$C_{22}H_{28}O_8S_2$, Formel IX (X = SO$_2$-C$_6$H$_4$-CH$_3$).

B. Beim Behandeln von Äthyl-[α-D-*erythro*-2,3-didesoxy-hexopyranosid] (S. 2316) mit
Toluol-4-sulfonylchlorid und Pyridin (*Laland et al.*, Soc. **1950** 738, 741).

Krystalle (aus A.); F: 58—60°. $[\alpha]_D^{20}$: +85° [Bzl.; c = 1].

XII   XIII   XIV

(2R)-3t,6t-Diacetoxy-2r-acetoxymethyl-4c-brom-tetrahydro-pyran, Tri-O-acetyl-3-brom-
α-D-arabino-2,3-didesoxy-hexopyranose $C_{12}H_{17}BrO_7$, Formel XIII.

Diese Konstitution und Konfiguration kommt wahrscheinlich auch der E II **17** 214
im Artikel Triacetyl-D-glucal beschriebenen, dort als *d*-Glucal-hydrobromid-triacetat
bezeichneten Verbindung zu (*Maki, Tejima*, Chem. pharm. Bl. **15** [1967] 1069, **16** [1968]
2242).

B. Beim Behandeln von O^4,O^6-Diacetyl-3-brom-D-*arabino*-2,3-didesoxy-hexose mit
Acetanhydrid und Pyridin (*Maki, Te.*, Chem. pharm. Bl. **16** 2246; vgl. E II **17** 214).
Beim Erhitzen von O^1,O^4-Diacetyl-3-brom-O^6-[toluol-4-sulfonyl]-α-D-*arabino*-2,3-dides=
oxy-hexopyranose mit Kaliumacetat und Acetanhydrid (*Maki, Te.*, Chem. pharm. Bl.
15 1071).

Krystalle (aus wss. A.), F: 82°; $[\alpha]_D^{20}$: +58° [CHCl$_3$; c = 1] (*Maki, Te.*, Chem. pharm.
Bl. **15** 1070, **16** 2246).

6-Hydroxymethyl-tetrahydro-pyran-3,4-diol $C_6H_{12}O_4$, Formel XIV.

a) ***(+)-6-Hydroxymethyl-tetrahydro-pyran-3,4-diol** $C_6H_{12}O_4$.

Ein unter dieser Konstitution beschriebenes rechtsdrehendes Präparat (Öl; bei 163°
bis 167°/0,04 Torr destillierbar; n_D^{20}: 1,5080; $[\alpha]_D^{20}$: +10,2° [W.]; Tris-O-[4-nitro-
benzoyl]-Derivat $C_{27}H_{21}N_3O_{13}$: F: 249—250°) ist neben anderen Verbindungen bei
der Hydrierung von Methyl-α-D-glucopyranosid an Kupferoxid-Chromoxid in Dioxan
bei 240°/170 at erhalten und über das Tri-O-acetyl-Derivat $C_{12}H_{18}O_7$ (Kp$_{12-13}$:
191,5—193,5°; D_4^{20}: 1,203; n_D^{20}: 1,4579; $[\alpha]_D^{25}$: —1,8° [A.]) isoliert worden (*v. Rudloff
et al.*, Canad. J. Chem. **35** [1957] 315, 318; s. dazu *Gorin*, Canad. J. Chem. **38** [1960]
641, 649).

b) ***Opt.-inakt. 6-Hydroxymethyl-tetrahydro-pyran-3,4-diol** $C_6H_{12}O_4$.

B. Bei der Hydrierung von Kojisäure (5-Hydroxy-2-hydroxymethyl-pyran-4-on) an
Raney-Nickel in Äthanol bei 110°/100 at (*Chas. Pfizer & Co.*, U.S.P. 2850508 [1955]),
bei 60—120°/120 at (*Hérault*, Bl. **1963** 2091, 2093; s. a. *Riobé, Herault*, C. r. **249** [1959]
2335) oder bei 145°/75 at (*Ichimoto, Tatsumi*, Agric. biol. Chem. Japan **28** [1964] 723,
725).

Kp$_{13}$: 212—215°; $D_4^{13,5}$: 1,320; $n_D^{13,5}$: 1,5073 (*Ri., Hé.; Hé.*). Kp$_{4,5}$: 187° (*Ich., Ta.*).
Kp$_{0,3}$: 160—164°; n_D^{25}: 1,504 (*Chas. Pfizer & Co.*, U.S.P. 2850508).

Mono-O-trityl-Derivat $C_{25}H_{26}O_4$ (6-Trityloxymethyl-tetrahydro-pyran-3,4-
diol). Krystalle (aus Acn.); F: 168° (*Hé.*).

Di-O-acetyl-mono-O-trityl-Derivat $C_{29}H_{30}O_6$ (4,5-Diacetoxy-2-trityloxymethyl-
tetrahydro-pyran). Krystalle (aus Me.); F: 160° (*Hé.*).

Tri-O-acetyl-Derivat $C_{12}H_{18}O_7$ (4,5-Diacetoxy-2-acetoxymethyl-tetrahydro-pyran). Kp_{15}: 195—197°; $D_4^{20,5}$: 1,205; $n_D^{20,5}$: 1,4580 (*Ri.*, *Hé.*; *Hé.*).

Mono-O-palmitoyl-Derivat $C_{22}H_{42}O_5$. Krystalle (aus Ae.); F: 42—44° (*Chas. Pfizer & Co.*, U.S.P. 2 831 000 [1955]).

Di-O-palmitoyl-Derivat $C_{38}H_{72}O_6$. Krystalle (aus A.); F: 76,5—77,5° (*Chas. Pfizer & Co.*, U.S.P. 2 831 000).

Tris-O-[4-nitro-benzoyl]-Derivat $C_{27}H_{21}N_3O_{13}$ (4,5-Bis-[4-nitro-benzoyloxy]-2-[4-nitro-benzoyloxymethyl]-tetrahydro-pyran). Krystalle (aus Acn. + Me.); F: 88—90° (*Ich.*, *Ta.*).

Tris-O-[3,5-dinitro-benzoyl]-Derivat $C_{27}H_{18}N_6O_{19}$ (4,5-Bis-[3,5-dinitro-benzoyloxy]-2-[3,5-dinitro-benzoyloxymethyl]-tetrahydro-pyran). Krystalle (aus E. + Me.); F: 130—132° (*Ich.*, *Ta.*).

Tris-O-phenylcarbamoyl-Derivat $C_{27}H_{27}N_3O_7$ (4,5-Bis-phenylcarbamoyloxy-2-[phenylcarbamoyloxy-methyl]-tetrahydro-pyran). F: 155° [aus wss. A.] (*Hé.*).   [*Weissmann*]

(2S)-2r-Äthyl-5t-methoxy-tetrahydro-furan-3t,4c-diol, Methyl-[α-L-*arabino*-5,6-didesoxy-hexofuranosid] $C_7H_{14}O_4$, Formel I (X = H).

B. Bei der Hydrierung von Methyl-[5,6-didesoxy-α-L-*arabino*-hex-5-enofuranosid] an Raney-Nickel in Methanol (*Ball et al.*, Canad. J. Chem. **37** [1959] 1018, 1020).

F: 63°. Bei 100°/16 Torr sublimierbar. $[\alpha]_D^{20}$: −126° [1]) [CHCl$_3$(?)].

I   II   III

(2S)-2r-Äthyl-5t-methoxy-3t,4c-bis-[toluol-4-sulfonyloxy]-tetrahydro-furan, Methyl-[bis-O-(toluol-4-sulfonyl)-α-L-*arabino*-5,6-didesoxy-hexofuranosid] $C_{21}H_{26}O_8S_2$, Formel I (X = SO$_2$-C$_6$H$_4$-CH$_3$).

B. Beim Behandeln von Methyl-[α-L-*arabino*-5,6-didesoxy-hexofuranosid] mit Toluol-4-sulfonylchlorid und Pyridin (*Ball et al.*, Canad. J. Chem. **37** [1959] 1018, 1020). Beim Erwärmen von Methyl-[bis-O-(toluol-4-sulfonyl)-5,6-didesoxy-α-L-*arabino*-hex-5-enofuranosid] mit Raney-Nickel in Äthanol (*Ball et al.*).

Krystalle (aus A.); F: 93—94°. $[\alpha]_D^{20}$: −61° [CHCl$_3$; c = 2].

***Opt.-inakt. 1-[2,5-Dimethoxy-tetrahydro-[2]furyl]-äthanol** $C_8H_{16}O_4$, Formel II.

B. Aus opt.-inakt. 1-[2,5-Dimethoxy-2,5-dihydro-[2]furyl]-äthanol (Kp_{10-11}: 107°; n_D^{25}: 1,4542) bei der Hydrierung an Raney-Nickel in Methanol unter 100 at (*Nedenskov et al.*, Acta chem. scand. **9** [1955] 17, 21).

Kp_{15-16}: 105—106°. n_D^{25}: 1,4456.

2-[1-Hydroxy-äthyl]-tetrahydro-furan-3,4-diol $C_6H_{12}O_4$.

a) **(2R)-2r-[(R)-1-Hydroxy-äthyl]-tetrahydro-furan-3c,4c-diol, 3,6-Anhydro-1-desoxy-D-mannit, 1,4-Anhydro-D-rhamnit** $C_6H_{12}O_4$, Formel III.

B. Beim Erwärmen von O^4,O^5-Isopropyliden-3,6-anhydro-1-desoxy-D-mannit mit wss.-methanol. Salzsäure (*Foster*, *Overend*, Soc. 1951 1132, 1135).

Öl. n_D^{18}: 1,4757. $[\alpha]_D^{20}$: −34,0° [Me.; c = 1].

b) **(2R)-2r-[(S)-1-Hydroxy-äthyl]-tetrahydro-furan-3t,4c-diol, D-3,6-Anhydro-1-desoxy-galactit, 1,4-Anhydro-L-fucit** $C_6H_{12}O_4$, Formel IV (X = H).

B. Beim Erwärmen von 3,6-Anhydro-D-galactose-diäthyldithioacetal mit Raney-

---

[1]) Im Original ist kein Drehungsvorzeichen angegeben.

Nickel und wss. Äthanol (*Akiya, Hamada*, J. pharm. Soc. Japan **78** [1958] 119, 122; C. A. **1958** 10892).

Hygroskopische Krystalle (aus E.); F: 92,5—93°. Das Rohprodukt ist bei 138—145°/ 0,002 Torr destillierbar. $[\alpha]_D^{28}$: +30,7° [A.; c = 1].

(2R)-3t,4c-Bis-[toluol-4-sulfonyloxy]-2r-[(S)-1-(toluol-4-sulfonyloxy)-äthyl]-tetrahydro-furan, Tris-O-[toluol-4-sulfonyl]-D-3,6-anhydro-1-desoxy-galactit, Tris-O-[toluol-4-sulfonyl]-1,4-anhydro-L-fucit $C_{27}H_{30}O_{10}S_3$, Formel IV (X = SO_2-C_6H_4-CH_3).

B. Beim Behandeln von D-3,6-Anhydro-1-desoxy-galactit mit Toluol-4-sulfonylchlorid und Pyridin (*Akiya, Hamada*, J. pharm. Soc. Japan **78** [1958] 119, 122; C. A. **1958** 10892).

Krystalle (aus E. + PAe.); F: 73°. $[\alpha]_D^{28}$: +32,2° [CHCl$_3$; c = 2].

IV	V	VI

(2S)-2r-[(S)-2-Chlor-1-hydroxy-äthyl]-tetrahydro-furan-3c,4t-diol, 6-Chlor-1,4-anhydro-6-desoxy-D-glucit $C_6H_{11}ClO_4$, Formel V (R = H).

B. Beim Erwärmen von O^3,O^5-[(E)-Benzyliden]-6-chlor-1,4-anhydro-6-desoxy-D-glucit mit Oxalsäure und wss. Aceton (*Montgomery, Wiggins*, Soc. **1948** 237, 240).

Krystalle (aus E.); F: 108—109°. $[\alpha]_D^{14}$: −14,0° [Acn.; c = 3].

(2S)-3c,4t-Diacetoxy-2r-[(S)-1-acetoxy-2-chlor-äthyl]-tetrahydro-furan, Tri-O-acetyl-6-chlor-1,4-anhydro-6-desoxy-D-glucit $C_{12}H_{17}ClO_7$, Formel V (R = CO-CH$_3$).

B. Beim Behandeln von 6-Chlor-1,4-anhydro-6-desoxy-D-glucit mit Acetanhydrid und Natriumacetat (*Montgomery, Wiggins*, Soc. **1948** 237, 240).

Krystalle (aus A.); F: 81—82°. $[\alpha]_D^{18}$: −21,9° [CHCl$_3$; c = 2].

(2S)-3t,4t-Diacetoxy-2r-brom-5t-[(S)-1-methoxy-äthyl]-tetrahydro-furan, O^2,O^3-Di-acetyl-O^5-methyl-6-desoxy-α-L-mannofuranosylbromid, O^2,O^3-Diacetyl-O^5-methyl-α-L-rhamnofuranosylbromid $C_{11}H_{17}BrO_6$, Formel VI.

In einem von *Levene, Muskat* (J. biol. Chem. **106** [1934] 761, 768, 769) unter dieser Konstitution und Konfiguration beschriebenen Präparat (Krystalle [aus Ae. + Pentan], F: 100,5°; $[\alpha]_D^{24}$: −176,2° [CHCl$_3$]) hat wahrscheinlich unreines O^2,O^3-Diacetyl-O^4-methyl-α-L-rhamnopyranosylbromid (S. 2301) vorgelegen, da das zu seiner Herstellung verwendete O^1,O^2,O^3-Triacetyl-O^5-methyl-L-rhamnofuranose-Präparat (Kp$_2$: 128—131°) mit O^1,O^2,O^3-Triacetyl-O^4-methyl-L-rhamnopyranose verunreinigt gewesen ist (*Levene, Compton*, J. biol. Chem. **114** [1936] 9, 19, 20).

(2R)-3t,4c-Diacetoxy-2r-[(S)-1-acetoxy-2-brom-äthyl]-5t-brom-tetrahydro-furan, Tri-O-acetyl-6-brom-6-desoxy-β-D-galactofuranosylbromid $C_{12}H_{16}Br_2O_7$, Formel VII.

Diese Konstitution kommt wahrscheinlich der nachstehend beschriebenen Verbindung zu (*Schlubach, Wagenitz*, B. **65** [1932] 304, 306); bezüglich der Konfiguration an dem das Brom tragenden ringständigen C-Atom s. *Schlubach, Wagenitz*, Z. physiol. Chem. **213** [1932] 87.

B. Beim Behandeln von Penta-O-acetyl-β-D-galactofuranose mit flüssigem Bromwasserstoff (*Schlubach, Prochownick*, B. **63** [1930] 2298, 2301).

Krystalle (aus Ae.); F: 83—84,5°. $[\alpha]_D^{28}$: −116,2° (Anfangswert) → −110° (Endwert; nach 12 h) [CCl$_4$].

Wenig beständig.

(2S)-2r-[(S)-1-Hydroxy-2-jod-äthyl]-tetrahydro-furan-3c,4t-diol, 6-Jod-1,4-anhydro-6-desoxy-D-glucit $C_6H_{11}IO_4$, Formel VIII (R = H).

B. Bei kurzem Erwärmen (10 min) von O^3,O^5-[(E)-Benzyliden]-6-jod-1,4-anhydro-6-desoxy-D-glucit mit wss.-äthanol. Schwefelsäure (*Raymond, Schroeder*, Am. Soc. **70** [1948] 2785, 2790).

Krystalle (aus Me. + CH_2Cl_2); F: 108—109° [korr.]. $[\alpha]_D^{25}$: —11,9° [W.; c = 3]. Am Licht nicht beständig.

Br
O—CO—CH₃
O
H
O—CO—CH₃
H—C—O—CO—CH₃
CH₂Br

VII

OR
O
H
OR
H—C—OR
CH₂I

VIII

H₃C
O
HO
H₂COH   OH

IX

(2S)-3c,4t-Bis-benzoyloxy-2r-[(S)-1-benzoyloxy-2-jod-äthyl]-tetrahydro-furan, Tri-O-benzoyl-6-jod-1,4-anhydro-6-desoxy-D-glucit $C_{27}H_{23}IO_7$, Formel VIII (R = CO-C_6H_5).

B. Beim Erwärmen von O^2,O^3,O^5-Tribenzoyl-O^6-[toluol-4-sulfonyl]-1,4-anhydro-D-glucit mit Natriumjodid in Aceton (*Raymond, Schroeder*, Am. Soc. **70** [1948] 2785, 2791).

Krystalle (aus A.); F: 151—153° [korr.]. $[\alpha]_D^{25}$: +5,1° [$CHCl_3$; c = 3].

(2S)-3t-Hydroxymethyl-2r-methyl-tetrahydro-furan-3c,4c-diol, 3-Hydroxymethyl-2,5-anhydro-1-desoxy-L-arabit $C_6H_{12}O_4$, Formel IX.

Diese Konstitution und Konfiguration wird der nachstehend beschriebenen Verbindung zugeordnet.

B. Beim Erhitzen einer als 3-Acetoxymethyl-O^4-[tri-O-acetyl-2-(acetyl-methyl-amino)-2-desoxy-α-L-glucopyranosyl]-2,5-anhydro-1-desoxy-L-arabit angesehenen Verbindung (F: 136°; $[\alpha]_D^{20}$: —81° [$CHCl_3$]; aus Streptomycin hergestellt) mit wss. Schwefelsäure (*Brink et al.*, Am. Soc. **70** [1948] 2085, 2090, 2091).

Krystalle (aus $CHCl_3$); F: 78—79°.

Trihydroxy-Verbindungen $C_7H_{14}O_4$

*Opt.-inakt. **2-Äthoxy-3-[1,2-diäthoxy-äthyl]-tetrahydro-pyran** $C_{13}H_{26}O_4$, Formel I.

B. Beim Behandeln von 3,4-Dihydro-2H-pyran mit 1,1,2-Triäthoxy-äthan unter Zusatz des Borfluorid-Äther-Addukts (*Paul, Tchelitcheff*, Bl. **1950** 1155, 1157).

Kp_{20}: 140—142°. D_4^{20}: 0,980. n_D^{20}: 1,4414.

2,2-Dimethyl-tetrahydro-pyran-3,4,5-triol $C_7H_{14}O_4$, Formel II.

Zwei opt.-inakt. Präparate (a) Kp_2: 150—151°; n_D^{20}: 1,4910; b) $Kp_{1,5}$: 148,5—149°; n_D^{20}: 1,4942) sind bei der Hydrierung der opt.-inakt. 3,5-Dihydroxy-2,2-dimethyl-tetrahydro-pyran-4-one (F: 107—108° bzw. $Kp_{0,1}$: 107—109°) an Raney-Nickel in Wasser bei 100°/120 at, ein weiteres opt.-inakt. Präparat ($Kp_{1,5}$: 148—149°; n_D^{20}: 1,4892; in ein Tri-O-acetyl-Derivat $C_{13}H_{20}O_7$ [Kp_2: 142—143°; D_4^{20}: 1,1521; n_D^{20}: 1,4452] überführbar) ist bei der Hydrierung eines Gemisches der beiden opt.-inakt. 3,5-Dihydroxy-2,2-dimethyl-tetrahydro-pyran-4-one an Raney-Nickel in Wasser bei 100°/120 at erhalten worden (*Nasarow et al.*, Izv. Akad. S.S.S.R. Otd. chim. **1957** 80, 83; engl. Ausg. S. 85, 87).

6-Methoxy-2,4-dimethyl-tetrahydro-pyran-3,4-diol $C_8H_{16}O_4$.

a) **(2S)-6t-Methoxy-2r,4c-dimethyl-tetrahydro-pyran-3t,4t-diol, Methyl-[3-methyl-α-L-ribo-2,6-didesoxy-hexopyranosid], Methyl-α-L-mycaropyranosid** $C_8H_{16}O_4$, Formel III (R = H).

Bezüglich der Konfiguration am C-Atom 1 s. *Hofheinz et al.*, Tetrahedron **18** [1962] 1265, 1268; *Lemal et al.*, Tetrahedron **18** [1962] 1275, 1281 Anm. 17.

B. Neben dem unter b) beschriebenen Stereoisomeren beim Behandeln von L-Mycarose (3-Methyl-L-*ribo*-2,6-didesoxy-hexose) mit Chlorwasserstoff enthaltendem Methanol (*Paul, Tchelitcheff,* Bl. **1957** 443, 446) sowie beim Behandeln von Methyl-[O^4-isovaleryl-ξ-L-mycaropyranosid] (Kp$_1$: 116°; n_D^{25}: 1,4493 [S. 2323]) mit Alkalilauge (*Regna et al.,* Am. Soc. **75** [1953] 4625).

Krystalle; F: 62° [aus PAe.] (*Paul, Tch.*), 60,5−61° (*Re. et al.*). Kp$_3$: 76−78° (*Paul, Tch.*); Kp$_1$: 65° (*Re. et al.*). $[\alpha]_D^{24}$: −155° [CHCl$_3$; c = 1] (*Paul, Tch.*); $[\alpha]_D^{25}$: −141° [CHCl$_3$; c = 1] (*Re. et al.*).

I   II   III   IV

b) **(2S)-6c-Methoxy-2r,4c-dimethyl-tetrahydro-pyran-3t,4t-diol, Methyl-[3-methyl-β-L-*ribo*-2,6-didesoxy-hexopyranosid], Methyl-β-L-mycaropyranosid** $C_8H_{16}O_4$, Formel IV.

Bezüglich der Konfiguration am C-Atom 1 s. *Hofheinz et al.,* Tetrahedron **18** [1962] 1265, 1268; *Lemal et al.,* Tetrahedron **18** [1962] 1275, 1281 Anm. 17.

B. Siehe bei dem unter a) beschriebenen Stereoisomeren.

Kp$_3$: 114−115° (*Paul, Tchelitcheff,* Bl. **1957** 443, 446); Kp$_1$: 107° (*Regna et al.,* Am. Soc. **75** [1953] 4625). n_D^{25}: 1,4649 (*Re. et al.*). $[\alpha]_D^{24}$: +22° [CHCl$_3$; c = 2] (*Paul, Tch.*); $[\alpha]_D^{25}$: +54° [CHCl$_3$; c = 2] (*Re. et al.*).

(2S)-4t,6t-Dimethoxy-2r,4c-dimethyl-tetrahydro-pyran-3t-ol, Methyl-[3,O^3-dimethyl-α-L-*ribo*-2,6-didesoxy-hexopyranosid], Methyl-α-L-cladinopyranosid $C_9H_{18}O_4$, Formel III (R = CH$_3$).

Über die Konfiguration am C-Atom 1 s. *Howarth, Jones,* Canad. J. Chem. **45** [1967] 2253, 2255.

B. Beim Behandeln von L-Cladinose (3,O^3-Dimethyl-L-*ribo*-2,6-didesoxy-hexose) oder von Erythromycin-A (Syst. Nr. 2642) mit Chlorwasserstoff enthaltendem Methanol (*Flynn et al.,* Am. Soc. **76** [1954] 3121, 3130). Beim Erwärmen von Methyl-[3,O^3-di≠ methyl-O^6-(toluol-4-sulfonyl)-α-L-*ribo*-2-desoxy-hexopyranosid] mit Lithiumalanat in Tetrahydrofuran (*Ho., Jo.*).

Kp$_{0,2}$: 53−55°; n_D^{25}: 1,4501 [Präparat aus L-Cladinose] (*Fl. et al.*). Kp$_{0,2}$: 51−53°; D_4^{30}: 1,080; n_D^{25}: 1,4508; $[\alpha]_D^{30}$: −6,9° [W.; c = 3] [Präparat aus Erythromycin-A] (*Fl. et al.*). $[\alpha]_D$: −7° [W.; c = 3] (*Ho., Jo.*).

Beim Erwärmen mit 3,5-Dinitro-benzoylchlorid und Pyridin sind zwei (vermutlich anomere) Methyl-[O-(3,5-dinitro-benzoyl)-L-cladinoyranoside] ($C_{16}H_{20}N_2O_9$) vom F: 196° [Kofler-App.] und vom F: 159−161° [Kofler-App.] (*Fl. et al.*) bzw. vom F: 202−203° und vom F: 166−168° (*Kaneda et al.,* J. biol. Chem. **237** [1962] 322, 324) erhalten worden.

(2S)-6ξ-Äthoxy-4t-methoxy-2r,4c-dimethyl-tetrahydro-pyran-3t-ol, Äthyl-[3,O^3-dimethyl-ξ-L-*ribo*-2,6-didesoxy-hexopyranosid], Äthyl-ξ-L-cladinopyranosid $C_{10}H_{20}O_4$, Formel V.

B. Neben anderen Verbindungen beim Behandeln von Erythromycin-A [Syst. Nr. 2642] (*Hasbrouck, Garven,* Antibiotics Chemotherapy **3** [1953] 1040, 1048, 1049) oder von Erythromycin-B [Syst. Nr. 2642] (*Clark, Taterka,* Antibiotics Chemotherapy **5** [1955] 206, 209) mit wss.-äthanol. Salzsäure.

Öl; n_D^{25}: 1,4505−1,4515; $[\alpha]_D^{25}$: +24,3° [A.] [Rohprodukt] (*Ha., Ga.,* l. c. S. 1046).

Überführung in ein O-[3,5-Dinitro-benzoyl]-Derivat $C_{17}H_{22}N_2O_9$ (Krystalle [aus A. + Me.]; F: 154−155° [korr.]): *Ha., Ga.,* l. c. S. 1046, 1049; *Cl., Ta.*

(2S)-3t,6t-Diacetoxy-4t-methoxy-2r,4c-dimethyl-tetrahydro-pyran, O^1,O^4-Diacetyl-3,O^3-dimethyl-α-L-*ribo*-2,6-didesoxy-hexopyranose, Di-O-acetyl-α-L-cladinopyranose $C_{12}H_{20}O_6$, Formel VI.

Über die Konfiguration am C-Atom 1 s. *Howarth, Jones,* Canad. J. Chem. **45** [1967] 2253, 2255.

B. Beim Behandeln von L-Cladinose (3,O^3-Dimethyl-L-*ribo*-2,6-didesoxy-hexose) mit Acetanhydrid und Pyridin *(Flynn et al.,* Am. Soc. **76** [1954] 3121, 3130; *Foster et al.,* Chem. and Ind. **1962** 1619; *Ho., Jo.).*

Krystalle; F: 66—67° [aus PAe.] *(Fo. et al.),* 65—66° [aus Pentan] *(Ho., Jo.,* l. c. S. 2256); das Rohprodukt ist bei 135—145°/0,1 Torr destillierbar *(Fl. et al.).* [α]$_D$: —38° [Me.; c = 0,6] *(Ho., Jo.);* [α]$_D$: —36° [Me.; c = 1,4] *(Fo. et al.).*

V   VI   VII

(2S)-3t-Isovaleryloxy-6ξ-methoxy-2r,4c-dimethyl-tetrahydro-pyran-4t-ol, Methyl-[O^4-iso≠valeryl-3-methyl-ξ-L-*ribo*-2,6-didesoxy-hexopyranosid], Methyl-[O^4-isovaleryl-ξ-L-mycaropyranosid] $C_{13}H_{24}O_5$, Formel VII.

Zwei Präparate (a) Kp$_1$: 116°; n$_D^{25}$: 1,4493; [α]$_D^{25}$: —10,7° [CHCl$_3$]; b) n$_D^{25}$: 1,4510), in denen wahrscheinlich Gemische der Anomeren vorgelegen haben, sind neben anderen Verbindungen beim Behandeln von Magnamycin-A (Syst. Nr. 2642) mit Chlorwasserstoff enthaltendem Methanol *(Regna et al.,* Am. Soc. **75** [1953] 4625) bzw. beim Behandeln von Magnamycin-B (Syst. Nr. 2642) mit wss.-methanol. Salzsäure *(Hochstein, Murai,* Am. Soc. **76** [1954] 5080, 5082) erhalten worden.

(2S)-3t,6ξ-Bis-[3,5-dinitro-benzoyloxy]-4t-methoxy-2r,4c-dimethyl-tetrahydro-pyran, O^1,O^4-Bis-[3,5-dinitro-benzoyl]-3,O^3-dimethyl-ξ-L-*ribo*-2,6-didesoxy-hexopyranose, Bis-O-[3,5-dinitro-benzoyl]-ξ-L-cladinopyranose $C_{22}H_{20}N_4O_{14}$, Formel VIII.

B. Beim Erwärmen von L-Cladinose (3,O^3-Dimethyl-L-*ribo*-2,6-didesoxy-hexose) mit 3,5-Dinitro-benzoylchlorid, Pyridin und Benzol *(Hasbrouck, Garven,* Antibiotics Chemotherapy **3** [1953] 1040, 1048).

Krystalle (aus Acn. + W.); F: 143—147° [korr.; Zers.].

VIII   IX

(2S)-6ξ-Äthylmercapto-4t-methoxy-2r,4c-dimethyl-tetrahydro-pyran-3t-ol, Äthyl-[3,O^3-dimethyl-1-thio-ξ-L-*ribo*-2,6-didesoxy-hexopyranosid], Äthyl-[1-thio-ξ-L-cladinopyranosid] $C_{10}H_{20}O_3S$, Formel IX.

B. Beim Behandeln von L-Cladinose [3,O^3-Dimethyl-L-*ribo*-2,6-didesoxy-hexose] *(Hasbrouck, Garven,* Antibiotics Chemotherapy **3** [1953] 1040, 1049; *Flynn et al.,* Am. Soc. **76** [1954] 3121, 3131) oder von Äthyl-ξ-L-cladinopyranosid [S. 2322] *(Ha., Ga.)* mit Chlor≠wasserstoff enthaltendem Äthanthiol.

Flüssigkeit; bei 110—120°/0,3 Torr destillierbar; n$_D^{25}$: 1,4901 *(Fl. et al.).* n$_D^{27}$: 1,4980 [Rohprodukt; aus L-Cladinose hergestellt] *(Ha., Ga.).*

Überführung des Rohprodukts in ein O-[3,5-Dinitro-benzoyl]-Derivat $C_{17}H_{22}N_2O_8S$ (Krystalle [aus A. + Me.], F: 164—166° [korr.]): *Ha., Ga.,* l. c. S. 1046.

Trihydroxy-Verbindungen $C_8H_{16}O_4$

(3S)-3r,4t,5c-Triacetoxy-2ξ-[(Ξ)-2,3-dibrom-propyl]-tetrahydro-pyran, (2Ξ,4Ξ)-Tri-O-acetyl-1,2-dibrom-D-*xylo*-4,8-anhydro-1,2,3-tridesoxy-octit, D-(1Ξ)-Tri-O-acetyl-1-[(Ξ)-2,3-dibrom-propyl]-1,5-anhydro-xylit $C_{14}H_{20}Br_2O_7$, Formel I.

B. Beim Behandeln von (3S)-3r,4t,5c-Triacetoxy-2ξ-allyl-tetrahydro-pyran (aus Tri-O-acetyl-α-D-xylopyranosylchlorid und Allylmagnesiumbromid hergestellt) mit Brom in Essigsäure *(Shdanow et al.,* Doklady Akad. S.S.S.R. **117** [1957] 990; Pr. Acad. Sci.

U.S.S.R. Chem. Sect. **112–117** [1957] 1083).
Krystalle (aus Butan-1-ol); F: 123–124°.

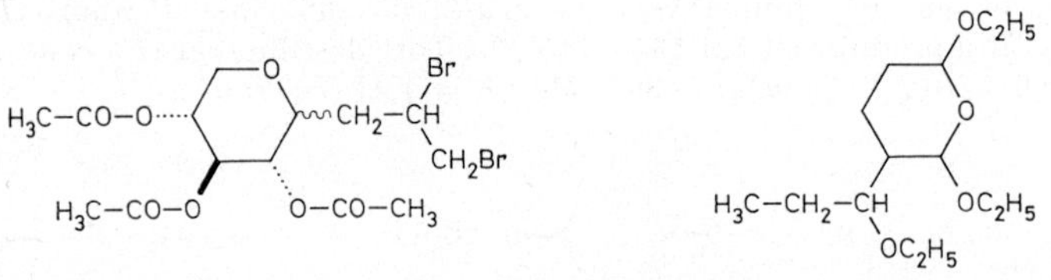

I   II

*Opt.-inakt. **2,6-Diäthoxy-3-[1-äthoxy-propyl]-tetrahydro-pyran** $C_{14}H_{28}O_4$, Formel II.
B. Beim Behandeln von (±)-2-Äthoxy-3,4-dihydro-2*H*-pyran mit Propionaldehyd-
diäthylacetal unter Zusatz des Borfluorid-Äther-Addukts (*Brannock*, J. org. Chem. **24**
[1959] 1382).
Kp$_1$: ca. 79–82°. n$_D^{20}$: 1,4378.

*Opt.-inakt. **2,6-Dimethoxy-3-methoxymethyl-3,5-dimethyl-tetrahydro-pyran** $C_{11}H_{22}O_4$,
Formel III (R = CH$_3$).
B. Beim Behandeln von Methacrylaldehyd mit Methanol unter Zusatz von wss.
Natronlauge und mehrtägigen Behandeln der Reaktionslösung mit Schwefelsäure enthaltendem Methanol (*Distillers Co.*, U.S.P. 2744121 [1951]). Beim Behandeln von
opt.-inakt. 2-Methoxymethyl-2,4-dimethyl-glutaraldehyd (Kp$_{12}$: 110°; n$_D^{20}$: 1,4457) oder
von opt.-inakt. 2-Methoxy-3-methoxymethyl-3,5-dimethyl-3,4-dihydro-2*H*-pyran (Kp$_9$;
78–79°; n$_D^{20}$: 1,4488) mit Chlorwasserstoff enthaltendem Methanol (*Hall*, Soc. **1954** 4303,
4304, 4305).
Kp$_{11}$: 103° (*Distillers Co.*). Kp$_{10}$: 102°; D$_4^{20}$: 1,0053; n$_D^{20}$: 1,4400 [Präparat aus 2-Methoxy=
methyl-2,4-dimethyl-glutaraldehyd] (*Hall*, l. c. S. 4305).

*Opt.-inakt. **3-Äthoxymethyl-2,6-dimethoxy-3,5-dimethyl-tetrahydro-pyran** $C_{12}H_{24}O_4$,
Formel IV (R = CH$_3$).
B. Beim Behandeln von opt.-inakt. 2-Äthoxymethyl-2,4-dimethyl-glutaraldehyd
(Kp$_{11}$: 117–119°; n$_D^{20}$: 1,4424) mit Chlorwasserstoff enthaltendem Methanol (*Hall*, Soc.
1954 4303, 4305).
Kp$_{10}$: 109°. D$_4^{20}$: 0,9872. n$_D^{20}$: 1,4387.

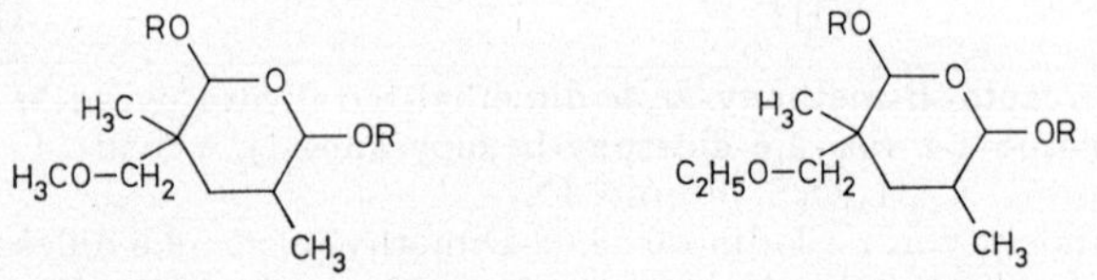

III   IV

*Opt.-inakt. **2,6-Diäthoxy-3-methoxymethyl-3,5-dimethyl-tetrahydro-pyran** $C_{13}H_{26}O_4$,
Formel III (R = C$_2$H$_5$).
B. Beim Erwärmen von opt.-inakt. 2-Methoxymethyl-2,4-dimethyl-glutaraldehyd
(Kp$_{12}$: 110°; n$_D^{20}$: 1,4457) mit Chlorwasserstoff enthaltendem Äthanol und Benzol unter
Entfernen des entstehenden Wassers (*Hall*, Soc. **1954** 4303, 4305).
Kp$_{11}$: 116°. D$_4^{20}$: 0,9655. n$_D^{20}$: 1,4359.

*Opt.-inakt. **2,6-Diäthoxy-3-äthoxymethyl-3,5-dimethyl-tetrahydro-pyran** $C_{14}H_{28}O_4$,
Formel IV (R = C$_2$H$_5$).
B. Beim Erwärmen von opt.-inakt. 2-Äthoxymethyl-2,4-dimethyl-glutaraldehyd (Kp$_{11}$:
117–119°; n$_D^{20}$: 1,4424) mit Chlorwasserstoff enthaltendem Äthanol und Benzol unter
Entfernen des entstehenden Wassers (*Hall*, Soc. **1954** 4303, 4305).
Kp$_{10}$: 121°. D$_4^{20}$: 0,9509. n$_D^{20}$: 1,4345.

*Opt.-inakt. **2,6-Diisopropoxy-3-methoxymethyl-3,5-dimethyl-tetrahydro-pyran** $C_{15}H_{30}O_4$, Formel III (R = $CH(CH_3)_2$).

B. Beim Erwärmen von opt.-inakt. 2-Methoxymethyl-2,4-dimethyl-glutaraldehyd (Kp_{12}: 110°; n_D^{20}: 1,4457) mit Schwefelsäure enthaltendem Isopropylalkohol (*Hall*, Soc. **1954** 4303, 4305).

$Kp_{11,5}$: 122–124°; n_D^{20}: 1,433–1,435.

*Opt.-inakt. **2,6-Dibutoxy-3-methoxymethyl-3,5-dimethyl-tetrahydro-pyran** $C_{17}H_{34}O_4$, Formel III (R = $[CH_2]_3\text{-}CH_3$).

B. Beim Behandeln von opt.-inakt. 2-Methoxymethyl-2,4-dimethyl-glutaraldehyd (Kp_{12}: 110°; n_D^{20}: 1,4457) mit Schwefelsäure enthaltendem Butan-1-ol (*Hall*, Soc. **1954** 4303, 4305).

Kp_9: 154°. n_D^{20}: 1,4412.

*Opt.-inakt. **2,6-Bis-[2-äthyl-hexyloxy]-3-methoxymethyl-3,5-dimethyl-tetrahydro-pyran** $C_{25}H_{50}O_4$, Formel III (R = $CH_2\text{-}CH(C_2H_5)\text{-}[CH_2]_3\text{-}CH_3$).

B. Beim Erhitzen von opt.-inakt. 2-Methoxymethyl-2,4-dimethyl-glutaraldehyd (Kp_{12}: 110°; n_D^{20}: 1,4457) mit (±)-2-Äthyl-hexan-1-ol in Gegenwart von Aluminiumsilicat auf 120° (*Hall*, Soc. **1954** 4303, 4305).

Kp_{15}: 214–215°. n_D^{20}: 1,4505.

Trihydroxy-Verbindungen $C_9H_{18}O_4$

*Opt.-inakt. **2,6-Diäthoxy-3-[1-äthoxy-butyl]-tetrahydro-pyran** $C_{15}H_{30}O_4$, Formel V.

B. Beim Behandeln von (±)-2-Äthoxy-3,4-dihydro-2*H*-pyran mit Butyraldehyd-diäthylacetal unter Zusatz des Borfluorid-Äther-Addukts (*Brannock*, J. org. Chem. **24** [1959] 1382).

Kp_1: ca. 93–95°. n_D^{20}: 1,4389.

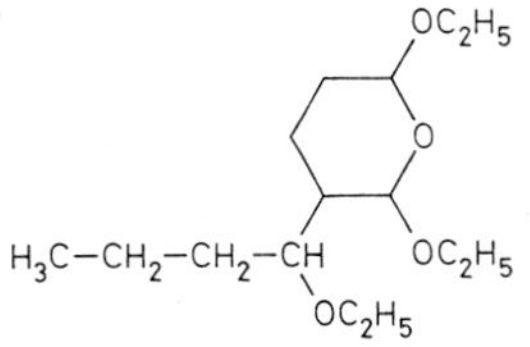

V 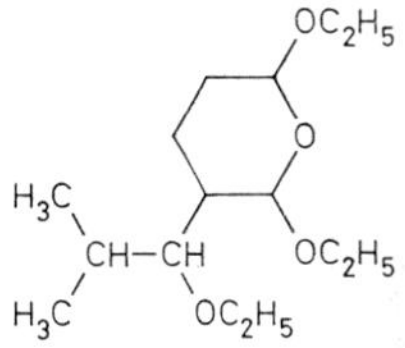   VI

*Opt.-inakt. **2,6-Diäthoxy-3-[α-äthoxy-isobutyl]-tetrahydro-pyran** $C_{15}H_{30}O_4$, Formel VI.

B. Beim Behandeln von (±)-2-Äthoxy-3,4-dihydro-2*H*-pyran mit Isobutyraldehyd-diäthylacetal unter Zusatz des Borfluorid-Äther-Addukts (*Brannock*, J. org. Chem. **24** [1959] 1382).

Kp_1: ca. 86–89°. n_D^{20}: 1,4400.

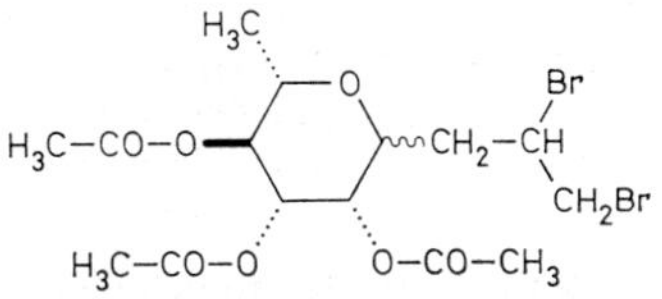

VII 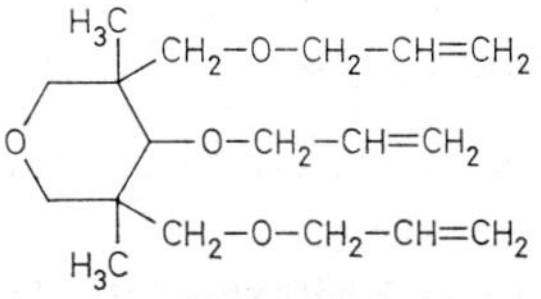   VIII

(3S)-3r,4c,5t-Triacetoxy-2ξ-[(Ξ)-2,3-dibrom-propyl]-6c-methyl-tetrahydro-pyran, **(2Ξ,4Ξ)-Tri-O-acetyl-1,2-dibrom-L-*manno*-4,8-anhydro-1,2,3,9-tetradesoxy-nonit,** (6Ξ)-Tri-O-acetyl-6-[(Ξ)-2,3-dibrom-propyl]-2,6-anhydro-1-desoxy-L-mannit $C_{15}H_{22}Br_2O_7$, Formel VII.

B. Beim Behandeln von (3S)-3r,4c,5t-Triacetoxy-2ξ-allyl-6c-methyl-tetrahydro-pyran (F: 59–60° [S. 2336]) mit Brom in Essigsäure (*Shdanow et al.*, Doklady Akad. S.S.S.R. **128** [1959] 1185; Pr. Acad. Sci. U.S.S.R. Chem. Sect. **124–129** [1959] 887).

Krystalle; F: 143–144°.

*Opt.-inakt. 4-Allyloxy-3,5-bis-allyloxymethyl-3,5-dimethyl-tetrahydro-pyran $C_{18}H_{30}O_4$, Formel VIII.

B. Beim Erwärmen von Pentan-3-on mit Paraformaldehyd und Calciumhydroxid in Wasser, Erwärmen des Reaktionsprodukts mit Allylbromid und wss. Natronlauge und Erwärmen des danach isolierten Reaktionsprodukts mit Natrium und Allylbromid (*Roach et al.*, Am. Soc. **69** [1947] 2651, 2654).

Kp$_5$: 156°; Kp$_1$: 128—130°. D^{25}: 0,9583. n$_D^{25}$: 1,4638.

Trihydroxy-Verbindungen $C_{10}H_{20}O_4$

(2R)-3c,6c-Bis-hydroxymethyl-2r,5t,6t-trimethyl-tetrahydro-pyran-3t-ol $C_{10}H_{20}O_4$, Formel IX (R = H).

B. Beim Behandeln von Isojaconecinsäure-dimethylester ((2R)-5t-Hydroxy-2,3t,6c-tri= methyl-tetrahydro-pyran-2r,5c-dicarbonsäure-dimethylester) mit Lithiumalanat in Äther (*Bradbury, Masamune*, Am. Soc. **81** [1959] 5201, 5206).

Öl; [α]$_D^{19}$: +58,6° [A.] [Rohprodukt].

Verhalten gegen Perjodsäure: *Br., Ma.*, l. c. S. 5206, 5207.

Charakterisierung als Bis-*O*-[toluol-4-sulfonyl]-Derivat $C_{24}H_{32}O_8S_2$ (Krystalle [aus Bzl. + Bzn.]; F: 116—117° [korr.]): *Br., Ma.*

(2R)-5t-Acetoxy-2r,5c-bis-acetoxymethyl-2,3t,6c-trimethyl-tetrahydro-pyran $C_{16}H_{26}O_7$, Formel IX (R = CO-CH$_3$).

B. Aus der im vorangehenden Artikel beschriebenen Verbindung [Rohprodukt] (*Bradbury, Masamune*, Am. Soc. **81** [1959] 5201, 5206).

Kp$_{0,6}$: 148°. n$_D^{20}$: 1,4590. [α]$_D^{21}$: +47,8° [A.; c = 2].

IX	X	XI

(2RS)-2r-[(RS)-1,2-Dihydroxy-äthyl]-5c-[α-hydroxy-isopropyl]-2-methyl-tetrahydro-furan, (RS)-1-[(2RS)-5c-(α-Hydroxy-isopropyl)-2-methyl-tetrahydro-[2r]furyl]-äthan-1,2-diol $C_{10}H_{20}O_4$, Formel X + Spiegelbild.

Diese Konstitution und Konfiguration kommt der früher (s. E II **17** 213) als 6,7-Epoxy-3,7-dimethyl-octan-1,2,3-triol (,,2.3-Oxido-2.6-dimethyl-octantriol-(6.7.8)") be-schriebenen Verbindung (F: 99°) zu (*Klein, Rohahn*, Tetrahedron **21** [1965] 2352, 2354). Dementsprechend ist das früher (s. E II 214) als 1-Acetoxy-6,7-epoxy-3,7-di= methyl-octan-2,3-diol beschriebene Mono-*O*-acetyl-Derivat ($C_{12}H_{22}O_5$; F: 106° bis 106,5°) als (2RS)-2r-[(RS)-2-Acetoxy-1-hydroxy-äthyl]-5c-[α-hydroxy-iso= propyl]-2-methyl-tetrahydro-furan zu formulieren (*Kl., Ro.*).

(2R)-5t-[(S)-1-Hydroxy-äthyl]-2r,5c-bis-hydroxymethyl-2,3t-dimethyl-tetrahydro-furan $C_{10}H_{20}O_4$, Formel XI (R = H).

B. Beim Behandeln von Jaconecinsäure-dimethylester ((2R)-5t-[(S)-1-Hydroxy-äthyl]-2,3t-dimethyl-tetrahydro-furan-2r,5c-dicarbonsäure-dimethylester) mit Lithiumalanat in Äther (*Bradbury, Willis*, Austral. J. Chem. **9** [1956] 258, 270; *Bradbury, Masamune*, Am. Soc. **81** [1959] 5201, 5207).

Öl; [α]$_D^{18}$: +25,4° [A.; c = 2] (*Br., Ma.*); [α]$_D^{20}$: +23,1° [A.(?)] (*Br., Wi.*). IR-Spektrum (2,5—13 μ): *Br., Wi.*, l. c. S. 273.

Charakterisierung als Tris-*O*-[4-nitro-benzoyl]-Derivat (F: 164° [korr.]): *Br., Wi.*, l. c. S. 271; als Bis-*O*-[toluol-4-sulfonyl]-Derivat $C_{24}H_{32}O_8S_2$ (Krystalle [aus Bzl. + Bzn.]; F: 109—110° [korr.]): *Br., Ma.*

(2R)-5t-[(S)-1-Acetoxy-äthyl]-2r,5c-bis-acetoxymethyl-2,3t-dimethyl-tetrahydro-furan $C_{16}H_{26}O_7$, Formel XI (R = CO-CH$_3$).

B. Beim Behandeln der im vorangehenden Artikel beschriebenen Verbindung mit Acetanhydrid (*Bradbury, Willis*, Austral. J. Chem. **9** [1956] 258, 271; *Bradbury, Masamune*, Am. Soc. **81** [1959] 5201, 5207).

Kp$_1$: 154—157°; n$_D^{25}$: 1,4553; [α]$_D^{25}$: +11,2° [A.; c = 3] (*Br., Wi.*). Kp$_{0,5}$: 151—152°; [α]$_D^{21}$: +12,2° [A.; c = 2] (*Br., Ma.*). IR-Spektrum (5,5—13 μ): *Br., Wi.*, l. c. S. 273.

(2R)-2r,3c-Dimethyl-5c-[(S)-1-(4-nitro-benzoyloxy)-äthyl]-2,5t-bis-[4-nitro-benzoyl-oxymethyl]-tetrahydro-furan $C_{31}H_{29}N_3O_{13}$, Formel XI (R = CO-C$_6$H$_4$-NO$_2$).

B. Beim Behandeln von (2R)-5t-[(S)-1-Hydroxy-äthyl]-2r,5c-bis-hydroxymethyl-2,3t-dimethyl-tetrahydro-furan mit 4-Nitro-benzoylchlorid und Pyridin (*Bradbury, Willis*, Austral. J. Chem. **9** [1956] 258, 271).

Krystalle (aus A.); F: 164° [korr.]. IR-Spektrum (Nujol; 5,5—13 μ): *Br., Wi.*, l. c. S. 273.

Trihydroxy-Verbindungen $C_{13}H_{26}O_4$

Opt.-inakt. **9-Tetrahydro[2]furyl-nonan-1,4,7-triol** $C_{13}H_{26}O_4$, Formel XII (R = H).

B. Neben 1,5-Bis-tetrahydro[2]furyl-pentan-3-ol und geringen Mengen Tridecan-1,4,7,10,13-pentaol (Stereoisomeren-Gemisch) bei der Hydrierung von 1,5-Di-[2]furyl-penta-1t,4t-dien-3-on an Kupferoxid-Chromoxid in Äthanol bei 220° und Hydrierung des Reaktionsprodukts an Nickel/Kieselgur in Wasser bei 200°/200 at (*Russell et al.*, Am. Soc. **74** [1952] 4543, 4546) sowie bei der Hydrierung von 1,5-Di-[2]furyl-pentan-3-on oder von 1,5-Di-[2]furyl-pentan-3-ol an Nickel/Kieselgur in Wasser bei 200°/200 at, jeweils in Gegenwart von Ameisensäure (*Ru. et al.*, Am. Soc. **74** 4544, 4545; s. a. *Alexander, Schniepp*, U.S.P. 2657220 [1951], 2676972 [1953]).

E: −16,1°; Kp$_{0,03}$: 189°; D$_4^{20}$: 1,081; n$_D^{25}$: 1,4908; Viscosität bei 37,8°: 27,06 cm$^2 \cdot$s^{-1}; bei 98,9°: 0,6185 cm$^2 \cdot$s^{-1} [Präparat aus 1,5-Di-[2]furyl-penta-1t,4t-dien-3-on] (*Ru. et al.*, Am. Soc. **74** 4545). Kp$_{0,15}$: 194°; D$_4^{25}$: 1,076; n$_D^{23}$: 1,4913 [Präparat aus 1,5-Di-[2]furyl-pentan-3-ol] (*Al., Sch.*).

Beim Erwärmen mit Alkansäuren, wenig Toluol-4-sulfonsäure und Benzol unter Entfernen des entstehenden Wassers sind Tri-O-acyl-Derivate erhalten, bei Anwendung von *trans*-Crotonsäure ist ein **Di-O-*trans*-crotonoyl-Derivat** $C_{21}H_{34}O_6$ (Kp$_{0,005}$: 175°; D$_4^{20}$: 1,065; n$_D^{25}$: 1,4880), bei Anwendung von Benzoesäure ist **3-Benzoyloxy-1,5-bis-tetrahydro[2]furyl-pentan** (Kp$_{0,005}$: 169°; n$_D^{25}$: 1,5115) erhalten worden (*Russell et al.*, Am. Soc. **75** [1953] 726, 727).

Opt.-inakt. **3,6,9-Triacetoxy-1-tetrahydro[2]furyl-nonan** $C_{19}H_{32}O_7$, Formel XII (R = CO-CH$_3$).

B. Beim Erwärmen von opt.-inakt. 9-Tetrahydro[2]furyl-nonan-1,4,7-triol (s. o.) mit Essigsäure, wenig Toluol-4-sulfonsäure und Benzol unter Entfernen des entstehenden Wassers (*Russell et al.*, Am. Soc. **75** [1953] 726).

Kp$_{0,02}$: 157°. D$_4^{20}$: 1,068. n$_D^{25}$: 1,4568.

Opt.-inakt. **3,6,9-Tris-propionyloxy-1-tetrahydro[2]furyl-nonan** $C_{22}H_{38}O_7$, Formel XII (R = CO-CH$_2$-CH$_3$).

B. Aus opt.-inakt. 9-Tetrahydro[2]furyl-nonan-1,4,7-triol (s. o.) und Propionsäure analog dem Triacetyl-Derivat [s. o.] (*Russell et al.*, Am. Soc. **75** [1953] 726, 727).

F: −41° (*Russell et al.*, U.S.P. 2837537 [1957]). Kp$_{0,04}$: 175°; D$_4^{20}$: 1,040; n$_D^{25}$: 1,4566 (*Ru. et al.*, Am. Soc. **75** 727). Viscosität bei 37,8°: 0,3145 cm$^2 \cdot$s^{-1}; bei 98,9°: 0,0466 cm$^2 \cdot$s^{-1} (*Ru. et al.*, U.S.P. 2837537).

XII   XIII

*Opt.-inakt. 3,6,9-Tris-butyryloxy-1-tetrahydro[2]furyl-nonan $C_{25}H_{44}O_7$, Formel XII ($R = CO-CH_2-CH_2-CH_3$).

B. Aus opt.-inakt. 9-Tetrahydro[2]furyl-nonan-1,4,7-triol (S. 2327) und Buttersäure analog dem Triacetyl-Derivat (S. 2327) (*Russell et al.*, Am. Soc. **75** [1953] 726, 727).

F: $-51,7°$ (*Russell et al.*, U.S.P. 2837537). $Kp_{0,004}$: 150°; D_4^{20}: 1,008; n_D^{25}: 1,4558 (*Ru. et al.*, Am. Soc. **75** 727). Viscosität bei 37,8°: 0,2660 $cm^2 \cdot s^{-1}$; bei 98,9°: 0,0471 $cm^2 \cdot s^{-1}$ (*Ru. et al.*, U.S.P. 2837537).

*Opt.-inakt. 3,6,9-Tris-hexanoyloxy-1-tetrahydro[2]furyl-nonan $C_{31}H_{56}O_7$, Formel XII ($R = CO-[CH_2]_4-CH_3$).

B. Aus opt.-inakt. 9-Tetrahydro[2]furyl-nonan-1,4,7-triol (S. 2327) und Hexansäure analog dem Triacetyl-Derivat (S. 2327) (*Russell et al.*, Am. Soc. **75** [1953] 726, 727).

F: $-54°$ (*Russell et al.*, U.S.P. 2837537). $Kp_{0,005}$: 180°; D_4^{20}: 0,983; n_D^{25}: 1,4573 (*Ru. et al.*, Am. Soc. **75** 727). Viscosität bei 37,8°: 0,3179 $cm^2 \cdot s^{-1}$; bei 98,9°: 0,0554 $cm^2 \cdot s^{-1}$ (*Ru. et al.*, U.S.P. 2837537).

*Opt.-inakt. 3,6,9-Tris-octanoyloxy-1-tetrahydro[2]furyl-nonan $C_{37}H_{68}O_7$, Formel XII ($R = CO-[CH_2]_6-CH_3$).

B. Aus opt.-inakt. 9-Tetrahydro[2]furyl-nonan-1,4,7-triol (S. 2327) und Octansäure analog dem Triacetyl-Derivat (S. 2327) (*Russell et al.*, Am. Soc. **75** [1953] 726, 727).

F: $-50°$ (*Russell et al.*, U.S.P. 2837537). $Kp_{0,002}$: 200°; D_4^{20}: 0,954; n_D^{25}: 1,4596 (*Ru. et al.*, Am. Soc. **75** 727). Viscosität bei 37,8°: 0,4091 $cm^2 \cdot s^{-1}$; bei 98,9°: 0,0685 $cm^2 \cdot s^{-1}$ (*Ru. et al.*, U.S.P. 2837537).

*Opt.-inakt. 3,6,9-Tris-nonanoyloxy-1-tetrahydro[2]furyl-nonan $C_{40}H_{74}O_7$, Formel XII ($R = CO-[CH_2]_7-CH_3$).

B. Aus opt.-inakt. 9-Tetrahydro[2]furyl-nonan-1,4,7-triol (S. 2327) und Nonansäure analog dem Triacetyl-Derivat (S. 2327) (*Russell et al.*, Am. Soc. **75** [1953] 726, 727).

$Kp_{0,005}$: 210°. D_4^{20}: 0,950. n_D^{25}: 1,4606.

*Opt.-inakt. 3,6,9-Tris-decanoyloxy-1-tetrahydro[2]furyl-nonan $C_{43}H_{80}O_7$, Formel XII ($R = CO-[CH_2]_8-CH_3$).

B. Aus opt.-inakt. 9-Tetrahydro[2]furyl-nonan-1,4,7-triol (S. 2327) und Decansäure analog dem Triacetyl-Derivat (S. 2327) (*Russell et al.*, Am. Soc. **75** [1953] 726, 727).

$K_{0,002}$: 200°. D_4^{20}: 0,947. n_D^{25}: 1,4607.

Trihydroxy-Verbindungen $C_{18}H_{36}O_4$

7,8-Epoxy-octadecan-1,9,10-triol $C_{18}H_{36}O_4$, Formel XIII.

Diese Konstitution wird der nachstehend beschriebenen opt.-inakt. Verbindung zugeordnet.

B. Beim Erwärmen von Octadeca-7ξ,9c-dien-1-ol ($Kp_{0,02}$: 140—141°) mit wss. Wasserstoffperoxid und Essigsäure und Erhitzen des bei 25°/15 Torr von Wasser befreiten Reaktionsgemisches auf 100° (*Fujise, Sasaki*, J. chem. Soc. Japan Pure Chem. Sect. **74** [1953] 579; C. A. **1954** 11294).

Krystalle (aus Acn.); F: 114,5—115,5°.

Trihydroxy-Verbindungen $C_nH_{2n-2}O_4$

Trihydroxy-Verbindungen $C_5H_8O_4$

(3R)-3r,4t,5-Triacetoxy-3,4-dihydro-2H-pyran, Tri-O-acetyl-1,5-anhydro-D$_g$-*threo*-pent-1-enit, 2-Acetoxy-di-O-acetyl-D-xylal $C_{11}H_{14}O_7$, Formel I ($R = CO-CH_3$).

B. Bei mehrtägigem Behandeln von Tri-O-acetyl-α-D-xylopyranosylbromid mit Diäthylamin in Benzol (*Fletcher, Hudson*, Am. Soc. **69** [1947] 921, 922).

Krystalle; F: 81—82°. $[\alpha]_D^{20}$: $-276°$ [CHCl$_3$; c = 3]; $[\alpha]_D^{20}$: $-259°$ [Eg.; c = 3].

Bei der Hydrierung an Palladium in Essigsäure ist Tri-O-acetyl-1,5-anhydro-xylit erhalten worden.

3,4,5-Tris-benzoyloxy-3,4-dihydro-2H-pyran $C_{26}H_{20}O_7$.

a) **(3R)-3r,4t,5-Tris-benzoyloxy-3,4-dihydro-2H-pyran, Tri-O-benzoyl-1,5-anhydro-D$_g$-threo-pent-1-enit,** Di-O-benzoyl-2-benzoyloxy-D-xylal $C_{26}H_{20}O_7$, Formel I (R = CO-C$_6$H$_5$).

B. Bei mehrtägigem Behandeln von Tri-O-benzoyl-α-D-xylopyranosylbromid mit Diäthylamin in Benzol (*Fletcher, Hudson,* Am. Soc. **69** [1947] 921, 923; s. a. *Major, Cook,* Am. Soc. **58** [1936] 2333).

Krystalle (aus A.); F: 129—130° (*Fl., Hu.*), 126—128° (*Ma., Cook*). [α]$_D^{20}$: —285° [CHCl$_3$; c = 0,8] (*Fl., Hu.*); [α]$_D^{20}$: —280° [CHCl$_3$; c = 0,5] (*Ma., Cook*); [α]$_D^{20}$: —301° [Eg.; c = 0,4] (*Fl., Hu.*).

b) **(3S)-3r,4t,5-Tris-benzoyloxy-3,4-dihydro-2H-pyran, Tri-O-benzoyl-1,5-anhydro-L$_g$-threo-pent-1-enit,** Di-O-benzoyl-2-benzoyloxy-L-xylal $C_{26}H_{20}O_7$, Formel II.

B. Beim Behandeln von Tri-O-benzoyl-α-L-xylopyranosylbromid mit Diäthylamin in Benzol (*Major, Cook,* Am. Soc. **58** [1936] 2333).

F: 126—128°. [α]$_D^{20}$: +280° [CHCl$_3$; c = 2].

---

*Opt.-inakt. **2-Hydroxymethyl-2,5-dimethoxy-2,5-dihydro-furan, 2,5-Dimethoxy-2,5-dihydro-furfurylalkohol** $C_7H_{12}O_4$, Formel III (R = CH$_3$).

Diese Konstitution kommt auch einer von *Meinel* (A. **516** [1935] 231, 240, 241) ursprünglich als **4,5-Dimethoxy-4,5-dihydro-furfurylalkohol** angesehenen Verbindung zu (*Clauson-Kaas, Limborg,* Acta chem. scand. **1** [1947] 619, 620, 621).

B. Bei der Elektrolyse eines Gemisches von Furfurylalkohol, Methanol und Ammoniumbromid unter Verwendung einer Nickel-Kathode und einer Graphit-Anode bei —20° (*Clauson-Kaas et al.,* Acta chem. scand. **6** [1952] 545, 546). Beim Behandeln von Furfurylalkohol mit Brom und Methanol unter Zusatz von Calciumcarbonat (*Me.,* l. c. S. 241).

Kp$_{10-12}$: 109—110°; n$_D^{25}$: 1,4568 (*Cl.-Kaas et al.,* l. c. S. 547). Kp$_{0,4}$: 86—87°; D$_4^{20}$: 1,1643; n$_D^{20}$: 1,4600 (*Me.*).

---

*Opt.-inakt. **2,5-Dimethoxy-2-methoxymethyl-2,5-dihydro-furan** $C_8H_{14}O_4$, Formel IV (R = CH$_3$).

B. Bei der Elektrolyse eines Gemisches von 2-Methoxymethyl-furan, Methanol und Ammoniumbromid unter Verwendung einer Nickel-Kathode und einer Graphit-Anode bei —20° (*Clauson-Kaas,* Acta chem. scand. **6** [1952] 556, 557). Beim Behandeln von 2-Methoxymethyl-furan mit Brom und Methanol in Gegenwart von Kaliumacetat unterhalb —7° (*Lewis,* Soc. **1956** 1083).

Kp$_{15}$: 92°; n$_D^{17}$: 1,4430 (*Le.*). Kp$_{10}$: 84—85°; n$_D^{25}$: 1,4384 (*Cl.-Kaas*).

I   II   III   IV

---

*Opt.-inakt. **2,5-Diäthoxy-2-hydroxymethyl-2,5-dihydro-furan, 2,5-Diäthoxy-2,5-dihydro-furfurylalkohol** $C_9H_{16}O_4$, Formel III (R = C$_2$H$_5$).

B. Beim Behandeln von Furfurylalkohol mit Brom und Äthanol bei —50° (*Fakstorp et al.,* Am. Soc. **72** [1950] 869, 870, 872).

Kp$_3$: 105°. n$_D^{26}$: 1,4519.

*Opt.-inakt. **2-Acetoxymethyl-2,5-dimethoxy-2,5-dihydro-furan** $C_9H_{14}O_5$, Formel IV (R = CO-CH$_3$).

B. Bei der Elektrolyse eines Gemisches von Furfurylacetat, Methanol und Ammoniumbromid unter Verwendung einer Nickel-Kathode und einer Graphit-Anode bei —20°, Behandlung der Reaktionslösung mit methanol. Natriummethylat und Behandlung des danach isolierten Reaktionsprodukts mit Acetanhydrid und Pyridin (*Clauson-Kaas et al.,*

Acta chem. scand. **6** [1952] 545, 547, 548). Beim Behandeln von Furfurylacetat mit Brom und Methanol in Gegenwart von Kaliumacetat bei $-7°$ (*Clauson-Kaas, Limborg*, Acta chem. scand. **1** [1947] 619, 622).

Kp_{20}: 131°; Kp_9: 112° (*Cl.-K., Li.*, l. c. S. 620, 622). Kp_{12}: 119°; n_D^{25}: 1,4433 (*Cl.-K. et al.*).

Trihydroxy-Verbindungen $C_6H_{10}O_4$

(*2R*)-*2r*-Hydroxymethyl-6ξ-methoxy-3,6-dihydro-2*H*-pyran-3*t*-ol, Methyl-[2,3-didesoxy-ξ-D-*erythro*-hex-2-enopyranosid], O^1-Methyl-ξ-D-pseudoglucal $C_7H_{12}O_4$, Formel V (R = H).

B. Beim Behandeln von Methyl-[di-*O*-acetyl-2,3-didesoxy-ξ-D-*erythro*-hex-2-eno-pyranosid] (Gemisch der Anomeren [s. u.]) mit Bariumhydroxid und Wasser (*Bergmann, Freudenberg*, B. **64** [1931] 158, 160; s. a. *Bergmann*, A. **434** [1923] 79, 101, 102).

$Kp_{:0,5}$: 118−120°; n_D^{21}: 1,4915; $[\alpha]_D^{18}$: +102,3° [W.; p = 6] (*Be., Fr.*).

(*2R*)-6*t*-Äthoxy-2*r*-hydroxymethyl-3,6-dihydro-2*H*-pyran-3*t*-ol, Äthyl-[2,3-didesoxy-α-D-*erythro*-hex-2-enopyranosid], O^1-Äthyl-α-D-pseudoglucal $C_8H_{14}O_4$, Formel VI (R = H).

B. Beim Behandeln von Äthyl-[di-*O*-acetyl-2,3-didesoxy-α-D-*erythro*-hex-2-enopyrano-sid] mit Bariumhydroxid und Wasser (*Bergmann*, A. **443** [1925] 223, 235; *Laland et al.*, Soc. **1950** 738, 741).

Krystalle; F: 100−101° [aus E. + PAe.] (*Be.*), 96−97° [nach Sublimation bei 70°/15 Torr] (*La. et al.*). $[\alpha]_D^{20}$: +100,3° [A.; p = 10] (*Be.*); $[\alpha]_D^{20}$: +99,5° [A.; c = 0,5] (*La. et al.*); $[\alpha]_D^{20}$: +71,3° [W.; p = 5] (*Be.*).

Charakterisierung als Bis-*O*-[4-nitro-benzoyl]-Derivat (F: 129−130°; $[\alpha]_D^{19}$: +109,5° [Bzl.]): *La. et al.*

(*2R*)-3*t*-Acetoxy-2*r*-acetoxymethyl-6ξ-methoxy-3,6-dihydro-2*H*-pyran, Methyl-[di-*O*-acetyl-2,3-didesoxy-ξ-D-*erythro*-hex-2-enopyranosid], O^4,O^6-Diacetyl-O^1-methyl-ξ-D-pseudoglucal $C_{11}H_{16}O_6$, Formel V (R = CO-CH$_3$).

In dem nachstehend beschriebenen Präparat hat ein Gemisch der Anomeren vorgelegen (*Ferrier*, Soc. **1964** 5443, 5444).

B. Bei mehrtägigem Behandeln von O^4,O^6-Diacetyl-D-pseudoglucal (O^4,O^6-Diacetyl-2,3-didesoxy-D-*erythro*-hex-2-enose) mit Orthoameisensäure-trimethylester (*Bergmann, Freudenberg*, B. **64** [1931] 158, 160).

$Kp_{0,3}$: 119°; n_D^{20}: 1,4579; $[\alpha]_D^{21}$: +143,0° [Bzl.; p = 16] (*Be., Fr.*).

V   VI   VII

3-Acetoxy-2-acetoxymethyl-6-äthoxy-3,6-dihydro-2*H*-pyran $C_{12}H_{18}O_6$.

a) (*2R*)-3*t*-Acetoxy-2*r*-acetoxymethyl-6*t*-äthoxy-3,6-dihydro-2*H*-pyran, Äthyl-[di-*O*-acetyl-2,3-didesoxy-α-D-*erythro*-hex-2-enopyranosid], O^4,O^6-Diacetyl-O^1-äthyl-α-D-pseudoglucal, Formel VI (R = CO-CH$_3$).

B. Neben Äthyl-[di-*O*-acetyl-2,3-didesoxy-β-D-*erythro*-hex-2-enopyranosid] (nicht charakterisiert) beim Erwärmen von O^4,O^6-Diacetyl-D-pseudoglucal (O^4,O^6-Diacetyl-2,3-di-desoxy-D-*erythro*-hex-2-enose) mit Orthoameisensäure-triäthylester und wenig Ammoni-umchlorid in Äthanol (*Bergmann*, A. **443** [1925] 223, 233, 234; *Laland et al.*, Soc. **1950** 738, 741).

Krystalle; F: 81−82° [aus A. + W.] (*Be.*), 78−79° [aus A.] (*La. et al.*). $[\alpha]_D^{17}$: +106,7° [Bzl.; c = 2] (*La. et al.*); $[\alpha]_D^{20}$: +102,7° [Bzl.; p = 9] (*Be.*).

b) (*2R*)-3*c*-Acetoxy-2*r*-acetoxymethyl-6ξ-äthoxy-3,6-dihydro-2*H*-pyran, Äthyl-[di-*O*-acetyl-2,3-didesoxy-ξ-D$_g$-*threo*-hex-2-enopyranosid], O^4,O^6-Diacetyl-O^1-äthyl-ξ-D-pseudogalactal, Formel VII.

Diese Konstitution und Konfiguration ist wahrscheinlich der nachstehend beschriebenen Verbindung auf Grund ihrer Bildungsweise zuzuordnen (vgl. das analog hergestellte, unter a) beschriebene Stereoisomere).

B.   Aus O^4,O^6-Diacetyl-D-pseudogalactal   (O^4,O^6-Diacetyl-2,3-didesoxy-D$_g$-*threo*-hex-2-enose; $Kp_{0,04}$: 163—165°; $[\alpha]_D^{20}$: —26,9° [$CHCl_3$?]) mit Hilfe von Orthoameisensäuretriäthylester (*Lohaus, Widmaier*, A. **520** [1935] 301, 303). $Kp_{0,05}$: 136—138°. $[\alpha]_D^{20}$: —39,7° [$CHCl_3$(?)].

(2R)-3t,6ξ-Diacetoxy-2r-acetoxymethyl-3,6-dihydro-2H-pyran, Tri-O-acetyl-2,3-didesoxy-ξ-D-*erythro*-hex-2-enopyranose, Tri-O-acetyl-ξ-D-pseudoglucal $C_{12}H_{16}O_7$, Formel VIII.

B. Beim Erwärmen von O^4,O^6-Diacetyl-D-pseudoglucal (O^4,O^6-Diacetyl-2,3-didesoxy-D-*erythro*-hex-2-enose) mit Acetanhydrid und Natriumacetat (*Bergmann*, A. **434** [1923] 79, 99, 100; *Overend et al.*, Soc. **1949** 1358, 1362).

Öl; bei 150—165°/0,2—0,3 Torr destillierbar (*Be.*). $Kp_{0,01}$: 115—125°; n_D^{19}: 1,4839; $[\alpha]_D^{18,5}$: +66,8° [$CHCl_3$; c = 1] (*Ov. et al.*).

Bei der Hydrierung an Palladium/Kohle in Äther ist Tri-O-acetyl-ξ-D-*erythro*-2,3-didesoxy-hexopyranose [S. 2317] (*Ov. et al.*), bei der Hydrierung an Palladium in Essigsäure sind Di-O-acetyl-D-*erythro*-1,5-anhydro-2,3-didesoxy-hexit und geringe Mengen Tri-O-acetyl-ξ-D-*erythro*-2,3-didesoxy-hexopyranose (*Bergmann, Breuers*, A. **470** [1929] 51, 54, 55) erhalten worden. Bildung von 6-Methoxy-4-oxo-hexansäure-methylester beim Erwärmen mit Chlorwasserstoff enthaltendem Methanol: *Bergmann, Machemer*, B. **66** [1933] 1063.

(2R)-6t-Äthoxy-3t-[4-nitro-benzoyloxy]-2r-[4-nitro-benzoyloxymethyl]-3,6-dihydro-2H-pyran, Äthyl-[bis-O-(4-nitro-benzoyl)-2,3-didesoxy-α-D-*erythro*-hex-2-enopyranosid], O^1-Äthyl-O^4,O^6-bis-[4-nitro-benzoyl]-α-D-pseudoglucal $C_{22}H_{20}N_2O_{10}$, Formel VI (R = CO-C_6H_4-NO_2).

B. Beim Behandeln von Äthyl-[2,3-didesoxy-α-D-*erythro*-hex-2-enopyranosid] (S. 2330) mit 4-Nitro-benzoylchlorid und Pyridin (*Laland et al.*, Soc. **1950** 738, 741).

Krystalle (aus A.); F: 129—130°. $[\alpha]_D^{19}$: +109,5° [Bzl.; c = 1].

(2R)-6t-Äthoxy-3t-methansulfonyloxy-2r-methansulfonyloxymethyl-3,6-dihydro-2H-pyran, Äthyl-[bis-O-methansulfonyl-2,3-didesoxy-α-D-*erythro*-hex-2-enopyranosid], O^1-Äthyl-O^4,O^6-bis-methansulfonyl-α-D-pseudoglucal $C_{10}H_{18}O_8S_2$, Formel VI (R = SO_2-CH_3).

B. Beim Behandeln von Äthyl-[2,3-didesoxy-α-D-*erythrc*-hex-2-enopyranosid] (S. 2330) mit Methansulfonylchlorid und Pyridin (*Laland et al.*, Soc. **1950** 738, 741).

Krystalle (aus wss. A.); F: 71—72°. $[\alpha]_D^{20}$: +87,7° [Acn.; c = 2].

Bei mehrtägiger Behandlung mit Natriumjodid (1 Mol) in Aceton unter Lichtausschluss und Hydrierung des Reaktionsprodukts an Raney-Nickel in Methanol in Gegenwart von Diäthylamin ist (2S)-*trans*-2-Äthoxy-6-methansulfonyloxymethyl-tetrahydropyran erhalten worden (*La. et al.*, l. c. S. 742).

(2R)-6t-Äthoxy-3t-[toluol-4-sulfonyloxy]-2r-[toluol-4-sulfonyloxymethyl]-3,6-dihydro-2H-pyran, Äthyl-[bis-O-(toluol-4-sulfonyl)-2,3-didesoxy-α-D-*erythro*-hex-2-enopyranosid], O^1-Äthyl-O^4,O^6-bis-[toluol-4-sulfonyl]-α-D-pseudoglucal $C_{22}H_{26}O_8S_2$, Formel VI (R = SO_2-C_6H_4-CH_3).

B. Beim Behandeln von Äthyl-[2,3-didesoxy-α-D-*erythrc*-hex-2-enopyranosid] (S. 2330) mit Toluol-4-sulfonylchlorid und Pyridin (*Laland et al.*, Soc. **1950** 738, 741).

Krystalle (aus wss. A.); F: 119—120°. $[\alpha]_D^{15}$: +59° [Bzl.; c = 2].

Beim Behandeln mit Natriumjodid (1 Mol) in Aceton ist (2R)-6t-Äthoxy-3c-jod-2r-[toluol-4-sulfonyloxymethyl]-3,6-dihydro-2H-pyran (S. 2037) erhalten worden (*La. et al.*, l. c. S. 742).

(2S)-3t,4c,5-Triacetoxy-2r-methyl-3,4-dihydro-2H-pyran, Tri-O-acetyl-1,5-anhydro-6-desoxy-L-*arabino*-hex-1-enit, 2-Acetoxy-di-O-acetyl-L-rhamnal $C_{12}H_{16}O_7$, Formel IX.

B. Neben 5,7-Diacetoxy-2-[3,4-diacetoxy-phenyl]-3-hydroxy-chromen-4-on und anderen Verbindungen beim Erhitzen von Hepta-O-acetyl-quercitrin (aus Quercitrin [H **31**

75] hergestellt) unter 0,001—0,005 Torr bis auf 270° (*Jerzmanowska, Klosówna*, Roczniki Chem. **18** [1938] 234, 240, 241; C. **1939** II 2655).

Krystalle (aus wss. A.); F: 74°. $[\alpha]_D^{20}$: +65° [CHCl$_3$; c = 2].

VIII   IX   X   XI

2-Hydroxymethyl-3,4-dihydro-2H-pyran-3,4-diol $C_6H_{10}O_4$.

a) **(2R)-2r-Hydroxymethyl-3,4-dihydro-2H-pyran-3t,4c-diol, 1,5-Anhydro-2-desoxy-D-arabino-hex-1-enit, D-Glucal** $C_6H_{10}O_4$, Formel X (R = H) (H **31** 116; E I **17** 111; E II **17** 214).

B. Beim Behandeln von Tri-O-acetyl-D-glucal (S. 2333) mit Natriummethylat in Methanol (*Gehrke, Obst*, B. **64** [1931] 1724, 1729; *Overend et al.*, Soc. **1949** 2841, 2843; *Shafizadeh, Stacey*, Soc. **1952** 3608).

Krystalle (aus E.); F: 59—60° (*Ge., Obst*), 58—60° (*Ov. et al.*), 57—59° (*Sh., St.*). $[\alpha]_D^{19}$: —8,0° [W.; c = 2] (*Sh., St.*); $[\alpha]_D^{22}$: —7° [W.; c = 2] (*Ov. et al.*); $[\alpha]_D$: —7,4° [W.; c = 10] (*Ge., Obst*).

Bildung von D-Glucose und wenig D-Mannose beim Behandeln mit Wasserstoffperoxid und Osmium(VIII)-oxid in *tert*-Butylalkohol: *Hockett et al.*, Am. Soc. **63** [1941] 2051. Bildung von D-arabino-2-Desoxy-hexose („2-Desoxy-D-glucose") und wenig (R)-2-Hydr= oxymethyl-4H-pyran-3-on beim Behandeln mit wss. Schwefelsäure (vgl. E II **17** 214): *Matthews et al.*, Soc. **1955** 2511, 2513. Bei 1-stdg. Erwärmen mit Chlorwasserstoff ent= haltendem Methanol sind Methyl-[D-arabino-2-desoxy-hexopyranosid] (*Hughes et al.*, Soc. **1949** 2846, 2848), 1,5,6,6-Tetramethoxy-hexan-3-on, 6-Methoxy-4-oxo-hexansäure= methylester und 2-[1,2-Dimethoxy-äthyl]-furan (*Zwierzchowska-Nowakowska, Zamojski*, Roczniki Chem. **48** [1974] 1019, 1021, 1024), bei 18-stdg. Behandeln mit Chlorwasser= stoff enthaltendem Methanol ist hingegen eine von *Shafizadeh, Stacey* (l. c.) als 5-Meth= oxymethyl-furfurylalkohol angesehene, nach *Zwierzchowska-Nowakowska, Zamojski* (l. c. S. 1021) wahrscheinlich aber als 2-[2]Furyl-2-methoxy-äthanol zu formulierende Ver= bindung $C_7H_{10}O_3$ (Kp$_{0,3}$: 47°; n$_D^{17}$: 1,479; λ_{max}: 216 nm; 3,5-Dinitro-benzoyl-Derivat: F: 90°) als Hauptprodukt erhalten worden (*Sh., St.*).

b) **(2R)-2r-Hydroxymethyl-3,4-dihydro-2H-pyran-3c,4c-diol, 2,6-Anhydro-5-desoxy-D-arabino-hex-5-enit, D-Galactal** $C_6H_{10}O_4$, Formel XI (R = H).

B. Beim Behandeln von Tri-O-acetyl-D-galactal (S. 2334) mit Natriummethylat in Methanol (*Overend et al.*, Soc. **1950** 671, 675), mit Bariummethylat in Methanol (*Levene, Tipson*, J. biol. Chem. **93** [1931] 631, 637) oder mit Ammoniak in Methanol (*Kuhn, Baer*, B. **88** [1955] 1537, 1540).

Krystalle; F: 104° [aus E.] (*Ov. et al.*, Soc. **1950** 675), 103—106° [korr.; Kofler-App.] (*Tamm, Reichstein*, Helv. **35** [1952] 61, 64), 100° [aus E. bzw. aus E. + Me.] (*Le., Ti.; Kuhn, Baer*). $[\alpha]_D^{20}$: —21,3° [Me.; c = 1] (*Wood, Fletcher*, Am. Soc. **79** [1957] 3234, 3235 Anm. 18); $[\alpha]_D^{24}$: —14,4° [Me.; c = 1] (*Tamm, Re.*, Helv. **35** 64); $[\alpha]_D^{22}$: —6° [W.; c = 2] (*Kuhn, Baer*).

Bildung von D-Galactose beim Behandeln mit Wasserstoffperoxid und Osmium(VIII)- oxid in *tert*-Butylalkohol: *Hockett, Millman*, Am. Soc. **63** [1941] 2587. Beim Behandeln einer wss. Lösung mit Peroxybenzoesäure in Äthylacetat sind D-Talose und geringe Mengen D-Galactose (*Le., Ti.*, l. c. S. 637), beim Behandeln einer Benzoesäure enthal= tenden Lösung in Dioxan und Aceton mit Peroxybenzoesäure in Dichlormethan sind hingegen geringe Mengen O^1-Benzoyl-α-D-talopyranose (*Wood, Fl.*) erhalten worden. Bildung von D-lyxo-2-Desoxy-hexose und geringen Mengen (R)-2-Hydroxymethyl-4H- pyran-3-on beim Behandeln mit wss. Schwefelsäure: *Matthews et al.*, Soc. **1955** 2511, 2513; s. a. *Tamm, Reichstein*, Helv. **31** [1948] 1630, 1635, 1636; *Overend et al.*, Soc. **1951** 992. Reaktion mit Methanol in Gegenwart von Chlorwasserstoff (Bildung von Methyl- [α-D-lyxo-2-desoxy-hexopyranosid] als Hauptprodukt): *Ov. et al.*, Soc. **1950** 676. Relative

Geschwindigkeit der Reaktionen mit Methanol und mit Äthanol in Gegenwart von Chlorwasserstoff bei 20°: *Foster et al.*, Sol. **1951** 974, 979.

(2R)-2r-Hydroxymethyl-4c-methoxy-3,4-dihydro-2H-pyran-3t-ol, O^3-Methyl-1,5-anhydro-2-desoxy-D-*arabino*-hex-1-enit, O^3-Methyl-D-glucal $C_7H_{12}O_4$, Formel XII (R = H).

B. Beim Behandeln von O^4,O^6-Diacetyl-O^3-methyl-D-glucal (s. u.) mit Bariumhydr≈ oxid und Wasser (*Levene, Raymond,* J. biol. Chem. **88** [1930] 513, 515).

Krystalle (aus Ae.); F: 62—63°. $[\alpha]_D^{20}$: +14,0° [CHCl$_3$; c = 1].

Beim Behandeln einer wss. Lösung mit Peroxybenzoesäure in Chloroform ist O^3-Methyl-D-glucose erhalten worden.

3,4-Dimethoxy-2-methoxymethyl-3,4-dihydro-2H-pyran $C_9H_{16}O_4$.

a) **(2R)-3t,4c-Dimethoxy-2r-methoxymethyl-3,4-dihydro-2H-pyran, Tri-O-methyl-1,5-anhydro-2-desoxy-D-*arabino*-hex-1-enit,** Tri-O-methyl-D-glucal $C_9H_{16}O_4$, Formel X (R = CH$_3$).

B. Beim Behandeln von D-Glucal (S. 2332) mit Methyljodid und Silberoxid in Di≈ methylformamid (*Kuhn et al.*, B. **90** [1957] 203, 214, 215) oder mit Methyljodid und Silbercarbonat (*Danilow, Gachokidse,* Ž. obšč. Chim. **6** [1936] 704, 717; B. **69** [1936] 2130, 2139).

Kp$_{0,01}$: 48—52°; n$_D^{22}$: 1,4539 (*Kuhn et al.*). $[\alpha]_D^{16}$: +21,4° [W.; c = 0,04] (*Da., Ga.*); $[\alpha]_D^{22}$: +16° [W.; c = 0,5] (*Kuhn et al.*).

Beim Behandeln mit Monoperoxyphthalsäure in wasserhaltigem Äthylacetat ist O^3,O^4,O^6-Trimethyl-D-glucopyranose (Gemisch der Anomeren) erhalten worden (*Kuhn et al.*).

b) **(2R)-3c,4c-Dimethoxy-2r-methoxymethyl-3,4-dihydro-2H-pyran, Tri-O-methyl-2,6-anhydro-5-desoxy-D-*arabino*-hex-5-enit,** Tri-O-methyl-D-galactal, Formel XI (R = CH$_3$).

B. Beim Behandeln von D-Galactal (S. 2332) mit Methyljodid und Silberoxid in Di≈ methylformamid (*Kuhn, Baer,* B. **88** [1955] 1537, 1540) oder mit Methyljodid und Silbercarbonat (*Gachokidse,* Ž. obšč. Chim. **10** [1940] 497, 504, 505; C. A. **1940** 7857).

Kp$_{0,005}$: 65—75°; Kp$_{0,001}$: 55—60° (*Kuhn, Baer*). Brechungsindex n$_D$ bei Temperaturen von 19° (n$_D$: 1,4622) bis 23° (n$_D$: 1,4605): *Kuhn, Baer*. $[\alpha]_D^{20}$: −35,5° [CHCl$_3$; c = 2] (*Ga.*); $[\alpha]_D^{23}$: −36,8° [CHCl$_3$; c = 2] (*Kuhn, Baer*).

(2R)-3t-Acetoxy-2r-acetoxymethyl-4c-methoxy-3,4-dihydro-2H-pyran, O^4,O^6-Diacetyl-O^3-methyl-1,5-anhydro-2-desoxy-D-*arabino*-hex-1-enit, O^4,O^6-Diacetyl-O^3-methyl-D-glucal $C_{11}H_{16}O_6$, Formel XII (R = CO-CH$_3$).

B. Beim Behandeln von O^2,O^4,O^6-Triacetyl-O^3-methyl-α-D-glucopyranosylbromid mit Zink-Pulver und wss. Essigsäure (*Levene, Raymond,* J. biol. Chem. **88** [1930] 513, 514).

Kp$_{0,2-0,3}$: 125°. $[\alpha]_D^{20}$: −33,0° [CHCl$_3$; c = 2].

(2R)-4c-Acetoxy-2r-acetoxymethyl-3t-methoxy-3,4-dihydro-2H-pyran, O^3,O^6-Diacetyl-O^4-methyl-1,5-anhydro-2-desoxy-D-*arabino*-hex-1-enit, O^3,O^6-Diacetyl-O^4-methyl-D-glucal $C_{11}H_{16}O_6$, Formel XIII.

B. Beim Behandeln von O^1,O^2,O^3,O^6-Tetraacetyl-O^4-methyl-α-D-mannopyranose mit Bromwasserstoff enthaltender Essigsäure und Acetanhydrid und Behandeln der Reak≈ tionslösung mit verkupfertem Zink-Pulver und Natriumacetat enthaltender wss. Essig≈ säure bei −10° (*Wacek et al.*, M. **90** [1959] 555, 557). Beim Behandeln von O^2,O^3,O^6-Tri≈ acetyl-O^4-methyl-α-D-mannopyranosylbromid mit Zink-Pulver und wss. Essigsäure bei −20° (*Wacek et al.*, M. **88** [1957] 948, 954).

Krystalle (aus A.); F: 40,5° (*Wa. et al.*, M. **88** 954).

Wenig beständig (*Wa. et al.*, M. **88** 954).

3,4-Diacetoxy-2-acetoxymethyl-3,4-dihydro-2H-pyran $C_{12}H_{16}O_7$.

a) **(2R)-3t,4c-Diacetoxy-2r-acetoxymethyl-3,4-dihydro-2H-pyran, Tri-O-acetyl-1,5-anhydro-2-desoxy-D-*arabino*-hex-1-enit,** Tri-O-acetyl-D-glucal $C_{12}H_{16}O_7$, Formel X (R = CO-CH$_3$) (H 31 116; E I 17 111; E II 17 214).

B. Beim Behandeln einer Lösung von Tetra-O-acetyl-α-D-glucopyranosylbromid in

Essigsäure mit verkupfertem Zink-Pulver und Natriumacetat enthaltender wss. Essig=säure (*Cramer*, J. Franklin Inst. **253** [1952] 277, 278, 279; *Helferich et al.*, B. **87** [1954] 233, 234, 235; vgl. H **31** 116; E I **17** 111).

Krystalle (aus Ae. oder aus Me. + W.); F: 54—55° (*He. et al.*). Bei 125°/2 Torr destillierbar (*Cr.*). Verbrennungswärme bei konstantem Volumen: 1358,1 kcal·mol⁻¹ (*Tanaka*, Mem. Coll. Sci. Kyoto [A] **13** [1930] 239, 251). $[\alpha]_D^{20}$: —23,4° [CHCl$_3$; c = 16]; $[\alpha]_D^{20}$: —13,8° [A.; c = 6] (*Harris et al.*, Soc. **1936** 1403, 1407). Optisches Drehungsvermögen (260—670 nm) von Lösungen in Chloroform und in Äthanol bei 20°: *Ha. et al.* IR-Spektrum (Film; 2—15 µ): *Kuhn*, Anal. Chem. **22** [1950] 276, 277. UV-Spektrum (A.; 200—280 nm bzw. 230—360 nm): *Ha. et al.*; *Bednarczyk, Marchlewski*, Bl. Acad. polon. [A] **1937** 140, 152.

Beim Behandeln mit Peroxybenzoesäure in Chloroform sind O^3,O^4,O^6-Triacetyl-O^1-benzoyl-β-D-glucopyranose sowie geringe Mengen einer (isomeren) Verbindung $C_{19}H_{22}O_{10}$ (Krystalle [aus A.], F: 168°; vielleicht O^3,O^4,O^6-Triacetyl-O^1-benzoyl-α-D-mannopyranose) und einer als O^3,O^4,O^6-Triacetyl-1,5-anhydro-D-glucit angesehenen Verbindung (F: 122°; $[\alpha]_D^7$: +8,7° [CHCl$_3$]) erhalten worden (*Tanaka*, Bl. chem. Soc. Japan **5** [1930] 214, 218, 221; s. a. *Levene, Raymond*, J. biol. Chem. **88** [1930] 513, 516, 517). In einem von *Stanek, Schwarz* (Collect. **20** [1955] 42, 44) beim Erwärmen mit Silberbenzoat und Jod in Benzol erhaltenen, als O^3,O^4,O^6-Triacetyl-O^1-benzoyl-2-jod-2-desoxy-α-D-glucopyranose angesehenen Präparat (F: 129—130°; $[\alpha]_D^n$: +21,7° [CHCl$_3$]) hat ein Gemisch von O^3,O^4,O^6-Triacetyl-O^1-benzoyl-2-jod-2-desoxy-α-D-mannopyranose (Hauptbestandteil) und O^3,O^4,O^6-Triacetyl-O^1-benzoyl-2-jod-2-desoxy-β-D-glucopyranose vorgelegen (*Lemieux, Levine*, Canad. J. Chem. **40** [1962] 1926, 1929, 1930). Reaktion mit Chlor in Tetrachlormethan oder in Chloroform unter Bildung von Tri-O-acetyl-2-chlor-2-desoxy-α-D-glucopyranosylchlorid und Tri-O-acetyl-2-chlor-2-desoxy-β-D-man=nopyranosylchlorid (vgl. E II **17** 214): *Danilow, Gachokidse*, Ž. obšč. Chim. **6** [1936] 704, 712; B. **69** [1936] 2130, 2135; *Lefar, Weill*, J. org. Chem. **30** [1965] 954; *Igarashi et al.*, J. org. Chem. **35** [1970] 610, 614, 615. Reaktion mit Brom in Tetrachlormethan oder in Chloroform unter Bildung der beiden Tri-O-acetyl-2-brom-2-desoxy-D-glucopyranosyl=bromide und der beiden Tri-O-acetyl-2-brom-2-desoxy-D-mannopyranosylbromide (vgl. E II **17** 214): *Da., Ga.*; *Lemieux, Fraser-Reid*, Canad. J. Chem. **42** [1964] 532; *Naka-mura et al.*, Chem. pharm. Bl. **12** [1964] 1302. Die von *Fischer et al.* (E II **17** 214) beim Behandeln mit Bromwasserstoff in Essigsäure erhaltene, als d-Glucal-hydrobromid-diacetat bezeichnete Verbindung $C_{10}H_{15}BrO_6$ (F: 99—100°) ist wahrscheinlich als O^4,O^6-Diacetyl-3-brom-D-*arabino*-2,3-didesoxy-hexose zu formulieren (*Maki, Tejima*, Chem. pharm. Bl. **15** [1967] 1069; **16** [1968] 2242, 2245).

Bildung von 6-Methoxy-4-oxo-hexansäure-methylester und geringen Mengen einer Verbindung $C_8H_{12}O_3$ (Kp$_{1,5}$: 53°; n_D^{17}: 1,4610; $[\alpha]_D$: ca. 0°) beim Erwärmen mit Chlor=wasserstoff enthaltendem Methanol: *Bergmann, Machemer*, B. **66** [1933] 1063. Beim Behandeln mit Kohlenmonoxid, Wasserstoff, Orthoameisensäure-triäthylester und Benzol unter Zusatz von Kobalt(II)-acetat bei 110—150°/110 at ist von *Rosenthal et al.* (Sci. **123** [1956] 1177) eine vermutlich als Tri-O-acetyl-D-*manno*-2,6-anhydro-3-desoxy-heptose-diäthylacetal zu formulierende Verbindung (F: 76,5—78°; $[\alpha]_D^{24}$: +100° [A.]) erhalten worden.

XII   XIII   XIV   XV   XVI

b) **(2R)-3c,4c-Diacetoxy-2r-acetoxymethyl-3,4-dihydro-2H-pyran, Tri-O-acetyl-2,6-anhydro-5-desoxy-D-*arabino*-hex-5-enit**, Tri-O-acetyl-D-galactal $C_{12}H_{16}O_7$, Formel XI (R = CO-CH$_3$) auf S. 2332.

B. Beim Behandeln von Tetra-O-acetyl-α-D-galactopyranosylbromid mit Zink-Pulver und wss. Essigsäure (*Levene, Tipson*, J. biol. Chem. **93** [1931] 631, 633, 634; *Overend et al.*, Soc. **1950** 671, 674.

Krystalle [aus Ae. + PAe.] (*Le., Ti.*). F: 30° (*Le., Ti.*; *Tamm, Reichstein*, Helv. **31**
[1948] 1630, 1633), 28−30° (*Sticzay et al.*, Chem. Zvesti **24** [1970] 203, 204). $Kp_{0,01}$: 134°
(*Le., Ti.*). n_D^{18}: 1,4677 (*Ov. et al.*); n_D^{23}: 1,4660 (*Kuhn, Baer*, B. **88** [1955] 1537, 1540).
$[α]_D^{23}$: −15,0° [$CHCl_3$; c = 3] (*Kuhn, Baer*); $[α]_D^{23}$: −12,4° [$CHCl_3$; c = 2] (*Le., Ti.*);
$[α]_D^{24}$: −12,1° [$CHCl_3$; c = 1] (*St. et al.*); $[α]_D^{18}$: ca. 0° [A.] (*Ov. et al.*). Optisches Drehungsvermögen (195−450 nm) einer Lösung in Chloroform bei 24°: *St. et al.*

Beim Behandeln mit Peroxybenzoesäure in Chloroform ist O^3,O^4,O^6-Triacetyl-O^1-benzoyl-α-D-galactopyranose erhalten worden (*Le., Ti.*, l. c. S. 634, 635). In einem von *Rosenthal
et al.* (Canad. J. chem. **35** [1957] 788, 790, 791) beim Behandeln mit Kohlenmonoxid,
Wasserstoff, Octacarbonyl-dikobalt, Benzol und Orthoameisensäure-triäthylester bei
135°/210 at und Behandeln des Reaktionsprodukts mit Natriummethylat in Methanol
erhaltenen, ursprünglich als (5$Ξ$)-5-Hydroxymethyl-D-*arabino*-2,6-anhydro-5-desoxy-
hexit angesehenen Präparat ($C_7H_{14}O_5$; F: 158,5−159,5°; $[α]_D^{21}$: +37,6° [W.]) hat
wahrscheinlich ein Gemisch von D-*altro*-2,6-Anhydro-5-desoxy-heptit und D-*galacto*-
2,6-Anhydro-3-desoxy-heptit vorgelegen (vgl. *Rosenthal, Abson*, Canad. J. Chem. **43**
[1965] 1985, 1987, 1988).

(**2R**)-3*t*,4*c*-Diacetoxy-2*r*-benzoyloxymethyl-3,4-dihydro-2*H*-pyran, O^3,O^4-Diacetyl-
O^6-benzoyl-1,5-anhydro-2-desoxy-D-*arabino*-hex-1-enit, O^3,O^4-Diacetyl-O^6-benzoyl-
D-glucal $C_{17}H_{18}O_7$, Formel XIV (R = CO-C_6H_5).
B. Beim Behandeln von O^2,O^3,O^4-Triacetyl-O^6-benzoyl-α-D-glucopyranosylbromid oder
von O^3,O^4-Diacetyl-O^2,O^6-dibenzoyl-α-D-glucopyranosylbromid mit Zink-Pulver und wss.
Essigsäure (*Brigl, Grüner*, A. **495** [1932] 60, 75, 76, 81).
Krystalle (aus Me.); F: 92−93°. $[α]_D^{23}$: +37,7° [$CHCl_3$; c = 2].

(**2R**)-3*t*,4*c*-Diacetoxy-2*r*-phenylcarbamoylmethyl-3,4-dihydro-2*H*-pyran, O^3,O^4-Diacetyl-
O^6-phenylcarbamoyl-1,5-anhydro-2-desoxy-D-*arabino*-hex-1-enit, O^3,O^4-Diacetyl-
O^6-phenylcarbamoyl-D-glucal $C_{17}H_{19}NO_7$, Formel XIV (R = CO-NH-C_6H_5).
B. Beim Behandeln einer Lösung von O^2,O^3,O^4-Triacetyl-O^6-phenylcarbamoyl-α-D-glucopyranosylbromid in Essigsäure und Dioxan mit Wasser und Zink-Pulver (*Bredereck et al.*
B. **91** [1958] 2819, 2821).
Krystalle (aus A.); F: 104°. $[α]_D^{20}$: +33,6° [$CHCl_3$].

*****Opt.-inakt. 1-[2,5-Dimethoxy-2,5-dihydro-[2]furyl]-äthanol** $C_8H_{14}O_4$, Formel XV.
B. Bei der Elektrolyse eines Gemisches von (±)-1-[2]Furyl-äthanol, Methanol und
Ammoniumbromid unter Verwendung einer Nickel-Kathode und einer Graphit-Anode
bei −20° (*Nedenskov et al.*, Acta chem. scand. **9** [1955] 17, 20).
Kp_{10-11}: 107°. n_D^{25}: 1,4542.

(**2R**)-2*r*-Methoxy-5*t*-vinyl-tetrahydro-furan-3*t*,4*c*-diol, Methyl-[5,6-didesoxy-α-L-*arabino*-
hex-5-enofuranosid] $C_7H_{12}O_4$, Formel XVI (X = H).
B. Beim Behandeln einer Lösung der im folgenden Artikel beschriebenen Verbindung
in Äthanol mit Natrium-Amalgam und Wasser (*Ball et al.*, Canad. J. Chem. **37** [1959]
1018, 1019).
Krystalle; F: 60°. Bei 100°/12 Torr sublimierbar. $[α]_D^{23}$: −110° [$CHCl_3$(?)].

(**2R**)-2*r*-Methoxy-3*t*,4*c*-bis-[toluol-4-sulfonyloxy]-5*t*-vinyl-tetrahydro-furan, Methyl-
[bis-*O*-(toluol-4-sulfonyl)-5,6-didesoxy-α-L-*arabino*-hex-5-enofuranosid] $C_{21}H_{24}O_8S_2$,
Formel XVI (X = SO_2-C_6H_4-CH_3).
B. Beim Behandeln von Methyl-β-D-galactofuranosid mit Toluol-4-sulfonylchlorid und
Pyridin und Erwärmen des Reaktionsprodukts mit Natriumjodid in Aceton (*Ball et al.*,
Canad. J. Chem. **37** [1959] 1018, 1019).
Krystalle (aus Me.), F: 109−110°; $[α]_D^{20}$: −62° [$CHCl_3$; c = 0,5] (*Ball et al.*).
Bei mehrtägigem Behandeln mit Silbernitrat und Jod in Acetonitril unter Lichtausschluss ist eine Verbindung $C_{21}H_{24}INO_{11}S_2$ (Krystalle [aus $CHCl_3$ + Bzn.], F: 125−126°;
$[α]_D^{20}$: −49° [$CHCl_3$; c = 5]) erhalten worden (*Ball et al.*, l. c. S. 1020, 1021; s. a. *Szczerek
et al.*, Carbohydrate Res. **22** [1972] 163, 165, 169).

Trihydroxy-Verbindungen $C_9H_{16}O_4$

(3S)-3r,4c,5t-Triacetoxy-2ξ-allyl-6c-methyl-tetrahydro-pyran, (4$\varXi$)-Tri-O-acetyl-
L-manno-4,8-anhydro-1,2,3,9-tetradesoxy-non-1-enit (6$\varXi$)-Tri-O-acetyl-6-allyl-
2,6-anhydro-1-desoxy-L-mannit $C_{15}H_{22}O_7$, Formel XVII.

B. Beim Behandeln von Tri-O-acetyl-α-L-rhamnopyranosylchlorid (S. 2300) mit Allyl‑
magnesiumbromid in Äther und Behandeln des Reaktionsprodukts mit Acetanhydrid
und Pyridin (*Shdanow et al.*, Doklady Akad. S.S.S.R. **128** [1959] 1185; Pr. Acad. Sci.
U.S.S.R. Chem. Sect. **124—129** [1959] 887).

Krystalle; F: 59—60° [Rohprodukt].

Charakterisierung als Dibromid (F: 143—144° [S. 2325]): *Sh. et al.*

XVII   XVIII

Trihydroxy-Verbindungen $C_{14}H_{26}O_4$

(4aS)-3ξ-Pentyl-(4ar,8at)-hexahydro-isochroman-6c,7c,8ξ-triol $C_{14}H_{26}O_4$, Formel XVIII
(X = H).

Diese Konstitution und Konfiguration kommt wahrscheinlich der nachstehend be‑
schriebenen Verbindung zu (s. die Bemerkung im folgenden Artikel).

B. Bei der Hydrierung der im folgenden Artikel beschriebenen Verbindung an Pal‑
ladium/Kohle in mit wss. Natronlauge versetztem Äthanol (*Bowden*, Soc. **1959** 1662,
1668).

Wasserhaltige Krystalle (aus Bzl.); F: 112°. Das Wasser wird bei 80°/1 Torr abgegeben.

(4aR)-4ξ-Jod-3ξ-pentyl-(4ar,8at)-hexahydro-isochroman-6c,7c,8ξ-triol $C_{14}H_{25}IO_4$,
Formel XVIII (X = I).

Diese Konstitution und Konfiguration ist wahrscheinlich der nachstehend beschriebenen
Verbindung auf Grund ihrer genetischen Beziehung zu Palitantin (E III **8** 3344; wahr‑
scheinlich (2R)-3t-Hepta-1,3t-dien-t-yl-5c,6c-dihydroxy-2r-hydroxymethyl-cyclohexanon)
zuzuordnen (*Bowden et al.*, Soc. **1959** 1662, 1665).

B. Bei der Hydrierung von Jodpalitantol (s. u.) an Palladium/Kohle in Äthylacetat
(*Bo. et al.*, l. c. S. 1668).

Krystalle (aus wss. A.) mit 1 Mol H_2O; F: 126°.

Beim Erwärmen mit Zink-Pulver, Essigsäure und Äthanol ist eine wahrscheinlich als
(1R)-5t-Hept-1-en-t-yl-4c-hydroxymethyl-cyclohexan-1r,2c,3ξ-triol zu formulieren de Ver‑
bindung (F: 154—156°) erhalten worden (*Bo. et al.*, l. c. S. 1669).   [*Schomann*]

Trihydroxy-Verbindungen $C_nH_{2n-4}O_4$

Trihydroxy-Verbindungen $C_{14}H_{24}O_4$

(4aR)-4ξ-Jod-3ξ-pent-1-en-t-yl-(4ar,8at)-hexahydro-isochroman-6c,7c,8ξ-triol $C_{14}H_{23}IO_4$,
Formel I.

Diese Konstitution und Konfiguration ist wahrscheinlich dem nachstehend beschrie‑
benen **Jodpalitantol** auf Grund seiner genetischen Beziehung zu Palitantin (E III **8** 3344;
wahrscheinlich (2R)-3t-Hepta-1,3t-dien-t-yl-5c,6c-dihydroxy-2r-hydroxymethyl-cyclohex‑
anon) zuzuordnen (*Bowden et al.*, Soc. **1959** 1662, 1665).

B. Aus Palitantol (wahrscheinlich (1R)-5t-Hepta-1,3t-dien-t-yl-4c-hydroxymethyl-
cyclohexan-1r,2c,3ξ-triol) beim Behandeln mit Jod in wss. Äthanol (*Bo. et al.*).

Krystalle (aus wss. A.) mit 1 Mol H_2O; F: 145° [Zers.]. UV-Absorptionsmaximum
(A.): 260 nm. $[\alpha]_D^{18}$: —101° [CHCl$_3$].

Beim Behandeln mit Zink-Pulver, Essigsäure und Äthanol ist Palitantol zurückerhalten
worden.

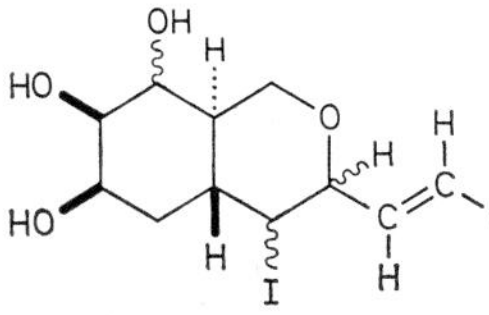

I 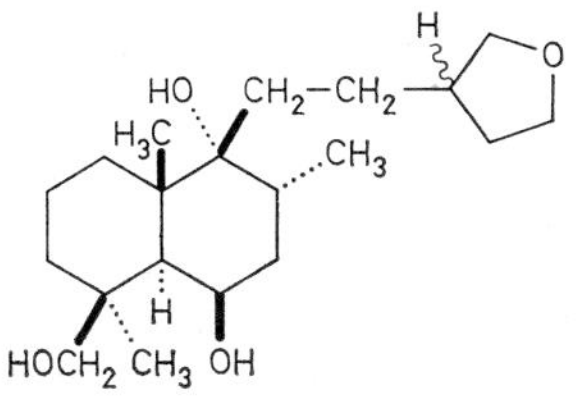   II 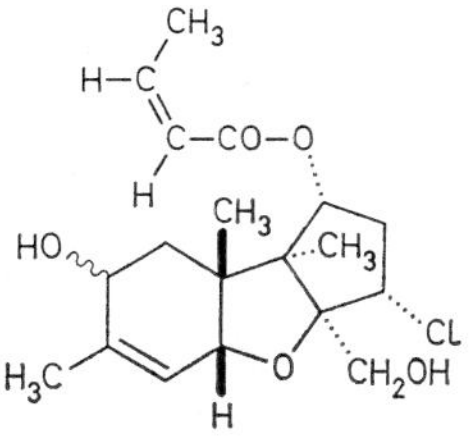   III

Trihydroxy-Verbindungen $C_{20}H_{36}O_4$

(13Ξ)-15,16-Epoxy-8βH-labdan-6β,9,19-triol [1]), **Marrubanol** $C_{20}H_{36}O_4$, Formel II.

B. Aus Marrubenol (15,16-Epoxy-8βH-labda-13(16),14-dien-6β,9,19-triol [S. 2343]) bei der Hydrierung an Platin in Essigsäure (*Cocker et al.*, Soc. **1953** 2540, 2547).

Krystalle (aus wss. A.); F: 175°. $[\alpha]_D^{20}$: +15,2° [Me.; c = 2].

Über die Reaktion mit Ameisensäure s. *Co. et al.*, l. c. S. 2543, 2547.

Trihydroxy-Verbindungen $C_nH_{2n-6}O_4$

Trihydroxy-Verbindungen $C_{15}H_{24}O_4$

(3aR)-3c-Chlor-1c-cis-crotonoyloxy-3a-hydroxymethyl-6,8a,8b-trimethyl-(3ar,4at,8at,⁼ 8bc)-2,3,3a,4a,7,8,8a,8b-octahydro-1H-benzo[b]cyclopenta[d]furan-7ξ-ol $C_{19}H_{27}ClO_5$, Formel III.

Diese Konstitution und Konfiguration kommt vermutlich der nachstehend beschriebenen Verbindung zu.

B. Beim Erwärmen von Trichothecin-chlorhydrin ((3aR)-3c-Chlor-1c-cis-crotonoyloxy-3a-hydroxymethyl-6,8a,8b-trimethyl-(3ar,4at,8at,8bc)-2,3,3a,8,8a,8b-hexahydro-1H,4aH-benzo[b]cyclopenta[d]furan-7-on) mit Essigsäure und Zink-Pulver (*Freeman et al.*, Soc. **1959** 1105, 1120).

Krystalle (aus Me.); F: 166—167°.

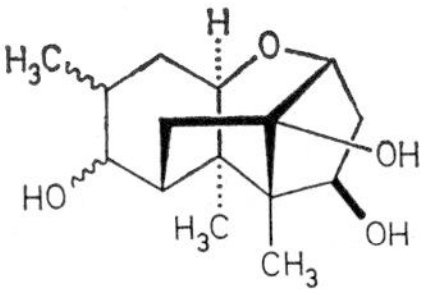

IVa 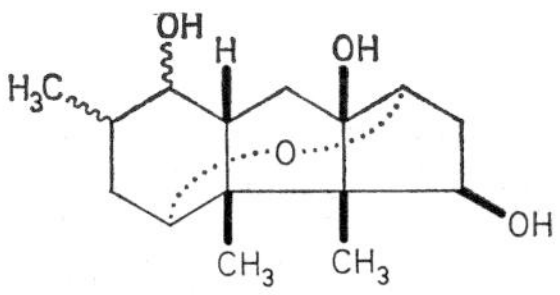   IVb 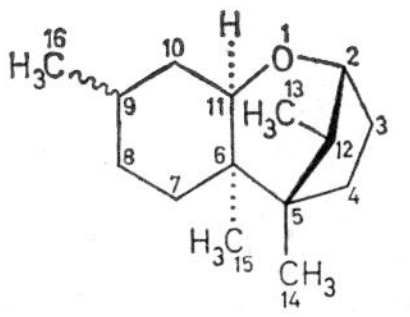   V

(4aS)-4a,8ξ,9b-Trimethyl-(4ar,6ac,9ac,9bc)-decahydro-2t,5t-cyclo-indeno[7,1-bc]oxepin-4t,5c,7ξ-triol, (3aS)-3a,3b,6ξ-Trimethyl-(3ar,3bc,7ac,8ac)-decahydro-1t,4t-epoxido-cyclopent[a]inden-3c,7ξ,8a-triol, 7β,13-Cyclo-9ξH-trichothecan-4β,8ξ,12-triol [2]) $C_{15}H_{24}O_4$, Formel IVa $\equiv$ IVb.

Diese Konstitution (und Konfiguration) kommt vermutlich der nachstehend beschriebenen Verbindung zu.

B. Bei der Hydrierung von Trichothecin (4β-cis-Crotonyloxy-12,13-epoxy-trichothec-

---

[1]) Stellungsbezeichnung bei von Labdan abgeleiteten Namen s. E III **5** 297; über die Bezifferung der geminalen Methyl-Gruppen s. *Allard, Ourisson*, Tetrahedron **1** [1957] 277, 278.

[2]) Für die Verbindung (5aR)-5,5a,8ξ,10syn-Tetramethyl-(5ar,9ac)-decahydro-2t,5t-methano-benz[b]oxepin (Formel V) ist die Bezeichnung **Trichothecan** vorgeschlagen worden. Die Stellungsbezeichnung bei von Trichothecan abgeleiteten Namen entspricht der in Formel V angegebenen.

9-en-8-on; über diese Verbindung s. *Gotfredsen, Vangedal*, Acta chem. scand. **19** [1965] 1088) an Platin in Methanol und Behandlung des Reaktionsprodukts mit methanol. Kalilauge (*Freeman et al.*, Soc. **1959** 1105, 1129).

Krystalle (aus Bzl.); F: 138° (*Fr. et al.*).

Trihydroxy-Verbindungen $C_{20}H_{34}O_4$

ent-3*β*-Acetoxy-13*β*-[(*Ξ*)-1,2-diacetoxy-äthyl]-8,9-epoxy-13*α*-methyl-8*ξ*,9*ξ*-podocarpan [1]), **(13*S*,16*Ξ*)-3*α*,16,17-Triacetoxy-8,9-epoxy-5*β*,8*ξ*,9*ξ*,10*α*-pimaran** [2]) $C_{26}H_{40}O_7$, Formel VI.

B. Aus Tri-*O*-acetyl-isodarutigenol-C (*ent*-3*β*-Acetoxy-13*β*-[(*Ξ*)-1,2-diacetoxy-äthyl]-13*α*-methyl-podocarp-8-en) beim Behandeln mit Peroxybenzoesäure in Chloroform (*Pudles et al.*, C. r. **244** [1957] 472, 474; *Diara et al.*, Bl. **1963** 99, 101, 105).

Krystalle (aus wss. A.); F: 110°. $[\alpha]_D$: −7° [wss. A.?].

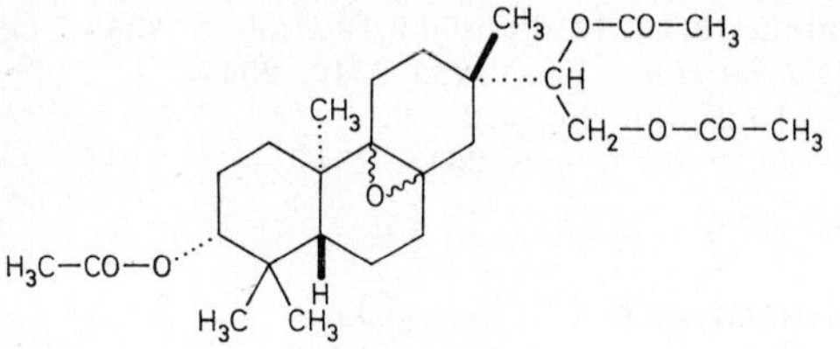

VI 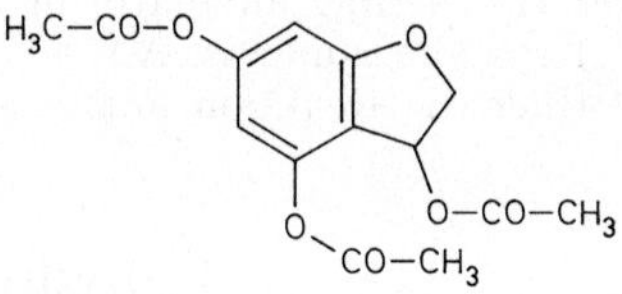   VII

Trihydroxy-Verbindungen $C_nH_{2n-8}O_4$

Trihydroxy-Verbindungen $C_8H_8O_4$

(±)-3,4,6-Triacetoxy-2,3-dihydro-benzofuran $C_{14}H_{14}O_7$, Formel VII.

B. Aus 3,4,6-Triacetoxy-benzofuran bei der Hydrierung an Palladium in Essigsäure (*Späth et al.*, B. **70** [1937] 243, 246).

Krystalle (aus PAe. + Ae.); F: 81° (*Sp. et al.*).

Bei der Umsetzung mit der Natrium-Verbindung des Malonaldehydsäure-äthylesters sind 4-Hydroxy-furo[2,3-*f*]chromen-7-on und 4-Hydroxy-furo[3,2-*g*]chromen-7-on erhalten worden (*Späth, Kubiczek*, B. **70** [1937] 1253).

4,7-Dimethoxy-2,3-dihydro-benzofuran-6-ol $C_{10}H_{12}O_4$, Formel VIII (R = H).

B. Aus 6-Acetoxy-4,7-dimethoxy-2,3-dihydro-benzofuran beim Erwärmen mit wss.-äthanol. Natronlauge auf 70° (*Gardner et al.*, J. org. Chem. **15** [1950] 841, 846). Aus 6-Benzyloxy-4,7-dimethoxy-benzofuran bei der Hydrierung an Palladium/Kohle in Meth-anol (*Baxter et al.*, Soc. **1949** Spl. 30, 32).

Krystalle; F: 114−115° [aus Acn. + PAe.] (*Ga. et al.*), 114° [aus wss. Me.] (*Ba. et al.*). Sublimierbar (*Ba. et al.*).

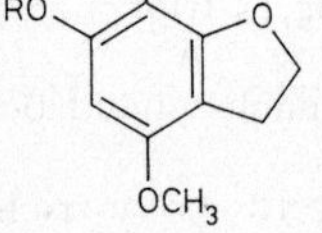

VIII 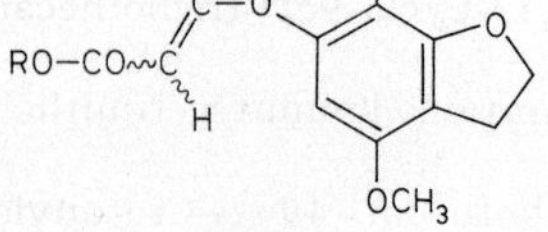   IX 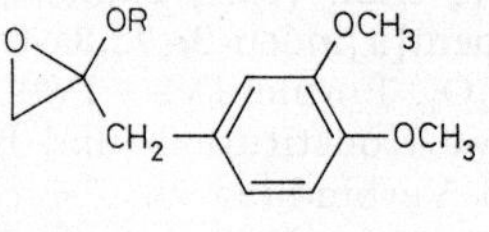   X

4,6,7-Trimethoxy-2,3-dihydro-benzofuran $C_{11}H_{14}O_4$, Formel VIII (R = CH_3).

B. Aus 4,6,7-Trimethoxy-benzofuran-3-on (S. 2678) bei der Hydrierung an Raney-

---

[1]) Stellungsbezeichnung bei von Podocarpan abgeleiteten Namen s. E III **6** 2098 Anm. 2.

[2]) Stellungsbezeichnung bei von Pimaran abgeleiteten Namen s. E III **9** 355 Anm. 2.

Nickel bei 95°/30 at in Äthanol (*Horton*, *Paul*, J. org. Chem. **24** [1959] 2000, 2002). Aus 4,6,7-Trimethoxy-benzofuran bei der Hydrierung an Palladium/Kohle in Äthanol (*Ho.*, *Paul*).
Krystalle; F: 64,5—65,1° [durch Sublimation].

6-Acetoxy-4,7-dimethoxy-2,3-dihydro-benzofuran $C_{12}H_{14}O_5$, Formel VIII (R = CO-CH$_3$).
B. Aus 3,6-Diacetoxy-4,7-dimethoxy-benzofuran bei der Hydrierung an Palladium/Kohle in Essigsäure (*Geissman*, *Halsall*, Am. Soc. **73** [1951] 1280, 1283) oder an Platin in Essigsäure (*Gardner et al.*, J. org. Chem. **15** [1950] 841, 846).
Krystalle; F: 89—90° [aus A. + PAe.] (*Ga. et al.*), 87—88,5° [aus Me.] (*Ge.*, *Ha.*).

*3-[4,7-Dimethoxy-2,3-dihydro-benzofuran-6-yloxy]-crotonsäure $C_{14}H_{16}O_6$, Formel IX (R = H).
B. Aus dem im folgenden Artikel beschriebenen Methylester mit Hilfe von wss.-äthanol. Natronlauge (*Dann*, *Illing*, A. **605** [1957] 146, 154).
Krystalle (aus Me.); F: 190° [unkorr.; Zers.].
Bei 3-tägigem Behandeln mit Acetylchlorid und Schwefelsäure ist 4,9-Dimethoxy-7-methyl-2,3-dihydro-furo[3,2-g]chromen-5-on erhalten worden (*Dann*, *Il.*, l. c. S. 149, 155).

*3-[4,7-Dimethoxy-2,3-dihydro-benzofuran-6-yloxy]-crotonsäure-methylester $C_{15}H_{18}O_6$, Formel IX (R = CH$_3$).
B. Beim Erwärmen von 6-Hydroxy-4,7-dimethoxy-2,3-dihydro-benzofuran mit 3-Chlor-cis-crotonsäure-methylester und Kaliumcarbonat in Aceton (*Dann*, *Illing*, A. **605** [1957] 146, 154).
Krystalle (aus Me.); F: 134° [unkorr.].

Trihydroxy-Verbindungen $C_9H_{10}O_4$

(±)-1-[3,4-Dimethoxy-phenyl]-2,3-epoxy-2-methoxy-propan $C_{12}H_{16}O_4$, Formel X (R = CH$_3$).
Eine Verbindung (Krystalle [aus wss. A.]; F: 40—41°), der möglicherweise diese Konstitution zukommt, ist aus 1-Chlor-3-[3,4-dimethoxy-phenyl]-aceton beim Behandeln mit methanol. Natriummethylat oder mit methanol. Kalilauge erhalten worden (*Eastham et al.*, Am. Soc. **66** [1944] 26, 32).

(±)-2-Äthoxy-1-[3,4-dimethoxy-phenyl]-2,3-epoxy-propan $C_{13}H_{18}O_4$, Formel X (R = C$_2$H$_5$).
Eine Verbindung (Kp$_{0,04}$: 104°; n$_D^{25}$: 1,5150), der möglicherweise diese Konstitution zukommt, ist aus 1-Chlor-3-[3,4-dimethoxy-phenyl]-aceton beim Behandeln mit äthanol. Natriumäthylat oder mit äthanol. Kalilauge erhalten worden (*Eastham et al.*, Am. Soc. **66** [1944] 26, 32).

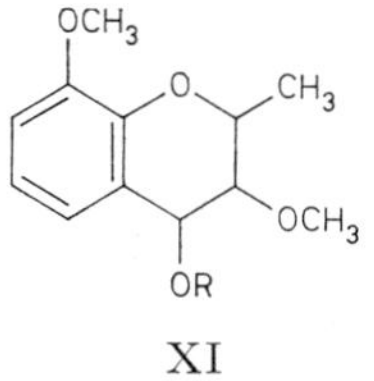

XI 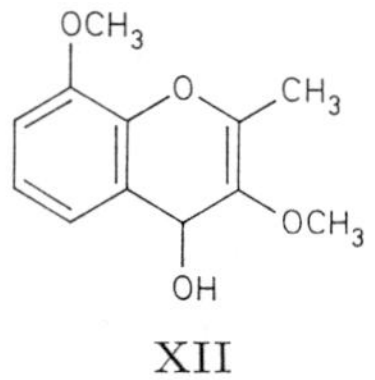   XII 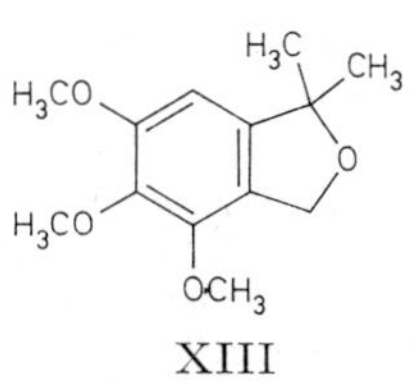   XIII

Trihydroxy-Verbindungen $C_{10}H_{12}O_4$

*Opt.-inakt. 3,8-Dimethoxy-2-methyl-chroman-4-ol $C_{12}H_{16}O_4$, Formel XI (R = H).
B. Neben einer Verbindung vom F: 95° (vielleicht 3,8-Dimethoxy-2-methyl-4H-chromen-4-ol [$C_{12}H_{14}O_4$; Formel XII]) bei der Hydrierung von 3,8-Dimethoxy-2-methyl-chromen-4-on an Platin in Essigsäure (*Aso*, J. agric. chem. Soc. Japan **15** [1939] 57; C. A. **1939** 4992).
Krystalle (aus Bzn. + A.); F: 182°.

*Opt.-inakt. 4-Acetoxy-3,8-dimethoxy-2-methyl-chroman $C_{14}H_{18}O_5$, Formel XI (R = CO-CH$_3$).

B. Beim Erhitzen der im vorangehenden Artikel beschriebenen Verbindung mit Acet≠ anhydrid und Natriumacetat (*Aso*, J. agric. chem. Soc. Japan **15** [1939] 57; C. A. **1939** 4992).

Krystalle (aus Bzn.); F: 117°.

4,5,6-Trimethoxy-1,1-dimethyl-phthalan $C_{13}H_{18}O_4$, Formel XIII.

B. Aus 6-[α-Hydroxy-isopropyl]-2,3,4-trimethoxy-benzylalkohol beim Erhitzen mit Kaliumhydrogensulfat (*Gutsche et al.*, Am. Soc. **80** [1958] 5756, 5765).

Kp$_1$: 119—120°. n$_D^{25}$: 1,5208.

Trihydroxy-Verbindungen $C_{11}H_{14}O_4$

(2S)-2r-Phenyl-tetrahydro-pyran-3t,4c,5t-triol, D-(1S)-1-Phenyl-1,5-anhydro-xylit $C_{11}H_{14}O_4$, Formel I (R = H).

B. Beim Behandeln von D-(1S)-Tri-O-acetyl-1-phenyl-1,5-anhydro-xylit (s. u.) mit Natriummethylat in Methanol (*Bonner, Hurd*, Am. Soc. **73** [1951] 4290, 4292) oder mit Ammoniak in Methanol (*Shdanow et al.*, Doklady Akad. S.S.S.R. **128** [1959] 953; Pr. Acad. Sci. U.S.S.R. Chem. Sect. **124–129** [1959] 853).

Krystalle; F: 150—151° [aus E.] (*Bo., Hurd*), 148—148,5° [aus Methylacetat] (*Sh. et al.*). [α]$_D^{25}$: −14,4° [W.; c = 7] (*Bo., Hurd*).

Beim Behandeln mit Natriumperjodat in Wasser, Behandeln des Reaktionsprodukts mit Silberoxid in wss. Aceton und Erwärmen des danach isolierten Reaktionsprodukts mit äthanol. Schwefelsäure ist partiell racemischer (S)-Äthoxycarbonylmethoxy-phenyl-essigsäure-äthylester erhalten worden (*Bo., Hurd*).

3,4,5-Triacetoxy-2-phenyl-tetrahydro-pyran $C_{17}H_{20}O_7$.

a) **(3S)-3r,4c,5c-Triacetoxy-2ξ-phenyl-tetrahydro-pyran, D-(1Ξ)-Tri-O-acetyl-1-phenyl-1,5-anhydro-ribit** $C_{17}H_{20}O_7$, Formel II.

B. Beim Behandeln von Tri-O-acetyl-β-D-ribopyranosylchlorid (S. 2279) mit Phenyl≠ magnesiumbromid in Äther und Erwärmen des Reaktionsprodukts mit Acetanhydrid und Natriumacetat (*Shdanow et al.*, Doklady Akad. S.S.S.R. **129** [1959] 1049, 1052; Pr. Acad. Sci. U.S.S.R. Chem. Sect. **124–129** [1959] 1101).

Krystalle; F: 94—95°.

I   II   III

b) **(3S)-3r,4t,5t-Triacetoxy-2ξ-phenyl-tetrahydro-pyran, (1Ξ)-Tri-O-acetyl-1-phenyl-1,5-anhydro-L-arabit** $C_{17}H_{20}O_7$, Formel III.

B. Beim Behandeln von Tri-O-acetyl-β-L-arabinopyranosylchlorid (S. 2279) mit Phenyl≠ magnesiumbromid in Äther (*Shdanow, Dorofeenko*, Doklady Akad. S.S.S.R. **113** [1957] 601; Pr. Acad. Sci. U.S.S.R. Chem. Sect. **112–117** [1957] 271) oder mit Diphenylzink in Xylol und Benzol (*Shdanow et al.*, Doklady Akad. S.S.S.R. **119** [1958] 495; Pr. Acad. Sci. U.S.S.R. Chem. Sect. **118–123** [1958] 223).

Krystalle (aus Isopropylalkohol oder aus Butan-1-ol); F: 91—92° (*Sh., Do.; Sh. et al.*).

c) **(2S)-3t,4c,5t-Triacetoxy-2r-phenyl-tetrahydro-pyran, D-(1S)-Tri-O-acetyl-1-phenyl-1,5-anhydro-xylit** $C_{17}H_{20}O_7$, Formel I (R = CO-CH$_3$).

B. Neben anderen Verbindungen beim Behandeln von Tetra-O-acetyl-β-D-xylopyranose mit Benzol und Aluminiumchlorid (*Hurd, Bonner*, Am. Soc. **67** [1945] 1759, 1763). Als Hauptprodukt neben D-(1R)-Tri-O-acetyl-1-phenyl-1,5-anhydro-xylit ($C_{17}H_{20}O_7$; Formel IV; [α]$_D^{20}$: −23,0° [CHCl$_3$] [Rohprodukt]) beim Erwärmen von Tri-O-acetyl-α-D-xylopyranosylchlorid (S. 2280) mit Phenylmagnesiumbromid in Äther und Erwär- men des Reaktionsprodukts mit Acetanhydrid und Natriumacetat (*Hurd, Bonner*, Am.

Soc. **67** [1945] 1972, 1976; s. a. *Bonner, Hurd*, Am. Soc. **73** [1951] 4290, 4292).

Krystalle (aus Isopropylalkohol); F: 170,5° (*Bo., Hurd*). $[\alpha]_D^{20}$: −57,5° [CHCl$_3$; c = 1,5] (*Hurd, Bo.*, l. c. S. 1976); $[\alpha]_D^{25}$: −57,7° [CHCl$_3$; c = 0,4] (*Hurd, Bo.*, l. c. S. 1763).

(2S)-2r-Phenyl-3t,4c,5t-tris-propionyloxy-tetrahydro-pyran, D-(1S)-1-Phenyl-tri-O-propionyl-1,5-anhydro-xylit C$_{20}$H$_{26}$O$_7$, Formel I (R = CO-CH$_2$-CH$_3$).

B. Beim Behandeln von D-(1S)-1-Phenyl-1,5-anhydro-xylit (S. 2340) mit Propion=säure-anhydrid und Pyridin (*Bonner, Hurd*, Am. Soc. **73** [1951] 4290, 4292).

Krystalle (aus wss. Isopropylalkohol); F: 121°. $[\alpha]_D^{25}$: −48,8° [CHCl$_3$; c = 4].

(2S)-3t,4c,5t-Tris-benzoyloxy-2r-phenyl-tetrahydro-pyran, D-(1S)-Tri-O-benzoyl-1-phenyl-1,5-anhydro-xylit C$_{32}$H$_{26}$O$_7$, Formel I (R = CO-C$_6$H$_5$).

B. Beim Behandeln von D-(1S)-1-Phenyl-1,5-anhydro-xylit (S. 2340) mit Benzoyl=chlorid und Pyridin (*Bonner, Hurd*, Am. Soc. **73** [1951] 4290, 4292; *Shdanow et al.*, Doklady Akad. S.S.S.R. **128** [1959] 953; Pr. Acad. Sci. U.S.S.R. Chem. Sect. **124–129** [1959] 853).

Krystalle; F: 175–175,5° [aus Isopropylalkohol] (*Bo., Hurd*), 168° [aus A.] (*Sh. et al.*). $[\alpha]_D^{25}$: −60,5° [CHCl$_3$; c = 5] (*Bo., Hurd*).

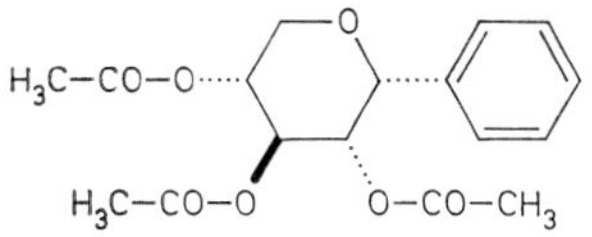

IV 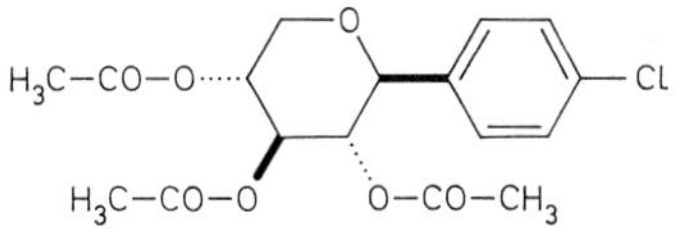   V

(2S)-3t,4c,5t-Triacetoxy-2r-[4-chlor-phenyl]-tetrahydro-pyran, D-(1S)-Tri-O-acetyl-1-[4-chlor-phenyl]-1,5-anhydro-xylit C$_{17}$H$_{19}$ClO$_7$, Formel V.

B. Beim Behandeln von Tri-O-acetyl-α-D-xylopyranosylchlorid (S. 2280) mit 4-Chlor-phenylmagnesium-bromid in Äther (*Shdanow, Schtscherbakowa*, Doklady Akad. S.S.S.R. **90** [1953] 185, 187; C. A. **1954** 5114).

Krystalle (aus Isopropylalkohol); F: 149,5–150°.

(±)-1-Acetoxy-2-[2,3-epoxy-3-methyl-butyl]-3,5-dimethoxy-benzol, (±)-1-[2-Acetoxy-4,6-dimethoxy-phenyl]-2,3-epoxy-3-methyl-butan C$_{15}$H$_{20}$O$_5$, Formel VI.

B. Aus 1-Acetoxy-3,5-dimethoxy-2-[3-methyl-but-2-enyl]-benzol beim Behandeln mit Peroxybenzoesäure in Chloroform (*Bencze et al.*, Helv. **39** [1956] 923, 941).

Öl; bei 130–133°/0,03 Torr destillierbar.

Beim Erwärmen mit Natriummethylat in Methanol ist 2-[4,6-Dimethoxy-2,3-dihydro-benzofuran-2-yl]-propan-2-ol erhalten worden.

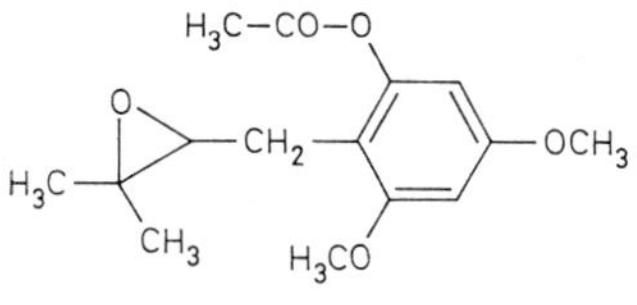

VI 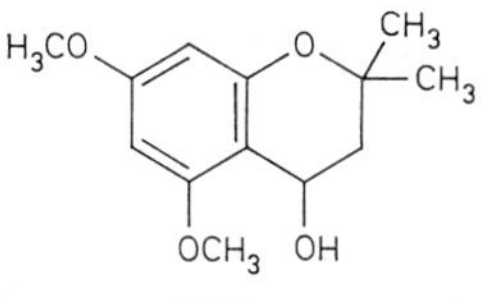   VII

(±)-5,7-Dimethoxy-2,2-dimethyl-chroman-4-ol C$_{13}$H$_{18}$O$_4$, Formel VII.

B. Aus 5,7-Dimethoxy-2,2-dimethyl-chroman-4-on beim Erwärmen mit Lithium=alanat in Äther (*Bencze et al.*, Helv. **39** [1956] 923, 942).

Krystalle (aus Ae. + Pentan); F: 56–57,5°.

(±)-6,7-Dimethoxy-2,2-dimethyl-chroman-4-ol C$_{13}$H$_{18}$O$_4$, Formel VIII.

B. Aus 6,7-Dimethoxy-2,2-dimethyl-chroman-4-on beim Erwärmen mit Lithium=alanat in Äther (*Huls*, Bl. Soc. chim. Belg. **67** [1958] 22, 30).

Kp$_{0,3}$: 161°.

5,7,8-Trimethoxy-2,2-dimethyl-chroman $C_{14}H_{20}O_4$, Formel IX.

B. Aus 5,7,8-Trimethoxy-2,2-dimethyl-2*H*-chromen bei der Hydrierung an Raney-Nickel in Methanol (*Huls, Brunelle*, Bl. Soc. chim. Belg. **68** [1959] 325, 333).

$Kp_{0,2}$: 145−147°.

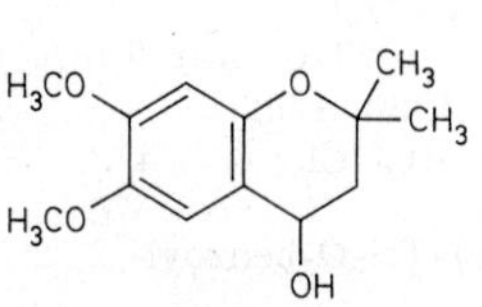

VIII 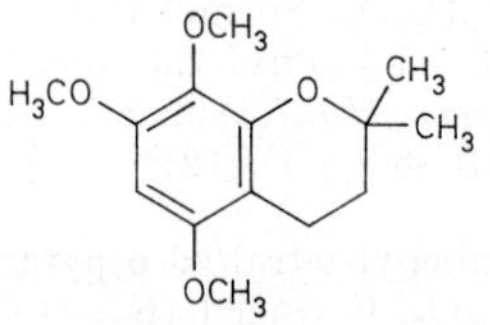   IX 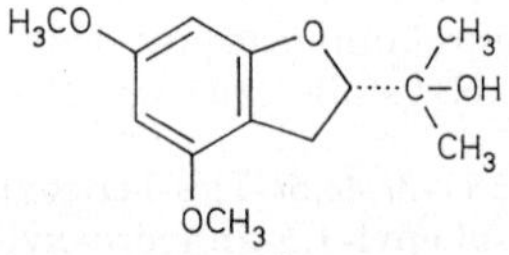   X

2-[4,6-Dimethoxy-2,3-dihydro-benzofuran-2-yl]-propan-2-ol $C_{13}H_{18}O_4$.

a) **2-[(2S)-4,6-Dimethoxy-2,3-dihydro-benzofuran-2-yl]-propan-2-ol** $C_{13}H_{18}O_4$, Formel X.

B. Beim Erhitzen von Visamminol ((2S)-4-Hydroxy-2-[α-hydroxy-isopropyl]-7-methyl-2,3-dihydro-furo[3,2-*g*]chromen-5-on) mit wss. Kalilauge und anschliessenden Behandeln mit Diazomethan in Äther (*Bencze et al.*, Helv. **39** [1956] 923, 936).

Krystalle (aus Me. + W.); F: 87−87,5°. $[α]_D^{17,5}$: +52° [$CHCl_3$; c = 1]. IR-Spektrum (CH_2Cl_2; 3−13 μ): *Be. et al.*, l. c. S. 929. UV-Absorptionsmaximum (A.): 274 nm (*Be. et al.*).

Beim Erwärmen mit *N*-Brom-succinimid in Tetrachlormethan unter Zusatz von Dibenzoylperoxid im UV-Licht ist eine wahrscheinlich als 2-[(2S)-5(oder 7)-Brom-4,6-dimethoxy-2,3-dihydro-benzofuran-2-yl]-propan-2-ol zu formulierende Verbindung $C_{13}H_{17}BrO_4$ (Krystalle [aus Me. + W.], F: 119,5−120° [Kofler-App.]; $λ_{max}$: 274 nm) erhalten worden.

b) **(±)-2-[4,6-Dimethoxy-2,3-dihydro-benzofuran-2-yl]-propan-2-ol** $C_{13}H_{18}O_4$, Formel X + Spiegelbild.

B. Aus (±)-1-Acetoxy-2-[2,3-epoxy-3-methyl-butyl]-3,5-dimethoxy-benzol beim Erwärmen mit Natriummethylat in Methanol (*Bencze et al.*, Helv. **39** [1956] 923, 942). In geringer Ausbeute beim Behandeln von 3,5-Dimethoxy-2-[3-methyl-but-2-enyl]-phenol mit Peroxybenzoesäure in Chloroform und Erwärmen des Reaktionsprodukts mit Natriummethylat in Methanol (*Be. et al.*).

Krystalle (aus Me. + W.); F: 77,5−78,5°. Bei 110−112°/0,03 Torr destillierbar. IR-Spektrum (CH_2Cl_2; 3−13 μ): *Be. et al.*, l. c. S. 929.

Trihydroxy-Verbindungen $C_{12}H_{16}O_4$

3,4,5-Triacetoxy-2-*o*-tolyl-tetrahydro-pyran $C_{18}H_{22}O_7$.

a) **(3S)-3r,4t,5t-Triacetoxy-2ξ-*o*-tolyl-tetrahydro-pyran, (1Ξ)-Tri-*O*-acetyl-1-*o*-tolyl-1,5-anhydro-L-arabit** $C_{18}H_{22}O_7$, Formel XI.

B. Beim Behandeln von Tri-*O*-acetyl-β-L-arabinopyranosylchlorid (S. 2279) mit *o*-Tolylmagnesiumbromid in Äther (*Shdanow, Dorofeenko*, Doklady Akad. S.S.S.R. **113** [1957] 601; Pr. Acad. Sci. U.S.S.R. Chem. Sect. **112−117** [1957] 271).

Krystalle (aus Butan-1-ol); F: 99−100°.

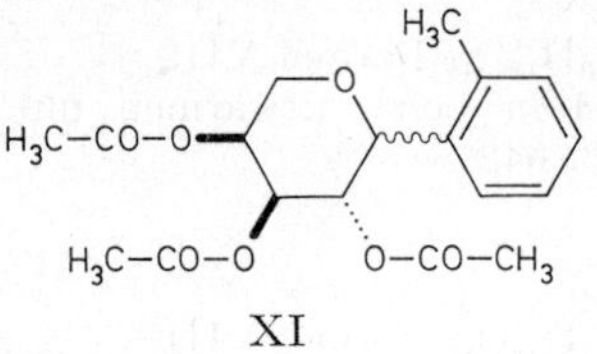

XI 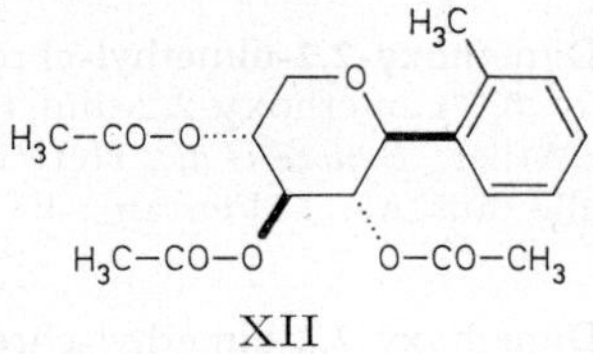   XII

b) **(2S)-3t,4c,5t-Triacetoxy-2r-*o*-tolyl-tetrahydro-pyran, D-(1S)-Tri-*O*-acetyl-1-*o*-tolyl-1,5-anhydro-xylit** $C_{18}H_{22}O_7$, Formel XII.

B. Beim Behandeln von Tri-*O*-acetyl-α-D-xylopyranosylchlorid (S. 2280) mit *o*-Tolyl⸗

magnesiumbromid in Äther (*Shdanow et al.*, Doklady Akad. S.S.S.R. **117** [1957] 990; Pr. Acad. Sci. U.S.S.R. Chem. Sect. **112–117** [1957] 1083).

Krystalle (aus Butan-1-ol); F: 110–111°.

3,4,5-Triacetoxy-2-*p*-tolyl-tetrahydro-pyran $C_{18}H_{22}O_7$.

a) **(3*S*)-3*r*,4*t*,5*t*-Triacetoxy-2*ξ*-*p*-tolyl-tetrahydro-pyran**, **(1*Ξ*)-Tri-*O*-acetyl-1-*p*-tolyl-1,5-anhydro-L-arabit** $C_{18}H_{22}O_7$, Formel XIII.

B. Beim Behandeln von Tri-*O*-acetyl-*β*-L-arabinopyranosylchlorid (S. 2279) mit *p*-Tolylmagnesiumbromid in Äther (*Shdanow, Dorofeenko*, Doklady Akad. S.S.S.R. **113** [1957] 601, 602; Pr. Acad. Sci. U.S.S.R. Chem. Sect. **112–117** [1957] 271).

Krystalle (aus Butan-1-ol); F: 102–103°.

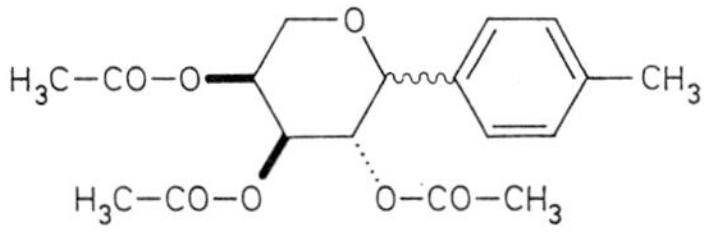

XIII 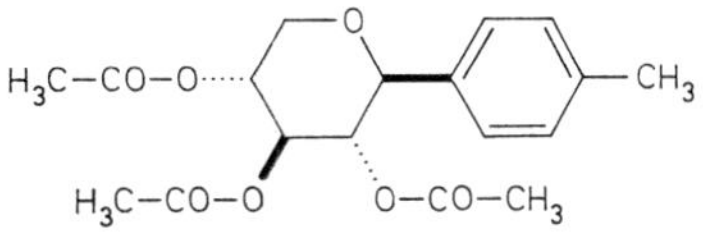   XIV

b) **(2*S*)-3*t*,4*c*,5*t*-Triacetoxy-2*r*-*p*-tolyl-tetrahydro-pyran**, **D-(1*S*)-Tri-*O*-acetyl-1-*p*-tolyl-1,5-anhydro-xylit** $C_{18}H_{22}O_7$, Formel XIV.

B. Als Hauptprodukt neben D-(1*R*)-Tri-*O*-acetyl-1-*p*-tolyl-1,5-anhydro-xylit ($C_{18}H_{22}O_7$; $[\alpha]_D^{20}$: −34,4° [CHCl₃] [Rohprodukt]) beim Behandeln von Tri-*O*-acetyl-α-D-xylopyranosylchlorid (S. 2280) mit *p*-Tolylmagnesiumbromid in Äther und Erwärmen des Reaktionsprodukts mit Acetanhydrid und Natriumacetat (*Hurd, Bonner*, Am. Soc. **67** [1945] 1972, 1976).

Krystalle (aus Isopropylalkohol); F: 126°. $[\alpha]_D^{20}$: −60,2° [CHCl₃; c = 1].

Trihydroxy-Verbindungen $C_{20}H_{32}O_4$

15,16-Epoxy-8*βH*-labda-13(16),14-dien-6*β*,9,19-triol [1])**, Marrubenol** $C_{20}H_{32}O_4$, Formel I.

B. Aus Marrubiin (15,16-Epoxy-6*β*,9-dihydroxy-8*βH*-labda-13(16),14-dien-19-säure-6-lacton; über die Konfiguration s. *Stephens, Wheeler*, Tetrahedron **26** [1970] 1561, 1562) beim Erwärmen mit Lithiumalanat in Äther (*Cocker et al.*, Soc. **1953** 2540, 2547).

Krystalle (aus wss. A.), F: 138°; $[\alpha]_D^{15}$: +19,9° [Me.; c = 1] (*Co. et al.*).

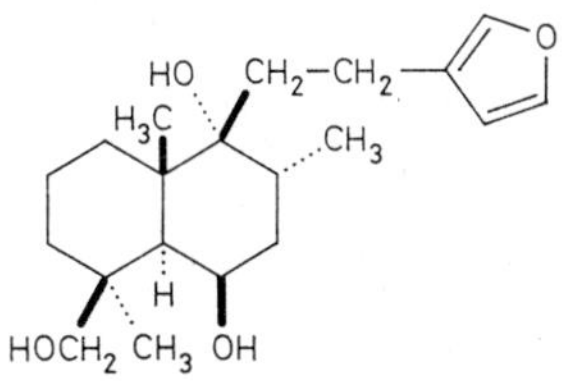

I 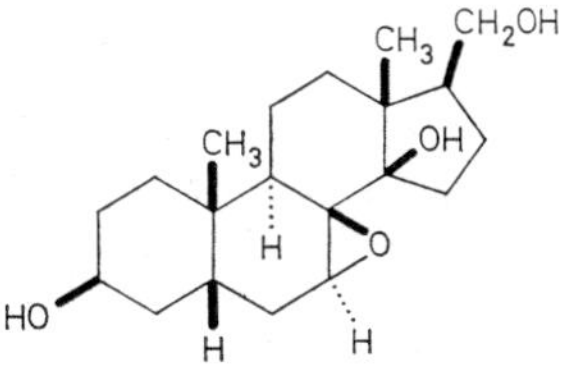   II

7*β*,8-Epoxy-21-nor-5*β*,14*β*-pregnan-3*β*,14,20-triol, **7*β*,8-Epoxy-17*β*-hydroxymethyl-5*β*,14*β*-androstan-3*β*,14-diol** $C_{20}H_{32}O_4$, Formel II.

Diese Konstitution und Konfiguration ist der nachstehend beschriebenen Verbindung auf Grund ihrer genetischen Beziehung zu Tanghinigenin (Syst. Nr. 2828) zuzuordnen.

B. Aus 3*β*-Acetoxy-7*β*,8-epoxy-14-hydroxy-21-nor-5*β*,14*β*-pregnan-20-säure-methyl= ester beim Erwärmen mit Lithiumalanat in Äther (*Sigg et al.*, Helv. **38** [1955] 1721, 1744).

Krystalle (aus Acn. + Ae.); F: 202–204° [korr.; Kofler-App.]. $[\alpha]_D^{25}$: −8,1° [Me.; c = 1].

---

[1]) Stellungsbezeichnung bei von Labdan abgeleiteten Namen s. E III **5** 297; über die Bezifferung der geminalen Methyl-Gruppen s. *Allard, Ourisson*, Tetrahedron **1** [1957] 277, 278.

Trihydroxy-Verbindungen $C_{21}H_{34}O_4$

3α,11α,20ξ-Triacetoxy-17,20ξ-epoxy-5β-pregnan $C_{27}H_{40}O_7$, Formel III.

B. Aus 3α,11α,20-Triacetoxy-5β-pregn-17(20)ξ-en (F: 213°) beim Behandeln mit Peroxybenzoesäure in Benzol (*Upjohn Co.*, U.S.P. 2671084 [1952]).

Krystalle (aus E. + Hexan); F: 214−217°.

Beim Behandeln mit wss.-äthanol. Natronlauge sind 3α,11α,17-Trihydroxy-5β-pregnan-20-on und geringe Mengen 11α-Acetoxy-3α,17-dihydroxy-5β-pregnan-20-on erhalten worden (*Upjohn Co.*, U.S.P. 2671093 [1952]).

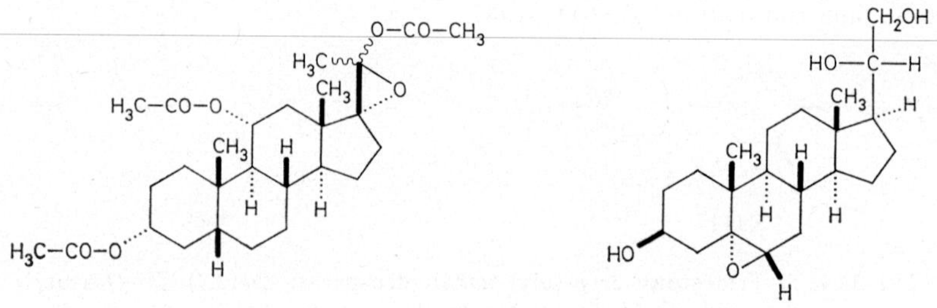

III   IV

5,6α-Epoxy-5α-pregnan-3β,20β$_F$,21-triol $C_{21}H_{34}O_4$, Formel IV.

Über die Konfiguration an den C-Atomen 5 und 6 s. *Kieslich, Wieglepp*, B. **104** [1971] 205.

B. Aus Pregn-5-en-3β,20β$_F$,21-triol (E III **6** 6465) beim Behandeln mit Peroxybenzoesäure in Chloroform (*Ehrenstein*, J. org. Chem. **8** [1943] 83, 85, 90).

Krystalle (aus Acn.), F: 221−223°; [α]$_D^{30}$: −63,5° [Acn.; c = 1] (*Eh.*).

Beim Behandeln mit Methylmagnesiumbromid in Äther und Anisol ist eine vermutlich als 6β-Methyl-5α-pregnan-3β,5,20β$_F$,21-tetraol zu formulierende Verbindung (E III **6** 6683) erhalten worden (*Eh.*).

12α,20α$_F$-Epoxy-5α,14β,17βH-pregnan-3β,11β,15α-triol, 12α,20α$_F$-Epoxy-diginan-3β,11β,15α-triol [1]), Hexahydrodiginigenin $C_{21}H_{34}O_4$, Formel V (R = H).

Über Konstitution und Konfiguration s. *Shoppee et al.*, Soc. **1962** 3610, 3618, 3621; *Tschesche, Müller-Albrecht*, B. **103** [1970] 350.

B. Bei der Hydrierung von Di-O-acetyl-diginigenin (3β,11-Diacetoxy-12α,20α$_F$-epoxy-14β,17βH-pregna-5,9(11)-dien-15-on) an Platin in Essigsäure und Behandlung des erhaltenen 3β,11β-Diacetoxy-12α,20α$_F$-epoxy-5α,14β,17βH-pregnan-15α-ols ($C_{25}H_{38}O_6$; Formel V [R = CO-CH₃]; Kp$_{0,01}$: ca. 130°) mit wss. Kalilauge (*Shoppee, Reichstein*, Helv. **23** [1940] 975, 988; *Shoppee*, Helv. **27** [1944] 426, 428, 433).

Krystalle (aus Ae. + Pentan), F: 207°; [α]$_D^{18}$: −13,6° [CHCl₃; c = 1] (*Sh., Re.*).

Bei kurzem Erhitzen (5 min) mit Acetanhydrid ist das im folgenden Artikel beschriebene Monoacetyl-Derivat, bei 4-stdg. Erwärmen mit Acetanhydrid und Pyridin ist 3β,15α-Diacetoxy-12α,20α$_F$-epoxy-5α,14β,17βH-pregnan-11β-ol ($C_{25}H_{38}O_6$; Formel VI [R = CO-CH₃]; Öl; im Hochvakuum bei 150° destillierbar) erhalten worden (*Sh.*, l. c. S. 433, 434; *Shoppee et al.*, Soc. **1962** 3618).

3β-Acetoxy-12α,20α$_F$-epoxy-5α,14β,17βH-pregnan-11β,15α-diol, 3β-Acetoxy-12α,20α$_F$-epoxy-diginan-11β,15α-diol $C_{23}H_{36}O_5$, Formel VI (R = H).

B. Bei kurzem Erhitzen (5 min) von Hexahydrodiginigenin (s. o.) mit Acetanhydrid (*Shoppee*, Helv. **27** [1944] 426, 433; *Shoppee et al.*, Soc. **1962** 3610, 3618).

Krystalle (aus Ae. + Pentan); F: 83°.

---

[1]) Die Stellungsbezeichnung bei von Diginan abgeleiteten Namen entspricht der bei Pregnan verwendeten.

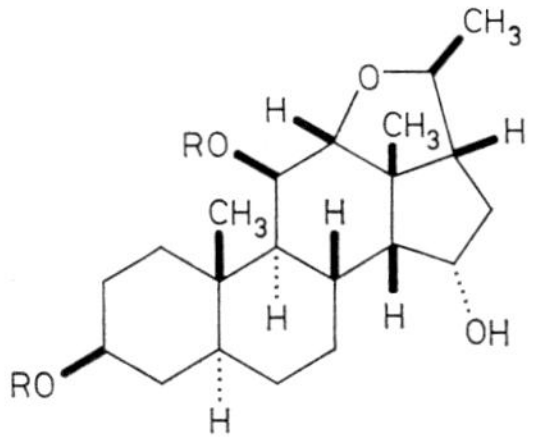

V 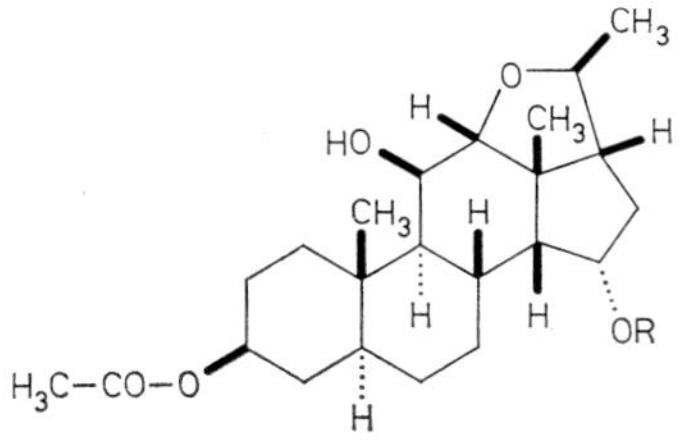 VI 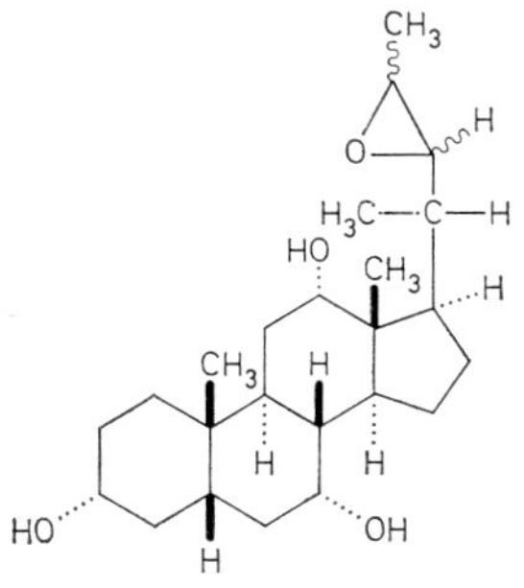 VII

Trihydroxy-Verbindungen $C_{24}H_{40}O_4$

22ξ,23ξ-Epoxy-5β-cholan-3α,7α,12α-triol $C_{24}H_{40}O_4$, Formel VII.

Diese Konstitution und Konfiguration wird der nachstehend beschriebenen Verbindung zugeordnet (*Kazuno*, Z. physiol. Chem. **266** [1940] 11, 15).

Isolierung aus der Galle von Kröten: *Ka.*, l. c. S. 30.

Krystalle (aus A. + W.) mit 1 Mol H_2O; F: 175°. $[\alpha]_D^{28}$: +30,3° [A.; c = 0,5].

Beim Behandeln mit Chrom(VI)-oxid und wss. Essigsäure ist ein Triketon $C_{24}H_{34}O_4$ (F: 242°; vielleicht 22ξ,23ξ-Epoxy-5β-cholan-3,7,12-trion) erhalten worden.

Trihydroxy-Verbindungen $C_{27}H_{46}O_4$

(2$\overline{RS}$)-6-Acetoxy-2,7-dimethyl-5,8-bis-methylmercapto-2-[(4R,8R)-4,8,12-trimethyl-tridecyl]-chroman [1]), **(2$\overline{RS}$,4′R,8′R)-O-Acetyl-7-methyl-5,8-bis-methylmercapto-tocol** [1])[2]) $C_{31}H_{52}O_3S_2$, Formel VIII.

Diese Konstitution (und Konfiguration) kommt vermutlich der nachstehend beschriebenen Verbindung zu.

B. Beim Erhitzen von 3-Methyl-2,5(?)-bis-methylmercapto-hydrochinon (über diese Verbindung s. E III **8** 3373, Zeile 8 von oben) mit (7R,11R)-*trans*-Phytol (E IV **1** 2208) und Ameisensäure unter Stickstoff, Erwärmen des Reaktionsprodukts mit methanol. Natronlauge und Behandeln des danach isolierten Reaktionsprodukts mit Acetanhydrid und Pyridin (*Karrer, Dutta*, Helv. **31** [1948] 2080, 2088).

$Kp_{0,02}$: 230–235°.

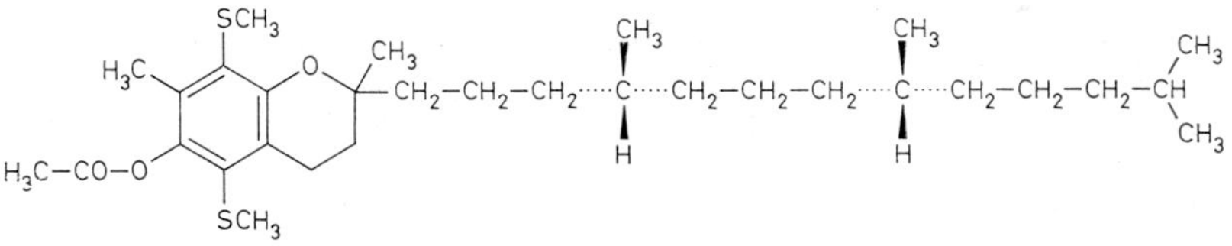

VIII

8-[4-Hydroxy-3-methyl-butyl]-4a,6a,7-trimethyl-octadecahydro-naphth[2′,1′;4,5]=indeno[2,1-b]furan-2,3-diol $C_{27}H_{46}O_4$.

a) **(25R)-5β,22ξH-Furostan-2β,3β,26-triol, Dihydrosamogenin** $C_{27}H_{46}O_4$, Formel IX.

B. Bei der Hydrierung von Samogenin ((25R)-5β,22αO-Spirostan-2β,3β-diol) an Platin in Essigsäure und Behandlung des Reaktionsprodukts mit äthanol. Kalilauge (*Marker et al.*, Am. Soc. **69** [1947] 2167, 2196).

Krystalle (aus Acn.); F: 214–215°.

---

[1]) Über das Symbol (2$\overline{RS}$) s. S. 1407 Anm. 1.

[2]) Stellungsbezeichnung bei von Tocol abgeleiteten Namen s. S. 1408, Formel V.

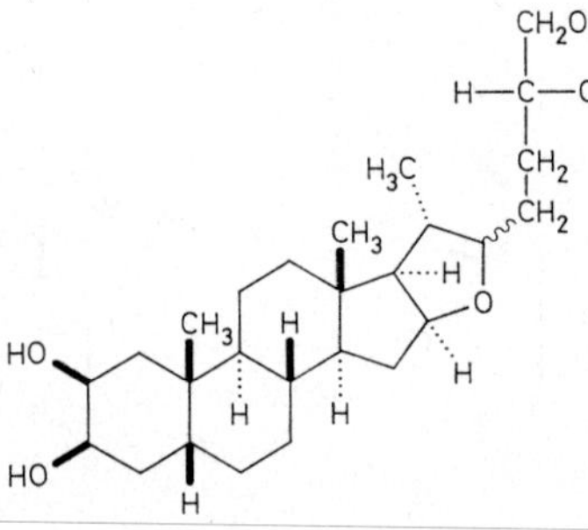

IX

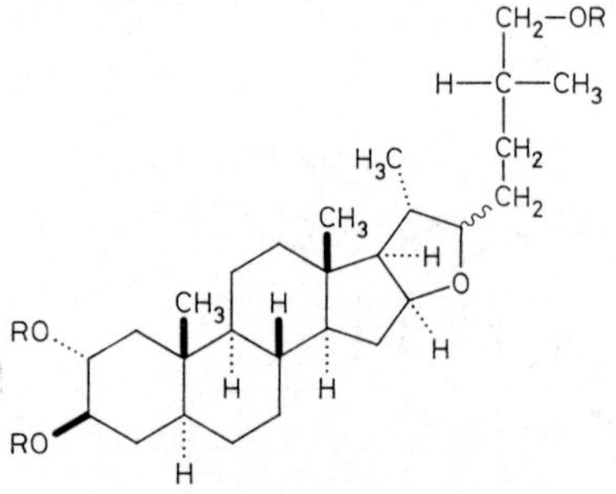

X

b) (25R)-5α,22ξH-Furostan-2α,3β,26-triol, Dihydrogitogenin $C_{27}H_{46}O_4$, Formel X (R = H).

B. Aus *exo*-Dihydroyuccagenin (S. 2363) bei der Hydrierung an Platin in Äthanol (*Marker, Lopez,* Am. Soc. **69** [1947] 2389, 2392). Aus Gitogenin ((25R)-5α,22αO-Spirostan-2α,3β-diol) bei der Hydrierung mit Hilfe von Platin (*Marker et al.,* Am. Soc. **69** [1947] 2167, 2201). Bei der Hydrierung von Di-O-acetyl-gitogenin [(25R)-2α,3β-Diacetoxy-5α,22αO-spirostan] (*Marker, Rohrmann,* Am. Soc. **61** [1939] 2724, 2725) oder von Di-O-acetyl-yuccagenin [(25R)-2α,3β-Diacetoxy-22αO-spirost-5-en] (*Ma. et al.,* l. c. S. 2192) an Platin in Essigsäure und Behandlung des jeweiligen Reaktionsprodukts mit äthanol. Kalilauge.

Krystalle (aus E. oder Acn.); F: 195—197° (*Ma., Ro.; Ma. et al.,* l. c. S. 2192).

2,3-Diacetoxy-8-[4-acetoxy-3-methyl-butyl]-4a,6a,7-trimethyl-octadecahydro-naphth[2′,1′;4,5]indeno[2,1-b]furan $C_{33}H_{52}O_7$.

a) (25R)-2α,3β,26-Triacetoxy-5α,20αH,22αH-furostan, Tri-O-acetyl-dihydropseudo‑gitogenin $C_{33}H_{52}O_7$, Formel XI.

B. Aus Tri-O-acetyl-pseudogitogenin (S. 2361) oder aus Tri-O-acetyl-pseudoyucca‑genin (S. 2366) bei der Hydrierung an Platin in Essigsäure (*Marker et al.,* Am. Soc. **69** [1947] 2167, 2191).

Krystalle (aus wss. Eg.); F: 154—156°.

b) (25R)-2α,3β,26-Triacetoxy-5α,22ξH-furostan, Tri-O-acetyl-dihydrogitogenin $C_{33}H_{52}O_7$, Formel X (R = CO-CH₃).

B. Beim Erhitzen von Dihydrogitogenin (s. o.) mit Acetanhydrid (*Marker et al.,* Am. Soc. **69** [1947] 2167, 2201; *Marker, Lopez,* Am. Soc. **69** [1947] 2389, 2392).

Krystalle (aus Me.); F: 117—119° (*Ma., Lo.*), 117—118° (*Ma. et al.,* l. c. S. 2192).

(25R)-2α,3β,26-Tris-[4-nitro-benzoyloxy]-5α,22ξH-furostan, Tris-O-[4-nitro-benzoyl]-dihydrogitogenin $C_{48}H_{55}N_3O_{13}$, Formel X (R = CO-C₆H₄-NO₂).

B. Beim Erwärmen von Dihydrogitogenin (s. o.) mit 4-Nitro-benzoylchlorid und Pyridin (*Marker, Rohrmann,* Am. Soc. **61** [1939] 2724).

Krystalle (aus Ae. + Acn.); F: 189—191°.

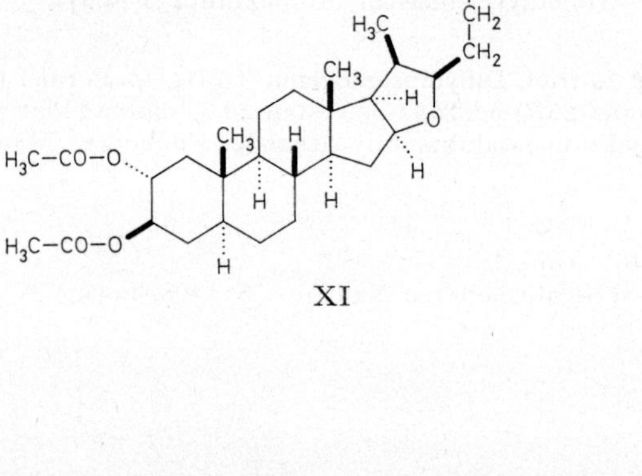

XI

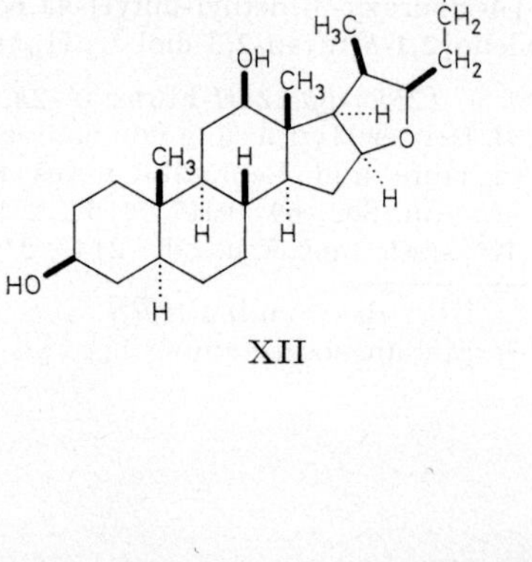

XII

8-[4-Hydroxy-3-methyl-butyl]-4a,6a,7-trimethyl-octadecahydro-naphth[2',1';4,5]=indeno[2,1-b]furan-2,6-diol $C_{27}H_{46}O_4$.

a) **(25R)-5α,20αH,22αH-Furostan-3β,12β,26-triol, Dihydropseudorockogenin** $C_{27}H_{46}O_4$, Formel XII.

Die Identität eines von *Marker et al.* (Am. Soc. **69** [1947] 2167, 2171) unter dieser Konstitution und Konfiguration beschriebenen, aus Pseudohecogenin ((25R)-3β,26-Dihydroxy-5α-furost-20(22)-en-12-on) durch Hydrierung an Platin in Essigsäure und anschliessende Hydrolyse hergestellten Präparats (Krystalle [aus Acn.], F: 224—226°) ist ungewiss (*Wall, Walens,* Am. Soc. **77** [1955] 5661, 5664 Anm. 20).

B. Bei der Hydrierung von Cyclopseudohecogenin ((25R)-3β-Hydroxy-5α,20αH,22αO-spirostan-12-on) oder von Di-O-acetyl-pseudohecogenin ((25R)-3β,26-Diacetoxy-5α-furost-20(22)-en-12-on) an Platin in Essigsäure und anschliessenden Hydrolyse (*Wall, Wa.,* l. c. S. 5664).

Krystalle (aus Acn.), F: 185—186° [Kofler-App.]; $[\alpha]_D^{25}$: +17° [Py.] (*Wall, Wa.*).

b) **(25R)-5α,22ξH-Furostan-3β,12β,26-triol, Dihydrorockogenin** $C_{27}H_{46}O_4$, Formel XIII.

B. Bei der Hydrierung von O-Acetyl-hecogenin ((25R)-3β-Acetoxy-5α,22αO-spirostan-12-on) an Platin in Essigsäure und Behandlung des Reaktionsprodukts mit äthanol. Kalilauge (*Marker et al.,* Am. Soc. **69** [1947] 2167, 2175).

Krystalle (aus Acn.); F: 212—215°.

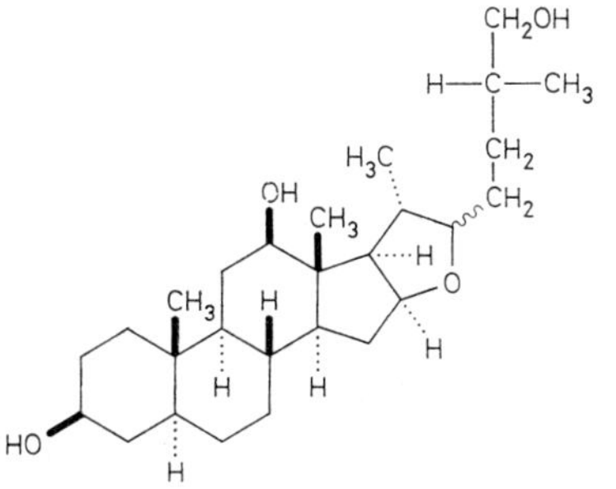

XIII 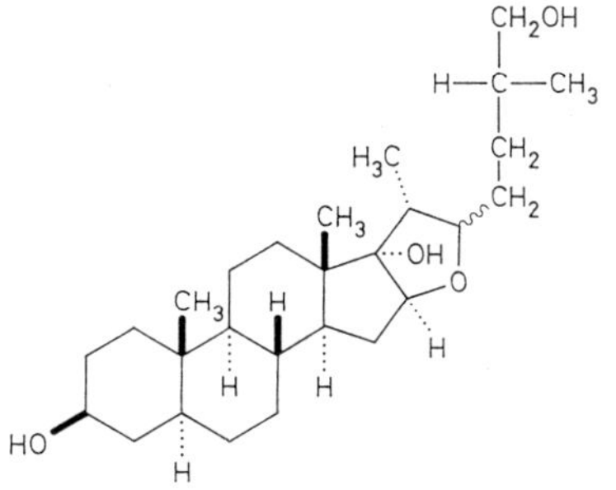   XIV

(25R)-5α,22ξH-Furostan-3β,17,26-triol $C_{27}H_{46}O_4$, Formel XIV.

Diese Konstitution (und Konfiguration) kommt vermutlich der nachstehend beschriebenen Verbindung zu.

B. Bei der Hydrierung von O³-Acetyl-pennogenin ((25R)-3β-Acetoxy-22αO-spirost-5-en-17-ol) an Platin in Essigsäure bei 70° und Behandlung des Reaktionsprodukts mit äthanol. Kalilauge (*Marker et al.,* Am. Soc. **69** [1947] 2167, 2209).

Krystalle (aus Acn.); F: 168—170°.

(25R)-22-Äthoxy-5α,22αH-furostan-3β,26-diol $C_{29}H_{50}O_4$, Formel I.

B. Aus (25R)-3β,26-Diacetoxy-22-äthoxy-5α,22αH-furostan beim Erwärmen mit methanol.-wss. Kaliumcarbonat-Lösung (*Hirschmann, Hirschmann,* Tetrahedron **3** [1958] 243, 252).

Krystalle (aus Acn.); F: 200—205° [korr.; Zers.].

Beim Behandeln einer äthanol. Lösung mit Essigsäure ist Tigogenin ((25R)-5α,22αO-Spirostan-3β-ol) erhalten worden (*Hi., Hi.,* l. c. S. 253).

(25R)-3β,26-Diacetoxy-22-methoxy-5α,22αH-furostan $C_{32}H_{52}O_6$, Formel II (R = CH₃).

B. Beim Behandeln von (25R)-3β,26-Diacetoxy-22-äthoxy-5α,22αH-furostan mit Methanol und Essigsäure (*Hirschmann, Hirschmann,* Tetrahedron **3** [1958] 243, 252).

Krystalle (aus Me.); F: 112,5—117° [korr.]. IR-Spektrum (CS₂; 8—11 μ): *Hi., Hi.,* l. c. S. 247.

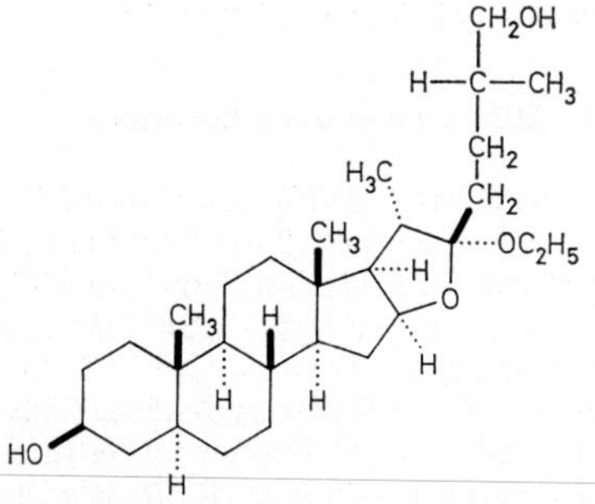

I 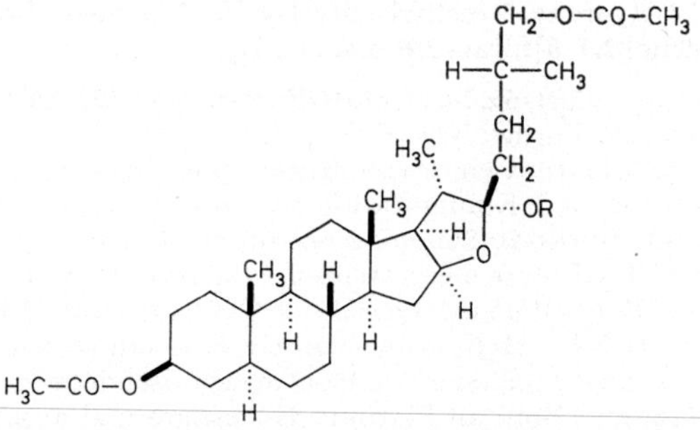   II

(25R)-3β,26-Diacetoxy-22-äthoxy-5α,22αH-furostan $C_{33}H_{54}O_6$, Formel II (R = C_2H_5).
Konfigurationszuordnung: *Hirschmann, Hirschmann*, Tetrahedron **3** [1958] 243, 248.
B. Aus (25R)-3β,26-Diacetoxy-5α-cholestan-16,22-dion bei der Hydrierung an Raney-Nickel in Äthanol (*Hi., Hi.*, l. c. S. 251).
Krystalle (aus A.); F: 154—157° [korr.]. [α]$_D$: —35° [A.; c = 0,4]. IR-Spektrum (CS$_2$; 8—11 μ): *Hi., Hi.*, l. c. S. 247.
Beim Erhitzen bis auf 195° sind (25R)-3β,26-Diacetoxy-5α-furost-22ξ-en ([α]$_D^{23}$: +3° [A.]) und (25R)-3β,26-Diacetoxy-5α-furost-20(22)-en, beim Erhitzen in Gegenwart von Silber auf 158° ist nur die zuerst genannte, beim Erhitzen auf 158° in Gegenwart von Aktivkohle ist nur die zuletzt genannte Verbindung erhalten worden.

8-[4-Hydroxy-3-methyl-butyl]-4a,6a,7-trimethyl-octadecahydro-naphth[2′,1′;4,5]-indeno[2,1-b]furan-2,12-diol $C_{27}H_{46}O_4$.

a) **(25R)-5α,20αH,22αH-Furostan-3β,6α,26-triol, Dihydropseudochlorogenin** $C_{27}H_{46}O_4$, Formel III (R = H).
B. Aus Pseudochlorogenin ((25R)-5α-Furost-20(22)-en-3β,6α,26-triol) bei der Hydrierung an Platin in Äthanol und Essigsäure (*Marker et al.*, Am. Soc. **62** [1940] 648).
Krystalle (aus Me.); F: 269—272°.

b) **(25R)-5α,22ξH-Furostan-3β,6β,26-triol, Dihydro-β-chlorogenin** $C_{27}H_{46}O_4$, Formel IV.
B. Aus β-Chlorogenin ((25R)-5α,22αO-Spirostan-3β,6β-diol) bei der Hydrierung an Platin in Essigsäure (*Marker et al.*, Am. Soc. **62** [1940] 2537, 2539).
Krystalle (aus wss. Acn.); F: 209—210°.

c) **(25R)-5α,22ξH-Furostan-3β,6α,26-triol, Dihydrochlorogenin** $C_{27}H_{46}O_4$, Formel V (R = H).
B. Aus Chlorogenin ((25R)-5α,22αO-Spirostan-3β,6α-diol) bei der Hydrierung an Platin in Essigsäure (*Marker, Rohrmann*, Am. Soc. **61** [1939] 3479, 3481).
Krystalle (aus A.); F: 233—235°.
Beim Behandeln mit Chrom(VI)-oxid in Essigsäure ist (25R)-3,6-Dioxo-5α,22ξH-furostan-26-säure (F: 202—204°) erhalten worden.

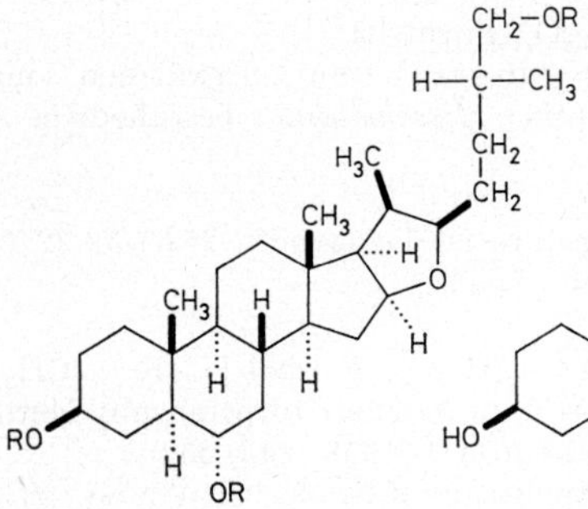

III 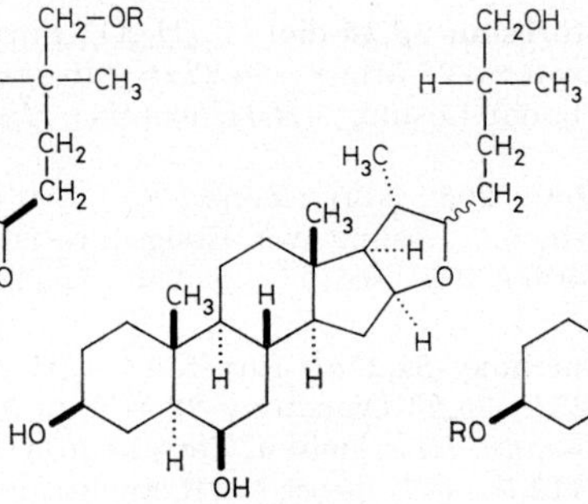   IV 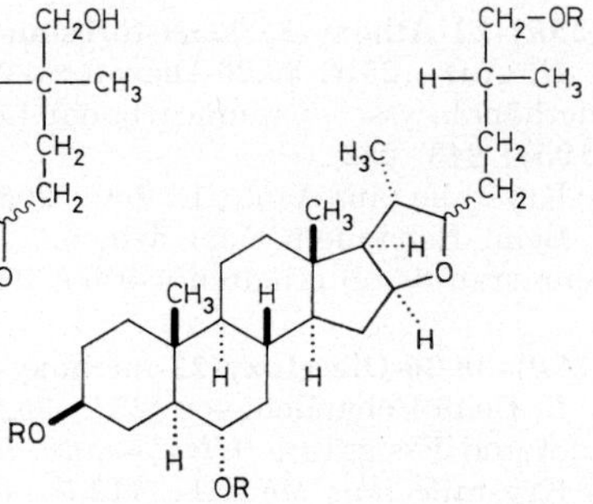   V

(25*R*)-3*β*,6*α*,26-Triacetoxy-5*α*,20*αH*,22*αH*-furostan, Tri-*O*-acetyl-dihydropseudochloro=
genin C$_{33}$H$_{52}$O$_7$, Formel III (R = CO-CH$_3$).
B. Beim Erhitzen von Dihydropseudochlorogenin (S. 2348) mit Acetanhydrid
(*Marker et al.*, Am. Soc. **62** [1940] 648).
Krystalle (aus wss. A.); F: 149—152°.

(25*R*)-3*β*,6*α*,26-Tris-[3,5-dinitro-benzoyloxy]-5*α*,22*ξH*-furostan, Tris-*O*-[3,5-dinitro-
benzoyl]-dihydrochlorogenin C$_{48}$H$_{52}$N$_6$O$_{19}$, Formel V (R = CO-C$_6$H$_3$(NO$_2$)$_2$).
B. Beim Behandeln von Dihydrochlorogenin (S. 2348) mit 3,5-Dinitro-benzoylchlorid
und Pyridin (*Marker, Rohrmann*, Am. Soc. **61** [1939] 3479, 3481).
Krystalle (aus Acn.); F: 210—212°.

(23*Ξ*,25*S*)-5*β*,22*ξH*-Furostan-3*β*,23,26-triol, 23-Hydroxy-dihydrosarsasapogenin
C$_{27}$H$_{46}$O$_4$, Formel VI.
B. Bei der Hydrierung von (25*S*)-3*β*-Acetoxy-5*β*,22*αO*-spirostan-23-on an Platin in
Äthanol und Essigsäure und Behandlung des Reaktionsprodukts mit warmer äthanol.
Kalilauge (*Marker, Shabika*, Am. Soc. **64** [1942] 813, 815).
Krystalle (aus E.); F: 219—221°.

(25*S*)-5*β*,22*ξH*-Furostan-3*α*,25,26-triol, Dihydrocholegenin C$_{27}$H$_{46}$O$_4$, Formel VII
(R = H).
B. Bei der Hydrierung von Cholegenin ((25*S*)-22,25-Epoxy-5*β*,22*αH*-furostan-3*α*,26-di=
ol) oder von Isocholegenin ((25*S*)-5*β*,22*αO*-Spirostan-3*α*,25-diol) an Platin in Essigsäure
(*Thompson et al.*, Am. Soc. **81** [1959] 5225, 5227). Aus 5*β*,22*ξH*-Furost-25-en-3*α*-ol (S. 1515)
beim Erwärmen mit Acetanhydrid und Pyridin und Behandeln des Reaktionsprodukts
mit Osmium(VIII)-oxid in Äther und Pyridin und anschliessenden Hydrolysieren sowie
beim Behandeln mit Jod, Silberacetat und wasserhaltiger Essigsäure (*Thompson et al.*,
Am. Soc. **81** [1959] 5222).
Krystalle (aus E. oder aus Ae. + PAe.), F: 155—157° [Kofler-App.]; Krystalle, F:
175—178° [Kofler-App.] (*Th. et al.*, l. c. S. 5224, 5227); [α]$_D^{20}$: +15° [CHCl$_3$; c = 1] (*Th.
et al.*, l. c. S. 5224, 5227).

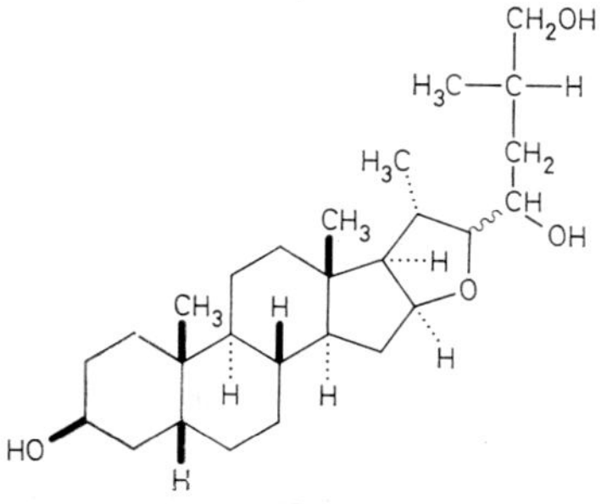

VI 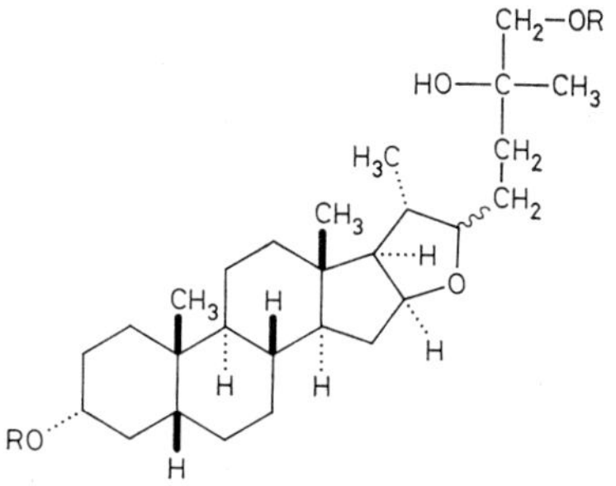   VII

(25*S*)-3*α*,26-Diacetoxy-5*β*-,22*ξH*-furostan-25-ol, *O^3*,*O^{26}*-Diacetyl-dihydrocholegenin
C$_{31}$H$_{50}$O$_6$, Formel VII (R = CO-CH$_3$).
B. Beim Erwärmen der im vorangehenden Artikel beschriebenen Verbindung mit Acet=
anhydrid und Pyridin (*Thompson et al.*, Am. Soc. **81** [1959] 5222).
Krystalle; F: 116—118° [Kofler-App.]. [α]$_D^{20}$: +22° [CHCl$_3$; c = 1].

8-[4-Hydroxy-3-hydroxymethyl-butyl]-4a,6a,7-trimethyl-octadecahydro-naphth=
[2',1';4,5]indeno[2,1-*b*]furan-2-ol C$_{27}$H$_{46}$O$_4$.
a) **5*β*,22*ξH*-Furostan-3*β*,26,27-triol** C$_{27}$H$_{46}$O$_4$, Formel VIII (R = H).
B. Beim Erwärmen von 3*β*-Acetoxy-24-jod-25,26,27-trinor-5*β*,22*ξH*-furostan (S. 1406)
mit Malonsäure-diäthylester und Natriumäthylat in Äthanol und Behandeln des Reaktionsprodukts mit Lithiummalanat in Äther (*Thompson et al.*, Am. Soc. **81** [1959] 5225,
5230).
Krystalle (aus Ae. + PAe.); F: 155—157° [Kofler-App.]. [α]$_D^{20}$: +2° [CHCl$_3$; c = 1].

b) **5β,22ξH-Furostan-3α,26,27-triol** $C_{27}H_{46}O_4$, Formel IX (R = H).

B. Beim Erwärmen von 3α-Acetoxy-24-jod-25,26,27-trinor-5β,22ξH-furostan (S. 1406) mit Malonsäure-diäthylester und Natriumäthylat in Äthanol und Behandeln des Reaktionsprodukts mit Lithiumalanat in Äther (*Thompson et al.*, Am. Soc. **81** [1959] 5225, 5229).

Krystalle (aus Ae. + PAe.); F: 152—155° [Kofler-App.]. $[\alpha]_D^{20}$: +9° [CHCl$_3$; c = 1].

VIII   IX

2-Acetoxy-8-[4-acetoxy-3-acetoxymethyl-butyl]-4a,6a,7-trimethyl-octadecahydro-naphth[2′,1′;4,5]indeno[2,1-b]furan $C_{33}H_{52}O_7$.

a) **3β,26,27-Triacetoxy-5β,22ξH-furostan** $C_{33}H_{52}O_7$, Formel VIII (R = CO-CH$_3$).

B. Beim Behandeln von 5β,22ξH-Furostan-3β,26,27-triol (S. 2349) mit Acetanhydrid und Pyridin (*Thompson et al.*, Am. Soc. **81** [1959] 5225, 5230).

Krystalle (aus wss. Me.); F: 93—95°. $[\alpha]_D^{20}$: +3° [CHCl$_3$; c = 1].

b) **3α,26,27-Triacetoxy-5β,22ξH-furostan** $C_{33}H_{52}O_7$, Formel IX (R = CO-CH$_3$).

B. Beim Behandeln von 5β,22ξH-Furostan-3α,26,27-triol (s. o.) mit Acetanhydrid und Pyridin (*Thompson et al.*, Am. Soc. **81** [1959] 5225, 5230).

Öl. $[\alpha]_D^{20}$: +23° [CHCl$_3$; c = 1].

Trihydroxy-Verbindungen $C_{28}H_{48}O_4$

22α$_F$(?),23α$_F$(?)-Dichlor-8,9-epoxy-5α,8α-ergostan-3β,7α(?),11α-triol $C_{28}H_{46}Cl_2O_4$, vermutlich Formel X (R = X = H).

Bezüglich der Konfiguration s. die Angaben bei 22α$_F$(?),23α$_F$(?)-Dibrom-8,9-epoxy-5α,8α-ergostan-3β,7α(?),11α-triol (S. 2351).

B. Aus der im folgenden Artikel beschriebenen Verbindung beim Erwärmen mit äthanol. Kalilauge und wenig Benzol (*Paterson, Spring*, Soc. **1954** 325, 327).

Krystalle (aus wss. Me.), F: 271—273° [korr.; Zers.]; $[\alpha]_D^{18}$: +28° [CHCl$_3$; c = 0,5] (*Pa., Sp.*).

3β-Acetoxy-22α$_F$(?),23α$_F$(?)-dichlor-8,9-epoxy-5α,8α-ergostan-7α(?),11α-diol $C_{30}H_{48}Cl_2O_5$, vermutlich Formel X (R = CO-CH$_3$, X = H).

Bezüglich der Konfiguration s. die Angaben 22α$_F$(?),23α$_F$(?)-Dibrom-8,9-epoxy-5α,8α-ergostan-3β,7α(?),11α-triol (S. 2351).

B. Aus 3β-Acetoxy-22α$_F$(?),23α$_F$(?)-dichlor-5α-ergost-8-en-7α(?),11α-diol (F: 226—228° [Zers.]) beim Behandeln mit Peroxybenzoesäure in Chloroform (*Paterson, Spring*, Soc. **1954** 325, 327).

Krystalle (aus Acn.); F: 277—279° [korr.; Zers.]. $[\alpha]_D^{18}$: +21° [CHCl$_3$; c = 1].

Beim Behandeln einer Lösung in Essigsäure mit wss. Bromwasserstoffsäure ist 3β-Acetoxy-22α$_F$(?),23α$_F$(?)-dichlor-9,11α-dihydroxy-5α-ergostan-7-on (F: 285—286° [korr.; Zers.]) erhalten worden.

3β,7α(?),11α-Triacetoxy-22α$_F$(?),23α$_F$(?)-dichlor-8,9-epoxy-5α,8α-ergostan $C_{34}H_{52}Cl_2O_7$, vermutlich Formel X (R = X = CO-CH$_3$).

Bezüglich der Konfiguration s. die Angaben bei 22α$_F$(?),23α$_F$(?)-Dibrom-8,9-epoxy-5α,8α-ergostan-3β,7α(?),11α-triol (S. 2351).

B. Beim Behandeln der im vorangehenden Artikel beschriebenen Verbindung mit Acetanhydrid und Pyridin (*Paterson, Spring*, Soc. **1954** 325, 327).

Krystalle (aus wss. Acn.); F: 212—214° [korr.]. $[\alpha]_D^{18}$: +7° [CHCl$_3$; c = 0,6].

X   XI

22α$_F$(?),23α$_F$(?)-Dibrom-8,9-epoxy-5α,8α-ergostan-3β,7α(?),11α-triol C$_{28}$H$_{46}$Br$_2$O$_4$, vermutlich Formel XI (R = X = H).
Bezüglich der Konfiguration an den C-Atomen 22 und 23 vgl. *Hammer et al.*, Tetra=
hedron **20** [1964] 929, 937; *Margulis et al.*, Soc. **1964** 4396; bezüglich der Konfiguration
am C-Atom 7 vgl. *Fieser, Ourisson*, Am. Soc. **75** [1953] 4404, 4410.
B. Aus der im folgenden Artikel beschriebenen Verbindung beim Erwärmen mit
methanol. Kalilauge (*Budziarek et al.*, Soc. **1953** 778, 780).
Krystalle (aus Acn.); F: 241—242° [korr.]. [α]$_D^{18}$: +29° [CHCl$_3$; c = 0,5].

3β-Acetoxy-22α$_F$(?),23α$_F$(?)-dibrom-8,9-epoxy-5α,8α-ergostan-7α(?),11α-diol
C$_{30}$H$_{48}$Br$_2$O$_5$, vermutlich Formel XI (R = CO-CH$_3$, X = H).
Bezüglich der Konfiguration s. die Angaben bei 22α$_F$(?),23α$_F$(?)-Dibrom-8,9-epoxy-
5α,8α-ergostan-3β,7α(?),11α-triol (s. o.).
B. Aus 3β-Acetoxy-22α$_F$(?),23α$_F$(?)-dibrom-5α-ergost-8-en-7α(?),11α-diol (F: 216° bis
217° [korr.]) beim Behandeln mit Peroxybenzoesäure in Chloroform (*Budziarek et al.*,
Soc. **1953** 778, 779).
Krystalle (aus Acn.); F: 245—246° [korr.]. [α]$_D^{18}$: +16° [CHCl$_3$; c = 2].

3β,7α(?),11α-Triacetoxy-22α$_F$(?),23α$_F$(?)-dibrom-8,9-epoxy-5α,8α-ergostan C$_{34}$H$_{52}$Br$_2$O$_7$,
vermutlich Formel XI (R = X = CO-CH$_3$).
Bezüglich der Konfiguration s. die Angaben bei 22α$_F$(?),23α$_F$(?)-Dibrom-8,9-epoxy-
5α,8α-ergostan-3β,7α(?),11α-triol (s. o.).
B. Beim Erwärmen der im vorangehenden Artikel beschriebenen Verbindung mit
Acetanhydrid und Pyridin (*Budziarek et al.*, Soc. **1953** 778, 779).
Krystalle (aus Me. + CHCl$_3$); F: 220—221° [korr.]. [α]$_D^{18}$: +4° [CHCl$_3$; c = 2].

3β-Acetoxy-5,8-epoxy-5α,8α-ergostan-9,11α-diol C$_{30}$H$_{50}$O$_5$, Formel XII (R = H).
B. Aus 3β-Acetoxy-5,8-epoxy-5α,8α-ergost-9(11)-en bei mehrtägigem Behandeln mit
Osmium(VIII)-oxid in Äther unter Zusatz von Pyridin (*Clayton et al.*, Soc. **1953** 2009,
2013).
Krystalle (aus Me.); F: 192,5—194° [korr.; Kofler-App.]. [α]$_D$: +68° [CHCl$_3$; c = 0,6].
Beim Behandeln mit Thionylchlorid und Pyridin ist 3β-Acetoxy-5,8-epoxy-9,11α-sulfin=
yldioxy-5α,8α-ergostan (S. 2352) erhalten worden.

3β,11α-Diacetoxy-5,8-epoxy-5α,8α-ergostan-9-ol C$_{32}$H$_{52}$O$_6$, Formel XII (R = CO-CH$_3$).
B. Beim Erwärmen der im vorangehenden Artikel beschriebenen Verbindung mit
Acetanhydrid und Pyridin (*Clayton et al.*, Soc. **1953** 2009, 2013).
Krystalle (aus Me.); F: 200—200,5° [korr.; Kofler-App.]. [α]$_D$: +64° [CHCl$_3$; c = 1].
Beim Behandeln mit Thionylchlorid und Pyridin ist 3β,11-Diacetoxy-5,8-epoxy-
5α,8α-ergost-9(11)-en erhalten worden.

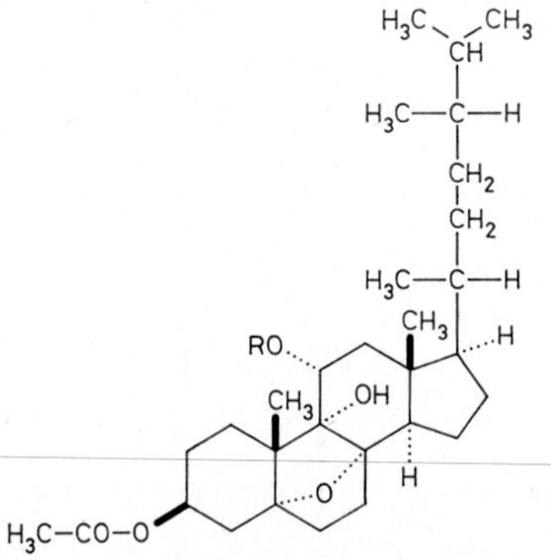

XII 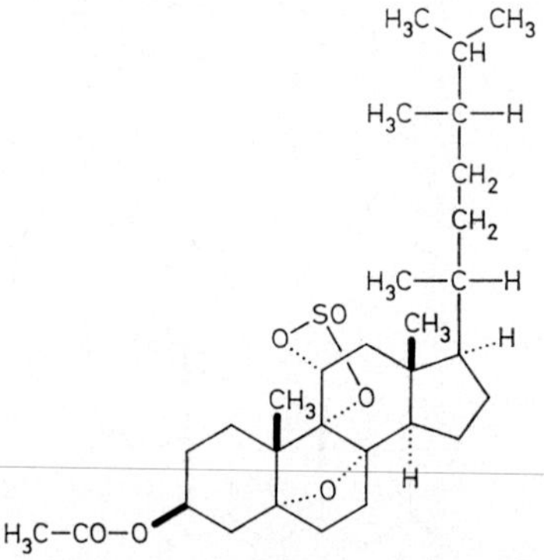   XIII

3β-Acetoxy-5,8-epoxy-9,11α-sulfinyldioxy-5α,8α-ergostan $C_{30}H_{48}O_6S$, Formel XIII.

B. Beim Behandeln von 3β-Acetoxy-5,8-epoxy-5α,8α-ergostan-9,11α-diol mit Thionyl=
chlorid und Pyridin (*Clayton et al.*, Soc. **1953** 2009, 2013).

Krystalle (aus Me.); F: 173—174° [korr.; Kofler-App.]. $[\alpha]_D$: —28° [CHCl$_3$; c = 0,4].

[*Rabien*]

Trihydroxy-Verbindungen $C_nH_{2n-10}O_4$

Trihydroxy-Verbindungen $C_8H_6O_4$

Benzofuran-3,4,6-triol $C_8H_6O_4$, Formel I (R = H), und **4,6-Dihydroxy-benzofuran-3-on** $C_8H_6O_4$, Formel II (R = H) (E I 112; E II 215; dort als 3.4.6-Trioxy-cumaron bzw. 4.6-Dioxy-3-oxo-cumaran bezeichnet).

B. Beim Behandeln von Phloroglucin mit Chloracetylchlorid in Äther und anschliessend mit Natriumacetat (*Balakrishna et al.*, Pr. Indian Acad. [A] **29** [1949] 394, 400). Beim Behandeln von Phloroglucin mit Chloracetylchlorid unter Zusatz von Aluminiumchlorid in Nitrobenzol und Behandeln des Reaktionsprodukts mit Kaliumacetat in Methanol (*Horváth*, M. **82** [1951] 901, 909). Beim Einleiten von Chlorwasserstoff in ein Gemisch von Phloroglucin, Chloracetonitril, Zinkchlorid und Äther und Erwärmen des Reaktions-produkts mit Wasser und anschliessend mit wss. Kaliumacetat-Lösung (*Geissman, Hin-reiner*, Am. Soc. **73** [1951] 782, 784). Beim Erwärmen von 2-Methoxy-1-[2,4,6-trihydroxy-phenyl]-äthanon mit wss. Bromwasserstoffsäure (*Ba. et al.*). Beim Erwärmen von 2-Chlor-1-[2,4,6-trihydroxy-phenyl]-äthanon mit Natriumacetat in Äthanol (*Shriner, Grosser*, Am. Soc. **64** [1942] 382, 383).

F: 258° [Zers.; evakuierte Kapillare] (*Späth et al.*, B. **70** [1937] 243, 245), 255° [korr.] (*Duncanson et al.*, Soc. **1957** 3555, 3561). UV-Spektrum (A.; 200—370 nm [λ_{max}: 281 nm]): *Horváth*, M. **82** [1951] 982, 986, 987. UV-Absorptionsmaxima einer Chlorwasserstoff enthaltenden Lösung in Äthanol: 283 nm und 312 nm; einer Lösung in wss. Natron-lauge: 306 nm und 345 nm (*Du. et al.*, l. c. S. 3557).

Beim Behandeln mit Dimethylsulfat und Kaliumcarbonat in Wasser sind 4,6-Dimeth=oxy-benzofuran-3-ol (S. 2353) und 4,6-Dimethoxy-5-methyl-benzofuran-3-ol (S. 2358) erhalten worden (*Mulholland, Ward*, Soc. **1953** 1642).

4-Methoxy-benzofuran-3,6-diol $C_9H_8O_4$, Formel I (R = CH$_3$), und **6-Hydroxy-4-methoxy-benzofuran-3-on** $C_9H_8O_4$, Formel II (R = CH$_3$).

B. Beim Einleiten von Chlorwasserstoff in ein Gemisch von 5-Methoxy-resorcin, Chlor=acetonitril, Zinkchlorid und Äther und Erwärmen des Reaktionsprodukts mit Wasser und anschliessend mit Natriumacetat in Äthanol (*Geissman, Hinreiner*, Am. Soc. **73** [1951] 782, 784). Beim Erwärmen von 2-Chlor-1-[2,4-dihydroxy-6-methoxy-phenyl]-äthanon mit Kaliumacetat in Äthanol (*Gruber, Horváth*, M. **80** [1949] 563, 569). Beim Behandeln einer Lösung von Benzofuran-3,4,6-triol (s. o.) in Dioxan mit Diazomethan in Äther (*Ge., Hi.*).

Krystalle; F: 299—300° [korr.; aus Dioxan] (*Duncanson et al.*, Soc. **1957** 3555, 3561), 290—292° [Zers.; aus Eg.] (*Ge., Hi.*), 290° [aus PAe.] (*Farmer et al.*, Soc. **1956** 3600, 3606). UV-Absorptionsmaxima einer Lösung in Chlorwasserstoff enthaltendem Äthanol: 284 nm und 315 nm; einer Lösung in wss. Natronlauge: 318 nm (*Du. et al.*, l. c. S. 3557).

I   II   III   IV

6-Methoxy-benzofuran-3,4-diol $C_9H_8O_4$, Formel III (R = H), und **4-Hydroxy-6-methoxy-benzofuran-3-on** $C_9H_8O_4$, Formel IV (R = H).

B. Beim Erwärmen von 2-Brom-1-[2,6-dihydroxy-4-methoxy-phenyl]-äthanon mit Natriumacetat in Äthanol (*Duncanson et al.*, Soc. **1957** 3555, 3561). Beim Erhitzen von 1-[2-Hydroxy-4,6-dimethoxy-phenyl]-2-methoxy-äthanon mit wss. Bromwasserstoffsäure (*Balakrishna et al.*, Pr. Indian Acad. [A] **29** [1949] 394, 400). Beim Behandeln von Benzofuran-3,4-diol (S. 2352) mit Dimethylsulfat und Kaliumcarbonat in Aceton (*Ba. et al.*; s. jedoch *Du. et al.*).

Krystalle; F: 147—148° [aus A.] (*Ba. et al.*), 144° [aus PAe.] (*Du. et al.*). UV-Absorptionsmaxima einer Lösung in Chlorwasserstoff enthaltendem Äthanol: 280 nm und 315 nm; einer Lösung in wss. Natronlauge: 285 nm und 346 nm (*Du. et al.*, l. c. S. 3557).

2,4-Dinitro-phenylhydrazon (Zers. bei 220°): *Du. et al.*

4,6-Dimethoxy-benzofuran-3-ol $C_{10}H_{10}O_4$, Formel III (R = CH$_3$), und **4,6-Dimethoxy-benzofuran-3-on** $C_{10}H_{10}O_4$, Formel IV (R = CH$_3$) (H 176; E I 112; dort als 3-Oxy-4.6-dimethoxy-cumaron bzw. 4.6-Dimethoxy-3-oxo-cumaran bezeichnet).

B. Beim Behandeln von Benzofuran-3,4,6-triol (S. 2352) mit wss. Kalilauge und Dimethylsulfat (*Mulholland, Ward*, Soc. **1953** 1642) oder mit Diazomethan in Tetrahydrofuran (*Farmer et al.*, Soc. **1956** 3600, 3606).

Krystalle; F: 140—140,5° [Kofler-Apparat] (*Bencze et al.*, Helv. **39** [1956] 923, 940), F: 138—139° [aus Bzl.] (*Mu., Ward*), 136° [aus PAe.] (*Fa. et al.*). UV-Spektrum (A.; 200—350 nm [λ_{max}: 224 nm, 280 nm, und 312 nm]): *Horváth*, M. **82** [1951] 982, 986, 987; UV-Absorptionsmaxima (A.): 283 nm und 315 nm (*Dean, Manunapichu*, Soc. **1957** 3112, 3117). UV-Absorptionsmaxima einer Lösung in Chlorwasserstoff enthaltendem Äthanol: 282 nm und 318 nm (*Duncanson et al.*, Soc. **1957** 3555, 3557).

4-Äthoxy-benzofuran-3,6-diol $C_{10}H_{10}O_4$, Formel I (R = C$_2$H$_5$), und **4-Äthoxy-6-hydroxy-benzofuran-3-on** $C_{10}H_{10}O_4$, Formel II (R = C$_2$H$_5$).

B. Beim Einleiten von Chlorwasserstoff in ein Gemisch von 5-Äthoxy-resorcin, Chloracetonitril, Zinkchlorid und Äther und Erwärmen des Reaktionsprodukts mit Wasser und anschliessend mit Kaliumacetat in Äthanol (*Ballio, Marini-Bettòlo*, G. **85** [1955] 1319, 1325).

Krystalle (aus Eg.); F: 255—256°.

4,6-Diäthoxy-benzofuran-3-ol $C_{12}H_{14}O_4$, Formel V (R = C$_2$H$_5$), und **4,6-Diäthoxy-benzofuran-3-on** $C_{12}H_{14}O_4$, Formel VI (R = C$_2$H$_5$).

B. Aus 3,5-Diäthoxy-phenol und Chloracetonitril analog der im vorangehenden Artikel beschriebenen Verbindung (*Ballio, Marini-Bettòlo*, G. **85** [1955] 1319, 1326).

Krystalle (aus A.); F: 160°.

3-Acetoxy-4,6-dimethoxy-benzofuran $C_{12}H_{12}O_5$, Formel VII (R = CH$_3$).

B. Beim Erwärmen von 4,6-Dimethoxy-benzofuran-3-ol (s. o.) mit Acetanhydrid (*Bickel, Schmid*, Helv. **36** [1953] 664, 686) oder mit Acetanhydrid und Natriumacetat (*Dean, Manunapichu*, Soc. **1957** 3112, 3118).

Krystalle (aus PAe.); F: 71—72° (*Dean, Ma.*), 70,5—71° (*Bi., Sch.*). UV-Absorptionsmaximum (A.): 256 nm (*Dean, Ma.*).

4,6-Diacetoxy-benzofuran-3-ol $C_{12}H_{10}O_6$, Formel V (R = CO-CH$_3$), und **4,6-Diacetoxy-benzofuran-3-on** $C_{12}H_{10}O_6$, Formel VI (R = CO-CH$_3$) (E I 112; dort als 3-Oxy-4.6-di= acetoxy-cumaron bzw. 4.6-Diacetoxy-3-oxo-cumaran bezeichnet).

B. Beim Erwärmen von Benzofuran-3,4,6-triol (S. 2352) mit Acetanhydrid (*Späth et al.*, *B.* **70** [1937] 243, 245; s. E I 112).

Krystalle (aus Ae. + PAe.); F: 125°. Das Rohprodukt ist bei 130—155°/0,03 Torr destillierbar.

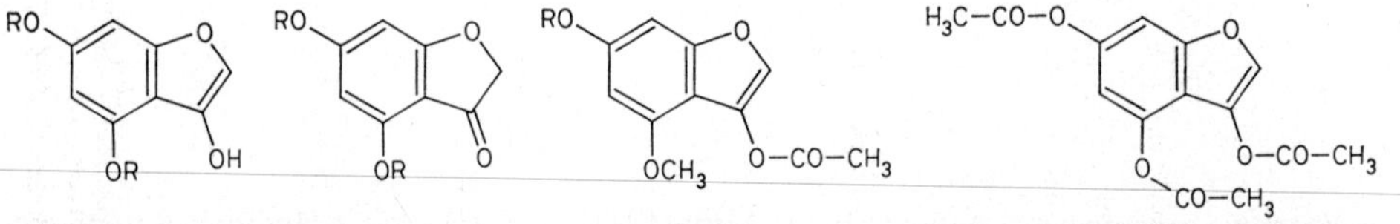

V   VI   VII   VIII

3,6-Diacetoxy-4-methoxy-benzofuran $C_{13}H_{12}O_6$, Formel VII (R = CO-CH$_3$).

B. Beim Erwärmen von 4-Methoxy-benzofuran-3,6-diol (S. 2352) mit Acetanhydrid und wenig Acetylchlorid (*Gruber*, *Horváth*, M. **80** [1949] 563, 570; *Horváth*, M. **82** [1951] 982, 988).

Krystalle (aus Ae. + PAe.); F: 84—86°. Bei 120—130°/0,005 Torr destillierbar.

3,4,6-Triacetoxy-benzofuran $C_{14}H_{12}O_7$, Formel VIII.

B. Beim Behandeln von Benzofuran-3,4,6-triol (S. 2352) mit Acetanhydrid und Pyridin (*Davies*, *Norris*, Soc. **1950** 3195, 3198) oder mit Acetanhydrid und wenig Acetylchlorid (*Späth et al.*, B. **70** [1937] 243, 246; *Horváth*, M. **82** [1951] 982, 987).

Krystalle; F: 104° [aus Ae. + PAe.] (*Sp. et al.*), 102° [aus A.] (*Da.*, *No.*). Bei 130° bis 150°/0,01 Torr destillierbar (*Ho.*).

Bei der Hydrierung an Platin in Äthanol ist 4,6-Diacetoxy-2,3-dihydro-benzofuran (*Geissman*, *Hinreiner*, Am. Soc. **73** [1951] 782, 785), bei der Hydrierung an Palladium in Essigsäure ist 3,4,6-Triacetoxy-2,3-dihydro-benzofuran (*Sp. et al.*) erhalten worden.

6-Benzoyloxy-4-methoxy-benzofuran-3-ol $C_{16}H_{12}O_5$, Formel IX (R = CO-C$_6$H$_5$), und **6-Benzoyloxy-4-methoxy-benzofuran-3-on** $C_{16}H_{12}O_5$, Formel X (R = CO-C$_6$H$_5$).

B. Aus 4-Methoxy-benzofuran-3,6-diol (S. 2352) und Benzoylchlorid (*Geissman*, *Hinreiner*, Am. Soc. **73** [1951] 782, 785).

F: 151—153°.

4,6-Bis-benzoyloxy-benzofuran-3-ol $C_{22}H_{14}O_6$, Formel V (R = CO-C$_6$H$_5$), und **4,6-Bis-benzoyloxy-benzofuran-3-on** $C_{22}H_{14}O_6$, Formel VI (R = CO-C$_6$H$_5$).

B. Beim Erwärmen von Benzofuran-3,4,6-triol (S. 2352) mit Benzoylchlorid und Kaliumcarbonat in wss. Aceton (*Shriner*, *Grosser*, Am. Soc. **64** [1942] 382).

Krystalle (aus Bzl.); F: 166—167°.

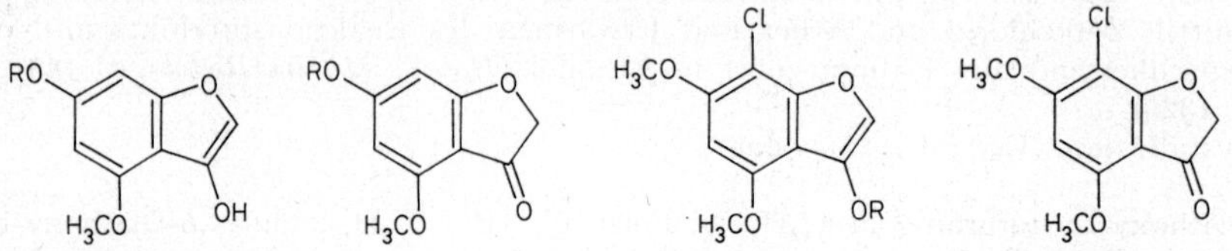

IX   X   XI   XII

7-Chlor-4,6-dimethoxy-benzofuran-3-ol $C_{10}H_9ClO_4$, Formel XI (R = H), und **7-Chlor-4,6-dimethoxy-benzofuran-3-on** $C_{10}H_9ClO_4$, Formel XII.

B. Beim Einleiten von Chlorwasserstoff in ein Gemisch von 2-Chlor-3,5-dimethoxy-phenol, Chloracetonitril, Zinkchlorid und Äther und Erwärmen des Reaktionsprodukts mit Wasser und anschliessend mit Natriumacetat in Äthanol (*MacMillan et al.*, Soc. **1954** 429, 431). Beim Erwärmen von 2-Chlor-1-[3-chlor-2-hydroxy-4,6-dimethoxy-phenyl]-äthanon mit Natriumacetat in Äthanol (*MacM. et al.*).

Krystalle (aus Dioxan); Zers. bei 210—220° (*MacM. et al.*).

Beim Erwärmen mit 1,4-Dibrom-butan und Kalium-*tert*-butylat in Benzol ist 7-Chlor-

4,6-dimethc:\-spiro[benzofuran-**2**,1'-cyclopentan]-3-on erhalten worden (*Dawkins, Mulholland*, Soc. **1959** 2203, 2207).
2,4-Dinitro-phenylhydrazon (F: 248° [Zers.]): *MacM. et al.*

(±)-3-[4-Brom-valeryloxy]-7-chlor-4,6-dimethoxy-benzofuran, **(±)-4-Brom-valerian**=**säure-[7-chlor-4,6-dimethoxy-benzofuran-3-ylester]** $C_{15}H_{16}BrClO_5$, Formel XI
(R = CO-CH$_2$-CH$_2$-CHBr-CH$_3$).
B. Beim Erwärmen von 7-Chlor-4,6-dimethoxy-benzofuran-3-ol (S. 2354) mit
(±)-4-Brom-valerylbromid und Kalium-*tert*-butylat in Benzol (*Dawkins, Mulholland*, Soc.
1959 2203, 2208).
Krystalle (aus A.); F: 124° [korr.]. UV-Absorptionsmaxima (A.): 219 nm und 265 nm.

7-Brom-4,6-dimethoxy-benzofuran-3-ol $C_{10}H_9BrO_4$, Formel I, und **7-Brom-4,6-dimethoxy-benzofuran-3-on** $C_{10}H_9BrO_4$, Formel II.
B. Beim Erwärmen von 1-[3-Brom-2-hydroxy-4,6-dimethoxy-phenyl]-2-chlor-äthanon
mit Natriumacetat in Methanol (*MacMillan*, Soc. **1954** 2585).
Krystalle (aus Dioxan); F: 219—221° [Zers.].
2,4-Dinitro-phenylhydrazon (F: 236° [Zers.]): *MacM.*

Benzofuran-3,5,6-triol $C_8H_6O_4$, Formel III (R = H), und **5,6-Dihydroxy-benzofuran-3-on**
$C_8H_6O_4$, Formel IV (R = H).
B. Beim Behandeln von Benzen-1,2,4-triol mit Chloracetonitril, Zinkchlorid und Chlor=
wasserstoff in Äther und Erwärmen des Reaktionsprodukts mit Wasser und anschliessend
mit Natriumacetat in Äthanol (*Geissman, Harborne*, Am. Soc. **78** [1956] 832, 837).
Krystalle (aus W.); F: 260° [Zers.].

I   II   III   IV

5,6-Dimethoxy-benzofuran-3-ol $C_{10}H_{10}O_4$, Formel III (R = CH$_3$), und **5,6-Dimethoxy-**
benzofuran-3-on $C_{10}H_{10}O_4$, Formel IV (R = CH$_3$).
B. Beim Erwärmen von 2-Chlor-1-[2-hydroxy-4,5-dimethoxy-phenyl]-äthanon und
Natriumacetat in Äthanol (*Jones et al.*, Soc. **1949** 562, 565).
Krystalle (aus A.); F: 169°.

Benzofuran-3,6,7-triol $C_8H_6O_4$, Formel V (R = H), und **6,7-Dihydroxy-benzofuran-3-on**
$C_8H_6O_4$, Formel VI (R = H) (H 176; dort als 3.6.7-Trioxy-cumaron bzw. 6.7-Dioxy-
3-oxo-cumaran bezeichnet).
B. Aus 2-Chlor-1-[2,3,4-trihydroxy-phenyl]-äthanon beim Erwärmen mit Natrium=
acetat in Äthanol (*Davies, Deegan*, Soc. **1950** 3202, 3204).
F: 229°.

6-Methoxy-benzofuran-3,7-diol $C_9H_8O_4$, Formel V (R = CH$_3$), und **7-Hydroxy-6-methoxy-**
benzofuran-3-on $C_9H_8O_4$, Formel VI (R = CH$_3$).
B. Beim Einleiten von Chlorwasserstoff in ein Gemisch von 3-Methoxy-brenzcatechin,
Chloracetonitril, Zinkchlorid und Äther und Erwärmen des Reaktionsprodukts mit
Wasser und anschliessend mit Natriumacetat in Äthanol (*Geissman, Mojé*, Am. Soc. **73**
[1951] 5765, 5767). Beim Behandeln von Benzofuran-3,6,7-triol (s. o.) mit Diazomethan
in Methanol und Äther oder mit Dimethylsulfat und Kaliumcarbonat oder Methyljodid
und Kaliumcarbonat in Aceton (*Ge., Mojé*).
Hellgelbe Krystalle; F: 211—212° [unkorr.].

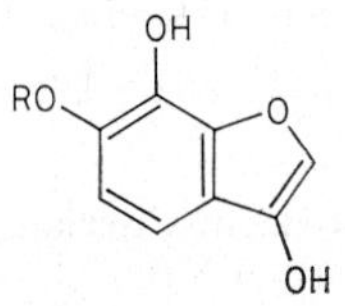

V 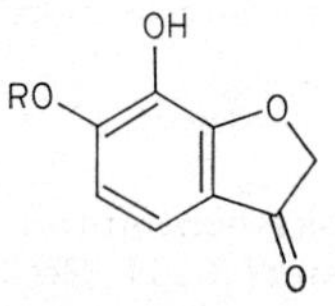   VI 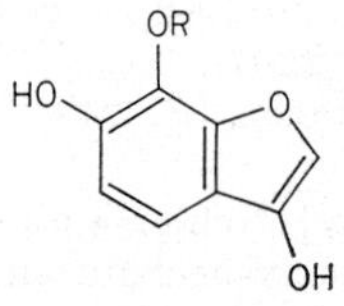   VII 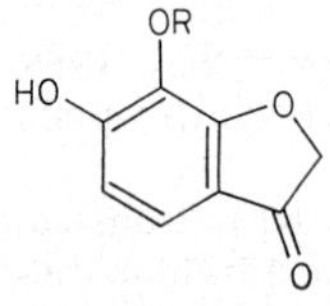   VIII

7-Methoxy-benzofuran-3,6-diol $C_9H_8O_4$, Formel VII (R = CH_3), und **6-Hydroxy-7-meth⸗ oxy-benzofuran-3-on** $C_9H_8O_4$, Formel VIII (R = CH_3).

B. Aus 2-Methoxy-resorcin und Chloracetonitril analog der im vorangehenden Artikel beschriebenen Verbindung (*Geissman, Mojé,* Am. Soc. **73** [1951] 5765, 5767).

Krystalle (aus Me.); F: 156—157° [unkorr.].

7-Benzyloxy-benzofuran-3,6-diol $C_{15}H_{12}O_4$, Formel VII (R = CH_2-C_6H_5), und **7-Benzyl⸗ oxy-6-hydroxy-benzofuran-3-on** $C_{15}H_{12}O_4$, Formel VIII (R = CH_2-C_6H_5).

B. Beim Behandeln von Benzofuran-3,6,7-triol (S. 2355) mit Benzylchlorid, Natrium⸗ jodid und Kaliumcarbonat in Aceton (*Geissman, Mojé,* Am. Soc. **73** [1951] 5765, 5767).

F: 166—167° [unkorr.].

7-Benzyloxy-6-methoxy-benzofuran-3-ol $C_{16}H_{14}O_4$, Formel IX (R = CH_2-C_6H_5), und **7-Benzyloxy-6-methoxy-benzofuran-3-on** $C_{16}H_{14}O_4$, Formel X (R = CH_2-C_6H_5).

B. Aus 7-Benzyloxy-benzofuran-3,6-diol (s. o.) und Diazomethan (*Geissman, Mojé,* Am. Soc. **73** [1951] 5765, 5767).

F: 108,5—109,5° [unkorr.].

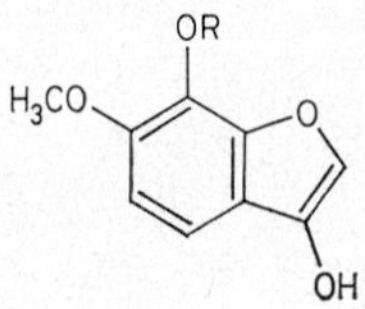

IX 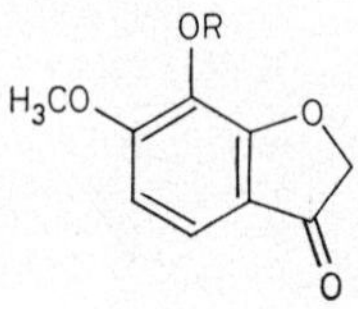   X 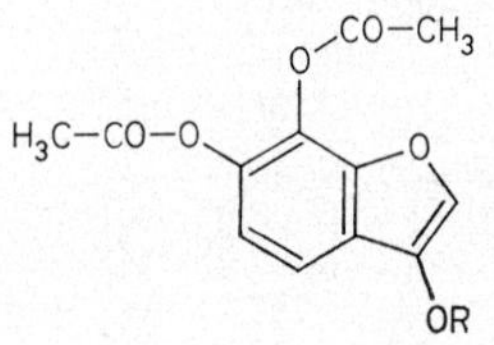   XI 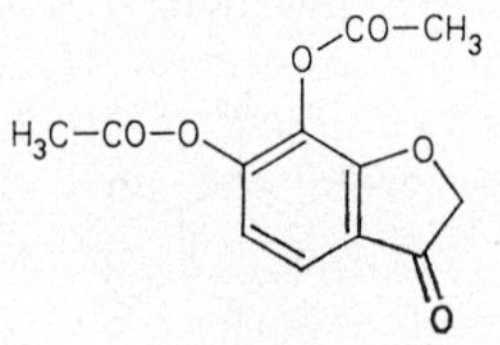   XII

6,7-Diacetoxy-benzofuran-3-ol $C_{12}H_{10}O_6$, Formel XI (R = H), und **6,7-Diacetoxy-benzo⸗ furan-3-on** $C_{12}H_{10}O_6$, Formel XII.

Die früher (s. H 177 und E II 215) unter dieser Konstitution beschriebene Verbindung ist nach *Davies, Deegan* (Soc. **1950** 3202) und *Bickel, Schmid* (Helv. **36** [1953] 664, 673) als 3,6,7-Triacetoxy-benzofuran (s. u.) zu formulieren.

B. Beim Erwärmen von Benzofuran-3,6,7-triol (S. 2355) mit Acetanhydrid (*Bi., Sch.,* l. c. S. 685). Neben 3,6,7-Triacetoxy-benzofuran beim Erwärmen von Benzofuran-3,6,7-triol (S. 2355) mit Acetylchlorid und Äthylacetat (*Da., De.*).

Krystalle; F: 137,5° [aus Me.] (*Da., De.*), 136,5—137° [aus E.] (*Bi., Sch.*).

3,6,7-Triacetoxy-benzofuran $C_{14}H_{12}O_7$, Formel XI (R = CO-CH_3).

B. Aus Benzofuran-3,6,7-triol (S. 2355) beim Behandeln mit Acetanhydrid und Pyridin (*Davies, Deegan,* Soc. **1950** 3202; *Bickel, Schmid,* Helv. **36** [1953] 664, 685) sowie beim Erwärmen mit Acetylchlorid und Acetanhydrid (*Bi., Sch.*) oder mit Acetylchlorid und Äthylacetat (*Da., De.*).

Krystalle; F: 105,5° [aus wss. A.] (*Da., De.*), 104—105° [aus E. + PAe.] (*Bi., Sch.*). $Kp_{0,7}$: 187—188° (*Da., De.*); $Kp_{0,02}$: 130° (*Bi., Sch.*). IR-Spektrum (Nujol; 2—16 μ): *Bi., Sch.,* l. c. S. 674.

4,5,7-Triacetoxy-benzo[*b*]thiophen $C_{14}H_{12}O_6S$, Formel XIII.

B. Beim Behandeln von Benzo[*b*]thiophen-4,7-chinon mit Acetanhydrid und Schwe⸗ felsäure (*Fieser, Kennelly,* Am. Soc. **57** [1935] 1611, 1616).

Krystalle (aus A.); F: 151—153°.

4,7-Dimethoxy-benzofuran-6-ol $C_{10}H_{10}O_4$, Formel XIV (R = H).

B. Beim Behandeln einer Suspension von 6-Hydroxy-4,7-dimethoxy-benzofuran-3-on-oxim in Äthanol und Essigsäure mit Natrium-Amalgam und Erwärmen des Reaktionsprodukts mit Wasser (*Dann, Illing*, A. **605** [1957] 146, 157).

$Kp_{1,2}$: 145°. n_D^{22}: 1,5721.

4,6,7-Trimethoxy-benzofuran $C_{11}H_{12}O_4$, Formel XIV (R = CH_3).

B. Aus 4,6,7-Trimethoxy-benzofuran-3-on beim Erwärmen mit Lithiumalanat in Tetrahydrofuran (*Horton, Paul*, J. org. Chem. **24** [1959] 2000, 2002).

Krystalle; F: 49−50,2° [nach Sublimation bei 95°/0,5 Torr].

6-Benzyloxy-4,7-dimethoxy-benzofuran $C_{17}H_{16}O_4$, Formel XIV (R = CH_2-C_6H_5).

B. Beim Erhitzen von [3-Benzyloxy-6-formyl-2,5-dimethoxy-phenoxy]-essigsäure mit Natriumacetat und Acetanhydrid (*Baxter et al.*, Soc. **1949** Spl. 30).

Krystalle; F: 51° (*Gardner et al.*, J. org. Chem. **15** [1950] 841, 844), 47° [aus PAe.] (*Ba. et al.*). Kp_1: 170−175° [Rohprodukt] (*Ba. et al.*).

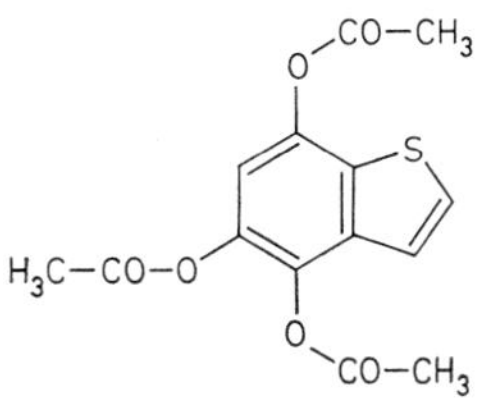

XIII 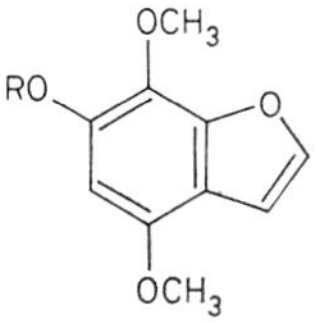   XIV 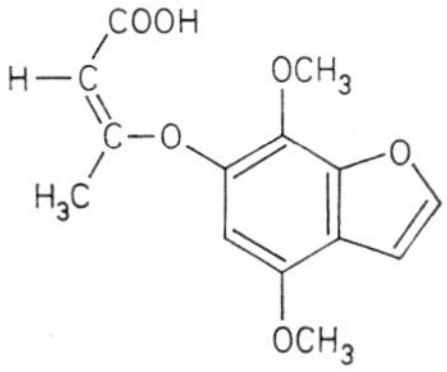   XV 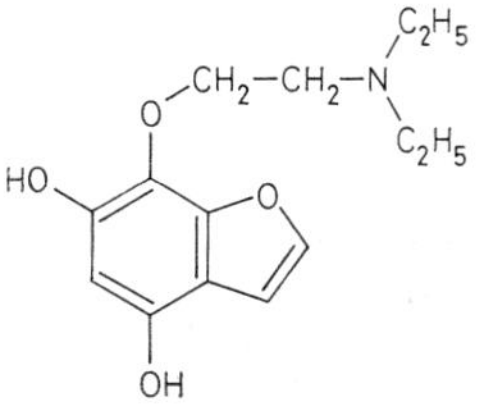   XVI

3-[4,7-Dimethoxy-benzofuran-6-yloxy]-*trans*(?)-crotonsäure $C_{14}H_{14}O_6$, vermutlich Formel XV.

B. Beim Erwärmen von 4,7-Dimethoxy-benzofuran-6-ol mit 3-Chlor-*trans*-crotonsäure-methylester und Kaliumcarbonat in Aceton und Behandeln des Reaktionsprodukts mit wss.-methanol. Natronlauge (*Dann, Illing*, A. **605** [1957] 146, 157).

Krystalle (aus Me.); F: 189° [unkorr.; Zers.].

7-[2-Diäthylamino-äthoxy]-benzofuran-4,6-diol $C_{14}H_{19}NO_4$, Formel XVI.

B. Aus 9-[2-Diäthylamino-äthoxy]-4-hydroxy-7-methyl-furo[3,2-*g*]chromen-5-on beim Erhitzen mit wss. Natronlauge (*Fourneau*, Ann. pharm. franç. **11** [1953] 685, 693) oder mit wss. Kalilauge (*Selleri, di Paco*, Ann. Chimica **48** [1958] 1205, 1214).

Krystalle (aus A.); F: 175° (*Fo.; Se., di Paco*).

Trihydroxy-Verbindungen $C_9H_8O_4$

3-Acetoxy-6,7-dimethoxy-2*H*-chromen $C_{13}H_{14}O_5$, Formel I.

B. Beim Erhitzen von [2-Carboxymethoxy-4,5-dimethoxy-phenyl]-essigsäure mit Acetanhydrid und Natriumacetat (*Robertson, Rusby*, Soc. **1936** 212).

Krystalle (aus PAe.); F: 85°.

2-Methyl-benzofuran-3,4,6-triol $C_9H_8O_4$, Formel II (R = H), und (±)-**4,6-Dihydroxy-2-methyl-benzofuran-3-on** $C_9H_8O_4$, Formel III (R = H).

B. Beim Behandeln von Phloroglucin mit DL-Lactonitril, Zinkchlorid und Chlor=wasserstoff in Äther und Erhitzen des Reaktionsprodukts mit Wasser (*Kogure, Kubota*, J. Inst. Polytech. Osaka City Univ. [C] **2** [1952] 70, 73; C. A. **1953** 10525).

Krystalle (aus W.) mit 1 Mol H_2O; F: 189−191,5°.

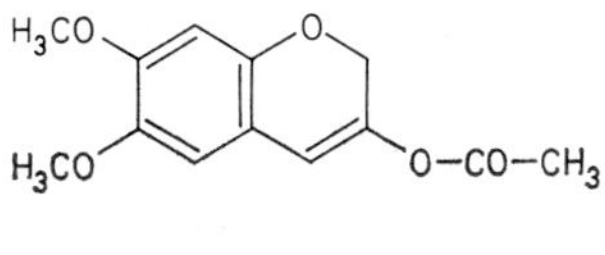

I 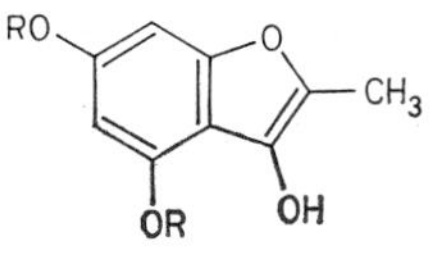   II 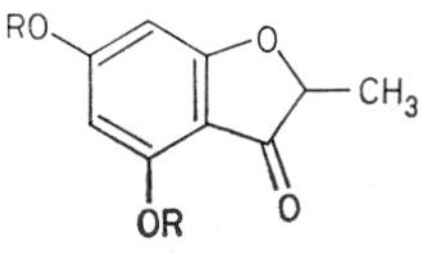   III

4,6-Dimethoxy-2-methyl-benzofuran-3-ol $C_{11}H_{12}O_4$, Formel II (R = CH_3), und
(±)-4,6-Dimethoxy-2-methyl-benzofuran-3-on $C_{11}H_{12}O_4$, Formel III (R = CH_3).

B. Aus (±)-2-[3,5-Dimethoxy-phenoxy]-propionylchlorid beim Behandeln mit Alu=
miniumchlorid in Benzol (*Birch et al.*, Soc. **1936** 1834, 1836).

Krystalle (aus Ae.); F: 74—75°. $Kp_{0,35}$: 150—151°.

2,4-Dinitro-phenylhydrazon (F: 240°): *Bi. et al.*

3-Acetoxy-4,6-dimethoxy-2-methyl-benzofuran $C_{13}H_{14}O_5$, Formel IV.

B. Beim Erhitzen von 4,6-Dimethoxy-2-methyl-benzofuran-3-ol mit Acetanhydrid
und Natriumacetat (*Foster, Robertson*, Soc. **1939** 921, 925).

Krystalle; F: 69°. $Kp_{0,1}$: 110°.

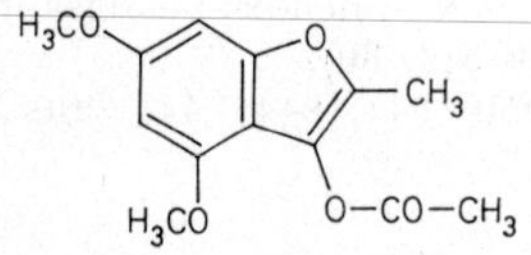

IV 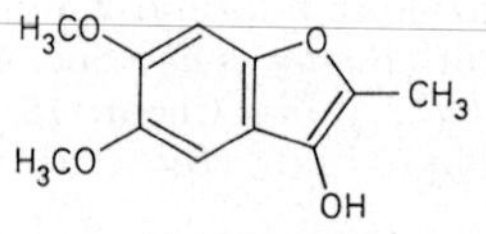   V 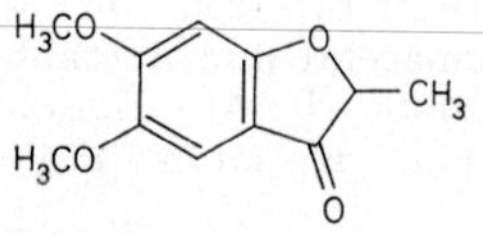   VI

4,6-Diacetoxy-2-methyl-benzofuran-3-ol $C_{13}H_{12}O_6$, Formel II (R = $CO-CH_3$), und
(±)-4,6-Diacetoxy-2-methyl-benzofuran-3-on $C_{13}H_{12}O_6$, Formel III (R = $CO-CH_3$).

B. Beim Behandeln von 2-Methyl-benzofuran-3,4,6-triol (S. 2357) mit Acetanhydrid
und Pyridin (*Kogure, Kubota*, J. Inst. Polytech. Osaka City Univ. [C] **2** [1952] 70, 73;
C. A. **1953** 10525).

F: 66—69°. Bei 115—120°/10⁻⁴ Torr destillierbar.

5,6-Dimethoxy-2-methyl-benzofuran-3-ol $C_{11}H_{12}O_4$, Formel V, und **(±)-5,6-Dimethoxy-
2-methyl-benzofuran-3-on** $C_{11}H_{12}O_4$, Formel VI.

B. Beim Behandeln einer Lösung von 3-Äthyl-5,6-dimethoxy-2-methyl-benzofuran in
Essigsäure mit wss. Chromsäure (*Müller, Richter*, B. **77/79** [1944/46] 12, 16).

Krystalle (aus A.); F: 128—130°.

4,6-Dimethoxy-5-methyl-benzofuran-3-ol $C_{11}H_{12}O_4$, Formel VII, und **4,6-Dimethoxy-
5-methyl-benzofuran-3-on** $C_{11}H_{12}O_4$, Formel VIII.

B. Beim Behandeln von 2-Chlor-1-[6-hydroxy-2,4-dimethoxy-3-methyl-phenyl]-
äthanon mit Natriumacetat in Äthanol (*Mulholland, Ward*, Soc. **1953** 1642). Neben
4,6-Dimethoxy-benzofuran-3-ol beim Behandeln von Benzofuran-3,4,6-triol (S. 2352)
mit Dimethylsulfat und Kaliumcarbonat in Wasser (*Mu., Ward*).

Krystalle (aus wss. A.); F: 146—147°. UV-Absorptionsmaxima (A.): 235 nm, 277 nm
und 327 nm.

2,4-Dinitro-phenylhydrazon (F: 237—239°): *Mu., Ward*.

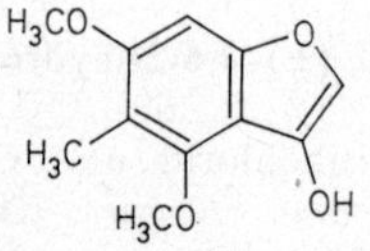

VII 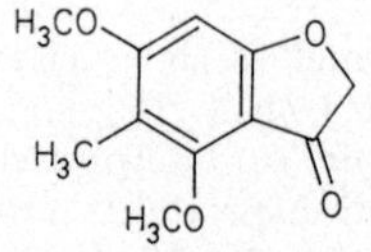   VIII 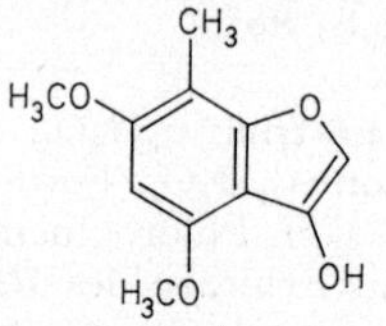   IX 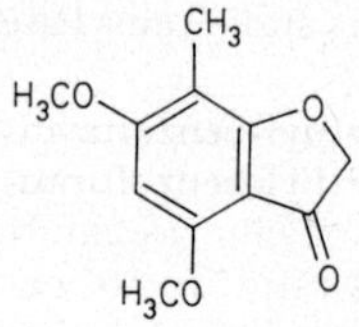   X

4,6-Dimethoxy-7-methyl-benzofuran-3-ol $C_{11}H_{12}O_4$, Formel IX, und **4,6-Dimethoxy-
7-methyl-benzofuran-3-on** $C_{11}H_{12}O_4$, Formel X.

B. Aus 2-Chlor-1-[2-hydroxy-4,6-dimethoxy-3-methyl-phenyl]-äthanon beim Behandeln mit Natriumacetat in Äthanol (*Mulholland, Ward*, Soc. **1953** 1642).

Krystalle (aus A.); F: 177—178°. UV-Absorptionsmaxima (A.): 234 nm, 288 nm und
320 nm.

Trihydroxy-Verbindungen $C_{10}H_{10}O_4$

5-Äthyl-4,7-dimethoxy-benzofuran-6-ol $C_{12}H_{14}O_4$, Formel I (R = H).

B. Beim Erhitzen von 3t-[6-Hydroxy-4,7-dimethoxy-benzofuran-5-yl]-acrylsäure unter 0,1 Torr auf 125—135° und Hydrieren des Reaktionsprodukts an Palladium in Äthanol (*Gruber*, M. **75** [1944] 14, 18).

Krystalle (aus Me. + W.); F: 83—85°.

6-Äthoxy-5-äthyl-4,7-dimethoxy-benzofuran $C_{14}H_{18}O_4$, Formel I (R = C_2H_5).

B. Beim Behandeln von 5-Äthyl-4,7-dimethoxy-benzofuran-6-ol mit Alkalilauge und Diäthylsulfat (*Gruber*, M. **75** [1944] 14, 18).

$Kp_{0,01}$: 112—115°. n_D^{20}: 1,5316.

4,6-Dimethoxy-2,5-dimethyl-benzofuran-3-ol $C_{12}H_{14}O_4$, Formel II, und (±)-**4,6-Dimethoxy-2,5-dimethyl-benzofuran-3-on** $C_{12}H_{14}O_4$, Formel III.

B. Beim Behandeln von (±)-2-[3,5-Dimethoxy-4-methyl-phenoxy]-propionylchlorid mit Aluminiumchlorid in Benzol (*Birch et al.*, Soc. **1936** 1834, 1837).

Krystalle (aus Me.); F: 69—70°. $Kp_{0,2}$: 123—127° [Rohprodukt].

3,6-Dimethyl-benzo[*b*]selenophen-4,5,7-triol $C_{10}H_{10}O_3Se$, Formel IV (R = H).

B. Aus 5-Hydroxy-3,6-dimethyl-benzo[*b*]selenophen-4,7-chinon bei der Hydrierung an Palladium in Äther (*Schmitt*, *Seilert*, A. **562** [1949] 15, 22).

Krystalle (aus Toluol); F: 189° [Zers.]. Im Hochvakuum sublimierbar. In Lösungen nicht beständig.

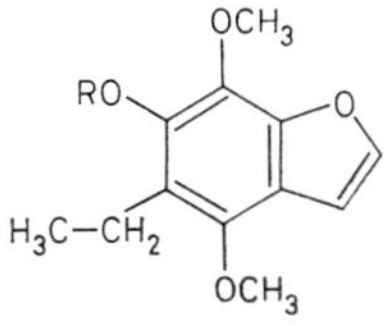

I 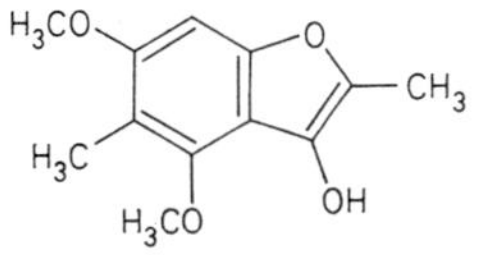   II 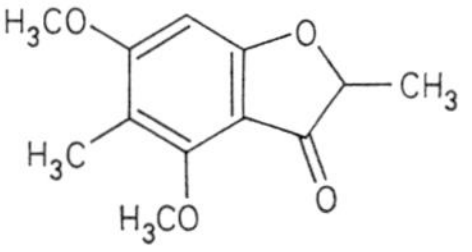   III 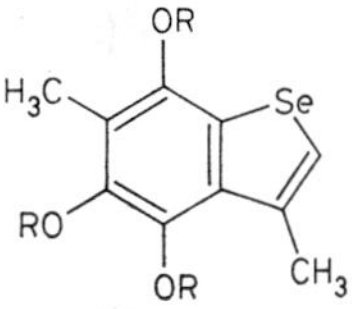   IV

4,5,7-Triacetoxy-3,6-dimethyl-benzo[*b*]selenophen $C_{16}H_{16}O_6Se$, Formel IV (R = CO-CH_3).

B. Beim Erwärmen von 3,6-Dimethyl-benzo[*b*]selenophen-4,5,7-triol mit Acetylchlorid in Benzol unter Stickstoff (*Schmitt*, *Seilert*, A. **562** [1949] 15, 23).

Krystalle (aus Me.); F: 168°. Im Hochvakuum bei 140° sublimierbar.

Trihydroxy-Verbindungen $C_{11}H_{12}O_4$

5,7,8-Trimethoxy-2,2-dimethyl-2H-chromen $C_{14}H_{18}O_4$, Formel V.

B. Beim Erhitzen von (±)-5,7,8-Trimethoxy-2,2-dimethyl-chroman-4-ol mit Aluminiumoxid auf 160° (*Huls*, *Brunelle*, Bl. Soc. chim. Belg. **68** [1959] 325, 332).

Krystalle (aus PAe.); F: 47°. UV-Spektrum (Me.; 220—370 nm): *Huls*, *Br.*, l. c. S. 334.

7-Hydroxy-5-methoxy-2,4-dimethyl-chromenylium $[C_{12}H_{13}O_3]^+$, Formel VI (R = H).

Chlorid $[C_{12}H_{13}O_3]Cl$. Ein mit geringen Mengen 5-Hydroxy-7-methoxy-2,4-dimethyl-chromenylium-chlorid verunreinigtes Präparat (gelbe Krystalle [aus wss. Me.] mit 0,25 Mol H_2O; Zers. bei 155°) ist beim Behandeln von 5-Methoxy-resorcin mit Pentan-2,4-dion und Chlorwasserstoff in Essigsäure erhalten worden (*Brockmann*, *Junge*, B. **76** [1943] 1028, 1031, 1034).

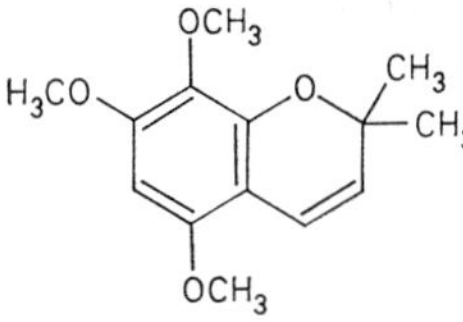

V 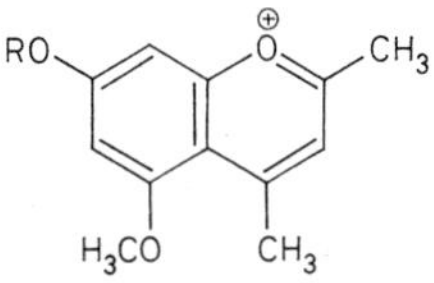   VI 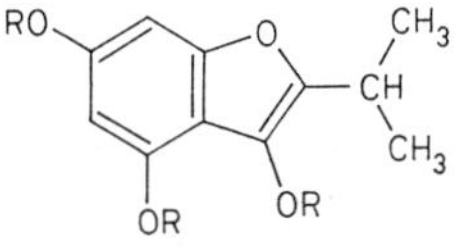   VII 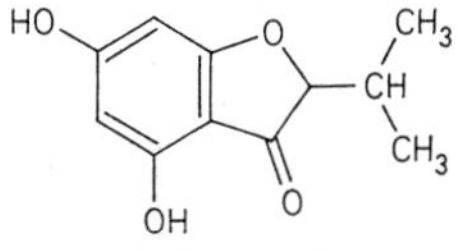   VIII

5,7-Dimethoxy-2,4-dimethyl-chromenylium $[C_{13}H_{15}O_3]^+$, Formel VI (R = CH_3).
    Pikrat $[C_{13}H_{15}O_3]C_6H_2N_3O_7$. *B.* Aus 5,7-Dimethoxy-2,4-dimethyl-2*H*-chromen-2-ol
($\rightleftharpoons$ 4-[2-Hydroxy-4,6-dimethoxy-phenyl]-pent-3-en-2-on) (*MacKenzie et al.*, Soc. **1950**
2965, 2970). — Grüngelbe Krystalle (aus Bzl.); F: 172—174° [Zers.].

2-Isopropyl-benzofuran-3,4,6-triol $C_{11}H_{12}O_4$, Formel VII (R = H), und **(±)-4,6-Dihydr=
oxy-2-isopropyl-benzofuran-3-on** $C_{11}H_{12}O_4$, Formel VIII.
    B. Beim Behandeln von Phloroglucin mit (±)-2-Brom-isovalerylchlorid und Alu=
miniumchlorid in Nitrobenzol (*Bridge et al.*, Soc. **1937** 279, 285). Beim Behandeln eines
Gemisches von Phloroglucin, (±)-α-Chlor-isovaleronitril, Zinkchlorid und Äther mit
Chlorwasserstoff bei —10° und Erwärmen des Reaktionsprodukts mit Wasser und
anschliessend mit Kaliumcarbonat und Natriumacetat (*Bencze et al.*, Helv. **39** [1956]
923, 939).
    Krystalle; F: 198—199° [Kofler-App.; aus wss. Eg.] (*Be. et al.*), 196° [aus wss. Me.]
(*Br. et al.*). UV-Absorptionsmaximum (A.): 281 nm (*Be. et al.*).

2-Isopropyl-4,6-dimethoxy-benzofuran-3-ol $C_{13}H_{16}O_4$, Formel IX (R = H), und
(±)-2-Isopropyl-4,6-dimethoxy-benzofuran-3-on $C_{13}H_{16}O_4$, Formel X.
    B. Beim Behandeln von (±)-α-[3,5-Dimethoxy-phenoxy]-isovalerylchlorid mit Alu=
miniumchlorid in Benzol (*Bridge et al.*, Soc. **1937** 279, 285). Aus 2-Isopropyl-benzo=
furan-3,4,6-triol beim Erwärmen mit Methyljodid und Kaliumcarbonat in Aceton (*Br.
et al.*) sowie beim Behandeln mit Dimethylsulfat und wss. Kalilauge (*Bencze et al.*, Helv.
39 [1956] 923, 940). Aus 2-Isopropyliden-4,6-dimethoxy-benzofuran-3-on beim Behan=
deln mit Lithiumalanat in Äther (*Be. et al.*).
    Krystalle (aus Me. + W.); F: 88—89° (*Be. et al.*).
    2,4-Dinitro-phenylhydrazon (F: 185°): *Br. et al.*

3-Acetoxy-2-isopropyl-4,6-dimethoxy-benzofuran $C_{15}H_{18}O_5$, Formel IX (R = CO-CH_3).
    B. Beim Erhitzen von 2-Isopropyl-4,6-dimethoxy-benzofuran-3-ol (s. o.) mit Acetan=
hydrid und Acetylchlorid auf 100° (*Bencze et al.*, Helv. **39** [1956] 923, 940).
    Bei 130—135°/0,01 Torr destillierbar.

3,4,6-Triacetoxy-2-isopropyl-benzofuran $C_{17}H_{18}O_7$, Formel VII (R = CO-CH_3).
    B. Beim Behandeln von 2-Isopropyl-benzofuran-3,4,6-triol (s. o.) mit Acetanhydrid
und Pyridin (*Bencze et al.*, Helv. **39** [1956] 923, 940).
    Krystalle (aus wss. Acn.); F: 91—92°.

IX   X   XI

Trihydroxy-Verbindungen $C_{14}H_{18}O_4$

**(2S)-2-[α-Hydroxy-isopropyl]-5-[3-hydroxy-*cis*(?)-propenyl]-4-methoxy-2,3-dihydro-
benzofuran**, 3*c*(?)-[(2S)-2-(α-Hydroxy-isopropyl)-4-methoxy-2,3-dihydro-benzofuran-
5-yl]-allylalkohol $C_{15}H_{20}O_4$, vermutlich Formel XI.
    B. Beim Behandeln von Athamantin (3*c*-[(2S)-4-Hydroxy-3*c*-isovaleryloxy-2*r*-(α-iso=
valeryloxy-isopropyl)-2,3-dihydro-benzofuran-5-yl]-acrylsäure-lacton mit Lithiumalanat
in Äther und Behandeln des Reaktionsprodukts mit Diazomethan in Äther (*Halpern
et al.*, Helv. **40** [1957] 758, 775).
    Krystalle (aus Ae.); F: 95—96°. $[\alpha]_D^{21}$: +57,4° [$CHCl_3$; c = 0,7]. UV-Absorptions=
maxima (A.): 217 nm und 261 nm.

Trihydroxy-Verbindungen $C_{21}H_{32}O_4$

(20Ξ)-3α,11,20-Triacetoxy-17,20-epoxy-5β-pregn-9(11)-en $C_{27}H_{38}O_7$, Formel I.
    B. Aus 3α,11,20-Triacetoxy-5β-pregna-9(11),17(20)ξ-dien (F: 201°) beim Behandeln mit

Peroxybenzoesäure in Benzol (*Kritchevsky et al.*, Am. Soc. **74** [1952] 483, 485).
Krystalle (aus E.); F: 195—196° [korr.]. [α]$_D^{25}$: +77,0° [CHCl$_3$].

Trihydroxy-Verbindungen C$_{22}$H$_{34}$O$_4$

3β-Acetoxy-20,22-epoxy-23,24-dinor-20ξH-chol-5-en-17,21-diol C$_{24}$H$_{36}$O$_5$, Formel II
(R = H).

B. Beim Behandeln von 3β,21-Diacetoxy-17-hydroxy-pregn-5-en-20-on in Methanol
mit Diazomethan in Äther (*Nussbaum, Carlon*, Am. Soc. **79** [1957] 3831, 3834).
Krystalle (aus Me.), die bei 207—213° [Kofler-App.] schmelzen. [α]$_D^{25}$: —52,9° [Di=
oxan; c = 1]. IR-Banden (CHBr$_3$; 2,9 bis 12,5 μ): *Nu.*, *Ca.*

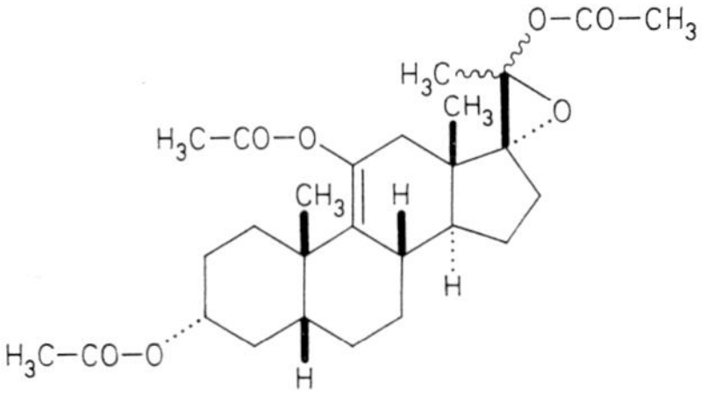

I 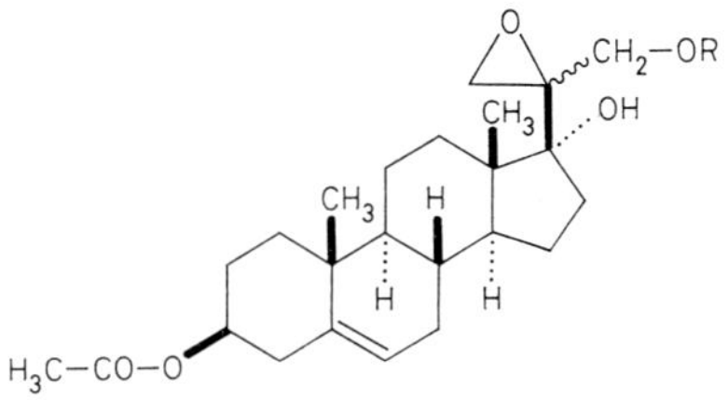   II

3β,21-Diacetoxy-20,22-epoxy-23,24-dinor-20ξH-chol-5-en-17-ol C$_{26}$H$_{38}$O$_6$, Formel II
(R = CO-CH$_3$).

B. Beim Behandeln der im vorangehenden Artikel beschriebenen Verbindung mit
Acetanhydrid und Pyridin (*Nussbaum, Carlon*, Am. Soc. **79** [1957] 3831, 3834).
Krystalle (aus Me.); F: 190—196° [Kofler-App.]. [α]$_D^{24}$: —13,1° [CHCl$_3$]. IR-Banden
(CHBr$_3$; 2,8—12,5 μ): *Nu.*, *Ca.*

Trihydroxy-Verbindungen C$_{27}$H$_{44}$O$_4$

(25R)-5β-Furost-20(22)-en-2β,3β,26-triol, Pseudosamogenin C$_{27}$H$_{44}$O$_4$, Formel III.

B. Beim Erhitzen von Samogenin [(25R)-5β,22αO-Spirostan-2β,3β-diol] (*Marker,
Lopez*, Am. Soc. **69** [1947] 2373, 2375), von Di-O-acetyl-samogenin oder von Cyclopseudo=
samogenin [(25R)-5β,20αH,22αO-Spirostan-2β,3β-diol] (*Marker et al.*, Am. Soc. **69** [1947]
2167, 2196, 2197) mit Acetanhydrid auf 200° und Behandeln des jeweiligen Reaktions-
produkts mit äthanol. Kalilauge bzw. mit Kaliumcarbonat in Äthanol.
Krystalle (aus Me.); F: 184° (*Ma. et al.*).
Beim Behandeln mit wss.-äthanol. Salzsäure sind Samogenin und geringe Mengen
Cyclopseudosamogenin erhalten worden (*Ma. et al.*; *Ma.*, *Lo.*).

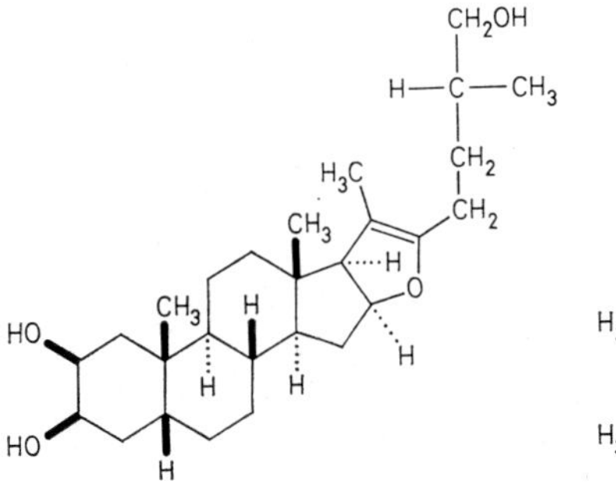

III 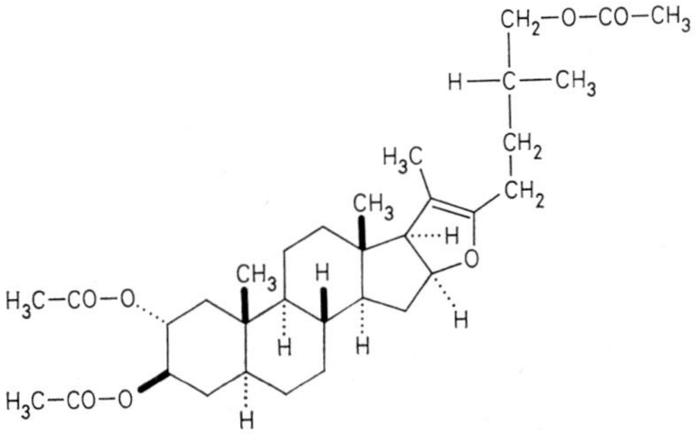   IV

(25R)-2α,3β,26-Triacetoxy-5α-furost-20(22)-en, Tri-O-acetyl-pseudogitogenin C$_{33}$H$_{50}$O$_7$,
Formel IV.

B. Aus Gitogenin ((25R)-5α,22αO-Spirostan-2α,3β-diol) (*Marker et al.*, Am. Soc. **69**

[1947] 2167, 2184; *Bianchi, Freeman*, Ann. Chimica **43** [1953] 213, 215) oder aus Di-
O-acetyl-gitogenin (*Bi., Fr.*, l. c. S. 214, 220) beim Erhitzen mit Acetanhydrid auf 200°.
Krystalle; F: 138—140° [aus Me.] (*Ma. et al.*), 135—138° [aus A.] (*Bi., Fr.*).
Beim Erwärmen mit wss.-äthanol. Salzsäure ist Gitogenin erhalten worden (*Ma. et al.*).

(25S)-5β-Furost-20(22)-en-1β,3β,26-triol, Pseudorhodeasapogenin $C_{27}H_{44}O_4$, Formel V.
Konstitution und Konfiguration: *Nawa*, Pr. Acad. Tokyo **33** [1957] 570, 571; Chem.
pharm. Bl. **6** [1958] 255, 261; C. A. **1959** 2282.
B. Beim Erhitzen von Di-*O*-acetyl-rhodeasapogenin ((25S)-1β,3β-Diacetoxy-5β,22αO-
spirostan) mit Acetanhydrid und Pyridin-hydrochlorid und Erwärmen des erhaltenen
Tri-*O*-acetyl-pseudorhodeasapogenins (nicht charakterisiert) mit äthanol. Kalilauge
(*Nawa*, Chem. pharm. Bl. **6** 261).
Krystalle (aus A.); F: 188—189°; $[\alpha]_D^{15}$: +6,0 [CHCl$_3$] (*Nawa*, Pr. Acad. Tokyo **33** 573;
Chem. pharm. Bl. **6** 261).
Beim Erwärmen mit Chlorwasserstoff in Äthanol ist Rhodeasapogenin ((25S)-5β,22αO-
Spirostan-1β,3β-diol) erhalten worden (*Nawa*, Chem. pharm. Bl. **6** 261).

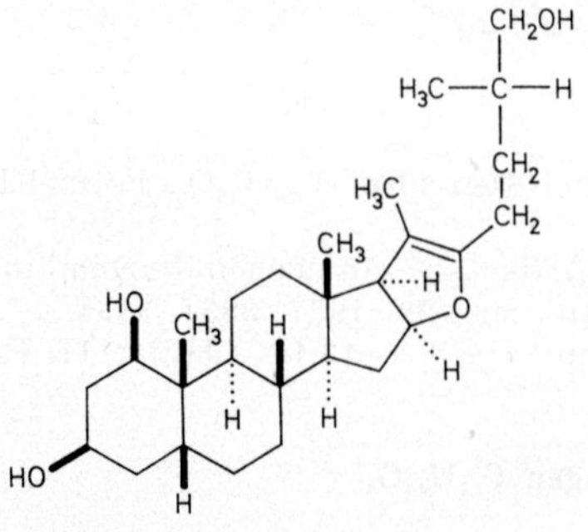

V 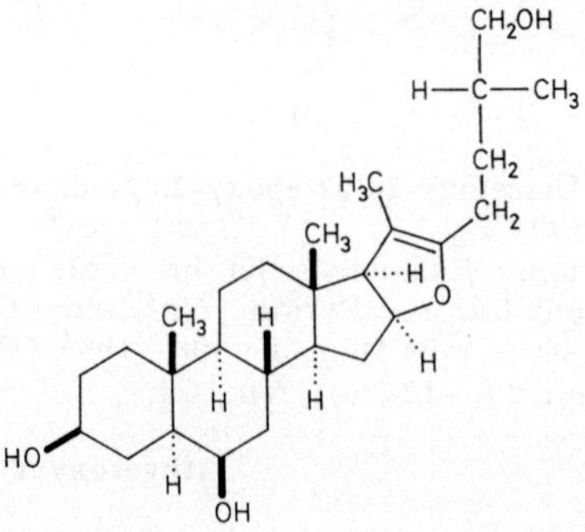 VI

**8-[4-Hydroxy-3-methyl-butyl]-4a,6a,7-trimethyl-Δ^7-hexadecahydro-naphth[2′,1′;4,5]=
indeno[2,1-b]furan-2,12-diol** $C_{27}H_{44}O_4$.

a) **(25R)-5α-Furost-20(22)-en-3β,6β,26-triol**, Pseudo-β-chlorogenin $C_{27}H_{44}O_4$,
Formel VI.
B. Beim Erhitzen von β-Chlorogenin (((25R)-5α,22αO-Spirostan-3β,6β-diol) mit Acetan=
hydrid auf 200° und Erwärmen des Reaktionsprodukts mit äthanol. Kalilauge (*Marker
et al.*, Am. Soc. **64** [1942] 809, 811).
Krystalle (aus Ae.); F: 180—182°.
Beim Erhitzen mit wss.-methanol. Salzsäure ist β-Chlorogenin erhalten worden.

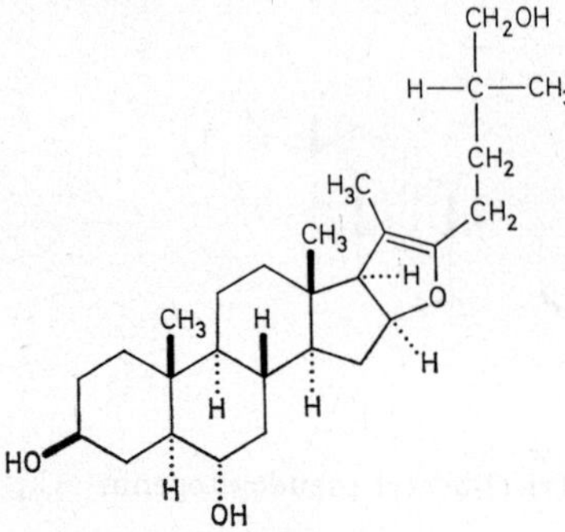

VII 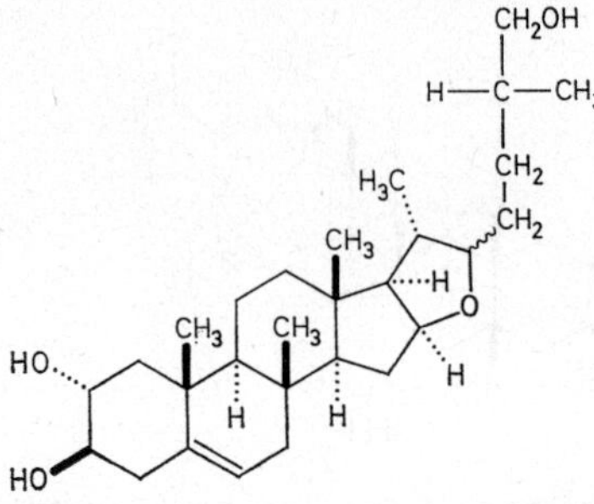 VIII

b) **(25R)-5α-Furost-20(22)-en-3β,6α,26-triol, Pseudochlorogenin** C₂₇H₄₄O₄,
Formel VII.

B. Beim Erhitzen von Chlorogenin ((25R)-5α,22αO-Spirostan-3β,6α-diol) (*Marker et al.,*
Am. Soc. **62** [1940] 648) oder von Di-O-acetyl-chlorogenin (*Mancera et al.,* J. org. Chem.
16 [1951] 192, 194) mit Acetanhydrid auf 200° und anschliessenden Behandeln mit
äthanol. Alkalilauge bzw. methanol. Alkalilauge.

Krystalle (aus Me.); F: 268—270° (*Mar. et al.*), 263—266° (*Man. et al.*). [α]$_D^{20}$: +30,7°
[Py.] (*Man. et al.*).

Beim Erhitzen mit wss.-äthanol. Salzsäure ist Chlorogenin erhalten worden (*Marker,
Rohrmann,* Am. Soc. **62** [1940] 896, 898).

(25R)-22ξH-Furost-5-en-2α,3β,26-triol, exo-Dihydroyuccagenin C₂₇H₄₄O₄, Formel VIII.

B. Beim Erhitzen von Yucconin ((25R)-22αO-Spirost-5-en-2α,3β-diol-tetraglykosid)
mit wss.-äthanol. Salzsäure, Erwärmen des Reaktionsprodukts (F: 268—270° [Zers.])
mit Äthanol und Natrium und Erhitzen der Reaktionslösung mit wss. Salzsäure (*Marker,
Lopez,* Am. Soc. **69** [1947] 2389, 2392).

Krystalle (aus E.); F: 202—204°.

Bei der Hydrierung an Platin in Äthanol ist Dihydrogitogenin ((25R)-5α,22ξH-Furostan-
2α,3β,26-triol) erhalten worden.

Trihydroxy-Verbindungen C₂₈H₄₆O₄

8,9-Epoxy-5α,8α-ergost-22t-en-3β,7α(?),11α-triol C₂₈H₄₆O₄, vermutlich Formel IX
(R = X = H).

Über die Konfiguration s. *Fieser, Ourisson,* Am. Soc. **75** [1953] 4404, 4410.

B. Beim Erwärmen von 22α$_F$(?),23α$_F$(?)-Dibrom-8,9-epoxy-5α,8α-ergostan-3β,7α(?),=
11α-triol (F: 241—242° [S. 2351] in Äther und Methanol mit Zink (*Budziarek et al.,* Soc.
1953 778, 780). Aus der im folgenden Artikel beschriebenen Verbindung beim Erwärmen
mit methanol. Kalilauge (*Bu. et al.*).

Krystalle (aus Acn.); F: 166—167° [korr.]. [α]$_D^{18}$: +32° [CHCl₃].

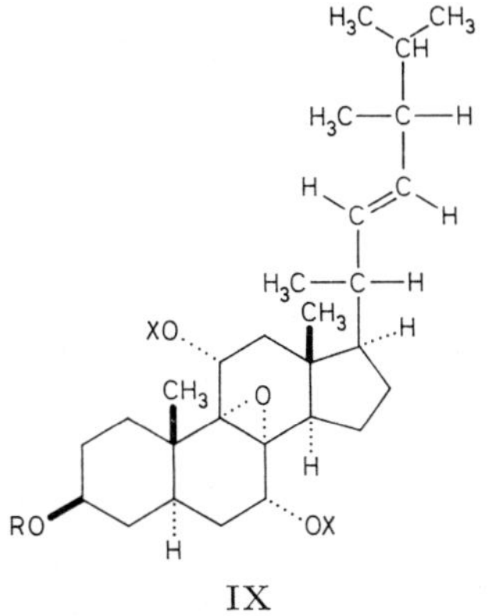

IX 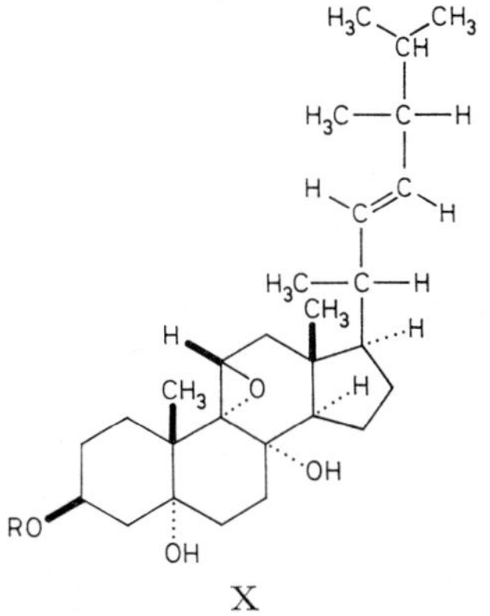   X

3β-Acetoxy-8,9-epoxy-5α,8α-ergost-22t-en-7α(?),11α-diol C₃₀H₄₈O₅, vermutlich
Formel IX (R = CO-CH₃, X = H).

Über die Konfiguration s. *Fieser, Ourisson,* Am. Soc. **75** [1953] 4404, 4410.

B. Beim Behandeln von 3β-Acetoxy-5α-ergost-8,22t-dien-7α(?),11α-diol (F: 270—272°)
mit Monoperoxyphthalsäure in Dioxan und Äther (*Heusser et al.,* Helv. **35** [1952] 936,
947) oder mit Chrom(VI)-oxid in Essigsäure (*CIBA,* U.S.P. 2743287 [1952], 2831857
[1951]; D.B.P. 941124 [1953]). Beim Erwärmen von 3β-Acetoxy-22α$_F$(?),23α$_F$(?)-
dibrom-8,9-epoxy-5α,8α-ergostan-7α(?),11α-diol (F: 245—246°) [S. 2351] in Äther und
Methanol mit Zink (*Budziarek et al.,* Soc. **1953** 778, 779).

Krystalle (aus wss. Me.); F: 147—148° [evakuierte Kapillare]; [α]$_D^{18}$: +16° [CHCl₃]
(*He. et al.*). Krystalle (aus wss. Me.); F: 130—131° [korr.]; [α]$_D^{18}$: +19° [CHCl₃] (*Bu. et al.*).
IR-Spektrum (Nujol; 2—16 μ): *He. et al.,* l. c. S. 941.

Beim Behandeln mit wss. Schwefelsäure und Essigsäure sowie beim Behandeln mit dem Borfluorid-Äther-Addukt in Benzol oder mit Bromwasserstoff in Essigsäure ist 3β-Acet= oxy-9,11α-dihydroxy-5α-ergost-22t-en-7-on erhalten worden (*He. et al.*, l. c. S. 948).

3β,7α(?),11α-Triacetoxy-8,9-epoxy-5α,8α-ergost-22t-en $C_{34}H_{52}O_7$, vermutlich Formel IX (R = X = CO-CH₃).

B. Beim Erwärmen von 3β,7α(?),11α-Triacetoxy-22α_F(?),23α_F(?)-dibrom-8,9-epoxy-5α,8α-ergostan (F: 220—221°) [S. 2351] in Äther und Methanol mit Zink (*Budziarek et al.*, Soc. **1953** 778, 780). Beim Behandeln von 8,9-Epoxy-5α,8α-ergost-22t-en-3β,7α(?),11α-triol (F: 166—167°) mit Acetanhydrid und Pyridin (*Bu. et al.*). Beim Behandeln der im vorangehenden Artikel beschriebenen Verbindung mit Acetanhydrid und Pyridin (*Heusser et al.*, Helv. **35** [1952] 963, 947; *CIBA*, U.S.P. 2743287 [1952]; D.B.P. 941124 [1953]; *Bu. et al.*).

Krystalle (aus wss. Me.), F: 158—159° [evakuierte Kapillare]; [α]$_D^{22}$: +6° [CHCl₃] (*He. et al.*). F: 159—161°; [α]_D: +6° [CHCl₃] (*CIBA*, U.S.P. 2743287; D.B.P. 941124). Krystalle (aus Me.), F: 165—166°; [α]$_D^{18}$: +3° [CHCl₃] (*Bu. et al.*). IR-Spektrum (Nujol; 2—16 μ): *He. et al.*

9,11α-Epoxy-5α,8α-ergost-22t-en-3β,5,8-triol $C_{28}H_{46}O_4$, Formel X (R = H).

B. Beim Behandeln einer Lösung der im folgenden Artikel beschriebenen Verbindung in Tetrahydrofuran mit wss. Schwefelsäure (*Inhoffen, Mengel*, B. **87** [1954] 146, 155).

Krystalle (aus E.); F: 248—252° [unkorr.]. [α]$_D^{?}$: −33° [CHCl₃].

3β-Acetoxy-9,11α-epoxy-5α,8α-ergost-22t-en-5,8-diol $C_{30}H_{48}O_5$, Formel X (R = CO-CH₃).

B. Beim Behandeln einer Lösung von 3β-Acetoxy-5α,8α-ergosta-9(11),22t-dien-5,8-diol in Tetrahydrofuran mit Monoperoxyphthalsäure in Äther (*Inhoffen, Mengel*, B. **87** [1954] 146, 154).

Krystalle (aus Me. +W.); F: 198—200° [unkorr.]. [α]$_D^{20}$: −24° [CHCl₃].

Trihydroxy-Verbindungen $C_nH_{2n-12}O_4$

Trihydroxy-Verbindungen $C_{11}H_{10}O_4$

(±)-[3,4-Diäthoxy-phenyl]-[2]thienyl-methanol $C_{15}H_{18}O_3S$, Formel I (R = C₂H₅).

B. Beim Behandeln von 3,4-Diäthoxy-benzaldehyd mit [2]Thienylnatrium in Benzol oder mit [2]Thienylmagnesiumbromid in Äther (*Van Zyl et al.*, Am. Soc. **78** [1956] 1955, 1956).

Krystalle (aus Ae. + PAe.); F: 85,2—86°.

3c(?)-[6-Hydroxy-7-methoxy-benzofuran-5-yl]-allylalkohol, 5-[3-Hydroxy-*cis*(?)-propenyl]-7-methoxy-benzofuran-6-ol $C_{12}H_{12}O_4$, vermutlich Formel II.

B. Beim Erwärmen von 3c-[6-Hydroxy-7-methoxy-benzofuran-5-yl]-acrylsäure-lacton mit Lithiumalanat in Äther (*Brokke, Christensen*, J. org. Chem. **23** [1958] 589, 595).

Krystalle (aus Bzl.); F: 124—126°.

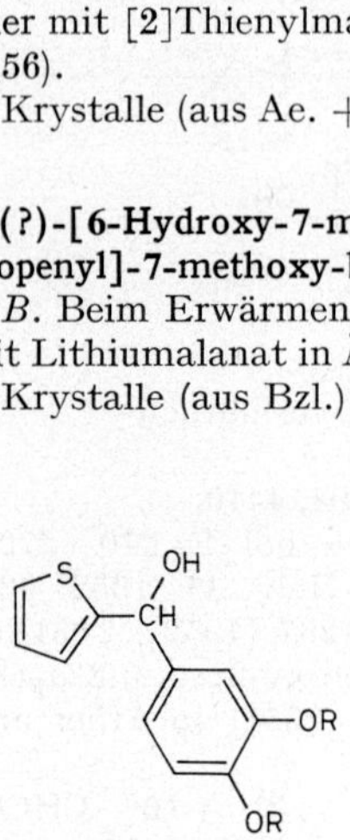

I 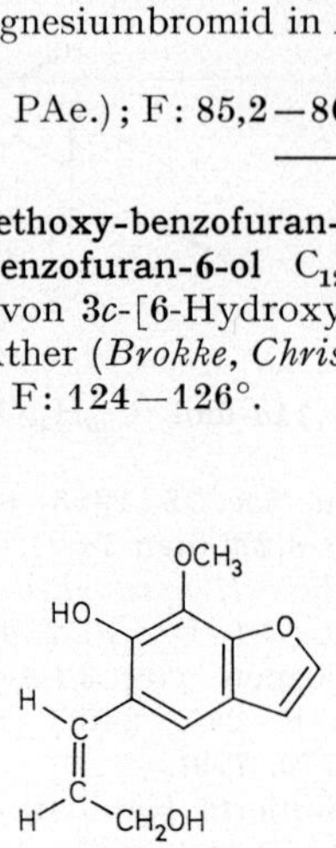   II 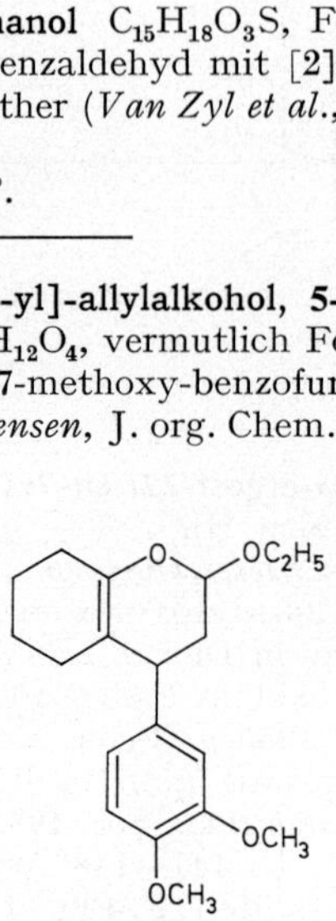   III 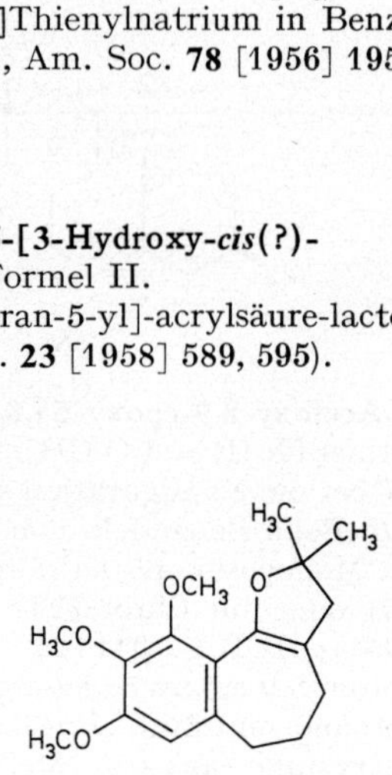   IV

Trihydroxy-Verbindungen $C_{15}H_{18}O_4$

*Opt.-inakt. 2-Äthoxy-4-[3,4-dimethoxy-phenyl]-5,6,7,8-tetrahydro-chroman $C_{19}H_{26}O_4$, Formel III.

B. Beim Erhitzen von 2-Veratryliden-cyclohexanon (F: 83—85°) mit Äthyl-vinyl-äther in Gegenwart von Hydrochinon unter Stickstoff auf 190° (*Emerson et al.,* Am. Soc. **75** [1953] 1312).

Kp$_1$: 211—216°. n$_D^{25}$: 1,5499.

_____

8,9,10-Trimethoxy-2,2-dimethyl-3,4,5,6-tetrahydro-2H-benzo[6,7]cyclohepta[1,2-b]furan $C_{18}H_{24}O_4$, Formel IV.

B. Beim Behandeln von 8,9,10-Trimethoxy-5,6-dihydro-4H-benzo[6,7]cyclohepta‍[1,2-b]furan-2-on mit Methyllithium in Äther und Benzol (*Gardner, Horton,* Am. Soc. **75** [1953] 4976, 4978).

F: 125—127,6° [korr.]. UV-Spektrum (A.; 220—290 nm): *Ga., Ho.*

Trihydroxy-Verbindungen $C_{16}H_{20}O_4$

(±)-7a,12a-Epoxy-1,2,3-trimethoxy-5,6,7,7a,8,9,10,11,12,12a-decahydro-benzo[a]‍heptalen $C_{19}H_{26}O_4$, Formel V.

B. Aus 1,2,3-Trimethoxy-5,6,7,8,9,10,11,12-octahydro-benzo[a]heptalen beim Behandeln mit Peroxybenzoesäure in Chloroform (*Rapoport et al.,* Am. Soc. **76** [1954] 3693, 3698).

Krystalle (aus Hexan); F: 116—117° [korr.].

_____

(3aS)-9b-[(Ξ)-1,2-Dihydroxy-äthyl]-5-methoxy-(3ar,9ac,9bc)-1,2,3,3a,8,9,9a,9b-octa‍hydro-phenanthro[4,5-bcd]furan, (Ξ)-1-[(3aS)-5-Methoxy-(3ar,9ac)-1,2,3,8,9,9a-hexa‍hydro-3aH-phenanthro[4,5-bcd]furan-9bc-yl]-äthan-1,2-diol $C_{17}H_{22}O_4$, Formel VI.

B. Aus (3aS)-5-Methoxy-9b-vinyl-(3ar,9ac,9bc)-1,2,3,3a,8,9,9a,9b-octahydro-phen‍anthro[4,5-bcd]furan (S. 1581) beim Behandeln mit Osmium(VIII)-oxid, Pyridin und Benzol (*Rapoport et al.,* Am. Soc. **80** [1958] 5767, 5771).

Krystalle (aus Bzl. + Hexan); F: 128—129° [korr.]. Das Rohprodukt ist bei 125°/0,008 Torr sublimierbar. [α]$_D^{25}$: —14° [A.; c = 1].

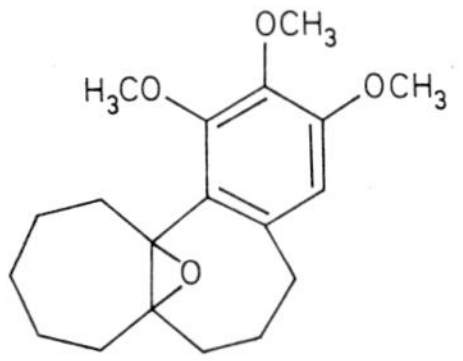

V 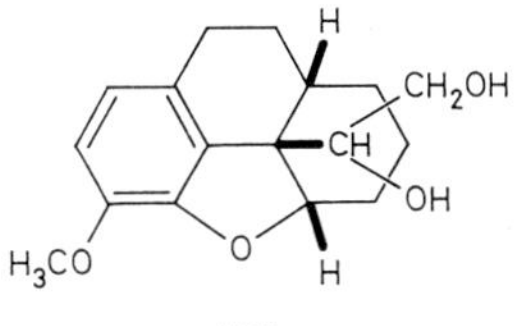   VI 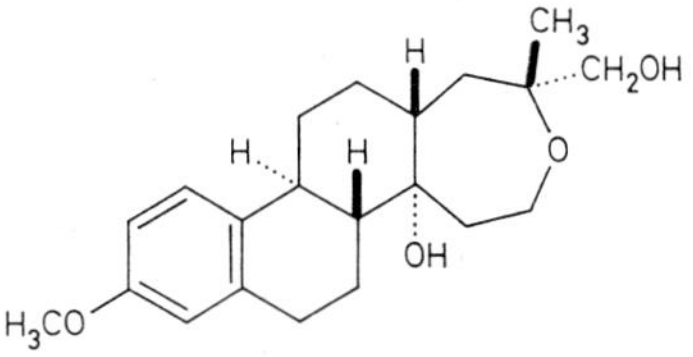   VII

Trihydroxy-Verbindungen $C_{20}H_{28}O_4$

(±)-2c-Hydroxymethyl-9-methoxy-2t-methyl-(5bt,11bc,13at)-1,2,4,5,6,7,11b,12,13,13a-decahydro-5bH-phenanthro[1,2-d]oxepin-5ar-ol $C_{21}H_{30}O_4$, Formel VII + Spiegelbild.

Diese Konstitution und Konfiguration kommt vermutlich der nachstehend beschrie-benen Verbindung zu (*Nelson, Garland,* Am. Soc. **79** [1957] 6313, 6315).

B. Neben anderen Verbindungen beim Behandeln von (±)-2c-Methallyl-7-meth‍oxy-1t-[2-(toluol-4-sulfonyloxy)-äthyl]-(4ar,10at)-1,2,3,4,4a,9,10,10a-octahydro-[1c]phen‍anthrol mit Osmium(VIII)-oxid in Tetrahydrofuran und anschliessend mit Äthanol und wss. Natriumsulfit-Lösung und Behandeln des Reaktionsprodukts mit Perjodsäure und Pyridin (*Ne., Ga.,* l. c. S. 6315, 6319).

Krystalle (aus Bzl. + Hexan); F: 187—187,5° [korr.].

Trihydroxy-Verbindungen $C_{22}H_{32}O_4$

3β,5,21ξ-Triacetoxy-9,11α-epoxy-23,24-dinor-5α-chola-7,20-dien $C_{28}H_{38}O_7$, Formel VIII.

B. Beim Behandeln von 3β,5,21ξ-Triacetoxy-23,24-dinor-5α-chola-7,9(11),20-trien (F: 171—175°) mit Monoperoxyphthalsäure in Äther (*Bladon et al.*, Soc. **1953** 2916, 2920). Beim Erhitzen von 3β,5-Diacetoxy-9,11α-epoxy-23,24-dinor-5α-chol-7-en-22-al mit Acetanhydrid und Kaliumacetat auf 120° (*Bl. et al.*, l. c. S. 2919).

Krystalle (aus Me.); F: 184—186° [Block]. [α]$_D$: +47° [CHCl$_3$]. IR-Spektrum (Nujol; 5,7—8,3 μ): *Bl. et al.*

Verbindung mit 3β,5,21ξ-Triacetoxy-23,24-dinor-5α-chola-7,9(11),20-trien vom F: 171—175°, $C_{28}H_{38}O_7 \cdot C_{28}H_{38}O_6$. Krystalle (aus Me.); F: 165—166° [Block]. [α]$_D$: +69° [CHCl$_3$].

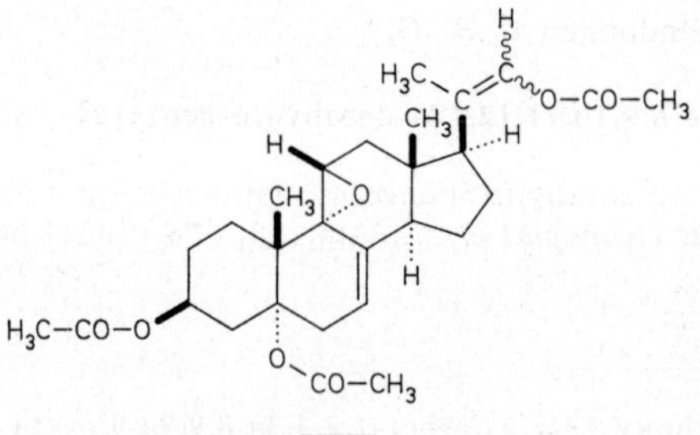

VIII 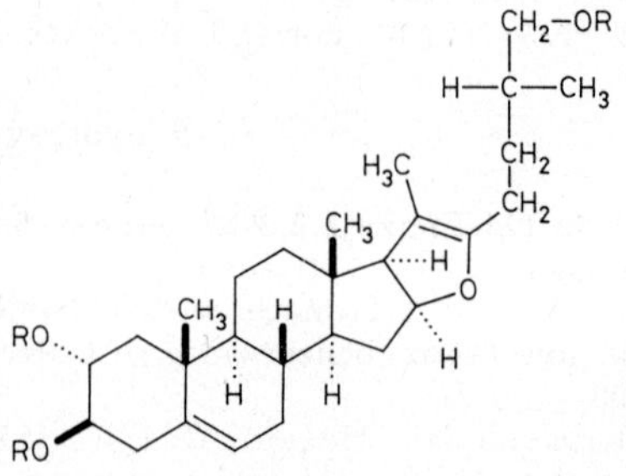   IX

Trihydroxy-Verbindungen $C_{27}H_{42}O_4$

(25R)-Furosta-5,20(22)-dien-2α,3β,26-triol, Pseudoyuccagenin $C_{27}H_{42}O_4$, Formel IX (R = H).

B. Aus Tri-*O*-acetyl-pseudoyuccagenin (s. u.) mit Hilfe von wss. Alkalilauge (*Marker et al.*, Am. Soc. **69** [1947] 2167, 2191).

Krystalle (aus Ae.); F: 181—182°.

Beim Behandeln mit Chlorwasserstoff in Äthanol ist Yuccagenin ((25R)-22αO-Spirost-5-en-2α,3β-diol) erhalten worden.

(25R)-2α,3β,26-Triacetoxy-furosta-5,20(22)-dien, Tri-*O*-acetyl-pseudoyuccagenin $C_{33}H_{48}O_7$, Formel IX (R = CO-CH$_3$).

B. Aus Di-*O*-acetyl-yuccagenin ((25R)-2α,3β-Diacetoxy-22αO-spirost-5-en) beim Erhitzen mit Acetanhydrid auf 200° (*Marker et al.*, Am. Soc. **69** [1947] 2167, 2191).

Krystalle (aus Me.); F: 145—147°.

Bei der Hydrierung an Platin in Essigsäure ist Tri-*O*-acetyl-dihydropseudogitogenin ((25R)-2α,3β,26-Triacetoxy-5α,20αH,22αH-furostan) erhalten worden.

(25R)-1β,3β,26-Triacetoxy-furosta-5,20(22)-dien $C_{33}H_{48}O_7$, Formel X.

Diese Konstitution und Konfiguration kommt möglicherweise dem nachstehend beschriebenen **Tri-*O*-acetyl-pseudoruscogenin** zu.

B. Beim Erhitzen eines Gemisches von Ruscogenin (Syst. Nr. 2719) und Neoruscogenin (Syst. Nr. 2720) mit Acetanhydrid, Pyridin und Methylamin-hydrochlorid (*Burn et al.*, Soc. **1958** 795, 798).

Krystalle (aus Me.); F: 96—98°. [α]$_D^{20}$: 0° [CHCl$_3$].

Beim Behandeln mit Chrom(VI)-oxid in Essigsäure ist 1β,3β-Diacetoxy-pregna-5,16-dien-20-on erhalten worden.

Trihydroxy-Verbindungen $C_{30}H_{48}O_4$

16α,21α-Epoxy-olean-12-en-3β,22α,24-triol[1]) $C_{30}H_{48}O_4$, Formel XI (R = H).
Über die Konfiguration s. *Yosioka et al.*, Tetrahedron Letters **1967** 637, 640; *Nakano et al.*, J. org. Chem. **34** [1969] 3135, 3140.
B. Aus der im folgenden Artikel beschriebenen Verbindung beim Erwärmen mit methanol. Kalilauge und Dioxan (*Cainelli et al.*, Helv. **40** [1957] 2390, 2403).
Krystalle (aus Me. $+CH_2Cl_2$); F: 296—297° [korr.; evakuierte Kapillare; nach Sublimation im Hochvakuum bei 250°]. $[\alpha]_D$: $+58°$ [A.].

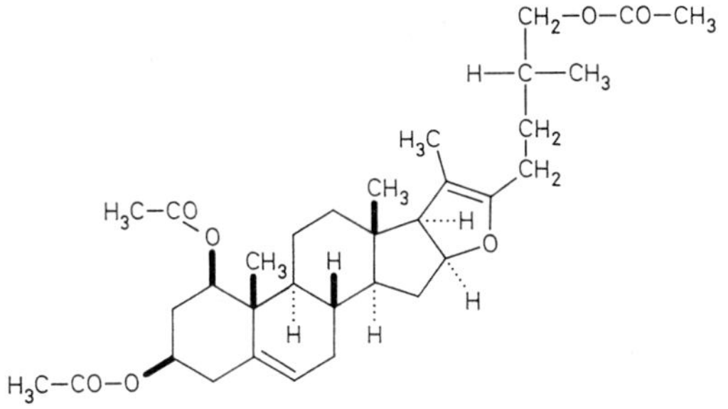

X 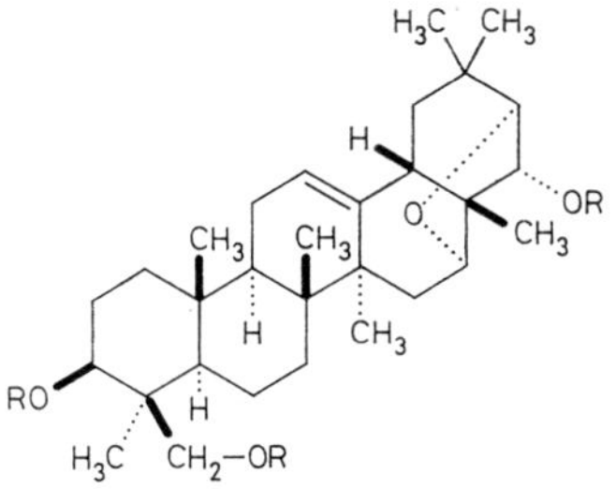   XI

3β,22α,24-Triacetoxy-16α,21α-epoxy-olean-12-en $C_{36}H_{54}O_7$, Formel XI (R = CO-CH₃).
B. Beim Erhitzen von 3β,22α,24-Triacetoxy-16α,21α-epoxy-olean-12-en-28-al mit Hydrazin-hydrat, Diäthylenglykol und Äthanol, Erhitzen des Reaktionsgemisches mit Kaliumhydroxid auf 200° und Behandeln des Reaktionsprodukts mit Acetanhydrid und Pyridin (*Cainelli et al.*, Helv. **40** [1957] 2390, 2403).
Krystalle (aus Me.); F: 209—210° [evakuierte Kapillare]. $[\alpha]_D$: $+67°$ [CHCl₃].

Trihydroxy-Verbindungen $C_nH_{2n-14}O_4$

Trihydroxy-Verbindungen $C_{10}H_6O_4$

2,3-Epoxy-5-methoxy-naphthalin-1,4-diol $C_{11}H_8O_4$, Formel I, und **2,3-Epoxy-5-methoxy-2,3-dihydro-[1,4]naphthochinon** $C_{11}H_8O_4$, Formel II.
B. Beim Erwärmen einer Lösung von 5-Methoxy-[1,4]naphthochinon in Äthanol mit wss. Wasserstoffperoxid und Natriumcarbonat (*Garden, Thompson*, Soc. **1957** 2483, 2487).
Krystalle (aus Me.); F: 109°.
Beim Behandeln mit Acetanhydrid und wenig Schwefelsäure ist 2,3-Diacetoxy-5-methoxy-2,3-dihydro-[1,4]naphthochinon erhalten worden.

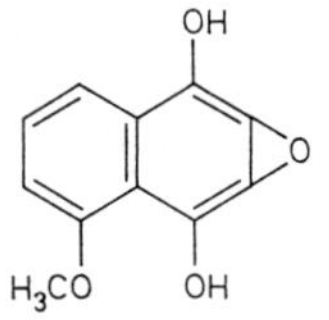

I 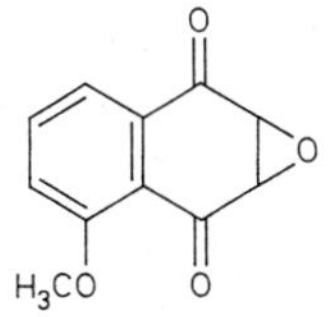   II 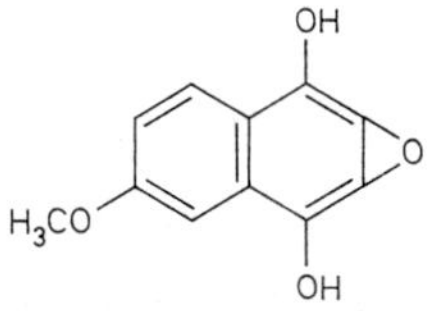   III 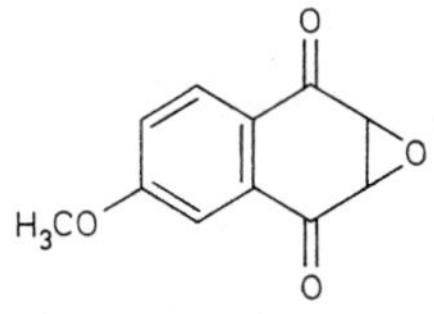   IV

2,3-Epoxy-6-methoxy-naphthalin-1,4-diol $C_{11}H_8O_4$, Formel III, und **2,3-Epoxy-6-meth=oxy-2,3-dihydro-[1,4]naphthochinon** $C_{11}H_8O_4$, Formel IV.
B. Beim Erwärmen einer Lösung von 6-Methoxy-[1,4]naphthochinon in Äthanol mit

---

[1]) Stellungsbezeichnung bei von Oleanan abgeleiteten Namen s. E III **5** 1341.

wss. Wasserstoffperoxid und Natriumcarbonat (*Garden, Thompson*, Soc. **1957** 2483, 2487).

Krystalle (aus Me.); F: 109°.

Beim Behandeln mit Acetanhydrid und wenig Schwefelsäure in der Kälte ist 2,3-Di=acetoxy-6-methoxy-2,3-dihyro-[1,4]naphthochinon (Syst. Nr. 603), beim Behandeln mit Acetanhydrid und Schwefelsäure ohne Kühlung und Behandeln des Reaktionsprodukts mit wss. Natronlauge sind 3-Hydroxy-6-methoxy-[1,4]naphthochinon und 2,3-Dihydr=oxy-6-methoxy-[1,4]naphthochinon erhalten worden.

Trihydroxy-Verbindungen $C_{15}H_{16}O_4$

(3S)-3r,4t,5t-Triacetoxy-2ξ-[1]naphthyl-tetrahydro-pyran, (1Ξ)-Tri-O-acetyl-1-[1]naph=thyl-1,5-anhydro-L-arabit $C_{21}H_{22}O_7$, Formel V.

B. Beim Behandeln von Tri-O-acetyl-β-L-arabinopyranosylchlorid (S. 2279) mit [1]Naphthylmagnesiumbromid in Äther (*Shdanow, Dorofeenko*, Doklady Akad. S.S.S.R. **113** [1957] 601; Pr. Acad. Sci. U.S.S.R. Chem. Sect. **112–117** [1957] 271).

Krystalle (aus Butan-1-ol); F: 137–138°.

5,9-Dimethoxy-1,3-dimethyl-3,4-dihydro-1H-benz[g]isochromen-10-ol $C_{17}H_{20}O_4$.

Über die Konfiguration der folgenden Stereoisomeren s. *Schmid, Ebnöther*, Helv. **34** [1951] 1041; *Eisenhuth, Schmid*, Helv. **41** [1958] 2021.

a) **(1R)-5,9-Dimethoxy-1r,3c-dimethyl-3,4-dihydro-1H-benz[g]isochromen-10-ol,** O-Methyl-dihydroeleutherin, Formel VI (R = H).

B. Beim Erwärmen von Eleutherin ((1R)-9-Methoxy-1r,3c-dimethyl-3,4-dihydro-1H-benz[g]isochromen-5,10-chinon) mit Natriumdithionit und wss. Natronlauge unter Einleiten von Wasserstoff und Behandeln der Reaktionslösung mit Dimethylsulfat, Äther und wss. Natronlauge (*Schmid et al.*, Helv. **33** [1950] 1751, 1761).

Krystalle (aus Me.); F: 115–116° (*Schmid, Ebnöther*, Helv. **34** [1951] 561, 573), 114–115° (*Sch. et al.*). UV-Spektrum (A.; 230–350 nm): *Sch. et al.*, l. c. S. 1753. $[\alpha]_D^{13}$: +206° [CHCl$_3$; c = 1] (*Sch. et al.*).

Beim Behandeln mit wss. Phosphorsäure erfolgt partielle Umwandlung in das unter c) beschriebene Stereoisomere: *Sch., Eb.* Beim Erhitzen mit amalgamiertem Zink und wss. Salzsäure unter Zusatz von Toluol sind eine Verbindung mit dem unter c) be-schriebenen Stereoisomeren, (S)-1-[3-Äthyl-4-hydroxy-1,5-dimethoxy-[2]naph=thyl]-propan-2-ol ($C_{17}H_{22}O_4$: Öl; $[\alpha]_D^{21}$: +67° [CHCl$_3$]) und geringe Mengen (S)-4-Äthyl-6-methoxy-2-methyl-2,3-dihydro-naphtho[1,2-b]furan-5-ol erhalten worden (*Sch. et al.*, l. c. S. 1759, 1769; *Sch., Eb.*, l. c. S. 564, 567). Hydrierung an Platin in Essigsäure unter Bildung von (1R)-5-Methoxy-1r,3c-dimethyl-3,4,6,7,8,9-hexahydro-1H-benz[g]isochrom=en-10-ol: *Sch. et al.*, l. c. S. 1763.

V   VI   VII

b) **(1R)-5,9-Dimethoxy-1r,3t-dimethyl-3,4-dihydro-1H-benz[g]isochromen-10-ol,** O-Methyl-dihydroisoeleutherin, Formel VII (R = H).

B. Beim Erwärmen von Isoeleutherin ((1R)-9-Methoxy-1r,3t-dimethyl-3,4-dihydro-1H-benz[g]isochromen-5,10-chinon) mit Natriumdithionit und wss. Natronlauge unter Einleiten von Wasserstoff und Behandeln der Reaktionslösung mit Dimethylsulfat, Äther und wss. Natronlauge (*Schmid, Ebnöther*, Helv. **34** [1951] 561, 570).

Krystalle (aus Me.); F: 121–122°. $[\alpha]_D^{19}$: +59° [CHCl$_3$; c = 2].

c) **(1S)-5,9-Dimethoxy-1r,3t-dimethyl-3,4-dihydro-1H-benz[g]isochromen-10-ol**, O-Methyl-dihydroalloeleutherin, Formel VIII (R = H; X = OCH₃).

B. Aus dem unter a) beschriebenen Stereoisomeren beim Behandeln mit wss. Phosphor= säure (*Schmid, Ebnöther*, Helv. **34** [1951] 561, 573).

Krystalle (aus Me.); F: 119—120°. [α]$_D^{21}$: —62° [CHCl₃; c = 1].

Verbindung mit (1R)-5,9-Dimethoxy-1r,3c-dimethyl-3,4-dihydro-1H-benz[g]isochromen-10-ol C₁₇H₂₀O₄·C₁₇H₂₀O₄. Bildung beim Erhitzen des unter a) beschriebenen Stereoisomeren mit amalgamiertem Zink und wss. Salzsäure unter Zusatz von Toluol: *Schmid et al.*, Helv. **33** [1950] 1751, 1769. — Krystalle (aus Me.); F: 126—127°; bei 135—140°/0,005 Torr destillierbar; [α]$_D^{20}$: +79° [CHCl₃] (*Sch. et al.*).

5,9,10-Trimethoxy-1,3-dimethyl-3,4-dihydro-1H-benz[g]isochromen C₁₈H₂₂O₄.

a) **(1R)-5,9,10-Trimethoxy-1r,3c-dimethyl-3,4-dihydro-1H-benz[g]isochromen**, Di-O-methyl-dihydroeleutherin, Formel VI (R = CH₃).

B. Beim Erwärmen einer Lösung von O-Methyl-dihydroeleutherin (S. 2368) in Aceton mit Dimethylsulfat und wss. Kalilauge (*Schmid et al.*, Helv. **33** [1950] 1751, 1762).

Öl; bei 125—135°/0,01 Torr destillierbar (*Sch. et al.*). [α]$_D^{20}$: +90° [CHCl₃] (*Sch. et al.*).

Beim Erhitzen mit amalgamiertem Zink und wss. Salzsäure unter Zusatz von Toluol ist Di-O-methyl-dihydroalloeleutherin (s. u.) erhalten worden (*Schmid, Ebnöther*, Helv. **34** [1951] 561, 568, 575).

b) **(1R)-5,9,10-Trimethoxy-1r,3t-dimethyl-3,4-dihydro-1H-benz[g]isochromen**, Di-O-methyl-dihydroisoeleutherin, Formel VII (R = CH₃).

[M]$_D$: —94° [CHCl₃] (*Schmid, Ebnöther*, Helv. **34** [1951] 1041, 1045).

c) **(1S)-5,9,10-Trimethoxy-1r,3t-dimethyl-3,4-dihydro-1H-benz[g]isochromen**, Di-O-methyl-dihydroalloeleutherin, Formel VIII (R = CH₃; X = OCH₃).

B. Beim Erhitzen von Di-O-methyl-dihydroeleutherin (s. o.) mit amalgamiertem Zink und wss. Salzsäure unter Zusatz von Toluol (*Schmid, Ebnöther*, Helv. **34** [1951] 561, 575).

Krystalle (aus PAe.); F: 87—90°. [α]$_D^{19}$: +31° [CHCl₃].

(1R)-5-Äthoxy-9-methoxy-1r,3c-dimethyl-3,4-dihydro-1H-benz[g]isochromen-10-ol, O-Äthyl-dihydroeleutherin C₁₈H₂₂O₄, Formel IX (R = C₂H₅).

B. Beim Behandeln von Eleutherin ((1R)-9-Methoxy-1r,3c-dimethyl-3,4-dihydro-1H-benz[g]isochromen-5,10-chinon) mit Natriumdithionit und wss. Natronlauge unter Ein- leiten von Wasserstoff und anschliessend mit Diäthylsulfat und wss. Natronlauge (*Schmid et al.*, Helv. **33** [1950] 1751, 1762).

Krystalle (aus Me.); F: 97—98°.

5-Acetoxy-9-methoxy-1,3-dimethyl-3,4-dihydro-1H-benz[g]isochromen-10-ol C₁₈H₂₀O₅.

a) **(1R)-5-Acetoxy-9-methoxy-1r,3c-dimethyl-3,4-dihydro-1H-benz[g]isochromen-10-ol**, O-Acetyl-dihydroeleutherin, Formel IX (R = CO-CH₃).

B. Beim Behandeln von Eleutherin ((1R)-9-Methoxy-1r,3c-dimethyl-3,4-dihydro-1H-benz[g]isochromen-5,10-chinon) mit Acetanhydrid, Zink-Pulver und Pyridin (*Schmid et al.*, Helv. **33** [1950] 1751, 1761).

Krystalle (aus A. + W.); F: 150° (*Sch. et al.*). Das Rohprodukt ist bei 140—150°/ 0,01 Torr destillierbar (*Sch. et al.*). [α]$_D^{19}$: +195° [CHCl₃; c = 1] (*Sch. et al.*).

Beim Erhitzen mit amalgamiertem Zink und wss. Salzsäure unter Zusatz von Toluol ist (2R)-4-Äthyl-6-methoxy-2-methyl-2,3-dihydro-naphtho[1,2-b]furan-5-ol erhalten wor- den (*Schmid, Ebnöther*, Helv. **34** [1951] 561, 574).

b) **(1R)-5-Acetoxy-9-methoxy-1r,3t-dimethyl-3,4-dihydro-1H-benz[g]isochromen-10-ol**, O-Acetyl-dihydroisoeleutherin, Formel X.

B. Beim Behandeln von Isoeleutherin ((1R)-9-Methoxy-1r,3t-dimethyl-3,4-dihydro-1H-benz[g]isochromen-5,10-chinon) mit Acetanhydrid, Zink-Pulver und Pyridin (*Schmid, Ebnöther*, Helv. **34** [1951] 561, 570).

Krystalle (aus Bzl. + PAe.); F: 140—142°. [α]$_D^{20}$: +17° [CHCl₃].

c) **(1S)-5-Acetoxy-9-methoxy-1r,3t-dimethyl-3,4-dihydro-1H-benz[g]isochromen-10-ol**, O-Acetyl-dihydroalloeleutherin, Formel VIII (R = H, X = O-CO-CH₃).

B. Beim Behandeln von Alloeleutherin ((1S)-9-Methoxy-1r,3t-dimethyl-3,4-dihydro-

1H-benz[g]isochromen-5,10-chinon) mit Acetanhydrid, Zink-Pulver und Pyridin (*Schmid, Ebnöther*, Helv. **34** [1951] 561, 571).

Krystalle (aus Bzl. + PAe. oder aus wss. A.); F: 139—141°. $[\alpha]_D^{20}$: —15° [CHCl$_3$; c = 1,5].

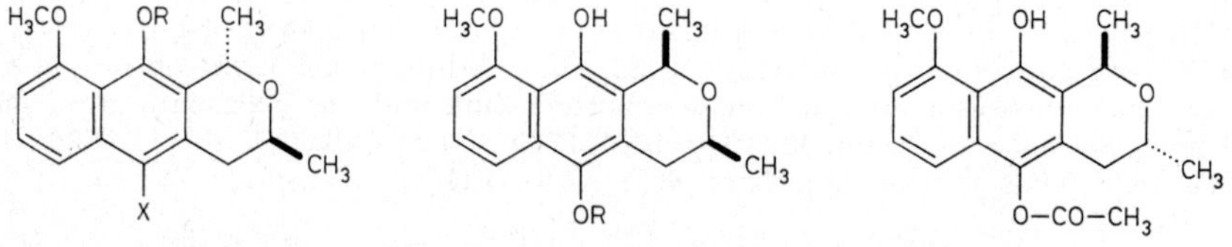

VIII   IX   X

10-Acetoxy-5,9-dimethoxy-1,3-dimethyl-3,4-dihydro-1H-benz[g]isochromen C$_{19}$H$_{22}$O$_5$.

a) **(1R)-10-Acetoxy-5,9-dimethoxy-1r,3c-dimethyl-3,4-dihydro-1H-benz[g]isochromen**, O-Acetyl-O'-methyl-dihydroeleutherin, Formel VII (R = CO-CH$_3$) auf S. 2368.

B. Beim Erhitzen von O-Methyl-dihydroeleutherin (S. 2368) mit Acetanhydrid und Natriumacetat (*Schmid et al.*, Helv. **33** [1950] 1751, 1762).

Krystalle (aus Me.); F: 167—168° [nach Sublimation im Hochvakuum]. $[\alpha]_D^{20}$: +127° [CHCl$_3$; c = 1].

b) **(1R)-10-Acetoxy-5,9-dimethoxy-1r,3t-dimethyl-3,4-dihydro-1H-benz[g]isochromen**, O-Acetyl-O'-methyl-dihydroisoeleutherin, Formel VII (R = CO-CH$_3$) auf S. 2368.

B. Beim Erhitzen von O-Methyl-dihydroisoeleutherin (S. 2368) mit Acetanhydrid und Natriumacetat (*Schmid, Ebnöther*, Helv. **34** [1951] 561, 570).

Krystalle (aus wss. Me.); F: 140—141°. $[\alpha]_D^{19}$: +18° [CHCl$_3$; c = 2].   [*Tauchert*]

Trihydroxy-Verbindungen C$_n$H$_{2n-16}$O$_4$

Trihydroxy-Verbindungen C$_{12}$H$_8$O$_4$

5,7-Dimethoxy-naphtho[2,1-b]thiophen-1-ol C$_{14}$H$_{12}$O$_3$S, Formel I (R = CH$_3$), und **5,7-Dimethoxy-naphtho[2,1-b]thiophen-1-on** C$_{14}$H$_{12}$O$_3$S, Formel II (R = CH$_3$).

B. Beim Erwärmen von [4,6-Dimethoxy-[2]naphthylmercapto]-essigsäure mit Phosphor(III)-chlorid in Chlorbenzol und Behandeln des Reaktionsgemisches mit Aluminiumchlorid (*I.G. Farbenind.*, D.R.P. 558237 [1930]; Frdl. **19** 781).

Krystalle (aus Bzl.); F: 194°.

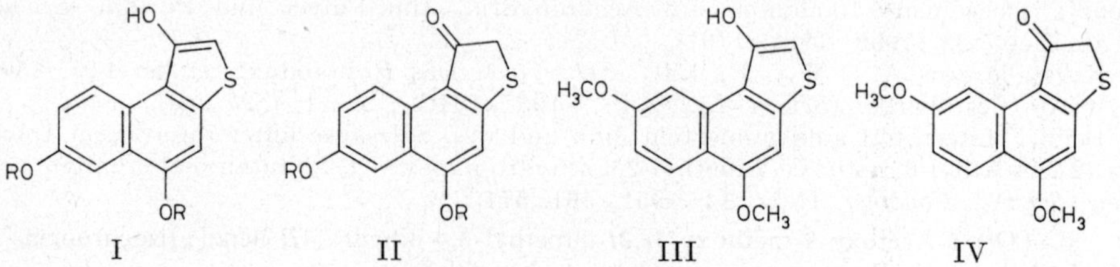

I   II   III   IV

5,7-Diäthoxy-naphtho[2,1-b]thiophen-1-ol C$_{16}$H$_{16}$O$_3$S, Formel I (R = C$_2$H$_5$), und **5,7-Diäthoxy-naphtho[2,1-b]thiophen-1-on** C$_{16}$H$_{16}$O$_3$S, Formel II (R = C$_2$H$_5$).

B. Beim Erwärmen von [4,6-Diäthoxy-[2]naphthylmercapto]-essigsäure mit Phosphor(III)-chlorid in Chlorbenzol und Behandeln des Reaktionsgemisches mit Aluminiumchlorid (*I.G. Farbenind.*, D.R.P. 558237 [1930]; Frdl. **19** 781).

Krystalle (aus wss. Eg.); F: 196°.

5,8-Dimethoxy-naphtho[2,1-*b*]thiophen-1-ol $C_{14}H_{12}O_3S$, Formel III, und **5,8-Dimethoxy-naphtho[2,1-*b*]thiophen-1-on** $C_{14}H_{12}O_3S$, Formel IV.
B. Beim Erwärmen von [4,7-Dimethoxy-[2]naphthylmercapto]-essigsäure mit Phosphor(III)-chlorid in Benzol und Behandeln des Reaktionsgemisches mit Aluminium-chlorid (*I.G. Farbenind.*, D.R.P. 558237 [1930]; Frdl. **19** 781).
Krystalle (aus wss. Eg.); F: 165°.

4,6-Dimethoxy-dibenzofuran-3-ol $C_{14}H_{12}O_4$, Formel V (R = H).
B. Aus 3-Brom-4,6-dimethoxy-dibenzofuran mit Hilfe von Butyllithium und Sauerstoff (*Hogg*, Iowa Coll. J. **20** [1945] 15).
F: 140 — 141°.

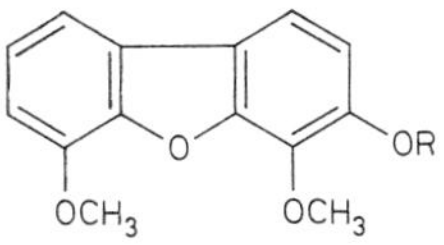

V 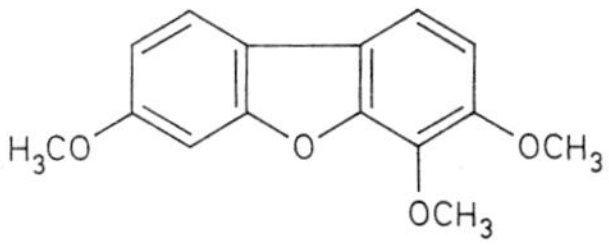   VI

3,4,6-Trimethoxy-dibenzofuran $C_{15}H_{14}O_4$, Formel V (R = CH_3).
B. Aus 4,6-Dimethoxy-dibenzofuran-3-ol mit Hilfe von Dimethylsulfat (*Hogg*, Iowa Coll. J. **20** [1945] 15).
F: 126 — 127°.

3,4,7-Trimethoxy-dibenzofuran $C_{15}H_{14}O_4$, Formel VI.
B. Beim Behandeln von 4,2′,3′,4′-Tetramethoxy-biphenyl-2-ylamin mit wss. Schwefelsäure und Natriumnitrit bei 0° und Erwärmen der Reaktionslösung auf Raumtemperatur (*Tarbell et al.*, Am. Soc. **68** [1946] 502, 506).
Krystalle (aus wss. Me.); F: 75 — 76°. UV-Spektrum (A.; 220 — 320 nm): *Ta. et al.*, l. c. S. 504.

Trihydroxy-Verbindungen $C_{13}H_{10}O_4$

Xanthen-1,3,6-triol $C_{13}H_{10}O_4$, Formel VII (R = H).
B. Aus 1,6-Dihydroxy-xanthen-3-on bei der Hydrierung an Palladium/Kohle in Äthanol (*Hatsuda, Kuyama*, J. agric. chem. Soc. Japan **29** [1955] 14, 18; C. A. **1959** 16125).
Krystalle (aus W.); F: 255 — 256°.

1,3,6-Triacetoxy-xanthen $C_{19}H_{16}O_7$, Formel VII (R = CO-CH_3).
B. Aus Xanthen-1,3,6-triol und Acetanhydrid (*Hatsuda, Kuyama*, J. agric. chem. Soc. Japan **29** [1955] 14, 18; C. A. **1959** 16125).
Krystalle (aus A.); F: 120 — 121°.

Xanthen-1,3,8-triol $C_{13}H_{10}O_4$, Formel VIII.
B. Aus 1,8-Dihydroxy-xanthen-3-on bei der Hydrierung an Palladium/Kohle in Äthanol (*Hatsuda et al.*, J. agric. chem. Soc. Japan **28** [1954] 992, 996; C. A. **1956** 15522).
Krystalle (aus W.); F: 222°.

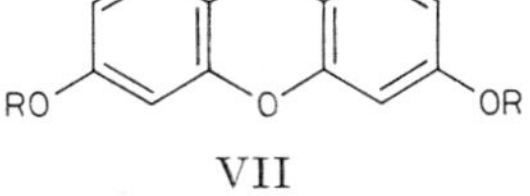

VII 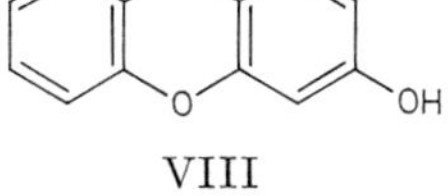   VIII 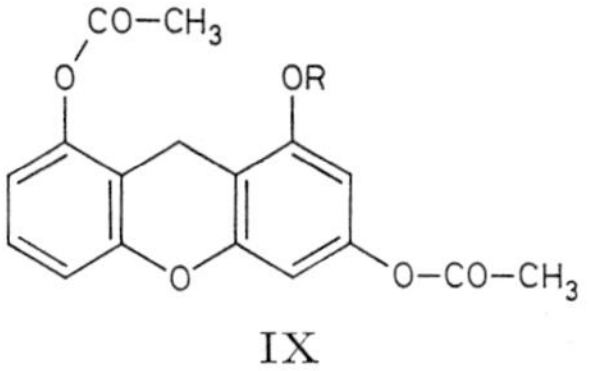   IX

3,8-Diacetoxy-1-methoxy-xanthen $C_{18}H_{16}O_6$, Formel IX (R = CH_3).
B. Bei der Hydrierung von 8-Hydroxy-1-methoxy-xanthen-3-on an Platin in Äthanol

und Behandlung des Reaktionsprodukts mit Acetanhydrid (*Hatsuda et al.*, J. agric. chem. Soc. Japan **28** [1954] 998; C. A. **1956** 15522).
Krystalle (aus A.); F: 146—147°.

1,3,8-Triacetoxy-xanthen $C_{19}H_{16}O_7$, Formel IX (R = CO-CH$_3$).
B. Aus Xanthen-1,3,8-triol und Acetanhydrid (*Hatsuda et al.*, J. agric. chem. Soc. Japan **28** [1954] 992, 996; C. A. **1956** 15522).
Krystalle (aus A.); F: 182—183°.

(±)-1,7-Dimethoxy-xanthen-9-ol $C_{15}H_{14}O_4$, Formel X (E I 113).
B. Neben 1,7-Dimethoxy-xanthen-9-on beim Behandeln von 1,7-Dimethoxy-xanthen mit Blei(IV)-acetat in Essigsäure (*Cavill et al.*, Soc. **1949** 1567, 1569). Aus 1,7-Dimeth‍oxy-xanthen-9-on (*Ca. et al.*).
Krystalle (aus Me.); F: 84°.
Charakterisierung durch Überführung in *N*-[1,7-Dimethoxy-xanthen-9-yl]-*N'*-phenyl-harnstoff (F: 232° [Zers.]): *Ca. et al.*

(±)-2,3-Dimethoxy-xanthen-9-ol $C_{15}H_{14}O_4$, Formel XI.
B. Aus 2,3-Dimethoxy-xanthen-9-on beim Behandeln mit Äthanol und Natrium-Amalgam (*Cavill et al.*, Soc. **1949** 1567, 1569).
Krystalle (aus Me.); F: 92°.

2,3-Dimethoxy-xanthylium $[C_{15}H_{13}O_3]^+$, Formel XII.
Tetrachloroferrat(III) $[C_{15}H_{13}O_3]FeCl_4$. *B*. Aus 2,3-Dimethoxy-xanthen-9-ol (*Cavill et al.*, Soc. **1949** 1567, 1569). — Gelbe Krystalle (aus Eg.); F: 204° [Zers.].

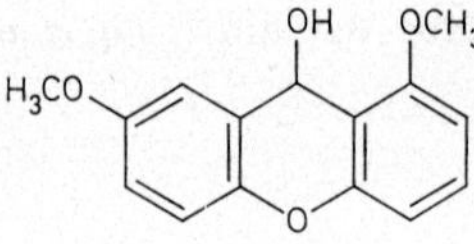

X 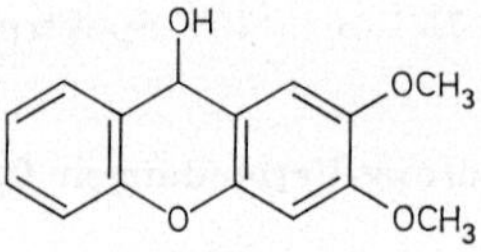   XI 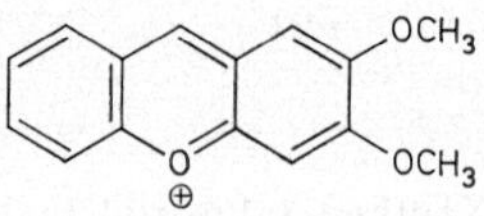   XII

7,9-Dimethoxy-4-methyl-dibenzofuran-2-ol $C_{15}H_{14}O_4$, Formel XIII (R = H).
B. Beim Erhitzen von (±)-7,9-Dimethoxy-4-methyl-3,4-dihydro-1*H*-dibenzofuran-2-on mit Palladium/Kohle in 2-Methyl-naphthalin unter Stickstoff (*MacMillan*, Soc. **1953** 1697, 1702; *MacMillan et al.*, Soc. **1954** 429, 433). Aus Dechlorogriseofulvin ((2*S*,6'*R*)-4,6,2'-Trimethoxy-6'-methyl-spiro[benzofuran-2,1'-cyclohex-2'-en]-3,4'-dion) beim Behandeln mit Quecksilber(II)-oxid in wss. Natronlauge (*MacM.*, l. c. S. 1701).
Krystalle (aus Bzl. + PAe.); F: 171—172° (*MacM. et al.*). UV-Absorptionsmaxima (Me.): 230 nm, 264 nm, 285 nm und 314 nm (*MacM.*, l. c. S. 1701).
Verbindung mit Pikrinsäure $C_{15}H_{14}O_4 \cdot C_6H_3N_3O_7$. Rote Krystalle (aus Bzl.); F: 155° (*MacM.*, l. c. S. 1701).

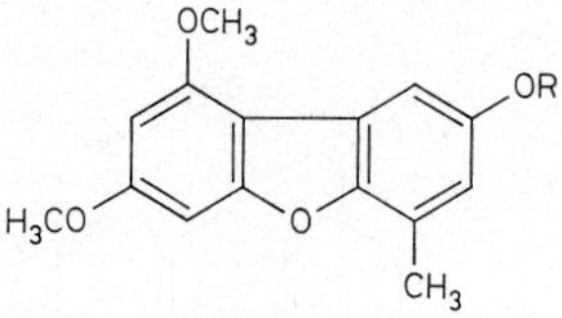

XIII 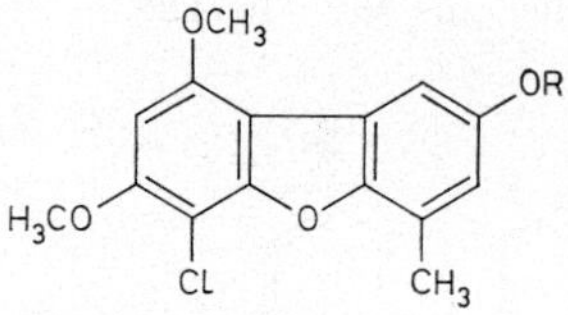   XIV

1,3,8-Trimethoxy-6-methyl-dibenzofuran $C_{16}H_{16}O_4$, Formel XIII (R = CH$_3$).
B. Beim Eintragen einer aus 2-[3,5-Dimethoxy-phenoxy]-5-methoxy-3-methyl-anilin hergestellten wss. Diazoniumsalz-Lösung in wss. Schwefelsäure und anschliessenden Er-

wärmen (*MacMillan et al.*, Soc. **1954** 429, 435). Beim Behandeln von 7,9-Dimethoxy-
4-methyl-dibenzofuran-2-ol mit wss. Natronlauge und Dimethylsulfat (*MacMillan*, Soc.
1953 1697, 1701; *MacM. et al.*).
Krystalle (aus Me.); F: 118° (*MacM.*). UV-Absorptionsmaxima (Me.): 230 nm,
264 nm, 285 nm und 311 nm (*MacM.*).
Verbindung mit Pikrinsäure $C_{16}H_{16}O_4 \cdot C_6H_3N_3O_7$. Rote Krystalle (aus Me.);
F: 148—149° (*MacM.*).

6-Chlor-7,9-dimethoxy-4-methyl-dibenzofuran-2-ol $C_{15}H_{13}ClO_4$, Formel XIV (R = H).
B. Beim Erhitzen von (±)-6-Chlor-7,9-dimethoxy-4-methyl-3,4-dihydro-1*H*-dibenzo-
furan-2-on mit wss. Natronlauge unter Durchleiten von Luft (*Grove et al.*, Soc. **1952**
3958, 3966; *MacMillan et al.*, Soc. **1954** 429, 432). Aus Griseofulvin ((2*S*,6'*R*)-7-Chlor-
4,6,2'-trimethoxy-6'-methyl-spiro[benzofuran-2,1'-cyclohex-2'-en]-3,4'-dion) oder aus
Griseofulvinsäure ((2*S*,6'*R*)-7-Chlor-4,6-dimethoxy-6'-methyl-spiro[benzofuran-2,1'-cyclo-
hexan]-3,2',4'-trion) beim Erwärmen mit wss. Natronlauge und Quecksilber(II)-oxid
(*Gr. et al.*).
Krystalle (aus Toluol); F: 199° [korr.] (*Gr. et al.*), 197—198° (*MacM. et al.*). UV-
Spektrum (230—380 nm) einer Lösung in Methanol sowie einer Lösung des Natrium-
Salzes in wss. Natronlauge: *Gr. et al.*, l. c. S. 3961.
Verbindung mit Pikrinsäure $C_{15}H_{13}ClO_4 \cdot C_6H_3N_3O_7$. Rote Krystalle (aus wss.
A.); F: 196—198° [korr.] (*Gr. et al.*, l. c. S. 3966).
Toluol-4-sulfonyl-Derivat (F: 196° [korr.]): *Gr. et al.*, l. c. S. 3966.

4-Chlor-1,3,8-trimethoxy-6-methyl-dibenzofuran $C_{16}H_{15}ClO_4$, Formel XIV (R = CH_3).
B. Beim Behandeln von 6-Chlor-7,9-dimethoxy-4-methyl-dibenzofuran-2-ol mit wss.
Natronlauge und Dimethylsulfat (*Grove et al.*, Soc. **1952** 3958, 3966; *MacMillan et al.*,
Soc. **1954** 429, 432).
Krystalle; F: 168—170° [korr.; aus A. oder wss. Acn.] (*Gr. et al.*), 167—168° [aus A.]
(*MacM. et al.*).
Beim Behandeln mit Palladium/Strontiumcarbonat in äthanol. Kalilauge unter
Wasserstoff ist 1,3,8-Trimethoxy-6-methyl-dibenzofuran erhalten worden (*MacMillan*,
Soc. **1953** 1697, 1702).

4-Chlor-1,3-dimethoxy-6-methyl-8-[toluol-4-sulfonyloxy]-dibenzofuran $C_{22}H_{19}ClO_6S$,
Formel XIV (R = $SO_2\text{-}C_6H_4\text{-}CH_3$).
B. Aus 6-Chlor-7,9-dimethoxy-4-methyl-dibenzofuran-2-ol (*Grove et al.*, Soc. **1952** 3958,
3966).
Krystalle (aus E.); F: 196° [korr.].

Trihydroxy-Verbindungen $C_{14}H_{12}O_4$

8-Methyl-xanthen-1,3,6-triol $C_{14}H_{12}O_4$, Formel I (R = H).
B. Aus 1,6-Dihydroxy-8-methyl-xanthen-3-on (hergestellt aus 1,3,6-Trihydroxy-
8-methyl-xanthylium-chlorid mit Hilfe von wss. Natriumhydrogencarbonat-Lösung) bei
der Hydrierung an Palladium/Kohle in Äthanol (*Asahina, Nogami*, Bl. chem. Soc. Japan
17 [1942] 202, 206) sowie bei der Behandlung mit Natriumdithionit in wss. Natronlauge
unter Wasserstoff (*Aghoramurthy, Seshadri*, J. scient. ind. Res. India **12** B [1953] 350).
Krystalle, die sich an der Luft gelb färben (*As., No.; Ag., Se.*).

1,3,6-Trimethoxy-8-methyl-xanthen $C_{17}H_{18}O_4$, Formel I (R = CH_3).
B. Beim Erwärmen von 8-Methyl-xanthen-1,3,6-triol mit Methyljodid, Kaliumcarbonat und Aceton (*Asahina, Nogami*, Bl. chem. Soc. Japan **17** [1942] 202, 206) oder
mit Dimethylsulfat, Kaliumcarbonat und Aceton (*Aghoramurthy, Seshadri*, J. scient.
ind. Res. India **12** B [1953] 350).
Krystalle (aus A.); F: 134° (*As., No.; Ag., Se.*).

1,3,6-Triacetoxy-8-methyl-xanthen $C_{20}H_{18}O_7$, Formel I (R = $CO\text{-}CH_3$).
B. Beim Behandeln von 8-Methyl-xanthen-1,3,6-triol mit Acetanhydrid unter Zusatz

von wss. Perchlorsäure (*Aghoramurthy, Seshadri,* J. scient. ind. Res. India **12** B [1953] 350).

Krystalle (aus A.); F: 146—147°.

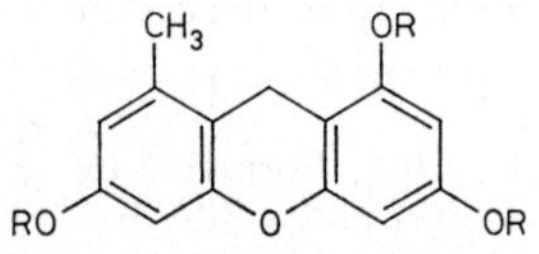

I 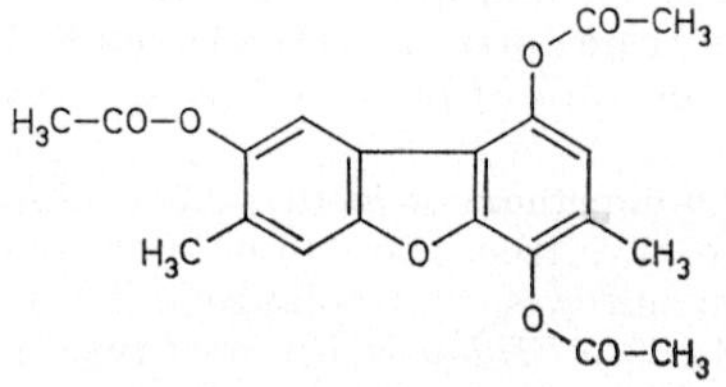   II

1,4,8-Triacetoxy-3,7-dimethyl-dibenzofuran $C_{20}H_{18}O_7$, Formel II.

B. Aus 8-Hydroxy-3,7-dimethyl-dibenzofuran-1,4-chinon (*Erdtman,* Pr. roy. Soc. [A] **143** [1934] 223, 227).

Krystalle (aus Eg.); F: 168—171°.

<h3 align="center">Trihydroxy-Verbindungen $C_{15}H_{14}O_4$</h3>

(±)-2-[4-Methoxy-phenyl]-chroman-5,7-diol $C_{16}H_{16}O_4$, Formel III (R = H).

B. Aus (±)-5,7-Diacetoxy-2-[4-methoxy-phenyl]-chroman beim Erwärmen mit Kaliumacetat in Methanol unter Stickstoff (*Freudenberg, Alonso de Lama,* A. **612** [1958] 78, 89).

Krystalle (aus wss. Me.); F: 185°.

(±)-5,7-Dimethoxy-2-[4-methoxy-phenyl]-chroman $C_{18}H_{20}O_4$, Formel III (R = CH_3).

B. Aus 5,7-Dimethoxy-2-[4-methoxy-phenyl]-4*H*-chromen (S. 2385) bei der Hydrierung an Platin in Essigsäure (*King et al.,* Soc. **1955** 2948, 2954). Aus 5,7-Dimethoxy-2-[4-methⱥoxy-phenyl]-chromenylium-chlorid bei der Hydrierung an Platin in wss. Äthanol (*King et al.*).

Krystalle (aus wss. Me. oder PAe.); F: 107—108°. UV-Absorptionsmaxima (A.): 208 nm und 274 nm.

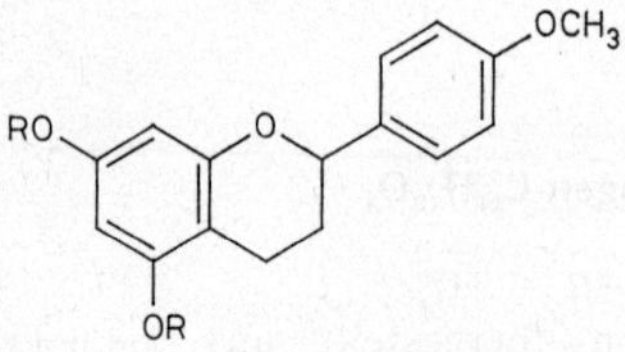

III 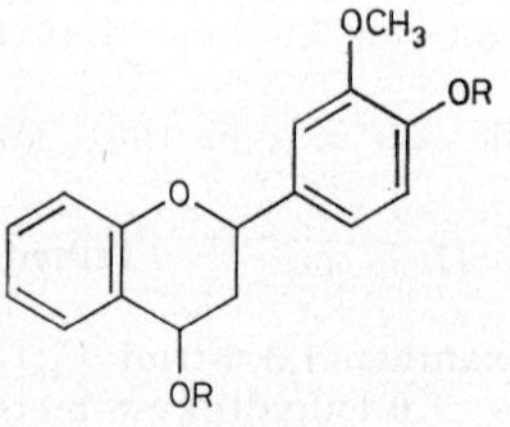   IV

(±)-5,7-Diacetoxy-2-[4-methoxy-phenyl]-chroman $C_{20}H_{20}O_6$, Formel III (R = CO-CH_3).

B. Aus 5,7-Dihydroxy-2-[4-methoxy-phenyl]-chromenylium-perchlorat bei der Hydrierung an Platin in Methanol und anschliessenden Behandlung mit Acetanhydrid und Pyridin (*Freudenberg, Alonso de Lama,* A. **612** [1958] 78, 89).

Krystalle (aus Me.); F: 121°.

*Opt.-inakt. 2-[4-Hydroxy-3-methoxy-phenyl]-chroman-4-ol $C_{16}H_{16}O_4$, Formel IV (R = H).

B. Aus (±)-2-[4-Hydroxy-3-methoxy-phenyl]-chroman-4-on beim Erwärmen mit Aluminiumisopropylat und Isopropylalkohol (*Sen,* Am. Soc. **74** [1942] 3445).

Krystalle (aus wss. A.) mit 1 Mol H_2O, F: 160—161° [bei langsamem Erhitzen]. Das Krystallwasser wird bei 11°/1 Torr abgegeben.

*Opt.-inakt. 4-Acetoxy-2-[4-acetoxy-3-methoxy-phenyl]-chroman $C_{20}H_{20}O_6$, Formel IV (R = CO-CH$_3$).

B. Beim Behandeln der im vorangehenden Artikel beschriebenen Verbindung mit Acetanhydrid und Pyridin (*Sen*, Am. Soc. **74** [1952] 3445).

Krystalle (aus A.); F: 121,5—123°.

(±)-2-[3,4-Dihydroxy-phenyl]-chroman-7-ol, (±)-4-[7-Hydroxy-chroman-2-yl]-brenz-catechin, (±)-Flavan-7,3′,4′-triol $C_{15}H_{14}O_4$, Formel V (R = H).

B. Aus (±)-7-Acetoxy-2-[3,4-diacetoxy-phenyl]-chroman beim Erhitzen mit Kalium-acetat in Äthanol (*Freudenberg, Maitland*, A. **510** [1934] 193, 202).

Krystalle; F: 175—178° [rote Schmelze].

(±)-7-Acetoxy-2-[3,4-diacetoxy-phenyl]-chroman $C_{21}H_{20}O_7$, Formel V (R = CO-CH$_3$).

B. Bei der Hydrierung von 2-[3,4-Dihydroxy-phenyl]-7-hydroxy-chromenylium-chlorid an Platin in Methanol und Behandlung des Reaktionsprodukts mit Acetanhydrid und Pyridin (*Freudenberg, Maitland*, A. **510** [1934] 193, 202).

Krystalle (aus Me.); F: 137—139°.

(R)-3-[2-Hydroxy-4-methoxy-phenyl]-7-methoxy-chroman, 5-Methoxy-2-[(R)-7-meth-oxy-chroman-3-yl]-phenol, (−)-Dihydrohomopterocarpin $C_{17}H_{18}O_4$, Formel VI (R = H) (E II 217).

Bezüglich der Konfiguration vgl. *Suginome*, Bl. chem. Soc. Japan **39** [1966] 1544.

B. Aus (−)-Homopterocarpin ((6aR)-3,9-Dimethoxy-(6ar,11ac)-6a,11a-dihydro-6H-benzo[4,5]furo[3,2-c]chromen [E II **19** 100]) beim Erhitzen mit amalgamiertem Zink und wss. Salzsäure unter Zusatz von Toluol (*McGookin et al.*, Soc. **1940** 787, 791).

Krystalle; F: 156—157° [aus CHCl$_3$] (*Späth, Schläger*, B. **73** [1940] 1, 7). [α]$_D^{16,5}$: −6° [CHCl$_3$] (*Sp., Sch.*); [α]$_D^{20}$: −5,8° [A.(?)] (*Leonhardt, Oechler*, Ar. **273** [1935] 447, 450); [α]$_{546}^{20}$: −12,7° [A.; c = 0,3] (*McG. et al.*).

Beim Behandeln mit Chrom(VI)-oxid in Essigsäure (*Le., Oe.; McG. et al.*) oder mit Peroxybenzoesäure in Chloroform (*Le., Oe.*) ist 2-Methoxy-5-[7-methoxy-chroman-3-yl]-[1,4]benzochinon, beim Behandeln mit Kaliumpermanganat in wss. Aceton (*McG. et al.*) ist 7-Methoxy-chroman-3-carbonsäure, beim Behandeln mit Kaliumpermanganat in wss. Kalilauge ist 2-Carboxymethoxy-4-methoxy-benzoesäure (*Sp., Sch.*) erhalten worden.

V   VI   VII

3-[2,4-Dimethoxy-phenyl]-7-methoxy-chroman $C_{18}H_{20}O_4$.

a) **(R)-3-[2,4-Dimethoxy-phenyl]-7-methoxy-chroman**, *O*-Methyl-Derivat des (−)-Dihydrohomopterocarpins, $C_{18}H_{20}O_4$, Formel VI (R = CH$_3$) (E II 217; dort als „Methyläther des (−)-Dihydrohomopterocarpins" und als 7.2′.4′-Trimethoxy-iso-flavan bezeichnet).

Konfiguration: *Clark-Lewis et al.*, Austral. J. Chem. **18** [1965] 1035, 1041.

B. Beim Behandeln der im vorangehenden Artikel beschriebenen Verbindung mit Diazomethan in Äther (*Späth, Schläger*, B. **73** [1940] 1, 8) oder mit Methyljodid und Kaliumcarbonat in Aceton (*McGookin et al.*, Soc. **1940** 787, 792).

Krystalle; F: 61—62° [aus Ae. + PAe.] (*Sp., Sch.*), 61° [aus wss. A.] (*McG. et al.*).

Beim Behandeln mit Chrom(VI)-oxid und wss. Essigsäure ist 3-[2,4-Dimethoxy-phenyl]-7-methoxy-chroman-4-on (*Sp., Sch.*), beim Behandeln mit Kaliumpermanganat in Wasser ist von *McGookin et al.* (l. c.) 3-[2,4-Dimethoxy-phenyl]-7-methoxy-chroman-4-on, von *Späth, Schläger* (l. c.) hingegen 2,4-Dimethoxy-benzoesäure erhalten worden.

b) **(±)-3-[2,4-Dimethoxy-phenyl]-7-methoxy-chroman** $C_{18}H_{20}O_4$, Formel VI (R = CH_3) + Spiegelbild.

B. Aus 3-[2,4-Dimethoxy-phenyl]-7-methoxy-chromen-4-on oder aus (±)-3-[2,4-Di=methoxy-phenyl]-7-methoxy-chroman-4-on bei der Hydrierung an Palladium in Essig=säure (*Späth, Schläger*, B. **73** [1940] 1, 11, 12).
Krystalle (aus Ae. + PAe.); F: 90°.

(±)-4-[3,4-Dimethoxy-phenyl]-7-methoxy-chroman $C_{18}H_{20}O_4$, Formel VII.

B. Beim Behandeln von 4-[3,4-Dimethoxy-phenyl]-7-methoxy-cumarin mit Natrium und Äthanol, zuletzt bei 150°, und Erwärmen des Reaktionsprodukts mit Chlorwasser=stoff enthaltendem Äthanol (*Mitter, Paul*, J. Indian chem. Soc. **8** [1931] 271, 276).
Kp_4: 263—266°.

Trihydroxy-Verbindungen $C_{16}H_{16}O_4$

(±)-3-[3-Äthoxy-4-methoxy-benzyl]-7-methoxy-chroman $C_{20}H_{24}O_4$, Formel VIII.

B. Aus 3-[3-Äthoxy-4-methoxy-benzyliden]-7-methoxy-chroman-4-on (F: 120°) bei der Hydrierung an Palladium/Kohle in Äthylacetat (*Mičovič, Robinson*, Soc. **1937** 43).
Krystalle (aus wss. Me.); F: 87—90°.

---

*Opt.-inakt. 7-Acetoxy-3-[4-methoxy-phenyl]-2-methyl-chroman-4-ol $C_{19}H_{20}O_5$, Formel IX (R = CH_3).

B. Aus 7-Acetoxy-3-[4-methoxy-phenyl]-2-methyl-chromen-4-on bei der Hydrierung an Platin in Essigsäure (*Bradbury, White*, Soc. **1953** 871, 874).
Krystalle (aus A.) mit 1 Mol Äthanol, F: 88—89°; die vom Äthanol befreite Verbin-dung schmilzt bei 112—113° [korr.]. UV-Absorptionsmaximum (A.): 275 nm.

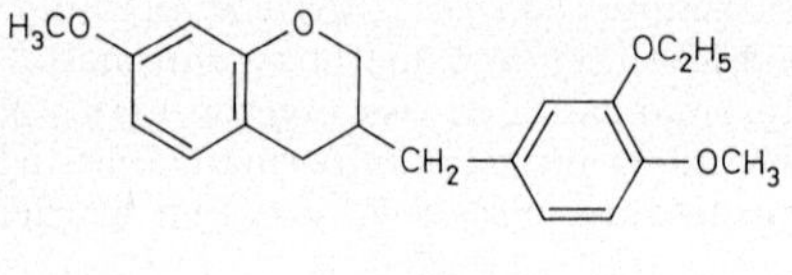

VIII 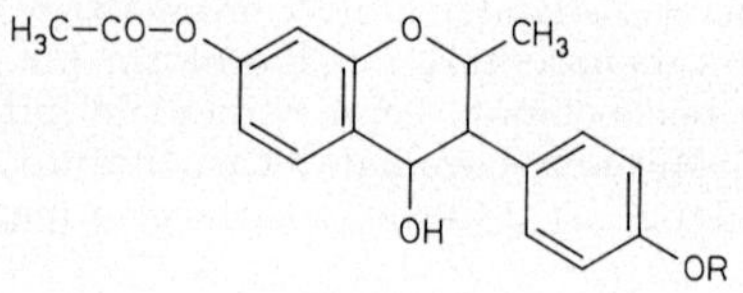   IX

*Opt.-inakt. 7-Acetoxy-3-[4-acetoxy-phenyl]-2-methyl-chroman-4-ol $C_{20}H_{20}O_6$, Formel IX (R = CO-CH_3).

B. Neben 7-Acetoxy-3-[4-acetoxy-phenyl]-2-methyl-chroman-4-on (F: 157—158°) bei der Hydrierung von 7-Acetoxy-3-[4-acetoxy-phenyl]-2-methyl-chromen-4-on an Platin in Essigsäure (*Bradbury, White*, Soc. **1953** 871, 874).
Krystalle (aus Ae. + Bzl. + PAe.); F: 139° [korr.].

2-[4-Methoxy-phenyl]-6-methyl-chroman-3,4-diol $C_{17}H_{18}O_4$.

Über die Konfiguration der folgenden Stereoisomeren s. *Bokadia et al.*, Soc. **1961** 4663; *Clark-Lewis et al.*, Soc. **1962** 3858; Austral. J. Chem. **16** [1963] 107; *Clark-Lewis, Williams*, Austral. J. Chem. **18** [1965] 90.

a) **(±)-2r-[4-Methoxy-phenyl]-6-methyl-chroman-3c,4c-diol** $C_{17}H_{18}O_4$, Formel X (R = H) + Spiegelbild.

B. Aus 3-Hydroxy-2-[4-methoxy-phenyl]-6-methyl-chromen-4-on bei der Hydrierung an Raney-Nickel in Äthanol bei 100°/15 at (*Kashikar, Kulkarni*, J. scient. ind. Res. India **18** B [1959] 413, 415).
Krystalle (aus A.); F: 162°.
Charakterisierung als Di-O-acetyl-Derivat (F: 128—129°): *Ka., Ku.*

b) **(±)-2r-[4-Methoxy-phenyl]-6-methyl-chroman-3c,4t-diol** $C_{17}H_{18}O_4$, Formel XI (R = H) + Spiegelbild.

B. Aus (±)-3t-Brom-2r-[4-methoxy-phenyl]-6-methyl-chroman-4c-ol beim Erwärmen mit Kaliumacetat in Äthanol oder mit wss. Natronlauge und Dioxan (*Joshi, Kulkarni,* J. scient. ind. Res. India **16** B [1957] 355). Aus (±)-3*c*,4*c*-Epoxy-2*r*-[4-methoxy-phenyl]-6-methyl-chroman beim Behandeln mit Schwefelsäure enthaltender Essigsäure (*Joshi, Kulkarni,* J. Indian chem. Soc. **34** [1957] 753, 759).

Nicht rein erhalten (s. dazu *Clark-Lewis, Williams,* Austral. J. Chem. **18** [1965] 90); als Di-*O*-acetyl-Derivat (F: 152°) und als Di-*O*-benzoyl-Derivat (F: 195—197°) charakterisiert (*Jo., Ku.,* J. scient. ind. Res. India **16** B 358).

c) **(±)-2*r*-[4-Methoxy-phenyl]-6-methyl-chroman-3*t*,4*c*-diol** $C_{17}H_{18}O_4$, Formel XII (R = H) + Spiegelbild.

B. Aus (±)-3*t*-Hydroxy-2*r*-[4-methoxy-phenyl]-6-methyl-chroman-4-on bei der Hydrierung an Platin in wss. Essigsäure sowie beim Behandeln mit Lithiumalanat in Äther (*Joshi, Kulkarni,* J. scient. ind. Res. India **16** B [1957] 307) oder mit Natriumboranat in Äthanol (*Kashikar, Kulkarni,* J. scient. ind. Res. India **18** B [1959] 418, 420). Aus (±)-3*t*-Acetoxy-2*r*-[4-methoxy-phenyl]-6-methyl-chroman-4*c*-ol beim Erwärmen mit wss.-äthanol. Natriumcarbonat-Lösung (*Kashikar, Kulkarni,* J. scient. ind. Res. India **18** B [1959] 413, 417).

Krystalle; F: 172—173° [aus Me.] (*Bokadia et al.,* Soc. **1961** 4663, 4669), 169° [aus A.] (*Jo., Ku.,* J. scient. ind. Res. India **16** B 309). IR-Spektrum (Nujol; 2,8—13 μ): *Joshi, Kulkarni,* J. Indian chem. Soc. **34** [1957] 753, 760.

Beim Erwärmen mit Chlorameisensäure-äthylester in Dioxan enthaltendem Benzol unter Zusatz von Triäthylamin ist 4*c*-[4-Methoxy-phenyl]-8-methyl-(3a*r*,9b*t*)-3a,9b-dihydro-4*H*-[1,3]dioxolo[4,5-*c*]chromen-2-on erhalten worden (*Jo., Ku.,* J. Indian chem. Soc. **34** 758; *Bo. et al.,* l. c. S. 4669).

Charakterisierung als Di-*O*-acetyl-Derivat (F: 123°): *Jo., Ku.,* J. scient. ind. Res. India **16** B 309.

         X   XI   XII

d) **(±)-2*r*-[4-Methoxy-phenyl]-6-methyl-chroman-3*t*,4*t*-diol** $C_{17}H_{18}O_4$, Formel XIII (R = H) + Spiegelbild.

B. Aus (±)-3*t*-Hydroxy-2*r*-[4-methoxy-phenyl]-6-methyl-chroman-4-on beim Erwärmen mit amalgamiertem Aluminium und Äthanol (*Kashikar, Kulkarni,* J. scient. ind. Res. India **18** B [1959] 418, 421). Aus (±)-4ξ-Amino-2*r*-[4-methoxy-phenyl]-6-methyl-chroman-3ξ-ol [*O*-Acetyl-Derivat: F: 187—188°] (*Bognar et al.,* Tetrahedron Letters **1959** Nr. 19, S. 4, 6).

Krystalle (aus A.); F: 193° (*Joshi, Kulkarni,* J. scient. ind. Res. India **16** B [1957] 307, 309). IR-Spektrum (Nujol; 2,8—13 μ): *Joshi, Kulkarni,* J. Indian chem. Soc. **34** [1957] 753, 759.

Beim Behandeln mit Aceton und Kupfer(II)-sulfat ist 4*c*-[4-Methoxy-phenyl]-2,2,8-trimethyl-(3a*r*,9b*c*)-3a,9b-dihydro-4*H*-[1,3]dioxolo[4,5-*c*]chromen (*Bog. et al.; Bokadia et al.,* Soc. **1961** 4663, 4669), beim Behandeln mit Chlorameisensäure-äthylester in Dioxan enthaltendem Benzol unter Zusatz von Triäthylamin ist 4*c*-[4-Methoxy-phenyl]-8-methyl-(3a*r*,9b*c*)-3a,9b-dihydro-4*H*-[1,3]dioxolo[4,5-*c*]chromen-2-on (*Bok. et al.*) erhalten worden.

Charakterisierung als Di-*O*-acetyl-Derivat (F: 98°): *Jo., Ku.,* J. scient. ind. Res. India **16** B 309.

(±)-3*c*-Methoxy-2*r*-[4-methoxy-phenyl]-6-methyl-chroman-4*c*-ol $C_{18}H_{20}O_4$, Formel X (R = CH₃) + Spiegelbild.

Diese Konfiguration kommt wahrscheinlich der nachstehend beschriebenen Verbindung zu (*Kashikar, Kulkarni,* J. scient. ind. Res. India **18** B [1959] 413, 414).

B. Bei der Behandlung von 3-Methoxy-2-[4-methoxy-phenyl]-6-methyl-chromen-4-on mit Natriumboranat in Äthanol (oder mit Lithiumalanat in Benzol und Äther) und anschliessenden Hydrierung an Raney-Nickel (*Ka., Ku.,* l. c. S. 416).

Krystalle (aus A.); F: 187—188°.
O-Acetyl-Derivat (F: 107—109°): *Ka., Ku.*

(±)-4*t*-Methoxy-2*r*-[4-methoxy-phenyl]-6-methyl-chroman-3*c*-ol $C_{18}H_{20}O_4$, Formel XI
(R = CH_3) + Spiegelbild.
Diese Konstitution und Konfiguration kommt wahrscheinlich der nachstehend be-
schriebenen Verbindung zu (*Clark-Lewis, Williams*, Austral. J. Chem. **18** [1965] 90).
B. Aus (±)-3*t*-Brom-2*r*-[4-methoxy-phenyl]-6-methyl-chroman-4*c*-ol beim Erwärmen
mit methanol. Kalilauge (*Joshi, Kulkarni*, J. scient. ind. Res. India **16** B [1957] 355).
Krystalle (aus wss. A. oder aus Bzl. + PAe.); F: 106—108° (*Kashikar, Kulkarni*,
J. scient. ind. Res. India **18** B [1959] 413, 416).
O-Acetyl-Derivat (F: 136—137°): *Joshi et al.*, J. scient. ind. Res. India **16** B [1957]
355).

(±)-4*t*-Isopropoxy-2*r*-[4-methoxy-phenyl]-6-methyl-chroman-3*c*-ol $C_{20}H_{24}O_4$, Formel XI
(R = $CH(CH_3)_2$) + Spiegelbild.
Diese Konstitution und Konfiguration kommt wahrscheinlich der nachstehend be-
schriebenen Verbindung zu (*Clark-Lewis, Williams*, Austral.J. Chem. **18** [1965] 90).
B. Beim Behandeln von (±)-3*t*-Brom-2*r*-[4-methoxy-phenyl]-6-methyl-chroman-4*c*-ol
mit Isopropylalkohol und wss. Natronlauge (*Joshi, Kulkarni*, J. scient. ind. Res. India
16 B [1957] 355, 358).
Krystalle (aus PAe.); F: 120—121° (*Jo., Ku.*).
O-Acetyl-Derivat (F: 135°): *Jo., Ku.*, l. c. S. 539.

(±)-3*t*-Acetoxy-2*r*-[4-methoxy-phenyl]-6-methyl-chroman-4*c*-ol $C_{19}H_{20}O_5$, Formel XII
(R = $CO-CH_3$) + Spiegelbild.
B. Aus (±)-3*t*-Acetoxy-2*r*-[4-methoxy-phenyl]-6-methyl-chroman-4-on bei der Hydrie-
rung an Raney-Nickel in Äthanol (*Kashikar, Kulkarni*, J. scient. ind. Res. India **18** B
[1959] 413, 416).
Krystalle (aus A.); F: 182—183°.
O-Benzoyl-Derivat (F: 156—157°): *Ka., Ku.*

XIII   XIV

(±)-3*c*-Acetoxy-4*t*-methoxy-2*r*-[4-methoxy-phenyl]-6-methyl-chroman $C_{20}H_{22}O_5$,
Formel XIV (R = CH_3) + Spiegelbild.
Diese Konstitution und Konfiguration kommt wahrscheinlich der nachstehend be-
schriebenen Verbindung zu.
B. Beim Behandeln von (±)-4*t*-Methoxy-2*r*-[4-methoxy-phenyl]-6-methyl-chroman-
3*c*-ol (?) (s. o.) mit Acetanhydrid und Pyridin (*Joshi et al.*, J. scient. ind. Res. India
16 B [1957] 355, 357).
Krystalle (aus A.); F: 136—137°.

(±)-4*c*-Acetoxy-3*c*-methoxy-2*r*-[4-methoxy-phenyl]-6-methyl-chroman $C_{20}H_{22}O_5$,
Formel XV (R = CH_3) + Spiegelbild.
Diese Konfiguration kommt wahrscheinlich der nachstehend beschriebenen Verbindung
zu.
B. Beim Behandeln von (±)-3*c*-Methoxy-2*r*-[4-methoxy-phenyl]-6-methyl-chroman-
4*c*-ol(?) (S. 2377) mit Acetanhydrid und Pyridin (*Kashikar, Kulkarni*, J. scient. ind. Res.
India **18** B [1959] 413, 416).
Krystalle (aus A.); F: 107—109°.

(±)-3c-Acetoxy-4t-isopropoxy-2r-[4-methoxy-phenyl]-6-methyl-chroman $C_{22}H_{26}O_5$,
Formel XIV (R = CH(CH$_3$)$_2$) + Spiegelbild.
Diese Konstitution und Konfiguration kommt wahrscheinlich der nachstehend beschriebenen Verbindung zu.
B. Beim Behandeln von (±)-4t-Isopropoxy-2r-[4-methoxy-phenyl]-6-methyl-chroman-3c-ol (?) (S. 2378) mit Acetanhydrid und Pyridin (*Joshi, Kulkarni*, J. scient. ind. Res.
India **16** B [1957] 355, 359).
Krystalle (aus A.); F: 135°.

3,4-Diacetoxy-2-[4-methoxy-phenyl]-6-methyl-chroman $C_{21}H_{22}O_6$.

a) **(±)-3c,4c-Diacetoxy-2r-[4-methoxy-phenyl]-6-methyl-chroman** $C_{21}H_{22}O_6$, Formel XV (R = CO-CH$_3$) + Spiegelbild.
B. Beim Behandeln von (±)-2r-[4-Methoxy-phenyl]-6-methyl-chroman-3c,4c-diol mit
Acetanhydrid und Pyridin (*Kashikar, Kulkarni*, J. scient. ind. Res. India **18** B [1959] 413,
415).
Krystalle (aus A.); F: 128—129°.

XV   XVI

b) **(±)-3c,4t-Diacetoxy-2r-[4-methoxy-phenyl]-6-methyl-chroman** $C_{21}H_{22}O_6$, Formel XIV (R = CO-CH$_3$) + Spiegelbild.
B. Beim Behandeln von (±)-2r-[4-Methoxy-phenyl]-6-methyl-chroman-3c,4t-diol mit
Acetanhydrid und Pyridin (*Joshi, Kulkarni*, J. scient. ind. Res. India **16** B [1957] 355,
358; J. Indian chem. Soc. **34** [1957] 753, 759). Beim Erhitzen von (±)-3t-Brom-2r-
[4-methoxy-phenyl]-6-methyl-chroman-4c-ol mit Kaliumacetat und Essigsäure (*Jo., Ku.*,
J. scient. ind. Res. India **16** B 358).
Krystalle (aus A.); F: 152° (*Jo., Ku.*, J. Indian chem. Soc. **34** 759).

c) **(±)-3t,4c-Diacetoxy-2r-[4-methoxy-phenyl]-6-methyl-chroman** $C_{21}H_{22}O_6$, Formel XVI + Spiegelbild.
B. Beim Behandeln von (±)-2r-[4-Methoxy-phenyl]-6-methyl-chroman-3t,4c-diol mit
Acetanhydrid und Pyridin (*Joshi, Kulkarni*, J. scient. ind. Res. India **16** B [1957] 307,
309).
Krystalle (aus A.); F: 123° (*Jo., Ku.*, J. scient. ind. Res. India **16** B 309). IR-Spektrum
(Nujol; 5—12 µ): *Joshi, Kulkarni*, J. Indian chem. Soc. **34** [1957] 753, 760.

d) **(±)-3t,4t-Diacetoxy-2r-[4-methoxy-phenyl]-6-methyl-chroman** $C_{21}H_{22}O_6$, Formel XIII (R = CO-CH$_3$) + Spiegelbild.
B. Beim Behandeln von (±)-2r-[4-Methoxy-phenyl]-6-methyl-chroman-3t,4t-diol mit
Acetanhydrid und Pyridin (*Joshi, Kulkarni*, J. scient. ind. Res. India **16** B [1957] 307,
309).
Krystalle (aus A.); F: 98° (*Jo., Ku.*, J. scient. ind. Res. India **16** B 309). IR-Spektrum
(Nujol; 5—12 µ): *Joshi, Kulkarni*, J. Indian chem. Soc. **34** [1957] 753, 760.

(±)-3t-Acetoxy-4c-benzoyloxy-2r-[4-methoxy-phenyl]-6-methyl-chroman $C_{26}H_{24}O_6$,
Formel I + Spiegelbild.
B. Beim Behandeln von (±)-3t-Acetoxy-2r-[4-methoxy-phenyl]-6-methyl-chroman-
4c-ol mit Benzoylchlorid und Pyridin (*Kashikar, Kulkarni*, J. scient. ind. Res. India **18** B
[1959] 413, 417).
Krystalle (aus A.); F: 156—157°.

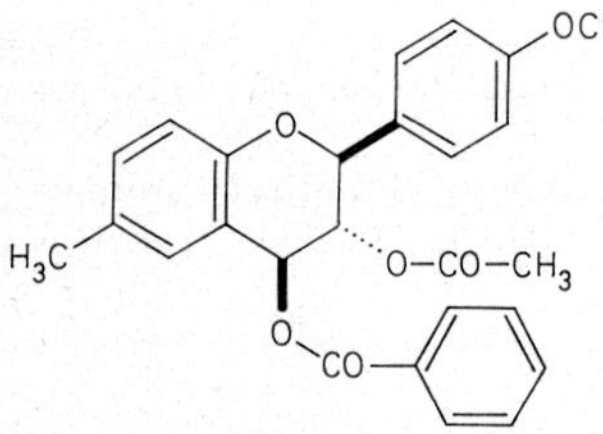

I 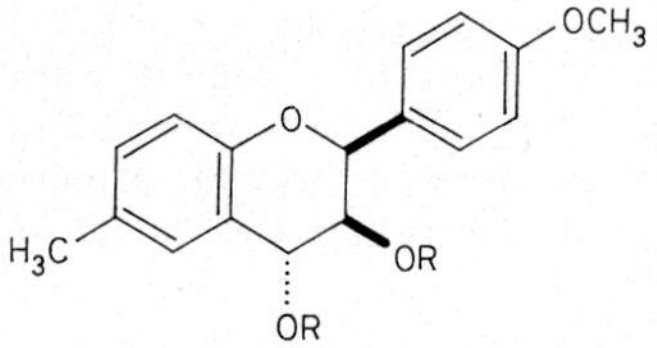 II 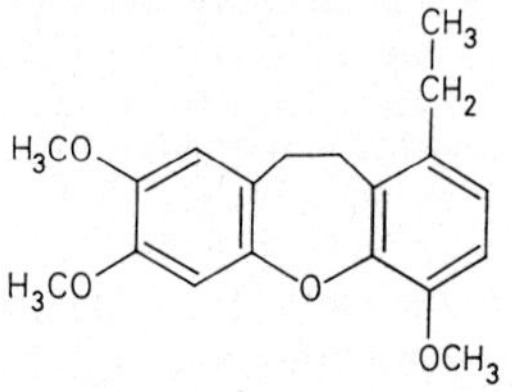 III

(±)-3c,4t-Bis-benzoyloxy-2r-[4-methoxy-phenyl]-6-methyl-chroman $C_{31}H_{26}O_6$, Formel II (R = CO-C_6H_5) + Spiegelbild.

B. Beim Behandeln von (±)-2r-[4-Methoxy-phenyl]-6-methyl-chroman-3c,4t-diol mit Benzoylchlorid und Pyridin (*Joshi, Kulkarni*, J. scient. ind. Res. India **16** B [1957] 355, 358).

Krystalle (aus A.); F: 195—197°.

1-Äthyl-4,7,8-trimethoxy-10,11-dihydro-dibenz[b,f]oxepin $C_{19}H_{22}O_4$, Formel III.

B. Aus 4,7,8-Trimethoxy-1-vinyl-dibenz[b,f]oxepin bei der Hydrierung an Platin (*Manske*, Am. Soc. **72** [1950] 55).

Krystalle (aus Hexan + Ae.); F: 77°.

Trihydroxy-Verbindungen $C_{17}H_{18}O_4$

(3S)-3r,4t,5c-Triacetoxy-2ξ-biphenyl-4-yl-tetrahydro-pyran, D-(1Ξ)-Tri-O-acetyl-1-biphenyl-4-yl-1,5-anhydro-xylit $C_{23}H_{24}O_7$, Formel IV (R = CO-CH_3).

B. Beim Behandeln von Tri-O-acetyl-α-D-xylopyranosylchlorid (S. 2280) mit Biphenyl-4-ylmagnesiumbromid in Äther (*Shdanow et al.*, Doklady Akad. S.S.S.R. **107** [1956] 259, 260; Pr. Acad. Sci. U.S.S.R. Chem. Sect. **106–111** [1956] 153).

Krystalle (aus Bzn.); F: 191—192°.

(3S)-4t,6t-Bis-[4-hydroxy-phenyl]-tetrahydro-pyran-3r-ol, Sequeinol, Sequirin-A, Sugiresinol $C_{17}H_{18}O_4$, Formel V (R = H).

Konstitution und Konfiguration: *Kai*, J. Japan Wood Res. Soc. **11** [1965] 23; C. A. **62** [1965] 16553; *Enzell et al.*, Tetrahedron Letters **1967** 793, 2211; *Kai et al.*, J. Japan Wood Res. Soc. **14** [1968] 425; C. A. **70** [1969] 114956. Identität von Sequirin-A und Sequeinol: *Balogh, Anderson*, Phytochemistry **4** [1965] 569, 571; Identät von Sugiresinol und Sequeinol: *Riffer, Anderson*, Phytochemistry **6** [1967] 1557.

Isolierung aus dem Kernholz von Sequoia sempervirens: *Sherrard, Kurth*, Am. Soc. **55** [1933] 1728; *Ba., An.*, l. c. S. 572; aus dem Kernholz von Cryptomeria japonica: *Kai*; *Kai et al.*

Krystalle; F: 250—251° (*En. et al.*, l. c. S. 793), 245° [korr.] (*Ba., An.*). [α]$_D$: —21,9° [Me.] (*Funaoka et al.*, J. Japan Wood Res. Soc. **9** [1963] 139; C. A. **60** [1964] 1626). UV-Absorptionsmaxima (A.): 225 nm und 277 nm (*Fu. et al.*, s. a. *Ba., An.*).

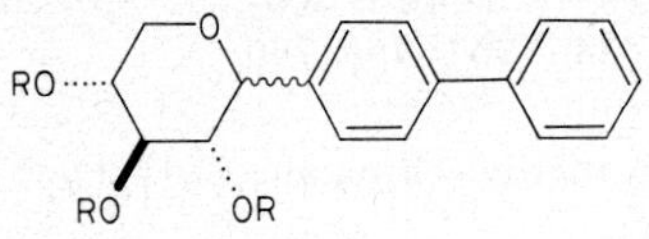

IV 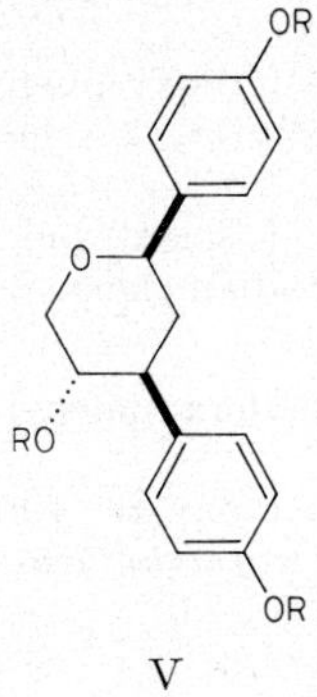 V 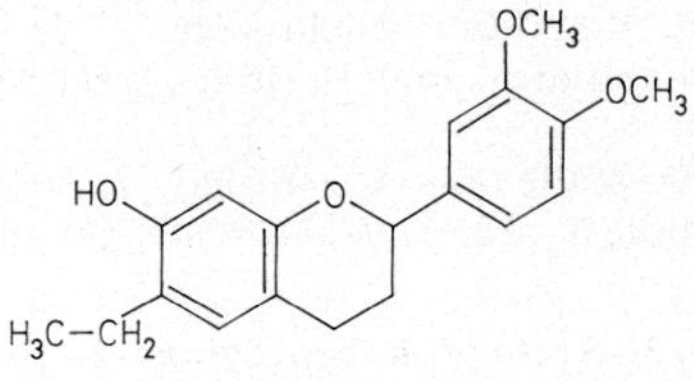 VI

(2R)-5t-Acetoxy-2r,4c-[4-acetoxy-phenyl]-tetrahydro-pyran, Tri-O-acetyl-sequeinol
$C_{23}H_{24}O_7$, Formel V (R = CO-CH$_3$).

B. Aus der im vorangehenden Artikel beschriebenen Verbindung (*Sherrard, Kurth,* Am. Soc. **55** [1933] 1728; *Funaoka et al.,* J. Japan Wood Res. Soc. **9** [1963] 139; C. A. **60** [1964] 1626; *Balogh, Anderson,* Phytochemistry **4** [1965] 569, 573).

Krystalle; F: 183° [korr.; aus A.] (*Ba., An.,* l. c. S. 573), 176—177° [unkorr.; aus A.] (*Sh., Ku.*), 175—176° (*Fu. et al.*).

(±)-6-Äthyl-2-[3,4-dimethoxy-phenyl]-chroman-7-ol $C_{19}H_{22}O_4$, Formel VI.

B. Bei der Behandlung von 6-Äthyl-2-[3,4-dimethoxy-phenyl]-7-hydroxy-chromen⸗ ylium-chlorid mit Lithiumalanat in Äther (?) und anschliessenden Hydrierung an Raney-Nickel (*Elstow, Platt,* Chem. and Ind. **1950** 824).

Krystalle (aus wss. A.); F: 156—157°.

(±)-2-[4-Methoxy-phenyl]-6,8-dimethyl-chroman-5,7-diol $C_{18}H_{20}O_4$, Formel VII (R = H).

B. Aus (±)-5,7-Diacetoxy-2-[4-methoxy-phenyl]-6,8-dimethyl-chroman beim Er- wärmen mit Kaliumacetat in Methanol unter Stickstoff sowie beim Erwärmen mit wss.- methanol. Salzsäure (*Freudenberg, Alonso de Lama,* A. **612** [1958] 78, 91).

Krystalle (aus wss. Me.); F: 148°.

(±)-5,7-Diacetoxy-2-[4-methoxy-phenyl]-6,8-dimethyl-chroman $C_{22}H_{24}O_6$, Formel VII (R = CO-CH$_3$).

B. Aus 5,7-Dihydroxy-2-[4-methoxy-phenyl]-6,8-dimethyl-chromenylium-perchlorat durch Hydrierung an Platin in Methanol und anschliessende Acetylierung (*Freudenberg, Alonso de Lama,* A. **612** [1958] 78, 91).

Krystalle (aus A.); F: 105—106°.

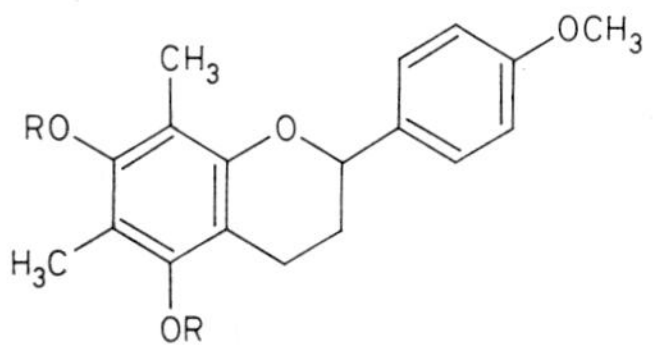

VII 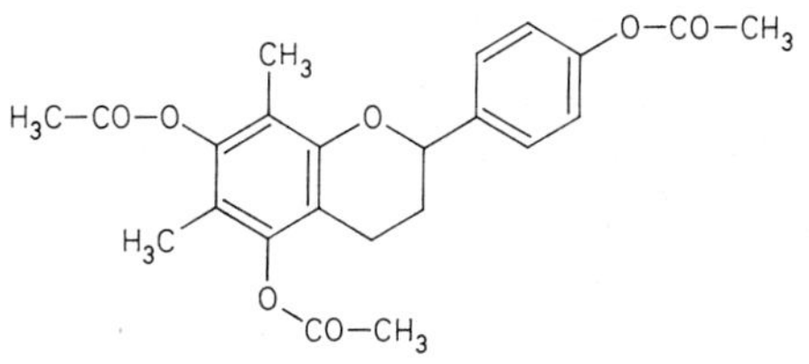   VIII

(±)-5,7-Diacetoxy-2-[4-acetoxy-phenyl]-6,8-dimethyl-chroman $C_{23}H_{24}O_7$, Formel VIII.

B. Aus 5,7-Dihydroxy-2-[4-hydroxy-phenyl]-6,8-dimethyl-chromenylium-perchlorat durch Hydrierung an Platin in Methanol und anschliessende Acetylierung (*Freudenberg, Alonso de Lama,* A. **612** [1958] 78, 91).

Krystalle (aus A.); F: 140° und F: 160°.

Trihydroxy-Verbindungen $C_{18}H_{20}O_4$

2,3,5-Trimethoxy-2,3-dimethyl-4,5-diphenyl-tetrahydro-furan $C_{21}H_{26}O_4$, Formel IX.

Diese Konstitution wird für die nachstehend beschriebene opt.-inakt. Verbindung in Betracht gezogen (*v. Auwers et al.,* A. **526** [1936] 143, 159; vgl. aber *Temnikowa, Špasskowa,* Ž. obšč. Chim. **16** [1946] 1681, 1683; C. A. **1947** 6220).

B. Beim Behandeln von (±)-1-Hydroxy-1-phenyl-aceton mit Chlorwasserstoff enthal- tendem Methanol (*v. Au. et al.,* l. c. S. 159).

Krystalle (aus Acn.); F: 214—215° (*v. Au. et al.*).

(±)-2r-[4-Hydroxy-3-methoxy-phenyl]-7-methoxy-3t-methyl-5-propyl-2,3-dihydro- benzofuran, (±)-2-Methoxy-4-[7-methoxy-3t-methyl-5-propyl-2,3-dihydro-benzofuran- 2r-yl]-phenol, (±)-**Dihydrodehydrodiisoeugenol** $C_{20}H_{24}O_4$, Formel X (R = H) + Spiegelbild.

B. Bei der Hydrierung von Dehydrodiisoeugenol (S. 2398) an Palladium/Kohle in Äthanol (*Aulin-Erdtman,* Svensk kem. Tidskr. **54** [1942] 168).

Krystalle (aus Bzn.); F: 94° (*Au.-Er.*, Svensk kem. Tidskr. **54** 169). UV-Spektrum von Lösungen in Hexan und in wasserfreiem Äthanol (210—310 nm): *Aulin-Erdtman*, Svensk Papperstidn. **47** [1944] 91, 96; von Lösungen in Heptan und in 95%ig. wss. Äthanol sowie einer gepufferten wss.-äthanol. Lösung vom pH 12 (200—350 nm): *Aulin-Erdtman*, Svensk Papperstidn. **56** [1953] 91, 98.

Bildung von Vanillin und Vanillinsäure beim Erhitzen mit Nitrobenzol und wss. Natronlauge auf 180°: *Leopold*, Acta chem. scand. **4** [1950] 1523, 1529. Beim Behandeln mit Kalium und flüssigem Ammoniak ist 3,3′-Dimethoxy-α-methyl-5-propyl-bibenzyl-2,4′-diol erhalten worden (*Freudenberg et al.*, B. **74** [1941] 1879, 1888).

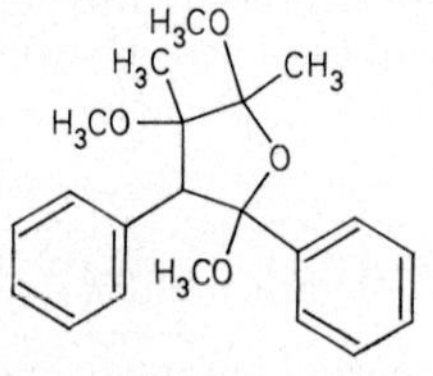

IX 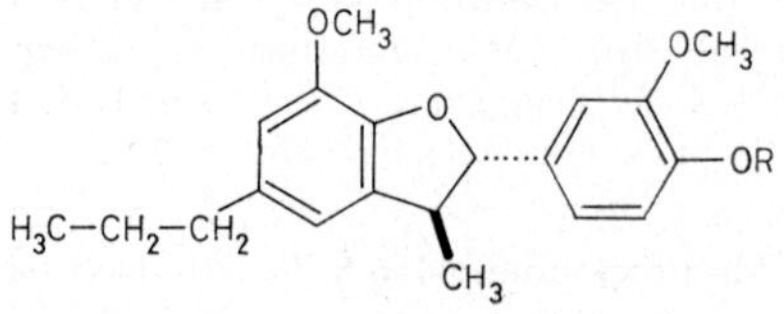   X

(±)-2r-[3,4-Dimethoxy-phenyl]-7-methoxy-3t-methyl-5-propyl-2,3-dihydro-benzofuran, (±)-*O*-Methyl-dihydrodehydrodiisoeugenol $C_{21}H_{26}O_4$, Formel X (R = CH_3) + Spiegelbild.

B. Aus *O*-Methyl-dehydrodiisoeugenol (S. 2399) bei der Hydrierung an Platin in Äthanol (*Erdtman*, A. **503** [1933] 283, 291).

Krystalle; F: 98—99° [aus A. oder Eg.] (*Er.*), 98° [aus Me.] (*Freudenberg, Hübner*, B. **85** [1952] 1181, 1190), 95—96,5° [aus Eg. +Me.] (*Aulin-Erdtman*, Svensk Papperstidn. **56** [1953] 91, 92). IR-Spektrum (3—12 µ): *Freudenberg et al.*, B. **83** [1950] 533. UV-Spektrum (210—310 nm) von Lösungen in Hexan und in wasserfreiem Äthanol: *Aulin-Erdtman*, Svensk Papperstidn. **47** [1944] 91.

(±)-2r-[4-(4-Hydroxy-3-methoxy-phenacyloxy)-3-methoxy-phenyl]-7-methoxy-3t-methyl-5-propyl-2,3-dihydro-benzofuran, (±)-1-[4-Hydroxy-3-methoxy-phenyl]-2-[2-methoxy-4-(7-methoxy-3t-methyl-5-propyl-2,3-dihydro-benzofuran-2r-yl)-phen= oxy]-äthanon $C_{29}H_{32}O_7$, Formel XI (R = H) + Spiegelbild.

B. Aus (±)-2r-[4-(4-Benzoyloxy-3-methoxy-phenacyloxy)-3-methoxy-phenyl]-7-meth= oxy-3t-methyl-5-propyl-2,3-dihydro-benzofuran (S. 2383) beim Erwärmen mit Piperidin enthaltendem Äthanol (*Leopold*, Acta chem. scand. **4** [1950] 1523, 1532).

Krystalle (aus Me.); F: 82—83°.

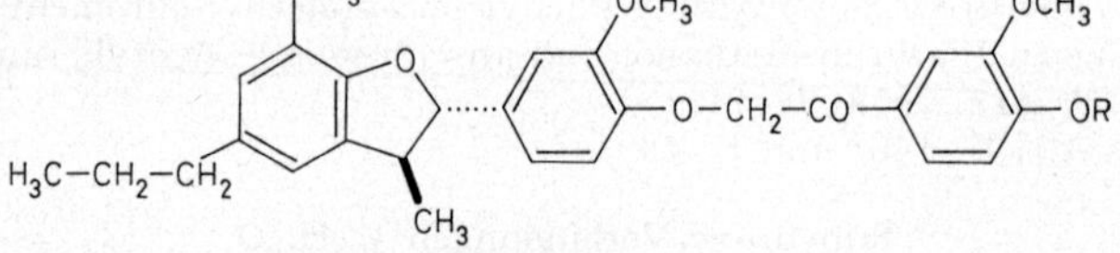

XI

(±)-2r-[4-(3,4-Dimethoxy-phenacyloxy)-3-methoxy-phenyl]-7-methoxy-3t-methyl-5-propyl-2,3-dihydro-benzofuran, (±)-1-[3,4-Dimethoxy-phenyl]-2-[2-methoxy-4-(7-methoxy-3t-methyl-5-propyl-2,3-dihydro-benzofuran-2r-yl)-phenoxy]-äthanon $C_{30}H_{34}O_7$, Formel XI (R = CH_3) + Spiegelbild.

B. Beim Erwärmen von 2-Brom-1-[3,4-dimethoxy-phenyl]-äthanon mit (±)-Dihydro= dehydrodiisoeugenol (S. 2381) und Kaliumcarbonat in Butanon (*Leopold*, Acta chem. scand. **4** [1950] 1523, 1532).

Krystalle (aus A.); F: 99—100°.

(±)-1-[4-(3,4-Dimethoxy-phenacyloxy)-3-methoxy-phenacyloxy]-2-methoxy-4-[7-meth= oxy-3t-methyl-5-propyl-2,3-dihydro-benzofuran-2r-yl]-benzol, (±)-1-[4-(3,4-Dimethoxy-phenacyloxy)-3-methoxy-phenyl]-2-[2-methoxy-4-(7-methoxy-3t-methyl-5-propyl-2,3-dihydro-benzofuran-2r-yl)-phenoxy]-äthanon $C_{39}H_{42}O_{10}$, Formel XII + Spiegelbild.

B. Beim Erwärmen von (±)-Dihydrodehydrodiisoeugenol (S. 2381) mit 2-[4-Bromacetyl-

2-methoxy-phenoxy]-1-[3,4-dimethoxy-phenyl]-äthanon und Kaliumcarbonat in Butanon (*Leopold*, Acta chem. scand. **4** [1950] 1523, 1532).
Krystalle (aus Acn.); F: 114—115°.

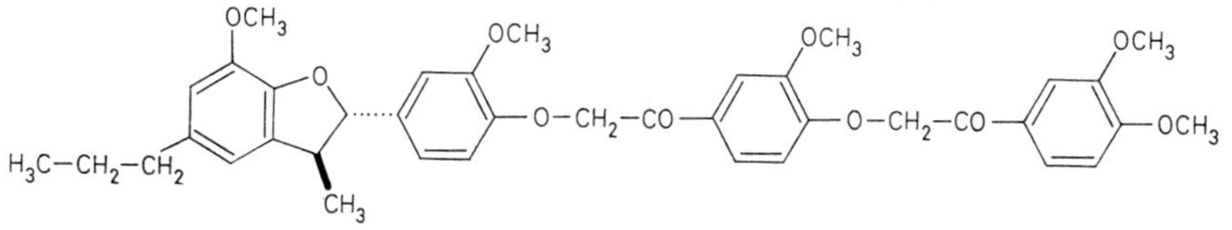

XII

(±)-2*r*-[4-(4-Benzoyloxy-3-methoxy-phenacyloxy)-3-methoxy-phenyl]-7-methoxy-3*t*-methyl-5-propyl-2,3-dihydro-benzofuran, (±)-1-[4-Benzoyloxy-3-methoxy-phenyl]-2-[2-methoxy-4-(7-methoxy-3*t*-methyl-5-propyl-2,3-dihydro-benzofuran-2*r*-yl)-phen=oxy]-äthanon $C_{36}H_{36}O_8$, Formel XI (R = CO-C₆H₅) + Spiegelbild.

B. Beim Erwärmen von (±)-Dihydrodehydrodiisoeugenol (S. 2381) mit 1-[4-Benzoyl=oxy-3-methoxy-phenyl]-2-brom-äthanon und Kaliumcarbonat in Butanon (*Leopold*, Acta chem. scand. **4** [1950] 1523, 1532).
Krystalle (aus Me.); F: 98—99°.

(±)-4(?)-Brom-2*r*-[2-brom-4,5-dimethoxy-phenyl]-7-methoxy-3*t*-methyl-5-propyl-2,3-di=hydro-benzofuran $C_{21}H_{24}Br_2O_4$, vermutlich Formel XIII (X = H) + Spiegelbild.

B. Neben amorphen Substanzen beim Behandeln von (±)-*O*-Methyl-dihydrodehydro=diisoeugenol (S. 2382) mit Brom in Essigsäure (*Erdtman*, A. **503** [1933] 283, 291, 292).
Krystalle (aus Me.); F: 89—90°.

(±)-4,6(?)-Dibrom-2*r*-[2-brom-4,5-dimethoxy-phenyl]-7-methoxy-3*t*-methyl-5-propyl-2,3-dihydro-benzofuran $C_{21}H_{23}Br_3O_4$, vermutlich Formel XIII (X = Br) + Spiegelbild.

B. Neben amorphen Substanzen beim Behandeln von (±)-*O*-Methyl-dihydrodehydro=diisoeugenol (S. 2382) mit Brom in Essigsäure (*Erdtman*, A. **503** [1933] 283, 291, 292).
Krystalle (aus Eg.); F: 137—138°.

Bildung von 2-Brom-4,5-dimethoxy-benzoesäure und Buttersäure beim Erwärmen mit Kaliumpermanganat in wss. Pyridin: *Er.* Bei schnellem Erwärmen mit wss. Salpetersäure (D: 1,42) ist eine **Verbindung** $C_{21}H_{23}BrN_2O_8$ (gelbe Krystalle [aus Eg.]; F: 122—123°) erhalten worden.

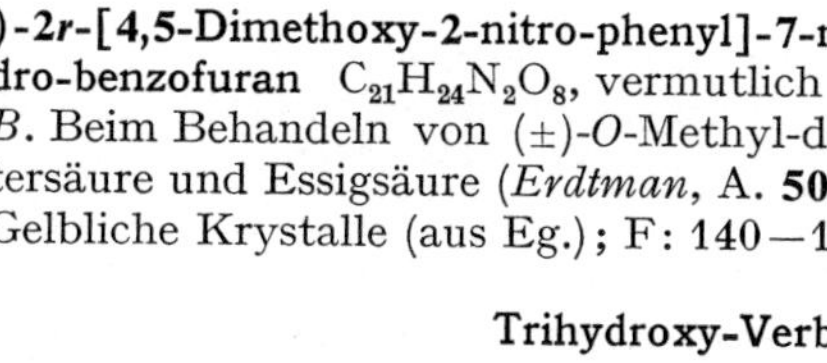

XIII 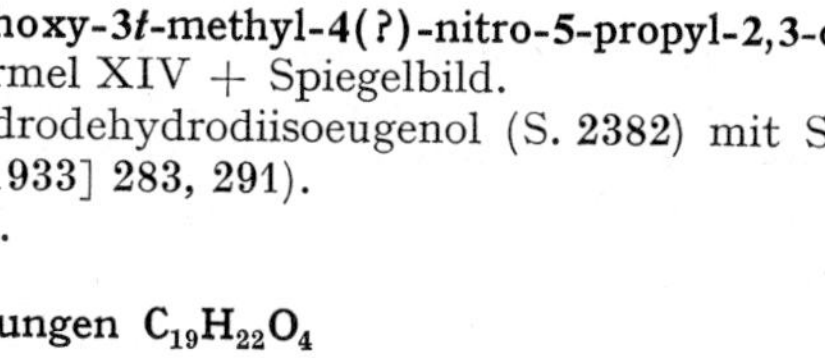   **XIV**

(±)-2*r*-[4,5-Dimethoxy-2-nitro-phenyl]-7-methoxy-3*t*-methyl-4(?)-nitro-5-propyl-2,3-di=hydro-benzofuran $C_{21}H_{24}N_2O_8$, vermutlich Formel XIV + Spiegelbild.

B. Beim Behandeln von (±)-*O*-Methyl-dihydrodehydrodiisoeugenol (S. 2382) mit Sal=petersäure und Essigsäure (*Erdtman*, A. **503** [1933] 283, 291).
Gelbliche Krystalle (aus Eg.); F: 140—142°.

Trihydroxy-Verbindungen $C_{19}H_{22}O_4$

*Opt.-inakt. 2,4-Diäthyl-7-methoxy-3-[4-methoxy-phenyl]-chroman-4-ol $C_{21}H_{26}O_4$, Formel XV.

B. Beim Erwärmen von 7-Methoxy-3-[4-methoxy-phenyl]-chromen-4-on mit Äthyl=magnesiumbromid in Äther (*Lawson*, Soc. **1954** 4448).
F: 46—47°. Bei 210—216°/0,25 Torr destillierbar.

[G. Hofmann]

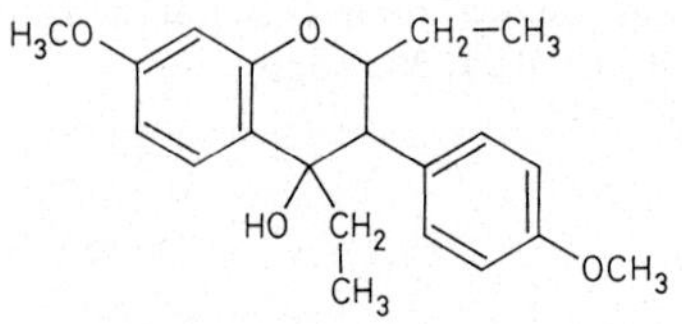

XV

Trihydroxy-Verbindungen $C_nH_{2n-18}O_4$

Trihydroxy-Verbindungen $C_{14}H_{10}O_4$

6-Acetoxy-2-[4-methoxy-phenyl]-benzofuran-3-ol $C_{17}H_{14}O_5$, Formel I, und **(±)-6-Acetoxy-2-[4-methoxy-phenyl]-benzofuran-3-on** $C_{17}H_{14}O_5$, Formel II.

B. Neben einer Verbindung $C_{36}H_{30}O_{11}$ vom F: 217° (s. darüber E III **10** 1478, Zeile 10 v. o.) beim Behandeln von (±)-Benzoyloxy-[4-methoxy-phenyl]-acetonitril mit Resorcin unter Zusatz von Zinkchlorid in Chlorwasserstoff enthaltendem Äther, anschliessenden Erhitzen mit wss. Salzsäure und Erhitzen des Reaktionsprodukts mit Acetanhydrid (*Baker*, Soc. **1930** 1015, 1016, 1018).

Krystalle (aus A.); F: 139°.

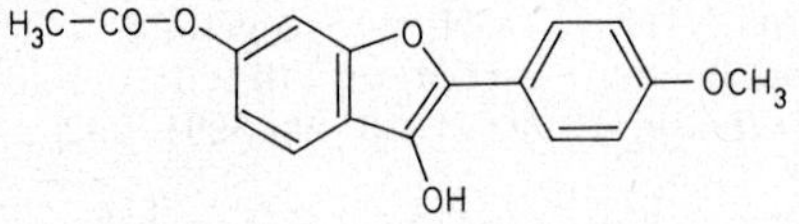

I

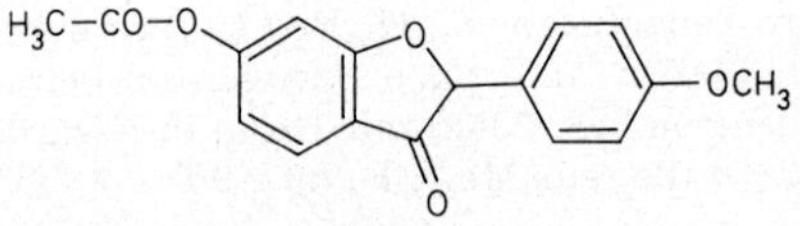

II

5,6-Dimethoxy-2-[4-methoxy-phenyl]-benzo[b]thiophen $C_{17}H_{16}O_3S$, Formel III.

Diese Konstitution wird der nachstehend beschriebenen Verbindung zugeordnet (*Banfield et al.*, Soc. **1956** 4791, 4794).

B. Aus 2-[3,4-Dimethoxy-phenylmercapto]-1-[4-methoxy-phenyl]-äthanon beim Erhitzen mit Zinkchlorid auf 180° (*Ba. et al.*, l. c. S. 4798).

Krystalle (aus Bzn.); F: 85—86°.

Verbindung mit Pikrinsäure $C_{17}H_{16}O_3S \cdot C_6H_3N_3O_7$. Rote Krystalle; F: 96—97°. Beim Umkrystallisieren erfolgt Zersetzung.

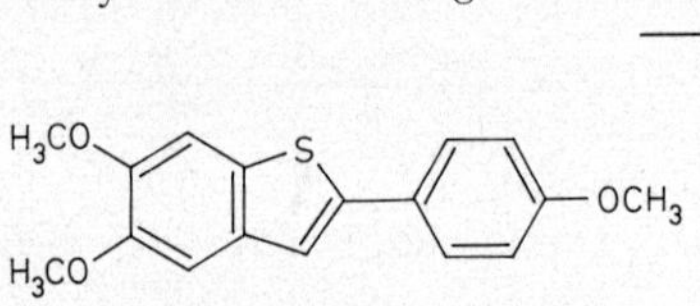

III

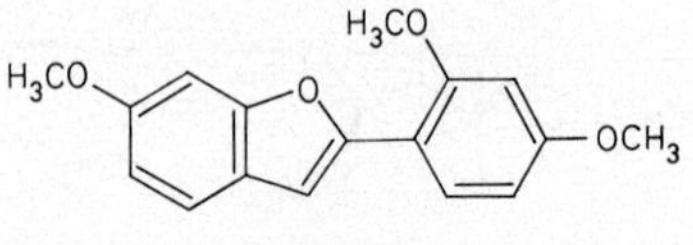

IV

2-[2,4-Dimethoxy-phenyl]-6-methoxy-benzofuran $C_{17}H_{16}O_4$, Formel IV.

B. Aus 2-[2,4-Dimethoxy-phenyl]-6-methoxy-benzofuran-3-carbonsäure beim Erhitzen unter Stickstoff auf 250° (*Bickoff et al.*, Am. Soc. **80** [1958] 3969).

Krystalle (aus wss. Me.); F: 82°.

2-[2,4,6-Trimethoxy-phenyl]-benzofuran, 2-Benzofuran-2-yl-1,3,5-trimethoxy-benzol $C_{17}H_{16}O_4$, Formel V.

B. Aus 2'-Benzyloxy-2,4,6-trimethoxy-desoxybenzoin bei der Hydrierung an Palladium/Kohle in Essigsäure (*Whalley, Lloyd*, Soc. **1956** 3213, 3218). Aus Benzofuran-3-yl-[2,4,6-trimethoxy-phenyl]-keton beim Erwärmen mit wss.-methanol. Kalilauge (*Wh., Ll.*, l. c. S. 3222).

Krystalle (aus Me.); F: 105°.

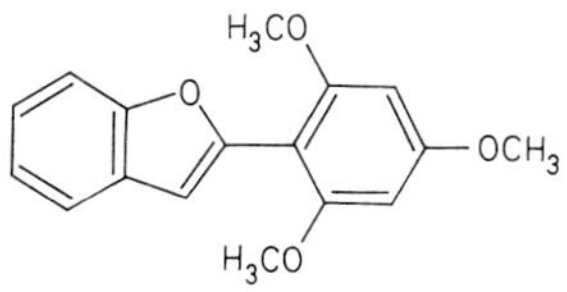

V 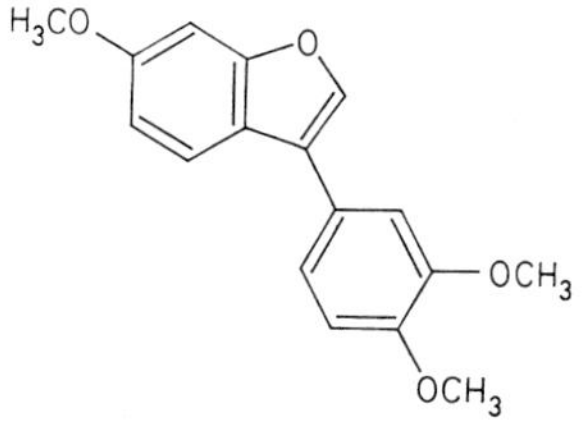   VI

3-[3,4-Dimethoxy-phenyl]-6-methoxy-benzofuran $C_{17}H_{16}O_4$, Formel VI.

B. Beim Behandeln von [5-Methoxy-2-veratroyl-phenoxy]-essigsäure mit Acet= anhydrid und Natriumacetat (*Johnson, Robertson*, Soc. **1950** 2381, 2383). Krystalle (aus Eg.); F: 74°.

Trihydroxy-Verbindungen $C_{15}H_{12}O_4$

3,5,7-Trimethoxy-2-phenyl-4H-chromen $C_{18}H_{18}O_4$, Formel VII.

Diese Konstitution kommt der nachstehend beschriebenen, ursprünglich als 3,5,7-Trimethoxy-2-phenyl-2H-chromen (Formel VIII) formulierten Verbindung zu (*Gramshaw et al.*, Soc. **1958** 4040, 4041; *Marathe et al.*, Chem. and Ind. **1962** 1793).

B. Aus 3,5,7-Trimethoxy-2-phenyl-chromenylium-chlorid (E II **17** 238) beim Behan= deln mit Lithiumalanat in Äther (*Karrer, Seyhan*, Helv. **33** [1950] 2209). Krystalle (aus PAe.); F: 113—114°.

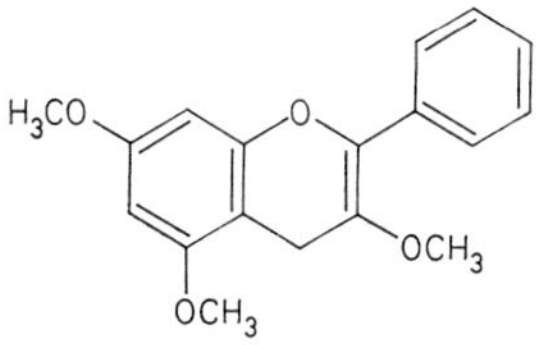

VII 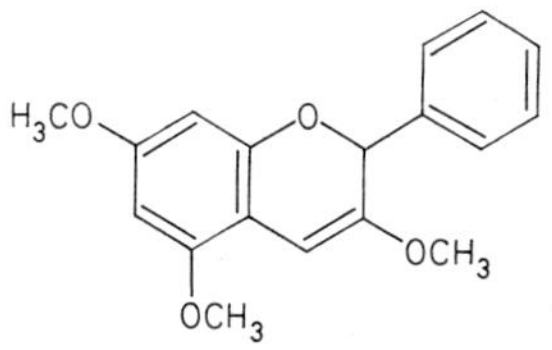   VIII

5,7-Dimethoxy-2-[4-methoxy-phenyl]-4H-chromen $C_{18}H_{18}O_4$, Formel IX.

Über die Konstitution s. *Gramshaw et al.*, Soc. **1958** 4040, 4041; *Marathe et al.*, Chem. and Ind. **1962** 1793.

B. Aus 5,7-Dimethoxy-2-[4-methoxy-phenyl]-chromenylium-chlorid beim Behandeln mit Lithiumalanat in Tetrahydrofuran (*Gr. et al.*, l. c. S. 4045). Aus (2R)-5,7-Dimeth= oxy-2r-[4-methoxy-phenyl]-3c-[toluol-4-sulfonyloxy]-chroman (zur Konfiguration dieser Verbindung s. *Birch et al.*, Soc. **1957** 3586, 3588) beim Erhitzen mit Hydrazin auf 130° (*King et al.*, Soc. **1955** 2948, 2953).

Krystalle; F: 130,5—131° [nach Sintern bei 128°; durch Sublimation im Vakuum gereinigtes Präparat] (*Gr. et al.*), 129—130° [aus A.] (*King et al.*). IR-Banden (CCl₄; 3066—1305 cm⁻¹): *Gr. et al.* UV-Absorptionsmaxima (A.): 204 nm, 222 nm, 247 nm und 272 nm (*Gr. et al.*); 205 nm, 247 nm und 272 nm (*King et al.*).

7-Hydroxy-3-methoxy-2-phenyl-chromenylium $[C_{16}H_{13}O_3]^+$, Formel X (E II 219; dort als 7-Oxy-3-methoxy-2-phenyl-benzopyrylium bezeichnet).

Perchlorat $[C_{16}H_{13}O_3]ClO_4$. F: 245—246° (*Dilthey, Höschen*, J. pr. [2] **138** [1933] 42, 49).

5,7-Dihydroxy-2-phenyl-chromenylium $[C_{15}H_{11}O_3]^+$, Formel XI (R = H) (H 180; E II 219; dort als 5.7-Dioxy-2-phenyl-benzopyrylium bezeichnet).

Chlorid $[C_{15}H_{11}O_3]Cl$ (H 180; E II 219). *B.* Beim Behandeln von Acrylophenon mit Phloroglucin und Chlorwasserstoff in Äthanol unter Zusatz von Chloranil (*Robinson, Walker*, Soc. **1935** 941, 944). Beim Behandeln von Propiolophenon mit Phloroglucin,

Schwefelsäure und Essigsäure und Behandeln des Reaktionsprodukts mit wss. Salzsäure (*Johnson, Melhuish*, Soc. **1947** 346, 349). Beim Behandeln von 3-Chlor-1-phenyl-propenon mit Phloroglucin in Essigsäure (*Nešmejanow et al.*, Doklady Akad. S.S.S.R. **93** [1953] 71, 73; C. A. **1955** 3953). — Absorptionsspektrum (220—600 nm) einer wss. Salzsäure enthaltenden Lösung in Äthanol: *Hayashi*, Acta phytoch. Tokyo **7** [1934] 143, 149. **Perchlorat** (E II 220). F: 243—244° [unkorr.] (*Jo., Me.*).

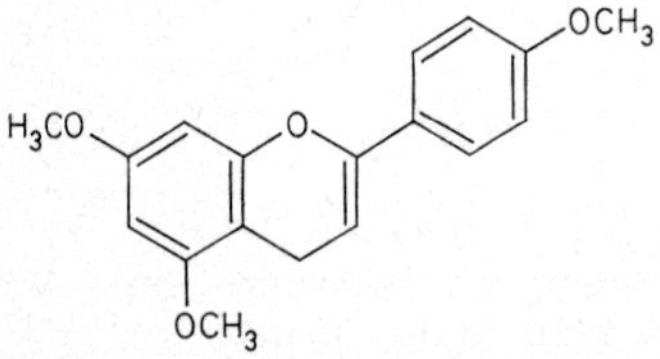

IX 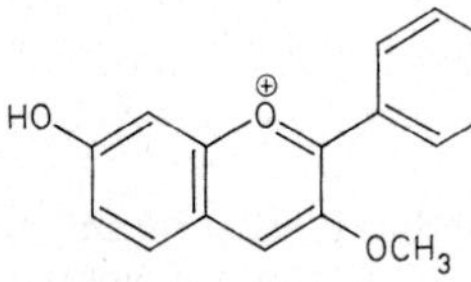   X 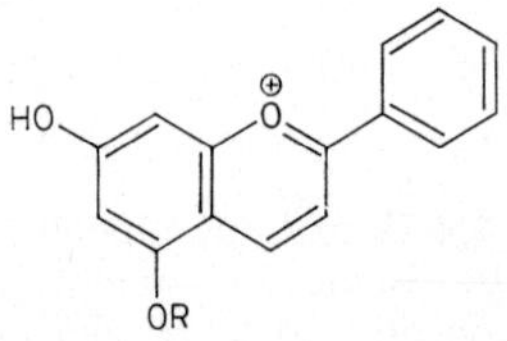   XI

7-Hydroxy-5-methoxy-2-phenyl-chromenylium $[C_{16}H_{13}O_3]^+$, Formel XI (R = CH$_3$).
Chlorid $[C_{16}H_{13}O_3]$Cl. *B.* Beim Behandeln von 2,4-Dihydroxy-6-methoxy-benzaldehyd mit Acetophenon in Essigsäure unter Einleiten von Chlorwasserstoff (*Brockmann et al.*, B. **77/79** [1944/46] 347, 351). — Gelbrote Krystalle (aus Me.) mit 1 Mol H_2O; F: 225° [Zers.].

5-Hydroxy-7-methoxy-2-phenyl-chromenylium $[C_{16}H_{13}O_3]^+$, Formel XII.
Chlorid $[C_{16}H_{13}O_3]$Cl. *B.* Beim Behandeln von 2,6-Dihydroxy-4-methoxy-benzaldehyd mit Acetophenon in Methanol unter Einleiten von Chlorwasserstoff (*Brockmann, Junge*, B. **76** [1943] 1028, 1033). — Braungelbe Krystalle mit 1 Mol H_2O; F: 108—112°.

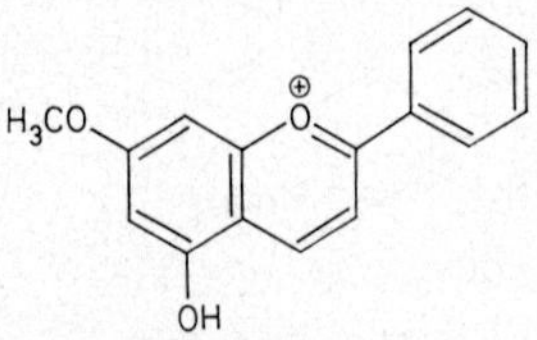

XII 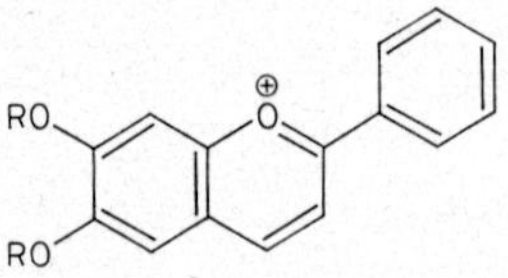   XIII 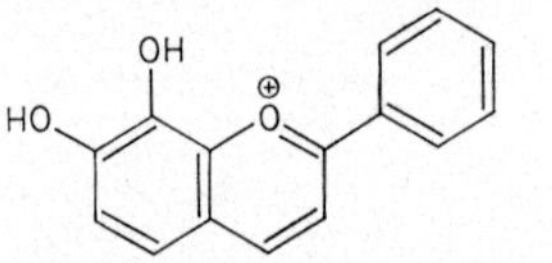   XIV

5-Benzoyloxy-7-hydroxy-2-phenyl-chromenylium $[C_{22}H_{15}O_4]^+$, Formel XI (R = CO-C$_6$H$_5$).
Chlorid $[C_{22}H_{15}O_4]$Cl. *B.* Beim Behandeln von 2-Benzoyloxy-4,6-dihydroxy-benz= aldehyd mit Acetophenon in Essigsäure unter Einleiten von Chlorwasserstoff (*Hayashi*, Acta phytoch. Tokyo **7** [1933] 117, 126). — Gelbbraun; 1,5 Mol H_2O enthaltend. Absorptionsspektrum (220—520 nm) einer wss. Salzsäure enthaltenden Lösung in Äthanol: *Ha.*, l. c. S. 122.

6,7-Dihydroxy-2-phenyl-chromenylium $[C_{15}H_{11}O_3]^+$, Formel XIII (R = H).
Chlorid $[C_{15}H_{11}O_3]$Cl. *B.* Beim Behandeln von 2,4,5-Trihydroxy-benzaldehyd mit Acetophenon in Methanol unter Einleiten von Chlorwasserstoff (*Brockmann et al.*, B. **77/79** [1944/46] 347, 352). — Gelbbraune Krystalle (aus Me.), die unterhalb 300° nicht schmelzen.
Perchlorat $[C_{15}H_{11}O_3]$ClO$_4$. *B.* Beim Behandeln einer Lösung von 6-Hydroxy-2-phenyl-chromen-7-on in Methanol mit wss. Perchlorsäure (*Br. et al.*). — Braungelbe Krystalle (aus Me.); F: 261°.

6,7-Dimethoxy-2-phenyl-chromenylium $[C_{17}H_{15}O_3]^+$, Formel XIII (R = CH$_3$).
Perchlorat $[C_{17}H_{15}O_3]$ClO$_4$. B. Beim Behandeln einer Lösung von 2-Hydroxy-4,5-di= methoxy-benzaldehyd und Acetophenon in Methanol mit wss. Perchlorsäure (*Blackburn et al.*, Soc. **1957** 1573, 1575). — Krystalle (aus Eg.); F: 298° [Zers.].

7,8-Dihydroxy-2-phenyl-chromenylium $[C_{15}H_{11}O_3]^+$, Formel XIV.
Chlorid $[C_{15}H_{11}O_3]$Cl. *B.* Beim Behandeln von 2,3,4-Trihydroxy-benzaldehyd mit

Acetophenon in Essigsäure unter Zusatz von Schwefelsäure und anschliessenden Behandeln mit wss. Salzsäure (*Johnson, Melhuish*, Soc. **1947** 346, 349). Beim Behandeln von Pyrogallol mit Propiolophenon in Essigsäure unter Zusatz von Schwefelsäure und anschliessenden Behandeln mit wss. Salzsäure (*Jo., Me.*). — Rote Krystalle; F: 236—237° [Zers.; unkorr.].

Perchlorat [C₁₅H₁₁O₃]ClO₄. Rotbraune Krystalle (aus Eg.); F: 223—224° [unkorr.] (*Jo., Me.*).

(±)-2,3-Dimethoxy-2-[4-methoxy-phenyl]-2H-chromen C₁₈H₁₈O₄, Formel I (R = CH₃).
B. Beim Behandeln von 3-Methoxy-2-[4-methoxy-phenyl]-chromenylium-chlorid mit Methanol (*Karrer et al.*, Helv. **26** [1943] 2116, 2118).
Krystalle; F: 149°.
Überführung in 2,3-Dimethoxy-2-[4-methoxy-phenyl]-chroman-4-on (F: 220°) durch Behandlung mit Peroxybenzoesäure in Chloroform: *Ka. et al.*

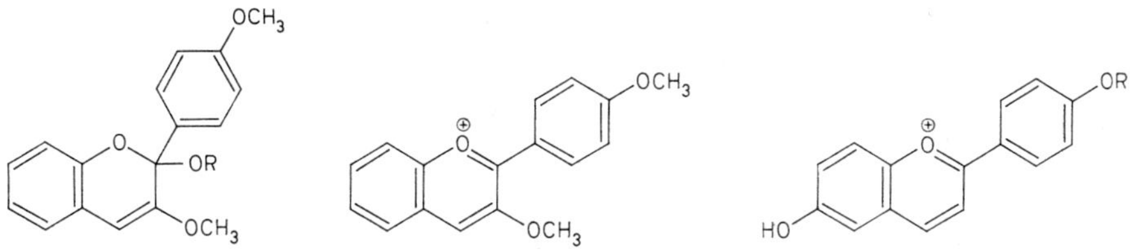

I   II   III

2-Äthoxy-3-methoxy-2-[4-methoxy-phenyl]-2H-chromen C₁₉H₂₀O₄, Formel I (R = C₂H₅).
B. Beim Behandeln von 3-Methoxy-2-[4-methoxy-phenyl]-chromenylium-chlorid mit Äthanol (*Karrer et al.*, Helv. **26** [1943] 2116, 2118).
Krystalle; F: 132°.

3-Methoxy-2-[4-methoxy-phenyl]-chromenylium [C₁₇H₁₅O₃]⁺, Formel II (E II 220; dort als 3-Methoxy-2-[4-methoxy-phenyl]-benzopyrylium bezeichnet).
Chlorid (E II 220). *B.* Beim Behandeln von 2-Methoxy-1-[4-methoxy-phenyl]-äthanon mit Salicylaldehyd in Essigsäure unter Einleiten von Chlorwasserstoff (*Karrer et al.*, Helv. **26** [1943] 2116, 2118). — Rote Krystalle (aus Acn. oder E.); F: 109° [nach Sintern] (*Ka. et al.*). — Beim Behandeln mit Lithiumalanat in Äther ist eine ursprünglich als 3-Methoxy-2-[4-methoxy-phenyl]-2H-chromen angesehene, nach *Gramshaw et al.* (Soc. **1958** 4040, 4041) und *Marathe et al.* (Chem. and Ind. **1962** 1793) aber als 3-Methoxy-2-[4-methoxy-phenyl]-4H-chromen zu formulierende Verbindung erhalten worden (*Karrer, Seyhan*, Helv. **33** [1950] 2209).
Tribromid [C₁₇H₁₅O₃]Br₃. *B.* Aus (±)-2,3-Dimethoxy-2-[4-methoxy-phenyl]-2H-chromen und Brom in Chloroform (*Ka. et al.*, l. c. S. 2119). — Rote Krystalle; F: 143° (*Ka. et al.*, l. c. S. 2119).

6-Hydroxy-2-[4-hydroxy-phenyl]-chromenylium [C₁₅H₁₁O₃]⁺, Formel III (R = H) (E II 220; dort als 6-Oxy-2-[4-oxy-phenyl]-benzopyrylium bezeichnet).
Chlorid [C₁₅H₁₁O₃]Cl (E II 220). *B.* Beim Behandeln von 2,5-Dihydroxy-benzaldehyd mit 1-[4-Hydroxy-phenyl]-äthanon in Äthylacetat unter Einleiten von Chlorwasserstoff (*Ponniah, Seshadri*, Pr. Indian Acad. [A] **37** [1953] 544, 547). — Rotbraune Krystalle (aus wss. Salzsäure) mit 1 Mol H₂O; Zers. bei 240—241°.

6-Hydroxy-2-[4-methoxy-phenyl]-chromenylium [C₁₆H₁₃O₃]⁺, Formel III (R = CH₃).
Chlorid [C₁₆H₁₃O₃]Cl. *B.* Beim Behandeln von 2,5-Dihydroxy-benzaldehyd mit 1-[4-Methoxy-phenyl]-äthanon in Essigsäure unter Einleiten von Chlorwasserstoff (*Ponniah, Seshadri*, Pr. Indian Acad. [A] **37** [1953] 544, 547). — Rote Krystalle (aus wss. Salzsäure) mit 1,5 Mol H₂O; Zers. bei 143—146°.

6-Methoxy-2-[4-methoxy-phenyl]-chromenylium $[C_{17}H_{15}O_3]^+$, Formel IV (E II 220; dort als 6-Methoxy-2-[4-methoxy-phenyl]-benzopyrylium bezeichnet).

Chlorid $[C_{17}H_{15}O_3]$Cl (E II 220). Orangebraune Krystalle (aus wss. Salzsäure) mit 3 Mol H_2O; Zers. bei 138—139° (*Hayashi*, Acta phytoch. Tokyo **8** [1935] 179, 200). Das wasserfreie Salz ist hygroskopisch. Absorptionsspektrum (220—530 nm) einer wss. Salzsäure enthaltenden Lösung in Äthanol: *Ha.*, l. c. S. 188.

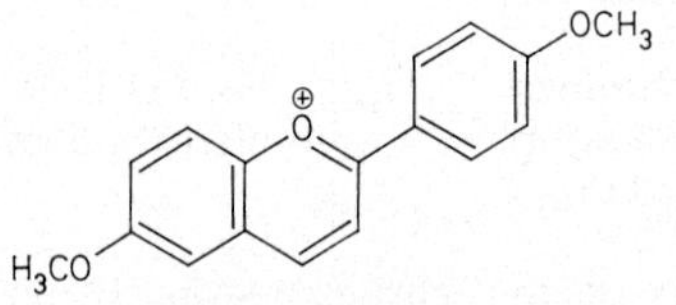

IV 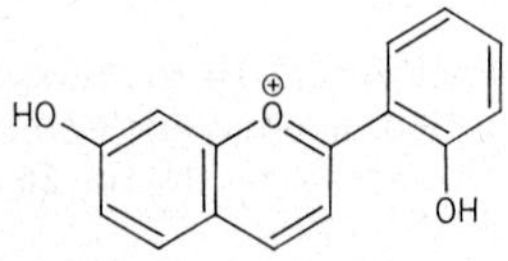   V

7-Hydroxy-2-[2-hydroxy-phenyl]-chromenylium $[C_{15}H_{11}O_3]^+$, Formel V.

Chlorid $[C_{15}H_{11}O_3]$Cl. *B*. Beim Erhitzen von 2,4,2′-Trihydroxy-chalkon mit wss.-äthanol. Salzsäure (*Geissman, Clinton*, Am. Soc. **68** [1946] 697, 699). — Orangerote Krystalle (aus A. + HCl); F: 236—237° [korr.; Zers.; nach Sintern bei 147—148°].

7-Hydroxy-2-[4-hydroxy-phenyl]-chromenylium $[C_{15}H_{11}O_3]^+$, Formel VI (R = H) (E II 221; dort als 7-Oxy-2-[4-oxy-phenyl]-benzopyrylium bezeichnet).

Chlorid $[C_{15}H_{11}O_3]$Cl. *B*. Beim Behandeln von 2,4-Dihydroxy-benzaldehyd mit 1-[4-Hydroxy-phenyl]-äthanon in Äthylacetat (*Hayashi*, Acta phytoch. Tokyo **8** [1935] 179, 194) oder in Ameisensäure (*Freudenberg, Weinges*, A. **590** [1954] 140, 152) unter Einleiten von Chlorwasserstoff. — Rote oder orangebraune Krystalle (aus wss. oder wss.-äthanol. Salzsäure) mit 1 Mol H_2O (*Fr., We.; Ha.*), die bei ca. 180° sintern (*Ha.*). Absorptionsspektrum (220—520 nm) einer wss. Salzsäure enthaltenden Lösung in Äthanol: *Ha.*, l. c. S. 188.

Perchlorat $[C_{15}H_{11}O_3]ClO_4$. Orangefarbene Krystalle; F: 239—241° (*Michaelidis, Wizinger*, Helv. **34** [1951] 1761, 1768). Absorptionsmaximum einer Lösung in Perchlor= säure enthaltendem Äthanol: 474 nm (*Mi., Wi.*).

2-[4-Hydroxy-phenyl]-7-methoxy-chromenylium $[C_{16}H_{13}O_3]^+$, Formel VI (R = CH₃).

Chlorid $[C_{16}H_{13}O_3]$Cl. *B*. Beim Behandeln von 2-Hydroxy-4-methoxy-benzaldehyd mit 1-[4-Hydroxy-phenyl]-äthanon in Äthylacetat unter Einleiten von Chlorwasserstoff (*Freudenberg et al.*, B. **90** [1957] 957, 961). — Rote Krystalle (aus wss.-methanol. Salz= säure) mit 1 Mol H_2O.

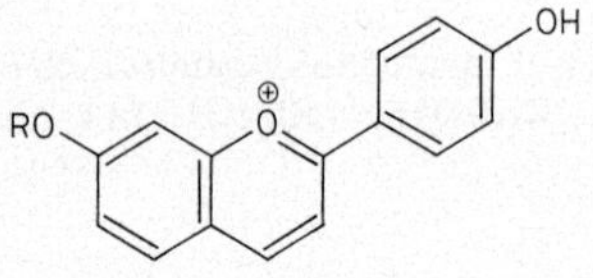

VI 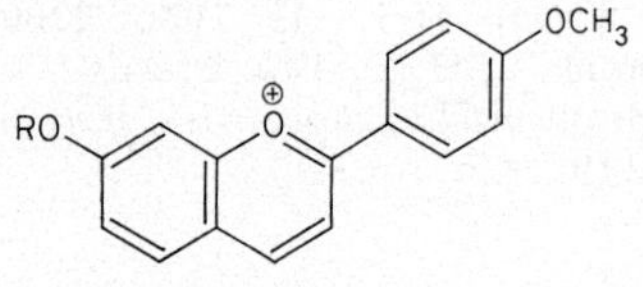   VII

7-Hydroxy-2-[4-methoxy-phenyl]-chromenylium $[C_{16}H_{13}O_3]^+$, Formel VII (R = H) (E II 221; dort als 7-Oxy-2-[4-methoxy-phenyl]-benzopyrylium bezeichnet).

Chlorid $[C_{16}H_{13}O_3]$Cl (E II 221). Rote Krystalle (aus Ameisensäure + wss. Salzsäure) mit 1 Mol H_2O (*Freudenberg et al.*, B. **90** [1957] 957, 960); braune Krystalle (aus wss. Salzsäure) mit 0,5 Mol H_2O, Zers. bei 182° (*Hayashi*, Acta phytoch. Tokyo **8** [1935] 179, 195). Absorptionsspektrum (270—520 nm) einer wss. Salzsäure enthaltenden Lösung in Äthanol: *Ha.*, l. c. S. 188. — Beim Behandeln mit Acetanhydrid und Pyridin ist eine Verbindung $C_{20}H_{18}O_6$ vom F: 106—107° (vermutlich 2,7-Diacetoxy-2-[4-methoxy-phenyl]-2H-chromen oder 2,4-Diacetoxy-4′-methoxy-chalkon) erhalten wor= den (*Fr. et al.; Freudenberg, Weinges*, A. **613** [1958] 61, 66, 74).

Perchlorat. F: 230° (*Freudenberg, Alonso de Lama*, A. **612** [1958] 78, 92).
Tetrachloroferrat(III) [$C_{16}H_{13}O_3$]FeCl$_4$. *B.* Beim Behandeln einer Lösung von Resorcin und 3-Chlor-1-[4-methoxy-phenyl]-propenon in Essigsäure mit Eisen(III)-chlorid in wss. Salzsäure (*Nešmejanow et al.*, Doklady Akad. S.S.S.R. **93** [1953] 71, 72; C. A. **1955** 3953). — Orangefarbene Krystalle (aus Eg.); F: 176—177° (*Ne. et al.*, Doklady Akad. S.S.S.R. **93** 74). Absorptionsspektrum (Eg.; 297—579 nm): *Nešmejanow et al.*, Izv. Akad. S.S.S.R. Otd. chim. **1954** 784, 787; engl. Ausg. S. 675, 678.

7-Methoxy-2-[4-methoxy-phenyl]-chromenylium [$C_{17}H_{15}O_3$]$^+$, Formel VII (R = CH$_3$).
Chlorid. *B.* Beim Behandeln von 2-Hydroxy-4-methoxy-benzaldehyd mit 1-[4-Meth= oxy-phenyl]-äthanon in Äthylacetat unter Einleiten von Chlorwasserstoff (*Freudenberg et al.*, B. **90** [1957] 957, 961). — Rote Krystalle (aus Me. + HCl); Zers. bei 120° [unreines Präparat] (*Fr. et al.*). — Beim Behandeln mit Acetanhydrid und Pyridin ist 2-Acet= oxy-4,4'-dimethoxy-chalkon (F: 133—134°) erhalten worden (*Freudenberg, Weinges*, A. **613** [1958] 61, 66, 73.

6,8-Dichlor-7-hydroxy-2-[4-hydroxy-phenyl]-chromenylium [$C_{15}H_9Cl_2O_3$]$^+$, Formel VIII.
Perchlorat [$C_{15}H_9Cl_2O_3$]ClO$_4$. *B.* Beim Behandeln von 3,5-Dichlor-2,4-dihydroxy-benz= aldehyd mit 1-[4-Hydroxy-phenyl]-äthanon in Äthylacetat unter Einleiten von Chlor= wasserstoff und Behandeln einer Lösung des erhaltenen Chlorids in Ameisensäure mit wss. Perchlorsäure (*Freudenberg, Alonso de Lama*, A. **612** [1958] 78, 91). — Rote Krystalle (aus Perchlorsäure enthaltender Essigsäure).

2-[4-Hydroxy-phenyl]-8-methoxy-chromenylium [$C_{16}H_{13}O_3$]$^+$, Formel IX (R = H) (E II 221; dort als 8-Methoxy-2-[4-oxy-phenyl]-benzopyrylium bezeichnet).
Chlorid [$C_{16}H_{13}O_3$]Cl (E II 221). Braune Krystalle (aus wss. Salzsäure) mit 2,5 Mol H$_2$O; Zers. bei 138—139° [nach Sintern von 115° an] (*Hayashi*, Acta phytoch. Tokyo **8** [1935] 179, 199; s. aber E II 221). Absorptionsspektrum (220—580 nm) einer wss. Salzsäure enthaltenden Lösung in Äthanol: *Ha.*, l. c. S. 188.

VIII   IX   X

8-Methoxy-2-[4-methoxy-phenyl]-chromenylium [$C_{17}H_{15}O_3$]$^+$, Formel IX (R = CH$_3$) (E II 221; dort als 8-Methoxy-2-[4-methoxy-phenyl]-benzopyrylium bezeichnet).
Chlorid [$C_{17}H_{15}O_3$]Cl (E II 221). *B.* Beim Behandeln von 2-Hydroxy-3-methoxy-benzaldehyd mit 1-[4-Methoxy-phenyl]-äthanon in Äthylacetat unter Einleiten von Chlorwasserstoff (*Collins et al.*, Soc. **1950** 1876, 1880). — Orangebraune Krystalle (aus wss. Salzsäure). — Beim Erwärmen mit Hydroxylamin-hydrochlorid und Pyridin ist 2-Hydroxy-3,4'-dimethoxy-chalkon-oxim (F: 148° [Zers.]) erhalten worden.

2-[2,4-Dihydroxy-phenyl]-chromenylium [$C_{15}H_{11}O_3$]$^+$, Formel X (R = H).
Chlorid [$C_{15}H_{11}O_3$]Cl. *B.* Aus 2,2',4'-Trihydroxy-chalkon mit Hilfe von wss.-äthanol. Salzsäure (*Geissman, Clinton*, Am. Soc. **68** [1946] 697). — Rote Krystalle (aus A. + Ae.) mit 1 Mol H$_2$O; F: 151—153° [korr.; Zers.] (*Ge., Cl.*).
Ein ebenfalls als 2-[2,4-Dihydroxy-phenyl]-chromenylium-chlorid beschriebenes Prä= parat (orangerote Krystalle [aus A.] mit 3 Mol H$_2$O, F: 185° [Zers.]; hygroskopisch) ist aus Cumarin, Resorcin und Phosphorylchlorid erhalten worden (*Goswami, Chakra= varti*, J. Indian chem. Soc. **9** [1932] 599).
Perchlorat [$C_{15}H_{11}O_3$]ClO$_4$. *B.* Beim Erwärmen von Cumarin mit Resorcin, Zinkchlorid und Phosphorylchlorid und Behandeln des Reaktionsprodukts mit wss. Perchlorsäure (*Michaelidis, Wizinger*, Helv. **34** [1951] 1761, 1766). — Krystalle (aus wss. Perchlorsäure); F: 233—235° (*Mi., Wi.*). Absorptionsmaximum (A.): 466—468 nm (*Mi., Wi.*, l. c.

S. 1763).

2-[2,4-Dimethoxy-phenyl]-chromenylium $[C_{17}H_{15}O_3]^+$, Formel X (R = CH$_3$) (H 181; dort als 2-[2.4-Dimethoxy-phenyl]-benzopyrylium bezeichnet).

Chlorid $[C_{17}H_{15}O_3]$Cl (H 181). *B.* Beim Behandeln von 1-[2,4-Dimethoxy-phenyl]-äthanon mit Salicylaldehyd in Äthylacetat unter Einleiten von Chlorwasserstoff (*Kondo, Nakagawa,* J. pharm. Soc. Japan **50** [1930] 928, 931; dtsch. Ref. S. 121; C. A. **1931** 515). — Orangerote Krystalle (aus wss. Salzsäure) mit 1 Mol H$_2$O; F: 116° (*Ko., Na.,* l. c. S. 931).

Perchlorat $[C_{17}H_{15}O_3]$ClO$_4$. *B.* Beim Erwärmen von Cumarin mit 1,3-Dimethoxy-benzol, Zinkchlorid und Phosphorylchlorid und Behandeln des Reaktionsprodukts mit wss. Perchlorsäure (*Michaelidis, Wizinger,* Helv. **34** [1951] 1761, 1766). — Orangefarbene Krystalle (aus Perchlorsäure enthaltender Essigsäure); F: 228—229° [nach Sintern bei 225°] (*Mi., Wi.*). Absorptionsmaximum (A.): 464—466 nm (*Mi., Wi.,* l. c. S. 1763).

Tetrachloroferrat(III) $[C_{17}H_{15}O_3]$FeCl$_4$ (H 181). Orangerote Krystalle; F: 175° (*Goswami, Chakravarti,* J. Indian chem. Soc. **9** [1932] 599).

2-[2,4-Diäthoxy-phenyl]-chromenylium $[C_{19}H_{19}O_3]^+$, Formel X (R = C$_2$H$_5$).

Chlorid $[C_{19}H_{19}O_3]$Cl. *B.* Beim Behandeln von 1-[2,4-Diäthoxy-phenyl]-äthanon mit Salicylaldehyd in Äthylacetat unter Einleiten von Chlorwasserstoff (*Kondo, Nakagawa,* J. pharm. Soc. Japan **50** [1930] 928, 932; dtsch. Ref. S. 121; C. A. **1931** 515). — Orangerote Krystalle (aus wss. Salzsäure) mit 3 Mol H$_2$O; F: 91°.

2-[4-(2-Acetoxy-äthoxy)-2-hydroxy-phenyl]-chromenylium $[C_{19}H_{17}O_5]^+$, Formel XI.

Chlorid $[C_{19}H_{17}O_5]$Cl. *B.* Beim Behandeln einer Lösung von 2,2'-Dihydroxy-4'-[2-hydr=oxy-äthoxy]-chalkon in Essigsäure mit Chlorwasserstoff (*Motwani, Wheeler,* Soc. **1935** 1098, 1101). — Rote Krystalle (aus Me. + HCl); F: 212—213° [nach Dunkelfärbung bei 190°].

Perchlorat $[C_{19}H_{17}O_5]$ClO$_4$. Rotbraune Krystalle; F: 201—203° (*Mo., Wh.*).
Trichloromercurat(II) $[C_{19}H_{17}O_5]$HgCl$_3$. Rote Krystalle; F: 215° (*Mo., Wh.*).
Tetrachloroferrat(III) $[C_{19}H_{17}O_5]$FeCl$_4$. Orangefarbene Krystalle (aus Me. + HCl); F: 214° (*Mo., Wh.*).
Pikrat $[C_{19}H_{17}O_5]C_6H_2N_3O_7$. Rote Krystalle; F: 211—213° (*Mo., Wh.*).

XI   XII   XIII

2-[2,5-Dihydroxy-phenyl]-chromenylium $[C_{15}H_{11}O_3]^+$, Formel XII.

Chlorid $[C_{15}H_{11}O_3]$Cl. *B.* In geringer Menge neben 6-Hydroxy-2-[2-hydroxy-phenyl]-chroman-4-on beim Erwärmen von 2,2',5'-Tris-benzoyloxy-chalkon mit wss.-äthanol. Kalilauge und anschliessenden Behandeln mit Chlorwasserstoff in Äthanol (*Russell, Clark,* Am. Soc. **61** [1939] 2651, 2653, 2657). — Rötliche Krystalle mit 0,5 Mol H$_2$O; F: 175° [Zers.].

2-[3,4-Dimethoxy-phenyl]-chromenylium $[C_{17}H_{15}O_3]^+$, Formel XIII (E I 114; E II 222; dort als 2-[3.4-Dimethoxy-phenyl]-benzopyrylium bezeichnet).

Tetrachloroferrat(III) $[C_{17}H_{15}O_3]$FeCl$_4$ (E I 114; E II 222). *B.* Beim Erwärmen von Cumarin mit Veratrol und Phosphorylchlorid (*Goswami, Chakravarty,* J. Indian chem. Soc. **11** [1934] 713). — Rote Krystalle (aus Eg.); F: 192°.

2-Benzyl-4,6-dimethoxy-benzofuran-3-ol $C_{17}H_{16}O_4$, Formel I, und **(±)-2-Benzyl-4,6-di=**
methoxy-benzofuran-3-on $C_{17}H_{16}O_4$, Formel II.

B. Beim Behandeln von (±)-2-Brom-3-phenyl-propionylchlorid mit 1,3,5-Trimethoxy-
benzol und Aluminiumchlorid in Äther (*Balakrishna et al.*, Pr. Indian Acad. [A] **30** [1949]
163, 164). Aus 2-Benzyliden-4,6-dimethoxy-benzofuran-3-on bei der Hydrierung an Platin
in Äthanol (*Gripenberg*, Acta chem. scand. **7** [1953] 1323, 1328).

Krystalle; F: 109,5—110,5° [aus wss. A.] (*Gr.*), 105—106° [aus PAe.] (*Ba. et al.*). UV-
Spektrum (A.; 210—360 nm): *Enebäck, Gripenberg*, Acta chem. scand. **11** [1957] 866, 869.

Bei mehrtägigem Behandeln mit Kaliumpermanganat in Aceton unter Zusatz von wss.
Natriumcarbonat-Lösung ist 2-Benzyl-2-hydroxy-4,6-dimehoxy-benzofuran-3-on (E III **8**
4124) erhalten worden (*Gr.*).

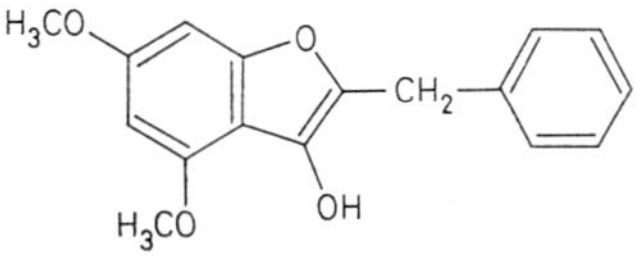

I 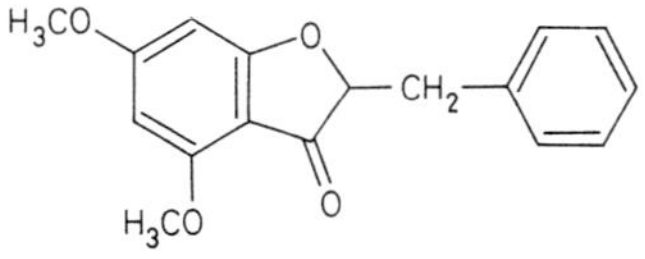　　　　　　　　　　　　II

6-Methoxy-2-salicyl-benzofuran-3-ol $C_{16}H_{14}O_4$, Formel III, und **(±)-6-Methoxy-2-salicyl-**
benzofuran-3-on $C_{16}H_{14}O_4$, Formel IV.

B. Aus 6-Methoxy-2-salicyliden-benzofuran-3-on bei der Hydrierung an Palladium/
Kohle in Äthanol (*Desai, Ray*, J. Indian chem. Soc. **35** [1958] 83, 85).

Krystalle (aus Me.); F: 145°.

Beim Erwärmen mit Phosphor(V)-oxid in Benzol ist 8-Methoxy-11*H*-benzo[4,5]furo=
[3,2-*b*]chromen erhalten worden.

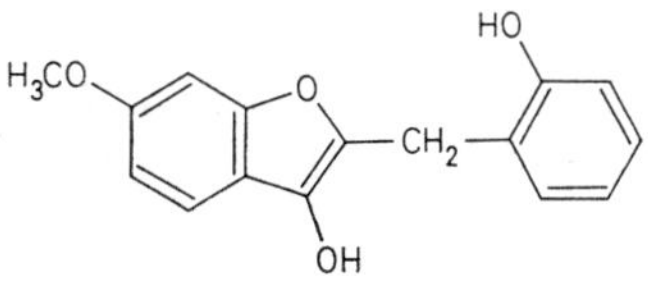

III 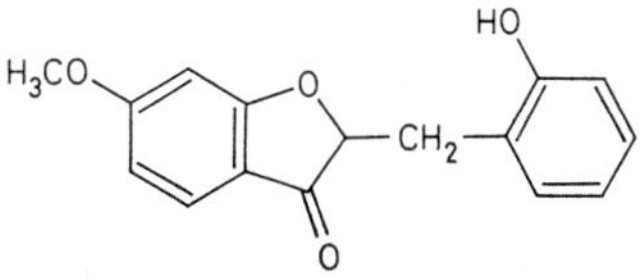　　　　　　　　　　　　IV

7-Methoxy-2-veratryl-benzofuran $C_{18}H_{18}O_4$, Formel V.

B. Aus [3,4-Dimethoxy-phenyl]-[7-methoxy-benzofuran-2-yl]-keton beim Behandeln
mit Äthanol und Natrium (*Richtzenhain, Altredsson*, B. **89** [1956] 378, 383).

Krystalle (aus A. oder Cyclohexan); F: 93—94°.

6-Methoxy-3-veratryl-benzofuran $C_{18}H_{18}O_4$, Formel VI (X = H).

B. Aus [2-(3,4-Dimethoxy-phenylacetyl)-5-methoxy-phenoxy]-essigsäure beim Erhitzen mit Acetanhydrid und Natriumacetat (*Chatterjea*, J. Indian chem. Soc. **30** [1953]
1, 5). Aus [3,4-Dimethoxy-phenyl]-[6-methoxy-benzofuran-3-yl]-essigsäure-amid beim
Erwärmen mit wss. Salzsäure (*Ch.*).

Krystalle (aus Me.); F: 61—62°.

Verbindung mit Pikrinsäure $C_{18}H_{18}O_4 \cdot C_6H_3N_3O_7$. Orangefarbene Krystalle (aus
wss. A.); F: 102° [unkorr.].

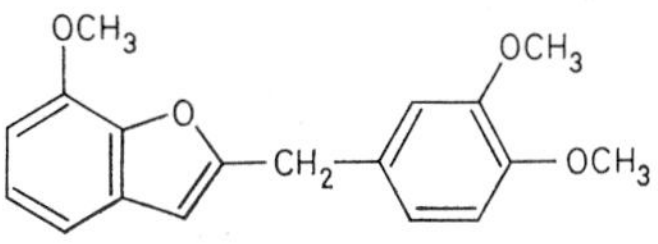

V 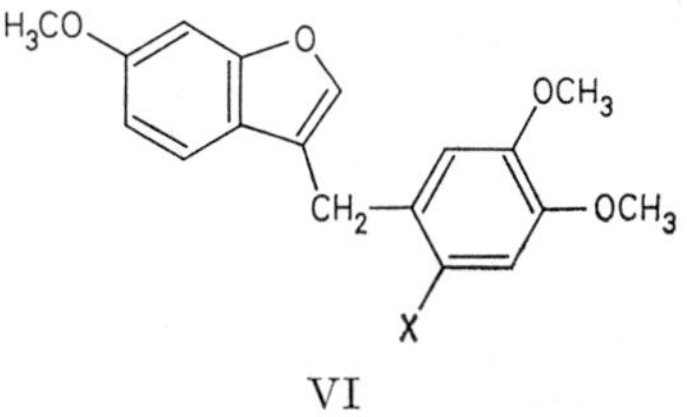　　　　　　　　　　　　VI

3-[4,5-Dimethoxy-2-nitro-benzyl]-6-methoxy-benzofuran $C_{18}H_{17}NO_6$, Formel VI
(X = NO_2).

B. Aus 3-[4,5-Dimethoxy-2-nitro-benzyl]-6-methoxy-benzofuran-2-carbonsäure beim
Erhitzen mit Kupfer-Pulver in Chinolin (*Chatterjea*, J. Indian chem. Soc. **34** [1957] 347,
349, 355).

Hellgelbe Krystalle (aus Me.); F: 100° [unkorr.].

(±)-2-[4-Methoxy-α-p-tolylmercapto-benzyl]-1,1-dioxo-1λ⁶-benzo[b]thiophen-3-ol
$C_{23}H_{20}O_4S_2$, Formel VII, und **opt.-inakt. 2-[4-Methoxy-α-p-tolylmercapto-benzyl]-1,1-dis-
oxo-1λ⁶-benzo[b]thiophen-3-on** $C_{23}H_{20}O_4S_2$, Formel VIII.

Diese Konstitution kommt wahrscheinlich der nachstehend beschriebenen Verbindung zu.

B. Beim Erhitzen von 2-[4-Methoxy-benzyliden]-1,1-dioxo-1λ⁶-benzo[b]thiophen-3-on
mit *p*-Thiokresol auf 110° (*Mustafa, Sallam*, Am. Soc. **81** [1959] 1980, 1983).

Krystalle (aus Bzl. + PAe.); F: 126° [unkorr.].

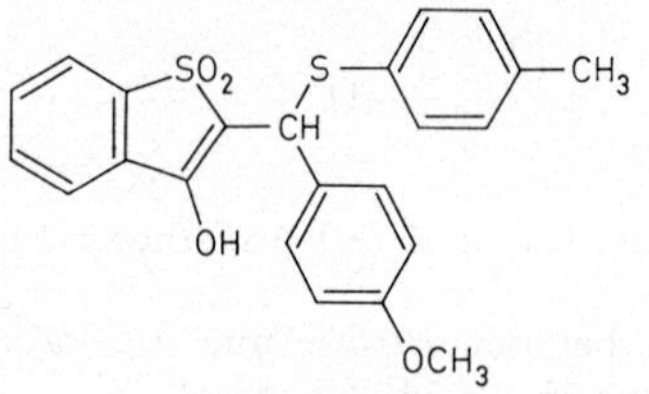

VII 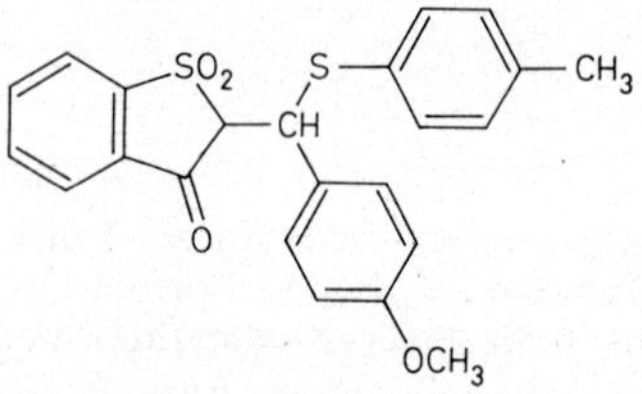   VIII

Trihydroxy-Verbindungen $C_{16}H_{14}O_4$

6,7-Dimethoxy-2-p-tolyl-chromenylium $[C_{18}H_{17}O_3]^+$, Formel IX (R = CH_3).

Chlorid. *B.* Beim Behandeln von 1-*p*-Tolyl-äthanon mit 2-Hydroxy-4,5-dimethoxy-
benzaldehyd in Äthylacetat in Gegenwart von Chlorwasserstoff (*Whalley*, Soc. **1950** 2792).

2,4,6-Trinitro-3-trifluormethyl-phenolat $[C_{18}H_{17}O_3]C_7HF_3N_3O_7$. Grünbraune Krystalle
(aus Me.); F: 184—185° [Zers.] (*Wh.*).

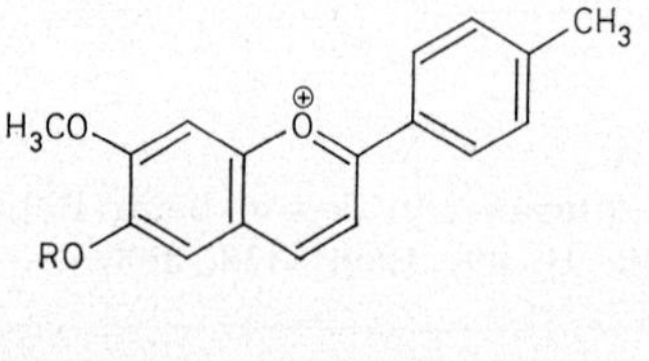

IX 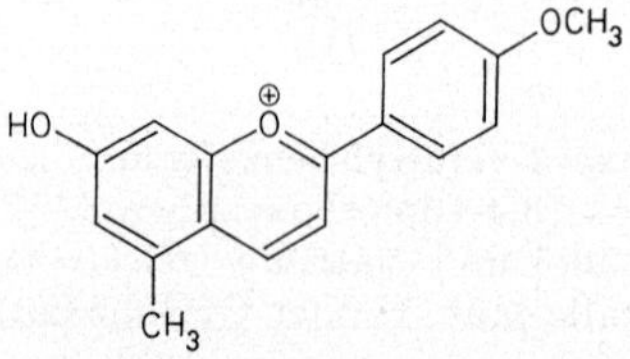   X

6-Äthoxy-7-methoxy-2-p-tolyl-chromenylium $[C_{19}H_{19}O_3]^+$, Formel IX (R = C_2H_5).

Chlorid. *B.* Analog dem im vorangehenden Artikel beschriebenen Chlorid (*Whalley*,
Soc. **1950** 2792).

2,4,6-Trinitro-3-trifluormethyl-phenolat $[C_{19}H_{19}O_3]C_7HF_3N_3O_7$. Grünbraune Krystalle
(aus Me.); F: 182—185° [Zers.] (*Wh.*).

7-Hydroxy-2-[4-methoxy-phenyl]-5-methyl-chromenylium $[C_{17}H_{15}O_3]^+$, Formel X
(E II 223; dort als 7-Oxy-5-methyl-2-[4-methoxy-phenyl]-benzopyrylium bezeichnet).

Chlorid $[C_{17}H_{15}O_3]Cl$ (E II 223). Krystalle (aus Me. + HCl) mit 1 Mol H_2O; F: 242°
bis 243° [Zers.; nach Sintern bei 125°] (*Hayashi*, Acta phytoch. Tokyo **8** [1935] 179, 198).
Absorptionsspektrum (220—520 nm) einer wss. Salzsäure enthaltenden Lösung in Äthanol:
Ha., l. c. S. 189.

(±)-2,7-Diacetoxy-5-methoxy-6-methyl-2-phenyl-2H-chromen $C_{21}H_{20}O_6$, Formel XI, und
(±)-4,7-Diacetoxy-5-methoxy-6-methyl-2-phenyl-4H-chromen $C_{21}H_{20}O_6$, Formel XII.

Diese Konstitutionsformeln sowie die Formulierung als 4,6-Diacetoxy-2-methoxy-

3-methyl-chalkon werden für die nachstehend beschriebene Verbindung in Betracht gezogen (*Brockmann, Junge,* B. **76** [1943] 751, 754, **77/79** [1944/46] 44, 46 Anm. 9).

B. Beim Behandeln von Dracorhodin (5-Methoxy-6-methyl-2-phenyl-chromen-7-on) mit Acetanhydrid und Pyridin (*Br., Ju.,* B. **76** 759).

Krystalle (aus E. + A.); F: 139—140° (*Br., Ju.,* B. **76** 760).

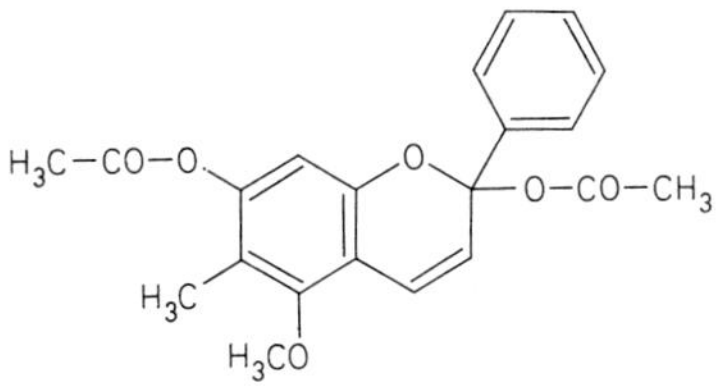

XI 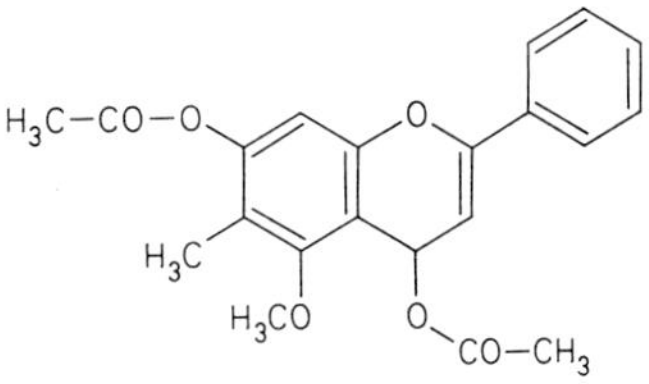   XII

(±)-2-Äthoxy-7-benzoyloxy-5-methoxy-6-methyl-2-phenyl-2*H*-chromen $C_{26}H_{24}O_5$, Formel I, und (±)-4-Äthoxy-7-benzoyloxy-5-methoxy-6-methyl-2-phenyl-4*H*-chromen $C_{26}H_{24}O_5$, Formel II.

Diese Konstitutionsformeln kommen für die nachstehend beschriebene Verbindung in Betracht.

B. Beim Behandeln von Dracorhodin (5-Methoxy-6-methyl-2-phenyl-chromen-7-on) mit Benzoylchlorid unter Zusatz von Pyridin und anschliessend mit Äthanol (*Brockmann, Junge,* B. **76** [1943] 751, 754, 760).

Krystalle (aus E. + Ae.); F: 125°.

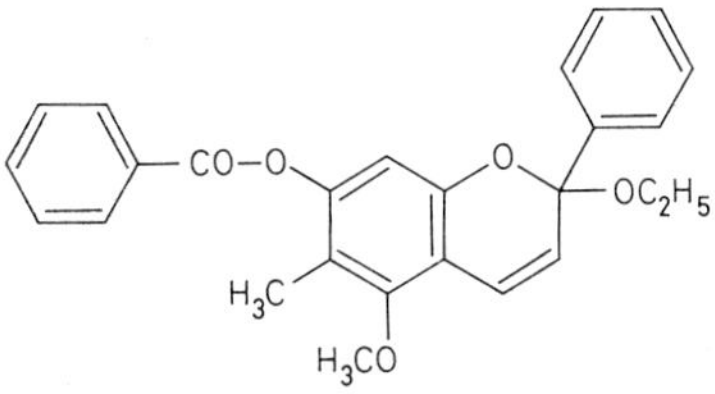

I 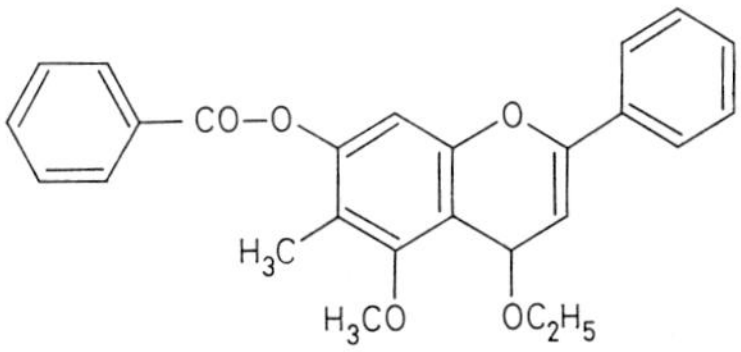   II

7-Hydroxy-5-methoxy-6-methyl-2-phenyl-chromenylium, Dracorhodinium $[C_{17}H_{15}O_3]^+$, Formel III.

Chlorid $[C_{17}H_{15}O_3]Cl$. *B.* Beim Behandeln von 4,6-Dihydroxy-2-methoxy-3-methyl-benzaldehyd mit Acetophenon in Essigsäure unter Einleiten von Chlorwasserstoff (*Robertson, Whalley,* Soc. **1950** 1882). Beim Behandeln einer Lösung von Dracorhodin (5-Methoxy-6-methyl-2-phenyl-chromen-7-on) in Methanol mit wss. Salzsäure (*Brockmann, Junge,* B. **76** [1943] 751, 759). — Braune Krystalle (aus wss. Salzsäure) mit 1 Mol H_2O, F: 205° [Zers.] (*Ro., Wh.*); orangefarbene Krystalle (aus wss. Salzsäure), Zers. von 180° an (*Br., Ju.*).

Perchlorat $[C_{17}H_{15}O_3]ClO_4$. Orangegelbe Krystalle (aus Perchlorsäure enthaltendem Methanol) mit 1 Mol H_2O, F: 233—236° [unkorr.] (*Br., Ju.*); braune Krystalle (aus Perchlorsäure enthaltendem Methanol), F: 227—230° [Zers.] (*Ro., Wh.*).

Pikrat $[C_{17}H_{15}O_3]C_6H_2N_3O_7$. Orangegelbe Krystalle (aus Me.); F: 217—220° [Zers.] (*Br., Ju.; Ro., Wh.*).

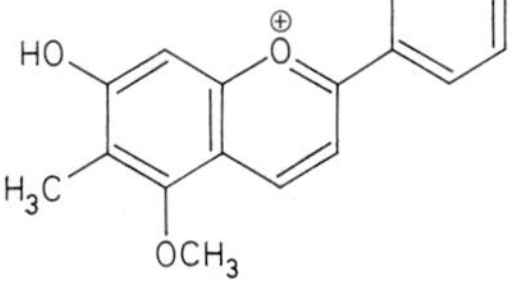

III 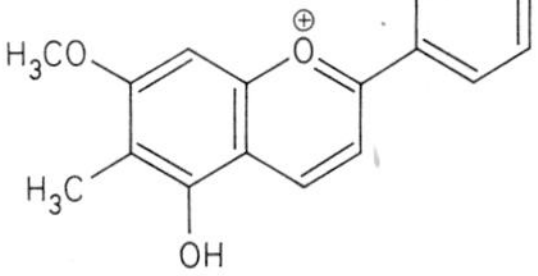   IV

5-Hydroxy-7-methoxy-6-methyl-2-phenyl-chromenylium $[C_{17}H_{15}O_3]^+$, Formel IV.

Chlorid $[C_{17}H_{15}O_3]Cl$. *B.* Neben 5-Hydroxy-7-methoxy-8-methyl-2-phenyl-chromenyl=ium-chlorid beim Behandeln von 2,6-Dihydroxy-4-methoxy-3-methyl-benzaldehyd mit Acetophenon in Äthanol unter Einleiten von Chlorwasserstoff (*Brockmann, Junge*, B. **76** [1943] 751, 763). — Rote Krystalle (aus Me.) mit 2 Mol H_2O, die unterhalb 300° nicht schmelzen. — Beim Behandeln einer Lösung in Methanol mit Benzol und wss. Natriumacetat-Lösung ist 7-Methoxy-6-methyl-2-phenyl-chromen-5-on $(C_{17}H_{14}O_3; \lambda_{max}$ [Bzl.]: 538 nm und 580 nm) erhalten worden.

7-Hydroxy-5-methoxy-8-methyl-2-phenyl-chromenylium $[C_{17}H_{15}O_3]^+$, Formel V.

Chlorid $[C_{17}H_{15}O_3]Cl$. *B.* Beim Behandeln von 3-Oxo-3-phenyl-propionaldehyd mit 5-Methoxy-2-methyl-resorcin in Essigsäure unter Einleiten von Chlorwasserstoff (*Brock-mann et al.*, B. **77/79** [1944/46] 347, 352). — Rote Krystalle (aus Me.); Zers. bei ca. 154°.

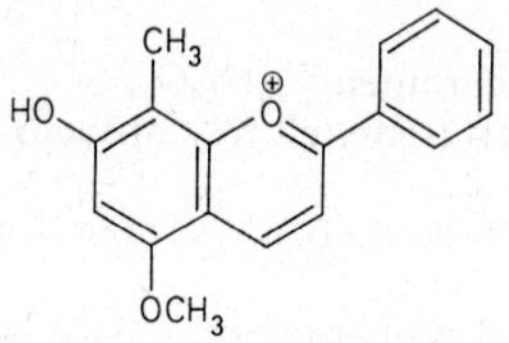

V 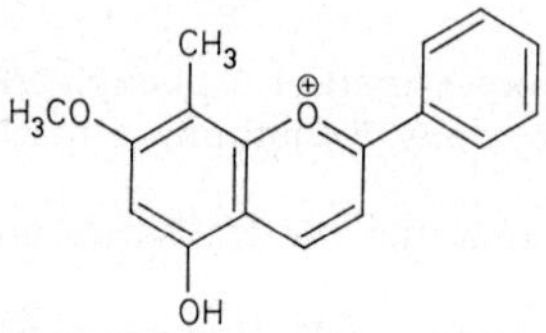   VI 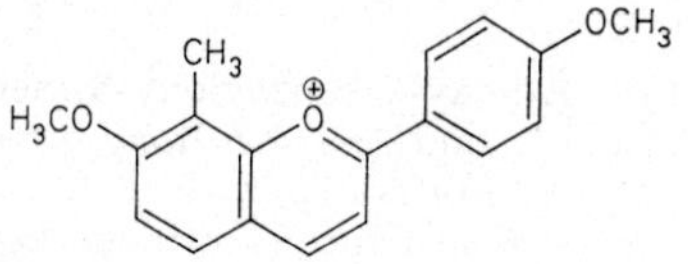   VII

5-Hydroxy-7-methoxy-8-methyl-2-phenyl-chromenylium $[C_{17}H_{15}O_3]^+$, Formel VI.

Chlorid. *B.* Neben 5-Hydroxy-7-methoxy-6-methyl-2-phenyl-chromenylium-chlorid beim Behandeln von 2,6-Dihydroxy-4-methoxy-3-methyl-benzaldehyd mit Acetophenon in Äthanol unter Einleiten von Chlorwasserstoff (*Brockmann, Junge*, B. **76** [1943] 751, 763).

Perchlorat $[C_{17}H_{15}O_3]ClO_4$. Krystalle (aus Me.); Zers. bei 253° (*Br., Ju.*).

7-Methoxy-2-[4-methoxy-phenyl]-8-methyl-chromenylium $[C_{18}H_{17}O_3]^+$, Formel VII.

Chlorid. *B.* Beim Behandeln von 2-Hydroxy-4-methoxy-3-methyl-benzaldehyd mit 1-[4-Methoxy-phenyl]-äthanon in Äthylacetat unter Einleiten von Chlorwasserstoff (*Jones, Robertson*, Soc. **1932** 1689, 1691). — Rotbraune Krystalle (aus wss. Salzsäure).

Tetrachloroferrat(III) $[C_{18}H_{17}O_3]FeCl_4$. Rote Krystalle (aus Eg.); F: 177—178° (*Jo., Ro.*).

(±)-2-[4-Methoxy-α-p-tolylmercapto-benzyl]-5-methyl-1,1-dioxo-1λ^6-benzo[b]thiophen-3-ol $C_{24}H_{22}O_4S_2$, Formel VIII, und opt.-inakt. **2-[4-Methoxy-α-p-tolylmercapto-benzyl]-5-methyl-1,1-dioxo-1λ^6-benzo[b]thiophen-3-on** $C_{24}H_{22}O_4S_2$, Formel IX.

Diese Konstitution kommt wahrscheinlich der nachstehend beschriebenen Verbindung zu.

B. Beim Erhitzen von 2-[4-Methoxy-benzyliden]-5-methyl-1,1-dioxo-1λ^6-benzo[b]=thiophen-3-on mit p-Thiokresol auf 125° (*Mustafa, Sallam*, Am. Soc. **81** [1959] 1980, 1982, 1983).

Krystalle (aus Bzl. + PAe.); F: 140° [unkorr.].

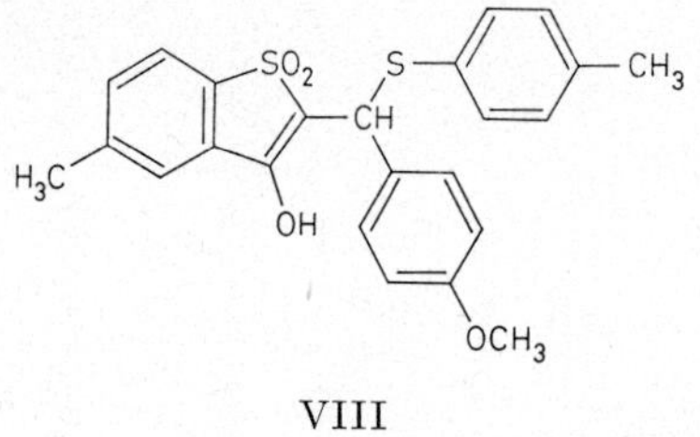

VIII 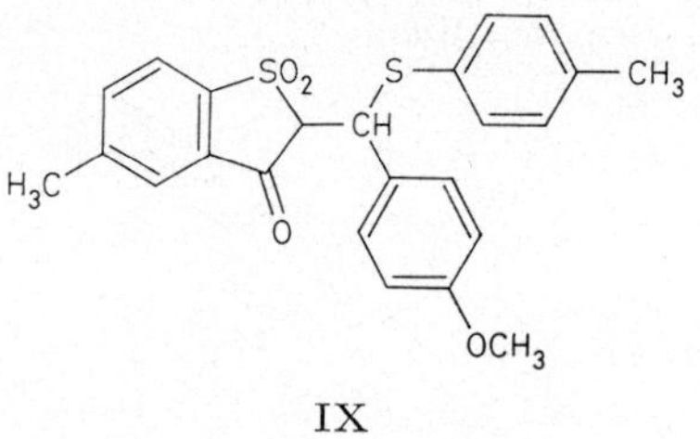   IX

(±)-2-[4-Methoxy-α-*p*-tolylmercapto-benzyl]-6-methyl-1,1-dioxo-1λ⁶-benzo[*b*]thiophen-
3-ol C₂₄H₂₂O₄S₂, Formel X, und opt.-inakt. 2-[4-Methoxy-α-*p*-tolylmercapto-benzyl]-
6-methyl-1,1-dioxo-1λ⁶-benzo[*b*]thiophen-3-on C₂₄H₂₂O₄S₂, Formel XI.

Diese Konstitution kommt wahrscheinlich der nachstehend beschriebenen Verbindung zu.

B. Beim Erhitzen von 2-[4-Methoxy-benzyliden]-6-methyl-1,1-dioxo-1λ⁶-benzo[*b*]thio=
phen-3-on mit *p*-Thiokresol auf 140° (*Mustafa, Sallam*, Am. Soc. **81** [1959] 1980, 1982,
1983).

Krystalle (aus Bzl. + PAe.); F: 157° [unkorr.].

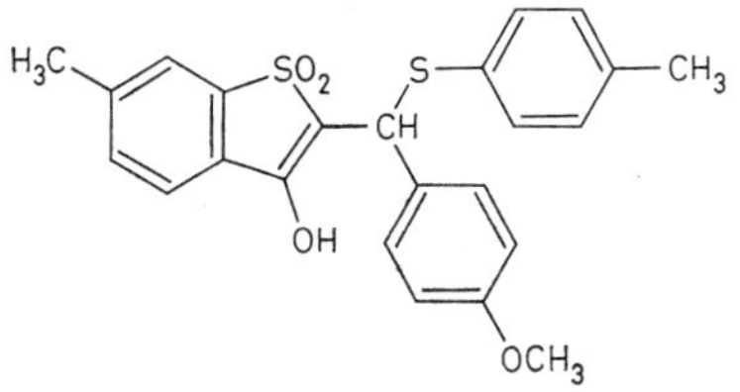

X 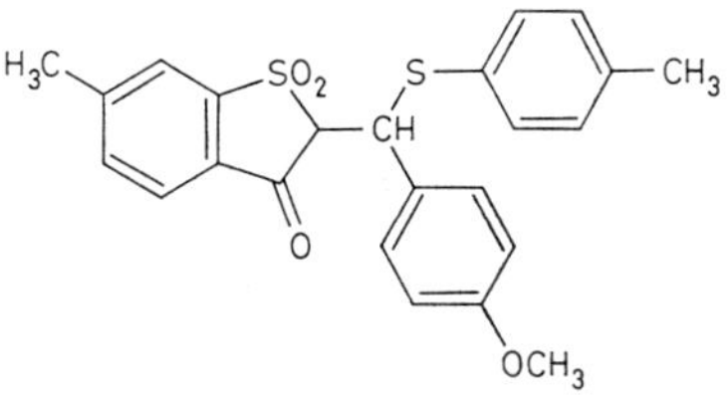   XI

(±)-2-[4-Methoxy-α-*p*-tolylmercapto-benzyl]-7-methyl-1,1-dioxo-1λ⁶-benzo[*b*]thiophen-
3-ol C₂₄H₂₂O₄S₂, Formel XII, und opt.-inakt. 2-[4-Methoxy-α-*p*-tolylmercapto-benzyl]-
7-methyl-1,1-dioxo-1λ⁶-benzo[*b*]thiophen-3-on C₂₄H₂₂O₄S₂, Formel XIII.

Diese Konstitution kommt wahrscheinlich der nachstehend beschriebenen Verbindung zu.

B. Beim Erhitzen von 2-[4-Methoxy-benzyliden]-7-methyl-1,1-dioxo-1λ⁶-benzo[*b*]thio=
phen-3-on mit *p*-Thiokresol auf 120° (*Mustafa, Sallam*, Am. Soc. **81** [1959] 1980, 1982,
1983).

Krystalle (aus Bzl. + PAe.); F: 138° [unkorr.].

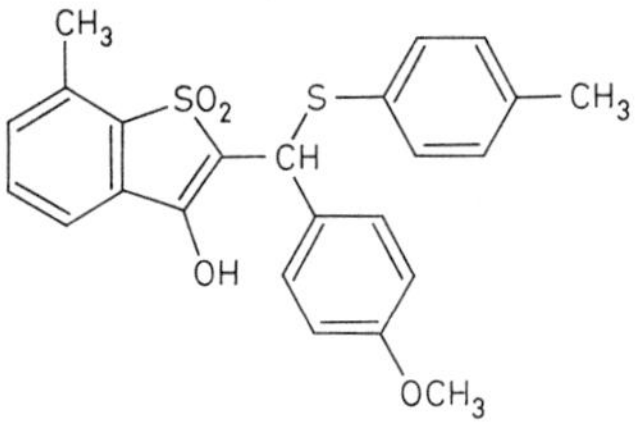

XII 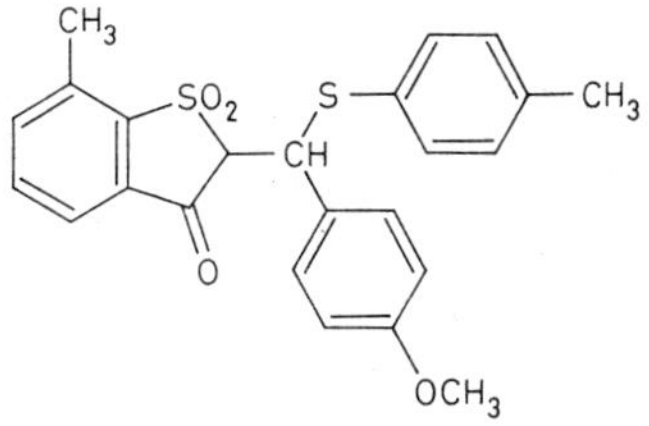   XIII

*Opt.-inakt. 3,9,10-Trimethoxy-6,6a,7,11b-tetrahydro-indeno[2,1-*c*]chromen, Tri-
O-methyl-desoxybrasilin C₁₉H₂₀O₄, Formel XIV (E II 224).

Beim Erwärmen mit Chrom(VI)-oxid und wss. Essigsäure sind neben Tri-*O*-methyl-bra=
silon (3,10,11-Trimethoxy-8*H*-dibenz[*b,e*]oxonin-7,13-dion) geringe Mengen 3-[2-Hydr=
oxy-4-methoxy-phenyl]-5-methoxy-1*H*-inden-2,6-dion erhalten worden (*Pfeiffer, Schneider*, J. pr. [2] **144** [1936] 54, 57).

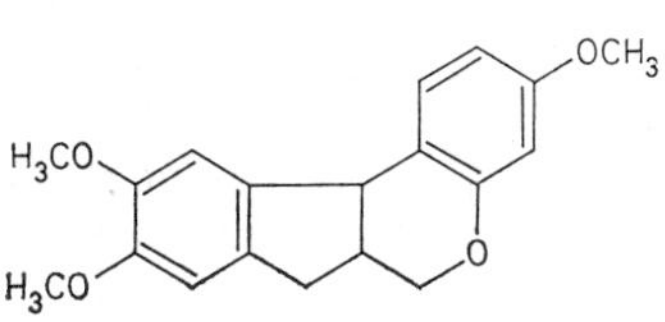

XIV 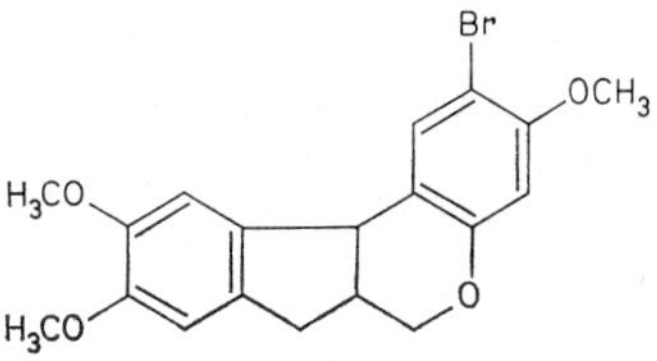   XV

*Opt.-inakt. 2-Brom-3,9,10-trimethoxy-6,6a,7,11b-tetrahydro-indeno[2,1-*c*]chromen
C₁₉H₁₉BrO₄, Formel XV.

B. Beim Behandeln der im vorangehenden Artikel beschriebenen Verbindung mit

Brom in Essigsäure (*Pfeiffer et al.*, J. pr. [2] **137** [1933] 227, 235, 249). Krystalle; F: 165°.

Trihydroxy-Verbindungen $C_{17}H_{16}O_4$

4-Äthyl-5,7-dimethoxy-3-[4-methoxy-phenyl]-2H-chromen $C_{20}H_{22}O_4$, Formel I.

B. Aus (±)-5,7-Dimethoxy-3-[4-methoxy-phenyl]-chroman-4-on mit Hilfe von Äthylmagnesiumbromid (*Lawson*, Soc. **1954** 4448).

Krystalle (aus A.); F: 107—107,5°.

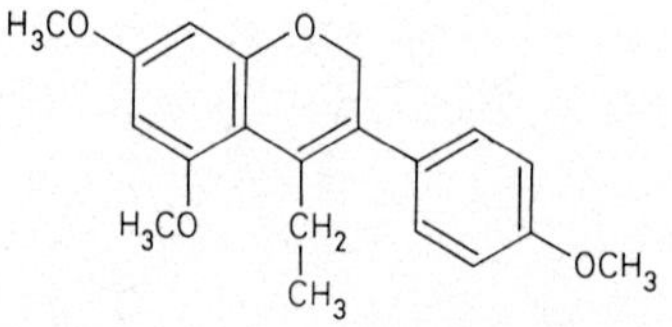

I 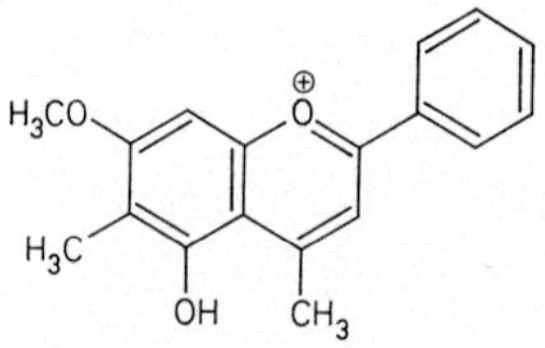   II

5-Hydroxy-7-methoxy-4,6-dimethyl-2-phenyl-chromenylium $[C_{18}H_{17}O_3]^+$, Formel II.

Chlorid $[C_{18}H_{17}O_3]Cl$. *B.* Beim Behandeln von 5-Methoxy-4-methyl-resorcin mit 1-Phenyl-butan-1,3-dion in Essigsäure unter Einleiten von Chlorwasserstoff (*Brockmann, Junge*, B. **76** [1943] 1028, 1033). — Krystalle mit 3 Mol H_2O; F: ca. 195°.

Perchlorat. Rote Krystalle; F: 215—217° (*Br., Ju.*).

2-[2,4-Dimethoxy-phenyl]-4,7-dimethyl-chromenylium $[C_{19}H_{19}O_3]^+$, Formel III.

Tetrachloroferrat(III) $[C_{19}H_{19}O_3]FeCl_4$. *B.* Beim Erhitzen von 4,7-Dimethyl-cumarin mit 1,3-Dimethoxy-benzol und Phosphorylchlorid und Behandeln des Reaktionsprodukts mit wss. Salzsäure und Eisen(III)-chlorid (*Goswami, Chakravarty*, J. Indian chem. Soc. **11** [1934] 713). — Violette Krystalle (aus Eg.); F: 150°.

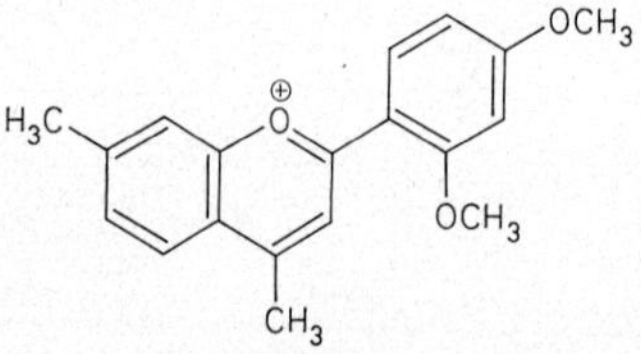

III 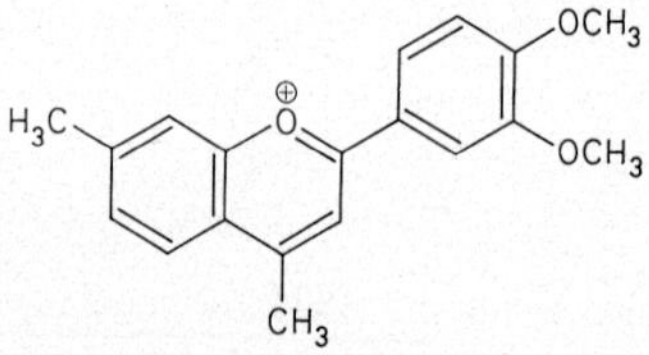   IV

2-[3,4-Dimethoxy-phenyl]-4,7-dimethyl-chromenylium $[C_{19}H_{19}O_3]^+$, Formel IV.

Tetrachloroferrat(III) $[C_{19}H_{19}O_3]FeCl_4$. *B.* Beim Erhitzen von 4,7-Dimethyl-cumarin mit Veratrol und Phosphorylchlorid und Behandeln des Reaktionsprodukts mit wss. Salzsäure und Eisen(III)-chlorid (*Goswami, Chakravarty*, J. Indian chem. Soc. **11** [1934] 713). — Rote Krystalle (aus Eg.); F: 180°.

5,7-Dihydroxy-4,8-dimethyl-2-phenyl-chromenylium $[C_{17}H_{15}O_3]^+$, Formel V, und
5,7-Dihydroxy-4,6-dimethyl-2-phenyl-chromenylium $[C_{17}H_{15}O_3]^+$, Formel VI.

Eine dieser beiden Formeln liegt dem nachstehend beschriebenen Chlorid zugrunde.

Chlorid $[C_{17}H_{15}O_3]Cl$. *B.* Beim Behandeln von 2-Methyl-phloroglucin mit 1-Phenyl-butan-1,3-dion in Essigsäure unter Einleiten von Chlorwasserstoff (*Brockmann et al.*, B. **77/79** [1944/46] 347, 353). — Orangebraune Krystalle (aus A.) mit 1 Mol H_2O, die von 168° an sintern.

7-Hydroxy-5-methoxy-4,8-dimethyl-2-phenyl-chromenylium $[C_{18}H_{17}O_3]^+$, Formel VII.

Chlorid $[C_{18}H_{17}O_3]Cl$. *B.* Beim Behandeln von 5-Methoxy-2-methyl-resorcin mit

1-Phenyl-butan-1,3-dion in Essigsäure unter Einleiten von Chlorwasserstoff (*Brockmann et al.*, B. **77/79** [1944/46] 347, 352). — Hellrote Krystalle (aus Me.); F: 253° [Zers.].

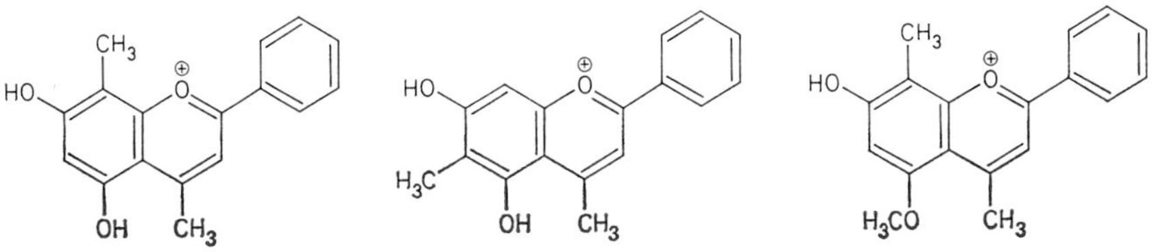

V   VI   VII

(±)-2,3-Dimethoxy-5,7-dimethyl-2-phenyl-2H-chromen-6-ol C$_{19}$H$_{20}$O$_4$, Formel VIII (R = CH$_3$).
  B. Aus 6-Hydroxy-3-methoxy-5,7-dimethyl-2-phenyl-chromenylium-chlorid beim Behandeln mit Methanol und wss. Natriumacetat-Lösung (*Karrer, Fatzer*, Helv. **25** [1942] 1129, 1135).
  Krystalle (aus Me.); F: 179° [evakuierte Kapillare].
  Beim Behandeln mit Eisen(III)-chlorid in Methanol sind 2-[2-Methoxy-3-oxo-3-phenyl-propenyl]-3,5-dimethyl-[1,4]benzochinon (F: 116°) und 6-Hydroxy-2,3-dimethoxy-5,7-dimethyl-2-phenyl-chroman-4-on (F: 141°) erhalten worden.

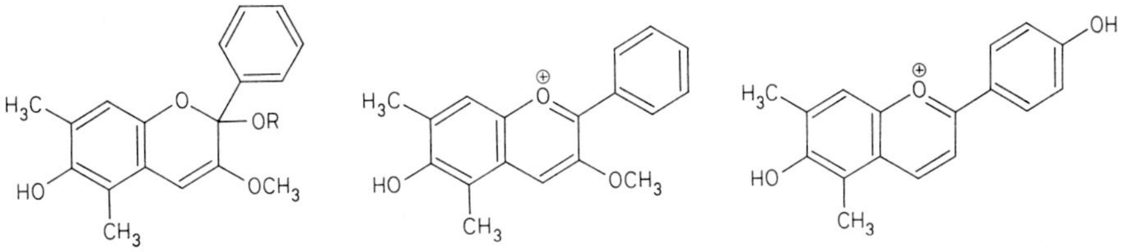

VIII   IX   X

(±)-2-Äthoxy-3-methoxy-5,7-dimethyl-2-phenyl-2H-chromen-6-ol C$_{20}$H$_{22}$O$_4$, Formel VIII (R = C$_2$H$_5$).
  B. Aus 6-Hydroxy-3-methoxy-5,7-dimethyl-2-phenyl-chromenylium-chlorid beim Behandeln mit Äthanol und wss. Natriumacetat-Lösung (*Karrer, Fatzer*, Helv. **25** [1942] 1129, 1136).
  F: 163—164°; F: 172° [evakuierte Kapillare].
  Beim Erwärmen mit Eisen(III)-chlorid in Äthanol ist 2-[2-Methoxy-3-oxo-3-phenyl-propenyl]-3,5-dimethyl-[1,4]benzochinon (F: 116°) erhalten worden.

6-Hydroxy-3-methoxy-5,7-dimethyl-2-phenyl-chromenylium [C$_{18}$H$_{17}$O$_3$]$^+$, Formel IX.
  Chlorid [C$_{18}$H$_{17}$O$_3$]Cl. B. Beim Behandeln eines Gemisches von 3,6-Dihydroxy-2,4-di=methyl-benzaldehyd, 2-Methoxy-1-phenyl-äthanon und Ameisensäure mit Chlorwasser=stoff (*Karrer, Fatzer*, Helv. **25** [1942] 1129, 1134). — Krystalle (aus wss. Salzsäure).

6-Hydroxy-2-[4-hydroxy-phenyl]-5,7-dimethyl-chromenylium [C$_{17}$H$_{15}$O$_3$]$^+$, Formel X.
  Chlorid [C$_{17}$H$_{15}$O$_3$]Cl. B. Beim Behandeln eines Gemisches von 3,6-Dihydroxy-2,4-di=methyl-benzaldehyd, 1-[4-Hydroxy-phenyl]-äthanon und Ameisensäure mit Chlorwasser=stoff (*Karrer, Fatzer*, Helv. **24** [1941] 1317, 1320). — Rote Krystalle (aus A. oder Eg.) mit 1 Mol H$_2$O; Zers. bei 233—235°.

7-Hydroxy-5-methoxy-6,8-dimethyl-2-phenyl-chromenylium [C$_{18}$H$_{17}$O$_3$]$^+$, Formel XI.
  Chlorid [C$_{18}$H$_{17}$O$_3$]Cl. B. Beim Behandeln von 5-Methoxy-2,4-dimethyl-resorcin mit 3-Oxo-3-phenyl-propionaldehyd in Essigsäure unter Einleiten von Chlorwasserstoff (*Brock-mann et al.*, B. **77/79** [1944/46] 347, 353). — Gelbrote Krystalle (aus Me. + HCl) mit 1 Mol H$_2$O, die bei 158° sintern.

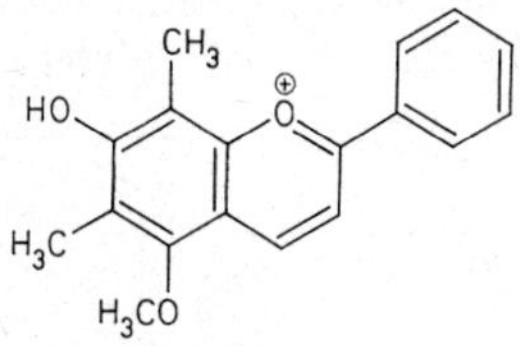

XI 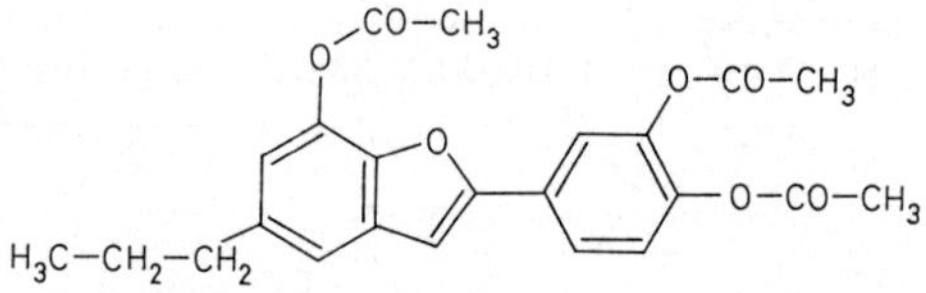   XII

7-Acetoxy-2-[3,4-diacetoxy-phenyl]-5-propyl-benzofuran $C_{23}H_{22}O_7$, Formel XII.

B. Beim Erhitzen von 1-[3,4-Dimethoxy-phenyl]-2-[5,6-dimethoxy-3-propyl-phenyl]-äthanon mit wss. Bromwasserstoffsäure und Essigsäure unter Stickstoff und Behandeln des Reaktionsprodukts mit Acetanhydrid und Pyridin (*Freudenberg, Bittner*, B. **85** [1952] 86).

Krystalle (aus A. oder Bzn.); F: 131°.

Trihydroxy-Verbindungen $C_{18}H_{18}O_4$

2-[4-Hydroxy-3-methoxy-phenyl]-7-methoxy-3-methyl-5-propyl-benzofuran, 2-Methoxy-4-[7-methoxy-3-methyl-5-propyl-benzofuran-2-yl]-phenol $C_{20}H_{22}O_4$, Formel XIII (R = H).

B. Aus (±)-2r-[4-Hydroxy-3-methoxy-phenyl]-7-methoxy-3t-methyl-5-propyl-2,3-dihydro-benzofuran beim Erhitzen mit Schwefel bis auf 250° (*Spetz*, Acta chem. scand. **8** [1954] 360).

Krystalle (aus wss. Eg.); F: 86,5–87,5° (*Sp.*). Im UV-Licht tritt blauviolette Fluorescenz auf (*Sp.*). UV-Spektrum (200–380 nm) von Lösungen in Heptan und in Äthanol sowie von gepufferten wss.-äthanol. Lösungen vom pH 12: *Aulin-Erdtman*, Svensk Papperstidn. **56** [1953] 91, 93, 100.

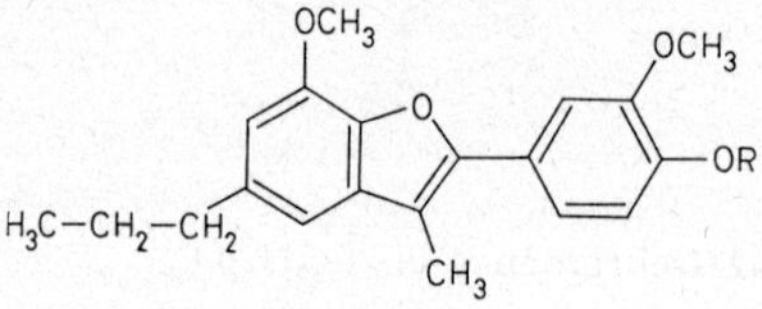

XIII 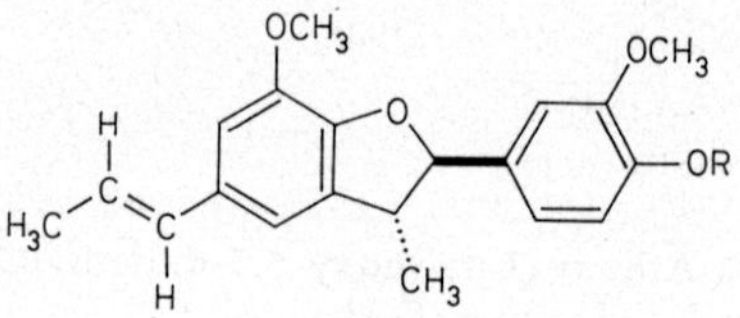   XIV

2-[3,4-Dimethoxy-phenyl]-7-methoxy-3-methyl-5-propyl-benzofuran $C_{21}H_{24}O_4$, Formel XIII (R = CH_3).

B. Aus (±)-2r-[3,4-Dimethoxy-phenyl]-7-methoxy-3t-methyl-5-propyl-2,3-dihydro-benzofuran beim Erhitzen mit Schwefel bis auf 250° (*Spetz*, Acta chem. scand. **8** [1954] 360). Beim Behandeln von 2-[4-Hydroxy-3-methoxy-phenyl]-7-methoxy-3-methyl-5-propyl-benzofuran mit Dimethylsulfat und Alkalilauge (*Sp.*).

Krystalle (aus Me.); F: 91,5–92°. Im UV-Licht tritt violette Fluorescenz auf.

2-[4-Acetoxy-3-methoxy-phenyl]-7-methoxy-3-methyl-5-propyl-benzofuran $C_{22}H_{24}O_5$, Formel XIII (R = $CO-CH_3$).

B. Beim Behandeln von 2-[4-Hydroxy-3-methoxy-phenyl]-7-methoxy-3-methyl-5-propyl-benzofuran mit Acetanhydrid und Pyridin (*Spetz*, Acta chem. scand. **8** [1954] 360).

Krystalle (aus A.); F: 124–125°.

(±)-2r-[4-Hydroxy-3-methoxy-phenyl]-7-methoxy-3t-methyl-5-*trans*-propenyl-2,3-dihydro-benzofuran, (±)-2-Methoxy-4-[7-methoxy-3t-methyl-5-*trans*-propenyl-2,3-dihydro-benzofuran-2r-yl]-phenol, (±)-Dehydrodiisoeugenol $C_{20}H_{22}O_4$, Formel XIV (R = H) + Spiegelbild (H **6** 1177; E II **17** 225).

Bestätigung der Konstitutionszuordnung: *Aulin-Erdtman*, Svensk kem. Tidskr. **54** [1942] 168. Konfiguration: *Aulin-Erdtman, Tomita*, Acta chem. scand. **17** [1963] 535.

B. Beim Behandeln einer Lösung von *trans*-Isoeugenol (2-Methoxy-4-*trans*-propenyl-phenol) in Aceton mit Natriumnitrit in gepufferter wss. Lösung (*Zioudrou, Fruton*, Am.

Soc. **79** [1957] 5951).

F: 133—134° [unkorr.; nach Destillation im Hochvakuum] (*Erdtman*, Bio. Z. **258** [1933] 172, 179). UV-Spektrum (220—320 nm) von Lösungen in Hexan: *Aulin-Erdtman*, Svensk Papperstidn. **47** [1944] 91, 97; in wasserfreiem Äthanol: *Aulin-Erdtman*, Svensk Papperstidn. **47** 97, **56** [1953] 91, 98; in 95%ig. wss. Äthanol: *Zi.*, *Fr.*; in wss. Natronlauge: *Au.-E.*, Svensk Papperstidn. **56** 98.

Beim Erhitzen mit Nitrobenzol und wss. Natronlauge auf 180° sind Vanillin (Hauptprodukt), 5-Formyl-2-hydroxy-3-methoxy-benzoesäure, Vanillinsäure und geringe Mengen 4-Hydroxy-5-methoxy-isophthalaldehyd erhalten worden (*Leopold*, Acta chem. scand. **4** [1950] 1523, 1529, 1534). Überführung in 2*r*-[4-Hydroxy-3-methoxy-phenyl]-7-methoxy-3*t*-methyl-5-propyl-2,3-dihydro-benzofuran durch Hydrierung an Palladium/Kohle in Äthanol: *Au.-E.*, Svensk kem. Tidskr. **54** 169.

(±)-2*r*-[3,4-Dimethoxy-phenyl]-7-methoxy-3*t*-methyl-5-*trans*-propenyl-2,3-dihydro-benzofuran C$_{21}$H$_{24}$O$_4$, Formel XIV (R = CH$_3$) + Spiegelbild.

Diese Konstitution und Konfiguration ist dem früher (s. H **6** 1177) als Tetramethoxy-dipropenyl-biphenyl (C$_{22}$H$_{26}$O$_4$) formulierten (±)-*O*-Methyl-dehydrodiisoeugenol („Dehydrodiisoeugenol-dimethyläther") auf Grund seiner genetischen Beziehung zu Dehydrodiisoeugenol (S. 2398) zuzuordnen.

Krystalle (aus Eg.); F: 126° [unkorr.] (*Erdtman*, Bio. Z. **258** [1933] 172, 179). UV-Spektrum (220—320 nm) von Lösungen in Hexan und in Äthanol: *Aulin-Erdtman*, Svensk Papperstidn. **47** [1944] 91, 97.

Überführung in 1-[3,4-Dimethoxy-phenyl]-2-[2-hydroxy-3-methoxy-5-propyl-phenyl]-propan durch Hydrierung an Palladium in Essigsäure: *Aulin-Erdtman*, Svensk kem. Tidskr. **54** [1942] 168, 169.

(±)-2*r*-[4-(4-Hydroxy-3-methoxy-phenacyloxy)-3-methoxy-phenyl]-7-methoxy-3*t*-methyl-5-*trans*-propenyl-2,3-dihydro-benzofuran, (±)-1-[4-Hydroxy-3-methoxy-phenyl]-2-[2-methoxy-4-(7-methoxy-3*t*-methyl-5-*trans*-propenyl-2,3-dihydro-benzofuran-2*r*-yl)-phenoxy]-äthanon C$_{29}$H$_{30}$O$_7$, Formel XV (R = H) + Spiegelbild.

B. Aus (±)-2*r*-[4-(4-Benzoyloxy-3-methoxy-phenacyloxy)-3-methoxy-phenyl]-7-meth=oxy-3*t*-methyl-5-*trans*-propenyl-2,3-dihydro-benzofuran beim Erwärmen mit Äthanol und Piperidin (*Leopold*, Acta chem. scand. **4** [1950] 1523, 1531).

Krystalle (aus wss. A.); F: 129—130°.

Beim Erhitzen mit Nitrobenzol und wss. Natronlauge auf 180° sind Vanillin (Hauptprodukt), 2-Hydroxy-3-methoxy-5-formyl-benzoesäure und geringe Mengen Vanillin=säure erhalten worden.

XV

(±)-2*r*-[4-(3,4-Dimethoxy-phenacyloxy)-3-methoxy-phenyl]-7-methoxy-3*t*-methyl-5-*trans*-propenyl-2,3-dihydro-benzofuran, (±)-1-[3,4-Dimethoxy-phenyl]-2-[2-meth=oxy-4-(7-methoxy-3*t*-methyl-5-*trans*-propenyl-2,3-dihydro-benzofuran-2*r*-yl)-phenoxy]-äthanon C$_{30}$H$_{32}$O$_7$, Formel XV (R = CH$_3$) + Spiegelbild.

B. Beim Erwärmen von (±)-2*r*-[4-Hydroxy-3-methoxy-phenyl]-7-methoxy-3*t*-methyl-5-*trans*-propenyl-2,3-dihydro-benzofuran mit 2-Brom-1-[3,4-dimethoxy-phenyl]-äthanon und Kaliumcarbonat in Butanon (*Leopold*, Acta chem. scand. **4** [1950] 1523, 1531, 1532). Aus der im vorangehenden Artikel beschriebenen Verbindung und Diazomethan (*Le.*).

Krystalle (aus A.); F: 123—124°.

(±)-2*r*-[4-(4-Benzoyloxy-3-methoxy-phenacyloxy)-3-methoxy-phenyl]-7-methoxy-3*t*-methyl-5-*trans*-propenyl-2,3-dihydro-benzofuran, (±)-1-[4-Benzoyloxy-3-methoxy-phenyl]-2-[2-methoxy-4-(7-methoxy-3*t*-methyl-5-*trans*-propenyl-2,3-dihydro-benzo=furan-2*r*-yl)-phenoxy]-äthanon C$_{36}$H$_{34}$O$_8$, Formel XV (R = CO-C$_6$H$_5$) + Spiegelbild.

B. Beim Erwärmen von (±)-2*r*-[4-Hydroxy-3-methoxy-phenyl]-7-methoxy-3*t*-methyl-

5-*trans*-propenyl-2,3-dihydro-benzofuran mit 1-[4-Benzoyloxy-3-methoxy-phenyl]-2-brom-äthanon und Kaliumcarbonat in Butanon (*Leopold*, Acta chem. scand. **4** [1950] 1523, 1531).

Krystalle (aus A.); F: 124—125°.

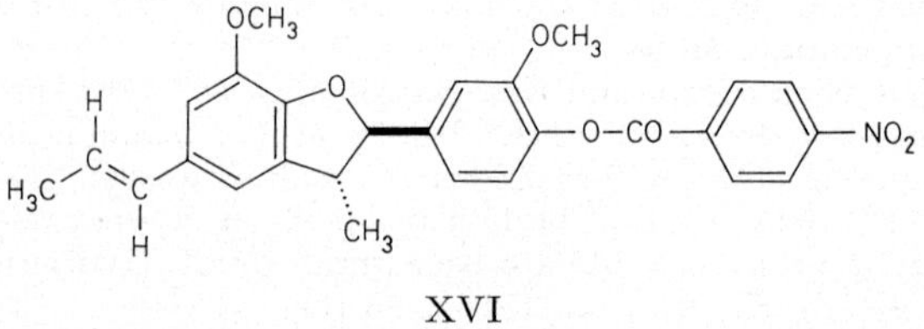

XVI

(±)-7-Methoxy-2*r*-[3-methoxy-4-(4-nitro-benzoyloxy)-phenyl]-3*t*-methyl-5-*trans*-propenyl-2,3-dihydro-benzofuran $C_{27}H_{25}NO_7$, Formel XVI + Spiegelbild.

B. Beim Behandeln von (±)-2*r*-[4-Hydroxy-3-methoxy-phenyl]-7-methoxy-3*t*-methyl-5-*trans*-propenyl-2,3-dihydro-benzofuran mit 4-Nitro-benzoylchlorid und Pyridin (*Erdtman*, Bio. Z. **258** [1933] 172, 175, 180).

Orangerote Krystalle (aus Eg.); F: 157—158° [unkorr.].   [*Kowol*]

Trihydroxy-Verbindungen $C_nH_{2n-20}O_4$

Trihydroxy-Verbindungen $C_{14}H_8O_4$

2,3,5-Trimethoxy-phenanthro[4,5-*bcd*]furan $C_{17}H_{14}O_4$, Formel I.

B. Bei der Hydrierung von 1-Brom-3,5,6-trimethoxy-phenanthro[4,5-*bcd*]furan („1-Brom-3-methyl-6,7-dimethoxy-morphenol") an Palladium in Essigsäure (*Goto et al.*, Bl. chem. Soc. Japan **17** [1942] 393, 396).

Krystalle; F: 94°.

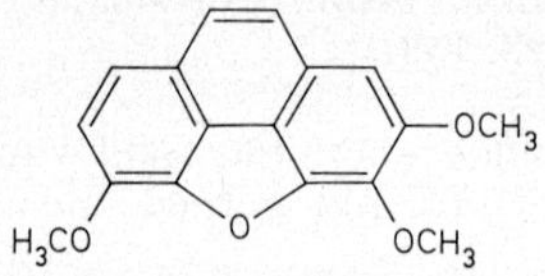

I 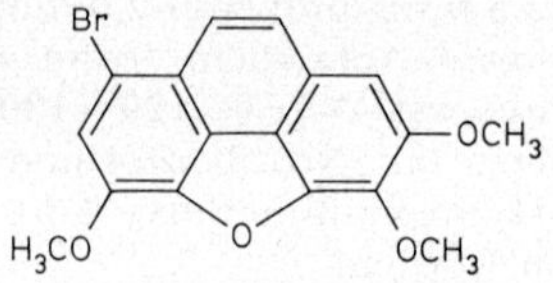   II

1-Brom-3,5,6-trimethoxy-phenanthro[4,5-*bcd*]furan $C_{17}H_{13}BrO_4$, Formel II.

B. Beim Erwärmen von 1-Brom-sinomenein (*ent*-1-Brom-4,5β-epoxy-3,7-dimethoxy-17-methyl-7,8-didehydro-morphinan-6-on) mit wss. Natronlauge und Dimethylsulfat (*Goto et al.*, Bl. chem. Soc. Japan **17** [1942] 393, 396; s. a. *Goto*, A. **489** [1931] 86, 93).

Krystalle (aus Me.); F: 139° (*Goto et al.*).

Beim Behandeln mit Schwefelsäure wird eine organgefarbene, grün fluorescierende Lösung erhalten (*Goto*; *Goto et al.*).

Trihydroxy-Verbindungen $C_{16}H_{12}O_4$

***4,6-Dimethoxy-5-styryl-benzofuran-3-ol** $C_{18}H_{16}O_4$, Formel III, und **4,6-Dimethoxy-5-styryl-benzofuran-3-on** $C_{18}H_{16}O_4$, Formel IV.

B. Beim Behandeln von 4,6-Dimethoxy-5-methyl-benzofuran-3-ol mit Benzaldehyd in Essigsäure in Gegenwart von Chlorwasserstoff (*Mulholland, Ward*, Soc. **1953** 1642).

Krystalle (aus A.); F: 175—175,5°.

***4,6-Dimethoxy-7-styryl-benzofuran-3-ol** $C_{18}H_{16}O_4$, Formel V, und **4,6-Dimethoxy-7-styryl-benzofuran-3-on** $C_{18}H_{16}O_4$, Formel VI.

B. Beim Behandeln von 4,6-Dimethoxy-7-methyl-benzofuran-3-ol mit Benzaldehyd in Essigsäure in Gegenwart von Chlorwasserstoff (*Mulholland, Ward*, Soc. **1953** 1642).

Gelbe Krystalle (aus A.); F: 244—245°.

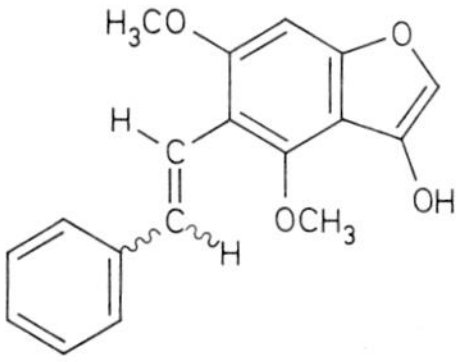

III 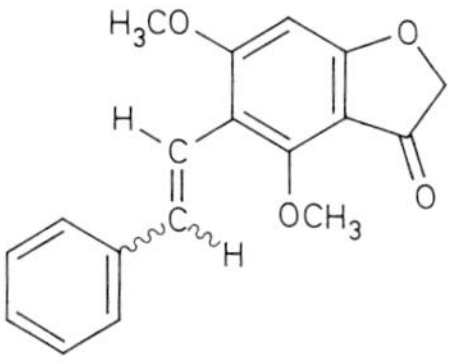   IV 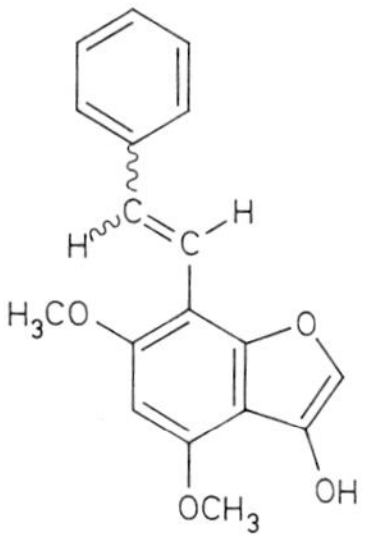   V 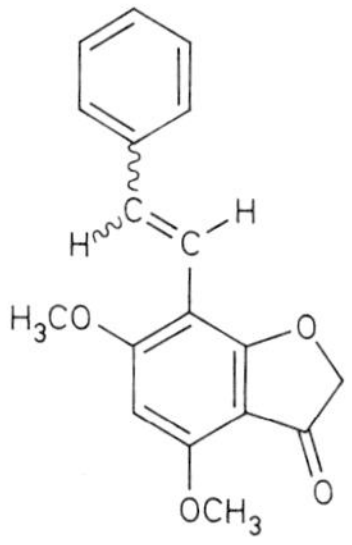   VI

4,7,8-Trimethoxy-1-vinyl-dibenz[*b,f*]oxepin $C_{19}H_{18}O_4$, Formel VII.

B. Beim Erwärmen von Cularin-methojodid ((12a*S*)-6,9,10-Trimethoxy-1,1-dimethyl-2,3,12,12a-tetrahydro-benz[6,7]oxepino[2,3,4-*ij*]isochinolinium-jodid) mit wss. Kali=lauge, Behandeln des erhaltenen Amins $C_{21}H_{25}NO_4$ (Pikrat $C_{21}H_{25}NO_4 \cdot C_6H_3N_3O_7$: Krystalle [aus Me.], F: 167°) mit Methyljodid in Methanol und Erwärmen des erhaltenen Methojodids $C_{22}H_{28}INO_4$ (Krystalle; F: 213°) mit wss. Kalilauge (*Manske*, Am. Soc. **72** [1950] 55, 57).

Krystalle (aus Me. + Ae.); F: 123° [korr.].

3,9,10-Trimethoxy-6,7-dihydro-indeno[2,1-*c*]chromen, Tri-*O*-methyl-anhydro=brasilin $C_{19}H_{18}O_4$, Formel VIII (R = CH_3) (H 183; E II 225; dort als Anhydrobrasilin-trimethyläther und Desoxytrimethylbrasilon bezeichnet).

B. Aus opt.-inakt. 3,9,10-Trimethoxy-6,7-dihydro-indeno[2,1-*c*]chromen-6a,11b-diol (F: 167—167,5°) bei der Hydrierung an Palladium in Essigsäure sowie bei der Behand-lung mit Natriumdithionit in wss. Äthanol unter Zusatz von wss. Salzsäure (*Pfeiffer et al.*, J. pr. [2] **150** [1938] 199, 217, 218, 244). Aus opt.-inakt. 3,6a,9,10-Tetramethoxy-6a,7-di=hydro-6*H*-indeno[2,1-*c*]chromen-11b-ol (F: 54—60°) beim Behandeln mit Natriumdithio=nit in wss. Äthanol unter Zusatz von wss. Salzsäure (*Pf. et al.*, l. c. S. 248).

Krystalle (aus A.); F: 170—171° (*Pf. et al.*, l. c. S. 244).

Beim Behandeln einer Suspension in Essigsäure mit Chrom(VI)-oxid und Wasser ist 3-[2-Hydroxy-4-methoxy-phenyl]-5-methoxy-inden-2,6-dion erhalten worden (*Pfeiffer*, *Schneider*, J. pr. [2] **144** [1935] 54, 58).

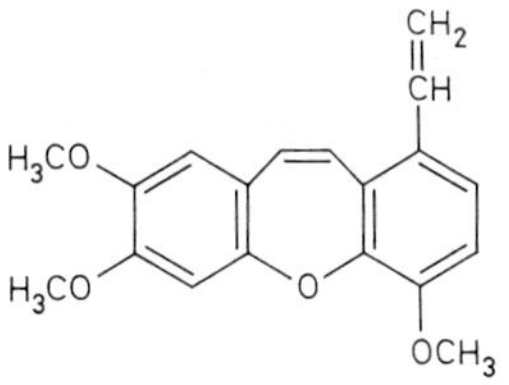

VII 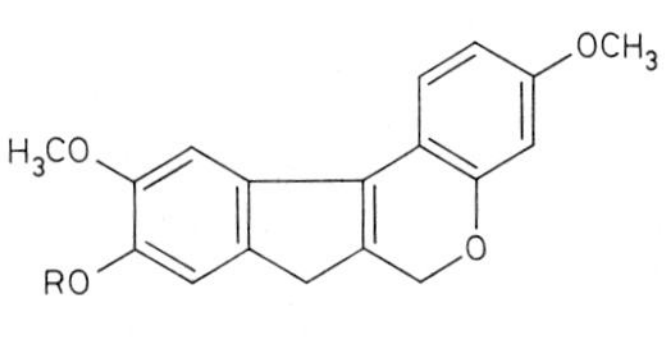   VIII

9-Äthoxy-3,10-dimethoxy-6,7-dihydro-indeno[2,1-*c*]chromen $C_{20}H_{20}O_4$, Formel VIII (R = C_2H_5) (in der Literatur auch als Desoxydimethyläthylbrasilon bezeichnet).

B. Aus (±)-3-[3-Äthoxy-4-methoxy-benzyl]-7-methoxy-chroman-4-on beim Erwärmen mit Phosphor(V)-oxid in Benzol (*Mićović*, *Robinson*, Soc. **1937** 43, 45).

Krystalle (aus Me.); F: 145—147°.

3,9,10-Triacetoxy-6,7-dihydro-indeno[2,1-*c*]chromen, Tri-*O*-acetyl-anhydro=brasilin $C_{22}H_{18}O_7$, Formel IX.

Diese Konstitution kommt dem früher (s. H **18** 195) als „Verbindung $C_{22}H_{18}O_7$" be-schriebenen Umwandlungsprodukt (F: 190—195°) des Brasileins zu (*Chatterjea et al.*, Tetrahedron **30** [1974] 507, 509).

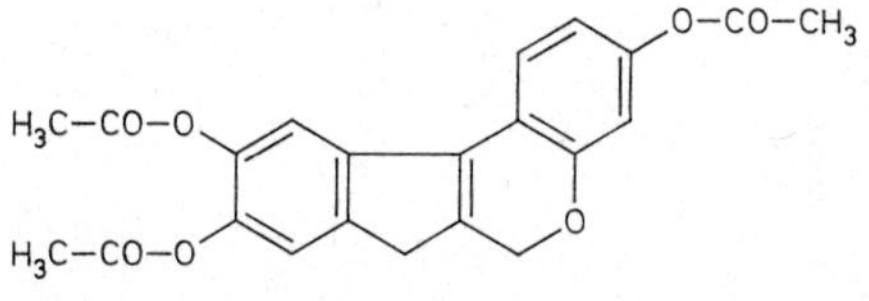

IX 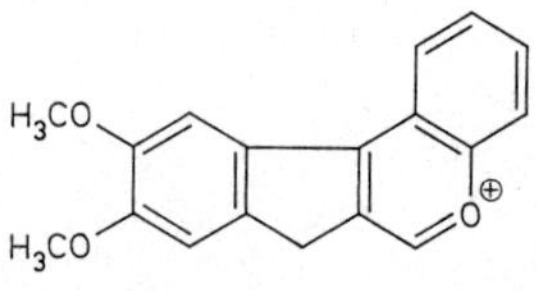   X

9,10-Dimethoxy-7H-indeno[2,1-c]chromenylium $[C_{18}H_{15}O_3]^+$, Formel X.
  Tetrachloroferrat(III) $[C_{18}H_{15}O_3]FeCl_4$. *B.* Beim Erhitzen von 9,10-Dimethoxy-6,7-dihydro-indeno[2,1-c]chromen mit Eisen(III)-chlorid in Essigsäure (*Pfeiffer, Döring,* B. **71** [1938] 279, 282). — Rotbraune Krystalle, die sich oberhalb 180° dunkel färben. Lösungen in Wasser sind gelb und fluorescieren gelbgrün.

Trihydroxy-Verbindungen $C_nH_{2n-22}O_4$

Trihydroxy-Verbindungen $C_{16}H_{10}O_4$

3,8,9-Trimethoxy-benzo[b]naphtho[2,3-d]furan $C_{19}H_{16}O_4$, Formel XI (H 184; dort als 3,6′,7′-Trimethoxy-brasan, in der Literatur auch als 3,8,9-Trimethoxy-β-brasan bezeichnet).
  B. Aus 6-Methoxy-3-veratryl-benzofuran-2-carbaldehyd beim Erwärmen mit Phosphorsäure (*Chatterjea,* J. Indian chem. Soc. **30** [1953] 1, 6).
  F: 244—246° [unkorr.].

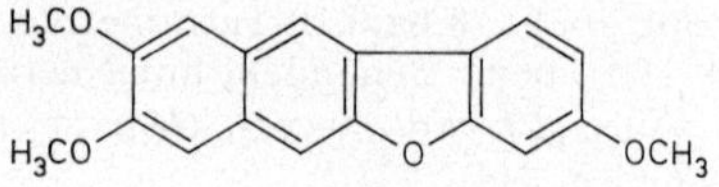

XI 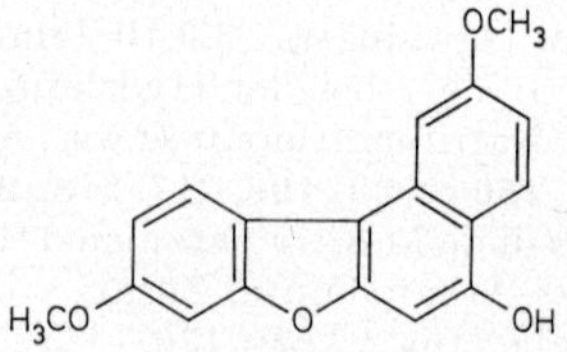   XII

2,9-Dimethoxy-benzo[b]naphtho[1,2-d]furan-5-ol $C_{18}H_{14}O_4$, Formel XII, und **3,9-Dimethoxy-benzo[b]naphtho[1,2-d]furan-5-ol** $C_{18}H_{14}O_4$, Formel XIII.
  Zwei von *Johnson, Robertson* (Soc. **1950** 2381, 2386, 2387) unter diesen Konstitutionsformeln beschriebene Verbindungen sind nach *Chatterjea et al.* (Indian J. Chem. **11** [1973] 958) wahrscheinlich als [6-Methoxy-3-(3-methoxy-phenyl)-benzofuran-2-yl]-essigsäure-[2,9-dimethoxy-benzo[b]naphtho[1,2-d]furan-5-ylester] bzw. [6-Methoxy-3-(4-methoxy-phenyl)-benzofuran-2-yl]-essigsäure-[3,9-dimethoxy-benzo[b]naphtho[1,2-d]furan-5-yl-ester] zu formulieren.

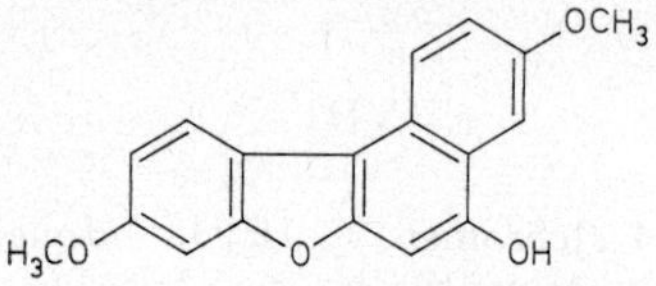

XIII 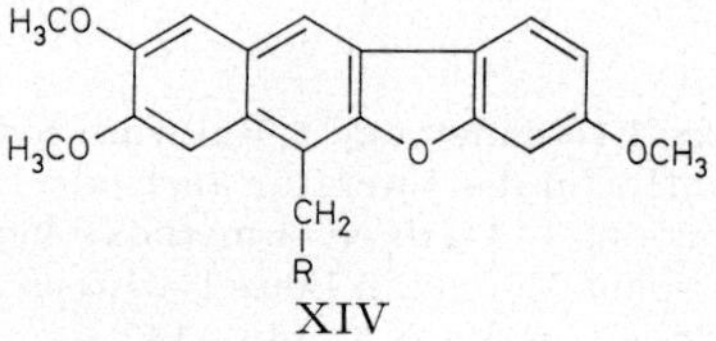   XIV

Trihydroxy-Verbindungen $C_{17}H_{12}O_4$

3,8,9-Trimethoxy-6-methyl-benzo[b]naphtho[2,3-d]furan $C_{20}H_{18}O_4$, Formel XIV (R = H) (in der Literatur auch als 3,8,9-Trimethoxy-6-methyl-β-brasan bezeichnet).
  B. Aus 1-[6-Methoxy-3-veratryl-benzofuran-2-yl]-äthanon beim Erwärmen mit Phos=

phorsäure (*Chatterjea*, J. Indian chem. Soc. **30** [1953] 1, 8). Beim Behandeln von 6-Meth=
oxy-3-veratryl-benzofuran-2-carbonsäure-methylester mit Acetylchlorid und Zinn(IV)-
chlorid in Nitrobenzol, Erwärmen des Reaktionsprodukts mit äthanol. Natriumhydroxid
und Erhitzen der erhaltenen Carbonsäure (*Chatterjea*, J. Indian chem. Soc. **34** [1957]
347, 356).

Krystalle (aus Py.); F: 241—242° [unkorr.] (*Ch.*, J. Indian chem. Soc. **30** 8).

Trihydroxy-Verbindungen C₁₈H₁₄O₄

6-Äthyl-3,8,9-trimethoxy-benzo[*b*]naphtho[2,3-*d*]furan $C_{21}H_{20}O_4$, Formel XIV
(R = CH₃) (in der Literatur auch als 6-Äthyl-3,8,9-trimethoxy-β-brasan bezeichnet).

B. Aus 1-[6-Methoxy-3-veratryl-benzofuran-2-yl]-propan-1-on beim Erhitzen mit
Phosphorsäure auf 180° (*Chatterjea*, J. Indian chem. Soc. **30** [1953] 1, 8). Beim Behandeln von 6-Methoxy-3-veratryl-benzofuran-2-carbonsäure-methylester mit Propion=
ylchlorid und Zinn(IV)-chlorid in Nitrobenzol, Erwärmen des Reaktionsprodukts mit
äthanol. Natriumhydroxid und Erhitzen der erhaltenen Carbonsäure (*Chatterjea*, J. Indian
chem. Soc. **34** [1957] 347, 356).

Krystalle (aus Py.); F: 188° [nach Sintern bei 184°] (*Ch.*, J. Indian chem. Soc. **30** 8).

Trihydroxy-Verbindungen C$_n$H$_{2n-24}$O$_4$

Trihydroxy-Verbindungen C₁₉H₁₄O₄

(±)-5,6-Dimethoxy-2-nitro-9-phenyl-xanthen-9-ol $C_{21}H_{17}NO_6$, Formel I.
B. Bei kurzem Erwärmen von 2-[2,6-Dihydroxy-phenoxy]-5-nitro-benzophenon mit
Piperidin, Behandeln einer Lösung des Reaktionsprodukts in Benzol mit Wasser und
Behandeln des danach isolierten Reaktionsprodukts mit Diazomethan in Äther (*Loudon,
Scott*, Soc. **1953** 269, 270, 272).

Krystalle (aus Bzl. + PAe.); F: 184°.

Beim Behandeln mit wss. Wasserstoffperoxid, Essigsäure und Schwefelsäure und Behandeln des Reaktionsprodukts mit Dimethylsulfat und Alkalilauge ist 5-Nitro-2-[2,3,6-
trimethoxy-phenoxy]-benzophenon erhalten worden.

(±)-9-[2-Methoxy-phenyl]-xanthen-1,9-diol $C_{20}H_{16}O_4$, Formel II.
B. Beim Erwärmen von 1-Hydroxy-xanthen-9-on mit 2-Methoxy-phenylmagnesium-
bromid in Äther und Benzol (*Neunhoeffer, Haase*, B. **91** [1958] 1801, 1804).

Krystalle (aus PAe.); F: 159° [Zers.].

Beim Erhitzen mit wss. Bromwasserstoffsäure auf 130° ist Chromeno[2,3,4-*kl*]xan=
then-13b-ol erhalten worden.

9-[4-Hydroxy-phenyl]-xanthen-3,6-diol $C_{19}H_{14}O_4$, Formel III (R = H).
B. Beim Erhitzen von Resorcin mit 4-Hydroxy-benzaldehyd und Zinkchlorid auf 170°
(*Tu, Lollar*, J. Am. Leather Chemists Assoc. **45** [1950] 324, 329).

Als Tri-O-acetyl-Derivat (S. 2404) isoliert.

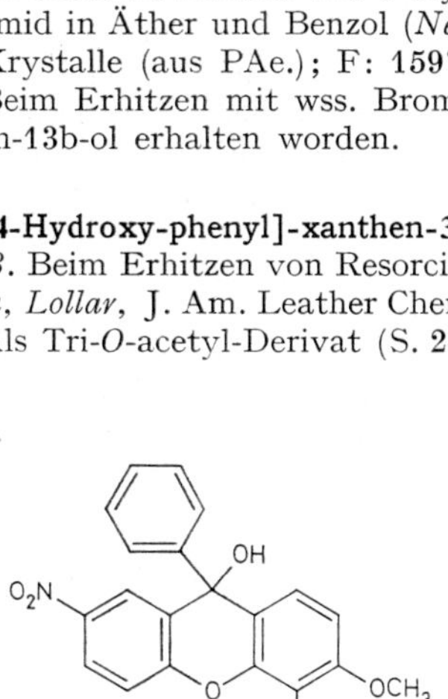

I 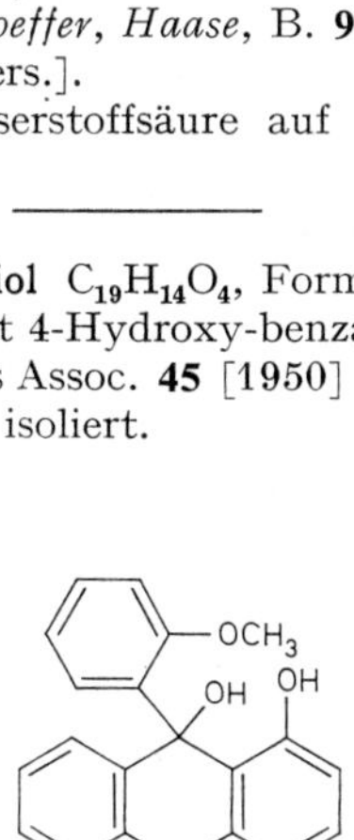   II 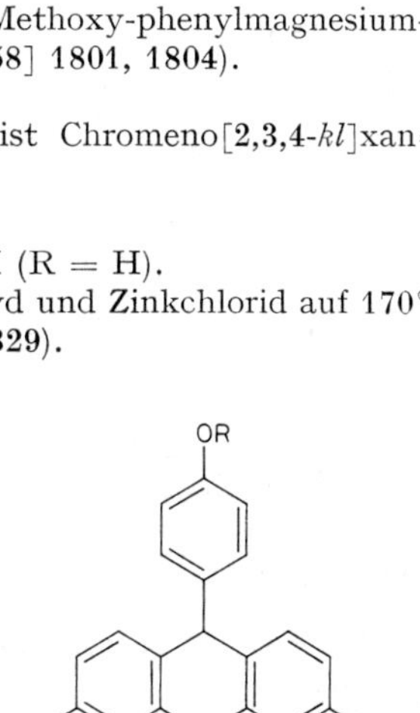   III

3,6-Diacetoxy-9-[4-acetoxy-phenyl]-xanthen $C_{25}H_{20}O_7$, Formel III (R = CO-CH$_3$).

B. Aus 9-[4-Hydroxy-phenyl]-xanthen-3,6-diol (*Tu, Lollar*, J. Am. Leather Chemists Assoc. **45** [1950] 324, 329).

F: 217°.

9-[2,4,6-Trimethoxy-phenyl]-xanthen $C_{22}H_{20}O_4$, Formel IV (R = CH$_3$).

B. Beim Behandeln von 1,3,5-Trimethoxy-benzol mit 9-Chlor-xanthen in Äther (*Cheeseman*, Soc. **1959** 458), mit Xanthen-9-ol in Essigsäure sowie mit Xanthen-9-yl= hydroperoxid oder Di-xanthen-9-yl-peroxid in Chloroform und Essigsäure (*Davies et al.*, Soc. **1954** 2204, 2207).

Krystalle (aus Butan-1-ol); F: 163—164° (*Ch.*), 159—160° (*Da. et al.*).

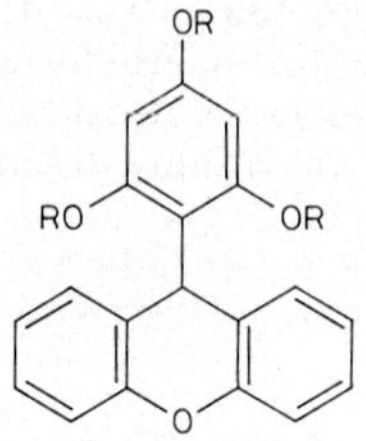

IV 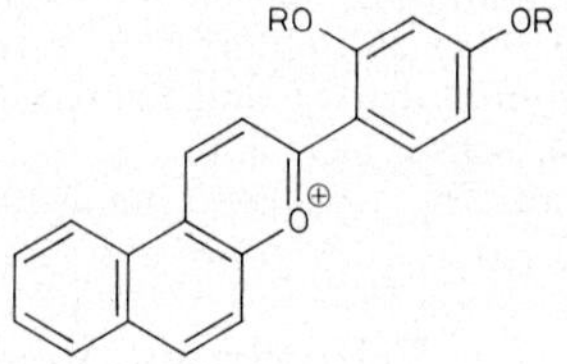   V

9-[2,4,6-Triäthoxy-phenyl]-xanthen $C_{25}H_{26}O_4$, Formel IV (R = C$_2$H$_5$).

B. Beim Behandeln von 1,3,5-Triäthoxy-benzol mit Xanthen-9-ol in Essigsäure oder mit Xanthen-9-ylhydroperoxid in Chloroform und Essigsäure (*Davies et al.*, Soc. **1954** 2204, 2207).

Krystalle (aus Butan-1-ol); F: 157,5—158,5°.

3-[2,4-Dihydroxy-phenyl]-benzo[*f*]chromenylium $[C_{19}H_{13}O_3]^+$, Formel V (R = H).

Chlorid $[C_{19}H_{13}O_3]Cl$. *B.* Beim Behandeln von 2-Hydroxy-[1]naphthaldehyd mit 1-[2,4-Bis-benzoyloxy-phenyl]-äthanon in Essigsäure unter Einleiten von Chlor= wasserstoff (*Russell, Speck*, Am. Soc. **63** [1941] 851). — Rote Krystalle; Zers. bei ca. 200°.

3-[2,4-Dimethoxy-phenyl]-benzo[*f*]chromenylium $[C_{21}H_{17}O_3]^+$, Formel V (R = CH$_3$).

Chlorid $[C_{21}H_{17}O_3]Cl$. *B.* Beim Behandeln von 2-Hydroxy-[1]naphthaldehyd mit 1-[2,4-Dimethoxy-phenyl]-äthanon in Äthylacetat bzw. Essigsäure unter Einleiten von Chlorwasserstoff (*Kondo, Segawa*, J. pharm. Soc. Japan **51** [1931] 859, 862; dtsch. Ref. S. 111; C. A. **1932** 727; *Russell, Speck*, Am. Soc. **63** [1941] 851). — Rote Krystalle (aus A. + HCl), Zers. bei 132° (*Ru., Sp.*); rote Krystalle mit 2 Mol H$_2$O, F: 174° (*Ko., Se.*).

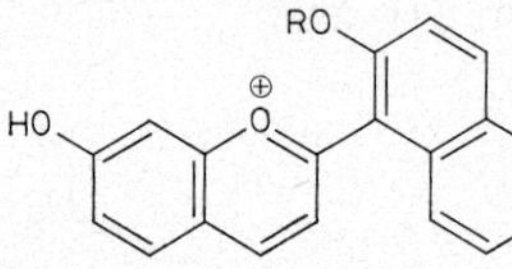

VI 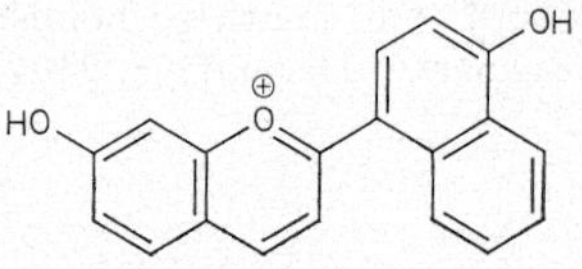   VII

7-Hydroxy-2-[2-hydroxy-[1]naphthyl]-chromenylium $[C_{19}H_{13}O_3]^+$, Formel VI (R = H).

Perchlorat $[C_{19}H_{13}O_3]ClO_4$. *B.* Beim Erwärmen von 7-Hydroxy-cumarin mit [2]Naphth= ol, Zinkchlorid und Phosphorylchlorid und Erwärmen des Reaktionsprodukts mit Ameisensäure und wss. Perchlorsäure (*Michaelidis, Wizinger*, Helv. **34** [1951] 1761, 1769). — Rote Krystalle (aus Eg. + wss. Perchlorsäure); F: 207—209°. Absorptions-maximum (A.): 500—502 nm (*Mi., Wi.*, l. c. S. 1764).

7-Hydroxy-2-[2-methoxy-[1]naphthyl]-chromenylium $[C_{20}H_{15}O_3]^+$, Formel VI
(R = CH₃).
Perchlorat $[C_{20}H_{15}O_3]ClO_4$. *B.* Beim Erwärmen von 7-Hydroxy-cumarin mit 2-Meth≈
oxy-naphthalin, Zinkchlorid und Phosphorylchlorid und Erwärmen des Reaktionsprodukts mit Essigsäure und wss. Perchlorsäure (*Michaelidis, Wizinger*, Helv. **34** [1951]
1761, 1769). — Rote Krystalle (aus Eg. + wss. Perchlorsäure); F: 260—262°. Absorptionsmaximum (A.): 490—492 nm (*Mi., Wi.*, l. c. S. 1764).

7-Hydroxy-2-[4-hydroxy-[1]naphthyl]-chromenylium $[C_{19}H_{13}O_3]^+$, Formel VII.
Perchlorat $[C_{19}H_{13}O_3]ClO_4$. *B.* Beim Erwärmen von 7-Hydroxy-cumarin mit [1]Naphth≈
ol, Zinkchlorid und Phosphorylchlorid und Behandeln des Reaktionsprodukts mit
Ameisensäure und wss. Perchlorsäure (*Michaelidis, Wizinger*, Helv. **34** [1951] 1761,
1770). — Bronzeglänzende Krystalle (aus Eg. + wss. Perchlorsäure); Zers. bei 273°.
Absorptionsmaximum (A.): 522—524 nm (*Mi., Wi.*, l. c. S. 1764).

2-[2-Hydroxy-[1]naphthylmethyl]-6-methoxy-benzofuran-3-ol $C_{20}H_{16}O_4$, Formel VIII,
und (±)-**2-[2-Hydroxy-[1]naphthylmethyl]-6-methoxy-benzofuran-3-on** $C_{20}H_{16}O_4$,
Formel IX.
B. Aus 2-[2-Hydroxy-[1]naphthylmethylen]-6-methoxy-benzofuran-3-on bei der
Hydrierung an Palladium/Kohle in Äthanol (*Desai, Ray*, J. Indian chem. Soc. **35** [1958]
83, 87).
Krystalle (aus wss. Me.); F: 167—168° [Zers.].

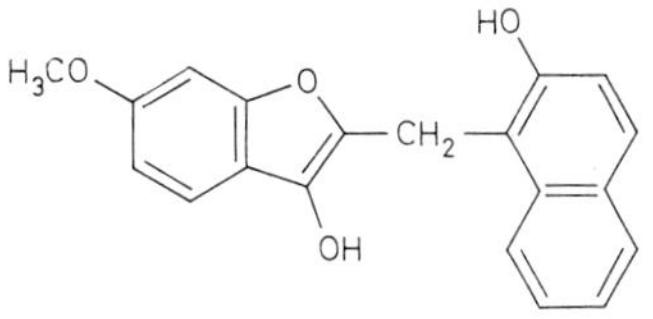

VIII 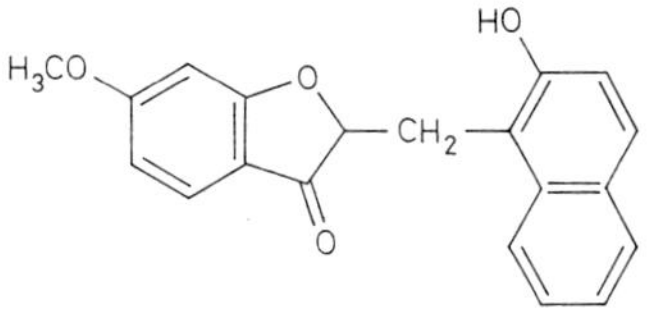   IX

Trihydroxy-Verbindungen $C_{20}H_{16}O_4$

(±)-**9-[2,4-Dihydroxy-phenyl]-7-methyl-xanthen-3-ol**, (±)-**4-[6-Hydroxy-2-methyl-
xanthen-9-yl]-resorcin** $C_{20}H_{16}O_4$, Formel I.
B. Beim Erhitzen von Resorcin mit *p*-Kresol, 2,4-Dihydroxy-benzaldehyd und Zink≈
chlorid auf 185° (*Tu, Lollar*, J. Am. Leather Chemists Assoc. **45** [1950] 324, 329).
Als Mono-*O*-acetyl-Derivat (6-Acetoxy-9-[2,4-dihydroxy-phenyl]-2-methyl-
xanthen(?); $C_{22}H_{18}O_5$; Zers. bei 270°) isoliert.

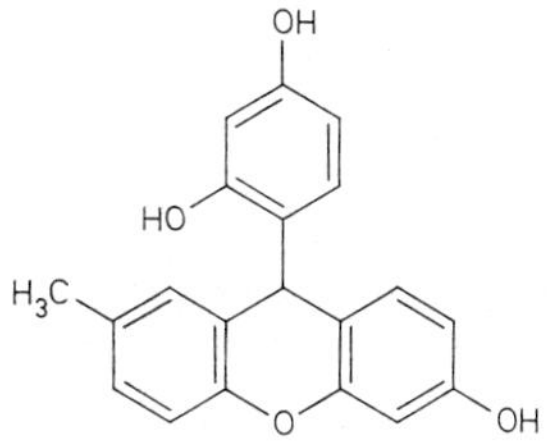

I 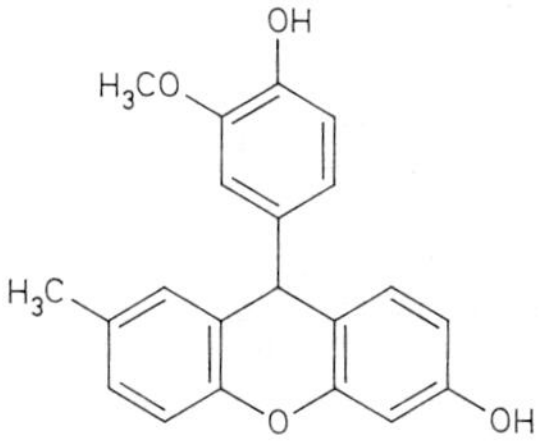   II 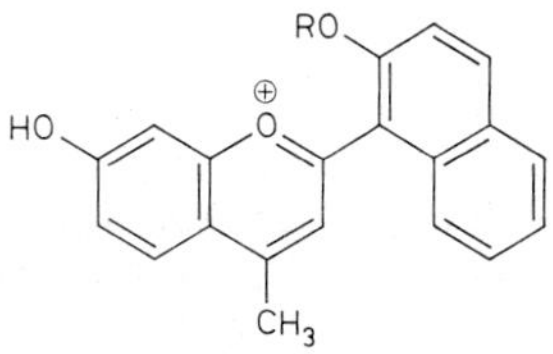   III

(±)-**9-[4-Hydroxy-3-methoxy-phenyl]-7-methyl-xanthen-3-ol** $C_{21}H_{18}O_4$, Formel II.
B. Beim Erhitzen von Resorcin mit *p*-Kresol, Vanillin und Zinkchlorid auf 225° (*Tu,
Lollar*, J. Am. Leather Chemists Assoc. **45** [1950] 324, 329).
Als Di-*O*-acetyl-Derivat (6-Acetoxy-9-[4-acetoxy-3-methoxy-phenyl]-
2-methyl-xanthen; $C_{25}H_{22}O_6$; F: 225°) isoliert.

7-Hydroxy-2-[2-hydroxy-[1]naphthyl]-4-methyl-chromenylium $[C_{20}H_{15}O_3]^+$, Formel III (R = H).

Perchlorat $[C_{20}H_{15}O_3]ClO_4$. *B*. Beim Erwärmen von 7-Hydroxy-4-methyl-cumarin mit Zinkchlorid, Phosphorylchlorid und [2]Naphthol und Erwärmen des Reaktionsprodukts mit Essigsäure und Perchlorsäure (*Michaelidis, Wizinger*, Helv. **34** [1951] 1770, 1774). — Braune Krystalle (aus Eg. + wss. Perchlorsäure); Zers. bei 271°. Absorptionsmaximum (A.): 482—484 nm (*Mi., Wi.*, l. c. S. 1771).

7-Hydroxy-2-[2-methoxy-[1]naphthyl]-4-methyl-chromenylium $[C_{21}H_{17}O_3]^+$, Formel III (R = CH$_3$).

Perchlorat $[C_{21}H_{17}O_3]ClO_4$. *B*. Beim Erwärmen von 7-Hydroxy-4-methyl-cumarin mit Zinkchlorid, Phosphorylchlorid und 2-Methoxy-naphthalin und Erwärmen des Reaktionsprodukts mit Essigsäure und wss. Perchlorsäure (*Michaelidis, Wizinger*, Helv. **34** [1951] 1770, 1774). — Rote Krystalle (aus Eg. + wss. Perchlorsäure); Zers. bei 255°. Absorptionsmaximum (A.): 472 nm (*Mi., Wi.*, l. c. S. 1771).

7-Hydroxy-2-[4-hydroxy-[1]naphthyl]-4-methyl-chromenylium $[C_{20}H_{15}O_3]^+$, Formel IV.

Perchlorat $[C_{20}H_{15}O_3]ClO_4$. *B*. Beim Erwärmen von 7-Hydroxy-4-methyl-cumarin mit Zinkchlorid, Phosphorylchlorid und [1]Naphthol und Erwärmen des Reaktionsprodukts mit Essigsäure und wss. Perchlorsäure (*Michaelidis, Wizinger*, Helv. **34** [1951] 1770, 1774). — Rote Krystalle (aus Eg. + wss. Perchlorsäure); Zers. bei 250°. Absorptionsmaximum (A.): 507 nm (*Mi., Wi.*, l. c. S. 1771).

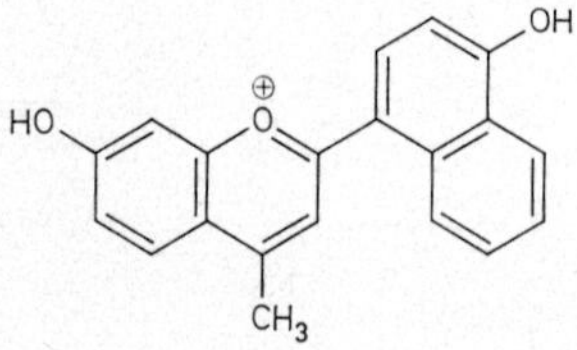

IV

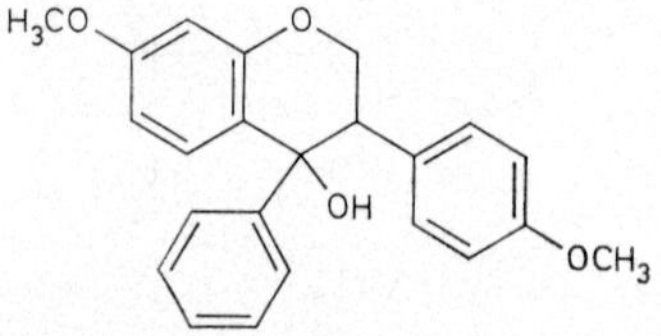

V

Trihydroxy-Verbindungen $C_{21}H_{18}O_4$

*Opt.-inakt. 7-Methoxy-3-[4-methoxy-phenyl]-4-phenyl-chroman-4-ol $C_{23}H_{22}O_4$, Formel V.

B. Neben 7-Methoxy-3-[4-methoxy-phenyl]-4-phenyl-2*H*-chromen beim Erwärmen von (±)-7-Methoxy-3-[4-methoxy-phenyl]-chroman-4-on mit Phenylmagnesiumbromid in Benzol (*Lawson*, Soc. **1954** 4448).

Krystalle (aus A.); F: 125—126°.

Trihydroxy-Verbindungen $C_{40}H_{56}O_4$

1-[2,4-Dihydroxy-2,6,6-trimethyl-cyclohexyliden]-16-[6-hydroxy-4,4,7a-trimethyl-2,4,5,6,7,7a-hexahydro-benzofuran-2-yl]-3,7,12-trimethyl-heptadeca-1,3,5,7,9,11,13,15-octaen, 5',8'-Epoxy-6,7-didehydro-5,6,5',8'-tetrahydro-*all*-ξ-β,β-carotin-3,5,3'-triol [1]) $C_{40}H_{56}O_4$, Formel VI.

Verbindungen dieser Konstitution haben in dem unter a) beschriebenen Neochrom [Foliachrom] (*Cholnoky et al.*, Chem. Commun. **1966** 404; Soc. [C] **1969** 1256, 1257) und wahrscheinlich auch in dem unter b) beschriebenen, von *Lippert et al.* (Helv. **38** [1955] 638, 641) als 5,8-Epoxy-5,8-dihydro-*all*-ξ-β,ε-carotin-3,3',6'-triol (Formel VII) angesehenen Trollichrom (*Gross et al.*, Phytochemistry **12** [1973] 2259, 2260; s. a. *Bonnett et al.*, Soc. [C] **1969** 429, 437) vorgelegen.

---

[1]) Stellungsbezeichnung bei von β,β-Carotin (*all-trans*-β-Carotin) abgeleiteten Namen s. E III **5** 2453.

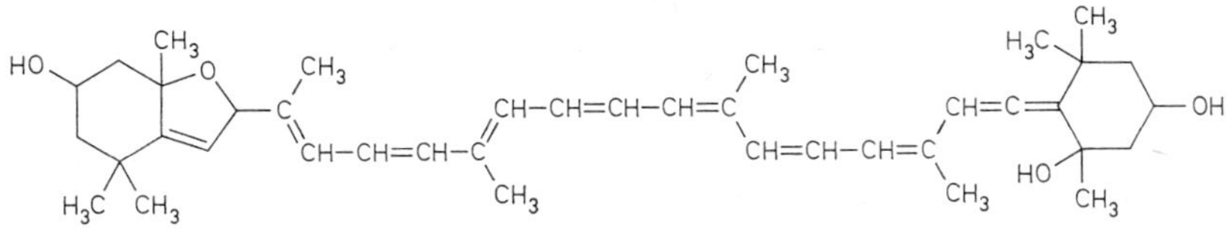

VI

a) **Neochrom**, Foliachrom $C_{40}H_{56}O_4$.

Isolierung von als Foliachrom bezeichneten Präparaten aus Früchten und Blättern von Capsicum annuum: *Cholnoky et al.*, Acta chim. hung. **6** [1955] 143, 145, 148, 159, 167, 16 [1958] 226, 229, 241.

Gewinnung aus Neoxanthin (nicht näher bezeichnet) durch Behandlung mit Chlorwasserstoff in Chloroform oder Äther: *Cholnoky et al.*, Chem. Commun. **1966** 404; Soc. [C] **1969** 1256, 1263.

F: 148°; Absorptionsmaxima von Lösungen in Äthanol: 401 nm, 424 nm und 451 nm; in Benzol: 407 nm, 431 nm und 460 nm (*Ch. et al.*, Chem. Commun. **1966** 404; Soc. [C] **1969** 1259, 1263).

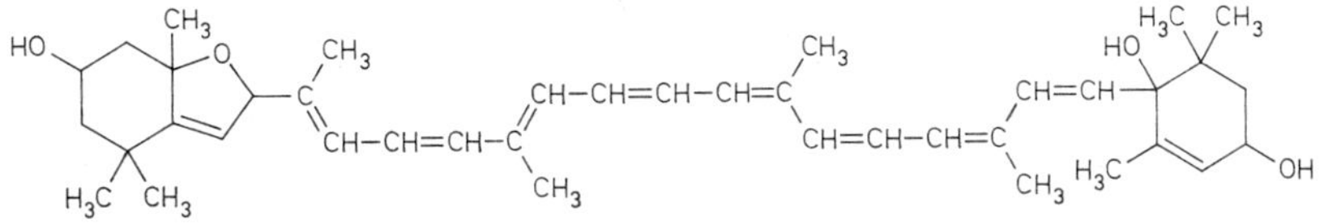

VII

b) **Trollichrom** $C_{40}H_{56}O_4$.

Gewinnung aus Trollixanthin-Präparaten (S. 2408) durch Behandlung mit Chlorwasserstoff in Chloroform: *Karrer, Jucker*, Helv. **29** [1946] 1539, 1542; *Karrer, Krause-Voith*, Helv. **30** [1947] 1772.

Hellgelbe Krystalle (aus Me.); F: 206° [unkorr.; evakuierte Kapillare] (*Ka., Kr.-V.*; *Lippert et al.*, Helv. **38** [1955] 638, 641). $[\alpha]_{605}^{20}$: $-57°$ [Bzl.] (*Li. et al.*). Absorptionsspektrum (A.; 200—500 nm; λ_{max}: 399 nm, 421 nm und 448 nm): *Li. et al.* Absorptionsmaxima von Lösungen in Benzol (434 nm und 459 nm), in Schwefelkohlenstoff (450 nm und 479 nm), in Chloroform (430 nm und 458 nm) und in Äthanol (424 nm und 451 nm): *Ka., Ju.*

Bei der Hydrierung an Platin in Äthanol und Essigsäure ist Perhydrotrollichrom ($C_{40}H_{76}O_4$; bei 290°/0,004 Torr destillierbar) erhalten worden, das sich durch Erhitzen mit Acetanhydrid und Natriumacetat in Anhydroperhydrotrollichrom ($C_{40}H_{74}O_3$; bei 230°/0,04 Torr destillierbar) hat überführen lassen (*Li. et al.*).

Mono-*O*-acetyl-Derivat $C_{42}H_{58}O_5$. Herstellung aus Trollichrom und Acetanhydrid mit Hilfe von Pyridin: *Karrer et al.*, Helv. **33** [1950] 2213. — Gelbe Krystalle (aus Ae. + PAe.), F: 136°; Absorptionsmaxima (CS_2): 448 nm und 479 nm (*Ka. et al.*).

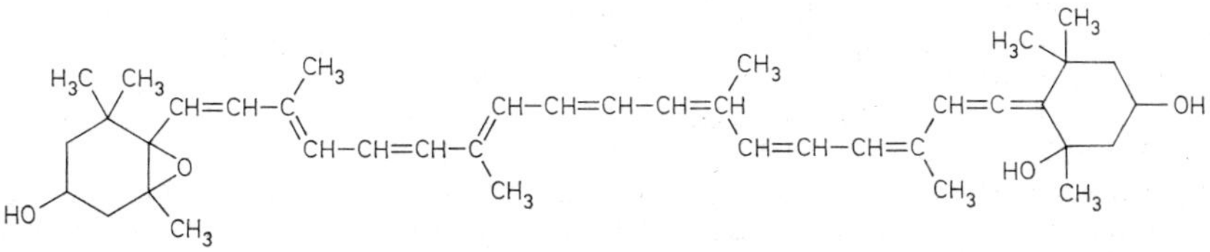

VIII

1-[2,4-Dihydroxy-2,6,6-trimethyl-cyclohexyliden]-18-[1,2-epoxy-4-hydroxy-2,6,6-trimethyl-cyclohexyl]-3,7,12,16-tetramethyl-octadeca-1,3,5,7,9,11,13,15,17-nonaen $C_{40}H_{56}O_4$, Formel VIII.

Diese Konstitution kommt den unter a) und b) beschriebenen Stereoisomeren des Neoxanthins [Foliaxanthins] (*Cholnoky et al.*, Chem. Commun. **1966** 404; *Donohue et al.*, Chem. Commun. **1966** 807; s. a. *Mallams et al.*, Chem. Commun. **1967** 484) sowie dem unter c) beschriebenen, von *Lippert et al.* (Helv. **38** [1955] 638, 641) als 5,6-Epoxy-

5,6-dihydro-*all*-ξ-β,ε-carotin-3,3′,6′-triol (Formel IX) angesehenen Trolli =
xanthin (*Egger, Dabbagh*, Tetrahedron Letters **1970** 1433; s. a. *Bonnett et al.*, Soc. [C]
1969 429, 437) zu.

IX

a) **(2R_a)-1-[(2R)-2r,4t-Dihydroxy-2,6,6-trimethyl-cyclohexyliden]-18t-[(1S)-
1,2t-epoxy-4c-hydroxy-2c,6,6-trimethyl-cyclohex-r-yl]-3,7,12,16-tetramethyl-octadeca-
1,3t,5t,7t,9t,11t,13t,15c,17-nonaen, (3S,5R,6R_a,3′S,5′R,6′S)-5′,6′-Epoxy-6,7-didehydro-
5,6,5′,6′-tetrahydro-9′-*cis*-β,β-carotin-3,5,3′-triol**[1]), **9-*cis*-Neoxanthin** $C_{40}H_{56}O_4$, Formel X.
Konfigurationszuordnung: *Cholnoky et al.*, Soc. [C] **1969** 1256, 1261; *De Ville et al.*,
Chem. Commun. **1969** 754, 1311; *Goodfellow et al.*, Tetrahedron Letters **1973** 3925.
Isolierung aus Ahornblättern nach Behandlung mit methanol. Kalilauge: *Ch. et al.*,
l. c. S. 1262.
Gelbe Krystalle (aus Acn. + PAe.); F: 134° (*Ch. et al.*; *Mallam et al.*, Chem. Commun.
1967 484). Optische Rotationsdispersion (Dioxan; 200—350 nm): *Ch. et al.* ¹H-NMR-
Absorption: *Ch. et al.* Absorptionsspektrum (A.; 200—500 nm): *Ch. et al.*; Absorptions-
maxima von Lösungen in Äthanol: 416 nm, 439 nm und 467 nm (*Ch. et al.*); in Benzol:
423 nm, 448 nm und 478 nm (*Ch. et al.*), 421 nm, 446 nm und 476 nm (*Curl*, J. agric.
Food Chem. **8** [1960] 356).
Überführung in *all-trans*-Neoxanthin (s. u.) durch Behandlung mit Jod in Benzol
unter Lichteinwirkung: *Ch. et al.*

X

b) **(2R_a)-1-[(2R)-2r,4t-Dihydroxy-2,6,6-trimethyl-cyclohexyliden]-18t-[(1S)-
1,2t-epoxy-4c-hydroxy-2c,6,6-trimethyl-cyclohex-r-yl]-3,7,12,16-tetramethyl-octadeca-
1,3t,5t,7t,9t,11t,13t,15t,17-nonaen, (3S,5R,6R_a,3′S,5′R,6′S)-5′,6′-Epoxy-6,7-didehydro-
5,6,5′,6′-tetrahydro-β,β-carotin-3,5,3′-triol**[1]), **all-trans-Neoxanthin** $C_{40}H_{56}O_4$, Formel XI.
Konfigurationszuordnung: *Cholnoky et al.*, Soc. [C] **1969** 1256, 1261; *De Ville et al.*,
Chem. Commun. **1969** 754, 1311; *Goodfellow et al.*, Tetrahedron Letters **1973** 3925.
Isolierung aus Ahornblättern: *Ch. et al.*, l. c. S. 1262; aus Gerstenblättern: *H. H.
Strain*, Leaf Xanthophylls [Washington 1938] S. 67 (s. dazu *Ch. et al.*).
Krystalle; F: 143—145° [aus Me., PAe. oder Dioxan] (*St.*), 142—144° [aus Acn. +
PAe.] (*Ch. et al.*, l. c. S. 1263). [α]$_{608}^{20}$: +32° [CHCl$_3$] (*St.*). Optische Rotationsdispersion
(Dioxan; 200—350 nm): *Ch. et al.* ¹H-NMR-Absorption: *Ch. et al.* Absorptionsmaxima
von Lösungen in Äthanol: 422 nm, 441 nm und 470 nm (*Ch. et al.*, l. c. S. 1263); in
Benzol: 426 nm, 453 nm und 483 nm (*Ch. et al.*, l. c. S. 1263).

c) **Trollixanthin** $C_{40}H_{56}O_4$.
Aus Trollius europaeus sind die folgenden, als Trollixanthin bezeichneten Präparate
isoliert worden: 1) Präparat vom F: 143—145°, Absorptionsspektrum (Bzl.; 280—530 nm;

---

[1]) Stellungsbezeichnung bei von β,β-Carotin (*all-trans*-β-Carotin) abgeleiteten Namen
s. E III **5** 2453.

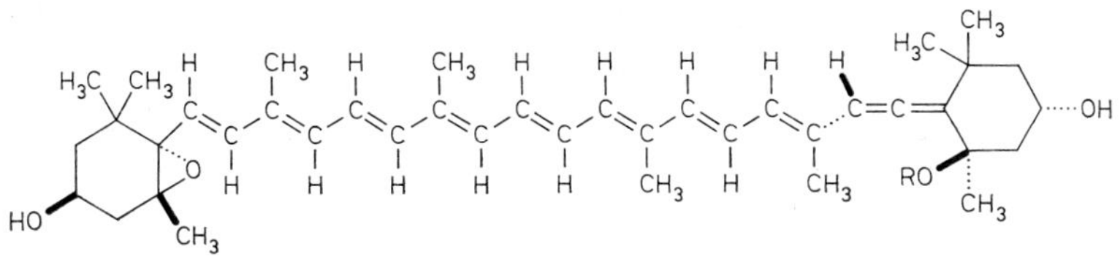

XI

λ_{max}: 430 nm, 456 nm und 481 nm): *Eugster, Karrer*, Helv. **40** [1957] 69, 75 und 2) Präparat vom F: 199°, gelbe Krystalle [aus Bzl. + Me.] (*Karrer, Krause-Voith*, Helv. **30** [1947] 1772, 1773); Absorptionsmaxima (CS$_2$): 472 nm und 501 nm (*Ka., Kr.-V.*); Absorptionsspektrum (Bzl.; 280—530 nm; λ_{max}: 427 nm, 454 nm und 482 nm): *Eu., Ka.*

[*Tauchert*]

Trihydroxy-Verbindungen $C_nH_{2n-26}O_4$

Trihydroxy-Verbindungen $C_{19}H_{12}O_4$

11-Benzoyloxy-9-hydroxy-acenaphtho[1,2-b]chromenylium $[C_{26}H_{15}O_4]^+$, Formel I.
Chlorid $[C_{26}H_{15}O_4]Cl$. *B.* Beim Einleiten von Chlorwasserstoff in eine Lösung von Acenaphthen-1-on und 2-Benzoyloxy-4,6-dihydroxy-benzaldehyd in Äthylacetat und wenig Essigsäure (*Charlesworth et al.*, Canad. J. Chem. **35** [1957] 351, 357). — Rote Krystalle (aus A. + HCl) mit 1,5 Mol H_2O; F: 140—141° [unkorr.].

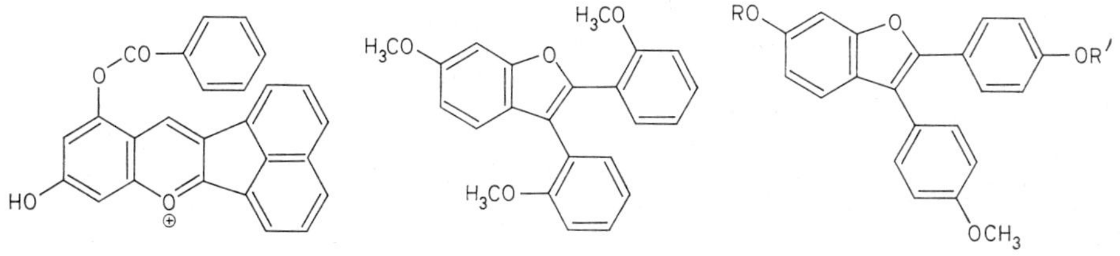

I   II   III

Trihydroxy-Verbindungen $C_{20}H_{14}O_4$

6-Methoxy-2,3-bis-[2-methoxy-phenyl]-benzofuran $C_{23}H_{20}O_4$, Formel II.
B. Beim Erhitzen von 2,2'-Dimethoxy-benzoin mit Resorcin in Dioxan und wss. Salzsäure und Erwärmen des Reaktionsprodukts mit Dimethylsulfat und wss. Natronlauge (*Brown et al.*, Soc. **1958** 4305).
Krystalle (aus wss. Me.); F: 47—49°.

2,3-Bis-[4-methoxy-phenyl]-benzofuran-6-ol $C_{22}H_{18}O_4$, Formel III (R = H, R' = CH$_3$).
B. Beim Erhitzen von 4,4'-Dimethoxy-benzoin mit Resorcin in Dioxan und wss. Salzsäure (*Brown et al.*, Soc. **1958** 4305).
Krystalle (aus PAe.); F: 136—137°.

6-Methoxy-2,3-bis-[4-methoxy-phenyl]-benzofuran $C_{23}H_{20}O_4$, Formel III (R = R' = CH$_3$).
B. Beim Erwärmen von 2,3-Bis-[4-methoxy-phenyl]-benzofuran-6-ol mit Dimethylsulfat und wss. Natronlauge (*Brown et al.*, Soc. **1958** 4305).
Krystalle (aus PAe.); F: 91—92°. UV-Absorptionsmaxima: 203 nm, 248 nm und 318 nm.

1(oder 4)-Acetoxy-6,12a-dihydro-anthra[1,2-b]benzo[d]thiophen-5,13-diol $C_{22}H_{16}O_4S$, Formel IV (R = O-CO-CH$_3$, R' = H bzw. R = H, R' = O-CO-CH$_3$).
Die nachstehend beschriebene Verbindung wird von *Davies, Porter* (Soc. **1957** 4961,

4965) als opt.-inakt. 1(oder 4)-Acetoxy-5a,6,12a,12b-tetrahydro-anthra[1,2-*b*]=benzo[*d*]thiophen-5,13-chinon $C_{22}H_{16}O_4S$ (Formel V, R = O-CO-CH$_3$, R' = H bzw. R = H, R' = O-CO-CH$_3$) formuliert.

B. Beim Behandeln von 3-Vinyl-benzo[*b*]thiophen mit 5-Acetoxy-[1,4]naphthochinon in Essigsäure (*Da., Po.*).
Krystalle (aus Eg.); F: 209—210°.

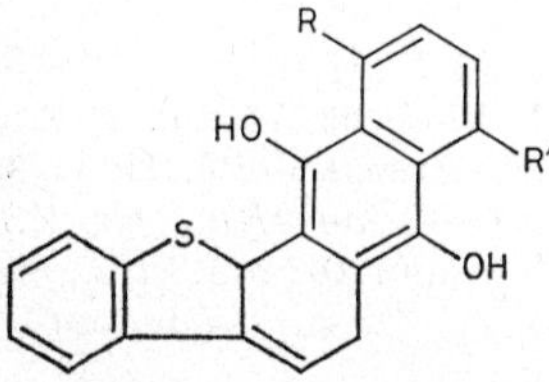

IV 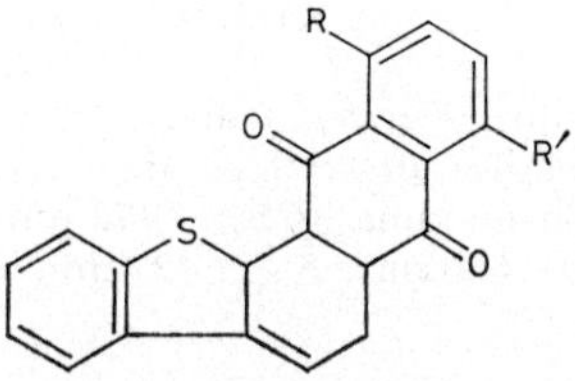   V 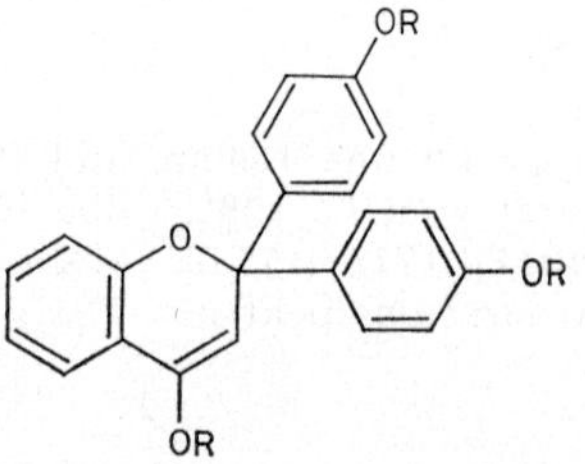   VI

Trihydroxy-Verbindungen $C_{21}H_{16}O_4$

(±)-4-Methoxy-2,2-bis-[4-methoxy-phenyl]-2*H*-chromen $C_{24}H_{22}O_4$, Formel VI (R = CH$_3$).
Die früher (s. E II **17** 230) unter dieser Konstitution beschriebene Verbindung ist wahrscheinlich als 2,2-Bis-[4-methoxy-phenyl]-chroman-4-on zu formulieren (*Wawzonek et al.*, Am. Soc. **76** [1954] 1080).

(±)-5,7-Diacetoxy-2-methoxy-2,4-diphenyl-2*H*-chromen $C_{26}H_{22}O_6$, Formel VII (R = CH$_3$).
B. Beim Erhitzen von 5-Hydroxy-2,4-diphenyl-chromen-7-on mit Acetanhydrid unter Zusatz von Schwefelsäure und Behandeln des Reaktionsprodukts mit Natriumhydrogen=carbonat und Methanol (*Brockmann, Junge*, B. 77/79 [1944/46] 44, 48, 52).
Krystalle (aus E. + Me.); F: 162—163°.

(±)-2,5,7-Triacetoxy-2,4-diphenyl-2*H*-chromen $C_{27}H_{22}O_7$, Formel VIII (R = CO-CH$_3$), und **(±)-4,5,7-Triacetoxy-2,4-diphenyl-4*H*-chromen** $C_{27}H_{22}O_7$, Formel IX (R = CO-CH$_3$).
Diese Konstitutionsformeln sowie die Formulierung als 1,3-Diphenyl-3-[2,4,6-tri=acetoxy-phenyl]-propenon kommen für die nachstehend beschriebene Verbindung in Betracht (*Brockmann, Junge*, B. 77/79 [1944/46] 44, 46, 48). In dem früher (s. H **17** 187) mit Vorbehalt als 2,5,7-Triacetoxy-2,4-diphenyl-2*H*-chromen („Triacetyl-Derivat des 5,7-Dioxy-2,4-diphenyl-benzopyranols-(2)") beschriebenen Präparat hat keine ein=heitliche Verbindung vorgelegen (*Br., Ju.*, l. c. S. 48, 52).
B. Beim Behandeln von 5-Hydroxy-2,4-diphenyl-chromen-7-on mit Acetanhydrid und Pyridin (*Br., Ju.*).
Krystalle (aus E. + Ae.); F: 168—170°.

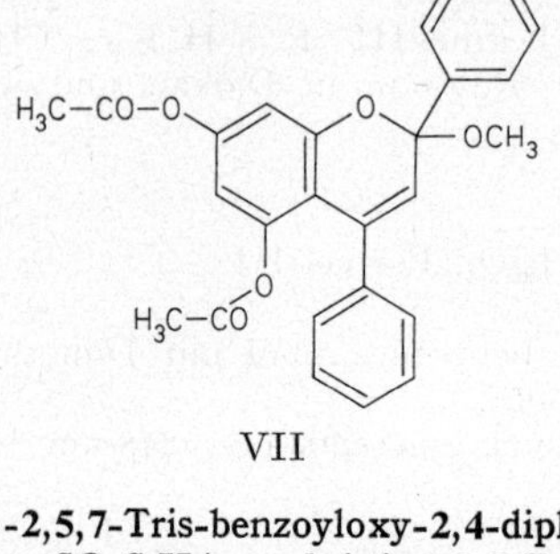

VII 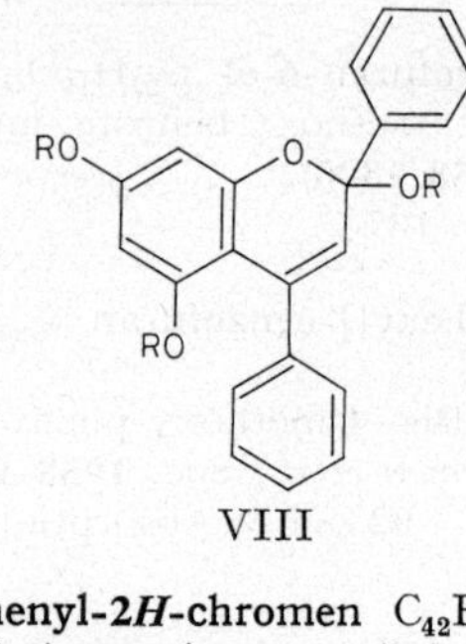   VIII 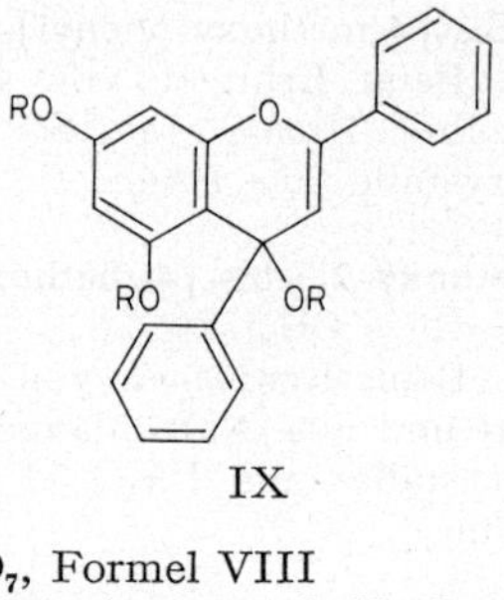   IX

(±)-2,5,7-Tris-benzoyloxy-2,4-diphenyl-2*H*-chromen $C_{42}H_{28}O_7$, Formel VIII (R = CO-C$_6$H$_5$), und **(±)-4,5,7-Tris-benzoyloxy-2,4-diphenyl-4*H*-chromen** $C_{42}H_{28}O_7$, Formel IX (R = CO-C$_6$H$_5$).
Diese Konstitutionsformeln sowie die Formulierung als 1,3-Diphenyl-3-[2,4,6-tris-

benzoyloxy-phenyl]-propenon kommen für die nachstehend beschriebene Verbindung in Betracht (*Brockmann, Junge*, B. **77/79** [1944/46] 44, 46, 48).

B. Beim Behandeln von 5-Hydroxy-2,4-diphenyl-chromen-7-on mit Benzoylchlorid und Pyridin (*Br., Ju.*, l. c. S. 52). Krystalle (aus E. + Ae.); F: 189°.

7-Hydroxy-5-methoxy-2,4-diphenyl-chromenylium $[C_{22}H_{17}O_3]^+$, Formel X (R = H).
Chlorid $[C_{22}H_{17}O_3]Cl$. *B.* Beim Behandeln von 5-Methoxy-resorcin mit *trans*-Chalkon, Chloranil und Chlorwasserstoff in Äthanol (*Brockmann, Junge*, B. **76** [1943] 1028, 1032). Neben 5-Hydroxy-7-methoxy-2,4-diphenyl-chromenylium-chlorid (nicht isoliert) beim Einleiten von Chlorwasserstoff in eine Lösung von 5-Methoxy-resorcin und Dibenzoylmethan in Essigsäure (*Br., Ju.*). — Rote Krystalle (aus Me. + Ae.); F: 232°.
Perchlorat $[C_{22}H_{17}O_3]ClO_4$. *B.* Beim Behandeln von 5-Methoxy-2,4-diphenyl-chromen-7-on in Methanol mit Perchlorsäure (*Br., Ju.*). — Rote Krystalle (aus Me.); F: 273° [nach Sintern von 240° an].

5,7-Dimethoxy-2,4-diphenyl-chromenylium $[C_{23}H_{19}O_3]^+$, Formel X (R = CH₃) (E II 230; dort als 5.7-Dimethoxy-2.4-diphenyl-benzopyrylium bezeichnet).
Perchlorat $[C_{23}H_{19}O_3]ClO_4$. *B.* Beim Behandeln einer Lösung von 3,5-Dimethoxyphenol und Dibenzoylmethan in Essigsäure mit Chlorwasserstoff und anschliessend mit Perchlorsäure in Äther (*Brockmann, Junge*, B. **77/79** [1944/46] 44, 52). Bei der Behandlung von 5-Hydroxy-2,4-diphenyl-chromen-7-on mit Dimethylsulfat und Kaliumcarbonat in Aceton und anschliessenden Umsetzung mit Perchlorsäure (*Br., Ju.*, B. **77/79** 52). Beim Behandeln von 5-Hydroxy-2,4-diphenyl-chromen-7-on, von 5-Methoxy-2,4-diphenyl-chromen-7-on oder von 7-Methoxy-2,4-diphenyl-chromen-5-on in Methanol mit Diazomethan in Äther und anschliessend mit Perchlorsäure in Äther (*Brockmann, Junge*, B. **76** [1943] 1028, 1030, 1032). — Rote Krystalle (aus Eg.); F: 262° (*Br., Ju.*, B. **76** 1032), 255° (*Br., Ju.*, B. **77/79** 52).

X   XI   XII

(±)-2,6,7-Trimethoxy-2,4-diphenyl-2H-chromen $C_{24}H_{22}O_4$, Formel XI.
B. Beim Behandeln von 6-Hydroxy-2,4-diphenyl-chromen-7-on in Methanol mit Diazomethan in Äther (*Brockmann, Junge*, B. **77/79** [1944/46] 44, 53). Krystalle (aus CHCl₃ + Me.); F: 122—123°.

6,7-Dihydroxy-2,4-diphenyl-chromenylium $[C_{21}H_{15}O_3]^+$, Formel XII (H 187; dort als 6.7-Dioxy-2.4-diphenyl-benzopyrylium bezeichnet).
Pikrat $[C_{21}H_{15}O_3]C_6H_2N_3O_7$ (H 187). *B.* Beim Behandeln von Benzen-1,2,4-triol mit *trans*-Chalkon, Chloranil und Chlorwasserstoff in Äthanol und Behandeln des Reaktionsprodukts mit Pikrinsäure in Äthanol (*Robinson, Walker*, Soc. **1935** 941, 945). — Braungelbe Krystalle (aus A. + Pikrinsäure) mit 0,5 Mol H_2O; F: 235°.

(±)-2,7,8-Triacetoxy-2,4-diphenyl-2H-chromen $C_{27}H_{22}O_7$, Formel I.
Für die nachstehend beschriebene Verbindung wird ausser dieser Konstitution auch die eines 1,3-Diphenyl-3-[2,3,4-triacetoxy-phenyl]-propenons in Betracht gezogen (*Brockmann, Junge*, B. **77/79** [1944/46] 44, 49). In dem früher (s. H **17** 188) mit Vorbehalt als 2,7,8-Triacetoxy-2,4-diphenyl-2H-chromen („Triacetyl-Derivat des 7,8-Dioxy-2,4-diphenyl-benzopyranols-(2)") beschriebenen Präparat hat keine einheitliche Verbindung vorgelegen (*Br., Ju.*, l. c. S. 48).
B. Beim Behandeln von 8-Hydroxy-2,4-diphenyl-chromen-7-on mit Acetanhydrid und

Pyridin (*Br., Ju.*, l. c. S. 52).
   Krystalle (aus Acn. + Ae.); F: 161°.

7-Hydroxy-8-methoxy-2,4-diphenyl-chromenylium $[C_{22}H_{17}O_3]^+$, Formel II (R = H).
   Pikrat $[C_{22}H_{17}O_3]C_6H_2N_3O_7$. *B.* Beim Behandeln von 8-Hydroxy-2,4-diphenyl-chrom=
en-7-on in Chloroform mit Diazomethan in Äther und Behandeln des Reaktionsprodukts mit Pikrinsäure in Äthanol (*Brockmann, Junge*, B. **77/79** [1944/46] 44, 53). —
Braune Krystalle; F: 245—248°.

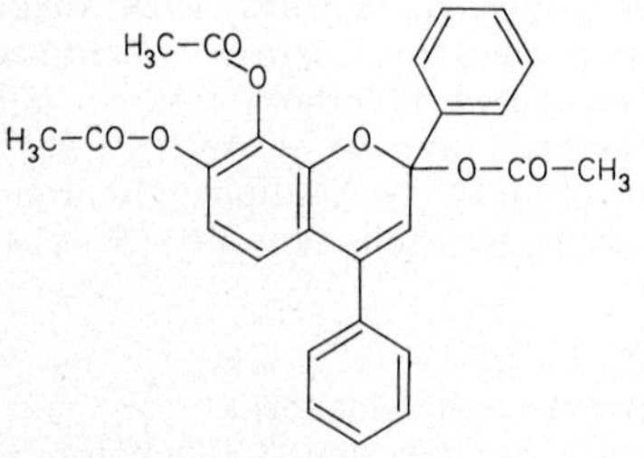

I 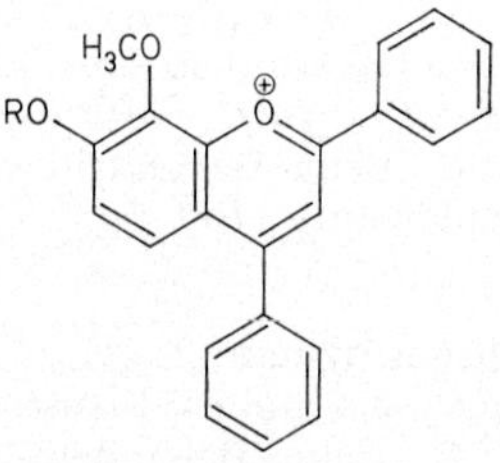   II 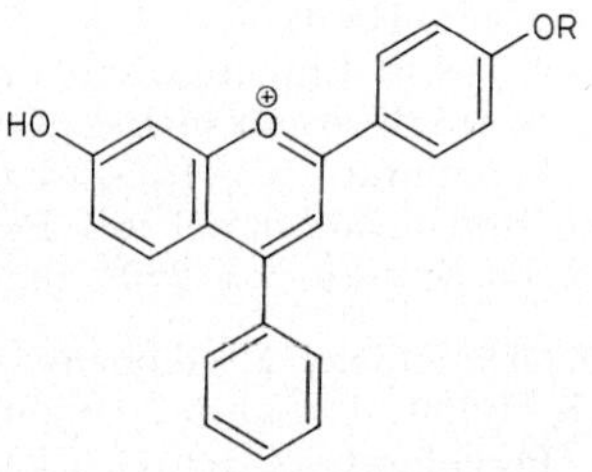   III

7,8-Dimethoxy-2,4-diphenyl-chromenylium $[C_{23}H_{19}O_3]^+$, Formel II (R = CH$_3$) (E II 230;
dort als 7.8-Dimethoxy-2.4-diphenyl-benzopyrylium bezeichnet).
   Perchlorat $[C_{23}H_{19}O_3]ClO_4$. *B.* Beim Behandeln von 8-Hydroxy-2,4-diphenyl-chromen-
7-on in Methanol mit Diazomethan in Äther und anschliessend mit Perchlorsäure (*Brockmann, Junge*, B. **77/79** [1944/46] 44, 53). — Gelbrote Krystalle (aus Methanol + Per=
chlorsäure); F: 184°.

7-Hydroxy-2-[4-hydroxy-phenyl]-4-phenyl-chromenylium $[C_{21}H_{15}O_3]^+$, Formel III
(R = H).
   Chlorid $[C_{21}H_{15}O_3]Cl$. *B.* Beim Erwärmen des im folgenden Artikel beschriebenen
Chlorids mit wss. Jodwasserstoffsäure und Phenol und Erwärmen des erhaltenen Jodids
mit Silberchlorid in Äthanol (*Robinson, Walker*, Soc. **1935** 941, 943). — Orangerote
Krystalle (aus wss.-methanol. Salzsäure) mit 2 Mol H$_2$O.

7-Hydroxy-2-[4-methoxy-phenyl]-4-phenyl-chromenylium $[C_{22}H_{17}O_3]^+$, Formel III
(R = CH$_3$).
   Chlorid $[C_{22}H_{17}O_3]Cl$. *B.* Beim Behandeln von 4'-Methoxy-*trans*-chalkon mit Resorcin,
Chloranil und Chlorwasserstoff in Äthanol (*Robinson, Walker*, Soc. **1934** 1435, 1438).
Beim Behandeln einer Lösung von 7-Hydroxy-2-[4-methoxy-phenyl]-chromen-4-on in
Benzol mit Phenylmagnesiumbromid in Äther und Behandeln des Reaktionsgemisches
mit Wasser und mit wss. Salzsäure (*Ro., Wa.*). — Orangerote Krystalle (aus A. + HCl).

7-Hydroxy-4-[4-hydroxy-phenyl]-2-phenyl-chromenylium $[C_{21}H_{15}O_3]^+$, Formel IV
(R = H).
   Chlorid $[C_{21}H_{15}O_3]Cl$. *B.* Beim Erwärmen der im folgenden Artikel beschriebenen Ver-
bindung mit wss. Jodwasserstoffsäure und Phenol und Erwärmen des erhaltenen Jodids
(gelbe Krystalle) mit Silberchlorid in Äthanol (*Robinson, Walker*, Soc. **1935** 941, 942). —
Orangerote Krystalle (aus wss.-methanol. Salzsäure) mit 2,5 Mol H$_2$O.

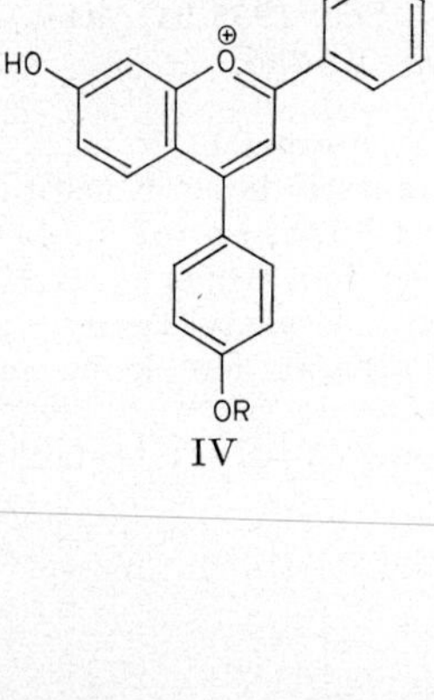

IV 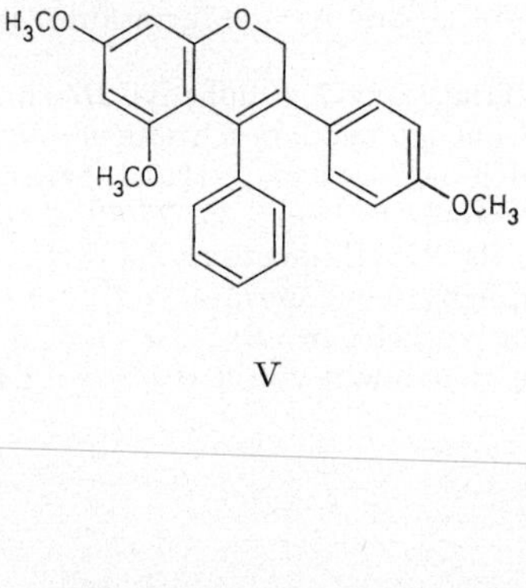   V

7-Hydroxy-4-[4-methoxy-phenyl]-2-phenyl-chromenylium $[C_{22}H_{17}O_3]^+$, Formel IV ($R = CH_3$).

Chlorid $[C_{22}H_{17}O_3]Cl$. *B.* Beim Behandeln von 4-Methoxy-*trans*-chalkon mit Resorcin, Chloranil und Chlorwasserstoff in Äthanol (*Robinson, Walker*, Soc. **1934** 1435, 1437). Beim Behandeln einer Lösung von 7-Hydroxy-2-phenyl-chromen-4-on in Benzol mit 4-Methoxy-phenylmagnesium-bromid in Äther und Behandeln des Reaktionsgemisches mit Wasser und mit wss. Salzsäure (*Ro., Wa.*). — Orangefarbene Krystalle (aus wss.-äthanol. Salzsäure) mit 1 Mol H_2O.

5,7-Dimethoxy-3-[4-methoxy-phenyl]-4-phenyl-2H-chromen $C_{24}H_{22}O_4$, Formel V.

B. Beim Erwärmen einer Lösung von 5,7-Dimethoxy-3-[4-methoxy-phenyl]-chroman-4-on in Benzol mit Phenylmagnesiumbromid in Äther und Erhitzen des nach der Hydro= lyse (wss. Salzsäure) erhaltenen Reaktionsprodukts unter vermindertem Druck auf 250° (*Bradbury*, Austral. J. Chem. **6** [1953] 447). Aus 5,7-Dimethoxy-3-[4-methoxy-phenyl]-4-phenyl-chroman-4-ol beim Erhitzen mit wss. Essigsäure (*Lawson*, Soc. **1954** 4448).

Krystalle (aus A.); F: 157° [korr.] (*Br.*), 157° (*La.*). UV-Spektrum (A.; 230—350 nm): *Br.*

7-Methoxy-3,4-bis-[4-methoxy-phenyl]-2H-chromen $C_{24}H_{22}O_4$, Formel VI.

B. Beim Behandeln von 7-Methoxy-3-[4-methoxy-phenyl]-chroman-4-on mit 4-Meth= oxy-phenylmagnesium-bromid in Äther und Benzol und Erhitzen des Reaktionsprodukts unter vermindertem Druck auf 250° (*Bradbury*, Austral. J. Chem. **6** [1953] 447).

Krystalle (aus A.); F: 141° [korr.]. UV-Spektrum (A.; 230—360 nm): *Br.*

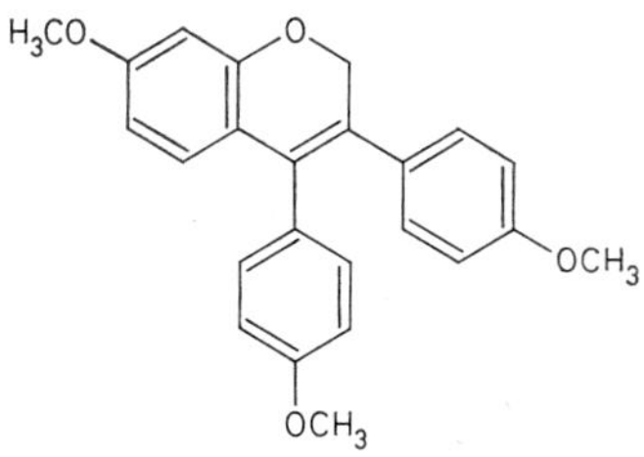

VI 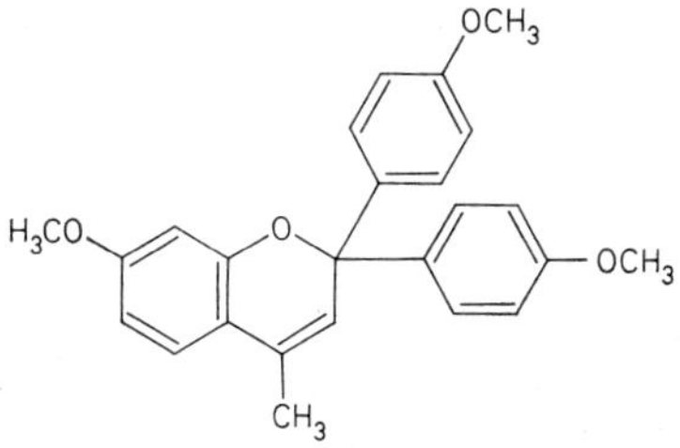   VII

Trihydroxy-Verbindungen $C_{22}H_{18}O_4$

7-Methoxy-2,2-bis-[4-methoxy-phenyl]-4-methyl-2H-chromen $C_{25}H_{24}O_4$, Formel VII.

B. Beim Erwärmen von 7-Methoxy-4-methyl-chromen-2-on mit 4-Methoxy-phenyl= magnesium-bromid in Benzol (*Kartha, Menon*, Pr. Indian Acad. [A] **18** [1943] 28).

Krystalle (aus A.); F: 110°.

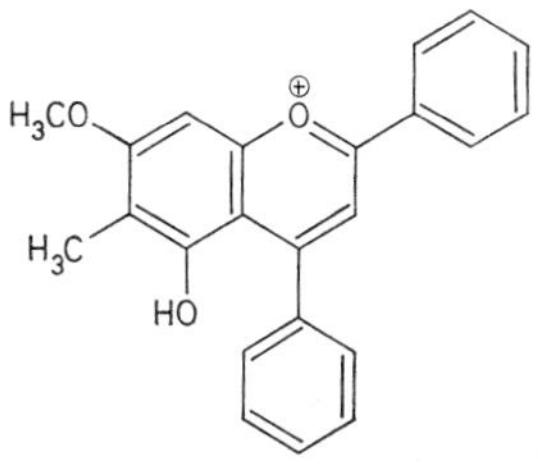

VIII 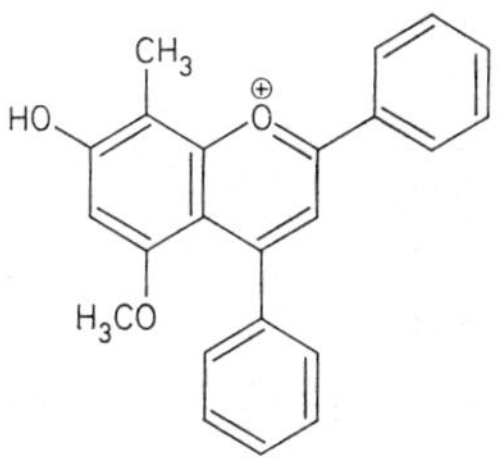   IX

5-Hydroxy-7-methoxy-6-methyl-2,4-diphenyl-chromenylium $[C_{23}H_{19}O_3]^+$, Formel VIII.

Perchlorat $[C_{23}H_{19}O_3]ClO_4$. *B.* Beim Einleiten von Chlorwasserstoff in eine Lösung von 5-Methoxy-4-methyl-resorcin und Dibenzoylmethan in Methanol und Behandeln des

Reaktionsgemisches mit wss. Perchlorsäure und Äther (*Brockmann, Junge*, B. **76** [1943] 1028, 1032). — Rote Krystalle (aus Me.); F: 262°.

7-Hydroxy-5-methoxy-8-methyl-2,4-diphenyl-chromenylium $[C_{23}H_{19}O_3]^+$, Formel IX.

Chlorid. *B.* Beim Einleiten von Chlorwasserstoff in eine Lösung von 5-Methoxy-2-methyl-resorcin und Dibenzoylmethan in Methanol (*Brockmann et al.*, B. **77/79** [1944/46] 347, 353). — Rote Krystalle (aus Me. + HCl); F: 179°.

Perchlorat $[C_{23}H_{19}O_3]ClO_4$. *B.* Beim Behandeln einer Lösung von 5-Methoxy-8-methyl-2,4-diphenyl-chromen-7-on in Methanol mit Perchlorsäure (*Br. et al.*). — Rote Krystalle; Zers. bei 235°.

2-[4,4′-Dimethoxy-benzhydryl]-5-methyl-1,1-dioxo-1λ^6-benzo[*b*]thiophen-3-ol $C_{24}H_{22}O_5S$, Formel X, und **(±)-2-[4,4′-Dimethoxy-benzhydryl]-5-methyl-1,1-dioxo-1λ^6-benzo[*b*]thiophen-3-on** $C_{24}H_{22}O_5S$, Formel XI.

B. Beim Erwärmen von 2-[4-Methoxy-benzyliden]-5-methyl-1,1-dioxo-1λ^6-benzo[*b*]=thiophen-3-on (F: 207°) mit 4-Methoxy-phenylmagnesium-bromid in Benzol (*Mustafa, Sallam*, Am. Soc. **81** [1959] 1980, 1982).
Krystalle (aus Bzl.); F: 185° [unkorr.].

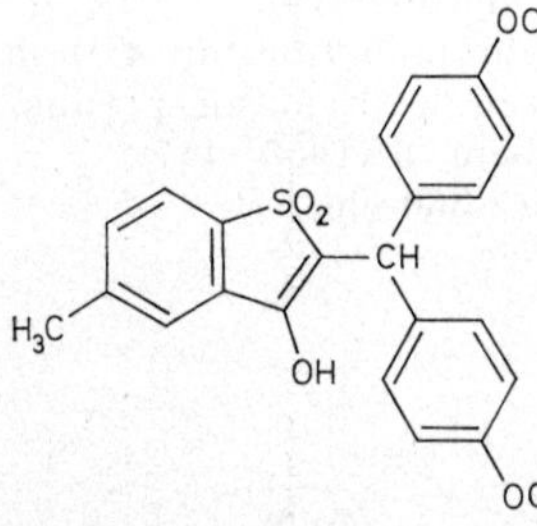

X 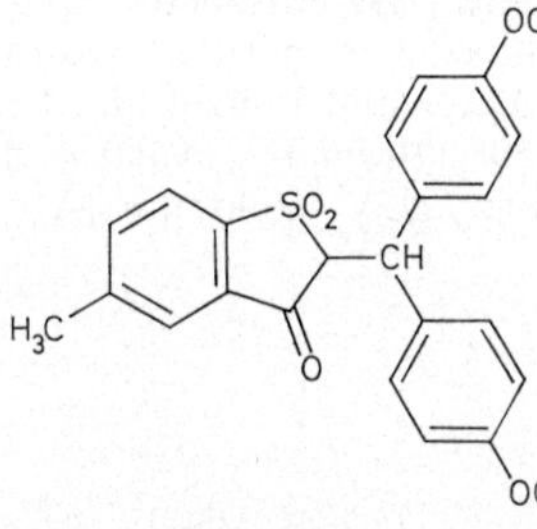   XI 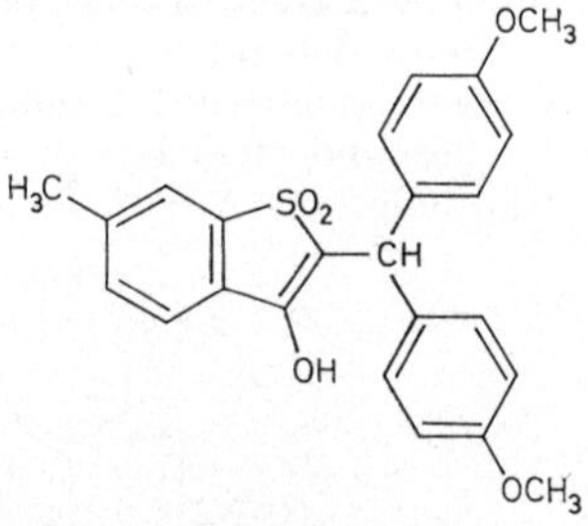   XII

2-[4,4′-Dimethoxy-benzhydryl]-6-methyl-1,1-dioxo-1λ^6-benzo[*b*]thiophen-3-ol $C_{24}H_{22}O_5S$, Formel XII, und **(±)-2-[4,4′-Dimethoxy-benzhydryl]-6-methyl-1,1-dioxo-1λ^6-benzo[*b*]thiophen-3-on** $C_{24}H_{22}O_5S$, Formel XIII.

B. Beim Erwärmen von 2-[4-Methoxy-benzyliden]-6-methyl-1,1-dioxo-1λ^6-benzo[*b*]=thiophen-3-on (F: 256°) mit 4-Methoxy-phenylmagnesium-bromid in Benzol (*Mustafa, Sallam*, Am. Soc. **81** [1959] 1980, 1982).
Krystalle (aus Bzl.); F: 158° [unkorr.].

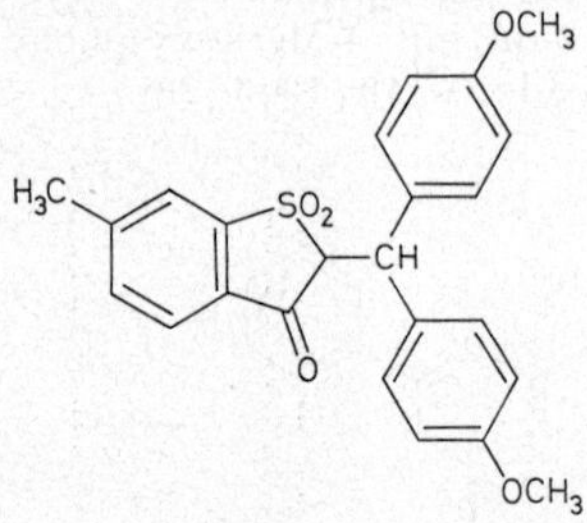

XIII 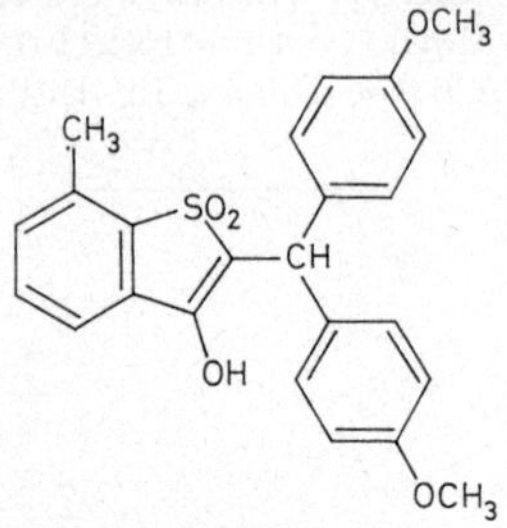   XIV 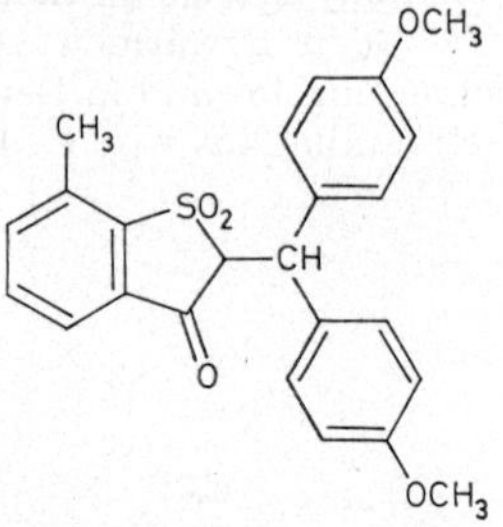   XV

2-[4,4′-Dimethoxy-benzhydryl]-7-methyl-1,1-dioxo-1λ^6-benzo[*b*]thiophen-3-ol $C_{24}H_{22}O_5S$, Formel XIV, und **(±)-2-[4,4′-Dimethoxy-benzhydryl]-7-methyl-1,1-dioxo-1λ^6-benzo[*b*]thiophen-3-on** $C_{24}H_{22}O_5S$, Formel XV.

B. Beim Erwärmen von 2-[4-Methoxy-benzyliden]-7-methyl-1,1-dioxo-1λ^6-benzo[*b*]=thiophen-3-on (F: 224°) mit 4-Methoxy-phenylmagnesium-bromid in Benzol (*Mustafa, Sallam*, Am. Soc. **81** [1959] 1980, 1982).
Krystalle (aus Bzl.); F: 169° [unkorr.].

Trihydroxy-Verbindungen $C_nH_{2n-28}O_4$

Trihydroxy-Verbindungen $C_{20}H_{12}O_4$

5,7,12-Triacetoxy-dinaphtho[1,2-*b*;2′,3′-*d*]furan $C_{26}H_{18}O_7$, Formel I.

B. Beim Erhitzen von 5-Hydroxy-dinaphtho[1,2-*b*;2′,3′-*d*]furan-7,12-chinon mit Zink-Pulver, Acetanhydrid, Essigsäure und Pyridin (*Pummerer et al.*, B. **72** [1939] 1623, 1629). Krystalle (aus Eg., Bzl. oder A.); F: 297° [korr.; geschlossene Kapillare; im vorgeheizten Block] (*Pu., et al.*).

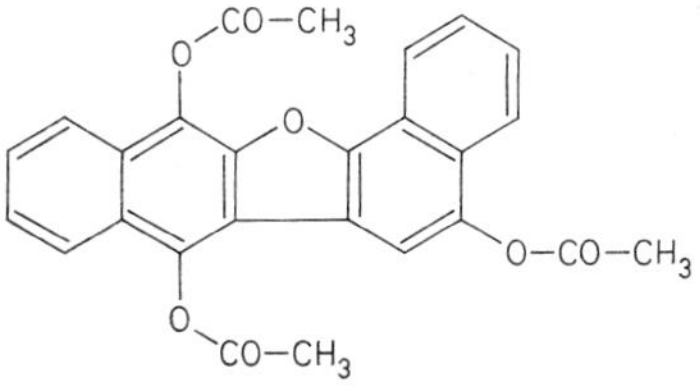

I 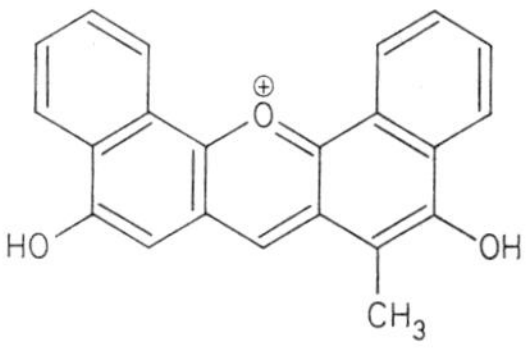   II

Trihydroxy-Verbindungen $C_{22}H_{16}O_4$

5,9-Dihydroxy-6-methyl-dibenzo[*c,h*]xanthenylium $[C_{22}H_{15}O_3]^+$, Formel II.
Über die Konstitution s. *Fieser, Fieser*, Am. Soc. **63** [1941] 1572; *Kallmayer*, Ar. **305** [1972] 776.
Chlorid $[C_{22}H_{15}O_3]Cl$. *B.* Beim Erwärmen von 2-Methyl-[1,4]naphthochinon mit Chlorwasserstoff in Aceton (*Ka.; Fi., Fi.*). — Dunkelrote, golden glänzende Krystalle mit 1 Mol H_2O (nach dem Trocknen bei 80—100°), die unterhalb 280° nicht schmelzen; das Krystallwasser wird bei 150°/1—2 Torr abgegeben (*Fi., Fi.*). Grüne Krystalle (aus Acn.), die unterhalb 380° nicht schmelzen (*Ka.*). Lösungen sind rot (*Ka.*).

Trihydroxy-Verbindungen $C_{23}H_{18}O_4$

2,4-Bis-[4-methoxy-phenyl]-6-phenyl-pyrylium $[C_{25}H_{21}O_3]^+$, Formel III (E II 232).
Perchlorat. *B.* Beim Erwärmen von 4,4′-Dimethoxy-*trans*-chalkon mit Acetophenon und Phosphorylchlorid und Behandeln des mit Äthanol versetzten Reaktionsgemisches mit wss. Perchlorsäure (*Wizinger et al.*, Helv. **39** [1956] 5, 13). — Orangefarbene Krystalle (aus A.), F: 267—268° (*Wi. et al.*); F: 236—237° (*Dimroth et al.*, B. **90** [1957] 1668, 1671). Absorptionsmaximum (A.): 416 nm (*Wi. et al.*).
Tetrafluoroborat. F: 243—245° (*Di. et al.*). — Beim Erwärmen mit Nitromethan und Kalium-*tert*-butylat in *tert*-Butylalkohol ist 4,4′′-Dimethoxy-4′-nitro-5′-phenyl-*m*-terphenyl erhalten worden (*Di. et al.*).

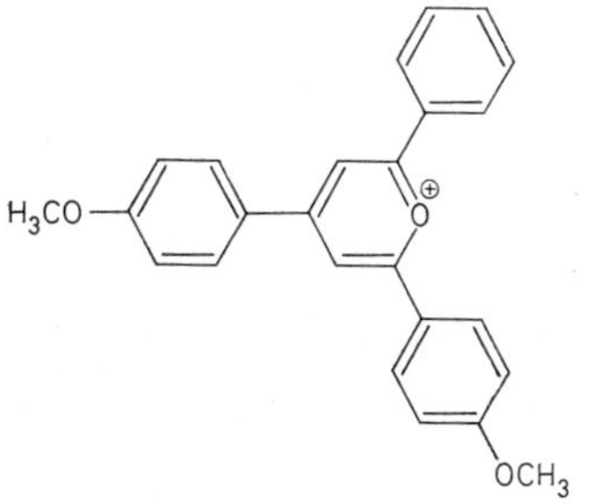

III 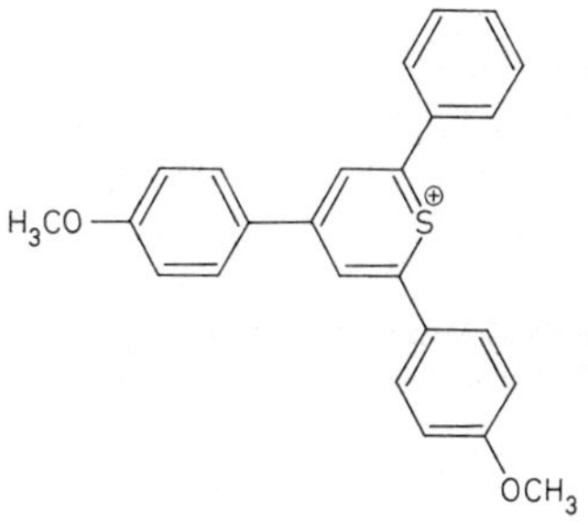   IV

2,4-Bis-[4-methoxy-phenyl]-6-phenyl-thiopyrylium $[C_{25}H_{21}O_2S]^+$, Formel IV.
Perchlorat $[C_{25}H_{21}O_2S]ClO_4$. *B.* Beim Behandeln von 2,4-Bis-[4-methoxy-phenyl]-

6-phenyl-pyrylium-perchlorat mit Natriumsulfid in wss. Aceton (*Wizinger, Ulrich*, Helv. **39** [1956] 207, 215). — Orangerote Krystalle; F: 238—240°. Die Krystalle fluorescieren rot, Lösungen in Essigsäure fluorescieren grünlichgelb. Absorptionsmaximum (Eg.): 442 nm (*Wi., Ul.*, l. c. S. 209).

2,6-Bis-[4-methoxy-phenyl]-4-phenyl-pyrylium $[C_{25}H_{21}O_3]^+$, Formel V (E I 121).

Perchlorat. *B.* Beim Behandeln von Benzaldehyd mit 1-[4-Methoxy-phenyl]-äthanon und Phosphorylchlorid (oder Schwefelsäure) und anschliessend mit wss. Perchlorsäure (*Wizinger et al.*, Helv. **39** [1956] 5, 13). — Orangerote Krystalle (aus A.); F: 274—275° (*Wi. et al.*), 258,5—259° (*Dimroth et al.*, B. **90** [1957] 1668, 1671). Absorptionsmaximum (Eg.): 478 nm (*Wizinger, Wagner*, Helv. **34** [1951] 2290, 2295).

Tetrafluoroborat. F: 262—263° (*Di. et al.*). — Beim Erwärmen mit Nitromethan und Kalium-*tert*-butylat in *tert*-Butylalkohol ist 4,4″-Dimethoxy-2′-nitro-5′-phenyl-*m*-ter*phenyl erhalten worden (*Di. et al.*).

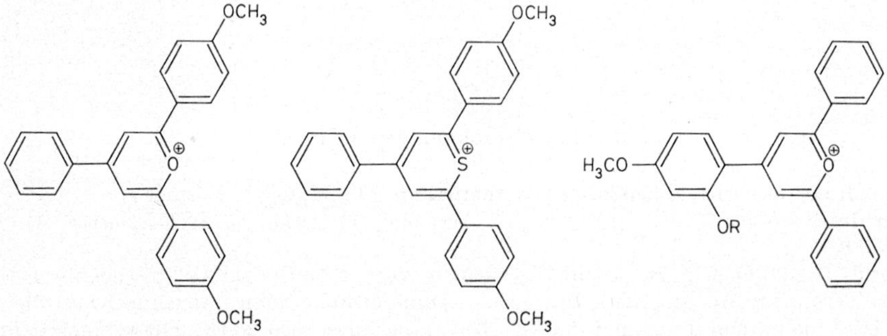

V   VI   VII

2,6-Bis-[4-methoxy-phenyl]-4-phenyl-thiopyrylium $[C_{25}H_{21}O_2S]^+$, Formel VI.

Perchlorat $[C_{25}H_{21}O_2S]ClO_4$. *B.* Beim Behandeln von 2,6-Bis-[4-methoxy-phenyl]-4-phenyl-pyrylium-perchlorat mit Natriumsulfid in wss. Aceton (*Wizinger, Ulrich*, Helv. **39** [1956] 207, 214). — Rote Krystalle; F: 228—230°. Die Krystalle fluorescieren rot, Lösungen in Essigsäure fluorescieren orangefarben. Absorptionsmaximum (Eg.): 486 nm (*Wi., Ul.*, l. c. S. 209).

4-[2,4-Dimethoxy-phenyl]-2,6-diphenyl-pyrylium $[C_{25}H_{21}O_3]^+$, Formel VII (R = CH$_3$).

Tetrachloroferrat(III) $[C_{25}H_{21}O_3]FeCl_4$. *B.* Beim Behandeln einer Lösung von 3-[2,4-Di*methoxy-phenyl]-1,5-diphenyl-pentan-1,5-dion in Acetanhydrid mit Eisen(III)-chlorid in wss. Salzsäure (*Hill*, Soc. **1935** 85, 87). — Rote Krystalle (aus Acn. + Ae.); F: 190—191°.

4-[2-Acetoxy-4-methoxy-phenyl]-2,6-diphenyl-pyrylium $[C_{26}H_{21}O_4]^+$, Formel VII (R = CO-CH$_3$).

Tetrachloroferrat(III) $[C_{26}H_{21}O_4]FeCl_4$. *B.* Beim Behandeln einer Suspension von 3-[2-Hydroxy-4-methoxy-phenyl]-1,5-diphenyl-pentan-1,5-dion in Acetanhydrid mit Eisen(III)-chlorid in wss. Salzsäure (*Hill*, Soc. **1935** 85, 88). — Rotbraune Krystalle (aus Eg.); F: 162°.

4-[2-Acetoxy-5-methoxy-phenyl]-2,6-diphenyl-pyrylium $[C_{26}H_{21}O_4]^+$, Formel VIII.

Tetrachloroferrat(III) $[C_{26}H_{21}O_4]FeCl_4$. *B.* Beim Behandeln einer Suspension von 3-[2-Hydroxy-5-methoxy-phenyl]-1,5-diphenyl-pentan-1,5-dion in Acetanhydrid mit Eisen(III)-chlorid in wss. Salzsäure (*Hill*, Soc. **1935** 85, 88). — Goldgelbe, grünlich glän*zende Krystalle (aus Acn. + Ae.); F: 225—226°.

7-Äthyl-5,9-dihydroxy-dibenzo[c,h]xanthenylium $[C_{23}H_{17}O_3]^+$, Formel IX.

Chlorid $[C_{23}H_{17}O_3]Cl$. Konstitutionszuordnung: *Fieser, Fieser*, Am. Soc. **63** [1941]

1572. — *B.* Beim Erwärmen von Naphthalin-1,4-diol mit Propionaldehyd in einem Gemisch von Essigsäure und wss. Salzsäure (*Raudnitz, Puluj,* B. **64** [1931] 2212, 2215). — Rote, grün glänzende Krystalle (aus Eg.) mit 1 Mol H_2O (*Ra., Pu.*).

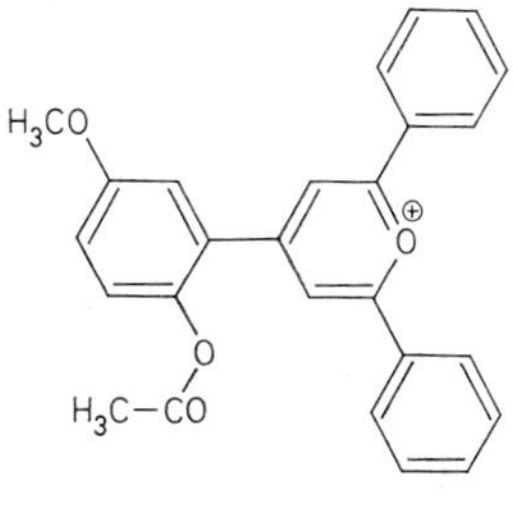

VIII 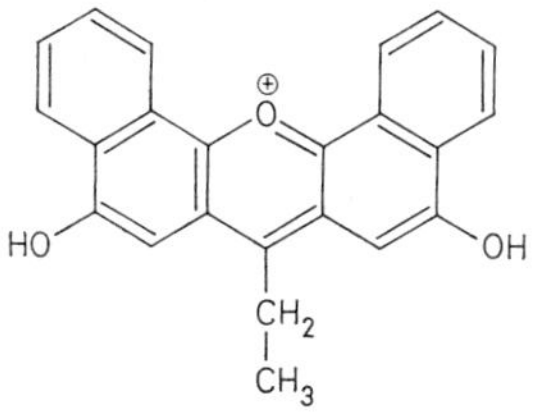   IX 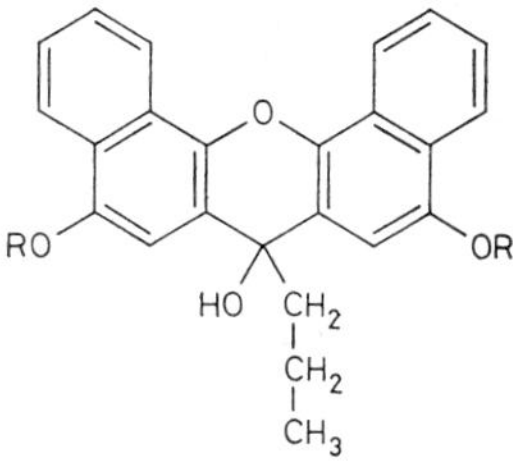   X

Trihydroxy-Verbindungen $C_{24}H_{20}O_4$

5,9-Diacetoxy-7-propyl-7H-dibenzo[c,h]xanthen-7-ol $C_{28}H_{24}O_6$, Formel X (R = CO-CH$_3$).
B. Beim Behandeln von 5,9-Dihydroxy-7-propyl-dibenzo[c,h]xanthenylium-chlorid mit Acetanhydrid und Pyridin (*Fieser, Fieser,* Am. Soc. **63** [1941] 1572, 1575).
Krystalle (aus E. + Bzn.); F: 265—275° [Zers.].

5,9-Dihydroxy-7-propyl-dibenzo[c,h]xanthenylium $[C_{24}H_{19}O_3]^+$, Formel XI.
Chlorid $[C_{24}H_{19}O_3]$Cl. Konstitutionszuordnung: *Fieser, Fieser,* Am. Soc. **63** [1941] 1572. — *B.* Beim Erwärmen von Naphthalin-1,4-diol mit Butyraldehyd in einem Gemisch von Essigsäure und wss. Salzsäure (*Raudnitz, Puluj,* B. **64** [1931] 2212, 2215). — Golden glänzende Krystalle (aus Eg.) mit 1 Mol H_2O (*Ra., Pu.; Fi., Fi.*). — Beim Behandeln mit Acetanhydrid und Pyridin ist die im vorangehenden Artikel beschriebene Verbindung, beim Erhitzen mit Zink und Acetanhydrid ist 5,9-Diacetoxy-7-propyl-7H-dibenzo[c,h]xanthen erhalten worden (*Fi., Fi.*).

5,9-Dihydroxy-2,6,11-trimethyl-dibenzo[c,h]xanthenylium $[C_{24}H_{19}O_3]^+$, Formel XII.
Chlorid $[C_{24}H_{19}O_3]$Cl. Bezüglich der Konstitutionszuordnung vgl. das analog hergestellte 5,9-Dihydroxy-6-methyl-dibenzo[c,h]xanthenylium-chlorid (S. 2415). — *B.* Beim Erwärmen von 2,6-Dimethyl-naphthalin-1,4-diol oder eines Gemisches aus dieser Verbindung und 2,6-Dimethyl-[1,4]naphthochinon in Essigsäure mit wss. Salzsäure (*Fieser, Fieser,* Am. Soc. **63** [1941] 1572, 1575). — Unterhalb 280° nicht schmelzend.

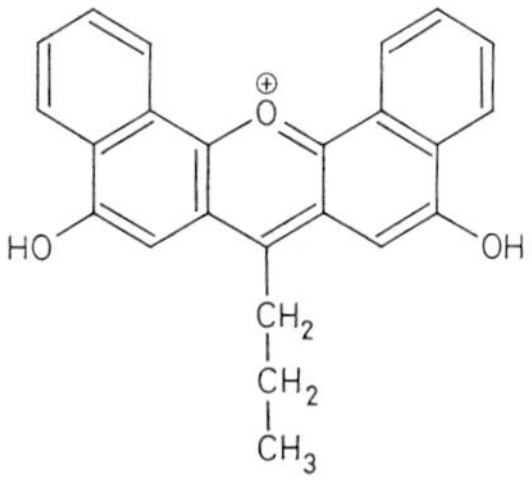

XI 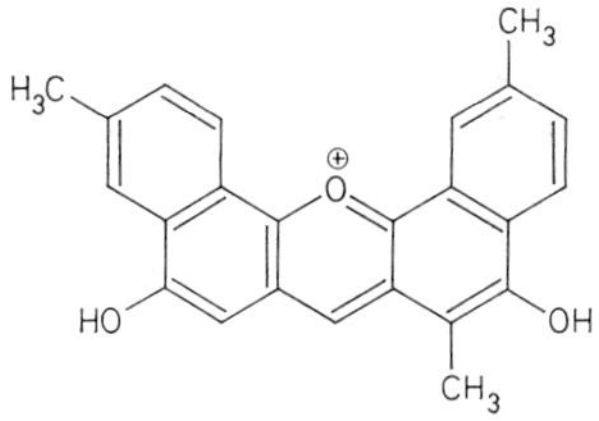   XII 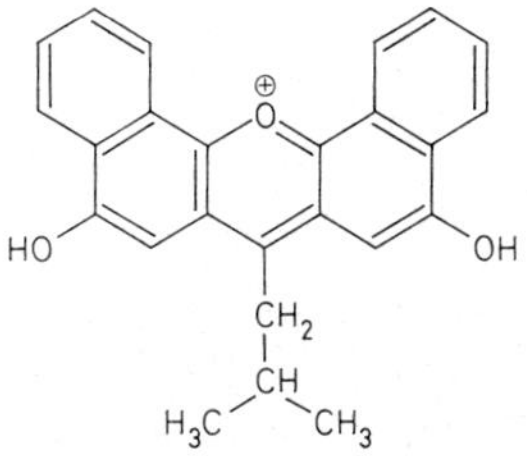   XIII

Trihydroxy-Verbindungen $C_{25}H_{22}O_4$

5,9-Dihydroxy-7-isobutyl-dibenzo[c,h]xanthenylium $[C_{25}H_{21}O_3]^+$, Formel XIII.
Chlorid $[C_{25}H_{21}O_3]$Cl. Konstitutionszuordnung: *Fieser, Fieser,* Am. Soc. **63** [1941] 1572. — *B.* Beim Erwärmen von [1,4]Naphthochinon oder von Naphthalin-1,4-diol mit Isovaleraldehyd in Essigsäure und wss. Salzsäure (*Raudnitz, Puluj,* B. **64** [1931] 2212, 2214). — Bronzefarbene, grün glänzende Krystalle (aus Eg.) mit 1 Mol H_2O (*Ra., Pu.*).

Trihydroxy-Verbindungen $C_{27}H_{26}O_4$

7-Hexyl-5,9-dihydroxy-dibenzo[c,h]xanthenylium $[C_{27}H_{25}O_3]^+$, Formel XIV.
Chlorid $[C_{27}H_{25}O_3]Cl$. Konstitutionszuordnung: *Fieser, Fieser,* Am. Soc. **63** [1941] 1572. — *B.* Beim Erwärmen von Naphthalin-1,4-diol mit Heptanal in Essigsäure und wss. Salzsäure (*Raudnitz, Puluj,* B. **64** [1931] 2212, 2215). — Rote, grün glänzende Krystalle (aus Eg.) mit 1 Mol H_2O (*Ra., Pu.*).

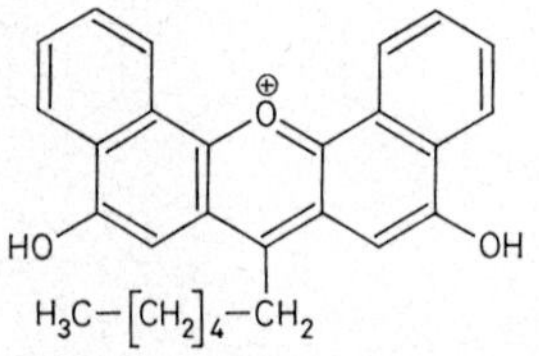

XIV 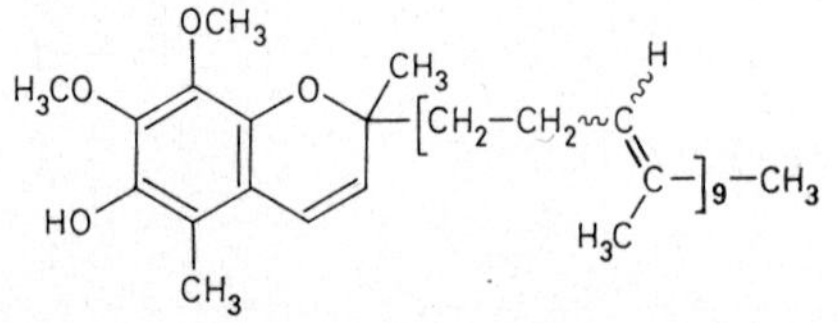   XV

Trihydroxy-Verbindungen $C_{57}H_{86}O_4$

*7,8-Dimethoxy-2,5-dimethyl-2-[4,8,12,16,20,24,28,32,36-nonamethyl-heptatriaconta-3,7,11,15,19,23,27,31,35-nonaenyl]-2H-chromen-6-ol $C_{59}H_{90}O_4$, Formel XV.
Diese Konstitution kommt dem nachstehend beschriebenen **Ubichromenol-50** (UC_{10}) zu (*Laidman et al.,* Chem. and Ind. **1959** 1019; Biochem. J. **74** [1960] 541).
Isolierung aus Nieren von Menschen: *La. et al.*
Gelbe Krystalle (aus A.); F: ca. 18°. IR-Banden (3546—1098 cm^{-1}): *La. et al.* UV-Ab⸗ sorptionsmaxima (Cyclohexan): 233 nm, 275 nm, 283 nm und 332 nm.

Trihydroxy-Verbindungen $C_nH_{2n-30}O_4$

*5,9-Dihydroxy-7-propenyl-dibenzo[c,h]xanthenylium $[C_{24}H_{17}O_3]^+$, Formel I.
Chlorid $[C_{24}H_{17}O_3]Cl$. Konstitutionszuordnung: *Fieser, Fieser,* Am. Soc. **63** [1941] 1572. — *B.* Beim Erwärmen von Naphthalin-1,4-diol mit Crotonaldehyd (nicht charakteri- siert) in Essigsäure und wss. Salzsäure (*Raudnitz, Puluj,* B. **64** [1931] 2212, 2215). — Rotes Pulver (aus Eg.); 1 Mol H_2O enthaltend (*Ra., Pu.*).

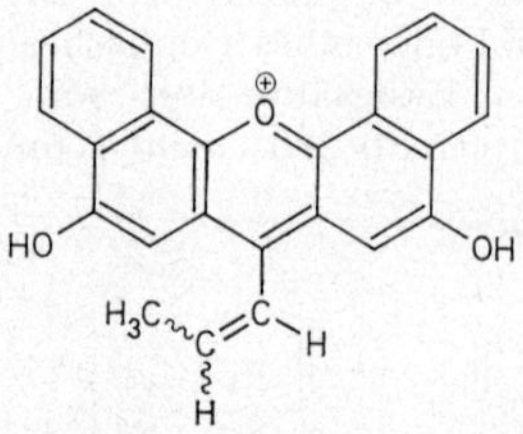

I 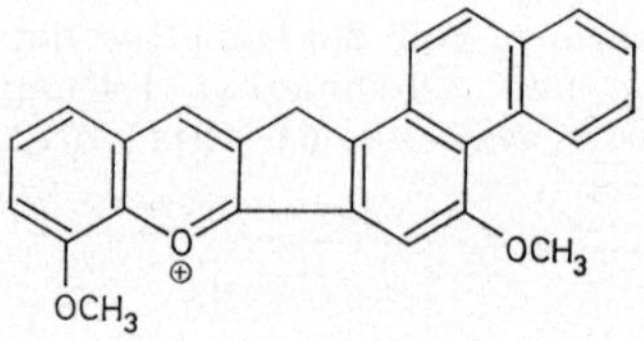   II

Trihydroxy-Verbindungen $C_nH_{2n-32}O_4$

Trihydroxy-Verbindungen $C_{24}H_{16}O_4$

5,8-Dimethoxy-13H-naphth[2',1';4,5]indeno[1,2-b]chromenylium $[C_{26}H_{19}O_3]^+$, Formel II.
Chlorid. *B.* Beim Einleiten von Chlorwasserstoff in eine Lösung von 11-Methoxy- 15,16-dihydro-cyclopenta[a]phenanthren-17-on und 2-Hydroxy-3-methoxy-benzaldehyd in wenig Äthylacetat (*Robinson,* Soc. **1938** 1390, 1395). — Bronzefarbene Krystalle (aus A. + HCl).
Tetrachloroferrat(III) $[C_{26}H_{19}O_3]FeCl_4$. Braune Krystalle (aus Ameisensäure + Eg.), die bei 245—248° sintern und bei weiterem Erhitzen verkohlen (*Ro.*).

Trihydroxy-Verbindungen C$_{25}$H$_{18}$O$_4$

(±)-2,4-Diphenyl-4*H*-benzo[*g*]chromen-4,5,10-triol C$_{25}$H$_{18}$O$_4$, Formel III (R = H).
Die nachstehend beschriebene Verbindung wird von *Grinew et al.* (Ž. obšč. Chim. **29** [1959] 945, 948; engl. Ausg. S. 927) als opt.-inakt. 4-Hydroxy-2,4-diphenyl-4a,10a-dihydro-4*H*-benzo[*g*]chromen-5,10-dion C$_{25}$H$_{18}$O$_4$ (Formel IV) formuliert.
B. Beim Erwärmen von [1,4]Naphthochinon mit Dibenzoylmethan und Zinkchlorid in Äthanol (*Gr. et al.*).
Krystalle (aus 1,2-Dichlor-äthan); F: 174—175°.

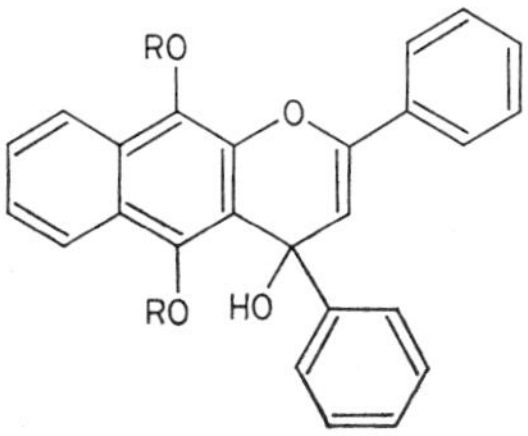

III 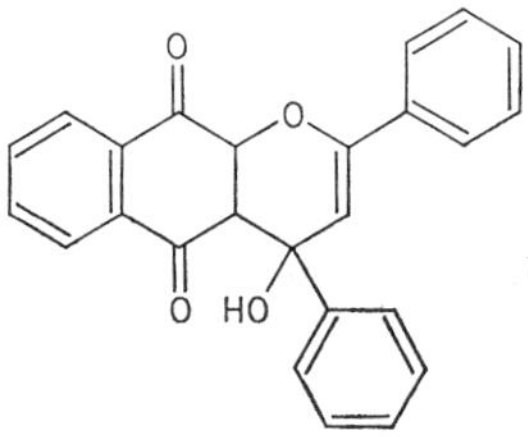   IV 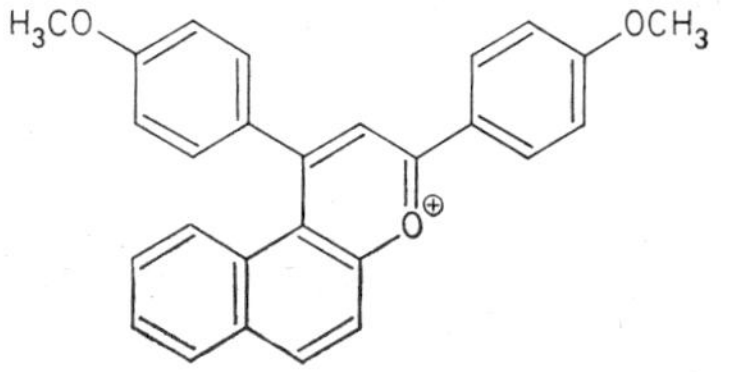   V

(±)-5,10-Dimethoxy-2,4-diphenyl-4*H*-benzo[*g*]chromen-4-ol C$_{27}$H$_{22}$O$_4$, Formel III (R = CH$_3$).
B. Beim Behandeln von (±)-2,4-Diphenyl-4*H*-benzo[*g*]chromen-4,5,10-triol in Dioxan mit Dimethylsulfat und wss. Natronlauge (*Grinew et al.*, Ž. obšč. Chim. **29** [1959] 945, 948; engl. Ausg. S. 927).
Krystalle (aus A.); F: 160—160,5°.

─────────

1,3-Bis-[4-methoxy-phenyl]-benzo[*f*]chromenylium [C$_{27}$H$_{21}$O$_3$]$^+$, Formel V.
Chlorid. *B.* Beim Einleiten von Chlorwasserstoff in eine warme Suspension von (±)-1,3-Bis-[4-methoxy-phenyl]-1*H*-benzo[*f*]chromen und Mangan(IV)-oxid in Essigsäure (*Dilthey et al.*, J. pr. [2] **148** [1937] 210, 215). — Rote Krystalle.
Perchlorat [C$_{27}$H$_{21}$O$_3$]ClO$_4$. Orangerote Krystalle; F: 266—269° (*Di. et al.*).
Pikrat [C$_{27}$H$_{21}$O$_3$]C$_6$H$_2$N$_3$O$_7$. Rote Krystalle; F: 208—211° (*Di. et al.*).

Trihydroxy-Verbindungen C$_{26}$H$_{20}$O$_4$

[5-Hydroxymethyl-[2]furyl]-bis-[4-hydroxy-[1]naphthyl]-methan C$_{26}$H$_{20}$O$_4$, Formel VI (R = H).
B. Beim Erwärmen von 5-Hydroxymethyl-furan-2-carbaldehyd mit [1]Naphthol und wss. Natronlauge (*Bredereck*, B. **65** [1932] 1110, 1112).
Krystalle (aus Acn. + Ae.) mit 1 Mol Diäthyläther, F: 148° [nach Sintern von 136° an]; Krystalle (aus wss. A.) mit 1 Mol H$_2$O, Zers. von 135° an [Schmelze bei ca. 178°].

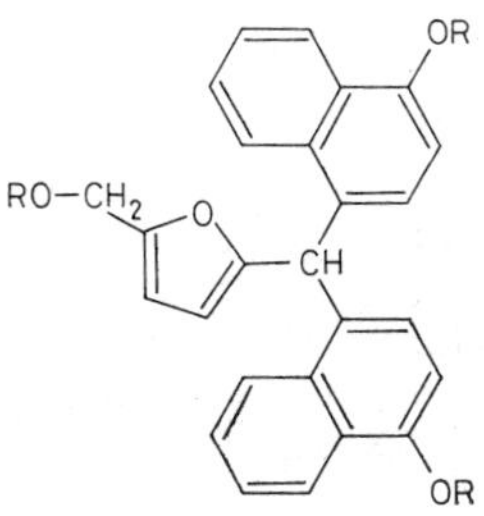

VI 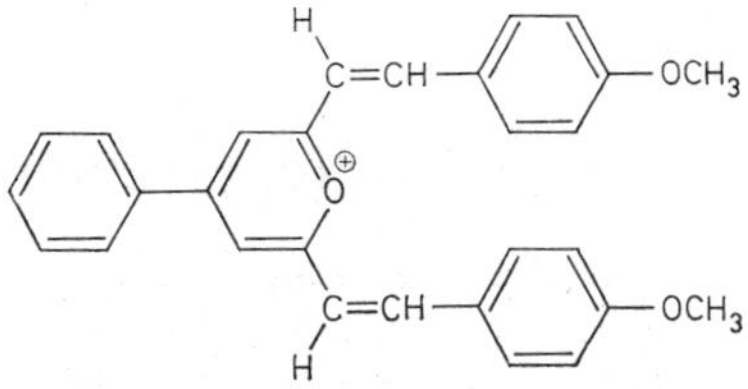   VII

[5-Acetoxymethyl-[2]furyl]-bis-[4-acetoxy-[1]naphthyl]-methan C$_{32}$H$_{26}$O$_7$, Formel VI (R = CO-CH$_3$).
B. Beim Erwärmen von [5-Hydroxymethyl-[2]furyl]-bis-[4-hydroxy-[1]naphthyl]-

methan mit Acetanhydrid und Pyridin (*Bredereck*, B. **65** [1932] 1110, 1112).
Krystalle (aus A.); F: 180° [nach Sintern von 162° an].

Trihydroxy-Verbindungen C₂₇H₂₂O₄

*2,6-Bis-[4-methoxy-styryl]-4-phenyl-pyrylium [$C_{29}H_{25}O_3$]⁺, Formel VII.
Perchlorat [$C_{29}H_{25}O_3$]ClO₄. B. Beim Erhitzen von 2,6-Dimethyl-4-phenyl-pyrylium-
perchlorat mit 4-Methoxy-benzaldehyd auf 170° (*Wizinger, Wagner*, Helv. **34** [1951] 2290,
2300). — Metallisch glänzende Krystalle. Absorptionsmaximum (Eg.): 558—560 nm
(*Wi., Wa.*, l. c. S. 2293).

Trihydroxy-Verbindungen C₂₈H₂₄O₄

(±)-2,2,5-Tris-[2-methoxy-phenyl]-5-phenyl-tetrahydro-furan $C_{31}H_{30}O_4$, Formel VIII.
B. Neben anderen Verbindungen beim Behandeln von 4-Oxo-4-phenyl-buttersäure mit
2-Methoxy-phenylmagnesium-jodid in Äther und Benzol (*Baddar et al.*, Soc. **1955** 456,
460).
Krystalle (aus Eg.); F: 208—209° (*Ba. et al.*). UV-Spektrum (Eg. + A.; 250—350 nm):
Baddar, Sawires, Soc. **1955** 4469.

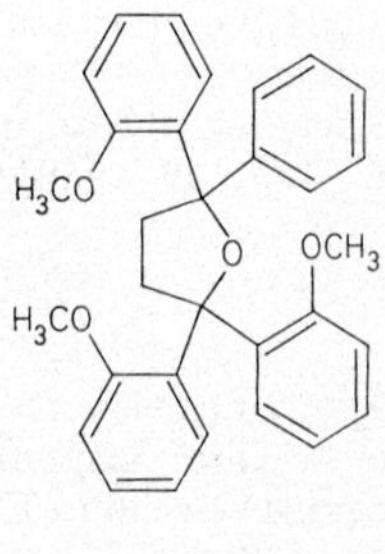

VIII 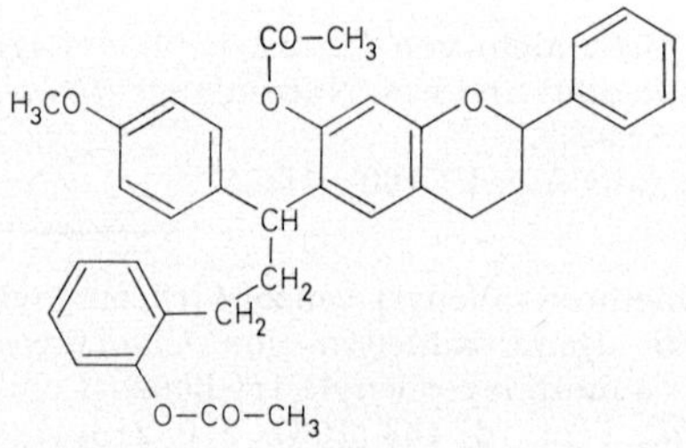   IX

Trihydroxy-Verbindungen C₃₀H₂₈O₄

***Opt.-inakt. 7-Acetoxy-6-[3-(2-acetoxy-phenyl)-1-(4-methoxy-phenyl)-propyl]-
2-phenyl-chroman** $C_{35}H_{34}O_6$, Formel IX.
B. Beim Einleiten von Chlorwasserstoff in ein Gemisch von (±)-2-Phenyl-chroman-
7-ol und (±)-2-[4-Methoxy-phenyl]-chroman in Äthanol und Erhitzen des nach 8 Tagen
isolierten Reaktionsprodukts mit Acetanhydrid und Natriumacetat (*Brown, Cummings*,
Soc. **1958** 4302, 4305).
Krystalle (aus Ae. + PAe.); F: 65—66°. UV-Absorptionsmaxima (A.): 278,5 nm und
284,5 nm.

Trihydroxy-Verbindungen $C_nH_{2n-34}O_4$

2-Biphenyl-4-yl-7-hydroxy-6-methoxy-3-phenyl-chromenylium [$C_{28}H_{21}O_3$]⁺, Formel X.
Chlorid [$C_{28}H_{21}O_3$]Cl. B. Aus 2-Biphenyl-4-yl-6-methoxy-3-phenyl-chromen-7-on mit
Hilfe von Salzsäure (*Mee et al.*, Soc. **1957** 3093, 3097). — Braune Krystalle mit 1 Mol
H₂O; F: 216° [Zers.].
Perchlorat [$C_{28}H_{21}O_3$]ClO₄. Rote Krystalle (aus wss. Eg.) mit 0,5 Mol H₂O; F: 259°
bis 262° [Zers.] (*Mee et al.*).
Tetrachloroferrat(III). Verbindung mit Chlorwasserstoff [$C_{28}H_{21}O_3$]FeCl₄·HCl.
Rote Krystalle (aus wss. Eg.); F: 218° [Zers.] (*Mee et al.*).

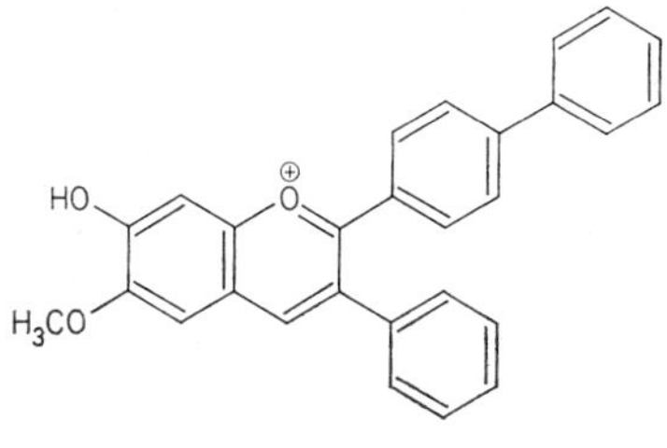

X   Xl

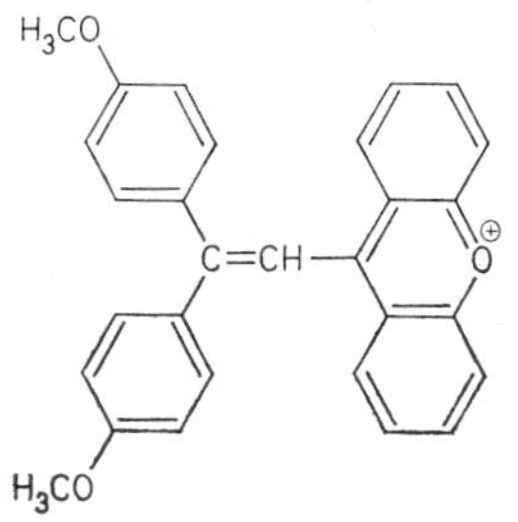

9-[2,2-Bis-(4-methoxy-phenyl)-vinyl]-xanthylium $[C_{29}H_{23}O_3]^+$, Formel XI.

Perchlorat $[C_{29}H_{23}O_3]ClO_4$. *B.* Beim Erwärmen von 4,4′-Dimethoxy-benzophenon mit Phosphor(V)-chlorid und anschliessend mit 9-Methyl-xanthylium-perchlorat und Acetyl= chlorid (*Wizinger, Renckhoff,* Helv. **24** [1941] 369 E, 384 E). — Dunkelrote Krystalle (aus CHCl$_3$ + CCl$_4$); Zers. bei ca. 155° (*Wi., Re.*). Absorptionsmaximum (wss. Eg.): 683 nm (*Schiller,* Z. Phys. **105** [1937] 175, 187). — Beim Erwärmen mit Pyridin ist 9-[Bis-(4-methoxy-phenyl)-vinyliden]-xanthen, bei kurzem Erhitzen mit Essigsäure ist 6-Meth= oxy-3-[4-methoxy-phenyl]-spiro[inden-1,9′-xanthen] erhalten worden (*Wi., Re.*).

Trihydroxy-Verbindungen $C_nH_{2n-36}O_4$

Trihydroxy-Verbindungen $C_{27}H_{18}O_4$

5,9-Diacetoxy-7-phenyl-7H-dibenzo[c,h]xanthen-7-ol $C_{31}H_{22}O_6$, Formel I.

B. Beim Behandeln von 5,9-Dihydroxy-7-phenyl-dibenzo[c,h]xanthenylium-chlorid mit Acetanhydrid und Pyridin (*Fieser, Fieser,* Am. Soc. **63** [1941] 1572, 1575). Krystalle (aus E. + Bzn.); F: 265—270° [Zers.].

5,9-Dihydroxy-7-phenyl-dibenzo[c,h]xanthenylium $[C_{27}H_{17}O_3]^+$, Formel II (R = H).

Chlorid $[C_{27}H_{17}O_3]Cl$. Konstitutionszuordnung: *Fieser, Fieser,* Am. Soc. **63** [1941] 1572. — *B.* Beim Erwärmen von Naphthalin-1,4-diol mit Benzaldehyd in Essigsäure und wss. Salzsäure (*Raudnitz, Puluj,* B. **64** [1931] 2212, 2215). — Dunkelrote, metallisch glänzende Krystalle (aus Eg.) mit 1 Mol H$_2$O (*Ra., Pu.; Fi., Fi.*); Zers. von 200° an (*Fi., Fi.*).

Pikrat $[C_{27}H_{17}O_3]C_6H_2N_3O_7$. Bronzefarbene Krystalle; Zers. oberhalb 300° (*Fi., Fi.*).

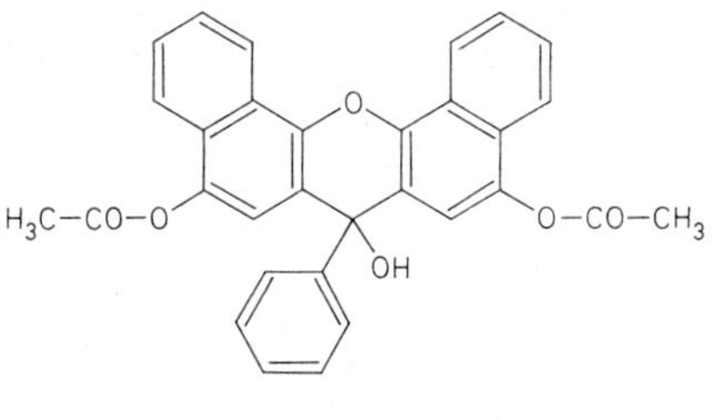

I 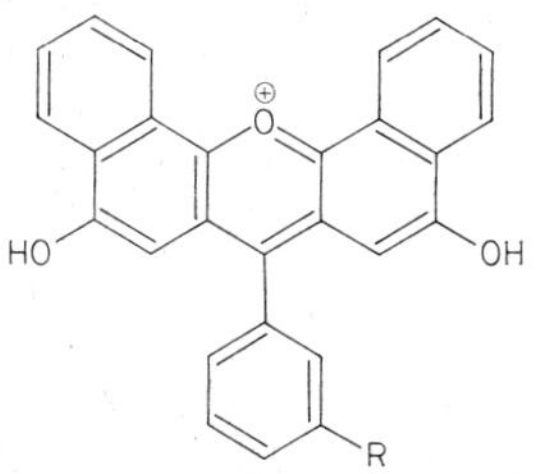   II

Trihydroxy-Verbindungen $C_{28}H_{20}O_4$

5,9-Dihydroxy-7-m-tolyl-dibenzo[c,h]xanthenylium $[C_{28}H_{19}O_3]^+$, Formel II (R = CH$_3$).

Chlorid $[C_{28}H_{19}O_3]Cl$. *B.* Beim Erwärmen von Naphthalin-1,4-diol mit m-Toluylaldehyd in Essigsäure und wss. Salzsäure (*Fieser, Fieser,* Am. Soc. **63** [1941] 1572, 1574). — Dunkelrote, bronzeglänzende Krystalle (aus Eg.) mit 2 Mol H$_2$O.

Pikrat $[C_{28}H_{19}O_3]C_6H_2N_3O_7$. Dunkelrote, metallisch glänzende Krystalle (aus Nitro= benzol).

Trihydroxy-Verbindungen $C_{29}H_{22}O_4$

4-[2,2-Bis-(4-methoxy-phenyl)-vinyl]-2-phenyl-chromenylium $[C_{31}H_{25}O_3]^+$, Formel III.

Perchlorat $[C_{31}H_{25}O_3]ClO_4$. *B.* Beim Erhitzen von 2-Phenyl-chromen-4-on mit 1,1-Bis-[4-methoxy-phenyl]-äthylen und Phosphorylchlorid, Eintragen des Reaktionsgemisches in Essigsäure und anschliessenden Behandeln mit wss. Natriumperchlorat-Lösung (*Wizinger, Luthiger*, Helv. **36** [1953] 526, 530). Beim Erhitzen von 2-Phenyl-chromen≠ylium-perchlorat mit 1,1-Bis-[4-methoxy-phenyl]-äthylen in Essigsäure (*Wi., Lu.*). — Kupferglänzende Krystalle (aus Eg. oder A.); F: 238°. Absorptionsmaximum (Eg.): 570 nm.

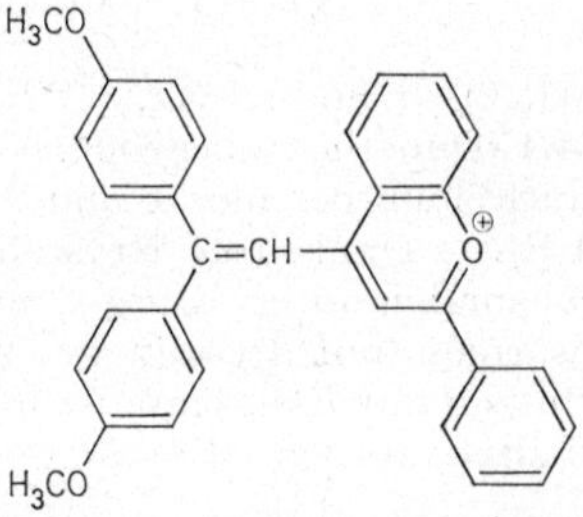

III 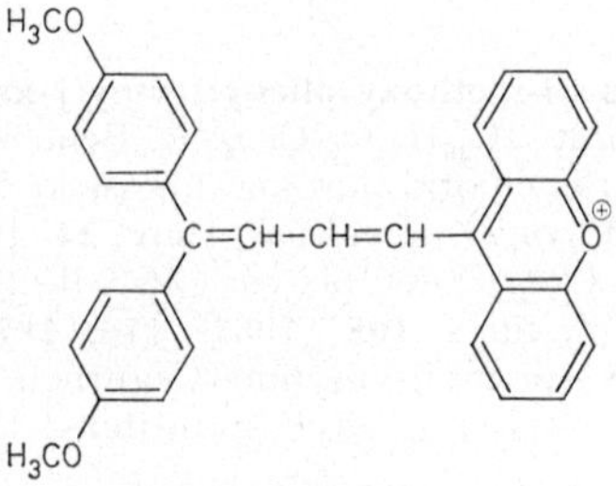   IV

*9-[4,4-Bis-(4-methoxy-phenyl)-buta-1,3-dienyl]-xanthylium $[C_{31}H_{25}O_3]^+$, Formel IV.

Perchlorat $[C_{31}H_{25}O_3]ClO_4$. *B.* Beim Behandeln einer heissen Lösung von Xanthen-9-yliden-acetaldehyd und 1,1-Bis-[4-methoxy-phenyl]-äthylen in Acetanhydrid mit einem Gemisch von Essigsäure, Perchlorsäure und Acetanhydrid (*Wizinger, Arni*, B. **92** [1959] 2309, 2318). — Goldglänzende Krystalle (aus Eg.); F: 223—227°. Absorptionsmaximum (Eg.): 688 nm.

Trihydroxy-Verbindungen $C_nH_{2n-38}O_4$

2-[2,2-Bis-(4-methoxy-phenyl)-vinyl]-4,6-diphenyl-pyrylium $[C_{33}H_{27}O_3]^+$, Formel V.

Perchlorat $[C_{33}H_{27}O_3]ClO_4$. *B.* Beim Erhitzen des 2-Methyl-4,6-diphenyl-pyrylium-Salzes der Sulfoessigsäure mit 4,4'-Dimethoxy-benzophenon und Phosphorylchlorid und Behandeln einer Lösung des Reaktionsprodukts in Essigsäure mit wss. Perchlorsäure (*I.G. Farbenind.*, D.R.P. 734920 [1930]; D.R.P. Org. Chem. **1**, Tl. 2, S. 1193). Beim Erhitzen von 4,6-Diphenyl-pyran-2-on mit 1,1-Bis-[4-methoxy-phenyl]-äthylen, Phos≠phorylchlorid und Phosphor(V)-chlorid und Behandeln einer Lösung des Reaktions-produkts in Essigsäure mit wss. Perchlorsäure (*Wizinger et al.*, Helv. **39** [1956] 1, 4). — Rote, metallisch glänzende Krystalle (aus Eg.); Zers. bei 239° (*I.G. Farbenind.*; *Wi. et al.*). Absorptionsmaximum (Eg.): 538 nm (*Wi. et al.*).

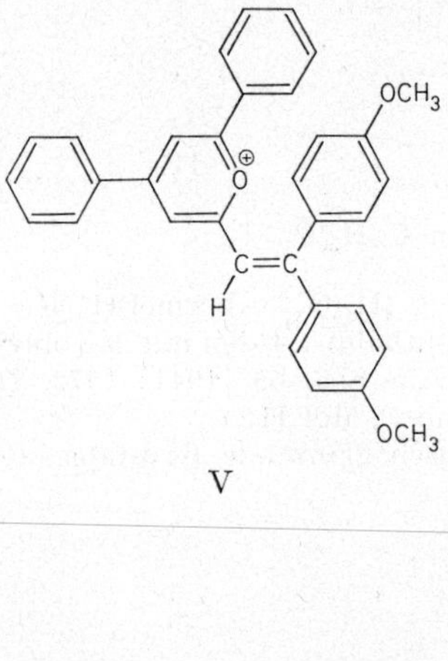

V 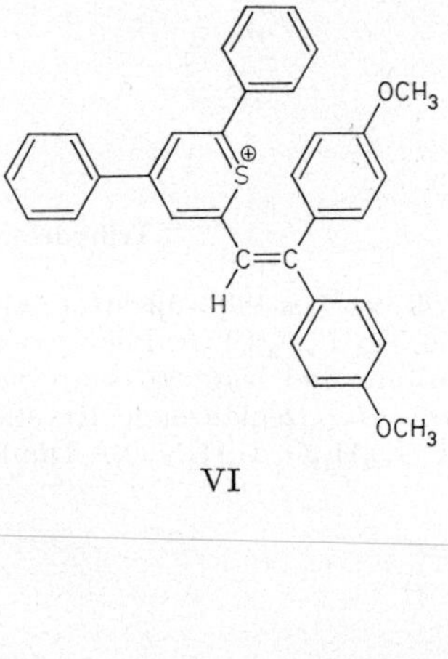   VI

2-[2,2-Bis-(4-methoxy-phenyl)-vinyl]-4,6-diphenyl-thiopyrylium $[C_{33}H_{27}O_2S]^+$, Formel VI.

    Perchlorat $[C_{33}H_{27}O_2S]ClO_4$. *B.* Beim Behandeln einer Suspension von 2-[2,2-Bis-(4-methoxy-phenyl)-vinyl]-4,6-diphenyl-pyrylium-perchlorat in Aceton mit wss. Natrium= sulfid-Lösung und Behandeln des Reaktionsgemisches mit wss. Perchlorsäure (*Wizinger, Ulrich,* Helv. **39** [1956] 207, 216). — Grün glänzende Krystalle (aus Eg.); F: 186—188°. Absorptionsmaximum (Eg.): 545 nm (*Wi., Ul.,* l. c. S. 213).

Trihydroxy-Verbindungen $C_nH_{2n-40}O_4$

*4-[4,4-Bis-(4-methoxy-phenyl)-buta-1,3-dienyl]-2,6-diphenyl-thiopyrylium $[C_{35}H_{29}O_2S]^+$, Formel VII.

    Perchlorat $[C_{35}H_{29}O_2S]ClO_4$. *B.* Beim Erhitzen von 4-Methyl-2,6-diphenyl-thiopyr= ylium-perchlorat mit 3,3-Bis-[4-methoxy-phenyl]-acrylaldehyd in Acetanhydrid (*Wi-zinger, Ulrich,* Helv. **39** [1956] 217, 222). — Bronzefarbene, fast schwarze Krystalle (aus Eg. + Acetanhydrid); F: 265—267°. Absorptionsmaximum (Eg.): 620 nm.

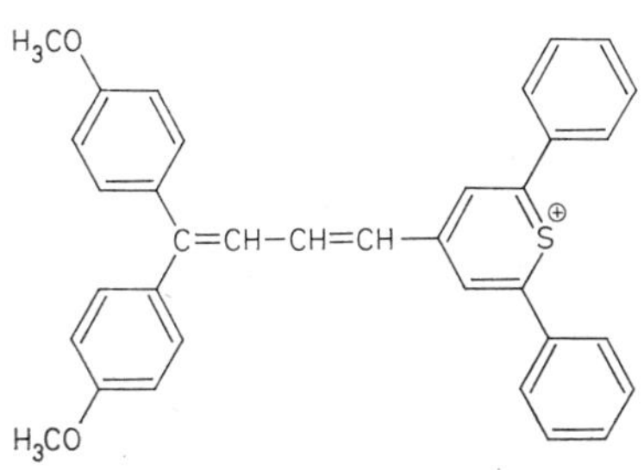

VII 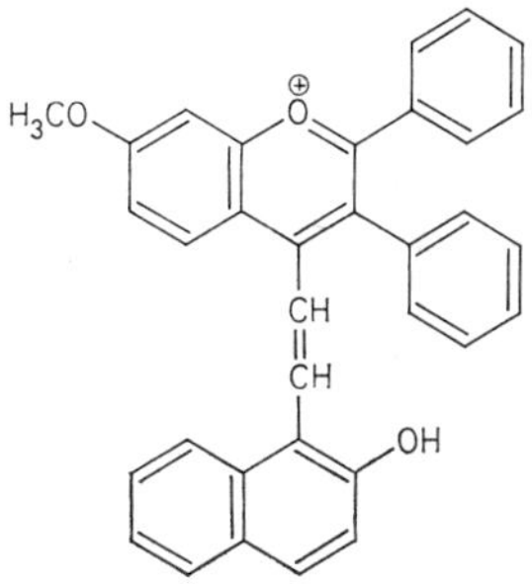   VIII

Trihydroxy-Verbindungen $C_nH_{2n-42}O_4$

*4-[2-(2-Hydroxy-[1]naphthyl)-vinyl]-7-methoxy-2,3-diphenyl-chromenylium $[C_{34}H_{25}O_3]^+$, Formel VIII.

    Chlorid. *B.* Beim Behandeln von 7-Methoxy-4-methyl-2,3-diphenyl-chromenylium-chlorid mit 2-Hydroxy-[1]naphthaldehyd in Chlorwasserstoff enthaltendem Äthanol (*Heilbron, Howard,* Soc. **1934** 1571). — Violettrote Krystalle. — Beim Behandeln mit wss. Ammoniak in Äther ist 7'-Methoxy-2',3'-diphenyl-spiro[benzo[f]chromen-3,4'-chro= men] erhalten worden.

    Tetrachloroferrat(III) $[C_{34}H_{25}O_3]FeCl_4$. Rote, grünglänzende Krystalle [aus Eg.] (*He., Ho.*).   [*Goebels*]

D. Tetrahydroxy-Verbindungen

Tetrahydroxy-Verbindungen $C_nH_{2n}O_5$

Tetrahydroxy-Verbindungen $C_4H_8O_5$

2,5-Dimethoxy-tetrahydro-furan-3,4-diol $C_6H_{12}O_5$.

a) **(±)-2r,5t-Dimethoxy-tetrahydro-furan-3c,4c-diol** $C_6H_{12}O_5$, Formel I (R = H) + Spiegelbild.

Konfigurationszuordnung: *Gagnaire, Vottero*, Bl. **1963** 2779, 2782.

B. Beim Behandeln von (±)-*trans*-2,5-Dimethoxy-2,5-dihydro-furan mit Kalium=permanganat in wss. Aceton bei $-20°$ (*Nielsen et al.*, Acta chem. scand. **12** [1958] 63, 65; *Ga., Vo.*) oder mit Kaliumpermanganat und Magnesiumsulfat in wss. Äthanol bei $-5°$ (*Sheehan, Bloom*, Am. Soc. **74** [1952] 3825, 3827).

Krystalle; F: $67-69°$ [aus Ae.] (*Ni. et al.*), $65-67°$ (*Sh., Bl.*). Kp_2: $130°$ (*Sh., Bl.*); $Kp_{0,1}$: $85-87°$ (*Ni. et al.*). n_D^{25}: 1,4600 (*Sh., Bl.; Ni. et al.*).

b) **2r,5c-Dimethoxy-tetrahydro-furan-3t,4t-diol** $C_6H_{12}O_5$, Formel II (R = H).

Konfigurationszuordnung: *Barbier et al.*, Bl. **1968** 2330, 2331.

B. Beim Behandeln von *cis*-2,5-Dimethoxy-2,5-dihydro-furan mit Kaliumpermanganat in wss. Aceton bei $-20°$ (*Nielsen et al.*, Acta chem. scand. **12** [1958] 63, 65; *Gagnaire, Vottero*, Bl. **1963** 2779, 2784).

Krystalle (aus Ae.); F: $34-36°$; $Kp_{0,1}$: $109-110°$; n_D^{25}: 1,4569 (*Ni. et al.*).

Charakterisierung als Di-*O*-acetyl-Derivat (F: $97-98°$): *Ni. et al.*, l. c. S. 66.

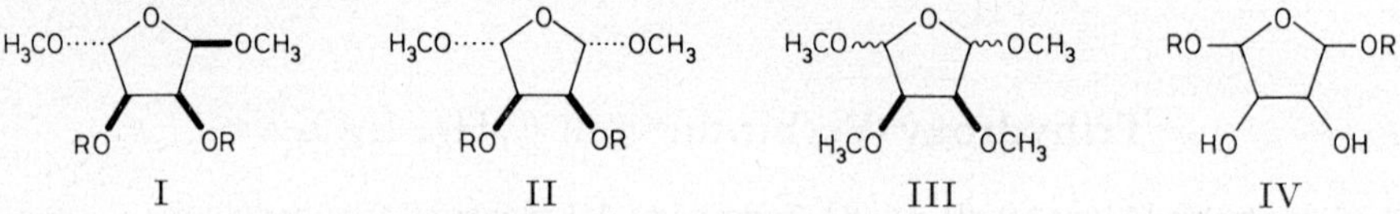

I   II   III   IV

(±)-2ξ,3r,4c,5ξ-Tetramethoxy-tetrahydro-furan $C_8H_{16}O_5$, Formel III + Spiegelbild.

B. Beim Erwärmen von (±)-2ξ,5ξ-Dimethoxy-tetrahydro-furan-3r,4c-diol (nicht charakterisiert) mit Dimethylsulfat und wss. Natronlauge (*Zeile, Heusner*, B. **87** [1954] 439, 441) oder mit Methyljodid unter Zusatz von Silberoxid (*Kebrle, Karrer*, Helv. **37** [1954] 484, 491).

Kp_{16}: $112-115°$ (*Ze., He.*).

*Opt.-inakt. 2,5-Diäthoxy-tetrahydro-furan-3,4-diol $C_8H_{16}O_5$, Formel IV (R = C_2H_5).

B. Aus opt.-inakt. 2,5-Diäthoxy-2,5-dihydro-furan (nicht charakterisiert) beim Behandeln mit wss. Kaliumpermanganat-Lösung (*Sadolin & Holmblad*, U.S.P. 2748147 [1952]).

Kp_9: $157-158°$. n_D^{25}: 1,449.

*Opt.-inakt. 2,5-Dipropoxy-tetrahydro-furan-3,4-diol $C_{10}H_{20}O_5$, Formel IV (R = $CH_2-CH_2-CH_3$).

B. Aus opt.-inakt. 2,5-Dipropoxy-2,5-dihydro-furan (nicht charakterisiert) beim Behandeln mit wss. Kaliumpermanganat-Lösung (*Sadolin & Holmblad*, U.S.P. 2748147 [1952]).

Kp_9: $171-172°$. n_D^{25}: 1,447.

*Opt.-inakt. 2,5-Diisopropoxy-tetrahydro-furan-3,4-diol $C_{10}H_{20}O_5$, Formel IV (R = $CH(CH_3)_2$).

B. Aus opt.-inakt. 2,5-Diisopropoxy-2,5-dihydro-furan (nicht charakterisiert) beim Behandeln mit wss. Kaliumpermanganat-Lösung (*Sadolin & Holmblad*, U.S.P. 2748147

[1952]).
    Krystalle; F: 51−52°.

(±)-2r,4t,5c-Trimethoxy-tetrahydro-furan-3t-ol $C_7H_{14}O_5$, Formel V + Spiegelbild.
    Ein Präparat (bei 100−112°/13 Torr destillierbar), in dem vermutlich diese Verbindung als Hauptbestandteil vorgelegen hat, ist beim Erwärmen von 2r,5c-Dimethoxy-tetrahydro-furan-3t,4t-diol mit Dimethylsulfat (3 Mol) und wss. Natronlauge erhalten worden (*Zeile, Heusner*, B. **87** [1954] 439, 441).

3,4-Diacetoxy-2,5-dimethoxy-tetrahydro-furan $C_{10}H_{16}O_7$.
    a) **(±)-3c,4c-Diacetoxy-2r,5t-dimethoxy-tetrahydro-furan** $C_{10}H_{16}O_7$, Formel I (R = CO-CH₃) + Spiegelbild.
    B. Beim Behandeln von (±)-2r,5t-Dimethoxy-tetrahydro-furan-3c,4c-diol mit Acet≠anhydrid und Pyridin (*Nielsen et al.*, Acta chem. scand. **12** [1958] 63, 65).
    $Kp_{0,1}$: 90−92°. n_D^{25}: 1,4431.

    b) **3t,4t-Diacetoxy-2r,5c-dimethoxy-tetrahydro-furan** $C_{10}H_{16}O_7$, Formel II (R = CO-CH₃).
    B. Beim Behandeln von 2r,5c-Dimethoxy-tetrahydro-furan-3t,4t-diol mit Acetanhydrid und Pyridin (*Nielsen et al.*, Acta chem. scand. **12** [1958] 63, 66).
    Krystalle (aus Ae.); F: 97−98°.

V   VI

3t,4t-Bis-[(1R)-menthyloxy-acetoxy]-2r,5c-dimethoxy-tetrahydro-furan $C_{30}H_{52}O_9$, Formel VI.
    B. Neben 4t-[(1R)-Menthyloxy-acetoxy]-2r,5c-dimethoxy-tetrahydro-furan-3t-ol ($C_{18}H_{32}O_7$; bei 175−185°/0,05 Torr destillierbar; n_D^{25}: 1,4699) beim Behandeln von 2r,5c-Dimethoxy-tetrahydro-furan-3t,4t-diol mit (1R)-Menthyloxy-acetyl≠chlorid und Pyridin (*Nielsen et al.*, Acta chem. scand. **12** [1958] 63, 65).
    $Kp_{0,05}$: 230−235°. n_D^{25}: 1,4712.

Tetrahydroxy-Verbindungen $C_5H_{10}O_5$

2-Methoxy-tetrahydro-pyran-3,4,5-triol, Methyl-pentopyranosid $C_6H_{12}O_5$.
    a) **(2S)-2r-Methoxy-tetrahydro-pyran-3c,4c,5c-triol, Methyl-α-D-ribopyranosid** $C_6H_{12}O_5$, Formel VII.
    B. s. bei dem unter b) beschriebenen Stereoisomeren. Trennung der Anomeren durch Chromatographie an Cellulose-Pulver: *Barker, Smith*, Soc. **1954** 2151, 2153.
    Öl. $[\alpha]_D^{20}$: +103,3° [Me.; c = 1].

    b) **(2R)-2r-Methoxy-tetrahydro-pyran-3t,4t,5t-triol, Methyl-β-D-ribopyranosid** $C_6H_{12}O_5$, Formel VIII.
    B. Neben Methyl-α-D-ribopyranosid beim Erwärmen von D-Ribose mit Chlorwasser≠stoff enthaltendem Methanol (*Minsaas*, A. **512** [1934] 286; *Jackson, Hudson*, Am. Soc. **63** [1941] 1229). Trennung der Anomeren durch Chromatographie an Cellulose-Pulver: *Barker, Smith*, Soc. **1954** 2151, 2153.
    Krystalle (aus E.); F: 83−84° (*Mi.*), 83° (*Ja., Hu.*), 78° [nach Sublimation bei 0,01 Torr] (*Ba., Sm.*). Orthorhombisch; Raumgruppe $P2_12_12_1$; aus dem Röntgen-Diagramm ermittelte Dimensionen der Elementarzelle: a = 6,415 Å; b = 19,994 Å; c = 5,747 Å; n = 4 (*Hordvik*, Acta chem. scand. [B] **28** [1974] 261; vgl. *James, Stevens*, Carbohydrate Res. **21** [1972] 334; *Brækken*, Norske Vid. Selsk. Forh. **9** [1936] 184). $[\alpha]_D^{20}$: −106,5° [Me.; c = 1] (*Ba., Sm.*); $[\alpha]_D^{20}$: −113,6° [W.; c = 1] (*Mi.*); $[\alpha]_D^{20}$: −105°

[W.; c = 0,5] (*Ja.*, *Hu.*); $[\alpha]_D^{25}$: $-102°$ [W.; c = 0,6]; $[\alpha]_{436}^{25}$: $-200°$ [W.; c = 0,6]; $[\alpha]_{436}^{25}$: $-324°$ [wss. Tetramminkupfer(II)-Salz-Lösung] (*Reeves*, Am. Soc. **72** [1950] 1499, 1502).

Komplexbildung mit Natriumtellurat in wss. Lösung: *Barker*, *Shaw*, Soc. **1959** 584, 590. Geschwindigkeit der Isomerisierung zu Methyl-α-D-ribopyranosid, Methyl-α-D-ribo‐ furanosid und Methyl-β-D-ribofuranosid in 1% Chlorwasserstoff enthaltendem Methanol bei 35°: *Bishop*, *Cooper*, Canad. J. Chem. **41** [1963] 2743, 2757. Beim Behandeln mit Perjodsäure in Wasser ist (*R*)-Methoxy-[2-oxo-äthoxy]-acetaldehyd („L'-Methoxy-digly‐ kolaldehyd" [E III 1 3183]) erhalten worden (*Ja.*, *Hu.*). Geschwindigkeit der Reaktion mit Natriumperjodat in gepufferter wss. Lösung vom pH 7 bei Raumtemperatur: *Ba.*, *Shaw*. Reaktion mit Aceton in Gegenwart von Schwefelsäure unter Bildung von Meth‐ yl-[O^3,O^4-isopropyliden-β-D-ribopyranosid] und Methyl-[O^2,O^3-isopropyliden-β-D-ribo‐ pyranosid]: *Hughes*, *Maycock*, Carbohydrate Res. **35** [1974] 247; s. a. *Levene*, *Stiller*, J. biol. Chem. **106** [1934] 421, 425; *Barker et al.*, Soc. **1955** 1327, 1328; *Barker*, *Spoors*, Soc. **1956** 2656, 2657.

VII   VIII   IX   X

c) (2*S*)-2*r*-Methoxy-tetrahydro-pyran-3*t*,4*c*,5*c*-triol, Methyl-α-D-arabinopyranosid $C_6H_{12}O_5$, Formel IX.

B. Beim Behandeln von Tri-*O*-acetyl-β-D-arabinopyranosylbromid mit Silbercarbonat in Methanol unter Zusatz von Calciumsulfat und anschliessend mit Bariummethylat in Methanol (*Fletcher*, *Hudson*, Am. Soc. **72** [1950] 4173, 4175). Aus Methyl-[tri-*O*-benzoyl-α-D-arabinopyranosid] (*Wood*, *Fletcher*, Am. Soc. **80** [1958] 5242, 5245 Anm. 16). Beim Behandeln von O^1,O^3,O^5-Tribenzoyl-O^2-methansulfonyl-α-D-ribofuranose mit Natrium‐ methylat in Methanol und Dichlormethan (*Ness*, *Fletcher*, Am. Soc. **78** [1956] 4710, 4714).

Krystalle; F: 132—133° [aus E.] (*Fl.*, *Hu.*), 131—133° [korr.; aus A.] (*Ness*, *Fl.*). $[\alpha]_D^{20}$: $-18,1°$ [W.; c = 0,8] (*Fl.*, *Hu.*); $[\alpha]_D^{20}$: $-21°$ [W.; c = 1] (*Ness*, *Fl.*). Über das optische Drehungsvermögen von alkal. wss. Lösungen s. *Bentley*, Am. Soc. **81** [1959] 1952, 1955. IR-Banden (Nujol; 10,4—13,7 μ): *Barker et al.*, Soc. **1954** 3468, 3471.

Geschwindigkeit der Oxydation beim Behandeln mit wss. Chlor-Lösung bei 37°: *Bentley*, Am. Soc. **79** [1957] 1720, 1721. Geschwindigkeit der Reaktion mit Perjodsäure in Wasser bei 20°: *Jackson*, *Hudson*, Am. Soc. **59** [1937] 994, 996, 999. Geschwindigkeit der Hydrolyse in wss. Salzsäure (0,01n) bei 98°: *Montgomery*, *Hudson*, Am. Soc. **59** [1937] 992.

d) (2*R*)-2*r*-Methoxy-tetrahydro-pyran-3*t*,4*c*,5*c*-triol, Methyl-α-L-arabinopyranosid $C_6H_{12}O_5$, Formel X (H 1 864 [dort als β-Methyl-*l*-arabinosid bezeichnet]; H 31 45).

Krystalle (aus E.); F: 131° (*Hudson*, Am. Soc. **47** [1925] 265, 268). Rhombisch-bisphenoidal; aus dem Röntgen-Diagramm ermittelte Dimensionen der Elementarzelle: a = 9,32 Å; b = 16,92 Å; c = 4,68 Å; n = 4 (*Cox*, *Goodwin*, Z. Kr. **85** [1933] 462, 465); a = 16,985 Å; b = 9,321 Å; c = 4,715 Å; n = 4 (*Brækken et al.*, Z. Kr. **88** [1934] 205, 207). Dichte der Krystalle: 1,449 (*Br. et al.*), 1,47 (*Cox*, *Go.*). $[\alpha]_D^{20}$: $+17,3°$ [W.; c = 3,4] (*Hu.*); $[\alpha]_D^{25}$: $+17°$ [W.; c = 0,6]; $[\alpha]_{436}^{25}$: $+32°$ [W.; c = 0,6]; $[\alpha]_{436}^{25}$: $-1000°$ [wss. Tetramminkupfer(II)-Salz-Lösung] (*Reeves*, Am. Soc. **71** [1949] 1737). IR-Spektrum (KCl; 2—15 μ): *Tipson*, *Isbell*, J. Res. Bur. Stand. [A] **64** [1960] 239, 255.

Geschwindigkeit der Reaktion mit Sauerstoff in wss. Lösung in Gegenwart von Eisen‐ phosphat bei 48°: *Degering*, *Upson*, J. biol. Chem. **94** [1931] 423, 426. Beim Behandeln mit Perjodsäure in Wasser (*Smith*, *Van Cleve*, Am. Soc. **77** [1955] 3091, 3093, 3095) sowie beim Behandeln mit Blei(IV)-acetat in wss. Essigsäure (*Grosheintz*, Am. Soc. **61** [1939] 3379) ist (*R*)-Methoxy-[2-oxo-äthoxy]-acetaldehyd („L'-Methoxy-diglykol‐ aldehyd" [E III 1 3183]) erhalten worden. Geschwindigkeit der Reaktion mit Blei(IV)-acetat in 90%ig. wss. Essigsäure bei 27°: *Perlin*, Anal. Chem. **27** [1955] 396, 398. Ge‐ schwindigkeit der Hydrolyse in wss. Salzsäure (0,5n) bei 75°: *Riiber*, *Sørensen*, Norske

Vid. Selsk. Skr. **1938** Nr. 1, S. 19; in wss. Natronlauge (10%ig) bei 170°: *Dryselius et al.*, Acta chem. scand. **12** [1958] 340, 341.

Thallium(I)-Verbindung $Tl_3C_6H_9O_5$. F: 215—220° [Zers.; nach Verfärbung bei 160°] (*Menzies, Kieser*, Soc. **1928** 186, 188).

e) **(2R)-2r-Methoxy-tetrahydro-pyran-3c,4t,5t-triol, Methyl-β-D-arabinopyranosid** $C_6H_{12}O_5$, Formel XI.

B. Aus D-Arabinose beim Erwärmen mit Chlorwasserstoff enthaltendem Methanol (*McOwan*, Soc. **1926** 1747, 1749), beim Erwärmen mit wss.-methanol. Salzsäure (*Pratt et al.*, Am. Soc. **74** [1952] 2200, 2205), beim Behandeln einer warmen Lösung in Methanol mit einem Kationen-Austauscher (*Cadotte et al.*, Am. Soc. **74** [1952] 1501, 1503) sowie beim Behandeln mit Orthoameisensäure-trimethylester in Methanol in Gegenwart von Borfluorid (*Wolfrom et al.*, J. org. Chem. **22** [1957] 1513).

Krystalle; F: 172° (*Ca. et al.*), 168—169° (*Wo. et al.*), 168° [aus Me.] (*McO.*). $[\alpha]_D^{16}$: −241,1° [W.; c = 1] (*McO.*); $[\alpha]_D^{20}$: −243° [W.; c = 1] (*Wo. et al.*); $[\alpha]_D^{25}$: −244° [W.] (*Ca. et al.*); $[\alpha]_D^{25}$: −243° [W.; c = 0,5]; $[\alpha]_{436}^{25}$: −465° [W.; c = 0,5]; $[\alpha]_{436}^{25}$: +396° [wss. Tetramminkupfer(II)-Salz-Lösung] (*Reeves*, Am. Soc. **71** [1949] 1737, 1739). Über das optische Drehungsvermögen von alkal. wss. Lösungen s. *Bentley*, Am. Soc. **81** [1959] 1952, 1955. IR-Banden (Nujol; 10,4—13,7 µ): *Barker et al.*, Soc. **1954** 3468, 3471.

Geschwindigkeit der Oxydation beim Behandeln mit wss. Chlor-Lösung bei 37°: *Bentley*, Am. Soc. **79** [1957] 1720, 1721. Geschwindigkeit der Bildung von (R)-1-Methoxy-[2-oxo-äthoxy]-acetaldehyd („L′-Methoxy-diglykolaldehyd" [E III **1** 3183]) beim Behandeln mit Perjodsäure in Wasser bei 20°: *Jackson, Hudson*, Am. Soc. **59** [1937] 994, 999; beim Behandeln mit Blei(IV)-acetat in Essigsäure bei 20°: *Hockett, McClenahan*, Am. Soc. **61** [1939] 1667, 1668; beim Behandeln mit Blei(IV)-acetat in wss. Essigsäure bei 40°: *Abraham*, Am. Soc. **72** [1950] 4050, 4052. Geschwindigkeit der Hydrolyse in wss. Salzsäure (0,01 n) bei 98°: *Montgomery, Hudson*, Am. Soc. **59** [1937] 992.

f) **(2S)-2r-Methoxy-tetrahydro-pyran-3c,4t,5t-triol, Methyl-β-L-arabinopyranosid** $C_6H_{12}O_5$, Formel XII (H **1** 864 [dort als α-Methyl-l-arabinosid bezeichnet]; H **31** 45).

B. Aus L-Arabinose beim Erwärmen mit Chlorwasserstoff enthaltendem Methanol (*Hudson*, Am. Soc. **47** [1925] 265, 267; *Oldham, Honeyman*, Soc. **1946** 986, 988), mit Chlorwasserstoff enthaltendem Methanol unter Zusatz von 1,2-Dichlor-äthan (*Smith, Van Cleve*, Am. Soc. **77** [1955] 3159) oder von Dimethylsulfit (*Voss*, A. **485** [1931] 283, 298) sowie beim Behandeln einer warmen Lösung in Methanol mit einem Kationen-Austauscher (*Cadotte et al.*, Am. Soc. **74** [1952] 1501, 1503). Beim Erwärmen von L-Ara≠ binose-dibenzyldithioacetal mit Methanol und Quecksilber(II)-chlorid (*Pacsu, Ticharich*, B. **62** [1929] 3008, 3010).

Krystalle; F: 172° (*Ca. et al.*), 169—170° [aus A.] (*Ol., Ho.*; *Pa., Ti.*; *Voss*). Ortho-rhombische Modifikation: Raumgruppe $P2_12_12_1$; aus dem Röntgen-Diagramm ermittelte Dimensionen der Elementarzelle: a = 16,56 Å; b = 7,74 Å; c = 5,89 Å; n = 4; Dichte der Krystalle: 1,44 (*Cox, Goodwin*, Z. Kr. **85** [1933] 462, 466). Monokline Modifikation: Raumgruppe $P2_1$; aus dem Röntgen-Diagramm ermittelte Dimensionen der Elementar-zelle: a = 8,99 Å; b = 7,74 Å; c = 5,89 Å; β = 115°35′; n = 2; Dichte der Krystalle: 1,46 (*Cox et al.*, Soc. **1935** 978, 981; s. a. *Brækken et al.*, Z. Kr. **88** [1934] 205, 208). $[\alpha]_D^{18}$: +244,8° [W.; c = 1] (*Ol., Ho.*); $[\alpha]_D^{20}$: +246,1° [W.] (*Pa., Ti.*); $[\alpha]_D^{20}$: +245,2° [W.] (*Voss*); $[\alpha]_D^{25}$: +243° [W.; c = 0,6] (*Reeves*, Am. Soc. **71** [1949] 1737); $[\alpha]_D^{27,5}$: +243° [wss. NaCl-Lösung (1 n)] (*Re.*); $[\alpha]_D^{27,5}$: +233° [wss. Natronlauge (1 n)] (*Reeves, Blouin*, Am. Soc. **79** [1957] 2261, 2262); $[\alpha]_{436}^{25}$: +470° [W.; c = 0,6]; $[\alpha]_{436}^{25}$: −397° [wss. Tetrammin≠ kupfer(II)-Salz-Lösung] (*Re.*). IR-Spektrum (KCl; 2—15 µ): *Tipson, Isbell*, J. Res. Bur. Stand. [A] **64** [1960] 239, 256.

Beim Behandeln mit Perjodsäure in Wasser (*Smith, Van Cleve*, Am. Soc. **77** [1955] 3091, 3093, 3095) oder mit Blei(IV)-acetat in wss. Essigsäure (*Grosheintz*, Am. Soc. **61** [1939] 3379) ist (S)-Methoxy-[2-oxo-äthoxy]-acetaldehyd („D′-Methoxy-diglykol≠ aldehyd" [E III **1** 3182]) erhalten worden. Geschwindigkeit der Reaktion mit Kalium≠ perjodat in wss. Lösung bei 15—20°: *Halsall et al.*, Soc. **1947** 1427, 1431. Geschwindig-keit der Hydrolyse in wss. Salzsäure (0,5 n) bei 75°: *Riiber, Sørensen*, Norske Vid. Selsk. Skr. **1938** Nr. 1, S. 19; in wss. Natronlauge (10%ig) bei 170°: *Dryselius et al.*, Acta chem. scand. **12** [1958] 340. Bei der Hydrierung an Kupferoxid-Chromoxid in Dioxan bei 240°/250 at sind als Hauptprodukte (±)-*cis*-Tetrahydro-pyran-3,4-diol und (±)-*trans*-

Tetrahydro-pyran-3,4-diol (*Bauer, Stuetz*, Am. Soc. **78** [1956] 4097; *Francis, Perlin*, Canad. J. Chem. **37** [1959] 1229, 1232) sowie opt.-inakt. Pentan-2,3-diol [Bis-[4-nitro-benzoyl]-Derivat: F: 165—167°] (*Fr., Pe.*) erhalten worden; über die Hydrierung an Kupferoxid-Chromoxid in Äthanol bei 200°/140 at s. *Perlin et al.*, Canad. J. Chem. **36** [1958] 921, 924.

XI   XII   XIII   XIV

g) **(2S)-2r-Methoxy-tetrahydro-pyran-3c,4t,5c-triol, Methyl-α-D-xylopyranosid**
$C_6H_{12}O_5$, Formel XIII (H **1** 868 [dort als α-Methyl-*l*-xylosid bezeichnet]; H **31** 54).

B. Neben Methyl-β-D-xylopyranosid beim Erwärmen von D-Xylose mit Chlorwasser=stoff enthaltendem Methanol (*Hudson*, Am. Soc. **47** [1925] 265, 266). Isolierung über das O^2,O^4-Phenylborandiyl-Derivat: *Ferrier et al.*, Soc. **1965** 858, 861.

Krystalle (aus E.); F: 91° (*Hamilton et al.*, Am. Soc. **81** [1959] 2173, 2174). Monoklin-sphenoidisch; Raumgruppe $P2_1$ [$= C_2^2$] (*Cox*, Soc. **1932** 2535, 2536; *Brækken et al.*, Z. Kr. **88** [1934] 205, 206); aus dem Röntgen-Diagramm ermittelte Dimensionen der Elementarzelle: a = 11,06 Å; b = 6,72 Å; c = 11,17 Å; β = 111,7°; n = 4; Dichte der Krystalle: 1,405 (*Br. et al.*; s. a. *Cox*). $[\alpha]_D^{20}$: +153,9° [W.; c = 11] (*Hu.*). $[\alpha]_D^{28}$: +155° [W.; c = 0,5] (*Reeves*, Am. Soc. **72** [1950] 1499, 1505); $[\alpha]_D^{27,5}$: +155,9° [wss. NaCl-Lösung (1n)]; $[\alpha]_D^{27,5}$: +154,3° [wss. Natronlauge (1n)] (*Reeves, Blouin*, Am. Soc. **79** [1957] 2261, 2262); $[\alpha]_{436}^{25}$: +295° [W.; c = 0,5]; $[\alpha]_{436}^{25}$: +138° [wss. Tetrammin=kupfer(II)-Salz-Lösung (*Re.*). IR-Spektrum (KCl; 2—15 μ): *Tipson, Isbell*, J. Res. Bur. Stand. [A] **64** [1960] 239, 251. IR-Banden in Nujol (10,4—13,7 μ): *Barker et al.*, Soc. **1954** 3468, 3471.

Geschwindigkeit der Reaktion mit Perjodsäure in Wasser bei 20°: *Jackson, Hudson*, Am. Soc. **59** [1937] 994, 999; mit Kaliumperjodat in Wasser bei 15—20°: *Halsall et al.*, Soc. **1947** 1427, 1431. Geschwindigkeit der Hydrolyse in wss. Salzsäure (0,5n) bei 75°: *Riiber, Sørensen*, Norske Vid. Selsk. Skr. **1938** Nr. 1, S. 19; in wss. Natronlauge (10%ig) bei 170°: *Dryselius et al.*, Acta chem. scand. **12** [1958] 340, 341.

Verbindung mit Methyl-β-D-xylopyranosid. Eine Verbindung (Krystalle [aus Butanon], F: 89—91°; $[\alpha]_D^{21}$: +104,4° [W.]) von 7(oder 3) Mol Methyl-α-D-xylopyranosid mit 2(oder 1) Mol Methyl-β-D-xylopyranosid ist neben Methyl-β-D-xylopyranosid beim Erwärmen von D-Xylose mit 1% Chlorwasserstoff enthaltendem Methanol erhalten worden (*Hockett, Hudson*, Am. Soc. **53** [1931] 4454).

h) **(2R)-2r-Methoxy-tetrahydro-pyran-3t,4c,5t-triol, Methyl-β-D-xylopyranosid**
$C_6H_{12}O_5$, Formel XIV (H **1** 868 [dort als β-Methyl-*l*-xylosid bezeichnet]; H **31** 54).

B. Neben Methyl-α-D-xylopyranosid beim Erwärmen von D-Xylose mit Chlorwasser=stoff enthaltendem Methanol (*Hudson*, Am. Soc. **47** [1925] 265, 266). Beim Behandeln von D-Xylose mit Orthoameisensäure-trimethylester in Methanol in Gegenwart von Borfluorid (*Wolfrom et al.*, J. org. Chem. **22** [1957] 1513).

Krystalle (aus A.); F: 157° (*Hu.*), 156—157° (*Wo. et al.*). Monoklin; Raumgruppe $P2_1$ [$= C_2^2$] (*Cox*, Soc. **1932** 138; *Brown et al.*, Soc. [A] **1966** 922); aus dem Röntgen-Diagramm ermittelte Dimensionen der Elementarzelle: a = 7,893 Å; b = 6,908 Å; c = 7,709 Å; n = 2; Dichte der Krystalle: 1,411 (*Br. et al.*; s. a. *Cox*). $[\alpha]_D^{20}$: −65,5° [W.; c = 14] (*Hu.*); $[\alpha]_D^{20}$: −65° [W.; c = 1] (*Wo. et al.*); $[\alpha]_D^{25}$: −60° [W.; c = 0,5] (*Reeves*, Am. Soc. **72** [1950] 1499, 1505); $[\alpha]_D^{27,5}$: −63,7° [wss. NaCl-Lösung (1n)]; $[\alpha]_D^{27,5}$: −64,9° [wss. Natronlauge (1n)] (*Reeves, Blouin*, Am. Soc. **79** [1957] 2261, 2262); $[\alpha]_{436}^{25}$: −127° [W.; c = 0,5]; $[\alpha]_{436}^{25}$: −317° [wss. Tetramminkupfer(II)-Salz-Lösung] (*Re.*). IR-Spektrum (KCl; 2—15 μ): *Tipson, Isbell*, J. Res. Bur. Stand. [A] **64** [1960] 239, 251. IR-Spektrum von 2,7 μ bis 3,7 μ: *Konkin et al.*, Faserforsch. Textiltech. **8** [1957] 85, 87; Ž. fiz. Chim. **32** [1958] 894, 900; C. A. **1958** 19457; von 8 μ bis 15 μ: *Kuhn*, Anal. Chem. **22** [1950] 276, 279.

Geschwindigkeit der Reaktion mit Perjodsäure in Wasser bei 20°: *Jackson, Hudson*, Am. Soc. **59** [1937] 994, 999; der Reaktion mit Natriumperjodat in gepufferter wss.

Lösung vom pH 7 bei Raumtemperatur: *Barker, Shaw*, Soc. **1959** 584, 590; der Reaktion mit Blei(IV)-acetat in Essigsäure bei 20°: *Hockett, McClenahan*, Am. Soc. **61** [1939] 1667; bei 25°: *Hockett et al.*, Am. Soc. **65** [1943] 1474, 1475; in wasserfreier Essigsäure und in 90%ig. wss. Essigsäure bei 27°: *Perlin*, Am. Soc. **76** [1954] 5505, 5508. Geschwindigkeit der Hydrolyse in wss. Salzsäure (0,5n) bei 75°: *Riiber, Sørensen*, Norske Vid. Selsk. Skr. **1938** Nr. 1, S. 19; in wss. Natronlauge (10%ig) bei 170°: *Dryselius et al.*, Acta chem. scand. **12** [1958] 340, 341. Gleichgewichtskonstante im Reaktionssystem Methyl-β-D-xylopyranosid + H_2O ⇌ D-Xylose + Methanol in wss. Salzsäure bei 70° bis 90°: *Konkin, Tschiwilichina*, Trudy Inst. iskusstven. Volokna Nr. 3 [1957] 10, 13; C. A. **1960** 11523.

Beim Erwärmen mit Tritylchlorid und Pyridin sind zwei Methyl-[O^X-trityl-β-D-xylo-pyranoside] (isoliert als Methyl-[O^X,O^X-diacetyl-O^X-trityl-β-D-xylopyranoside] ($C_{29}H_{30}O_7$): 1. Krystalle [aus A.], F: 169—170° [korr.]; [α]$_D^{20}$: −15,7° [CHCl₃]; 2. Krystalle [aus A.], F: 125—127° [korr.]; [α]$_D^{20}$: −49,1° [CHCl₃]) und zwei Methyl-[O^X,O^X-di-trityl-β-D-xylopyranoside] ($C_{44}H_{40}O_5$; 1. Krystalle [aus A.], F: 238—240° [korr.]; [α]$_D^{20}$: −55,5° [Py.]; 2. Krystalle [aus A.], F: 162,5—163° [korr.]; [α]$_D^{20}$: −22,5° [Py.]) erhalten worden (*Jackson et al.*, Am. Soc. **56** [1934] 947, 948).

Verbindung mit Kaliumacetat $C_6H_{12}O_5 \cdot KC_2H_3O_2$. Hygroskopische Krystalle; F: 171—172° [korr.]; [α]$_D^{20}$: −41,3° [W.] (*Watters et al.*, Am. Soc. **56** [1934] 2199).

Verbindung mit Methyl-α-D-xylopyranosid s. S. 2428.

i) **(2S)-2r-Methoxy-tetrahydro-pyran-3t,4c,5t-triol, Methyl-β-L-xylopyranosid** $C_6H_{12}O_5$, Formel I.

B. Neben Methyl-β-L-arabinopyranosid beim Erhitzen von Methyl-[2,3-anhydro-β-L-ribopyranosid] oder von Methyl-[O^4-acetyl-2,3-anhydro-β-L-lyxopyranosid] mit wss. Natronlauge (*Honeyman*, Soc. **1946** 990, 993).

Krystalle (aus A.); F: 155—156°. [α]$_D^{18}$: +62,5° [W.; c = 2].

j) **(2S)-2r-Methoxy-tetrahydro-pyran-3t,4t,5c-triol, Methyl-α-D-lyxopyranosid** $C_6H_{12}O_5$, Formel II (H **1** 869; H **31** 57).

B. Neben Methyl-β-D-lyxopyranosid beim Erwärmen von D-Lyxose mit Chlorwasser-stoff enthaltendem Methanol (*Isbell, Frush*, J. Res. Bur. Stand. **24** [1940] 125, 142; *Kent, Ward*, Soc. **1953** 416; *Haworth, Hirst*, Soc. **1928** 1221, 1230).

Krystalle; F: 108—109° [aus A. + PAe. oder aus E.] (*Ha., Hi.; Kent, Ward*), 108° [aus wss. Isopropylalkohol] (*Is., Fr.*). [α]$_D^{20}$: +59,4° [W.; c = 4] (*Is., Fr.*); [α]$_D$: +59° [W.; c = 1] (*Ha., Hi.; Reeves*, Am. Soc. **72** [1950] 1499, 1505); [α]$_D^{27,5}$: +58,0° [wss. NaCl-Lösung (1n)]; [α]$_D^{27,5}$: +60,4° [wss. Natronlauge (1n)] (*Reeves, Blouin*, Am. Soc. **79** [1957] 2261, 2262); [α]$_{436}^{25}$: +112° [W.; c = 1]; [α]$_{436}^{25}$: +543° [wss. Tetramminkupfer(II)-Salz-Lösung] (*Re.*). IR-Spektrum (KCl und Nujol; 14—40 µ): *Tipson, Isbell*. J. Res. Bur. Stand. [A] **64** [1960] 239, 252, 258.

Beim Behandeln mit Perjodsäure in Wasser (*Maclay, Hudson*, Am. Soc. **60** [1938] 2059) oder mit Blei(IV)-acetat in Chloroform (*McClenahan, Hockett*, Am. Soc. **60** [1938] 2061) ist (*S*)-Methoxy-[2-oxo-äthoxy]-acetaldehyd (,,D′-Methoxy-diglykolaldehyd″ [E III **1** 3182]) erhalten worden. Geschwindigkeit der Reaktion mit Natriumperjodat in gepufferter wss. Lösung vom pH 7 bei Raumtemperatur: *Barker, Shaw*, Soc. **1959** 584, 590; der Reaktion mit Blei(IV)-acetat in Essigsäure bei 20°: *Hockett, McClenahan*, Am. Soc. **61** [1939] 1667, 1668. Geschwindigkeit der Hydrolyse in wss. Salzsäure (0,5n) bei 75° sowie in wss. Salzsäure (0,05n) bei 98°: *Is., Fr.*, l. c. S. 131, 149; *Shafizadeh, Thompson*, J. org. Chem. **21** [1956] 1059, 1061.

Verbindung mit Calciumchlorid $C_6H_{12}O_5 \cdot CaCl_2$. Krystalle (aus wss. Isoamyl-alkohol) mit 2 Mol H_2O; [α]$_D^{20}$: +31° [W.] (*Is., Fr.*, l. c. S. 148).

     I   II   III   IV

k) **(2R)-2r-Methoxy-tetrahydro-pyran-3c,4c,5t-triol, Methyl-β-D-lyxopyranosid**, Formel III. $C_6H_{12}O_5$,

B. Neben grösseren Mengen des unter j) beschriebenen Stereoisomeren beim Erwärmen von D-Lyxose mit Chlorwasserstoff enthaltendem Methanol (*Isbell, Frush*, J. Res. Bur. Stand. **24** [1940] 125, 143).

Krystalle (aus W. oder Isopropylalkohol); F: 118° (*Is., Fr.*). $[\alpha]_D^{20}$: $-128,1°$ [W.; c = 2] (*Is., Fr.*); $[\alpha]_D^{25}$: $-123°$ [W.; c = 1]; $[\alpha]_{436}^{25}$: $-228°$ [W.; c = 1]; $[\alpha]_{436}^{25}$: $-750°$ [wss. Tetramminkupfer(II)-Salz-Lösung] (*Reeves*, Am. Soc. **72** [1950] 1499, 1505). IR-Spektrum (KCl und Nujol; 14—40 μ): *Tipson, Isbell*, J. Res. Bur. Stand. [A] **64** [1960] 239, 252, 258.

Geschwindigkeit der Hydrolyse in wss. Salzsäure (0,05 n) bei 98°: *Is., Fr.*, l. c. S. 131, 149; *Shafizadeh, Thompson*, J. org. Chem. **21** [1956] 1059, 1061.

5,6-Dimethoxy-tetrahydro-pyran-3,4-diol $C_7H_{14}O_5$.

a) **Methyl-[O^2-methyl-β-D-arabinopyranosid]** $C_7H_{14}O_5$, Formel IV.

B. Beim Behandeln von Methyl-[O^2-methyl-O^3,O^5-ditrityl-ξ-D-arabinofuranosid] (Gemisch der Anomeren) mit Chlorwasserstoff in Chloroform und Erwärmen des Reaktionsprodukts mit Chlorwasserstoff enthaltendem Methanol (*Halliburton, McIlroy*, Soc. **1949** 299). Beim Erwärmen von Methyl-[O^3,O^4-isopropyliden-O^2-methyl-β-D-arabinopyranosid] mit Chlorwasserstoff enthaltendem Methanol (*Jones et al.*, Soc. **1947** 1341, 1343).

Krystalle mit 1 Mol H_2O, F: 48° [aus Me. + Ae.] (*Jo. et al.*), 44—45° [aus Ae.] (*Ha., McI.*; die wasserfreie Verbindung schmilzt bei 62—63° (*Ha., McI.*). $[\alpha]_D^{17}$: $-205°$ [Me.; c = 2] (*Ha., McI.*).

b) **Methyl-[O^2-methyl-β-L-arabinopyranosid]** $C_7H_{14}O_5$, Formel V.

B. Beim Erwärmen von Methyl-[O^3,O^4-isopropyliden-O^2-methyl-β-L-arabinopyranosid] mit wss. Essigsäure (*Jones et al.*, Soc. **1947** 1341, 1343). Beim Behandeln von Methyl-[O^3,O^4-((Ξ)-benzyliden)-β-L-arabinopyranosid] in Methanol mit Methyljodid und Silberoxid und Erwärmen einer Lösung des Reaktionsprodukts in Aceton mit wss. Salzsäure (*Oldham, Honeyman*, Soc. **1946** 986, 988).

Krystalle mit 1 Mol H_2O, F: 47° [aus Acn. + Ae.] (*Jo. et al.*), 46—47° [aus Ae.] (*Ol., Ho.*); die wasserfreie Verbindung schmilzt bei 63—65° (*Ol., Ho.*) bzw. bei 59° (*Jo. et al.*). $[\alpha]_D^{18}$: $+208°$ [Me.; c = 2] (*Ol., Ho.*).

c) **Methyl-[O^2-methyl-β-D-xylopyranosid]** $C_7H_{14}O_5$, Formel VI.

B. Beim Erwärmen einer Lösung von Methyl-[O^3,O^4-diacetyl-O^2-methyl-β-D-xylopyranosid] in Aceton mit wss. Natronlauge (*Robertson, Speedie*, Soc. **1934** 824, 826). Herstellung aus Xylan durch Methylierung und anschliessende Methanolyse: *Ehrenthal et al.*, Am. Soc. **76** [1954] 5509, 5513.

Krystalle (aus Ae. + A. oder aus A. + PAe.); F: 111—112° (*Ro., Sp.; Eh. et al.*). $[\alpha]_D^{24}$: $-70,5°$ [$CHCl_3$; c = 0,2] (*Eh. et al.*); $[\alpha]_D$: $-67,7°$ [$CHCl_3$; c = 1] (*Ro., Sp.*).

V   VI   VII   VIII

Methyl-[O^4-methyl-β-D-xylopyranosid] $C_7H_{14}O_5$, Formel VII.

B. Beim Erwärmen von Methyl-[O^4-methyl-2,3-anhydro-β-D-ribopyranosid] mit wss. Natronlauge (*Hough, Jones*, Soc. **1952** 4349).

Krystalle (aus Ae.); F: 95°. $[\alpha]_D^{22}$: $-69°$ [W.; c = 0,4].

4,5,6-Trimethoxy-tetrahydro-pyran-3-ol $C_8H_{16}O_5$.

a) **Methyl-[O^2,O^3-dimethyl-ξ-D-ribopyranosid]** $C_8H_{16}O_5$, Formel VIII.

Die folgenden Angaben beziehen sich auf ein Gemisch der Anomeren.

B. Beim Behandeln von Methyl-[O^2,O^3-dimethyl-O^5-trityl-ξ-D-ribofuranosid] (Gemisch der Anomeren) mit Chlorwasserstoff in Chloroform und Erwärmen des Reaktionsprodukts mit Chlorwasserstoff enthaltendem Methanol (*Barker, Smith*, Soc. **1955** 1323, 1325). Bei 130°/0,01 Torr destillierbar. n_D^{19}: 1,4557.

Geschwindigkeit der Hydrolyse in wss. Schwefelsäure (0,2 n) bei 95—100°: *Ba., Sm.*

b) **Methyl-[O^2,O^3-dimethyl-α-D-xylopyranosid]** $C_8H_{16}O_5$, Formel IX.

Herstellung aus Xylan durch Methylierung und anschliessende Methanolyse: *Hampton et al.*, Soc. **1929** 1739, 1747; s. dazu *Haworth et al.*, Soc. **1934** 1917, 1921; *Bywater et al.*, Soc. **1937** 1983, 1988.

$Kp_{0,04}$: 80°; n_D^{17}: 1,4581; $[\alpha]_D^{21,5}$: +61,8° [Me.] [Präparat von zweifelhafter Einheitlichkeit] (*Ham. et al.*).

Beim Erwärmen mit wss. Bromwasserstoffsäure und Behandeln der Reaktionslösung mit Brom ist O^2,O^3-Dimethyl-D-xylonsäure-4-lacton erhalten worden (*Ham. et al.*; *McIlroy et al.*, Soc. **1945** 796, 798). Bildung von O^2,O^3-Dimethyl-D-xylarsäure-dimethylester beim Erwärmen mit wss. Salpetersäure und beim Behandeln des Reaktionsprodukts mit Chlorwasserstoff enthaltendem Methanol: *McI. et al.*

c) **Methyl-[O^2,O^3-dimethyl-β-D-xylopyranosid]** $C_8H_{16}O_5$, Formel X.

B. Beim Behandeln von O^2,O^3-Dimethyl-D-xylose mit Chlorwasserstoff enthaltendem Methanol (*Robertson, Speedie*, Soc. **1934** 824, 829; *Robertson, Gall*, Soc. **1937** 1600, 1603).

Bei 95°/0,03 Torr destillierbar (*Ro., Gall*). n_D^{17}: 1,4538 (*Ro., Gall*); n_D^{15}: 1,4540 (*Ro., Sp.*). $[\alpha]_D^{18}$: −5,7° [CHCl$_3$; c = 2] (*Ro., Gall*); $[\alpha]_D$: −5,8° [CHCl$_3$; c = 2] (*Ro., Sp.*).

IX   X   XI   XII

d) **Methyl-[O^2,O^3-dimethyl-α-D-lyxopyranosid]** $C_8H_{16}O_5$, Formel XI.

B. Beim Behandeln von Methyl-[O^2,O^3-dimethyl-O^4-(toluol-4-sulfonyl)-α-D-lyxo-pyranosid] in wss. Methanol mit Natrium-Amalgam (*Verheijden, Stoffyn*, Tetrahydron 1 [1957] 253, 256).

Öl; $[\alpha]_D^{20}$: −63,3° [A.] (Präparat von ungewisser Einheitlichkeit).

2,3,5-Trimethoxy-tetrahydro-pyran-4-ol $C_8H_{16}O_5$.

a) **Methyl-[O^2,O^4-dimethyl-β-D-ribopyranosid]** $C_8H_{16}O_5$, Formel XII.

Gewinnung eines Präparats von zweifelhafter Einheitlichkeit aus Hefeadenylsäure durch Behandeln einer Suspension in Methanol mit Chlorwasserstoff, Behandeln der Reaktionslösung mit Methyljodid und Erwärmen des Reaktionsprodukts mit Barium-methylat in Methanol: *Levene, Harris*, J. biol. Chem. **101** [1933] 419, 424.

$[\alpha]_D$: −80° [CHCl$_3$] (*Ferrier, Prasad*, Soc. **1965** 7425, 7428).

b) **Methyl-[O^2,O^4-dimethyl-β-D-xylopyranosid]** $C_8H_{16}O_5$, Formel XIII.

B. Neben anderen Verbindungen beim Behandeln von D-Xylose mit Chlorwasserstoff enthaltendem Methanol, Erhitzen des erhaltenen Gemisches von Methylxylosiden mit Thallium(I)-hydroxid in wss. Lösung und Erwärmen des Reaktionsprodukts mit Methyl-jodid (*Barker et al.*, Soc. **1946** 783). Neben anderen Verbindungen beim Erwärmen von Methyl-β-D-xylopyranosid in Wasser mit Dimethylsulfat und Tetrachlormethan unter Zu-satz von wss. Natronlauge (*Wintersteiner, Klingsberg*, Am. Soc. **71** [1949] 939, 940).

Krystalle (aus Bzn.); F: 77,5−78,5° (*Wi., Kl.*), 77−78° (*Ferrier et al.*, Soc. **1964** 3330, 3334). $[\alpha]_D^{24}$: −70° [CHCl$_3$; c = 1] (*Wi., Kl.*); $[\alpha]_D$: −79° [CHCl$_3$] (*Fe. et al.*).

Ein Präparat (Krystalle, F: 60−61°; $[\alpha]_D$: −82,4° [CHCl$_3$]) von ungewisser Einheit-lichkeit ist beim aufeinanderfolgenden Behandeln von Methyl-[O^2,O^4-diacetyl-O^3-nitro-β-D-xylopyranosid] mit Natriummethylat in Methanol, mit Dimethylamin in Äthanol und mit Methyljodid, Silberoxid und Methanol und Behandeln des Reaktionsprodukts in wss. Äthanol mit Natrium-Amalgam und Essigsäure erhalten worden (*Robertson, Speedie*, Soc. **1934** 824, 828).

XIII   XIV   XV

2,4,5-Trimethoxy-tetrahydro-pyran-3-ol $C_8H_{16}O_5$.

a) **Methyl-[O^3,O^4-dimethyl-β-L-arabinopyranosid]** $C_8H_{16}O_5$, Formel XIV.

B. Beim Erwärmen von Methyl-[O^2-benzoyl-O^3,O^4-dimethyl-β-L-arabinopyranosid] mit wss.-äthanol. Natronlauge (*Honeyman*, Soc. **1946** 990, 992).

$Kp_{0,1}$: 83—84°. $[\alpha]_D^{18}$: +210,6° [$CHCl_3$; c = 4].

b) **Methyl-[O^3,O^4-dimethyl-β(?)-D-xylopyranosid]** $C_8H_{16}O_5$, vermutlich Formel XV.

B. Aus O^3,O^4-Dimethyl-D-xylose (*Robertson, Speedie*, Soc. **1934** 824, 828). Beim Erwärmen von Methyl-[O^4-methyl-2,3-anhydro-β-D-ribopyranosid] mit Natriummethylat in Methanol (*Hough, Jones*, Soc. **1952** 4349). Beim Erwärmen von Methyl-[O^2-benzoyl-O^3,O^5-isopropyliden-D-xylofuranosid] (F: 86°; $[\alpha]_D^{15}$: +114° [$CHCl_3$]) mit Chlorwasserstoff enthaltendem Methanol und Behandeln des Reaktionsprodukts mit Methyljodid und Silberoxid und anschliessend mit Natriummethylat in Methanol (*Percival, Zobrist*, Soc. **1952** 4306, 4309; s. a. *Ro., Sp.*, l. c. S. 827).

Krystalle (aus Ae. + PAe.); F: 89—90° (*Ro., Sp.; Ho., Jo.*). $[\alpha]_D$: —82,2° [$CHCl_3$; c = 2] (*Ro., Sp.*); $[\alpha]_D^{19}$: —71° [W.; c = 1] (*Ho., Jo.*).

Überführung in Methyl-[tri-O-methyl-β-D-xylopyranosid] durch Behandlung mit Methyljodid und Silberoxid: *Pe., Zo.; Ho., Jo.*

2,3,4,5-Tetramethoxy-tetrahydro-pyran $C_9H_{18}O_5$.

a) **Methyl-[tri-O-methyl-ξ-D-ribopyranosid]** $C_9H_{18}O_5$, Formel I.

Die folgenden Angaben beziehen sich auf Präparate von ungewisser Einheitlichkeit.

B. Beim Erwärmen von Methyl-D-ribopyranosid [Gemisch der Anomeren] (*Levene, Tipson*, J. biol. Chem. **93** [1931] 623, 624) oder von Methyl-[O^2,O^3-dimethyl-D-ribopyranosid] [Gemisch der Anomeren] (*Barker, Smith*, Soc. **1955** 1323, 1326) mit Dimethylsulfat und wss. Natronlauge.

Bei 100°/15 Torr destillierbar; n_D^{20}: 1,4451 (*Ba., Sm.*). $Kp_{0,05}$: 54°; n_D^{21}: 1,4473; $[\alpha]_D^{24}$: —35,0° [W.; c = 2]; $[\alpha]_D^{24}$: —24,2° [Me.; c = 2] (*Le., Ti.*).

I   II   III

b) **Methyl-[tri-O-methyl-α-L-arabinopyranosid]** $C_9H_{18}O_5$, Formel II.

B. Beim Behandeln von L-Arabinose mit Dimethylsulfat und wss. Natronlauge (*Hirst, Robertson*, Soc. **127** [1925] 358, 360; *Neher, Lewis*, Am. Soc. **53** [1931] 4411, 4415).

Krystalle (aus PAe.); F: 46—48° (*Hi., Ro.*), 46—46,5° (*Ne., Le.*). Orthorhombisch (*Cox et al.*, Soc. **1935** 1495, 1503). Doppelbrechung der Krystalle: *Cox et al.* n_D^{17}: 1,4473 [unterkühlte Schmelze] (*Hi., Ro.*). $[\alpha]_D$: +26,2° [Me.] (*Pryde, Humphreys*, Soc. **1927** 559, 561); $[\alpha]_D$: +24° [Me.; c = 1] (*Hi., Ro.*). $[\alpha]_D^{20}$: +46,1° [W.; c = 10] (*Ne., Le.*); $[\alpha]_D$: +46,2° [W.; c = 1] (*Hi., Ro.*).

Beim Erwärmen mit Chlorwasserstoff enthaltendem Methanol erfolgt partielle Umwandlung in das unter d) beschriebene Anomere (*Hi., Ro.; Pr., Hu.*).

c) **Methyl-[tri-O-methyl-β-D-arabinopyranosid]** $C_9H_{18}O_5$, Formel III.

B. Aus Methyl-β-D-arabinopyranosid beim Erwärmen mit Dimethylsulfat und wss. Natronlauge unter Zusatz von Tetrachlormethan (*Pratt et al.*, Am. Soc. **74** [1952] 2200, 2205) sowie beim Behandeln mit Dimethylsulfat und wss. Natronlauge und anschliessend mit Methyljodid und Silberoxid (*McOwan*, Soc. **1926** 1717, 1750).

Krystalle [aus Ae. + Pentan] (*Pr. et al.*); F: 43—45° (*McO.*). Röntgenographische Untersuchung der Krystalle: *Cox et al.*, Soc. **1935** 1495, 1503. n_D^{25}: 1,4452 [unterkühlte Schmelze] (*McO.*). $[\alpha]_D^{16}$: —217,5° [Me.; c = 1] (*McO.*); $[\alpha]_D$: —220° [Me.; c = 2] (*Cox et al.*); $[\alpha]_D^{20}$: —248° [W.; c = 1] (*Pr. et al.*).

d) **Methyl-[tri-O-methyl-β-L-arabinopyranosid]** $C_9H_{18}O_5$, Formel IV (H **1** 864; H **31** 45).

Krystalle; F: 44—46° (*Hirst, Robertson*, Soc. **127** [1925] 358, 360). n_D^{30}: 1,4432; n_D^{25}: 1,4450 [unterkühlte Schmelze]. $[\alpha]_D$: +223° [Me.; c = 1]; $[\alpha]_D$: +250° [W.; c = 1].

Beim Erwärmen mit Chlorwasserstoff enthaltendem Methanol erfolgt partielle Umwandlung in das unter b) beschriebene Anomere .

IV   V   VI

e) **Methyl-[tri-O-methyl-α-D-xylopyranosid]** $C_9H_{18}O_5$, Formel V.

B. Beim Behandeln von Methyl-α-D-xylopyranosid mit Methyljodid, Silberoxid und Methanol (*Phelps, Purves*, Am. Soc. **51** [1929] 2443, 2447; s. a. *Carruthers, Hirst*, Soc. **121** [1922] 2299, 2305).

Bei 110°/10 Torr destillierbar; n_D^{23}: 1,4397; $[\alpha]_D^{20}$: +121,7° [CHCl$_3$; c = 2]; $[\alpha]_D^{20}$: +122,2° [Me.; c = 2]; $[\alpha]_D^{20}$: +112,7° [W.; c = 1] (*Ph., Pu.*).

Beim Erwärmen mit Chlorwasserstoff enthaltendem Methanol erfolgt partielle Umwandlung in das unter f) beschriebene Anomere (*Ca., Hi.*).

f) **Methyl-[tri-O-methyl-β-D-xylopyranosid]** $C_9H_{18}O_5$, Formel VI.

B. Neben dem unter e) beschriebenen Anomeren beim Behandeln von D-Xylose mit Dimethylsulfat und wss. Natronlauge und anschliessend mit Methyljodid, Silberoxid und Methanol (*Carruthers, Hirst*, Soc. **121** [1922] 2299, 2304; *Phelps, Purves*, Am. Soc. **51** [1929] 2443, 2447). Aus Methyl-β-D-xylopyranosid beim Behandeln mit Methyljodid und Silberoxid (*Ph., Pu.*, l. c. S. 2446) sowie (neben anderen Verbindungen) beim Erwärmen mit Dimethylsulfat, Tetrachlormethan und wss. Natronlauge (*Wintersteiner, Klingsberg*, Am. Soc. **71** [1949] 939, 940).

Krystalle; F: 51° [aus PAe.] (*Ph., Pu.*), 49—50° [aus Bzn.] (*Wi., Kl.*), 46—48° [aus PAe.] (*Ca., Hi.*). n_D^{25}: 1,4350; n_D^{32}: 1,4316 [unterkühlte Schmelze] (*Ca., Hi.*). $[\alpha]_D^{20}$: −73° [CHCl$_3$; c = 1] (*Wi., Kl.*); $[\alpha]_D^{20}$: −69,5° [CHCl$_3$; c = 2] (*Ph., Pu.*); $[\alpha]_D$: −64,0° [A.; c = 1]; $[\alpha]_D$: −66,6° [Me.; c = 1] (*Ca., Hi.*); $[\alpha]_D^{20}$: −81,7° [W.; c = 1] (*Ph., Pu.*); $[\alpha]_D$: −67,0° [W.; c = 1] (*Ca., Hi.*).

Beim Erwärmen mit Chlorwasserstoff enthaltendem Methanol erfolgt partielle Umwandlung in das unter e) beschriebene Anomere (*Ca., Hi.*).

g) **Methyl-[tri-O-methyl-α-D-lyxopyranosid]** $C_9H_{18}O_5$, Formel VII.

Diese Verbindung hat als Hauptbestandteil in dem nachstehend beschriebenen Präparat vorgelegen.

B. Beim Behandeln von Methyl-α-D-lyxopyranosid mit Methyljodid, Silberoxid und Methanol (*Hirst, Smith*, Soc. **1928** 3147, 3150).

Kp$_{0,02}$: 70°. n_D^{14}: 1,4460. $[\alpha]_{546}^{20}$: +10° [W.]; $[\alpha]_{546}^{20}$: +37,3° [A.].

Gemische mit dem Anomeren sind beim Behandeln von D-Lyxose mit Dimethylsulfat und wss. Natronlauge und anschliessenden Behandeln mit Methyljodid und Silberoxid sowie beim Erwärmen von O^2,O^3,O^4-Trimethyl-D-lyxose mit Chlorwasserstoff enthaltendem Methanol erhalten worden (*Hi., Sm.*, l. c. S. 3151, 3152).   [*Blazek*]

VII   VIII   IX

2-Äthoxy-tetrahydro-pyran-3,4,5-triol $C_7H_{14}O_5$.

a) **(2R)-2r-Äthoxy-tetrahydro-pyran-3t,4t,5t-triol, Äthyl-β-D-ribopyranosid** $C_7H_{14}O_5$, Formel VIII.

B. Beim Behandeln von D-Ribose mit Bromwasserstoff enthaltendem Äthanol (*Jeanloz et al.*, Am. Soc. **70** [1948] 4055). Aus Äthyl-[tri-O-benzoyl-β-D-ribopyranosid] mit Hilfe von Bariummethylat (*Je. et al.*).

Krystalle (aus Me. + Ae.); F: 92—93°. Bei 70°/0,01 Torr sublimierbar. $[\alpha]_D^{20}$: −104° [W.; c = 1].

b) **(2R)-2r-Äthoxy-tetrahydro-pyran-3t,4c,5c-triol, Äthyl-α-L-arabinopyranosid**
$C_7H_{14}O_5$, Formel IX.

B. Aus Äthyl-[tri-*O*-acetyl-α-L-arabinopyranosid] mit Hilfe von Natriummethylat
(*Helferich, Appel*, Z. physiol. Chem. **205** [1932] 231, 236).

Krystalle (aus E.); F: 124—126° [korr.] (*He., Ap.*), 122—123° [Block] (*Bridel, Béguin*,
Bl. Soc. Chim. biol. **8** [1926] 469, 478). $[\alpha]_D^{18}$: $+14,4°$ [W.] (*He., Ap.*); $[\alpha]_D$: $+9,9°$
[W.; c = 5] (*Br., Bé.*).

c) **(2R)-2r-Äthoxy-tetrahydro-pyran-3c,4t,5t-triol, Äthyl-β-D-arabinopyranosid**
$C_7H_{14}O_5$, Formel X.

B. Beim Behandeln von D-Arabinose mit Chlorwasserstoff enthaltendem Äthanol
(*Overend, Stacey*, Soc. **1949** 1235, 1237).

Krystalle (aus A.); F: 134,5—135,5°. $[\alpha]_D^{23}$: $-251,9°$ [W.; c = 1].

d) **(2R)-2r-Äthoxy-tetrahydro-pyran-3t,4c,5t-triol, Äthyl-β-D-xylopyranosid**
$C_7H_{14}O_5$, Formel XI (R = C_2H_5).

B. Aus Äthyl-[tri-*O*-acetyl-β-D-xylopyranosid] (*Janson, Lindberg*, Acta chem. scand.
13 [1959] 138, 142).

Krystalle (aus Butanon); F: 95—96°. $[\alpha]_D^{25}$: $-38°$ [W.; c = 2].

(2R)-2r-Propoxy-tetrahydro-pyran-3t,4c,5t-triol, Propyl-β-D-xylopyranosid $C_8H_{16}O_5$,
Formel XI (R = CH_2-CH_2-CH_3).

B. Beim Behandeln von Tri-*O*-acetyl-α-D-xylopyranosylbromid mit Propan-1-ol und
Silbercarbonat und Behandeln des Reaktionsprodukts mit Bariumhydroxid und Wasser
(*Konkin et al.*, Soobšč. chim. Obšč. **1953** Nr. 3, S. 1, 3; C. A. **1959** 8002; s. a. *DeBruyne,
Loontiens*, Nature **209** [1966] 396).

Krystalle (aus Acn.); F: 92—93°; $[\alpha]_D^{20}$: $-58,6°$ [Me.] (*DeB., Lo.*).

Geschwindigkeit der Hydrolyse in verd. wss. Schwefelsäure bei 70°: *Ko. et al.*; in wss.
Salzsäure (0,5n) bei 60° und 80°: *DeBruyne, van Wijnendaele*, Carbohydrate Res. **6**
[1968] 367. Gleichgewichtskonstante im Reaktionssystem Propyl-β-D-xylopyranosid
+ H_2O ⇌ D-Xylose + Propan-1-ol in wss. Salzsäure bei 70—90°: *Konkin, Tschiwilichina*, Trudy Inst. iskusstven. Volokna Nr. 3 [1957] 10, 13; C. A. **1960** 11523.

(2R)-2r-Isopropoxy-tetrahydro-pyran-3t,4c,5t-triol, Isopropyl-β-D-xylopyranosid $C_8H_{16}O_5$,
Formel XI (R = $CH(CH_3)_2$).

B. Aus Isopropyl-[tri-*O*-acetyl-β-D-xylopyranosid] mit Hilfe von Natriummethylat
(*DeBruyne, Loontiens*, Nature **209** [1966] 396).

Krystalle (aus Butanon), F: 115—116°; $[\alpha]_D^{20}$: $-66,0°$ [Me.] (*DeB., Lo.*).

Geschwindigkeit der Hydrolyse in verd. wss. Schwefelsäure bei 60° und 70°: *Konkin
et al.*, Soobšč. chim. Obšč. **1953** Nr. 3, S. 1, 3; C. A. **1959** 8002; in wss. Salzsäure (0,5n)
bei 60° und 80°: *DeBruyne, van Wijnendaele*, Carbohydrate Res. **6** [1968] 367. Gleichgewichtskonstante im Reaktionssystem Isopropyl-β-D-xylopyranosid + H_2O ⇌ D-Xylose + Propan-2-ol in wss. Salzsäure bei 70—90°: *Konkin, Tschiwilichina*, Trudy Inst.
iskusstven. Volokna Nr. 3 [1957] 10, 13; C. A. **1960** 11523.

(2R)-2r-Butoxy-tetrahydro-pyran-3t,4c,5t-triol, Butyl-β-D-xylopyranosid $C_9H_{18}O_5$,
Formel XI (R = $[CH_2]_3$-CH_3).

B. Beim Behandeln von Butyl-[tri-*O*-acetyl-β-D-xylopyranosid] mit Natriummethylat
in Methanol (*Hori*, J. pharm. Soc. Japan **78** [1958] 523, 525; C. A. **1958** 17118).

Krystalle (aus E.) mit 1 Mol H_2O, F: 57—58°; die wasserfreie Verbindung (hygroskopisch) schmilzt bei 90—91° (*Hori*, J. pharm. Soc. Japan **78** 525). $[\alpha]_D^{15}$: $-70,7°$ [Py.]
(*Hori*, J. pharm. Soc. Japan **78** 525). IR-Spektrum (2—15 μ): *Hori*, J. pharm. Soc.
Japan **78** 524. Oberflächenspannung von wss. Lösungen: *Hori*, J. pharm. Soc. Japan
79 [1959] 343; C. A. **1959** 14947.

(2R)-2r-tert-Butoxy-tetrahydro-pyran-3t,4c,5t-triol, tert-Butyl-β-D-xylopyranosid
$C_9H_{18}O_5$, Formel XI (R = $C(CH_3)_3$).

B. Aus tert-Butyl-[tri-*O*-acetyl-β-D-xylopyranosid] (*Janson, Lindberg*, Acta chem.scand.
13 [1959] 138, 142).

Krystalle (aus Butanon); F: 122—123° [korr.]. $[\alpha]_D^{25}$: $-29°$ [W.; c = 2].

(2*R*)-2*r*-Pentyloxy-tetrahydro-pyran-3*t*,4*c*,5*t*-triol, Pentyl-β-D-xylopyranosid $C_{10}H_{20}O_5$,
Formel XI (R = [CH$_2$]$_4$-CH$_3$).

B. Beim Behandeln von Pentyl-[tri-*O*-acetyl-β-D-xylopyranosid] mit Natriummethylat
in Methanol (*Hori*, J. pharm. Soc. Japan **78** [1958] 523, 525; C. A. **1958** 17118).
Krystalle (aus Acn.) mit 1 Mol H$_2$O, F: 58—59°; die wasserfreie Verbindung schmilzt
bei 90—91,5° (*Hori*, J. pharm. Soc. Japan **78** 525). [α]$_D^{15}$: —58,6° [Py.] (*Hori*, J. pharm.
Soc. Japan **78** 525). Oberflächenspannung von wss. Lösungen: *Hori*, J. pharm. Soc.
Japan **79** [1959] 343; C. A. **1959** 14947.

X   XI   XII

(2*R*)-2*r*-Hexyloxy-tetrahydro-pyran-3*t*,4*c*,5*t*-triol, Hexyl-β-D-xylopyranosid $C_{11}H_{22}O_5$,
Formel XI (R = [CH$_2$]$_5$-CH$_3$).

B. Beim Behandeln von Hexyl-[tri-*O*-acetyl-β-D-xylopyranosid] mit Natriummethylat
in Methanol (*Hori*, J. pharm. Soc. Japan **78** [1958] 523, 525; C. A. **1958** 17118).
Krystalle (aus Acn.), F: 90—91°; [α]$_D^{15}$: —54,6° [Py.] (*Hori*, J. pharm. Soc. Japan
78 525). IR-Spektrum (2—15 μ): *Hori*, J. pharm. Soc. Japan **78** 524. Oberflächenspannung von wss. Lösungen: *Hori*, J. pharm. Soc. Japan **79** [1959] 343; C. A. **1959**
14947.

(2*R*)-2*r*-Octyloxy-tetrahydro-pyran-3*t*,4*c*,5*t*-triol, Octyl-β-D-xylopyranosid $C_{13}H_{26}O_5$,
Formel XI (R = [CH$_2$]$_7$-CH$_3$).

B. Beim Behandeln von Octyl-[tri-*O*-acetyl-β-D-xylopyranosid] mit Natriummethylat
in Methanol (*Hori*, J. pharm. Soc. Japan **78** [1958] 523, 525; C. A. **1958** 17118).
Krystalle (aus Acn.); F: 91—92° (*DeBruyne*, *Loontiens*, Nature **209** [1966] 396).
[α]$_D^{15}$: —27,5° [Py.] (*Hori*, J. pharm. Soc. Japan **78** 525); [α]$_D^{20}$: —45,1° [Me.; c = 2]
(*DeB.*, *Lo.*). Oberflächenspannung von wss. Lösungen: *Hori*, J. pharm. Soc. Japan **79**
[1959] 343; C. A. **1959** 14947.

(2*R*)-2*r*-Decyloxy-tetrahydro-pyran-3*t*,4*c*,5*t*-triol, Decyl-β-D-xylopyranosid $C_{15}H_{30}O_5$,
Formel XI (R = [CH$_2$]$_9$-CH$_3$).

B. Beim Behandeln von Decyl-[tri-*O*-acetyl-β-D-xylopyranosid] mit Natriummethylat
in Methanol (*Hori*, J. pharm. Soc. Japan **78** [1958] 523, 526; C. A. **1958** 17118).
Krystalle (aus Acn. + A.), F: 98,5—99,5°; [α]$_D^{15}$: —47,9° [Py.] (*Hori*, J. pharm. Soc.
Japan **78** 526). Oberflächenspannung von wss. Lösungen: *Hori*, J. pharm. Soc. Japan
79 [1959] 343; C. A. **1959** 14947.

(2*R*)-2*r*-Dodecyloxy-tetrahydro-pyran-3*t*,4*c*,5*t*-triol, Dodecyl-β-D-xylopyranosid $C_{17}H_{34}O_5$,
Formel XI (R = [CH$_2$]$_{11}$-CH$_3$).

B. Beim Behandeln von Dodecyl-[tri-*O*-acetyl-β-D-xylopyranosid] mit Natriummethylat in Methanol (*Hori*, J. pharm. Soc. Japan **78** [1958] 523, 526; C. A. **1958** 17118).
Krystalle (aus Me.), F: 101,5—102°; [α]$_D^{15}$: —49,6° [Py.] (*Hori*, J. pharm. Soc. Japan
78 526). Oberflächenspannung von wss. Lösungen: *Hori*, J. pharm. Soc. Japan **79** [1959]
343; C. A. **1959** 14947.

(2*R*)-2*r*-Tetradecyloxy-tetrahydro-pyran-3*t*,4*c*,5*t*-triol, Tetradecyl-β-D-xylopyranosid
$C_{19}H_{38}O_5$, Formel XI (R = [CH$_2$]$_{13}$-CH$_3$).

B. Beim Behandeln von Tetradecyl-[tri-*O*-acetyl-β-D-xylopyranosid] mit Natriummethylat in Methanol (*Hori*, J. pharm. Soc. Japan **78** [1958] 523, 526; C. A. **1958** 17118).
Krystalle (aus A.), F: 103—104°. [α]$_D^{15}$: —64,9° [Py.]. IR-Spektrum (2—15 μ): *Hori*
l. c. S. 524.

(2*R*)-2*r*-Hexadecyloxy-tetrahydro-pyran-3*t*,4*c*,5*t*-triol, Hexadecyl-β-D-xylopyranosid
$C_{21}H_{42}O_5$, Formel XI (R = [CH$_2$]$_{15}$-CH$_3$).

B. Beim Behandeln von Hexadecyl-[tri-*O*-acetyl-β-D-xylopyranosid] mit Natrium-

methylat in Methanol (*Hori*, J. pharm. Soc. Japan **78** [1958] 523, 526; C. A. **1958** 17118).
Krystalle; F: 105,5—107°. $[\alpha]_D^{15}$: —59,3° [Py.].

(2R)-2r-Octadecyloxy-tetrahydro-pyran-3t,4c,5t-triol, Octadecyl-β-D-xylopyranosid
$C_{23}H_{46}O_5$, Formel XI (R = $[CH_2]_{17}$-CH_3).
   B. Beim Behandeln von Octadecyl-[tri-*O*-acetyl-β-D-xylopyranosid] mit Natrium=
methylat in Methanol (*Hori*, J. pharm. Soc. Japan **78** [1958] 523, 526; C. A. **1958** 17118).
Krystalle; F: 107—108°. $[\alpha]_D^{15}$: —36,8° [Py.].

**(2R)-2r-Octadec-9c-enyloxy-tetrahydro-pyran-3t,4c,5t-triol, Octadec-9c-enyl-β-D-xylo=
pyranosid** $C_{23}H_{44}O_5$, Formel XII.
   B. Beim Behandeln von Octadec-9c-enyl-[tri-*O*-acetyl-β-D-xylopyranosid] mit Natrium=
methylat in Methanol (*Hori*, J. pharm. Soc. Japan **78** [1958] 523, 526; C. A. **1958** 17118).
   Monohydrat $C_{23}H_{44}O_5 \cdot H_2O$. Öl; $[\alpha]_D^{15}$: —10,4° [Py.] (*Hori*, J. pharm. Soc. Japan
78 526). Oberflächenspannung von wss. Lösungen: *Hori*, J. pharm. Soc. Japan **79**
[1959] 343; C. A. **1959** 14947.

2-Phenoxy-tetrahydro-pyran-3,4,5-triol $C_{11}H_{14}O_5$.
   a) **(2R)-2r-Phenoxy-tetrahydro-pyran-3t,4c,5c-triol, Phenyl-α-D-arabinopyranosid**
$C_{11}H_{14}O_5$, Formel I.
   B. Beim Behandeln von Tri-*O*-acetyl-β-D-arabinopyranosylbromid mit Phenol unter
Zusatz von Silberoxid und Chinolin und Erwärmen des Reaktionsprodukts mit Natrium=
methylat in Methanol (*Helferich et al.*, Z. physiol. Chem. **215** [1933] 277, 280).
   F: 152,5—154,5° [korr.]. $[\alpha]_D^{18}$: —5,5° [W.].
   b) **(2S)-2r-Phenoxy-tetrahydro-pyran-3t,4c,5c-triol, Phenyl-α-L-arabinopyranosid**
$C_{11}H_{14}O_5$, Formel II.
   B. Beim Behandeln von Phenyl-[tri-*O*-acetyl-α-L-arabinopyranosid] mit Natrium=
methylat in Methanol (*Helferich et al.*, Z. physiol. Chem. **208** [1932] 91, 97).
   Krystalle (aus E.); F: 153—155° [korr.]. $[\alpha]_D^{17}$: +6,0° [W.].

            I   II   III

   c) **(2S)-2r-Phenoxy-tetrahydro-pyran-3c,4t,5t-triol, Phenyl-β-D-arabinopyranosid**
$C_{11}H_{14}O_5$, Formel III.
   B. Beim Behandeln von D-Arabinose mit Acetanhydrid und Pyridin, Behandeln des
Reaktionsprodukts mit Phenol unter Zusatz von Zinkchlorid und Erwärmen des danach
isolierten Reaktionsprodukts mit Natriummethylat in Methanol (*Helferich et al.*, Z. physiol.
Chem. **215** [1933] 277, 280).
   F: 177—179° [korr.] (*He. et al.*). $[\alpha]_D^{18}$: —244° [W.] (*He. et al.*); $[\alpha]_D^{25}$: —242° [W.;
c = 0,6]; $[\alpha]_{436}^{25}$: —475° [W.; c = 0,6]; $[\alpha]_{436}^{25}$: +212° [wss. Tetramminkupfer(II)-Salz-
Lösung] (*Reeves*, Am. Soc. **71** [1949] 1737, 1739).

   d) **(2R)-2r-Phenoxy-tetrahydro-pyran-3c,4t,5t-triol, Phenyl-β-L-arabinopyranosid**
$C_{11}H_{14}O_5$ Formel IV.
   B. Beim Behandeln von L-Arabinose mit Acetanhydrid und Pyridin, Behandeln des
Reaktionsprodukts mit Phenol unter Zusatz von Zinkchlorid und Erwärmen des danach
isolierten Reaktionsprodukts mit Natriummethylat in Methanol (*Helferich et al.*, Z.
physiol. Chem. **215** [1933] 277, 280).
   Krystalle (aus W.); F: 176—179°. $[\alpha]_D^{17}$: +243° [W.].

   e) **(2R)-2r-Phenoxy-tetrahydro-pyran-3c,4t,5c-triol, Phenyl-α-D-xylopyranosid**
$C_{11}H_{14}O_5$, Formel V.
   B. Beim Behandeln von Phenyl-[tri-*O*-acetyl-α-D-xylopyranosid] mit Bariummethylat
in Methanol (*Montgomery et al.*, Am. Soc. **64** [1942] 690, 693).
   Krystalle (aus W.), F: 145°; $[\alpha]_D^{20}$: +189° [W.; c = 1] (*Mo. et al.*). IR-Banden (Nujol;
9—14 μ): *Whistler, House*, Anal. Chem. **25** [1953] 1463, 1465.

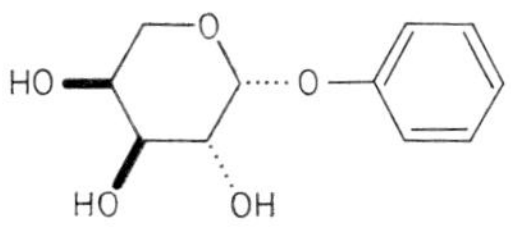

IV 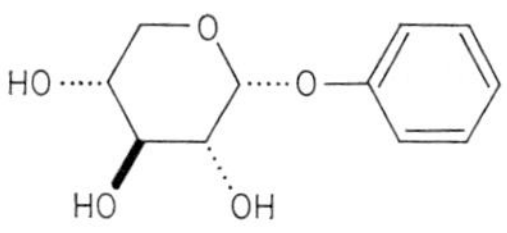 V 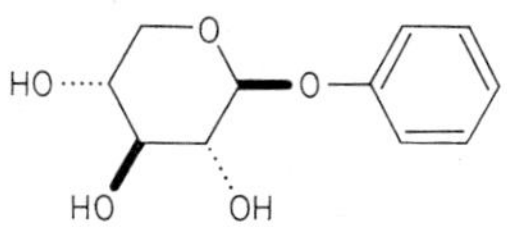 VI

f) **(2S)-2r-Phenoxy-tetrahydro-pyran-3t,4c,5t-triol, Phenyl-β-D-xylopyranosid** $C_{11}H_{14}O_5$, Formel VI.

B. Beim Behandeln von Phenyl-[tri-O-acetyl-β-D-xylopyranosid] mit Natrium= methylat in Methanol (*Helferich, Appel*, Z. physiol. Chem. **205** [1932] 231, 237).

Krystalle; F: 178—179,5° [korr.; aus E.] (*He., Ap.*), 179° [aus W.] (*Montgomery et al.*, Am. Soc. **64** [1942] 690, 693). $[\alpha]_D^{15}$: —48° [W.; c = 1] (*Conchie, Levvy*, Biochem. J. **65** [1957] 389, 390); $[\alpha]_D^{18,5}$: —47° [W.] (*He., Ap.*); $[\alpha]_D^{20}$: —49,4° [W.; c = 1] (*Mo. et al.*). IR-Banden (Nujol; 12,2—14,5 μ): *Whistler, House*, Anal. Chem. **25** [1953] 1463, 1465.

Geschwindigkeit der Hydrolyse in 5%ig. wss. Natronlauge bei 60° und 100° sowie in 5%ig. wss. Schwefelsäure bei 60°: *Fisher et al.*, Am. Soc. **63** [1941] 3031.

g) **(2R)-2r-Phenoxy-tetrahydro-pyran-3t,4c,5t-triol, Phenyl-β-L-xylopyranosid** $C_{11}H_{14}O_5$, Formel VII.

B. Aus Phenyl-[tri-O-acetyl-β-L-xylopyranosid] (*Helferich et al.*, B. **72** [1939] 1953, 1955).

Krystalle (aus E. + A.); F: 178—180°. $[\alpha]_D^{20}$: +49,5° [W.].

h) **(±)-2r-Phenoxy-tetrahydro-pyran-3t,4c,5t-triol, Phenyl-β-DL-xylopyranosid** $C_{11}H_{14}O_5$, Formel VI + VII.

Herstellung aus gleichen Mengen von Phenyl-β-D-xylopyranosid und Phenyl-β-L-xylo= pyranosid in wss. Lösung: *Helferich et al.*, B. **72** [1939] 1953, 1955.

Krystalle; F: 187° [korr.].

i) **(2R)-2r-Phenoxy-tetrahydro-pyran-3t,4t,5c-triol, Phenyl-α-D-lyxopyranosid** $C_{11}H_{14}O_5$, Formel VIII.

B. Beim Erwärmen von Tetra-O-acetyl-α-D-lyxopyranose mit Phenol unter Zusatz von Zinkchlorid und Erwärmen des Reaktionsprodukts mit Bariummethylat in Methanol (*Pigman*, Am. Soc. **62** [1940] 1371, 1373).

Krystalle (aus W. + A.); F: 178—181°. $[\alpha]_D^{20}$: +123° [W.; c = 0,6]. In 100 ml Wasser lösen sich bei 20° ca. 0,5 g.

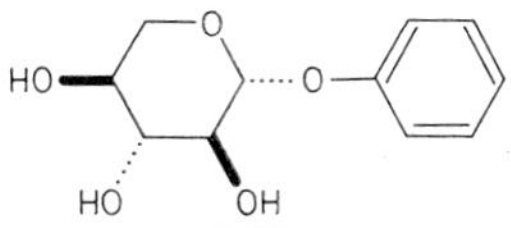

VII 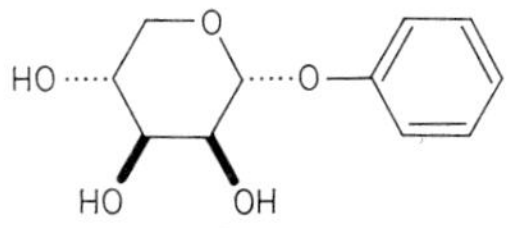 VIII 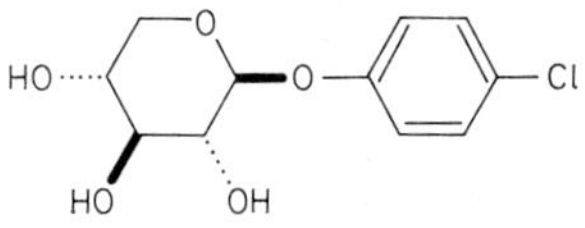 IX

[4-Chlor-phenyl]-β-D-xylopyranosid $C_{11}H_{13}ClO_5$, Formel IX.

B. Beim Behandeln von [4-Chlor-phenyl]-[tri-O-acetyl-β-D-xylopyranosid] mit Natriummethylat in Methanol (*Stepanenko, Serdjuk*, Sbornik Rabot. Moskovsk. farm. Inst. **1** [1957] 5, 8; C. A. **1960** 8641).

Krystalle (aus Me.); F: 153—154°. $[\alpha]_D^{21,5}$: —49,0° [Me.; c = 2].

[2,4,6-Tribrom-phenyl]-β-D-xylopyranosid $C_{11}H_{11}Br_3O_5$, Formel X.

B. Aus [2,4,6-Tribrom-phenyl]-[tri-O-acetyl-β-D-xylopyranosid] mit Hilfe von meth= anol. Ammoniak (*Koehler, Hudson*, Am. Soc. **72** [1950] 981, 983).

Krystalle (aus A.); F: 182—183°. $[\alpha]_D^{20}$: —57° [Py.; c = 1].

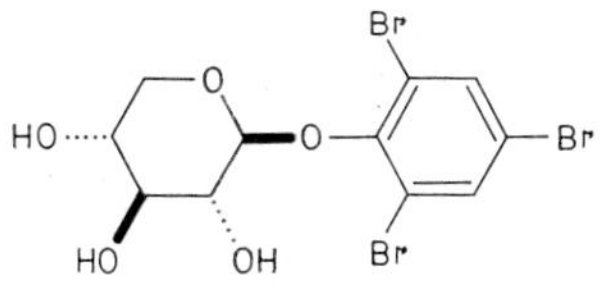

X 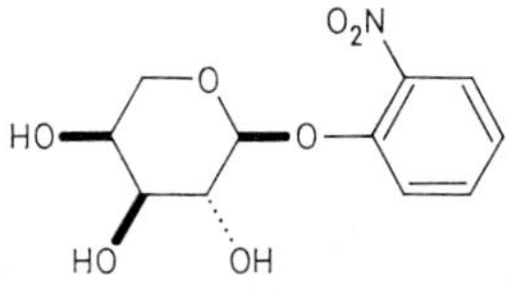 XI 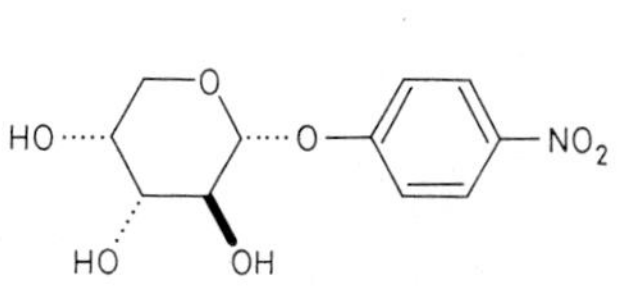 XII

[2-Nitro-phenyl]-α-L-arabinopyranosid $C_{11}H_{13}NO_7$, Formel XI.

B. Beim Behandeln einer Lösung von Tri-*O*-acetyl-β-L-arabinopyranosylbromid in Aceton mit einer aus 2-Nitro-phenol und wss. Natronlauge bereiteten Lösung und Behandeln des Reaktionsprodukts mit Bariummethylat in Methanol (*Snyder, Link*, Am. Soc. **74** [1952] 1883, 1884).

Krystalle (aus A.), F: 139—139,5°; $[\alpha]_D^{25}$: —48,9° [W.; c = 0,3] (*Sn., Link*, Am. Soc. **74** 1884). Optisches Drehungsvermögen $[\alpha]_D$ einer Lösung in Wasser bei Temperaturen von 15° bis 45°: *Snyder, Link*, Am. Soc. **75** [1953] 1758.

Kinetik der Hydrolyse in wss. Salzsäure (0,1 n) bei 65—85° sowie in wss. Natronlauge (0,1 n) bei 45—65°: *Sn., Link*, Am. Soc. **74** 1883, 1884.

2-[4-Nitro-phenoxy]-tetrahydro-pyran-3,4,5-triol $C_{11}H_{13}NO_7$.

a) **[4-Nitro-phenyl]-α-D-arabinopyranosid** $C_{11}H_{13}NO_7$, Formel XII.

B. Beim Behandeln von [4-Nitro-phenyl]-[tri-*O*-acetyl-α-D-arabinopyranosid] mit Natriummethylat in Methanol (*Feier, Westphal*, B. **89** [1956] 589, 593).

Krystalle (aus Me.); F: 205°. $[\alpha]_D^{20}$: +40,7° [Me.].

b) **[4-Nitro-phenyl]-α-L-arabinopyranosid** $C_{11}H_{13}NO_7$, Formel XIII.

B. Beim Behandeln einer Lösung von Tri-*O*-acetyl-β-L-arabinopyranosylbromid in Aceton mit einer aus 4-Nitro-phenol und wss. Natronlauge bereiteten Lösung und Behandeln des Reaktionsprodukts mit Bariummethylat in Methanol (*Snyder, Link*, Am. Soc. **74** [1952] 1883, 1884). Beim Behandeln von [4-Nitro-phenyl]-[tri-*O*-acetyl-α-L-arabinopyranosid] mit Natriummethylat in Methanol (*Feier, Westphal*, B. **89** [1956] 589, 592).

Krystalle; F: 205° [aus A.] (*Fe., We.*), 201—202° (*Sn., Link*, Am. Soc. **74** 1884). $[\alpha]_D^{20}$: —27,4° [Me.] (*Fe., We.*); $[\alpha]_D^{25}$: —22,4° [W.] (*Sn., Link*, Am. Soc. **74** 1884). Das optische Drehungsvermögen $[\alpha]_D$ von Lösungen in Wasser ist bei Temperaturen von 15° bis 45° konstant (*Snyder, Link*, Am. Soc. **75** [1953] 1758).

Kinetik der Hydrolyse in wss. Salzsäure (0,1 n) bei 65—85° sowie in wss. Natronlauge (0,1 n) bei 45—65°: *Sn., Link*, Am. Soc. **74** 1883, 1884.

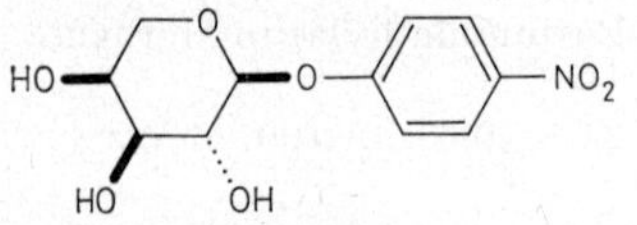

XIII 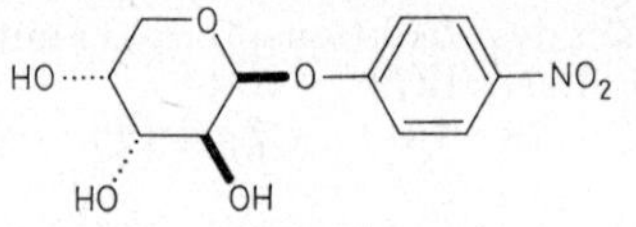   XIV 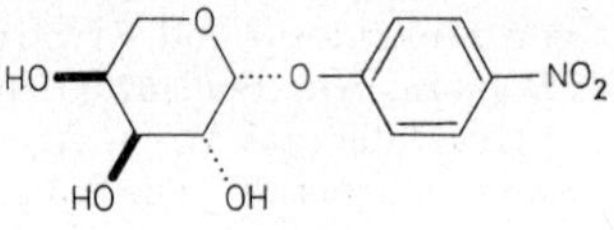   XV

c) **[4-Nitro-phenyl]-β-D-arabinopyranosid** $C_{11}H_{13}NO_7$, Formel XIV.

B. Beim Behandeln von [4-Nitro-phenyl]-[tri-*O*-acetyl-β-D-arabinopyranosid] mit Natriummethylat in Methanol (*Feier, Westphal*, B. **89** [1956] 589, 593).

Krystalle (aus A.); F: 183°.

d) **[4-Nitro-phenyl]-β-L-arabinopyranosid** $C_{11}H_{13}NO_7$, Formel XV.

B. Beim Behandeln von [4-Nitro-phenyl]-[tri-*O*-acetyl-β-L-arabinopyranosid] mit Natriummethylat in Methanol (*Feier, Westphal*, B. **89** [1956] 589, 592).

Krystalle (aus A.); F: 183°. $[\alpha]_D^{20}$: +260° [Me.].

e) **[4-Nitro-phenyl]-β-D-xylopyranosid** $C_{11}H_{13}NO_7$, Formel I.

B. Aus [4-Nitro-phenyl]-[tri-*O*-acetyl-β-D-xylopyranosid] mit Hilfe von methanol. Ammoniak (*Morita*, J. Japan. biochem. Soc. **24** [1952/53] 189, 192; C. A. **1953** 12453).

Krystalle (aus W.); F: 144° [korr.].

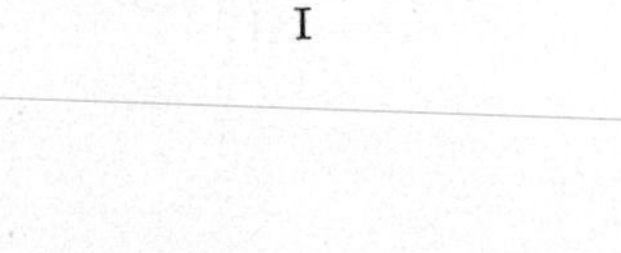

I 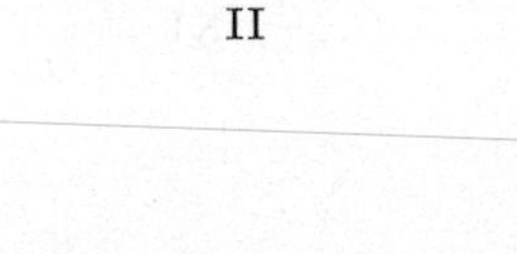   II 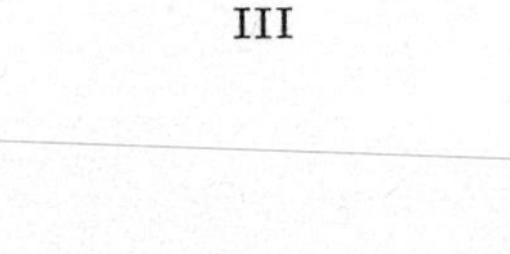   III

2-*o*-Tolyloxy-tetrahydro-pyran-3,4,5-triol $C_{12}H_{16}O_5$.

a) **(2*S*)-2*r*-*o*-Tolyloxy-tetrahydro-pyran-3*t*,4*c*,5*c*-triol, *o*-Tolyl-α-L-arabinopyranosid** $C_{12}H_{16}O_5$, Formel II.

B. Beim Erwärmen von Tetra-*O*-acetyl-α-L-arabinopyranose mit *o*-Kresol unter Zusatz von Toluol-4-sulfonsäure und Erwärmen des Reaktionsprodukts mit Natrium=methylat in Methanol (*Helferich, Lampert*, B. **68** [1935] 1266).

Krystalle (aus E.); F: 114—116°. $[\alpha]_D^{21}$: +2,1° [W.; p = 1].

b) **(2*S*)-2*r*-*o*-Tolyloxy-tetrahydro-pyran-3*t*,4*c*,5*t*-triol, *o*-Tolyl-β-D-xylopyranosid** $C_{12}H_{16}O_5$, Formel III.

B. Beim Behandeln von *o*-Tolyl-[tri-*O*-acetyl-β-D-xylopyranosid] mit Natrium=methylat in Methanol (*Helferich, Lampert*, B. **67** [1934] 1667).

Krystalle (aus E.); F: 161—162,5° [nach Sintern von 159° an]. $[\alpha]_D^{18}$: −51,7° [W.; p = 2].

2-Benzyloxy-tetrahydro-pyran-3,4,5-triol $C_{12}H_{16}O_5$.

a) **(2*R*)-2*r*-Benzyloxy-tetrahydro-pyran-3*t*,4*t*,5*t*-triol, Benzyl-β-D-ribopyranosid** $C_{12}H_{16}O_5$, Formel IV.

B. Aus D-Ribose und Benzylalkohol mit Hilfe von Chlorwasserstoff (*Fletcher, Ness,* Am. Soc. **76** [1954] 760, 762).

Krystalle (aus W.); F: 103—104° [korr.]. $[\alpha]_D^{20}$: −109° [W.; c = 1].

b) **(2*S*)-2*r*-Benzyloxy-tetrahydro-pyran-3*t*,4*c*,5*c*-triol, Benzyl-α-D-arabinopyranosid** $C_{12}H_{16}O_5$, Formel V.

B. Beim Behandeln von Benzyl-[tri-*O*-acetyl-α-D-arabinopyranosid] (*Ballou et al.*, Am. Soc. **73** [1951] 1140, 1142) oder von Benzyl-[tri-*O*-benzoyl-α-D-arabinopyranosid] (*Fletcher, Hudson*, Am. Soc. **72** [1950] 4173, 4176) mit Bariummethylat in Methanol.

Krystalle; F: 140—141° [aus W.] (*Fl., Hu.*), 138—140° [aus Me.] (*Ba. et al.*). $[\alpha]_D^{25}$: +49,8° [A.; c = 1] (*Ba. et al.*); $[\alpha]_D^{20}$: +12,3° [W.] (*Fl., Hu.*).

IV   V   VI

c) **(2*R*)-2*r*-Benzyloxy-tetrahydro-pyran-3*t*,4*c*,5*c*-triol, Benzyl-α-L-arabinopyranosid** $C_{12}H_{16}O_5$, Formel VI.

B. Beim Behandeln von Benzyl-[tri-*O*-acetyl-α-L-arabinopyranosid] mit Barium=methylat in Methanol (*Ballou et al.*, Am. Soc. **73** [1951] 1140, 1142).

Krystalle (aus Me.); F: 138—140°. $[\alpha]_D^{25}$: −44,6° [A.; c = 1].

d) **(2*R*)-2*r*-Benzyloxy-tetrahydro-pyran-3*c*,4*t*,5*t*-triol, Benzyl-β-D-arabinopyranosid** $C_{12}H_{16}O_5$, Formel VII.

B. Aus D-Arabinose und Benzylalkohol mit Hilfe von Chlorwasserstoff (*Fletcher, Hudson*, Am. Soc. **72** [1950] 4173, 4176; *Ballou et al.*, Am. Soc. **73** [1951] 1140, 1142).

Krystalle (aus A.); F: 172—173° (*Fl., Hu.*), 169—171° (*Ba. et al.*). $[\alpha]_D^{20}$: −209° [W.; c = 0,4] (*Fl., Hu.*); $[\alpha]_D^{26}$: −212° [W.; c = 0,5] (*Ba. et al.*).

VII   VIII   IX

e) **(2*S*)-2*r*-Benzyloxy-tetrahydro-pyran-3*c*,4*t*,5*t*-triol, Benzyl-β-L-arabinopyranosid** $C_{12}H_{16}O_5$, Formel VIII (H **31** 46).

$[\alpha]_D^{20}$: +215,2° [W.; c = 1] (*Fischer, Beensch*, B. **27** [1894] 2478, 2483).

f) **(2*S*)-2*r*-Benzyloxy-tetrahydro-pyran-3*c*,4*t*,5*c*-triol, Benzyl-α-D-xylopyranosid** $C_{12}H_{16}O_5$, Formel IX.

B. Aus D-Xylose und Benzylalkohol mit Hilfe von Chlorwasserstoff (*Ballou et al.*,

Am. Soc. **73** [1951] 1140, 1142).

Krystalle (aus A. + Ae.); F: 127—128,5°. $[\alpha]_D^{25}$: +139,2° [W.; c = 4].

g) **(2R)-2r-Benzyloxy-tetrahydro-pyran-3t,4c,5t-triol, Benzyl-β-D-xylopyranosid** $C_{12}H_{16}O_5$, Formel X.

B. Beim Behandeln von Benzyl-[tri-O-acetyl-β-D-xylopyranosid] mit Bariummethylat in Methanol (*Ballou et al.*, Am. Soc. **73** [1951] 1140, 1142).

Krystalle (aus E.); F: 113—115°. $[\alpha]_D^{25}$: −72,1° [A.; c = 3].

h) **(2S)-2r-Benzyloxy-tetrahydro-pyran-3t,4t,5c-triol, Benzyl-α-D-lyxopyranosid** $C_{12}H_{16}O_5$, Formel XI (H **31** 57).

B. Aus D-Lyxose und Benzylalkohol mit Hilfe von Chlorwasserstoff (*Zinner, Brandner*, B. **89** [1956] 1507, 1513).

Krystalle (aus Isopropylalkohol); F: 155°. $[\alpha]_D^{20}$: +94,0° [Me.; c = 3]; $[\alpha]_D^{16}$: +76,8° [W.; c = 1].

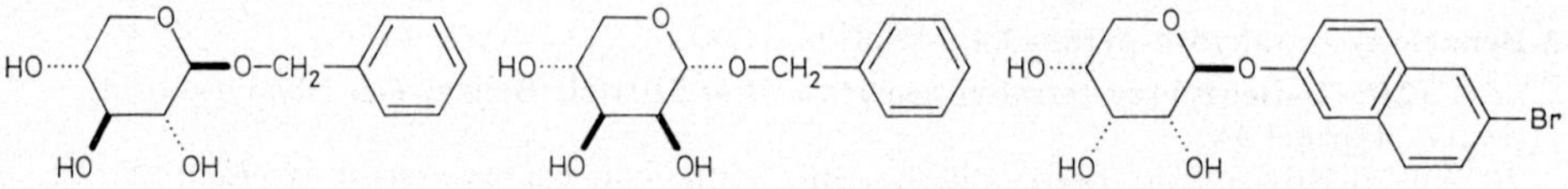

X   XI   XII

[6-Brom-[2]naphthyl]-β-D-ribopyranosid $C_{15}H_{15}BrO_5$, Formel XII.

B. Aus [6-Brom-[2]naphthyl]-[tri-O-acetyl-β-D-ribopyranosid] mit Hilfe von methanol. Ammoniak (*Tsou, Seligman*, Am. Soc. **74** [1952] 3066, 3068).

Krystalle (aus Me.) mit 1 Mol Methanol; F: 143—144° [korr.].$[\alpha]_D^{25}$: −108° [Dioxan; c = 0,7].

Methyl-[O²-trityl-β-D-arabinopyranosid] $C_{25}H_{26}O_5$, Formel I (R = C(C₆H₅)₃).

B. Neben Methyl-[O³-trityl-β-D-arabinopyranosid] und Methyl-[O²,O³-ditrityl-β-D-arabinopyranosid] beim Behandeln von Methyl-β-D-arabinopyranosid mit Tritylchlorid und Pyridin (*Hockett, Mowery*, Am. Soc. **65** [1943] 403, 407).

Krystalle (aus A.); F: 143—145° [unkorr.]. $[\alpha]_D^{21}$: −75,8° [CHCl₃; c = 3]; $[\alpha]_D^{21}$: −79,7° [A.; c = 2].

Geschwindigkeit der Reaktion mit Blei(IV)-acetat in Pyridin und in Essigsäure bei 0°: *Ho., Mo.*

Methyl-[O³-trityl-β-D-arabinopyranosid] $C_{25}H_{26}O_5$, Formel II (R = C(C₆H₅)₃).

B. s. im vorangehenden Artikel; Isolierung über das Diacetyl-Derivat (*Hockett, Mowery*, Am. Soc. **65** [1943] 403, 408).

Krystalle (aus Me.) mit 2 Mol Methanol; F: 157—159° [unkorr.]. $[\alpha]_D^{20}$: −103,7° [CHCl₃; c = 2]; $[\alpha]_D^{20}$: −93,3° [Me.; c = 2].

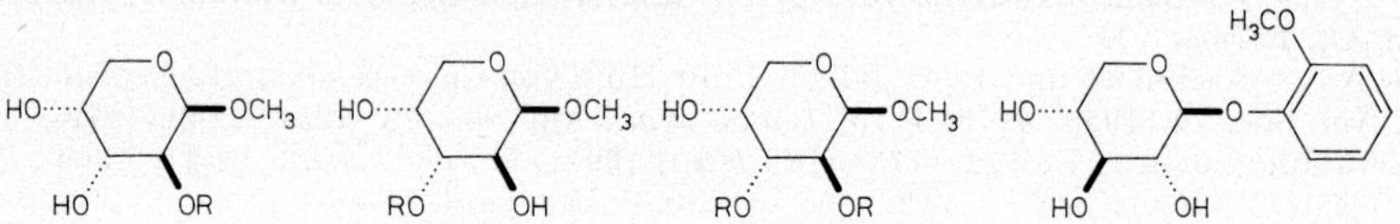

I   II   III   IV

Methyl-[O²,O³-ditrityl-β-D-arabinopyranosid] $C_{44}H_{40}O_5$, Formel III (R = C(C₆H₅)₃).

B. Beim Behandeln von Methyl-[O³-trityl-β-D-arabinopyranosid] mit Tritylchlorid und Pyridin (*Hockett, Mowery*, Am. Soc. **65** [1943] 403, 407). Über eine weitere Bildungsweise s. o. im Artikel Methyl-[O²-trityl-β-D-arabinopyranosid].

Krystalle (aus E.); F: 191—192° [unkorr.]. $[\alpha]_D^{20}$: −81,7° [CHCl₃; c = 2]; $[\alpha]_D^{26}$: −58,6° [Py.; c = 2].

[2-Methoxy-phenyl]-β-D-xylopyranosid $C_{12}H_{16}O_6$, Formel IV.

B. Beim Behandeln von [2-Methoxy-phenyl]-[tri-O-acetyl-β-D-xylopyranosid] mit Natriummethylat in Methanol (*Fisher et al.*, Am. Soc. **62** [1940] 1412, 1415).

Krystalle (aus E.); F: 175,3⌐176,0° (*Fi. et al.*, Am. Soc. **62** 1415).

Geschwindigkeit der Hydrolyse in wss. Natronlauge (5 %ig bzw. 0,1 %ig) bei 60° bzw. 100°, in wss. Schwefelsäure (5 %ig bzw. 0,1 %ig) bei 20° und 60° bzw. bei 100° sowie in Wasser bei 160°: *Fisher et al.*, Am. Soc. **63** [1941] 3031.

2-[β,β'-Dihydroxy-isopropoxy]-tetrahydro-pyran-3,4,5-triol $C_8H_{16}O_7$.

a) **[β,β'-Dihydroxy-isopropyl]-α-L-arabinopyranosid**, O^2-α-L-Arabinopyranosyl-glycerin $C_8H_{16}O_7$, Formel V.

B. Aus [ξ-2-Phenyl-[1,3]dioxan-5-yl]-α-L-arabinopyranosid bei der Hydrierung an Palladium in Äthanol (*Charlson et al.*, Canad. J. Chem. **35** [1957] 365, 372).

Öl. $[\alpha]_D^{27}$: $+5°$ [W.; c = 1].

b) **[β,β'-Dihydroxy-isopropyl]-β-L-arabinopyranosid**, O^2-β-L-Arabinopyranosyl-glycerin $C_8H_{16}O_7$, Formel VI.

B. Beim Behandeln von L-O^2-β-L-Arabinopyranosyl-erythrit mit Blei(IV)-acetat in wasserhaltiger Essigsäure und Behandeln des Reaktionsprodukts mit Natriumboranat in Wasser (*Charlson et al.*, Canad. J. Chem. **35** [1957] 365, 369).

Krystalle (aus A.); F: 154—155°. $[\alpha]_D^{27}$: $+204°$ [W.].

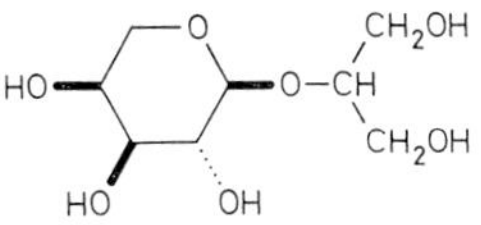

V 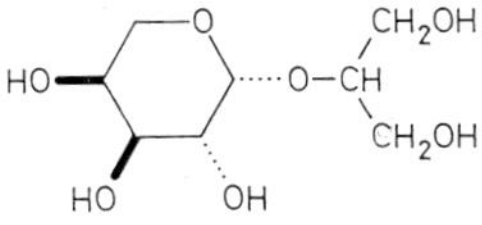   VI 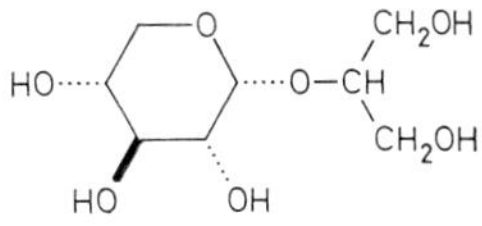   VII

c) **[β,β'-Dihydroxy-isopropyl]-α-D-xylopyranosid**, O^2-α-D-Xylopyranosyl-glycerin $C_8H_{16}O_7$, Formel VII.

B. Beim Behandeln von L-O^2-α-D-Xylopyranosyl-erythrit mit Blei(IV)-acetat in wasserhaltiger Essigsäure und Behandeln des Reaktionsprodukts mit Natriumboranat in Wasser (*Charlson et al.*, Canad. J. Chem. **35** [1957] 365, 369).

Öl. $[\alpha]_D^{27}$: $+95°$ [W.; c = 1].

d) **[β,β'-Dihydroxy-isopropyl]-β-D-xylopyranosid**, O^2-β-D-Xylopyranosyl-glycerin $C_8H_{16}O_7$, Formel VIII.

B. Beim Behandeln von O^4-β-D-Xylopyranosyl-D-xylose oder von O^2-β-D-Xylopyranosyl-L-arabit mit Blei(IV)-acetat in wasserhaltiger Essigsäure und Behandeln des Reaktionsprodukts mit Natriumboranat in Wasser (*Charlson et al.*, Canad. J. Chem. **35** [1957] 365, 370).

Öl. $[\alpha]_D^{27}$: $-37°$ [W.].

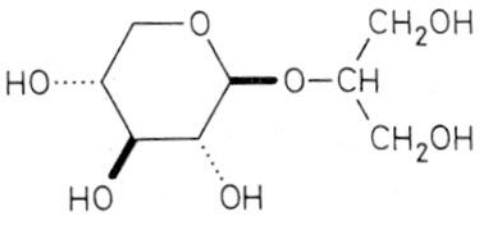

VIII 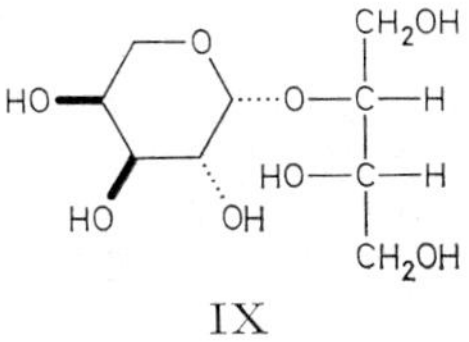   IX 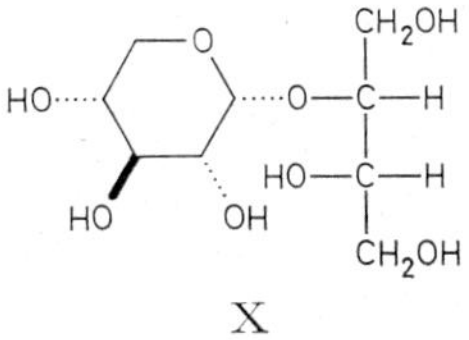   X

2-[2,3-Dihydroxy-1-hydroxymethyl-propoxy]-tetrahydro-pyran-3,4,5-triol $C_9H_{18}O_8$.

a) **[(1R,2S)-2,3-Dihydroxy-1-hydroxymethyl-propyl]-β-L-arabinopyranosid**, L-O^2-β-L-Arabinopyranosyl-erythrit $C_9H_{18}O_8$, Formel IX.

B. Beim Behandeln von O^3-β-L-Arabinopyranosyl-L-arabinose mit Blei(IV)-acetat in wasserhaltiger Essigsäure und Behandeln des Reaktionsprodukts mit Natriumboranat in Wasser (*Charlson et al.*, Canad. J. Chem. **35** [1957] 365, 369).

Öl. $[\alpha]_D^{27}$: $+135°$ [W.; c = 2].

b) **[(1R,2S)-2,3-Dihydroxy-1-hydroxymethyl-propyl]-α-D-xylopyranosid**, L-O^2-α-D-Xylopyranosyl-erythrit $C_9H_{18}O_8$, Formel X.

B. Beim Behandeln von O^3-α-D-Xylopyranosyl-L-arabinose mit Blei(IV)-acetat in wasserhaltiger Essigsäure und Behandeln des Reaktionsprodukts mit Natriumboranat in Wasser (*Charlson et al.*, Canad. J. Chem. **35** [1957] 365, 369).

Öl. $[\alpha]_D^{27}$: $+91°$ [W.; c = 1].

O^2-β-D-Xylopyranosyl-L-arabit $C_{10}H_{20}O_9$, Formel XI.

B. Aus O^2-β-D-Xylopyranosyl-L-arabinose mit Hilfe von Natriumboranat (*Charlson et al.*, Canad. J. Chem. **35** [1957] 365, 370).

Krystalle (aus Me. + A.); F: 185—187°. $[\alpha]_D^{27}$: —33° [W.; c = 1].

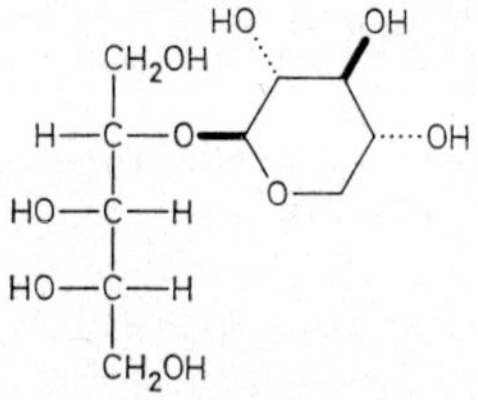

XI 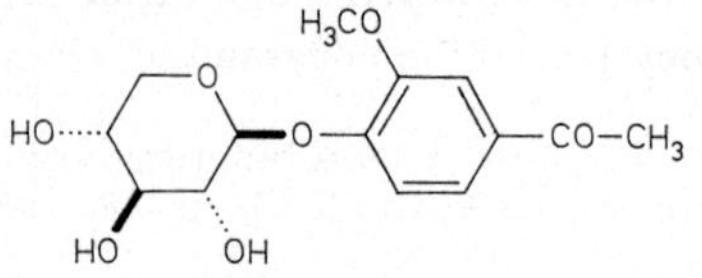   XII 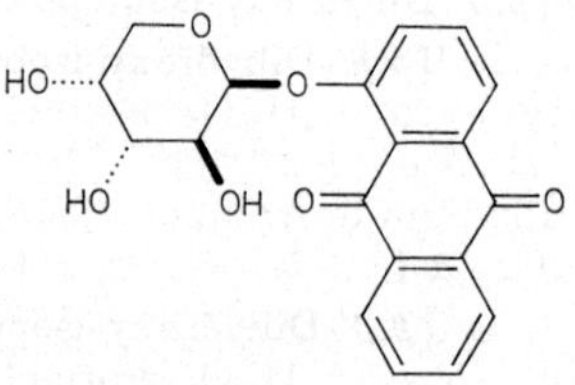   XIII

1-[3-Methoxy-4-β-D-xylopyranosyloxy-phenyl]-äthanon $C_{14}H_{18}O_7$, Formel XII.

B. Beim Behandeln von 1-[3-Methoxy-4-(tri-*O*-acetyl-β-D-xylopyranosyloxy)-phenyl]-äthanon mit Natriummethylat in Methanol (*Fisher et al.*, Am. Soc. **62** [1940] 1412, 1415).

Krystalle (aus Me. + Ae.); F: 145,2—145,7° (*Fi. et al.*, Am. Soc. **62** 1415).

Geschwindigkeit der Hydrolyse in wss. Natronlauge (5%ig bzw. 0,1%ig) bei 20° und 60° bzw. bei 100°, in wss. Schwefelsäure (5%ig bzw. 0,1%ig) bei 20° und 60° bzw. bei 100° sowie in Wasser bei 160°: *Fisher et al.*, Am. Soc. **63** [1941] 3031.

1-β(?)-D-Arabinopyranosyloxy-anthrachinon $C_{19}H_{16}O_7$, vermutlich Formel XIII.

B. Aus 1-[Tri-*O*-acetyl-β(?)-D-arabinopyranosyloxy]-anthrachinon (S. 2457) mit Hilfe von Kaliumcarbonat in Äthanol (*Gardner et al.*, Am. Soc. **57** [1935] 1074).

Gelbe Krystalle; F: 203—203,5° [korr.].

Geschwindigkeit der Hydrolyse in wss. Salzsäure (0,05 n), in wss. Natronlauge (0,05 n) und in wss. Natriumborat-Lösung bei Siedetemperatur: *Ga. et al.*

(Ξ)-2-Hydroxy-1-[3-methoxy-4-β-D-xylopyranosyloxy-phenyl]-propan-1-on $C_{15}H_{20}O_8$, Formel I.

B. Beim Behandeln von (Ξ)-2-Acetoxy-1-[3-methoxy-4-(tri-*O*-acetyl-β-D-xylopyranosyl=oxy)-phenyl]-propan-1-on mit Natriummethylat in Methanol (*Fisher et al.*, Am. Soc. **62** [1940] 1412, 1414).

Krystalle (aus Me. + Ae.); F: 193—194,5° [geringfügige Zers.] (*Fi. et al.*, Am. Soc. **62** 1415).

Geschwindigkeit der Hydrolyse in wss. Natronlauge (5%ig bzw. 0,1%ig) bei 20° und 60° bzw. bei 100°, in wss. Schwefelsäure (5%ig bzw. 0,1%ig) bei 20° und 60° bzw. bei 100° sowie in Wasser bei 160°: *Fisher et al.*, Am. Soc. **63** [1941] 3031.

O^2-β-D-Xylopyranosyl-L-arabinose $C_{10}H_{18}O_9$, Formel II, und cyclische Tautomere.

Isolierung aus Hydrolysaten von Hemicellulosen aus Maiskolben: *Whistler, McGilvray*, Am. Soc. **77** [1955] 1884; *Whistler, Corbett*, Am. Soc. **77** [1955] 3822; aus Gerstenschalen: *Aspinall, Ferrier*, Soc. **1957** 4188; aus Esparto-Gras: *Aspinall, Ferrier*, Soc. **1958** 1501, 1504.

B. Aus O^3,O^4-Isopropyliden-O^2-β-D-xylopyranosyl-L-arabinose beim Erwärmen mit verd. wss. Oxalsäure (*As., Fe.*, Soc. **1958** 1504).

Krystalle (aus wss. A.), F: 167—168° [über Phosphor(V)-oxid getrocknetes Präparat] (*Wh., Co.*); Krystalle (aus wss. A.) mit 3-Mol H_2O, F: 98—99° (*As., Fe.*). $[\alpha]_D^{18}$: + 55° (nach 3 min) → +31,5° (nach 90 min) [W.; c = 1,5] (*As., Fe.*).

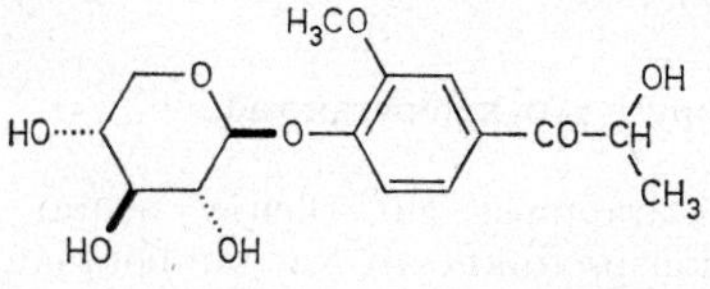

I 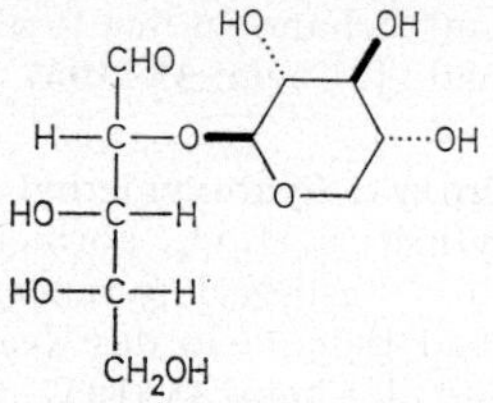   II 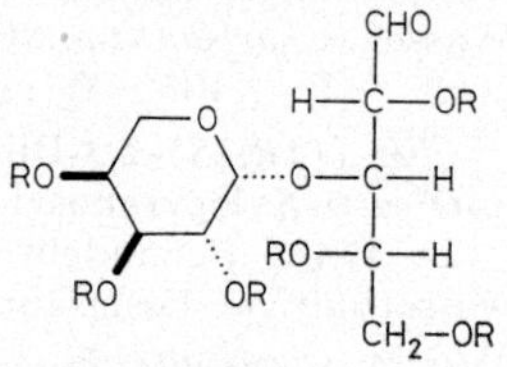   III

2,4,5-Trihydroxy-3-[3,4,5-trihydroxy-tetrahydro-pyran-2-yloxy]-valeraldehyd $C_{10}H_{18}O_9$.

a) **O^3-β-L-Arabinopyranosyl-L-arabinose** $C_{10}H_{18}O_9$, Formel III (R = H), und cyclische Tautomere (vgl. H **31** 371).
Konstitution: *Perlin*, Anal. Chem. **27** [1955] 396, 398.
B. In geringer Menge beim Behandeln von L-Arabinose mit wss. Salzsäure [6 n] (*Jones, Nicholson*, Soc. **1958** 27, 30) oder mit wss. Schwefelsäure (*Hough, Pridham*, Chem. and Ind. **1957** 1178). Neben anderen Verbindungen beim Behandeln von Pflanzengummi verschiedener Herkunft mit wss. Salzsäure oder wss. Schwefelsäure (*Andrews, Jones*, Soc. **1954** 4134, **1955** 583; *Charlson et al.*, Soc. **1955** 1428; *Bouveng, Lindberg*, Acta chem. scand. **10** [1956] 1515).
Öl, das nach mehreren Monaten krystallin erstarrt (*Ch. et al.*). $[\alpha]_D^{18}$: $+208°$ [W.; c = 2] (*Ch. et al.*); $[\alpha]_D^{20}$: $+220°$ [W.; c = 3] (*Jones*, Soc. **1953** 1672, 1674); $[\alpha]_D^{20}$: $+214°$ [W.; c = 2] (*An., Jo.*, Soc. **1954** 4137).
Charakterisierung durch Überführung in das Phenylosazon (O^3-β-L-Arabinopyranosyl-L-*erythro*-[2]pentosulose-bis-phenylhydrazon; F: 235° bzw. 240°): *Jo.*; *An., Jo.*, Soc. **1954** 4137, **1955** 584.

b) **O^3-α-D-Xylopyranosyl-L-arabinose** $C_{10}H_{18}O_9$, Formel IV (R = H), und cyclische Tautomere.
B. Neben anderen Verbindungen beim Erhitzen des Pflanzengummis von Spondias cytheria mit wss. Schwefelsäure [3 n] (*Andrews, Jones*, Soc. **1954** 4134, 4136). Neben anderen Verbindungen beim Behandeln von Hemicellulose aus Mais mit wss. Schwefelsäure [1 n] (*Whistler, Corbett*, Am. Soc. **77** [1955] 6328) oder mit wss. Salzsäure [0,01 n] (*Montgomery et al.*, Am. Soc. **79** [1957] 698).
Krystalle, F: 123° (*An., Jo.*); Krystalle (aus wss. A.) mit 1 Mol H_2O, F: 117,5—119° (*Wh., Co.*). $[\alpha]_D^{25}$: $+166°$ → $+181,8°$ [W.; c = 0,8] (*Wh., Co.*); $[\alpha]_D^{25}$: $+175°$ → $+183°$ (nach 1 h) [W.; c = 1] (*Mo. et al.*).

c) **O^3-α-D-Xylopyranosyl-D-xylose** $C_{10}H_{18}O_9$, Formel V, und cyclische Tautomere.
B. Neben anderen Verbindungen beim Behandeln von D-Xylose mit wss. Salzsäure [6 n] (*Ball, Jones*, Soc. **1958** 33, 35).
Krystalle (aus Me.); F: 178°. $[\alpha]_D^{23}$: $+106°$ (nach 5 min) → $+118°$ (Endwert nach 75 min) [W.; c = 1].

IV V VI

d) **O^3-β-D-Xylopyranosyl-D-xylose, Rhodymenabiose** $C_{10}H_{18}O_9$, Formel VI, und cyclische Tautomere.
Konstitution: *Curtis, Jones*, Canad. J. Chem. **38** [1960] 1305, 1306.
B. Neben anderen Verbindungen aus dem Xylan von Rhodymenia palmata mit Hilfe von Bakterien aus Schafspansen (*Howard*, Biochem. J. **67** [1957] 643, 647).
Krystalle (aus Me.); F: 192—193° (*Cu., Jo.*). $[\alpha]_D^{21}$: $-35°$ (nach 4 min) → $-22°$ (Endwert) [W.; c = 3] (*Cu., Jo.*); $[\alpha]_D^{22}$: $-18,4°$ [W.; c = 3] (*Ho.*).

O^4-β-D-Xylopyranosyl-D-xylose, D,D-Xylobiose, Xylobiose $C_{10}H_{18}O_9$, Formel VII, und cyclische Tautomere.
Konstitution: *Perlin*, Anal. Chem. **27** [1955] 396, 398.
B. In geringer Menge beim Behandeln von D-Xylose mit wss. Salzsäure [6 n] (*Ball, Jones*, Soc. **1958** 33, 36). In geringer Menge aus Hemicellulosen verschiedener Herkunft beim Erhitzen mit Wasser (*Bishop*, Canad. J. Chem. **33** [1955] 1073, 1076), mit wss. Schwefelsäure (*Jones, Wise*, Soc. **1952** 2750, 2754; *Aspinall et al.*, Soc. **1956** 4807, 4809; *Charlson et al.*, Canad. J. Chem. **35** [1957] 365, 370) oder mit wss. Salzsäure (*Whistler et al.*, Am. Soc. **74** [1952] 3059) sowie mit Hilfe von Enzymen (*Howard*, Biochem. J. **67** [1957] 643, 646; *Fukui*, J. gen. appl. Microbiol. Tokyo **4** [1958] 39, 47).

Krystalle; F: 195—197° [aus A.] (*Ball, Jo.*), 190° [aus wss. A.] (*Ho.*), 188—190° [korr.] (*Bi.*), 189° [Zers.] (*Jo., Wise*), 186—187° [aus wss. Me.] (*Whistler, Tu*, Am. Soc. **73** [1951] 1389), 184—185° [aus A.] (*Fu.; Srivastava, Smith*, Am. Soc. **79** [1957] 982). $[\alpha]_D^{23}$: —40° (nach 3 min) → —27° (nach 1 h) [W.; c = 2] (*Ball, Jo.*); $[\alpha]_D^{23}$: —30° → —23° (nach 5 h) [W.; c = 2] (*Sr., Sm.*); $[\alpha]_D^{25}$: —32° → —25,5° (nach 1 h) [W.; c = 1] (*Wh., Tu*).

Bildung von 2,4-Dihydroxy-2-hydroxymethyl-buttersäure-4-lacton bei mehrtägigem Behandeln mit wss. Natronlauge: *As. et al.*

VII   VIII   IX

2,3,4-Trihydroxy-5-[3,4,5-trihydroxy-tetrahydro-pyran-2-yloxy]-valeraldehyd $C_{10}H_{18}O_9$.

a) **O^5-α-L-Arabinopyranosyl-L-arabinose** $C_{10}H_{18}O_9$, Formel VIII (R = H), und cyclische Tautomere.

B. Neben anderen Verbindungen aus dem Pflanzengummi von Virgilia oroboides mit Hilfe von wss. Schwefelsäure (*Stephen*, Soc. **1957** 1919; *Smith, Stephen*, Soc. **1961** 4892, 4898).

Krystalle (aus wss. Me.); F: 143°; $[\alpha]_D^{18}$: —18° [W.; c = 2] (*Sm., St.*).

b) **O^5-β-D-Xylopyranosyl-L-arabinose** $C_{10}H_{18}O_9$, Formel IX (R = H), und cyclische Tautomere.

Konstitution: *Perlin*, Anal. Chem. **27** [1955] 396, 398.

B. Neben anderen Verbindungen beim Behandeln von Tri-O-acetyl-α-D-xylopyranosyl=bromid mit Methyl-L-arabinofuranosid (Gemisch der Anomeren) in Chloroform oder Dioxan unter Zusatz von Silberoxid, Jod und Calciumsulfat, Behandeln des Reaktionsprodukts mit Natriummethylat in Methanol und Erwärmen des danach isolierten Reaktionsprodukts mit wss. Ameisensäure und anschliessend mit methanol. Natronlauge (*Ball, Jones*, Soc. **1957** 4871). In geringer Menge aus Pflanzengummi verschiedener Herkunft beim Behandeln mit wss. Salzsäure [1n] oder wss. Schwefelsäure [6n] (*Andrews et al.*, Soc. **1953** 4090, 4093).

Öl; $[\alpha]_D^{20}$: —34° [W.; c = 6] (*An. et al.*); $[\alpha]_D^{23}$: —41° [W.; c = 3] (*Ball, Jo.*).

2,4,5-Trimethoxy-3-[3,4,5-trimethoxy-tetrahydro-pyran-2-yloxy]-valeraldehyd $C_{16}H_{30}O_9$.

a) **O^2,O^4,O^5-Trimethyl-O^3-[tri-O-methyl-β-L-arabinopyranosyl]-L-arabinose** $C_{16}H_{30}O_9$, Formel III (R = CH_3) auf S. 2442.

B. Beim Behandeln von O^3-β-L-Arabinopyranosyl-L-arabinose mit Dimethylsulfat und wss. Natronlauge und Behandeln des Reaktionsprodukts mit Methyljodid und Silberoxid (*Jones*, Soc. **1953** 1672, 1674).

Bei 160—180°/0,05 Torr (*Jo.*) bzw. bei 130—150°/0,04 Torr (*Charlson et al.*, Soc. **1955** 1428, 1430) destillierbar. n_D^{20}: 1,469 (*Ch. et al.*); n_D^{22}: 1,469 (*Jo.*). $[\alpha]_D^{20}$: +300° [W.; c = 1] (*Jo.*); $[\alpha]_D^{20}$: +230° [W.; c = 1] (*Ch. et al.*).

b) **O^2,O^4,O^5-Trimethyl-O^3-[tri-O-methyl-α-D-xylopyranosyl]-L-arabinose** $C_{16}H_{30}O_9$, Formel IV (R = CH_3).

B. Beim Behandeln von O^3-α-D-Xylopyranosyl-L-arabinose mit Dimethylsulfat und wss. Natronlauge und Behandeln des Reaktionsprodukts mit Methyljodid und Silberoxid (*Andrews, Jones*, Soc. **1954** 4134, 4137).

Bei 160—170°/0,3 Torr destillierbar. n_D^{20}: 1,4660.

O^2,O^3,O^5-Trimethyl-O^4-[tri-O-methyl-α-D-xylopyranosyl]-D-xylose $C_{16}H_{30}O_9$, Formel X.

B. Neben anderen Verbindungen bei mehrtägiger Behandlung von D-Xylose mit wss. Salzsäure und Methylierung des Reaktionsprodukts (*Ball, Jones*, Soc. **1958** 33, 35).

Krystalle (aus Hexan); F: 109°. $[\alpha]_D^{23}$: +50° [Me.; c = 2].

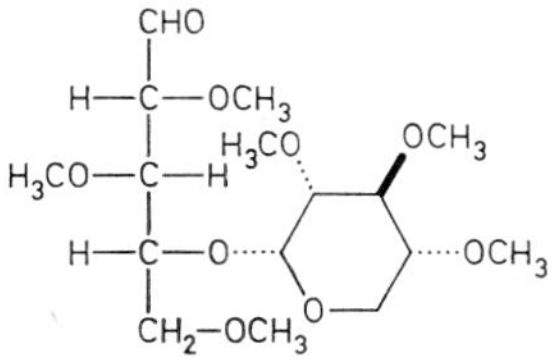

O^2,O^3,O^5-Trimethyl-O^4-[tri-O-methyl-β-L-arabinopyranosyl]-L-arabinose $C_{16}H_{30}O_9$,
Formel XI, und O^2,O^3,O^4-Trimethyl-O^5-[tri-O-methyl-β-L-arabinopyranosyl]-L-arabinose
$C_{16}H_{30}O_9$, Formel XII.

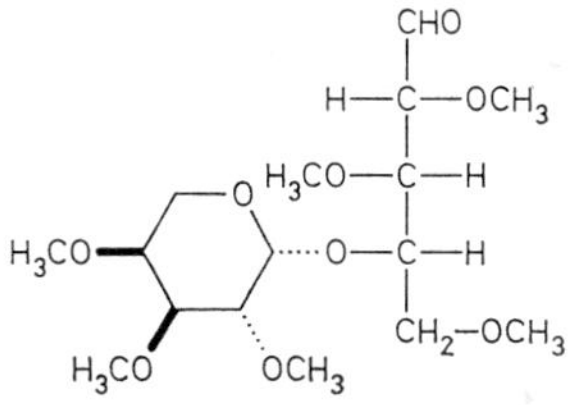

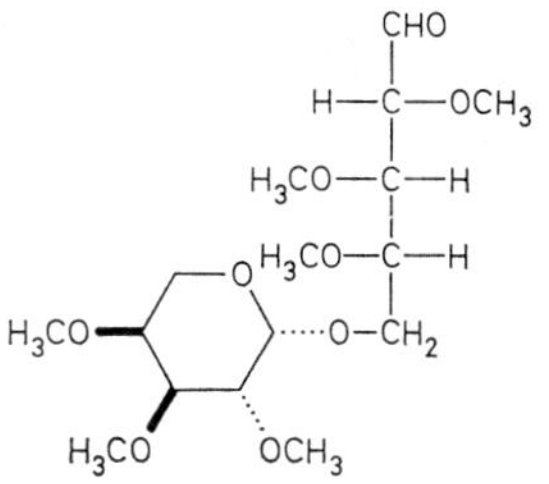

Diese beiden Formeln kommen für die nachstehend beschriebene Verbindung in Betracht.

B. Neben anderen Verbindungen beim Behandeln von L-Arabinose mit wss. Salzsäure
(6n) und Behandeln des Reaktionsprodukts mit Dimethylsulfat und wss. Natronlauge
und anschliessend mit Methyljodid und Silberoxid (*Jones, Nicholson*, Soc. **1958** 27, 30).
Bei 180°/0,05 Torr destillierbar. n_D^{21}: 1,4710. $[\alpha]_D^{20}$: $+128°$ [CHCl$_3$; c = 4].

2,3,4-Trimethoxy-5-[3,4,5-trimethoxy-tetrahydro-pyran-2-yloxy]-valeraldehyd $C_{16}H_{30}O_9$.

a) O^2,O^3,O^4-Trimethyl-O^5-[tri-O-methyl-α-L-arabinopyranosyl]-L-arabinose
$C_{16}H_{30}O_9$, Formel VIII (R = CH$_3$).

B. Aus O^5-α-L-Arabinopyranosyl-L-arabinose (*Stephen*, Soc. **1957** 1919).
Bei 170°/0,05 Torr destillierbar. n_D^{20}: 1,4615. $[\alpha]_D^{20}$: $-16°$ [W.; c = 5].

b) O^2,O^3,O^4-Trimethyl-O^5-[tri-O-methyl-β-D-xylopyranosyl]-L-arabinose $C_{16}H_{30}O_9$,
Formel IX (R = CH$_3$).

B. Beim Behandeln von O^5-β-D-Xylopyranosyl-L-arabinose mit Dimethylsulfat und
wss. Natronlauge (*Andrews et al.*, Soc. **1953** 4090, 4093).
Bei 180°/0,3 Torr destillierbar. n_D^{17}: 1,4675. $[\alpha]_D^{20}$: $-73°$ [W.; c = 1].

**4,5-Dihydroxy-2-phenylhydrazono-3-[3,4,5-trihydroxy-tetrahydro-pyran-2-yloxy]-valer⸗
aldehyd-phenylhydrazon** $C_{22}H_{28}N_4O_7$.

a) O^3-β-L-Arabinopyranosyl-L-*erythro*-[2]pentosulose-bis-phenylhydrazon,
O^3-β-L-Arabinopyranosyl-L-arabinose-phenylosazon $C_{22}H_{28}N_4O_7$, Formel I.

B. Beim Erwärmen von O^3-β-L-Arabinopyranosyl-L-arabinose mit Phenylhydrazin und
wss. Essigsäure unter Zusatz von Natriumdisulfit (*Andrews, Jones*, Soc. **1954** 4134, 4137).

Gelbe Krystalle; F: 240° [Block; aus wss. A.] (*Andrews, Jones*, Soc. **1955** 583), 235°
[Zers.; aus A.] (*An., Jo.*, Soc. **1954** 4134, 4137), 235° [aus A.] (*Jones*, Soc. **1953** 1672,
1674). Der Schmelzpunkt ist von der Geschwindigkeit des Erhitzens abhängig (*An.,
Jo.*, Soc. **1955** 583).

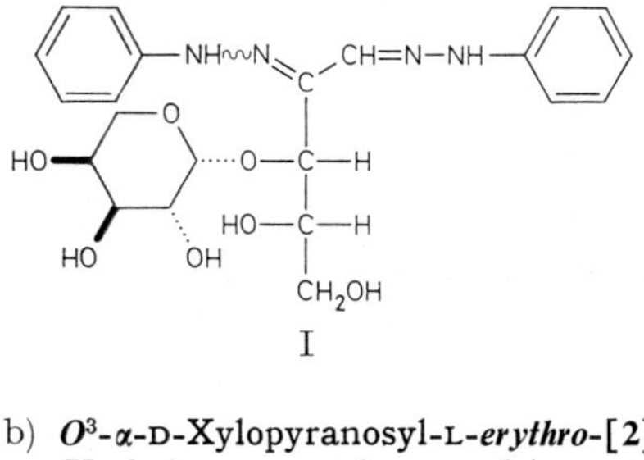

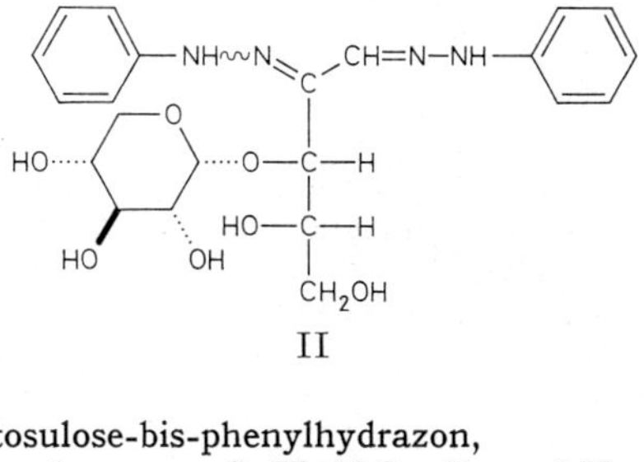

b) O^3-α-D-Xylopyranosyl-L-*erythro*-[2]pentosulose-bis-phenylhydrazon,
O^3-α-D-Xylopyranosyl-L-arabinose-phenylosazon $C_{22}H_{28}N_4O_7$, Formel II.

B. Beim Erwärmen von O^3-α-D-Xylopyranosyl-L-arabinose mit Phenylhydrazin und
wss. Essigsäure unter Zusatz von Natriumdisulfit (*Andrews, Jones*, Soc. **1954** 4134, 4137).
Gelbe Krystalle (aus A. + Bzl.) mit 0,5 Mol H$_2$O; F: 226° [Zers.].

c) *O^3-β-D-Xylopyranosyl-D_g-threo*-[2]pentosulose-bis-phenylhydrazon, O^3-β-D-Xylo=
pyranosyl-D-xylose-phenylosazon $C_{22}H_{28}N_4O_7$, Formel III.

B. Beim Behandeln von Rhodymenabiose (O^3-β-D-Xylopyranosyl-D-xylose) mit Phenyl=
hydrazin und wss. Essigsäure (*Curtis, Jones*, Canad. J. Chem. **38** [1960] 1305, 1312).
Krystalle (aus W.); F: 194—196°. $[α]_D^{21}$: +47° [Py.].

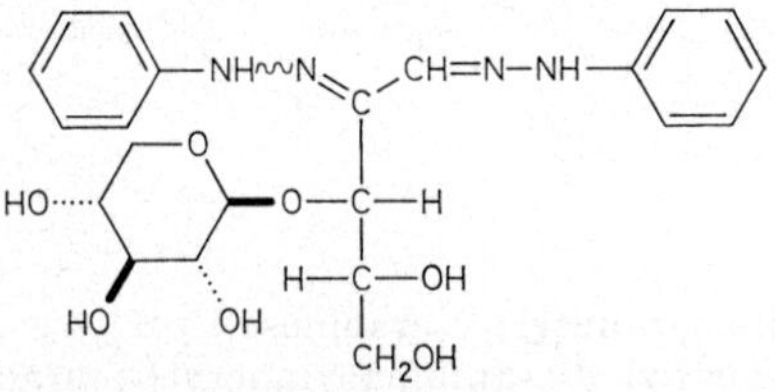

III 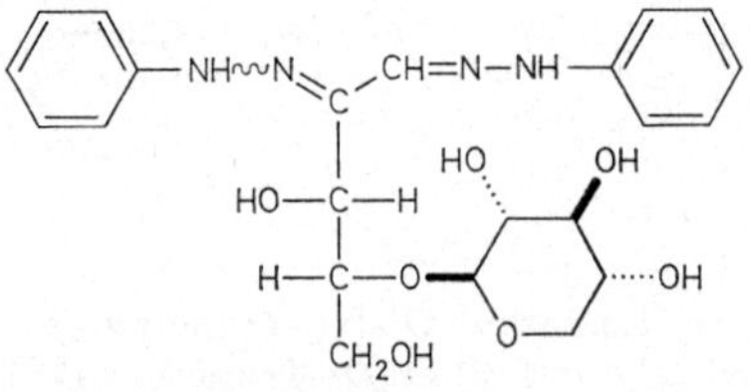   IV

O^4-β-D-Xylopyranosyl-D_g-threo-[2]pentosulose-bis-phenylhydrazon, O^4-β-D-Xylopyra=
nosyl-D-xylose-phenylosazon, Xylobiose-phenylosazon $C_{22}H_{28}N_4O_7$,
Formel IV.

B. Beim Erwärmen von Xylobiose (O^4-β-D-Xylopyranosyl-D-xylose) mit Phenyl=
hydrazin und wss. Essigsäure unter Zusatz von Natriumhydrogensulfit (*Srivastava,
Smith*, Am. Soc. **79** [1957] 982) oder mit Phenylhydrazin-hydrochlorid in Wasser unter
Zusatz von Natriumacetat (*Whistler, Tu*, Am. Soc. **74** [1952] 3609, 3612).

F: 210—213° [Zers.] (*Ball, Jones*, Soc. **1958** 33, 36); Krystalle (aus wss. A.) mit 0,5 Mol
H_2O, F: 205—207° [Zers.] (*Sr., Sm.*); gelbe Krystalle (aus wss. A. oder aus Dioxan
+ PAe.) mit 1 Mol H_2O, F: 195—196° [Zers.] (*Wh., Tu*). $[α]_D^{25}$: —6° (nach 5 min) → —50°
(Endwert nach 26 h) [Py. + A.] (*Sr., Sm.*); $[α]_D^{22}$: —22,5° → —77,0° (nach 33 h) [Py.
+ A.] (*Wh., Tu*).

**3,4-Dihydroxy-2-phenylhydrazono-5-[3,4,5-trihydroxy-tetrahydro-pyran-2-yloxy]-valer=
aldehyd-phenylhydrazon** $C_{22}H_{28}N_4O_7$.

a) *O^5-α-L-Arabinopyranosyl-L-erythro*-[2]pentosulose-bis-phenylhydrazon,
O^5-α-L-Arabinopyranosyl-L-arabinose-phenylosazon $C_{22}H_{28}N_4O_7$, Formel V.

B. Beim Behandeln von O^5-α-L-Arabinopyranosyl-L-arabinose mit Phenylhydrazin und
wss. Essigsäure (*Stephen*, Soc. **1957** 1919).

Gelbe Krystalle (aus wss. A.) mit 1 Mol H_2O; F: 198—200° [Kofler-App.]. Absorptionsmaxima (A.): 256 nm, 308 nm und 394 nm.

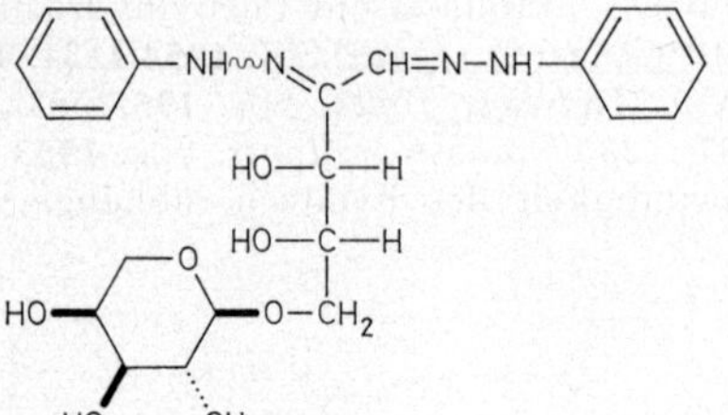

V 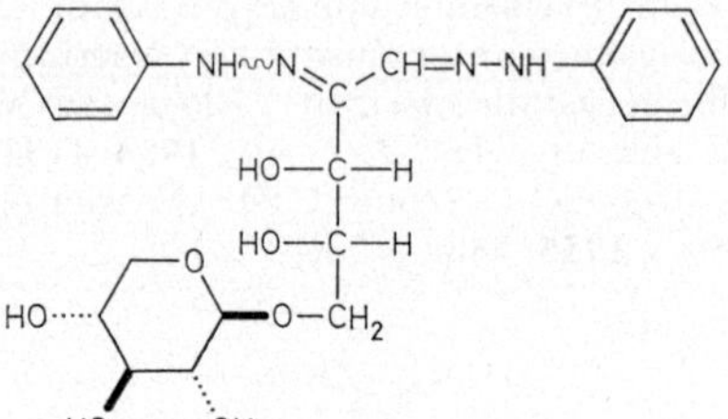   VI

b) *O^5-β-D-Xylopyranosyl-L-erythro*-[2]pentosulose-bis-phenylhydrazon,
O^5-β-D-Xylopyranosyl-L-arabinose-phenylosazon $C_{22}H_{28}N_4O_7$, Formel VI.

B. Beim Erwärmen von O^5-β-D-Xylopyranosyl-L-arabinose mit wss. Phenylhydrazin-
acetat-Lösung (*Andrews et al.*, Soc. **1953** 4090, 4093).

Krystalle (aus wss. A.); F: 216°.

(Ξ)-1-[3,5-Dimethoxy-4-β-D-xylopyranosyloxy-phenyl]-2-hydroxy-propan-1-on
$C_{16}H_{22}O_9$, Formel VII.

B. Beim Behandeln von (Ξ)-2-Acetoxy-1-[3,5-dimethoxy-4-(tri-*O*-acetyl-β-D-xylopy=
ranosyloxy)-phenyl]-propan-1-on mit Natriummethylat in Methanol (*Fisher et al.*, Am. Soc.

62 [1940] 1412, 1415).

Krystalle (aus Me.); F: 149,4—150° (*Fi. et al.*, Am. Soc. **62** 1415).

Beim Erwärmen in Äthanol, Aceton, Dioxan oder Wasser auf 45° erfolgt Zersetzung (*Fi. et al.*, Am. Soc. **62** 1414). Geschwindigkeit der Hydrolyse in wss. Natronlauge (5%ig bzw. 0,1%ig) bei 20° und 60° bzw. bei 100° sowie in wss. Schwefelsäure (5%ig bzw. 0,1%ig) bei 20° und 60° bzw. bei 100°: *Fisher et al.*, Am. Soc. **63** [1941] 3031.

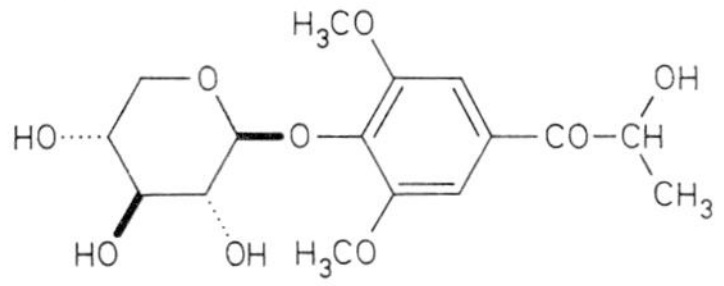

VII 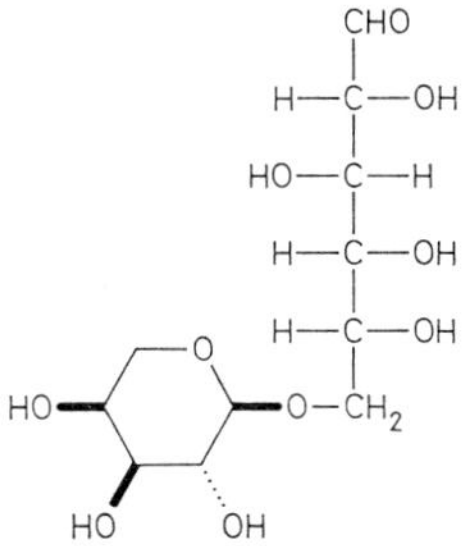   VIII 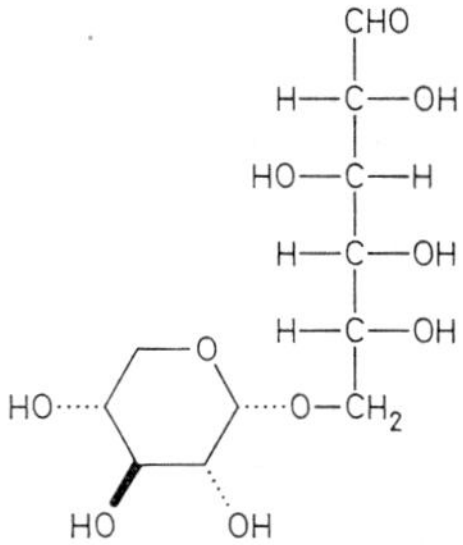   IX

2,3,4,5-Tetrahydroxy-6-[3,4,5-trihydroxy-tetrahydro-pyran-2-yloxy]-hexanal $C_{11}H_{20}O_{10}$.

a) O^6-α-L-**Arabinopyranosyl-D-glucose**, **Vicianose** $C_{11}H_{20}O_{10}$, Formel VIII, und cyclische Tautomere (H 31 371).

Konfiguration: *Wallenfels, Beck*, A. **630** [1960] 46.

B. Beim Behandeln von O^1,O^2,O^3,O^4-Tetraacetyl-O^6-[tri-O-acetyl-α-L-arabinopyranosyl]-ξ-D-glucopyranose (F: 158—160° [korr.]) mit Natriummethylat in Methanol und Chloro=form (*Helferich, Bredereck*, A. **465** [1928] 166, 169). Aus Gein (Glykosid aus Geum urbanum) durch enzymatische Hydrolyse (*Hérissey, Cheymol*, J. Pharm. Chim. [8] **3** [1926] 156, 159).

Krystalle (aus Eg.); F: 210° [Zers.; korr.; nach Sintern von 190° an] (*He., Br.*). $[α]_D^{14}$: +56,6° (nach 10 min) → +40,5° (Endwert nach mehreren Stunden) [W.; p = 2] (*He., Br.*).

b) O^6-α-D-**Xylopyranosyl-D-glucose**, **Isoprimverose** $C_{11}H_{20}O_{10}$, Formel IX, und cyclische Tautomere.

B. Beim Behandeln von Hepta-O-acetyl-isoprimverose (O^1,O^2,O^3,O^4-Tetraacetyl-O^6-[tri-O-acetyl-α-D-xylopyranosyl]-ξ-D-glucopyranose (F: 107—110° [korr.]) mit Natri=ummethylat in Methanol (*Zemplén, Bognár*, B. **72** [1939] 1160, 1165; *Zemplén*, Mat. termeszettud. Ertesitö **58** [1939] 356, 373; C. A. **1940** 1026).

Krystalle (aus wss. Me. oder wss. A.), F: 200,5—201,5° [korr.; Zers.; nach Sintern bei 198°]; $[α]_D^{20}$: +150,2° (nach 4 min) → +121,3° (Endwert nach 16 h) [W.; c = 5] (*Ze., Bo.*).

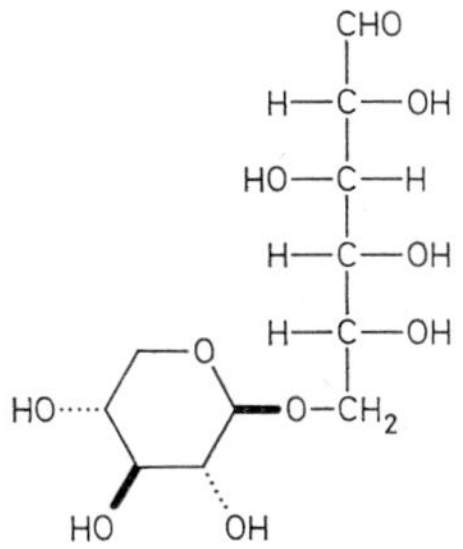

X 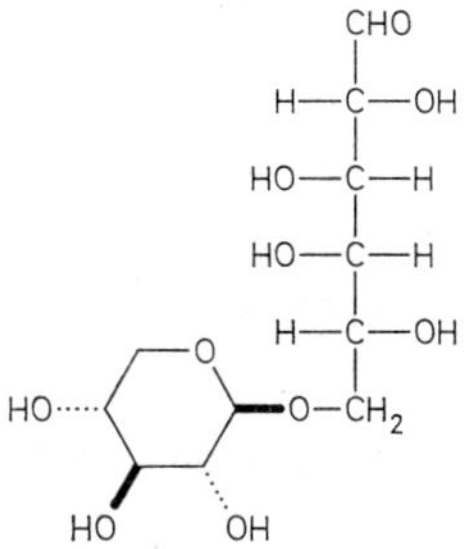   XI 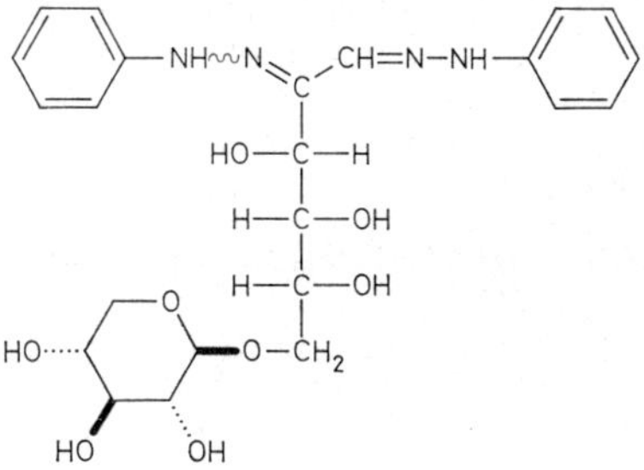   XII

c) O^6-β-D-**Xylopyranosyl-D-glucose**, **Primverose** $C_{11}H_{20}O_{10}$, Formel X, und cyclische Tautomere (H 31 372).

B. Beim Behandeln von Hepta-O-acetyl-primverose (O^1,O^2,O^3,O^4-Tetraacetyl-O^6-[tri-O-acetyl-β-D-xylopyranosyl]-β-D-glucopyranose) mit Natriummethylat in Methanol und

Chloroform (*Helferich, Rauch*, A. **455** [1927] 168, 171).

Krystalle (aus wss. A.); F: 208° [korr.; nach Sintern von 192° an]. $[\alpha]_D^{20}$: $+20,2°$ (nach 10 min) $\rightarrow -3,4°$ (Endwert nach 17 h) [W.; p = 6].

d) **O^6-β-D-Xylopyranosyl-D-galactose** $C_{11}H_{20}O_{10}$, Formel XI, und cyclische Tauto= mere.

B. Bei der Behandlung von $O^1,O^2;O^3,O^4$-Diisopropyliden-α-D-galactopyranose mit Tri-O-acetyl-α-D-xylopyranosylbromid in Dioxan unter Zusatz von Silberoxid und wenig Jod und anschliessenden Hydrolyse (*Ball, Jones*, Soc. **1957** 4871).

Krystalle (aus wss. Me.); F: 194—196°. $[\alpha]_D^{23}$: $-23,6°$ (nach 5 min) $\rightarrow -3,6°$ (Endwert nach 2 h) [W.; c = 2].

O^6-β-D-Xylopyranosyl-D-*arabino*-[2]hexosulose-bis-phenylhydrazon, O^6-β-D-Xylo= pyranosyl-D-glucose-phenylosazon, Primverose-phenylosazon $C_{23}H_{30}N_4O_8$, Formel XII (H **31** 375).

Gelbe Krystalle (aus W.), F: 220° [korr.]; $[\alpha]_D^{19}$: $-109,7°$ [Py.; p = 1] (*Helferich, Rauch*, A. **455** [1927] 168, 172).

Methyl-[O^2-acetyl-β-L-arabinopyranosid] $C_8H_{14}O_6$, Formel I.

B. Beim Erhitzen von Methyl-[O^2-acetyl-O^3,O^4-isopropyliden-β-L-arabinopyranosid] mit wss.-methanol. Salzsäure (*Honeyman*, Soc. **1946** 990, 993).

Krystalle (aus A. + PAe.); F: 172°. $[\alpha]_D^{16}$: $+252,2°$ [W.; c = 1].

[2,4,6-Tribrom-phenyl]-[O^4-acetyl-O^2,O^3-diäthyl-ξ-D-xylopyranosid] $C_{17}H_{21}Br_3O_6$, Formel II.

B. Aus O^4-Acetyl-O^2,O^3-diäthyl-ξ-D-xylopyranosylbromid und Natrium-[2,4,6-tribrom-phenolat] (*Dow Chem. Co.*, U.S.P. 2218569 [1939]).

Krystalle (aus Me.); F: 131°.

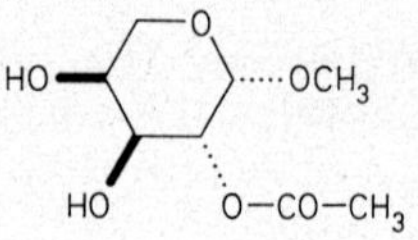

I 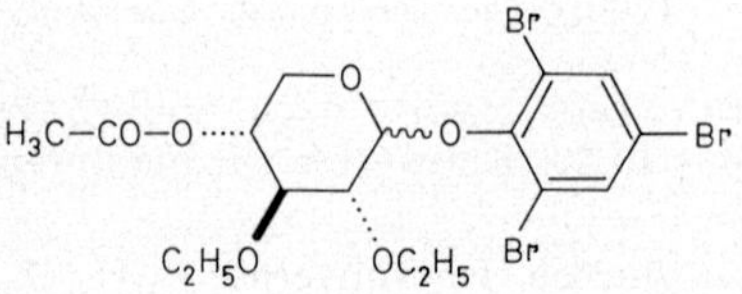   II 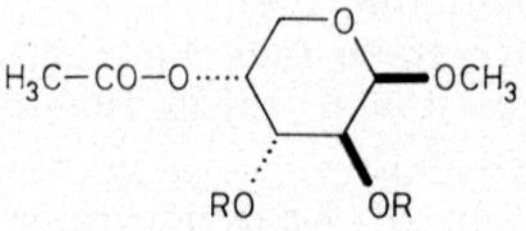   III

Methyl-[O^4-acetyl-O^2,O^3-ditrityl-β-D-arabinopyranosid] $C_{46}H_{42}O_6$, Formel III (R = $C(C_6H_5)_3$).

B. Bei mehrtägigem Behandeln von Methyl-[O^2,O^3-ditrityl-β-D-arabinopyranosid] mit Acetanhydrid und Pyridin (*Hockett, Mowery*, Am. Soc. **65** [1943] 403, 408).

Krystalle (aus E.); F: 193—194° [unkorr.]. $[\alpha]_D^{20}$: $-98,8°$ [CHCl₃]; $[\alpha]_D^{26}$: $-109,7°$ [Py.].

Methyl-[O^3,O^4-diacetyl-O^2-methyl-β-D-xylopyranosid] $C_{11}H_{18}O_7$, Formel IV.

B. Beim Behandeln von O^1,O^3,O^4-Triacetyl-O^2-methyl-ξ-D-xylopyranose (S. 2449) mit Bromwasserstoff in Essigsäure und Behandeln des Reaktionsprodukts mit Methanol und Silbercarbonat (*Robertson, Speedie*, Soc. **1934** 824, 826).

Krystalle (aus Ae. + PAe.); F: 78—79°. $[\alpha]_D$: $-38,1°$ [CHCl₃; c = 4].

Methyl-[O^2,O^4-diacetyl-O^3-trityl-β-D-arabinopyranosid] $C_{29}H_{30}O_7$, Formel V (R = $C(C_6H_5)_3$).

B. Bei mehrtägigem Behandeln von Methyl-[O^3-trityl-β-D-arabinopyranosid] mit Acet= anhydrid und Pyridin (*Hockett, Mowery*, Am. Soc. **65** [1943] 403, 408).

Krystalle (aus E.); F: 202—203° [unkorr.]. $[\alpha]_D^{20}$: $-107,6°$ [CHCl₃].

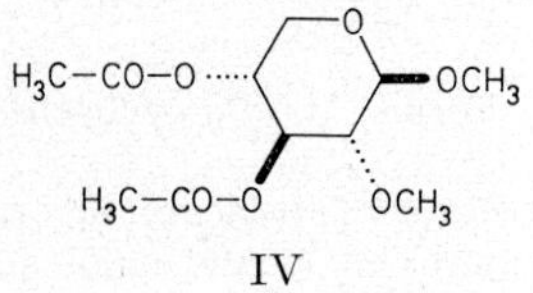

IV 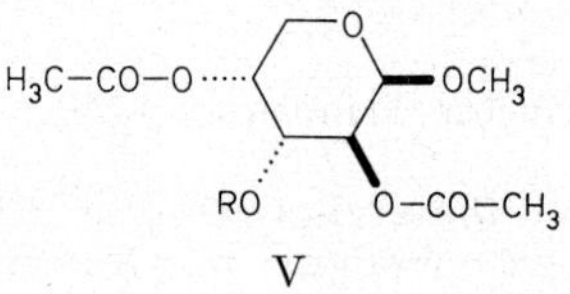   V 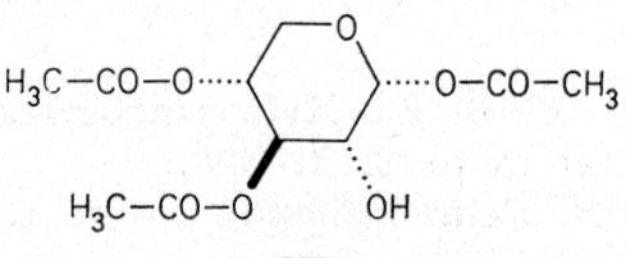   VI

O^1,O^3,O^4-Triacetyl-α-D-xylopyranose $C_{11}H_{16}O_8$, Formel VI.

B. Neben anderen Verbindungen beim Behandeln von Tri-O-acetyl-α-D-xylopyranosyl=
bromid mit wss. Aceton (*Antia*, Am. Soc. **80** [1958] 6138, 6141) oder mit Dimethyl=
sulfoxid (*Srivastava*, Chem. and Ind. **1959** 159). Bildung aus D-Xylose beim Behandeln
mit Acetanhydrid und wenig Perchlorsäure, mit Phosphor, mit Brom und Wasser und
mit Natriumacetat-Lösung (*Helferich, Steinpreis*, B. **91** [1958] 1794; s. a. *Helferich, Ost*,
B. **95** [1962] 2616).

Krystalle (aus Ae. + Pentan); F: 136—139° [unkorr.] (*An.*), 130—132° (*Sr.*). $[\alpha]_D^{25}$:
+126,5° [CHCl$_3$; c = 2] (*An.*); $[\alpha]_D^{26}$: +113° (*Sr.*). IR-Banden (2,8—15 μ): *An.*

Beim Behandeln mit wss. Pyridin ist O^2,O^3,O^4-Triacetyl-α-D-xylopyranose (*An.*), beim
Behandeln mit Methyljodid und Silberoxid ist Methyl-[tri-O-acetyl-β-D-xylopyranosid]
(*Sr.*) erhalten worden.

O^1,O^3,O^4-Triacetyl-O^2-methyl-ξ-D-xylopyranose $C_{12}H_{18}O_8$, Formel VII.

B. Beim Behandeln von O^2-Methyl-D-xylose mit Acetanhydrid und Pyridin (*Robertson,
Speedie*, Soc. **1934** 824, 826).

Krystalle (aus A.); F: 95°. $[\alpha]_D$: −2,2° [CHCl$_3$].

3,4,5-Triacetoxy-2-methoxy-tetrahydro-pyran $C_{12}H_{18}O_8$.

a) **Methyl-[tri-O-acetyl-α-D-arabinopyranosid]** $C_{12}H_{18}O_8$, Formel VIII.

B. Beim Behandeln von Tri-O-acetyl-β-D-arabinopyranosylbromid mit Methanol und
Silbercarbonat unter Zusatz von Calciumsulfat (*Durette, Horton*, Carbohydrate Res. **18**
[1971] 403, 415; s. a. *Montgomery et al.*, Am. Soc. **59** [1937] 1124, 1127).

Öl; $[\alpha]_D^{20}$ −11,9° [CHCl$_3$; c = 2] (*Du., Ho.*). ^{1}H-NMR-Absorption und ^{1}H-^{1}H-Spin-
Spin-Kopplungskonstanten (Hexadeuterioaceton) bei 31°: *Du., Ho.*, l. c. S. 405. IR-
Banden (Film; 5,7—9,8 μ): *Du., Ho.*

Beim Behandeln mit Acetanhydrid und Essigsäure sind in Gegenwart von Schwefel=
säure 1,1-Diacetoxy-tetra-O-acetyl-1-desoxy-D-arabit und geringere Mengen Tetra-
O-acetyl-β-D-arabinopyranose, in Gegenwart von Zinkchlorid hingegen die beiden Penta-
O-acetyl-1-methoxy-D-arabite erhalten worden (*Mo. et al.*).

VII   VIII   IX

b) **Methyl-[tri-O-acetyl-β-D-arabinopyranosid]** $C_{12}H_{18}O_8$, Formel IX.

B. Beim Behandeln von Methyl-β-D-arabinopyranosid mit Acetanhydrid unter Zusatz
von Natriumacetat (*Durette, Horton*, Carbohydrate Res. **18** [1971] 403, 416).

Krystalle, F: 75—77°; $[\alpha]_D^{22}$: −186,6° [CHCl$_3$; c = 1] (*Du., Ho.*). ^{1}H-NMR-Absorption
und ^{1}H-^{1}H-Spin-Spin-Kopplungskonstanten (Hexadeuterioaceton) bei 31°: *Du., Ho.*, l.c.
S. 405. IR-Banden (KBr; 5,7—13,2 μ): *Du., Ho.*

Beim Behandeln mit Acetanhydrid und Essigsäure sind in Gegenwart von Schwefel=
säure 1,1-Diacetoxy-tetra-O-acetyl-1-desoxy-D-arabit und geringere Mengen Tetra-O-acetyl-
β-D-arabinopyranose, in Gegenwart von Zinkchlorid hingegen die beiden Penta-O-acetyl-
1-methoxy-D-arabite erhalten worden (*Montgomery et al.*, Am. Soc. **59** [1937] 1124).

c) **Methyl-[tri-O-acetyl-β-L-arabinopyranosid]** $C_{12}H_{18}O_8$, Formel X (H 31 45).

F: 85—86°; $[\alpha]_D^{20}$: +182,1° [Lösungsmittel nicht angegeben] (*Isbell et al.*, J. Res. Bur.
Stand. **59** [1957] 41, 43). IR-Spektrum (CCl$_4$; 2—15 μ): *Is. et al.*, l. c. S. 61. Löslichkeit
in Tetrachlormethan bei 20°: 34,7 g/100 ml (*Is. et al.*, l. c. S. 43).

X   XI   XII

d) **Methyl-[tri-O-acetyl-α-D-xylopyranosid]** $C_{12}H_{18}O_8$, Formel XI (H 31 54).

B. Aus Methyl-[tri-O-acetyl-β-D-xylopyranosid] beim Behandeln mit Borfluorid in

Chloroform (*Whistler et al.*, Am. Soc. **73** [1951] 3530).

Krystalle (aus A.); F: 86—87° (*Wh. et al.*). $[\alpha]_D^{25}$: +120,1° [$CHCl_3$; c = 2] (*Wh. et al.*). IR-Spektrum (CCl_4; 2—15 μ): *Isbell et al.*, J. Res. Bur. Stand. **59** [1957] 41, 59. Löslichkeit in Tetrachlormethan bei 20°: 23,3 g/100 ml (*Is. et al.*, l. c. S. 43).

e) **Methyl-[tri-*O*-acetyl-β-D-xylopyranosid]** $C_{12}H_{18}O_8$, Formel XII (H **31** 54).

B. Beim Erhitzen von Methyl-β-D-xylopyranosid mit Acetanhydrid und Natrium=acetat (*Whistler et al.*, Am. Soc. **73** [1951] 3530; vgl. H **31** 54).

Krystalle (aus A.); F: 114,5—115,5° (*Wh. et al.*). $[\alpha]_D^{25}$: —61,2° [$CHCl_3$; c = 2] (*Wh. et al.*). IR-Spektrum ($CHCl_3$; 2—15 μ): *Isbell et al.*, J. Res. Bur. Stand. **59** [1957] 41, 60. Löslichkeit in Tetrachlormethan bei 20°: 3,0 g/100 ml (*Is. et al.*, l. c. S. 43).

f) **Methyl-[tri-*O*-acetyl-β-L-xylopyranosid]** $C_{12}H_{18}O_8$, Formel XIII.

B. Beim Erwärmen von Methyl-β-L-xylopyranosid mit Acetanhydrid unter Zusatz von Natriumacetat (*Honeyman*, Soc. **1946** 990, 993).

Krystalle (aus W.); F: 115—116°. $[\alpha]_D^{18}$: +59,9° [$CHCl_3$].

g) **Methyl-[tri-*O*-acetyl-α-D-lyxopyranosid]** $C_{12}H_{18}O_8$, Formel XIV.

B. Beim Behandeln von Methyl-α-D-lyxopyranosid mit Acetanhydrid und Pyridin (*Levene, Wolfrom*, J. biol. Chem. **78** [1928] 525, 527; *Phelps, Hudson*, Am. Soc. **50** [1928] 2049).

Krystalle; F: 96° [aus A.] (*Le., Wo.*, J. biol. Chem. **78** 527), 96° [aus W.] (*Ph., Hu.*). $[\alpha]_D^{25}$: +30,4° [$CHCl_3$; c = 4] (*Le., Wo.*, J. biol. Chem. **78** 527); $[\alpha]_D^{23}$: +30,0° [Me.; c = 3] (*Le., Wo.*, J. biol. Chem. **78** 527). Spezifisches Drehungsvermögen $[\alpha]^{20}$ einer Lösung in Chloroform bei Wellenlängen von 436 nm (+62,0°) bis 589 nm (+30,1°): *Ph., Hu.* IR-Spektrum (CCl_4; 2—15 μ): *Isbell et al.*, J. Res. Bur. Stand. **59** [1957] 41, 60; s. a. *Tipson, Isbell*, J. Res. Bur. Stand. [A] **64** [1960] 405, 409. Löslichkeit in Tetra=chlormethan bei 20°: 20,1 g/100 ml (*Is. et al.*, l. c. S. 43).

Geschwindigkeit der Hydrolyse in wss.-methanol. Salzsäure bei 22°: *Le., Wo.*, J. biol. Chem. **78** 532; in wss.-äthanol. Salzsäure bei 98°: *Levene, Wolfrom*, J. biol. Chem. **79** [1928] 471, 473.

XIII   XIV   XV

h) **Methyl-[tri-*O*-acetyl-β-D-lyxopyranosid]** $C_{12}H_{18}O_8$, Formel XV.

B. Beim Erwärmen von Methyl-β-D-lyxopyranosid mit Acetanhydrid unter Zusatz von Natriumacetat (*Isbell, Frush*, J. Res. Bur. Stand. **24** [1940] 125, 143).

Krystalle (aus W.), F: 88—89°; $[\alpha]_D^{20}$: —109,5° [$CHCl_3$; c = 5] (*Is., Fr.*). IR-Banden: *Tipson, Isbell*, J. Res. Bur. Stand. [A] **64** [1960] 405, 409.

3,4,5-Triacetoxy-2-äthoxy-tetrahydro-pyran $C_{13}H_{20}O_8$.

a) **Äthyl-[tri-*O*-acetyl-α-L-arabinopyranosid]** $C_{13}H_{20}O_8$, Formel I.

B. Beim Behandeln von Tri-*O*-acetyl-β-L-arabinopyranosylbromid mit Äthanol und Silbercarbonat (*Helferich, Appel*, Z. physiol. Chem. **205** [1932] 231, 236) oder mit Äthan=ol, Quecksilber(II)-acetat und Benzol (*Lindberg*, Acta chem. scand. **6** [1952] 949, 951).

Krystalle; F: 73—74° [aus Me.] (*Li.*), 72,5° [korr.; aus W.] (*He., Ap.*). $[\alpha]_D^{20}$: +7° [$CHCl_3$; c = 2] (*Li.*); $[\alpha]_D^{22}$: +8,1° [$CHCl_3$] (*He., Ap.*).

Änderung des optischen Drehungsvermögens beim Behandeln mit Acetanhydrid und Essigsäure in Gegenwart von Schwefelsäure: *Li.*

b) **Äthyl-[tri-*O*-acetyl-α-D-xylopyranosid]** $C_{13}H_{20}O_8$, Formel II.

B. Aus Äthyl-[tri-*O*-acetyl-β-D-xylopyranosid] beim Erwärmen mit Titan(IV)-chlorid in Chloroform (*Asp, Lindberg*, Acta chem. scand. **4** [1950] 1446, 1448).

Krystalle (aus Bzn.); F: 38—39°. $[\alpha]_D^{20}$: +100° [$CHCl_3$; c = 2].

c) **Äthyl-[tri-*O*-acetyl-β-D-xylopyranosid]** $C_{13}H_{20}O_8$, Formel III (R = C_2H_5).

B. Beim Erwärmen von Tri-*O*-acetyl-α-D-xylopyranosylbromid mit Äthanol, Queck=silber(II)-acetat und Benzol (*Asp*, *Lindberg*, Acta chem. scand. **4** [1950] 1446, 1447).

Krystalle (aus A.); F: 106—107° [unkorr.]. $[\alpha]_D^{20}$: −62° [CHCl₃; c = 2].

Geschwindigkeit der Umwandlung in das unter b) beschriebene Anomere sowie der Acetolyse beim Behandeln mit Acetanhydrid, Essigsäure und Schwefelsäure bei 20°: *Asp, Li.*

[2-Chlor-äthyl]-[tri-*O*-acetyl-β-D-xylopyranosid] $C_{13}H_{19}ClO_8$, Formel III (R = CH₂-CH₂Cl).

B. Beim Behandeln von Tri-*O*-acetyl-α-D-xylopyranosylbromid mit 2-Chlor-äthanol und Silbercarbonat unter Lichtausschluss (*Coles et al.*, Am. Soc. **60** [1938] 1020) oder mit 2-Chlor-äthanol, Quecksilber(II)-acetat und Benzol (*Asp, Lindberg*, Acta chem. scand. **4** [1950] 1446, 1448).

Krystalle (aus wss. A.); F: 137° [korr.] (*Co. et al.*), 136—137° [unkorr.] (*Asp, Li.*). $[\alpha]_D^{20}$: −56° [CHCl₃; c = 2] (*Asp, Li.*).

[3-Chlor-propyl]-[tri-*O*-acetyl-β-D-xylopyranosid] $C_{14}H_{21}ClO_8$, Formel III (R = CH₂-CH₂-CH₂Cl).

B. Beim Behandeln von Tri-*O*-acetyl-α-D-xylopyranosylbromid mit 3-Chlor-propan-1-ol und Silbercarbonat unter Lichtausschluss (*Coles et al.*, Am. Soc. **60** [1938] 1020).

Krystalle (aus A.); F: 108,5—109° [korr.].

Isopropyl-[tri-*O*-acetyl-β-D-xylopyranosid] $C_{14}H_{22}O_8$, Formel III (R = CH(CH₃)₂).

B. Beim Erwärmen von Tri-*O*-acetyl-α-D-xylopyranosylbromid mit Isopropylalkohol, Quecksilber(II)-acetat und Benzol (*Asp, Lindberg*, Acta chem. scand. **4** [1950] 1446, 1448).

Krystalle (aus A.); F: 119—120° [unkorr.]. $[\alpha]_D^{20}$: −61° [CHCl₃; c = 2].

[β,β′-Dibrom-isopropyl]-[tri-*O*-acetyl-β-D-xylopyranosid] $C_{14}H_{20}Br_2O_8$, Formel III (R = CH(CH₂Br)₂).

B. Beim Behandeln von Tri-*O*-acetyl-α-D-xylopyranosylbromid mit β,β′-Dibrom-iso≠propylalkohol und Silbercarbonat unter Lichtausschluss (*Coles et al.*, Am. Soc. **60** [1938] 1167).

Krystalle (aus wss. A.); F: 156—157° [korr.].

Butyl-[tri-*O*-acetyl-β-D-xylopyranosid] $C_{15}H_{24}O_8$, Formel III (R = [CH₂]₃-CH₃).

B. Beim Behandeln von Tri-*O*-acetyl-α-D-xylopyranosylbromid mit Butan-1-ol, Silber≠oxid und Chloroform (*Hori*, J. pharm. Soc. Japan **78** [1958] 523, 525; C. A. **1958** 17118).

Krystalle (aus Me.); F: 101,5—102,0°. $[\alpha]_D^{15}$: −60,1° [CHCl₃].

I   II   III

***tert*-Butyl-[tri-*O*-acetyl-β-D-xylopyranosid]** $C_{15}H_{24}O_8$, Formel III (R = C(CH₃)₃).

B. Neben O^2,O^3,O^4-Triacetyl-D-xylose beim Behandeln von Tri-*O*-acetyl-α-D-xylo≠pyranosylbromid mit *tert*-Butylalkohol, Silbercarbonat und Benzol (*Janson, Lindberg*, Acta chem. scand. **13** [1959] 138, 142).

Krystalle (aus wss. A.); F: 132—134° [korr.]. $[\alpha]_D^{25}$: −45° [CHCl₃; c = 1,5].

Pentyl-[tri-*O*-acetyl-β-D-xylopyranosid] $C_{16}H_{26}O_8$, Formel III (R = [CH₂]₄-CH₃).

B. Beim Behandeln von Tri-*O*-acetyl-α-D-xylopyranosylbromid mit Pentan-1-ol, Sil≠beroxid und Chloroform (*Hori*, J. pharm. Soc. Japan **78** [1958] 523, 525; C. A. **1958** 17118).

Krystalle (aus PAe. + Bzl.); F: 55—56,5°. $[\alpha]_D^{15}$: −59,8° [CHCl₃].

Hexyl-[tri-*O*-acetyl-β-D-xylopyranosid] $C_{17}H_{28}O_8$, Formel III (R = [CH₂]₅-CH₃).

B. Beim Behandeln von Tri-*O*-acetyl-α-D-xylopyranosylbromid mit Hexan-1-ol, Quecksilber(II)-acetat und Chloroform (*DeBruyne, Loontiens*, Nature **209** [1966] 396;

s. a. *Hori*, J. pharm. Soc. Japan **78** [1958] 523, 525; C. A. **1958** 17118).

Krystalle (aus Me. + W.); F: 59—60° (*DeB., Lo.*). $[\alpha]_D^{20}$: —56,8° [$CHCl_3$; c = 2] (*DeB., Lo.*).

Octyl-[tri-*O*-acetyl-β-D-xylopyranosid] $C_{19}H_{32}O_8$, Formel III (R = $[CH_2]_7$-CH_3).

B. Beim Behandeln von Tri-*O*-acetyl-α-D-xylopyranosylbromid mit Octan-1-ol, Quecksilber(II)-acetat und Chloroform (*De Bruyne, Loontiens*, Nature **209** [1966] 396; s. a. *Hori*, J. pharm. Soc. Japan **78** [1958] 523, 525; C. A. **1958** 17118).

Krystalle (aus A. + W.); F: 52—53° (*DeB., Lo.*). $[\alpha]_D^{20}$: —53,4° [$CHCl_3$; c = 2] (*DeB., Lo.*).

Decyl-[tri-*O*-acetyl-β-D-xylopyranosid] $C_{21}H_{36}O_8$, Formel III (R = $[CH_2]_9$-CH_3).

B. Beim Behandeln von Tri-*O*-acetyl-α-D-xylopyranosylbromid mit Decan-1-ol, Silberoxid und Chloroform (*Hori*, J. pharm. Soc. Japan **78** [1958] 523, 525; C. A. **1958** 17118).

Krystalle (aus Me.); F: 50—51°. $[\alpha]_D^{15}$: —50,1° [$CHCl_3$].

Dodecyl-[tri-*O*-acetyl-β-D-xylopyranosid] $C_{23}H_{40}O_8$, Formel III (R = $[CH_2]_{11}$-CH_3).

B. Beim Behandeln von Tri-*O*-acetyl-α-D-xylopyranosylbromid mit Dodecan-1-ol, Silberoxid und Chloroform (*Hori*, J. pharm. Soc. Japan **78** [1958] 523, 525; C. A. **1958** 17118).

Krystalle; F: 59,5—61°. $[\alpha]_D^{15}$: —46,2° [$CHCl_3$].

Tetradecyl-[tri-*O*-acetyl-β-D-xylopyranosid] $C_{25}H_{44}O_8$, Formel III (R = $[CH_2]_{13}$-CH_3).

B. Beim Behandeln von Tri-*O*-acetyl-α-D-xylopyranosylbromid mit Tetradecan-1-ol, Silberoxid und Chloroform (*Hori*, J. pharm. Soc. Japan **78** [1958] 523, 525; C. A. **1958** 17118).

Krystalle; F: 67,5—68,5°. $[\alpha]_D^{15}$: —45,4° [$CHCl_3$].

Hexadecyl-[tri-*O*-acetyl-β-D-xylopyranosid] $C_{27}H_{48}O_8$, Formel III (R = $[CH_2]_{15}$-CH_3).

B. Beim Behandeln von Tri-*O*-acetyl-α-D-xylopyranosylbromid mit Hexadecan-1-ol, Silberoxid und Chloroform (*Hori*, J. pharm. Soc. Japan **78** [1958] 523, 525; C. A. **1958** 17118).

Krystalle (aus Bzn.); F: 74—75°. $[\alpha]_D^{15}$: —36,9° [$CHCl_3$].

Octadecyl-[tri-*O*-acetyl-β-D-xylopyranosid] $C_{29}H_{52}O_8$, Formel III (R = $[CH_2]_{17}$-CH_3).

B. Beim Behandeln von Tri-*O*-acetyl-α-D-xylopyranosylbromid mit Octadecan-1-ol, Silberoxid und Chloroform (*Hori*, J. pharm. Soc. Japan **78** [1958] 523, 525; C. A. **1958** 17118).

Krystalle (aus Acn.); F: 79—80°. $[\alpha]_D^{15}$: —36,5° [$CHCl_3$].

Octadec-9*c*-enyl-[tri-*O*-acetyl-β-D-xylopyranosid] $C_{29}H_{50}O_8$, Formel IV.

B. Beim Behandeln von Tri-*O*-acetyl-α-D-xylopyranosylbromid mit Octadec-9*c*-en-1-ol, Silberoxid und Chloroform (*Hori*, J. pharm. Soc. Japan **78** [1958] 523, 525; C. A. **1958** 17118).

$Kp_{0,1}$: 209°. $[\alpha]_D^{15}$: —14,3° [$CHCl_3$].

IV   V

3,4,5-Triacetoxy-2-phenoxy-tetrahydro-pyran $C_{17}H_{20}O_8$.

a) **Phenyl-[tri-*O*-acetyl-α-L-arabinopyranosid]** $C_{17}H_{20}O_8$, Formel V.

B. Beim Behandeln von Tri-*O*-acetyl-β-L-arabinopyranosylbromid mit Phenol, Silberoxid und Chinolin (*Helferich et al.*, Z. physiol. Chem. **208** [1932] 91, 96).

Krystalle (aus Me.); F: 87—89°. $[\alpha]_D^{18}$: +25,2° [$CHCl_3$; p = 5]; $[\alpha]_D^{19}$: +24,7° [$CHCl_3$; p = 3].

b) **Phenyl-[tri-O-acetyl-α-D-xylopyranosid]** $C_{17}H_{20}O_8$, Formel VI.

B. Neben dem unter c) beschriebenen Anomeren beim Erwärmen von Tetra-O-acetyl-β-D-xylopyranose mit Phenol in Gegenwart von Toluol-4-sulfonsäure unter vermindertem Druck (*Montgomery et al.*, Am. Soc. **64** [1942] 690, 693).

Krystalle (aus CCl_4 + Isopentan); F: 64—65°. $[\alpha]_D^{20}$: +135° [$CHCl_3$; c = 2].

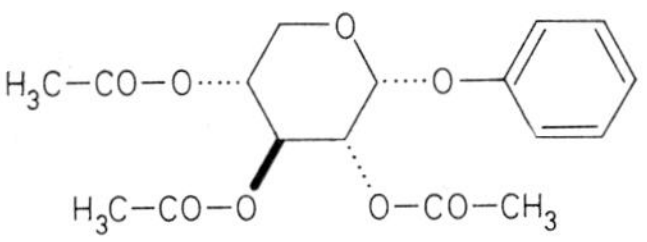

VI 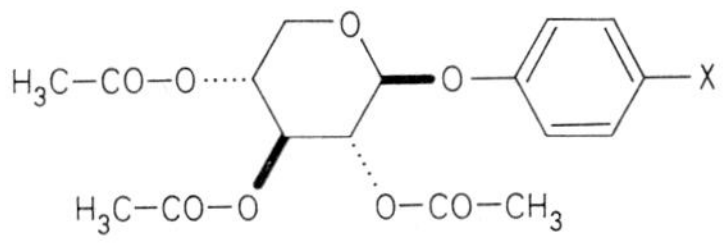   VII

c) **Phenyl-[tri-O-acetyl-β-D-xylopyranosid]** $C_{17}H_{20}O_8$, Formel VII (X = H).

B. Beim Erhitzen von Tetra-O-acetyl-β-D-xylopyranose mit Phenol unter Zusatz von Phosphorylchlorid in Benzol (*Bembry*, *Powell*, Am. Soc. **64** [1942] 2419) oder unter Zusatz von Toluol-4-sulfonsäure, in diesem Fall neben dem unter b) beschriebenen Anomeren (*Montgomery et al.*, Am. Soc. **64** [1942] 690, 693; s. a. *Helferich*, *Schmitz-Hillebrecht*, B. **66** [1933] 378, 382).

Krystalle; F: 147,5—148,5° [korr.; aus Me. oder A.] (*He.*, *Sch.-Hi.*), 148° [aus A.] (*Mo. et al.*), 147—148° [korr.; aus A.] (*Be.*, *Po.*). $[\alpha]_D^{19}$: —50° [$CHCl_3$; c = 0,05] (*He.*, *Sch.-Hi.*); $[\alpha]_D^{20}$: —50,5° [$CHCl_3$; c = 2] (*Mo. et al.*); $[\alpha]_D^{22}$: —52° [$CHCl_3$] (*Be.*, *Po.*).

d) **Phenyl-[tri-O-acetyl-β-L-xylopyranosid]** $C_{17}H_{20}O_8$, Formel VIII.

B. Beim Behandeln von Tetra-O-acetyl-β-L-xylopyranose mit Phenol in Gegenwart von Toluol-4-sulfonsäure (*Helferich et al.*, B. **72** [1939] 1953, 1955).

F: 143—145°. $[\alpha]_D^{21}$: +50,7° [$CHCl_3$; p = 4].

[4-Chlor-phenyl]-[tri-O-acetyl-β-D-xylopyranosid] $C_{17}H_{19}ClO_8$, Formel VII (X = Cl).

B. Beim Erhitzen von Tetra-O-acetyl-β-D-xylopyranose mit 4-Chlor-phenol in Gegenwart von Toluol-4-sulfonsäure unter vermindertem Druck (*Štepanenko*, *Serdjuk*, Sbornik Rabot. Moskovsk. farm. Inst. **1** [1957] 5, 8; C. A. **1960** 8641).

Krystalle (aus A.); F: 129—130°. $[\alpha]_D^{22}$: —55,0° [Bzl.; c = 3].

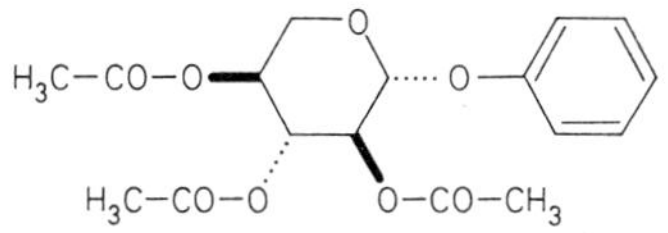

VIII 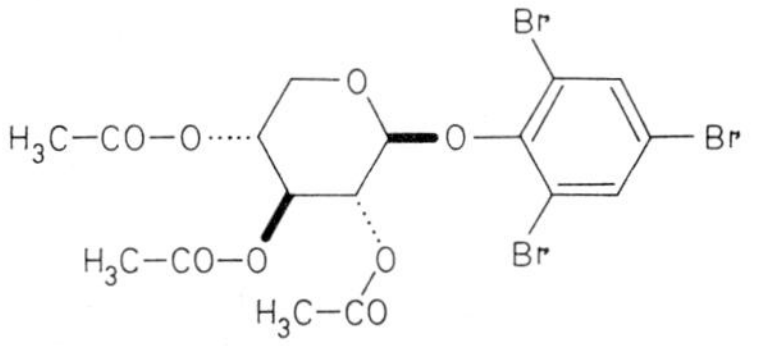   IX

[2,4,6-Tribrom-phenyl]-[tri-O-acetyl-β-D-xylopyranosid] $C_{17}H_{17}Br_3O_8$, Formel IX.

B. Beim Erwärmen von Tri-O-acetyl-α-D-xylopyranosylbromid mit 2,4,6-Tribrom-phenol, methanol. Kalilauge und Chloroform (*Koehler*, *Hudson*, Am. Soc. **72** [1950] 981, 983).

Krystalle (aus A.); F: 129—131°. $[\alpha]_D^{20}$: —66° [$CHCl_3$; c = 1].

3,4,5-Triacetoxy-2-[4-nitro-phenoxy]-tetrahydro-pyran $C_{17}H_{19}NO_{10}$.

a) **[4-Nitro-phenyl]-[tri-O-acetyl-α-D-arabinopyranosid]** $C_{17}H_{19}NO_{10}$, Formel X.

B. Beim Erhitzen von Tetra-O-acetyl-α-D-arabinopyranose mit 4-Nitro-phenol in Gegenwart von Quecksilber(II)-cyanid unter vermindertem Druck bis auf 150° (*Feier*, *Westphal*, B. **89** [1956] 589, 593).

Krystalle (aus A.); F: 105°. $[\alpha]_D^{20}$: +73° [$CHCl_3$].

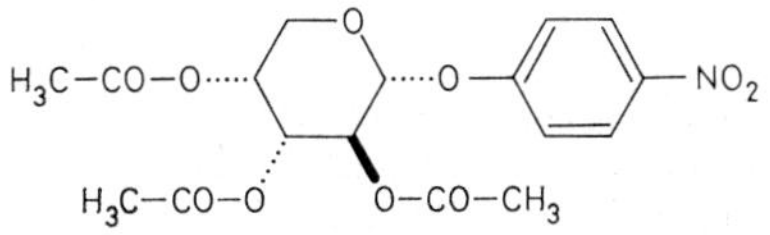

X 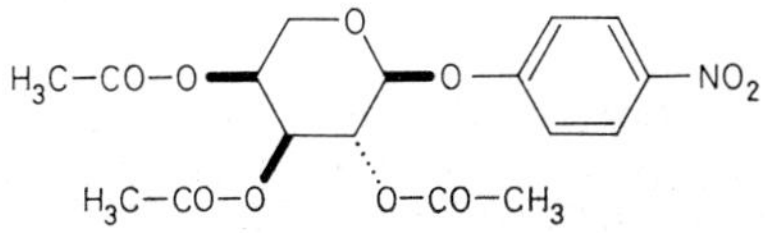   XI

b) **[4-Nitro-phenyl]-[tri-O-acetyl-α-L-arabinopyranosid]** $C_{17}H_{19}NO_{10}$, Formel XI.

B. Beim Erhitzen von Tetra-O-acetyl-α-L-arabinopyranose mit 4-Nitro-phenol in Gegenwart von Quecksilber(II)-cyanid unter vermindertem Druck bis auf 150° (*Feier, Westphal*, B. **89** [1956] 589, 592).

Krystalle (aus A.); F: 105°. $[\alpha]_D^{20}$: $-62°$ [CHCl$_3$].

c) **[4-Nitro-phenyl]-[tri-O-acetyl-β-D-arabinopyranosid]** $C_{17}H_{19}NO_{10}$, Formel XII.

B. Beim Erhitzen von Tetra-O-acetyl-α-D-arabinopyranose mit 4-Nitro-phenol in Gegenwart von Zinkchlorid unter vermindertem Druck auf 120° (*Feier, Westphal*, B. **89** [1956] 589, 593).

Krystalle (aus Me.); F: 176°. $[\alpha]_D^{20}$: $-233°$ [CHCl$_3$].

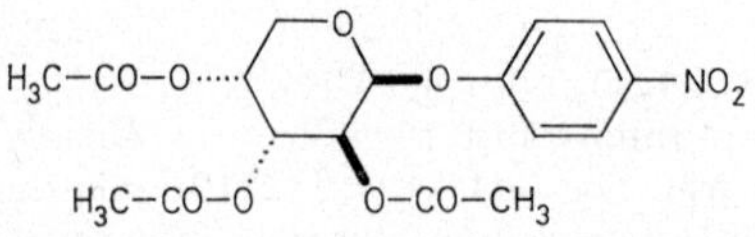

XII

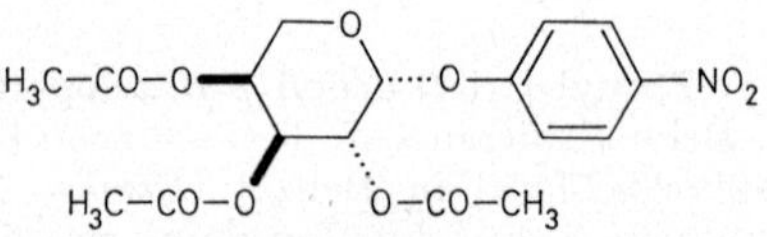

XIII

d) **[4-Nitro-phenyl]-[tri-O-acetyl-β-L-arabinopyranosid]** $C_{17}H_{19}NO_{10}$, Formel XIII.

B. Beim Erhitzen von Tetra-O-acetyl-α-L-arabinopyranose mit 4-Nitro-phenol in Gegenwart von Zinkchlorid unter vermindertem Druck auf 120° (*Feier, Westphal*, B. **89** [1956] 589, 592).

Krystalle (aus Me.); F: 178°. $[\alpha]_D^{20}$: $+238°$ [CHCl$_3$].

e) **[4-Nitro-phenyl]-[tri-O-acetyl-β-D-xylopyranosid]** $C_{17}H_{19}NO_{10}$, Formel XIV.

B. Beim Behandeln von Tri-O-acetyl-α-D-xylopyranosylbromid mit 4-Nitro-phenol und wss. Natronlauge (*Morita*, J. Japan. biochem. Soc. **24** [1952/53] 189, 192; C. A. **1953** 12453).

Krystalle (aus A.); F: 142° [korr.].

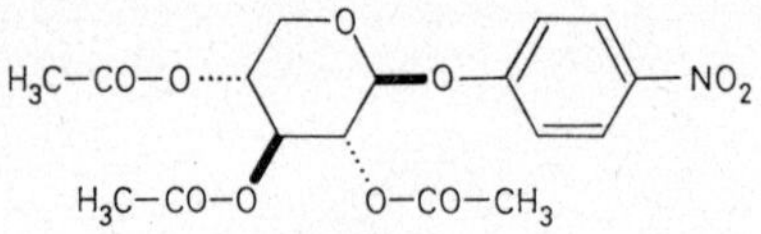

XIV

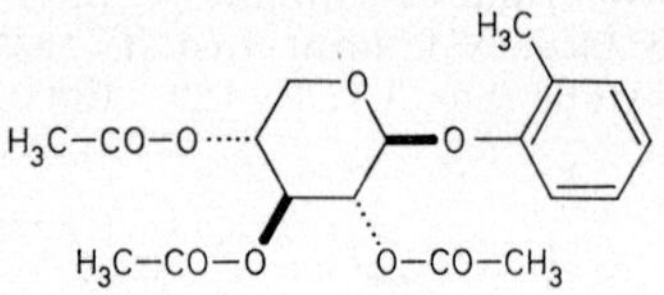

XV

o-**Tolyl-[tri-O-acetyl-β-D-xylopyranosid]** $C_{18}H_{22}O_8$, Formel XV.

B. Beim Erwärmen von Tetra-O-acetyl-β-D-xylopyranose mit *o*-Kresol in Gegenwart von Toluol-4-sulfonsäure (*Helferich, Lampert*, B. **67** [1934] 1667).

Krystalle (aus A.); F: 116,5° [korr.]. $[\alpha]_D^{19}$: $-52,3°$ [CHCl$_3$; p = 2].

3,4,5-Triacetoxy-2-benzyloxy-tetrahydro-pyran $C_{18}H_{22}O_8$.

a) **Benzyl-[tri-O-acetyl-α-D-arabinopyranosid]** $C_{18}H_{22}O_8$, Formel I.

B. Beim Behandeln von Tri-O-acetyl-β-D-arabinopyranosylbromid mit Benzylalkohol, Silberoxid und Äther (*Ballou et al.*, Am. Soc. **73** [1951] 1140, 1142).

Krystalle (aus wss. A.); F: 80—81°. $[\alpha]_D^{25}$: $+25,7°$ [CHCl$_3$].

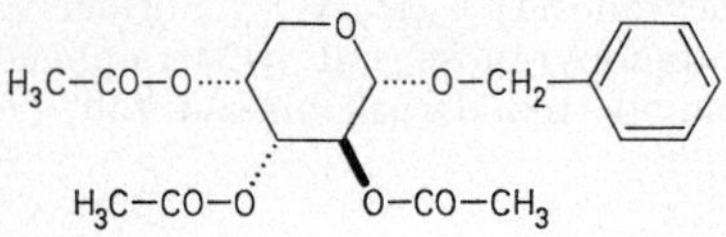

I

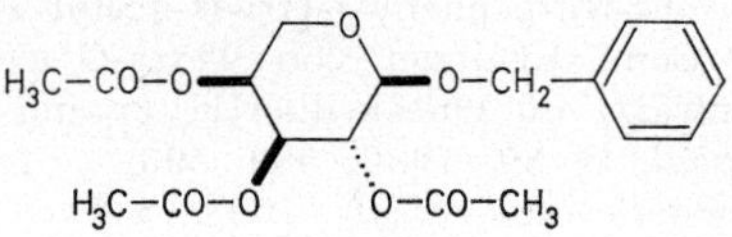

II

b) **Benzyl-[tri-O-acetyl-α-L-arabinopyranosid]** $C_{18}H_{22}O_8$, Formel II

B. Beim Behandeln von Tri-O-acetyl-β-L-arabinopyranosylbromid mit Benzylalkohol, Silberoxid und Äther (*Ballou et al.*, Am. Soc. **73** [1951] 1140, 1142).

Krystalle (aus A.); F: 79,5—81°. $[\alpha]_D^{25}$: $-24,4°$ [CHCl$_3$; c = 3].

c) **Benzyl-[tri-*O*-acetyl-β-D-arabinopyranosid]** C₁₈H₂₂O₈, Formel III.

B. Beim Behandeln von Benzyl-β-D-arabinopyranosid mit Acetanhydrid und Pyridin (*Ballou et al.*, Am. Soc. **73** [1951] 1140, 1142).

Krystalle (aus wss. A.); F: 98—100°. [α]$_D^{25}$: —200,5° [CHCl₃; c = 3].

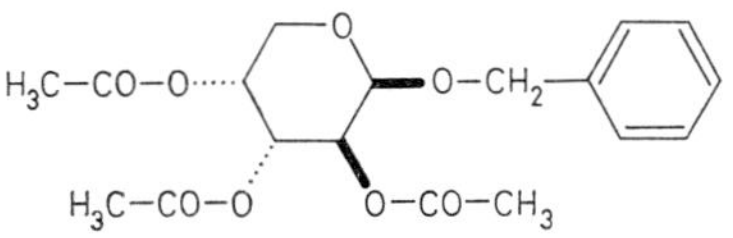

III 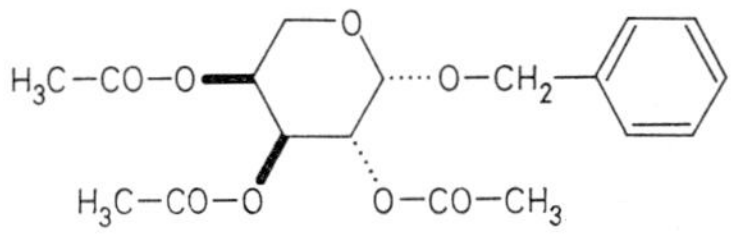   IV

d) **Benzyl-[tri-*O*-acetyl-β-L-arabinopyranosid]** C₁₈H₂₂O₈, Formel IV.

B. Beim Behandeln von Benzyl-β-L-arabinopyranosid mit Acetanhydrid und Pyridin (*Ballou et al.*, Am. Soc. **73** [1951] 1140, 1142).

Krystalle (aus wss. A.); F: 98—100°. [α]$_D^{25}$: +200,5° [CHCl₃; c = 3].

e) **Benzyl-[tri-*O*-acetyl-α-D-xylopyranosid]** C₁₈H₂₂O₈, Formel V.

B. Beim Erwärmen von Benzyl-α-D-xylopyranosid mit Acetanhydrid und Natrium⸗ acetat (*Ballou et al.*, Am. Soc. **73** [1951] 1140, 1142).

Öl; [α]$_D^{25}$: +142° [CHCl₃; c = 3].

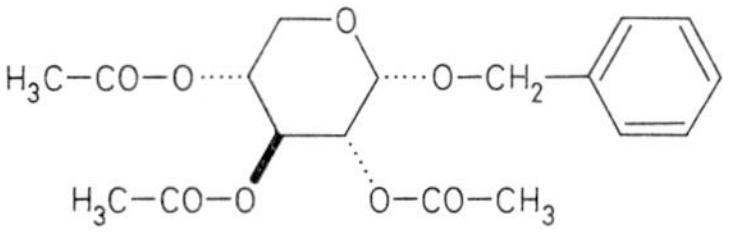

V 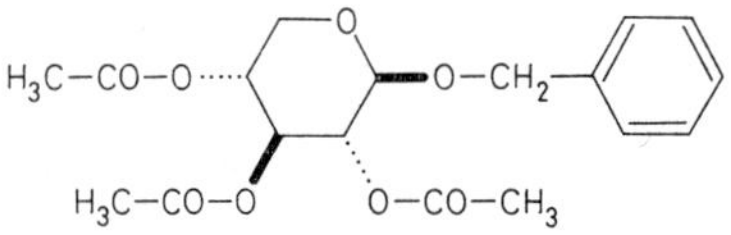   VI

f) **Benzyl-[tri-*O*-acetyl-β-D-xylopyranosid]** C₁₈H₂₂O₈, Formel VI.

B. Beim Behandeln von Tri-*O*-acetyl-α-D-xylopyranosylbromid mit Benzylalkohol, Silberoxid, Calciumsulfat und Äther (*Ballou et al.*, Am. Soc. **73** [1951] 1140, 1142).

Krystalle (aus wss. A.); F: 91—92,5°. [α]$_D^{25}$: —86,7° [CHCl₃; c = 1].

g) **Benzyl-[tri-*O*-acetyl-α-D-lyxopyranosid]** C₁₈H₂₂O₈, Formel VII.

B. Beim Behandeln von Benzyl-α-D-lyxopyranosid mit Acetanhydrid und Pyridin (*Zinner, Brandner*, B. **89** [1956] 1507, 1513).

Öl; [α]$_D^{19}$: +53,3° [CHCl₃; c = 3].

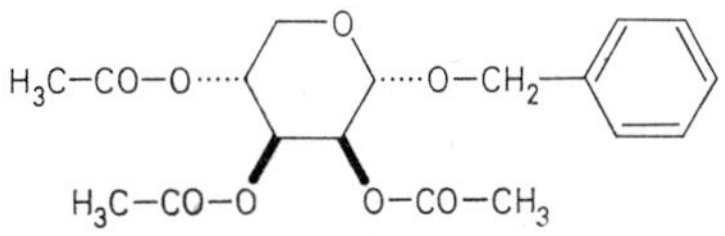

VII 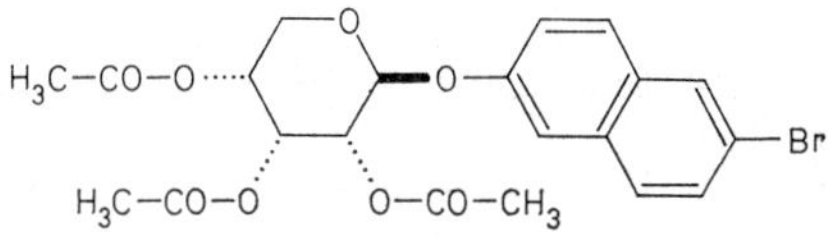   VIII

[6-Brom-[2]naphthyl]-[tri-*O*-acetyl-β-D-ribopyranosid] C₂₁H₂₁BrO₈, Formel VIII.

B. Beim Erwärmen von Tetra-*O*-acetyl-β-D-ribopyranose mit 6-Brom-[2]naphthol in Gegenwart von Toluol-4-sulfonsäure unter vermindertem Druck (*Tsou, Seligman*, Am. Soc. **74** [1952] 3066, 3068).

Wasserhaltige Krystalle (aus Me.), F: 111,5—112,5° [korr.]; die wasserfreie Verbindung schmilzt bei 161—162° [korr.]. [α]$_D^{25}$: —53,8° [CHCl₃; c = 2]. IR-Spektrum (CHCl₃; 5—13 μ): *Tsou, Se.*

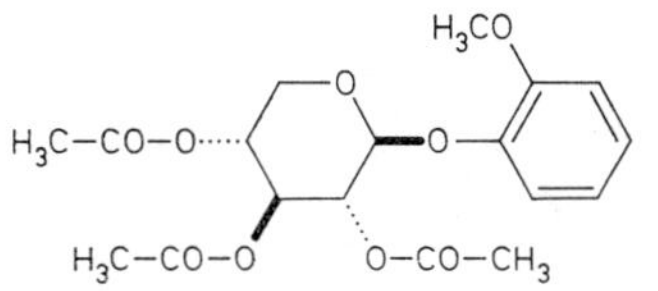

IX 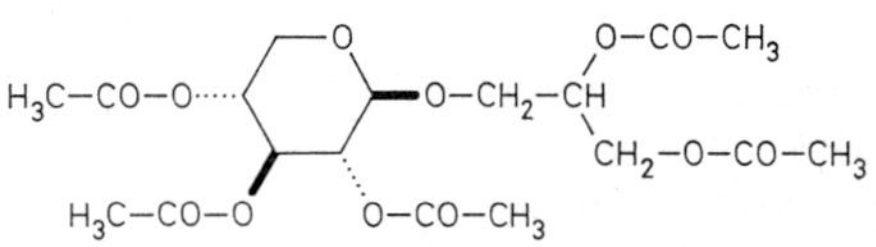   X

[2-Methoxy-phenyl]-[tri-O-acetyl-β-D-xylopyranosid] $C_{18}H_{22}O_9$, Formel IX.

B. Beim Behandeln von Tri-O-acetyl-α-D-xylopyranosylbromid mit Guajacol, wss. Kalilauge und Aceton (*Fisher et al.*, Am. Soc. **62** [1940] 1412, 1414).

Krystalle (aus wss. A.); F: 139,8—140°.

[(Ξ)-2,3-Diacetoxy-propyl]-[tri-O-acetyl-β-D-xylopyranosid], (Ξ)-O^1,O^2-Diacetyl-O^3-[tri-O-acetyl-β-D-xylopyranosyl]-glycerin $C_{18}H_{26}O_{12}$, Formel X.

a) Stereoisomeres vom F: 141—143°.

B. Neben dem unter b) beschriebenen Stereoisomeren und geringeren Mengen [β,β'-Diacetoxy-isopropyl]-[tri-O-acetyl-β-D-xylopyranosid] beim Erwärmen von Phenyl-β-D-xylopyranosid mit der Mononatrium-Verbindung des Glycerins und Glycerin und Behandeln des Reaktionsprodukts mit Acetanhydrid und Pyridin (*Häggroth*, *Lindberg*, Svensk Papperstidn. **59** [1956] 870, 872).

Krystalle (aus A.); F: 141—143° [korr.]. $[\alpha]_D^{26}$: —67° [$CHCl_3$; c = 2].

b) Stereoisomeres vom F: 91—93°.

B. s. bei dem unter a) beschriebenen Stereoisomeren.

Krystalle (aus A.); F: 91—93° (*Häggroth*, *Lindberg*, Svensk Papperstidn. **59** [1956] 870, 872). $[\alpha]_D^{26}$: —43° [$CHCl_3$; c = 1].

[β,β'-Diacetoxy-isopropyl]-[tri-O-acetyl-β-D-xylopyranosid], O^1,O^3-Diacetyl-O^2-[tri-O-acetyl-β-D-xylopyranosyl]-glycerin $C_{18}H_{26}O_{12}$, Formel XI.

B. s. im vorangehenden Artikel unter a).

Krystalle (aus wss. A.), F: 68—69°; $[\alpha]_D^{24}$: —48° [$CHCl_3$; c = 1] (*Häggroth*, *Lindberg*, Svensk Papperstidn. **59** [1956] 870, 872).

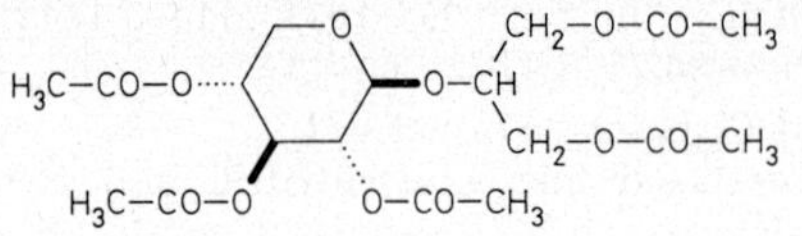

XI 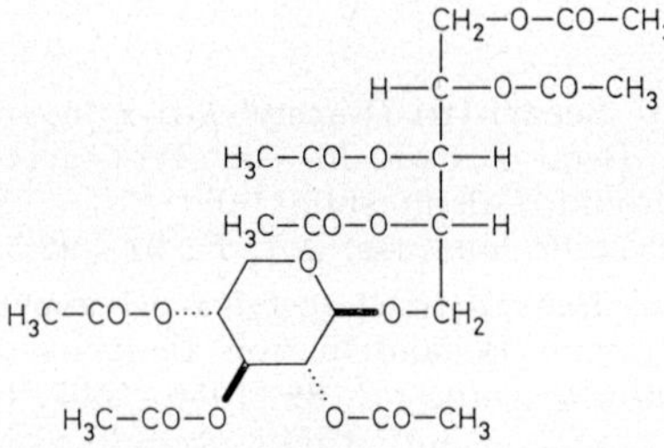   XII

O^1,O^2,O^3,O^4-Tetraacetyl-O^5-[tri-O-acetyl-β-D-xylopyranosyl]-L-arabit $C_{24}H_{34}O_{16}$, Formel XII.

B. Beim Behandeln von O^5-β-D-Xylopyranosyl-L-arabinose mit Natriumboranat in Wasser und Behandeln des Reaktionsprodukts mit Acetanhydrid und Pyridin (*Ball*, *Jones*, Soc. **1957** 4871).

Krystalle (aus A.); F: 96—96,5°. $[\alpha]_D^{23}$: —61° [$CHCl_3$; c = 2].

1-Acetoxy-3-[3,4,5-triacetoxy-tetrahydro-pyran-2-yloxy]-aceton $C_{16}H_{22}O_{11}$.

a) **1-Acetoxy-3-[tri-O-acetyl-β-D-arabinopyranosyloxy]-aceton** $C_{16}H_{22}O_{11}$, Formel I.

B. Beim Behandeln von Tri-O-acetyl-β-D-arabinopyranosylbromid mit 1-Acetoxy-3-hydroxy-aceton, Silbercarbonat, Calciumsulfat und Benzol (*Kreider*, *Evans*, Am. Soc. **58** [1936] 797, 798).

Krystalle (aus Ae.); F: 102° [korr.]. $[\alpha]_D^{21}$: +9,04° [$CHCl_3$; c = 4].

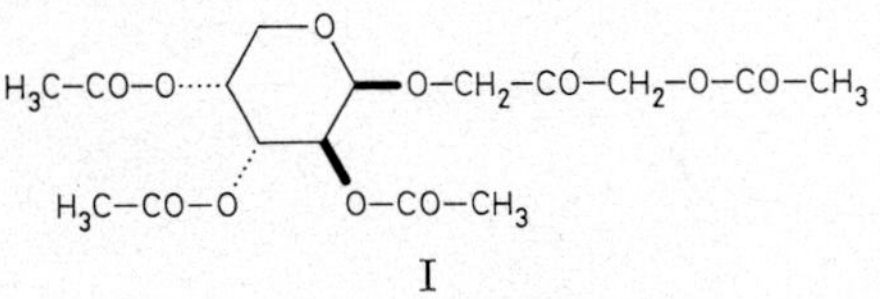

I 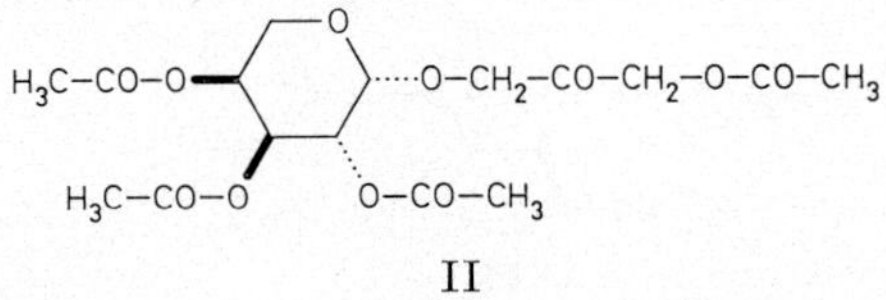   II

b) **1-Acetoxy-3-[tri-*O*-acetyl-β-L-arabinopyranosyloxy]-aceton** $C_{16}H_{22}O_{11}$, Formel II.

B. Aus Tri-*O*-acetyl-β-L-arabinopyranosylbromid analog dem unter a) beschriebenen Enantiomeren (*Kreider, Evans*, Am. Soc. **58** [1936] 797, 798).

Krystalle (aus Ae.); F: 102° [korr.]. $[\alpha]_D^{21}$: −9,07° [CHCl₃; c = 3].

c) **1-Acetoxy-3-[tri-*O*-acetyl-β-DL-arabinopyranosyloxy]-aceton** $C_{16}H_{22}O_{11}$, Formel I + II.

Herstellung aus gleichen Mengen der unter a) und b) beschriebenen Enantiomeren: *Kreider, Evans*, Am. Soc. **58** [1936] 797, 798.

Krystalle (aus Ae.); F: 116° [korr.].

d) **1-Acetoxy-3-[tri-*O*-acetyl-β-D-xylopyranosyloxy]-aceton** $C_{16}H_{22}O_{11}$, Formel III.

B. Beim Behandeln von Tri-*O*-acetyl-α-D-xylopyranosylbromid mit 1-Acetoxy-3-hydroxy-aceton, Silbercarbonat, Calciumsulfat und Benzol (*Kreider, Evans*, Am. Soc. **58** [1936] 797, 799).

Krystalle (aus Ae.); F: 117° [korr.]. $[\alpha]_D^{22}$: −60,3° [CHCl₃; c = 3].

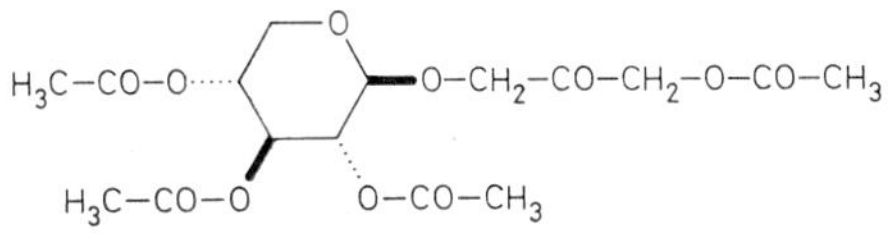

III 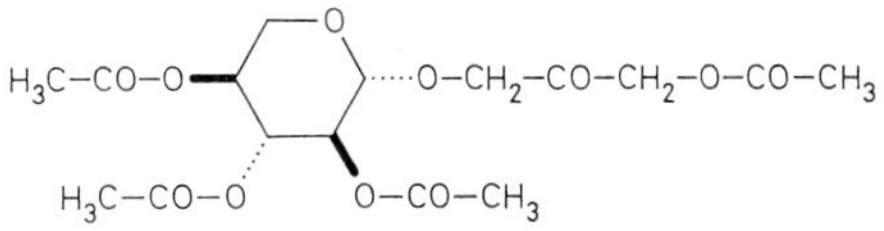   IV

e) **1-Acetoxy-3-[tri-*O*-acetyl-β-L-xylopyranosyloxy]-aceton** $C_{16}H_{22}O_{11}$, Formel IV.

B. Aus Tri-*O*-acetyl-α-L-xylopyranosylbromid analog dem unter d) beschriebenen Enantiomeren (*Kreider, Evans*, Am. Soc. **58** [1936] 797, 799).

Krystalle (aus Ae.); F: 117° [korr.]. $[\alpha]_D^{23}$: +60,2° [CHCl₃; c = 2].

1-[3-Methoxy-4-(tri-*O*-acetyl-β-D-xylopyranosyloxy)-phenyl]-äthanon $C_{20}H_{24}O_{10}$, Formel V.

B. Beim Behandeln von Tri-*O*-acetyl-α-D-xylopyranosylbromid mit 1-[4-Hydroxy-3-methoxy-phenyl]-äthanon, wss. Kalilauge und Aceton (*Fisher et al.*, Am. Soc. **62** [1940] 1412, 1414).

Krystalle (aus wss. Acn.); F: 133,3−133,6°.

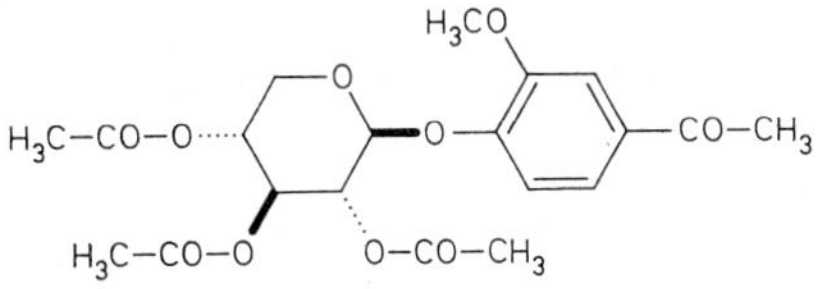

V 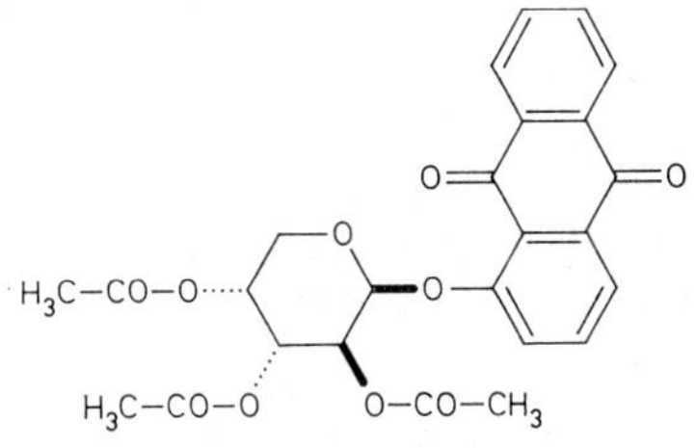   VI

1-[Tri-*O*-acetyl-β(?)-D-arabinopyranosyloxy]-anthrachinon $C_{25}H_{22}O_{10}$, vermutlich Formel VI.

B. Aus Tri-*O*-acetyl-β-D-arabinopyranosylbromid und 1-Hydroxy-anthrachinon mit Hilfe von Silberoxid in Chinolin (*Gardner et al.*, Am. Soc. **57** [1935] 1074).

Krystalle (aus A.); F: 189,2−189,4° [korr.].

1-[3,4-Diacetoxy-phenyl]-2-[tri-*O*-acetyl-β-D-xylopyranosyloxy]-äthanon $C_{23}H_{26}O_{13}$, Formel VII (R = CO-CH₃).

B. Beim Erwärmen von Tri-*O*-acetyl-α-D-xylopyranosylbromid mit 1-[3,4-Diacetoxy-phenyl]-2-hydroxy-äthanon und Silbercarbonat in Benzol (*MacDowell et al.*, Soc. **1934** 806).

Krystalle (aus wss. Me.); F: 162°.

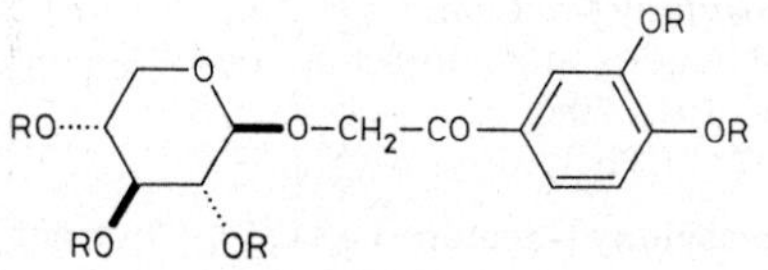

VII 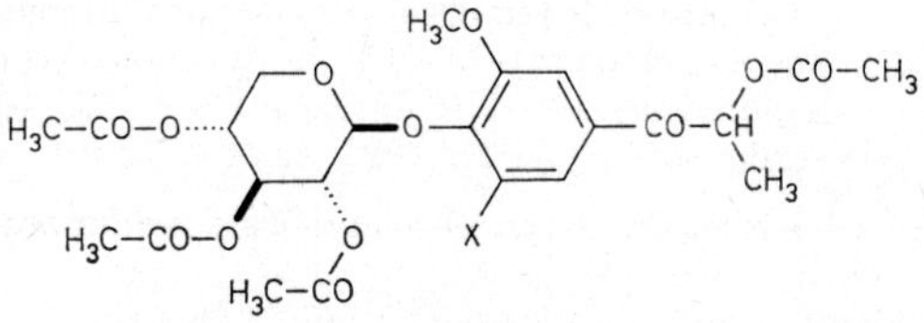   VIII

(Ξ)-2-Acetoxy-1-[3-methoxy-4-(tri-O-acetyl-β-D-xylopyranosyloxy)-phenyl]-propan-1-on $C_{23}H_{28}O_{12}$, Formel VIII (X = H).

B. Beim Behandeln von Tri-O-acetyl-α-D-xylopyranosylbromid mit ($\pm$)-2-Acetoxy-1-[4-hydroxy-3-methoxy-phenyl]-propan-1-on, wss. Kalilauge und Aceton (*Fisher et al.*, Am. Soc. **62** [1940] 1412, 1414).

Krystalle (aus wss. A.); F: 149,4—149,7°.

1-Hydroxy-8-[tri-O-acetyl-ξ-L-arabinopyranosyloxy]-anthrachinon, Chrysazin-mono-[tri-O-acetyl-ξ-L-arabinopyranosid] $C_{25}H_{22}O_{11}$, Formel IX.

B. Beim Behandeln von Tri-O-acetyl-β-L-arabinopyranosylbromid mit Chrysazin (1.8-Dihydroxy-anthrachinon) und Silberoxid in Pyridin (*Mühlemann*, Pharm. Acta Helv. **23** [1948] 314, 318).

Gelbe Krystalle (aus CHCl$_3$ + Ae.); F: 222—223° [unkorr.].

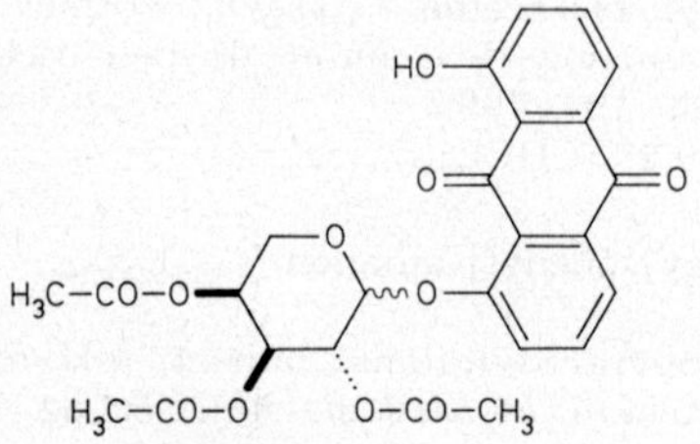

IX 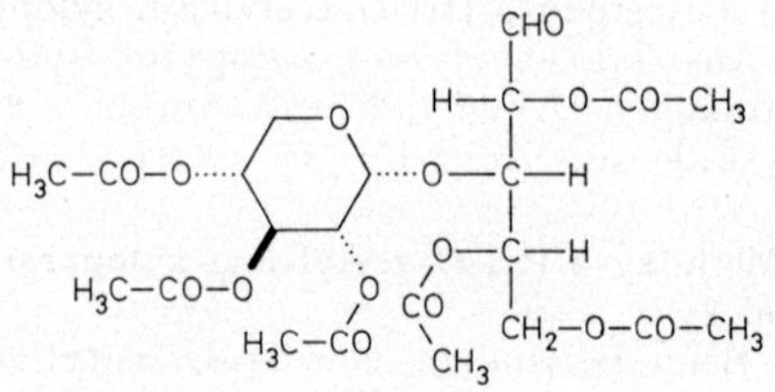   X

O^2,O^4,O^5-Triacetyl-O^3-[tri-O-acetyl-α-D-xylopyranosyl]-L-arabinose $C_{22}H_{30}O_{15}$, Formel X.

B. Beim Erhitzen von O^3-α-D-Xylopyranosyl-L-arabinose mit Acetanhydrid und Natriumacetat (*Montgomery et al.*, Am. Soc. **79** [1957] 698).

Krystalle (aus Me.); F: 168—170°. $[\alpha]_D^{28}$: +106° [CHCl$_3$].

O^2,O^3,O^5-Triacetyl-O^4-[tri-O-acetyl-β-D-xylopyranosyl]-D-xylose, Hexa-O-acetyl-xylobiose $C_{22}H_{30}O_{15}$, Formel XI.

B. Beim Erhitzen von Xylobiose (O^4-β-D-Xylopyranosyl-D-xylose) mit Acetanhydrid, Essigsäure und Natriumacetat (*Whistler et al.*, Am. Soc. **74** [1952] 3059).

Krystalle (aus A.); F: 155,5—156°. $[\alpha]_D^{25}$: —75° [CHCl$_3$; c = 10].

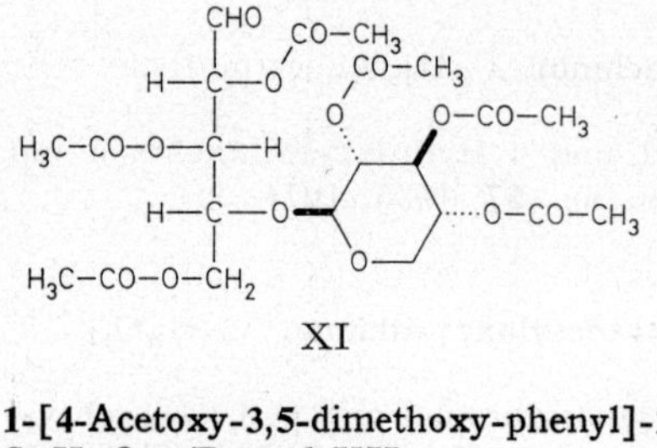

XI 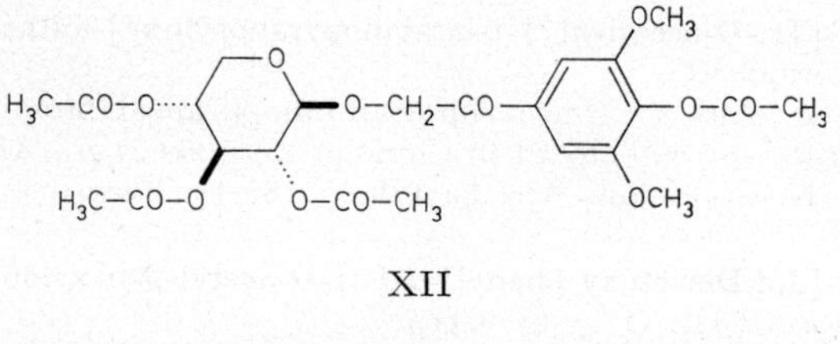   XII

1-[4-Acetoxy-3,5-dimethoxy-phenyl]-2-[tri-O-acetyl-β-D-xylopyranosyloxy]-äthanon $C_{23}H_{28}O_{13}$, Formel XII.

B. Beim Behandeln von Tri-O-acetyl-α-D-xylopyranosylbromid mit 1-[4-Acetoxy-3,5-dimethoxy-phenyl]-2-hydroxy-äthanon und Silberoxid in Benzol (*Bell, Robinson,*

Soc. **1934** 813, 817).
Krystalle (aus Me. + W.); F: 70—73°.

(Ξ)-2-Acetoxy-1-[3,5-dimethoxy-4-(tri-*O*-acetyl-β-D-xylopyranosyloxy)-phenyl]-propan-1-on C₂₄H₃₀O₁₃, Formel VIII (X = OCH₃).

B. Beim Behandeln von Tri-*O*-acetyl-α-D-xylopyranosylbromid mit (±)-2-Acetoxy-1-[4-hydroxy-3,5-dimethoxy-phenyl]-propan-1-on, wss. Kalilauge und Aceton (*Fisher et al.*, Am. Soc. **62** [1940] 1412, 1414).
Krystalle (aus wss. A.); F: 128,6—128,8°.   [*Schomann*]

2,3,4,5-Tetraacetoxy-tetrahydro-pyran, Tetra-*O*-acetyl-pentopyranose C₁₃H₁₈O₉.

a) **Tetra-*O*-acetyl-α-D-ribopyranose** C₁₃H₁₈O₉, Formel I.

B. Aus dem unter b) beschriebenen Anomeren beim Behandeln mit Zinkchlorid und Acetanhydrid (*Zinner*, B. **86** [1953] 817, 823).
F: 75—78° (*Chu*, zit. bei *Lemieux et al.*, Am. Soc. **80** [1958] 6098, 6100 Anm.). $[\alpha]_D^{20}$: +54° [CHCl₃] (*Chu*); $[\alpha]_D^{22}$: +50,7° [Me.; c = 3] (*Zi.*). ¹H-NMR-Spektrum (CHCl₃) sowie ¹H-¹H-Spin-Spin-Kopplungs-Konstanten: *Lemieux, Stevens*, Canad. J. Chem. **43** [1965] 2059, 2065; s. a. *Le. et al.*, l. c. S. 6101; *Durette, Horton*, J. org. Chem. **36** [1971] 2658, 2661.
Geschwindigkeitskonstante der Umwandlung in das unter b) beschriebene Anomere und Gleichgewichtskonstante des Reaktionssystems in mit Schwefelsäure bzw. Perchlor=säure versetzten Gemischen von Essigsäure und Acetanhydrid bei 25° bzw. 27°: *Bonner*, Am. Soc. **81** [1959] 1448, 1450; *Du., Ho.*, l. c. S. 2668. Gibbs-Energie der Umwandlung in das Anomere in einem mit Perchlorsäure versetzten Gemisch von Essigsäure und Acetanhydrid bei 27°: *Lemieux* in *P. de Mayo*, Molecular Rearrangements, Bd. 2 [New York 1964] S. 709, 736; *Du., Ho.*, l. c. S. 2668.

I   II

b) **Tetra-*O*-acetyl-β-D-ribopyranose** C₁₃H₁₈O₉, Formel II.

Konstitution und Konfiguration: *Zinner*, B. **86** [1953] 817, 818.

B. Neben geringeren Mengen Tetra-*O*-acetyl-α-D-ribofuranose beim Behandeln von D-Ribose mit Acetanhydrid und Pyridin (*Levene, Tipson*, J. biol. Chem. **92** [1931] 109, 110; *Zi.*, l. c. S. 821) oder mit Acetanhydrid unter Zusatz von Schwefelsäure (*Zemplén, Döry*, Acta chim. hung. **12** [1957] 141, 143).
Krystalle; F: 113—114° [aus Me.] (*Brown et al.*, Biochem. Prepar. **4** [1955] 70, 74), 110° [aus A.] (*Le., Ti.*, l. c. S. 111; *Zi.*, l. c. S. 822). $[\alpha]_D^{22}$: −57,9° [CHCl₃; c = 5] (*Br. et al.*); $[\alpha]_D^{22}$: −52,5° [CHCl₃] (*Ze., Döry*); $[\alpha]_D^{24}$: −52,0° [CHCl₃; c = 3]; $[\alpha]_D^{25}$: −54,3° [CHCl₃; c = 0,8] (*Le., Ti.*); $[\alpha]_D^{28}$: −56,0° [CHCl₃; c = 3] (*Klingensmith, Evans*, Am. Soc. **61** [1939] 3012, 3014); $[\alpha]_D^{18}$: −54,5° [Me.; c = 5]; $[\alpha]_D^{22}$: −55,4° [Me.; c = 3] (*Zi.*, l. c. S. 822); $[\alpha]_D^{24}$: −56,8° [Me.; c = 6] (*Br. et al.*). ¹H-NMR-Spektrum (Hexadeuterio=aceton bzw. Chloroform) sowie ¹H-¹H-Spin-Spin-Kopplungskonstanten: *Durette et al.*, Carbohydrate Res. **10** [1969] 565; *Lemieux, Stevens*, Canad. J. Chem. **43** [1965] 2059, 2068; s. a. *Lemieux et al.*, Am. Soc. **80** [1958] 6098; *Durette, Horton*, J. org. Chem. **36** [1971] 2658, 2661.
Geschwindigkeitskonstante der Umwandlung in das unter a) beschriebene Anomere und Gleichgewichtskonstante des Reaktionssystems in mit Schwefelsäure bzw. Perchlor=säure versetzten Gemischen von Essigsäure und Acetanhydrid bei 25° bzw. 27°: *Bonner*, Am. Soc. **81** [1959] 1448, 1450; *Du., Ho.*, l. c. S. 2668. Gibbs-Energie der Um=wandlung in das Anomere in einem mit Perchlorsäure versetzten Gemisch von Essigsäure und Acetanhydrid bei 27°: *Lemieux* in *P. de Mayo*, Molecular Rearrangements, Bd. 2 [New York 1964] S. 709, 736; *Du., Ho.*, l. c. S. 2668. Austausch der Acetyl-Gruppe am C-Atom 1 beim Behandeln mit Zinn-[1-¹⁴C]acetat-trichlorid und Zinn(IV)-chlorid in Chloroform bei 20° und 40°: *Lemieux, Brice*, Canad. J. Chem. **34** [1956] 1006, 1007, 1008.

c) **Tetra-O-acetyl-β-L-ribopyranose** $C_{13}H_{18}O_9$, Formel III.

B. Beim Behandeln von L-Ribose mit Acetanhydrid und Pyridin (*Klingensmith, Evans*, Am. Soc. **61** [1939] 3012, 3014).

Krystalle (aus A.); F: 109,5—110° [korr.]. $[\alpha]_D^{30}$: +56° [$CHCl_3$; c = 4].

d) **Tetra-O-acetyl-β-DL-ribopyranose** $C_{13}H_{18}O_9$, Formel II + III.

Herstellung aus gleichen Mengen der Enantiomeren in Äthanol: *Klingensmith, Evans*, Am. Soc. **61** [1939] 3012, 3014.

F: 90,5°.

III   IV

e) **Tetra-O-acetyl-α-D-arabinopyranose** $C_{13}H_{18}O_9$, Formel IV.

B. Beim Erwärmen von D-Arabinose mit Acetanhydrid und Natriumacetat (*Kusz-mann, Vargha*, Rev. Chim. Acad. roum. **7** [1962] 1025, 1030; s. a. *Gehrke, Aichner*, B. **60** [1927] 918, 919; *Gachokidse*, Ž. obšč. Chim. **15** [1945] 539, 540; C. A. **1946** 4674; *Zemplén, Döry*, Acta chim. hung. **12** [1957] 141, 144).

Krystalle (aus A.); F: 99—100° (*Ga.*), 98—100° (*Ku., Va.*), 95,5—96° (*Ze., Döry*). $[\alpha]_D^{18}$: —43,1° [$CHCl_3$; c = 4] (*Ze., Döry*); $[\alpha]_D^{20}$: —44,2° [$CHCl_3$; c = 0,3] (*Ga.*); $[\alpha]_D^{20}$: —43,6° [$CHCl_3$; c = 2] (*Ku., Va.*); $[\alpha]_D^{25}$: —44,0° [$CHCl_3$] (*Inagaki*, J. Biochem. Tokyo **32** [1940] 63, 77). ^{1}H-NMR-Absorption (Hexadeuterioaceton) sowie ^{1}H-^{1}H-Spin-Spin-Kopp= lungskonstanten: *Durette, Horton*, J. org. Chem. **36** [1971] 2658, 2661. IR-Banden (Nujol; 947—749 cm^{-1}): *Barker et al.*, Soc. **1954** 3468, 3471.

Gibbs-Energie der Umwandlung in das unter g) beschriebene Anomere sowie Gleich-gewichtskonstante des Reaktionssystems in einem mit Perchlorsäure versetzten Gemisch von Essigsäure und Acetanhydrid bei 27°: *Du., Ho.*, l. c. S. 2668.

f) **Tetra-O-acetyl-α-L-arabinopyranose** $C_{13}H_{18}O_9$, Formel V (H **31** 39).

Krystalle (aus A.); F: 98° (*Gachokidse*, Ž. obšč. Chim. **10** [1940] 507, 508; C. **1940** II 2028). $[\alpha]_D^{20}$: +45,5° [$CHCl_3$; c = 0,4] (*Ga.*); $[\alpha]_D^{20}$: +44,3° [$CHCl_3$] (*Feier, Westphal*, B. **89** [1956] 589, 591). ^{1}H-NMR-Spektrum ($CHCl_3$) sowie ^{1}H-^{1}H-Spin-Spin-Kopplungskon-stante: *Lemieux et al.*, Am. Soc. **80** [1958] 6098, 6101. IR-Spektrum von 8 µ bis 15 µ (Film): *Kuhn*, Anal. Chem. **22** [1950] 276, 280; von 2 µ bis 15 µ (CCl_4 und Dioxan): *Isbell et al.*, J. Res. Bur. Stand. **59** [1957] 41, 52. Löslichkeit in Tetrachlormethan bei 20°: 4,2 g/100 ml (*Is. et al.*, l. c. S. 43).

Geschwindigkeitskonstante der Umwandlung in das unter h) beschriebene Anomere und Gleichgewichtskonstante des Reaktionssystems in einem mit Schwefelsäure ver-setzten Gemisch von Essigsäure und Acetanhydrid bei 25°: *Bonner*, Am. Soc. **81** [1959] 1448, 1450. Gibbs-Energie der Umwandlung in das Anomere in einem mit Perchlor= säure versetzten Gemisch von Essigsäure und Acetanhydrid bei 27°: *Lemieux* in *P. de Mayo*, Molecular Rearrangements, Bd. 2 [New York 1964] S. 709, 736. Austausch der Acetyl-Gruppe am C-Atom 1 beim Behandeln mit Zinn-[1-^{14}C]acetat-trichlorid und Zinn(IV)-chlorid in Chloroform bei 20° und 40°: *Lemieux, Brice*, Canad. J. Chem. **34** [1956] 1006, 1007, 1008.

V   VI

g) **Tetra-O-acetyl-β-D-arabinopyranose** $C_{13}H_{18}O_9$, Formel VI.

B. Beim Behandeln von D-Arabinose mit Acetanhydrid unter Zusatz von wss. Perchlor= säure (*Kuszmann, Vargha*, Rev. Chim. Acad. roum. **7** [1962] 1025, 1030; s. a. *Zemplén, Döry*, Acta chim. hung. **12** [1957] 141, 145). Aus dem unter e) beschriebenen Anomeren beim Erwärmen mit Zinkchlorid und Acetanhydrid (*Ze., Döry*, l. c. S. 144).

Krystalle (aus A.); F: 98—100° (*Ku., Va.*), 96—97° (*Ze., Döry*). $[\alpha]_D^{20}$: —147,8° [CHCl$_3$; c = 2] (*Ku., Va.*); $[\alpha]_D^{25}$: —139° [CHCl$_3$; c = 3]; $[\alpha]_D^{27}$: —141,5° [CHCl$_3$; c = 2] (*Ze., Döry*).

Gibbs-Energie der Umwandlung in das unter e) beschriebene Anomere sowie Gleichgewichtskonstante des Reaktionssystems in einem mit Perchlorsäure versetzten Gemisch von Essigsäure und Acetanhydrid bei 27°: *Durette, Horton*, J. org. Chem. **36** [1971] 2658, 2668.

h) **Tetra-*O*-acetyl-β-L-arabinopyranose** C$_{13}$H$_{18}$O$_9$, Formel VII (H **31** 39).

B. Beim Behandeln von L-Arabinose mit Acetanhydrid unter Zusatz von Schwefelsäure (*Zemplén, Döry*, Acta chim. hung. **12** [1957] 141, 144).

Krystalle (aus A.); F: 97° (*Bonner*, Am. Soc. **81** [1959] 1448, 1449), 96—97° (*Ze., Döry*). $[\alpha]_D^{25}$: +146,5° [CHCl$_3$; c = 1,5] (*Bo.*); $[\alpha]_D^{26}$: +148,8° [CHCl$_3$; c = 1] (*Ze., Döry*). ^{1}H-NMR-Spektrum (CHCl$_3$): *Lemieux et al.*, Am. Soc. **80** [1958] 6098, 6101. ^{1}H-NMR-Absorption (CHCl$_3$) sowie ^{1}H-^{1}H-Spin-Spin-Kopplungskonstanten: *Lemieux, Stevens*, Canad. J. Chem. **43** [1965] 2059, 2068.

Geschwindigkeitskonstante der Umwandlung in das unter f) beschriebene Anomere und Gleichgewichtskonstante des Reaktionssystems in einem mit Schwefelsäure versetzten Gemisch von Essigsäure und Acetanhydrid bis 25°: *Bo.*, l. c. S. 1450. Gibbs-Energie der Umwandlung in das Anomere in einem mit Perchlorsäure versetzten Gemisch von Essigsäure und Acetanhydrid bei 27°: *Lemieux* in P. *de Mayo*, Molecular Rearrangements, Bd. 2 [New York 1964] S. 709, 736.

VII   VIII

i) **Tetra-*O*-acetyl-α-D-xylopyranose** C$_{13}$H$_{18}$O$_9$, Formel VIII (H **31** 51).

B. Beim Behandeln von D-Xylose mit Acetanhydrid unter Zusatz von Schwefelsäure (*Zemplén, Döry*, Acta chim. hung. **12** [1957] 141, 142).

Krystalle (aus A.); F: 59—60° (*Isbell et al.*, J. Res. Bur. Stand. **59** [1957] 41, 43). $[\alpha]_D^{25}$: +84,9° [CHCl$_3$] (*Ze., Döry*). ^{1}H-NMR-Spektrum (CHCl$_3$): *Lemieux et al.*, Am. Soc. **80** [1958] 6098, 6101. ^{1}H-NMR-Absorption (CHCl$_3$ bzw. Hexadeuterioaceton) sowie ^{1}H-^{1}H-Spin-Spin-Kopplungskonstanten: *Lemieux, Stevens*, Canad. J. Chem. **43** [1965] 2059, 2068; *Durette, Horton*, J. org. Chem. **36** [1971] 2658, 2661. IR-Spektrum (CCl$_4$ und Dioxan; 2—15 μ): *Is. et al.*, l. c. S. 50.

Geschwindigkeitskonstante der Umwandlung in das unter k) beschriebene Anomere und Gleichgewichtskonstante des Reaktionssystems in mit Schwefelsäure bzw. Perchlorsäure versetzten Gemischen von Essigsäure und Acetanhydrid bei 25° bzw. 27°: *Bonner*, Am. Soc. **81** [1959] 1448, 1450, 5171, 5172; *Du., Ho.*, l. c. S. 2668. Gibbs-Energie der Umwandlung in das Anomere in einem mit Perchlorsäure versetzten Gemisch von Essigsäure und Acetanhydrid bei 25° bzw. 27°: *Lemieux* in P. *de Mayo*, Molecular Rearrangements, Bd. 2 [New York 1964] S. 709, 736; *Du., Ho.*, l. c. S. 2668.

j) **Tetra-*O*-acetyl-α-L-xylopyranose** C$_{13}$H$_{18}$O$_9$, Formel IX.

B. Beim Behandeln von L-Xylose mit Acetanhydrid unter Zusatz von Schwefelsäure (*Zemplén, Döry*, Acta chim. hung. **12** [1957] 141, 143). Aus dem unter l) beschriebenen Anomeren beim Erwärmen mit Zinkchlorid und Acetanhydrid (*Ze., Döry*).

Krystalle (aus A.); F: 62—63°. $[\alpha]_D^{18}$: —88,3° [CHCl$_3$; c = 1]; $[\alpha]_D^{25}$: —89,0° [CHCl$_3$; c = 2].

IX   X

k) **Tetra-*O*-acetyl-β-D-xylopyranose** C$_{13}$H$_{18}$O$_9$, Formel X (H **31** 51).

F: 126—127° (*Isbell et al.*, J. Res. Bur. Stand. **59** [1957] 41, 43). $[\alpha]_D^{25}$: —25° [CHCl$_3$;

c = 10] (*Whistler et al.*, Am. Soc. **74** [1952] 3059). ^{1}H-NMR-Spektrum (CHCl$_3$): *Lemieux et al.*, Am. Soc. **80** [1958] 6098, 6101. ^{1}H-NMR-Absorption (CHCl$_3$ bzw. Hexadeuterio=aceton bzw. Hexadeuteriobenzol) sowie ^{1}H-^{1}H-Spin-Spin-Kopplungskonstanten: *Lemieux, Stevens*, Canad. J. Chem. **43** [1965] 2059, 2068; *Durette et al.*, Carbohydrate Res. **10** [1969] 565, 570; *Durette, Horton*, J. org. Chem. **36** [1971] 2658, 2661. IR-Spektrum (CCl$_4$ und Dioxan; 2—15 μ): *Is. et al.*, l. c. S. 51. Löslichkeit in Tetrachlormethan bei 20°: 1,8 g/100 ml (*Is. et al.*).

Geschwindigkeitskonstante der Umwandlung in das unter i) beschriebene Anomere und Gleichgewichtskonstante des Reaktionssystems in mit Schwefelsäure bzw. Perchlorsäure versetzten Gemischen von Essigsäure und Acetanhydrid bei 25° bzw. 27°: *Bonner*, Am. Soc. **81** [1959] 1448, 1450, 5171, 5172; *Du., Ho.*, l. c. S. 2668. Gibbs-Energie der Umwandlung in das Anomere in einem mit Perchlorsäure versetzten Gemisch von Essigsäure und Acetanhydrid bei 25° bzw. 27°: *Lemieux* in *P. de Mayo*, Molecular Rearrangements, Bd. 2 [New York 1964] S. 709, 736; *Du., Ho.*, l. c. S. 2668. Austausch der Acetyl-Gruppe am C-Atom 1 beim Behandeln mit Zinn-[1-^{14}C]acetat-trichlorid und Zinn(IV)-chlorid in Chloroform bei 20° und 40°: *Lemieux, Brice*, Canad. J. Chem. **34** [1956] 1006, 1007, 1008. Beim Erwärmen mit Titan-chlorid in Chloroform (*Ohle et al.*, B. **62** [1929] 833, 846) oder mit Phosphor(V)-chlorid und Aluminiumchlorid in Acetylchlorid (*Shdanow, Schtscherbakowa*, Doklady Akad. S.S.S.R. **90** [1953] 185, 186; C. A. **1954** 5114) ist Tri-*O*-acetyl-α-D-xylopyranosylchlorid, beim Behandeln mit Aluminiumchlorid in Chloroform ist hingegen Tri-*O*-acetyl-β-D-xylopyranosylchlorid (*Korytnyk, Mills*, Soc. **1959** 636, 644) erhalten worden. Bildung von (2S)-3t,4c,5t-Triacetoxy-2r-phenyl-tetrahydro-pyran (S. 2340) und einer durch Hydrolyse in 1,1-Diphenyl-D-1-desoxy-xylit überführbaren Verbindung beim Erwärmen mit Benzol und Aluminiumchlorid: *Hurd, Bonner*, Am. Soc. **67** [1945] 1759, 1763. Über eine beim Behandeln mit Ameisensäure erhaltene V e r b i n d u n g C$_{12}$H$_{16}$O$_9$ (Krystalle [aus A.]; F: 129—130°; [α]$_D^{20}$: +65° [CHCl$_3$]) s. *Richtzenhain, Safwat*, B. **86** [1953] 947.

1) **Tetra-*O*-acetyl-β-L-xylopyranose** C$_{13}$H$_{18}$O$_9$, Formel XI.

B. Beim Erwärmen von L-Xylose mit Acetanhydrid und Natriumacetat (*v. Vargha*, B. **68** [1935] 18, 23; *Helferich et al.*, B. **72** [1939] 1953, 1955; *Hoffmann-La Roche*, D.R.P. 627249 [1933]; Frdl. **22** 676).

Krystalle (aus wss. A.); F: 127—128,5° [korr.] (*Appel*, Soc. **1935** 425), 126—128° (*Hamamura et al.*, J. agric. chem. Soc. Japan **22** [1948] 24; C. A. **1952** 10108), 126° (*v. Va.*). [α]$_D^{15}$: +25,7° [CHCl$_3$; c = 4] (*Ap.*); [α]$_D^{20}$: +25,7° [CHCl$_3$; c = 2] (*v. Va.*); [α]$_D^{21}$: +25,3° [CHCl$_3$; c = 4] (*He. et al.*); [α]$_D^{22}$: +25,8° [CHCl$_3$; c = 2] (*Bourne et al.*, Soc. **1952** 3113); [α]$_D^{25}$: +26,0° (*Ha. et al.*). IR-Banden (Nujol; 940—878 cm^{-1}): *Barker et al.*, Soc. **1954** 3468, 3471.

$$\text{XI} \qquad\qquad\qquad \text{XII}$$

m) **Tetra-*O*-acetyl-α-D-lyxopyranose** C$_{13}$H$_{18}$O$_9$, Formel XII.

Konstitution und Konfiguration: *Zinner, Brandner*, B. **89** [1956] 1507, 1508, 1512.

B. Beim Behandeln von α-D-Lyxopyranose mit Acetanhydrid und Pyridin (*Zi., Br.*, l. c. S. 1512). Beim Erwärmen von β-D-Lyxopyranose mit Acetanhydrid und Natriumacetat auf 100° (*Reyle, Reichstein*, Helv. **35** [1952] 98, 105). Aus dem unter n) beschriebenen Anomeren beim Behandeln mit Zinkchlorid und Acetanhydrid (*Zi., Br.*, l. c. S. 1512).

Krystalle; F: 97—98° [aus Ae. + PAe.] (*Re., Re.*), 96° [aus Me. + W.] (*Zi., Br.*). Beim Aufbewahren erfolgt Umwandlung in eine stabile Modifikation vom F: 124° (*Zi., Br.*, l. c. S. 1508). [α]$_D^{19}$: +23,6° [CHCl$_3$; c = 1] (*Re., Re.*); [α]$_D^{22}$: +25,0° [CHCl$_3$; c = 2]; [α]$_D^{18}$: +26,6° [Me.; c = 2] (*Zi., Br.*). ^{1}H-NMR-Spektrum (CHCl$_3$) sowie ^{1}H-^{1}H-Spin-Spin-Kopplungskonstanten: *Lemieux, Stevens*, Canad. J. Chem. **43** [1965] 2059, 2065, 2069; s. a. *Lemieux et al.*, Am. Soc. **80** [1958] 6098, 6101; *Durette, Horton*, J. org. Chem. **36** [1971] 2658, 2661; *Horton, Turner*, J. org. Chem. **30** [1965] 3387, 3393. IR-Spektrum (CCl$_4$ und Dioxan; 2—15 μ): *Isbell et al.*, J. Res. Bur. Stand. **59** [1957] 41, 51. Löslichkeit in Tetrachlormethan bei 20°: 3,4 g/100 ml (*Is. et al.*, l. c. S. 43).

Gibbs-Energie der Umwandlung in das unter n) beschriebene Anomere und Gleichgewichtskonstante des Reaktionssystems in einem mit Perchlorsäure versetzten Gemisch
von Essigsäure und Acetanhydrid bei 27°: *Du., Ho.,* 1. c. S. 2668. Austausch der Acetyl-
Gruppe am C-Atom 1 beim Behandeln mit Zinn-[1-^{14}C]acetat-trichlorid und Zinn(IV)-
chlorid in Chloroform bei 20° und 40°: *Lemieux, Brice,* Canad. J. Chem. **34** [1956] 1006,
1007, 1008.

     n) **Tetra-*O*-acetyl-*β*-D-lyxopyranose** $C_{13}H_{18}O_9$, Formel XIII.

B. Neben dem unter m) beschriebenen Anomeren beim Behandeln von *β*-D-Lyxopyran=
ose mit Acetanhydrid und Pyridin (*Reyle, Reichstein,* Helv. **35** [1952] 98, 105). In geringer
Menge beim Behandeln des unter m) beschriebenen Anomeren mit Zinkchlorid und Acet=
anhydrid (*Zinner, Brandner,* B. **89** [1956] 1507, 1513).

     Öl. $[\alpha]_D^{20}$: −79° [Me.]; $[\alpha]_D^{20}$: −83° [CHCl₃] (*Zi., Br.*).

Gibbs-Energie der Umwandlung in das unter m) beschriebene Anomere und Gleichgewichtskonstante des Reaktionssytems in einem mit Perchlorsäure versetzten Gemisch
von Essigsäure und Acetanhydrid bei 27°: *Durette, Horton,* J. org. Chem. **36** [1971] 2658,
2668.

                 XIII   XIV

2,3,4,5-Tetrakis-propionyloxy-tetrahydro-pyran $C_{17}H_{26}O_9$.

     a) **Tetra-*O*-propionyl-*ξ*-L-arabinopyranose** $C_{17}H_{26}O_9$, Formel XIV.

B. Bei mehrtägigem Behandeln von L-Arabinose mit Propionsäure-anhydrid und
Pyridin (*Hurd, Gordon,* Am. Soc. **63** [1941] 2657).

Krystalle (aus A. oder Isopropylalkohol); F: 80°. $[\alpha]_D^{20}$: +116° [CHCl₃].

     b) **Tetra-*O*-propionyl-*ξ*-D-xylopyranose** $C_{17}H_{26}O_9$, Formel I.

B. Bei mehrtägigem Behandeln von D-Xylose mit Propionsäure-anhydrid und Pyridin
(*Hurd, Gordon,* Am. Soc. **63** [1941] 2657).

Krystalle (aus A. oder Isopropylalkohol); F: 42−43°. $[\alpha]_D^{20}$: +43° [CHCl₃].

                                                             [*H. Richter*]

Methyl-[O^2-benzoyl-*β*-L-arabinopyranosid] $C_{13}H_{16}O_6$, Formel II (R = H).

B. Beim Erwärmen einer Lösung von Methyl-[O^3,O^4-(($Ξ$)-äthyliden)-O^2-benzoyl-*β*-L-
arabinopyranosid] (F: 141−142° oder F: 117°) in Aceton mit wss. Salzsäure (*Oldham,
Honeyman,* Soc. **1946** 986, 989). Beim Erhitzen von Methyl-[O^2-benzoyl-O^3,O^4-isoprop=
yliden-*β*-L-arabinopyranosid] mit wss.-methanol. Salzsäure (*Honeyman,* Soc. **1946** 990,
992). Beim Erwärmen einer Lösung von Methyl-[O^2-benzoyl-O^3,O^4-(($Ξ$)-benzyliden)-
β-L-arabinopyranosid] (F: 120−122° oder F: 126−127°) in Aceton mit wss. Salzsäure
(*Ol., Ho.*).

Krystalle (aus A. oder aus A. + PAe.); F: 146−147° (*Ol., Ho.; Ho.*). $[\alpha]_D^{18}$: +257°
[Acn.] (*Ol., Ho.*).

            I   II   III

Methyl-[O^2-benzoyl-O^3,O^4-dimethyl-*β*-L-arabinopyranosid] $C_{15}H_{20}O_6$, Formel II
(R = CH₃).

B. Beim Behandeln von Methyl-[O^2-benzoyl-*β*-L-arabinopyranosid] mit Methyljodid
und Silberoxid (*Honeyman,* Soc. **1946** 990, 992).

Öl; $[\alpha]_D^{18}$: +143,5° [CHCl₃; c = 3].

Benzyl-[O^2-benzoyl-β-D-arabinopyranosid] $C_{19}H_{20}O_6$, Formel III.

B. Beim Erhitzen von Benzyl-[O^2-benzoyl-O^3,O^4-isopropyliden-β-D-arabinopyranosid] mit wss. Essigsäure (*Rammler, MacDonald*, Arch. Biochem. **78** [1958] 359, 365). Krystalle (aus Bzl. + Heptan); F: 131—132°. $[\alpha]_D^{23}$: —175° [CHCl$_3$; c = 2].

O^2,O^3,O^4-Triacetyl-O^1-benzoyl-β-D-xylopyranose $C_{18}H_{20}O_9$, Formel IV.

B. Beim Erhitzen von Tri-O-acetyl-α-D-xylopyranosylbromid mit Silberbenzoat in Toluol (*Tipson*, J. biol. Chem. **130** [1939] 55, 59). Krystalle (aus A.); F: 147—147,5°. $[\alpha]_D^{27}$: —70,3° [CHCl$_3$; c = 2].

IV   V

3,4-Dimethoxy-2,5-bis-[4-nitro-benzoyloxy]-tetrahydro-pyran $C_{21}H_{20}N_2O_{11}$.

a) **O^2,O^3-Dimethyl-O^1,O^4-bis-[4-nitro-benzoyl]-ξ-D-arabinopyranose** $C_{21}H_{20}N_2O_{11}$, Formel V.

Die beiden dieser Formel entsprechenden Anomeren (a) Krystalle [aus Me.], F: 184°; $[\alpha]_D^{23}$: +15° [CHCl$_3$; c = 1]; b) Krystalle [aus CHCl$_3$ + PAe.], F: 158°; $[\alpha]_D^{23}$: —12° [CHCl$_3$; c = 0,3]) sind beim Behandeln von O^2,O^3-Dimethyl-D-arabinose mit 4-Nitro-benzoylchlorid und Pyridin erhalten worden (*Goldstein et al.*, Am. Soc. **81** [1959] 444).

b) **O^2,O^3-Dimethyl-O^1,O^4-bis-[4-nitro-benzoyl]-ξ-L-arabinopyranose** $C_{21}H_{20}N_2O_{11}$, Formel VI.

Ein Präparat (Krystalle [aus A.]; F: 150—153°), in dem vermutlich ein Gemisch der Anomeren vorgelegen hat, ist beim Erhitzen von O^2,O^3-Dimethyl-L-arabinose mit 4-Nitro-benzoylchlorid und Pyridin erhalten worden (*Srivastava, Smith*, Am. Soc. **79** [1957] 982).

VI   VII

3,4,5-Tris-benzoyloxy-2-methoxy-tetrahydro-pyran $C_{27}H_{24}O_8$.

a) **Methyl-[tri-O-benzoyl-β-D-ribopyranosid]** $C_{27}H_{24}O_8$, Formel VII.

B. Beim Behandeln von O^2,O^3,O^4-Tribenzoyl-D-ribose mit Methyljodid und Silberoxid (*Jeanloz et al.*, Am. Soc. **70** [1948] 4055). Aus Tri-O-benzoyl-α-D-ribopyranosylbromid bei mehrtägigem Behandeln mit Methanol sowie beim Behandeln mit Methanol und Silber=carbonat (*Ness et al.*, Am. Soc. **73** [1951] 959, 962). Beim Behandeln von Tri-O-benzoyl-β-D-ribopyranosylbromid mit Methanol (*Je. et al.*) oder mit Methanol und Silberoxid und anschliessend mit Chlorwasserstoff enthaltendem Methanol (*Ness et al.*). Beim Behandeln von Methyl-β-D-ribopyranosid mit Benzoylchlorid, Pyridin und 1,2-Dichlor-äthan (*Je. et al.*).

Krystalle (aus Ae. + Pentan); F: 109—110° [korr.] (*Je. et al.*). $[\alpha]_D^{20}$: —69,5° [CHCl$_3$; c = 1] (*Je. et al.*); $[\alpha]_D^{20}$ —65,2° [Dioxan + Me. [1:9]] (*Ness et al.*).

b) **Methyl-[tri-O-benzoyl-α-D-arabinopyranosid]** $C_{27}H_{24}O_8$, Formel VIII.

B. Beim Erwärmen von Tri-O-benzoyl-β-D-arabinopyranosylbromid mit Methanol (*Fletcher, Hudson*, Am. Soc. **72** [1950] 4173, 4176). Beim Behandeln von Methyl-α-D-arabino=pyranosid mit Benzoylchlorid und Pyridin (*Fl., Hu.*; *Ness, Fletcher*, Am. Soc. **78** [1956] 4710, 4714).

Krystalle (aus Me.); F: 133—134° [korr.] und F: 146—147° [korr.] (*Ness, Fl.*). $[\alpha]_D^{20}$: —203° [CHCl$_3$; c = 2] (*Ness, Fl.*).

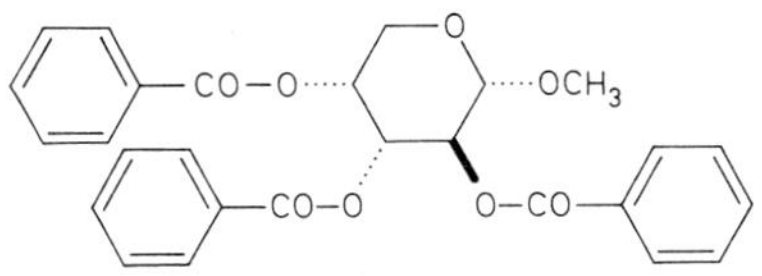

VIII 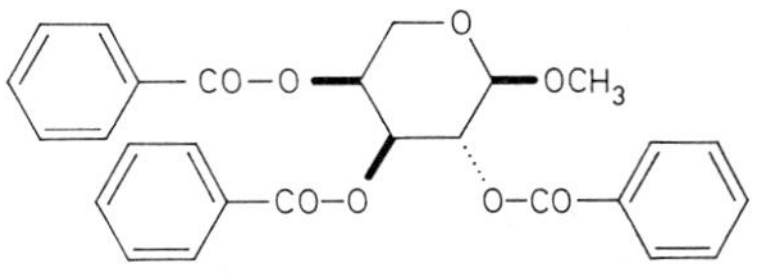   IX

c) **Methyl-[tri-O-benzoyl-α-L-arabinopyranosid]** $C_{27}H_{24}O_8$, Formel IX.

Diese Konstitution kommt der nachstehend beschriebenen, von *Wolfrom, Christman* (Am. Soc. **58** [1936] 39) und von *Fletcher, Hudson* (Am. Soc. **69** [1947] 1145) als Tri-O-benzoyl-β-L-arabinopyranosylbromid formulierten Verbindung zu (*Fletcher, Hudson,* Am. Soc. **72** [1950] 4173 Anm. 3 [von diesen Autoren irrtümlich als Methyl-[tri-O-benzoyl-α-D-arabinopyranosid] bezeichnet]).

B. Beim Behandeln von Tetra-O-benzoyl-α-L-arabinopyranose (*Wo., Ch.*) oder von Tetra-O-benzoyl-β-L-arabinopyranose (*Fl., Hu.,* Am. Soc. **69** 1145) mit Bromwasserstoff in Essigsäure und anschliessend mit Methanol.

Krystalle (aus Me.); F: 144—145° (*Wo., Ch.; Fl., Hu.,* Am. Soc. **69** 1145). $[\alpha]_D^{26}$: $+203°$ [CHCl$_3$; c = 2] (*Wo., Ch.*); $[\alpha]_D^{26}$: $+201,8°$ [CHCl$_3$; c = 2] (*Fl., Hu.,* Am. Soc. **69** 1145).

d) **Methyl-[tri-O-benzoyl-β-D-arabinopyranosid]** $C_{27}H_{24}O_8$, Formel X.

B. Beim Behandeln von Methyl-β-D-arabinopyranosid mit Benzoylchlorid und Pyridin (*Fletcher, Hudson,* Am. Soc. **72** [1950] 4173, 4176).

Krystalle (aus Me.); F: 84—85°. $[\alpha]_D^{20}$: $-294°$ [CHCl$_3$; c = 1].

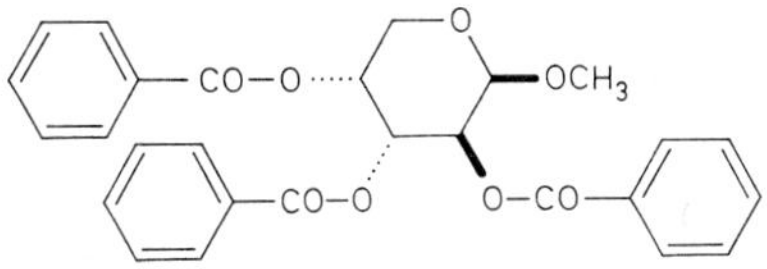

X 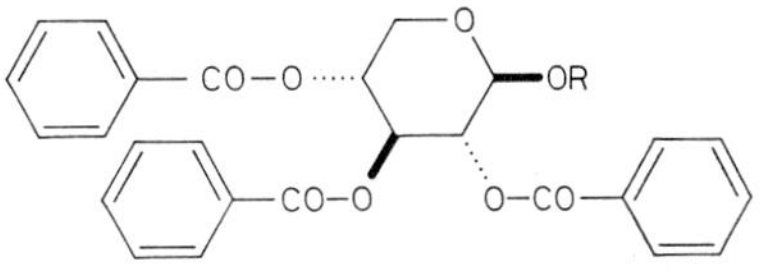   XI

e) **Methyl-[tri-O-benzoyl-β-D-xylopyranosid]** $C_{27}H_{24}O_8$, Formel XI.

B. Beim Behandeln von Methyl-β-D-xylopyranosid mit Benzoylchlorid und Pyridin (*Fletcher, Hudson,* Am. Soc. **72** [1950] 4173, 4176). Aus Tri-O-benzoyl-α-D-xylopyranosyl=bromid beim Behandeln mit Methanol und Silberoxid sowie beim Erwärmen mit Meth=anol (*Fl., Hu.*).

Krystalle (aus Me.); F: 95—96°. $[\alpha]_D^{20}$: $-24,1°$ [CHCl$_3$; c = 2].

Äthyl-[tri-O-benzoyl-β-D-ribopyranosid] $C_{28}H_{26}O_8$, Formel XII (R = C$_2$H$_5$).

B. Bei kurzem Erwärmen von Tri-O-benzoyl-β-D-ribopyranosylbromid mit Äthanol (*Jeanloz et al.,* Am. Soc. **70** [1948] 4055).

Krystalle (aus Ae. + Pentan); F: 132—133° [korr.]. $[\alpha]_D^{20}$: $-83,9°$ [CHCl$_3$; c = 1].

3,4,5-Tris-benzoyloxy-2-benzyloxy-tetrahydro-pyran $C_{33}H_{28}O_8$.

a) **Benzyl-[tri-O-benzoyl-β-D-ribopyranosid]** $C_{33}H_{28}O_8$, Formel XII (R = CH$_2$-C$_6$H$_5$).

B. Beim Behandeln von Benzyl-β-D-ribopyranosid mit Benzoylchlorid und Pyridin (*Fletcher, Ness,* Am. Soc. **76** [1954] 760, 763). Aus Tri-O-benzoyl-β-D-ribopyranosyl=bromid und Benzylalkohol (*Fl., Ness*).

Krystalle (aus A.); F: 144—145° [korr.]. $[\alpha]_D^{20}$: $-108°$ [CHCl$_3$; c = 1]; $[\alpha]_D^{20}$: $-110,5°$ [Dioxan; c = 5].

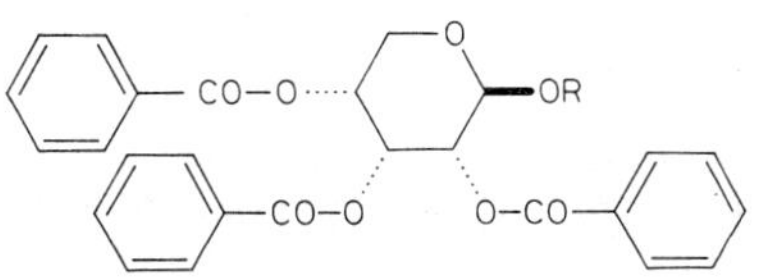

XII 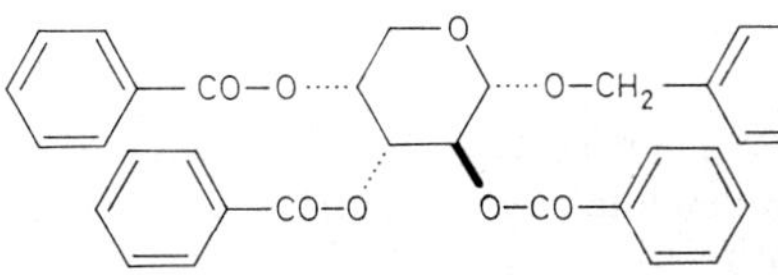   XIII

b) **Benzyl-[tri-O-benzoyl-α-D-arabinopyranosid]** $C_{33}H_{28}O_8$, Formel XIII.

B. Aus Tri-O-benzoyl-β-D-arabinopyranosylbromid und Benzylalkohol (*Fletcher, Hudson*, Am. Soc. **72** [1950] 4173, 4176).

Krystalle (aus A.); F: 146—147°. $[α]_D^{20}$: —146° [CHCl$_3$].

3,4,5-Tris-benzoyloxy-2-[β,β′-bis-benzoyloxy-isopropoxy]-tetrahydro-pyran $C_{43}H_{36}O_{12}$.

a) **[β,β′-Bis-benzoyloxy-isopropyl]-[tri-O-benzoyl-α-L-arabinopyranosid]**, O^1,O^3-Dibenzoyl-O^2-[tri-O-benzoyl-α-L-arabinopyranosyl]-glycerin $C_{43}H_{36}O_{12}$, Formel I (R = CO-C$_6$H$_5$).

B. Beim Behandeln von [β,β′-Dihydroxy-isopropyl]-α-L-arabinopyranosid mit Benzoylchlorid, Pyridin und Chloroform (*Charlson et al.*, Canad. J. Chem. **35** [1957] 365, 372).

Krystalle (aus A.); F: 53—57°. $[α]_D^{27}$: +93° [2,4-Dimethyl-pyridin; c = 1].

b) **[β,β′-Bis-benzoyloxy-isopropyl]-[tri-O-benzoyl-β-L-arabinopyranosid]**, O^1,O^3-Dibenzoyl-O^2-[tri-O-benzoyl-β-L-arabinopyranosyl]-glycerin $C_{43}H_{36}O_{12}$, Formel II (R = CO-C$_6$H$_5$).

B. Beim Behandeln von [β,β′-Dihydroxy-isopropyl]-β-L-arabinopyranosid mit Benzoylchlorid, Pyridin und Chloroform (*Charlson et al.*, Canad. J. Chem. **35** [1957] 365, 369).

F: 48—50°. $[α]_D^{27}$: +164° [2,4-Dimethyl-pyridin; c = 1].

I   II   III

c) **[β,β′-Bis-benzoyloxy-isopropyl]-[tri-O-benzoyl-α-D-xylopyranosid]**, O^1,O^3-Dibenzoyl-O^2-[tri-O-benzoyl-α-D-xylopyranosyl]-glycerin $C_{43}H_{36}O_{12}$, Formel III (R = CO-C$_6$H$_5$).

B. Beim Behandeln von [β,β′-Dihydroxy-isopropyl]-α-D-xylopyranosid mit Benzoylchlorid, Pyridin und Chloroform (*Charlson et al.*, Canad. J. Chem. **35** [1957] 365, 370).

Krystalle (aus A.); F: 51—55°. $[α]_D^{27}$: +51° [2,4-Dimethyl-pyridin; c = 1].

d) **[β,β′-Bis-benzoyloxy-isopropyl]-[tri-O-benzoyl-β-D-xylopyranosid]**, O^1,O^3-Dibenzoyl-O^2-[tri-O-benzoyl-β-D-xylopyranosyl]-glycerin $C_{43}H_{36}O_{12}$, Formel IV (R = CO-C$_6$H$_5$).

B. Beim Behandeln von [β,β′-Dihydroxy-isopropyl]-β-D-xylopyranosid mit Benzoylchlorid, Pyridin und Chloroform (*Charlson et al.*, Canad. J. Chem. **35** [1957] 365, 370).

Krystalle (aus A.); F: 51—53°. $[α]_D^{27}$: —36° [2,4-Dimethyl-pyridin; c = 1].

3,4,5-Tris-benzoyloxy-2-[2,3-bis-benzoyloxy-1-benzoyloxymethyl-propoxy]-tetrahydro-pyran $C_{51}H_{42}O_{14}$.

a) **[(1R,2S)-2,3-Bis-benzoyloxy-1-benzoyloxymethyl-propyl]-[tri-O-benzoyl-β-L-arabinopyranosid]**, D-O^1,O^2,O^4-Tribenzoyl-O^3-[tri-O-benzoyl-β-L-arabinopyranosyl]-erythrit $C_{51}H_{42}O_{14}$, Formel V (R = CO-C$_6$H$_5$).

B. Beim Behandeln von L-O^2-β-L-Arabinopyranosyl-erythrit mit Benzoylchlorid, Pyridin und Chloroform (*Charlson et al.*, Canad. J. Chem. **35** [1957] 365, 369).

Krystalle (aus A.); F: 131—134°. $[α]_D^{27}$: +114° [2,4-Dimethyl-pyridin; c = 1].

IV   V   VI

b) **[(1R,2S)-2,3-Bis-benzoyloxy-1-benzoyloxymethyl-propyl]-[tri-O-benzoyl-α-D-xylopyranosid]**, D-O^1,O^2,O^4-Tribenzoyl-O^3-[tri-O-benzoyl-α-D-xylopyranosyl]-erythrit $C_{51}H_{42}O_{14}$, Formel VI (R = CO-C$_6$H$_5$).

B. Beim Behandeln von L-O^2-α-D-Xylopyranosyl-erythrit mit Benzoylchlorid, Pyridin

und Chloroform (*Charlson et al.*, Canad. J. Chem. **35** [1957] 365, 369).
Krystalle (aus A.); F: 64—67°. $[\alpha]_D^{27}$: +98° [2,4-Dimethyl-pyridin; c = 1].

2,3,4,5-Tetrakis-benzoyloxy-tetrahydro-pyran $C_{33}H_{26}O_9$.

a) **Tetra-*O*-benzoyl-β-D-ribopyranose** $C_{33}H_{26}O_9$, Formel VII.
B. Beim Behandeln von D-Ribose mit Benzoylchlorid, Pyridin und 1,2-Dichlor-äthan
(*Jeanloz et al.*, Am. Soc. **70** [1948] 4052, 4053). Beim Behandeln von Tri-*O*-benzoyl-
β-D-ribopyranosylbromid mit Silberbenzoat in Benzol (*Ness et al.*, Am. Soc. **73** [1951]
959, 963).
Krystalle (aus Ae. + Pentan); F: 131°; $[\alpha]_D^{20}$: −102° [CHCl₃; c = 1] (*Je. et al.*).
F: 129—131°; $[\alpha]_D^{20}$: −100° [CHCl₃] (*Ness et al.*). ¹H-NMR-Absorption (CDCl₃ bzw.
Hexadeuterioaceton) sowie ¹H-¹H-Spin-Spin-Kopplungskonstanten: *Coxon*, Tetrahedron
22 [1966] 2281, 2290, 2295; *Cushley et al.*, Carbohydrate Res. **5** [1967] 31, 34; *Durette*,
Horton, J. org. Chem. **36** [1971] 2658, 2662.

VII   VIII

b) **Tetra-*O*-benzoyl-α-D-arabinopyranose** $C_{33}H_{26}O_9$, Formel VIII.
B. Beim Erhitzen von D-Arabinose mit Pyridin und anschliessenden Behandeln mit
Benzoylchlorid (*Fletcher*, *Hudson*, Am. Soc. **69** [1947] 1145).
Krystalle (aus Eg.); F: 164—165° [korr.]. $[\alpha]_D^{20}$: −114,4° [CHCl₃; c = 1].

c) **Tetra-*O*-benzoyl-α-L-arabinopyranose** $C_{33}H_{26}O_9$, Formel IX.
B. Beim Erhitzen von L-Arabinose mit Pyridin und anschliessenden Behandeln mit
Benzoylchlorid (*Wolfrom*, *Christman*, Am. Soc. **58** [1936] 39, 41; *Fletcher*, *Hudson*, Am.
Soc. **69** [1947] 1145).
Krystalle; F: 164—165° [korr.; aus Eg.] (*Fl.*, *Hu.*), 160—161° [aus Me.] (*Wo.*, *Ch.*).
$[\alpha]_D^{29}$: +112,5° [CHCl₃; c = 4] (*Wo.*, *Ch.*); $[\alpha]_D^{20}$: +114,4° [CHCl₃; c = 1] (*Fl.*, *Hu.*).

d) **Tetra-*O*-benzoyl-α-DL-arabinopyranose** $C_{33}H_{26}O_9$, Formel VIII + IX.
Herstellung aus gleichen Mengen der unter b) und c) beschriebenen Enantiomeren:
Fletcher, *Hudson*, Am. Soc. **69** [1947] 1145.
Krystalle (aus A.); F: 140—141° [korr.].

IX   X

e) **Tetra-*O*-benzoyl-β-D-arabinopyranose** $C_{33}H_{26}O_9$, Formel X.
B. Beim Behandeln von D-Arabinose mit Benzoylchlorid und Pyridin (*Gehrke*, *Aichner*,
B. **60** [1927] 918; *Fletcher*, *Hudson*, Am. Soc. **69** [1947] 1145).
Krystalle; F: 160—161° [korr.; aus Me.] (*Fl.*, *Hu.*), 153° [aus A.] (*Ge.*, *Ai.*). $[\alpha]_D^{20}$:
−323° [CHCl₃] (*Fl.*, *Hu.*); $[\alpha]_D^{20}$: −301,1° [CHCl₃] (*Ge.*, *Ai.*).

f) **Tetra-*O*-benzoyl-β-L-arabinopyranose** $C_{33}H_{26}O_9$, Formel XI.
B. Beim Behandeln von L-Arabinose mit Benzoylchlorid und Pyridin (*Gehrke*, *Aichner*,
B. **60** [1927] 918; *Wolfrom*, *Christman*, Am. Soc. **58** [1936] 39, 41; *Fletcher*, *Hudson*,
Am. Soc. **69** [1947] 1145).
Krystalle; F: 173—174° [aus Me.]; $[\alpha]_D^{26}$: +325° [CHCl₃; c = 4] (*Wo.*, *Ch.*). F: 160°
bis 161° [korr.; aus Me.]; $[\alpha]_D^{20}$: +322,7° [CHCl₃; c = 1] (*Fl.*, *Hu.*). F: 153° [aus A.];
$[\alpha]_D^{22}$: +300,8° [CHCl₃] (*Ge.*, *Ai.*).

g) **Tetra-*O*-benzoyl-β-DL-arabinopyranose** $C_{33}H_{26}O_9$, Formel X + XI.
Herstellung aus gleichen Mengen der unter e) und f) beschriebenen Enantiomeren:

Fletcher, Hudson, Am. Soc. **69** [1947] 1145. Beim Behandeln von DL-Arabinose mit Benzoylchlorid und Pyridin (*Fl., Hu.*).

Krystalle (aus A.); F: 165—166° [korr.].

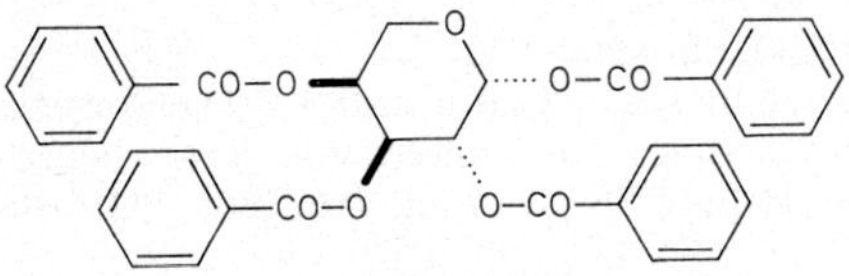

XI 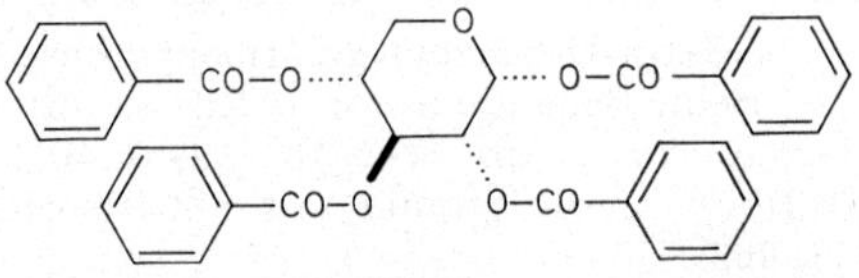   XII

h) **Tetra-*O*-benzoyl-α-D-xylopyranose** $C_{33}H_{26}O_9$, Formel XII.

B. Neben Tetra-*O*-benzoyl-β-D-xylopyranose beim Behandeln von D-Xylose mit Benzoylchlorid, Pyridin und Chloroform (*Fletcher, Hudson,* Am. Soc. **69** [1947] 921, 923; *Deferrari et al.,* J. org. Chem. **24** [1959] 185; s. a. *Major, Cook,* Am. Soc. **58** [1936] 2333).

Krystalle; F: 119—120° [aus Bzl. + Isooctan] (*Fl., Hu.*), 116—117° [aus A.] (*De. et al.*). $[\alpha]_D^{20}$: +149,5° [CHCl$_3$; c = 2] (*Fl., Hu.*); $[\alpha]_D^{30}$: +148,7° [CHCl$_3$; c = 1] (*De. et al.*).

i) **Tetra-*O*-benzoyl-α-L-xylopyranose** $C_{33}H_{26}O_9$, Formel I.

B. Beim Behandeln von L-Xylose mit Benzoylchlorid, Pyridin und Chloroform (*Major, Cook,* Am. Soc. **58** [1936] 2333).

Krystalle; F: 115—116°. $[\alpha]_D^{20}$: —115° [CHCl$_3$].

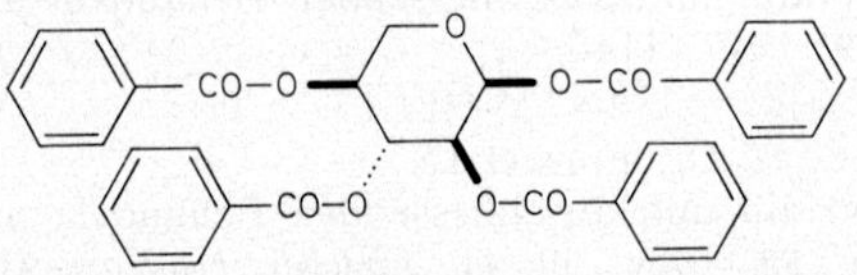

I 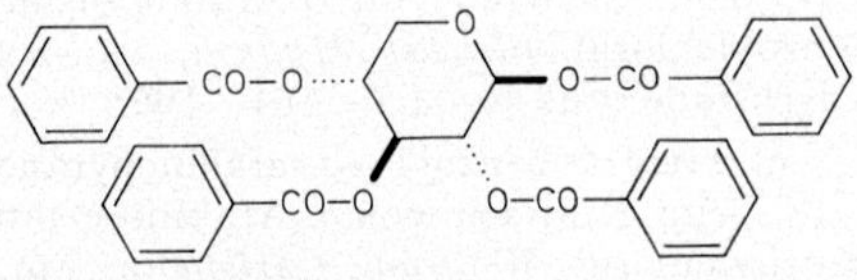   II

j) **Tetra-*O*-benzoyl-β-D-xylopyranose** $C_{33}H_{26}O_9$, Formel II.

B. Neben Tetra-*O*-benzoyl-α-D-xylopyranose beim Behandeln von D-Xylose mit Benzoylchlorid und Pyridin (*Lieser, Schweizer,* A. **519** [1935] 271, 278; *Fletcher, Hudson,* Am. Soc. **69** [1947] 921, 923; *Fletcher,* Am. Soc. **75** [1953] 2624, 2626).

Krystalle; F: 178° [aus A.] (*Li., Sch.*), 175—177° (*Durette, Horton,* J. org. Chem. **36** [1971] 2658, 2669), 165—166° [korr.; aus A.] (*Fl.*). $[\alpha]_D^{20}$: —43,3° [CHCl$_3$; c = 1] (*Fl.*); $[\alpha]_D^{22}$: —47,5° [Acn.; c = 2] (*Li., Sch.*). ¹H-NMR-Absorption (Hexadeuterioaceton) sowie ¹H-¹H-Spin-Spin-Kopplungskonstanten: *Du., Ho.,* l. c. S. 2662.

k) **Tetra-*O*-benzoyl-β-L-xylopyranose** $C_{33}H_{26}O_9$, Formel III.

Krystalle (aus A. + Py.), F: 173—174°; $[\alpha]_D^{20}$: +44,5° [CHCl$_3$; c = 2] (*Major, Cook,* Am. Soc. **58** [1936] 2333).

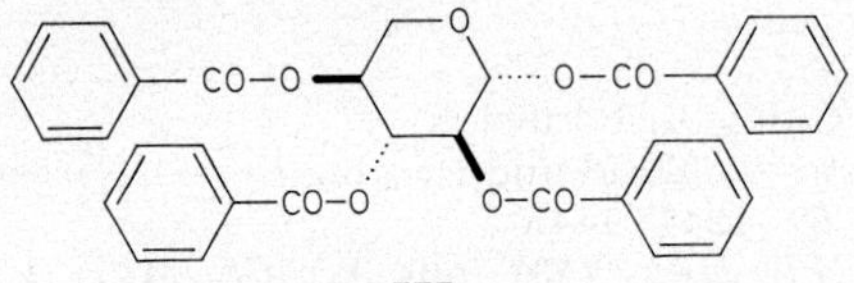

III 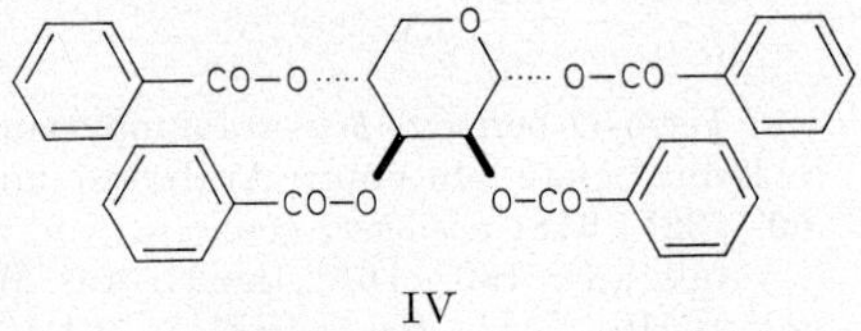   IV

l) **Tetra-*O*-benzoyl-α-D-lyxopyranose** $C_{33}H_{26}O_9$, Formel IV.

B. Beim Behandeln von D-Lyxose mit Benzoylchlorid und Pyridin (*Fletcher et al.,* Am. Soc. **73** [1951] 3698).

Krystalle (aus A.); F: 138—139°. $[\alpha]_D^{20}$: —49,0° [CHCl$_3$; c = 2].

Tetrakis-*O*-[2-carboxy-benzoyl]-ξ-D-xylopyranose $C_{37}H_{26}O_{17}$, Formel V.

B. Beim Behandeln von D-Xylose mit Phthalsäure-anhydrid und Pyridin (*Kakemi et al.,* J. pharm. Soc. Japan **75** [1955] 976; C. A. **1956** 534).

F: 88—90° [Zers.].   [*Weissmann*]

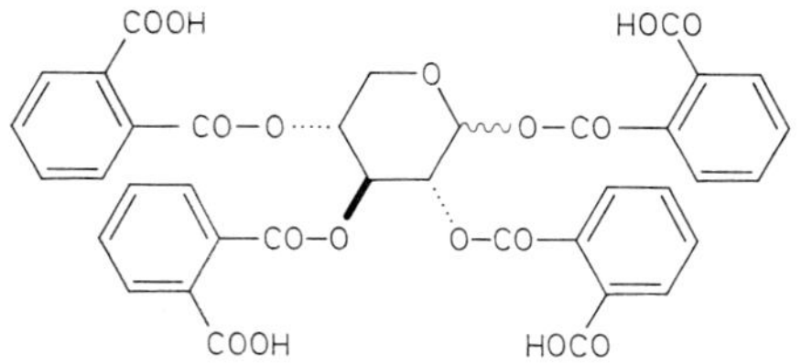

V 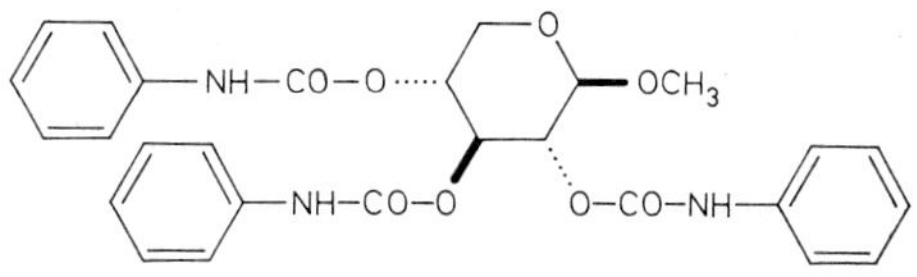   VI

Methyl-[tris-*O*-phenylcarbamoyl-β-D-xylopyranosid] $C_{27}H_{27}N_3O_8$, Formel VI.

B. Aus Methyl-β-D-xylopyranosid und Phenylisocyanat in Pyridin (*Wolfrom, Pletcher,* Am. Soc. **62** [1940] 1151).

Krystalle (aus Py. oder aus A. + Acn.); F: 234° [unkorr.; Zers.]. $[\alpha]_D^{22}$: $-23°$ [Acn.; c = 1].

2,3,4,5-Tetrakis-methoxycarbonyloxy-tetrahydro-pyran $C_{13}H_{18}O_{13}$.

a) **Tetrakis-*O*-methoxycarbonyl-ξ-L-arabinopyranose** $C_{13}H_{18}O_{13}$, Formel VII (R = CH$_3$).

1) Stereoisomeres vom F: 123°. *B.* Neben einer glasigen Substanz (Kp$_{0,4}$: 219° bis 220°; $[\alpha]$: $+89,3°$ → 95,4° (nach 92 h) [Acn.]) beim Behandeln von L-Arabinose mit Chlorameisensäure-methylester in Chloroform und Pyridin (*Haworth, Maw,* Soc. **1926** 1751, 1752). — Krystalle (aus Ae.); F: 123°. $[\alpha]_D$: $+126,6°$ [Acn.].

2) Stereoisomeres vom F: 186°. *B.* Beim Behandeln von L-Arabinose mit Chlorameisensäure-methylester in Äther unter Zusatz von Natrium (*Haworth, Maw,* Soc. **1926** 1751, 1753). — Krystalle (aus Ae.); F: 186° [nach Erweichen bei 174°]. $[\alpha]_D$: $-16,4°$ [Acn.].

b) **Tetrakis-*O*-methoxycarbonyl-ξ-D-xylopyranose** $C_{13}H_{18}O_{13}$, Formel VIII (R = CH$_3$).

B. Beim Behandeln von D-Xylose mit Chlorameisensäure-methylester in Chloroform und Pyridin (*Haworth, Maw,* Soc. **1926** 1751, 1754).

Kp$_{0,5}$: 215°. $[\alpha]_D$: $+59,5°$ [Acn.] (Präparat von ungewisser Einheitlichkeit).

2,3,4,5-Tetrakis-äthoxycarbonyloxy-tetrahydro-pyran $C_{17}H_{26}O_{13}$.

a) **Tetrakis-*O*-äthoxycarbonyl-ξ-L-arabinopyranose** $C_{17}H_{26}O_{13}$, Formel VII (R = C$_2$H$_5$).

B. Beim Behandeln von L-Arabinose mit Chlorameisensäure-äthylester in Chloroform und Pyridin (*Haworth, Maw,* Soc. **1926** 1751, 1753).

Kp$_{0,4}$: 230°. n$_D$: 1,4475. $[\alpha]_D$: $+98,8°$ → $+96,9°$ (nach 168 h) [Acn. ?] (Präparat von ungewisser konfigurativer Einheitlichkeit).

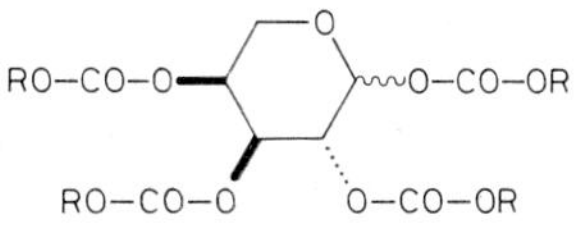

VII 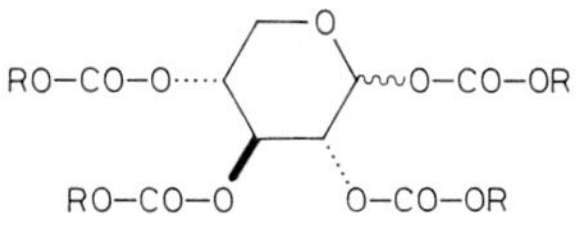   VIII 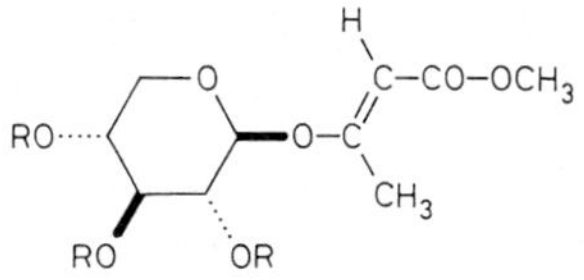   IX

b) **Tetrakis-*O*-äthoxycarbonyl-ξ-D-xylopyranose** $C_{17}H_{26}O_{13}$, Formel VIII (R = C$_2$H$_5$).

B. Beim Behandeln von D-Xylose mit Chlorameisensäure-äthylester in Chloroform und Pyridin (*Haworth, Maw,* Soc. **1926** 1751, 1754).

Kp$_{0,4}$: 221—222°. n$_D$: 1,4450. $[\alpha]_D$: $+62,1°$ → $+52,4°$ (nach 18 h) [Acn.] (Präparat von ungewisser konfigurativer Einheitlichkeit).

3-β-D-Xylopyranosyloxy-*cis*-crotonsäure-methylester $C_{10}H_{16}O_7$, Formel IX (R = H).

B. Beim Behandeln der im folgenden Artikel beschriebenen Verbindung mit Barium=methylat in Methanol (*Ballou, Link,* Am. Soc. **73** [1951] 1134, 1139).

Krystalle (aus A.); F: 183—185°. $[\alpha]_D^{23}$: —46,1° [W.; c = 1,5]. UV-Absorptions=
maximum (W.): 232 nm (*Ba., Link*, 1. c. S. 1137).

3-[Tri-*O*-acetyl-*β*-D-xylopyranosyloxy]-*cis*-crotonsäure-methylester $C_{16}H_{22}O_{10}$,
Formel IX (R = CO-CH$_3$).

B. Beim Behandeln von Tri-*O*-acetyl-α-D-xylopyranosylbromid mit Acetessigsäure-
methylester, Silberoxid und Calciumsulfat in Äther unter Zusatz von Benzylamin
(*Ballou, Link*, Am. Soc. **73** [1951] 1134, 1138).
Krystalle (aus Ae.); F: 144—146°. $[\alpha]_D^{23}$: —44,6° [CHCl$_3$; c = 2].

2-*β*-D-Xylopyranosyloxy-benzoesäure-methylester $C_{13}H_{16}O_7$, Formel X (X = OCH$_3$).
In einem von *Robertson, Waters*, (Soc. **1931** 1881, 1887) unter dieser Konstitution und
Konfiguration beschriebenen, aus 2-[Tri-*O*-acetyl-*β*-D-xylopyranosyloxy]-benzoesäure-
methylester beim Behandeln mit methanol. Ammoniak erhaltenen Präparat (Krystalle
[aus E.], F: 173°; $[\alpha]_{546}^{21}$: —46,01° [W.]) hat möglicherweise 2-*β*-D-Xylopyranosyloxy-
benzoesäure-amid (s. u.) vorgelegen (vgl. *Juodwirschiš, Troschtschenko*, Izv. Sibirsk. Otd.
Akad. S.S.S.R. **1965** Ser. chim. Nr. 1, S. 145; C. A. **64** [1966] 788).

2-[3,4,5-Trihydroxy-tetrahydro-pyran-2-yloxy]-benzoesäure-amid $C_{12}H_{15}NO_6$.

a) **2-α-L-Arabinopyranosyloxy-benzoesäure-amid** $C_{12}H_{15}NO_6$, Formel XI
(X = NH$_2$).
B. Beim Behandeln von Tri-*O*-acetyl-*β*-L-arabinopyranosylbromid mit Salicylamid, wss.
Kalilauge und Aceton und Behandeln des Reaktionsprodukts mit Natriummethylat in
Methanol (*Wagner, Kühmstedt*, Ar. **290** [1957] 305, 311).
Krystalle (aus W.) mit 1 Mol H$_2$O; F: 167—169° [Heiztisch; nach Sintern bei 140°],
163—165° [Kapillare; bei langsamem Erhitzen]. $[\alpha]_D^{20}$: —34,3° [Me.; c = 1,5]. In Wasser
bei 25° zu 0,18 % löslich (*Wa., Kü.*, 1. c. S. 306).
Geschwindigkeitskonstante der Hydrolyse in wss. Salzsäure (0,1n) und in wss. Natron=
lauge (0,1n), jeweils bei 80°: *Wagner*, Pharm. Zentralhalle **96** [1957] 488, 492. Geschwindigkeit der Hydrolyse mit Hilfe von Emulsin in wss. Lösung vom pH 5 bei 37°: *Wa., Kü.*,
1. c. S. 307, 308, 312.

b) **2-*β*-D-Xylopyranosyloxy-benzoesäure-amid** $C_{12}H_{15}NO_6$, Formel X (X = NH$_2$).
B. Beim Behandeln von 2-[Tri-*O*-acetyl-*β*-D-xylopyranosyloxy]-benzoesäure-amid mit
Natriummethylat in Methanol (*Wagner, Kühmstedt*, Ar. **290** [1957] 305, 310).
Krystalle (aus W.) mit 1 Mol H$_2$O; F: 172—176° [nach Sintern von 110° an; Heiztisch].
$[\alpha]_D^{18,5}$: —39,9° [Me.; c = 2]. In Wasser bei 25° zu 2 % löslich (*Wa., Kü.*, 1. c. S. 306).
Geschwindigkeitskonstante der Hydrolyse in wss. Salzsäure (0,1n) und in wss. Natron=
lauge (0,1n), jeweils bei 80°: *Wagner*, Pharm. Zentralhalle **96** [1957] 488, 492. Geschwindigkeit der Hydrolyse mit Hilfe von Emulsin in wss. Lösung von pH 5 bei 37°: *Wa., Kü.*,
1. c. S. 307, 308, 312.

2-[3,4,5-Trihydroxy-tetrahydro-pyran-2-yloxy]-benzoesäure-methylamid $C_{13}H_{17}NO_6$.

a) **2-α-L-Arabinopyranosyloxy-benzoesäure-methylamid** $C_{13}H_{17}NO_6$, Formel XI
(X = NH-CH$_3$).
B. Beim Behandeln von Tri-*O*-acetyl-*β*-L-arabinopyranosylbromid in Aceton mit
N-Methyl-salicylamid und wss. Kalilauge und Behandeln des Reaktionsprodukts mit
Natriummethylat in Methanol (*Wagner, Kühmstedt*, Ar. **290** [1957] 305, 311).
Krystalle (aus Me.); F: 220—223° [Heiztisch], 219—221° [unkorr.; Kapillare]. $[\alpha]_D^{20}$:
—51,5° [Me.; c = 1]. In Wasser bei 25° zu 0,4 % löslich (*Wa., Kü.*, 1. c. S. 306).
Geschwindigkeit der Hydrolyse in wss. Salzsäure (0,1n) und in wss. Natronlauge
(0,1n), jeweils bei 80°: *Wagner*, Pharm. Zentralhalle **96** [1957] 488, 493, 494. Geschwindigkeit der Hydrolyse mit Hilfe von Emulsin in wss. Lösung vom pH 5 bei 37°: *Wa., Kü.*,
1. c. S. 307, 308, 312.

b) **2-*β*-D-Xylopyranosyloxy-benzoesäure-methylamid** $C_{13}H_{17}NO_6$, Formel X
(X = NH-CH$_3$).
B. Aus 2-[Tri-*O*-acetyl-*β*-D-xylopyranosyloxy]-benzoesäure-methylamid beim Behan-
deln mit Natriummethylat in Methanol (*Wagner, Kühmstedt*, Ar. **290** [1957] 305, 310).
Krystalle (aus W.) mit 1 Mol H$_2$O; F: 183—185° [nach schwachem Sintern bei 130°

bis 140°; Heiztisch]. $[\alpha]_D^{18\circ}$: $-37,9°$ [Me.; c = 2]. In Wasser bei 25° zu 0,25 % löslich (*Wa.*, *Kü.*, l. c. S. 306).

Geschwindigkeit der Hydrolyse in wss. Salzsäure (0,1n) und in wss. Natronlauge (0,1n), jeweils bei 80°: *Wagner*, Pharm. Zentralhalle **96** [1957] 488, 493, 494. Geschwindigkeit der Hydrolyse mit Hilfe von Emulsin in wss. Lösung vom pH 5 bei 37°: *Wa.*, *Kü.*, l. c. S. 307, 308, 312.

HO⋯⋯ ... O—⟨Benzolring⟩—CO—X   X

HO   OH

HO⋯⋯ ... O—⟨Benzolring⟩—CO—X   XI

HO   OH

H_3C—CO—O⋯⋯ ... O—⟨Benzolring⟩—CO—X   XII

H_3C—CO—O   O—CO—CH_3

2-α-L-Arabinopyranosyloxy-benzoesäure-dimethylamid $C_{14}H_{19}NO_6$, Formel XI (X = $N(CH_3)_2$).

B. Beim Behandeln von Tri-*O*-acetyl-β-L-arabinopyranosylbromid in Aceton mit *N,N*-Dimethyl-salicylamid und wss. Kalilauge und Behandeln des Reaktionsprodukts mit Natriummethylat in Methanol (*Wagner, Kühmstedt*, Ar. **290** [1957] 305, 311).

Krystalle (aus Me.); F: 216—218° [Heiztisch], 213—215° [unkorr.; Kapillare]. $[\alpha]_D$: 0° [Me.]. Löslichkeit in Wasser bei 25°: > 4 % (*Wa.*, *Kü.*, l. c. S. 306).

Geschwindigkeitskonstante der Hydrolyse in wss. Salzsäure (1n) und in wss. Kalilauge (1n), jeweils bei 80°: *Wagner*, Pharm. Zentralhalle **96** [1957] 488, 492.

2-[Tri-*O*-acetyl-β-D-xylopyranosyloxy]-benzoesäure-methylester $C_{19}H_{22}O_{10}$, Formel XII (X = OCH_3).

B. Beim Behandeln von Tri-*O*-acetyl-α-D-xylopyranosylbromid mit Salicylsäure-methylester, Silberoxid und Chinolin (*Robertson, Waters*, Soc. **1931** 1881, 1886).

Krystalle (aus wss. Me.); F: 109—110°. $[\alpha]_{546}^{21}$: $-62,6°$ [Acn.; c = 2].

2-[Tri-*O*-acetyl-β-D-xylopyranosyloxy]-benzoesäure-amid $C_{18}H_{21}NO_9$, Formel XII (X = NH_2).

B. Beim Behandeln einer Lösung von Tri-*O*-acetyl-α-D-xylopyranosylbromid in Aceton mit Salicylamid und wss. Kalilauge (*Wagner, Kühmstedt*, Ar. **290** [1957] 305, 309).

Krystalle (aus Me.); F: 189° [Heiztisch]. $[\alpha]_D^{21,5}$: $-70,4°$ [$CHCl_3$; c = 5].

2-[Tri-*O*-acetyl-β-D-xylopyranosyloxy]-benzoesäure-methylamid $C_{19}H_{23}NO_9$, Formel XII (X = NH-CH_3).

B. Beim Behandeln einer Lösung von Tri-*O*-acetyl-α-D-xylopyranosylbromid in Aceton mit *N*-Methyl-salicylamid und wss. Kalilauge (*Wagner, Kühmstedt*, Ar. **290** [1957] 305, 310).

Krystalle (aus Me.). $[\alpha]_D^{21,5}$: $-61,2°$ [$CHCl_3$; c = 5].

3β-ξ-L-Arabinopyranosyloxy-ursa-12,19-dien-28-säure $C_{35}H_{54}O_7$, Formel XIII.

Diese Konstitution und Konfiguration kommt dem nachstehend beschriebenen **Sangui-sorbin** zu (*Wada et al.*, J. pharm. Soc. Japan **84** [1964] 477; C. A. **61** [1964] 4403; *Kusumoto et al.*, J. chem. Soc. Japan Pure Chem. Sect. **89** [1968] 1118; dtsch. Ref. S. A 66).

Isolierung aus Wurzeln von Sanguisorba officinalis: *Fujii, Shimada*, J. pharm. Soc. Japan **53** [1933] 634; dtsch. Ref. S. 120; *Abe, Kotake*, Scient. Pap. Inst. phys. chem. Res. **23** [1933] 44.

Krystalle (aus A.), F: 272,5—274,5° [korr.; Zers.] (*Fu., Sh.*); Krystalle (aus wss. Dioxan) mit 4 Mol H_2O, F: 269—272° (*Ku. et al.*).

Tetra-*O*-galloyl-ξ-D-arabinopyranose $C_{33}H_{26}O_{21}$, Formel XIV (R = H).

B. Beim Erwärmen einer Lösung der im folgenden Artikel beschriebenen Verbindung in Aceton mit wss. Natriumacetat-Lösung und mit wss. Natronlauge (*Russell, Tebbens*, Am. Soc. **66** [1944] 1866).

F: 127—128° [nach Sintern; aus E.]. $[\alpha]_D^{25}$: $-132,0°$ [E.; c = 2].

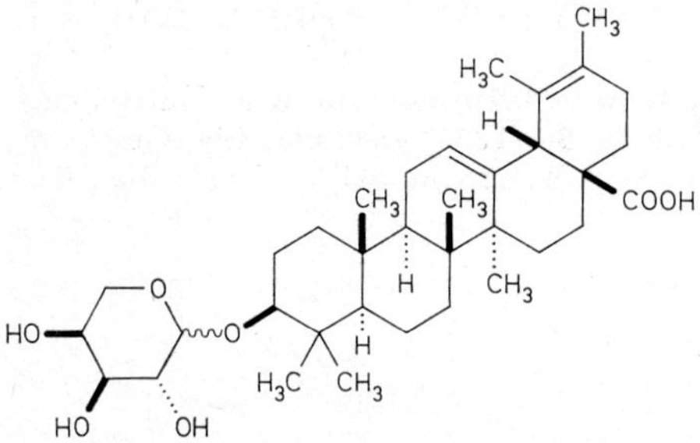

XIII 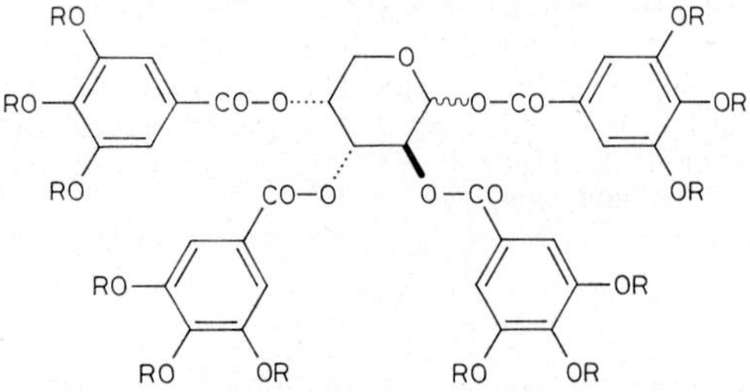   XIV

Tetrakis-O-[3,4,5-triacetoxy-benzoyl]-ξ-D-arabinopyranose $C_{57}H_{50}O_{33}$, Formel XIV (R = CO-CH$_3$).

B. Beim Behandeln von D-Arabinose mit 3,4,5-Triacetoxy-benzoylchlorid in Chloro= form und Chinolin (*Russell, Tebbens*, Am. Soc. **66** [1944] 1866).

F: 87° [nach Sintern; aus CHCl$_3$ + Me.].

O^2,O^3,O^5-Trimethyl-O^4-[tri-O-methyl-β-D-xylopyranosyl]-D-xylonsäure-methylester, $C_{17}H_{32}O_{10}$, Formel I (in der Literatur auch als Hexamethylxylobionsäure-methyl= ester bezeichnet).

B. Beim Behandeln von Xylobiose (O^4-β-D-Xylopyranosyl-xylose) mit Brom und Cal= ciumbenzoat in Wasser, Behandeln des Reaktionsprodukts mit Dimethylsulfat und wss. Natronlauge und Behandeln des danach isolierten Reaktionsprodukts mit Methyljodid und Silberoxid (*Whistler et al.*, Am. Soc. **74** [1952] 3059). Gewinnung aus partiell methylier= ter Xylobiose (aus Xylan mit Hilfe von Dimethylsulfat und wss. Kalilauge erhalten) nach dem gleichen Verfahren: *Haworth, Percival*, Soc. **1931** 2850, 2852.

Kp$_{0,06}$: ca. 170°; n$_D^{15}$: 1,4610; $[\alpha]_D^{17}$: +10,4° [W.; c = 1] (*Ha., Pe.*).

Beim Erwärmen mit wss. Salzsäure (2%ig) sind O^2,O^3,O^4-Trimethyl-D-xylose und Tri-O-methyl-D-xylonsäure-4-lacton erhalten worden (*Ha., Pe.*; *Wh. et al.*).

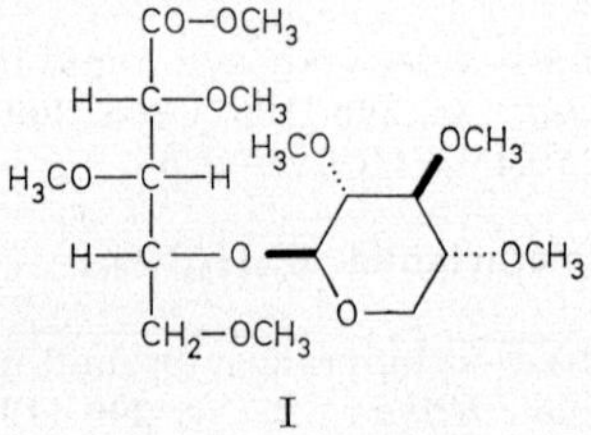

I 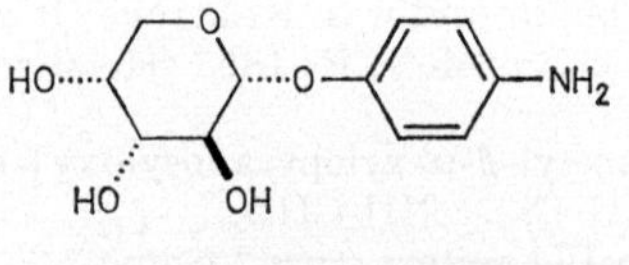   II

2-[4-Amino-phenoxy]-tetrahydro-pyran-3,4,5-triol $C_{11}H_{15}NO_5$.

a) **[4-Amino-phenyl]-α-D-arabinopyranosid** $C_{11}H_{15}NO_5$, Formel II.

B. Bei der Hydrierung von [4-Nitro-phenyl]-α-D-arabinopyranosid an Palladium in Methanol (*Feier, Westphal*, B. **89** [1956] 589, 593).

Krystalle (aus A.); F: 182°. $[\alpha]_D^{20}$: +20,8° [Me.].

b) **[4-Amino-phenyl]-α-L-arabinopyranosid** $C_{11}H_{15}NO_5$, Formel III.

B. Bei der Hydrierung von [4-Nitro-phenyl]-α-L-arabinopyranosid an Palladium in Methanol (*Feier, Westphal*, B. **89** [1956] 589, 593).

Krystalle (aus A.); F: 183°. $[\alpha]_D^{20}$: ca. −14° [Me.].

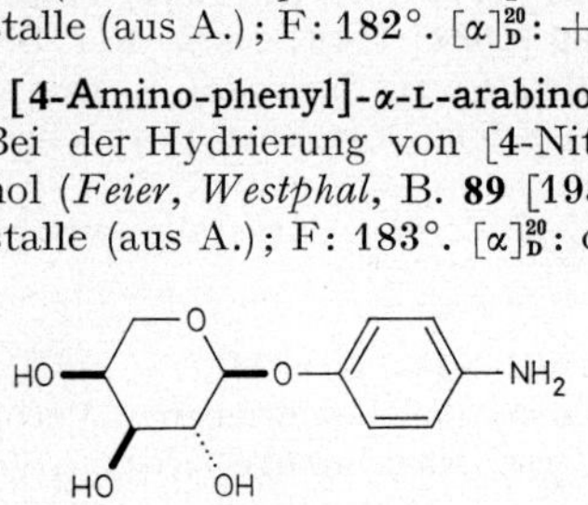

III 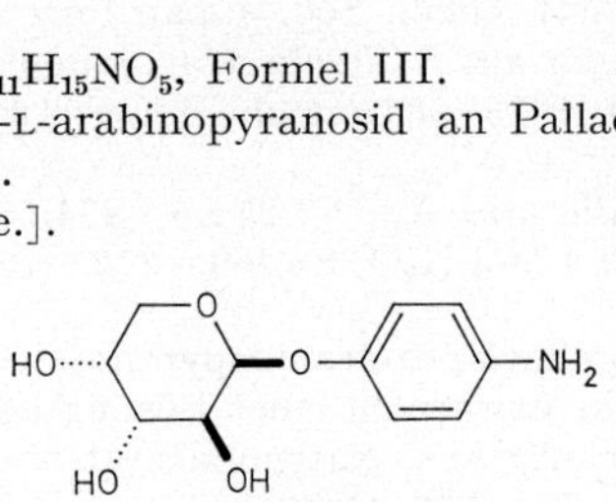   IV

c) **[4-Amino-phenyl]-β-D-arabinopyranosid** $C_{11}H_{15}NO_5$, Formel IV.

B. Bei der Hydrierung von [4-Nitro-phenyl]-β-D-arabinopyranosid an Palladium in Methanol (*Feier, Westphal*, B. **89** [1956] 589, 593).

Krystalle (aus A.); F: 243°.

d) **[4-Amino-phenyl]-β-L-arabinopyranosid** $C_{11}H_{15}NO_5$, Formel V.

B. Bei der Hydrierung von [4-Nitro-phenyl]-β-L-arabinopyranosid an Palladium in Methanol (*Feier, Westphal*, B. **89** [1956] 589, 592).

Krystalle (aus A.); F: 243°. $[\alpha]_D^{20}$: $+270°$ [Me.].

4-β-D-Xylopyranosyloxy-azobenzol, [4-Phenylazo-phenyl]-β-D-xylopyranosid $C_{17}H_{18}N_2O_5$, Formel VI (R = H).

B. Beim Behandeln der im folgenden Artikel beschriebenen Verbindung mit Natrium‌methylat in Methanol oder mit wss. Natronlauge und Aceton (*Hurd, Zelinski*, Am. Soc. **69** [1947] 243, 245).

Krystalle (aus W.); F: 203—204°; $[\alpha]_D^{25}$: $-44,1°$ [Dioxan] (*Hurd, Ze.*). Absorptions‌maxima (A.): 338 nm und 436 nm (*Zelinski, Bonner*, Am. Soc. **71** [1949] 1791).

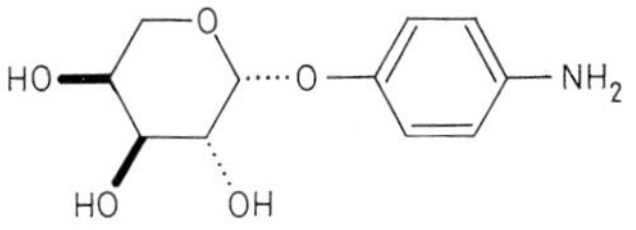

V 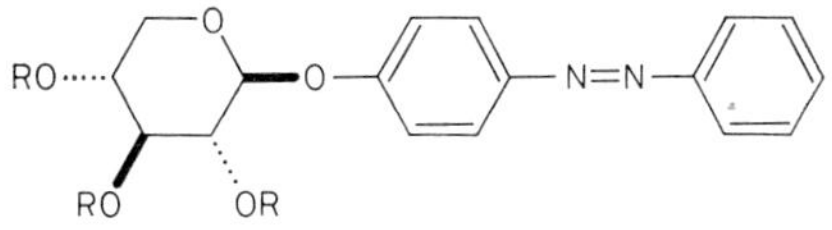   VI

4-[Tri-O-acetyl-β-D-xylopyranosyloxy]-azobenzol, [4-Phenylazo-phenyl]-[tri-O-acetyl-β-D-xylopyranosid] $C_{23}H_{24}N_2O_8$, Formel VI (R = CO-CH$_3$).

B. Beim Erhitzen von Tetra-O-acetyl-β-D-xylopyranose mit 4-Hydroxy-azobenzol, Zinkchlorid und Essigsäure unter vermindertem Druck auf 145° (*Hurd, Zelinski*, Am. Soc. **69** [1947] 243, 245).

Krystalle (aus Isopropylalkohol), F: 139,5°; $[\alpha]_D^{25}$: $-39,9°$ [CHCl$_3$; c = 1] (*Hurd, Ze.*). Absorptionsmaxima (A.): 335 nm und 435 nm (*Zelinski, Bonner*, Am. Soc. **71** [1949] 1791).

4-[Tri-O-propionyl-β-D-xylopyranosyloxy]-azobenzol, [4-Phenylazo-phenyl]-[tri-O-propi‌onyl-β-D-xylopyranosid] $C_{26}H_{30}N_2O_8$, Formel VI (R = CO-CH$_2$-CH$_3$).

B. Beim Behandeln von [4-Phenylazo-phenyl]-β-D-xylopyranosid (s. o.) mit Propion‌säure-anhydrid und Pyridin (*Hurd, Zelinski*, Am. Soc. **69** [1947] 243, 245).

Orangefarbene Krystalle (aus Isopropylalkohol), F: 119—120°; $[\alpha]_D^{25}$: $-32,9°$ [CHCl$_3$; c = 1] (*Hurd, Ze.*). Absorptionsmaxima (A.): 335 nm und 436 nm (*Zelinski, Bonner*, Am. Soc. **71** [1949] 1791).

2,3,4,5-Tetrakis-[4-phenylazo-benzoyloxy]-tetrahydro-pyran $C_{57}H_{42}N_8O_9$.

a) **Tetrakis-O-[4-phenylazo-benzoyl]-β-D-arabinopyranose** $C_{57}H_{42}N_8O_9$, Formel VII.

B. Bei mehrtägigem Behandeln von β-D-Arabinose mit Azobenzol-4-carbonylchlorid und Pyridin und mehrtägigem Erwärmen der Reaktionslösung (*Coleman, McCloskey*, Am. Soc. **65** [1943] 1588, 1590).

Orangerote Krystalle (aus CHCl$_3$ + CCl$_4$); F: 261,5—262° [korr.]. $[\alpha]_{644}^{25}$: $-755°$ [CHCl$_3$; c = 0,5].

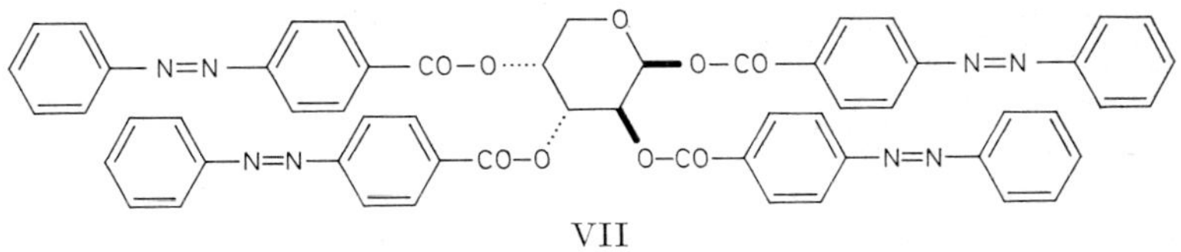

VII

b) **Tetrakis-O-[4-phenylazo-benzoyl]-β-L-arabinopyranose** $C_{57}H_{42}N_8O_9$, Formel VIII.

B. Aus β-L-Arabinose analog dem unter a) beschriebenen Enantiomeren (*Coleman, McCloskey*, Am. Soc. **65** [1943] 1588, 1590).

Orangerote Krystalle (aus $CHCl_3 + CCl_4$); F: 262—262,5° [korr.]. $[\alpha]_{644}^{25}$: +755° [$CHCl_3$; c = 0,5].

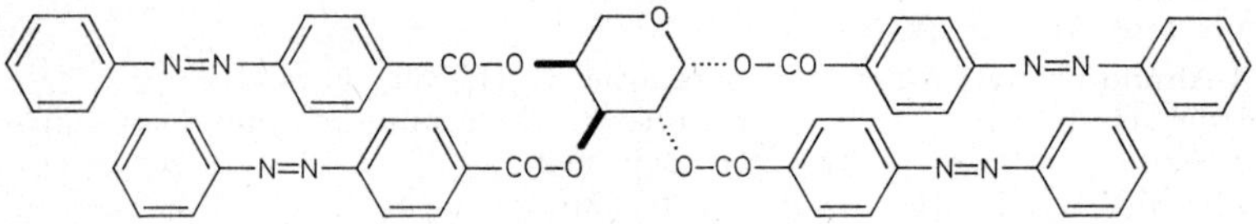

VIII

Bis-[3,4,5-trihydroxy-tetrahydro-pyran-2-yl]-äther $C_{10}H_{18}O_9$.

a) **Di-α-D-arabinopyranosyl-äther** $C_{10}H_{18}O_9$, Formel IX (R = H).

B. Beim Behandeln von Bis-[tri-O-acetyl-α-D-arabinopyranosyl]-äther mit Bariummethylat in Methanol (*Rice*, Am. Soc. **78** [1956] 6167).

Monohydrat $C_{10}H_{18}O_9 \cdot H_2O$. F: 112—113° [unkorr.; Fisher-Johns-Block]. $[\alpha]_D^{24}$: —22° [Me.; c = 1]; $[\alpha]_D^{29}$: —22° [W.; c = 3].

b) **Di-α-D-xylopyranosyl-äther** $C_{10}H_{18}O_9$, Formel X (R = H).

B. Aus Bis-[tri-O-acetyl-α-D-xylopyranosyl]-äther (*Ball, Jones*, Soc. **1958** 33, 35). Krystalle (aus wss. Me.); F: 269—272°. $[\alpha]_D^{23}$: +210° [W.; c = 1].

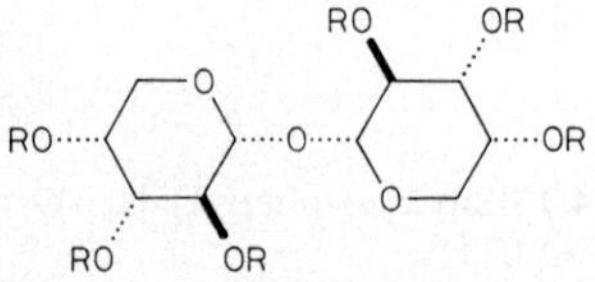

IX 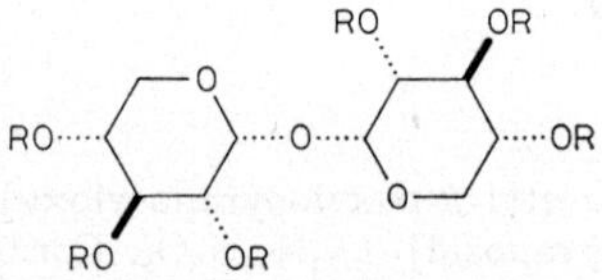   X

Methyl-[O^4-β-D-xylopyranosyl-β-D-xylopyranosid], Methyl-β-xylobiosid $C_{11}H_{20}O_9$, Formel XI (R = H).

B. Beim Behandeln von Methyl-[penta-O-acetyl-β-xylobiosid] mit Bariummethylat in Methanol (*Whistler et al.*, Am. Soc. **74** [1952] 3059).

Krystalle (aus A. + PAe.); F: 103—104°. $[\alpha]_D^{25}$: —74,7° [W.; c = 3].

Methyl-[O^2,O^4-dimethyl-O^3-(tri-O-methyl-β-L-arabinopyranosyl)-ξ-L-arabinopyranosid] $C_{16}H_{30}O_9$, Formel XII.

B. Beim Behandeln von O^3-β-L-Arabinopyranosyl-L-arabinose mit Dimethylsulfat und wss. Natronlauge und Behandeln des Reaktionsprodukts mit Methyljodid und Silberoxid (*Jones*, Soc. **1953** 1672, 1674).

Bei 160—180°/0,05 Torr destillierbar; n_D^{22}: 1,4690; $[\alpha]_D^{20}$: +300° [W.; c = 1] (*Jo.*). Bei 130—150°/0,04 Torr destillierbar; n_D^{20}: 1,469; $[\alpha]_D^{20}$: +230° [W.; c = 1] (*Charlson et al.*, Soc. **1955** 1428, 1430). n_D^{16}: 1,4718; $[\alpha]_D^{20}$: +280° [W.; c = 1] (*Andrews et al.*, Soc. **1953** 4090, 4092).

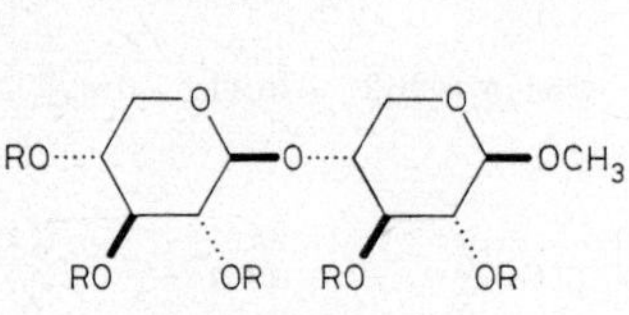

XI 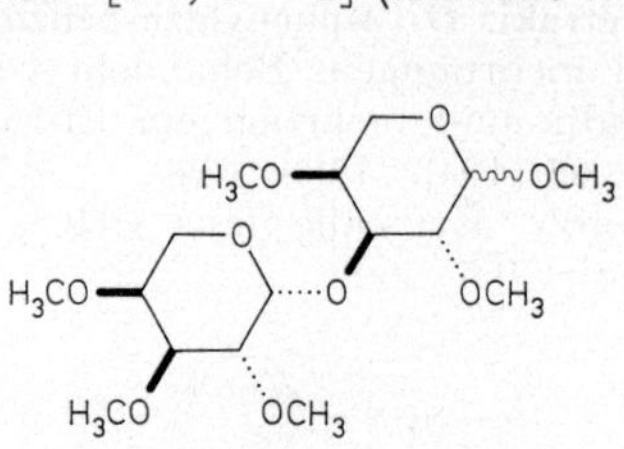   XII

Methyl-[O^2,O^3-dimethyl-O^4-(tri-O-methyl-β-D-xylopyranosyl)-β-D-xylopyranosid], Methyl-[penta-O-methyl-β-xylobiosid] $C_{16}H_{30}O_9$, Formel XI (R = CH_3).

B. Beim Behandeln einer Lösung von Methyl-[penta-O-acetyl-β-xylobiosid] in Aceton mit Dimethylsulfat und wss. Natronlauge und Behandeln des Reaktionsprodukts mit Methanol, Methyljodid und Silberoxid (*Whistler et al.*, Am. Soc. **74** [1952] 3059).

Krystalle (aus PAe.); F: 75,5—76°. $[\alpha]_D^{25}$: —71° [$CHCl_3$; c = 3].

O^4-[O^3-β-D-Xylopyranosyl-β-D-xylopyranosyl]-D-xylose $C_{15}H_{26}O_{13}$, Formel I, und cyclische Tautomere.

B. Neben anderen Verbindungen bei partieller Hydrolyse von Xylan (aus Rhodymenia palmata) mit Hilfe von Bakterien aus Schafspansen (*Howard*, Biochem. J. **67** [1957] 643, 647).

Krystalle (aus wss. A.); F: 225° [Zers.]; $[\alpha]_D^{22}$: $-47°$ (nach 1 h) [W.; c = 3].

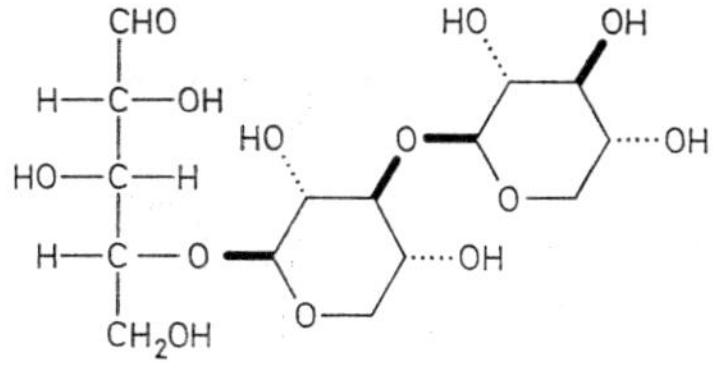

I 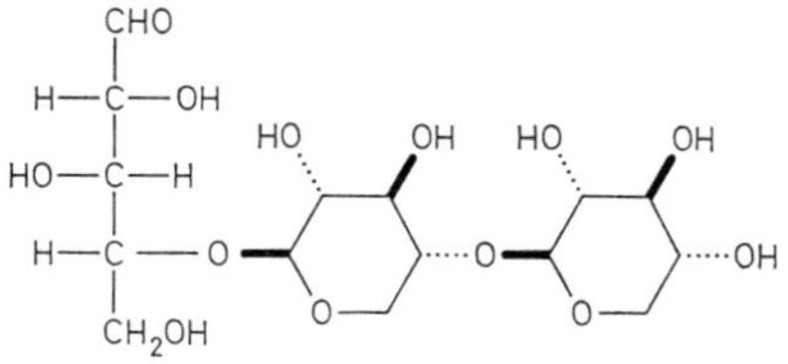   II

O^4-[O^4-β-D-Xylopyranosyl-β-D-xylopyranosyl]-D-xylose, Xylotriose $C_{15}H_{26}O_{13}$, Formel II, und cyclische Tautomere.

B. Neben anderen Verbindungen beim Behandeln von Xylan-Präparaten verschiedener Herkunft mit Wasser bei 120° (*Bishop*, Canad. J. Chem. **33** [1955] 1073, 1074, 1076), mit wss. Salzsäure (*Whistler*, *Tu*, Am. Soc. **74** [1952] 3609, 3611), mit wss. Schwefelsäure (*Jones*, *Wise*, Soc. **1952** 2750, 2754; *Jones*, *Guzmán*, An. Soc. españ. [B] **50** [1954] 505, 509, 515; *Aspinall et al.*, Soc. **1956** 4807, 4809) oder mit Enzym-Präparaten aus Schafspansen-Bakterien bzw. aus Aspergillus oryzae in wss. Medium (*Howard*, Biochem. J. **67** [1957] 643, 646; *Fukui*, J. gen. appl. Microbiol. Tokyo **4** [1958] 39, 47; C. A. **1959** 6346).

Krystalle; F: 214° [Zers.] (*Jo.*, *Wise*; *Jo.*, *Gu.*), 205—206° [aus wss. A.] (*Wh.*, *Tu*), 204—205° (*Bi.*), 204° [unkorr.] (*Fu.*). $[\alpha]_D^{14}$: $-38,2°$ [W.; c = 0,5] (*Fu.*); $[\alpha]_D^{20}$: $-48°$ [W.] (*Jo.*, *Gu.*); $[\alpha]_D^{20}$: $-45°$ [W.] (*Ho.*); $[\alpha]_D^{22}$: $-48°$ [W.; c = 1] (*Jo.*, *Wise*); $[\alpha]_D^{25}$: $-47°$ [W.] (*Wh.*, *Tu*); $[\alpha]_D^{25}$: $-44,4°$ [W.] (*Bi.*).

O^4-[O^4-β-D-Xylopyranosyl-β-D-xylopyranosyl]-D$_g$-*threo*-[2]pentosulose-bis-phenylhydrazon, Xylotriose-phenylosazon $C_{27}H_{36}N_4O_{11}$, Formel III.

B. Beim Erwärmen von Xylotriose (s. o.) mit Phenylhydrazin in Wasser unter Lichtausschluss (*Whistler*, *Tu*, Am. Soc. **74** [1952] 3609, 3612).

Gelbe Krystalle (aus A.); F: 214—215° [Zers.]. $[\alpha]_D^{25}$: $-53,5°$ (nach 12 h) [Py. + A.; c = 0,4].

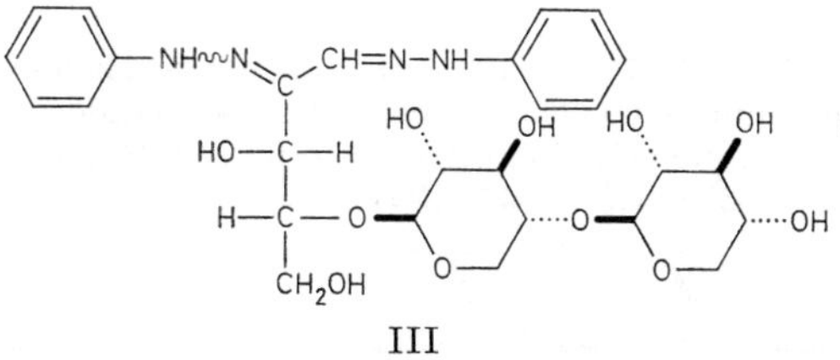

III 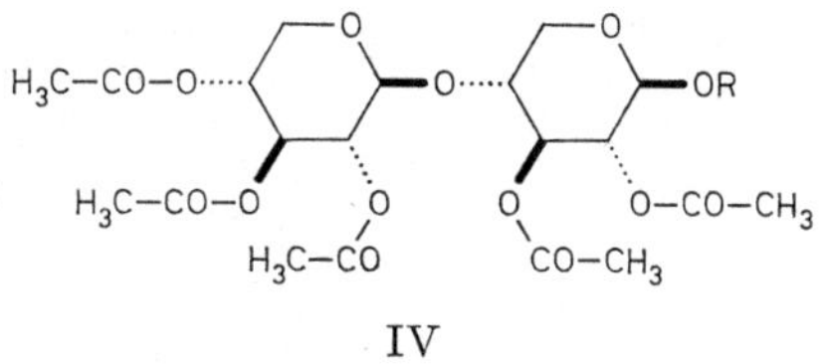   IV

Methyl-[O^2,O^3-diacetyl-O^4-(tri-O-acetyl-β-D-xylopyranosyl)-β-D-xylopyranosid], Methyl-[penta-O-acetyl-β-xylobiosid] $C_{21}H_{30}O_{14}$, Formel IV (R = CH$_3$).

B. Beim Behandeln einer Lösung von Hexa-O-acetyl-β-xylobiose in Chloroform mit Bromwasserstoff in Essigsäure und Schütteln des Reaktionsprodukts mit Methanol und Silbercarbonat unter Zusatz von Jod und Calciumsulfat (*Whistler et al.*, Am. Soc. **74** [1952] 3059).

Krystalle (aus A.); F: 145—146°. $[\alpha]_D^{25}$: $-99,7°$ [CHCl$_3$; c = 5].

Bis-[3,4,5-triacetoxy-tetrahydro-pyran-2-yl]-äther $C_{22}H_{30}O_{15}$.

a) **Bis-[tri-O-acetyl-α-D-arabinopyranosyl]-äther** $C_{22}H_{30}O_{15}$, Formel IX (R = CO-CH$_3$).

B. Beim aufeinanderfolgenden Behandeln von D-Arabinose mit wss. Schwefelsäure (20 n) und mit Acetanhydrid (*Rice*, Am. Soc. **78** [1956] 6167).

Krystalle (aus Toluol + Ae.); F: 116—117° [unkorr.; Fisher-Johns-Block]. $[\alpha]_D^{24}$: +21° [CHCl$_3$; c = 2].

b) **Bis-[tri-O-acetyl-β-L-arabinopyranosyl]-äther** $C_{22}H_{30}O_{15}$, Formel V.

B. Beim Behandeln von L-Arabinose mit wss. Salzsäure, Erhitzen der Reaktions-lösung mit wss. Natronlauge und Behandeln des Reaktionsprodukts mit Acetanhydrid und Pyridin (*Jones, Nicholson*, Soc. **1958** 27, 31).

Krystalle (aus A.); F: 232°. $[\alpha]_D^{20}$: +232° [CHCl$_3$; c = 0,2].

V   VI

c) **Bis-[tri-O-acetyl-α-D-xylopyranosyl]-äther** $C_{22}H_{30}O_{15}$, Formel X (R = CO-CH$_3$) auf S. 2474.

B. Neben anderen Verbindungen beim mehrtägigen Behandeln von D-Xylose mit wss. Salzsäure und Behandeln der Fraktion des erhaltenen Bis-α-D-xylopyranosyl-äthers mit Acetanhydrid und Pyridin (*Ball, Jones*, Soc. **1958** 33, 35).

Krystalle (aus A.); F: 242—250°. $[\alpha]_D^{33}$: +159° [CHCl$_3$; c = 1].

d) **[Tri-O-acetyl-ξ-D-xylopyranosyl]-[tri-O-acetyl-β-D-xylopyranosyl]-äther** $C_{22}H_{30}O_{15}$, Formel VI.

B. Beim Behandeln von O^2,O^3,O^4-Triacetyl-α-D-xylopyranose mit Tri-O-acetyl-α-D-xylo=pyranosylbromid in Nitromethan unter Zusatz von Quecksilber(II)-cyanid (*Helferich, Steinpreis*, B. **91** [1958] 1794, 1796).

Krystalle (aus A.); F: 162—163°. $[\alpha]_D^{20}$: +24° [CHCl$_3$; c = 0,1].

O^1,O^2,O^3-Triacetyl-O^4-[tri-O-acetyl-β-D-xylopyranosyl]-β-D-xylopyranose, Hexa-O-acetyl-β-xylobiose $C_{22}H_{30}O_{15}$, Formel IV (R = CO-CH$_3$).

B. Beim Erhitzen von Xylobiose (S. 2443) mit Acetanhydrid, Essigsäure und Natrium=acetat (*Whistler et al.*, Am. Soc. **74** [1952] 3059).

Krystalle (aus A.); F: 155,5—156° (*Wh. et al.*; *Bishop*, Canad. J. Chem. **33** [1955] 1073, 1074). $[\alpha]_D^{25}$: −75° [CHCl$_3$; c = 10] (*Wh. et al.*); $[\alpha]_D^{25}$: −74,3° [CHCl$_3$; c = 1] (*Bi.*).

O^4-[O^3-(O^4-β-D-Xylopyranosyl-β-D-xylopyranosyl)-β-D-xylopyranosyl]-D-xylose $C_{20}H_{34}O_{17}$, Formel VII, und cyclische Tautomere.

Eine nicht krystalline Verbindung ($[\alpha]_D^{21}$: −56,7° [W.; c = 4]), der wahrscheinlich diese Konstitution und Konfiguration zukommt, ist neben anderen Oligosacchariden bei partieller Hydrolyse von Xylan (aus Rhodymenia palmata) mit Hilfe von Bakterien aus Schafspansen erhalten worden (*Howard*, Biochem. J. **67** [1957] 643, 647, 649).

VII

O^4-[O^4-(O^4-β-D-Xylopyranosyl-β-D-xylopyranosyl)-β-D-xylopyranosyl]-D-xylose, D-*lin*-Tetra[1β→4]xylopyranose, Xylotetraose $C_{20}H_{34}O_{17}$, Formel VIII, und cyclische Tautomere.

B. Neben anderen Verbindungen beim Behandeln von Xylan-Präparaten verschiede-ner Herkunft mit Wasser bei 120° (*Bishop*, Canad. J. Chem. **33** [1955] 1073, 1074, 1076) oder mit wss. Salzsäure, anfangs bei −16° (*Whistler, Tu*, Am. Soc. **74** [1952] 3609, 3611).

Krystalle (aus Me. + Butan-1-ol); F: 219—220° (*Wh., Tu*). $[\alpha]_D^{25}$: −60,0° [W.] (*Wh., Tu*); $[\alpha]_D^{25}$: −57,8° [W.; c = 1] (*Bi.*).

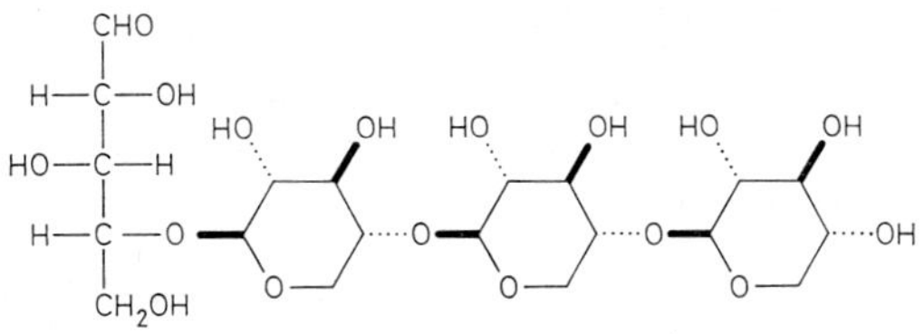

VIII

D-*lin*-Penta[1$\beta\to$4]xylopyranose, Xylopentaose $C_{25}H_{42}O_{21}$, Formel IX, und cyclische Tautomere.

B. Neben anderen Verbindungen beim Behandeln von Xylan-Präparaten verschiedener Herkunft mit Wasser bei 120° (*Bishop*, Canad. J. Chem. **33** [1955] 1073, 1074, 1076) oder mit wss. Salzsäure, anfangs bei −16° (*Whistler, Tu*, Am. Soc. **74** [1952] 3609, 3611).

Krystalle (aus wss. Me. + A.) mit 0,5 Mol H_2O; F: 231−232° (*Wh., Tu*). $[\alpha]_D^{25}$: −66,0° [W.] (*Wh., Tu*); $[\alpha]_D^{25}$: −62,4° [W.; c = 1] (*Bi.*).

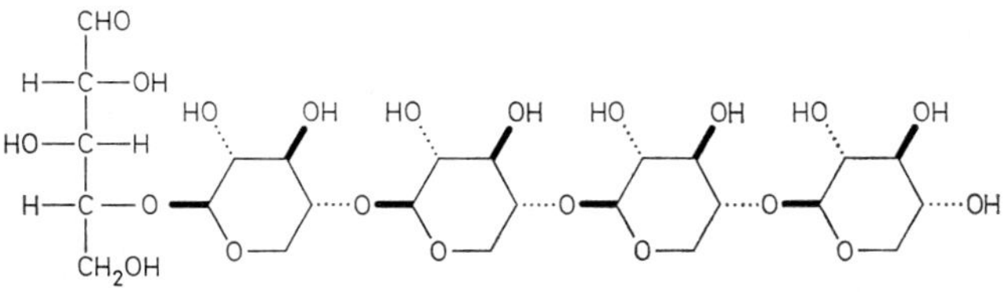

IX

D-*lin*-Hexa[1$\beta\to$4]xylopyranose, Xylohexaose $C_{30}H_{50}O_{25}$, Formel X, und cyclische Tautomere.

B. Neben anderen Verbindungen beim Behandeln von Xylan-Präparaten verschiedener Herkunft mit Wasser bei 120° (*Bishop*, Canad. J. Chem. **33** [1955] 1073, 1074, 1076) oder mit wss. Salzsäure, anfangs bei −16° (*Whistler, Tu*, Am. Soc. **74** [1952] 3609, 3611).

Krystalle (aus A.) mit 2 Mol H_2O; F: 236−237° (*Wh., Tu*). $[\alpha]_D^{25}$: −72,8° [W.] (*Wh., Tu*); $[\alpha]_D^{25}$: −70,0° [W.; c = 1] (*Bi.*).

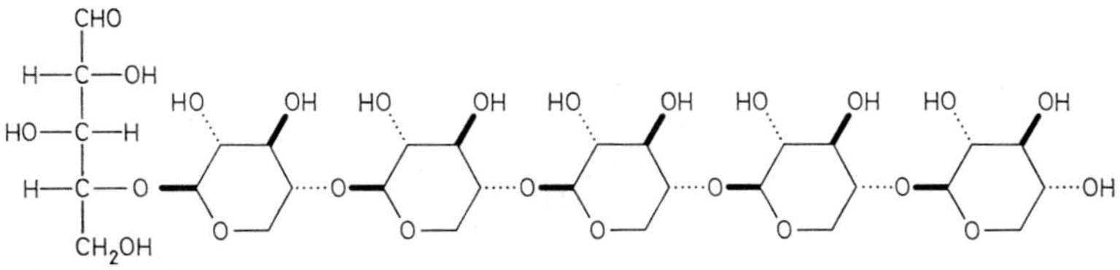

X

D-*lin*-Hepta[1$\beta\to$4]xylopyranose, Xyloheptaose $C_{35}H_{58}O_{29}$, Formel XI, und cyclische Tautomere.

B. Neben anderen Verbindungen beim Behandeln von Xylan-Präparaten verschiedener Herkunft mit Wasser bei 120° (*Bishop*, Canad. J. Chem. **33** [1955] 1073, 1074, 1076) oder mit wss. Salzsäure bei 0° (*Whistler, Tu*, Am. Soc. **75** [1953] 645).

Krystalle (aus wss. A.) mit 2 Mol H_2O; F: 240−242° [nach Braunfärbung bei 236°] (*Wh., Tu*). $[\alpha]_D^{25}$: −74° [W.; c = 1] (*Wh., Tu*); $[\alpha]_D^{25}$: −71,3° [W.; c = 1] (*Bi.*).

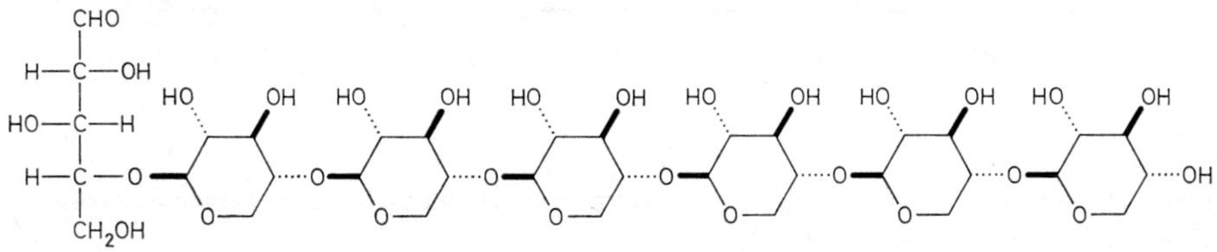

XI

Benzyl-[O^3,O^4-di-β-D-xylopyranosyl-β-L-arabinopyranosid] $C_{22}H_{32}O_{13}$, Formel I (R = H).

B. Beim Behandeln der im folgenden Artikel beschriebenen Verbindung mit Natrium= methylat in Methanol (*Aspinall, Ferrier,* Soc. **1958** 1501, 1504).

Krystalle (aus wss. A.); F: 261—263°.

Benzyl-[O^3,O^4-bis-(tri-O-acetyl-β-D-xylopyranosyl)-β-L-arabinopyranosid] $C_{34}H_{44}O_{19}$, Formel I (R = CO-CH$_3$).

B. In geringer Menge neben anderen Verbindungen beim Behandeln von Benzyl-[O^3,O^4-isopropyliden-β-L-arabinopyranosid] mit Tri-O-acetyl-α-D-xylopyranosylbromid in Benzol unter Zusatz von Silbercarbonat, Calciumsulfat und Jod (*Aspinall, Ferrier,* Soc. **1958** 1501, 1503).

Krystalle (aus A.); F: 154—155°. $[\alpha]_D$: +38° [CHCl$_3$; c = 1,0].

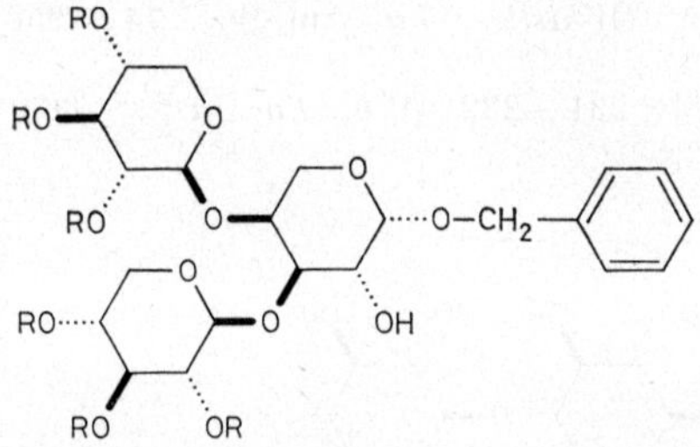

I 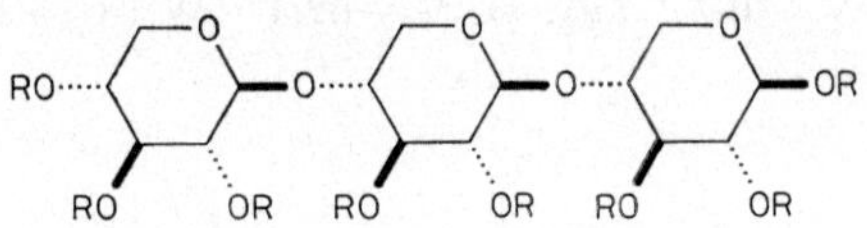   II

O^1,O^2,O^3-Triacetyl-O^4-[O^2,O^3-diacetyl-O^4-(tri-O-acetyl-β-D-xylopyranosyl)-β-D-xylo= pyranosyl]-β-D-xylopyranose, Octa-O-acetyl-β-xylotriose $C_{31}H_{42}O_{21}$, Formel II (R = CO-CH$_3$).

B. Beim Behandeln von Xylotriose (S. 2475) mit Acetanhydrid unter Zusatz von Natriumacetat (*Whistler, Tu,* Am. Soc. **74** [1952] 4334; *Bishop,* Canad. J. Chem. **33** [1955] 1073, 1074, 1077).

Krystalle [aus Me.] (*Wh., Tu*); F: 109—110° (*Wh., Tu; Bi.*). $[\alpha]_D^{25}$: −84,3° [CHCl$_3$; c = 0,6] (*Wh., Tu*); $[\alpha]_D^{25}$: −85° [CHCl$_3$; c = 1] (*Bi.*).

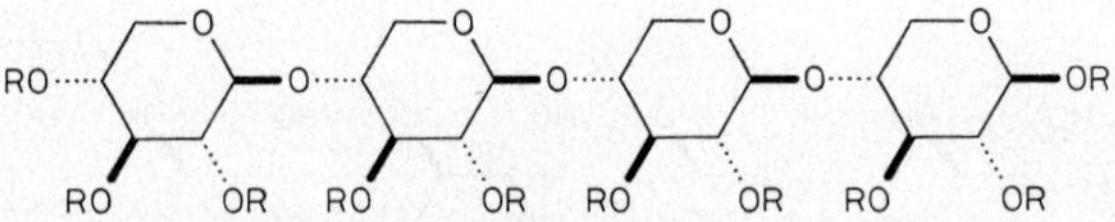

III

Deca-O-acetyl-β-D-lin-tetra[$1\beta\rightarrow4$]xylopyranose, Deca-O-acetyl-β-xylotetraose $C_{40}H_{54}O_{27}$, Formel III (R = CO-CH$_3$).

B. Beim Behandeln von Xylotetraose (S. 2476) mit Acetanhydrid unter Zusatz von Natriumacetat (*Whistler, Tu,* Am. Soc. **74** [1952] 4334; *Bishop,* Canad. J. Chem. **33** [1955] 1073, 1074, 1077).

Krystalle; F: 201—202° [aus Dioxan + PAe.] (*Wh., Tu*), 199—201° (*Bi.*). $[\alpha]_D^{25}$: −93,7° [CHCl$_3$; c = 1] (*Wh., Tu*); $[\alpha]_D^{25}$: −93,6° [CHCl$_3$; c = 1] (*Bi.*).

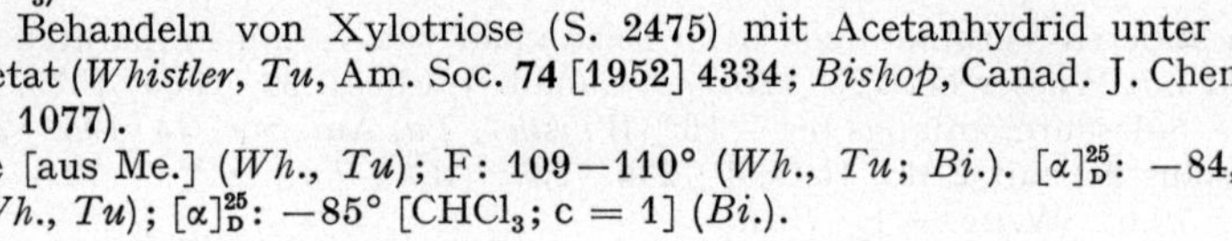

IV

Dodeca-O-acetyl-β-D-lin-penta[$1\beta\rightarrow4$]xylopyranose, Dodeca-O-acetyl-β-xylopentaose $C_{49}H_{66}O_{33}$, Formel IV (R = CO-CH$_3$).

B. Beim Behandeln von Xylopentaose (S. 2477) mit Acetanhydrid unter Zusatz von

Natriumacetat (*Whistler*, *Tu*, Am. Soc. **74** [1952] 4334; *Bishop*, Canad. J. Chem. **33** [1955] 1073, 1074, 1077).
Krystalle (aus Dioxan + PAe.); F: 248—249° (*Wh.*, *Tu*; *Bi.*). $[\alpha]_D^{25}$: —97,5° [CHCl₃; c = 1] (*Wh.*, *Tu*; *Bi.*).

Tetradeca-*O*-acetyl-β-D-*lin*-hexa[1β→4]xylopyranose, Tetradeca-*O*-acetyl-β-xylohexaose $C_{56}H_{78}O_{39}$, Formel V (R = CO-CH₃).
B. Beim Behandeln von Xylohexaose (S. 2477) mit Acetanhydrid unter Zusatz von Natriumacetat (*Whistler*, *Tu*, Am. Soc. **74** [1952] 4334; *Bishop*, Canad. J. Chem. **33** [1955] 1073, 1074, 1077).
Krystalle; F: 260—261° [aus Dioxan + PAe.] (*Wh.*, *Tu*), 257—259° (*Bi.*). $[\alpha]_D^{25}$: —102° [CHCl₃; c = 1] (*Wh.*, *Tu*); $[\alpha]_D^{25}$: —103° [CHCl₃; c = 1] (*Bi.*).   [*Möhle*]

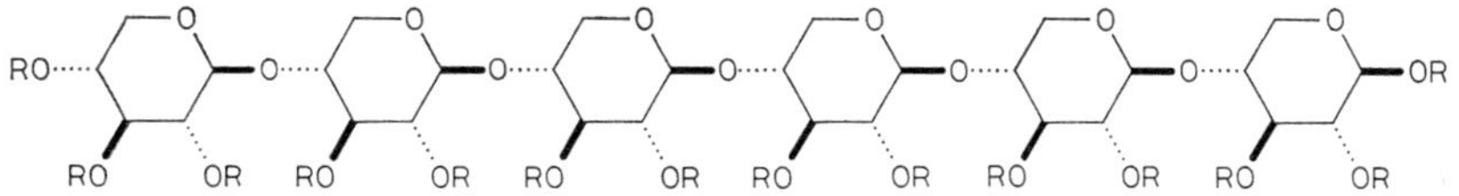

V

5-Methansulfonyloxy-6-methoxy-tetrahydro-pyran-3,4-diol $C_7H_{14}O_7S$.
a) **Methyl-[*O*²-methansulfonyl-α-D-arabinopyranosid]** $C_7H_{14}O_7S$, Formel VI.
B. Aus Methyl-[*O*³,*O*⁴-isopropyliden-*O*²-methansulfonyl-α-D-arabinopyranosid] beim Erhitzen mit wss. Schwefelsäure und wenig Aceton (*Wood*, *Fletcher*, Am. Soc. **80** [1958] 5242, 5245).
Krystalle (aus A. + Pentan); F: 115—116° [korr.]. $[\alpha]_D^{20}$: —12,2° [Me.; c = 0,4].

b) **Methyl-[*O*²-methansulfonyl-β-D-arabinopyranosid]** $C_7H_{14}O_7S$, Formel VII.
B. Beim Erhitzen von Methyl-[*O*³,*O*⁴-isopropyliden-*O*²-methansulfonyl-β-D-arabino≈pyranosid] mit wss.-methanol. Salzsäure (*Overend*, *Stacey*, Soc. **1949** 1235, 1237) oder mit wss. Schwefelsäure und Aceton (*Wood*, *Fletcher*, Am. Soc. **80** [1958] 5242, 5246).
Krystalle (aus wss. A.) mit 1 Mol H₂O; F: 69—70° (*Ov.*, *St.*; *Wood*, *Fl.*). $[\alpha]_D^{17,5}$: —161,3° [CHCl₃; c = 0,3] (*Ov.*, *St.*); $[\alpha]_D^{20}$: —153° [CHCl₃; c = 0,8]; $[\alpha]_D^{20}$: —162° [CHCl₃ + A.] (*Wood*, *Fl.*).

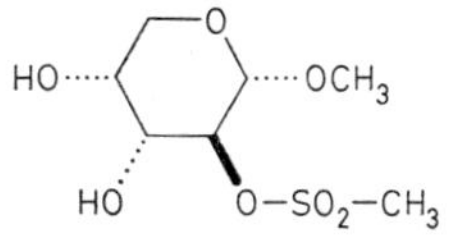

VI 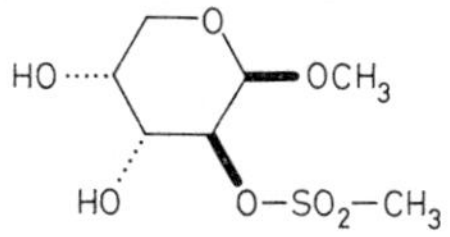   VII 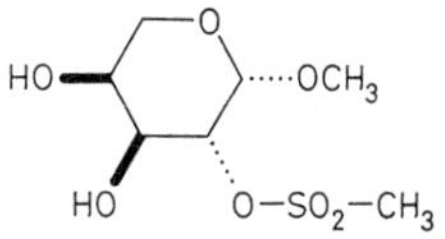   VIII

c) **Methyl-[*O*²-methansulfonyl-β-L-arabinopyranosid]** $C_7H_{14}O_7S$, Formel VIII.
B. Aus Methyl-[*O*³,*O*⁴-isopropyliden-*O*²-methansulfonyl-β-L-arabinopyranosid] beim Erwärmen in wss. Essigsäure (*Allerton*, *Overend*, Soc. **1954** 3629, 3631).
Krystalle (aus A.); F: 86°. $[\alpha]_D^{15}$: +163° [CHCl₃; c = 1].

6-Methoxy-5-[toluol-4-sulfonyloxy]-tetrahydro-pyran-3,4-diol $C_{13}H_{18}O_7S$.
a) **Methyl-[*O*²-(toluol-4-sulfonyl)-β-D-ribopyranosid]** $C_{13}H_{18}O_7S$, Formel IX.
B. Aus Methyl-[*O*³,*O*⁴-isopropyliden-*O*²-(toluol-4-sulfonyl)-β-D-ribopyranosid] (über die Konfiguration dieser Verbindung s. *Collins*, *Overend*, Soc. **1965** 3448, 3454) beim Behandeln mit wss.-methanol. Schwefelsäure (*Levene*, *Stiller*, J. biol. Chem. **106** [1934] 421, 429; *Barker*, *Spoors*, Soc. **1956** 2656).
Krystalle (aus Ae.), F: 124° [Zers.]; $[\alpha]_D^{27}$: —40° [CHCl₃; c = 1] (*Le.*, *St.*).

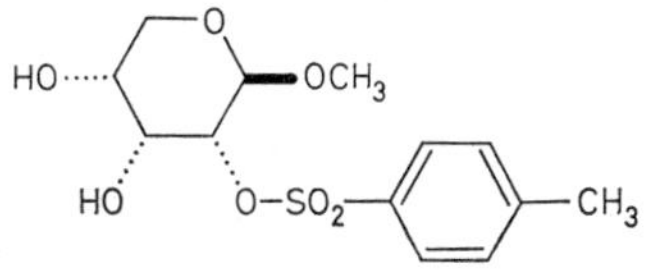

IX 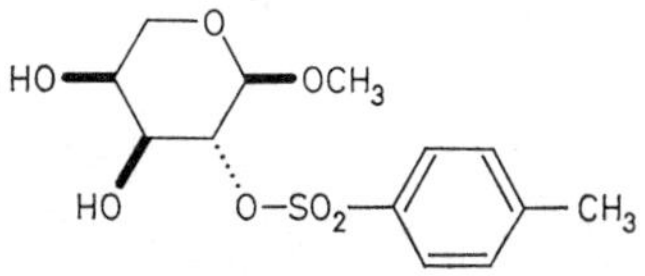   X

b) **Methyl-[O^2-(toluol-4-sulfonyl)-α-L-arabinopyranosid]** $C_{13}H_{18}O_7S$, Formel X.

B. Beim Behandeln von Methyl-[O^3,O^4-isopropyliden-O^2-(toluol-4-sulfonyl)-α-L-arabino=
pyranosid] mit wss.-methanol. Schwefelsäure (*Mukherjee, Todd*, Soc. **1947** 969, 972).

Krystalle; F: 129—130°. [α]$_D^{20}$: —15,4° [CHCl$_3$; c = 5].

c) **Methyl-[O^2-(toluol-4-sulfonyl)-β-D-arabinopyranosid]** $C_{13}H_{18}O_7S$, Formel XI.

B. Aus Methyl-[O^3,O^4-isopropyliden-O^2-(toluol-4-sulfonyl)-β-D-arabinopyranosid] beim
Erhitzen mit wss. Essigsäure (*Kent et al.*, Soc. **1949** 1232, 1233; s. a. *Hough, Jones*, Soc.
1952 4349).

Krystalle (aus CHCl$_3$); F: 53—55° (*Kent et al.*). [α]$_D^{19}$: —177,4° [Me.; c = 3]; [α]$_D^{19}$:
—111,1° [CHCl$_3$; c = 0,2] (*Kent et al.*).

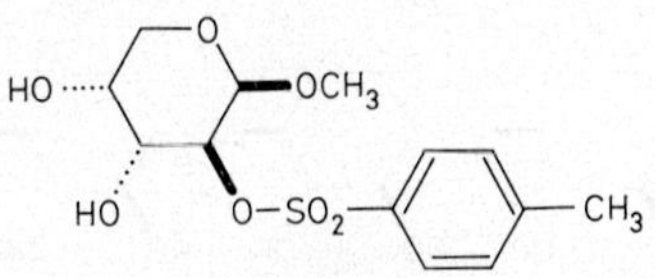

XI 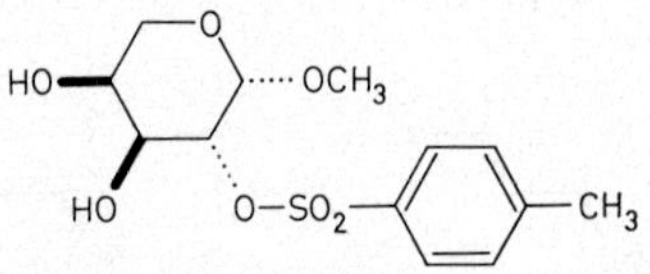   XII

d) **Methyl-[O^2-(toluol-4-sulfonyl)-β-L-arabinopyranosid]** $C_{13}H_{18}O_7S$, Formel XII.

B. Aus Methyl-[O^3,O^4-isopropyliden-O^2-(toluol-4-sulfonyl)-β-L-arabinopyranosid] beim
Erwärmen mit wss.-methanol. Salzsäure (*Honeyman*, Soc. **1946** 990, 992, 993) oder mit
wss.-methanol. Schwefelsäure (*Mukherjee, Todd*, Soc. **1947** 969, 971).

Hygroskopische Krystalle; F: 48—49° [aus wss. A.] (*Ho.*), ca. 43° [aus Ae. + Pentan]
(*Mu., Todd*). [α]$_D^{18}$: +110,9° [CHCl$_3$; c = 1] (*Ho.*); [α]$_D^{20}$: +115° [CHCl$_3$] (*Mu., Todd*).

Beim Erwärmen mit Lithiummalanat in Äther sind Methyl-β-L-arabinopyranosid,
Methyl-[2,3-anhydro-β-L-ribopyranosid], Methyl-[β-L-*erythro*-3-desoxy-pentopyranosid]
und Methyl-[β-L-*erythro*-2-desoxy-pentopyranosid] erhalten worden (*Allerton, Overend*,
Soc. **1954** 3629, 3631).

Methyl-[O^4-(toluol-4-sulfonyl)-α-D-lyxopyranosid] $C_{13}H_{18}O_7S$, Formel I.

B. Aus Methyl-[O^2,O^3-isopropyliden-O^4-(toluol-4-sulfonyl)-α-D-lyxopyranosid] beim Erwärmen mit wss. Essigsäure (*Kent, Ward*, Soc. **1953** 416; *Verheijden, Stoffyn*, Tetrahedron
1 [1957] 253, 255).

Krystalle (aus Isopropylalkohol + Hexan); F: 94—95° (*Ve., St.*). [α]$_D^{20}$: +61,2°
[CHCl$_3$; c = 1] (*Ve., St.*).

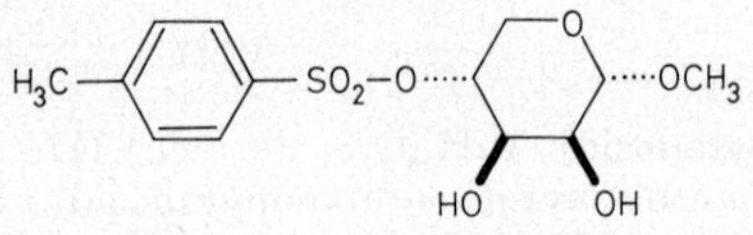

I 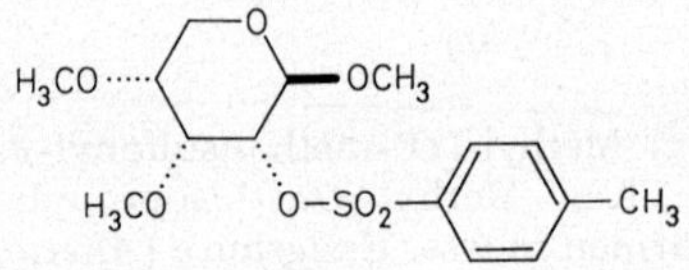   II

2,4,5-Trimethoxy-3-[toluol-4-sulfonyloxy]-tetrahydro-pyran $C_{15}H_{22}O_7S$.

a) **Methyl-[O^3,O^4-dimethyl-O^2-(toluol-4-sulfonyl)-β-D-ribopyranosid]** $C_{15}H_{22}O_7S$,
Formel II.

B. Beim Behandeln von Methyl-[O^2-(toluol-4-sulfonyl)-β-D-ribopyranosid] mit Methyl=
jodid und Silberoxid (*Barker, Spoors*, Soc. **1956** 2656).)

Öl. n$_D^{24}$: 1,5080. [α]$_D^{20}$: —37,5° [Me.; c = 1].

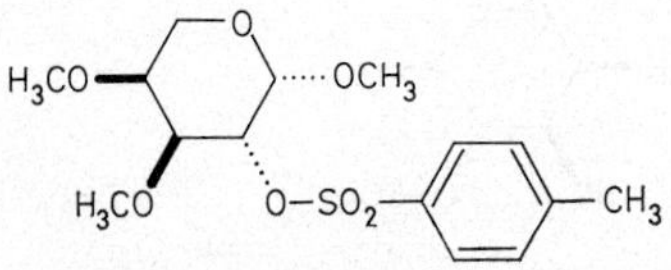

III 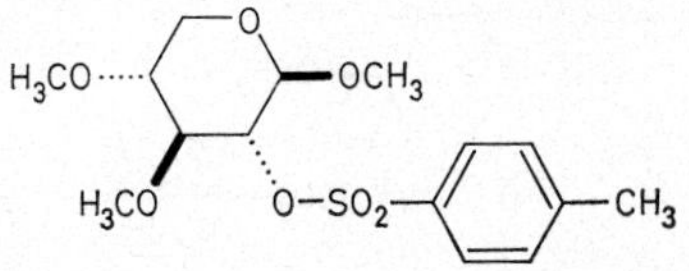   IV

b) **Methyl-[O^3,O^4-dimethyl-O^2-(toluol-4-sulfonyl)-β-L-arabinopyranosid]** $C_{15}H_{22}O_7S$, Formel III.

B. Beim Behandeln von Methyl-[O^3,O^4-dimethyl-β-L-arabinopyranosid] mit Toluol-4-sulfonylchlorid und Pyridin (*Honeyman*, Soc. **1946** 990, 992). Beim Behandeln von Methyl-[O^2-(toluol-4-sulfonyl)-β-L-arabinopyranosid] mit Methyljodid und Silberoxid (*Ho*.).

Krystalle (aus wss. A.); F: 111—112°.

c) **Methyl-[O^3,O^4-dimethyl-O^2-(toluol-4-sulfonyl)-β(?)-D-xylopyranosid]** $C_{15}H_{22}O_7S$, vermutlich Formel IV.

B. Aus Methyl-[O^3,O^4-dimethyl-β(?)-D-xylopyranosid] [S. 2432] (*Robertson, Speedie*, Soc. **1934** 824, 828).

Krystalle (aus Ae. + PAe.); F: 105°. [α]$_D$: —34,8° [CHCl$_3$; c = 2].

Methyl-[O^2,O^4-dimethyl-O^3-(toluol-4-sulfonyl)-β-D-xylopyranosid] $C_{15}H_{22}O_7S$, Formel V.

B. Beim Behandeln von Methyl-[O^2,O^4-dimethyl-β-D-xylopyranosid] mit Pyridin und mit Toluol-4-sulfonylchlorid in Chloroform (*Wintersteiner, Klingsberg*, Am. Soc. **71** [1949] 939, 941).

Krystalle (aus E. + Hexan), F: 75—76°; [α]$_D^{28}$: +28,8° [CHCl$_3$; c = 1] (*Wi., Kl.*).

Über ein Präparat (Krystalle [aus PAe.], F: 88°; [α]$_D$: —58,9° [CHCl$_3$]) von zweifelhafter Einheitlichkeit s. *Robertson, Speedie*, Soc. **1934** 824, 829.

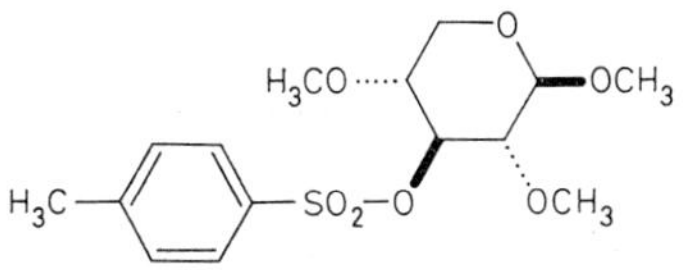

V 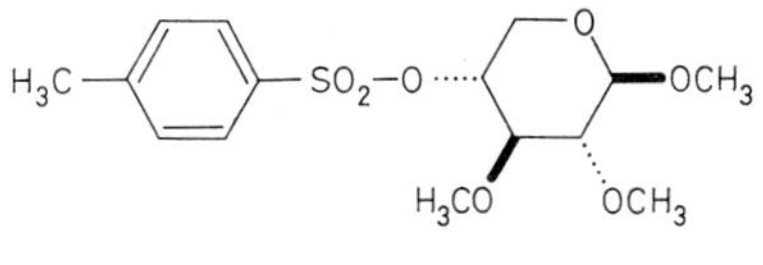 VI

2,3,4-Trimethoxy-5-[toluol-4-sulfonyloxy]-tetrahydro-pyran $C_{15}H_{22}O_7S$.

a) **Methyl-[O^2,O^3-dimethyl-O^4-(toluol-4-sulfonyl)-β-D-xylopyranosid]** $C_{15}H_{22}O_7S$, Formel VI.

B. Aus Methyl-[O^2,O^3-dimethyl-β-D-xylopyranosid] (*Robertson, Speedie*, Soc. **1934**, 824, 829).

Krystalle; F: 59—60° (*Robertson, Gall*, Soc. **1937** 1600, 1603). [α]$_D^{17}$: —8,5° [CHCl$_3$; c = 1] (*Ro., Gall*); [α]$_D$: —8,8° [CHCl$_3$; c = 3] (*Ro., Sp*.).

b) **Methyl-[O^2,O^3-dimethyl-O^4-(toluol-4-sulfonyl)-α-D-lyxopyranosid]** $C_{15}H_{22}O_7S$, Formel VII.

B. Beim Erwärmen von Methyl-[O^4-(toluol-4-sulfonyl)-α-D-lyxopyranosid] mit Methanol, Methyljodid und Silberoxid (*Verheijden, Stoffyn*, Tetrahedron **1** [1957] 253, 256).

Öl. [α]$_D^{20}$: +32,0° [CHCl$_3$; c = 1].

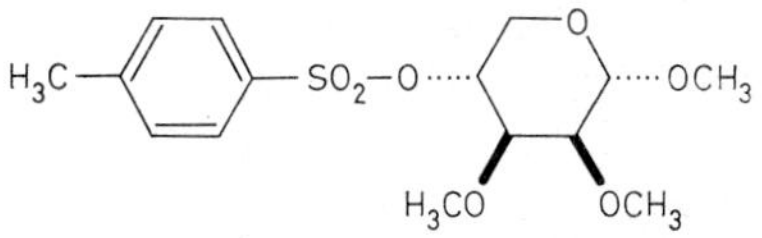

VII 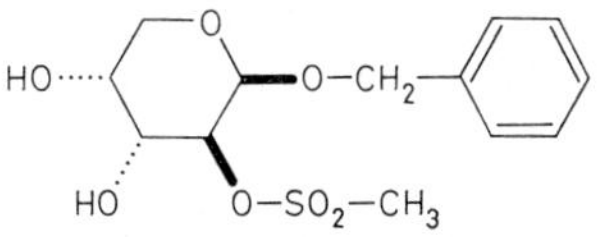 VIII

Benzyl-[O^2-methansulfonyl-β-D-arabinopyranosid] $C_{13}H_{18}O_7S$, Formel VIII.

B. Beim Behandeln von Benzyl-[O^3,O^4-isopropyliden-β-D-arabinopyranosid] mit Methansulfonylchlorid und Pyridin und Erhitzen des Reaktionsprodukts mit wss. Schwefelsäure und Aceton (*Wood, Fletcher*, Am. Soc. **80** [1958] 5242, 5244).

Krystalle (aus W.); F: 129—130° [korr.]. [α]$_D^{20}$: —189,5° [CHCl$_3$ + A.].

Methyl-[O^3,O^4-diacetyl-O^2-methansulfonyl-β-D-arabinopyranosid] $C_{11}H_{18}O_9S$, Formel IX.

B. Beim Behandeln von Methyl-[O^2-methansulfonyl-β-D-arabinopyranosid] mit Acethydrid und Pyridin (*Overend, Stacey*, Soc. **1949** 1235, 1237).

Krystalle (aus wss. A.); F: 103—104°. [α]$_D^{21,5}$: —312,5° [CHCl$_3$; c = 0,05].

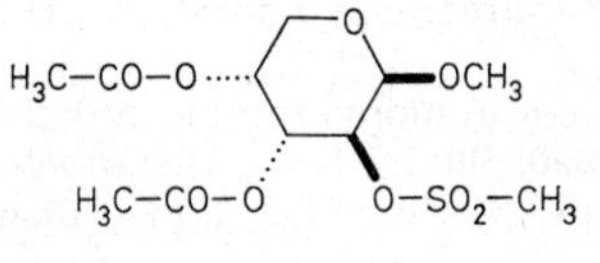

IX 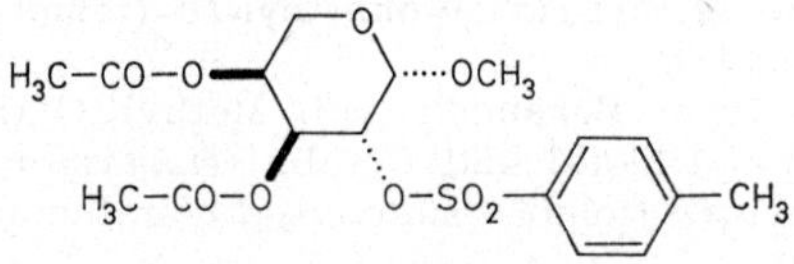   X

Methyl-[O^3,O^4-diacetyl-O^2-(toluol-4-sulfonyl)-β-L-arabinopyranosid] $C_{17}H_{22}O_9S$, Formel X.

B. Beim Behandeln von Methyl-[O^2-(toluol-4-sulfonyl)-β-L-arabinopyranosid] mit Acetanhydrid und Pyridin (*Honeyman,* Soc. **1946** 990, 993).

Krystalle (aus A. + PAe.); F: 116°. [α]$_D^{19}$: +122,5° [CHCl$_3$; c = 2].

Methyl-[O^3,O^4-dibenzoyl-O^2-methansulfonyl-α-D-arabinopyranosid] $C_{21}H_{22}O_9S$, Formel XI.

B. Beim Behandeln von O^3,O^4-Dibenzoyl-O^2-methansulfonyl-β-D-arabinopyranosyl= bromid mit Methanol und Dioxan (*Wood, Fletcher,* Am. Soc. **80** [1958] 5242, 5245). Beim Behandeln von Methyl-[O^2-methansulfonyl-α-D-arabinopyranosid] mit Benzoylchlorid und Pyridin (*Wood, Fl.,* l. c. S. 5246).

Krystalle (aus A. + Hexan); F: 169,5—170° [korr.]. [α]$_D^{20}$: −167,5° [CHCl$_3$; c = 0,6].

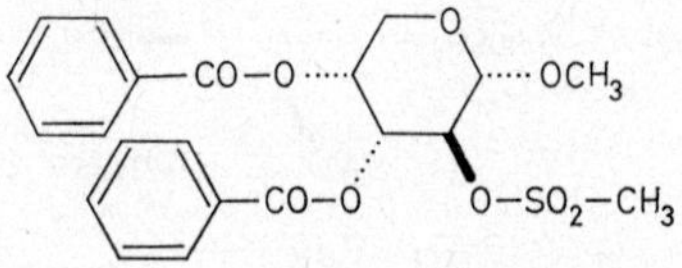

XI 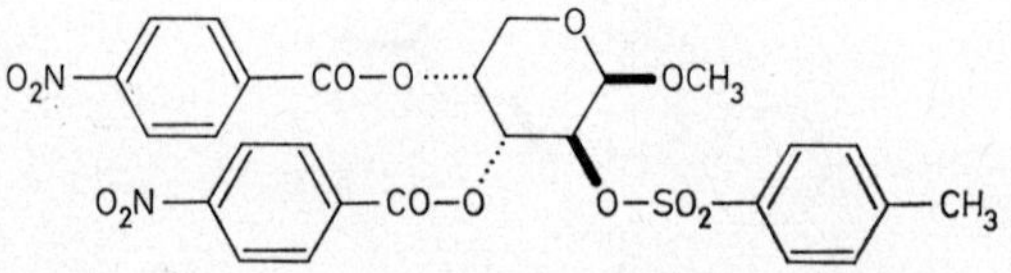   XII

Methyl-[O^3,O^4-bis-(4-nitro-benzoyl)-O^2-(toluol-4-sulfonyl)-β-D-arabinopyranosid] $C_{27}H_{24}N_2O_{13}S$, Formel XII.

B. Aus Methyl-[O^2-(toluol-4-sulfonyl)-β-D-arabinopyranosid] (*Allerton, Overend,* Soc. **1951** 1480, 1481).

F: 145—148°. [α]$_D^{20}$: −207° [CHCl$_3$; c = 0,2].

2,4,5-Tris-benzoyloxy-3-methansulfonyloxy-tetrahydro-pyran $C_{27}H_{24}O_{10}S$.

a) **O^1,O^3,O^4-Tribenzoyl-O^2-methansulfonyl-α-D-arabinopyranose** $C_{27}H_{24}O_{10}S$, Formel XIII.

B. Neben grösseren Mengen des unter b) beschriebenen Anomeren beim Behandeln von O^2-Methansulfonyl-D-arabinose mit Benzoylchlorid und Pyridin (*Wood, Fletcher,* Am. Soc. **80** [1958] 5242, 5245). Beim Behandeln von O^3,O^4-Dibenzoyl-O^2-methansulfonyl-β-D-ara= binopyranosylbromid mit Silberbenzoat in Dichlormethan (*Wood, Fl.*).

Krystalle (aus Me.); F: 121—122° [korr.]. [α]$_D^{20}$: −127° [CHCl$_3$; c = 1].

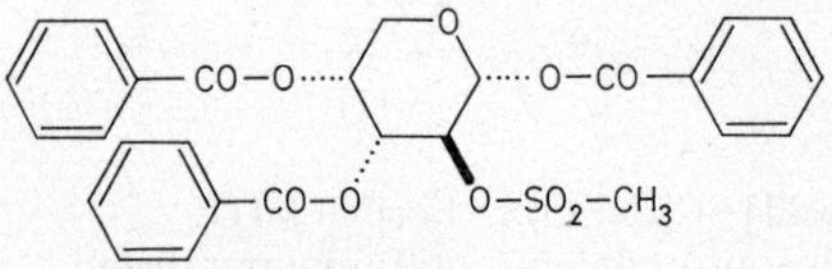

XIII 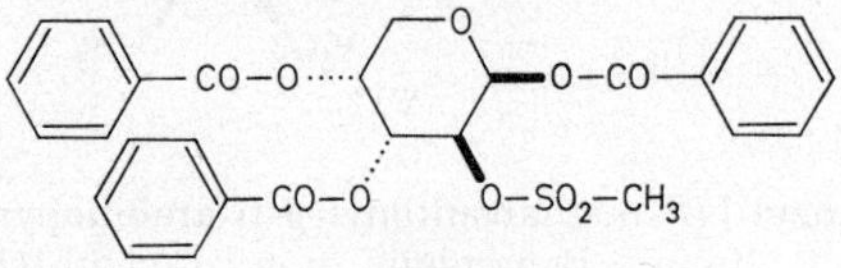   XIV

b) **O^1,O^3,O^4-Tribenzoyl-O^2-methansulfonyl-β-D-arabinopyranose** $C_{27}H_{24}O_{10}S$, Formel XIV.

B. Als Hauptprodukt neben dem unter a) beschriebenen Anomeren beim Behandeln von O^2-Methansulfonyl-D-arabinose mit Benzoylchlorid und Pyridin (*Wood, Fletcher,* Am. Soc. **80** [1958] 5242, 5245).

Krystalle (aus E. + Pentan); F: 196—197° [korr.]. [α]$_D^{20}$: −238° [CHCl$_3$; c = 1].

Methyl-[O^2-methyl-O^3,O^4-bis-(toluol-4-sulfonyl)-β-D-xylopranosid] $C_{21}H_{26}O_9S_2$, Formel I.

B. Beim Behandeln von Methyl-[O^2-methyl-β-D-xylopyranosid] mit Toluol-4-sulfonyl=chlorid und Pyridin (*Robertson, Speedie*, Soc. **1934** 824, 826).

Krystalle (aus A.); F: 123°. [α]$_D$: −16,0° [CHCl$_3$; c = 3].

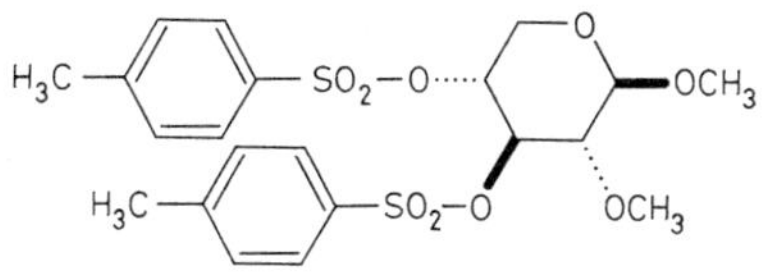

I 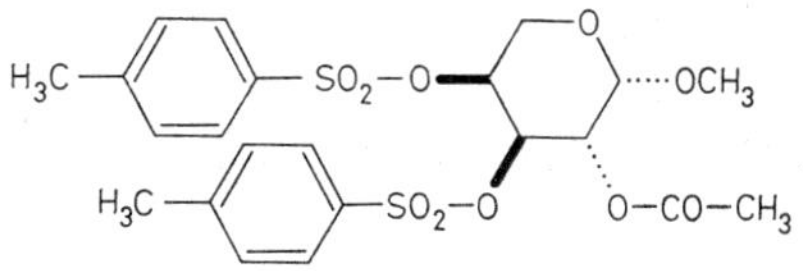   II

Methyl-[O^2-acetyl-O^3,O^4-bis-(toluol-4-sulfonyl)-β-L-arabinopyranosid] $C_{22}H_{26}O_{10}S_2$, Formel II.

B. Beim Behandeln von Methyl-[O^2-acetyl-O^3,O^4-isopropyliden-β-L-arabinopyranosid] mit Toluol-4-sulfonylchlorid und Pyridin (*Honeyman*, Soc. **1946** 990, 993).

Krystalle (aus A. + PAe.); F: 62−63°. [α]$_D^{18}$: +173,2° [CHCl$_3$; c = 3].

3,4,5-Tris-methansulfonyloxy-2-methoxy-tetrahydro-pyran $C_9H_{18}O_{11}S_3$.

a) **Methyl-[tris-O-methansulfonyl-α-D-arabinopyranosid]** $C_9H_{18}O_{11}S_3$, Formel III.

B. Beim Behandeln von Methyl-α-D-arabinopyranosid oder von Methyl-[O^2-methan=sulfonyl-α-D-arabinopyranosid] mit Methansulfonylchlorid und Pyridin (*Wood, Fletcher*, Am. Soc. **80** [1958] 5242, 5246; s. a. *Overend, Stacey*, Soc. **1949** 1235, 1236).

Krystalle (aus Me.), F: 190,5−191° [korr.]; [α]$_D^{20}$: −30,4° [CHCl$_3$; c = 0,4] (*Wood, Fl.*).

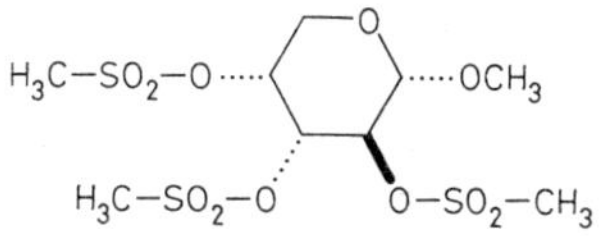

III 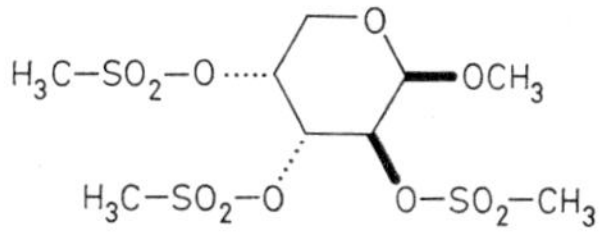   IV

b) **Methyl-[tris-O-methansulfonyl-β-D-arabinopyranosid]** $C_9H_{18}O_{11}S_3$, Formel IV.

B. Beim Behandeln von Methyl-β-D-arabinopyranosid oder von Methyl-[O^2-methan=sulfonyl-β-D-arabinopyranosid] mit Methansulfonylchlorid und Pyridin (*Wood, Fletcher*, Am. Soc. **80** [1958] 5242, 5246; s. a. *Overend, Stacey*, Soc. **1949** 1235, 1236).

Krystalle (aus A.); F: 129−129,5° (*Wood, Fl.*), 123° (*Ov., St.*). [α]$_D^{20}$: −145° [CHCl$_3$; c = 1] (*Wood, Fl.*).

2-Methoxy-3,4,5-tris-[toluol-4-sulfonyloxy]-tetrahydro-pyran $C_{27}H_{30}O_{11}S_3$.

a) **Methyl-[tris-O-(toluol-4-sulfonyl)-β-D-ribopyranosid]** $C_{27}H_{30}O_{11}S_3$, Formel V.

B. Beim Erwärmen von Methyl-β-D-ribopyranosid mit Toluol-4-sulfonylchlorid und Pyridin (*Jones, Thompson*, Canad. J. Chem. **35** [1957] 955, 959).

Krystalle (aus Me.); F: 129−130°. [α]$_D^{23}$: +31° [CHCl$_3$; c = 3].

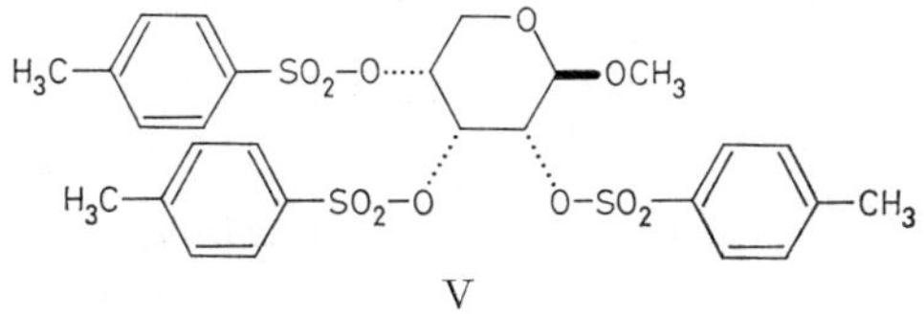

V 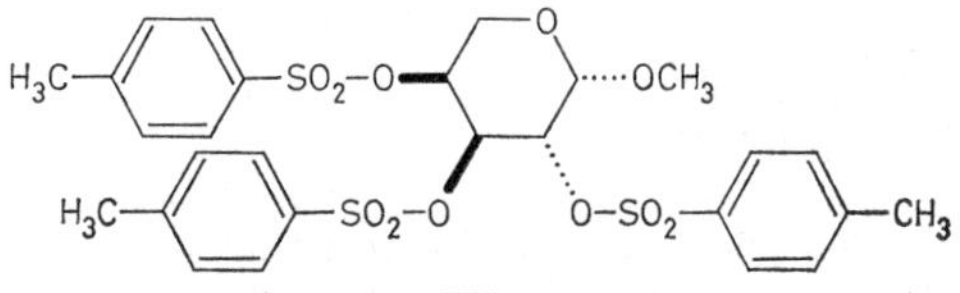   VI

b) **Methyl-[tris-O-(toluol-4-sulfonyl)-β-L-arabinopyranosid]** $C_{27}H_{30}O_{11}S_3$, Formel VI.

B. Beim Behandeln von Methyl-β-L-arabinopyranosid mit Toluol-4-sulfonylchlorid und Pyridin (*Jones, Thompson*, Canad. J. Chem. **35** [1957] 955, 958; *Chang, Fang*, Scientia sinica **6** [1957] 131, 135; *Honeyman, Stening*, Soc. **1958** 537, 542).

Krystalle; F: 116—117° [aus Me.] (*Jo., Th.*), 113—114° [aus A.] (*Ho., St.*), 108—110° [aus Me.] (*Ch., Fang*). $[\alpha]_D^{20}$: +95,6° [CHCl$_3$; c = 0,7] (*Ho., St.*); $[\alpha]_D^{23}$: +99,5° [CHCl$_3$; c = 2] (*Jo., Th.*); $[\alpha]_D^{29}$: +95,7° [CHCl$_3$; c = 1] (*Ch., Fang*).

c) **Methyl-[tris-O-(toluol-4-sulfonyl)-β-D-xylopyranosid]** $C_{27}H_{30}O_{11}S_3$, Formel VII.

B. Beim Erwärmen von Methyl-β-D-xylopyranosid mit Toluol-4-sulfonylchlorid und Pyridin (*Jones, Thompson*, Canad. J. Chem. **35** [1957] 955, 959; *Chang, Liu*, Acta chim. sinica **23** [1957] 169, 172).

Krystalle (aus wss. Me.); F: 140—141° (*Jo., Th.*), 138—139° (*Ch., Liu*). $[\alpha]_D^{23}$: −36° [CHCl$_3$; c = 1] (*Jo., Th.*); $[\alpha]_D^{24}$: −37° (CHCl$_3$; c = 0,5] (*Ch., Liu*).

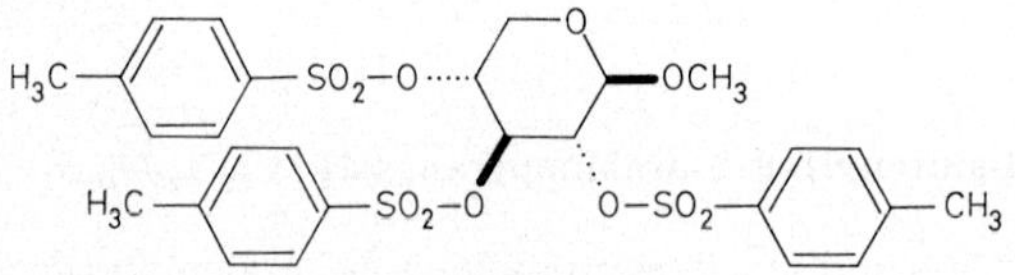

VII 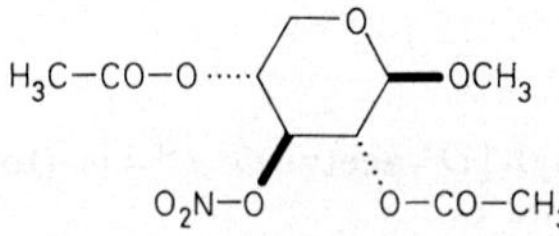   VIII

Methyl-[O^2,O^4-diacetyl-O^3-nitro-β-D-xylopyranosid] $C_{10}H_{15}NO_9$, Formel VIII.

B. Beim Behandeln von Methyl-[O^2,O^4-diacetyl-β-D-xylopyranosid] (hergestellt aus Methyl-β-D-xylopyranosid) in Chloroform mit Salpetersäure (*Robertson, Speedie*, Soc. **1934** 824, 828).

Krystalle (aus A.); F: 120—121°. $[\alpha]_D$: −57,4° [CHCl$_3$; c = 2].

O^2,O^3,O^4-Triacetyl-O^1-nitro-β-L-arabinopyranose $C_{11}H_{15}NO_{10}$, Formel IX.

B. Beim Behandeln von Tri-O-acetyl-β-L-arabinopyranosylbromid in Chloroform mit Salpetersäure (*Rice, Inatome*, Am. Soc. **80** [1958] 4709).

Krystalle (aus Ae.); F: 95°. $[\alpha]_D^{25}$: +199° [CHCl$_3$; c = 6].

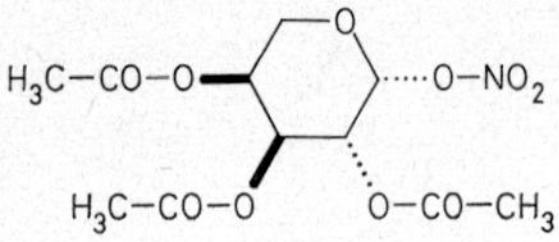

IX 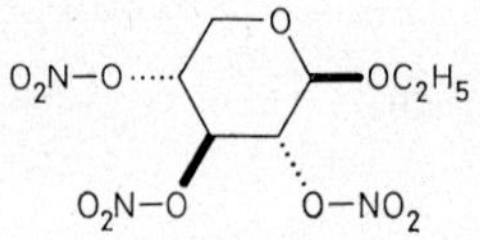   X 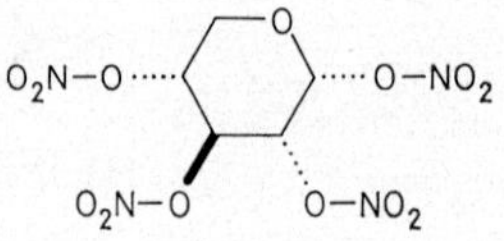   XI

Äthyl-[tri-O-nitro-β(?)-D-xylopyranosid] $C_7H_{11}N_3O_{11}$, vermutlich Formel X.

B. Beim Erwärmen von Tetra-O-nitro-α-D-xylopyranose mit Äthanol unter Zusatz von Schwefelsäure (*Fleury et al.*, Mém. Poudres **31** [1949] 107, 114).

Krystalle (aus A.); F: 95,5° [Block]. Dichte der Krystalle: 1,53. $[\alpha]_D^{20}$: −43,7° [Acn.; c = 4].

Tetra-O-nitro-α-D-xylopyranose $C_5H_6N_4O_{13}$, Formel XI.

B. Beim Behandeln von D-Xylose mit Salpetersäure, Essigsäure und Acetanhydrid (*Fleury et al.*, Mém. Poudres **31** [1949] 107, 113).

Krystalle (aus wss. Me., aus Me. oder aus Ae. + Bzn.); F: 72,5°. D^{20}: 1,76°. $[\alpha]_D^{20}$: +124,2° [Acn.; c = 4]. Bei 20° lösen sich in 100 ml wasserfreiem Äthanol 5,2 g, in 100 ml Äther 12,5 g.

Explosionstemperatur: 250° [Block]. Geschwindigkeit der Zersetzung bei 100°: *Fl. et al.*, l. c. S. 119.

2-Phosphonooxy-tetrahydro-pyran-3,4,5-triol, Phosphorsäure-mono-[3,4,5-trihydroxy-tetrahydro-pyran-2-ylester] $C_5H_{11}O_8P$.

a) **O^1-Phosphono-ξ-D-ribopyranose**, ξ-D-Ribopyranose-1-dihydrogenphos= phat $C_5H_{11}O_8P$, Formel XII.

B. Bei der Behandlung von Tri-O-acetyl-β-D-ribopyranosylbromid mit Silber-dibenzyl-phosphat in Chloroform unter Lichtausschluss, Hydrierung des Reaktionsprodukts an Palladium/Kohle in Äthanol und Behandlung der Reaktionslösung mit wss. Natronlauge (*Wright, Khorana*, Am. Soc. **78** [1956] 811, 815).

Geschwindigkeit der Hydrolyse in wss. Salzsäure (0,01n) bei 20°: *Wr., Kh.*
Barium-Salz BaC$_5$H$_9$O$_8$P. Krystalle (aus W.) mit 4 Mol H$_2$O. [α]$_D^{23}$: $-47,1$° [wss. Eg.].

XII   XIII   XIV   XV

b) *O¹-Phosphono-α-D-arabinopyranose*, α-D-Arabinopyranose-1-dihydrogen=
phosphat C$_5$H$_{11}$O$_8$P, Formel XIII.

In dem nachstehend beschriebenen Präparat hat vermutlich ein Gemisch dieser Verbindung mit geringeren Mengen *O¹-Phosphono-β-D-arabinopyranose* C$_5$H$_{11}$O$_8$P
(Formel XIV) vorgelegen.

B. Bei der Behandlung von Tri-*O*-acetyl-β-D-arabinopyranosylbromid mit Triäthylamin-
dibenzyl-phosphat in Benzol, Hydrierung des Reaktionsprodukts an Palladium/Kohle in
Methanol und Behandlung des Hydrierungsprodukts mit wss. Natronlauge (*Wright,
Khorana,* Am. Soc. **80** [1958] 1994, 1998).

Barium-Salz BaC$_5$H$_9$O$_8$P·H$_2$O. [α]$_D^{?}$: $-44,3$° [W.].

Cyclohexylamin-Salz 2C$_6$H$_{13}$N·C$_5$H$_{11}$O$_8$P. Krystalle (aus Me. + Ae.). [α]$_D^{21}$:
$-39,1$° [W.].

c) *O¹-Phosphono-α-L-arabinopyranose*, α-L-Arabinopyranose-1-dihydrogen=
phosphat C$_5$H$_{11}$O$_8$P, Formel XV.

B. Beim Behandeln von Tri-*O*-acetyl-β-L-arabinopyranosylbromid mit Silberdihydrogen=
phosphat in Chloroform und Behandeln des Barium-Salzes des Reaktionsprodukts mit
Natriummethylat in Äthanol (*Putman, Hassid,* Am. Soc. **79** [1957] 5057, 5059). Im Gemisch mit geringeren Mengen des unter d) beschriebenen Anomeren bei der Behandlung
von Tri-*O*-acetyl-β-L-arabinopyranosylbromid mit Triäthylamin-dibenzyl-phosphat in
Benzol, Hydrierung des Reaktionsprodukts an Palladium/Kohle in Methanol und Behandlung des Hydrierungsprodukts mit wss. Natronlauge (*Wright, Khorana,* Am. Soc. **80**
[1958] 1994, 1998).

Cyclohexylamin-Salz 2C$_6$H$_{13}$N·C$_5$H$_{11}$O$_8$P. Krystalle (aus wss. A.), die bei 144°
bis 150° [Zers.] schmelzen (*Pu., Ha.*). [α]$_D^{26}$: $+30,8$° [wss. Lösung vom pH 7,8] (*Pu., Ha.*).

d) *O¹-Phosphono-β-L-arabinopyranose*, β-L-Arabinopyranose-1-dihydrogen=
phosphat C$_5$H$_{11}$O$_8$P, Formel I.

Konfigurationszuordnung: *Aspinall et al.,* Canad. J. Biochem. **50** [1972] 574, 577.

B. Beim Erwärmen von Tri-*O*-acetyl-β-L-arabinopyranosylbromid mit Trisilberphos=
phat in Benzol und Behandeln des Reaktionsprodukts mit Chlorwasserstoff enthaltendem
Methanol (*Putman, Hassid,* Am. Soc. **79** [1957] 5057, 5059).

Cyclohexylamin-Salz 2C$_6$H$_{13}$N·C$_5$H$_{11}$O$_8$P. Krystalle (aus wss. A.), die bei 155°
bis 161° [Zers.] schmelzen (*Pu., Ha.*). [α]$_D^{26}$: $+91,0$ [wss. Lösung vom pH 7,8] (*Pu., Ha.*).

e) *O¹-Phosphono-α-D-xylopyranose*, α-D-Xylopyranose-1-dihydrogenphos=
phat C$_5$H$_{11}$O$_8$P, Formel II.

B. Beim Behandeln von Tri-*O*-acetyl-α-D-xylopyranosylbromid mit Trisilberphosphat
in Benzol und Behandeln des Reaktionsprodukts mit Chlorwasserstoff enthaltendem
Methanol (*Meagher, Hassid,* Am. Soc. **68** [1946] 2135; *Putman, Hassid,* Am. Soc. **79**
[1957] 5057, 5058). Neben dem unter f) beschriebenen Anomeren bei der Behandlung von
Tri-*O*-acetyl-α-D-xylopyranosylbromid mit Silber-dibenzyl-phosphat, Hydrierung des
Reaktionsprodukts an Palladium in Äthanol und Behandlung des Hydrolyseprodukts mit
wss. Natronlauge (*Antia, Watson,* Am. Soc. **80** [1958] 6134, 6137).

Scheinbare Dissoziationsexponenten pK$_1'$ und pK$_2'$ (Wasser; potentiometrisch ermittelt): 1,25 bzw. 6,15 (*Me., Ha.*).

Geschwindigkeitskonstante der Hydrolyse in wss. Salzsäure (0,38 n) bei 36°: *Me.,
Ha.*

Kalium-Salz K$_2$C$_5$H$_9$O$_8$P·2H$_2$O. Krystalle (aus W. + A.) (*Me., Ha.*). [α]$_D^{25}$: $+76$°
[W.] (*Me., Ha.*); [α]$_D^{25}$: $+77,5$° [W.] (*An., Wa.*).

Barium-Salz BaC$_5$H$_9$O$_8$P·1,5H$_2$O. [α]$_D^{25}$: $+70,9$° [wss. Eg.] (*An., Wa.*); [α]$_D$: $+65$°
[W.] (*Me., Ha.*). IR-Banden (3350—935 cm^{-1}): *An., Wa.*

Cyclohexylamin-Salz $2C_6H_{13}N \cdot C_5H_{11}O_8P$. Krystalle (aus wss. A.), die bei 152°
bis 158° [Zers.] schmelzen (*Pu., Ha.*). $[\alpha]_D^{26}$: $+58{,}0°$ [wss. Lösung vom pH 7,8] (*Pu., Ha.*).
Strychnin-Salz $C_{21}H_{22}N_2O_2 \cdot C_5H_{11}O_8P$. Krystalle (aus Acn. + W. + A.), F: 217°
bis 220° [unkorr.; Zers.]; $[\alpha]_D^{25}$: $+20{,}1°$ [W.] (*An., Wa.*, l. c. S. 6138).

I   II   III   IV

f) *O¹-Phosphono-β-D-xylopyranose*, β-D-Xylopyranose-1-dihydrogenphos=
phat $C_5H_{11}O_8P$, Formel III.

B. Beim Behandeln von Tri-O-acetyl-α-D-xylopyranosylbromid mit Silberdihydrogen=
phosphat in Chloroform und Behandeln des Barium-Salzes des Reaktionsprodukts in
Äthanol mit wenig Natriummethylat (*Putman, Hassid*, Am. Soc. **79** [1957] 5057, 5059).
Über eine weitere Bildungsweise s. bei dem unter e) beschriebenen Anomeren.

Barium-Salz $BaC_5H_9O_8P$. $[\alpha]_D^{25}$: $-13{,}3°$ [wss. Eg.] (*Antia, Watson*, Am. Soc. **80**
[1958] 6134, 6138); $[\alpha]_D^{25}$: $-16{,}9°$ [W.] (*Antia, Watson*, Chem. and Ind. **1957** 600).
IR-Banden $(3350-935 \text{ cm}^{-1})$: *An., Wa.*, Am. Soc. **80** 6135.
Cyclohexylamin-Salz $2 C_6H_{13}N \cdot C_5H_{11}O_8P$. Krystalle (aus wss. A.), die bei 144°
bis 150° [Zers.] schmelzen; $[\alpha]_D^{26}$: $+0{,}8°$ [wss. Lösung vom pH 7,8] (*Pu., Ha.*).
Strychnin-Salz $2 C_{21}H_{22}N_2O_2 \cdot C_5H_{11}O_8P$. Krystalle (aus W.), F: 235° [unkorr.;
Zers.; nach Sintern bei 196°]; $[\alpha]_D^{25}$: $-30°$ [W.] (*An., Wa.*, Am. Soc. **80** 6137).

(2S)-2r-Methylmercapto-tetrahydro-pyran-3t,4c,5c-triol, Methyl-[1-thio-α-L-arabino=
pyranosid] $C_6H_{12}O_4S$, Formel IV.
B. Aus Methyl-[tri-O-acetyl-1-thio-α-L-arabinopyranosid] beim Behandeln mit Natrium=
methylat in Methanol (*Helferich et al.*, B. **86** [1953] 873).
Krystalle (aus A.); F: 114—115°. $[\alpha]_D^{20}$: $-14{,}7°$ [Me.; c = 0,5]; $[\alpha]_D^{20}$: $+14{,}8°$ [W.;
c = 0,5].

(3R)-2ξ-Äthylmercapto-tetrahydro-pyran-3r,4t,5c-triol, Äthyl-[1-thio-ξ-D-xylopyranosid]
$C_7H_{14}O_4S$, Formel V.
B. Aus Äthyl-[tri-O-acetyl-1-thio-ξ-D-xylopyranosid] (S. 2487) beim Behandeln mit
Bariumhydroxid in Wasser (*Gehrke, Kohler*, B. **64** [1931] 2696, 2698).
Krystalle (aus E.); F: 117°. $[\alpha]_D^{20}$: $-62{,}8°$ (nach 5 min) $\rightarrow -78{,}1°$ (Endwert nach 24 h)
[Lösungsmittel nicht angegeben].

V   VI   VII

(2R)-2r-Hexylmercapto-tetrahydro-pyran-3c,4t,5t-triol, Hexyl-[1-thio-β-L-arabino=
pyranosid] $C_{11}H_{22}O_4S$, Formel VI.
Diese Konstitution und Konfiguration kommt vermutlich der nachstehend beschrie=
benen Verbindung zu.
B. Beim Behandeln von L-Arabinose mit Hexan-1-thiol und wss. Salzsäure (*el Heweihi*,
B. **86** [1953] 862, 864).
Krystalle (aus E.), F: 153,5° [korr.; Kofler-App.]. $[\alpha]_D^{28}$: $+224{,}3°$ [Py.].

(2S)-2r-Phenylmercapto-tetrahydro-pyran-3t,4c,5t-triol, Phenyl-[1-thio-β-D-xylopyrano=
sid] $C_{11}H_{14}O_4S$, Formel VII.
B. Aus Phenyl-[tri-O-acetyl-1-thio-β-D-xylopyranosid] beim Behandeln mit Ammoniak
in Methanol (*Purves*, Am. Soc. **51** [1929] 3619, 3625).
Krystalle (aus A.); F: 144°. $[\alpha]_D^{20}$: $-70{,}8°$ [W.; c = 1]; $[\alpha]_D^{20}$: $-87{,}1°$ [Acn.; c = 0,6].

(2*S*)-2*r*-Benzolsulfonyl-tetrahydro-pyran-3*t*,4*c*,5*t*-triol, D-(1*S*)-1-Benzolsulfonyl-1,5-an= hydro-xylit, Phenyl-*β*-D-xylopyranosyl-sulfon C₁₁H₁₄O₆S, Formel VIII.

B. Aus Phenyl-[tri-*O*-acetyl-*β*-D-xylopyranosyl]-sulfon beim Behandeln mit Ammoniak in Methanol (*Bonner, Drisko*, Am. Soc. **70** [1948] 2435, 2437).

Krystalle (aus Isopropylalkohol); F: 160° [korr.; Zers.]. [α]$_D^{19}$: −44,8° [W.; c = 1].

VIII   IX   X

2-[2]Naphthylmercapto-tetrahydro-pyran-3,4,5-triol C₁₅H₁₆O₄S.

a) (2*R*)-2*r*-[2]Naphthylmercapto-tetrahydro-pyran-3*t*,4*c*,5*c*-triol, [2]Naphthyl-[1-thio-α-D-arabinopyranosid] C₁₅H₁₆O₄S, Formel IX.

B. Beim Behandeln einer Lösung von [2]Naphthyl-[tri-*O*-acetyl-1-thio-α-D-arabino= pyranosid] in Chloroform mit Natriummethylat in Methanol (*Haskins et al.*, Am. Soc. **69** [1947] 1668, 1671).

Krystalle (aus A.); F: 141°. [α]$_D^{20}$: +86,9° [A.; c = 1].

b) (2*S*)-2*r*-[2]Naphthylmercapto-tetrahydro-pyran-3*t*,4*c*,5*t*-triol, [2]Naphthyl-[1-thio-*β*-D-xylopyranosid] C₁₅H₁₆O₄S, Formel X.

B. Beim Behandeln einer Lösung von [2]Naphthyl-[tri-*O*-acetyl-1-thio-*β*-D-xylopy= ranosid] in Chloroform mit Natriummethylat in Methanol (*Haskins et al.*, Am. Soc. **69** [1947] 1668, 1669).

Krystalle (aus A.); F: 193°. [α]$_D^{20}$: −52,4° [A.; c = 0,4].

Methyl-[tri-*O*-acetyl-1-thio-α-L-arabinopyranosid] C₁₂H₁₈O₇S, Formel XI.

B. Beim Behandeln von Tri-*O*-acetyl-*β*-L-arabinopyranosylbromid mit Kalium= methanthiolat in Methanol und Behandeln des Reaktionsprodukts mit Acetanhydrid und Natriumacetat (*Helferich et al.*, B. **86** [1953] 873).

Krystalle (aus A.); F: 73−74°. [α]$_D^{18}$: +6,2° [CHCl₃; p = 2].

Äthyl-[tri-*O*-acetyl-1-thio-ξ-D-xylopyranosid] C₁₃H₂₀O₇S, Formel XII.

B. Beim Behandeln von Tri-*O*-acetyl-α-D-xylopyranosylbromid mit Äthanthiol und Kaliummethylat in Methanol und Behandeln des Reaktionsprodukts mit Acetanhydrid und Natriumacetat (*Gehrke, Kohler*, B. **64** [1931] 2696, 2698).

Krystalle (aus A.); F: 101°. [α]$_D^{24}$: −83,5° [CHCl₃; c = 10].

XI   XII   XIII

3,4,5-Triacetoxy-2-phenylmercapto-tetrahydro-pyran C₁₇H₂₀O₇S.

a) Phenyl-[tri-*O*-acetyl-1-thio-ξ-D-arabinopyranosid] C₁₇H₂₀O₇S, Formel XIII.

B. Beim Erwärmen von Tri-*O*-acetyl-*β*-D-arabinopyranosylbromid mit Kaliumthio= phenolat in Äthanol und 1,2-Dichlor-äthan oder in Chloroform (*Fletcher, Hudson*, Am. Soc. **69** [1947] 1672; *Bonner, Drisko*, Am. Soc. **70** [1948] 2435, 2436).

Öl. [α]$_D^{23}$: +15,7° [CHCl₃; c = 5] (*Bo., Dr.*).

b) Phenyl-[tri-*O*-acetyl-1-thio-*β*-D-xylopyranosid] C₁₇H₂₀O₇S, Formel XIV.

B. Beim Erwärmen einer Lösung von Tri-*O*-acetyl-α-D-xylopyranosylbromid in Chloro= form mit Thiophenol und äthanol. Kalilauge (*Purves*, Am. Soc. **51** [1929] 3619, 3623).

Krystalle (aus Ae. + PAe.); F: 78−79° (*Fletcher, Hudson*, Am. Soc. **69** [1947] 921, 922), 78° (*Pu.*). [α]$_D^{20}$: −60,8° [CHCl₃; c = 1] (*Fl., Hu.*); [α]$_D^{20}$: −58,9° [CHCl₃] (*Pu.*).

Beim Erwärmen mit Wasserstoff enthaltendem Raney-Nickel in Äthanol ist Tri-*O*-acetyl-1,5-anhydro-xylit erhalten worden (*Fl., Hu.*).

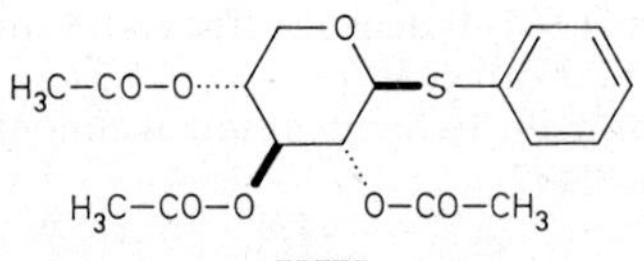

XIV 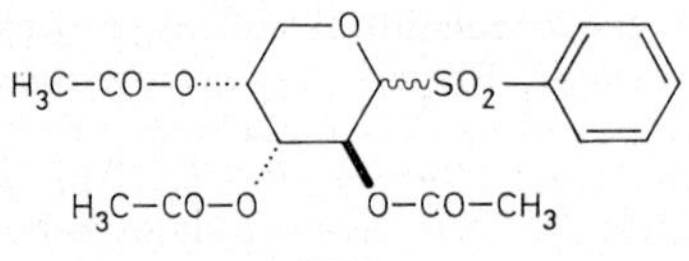   XV

3,4,5-Triacetoxy-2-benzolsulfonyl-tetrahydro-pyran $C_{17}H_{20}O_9S$.

a) **(1$\mathit{Ξ}$)-Tri-*O*-acetyl-1-benzolsulfonyl-1,5-anhydro-D-arabit, Phenyl-[tri-*O*-acetyl-ξ-D-arabinopyranosyl]-sulfon** $C_{17}H_{20}O_9S$, Formel XV.

B. Aus Phenyl-[tri-*O*-acetyl-1-thio-ξ-D-arabinopyranosid] (S. 2487) beim Erhitzen mit Kaliumpermanganat in wss. Essigsäure (*Bonner, Drisko*, Am. Soc. **70** [1948] 2435, 2437). Krystalle (aus Isopropylalkohol); F: 147° [korr.]. $[\alpha]_D^{23}$: $+29,5°$ [CHCl$_3$; c = 1].

b) **D-(1*S*)-Tri-*O*-acetyl-1-benzolsulfonyl-1,5-anhydro-xylit, Phenyl-[tri-*O*-acetyl-β-D-xylopyranosyl]-sulfon** $C_{17}H_{20}O_9S$, Formel I.

B. Aus Phenyl-[tri-*O*-acetyl-1-thio-β-D-xylopyranosid] beim Erwärmen mit Kalium=permanganat in wss. Essigsäure (*Bonner, Drisko*, Am. Soc. **70** [1948] 2435, 2436). Krystalle (aus Isopropylalkohol); F: 154° [korr.]. $[\alpha]_D^{22}$: $-86,8°$ [CHCl$_3$; c = 2].

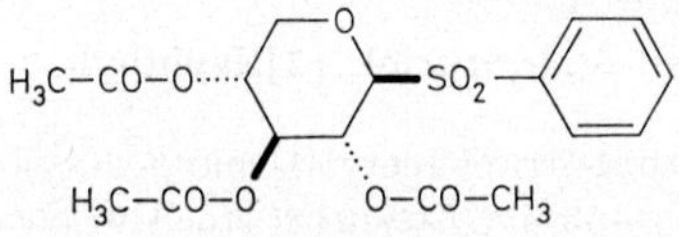

I 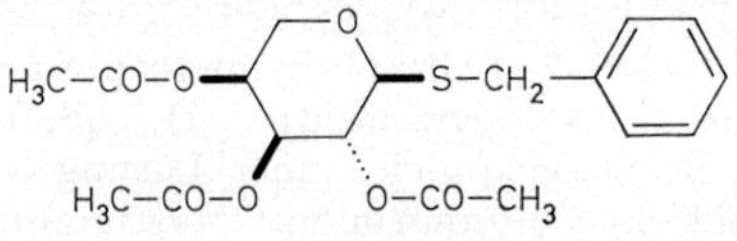   II

Benzyl-[tri-*O*-acetyl-1-thio-α-L-arabinopyranosid] $C_{18}H_{22}O_7S$, Formel II.

B. Bei der Umsetzung von Tri-*O*-acetyl-β-L-arabinopyranosylbromid mit Natrium=benzylmercaptid und Behandlung des Reaktionsprodukts mit Acetanhydrid und Natrium=acetat (*Gehrke, Kohler*, B. **64** [1931] 2696, 2699). Krystalle (aus E. + PAe.); F: 148° (*Ge., Ko.*). $[\alpha]_D^{20}$: $-44,6°$ [CHCl$_3$] (*Ge., Ko.*); $[\alpha]_D^{20}$: $-42,1°$ [CHCl$_3$; c = 2] (*Zinner et al.*, B. **93** [1960] 2705, 2708, 2710).

3,4,5-Triacetoxy-2-[2]naphthylmercapto-tetrahydro-pyran $C_{21}H_{22}O_7S$.

a) **[2]Naphthyl-[tri-*O*-acetyl-1-thio-α-D-arabinopyranosid]** $C_{21}H_{22}O_7S$, Formel III.

B. Beim Erwärmen einer Lösung von Tri-*O*-acetyl-β-D-arabinopyranosylbromid in Chloroform mit Kalium-naphthalin-2-thiolat in Äthanol (*Haskins et al.*, Am. Soc. **69** [1947] 1668, 1671). Krystalle (aus A.); F: 114—115° [korr.] (*Fletcher, Hudson*, Am. Soc. **69** [1947] 1672, 1673), 110° (*Ha. et al.*). $[\alpha]_D^{20}$: $-8,3°$ [CHCl$_3$] (*Fl., Hu.*); $[\alpha]_D^{20}$: $-8,2°$ [CHCl$_3$; c = 2] (*Ha. et al.*).

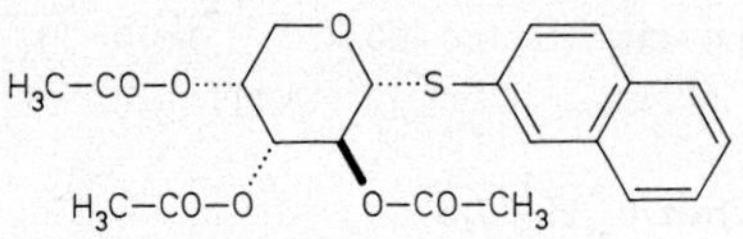

III 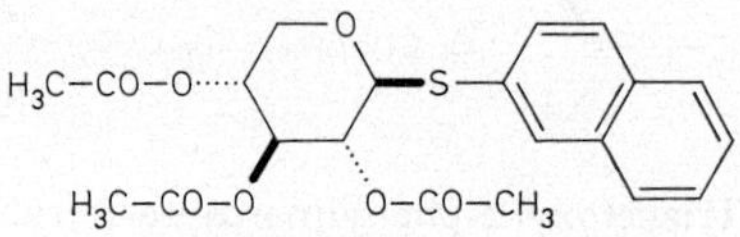   IV

b) **[2]Naphthyl-[tri-*O*-acetyl-1-thio-β-D-xylopyranosid]** $C_{21}H_{22}O_7S$, Formel IV.

B. Beim Erwärmen einer Lösung von Tri-*O*-acetyl-α-D-xylopyranosylbromid in Chloro=form mit Kalium-naphthalin-2-thiolat in Äthanol (*Haskins et al.*, Am. Soc. **69** [1947] 1668, 1669). Krystalle (aus A.); F: 141°. $[\alpha]_D^{20}$: $-40,8°$ [CHCl$_3$; c = 1].

3,4,5-Triacetoxy-2-acetylmercapto-tetrahydro-pyran $C_{13}H_{18}O_8S$.

a) **O^2,O^3,O^4,S-Tetraacetyl-1-thio-α-D-arabinopyranose** $C_{13}H_{18}O_8S$, Formel V.

B. Beim Behandeln von O^2,O^3,O^4-Triacetyl-1-thio-D-arabinose mit Acetanhydrid und Pyridin (*Černý et al.*, Collect. **24** [1959] 64, 68).

Krystalle; F: 81,5−82° [aus A.] (*Holland et al.*, J. org. Chem. **32** [1967] 3077, 3085), 80−81° [aus A. + Bzn.] (*Če. et al.*). Über eine Modifikation vom F: 39° s. *Ho. et al.* $[\alpha]_D$: −44,2° [CHCl$_3$; c = 1] (*Če. et al.*; s. dazu *Ho. et al.*, l. c. S. 3085 Anm. 40).

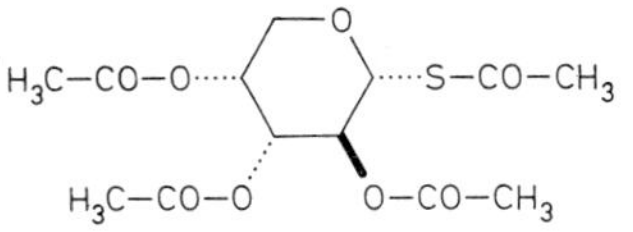

V 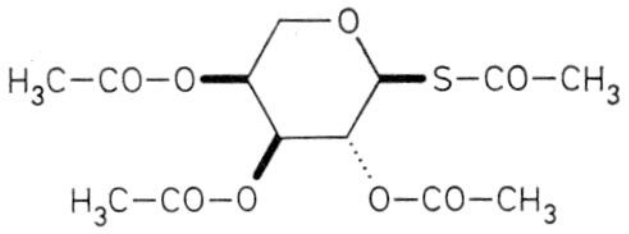   VI

b) *O^2,O^3,O^4,S*-Tetraacetyl-1-thio-α-L-arabinopyranose C$_{13}$H$_{18}$O$_8$S, Formel VI.

B. Beim Erwärmen von Tri-*O*-acetyl-β-L-arabinopyranosylbromid mit Kaliumthio‌acetat in Äthanol (*Gehrke, Kohler*, B. **64** [1931] 2696, 2699; *W. Kohler*, Diss. [Berlin 1931] S. 23).

Krystalle (aus A. oder Bzn.), F: 79°; $[\alpha]_D^{20}$: +41,8° [CHCl$_3$] (*Ge., Ko.*).

c) *O^2,O^3,O^4,S*-Tetraacetyl-1-thio-β-D-xylopyranose C$_{13}$H$_{18}$O$_8$S, Formel VII.

B. Beim Erwärmen von Tri-*O*-acetyl-α-D-xylopyranosylbromid mit Kaliumthioacetat in Äthanol oder Methanol (*Gehrke, Kohler*, B. **64** [1931] 2696, 2697).

Krystalle (aus A.); F: 103° (*Holland et al.*, J. org. Chem. **32** [1967] 3077, 3084), 99° (*Ge., Ko.*). $[\alpha]_D^{20}$: −7,7° [CHCl$_3$; c = 1] (*Ho. et al.*); $[\alpha]_D^{24}$: −6,9° [CHCl$_3$; c = 10] (*Ge., Ko.*).

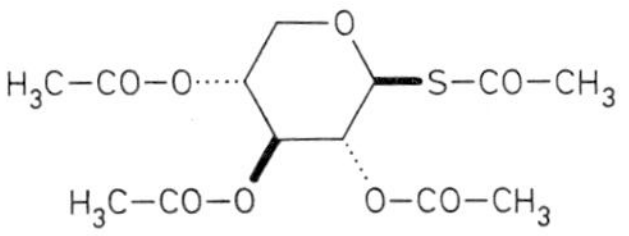

VII 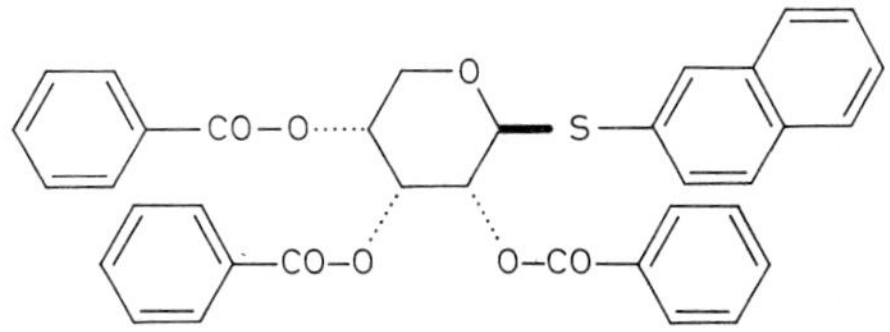   VIII

[2]Naphthyl-[tri-*O*-benzoyl-1-thio-β-D-ribopyranosid] C$_{36}$H$_{28}$O$_7$S, Formel VIII.

B. Beim Erwärmen einer Lösung von Tri-*O*-benzoyl-β-D-ribopyranosylbromid in Chloroform mit Naphthalin-2-thiol und methanol. Kalilauge unter Wasserstoff (*Jeanloz et al.*, Am. Soc. **70** [1948] 4052).

Öl. $[\alpha]_D^{20}$: −59,0° [CHCl$_3$; c = 1].

Tri-*O*-acetyl-*S*-carbamoyl-1-thio-α-D-arabinopyranose C$_{12}$H$_{17}$NO$_8$S, Formel IX (X = O).

B. Beim Behandeln von Tri-*O*-acetyl-*S*-carbamimidoyl-1-thio-α-D-arabinopyranose-hydrobromid mit wss. Natriumhydrogensulfit-Lösung (*Černý et al.*, Collect. **24** [1959] 64, 68).

Krystalle (aus A. + Ae.); F: 128°. $[\alpha]_D$: −20° [CHCl$_3$; c = 1].

3,4,5-Triacetoxy-2-carbamimidoylmercapto-tetrahydro-pyran C$_{12}$H$_{18}$N$_2$O$_7$S.

a) **Tri-*O*-acetyl-*S*-carbamimidoyl-1-thio-α-D-arabinopyranose, *S*-[Tri-*O*-acetyl-α-D-arabinopyranosyl]-isothioharnstoff** C$_{12}$H$_{18}$N$_2$O$_7$S, Formel IX (X = NH).

Hydrobromid; *S*-[Tri-*O*-acetyl-α-D-arabinopyranosyl]-isothiuronium-bromid [C$_{12}$H$_{19}$N$_2$O$_7$S]Br. *B.* Beim Erwärmen von Tri-*O*-acetyl-β-D-arabinopyranosyl‌bromid mit Thioharnstoff in Aceton (*Černý et al.*, Collect. **24** [1959] 64, 67). − Krystalle (aus A.); F: 172°. $[\alpha]_D$: −26,5° [A.; c = 2].

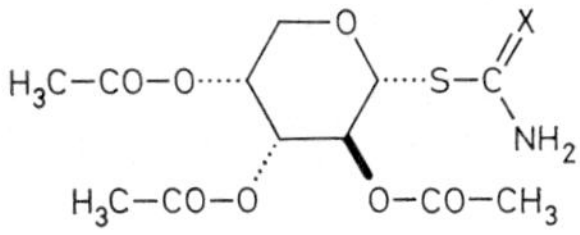

IX 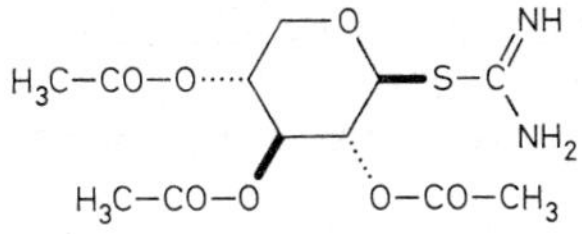   X

b) **Tri-*O*-acetyl-*S*-carbamimidoyl-1-thio-β-D-xylopyranose, *S*-[Tri-*O*-acetyl-β-D-xylopyranosyl]-isothioharnstoff** C$_{12}$H$_{18}$N$_2$O$_7$S, Formel X.

Hydrochlorid; *S*-[Tri-*O*-acetyl-β-D-xylopyranosyl]-isothiuronium-chlor‌

id [$C_{12}H_{19}N_2O_7S$]Cl. *B.* Beim Erwärmen von Tri-*O*-acetyl-α-D-xylopyranosylchlorid mit Thioharnstoff in Isopropylalkohol (*Bonner, Kahn*, Am. Soc. **73** [1951] 2241, 2244). — Krystalle (aus Isopropylalkohol); F: 181°. [α]$_D^{25}$: −71,5° [A.; c = 0,6]. Optisches Drehungsvermögen (499−667 nm) einer Lösung in Äthanol: *Bo., Kahn.* IR-Spektrum (Mineralöl; 8−15 µ): *Bo., Kahn.* UV-Spektrum (A.; 200−270 nm): *Bo., Kahn.* Polarographie: *Bo., Kahn.*

Tri-*O*-acetyl-*S*-äthoxythiocarbonyl-1-thio-ξ-D-xylopyranose $C_{14}H_{20}O_8S_2$, Formel XI.
B. Beim Behandeln von Tri-*O*-acetyl-α-D-xylopyranosylbromid mit Kalium-äthyl= xanthogenat (Kalium-*O*-äthyl-dithiocarbonat) in Methanol (*Gehrke, Kohler*, B. **64** [1931] 2696, 2697).
Krystalle (aus A.); F: 105−106°. [α]$_D^{25}$: +17,3° [CHCl$_3$; c = 10].

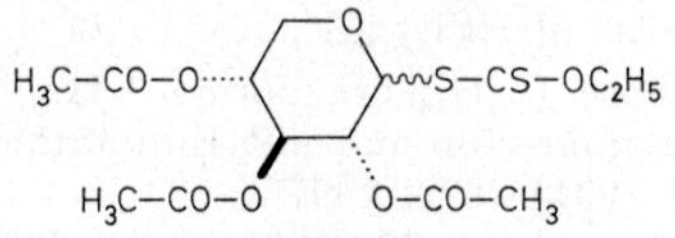

XI 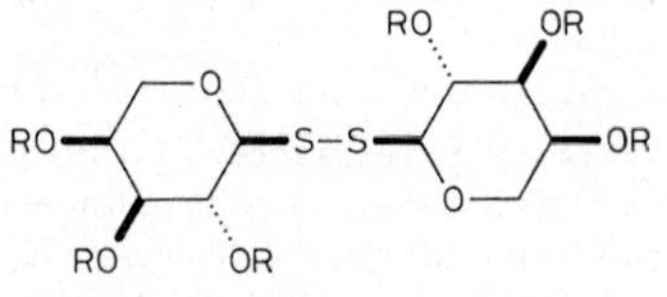   XII

Bis-[3,4,5-trihydroxy-tetrahydro-pyran-2-yl]-disulfid $C_{10}H_{18}O_8S_2$.
    a) **Di-α-L-arabinopyranosyl-disulfid** $C_{10}H_{18}O_8S_2$, Formel XII (R = H).
B. Aus Bis-[tri-*O*-acetyl-α-L-arabinopyranosyl]-disulfid beim Behandeln mit Am= moniak in Methanol (*Gehrke, Kohler*, B. **64** [1931] 2696, 2699).
Krystalle (aus A.); F: 190−193° [Zers.]. [α]$_D^{24}$: −228° [W.; c = 10].

    b) **Di-β-D-xylopyranosyl-disulfid** $C_{10}H_{18}O_8S_2$, Formel XIII (R = H).
B. Aus Bis-[tri-*O*-acetyl-β-D-xylopyranosyl]-disulfid beim Behandeln mit Ammoniak in Methanol (*Gehrke, Kohler*, B. **64** [1931] 2696, 2697).
Krystalle (aus Me.) mit 1 Mol H$_2$O; F: 188−191° [Zers.]. [α]$_D^{20}$: −283,6° [W.; c = 2].

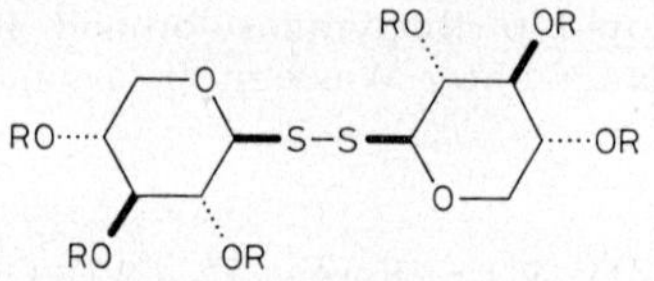

XIII 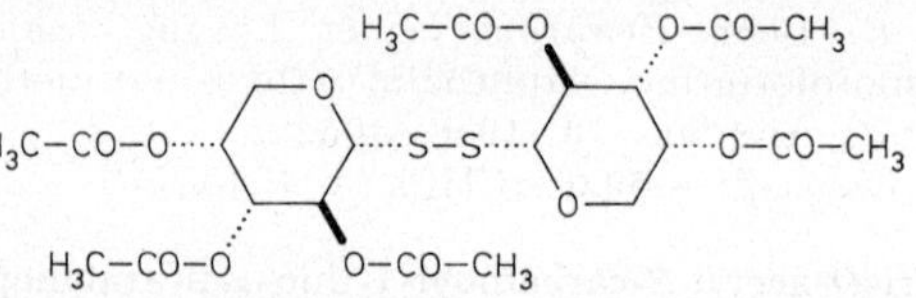   XIV

Bis-[3,4,5-triacetoxy-tetrahydro-pyran-2-yl]-disulfid $C_{22}H_{30}O_{14}S_2$.
    a) **Bis-[tri-*O*-acetyl-α-D-arabinopyranosyl]-disulfid** $C_{22}H_{30}O_{14}S_2$, Formel XIV.
B. Beim Behandeln einer Lösung von O^2,O^3,O^4-Triacetyl-1-thio-D-arabinose in Methanol mit wss. Wasserstoffperoxid (*Černý et al.*, Collect. **24** [1959] 64, 68).
Krystalle; F: 150−151° (*Če. et al.*). [α]$_D$: +215,2° [CHCl$_3$] (*Černý*, Privat-Mitteilung).

    b) **Bis-[tri-*O*-acetyl-α-L-arabinopyranosyl]-disulfid** $C_{22}H_{30}O_{14}S_2$, Formel XII (R = CO-CH$_3$).
B. Beim Behandeln von Tri-*O*-acetyl-β-L-arabinopyranosylbromid mit einer beim Einleiten von Schwefelwasserstoff in methanol. Kaliummethylat erhaltenen Lösung und Behandeln des Reaktionsprodukts mit Acetanhydrid und Natriumacetat (*Gehrke, Kohler*, B. **64** [1931] 2696, 2698; *W. Kohler*, Diss. [Berlin 1931] S. 42).
Krystalle (aus A.); F: 152°. [α]$_D^{20}$: −215,2° [CHCl$_3$; c = 2].

    c) **Bis-[tri-*O*-acetyl-β-D-xylopyranosyl]-disulfid** $C_{22}H_{30}O_{14}S_2$, Formel XIII (R = CO-CH$_3$).
B. Beim Behandeln von Tri-*O*-acetyl-α-D-xylopyranosylbromid mit einer beim Einleiten von Schwefelwasserstoff in methanol. Kaliummethylat erhaltenen Lösung (*Gehrke, Kohler*, B. **64** [1931] 2696, 2697).
Krystalle (aus A.); F: 142°. [α]$_D^{23}$: −254,6° [CHCl$_3$; c = 4].   [*H. Richter*]

Methyl-[O^1,O^4-dimethyl-ξ-D$_g$-threo-[2]pentulofuranosid] C$_8$H$_{16}$O$_5$, Formel I (R = H).

Ein Gemisch (Kp$_{0,25}$: 61—64°) der dieser Formel entsprechenden Stereoisomeren ist beim Behandeln von O^1,O^4-Dimethyl-D$_g$-threo-[2]pentulose („O^1,O^4-Dimethyl-D-xylulose") mit Chlorwasserstoff enthaltendem Methanol erhalten worden (*Levene, Tipson*, J. biol. Chem. **120** [1937] 607, 615).

Methyl-[tri-O-methyl-ξ-D$_g$-threo-[2]pentulofuranosid] C$_9$H$_{18}$O$_5$, Formel I (R = CH$_3$).

Ein Gemisch (Kp$_{0,25}$: 52°; n$_D^{25}$: 1,4368) der dieser Formel entsprechenden Stereoiso= meren ist beim Erwärmen des im vorangehenden Artikel beschriebenen Präparats mit Methyljodid und Silberoxid erhalten worden (*Levene, Tipson*, J. biol. Chem. **120** [1937] 607, 615).

2-Hydroxymethyl-5-methoxy-tetrahydro-furan-3,4-diol, Methyl-pentofuranosid C$_6$H$_{12}$O$_5$.

a) **(2R)-2r-Hydroxymethyl-5t-methoxy-tetrahydro-furan-3t,4t-diol, Methyl-α-D-ribo= furanosid** C$_6$H$_{12}$O$_5$, Formel II.

B. s. bei dem unter b) beschriebenen Anomeren.

Öl; [α]$_D^{20}$: +146,8° [Me.; c = 1] (*Barker, Smith*, Soc. **1954** 2151).

I   II   III   IV

b) **(2R)-2r-Hydroxymethyl-5c-methoxy-tetrahydro-furan-3t,4t-diol, Methyl-β-D-ribo= furanosid** C$_6$H$_{12}$O$_5$, Formel III.

B. Neben dem unter a) beschriebenen Anomeren beim Behandeln von D-Ribose mit Chlorwasserstoff enthaltendem Methanol (*Barker*, Soc. **1948** 2035; *Augestad, Berner*, Acta chem. scand. **10** [1956] 911, 914). Trennung von den Isomeren durch Chromato= graphie an Cellulose-Pulver: *Barker, Smith*, Soc. **1954** 2151; *Au., Be*.

Krystalle (aus E.); F: 80° (*Au., Be*.). [α]$_D^{20}$: −49,8° [W.; c = 4] (*Au., Be*.); [α]$_D^{20}$: −62,4° [Me.; c = 1] (*Ba., Sm*.).

Geschwindigkeit der Isomerisierung zu Methyl-α-D-ribofuranosid, Methyl-α-D-ribo= pyranosid und Methyl-β-D-ribopyranosid beim Behandeln mit Chlorwasserstoff enthal= tendem Methanol bei 35°: *Bishop, Cooper*, Canad. J. Chem. **41** [1963] 2743, 2755, 2756. Geschwindigkeit der Hydrolyse in wss. Salzsäure (1 n) bei 20°: *Au., Be*.

c) **(2R)-2r-Hydroxymethyl-5t-methoxy-tetrahydro-furan-3t,4c-diol, Methyl-α-D-arabinofuranosid** C$_6$H$_{12}$O$_5$, Formel IV.

B. Beim Behandeln von D-Arabinose mit Chlorwasserstoff enthaltendem Methanol (*Montgomery, Hudson*, Am. Soc. **59** [1937] 992; *Augestad, Berner*, Acta chem. scand. **8** [1954] 251, 255; s. a. *Wright, Khorana*, Am. Soc. **80** [1958] 1994, 1997).

Krystalle (aus E.); F: 65—67° [geschlossene Kapillare] (*Mo., Hu*.), 52° (*Au., Be*., Acta chem. scand. **8** 255), 50° (*Wr., Kh*.). [α]$_D^{20}$: +128° [W.; c = 4] (*Au., Be*., Acta chem. scand. **8** 255); [α]$_D^{20}$: +123° [W.; c = 1] (*Mo., Hu*.); [α]$_D^{22}$: +125,2° [W.; c = 1] (*Wr., Kh*.).

Geschwindigkeit der Isomerisierung zu Methyl-β-D-arabinofuranosid, Methyl-α-D-ara= binopyranosid und Methyl-β-D-arabinopyranosid beim Behandeln mit Chlorwasserstoff enthaltendem Methanol bei 35°: *Bishop, Cooper*, Canad. J. Chem. **41** [1963] 2743, 2755, 2756. Beim Behandeln mit Perjodsäure in Wasser ist (R)-3-Hydroxy-2-[(S)-1-meth= oxy-2-oxo-äthoxy]-propionaldehyd („(2R,4S)-4-Methoxy-2-hydroxymethyl-3-oxa-pent= andial-(1.5)" [E III **1** 3290]) erhalten worden (*Jackson, Hudson*, Am. Soc. **59** [1937] 994, 995, 1000). Geschwindigkeit der Hydrolyse in wss. Salzsäure (1 n) bei 20°: *Augestad, Berner*, Acta chem. scand. **10** [1956] 911, 912; s. a. *Mo., Hu*.

d) **(2S)-2r-Hydroxymethyl-5t-methoxy-tetrahydro-furan-3t,4c-diol, Methyl-α-L-arabinofuranosid** C$_6$H$_{12}$O$_5$, Formel V.

B. Neben Methyl-β-L-arabinofuranosid und anderen Verbindungen beim Behandeln von L-Arabinose mit Chlorwasserstoff enthaltendem Methanol (*Baker, Haworth*, Soc. **127** [1925] 365, 367; *Augestad, Berner*, Acta chem. scand. **8** [1954] 251, 254) oder mit

Methanol in Gegenwart eines Kationenaustauschers (*Wadman*, Soc. **1952** 3051, 3055).
Beim Behandeln von L-Arabinose-diäthyldithioacetal mit Quecksilber(II)-chlorid,
Quecksilber(II)-oxid und Calciumsulfat in Methanol (*Green, Pacsu*, Am. Soc. **60** [1938]
2056).

Krystalle (aus E.); F: 52° (*Au., Be.*, Acta chem. scand. **8** 254). $[\alpha]_D^{20}$: −128° [W.;
c = 5] (*Au., Be.*, Acta chem. scand. **8** 254); $[\alpha]_D^{20}$: −125° [W.; c = 1] (*Gr., Pa.*).

Geschwindigkeit der Hydrolyse in wss. Salzsäure (1 n) bei 20°: *Augestad, Berner*, Acta
chem. scand. **10** [1956] 911, 912.

$$\text{V} \qquad\qquad \text{VI} \qquad\qquad \text{VII} \qquad\qquad \text{VIII}$$

e) **(2R)-2r-Hydroxymethyl-5c-methoxy-tetrahydro-furan-3t,4c-diol, Methyl-
β-D-arabinofuranosid** $C_6H_{12}O_5$, Formel VI.

B. Neben Methyl-α-D-arabinofuranosid beim Erwärmen von D-Arabinose mit Chlor=
wasserstoff enthaltendem Methanol (*Augestad, Berner*, Acta chem. scand. **8** [1954] 251,
255).

Krystalle (aus E.), F: 56−57°; $[\alpha]_D^{20}$: −119° [W.; c = 3] (*Au., Be.*, Acta chem. scand.
8 255).

Geschwindigkeit der Hydrolyse in wss. Salzsäure (1 n) bei 20°: *Augestad, Berner*, Acta
chem. scand. **10** [1956] 911, 912.

f) **(2S)-2r-Hydroxymethyl-5c-methoxy-tetrahydro-furan-3t,4c-diol, Methyl-
β-L-arabinofuranosid** $C_6H_{12}O_5$, Formel VII.

B. s. bei dem unter d) beschriebenen Stereoisomeren.

Krystalle (aus E.), F: 58°; $[\alpha]_D^{20}$: +118° [W.; c = 2] (*Augestad, Berner*, Acta chem.
scand. **8** [1954] 251, 254).

Geschwindigkeit der Hydrolyse in wss. Salzsäure (1 n) bei 20°: *Augestad, Berner*,
Acta chem. scand. **10** [1956] 911, 912.

g) **(2R)-2r-Hydroxymethyl-5t-methoxy-tetrahydro-furan-3c,4t-diol, Methyl-
α-D-xylofuranosid** $C_6H_{12}O_5$, Formel VIII.

B. Neben Methyl-β-D-xylofuranosid beim Behandeln von D-Xylose mit Chlorwasser=
stoff enthaltendem Methanol (*Haworth, Westgarth*, Soc. **1926** 880, 883; *Bishop, Cooper*,
Canad. J. Chem. **41** [1963] 2743, 2754).

Krystalle (aus E.); F: 84° (*Augestad, Berner*, Acta chem. scand. **8** [1954] 251, 253).
Monoklin; Raumgruppe $P2_1$; aus dem Röntgen-Diagramm ermittelte Dimensionen der
Elementarzelle: a = 8,81 Å; b = 8,11 Å; c = 6,24 Å; β = 123°; n = 2 (*Furberg, Hammer*, Acta chem. scand. **15** [1961] 1190). $[\alpha]_D^{20}$: +182° [W.; c = 4] (*Au., Be.*, Acta
chem. scand. **8** 253).

Geschwindigkeit der Isomerisierung zu Methyl-β-D-xylofuranosid, Methyl-α-D-xylo=
pyranosid und Methyl-β-D-xylopyranosid beim Behandeln mit Chlorwasserstoff enthaltendem Methanol bei 35°: *Bi., Co.*, l. c. S. 2755, 2756. Geschwindigkeit der Hydrolyse
in wss. Salzsäure (1 n) bei 20°: *Augestad, Berner*, Acta chem. scand. **10** [1956] 911, 912.

h) **(2R)-2r-Hydroxymethyl-5c-methoxy-tetrahydro-furan-3c,4t-diol, Methyl-
β-D-xylofuranosid** $C_6H_{12}O_5$, Formel IX.

B. Beim Erwärmen von Methyl-$[O^3,O^5$-isopropyliden-β-D-xylofuranosid] mit wss.
Essigsäure (*Schaub, Weiss*, Am. Soc. **80** [1958] 4683, 4688). Weitere Bildungsweise s. bei
dem unter g) beschriebenen Anomeren.

Krystalle (aus E.); F: 45° (*Augestad, Berner*, Acta chem. scand. **8** [1954] 251, 254
Anm.). $[\alpha]_D^{21}$: −89,5° [W.; c = 5] (*Au., Be.*, Acta chem. scand. **8** 254 Anm.); $[\alpha]_D^{24}$:
−15° [CHCl$_3$; c = 2] (*Sch., We.*).

Geschwindigkeit der Hydrolyse in wss. Salzsäure (1 n) bei 20°: *Augestad, Berner*,
Acta chem. scand. **10** [1956] 911, 912.

i) **(2R)-2r-Hydroxymethyl-5t-methoxy-tetrahydro-furan-3c,4c-diol, Methyl-
α-D-lyxofuranosid** $C_6H_{12}O_5$, Formel X.

B. Neben einem öligen Präparat ($[\alpha]_D^{20}$: −85° [W.]), in dem vermutlich Methyl-

β-D-lyxofuranosid (Formel XI) vorgelegen hat, und den beiden Methyl-D-lyxo=pyranosiden beim Behandeln von D-Lyxose mit Chlorwasserstoff enthaltendem Methanol (*Bott et al.*, Soc. **1930** 658, 660, 663; *Kjølberg, Tjeltveit*, Acta chem. scand. **17** [1963] 1641, 1643). Beim Behandeln von D-Lyxose-diäthyldithioacetal mit Quecksilber(II)-chlorid und Quecksilber(II)-oxid in Methanol (*Nys, Verheijden*, Bl. Soc. chim. Belg. **69** [1960] 57, 60).

Krystalle; F: 97° (*Furberg, Hammer*, Acta chem. scand. **15** [1961] 1190), 96,5—97° (*Kj., Tj.*), 93—94° (*Nys, Ve.*). Rhombisch; Raumgruppe $P2_12_12_1$; aus dem Röntgen-Diagramm ermittelte Dimensionen der Elementarzelle: a = 10,34 Å; b = 15,56 Å; c = 4,63 Å; n = 4 (*Fu., Ha.*). Dichte der Krystalle: 1,46 (*Fu., Ha.*). $[\alpha]_D^{20}$: +129° [W.] (*Fu., Ha.*); $[\alpha]_D^{20}$: +128° [W.] (*Kj., Tj.*); $[\alpha]_D^{20}$: +135° [Bzl.; c = 1] (*Nys, Ve.*). Geschwindigkeit der Isomerisierung zu Methyl-α-D-lyxopyranosid und Methyl-β-D-lyxo=pyranosid in Chlorwasserstoff enthaltendem Methanol bei 35°: *Bishop, Cooper*, Canad. J. Chem. **41** [1963] 2743, 2756.

IX   X   XI   XII

2-Hydroxymethyl-4,5-dimethoxy-tetrahydro-furan-3-ol $C_7H_{14}O_5$.

a) **Methyl-[O^2-methyl-α-D-xylofuranosid]** $C_7H_{14}O_5$, Formel XII.

B. Aus Methyl-[O^3,O^5-dibenzyl-O^2-methyl-α-D-xylofuranosid] bei der Hydrierung an Palladium/Kohle in Essigsäure (*Bowering, Timell*, Canad. J. Chem. **36** [1958] 283) sowie beim Behandeln mit Natrium, flüssigem Ammoniak und 1,2-Dimethoxy-äthan (*Kováč, Petríková*, Carbohydrate Res. **16** [1971] 492).

Krystalle (aus Ae.), F: 72—73°; $[\alpha]_D^{25}$: +159° [A.; c = 1] (*Ko., Pe.*).

b) **Methyl-[O^2-methyl-β-D-xylofuranosid]** $C_7H_{14}O_5$, Formel I.

B. Aus Methyl-[O^3,O^5-dibenzyl-O^2-methyl-β-D-xylofuranosid] analog dem unter a) beschriebenen Anomeren (*Bowering, Timell*, Canad. J. Chem. **36** [1958] 283; *Kováč, Petríková*, Carbohydrate Res. **16** [1971] 492).

Kp$_{0,1}$: 110°; $[\alpha]_D^{25}$: —83,5° [A.; c = 1] (*Ko., Pe.*).

2-Hydroxymethyl-3,4,5-trimethoxy-tetrahydro-furan, 3,4,5-Trimethoxy-tetrahydro-furfurylalkohol $C_8H_{16}O_5$.

a) **Methyl-[O^2,O^3-dimethyl-α-L-arabinofuranosid]** $C_8H_{16}O_5$, Formel II.

B. Aus Methyl-[O^2,O^3-dimethyl-O^5-trityl-α-L-arabinofuranosid] beim Erwärmen mit wss. Essigsäure (*Williams, Jones*, Canad. J. Chem. **45** [1967] 275, 287; s. a. *Smith*, Soc. **1939** 753).

Öl; $[\alpha]_D^{21}$: —101° [Me.; c = 4]; $[\alpha]_D^{21}$: —100° [W.; c = 1] (*Wi., Jo.*).

I   II   III   IV

b) **Methyl-[O^2,O^3-dimethyl-α-D-xylofuranosid]** $C_8H_{16}O_5$, Formel III.

B. Beim Erwärmen von O^2,O^3-Dimethyl-D-xylose mit Methanol in Gegenwart eines sauren Ionenaustauschers (*Lance, Jones*, Canad. J. Chem. **45** [1967] 1533, 1537). Beim Behandeln von Methyl-[O^5-benzyl-O^2,O^3-dimethyl-α-D-xylofuranosid] in 1,2-Dimethoxy-äthan mit Natrium und flüssigem Ammoniak (*Kováč, Petríková*, Carbohydrate Res. **19** [1971] 249). Neben Methyl-[O^2,O^3-dimethyl-β-D-xylofuranosid] beim Erwärmen von Methyl-[O^5-benzoyl-O^2,O^3-dimethyl-D-xylofuranosid] (Gemisch der Anomeren) mit wss.-äthanol. Natronlauge (*Robertson, Gall*, Soc. **1937** 1600, 1603).

Krystalle; F: 82—83° [aus Ae.] (*Ko., Pe.*), 81,5—82° [aus PAe.] (*La., Jo.*). $[\alpha]_D^{20}$: +165° [CHCl$_3$; c = 1]; $[\alpha]_D^{20}$: +190° [Me.; c = 1] (*La., Jo.*).

c) **Methyl-[O^2,O^3-dimethyl-β-D-xylofuranosid]** $C_8H_{16}O_5$, Formel IV.

B. Beim Behandeln von Methyl-[O^5-benzyl-O^2,O^3-dimethyl-β-D-xylofuranosid] in 1,2-Di‑
methoxy-äthan mit Natrium und flüssigem Ammoniak (*Kováč, Petríková*, Carbohydrate
Res. **19** [1971] 249). Neben Methyl-[O^2,O^3-dimethyl-α-D-xylofuranosid] beim Erwärmen
von Methyl-[O^5-benzoyl-O^2,O^3-dimethyl-D-xylofuranosid] (Gemisch der Anomeren) mit
wss.-äthanol. Natronlauge (*Robertson, Gall*, Soc. **1937** 1600, 1603).
Krystalle, F: 26—28°; $[\alpha]_D^{24}$: —101,8° [A.; c = 1] (*Ko., Pe.*).

2,4-Dimethoxy-5-methoxymethyl-tetrahydro-furan-3-ol $C_8H_{16}O_5$.

a) **Methyl-[O^3,O^5-dimethyl-α-D-xylofuranosid]** $C_8H_{16}O_5$, Formel V.

B. Neben dem unter b) beschriebenen Anomeren beim Behandeln von Methyl-[O^3,O^5-di‑
methyl-O^2-(toluol-4-sulfonyl)-ξ-D-xylofuranosid] (S. 2512) mit Natrium-Amalgam und
wss. Methanol (*Percival, Zobrist*, Soc. **1952** 4306, 4308). Trennung von dem Anomeren
durch Chromatographie an Silicagel: *Kováč*, Chem. Zvesti **25** [1971] 460, 463.
$Kp_{0,02}$: 62—63°; $[\alpha]_D^{24}$: +134,5° [A.; c = 1] (*Ko.*).

b) **Methyl-[O^3,O^5-dimethyl-β-D-xylofuranosid]** $C_8H_{16}O_5$, Formel VI.

B. s. o. bei dem unter a) beschriebenen Anomeren.
$Kp_{0,02}$: 96—97°; $[\alpha]_D^{24}$: —115° [A.; c = 1] (*Kováč*, Chem. Zvesti **25** [1971] 460, 463).
Charakterisierung als [4-Nitro-benzoyl]-Derivat (F: 106—107°; $[\alpha]_D^{24}$: —39° [CHCl$_3$]):
Ko.

V   VI   VII

4,5-Dimethoxy-2-methoxymethyl-tetrahydro-furan-3-ol $C_8H_{16}O_5$.

a) **Methyl-[O^2,O^5-dimethyl-ξ-L-arabinofuranosid]** $C_8H_{16}O_5$, Formel VII.

Ein Präparat (bei 110°/0,03 Torr destillierbar; n_D^{19}: 1,4475; $[\alpha]_D^{18}$: —60° [W.]), in dem
vermutlich ein Gemisch der Anomeren vorgelegen hat, ist bei der Hydrolyse von meth‑
yliertem Gummi arabicum erhalten worden (*Smith*, Soc. **1940** 1035, 1047, 1050).

b) **Methyl-[O^2,O^5-dimethyl-α-D-xylofuranosid]** $C_8H_{16}O_5$, Formel VIII.

B. Aus Methyl-[O^2,O^5-dimethyl-O^3-(toluol-4-sulfonyl)-α-D-xylofuranosid] beim Er‑
wärmen mit wss.-äthanol. Kalilauge (*Robertson, Gall*, Soc. **1937** 1600, 1602).
Krystalle (aus Ae.); F: 24—28° (*Kováč*, Chem. Zvesti **25** [1971] 460, 462). Bei 110°/
0,03 Torr destillierbar; n_D^{18}: 1,4507 [flüssiges Präparat] (*Ro., Gall*). $[\alpha]_D^{17}$: +54,3° [CHCl$_3$;
c = 3] (*Ro., Gall*); $[\alpha]_D^{25}$: +169,9° [A.; c = 1] (*Ko.*).
Charakterisierung als [4-Nitro-benzoyl]-Derivat (F: 120—121°; $[\alpha]_D^{24}$: +136,6°
[CHCl$_3$]): *Ko.*

c) **Methyl-[O^2,O^5-dimethyl-β-D-xylofuranosid]** $C_8H_{16}O_5$, Formel IX.

B. Aus Methyl-[O^2,O^5-dimethyl-O^3-(toluol-4-sulfonyl)-β-D-xylofuranosid] beim Er‑
wärmen mit wss.-äthanol. Kalilauge (*Robertson, Gall*, Soc. **1937** 1600, 1602).
$Kp_{0,1}$: 74—75° (*Kováč*, Chem. Zvesti **25** [1971] 460, 463). n_D^{17}: 1,4501 (*Ro., Gall*).
$[\alpha]_D^{17}$: —56° [CHCl$_3$; c = 2] (*Ro., Gall*); $[\alpha]_D^{24}$: —72,9° [A.; c = 1] (*Ko.*).

VIII   IX   X

2,3,4-Trimethoxy-5-methoxymethyl-tetrahydro-furan $C_9H_{18}O_5$.

a) **Methyl-[tri-O-methyl-ξ-D-ribofuranosid]** $C_9H_{18}O_5$, Formel X.

B. Beim Erwärmen von Methyl-D-ribofuranosid (Gemisch der Anomeren) mit Di‑
methylsulfat und wss. Natronlauge (*Barker*, Soc. **1948** 2035). Beim Behandeln von

Methyl-[O^5-methyl-ξ-D-ribofuranosid] (aus O^5-Methyl-D-ribose erhalten) mit Methyljodid und Silberoxid (*Levene, Stiller*, J. biol. Chem. **102** [1933] 187, 195).

Kp$_{0,05}$: 68°; n$_D^{29}$: 1,4369 (*Le., St.*). Bei 133°/15 Torr destillierbar; n$_D^{15}$: 1,4350; [α]$_D^{18}$: +59,1° [Me.] (*Ba.*).

b) **Methyl-[tri-*O*-methyl-ξ-D-arabinofuranosid]** $C_9H_{18}O_5$, Formel XI.

Die folgenden Angaben beziehen sich wahrscheinlich auf Gemische der Anomeren.

B. Beim Behandeln von O^2,O^5-Dimethyl-D-arabinose mit Chlorwasserstoff enthaltendem Methanol und Erwärmen des Reaktionsprodukts mit Methyljodid und Silberoxid (*Fried, Walz*, Am. Soc. **74** [1952] 5468, 5471). Beim Erwärmen von O^2,O^3,O^5-Trimethyl-D-arabinose mit Chlorwasserstoff enthaltendem Methanol (*Haworth et al.*, Soc. **1938** 1975, 1980).

Kp$_{0,4}$: 66—68°; n$_D^{25}$: 1,4321 (*Fr., Walz*). Bei 135°/15 Torr destillierbar; n$_D^{19}$: 1,4350; [α]$_D^{15}$: +80,4° [W.] (*Ha. et al.*).

XI   XII   XIII

c) **Methyl-[tri-*O*-methyl-α-L-arabinofuranosid]** $C_9H_{18}O_5$, Formel XII.

B. Neben Methyl-[tri-*O*-methyl-β-L-arabinofuranosid] (Formel XIII) beim Behandeln von Methyl-L-arabinofuranosid (Gemisch der Anomeren) mit Dimethylsulfat und wss. Natronlauge und Behandeln des Reaktionsprodukts mit Methyljodid und Silberoxid (*Baker, Haworth*, Soc. **127** [1925] 365, 367). Chromatographische Trennung der Anomeren: *Williams, Jones*, Canad. J. Chem. **45** [1967] 275, 278, 281.

[α]$_D$: −102° [W.] (*Wi., Jo.*, l. c. S. 283).

d) **Methyl-[tri-*O*-methyl-α-D-xylofuranosid]** $C_9H_{18}O_5$, Formel I.

B. Beim Behandeln von Methyl-[O^3,O^5-dimethyl-α-D-xylofuranosid] mit Dimethylsulfat und Natriumhydroxid in Tetrahydrofuran (*Kováč*, Chem. Zvesti **25** [1971] 460, 463; s. dazu *Haworth, Westgarth*, Soc. **1926** 880, 884; *Percival, Zobrist*, Soc. **1952** 4306, 4309).

Krystalle (aus Hexan), F: 29—31,5°; [α]$_D^{24}$: +162° [A.; c = 1] (*Ko.*).

e) **Methyl-[tri-*O*-methyl-β-D-xylofuranosid]** $C_9H_{18}O_5$, Formel II.

B. Aus Methyl-[O^3,O^5-dimethyl-β-D-xylofuranosid] analog dem unter d) beschriebenen Anomeren (*Kováč*, Chem. Zvesti **25** [1971] 460, 463).

Kp$_{0,03}$: 52—53°; [α]$_D^{24}$: −88,3° [A.; c = 1].

I   II   III

(2R)-2r-Äthoxy-5t-hydroxymethyl-tetrahydro-furan-3t,4c-diol, Äthyl-α-L-arabinofuranosid $C_7H_{14}O_5$, Formel III.

B. Beim Behandeln von L-Arabinose-diäthyldithioacetal mit Quecksilber(II)-chlorid, Quecksilber(II)-oxid und Calciumsulfat in Äthanol (*Green, Pacsu*, Am. Soc. **60** [1938] 2056, 2057; *Dutton et al.*, Canad. J. Chem. **37** [1959] 1955, 1956).

Krystalle; F: 66—69° (*Du. et al.*), 48—49° [aus E.] (*Gr., Pa.*). [α]$_D^{20}$: −116° [W.; c = 2] (*Gr., Pa.*); [α]$_D^{25}$: −114,1° [W.; c = 1] (*Du. et al.*).

Äthyl-[O^2,O^3-dimethyl-β-D-arabinofuranosid] $C_9H_{18}O_5$, Formel IV.

Ein Präparat (Öl; [α]$_D^{20}$: −150° [Me.]), in dem vermutlich diese Verbindung als Hauptbestandteil vorgelegen hat, ist beim Behandeln von Äthyl-[O^2,O^3-dimethyl-O^5-(toluol-4-sulfonyl)-β(?)-D-arabinofuranosid] (S. 2512) mit Natrium-Amalgam und wss. Methanol erhalten worden (*Verheijden, Stoffyn*, Bl. Soc. chim. Belg. **68** [1959] 699, 702).

**(2R)-2r-Hydroxymethyl-5c-phenoxy-tetrahydro-furan-3t,4t-diol, Phenyl-β-D-ribo=
furanosid** $C_{11}H_{14}O_5$, Formel V.

B. Beim Behandeln von Phenyl-[tri-*O*-benzoyl-β-D-ribofuranosid] mit Barium=
methylat in Methanol (*Vis, Fletcher,* Am. Soc. **79** [1957] 1182, 1184).

Krystalle (aus Toluol); F: 106—107° [korr.] (*Vis, Fl.,* Am. Soc. **79** 1184). $[\alpha]_D^{20}$: —117,2°
[Acn.; c = 4]; $[\alpha]_D^{20}$: —99° [W.; c = 2] (*Vis, Fl.,* Am. Soc. **79** 1184).

Beim Erhitzen mit Natriumisopropylat in Isopropylalkohol ist 1,4-Anhydro-α-D-ribo=
pyranose erhalten worden (*Vis, Fletcher,* J. org. Chem. **23** [1958] 1393).

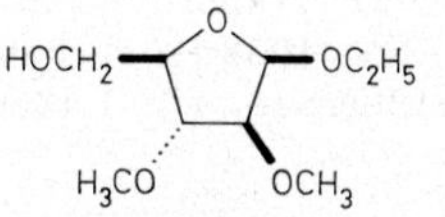

IV 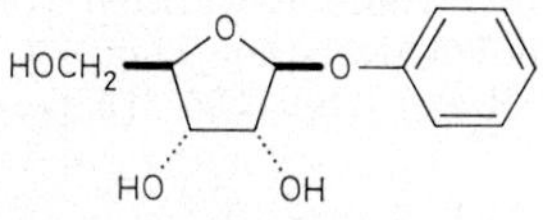   V 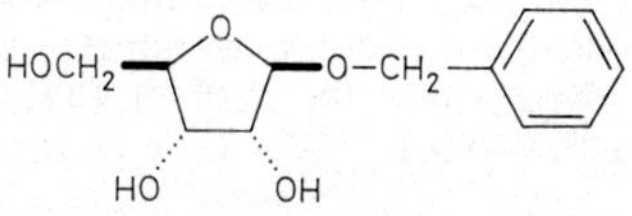   VI

**(2R)-2r-Benzyloxy-5c-hydroxymethyl-tetrahydro-furan-3t,4t-diol, Benzyl-β-D-ribo=
furanosid** $C_{12}H_{16}O_5$, Formel VI.

B. Beim Behandeln von D-Ribose mit Chlorwasserstoff enthaltendem Benzylalkohol
(*Ness et al.,* Am. Soc. **76** [1954] 763, 766). Aus Benzyl-[tri-*O*-benzoyl-β-D-ribofuranosid]
beim Behandeln mit Bariummethylat in Methanol (*Ness et al.*).

Krystalle (aus E.), F: 95—96°; $[\alpha]_D^{20}$: —60,5° [W.; c = 1] (*Ness et al.*).

Geschwindigkeit der Reaktion mit Natriumperjodat in wss. Lösung vom pH 7 bei
Raumtemperatur: *Barker, Shaw,* Soc. **1959** 584, 590.

Methyl-[*O*⁵-benzyl-ξ-D-ribofuranosid] $C_{13}H_{18}O_5$, Formel VII.

Präparate (Öl; n_D^{20}: 1,5229), in denen Gemische der Anomeren vorgelegen haben, sind
beim Erwärmen von Methyl-[*O*⁵-benzyl-*O*²,*O*³-isopropyliden-D-ribofuranosid] (Gemisch
der Anomeren) mit wss.-methanol. Schwefelsäure erhalten worden (*Tener et al.,* Am. Soc.
78 [1956] 506; *Tener, Khorana,* Am. Soc. **79** [1957] 437, 439).

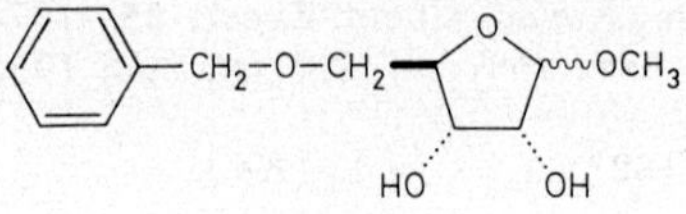

VII 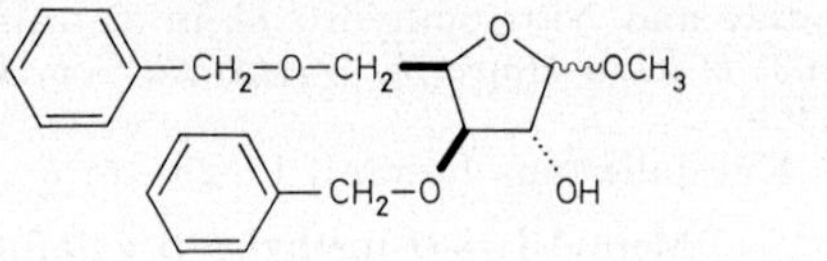   VIII

Methyl-[*O*³,*O*⁵-dibenzyl-ξ-D-xylofuranosid] $C_{20}H_{24}O_5$, Formel VIII.

Ein Präparat (Öl; $[\alpha]_D^{22}$: +17,6° [A.]), in dem ein Gemisch der Anomeren vorgelegen
hat, ist beim Erwärmen von *O*³,*O*⁵-Dibenzyl-*O*¹,*O*²-isopropyliden-α-D-xylofuranose mit
Chlorwasserstoff enthaltendem Methanol erhalten worden (*Bowering, Timell,* Canad. J.
Chem. **36** [1958] 283).

3-Benzyloxy-2-benzyloxymethyl-4,5-dimethoxy-tetrahydro-furan $C_{21}H_{26}O_5$.

a) **Methyl-[*O*³,*O*⁵-dibenzyl-*O*²-methyl-α-D-xylofuranosid]** $C_{21}H_{26}O_5$, Formel IX.

B. Neben dem unter b) beschriebenen Anomeren beim Behandeln von Methyl-[*O*³,*O*⁵-
dibenzyl-ξ-D-xylofuranosid] (Gemisch der Anomeren) mit Dimethylformamid, Methyl=
jodid und Silberoxid (*Bowering, Timell,* Canad. J. Chem. **36** [1958] 283) oder mit Di=
methylsulfat und Natriumhydroxid in Tetrahydrofuran (*Kováč, Petríková,* Carbohydrate
Res. **16** [1971] 492). Trennung von dem Anomeren durch Chromatographie an Silicagel:
Ko., Pe.

Öl; $[\alpha]_D^{25}$: +91,1° [A.; c = 1] (*Ko., Pe.*).

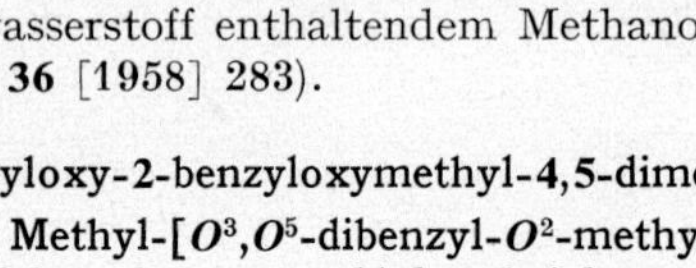

IX 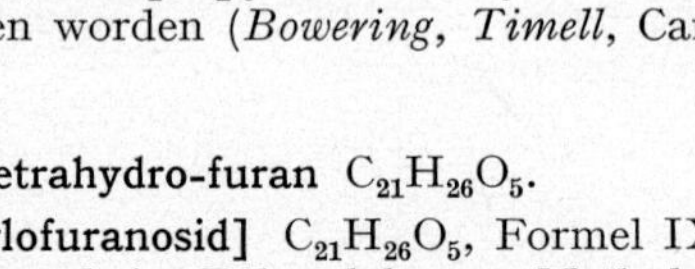   X

b) **Methyl-[O^3,O^5-dibenzyl-O^2-methyl-β-D-xylofuranosid]** $C_{21}H_{26}O_5$, Formel X.

B. s. bei dem unter a) beschriebenen Anomeren.

Öl; $[\alpha]_D^{25}$: $-45,8°$ [A.; c = 1] (*Kováč, Petríková*, Carbohydrate Res. **16** [1971] 492).

($2R$)-2r-Hydroxymethyl-5ξ-trityloxy-tetrahydro-furan-3t,4t-diol, Trityl-ξ-D-ribo=furanosid $C_{24}H_{24}O_5$, Formel XI.

B. Bei der Hydrierung von Trityl-[O^5-trityl-ξ-D-ribofuranosid] (s. u.) an Palladium in Aceton (*Bredereck, Greiner*, B. **86** [1953] 717, 721).

Krystalle; F: 148°. $[\alpha]_D^{24}$: $+33,8°$ [CHCl$_3$]; $[\alpha]_D^{24}$: $+26,5°$ [Py.].

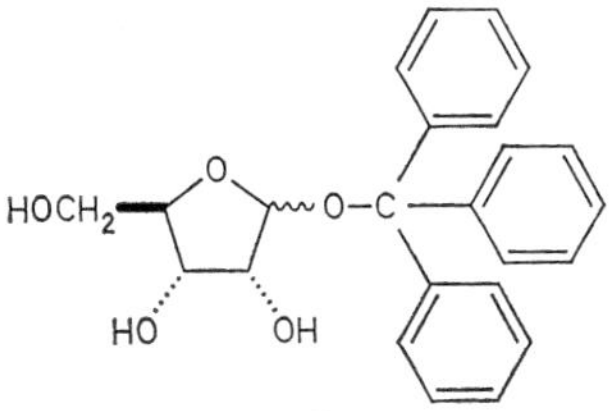

XI 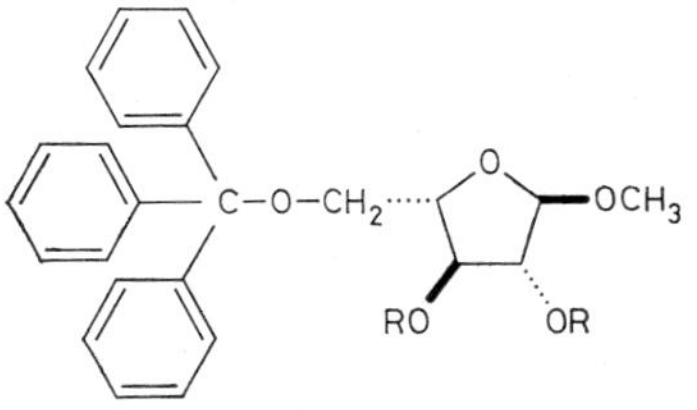   XII

Methyl-[O^5-trityl-α-L-arabinofuranosid] $C_{25}H_{26}O_5$, Formel XII (R = H).

B. Bei mehrtägigem Behandeln von Methyl-α-L-arabinofuranosid mit Tritylchlorid und Pyridin (*Williams, Jones*, Canad. J. Chem. **45** [1967] 275, 287; s. a. *Smith*, Soc. **1939** 753).

Krystalle (aus Acn. + PAe.), F: 111−113°; $[\alpha]_D^{21}$: $-91°$ [CHCl$_3$; c = 1] (*Wi., Jo.*).

Methyl-[O^2,O^3-dimethyl-O^5-trityl-α-L-arabinofuranosid] $C_{27}H_{30}O_5$, Formel XII (R = CH$_3$).

B. Beim Behandeln von Methyl-[O^5-trityl-α-L-arabinofuranosid] mit Methyljodid und Silberoxid (*Williams, Jones*, Canad. J. Chem. **45** [1967] 275, 287; s. a. *Smith*, Soc. **1939** 753).

Öl; $[\alpha]_D^{21}$: $-41°$ [CHCl$_3$; c = 4] (*Wi., Jo.*).

Trityl-[O^2-trityl-ξ-D-ribofuranosid] $C_{43}H_{38}O_5$, Formel I (R = C(C$_6$H$_5$)$_3$), und **Trityl-[O^3-trityl-ξ-D-ribofuranosid]** $C_{43}H_{38}O_5$, Formel II (R = C(C$_6$H$_5$)$_3$).

Diese beiden Formeln kommen für die nachstehend beschriebene Verbindung in Betracht.

B. Bei der Hydrierung von Trityl-[O^3,O^5(oder O^2,O^5)-ditrityl-ξ-D-ribofuranosid] (S. 2498) an Palladium in Aceton (*Bredereck, Greiner*, B. **86** [1953] 717, 721). Beim Behandeln von Trityl-[O^3(oder O^2)-acetyl-O^2(oder O^3)-trityl-ξ-D-ribofuranosid] (S. 2499) mit Natriummethylat in Methanol bei $-20°$ (*Br., Gr.*).

Krystalle (aus A.); F: 186°. $[\alpha]_D^{22}$: $+38,3°$ [CHCl$_3$].

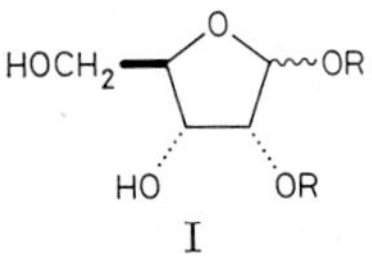

I 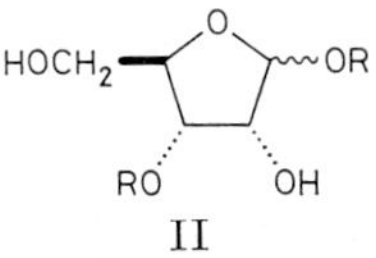   II 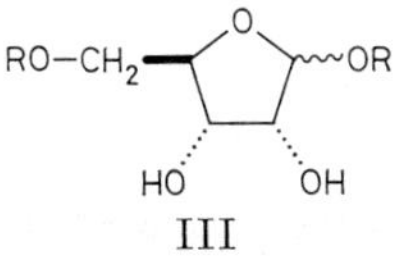   III 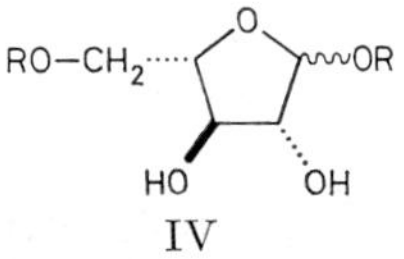   IV

2-Trityloxy-5-trityloxymethyl-tetrahydro-furan-3,4-diol $C_{43}H_{38}O_5$.

a) **Trityl-[O^5-trityl-ξ-D-ribofuranosid]** $C_{43}H_{38}O_5$, Formel III (R = C(C$_6$H$_5$)$_3$).

B. Beim Erwärmen von D-Ribose (*Zeile, Kruckenberg*, B. **75** [1942] 1127, 1137; *Bredereck, Greiner*, B. **86** [1953] 717, 719, 720) oder von O^5-Trityl-D-ribose (*Br., Gr.*) mit Tritylchlorid und Pyridin.

Krystalle; F: 225° [aus A. + Me.] (*Br., Gr.*), 211° [aus Bzl. + Bzn.] (*Ze., Kr.*). $[\alpha]_D^{18}$: $+61,2°$ [Bzl.]; $[\alpha]_D^{18}$: $+48,5°$ [Py.] (*Br., Gr.*).

b) **Trityl-[O^5-trityl-ξ-L-arabinofuranosid]** $C_{43}H_{38}O_5$, Formel IV (R = C(C$_6$H$_5$)$_3$).

Eine Verbindung dieser Konstitution und Konfiguration hat vermutlich in dem nachstehend beschriebenen Präparat vorgelegen.

B. Beim Erwärmen von L-Arabinose mit Tritylchlorid und Pyridin (*Zeile, Kruckenberg,* B. **75** [1942] 1127, 1129, 1136).
F: 93° (nach Sintern von 86° an) [aus Heptan].
Überführung in ein Dibenzoyl-Derivat (F: 210°): *Ze., Kr.*

c) **Trityl-[O^5-trityl-ξ-D-xylofuranosid]** $C_{43}H_{38}O_5$, Formel V (R = $C(C_6H_5)_3$).
Eine Verbindung dieser Konstitution und Konfiguration hat vermutlich in dem nachstehend beschriebenen Präparat vorgelegen.
B. Beim Erwärmen von D-Xylose mit Tritylchlorid und Pyridin (*Zeile, Kruckenberg,* B. **75** [1942] 1127, 1129, 1135).
Krystalle (aus Heptan); F: 100° [nach Sintern von 88° an]. $[\alpha]_D^{17}$: +4,16° [Bzl.].
Überführung in ein Dibenzoyl-Derivat (F: 235°; $[\alpha]_D^{17}$: +31° [Bzl.]): *Ze., Kr.*

2-Methoxy-4-trityloxy-5-trityloxymethyl-tetrahydro-furan-3-ol $C_{44}H_{40}O_5$.

a) **Methyl-[O^3,O^5-ditrityl-ξ-D-arabinofuranosid]** $C_{44}H_{40}O_5$, Formel VI (R = $C(C_6H_5)_3$).
B. Beim Behandeln von Methyl-D-arabinofuranosid (Gemisch der Anomeren) mit Tritylchlorid und Pyridin (*Halliburton, McIlroy,* Soc. **1949** 299).
Krystalle (aus CHCl₃); F: 148—149°. $[\alpha]_D^{17}$: +11,9° [CHCl₃].

        V   VI   VII   VIII

b) **Methyl-[O^3,O^5-ditrityl-ξ-D-xylofuranosid]** $C_{44}H_{40}O_5$, Formel VII (R = $C(C_6H_5)_3$).
B. Beim Behandeln von Methyl-D-xylofuranosid (Gemisch der Anomeren) mit Tritylchlorid und Pyridin (*McIlroy,* Soc. **1946** 100).
Krystalle (aus A.); F: 78°. $[\alpha]_D^{20}$: +4,0° [CHCl₃].

2,3-Dimethoxy-4-trityloxy-5-trityloxymethyl-tetrahydro-furan $C_{45}H_{42}O_5$.

a) **Methyl-[O^2-methyl-O^3,O^5-ditrityl-ξ-D-arabinofuranosid]** $C_{45}H_{42}O_5$, Formel VIII (R = $C(C_6H_5)_3$).
B. Beim Erwärmen von Methyl-[O^3,O^5-ditrityl-ξ-D-arabinofuranosid] (s. o.) mit Methyljodid und Silberoxid (*Halliburton, McIlroy,* Soc. **1949** 299).
Krystalle (aus CHCl₃); F: 107—108°. $[\alpha]_D^{18}$: +23,1° [Me.].

b) **Methyl-[O^2-methyl-O^3,O^5-ditrityl-ξ-D-xylofuranosid]** $C_{45}H_{42}O_5$, Formel IX (R = $C(C_6H_5)_3$).
B. Beim Erwärmen von Methyl-[O^3,O^5-ditrityl-ξ-D-xylofuranosid] (s. o.) mit Methyljodid und Silberoxid (*McIlroy,* Soc. **1946** 100, **1947** 850).
Krystalle (aus A.); F: 80°. $[\alpha]_D^{18}$: +1,6° [CHCl₃].

        IX   X   XI   XII

Trityl-[O^2,O^5-ditrityl-ξ-D-ribofuranosid] $C_{62}H_{52}O_5$, Formel X (R = $C(C_6H_5)_3$), und
Trityl-[O^3,O^5-ditrityl-ξ-D-ribofuranosid] $C_{62}H_{52}O_5$, Formel XI (R = $C(C_6H_5)_3$).
Diese Formeln kommen für die nachstehend beschriebene Verbindung in Betracht.
B. Beim Erhitzen von D-Ribose mit Tritylchlorid und Pyridin (*Bredereck, Greiner,* B. **86** [1953] 717, 720).
Krystalle (aus Dioxan + Me.); F: 292°. $[\alpha]_D^{18}$: +89,0° [CHCl₃]; $[\alpha]_D^{18}$: +72,6° [Py.].

[β,β′-Dihydroxy-isopropyl]-α-L-arabinofuranosid, O^2-α-L-Arabinofuranosylglycerin $C_8H_{16}O_7$, Formel XII.
B. Beim Behandeln von O^5-β-D-Galactofuranosyl-D-galactit mit Natriumperjodat in Wasser und Behandeln der Reaktionslösung mit Natriumboranat (*Gorin, Spencer,* Canad. J. Chem. **37** [1959] 499, 501).
Öl. $[\alpha]_D^{27}$: −129° [W.; c = 1].

O^3-β-L-**Arabinofuranosyl**-L-**arabinose** $C_{10}H_{18}O_9$, Formel XIII, und cyclische Tautomere.
Über die Konfiguration s. *Smith, Stephen*, Soc. **1961** 4892, 4898.
Isolierung aus Hydrolysaten von Araban-Präparaten: *Andrews et al.*, Chem. and Ind.
1956 658; *Aspinall et al.*, Soc. **1959** 1697, 1701.
    $[\alpha]_D^{25}$: $+94°$ [W.; c = 0,5] (*An. et al.*); $[\alpha]_D$: $+89°$ [W.; c = 1] (*As. et al.*).
Charakterisierung durch Überführung in O^3-β-L-**Arabinofuranosyl**-L-*erythro*-
[2]**pentosulose-bis-phenylhydrazon** $C_{22}H_{28}N_4O_7$ (F: 200°): *An. et al.*

XIII   XIV   XV

O^5-α-L-**Arabinofuranosyl**-L-**arabinose** $C_{10}H_{18}O_9$, Formel XIV, und cyclische Tautomere.
Isolierung aus Hydrolysaten von Araban-Präparaten: *Andrews et al.*, Chem. and Ind.
1956 658; *Smith, Stephen*, Soc. **1961** 4892, 4898.
    $[\alpha]_D^{18}$: $-87°$ [W.; c = 0,5] (*Sm., St.*); $[\alpha]_D^{25}$: $-72°$ [W.; c = 0,6] (*An. et al.*).

O^5-α-L-**Arabinofuranosyl**-L-*erythro*-[2]**pentosulose-bis-phenylhydrazon**,
O^5-α-L-**Arabinofuranosyl**-L-**arabinose-phenylosazon** $C_{22}H_{28}N_4O_7$, Formel XV.
    B. Aus der im vorangehenden Artikel beschriebenen Verbindung (*Andrews et al.*, Chem.
and Ind. **1956** 658; *Smith, Stephen*, Soc. **1961** 4892, 4898).
    Krystalle; F: 184—186° [aus wss. A.] (*Sm., St.*), 177° (*An. et al.*).   [*Blazek*]

Trityl-[O^3-acetyl-O^2-trityl-ξ-D-ribofuranosid] $C_{45}H_{40}O_6$, Formel I (R = C(C$_6$H$_5$)$_3$),
und **Trityl-[O^2-acetyl-O^3-trityl-ξ-D-ribofuranosid]** $C_{45}H_{40}O_6$, Formel II (R = C(C$_6$H$_5$)$_3$).
Diese beiden Formeln kommen für die nachstehend beschriebene Verbindung in Betracht.
    B. Bei der Hydrierung von Trityl-[O^3(oder O^2)-acetyl-O^2,O^5(oder O^3,O^5)-ditrityl-ξ-D-ribo\=
furanosid] (s. u.) an Palladium in Aceton unter 10 at (*Bredereck, Greiner*, B. **86** [1953]
717, 721).
    Krystalle (aus Acn. + A.); F: 203°. $[\alpha]_D^{18}$: $+22,1°$ [CHCl$_3$]; $[\alpha]_D^{18}$: $+53,8°$ [Py.].

I   II   III

Methyl-[O^2-acetyl-O^3,O^5-ditrityl-ξ-D-xylofuranosid] $C_{46}H_{42}O_6$, Formel III
(R = C(C$_6$H$_5$)$_3$).
    B. Beim Behandeln von Methyl-[O^3,O^5-ditrityl-ξ-D-xylofuranosid] (S. 2498) mit Acetan\=
hydrid und Pyridin (*McIlroy*, Soc. **1947** 850).
    Krystalle (aus A.); F: 79—79,5°. $[\alpha]_D^{17}$: $+2,0°$ [CHCl$_3$; c = 1].

Trityl-[O^3-acetyl-O^2,O^5-ditrityl-ξ-D-ribofuranosid] $C_{64}H_{54}O_6$, Formel IV (R = C(C$_6$H$_5$)$_3$),
und **Trityl-[O^2-acetyl-O^3,O^5-ditrityl-ξ-D-ribofuranosid]** $C_{64}H_{54}O_6$, Formel V
(R = C(C$_6$H$_5$)$_3$).
Diese Formeln kommen für die nachstehend beschriebene Verbindung in Betracht.
    B. Beim Erwärmen von Trityl-[O^2,O^5(oder O^3,O^5)-ditrityl-ξ-D-ribofuranosid] (S. 2498)
mit Acetanhydrid und Pyridin (*Bredereck, Greiner*, B. **86** [1953] 717, 721).
    Krystalle (aus Acn.); F: 204°. $[\alpha]_D^{18}$: $-91,4°$ [CHCl$_3$].

RO—CH$_2$ —◯— OR   RO—CH$_2$ —◯— OR   RO—CH$_2$ ·····◯— OC$_2$H$_5$

H$_3$C—CO—O   OR   RO   O—CO—CH$_3$ H$_3$C—CO—O   O—CO—CH$_3$

IV   V   VI

Äthyl-[O^2,O^3-diacetyl-α-L-arabinofuranosid] $C_{11}H_{18}O_7$, Formel VI (R = H).

B. Aus Äthyl-[O^2,O^3-diacetyl-O^5-trityl-α-L-arabinofuranosid] beim Behandeln mit Bromwasserstoff in Essigsäure (*Goldstein et al.*, Am. Soc. **79** [1957] 3858) sowie beim Erhitzen mit wss. Essigsäure (*Dutton et al.*, Canad. J. Chem. **37** [1959] 1955, 1956).

Öl. $[α]_D^{20}$: −30° [CHCl$_3$; c = 2] (*Go. et al.*); $[α]_D^{25}$: −58,8° [CHCl$_3$; c = 0,2] (*Du. et al.*).

Äthyl-[O^2,O^3-diacetyl-O^5-methyl-α-L-arabinofuranosid] $C_{12}H_{20}O_7$, Formel VI (R = CH$_3$).

B. Beim Erwärmen von Äthyl-[O^2,O^3-diacetyl-α-L-arabinofuranosid] mit Methyljodid, Calciumsulfat und mit Silberoxid (*Dutton et al.*, Canad. J. Chem. **37** [1959] 1955, 1956).

Öl; $[α]_D^{25}$: −49,0° [CHCl$_3$].

Methyl-[O^2,O^3-diacetyl-O^5-trityl-ξ-D-xylofuranosid] $C_{29}H_{30}O_7$, Formel VII (R = C(C$_6$H$_5$)$_3$).

B. Beim Behandeln von Methyl-[O^3,O^5-ditrityl-ξ-D-xylofuranosid] (S. 2498) mit Acetanhydrid und Pyridin (*McIlroy*, Soc. **1946** 100).

Harz. $[α]_D^{20}$: +11,2° [CHCl$_3$; c = 1].

Äthyl-[O^2,O^3-diacetyl-O^5-trityl-α-L-arabinofuranosid] $C_{30}H_{32}O_7$, Formel VI (R = C(C$_6$H$_5$)$_3$).

B. Beim Behandeln von Äthyl-α-L-arabinofuranosid mit Tritylchlorid und Pyridin und anschliessend mit Acetanhydrid (*Dutton et al.*, Canad. J. Chem. **37** [1959] 1955, 1956; *Goldstein et al.*, Am. Soc. **79** [1957] 3858, 3859).

Öl; $[α]_D^{25}$: −82,9° [CHCl$_3$] (*Du. et al.*).

RO—CH$_2$ —◯— OCH$_3$ RO—CH$_2$ —◯— OR   RO—CH$_2$ ·····◯— OR

H$_3$C—CO—O   O—CO—CH$_3$ H$_3$C—CO—O   O—CO—CH$_3$ H$_3$C—CO—O   O—CO—CH$_3$

VII   VIII   IX

3,4-Diacetoxy-2-trityloxy-5-trityloxymethyl-tetrahydro-furan $C_{47}H_{42}O_7$.

a) **Trityl-[O^2,O^3-diacetyl-O^5-trityl-ξ-D-ribofuranosid]** $C_{47}H_{42}O_7$, Formel VIII (R = C(C$_6$H$_5$)$_3$).

B. Beim Erwärmen von D-Ribose mit Tritylchlorid und Pyridin und anschliessenden Behandeln mit Acetanhydrid (*Zeile, Kruckenberg*, B. **75** [1942] 1127, 1131, 1137). Beim Erwärmen von Trityl-[O^5-trityl-ξ-D-ribofuranosid] (S. 2497) mit Acetanhydrid und Pyridin (*Bredereck, Greiner*, B. **86** [1953] 717, 720).

Krystalle (aus Bzl. + A. oder aus Acn. + A.); F: 285° (*Ze., Kr.*; *Br., Gr.*). $[α]_D^{24}$: +29,2° [CHCl$_3$] (*Br., Gr.*).

b) **Trityl-[O^2,O^3-diacetyl-O^5-trityl-ξ-L-arabinofuranosid]** $C_{47}H_{42}O_7$, Formel IX (R = C(C$_6$H$_5$)$_3$).

B. Beim Behandeln von Trityl-[O^5-trityl-ξ-L-arabinofuranosid] (S. 2497) mit Acetanhydrid und Pyridin (*Zeile, Kruckenberg*, B. **75** [1942] 1127, 1136).

F: 73° [aus Bzn.; nach Sintern bei 68°].

Trityl-[O^3,O^5-diacetyl-O^2-trityl-ξ-D-ribofuranosid] $C_{47}H_{42}O_7$, Formel X (R = C(C$_6$H$_5$)$_3$), und **Trityl-[O^2,O^5-diacetyl-O^3-trityl-ξ-D-ribofuranosid]** $C_{47}H_{42}O_7$, Formel XI (R = C(C$_6$H$_5$)$_3$).

Diese beiden Formeln kommen für die nachstehend beschriebene Verbindung in Betracht.

B. Beim Erwärmen von Trityl-[O^3(oder O^2)-acetyl-O^2(oder O^3)-trityl-ξ-D-ribofuranosid] (S. 2499) mit Acetanhydrid und Pyridin (*Bredereck, Greiner*, B. **86** [1953] 717, 721).

Krystalle (aus Acn. + A.); F: 228°. $[α]_D^{18}$: +54,2° [CHCl$_3$]; $[α]_D^{25}$: +55,8° [CHCl$_3$].

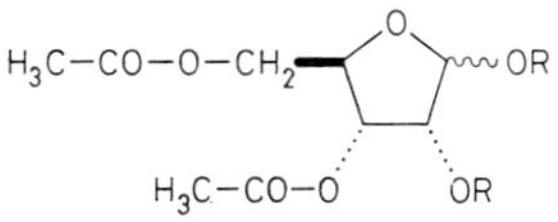

$$\text{X} \qquad\qquad \text{XI} \qquad\qquad \text{XII}$$

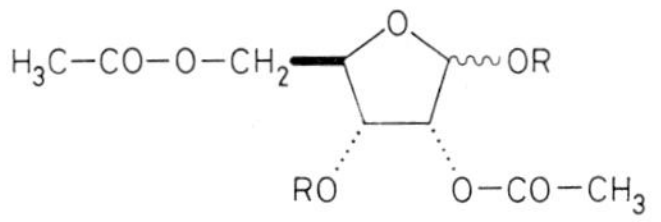

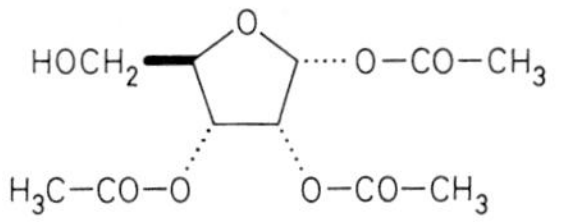

2,3,4-Triacetoxy-5-hydroxymethyl-tetrahydro-furan, 3,4,5-Triacetoxy-tetrahydro-furfuryl⸗ alkohol $C_{11}H_{16}O_8$.

a) O^1,O^2,O^3-**Triacetyl-α-D-ribofuranose** $C_{11}H_{16}O_8$, Formel XII.

B. Neben dem unter b) beschriebenen Anomeren aus O^1,O^2,O^3-Triacetyl-O^5-trityl-ξ-D-ribofuranose (s. u.) bei der Hydrierung an Palladium in Essigsäure bei 80°/50 — 80 at sowie beim Erwärmen mit 2 % Wasser enthaltender Essigsäure (*Kanazawa, Sato*, J. chem. Soc. Japan Pure Chem. Sect. **80** [1959] 200, 203; C. A. **1961** 6385).

Öl; $[\alpha]_D^{15}$: +77,5° [A.; c = 1,5].

b) O^1,O^2,O^3-**Triacetyl-β-D-ribofuranose** $C_{11}H_{16}O_8$, Formel XIII.

B. s. bei dem unter a) beschriebenen Anomeren.

Öl; $[\alpha]_D^{10}$: −3,3° [A.; c = 0,8] (*Kanazawa, Sato*, J. chem. Soc. Japan Pure Chem. Sect. **80** [1959] 200, 201; C. A. **1961** 6385).

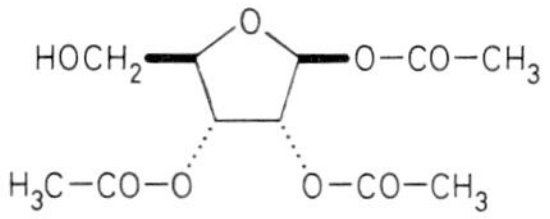

$$\text{XIII} \qquad\qquad \text{XIV} \qquad\qquad \text{XV}$$

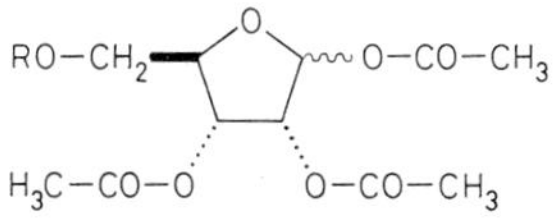

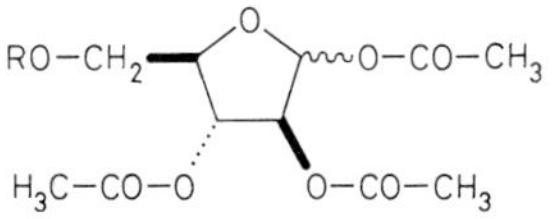

2,3,4-Triacetoxy-5-trityloxymethyl-tetrahydro-furan $C_{30}H_{30}O_8$.

a) O^1,O^2,O^3-**Triacetyl-O^5-trityl-ξ-D-ribofuranose** $C_{30}H_{30}O_8$, Formel XIV (R = C(C$_6$H$_5$)$_3$).

B. Beim Behandeln von O^5-Trityl-D-ribose mit Acetanhydrid und Pyridin (*Bredereck et al.*, B. **73** [1940] 956, 961; *Barker, Lock*, Soc. **1950** 23, 25).

$[\alpha]_D^{20}$: +4,9° oder +5,2° [A.; p = 2] (*Br. et al.*).

Beim Behandeln mit Bromwasserstoff in Essigsäure (s. *Br. et al.*) ist Tetra-O-acetyl-di-β-D-ribofuranose-1,5′;5,1′-dianhydrid erhalten worden (*Ba., Lock; Kanazawa, Sato*, J. chem. Soc. Japan Pure Chem. Sect. **80** [1959] 200, 203; C. A. **1961** 6385).

b) O^1,O^2,O^3-**Triacetyl-O^5-trityl-ξ-D-arabinofuranose** $C_{30}H_{30}O_8$, Formel XV (R = C(C$_6$H$_5$)$_3$).

B. Beim Behandeln von O^5-Trityl-D-arabinose mit Acetanhydrid und Pyridin (*Bristow, Lythgoe*, Soc. **1949** 2306, 2308).

Harz. $[\alpha]_D^{16}$: +28,5° [CHCl$_3$].

c) O^1,O^2,O^3-**Triacetyl-O^5-trityl-ξ-D-xylofuranose** $C_{30}H_{30}O_8$, Formel I (R = C(C$_6$H$_5$)$_3$).

B. Beim Behandeln von O^5-Trityl-D-xylose mit Acetanhydrid und Pyridin (*Chang, Lythgoe*, Soc. **1950** 1992).

Amorph. $[\alpha]_D^{19}$: +33° [A.].

d) O^1,O^2,O^3-**Triacetyl-O^5-trityl-ξ-D-lyxofuranose** $C_{30}H_{30}O_8$, Formel II (R = C(C$_6$H$_5$)$_3$).

B. Beim Behandeln von O^5-Trityl-D-lyxose mit Acetanhydrid und Pyridin (*Zinner, Brandner*, B. **89** [1956] 1507, 1514).

Amorphes Pulver [aus Me. + W.]. $[\alpha]_D^{20}$: + 8,2° [CHCl$_3$].

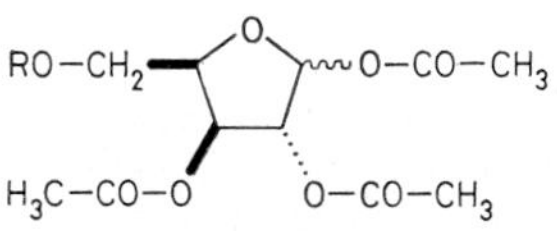

$$\text{I} \qquad\qquad\qquad \text{II} \qquad\qquad\qquad \text{III}$$

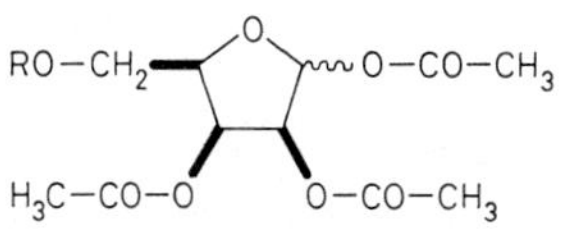

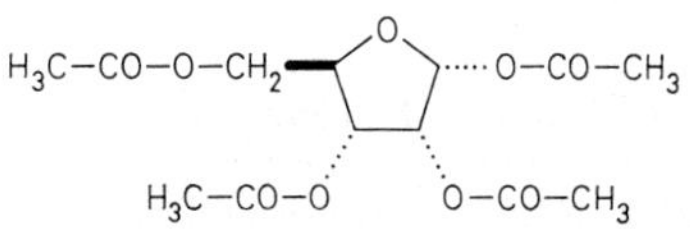

2,3,4-Triacetoxy-5-acetoxymethyl-tetrahydro-furan, Tetra-O-acetyl-pentofuranose
$C_{13}H_{18}O_9$.

a) **Tetra-O-acetyl-α-D-ribofuranose** $C_{13}H_{18}O_9$, Formel III.

B. Beim Behandeln von O^1,O^2,O^3-Triacetyl-α-D-ribofuranose mit Acetanhydrid und Pyridin (*Kanazawa, Sato*, J. chem. Soc. Japan Pure Chem. Sect. **80** [1959] 200, 202; C. A. **1961** 6385). Aus dem unter b) beschriebenen Anomeren beim Behandeln mit Zinkchlorid und Acetanhydrid (*Zinner,* B. **86** [1953] 817, 824).

Öl. $[\alpha]_D^{12}$: $+75,2°$ [Me.] (*Ka., Sato*); $[\alpha]_D^{20}$: $+78,7°$ [Me.] (*Zi.*).

b) **Tetra-O-acetyl-β-D-ribofuranose** $C_{13}H_{18}O_9$, Formel IV.

B. Neben Tetra-O-acetyl-β-D-ribopyranose beim Erwärmen von D-Ribose mit Acet=anhydrid und Pyridin (*Zinner*, B. **83** [1950] 153, 155; *Viscontini et al.*, Helv. **37** [1954] 1373, 1375) oder mit Acetanhydrid unter Zusatz von Natriumacetat (*Zi.*, B. **83** 156; *Zinner*, B. **86** [1953] 817, 822; *Brown et al.*, Biochem. Prepar. **4** [1955] 70). Beim Be-handeln von D-Ribose mit Acetanhydrid und Pyridin enthaltendem Dioxan (*Johnson et al.*, Soc. **1953** 3061, 3065). Beim Behandeln von D-Ribose mit Schwefelsäure enthalten-dem Methanol und anschliessend mit Acetanhydrid und Essigsäure unter Zusatz von Schwefelsäure (*Guthrie, Smith*, Biochem. Prepar. **13** [1971] 1). Beim Behandeln von D-Ribose mit Schwefelsäure enthaltendem Methanol und anschliessend mit Acetanhydrid und Pyridin und Behandeln des Reaktionsprodukts mit Essigsäure, Acetanhydrid und Schwefelsäure (*Gu., Sm.*). Beim Behandeln von D-Ribose mit Chlorwasserstoff enthal-tendem Methanol, Eintragen von Acetanhydrid in eine Lösung des erhaltenen Öls in Pyridin, Behandeln des Reaktionsprodukts mit Bromwasserstoff in Essigsäure und Behandeln des danach isolierten Reaktionsprodukts mit Acetanhydrid und Pyridin (*Haynes et al.*, Soc. **1957** 3727, 3730). Beim Behandeln von O^1,O^2,O^3-Triacetyl-β-D-ribo=furanose mit Acetanhydrid und Pyridin (*Kanazawa, Sato*, J. chem. Soc. Japan Pure Chem. Sect. **80** [1959] 200, 202; C. A. **1961** 6385; s. a. *Howard et al.*, Soc. **1947** 1052, 1054). Beim Behandeln von O^1,O^2,O^3-Triacetyl-O^5-trityl-ξ-D-ribofuranose (S. 2501) mit Acetylbromid und Acetanhydrid (*Bredereck, Höpfner*, B. **81** [1948] 51; *Davoll et al.*, Nature **170** [1952] 64).

Krystalle; F: 85° [aus Me.] (*Vi. et al.*), 84—85° [aus Me.] (*Br. et al.*), 82° [aus A.] (*Ha. et al.*); 82° [aus Me.] (*Zi.*, B. **83** 156). Über eine instabile monokline Modifikation vom F: 56—58°, die sich beim Umkristallisieren aus Methanol sowie beim Aufbewahren an der Luft in Gegenwart der stabilen rhombischen Modifikation (F: 82—85°) in diese umwandelt, s. *Farrar*, Nature **170** [1952] 896; *Da. et al.*; *Patterson, Groshens*, Nature **173** [1954] 398. Aus dem Röntgen-Diagramm ermittelte Dimensionen der Elementarzelle der rhombischen Modifikation (Raumgruppe $P2_12_12_1$): a = 7,50 Å; b = 13,66 Å; c = 15,33 Å; n = 4; der monoklinen Modifikation (Raumgruppe $P2_1$): a = 12,49 Å; b = 5,58 Å; c = 11,12 Å; β = 97,75°; n = 2 (*Pa., Gr.*). Molvolumen der beiden Modifika-tionen: *Pa., Gr.* $[\alpha]_D^{20}$: $-12,4°$ [$CHCl_3$; c = 5] (*Ha. et al.*); $[\alpha]_D^{21}$: $-12,6°$ [$CHCl_3$; c = 5] (*Br. et al.*); $[\alpha]_D^{22}$: $-12,0°$ [$CHCl_3$] (*Fa.*); $[\alpha]_D^{23}$: $-12°$ [$CHCl_3$; c = 2] (*Da. et al.*); $[\alpha]_D^{24}$: $-12,6°$ [$CHCl_3$; c = 13] (*Zi.*, B. **83** 156); $[\alpha]_D^{24,5}$: $-12,9°$ [$CHCl_3$; c = 2] (*Kissman et al.*, Am. Soc. **77** [1955] 19, 21); $[\alpha]_D^{22}$: $-13,5°$ [Me.; c = 5] (*Da. et al.*); $[\alpha]_D^{24}$: $-14,6°$ [Me.; c = 5] (*Br. et al.*); $[\alpha]_D^{24}$: $-15,2°$ [Me.; c = 2] (*Ki. et al.*); $[\alpha]_D^{24}$: $-15,4°$ [Me.; c = 7] (*Zi.*, B. **86** 821).

IV   V

c) **Tetra-O-acetyl-ξ-D-arabinofuranose** $C_{13}H_{18}O_9$, Formel V.

B. Neben grösseren Mengen Tetra-O-acetyl-β-D-arabinopyranose beim Behandeln von D-Arabinose mit wss. Perchlorsäure und Acetanhydrid (*Kuszmann, Vargha*, Rev. Chim. Acad. roum. **7** [1962] 1025, 1027, 1030). Ölige Präparate von ungewisser konfigurativer Einheitlichkeit sind aus O^1,O^2,O^3-Triacetyl-O^5-trityl-ξ-D-arabinofuranose (S. 2501) bei der Behandlung mit Acetylbromid und Acetanhydrid (*Wright, Khorana*, Am. Soc. **80** [1958] 1994, 1997) sowie bei der Hydrierung an Palladium in Essigsäure und Behandlung des

Reaktionsprodukts mit Acetanhydrid und Pyridin (*Bristow, Lythgoe*, Soc. **1949** 2306, 2308) erhalten worden.

Krystalle (aus A.), F: 94—96°; $[\alpha]_D^{20}$: $+29°$ [CHCl$_3$] (*Ku., Va.*).

d) **Tetra-*O*-acetyl-ξ-D-xylofuranose** C$_{13}$H$_{18}$O$_9$, Formel VI.

B. Beim Behandeln von O^1,O^2,O^3-Triacetyl-O^5-trityl-ξ-D-xylofuranose (S. 2501) mit Acetylbromid und Acetanhydrid (*Chang, Lythgoe*, Soc. **1950** 1992).

Öl. $[\alpha]_D^{19}$: $+56°$ [A.].

H$_3$C—CO—O—CH$_2$ —— O—CO—CH$_3$ H$_3$C—CO—O—CH$_2$ —— O—CO—CH$_3$

H$_3$C—CO—O   O—CO—CH$_3$ H$_3$C—CO—O   O—CO—CH$_3$

       VI   VII

e) **Tetra-*O*-acetyl-α-D-lyxofuranose** C$_{13}$H$_{18}$O$_9$, Formel VII.

B. Neben Tetra-*O*-acetyl-β-D-lyxofuranose C$_{13}$H$_{18}$O$_9$ [Formel VIII] (nicht rein erhalten) beim Behandeln von O^5-Acetyl-D-lyxose mit Acetanhydrid und Pyridin (*Zinner, Brandner*, B. **89** [1956] 1507, 1515) sowie aus O^1,O^2,O^3-Triacetyl-O^5-trityl-ξ-D-lyxofuranose (S. 2501) bei der Behandlung mit Acetylbromid und Acetanhydrid oder bei der Hydrierung an Palladium in Essigsäure und Behandlung des Reaktionsprodukts mit Acetanhydrid und Pyridin (*Zi., Br.*).

Öl; $[\alpha]_D^{20}$: $+74°$ [Me.]; $[\alpha]_D^{20}$: $+73°$ [CHCl$_3$].

H$_3$C—CO—O—CH$_2$ —— O—CO—CH$_3$ HOCH$_2$ —— OCH$_3$

H$_3$C—CO—O   O—CO—CH$_3$ HO   O—CO—⟨phenyl⟩

       VIII   IX

4-Benzoyloxy-2-hydroxymethyl-5-methoxy-tetrahydro-furan-3-ol, 4-Benzoyloxy-3-hydroxy-5-methoxy-tetrahydro-furfurylalkohol C$_{13}$H$_{16}$O$_6$.

a) **Methyl-[O^2-benzoyl-α-D-xylofuranosid]** C$_{13}$H$_{16}$O$_6$, Formel IX.

B. Beim Erwärmen von Methyl-[O^2-benzoyl-O^3,O^5-isopropyliden-α-D-xylofuranosid] in wss. Essigsäure (*Schaub, Weiss*, Am. Soc. **80** [1958] 4683, 4689).

Krystalle (aus E. + Heptan); F: 89—90°. $[\alpha]_D^{25}$: $+142°$ [CHCl$_3$; c = 2]. IR-Banden (KBr; 2,9—14 μ): *Sch., We.*

b) **Methyl-[O^2-benzoyl-β-D-xylofuranosid]** C$_{13}$H$_{16}$O$_6$, Formel X.

B. Aus Methyl-[O^2-benzoyl-O^3,O^5-isopropyliden-β-D-xylofuranosid] analog dem unter a) beschriebenen Anomeren (*Schaub, Weiss*, Am. Soc. **80** [1958] 4683, 4689).

Öl. IR-Banden (KBr; 2,9—14 μ): *Sch., We.*

HOCH$_2$ —— OCH$_3$ ⟨phenyl⟩—CO—O—CH$_2$ —— OCH$_3$

HO   O—CO—⟨phenyl⟩   H$_3$CO   OCH$_3$

       X   XI

Methyl-[O^5-benzoyl-O^2,O^3-dimethyl-ξ-D-xylofuranosid] C$_{15}$H$_{20}$O$_6$, Formel XI.

B. Beim Erwärmen von O^5-Benzoyl-O^1,O^2-isopropyliden-α-D-xylofuranose mit Chlorwasserstoff enthaltendem Methanol und Behandeln des Reaktionsprodukts mit Methyljodid und Silberoxid (*Robertson, Gall*, Soc. **1937** 1600, 1603).

Öl; n_D^{15}: 1,4918.

O^1,O^2,O^3-Triacetyl-O^5-benzoyl-ξ-D-ribofuranose C$_{18}$H$_{20}$O$_9$, Formel XII.

B. Beim Erhitzen von Methyl-[O^5-benzoyl-O^2,O^3-isopropyliden-ξ-D-ribofuranosid]

(Kp$_{0,01}$: 170°) mit wss. Salzsäure und Behandeln des Reaktionsprodukts mit Acetan=
hydrid und Pyridin (*Kenner et al.*, Soc. **1948** 957, 962).
    Krystalle (aus A.); F: 117—118°.

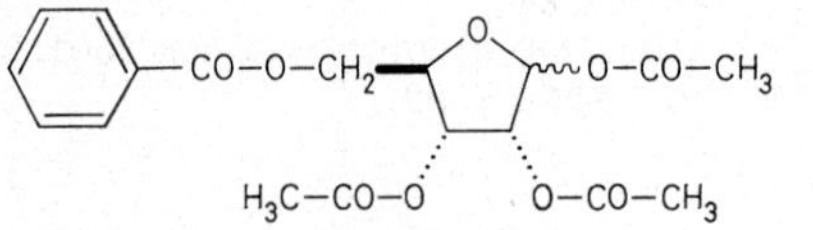

XII 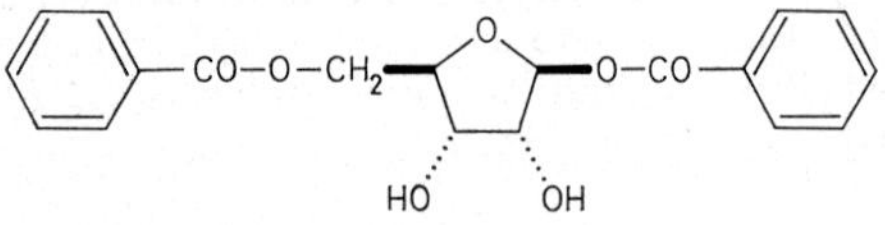   XIII

O^1,O^5-**Dibenzoyl-β-D-ribofuranose** $C_{19}H_{18}O_7$, Formel XIII.
    B. Aus O^1,O^5-Dibenzoyl-O^2,O^3-[(*Ξ*)-benzyliden]-β-D-ribofuranose bei der Hydrierung
an Palladium/Kohle in Methanol (*Wood et al.*, Am. Soc. **78** [1956] 4715).
    Krystalle (aus A. + Pentan); F: 125—126° [korr.]. $[\alpha]_D^{20}$: —6,8° [CHCl$_3$; c = 1].

Benzyl-[O^3,O^5-dibenzoyl-β-D-ribofuranosid] $C_{26}H_{24}O_7$, Formel I.
    B. Beim Behandeln von O^3,O^5-Dibenzoyl-α(?)-D-ribofuranosylbromid (S. 2294) mit
Benzylalkohol und Silberoxid (*Ness, Fletcher*, J. org. Chem. **22** [1957] 1470, 1472). Aus
O^5-Benzoyl-O^1,O^2,O^3-[(*Ξ*)-phenylmethantriyl]-α-D-ribofuranose und Benzylalkohol beim
Erhitzen auf 140° sowie beim Behandeln mit Borfluorid in Äther (*Ness, Fl.*).
    Krystalle (aus Ae.); F: 141—142° [korr.]. $[\alpha]_D^{20}$: —49,2° [CHCl$_3$; c = 2].

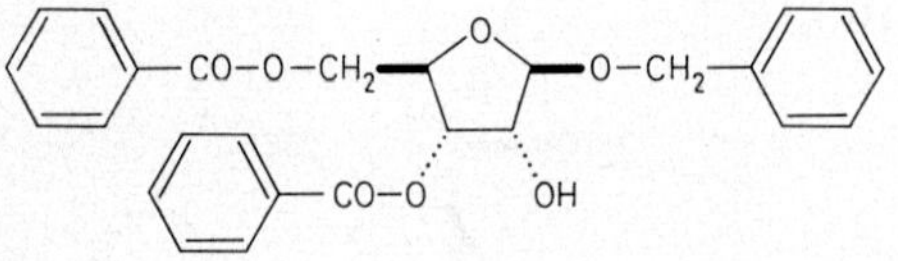

I 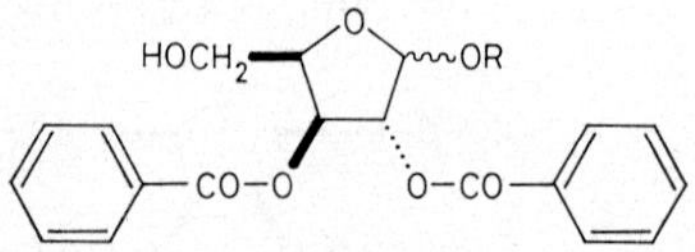   II

Trityl-[O^2,O^3-dibenzoyl-ξ-D-xylofuranosid] $C_{38}H_{32}O_7$, Formel II (R = C(C$_6$H$_5$)$_3$).
    B. Aus Trityl-[O^2,O^3-dibenzoyl-O^5-trityl-ξ-D-xylofuranosid] (s. u.) beim Behandeln mit
Chlorwasserstoff in Benzol (*Zeile, Kruckenberg*, B. **75** [1942] 1127, 1138).
    Krystalle (aus A. + Bzn.); F: 165°. $[\alpha]_D^{20}$: —4,87° [Py.].

3,4-Bis-benzoyloxy-2-trityloxy-5-trityloxymethyl-tetrahydro-furan $C_{57}H_{46}O_7$.
    a) **Trityl-[O^2,O^3-dibenzoyl-O^5-trityl-ξ-L-arabinofuranosid]** $C_{57}H_{46}O_7$, Formel III
(R = C(C$_6$H$_5$)$_3$).
    B. Beim Behandeln von Trityl-[O^5-trityl-ξ-L-arabinofuranosid] (S. 2497) mit Benzoyl=
chlorid und Pyridin (*Zeile, Kruckenberg*, B. **75** [1942] 1127, 1137).
    Krystalle (aus Bzl. + A.); F: 210°.

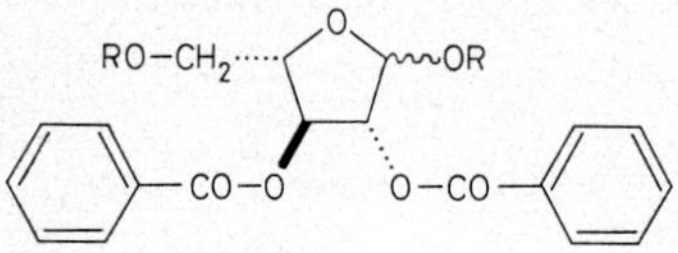

III 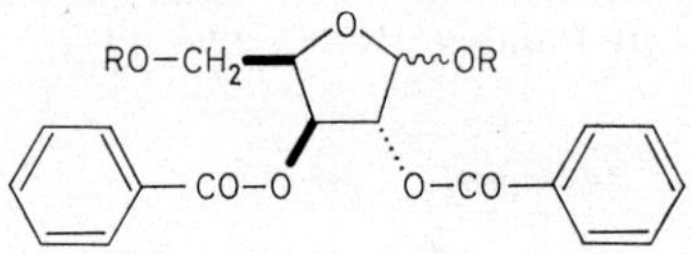   IV

    b) **Trityl-[O^2,O^3-dibenzoyl-O^5-trityl-ξ-D-xylofuranosid]** $C_{57}H_{46}O_7$, Formel IV
(R = C(C$_6$H$_5$)$_3$).
    B. Beim Erwärmen von D-Xylose mit Tritylchlorid und Pyridin und anschliessend mit
Benzoylchlorid (*Zeile, Kruckenberg*, B. **75** [1942] 1127, 1136).
    Krystalle (aus Bzl. + A.); F: 235°. $[\alpha]_D^{17}$: +31° [Bzl.; c = 1].

O^1-**Acetyl-O^3,O^5-dibenzoyl-α-D-ribofuranose** $C_{21}H_{20}O_8$, Formel V.
    Konstitutionszuordnung: *Ness, Fletcher*, Am. Soc. **78** [1956] 4710, 4713.
    B. Beim Behandeln von O^1,O^2-Diacetyl-O^3,O^5-dibenzoyl-β-D-ribofuranose oder von
O^1,O^3,O^5-Tribenzoyl-α-D-ribofuranose in 1,2-Dichlor-äthan bzw. Dichlormethan mit
Acetanhydrid und mit Bromwasserstoff enthaltender Essigsäure und anschliessenden

Behandeln mit Wasser und wss. Natriumhydrogencarbonat-Lösung (*Ness, Fletcher*, Am. Soc. **76** [1954] 1663, 1667).

Krystalle (aus Ae.), F: 129—130° [korr.]; Krystalle (aus CH_2Cl_2 + Pentan), F: 105° bis 106° und F: 127—128°; $[\alpha]_D^{20}$: +66,4° [$CHCl_3$; c = 1] (*Ness, Fl.*, Am. Soc. **76** 1667).

V   VI

O^1-Acetyl-O^2,O^5-dibenzoyl-β-D-ribofuranose $C_{21}H_{20}O_8$, Formel VI.

B. Beim Behandeln einer Lösung von O^5-Benzoyl-O^1,O^2,O^3-[(Ξ)-phenylmethantriyl]-α-D-ribofuranose in Dichlormethan mit Essigsäure (*Ness, Fletcher*, J. org. Chem. **22** [1957] 1470, 1472).

Krystalle (aus Ae. + Pentan); F: 101—103° [korr.]. $[\alpha]_D^{20}$: —25,0° [$CHCl_3$; c = 3].

O^1,O^2-Diacetyl-O^3,O^5-dibenzoyl-β-D-ribofuranose $C_{23}H_{22}O_9$, Formel VII.

Konfigurationszuordnung: *Ness, Fletcher*, Am. Soc. **78** [1956] 4710, 4711 Anm. 19.

B. Beim Behandeln von O^1,O^3,O^5-Tribenzoyl-α-D-ribofuranose oder von O^3,O^5-Dibenzoyl-α(?)-D-ribofuranosylbromid (S. 2294) mit Acetanhydrid unter Zusatz von Zinkchlorid (*Ness, Fletcher*, Am. Soc. **76** [1954] 1663, 1667). Beim Behandeln von O^1,O^3,O^5-Tribenzoyl-β-D-ribofuranose mit Acetanhydrid und Pyridin und Behandeln des Reaktionsprodukts mit Acetanhydrid und dem Borfluorid-Äther-Addukt (*Ness, Fletcher*, J. org. Chem. **22** [1957] 1465, 1468). Beim Behandeln von O^2-Acetyl-O^1,O^3,O^5-tribenzoyl-α-D-ribofuranose mit Titan(IV)-chlorid in Benzol und Behandeln des Reaktionsprodukts mit Silber⸗ acetat in Benzol (*Ness, Fl.*, Am. Soc. **78** 4714).

Krystalle (aus A.); F: 127—128° [korr.] (*Ness, Fl.*, Am. Soc. **76** 1667), 126—127° [korr.] (*Ness, Fl.*, Am. Soc. **78** 4714; J. org. Chem. **22** 1468). $[\alpha]_D^{20}$: —3,0° [$CHCl_3$; c = 2] (*Ness, Fl.*, Am. Soc. **78** 4714).

VII   VIII

O^1,O^3-Diacetyl-O^2,O^5-dibenzoyl-β-D-ribofuranose $C_{23}H_{22}O_9$, Formel VIII.

B. Beim Behandeln von O^1-Acetyl-O^2,O^5-dibenzoyl-β-D-ribofuranose mit Acetanhydrid und Pyridin (*Ness, Fletcher*, J. org. Chem. **22** [1957] 1470, 1472). Beim Erhitzen von O^5-Benzoyl-O^1,O^2,O^3-[(Ξ)-phenylmethantriyl]-α-D-ribofuranose mit Acetanhydrid (*Ness, Fl.*). Beim Behandeln von O^1,O^2,O^5-Tribenzoyl-β-D-ribofuranose mit Acetanhydrid und Pyridin und Behandeln des Reaktionsprodukts mit Acetanhydrid und dem Borfluorid-Äther-Addukt (*Ness, Fl.*).

Krystalle (aus A. + Pentan); F: 111—112° [korr.]. $[\alpha]_D^{20}$: +26° und +23,4° [$CHCl_3$; c = 2] (zwei Präparate).

2,4-Bis-benzoyloxy-5-benzoyloxymethyl-tetrahydro-furan-3-ol $C_{26}H_{22}O_8$.

a) O^1,O^3,O^5-Tribenzoyl-α-D-ribofuranose $C_{26}H_{22}O_8$, Formel IX.

Diese Konstitution kommt der nachstehend beschriebenen, früher als O^3,O^5-Dibenzo⸗ yl-O^1,O^2-[α-hydroxy-benzyliden]-α-D-ribofuranose $C_{26}H_{22}O_8$ (*Ness, Fletcher*, Am. Soc. **76** [1954] 1665, 1666) und als O^2,O^3,O^5-Tribenzoyl-D-ribose $C_{26}H_{22}O_8$ (*Weygand, Wirth*, B. **85** [1952] 1000) angesehenen Verbindung zu (*Ness, Fletcher*, Am. Soc. **78** [1956] 4710, 4713).

B. Beim Behandeln von O^3,O^5-Dibenzoyl-β(?)-D-ribofuranosylchlorid (S. 2294) mit Silberbenzoat in Benzol (*Ness, Fl.*, Am. Soc. **78** 4714). Beim Behandeln einer Lösung von O^2,O^3,O^5-Tribenzoyl-D-ribose in Dichlormethan und Acetanhydrid mit Bromwas⸗ serstoff in Essigsäure und Behandeln des nach der Hydrolyse erhaltenen Reaktionsprodukts mit wss. Aceton und anschliessend mit wss. Natriumhydrogencarbonat-Lösung (*Ness, Fl.,* Am. Soc. **76** 1665, 1666). Beim Behandeln einer Lösung von Adenosin in Pyr= idin mit Benzoylchlorid und Erwärmen des Reaktionsprodukts mit wss. Schwefelsäure und Dipropyläther (*We., Wi.,* l. c. S. 1005).

Krystalle; F: 143° [aus Dipropyläther] (*We., Wi.*), 142—143° [korr.; aus wss. Acn.] (*Ness, Fl.,* Am. Soc. **76** 1665). $[\alpha]_D^{20}$: +85,3° [CHCl$_3$; c = 1] (*Ness, Fl.,* Am. Soc. **76** 1665). ¹H-NMR-Absorption (CHCl$_3$) und ¹H-¹H-Spin-Spin-Kopplungskonstanten: *Hall,* Chem. and Ind. **1963** 950.

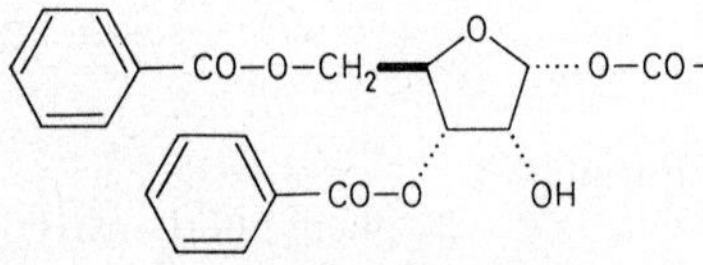

IX 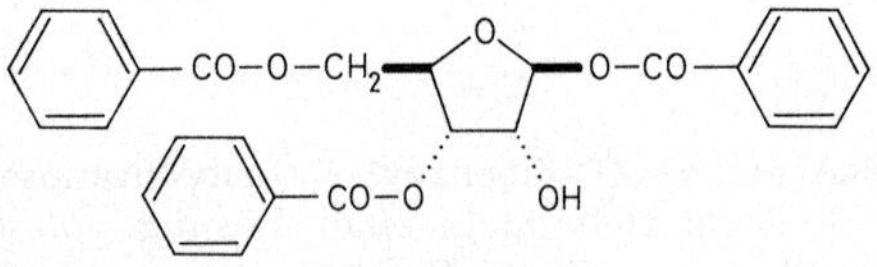   X

b) **O^1,O^3,O^5-Tribenzoyl-β-D-ribofuranose** C$_{26}$H$_{22}$O$_8$, Formel X.

B. Neben O^1,O^3,O^5-Tribenzoyl-α-D-ribofuranose beim Behandeln von O^3,O^5-Dibenzoyl-β(?)-D-ribofuranosylchlorid (S. 2294) mit Silberbenzoat in Benzol (*Ness, Fletcher,* J. org. Chem. **22** [1957] 1465, 1468 Anm. 20).

Krystalle (aus CH$_2$Cl$_2$ + Pentan); F: 144—145° [korr.]. $[\alpha]_D^{20}$: +3,6° [CHCl$_3$; c = 2] (*Ness, Fl.,* l. c. S. 1468).

Überführung in O^1,O^2,O^5-Tribenzoyl-β-D-ribofuranose durch Erhitzen auf 140°: *Ness, Fletcher,* J. org. Chem. **22** [1957] 1470, 1471.

c) **O^1,O^3,O^5-Tribenzoyl-β-D-arabinofuranose** C$_{26}$H$_{22}$O$_8$, Formel XI.

B. Beim Behandeln von Tri-O-benzoyl-α-D-arabinofuranosylbromid mit wss. Aceton (*Ness, Fletcher,* Am. Soc. **80** [1958] 2007, 2009).

Krystalle (aus Ae. + Pentan); F: 120—121° [korr.]. $[\alpha]_D^{20}$: —9,7° [CHCl$_3$; c = 1].

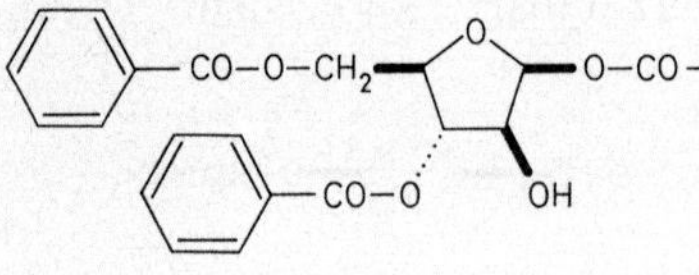

XI 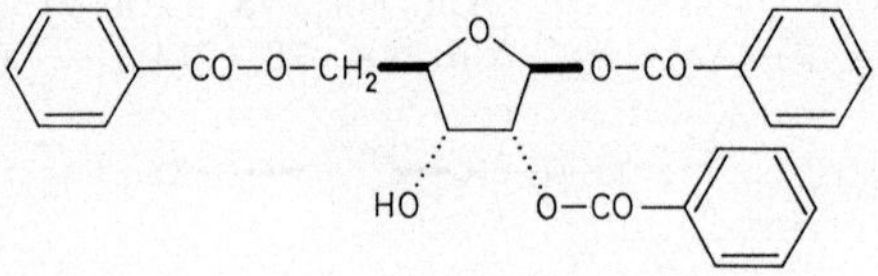   XII

O^1,O^2,O^5-Tribenzoyl-β-D-ribofuranose C$_{26}$H$_{22}$O$_8$, Formel XII.

B. Beim Erwärmen von O^5-Benzoyl-O^1,O^2,O^3-[(Ξ)-phenylmethantriyl]-α-D-ribofuranose mit Benzoesäure in Benzol (*Ness, Fletcher,* J. org. Chem. **22** [1957] 1470, 1471). Beim Er= hitzen von O^1,O^3,O^5-Tribenzoyl-β-D-ribofuranose auf 140° (*Ness, Fl.*).

Krystalle (aus Acn. + Pentan oder aus A.); F: 184—185° [korr.]. $[\alpha]_D^{20}$: —20,5° [CHCl$_3$; c = 2].

Methyl-[tri-O-benzoyl-α-D-arabinofuranosid] C$_{27}$H$_{24}$O$_8$, Formel I.

B. Beim Behandeln von D-Arabinose mit Chlorwasserstoff enthaltendem Methanol und Behandeln des Reaktionsprodukts mit Benzoylchlorid und Pyridin (*Wright, Khorana,* Am. Soc. **80** [1958] 1994, 1997; *Ness, Fletcher,* Am. Soc. **80** [1958] 2007, 2009). Beim Behandeln von Lösungen von Tri-O-benzoyl-α-D-arabinofuranosylbromid oder von Tri-O-benzoyl-β-D-arabinofuranosylbromid in Dioxan mit Methanol (*Ness, Fl.*).

Krystalle; F: 101—103° [korr.; aus A. oder aus Ae. + Pentan] (*Ness, Fl.*), 100° bis 101,5° [aus Bzl. + Bzn.] (*Wr., Kh.*). $[\alpha]_D^{20}$: —19,5° [CHCl$_3$; c = 3] (*Ness, Fl.*); $[\alpha]_D^{21}$: —19,1° [CHCl$_3$; c = 2] (*Wr., Kh.*).

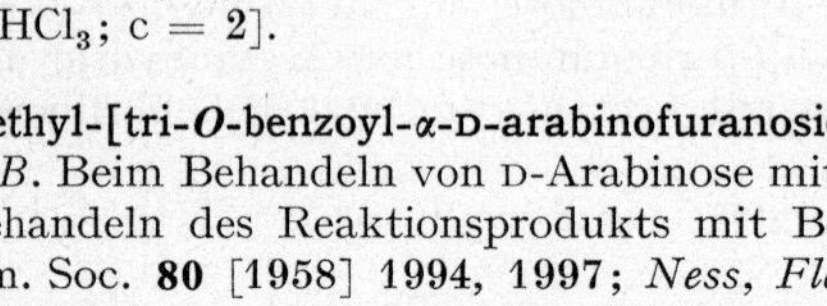

I 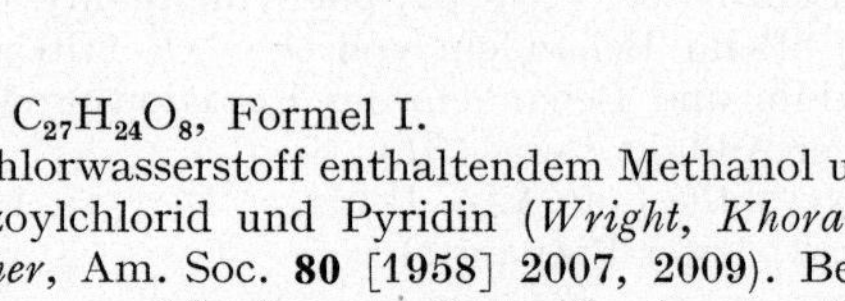   II

Phenyl-[tri-*O*-benzoyl-*β*-D-ribofuranosid] $C_{32}H_{26}O_8$, Formel II (R = C_6H_5).

B. Beim Behandeln einer Lösung von O^2,O^3,O^5-Tribenzoyl-D-ribose in Dichlormethan und Acetanhydrid mit Bromwasserstoff in Essigsäure und Behandeln des Reaktionsprodukts mit Phenol und einer aus Natrium und 1,2-Dimethoxy-äthan bereiteten Lösung (*Vis*, *Fletcher*, Am. Soc. **79** [1957] 1182, 1184).

Krystalle (aus A. + Pentan); F: 132—133° [korr.]. $[\alpha]_D^{20}$: —7,8° [Acn.; c = 1].

Benzyl-[tri-*O*-benzoyl-*β*-D-ribofuranosid] $C_{33}H_{28}O_8$, Formel II (R = CH_2-C_6H_5).

B. Beim Behandeln einer Lösung von O^2,O^3,O^5-Tribenzoyl-D-ribose in 1,2-Dichloräthan und Acetanhydrid mit Bromwasserstoff in Essigsäure und Behandeln des Reaktionsprodukts mit Benzylalkohol (*Ness et al.*, Am. Soc. **76** [1954] 763, 766). Beim Erwärmen von Benzyl-*β*-D-ribofuranosid mit Benzoylchlorid und Pyridin (*Ness et al.*).

Krystalle (aus A.); F: 87—88°. $[\alpha]_D^{20}$: +14,9° [CHCl$_3$; c = 1].

[*β*,*β'*-Bis-(4-nitro-benzoyloxy)-isopropyl]-[tris-*O*-(4-nitro-benzoyl)-*α*-L-arabinofurano ⸗ sid], O^1,O^3-Bis-[4-nitro-benzoyl]-O^2-[tris-*O*-(4-nitro-benzoyl)-*α*-L-arabino ⸗ furanosyl]-glycerin $C_{43}H_{31}N_5O_{22}$, Formel III.

B. Beim Erwärmen von [*β*,*β'*-Dihydroxy-isopropyl]-*α*-L-arabinofuranosid mit 4-Nitrobenzoylchlorid und Pyridin (*Gorin*, *Spencer*, Canad. J. Chem. **37** [1959] 499, 501).

F: 88—92° [aus E. + PAe.]. $[\alpha]_D^{27}$: 0° [2,4-Dimethyl-pyridin; c = 1].

2-Acetoxy-3,4-bis-benzoyloxy-5-benzoyloxymethyl-tetrahydro-furan $C_{28}H_{24}O_9$.

a) **O^1-Acetyl-O^2,O^3,O^5-tribenzoyl-*β*-D-ribofuranose** $C_{28}H_{24}O_9$, Formel II (R = CO-CH$_3$).

B. Beim Behandeln von D-Ribose mit Chlorwasserstoff enthaltendem Methanol, Versetzen einer Lösung des Reaktionsprodukts in Pyridin und Dichlormethan mit Benzoyl ⸗ chlorid, Behandeln der gebildeten Benzoyl-Derivate mit Bromwasserstoff in Essigsäure und Behandeln einer Lösung des danach isolierten Reaktionsprodukts in Chloroform mit Acetanhydrid und Pyridin (*Kissman et al.*, Am. Soc. **77** [1955] 18, 21). Beim Behandeln von D-Ribose mit Chlorwasserstoff enthaltendem Methanol, Behandeln einer Lösung des Reaktionsprodukts in Pyridin und Chloroform mit Benzoylchlorid und Behandeln des danach isolierten Reaktionsprodukts mit Acetanhydrid und Essigsäure unter Zusatz von Schwefelsäure (*Recondo*, *Rinderknecht*, Helv. **42** [1959] 1171, 1173; An. Asoc. quim. arg. **47** [1959] 312, 316). Beim Behandeln von O^1-Acetyl-O^2,O^5-dibenzoyl-*β*-D-ribofuranose mit Benzoylchlorid und Pyridin (*Ness*, *Fletcher*, J. org. Chem. **22** [1957] 1470, 1472). Beim Behandeln von O^2,O^3,O^5-Tribenzoyl-D-ribose mit Acetanhydrid und Pyridin (*Ness et al.*, Am. Soc. **76** [1954] 763, 767). Beim Behandeln von Tetra-*O*-benzoyl-*β*-D-ribo ⸗ furanose mit Acetanhydrid unter Zusatz von Zinkchlorid (*Ness*, *Fletcher*, Am. Soc. **76** [1954] 1663, 1667) oder unter Zusatz des Borfluorid-Äther-Addukts (*Ness*, *Fletcher*, J. org. Chem. **22** [1957] 1465, 1468). Aus Adenosin oder aus Guanosin durch partielle Benzoylierung, Hydrolyse (wss. Schwefelsäure) und Acetylierung (*Weygand*, *Wirth*, B. **85** [1952] 1000, 1005; *Weygand*, *Sigmund*, B. **86** [1953] 160).

Krystalle; F: 131—132° [unkorr.; aus Isopropylalkohol] (*Re.*, *Ri.*), 130—131° [korr.; aus A.] (*Ness et al.*). $[\alpha]_D^{20}$: +44,2° [CHCl$_3$; c = 1] (*Ness et al.*); $[\alpha]_D^{22}$: +45,1° [CHCl$_3$; c = 1] (*Re.*, *Ri.*).

III

b) **O^1-Acetyl-O^2,O^3,O^5-tribenzoyl-*α*-D-xylofuranose** $C_{28}H_{24}O_9$, Formel IV.

B. Beim Behandeln von O^2,O^3,O^5-Tribenzoyl-D-xylose (aus Tetra-*O*-benzoyl-*α*-D-xylo ⸗ furanose durch Behandlung mit Bromwasserstoff in Essigsäure und anschliessend mit Silbercarbonat in wss. Aceton hergestellt) mit Acetanhydrid, Pyridin und Dichlor ⸗

methan (*Fox et al.*, Am. Soc. **78** [1956] 2117, 2121).

Krystalle (aus A. + E.); F: 127—128,5° [unkorr.]. $[\alpha]_D^{31}$: +147° [CHCl$_3$].

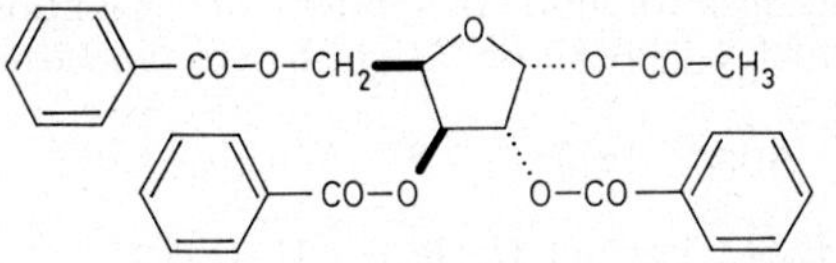

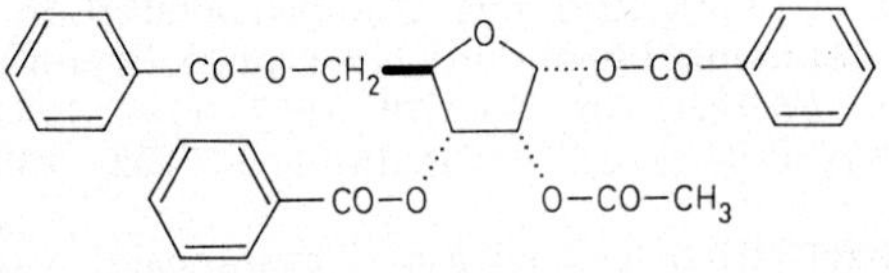

IV   V

3-Acetoxy-2,4-bis-benzoyloxy-5-benzoyloxymethyl-tetrahydro-furan $C_{28}H_{24}O_9$.

a) **O^2-Acetyl-O^1,O^3,O^5-tribenzoyl-α-D-ribofuranose** $C_{28}H_{24}O_9$, Formel V.

B. Beim Behandeln von O^1,O^3,O^5-Tribenzoyl-α-D-ribofuranose mit Acetanhydrid und Pyridin (*Ness, Fletcher*, Am. Soc. **78** [1956] 4710, 4714).

Öl; $[\alpha]_D^{20}$: +76,8° [CHCl$_3$; c = 1].

b) **O^2-Acetyl-O^1,O^3,O^5-tribenzoyl-β-D-ribofuranose** $C_{28}H_{24}O_9$, Formel VI.

B. Beim Behandeln von O^1,O^3,O^5-Tribenzoyl-β-D-ribofuranose mit Acetanhydrid und Pyridin (*Ness, Fletcher*, J. org. Chem. **22** [1957] 1465, 1468).

Krystalle (aus A.); F: 99—101° [korr.]. $[\alpha]_D^{20}$: —17° [CHCl$_3$; c = 1].

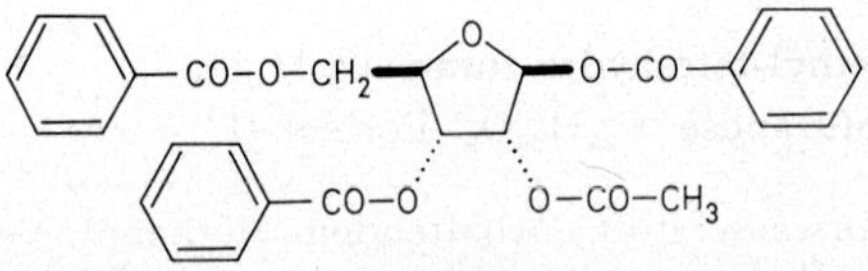

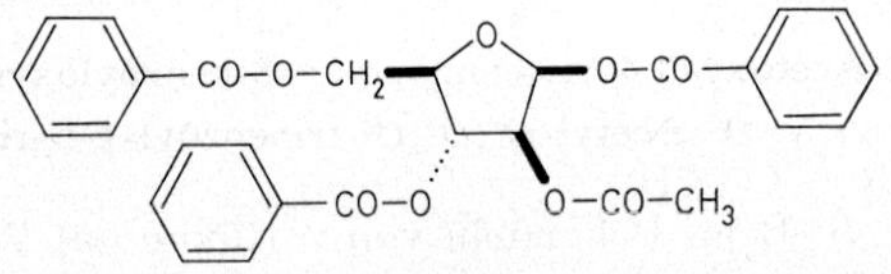

VI   VII

c) **O^2-Acetyl-O^1,O^3,O^5-tribenzoyl-β-D-arabinofuranose** $C_{28}H_{24}O_9$, Formel VII.

B. Beim Behandeln von O^1,O^3,O^5-Tribenzoyl-β-D-arabinofuranose mit Acetanhydrid und Pyridin (*Ness, Fletcher*, Am. Soc. **80** [1958] 2007, 2010).

Krystalle (aus A. + Pentan oder aus Ae.); F: 132—134° [korr.]. $[\alpha]_D^{20}$: —60,4° [CHCl$_3$; c = 2].

2,3,4-Tris-benzoyloxy-5-benzoyloxymethyl-tetrahydro-furan $C_{33}H_{26}O_9$.

a) **Tetra-O-benzoyl-α-D-ribofuranose** $C_{33}H_{26}O_9$, Formel VIII.

B. Beim Behandeln von O^1,O^3,O^5-Tribenzoyl-α-D-ribofuranose mit Benzoylchlorid und Pyridin (*Ness, Fletcher*, Am. Soc. **78** [1956] 4710, 4714).

Amorph. $[\alpha]_D^{20}$: +90,4° [CHCl$_3$; c = 2].

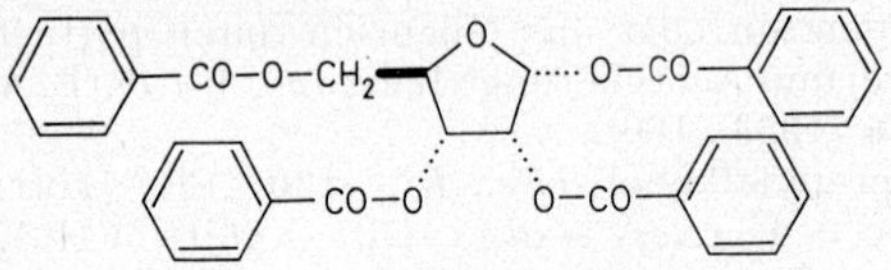

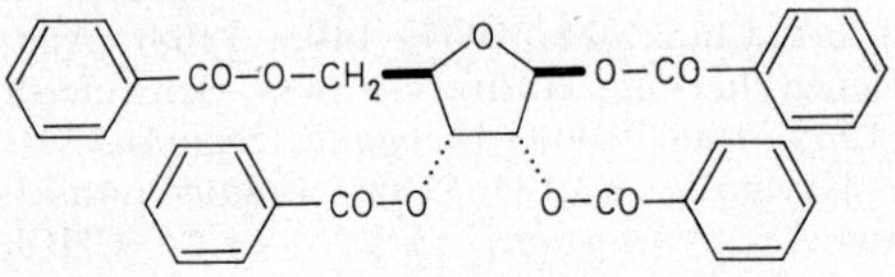

VIII   IX

b) **Tetra-O-benzoyl-β-D-ribofuranose** $C_{33}H_{26}O_9$, Formel IX.

B. Beim Erwärmen von D-Ribose mit Benzoylchlorid und Pyridin (*Ness et al.*, Am. Soc. **76** [1954] 763, 766). Beim Behandeln von O^1,O^5-Dibenzoyl-β-D-ribofuranose (*Wood et al.*, Am. Soc. **78** [1956] 4715), von O^2,O^3,O^5-Tribenzoyl-D-ribose (*Ness et al.*; *Weygand, Wirth*, B. **85** [1952] 1000, 1006), von O^1,O^3,O^5-Tribenzoyl-β-D-ribofuranose (*Ness, Fletcher*, J. org. Chem. **22** [1957] 1465, 1468) oder von O^1,O^2,O^5-Tribenzoyl-β-D-ribofuranose (*Ness, Fletcher*, J. org. Chem. **22** [1957] 1470, 1471) mit Benzoylchlorid und Pyridin.

Krystalle; F: 121—122° [korr.; aus A.] (*Ness et al.*), 121° [korr.; aus A.] (*Wood et al.*), 121° [aus Me. oder A.] (*We., Wi.*). $[\alpha]_D^{20}$: +17,2° [CHCl$_3$] (*Wood et al.*); $[\alpha]_D^{20}$: + 17,0° [CHCl$_3$] (*Ness et al.*); $[\alpha]_D^{20}$: +15,9° [CHCl$_3$; c = 1] (*We., Wi.*).

c) **Tetra-O-benzoyl-α-D-arabinofuranose** $C_{33}H_{26}O_9$, Formel X.

B. Beim Behandeln von Tri-O-benzoyl-α-D-arabinofuranosylbromid mit Silberbenzoat

in Benzol (*Ness, Fletcher*, Am. Soc. **80** [1958] 2007, 2009).
Krystalle (aus A.); F: 117—121° [korr.]. $[\alpha]_D^{20}$: +27,9° [CHCl$_3$; c = 2].

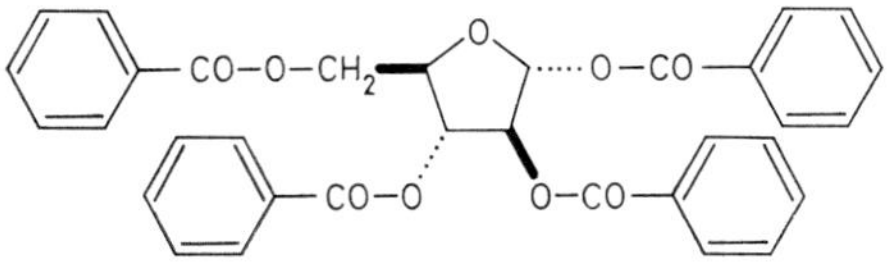

X 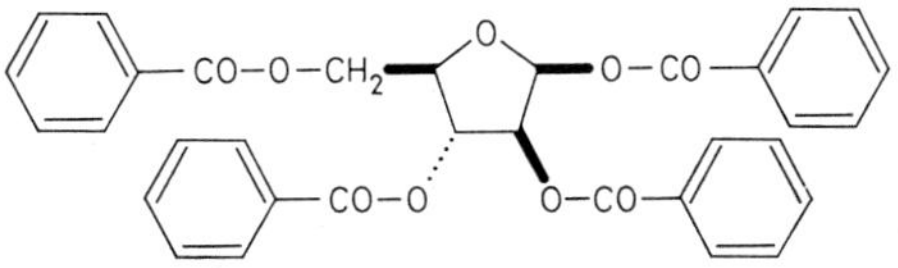   XI

d) **Tetra-*O*-benzoyl-β-D-arabinofuranose** C$_{33}$H$_{26}$O$_9$, Formel XI.
B. Beim Behandeln von O^1,O^3,O^5-Tribenzoyl-β-D-arabinofuranose mit Benzoylchlorid und Pyridin (*Ness, Fletcher*, Am. Soc. **80** [1958] 2007, 2010).
Krystalle (aus A.); F: 121—122° [korr.]. $[\alpha]_D^{20}$: —95,2° [CHCl$_3$; c = 2].

e) **Tetra-*O*-benzoyl-α-D-xylofuranose** C$_{33}$H$_{26}$O$_9$, Formel XII.
B. Neben geringeren Mengen Tetra-*O*-benzoyl-β-D-xylofuranose beim mehrtägigen Behandeln von D-Xylose mit Chlorwasserstoff enthaltendem Methanol, Versetzen einer Lösung des Reaktionsprodukts in Pyridin mit Benzoylchlorid, Behandeln der gebildeten Benzoyl-Derivate mit Bromwasserstoff in Essigsäure, Behandeln des erhaltenen Bromid-Gemisches in Dichlormethan mit Silbercarbonat und wss. Aceton und Behandeln der in Tetrachlormethan und Pentan löslichen Anteile des danach isolierten Reaktionsprodukts mit Benzoylchlorid und Pyridin (*Fletcher*, Am. Soc. **75** [1953] 2624, 2625). Beim Schütteln von $O^1,O^2;O^3,O^5$-Diisopropyliden-α-D-xylofuranose mit wss. Salzsäure, Versetzen einer Lösung der erhaltenen O^1,O^2-Isopropyliden-α-D-xylofuranose (Öl) in Pyridin und Chloroform mit Benzoylchlorid, Behandeln einer Lösung des Reaktionsprodukts (O^3,O^5-Dibenzoyl-O^1,O^2-isopropyliden-α-D-xylofuranose) in Essigsäure mit wss. Salzsäure und Behandeln der danach isolierten O^3,O^5-Dibenzoyl-D-xylose (Öl) mit Benzoylchlorid, Pyridin und Chloroform (*Baker, Schaub*, Am. Soc. **77** [1955] 5900, 5903).
Krystalle; F: 165—166° [korr.; aus E.] (*Fl.*), 160,5—161° (*Ba., Sch.*). $[\alpha]_D^{20}$: +170° [CHCl$_3$; c = 1] (*Fl.*); $[\alpha]_D^{24}$: +162° [CHCl$_3$] (*Ba., Sch.*).

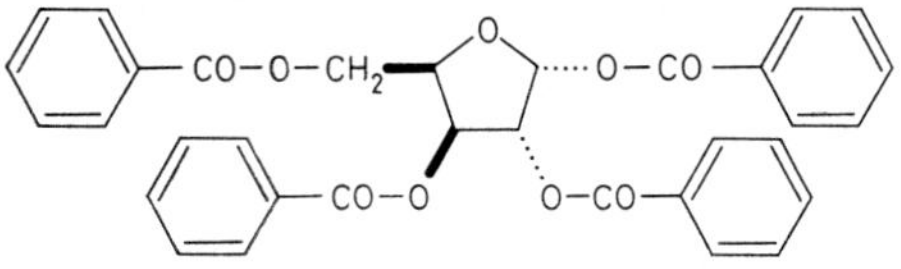

XII 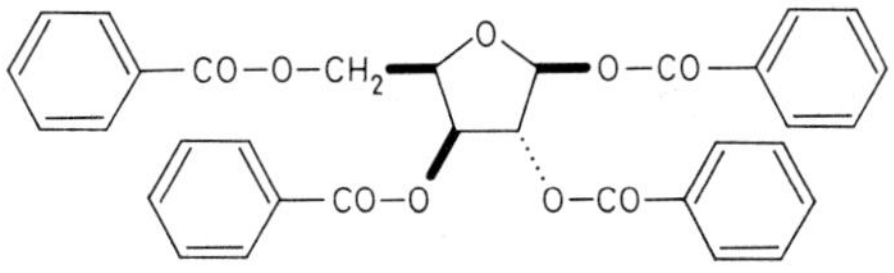   XIII

f) **Tetra-*O*-benzoyl-β-D-xylofuranose** C$_{33}$H$_{26}$O$_9$, Formel XIII.
B. s. bei dem unter e) beschriebenen Anomeren.
Krystalle (aus Me.), F: 111—112° [korr.]; $[\alpha]_D^{20}$: +11,4° [CHCl$_3$; c = 1] (*Fletcher*, Am. Soc. **75** [1953] 2624, 2626). Krystalle mit 1 Mol Aceton, F: 69—70°; $[\alpha]_D^{20}$: +10,1° [CHCl$_3$; c = 1]. Das Aceton wird bei Raumtemperatur allmählich abgegeben.

Methyl-[tris-*O*-(4-methoxy-benzoyl)-β-D-ribofuranosid] C$_{30}$H$_{30}$O$_{11}$, Formel I (R = CH$_3$).
Konfigurationszuordnung: *Haga, Ness*, J. org. Chem. **30** [1965] 158, 160.
B. Beim Behandeln von D-Ribose mit Chlorwasserstoff enthaltendem Methanol und Behandeln des Reaktionsprodukts mit Pyridin und 4-Methoxy-benzoylchlorid (*Haynes et al.*, Soc. **1957** 3727, 3732).
Krystalle (aus Me.); F: 86—88°. $[\alpha]_D^{20}$: +109,5° [CHCl$_3$; c = 2] (*Ha. et al.*).

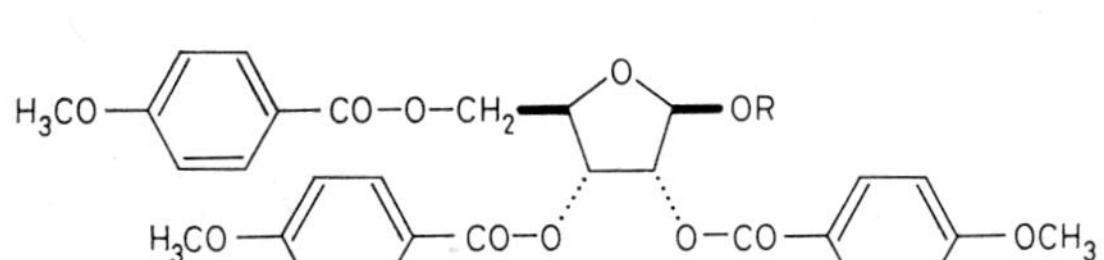

I

O^1-Acetyl-O^2,O^3,O^5-tris-[4-methoxy-benzoyl]-β-D-ribofuranose $C_{31}H_{30}O_{12}$, Formel I
($R = CO\text{-}CH_3$).

Konfigurationszuordnung: *Haga, Ness*, J. org. Chem. **30** [1965] 158, 160.

B. Beim Behandeln von Methyl-[tris-O-(4-methoxy-benzoyl)-D-ribofuranosid] (Gemisch der Anomeren) mit Bromwasserstoff in Essigsäure (*Haynes et al.*, Soc. **1957** 3727, 3732).

Krystalle (aus A.); F: 123−125°. $[\alpha]_D^{20}$: +84,4° [CHCl$_3$; c = 2] (*Ha. et al.*).

O^2-Acetyl-O^1,O^3,O^5-tris-[4-methoxy-benzoyl]-α-D-ribofuranose $C_{31}H_{30}O_{12}$, Formel II.

B. Beim Behandeln von O^1,O^3,O^5-Tris-[4-methoxy-benzoyl]-α-D-ribofuranose (aus Methyl-[tris-O-(4-methoxy-benzoyl)-β-D-ribofuranosid] hergestellt) mit Acetanhydrid und Pyridin (*Haga, Ness*, J. org. Chem. **30** [1965] 158, 160; s. a. *Haynes et al.*, Soc. **1957** 3727, 3732).

F: 117−119° (*Haga, Ness; Ha. et al.*). $[\alpha]_D^{20}$: +80,2° [CHCl$_3$; c = 1] (*Haga, Ness*); $[\alpha]_D^{20}$: +80,5° [CHCl$_3$; c = 1] (*Ha. et al.*).

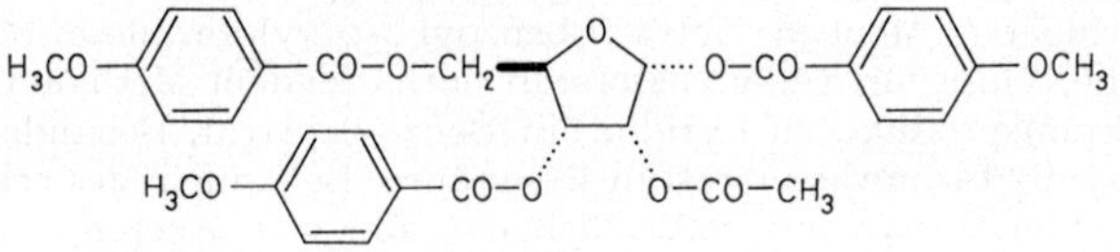

II

O^4-[O^3-ξ-L-Arabinofuranosyl-β-D-xylopyranosyl]-D-xylose $C_{15}H_{26}O_{13}$, Formel III, und cyclische Tautomere.

B. Aus Xylan (aus Weizenstroh) mit Hilfe eines Enzym-Präparats aus Myrothecium verrucaria (*Bishop*, Am. Soc. **78** [1956] 2840).

Pulver. $[\alpha]_D^{25}$: −19,3° [W.; c = 1].

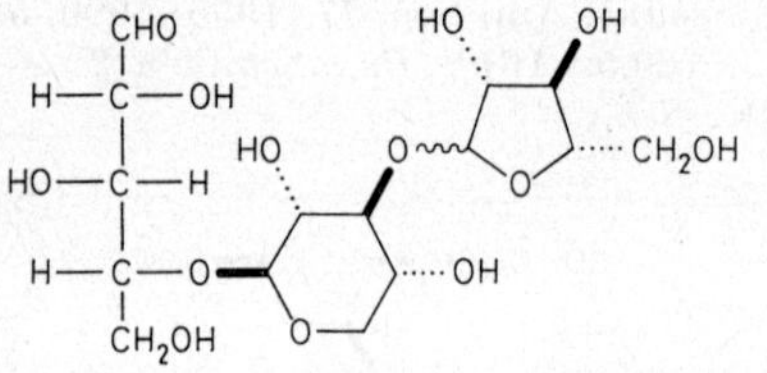

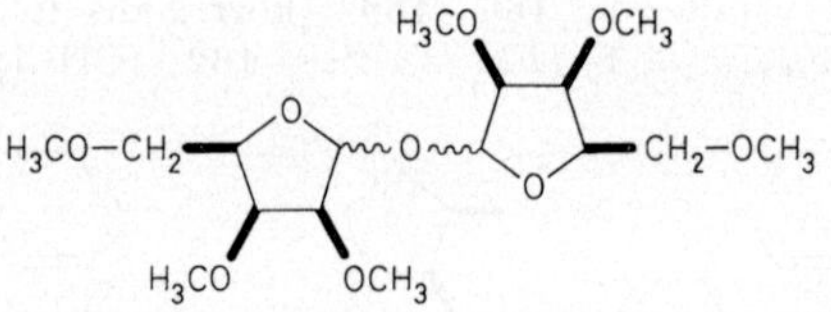

III   IV

Bis-[O^2,O^3,O^5-trimethyl-ξ-D-lyxofuranosyl]-äther $C_{16}H_{30}O_9$, Formel IV.

B. Aus O^2,O^3,O^5-Trimethyl-D-lyxose beim Erhitzen unter vermindertem Druck (*Bott et al.*, Soc. **1930** 658, 665).

Krystalle (aus PAe.); F: 77°. $[\alpha]_D^{20}$: +114° [wss. Salzsäure (3%ig)].   [*Weissmann*]

2-Hydroxymethyl-5-methoxy-4-[toluol-4-sulfonyloxy]-tetrahydro-furan-3-ol $C_{13}H_{18}O_7S$.

a) **Methyl-[O^2-(toluol-4-sulfonyl)-α-D-xylofuranosid]** $C_{13}H_{18}O_7S$, Formel V.

B. Aus Methyl-[O^3,O^5-isopropyliden-O^2-(toluol-4-sulfonyl)-α-D-xylofuranosid] beim Behandeln mit Chlorwasserstoff enthaltendem Methanol (*Anderson, Percival*, Soc. **1956** 819, 821) sowie beim Erwärmen mit wss. Essigsäure (*Chang, Liu*, Acta chim. sinica **23** [1957] 68, 73; C. A. **1958** 12875).

Krystalle; F: 93−94° [aus Me.] (*Ch., Liu*), 90−91° [aus CHCl$_3$ + Bzn.] (*An., Pe.*). $[\alpha]_D^{19}$: +120° [CHCl$_3$; c = 0,5] (*Ch., Liu*); $[\alpha]_D^{25}$: +101° [CHCl$_3$; c = 1] (*An., Pe.*).

Beim Behandeln mit Natriummethylat in Methanol ist Methyl-[2,3-anhydro-α-D-lyxo-furanosid] erhalten worden (*Ch., Liu*).

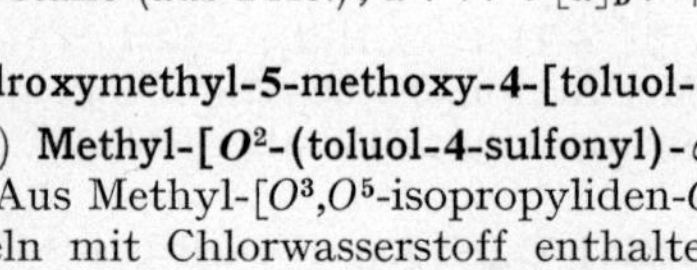

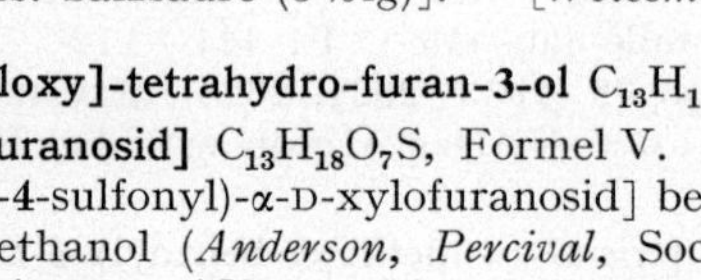

V   VI

b) **Methyl-[O^2-(toluol-4-sulfonyl)-β-D-xylofuranosid]** $C_{13}H_{18}O_7S$, Formel VI.

B. Aus Methyl-[O^3,O^5-isopropyliden-O^2-(toluol-4-sulfonyl)-β-D-xylofuranosid] beim Behandeln mit Chlorwasserstoff enthaltendem Methanol (*Anderson, Percival,* Soc. **1956** 819, 822; s. a. *Percival, Zobrist,* Soc. **1952** 4306, 4308) sowie beim Erwärmen mit wss. Essigsäure (*Chang, Liu,* Acta chim. sinica **23** [1957] 68, 73; C. A. **1958** 12875).

Öl; n_D^{22}: 1,5243 (*An., Pe.*). $[\alpha]_D^{22}$: $-20°$ [CHCl$_3$; c = 1] (*An., Pe.*).

Methyl-[O^5-(toluol-4-sulfonyl)-α-L-arabinofuranosid] $C_{13}H_{18}O_7S$, Formel VII.

B. Beim Behandeln von Methyl-α-L-arabinofuranosid mit Toluol-4-sulfonylchlorid und Pyridin (*Cifonelli et al.,* Am. Soc. **77** [1955] 121, 124). Beim Erwärmen von O^5-[Toluol-4-sulfonyl]-L-arabinose-diäthyldithioacetal mit Quecksilber(II)-chlorid in Methanol (*Levene, Compton,* J. biol. Chem. **116** [1936] 189, 200).

Öl; $[\alpha]_D^{26}$: $-35°$ [Me.; c = 2] (*Ci. et al.*).

Beim Behandeln mit Acetanhydrid und Pyridin, Erwärmen des Reaktionsprodukts mit Natriumjodid in Aceton und Hydrieren des danach isolierten Reaktionsprodukts an Raney-Nickel in wss.-methanol. Natronlauge ist Methyl-[5-desoxy-α-L-arabino≠furanosid] erhalten worden (*Le., Co.*). Überführung in Methyl-[2,5-anhydro-α-L-arabino≠furanosid] durch Behandlung mit Natriummethylat in Methanol: *Ci. et al.*

2-Methoxy-5-methoxymethyl-4-[toluol-4-sulfonyloxy]-tetrahydro-furan-3-ol $C_{14}H_{20}O_7S$.

a) **Methyl-[O^5-methyl-O^3-(toluol-4-sulfonyl)-α-D-xylofuranosid]** $C_{14}H_{20}O_7S$, Formel VIII (R = H).

B. Neben dem unter b) beschriebenen Anomeren beim Behandeln von O^1,O^2-Iso≠propyliden-O^5-methyl-O^3-[toluol-4-sulfonyl]-α-D-xylofuranose mit Chlorwasserstoff enthaltendem Methanol (*Robertson, Gall,* Soc. **1937** 1600, 1601).

Öl; $[\alpha]_D^{17}$: $+44,5°$ [CHCl$_3$]; $[\alpha]_D^{17}$: $+26,3°$ [Me.] (unreines Präparat).

VII   VIII

b) **Methyl-[O^5-methyl-O^3-(toluol-4-sulfonyl)-β-D-xylofuranosid]** $C_{14}H_{20}O_7S$, Formel IX (X = H).

B. s. bei dem unter a) beschriebenen Anomeren.

Krystalle (aus CCl$_4$), F: 89°; $[\alpha]_D^{18}$: $-51,7°$ [CHCl$_3$; c = 2] (*Robertson, Gall,* Soc. **1937** 1600, 1601).

2,3-Dimethoxy-5-methoxymethyl-4-[toluol-4-sulfonyloxy]-tetrahydro-furan $C_{15}H_{22}O_7S$.

a) **Methyl-[O^2,O^5-dimethyl-O^3-(toluol-4-sulfonyl)-α-D-xylofuranosid]** $C_{15}H_{22}O_7S$, Formel VIII (R = CH$_3$).

B. Beim Behandeln von Methyl-[O^5-methyl-O^3-(toluol-4-sulfonyl)-α-D-xylofuranosid] mit Methyljodid und Silberoxid (*Robertson, Gall,* Soc. **1937** 1600, 1602).

Öl; n_D^{18}: 1,5050. $[\alpha]_D^{17}$: $+34,7°$ [CHCl$_3$; c = 2].

IX   X

b) **Methyl-[O^2,O^5-dimethyl-O^3-(toluol-4-sulfonyl)-β-D-xylofuranosid]** $C_{15}H_{22}O_7S$, Formel IX (R = CH$_3$).

B. Beim Behandeln von Methyl-[O^5-methyl-O^3-(toluol-4-sulfonyl)-β-D-xylofuranosid] mit Methyljodid und Silberoxid (*Robertson, Gall,* Soc. **1937** 1600, 1602).

Öl; n_D^{18}: 1,5037. $[\alpha]_D^{18}$: $-49,9°$ [CHCl$_3$; c = 2].

Methyl-[O^3,O^5-dimethyl-O^2-(toluol-4-sulfonyl)-ξ-D-xylofuranosid] $C_{15}H_{22}O_7S$, Formel X.
Ein Präparat (Öl; n_D^{18}: 1,5061) von ungewisser Einheitlichkeit ist beim Behandeln von Methyl-[O^2-(toluol-4-sulfonyl)-D-xylofuranosid] (Gemisch der Anomeren) mit Methyljodid und Silberoxid erhalten worden (*Percival, Zobrist*, Soc. **1952** 4306, 4308).

Äthyl-[O^5-(toluol-4-sulfonyl)-β(?)-D-arabinofuranosid] $C_{14}H_{20}O_7S$, vermutlich Formel XI (R = H).
B. Beim Behandeln von O^5-[Toluol-4-sulfonyl]-D-arabinose-diäthyldithioacetal mit Quecksilber(II)-oxid und Quecksilber(II)-chlorid in Äthanol (*Verheijden, Stoffyn*, Bl. Soc. chim. Belg. **68** [1959] 699, 702).
Krystalle (aus $CHCl_3$); F: 118—118,5°. $[\alpha]_D^{20}$: —20,0° [Me.; c = 1].

Äthyl-[O^2,O^3-dimethyl-O^5-(toluol-4-sulfonyl)-β(?)-D-arabinofuranosid] $C_{16}H_{24}O_7S$, vermutlich Formel XI (R = CH_3).
B. Beim Erwärmen der im vorangehenden Artikel beschriebenen Verbindung mit Methyljodid und Silberoxid (*Verheijden, Stoffyn*, Bl. Soc. chim. Belg. **68** [1959] 699, 702).
Öl; $[\alpha]_D^{20}$: —72,6° [Me.; c = 1].

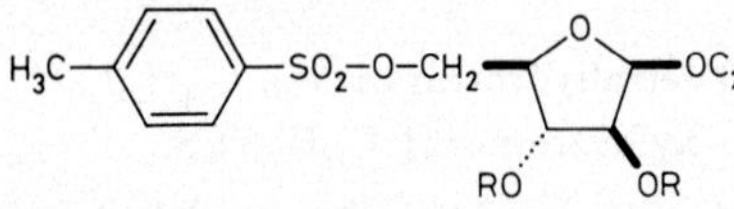

XI 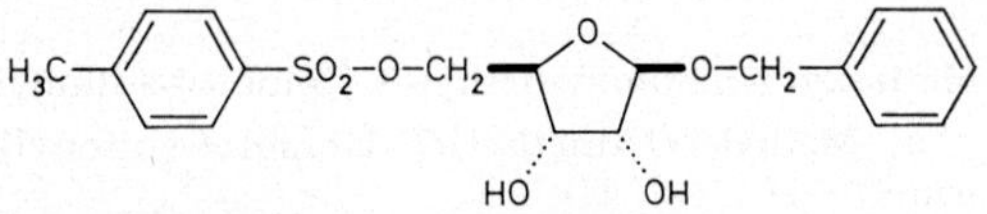   XII

Benzyl-[O^5-(toluol-4-sulfonyl)-β-D-ribofuranosid] $C_{19}H_{22}O_7S$, Formel XII.
B. Beim Behandeln von Benzyl-β-D-ribofuranosid mit Toluol-4-sulfonylchlorid, Pyridin und Benzol (*Kanazawa et al.*, J. chem. Soc. Japan Pure Chem. Sect. **80** [1959] 517, 520; C. A. **1961** 6386).
Krystalle (aus Bzl. + PAe.); F: 78—79°. $[\alpha]_D^{16}$: —37,6° [A.; c = 0,8].

2,3,4-Triacetoxy-5-[toluol-4-sulfonyloxymethyl]-tetrahydro-furan $C_{18}H_{22}O_{10}S$.
a) **O^1,O^2,O^3-Triacetyl-O^5-[toluol-4-sulfonyl]-α-D-ribofuranose** $C_{18}H_{22}O_{10}S$, Formel I.
B. Beim Behandeln von O^1,O^2,O^3-Triacetyl-α-D-ribofuranose mit Toluol-4-sulfonylchlorid und Pyridin (*Kanazawa, Sato*, J. chem. Soc. Japan Pure Chem. Sect. **80** [1959] 200, 202; C. A. **1961** 6385).
Öl; $[\alpha]_D^{10}$: +67,7° [A.; c = 1].

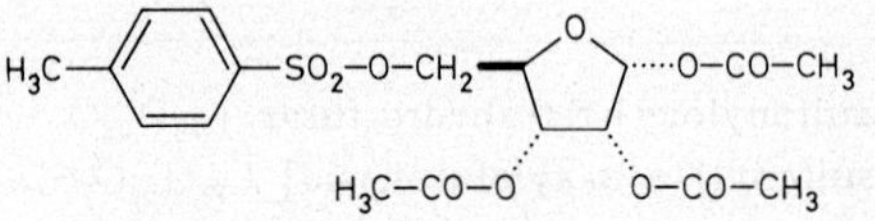

I 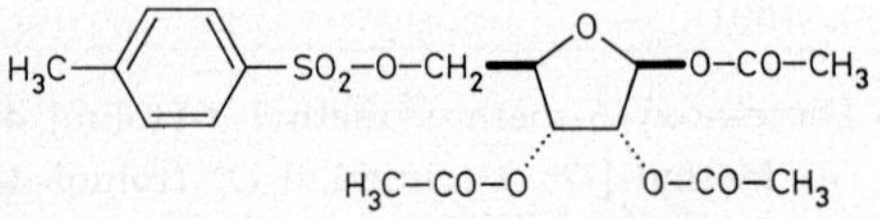   II

b) **O^1,O^2,O^3-Triacetyl-O^5-[toluol-4-sulfonyl]-β-D-ribofuranose** $C_{18}H_{22}O_{10}S$, Formel II.
B. Beim Behandeln von O^1,O^2,O^3-Triacetyl-β-D-ribofuranose mit Toluol-4-sulfonylchlorid und Pyridin (*Kanazawa, Sato*, J. chem. Soc. Japan Pure Chem. Sect. **80** [1959] 200, 202; C. A. **1961** 6385).
Krystalle (aus Me.); F: 78°. $[\alpha]_D^{18}$: +1,2° [Me.; c = 2].

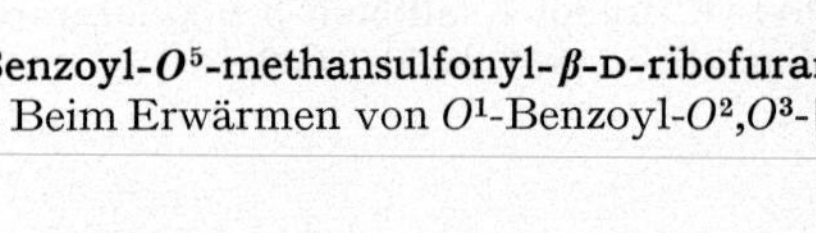

III 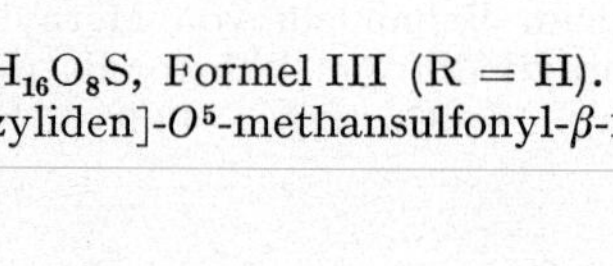   IV

O^1-Benzoyl-O^5-methansulfonyl-β-D-ribofuranose $C_{13}H_{16}O_8S$, Formel III (R = H).
B. Beim Erwärmen von O^1-Benzoyl-O^2,O^3-[(Ξ)-benzyliden]-O^5-methansulfonyl-β-D-ribo=

furanose mit einem Gemisch von Dioxan und wss. Schwefelsäure (*Ness, Fletcher*, J. org.
Chem. **22** [1957] 1465, 1469).
Krystalle (aus CHCl$_3$); F: 115—118° [korr.; Zers.]. $[\alpha]_D^{20}$: —6,5° [CHCl$_3$; c = 0,6].

3-Benzoyloxy-4-methansulfonyloxy-2-methoxy-5-trityloxymethyl-tetrahydro-furan C$_{33}$H$_{32}$O$_8$S.

a) **Methyl-[O^2-benzoyl-O^3-methansulfonyl-O^5-trityl-α-D-xylofuranosid]** C$_{33}$H$_{32}$O$_8$S,
Formel IV (R = C(C$_6$H$_5$)$_3$).
B. Beim Erwärmen von Methyl-[O^2-benzoyl-α-D-xylofuranosid] mit Tritylchlorid und
Pyridin und Behandeln des erhaltenen Methyl-[O^2-benzoyl-O^5-trityl-α-D-xylo≈
furanosids] (C$_{32}$H$_{30}$O$_6$; Öl) mit Methansulfonylchlorid und Pyridin (*Schaub, Weiss,*
Am. Soc. **80** [1958] 4683, 4689).
Krystalle (aus A.); F: 151—153° [unkorr.]. $[\alpha]_D^{26}$: +102° [CHCl$_3$; c = 2].
Beim Erwärmen mit wss. Essigsäure, Behandeln des Reaktionsprodukts mit Natrium≈
methylat in Methanol und Erwärmen des danach isolierten Reaktionsprodukts mit
wss. Ammoniak sind Methyl-[3-amino-3-desoxy-α-D-xylofuranosid] und Methyl-[3-amino-
3-desoxy-α-D-xylopyranosid] erhalten worden.

b) **Methyl-[O^2-benzoyl-O^3-methansulfonyl-O^5-trityl-β-D-xylofuranosid]** C$_{33}$H$_{32}$O$_8$S,
Formel V (R = C(C$_6$H$_5$)$_3$).
B. Aus Methyl-[O^2-benzoyl-β-D-xylofuranosid] analog dem unter a) beschriebenen
Anomeren (*Schaub, Weiss,* Am. Soc. **80** [1958] 4683, 4689).
Krystalle (aus A.); F: 135—136° [unkorr.]. $[\alpha]_D^{25}$: —9,1° [CHCl$_3$; c = 2].

V   VI

O^1,O^2-Dibenzoyl-O^5-methansulfonyl-β-D-ribofuranose C$_{20}$H$_{20}$O$_9$S, Formel III
(R = CO-C$_6$H$_5$), und **O^1,O^3-Dibenzoyl-O^5-methansulfonyl-β-D-ribofuranose** C$_{20}$H$_{20}$O$_9$S,
Formel VI.
Diese beiden Formeln kommen für die nachstehend beschriebene Verbindung in
Betracht.
B. Beim Behandeln von O^5-Methansulfonyl-O^1,O^2,O^3-[(Ξ)-phenylmethantriyl]-α-D-ribo≈
furanose mit Benzoesäure in Dichlormethan (*Ness, Fletcher,* J. org. Chem. **22** [1957]
1465, 1469).
Krystalle (aus A.); F: 170—171° [korr.; Zers.]. $[\alpha]_D^{20}$: —29,0° [Acn.; c = 1].

Trityl-[O^2,O^3-dibenzoyl-O^5-(toluol-4-sulfonyl)-ξ-D-xylofuranosid] C$_{45}$H$_{38}$O$_9$S, Formel VII
(R = C(C$_6$H$_5$)$_3$).
B. Beim Behandeln von Trityl-[O^2,O^3-dibenzoyl-ξ-D-xylofuranosid] (S. 2504) mit Tolu≈
ol-4-sulfonylchlorid und Pyridin (*Zeile, Kruckenberg,* B. **75** [1942] 1127, 1139).
Krystalle (aus Bzl. + A.) mit 1 Mol H$_2$O, F: 171°; $[\alpha]_D^{19}$: +14,4° [Py.; c = 15].

VII   VIII

O^1,O^2,O^5-Tribenzoyl-O^3-[toluol-4-sulfonyl]-β-D-ribofuranose C$_{33}$H$_{28}$O$_{10}$S, Formel VIII.
B. Beim Behandeln von O^1,O^2,O^5-Tribenzoyl-β-D-ribofuranose mit Toluol-4-sulfonyl≈
chlorid und Pyridin (*Ness, Fletcher,* J. org. Chem. **22** [1957] 1470, 1471).
Krystalle (aus A.); F: 169—170° [korr.]. $[\alpha]_D^{20}$: —4,1° [CHCl$_3$; c = 1].

2,4-Bis-benzoyloxy-5-benzoyloxymethyl-3-methansulfonyloxy-tetrahydro-furan
$C_{27}H_{24}O_{10}S$.
  a) O^1,O^3,O^5-Tribenzoyl-O^2-methansulfonyl-α-D-ribofuranose $C_{27}H_{24}O_{10}S$, Formel IX.
  B. Beim Behandeln von O^1,O^3,O^5-Tribenzoyl-α-D-ribofuranose mit Methansulfonyl=
chlorid und Pyridin (*Ness, Fletcher*, Am. Soc. **78** [1956] 4710, 4714).
  Krystalle (aus A.); F: 141—142° [korr.]. $[\alpha]_D^{20}$: +72,8° [$CHCl_3$; c = 3].
  Beim Behandeln mit Natriummethylat in Methanol und Dichlormethan ist Methyl-
α-D-arabinopyranosid erhalten worden.

IX   X

  b) O^1,O^3,O^5-Tribenzoyl-O^2-methansulfonyl-α-D-arabinofuranose $C_{27}H_{24}O_{10}S$,
Formel X.
  B. Neben dem unter c) beschriebenen Anomeren beim Erwärmen von O^2-Methan=
sulfonyl-D-arabinose mit Chlorwasserstoff enthaltendem Methanol und Behandeln des
Reaktionsprodukts mit Benzoylchlorid und Pyridin unter Zusatz von Silbercarbonat
(*Wood, Fletcher*, Am. Soc. **80** [1958] 5242, 5244).
  Krystalle (aus A.); F: 135—136° [korr.]. $[\alpha]_D^{20}$: +64,5° [$CHCl_3$; c = 0,4].
  c) O^1,O^3,O^5-Tribenzoyl-O^2-methansulfonyl-β-D-arabinofuranose $C_{27}H_{24}O_{10}S$,
Formel XI.
  B. Beim Behandeln von O^1,O^3,O^5-Tribenzoyl-β-D-arabinofuranose mit Methansulfonyl=
chlorid und Pyridin (*Ness, Fletcher*, Am. Soc. **80** [1958] 2007, 2010). Neben dem unter
b) beschriebenen Anomeren beim Erwärmen von O^2-Methansulfonyl-D-arabinose mit
Chlorwasserstoff enthaltendem Methanol und Behandeln des Reaktionsprodukts mit
Benzoylchlorid und Pyridin unter Zusatz von Silbercarbonat (*Wood, Fletcher*, Am. Soc.
80 [1958] 5242, 5244).
  Krystalle (aus Me.); F: 154—155° [korr.; nach Sintern bei 148°] (*Wood, Fl.*). $[\alpha]_D^{20}$:
—43,0° [$CHCl_3$; c = 1] (*Wood, Fl.*).
  Beim Behandeln mit Natriummethylat in Methanol und Behandeln des Reaktionsprodukts mit Benzoylchlorid und Pyridin sind Methyl-[tri-O-benzoyl-β-D-ribopyranosid]
und andere Substanzen erhalten worden (*Ness, Fl.*).

XI   XII

O^1,O^2,O^3-Tribenzoyl-O^5-methansulfonyl-β-D-ribofuranose $C_{27}H_{24}O_{10}S$, Formel XII.
  B. Beim Behandeln von O^1-Benzoyl-O^5-methansulfonyl-β-D-ribofuranose oder von
O^1,O^2(oder O^1,O^3)-Dibenzoyl-O^5-methansulfonyl-β-D-ribofuranose (S. 2513) mit Benzoyl=
chlorid und Pyridin (*Ness, Fletcher*, J. org. Chem. **22** [1957] 1465, 1469).
  Krystalle (aus A.); F: 104—106° [korr.]. $[\alpha]_D^{20}$: —7,0° [$CHCl_3$; c = 1].

Methyl-[O^3-methansulfonyl-O^5-methoxycarbonyl-ξ-D-xylofuranosid] $C_9H_{16}O_9S$, Formel I.
  B. Beim Behandeln einer Lösung von O^1,O^2-Isopropyliden-O^3-methansulfonyl-O^5-meth=
oxycarbonyl-α-D-xylofuranose in Essigsäure und Acetanhydrid mit Schwefelsäure und
Behandeln des Reaktionsprodukts mit Chlorwasserstoff enthaltendem Methanol (*Ander-
son et al.*, Am. Soc. **80** [1958] 5247, 5250).
  Öl.
  Beim Behandeln mit Natriummethylat in Methanol sind Methyl-[2,3-anhydro-α-D-ribo=
furanosid] und Methyl-[2,3-anhydro-β-D-ribofuranosid] erhalten worden.

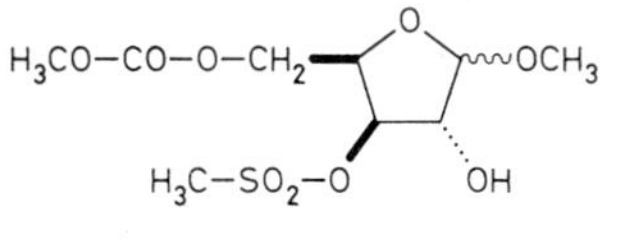

H₃CO—CO—O—CH₂ ... OCH₃   H₃CO—CO—O—CH₂ ... OCH₃

H₃C—SO₂—O   OH   H₃C—⟨benzene⟩—SO₂—O   OH

I 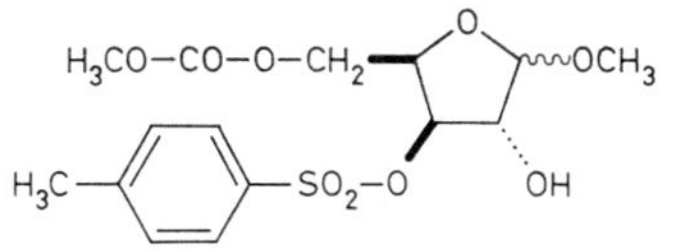   II

Methyl-[O^5-methoxycarbonyl-O^3-(toluol-4-sulfonyl)-ξ-D-xylofuranosid] $C_{15}H_{20}O_9S$, Formel II.

B. Beim Behandeln einer Lösung von O^1,O^2-Isopropyliden-O^5-methoxycarbonyl-O^3-[toluol-4-sulfonyl]-α-D-xylofuranose in Essigsäure und Acetanhydrid mit Schwefel=säure und Behandeln des Reaktionsprodukts mit Chlorwasserstoff enthaltendem Meth=anol (*Anderson et al.*, Am. Soc. **80** [1958] 5247, 5250).

Krystalle (aus Bzl. + Hexan); F: 81—82,5°. $[\alpha]_D^{26}$: +37,3°; $[\alpha]_{546}^{26}$: +43,3° [jeweils in CHCl₃; c = 2].

Beim Behandeln mit Natriummethylat in Methanol sind Methyl-[2,3-anhydro-α-D-ribo=furanosid] und Methyl-[2,3-anhydro-β-D-ribofuranosid] erhalten worden.

Benzyl-[O^2,O^5-bis-(toluol-4-sulfonyl)-β-D-ribofuranosid] $C_{26}H_{28}O_9S_2$, Formel III, und **Benzyl-[O^3,O^5-bis-(toluol-4-sulfonyl)-β-D-ribofuranosid]** $C_{26}H_{28}O_9S_2$, Formel IV.

Diese beiden Formeln kommen für die nachstehend beschriebene Verbindung in Betracht.

B. Neben anderen Verbindungen beim Behandeln von Benzyl-β-D-ribofuranosid mit Toluol-4-sulfonylchlorid, Pyridin und Benzol (*Kanazawa et al.*, J. chem. Soc. Japan Pure Chem. Sect. **80** [1959] 517, 520; C. A. **1961** 6386).

F: 86—88°. $[\alpha]_D^{24}$: +3,6° [Dioxan; c = 1).

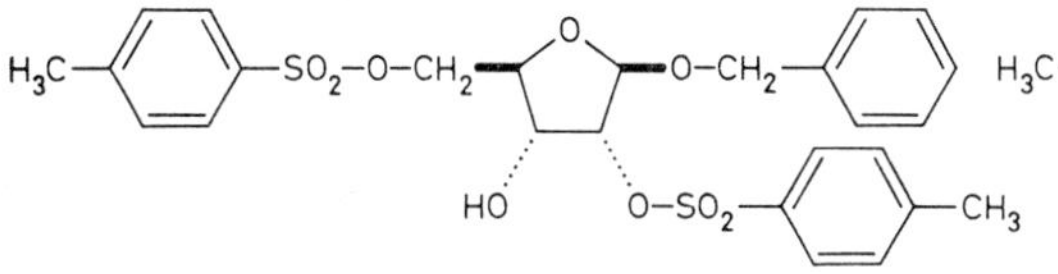

III 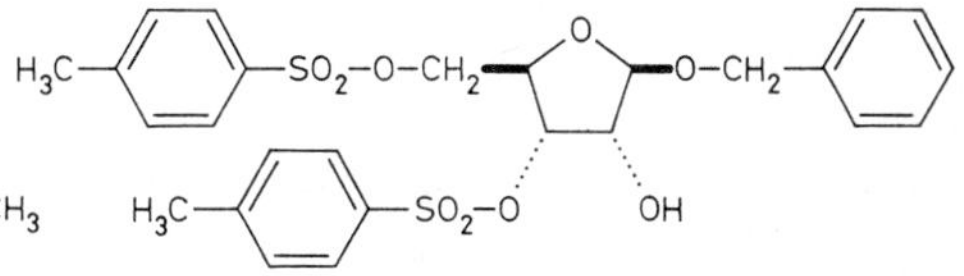   IV

Methyl-[O^2,O^3-bis-methansulfonyl-O^5-trityl-β-D-xylofuranosid] $C_{27}H_{30}O_9S_2$, Formel V (R = C(C₆H₅)₃).

B. Beim Erwärmen von Methyl-β-D-xylofuranosid mit Tritylchlorid und Pyridin und Behandeln des Reaktionsprodukts mit Methansulfonylchlorid und Pyridin (*Schaub*, *Weiss*, Am. Soc. **80** [1958] 4683, 4688).

Krystalle (aus A.); F: 139—140° [unkorr.]. $[\alpha]_D^{25}$: —18,8° [CHCl₃; c = 2].

Beim Erwärmen mit Natriummethylat in Methanol ist Methyl-[O^5-trityl-2,3-anhydro-β-D-ribofuranosid] erhalten worden.

RO—CH₂ ... OCH₃   H₃C—⟨benzene⟩—SO₂—O—CH₂ ... OCH₃

H₃C—SO₂—O   O—SO₂—CH₃   H₃C—⟨benzene⟩—SO₂—O   O—CO—CH₃

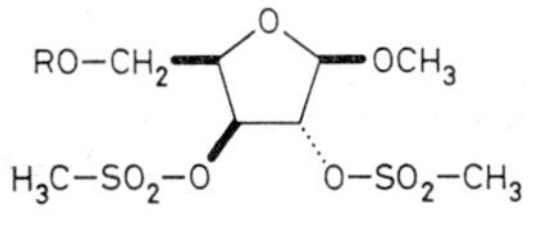

V 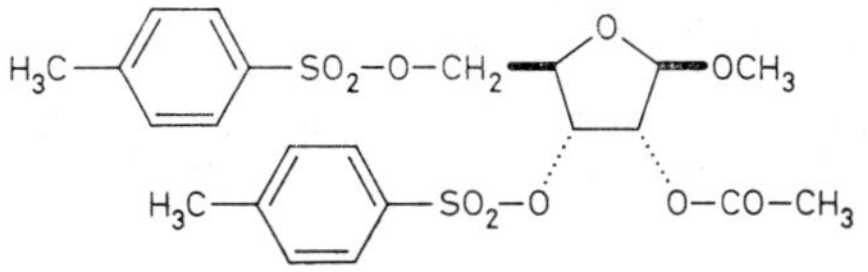   VI

Methyl-[O^2-acetyl-O^3,O^5-bis-(toluol-4-sulfonyl)-β-D-ribofuranosid] $C_{22}H_{26}O_{10}S_2$, Formel VI, und **Methyl-[O^3-acetyl-O^2,O^5-bis-(toluol-4-sulfonyl)-β-D-ribofuranosid]** $C_{22}H_{26}O_{10}S_2$, Formel VII.

Diese beiden Formeln kommen für die nachstehend beschriebene Verbindung in Betracht.

B. Neben anderen Verbindungen beim Behandeln von Methyl-β-D-ribofuranosid mit Toluol-4-sulfonylchlorid und Pyridin und anschliessend mit Acetanhydrid und Pyridin (*Kanazawa et al.*, J. chem. Soc. Japan Pure Chem. Sect. **80** [1959] 517, 518, 519; C. A.

1961 6386).

Krystalle (aus Me.); F: 87—88°. $[\alpha]_D^{15}$: —19,5° [CHCl$_3$; c = 1].

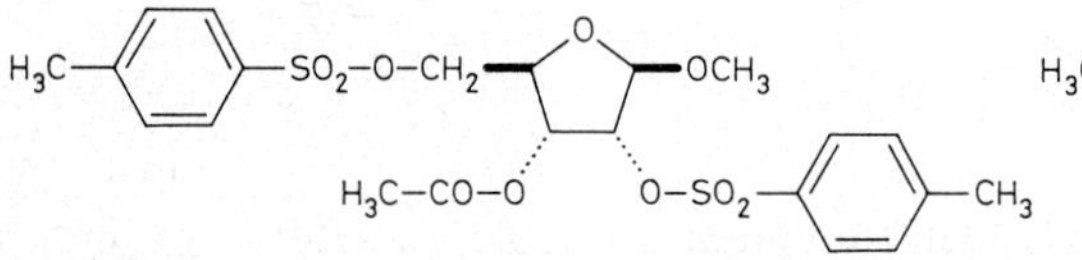

VII 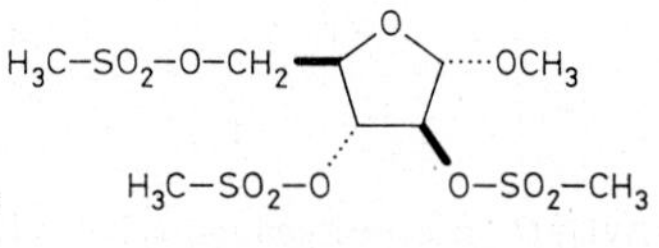   VIII

Methyl-[tris-O-methansulfonyl-α-D-arabinofuranosid] $C_9H_{18}O_{11}S_3$, Formel VIII.

B. Beim Behandeln von Methyl-α-D-arabinofuranosid mit Methansulfonylchlorid und Pyridin (*Wood, Fletcher,* Am. Soc. **80** [1958] 5242, 5246).

Krystalle (aus A.); F: 86—87°. $[\alpha]_D^{20}$: +72,8° [CHCl$_3$; c = 0,4].

2-Methoxy-3,4-bis-[toluol-4-sulfonyloxy]-5-[toluol-4-sulfonyloxymethyl]-tetrahydro-furan $C_{27}H_{30}O_{11}S_3$.

a) **Methyl-[tris-O-(toluol-4-sulfonyl)-β-D-ribofuranosid]** $C_{27}H_{30}O_{11}S_3$, Formel IX (R = CH$_3$).

B. Beim Behandeln von Methyl-β-D-ribofuranosid mit Toluol-4-sulfonylchlorid und Pyridin (*Kanazawa et al.,* J. chem. Soc. Japan Pure Chem. Sect. **80** [1959] 517, 519; C. A. **1961** 6386).

Krystalle (aus Me.); F: 126°. $[\alpha]_D^{10}$: +38,3° [CHCl$_3$; c = 2].

b) **Methyl-[tris-O-(toluol-4-sulfonyl)-α-D-arabinofuranosid]** $C_{27}H_{30}O_{11}S_3$, Formel X.

B. Beim Behandeln von Methyl-D-arabinofuranosid (Gemisch der Anomeren) mit Toluol-4-sulfonylchlorid und Pyridin (*Chang, Fang,* Acta chim. sinica **23** [1957] 175; C. A. **1958** 16220).

Krystalle (aus Me.); F: 117,5—119°. $[\alpha]_D^{13}$: +43,9° [CHCl$_3$; c = 1].

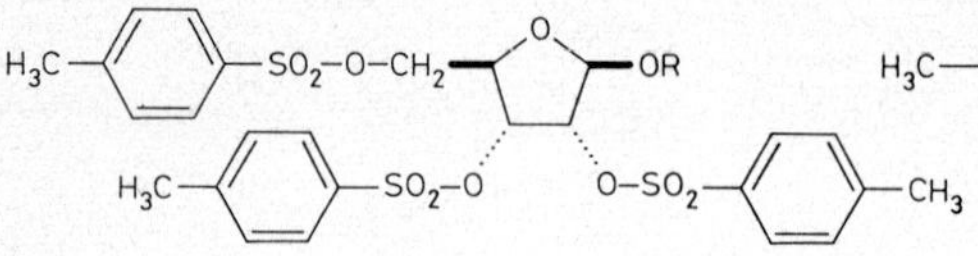

IX 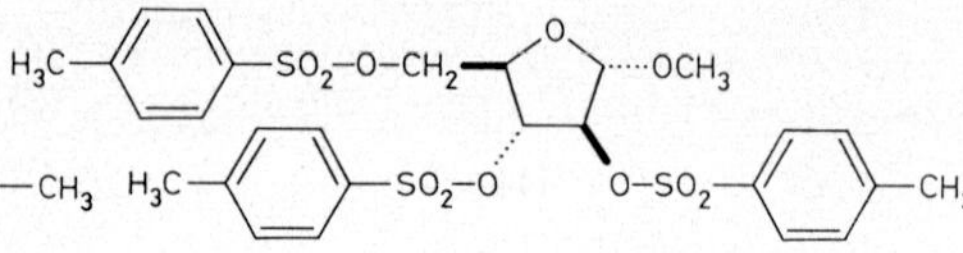   X

c) **Methyl-[tris-O-(toluol-4-sulfonyl)-α-L-arabinofuranosid]** $C_{27}H_{30}O_{11}S_3$, Formel XI.

B. Beim Behandeln von Methyl-L-arabinofuranosid (Gemisch der Anomeren) mit Toluol-4-sulfonylchlorid und Pyridin (*Chang, Fang,* Scientia Peking **6** [1957] 131, 134; C. A. **1957** 16309).

Krystalle (aus Me.); F: 117—118,5°. $[\alpha]_D^{30}$: —45,8° [CHCl$_3$; c = 1].

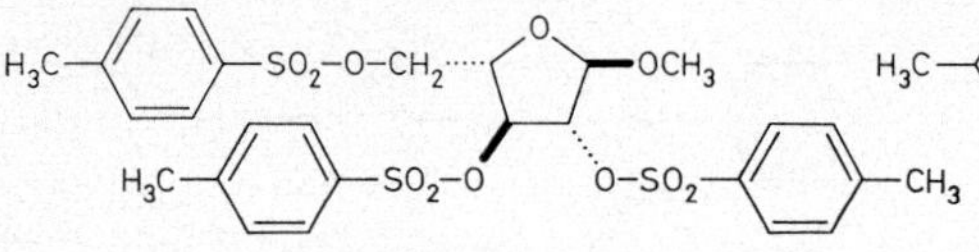

XI 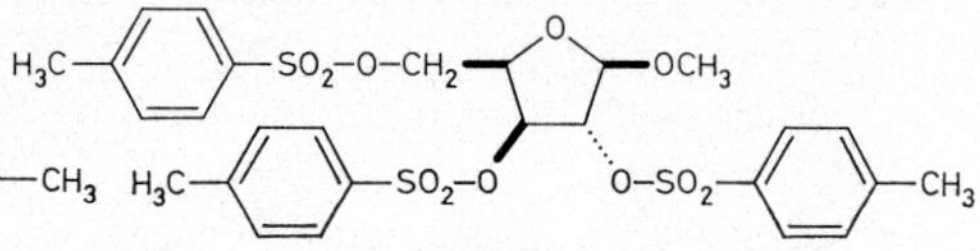   XII

d) **Methyl-[tris-O-(toluol-4-sulfonyl)-β-D-xylofuranosid]** $C_{27}H_{30}O_{11}S_3$, Formel XII.

B. Beim Behandeln von Methyl-D-xylofuranosid (Gemisch der Anomeren) oder von Methyl-[O^2-(toluol-4-sulfonyl)-β-D-xylofuranosid] mit Toluol-4-sulfonylchlorid und Pyridin (*Chang, Liu,* Acta chim. sinica **23** [1957] 169, 171; C. A. **1958** 16220).

Krystalle (aus Me.); F: 131—132°. $[\alpha]_D^{24,5}$: —31,5° [CHCl$_3$; c = 1].

Benzyl-[tris-O-(toluol-4-sulfonyl)-β-D-ribofuranosid] $C_{33}H_{34}O_{11}S_3$, Formel IX (R = CH$_2$-C$_6$H$_5$).

B. Beim Behandeln von Benzyl-β-D-ribofuranosid mit Toluol-4-sulfonylchlorid und Pyridin (*Kanazawa et al.,* J. chem. Soc. Japan Pure Chem. Sect. **80** [1959] 517, 520;

C. A. **1961** 6386).

Krystalle (aus A.); F: 80—82° und (nach Wiedererstarren bei weiterem Erhitzen) F: 118°. $[\alpha]_D^{25}$: +11° [Dioxan; c = 2].

O^1,O^2,O^3-Triacetyl-O^5-nitro-ξ-L-arabinofuranose $C_{11}H_{15}NO_{10}$, Formel I.

B. Beim Behandeln von O^5-[Toluol-4-sulfonyl]-L-arabinose mit Acetanhydrid und Pyridin, Erwärmen des Reaktionsprodukts mit Natriumjodid in Aceton und Erwärmen des danach isolierten Reaktionsprodukts mit Silbernitrat in Acetonitril (*Levene, Compton,* J. biol. Chem. **116** [1936] 189, 196).

Öl; $Kp_{0,05}$: 145—150°. $[\alpha]_D^{25}$: —4,8° [$CHCl_3$; c = 2].

I   II   III

2-Hydroxymethyl-5-phosphonooxy-tetrahydro-furan-3,4-diol, Phosphorsäure-mono-[3,4-dihydroxy-5-hydroxymethyl-tetrahydro-[2]furylester] $C_5H_{11}O_8P$.

a) O^1-Phosphono-α-D-ribofuranose, α-D-Ribofuranose-1-dihydrogenphosphat $C_5H_{11}O_8P$, Formel II.

Konstitution und Konfiguration: *Wright, Khorana,* Am. Soc. **78** [1956] 811; *Tener et al.,* Am. Soc. **79** [1957] 441; *Guarino, Sable,* Biochim. biophys. Acta **20** [1956] 201, 206.

B. Neben dem unter b) beschriebenen Anomeren bei der Behandlung von O^3,O^5-Di= benzoyl-β(?)-D-ribofuranosylchlorid (S. 2294) oder von O^3,O^5-Dibenzoyl-α(?)-D-ribofuran= osylbromid (S. 2294) mit Triäthylamin-dibenzylphosphat in Benzol, Hydrierung des Reaktionsprodukts an Palladium/Kohle in Methanol und Behandlung der Reaktions= lösung mit wss. Natronlauge (*Te. et al.*). Als Hauptprodukt neben dem unter b) beschrie= benen Anomeren beim Erwärmen mit Methyl-[O^5-benzyl-O^2,O^3-carbonyl-α(oder β)-D-ribo= furanosid] mit Bromwasserstoff in Essigsäure und Acetanhydrid, Behandeln des Reak= tionsprodukts mit Triäthylamin-dibenzylphosphat in Benzol, Hydrieren des danach isolierten Reaktionsprodukts an Palladium/Kohle in Methanol und Behandeln der Reak= tionslösung mit Lithiumhydroxid in Wasser (*Tener, Khorana,* Am. Soc. **79** [1957] 437, 438; *Te. et al.*).

Geschwindigkeit der Hydrolyse in wss. Salzsäure (0,01n) bei 20°: *Wr., Kh.,* l. c. S. 813; in wss. Perchlorsäure (0,1n) bei Raumtemperatur: *Abrams, Klenow,* Arch. Biochem. **34** [1951] 285, 286. Geschwindigkeitskonstante der Hydrolyse in wss. Lösungen vom pH <1 bis pH 7,5 bei Temperaturen von 0° bis 82°: *Bunton, Humeres,* J. org. Chem. **34** [1969] 572, 573. Enzymatische Hydrolyse mit Hilfe von Extrakten von Escherichia coli: *Ott, Werkman,* Arch. Biochem. **69** [1957] 264, 272. Bildung von O^1,O^2-Hydroxyphosphoryl-α-D-ribofuranose $C_5H_9O_7P$ und O^2-[(N,N'-Dicyclohexyl-ureido)-hydroxy-phosphoryl]-D-ribose $C_{18}H_{33}N_2O_8P$ beim Behandeln des Pyri= din-Salzes mit Dicyclohexylcarbodiimid in wss. Pyridin: *Wr., Kh.,* l. c. S. 814, 815; *Te. et al.,* l. c. S. 443).

Cyclohexylamin-Salz $2C_6H_{13}N \cdot C_5H_{11}O_8P$. Krystalle (aus Me. + Ae.) mit 1 Mol H_2O; $[\alpha]_D^{20}$: +40,3° [W.; c = 2] (*Te. et al.,* l. c. S. 441).

b) O^1-Phosphono-β-D-ribofuranose, β-D-Ribofuranose-1-dihydrogenphosphat $C_5H_{11}O_8P$, Formel III.

Konstitution und Konfiguration: *Wright, Khorana,* Am. Soc. **78** [1956] 811.

B. Beim Behandeln von Tri-O-benzoyl-ξ-D-ribofuranosylbromid mit Triäthylamin-dibenzylphosphat in Benzol, Hydrieren des Reaktionsprodukts an Palladium/Kohle in Methanol und Behandeln der Reaktionslösung mit wss. Natronlauge (*Wr., Kh.,* l. c. S. 815). Weitere Bildungsweise s. bei dem unter a) beschriebenen Anomeren.

Geschwindigkeit der Hydrolyse in wss. Salzsäure (0,01n) bei 20°: *Wr., Kh.*

Barium-Salz $BaC_5H_9O_8P \cdot H_2O$: *Wr., Kh.*

Cyclohexylamin-Salz $2C_6H_{13}N \cdot C_5H_{11}O_8P$(?). $[\alpha]_D^{20}$: —13,6° [A.; c = 2] (*Tener et al.,* Am. Soc. **79** [1957] 441).

c) **O^1-Phosphono-α-D-arabinofuranose,** α-D-Arabinofuranose-1-dihydrogen=
phosphat $C_5H_{11}O_8P$, Formel IV.

Dieses Anomere hat als Hauptbestandteil in den nachstehend beschriebenen Präparaten vorgelegen (*Wright, Khorana*, Am. Soc. **80** [1958] 1994, 1997).

B. Beim Behandeln von Lösungen von Tetra-*O*-acetyl-D-arabinofuranose (Gemisch der Anomeren) oder von Methyl-[tri-*O*-benzoyl-α-D-arabinofuranosid] in Dichlormethan mit Bromwasserstoff in Essigsäure und Acetanhydrid, Behandeln der Reaktionsprodukte mit Triäthylamin-dibenzylphosphat in Benzol, Hydrieren der danach isolierten Reaktionsprodukte an Palladium/Kohle in Methanol und Behandeln der Reaktionslösungen mit wss. Natronlauge (*Wr., Kh.*).

Barium-Salz $BaC_5H_9O_8P \cdot H_2O$. $[\alpha]_D^{23}$: $+6,4°$ [W.]; $[\alpha]_D^{20}$: $-5,7°$ [W.].

d) **O^1-Phosphono-ξ-L-arabinofuranose,** ξ-L-Arabinofuranose-1-dihydrogen=
phosphat $C_5H_{11}O_8P$, Formel V.

Ein als Barium-Salz ($[\alpha]_D^{23}$: $+16,9°$ [W.]) isoliertes Präparat von ungewisser Einheitlichkeit ist aus L-Arabinose über Tetra-*O*-acetyl-ξ-L-arabinofuranose erhalten worden (*Wright, Khorana*, Am. Soc. **80** [1958] 1994, 1998).

IV   V   VI

4-Hydroxymethyl-6-methoxy-2-oxo-tetrahydro-$2\lambda^5$-furo[3,4-*d*][1,3,2]dioxaphosphol-2-ol,
Phosphorsäure-[2-hydroxymethyl-5-methoxy-tetrahydro-furan-3,4-diylester] $C_6H_{11}O_7P$.

a) **Methyl-[O^2,O^3-hydroxyphosphoryl-α-D-ribofuranosid]** $C_6H_{11}O_7P$, Formel VI.

B. Neben dem unter b) beschriebenen Anomeren aus Methyl-[O^5-benzyl-O^2,O^3-hydroxy=
phosphoryl-ξ-D-ribofuranosid] [s. u.] (*Ukita, Irie*, Chem. pharm. Bl. **6** [1958] 445).

Natrium-Salz $NaC_6H_{10}O_7P$. Krystalle (aus Acn.). $[\alpha]_D^{20}$: $+93,6°$ [W.; c = 1].

b) **Methyl-[O^2,O^3-hydroxyphosphoryl-β-D-ribofuranosid]** $C_6H_{11}O_7P$, Formel VII.

B. Neben dem unter a) beschriebenen Anomeren aus Methyl-[O^5-benzyl-O^2,O^3-hydroxy=
phosphoryl-ξ-D-ribofuranosid] [s. u.] (*Ukita, Irie*, Chem. pharm. Bl. **6** [1958] 445).

Natrium-Salz $NaC_6H_{10}O_7P$. Krystalle (aus Me. + Ae.). $[\alpha]_D^{20}$: $-34,2°$ [W.; c = 1].

Methyl-[O^5-benzyl-O^2,O^3-hydroxyphosphoryl-ξ-D-ribofuranosid] $C_{13}H_{17}O_7P$, Formel VIII.

B. Beim Behandeln von Methyl-[O^5-benzyl-D-ribofuranosid] (Gemisch der Anomeren) mit Phosphorylchlorid und Pyridin (*Ukita, Irie*, Chem. pharm. Bl. **6** [1958] 445).

Natrium-Salz $NaC_{13}H_{16}O_7P$. Krystalle (aus Isopropylalkohol + Me.) mit 1 Mol H_2O.

VII   VIII   IX

O^1,O^5-Diphosphono-α-D-ribofuranose $C_5H_{12}O_{11}P_2$, Formel IX.

B. Beim Behandeln von Benzyl-[O^2,O^3-carbonyl-O^5-diphenoxyphosphoryl-β-D-ribo=
furanosid] mit Bromwasserstoff in Essigsäure und Acetanhydrid, Behandeln des Reaktionsprodukts mit Triäthylamin-dibenzylphosphat in Benzol, Hydrieren des danach isolierten Reaktionsprodukts an Palladium/Kohle in Methanol und an Platin in Methanol und Erwärmen der Reaktionslösung mit Lithiumhydroxid in Wasser (*Tener, Khorana*, Am. Soc. **80** [1958] 1999, 2003). Bildung aus O^1-Phosphono-α-D-ribofuranose und O^1,O^6-Di=
phosphono-α-D-glucopyranose in Gegenwart von Phosphoglucomutase: *Klenow*, Arch. Biochem. **46** [1953] 186, 192; *Klenow, Emberland*, Arch. Biochem. **58** [1955] 276.

Beim Behandeln mit Dicyclohexylcarbodiimid in wss. Pyridin ist O^1,O^2-Hydroxy-phosphoryl-O^5-phosphono-α-D-ribofuranose $C_5H_{10}O_{10}P_2$ erhalten worden (*Te.*, *Kh.*, l. c. S. 2001, 2003; *Khorana et al.*, J. biol. Chem. **230** [1958] 941, 944).
Cyclohexylamin-Salz $4C_6H_{13}N \cdot C_5H_{12}O_{11}P_2$. Krystalle (aus Me. + Ae.) mit 4 Mol H_2O, F: 171—172° [Zers.]; $[\alpha]_D^{22}$: +20,8° [W.; c = 0,4] (*Te.*, *Kh.*, l. c. S. 2003).

O^5-Phosphono-O^1-trihydroxydiphosphoryl-α-D-ribofuranose $C_5H_{13}O_{14}P_3$, Formel I.
B. Beim Behandeln von Benzyl-[O^2,O^3-carbonyl-O^5-diphenoxyphosphoryl-β-D-ribofuranosid] mit Bromwasserstoff in Essigsäure und Acetanhydrid, Behandeln des Reaktionsprodukts mit Triäthylamin-tribenzyldiphosphat in Benzol, Hydrieren des danach isolierten Reaktionsprodukts an Palladium/Kohle in Methanol und an Platin in Methanol und Behandeln der Reaktionslösung mit Lithiumhydroxid in Wasser (*Tener*, *Khorana*, Am. Soc. **80** [1958] 1999, 2001, 2003).
Geschwindigkeit der Hydrolyse in wss. Lösungen vom pH 3,1 bis 9,0 bei 65°: *Kornberg*, *et al.*, J. biol. Chem. **215** [1955] 389, 397; in gepufferten wss. Lösungen bei 38—100°: *Remy et al.*, J. biol. Chem. **217** [1955] 885, 890; in alkal. wss. Lösung bei 25° und 100°: *Khorana et al.*, J. biol. Chem. **230** [1958] 941, 944; s.a. *Te.*, *Kh.*, l. c. S. 2004.
Lithium-Salz $Li_5C_5H_8O_{14}P_3 \cdot 5 H_2O$: *Te.*, *Kh.*, l. c. S. 2003.

I   II

(2R)-4c-Äthylmercapto-5c-hydroxymethyl-2r-methoxy-tetrahydro-furan-3t-ol, Methyl-[S-äthyl-3-thio-β-D-xylofuranosid] $C_8H_{16}O_4S$, Formel II (R = H).
B. Beim Erwärmen von Methyl-[2,3-anhydro-β-D-ribofuranosid] mit Natrium-äthanthiolat in Methanol (*Anderson et al.*, Am. Soc. **81** [1959] 898, 900).
$[\alpha]_D^{24}$: −26° [$CHCl_3$; c = 4].

Methyl-[di-O-acetyl-S-äthyl-3-thio-β-D-xylofuranosid] $C_{12}H_{20}O_6S$, Formel II (R = CO-CH_3).
B. Beim Behandeln von Methyl-[S-äthyl-3-thio-β-D-xylofuranosid] mit Acetanhydrid und Pyridin (*Anderson et al.*, Am. Soc. **81** [1959] 898, 900).
Flüssigkeit; n_D^{20}: 1,4778. $[\alpha]_D^{26}$: −38° [$CHCl_3$; c = 1].
Bei der Behandlung mit Raney-Nickel in Äthanol und anschliessenden Acetylierung ist Methyl-[di-O-acetyl-β-D-*erythro*-3-desoxy-pentofuranosid] erhalten worden.

Methyl-[S-äthyl-di-O-benzoyl-3-thio-β-D-xylofuranosid] $C_{22}H_{24}O_6S$, Formel III (X = H).
B. Beim Behandeln von Methyl-[S-äthyl-3-thio-β-D-xylofuranosid] mit Benzoylchlorid und Pyridin (*Anderson et al.*, Am. Soc. **81** [1959] 898, 900).
Krystalle (aus Heptan); F: 74—75°. $[\alpha]_D^{25}$: +2,5° [$CHCl_3$; c = 1].

Methyl-[S-äthyl-bis-O-(4-nitro-benzoyl)-3-thio-β-D-xylofuranosid] $C_{22}H_{22}N_2O_{10}S$, Formel III (X = NO_2).
B. Beim Behandeln von Methyl-[S-äthyl-3-thio-β-D-xylofuranosid] mit 4-Nitrobenzoylchlorid und Pyridin (*Anderson et al.*, Am. Soc. **81** [1959] 898, 900).
Krystalle (aus Bzl. + Hexan); F: 127—128° [unkorr.]. $[\alpha]_D^{24}$: +12° [$CHCl_3$; c = 2].

III   IV

Methyl-[di-O-acetyl-S-äthyl-2-thio-β-D-arabinofuranosid] $C_{12}H_{20}O_6S$, Formel IV.
B. Beim Behandeln von Methyl-[S-äthyl-3-thio-β-D-xylofuranosid] mit Toluol-

4-sulfonylchlorid und Pyridin, Erhitzen des Reaktionsprodukts mit Natriumacetat in wss. 2-Methoxy-äthanol und folgenden Behandeln des danach isolierten Reaktionsprodukts mit Acetanhydrid und Pyridin (*Anderson et al.*, Am. Soc. **81** [1959] 898, 901).

Öl; n_D^{26}: 1,4786; $[\alpha]_D^{26}$: $-55°$ [CHCl$_3$] [Präparat von ungewisser Einheitlichkeit].

Beim Erwärmen mit Raney-Nickel in Äthanol ist Methyl-[di-O-acetyl-β-D-*erythro*-2-desoxy-pentofuranosid] erhalten worden.

Methyl-[S-äthyl-bis-O-(4-nitro-benzoyl)-2-thio-β-D-arabinofuranosid] $C_{22}H_{22}N_2O_{10}S$, Formel V.

B. Beim Erwärmen von Methyl-[di-O-acetyl-S-äthyl-2-thio-β-D-arabinofuranosid] mit Natriummethylat in Methanol und Behandeln des Reaktionsprodukts mit 4-Nitro-benzoylchlorid und Pyridin (*Anderson et al.*, Am. Soc. **81** [1959] 898, 901).

Krystalle (aus Bzl. + Heptan); F: 149—150° [unkorr.]. $[\alpha]_D^{24}$: $-64°$ [CHCl$_3$; c = 1].

2-Äthylmercapto-5-hydroxymethyl-tetrahydro-furan-3,4-diol $C_7H_{14}O_4S$.

a) **(2R)-2r-Äthylmercapto-5t-hydroxymethyl-tetrahydro-furan-3t,4c-diol, Äthyl-[1-thio-α-D-arabinofuranosid]** $C_7H_{14}O_4S$, Formel VI (R = H).

B. Aus Äthyl-[O^3,O^5-dibenzoyl-1-thio-α-D-arabinofuranosid] beim Behandeln mit Natriummethylat in Methanol (*Reist et al.*, Am. Soc. **81** [1959] 5176, 5179).

Krystalle (aus E. + Bzn.); F: 62—63°. $[\alpha]_D^{27}$: $+240°$ [Me.; c = 1].

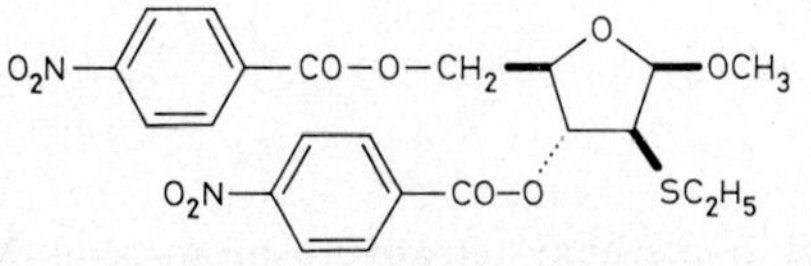

V

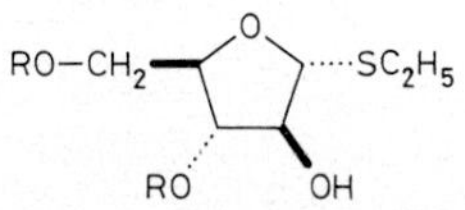

VI

b) **(2S)-2r-Äthylmercapto-5c-hydroxymethyl-tetrahydro-furan-3c,4t-diol, Äthyl-[1-thio-β-D-arabinofuranosid]** $C_7H_{14}O_4S$, Formel VII (R = H).

B. Aus Äthyl-[O^5-benzoyl-1-thio-β-D-arabinofuranosid] beim Behandeln mit Natriummethylat in Methanol (*Reist et al.*, Am. Soc. **81** [1959] 5176, 5179).

Krystalle (aus E. + Bzn.); F: 49—50°. $[\alpha]_D^{27}$: $-130°$ [Me.; c = 1].

Äthyl-[O^5-benzoyl-1-thio-β-D-arabinofuranosid] $C_{14}H_{18}O_5S$, Formel VII (R = CO-C$_6$H$_5$).

B. Beim Behandeln von O^5-Benzoyl-D-arabinose-diäthyldithioacetal mit Cadmium-carbonat und Quecksilber(II)-chlorid in Aceton (*Reist et al.*, Am. Soc. **81** [1959] 5176, 5178).

Krystalle (aus Bzl.); F: 117—118° [unkorr.]. $[\alpha]_D^{22}$: $-96,5°$ [CHCl$_3$; c = 2].

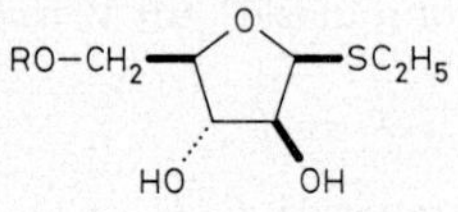

VII

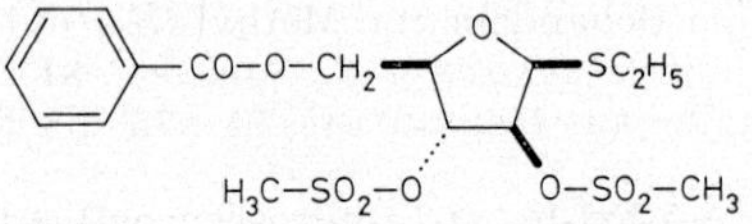

VIII

Äthyl-[O^3,O^5-dibenzoyl-1-thio-α-D-arabinofuranosid] $C_{21}H_{22}O_6S$, Formel VI (R = CO-C$_6$H$_5$).

B. Beim Erwärmen von O^3,O^5-Dibenzoyl-O^1,O^2-isopropyliden-β-D-arabinofuranose mit wss. Essigsäure unter Zusatz von wss. Salzsäure, Behandeln des Reaktionsprodukts in Dichlormethan und Tetrachlormethan mit Chlorwasserstoff und Behandeln des danach isolierten Reaktionsprodukts mit Natrium-äthanthiolat in Äthanthiol (*Reist et al.*, Am. Soc. **81** [1959] 5176, 5179).

Öl; $[\alpha]_D^{23,5}$: $+134°$ [CHCl$_3$] (Präparat von ungewisser Einheitlichkeit).

Äthyl-[O^5-benzoyl-O^2,O^3-bis-methansulfonyl-1-thio-β-D-arabinofuranosid] $C_{16}H_{22}O_9S_3$, Formel VIII.

B. Beim Behandeln von Äthyl-[O^5-benzoyl-1-thio-β-D-arabinofuranosid] mit Methan=

sulfonylchlorid und Pyridin (*Reist et al.*, Am. Soc. **81** [1959] 5176, 5179).
Krystalle (aus Me.); F: 75—76°. $[\alpha]_D^{27}$: —79,2° [CHCl$_3$; c = 1].

2,3,4-Triacetoxy-5-[methylmercapto-methyl]-tetrahydro-furan C$_{12}$H$_{18}$O$_7$S.

a) **Tri-*O*-acetyl-*S*-methyl-5-thio-α-D-ribofuranose** C$_{12}$H$_{18}$O$_7$S, Formel IX.

B. Neben dem unter b) beschriebenen Anomeren beim Behandeln von *S*-Methyl-5-thio-D-ribose mit Acetanhydrid und Pyridin (*Ishikura et al.*, Bl. chem. Soc. Japan **35** [1962] 731, 733; s. a. *Suzuki, Mori*, Bio. Z. **162** [1925] 413, 417; *Levene, Sobotka*, J. biol. Chem. **65** [1925] 551, 554; *Wendt*, Z. physiol. Chem. **272** [1942] 152, 155).

$[\alpha]_D$: +26,1° [A.; c = 1] (*Ish. et al.*).

H$_3$CS—CH$_2$ ····O—CO—CH$_3$
H$_3$C—CO—O   O—CO—CH$_3$
IX

H$_3$CS—CH$_2$ ····O—CO—CH$_3$
H$_3$C—CO—O   O—CO—CH$_3$
X

b) **Tri-*O*-acetyl-*S*-methyl-5-thio-β-D-ribofuranose** C$_{12}$H$_{18}$O$_7$S, Formel X.

B. s. bei dem unter a) beschriebenen Anomeren.

Krystalle; F: 67—69° (*Kuhn et al.*, B. **72** [1939] 407, 410), 66—67° [aus wss. A.] (*Wendt*, Z. physiol. Chem. **272** [1942] 152, 155), 66° [aus Ae.] (*Ishikura et al.*, Bl. chem. Soc. Japan **35** [1962] 731, 733). $[\alpha]_D$: —26,7° [A.; c = 1] (*Ish. et al.*).

[*Blazek*]

Tetrahydroxy-Verbindungen C$_6$H$_{12}$O$_5$

2-Methoxy-6-methyl-tetrahydro-pyran-3,4,5-triol C$_7$H$_{14}$O$_5$.

a) **(2*S*)-2*r*-Methoxy-6*t*-methyl-tetrahydro-pyran-3*c*,4*c*,5*c*-triol, Methyl-[6-desoxy-α-D-allopyranosid]** C$_7$H$_{14}$O$_5$, Formel I.

Das nachstehend beschriebene Präparat ist vermutlich nicht einheitlich gewesen (*Whiffen*, Chem. and Ind. **1956** 964, 966; s. a. *Krasso, Weiss*, Helv. **49** [1966] 1113, 1116).

B. Neben grösseren Mengen Methyl-[6-desoxy-β-D-allopyranosid] beim Erwärmen von 6-Desoxy-D-allose mit Chlorwasserstoff enthaltendem Methanol (*Levene, Compton*, J. biol. Chem. **116** [1936] 169, 181).

Kp$_{0,3}$: 105—106°; $[\alpha]_D^{25}$: +54,2° [W.; c = 2] (*Le., Co.*).

b) **(2*R*)-2*r*-Methoxy-6*c*-methyl-tetrahydro-pyran-3*t*,4*t*,5*t*-triol, Methyl-[6-desoxy-β-D-allopyranosid]** C$_7$H$_{14}$O$_5$, Formel II.

B. s. bei dem unter a) beschriebenen Anomeren.

Krystalle (aus E.); F: 114—116° [Kofler-App.; bei langsamem Erhitzen] (*Krasso, Weiss*, Helv. **49** [1966] 1113, 1116), 94—95° (*Levene, Compton*, J. biol. Chem. **116** [1936] 169, 181). Bei ca. 60° und bei ca. 90° sind Umwandlungspunkte beobachtet worden (*Kr., We.*). $[\alpha]_D^{25}$: —61,3° [W.; c = 2] (*Le., Co.*).

H$_3$C   O ····OCH$_3$
HO   HO   OH
I

H$_3$C   O ····OCH$_3$
HO   HO   OH
II

H$_3$C   O ····OCH$_3$
HO   HO   OH
III

H$_3$C   O ····OCH$_3$
HO   HO   OH
IV

c) **(2*S*)-2*r*-Methoxy-6*t*-methyl-tetrahydro-pyran-3*t*,4*c*,5*c*-triol, Methyl-[6-desoxy-α-D-altropyranosid]** C$_7$H$_{14}$O$_5$, Formel III.

B. Beim Behandeln von Methyl-[tri-*O*-acetyl-6-desoxy-α-D-altropyranosid] mit Bariumhydroxid in Methanol (*Gut, Prins*, Helv. **29** [1946] 1555, 1558).

Kp$_{0,05}$: 135°. $[\alpha]_D^{16}$: +118,6° [Me.; c = 2].

d) **(2S)-2r-Methoxy-6t-methyl-tetrahydro-pyran-3c,4t,5c-triol**, **Methyl-[6-desoxy-α-D-glucopyranosid]**, **Methyl-α-D-chinovopyranosid**, Methyl-α-D-isorhamno=pyranosid $C_7H_{14}O_5$, Formel IV.

B. Beim Behandeln von Methyl-[tri-O-acetyl-6-desoxy-α-D-glucopyranosid] (*Helferich et al.*, B. **59** [1926] 79, 84) oder von Methyl-[tri-O-benzoyl-6-desoxy-α-D-glucopyranosid] (*Helferich et al.*, A. **447** [1926] 19, 24) mit Ammoniak in Methanol.

Krystalle [aus E.] (*He. et al.*). F: 98—99° (*He. et al.*; *Maclay et al.*, Am. Soc. **61** [1939] 1660, 1663). $[\alpha]_D^{20}$: $+152{,}7°$ [W.; c = 2] (*Ma. et al.*); $[\alpha]_D^{25}$: $+148°$ [W.; c = 0,4]; $[\alpha]_{436}^{25}$: $+296°$ [W.; c = 0,4]; $[\alpha]_{436}^{25}$: $+555°$ [wss. Tetramminkupfer(II)-Salz-Lösung; c = 0,4] (*Reeves*, Am. Soc. **72** [1950] 1499, 1505).

e) **(2R)-2r-Methoxy-6c-methyl-tetrahydro-pyran-3t,4c,5t-triol**, **Methyl-[6-desoxy-β-D-glucopyranosid]**, **Methyl-β-D-chinovopyranosid**, Methyl-β-D-isorhamno=pyranosid $C_7H_{14}O_5$, Formel V (H **31** 63).

F: 131—132° [korr.] (*Maclay et al.*, Am. Soc. **61** [1939] 1660, 1663). Monoklin; aus dem Röntgen-Diagramm ermittelte Dimensionen der Elementarzelle: a = 14,10 Å; b = 4,63 Å; c = 27,44 Å; β = 107,5°; n = 8 (*Brækken*, Norske Vid. Selsk. Forh. **9** [1936] 184). Dichte der Krystalle: 1,313 [berechnet] (*Br.*). $[\alpha]_D^{20}$: $-54{,}6°$ [W.] (*Ma. et al.*); $[\alpha]_D^{25}$: $-55°$ [W.; c = 0,5]; $[\alpha]_{436}^{25}$: $-95°$ [W.; c = 0,5]; $[\alpha]_{436}^{25}$: $+102°$ [wss. Tetramminkupfer(II)-Salz-Lösung; c = 0,6] (*Reeves*, Am. Soc. **72** [1950] 1499, 1505).

f) **(2S)-2r-Methoxy-6t-methyl-tetrahydro-pyran-3t,4t,5c-triol**, **Methyl-[6-desoxy-α-D-mannopyranosid]**, **Methyl-α-D-rhamnopyranosid** $C_7H_{14}O_5$, Formel VI.

B. Beim Behandeln von Methyl-[tri-O-benzoyl-α-D-rhamnopyranosid] mit Barium=methylat in Methanol (*Haskins et al.*, Am. Soc. **68** [1946] 628, 630).

Öl; $[\alpha]_D^{20}$: $+61{,}0°$ [W.; c = 1].

V   VI   VII   VIII

g) **(2R)-2r-Methoxy-6t-methyl-tetrahydro-pyran-3t,4t,5c-triol**, **Methyl-[6-desoxy-α-L-mannopyranosid]**, **Methyl-α-L-rhamnopyranosid** $C_7H_{14}O_5$, Formel VII (H **31** 73).

B. Beim Erwärmen von L-Rhamnose mit Methanol in Gegenwart eines Kationenaus-tauschers (*Cadotte et al.*, Am. Soc. **74** [1952] 1501, 1503). Beim Erwärmen von L-Rhamnose mit Dimethylsulfit und Chlorwasserstoff enthaltendem Methanol (*Voss*, A. **485** [1931] 283, 297). Neben geringen Mengen Methyl-β-L-rhamnopyranosid beim Erwärmen von L-Rhamnose-hydrat mit Chlorwasserstoff enthaltendem Methanol (*Minsaas*, Norske Vid. Selsk. Forh. **6** [1933] 177; s. a. *Haskins et al.*, Am. Soc. **68** [1946] 628, 631).

Krystalle (aus E.); F: 109—110° (*Mi.*), 108—109° (*Ha. et al.*). Rhombisch; Raum-gruppe V^4 (= $P2_12_12_1$); aus dem Röntgen-Diagramm ermittelte Dimensionen der Elementarzelle: a = 8,26 Å; b = 13,31 Å; c = 7,54 Å; n = 4 (*Brækken et al.*, Z. Kr. **88** [1934] 205, 209). Dichte der Krystalle: 1,418 (*Br.*). Optische Untersuchung der Krystalle: *Ha. et al.* Molrefraktion für Wellenlängen von 768,2 nm bis 404,7 nm bei 20°: *Sörensen, Trumpy*, Z. physik. Chem. [B] **28** [1935] 135, 140. $[\alpha]_D^{20}$: $-62{,}5°$ [W.; c = 10] (*Mi.*); $[\alpha]_D^{25}$: $-62°$ [W.; c = 0,6] (*Reeves*, Am. Soc. **72** [1950] 1499, 1505); $[\alpha]_D^{27,5}$: $-61{,}0°$ [wss. NaCl-Lösung]; $[\alpha]_D^{27,5}$: $-60{,}5°$ [wss. Natronlauge (1 n)] (*Reeves, Blouin*, Am. Soc. **79** [1957] 2261, 2262); $[\alpha]_{436}^{25}$: $-130°$ [W.; c = 0,6]; $[\alpha]_{436}^{25}$: $-1200°$ [wss. Tetramminkupfer(II)-Salz-Lösung] (*Re.*). Optisches Drehungsvermögen einer wss. (?) Lösung für Licht der Wellenlängen 702 nm bis 429 nm bei 20°: *Sö., Tr.*, l. c. S. 142. IR-Spektrum (KCl; 2—15 μ bzw. KI oder Nujol; 14—40 μ): *Tipson, Isbell*, J. Res. Bur. Stand. [A.] **64** [1960] 239, 253, 259. IR-Banden (Nujol; 10,4—12,5 μ): *Barker et al.*, Soc. **1954** 3468, 3471.

Relative Geschwindigkeit der Reaktion mit Blei(IV)-acetat in Essigsäure bei 20°: *Hockett, McClenahan*, Am. Soc. **61** [1939] 1667, 1668, 1669. Geschwindigkeitskonstante der Hydrolyse in wss. Salzsäure (0,01n) bei 100°: *Riiber, Sörensen*, Norske Vid. Selsk. Skr. **1938** Nr. 1, S. 19.

Tri-O-acetyl-Derivat (F: 86—87° [S. 2541]): *Fischer et al.*, B. **53** [1920] 2362, 2384.

h) (±)-2r-Methoxy-6t-methyl-tetrahydro-pyran-3t,4t,5c-triol, Methyl-[6-desoxy-α-DL-mannopyranosid], Methyl-α-DL-rhamnopyranosid $C_7H_{14}O_5$, Formel VI + VII.

Herstellung aus gleichen Mengen der unter f) und g) beschriebenen Enantiomeren in Äthylacetat: *Haskins et al.*, Am. Soc. **68** [1946] 628, 631.

Krystalle (aus A. oder E.); F: 160—161°. Optische Untersuchung der Krystalle: *Ha. et al.*, l. c. S. 630.

i) (2S)-2r-Methoxy-6c-methyl-tetrahydro-pyran-3c,4c,5t-triol, Methyl-[6-desoxy-β-L-mannopyranosid], Methyl-β-L-rhamnopyranosid $C_7H_{14}O_5$, Formel VIII.

B. Neben grösseren Mengen Methyl-α-L-rhamnofuranosid beim Erwärmen von L-Rhamnose mit Chlorwasserstoff enthaltendem Methanol (*Augestad, Berner*, Acta chem. scand. **10** [1956] 911, 915). Beim Behandeln von Methyl-[tri-O-acetyl-β-L-rhamno=pyranosid] mit Ammoniak in Methanol (*Fischer et al.*, B. **53** [1920] 2362, 2378, 2379).

Krystalle (aus E.); F: 138—140° [korr.] (*Fi. et al.*), 138° (*Au., Be.*). Molrefraktion für Wellenlängen von 768,2 nm bis 404,7 nm bei 20°: *Sörensen, Trumpy*, Z. physik. Chem. [B] **28** [1935] 135, 140. $[\alpha]_D^{20}$: +95,4° [W.; p = 10] (*Fi. et al.*); $[\alpha]_D^{22}$: +96,4° [W.; c = 2] (*Au., Be.*). Optisches Drehungsvermögen einer wss.(?) Lösung für Licht der Wellenlängen 702 nm bis 429 nm bei 20°: *Sö., Tr.*, l. c. S. 142. IR-Spektrum (KCl; 2—15 μ bzw. KI oder Nujol; 14—40 μ): *Tipson, Isbell*, J. Res. Bur. Stand. [A] **64** [1960] 239, 259.

Geschwindigkeitskonstante der Hydrolyse in wss. Salzsäure (0,01 n) bei 100°: *Riiber, Sörensen*, Norske Vid. Selsk. Skr. **1938** Nr. 1, S. 19.

j) (2S)-2r-Methoxy-6t-methyl-tetrahydro-pyran-3c,4t,5t-triol, Methyl-[6-desoxy-α-D-galactopyranosid], Methyl-α-D-fucopyranosid, Methyl-α-rhodeopyranosid $C_7H_{14}O_5$, Formel IX.

B. Beim Erwärmen von D-Fucose (*MacPhillamy, Elderfield*, J. org. Chem. **4** [1939] 150, 157; s. a. *Votoček, Valentin*, Collect. **2** [1930] 36, 40) oder von $O^1,O^2;O^3,O^4$-Diiso=propyliden-α-D-fucopyranose (*Honeyman, Stening*, Soc. **1957** 3316) mit Chlorwasserstoff enthaltendem Methanol.

Krystalle; F: 158—159° [korr.; Kofler-App.; aus Acn. + Ae.] (*Iselin, Reichstein*, Helv. **29** [1946] 508, 512), 155—156° [aus Me.] (*MacP., El.*), 155° [aus A.] (*Ho., St.*). Bei 100°/0,04 Torr sublimierbar (*Is., Re.*). $[\alpha]_D^{21}$: +207,8° [Me.; c = 1] (*Is., Re.*); $[\alpha]_D^{21}$: +189° [W.; c = 2] (*Ho., St.*); $[\alpha]_D^{25}$: +190° [W.; c = 4] (*MacP., El.*); $[\alpha]_D$: +189,9° [W.; c = 10] (*Vo., Va.*). IR-Banden (Nujol; 8,1—9,6 μ): *Whistler, House*, Anal. Chem. **25** [1953] 1463.

IX   X   XI   XII

k) (2R)-2r-Methoxy-6t-methyl-tetrahydro-pyran-3c,4t,5t-triol, Methyl-[6-desoxy-α-L-galactopyranosid], Methyl-α-L-fucopyranosid $C_7H_{14}O_5$, Formel X.

B. Neben Methyl-β-L-fucopyranosid beim Erwärmen von L-Fucose mit Chlorwasser=stoff enthaltendem Methanol (*Minsaas*, R. **51** [1932] 475, 477, 478; *Hockett et al.*, Am. Soc. **61** [1939] 1658; *Schmidt et al.*, A. **555** [1944] 26, 35; *James, Smith*, Soc. **1945** 746).

Krystalle; F: 158—159° [aus Me.] (*Gardiner, Percival*, Soc. **1958** 1414, 1416), 157,5° bis 158,5° [unkorr.; aus E.] (*Mi.*, R. **51** 478), 156,5—158° [aus E.] (*Sch. et al.*), 154—156° [aus E.] (*Conchie, Percival*, Soc. **1950** 827, 831), 154° [korr.; aus E.] (*Ho. et al.*). Monoklin; Raumgruppe: $P2_1$; aus dem Röntgen-Diagramm ermittelte Dimensionen der Elementar-zelle: a = 10,06 Å; b = 7,87 Å; c = 5,72 Å; β = 102,6°; n = 2 (*Cox et al.*, Soc. **1935** 978, 981). Dichte der Krystalle: 1,31 (*Cox et al.*). $[\alpha]_D^{15}$: −197° [W.; c = 1] (*Co., Pe.*); $[\alpha]_D^{18}$: −191° [W.; c = 2] (*Ga., Pe.*); $[\alpha]_D^{20}$: −197,5° [W.; c = 5] (*Mi.*, R. **51** 479); $[\alpha]_D^{20}$: −197,1° [W.; c = 3] (*Ho. et al.*); $[\alpha]_D^{20}$: −194,1° [W.; c = 4] (*Sch. et al.*); $[\alpha]_D^{25}$: −194° [W.; c = 0,6]; $[\alpha]_{436}^{25}$: −377° [W.; c = 0,6]; $[\alpha]_{436}^{25}$: +648° [wss. Tetramminkupfer(II)-Salz-Lösung] (*Reeves*, Am. Soc. **71** [1949] 1737, 1739). IR-Spektrum (KCl; 2—15 μ bzw. KI oder Nujol; 15—40 μ): *Tipson, Isbell*, J. Res. Bur. Stand. [A] **64** [1960] 239, 256, 262.

Relative Geschwindigkeit der Reaktion mit Blei(IV)-acetat in Essigsäure bei 20°:

Hockett, McClenahan, Am. Soc. **61** [1939] 1667, 1668. Beim Behandeln mit Tritylchlorid und Pyridin ist Methyl-[O^2-trityl-α-L-fucopyranosid] erhalten worden (*Hockett, Hudson*, Am. Soc. **56** [1934] 945; *Hockett, Mowery*, Am. Soc. **65** [1943] 403, 406).

Tri-*O*-acetyl-Derivat (F: 74° [S. 2542]): *Minsaas*, R. **56** [1937] 623, 624.

l) **(2R)-2r-Methoxy-6c-methyl-tetrahydro-pyran-3t,4c,5c-triol, Methyl-[6-desoxy-β-D-galactopyranosid], Methyl-β-D-fucopyranosid**, Methyl-β-rhodeopyranosid $C_7H_{14}O_5$, Formel XI.

B. Beim Erwärmen von Methyl-[tri-*O*-acetyl-β-D-fucopyranosid] mit Natrium=methylat in Methanol (*Schlubach, Wagenitz*, B. **65** [1932] 304, 307). Bei der Hydrierung von Methyl-[tri-*O*-acetyl-6-brom-β-D-fucopyranosid] an Raney-Nickel in mit äthanol. Natronlauge versetztem Methanol (*James, Smith*, Soc. **1945** 746).

Krystalle; F: 120° [aus Me. + Ae.] (*Sch., Wa.*), 118—121° [aus A. + Bzn.] (*Ja., Sm.*). $[α]_D^{20}$: −24,4° [CHCl₃; c = 1] (*Sch., Wa.*); $[α]_D^{15}$: −14,7° [W.; c = 2] (*Ja., Sm.*); $[α]_D^{19}$: −14° [W.; c = 1] (*Sch., Wa.*). IR-Banden (Nujol; 8,1—9,5 μ): *Whistler, House*, Anal. Chem. **25** [1953] 1463.

m) **(2S)-2r-Methoxy-6c-methyl-tetrahydro-pyran-3t,4c,5c-triol, Methyl-[6-desoxy-β-L-galactopyranosid], Methyl-β-L-fucopyranosid** $C_7H_{14}O_5$, Formel XII.

B. s. bei dem unter k) beschriebenen Anomeren. Isolierung über die Verbindung mit Kaliumacetat (s. u.) und das Tri-*O*-acetyl-Derivat (S. 2542): *Hockett et al.*, Am. Soc. **61** [1939] 1658.

Krystalle; F: 126—127° [aus Me.] (*Gardiner, Percival*, Soc. **1958** 1414, 1416), 121—123° (*Ho. et al.*), 120—122° [aus E.] (*Schmidt et al.*, A. **555** [1944] 26, 36), 117—119° [unkorr.; aus E.] (*Minsaas*, R. **51** [1932] 475, 479). $[α]_D^{18}$: +10,5° [W.; c = 1] (*Ga., Pe.*); $[α]_D^{20}$: +16° [W.; c = 1] (*Mi.*); $[α]_D^{20}$: +15,1° [W.; c = 2] (*Sch. et al.*); $[α]_D^{20}$: +14,2° [W.; c = 4] (*Ho. et al.*); $[α]_D^{25}$: +13° [W.; c = 1]; $[α]_{436}^{25}$: +24° [W.; c = 10]; $[α]_{436}^{25}$: +1100° [wss. Tetramminkupfer(II)-Salz-Lösung] (*Reeves*, Am. Soc. **71** [1949] 1737, 1739).

Relative Geschwindigkeit der Reaktion mit Blei(IV)-acetat in Essigsäure bei 20°: *Hockett, McClenahan*, Am. Soc. **61** [1939] 1667, 1668.

Verbindung mit Kaliumacetat $C_7H_{14}O_5 \cdot KC_2H_3O_2$. Krystalle (aus A.); F: 208° bis 212° [korr.] (*Watters et al.*, Am. Soc. **56** [1934] 2199), 208—210° (*Sch. et al.*). $[α]_D^{20}$: +8,9° [W.] (*Wa. et al.*). Hygroskopisch (*Wa. et al.*).

2,5-Dimethoxy-6-methyl-tetrahydro-pyran-3,4-diol $C_8H_{16}O_5$.

a) **Methyl-[O^4-methyl-6-desoxy-α-L-mannopyranosid], Methyl-[O^4-methyl-α-L-rhamnopyranosid]** $C_8H_{16}O_5$, Formel I.

B. Beim Erwärmen von O^4-Methyl-L-rhamnose [Gemisch der Anomeren] (*Levene, Compton*, J. biol. Chem. **114** [1936] 9, 22) oder von Methyl-[O^2,O^3-isopropyliden-O^4-methyl-α-L-rhamnopyranosid] (*Butler et al.*, Soc. **1955** 1531, 1535) mit Chlorwasserstoff enthaltendem Methanol.

Hygroskopische Krystalle (aus Ae.); F: 60—61° (*Bu. et al.*). $Kp_{0,3}$: 104—105° (*Le., Co.*). $[α]_D^{16}$: −87,3° [Me.; c = 1] (*Bu. et al.*); $[α]_D^{23}$: −50,2° [W.; c = 1,5] (*Le., Co.*).

b) **Methyl-[O^4-methyl-6-desoxy-β-L-mannopyranosid], Methyl-[O^4-methyl-β-L-rhamnopyranosid]** $C_8H_{16}O_5$, Formel II.

B. Beim Schütteln von O^2,O^3-Diacetyl-O^4-methyl-α-L-rhamnopyranosylbromid mit Methanol und Silbercarbonat und Behandeln des Reaktionsprodukts ($Kp_{0,3}$: 105—106°) mit Bariummethylat in Methanol (*Levene, Compton*, J. biol. Chem. **114** [1936] 9, 21, 22). $Kp_{0,3}$: 104—105°. $[α]_D^{24}$: −13,9° [W.; c = 1].

I   II   III   IV

2,4-Dimethoxy-6-methyl-tetrahydro-pyran-3,5-diol $C_8H_{16}O_5$.

a) **Methyl-[O^3-methyl-6-desoxy-α-D-altropyranosid]** $C_8H_{16}O_5$, Formel III.

B. Beim Behandeln von Methyl-[O^3-methyl-O^2,O^4-bis-(toluol-4-sulfonyl)-6-desoxy-α-D-altropyranosid] mit Natrium-Amalgam in Methanol (*Grob*, *Prins*, Helv. **28** [1945] 840, 846).

Öl; $Kp_{0,05}$: 87—88°. $[\alpha]_D^{20}$: +133,2° [Me.; c = 3].

b) **Methyl-[O^3-methyl-6-desoxy-α-D-glucopyranosid], Methyl-α-D-thevetopyranosid** $C_8H_{16}O_5$, Formel IV.

B. Neben einer Verbindung von Methyl-[O^3-methyl-6-desoxy-α-D-glucopyranosid] mit Methyl-[O^3-methyl-6-desoxy-β-D-glucopyranosid] (s. u.) bei 2-tägigem Erwärmen von O^3-Methyl-6-desoxy-D-glucose mit Chlorwasserstoff enthaltendem Methanol (*Reyle*, *Reichstein*, Helv. **35** [1952] 195, 211).

Krystalle (aus Ae. + PAe.); F: 86—87°. $[\alpha]_D^{17}$: +162,0° [Me.; c = 2]; $[\alpha]_D^{17}$: +148,3° [W.; c = 1]. Hygroskopisch.

c) **Methyl-[O^3-methyl-6-desoxy-β-D-glucopyranosid], Methyl-β-D-thevetopyranosid** $C_8H_{16}O_5$, Formel V.

B. Beim Behandeln von Methyl-[O^2,O^4-diacetyl-O^3-methyl-6-desoxy-β-D-glucopyranosid] mit Bariummethylat in Methanol (*Reyle*, *Reichstein*, Helv. **35** [1952] 195, 213).

Krystalle (aus Ae.); F: 116—117° [korr.; Kofler-App.]. $[\alpha]_D^{17}$: −42,1° [Me.; c = 1]; $[\alpha]_D^{19}$: −43,9° [W.; c = 1].

Verbindung mit Methyl-[O^3-methyl-6-desoxy-α-D-glucopyranosid] $C_8H_{16}O_5 \cdot C_8H_{16}O_5$. Krystalle (aus Ae. + PAe.); F: 86—87°; $[\alpha]_D^{17}$: +57,9° [Me.; c = 1]; $[\alpha]_D^{18}$: +51,6° [W.; c = 1] (*Re.*, *Re.*, l. c. S. 212).

d) **Methyl-[O^3-methyl-6-desoxy-ξ-L-glucopyranosid], Methyl-ξ-L-thevetopyranosid, Methyl-ξ-cerberopyranosid** $C_8H_{16}O_5$, Formel VI.

B. Beim Erwärmen von Cerberin (3β-[O^2-Acetyl-O^3-methyl-6-desoxy-α-L-glucopyranosyloxy]-14-hydroxy-5β,14β-card-20(22)-enolid [über diese Verbindung s. *Voigtländer*, Ar. **302** [1969] 538, 541]) mit wss.-methanol. Salzsäure (*Matsubara*, J. chem. Soc. Japan **60** [1939] 1201, 1202, 1207; C. A. **1942** 6504).

Krystalle; F: 75—76° (*Ma.*). Schwach hygroskopisch (*Ma.*).

V   VI   VII   VIII

e) **Methyl-[O^3-methyl-6-desoxy-α-D-idopyranosid]** $C_8H_{16}O_5$, Formel VII.

B. Beim Erwärmen von Methyl-[O^3-methyl-O^2,O^4,O^6-tris-(toluol-4-sulfonyl)-α-D-idopyranosid] (aus Methyl-[O^3-methyl-α-D-idopyranosid] hergestellt) mit Natriumjodid in Aceton, Hydrieren des Reaktionsprodukts an Raney-Nickel in methanol. Natronlauge und Schütteln des erhaltenen Methyl-[O^3-methyl-O^2,O^4-bis-(toluol-4-sulfonyl)-6-desoxy-α-D-idopyranosids] (amorph) mit Natrium-Amalgam und wss. Methanol (*Fischer et al.*, Helv. **37** [1954] 6, 14, 15). Reinigung über das Bis-[3,5-dinitro-benzoyl]-Derivat (F: 148—149°): *Fi. et al.*

Öl; bei 80—110°/0,03 Torr destillierbar. $[\alpha]_D^{26}$: +104° [Me.; c = 2].

f) **Methyl-[O^3-methyl-6-desoxy-β-D-idopyranosid]** $C_8H_{16}O_5$, Formel VIII.

B. Beim Schütteln von Methyl-[O^3-methyl-O^2,O^4-bis-(toluol-4-sulfonyl)-6-desoxy-β-D-idopyranosid] mit Natrium-Amalgam und wss. Methanol (*Fischer et al.*, Helv. **37** [1954] 6, 13).

Krystalle (aus Ae. + PAe.); F: 69,5—70°. $[\alpha]_D^{23}$: −73,2° [Me.; c = 2].

g) **Methyl-[O^3-methyl-6-desoxy-α-D-galactopyranosid], Methyl-[O^3-methyl-α-D-fucopyranosid], Methyl-α-D-digitalopyranosid** $C_8H_{16}O_5$, Formel IX.

Unter dieser Konfiguration beschriebene Präparate (1) Öl; bei 115—140°/0,005 Torr destillierbar; $[\alpha]_D^{20}$: +124,4° [Acn.]; 2) F: 98,5—100,5°; $[\alpha]_D^{20}$: +198,5° [Me.]) sind beim Erwärmen von Methyl-[O^2,O^4-diacetyl-O^3-methyl-α-D-fucopyranosid] mit Bariumhydroxid in Methanol (*Tamm*, Helv. **32** [1949] 163, 170) bzw. beim Erwärmen von O^3-Methyl-

D-fucose mit Methanol in Gegenwart eines Kationsaustauschers (*Springer et al.*, Bio=
chemistry **3** [1964] 1077, 1078) erhalten worden.

h) **Methyl-[O^3-methyl-6-desoxy-α-L-galactopyranosid], Methyl-[O^3-methyl-
α-L-fucopyranosid], Methyl-α-L-digitalopyranosid** $C_8H_{16}O_5$, Formel X.

B. Neben anderen Verbindungen beim Behandeln von Fucoidin (Polysaccharid aus
Fucus vesiculosus) mit Dimethylsulfat und wss. Natronlauge, Erwärmen des erhaltenen
Methylierungsprodukts mit wss. Oxalsäure und Erwärmen des Reaktionsprodukts mit
Chlorwasserstoff enthaltendem Methanol (*Conchie, Percival*, Soc. **1950** 827, 831).

Krystalle (aus E.); F: 130—132°. $[\alpha]_D^{14}$: —173° [W.; c = 0,4].

IX	X	XI	XII

5,6-Dimethoxy-2-methyl-tetrahydro-pyran-3,4-diol $C_8H_{16}O_5$.

a) **Methyl-[O^2-methyl-6-desoxy-α-D-altropyranosid]** $C_8H_{16}O_5$, Formel XI.

B. Bei der Hydrierung von Methyl-[O^3,O^4-diacetyl-6-jod-O^2-methyl-6-desoxy-α-D-altro=
pyranosid] an Raney-Nickel in mit wss. Kalilauge versetztem Methanol (*Young, Elderfield*, J. org. Chem. **7** [1942] 241, 247, 248). Reinigung über das Di-O-acetyl-Derivat
[nicht charakterisiert]: *Yo., El.*

$Kp_{0,55}$: 112—113°. n_D^{25}: 1,4632. $[\alpha]_D^{25}$: +91,1° [W.; c = 2]. Hygroskopisch.

b) **Methyl-[O^2-methyl-6-desoxy-ξ-L-mannopyranosid], Methyl-[O^2-methyl-
ξ-L-rhamnopyranosid]** $C_8H_{16}O_5$, Formel XII.

In dem nachstehend beschriebenen Präparat hat wahrscheinlich ein Gemisch der
Anomeren vorgelegen (*MacPhillamy, Elderfield*, J. org. Chem. **4** [1939] 150, 159).

B. Beim Behandeln von Methyl-[O^3,O^4-diacetyl-O^2-methyl-ξ-L-rhamnopyranosid]
($Kp_{0,2}$: 116—118° [S. 2538]) mit Bariummethylat in Methanol (*MacP., El.*).

Krystalle; F: 139—140° [nach wiederholtem Umkrystallieren aus Benzin].

**Methyl-[O^3,O^4-dimethyl-6-desoxy-α-L-galactopyranosid], Methyl-[O^3,O^4-dimethyl-
α-L-fucopyranosid]** $C_9H_{18}O_5$, Formel I.

B. Beim Behandeln von Methyl-[O^3,O^4-dimethyl-O^2-(toluol-4-sulfonyl)-α-L-fucopyrano=
sid] mit Natrium-Amalgam und wss. Methanol (*Percival, Percival*, Soc. **1950** 690).

Krystalle (aus PAe.); F: 100°. $[\alpha]_D^{20}$: —213° [W.; c = 1].

**Methyl-[O^2,O^4-dimethyl-6-desoxy-α-L-mannopyranosid], Methyl-[O^2,O^4-dimethyl-
α-L-rhamnopyranosid]** $C_9H_{18}O_5$, Formel II.

B. Beim Behandeln von Methyl-[O^3-acetyl-O^2,O^4-dimethyl-α-L-rhamnopyranosid]
mit Natriummethylat in Methanol (*Butler et al.*, Soc. **1955** 1531, 1536).

Öl; $[\alpha]_D^{22}$: —68° [Me.; c = 4].

I	II	III	IV

4,5,6-Trimethoxy-2-methyl-tetrahydro-pyran-3-ol $C_9H_{18}O_5$.

a) **Methyl-[O^2,O^3-dimethyl-6-desoxy-α-L-mannopyranosid], Methyl-[O^2,O^3-di=
methyl-α-L-rhamnopyranosid]** $C_9H_{18}O_5$, Formel III.

B. Beim Behandeln von Methyl-[O^2,O^3-dimethyl-O^4-(toluol-4-sulfonyl)-α-L-rhamno=
pyranosid] mit Natrium-Amalgam und wss. Methanol (*Percival, Percival*, Soc. **1950** 690).

$Kp_{0,05}$: 110°; n_D^{16}: 1,4538; $[\alpha]_D$: —6° [W.; c = 2] (*Pe., Pe.*).

Die gleiche Verbindung hat wahrscheinlich als Hauptbestandteil in einem von *Schmidt et al.* (B. **75** [1942] 579, 582) als Methyl-[O^2,O^3-dimethyl-ξ-L-rhamnofuranosid] angesehenen Präparat (Kp$_{0,1}$: 100°) vorgelegen, das bei der Hydrierung von Methyl-[O^4-benzyl-O^2,O^3-dimethyl-α-L-rhamnopyranosid] (S. 2531) an Palladium in Methanol erhalten worden ist.

b) **Methyl-[O^2,O^3-dimethyl-6-desoxy-α-L-galactopyranosid], Methyl-[O^2,O^3-dimethyl-α-L-fucopyranosid]** C$_9$H$_{18}$O$_5$, Formel IV.

B. Neben anderen Verbindungen beim Behandeln von Fucoidin (Polysaccharid aus Fucus vesiculosus) mit Dimethylsulfat und wss. Natronlauge, Erwärmen des erhaltenen Methylierungsprodukts mit wss. Oxalsäure und Erwärmen des Reaktionsprodukts mit Chlorwasserstoff enthaltendem Methanol (*Conchie, Percival,* Soc. **1950** 827, 831).

Krystalle (aus PAe.); F: 49—51°. [α]$_D^{15}$: —190° [W.; c = 1].

2,3,4,5-Tetramethoxy-6-methyl-tetrahydro-pyran C$_{10}$H$_{20}$O$_5$.

a) **Methyl-[tri-O-methyl-6-desoxy-β-D-allopyranosid]** C$_{10}$H$_{20}$O$_5$, Formel V.

B. Beim Erwärmen einer wss. Lösung von Methyl-[6-desoxy-β-D-allopyranosid] mit Dimethylsulfat in Tetrachlormethan und mit wss. Natronlauge (*Levene, Compton,* J. biol. Chem. **116** [1936] 169, 182, 183).

Kp$_{0,3}$: 60—62°. n$_D^{21}$: 1,4451. [α]$_D^{25}$: —43,5° [W.; c = 2].

b) **Methyl-[tri-O-methyl-6-desoxy-α-L-mannopyranosid], Methyl-[tri-O-methyl-α-L-rhamnopyranosid]** C$_{10}$H$_{20}$O$_5$, Formel VI (vgl. H **31** 74).

B. Beim Behandeln von O^2,O^4-Dimethyl-L-rhamnose mit Chlorwasserstoff enthaltendem Methanol und Erwärmen des Reaktionsprodukts mit Methyljodid und Silberoxid (*Charalambous, Percival,* Soc. **1954** 2443, 2446).

Kp$_{12}$: 109—110° (*Stoll et al.,* Helv. **33** [1950] 1877, 1890); Kp$_9$: 101° (*Hirst, Macbeth,* Soc. **1926** 22, 25). n$_D^{15}$: 1,4415 (*Hi., Ma.*); n$_D^{16}$: 1,4421 (*Ch., Pe.,* l. c. S. 2447). [α]$_D^{15}$: —17° [W.; c = 1,5] (*Ch., Pe.*); [α]$_D^{20}$: —56,8° [A.; c = 2]; [α_D^{20}: —58,3° [Me.; c = 0,6]; [α]$_D^{20}$: —20,1° [W.; c = 2] (*St. et al.*).

V   VI   VII   VIII

c) **Methyl-[tri-O-methyl-6-desoxy-β-L-mannopyranosid], Methyl-[tri-O-methyl-β-L-rhamnopyranosid]** C$_{10}$H$_{20}$O$_5$, Formel VII.

B. Bei wiederholtem Erwärmen von O^3,O^4-Dimethyl-L-rhamnose mit Methyljodid und Silberoxid (*Haworth et al.,* Soc. **1929** 2469, 2476).

Krystalle; F: 53—54°. [α]$_D^{21}$: +106° [W.; c = 1].

d) **Methyl-[tri-O-methyl-6-desoxy-α-D-galactopyranosid], Methyl-[tri-O-methyl-α-D-fucopyranosid]** C$_{10}$H$_{20}$O$_5$, Formel VIII.

B. Neben Methyl-[tri-O-methyl-β-D-fucopyranosid] beim Erwärmen von O^2,O^3,O^4-Trimethyl-D-fucose mit Methanol in Gegenwart eines Kationenaustauschers (*Springer et al.,* Biochemistry **3** [1964] 1076, 1077, 1078). Im Gemisch mit Methyl-[tri-O-methyl-β-D-fucopyranosid] beim Behandeln von Methyl-[O^3-methyl-D-fucopyranosid] (Gemisch der Anomeren) mit Kalium und flüssigem Ammoniak und anschliessend mit Methyljodid bei —60° (*Schmidt et al.,* A. **555** [1944] 26, 39, 40).

Krystalle, F: 97—99°; [α]$_D^{27}$: +206,8° [Acn.; c = 2] (*Sp. et al.*). IR-Banden (Nujol; 10,5—13,6 μ): *Barker et al.,* Soc. **1954** 3468, 3470.

e) **Methyl-[tri-O-methyl-6-desoxy-α-L-galactopyranosid], Methyl-[tri-O-methyl-α-L-fucopyranosid]** C$_{10}$H$_{20}$O$_5$, Formel IX.

B. Beim Erwärmen von Methyl-α-L-fucopyranosid mit Dimethylsulfat und wss. Natronlauge (*Schmidt et al.,* A. **555** [1944] 26, 36, 37) oder mit Methyljodid und Silberoxid in Methanol (*James, Smith,* Soc. **1945** 746). In geringer Menge beim Erwärmen von O^2,O^4-Dimethyl-L-fucose mit Chlorwasserstoff enthaltendem Methanol und wiederholten

Behandeln des Reaktionsprodukts ($[\alpha]_D^{16}$: $-30°$ [A.]) mit Methyljodid und Silberoxid (*Charalambous*, *Percival*, Soc. **1954** 2443, 2447).

Krystalle; F: 99° [nach Sublimation im Hochvakuum] (*Kuhn et al.*, B. **88** [1955] 1135, 1144), 97—98° [aus PAe.] (*Sch. et al.*), 93—95° (*Ch.*, *Pe.*). $[\alpha]_D^{16}$: $-200°$ [W.; c = 1] (*Ch.*, *Pe.*); $[\alpha]_D^{20}$: $-209°$ [W.; c = 2] (*Sch. et al.*); $[\alpha]_D^{21}$: $-209°$ [W.; c = 1] (*Kuhn et al.*). Mit Wasserdampf flüchtig (*Sch. et al.*).

Beim Erwärmen mit wss. Salpetersäure ist Tri-*O*-methyl-D-arabarsäure (Bis-methyl=amid, F: 171—172°; $[\alpha]_D^{15}$: $-56°$ [W.]) erhalten worden (*Ja.*, *Sm.*).

f) **Methyl-[tri-*O*-methyl-6-desoxy-β-D-galactopyranosid], Methyl-[tri-*O*-methyl-β-D-fucopyranosid]** $C_{10}H_{20}O_5$, Formel X.

B. Beim Erwärmen von Methyl-β-D-fucopyranosid mit Methyljodid und Silberoxid in Methanol enthaltendem Aceton (*James*, *Smith*, Soc. **1945** 746). Über eine weitere Bildungsweise s. bei dem unter d) beschriebenen Anomeren.

Krystalle [aus Bzn.] (*Ja.*, *Sm.*). F: 101,0—101,5° (*Springer et al.*, Biochemistry **3** [1964] 1076, 1079), 93—98° (*Ja.*, *Sm.*). $[\alpha]_D^{20}$: $+11,2°$ [Acn.; c = 1] (*Sp. et al.*); $[\alpha]_D^{21}$: $+11,2°$ [W.; c = 1] (*Ja.*, *Sm.*). IR-Banden (Nujol; 10,4—13,8 μ): *Barker et al.*, Soc. **1954** 3468, 3470.

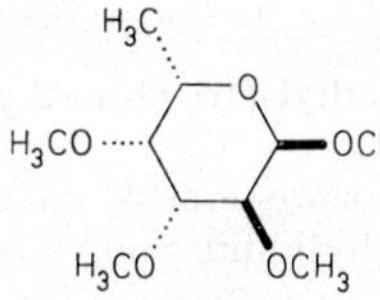

IX 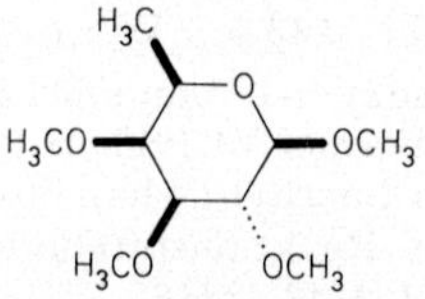   X 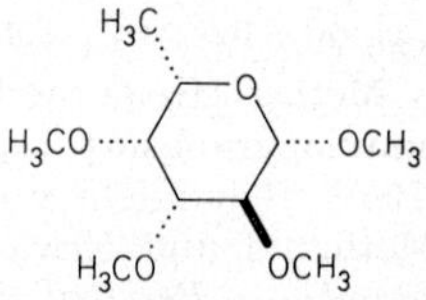   XI

g) **Methyl-[tri-*O*-methyl-6-desoxy-β-L-galactopyranosid], Methyl-[tri-*O*-methyl-β-L-fucopyranosid]** $C_{10}H_{20}O_5$, Formel XI.

B. Beim Erwärmen von Methyl-β-L-fucopyranosid mit Dimethylsulfat und wss. Natron=lauge (*Schmidt et al.*, A. **555** [1944] 26, 37).

Krystalle (aus PAe.); F: 101,5—102,5°. $[\alpha]_D^{20}$: $-21,1°$ [W.; c = 2].

2-Äthoxy-6-methyl-tetrahydro-pyran-3,4,5-triol $C_8H_{16}O_5$.

a) **(2*S*)-2*r*-Äthoxy-6*t*-methyl-tetrahydro-pyran-3*c*,4*t*,5*t*-triol, Äthyl-[6-desoxy-α-D-galactopyranosid], Äthyl-α-D-fucopyranosid,** Äthyl-α-rhodeopyranosid $C_8H_{16}O_5$, Formel I.

B. Neben Äthyl-β-D-fucopyranosid beim Erwärmen von D-Fucose mit Chlorwasserstoff enthaltendem Äthanol (*Kuhn*, *Osman*, Z. physiol. Chem. **303** [1956] 1, 6).

Krystalle (aus E.); F: 146°. $[\alpha]_D^{18}$: $+190°$ [W.; c = 1].

b) **(2*R*)-2*r*-Äthoxy-6*t*-methyl-tetrahydro-pyran-3*c*,4*t*,5*t*-triol, Äthyl-[6-desoxy-α-L-galactopyranosid], Äthyl-α-L-fucopyranosid** $C_8H_{16}O_5$, Formel II.

B. Neben Äthyl-β-L-fucopyranosid beim Erwärmen von L-Fucose mit Chlorwasserstoff enthaltendem Äthanol (*Kuhn et al.*, B. **88** [1955] 1135, 1146).

Krystalle (aus E.); F: 146°. $[\alpha]_D^{22}$: $-191°$ [W.; c = 1].

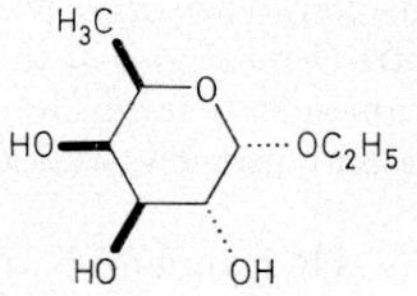

I 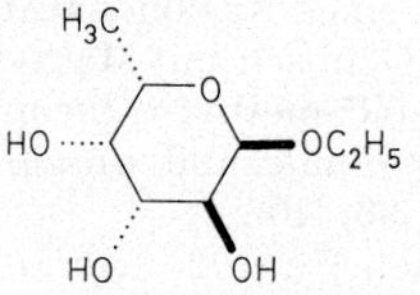   II 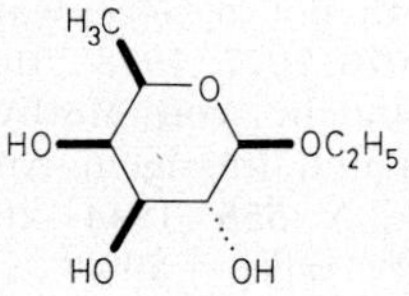   III 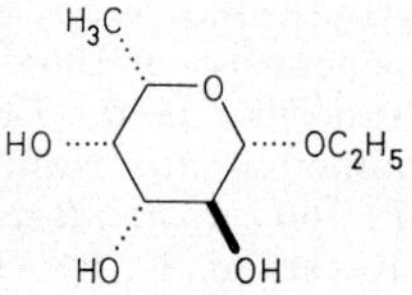   IV

c) **(2*R*)-2*r*-Äthoxy-6*c*-methyl-tetrahydro-pyran-3*t*,4*c*,5*c*-triol, Äthyl-[6-desoxy-β-D-galactopyranosid], Äthyl-β-D-fucopyranosid,** Äthyl-β-rhodeopyranosid $C_8H_{16}O_5$, Formel III.

B. s. bei dem unter a) beschriebenen Stereoisomeren. Isolierung über die Verbindung mit Kaliumacetat (S. 2529): *Kuhn*, *Osman*, Z. physiol. Chem. **303** [1956] 1, 6.

Krystalle; F: 94—95° [nach Sublimation bei 110—120°/0,001 Torr]. $[\alpha]_D^{23}$: —21,7° [W.; c = 2].

Verbindung mit Kaliumacetat. F: 220°; $[\alpha]_D^{22}$: —14° [W.; c = 2].

d) **(2S)-2r-Äthoxy-6c-methyl-tetrahydro-pyran-3t,4c,5c-triol, Äthyl-[6-desoxy-β-L-galactopyranosid], Äthyl-β-L-fucopyranosid** $C_8H_{16}O_5$, Formel IV.

B. s. bei dem unter b) beschriebenen Stereoisomeren. Isolierung über die Verbindung mit Kaliumacetat (s. u.): *Kuhn, Osman*, Z. physiol. Chem. **303** [1956] 1, 7.

Krystalle, F: 94—95° [nach Sublimation bei 110—120°/0,001 Torr]; $[\alpha]_D^{20}$: +21,2° [W.; c = 2] (*Kuhn, Os.*).

Verbindung mit Kaliumacetat $C_8H_{16}O_5 \cdot KC_2H_3O_2$. Krystalle (aus A.), F: 220° bis 221°; $[\alpha]_D^{20}$: +13,9° [W.; c = 2] (*Kuhn et al.*, B. **88** [1955] 1135, 1146).

2-Äthoxy-4-methoxy-6-methyl-tetrahydro-pyran-3,5-diol $C_9H_{18}O_5$.

a) **Äthyl-[O³-methyl-6-desoxy-α-L-glucopyranosid], Äthyl-α-L-thevetopyranosid, Äthyl-α-cerberopyranosid** $C_9H_{18}O_5$, Formel V.

Diese Konfiguration kommt wahrscheinlich der nachstehend beschriebenen Verbindung zu (vgl. *Sigg et al.*, Helv. **38** [1955] 166, 170).

B. Beim Erwärmen von Cerberin (3β-[O²-Acetyl-O³-methyl-6-desoxy-α-L-glucopyr=anosyloxy]-14-hydroxy-5β,14β-card-20(22)-enolid [über die Stellung der Acetyl-Gruppe in dieser Verbindung s. *Voigtländer et al.*, Ar. **302** [1969] 538, 541]) mit Äthanol unter Zusatz von wss. Salzsäure (*Matsubara*, J. chem. Soc. Japan **60** [1939] 1201, 1202, 1206; C. A. **1942** 6504).

Krystalle, F: 76—77°; bei 110°/1 Torr sublimierbar (*Ma.*).

b) **Äthyl-[O³-methyl-6-desoxy-β-L-glucopyranosid], Äthyl-β-L-thevetopyranosid, Äthyl-β-cerberopyranosid** $C_9H_{18}O_5$, Formel VI.

Diese Konfiguration kommt wahrscheinlich der nachstehend beschriebenen Verbindung zu (*Sigg et al.*, Helv. **38** [1955] 166, 170).

B. Beim Behandeln von Desacetyltanghinin (7β,8-Epoxy-14-hydroxy-3β-[O³-methyl-6-desoxy-α-L-glucopyranosyloxy]-5β,14β-card-20(22)-enolid) mit Chlorwasserstoff ent=haltendem Chloroform und Behandeln der mit Wasser extrahierbaren Anteile des Reak=tionsprodukts mit Äthanol (*Sigg et al.*, l. c. S. 177, 178).

Krystalle (aus Acn. + Ae.); F: 108—109° [korr.; Kofler-App.]. $[\alpha]_D^{20}$: +46,1° [W.; c = 1].

V   VI   VII

(3R)-2ξ-[(1R)-Menthyloxy]-6c-methyl-tetrahydro-pyran-3r,4c,5t-triol, (1R)-Menthyl-[6-desoxy-ξ-L-mannopyranosid], (1R)-Menthyl-ξ-L-rhamnopyranosid, O-ξ-L-Rhamnopyranosyl-(1R)-menthol $C_{16}H_{30}O_5$, Formel VII.

a) **Stereoisomeres vom F: 166°.**

B. Beim Schütteln von Tri-O-acetyl-α-L-rhamnopyranosylbromid mit (1R)-Menthol (E III 6 133) und Silbercarbonat in Äther und Behandeln der bei 180—190°/0,25 Torr destillierbaren Anteile des Reaktionsprodukts mit Ammoniak in Methanol (*Fischer et al.*, B. **53** [1920] 2362, 2384, 2387).

Krystalle (aus wss. A.) mit 0,5 Mol H_2O; F: 164—166°. $[\alpha]_D^{23}$: —131,3° [A.; p = 7] [wasserfreies Präparat].

b) **Stereoisomeres vom F: 115°.**

B. Beim Behandeln einer vermutlich als (1R)-Menthyl-[O³,O⁴-diacetyl-ξ-L-rhamno=pyranosid] zu formulierenden Verbindung (F: 134—135° [korr.]; $[\alpha]_D^{11}$: +13,3° [A.]; aus Tri-O-acetyl-α-L-rhamnopyranosylbromid hergestellt) mit Ammoniak in Methanol (*Fischer et al.*, B. **53** [1920] 2362, 2386).

Krystalle (aus wss. Acn.); F: 114—115° [korr.]. $[\alpha]_D^{17}$: —8,1° [A.]; $[\alpha]_D^{20}$: —7,5° [A.; p = 10] (zwei Präparate).

2-Methyl-6-phenoxy-tetrahydro-pyran-3,4,5-triol $C_{12}H_{16}O_5$.

a) **(2R)-2r-Methyl-6c-phenoxy-tetrahydro-pyran-3t,4c,5t-triol, Phenyl-[6-desoxy-β-D-glucopyranosid], Phenyl-β-D-chinovopyranosid,** Phenyl-β-D-isorhamnopyranosid $C_{12}H_{16}O_5$, Formel VIII.

B. Beim Erwärmen von Phenyl-[tri-O-acetyl-6-desoxy-β-D-glucopyranosid] mit Natriummethylat in Methanol (*Helferich et al.*, Z. physiol. Chem. **221** [1933] 90).
Krystalle (aus E.); F: 161—162° [korr.]. $[\alpha]_D^{21}$: —80,8° [W.; p = 5].

b) **(2S)-2r-Methyl-6t-phenoxy-tetrahydro-pyran-3t,4c,5c-triol, Phenyl-[6-desoxy-α-L-mannopyranosid], Phenyl-α-L-rhamnopyranosid** $C_{12}H_{16}O_5$, Formel IX.

B. Beim Erwärmen von Phenyl-[tri-O-acetyl-α-L-rhamnopyranosid] mit Natriummethylat in Methanol (*Helferich et al.*, Z. physiol. Chem. **215** [1933] 277, 281).
Krystalle (aus W.); F: 75—77°. $[\alpha]_D^{18}$: —106° [W.; p = 6].

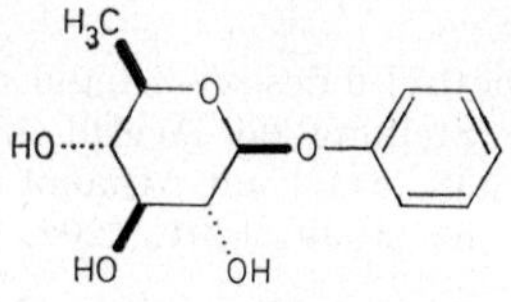

VIII 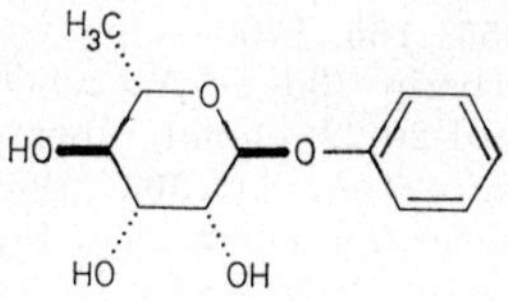   IX 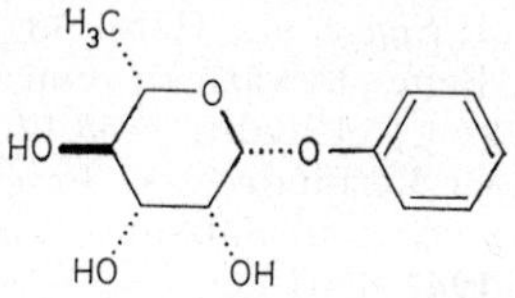   X

c) **(2S)-2r-Methyl-6c-phenoxy-tetrahydro-pyran-3t,4c,5c-triol, Phenyl-[6-desoxy-β-L-mannopyranosid], Phenyl-β-L-rhamnopyranosid** $C_{12}H_{16}O_5$, Formel X.

B. Beim Erwärmen von Phenyl-[tri-O-acetyl-β-L-rhamnopyranosid] mit Natriummethylat in Methanol (*Helferich et al.*, Z. physiol. Chem. **215** [1933] 277, 281, 282).
Krystalle (aus W.); F: 159—161° [korr.]. $[\alpha]_D^{18}$: +87,5° [W.; p = 3].

2-Methyl-6-[4-nitro-phenoxy]-tetrahydro-pyran-3,4,5-triol $C_{12}H_{15}NO_7$.

a) **[4-Nitro-phenyl]-[6-desoxy-α-L-mannopyranosid], [4-Nitro-phenyl]-α-L-rhamnopyranosid** $C_{12}H_{15}NO_7$, Formel XI.

B. Beim Erwärmen von [4-Nitro-phenyl]-[tri-O-acetyl-α-L-rhamnopyranosid] mit Natriummethylat in Methanol (*Westphal, Feier*, B. **89** [1956] 582, 587).
Krystalle (aus A.); F: 179°. $[\alpha]_D^{20}$: —144° [Me.].

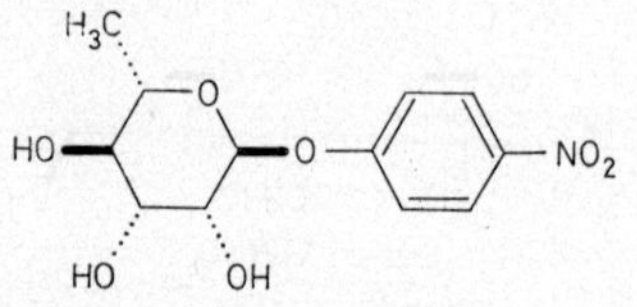

XI 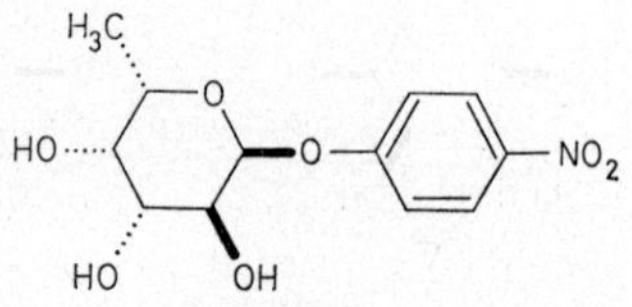   XII

b) **[4-Nitro-phenyl]-[6-desoxy-α-L-galactopyranosid], [4-Nitro-phenyl]-α-L-fucopyranosid** $C_{12}H_{15}NO_7$, Formel XII.

B. Beim Erwärmen von [4-Nitro-phenyl]-[tri-O-acetyl-α-L-fucopyranosid] mit Natriummethylat in Methanol (*Westphal, Feier*, B. **89** [1956] 582, 586; *Levvy, McAllan*, Biochem. J. **80** [1961] 433).
Krystalle; F: 196—197° [aus A.] (*We., Fe.*), 194—196° [aus Me.] (*Le., McA.*). $[\alpha]_D^{20}$: —317° [Acn.; c = 0,4] (*Le., McA.*).

Methyl-[O⁴-benzyl-6-desoxy-α-D-mannopyranosid], Methyl-[O⁴-benzyl-α-D-rhamnopyranosid] $C_{14}H_{20}O_5$, Formel I.

B. Beim Erwärmen von Methyl-[O⁴-benzyl-O²,O³-isopropyliden-α-D-rhamnopyranosid] (aus Methyl-[O²,O³-isopropyliden-α-D-rhamnopyranosid] hergestellt) mit wss. Essigsäure (*Ballou*, Am. Soc. **79** [1957] 984, 985).
Krystalle (aus Ae.); F: 105—107°. $[\alpha]_D$: +72° [CHCl₃; c = 4].

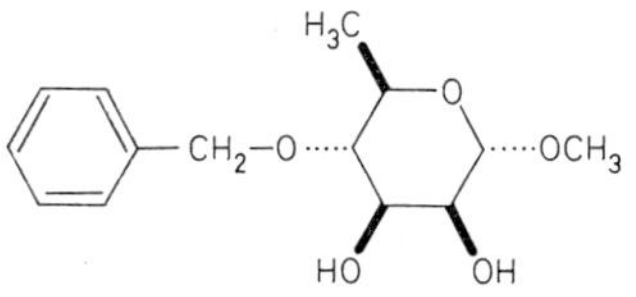

I 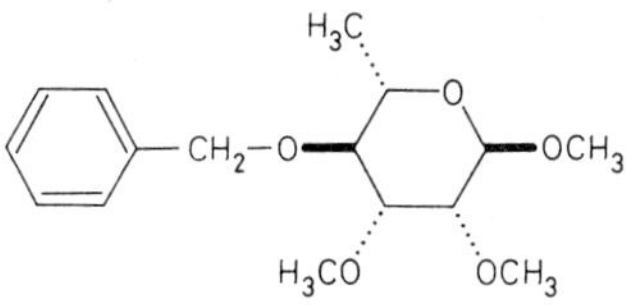   II

Methyl-[O^4-benzyl-O^2,O^3-dimethyl-6-desoxy-α-L-mannopyranosid], Methyl-[O^4-benzyl-O^2,O^3-dimethyl-α-L-rhamnopyranosid] $C_{16}H_{24}O_5$, Formel II.

Diese Konstitution und Konfiguration ist der nachstehend beschriebenen, ursprünglich (*Schmidt et al.*, B. **75** [1942] 579, 581) als Methyl-[O^5-benzyl-O^2,O^3-dimethyl-ξ-L-rhamnofuranosid] angesehenen Verbindung auf Grund ihrer Bildungsweise (vgl. *Haines*, Carbohydrate Res. **1** [1965] 214, 216) und ihres optischen Drehungsvermögens zuzuordnen.

B. Beim Erwärmen von Benzyl-[O^4-benzyl-O^2,O^3-dimethyl-β-L-rhamnopyranosid] (s. u.) mit Methanol und geringen Mengen wss. Salzsäure (*Sch. et al.*, l. c. S. 581, 582).

Krystalle (aus A.); F: 93° [durch Destillation bei 140°/0,02 Torr gereinigtes Präparat]; $[\alpha]_D^{20}$: −72° [Acn.; c = 3] (*Sch. et al.*).

Benzyl-[O^4-benzyl-6-desoxy-β-L-mannopyranosid], Benzyl-[O^4-benzyl-β-L-rhamno-pyranosid] $C_{20}H_{24}O_5$, Formel III (R = H).

Diese Konstitution und Konfiguration ist der nachstehend beschriebenen, ursprünglich (*Schmidt et al.*, B. **75** [1942] 579, 580) als Benzyl-[O^5-benzyl-ξ-L-rhamnofuranosid] angesehenen Verbindung zuzuordnen (*Haines*, Carbohydrate Res. **1** [1965] 214, 216).

B. Beim Erwärmen von Benzyl-[O^4-benzyl-O^2,O^3-isopropyliden-β-L-rhamnopyranosid] mit wss.-äthanol. Salzsäure (*Sch. et al.*; *Ha.*, l. c. S. 224).

Krystalle (aus PAe.); F: 77,5° (*Sch. et al.*), 76−78° (*Ha.*). $[\alpha]_D^{20}$: +48,2° [Acn.; c = 2] (*Sch. et al.*), $[\alpha]_D^{20}$: +47° [Acn.] (*Ha.*).

Benzyl-[O^4-benzyl-O^2,O^3-dimethyl-6-desoxy-β-L-mannopyranosid], Benzyl-[O^4-benzyl-O^2,O^3-dimethyl-β-L-rhamnopyranosid] $C_{22}H_{28}O_5$, Formel III (R = CH$_3$).

Diese Konstitution und Konfiguration ist der nachstehend beschriebenen, ursprünglich (*Schmidt et al.*, B. **75** [1942] 579, 580) als Benzyl-[O^5-benzyl-O^2,O^3-dimethyl-ξ-L-rhamnofuranosid] angesehenen Verbindung auf Grund ihrer Bildungsweise zuzuordnen (vgl. *Haines*, Carbohydrate Res. **1** [1965] 214, 216).

B. Beim Behandeln einer Lösung von Benzyl-[O^4-benzyl-β-L-rhamnopyranosid] (s. o.) in Aceton mit Dimethylsulfat und wss. Alkalilauge (*Sch. et al.*).

Krystalle (aus A.); F: 119°. $[\alpha]_D^{20}$: +71,7° [Acn.; c = 1] (*Sch. et al.*).

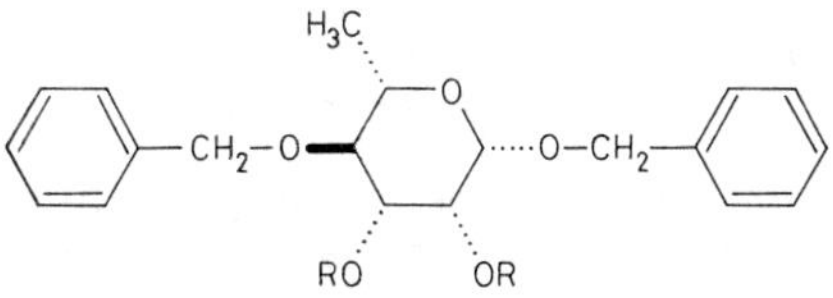

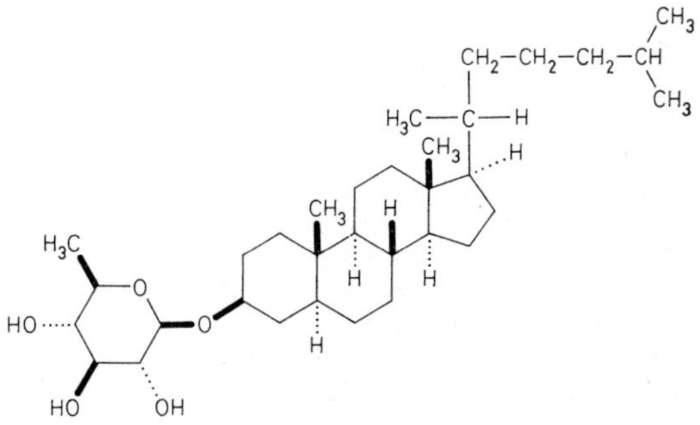

III   IV

3β-[6-Desoxy-β-D-glucopyranosyloxy]-5α-cholestan, 5α-Cholestan-3β-yl-[6-desoxy-β-D-glucopyranosid], 5α-Cholestan-3β-yl-β-D-chinovopyranosid $C_{33}H_{58}O_5$, Formel IV.

B. Beim Behandeln von 5α-Cholestan-3β-yl-[tri-O-acetyl-6-desoxy-β-D-glucopyranosid] mit Natriummethylat in Methanol (*Hardegger, Robinet*, Helv. **33** [1950] 456, 460).

Krystalle (aus Ae. + PAe.); F: ca. 225° [korr.; Zers.]. $[\alpha]_D$: −21° [Py.; c = 1].

**3β-[6-Desoxy-β-D-glucopyranosyloxy]-cholest-5-en, Cholesteryl-[6-desoxy-β-D-gluco=
pyranosid], Cholesteryl-β-D-chinovopyranosid**, O-[6-Desoxy-β-D-glucopyranosyl]-
cholesterin $C_{33}H_{56}O_5$, Formel V.

B. Beim Behandeln von Cholesteryl-[tri-O-acetyl-6-desoxy-β-D-glucopyranosid] mit
Natriummethylat in Methanol (*Hardegger, Robinet*, Helv. **33** [1950] 456, 459, 460).

Krystalle (aus Hexan + Ae.); F: 253—255° [korr.; Zers.]. $[\alpha]_D$: —63° [Py.; c = 1].

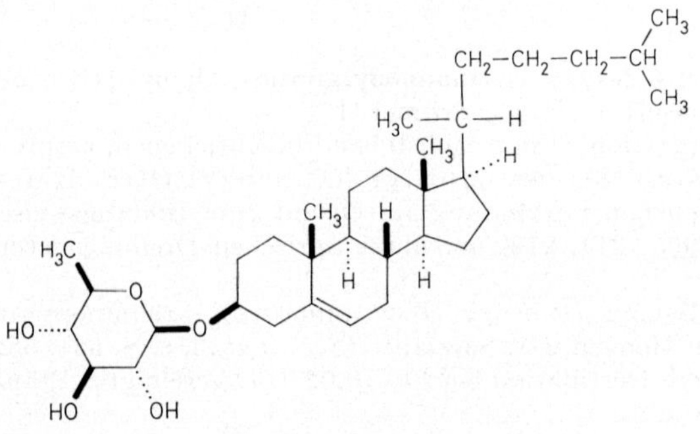

V

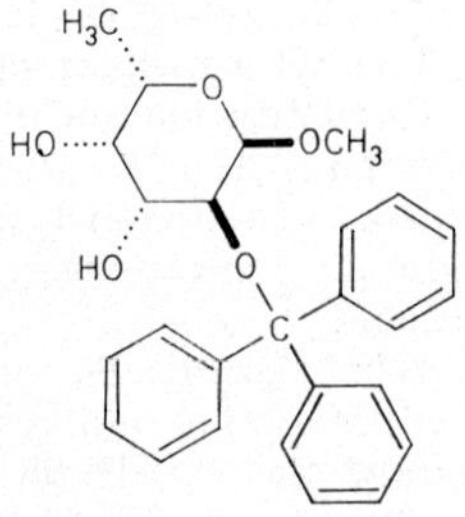

VI

Methyl-[O^2-trityl-6-desoxy-α-L-galactopyranosid], Methyl-[O^2-trityl-α-L-fucopyranosid]
$C_{26}H_{28}O_5$, Formel VI.

Über die Konstitution s. *Hockett, Mowery*, Am. Soc. **65** [1943] 403, 406.

B. Beim Behandeln von Methyl-α-L-fucopyranosid mit Tritylchlorid und Pyridin
(*Hockett, Hudson*, Am. Soc. **56** [1934] 945).

Lösungsmittelfreie Krystalle; F: 127—128° [korr.] (*Ho., Mo.*), 126—128° [korr.]
(*Ho., Hu.*). $[\alpha]_D^{20}$: —58,0° [CHCl₃; c = 2] (*Ho., Mo.*); $[\alpha]_D^{20}$: —59,5° [CHCl₃; c = 2] (*Ho.,
Hu.*). Krystalle (aus A.) mit 1 Mol Äthanol, F: 123—126° [korr.]; $[\alpha]_D^{20}$: —51,4° [CHCl₃;
c = 2] (*Ho., Hu.*).

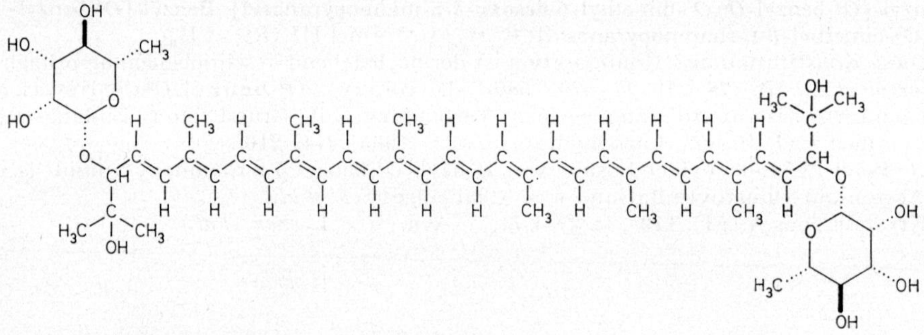

VII

**(2Ξ,2′Ξ)-2,2′-Bis-[6-desoxy-β-L-mannopyranosyloxy]-3,4,3′,4′-tetradehydro-
1,2,1′,2′-tetrahydro-ψ,ψ-carotin-1,1′-diol** [1]), **(2Ξ,2′Ξ)-2,2′-Bis-β-L-rhamnopyranosyloxy-
3,4,3′,4′-tetradehydro-1,2,1′,2′-tetrahydro-ψ,ψ-carotin-1,1′-diol, (2Ξ,2′Ξ)-2,2′-Bis-
β-L-rhamnopyranosyloxy-3,4,3′,4′-tetradehydro-1,2,1′,2′-tetrahydro-*all-trans*-lycopin-
1,1′-diol** [1]) $C_{52}H_{76}O_{12}$, Formel VII.

Diese Konstitution und Konfiguration kommt wahrscheinlich dem nachstehend beschriebenen **Oscillaxanthin** zu (*Hertzberg, Liaaen-Jensen*, Phytochemistry **8** [1969] 1281,
1290).

Isolierung aus einer Athrospira-Art: *Hertzberg, Liaaen-Jensen*, Phytochemistry **5**
[1966] 557, 562; aus Oscillatoria amoena: *Tischer*, Z. physiol. Chem. **311** [1958] 140,
145; aus Oscillatoria rubescens: *Karrer, Rutschmann*, Helv. **27** [1944] 1691, 1694, 1695;
He., Li.-Je., Phytochemistry **5** 561.

[1]) Stellungsbezeichnung bei von ψ,ψ-Carotin (Lycopin) abgeleiteten Namen s. E IV
1 1167, Formel VIIa.

Rotschwarze Krystalle (aus Py. + PAe.), die oberhalb 130° unscharf schmelzen (*He.*, *Li.-Je.*, Phytochemistry **8** 1290). IR-Banden (KBr; 3—12 μ): *He.*, *Li.-Je.*, Phytochemistry **8** 1290. Absorptionsmaxima von Lösungen in Schwefelkohlenstoff: 494 nm, 528 nm und 568 nm (*Ka.*, *Ru.*, l. c. S. 1692); 494 nm, 528 nm und 567 nm (*Ti.*, l. c. S. 146); in Pyridin: 483 nm, 514 nm und 552 nm (*Ka.*, *Ru.*); 483 nm, 513,5 nm und 552 nm (*Ti.*); in Methanol: 464 nm, 496 nm und 531 nm (*Ka.*, *Ru.*); 461 nm, 496 nm und 530 nm (*Ti.*); in Aceton: 390 nm, 470 nm, 499 nm und 532 nm (*He.*, *Li.-Je.*, Phytochemistry **5** 562).

Charakterisierung als Hexa-*O*-acetyl-Derivat $C_{64}H_{88}O_{18}$ (wahrscheinlich (2*Ξ*,2′*Ξ*)-2,2′-Bis-[tri-*O*-acetyl-*β*-L-rhamnopyranosyloxy]-3,4,3′,4′-tetradehydro-1,2,1′,2′-tetrahydro-*all-trans*-lycopin-1,1′-diol). Blauschwarze Krystalle (aus Acn. + PAe.); F: 123° (*He.*, *Li.-Je.*, Phytochemistry **8** 1291).

(3*Ξ*,4*Ξ*,2′*Ξ*)-2′-[6-Desoxy-*β*-L-mannopyranosyloxy]-3′,4′-didehydro-1′,2′-dihydro-*β*,*ψ*-carotin-3,4,1′-triol [1]), (3*Ξ*,4*Ξ*,2′*Ξ*)-2′-*β*-L-Rhamnopyranosyloxy-3′,4′-didehydro-1′,2′-dihydro-*β*,*ψ*-carotin-3,4,1′-triol $C_{46}H_{66}O_8$, Formel VIII.

Diese Konstitution und Konfiguration kommt wahrscheinlich dem nachstehend beschriebenen **Aphanizophyll** zu (*Hertzberg, Liaaen-Jensen*, Phytochemistry **10** [1971] 3251).

Isolierung aus Aphanizomenon flos-aquae: *Tischer*, Z. physiol. Chem. **251** [1938] 109, 126, 127; *Hertzberg, Liaaen-Jensen*, Phytochemistry **5** [1966] 565, 570.

Dunkelrote Krystalle (aus $CHCl_3$); F: 172—173° [korr.] (*Ti.*). Absorptionsspektrum (Acn.; 350—550 nm [λ_{max}: 365 nm, 450 nm, 476 nm und 507 nm]): *He.*, *Li.-Je.*, Phytochemistry **5** 570. Absorptionsmaxima von Lösungen in Petroläther: 350 nm, 362 nm, 446 nm, 472 nm und 502 nm (*He.*, *Li.-Je.*, Phytochemistry **5** 570); in Chloroform: 457 nm, 487,5 nm und 523 nm; in Pyridin: 462 nm, 494 nm und 531 nm; in Methanol: 444 nm, 475 nm und 507 nm (*Ti.*, l. c. S. 119).

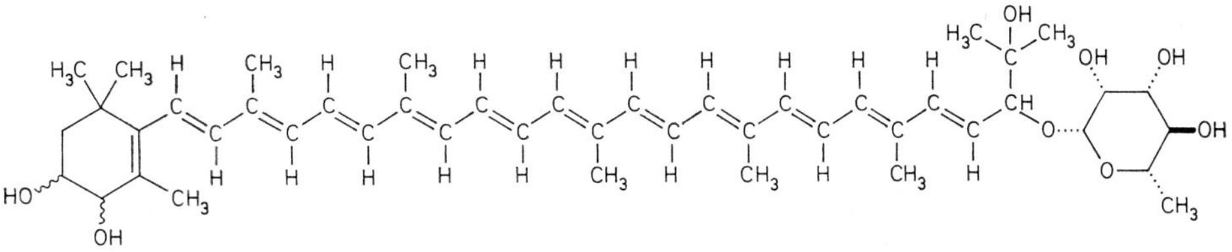

VIII

O^5-[6-Desoxy-*α*-L-galactopyranosyl]-D-1-desoxy-galactit, O^2-*α*-L-Fucopyranosyl-L-fucit $C_{12}H_{24}O_9$, Formel IX.

B. Beim Behandeln von O^1,O^3,O^4,O^5-Tetraacetyl-O^2-[tri-*O*-acetyl-*α*-L-fucopyranosyl]-L-fucit mit Natriummethylat in Methanol (*O'Neill*, Am. Soc. **76** [1954] 5074).

Krystalle; F: 191—192° [aus wss. A.] (*Côté*, Soc. **1959** 2248, 2252), 190—192° [korr.; aus A.] (*O'N.*). $[\alpha]_D^{22}$: −124° [W.; c = 1] (*Côté*); $[\alpha]_D^{25}$: −118° [W.; c = 0,5] (*O'N.*).

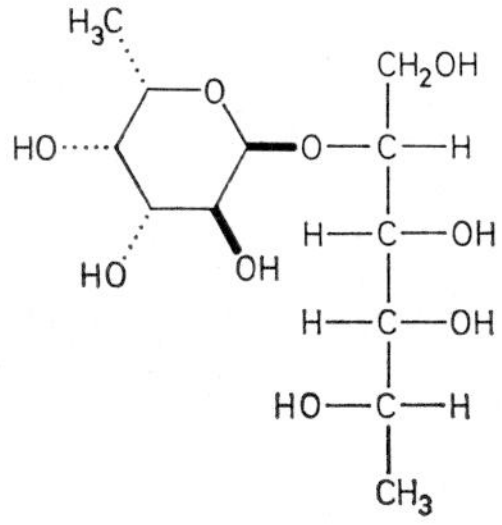

IX 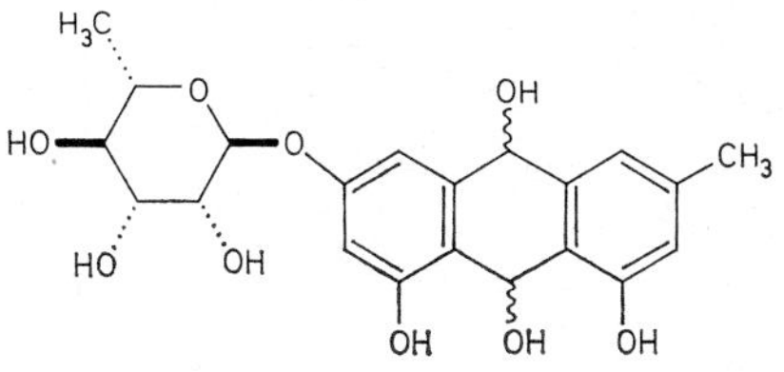   X

---

[1]) Stellungsbezeichnung bei von *β*,*ψ*-Carotin (*all-trans-γ*-Carotin) abgeleiteten Namen s. E III **5** 2451.

(9Ξ,10Ξ)-3-[6-Desoxy-α-L-mannopyranosyloxy]-6-methyl-9,10-dihydro-anthracen-1,8,9,10-tetraol, [(9Ξ,10Ξ)-4,5,9,10-Tetrahydroxy-7-methyl-9,10-dihydro-[2]anthryl]-α-L-rhamnopyranosid $C_{21}H_{24}O_9$, Formel X.

Diese Konstitution und Konfiguration kommt möglicherweise dem nachstehend beschriebenen **Frangularosid** zu (vgl. Frangulin-A [S. 2535]).

Isolierung aus der Rinde von Rhamnus frangula: *Bridel, Charaux*, Bl. Soc. Chim. biol. **17** [1935] 780, 782.

Hellgelbe Krystalle (aus Me. oder aus Octan-2-ol + Eg.); F: 234° [Block] (*Br., Ch.,* l. c. S. 783, 786). $[\alpha]_{579}$: −163° [A.; c = 0,1]; $[\alpha]_{546}$: −219° [A.; c = 0,1] (*Br., Ch.,* l. c. S. 786).

Beim Erhitzen mit wss. Schwefelsäure oder mit Gemischen von wss. Schwefelsäure und Ameisensäure (oder Essigsäure) sind L-Rhamnose und eine als **Frangularol** bezeichnete Verbindung $C_{15}H_{14}O_4$ (orangegelbe Krystalle [aus A. + Eg.]; F: 301° [Block]) erhalten worden (*Br., Ch.,* l. c. S. 789).

4-[6-Desoxy-β-D-glucopyranosyloxy]-3-methoxy-benzaldehyd, 4-β-D-Chinovopyranosyl-oxy-3-methoxy-benzaldehyd $C_{14}H_{18}O_7$, Formel XI.

B. Beim Erwärmen von 3-Methoxy-4-[tri-*O*-acetyl-6-desoxy-β-D-glucopyranosyloxy]-benzaldehyd mit Natriummethylat in Methanol (*Helferich et al.*, Z. physiol. Chem. **248** [1937] 85, 93).

Krystalle (aus E. + Me. + PAe.); F: 162−165°. $[\alpha]_D^{20}$: −85,2° [W.; p = 1].

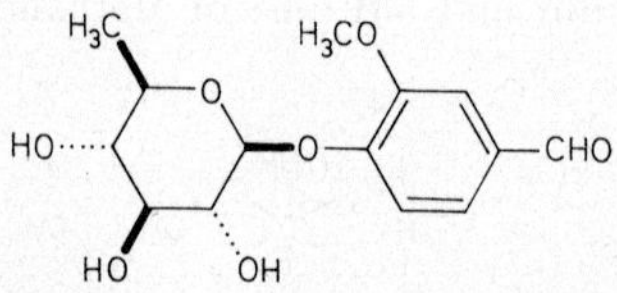

XI 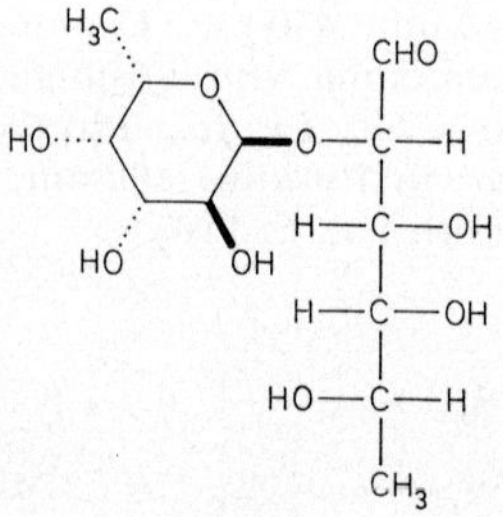   XII 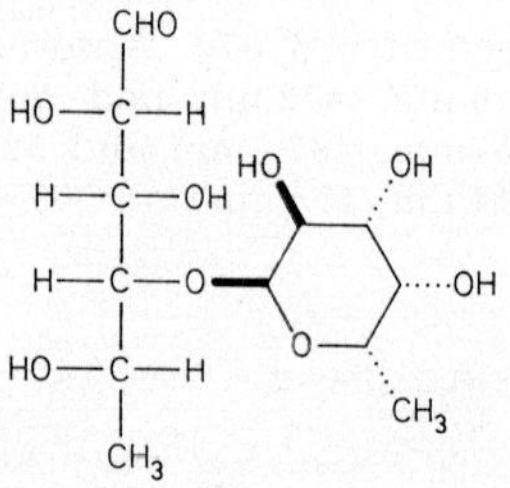   XIII

O^2-[6-Desoxy-α-L-galactopyranosyl]-6-desoxy-L-galactose, O^2-α-L-Fucopyranosyl-L-fucose $C_{12}H_{22}O_9$, Formel XII, und cyclische Tautomere.

B. Neben O^3-α-L-Fucopyranosyl-L-fucose und **O^4-α-L-Fucopyranosyl-L-fucose** ($C_{12}H_{22}O_9$; Formel XIII; amorph; $[\alpha]_D^{22}$: −170° [W.]) beim Schütteln von Fucoidin (Polysaccharid aus Fucus vesiculosus) mit einem Gemisch von Acetanhydrid, Essigsäure und Schwefelsäure und Behandeln des Reaktionsprodukts mit Bariummethylat in Methanol (*Côté*, Soc. **1959** 2248, 2252, 2253).

Krystalle (aus Me.); F: 185−190° [Zers.]. $[\alpha]_D^{22}$: −160° (nach 30 min) → −169° (Endwert) [W.; c = 1].

O^3-[6-Desoxy-α-L-galactopyranosyl]-6-desoxy-L-galactose, O^3-α-L-Fucopyranosyl-L-fucose $C_{12}H_{22}O_9$, Formel I, und cyclische Tautomere.

B. s. im vorangehenden Artikel.

Krystalle (aus A.), F: 198−200°; $[\alpha]_D^{22}$: −200° (Anfangswert) → −17° (Endwert) [W.; c = 1] (*Côté*, Soc. **1959** 2248, 2253).

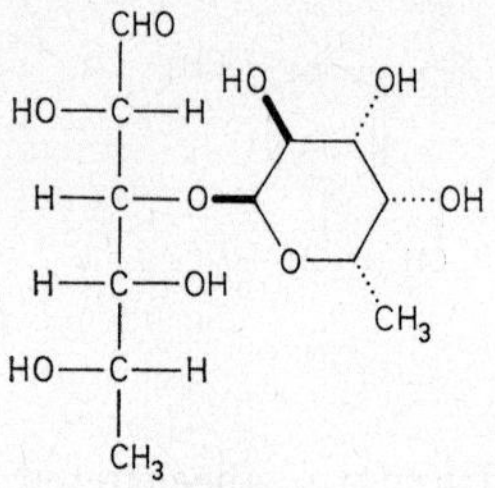

I 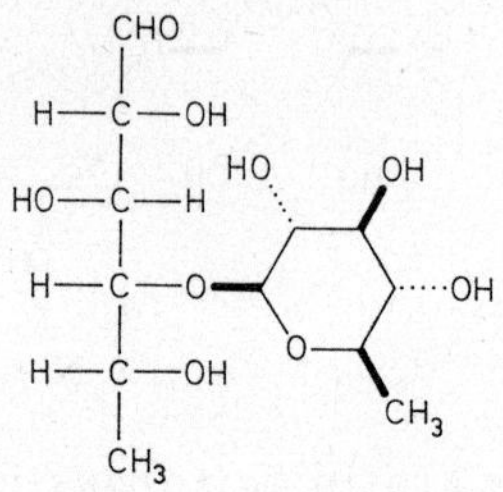   II 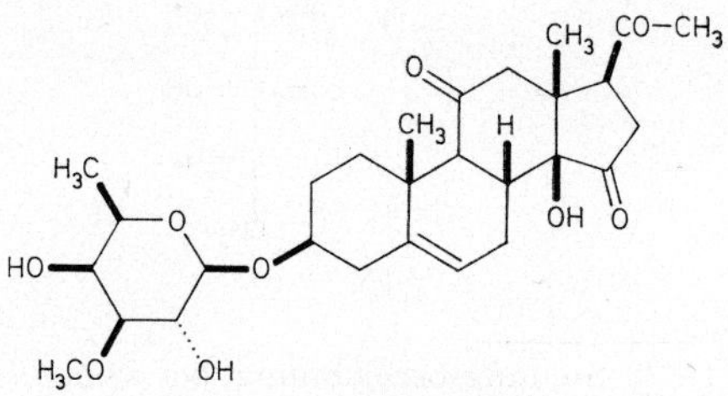   III

O^4-[6-Desoxy-β-D-glucopyranosyl]-6-desoxy-D-glucose, O^4-β-D-Chinovopyranosyl-
D-chinovose, α-Cellobiomethylose $C_{12}H_{22}O_9$, Formel II, und cyclische Tautomere.

B. Beim Schütteln von O^1,O^2,O^3-Triacetyl-O^4-[tri-O-acetyl-6-desoxy-β-D-glucopyranos=
yl]-6-desoxy-α-D-glucopyranose (S. 2561) mit Natriummethylat in Methanol (*Compton*,
Am. Soc. **60** [1938] 1203).

Krystalle (aus Me.); F: 205—206°. $[\alpha]_D^{23}$: +59,0° (Anfangswert) → +18,9° (nach 2 h)
[W.; c = 3].

14-Hydroxy-3β-[O^3-methyl-6-desoxy-β-D-galactopyranosyloxy]-14β-pregn-5-en-11,15,20-trion, 14-Hydroxy-3β-[O^3-methyl-β-D-fucopyranosyloxy]-14β-pregn-5-en-11,15,20-trion, 3β-β-D-Digitalopyranosyloxy-14-hydroxy-14β-pregn-5-en-11,15,20-trion, Digipronin $C_{28}H_{40}O_9$, Formel III.

Über Konstitution und Konfiguration s. *Satoh et al.*, Chem. pharm. Bl. **14** [1966] 552;
Satoh, Kobayashi, Chem. pharm. Bl. **15** [1967] 248.

Isolierung aus Digitalis lanata: *Tschesche et al.*, A. **606** [1957] 160, 164, 165; aus
Digitalis purpurea: *Sato et al.*, J. pharm. Soc. Japan **75** [1955] 1025; C. A. **1956** 533;
Pharm. Bl. **4** [1956] 284, 289; *Tsch. et al.*, l. c. S. 165.

Krystalle; F: 236—241° [aus Acn. + Ae. oder aus Py. + Ae.] (*Tsch. et al.*), 233—238°
(*Sato et al.*, J. pharm. Soc. Japan **75** 1026). $[\alpha]_D^{21}$: —73,4° [Py.] (*Tsch. et al.*); $[\alpha]_D^{28}$:
—64,5° [Me.; c = 0,1] (*Sato et al.*, J. pharm. Soc. Japan **75** 1026). UV-Absorptions=
maximum (Me.): 300 nm (*Sato et al.*, J. pharm. Soc. Japan **75** 1026).

Die beim Behandeln einer Suspension in Aceton mit wss. Salzsäure (*Satoh*, J. pharm.
Soc. Japan **79** [1959] 1474; *Satoh et al.*, Chem. pharm. Bl. **10** [1962] 37, 41) oder beim
Erwärmen mit wss.-äthanol. Salzsäure (*Satoh*, Chem. pharm. Bl. **10** [1962] 43, 48) neben
D-Digitalose (O^3-Methyl-6-desoxy-D-galactose) und β-Digiprogenin (3β-Hydroxy-14β-pre=
gna-5,16-dien-11,15,20-trion) erhaltenen, als α-Digiprogenin und γ-Digiprogenin bezeichneten Verbindungen $C_{21}H_{28}O_5$ (F: 242—244° bzw. F: 250—253°) sind nach *Satoh
et al.* (Chem. pharm. Bl. **14** 552) als 3β,14-Dihydroxy-14β,17βH-pregn-5-en-11,15,20-trion
bzw. als 3β,14-Dihydroxy-14β-pregn-5-en-11,15,20-trion zu formulieren.

1-[2-(6-Desoxy-α-L-mannopyranosyloxy)-4,6-dihydroxy-phenyl]-3-[4-hydroxy-phenyl]-propan-1-on, 1-[2,4-Dihydroxy-6-α-L-rhamnopyranosyloxy-phenyl]-3-[4-hydroxy-phenyl]-propan-1-on $C_{21}H_{24}O_9$, Formel IV.

Diese Konstitution und Konfiguration kommt dem von *Wright, Rennie* (H **31** 74)
beschriebenen **Glycyphyllin** aus Smilax glycyphylla zu (*Williams*, Photochemistry **6** [1967]
1583).

Krystalle (aus wss. Me.), F: 115—120° [wasserfreies Präparat]; $[\alpha]_D^{19}$: —33° [A.;
c = 2] (*Wi.*).

Charakterisierung als Hexa-O-acetyl-Derivat (3-[4-Acetoxy-phenyl]-1-[2,4-di=
acetoxy-6-(tri-O-acetyl-α-L-rhamnopyranosyloxy)-phenyl]-propan-1-on
$C_{33}H_{36}O_{15}$; Krystalle [aus A.]; F: 136°): *Wi.*

IV   V

3-[6-Desoxy-α-L-mannopyranosyloxy]-1,8-dihydroxy-6-methyl-anthrachinon, 1,8-Dihydr=oxy-3-methyl-6-α-L-rhamnopyranosyloxy-anthrachinon, Frangulin-A $C_{21}H_{20}O_9$, Formel V (vgl. H **31** 74).

Konstitution und Konfiguration: *Hörhammer, Wagner*, Z. Naturf. **27b** [1972] 959.
Ein Gemisch dieser Verbindung mit Frangulin-B (3-[(3R)-β-D-Apiofuranosyloxy]-
1,8-dihydroxy-6-methyl-anthrachinon, Formel VI [F: 196°]) hat in dem früher
(s. H **31** 74) beschriebenen Frangulin vorgelegen (*Wagner, Demuth*, Tetrahedron

Letters **1972** 5013; s. a. *Hörhammer et al.*, Naturwiss. **51** [1964] 310; *Hö.*, *Wa.*).

Isolierung aus der Rinde von Rhamnus frangula (vgl. H **31** 74): *Hö. et al.*

Partialsynthese aus Emodin (1,3,8-Trihydroxy-6-methyl-anthrachinon) und Tri-*O*-acetyl-α-L-rhamnopyranosylbromid: *Hö.*, *Wa.*

Gelbe Krystalle (aus Me.); F: 228—230° [unkorr.] (*Hö.*, *Wa.*). $[α]_D^{20}$: —64,8° [Me.; c = 1] (*Hö.*, *Wa.*). Absorptionsmaxima (Me.): 225 nm, 264 nm, 300 nm und 430 nm (*Hö.*, *Wa.*).

Charakterisierung als Tetra-*O*-acetyl-Derivat $C_{29}H_{28}O_{13}$ (F: 191°): *Hö. et al.*; *Hö.*, *Wa.*

VI   VII

3,4,5,6-Tetrahydroxy-2-[3,4,5-trihydroxy-6-methyl-tetrahydro-pyran-2-yloxy]-hexanal $C_{12}H_{22}O_{10}$.

a) *O^2-[6-Desoxy-α-L-galactopyranosyl]-D-galactose, O^2-α-L-Fucopyranosyl-D-galactose* $C_{12}H_{22}O_{10}$, Formel VII (X = O), und cyclische Tautomere.

B. Neben geringeren Mengen O^2-α-L-Fucopyranosyl-D-talose beim Erwärmen von O^4-[O^2-α-L-Fucopyranosyl-β-D-galactopyranosyl]-D-glucose mit wss. Natriumcarbonat-Lösung unter Stickstoff (*Kuhn et al.*, A. **611** [1958] 242, 246, 247).

Amorphes Pulver (aus W. + A.). $[α]_D^{23}$: —56,5° [W.; c = 1].

Beim Erwärmen mit wss. Natriumcarbonat-Lösung (0,05n) erfolgt partielle Isomerisierung zu O^2-α-L-Fucopyranosyl-D-talose. Geschwindigkeit der Hydrolyse in wss. Schwefelsäure (1n) bei 70°: *Kuhn et al.*, l. c. S. 244.

Benzyl-phenyl-hydrazon (F: 163,5°): *Kuhn et al.*, l. c. S. 247.

b) *O^2-[6-Desoxy-α-L-galactopyranosyl]-D-talose, O^2-α-L-Fucopyranosyl-D-talose* $C_{12}H_{22}O_{10}$, Formel VIII, und cyclische Tautomere.

B. s. bei dem unter a) beschriebenen Stereoisomeren.

Amorphes Pulver (aus W. + A.); $[α]_D^{23}$: —120,2° [W.; c = 1] (*Kuhn et al.*, A. **611** [1958] 242, 246).

Beim Erwärmen mit wss. Natriumcarbonat-Lösung (0,05n) erfolgt partielle Isomerisierung zu O^2-α-L-Fucopyranosyl-D-galactose. Geschwindigkeit der Hydrolyse in wss. Schwefelsäure (1n) bei 70°: *Kuhn et al.*, l. c. S. 244.

O^2-[6-Desoxy-α-L-galactopyranosyl]-D-galactose-[benzyl-phenyl-hydrazon], O^2-α-L-Fuco-pyranosyl-D-galactose-[benzyl-phenyl-hydrazon] $C_{25}H_{34}N_2O_9$, Formel VII (X = N-N(C_6H_5)-CH_2-C_6H_5).

B. Aus O^2-α-L-Fucopyranosyl-D-galactose (*Kuhn et al.*, A. **611** [1958] 242, 247).

Krystalle (aus wss. A.); F: 163,5°. Über eine beim Erkalten der Schmelze erhaltene Modifikation vom F: 165—166° s. *Kuhn et al.*, l. c. S. 249.

2,3,4,5-Tetrahydroxy-6-[3,4,5-trihydroxy-6-methyl-tetrahydro-pyran-2-yloxy]-hexanal $C_{12}H_{22}O_{10}$.

a) *O^6-[6-Desoxy-α-L-mannopyranosyl]-D-glucose, O^6-α-L-Rhamnopyranosyl-D-glucose, Rutinose* $C_{12}H_{22}O_{10}$, Formel IX, und cyclische Tautomere (H **31** 376; dort als O^6-β-L-Rhamnopyranosyl-D-glucose formuliert).

Konfigurationszuordnung: *Gorin*, *Perlin*, Canad. J. Chem. **37** [1959] 1930, 1932.

B. Beim Erhitzen von Rutin (2-[3,4-Dihydroxy-phenyl]-5,7-dihydroxy-3-[O^6-α-L-rhamnopyranosyl-β(?)-D-glucopyranosyloxy]-chromen-4-on) mit wss. Essigsäure (*Grzybowska*, *Jerzmanowska*, Roczniki Chem. **28** [1954] 213, 229).

F: 184—195° (*Gr., Je.*).

Charakterisierung als Hepta-*O*-acetyl-Derivat (F: 169—170°; $[\alpha]_D^{20}$: —27,7° [CHCl$_3$]): *Zemplén, Gerecs*, B. **71** [1938] 2520; s. a. *Kamiya et al.*, Agric. biol. Chem. **31** [1967] 261, 264.

VIII   IX   X

b) **O^6-[6-Desoxy-α-L-mannopyranosyl]-D-galactose, O^6-α-L-Rhamnopyranosyl-D-galactose, Robinobiose** C$_{12}$H$_{22}$O$_{10}$, Formel X, und cyclische Tautomere.

Über die Konfiguration s. *Gorin, Perlin*, Canad. J. Chem. **37** [1959] 1930, 1932; *Kamiya et al.*, Agric. biol. Chem. Japan **31** [1967] 261, 262, 265.

Robinobiose hat vermutlich auch in der früher (s. H **31** 459) als Trisaccharid (C$_{18}$H$_{32}$O$_{14}$) angesehenen Robinose vorgelegen (*Zemplén, Gerecs*, B. **68** [1935] 2054, 2055).

B. Aus Robinin (5-Hydroxy-2-[4-hydroxy-phenyl]-3-[O^6-α-L-rhamnopyranosyl-β(?)-D-galactopyranosyloxy]-7-α-L-rhamnopyranosyloxy-chromen-4-on [s. H **31** 459]) mit Hilfe eines (aus Samen von Rhamnus utilis gewonnenen) Rhamnodiastase-Präparats (*Ze., Ge.*, l. c. S. 2056, 2057; vgl. H **31** 459).

Hygroskopisches Pulver; $[\alpha]_D^{25}$: +2,7° (Anfangswert) →0° (nach 15 h) [W.] [unreines Präparat] (*Ze., Ge.*, l. c. S. 2057).

Überführung in O^2,O^3,O^4-Triacetyl-O^6-[tri-*O*-acetyl-α-L-rhamnopyranosyl]-α-D-galacto⹀ pyranosylchlorid (F: 178° [Zers.]; $[\alpha]_D^{26}$: —5,1° [CHCl$_3$]) durch Acetylierung und Behandlung des Reaktionsprodukts mit Titan(IV)-chlorid in Chloroform: *Ze., Ge.*, l. c. S. 2058; s. a. *Ka. et al.*

Ein ebenfalls als Robinobiose angesehenes Präparat (Krystalle [aus Me.]; F: 191—192°) ist beim Erwärmen von Robinin mit Bariumhydroxid in Wasser unter Wasserstoff erhalten worden (*Nakaoki, Morita*, J. pharm. Soc. Japan **76** [1956] 349; C. A. **1956** 9688).   [*Möhle*]

Methyl-[O^2-acetyl-6-desoxy-β-L-mannopyranosid], Methyl-[O^2-acetyl-β-L-rhamno⹀ pyranosid] C$_9$H$_{16}$O$_6$, Formel XI (R = H).

Eine von *Haworth et al.* (Soc. **1929** 2469, 2475) unter dieser Konfiguration beschriebene Verbindung (F: 140—141°; $[\alpha]_D^{21}$: +10° [A.]; von *Fischer et al.* [B. **53** [1920] 2362, 2379] als „γ-Methyl-rhamnosid-monoacetat" bezeichnet) ist als O^1,O^2-[(*Ξ*)-1-Methoxy-äthyl⹀ iden]-β-L-rhamnopyranose zu formulieren (*Freudenberg*, Naturwiss. **18** [1930] 393; *Braun*, Naturwiss. **18** [1930] 393; B. **63** [1930] 1972). Entsprechendes gilt für eine von *Haworth et al.* (l. c. S. 2475) als Methyl-[O^2-acetyl-O^3,O^4-dimethyl-β-L-rhamnopyranosid] (Formel XI [R = CH$_3$]) angesehene Verbindung C$_{11}$H$_{20}$O$_6$ (F: 67°; $[\alpha]_D^{20}$: +36° [W.]), die als O^1,O^2-[(*Ξ*)-1-Methoxy-äthyliden]-O^3,O^4-dimethyl-β-L-rhamnopyranose zu formulieren ist.

Methyl-[O^4-methyl-O^3-trifluoracetyl-6-desoxy-α-L-mannopyranosid], Methyl-[O^4-methyl-O^3-trifluoracetyl-α-L-rhamnopyranosid] C$_{10}$H$_{15}$F$_3$O$_6$, Formel XII.

B. Beim Behandeln von Methyl-[O^4-methyl-O^2,O^3-bis-trifluoracetyl-α-L-rhamnopyr⹀ anosid] mit einem Gemisch von Methanol und Tetrachlormethan (*Butler et al.*, Soc. **1955** 1531, 1535).

Öl; $[\alpha]_D^{21}$: —75,8° [CHCl$_3$; c = 1].

XI   XII   XIII

Methyl-[O^3-acetyl-O^2,O^4-dimethyl-6-desoxy-α-L-mannopyranosid], Methyl-[O^3-acetyl-O^2,O^4-dimethyl-α-L-rhamnopyranosid] $C_{11}H_{20}O_6$, Formel XII.

B. Beim Behandeln von Methyl-[O^4-methyl-O^3-trifluoracetyl-α-L-rhamnopyranosid] mit Acetanhydrid und Pyridin, Behandeln des Reaktionsprodukts mit einem Gemisch von Methanol und Tetrachlormethan und wiederholten Erwärmen des gebildeten Methyl-[O^3-acetyl-O^4-methyl-α-L-rhamnopyranosids] ($C_{10}H_{18}O_6$; $[α]_D^{21}$: $-55,4°$ [CHCl₃] [nicht rein erhalten]) mit Methyljodid und Silberoxid (*Butler et al.*, Soc. **1955** 1531, 1533, 1536).

Öl; $[α]_D^{22}$: $-51,1°$ [CHCl₃; c = 1].

Methyl-[O^3,O^4-diacetyl-O^2-methyl-6-desoxy-ξ-L-mannopyranosid], Methyl-[O^3,O^4-diacetyl-O^2-methyl-ξ-L-rhamnopyranosid] $C_{12}H_{20}O_7$, Formel I.

In dem nachstehend beschriebenen Präparat hat vermutlich ein Gemisch der Anomeren vorgelegen.

B. Beim Behandeln von O^3,O^4-Diacetyl-L-rhamnose (aus O^3,O^4-Diacetyl-O^1,O^2-[(*Ξ*)-1-methoxy-äthyliden]-β-L-rhamnopyranose hergestellt) mit Methyljodid und Silberoxid (*MacPhillamy*, *Elderfield*, J. org. Chem. **4** [1939] 150, 159).

$Kp_{0,2}$: $116-118°$.

3,5-Diacetoxy-2,4-dimethoxy-6-methyl-tetrahydro-pyran $C_{12}H_{20}O_7$.

a) **Methyl-[O^2,O^4-diacetyl-O^3-methyl-6-desoxy-α-D-altropyranosid]** $C_{12}H_{20}O_7$, Formel II.

B. Neben geringeren Mengen Methyl-[O^2,O^4,O^6-triacetyl-O^3-methyl-α-D-altropyranosid] ($C_{14}H_{22}O_9$; $Kp_{0,03}$: $120-126°$ [Rohprodukt]) beim Behandeln von Methyl-[O^3-methyl-α-D-altropyranosid] mit Toluol-4-sulfonylchlorid und Pyridin und anschliessend mit Acetanhydrid und Pyridin, Erwärmen des erhaltenen Ester-Gemisches mit Natriumjodid in Aceton, Hydrieren des Reaktionsprodukts an Raney-Nickel in methanol. Natronlauge, Behandeln des Hydrierungsprodukts mit Natrium-Amalgam und Methanol und Behandeln des danach isolierten Reaktionsprodukts mit Acetanhydrid und Pyridin (*Grob*, *Prins*, Helv. **28**, [1945] 840, 846).

$Kp_{0,01}$: $97-98°$. n_D^{17}: 1,4520. $[α]_D^{18}$: $+112°$ [CHCl₃; c = 2].

I   II   III

b) **Methyl-[O^2,O^4-diacetyl-O^3-methyl-6-desoxy-α-D-glucopyranosid], Methyl-[O^2,O^4-diacetyl-O^3-methyl-α-D-chinovopyranosid]** $C_{12}H_{20}O_7$, Formel III.

B. Beim Behandeln von Methyl-[O^3-methyl-6-desoxy-α-D-glucopyranosid] mit Acetanhydrid und Pyridin (*Reyle*, *Reichstein*, Helv. **35** [1952] 195, 212).

Krystalle (aus PAe.); F: $98-99°$. $[α]_D^{17}$: $+144,6°$ [CHCl₃; c = 1].

c) **Methyl-[O^2,O^4-diacetyl-O^3-methyl-6-desoxy-β-D-glucopyranosid], Methyl-[O^2,O^4-diacetyl-O^3-methyl-β-D-chinovopyranosid]** $C_{12}H_{20}O_7$, Formel IV.

B. Neben Methyl-[O^2,O^4-diacetyl-O^3-methyl-6-desoxy-α-D-glucopyranosid] beim Behandeln einer Additionsverbindung (1:1) aus Methyl-[O^3-methyl-6-desoxy-β-D-glucopyranosid] und Methyl-[O^3-methyl-6-desoxy-α-D-glucopyranosid] mit Acetanhydrid und Pyridin (*Reyle*, *Reichstein*, Helv. **35** [1952] 195, 212).

Krystalle (aus Ae.); F: $161-162°$ [korr.; Kofler-App.]. $[α]_D^{17}$: $-26,3°$ [CHCl₃; c = 1].

IV   V   VI

d) **Methyl-[O^2,O^4-diacetyl-O^3-methyl-6-desoxy-β-D-idopyranosid]** $C_{12}H_{20}O_7$, Formel V.

B. Beim Behandeln von Methyl-[O^3-methyl-6-desoxy-β-D-idopyranosid] mit Acet‍anhydrid und Pyridin (*Fischer et al.*, Helv. **37** [1954] 6, 13).

Öl; bei 120°/0,05 Torr destillierbar; $[\alpha]_D^{26}$: −54,0° [CHCl$_3$; c = 3].

e) **Methyl-[O^2,O^4-diacetyl-O^3-methyl-6-desoxy-α-D-galactopyranosid]**, **Methyl-[O^2,O^4-diacetyl-O^3-methyl-α-D-fucopyranosid]** $C_{12}H_{20}O_7$, Formel VI.

B. Beim Behandeln von Methyl-[O^2,O^4-diacetyl-O^3-methyl-α-D-galactopyranosid] (aus Methyl-[O^2,O^4-diacetyl-O^3-methyl-O^6-trityl-α-D-galactopyranosid] hergestellt) mit Toluol-4-sulfonylchlorid und Pyridin, Erhitzen des erhaltenen Esters mit Natriumjodid in Aceton auf 125°, Hydrieren des Reaktionsprodukts an Raney-Nickel in mit wss. Natron‍lauge versetztem Methanol und Behandeln des Hydrierungsprodukts mit Acetanhydrid und Pyridin (*Tamm*, Helv. **32** [1949] 163, 169, 170).

Öl; bei 110−122°/0,005 Torr destillierbar. $[\alpha]_D^{21}$: +110° [Acn.; c = 2].

Methyl-[O^2,O^3-diacetyl-O^4-methyl-6-desoxy-ξ-L-mannopyranosid], **Methyl-[O^2,O^3-di‍acetyl-O^4-methyl-ξ-L-rhamnopyranosid]** $C_{12}H_{20}O_7$, Formel VII.

Ein unter dieser Konstitution und Konfiguration beschriebenes Präparat (Kp$_{0,7}$: 125−130°; n$_D^{24}$: 1,4499; $[\alpha]_D^{25}$: +17,2° [Me.]) ist beim Behandeln von O^2,O^3-Diacetyl-O^4-methyl-α-L-rhamnopyranosylbromid mit Methanol und Silbercarbonat erhalten worden (*Levene, Muskat*, J. biol. Chem. **105** [1934] 431, 440).

VII   VIII   IX

Methyl-[O^4-methyl-O^2,O^3-bis-trifluoracetyl-6-desoxy-α-L-mannopyranosid], **Methyl-[O^4-methyl-O^2,O^3-bis-trifluoracetyl-α-L-rhamnopyranosid]** $C_{12}H_{14}F_6O_7$, Formel VIII.

B. Beim Behandeln von Methyl-[O^4-methyl-α-L-rhamnopyranosid] mit Trifluoressig‍säure-anhydrid und Natrium-trifluoracetat (*Butler et al.*, Soc. **1955** 1531, 1535).

Krystalle (aus PAe.); F: 98,5−99°. $[\alpha]_D^{16}$: −51,6° [CHCl$_3$; c = 2].

An der Luft nicht beständig.

(1R)-Menthyl-[O^3,O^4-diacetyl-6-desoxy-ξ-L-mannopyranosid], **(1R)-Menthyl-[O^3,O^4-di‍acetyl-ξ-L-rhamnopyranosid]**, O-[O^3,O^4-Diacetyl-ξ-L-rhamnopyranosyl]-(1R)-menthol $C_{20}H_{34}O_7$, Formel IX.

Diese Konstitution und Konfiguration ist vermutlich der nachstehend beschriebenen Verbindung auf Grund ihrer Bildungsweise zuzuordnen.

B. Neben anderen Verbindungen beim Behandeln von Tri-O-acetyl-α-L-rhamno‍pyranosylbromid und (1R)-Menthol (E III **6** 133) in Äther mit Silbercarbonat (*Fischer et al.*, B. **53** [1920] 2362, 2385).

Krystalle (aus wss. A.); F: 134−135° [korr.]. $[\alpha]_D^{11}$: +13,3° [A.; p = 10].

Methyl-[O^3,O^4-diacetyl-O^2-trityl-6-desoxy-α-L-galactopyranosid], **Methyl-[O^3,O^4-di‍acetyl-O^2-trityl-α-L-fucopyranosid]** $C_{30}H_{32}O_7$, Formel X.

B. Beim Behandeln von Methyl-[O^2-trityl-α-L-fucopyranosid] mit Acetanhydrid und

Pyridin (*Hockett, Mowery*, Am. Soc. **65** [1943] 403, 408).

Krystalle (aus E.); F: 208—210° [unkorr.]. $[\alpha]_D^{20}$: —37,5° [CHCl$_3$; c = 2].

X   XI

21-Acetoxy-3β-[O^2,O^4-diacetyl-O^3-methyl-6-desoxy-α-L-talopyranosyloxy]-14-hydroxy-5β,14β-pregnan-1,20-dion $C_{34}H_{50}O_{12}$, Formel XI (R = CO-CH$_3$).

B. Beim Behandeln einer Lösung der im folgenden Artikel beschriebenen Verbindung in Methanol mit wss. Kaliumhydrogencarbonat-Lösung und Behandeln des Reaktionsprodukts mit Acetanhydrid und Pyridin (*Tamm, Reichstein*, Helv. **34** [1951] 1224, 1232).

Krystalle (aus Ae. + PAe.), die bei 210—220° [korr.; Kofler-App.] schmelzen.

3β-[O^2,O^4-Diacetyl-O^3-methyl-6-desoxy-α-L-talopyranosyloxy]-21-glyoxyloyloxy-14-hydroxy-5β,14β-pregnan-1,20-dion $C_{34}H_{48}O_{13}$, Formel XI (R = CO-CHO).

Für die nachstehend beschriebene Verbindung wird neben dieser Konstitution und Konfiguration auch die Formulierung als 3β-[O^2,O^4-Diacetyl-O^3-methyl-6-desoxy-α-L-talopyranosyloxy]-21-glykoloyloxy-14-hydroxy-5β,14β-pregnan-1,20-dion ($C_{34}H_{50}O_{13}$; Formel XI [R = CO-CH$_2$OH]) in Betracht gezogen (*Tamm, Reichstein*, Helv. **34** [1951] 1224, 1228).

B. Beim Behandeln einer Lösung von Diacetyl-dehydroacovenosid-A (3β-[O^2,O^4-Diacetyl-O^3-methyl-6-desoxy-α-L-talopyranosyloxy]-14-hydroxy-1-oxo-5β,14β-card-20(22)-enolid in Äthylacetat mit Ozon bei —80° und Schütteln des Reaktionsprodukts mit Zink-Pulver und Essigsäure (*Tamm, Re.*, l. c. S. 1231, 1232).

Krystalle (aus Acn. + Ae.); F: 167—170° [korr.; Kofler-App.; nach Sintern von 155° an]. $[\alpha]_D^{18}$: —52,6° [CHCl$_3$; c = 1].

Beim Behandeln einer Lösung in Methanol mit wss. Kaliumhydrogencarbonat-Lösung, Behandeln des Reaktionsprodukts mit Dioxan und wss. Perjodsäure, Behandeln einer Lösung des neben 3β-[O^2,O^4-Diacetyl-O^3-methyl-6-desoxy-α-L-talopyranosyloxy]-14-hydroxy-1-oxo-5β,14β-androstan-17β-carbonsäure isolierten Säure-Gemisches in Chloroform mit Diazomethan in Äther und anschliessenden Behandeln mit Acetanhydrid sind eine mit Vorbehalt als 14-Hydroxy-1-oxo-5β,14β-androst-2-en-17β-carbonsäure-methylester formulierte Verbindung $C_{21}H_{30}O_4$ (Krystalle [aus PAe. + Pentan], F: 156—157° [korr.; Kofler-App.]; $[\alpha]_D^{22}$: —29,8° [CHCl$_3$]) und eine Verbindung $C_{32}H_{48}O_{11}$ (Krystalle [aus Me. + Ae.]; F: 227—229° [korr.; Kofler-App.]; $[\alpha]_D^{22}$: —73,3° [CHCl$_3$]) erhalten worden (*Tamm, Re.*, l. c. S. 1232).

3,4,5-Triacetoxy-2-methoxy-6-methyl-tetrahydro-pyran $C_{13}H_{20}O_8$.

a) **Methyl-[tri-O-acetyl-6-desoxy-α-D-altropyranosid]** $C_{13}H_{20}O_8$, Formel I.

B. Beim Behandeln von Methyl-α-D-altropyranosid mit Toluol-4-sulfonylchlorid und mit Acetanhydrid, Erhitzen des erhaltenen Esters mit Natriumjodid in Aceton, Hydrieren des Reaktionsprodukts an Raney-Nickel in methanol. Natronlauge, Behandeln des Hydrierungsprodukts mit Natrium-Amalgam und wss. Methanol und Behandeln des danach isolierten Reaktionsprodukts mit Acetanhydrid und Pyridin (*Gut, Prins*, Helv. **29** [1946] 1555, 1557).

$Kp_{0,005}$: 75°. $[\alpha]_D^{17}$: +72,2° [CHCl$_3$; c = 1].

b) **Methyl-[tri-O-acetyl-6-desoxy-α-D-glucopyranosid], Methyl-[tri-O-acetyl-α-D-chinovopyranosid]** $C_{13}H_{20}O_8$, Formel II.

B. Beim Erhitzen von Methyl-[tri-O-acetyl-6-brom-6-desoxy-α-D-glucopyranosid] (*Helferich et al.*, B. **59** [1926] 79, 84) oder von Methyl-[tri-O-acetyl-6-jod-6-desoxy-α-D-glucopyranosid] (*Compton*, Am. Soc. **60** [1938] 395, 398) mit Zink-Pulver und wss. Essigsäure unter Zusatz von Hexachloroplatin(IV)-säure.

Krystalle; F: 78—79° (*Maclay et al.*, Am. Soc. **61** [1939] 1660, 1663), 77—78° [aus PAe.] (*Co.*), 75° [aus Bzn.] (*He. et al.*). $[\alpha]_D^{20}$: +159,2° [CHCl$_3$; p = 9] (*He. et al.*); $[\alpha]_D^{20}$: +153,4° [CHCl$_3$] (*Ma. et al.*); $[\alpha]_D^{24}$: +153,6° [CHCl$_3$; c = 4] (*Co.*).

I   II   III

c) **Methyl-[tri-O-acetyl-6-desoxy-β-D-glucopyranosid], Methyl-[tri-O-acetyl-β-D-chinovopyranosid]** C$_{13}$H$_{20}$O$_8$, Formel III (H **31** 64).

B. Beim Erwärmen von Tri-O-acetyl-6-desoxy-α-D-glucopyranosylchlorid (*Hardegger, Montavon*, Helv. **30** [1947] 632, 636) oder von Tri-O-acetyl-6-desoxy-α-D-glucopyranosyl= bromid (*Compton*, Am. Soc. **60** [1938] 395, 398) mit Methanol und Silbercarbonat. Beim Erwärmen von Methyl-[tri-O-acetyl-6-jod-6-desoxy-β-D-glucopyranosid] mit Zink-Pulver und wss. Essigsäure unter Zusatz von Hexachloroplatin(IV)-säure (*Co.*, l. c. S. 397).

Krystalle; F: 103—104° [aus Me.] (*Co.*, l. c. S. 398), 100° [korr.; aus Me.] (*Ha., Mo.*), 94—96° (*Micheel*, B. **63** [1930] 347, 358). $[\alpha]_D^{17}$: —19,6° [A.] (*Mi.*); $[\alpha]_D^{26}$: —12,3° [CHCl$_3$; c = 4] (*Co.*, l. c. S. 398); $[\alpha]_D$: ca. —7° [CHCl$_3$; c = 1]; $[\alpha]_D$: —19° [A.; c = 2] (*Ha., Mo.*).

Geschwindigkeit der Reaktion beim Behandeln mit Essigsäure und Acetanhydrid in Gegenwart von Schwefelsäure bei Raumtemperatur (Bildung von Tetra-O-acetyl-6-desoxy-α-D-glucopyranose); *Compton*, Am. Soc. **60** [1938] 1203.

d) **Methyl-[tri-O-acetyl-6-desoxy-α-L-mannopyranosid], Methyl-[tri-O-acetyl-α-L-rhamnopyranosid]** C$_{13}$H$_{20}$O$_8$, Formel IV.

B. Beim Behandeln von Methyl-α-L-rhamnopyranosid mit Acetanhydrid und Pyridin (*Fischer et al.*, B. **53** [1920] 2362, 2384; *Pacsu, Ticharich*, B. **62** [1929] 3008, 3011). Neben geringen Mengen Methyl-[tri-O-acetyl-β-L-rhamnopyranosid] beim Behandeln von Tri-O-acetyl-α-L-rhamnopyranosylbromid mit Methanol und Benzol und Behandeln des Reaktionsprodukts mit Acetanhydrid und Pyridin (*Ness et al.*, Am. Soc. **73** [1951] 296, 299, 300).

Krystalle [aus wss. A.] (*Fi. et al.*). F: 88—89° (*Ness et al.*, Am. Soc. **73** 300; *Isbell et al.*, J. Res. Bur. Stand. **59** [1957] 41, 43), 86—87° (*Fi. et al.*). $[\alpha]_D^{16}$: —53,7° [1,1,2,2-Tetra= chlor-äthan; p = 10] (*Fi. et al.*); $[\alpha]_D^{20}$: —54,7° [1,1,2,2-Tetrachlor-äthan; c = 3] (*Hockett, McClenahan*, Am. Soc. **61** [1939] 1667, 1670); $[\alpha]_D^{20}$: —60,3° [CHCl$_3$; c = 3] (*Ho., McC.*); $[\alpha]_D^{20}$: —59,4° [CHCl$_3$] (*Ness et al.*, Am. Soc. **72** [1950] 4547). IR-Spektrum (KCl; 2—15 μ bzw. KI; 14—40 μ): *Tipson, Isbell*, J. Res. Bur. Stand. [A] **64** [1960] 405, 416, 422; IR-Spektrum (CCl$_4$ und Dioxan; 2—15 μ): *Is. et al.*, l. c. S. 63. IR-Banden (Nujol; 8,3—11,7 μ bzw. 10,2—12,7 μ): *Whistler, House*, Anal. Chem. **25** [1953] 1463, 1465; *Barker et al.*, Soc. **1954** 3468, 3471. In 100 ml Tetrachlormethan lösen sich bei 20° 4,5 g (*Is. et al.*, l. c. S. 43).

IV   V   VI

e) **Methyl-[tri-O-acetyl-6-desoxy-β-L-mannopyranosid], Methyl-[tri-O-acetyl-β-L-rhamnopyranosid]** C$_{13}$H$_{20}$O$_8$, Formel V.

B. Neben grösseren Mengen O³,O⁴-Diacetyl-L-rhamnose beim Behandeln von O³,O⁴-Di=

acetyl-O^1,O^2-[($\varXi$)-1-methoxy-äthyliden]-β-L-rhamnopyranose mit Chlorwasserstoff enthaltendem Methanol (*MacPhillamy, Elderfield*, J. org. Chem. **4** [1939] 150, 158, 159).

Krystalle; F: 152—153° (*Isbell et al.*, J. Res. Bur. Stand. **59** [1957] 41, 43), 151—152° [korr.; aus wss. A.] (*Fischer et al.*, B. **53** [1920] 2362, 2377), 151—152° [aus Me.] (*Ness et al.*, Am. Soc. **73** [1951] 296, 300), 150—151° [aus W.] (*MacP., El.*). $[\alpha]_D^{18}$: $+45,7°$ [1,1,2,2-Tetrachlor-äthan; p = 8] (*Fi. et al.*); $[\alpha]_D^{20}$: $+44°$ [CHCl$_3$; c = 0,6] (*Ness et al.*); $[\alpha]_D^{25}$: $+46°$ [1,1,2,2-Tetrachlor-äthan; c = 2] (*MacP., El.*). IR-Spektrum (KCl; 2—15 μ bzw. KI; 14—40 μ): *Tipson, Isbell*, J. Res. Bur. Stand. [A] **64** [1960] 405, 416, 422; IR-Spektrum (CCl$_4$ und Dioxan; 2—15 μ): *Is. et al.*, l. c. S. 64. IR-Banden (Nujol; 8,7—9,5 μ): *Whistler, House*, Anal. Chem. **25** [1953] 1463, 1465.

Eine von *Haworth et al.* (Soc. **1929** 2469, 2475) ebenfalls als Methyl-[tri-O-acetyl-β-L-rhamnopyranosid] beschriebene Verbindung (F: 83°; $[\alpha]_D^{21}$: $+35°$ [CHCl$_3$ oder A.]; von *Fischer et al.* [B. **53** [1920] 2362, 2378] als γ-Methyl-rhamnosid-triacetat bezeichnet) ist als O^3,O^4-Diacetyl-O^1,O^2-[($\varXi$)-1-methoxy-äthyliden]-β-L-rhamnopyranose zu formulieren (*Freudenberg*, Naturwiss. **18** [1930] 393; *Braun*, B. **63** [1930] 1972; *Bott et al.*, Soc. **1930** 1395, 1399, 1400; *Haworth et al.*, Soc. **1931** 2861, 2862).

f) **Methyl-[tri-O-acetyl-6-desoxy-α-L-galactopyranosid], Methyl-[tri-O-acetyl-α-L-fucopyranosid]** $C_{13}H_{20}O_8$, Formel VI.

B. Beim Behandeln von Methyl-α-L-fucopyranosid mit Acetanhydrid und Pyridin (*Minsaas, R.* **56** [1937] 623, 624; *Hockett et al.*, Am. Soc. **61** [1939] 1658).

Krystalle; F: 74° [aus wss. A.] (*Mi.*), 67° [aus A.] (*Ho. et al.*). $[\alpha]_D^{20}$: $-151°$ [CHCl$_3$; c = 10] (*Mi.*, l. c. S. 625); $[\alpha]_D^{20}$: $-149,7°$ [CHCl$_3$; c = 2] (*Ho. et al.*). IR-Spektrum (KCl; 2—15 μ bzw. KI; 15—40 μ): *Tipson, Isbell*, J. Res. Bur. Stand. [A] **64** [1960] 405, 419, 425.

g) **Methyl-[tri-O-acetyl-6-desoxy-β-D-galactopyranosid], Methyl-[tri-O-acetyl-β-D-fucopyranosid]** $C_{13}H_{20}O_8$, Formel VII.

B. Bei der Hydrierung von Methyl-[tri-O-acetyl-6-brom-6-desoxy-β-D-galactopyranosid] an Palladium in Pyridin enthaltendem Methanol (*Schlubach, Wagenitz*, B. **65** [1932] 304, 305, 307).

Krystalle (aus Bzn.); F: 98,5°. $[\alpha]_D^{20}$: $-5,9°$ [CHCl$_3$; c = 1].

VII   VIII   IX

h) **Methyl-[tri-O-acetyl-6-desoxy-β-L-galactopyranosid], Methyl-[tri-O-acetyl-β-L-fucopyranosid]** $C_{13}H_{20}O_8$, Formel VIII.

B. Beim Behandeln von Methyl-β-L-fucopyranosid mit Acetanhydrid und Pyridin (*Minsaas, R.* **56** [1937] 623, 625). Beim Erwärmen des Methyl-β-L-fucopyranosid-Kaliumacetat-Addukts mit Acetanhydrid (*Hockett et al.*, Am. Soc. **61** [1939] 1658).

Krystalle; F: 99° [aus wss. A.] (*Mi.*), 96—97° [aus A.] (*Ho. et al.*). $[\alpha]_D^{20}$: $+7,1°$ [CHCl$_3$; c = 5] (*Ho. et al.*); $[\alpha]_D^{20}$: $+7,0°$ [CHCl$_3$; c = 10] (*Mi.*).

Methyl-[O^3,O^4-diacetyl-O^2-trichloracetyl-6-desoxy-ξ-D-glucopyranosid], Methyl-[O^3,O^4-diacetyl-O^2-trichloracetyl-ξ-D-chinovopyranosid] $C_{13}H_{17}Cl_3O_8$, Formel IX.

In dem nachstehend beschriebenen Präparat hat vermutlich ein Gemisch der Anomeren vorgelegen (*Hardegger, Montavon*, Helv. **30** [1947] 632, 636).

B. Beim Erwärmen von O^3,O^4-Diacetyl-O^2-trichloracetyl-6-desoxy-β-D-glucopyranosyl= chlorid mit Methanol und Silbercarbonat (*Ha., Mo.*).

Krystalle (aus Me.); F: 125° [korr.]. $[\alpha]_D$: $+42°$ [CHCl$_3$].

2,3,5-Triacetoxy-4-methoxy-6-methyl-tetrahydro-pyran $C_{13}H_{20}O_8$.

a) **O^1,O^2,O^4-Triacetyl-O^3-methyl-6-desoxy-α-D-altropyranose** $C_{13}H_{20}O_8$, Formel X.

Bestätigung der von *Grob, Prins* (Helv. **28** [1945] 840, 843) mit Vorbehalt getroffenen

Konstitutions- und Konfigurationszuordnung: *Brimacombe et al.*, Soc. [C] **1971** 3762, 3765.

B. Neben einer als O^1,O^2,O^4-Triacetyl-O^3-methyl-6-desoxy-β-D-altropyranose angesehenen Verbindung (s. u.) beim Behandeln von O^3-Methyl-6-desoxy-D-altrose mit Acetan=hydrid und Pyridin (*Gr.*, *Pr.*, l. c. S. 848).

Krystalle (aus Ae. + Pentan); F: 121—122° [korr.; Kofler-App.; stabile Modifikation] bzw. F: 112—113° [korr.; Kofler-App.; instabile Modifikation]; $[\alpha]_D^{15}$: +14,8° [CHCl$_3$; c = 2] (*Gr.*, *Pr.*, l. c. S. 848).

b) **O^1,O^2,O^4-Triacetyl-O^3-methyl-6-desoxy-β-D-altropyranose** C$_{13}$H$_{20}$O$_8$, Formel XI.

B. s. bei dem unter a) beschriebenen Anomeren.

Krystalle (aus Ae. + Pentan), F: 79°; $[\alpha]_D^{15}$: −96,5° [CHCl$_3$; c = 2] (*Grob*, *Prins*, Helv. **28** [1945] 840, 848).

X   XI   XII

c) **O^1,O^2,O^4-Triacetyl-O^3-methyl-6-desoxy-α-D-glucopyranose**, Tri-*O*-acetyl-α-D-thevetopyranose C$_{13}$H$_{20}$O$_8$, Formel XII.

B. Beim Erwärmen von O^2,O^4-Diacetyl-O^3-methyl-6-desoxy-D-glucose mit Acetan=hydrid und Pyridin (*Vischer*, *Reichstein*, Helv. **27** [1944] 1332, 1343). Beim Erwärmen von O^1,O^2,O^4-Triacetyl-O^3-methyl-6-desoxy-β-D-glucopyranose (s. u.) mit Acetanhydrid und Zinkchlorid (*Vi.*, *Re.*, l. c. S. 1342).

Krystalle; F: 105° (*Frèrejacque*, C. r. **230** [1950] 127), 104—105° [korr.; Kofler-App.; aus Ae. + PAe.] (*Vi.*, *Re.*). $[\alpha]_D^{15}$: +128,1° [Acn.; c = 2] (*Vi.*, *Re.*); $[\alpha]_D^{20}$: +122° [Acn.] (*Fr.*).

d) **O^1,O^2,O^4-Triacetyl-O^3-methyl-6-desoxy-α-L-glucopyranose**, Tri-*O*-acetyl-α-L-thevetopyranose C$_{13}$H$_{20}$O$_8$, Formel I.

B. Beim Behandeln von L-Thevetose (O^3-Methyl-6-desoxy-L-glucose) mit Acetanhydrid und Pyridin (*Frèrejacque*, *Hasenfratz*, C. r. **222** [1946] 815).

Krystalle [aus Ae. + PAe.] (*Reyle*, *Reichstein*, Helv. **35** [1952] 195, 211). F: 106—107° [korr.; Kofler-App.] (*Re.*, *Re.*), 103—104° (*Fr.*, *Ha.*). $[\alpha]_D^{19}$: −117° [CHCl$_3$; c = 1] (*Re.*, *Re.*); $[\alpha]_D$: −113° [Me.] (*Fr.*, *Ha.*).

e) **O^1,O^2,O^4-Triacetyl-O^3-methyl-6-desoxy-α-DL-glucopyranose**, Tri-*O*-acetyl-α-DL-thevetopyranose C$_{13}$H$_{20}$O$_8$, Formel I + Spiegelbild.

Herstellung aus gleichen Mengen der unter c) und d) beschriebenen Enantiomeren in Aceton: *Frèrejacque*, C. r. **230** [1950] 127.

F: 95°.

f) **O^1,O^2,O^4-Triacetyl-O^3-methyl-6-desoxy-β-D-glucopyranose**, Tri-*O*-acetyl-β-D-thevetopyranose C$_{13}$H$_{20}$O$_8$, Formel II.

B. Beim Erwärmen von D-Thevetose (O^3-Methyl-6-desoxy-D-glucose) mit Natrium=acetat und Acetanhydrid (*Vischer*, *Reichstein*, Helv. **27** [1944] 1332, 1342).

Krystalle; F: 121—123° [korr.; Kofler-App.; aus Ae. + PAe.] (*Vi.*, *Re.*), 121° (*Frère-jacque*, C. r. **230** [1950] 127), 120—122° [korr.; Kofler-App.] (*Reyle*, *Reichstein*, Helv. **35** [1952] 195, 202, 206). $[\alpha]_D^{15}$: +7,8° [Acn.; c = 2] (*Vi.*, *Re.*); $[\alpha]_D^{20}$: +6° [Acn.] (*Fr.*).

Beim Behandeln mit Bromwasserstoff in Essigsäure und mit wenig Acetanhydrid, Erwärmen des gebildeten O^2,O^4-Diacetyl-O^3-methyl-6-desoxy-D-glucopyranosylbromids (Gemisch der Anomeren) mit Digitoxigenin ($3\beta,14$-Dihydroxy-$5\beta,14\beta$-card-20(22)-enolid) und Silbercarbonat in Dioxan und Tetrachlormethan und 10-tägigen Behandeln einer me-thanol. Lösung des Reaktionsprodukts mit Kaliumhydrogencarbonat in Wasser sind Honghelin (als Di-*O*-acetyl-Derivat [3β-[O^2,O^4-Diacetyl-O^3-methyl-6-desoxy-β-D-gluco=pyranosyloxy]-14-hydroxy-$5\beta,14\beta$-card-20(22)-enolid] isoliert), eine Verbindung C$_{32}$H$_{48}$O$_7$ (oder C$_{32}$H$_{46}$O$_7$(?); Krystalle [aus wss. Me.], F: 188—192° [korr.; Kofler-App.]; $[\alpha]_D^{16}$: −15,5° [CHCl$_3$]; λ_{max} [A.]: 217 nm) und eine vermutlich als O^4-Acetyl-O^3-meth=

yl-6-desoxy-D-glucose zu formulierende Verbindung $C_9H_{16}O_6$ (Krystalle [aus Ae.]; F: 130—132°; $[\alpha]_D^{20}$: +110,3° [Me.]; mit Hilfe von Benzoylchlorid und Pyridin in ein Di-O-benzoyl-Derivat $C_{23}H_{24}O_8$ [Krystalle (aus Ae. + PAe.), F: 137—138°; $[\alpha]_D^{20}$: +209,8° [CHCl$_3$]; vermutlich O^4-Acetyl-O^1,O^2-dibenzoyl-O^3-methyl-6-desoxy-α-D-glucopyranose] überführbar) erhalten worden (Re., Re., l. c. S. 202).

I   II   III

g) O^1,O^2,O^4-Triacetyl-O^3-methyl-6-desoxy-β-L-glucopyranose, Tri-O-acetyl-β-L-thevetopyranose $C_{13}H_{20}O_8$, Formel III.

B. Beim Erwärmen von L-Thevetose (O^3-Methyl-6-desoxy-L-glucose) mit Natrium=acetat und Acetanhydrid (Blindenbacher, Reichstein, Helv. **31** [1948] 1669, 1676; Katz, Helv. **36** [1953] 1344, 1350).

Krystalle; F: 118—119° [korr.; Kofler-App.; aus Ae. + PAe.] (Bl., Re.), 115—118° [korr.; Kofler-App.; aus Ae. + Pentan] (Katz). $[\alpha]_D^{20}$: −7,3° [Acn.; c = 1] (Bl., Re.); $[\alpha]_D^{20}$: −5,3° [Acn.; c = 0,5] (Katz).

Beim Behandeln mit Bromwasserstoff in Essigsäure und mit wenig Acetanhydrid, Erwärmen des gebildeten O^2,O^4-Diacetyl-O^3-methyl-6-desoxy-L-glucopyranosylbromids (Gemisch der Anomeren) mit Digitoxigenin ($3\beta,14$-Dihydroxy-$5\beta,14\beta$-card-20(22)-enolid) und Silbercarbonat in Dioxan und Tetrachlormethan und 10-tägigen Behandeln einer methanol. Lösung des Reaktionsprodukts mit Kaliumhydrogencarbonat in Wasser sind neben anderen Substanzen geringe Mengen einer vermutlich als O^4-Acetyl-O^3-meth=yl-6-desoxy-L-glucose zu formulierenden Verbindung $C_9H_{16}O_6$ (Krystalle [aus Me. + PAe.], F: 130—132°; $[\alpha]_D^{20}$: −106,0° [Me.]; mit Hilfe von Acetanhydrid und Pyridin in O^1,O^2,O^4-Triacetyl-O^3-methyl-6-desoxy-α-L-glucopyranose [S. 2543] überführbar) er-halten worden (Reyle, Reichstein, Helv. **35** [1952] 195, 206—211).

h) O^1,O^2,O^4-Triacetyl-O^3-methyl-6-desoxy-β-DL-glucopyranose, Tri-O-acetyl-β-DL-thevetopyranose $C_{13}H_{20}O_8$, Formel II + III.

Herstellung aus gleichen Mengen der unter f) und g) beschriebenen Enantiomeren in Aceton: Frèrejacque, C. r. **230** [1950] 127.

Krystalle (aus Acn. + PAe.); F: 155—156°.

i) O^1,O^2,O^4-Triacetyl-O^3-methyl-6-desoxy-α-D-galactopyranose, O^1,O^2,O^4-Triacetyl-O^3-methyl-α-D-fucopyranose $C_{13}H_{20}O_8$, Formel IV.

B. Neben grösseren Mengen O^1,O^2,O^4-Triacetyl-O^3-methyl-β-D-fucopyranose und einer bei 65—67° schmelzenden Substanz beim Erwärmen von D-Digitalose (O^3-Methyl-D-fucose) mit Natriumacetat und Acetanhydrid (Tamm, Helv. **32** [1949] 163, 170, 171).

Krystalle (aus PAe. + Bzl.); F: 115—117° [korr.; Kofler-App.]. $[\alpha]_D^{17}$: +160,8° [CHCl$_3$; c = 1].

j) O^1,O^2,O^4-Triacetyl-O^3-methyl-6-desoxy-β-D-galactopyranose, O^1,O^2,O^4-Triacetyl-O^3-methyl-β-D-fucopyranose $C_{13}H_{20}O_8$, Formel V.

B. s. bei dem unter i) beschriebenen Anomeren.

Krystalle (aus Ae. + PAe.); F: 96—97°; $[\alpha]_D^{17}$: +50,4° [CHCl$_3$; c = 1] (Tamm, Helv. **32** [1949] 163, 171).

IV   V   VI

O^1,O^2,O^3-Triacetyl-O^4-methyl-6-desoxy-ξ-L-mannopyranose, O^1,O^2,O^3-Triacetyl-O^4-methyl-ξ-L-rhamnopyranose $C_{13}H_{20}O_8$, Formel VI.

B. Beim Behandeln von O^4-Methyl-L-rhamnose mit Acetanhydrid und Pyridin (*Levene, Muskat,* J. biol. Chem. **105** [1934] 431, 437).

$Kp_{0,17}$: 114—116°. n_D^{25}: 1,4452. $[\alpha]_D^{24}$: −12,2° [Me.; c = 2].

Beim Behandeln mit Bromwasserstoff in Essigsäure ist O^2,O^3-Diacetyl-O^4-methyl-α-L-rhamnopyranosylbromid erhalten worden (*Le., Mu.,* l. c. S. 439, 440).

3,4,5-Triacetoxy-2-äthoxy-6-methyl-tetrahydro-pyran $C_{14}H_{22}O_8$.

a) **Äthyl-[tri-O-acetyl-6-desoxy-α-D-glucopyranosid], Äthyl-[tri-O-acetyl-α-D-chinovopyranosid]** $C_{14}H_{22}O_8$, Formel VII (H 31 64).

B. Beim Behandeln einer Lösung von O^3,O^4-Diacetyl-6-desoxy-β-D-glucopyranosyl= chlorid in Äther mit Silbernitrat in Äthanol unter Zusatz von Pyridin und Behandeln des Reaktionsprodukts mit Acetanhydrid und Pyridin (*Hardegger, Montavon,* Helv. **30** [1947] 632, 637).

Krystalle; F: 45°. Im Hochvakuum bei 80° destillierbar. $[\alpha]_D$: +77° [A.; c = 0,5].

b) **Äthyl-[tri-O-acetyl-6-desoxy-β-D-glucopyranosid], Äthyl-[tri-O-acetyl-β-D-chinovopyranosid]** $C_{14}H_{22}O_8$, Formel VIII (R = C_2H_5).

B. Beim Erwärmen von O^3,O^4-Diacetyl-6-desoxy-α-D-glucopyranosylchlorid mit Silber= carbonat und Äthanol und Behandeln des Reaktionsprodukts mit Acetanhydrid und Pyridin (*Hardegger, Montavon,* Helv. **30** [1947] 632, 638).

Krystalle (aus Me.); F: 110° [korr.]. $[\alpha]_D$: −27° [CHCl$_3$; c = 1].

3,4,5-Triacetoxy-2-methyl-6-phenoxy-tetrahydro-pyran $C_{18}H_{22}O_8$.

a) **Phenyl-[tri-O-acetyl-6-desoxy-β-D-glucopyranosid], Phenyl-[tri-O-acetyl-β-D-chinovopyranosid]** $C_{18}H_{22}O_8$, Formel VIII (R = C_6H_5).

B. Beim Erwärmen von Phenyl-[tri-O-acetyl-6-brom-6-desoxy-β-D-glucopyranosid] mit Zink-Pulver und wss. Essigsäure (*Helferich et al.,* Z. physiol. Chem. **221** [1933] 90).

Krystalle (aus A.); F: 134—135° [korr.]. $[\alpha]_D^{21}$: −7,3° [CHCl$_3$; p = 2].

VII   VIII   IX

b) **Phenyl-[tri-O-acetyl-6-desoxy-α-L-mannopyranosid], Phenyl-[tri-O-acetyl-α-L-rhamnopyranosid]** $C_{18}H_{22}O_8$, Formel IX (X = H).

B. Neben geringen Mengen Phenyl-[tri-O-acetyl-β-L-rhamnopyranosid] beim Erwärmen von Tetra-O-acetyl-L-rhamnopyranose (Gemisch der Anomeren; vgl. H **31** 70) mit Phenol und Zinkchlorid (*Helferich et al.,* Z. physiol. Chem. **215** [1933] 277, 280).

Krystalle (aus A.); F: 130—131° [korr.]. Bei 100°/3 Torr sublimierbar. $[\alpha]_D^{18}$: −80° [CHCl$_3$; p = 4].

c) **Phenyl-[tri-O-acetyl-6-desoxy-β-L-mannopyranosid], Phenyl-[tri-O-acetyl-β-L-rhamnopyranosid]** $C_{18}H_{22}O_8$, Formel X.

B. s. bei dem unter b) beschriebenen Anomeren.

Krystalle (aus A.); F: 147—148° [korr.]; $[\alpha]_D^{18}$: +52,5° [CHCl$_3$; p = 3] (*Helferich et al.,* Z. physiol. Chem. **215** [1933] 277, 281).

3,4,5-Triacetoxy-2-methyl-6-[4-nitro-phenoxy]-tetrahydro-pyran $C_{18}H_{21}NO_{10}$.

a) **[4-Nitro-phenyl]-[tri-O-acetyl-6-desoxy-α-L-mannopyranosid], [4-Nitro-phenyl]-[tri-O-acetyl-α-L-rhamnopyranosid]** $C_{18}H_{21}NO_{10}$, Formel IX (X = NO$_2$).

B. Beim Erhitzen von Tetra-O-acetyl-ξ-L-rhamnopyranose (aus L-Rhamnose hergestellt) mit 4-Nitro-phenol und Zinkchlorid unter vermindertem Druck auf 120° (*Westphal, Feier,* B. **89** [1956] 582, 587).

Gelbliche Krystalle (aus Me.); F: 145°. $[\alpha]_D^{20}$: −117° [CHCl$_3$].

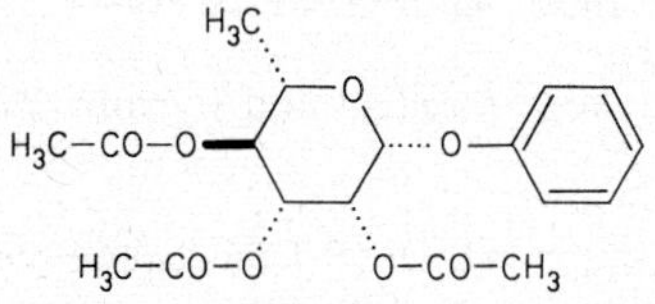

X 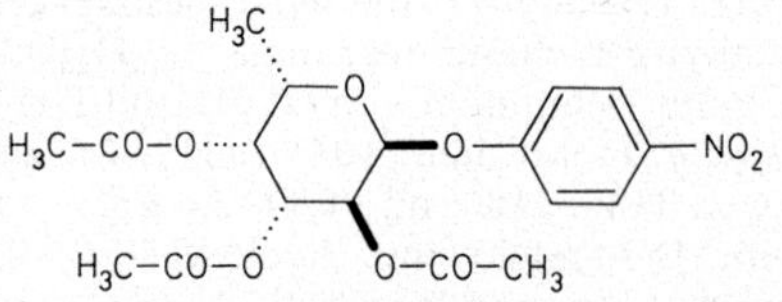   XI

b) **[4-Nitro-phenyl]-[tri-*O*-acetyl-6-desoxy-α-L-galactopyranosid], [4-Nitro-phenyl]-[tri-*O*-acetyl-α-L-fucopyranosid]** $C_{18}H_{21}NO_{10}$, Formel XI.

B. Beim Erhitzen einer vermutlich als Tetra-*O*-acetyl-β-L-fucopyranose zu formulierenden Verbindung [F: 172°; $[\alpha]_D^{20}$: −39° [CHCl₃] (S. 2549)] (*Westphal, Feier*, B. **89** [1956] 582, 586) oder von Tetra-*O*-acetyl-α-L-fucopyranose (*Levvy, McAllan*, Biochem. J. **80** [1961] 433) mit 4-Nitro-phenol und Zinkchlorid unter vermindertem Druck auf 120°.

Krystalle (aus Me.); F: 178° (*We., Fe.*), 168−170° [korr.] (*Le., McA.*). $[\alpha]_D^{20}$: −228° [CHCl₃; c = 0,5] (*Le., McA.*); $[\alpha]_D^{20}$: −222° [CHCl₃] (*We., Fe.*).

3β-[Tri-*O*-acetyl-6-desoxy-β-D-glucopyranosyloxy]-5α-cholestan, 5α-Cholestan-3β-yl-[tri-*O*-acetyl-6-desoxy-β-D-glucopyranosid], 5α-Cholestan-3β-yl-[tri-*O*-acetyl-β-D-chinovopyranosid] $C_{39}H_{64}O_8$, Formel XII (R = CO-CH₃).

B. Beim Erwärmen von 5α-Cholestan-3β-ol mit Tri-*O*-acetyl-6-desoxy-α-D-gluco≠pyranosylbromid und Silbercarbonat in Benzol unter Entfernen des entstehenden Wassers (*Hardegger, Robinet*, Helv. **33** [1950] 456, 460, 461). Bei der Hydrierung von Cholesteryl-[tri-*O*-acetyl-6-desoxy-β-D-glucopyranosid] (s. u.) an Palladium/Kohle in Äthylacetat und Äthanol (*Ha., Ro.*, l. c. S. 460).

Krystalle (aus CHCl₃ + Me.); F: 191° [korr.]. $[\alpha]_D$: +23° [CHCl₃; c = 1].

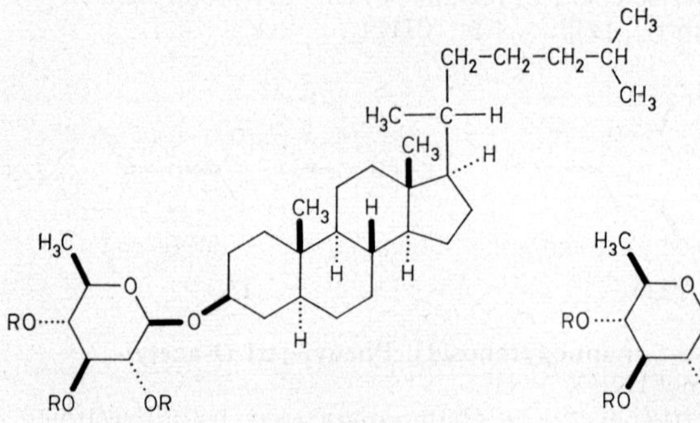

XII 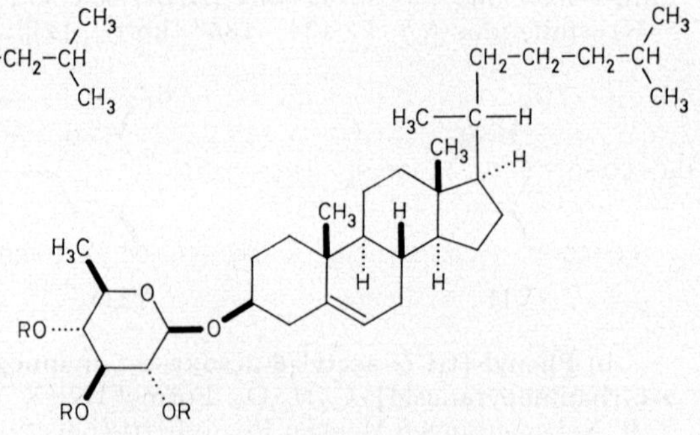   XIII

3β-[Tri-*O*-acetyl-6-desoxy-β-D-glucopyranosyloxy]-cholest-5-en, Cholesteryl-[tri-*O*-acetyl-6-desoxy-β-D-glucopyranosid], Cholesteryl-[tri-*O*-acetyl-β-D-chinovopyranosid], *O*-[Tri-*O*-acetyl-6-desoxy-β-D-glucopyranosyl]-cholesterin $C_{39}H_{62}O_8$, Formel XIII (R = CO-CH₃).

B. Beim Erwärmen von Cholesterin mit Tri-*O*-acetyl-6-desoxy-α-D-glucopyranosyl≠bromid und Silbercarbonat in Benzol unter Entfernen des entstehenden Wassers und Behandeln des Reaktionsprodukts mit Acetanhydrid und Pyridin (*Hardegger, Robinet*, Helv. **33** [1950] 456, 459).

Krystalle (aus Me.); F: 171−172° [korr.]. $[\alpha]_D$: −11° [CHCl₃; c = 0,6].

O^2,O^3,O^4,O^6-Tetraacetyl-O^5-[tri-*O*-acetyl-6-desoxy-α-L-galactopyranosyl]-1-desoxy-D-galactit, O^1,O^3,O^4,O^5-Tetraacetyl-O^2-[tri-*O*-acetyl-α-L-fucopyranosyl]-L-fucit $C_{26}H_{38}O_{16}$, Formel I (R = CO-CH₃).

B. In geringer Menge neben Penta-*O*-acetyl-L-fucit und anderen Verbindungen beim Behandeln von Fucoidin (Polysaccharid aus Fucus vesiculosus) mit Essigsäure, Acet≠anhydrid und wenig Schwefelsäure, Behandeln des erhaltenen Ester-Gemisches mit

Natriummethylat in Methanol, anschliessenden Hydrieren an Raney-Nickel bei 80°/140 at und Erhitzen des Reaktionsprodukts mit Natriumacetat und Acetanhydrid (*O'Neill*, Am. Soc. **76** [1954] 5074).

Nadeln (aus A.) vom F: 119—120° [korr.], die sich in der Mutterlauge in Prismen vom F: 99—102° [korr.] umwandeln. $[\alpha]_D^{24}$: −81,5° [CHCl$_3$; c = 1].

3-Methoxy-4-[tri-*O*-acetyl-6-desoxy-β-D-glucopyranosyloxy]-benzaldehyd C$_{20}$H$_{24}$O$_{10}$, Formel II.

B. Beim Erwärmen von Tri-*O*-acetyl-6-desoxy-α-D-glucopyranosylbromid mit Vanillin, Aceton und wss. Kalilauge (*Helferich et al.*, Z. physiol. Chem. **248** [1937] 85, 92, 93). Krystalle (aus wss. A.); F: 179—181°. $[\alpha]_D^{19}$: −31,5° [CHCl$_3$; p = 1].

I   II   III

2,3,4,5-Tetraacetoxy-6-methyl-tetrahydro-pyran C$_{14}$H$_{20}$O$_9$.

a) **Tetra-*O*-acetyl-6-desoxy-β-D-allopyranose** C$_{14}$H$_{20}$O$_9$, Formel III.

Diese Konfiguration ist wahrscheinlich der nachstehend beschriebenen Verbindung auf Grund ihrer Bildungsweise (vgl. Penta-*O*-acetyl-β-D-allopyranose [*Warnock et al.*, Carbohydrate Res. **18** [1971] 127, 128]) und ihres optischen Drehungsvermögens zuzuordnen.

B. Beim Behandeln von 6-Desoxy-D-allose mit Acetanhydrid und Pyridin (*Levene*, *Compton*, J. biol. Chem. **117** [1937] 37, 39; *Iselin*, *Reichstein*, Helv. **27** [1944] 1203, 1207). Krystalle; F: 111—112° [korr.; Kofler-App.; aus Ae. + PAe.] (*Is.*, *Re.*), 110—111° [korr.; Kofler-App.; aus Ae. + PAe.] (*Hunger*, *Reichstein*, Helv. **35** [1952] 1073, 1095), 109—110° [aus A.] (*Le.*, *Co.*). Bei 90—110°/0,2 Torr sublimierbar (*Hu.*, *Re.*; s. a. *Is.*, *Re.*). $[\alpha]_D^{19}$: +8,3° [Acn.; c = 2] (*Is.*, *Re.*); $[\alpha]_D^{24}$: +8,3° [Acn.; c = 2] (*Hu.*, *Re.*); $[\alpha]_D^{25}$: +10,4° [CHCl$_3$; c = 2] (*Le.*, *Co.*).

Beim Behandeln mit Bromwasserstoff in Essigsäure und mit Acetanhydrid und Behandeln der Reaktionslösung mit verkupfertem Zink-Pulver, Natriumacetat und wss. Essigsäure sind O^2,O^3,O^4-Triacetyl-6-desoxy-D-allose und geringere Mengen Di-*O*-acetyl-1,5-anhydro-2,6-didesoxy-D-*ribo*-hex-1-enit erhalten worden (*Is.*, *Re.*).

b) **Tetra-*O*-acetyl-6-desoxy-α-D-glucopyranose, Tetra-*O*-acetyl-α-D-chinovo-pyranose** C$_{14}$H$_{20}$O$_9$, Formel IV.

B. Aus Tetra-*O*-acetyl-6-jod-6-desoxy-α-D-glucopyranose beim Erwärmen mit Zink-Pulver und wss. Essigsäure (*Helferich et al.*, J. pr. [2] **153** [1939] 285, 291) sowie beim Erhitzen mit Thioharnstoff in Amylalkohol und Schütteln der heissen Reaktionslösung mit Raney-Nickel (*Hardegger*, *Montavon*, Helv. **29** [1946] 1199, 1203).

Krystalle [aus wss. Me.] (*He. et al.*). F: 119,5° [korr.] (*He. et al.*), 117° [korr.] (*Ha.*, *Mo.*). $[\alpha]_D^{20}$: +123,8° [CHCl$_3$; p = 1] (*He. et al.*); $[\alpha]_D$: +122° [CHCl$_3$; c = 1] (*Ha.*, *Mo.*).

Geschwindigkeitskonstante und Mechanismus der Anomerisierung und des Austausches der O^1-Acetyl-Gruppe beim Behandeln eines O^2,O^3,O^4-Triacetyl-O^1-[2-^{14}C]acetyl-6-desoxy-α-D-glucopyranose enthaltenden Präparats (aus Tetra-*O*-acetyl-6-desoxy-β-D-glucose mit Hilfe von [2-^{14}C]Acetanhydrid enthaltendem Acetanhydrid und Schwefelsäure hergestellt) mit Schwefelsäure, Essigsäure und Acetanhydrid bei 25°: *Bonner*, Am. Soc. **81** [1959] 1448, 1450, 1451, 5171, 5172.

c) **Tetra-*O*-acetyl-6-desoxy-β-D-glucopyranose, Tetra-*O*-acetyl-β-D-chinovo-pyranose** C$_{14}$H$_{20}$O$_9$, Formel V.

B. Beim Erwärmen von D-Chinovose (6-Desoxy-D-glucose) mit Natriumacetat und Acetanhydrid (*Helferich*, *Bigelow*, Z. physiol. Chem. **200** [1931] 263, 276; *Cramer*, *Purves*,

Am. Soc. **61** [1939] 3458, 3461, 3462). Aus Tetra-O-acetyl-6-jod-6-desoxy-β-D-gluco=pyranose beim Erwärmen mit Zink-Pulver und wss. Essigsäure (*Helferich et al.*, J. pr. [2] **153** [1939] 285, 291), bei der Hydrierung an Raney-Nickel in Diäthylamin enthaltendem Methanol (*Hardegger, Montavon*, Helv. **29** [1946] 1199, 1203) sowie beim Erhitzen mit Thioharnstoff in Amylalkohol und Schütteln der heissen Reaktionslösung mit Raney-Nickel (*Ha., Mo.*; s. a. *Garrido, Espinosa*, An. Univ. catol. Valparaiso Nr. 4 [1957] 245, 250). Beim Erwärmen von O^1,O^2,O^3,O^4-Tetraacetyl-6-thio-β-D-glucopyranose mit Raney-Nickel in Äthanol (*Staněk, Tajmr*, Collect. **24** [1959] 1013, 1015). Beim Erwärmen von Tetra-O-acetyl-6-thiocyanato-6-desoxy-β-D-glucopyranose mit Raney-Nickel in Äthanol (*St., Ta.*) oder in Butan-1-ol (*Fernández-Bolaños, Guzman de Fernández-Bolaños*, An. Soc. españ. [B] **55** [1957] 693, 696).

Krystalle; F: 151° [korr.; aus Butan-1-ol] (*Ha., Mo.*), 150° [aus Butan-1-ol] (*Ga., Es.*), 147° [unkorr.; nach Sintern bei 142°; aus $CHCl_3$ + PAe.] (*He., Bi.*), 146—148° [aus A.] (*Fe.-B., Gu. de Fe.-B.*), 145—146° [korr.] (*Cr., Pu.*). $[\alpha]_D^{19}$: $+22°$ [$CHCl_3$; c = 4] (*Ga., Es.*); $[\alpha]_D^{20}$: $+21,3°$ [$CHCl_3$; p = 5] (*He., Bi.*); $[\alpha]_D$: $+23°$ [$CHCl_3$; c = 0,6] (*St., Ta.*); $[\alpha]_D$: $+22°$ [$CHCl_3$; c = 1] (*Ha., Mo.*); $[\alpha]_D$: $+21,6°$ [$CHCl_3$] (*Cr., Pu.*).

Geschwindigkeitskonstante und Mechanismus der Anomerisierung und des Austausches der O^1-Acetyl-Gruppe beim Behandeln eines O^2,O^3,O^4-Triacetyl-O^1-[1-^{14}C]acetyl-6-desoxy-β-D-glucopyranose enthaltenden Präparats (aus Tri-O-acetyl-6-desoxy-α-D-glucopyranos=ylbromid mit Hilfe von Silber-[1-^{14}C]acetat enthaltendem Silberacetat hergestellt) mit Schwefelsäure, Essigsäure und Acetanhydrid bei 25°: *Bonner*, Am. Soc. **81** [1959] 1448, 1450, 1451, 5171, 5172, 5176. Relative Geschwindigkeit des Austausches der O^1-Acetyl-Gruppe beim Behandeln mit Zinn-[1-^{14}C]acetat-trichlorid in Chloroform bei 40°: *Lemieux, Brice*, Canad. J. Chem. **34** [1956] 1006, 1009. Beim Erwärmen mit Phosphor(III)-chlorid unter Einleiten von Chlorwasserstoff ist Tri-O-acetyl-6-desoxy-β-D-glucopyranosylchlorid (*Ga., Es.*), beim Erhitzen mit Phosphor(V)-chlorid auf 140° sind O^3,O^4-Diacetyl-O^2-trichlor=acetyl-6-desoxy-β-D-glucopyranosylchlorid und geringe Mengen Tri-O-acetyl-6-desoxy-α-D-glucopyranosylchlorid (*Hardegger, Montavon*, Helv. **30** [1947] 632, 635) erhalten worden.

IV   V   VI

d) **Tetra-O-acetyl-6-desoxy-α-L-mannopyranose, Tetra-O-acetyl-α-L-rhamno=pyranose** $C_{14}H_{20}O_9$, Formel VI (vgl. H **31** 70).

B. Beim Behandeln von L-Rhamnose mit Acetanhydrid und wenig Schwefelsäure (*Zemplén, Döry*, Acta chim. hung. **12** [1957] 141, 146). Beim Erhitzen von Tri-O-acetyl-α-L-rhamnopyranosylbromid mit Silberacetat in Toluol (*Tipson*, J. biol. Chem. **130** [1939] 55, 58). Beim Behandeln von Tetra-O-acetyl-β-L-rhamnopyranose (s. u.) mit Zinkchlorid und Acetanhydrid (*Ze., Döry*, l. c. S. 145). Im Gemisch mit geringen Mengen Tetra-O-acetyl-β-L-rhamnopyranose beim Behandeln von L-Rhamnose mit Acetanhydrid und Pyridin (*Fischer et al.*, B. **53** [1920] 2362, 2370, 2371).

$Kp_{0,1}$: 129—130°; n_D^{25}: 1,4492 (*Ti.*). $[\alpha]_D^{25}$: $-61,7°$ [$CHCl_3$; c = 3] (*Ti.*); $[\alpha]_D^{25}$: $-60,3°$ [$CHCl_3$; c = 3] (*Ze., Döry*, l. c. S. 146).

e) **Tetra-O-acetyl-6-desoxy-β-L-mannopyranose, Tetra-O-acetyl-β-L-rhamno=pyranose** $C_{14}H_{20}O_9$, Formel VII (vgl. H **31** 70).

Über die Konfiguration am C-Atom 1 s. *Jackson, Hudson*, Am. Soc. **59** [1937] 1076.

B. Beim Behandeln von β-L-Rhamnopyranose (H **31** 66) mit Acetanhydrid und Pyridin, anfangs bei $-12°$ (*Ja., Hu.*). Beim Behandeln von O^2,O^3,O^4-Triacetyl-β(?)-L-rhamno=pyranose (F: 96—98°; $[\alpha]_D^{21}$: $+28,1°$ [A.]; aus Tri-O-acetyl-α-L-rhamnopyranosylbromid mit Hilfe von Silbercarbonat in wasserhaltigem Aceton hergestellt) mit Acetanhydrid und Pyridin (*Fischer et al.*, B. **53** [1920] 2362, 2375, 2376; s. a. *Ja., Hu.*).

Krystalle (aus wss. A.); F: 98,5—99° (*Ja., Hu.*), 98—99° (*Fi. et al.*, l. c. S. 2376).

$[\alpha]_D^{19}$: $+14,1°$ [1,1,2,2-Tetrachlor-äthan] (*Fi. et al.*, l. c. S. 2371); $[\alpha]_D$: $+13,4°$ [CHCl$_3$] (*Ja., Hu.*).

f) **Tetra-*O*-acetyl-6-desoxy-α-D-galactopyranose, Tetra-*O*-acetyl-α-D-fucopyranose,**
Tetra-*O*-acetyl-α-rhodeopyranose C$_{14}$H$_{20}$O$_9$, Formel VIII.

B. Beim Behandeln von D-Fucose mit Acetanhydrid und Pyridin (*Levvy, McAllan,*
Biochem. J. **80** [1961] 433).

F: 92—93° (*Le., McA.*). $[\alpha]_D$: $+129°$ [CHCl$_3$; c = 1,5]; $[\alpha]_D$: $+143°$ [Acn.; c = 1,5]
(*Le., McA.*). IR-Banden (Nujol; 10,6—13,6 μ): *Barker et al.*, Soc. **1954** 3468, 3470.

VII VIII IX

g) **Tetra-*O*-acetyl-6-desoxy-α-L-galactopyranose, Tetra-*O*-acetyl-α-L-fucopyranose**
C$_{14}$H$_{20}$O$_9$, Formel IX.

B. Beim Behandeln von L-Fucose mit Acetanhydrid und Pyridin (*Wolfrom, Orsino,*
Am. Soc. **56** [1934] 985; *Iselin, Reichstein,* Helv. **27** [1944] 1200, 1201; *Levvy, McAllan,*
Biochem. J. **80** [1961] 433).

Krystalle; F: 93° [nach Sintern bei 74°; aus Ae. + PAe.] (*Is., Re.*), 92—93° [aus
CHCl$_3$ bzw. A.] (*Wo., Or.; Le., McA.*). $[\alpha]_D^{20}$: $-113°$ [CHCl$_3$; c = 1,5] (*Le., McA.*); $[\alpha]_D^{34}$:
$-120°$ [CHCl$_3$; c = 2] (*Wo., Or.*); $[\alpha]_D^{14}$: $-129,9°$ [Acn.; c = 2] (*Is., Re.*); $[\alpha]_D^{20}$: $-138°$
[Acn.; c = 1,5] (*Le., McA.*).

h) **Tetra-*O*-acetyl-6-desoxy-β-L-galactopyranose, Tetra-*O*-acetyl-β-L-fucopyranose**
C$_{14}$H$_{20}$O$_9$, Formel X.

Diese Konstitution und Konfiguration ist vermutlich der nachstehend beschriebenen
Verbindung auf Grund ihrer Bildungsweise zuzuordnen (vgl. die analog hergestellte
Penta-*O*-acetyl-β-D-galactopyranose [H **31** 305]).

B. Beim Erwärmen von L-Fucose mit Natriumacetat und Acetanhydrid (*Westphal,*
Feier, B. **89** [1956] 582, 586; s. aber *Levvy, McAllan,* Biochem. J. **80** [1961] 433).

Krystalle (aus A.), F: 172° [korr.]; $[\alpha]_D^{20}$: $-39°$ [CHCl$_3$] (*We., Fe.*). [*H. Richter*]

X XI

Tetra-*O*-propionyl-6-desoxy-α-L-mannopyranose, Tetra-*O*-propionyl-α-L-rhamno=
pyranose C$_{18}$H$_{28}$O$_9$, Formel XI.

Diese Verbindung hat wahrscheinlich als Hauptprodukt in dem nachstehend beschrie=
benen Präparat vorgelegen.

B. Bei mehrtägigem Behandeln von L-Rhamnose mit Propionsäure-anhydrid und
Pyridin (*Hurd, Gordon,* Am. Soc. **63** [1941] 2657).

Öl; bei 210°/0,07 Torr destillierbar. $[\alpha]_D^{20}$: $-43°$ [CHCl$_3$].

O^1-Benzoyl-6-desoxy-ξ-D-allopyranose C$_{13}$H$_{16}$O$_6$, Formel XII.

Bezüglich der Zuordnung der Konstitution (Position der Benzoyl-Gruppe) vgl. die
analog hergestellte O^3,O^4-Diacetyl-O^1-benzoyl-6-desoxy-ξ-L-glucopyranose (S. 2550); über
die Konfiguration am C-Atom 2 s. *Micheel,* B. **63** [1930] 347, 354.

B. In geringer Menge neben 6-Desoxy-D-allose beim Schütteln einer wss. Lösung von
1,5-Anhydro-2,6-didesoxy-D-*ribo*-hex-1-enit mit Peroxybenzoesäure in Chloroform (*Mi.,*
l. c. S. 354, 355).

F: 105°. $[\alpha]_D^{19}$: $-19,9°$ [wss. A.].

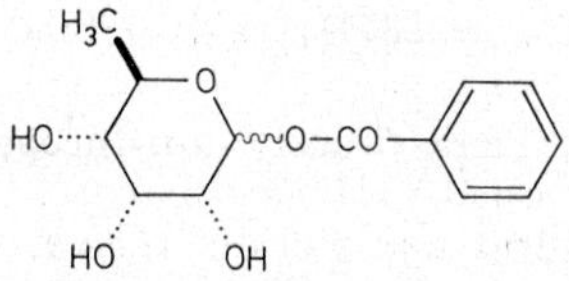

XII 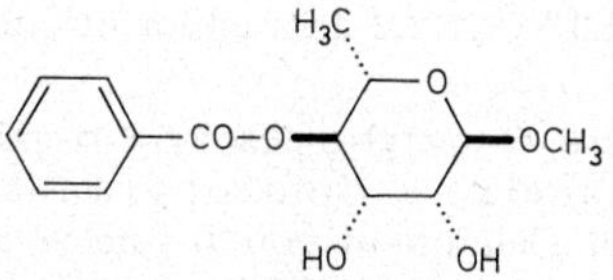   XIII

**Methyl-[O^4-benzoyl-6-desoxy-α-L-mannopyranosid], Methyl-[O^4-benzoyl-α-L-rhamno=
pyranosid]** $C_{14}H_{18}O_6$, Formel XIII.

Bildung beim Erwärmen von Methyl-[O^4-benzoyl-O^2,O^3-isopropyliden-α-L-rhamno=
pyranosid] mit wss. Essigsäure: *Brown et al.*, Soc. **1950** 1125.

F: 113—114°; $[α]_D^{20}$: —98,9° [CHCl$_3$] (*Butler et al.*, Chem. and Ind. **1954** 107).

**O^3,O^4-Diacetyl-O^1-benzoyl-6-desoxy-ξ-L-glucopyranose, O^3,O^4-Diacetyl-O^1-benzoyl-
ξ-L-chinovose, O^3,O^4-Diacetyl-O^1-benzoyl-ξ-L-isorhamnopyranose** $C_{17}H_{20}O_8$,
Formel I.

Über die Konfiguration am C-Atom 2 s. *MacPhillamy, Elderfield*, J. org. Chem. **4**
[1939] 150, 152.

B. Beim Behandeln von Di-O-acetyl-1,5-anhydro-2,6-didesoxy-L-*arabino*-hex-1-enit
mit Peroxybenzoesäure in Chloroform (*MacP., El.*, l. c. S. 160, 161).

Krystalle (aus A.); F: 193°. $[α]_D^{24}$: —15,2° [CHCl$_3$; c = 1].

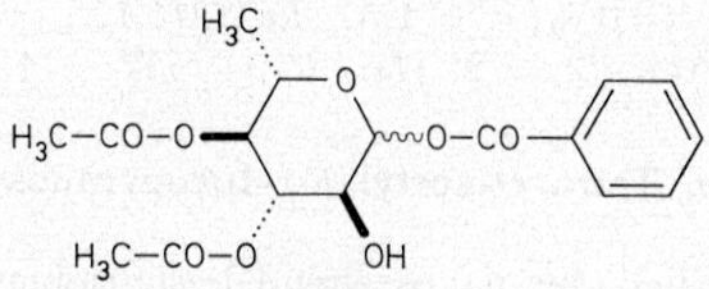

I 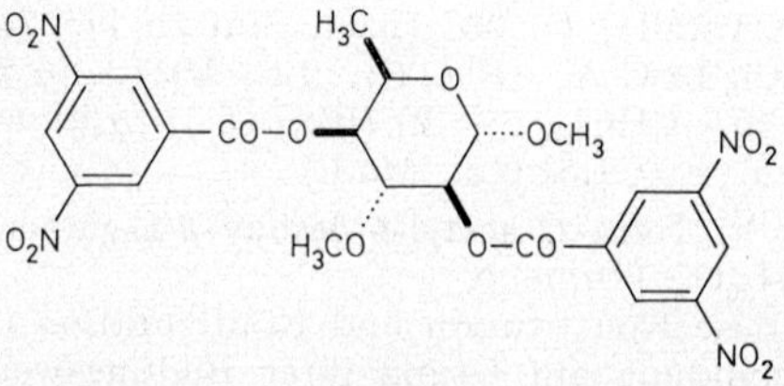   II

3,5-Bis-[3,5-dinitro-benzoyloxy]-2,4-dimethoxy-6-methyl-tetrahydro-pyran $C_{22}H_{20}N_4O_{15}$.

a) **Methyl-[O^2,O^4-bis-(3,5-dinitro-benzoyl)-O^3-methyl-6-desoxy-α-D-idopyranosid]**
$C_{22}H_{20}N_4O_{15}$, Formel II.

B. Beim Behandeln einer Lösung von Methyl-[O^3-methyl-6-desoxy-α-D-idopyranosid]
in Pyridin mit 3,5-Dinitro-benzoylchlorid in Benzol (*Fischer et al.*, Helv. **37** [1954] 6, 14).

Hellgelbe Krystalle (aus Bzl. + Me.); F: 148—149° [korr.; Kofler-App.]. $[α]_D^{29}$: +57,4°
[CHCl$_3$; c = 1].

b) **Methyl-[O^2,O^4-bis-(3,5-dinitro-benzoyl)-O^3-methyl-6-desoxy-β-D-galacto=
pyranosid], Methyl-[O^2,O^4-bis-(3,5-dinitro-benzoyl)-O^3-methyl-β-D-fucopyranosid]**
$C_{22}H_{20}N_4O_{15}$, Formel III.

Diese Konstitution und Konfiguration wird der nachstehend beschriebenen Verbindung zugeordnet.

B. Beim Erwärmen einer Lösung von Methyl-[O^3-methyl-β-D-fucopyranosid]
($C_8H_{16}O_5$; $[α]_D^{20}$: —2,4° [Me.]; hergestellt durch Behandeln von Methyl-[O^2,O^4-diacetyl-O^3-
methyl-β-D-galactopyranosid] mit Toluol-4-sulfonylchlorid und Pyridin, Erhitzen des gebildeten Esters mit Natriumjodid in Aceton, Hydrieren des Reaktionsprodukts an Raney-
Nickel in mit wss. Natronlauge versetztem Methanol, Behandeln des Hydrierungsprodukts
mit Acetanhydrid und Pyridin und Behandeln des danach isolierten Reaktionsprodukts
mit Natrium-Amalgam und wss. Methanol) in Pyridin mit 3,5-Dinitro-benzoylchlorid in
Benzol (*Reber, Reichstein*, Helv. **29** [1946] 343, 350).

Krystalle; F: 111—116° [korr.; Kofler-App.]. $[α]_D^{19}$: +48,9° [CHCl$_3$; c = 1].

3,4,5-Tris-benzoyloxy-2-methoxy-6-methyl-tetrahydro-pyran $C_{28}H_{26}O_8$.

a) **Methyl-[tri-O-benzoyl-6-desoxy-α-D-altropyranosid]** $C_{28}H_{26}O_8$, Formel IV.

B. Bei der Hydrierung von Methyl-[tri-O-benzoyl-6-brom-6-desoxy-α-D-altropyranosid]
der von Methyl-[tri-O-benzoyl-6-jod-6-desoxy-α-D-altropyranosid] an Raney-Nickel in

Diäthylamin enthaltendem Methanol (*Rosenfeld et al.*, Am. Soc. **70** [1948] 2201, 2205).
Krystalle (aus Me.); F: 134—135°. $[\alpha]_D^{20}$: —15,5° [CHCl$_3$; c = 3].

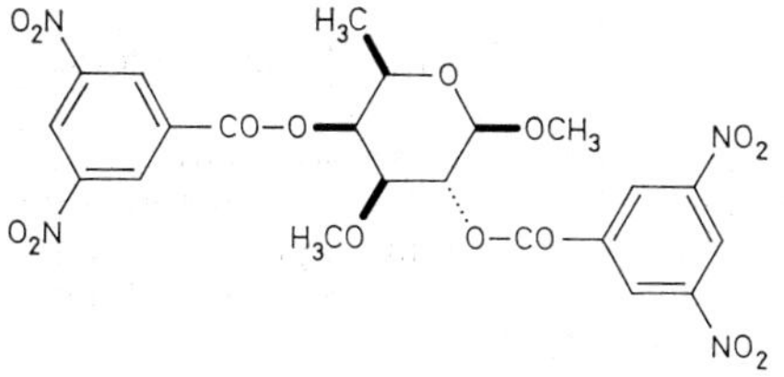

III 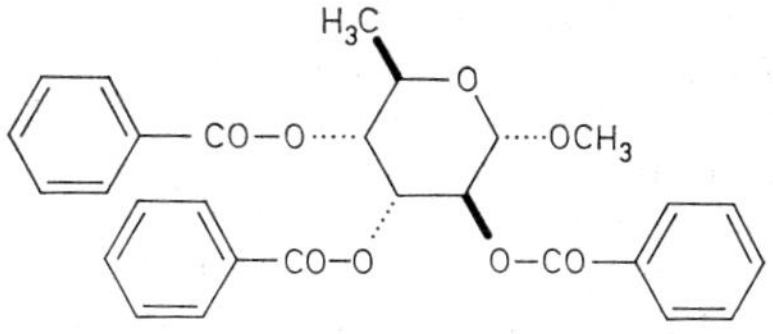   IV

b) **Methyl-[tri-*O*-benzoyl-6-desoxy-α-D-glucopyranosid], Methyl-[tri-*O*-benzoyl-α-D-chinovopyranosid]** C$_{28}$H$_{26}$O$_8$, Formel V.

B. Beim Erwärmen von Methyl-[tri-*O*-benzoyl-6-brom-6-desoxy-α-D-glucopyranosid] mit Zink-Pulver und wss. Essigsäure unter Zusatz von Platinchlorid (*Helferich et al.*, A. **447** [1926] 19, 24).

Krystalle (aus Me.); F: 139—140°. $[\alpha]_D^{19}$: +106,7° [Py.; p = 10].

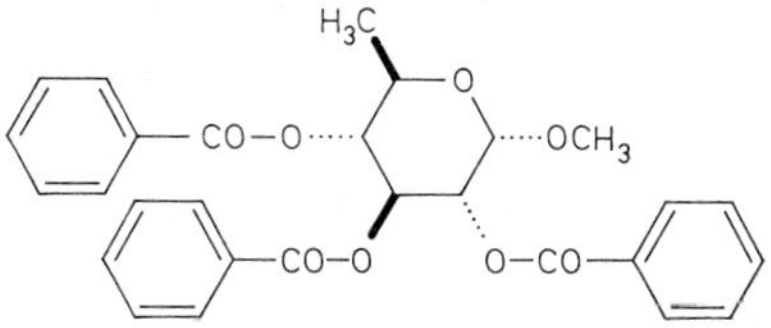

V 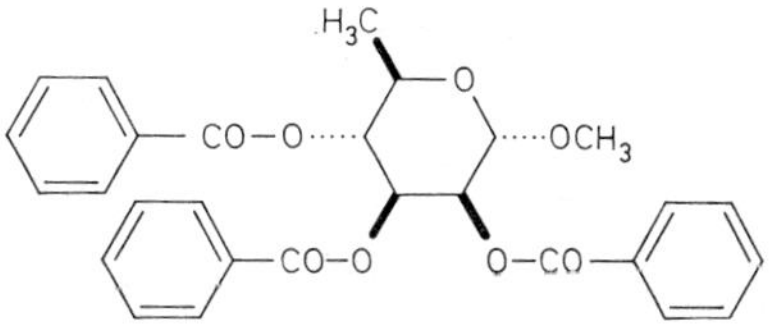   VI

c) **Methyl-[tri-*O*-benzoyl-6-desoxy-α-D-mannopyranosid], Methyl-[tri-*O*-benzoyl-α-D-rhamnopyranosid]** C$_{28}$H$_{26}$O$_8$, Formel VI.

B. Bei der Hydrierung von Methyl-[tri-*O*-benzoyl-6-jod-α-D-rhamnopyranosid] an Raney-Nickel in Diäthylamin enthaltendem Methanol (*Haskins et al.*, Am. Soc. **68** [1946] 628, 630).

Krystalle (aus Me.); F: 132—133°. $[\alpha]_D^{20}$: —175,8° [CHCl$_3$; c = 1]. Optische Untersuchung der Krystalle: *Ha. et al.*

d) **Methyl-[tri-*O*-benzoyl-6-desoxy-α-L-mannopyranosid], Methyl-[tri-*O*-benzoyl-α-L-rhamnopyranosid]** C$_{28}$H$_{26}$O$_8$, Formel VII.

B. Beim Behandeln von Methyl-α-L-rhamnopyranosid (aus L-Rhamnose-hydrat mit Hilfe von Chlorwasserstoff enthaltendem Methanol hergestellt) mit Benzoylchlorid und Pyridin (*Haskins et al.*, Am. Soc. **68** [1946] 628, 631). Beim Behandeln von Tri-*O*-benzoyl-α-L-rhamnopyranosylbromid mit Methanol (*Ness et al.*, Am. Soc. **73** [1951] 296, 299). Beim Behandeln von *O*³,*O*⁴-Dibenzoyl-*O*¹,*O*²-[(Ξ)-α-methoxy-benzyliden]-β-L-rhamnopyranose mit Chlorwasserstoff enthaltendem Methanol (*Ness et al.*).

Krystalle (aus Me.); F: 132—133° (*Ha. et al.*; *Ness et al.*). $[\alpha]_D^{20}$: +178° [CHCl$_3$; c = 1] (*Ness et al.*); $[\alpha]_D^{20}$: +175,8° [CHCl$_3$; c = 1] (*Ha. et al.*). Optische Untersuchung der Krystalle: *Ha. et al.*, l. c. S. 630.

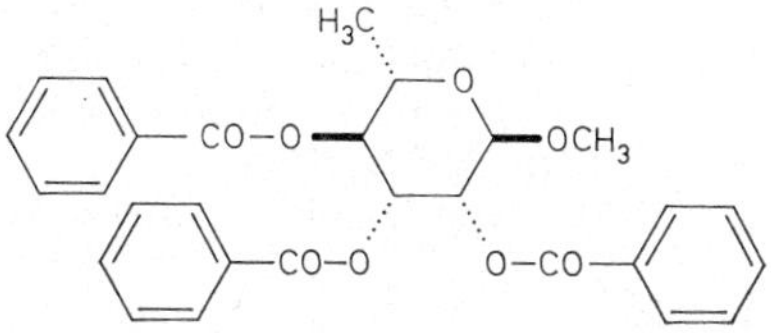

VII 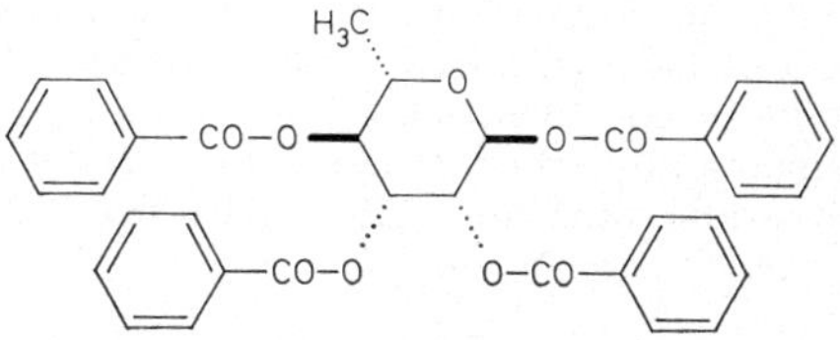   VIII

e) **Methyl-[tri-*O*-benzoyl-6-desoxy-α-DL-mannopyranosid], Methyl-[tri-*O*-benzoyl-α-DL-rhamnopyranosid]** C$_{28}$H$_{26}$O$_8$, Formel VI + VII.

Herstellung aus gleichen Mengen der unter c) und d) beschriebenen Enantiomeren in Methanol: *Haskins et al.*, Am. Soc. **68** [1946] 628, 631.

Krystalle; F: 108—109°. Optische Untersuchung der Krystalle: *Ha. et al.*, l. c. S. 630.

2,3,4,5-Tetrakis-benzoyloxy-6-methyl-tetrahydro-pyran $C_{34}H_{28}O_9$.

a) **Tetra-O-benzoyl-6-desoxy-α-L-mannopyranose, Tetra-O-benzoyl-α-L-rhamno=
pyranose** $C_{34}H_{28}O_9$, Formel VIII.

B. Beim Behandeln von α-L-Rhamnopyranose-monohydrat mit Benzoylchlorid und
Pyridin (*Ness et al.*, Am. Soc. **73** [1951] 296, 298).

Amorph; $[\alpha]_D^{20}$: $+78°$ [CHCl$_3$] [Rohprodukt] (*Ness et al.*, l. c. S. 298, 299).

Beim Behandeln mit Ammoniak enthaltendem Methanol sind 1,1-Bis-benzoylamino-
1,6-didesoxy-L-mannit und geringe Mengen N-Benzoyl-L-rhamnopyranosylamin (F:
$240-241°$; $[\alpha]_D^{17}$: $+10,6°$ [Py.]) erhalten worden (*Deferrari, Deulofeu*, J. org. Chem. **22**
[1957] 802, 803; An. Asoc. quim. arg. **46** [1958] 126, 130, 131).

b) **Tetra-O-benzoyl-6-desoxy-β-L-mannopyranose, Tetra-O-benzoyl-β-L-rhamno=
pyranose** $C_{34}H_{28}O_9$, Formel IX.

B. Beim Behandeln von β-L-Rhamnopyranose mit Benzoylchlorid und Pyridin (*Ness
et al.*, Am. Soc. **73** [1951] 296, 298).

Öl; $[\alpha]_D$: $+138°$ [CHCl$_3$] (Rohprodukt).

IX   X

**2-[6-Desoxy-ξ-L-mannopyranosyloxy]-benzoesäure-methylester, 2-ξ-L-Rhamno=
pyranosyloxy-benzoesäure-methylester** $C_{14}H_{18}O_7$, Formel X (R = H).

B. Beim Behandeln von 2-[Tri-O-triacetyl-ξ-L-rhamnopyranosyloxy]-benzoesäure-
methylester mit Ammoniak in Methanol (*Robertson, Waters*, Soc. **1931** 1881, 1887).

Krystalle (aus wasserhaltigem E.) mit 3 Mol H$_2$O, F: 233° [Zers.]; $[\alpha]_{546}^{21}$: $+22,6°$
[W.; c = 1]. Das Krystallwasser wird bei 130° abgegeben.

**2-[Tri-O-acetyl-6-desoxy-ξ-L-mannopyranosyloxy]-benzoesäure-methylester, 2-[Tri-
O-acetyl-ξ-L-rhamnopyranosyloxy]-benzoesäure-methylester** $C_{20}H_{24}O_{10}$, Formel X
(R = CO-CH$_3$).

B. Beim .Behandeln von Salicylsäure-methylester mit Tri-O-acetyl-α-L-rhamno=
pyranosylbromid, Silberoxid und Chinolin (*Robertson, Waters*, Soc. **1931** 1881, 1887).

Krystalle (aus Bzl. + Bzn.); F: 109°. $[\alpha]_{546}^{21}$: $-11,4°$ [Acn.; c = 2].

**3-[3,5-Dihydroxy-4-methoxy-6-methyl-tetrahydro-pyran-2-yloxy]-10,13-dimethyl-
hexadecahydro-cyclopenta[a]phenanthren-17-carbonsäure-methylester** $C_{28}H_{46}O_7$.

a) **3β-[O^3-Methyl-6-desoxy-α-L-glucopyranosyloxy]-5β-androstan-17β-carbonsäure-
methylester, 3β-[O^3-Methyl-6-desoxy-α-L-glucopyranosyloxy]-21-nor-5β-pregnan-
20-säure-methylester, 3β-α-L-Thevetopyranosyloxy-5β-androstan-17β-carbon=
säure-methylester** $C_{28}H_{46}O_7$ (R = H), Formel XI.

B. Beim Behandeln einer methanol. Lösung von 3β-[O^2,O^4-Diacetyl-O^3-methyl-6-des=
oxy-α-L-glucopyranosyloxy]-5β-androstan-17β-carbonsäure-methylester (S. 2553) mit wss.
Kalilauge und Behandeln einer Lösung des Reaktionsprodukts in Chloroform mit Di=
azomethan in Äther (*Helfenberger, Reichstein*, Helv. **31** [1948] 2097, 2103).

Krystalle (aus Ae. + PAe.); F: 184—186° [korr.; Kofler-App.]. $[\alpha]_D^{18}$: $-36,3°$ [Acn.;
c = 2].

b) **3β-[O^3-Methyl-6-desoxy-α-L-glucopyranosyloxy]-5α-androstan-17β-carbonsäure-
methylester, 3β-[O^3-Methyl-6-desoxy-α-L-glucopyranosyloxy]-21-nor-5α-pregnan-
20-säure-methylester, 3β-α-L-Thevetopyranosyloxy-5α-androstan-17β-carbon=
säure-methylester** $C_{28}H_{46}O_7$, Formel XII.

B. Beim Behandeln von 3β-[O^3-Methyl-6-desoxy-α-L-glucopyranosyloxy]-19,19-propan=
diyldimercapto-5α-androstan-17β-carbonsäure-methylester mit Raney-Nickel in Äthanol
(*Katz*, Helv. **41** [1958] 1399, 1403).

Krystalle; F: 170—175° [korr.; Kofler-App.; nach Sintern bei 140°]. $[\alpha]_D^{25}$: $-52,7°$ [CHCl$_3$; c = 0,5].

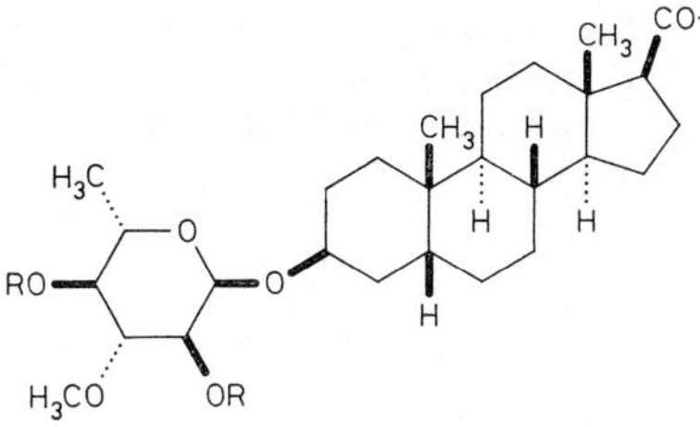

XI 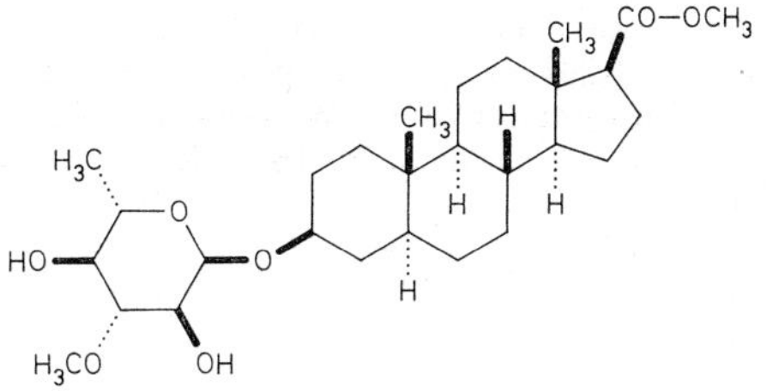   XII

3β-[O^2,O^4-Diacetyl-O^3-methyl-6-desoxy-α-L-glucopyranosyloxy]-5β-androstan-17β-carbonsäure-methylester, 3β-[O^2,O^4-Diacetyl-O^3-methyl-6-desoxy-α-L-gluco=pyranosyloxy]-21-nor-5β-pregnan-20-säure-methylester $C_{32}H_{50}O_9$, Formel XI (R = CO-CH$_3$).

B. Bei der Hydrierung von 3β-[O^2,O^4-Diacetyl-O^3-methyl-6-desoxy-α-L-glucopyranosyl=oxy]-5β-androst-14-en-17β-carbonsäure-methylester (s. u.) an Platin in Essigsäure (*Helfenberger, Reichstein,* Helv. **31** [1948] 2097, 2102).

Krystalle (aus PAe.); F: 206—209° [korr.; Kofler-App.]. $[\alpha]_D^{16}$: $-62,3°$ [CHCl$_3$; c = 1].

3β-[6-Desoxy-β-D-glucopyranosyloxy]-5α-cholan-24-säure, 3β-β-D-Chinovopyranosyloxy-5α-cholan-24-säure $C_{30}H_{50}O_7$, Formel XIII (R = H).

B. Beim Behandeln der im folgenden Artikel beschriebenen Verbindung mit Natrium=methylat in Methanol (*Hardegger, Robinet,* Helv. **33** [1950] 456, 461, 462).

Krystalle (aus Me.); F: 247° [korr.]. $[\alpha]_D$: $-19°$ [Py.; c = 1].

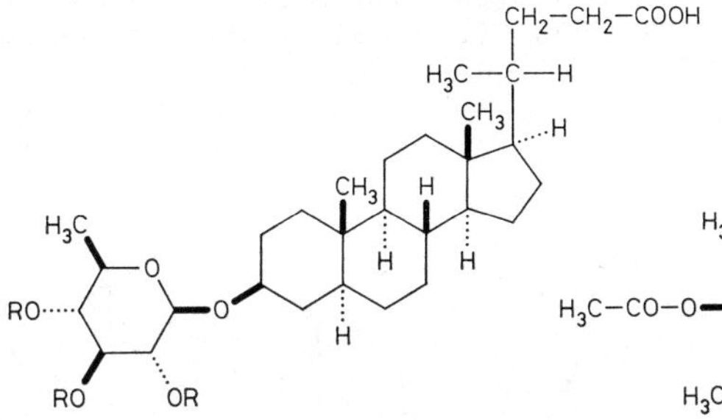

XIII 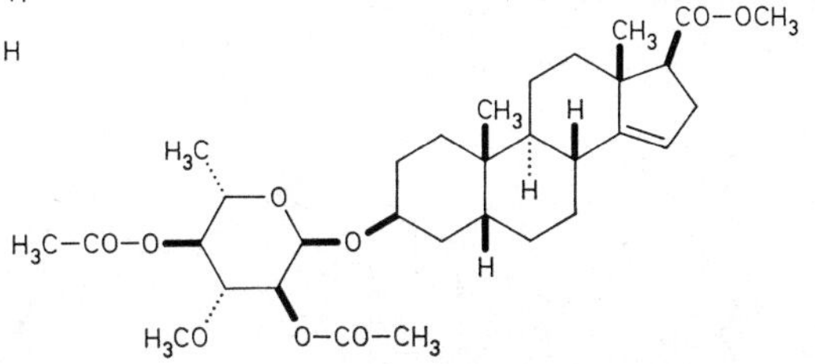   XIV

3β-[Tri-O-acetyl-6-desoxy-β-D-glucopyranosyloxy]-5α-cholan-24-säure, 3β-[Tri-O-acetyl-β-D-chinovopyranosyloxy]-5α-cholan-24-säure $C_{36}H_{56}O_{10}$, Formel XIII (R = CO-CH$_3$).

B. Bei der Hydrierung von 3β-[Tri-O-acetyl-6-desoxy-β-D-glucopyranosyloxy]-chol-5-en-24-säure-benzhydrylester an Palladium/Kohle in Äthanol und Äthylacetat (*Hardegger, Robinet,* Helv. **33** [1950] 456, 461).

Krystalle (aus A.); F: 242—243° [korr.]. $[\alpha]_D$: $+14°$ [CHCl$_3$; c = 1].

3β-[O^2,O^4-Diacetyl-O^3-methyl-6-desoxy-α-L-glucopyranosyloxy]-5β-androst-14-en-17β-carbonsäure-methylester, 3β-[O^2,O^4-Diacetyl-O^3-methyl-6-desoxy-α-L-gluco=pyranosyloxy]-21-nor-5β-pregn-14-en-20-säure-methylester $C_{32}H_{48}O_9$, Formel XIV.

B. Beim Behandeln von 3β-[O^2,O^4-Diacetyl-O^3-methyl-6-desoxy-α-L-glucopyranosyloxy]-14-hydroxy-5β,14β-androstan-17β-carbonsäure-methylester (S. 2555) mit Phosphoryl=chlorid und Pyridin unter Zusatz von geringen Mengen Wasser (*Helfenberger, Reichstein,* Helv. **31** [1948] 2097, 2102).

Krystalle (aus Me.); F: 135—139° [korr.; Kofler-App.]. $[\alpha]_D^{16}$: $-75,1°$ [CHCl$_3$; c = 1].

3β-[Tri-O-acetyl-6-desoxy-β-D-glucopyranosyloxy]-chol-5-en-24-säure-benzhydrylester,
3β-[Tri-O-acetyl-β-D-chinovopyranosyloxy]-chol-5-en-24-säure-benzhydrylester
$C_{49}H_{64}O_{10}$, Formel I.

B. Beim Erwärmen von 3β-Hydroxy-chol-5-en-24-säure-benzhydrylester mit Tri-O-acetyl-6-desoxy-α-D-glucopyranosylbromid und Silbercarbonat in Benzol unter Entfernen des entstehenden Wassers (*Hardegger, Robinet*, Helv. **33** [1950] 456, 461).

Krystalle (aus Me.); F: 162° [korr.]. $[\alpha]_D$: −5° [$CHCl_3$; c = 0,6].

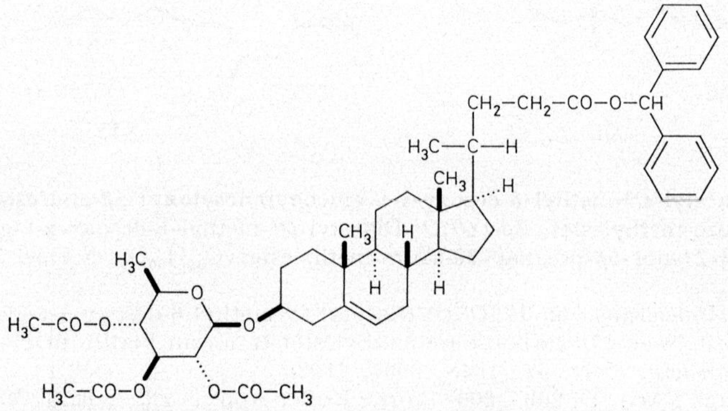

I

3β-[6-Desoxy-β-D-glucopyranosyloxy]-olean-12-en-28-säure, O-β-D-Chinovo=
pyranosyl-oleanolsäure $C_{36}H_{58}O_7$, Formel II.

B. Beim Behandeln einer methanol. Lösung von 3β-[Tri-O-acetyl-6-desoxy-β-D-gluco=pyranosyloxy]-olean-12-en-28-säure mit Bariumhydroxid in Wasser (*Hardegger, Robinet*, Helv. **33** [1950] 1871, 1876).

Krystalle (aus Me.); F: 196−200° [korr.; unter Abgabe von Krystall-Methanol] und (nach Wiedererstarren bei 222−224°) F: 258° [Zers.]. $[\alpha]_D$: +24° [Py.; c = 1] [lösungs-mittelfreies Präparat].

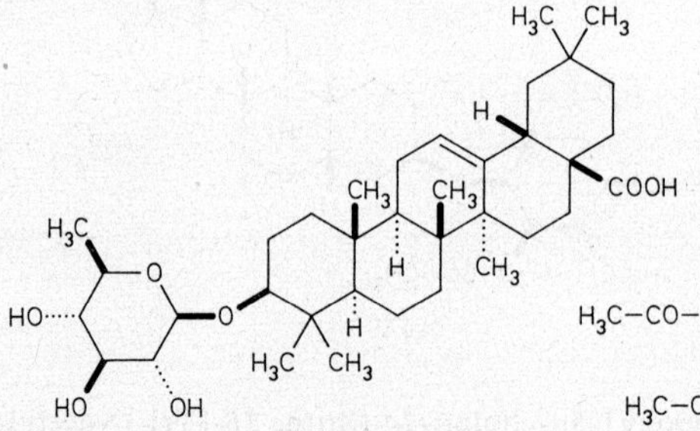

II 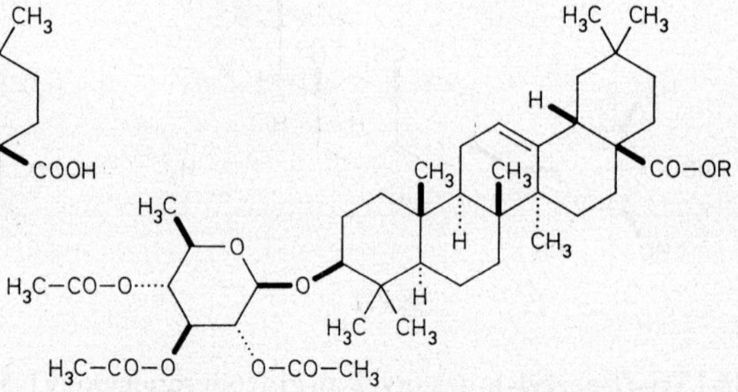   III

3β-[Tri-O-acetyl-6-desoxy-β-D-glucopyranosyloxy]-olean-12-en-28-säure, O-[Tri-
O-acetyl-β-D-chinovopyranosyl]-oleanolsäure $C_{42}H_{64}O_{10}$, Formel III (R = H).

B. Bei der Hydrierung von 3β-[Tri-O-acetyl-6-desoxy-β-D-glucopyranosyloxy]-olean-12-en-28-säure-benzhydrylester (s. u.) an Palladium/Kohle in Äthanol und Äthylacetat unter 120 at (*Hardegger, Robinet*, Helv. **33** [1950] 1871, 1875, 1876).

Krystalle (aus $CHCl_3$ + Me.); F: 186−188° [korr.; unter Abgabe von Krystall-Methanol] und (nach Wiedererstarren bei weiterem Erhitzen) F: 275°. Im Hochvakuum bei 260° sublimierbar. $[\alpha]_D$: +44° [$CHCl_3$; c = 1] (lösungsmittelfreies Präparat).

3β-[Tri-O-acetyl-6-desoxy-β-D-glucopyranosyloxy]-olean-12-en-28-säure-benzhydrylester
$C_{55}H_{74}O_{10}$, Formel III (R = $CH(C_6H_5)_2$).

B. Neben geringen Mengen einer als [Tri-O-acetyl-6-desoxy-α-D-glucopyranosyl]-[tri-

O-acetyl-6-desoxy-β-D-glucopyranosyl]-äther angesehenen Verbindung (F: 263—264°
[S. 2561]) beim Erwärmen von 3β-Hydroxy-olean-12-en-28-säure-benzhydrylester mit
Tri-*O*-acetyl-6-desoxy-α-D-glucopyranosylbromid und Silbercarbonat in Benzol (*Hardegger, Robinet*, Helv. **33** [1950] 1871, 1874).
    Krystalle (aus Me.); F: 212° [korr.]. [α]$_D$: +40° [CHCl$_3$; c = 1].

3β-[*O*^{2},*O*^{4}-Diacetyl-*O*^{3}-methyl-6-desoxy-α-L-glucopyranosyloxy]-14-hydroxy-5β,14β-androstan-17β-carbonsäure-methylester, 3β-[*O*^{2},*O*^{4}-Diacetyl-*O*^{3}-methyl-6-desoxy-α-L-glucopyranosyloxy]-14-hydroxy-21-nor-5β,14β-pregnan-20-säure-methylester C$_{32}$H$_{50}$O$_{10}$, Formel IV.

    B. Beim Behandeln von Diacetyl-neriifolin (3β-[*O*^{2},*O*^{4}-Diacetyl-*O*^{3}-methyl-6-desoxy-α-L-glucopyranosyloxy]-14-hydroxy-5β,14β-card-20(22)-enolid; bezüglich der Konfiguration dieser Verbindung s. *Katz*, Helv. **36** [1953] 1417, 1418) in Äthylacetat mit Ozon bei
—80°, Behandeln des erhaltenen Ozonids mit Zink-Pulver und Essigsäure und anschliessend mit Kaliumhydrogencarbonat in wss. Methanol, Behandeln des Reaktionsprodukts
mit Perjodsäure in wss. Dioxan, Behandeln der neben einer Verbindung C$_{32}$H$_{46}$O$_{10}$ (F:
128—130°; [α]$_D^{22}$: —77,5° [CHCl$_3$]) und geringen Mengen einer Säure vom F: 241—244°
erhaltenen sauren Oxydationsprodukte mit Diazomethan in Äther und Behandeln des
danach isolierten Reaktionsprodukts mit Acetanhydrid und Pyridin (*Helfenberger,
Reichstein*, Helv. **31** [1948] 2097, 2100—2102).
    Krystalle (aus Ae.); F: 188—190° [korr.; Kofler-App.]. [α]$_D^{22}$: —74,8° [CHCl$_3$; c = 1,5].

IV   V

19-Hydroxy-3β-[*O*^{3}-methyl-6-desoxy-α-L-glucopyranosyloxy]-5α-androstan-17β-carbonsäure-methylester, 19-Hydroxy-3β-[*O*^{3}-methyl-6-desoxy-α-L-glucopyranosyloxy]-21-nor-5α-pregnan-20-säure-methylester, 19-Hydroxy-3β-α-L-thevetopyranosyloxy-5α-androstan-17β-carbonsäure-methylester C$_{28}$H$_{46}$O$_8$, Formel V (R = H).

    B. Beim Behandeln einer methanol. Lösung von 19-Acetoxy-3β-[*O*^{2},*O*^{4}-diacetyl-*O*^{3}-methyl-6-desoxy-α-L-glucopyranosyloxy]-5α-androstan-17β-carbonsäure-methylester
mit wss. Kalilauge und Behandeln einer methanol. Lösung des Reaktionsprodukts mit
Diazomethan in Äther (*Katz*, Helv. **36** [1953] 1417, 1422).
    Krystalle (aus Me. + Ae.); F: 226—229° [korr.; Kofler-App.]. [α]$_D^{24}$: —44,6° [CHCl$_3$;
c = 0,6].

19-Acetoxy-3β-[*O*^{2},*O*^{4}-diacetyl-*O*^{3}-methyl-6-desoxy-α-L-glucopyranosyloxy]-5α-androstan-17β-carbonsäure-methylester, 19-Acetoxy-3β-[*O*^{2},*O*^{4}-diacetyl-*O*^{3}-methyl-6-desoxy-α-L-glucopyranosyloxy]-21-nor-5α-pregnan-20-säure-methylester C$_{34}$H$_{52}$O$_{11}$, Formel V (R = CO-CH$_3$).

    B. Bei der Hydrierung von 19-Acetoxy-3β-[*O*^{2},*O*^{4}-diacetyl-*O*^{3}-methyl-6-desoxy-α-L-glucopyranosyloxy]-5α-androst-14-en-17β-carbonsäure-methylester (S. 2556) an Platin in Essigsäure (*Katz*, Helv. **36** [1953] 1417, 1421).
    Krystalle (aus Ae. + PAe.); F: 128—130° [Kofler-App.; nach Schmelzen bei 80—95°
und Wiedererstarren bei weiterem Erhitzen]. [α]$_D^{22}$: —66,3° [CHCl$_3$; c = 0,5].

3β-[6-Desoxy-α-L-mannopyranosyloxy]-14-hydroxy-5α,14β-cholan-24-säure, 14-Hydroxy-3β-α-L-rhamnopyranosyloxy-5α,14β-cholan-24-säure, Hexahydro-desoxy-proscillaridin-A-säure C$_{30}$H$_{50}$O$_8$, Formel VI.

    B. Neben geringeren Mengen Hexahydro-proscillaridin-A (14-Hydroxy-3β-α-L-rhamnopyranosyloxy-5α,14β-bufanolid) bei der Hydrierung von Proscillaridin-A (14-Hydroxy-

3β-α-L-rhamnopyranosyloxy-14β-bufa-4,20,22-trienolid; über diese Verbindung s. *Zoller, Tamm*, Helv. **36** [1953] 1744, 1747; *Kubinyi*, Ar. **304** [1971] 701, 703) an Platin in Äthanol (*Stoll, Hofmann*, Helv. **18** [1935] 401, 417; s. dazu *Stoll et al.*, Helv. **18** [1935] 1247, 1250). Krystalle (aus wss. A.), die bei 165—175° schmelzen (*St., Ho.*).

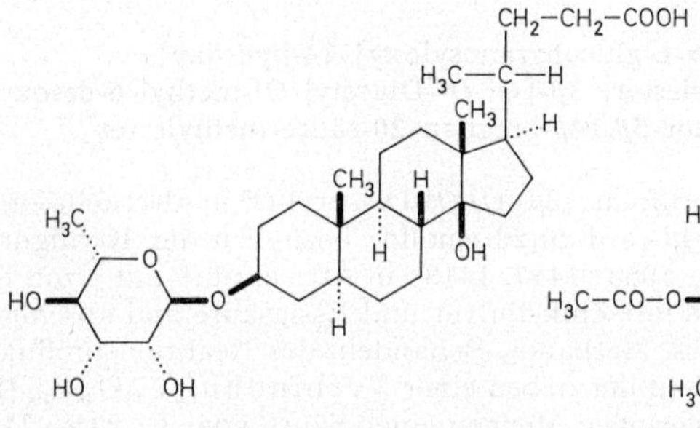

VI 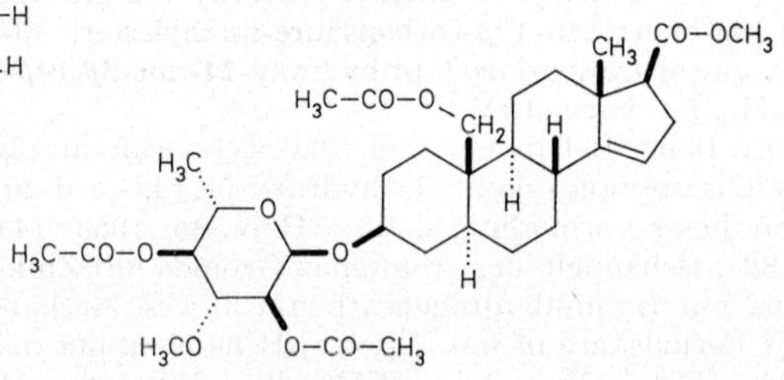   VII

19-Acetoxy-3β-[O^2,O^4-diacetyl-O^3-methyl-6-desoxy-α-L-glucopyranosyloxy]-5α-androst-14-en-17β-carbonsäure-methylester, 19-Acetoxy-3β-[O^2,O^4-diacetyl-O^3-methyl-6-desoxy-α-L-glucopyranosyloxy]-21-nor-5α-pregn-14-en-20-säure-methylester $C_{34}H_{50}O_{11}$, Formel VII.

B. Beim Behandeln von 19-Acetoxy-3β-[O^2,O^4-diacetyl-O^3-methyl-6-desoxy-α-L-gluco⹀pyranosyloxy]-14-hydroxy-5α,14β-androstan-17β-carbonsäure-methylester mit Phosphor⹀ylchlorid und Pyridin, zuletzt bei 70° (*Katz*, Helv. **36** [1953] 1417, 1421).
Krystalle (aus Ae. + PAe.); F: 155—157° [korr.; Kofler-App.]. $[\alpha]_D^{20}$: −74,9° [CHCl$_3$; c = 0,5].

19-Acetoxy-3β-[O^2,O^4-diacetyl-O^3-methyl-6-desoxy-α-L-glucopyranosyloxy]-14-hydroxy-5α,14β-androstan-17β-carbonsäure, 19-Acetoxy-3β-[O^2,O^4-diacetyl-O^3-methyl-6-desoxy-α-L-glucopyranosyloxy]-14-hydroxy-21-nor-5α,14β-pregnan-20-säure $C_{33}H_{50}O_{12}$, Formel VIII (R = H).

B. Beim Behandeln von Tri-O-acetyl-bovosidol-A (19-Acetoxy-3β-[O^2,O^4-diacetyl-O^3-methyl-6-desoxy-α-L-glucopyranosyloxy]-14-hydroxy-5α,14β-bufa-20,22-dienolid) mit Kaliumpermanganat in Aceton (*Katz*, Helv. **36** [1953] 1417, 1420, 1421).
Krystalle (aus Ae.), die bei 245—257° [korr.; Kofler-App.] schmelzen.

19-Acetoxy-3β-[O^2,O^4-diacetyl-O^3-methyl-6-desoxy-α-L-glucopyranosyloxy]-14-hydroxy-5α,14β-androstan-17β-carbonsäure-methylester, 19-Acetoxy-3β-[O^2,O^4-diacetyl-O^3-methyl-6-desoxy-α-L-glucopyranosyloxy]-14-hydroxy-21-nor-5α,14β-pregnan-20-säure-methylester $C_{34}H_{52}O_{12}$, Formel VIII (R = CH$_3$).

B. Beim Behandeln der im vorangehenden Artikel beschriebenen Säure mit Diazo⹀methan in Äther und Methanol (*Katz*, Helv. **36** [1953] 1417, 1421).
Krystalle (aus Acn. + Ae.); F: 240—242° [korr.; Kofler-App.]. $[\alpha]_D^{20}$: −75,2° [CHCl$_3$; c = 1].

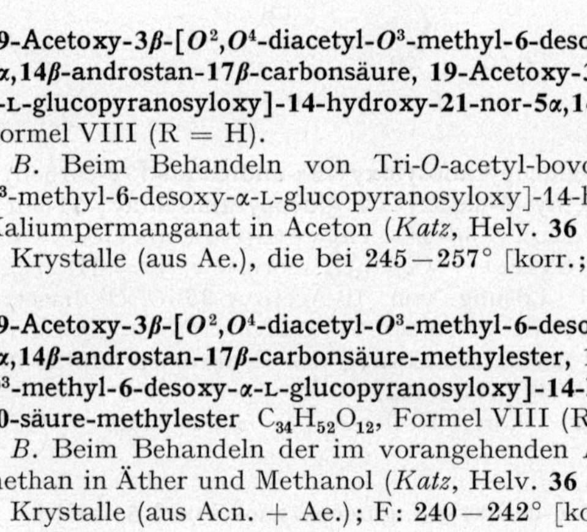

VIII 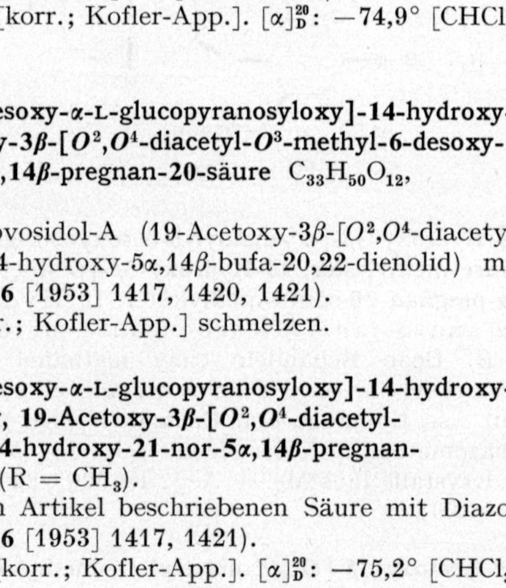   IX

3β-[6-Desoxy-β-D-glucopyranosyloxy]-urs-12-en-27,28-disäure, O-$β$-D-Chinovo‐
pyranosyl-chinovasäure $C_{36}H_{56}O_9$, Formel IX.

Die nachstehend beschriebene, von *Liebermann, Giesel* (B. **16** [1883] 926, 929, 930) als
α-Chinovin bezeichnete Verbindung hat als Hauptbestandteil in dem von *Hlasiwetz* (A.
111 [1859] 182, 183) beschriebenen Chinovin vorgelegen (*Tschesche et al.*, A. **667** [1963]
151, 152).

Isolierung aus China-Rinde: *Li., Gi.; Tsch. et al.*, l. c. S. 156, 157.

F: 237—238° [aus Me. + W.] (*Tsch. et al.*). $[α]_D^{16}$: +59,2° [A.] (*Oudemans*, R. **2** [1883]
160, 162); $[α]_D^{21}$: +57° [A.; c = 1] (*Tsch. et al.*); $[α]_D$: +56,6° [A.] (*Li., Gi.*).

3β-[6-Desoxy-β-D-glucopyranosyloxy]-olean-12-en-27,28-disäure, O-$β$-D-Chinovo‐
pyranosyl-cincholsäure $C_{36}H_{56}O_9$, Formel X.

Die nachstehend beschriebene Verbindung ist ein Bestandteil des von *Hlasiwetz* (A.
111 [1859] 182, 183) beschriebenen Chinovins gewesen (*Tschesche et al.*, A. **667** [1963]
151, 152).

Isolierung aus China-Rinde: *Tsch. et al.*, l. c. S. 156, 158.

Krystalle (aus Me. +W.), F: 193—195°; $[α]_D^{19}$: +78° [A.; c = 1] (*Tsch. et al.*).

X   XI

**3β-[O^3-Methyl-6-desoxy-α-L-talopyranosyloxy]-1-oxo-5β-androstan-17β-carbonsäure-
methylester, 3β-[O^3-Methyl-6-desoxy-α-L-talopyranosyloxy]-1-oxo-21-nor-5β-pregnan-
20-säure-methylester,** 3β-α-L-Acovenopyranosyloxy-1-oxo-5β-androstan-
17β-carbonsäure-methylester $C_{28}H_{44}O_8$, Formel XI (R = H).

B. Beim Behandeln der im folgenden Artikel beschriebenen Verbindung mit wss.-
methanol. Kalilauge und Behandeln einer Lösung des Reaktionsprodukts in Chloroform
mit Diazomethan in Äther (*Tamm, Reichstein*, Helv. **34** [1951] 1224, 1235).

Krystalle (aus Ae. + PAe.) mit 1 Mol H_2O; F: 155—156° [korr.; Kofler-App.]. $[α]_D^{24}$:
−56,6° [$CHCl_3$; c = 2].

**3β-[O^2,O^4-Diacetyl-O^3-methyl-6-desoxy-α-L-talopyranosyloxy]-1-oxo-5β-androstan-
17β-carbonsäure-methylester, 3β-[O^2,O^4-Diacetyl-O^3-methyl-6-desoxy-α-L-talopyranosyl‐
oxy]-1-oxo-21-nor-5β-pregnan-20-säure-methylester** $C_{32}H_{48}O_{10}$, Formel XI
(R = CO-CH_3).

Bezüglich der Zuordnung der Konfiguration am C-Atom 14 vgl. den analog hergestellten
1β,3β-Diacetoxy-5β-androstan-17β-carbonsäure-methylester (*Schlegel et al.*, Helv. **38**
[1955] 1013, 1021).

B. Bei der Hydrierung von 3β-[O^2,O^4-Diacetyl-O^3-methyl-6-desoxy-α-L-talopyranosyl‐
oxy]-1-oxo-5β-androst-14-en-17β-carbonsäure-methylester an Platin in Essigsäure (*Tamm,
Reichstein*, Helv. **34** [1951] 1224, 1234).

Krystalle (aus Ae. + PAe.); F: 120—125° [korr.; Kofler-App.]; $[α]_D^{18}$: −48,0° [$CHCl_3$;
c = 1] (*Tamm, Re.*). UV-Spektrum (A.; 210—360 nm): *Tamm, Re.*, l. c. S. 1225.

**3β-[O^3-Methyl-6-desoxy-α-L-glucopyranosyloxy]-19-oxo-5α-androstan-17β-carbonsäure-
methylester, 3β-[O^3-Methyl-6-desoxy-α-L-glucopyranosyloxy]-19-oxo-21-nor-5α-pregnan-
20-säure-methylester,** 19-Oxo-3β-α-L-thevetopyranosyloxy-5α-androstan-
17β-carbonsäure-methylester $C_{28}H_{44}O_8$, Formel XII.

B. Beim Behandeln einer Lösung von 19-Hydroxy-3β-[O^3-methyl-6-desoxy-α-L-glucopyranosyloxy]-5α-androstan-17β-carbonsäure-methylester (S. 2555) in Chloroform und *tert*-Butylalkohol mit *tert*-Butylchromat in Tetrachlormethan (*Katz*, Helv. **41** [1958] 1399, 1402, 1403).

Krystalle (aus Ae.); F: 158—163° [korr.; Kofler-App.]. $[\alpha]_D^{23}$: —42,3° [CHCl$_3$; c = 1].

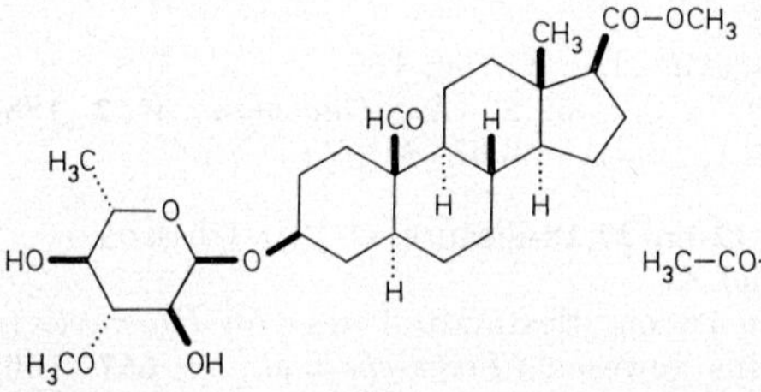

XII 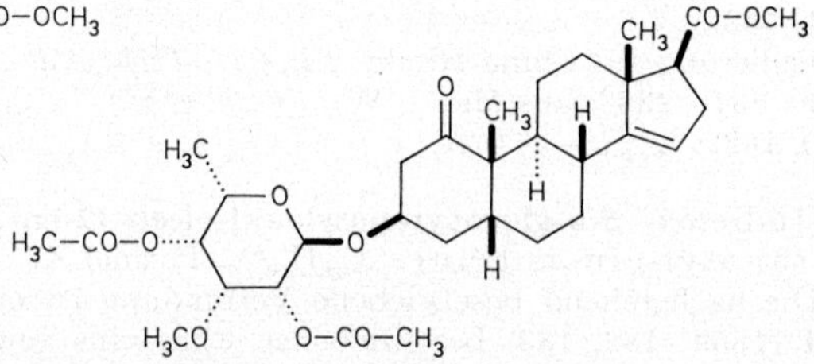   XIII

3β-[O^2,O^4-Diacetyl-O^3-methyl-6-desoxy-α-L-talopyranosyloxy]-1-oxo-5β-androst-14-en-17β-carbonsäure-methylester, 3β-[O^2,O^4-Diacetyl-O^3-methyl-6-desoxy-α-L-talopyranosyloxy]-1-oxo-21-nor-5β-pregn-14-en-20-säure-methylester $C_{32}H_{46}O_{10}$, Formel XIII.

B. Beim Behandeln von 3β-[O^2,O^4-Diacetyl-O^3-methyl-6-desoxy-α-L-talopyranosyloxy]-14-hydroxy-1-oxo-5β,14β-androstan-17β-carbonsäure-methylester (S. 2559) mit Phosphor=ylchlorid und Pyridin unter Zusatz von geringen Mengen Wasser (*Tamm*, *Reichstein*, Helv. **34** [1951] 1224, 1234).

Krystalle (aus Ae. + PAe.); F: 156—158° [korr.; Kofler-App.]. $[\alpha]_D^{19}$: —63,7° [CHCl$_3$; c = 1,5].

3β-[O^3-Methyl-6-desoxy-α-L-glucopyranosyloxy]-21-oxo-24-nor-5β,20ξH-chol-8(14)-en-23-säure, 21-Oxo-3β-α-L-thevetopyranosyloxy-24-nor-5β,20ξH-chol-8(14)-en-23-säure $C_{30}H_{46}O_8$, Formel I, und **(21Ξ)-21-Hydroxy-3β-[O^3-methyl-6-desoxy-α-L-glucopyranosyloxy]-5β,20ξH-card-8(14)-enolid**, (21Ξ)-21-Hydroxy-3β-α-L-thevetopyranosyloxy-24-nor-5β,20ξH-card-8(14)-enolid $C_{30}H_{46}O_8$, Formel II.

B. In geringer Menge neben Isodigitoxigeninsäure (?) (F: 240—242° [Zers.]; vgl. E III **10** 4581) beim Erwärmen von Isocerberin (14,21ξ-Epoxy-3β-[O^3-methyl-6-desoxy-α-L-glucopyranosyloxy]-5β,14β,20ξH-cardanolid) mit wss.-äthanol. Salzsäure (*Matsubara*, J. chem. Soc. Japan **60** [1939] 1230, 1235; C. A. **1942** 6504).

Krystalle (aus Ae.); F: 187—188°.

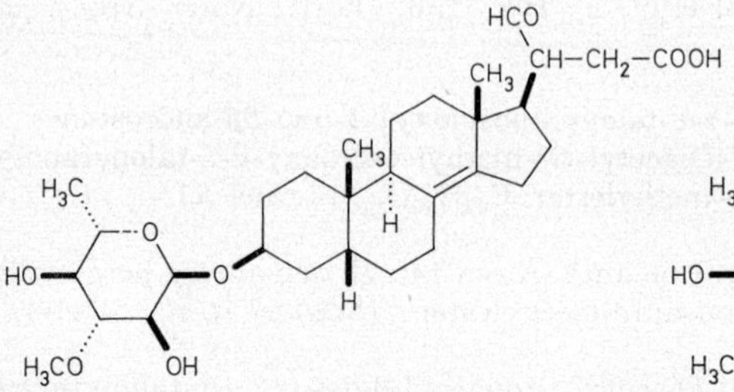

I 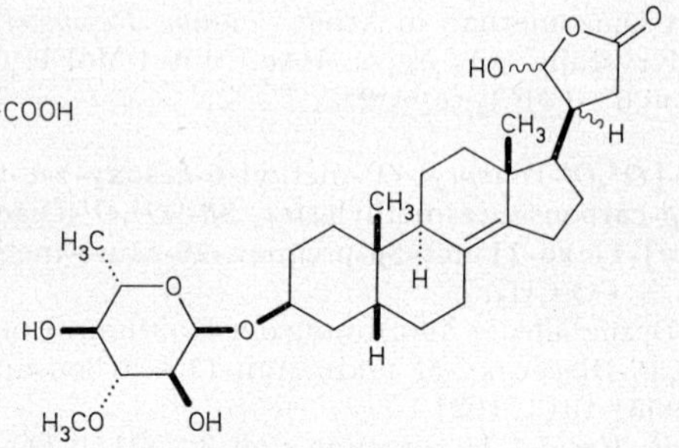   II

3β-[O^2,O^4-Diacetyl-O^3-methyl-6-desoxy-α-L-talopyranosyloxy]-14-hydroxy-1-oxo-5β,14β-androstan-17β-carbonsäure, 3β-[O^2,O^4-Diacetyl-O^3-methyl-6-desoxy-α-L-talopyranosyloxy]-14-hydroxy-1-oxo-21-nor-5β,14β-pregnan-20-säure $C_{31}H_{46}O_{11}$, Formel III (R = H).

Konstitution und Konfiguration ergeben sich aus der genetischen Beziehung zu Acovenosid-A (3β-[O^3-Methyl-6-desoxy-α-L-talopyranosyloxy]-1β,14-dihydroxy-5β,14β-card-20(22)-enolid; über diese Verbindung s. *Schlegel et al.*, Helv. **38** [1955] 1013, 1014; *Hauschild-Rogat et al.*, Helv. **45** [1962] 2612, 2613).

B. Neben anderen Verbindungen beim Behandeln von 3β-[O^2,O^4-Diacetyl-O^3-methyl-6-desoxy-α-L-talopyranosyloxy]-21-glyoxyloyloxy (oder 21-glykoloyloxy)-14-hydroxy-5β,14β-pregnan-1,20-dion (S. 2540) mit Kaliumhydrogencarbonat in wss. Methanol und Behandeln einer Lösung des Reaktionsprodukts in Dioxan mit wss. Perjodsäure (*Tamm, Reichstein*, Helv. **34** [1951] 1224, 1232).

Krystalle (aus Me. + Ae.), F: 253—256° [korr.; Kofler-App.; nach Sintern bei 245°]; $[\alpha]_D^{18}$: —66,4° [CHCl$_3$; c = 1] (*Tamm, Re.*).

3β-[O^2,O^4-Diacetyl-O^3-methyl-6-desoxy-α-L-talopyranosyloxy]-14-hydroxy-1-oxo-5β,14β-androstan-17β-carbonsäure-methylester, 3β-[O^2,O^4-Diacetyl-O^3-methyl-6-desoxy-α-L-talopyranosyloxy]-14-hydroxy-1-oxo-21-nor-5β,14β-pregnan-20-säure-methylester $C_{32}H_{48}O_{11}$, Formel III (R = CH$_3$).

B. Beim Behandeln einer Lösung der im vorangehenden Artikel beschriebenen Säure in Chloroform mit Diazomethan in Äther und Behandeln des Reaktionsprodukts mit Acetanhydrid und Pyridin (*Tamm, Reichstein*, Helv. **34** [1951] 1224, 1233).

Krystalle (aus Ae. + PAe.); F: 130—131° [korr.; Kofler-App.]; die lösungsmittelfreie Verbindung schmilzt bei 190—191° [korr.; Kofler-App.]. Bei 190—210°/0,01 Torr destillierbar. $[\alpha]_D^{20}$: —60,0° [CHCl$_3$; c = 0,5] [lösungsmittelfreies Präparat]. UV-Spektrum (A.; 210—360 nm): *Tamm, Re.*, l. c. S. 1225.

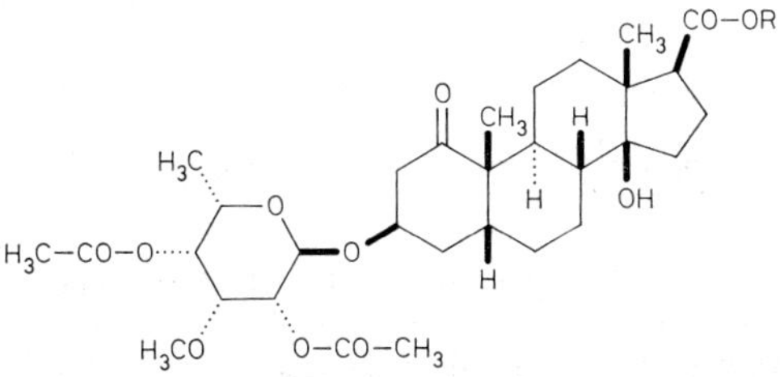

III 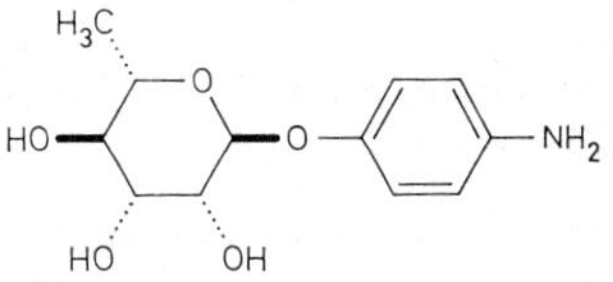   IV

2-[4-Amino-phenoxy]-6-methyl-tetrahydro-pyran-3,4,5-triol $C_{12}H_{17}NO_5$.

a) **[4-Amino-phenyl]-[6-desoxy-α-L-mannopyranosid], [4-Amino-phenyl]-α-L-rhamnopyranosid** $C_{12}H_{17}NO_5$, Formel IV.

B. Bei der Hydrierung von [4-Nitro-phenyl]-α-L-rhamnopyranosid an Palladium/Bariumsulfat in Methanol (*Westphal, Feier*, B. **89** [1956] 582, 587).

Krystalle (aus A. + PAe.); F: 166—167°.

b) **[4-Amino-phenyl]-[6-desoxy-α-L-galactopyranosid], [4-Amino-phenyl]-α-L-fucopyranosid** $C_{12}H_{17}NO_5$, Formel V.

B. Bei der Hydrierung von [4-Nitro-phenyl]-α-L-fucopyranosid an Palladium/Bariumsulfat in Methanol (*Westphal, Feier*, B. **89** [1956] 582, 586).

Krystalle (aus A. + PAe.); F: 175°. $[\alpha]_D^{20}$: —204° [Me.].

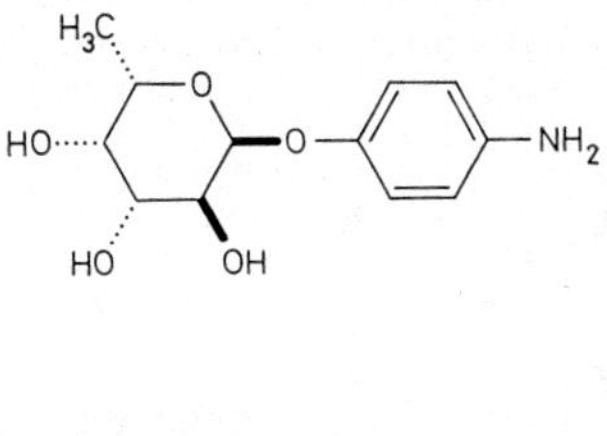

V 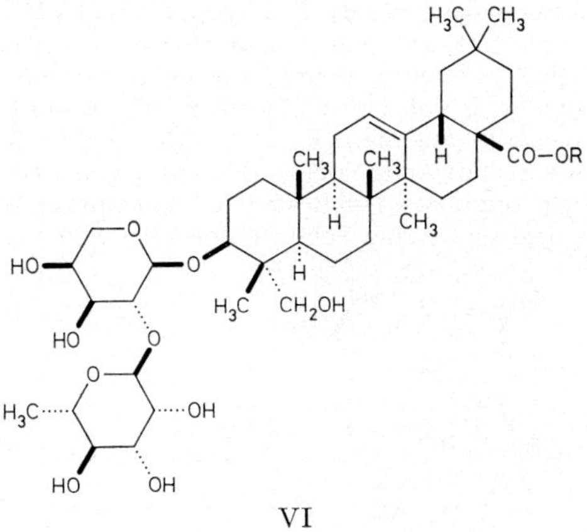   VI

3β-[O^2-(6-Desoxy-α-L-mannopyranosyl)-α-L-arabinopyranosyloxy]-23-hydroxy-olean-12-en-28-säure, 23-Hydroxy-3β-[O^2-α-L-rhamnopyranosyl-α-L-arabinopyranosyloxy]-olean-12-en-28-säure, α-Hederin $C_{41}H_{66}O_{12}$, Formel VI (R = H).

α-Hederin hat als Hauptbestandteil in dem von *Houdas* (C. r. **128** [1899] 1463) aus Blättern von Hedera helix isolierten H e d e r i n vorgelegen (*van der Haar*, Ar. **251** [1913] 632, 651). Identität des von *Chorlin, Wen'jaminowa* (Izv. Akad. S.S.S.R. Otd. chim. **1964** 1447, 1450; engl. Ausg. S. 1354, 1357) und von *Chorlin et al.* (Doklady Akad. S.S.S.R. **155** [1964] 619, 621; Doklady Chem. N.Y. **154–156** [1964] 295, 297) beschriebenen Kalopanax-Saponins-A mit α-Hederin: *Tschesche et al.*, Z. Naturf. **20b** [1965] 708.

Die Konfiguration am C-Atom 4 der Triterpen-Komponente ergibt sich aus der genetischen Beziehung zu Hederagenin (3β,23-Dihydroxy-olean-12-en-28-säure [E III **10** 1923]). Über die Konstitution der Kohlenhydrat-Komponente s. *Tsch. et al.*; *Schlösser, Wulf*, Z. Naturf. **24b** [1969] 1284, 1288.

Isolierung aus Blättern von Hedera helix: *v. d. Haar*, Ar. **251** 652; *Tsch. et al.*; aus Wurzeln von Kalopanax septemlobum: *Ch., We.*; aus Medicago hispida: *Walter*, J. Am. pharm. Assoc. **46** [1957] 466.

Krystalle (aus Acn. + W.) mit 2 Mol H_2O, F: 256–257° (*v. d. Haar*, Ar. **251** 656, 658); F: 256–259° (*Tsch. et al.*), 256° [Kofler-App.; nach Sintern bei 225°] (*Wa.*), Krystalle (aus A.) mit 1 Mol H_2O, F: 226–229° [Zers.] (*Ch., We.*). $[\alpha]_D^{10}$: +17,5° [Py.]; $[\alpha]_D^{10}$: +9,7° [A.] (*van der Haar*, B. **54** [1921] 3142); $[\alpha]_D^{20}$: +14,5° [Me.; c = 1] (*Tsch. et al.*); $[\alpha]_D^{20}$: +13,5° [A.; c = 2] (*Ch., We.*); $[\alpha]_D^{10}$: +10° [A.; c = 1] (*Wa.*).

Beim Erhitzen unter 12 Torr auf 260° ist Hederagenin (E III **10** 1923) erhalten worden (*Fischer*, Ar. **275** [1937] 516, 523).

N a t r i u m - S a l z $NaC_{41}H_{65}O_{12}$. Krystalle (aus A. + W.) mit 5 Mol H_2O (*v. d. Haar*, B. **54** 3147).

3β-[O^2-(6-Desoxy-α-L-mannopyranosyl)-α-L-arabinopyranosyloxy]-23-hydroxy-olean-12-en-28-säure-methylester, 23-Hydroxy-3β-[O^2-α-L-rhamnopyranosyl-α-L-arabinopyranosyloxy]-olean-12-en-28-säure-methylester, α-Hederin-methylester $C_{42}H_{68}O_{12}$, Formel VI (R = CH₃).

B. Aus α-Hederin (s. o.) und Diazomethan (*van der Haar*, B. **54** [1921] 3142, 3147).

Krystalle (aus wss. A.); F: 198–200°.

Methyl-[O^4-(6-desoxy-β-D-glucopyranosyl)-6-desoxy-β-D-glucopyranosid], Methyl-[O^4-β-D-chinovopyranosyl-β-D-chinovopyranosid] $C_{13}H_{24}O_9$, Formel VII (R = H) (in der Literatur auch als Methyl-β-cellobiomethylosid bezeichnet).

B. Beim Behandeln der im folgenden Artikel beschriebenen Verbindung mit Bariummethylat in Methanol (*Compton*, Am. Soc. **60** [1938] 1203).

Krystalle (aus A.); F: 198–199°. $[\alpha]_D^{23}$: −29,8° [W.; c = 4].

Methyl-[O^2,O^3-diacetyl-O^4-(tri-O-acetyl-6-desoxy-β-D-glucopyranosyl)-6-desoxy-β-D-glucopyranosid], Methyl-[O^2,O^3-dimethyl-O^4-(tri-O-acetyl-β-D-chinovopyranosyl)-β-D-chinovopyranosid] $C_{23}H_{34}O_{14}$, Formel VII (R = CO-CH₃).

B. Beim Erwärmen von Methyl-[O^2,O^3-diacetyl-6-jod-O^4-(tri-O-acetyl-6-jod-6-desoxy-β-D-glucopyranosyl)-6-desoxy-β-D-glucopyranosid] mit Zink-Pulver und wss. Essigsäure unter Zusatz von Hexachloroplatin(IV)-säure (*Compton*, Am. Soc. **60** [1938] 1203).

Krystalle (aus Me.); F: 214–215°. $[\alpha]_D^{23}$: −35,2° [CHCl₃; c = 4].

Geschwindigkeit der Bildung von O^1,O^2,O^3-Triacetyl-O^4-[tri-O-acetyl-6-desoxy-β-D-glucopyranosyl]-6-desoxy-α-D-glucopyranose beim Behandeln mit Essigsäure, Acetanhydrid und wenig Schwefelsäure bei 23°: *Co.*

VII   VIII

O^1,O^2,O^3-Triacetyl-O^4-[tri-O-acetyl-6-desoxy-β-D-glucopyranosyl]-6-desoxy-α-D-gluco⸗
pyranose, O^1,O^2,O^3-Triacetyl-O^4-[tri-O-acetyl-β-D-chinovopyranosyl]-α-D-chinovo⸗
pyranose $C_{24}H_{34}O_{15}$, Formel VIII (in der Literatur auch als Hexa-O-acetyl-α-cello⸗
biomethylose bezeichnet).

B. Beim Behandeln der im vorangehenden Artikel beschriebenen Verbindung mit
Essigsäure, Acetanhydrid und wenig Schwefelsäure (*Compton*, Am. Soc. **60** [1938] 1203).
Krystalle (aus Me.); F: 236—237°. $[\alpha]_D^{23}$: +41,1° [CHCl$_3$; c = 3].

[Tri-O-acetyl-6-desoxy-α-D-glucopyranosyl]-[tri-O-acetyl-6-desoxy-β-D-glucopyranosyl]-
äther, [Tri-O-acetyl-α-D-chinovopyranosyl]-[tri-O-acetyl-β-D-chinovopyranosyl]-äther
Hexa-O-acetyl-6,6'-didesoxy-α,β-trehalose $C_{24}H_{34}O_{15}$, Formel IX.

Diese Konstitution und Konfiguration wird für die nachstehend beschriebene Verbindung in Betracht gezogen (*Hardegger, Robinet*, Helv. **33** [1950] 1871, 1874).

B. In geringer Menge neben 3β-[Tri-O-acetyl-6-desoxy-β-D-glucopyranosyloxy]-olean-
12-en-28-säure-benzhydrylester beim Erwärmen von 3β-Hydroxy-olean-12-en-28-säure-
benzhydrylester mit Tri-O-acetyl-6-desoxy-α-D-glucopyranosylbromid und Silbercarbonat
in Benzol (*Ha., Ro.*, l. c. S. 1875).

Krystalle (aus Ae.); F: 263—264° [korr.]; bei 240° unter vermindertem Druck sublimierbar; $[\alpha]_D$: +68° [CHCl$_3$; c = 0,2] (*Ha., Ro.*, l. c. S. 1875).

IX   X

(R)-3-{(R)-3-[O^2-(6-Desoxy-α-L-mannopyranosyl)-6-desoxy-α-L-mannopyranosyloxy]-
decanoyloxy}-decansäure, (R)-3-[(R)-3-(O^2-α-L-Rhamnopyranosyl-α-L-rhamnopyranos⸗
yloxy)-decanoyloxy]-decansäure $C_{32}H_{58}O_{13}$, Formel X.

Konstitution und Konfiguration: *Edwards, Hayashi*, Arch. Biochem. **111** [1965] 415,
421.

Biosynthese aus Glycerin mit Hilfe von Pseudomonas-aeruginosa-Kulturen: *Jarvis,
Johnson*, Am. Soc. **71** [1949] 4124; *Hauser, Karnovsky*, J. Bacteriol. **68** [1954] 645,
J. biol. Chem. **224** [1957] 91, 92; *Ed., Ha.*; aus D-Fructose mit Hilfe der gleichen Kulturen:
Ha., Ka., J. Bacteriol. **68** 651.

Krystalle (aus Dioxan + W. oder aus Acn. + W.) mit 1 Mol H$_2$O (*Ja., Jo.*). F: 86°
(*Ja., Jo.*), 83—85° (*Ed., Ha.*). $[\alpha]_D$: −84° [CHCl$_3$; c = 3] (*Ja., Jo.*).

(Ξ)-11-[O^4-(6-Desoxy-β-L-mannopyranosyl)-6-desoxy-β-L-mannopyranosyloxy]-
hexadecansäure, (Ξ)-11-[O^4-β-L-Rhamnopyranosyl-β-L-rhamnopyranosyloxy]-hexa⸗
decansäure $C_{28}H_{52}O_{11}$, Formel XI.

Diese Konstitution (und Konfiguration) kommt wahrscheinlich dem nachstehend beschriebenen **Muricatin-B** zu (*Khanna, Gupta*, Phytochemistry **6** [1967] 735, 737).

B. Beim Erwärmen von sog. Muricatin-A (nicht einheitlich; aus Samen von Ipomoea
muricata isoliert) mit äthanol. Kalilauge bzw. mit äthanol. Natronlauge (*Misra, Tewari*,
J. Indian chem. Soc. **29** [1952] 430, 432; *Kh., Gu.*, l. c. S. 737, 738).

Krystalle (aus Acn.); F: 108—109° (*Kh., Gu.*), 104—106° (*Mi., Te.*). $[\alpha]_D^{25}$: −44,5°
[A.] (*Kh., Gu.*); $[\alpha]_D^{30}$: −43,1° [A.; c = 2] (*Mi., Te.*).

XI   XII

Methyl-[O^4-(toluol-4-sulfonyl)-6-desoxy-α-L-mannopyranosid], Methyl-[O^4-(toluol-4-sulfonyl)-α-L-rhamnopyranosid] $C_{14}H_{20}O_7S$, Formel XII (R = H).

B. Beim Erwärmen von Methyl-[O^2,O^3-isopropyliden-O^4-(toluol-4-sulfonyl)-α-L-rhamnopyranosid] mit Chlorwasserstoff enthaltendem Methanol (*Percival, Percival*, Soc. **1950** 690; *Fouquey et al.*, Bl. **1959** 803, 809).

Öl; n_D^{12}: 1,5208 (*Pe., Pe.*); n_D^{18}: 1,525 (*Fo. et al.*). $[α]_D$: −73,5° [$CHCl_3$; c = 1] (*Pe., Pe.*); $[α]_D$: −80° [$CHCl_3$; c = 2] (*Fo. et al.*).

Beim Erwärmen mit wss. Natronlauge ist Methyl-[3,4-anhydro-6-desoxy-α-L-talopyranosid] erhalten worden (*Charalambous, Percival*, Soc. **1954** 2443, 2445).

Methyl-[O^2-(toluol-4-sulfonyl)-6-desoxy-α-L-galactopyranosid], Methyl-[O^2-(toluol-4-sulfonyl)-α-L-fucopyranosid] $C_{14}H_{20}O_7S$, Formel XIII (R = H).

B. Beim Erwärmen von Methyl-[O^3,O^4-isopropyliden-O^2-(toluol-4-sulfonyl)-α-L-fucopyranosid] mit Chlorwasserstoff enthaltendem Methanol (*Percival, Percival*, Soc. **1950** 690).

F: 158°. $[α]_D^{15}$: −85° [$CHCl_3$; c = 1].

Methyl-[O^2,O^3-dimethyl-O^4-(toluol-4-sulfonyl)-6-desoxy-α-L-mannopyranosid], Methyl-[O^2,O^3-dimethyl-O^4-(toluol-4-sulfonyl)-α-L-rhamnopyranosid] $C_{16}H_{24}O_7S$, Formel XII (R = CH₃).

B. Bei wiederholtem Behandeln von Methyl-[O^4-(toluol-4-sulfonyl)-α-L-rhamnopyranosid] mit Methyljodid und Silberoxid (*Percival, Percival*, Soc. **1950** 690).

Krystalle (aus $CHCl_3$ + Bzn.); F: 111°. $[α]_D$: −33° [$CHCl_3$; c = 2].

XIII   XIV

Methyl-[O^3,O^4-dimethyl-O^2-(toluol-4-sulfonyl)-6-desoxy-α-L-galactopyranosid], Methyl-[O^3,O^4-dimethyl-O^2-(toluol-4-sulfonyl)-α-L-fucopyranosid] $C_{16}H_{24}O_7S$, Formel XIII (R = CH₃).

B. Bei wiederholtem Behandeln von Methyl-[O^2-(toluol-4-sulfonyl)-α-L-fucopyranosid] mit Methyljodid und Silberoxid (*Percival, Percival*, Soc. **1950** 690).

Krystalle (aus $CHCl_3$ + Bzn.); F: 103°. $[α]_D^{15}$: −84° [$CHCl_3$; c = 1].

Methyl-[O^3,O^4-diacetyl-O^2-(toluol-4-sulfonyl)-6-desoxy-β-D-glucopyranosid], Methyl-[O^3,O^4-diacetyl-O^2-(toluol-4-sulfonyl)-β-D-chinovopyranosid] $C_{18}H_{24}O_9S$, Formel XIV.

B. Bei der Hydrierung von Methyl-[O^3,O^4-diacetyl-6-jod-O^2-(toluol-4-sulfonyl)-6-desoxy-β-D-glucopyranosid] an Raney-Nickel in Diäthylamin enthaltendem Methanol (*Hardegger, Jucker*, Helv. **32** [1949] 1158, 1160).

Krystalle (aus A.); F: 141° [korr.]. $[α]_D$: +1,4° [$CHCl_3$; c = 0,3].

O^1,O^3,O^4-Triacetyl-O^2-[toluol-4-sulfonyl]-6-desoxy-α-D-glucopyranose, O^1,O^3,O^4-Triacetyl-O^2-[toluol-4-sulfonyl]-α-D-chinovopyranose $C_{19}H_{24}O_{10}S$, Formel I.

B. Beim Erwärmen von O^1,O^3,O^4-Triacetyl-6-thiocyanato-O^2-[toluol-4-sulfonyl]-6-desoxy-α-D-glucopyranose mit Raney-Nickel in Äthanol (*Staněk, Tajmr*, Chem. Listy **52** [1958] 551, Collect. **24** [1959] 1013, 1015).

Krystalle; F: 140°. $[α]_D$: +102° [$CHCl_3$; c = 0,6].

I   II

2,4-Dimethoxy-6-methyl-3,5-bis-[toluol-4-sulfonyloxy]-tetrahydro-pyran $C_{22}H_{28}O_9S_2$.

a) **Methyl-[O^3-methyl-O^2,O^4-bis-(toluol-4-sulfonyl)-6-desoxy-α-D-altropyranosid]** $C_{22}H_{28}O_9S_2$, Formel II.

B. Beim Behandeln von Methyl-[O^3-methyl-α-D-altropyranosid] mit Toluol-4-sulfonyl≠ chlorid und Pyridin, Erwärmen des erhaltenen Esters mit Natriumjodid in Aceton und Hydrieren des Reaktionsprodukts an Raney-Nickel in methanol. Natronlauge (*Grob, Prins*, Helv. **28** [1945] 840, 845).

Krystalle (aus Ae. + Pentan); F: 99—100° [korr.; Kofler-App.]. $[α]_D^{18}$: +82,9° [CHCl$_3$; c = 1].

b) **Methyl-[O^3-methyl-O^2,O^4-bis-(toluol-4-sulfonyl)-6-desoxy-β-D-idopyranosid]** $C_{22}H_{28}O_9S_2$, Formel III.

B. Beim Behandeln von Methyl-[O^3-methyl-β-D-idopyranosid] mit Toluol-4-sulfonyl≠ chlorid und Pyridin, Erwärmen des erhaltenen Esters mit Natriumjodid in Aceton und Hydrieren des Reaktionsprodukts an Raney-Nickel in Methanol unter Eintragen von methanol. Natronlauge (*Fischer et al.*, Helv. **37** [1954] 6, 12).

Krystalle (aus Me.); F: 120—122° [korr.; Kofler-App.]. $[α]_D^{29}$: −27,8° [CHCl$_3$; c = 2].

III   IV

Methyl-[O^4-acetyl-O^2,O^3-bis-(toluol-4-sulfonyl)-6-desoxy-β-D-glucopyranosid],
Methyl-[O^4-acetyl-O^2,O^3-bis-(toluol-4-sulfonyl)-β-D-chinovopyranosid] $C_{23}H_{28}O_{10}S_2$, Formel IV.

Diese Konfiguration wird für die nachstehend beschriebene Verbindung in Betracht gezogen (*Hess et al.*, A. **507** [1933] 55, 56).

B. Bei der Hydrierung von Methyl-[O^4-acetyl-O^2,O^3-bis-(toluol-4-sulfonyl)-6-desoxy-β-D-*xylo*-hex-5-enopyranosid] an Platin in Äthanol (*Hess et al.*, l. c. S. 61).

Krystalle (aus Me.); F: 133—134°. $[α]_D^{20}$: −41,4° [Bzl.; c = 1]; $[α]_D^{20}$: −9,4° [CHCl$_3$; c = 1]; $[α]_D^{20}$: −9,9° [Acn.; c = 1]. [*Blazek*]

2-Fluormethyl-6-methoxy-tetrahydro-pyran-3,4,5-triol $C_7H_{13}FO_5$.

a) **Methyl-[6-fluor-6-desoxy-α-D-glucopyranosid]** $C_7H_{13}FO_5$, Formel V.

B. Beim Erwärmen von 6-Fluor-6-desoxy-D-glucose mit Chlorwasserstoff enthalten≠ dem Methanol (*Taylor, Kent*, Soc. **1958** 872, 875).

Krystalle (aus CHCl$_3$ + Bzn.); F: 109—110°. $[α]_D^{21}$: +43° [W.; c = 2].

b) **Methyl-[6-fluor-6-desoxy-α-D-galactopyranosid], Methyl-[6-fluor-α-D-fuco≠ pyranosid]** $C_7H_{13}FO_5$, Formel VI.

B. Beim Erwärmen von 6-Fluor-O^1,O^2;O^3,O^4-diisopropyliden-D-fucopyranose mit Chlorwasserstoff enthaltendem Methanol (*Taylor, Kent*, Soc. **1958** 872, 874).

Krystalle (aus Acn. + Ae.); F: 139°. $[α]_D^{20}$: +194° [W.; c = 0,1].

Phenyl-[6-fluor-6-desoxy-β-D-glucopyranosid] $C_{12}H_{15}FO_5$, Formel VII (R = H).

B. Beim Erwärmen von Phenyl-[tri-O-acetyl-6-fluor-6-desoxy-β-D-glucopyranosid] (S. 2564) mit Natriummethylat in Methanol (*Helferich, Gnüchtel*, B. **74** [1941] 1035, 1039).

Krystalle (aus W.); F: 148—149° [korr.]. $[α]_D^{21}$: −79,0° [W.; p = 1].

4-[6-Fluor-6-desoxy-β-D-glucopyranosyloxy]-3-methoxy-benzaldehyd $C_{14}H_{17}FO_7$, Formel VIII (R = H).

B. Beim Erwärmen von 3-Methoxy-4-[tri-O-acetyl-6-fluor-6-desoxy-β-D-glucopyrano≠ syloxy]-benzaldehyd (S. 2564) mit Natriummethylat in Methanol (*Helferich, Gnüchtel*, B. **74** [1941] 1035, 1039).

Krystalle (aus W.); F: 181—182° [korr.]. $[α]_D^{19}$: −48,6° [Py.; p = 2].

V   VI   VII   VIII

Phenyl-[tri-O-acetyl-6-fluor-6-desoxy-β-D-glucopyranosid] $C_{18}H_{21}FO_8$, Formel VII
($R = CO\text{-}CH_3$).

B. Beim Behandeln von Phenol mit Tri-O-acetyl-6-fluor-6-desoxy-α-D-glucopyranosyl=
bromid, Silberoxid und Chinolin (*Helferich, Gnüchtel,* B. **74** [1941] 1035, 1038, 1039).
Krystalle (aus Me. oder A.); F: $167-168°$ [korr.]. $[\alpha]_D^{19}$: $-8,2°$ [$CHCl_3$; p = 2].

3-Methoxy-4-[tri-O-acetyl-6-fluor-6-desoxy-β-D-glucopyranosyloxy]-benzaldehyd
$C_{20}H_{23}FO_{10}$, Formel VIII ($R = CO\text{-}CH_3$).

B. Beim Behandeln von Vanillin mit Tri-O-acetyl-6-fluor-6-desoxy-α-D-glucopyranosyl=
bromid und wss. Natronlauge unter Zusatz von Aceton (*Helferich, Gnüchtel,* B. **74** [1941]
1035, 1039).
Krystalle (aus A.); F: $166-167°$ [korr.]. $[\alpha]_D^{20}$: $-35,7°$ [$CHCl_3$; p = 2].

2,3,4,5-Tetraacetoxy-6-fluormethyl-tetrahydro-pyran $C_{14}H_{19}FO_9$.

a) **Tetra-O-acetyl-6-fluor-6-desoxy-α-D-glucopyranose** $C_{14}H_{19}FO_9$, Formel IX.

B. Beim Erwärmen von 6-Fluor-6-desoxy-D-glucose mit Acetanhydrid und Pyridin
und Erwärmen des Reaktionsprodukts mit Acetanhydrid und Zinkchlorid (*Bessell et al.,*
Carbohydrate Res. **19** [1971] 39, 46).
Krystalle (aus Bzl. + Bzn.); F: $128-129°$. $[\alpha]_D^{30}$: $+107°$ [$CHCl_3$; c = 1].

IX   X

b) **Tetra-O-acetyl-6-fluor-6-desoxy-β-D-glucopyranose** $C_{14}H_{19}FO_9$, Formel X.
Konfigurationszuordnung: *Bessell et al.,* Carbohydrate Res. **19** [1971] 39, 46.

B. Beim Erhitzen von 6-Fluor-6-desoxy-D-glucose mit Natriumacetat und Acet=
anhydrid (*Arita, Matsushima,* J. Biochem. Tokyo **69** [1971] 409, 411; *Be. et al.*). Neben
Tetra-O-acetyl-6-fluor-6-desoxy-α-D-glucopyranose beim Erwärmen von 6-Fluor-6-des=
oxy-D-glucose mit Acetanhydrid und Pyridin (*Helferich, Gnüchtel,* B. **74** [1941] 1035,
1037, 1038).
Krystalle; F: $125-126°$ [aus A.] (*He., Gn.*), $124-124,5°$ [aus Me.] (*Ar., Ma.*), $123°$
bis $124°$ [aus Bzl. + Bzn.] (*Be. et al.*). $[\alpha]_D^{30}$: $+21,5°$ [$CHCl_3$; c = 1] (*Be. et al.*); $[\alpha]_D^{19}$:
$+20,1°$ [Py.; p = 2] (*He., Gn.*); $[\alpha]_D^{30}$: $+21,1°$ [Py.; c = 1] (*Ar., Ma.*).

2-Fluormethyl-3,4,5-tris-methansulfonyloxy-6-methoxy-tetrahydro-pyran $C_{10}H_{19}FO_{11}S_3$.

a) **Methyl-[6-fluor-tris-O-methansulfonyl-6-desoxy-α-D-glucopyranosid]**
$C_{10}H_{19}FO_{11}S_3$, Formel XI.

B. Beim Erwärmen von Methyl-[tetrakis-O-methansulfonyl-α-D-glucopyranosid] mit
Kaliumfluorid in Methanol (*Helferich, Gnüchtel,* B. **74** [1941] 1035, 1037).
Krystalle (aus Me.); F: $133-134°$. $[\alpha]_D^{22}$: $+93,1°$ [Py.; p = 3].

b) **Methyl-[6-fluor-tris-O-methansulfonyl-6-desoxy-α-D-galactopyranosid], Methyl-
[6-fluor-tris-O-methansulfonyl-α-D-fucopyranosid]** $C_{10}H_{19}FO_{11}S_3$, Formel XII.

B. Beim Behandeln von Methyl-[6-fluor-α-D-fucopyranosid] mit Methansulfonylchlo=
rid und Pyridin (*Taylor, Kent,* Soc. **1958** 872, 874).
Krystalle (aus A.); F: $185°$.

FCH$_2$

H$_3$C—SO$_2$—O ····· ····· OCH$_3$

H$_3$C—SO$_2$—O   O—SO$_2$—CH$_3$

XI

FCH$_2$

H$_3$C—SO$_2$—O ····· OCH$_3$

H$_3$C—SO$_2$—O   O—SO$_2$—CH$_3$

XII

2-Chlormethyl-6-methoxy-tetrahydro-pyran-3,4,5-triol C$_7$H$_{13}$ClO$_5$.

a) **Methyl-[6-chlor-6-desoxy-α-D-glucopyranosid]** C$_7$H$_{13}$ClO$_5$, Formel XIII (R = H).

B. Beim Behandeln von Methyl-[tri-*O*-acetyl-6-chlor-6-desoxy-α-D-glucopyranosid] (s. u.) mit Bariumhydroxid in Wasser (*Helferich et al.*, B. **59** [1926] 79, 82).

Krystalle (aus Bzl.); F: 110—112° [nach Sintern bei 102°]. [α]$_D^{21}$: +139,7° [W.; p = 2].

b) **Methyl-[6-chlor-6-desoxy-β-D-glucopyranosid]** C$_7$H$_{13}$ClO$_5$, Formel XIV (R = H).

B. Beim Behandeln von Methyl-[tri-*O*-acetyl-6-chlor-6-desoxy-β-D-glucopyranosid] mit Ammoniak in Methanol (*Helferich, Schneidmüller*, B. **60** [1927] 2002, 2004).

Krystalle (aus E.); F: 156—157° [korr.]. [α]$_D^{17}$: —48,7° [W.; p = 2].

Überführung in 3,6-Anhydro-D-glucose durch Erhitzen mit Bariumhydroxid in Wasser und Behandeln des Reaktionsprodukts mit wss. Salzsäure: *He., Sch.*

4-[6-Chlor-6-desoxy-β-D-glucopyranosyloxy]-3-methoxy-benzaldehyd C$_{14}$H$_{17}$ClO$_7$, Formel XV (R = H).

B. Beim Erwärmen von 3-Methoxy-4-[tri-*O*-acetyl-6-chlor-6-desoxy-β-D-glucopyranosyloxy]-benzaldehyd (S. 2566) mit Natriummethylat in Methanol (*Helferich et al.*, Z. physiol. Chem. **248** [1937] 85, 91).

Krystalle (aus W.) mit 1 Mol H$_2$O. F: 162—164° [nach geringfügigem Sintern]; [α]$_D^{21}$: —85,5° [Py.; p = 1] [wasserfreies Präparat]. 100 g einer bei 30° gesättigten wss. Lösung enthalten 0,28 g.

ClCH$_2$

RO ····· ····· OCH$_3$

RO   OR

XIII

ClCH$_2$

RO ····· OCH$_3$

RO   OR

XIV

ClCH$_2$ H$_3$CO

RO ····· O—⟨ ⟩—CHO

RO   OR

XV

3,4,5-Triacetoxy-2-chlormethyl-6-methoxy-tetrahydro-pyran C$_{13}$H$_{19}$ClO$_8$.

a) **Methyl-[tri-*O*-acetyl-6-chlor-6-desoxy-α-D-glucopyranosid]** C$_{13}$H$_{19}$ClO$_8$, Formel XIII (R = CO-CH$_3$).

Diese Konstitution und Konfiguration ist der nachstehend beschriebenen, ursprünglich (*Helferich et al.*, B. **59** [1926] 79, 81) als Methyl-[tri-*O*-acetyl-6-chlor-6-desoxy-α-D-glucofuranosid] angesehenen Verbindung zuzuordnen (vgl. *Helferich, Bredereck*, B. **60** [1927] 1995, 1997).

B. Beim Erwärmen von Methyl-[*O*^{2},*O*^{3},*O*^{4}-triacetyl-*O*^{6}-trityl-α-D-glucopyranosid] mit Phsophor(V)-chlorid (*He. et al.*, l. c. S. 81, 82; *He., Br.*).

Krystalle (aus Bzn.), F: 98—99° [nach Sintern bei 95°]; [α]$_D^{18}$: +163,8° [Py.; p = 3] (*He. et al.*).

b) **Methyl-[tri-*O*-acetyl-6-chlor-6-desoxy-β-D-glucopyranosid]** C$_{13}$H$_{19}$ClO$_8$, Formel XIV (R = CO-CH$_3$).

B. Beim Behandeln von Tri-*O*-acetyl-6-chlor-6-desoxy-α-D-glucopyranosylbromid mit Methanol und Silberoxid (*Helferich, Bredereck*, B. **60** [1927] 1995, 2000). Beim Erwärmen von Methyl-[*O*^{2},*O*^{3},*O*^{4}-triacetyl-*O*^{6}-trityl-β-D-glucopyranosid] mit Phosphor(V)-chlorid (*Helferich, Schneidmüller*, B. **60** [1927] 2002, 2003, 2004).

Krystalle (aus E.); F: 141° [korr.]; [α]$_D^{19}$: —9,8° [Py.; p = 8] (*He., Sch.*).

3-Methoxy-4-[tri-*O*-acetyl-6-chlor-6-desoxy-*β*-D-glucopyranosyloxy]-benzaldehyd $C_{20}H_{23}ClO_{10}$, Formel XV (R = CO-CH$_3$).

B. Beim Behandeln von Vanillin mit Tri-*O*-acetyl-6-chlor-6-desoxy-*α*-D-glucopyranosyl=
bromid und wss. Kalilauge unter Zusatz von Aceton (*Helferich et al.*, Z. physiol. Chem.
248 [1937] 85, 90).

Krystalle (aus A.); F: 141° [nach geringfügigem Sintern]. $[\alpha]_D^{21}$: −53,0° [CHCl$_3$;
p = 1].

2,3,4,5-Tetraacetoxy-6-chlormethyl-tetrahydro-pyran $C_{14}H_{19}ClO_9$.

a) **Tetra-*O*-acetyl-6-chlor-6-desoxy-*α*-D-glucopyranose** $C_{14}H_{19}ClO_9$, Formel I.

Diese Konstitution und Konfiguration wird der nachstehend beschriebenen Verbindung zugeordnet (*Helferich, Bredereck*, B. **60** [1927] 1995, 1999).

B. In geringer Menge beim Erwärmen von O^1,O^2,O^3,O^4-Tetraacetyl-O^6-trityl-*α*-D-gluco=
pyranose (bei 120−126° schmelzendes Rohprodukt; aus der Mutterlauge des Anomeren
isoliert) mit Phosphor(V)-chlorid (*He., Br.*).

Krystalle (aus A.); F: 162−164°. $[\alpha]_D^{20}$: +111,6° [CHCl$_3$; p = 2].

b) **Tetra-*O*-acetyl-6-chlor-6-desoxy-*β*-D-glucopyranose** $C_{14}H_{19}ClO_9$, Formel II.

B. Beim Erhitzen von 6-Chlor-6-desoxy-D-glucose mit Natriumacetat und Acet=
anhydrid (*Helferich, Bredereck*, B. **60** [1927] 1995, 1998). Beim Behandeln von
O^1,O^2,O^3,O^4-Tetraacetyl-*β*-D-glucopyranose mit Phosphorylchlorid und Pyridin, anfangs
bei −20° (*Helferich, du Mont*, Z. physiol. Chem. **181** [1929] 300, 306). Beim Erwärmen
von O^1,O^2,O^3,O^4-Tetraacetyl-O^6-trityl-*β*-D-glucopyranose mit Phosphor(V)-chlorid (*He.,
Br.*, l. c. S. 1998, 1999).

Krystalle (aus A.), F: 114−115° [korr.]; $[\alpha]_D^{18}$: +17,6° [CHCl$_3$; p = 6] (*He., Br.*).

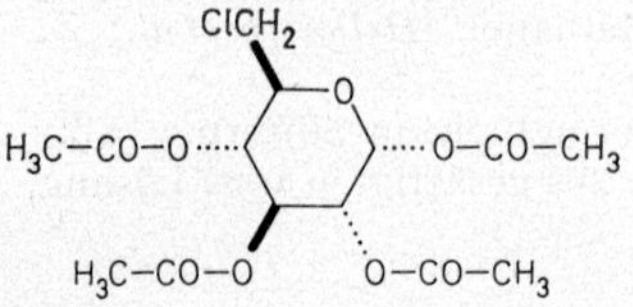

I 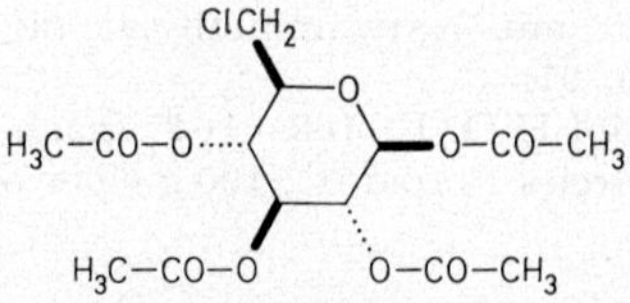   II 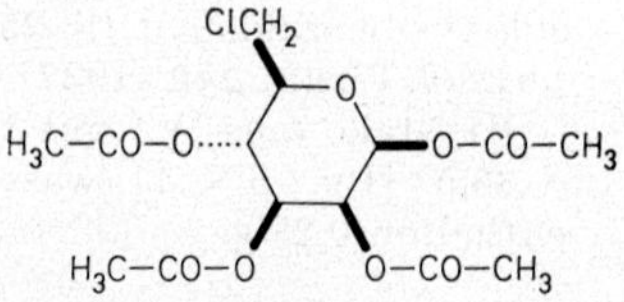   III

c) **Tetra-*O*-acetyl-6-chlor-6-desoxy-*β*-D-mannopyranose, Tetra-*O*-acetyl-6-chlor-
β-D-rhamnopyranose** $C_{14}H_{19}ClO_9$, Formel III.

B. Beim Behandeln von O^1,O^2,O^3,O^4-Tetraacetyl-*β*-D-mannopyranose mit Phosphoryl=
chlorid und Pyridin, anfangs bei −20° (*Helferich, Leete*, B. **62** [1929] 1549, 1553, 1554).

Krystalle (aus A.); F: 142−143°. $[\alpha]_D^{12}$: −7,6° [CHCl$_3$; p = 3].

Methyl-[O^4-acetyl-6-chlor-O^2,O^3-bis-(toluol-4-sulfonyl)-6-desoxy-*α*-D-glucopyranosid]
$C_{23}H_{27}ClO_{10}S_2$, Formel IV.

B. Beim Erwärmen von Methyl-[O^4-acetyl-O^2,O^3-bis-(toluol-4-sulfonyl)-*α*-D-gluco=
pyranosid] mit Toluol-4-sulfonylchlorid und Pyridin (*Littmann, Hess*, B. **67** [1934] 519,
526).

Krystalle (aus A.); F: 96°. $[\alpha]_D^{23}$: +53,4° [Acn.; c = 2].

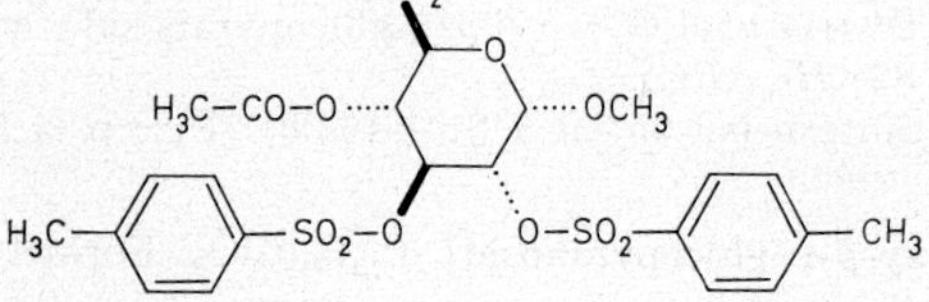

IV 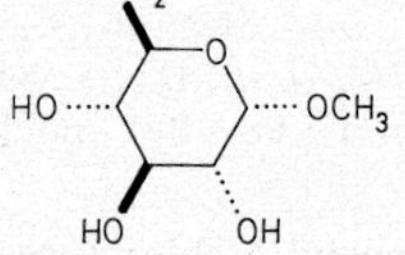   V 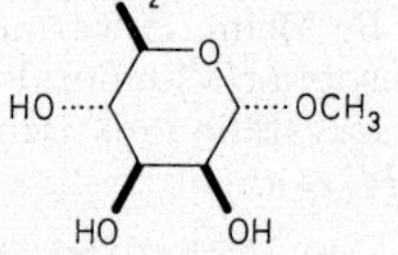   VI

2-Brommethyl-6-methoxy-tetrahydro-pyran-3,4,5-triol $C_7H_{13}BrO_5$.

a) **Methyl-[6-brom-6-desoxy-*α*-D-glucopyranosid]** $C_7H_{13}BrO_5$, Formel V.

B. In geringer Menge beim Behandeln von Methyl-[tri-*O*-acetyl-6-brom-6-desoxy-α-D-glucopyranosid] (S. 2568) mit Ammoniak in Methanol (*Helferich et al.*, B. **59** [1926] 79, 83).

Krystalle; F: 129—130° [nach Sintern bei 126°]. $[\alpha]_D^{18}$: +107,4° [W.; c = 2].

b) **Methyl-[6-brom-6-desoxy-α-D-mannopyranosid], Methyl-[6-brom-α-D-rhamno‑ pyranosid]** $C_7H_{13}BrO_5$, Formel VI.

B. Beim Behandeln von Methyl-[tri-*O*-acetyl-6-brom-α-D-rhamnopyranosid] mit Am‑ moniak in Methanol (*Valentin*, Collect. **6** [1934] 354, 364).

Krystalle; F: 97—99°; $[\alpha]_D$: +52° [Lösungsmittel nicht angegeben] (Präparat von ungewisser Einheitlichkeit).

Beim Erhitzen mit Bariumhydroxid in Wasser ist Methyl-[3,6-anhydro-α-D-manno‑ pyranosid] erhalten worden.

c) **Methyl-[6-brom-6-desoxy-α-D-galactopyranosid], Methyl-[6-brom-α-D-fuco‑ pyranosid]** $C_7H_{13}BrO_5$, Formel VII.

Atomabstände und Bindungswinkel [aus dem Röntgendiagramm]: *Robertson, Shel‑ drick*, Acta cryst. **19** [1965] 820.

B. Beim Behandeln von Methyl-[*O*⁴-benzoyl-6-brom-α-D-fucopyranosid] mit Natri‑ ummethylat in Methanol (*Hanessian, Plessas*, J. org. Chem. **34** [1969] 1035, 1042). Beim Behandeln von Methyl-[*O*²,*O*³,*O*⁴-triacetyl-*O*⁶-trityl-α-D-galactopyranosid] mit Phos‑ phor(V)-bromid in 1,2-Dibrom-äthan und Behandeln des Reaktionsprodukts mit Am‑ moniak in Methanol (*Valentin*, Collect. **4** [1932] 364, 370).

Krystalle; F: 174—175° [unkorr.; aus Ae.] (*Ha., Pl.*), 163° [Zers.] (*Va.*). Rhombisch (*Nováček*, Z. Kr. **88** [1934] 82, 88; *Cox et al.*, Soc. **1935** 978, 982; *Ro., Sh.*); Raum‑ gruppe *P*2₁2₁2 (*Ro., Sh.*); Dimensionen der Elementarzelle: a = 11,142 Å; b = 7,185 Å; c = 10,612 Å; n = 4 (*Ro., Sh.*; s. a. *Cox et al.*). Dichte der Krystalle: 1,86 (*Cox et al.*; *Ro., Sh.*). $[\alpha]_D^{26}$: +157° [W.; c = 0,5] (*Ha., Pl.*); $[\alpha]_D$: +157° [W.; c = 5] (*Va.*).

d) **Methyl-[6-brom-6-desoxy-β-D-galactopyranosid], Methyl-[6-brom-β-D-fuco‑ pyranosid]** $C_7H_{13}BrO_5$, Formel VIII.

B. Beim Behandeln von Methyl-[tri-*O*-acetyl-6-brom-β-D-fucopyranosid] mit Natri‑ ummethylat in Methanol (*Haworth et al.*, Soc. **1940** 620, 630).

Krystalle (aus Dioxan) mit 0,5 Mol Dioxan; F: 106° [nach Sintern von 75° an]. $[\alpha]_D^{20}$: +11° [W.; c = 1] [lösungsmittelfreies Präparat].

VII   VIII   IX   X

Methyl-[6-brom-tri-*O*-methyl-6-desoxy-β-D-glucopyranosid] $C_{10}H_{19}BrO_5$, Formel IX.

B. Neben geringeren Mengen Methyl-[di-*O*-methyl-3,6-anhydro-β-D-glucopyranosid] bei wiederholtem Behandeln von Methyl-[6-brom-6-desoxy-β-D-glucopyranosid] (H **31** 184) mit Methyljodid und Silberoxid (*Irvine, Oldham*, Soc. **127** [1925] 2729, 2733).

Krystalle; F: 24°. $[\alpha]_D$: −7,7° [Bzl.]; $[\alpha]_D$: −3,5° [CHCl₃]; $[\alpha]_D$: −5,8° [Acn.; c = 4]; $[\alpha]_D$: −4,8° [Me.].

Phenyl-[6-brom-6-desoxy-β-D-glucopyranosid] $C_{12}H_{15}BrO_5$, Formel X (H **31** 205; dort als Phenol-β-*d*-glucopyranosid-6-bromhydrin bezeichnet).

B. Beim Erwärmen von Phenyl-[tri-*O*-acetyl-6-brom-6-desoxy-β-D-glucopyranosid] mit Natriummethylat in Methanol (*Helferich, Appel*, Z. physiol. Chem. **205** [1932] 231, 238).

Krystalle (aus E. + PAe. + Me.); F: 162,5—164° [korr.; Zers.]. $[\alpha]_D^{18}$: −95,4° [W.; p = 1].

4-[6-Brom-6-desoxy-β-D-glucopyranosyloxy]-3-methoxy-benzaldehyd $C_{14}H_{17}BrO_7$, Formel XI (R = H).

B. Beim Erwärmen von 3-Methoxy-4-[tri-*O*-acetyl-6-brom-6-desoxy-β-D-glucopyr‑

anosyloxy]-benzaldehyd mit Natriummethylat in Methanol (*Helferich et al.*, Z. physiol. Chem. **248** [1937] 85, 91).

Krystalle (aus E. + Me.) mit 1 Mol Methanol, F: 181−182°; Krystalle (aus W.) mit 1 Mol H_2O, F: 170−171°. $[\alpha]_D^{19}$: −110° [A.; p = 1] [lösungsmittelfreies Präparat] (*He. et al.*, l. c. S. 92). 100 g einer bei 30° gesättigten wss. Lösung enthalten 0,20 g (*He. et al.*, l. c. S. 92).

XI   XII   XIII

O^6-[6-Brom-6-desoxy-β-D-glucopyranosyl]-D-glucose $C_{12}H_{21}BrO_{10}$, Formel XII (R = H), und cyclische Tautomere.

B. Beim Behandeln von O^1,O^2,O^3,O^4-Tetraacetyl-O^6-[tri-O-acetyl-6-brom-6-desoxy-β-D-glucopyranosyl]-β-D-glucopyranose mit Natriummethylat in Methanol bei −20° (*Helferich, Collatz*, B. **61** [1928] 1640, 1642).

Hygroskopische Krystalle (aus Me.); F: 125−130° [Zers.; nach Sintern bei 100°]. $[\alpha]_D$: 0° [W.]; $[\alpha]_D^{18}$: −12,8° [wss. Natriumborat-Lösung].

3,4,5-Triacetoxy-2-brommethyl-6-methoxy-tetrahydro-pyran $C_{13}H_{19}BrO_8$.

a) Methyl-[tri-O-acetyl-6-brom-6-desoxy-α-D-glucopyranosid] $C_{13}H_{19}BrO_8$, Formel XIII.

Diese Konstitution und Konfiguration ist der nachstehend beschriebenen, ursprünglich (*Helferich et al.*, B. **59** [1926] 79, 80) als Methyl-[tri-O-acetyl-6-brom-6-desoxy-α-D-glucofuranosid] angesehenen Verbindung zuzuordnen (vgl. *Helferich, Schneidmüller*, B. **60** [1927] 2002, 2003).

B. Beim Erwärmen von Methyl-[O^2,O^3,O^4-triacetyl-O^6-trityl-α-D-glucopyranosid] mit Phosphor(V)-bromid (*He. et al.*, l. c. S. 82, 83). Über die Bildung beim Erwärmen von Methyl-[O^2,O^3,O^4-triacetyl-O^6-trityl-β-D-glucopyranosid] mit Phosphor(V)-bromid s. *He., Sch.*, l. c. S. 2004, 2005.

Krystalle; F: 117° (*He. et al.*), 115−117,5° (*He., Sch.*). $[\alpha]_D^{19}$: +131,1° [Py.; p = 8] (*He., Sch.*). $[\alpha]_D^{21}$: +129,9° [Py.; p = 7] (*Bredereck*, zit. bei *He., Sch.*, l. c. S. 2005 Anm. 12).

b) Methyl-[tri-O-acetyl-6-brom-6-desoxy-β-D-glucopyranosid] $C_{13}H_{19}BrO_8$, Formel I (R = CH_3) (H **31** 184; dort als [Methyl-β-d-glucopyranosid-6-bromhydrin]-triacetat bezeichnet).

$[\alpha]_D^{20}$: −7,8° [E.; c = 4] (*Wrede*, Z. physiol. Chem. **115** [1921] 284, 290). IR-Banden (Nujol; 10,4−11,7 μ): *Barker et al.*, Soc. **1954** 3468, 3470.

Bei mehrtägigem Behandeln mit Silberfluorid und Pyridin ist Methyl-[tri-O-acetyl-6-desoxy-β-D-$xylo$-hex-5-enopyranosid] erhalten worden (*Helferich, Himmen*, B. **62** [1929] 2136, 2138).

c) Methyl-[tri-O-acetyl-6-brom-6-desoxy-α-D-mannopyranosid], Methyl-[tri-O-acetyl-6-brom-α-D-rhamnopyranosid] $C_{13}H_{19}BrO_8$, Formel II.

B. Beim Behandeln von Methyl-[O^2,O^3,O^4-triacetyl-O^6-trityl-α-D-mannopyranosid] mit Phosphor(V)-bromid in Tetrachlormethan (*Valentin*, Collect. **6** [1934] 354, 363, 364).

Krystalle (aus Bzl. + Bzn.); F: 78−81°. $[\alpha]_D$: +57,6° [Me.; c = 10].

d) Methyl-[tri-O-acetyl-6-brom-6-desoxy-β-D-galactopyranosid], Methyl-[tri-O-acetyl-6-brom-β-D-fucopyranosid] $C_{13}H_{19}BrO_8$, Formel III.

B. Beim Behandeln von Tri-O-acetyl-6-brom-α-D-fucopyranosylbromid mit Methanol und Silbercarbonat (*Schlubach, Wagenitz*, B. **65** [1932] 304, 307; *Haworth et al.*, Soc. **1940** 620, 630).

Krystalle [aus A. oder wss. A.] (*Ha. et al.*). F: 94° (*Ha. et al.*), 92° (*Sch., Wa.*). $[\alpha]_D^{21}$: —4,9° [CHCl$_3$; c = 1] (*Sch., Wa.*).

Äthyl-[tri-*O*-acetyl-6-brom-6-desoxy-β-D-glucopyranosid] C$_{14}$H$_{21}$BrO$_8$, Formel I (R = C$_2$H$_5$).

B. Beim Behandeln von Tri-*O*-acetyl-6-brom-6-desoxy-α-D-glucopyranosylbromid mit Äthanol und Silbercarbonat (*Wrede*, Z. physiol. Chem. **115** [1921] 284, 290, 291).

Krystalle (aus Me.); F: 154° [unkorr.]. $[\alpha]_D^{18}$: —11,8° [E.; c = 4].

Phenyl-[tri-*O*-acetyl-6-brom-6-desoxy-β-D-glucopyranosid] C$_{18}$H$_{21}$BrO$_8$, Formel I (R = C$_6$H$_5$).

B. Beim Behandeln von Tri-*O*-acetyl-6-brom-6-desoxy-α-D-glucopyranonylbromid mit Phenol und Silberoxid in Chinolin (*Helferich, Appel*, Z. physiol. Chem. **205** [1932] 231, 237, 238).

Krystalle (aus Me.); F: 134—136° [korr.]. $[\alpha]_D^{18}$: —27,6° [CHCl$_3$; p = 3].

I   II   III

3-Methoxy-4-[tri-*O*-acetyl-6-brom-6-desoxy-β-D-glucopyranosyloxy]-benzaldehyd C$_{20}$H$_{23}$BrO$_{10}$, Formel XI (R = CO-CH$_3$).

B. Beim Behandeln von Tri-*O*-acetyl-6-brom-6-desoxy-α-D-glucopyranosylbromid mit Vanillin und wss. Kalilauge unter Zusatz von Aceton (*Helferich et al.*, Z. physiol. Chem. **248** [1937] 85, 91).

Krystalle (aus A.); F: 146—148°. $[\alpha]_D^{19}$: —58,1° [CHCl$_3$; p = 1].

O^2,O^3,O^4-Triacetyl-O^6-[tri-*O*-acetyl-6-brom-6-desoxy-β-D-glucopyranosyl]-D-glucose C$_{24}$H$_{33}$BrO$_{16}$, Formel XII (R = CO-CH$_3$), und cyclische Tautomere.

B. Beim Behandeln von O^2,O^3,O^4-Triacetyl-O^6-[tri-*O*-acetyl-6-brom-6-desoxy-β-D-gluco‌pyranosyl]-α-D-glucopyranosylbromid mit Silbercarbonat und wss. Aceton (*Helferich, Collatz*, B. **61** [1928] 1640, 1643).

Krystalle (aus Acn. + PAe.); F: 264° [korr.]. $[\alpha]_D^{18}$: +10° (nach 20 min) → +41,5° (Endwert nach 24 h) [Py.; p = 2]; $[\alpha]_D^{22}$: +3,5° (nach 13 min) → +41° (Endwert) [Py.].

2,3,4,5-Tetraacetoxy-6-brommethyl-tetrahydro-pyran C$_{14}$H$_{19}$BrO$_9$.

a) **Tetra-*O*-acetyl-6-brom-6-desoxy-α-D-glucopyranose** C$_{14}$H$_{19}$BrO$_9$, Formel IV.

B. Beim Behandeln von 6-Brom-6-desoxy-D-glucose mit Acetanhydrid und Pyridin (*Freudenberg et al.*, B. **61** [1928] 1750, 1755). Beim Erhitzen von Tri-*O*-acetyl-6-brom-6-desoxy-α-D-glucopyranosylbromid mit Acetanhydrid unter Zusatz von Zinkchlorid (*Wrede*, Z. physiol. Chem. **115** [1921] 284, 291) oder unter Zusatz von Schwefelsäure (*Helferich, Himmen*, B. **61** [1928] 1825, 1829).

Krystalle [aus Me.] (*Wr.; He., Hi.*). F: 172—173° [korr.; nach Sintern bei 171°] (*He., Hi.*), 171° [unkorr.] (*Wr.*), 171° (*Fr. et al.*). $[\alpha]_D^{24}$: +110,6° [CHCl$_3$; p = 5] (*He., Hi.*); $[\alpha]_D^{14}$: +109,0° [E.; p = 2] (*Wr.*, l. c. S. 292); $[\alpha]_D^{25}$: +108,5° [E.; p = 3] (*He., Hi.*).

b) **Tetra-*O*-acetyl-6-brom-6-desoxy-β-D-glucopyranose** C$_{14}$H$_{19}$BrO$_9$, Formel I (R = CO-CH$_3$).

B. Beim Erhitzen von Tri-*O*-acetyl-6-brom-6-desoxy-α-D-glucopyranosylchlorid (S. 2303) (*Parikh et al.*, Am. Soc. **79** [1957] 2778, 2780) oder von Tri-*O*-acetyl-6-brom-6-desoxy-α-D-glucopyranosylbromid (*Fischer et al.*, B. **53** [1920] 873, 877, 878) mit Silberacetat und Essigsäure. Neben geringen Mengen des unter a) beschriebenen Anomeren beim Erhitzen von Tri-*O*-acetyl-6-brom-6-desoxy-α-D-glucopyranosylbromid mit Acetanhydrid und Natriumacetat (*Wrede*, Z. physiol. Chem. **115** [1921] 284, 291) oder mit Blei(IV)-

acetat und Essigsäure unter Zusatz von Acetanhydrid (*Ohle, Marecek*, B. **63** [1930] 612, 631).

Krystalle; F: 127° [korr.; nach Sintern; aus wss. A.] (*Fi. et al.*), 126—126,5° [korr.; aus A.] (*Pa. et al.*), 122° [aus wss. A.] (*Ohle, Ma.*). $[\alpha]_D^{15}$: +12,1° [1,1,2,2-Tetrachloräthan; p = 9] (*Fi. et al.*); $[\alpha]_D^{20}$: +12,2° [$CHCl_3$] (*Ohle, Ma.*).

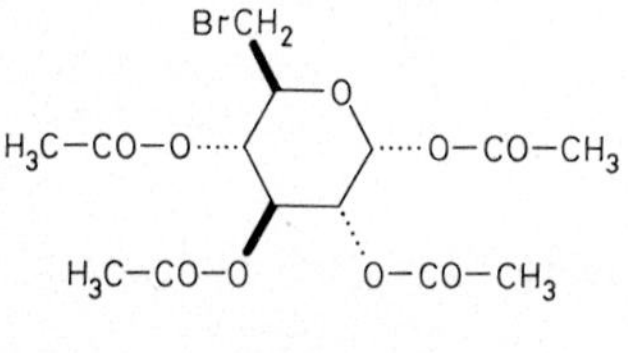

IV 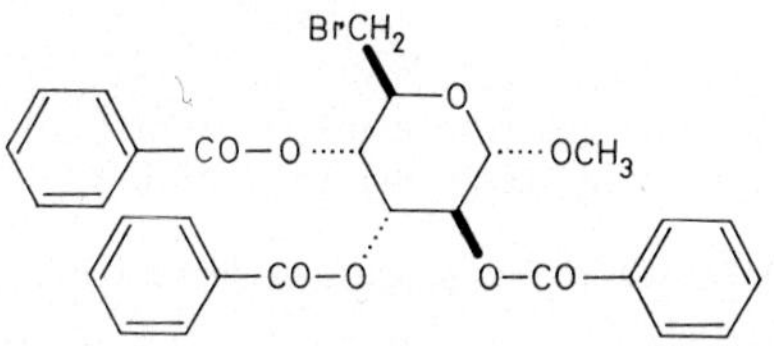   V

3,4,5-Tris-benzoyloxy-2-brommethyl-6-methoxy-tetrahydro-pyran $C_{28}H_{25}BrO_8$.

a) **Methyl-[tri-*O*-benzoyl-6-brom-6-desoxy-α-D-altropyranosid]** $C_{28}H_{25}BrO_8$, Formel V.

B. Beim Behandeln von Methyl-[O^2,O^3,O^4-tribenzoyl-O^6-trityl-α-D-altropyranosid] mit Phosphor(III)-bromid und Brom in Chloroform (*Rosenfeld et al.*, Am. Soc. **70** [1948] 2201, 2205).

Krystalle (aus $CHCl_3$ + Pentan); F: 146—147°. $[\alpha]_D^{20}$: 0° [$CHCl_3$].

Überführung in Methyl-[tri-*O*-benzoyl-6-desoxy-α-D-altropyranosid] durch Hydrierung an Raney-Nickel in Diäthylamin enthaltendem Methanol: *Ro. et al.*

b) **Methyl-[tri-*O*-benzoyl-6-brom-6-desoxy-α-D-glucopyranosid]** $C_{28}H_{25}BrO_8$, Formel VI.

B. Beim Behandeln von Methyl-[6-brom-6-desoxy-α-D-glucopyranosid] (nicht krystallines Präparat; vgl. S. 2566) mit Benzoylchlorid und Pyridin (*Helferich et al.*, A. **447** [1926] 19, 22).

Krystalle (aus Me.); F: 122°. $[\alpha]_D^{18}$: +90,9° [Py.; p = 9].

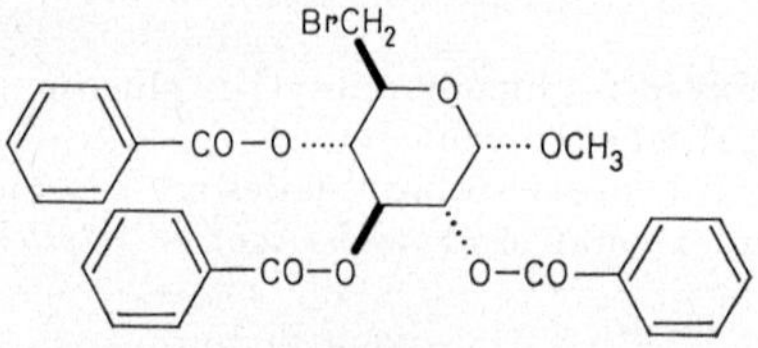

VI 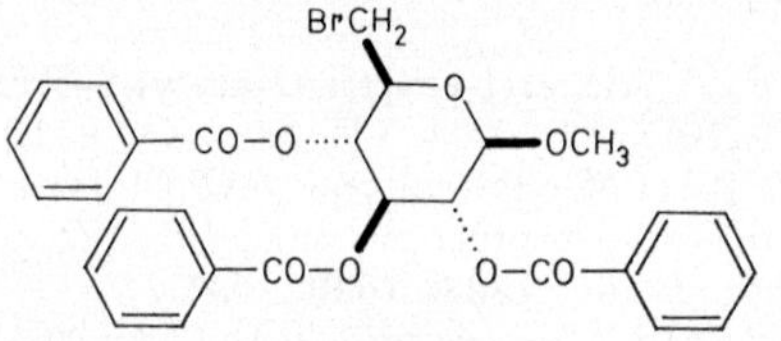   VII

c) **Methyl-[tri-*O*-benzoyl-6-brom-6-desoxy-β-D-glucopyranosid]** $C_{28}H_{25}BrO_8$, Formel VII.

B. Beim Behandeln von Methyl-[6-brom-6-desoxy-β-D-glucopyranosid] (H **31** 184) mit Benzoylchlorid und Pyridin (*Irvine, Oldham*, Soc. **127** [1925] 2729, 2733).

Krystalle (aus Eg. + A.); F: 160—162°. $[\alpha]_D$: —5,0° [$CHCl_3$; c = 2].

Methyl-[O^3,O^4-diacetyl-6-brom-O^2-(tri-*O*-acetyl-6-brom-6-desoxy-β-D-glucopyranosyl)-6-desoxy-β-D-glucopyranosid] $C_{23}H_{32}Br_2O_{14}$, Formel VIII (X = Br), und **Methyl-[O^2,O^4-diacetyl-6-brom-O^3-(tri-*O*-acetyl-6-brom-6-desoxy-β-D-glucopyranosyl)-6-desoxy-β-D-glucopyranosid]** $C_{23}H_{32}Br_2O_{14}$, Formel IX (X = Br).

Diese beiden Formeln werden für die nachstehend beschriebene Verbindung in Betracht gezogen (*Zemplén, Csürös*, B. **67** [1934] 2051, 2052).

B. In geringer Menge beim Erwärmen von Methyl-[6-brom-6-desoxy-β-D-glucopyranosid] (H **31** 184) mit Tri-*O*-acetyl-6-brom-6-desoxy-α-D-glucopyranosylbromid und Quecksilber(II)-acetat in Benzol und Erwärmen des Reaktionsprodukts mit Acetanhydrid und Natriumacetat (*Ze., Cs.*).

Krystalle (aus Me.); F: 237° [Zers.]. $[\alpha]_D^{19}$: —18,1° [$CHCl_3$; c = 3].

Beim Erwärmen mit Natriumjodid in Aceton ist eine als Methyl-[O^3,O^4-diacetyl-6-jod-O^2-(tri-*O*-acetyl-6-jod-6-desoxy-β-D-glucopyranosyl)-6-desoxy-

β-D-glucopyranosid] (Formel VIII [X = I]) oder als Methyl-[O^2,O^4-diacetyl-6-jod-O^3-(tri-O-acetyl-6-jod-6-desoxy-β-D-glucopyranosyl)-6-desoxy-β-D-glucopyranosid] (Formel IX [X = I]) angesehene Verbindung $C_{23}H_{32}I_2O_{14}$ (Krystalle [aus Me.]; F: 222° [Zers.]; $[\alpha]_D^{16}$: $-6,7°$ [CHCl$_3$] bzw. $[\alpha]_D^{18}$: $-5,8°$ [CHCl$_3$] [zwei Präparate]) erhalten worden.

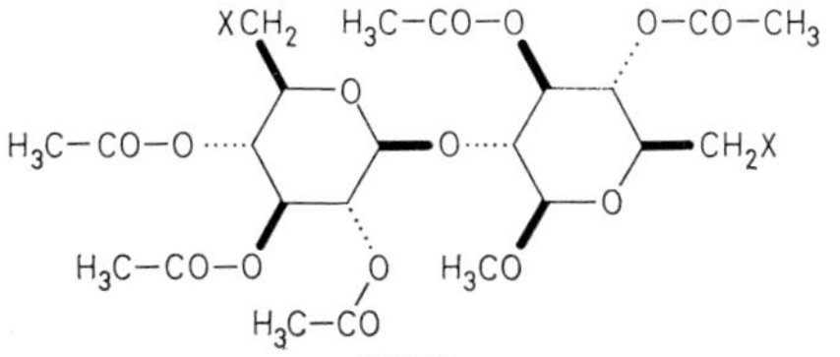

VIII 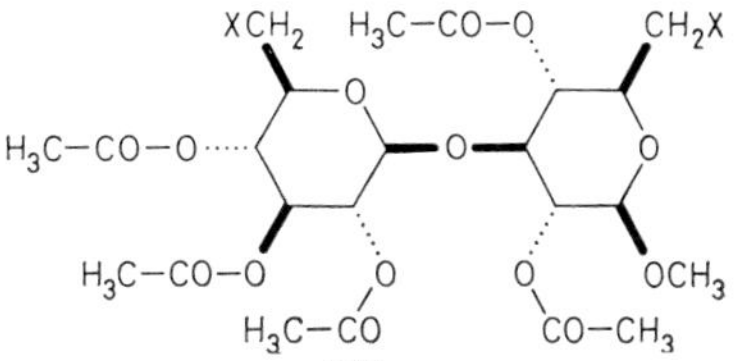   IX

Bis-[tri-O-acetyl-6-brom-6-desoxy-ξ-D-glucopyranosyl]-äther, Hexa-O-acetyl-6,6'-dibrom-6,6'-didesoxy-ξ,ξ-trehalose $C_{24}H_{32}Br_2O_{15}$, Formel X.

a) Stereoisomeres vom F: 212°.

B. Neben dem unter b) beschriebenen Stereoisomeren und O^2,O^3,O^4-Triacetyl-6-brom-6-desoxy-D-glucose (H **31** 149) beim Schütteln von Tri-O-acetyl-6-brom-6-desoxy-α-D-glucopyranosylbromid mit Silbercarbonat in Chloroform (*Karrer et al.*, Helv. **4** [1921] 796, 799).

Krystalle (aus A.); F: 212°. $[\alpha]_D$: 0° [CHCl$_3$].

Beim Erwärmen mit Bariumhydroxid in wss. Äthanol ist eine als Diglucan bezeichnete, vermutlich als Bis-[3,6-anhydro-ξ-D-glucopyranosyl]-äther zu formulierende Verbindung (F: 170−175° [nach Sintern]; $[\alpha]_D^{17}$: $-214,1°$ [W.]) erhalten worden.

b) Stereoisomeres vom F: 152°.

B. s. bei dem unter a) beschriebenen Stereoisomeren.

Krystalle (aus A.); F: 152°; $[\alpha]_D^{18}$: $-10,2°$ [CHCl$_3$] (*Karrer et al.*, Helv. **4** [1921] 796, 800).

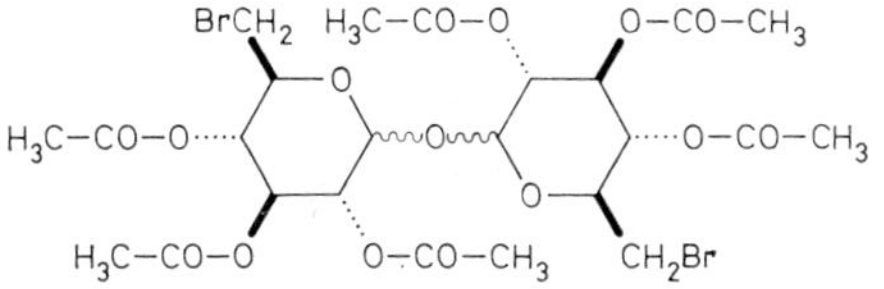

X 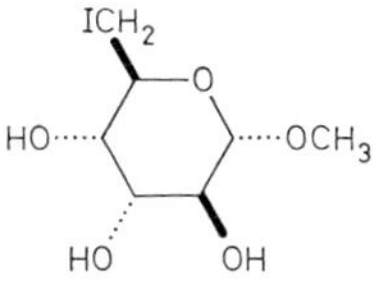   XI 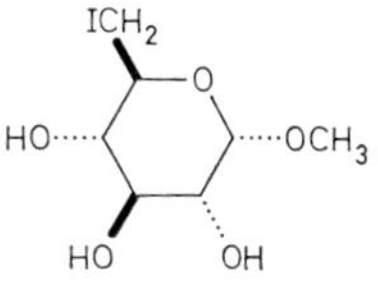   XII

2-Jodmethyl-6-methoxy-tetrahydro-pyran-3,4,5-triol $C_7H_{13}IO_5$.

a) **Methyl-[6-jod-6-desoxy-α-D-altropyranosid]** $C_7H_{13}IO_5$, Formel XI.

B. Beim Behandeln von Methyl-[tri-O-benzoyl-6-jod-6-desoxy-α-D-altropyranosid] mit Hilfe von Bariummethylat in Methanol (*Rosenfeld et al.*, Am. Soc. **70** [1948] 2201, 2204).

Krystalle (aus CHCl$_3$ + Ae. oder aus CHCl$_3$ + Isopentan); F: 105−106°. $[\alpha]_D^{20}$: $+91,4°$ [CHCl$_3$; c = 1]; $[\alpha]_D^{20}$: $+79,3°$ [W.; c = 1].

b) **Methyl-[6-jod-6-desoxy-α-D-glucopyranosid]** $C_7H_{13}IO_5$, Formel XII.

B. Beim Behandeln von Methyl-α-D-glucopyranosid mit Toluol-4-sulfonylchlorid und Pyridin und Erwärmen des Reaktionsprodukts mit Natriumjodid in Aceton (*Raymond*, *Schroeder*, Am. Soc. **70** [1948] 2785, 2788, 2789). Reinigung über das Tri-O-acetyl-Derivat (F: 149−150° [S. 2573]): *Ra.*, *Sch.*, l. c. S. 2789.

Krystalle (aus A.); F: 146−147° [korr.]. $[\alpha]_D^{25}$: $+101,5°$ [W.; c = 5].

c) **Methyl-[6-jod-6-desoxy-β-D-glucopyranosid]** $C_7H_{13}IO_5$, Formel I (R = H).

B. Beim Behandeln von Methyl-[tri-O-acetyl-6-jod-6-desoxy-β-D-glucopyranosid] mit Natriummethylat in Methanol (*Raymond*, *Schroeder*, Am. Soc. **70** [1948] 2785, 2789).

Krystalle; F: 157−158° [korr.; Zers.; aus A.] (*Ra.*, *Sch.*), 157−158° [aus CHCl$_3$ + E.] (*Oldham*, Soc. **127** [1925] 2840, 2845). $[\alpha]_D^{25}$: $-17°$ [W.; c = 5] (*Ra.*, *Sch.*); $[\alpha]_D$: $-16,1°$ [CHCl$_3$; c = 2] (*Ol.*).

Methyl-[6-jod-O^4-methyl-6-desoxy-α-D-mannopyranosid], Methyl-[6-jod-O^4-methyl-α-D-rhamnopyranosid] $C_8H_{15}IO_5$, Formel II.

B. Beim Erwärmen von Methyl-[O^2,O^3-diacetyl-O^4-methyl-O^6-(toluol-4-sulfonyl)-α-D-mannopyranosid] mit Natriumjodid in Aceton und Behandeln des Reaktionsprodukts mit Bariummethylat in Methanol (*Haskins et al.*, Am. Soc. **67** [1945] 1800, 1807).

Krystalle (aus $CHCl_3$ + Hexan); F: 100—101°. $[\alpha]_D^{20}$: +75,5° [W.; c = 1].

Methyl-[6-jod-O^2,O^3-dimethyl-6-desoxy-β-D-glucopyranosid] $C_9H_{17}IO_5$, Formel III (R = CH_3).

B. Beim Erwärmen von Methyl-[O^2,O^3-dimethyl-O^4,O^6-dinitro-β-D-glucopyranosid] mit Natriumjodid in Aceton und Behandeln des Reaktionsprodukts mit Zink-Pulver, Eisen-Pulver und heisser Essigsäure (*Oldham, Rutherford*, Am. Soc. **54** [1932] 366, 372).

Krystalle; F: 52—55° [nach Erweichen bei 50°]. $[\alpha]_D$: —7,1° [$CHCl_3$; c = 3].
O^4-Benzolsulfonyl-Derivat (F: 72—73°): *Ol., Ru.*

Methyl-[6-jod-tri-O-methyl-6-desoxy-β-D-glucopyranosid] $C_{10}H_{19}IO_5$, Formel I (R = CH_3).

B. Beim Erwärmen von Methyl-[6-brom-tri-O-methyl-6-desoxy-β-D-glucopyranosid] (*Irvine, Oldham*, Soc. **127** [1925] 2729, 2734), von Methyl-[O^2,O^3,O^4-trimethyl-O^6-nitro-β-D-glucopyranosid] (*Oldham*, Soc. **127** [1925] 2840, 2842) oder von Methyl-[O^2,O^3,O^4-trimethyl-O^6-(toluol-4-sulfonyl)-β-D-glucopyranosid] (*Freudenberg, Boppel*, B. **71** [1938] 2505, 2510) mit Natriumjodid in Aceton.

Krystalle; F: 32—33° (*Fr., Bo.*), 31—34° (*Ir., Ol.*), 31—33° (*Ol.*). $[\alpha]_D$: +8,6° [$CHCl_3$; c = 4]; $[\alpha]_D$: +4,1° [Acn.; c = 4]; $[\alpha]_D$: +6,5° [Me.; c = 4] (*Ir., Ol.*).

I   II   III   IV

4-[6-Jod-6-desoxy-β-D-glucopyranosyloxy]-3-methoxy-benzaldehyd $C_{14}H_{17}IO_7$, Formel IV (R = H).

B. Beim Erwärmen von 3-Methoxy-4-[tri-O-acetyl-6-jod-6-desoxy-β-D-glucopyranosyloxy]-benzaldehyd mit Natriummethylat in Methanol (*Helferich et al.*, Z. physiol. Chem. **248** [1937] 85, 92).

Krystalle (aus W.) mit 2 Mol H_2O. F: 205—207° [Zers.]; $[\alpha]_D^{20}$: —116° [Py.; p = 1] [wasserfreies Präparat]. 100 g einer bei 30° gesättigten wss. Lösung enthalten 0,18 g Dihydrat.

Methyl-[O^3-acetyl-6-jod-O^2-methyl-6-desoxy-β-D-glucopyranosid] $C_{10}H_{17}IO_6$, Formel III (R = $CO-CH_3$).

B. Beim Erwärmen von Methyl-[O^3-acetyl-O^2-methyl-O^4,O^6-dinitro-β-D-glucopyranosid] mit Natriumjodid in Aceton (*Dewar, Fort*, Soc. **1944** 492, 495).

Krystalle (aus Bzn. + Ae.); F: 96—97°. $[\alpha]_D^{14}$: +19,8° [$CHCl_3$; c = 5].

Methyl-[O^3,O^4-diacetyl-6-jod-O^2-methyl-6-desoxy-α-D-altropyranosid] $C_{12}H_{19}IO_7$, Formel V.

B. Beim Behandeln von Methyl-[O^3,O^4-diacetyl-O^2-methyl-α-D-altropyranosid] mit Toluol-4-sulfonylchlorid und Pyridin und Erwärmen des Reaktionsprodukts mit Natriumjodid in Aceton (*Young, Elderfield*, J. org. Chem. **7** [1942] 241, 247). Bildung beim Behandeln von Methyl-[6-jod-O^2-methyl-6-desoxy-α-D-altropyranosid] (Rohprodukt; aus Methyl-[O^2-methyl-α-D-altropyranosid] hergestellt) mit Acetanhydrid und Pyridin: *Yo., El.*, l. c. S. 248, 249.

Krystalle; F: 55° [aus Ae. + Isopentan] (*Yo., El.*, l. c. S. 249), 54,5—55,5° [aus $CHCl_3$ + Isopentan] (*Yo., El.*, l. c. S. 247). $[\alpha]_D^{25}$: +76,2° [$CHCl_3$; c = 1] (*Yo., El.*, l. c. S. 247); $[\alpha]_D^{25}$: +91,0° [W.; c = 2] (*Yo., El.*, l. c. S. 249).

Methyl-[O^2,O^4-diacetyl-6-jod-O^3-methyl-6-desoxy-β-D-glucopyranosid] $C_{12}H_{19}IO_7$, Formel VI (R = CH$_3$).

B. Beim Erwärmen von Methyl-[O^2,O^4-diacetyl-O^3-methyl-O^6-(toluol-4-sulfonyl)-β-D-glucopyranosid] mit Natriumjodid in Aceton (*Helferich, Lang,* J. pr. [2] **132** [1932] 321, 330, 331).

Krystalle (aus W.); F: 100,5—101,5° [korr.]. [α]$_D^{18}$: —0,9° [CHCl$_3$; p = 5].

3,4,5-Triacetoxy-2-jodmethyl-6-methoxy-tetrahydro-pyran $C_{13}H_{19}IO_8$.

a) **Methyl-[tri-O-acetyl-6-jod-6-desoxy-α-D-glucopyranosid]** $C_{13}H_{19}IO_8$, Formel VII (R = CH$_3$).

B. Beim Erhitzen von Methyl-[O^2,O^3,O^4-triacetyl-O^6-(toluol-4-sulfonyl)-α-D-glucopyranosid] mit Natriumjodid in Aceton (*Helferich, Himmen,* B. **61** [1928] 1825, 1831; *Compton,* Am. Soc. **60** [1938] 395, 398) oder in 4-Methyl-pentan-2-on (*Zief, Hockett,* Am. Soc. **67** [1945] 1267). Beim Behandeln von Methyl-[6-jod-6-desoxy-α-D-glucopyranosid] mit Acetanhydrid und Pyridin (*Raymond, Schroeder,* Am. Soc. **70** [1948] 2785, 2789).

Krystalle; F: 150—151° [korr.; aus Me.] (*He., Hi.*), 149—150° [aus Me. bzw. aus A.] (*Co.; Ra., Sch.*), 148,5—150° [korr.] (*Zief, Ho.*). [α]$_D^{24}$: +116,3° [CHCl$_3$; p = 6] (*He., Hi.*); [α]$_D^{26}$: +113,8° [CHCl$_3$; c = 4] (*Co.*).

Beim Behandeln mit Silberfluorid und Pyridin ist Methyl-[tri-O-acetyl-6-desoxy-α-D-*xylo*-hex-5-enopyranosid] erhalten worden (*He., Hi.,* l. c. S. 1832).

b) **Methyl-[tri-O-acetyl-6-jod-6-desoxy-β-D-glucopyranosid]** $C_{13}H_{19}IO_8$, Formel I (R = CO-CH$_3$).

B. Beim Erwärmen von Methyl-[tri-O-acetyl-6-brom-6-desoxy-β-D-glucopyranosid] (*Helferich, Himmen,* B. **61** [1928] 1825, 1833 Anm. 18) oder von Methyl-[O^2,O^3,O^4-triacetyl-O^6-(toluol-4-sulfonyl)-β-D-glucopyranosid] (*Compton,* Am. Soc. **60** [1938] 395, 397) mit Natriumjodid in Aceton. Beim Behandeln von Methyl-β-D-glucopyranosid in Pyridin mit Toluol-4-sulfonylchlorid in Dichlormethan, Erwärmen des erhaltenen Esters mit Natriumjodid in Aceton und Behandeln des Reaktionsprodukts mit Acetanhydrid und Pyridin (*Raymond, Schroeder,* Am. Soc. **70** [1948] 2785, 2789).

Krystalle [aus A.] (*Co.; Ra., Sch.*); F: 115—116° [korr.] (*He., Hi.,* B. **61** 1833), 114° bis 115° (*Co.; Ra., Sch.*). [α]$_D^{26}$: +2,4° [CHCl$_3$; c = 4] (*Co.*).

Beim Behandeln mit Silberfluorid und Pyridin ist Methyl-[tri-O-acetyl-6-desoxy-β-D-*xylo*-hex-5-enopyranosid] (*He., Hi.,* B. **61** 1833), beim Erwärmen mit Silberfluorid und Methanol sind daneben geringe Mengen Methyl-[O^2,O^3,O^4-triacetyl-O^6-methyl-β-D-glucopyranosid] (*Helferich, Himmen,* B. **62** [1929] 2136, 2141) erhalten worden.

3-Methoxy-4-[tri-O-acetyl-6-jod-6-desoxy-β-D-glucopyranosyloxy]-benzaldehyd $C_{20}H_{23}IO_{10}$, Formel IV (R = CO-CH$_3$).

B. Beim Erhitzen von 3-Methoxy-4-[tri-O-acetyl-6-brom-6-desoxy-β-D-glucopyranosyloxy]-benzaldehyd mit Natriumjodid in Aceton (*Helferich et al.,* Z. physiol. Chem. **248** [1937] 85, 92).

Krystalle (aus wss. A.); F: 136—138°. [α]$_D^{16}$: —67,3° [CHCl$_3$; p = 1].

2,3,4,5-Tetraacetoxy-6-jodmethyl-tetrahydro-pyran $C_{14}H_{19}IO_9$.

a) **Tetra-O-acetyl-6-jod-6-desoxy-α-D-glucopyranose** $C_{14}H_{19}IO_9$, Formel VII (R = CO-CH$_3$).

B. Beim Erwärmen von Tetra-O-acetyl-6-brom-6-desoxy-α-D-glucopyranose (*Helferich, Himmen,* B. **61** [1928] 1825, 1829, 1830) oder von O^1,O^2,O^3,O^4-Tetraacetyl-O^6-methansulfonyl-α-D-glucopyranose (*Helferich et al.,* J. pr. [2] **153** [1939] 285, 291) mit Natriumjodid in Aceton. Beim Erhitzen von O^1,O^2,O^3,O^4-Tetraacetyl-O^6-[toluol-4-sulfonyl]-

α-D-glucopyranose (Rohprodukt; aus D-Glucose hergestellt) mit Natriumjodid und Acet=
anhydrid (*Hardegger, Montavon,* Helv. **29** [1946] 1199, 1201).

Krystalle; F: 182° [korr.; aus Me.] (*He., Hi.*), 180—181° [korr.; aus A.] (*He. et al.*),
180° [korr.] (*Ha., Mo.*). $[\alpha]_D^{20}$: +101,0° [CHCl$_3$] (*He. et al.*); $[\alpha]_D^{24}$: +102,0° [CHCl$_3$;
p = 6] (*He., Hi.*); $[\alpha]_D$: +102° [CHCl$_3$; c = 0,6] (*Ha., Mo.*).

b) **Tetra-*O*-acetyl-6-jod-6-desoxy-β-D-glucopyranose** $C_{14}H_{19}IO_9$, Formel VI
(R = CO-CH$_3$).

B. Beim Erwärmen von Tetra-*O*-acetyl-6-brom-6-desoxy-β-D-glucopyranose (*Helferich,
Collatz,* B. **61** [1928] 1640, 1644) oder von O^1,O^2,O^3,O^4-Tetraacetyl-O^6-methansulfonyl-
β-D-glucopyranose (*Helferich et al.,* J. pr. [2] **153** [1939] 285, 290) mit Natriumjodid in
Aceton. Beim Erhitzen von O^1,O^2,O^3,O^4-Tetraacetyl-O^6-[toluol-4-sulfonyl]-β-D-gluco=
pyranose mit Natriumjodid und Acetanhydrid (*Hardegger, Montavon,* Helv. **29** [1946]
1199, 1202) oder mit Kaliumjodid und Acetanhydrid (*Garrido Espinosa,* An. Univ. catol.
Valparaiso Nr. 4 [1957] 245, 249).

Krystalle; F: 152—153° [aus Me.] (*He. et al.*), 152° [korr.; aus A.] (*He., Co.*), 148°
[korr.] (*Ha., Mo.*), 148° (*Ga. E.*). $[\alpha]_D^{18}$: +9,4° [CHCl$_3$; c = 5] (*Ga. E.*); $[\alpha]_D^{20}$: +9,1°
[CHCl$_3$] (*He. et al.*); $[\alpha]_D^{23}$: +9,3° [CHCl$_3$; p = 19] (*He., Co.*); $[\alpha]_D$: +9,5° [CHCl$_3$;
c = 1] (*Ha., Mo.*).

3,4,5-Tris-benzoyloxy-2-jodmethyl-6-methoxy-tetrahydro-pyran $C_{28}H_{25}IO_8$.

a) **Methyl-[tri-*O*-benzoyl-6-jod-6-desoxy-α-D-altropyranosid]** $C_{28}H_{25}IO_8$,
Formel VIII.

B. Beim Erwärmen von Methyl-[O^2,O^3,O^4-tribenzoyl-O^6-(toluol-4-sulfonyl)-α-D-altro=
pyranosid] mit Natriumjodid in Hexan-2,5-dion (*Rosenfeld et al.,* Am. Soc. **70** [1948]
2201, 2204).

Krystalle (aus Acn. + W.); F: 143—145°. $[\alpha]_D^{20}$: +2,5° [CHCl$_3$; c = 4].

VIII   IX

b) **Methyl-[tri-*O*-benzoyl-6-jod-6-desoxy-α-D-glucopyranosid]** $C_{28}H_{25}IO_8$, Formel IX.
B. Aus Methyl-[O^2,O^3,O^4-tribenzoyl-O^6-(toluol-4-sulfonyl)-α-D-glucopyranosid] mit Hilfe
von Natriumjodid (*Bell,* Soc. **1934** 1177).

Krystalle (aus A. + Ae.); F: 99—100,5°. $[\alpha]_D^{16}$: +42,3° [CHCl$_3$; c = 4].

c) **Methyl-[tri-*O*-benzoyl-6-jod-6-desoxy-α-D-mannopyranosid], Methyl-[tri-*O*-benz=
oyl-6-jod-α-D-rhamnopyranosid]** $C_{28}H_{25}IO_8$, Formel X.
B. Beim Erwärmen von Methyl-[O^2,O^3,O^4-tribenzoyl-O^6-(toluol-4-sulfonyl)-α-D-manno=
pyranosid] mit Natriumjodid in Aceton (*Haskins et al.,* Am. Soc. **68** [1946] 628, 630;
Edington et al., Soc. **1955** 2281, 2285).

Krystalle; F: 202—203° [aus A.] (*Ha. et al.*), 199—201° [Kofler-App.; aus Acn.] (*Ed.
et al.*). $[\alpha]_D^{18}$: −106° [CHCl$_3$] (*Ed. et al.*); $[\alpha]_D^{20}$: −101,6° [CHCl$_3$; c = 1].

X   XI

d) **Methyl-[tri-*O*-benzoyl-6-jod-6-desoxy-β-D-galactopyranosid], Methyl-[tri-
O-benzoyl-6-jod-β-D-fucopyranosid]** $C_{28}H_{25}IO_8$, Formel XI.
B. Beim Erwärmen von Methyl-[O^2,O^3,O^4-tribenzoyl-O^6-(toluol-4-sulfonyl)-β-D-galacto=

pyranosid] mit Natriumjodid in Aceton (*Müller*, B. **64** [1931] 1820, 1824, 1825).
Krystalle (aus A.), F: 145°; Krystalle (aus Acn. + wss. A.) mit 1 Mol Aceton, F: 140°.
$[\alpha]_D^{20}$: +169,3° [CHCl$_3$; p = 1] [lösungsmittelfreies Präparat].

6-Jod-O^1-vanilloyl-6-desoxy-β-D-glucopyranose C$_{14}$H$_{17}$IO$_8$, Formel XII (R = H).
B. Beim Behandeln von O^1-[4-Acetoxy-3-methoxy-benzoyl]-O^2,O^3,O^4-triacetyl-6-jod-6-desoxy-β-D-glucopyranose (s. u.) mit Ammoniak in Methanol (*Rastogi*, J. scient. ind. Res. India **18** B [1959] 522).
Krystalle (aus W.); F: 171°. $[\alpha]_D$: −21,0° [A.; c = 1].

O^1-[4-Acetoxy-3-methoxy-benzoyl]-O^2,O^3,O^4-triacetyl-6-jod-6-desoxy-β-D-glucopyranose
C$_{22}$H$_{25}$IO$_{12}$, Formel XII (R = CO-CH$_3$).
B. Beim Erwärmen von O^1-[4-Acetoxy-3-methoxy-benzoyl]-O^2,O^3,O^4-triacetyl-O^6-[toluol-4-sulfonyl]-β-D-glucopyranose mit Natriumjodid in Aceton (*Rastogi*, J. scient. ind. Res. India **18** B [1959] 522).
Krystalle (aus Bzl. + PAe.); F: 77°. $[\alpha]_D$: −25,2° [CHCl$_3$; c = 1].

XII   XIII

Methyl-[O^2,O^3-diacetyl-6-jod-O^4-(tri-O-acetyl-6-jod-6-desoxy-β-D-glucopyranosyl)-6-desoxy-β-D-glucopyranosid], Methyl-[penta-O-acetyl-6,6'-dijod-6,6'-didesoxy-β-cellobiosid] C$_{23}$H$_{32}$I$_2$O$_{14}$, Formel XIII.
B. Beim Erwärmen von Methyl-[O^2,O^3-diacetyl-O^6-methansulfonyl-O^4-(O^2,O^3,O^4-triacetyl-O^6-methansulfonyl-β-D-glucopyranosyl)-β-D-glucopyranosid] (*Helferich, Stryk*, B. **74** [1941] 1794, 1796) oder von Methyl-{O^2,O^3-diacetyl-O^6-[toluol-4-sulfonyl]-O^4-[O^2,O^3,O^4-triacetyl-O^6-(toluol-4-sulfonyl)-β-D-glucopyranosyl]-β-D-glucopyranosid} (*Helferich et al.*, B. **63** [1930] 989, 997, 998; *Compton*, Am. Soc. **60** [1938] 1203) mit Natriumjodid in Aceton.
Krystalle [aus Me.] (*He. et al.*); F: 218−219° (*Co.*), 216−219° [unkorr.] (*He. et al.*).
$[\alpha]_D^{17}$: −7,5° [CHCl$_3$; p = 7] (*He. et al.*); $[\alpha]_D^{23}$: −7,5° [CHCl$_3$; c = 4] (*Co.*).

Bis-[tri-O-acetyl-6-jod-6-desoxy-α-D-glucopyranosyl]-äther, Hexa-O-acetyl-6,6'-dijod-6,6'-didesoxy-α,α-trehalose C$_{24}$H$_{32}$I$_2$O$_{15}$, Formel I.
B. Beim Erhitzen von Bis-[O^2,O^3,O^4-triacetyl-O^6-(toluol-4-sulfonyl)-α-D-glucopyranosyl]-äther mit Natriumjodid in Aceton auf 130° (*Bredereck*, B. **63** [1930] 959, 964).
Krystalle (aus A.); F: 191−193° [korr.]. $[\alpha]_D^{19,5}$: +92,3° [CHCl$_3$; p = 3].
Beim Behandeln mit Silberfluorid und Pyridin ist Bis-[tri-O-acetyl-6-desoxy-α-D-*xylo*-hex-5-enopyranosyl]-äther erhalten worden.

I   II

Methyl-[O^4-benzolsulfonyl-6-jod-O^2,O^3-dimethyl-6-desoxy-β-D-glucopyranosid]
C$_{15}$H$_{21}$IO$_7$S, Formel II.
B. Aus Methyl-[6-jod-O^2,O^3-dimethyl-6-desoxy-β-D-glucopyranosid] und Benzolsulfonylchlorid (*Oldham, Rutherford*, Am. Soc. **54** [1932] 366, 373). Beim Erwärmen von Methyl-[O^4,O^6-bis-benzolsulfonyl-O^2,O^3-dimethyl-β-D-glucopyranosid] mit Natriumjodid

in Aceton (*Ol.*, *Ru.*).

Krystalle (aus wss. Me.); F: 72—73°. $[\alpha]_D$: —7,7° [$CHCl_3$; c = 3].

3,4-Diacetoxy-6-jodmethyl-2-methoxy-5-[toluol-4-sulfonyloxy]-tetrahydro-pyran $C_{18}H_{23}IO_9S$.

a) **Methyl-[O^2,O^3-diacetyl-6-jod-O^4-(toluol-4-sulfonyl)-6-desoxy-β-D-glucopyranosid]** $C_{18}H_{23}IO_9S$, Formel III (R = CH_3).

B. Beim Erwärmen von Methyl-[O^2,O^3-diacetyl-O^4,O^6-bis-(toluol-4-sulfonyl)-β-D-glucopyranosid] mit Natriumjodid in Aceton (*Oldham, Rutherford*, Am. Soc. **54** [1932] 366, 375).

Krystalle (aus A.); F: 160—161°. $[\alpha]_D$: —19,9° [$CHCl_3$; c = 4].

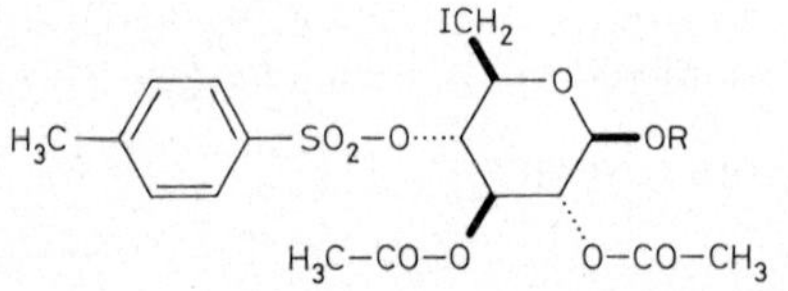

III 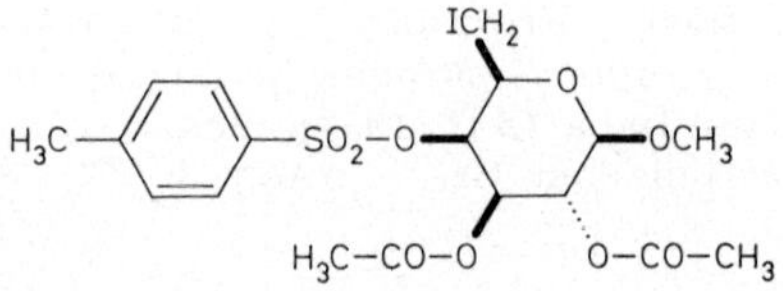   IV

b) **Methyl-[O^2,O^3-diacetyl-6-jod-O^4-(toluol-4-sulfonyl)-6-desoxy-β-D-galactopyranosid], Methyl-[O^2,O^3-diacetyl-6-jod-O^4-(toluol-4-sulfonyl)-β-D-fucopyranosid]** $C_{18}H_{23}IO_9S$, Formel IV.

B. Beim Erhitzen von Methyl-[O^2,O^3-diacetyl-O^4,O^6-bis-(toluol-4-sulfonyl)-β-D-galactopyranosid] mit Natriumjodid in Aceton auf 140° (*Müller et al.*, B. **72** [1939] 745, 750).

Krystalle (aus wss. Me.); F: 113—115°. $[\alpha]_D^{22}$: +40,2° [$CHCl_3$; c = 2].

Methyl-[O^3,O^4-diacetyl-6-jod-O^2-(toluol-4-sulfonyl)-6-desoxy-β-D-glucopyranosid] $C_{18}H_{23}IO_9S$, Formel V (R = CH_3).

B. Beim Erhitzen von Methyl-[O^3,O^4-diacetyl-O^2,O^6-bis-(toluol-4-sulfonyl)-β-D-glucopyranosid] mit Natriumjodid und Acetanhydrid (*Hardegger et al.*, Helv. **31** [1948] 1863, 1866).

Krystalle (aus Me.); F: 178° [korr.]. $[\alpha]_D$: +20° [$CHCl_3$; c = 1].

Benzyl-[O^2,O^3-diacetyl-6-jod-O^4-(toluol-4-sulfonyl)-6-desoxy-β-D-glucopyranosid] $C_{24}H_{27}IO_9S$, Formel III (R = CH_2-C_6H_5).

B. Beim Erwärmen von Benzyl-[O^2,O^3-diacetyl-O^4,O^6-bis-(toluol-4-sulfonyl)-β-D-glucopyranosid] mit Natriumjodid in Aceton (*Raymond et al.*, J. biol. Chem. **130** [1939] 47, 52).

Krystalle (aus Ae. + Pentan); F: 125—126°. $[\alpha]_D^{27}$: —47,4° [Acn.; c = 1].

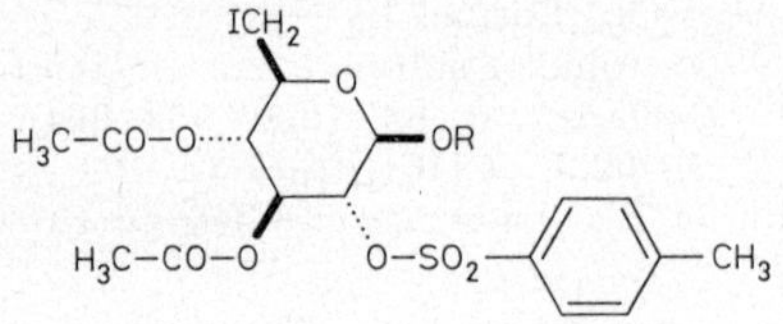

V 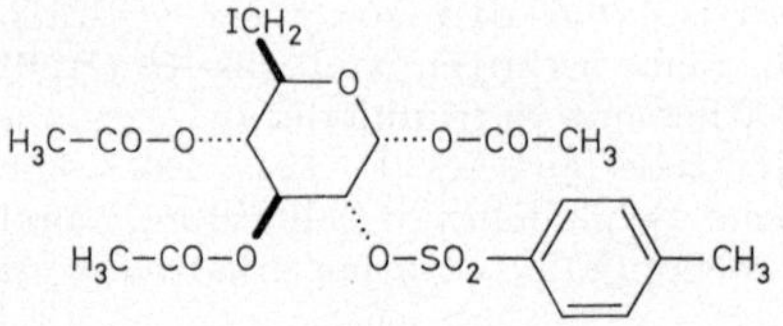   VI

2,4,5-Triacetoxy-6-jodmethyl-3-[toluol-4-sulfonyloxy]-tetrahydro-pyran $C_{19}H_{23}IO_{10}S$.

a) **O^1,O^3,O^4-Triacetyl-6-jod-O^2-[toluol-4-sulfonyl]-6-desoxy-α-D-glucopyranose** $C_{19}H_{23}IO_{10}S$, Formel VI.

B. Beim Erhitzen von O^1,O^3,O^4-Triacetyl-O^2,O^6-bis-[toluol-4-sulfonyl]-α-D-glucopyranose mit Natriumjodid und Acetanhydrid (*Hardegger et al.*, Helv. **31** [1948] 2247, 2249).

Krystalle (aus Me.); F: 126—128° [korr.]. $[\alpha]_D$: +92° [$CHCl_3$; c = 0,7].

b) **O^1,O^3,O^4-Triacetyl-6-jod-O^2-[toluol-4-sulfonyl]-6-desoxy-β-D-glucopyranose** $C_{19}H_{23}IO_{10}S$, Formel V (R = CO-CH_3).

B. Beim Erhitzen von O^1,O^3,O^4-Triacetyl-O^2,O^6-bis-[toluol-4-sulfonyl]-β-D-glucopyranose mit Natriumjodid und Acetanhydrid (*Hardegger et al.*, Helv. **31** [1948] 2247, 2250).

Krystalle (aus Me.); F: 187° [korr.]. $[\alpha]_D$: +21° [$CHCl_3$; c = 1].

Methyl-[O^2,O^3-dibenzoyl-6-jod-O^4-(toluol-4-sulfonyl)-6-desoxy-α-D-glucopyranosid]
$C_{28}H_{27}IO_9S$, Formel VII.

B. Beim Erwärmen von Methyl-[O^2,O^3-dibenzoyl-O^4,O^6-bis-(toluol-4-sulfonyl)-α-D-gluco=
pyranosid] mit Natriumjodid in Aceton (*Bell*, Soc. **1934** 1177).

Krystalle (aus Acn. + A.); F: 136°. $[\alpha]_D^{19}$: +90,9° [$CHCl_3$; c = 2].

VII　　　　　　　　　　　　　　　　　　　VIII

Methyl-[6-jod-O^2-methyl-O^3,O^4-bis-(toluol-4-sulfonyl)-6-desoxy-β-D-glucopyranosid]
$C_{22}H_{27}IO_9S_2$, Formel VIII.

B. Aus Methyl-[O^2-methyl-O^3,O^4,O^6-tris-(toluol-4-sulfonyl)-β-D-glucopyranosid] mit
Hilfe von Natriumjodid (*Oldham, Rutherford*, Am. Soc. **54** [1932] 1086, 1090).

Krystalle; F: 184—185°. $[\alpha]_D$: +26,6° [$CHCl_3$; c = 4].

Methyl-[O^4-acetyl-6-jod-O^2,O^3-bis-(toluol-4-sulfonyl)-6-desoxy-β-D-glucopyranosid]
$C_{23}H_{27}IO_{10}S_2$, Formel IX (R = CH_3).

Die Identität eines von *Hess, Littmann* (B. **67** [1934] 465) mit Vorbehalt unter dieser
Konstitution und Konfiguration beschriebenen, beim Erhitzen von Methyl-[O^4-acetyl-
O^2,O^3,O^6-tris-(toluol-4-sulfonyl)-β-D-glucopyranosid] mit Natriumjodid in Aceton auf
125° erhaltenen Präparats (Krystalle [aus Ae. + PAe.], F: 129—130°; $[\alpha]_D^{20}$: −16,2°
[Bzl.]; $[\alpha]_D^{20}$: +13,2° [$CHCl_3$]; $[\alpha]_D^{20}$: −8,6° [Acn.]) ist ungewiss (*Hess, Eveking*, B. **67**
[1934] 1908, 1911).

B. Beim Erwärmen von O^4-Acetyl-6-jod-O^2,O^3-bis-[toluol-4-sulfonyl]-6-desoxy-
α-D-glucopyranosylbromid (Rohprodukt) mit Silbercarbonat und Methanol (*Hess et al.*,
A. **507** [1933] 55, 60). Beim Erwärmen von Methyl-[O^4-acetyl-O^2,O^3,O^6-tris-(toluol-
4-sulfonyl)-β-D-glucopyranosid] mit Natriumjodid in Aceton (*Hess, Ev.*, l. c. S. 1915,
1916).

Krystalle (aus Me. bzw. A.); F: 162—163° (*Hess et al.*; *Hess, Ev.*). $[\alpha]_D^{18}$: −17,9°
[Bzl.; c = 1]; $[\alpha]_D^{18}$: +11,1° [$CHCl_3$; c = 2]; $[\alpha]_D^{18}$: +3,1° [Acn.; c = 2] (*Hess, Ev.*);
$[\alpha]_D^{20}$: −17,7° [Bzl.; c = 3]; $[\alpha]_D^{20}$: +10,6° [$CHCl_3$; c = 4]; $[\alpha]_D^{20}$: +4,8° [Acn.; c = 4]
(*Hess et al.*).

O^1,O^4-Diacetyl-6-jod-O^2,O^3-bis-[toluol-4-sulfonyl]-6-desoxy-β-D-glucopyranose
$C_{24}H_{27}IO_{11}S_2$, Formel IX (R = $CO-CH_3$).

B. Beim Erhitzen von O^1,O^4-Diacetyl-O^2,O^3,O^6-tris-[toluol-4-sulfonyl]-β-D-glucopyr=
anose mit Natriumjodid in Aceton (*Hess, Kinze*, B. **70** [1937] 1139, 1142).

Krystalle (aus $CHCl_3$); F: 189—190° [Zers.]. $[\alpha]_D^{20}$: +22,1° [Bzl.; c = 1]; $[\alpha]_D^{20}$:
+13,0° [$CHCl_3$; c = 1]; $[\alpha]_D^{20}$: +10,1° [Acn.; c = 1].

IX　　　　　　　　　　　　　　　　　　　X

Methyl-[6-jod-tris-O-methansulfonyl-6-desoxy-α-D-glucopyranosid] $C_{10}H_{19}IO_{11}S_3$,
Formel X.

B. Beim Erwärmen von Methyl-[tetrakis-O-methansulfonyl-α-D-glucopyranosid] mit
Natriumjodid in Aceton oder mit Kaliumjodid in Wasser (*Helferich, Gnüchtel*, B. **71**
[1938] 712, 717).

Krystalle (aus A. + E.); F: 144—145°. $[\alpha]_D^{20}$: +82,4° [Py.; p = 4].

Methyl-[6-jod-tris-O-(toluol-4-sulfonyl)-6-desoxy-β-D-glucopyranosid] $C_{28}H_{31}IO_{11}S_3$, Formel XI.

B. Beim Erwärmen von Methyl-[tetrakis-O-(toluol-4-sulfonyl)-β-D-glucopyranosid] mit Natriumjodid in Aceton (*Oldham, Rutherford*, Am. Soc. **54** [1932] 366, 377).

Krystalle (aus Eg.); F: 211—212°. $[\alpha]_D$: —1,2° [CHCl$_3$; c = 3].

XI   XII   XIII

Methyl-[tri-O-methyl-6-nitro-6-desoxy-β-D-glucopyranosid] $C_{10}H_{19}NO_7$, Formel XII.

B. Beim Erwärmen von Methyl-[6-jod-tri-O-methyl-6-desoxy-β-D-glucopyranosid] mit Silbernitrit (*Irvine, Oldham*, Soc. **127** [1925] 2729, 2735).

Öl; n_D: 1,4603 [über das Natrium-Salz gereinigtes Präparat].

Methyl-[tri-O-acetyl-6-azido-6-desoxy-α-D-glucopyranosid] $C_{13}H_{19}N_3O_8$, Formel XIII (R = CO-CH$_3$).

B. Beim Erwärmen einer Lösung von Methyl-[O^6-(toluol-4-sulfonyl)-α-D-glucopyr$=$ anosid] in Aceton mit Natriumazid in Wasser und Behandeln des Reaktionsprodukts mit Acetanhydrid und Pyridin (*Cramer et al.*, B. **92** [1959] 384, 390).

Krystalle (aus A.); F: 103°. $[\alpha]_D^{20}$: +156° [Me.; c = 1].   [*Schomann*]

2-Hydroxymethyl-tetrahydro-pyran-3,4,5-triol $C_6H_{12}O_5$.

a) **(2R)-2r-Hydroxymethyl-tetrahydro-pyran-3t,4t,5t-triol, D-1,5-Anhydro-allit** $C_6H_{12}O_5$, Formel I.

Diese Konfiguration wird der nachstehend beschriebenen Verbindung zugeordnet (*Theander*, Acta chem. scand. **12** [1958] 1887, 1890).

B. Neben 1,5-Anhydro-D-altrit, 1,5-Anhydro-D-glucit und 1,5-Anhydro-D-mannit beim Behandeln von 1,5-Anhydro-D-*erythro*-[2,3]hexodiulose ((5R)-5r-Hydroxy-6t-hydroxy$=$ methyl-dihydro-pyran-3,4-dion; Rohprodukt; F: 53—55°; $[\alpha]_D^{22}$: +155° [W.]) mit Raney-Nickel und heissem wss. Äthanol oder mit Natriumboranat in Wasser (*Th.*, l. c. S. 1895).

Krystalle (aus wss. A.); F: 147—148° [korr.]. $[\alpha]_D^{22}$: +26° [W.; c = 0,5].

b) **(2R)-2r-Hydroxymethyl-tetrahydro-pyran-3t,4t,5c-triol, 1,5-Anhydro-D-altrit** $C_6H_{12}O_5$, Formel II.

B. Beim Erwärmen von O^4,O^6-[($\varXi$)-Benzyliden]-1,5-anhydro-D-altrit mit wss. Schwefel$=$ säure (*Zissis, Richtmyer*, Am. Soc. **77** [1955] 5154).

Krystalle (aus A.); F: 127—129° (*Zi., Ri.*). $[\alpha]_D^{20}$: +28,4° [W.; c = 1] (*Zi., Ri.*); $[\alpha]_D^{22}$: +25° [W.; c = 0,5] [amorphes Rohprodukt] (*Theander*, Acta chem. scand. **12** [1958] 1887, 1895); $[\alpha]_D^{20}$: +31,4° [wss. Ammoniummolybdat-Lösung] (*Zi., Ri.*).

I   II   III   IV

c) **(2R)-2r-Hydroxymethyl-tetrahydro-pyran-3c,4c,5c-triol, 2,6-Anhydro-D-altrit, 1,5-Anhydro-D-talit** $C_6H_{12}O_5$, Formel III.

B. Aus Tetra-O-acetyl-2,6-anhydro-D-altrit (S. 2581) beim Schütteln einer äthanol. Lösung mit Bariumhydroxid in Wasser (*Freudenberg, Rogers*, Am. Soc. **59** [1937] 1602, 1604). Bei der Hydrierung von 2,6-Anhydro-D-altrose an Raney-Nickel in Wasser bei

100°/100 at (*Rosenfeld et al.*, Am. Soc. **70** [1948] 2201, 2206).
Öl; $[\alpha]_D^{20}$: $-11,4°$ [W.; c = 5] (*Ro. et al.*).

d) **(2*R*)-2*r*-Hydroxymethyl-tetrahydro-pyran-3*t*,4*c*,5*t*-triol, 1,5-Anhydro-D-glucit,
Polygalit,** Acerit $C_6H_{12}O_5$, Formel IV (E II 235).
Bestätigung der Konstitutionszuordnung und Konfigurationszuordnung: *Fletcher,
Hudson*, Am. Soc. **71** [1949] 3682, 3683; *Ness et al.*, Am. Soc. **72** [1950] 4547; *Wiggins*,
Adv. Carbohydrate Chem. **5** [1950] 191, 202, 203.
Isolierung aus Polygala senega: *Freudenberg, Rogers*, Am. Soc. **59** [1937] 1602, 1604;
aus Polygala tenuifolia: *Shinoda et al.*, B. **65** [1932] 1219, 1221.
B. Beim Behandeln von Tetra-O-acetyl-1,5-anhydro-D-glucit mit Natriummethylat
in Methanol (*Fletcher*, Am. Soc. **69** [1947] 706; *Rice, Inatome*, Am. Soc. **80** [1958] 4709)
oder mit Ammoniak in Methanol (*Lemieux*, Canad. J. Chem. **29** [1951] 1079, 1089).
Beim Behandeln von Tetra-O-acetyl-α-D-glucopyranosylbromid mit Lithiumalanat in
Äther (*Ness et al.*).
Krystalle; F: 142—143° [korr.; aus Me. bzw. A.] (*Fr., Ro.; Ness et al.*), 141—142°
[korr.; aus A.] (*Theander*, Acta chem. scand. **12** [1958] 1887, 1895), 141—142° [aus Me.]
(*Richtmyer, Hudson*, Am. Soc. **65** [1943] 64, 65). $[\alpha]_D^{19}$: $+42,9°$ [W.; c = 1] (*Fr., Ro.*);
$[\alpha]_D^{20}$: $+43°$ [W.; c = 0,5] (*Th.*); $[\alpha]_D^{20}$: $+42,8°$ [W.; c = 2] (*Ness et al.*); $[\alpha]_D^{20}$: $+42,5°$
[W.; c = 2] (*Ri., Hu.*); $[\alpha]_D^{20}$: $+42,3°$ [W.; c = 0,8] (*Fl.*); $[\alpha]_D^{20}$: $+41,9°$ [wss. Ammonium≠
molybdat-Lösung] (*Zissis, Richtmyer*, Am. Soc. **77** [1955] 5154); $[\alpha]_D^{23}$: $+45,0°$ [wss.
Borsäure] (*Fr., Ro.*).
Beim Behandeln mit Eisen(II)-sulfat und wss. Wasserstoffperoxid und Erwärmen des
Reaktionsprodukts mit Phenylhydrazin und wss. Essigsäure ist D-*arabino*-[2]Hexosulose-
bis-phenylhydrazon („D-Glucose-phenylosazon"), beim Behandeln mit wss. Natrium≠
hypobromit-Lösung und Erwärmen des Reaktionsprodukts mit Phenylhydrazin und wss.
Essigsäure ist hingegen 1,5-Anhydro-D-*erythro*-[2,3]hexodiulose-bis-phenylhydrazon
((5*S*)-5*r*-Hydroxy-6*t*-hydroxymethyl-dihydro-pyran-3,4-dion-bis-phenylhydrazon) erhalten worden (*Sh. et al.*, l. c. S. 1222, 1223). Geschwindigkeit der Reaktion mit Blei(IV)-
acetat in Essigsäure bei 25°: *Hockett et al.*, Am. Soc. **65** [1943] 1474, 1476. Hydrierung
an Kupferoxid-Chromoxid in Äthanol bei 220° unter Bildung von 6-Hydroxymethyl-
tetrahydro-pyran-3,4-diol (nicht charakterisiert) sowie geringen Mengen D-*ribo*-1,5-An≠
hydro-2-desoxy-hexit und D-*arabino*-1,5-Anhydro-2-desoxy-hexit: *v. Rudloff, Pulloch*,
Canad. J. Chem. **35** [1957] 1504, 1506, 1509. Reaktion mit Benzaldehyd in Gegenwart
von Zinkchlorid unter Bildung von O^4,O^6-[(*E*)-Benzyliden]-1,5-anhydro-D-glucit (F: 164°
bis 165°; $[\alpha]_D^{20}$: $-21,2°$ [CHCl₃]): *Zi., Ri.*

e) **(2*S*)-2*r*-Hydroxymethyl-tetrahydro-pyran-3*c*,4*t*,5*t*-triol, 2,6-Anhydro-D-glucit,
1,5-Anhydro-L-gulit** $C_6H_{12}O_5$, Formel V.
B. Neben geringen Mengen 1,5-Anhydro-D-mannit beim Behandeln von Tetra-
O-benzoyl-β-D-fructopyranosylbromid mit Lithiumalanat in Äther; Reinigung über das
O^1,O^3-Benzyliden-Derivat [F: 164—167° und (nach Wiedererstarren) F: 173—176°]
(*Ness, Fletcher*, Am. Soc. **75** [1953] 2619, 2623).
Amorph. $[\alpha]_D^{20}$: $+7,8°$ [W.; c = 1].

f) **(2*R*)-2*r*-Hydroxymethyl-tetrahydro-pyran-3*c*,4*t*,5*t*-triol, 2,6-Anhydro-L-glucit,
1,5-Anhydro-D-gulit** $C_6H_{12}O_5$, Formel VI.
B. Beim Behandeln von Methyl-[tetra-O-acetyl-α-D-gulopyranosid] mit Acetanhydrid
und wenig Schwefelsäure, Behandeln des Reaktionsprodukts mit Bromwasserstoff in
Essigsäure und Erwärmen des erhaltenen Tetra-O-acetyl-α-D-gulopyranosylbromids mit
Lithiumalanat in Äther; Reinigung über das O^1,O^3-Benzyliden-Derivat [F: 168—169°
und (nach Wiedererstarren) F: 176—178°] (*Ness, Fletcher*, Am. Soc. **75** [1953] 2619,
2623).
Amorph. $[\alpha]_D^{20}$: $-7,9°$ [W.; c = 3].

g) **(2*R*)-2*r*-Hydroxymethyl-tetrahydro-pyran-3*t*,4*c*,5*c*-triol, 1,5-Anhydro-D-mannit,
Styracit** $C_6H_{12}O_5$, Formel VII (H 191; E I 122; E II 235).
B. In geringer Menge neben 1,4;3,6-Dianhydro-D-mannit (vgl. *Montgomery, Wiggins*,
Soc. **1947** 433, 436) bei mehrtägigem Erhitzen von D-Mannit mit wss. Salzsäure (*Fletcher,
Diehl*, Am. Soc. **74** [1952] 3175). Beim Behandeln von Tetra-O-acetyl-1,5-anhydro-
D-mannit mit Natriummethylat in warmem Methanol (*Hockett, Conley*, Am. Soc. **66**
[1944] 464), mit Bariummethylat in Methanol (*Fried, Walz*, Am. Soc. **71** [1949] 140,

142) oder mit Ammoniak in Methanol (*Lemieux, Brice*, Canad. J. Chem. **33** [1955] 109, 117, 118). Beim Behandeln von Tetra-O-acetyl-α-D-mannopyranosylbromid mit Lithium$=$ alanat in Äther (*Ness et al.*, Am. Soc. **72** [1950] 4547).

Krystalle; F: 156—157° [aus A.] (*Fl., Di.*), 155—157° [korr.; aus A.] (*Ness et al.*), 155—156° [korr.; aus Me.] (*Fr., Walz*), 154,5—155° [aus Me.] (*Le., Br.*). $[\alpha]_D^{20}$: $-50,9°$ [W.; c = 0,5] (*Ho., Co.*); $[\alpha]_D^{20}$: $-50,3°$ [W.; c = 1] (*Fl., Di.*); $[\alpha]_D^{20}$: $-49,8°$ [W.; c = 2] (*Ness et al.*); $[\alpha]_D^{22}$: $-54°$ [W.; c = 0,5] (*Theander*, Acta chem. scand. **12** [1958] 1887, 1895); $[\alpha]_D^{26}$: $-50°$ [W.; c = 1] (*Fr., Walz*); $[\alpha]_D$: $-50,5°$ [W.; c = 0,4] (*Le., Br.*); $[\alpha]_D^{20}$: $-51,5°$ [wss. Ammoniummolybdat-Lösung] (*Zissis, Richtmyer*, Am. Soc. **77** [1955] 5154); $[\alpha]_D^{23}$: $-50,5°$ [wss. Borsäure] (*Freudenberg, Rogers*, Am. Soc. **59** [1937] 1602, 1604).

Die beim Behandeln mit wss. Natriumhypobromit-Lösung und Erwärmen des Reaktions-produkts mit Phenylhydrazin und wss. Essigsäure erhaltene Verbindung $C_{18}H_{20}N_4O_3$ vom F: 185° (s. E I 122) ist als 1,5-Anhydro-D-*erythro*-[2,3]hexodiulose-bis-phenyl$=$ hydrazon ((5S)-5r-Hydroxy-6t-hydroxymethyl-dihydro-pyran-3,4-dion-bis-phenylhydr$=$ azon) zu formulieren (*Bergmann, Zervas*, B. **64** [1931] 2032; *Shinoda et al.*, B. **65** [1932] 1219, 1220). Geschwindigkeit der Reaktion mit Blei(IV)-acetat in Essigsäure bei 25°: *Hockett et al.*, Am. Soc. **65** [1943] 1474, 1476. Reaktion mit Aceton in Gegenwart von Chlorwasserstoff unter Bildung von $O^2,O^3;O^4,O^6$-Diisopropyliden-1,5-anhydro-D-mannit sowie Reaktion mit Benzaldehyd unter Bildung von zwei $O^2,O^3;O^4,O^6$-Di-[(E)-benz$=$ yliden]-1,5-anhydro-D-manniten (F: 163—165°; $[\alpha]_D^{25}$: $-148,7°$ [CHCl$_3$] bzw. F: 192° bis 193°; $[\alpha]_D^{25}$: $-80,5°$ [CHCl$_3$]): *Asahina, Takimoto*, B. **64** [1931] 1803. Beim Behandeln einer Lösung mit 3-Nitro-benzaldehyd in Butylacetat ist eine vermutlich als O^4,O^6-[(E)-3-Nitro-benzyliden]-1,5-anhydro-D-mannit zu formulierende Verbindung $C_{13}H_{15}NO_7$ (F: 175—175,5°) erhalten worden (*Ho., Co.*).

V	VI	VII	VIII

h) (2R)-2r-Hydroxymethyl-tetrahydro-pyran-3c,4c,5t-triol, D-1,5-Anhydro-galactit $C_6H_{12}O_5$, Formel VIII.

B. Aus Tetra-O-acetyl-D-1,5-anhydro-galactit (Modifikation vom F: 75—76° [S. 2582]) mit Hilfe von Bariummethylat (*Fletcher, Hudson*, Am. Soc. **70** [1948] 310, 313).

Krystalle (aus wss. A.); F: 114—115° [korr.] (*Fl., Hu.*). $[\alpha]_D^{20}$: $+76,6°$ [W.; c = 1] (*Fl., Hu.*); $[\alpha]_D^{20}$: $+80,3°$ [wss. Ammoniummolybdat-Lösung] (*Zissis, Richtmyer*, Am. Soc. **77** [1955] 5154).

3,4,5-Trimethoxy-2-methoxymethyl-tetrahydro-pyran $C_{10}H_{20}O_5$.

a) (2R)-3t,4c,5t-Trimethoxy-2r-methoxymethyl-tetrahydro-pyran, Tetra-O-methyl-1,5-anhydro-D-glucit, Tetra-O-methyl-polygalit $C_{10}H_{20}O_5$, Formel IX (R = CH$_3$).

B. Beim Erwärmen einer wss. Lösung von 1,5-Anhydro-D-glucit mit Dimethylsulfat in Tetrachlormethan und mit wss. Natronlauge (*Freudenberg, Sheehan*, Am. Soc. **62** [1940] 558).

Öl; bei 80°/2 Torr destillierbar. n_D^{22}: 1,4444. $[\alpha]_D^{23}$: $+67,7°$ [unverd.].

b) (2R)-3t,4c,5c-Trimethoxy-2r-methoxymethyl-tetrahydro-pyran, Tetra-O-methyl-1,5-anhydro-D-mannit, Tetra-O-methyl-styracit $C_{10}H_{20}O_5$, Formel X (R = CH$_3$).

B. Aus 1,5-Anhydro-D-mannit beim Erwärmen einer wss. Lösung mit Dimethylsulfat in Tetrachlormethan und mit wss. Natronlauge (*Freudenberg, Sheehan*, Am. Soc. **62** [1940] 558; *Hockett, Conley*, Am. Soc. **66** [1944] 464) sowie beim Behandeln mit Methyljodid, Dimethylformamid und Silberoxid (*Eades et al.*, J. org. Chem. **30** [1965] 3949).

Kp_{24}: 149—151°; Kp_{16}: 143—144° (*Asahina, Takimoto*, B. **64** [1931] 1803). Kp_2: 88—93° (*Ho., Co.*). D_4^{18}: 1,1092 (*As., Ta.*); $D_4^{26,5}$: 1,0895 (*Ho., Co.*). n_D^{14}: 1,4516 (*As., Ta.*); n_D^{23}: 1,4520 (*Ho., Co.*); n_D^{25}: 1,4521 (*Ea. et al.*). $[\alpha]_D^{14}$: $-35,6°$ [unverd.] (*As., Ta.*); $[\alpha]_D^{20}$: $-35,0°$ [unverd.] (*Ho., Co.*); $[\alpha]_D^{23}$: $-36,5°$ [unverd.] (*Fr., Sh.*); $[\alpha]_D^{25}$: $-40,2°$ [A.; c = 2,5] (*Ea. et al.*).

(3*S*)-4*t*,5*c*-Diacetoxy-6*t*-acetoxymethyl-tetrahydro-pyran-3*r*-ol, O^3,O^4,O^6-Triacetyl-
1,5-anhydro-D-glucit $C_{12}H_{18}O_8$, Formel XI.
Diese Konstitution und Konfiguration wird der nachstehend beschriebenen Verbindung
zugeordnet (*Tanaka*, Bl. chem. Soc. Japan **5** [1930] 214, 216).
B. Neben O^3,O^4,O^6-Triacetyl-O^1-benzoyl-β-D-glucopyranose und einer (isomeren) Verbindung $C_{19}H_{22}O_{10}$ vom F: 168° bei mehrtägigem Behandeln von Tri-*O*-acetyl-D-glucal
(Tri-*O*-acetyl-1,5-anhydro-2-desoxy-D-*arabino*-hex-1-enit [S. 2333]) mit Peroxybenzoe=
säure in Chloroform (*Ta.*, l. c. S. 218, 221).
Krystalle (aus A.); F: 122°. $[\alpha]_D^7$: $+8,7°$ [CHCl₃; c = 2].

3,4,5-Triacetoxy-2-acetoxymethyl-tetrahydro-pyran $C_{14}H_{20}O_9$.

a) (2*R*)-3*t*,4*t*,5*c*-Triacetoxy-2*r*-acetoxymethyl-tetrahydro-pyran, Tetra-*O*-acetyl-
1,5-anhydro-D-altrit $C_{14}H_{20}O_9$, Formel XII (R = CO-CH₃).
B. Beim Behandeln von 1,5-Anhydro-D-altrit mit Acetanhydrid und Natriumacetat
(*Zissis, Richtmyer*, Am. Soc. **77** [1955] 5154).
Krystalle; F: 104—105° [aus CHCl₃ + Pentan] (*Zi., Ri.*), 102—103° (*Theander*, Acta
chem. scand. **12** [1958] 1887, 1895). $[\alpha]_D^{20}$: $-22,7°$ [CHCl₃; c = 1] (*Zi., Ri.*).

IX   X   XI   XII

b) (2*R*)-3*c*,4*c*,5*c*-Triacetoxy-2*r*-acetoxymethyl-tetrahydro-pyran, Tetra-*O*-acetyl-
2,6-anhydro-D-altrit, Tetra-*O*-acetyl-1,5-anhydro-D-talit $C_{14}H_{20}O_9$, Formel XIII.
Über die Konfiguration der nachstehend beschriebenen Verbindung am C-Atom 5 des
Pyranringes s. *Rosenfeld et al.*, Am. Soc. **70** [1948] 2201, 2202; *Fletcher, Hudson*, Am. Soc.
71 [1949] 3682, 3683.
B. Beim Behandeln von 2,6-Anhydro-D-altrit (Rohprodukt [vgl. S. 2578]) mit Acetan=
hydrid und Pyridin (*Ro. et al.*, l. c. S. 2206). Bei der Hydrierung von Tetra-*O*-acetyl-
2,6-anhydro-D-*arabino*-hex-5-enit (S. 2658) an Palladium in Essigsäure (*Freudenberg,
Rogers*, Am. Soc. **59** [1937] 1602, 1604).
Krystalle; F: 108° [korr.; aus Me.] (*Fr., Ro.*), 106—107° [aus CHCl₃ + Pentan] (*Ro.
et al.*). $[\alpha]_D^{20}$: $-16,2°$ [CHCl₃; c = 5] (*Ro. et al.*); $[\alpha]_D^{22}$: $-15,3°$ [CHCl₃; c = 2] (*Fr., Ro.*).

c) (2*R*)-3*t*,4*c*,5*t*-Triacetoxy-2*r*-acetoxymethyl-tetrahydro-pyran, Tetra-*O*-acetyl-
1,5-anhydro-D-glucit, Tetra-*O*-acetyl-polygalit $C_{14}H_{20}O_9$, Formel IX
(R = CO-CH₃) (E II 235).
B. Aus 1,5-Anhydro-D-glucit beim Erwärmen mit Acetanhydrid und Natriumacetat
(*Shinoda et al.*, B. **65** [1932] 1219, 1221) sowie beim Behandeln mit Acetanhydrid und
Pyridin (*Zervas, Zioudrou*, Soc. **1956** 214). Bei der Hydrierung von Tetra-*O*-acetyl-
1,5-anhydro-D-*arabino*-hex-1-enit an Platin in Methanol (*Hockett, Conley*, Am. Soc.
66 [1944] 464, 466). Bei der Hydrierung von Tetra-*O*-acetyl-α-D-glucopyranosyl=
bromid an Palladium in Triäthylamin enthaltendem Äthylacetat (*Ze., Zi.*). Beim Erwärmen von Äthyl-[tetra-*O*-acetyl-1-thio-β-D-glucopyranosid] mit Raney-Nickel in wss.
Äthanol (*Lemieux*, Canad. J. Chem. **29** [1951] 1079, 1089). Beim Erwärmen von
O^2,O^3,O^4,O^6,S-Pentaacetyl-1-thio-β-D-glucopyranose (*Bonner*, Am. Soc. **73** [1951] 2659,
2666) oder von Tetra-*O*-acetyl-*S*-äthoxythiocarbonyl-1-thio-β-D-glucopyranose [Modifika-
tion vom F: 78,9—79,2°] (*Fletcher*, Am. Soc. **69** [1947] 706) mit Raney-Nickel in Äthanol.
Nadeln (aus Ae. + Isopentan), F: 73—74°; Prismen (aus Ae. + Isopentan), F: 65° bis
67° (*Richtmyer, Hudson*, Am. Soc. **65** [1943] 64, 66). Krystalle; F: 75° [aus Bzl. + PAe.]
(*Kutani*, Chem. pharm. Bl. **8** [1960] 72, 75), 73,6—74,8° [aus Ae. + Isopentan] (*Fl.*),
73,5—74° [aus Ae. + Pentan] (*Bonner, Kahn*, Am. Soc. **73** [1951] 2241, 2245), 65—66°
[aus Ae. + Heptan] (*Le.*). $[\alpha]_D^{20}$: $+38,9°$ [CHCl₃; c = 0,4 bzw. 2] (*Fl.; Ri., Hu.*); $[\alpha]_D^{22}$:
$+37,8°$ [CHCl₃; c = 1] (*Bo., Kahn*); $[\alpha]_D$: $+40°$ [CHCl₃; c = 0,6] (*Le.*); $[\alpha]_D^{27}$: $+39,6°$
[A.] (*Ku.*).

d) **(2R)-3t,4c,5c-Triacetoxy-2r-acetoxymethyl-tetrahydro-pyran, Tetra-O-acetyl-1,5-anhydro-D-mannit,** Tetra-O-acetyl-styracit $C_{14}H_{20}O_9$, Formel X (R = CO-CH$_3$) (E I 122).

B. Beim Behandeln von 1,5-Anhydro-D-mannit mit Acetanhydrid und Pyridin (*Fletcher, Diehl*, Am. Soc. **74** [1952] 3175). Beim Erwärmen von Äthyl-[tetra-O-acetyl-1-thio-α-D-mannopyranosid] mit Raney-Nickel in wss. Äthanol (*Lemieux, Brice*, Canad. J. Chem. **33** [1955] 109, 117). Beim Erwärmen von Äthyl-[tetra-O-acetyl-1-thio-β-D-mannopyrano= sid] mit Raney-Nickel in Äthanol (*Fried, Walz*, Am. Soc. **71** [1949] 140, 142).

F: 66—67° (*Fl., Di.*). [α]$_D^{20}$: −42,4° [CHCl$_3$; c = 1] (*Fl., Di.*); [α]$_D^{20}$: −42,0° [CHCl$_3$; c = 3] (*Fletcher, Hudson*, Am. Soc. **71** [1949] 3682, 3683).

e) **(2R)-3c,4c,5t-Triacetoxy-2r-acetoxymethyl-tetrahydro-pyran, Tetra-O-acetyl-D-1,5-anhydro-galactit** $C_{14}H_{20}O_9$, Formel XIV.

B. Bei der Hydrierung von Tetra-O-acetyl-α-D-galactopyranosylbromid an Palladium in Triäthylamin enthaltendem Äthylacetat (*Hedgley, Fletcher*, Am. Soc. **85** [1963] 1615). Beim Behandeln von [2]Naphthyl-[tetra-O-acetyl-1-thio-β-D-galactopyranosid] mit Raney-Nickel in Äthanol (*Fletcher, Hudson*, Am. Soc. **70** [1948] 310, 313).

Krystalle (aus wss. A.), F: 103—104° [korr.]; [α]$_D^{20}$: +47,9° [CHCl$_3$; c = 1] [stabile Modifikation] (*He., Fl.*); Krystalle (aus A. + Pentan), F: 75—76°; [α]$_D^{20}$: +49,1° [CHCl$_3$; c = 1] [instabile Modifikation] (*Fl., Hu.*).

XIII   XIV

3,4,5-Tris-benzoyloxy-2-benzoyloxymethyl-tetrahydro-pyran $C_{34}H_{28}O_9$.

a) **(2R)-3t,4t,5c-Tris-benzoyloxy-2r-benzoyloxymethyl-tetrahydro-pyran, Tetra-O-benzoyl-1,5-anhydro-D-altrit** $C_{34}H_{28}O_9$, Formel XII (R = CO-C$_6$H$_5$).

B. Aus 1,5-Anhydro-D-altrit (*Zissis, Richtmyer*, Am. Soc. **77** [1955] 5154).

Krystalle (aus CHCl$_3$ + Pentan); F: 176—177°. [α]$_D^{20}$: −6,8° [CHCl$_3$; c = 1].

b) **(2R)-3t,4c,5t-Tris-benzoyloxy-2r-benzoyloxymethyl-tetrahydro-pyran, Tetra-O-benzoyl-1,5-anhydro-D-glucit,** Tetra-O-benzoyl-polygalit $C_{34}H_{28}O_9$, Formel IX (R = CO-C$_6$H$_5$).

B. Beim Behandeln von 1,5-Anhydro-D-glucit mit Benzoylchlorid und Pyridin (*Zissis, Richtmyer*, Am. Soc. **77** [1955] 5154).

Krystalle (aus A.); F: 100—102°. [α]$_D^{20}$: +43,4° [CHCl$_3$; c = 1].

(2R)-4c-Galloyloxy-2r-galloyloxymethyl-tetrahydro-pyran-3t,5t-diol, O^3,O^6-Digalloyl-1,5-anhydro-D-glucit, Acertannin $C_{20}H_{20}O_{13}$, Formel I (R = H) (E II 235).

Konstitutionszuordnung: *Kutani*, J. Kumamoto Women's Univ. **3** [1951] 57, 63, 66; C. A. **1955** 188; Chem. pharm. Bl. **8** [1960] 72, 73.

Isolierung aus Blättern von Acer ginnala (vgl. E II 235): *Ku.*, J. Kumamoto Women's Univ. **3** 59; Chem. pharm. Bl. **8** 74; aus der Rinde von Acer spicatum: *Powers, Cataline*, J. Am. pharm. Assoc. **29** [1940] 209.

Krystalle (aus W.) mit 2 Mol H$_2$O (*Po., Ca.*; *Ku.*), die das Krystallwasser bei 135° bis 140° abgeben (*Po., Ca.*); F: 165—166° [Zers.] (*Po., Ca.*), 164—166° (*Ku.*). [α]$_D^{27}$: +17,5° [Acn.; c = 2] [Dihydrat] (*Po., Ca.*); [α]$_D^{20}$: +20° [Acn.; c = 0,1]; [α]$_D^{20}$: +20° [A.; c = 0,1] [Dihydrat] (*Ku.*). IR-Banden (Nujol; 2,9—12 μ): *Ku.*, Chem. pharm. Bl. **8** 74. UV-Absorptionsmaxima (Me.): 222 nm und 279 nm (*Ku.*, Chem. pharm. Bl. **8** 74).

(2R)-4c-[3,4,5-Trimethoxy-benzoyloxy]-2r-[3,4,5-trimethoxy-benzoyloxymethyl]-tetrahydro-pyran-3t,5t-diol, O^3,O^6-Bis-[3,4,5-trimethoxy-benzoyl]-1,5-anhydro-D-glucit $C_{26}H_{32}O_{13}$, Formel II (R = H).

B. Aus Acertannin (s. o.) beim Behandeln einer Lösung in Methanol mit Diazomethan in Äther (*Powers, Cataline*, J. Am. pharm. Assoc. **29** [1940] 209) sowie beim Behandeln

einer Lösung in Aceton mit Diazomethan in Äther oder mit Methyljodid und Kalium≠
carbonat (*Kutani*, J. Kumamoto Women's Univ. **3** [1951] 57, 60, 65; C. A. **1955** 188;
Chem. pharm. Bl. **8** [1960] 72, 75).

Krystalle; F: 172—174° [nach Erweichen; aus Me. + Ae.] (*Po., Ca.*), 172—173°
[aus Me.] (*Ku.*). [α]$_D^{29}$: +24° [Acn.] (*Ku.*). IR-Banden (Nujol; 2,9—13,3 μ): *Ku.*, Chem.
pharm. Bl. **8** 75. UV-Absorptionsmaxima (Me.): 216 nm und 266 nm (*Ku.*, Chem. pharm.
Bl. **8** 75).

I   II

(2R)-3t,5t-Diacetoxy-4c-[3,4,5-trimethoxy-benzoyloxy]-2r-[3,4,5-trimethoxy-benzoyl≠
oxymethyl]-tetrahydro-pyran, *O²,O⁴*-Diacetyl-*O³,O⁶*-bis-[3,4,5-trimethoxy-benzoyl]-
1,5-anhydro-D-glucit C$_{30}$H$_{36}$O$_{15}$, Formel II (R = CO-CH$_3$).

B. Aus der im vorangehenden Artikel beschriebenen Verbindung (*Kutani*, J. Kumamoto
Women's Univ. **3** [1951] 57, 60, 66; C. A. **1955** 188; Chem. pharm. Bl. **8** [1960] 72, 75).

Krystalle (aus Me.); F: 155° (*Ku*, J. Kumamoto Women's Univ. **3** 60, 66; Chem.
pharm. Bl. **8** 72, 75). [α]$_D^{29}$: +108° [Me.] (*Ku.*, J. Kumamoto Women's Univ. **3** 60, 66). IR-
Banden (Nujol; 5,8—13,2 μ): *Ku.*, Chem. pharm. Bl. **8** 75. UV-Absorptionsmaxima (Me.):
222 nm und 268 nm (*Ku.*, Chem. pharm. Bl. **8** 75).

(2R)-3t,5t-Diacetoxy-4c-[3,4,5-triacetoxy-benzoyloxy]-2r-[3,4,5-triacetoxy-benzoyloxy≠
methyl]-tetrahydro-pyran, Octa-*O*-acetyl-acertannin C$_{36}$H$_{36}$O$_{21}$, Formel I (R = CO-CH$_3$)
(E II 235).

B. Beim Behandeln von Acertannin (S. 2582) mit Acetanhydrid und Pyridin (*Powers,
Cataline*, J. Am. pharm. Assoc. **29** [1940] 209) oder mit Acetanhydrid und Schwefel≠
säure (*Kutani*, J. Kumamoto Women's Univ. **3** [1951] 57, 59, 64; C. A. **1955** 188; Chem.
pharm. Bl. **8** [1960] 72, 74).

Krystalle (aus Me.); F: 155—156° (*Po., Ca.*), 154—155° (*Ku.*). [α]$_D^{12}$: +60° [Acn.
(c = 0,2) bzw. A. (c = 0,5)] (*Ku.*). IR-Banden (Nujol; 5,6—13,2 μ): *Ku.*, Chem. pharm.
Bl. **8** 74. UV-Absorptionsmaxima (Me.): 210 nm und 280 nm (*Ku.*, Chem. pharm. Bl. **8** 74).

(2R)-2r-Hydroxymethyl-5t-[toluol-4-sulfonyloxy]-tetrahydro-pyran-3t,4c-diol,
O²-[Toluol-4-sulfonyl]-1,5-anhydro-D-glucit C$_{13}$H$_{18}$O$_7$S, Formel III.

B. Beim Erwärmen von *O⁴,O⁶*-[(*Ξ*)-Benzyliden]-*O²*-[toluol-4-sulfonyl]-1,5-anhydro-
D-glucit mit wss.-methanol. Salzsäure (*Newth*, Soc. **1959** 2717, 2719).

Krystalle (aus E.); F: 158—159°.

III   IV

(2R)-3t,4c,5t-Triacetoxy-2r-[toluol-4-sulfonyloxymethyl]-tetrahydro-pyran,
O²,O³,O⁴-Triacetyl-*O⁶*-[toluol-4-sulfonyl]-1,5-anhydro-D-glucit C$_{19}$H$_{24}$O$_{10}$S, Formel IV.

B. Beim Behandeln von 1,5-Anhydro-D-glucit (Rohprodukt) mit Toluol-4-sulfonyl≠
chlorid (1 Mol) und Pyridin und anschliessend mit Acetanhydrid (*Baker*, Canad.
J. Chem. **32** [1954] 628, 634, 635).

Krystalle (aus A.); F: 143,5—144,5°. [α]$_D^{24}$: +62,2° [CHCl$_3$; c = 1].

Beim Behandeln mit Natriummethylat in Methanol ist 1,5;3,6-Dianhydro-D-glucit erhalten worden.

3,4,5-Tris-benzoyloxy-2-[toluol-4-sulfonyloxymethyl]-tetrahydro-pyran $C_{34}H_{30}O_{10}S$.

a) **(2R)-3t,4c,5c-Tris-benzoyloxy-2r-[toluol-4-sulfonyloxymethyl]-tetrahydro-pyran, O^2,O^3,O^4-Tribenzoyl-O^6-[toluol-4-sulfonyl]-1,5-anhydro-D-mannit** $C_{34}H_{30}O_{10}S$, Formel V.

B. Beim Behandeln von 1,5-Anhydro-D-mannit mit Toluol-4-sulfonylchlorid (1 Mol) und Pyridin und anschliessend mit Benzoylchlorid (*Zervas, Papadimitriou*, B. **73** [1940] 174; *Hockett, Sheffield*, Am. Soc. **68** [1946] 937).

Krystalle (aus A. + Eg.); F: 162° (*Ze., Pa.*), 161,4–162,7° (*Ho., Sh.*). $[\alpha]_D^{20}$: –166,5° [CHCl$_3$; c = 2] (*Ze., Pa.*).

Beim Behandeln mit Natriummethylat in Methanol ist 1,5;3,6-Dianhydro-D-mannit erhalten worden (*Ho., Sh.*).

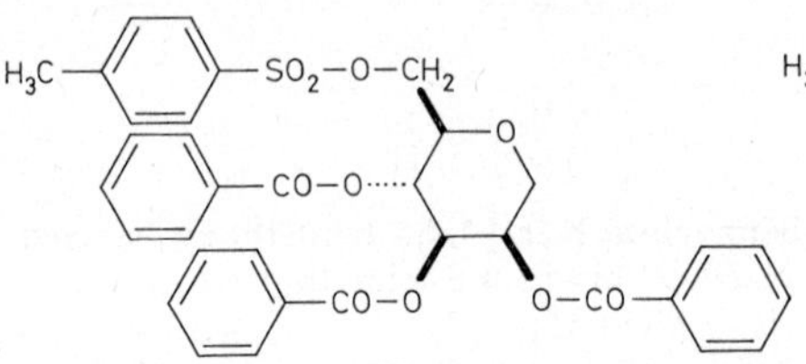

V 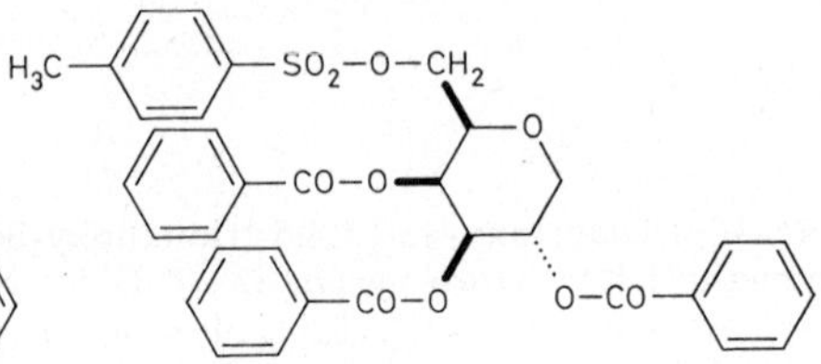   VI

b) **(2R)-3c,4c,5t-Tris-benzoyloxy-2r-[toluol-4-sulfonyloxymethyl]-tetrahydro-pyran, O^2,O^3,O^4-Tribenzoyl-O^6-[toluol-4-sulfonyl]-D-1,5-anhydro-galactit** $C_{34}H_{30}O_{10}S$, Formel VI.

B. Beim Behandeln von D-1,5-Anhydro-galactit mit Toluol-4-sulfonylchlorid (1 Mol) und Pyridin und anschliessend mit Benzoylchlorid (*Fletcher, Hudson*, Am. Soc. **72** [1950] 886).

Krystalle (aus Butanon + A.); F: 187°. $[\alpha]_D^{20}$: +165° [CHCl$_3$; c = 1].

Beim Behandeln mit Natriummethylat in Methanol ist D-1,5;3,6-Dianhydro-galactit erhalten worden.

(2R)-3t,5t-Bis-[toluol-4-sulfonyloxy]-4c-[3,4,5-trimethoxy-benzoyloxy]-2r-[3,4,5-tri= methoxy-benzoyloxymethyl]-tetrahydro-pyran, O^2,O^4-Bis-[toluol-4-sulfonyl]-O^3,O^6-bis-[3,4,5-trimethoxy-benzoyl]-1,5-anhydro-D-glucit $C_{40}H_{44}O_{17}S_2$, Formel II (R = SO$_2$-C$_6$H$_4$-CH$_3$).

B. Beim Behandeln von O^3,O^6-Bis-[3,4,5-trimethoxy-benzoyl]-1,5-anhydro-D-glucit mit Toluol-4-sulfonylchlorid und Pyridin (*Kutani*, Chem. pharm. Bl. **8** [1960] 72, 76).

Krystalle (aus Acn.); F: 85° [Zers.].

(2R)-3t,4c,5c-Tris-methansulfonyloxy-2r-methansulfonyloxymethyl-tetrahydro-pyran, Tetrakis-O-methansulfonyl-1,5-anhydro-D-mannit, Tetrakis-O-methansulfonyl-styracit $C_{10}H_{20}O_{13}S_4$, Formel VII.

B. Beim Behandeln von 1,5-Anhydro-D-mannit mit Methansulfonylchlorid und Pyri= din (*Montgomery, Wiggins*, Soc. **1948** 2204, 2207).

Krystalle (aus Acn. + Bzn.); F: 171–172°.

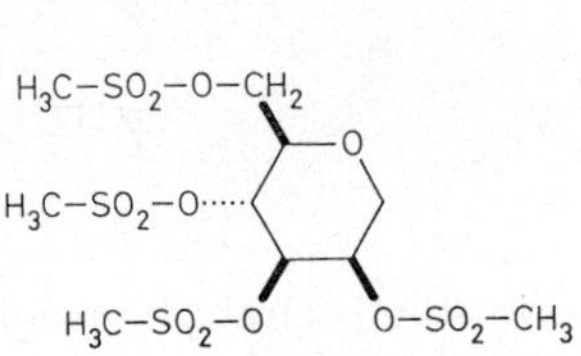

VII 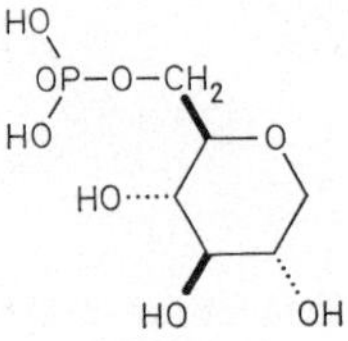   VIII

(2R)-2r-Phosphonooxymethyl-tetrahydro-pyran-3t,4c,5t-triol, O^6-Phosphono-1,5-anhydro-D-glucit $C_6H_{13}O_8P$, Formel VIII.

B. Aus 1,5-Anhydro-D-glucit mit Hilfe von Adenosintriphosphat in Gegenwart eines

Hexokinase-Präparats (aus Hefe) in wss. Medium vom pH 8,2 (*Ferrari et al.*, Arch. Biochem. **80** [1959] 372, 373).
Cyclohexylamin-Salz $2C_6H_{13}N \cdot C_6H_{13}O_8P$. Krystalle (aus A.).   [*Blazek*]

(2S)-2r-Fluor-2-hydroxymethyl-tetrahydro-pyran-3c,4t,5t-triol, β-D-Fructopyranosyl=fluorid $C_6H_{11}FO_5$, Formel IX (R = H).
B. Beim Behandeln von O^3,O^4,O^5-Triacetyl-β-D-fructopyranosylfluorid oder von Tetra-O-acetyl-β-D-fructopyranosylfluorid mit Ammoniak in Methanol (*Micheel*, B. **90** [1957] 1612, 1616).
Krystalle (aus A.); F: 110—119° [Zers.]. $[\alpha]_D^{20}$: −119° [W.; c = 2].

O^3,O^4,O^5-Triacetyl-β-D-fructopyranosylfluorid $C_{12}H_{17}FO_8$, Formel X (R = H).
B. In geringer Menge beim Behandeln von Tetra-O-acetyl-β-D-fructopyranosylfluorid mit Fluorwasserstoff bei −10° (*Brauns*, *Frush*, J. Res. Bur. Stand. **6** [1931] 449, 451, 452).
Krystalle (aus Ae.); F: 134—135°. $[\alpha]_D^{20}$: −128,8° [$CHCl_3$; c = 2].

O^3,O^4,O^5-Triacetyl-O^1-methyl-β-D-fructopyranosylfluorid $C_{13}H_{19}FO_8$, Formel X (R = CH_3).
B. Beim Behandeln von O^3,O^4,O^5-Triacetyl-O^1-methyl-D-fructose oder von O^2,O^3,O^4,O^5-Tetraacetyl-O^1-methyl-β-D-fructopyranose mit Fluorwasserstoff, anfangs bei −60° (*Micheel*, *Tork*, B. **93** [1960] 1013, 1018).
Krystalle (aus Ae.), F: 85°; $[\alpha]_D^{23}$: −90,6° [$CHCl_3$; c = 1] (*Mi.*, *Tork*).
Ein von *Micheel*, *Tork* (l. c.) als nicht einheitlich angesehenes Präparat (Krystalle [aus Ae.], F: 94°; $[\alpha]_D^{20}$: −116,3° [$CHCl_3$]) ist beim Erwärmen von O^3,O^4,O^5-Triacetyl-β-D-fructopyranosylfluorid mit Methyljodid und Silberoxid erhalten worden (*Brauns*, *Frush*, J. Res. Bur. Stand. **6** [1931] 449, 453).

O^1,O^4,O^5-Triacetyl-O^3-methyl-β-D-fructopyranosylfluorid $C_{13}H_{19}FO_8$, Formel XI.
Die Konfigurationszuordnung ist auf Grund der Bildungsweise (vgl. das analog hergestellte O^3,O^4,O^5-Triacetyl-O^1-methyl-β-D-fructopyranosylfluorid [s. o.]) und des optischen Drehungsvermögens erfolgt.
B. Beim Behandeln von O^1,O^4,O^5-Triacetyl-O^3-methyl-D-fructose mit Fluorwasserstoff (*Brauns*, *Frush*, J. Res. Bur. Stand. **6** [1931] 449, 455).
Krystalle (aus Ae.); F: 113—114°. $[\alpha]_D^{20}$: −88,7° [$CHCl_3$; c = 2].

IX   X   XI

Tetra-O-acetyl-β-D-fructopyranosylfluorid, β-D-Acetofluorfructopyranose $C_{14}H_{19}FO_9$, Formel IX (R = CO-CH_3).
B. Beim Behandeln von Penta-O-acetyl-β-D-fructopyranose mit Fluorwasserstoff (*Brauns*, Am. Soc. **45** [1923] 2381, 2388; *Micheel*, B. **90** [1957] 1612, 1616).
Krystalle [aus A.] (*Br.*); F: 112° (*Br.*; *Mi.*). $[\alpha]_D^{20}$: −90,4° [$CHCl_3$] (*Br.*; *Mi.*).

2-Fluor-6-hydroxymethyl-tetrahydro-pyran-3,4,5-triol $C_6H_{11}FO_5$.
a) **(2R)-2r-Fluor-6t-hydroxymethyl-tetrahydro-pyran-3c,4t,5c-triol, α-D-Glucopyranosylfluorid** $C_6H_{11}FO_5$, Formel XII (R = H).
B. Beim Behandeln von Tetra-O-acetyl-α-D-glucopyranosylfluorid mit Natriummethylat in Methanol oder mit Ammoniak in Äthanol (*Helferich et al.*, A. **447** [1926] 27, 30).
Krystalle (aus Me. + Ae.); Zers. bei 118—125° (*He. et al.*). $[\alpha]_D^{18}$: +96,7° [W.; p = 5] (*He. et al.*). $[\alpha]_D^{13}$: +99,2° bzw. +100,5° [HF; p = 8 bzw. p = 3] (*Helferich*, *Böttger*, A. **476** [1929] 150, 170).
Überführung in 1,6-Anhydro-β-D-glucopyranose durch Behandlung mit Barium=hydroxid in Wasser: *Micheel et al.*, B. **88** [1955] 475, 477, 478.

Charakterisierung als Tetrabenzoyl-Derivat (F: 110—112°; $[\alpha]_D^{22}$: +110° [Py.] [S. 2588]): *He. et al.*, l. c. S. 32.

b) (2S)-2r-Fluor-6c-hydroxymethyl-tetrahydro-pyran-3t,4c,5t-triol, β-D-Gluco=pyranosylfluorid $C_6H_{11}FO_5$, Formel XIII.

B. Beim Behandeln von Tetra-*O*-acetyl-β-D-glucopyranosylfluorid mit Natrium=methylat in Methanol (*Micheel, Klemer*, B. **85** [1952] 187).

Krystalle (aus A. + Ae.); F: 99—102° [Zers.] (*Mi., Kl.*). $[\alpha]_D^{22}$: +25,0° [W.; c = 1] (*Mi., Kl.*).

Beim Behandeln mit Wasser ist D-Glucose (*Mi., Kl.*), beim Behandeln mit Barium=hydroxid in Wasser ist 1,6-Anhydro-β-D-glucopyranose (*Mi., Kl.*; *Micheel et al.*, B. **88** [1955] 475, 478) erhalten worden.

c) (2S)-2r-Fluor-6c-hydroxymethyl-tetrahydro-pyran-3t,4c,5c-triol, β-D-Galacto=pyranosylfluorid $C_6H_{11}FO_5$, Formel XIV.

B. Beim Behandeln von Tetra-*O*-acetyl-β-D-galactopyranosylfluorid mit Natrium=methylat in Methanol (*Micheel et al.*, B. **88** [1955] 475, 478).

Krystalle (aus A.); $[\alpha]_D^{19}$: +43° [W.; c = 2].

In wss. Lösung erfolgt Hydrolyse; beim Behandeln mit Bariumhydroxid in Wasser ist 1,6-Anhydro-β-D-galactopyranose erhalten worden.

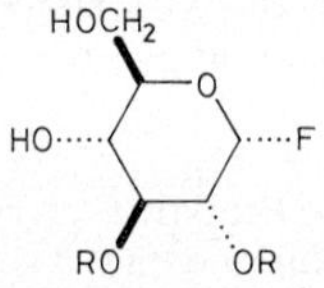

XII 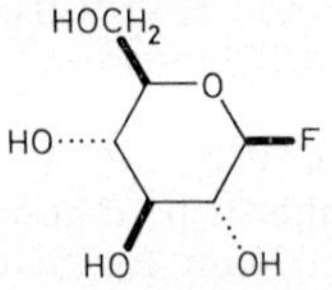   XIII 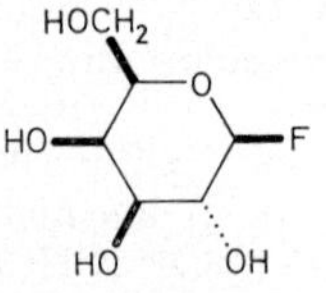   XIV 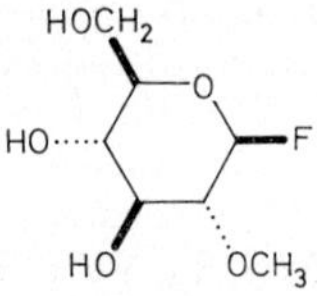   XV

O^2-Methyl-β-D-glucopyranosylfluorid $C_7H_{13}FO_5$, Formel XV.

B. Beim Behandeln von O^3,O^4,O^6-Triacetyl-O^2-methyl-β-D-glucopyranosylfluorid mit Natriummethylat in Methanol (*Micheel, Klemer*, B. **91** [1958] 663, 666).

Krystalle (aus A. + Ae.); F: 108—112° [Zers.]. $[\alpha]_D^{22}$: +25° [W.; c = 1].

O^2,O^3-Dimethyl-α-D-glucopyranosylfluorid $C_8H_{15}FO_5$, Formel XII (R = CH_3).

B. Beim Behandeln von O^4,O^6-Diacetyl-O^2,O^3-dimethyl-α-D-glucopyranosylfluorid (Rohprodukt [vgl. S. 2587]) mit Natriummethylat in Methanol (*Micheel, Klemer*, B. **91** [1958] 194, 197).

Krystalle (aus A. + Ae.); F: 105—108° [Zers.]. $[\alpha]_D^{20}$: +94° [W.; c = 1].

2-Fluor-6-trityloxymethyl-tetrahydro-pyran-3,4,5-triol $C_{25}H_{25}FO_5$.

a) O^6-Trityl-α-D-glucopyranosylfluorid $C_{25}H_{25}FO_5$, Formel I (R = $C(C_6H_5)_3$).

B. Beim Behandeln von α-D-Glucopyranosylfluorid mit Tritylchlorid und Pyridin (*Helferich et al.*, A. **447** [1926] 27, 32).

Krystalle (aus Acn. + PAe.) mit 0,3 Mol Aceton; F: ca. 140° [Zers.; nach Erweichen bei 135°]. $[\alpha]_D^{14}$: +58,4° [Py.; p = 6] [lösungsmittelfreies Präparat].

Charakterisierung als Triacetyl-Derivat (F: 147—148°; $[\alpha]_D^{20}$: +119,6° [Py.?] [S. 2587]): *He. et al.*

b) O^6-Trityl-β-D-glucopyranosylfluorid $C_{25}H_{25}FO_5$, Formel II (R = $C(C_6H_5)_3$).

B. Beim Behandeln von β-D-Glucopyranosylfluorid mit Tritylchlorid und 2,6-Di=methyl-pyridin (*Micheel*, B. **90** [1957] 1612, 1614).

Bei 70—80° schmelzend [aus $CHCl_3$ + PAe.]. $[\alpha]_D^{20}$: +17,9° [Py.; c = 1].

Charakterisierung als Triacetyl-Derivat (F: 123°; $[\alpha]_D^{20}$: +69,6° [Py.] [S. 2587]): *Mi.*, l. c. S. 1615.

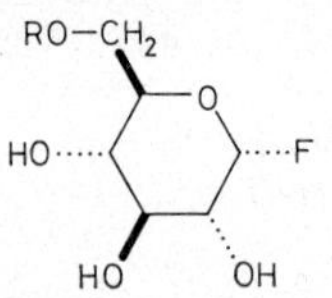

I 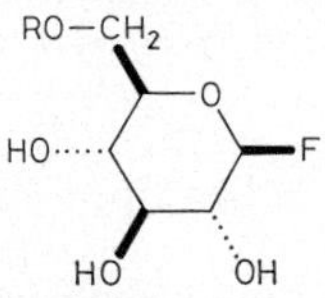   II 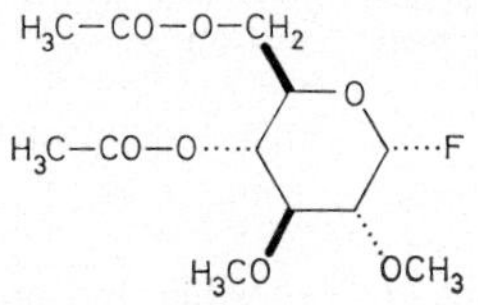   III 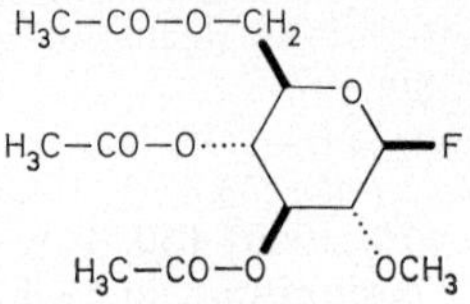   IV

O^4,O^6-Diacetyl-O^2,O^3-dimethyl-α-D-glucopyranosylfluorid $C_{12}H_{19}FO_7$, Formel III.

B. Beim Behandeln von O^1,O^4,O^6-Triacetyl-O^2,O^3-dimethyl-β-D-glucopyranose mit Fluorwasserstoff, anfangs bei $-15°$ (*Micheel, Klemer*, B. **91** [1958] 194, 196).

$Kp_{0,004}$: 114—116°. $[\alpha]_D^{23}$: $+60,0°$ [A.; c = 1].

O^3,O^4,O^6-Triacetyl-O^2-methyl-β-D-glucopyranosylfluorid $C_{13}H_{19}FO_8$, Formel IV.

B. Beim Behandeln von O^3,O^4,O^6-Triacetyl-O^2-methyl-α-D-glucopyranosylbromid mit Silberfluorid in Acetonitril (*Micheel, Klemer*, B. **91** [1958] 663, 666).

Krystalle (aus Ae.); F: 73—75°. $[\alpha]_D^{21}$: $+58°$ [CHCl$_3$; c = 1].

3,4,5-Triacetoxy-2-fluor-6-trityloxymethyl-tetrahydro-pyran $C_{31}H_{31}FO_8$.

a) O^2,O^3,O^4-Triacetyl-O^6-trityl-α-D-glucopyranosylfluorid $C_{31}H_{31}FO_8$, Formel V (R = $C(C_6H_5)_3$).

B. Beim Behandeln von O^6-Trityl-α-D-glucopyranosylfluorid mit Acetanhydrid und Pyridin (*Helferich et al.*, A. **447** [1926] 27, 33).

Krystalle (aus A.); F: 147—148°. $[\alpha]_D^{20}$: $+119,6°$ [Py.?].

b) O^2,O^3,O^4-Triacetyl-O^6-trityl-β-D-glucopyranosylfluorid $C_{31}H_{31}FO_8$, Formel VI (R = $C(C_6H_5)_3$).

B. Beim Behandeln von O^6-Trityl-β-D-glucopyranosylfluorid mit Acetanhydrid und Pyridin (*Micheel*, B. **90** [1957] 1612, 1615).

Krystalle (aus Isopropylalkohol); F: 123°. $[\alpha]_D^{20}$: $+69,6°$ [Py.; c = 1].

V VI VII

3,4,5-Triacetoxy-2-acetoxymethyl-6-fluor-tetrahydro-pyran $C_{14}H_{19}FO_9$.

a) **Tetra-O-acetyl-α-D-glucopyranosylfluorid**, α-D-Acetofluorglucopyranose $C_{14}H_{19}FO_9$, Formel VII.

B. Beim Behandeln von Penta-O-acetyl-β-D-glucopyranose mit Fluorwasserstoff (*Brauns*, Am. Soc. **45** [1923] 833).

Krystalle (aus A.); F: 108°. $[\alpha]_D^{20}$: $+90,1°$ [CHCl$_3$; c = 3].

b) **Tetra-O-acetyl-β-D-glucopyranosylfluorid**, β-D-Acetofluorglucopyranose $C_{14}H_{19}FO_9$, Formel VIII.

B. Beim Behandeln von Tetra-O-acetyl-α-D-glucopyranosylbromid mit Silberfluorid in Acetonitril (*Helferich, Gootz*, B. **62** [1929] 2505, 2506). Beim Behandeln von Tri-O-acetyl-1,6-anhydro-β-D-glucopyranose mit Fluorwasserstoff und Acetanhydrid (*Micheel*, B. **90** [1957] 1612, 1616).

Krystalle; F: 98° [aus Ae. oder Bzl.; nach wiederholtem Umkrystallisieren] (*He., Go.*), 87—89° [aus Ae.] (*Mi.*), 86° (*Sharp, Stacey*, Soc. **1951** 285, 287). Bei 110°/0,0008 Torr destillierbar (*Bredereck, Höschele*, B. **86** [1953] 47, 50). $[\alpha]_D^{18}$: $+21°$ [CHCl$_3$; c = 1] (*Sh., St.*); $[\alpha]_D^{18}$: $+21,9°$ [CHCl$_3$; p = 7] (*He., Go.*); $[\alpha]_D^{20}$: $+20°$ [CHCl$_3$] (*Mi.*).

Beim Erhitzen mit Wasser erfolgt Hydrolyse (*He., Go.*). Beim Behandeln mit Silber=carbonat, Magnesiumperchlorat und Jod in Chloroform unter Lichtausschluss und Er=hitzen des Reaktionsprodukts mit Acetanhydrid und Natriumacetat ist eine als Octa-O-acetyl-α,β-trehalose ([Tetra-O-acetyl-α-D-glucopyranosyl]-[tetra-O-acetyl-β-D-gluco=pyranosyl]-äther) angesehene Verbindung (F: 120°; $[\alpha]_D$: $+67°$ [CHCl$_3$]) erhalten worden (*Sh., St.*).

c) **Tetra-O-acetyl-α-D-mannopyranosylfluorid**, α-D-Acetofluormannopyranose $C_{14}H_{19}FO_9$, Formel IX.

B. Beim Behandeln von Penta-O-acetyl-β-D-mannopyranose mit Fluorwasserstoff (*Brauns*, J. Res. Bur. Stand. **7** [1931] 573, 581).

Krystalle (aus Ae.); F: 68—69°. $[\alpha]_D^{20}$: $+21,5°$ [CHCl$_3$; c = 2].

VIII   IX   X

d) **Tetra-O-acetyl-β-D-galactopyranosylfluorid**, β-D-Acetofluorgalactopyranose $C_{14}H_{19}FO_9$, Formel X.

B. Beim Behandeln von Tetra-O-acetyl-α-D-galactopyranosylbromid mit Silberfluorid in Acetonitril (*Micheel et al.*, B. **88** [1955] 475, 478).

Krystalle (aus Ae.); F: 98—99°. $[\alpha]_D^{18}$: +22,0° [Me.; c = 3].

O^2,O^3,O^4-Tribenzoyl-O^6-trityl-α-D-glucopyranosylfluorid $C_{46}H_{37}FO_8$, Formel XI (R = C(C$_6$H$_5$)$_3$).

B. Beim Behandeln von O^6-Trityl-α-D-glucopyranosylfluorid mit Benzoylchlorid und Pyridin (*Helferich et al.*, A. **447** [1926] 27, 33, 34).

Amorphes Pulver (aus A.), das bei ca. 95° schmilzt. $[\alpha]_D^{18}$: +75,1° [Py.; p = 6].

XI   XII

Tetra-O-benzoyl-α-D-glucopyranosylfluorid, α-D-Benzofluorglucopyranose $C_{34}H_{27}FO_9$, Formel XII.

B. Beim Behandeln von α-D-Glucopyranosylfluorid mit Benzoylchlorid und Pyridin (*Helferich et al.*, A. **447** [1926] 27, 32).

Krystalle (aus Ae. + PAe.); F: 110—112°. $[\alpha]_D^{22}$: +110° [Py.; p = 5].

3,4,5-Triacetoxy-2-acetoxymethyl-2-chlor-tetrahydro-pyran $C_{14}H_{19}ClO_9$.

a) **Tetra-O-acetyl-β-D-fructopyranosylchlorid**, β-D-Acetochlorfructopyranose $C_{14}H_{19}ClO_9$, Formel I.

Eine von *Brauns* (Am. Soc. **42** [1920] 1846, 1850) mit Vorbehalt unter dieser Konstitution und Konfiguration beschriebene Verbindung (F: 108°; $[\alpha]_D^{20}$: +45,3° [CHCl$_3$]) ist als Tetra-O-acetyl-6-chlor-6-desoxy-D-fructose zu formulieren (*Pacsu, Rich*, Am. Soc. **55** [1933] 3018, 3020, 3021). Bezüglich der Konfiguration der nachstehend beschriebenen, ursprünglich (*Bra.*, l. c. S. 1846, 1849) als Tetra-O-acetyl-α-D-fructopyranosylchlorid angesehenen Verbindung s. *Schlubach, Schröter*, B. **62** [1929] 1216, 1218.

B. Beim Behandeln von O^1,O^3,O^4,O^5-Tetraacetyl-D-fructose oder von Penta-O-acetyl-β-D-fructopyranose mit Aluminiumchlorid und Phosphor(V)-chlorid in Chloroform (*Bra.*, l. c. S. 1847; *Pacsu*, Am. Soc. **57** [1935] 745). Beim Behandeln von O^1,O^3,O^4,O^5-Tetraacetyl-D-fructose mit Aluminiumchlorid in Chloroform oder mit Chlorwasserstoff enthaltendem Acetylchlorid, anfangs bei —70° (*Korytnyk, Mills*, Soc. **1959** 636, 645, 649). Beim Erwärmen von Penta-O-acetyl-β-D-fructopyranose mit Aluminiumchlorid in Chloroform (*Ko., Mi.*, l. c. S. 645).

Krystalle; F: 83° [aus Ae.] (*Bra.*), 82—83° (*Ko., Mi.*), 82° (*Ohle et al.*, B. **62** [1929] 833, 851). Bei 100°/0,0001 Torr destillierbar (*Bredereck, Höschele*, B. **86** [1953] 47, 50). $[\alpha]_D$: —176,9° [CCl$_4$] (*Sch., Sch.*, l. c. S. 1220); $[\alpha]_D^{18}$: —160,5° [CHCl$_3$; c = 3] (*Ohle et al.*); $[\alpha]_D^{20}$: —160,9° [CHCl$_3$; c = 2] (*Bra.*, l. c. S. 1848); $[\alpha]_D$: —154,0° [CHCl$_3$] (*Bre., Hö.*); $[\alpha]_D^{20}$: —150,4° [Py.; c = 5] (*Pa.*, Am. Soc. **57** 745); $[\alpha]_D$: —32,9° [Acetonitril] (*Sch., Sch.*). Beim Behandeln mit Methanol und Silbernitrat unter Zusatz von Pyridin sind

O^1,O^3,O^4,O^5-Tetraacetyl-D-fructose, Methyl-[tetra-O-acetyl-α-D-fructopyranosid] und eine nach *Pacsu* (Adv. Carbohydrate Chem. **1** [1945] 77, 91) als O^3,O^4,O^5-Triacetyl-O^1,O^2-[(Ξ)-1-methoxy-äthyliden]-ξ-D-fructopyranose oder als O^1,O^4,O^5-Triacetyl-O^2,O^3-[(Ξ)-1-methoxy-äthyliden]-β-D-fructopyranose zu formulierende Verbindung $C_{15}H_{22}O_{10}$ ($[\alpha]_D^{20}$: $-13,6°$ [$CHCl_3$]; durch Erhitzen mit Wasser in O^1,O^3,O^4,O^5-Tetraacetyl-D-fructose überführbar) erhalten worden (*Pa.*, Am. Soc. **57** 745). Bildung von Penta-O-acetyl-β-D-fructopyranose beim Erwärmen mit Acetanhydrid und Silberacetat: *Pa.*, *Rich*, l. c. S. 3023, 3024; Bildung von Penta-O-acetyl-β-D-fructopyranose und geringeren Mengen Penta-O-acetyl-α-D-fructopyranose beim Erhitzen mit Acetanhydrid und Natriumacetat: *Pacsu, Cramer*, Am. Soc. **57** [1935] 1944.

    b) **Tetra-O-acetyl-α-L-sorbopyranosylchlorid**, α-L-Acetochlorsorbopyranose $C_{14}H_{19}ClO_9$, Formel II.

    B. Beim Behandeln von O^1,O^3,O^4,O^5-Tetraacetyl-L-sorbose mit Chlorwasserstoff, anfangs bei $-15°$ (*Schlubach, Graefe*, A. **532** [1937] 211, 213, 224) oder mit Chlorwasserstoff in Äther, anfangs bei $-70°$ (*Pacsu*, Am. Soc. **61** [1939] 2669, 2673).

    Krystalle (aus Ae.); F: 67°; $[\alpha]_D^{20}$: $-83,3°$ [$CHCl_3$; c = 1] (*Sch., Gr.*, l. c. S. 213).

    Wenig beständig; in äther. Lösung bei 0° einige Wochen lang haltbar (*Sch., Gr.*, l. c. S. 213). Beim Behandeln mit Methanol, Silbernitrat und Silbercarbonat ist Methyl-[tetra-O-acetyl-β-L-sorbopyranosid], beim Behandeln mit Acetanhydrid und Silberacetat und anschliessenden Erwärmen ist Penta-O-acetyl-β-L-sorbopyranose erhalten worde (*Sch., Gr.*, l. c. S. 225, 226).

                 I   II   III

O^2,O^3,O^6-**Trimethyl-α(?)-D-glucopyranosylchlorid** $C_9H_{17}ClO_5$, vermutlich Formel III (R = H).

    Über die Konfiguration an dem das Chlor tragenden C-Atom s. *Hess, Littmann*, A. **506** [1933] 298, 302.

    B. Beim Behandeln von Tri-O-methyl-cellulose mit Chlorwasserstoff enthaltendem Äther (*Freudenberg, Braun*, A. **460** [1928] 288, 299, 300; *Hess, Littmann*, B. **66** [1933] 774, 776; A. **506** 302, 303).

    Öl; in Petroläther leicht löslich (*Fr., Br.*).

    Beim Behandeln mit Natrium in Äther ist von *Freudenberg, Braun* (l. c.) eine als O^2,O^3,O^6-Trimethyl-1,4-anhydro-α-D-glucopyranose angesehene Verbindung ($Kp_{0,1}$: 83° bis 85°; $[\alpha]_D^D$: $-10,1°$ [unverd.]), von *Hess, Littmann* (B. **66** 775, 777; A. **506** 303) hingegen ein Gemisch von O^3,O^6-Dimethyl-1,5-anhydro-2-desoxy-D-*arabino*-hex-1-enit mit geringeren Mengen O^3,O^6-Dimethyl-D-*arabino*-1,5-anhydro-2-desoxy-hexit (S. 2313) erhalten worden.

    Beim Behandeln mit Pyridin und Äther ist ein vermutlich als 1-[O^2,O^3,O^6-Trimethyl-β-D-glucopyranosyl]-pyridinium-chlorid zu formulierendes Salz (Krystalle [aus A. + Ae.]; Zers. bei 180°; $[\alpha]_D^{15}$: $+26,6°$ [W.]) erhalten worden (*Fr., Br.*, l. c. S. 300).

Tetra-O-methyl-α-D-glucopyranosylchlorid $C_{10}H_{19}ClO_5$, Formel III (R = CH_3) (vgl. H **31** 147).

    In dem früher (s. H **31** 147) unter dieser Konfiguration beschriebenen Präparat ($[\alpha]_D^{20}$: ca. $+154°$ [Me.]) hat wahrscheinlich ein Gemisch der Anomeren vorgelegen (*Rhind-Tutt, Vernon*, Soc. **1960** 4637).

    B. Beim Behandeln von O^1-Acetyl-O^2,O^3,O^4,O^6-tetramethyl-D-glucopyranose (Gemisch der Anomeren; aus O^2,O^3,O^4,O^6-Tetramethyl-D-glucose hergestellt) mit Titan(IV)-chlorid in Chloroform (*Rh.-Tutt, Ve.*, l. c. S. 4638).

    $Kp_{0,5}$: 109° [partielle Zers.]. n_D^{25}: 1,4595. $[\alpha]_D^{25}$: $+205,3°$ [$CHCl_3$; c = 1].

O^4-Acetyl-O^2,O^3,O^6-trimethyl-α-D-glucopyranosylchlorid $C_{11}H_{19}ClO_6$, Formel III
(R = CO-CH$_3$).

B. Beim Behandeln einer Lösung von O^2,O^3,O^6-Trimethyl-D-glucose oder von O^1,O^4-Di=
acetyl-O^2,O^3,O^6-trimethyl-β-D-glucopyranose in Acetylchlorid mit Chlorwasserstoff (*Micheel, Hess*, B. **60** [1927] 1898, 1903).
Kp$_{0,04}$: 143—146°. [α]$_D^{20}$: +146,9° [CHCl$_3$; c = 1].

3,4,5-Triacetoxy-2-chlor-6-hydroxymethyl-tetrahydro-pyran $C_{12}H_{17}ClO_8$.

a) O^2,O^3,O^4-Triacetyl-α-D-glucopyranosylchlorid $C_{12}H_{17}ClO_8$, Formel IV.

B. Beim Erwärmen von Tri-O-acetyl-1,6-anhydro-β-D-glucopyranose mit Titan(IV)-
chlorid in Chloroform (*Zemplén, Csürös*, B. **62** [1929] 993, 994, 995; *Csürös et al.*, Acta
chim. hung. **21** [1959] 181, 189, 190) oder in Äthanol enthaltendem Chloroform (*Zemplén,
Gerecs*, B. **64** [1931] 1545, 1550; *Csürös et al.*, Period. Polytech. **3** [1959] 25, 26).
Krystalle; F: 126—127° (*Haq, Whelan*, Soc. **1956** 4543, 4547), 124—125° [aus CHCl$_3$ +
Bzn.] (*Ze., Ge.*), 124—125° [aus CHCl$_3$ + PAe.] (*Ze., Cs.*; *Cs. et al.*, Acta chim. hung. **21**
190). [α]$_D^{19}$: +191,5° [CHCl$_3$; p = 2] (*Ze., Cs.*); [α]$_D^{19}$: +189,2° [CHCl$_3$; c = 3] (*Ze., Ge.*).
Im Hochvakuum (ca. 0,001 Torr) nicht destillierbar (*Bredereck, Höschele*, B. **86** [1953]
47, 50).

b) O^2,O^3,O^4-Triacetyl-α-D-galactopyranosylchlorid $C_{12}H_{17}ClO_8$, Formel V.

B. Beim Erwärmen von Tri-O-acetyl-1,6-anhydro-β-D-galactopyranose mit Titan(IV)-
chlorid in Chloroform und Eintragen des Reaktionsgemisches in kaltes Wasser (*Zemplén
et al.*, B. **71** [1938] 774).
Krystalle; F: 134° [unkorr.] (*Wolfrom et al.*, Am. Soc. **79** [1957] 3868, 3870), 132° (*Ze.
et al.*). [α]$_D^{21}$: +207,8° [CHCl$_3$; c = 1] (*Ze. et al.*).
Beim Behandeln mit Quecksilber(II)-acetat in Essigsäure ist eine nach *Libert, Schmid*
(M. **98** [1967] 1375, 1378) als O^1,O^2,O^3,O^6-Tetraacetyl-β-D-galactopyranose zu formulierende Verbindung (F: 140—140,5°; [α]$_D$: +37° [CHCl$_3$]) erhalten worden (*Wo. et al.*).

4,5-Diacetoxy-6-acetoxymethyl-2-chlor-tetrahydro-pyran-3-ol $C_{12}H_{17}ClO_8$.

a) O^3,O^4,O^6-Triacetyl-α-D-glucopyranosylchlorid $C_{12}H_{17}ClO_8$, Formel VI.

B. Beim Erwärmen von Tri-O-acetyl-1,2-anhydro-α-D-glucopyranose mit Titan(IV)-
chlorid in Chloroform (*Csürös et al.*, Acta chim. hung. **21** [1959] 181, 189). Aus dem unter
b) beschriebenen Anomeren bei mehrtägigem Behandeln mit Aceton (*Lemieux, Huber*,
Canad. J. Chem. **31** [1953] 1040, 1044; s. a. *Hickinbottom*, Soc. **1929** 1676, 1684).
Krystalle [aus Ae. + Hexan] (*Le., Hu.*, Canad. J. Chem. **31** 1044). F: 93—94° (*Le., Hu.*,
Canad. J. Chem. **31** 1044; *Cs. et al.*, l. c. S. 188). [α]$_D^{20}$: +185° [CHCl$_3$] (*Cs. et al.*); [α]$_D$:
+185° [CHCl$_3$; c = 1] (*Le., Hu.*, Canad. J. Chem. **31** 1044).
Beim Behandeln mit Essigsäure in Gegenwart von Quecksilber(II)-acetat ist $O^1,O^3,O^4,$=
O^6-Tetraacetyl-β-D-glucopyranose erhalten worden (*Lemieux, Huber*, Canad. J. Chem. **33**
[1955] 128, 130, 133).

b) O^3,O^4,O^6-Triacetyl-β-D-glucopyranosylchlorid $C_{12}H_{17}ClO_8$, Formel VII.

B. Beim Behandeln von O^3,O^4,O^6-Triacetyl-O^2-trichloracetyl-β-D-glucopyranosylchlorid
(S. 2594) mit Ammoniak in Äther (*Brigl*, Z. physiol. Chem. **116** [1921] 1, 39; *Gachokidse*,
Ž. obšč. Chim. **11** [1941] 117, 120; C. A. **1941** 5467; *Inoue et al.*, J. agric. chem. Soc.
Japan **24** [1950] 362, 364; C. A. **1953** 8021).
Krystalle; F: 159—160° [aus E.] (*Ga.*), 158—159° [korr.] (*Schmidt, Reuss*, A. **649**
[1961] 137, 147), 158° [Zers.; im vorgeheizten Bad; aus E.] (*Br.*, Z. physiol. Chem.
116 42), 157° [aus E.] (*Matsuda*, J. agric. chem. Soc. Japan **33** [1959] 714, 716; C. A.
62 [1965] 7850), 156—158° (*Abramovitch*, Soc. **1951** 2996, 2997), 156° [aus E.] (*Bertho,*

Aures, A. **592** [1955] 54, 66). $[\alpha]_D^{19}$: $+23{,}4°$ [CHCl$_3$]; $[\alpha]_D^{19}$: $+26{,}7°$ [Tetrahydrofuran; c = 1] (*Be., Au.*); $[\alpha]_D^{15}$: $+24{,}7°$ [E.; c = 1] (*Br., Z.* physiol. Chem. **116** 41); $[\alpha]_D^{20}$: $+19{,}1°$ [E.; c = 3] (*Ga.*); $[\alpha]_D^{25}$: $+16{,}4°$ [Acn.; c = 1] (*Sch., Re.*); die von *Brigl* (*Z.* physiol. Chem. **116** 40, 41) beobachtete Änderung des opt. Drehungsvermögens einer Lösung in Aceton ist durch Umwandlung in O^3,O^4,O^6-Triacetyl-α-D-glucopyranosylchlorid (S. 2590) bedingt (*Lemieux, Huber*, Canad. J. Chem. **31** [1953] 1040, 1044).

Eine von *Brigl* (*Z.* physiol. Chem. **116** 46) beim Erhitzen mit Phosphor(V)-chlorid auf 105° erhaltene Verbindung (F: 83°; $[\alpha]_D^{15}$: $+65{,}7°$ [1,1,2,2-Tetrachlor-äthan]) ist vermutlich als Tri-O-acetyl-2-chlor-2-desoxy-α-D-mannopyranosylchlorid (S. 2315) zu formulieren. Beim Erwärmen mit Silberazid in Chloroform oder in Äther sind O^3,O^4,O^6-Triacetyl-α-D-glucopyranosylazid und geringe Mengen O^3,O^4,O^6-Triacetyl-β-D-glucopyranosylazid erhalten worden (*Be., Au.*, l. c. S. 66). Geschwindigkeitskonstante der Hydrolyse in wss. Aceton bei 21° und 24°: *Newth, Phillips*, Soc. **1953** 2904, 2905. Überführung in Tri-O-acetyl-O^1,O^2-anhydro-α-D-glucopyranose durch Behandlung einer Suspension in Benzol mit Ammoniak: *Brigl*, Z. physiol. Chem. **122** [1922] 245, 257; *Hickinbottom*, Soc. **1928** 3140, 3143.

Bildung von Methyl-[O^3,O^4,O^6-triacetyl-O^2-methyl-α-D-glucopyranosid] bei wiederholtem Behandeln mit Methyljodid und Silberoxid: *Lieser*, A. **470** [1929] 104, 110. Geschwindigkeitskonstante der Reaktion mit Methanol bei 21° und 35°: *Ne., Ph.*, l. c. S. 2905, 2909; der Reaktion mit Methanol in Gegenwart von Quecksilber(II)-chlorid bei 22,5°, 25,4° und 31°: *Mattok, Phillips*, Soc. **1958** 130, 131. Beim Erwärmen mit Methanol und Silberoxid (oder Silbercarbonat) und Behandeln der Reaktionslösung mit Ammoniak sind Methyl-α-D-glucopyranosid und geringere Mengen Methyl-β-D-glucopyranosid (*Hickinbottom*, Soc. **1929** 1676, 1686), beim Behandeln mit Natriummethylat in Methanol und Behandeln des Reaktionsprodukts mit Ammoniak in Äthanol ist nur Methyl-β-D-glucopyranosid (*Hickinbottom*, Soc. **1931** 1338, 1346) erhalten worden. Geschwindigkeitskonstante der Solvolyse in Essigsäure, in einem Gemisch von Essigsäure und Kaliumacetat sowie in einem Gemisch von Essigsäure und Benzol, jeweils bei 20° (Bildung von O^1,O^3,O^4,O^6-Tetraacetyl-α-D-glucopyranose): *Lemieux, Huber*, Canad. J. Chem. **33** [1955] 128, 129. Beim Erwärmen mit Toluol-4-sulfonylchlorid und Pyridin ist O^3,O^4,O^6-Triacetyl-O^2-[toluol-4-sulfonyl]-α-D-glucopyranosylchlorid erhalten worden (*Reynolds*, Soc. **1931** 2626, 2627).

H$_3$C—CO—O—CH$_2$ ... O ... H$_3$C—CO—O ... Cl ... H$_3$C—CO—O ... OH

VII   **VIII**   **IX**

c) **O^3,O^4,O^6-Triacetyl-β-D-mannopyranosylchlorid** C$_{12}$H$_{17}$ClO$_8$, Formel VIII.
B. Beim Behandeln von O^3,O^4,O^6-Triacetyl-O^2-trichloracetyl-β-D-mannopyranosyl=chlorid (S. 2595) mit Ammoniak in Äther (*Gachokidse, Kutidse*, Ž. obšč. Chim. **22** [1952] 247, 249; engl. Ausg. S. 303, 304).
Krystalle (aus A.); F: 151—152°. $[\alpha]_D^{20}$: $+17{,}1°$ [E.].

3,4,5-Triacetoxy-2-acetoxymethyl-6-chlor-tetrahydro-pyran C$_{14}$H$_{19}$ClO$_9$.

a) **Tetra-O-acetyl-α-D-altropyranosylchlorid,** α-D-Acetochloraltropyranose C$_{14}$H$_{19}$ClO$_9$, Formel IX.
B. Beim Erwärmen von Penta-O-acetyl-α-D-altropyranose (oder eines Gemisches dieser Verbindung mit Penta-O-acetyl-β-D-altropyranose) mit Titan(IV)-chlorid in Chloroform (*Richtmyer, Hudson*, Am. Soc. **63** [1941] 1727, 1729).
Krystalle (aus CHCl$_3$ + Ae. + Isopentan); F: 101—102°. $[\alpha]_D^{20}$: $+110°$ [CHCl$_3$; c = 5].

b) **Tetra-O-acetyl-α-D-glucopyranosylchlorid,** α-D-Acetochlorglucopyranose C$_{14}$H$_{19}$ClO$_9$, Formel X (H **31** 147).
B. Beim Behandeln von O^2,O^3,O^4-Triacetyl-α-D-glucopyranosylchlorid mit Acetanhydrid

und Pyridin (*Zemplén, Csürös*, B. **62** [1929] 993, 995). Beim Erwärmen von Tetra-O-acetyl-β-D-glucopyranosylchlorid (s. u.) mit Silberchlorid in Äther (*Schlubach et al.*, B. **61** [1928] 287, 293). Beim Erwärmen von Tetra-O-acetyl-α-D-glucopyranosylbromid mit Quecksilber(II)-chlorid in Benzol (*Brigl*, Z. physiol. Chem. **116** [1921] 1, 51, 52). Beim Erwärmen von Penta-O-acetyl-β-D-glucopyranose mit Aluminiumchlorid und Phos= phor(V)-chlorid in Acetylchlorid (*Freudenberg, Soff*, B. **69** [1936] 1245, 1251), mit Titan(IV)-chlorid in Chloroform (*Pacsu*, B. **61** [1928] 1508, 1511) oder mit Dichlor= methyl-methyl-äther und wenig Zinkchlorid (*Rieche, Gross*, B. **92** [1959] 83, 91).

Krystalle; F: 75—76° [aus Bzn.] (*Brauns*, Am. Soc. **47** [1925] 1280, 1283), 74° [aus A.] (*Brigl*), 73° [aus Ae. + PAe.] (*Pa.*; *Csürös et al.*, Acta chim. hung. **21** [1959] 169, 176). Bei 105—110°/0,0001 Torr destillierbar (*Bredereck, Höschele*, B. **86** [1953] 47, 50). $[\alpha]_D^{20}$: +165,8° [CCl$_4$; c = 1] (*Sch. et al.*); $[\alpha]_D^{20}$: +167,8° [CHCl$_3$; p = 2] (*Pa.*); $[\alpha]_D^{20}$: +166,2° [CHCl$_3$; c = 2] (*Bra.*). ^{1}H-NMR-Spektrum: *Lemieux et al.*, Am. Soc. **80** [1958] 6098, 6102.

Geschwindigkeitskonstante der Hydrolyse in wss. Aceton bei Temperaturen von 50° bis 100°: *Mattok, Phillips*, Soc. **1956** 1836, 1839, 1844; der Hydrolyse in wss. Aceton in Gegenwart von Quecksilber(II)-chlorid bei Temperaturen von 58,5° bis 100°: *Ma., Ph.*, l. c. S. 1838, 1839. Geschwindigkeitskonstante der Reaktion mit Methanol bei 35°: *Newth, Phillips*, Soc. **1953** 2900, 2901; der Reaktion mit Methanol in Gegenwart von Quecksilber(II)-chlorid bei Temperaturen von 25° bis 35°: *Ma., Ph.*, l. c. S. 1839; in Gegenwart von Aceton und Quecksilber(II)-chlorid bei Temperaturen von 67° bis 133° sowie in Gegenwart von Aceton, Quecksilber(II)-chlorid und Lithiumchlorid bei 100°: *Ma., Ph.*, l. c. S. 1839. Beim Erwärmen mit Benzol und Aluminiumchlorid (5 Mol) und Erwärmen der neben Acetophenon isolierten, in Wasser löslichen Anteile des Reaktions= produkts mit Acetanhydrid und Natriumacetat sind (1S)-Tetra-O-acetyl-1-phenyl-1,5-an= hydro-D-glucit und geringe Mengen Penta-O-acetyl-1,1-diphenyl-1-desoxy-D-glucit er= halten worden (*Hurd, Bonner*, Am. Soc. **67** [1945] 1664, 1666, 1667). Bildung von (1S)-Tetra-O-acetyl-1-phenyl-1,5-anhydro-D-glucit und geringen Mengen (1R)-Tetra-O-acetyl-1-phenyl-1,5-anhydro-D-glucit beim Erwärmen mit Phenylmagnesiumbromid in Äther und Erwärmen der in Wasser löslichen Anteile des Reaktionsprodukts mit Acetanhydrid und Natriumacetat: *Hurd, Bonner*, Am. Soc. **67** [1945] 1973, 1975; *Bonner, Craig*, Am. Soc. **72** [1950] 3480, 3482; über den Mechanismus dieser Reaktion s. *Bonner*, Am. Soc. **68** [1946] 1711. Bildung einer nach *Hurd, Miles* (J. org. Chem. **29** [1964] 2976, 2977) als Tetra-O-acetyl-2-phenyl-1,5-anhydro-D-glucit zu formulierenden Ver= bindung (F: 142—143°; $[\alpha]_D^{24}$: −2,3° [CHCl$_3$]) und geringen Mengen (1S)-Tetra-O-acetyl-1-phenyl-1,5-anhydro-D-glucit beim Behandeln mit Phenyllithium in Äther und Er= wärmen der in Wasser löslichen Anteile des Reaktionsprodukts mit Natriumacetat und Acetanhydrid: *Hurd, Holysz*, Am. Soc. **72** [1950] 1735, 1737. Beim Erwärmen einer Lö= sung in Toluol mit Phenylzinkchlorid in Äther und Toluol sind geringe Mengen (1S)-Tetra-O-acetyl-1-phenyl-1,5-anhydro-D-glucit erhalten worden (*Shdanow et al.*, Doklady Akad. S.S.S.R. **119** [1958] 495; Pr. Acad. Sci. U.S.S.R. Chem. Sect. **118–123** [1958] 223).

X   XI   XII

c) **Tetra-O-acetyl-β-D-glucopyranosylchlorid**, β-D-Acetochlorglucopyranose $C_{14}H_{19}ClO_9$, Formel XI.
Über die Konstitution sowie die Konfiguration an dem das Chlor tragenden C-Atom s. *Arndt*, A. **695** [1966] 190.

B. Beim Behandeln von Tetra-O-acetyl-α-D-glucopyranosylbromid mit Silberchlorid/ Kieselgur in Äther unter Lichtausschluss (*Hurd, Holysz*, Am. Soc. **72** [1950] 1732, 1734; s. a. *Schlubach*, B. **59** [1926] 840, 844; *Schlubach et al.*, B. **61** [1928] 287, 290; *Schlubach, Gilbert*, B. **63** [1930] 2292, 2295). Beim Behandeln von Penta-O-acetyl-α-D-glucopyranose oder von Penta-O-acetyl-β-D-glucopyranose mit Chlorwasserstoff enthaltendem Acetyl=

chlorid, anfangs bei −70° (*Korytnyk, Mills*, Soc. **1959** 636, 649). Beim Behandeln von Penta-*O*-acetyl-β-D-glucopyranose mit Chlorwasserstoff in Äther (*Fox, Goodman*, Am. Soc. **72** [1950] 3256), mit Aluminiumchlorid in Chloroform (*Zemplén et al.*, Acta chim. hung. **4** [1954] 73, 75), mit Titan(IV)-chlorid in Benzol (*Lemieux, Brice*, Canad. J. Chem. **33** [1955] 109, 118) oder mit Phosphor(III)-chlorid unter Einleiten von Chlor⸗ wasserstoff bei 90° (*de Pascual Teresa, Garrido Espinosa*, An. Soc. españ. [B] **52** [1956] 347, 350).

Krystalle; F: 100−101° (*Ze. et al.*), 99−100° [aus Ae.] (*Sch.*), 98−99° [aus Ae.] (*Fox, Go.*), 98° [aus Ae.] (*de Pa.Te., Ga. Es.*), 95−97° [aus Ae. + Bzn.] (*Le., Bri.*). $[\alpha]_D^{16}$: −17,8° [CCl$_4$; c = 2] (*Ze. et al.*); $[\alpha]_D^{20}$: −17° [CCl$_4$; c = 1] (*Sch. et al.*); $[\alpha]_D^{25}$: −17,9° [Bzl.; c = 8] (*de Pa. Te., Ga. Es.*); $[\alpha]_D^{20}$: −13,7° [Ae.; c = 1] (*Sch.*); $[\alpha]_D^{26}$: −12° [Ae.] (*Fox, Go.*); $[\alpha]_D^{20}$: −13,0° [CHCl$_3$; c = 1] (*Sch.*); $[\alpha]_D$: −22° [CHCl$_3$] (*Le., Bri.*); $[\alpha]_D$: −21,8° [CHCl$_3$] (*Bredereck, Höschele*, B. **86** [1953] 47, 50). ¹H-NMR-Spektrum: *Lemieux et al.*, Am. Soc. **80** [1958] 6098, 6102.

Beim Erhitzen unter 0,0005 Torr auf 115° (*Bre., Hö.*) sowie beim Erwärmen mit Blei(II)-chlorid in Äther (*Sch. et al.*, l. c. S. 293) erfolgt partielle, beim Erwärmen mit Silberchlorid in Äther (*Sch. et al.*) erfolgt vollständige Umwandlung in Tetra-*O*-acetyl-α-D-glucopyranosylchlorid. Bildung von *O*³,*O*⁴,*O*⁶-Triacetyl-*O*²-trichloracetyl-β-D-gluco⸗ pyranosylchlorid beim Erhitzen mit Phosphor(V)-chlorid auf 110°: *de Pa. Te., Ga. Es.*, l. c. S. 456. Geschwindigkeitskonstante der Solvolyse in wss. Aceton und in Methanol-Aceton-Gemischen bei Temperaturen von 22,5° bis 32,5°, auch in Gegenwart von Queck⸗ silber(II)-chlorid: *Mattok, Phillips*, Soc. **1957** 268, 270, 271, 275. Bildung von *O*³,*O*⁴,*O*⁶-Triacetyl-*O*¹,*O*²-[(*Ξ*)-1-äthoxy-äthyliden]-α-D-glucopyranose (F: 97−97,5°; $[\alpha]_D$: +31° [CHCl$_3$]) beim Behandeln mit Äthanol unter Zusatz von Pyridin: *Lemieux, Cipera*, Canad. J. Chem. **34** [1956] 906, 908. Beim Erwärmen mit Silberacetat in Benzol (*Ko., Mi.*, l. c. S. 645) oder mit Silberacetat und Acetanhydrid (*Ze. et al.*) ist Penta-*O*-acetyl-β-D-glucopyranose erhalten worden. Reaktion mit Pyridin unter Bildung von 1-[Tetra-*O*-acetyl-α-D-glucopyranosyl]-pyridinium-chlorid: *Lemieux, Morgan*, Am. Soc. **85** [1963] 1889.

d) **Tetra-*O*-acetyl-α-D-mannopyranosylchlorid**, α-D-Acetochlormannopyranose C₁₄H₁₉ClO₉, Formel XII.

B. Beim Behandeln von Penta-*O*-acetyl-α-D-mannopyranose mit Chlorwasserstoff ent⸗ haltendem Acetylchlorid, anfangs bei −70° (*Korytnyk, Mills*, Soc. **1959** 636, 649). Beim Erwärmen von Penta-*O*-acetyl-β-D-mannopyranose mit Titan(IV)-chlorid in Chloroform (*Pacsu*, B. **61** [1928] 1508, 1512) oder mit Aluminiumchlorid und Phosphor(V)-chlorid in Chloroform (*Brauns*, Am. Soc. **44** [1922] 401, 404).

Krystalle; F: 81° [aus PAe.] (*Br.*, Am. Soc. **44** 405, 406), 81° [aus Ae. + PAe.] (*Pa.*; *Ko., Mi.*, l. c. S. 648), 77° [aus Ae. + Bzn.] (*Bonner*, Am. Soc. **80** [1958] 3372, 3376). $[\alpha]_D^{20}$: +90,6° [CHCl$_3$; c = 3] (*Pa.*); $[\alpha]_D^{20}$: +90,1° [CHCl$_3$; c = 2] (*Brauns*, J. Res. Bur. Stand. **7** [1931] 573, 581); $[\alpha]_D^{20}$: +89,6° [CHCl$_3$; c = 1] (*Ko., Mi.*, l. c. S. 648); $[\alpha]_D^{20}$: +89,5° [CHCl$_3$; c = 4] (*Br.*, Am. Soc. **44** 406); $[\alpha]_D^{25}$: +89,4° [CHCl$_3$; c = 2] (*Bo.*).

Beim Behandeln mit Silbercarbonat in wasserhaltigem Äther sind *O*²,*O*³,*O*⁴,*O*⁶-Tetra⸗ acetyl-β-D-mannopyranose und geringe Mengen *O*²,*O*³,*O*⁴,*O*⁶-Tetraacetyl-α-D-manno⸗ pyranose erhalten worden (*Bo.*). Geschwindigkeitskonstante der Reaktion mit Methanol bei 23,5° sowie der Reaktion mit Methanol in Gegenwart von Quecksilber(II)-chlorid bei 29°: *Mattok, Phillips*, Soc. **1957** 268, 275.

e) **Tetra-*O*-acetyl-β-D-mannopyranosylchlorid**, β-D-Acetochlormannopyranose C₁₄H₁₉ClO₉, Formel XIII.

B. Neben grösseren Mengen Tetra-*O*-acetyl-α-D-mannopyranosylchlorid beim Be⸗ handeln von Penta-*O*-acetyl-β-D-mannopyranose mit Chlorwasserstoff enthaltendem Acetylchlorid, anfangs bei −70° (*Korytnyk, Mills*, Soc. **1959** 636, 648).

Krystalle (aus Ae.); F: 165−166°. $[\alpha]_D^{17}$: −34,1° [CHCl$_3$; c = 1].

f) **Tetra-*O*-acetyl-α-D-galactopyranosylchlorid**, α-D-Acetochlorgalactopyranose C₁₄H₁₉ClO₉, Formel XIV (H 31 307).

B. Beim Erwärmen von Tetra-*O*-acetyl-β-D-galactopyranosylchlorid (S. 2594) mit Alu⸗ miniumchlorid in Chloroform (*Korytnyk, Mills*, Soc. **1959** 636, 645). Beim Behandeln von Penta-*O*-acetyl-β-D-galactopyranose mit Thionylchlorid und Zinkchlorid in Benzol (*Egan et al.*, Carbohydrate Res. **14** [1970] 263).

Krystalle (aus Ae. + PAe.); F: 78—79° (*Ko.*, *Mi.*), 75—76° (*Egan et al.*). $[\alpha]_D^{25}$: +177,5° [CHCl$_3$; c = 1] (*Ko.*, *Mi.*); $[\alpha]_D$: +195,5° [CHCl$_3$] (*Egan et al.*).

XIII   XIV   XV

g) **Tetra-*O*-acetyl-*β*-D-galactopyranosylchlorid**, *β*-D-Acetochlorgalactopyranose $C_{14}H_{19}ClO_9$, Formel XV.

B. Beim Erwärmen von Tetra-*O*-acetyl-α-D-galactopyranosylbromid mit Silberchlorid in Äther (*Schlubach*, *Gilbert*, B. **63** [1930] 2292, 2296). Aus Penta-*O*-acetyl-*β*-D-galacto= pyranose beim Behandeln mit Aluminiumchlorid in Chloroform (*Korytnyk*, *Mills*, Soc. **1959** 636, 644) sowie beim Erwärmen mit Phosphor(III)-chlorid unter Einleiten von Chlorwasserstoff (*de Pascual Teresa*, *Garrido Espinosa*, An. Soc. españ. [B] **52** [1956] 347, 350, 351).

Krystalle; F: 93—94° (*Sch.*, *Gi.*), 93° [aus Ae. + PAe.] (*Ko.*, *Mi.*), 91—93° [aus Ae.] (*de Pa. Te.*, *Ga. Es.*). $[\alpha]_D^{22,5}$: +5,8° [CCl$_4$; c = 1] (*Sch.*, *Gi.*); $[\alpha]_D^{22}$: —7° [Bzl.; c = 6] (*de Pa. Te.*, *Ga. Es.*); $[\alpha]_D^{20}$: +14,9° [CHCl$_3$; c = 1] (*Ko.*, *Mi.*).

Beim Erwärmen mit Aluminiumchlorid in Chloroform ist Tetra-*O*-acetyl-α-D-galacto= pyranosylchlorid [S. 2593] (*Ko.*, *Mi.*, l. c. S. 645), beim Erwärmen mit Phosphor(V)-chlo= rid sind geringe Mengen O^3,O^4,O^6-Triacetyl-O^2-trichloracetyl-*β*-D-galactopyranosylchlorid (*Garrido Espinosa*, Acta salmantic. **2** Nr. 8 [1958] 9, 47) erhalten worden.

O^3,O^4,O^6-Triacetyl-O^2-chloracetyl-*β*-D-glucopyranosylchlorid $C_{14}H_{18}Cl_2O_9$, Formel I (X = H).

B. Beim Behandeln einer Lösung von O^3,O^4,O^6-Triacetyl-O^2-trichloracetyl-*β*-D-gluco= pyranosylchlorid in Äther mit Aluminium-Amalgam und Wasser (*Brigl*, Z. physiol. Chem. **116** [1921] 1, 38).

Krystalle (aus Ae. + PAe.); F: 81°.

3,4-Diacetoxy-2-acetoxymethyl-6-chlor-5-trichloracetoxy-tetrahydro-pyran $C_{14}H_{16}Cl_4O_9$.

a) **O^3,O^4,O^6-Triacetyl-O^2-trichloracetyl-*β*-D-glucopyranosylchlorid** $C_{14}H_{16}Cl_4O_9$, Formel I (X = Cl).

Über die Konstitution sowie die Konfiguration an dem das Chlor tragenden C-Atom s. *Arndt*, A. **695** [1966] 190.

B. Beim Erwärmen von Penta-*O*-acetyl-*β*-D-glucopyranose mit Phosphor(V)-chlorid (*Brigl*, Z. physiol. Chem. **116** [1921] 1, 22; *Hickinbottom*, Soc. **1929** 1676, 1681). Beim Erwärmen von Penta-*O*-acetyl-α-D-glucopyranose mit Phosphor(V)-chlorid (*Danilow et al.*, Ž. obšč. Chim. **27** [1957] 945, 948; engl. Ausg. S. 1026, 1028; s. dagegen *Br.*, l. c. S. 26). Beim Erhitzen von Tetra-*O*-acetyl-*β*-D-glucopyranosylchlorid mit Phos= phor(V)-chlorid auf 110° (*de Pascual Teresa*, *Garrido Espinosa*, An. Soc. españ. [B] **52** [1956] 447, 456).

Krystalle; F: 142° [aus Ae. + PAe.] (*Br.*, l. c. S. 25), 141,5° [aus Ae.] (*Bertho*, *Aures*, A. **592** [1955] 54, 65), 140° [aus Ae.] (*Hi.*, Soc. **1929** 1681), 139—140° (*de Pa. Te.*, *Ga. Es.*), 139° (*Mattok*, *Phillips*, Soc. **1958** 130, 135). $[\alpha]_D^{14}$: +3,0° [Bzl.; c = 8] (*Br.*, l. c. S. 25); $[\alpha]_D^{19}$: +3,0° [Bzl.; c = 1]; $[\alpha]_D^{19}$: +8,9° [CHCl$_3$; c = 1] (*Be.*, *Au.*); $[\alpha]_D$: +9° [CHCl$_3$; c = 2] (*Ma.*, *Ph.*).

Geschwindigkeitskonstanten der Hydrolyse in wss. Aceton bei 18° und 35°: *Newth*, *Phillips*, Soc. **1953** 2904, 2905. Beim Schütteln mit Ammoniak in Äther bei 0° ist O^3,O^4,O^6-Triacetyl-*β*-D-glucopyranosylchlorid (*Br.*, l. c. S. 39), beim Sättigen einer Lösung in Tetrachlormethan mit Ammoniak bei 20° ist hingegen Tri-*O*-acetyl-1,2-anhydro-α-D-glucopyranose (*Garrido Espinosa*, Acta salmantic. **2** Nr. 8 [1958] 9, 48) erhalten worden. Geschwindigkeitskonstante der Solvolyse in wss. Methanol und in Methanol-Aceton-Gemischen bei 27°: *Ne.*, *Ph.*, l. c. S. 2905. Geschwindigkeitskonstante der Reak= tion mit Methanol bei 21°, 27° und 35°: *Ne.*, *Ph.*, l. c. S. 2905; der Reaktion mit

Methanol in Gegenwart von Quecksilber(II)-chlorid bei Temperaturen von 23,5° bis 33°: *Ma., Ph.*, l. c. S. 131, 133, 135. Reaktion mit Natriummethylat (1 Mol) in Methanol unter Bildung von Methyl-[O^3,O^4,O^6-triacetyl-β-D-glucopyranosid]: *Hickinbottom*, Soc. **1930** 1338, 1343. Bildung von O^1,O^3,O^4,O^6-Tetraacetyl-O^2-trichloracetyl-α-D-glucopyranose und geringen Mengen O^1,O^3,O^4,O^6-Tetraacetyl-O^2-trichloracetyl-β-D-glucopyranose bei kurzem Erhitzen (1 min) mit Acetanhydrid und Zinkchlorid: *Br.*, l. c. S. 34, 35. Beim Behandeln mit Trimethylamin, Äthanol und Benzol ist bei 0° O^3,O^4,O^6-Triacetyl-β-D-glucopyranosyl= chlorid, bei Raumtemperatur hingegen β-D-Glucopyranosyl-trimethyl-ammonium-chlorid erhalten worden (*Micheel, Micheel*, B. **63** [1930] 386, 388, 392).

I   II   III

b) **O^3,O^4,O^6-Triacetyl-O^2-trichloracetyl-β-D-mannopyranosylchlorid** $C_{14}H_{16}Cl_4O_9$, Formel II.

Diese Konfiguration ist wahrscheinlich der nachstehend beschriebenen Verbindung auf Grund ihrer Bildungsweise zuzuordnen (vgl. das analog hergestellte O^3,O^4,O^6-Tri= acetyl-O^2-trichloracetyl-β-D-glucopyranosylchlorid [S. 2594]).

B. Beim Erwärmen von Penta-*O*-acetyl-β-D-mannopyranose mit Phosphor(V)-chlorid (*Gachokidse, Kutidse*, Ž. obšč. Chim. **22** [1952] 247, 249; engl. Ausg. S. 303, 304).

Krystalle; F: 134—136°. [α]$_D^{20}$: +11,7° [Bzl.].

c) **O^3,O^4,O^6-Triacetyl-O^2-trichloracetyl-β-D-galactopyranosylchlorid** $C_{14}H_{16}Cl_4O_9$, Formel III.

B. Beim Erwärmen von Penta-*O*-acetyl-β-D-galactopyranose mit Phosphor(V)-chlorid (*de Pascual Teresa, Garrido Espinosa*, An. Soc. españ. [B] **52** [1956] 447, 453).

Krystalle (aus Ae. + PAe.); F: 107—109°. [α]$_D^{22}$: +3,9° [CHCl$_3$; c = 8].

d) **O^3,O^4,O^6-Triacetyl-O^2-trichloracetyl-ξ-D-galactopyranosylchlorid** $C_{14}H_{16}Cl_4O_9$, Formel IV (R = CO-CCl$_3$).

In dem nachstehend beschriebenen Präparat hat vermutlich ein Gemisch der dieser Formel entsprechenden Anomeren vorgelegen.

B. Beim Erwärmen von Penta-*O*-acetyl-α(?)-D-galactopyranose mit Phosphor(V)-chlorid (*Gachokidse, Kutidse*, Ž. obšč. Chim. **22** [1952] 139, 140; engl. Ausg. S. 167, 168).

Bei 150—156° schmelzend. [α]$_D^{20}$: +10,4° [Bzl.].

Beim Behandeln mit Ammoniak in Äther ist O^3,O^4,O^6-Triacetyl-ξ-D-galacto= pyranosylchlorid ($C_{12}H_{17}ClO_8$; Formel IV [R = H]; Krystalle [aus A.], F: 159—167°; [α]$_D^{20}$: +29,1° [E.]) erhalten worden.

IV   V   VI

Tetra-*O*-propionyl-α-D-glucopyranosylchlorid $C_{18}H_{27}ClO_9$, Formel V (R = CO-CH$_2$-CH$_3$).

B. Beim Erwärmen von Penta-*O*-propionyl-β-D-glucopyranose (Rohprodukt; [α]$_D^{20}$: +14,3° [CHCl$_3$]) mit Titan(IV)-chlorid in Chloroform (*Bonner et al.*, Am. Soc. **69** [1947] 1816, 1818).

Öl; [α]$_D^{25}$: +130,6° [CHCl$_3$; c = 6]. Wenig beständig.

O^3,O^4,O^6-Triacetyl-O^2-benzoyl-β-D-glucopyranosylchlorid $C_{19}H_{21}ClO_9$, Formel VI.

B. Beim Behandeln von O^1,O^3,O^4,O^6-Tetraacetyl-O^2-benzoyl-β-D-glucopyranose mit Aluminiumchlorid in Chloroform (*Korytnyk, Mills*, Soc. **1959** 636, 645).

F: 124—125°.

3,4,5-Tris-benzoyloxy-2-benzoyloxymethyl-6-chlor-tetrahydro-pyran $C_{34}H_{27}ClO_9$.

a) **Tetra-O-benzoyl-α-D-glucopyranosylchlorid,** α-D-Benzochlorglucopyranose $C_{34}H_{27}ClO_9$, Formel V (R = CO-C_6H_5).

B. Beim Erwärmen von Penta-O-benzoyl-β-D-glucopyranose mit Titan(IV)-chlorid in Chloroform (*Ness et al.*, Am. Soc. **72** [1950] 2200, 2203).

Krystalle (aus Ae. + Pentan); F: 116—118° [korr.]. $[\alpha]_D^{20}$: +109° [CHCl$_3$; c = 1].

b) **Tetra-O-benzoyl-α-D-mannopyranosylchlorid,** α-D-Benzochlormannopyran-ose $C_{34}H_{27}ClO_9$, Formel VII.

Über die Konfiguration an dem das Chlor-Atom tragenden C-Atom s. *Yamana*, J. org. Chem. **31** [1966] 3698, 3699.

B. Beim Erwärmen von Penta-O-benzoyl-β-D-mannopyranose mit Titan(IV)-chlorid in Chloroform (*Ness et al.*, Am. Soc. **72** [1950] 2200, 2204).

Amorph; $[\alpha]_D^{20}$: −30,5° [CHCl$_3$] (*Ness et al.*).

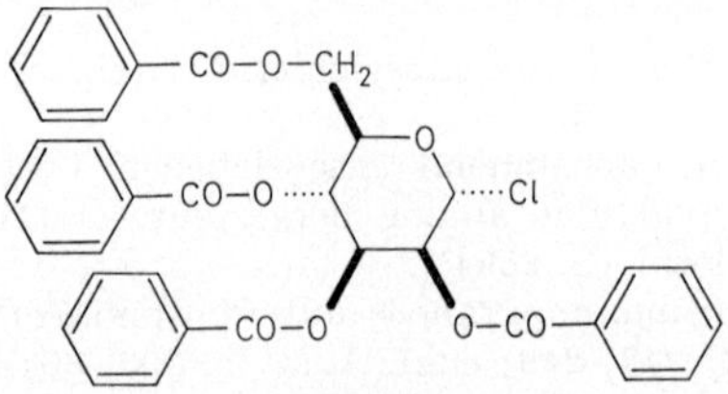

VII 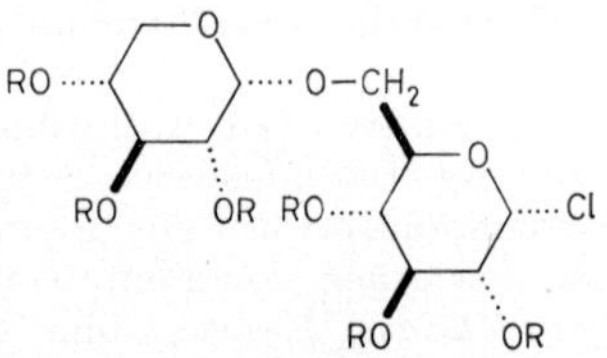   VIII

3,4,5-Triacetoxy-2-chlor-6-[3,4,5-triacetoxy-tetrahydro-pyran-2-yloxymethyl]-tetra-hydro-pyran $C_{23}H_{31}ClO_{15}$.

a) O^2,O^3,O^4-Triacetyl-O^6-[tri-O-acetyl-α-D-xylopyranosyl]-α-D-glucopyranosylchlorid, α-Acetochlorisoprimverose $C_{23}H_{31}ClO_{15}$, Formel VIII (R = CO-CH$_3$).

B. Neben annähernd gleichen Mengen des unter b) beschriebenen Stereoisomeren beim Behandeln von O^2,O^3,O^4-Triacetyl-α-D-glucopyranosylchlorid mit Tri-O-acetyl-α-D-xylopyranosylbromid und Quecksilber(II)-acetat (0,4 Mol) in Benzol (*Zemplén, Bognár*, B. **72** [1939] 1160, 1164, 1165).

Krystalle (aus CHCl$_3$ + Ae.); F: 158—160° [korr.; nach Sintern bei 154°]. $[\alpha]_D^{23}$: +180,6° [CHCl$_3$; c = 2] (*Ze., Bo.*, l. c. S. 1163).

b) O^2,O^3,O^4-Triacetyl-O^6-[tri-O-acetyl-β-D-xylopyranosyl]-α-D-glucopyranosylchlorid, α-Acetochlorprimverose $C_{23}H_{31}ClO_{15}$, Formel IX (R = CO-CH$_3$).

B. Beim Behandeln von O^2,O^3,O^4-Triacetyl-α-D-glucopyranosylchlorid mit Tri-O-acetyl-α-D-xylopyranosylbromid und Quecksilber(II)-acetat (0,5 Mol) in Benzol (*Zemplén, Bognár*, B. **72** [1939] 47).

Krystalle; F: 201—203° [korr.; aus CHCl$_3$ + Ae.] (*Zemplén, Bognár*, B. **72** [1939] 1160, 1163), 190—192° [Zers.; nach Sintern bei 186°; aus CHCl$_3$ + Ae. + PAe.] (*Ze., Bo.*, l. c. S. 48). $[\alpha]_D^{19}$: +72,3° [CHCl$_3$; c = 2] (*Ze., Bo.*, l. c. S. 1163); $[\alpha]_D^{20}$: +70,8° [CHCl$_3$; c = 3] (*Ze., Bo.*, l. c. S. 48).

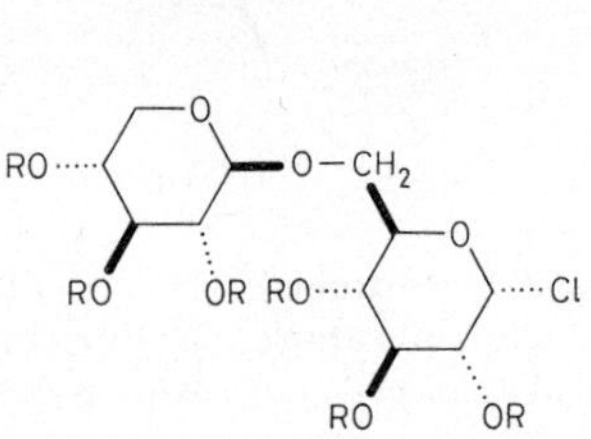

IX 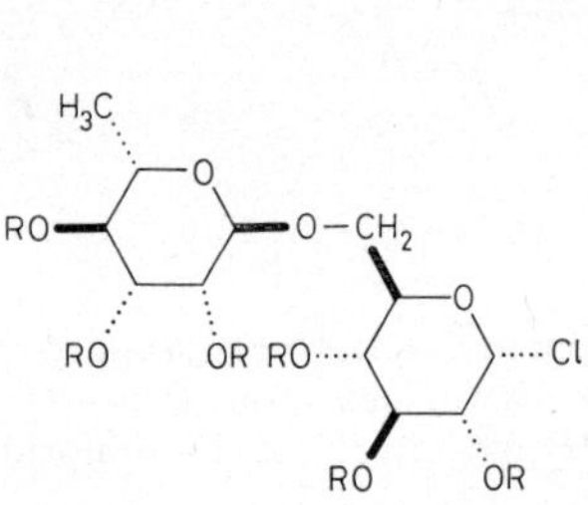   X

3,4,5-Triacetoxy-2-chlor-6-[3,4,5-triacetoxy-6-methyl-tetrahydro-pyran-2-yloxymethyl]-tetrahydro-pyran $C_{24}H_{33}ClO_{15}$.

a) O^2,O^3,O^4-Triacetyl-O^6-[tri-O-acetyl-α-L-rhamnopyranosyl]-α-D-glucopyranosyl=chlorid, α-Acetochlorrutinose $C_{24}H_{33}ClO_{15}$, Formel X (R = CO-CH$_3$).

Diese Konfiguration ist der nachstehend beschriebenen, von *Zemplén, Gerecs* (B. **68** [1935] 1318, 1320) als O^2,O^3,O^4-Triacetyl-O^6-[tri-O-acetyl-β-L-rhamnopyranosyl]-α-D-glucopyranosylchlorid angesehenen Verbindung auf Grund ihrer genetischen Beziehung zu Rutinose (O^6-α-L-Rhamnopyranosyl-D-glucose [S. 2536]) und zu Hepta-O-acetyl-rutinose (O^1,O^2,O^3,O^4-Tetraacetyl-O^6-[tri-O-acetyl-α-L-rhamnopyranosyl]-β-D-glucopyra=nose zuzuordnen.

B. Beim Erwärmen von Hepta-O-acetyl-rutinose mit Titan(IV)-chlorid in Chloroform (*Ze., Ge.,* B. **68** 1320).

Krystalle (aus A.), F: 150,5—151° [nach Sintern bei 149°]; [α]$_D^{20}$: +65,9° [CHCl$_3$; c = 2] (*Ze., Ge.,* B. **68** 1321).

Die gleiche Verbindung hat vermutlich als Hauptbestandteil in einem Präparat (Krystalle [aus Ae. + PAe.], F: 142—143° [nach Sintern bei 133°]; [α]$_D^{24}$: +70,9° [CHCl$_3$]) vorgelegen, das beim Erwärmen von O^2,O^3,O^4-Triacetyl-α-D-glucopyranosyl=chlorid mit Tri-O-acetyl-α-L-rhamnopyranosylbromid und Quecksilber(II)-acetat in Benzol erhalten worden ist (*Zemplén, Gerecs,* B. **67** [1934] 2049).

b) O^2,O^3,O^4-Triacetyl-O^6-[tri-O-acetyl-α-L-rhamnopyranosyl]-α-D-galactopyranosyl=chlorid, α-Acetochlorrobinobiose $C_{24}H_{33}ClO_{15}$, Formel XI (R = CO-CH$_3$).

Die Konfiguration der nachstehend beschriebenen Verbindung ergibt sich aus ihrer genetischen Beziehung zu Robinobiose (O^6-α-L-Rhamnopyranosyl-D-galactose [S. 2537]).

B. Beim Behandeln von Hepta-O-acetyl-robinobiose (O^1,O^2,O^3,O^4-Tetraacetyl-O^6-[tri-O-acetyl-α-L-rhamnopyranosyl]-ξ-D-galactopyranose; F: 84—85°) mit Titan(IV)-chlorid in Chloroform (*Kamiya et al.,* Agric. biol. Chem. Japan **31** [1967] 261, 265; s. a. *Zemplén, Gerecs,* B. **68** [1935] 2054, 2058).

Krystalle (aus Ae.); F: 178—180° (*Ka. et al.*), 178° [Zers.] (*Ze., Ge.*). [α]$_D^{15}$: −6,6° [CHCl$_3$; c = 3] (*Ka. et al.*); [α]$_D^{26}$: −5,1° [CHCl$_3$; c = 3] (*Ze., Ge.*).

Die gleiche Verbindung hat vermutlich als Hauptbestandteil in einem Präparat (Krystalle [aus CHCl$_3$ + Ae.], F: 166,5—167,5°; [α]$_D^{21}$: +67,6° [CHCl$_3$]) vorgelegen, das beim Erwärmen von O^2,O^3,O^4-Triacetyl-α-D-galactopyranosylchlorid mit Tri-O-acetyl-α-L-rhamnopyranosylbromid und Quecksilber(II)-acetat in Benzol erhalten worden ist (*Zemplén et al.,* B. **71** [1938] 774).

XI   XII

O^2,O^4,O^6-Trimethyl-O^3-[toluol-4-sulfonyl]-α-D-galactopyranosylchlorid $C_{16}H_{23}ClO_7S$, Formel XII.

B. Bei mehrtägigem Behandeln einer Lösung von Methyl-[O^2,O^4,O^6-trimethyl-O^3-(toluol-4-sulfonyl)-α-D-galactopyranosid] in Acetanhydrid mit Chlorwasserstoff (*Percival, Percival,* Soc. **1938** 1585).

Krystalle (aus Bzn.); F: 108°. [α]$_D^{20}$: +136° [Acn.; c = 0,5].

O^3,O^4,O^6-Triacetyl-O^2-[toluol-4-sulfonyl]-α-D-glucopyranosylchlorid $C_{19}H_{23}ClO_{10}S$, Formel I.

B. Beim Behandeln einer Suspension von O^3,O^4,O^6-Triacetyl-β-D-glucopyranosylchlorid in Chloroform mit Toluol-4-sulfonylchlorid und Pyridin (*Reynolds,* Soc. **1931** 2626, 2627).

Krystalle; F: 122—123° [aus CCl$_4$] (*Re.,* l. c. S. 2628), 121° (*Mattok, Phillips,* Soc. **1958** 130, 135), 120—122° [aus Ae. + Bzn.] (*Korytnyk, Mills,* Soc. **1959** 636, 645). [α]$_D^{16,5}$:

$+134,8°$ [CHCl$_3$; c = 2] (*Re.*); $[\alpha]_D^{21}$: $+134,5°$ [CHCl$_3$; c = 1] (*Ko., Mi.*); $[\alpha]_D$: $+149°$ [Acn.; c = 1] (*Ma., Ph.*).

Beim Behandeln mit Bromwasserstoff in Essigsäure ist O^3,O^4,O^6-Triacetyl-O^2-[toluol-4-sulfonyl]-α-D-glucopyranosylbromid erhalten worden (*Helferich, Grünler*, J. pr. [2] **148** [1937] 107, 114). Geschwindigkeitskonstante der Reaktion mit Methanol in Gegenwart von Quecksilber(II)-chlorid bei 25°: *Ma., Ph.*, l. c. S. 135.

I   II

3,4,5-Triacetoxy-2-chlor-6-[toluol-4-sulfonyloxymethyl]-tetrahydro-pyran $C_{19}H_{23}ClO_{10}S$.

a) O^2,O^3,O^4-**Triacetyl-O^6-[toluol-4-sulfonyl]-β-D-glucopyranosylchlorid** $C_{19}H_{23}ClO_{10}S$, Formel II.

B. Aus O^1,O^2,O^3,O^4-Tetraacetyl-O^6-[toluol-4-sulfonyl]-β-D-glucopyranose beim Behandeln mit Aluminiumchlorid in Chloroform (*Korytnyk, Mills*, Soc. **1959** 636, 644) sowie beim Erwärmen mit Phosphor(III)-chlorid in Benzol unter Einleiten von Chlorwasserstoff (*Garrido Espinosa*, An. Univ. catol. Valparaiso Nr. 4 [1957] 245, 252).

Krystalle (aus Ae.). F: 174—176°; $[\alpha]_D^{20}$: $+14°$ [Bzl.; c = 4] (*Paulsen et al.*, B. **103** [1970] 2463, 2472). F: 154°; $[\alpha]_D^{19}$: $-38°$ [Bzl.; c = 4] (*Ga. Es.*). F: 160—161° $[\alpha]_D^{22}$: $+9,0°$ (Anfangswert) $\rightarrow +32°$ (Endwert nach 19 h) [CHCl$_3$; c = 0,7] (*Ko., Mi.*).

Beim Behandeln mit Silberacetat in Essigsäure ist O^1,O^2,O^3,O^4-Tetraacetyl-O^6-[toluol-4-sulfonyl]-β-D-glucopyranose erhalten worden (*Ko., Mi.*, l. c. S. 646).

b) O^2,O^3,O^4-**Triacetyl-O^6-[toluol-4-sulfonyl]-α-D-galactopyranosylchlorid** $C_{19}H_{23}ClO_{10}S$, Formel III.

B. Beim Erwärmen von O^1,O^2,O^3,O^4-Tetraacetyl-O^6-[toluol-4-sulfonyl]-β-D-galacto=pyranose mit Titan(IV)-chlorid in Chloroform (*Ohle, Thiel*, B. **66** [1933] 525, 530).

Krystalle (aus Bzl. + Bzn.); F: 120°. $[\alpha]_D^{19}$: $+134,5°$ [CHCl$_3$; c = 1].

III   IV

O^4-**Acetyl-O^2,O^3,O^6-tris-[toluol-4-sulfonyl]-α-D-glucopyranosylchlorid** $C_{29}H_{31}ClO_{12}S_3$, Formel IV.

B. Beim Erwärmen von O^4-Acetyl-O^2,O^3,O^6-tris-[toluol-4-sulfonyl]-α-D-glucopyranosyl=bromid mit Quecksilber(II)-chlorid in Benzol (*Hess, Kinze*, B. **70** [1937] 1139, 1142).

Krystalle (aus A.). F: 173—174°. $[\alpha]_D^{20}$: $+132,2°$ [Bzl.; c = 1]; $[\alpha]_D^{20}$: $+80,7°$ [CHCl$_3$; c = 1]; $[\alpha]_D^{20}$: $+70,3°$ [Acn.; c = 1].

Tetrakis-O-methansulfonyl-α-D-glucopyranosylchlorid $C_{10}H_{19}ClO_{13}S_4$, Formel V.

B. Beim Behandeln von D-Glucose mit Methansulfonylchlorid und Pyridin (*Helferich, Gnüchtel*, B. **71** [1938] 712, 716, 717).

Krystalle (aus A. + E.); F: 168—169°. $[\alpha]_D^{20}$: $+110°$ [E.; c = 2].

Tetrakis-O-[toluol-4-sulfonyl]-α-D-glucopyranosylchlorid $C_{34}H_{35}ClO_{13}S_4$, Formel VI.

B. Beim Schütteln einer Suspension von D-Glucose in Pyridin mit Toluol-4-sulfonyl=chlorid in Chloroform (*Bernoulli, Stauffer*, Helv. **23** [1940] 615, 617, 618).

Dipolmoment (ε; Bzl.): 6,40 D (*Be., St.*, l. c. S. 626).

Amorph (*Be., St.*). F: 81° (*Mattok, Phillips*, Soc. **1958** 130, 135), 78—80° (*Be., St.*). $[\alpha]_D^{20}$: +61,9° [CHCl₃; c = 1,5] (*Be., St.*, l. c. S. 622); $[\alpha]_D$: +61° [Acn.; c = 2] (*Ma., Ph.*).

Geschwindigkeitskonstante der Reaktion mit Methanol in Gegenwart von Quecksil=ber(II)-chlorid bei Temperaturen von 56,5° bis 100°: *Ma., Ph.*, l. c. S. 132.

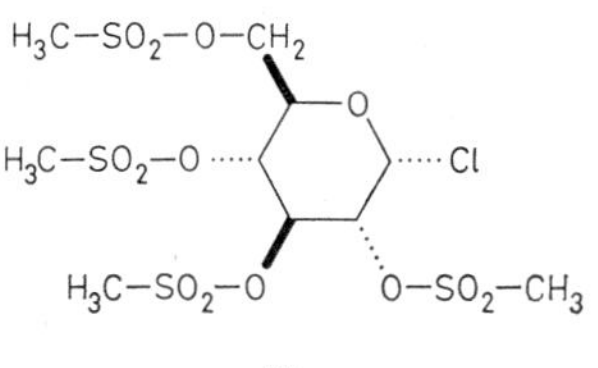

H₃C—SO₂—O—CH₂ ... Cl (Formel V)

H₃C⟨⟩—SO₂—O—CH₂ ... Cl (Formel VI)

         V 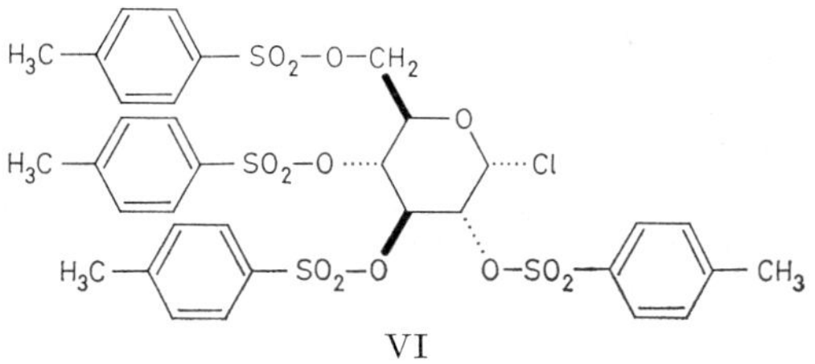   VI

O^3,O^4,O^6-**Triacetyl-O^2-chlorsulfinyl-β-D-glucopyranosylchlorid** C₁₂H₁₆Cl₂O₉S, Formel VII.

B. Beim Erwärmen von O^3,O^4,O^6-Triacetyl-β-D-glucopyranosylchlorid mit Thionyl=chlorid (*Brigl*, Z. physiol. Chem. **116** [1921] 1, 44, 45).

Krystalle (aus Ae. + PAe.); F: ca. 103°.

An der Luft erfolgt Umwandlung in O^3,O^4,O^6-Triacetyl-β-D-glucopyranosylchlorid.

(Formel VII)   (Formel VIII)

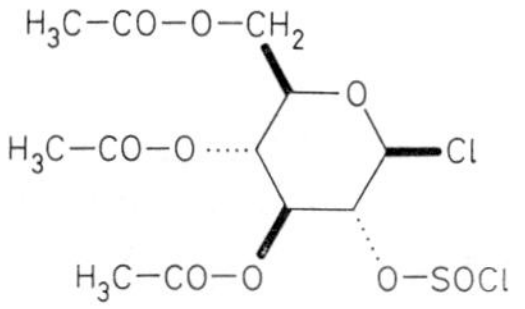

       VII 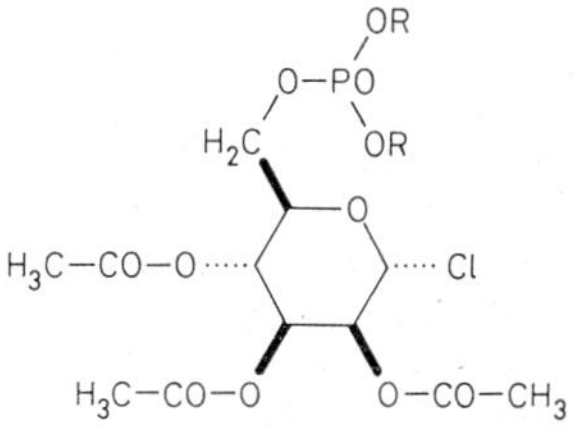   VIII

O^2,O^3,O^4-**Triacetyl-O^6-diphenoxyphosphoryl-α-D-mannopyranosylchlorid** C₂₄H₂₆ClO₁₁P, Formel VIII (R = C₆H₅). .

B. Beim Erwärmen von O^1,O^2,O^3,O^4-Tetraacetyl-O^6-diphenoxyphosphoryl-β-D-manno=pyranose mit Titan(IV)-chlorid in Chloroform (*Posternak, Rosselet*, Helv. **36** [1953] 1614, 1622).

Krystalle (aus E. + PAe.); F: 84—86°.   [*H. Richter*]

Tetra-O-acetyl-β-D-fructopyranosylbromid, β-D-Acetobromfructopyranose C₁₄H₁₉BrO₉, Formel IX (R = CO-CH₃).

B. Beim Behandeln von Penta-O-acetyl-β-D-fructopyranose mit Bromwasserstoff in Essigsäure (*Brauns*, Am. Soc. **45** [1923] 2381, 2388) oder mit Chloroform (oder Tetrachlor=methan) und Acetylbromid (*Hennig*, B. **86** [1953] 770, 776).

Krystalle; F: 65° [aus Ae.] (*Br.*), 50° [aus PAe.] (*He.*). $[\alpha]_D^{20}$: −189,1° [CHCl₃; c = 3] (*Br.*); $[\alpha]_D^{21}$: −171° [CHCl₃] (*He.*).

Wenig beständig (*Br.*; *He.*).

Tetra-O-benzoyl-β-D-fructopyranosylbromid, β-D-Benzobromfructopyranose C₃₄H₂₇BrO₉, Formel IX (R = CO-C₆H₅).

B. Beim Behandeln von O^1,O^3,O^4,O^5-Tetrabenzoyl-ξ-D-fructose (F: 179—182°; $[\alpha]_D$: −172,4° [CHCl₃]) mit Bromwasserstoff in Essigsäure (*Ness, Fletcher*, Am. Soc. **75** [1953] 2619, 2622).

Krystalle (aus Eg. + Pentan) mit 0,25 Mol Essigsäure, F: 106—110° [korr.]; $[\alpha]_D^{20}$: −179,5° [CHCl₃; c = 5]. Krystalle (aus CCl₄ + Pentan), F: 101—104° [korr.]; $[\alpha]_D^{20}$: −181° [CHCl₃; c = 4].

Beim Behandeln mit Lithiumalanat in Äther sind 2,6-Anhydro-D-glucit und geringe Mengen 1,5-Anhydro-D-mannit erhalten worden.

O^1,O^4,O^5-Triacetyl-O^3-methansulfonyl-β-D- fructopyranosylbromid $C_{13}H_{19}BrO_{10}S$, Formel X.

Über die Konfiguration an dem das Brom tragenden C-Atom s. *Haynes, Newth*, Adv. Carbohydrate Chem. **10** [1955] 210, 251.

B. Beim Behandeln einer Suspension von $O^1,O^2;O^4,O^5$-Diisopropyliden-O^3-methan=sulfonyl-β-D-fructopyranose in Acetanhydrid mit Bromwasserstoff in Essigsäure (*Helfe-rich, Jochinke*, B. **74** [1941] 719, 724).

Krystalle (aus $CHCl_3$ + Ae.), F: 119°; $[\alpha]_D^{20}$: $-178,4°$ [$CHCl_3$; p = 3] (*He., Jo.*).

Tetra-O-methyl-α-D-glucopyranosylbromid $C_{10}H_{19}BrO_5$, Formel XI (R = CH_3) (H 31 148).

B. Beim Behandeln von O^2,O^3,O^4,O^6-Tetramethyl-D-glucose (F: 94°; $[\alpha]_D^{21}$: $+81,0°$ [W.]) mit Acetanhydrid und geringen Mengen wss. Perchlorsäure und Behandeln des Reak-tionsgemisches mit Phosphor und Brom in Essigsäure und anschliessend mit Wasser (*Bredereck, Hambsch*, B. **87** [1954] 38, 42). Beim Behandeln von O^1-Acetyl-O^2,O^3,O^4,O^6-tetramethyl-D-glucopyranose (Gemisch der Anomeren) mit Bromwasserstoff in Essig=säure (*Levene, Cortese*, J. biol. Chem. **98** [1932] 17) oder mit Bromwasserstoff in Acet=anhydrid und Essigsäure (*Wolfrom, Husted*, Am. Soc. **59** [1937] 2559).

Öl; nicht rein erhalten (*Br., Ha.*; s. a. *Le., Co.*; *Wo., Hu.*).

Reaktion mit Diäthylamin in Benzol unter Bildung von N,N-Diäthyl-tetra-O-meth=yl-β(?)-D-glucopyranosylamin (F: 34°; $[\alpha]_D^{29}$: $-2,8°$ [Me.]): *Wo., Hu.* Beim Behandeln mit Natriumhydroxid in Äther und Dioxan ist 2-Methoxy-O^3,O^4,O^6-trimethyl-D-glucal (Tetra-O-methyl-1,5-anhydro-D-*arabino*-hex-1-enit) erhalten worden (*Wo., Hu.*; *Wolfrom et al.*, Am. Soc. **64** [1942] 265, 267).

Charakterisierung durch Überführung in O^2,O^3,O^4,O^6-Tetramethyl-O^1-[toluol-4-sulfon=yl]-α-D-glucopyranose (F: 79—80° [Zers.]; $[\alpha]_D^{22}$: $+175,9°$ [Bzl.]) mit Hilfe von Silber-[toluol-4-sulfonat] in Äther: *Br., Ha.*, l. c. S. 43.

O^3,O^4-Diacetyl-O^2,O^6-diäthyl-α-D-glucopyranosylbromid $C_{14}H_{23}BrO_7$, Formel XII.

Diese Konstitution und Konfiguration kommt vielleicht der nachstehend beschriebenen Verbindung zu.

B. Beim Behandeln von partiell äthylierter Cellulose (aus Alkalicellulose mit Hilfe von Äthylchlorid hergestellt) mit Bromwasserstoff enthaltendem Acetylbromid (*Hess*, A. **506** [1933] 295, 297).

Krystalle (aus Acn.); F: 126,5°. $[\alpha]_D^{17}$: $+257°$ [$CHCl_3$; c = 1]).

O^2,O^3,O^4-Triacetyl-α-D-glucopyranosylbromid $C_{12}H_{17}BrO_8$, Formel XIII.

B. Beim Erwärmen von Tri-O-acetyl-lävoglucosan (Tri-O-acetyl-1,6-anhydro-β-D-gluco=pyranose) mit Titan(IV)-bromid in Chloroform (*Zemplén, Gerecs*, B. **64** [1931] 1545, 1550).

Krystalle (aus $CHCl_3$ + Bzn.); F: 126—127° [Zers.] (*Ze., Ge.*), 123° (*Haq, Whelan*, Soc. **1956** 4543, 4547). $[\alpha]_D^{19}$: $+217,4°$ [$CHCl_3$; c = 7] (*Ze., Ge.*); $[\alpha]_D$: $+218°$ [$CHCl_3$] (*Haq, Wh.*).

Bei mehrtägigem Schütteln einer Lösung in Chloroform mit Silberoxid, Calciumsulfat und geringen Mengen Jod und Behandeln des Reaktionsprodukts mit Bariummethylat in Methanol sind 1,6-Anhydro-β-D-glucopyranose, Gentiobiose (O^6-β-D-Glucopyranosyl-D-glucose), Gentiotriose, Gentiotetraose, Gentiopentaose und Gentiohexaose erhalten worden (*Haq, Wh.*, l. c. S. 4547, 4548).

O^3,O^4,O^6-Triacetyl-O^2-methyl-α-D-glucopyranosylbromid $C_{13}H_{19}BrO_8$, Formel XI (R = $CO-CH_3$).

B. Beim Behandeln von O^3,O^4,O^6-Triacetyl-O^2-methyl-D-glucose [aus 1-[O^3,O^4,O^6-Tri=acetyl-O^2-methyl-β(?)-D-glucopyranosyl]-piperidin (F: 113° [korr.]; $[\alpha]_D^{25}$: $+23°$ [$CHCl_3$]) hergestellt] (*Jermyn*, Austral. J. Chem. **10** [1957] 448, 454) oder von O^1,O^3,O^4,O^6-Tetra=

acetyl-O^2-methyl-β-D-glucopyranose (*Micheel, Klemer*, B. **91** [1958] 663, 666) mit Brom=
wasserstoff in Essigsäure.

Krystalle (aus Ae.), F: 82—85°; $[\alpha]_D^{22}$: +200° [CHCl$_3$; c = 1] (*Mi., Kl.*). Krystalle
(aus Ae.) mit 1 Mol H$_2$O, F: 86° [nach Erweichen]; $[\alpha]_D^{27}$: +232° [CHCl$_3$; c = 5] (*Je.*)

XII   XIII   XIV

O^2,O^4,O^6-Triacetyl-O^3-methyl-α-D-glucopyranosylbromid C$_{13}$H$_{19}$BrO$_8$, Formel XIV.

B. Beim Behandeln von O^1,O^2,O^4,O^6-Tetraacetyl-O^3-methyl-β-D-glucopyranose mit
Bromwasserstoff in Essigsäure (*Campbell*, Biochem. J. **52** [1952] 444, 445).

Öl; $[\alpha]_D^{20}$: +162,8° [CHCl$_3$].

O^2,O^3,O^6-Triacetyl-O^4-methyl-α-D-mannopyranosylbromid C$_{13}$H$_{19}$BrO$_8$, Formel I.

Bezüglich der Konfiguration an dem das Brom tragenden C-Atom s. *Haynes, Newth*,
Adv. Carbohydrate Chem. **10** [1955] 207, 232.

B. Beim Behandeln von O^1,O^2,O^3,O^6-Tetraacetyl-O^4-methyl-α-D-mannopyranose mit
Bromwasserstoff in Essigsäure (*Wacek et al.*, M. **88** [1957] 948, 953, 964).

Krystalle (aus Ae.); F: 67,5° [nach Sintern bei 66,5°] (*Wa. et al.*).

I   II

O^2,O^3,O^4-Triacetyl-O^6-phenyl-α-D-glucopyranosylbromid C$_{18}$H$_{21}$BrO$_8$, Formel II (X = H).

B. Beim Behandeln von O^1,O^2,O^3,O^4-Tetraacetyl-O^6-phenyl-α-D-glucopyranose mit Brom=
wasserstoff in Essigsäure (*Ohle et al.*, B. **71** [1938] 2250, 2253, 2254).

Krystalle (aus Bzl. + Bzn.); F: 93—94°. $[\alpha]_D^{20}$: +204° [CHCl$_3$; c = 3].

O^2,O^3,O^4-Triacetyl-O^6-[4-brom-phenyl]-α-D-glucopyranosylbromid C$_{18}$H$_{20}$Br$_2$O$_8$, Formel II
(X = Br).

B. Beim Behandeln von O^6-[4-Brom-phenyl]-D-glucose (F: 166°; $[\alpha]_D^{20}$: +58,2° (Endwert) [Py.]) mit Acetanhydrid und Pyridin und Behandeln der erhaltenen O^1,O^2,O^3,O^4-
Tetraacetyl-O^6-[4-brom-phenyl]-D-glucopyranose (C$_{20}$H$_{23}$BrO$_{10}$; Gemisch der
Anomeren; F: 119—122° [trübe Schmelze, die bei 127° klar wird]) mit Bromwasserstoff
in Essigsäure (*Ohle et al.*, B. **71** [1938] 2250, 2256).

Krystalle; F: 140—141°. $[\alpha]_D^{20}$: +169,7° [CHCl$_3$; c = 3].

O^2,O^3,O^4-Triacetyl-O^6-[2]naphthyl-α-D-glucopyranosylbromid C$_{22}$H$_{23}$BrO$_8$, Formel III.

B. Beim Behandeln von O^1,O^2,O^3,O^4-Tetraacetyl-O^6-[2]naphthyl-α-D-glucopyranose mit
Bromwasserstoff in Essigsäure (*Ohle et al.*, B. **71** [1938] 2250, 2259).

Krystalle; F: 141°. $[\alpha]_D^{20}$: +177° [CHCl$_3$; c = 2].

O^3-[2-Acetoxy-äthyl]-O^2,O^4,O^6-triacetyl-α-D-glucopyranosylbromid C$_{16}$H$_{23}$BrO$_{10}$,
Formel IV (R = CH$_2$-CH$_2$-O-CO-CH$_3$).

B. Beim Behandeln von O^3-[2-Acetoxy-äthyl]-O^1,O^2,O^4,O^6-tetraacetyl-β-D-glucopyranose
mit Bromwasserstoff in Essigsäure (*Creamer et al.*, Am. Soc. **79** [1957] 5039, 5042).

Öl; $[\alpha]_D$: +130° [CHCl$_3$; c = 2].

III   IV

3,4,5-Triacetoxy-2-acetoxymethyl-6-brom-tetrahydro-pyran $C_{14}H_{19}BrO_9$.

a) **Tetra-*O*-acetyl-α-D-glucopyranosylbromid,** α-D-Acetobromglucopyranose $C_{14}H_{19}BrO_9$, Formel IV (R = CO-CH$_3$) (H **31** 148).

B. Beim Behandeln von D-Glucose mit Acetanhydrid und geringen Mengen wss. Per=
chlorsäure und Behandeln der Reaktionslösung mit Phosphor, Brom und Wasser (*Bárczai-
Martos, Körösy,* Nature **165** [1950] 369). Beim Behandeln von D-Glucose oder von
Penta-*O*-acetyl-β-D-glucopyranose mit einer (aus Phosphor, Brom und Essigsäure bereiteten) Lösung von Acetylbromid in Essigsäure (*Scheurer, Smith,* Am. Soc. **76** [1954]
3224). Beim Erwärmen von D-Glucose-monohydrat mit Acetanhydrid und wenig Schwefel=
säure und Behandeln der von der gebildeten Essigsäure befreiten Reaktionslösung mit
Bromwasserstoff (*Redemann, Niemann,* Org. Synth. Coll. Vol III [1955] 11). Beim Behandeln von Penta-*O*-acetyl-β-D-glucopyranose mit Bromwasserstoff in Essigsäure unter
Zusatz von Acetanhydrid (*Latham et al.,* J. org. Chem. **15** [1950] 884, 885). Beim Behandeln von Äthyl-[tetra-*O*-acetyl-1-thio-β-D-glucopyranosid] mit Brom in Äther (*Weygand et al.,* B. **91** [1958] 2534, 2536).

Krystalle; F: 89—91° [aus Ae. + PAe.] (*Latham et al.,* J. org. Chem. **15** [1950] 884,
885), 88—89° [aus Ae. + PAe.] (*Weygand et al.,* B. **91** [1958] 2534, 2536), 88—89°
[aus Diisopropyläther] (*Redemann, Niemann,* Org. Synth. Coll. Vol. III [1955] 11, 13).
Bei 125—130°/0,0005 Torr destillierbar (*Bredereck, Höschele,* B. **86** [1953] 47, 50). $[\alpha]_D^{20}$:
+194° [CHCl$_3$; c = 4] (*We. et al.*); $[\alpha]_D^{24}$: +198° [CHCl$_3$] (*Scheurer, Smith,* Am. Soc.
76 [1954] 3224); $[\alpha]_D$: +197° [CHCl$_3$] (*Br., Hö.*). ^{1}H-NMR-Spektrum (Deuteriochloro=
form) sowie ^{1}H-^{1}H-Spin-Spin-Kopplungskonstanten: *Horton, Turner,* J. org. Chem. **30**
[1965] 3387, 3392, 3393. IR-Spektrum (10—15 µ): *Akiya, Osawa,* J. pharm. Soc. Japan
77 [1957] 726, 727; C. A. **1957** 17763. IR-Banden (Nujol; 10,8—13,3 µ): *Barker et al.,*
Soc. **1954** 3468, 3470. UV-Spektrum (250—400 nm): *Bednarczyk, Marchlewski,* Bl. Acad.
polon. [A] **1937** 140, 151, 152.

Hydrierung an Palladium in Triäthylamin enthaltendem Äthylacetat unter Bildung von
Tetra-*O*-acetyl-1,5-anhydro-D-glucit als Hauptprodukt: *Zervas, Zioudrou,* Soc. **1956** 214.
Überführung in Penta-*O*-acetyl-α-D-glucopyranose durch Erwärmen mit Silber-Pulver:
Hamamura, J. agric. chem. Soc. Japan **18** [1942] 781; Bl. agric. chem. Soc. Japan **18**
[1942] 65; C. A. **1951** 4653. Beim Erwärmen mit Quecksilber(II)-chlorid in Benzol ist
Tetra-*O*-acetyl-α-D-glucopyranosylchlorid (*Brigl,* Z. physiol. Chem. **116** [1921] 1, 51, 52),
beim Behandeln mit Silberchlorid/Kieselgur in Äther unter Lichtausschluss ist Tetra-
O-acetyl-β-D-glucopyranosylchlorid (*Hurd, Holysz,* Am. Soc. **72** [1950] 1732, 1734)
erhalten worden. Reaktion mit Natriumjodid in Aceton unter Bildung von Tetra-*O*-acetyl-
α-D-glucopyranosyljodid: *Helferich, Gootz,* B. **62** [1929] 2788, 2791; *Newth, Phillips,*
Soc. **1953** 2896, 2900. Geschwindigkeitskonstante der Hydrolyse in Aceton-Wasser-
Gemischen bei 21°: *Ne., Ph.,* l. c. S. 2898. Geschwindigkeitskonstante der Hydrolyse
in Bromwasserstoff enthaltendem wss. Aceton bei Temperaturen von 15° bis 30°: *Lindberg,* Acta chem. scand. **1** [1947] 710, 711; der Hydrolyse in wss. Aceton in Gegenwart
von Quecksilber(II)-bromid bei Temperaturen von 15° bis 30°: *Li.,* l. c. S. 712; bei 25°:
Mattok, Phillips, Soc. **1956** 1836, 1839. Bei eintägigem Schütteln einer Lösung in Aceton
mit wss. Natriumnitrit-Lösung sind O^2,O^3,O^4,O^6-Tetraacetyl-O^1-nitroso-β(?)-D-glucopyra=
nose (F: 108°; $[\alpha]_D^{30}$: −4,2° [CHCl$_3$]) und O^2,O^3,O^4,O^6-Tetraacetyl-D-glucose (nicht charakterisiert), bei 5-tägiger Reaktionsdauer ist ausschliesslich O^2,O^3,O^4,O^6-Tetraacetyl-D-glucose
(F: 118°) erhalten worden (*Weizmann, Haskelberg,* Soc. **1935** 1022). Bildung von O^1-Phos=
phono-α-D-glucopyranose beim Erwärmen mit Silberphosphat (0,3 Mol) in Benzol und
Behandeln einer methanol. Lösung des Reaktionsprodukts mit wss. Salzsäure: *Cori*

et al., J. biol. Chem. **121** [1937] 465, 468, 469; *Krahl, Cori*, Biochem. Prepar. **1** [1949] 33, 36, 40; *Putman, Hassid*, Am. Soc. **79** [1957] 5057, 5059. Bildung von O^1-Phosphono-β-D-glucopyranose (als Barium-Salz) beim Behandeln einer Lösung in Chloroform mit Silberdihydrogenphosphat in Äther, Behandeln der in wss. Natronlauge löslichen Anteile des Reaktionsprodukts mit wss. Bariumacetat-Lösung und Behandeln des gebildeten Barium-Salzes mit Natriumäthylat in Äthanol: *Reithel*, Am. Soc. **67** [1945] 1056; *Pu., Ha.*

Geschwindigkeitskonstante der Solvolyse in wss. Methanol und in Methanol-Aceton-Gemischen bei 21°: *Newth, Phillips*, Soc. **1953** 2896, 2898; der Reaktion mit Methanol bei 21° und bei 35°: *Newth, Phillips*, Soc. **1953** 2904, 2907, 2908; der Reaktion mit Methanol in Gegenwart von Bromwasserstoff bei 21°: *Ne., Ph.*, l. c. S. 2898. Beim Behandeln mit Methanol und Silbercarbonat (vgl. H **31** 148) bei −15°, +20° oder +50° sind neben Methyl-[tetra-O-acetyl-β-D-glucopyranosid] geringe Mengen O^2,O^3,O^4,O^6-Tetra-acetyl-D-glucose und Methyl-[tetra-O-acetyl-α-D-glucopyranosid] erhalten worden (*Isbell, Frush*, J. Res. Bur. Stand. **43** [1949] 161, 165, 166); über den Mechanismus dieser Reaktion s. *Is., Fr.*, l. c. S. 166. Geschwindigkeitskonstante der Reaktion mit Methanol in Gegenwart von Quecksilber(II)-cyanid bei 15—16,5°: *Wedemeyer, Hans*, B. **83** [1950] 541—547; in Gegenwart von Quecksilber(II)-cyanid und Quecksilber(II)-bromid bei Raumtemperatur: *We., Hans*, l. c. S. 547. Reaktion mit 2-Nitro-äthanol in Chloroform in Gegenwart von Silbercarbonat unter Bildung von [2-Nitro-äthyl]-[tetra-O-acetyl-β-D-glucopyranosid] sowie Reaktion mit 2-Nitro-äthanol in Chloroform in Gegenwart von Silberoxid und Calciumsulfat unter Bildung einer als [2-Nitro-äthyl]-[tetra-O-acetyl-α-D-glucopyranosid] angesehenen Verbindung (F: 139—140° [korr.; nach Sintern von 125° an]; $[\alpha]_D^{19,5}$: +37,5° [CHCl$_3$]): *Helferich, Hase*, A. **554** [1943] 261, 264, 265. Beim Erwärmen einer Lösung in Aceton mit Benzylmercaptan und wss. Kalilauge ist Benzyl-[tetra-O-acetyl-1-thio-β-D-glucopyranosid], beim Behandeln mit Silber-benzylmercaptid in Methanol ist hingegen Methyl-[tetra-O-acetyl-β-D-glucopyranosid] erhalten worden (*Stanek et al.*, Chem. Listy **51** [1957] 1556; Collect. **23** [1958] 336). Bildung von [4-Äthyl-phenyl]-[tetra-O-acetyl-β-D-glucopyranosid] und [4-Äthyl-phenyl]-[tetra-O-acetyl-α-D-glucopyranosid] beim Erwärmen mit 4-Äthyl-phenol und Quecksilber(II)-cyanid: *Helferich, Jung*, A. **589** [1954] 77, 81.

Bildung von geringen Mengen O^1,O^2,O^3,O^6-Tetraacetyl-O^4-[tetra-O-acetyl-β-D-gluco-pyranosyl]-β-D-glucopyranose beim Schütteln mit Lävoglucosan (1,6-Anhydro-β-D-gluco-pyranose), Silbercarbonat und Magnesiumsulfat in Dioxan, Behandeln des Reaktions-produkts mit wss. Schwefelsäure und Behandeln des danach isolierten Reaktionsprodukts mit Acetanhydrid und Schwefelsäure: *Freudenberg, Nagai*, B. **66** [1933] 27. Bildung von 2,4-Dihydroxy-6-[tetra-O-acetyl-β-D-glucopyranosyloxy]-benzaldehyd, 2-Hydroxy-4,6-bis-[tetra-O-acetyl-β-D-glucopyranosyloxy]-benzaldehyd und geringen Mengen einer bei 109—110° schmelzenden Substanz beim Schütteln einer Lösung in Acetonitril mit 2,4,6-Trihydroxy-benzaldehyd und wss. Kalilauge: *Robinson, Todd*, Soc. **1932** 2299, 2301, 2302.

Eine von *Buerger* (Am. Soc. **56** [1934] 2494) beim Erhitzen mit Silbercyanid in Xylol erhaltene, ursprünglich als Tetra-O-acetyl-2,6-anhydro-D-*glycero*-D-*gulo*-(oder D-*glycero*-D-*ido*)-heptononitril angesehene Verbindung (F: 76°) ist als O^3,O^4,O^6-Triacetyl-O^1,O^2-[(Ξ)-1-cyan-äthyliden]-α-D-glucopyranose zu formulieren (*Coxon, Fletcher*, Am. Soc. **85** [1963] 2637, 2638). Beim Behandeln mit Quecksilber(II)-cyanid in Nitromethan sind Tetra-O-acetyl-2,6-anhydro-D-*glycero*-D-*gulo*-heptononitril und O^3,O^4,O^6-Triacetyl-O^1,O^2-[(Ξ)-1-cyan-äthyliden]-α-D-glucopyranose (F: 78—79°; $[\alpha]_D^{20}$: +12,9° [CHCl$_3$]) erhalten worden (*Co., Fl.*, l. c. S. 2641). Bildung von Penta-O-acetyl-α-D-glucopyranose beim Behandeln mit Brom und Essigsäure, auch in Gegenwart von Diphenyldisulfid: *Bonner*, Am. Soc. **70** [1948] 3491, 3496. In dem beim Erwärmen mit Silbercyanat in Xylol neben Tetra-O-acetyl-β-D-glucopyranosylisocyanat erhaltenen Präparat (F: ca. 115—120°) der vermeintlichen Zusammensetzung $C_{15}H_{19}NO_{10}$ (s. H **31** 149) hat wahrscheinlich N,N'-Bis-[tetra-O-acetyl-β-D-glucopyranosyl]-harnstoff vorgelegen (*Johnson, Bergmann*, Am. Soc. **54** [1932] 3360, 3362); Entsprechendes gilt wahrscheinlich für das früher (s. H **31** 149) beschriebene amorphe Präparat der vermeintlichen Zusammensetzung $C_7H_{14}N_2O_6$ (F: ca. 195°), in dem N,N'-Bis-β-D-glucopyranosyl-harnstoff vorgelegen haben dürfte. Reaktion mit Kaliumthiocyanat in Aceton unter Bildung von Tetra-O-acetyl-β-D-glucopyranosylthiocyanat: *Müller, Wilhelms*, B. **74** [1941] 698, 701; *Wilhelms*, Magyar biol. Kutatointezet Munkai **13** [1941] 525, 535, 536; C. A. **1942** 411. Beim Behandeln mit 3,5-Dihydroxy-4-methoxy-benzoesäure-methylester und Natriummethylat in Methanol und Erwärmen der in Wasser löslichen Anteile des Reaktionsprodukts mit wss. Salzsäure sind geringe Mengen Bergenin ((4aR)-3t,4c,8,10-Tetrahydroxy-2c-hydr$=$ oxymethyl-9-methoxy-(4ar,10bt)-3,4,4a,10b-tetrahydro-2H-pyrano[3,2-c]isochromen-6-on) erhalten worden (*Hay, Haynes*, Soc. **1958** 2231, 2238). Bildung von 3-[Tetra-O-acetyl-β-D-glucopyranosyloxy]-*trans*-crotonsäure-methylester und geringer Mengen 3-[Tetra-O-acetyl-β-D-glucopyranosyloxy]-*cis*-crotonsäure-methylester beim Schütteln mit Acet$=$ essigsäure-methylester, Silberoxid und Calciumsulfat in Benzylamin enthaltendem Äther: *Ballou, Link*, Am. Soc. **73** [1951] 1134, 1138.

Überführung in Tetra-O-acetyl-1,5-anhydro-D-*arabino*-hex-1-enit durch Erwärmen mit Diäthylamin in Benzol: *Maurer, Mahn*, B. **60** [1927] 1316, 1317; *Maurer*, B. **62** [1929] 332, 335. Geschwindigkeitskonstante der Reaktion mit Dibutylamin in Aceton bei 22,4° und 33,5° sowie der Reaktion mit Piperidin in Aceton bei 1,8°, 24,4° und 33,6°: *Chapman, Laird*, Chem. and Ind. **1954** 20. Beim Behandeln mit Piperidin ist 1-[Tetra-O-acetyl-β(?)-D-glucopyranosyl]-piperidin (F: 123°), beim Behandeln mit Piperidin und Äther ist hingegen eine (isomere) Base $C_{19}H_{29}NO_9$ (Krystalle [aus Me. + Bzn. oder aus E. + Bzn.], F: 136° [Zers.]; Hydrochlorid $C_{19}H_{29}NO_9 \cdot HCl$: Krystalle [aus A. + Bzn.], F: 131° [Zers.]) erhalten worden (*Baker*, Soc. **1929** 1205, 1208). Bildung von Trimethyl-[tetra-O-acetyl-β-D-glucopyranosyl]-ammonium-bromid und geringen Mengen Tetra-O-acetyl-1,5-anhydro-D-*arabino*-hex-1-enit beim Behandeln mit Trimethylamin in Äthanol: *Karrer, Smirnoff*, Helv. **4** [1921] 817, 819; *Micheel, Micheel*, B. **63** [1930] 386, 390. Reaktion mit Pyridin und Silbersulfat unter Bildung einer als 1-[Tetra-O-acetyl-β-D-glucopyranosyl]-pyridinium-[tetra-O-acetyl-β-D-glucopyranosylsulfat] angesehenen Verbindung (F: 143—144°; $[\alpha]_D^{14,5}$: $-14°$ [CHCl$_3$]): *Ohle*, Bio. Z. **131** [1922] 601, 607, 608; *Ohle et al.*, B. **62** [1929] 833, 836. Bildung von geringen Mengen 1-Amino-2-[tetra-O-acetyl-β-D-glucopyranosyloxy]-anthrachinon beim Behandeln mit 1-Amino-2-hydr$=$ oxy-anthrachinon und Silberoxid in Chinolin und Behandeln des Reaktionsprodukts mit Acetanhydrid und Pyridin: *Müller*, B. **64** [1931] 1410, 1430.

Beim Behandeln mit Phenyläthinylmagnesiumbromid in Äther und Erwärmen der in Wasser löslichen Anteile des Reaktionsprodukts mit Acetanhydrid und Pyridin ist Tetra-O-acetyl-1-phenyl-3,7-anhydro-1,2-didesoxy-D-*glycero*-D-*gulo*-oct-1-init erhalten worden (*Zelinski, Meyer*, J. org. Chem. **23** [1958] 810, 812). Reaktion mit Diphenyl$=$ cadmium in Toluol unter Bildung von (1S)-Tetra-O-acetyl-1-phenyl-1,5-anhydro-D-glucit sowie Reaktion mit Dibutylcadmium bzw. mit Dibenzylcadmium in Toluol unter Bildung von O^3,O^4,O^6-Triacetyl-O^1,O^2-[($\varXi$)-1-methyl-pentyliden]-α-D-glucopyranose (F: 103°; $[\alpha]_D^{22}$: $+24,7°$ [CHCl$_3$]) bzw. O^3,O^4,O^6-Triacetyl-O^1,O^2-[($\varXi$)-1-methyl-2-phenyl-äthyliden]-α-D-glucopyranose (F: 78—79°; $[\alpha]_D^{22}$: $+29,4°$ [CHCl$_3$]): *Hurd, Holysz*, Am. Soc. **72** [1950] 2005, 2007, 2008. Bildung von geringen Mengen Tetra-O-acetyl-D-*glycero*-L-*gulo*-2,6-anhydro-7,8,9,10-tetradesoxy-decit beim Behandeln mit Butyllithium in Äther und Erwärmen der neben 5-Methyl-nonan-5-ol erhaltenen Anteile des Reaktionsprodukts mit Acetanhydrid und Natriumacetat: *Hurd, Holysz*, Am. Soc. **72** [1950] 1734, 1738.

b) **Tetra-O-acetyl-α-L-glucopyranosylbromid**, α-L-Acetobromglucopyranose $C_{14}H_{19}BrO_9$, Formel V.

B. Beim Behandeln von L-Glucose mit Acetylbromid und Essigsäure (*Karrer et al.*, Helv. **5** [1922] 141, 144). Beim Behandeln von Penta-O-acetyl-β-L-glucopyranose mit Bromwasserstoff in Essigsäure (*Potter et al.*, Am. Soc. **70** [1948] 1751).

Krystalle (aus Ae.), F: 88°; $[\alpha]_D^{17,5}$: $-192,7°$ [Ae.; p = 10] (*Ka. et al.*).

V   VI   VII

c) **Tetra-O-acetyl-α-DL-glucopyranosylbromid**, α-DL-Acetobromglucopyranose $C_{14}H_{19}BrO_9$, Formel V + Spiegelbild.

Herstellung aus gleichen Mengen der unter a) und b) beschriebenen Enantiomeren in

Äther: *Karrer et al.*, Helv. **5** [1922] 141, 145.
Krystalle; F: 85° [Rohprodukt].

d) **Tetra-*O*-acetyl-β-D-glucopyranosylbromid**, β-D-Acetobromglucopyranose $C_{14}H_{19}BrO_9$, Formel VI.

B. Beim Behandeln einer Lösung von Penta-*O*-acetyl-β-D-glucopyranose in Phos‑ phor(III)-chlorid mit Bromwasserstoff (*Heyns et al.*, B. **99** [1966] 1183, 1190; s. a. *Gar‑ rido Espinosa*, An. Univ. catol. Valparaiso Nr. 4 [1957] 245, 253). Beim Behandeln von Äthyl-[tetra-*O*-acetyl-1-thio-α-D-glucopyranosid] mit Brom in Äther (*Weygand et al.*, B. **91** [1958] 2534, 2536).

Krystalle; F: 94—96° [aus Ae.] (*Ga. E.*; *He. et al.*), 92° (*We. et al.*). $[\alpha]_D^{20}$: —32° [$CHCl_3$; c = 4] (*He. et al.*); über die Mutarotation von Lösungen in Chloroform ($[\alpha]_D^{22}$: —14,5° [Anfangswert] → +76° [Endwert nach 8 Tagen]) und in Äther ($[\alpha]_D^{20}$: —16° [nach 3 Minuten] → +77° [Endwert nach 8 Tagen]) s. *We. et al.*

Bildung von O^3,O^4,O^6-Triacetyl-O^1,O^2-[(Ξ)-1-äthoxy-äthyliden]-α-D-glucopyranose (F: 97—97,5°; $[\alpha]_D$: +31° [$CHCl_3$]) beim Behandeln mit Äthanol und Pyridin: *We. et al.*, l. c. S. 2535. Beim Erwärmen mit Silberacetat und Acetanhydrid ist Penta-*O*-acetyl-β-D-glucopyranose erhalten worden (*We. et al.*, l. c. S. 2537).

e) **Tetra-*O*-acetyl-α-D-mannopyranosylbromid**, α-D-Acetobrommannopyranose $C_{14}H_{19}BrO_9$, Formel VII.

B. Beim Behandeln von Penta-*O*-acetyl-β-D-mannopyranose mit Bromwasserstoff in Essigsäure (*Levene, Sobotka*, J. biol. Chem. **67** [1926] 771, 773; *Micheel, Micheel*, B. **63** [1930] 386, 390; *Levene, Tipson*, J. biol. Chem. **90** [1931] 89, 93; *Brauns*, J. Res. Bur. Stand. **7** [1931] 573, 581, 582), oder mit Bromwasserstoff in Essigsäure unter Zusatz von Acetanhydrid (*Talley et al.*, Am. Soc. **65** [1943] 575, 577).

Krystalle; F: 62° [aus Ae.] (*Brauns*, J. Res. Bur. Stand. **7** [1931] 573, 582), 57—58° [aus Ae. + Bzn.] (*Talley et al.*, Am. Soc. **65** [1943] 575, 577), 53—54° [aus Ae. + PAe.] (*Levene, Tipson*, J. biol. Chem. **90** [1931] 89, 93), 48—50° [aus Ae. + PAe.] (*Micheel, Micheel*, B. **63** [1930] 386, 391). $[\alpha]_D^{19}$: +122,1° [$CHCl_3$; c = 1] (*Mi., Mi.*); $[\alpha]_D^{20}$: +131,6° [$CHCl_3$; c = 3] (*Br.*); $[\alpha]_D^{26}$: +123,2° [$CHCl_3$; c = 1] (*Le., Ti.*, l. c. S. 94). ^{1}H-NMR-Absorption (Deuteriochloroform) sowie ^{1}H-^{1}H-Spin-Spin-Kopplungskonstanten: *Horton, Turner*, J. org. Chem. **30** [1965] 3387, 3391, 3393.

Stabilisierung durch Calciumcarbonat oder Bariumcarbonat: *Isbell, Frush*, J. Res. Bur. Stand. **44** [1950] 173.

Geschwindigkeitskonstante der Hydrolyse in 60%ig. wss. Aceton bei 16°: *Newth, Phillips*, Soc. **1953** 2904, 2907. Beim Behandeln eines öligen Präparats ($[\alpha]_D^{25}$: +111,8° [$CHCl_3$]) mit Silbercarbonat und wasserhaltigem Äther sind O^2,O^3,O^4,O^6-Tetraacetyl-α-D-mannopyranose sowie geringe Mengen von O^2,O^3,O^4,O^6-Tetraacetyl-β-D-manno‑ pyranose und einer von *Garrido Espinosa et al.* (B. **101** [1968] 191, 193) als O^1,O^3,O^4,O^6-Tetraacetyl-β-D-mannopyranose formulierten Verbindung $C_{14}H_{20}O_{10}$ (F: 164—165°; $[\alpha]_D^{25}$: —25,2° [$CHCl_3$]) erhalten worden (*Bonner*, Am. Soc. **80** [1958] 3372, 3377).

Geschwindigkeitskonstante der Reaktion mit Methanol bei 21,3°: *Newth, Phillips*, Soc. **1953** 2904, 2907, 2909. Bildung von O^3,O^4,O^6-Triacetyl-O^1,O^2-[(S?)-1-methoxy-äthyliden]-β-D-mannopyranose (F: 104—105°; $[\alpha]_D^{27}$: —22,6° [$CHCl_3$]) beim Erhitzen mit Natriummethylat in Toluol: *Levene, Tipson*, J. biol. Chem. **90** [1931] 89, 91, 96. Beim Behandeln mit Methanol und Silbercarbonat bei —15° (*Isbell, Frush*, J. Res. Bur. Stand. **43** [1949] 161, 166) oder bei 20° (*Dale*, Am. Soc. **46** [1924] 1046, 1049; *Levene, Sobotka*, J. biol. Chem. **67** [1926] 771, 773, 774; *Is., Fr.*) sind O^3,O^4,O^6-Triacetyl-O^1,O^2-[(S?)-1-methoxy-äthyliden]-β-D-mannopyranose (F: 105° [korr.]; $[\alpha]_D^{20}$: —26,6° [$CHCl_3$]) und geringe Mengen Methyl-[tetra-*O*-acetyl-β-D-mannopyranosid], beim Behan‑ deln mit Methanol und Silbercarbonat bei 50° oder unter Zusatz von Benzol (oder Äther) bei 20° (*Is., Fr.*, l. c. S. 165, 166) ist darüber hinaus Methyl-[tetra-*O*-acetyl-α-D-manno‑ pyranosid] erhalten worden. Bildung von O^3,O^4,O^6-Triacetyl-O^1,O^2-[(R?)-1-(tetra-*O*-acet‑ yl-β-D-glucopyranose-6-yloxy)-äthyliden]-β-D-mannopyranose (F: 168—169°; $[\alpha]_D^{30}$: +17,1° [$CHCl_3$]; bezüglich der Konfiguration s. *Nazurek, Perlin*, Canad. J. Chem. **43** [1965] 1918, 1920, 1921), von O^3,O^4,O^6-Triacetyl-O^1,O^2-[(S?)-1-(tetra-*O*-acetyl-β-D-gluco‑ pyranose-6-yloxy)-äthyliden]-β-D-mannopyranose (F: 174—174,5° [korr.]; $[\alpha]_D^{32}$: —27,6° [$CHCl_3$]) und (nach Erwärmen mit wss. Salzsäure) von O^1,O^2,O^3,O^4-Tetraacetyl-O^6-[tetra-*O*-acetyl-β-D-mannopyranosyl]-β-D-glucopyranose beim Behandeln mit O^1,O^2,O^3,O^4-Tetra‑

acetyl-β-D-glucopyranose, Silberoxid und Jod in Chloroform: *Talley et al.*, Am. Soc. **65** [1943] 575, 577, 578. Reaktion mit Silberacetat in Toluol bei 95° unter Bildung von Penta-*O*-acetyl-α-D-mannopyranose: *Le.*, *Ti.*, l. c. S. 94, 95. Mechanismus und Geschwindigkeitskonstanten der Reaktion mit Piperidin in Aceton bei 1,8°, 24,4° und 33,6°, der Reaktion mit Pyridin in Aceton bei 24,5°, 38,1° und 43° sowie der Reaktion mit 3-Methyl-pyridin in Aceton bei 38,1°: *Chapman*, *Laird*, Chem. and Ind. **1954** 20. Beim Erhitzen mit Diphenylcadmium in Toluol (*Hurd*, *Holysz*, Am. Soc. **72** [1950] 2005, 2007) sowie beim Behandeln mit Phenyllithium in Äther und Behandeln mit den neben 1,1-Diphenyl-äthanol erhaltenen Anteile des Reaktionsprodukts mit Acetanhydrid und Pyridin (*Hurd*, *Holysz*, Am. Soc. **72** [1950] 1735, 1738) ist (1*R*)-Tetra-*O*-acetyl-1-phenyl-1,5-anhydro-D-mannit, beim Behandeln mit Phenylmagnesiumbromid in Äther und Behandeln der in Wasser löslichen Anteile des Reaktionsprodukts mit Acetanhydrid und Pyridin (*Hurd*, *Holysz*, Am. Soc. **72** [1950] 1732, 1734) sind darüber hinaus geringere Mengen (1*S*)-Tetra-*O*-acetyl-1-phenyl-1,5-anhydro-D-mannit erhalten worden.

f) **Tetra-*O*-acetyl-α-D-galactopyranosylbromid**, α-D-Acetobromgalactopyranose $C_{14}H_{19}BrO_9$, Formel VIII (H **31** 308).

B. Beim Behandeln von D-Galactose mit Acetanhydrid und geringen Mengen wss. Perchlorsäure und Behandeln der Reaktionslösung mit Phosphor, Brom und Wasser (*Barczai-Martos*, *Kőrösy*, Nature **165** [1950] 369). Beim Behandeln von Penta-*O*-acetyl-β-D-galactopyranose mit Bromwasserstoff in Essigsäure (*Ohle et al.*, B. **62** [1929] 833, 849; *Hansen et al.*, Biochem. Prepar. **4** [1955] 1).

Krystalle; F: 87° [aus Ae.] (*Hansen et al.*, Biochem. Prepar. **4** [1955] 1, 3), 85° [aus Ae. + PAe.] (*Ohle et al.*, B. **62** [1929] 833, 849), 84—85° [aus Ae. + Isopentan] (*Haskins et al.*, Am. Soc. **64** [1942] 1852, 1854). $[\alpha]_D^{20}$: +242° [Bzl.; c = 1]; $[\alpha]_D^{20}$: +217° [CHCl$_3$; c = 1] (*Has. et al.*); $[\alpha]_D^{25}$: +238° (Bzl.; c = 0,5]; $[\alpha]_D^{25}$: +215° [CHCl$_3$; c = 0,5] (*Han. et al.*). ^{1}H-NMR-Absorption (Deuteriochloroform) sowie ^{1}H-^{1}H-Spin-Spin-Kopplungskonstanten: *Horton*, *Turner*, J. org. Chem. **30** [1965] 3387, 3393. IR-Banden (Nujol; 10,6—13,5 μ): *Barker et al.*, Soc. **1954** 3468, 3470.

Stabilisierung durch Calciumcarbonat: *Hansen et al.*, Biochem. Prepar. **4** [1955] 1,3 Anm. 4. Bildung von [Tetra-*O*-acetyl-α-D-galactopyranosyl]-[tetra-*O*-acetyl-β-D-galactopyranosyl]-äther beim Erhitzen mit Natrium unter Luftzutritt auf 110° und Erwärmen des Reaktionsprodukts mit Acetanhydrid und Natriumacetat: *Sharp*, *Stacey*, Soc. **1951** 285, 287. Geschwindigkeitskonstante der Hydrolyse in Aceton-Wasser-Gemischen bei 21°: *Newth*, *Phillips*, Soc. **1953** 2904, 2907, 2909. Beim Erwärmen mit Silberphosphat (0,3 Mol) in Benzol und Behandeln einer methanol. Lösung des Reaktionsprodukts mit wss. Salzsäure (*Kosterlitz*, Biochem. J. **33** [1939] 1087, 1088; *Putman*, *Hassid*, Am. Soc. **79** [1957] 5057, 5059) ist O^1-Phosphono-α-D-galactopyranose, beim Behandeln einer Lösung in Chloroform mit Silberdihydrogenphosphat in Äther, Behandeln der in wss. Natronlauge löslichen Anteile des Reaktionsprodukts mit wss. Bariumacetat-Lösung und Behandeln des gebildeten Barium-Salzes mit Natriumäthylat in Äthanol (*Reithel*, Am. Soc. **67** [1945] 1056) ist O^1-Phosphono-β-D-galactopyranose (als Barium-Salz) erhalten worden.

Geschwindigkeitskonstante der Reaktion mit Methanol bei 16°, 21° und 35°: *Newth*, *Phillips*, Soc. **1953** 2904, 2907. Bildung von Methyl-[tetra-*O*-acetyl-β-D-galactopyranosid] beim Behandeln mit Methanol und Silbercarbonat: *Levene*, *Sobotka*, J. biol. Chem. **67** [1926] 771, 775, 776; *Müller*, B. **64** [1931] 1820, 1823; mit Methanol und Phenylquecksilberacetat: *Helferich*, *Wedemeyer*, B. **83** [1950] 538. Bildung von *p*-Tolyl-[tetra-*O*-acetyl-α-D-galactopyranosid] als Hauptprodukt beim Erwärmen mit *p*-Kresol und Quecksilber(II)-cyanid: *Helferich*, *Jung*, A. **589** [1954] 77, 78. Reaktion mit Acetessigsäuremethylester in Äther in Gegenwart von Silberoxid, Calciumsulfat und Benzylamin unter Bildung von 3-[Tetra-*O*-acetyl-β-D-galactopyranosyloxy]-*cis*-crotonsäure-methylester und 3-[Tetra-*O*-acetyl-β-D-galactopyranosyloxy]-*trans*-crotonsäure-methylester: *Ballou*, *Link*, Am. Soc. **73** [1951] 1134, 1138. Überführung in Tetra-*O*-acetyl-2,6-anhydro-D-*arabino*-hex-5-enit durch Erwärmen mit Diäthylamin in Benzol: *Maurer*, *Mahn*, B. **60** [1927] 1316, 1320; *Maurer*, *Müller*, B. **63** [1930] 2069, 2070. Geschwindigkeitskonstante der Reaktion mit Dibutylamin in Aceton bei 22,4° und 33,5° sowie der Reaktion mit Piperidin in Aceton bei 1,8°, 24,4° und 33,6°: *Chapman*, *Laird*, Chem. and Ind. **1954** 20. Beim Schütteln mit Pyridin und Silbersulfat sind eine als 1-[Tetra-*O*-acetyl-β-D-galactopyranosyl]-pyridinium-[tetra-O-acetyl-β-D-galactopyranosylsulfat] angesehene Verbindung (F: 172—173°; [α]$_D$: 0° [CHCl$_3$]) und geringe Mengen Bis-[1-(tetra-O-acetyl-ξ-D-galactopyranosyl)-pyridinium]-sulfat (F: ca. 170° [Zers.]) erhalten worden (*Ohle et al.*, B. **62** [1929] 833, 849, 850).

g) **Tetra-O-acetyl-α-D-talopyranosylbromid**, α-D-Acetobromtalopyranose C$_{14}$H$_{19}$BrO$_9$, Formel IX.

B. Beim Behandeln von Penta-O-acetyl-α-D-talopyranose mit Bromwasserstoff in Essigsäure unter Zusatz von Acetanhydrid (*Pigman, Isbell*, J. Res. Bur. Stand. **19** [1937] 189, 210).

Krystalle (aus Ae.), F: 84—84,5° [nach Sintern bei 83°]; [α]$_D^{20}$: +165,6° [CHCl$_3$; c = 4] (*Pi., Is.*).

Beim Behandeln mit Methanol und Silbercarbonat ist O^3,O^4,O^6-Triacetyl-O^1,O^2-[(Ξ)-1-methoxy-äthyliden]-β-D-talopyranose (F: 91,5—92,5°; [α]$_D^{20}$: +3,7° [CHCl$_3$]) erhalten worden (*Pi., Is.*). Bildung von O^2,O^3,O^4,O^6-Tetraacetyl-O^1-benzoyl-α-D-talopyranose beim Behandeln mit Silberbenzoat in Benzol: *Wood, Fletcher*, Am. Soc. **79** [1957] 3234.

VIII   IX   X

Tetra-O-propionyl-α-D-glucopyranosylbromid C$_{18}$H$_{27}$BrO$_9$, Formel X (R = CO-CH$_2$-CH$_3$).

B. Beim Behandeln von Penta-O-propionyl-β-D-glucopyranose mit Bromwasserstoff enthaltender Propionsäure (*Bonner et al.*, Am. Soc. **69** [1947] 1816, 1817).

Öl; [α]$_D^{25}$: +141° [CHCl$_3$] (Präparat von zweifelhafter Einheitlichkeit).

O^2,O^4,O^6-Triacetyl-O^3-benzoyl-α-D-glucopyranosylbromid C$_{19}$H$_{21}$BrO$_9$, Formel XI.

Diese Konstitution und Konfiguration ist wahrscheinlich der nachstehend beschriebenen Verbindung auf Grund ihrer Bildungsweise zuzuordnen (vgl. das analog hergestellte O^2,O^4,O^6-Triacetyl-O^3-[toluol-4-sulfonyl]-α-D-glucopyranosylbromid [S. 2611]).

B. Beim Behandeln von O^3-Benzoyl-O^1,O^2; O^5,O^6-diisopropyliden-α-D-glucofuranose mit Bromwasserstoff in Essigsäure (*Freudenberg, Ivers*, B. **55** [1922] 929, 940).

Krystalle (aus Acn. + W.); F: 152°. [α]$_D$: +162,5° [1,1,2,2-Tetrachlor-äthan; p = 7].

XI   XII

O^2,O^3,O^4-Triacetyl-O^6-benzoyl-α-D-glucopyranosylbromid C$_{19}$H$_{21}$BrO$_9$, Formel XII.

B. Beim Behandeln von O^1,O^2,O^3,O^4-Tetraacetyl-O^6-benzoyl-β-D-glucopyranose mit Bromwasserstoff in Essigsäure (*Brigl, Grüner*, A. **495** [1932] 60, 81).

Krystalle (aus CHCl$_3$ + PAe.); F: 52—53°. [α]$_D^{22}$: +180,6° [CHCl$_3$; c = 1].

O^3,O^4-Diacetyl-O^2,O^6-dibenzoyl-α-D-glucopyranosylbromid C$_{24}$H$_{23}$BrO$_9$, Formel XIII.

Diese Verbindung hat wahrscheinlich als Hauptbestandteil in dem nachstehend beschriebenen Präparat vorgelegen.

B. Beim Behandeln von O^1,O^3,O^4-Triacetyl-O^2,O^6-dibenzoyl-β(?)-D-glucopyranose (F: 176°; [α]$_D^{22}$: +64,7° [Acn.]) mit Bromwasserstoff in Essigsäure (*Brigl, Grüner*, A. **495** [1932] 60, 74, 75).

Amorphes Pulver. $[\alpha]_D^{22}$: $+176,4°$ [CHCl$_3$].

Beim Behandeln mit Methanol und Silbercarbonat ist Methyl-[O^3,O^4-diacetyl-O^2,O^6-dibenzoyl-β-D-glucopyranosid] erhalten worden.

3,4,5-Tris-benzoyloxy-2-benzoyloxymethyl-6-brom-tetrahydro-pyran $C_{34}H_{27}BrO_9$.

a) **Tetra-O-benzoyl-α-D-glucopyranosylbromid**, α-D-Benzobromglucopyranose $C_{34}H_{27}BrO_9$, Formel X (R = CO-C$_6$H$_5$) (H **31** 150).

B. Beim Behandeln von Penta-O-benzoyl-α-D-glucopyranose mit Bromwasserstoff in Essigsäure (*Mazzeno*, Am. Soc. **72** [1950] 1039; s. a. *Maurer, Böhme*, B. **69** [1936] 1399, 1403). Beim Behandeln einer Lösung von Penta-O-benzoyl-α-D-glucopyranose oder von Penta-O-benzoyl-β-D-glucopyranose in 1,2-Dichlor-äthan mit Bromwasserstoff in Essigsäure (*Ness et al.*, Am. Soc. **72** [1950] 2200, 2202; vgl. H **31** 150).

Krystalle; F: 129—130° (*Ness et al.*), 128° (*Mau., Bö.*), 127—128° [aus Ae. + PAe.] (*Maz.*). Krystalle (aus CCl$_4$ + PAe.) mit 1 Mol Tetrachlormethan; F: 103—105° [unkorr.] (*Maz.*). $[\alpha]_D^{20}$: $+149,5°$ [Toluol; c = 2] (*Mau., Bö.*); $[\alpha]_D^{20}$: $+149,3°$ [Toluol; c = 2] (*Ness et al.*); $[\alpha]_D^{25}$: $+146°$ [Toluol; c = 2] (*Maz.*); $[\alpha]_D^{20}$: $+123,6°$ [CHCl$_3$; c = 2] (*Ness et al.*); $[\alpha]_D^{25}$: $+119°$ [CHCl$_3$; c = 4] (*Maz.*). $[\alpha]_D^{22}$: $+120°$ [Toluol; c = 2]; $[\alpha]_D^{25}$: $+99°$ [CHCl$_3$; c = 4] [jeweils CCl$_4$ enthaltendes Präparat] (*Maz.*).

Beim Behandeln mit Pyridin und Silbersulfat ist eine als 1-[Tetra-O-benzoyl-β-D-glucopyranosyl]-pyridinium-[tetra-O-benzoyl-β-D-glucopyranosylsulfat] angesehene Verbindung (F: 193—194°; $[\alpha]_D$: $+15,5°$ [CHCl$_3$]) erhalten worden (*Ohle et al.*, B. **62** [1929] 833, 849).

XIII   XIV

b) **Tetra-O-benzoyl-α-D-mannopyranosylbromid**, α-D-Benzobrommannopyranose $C_{34}H_{27}BrO_9$, Formel XIV.

Über die Konfiguration an dem das Brom tragenden C-Atom s. *Yamana*, J. org. Chem. **31** [1966] 3698, 3699.

B. Beim Behandeln einer Lösung von Penta-O-benzoyl-β-D-mannopyranose in 1,2-Dichlor-äthan mit Bromwasserstoff in Essigsäure (*Ness et al.*, Am. Soc. **72** [1950] 2200, 2204).

Amorphes Pulver (*Ness et al.*). $[\alpha]_D^{20}$: $+11,7°$ [CHCl$_3$; c = 3] (*Ness et al.*); $[\alpha]_D^{20}$: $+10,8°$ [CHCl$_3$; c = 2] (*Sproviero*, Carbohydrate Res. **26** [1973] 357, 361).

Kohlensäure-bis-[(2R)-3t,4c,5t-triacetoxy-6t-brom-tetrahydro-pyran-2r-ylmethylester], Kohlensäure-bis-[(1R)-tri-O-acetyl-1-brom-1,5-anhydro-D-glucit-6-ylester], O^2,O^3,O^4,$O^{2'}$,$O^{3'}$,$O^{1'}$-Hexaacetyl-O^6,$O^{6'}$-carbonyl-bis-α-D-glucopyranosylbromid $C_{25}H_{32}Br_2O_{17}$, Formel I.

Über die Konfiguration an den die Brom-Atome tragenden C-Atomen s. *Haynes, Newth*, Adv. Carbohydrate Chem. **10** [1955] 207, 232, 253.

B. Beim Behandeln von Kohlensäure-bis-[(tetra-O-acetyl-β-D-glucopyranose)-6-ylester] mit Bromwasserstoff in Essigsäure (*Reynolds, Kenyon*, Am. Soc. **64** [1942] 1110).

Krystalle (aus CHCl$_3$ + Ae.); F: 147—148°; $[\alpha]_{546}^{26,5}$: $+258°$ [CHCl$_3$; c = 4] (*Re., Ke.*).

Beim Behandeln einer Lösung in Chloroform mit Methanol und Silberoxid unter Zusatz von Calciumsulfat ist Kohlensäure-bis-{[methyl-(tri-O-acetyl-β-D-glucopyranosid)]-6-ylester} erhalten worden (*Re., Ke.*).

O^2,O^3,O^4-Triacetyl-O^6-phenylcarbamoyl-α-D-glucopyranosylbromid $C_{19}H_{22}BrNO_9$, Formel II.

B. Beim Behandeln von O^1,O^2,O^3,O^4-Tetraacetyl-O^6-phenylcarbamoyl-β-D-glucopyra=

nose mit Bromwasserstoff in Essigsäure unter Zusatz von Acetanhydrid (*Bredereck et al.*, B. **91** [1958] 2819, 2821).

Krystalle (aus CHCl$_3$ + PAe.); F: 147—149°. $[\alpha]_D^{20}$: +167° [CHCl$_3$; c = 2].

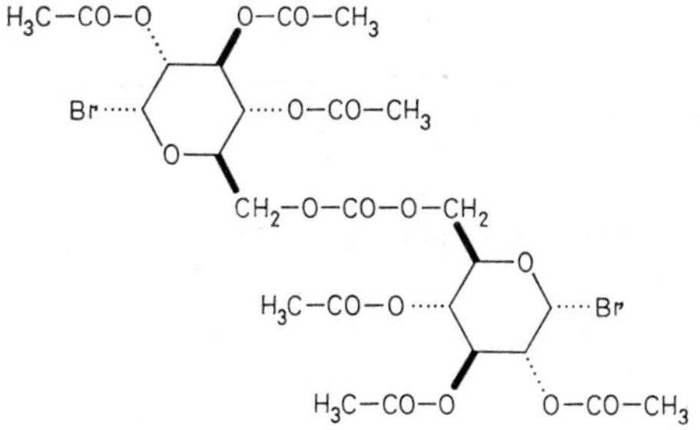

I 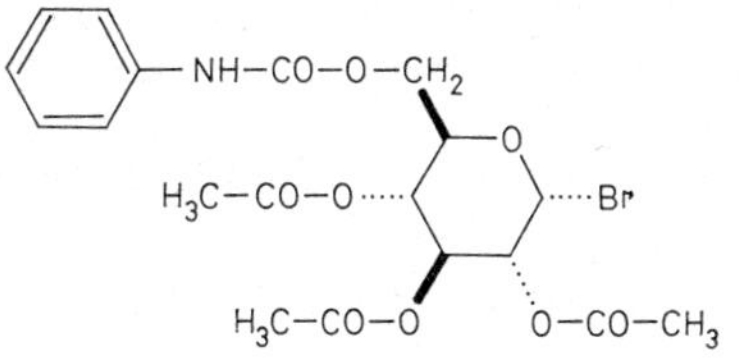   II

O^2,O^3,O^4-Triacetyl-O^6-[4-phenylazo-phenylcarbamoyl]-α-D-glucopyranosylbromid C$_{25}$H$_{26}$BrN$_3$O$_9$, Formel III.

B. Beim Behandeln von O^1,O^2,O^3,O^4-Tetraacetyl-O^6-[4-phenylazo-phenylcarbamoyl]-β-D-glucopyranose (F: 175°; $[\alpha]_D^{20}$: +34° [CHCl$_3$]) mit Bromwasserstoff in Essigsäure unter Zusatz von Acetanhydrid (*Bredereck et al.*, B. **91** [1958] 2819, 2823).

Gelbbraune Krystalle (aus Bzl. + PAe.); F: 140—142°. $[\alpha]_D^{20}$: +157° [CHCl$_3$; c = 1].

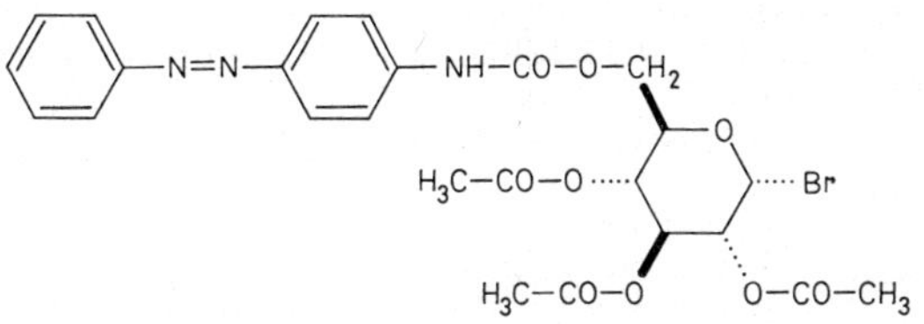

III 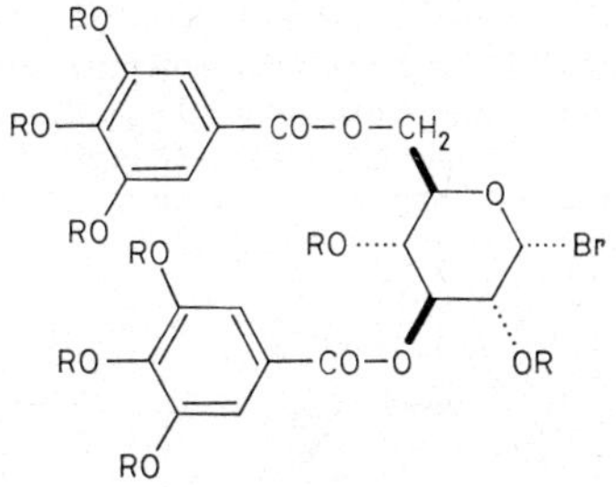   IV

O^2,O^4-Diacetyl-O^3,O^6-bis-[3,4,5-triacetoxy-benzoyl]-α-D-glucopyranosylbromid C$_{36}$H$_{35}$BrO$_{21}$, Formel IV (R = CO-CH$_3$).

Über die Konfiguration an dem das Brom tragenden C-Atom s. *Haynes, Newth*, Adv. Carbohydrate Chem. **10** [1955] 207, 232, 252.

B. Beim Behandeln von O^1,O^2,O^4-Triacetyl-O^3,O^6-bis-[3,4,5-triacetoxy-benzoyl]-ξ-D-glucopyranose (F: 177—179°; $[\alpha]_D$: +40,7° [Acn.]) mit Bromwasserstoff in Essigsäure (*Schmidt et al.*, A. **571** [1951] 19, 21).

Krystalle (aus Me. + W.), Zers. bei 136° [nach Sintern von 108° an]; $[\alpha]_D^{20}$: +101,8° [Me.; c = 1] (*Sch. et al.*).

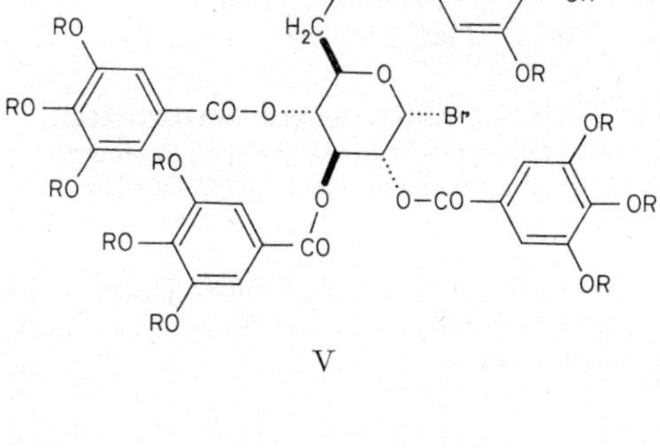

V 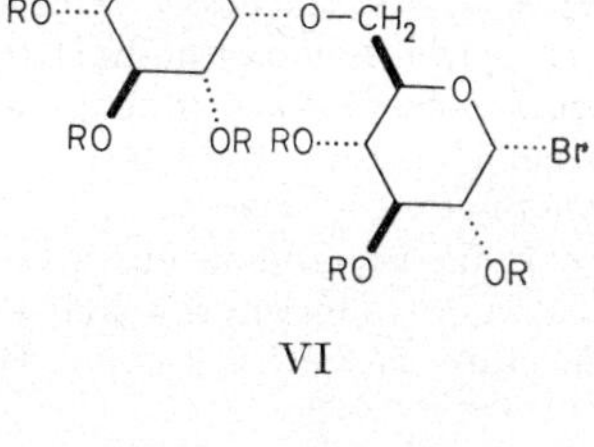   VI

Tetrakis-O-[3,4,5-triacetoxy-benzoyl]-α-D-glucopyranosylbromid $C_{58}H_{51}BrO_{33}$, Formel V ($R = CO\text{-}CH_3$).
Bezüglich der Konfiguration an dem das Brom tragenden C-Atom s. *Haynes, Newth*, Adv. Carbohydrate Chem. **10** [1955] 207, 232.
B. Beim mehrtägigen Behandeln von Pentakis-O-[3,4,5-triacetoxy-benzoyl]-ξ-D-gluco= pyranose (vgl. H **31** 132) mit Bromwasserstoff in Essigsäure und Behandeln der Reak= tionslösung mit Acetylbromid (*Karrer et al.*, Helv. **6** [1923] 3, 28, 29).
Amorphes Pulver; $[\alpha]_D^{16}$: $+58,8°$ [Acn.; p = 1] (*Ka. et al.*).

3,4,5-Triacetoxy-2-brom-6-[3,4,5-triacetoxy-tetrahydro-pyran-2-yloxymethyl]-tetra= hydro-pyran $C_{23}H_{31}BrO_{15}$.

a) ***O^2,O^3,O^4-Triacetyl-O^6-[tri-O-acetyl-α-D-xylo-pyranosyl]-α-D-glucopyranosyl= bromid***, α-Acetobromisoprimverose $C_{23}H_{31}BrO_{15}$, Formel VI ($R = CO\text{-}CH_3$).
B. Beim Behandeln von Hepta-O-acetyl-isoprimverose (O^1,O^2,O^3,O^4-Tetraacetyl-O^6-[tri-O-acetyl-α-D-xylopyranosyl]-β-D-glucopyranose) mit Titan(IV)-bromid in Chloroform (*Zemplén, Bognár*, B. **72** [1939] 1160, 1166).
Krystalle (aus Ae. + Bzn.); F: 155,5—157,5° [korr.; nach Sintern bei 149°]. $[\alpha]_D^{19}$: $+186,6°$ [CHCl$_3$; c = 4].
Beim Erwärmen mit Acetanhydrid und Silberacetat ist Hepta-O-acetyl-isoprimverose erhalten worden.

b) ***O^2,O^3,O^4-Triacetyl-O^6-[tri-O-acetyl-β-D-xylopyranosyl]-α-D-glucopyranosyl= bromid***, α-Acetobromprimverose $C_{23}H_{31}BrO_{15}$, Formel VII ($R = CO\text{-}CH_3$).
B. Beim Behandeln von Hepta-O-acetyl-primverose (O^1,O^2,O^3,O^4-Tetraacetyl-O^6-[tri-O-acetyl-β-D-xylopyranosyl]-β-D-glucopyranose) mit Bromwasserstoff in Essigsäure unter Zusatz von Acetanhydrid (*Jones, Robertson*, Soc. **1933** 1167) oder mit Titan(IV)-bromid in Chloroform (*Zemplén, Bognár*, B. **72** [1939] 47).
F: 176—178°; $[\alpha]_D$: $+96,5°$ [CHCl$_3$] (*Zemplén, Bognár*, B. **72** [1939] 1160, 1162).

VII   VIII   IX

(2R)-3c,4t,5c-Triacetoxy-2r-brom-6t-[(2R)-3t,4t,5c-triacetoxy-6t-methyl-tetrahydro-pyran-2r-yloxymethyl]-tetrahydro-pyran, *O^2,O^3,O^4-Triacetyl-O^6-[tri-O-acetyl-α-L-rham= nopyranosyl]-α-D-glucopyranosylbromid*, α-Acetobromrutinose $C_{24}H_{33}BrO_{15}$, Formel VIII ($R = CO\text{-}CH_3$).
Die Konfiguration ergibt sich aus den genetischen Beziehungen zu Rutinose (O^6-α-L-Rhamnopyranosyl-D-glucose [S. 2536]) und zu Hepta-O-acetyl-rutinose ($O^1,O^2,O^3,$= O^4-Tetraacetyl-O^6-[tri-O-acetyl-α-L-rhamnopyranosyl]-β-D-glucopyranose).
B. Beim Behandeln einer Lösung von Hepta-O-acetyl-rutinose in Chloroform mit Bromwasserstoff in Essigsäure (*Zemplén, Gerecs*, B. **70** [1937] 1098, 1099).
Krystalle (aus Ae.); F: 130,5—131°. $[\alpha]_D^{18}$: $+90,7°$ [CHCl$_3$; c = 2].

(2R)-3c,4t,5c-Triacetoxy-2r-brom-6t-[(2R)-3t,4c,5t-triacetoxy-6c-brommethyl-tetra= hydro-pyran-2r-yloxymethyl]-tetrahydro-pyran, *O^2,O^3,O^4-Triacetyl-O^6-[tri-O-acetyl-6-brom-6-desoxy-β-D-glucopyranosyl]-α-D-glucopyranosylbromid*, $C_{24}H_{32}Br_2O_{15}$,
Formel IX ($R = CO\text{-}CH_3$) [in der Literatur auch als Acetodibromgentiobiose bezeichnet].
B. Beim Behandeln einer Lösung von O^1,O^2,O^3,O^4-Tetraacetyl-O^6-[tri-O-acetyl-6-brom-6-desoxy-β-D-glucopyranosyl]-β-D-glucopyranose in Chloroform mit Bromwasserstoff in Essigsäure (*Helferich, Collatz*, B. **61** [1928] 1640, 1643).

Krystalle (aus CHCl₃ + PAe.); F: ca. 193° [Zers.]. $[\alpha]_D^{21}$: +109,5° [CHCl₃; p = 2].

O^2,O^6-Diacetyl-O^3-methansulfonyl-α-D-glucopyranosylbromid $C_{11}H_{17}BrO_9S$, Formel X (R = H).

B. Beim Behandeln von $O^1,O^2;O^5,O^6$-Diisopropyliden-O^3-methansulfonyl-α-D-gluco= furanose mit Bromwasserstoff in Essigsäure unter Zusatz von Acetanhydrid (*Helferich et al.*, J. pr. [2] **153** [1939] 285, 294, 295).

Krystalle; F: 136—137° [korr.; Zers.]. $[\alpha]_D^{19}$: +170° [CHCl₃; p = 1].

An feuchter Luft nicht beständig.

O^2,O^3,O^6-Triacetyl-O^4-[toluol-4-sulfonyl]-α-D-glucopyranosylbromid $C_{19}H_{23}BrO_{10}S$, Formel XI.

B. Beim Behandeln einer Lösung von Methyl-[O^2,O^3,O^6-trimethyl-O^4-[toluol-4-sulfonyl]-ξ-D-glucopyranosid] (nicht charakterisiert) in Acetanhydrid mit Bromwasserstoff (*Hess, Neumann*, B. **68** [1935] 1371). Beim Behandeln von O^1,O^2,O^3,O^6-Tetraacetyl-O^4-[toluol-4-sulfonyl]-β-D-glucopyranose mit Bromwasserstoff in Essigsäure (*Helferich, Müller*, B. **63** [1930] 2142, 2146, 2147).

Krystalle; F: 171° [korr.; Zers.; aus E. + PAe.] (*He., Mü.*), 168° [Zers.] (*Hess, Ne.*). $[\alpha]_D^{20}$: +147,3° [Bzl.; c = 2] (*Hess, Ne.*); $[\alpha]_D^{20}$: +141° [CHCl₃; p = 2] (*He., Mü.*); $[\alpha]_D^{20}$: +137,4° [CHCl₃; c = 1]; $[\alpha]_D^{20}$: +135,6° [Acn.; c = 1] (*Hess, Ne.*).

X   XI

O^2,O^4,O^6-Triacetyl-O^3-methansulfonyl-α-D-glucopyranosylbromid $C_{13}H_{19}BrO_{10}S$, Formel X (R = CO-CH₃).

B. Beim Behandeln von O^1,O^2,O^4,O^6-Tetraacetyl-O^3-methansulfonyl-β-D-glucopyranose mit Bromwasserstoff in Essigsäure unter Zusatz von Acetanhydrid (*Helferich et al.*, J. pr. [2] **153** [1939] 285, 293, 294).

Öl; $[\alpha]_D^{19}$: +160° [CHCl₃; p = 1].

O^2,O^4,O^6-Triacetyl-O^3-[toluol-4-sulfonyl]-α-D-glucopyranosylbromid $C_{19}H_{23}BrO_{10}S$, Formel XII.

B. Beim Behandeln von O^1,O^2,O^4,O^6-Tetraacetyl-O^3-[toluol-4-sulfonyl]-β-D-glucopyra= nose (*Freudenberg, Ivers*, B. **55** [1922] 929, 938), von O^1,O^2-Isopropyliden-O^3-[toluol-4-sulfonyl]-α-D-glucofuranose (*Ohle, Spencker*, B. **59** [1926] 1836, 1844; *Ohle, Erlbach*, B. **61** [1928] 1870, 1871) oder von $O^1,O^2;O^5,O^6$-Diisopropyliden-O^3-[toluol-4-sulfonyl]-α-D-glucofuranose (*Fr., Iv.*, l. c. S. 939; *Freudenberg et al.*, B. **59** [1926] 714, 719; *Ohle, Marecek*, B. **63** [1930] 612, 625) mit Bromwasserstoff in Essigsäure. Beim Behandeln von O^2,O^4-Diacetyl-O^3-[toluol-4-sulfonyl]-1,6-anhydro-β-D-glucopyranose mit Acetan= hydrid und wenig Schwefelsäure und Behandeln des Reaktionsgemisches mit Brom= wasserstoff in Essigsäure (*Zemplén et al.*, B. **70** [1937] 1848, 1856).

Krystalle [aus Acn. + W.] (*Fr., Iv.*; *Ze. et al.*); F: 150—151° (*Fr., Iv.*; *Ohle, Ma.*), 150° (*Ze. et al.*). $[\alpha]_D^{20}$: +164,2° [CHCl₃] (*Ohle, Ma.*); $[\alpha]_D$: +164,4° [1,1,2,2-Tetrachlor= äthan; p = 9] (*Fr., Iv.*).

Beim Behandeln mit Pyridin und Silbersulfat ist eine als 1-[O^2,O^4,O^6-Triacetyl-O^3-(toluol-4-sulfonyl)-β-D-glucopyranosyl]-pyridinium-[O^2,O^4,O^6-triacetyl-O^3-(toluol-4-sulfonyl)-β-D-glucopyranosylsulfat] angesehene Verbindung (F: 145—146°; $[\alpha]_D^{20}$: −4,5° [CHCl₃]) erhalten worden (*Ohle et al.*, B. **62** [1929] 833, 848).

H₃C—CO—O—CH₂ ... H₃C—CO—O ..... Br ... H₃C—[benzene]—SO₂—O ... O—CO—CH₃

XII

H₃C—CO—O—CH₂ ... H₃C—CO—O ..... Br ... H₃C—CO—O ... O—SO₂—[benzene]—CH₃

XIII

O^3,O^4,O^6-Triacetyl-O^2-[toluol-4-sulfonyl]-α-D-glucopyranosylbromid $C_{19}H_{23}BrO_{10}S$, Formel XIII.

B. Beim Behandeln von O^3,O^4,O^6-Triacetyl-O^2-[toluol-4-sulfonyl]-α-D-glucopyranosyl= chlorid (*Helferich, Grünler*, J. pr. [2] **148** [1937] 107, 114), von O^1,O^3,O^4,O^6-Tetraacetyl-O^2-[toluol-4-sulfonyl]-α-D-glucopyranose (*Hardegger et al.*, Helv. **31** [1948] 2247, 2249) oder von O^1,O^3,O^4,O^6-Tetraacetyl-O^2-[toluol-4-sulfonyl]-β-D-glucopyranose (*Hardegger et al.*, Helv. **31** [1948] 1863, 1867) mit Bromwasserstoff in Essigsäure.

Krystalle; F: 113—115° [aus Ae. + PAe.] (*He., Gr.*), 113—114° [korr.; aus CHCl₃ + Ae.] (*Ha. et al.*, l. c. S. 1867). $[\alpha]_D^{18}$: +176° [CHCl₃; p = 1] (*He., Gr.*); $[\alpha]_D$: +170° [CHCl₃; c = 1] (*Ha. et al.*, l. c. S. 1867).

O^2,O^3,O^4-Triacetyl-O^6-methansulfonyl-α-D-glucopyranosylbromid $C_{13}H_{19}BrO_{10}S$, Formel I.

B. Beim Behandeln von O^1,O^2,O^3,O^4-Tetraacetyl-O^6-methansulfonyl-β-D-glucopyranose mit Bromwasserstoff in Essigsäure (*Helferich, Gnüchtel*, B. **71** [1938] 712, 715).

F: 91—93°. $[\alpha]_D^{18}$: +189° [Lösungsmittel nicht angegeben].

H₃C—SO₂—O—CH₂ ... H₃C—CO—O ..... Br ... H₃C—CO—O ... O—CO—CH₃

I

H₃C—[benzene]—SO₂—O—CH₂ ... H₃C—CO—O ..... Br ... H₃C—CO—O ... O—CO—CH₃

II

3,4,5-Triacetoxy-2-brom-6-[toluol-4-sulfonyloxymethyl]-tetrahydro-pyran $C_{19}H_{23}BrO_{10}S$.

a) O^2,O^3,O^4-Triacetyl-O^6-[toluol-4-sulfonyl]-α-D-glucopyranosylbromid $C_{19}H_{23}BrO_{10}S$, Formel II.

B. Beim Behandeln von O^1,O^2,O^3,O^4-Tetraacetyl-O^6-[toluol-4-sulfonyl]-β-D-glucopyra= nose mit Bromwasserstoff in Essigsäure (*Helferich, Grünler*, J. pr. [2] **148** [1937] 107, 108, 109; *Compton*, Am. Soc. **60** [1938] 395, 397).

Krystalle (aus Ae.); F: 89—90° (*He., Gr.*), 88—89° (*Co.*). $[\alpha]_D^{20}$: +165° [CHCl₃; p = 1] (*He., Gr.*); $[\alpha]_D^{26}$: +166,1° [CHCl₃; c = 4] (*Co.*).

b) O^2,O^3,O^4-Triacetyl-O^6-[toluol-4-sulfonyl]-α-D-galactopyranosylbromid $C_{19}H_{23}BrO_{10}S$, Formel III.

B. Beim Behandeln von O^1,O^2,O^3,O^4-Tetraacetyl-O^6-[toluol-4-sulfonyl]-α-D-galacto= pyranose oder von O^1,O^2,O^3,O^4-Tetraacetyl-O^6-[toluol-4-sulfonyl]-β-D-galactopyranose (über diese beiden Verbindungen s. *Akagi et al.*, Chem. pharm. Bl. **11** [1963] 559, 563) mit Bromwasserstoff in Essigsäure (*Ohle, Thiel*, B. **66** [1933] 525, 526, 530; *Forbes, Percival*, Soc. **1939** 1844, 1848; s. a. *Haworth et al.*, Soc. **1940** 620, 629).

Krystalle (aus A.); F: 149° [Zers.] (*Ha. et al.*), 147° (*Fo., Pe.*), 146—147° (*Ohle, Th.*). $[\alpha]_D^{20}$: +165° [CHCl₃; c = 1] (*Ha. et al.*); $[\alpha]_D^{20}$: +157° [CHCl₃; c = 2] (*Ohle, Th.*); $[\alpha]_D^{20}$: +151° [CHCl₃; c = 1] (*Fo., Pe.*).

O^3,O^4-Diacetyl-O^2,O^6-bis-[toluol-4-sulfonyl]-α-D-glucopyranosylbromid $C_{24}H_{27}BrO_{11}S_2$, Formel IV.

B. Beim Behandeln von O^1,O^3,O^4-Triacetyl-O^2,O^6-bis-[toluol-4-sulfonyl]-α-D-gluco= pyranose oder von O^1,O^3,O^4-Triacetyl-O^2,O^6-bis-[toluol-4-sulfonyl]-β-D-glucopyranose mit Bromwasserstoff in Essigsäure (*Hardegger et al.*, Helv. **31** [1948] 1863, 1865, 1866).

Krystalle (aus CHCl₃ + Ae.); F: 143° [korr.]. $[\alpha]_D$: +155° [CHCl₃; c = 1].

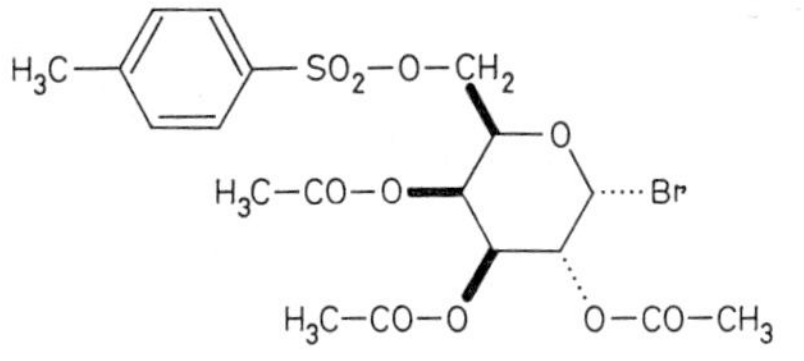

III 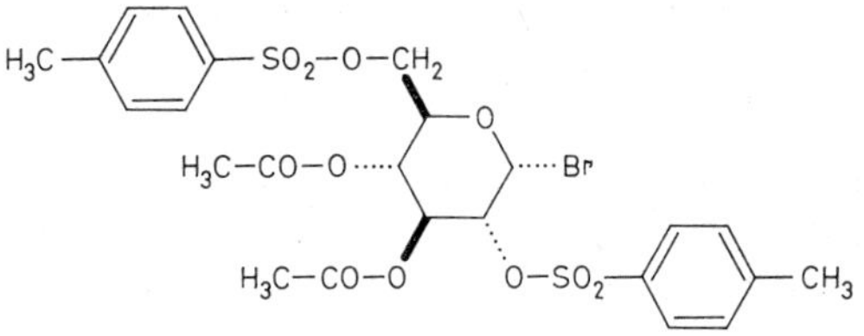   IV

***O⁴*-Acetyl-*O²,O³,O⁶*-tris-[toluol-4-sulfonyl]-α-D-glucopyranosylbromid** $C_{29}H_{31}BrO_{12}S_3$, Formel V.

Konstitutionszuordnung: *Hess, Eveking,* B. **67** [1934] 1908, 1909.

B. Beim Behandeln von sog. Tritosylstärke (aus Stärke mit Hilfe von Toluol-4-sulfonyl= chlorid und Pyridin hergestellt) [vgl. *Hess, Pfleger,* A. **507** [1933] 48, 51] mit Bromwasser= stoff in Essigsäure (*Hess et al.,* A. **507** [1933] 55, 56, 58).

Krystalle (aus Xylol), F: 162°; $[\alpha]_D^{20}$: +113,1° [CHCl$_3$; c = 2]; $[\alpha]_D^{20}$: +101,6° [Acn.; c = 2] (*Hess et al.*).

Beim Erwärmen mit Quecksilber(II)-chlorid in Benzol ist O^4-Acetyl-O^2,O^3,O^6-tris-[toluol-4-sulfonyl]-α-D-glucopyranosylchlorid erhalten worden (*Hess, Kinze,* B. **70** [1937] 1139, 1142).

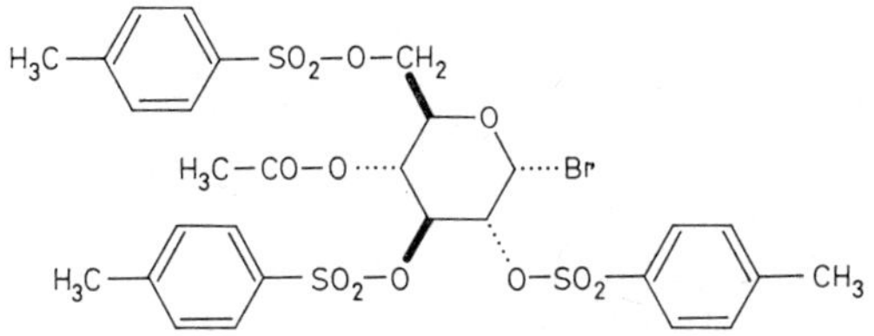

V 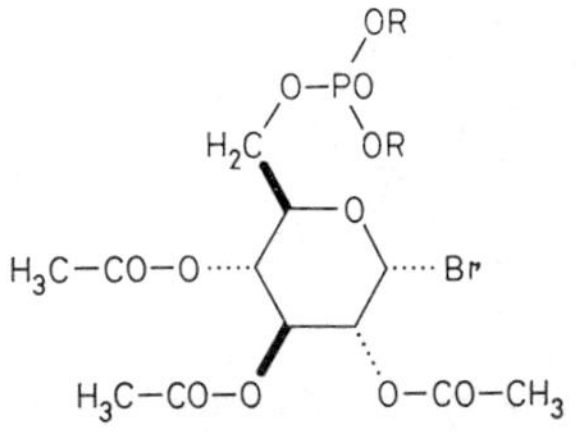   VI

***O²,O³,O⁴*-Triacetyl-*O⁶*-diphenoxyphosphoryl-α-D-glucopyranosylbromid** $C_{24}H_{26}BrO_{11}P$, Formel VI (R = C_6H_5).

B. Beim Behandeln von O^1,O^2,O^3,O^4-Tetraacetyl-O^6-diphenoxyphosphoryl-α-D-gluco= pyranose [aus O^1,O^2,O^3,O^4-Tetraacetyl-α-D-glucopyranose und Chlorophosphorsäure-di= phenylester mit Hilfe von Pyridin hergestellt] (*Leloir et al.,* An. Asoc. quim. arg. **37** [1949] 187, 189) oder von O^1,O^2,O^3,O^4-Tetraacetyl-O^6-diphenoxyphosphoryl-β-D-glucopyranose (*Posternak,* J. biol. Chem. **180** [1949] 1269, 1273) mit Bromwasserstoff in Essigsäure.

Krystalle (aus PAe.), F: 84−87° (*Le. et al.*); Krystalle (aus CHCl$_3$ + PAe.), F: 74−75° und (nach Wiedererstarren) F: 87−88° (*Po.*). $[\alpha]_D^{26}$: +149° [CHCl$_3$; c = 1,5] (*Po.*).

3,4,5-Triacetoxy-2-acetoxymethyl-6-jod-tetrahydro-pyran $C_{14}H_{19}IO_9$.

a) **Tetra-*O*-acetyl-α-D-glucopyranosyljodid,** α-D-Acetojodglucopyranose $C_{14}H_{19}IO_9$, Formel VII (R = CO-CH$_3$) (H 31 150).

B. Beim Behandeln von Tetra-*O*-acetyl-α-D-glucopyranosylbromid mit Natriumjodid in Aceton (*Helferich, Gootz,* B. **62** [1929] 2788, 2791; *Newth, Phillips,* Soc. **1953** 2896, 2900). Beim Behandeln einer Lösung von Penta-*O*-acetyl-ξ-D-glucopyranose (nicht charakterisiert) in Acetanhydrid mit wss. Jodwasserstoffsäure (*Freudenberg et al.,* B. **63** [1930] 1966, 1969).

Krystalle; F: 109° (*Fr. et al.*), 108−109° (*Brauns,* Am. Soc. **47** [1925] 1280, 1283; *Ne., Ph.*). $[\alpha]_D^{20}$: +237,4° [CHCl$_3$; c = 2] (*Br.*).

b) **Tetra-*O*-acetyl-α-D-mannopyranosyljodid,** α-D-Acetojodmannopyranose $C_{14}H_{19}IO_9$, Formel VIII (R = CO-CH$_3$).

B. Beim Einleiten von Jodwasserstoff in eine mit Zinkchlorid versetzte Lösung von Penta-*O*-acetyl-β-D-mannopyranose in Chloroform (*Brauns,* J. Res. Bur. Stand. **7** [1931] 573, 582, 583).

Krystalle (aus Ae. + PAe.); F: 95° [bei schnellem Erhitzen]. $[\alpha]_D^{20}$: +190,5° [CHCl$_3$].

3,4,5-Tris-benzoyloxy-2-benzoyloxymethyl-6-jod-tetrahydro-pyran $C_{34}H_{27}IO_9$.

a) **Tetra-*O*-benzoyl-α-D-glucopyranosyljodid**, α-D-Benzojodglucopyranose $C_{34}H_{27}IO_9$, Formel VII (R = CO-C_6H_5).

B. Beim Behandeln einer Lösung von Penta-*O*-benzoyl-β-D-glucopyranose in 1,2-Di=
chlor-äthan mit Jodwasserstoff in Essigsäure (*Ness et al.*, Am. Soc. **72** [1950] 2200, 2203).
Krystalle (aus Ae.); F: 141—142° [korr.]. $[\alpha]_D^{20}$: +139,5° [$CHCl_3$; c = 1].

b) **Tetra-*O*-benzoyl-α-D-mannopyranosyljodid**, α-D-Benzojodmannopyranose $C_{34}H_{27}IO_9$, Formel VIII (R = CO-C_6H_5).

B. Beim Behandeln einer Lösung von Penta-*O*-benzoyl-β-D-mannopyranose in 1,2-Di=
chlor-äthan mit Jodwasserstoff in Essigsäure (*Ness et al.*, Am. Soc. **72** [1950] 2200, 2204).
Amorph; $[\alpha]_D^{20}$: +45° [$CHCl_3$; c = 1].

(2*R*)-2*r*-Azido-6*c*-hydroxymethyl-tetrahydro-pyran-3*t*,4*c*,5*t*-triol, β-D-Glucopyranosylazid $C_6H_{11}N_3O_5$, Formel IX.

B. Beim Behandeln von Tetra-*O*-acetyl-β-D-glucopyranosylazid mit Natriummethylat
in Methanol (*Micheel et al.*, B. **88** [1955] 475, 478).
Krystalle (aus Amylalkohol); F: 89° (*Mi. et al.*). $[\alpha]_D^{20}$: —29,6° [W.; c = 2] (*Mi. et al.*);
$[\alpha]_D^{21}$: —28,9° [W.; c = 1] (*Baddiley et al.*, Soc. **1957** 4769, 4772).
Beim Erwärmen mit Bariumhydroxid in Wasser sind Lävoglucosan (1,6-Anhydro-
β-D-glucopyranose) und DL-Milchsäure erhalten worden (*Mi. et al.*).

VII   VIII   IX   X

4,5-Diacetoxy-6-acetoxymethyl-2-azido-tetrahydro-pyran-3-ol $C_{12}H_{17}N_3O_8$.

a) O^3,O^4,O^6**-Triacetyl-α-D-glucopyranosylazid** $C_{12}H_{17}N_3O_8$, Formel X (R = H).

B. Beim Behandeln von O^3,O^4,O^6-Triacetyl-O^2-trichloracetyl-α-D-glucopyranosylazid
mit Ammoniak in Äther (*Bertho, Aures*, A. **592** [1955] 54, 67).
Krystalle (aus Ae. + PAe.); F: 66°. $[\alpha]_D^{19,5}$: +223,1° [$CHCl_3$; c = 1].

b) O^3,O^4,O^6**-Triacetyl-β-D-glucopyranosylazid** $C_{12}H_{17}N_3O_8$, Formel XI (R = H).

B. In geringer Menge neben O^3,O^4,O^6-Triacetyl-α-D-glucopyranosylazid beim Erwärmen
von O^3,O^4,O^6-Triacetyl-β-D-glucopyranosylchlorid mit Silberazid in Äther (*Bertho, Aures*,
A. **592** [1955] 54, 66).
Krystalle (aus Ae. + PAe.); F: 155°. $[\alpha]_D^{18}$: —13,7° [$CHCl_3$; c = 1].

3,4,5-Triacetoxy-2-acetoxymethyl-6-azido-tetrahydro-pyran $C_{14}H_{19}N_3O_9$.

a) **Tetra-*O*-acetyl-α-D-glucopyranosylazid** $C_{14}H_{19}N_3O_9$, Formel X (R = CO-CH_3).

B. Beim Behandeln von O^3,O^4,O^6-Triacetyl-α-D-glucopyranosylazid oder von O^3,O^4,O^6-
Triacetyl-O^2-trichloracetyl-α-D-glucopyranosylazid mit Acetanhydrid und Pyridin (*Bertho,
Aures*, A. **592** [1955] 54, 68).
Krystalle (aus Ae. + PAe.); F: 106,5°. $[\alpha]_D^{18}$: +180,0° [$CHCl_3$; c = 1].

b) **Tetra-*O*-acetyl-β-D-glucopyranosylazid** $C_{14}H_{19}N_3O_9$, Formel XI (R = CO-CH_3).

B. Beim Behandeln von O^3,O^4,O^6-Triacetyl-β-D-glucopyranosylazid mit Acetanhydrid
und Pyridin (*Bertho, Aures*, A. **592** [1955] 54, 66, 67). Bei mehrtägigem Behandeln von
Tetra-*O*-acetyl-α-D-glucopyranosylbromid (Rohprodukt) mit Natriumazid (*Bertho*, B. **63**
[1930] 836, 841; *Helferich, Mitrowsky*, B. **85** [1952] 1, 6). Beim Erwärmen von Tetra-
O-acetyl-α-D-glucopyranosylbromid mit Natriumazid in Acetonitril oder Formamid (*Be.*,
B. **63** 841, 842; *Bertho*, A. **562** [1949] 229, 236) oder mit Silberazid in Äther (*Be.*, A. **562**
236, 237).
Krystalle (aus Me. oder A.), F: 129° [Zers.]; $[\alpha]_D^{19}$: —33,0° [$CHCl_3$; c = 2]; $[\alpha]_D^{20}$:
—41,7° [Me.; c = 0,5] (*Be.*, B. **63** 842).
Reaktion mit Äthinylbenzol (Rohprodukt) unter Bildung von 4-Phenyl-1-[tetra-
O-acetyl-β-D-glucopyranosyl]-1*H*-[1,2,3]triazol: *Micheel, Baum*, B. **90** [1957] 1595.

H₃C—CO—O—CH₂ ... H₃C—CO—O ... N₃ ... H₃C—CO—O ... OR

XI

H₃C—CO—O—CH₂ ... H₃C—CO—O ... N₃ ... H₃C—CO—O ... O—CO—CH₃

XII

NCS—CH₂ ... H₃C—CO—O ... Br ... H₃C—CO—O ... O—CO—CH₃

XIII

c) **Tetra-O-acetyl-β-D-galactopyranosylazid** $C_{14}H_{19}N_3O_9$, Formel XII.

B. Beim Erwärmen von Tetra-O-acetyl-α-D-galactopyranosylchlorid mit Natriumazid in Acetonitril (*Bertho, Maier*, A. **498** [1932] 50, 60, 61).

Krystalle (aus Me.), F: 96° [nach Erweichen]; $[\alpha]_D^{20}$: $-16{,}2°$ [CHCl₃; c = 3] (*Be.,Ma.*).

Reaktion mit Äthinylbenzol (Rohprodukt) unter Bildung von 4-Phenyl-1-[tetra-O-acetyl-β-D-galactopyranosyl]-$1H$-[1,2,3]triazol: *Micheel, Baum*, B. **90** [1957] 1595.

O^3,O^4,O^6-Triacetyl-O^2-dichloracetyl-α-D-glucopyranosylazid $C_{14}H_{17}Cl_2N_3O_9$, Formel X (R = CO-CHCl₂).

Diese Verbindung hat als Hauptbestandteil in dem nachstehend beschriebenen Präparat vorgelegen.

B. Bei der Hydrierung von O^3,O^4,O^6-Triacetyl-O^2-trichloracetyl-α-D-glucopyranosylazid an Palladium/Calciumcarbonat in Äthylacetat (*Bertho, Aures*, A. **592** [1955] 54, 65, 66).

Krystalle; F: 89—90°. $[\alpha]_D^{19,5}$: $+163{,}8°$ [CHCl₃].

O^3,O^4,O^6-Triacetyl-O^2-trichloracetyl-α-D-glucopyranosylazid $C_{14}H_{16}Cl_3N_3O_9$, Formel X (R = CO-CCl₃).

B. Beim Erwärmen von O^3,O^4,O^6-Triacetyl-O^2-trichloracetyl-β-D-glucopyranosylchlorid mit Silberazid in Äther (*Bertho, Aures*, A. **592** [1955] 54, 65).

Krystalle (aus Acn.); F: 139,5°. $[\alpha]_D^{19}$: $+145{,}7°$ [CHCl₃; c = 1].

(2R)-3c,4t,5c-Triacetoxy-2r-brom-6t-thiocyanatomethyl-tetrahydro-pyran, Tri-O-acetyl-6-thiocyanato-6-desoxy-α-D-glucopyranosylbromid $C_{13}H_{16}BrNO_7S$, Formel XIII.

B. Beim Behandeln von Tetra-O-acetyl-6-thiocyanato-6-desoxy-β-D-glucopyranose mit Bromwasserstoff in Essigsäure (*Müller, Wilhelms*, B. **74** [1941] 698, 700).

Krystalle (aus E. + PAe.); F: 160°. $[\alpha]_D^{20}$: $+212{,}1°$ [CHCl₃; c = 2].

Bis-[(2S)-3t,4c,5t-triacetoxy-6t-brom-tetrahydro-pyran-2r-ylmethyl]-sulfid, Bis-[(1R)-tri-O-acetyl-1-brom-1,5-anhydro-D-glucit-6-yl]-sulfid, $O^2,O^3,O^4,O^{2'},O^{3'},O^{4'}$-Hexaacetyl-6,6'-sulfandiyl-bis-6-desoxy-α-D-glucopyranosylbromid $C_{24}H_{32}Br_2O_{14}S$, Formel I.

B. Beim Behandeln von Di-D-glucose-6-yl-sulfid mit Acetanhydrid und Pyridin und Schütteln des Reaktionsprodukts mit Bromwasserstoff in Essigsäure (*Ohle, Mertens*, B. **68** [1935] 2176, 2185, 2186).

Krystalle (aus E.); F: 175°. $[\alpha]_D^{20}$: $+231{,}1°$ [CHCl₃; c = 2].

H₃C—CO—O ... O—CO—CH₃ ... Br ... O—CO—CH₃ ... CH₂—S—CH₂ ... H₃C—CO—O ... Br ... H₃C—CO—O ... O—CO—CH₃

I

H₃C—CO—O ... O—CO—CH₃ ... Br ... O—CO—CH₃ ... CH₂—SO—CH₂ ... H₃C—CO—O ... Br ... H₃C—CO—O ... O—CO—CH₃

II

Bis-[(2S)-3t,4c,5t-triacetoxy-6t-brom-tetrahydro-pyran-2r-ylmethyl]-sulfoxid, Bis-[(1R)-tri-O-acetyl-1-brom-1,5-anhydro-D-glucit-6-yl]-sulfoxid, $O^2,O^3,O^4,O^{2'},O^{3'},O^{4'}$-Hexaacetyl-6,6'-sulfinyl-bis-6-desoxy-α-D-glucopyranosylbromid $C_{24}H_{32}Br_2O_{15}S$, Formel II.

B. Beim Behandeln von Di-D-glucose-6-yl-sulfoxid mit Acetanhydrid und Pyridin und Behandeln des erhaltenen Bis-[tetra-O-acetyl-ξ-D-glucopyranose-6-yl]-sulfoxids $C_{28}H_{38}O_{19}S$ (Krystalle [aus Me.]; F: 135—140°; $[\alpha]_D^{18}$: +54,2° [CHCl$_3$; c = 3]) mit Bromwasserstoff in Essigsäure (*Glusman, Litwinenko*, Trudy chim. Fak. Charkovsk. Univ. **9** [1951] 119, 123; *Glusman, Litwinenko*, Ukr. chim. Ž. **18** [1952] 316, 318; C. A. **1955** 871).

Krystalle (aus E.); $[\alpha]_D^{21}$: +239° [CHCl$_3$; c = 1] (*Gl., Li.*, Ukr. chim. Ž. **18** 318).

Bis-[(2S)-3t,4c,5t-triacetoxy-6t-brom-tetrahydro-pyran-2r-ylmethyl]-sulfon, Bis-[(1R)-tri-O-acetyl-1-brom-1,5-anhydro-D-glucit-6-yl]-sulfon, $O^2,O^3,O^4,O^{2'},O^{3'},O^{4'}$-Hexaacetyl-6,6'-sulfonyl-bis-6-desoxy-α-D-glucopyranosylbromid $C_{24}H_{32}Br_2O_{16}S$, Formel III.

B. Beim Behandeln von Di-D-glucose-6-yl-sulfon mit Acetanhydrid und Pyridin und Behandeln des erhaltenen Bis-[tetra-O-acetyl-ξ-D-glucopyranose-6-yl]-sulfons $C_{28}H_{38}O_{20}S$ (Krystalle [aus wss. A.]; F: 185—187°; $[\alpha]_D^{30}$: +51,9° [CHCl$_3$; c = 1,5]) mit Bromwasserstoff in Essigsäure (*Glusman, Litwinenko*, Trudy chim. Fak. Charkovsk. Univ. **9** [1951] 119, 126; *Glusman, Litwinenko*, Ukr. chim. Ž. **18** [1952] 316, 317; C. A. **1955** 871).

Krystalle (aus A.); F: 105—110°; $[\alpha]_D^{25}$: +162° [CHCl$_3$; c = 4] (*Gl., Li.*, Ukr. chim. Ž. **18** 317).

III   IV

Bis-[(2S)-3t,4c,5t-triacetoxy-6t-brom-tetrahydro-pyran-2r-ylmethyl]-disulfid, Bis-[(1R)-tri-O-acetyl-1-brom-1,5-anhydro-D-glucit-6-yl]-disulfid, $O^2,O^3,O^4,O^{2'},O^{3'},O^{4'}$-Hexaacetyl-6,6'-disulfandiyl-bis-6-desoxy-α-D-glucopyranosylbromid $C_{24}H_{32}Br_2O_{14}S_2$, Formel IV.

B. Beim Erwärmen von Bis-[O^1,O^2-isopropyliden-α-D-glucofuranose-6-yl]-disulfid mit wss. Schwefelsäure, Behandeln des erhaltenen Di-D-glucose-6-yl-disulfids mit Acetan=hydrid und Pyridin und Schütteln des Reaktionsprodukts mit Bromwasserstoff in Essig=säure (*Ohle, Mertens*, B. **68** [1935] 2176, 2184, 2185).

Krystalle (aus E. + Bzn.); F: 160°. $[\alpha]_D^{20}$: +193,2° [CHCl$_3$; c = 2].   [*Blazek*]

2-Hydroxymethyl-6-methoxy-tetrahydro-pyran-3,4-diol $C_7H_{14}O_5$.

a) **(2R)-2r-Hydroxymethyl-6t-methoxy-tetrahydro-pyran-3t,4t-diol, Methyl-[α-D-*ribo*-2-desoxy-hexopyranosid], Methyl-[2-desoxy-α-D-allopyranosid]** $C_7H_{14}O_5$, Formel V.

B. Beim Erwärmen von Methyl-[O^4,O^6-((Ξ)-benzyliden)-2-brom-2-desoxy-α-D-altro=pyranosid] (F: 117,5—118,5°; $[\alpha]_D^{19}$: +58,0° [CHCl$_3$]) oder von Methyl-[O^4,O^6-((Ξ)-benzyliden)-2-jod-2-desoxy-α-D-altropyranosid] (F: 105—106°; $[\alpha]_D^{20}$: +39,0° [CHCl$_3$]) mit Raney-Nickel, Bariumcarbonat und wss. Äthanol (*Richards, Wiggins*, Soc. **1953** 2442, 2444). Beim Erwärmen von Methyl-[O^4,O^6-((Ξ)-benzyliden)-S-methyl-2-thio-α-D-altropyranosid] ($[\alpha]_D^{16}$: +85,5° [CHCl$_3$]) mit Raney-Nickel und wss. Äthanol (*Jeanloz et al.*, Helv. **29** [1946] 371, 375).

Hygroskopische Krystalle (aus Ae. + A. + PAe.); F: 91—93° [bei schnellem Erhitzen] (*Ri., Wi.*). $[\alpha]_D^{13}$: +143,1° [CHCl$_3$; c = 1] (*Je. et al.*); $[\alpha]_D^{19}$: +144,0° [CHCl$_3$; c = 0,4] (*Ri., Wi.*).

b) **(2R)-2r-Hydroxymethyl-6t-methoxy-tetrahydro-pyran-3t,4c-diol, Methyl-[α-D-*arabino*-2-desoxy-hexopyranosid], Methyl-[2-desoxy-α-D-glucopyranosid]** $C_7H_{14}O_5$, Formel VI.

B. Beim Erwärmen von D-*arabino*-2-Desoxy-hexose [„2-Desoxy-D-glucose"] (*Bergmann et al.*, B. **55** [1922] 158, 169, 170; *Hughes et al.*, Soc. **1949** 2846, 2848) oder von 1,5-An‍hydro-2-desoxy-D-*arabino*-hex-1-enit [D-Glucal] (*Hu. et al.*) mit Chlorwasserstoff ent‍haltendem Methanol.

Krystalle; F: 92—93° [aus E.] (*Shafizadeh, Stacey*, Soc. **1952** 3608), 91—92° [nach Sintern bei 87°; aus E.] (*Be. et al.*), 90—92° [aus A.] (*Hu. et al.*). $[\alpha]_D^{19,5}$: +145° [Me.; c = 1] (*Sh., St.*, Soc. **1952** 3609); $[\alpha]_D^{20}$: +135° [W.; c = 1] (*Hu. et al.*); $[\alpha]_D^{22}$: +137,9° [W.; p = 10] (*Be. et al.*). IR-Banden (Nujol; 10,4—13,2 μ): *Barker et al.*, Soc. **1954** 4211, 4213; *Barker, Stephens*, Soc. **1954** 4550, 4554.

Geschwindigkeit der Reaktion mit Natriumperjodat in wss. Lösung bei 20°: *Ferrier, Overend*, Soc. **1959** 3638. Geschwindigkeit der Hydrolyse in wss. Salzsäure (0,05n bzw. 1n) bei 15° bzw. 19°: *Overend et al.*, Soc. **1949** 2841, 2843; *Shafizadeh, Stacey*, Soc. **1957** 4612, 4615.

V　　　　　　　VI　　　　　　　VII　　　　　　　VIII

c) **(2R)-2r-Hydroxymethyl-6c-methoxy-tetrahydro-pyran-3t,4c-diol, Methyl-[β-D-*arabino*-2-desoxy-hexopyranosid]**, Methyl-[2-desoxy-β-D-glucopyranosid] $C_7H_{14}O_5$, Formel VII.

B. Beim Behandeln einer wss. Lösung von Methyl-[2-brom-2-desoxy-β-D-glucopyrano‍sid] (S. 2627) oder von Methyl-[2-brom-2-desoxy-β-D-mannopyranosid] (S. 2627) mit Natrium-Amalgam unter ständigem Neutralisieren mit wss. Schwefelsäure (*Fischer et al.*, B. **53** [1920] 509, 543).

Krystalle (aus Acn.); F: 122—123° [korr.]; $[\alpha]_D^{17}$: −48,4° [W.; p = 10] (über das Triacetyl-Derivat [S. 2620] gereinigtes Präparat) (*Fi. et al.*, l. c. S. 546).

d) **(2R)-2r-Hydroxymethyl-6t-methoxy-tetrahydro-pyran-3c,4t-diol, Methyl-[α-D-*xylo*-2-desoxy-hexopyranosid]**, Methyl-[2-desoxy-α-D-gulopyranosid] $C_7H_{14}O_5$, Formel VIII.

B. Beim Erwärmen von Methyl-[O^4,O^6-((*Ξ*)-benzyliden)-*S*-methyl-2-thio-α-D-idopyran‍osid] [F: 134—135°; $[\alpha]_D^{18,5}$: +26,4° (CHCl₃)] (*Maehly, Reichstein*, Helv. **30** [1947] 496, 505) oder von Methyl-[O^4,O^6-((*Ξ*)-benzyliden)-α-D-*xylo*-2-desoxy-hexopyranosid] [F: 102—104°] (*Bolliger, Reichstein*, Helv. **36** [1953] 302, 306) mit Raney-Nickel und wss. Äthanol.

Hygroskopisches Öl; im Hochvakuum bei 60—70° destillierbar; $[\alpha]_D^{18}$: +124,8° [CHCl₃; c = 1]; $[\alpha]_D^{18}$: +129,3° [Me.; c = 1] (*Ma., Re.*).

Charakterisierung als Tris-[toluol-4-sulfonyl]-Derivat (F: 146—148° [korr.; Kofler-App.]; $[\alpha]_D^{20}$: +24,3° [CHCl₃]; [S. 2625]): *Bo., Re.*

e) **(2R)-2r-Hydroxymethyl-6t-methoxy-tetrahydro-pyran-3c,4c-diol, Methyl-[α-D-*lyxo*-2-desoxy-hexopyranosid]**, Methyl-[2-desoxy-α-D-galactopyranosid] $C_7H_{14}O_5$, Formel IX (R = H).

B. Als Hauptprodukt beim Behandeln von D-*lyxo*-2-Desoxy-hexose [„2-Desoxy-D-galactose"] (*Overend et al.*, Soc. **1950** 671, 676; *Foster et al.*, Soc. **1951** 974, 978) oder von 2,6-Anhydro-5-desoxy-D-*arabino*-hex-5-enit [D-Galactal] (*Overend et al.*, Soc. **1951** 992) mit Chlorwasserstoff enthaltendem Methanol. Neben geringen Mengen Methyl-[O^4,O^6-((*Ξ*)-cyclohexylmethylen)-α-D-*lyxo*-2-desoxy-hexopyranosid] bei der Hydrierung von Methyl-[O^4,O^6-((*Ξ*)-benzyliden)-α-D-*lyxo*-2-desoxy-hexopyranosid] (F: 179—180°; $[\alpha]_D^{18}$: +108,4° [CHCl₃]) an Raney-Nickel in Methanol bei 70°/100 at (*Tamm, Reichstein*, Helv. **31** [1948] 1630, 1638, **35** [1952] 61, 63).

Krystalle; F: 113—114° [korr.; Kofler-App.] (*Tamm, Re.*, Helv. **35** 63), 112—113° [aus E.] (*Ov. et al.*, Soc. **1950** 676, **1951** 993). $[\alpha]_D^{18}$: +169,6° [Me.; c = 0,4] (*Ov. et al.*, Soc. **1950** 676); $[\alpha]_D^{20}$: +170° [Me.; c = 0,3] (*Ov. et al.*, Soc. **1951** 993); $[\alpha]_D^{24}$: +177,8° [Me.; c = 0,6] (*Tamm, Re.*, Helv. **35** 63); $[\alpha]_D^{20}$: +155° [W.; c = 1] (*Fo. et al.*, l. c. S. 978). IR-Banden (Nujol; 10,7—13,6 μ): *Barker et al.*, Soc. **1954** 4211, 4213.

Geschwindigkeit der Reaktion mit Blei(IV)-acetat in Essigsäure bei 20°: *Ov. et al.*, Soc. **1950** 673, 676; *Fo. et al.*, l. c. S. 976, 978. Geschwindigkeit der Hydrolyse in wss. Schwefelsäure (2n) bei 20°: *Foster et al.*, Soc. **1951** 987, 990.

Charakterisierung als Tris-[toluol-4-sulfonyl]-Derivat (F: 147°; $[\alpha]_D^{18}$: +52° [Me.] [S. 2625]): *Ov. et al.*, Soc. **1950** 677.

f) **(2R)-2r-Hydroxymethyl-6c-methoxy-tetrahydro-pyran-3c,4c-diol, Methyl-[β-D-lyxo-2-desoxy-hexopyranosid]**, Methyl-[2-desoxy-β-D-galactopyranosid] $C_7H_{14}O_5$, Formel X.

B. Beim Behandeln von Methyl-[tris-O-(4-nitro-benzoyl)-β-D-*lyxo*-2-desoxy-hexo⁼pyranosid] mit Natriummethylat in Methanol (*Zorbach et al.*, Adv. Chemistry Ser. **74** [1968] 1, 12, 13).

Krystalle (aus Ae. + E.), F: 123—124°; $[\alpha]_D$: +46,8° [Me.] (*Zo. et al.*).

Die Identität eines von *Overend et al.* (Soc. **1950** 671, 676) mit Vorbehalt als Methyl-[β-D-*lyxo*-2-desoxy-hexopyranosid] beschriebenen, beim Behandeln von D-*lyxo*-2-Desoxy-hexose mit Chlorwasserstoff enthaltendem Methanol neben Methyl-[α-D-*lyxo*-2-desoxy-hexopyranosid] erhaltenen Präparats (Öl; n_D^{19}: 1,4869; $[\alpha]_D^{20}$: 0° [Mc.]) ist ungewiss.

IX   X   XI   XII

2-Hydroxymethyl-4,6-dimethoxy-tetrahydro-pyran-3-ol $C_8H_{16}O_5$.

a) **(2R)-2r-Hydroxymethyl-4t,6t-dimethoxy-tetrahydro-pyran-3t-ol, Methyl-[O³-methyl-α-D-ribo-2-desoxy-hexopyranosid]** $C_8H_{16}O_5$, Formel XI.

B. Beim Erwärmen von Methyl-[O¹,O⁶-((Ξ)-benzyliden)-O³,S-dimethyl-2-thio-α-D-altro⁼pyranosid] [F: 67—68°; $[\alpha]_D^{13}$: +78,7° (CHCl₃)] (*Jeanloz et al.*, Helv. **29** [1946] 371, 376) oder von Methyl-[S-äthyl-O⁴,O⁶-((Ξ)-benzyliden)-O³-methyl-2-thio-α-D-altropyranosid] [F: 96—97°; $[\alpha]_D^{21}$: +74,7° (CHCl₃)] (*Newth et al.*, Soc. **1950** 2356, 2363) mit Raney-Nickel und wss. Äthanol.

Bei 105—110°/0,3 Torr destillierbar (*Ne. et al.*). n_D^{18}: 1,4772 (*Ne. et al.*). $[\alpha]_D^{20}$: +201° [CHCl₃; c = 0,6] (*Ne. et al.*); $[\alpha]_D^{23}$: +196,5° [CHCl₃; c = 0,4] (*Je. et al.*).

Charakterisierung durch Überführung in Methyl-[O⁶-(3,5-dinitro-benzoyl)-O³-methyl-α-D-*ribo*-2-desoxy-hexopyranosid] (F: 164—165° [korr.; Kofler-App.]; $[\alpha]_D^{20}$: +110,6° [CHCl₃] [S. 2624]): *Je. et al.*, l. c. S. 376, 377.

b) **(2R)-2r-Hydroxymethyl-4t,6t-dimethoxy-tetrahydro-pyran-3c-ol, Methyl-[O³-methyl-α-D-xylo-2-desoxy-hexopyranosid]** $C_8H_{16}O_5$, Formel XII.

B. Neben geringeren Mengen Methyl-[O¹,O⁶-((Ξ)-cyclohexylmethylen)-O³-methyl-α-D-*xylo*-2-desoxy-hexopyranosid] ($[\alpha]_D^{18}$: +79,4°) bei der Hydrierung von Methyl-[O⁴,O⁶-((Ξ)-benzyliden)-O³-methyl-α-D-*xylo*-2-desoxy-hexopyranosid] (Rohprodukt; F: 105—108°) an Raney-Nickel in Methanol bei 60—70°/100 at (*Maehly, Reichstein*, Helv. **30** [1947] 496, 506).

Öl; im Hochvakuum bei 60° destillierbar; $[\alpha]_D^{19}$: +122,5° [W.; c = 1].

Charakterisierung als Bis-[toluol-4-sulfonyl]-Derivat (F: 84—85°; $[\alpha]_D^{20}$: +50,7° [CHCl₃] [S. 2625]) (*Hauenstein, Reichstein*, Helv. **33** [1950] 446, 450).

c) **(2R)-2r-Hydroxymethyl-4c,6t-dimethoxy-tetrahydro-pyran-3c-ol, Methyl-[O³-methyl-α-D-lyxo-2-desoxy-hexopyranosid]** $C_8H_{16}O_5$, Formel IX (R = CH₃).

B. Bei der Hydrierung von Methyl-[O¹,O⁶-((Ξ)-benzyliden)-O³-methyl-α-D-*lyxo*-2-des⁼oxy-hexopyranosid] (F: 116—117° und F: 172—173°; $[\alpha]_D^{18}$: +135,5° [CHCl₃]) an Raney-Nickel in Methanol bei 80°/110 at (*Tamm, Reichstein*, Helv. **31** [1948] 1630, 1639, 1640).

Öl; im Hochvakuum bei 105—110° destillierbar. $[\alpha]_D^{18}$: +112,2° [Me.; c = 2].

(2R)-3t,6t-Dimethoxy-2r-methoxymethyl-tetrahydro-pyran-4t-ol, Methyl-[O⁴,O⁶-di⁼methyl-α-D-ribo-2-desoxy-hexopyranosid] $C_9H_{18}O_5$, Formel I (R = H).

B. Beim Behandeln einer Lösung von Methyl-[O³-acetyl-2-jod-O⁴,O⁶-dimethyl-2-desoxy-α-D-altropyranosid] in wss. Methanol mit Natrium-Amalgam unter ständigem Einleiten von Kohlendioxid (*Newth et al.*, Soc. **1950** 2356, 2363).

Öl; n_D^{24}: 1,4602. $[α]_D^{23}$: +180° [CHCl$_3$; c = 0,2].

3,4,6-Trimethoxy-2-methoxymethyl-tetrahydro-pyran C$_{10}$H$_{20}$O$_5$.

a) **(2R)-3t,4t,6t-Trimethoxy-2r-methoxymethyl-tetrahydro-pyran, Methyl-[tri-O-methyl-α-D-*ribo*-2-desoxy-hexopyranosid]** C$_{10}$H$_{20}$O$_5$, Formel I (R = CH$_3$).

B. Bei wiederholtem Erwärmen von Methyl-[α-D-*ribo*-2-desoxy-hexopyranosid] (*Jeanloz et al.*, Helv. **29** [1946] 371, 376), von Methyl-[O³-methyl-α-D-*ribo*-2-desoxy-hexopyranosid] oder von Methyl-[O⁴,O⁶-dimethyl-α-D-*ribo*-2-desoxy-hexopyranosid] (*Newth et al.*, Soc. **1950** 2356, 2363, 2364) mit Methyljodid und Silberoxid.

Bei 70—75°/0,2 Torr (*Ne. et al.*) bzw. bei 60—65°/0,2 Torr bzw. bei 35—40°/0,01 Torr (*Je. et al.*) destillierbar. n_D^{24}: 1,4505; $[α]_D^{24}$: +184° [CHCl$_3$; c = 1] (*Ne. et al.*, l. c. S. 2363).

b) **(2R)-3t,4c,6ξ-Trimethoxy-2r-methoxymethyl-tetrahydro-pyran, Methyl-[tri-O-methyl-ξ-D-*arabino*-2-desoxy-hexopyranosid]** C$_{10}$H$_{20}$O$_5$, Formel II.

Präparate (Kp$_{0,35}$: 86—90°; $[α]_D^{25}$: +64° bis +97° [CHCl$_3$]), in denen vermutlich Gemische der Anomeren vorgelegen haben, sind beim Erwärmen von Methyl-[α-D-*arabino*-2-desoxy-hexopyranosid] (Rohprodukt) mit Dimethylsulfat und wss. Natronlauge erhalten worden (*Levene, Mikeska*, J. biol. Chem. **88** [1930] 791, 795, 796).

I   II   III   IV

c) **(2R)-3c,4c,6t-Trimethoxy-2r-methoxymethyl-tetrahydro-pyran, Methyl-[tri-O-methyl-α-D-*lyxo*-2-desoxy-hexopyranosid]** C$_{10}$H$_{20}$O$_5$, Formel III.

B. Beim Behandeln von Methyl-[α-D-*lyxo*-2-desoxy-hexopyranosid] mit flüssigem Ammoniak, mit Natrium und mit Methyljodid (*Overend et al.*, Soc. **1950** 671, 677).

Bei 95—105°/0,001 Torr destillierbar. n_D^{19}: 1,4445. $[α]_D^{17}$: +138,5° [Me.].

6-Äthoxy-2-hydroxymethyl-tetrahydro-pyran-3,4-diol C$_8$H$_{16}$O$_5$.

a) **(2R)-6t-Äthoxy-2r-hydroxymethyl-tetrahydro-pyran-3t,4c-diol, Äthyl-[α-D-*arabino*-2-desoxy-hexopyranosid]**, Äthyl-[2-desoxy-α-D-glucopyranosid] C$_8$H$_{16}$O$_5$, Formel IV.

B. Beim Behandeln von D-*arabino*-2-Desoxy-hexose („2-Desoxy-D-glucose") mit Chlorwasserstoff enthaltendem Äthanol (*Butler et al.*, Soc. **1950** 1433, 1438).

Krystalle (aus E.); F: 122—123°; $[α]_D^{18}$: +120° [W.; c = 1] (*Bu. et al.*). IR-Banden (Nujol; 10,6—13,3 μ): *Barker et al.*, Soc. **1954** 4211, 4213.

Geschwindigkeit der Reaktion mit Blei(IV)-acetat in Essigsäure bei 20°: *Bu. et al.*, l. c. S. 1438. Geschwindigkeit der Hydrolyse in wss. Salzsäure (1n) bei 18°: *Bu. et al.*, l. c. S. 1436, 1439.

b) **(2R)-6ξ-Äthoxy-2r-hydroxymethyl-tetrahydro-pyran-3c,4c-diol, Äthyl-[ξ-D-*lyxo*-2-desoxy-hexopyranosid]**, Äthyl-[2-desoxy-ξ-D-galactopyranosid] C$_8$H$_{16}$O$_5$, Formel V.

Ein Präparat (Öl; $[α]_D^{20}$: +110° [A.]), in dem vermutlich ein Gemisch der Anomeren vorgelegen hat, ist beim Behandeln von D-*lyxo*-2-Desoxy-hexose („2-Desoxy-D-galactose") mit Chlorwasserstoff enthaltendem Äthanol erhalten worden (*Foster et al.*, Soc. **1951** 974, 978).

(2R)-2r-Hydroxymethyl-6t-phenoxy-tetrahydro-pyran-3t,4c-diol, Phenyl-[α-D-*arabino*-2-desoxy-hexopyranosid], Phenyl-[2-desoxy-α-D-glucopyranosid] C$_{12}$H$_{16}$O$_5$, Formel VI (X = H).

B. Beim Behandeln von Phenyl-[tri-O-acetyl-α-D-*arabino*-2-desoxy-hexopyranosid] mit Natriummethylat in Methanol (*Shafizadeh, Stacey*, Soc. **1957** 4612, 4614). Beim Behandeln einer Lösung von Phenyl-[2-brom-2-desoxy-α-D-gluco(?)pyranosid] (F: 122—124° [korr.] [S. 2627]) in Wasser mit Natrium-Amalgam unter Einleiten von Kohlendioxid (*Helferich*, *Iloff*, Z. physiol. Chem. **221** [1933] 252, 257).

Krystalle; F: 163,5° [aus A.] (*Sh.*, *St.*), 162—163° [korr.; aus W.] (*He.*, *Il.*). $[α]_D^{20}$: +161° [Me.; c = 0,5] (*Sh.*, *St.*); $[α]_D^{18}$: +159° [W.; c = 6] (*He.*, *Il.*).

Geschwindigkeit der Hydrolyse in wss. Salzsäure (1 n) bei 19°: *Sh.*, *St.*, l. c. S. 4615.

(2R)-6t-[2-Chlor-phenoxy]-2r-hydroxymethyl-tetrahydro-pyran-3t,4c-diol, [2-Chlor-phenyl]-[α-D-*arabino*-2-desoxy-hexopyranosid] $C_{12}H_{15}ClO_5$, Formel VII (R = H).

B. Beim Behandeln von [2-Chlor-phenyl]-[tri-*O*-acetyl-α-D-*arabino*-2-desoxy-hexo= pyranosid] mit Natriummethylat in Methanol (*Shafizadeh*, *Stacey*, Soc. **1957** 4612, 4614). F: 151—153°. $[α]_D^{16}$: +123° [Me.].

(2R)-6t-[4-Chlor-phenoxy]-2r-hydroxymethyl-tetrahydro-pyran-3t,4c-diol, [4-Chlor-phenyl]-[α-D-*arabino*-2-desoxy-hexopyranosid] $C_{12}H_{15}ClO_5$, Formel VI (X = Cl).

B. Beim Behandeln von [4-Chlor-phenyl]-[tri-*O*-acetyl-α-D-*arabino*-2-desoxy-hexo= pyranosid] mit Natriummethylat in Methanol (*Shafizadeh*, *Stacey*, Soc. **1957** 4612, 4614). Krystalle; F: 204—205°. $[α]_D^{16}$: +158° [Me.].

V   VI   VII

(2R)-2r-Hydroxymethyl-6t-[4-nitro-phenoxy]-tetrahydro-pyran-3t,4c-diol, [4-Nitro-phenyl]-[α-D-*arabino*-2-desoxy-hexopyranosid] $C_{12}H_{15}NO_7$, Formel VI (X = NO₂).

B. Beim Behandeln von [4-Nitro-phenyl]-[tri-*O*-acetyl-α-D-*arabino*-2-desoxy-hexo= pyranosid] mit Natriummethylat in Methanol (*Shafizadeh*, *Stacey*, Soc. **1957** 4612, 4614). Krystalle; F: 173—174°. $[α]_D^{19}$: +210° [Me.].

Geschwindigkeit der Hydrolyse in wss. Natronlauge (0,1 n) bei 100°: *Sh.*, *St.*, l. c. S. 4615.

(2R)-2r-Hydroxymethyl-6t-p-tolyloxy-tetrahydro-pyran-3t,4c-diol, p-Tolyl-[α-D-*arabino*-2-desoxy-hexopyranosid], *p*-Tolyl-[2-desoxy-α-D-glucopyranosid] $C_{13}H_{18}O_5$, Formel VI (X = CH₃).

B. Beim Behandeln von *p*-Tolyl-[tri-*O*-acetyl-α-D-*arabino*-2-desoxy-hexopyranosid] mit Natriummethylat in Methanol (*Shafizadeh*, *Stacey*, Soc. **1957** 4612, 4614). Krystalle; F: 170°. $[α]_D^{19}$: +166° [Me.].

(2R)-2r-Hydroxymethyl-6t-[1]naphthyloxy-tetrahydro-pyran-3t,4c-diol, [1]Naphthyl-[α-D-*arabino*-2-desoxy-hexopyranosid], [1]Naphthyl-[2-desoxy-α-D-glucopyran= osid] $C_{16}H_{18}O_5$, Formel VIII (R = H).

B. Beim Behandeln von [1]Naphthyl-[tri-*O*-acetyl-α-D-*arabino*-2-desoxy-hexopyran= osid] mit Natriummethylat in Methanol (*Shafizadeh*, *Stacey*, Soc. **1957** 4612, 4614). Krystalle; F: 157°. $[α]_D^{19}$: +53,6° [Me.].

3,4-Diacetoxy-2-acetoxymethyl-6-methoxy-tetrahydro-pyran $C_{13}H_{20}O_8$.

a) **(2R)-3t,4c-Diacetoxy-2r-acetoxymethyl-6c-methoxy-tetrahydro-pyran, Methyl-[tri-*O*-acetyl-β-D-*arabino*-2-desoxy-hexopyranosid]** $C_{13}H_{20}O_8$, Formel IX.

B. Beim Behandeln von Methyl-[β-D-*arabino*-2-desoxy-hexopyranosid] mit Acetan= hydrid und Pyridin (*Fischer et al.*, B. **53** [1920] 509, 544).

Krystalle (aus A.); F: 96—97° [nach Erweichen bei 91°]. $[α]_D^{19}$: −30,3° [1,1,2,2-Tetra= chlor-äthan; p = 10].

b) **(2R)-3c,4c-Diacetoxy-2r-acetoxymethyl-6t-methoxy-tetrahydro-pyran, Methyl-[tri-*O*-acetyl-α-D-*lyxo*-2-desoxy-hexopyranosid]** $C_{13}H_{20}O_8$, Formel X.

B. Beim Behandeln von Methyl-[α-D-*lyxo*-2-desoxy-hexopyranosid] mit Acetan=

hydrid und Pyridin (*Foster et al.*, Soc. **1951** 974, 978).

Öl; bei $125-130°/0,03$ Torr destillierbar. $n_D^{20}{}_{(?)}$: 1,4504. $[\alpha]_D^{20}$: $+159°$ [Bzl.; c = 1].

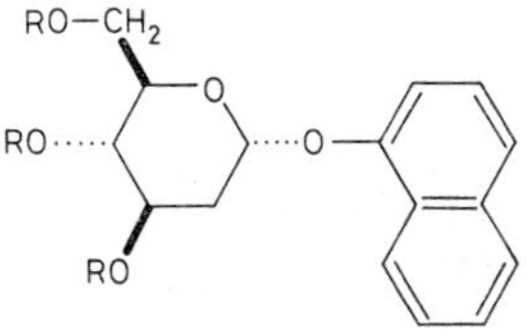

VIII 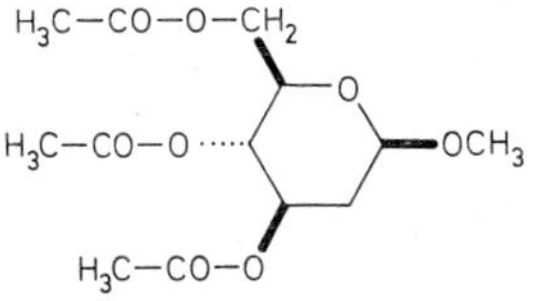   IX 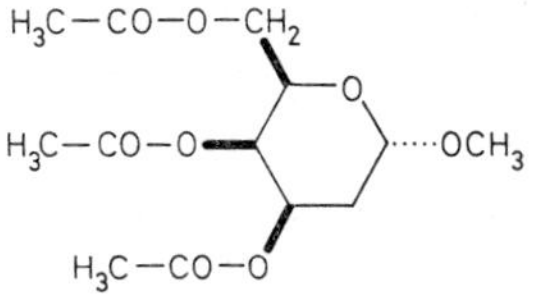   X

(*2R*)-3*t*,4*c*-Diacetoxy-2*r*-acetoxymethyl-6*t*-phenoxy-tetrahydro-pyran, Phenyl-[tri-*O*-acetyl-α-D-*arabino*-2-desoxy-hexopyranosid] $C_{18}H_{22}O_8$, Formel XI (X = H).

B. Beim Erwärmen von Tetra-*O*-acetyl-α-D-*arabino*-2-desoxy-hexopyranose mit Phenol und Zinkchlorid (*Shafizadeh, Stacey*, Soc. **1957** 4612, 4614; s. a. *Helferich, Iloff*, Z. physiol. Chem. **221** [1933] 252, 253, 254).

Krystalle; F: 90° [aus A.] (*Sh.*, *St.*), 87—88° (*He.*, *Il.*). $[\alpha]_D^{18}$: $+142°$ [CHCl$_3$; c = 4]; $[\alpha]_D^{18}$: $+141°$ [Me.; c = 1] (*Sh.*, *St.*).

(*2R*)-3*t*,4*c*-Diacetoxy-2*r*-acetoxymethyl-6*t*-[2-chlor-phenoxy]-tetrahydro-pyran, [2-Chlor-phenyl]-[tri-*O*-acetyl-α-D-*arabino*-2-desoxy-hexopyranosid] $C_{18}H_{21}ClO_8$, Formel VII (R = CO-CH$_3$).

B. Beim Erwärmen von Tetra-*O*-acetyl-α-D-*arabino*-2-desoxy-hexopyranose mit 2-Chlor-phenol und Zinkchlorid (*Shafizadeh, Stacey*, Soc. **1957** 4612, 4614).

Krystalle; F: 84—85°. $[\alpha]_D^{16}$: $+109°$ [Me.].

(*2R*)-3*t*,4*c*-Diacetoxy-2*r*-acetoxymethyl-6*t*-[4-chlor-phenoxy]-tetrahydro-pyran, [4-Chlor-phenyl]-[tri-*O*-acetyl-α-D-*arabino*-2-desoxy-hexopyranosid] $C_{18}H_{21}ClO_8$, Formel XI (X = Cl).

B. Beim Erwärmen von Tetra-*O*-acetyl-α-D-*arabino*-2-desoxy-hexopyranose mit 4-Chlor-phenol und Zinkchlorid (*Shafizadeh, Stacey*, Soc. **1957** 4612, 4614).

Krystalle; F: 133°. $[\alpha]_D$: $+150°$ [CHCl$_3$] (*Sh.*, *St.*, l. c. S. 4613); $[\alpha]_D^{16}$: $+143°$ [Me.] (*Sh.*, *St.*, l. c. S. 4614).

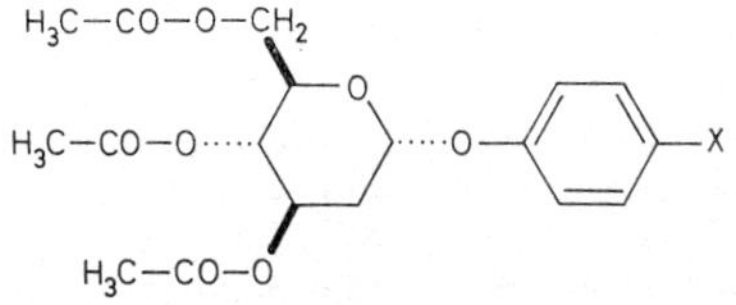

XI 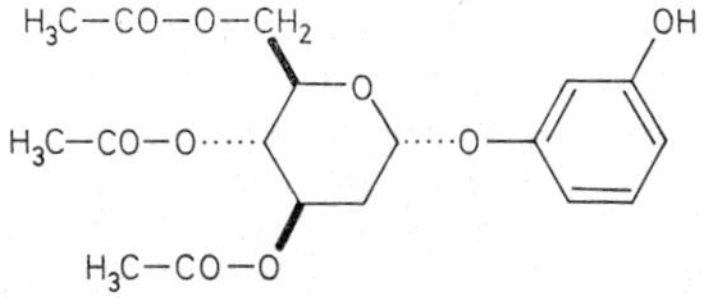   XII

(*2R*)-3*t*,4*c*-Diacetoxy-2*r*-acetoxymethyl-6*t*-[4-nitro-phenoxy]-tetrahydro-pyran, [4-Nitro-phenyl]-[tri-*O*-acetyl-α-D-*arabino*-2-desoxy-hexopyranosid] $C_{18}H_{21}NO_{10}$, Formel XI (X = NO$_2$).

B. Beim Erwärmen von Tetra-*O*-acetyl-α-D-*arabino*-2-desoxy-hexopyranose mit 4-Nitro-phenol und Zinkchlorid (*Shafizadeh, Stacey*, Soc. **1957** 4612, 4614).

Krystalle; F: 140—141°. $[\alpha]_D$: $+179°$ [CHCl$_3$] (*Sh.*, *St.*, l. c. S. 4613); $[\alpha]_D^{18}$: $+170°$ [Me.] (*Sh.*, *St.*, l. c. S. 4614).

(*2R*)-3*t*,4*c*-Diacetoxy-2*r*-acetoxymethyl-6*t*-*p*-tolyloxy-tetrahydro-pyran, *p*-Tolyl-[tri-*O*-acetyl-α-D-*arabino*-2-desoxy-hexopyranosid] $C_{19}H_{24}O_8$, Formel XI (X = CH$_3$).

B. Beim Erwärmen von Tetra-*O*-acetyl-α-D-*arabino*-2-desoxy-hexopyranose mit *p*-Kresol und Zinkchlorid (*Shafizadeh, Stacey*, Soc. **1957** 4612, 4614; *Shafizadeh et al.*, J. org. Chem. **38** [1973] 1190, 1193).

F: 94° (*Sh. et al.*, l. c. S. 1191). $[\alpha]_D^{15}$: $+136,6°$ [Me.] (*Sh.*, *St.*).

(2R)-3t,4c-Diacetoxy-2r-acetoxymethyl-6t-[1]naphthyloxy-tetrahydro-pyran,
[1]Naphthyl-[tri-O-acetyl-α-D-*arabino*-2-desoxy-hexopyranosid] $C_{22}H_{24}O_8$, Formel VIII
(R = CO-CH$_3$).

B. Beim Erwärmen von Tetra-O-acetyl-α-D-*arabino*-2-desoxy-hexopyranose mit
[1]Naphthol und Zinkchlorid (*Shafizadeh, Stacey*, Soc. **1957** 4612, 4614).

F: 85°. $[\alpha]_D^{19}$: +140° [Me.].

(2R)-3t,4c-Diacetoxy-2r-acetoxymethyl-6t-[3-hydroxy-phenoxy]-tetrahydro-pyran,
[3-Hydroxy-phenyl]-[tri-O-acetyl-α-D-*arabino*-2-desoxy-hexopyranosid] $C_{18}H_{22}O_9$,
Formel XII.

B. Beim Erwärmen von Tetra-O-acetyl-α-D-*arabino*-2-desoxy-hexopyranose mit Resor≈
cin und Zinkchlorid (*Shafizadeh, Stacey*, Soc. **1957** 4612, 4614).

Krystalle; F: 109—110°. $[\alpha]_D^{17}$: +126,5° [Me.].

(2R)-3t,4c-Diacetoxy-2r-acetoxymethyl-6t-[4-hydroxy-phenoxy]-tetrahydro-pyran,
[4-Hydroxy-phenyl]-[tri-O-acetyl-α-D-*arabino*-2-desoxy-hexopyranosid] $C_{18}H_{22}O_9$, Formel XI (X = OH).

B. In geringer Menge beim Erwärmen von Tetra-O-acetyl-α-D-*arabino*-2-desoxy-hexo≈
pyranose mit Hydrochinon und Zinkchlorid (*Shafizadeh, Stacey*, Soc. **1957** 4612, 4614).

Krystalle; F: 154°. $[\alpha]_D^{18}$: +159° [Me.].

3,4,6-Triacetoxy-2-acetoxymethyl-tetrahydro-pyran $C_{14}H_{20}O_9$.

a) **(2R)-3t,4t,6ξ-Triacetoxy-2r-acetoxymethyl-tetrahydro-pyran, Tetra-O-acetyl-**
ξ-D-*ribo*-2-desoxy-hexopyranose $C_{14}H_{20}O_9$, Formel I (R = CO-CH$_3$).

B. Beim Behandeln von D-*ribo*-2-Desoxy-hexose mit Acetanhydrid und Pyridin
(*Zorbach, Payne*, Am. Soc. **80** [1958] 5564, 5566).

Krystalle (aus Diisopropyläther oder aus Ae. + Hexan); F: 73—75°. $[\alpha]_D^{23}$: +12,5°
[CHCl$_3$; c = 1].

I   II   III

b) **(2R)-3t,4c,6t-Triacetoxy-2r-acetoxymethyl-tetrahydro-pyran, Tetra-O-acetyl-**
α-D-*arabino*-2-desoxy-hexopyranose $C_{14}H_{20}O_9$, Formel II.

B. Neben grösseren Mengen Tetra-O-acetyl-β-D-*arabino*-2-desoxy-hexopyranose (*Bon-*
ner, J. org. Chem. **26** [1961] 908, 910) beim Behandeln von D-*arabino*-2-Desoxy-hexose
(„2-Desoxy-D-glucose") mit Acetanhydrid und Pyridin (*Shafizadeh, Stacey*, Soc. **1957**
4612, 4614). — In einem von *Overend et al.* (Soc. **1949** 2841, 2844) nach dem gleichen
Verfahren hergestellten Präparat (F: 91°; $[\alpha]_D^{20}$: +12,3° [A.]) hat ein Gemisch der Anomeren vorgelegen (*Bo.*, l. c. S. 909).

Krystalle; F: 109,7—110,7° [aus Isopropylalkohol] (*Bo.*), 109—110° [korr.] (*Helferich,*
Iloff, Z. physiol. Chem. **221** [1933] 252, 253), 108—109° [aus A.] (*Sh., St.*). $[\alpha]_D^{25}$: +107,7°
[CHCl$_3$; c = 1] (*Bo.*); $[\alpha]_D^{19}$: +105° [Me.; c = 1] (*Sh., St.*).

c) **(2R)-3t,4c,6c-Triacetoxy-2r-acetoxymethyl-tetrahydro-pyran, Tetra-O-acetyl-**
β-D-*arabino*-2-desoxy-hexopyranose $C_{14}H_{20}O_9$, Formel III (R = CO-CH$_3$).

B. s. bei dem unter b) beschriebenen Anomeren. — In einem von *Overend et al.* (Soc.
1949 2841, 2844) beschriebenen, beim Erhitzen von D-*arabino*-2-Desoxy-hexose mit
Natriumacetat und Acetanhydrid erhaltenen Präparat (F: 75—78°; $[\alpha]_D^{20}$: +30° [A.])
hat ein Gemisch der Anomeren vorgelegen (*Bonner*, J. org. Chem. **26** [1961] 908, 909).

Krystalle (aus Isopropylalkohol), F: 92,2—93,2°; $[\alpha]_D^{20}$: −2,82° [CHCl$_3$; c = 3] (*Bo.*,
l. c. S. 910).

d) **(2R)-3c,4c,6t-Triacetoxy-2r-acetoxymethyl-tetrahydro-pyran, Tetra-O-acetyl-**
α-D-*lyxo*-2-desoxy-hexopyranose $C_{14}H_{20}O_9$, Formel IV.

B. Beim Erwärmen von Phenyl-[tri-O-acetyl-α-D-*lyxo*-2-desoxy-hexopyranosid] mit

Titan(IV)-chlorid und Acetanhydrid in Chloroform (*Wallenfels, Lehmann*, A. **635** [1960] 166, 176). Als Hauptprodukt beim Erhitzen von Tri-*O*-acetyl-2,6-anhydro-5-desoxy-D-*arabino*-hex-5-enit mit Essigsäure (*Ciment, Ferrier*, Soc. [C] **1966** 441, 444). — In einem von *Overend et al.* (Soc. **1950** 671, 673) beschriebenen, beim Behandeln von D-*lyxo*-2-Desoxy-hexose (,,2-Desoxy-D-galactose") mit Acetanhydrid und Pyridin erhaltenen Präparat (bei 160—170°/0,01 Torr destillierbar; n_D^{25}: 1,4618; $[\alpha]_D^{20}$: +67° [Me.]) hat wahrscheinlich ein Gemisch der Anomeren vorgelegen.

Krystalle (aus A.); F: 102—103° (*Ci., Fe.*), 97° (*Wa., Le.*). $[\alpha]_D^{20}$: +118° [CHCl$_3$] (*Wa., Le.*); $[\alpha]_D$: +123° [CHCl$_3$] (*Ci., Fe.*).

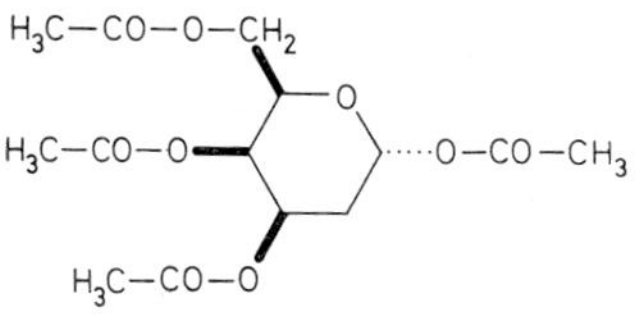

IV 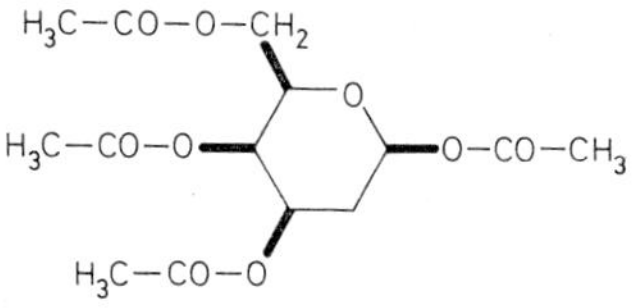   V 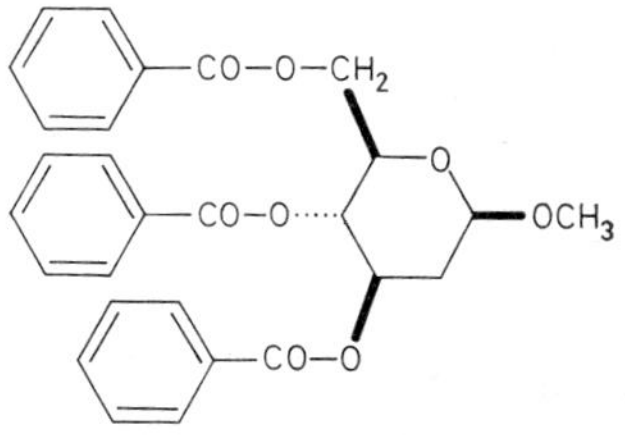   VI

e) (2*R*)-3*c*,4*c*,6*c*-Triacetoxy-2*r*-acetoxymethyl-tetrahydro-pyran, Tetra-*O*-acetyl-*β*-D-*lyxo*-hexopyranose C$_{14}$H$_{20}$O$_9$, Formel V.

Ein unter dieser Konfiguration beschriebenes Präparat (Öl; bei 195°/0,001 Torr destillierbar; n_D^{23}: 1,4580; $[\alpha]_D^{20}$: +40,6° [Me.]) ist beim Erhitzen von D-*lyxo*-2-Desoxy-hexose (,,2-Desoxy-D-galactose") mit Acetanhydrid und Natriumacetat erhalten worden (*Overend et al.*, Soc. **1950** 671, 675).

(2*R*)-3*t*,4*c*-Bis-benzoyloxy-2*r*-benzoyloxymethyl-6*c*-methoxy-tetrahydro-pyran, Methyl-[tri-*O*-benzoyl-*β*-D-*arabino*-2-desoxy-hexopyranosid] C$_{28}$H$_{26}$O$_8$, Formel VI.

B. Beim Behandeln von Tri-*O*-benzoyl-α-D-*arabino*-2-desoxy-hexopyranosylbromid mit Methanol und Silbercarbonat (*Bergmann et al.*, B. **56** [1923] 1052, 1056).

Krystalle (aus Me.); F: 88°. $[\alpha]_D^{19}$: −34,3° [1,1,2,2-Tetrachlor-äthan; p = 9].

3,4,6-Tris-benzoyloxy-2-benzoyloxymethyl-tetrahydro-pyran C$_{34}$H$_{28}$O$_9$.

a) (2*R*)-3*t*,4*t*,6*ξ*-Tris-benzoyloxy-2*r*-benzoyloxymethyl-tetrahydro-pyran, Tetra-*O*-benzoyl-*ξ*-D-*ribo*-2-desoxy-hexopyranose C$_{34}$H$_{28}$O$_9$, Formel I (R = CO-C$_6$H$_5$).

B. Beim Behandeln von D-*ribo*-2-Desoxy-hexose mit Benzoylchlorid und Pyridin (*Zorbach, Payne*, Am. Soc. **80** [1958] 5564, 5567).

Krystalle (aus A.); F: 210—211,5°. $[\alpha]_D^{20}$: +88,4° [CHCl$_3$; c = 1].

b) (2*R*)-3*t*,4*c*,6*c*-Tris-benzoyloxy-2*r*-benzoyloxymethyl-tetrahydro-pyran, Tetra-*O*-benzoyl-*β*-D-*arabino*-2-desoxy-hexopyranose C$_{34}$H$_{28}$O$_9$, Formel III (R = C$_6$H$_5$).

Über die Konfiguration am C-Atom 6 des Pyran-Systems s. *Lundt, Pedersen*, Acta chem. scand. **21** [1967] 1239.

B. Beim Behandeln einer Suspension von D-*arabino*-2-Desoxy-hexose (,,2-Desoxy-D-glucose") in Pyridin mit Benzoylchlorid in Chloroform (*Bergmann et al.*, B. **56** [1923] 1052, 1054, 1055).

F: 148—149°; $[\alpha]_D^{16}$: +9° [1,1,2,2-Tetrachlor-äthan; p = 10] (*Be. et al.*).

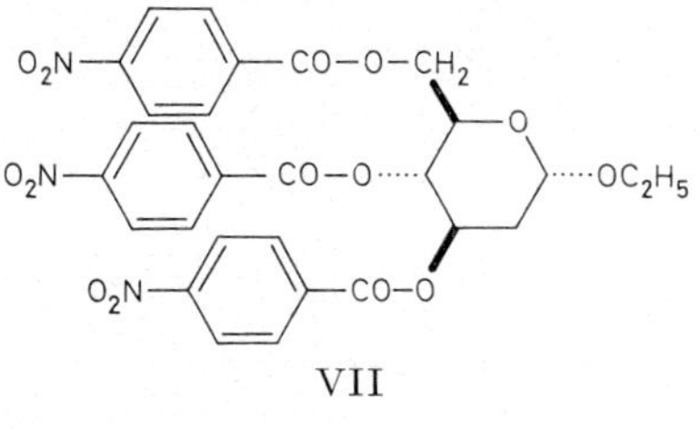

VII 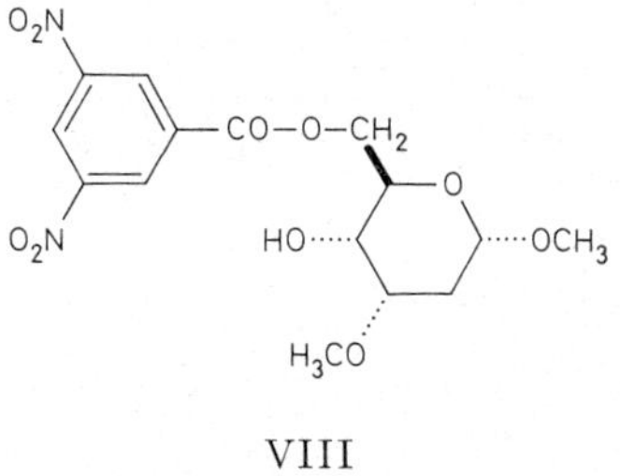   VIII

(2R)-6t-Äthoxy-3t,4c-bis-[4-nitro-benzoyloxy]-2r-[4-nitro-benzoyloxymethyl]-tetra⸗hydro-pyran, Äthyl-[tris-O-(4-nitro-benzoyl)-α-D-*arabino*-2-desoxy-hexopyranosid] $C_{29}H_{25}N_3O_{14}$, Formel VII.

B. Beim Behandeln von Äthyl-[α-D-*arabino*-2-desoxy-hexopyranosid] mit 4-Nitro-benzoylchlorid und Pyridin (*Butler et al.*, Soc. **1950** 1433, 1438).

Krystalle (aus A.); F: 140—142°. $[\alpha]_D^{19}$: +72,5° [Bzl.; c = 1].

(2R)-2r-[3,5-Dinitro-benzoyloxymethyl]-4t,6t-dimethoxy-tetrahydro-pyran-3t-ol, Methyl-[O^6-(3,5-dinitro-benzoyl)-O^3-methyl-α-D-*ribo*-2-desoxy-hexopyranosid] $C_{15}H_{18}N_2O_{10}$, Formel VIII.

B. Beim Erwärmen einer Lösung von Methyl-[O^3-methyl-α-D-*ribo*-2-desoxy-hexo⸗pyranosid] in Pyridin mit 3,5-Dinitro-benzoylchlorid in Benzol (*Jeanloz et al.*, Helv. **29** [1946] 371, 376).

Gelbliche Krystalle (aus Acn. + Ae.); F: 164—165° [korr.; Kofler-App.]. $[\alpha]_D^{28}$: +110,6° [CHCl$_3$; c = 0,5].

(2R)-6t-[4-Amino-phenoxy]-2r-hydroxymethyl-tetrahydro-pyran-3t,4c-diol, [4-Amino-phenyl]-[α-D-*arabino*-2-desoxy-hexopyranosid] $C_{12}H_{17}NO_5$, Formel IX.

B. Bei der Hydrierung von [4-Nitro-phenyl]-[α-D-*arabino*-2-desoxy-hexopyranosid] an Raney-Nickel in Methanol (*Shafizadeh, Stacey*, Soc. **1957** 4612, 4615).

Krystalle (aus Me. + E.); F: 179°. $[\alpha]_D$: +181° [Me.; c = 0,5].

Geschwindigkeit der Hydrolyse in wss. Salzsäure (1n) bei 19°: *Sh., St.*

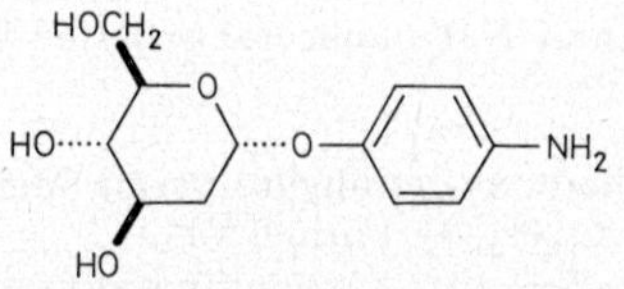

IX

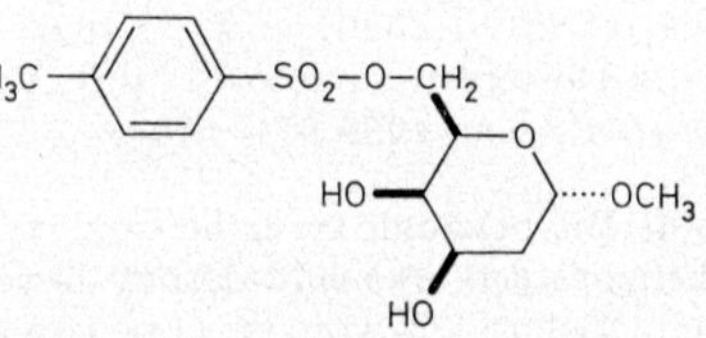

X

(2R)-6t-Methoxy-2r-[toluol-4-sulfonyloxymethyl]-tetrahydro-pyran-3c,4c-diol, Methyl-[O^6-(toluol-4-sulfonyl)-α-D-*lyxo*-2-desoxy-hexopyranosid] $C_{14}H_{20}O_7S$, Formel X.

Die folgenden Angaben beziehen sich auf ein Präparat von ungewisser Einheitlichkeit.

B. Beim Behandeln von Methyl-[α-D-*lyxo*-2-desoxy-hexopyranosid] mit Toluol-4-sulfonylchlorid (1 Mol) und Pyridin (*Foster et al.*, Soc. **1954** 3367, 3372).

Öl; $[\alpha]_D^{19}$: +79° [A.].

Beim Erwärmen mit wss. Natronlauge ist Methyl-[α-D-*lyxo*-3,6-anhydro-2-desoxy-hexopyranosid] erhalten worden.

(2R)-6t-Methoxy-3t-[toluol-4-sulfonyloxy]-2r-[toluol-4-sulfonyloxymethyl]-tetrahydro-pyran-4t-ol, Methyl-[O^4,O^6-bis-(toluol-4-sulfonyl)-α-D-*ribo*-2-desoxy-hexopyranosid] $C_{21}H_{26}O_9S_2$, Formel XI.

B. Beim Behandeln einer Lösung von Methyl-[bis-O-(toluol-4-sulfonyl)-2,3-anhydro-α-D-allopyranosid] in Tetrahydrofuran mit Lithiumalanat in Äther (*Bolliger, Thürkauf*, Helv. **35** [1952] 1426).

Krystalle (aus A. + Ae.); F: 106°. $[\alpha]_D^{18}$: +103,6° [CHCl$_3$; c = 1].

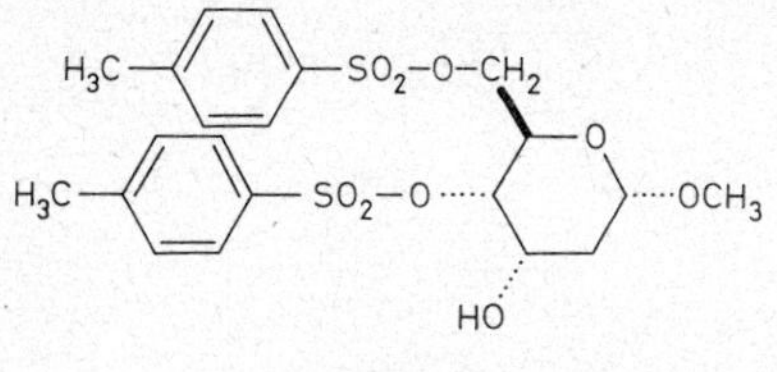

XI

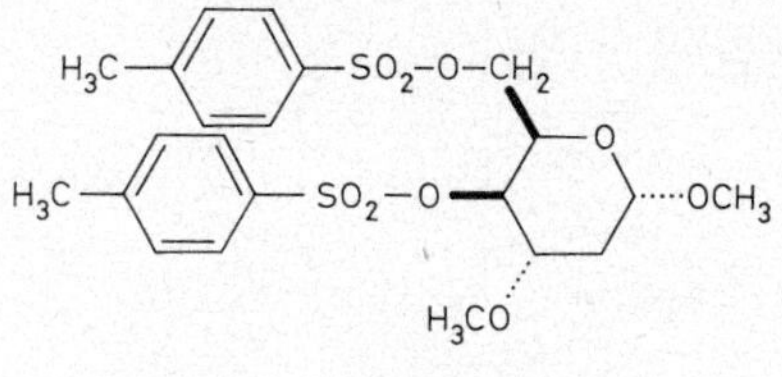

XII

4,6-Dimethoxy-3-[toluol-4-sulfonyloxy]-2-[toluol-4-sulfonyloxymethyl]-tetrahydro-pyran $C_{22}H_{28}O_9S_2$.

a) **(2R)-4t,6t-Dimethoxy-3c-[toluol-4-sulfonyloxy]-2r-[toluol-4-sulfonyloxymethyl]-tetrahydro-pyran, Methyl-[O^3-methyl-O^4,O^6-bis-(toluol-4-sulfonyl)-α-D-*xylo*-2-desoxy-hexopyranosid]** $C_{22}H_{28}O_9S_2$, Formel XII.

B. Beim Behandeln von Methyl-[O^3-methyl-α-D-*xylo*-2-desoxy-hexopyranosid] mit Toluol-4-sulfonylchlorid und Pyridin (*Hauenstein, Reichstein*, Helv. **33** [1950] 446, 450).

Krystalle (aus Ae. + PAe.); F: 84—85°. $[\alpha]_D^{20}$: +50,7° [CHCl₃; c = 1].

b) **(2R)-4t,6c-Dimethoxy-3c-[toluol-4-sulfonyloxy]-2r-[toluol-4-sulfonyloxymethyl]-tetrahydro-pyran, Methyl-[O^3-methyl-O^4,O^6-bis-(toluol-4-sulfonyl)-β-D-*xylo*-2-desoxy-hexopyranosid]** $C_{22}H_{28}O_9S_2$, Formel I.

B. Neben den beiden Methyl-[6-jod-O^3-methyl-O^4-(toluol-4-sulfonyl)-D-*xylo*-2,6-dides-oxy-hexopyranosiden] (S. 2309) beim Erwärmen von Methyl-[O^3-methyl-O^4,O^6-bis-(tolu-ol-4-sulfonyl)-α-D-*xylo*-2-desoxy-hexopyranosid] mit Natriumjodid in Aceton (*Hauenstein, Reichstein*, Helv. **33** [1950] 446, 450, 452).

Krystalle (aus Acn. + Ae. + PAe.); F: 136—138° [korr.; Kofler-App.]. $[\alpha]_D^{20}$: —40,5° [CHCl₃; c = 2].

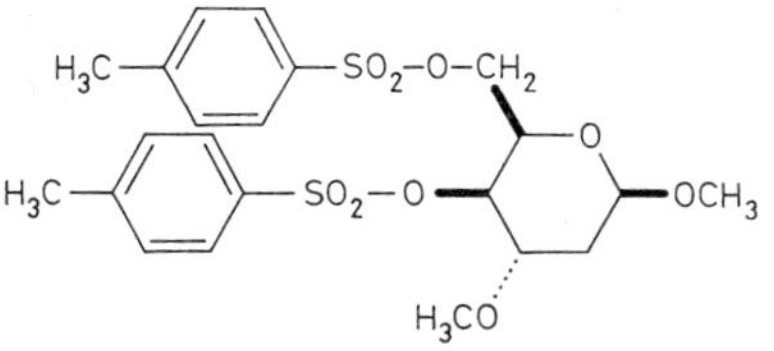

I 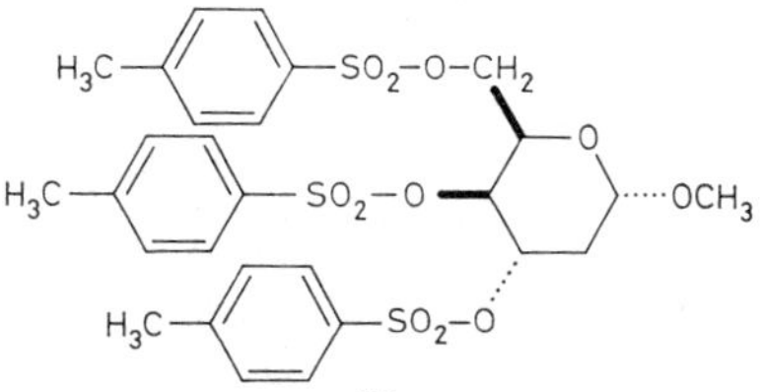   II

6-Methoxy-3,4-bis-[toluol-4-sulfonyloxy]-2-[toluol-4-sulfonyloxymethyl]-tetrahydro-pyran $C_{28}H_{32}O_{11}S_3$.

a) **(2R)-6t-Methoxy-3c,4t-bis-[toluol-4-sulfonyloxy]-2r-[toluol-4-sulfonyloxymethyl]-tetrahydro-pyran, Methyl-[tris-O-(toluol-4-sulfonyl)-α-D-*xylo*-2-desoxy-hexopyranosid]** $C_{28}H_{32}O_{11}S_3$, Formel II.

B. Beim Behandeln von Methyl-[α-D-*xylo*-2-desoxy-hexopyranosid] mit Toluol-4-sulfonylchlorid und Pyridin (*Bolliger, Reichstein*, Helv. **36** [1953] 302, 306).

Krystalle (aus Bzl. + Ae.); F: 146—148° [korr.; Kofler-App.]. $[\alpha]_D^{20}$: +24,3° [CHCl₃; c = 1].

b) **(2R)-6t-Methoxy-3c,4c-bis-[toluol-4-sulfonyloxy]-2r-[toluol-4-sulfonyloxymethyl]-tetrahydro-pyran, Methyl-[tris-O-(toluol-4-sulfonyl)-α-D-*lyxo*-2-desoxy-hexopyranosid]** $C_{28}H_{32}O_{11}S_3$, Formel III.

B. Beim Behandeln von Methyl-[α-D-*lyxo*-2-desoxy-hexopyranosid] mit Toluol-4-sulfonylchlorid und Pyridin (*Overend et al.*, Soc. **1950** 671, 677).

Krystalle (aus Me.); F: 147°. $[\alpha]_D^{18}$: +52° [Me.; c = 0,1].

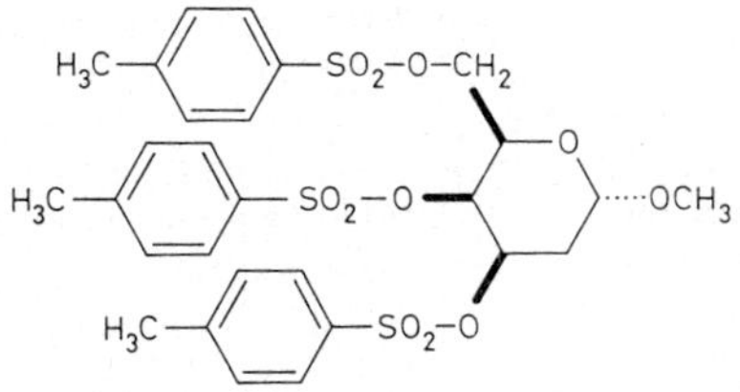

III 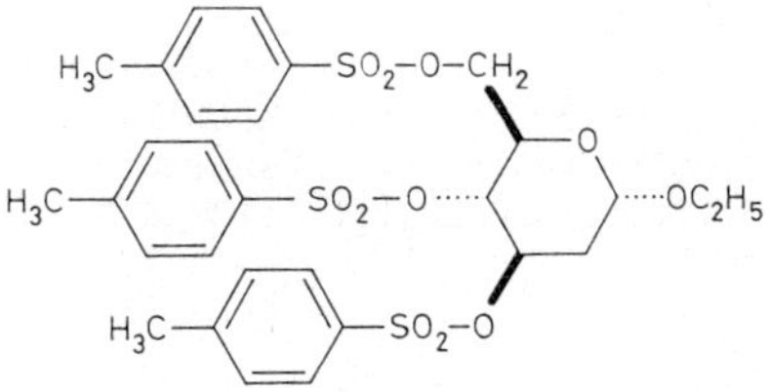   IV

(2R)-6t-Äthoxy-3t,4c-bis-[toluol-4-sulfonyloxy]-2r-[toluol-4-sulfonyloxymethyl]-tetrahydro-pyran, Äthyl-[tris-O-(toluol-4-sulfonyl)-α-D-*arabino*-2-desoxy-hexopyranosid] $C_{29}H_{34}O_{11}S_3$, Formel IV.

B. Beim Behandeln von Äthyl-[α-D-*arabino*-2-desoxy-hexopyranosid] mit Toluol-4-

sulfonylchlorid und Pyridin (*Butler et al.*, Soc. **1950** 1433, 1438).
Krystalle (aus A.); F: 100—101°. $[\alpha]_D^{17}$: +83° [Bzl.; c = 0,4].

5-Chlor-2-hydroxymethyl-6-methoxy-tetrahydro-pyran-3,4-diol $C_7H_{13}ClO_5$.

a) **(2R)-5c-Chlor-2r-hydroxymethyl-6t-methoxy-tetrahydro-pyran-3t,4t-diol, Methyl-[2-chlor-2-desoxy-α-D-altropyranosid]** $C_7H_{13}ClO_5$, Formel V.
Konstitution und Konfiguration: *Newth et al.*, Soc. **1947** 10, 12.
B. Beim Erwärmen einer Lösung von Methyl-$[O^4,O^6$-((Ξ)-benzyliden)-2-chlor-2-desoxy-α-D-altropyranosid] (F: 102—103,5°; $[\alpha]_D^{22}$: +88,4° [$CHCl_3$]) in Aceton mit wss. Oxalsäure (*Richards et al.*, Soc. **1956** 496, 499). Neben grösseren Mengen Methyl-[3-chlor-3-desoxy-α-D-glucopyranosid] beim Erwärmen von Methyl-$[O^4,O^6$-((Ξ)-benzyliden)-2,3-anhydro-α-D-allopyranosid] (F: 200°; $[\alpha]_D^{20}$: +140° [$CHCl_3$]) mit Aceton und wss. Salzsäure (*Robertson, Dunlop*, Soc. **1938** 472, 474; *Ne. et al.*, l. c. S. 14; *Mukherjee, Srivastava*, Pr. Indian Acad. [A] **35** [1952] 178, 185).
Krystalle; F: 161—162° [aus E. bzw. A.] (*Ri. et al.*; *Mu., Sr.*), 160—162° [aus A. oder Acn.] (*Ro., Du.*), 160—161° [aus E.] (*Ne. et al.*). $[\alpha]_D^{15}$: +113,1° [Me.; c = 1] (*Ro., Du.*); $[\alpha]_D^{20}$: +111° [Me.; c = 2] (*Ne. et al.*).
Geschwindigkeit der Hydrolyse in wss. Schwefelsäure (1 n) bei 100°: *Ne. et al.*, l. c. S. 12, 15.

b) **(2R)-5t-Chlor-2r-hydroxymethyl-6c-methoxy-tetrahydro-pyran-3t,4c-diol, Methyl-[2-chlor-2-desoxy-β-D-glucopyranosid]** $C_7H_{13}ClO_5$, Formel VI (R = H).
B. Beim Behandeln von Methyl-[tri-O-acetyl-2-chlor-2-desoxy-β-D-glucopyranosid] (S. 2627) mit Ammoniak in Methanol (*Fischer et al.*, B. **53** [1920] 509, 538; *Igarashi et al.*, J. org. Chem. **35** [1970] 610, 615).
Krystalle [aus A.] (*Fi. et al.*); F: 168—169° (*Ig. et al.*), 164° [geringfügige Zers.; nach Erweichen bei 159°] (*Fi. et al.*). $[\alpha]_D^{18}$: −12,1° [W.; p = 11] (*Fi. et al.*); $[\alpha]_D^{24}$: −11,9° [W.; c = 1] (*Ig. et al.*).
Geschwindigkeitskonstante der Reaktion mit Natriumperjodat in wss. Lösung vom pH 4,1 bei 25°: *Honeyman, Shaw*, Soc. **1959** 2454, 2460, 2464. Eine von *Fischer et al.* (l. c. S. 540) beim Erwärmen mit wss. Ammoniak erhaltene, als Methyl-epiglucosamin-hydrochlorid bezeichnete Verbindung (Zers. bei 210—211°; $[\alpha]_D^{19}$: −146,6° [W.]) ist nach *Bodycote et al.* (Soc. **1934** 151, 153) als Methyl-[3-amino-3-desoxy-β-D-altropyranosid]-hydrochlorid zu formulieren. Beim Erwärmen mit Hydrazin und Behandeln des Reaktionsprodukts mit wss. Salzsäure ist (1S,2R)-1-[1H(oder 2H)-Pyrazol-3-yl]-propan-1,2,3-triol-hydrochlorid (F: 139° [korr.]) erhalten worden (*Freudenberg et al.*, B. **59** [1926] 714, 719).

c) **(2R)-5c-Chlor-2r-hydroxymethyl-6t-methoxy-tetrahydro-pyran-3c,4t-diol, Methyl-[2-chlor-2-desoxy-α-D-idopyranosid]** $C_7H_{13}ClO_5$, Formel VII.
Diese Konstitution und Konfiguration kommt auch einer von *Labaton, Newth* (Soc. **1953** 992, 996) als Methyl-[4-chlor-4-desoxy-α-D-glucopyranosid] beschriebenen Verbindung zu (*Buchanan*, Chem. and Ind. **1954** 1484; Soc. **1958** 995, 996).
B. Beim Erwärmen einer Lösung von Methyl-$[O^4,O^6$-((Ξ)-benzyliden)-2-chlor-2-desoxy-α-D-idopyranosid] (F: 166°; $[\alpha]_D^{18}$: +67,2° [$CHCl_3$]; über die Konstitution und Konfiguration s. *Bu.*) in Aceton mit wss. Oxalsäure (*La., Ne.*). Beim Erwärmen von Methyl-$[O^4,O^6$-((Ξ)-benzyliden)-2,3-anhydro-α-D-gulopyranosid] (F: 175—175,5°; $[\alpha]_D^{20}$: −6,5° [$CHCl_3$]) mit Aceton und wss. Salzsäure (*Bu.*, Soc. **1958** 998).
Krystalle (aus E.), F: 124—126° (*La., Ne.*; *Bu.*, Soc. **1958** 998); über eine instabile Modifikation vom F: 111—112° s. *Bu.*, Soc. **1958** 998. $[\alpha]_D^{18}$: +84° [W.; c = 0,3] (*La., Ne.*); $[\alpha]_D^{22}$: +86,8° [W.; c = 0,3] (*Bu.*, Soc. **1958** 998).

V   VI   VII   VIII

(2R)-3t,4c-Diacetoxy-2r-acetoxymethyl-5t-chlor-6c-methoxy-tetrahydro-pyran, Methyl-[tri-O-acetyl-2-chlor-2-desoxy-β-D-glucopyranosid] $C_{13}H_{19}ClO_8$, Formel VI (R = CO-CH₃).

Diese Konstitution und Konfiguration kommt der nachstehend beschriebenen, von *Fischer et al.* (B. **53** [1920] 509, 537) als Triacetyl-methylglucosid-2-chlorhydrin bezeichneten Verbindung zu (*Newth, Phillips*, Soc. **1953** 2900, 2903; *Lemieux, Fraser-Reid*, Canad. J. Chem. **42** [1964] 532, 535).

B. Beim Behandeln einer Lösung von Tri-O-acetyl-1,5-anhydro-2-desoxy-D-*arabino*-hex-1-enit („Triacetyl-glucal") in Tetrachlormethan mit Chlor und Erwärmen des Reaktionsprodukts mit Methanol und Silbercarbonat (*Fi. et al.*, l. c. S. 537, 538; *Ne., Ph.*).

Krystalle [aus Acn. + PAe.] (*Fi. et al.*). F: 150—151° [korr.] (*Fi. et al.*), 148° (*Ne., Ph.*). [α]$_D^{18}$: +40,0° [1,1,2,2-Tetrachlor-äthan; p = 11] (*Fi. et al.*).

Überführung in Methyl-[3-amino-3-desoxy-β-D-altropyranosid] durch Erhitzen mit wss. Ammoniak: *Levene, Meyer*, J. biol. Chem. **55** [1923] 221, 223.

(2S)-2r,4c,5t-Triacetoxy-6c-acetoxymethyl-3t-chlor-tetrahydro-pyran, Tetra-O-acetyl-2-chlor-2-desoxy-β-D-glucopyranose $C_{14}H_{19}ClO_9$, Formel VIII.

B. Beim Erwärmen von Tri-O-acetyl-2-chlor-2-desoxy-α-D-glucopyranosylchlorid (F: 92—94°; [α]$_D$: +199,7° [1,1,2,2-Tetrachlor-äthan]; S. 2314) mit Silberacetat und Essigsäure (*Fischer et al.*, B. **53** [1920] 509, 530).

Krystalle (aus Me.); F: 110—111°. Monoklin; β = 117,9°. [α]$_D^{19}$: +51,2° [1,1,2,2-Tetrachlor-äthan; p = 11].

5-Brom-2-hydroxymethyl-6-methoxy-tetrahydro-pyran-3,4-diol $C_7H_{13}BrO_5$.

a) (2R)-5c-Brom-2r-hydroxymethyl-6t-methoxy-tetrahydro-pyran-3t,4t-diol, Methyl-[2-brom-2-desoxy-α-D-altropyranosid] $C_7H_{13}BrO_5$, Formel IX.

B. Beim Erwärmen einer Lösung von Methyl-[O⁴,O⁶-((Ξ)-benzyliden)-2-brom-2-desoxy-α-D-altropyranosid] (F: 117,5—118,5°; [α]$_D^{19}$: +58° [CHCl₃]) in Aceton mit wss. Oxalsäure (*Richards, Wiggins*, Soc. **1953** 2442, 2445).

Krystalle (aus A.); F: 153—153,5° (*Newth et al.*, Soc. **1947** 10, 16), 152—153,5° (*Ri., Wi.*). [α]$_D^{17}$: +86,2° [A.; c = 0,5] (*Ne. et al.*).

Geschwindigkeit der Hydrolyse in wss. Schwefelsäure (5%ig) bei 100°: *Ne. et al.*, l. c. S. 12, 17.

b) (2R)-5t-Brom-2r-hydroxymethyl-6c-methoxy-tetrahydro-pyran-3t,4c-diol, Methyl-[2-brom-2-desoxy-β-D-glucopyranosid] $C_7H_{13}BrO_5$, Formel X (R = H).

B. Beim Behandeln von Methyl-[tri-O-acetyl-2-brom-2-desoxy-β-D-glucopyranosid] (S. 2628) mit Ammoniak in Methanol (*Fischer et al.*, B. **53** [1920] 509, 535, 536; *Nakamura et al.*, Chem. pharm. Bl. **12** [1964] 1302, 1305).

Krystalle; F: 181—182° [korr.; Zers.; aus E.] (*Fi. et al.*), 181—182° (*Na. et al.*). [α]$_D^{16}$: +0,9° [W.; p = 10] (*Fi. et al.*); [α]$_D^{20}$: +2,7° [W.; c = 1] (*Na. et al.*).

Überführung in Methyl-[3-amino-3-desoxy-β-D-altropyranosid] (über diese Verbindung s. *Bodycote et al.*, Soc. **1934** 151, 153) durch Erwärmen mit wss. Ammoniak: *Fi. et al.*, l. c. S. 539. Beim Erwärmen mit Kalium-methanthiolat in Aceton ist von *Raymond* (J. biol. Chem. **107** [1934] 85, 94, 95) eine Verbindung $C_8H_{16}O_5S$ (Krystalle [aus Acn.], F: 128,5—129,5°; [α]$_D^{20}$: −52,6° [W.]), vielleicht Methyl-[S-methyl-3-thio-β-D-altropyranosid], erhalten worden.

c) (2R)-5c-Brom-2r-hydroxymethyl-6c-methoxy-tetrahydro-pyran-3t,4c-diol, Methyl-[2-brom-2-desoxy-β-D-mannopyranosid] $C_7H_{13}BrO_5$, Formel XI (R = H).

B. Beim Behandeln von Methyl-[tri-O-acetyl-2-brom-2-desoxy-β-D-mannopyranosid] (S. 2628) mit Ammoniak in Methanol (*Fischer et al.*, B. **53** [1920] 509, 536, 537; *Nakamura et al.*, Chem. pharm. Bl. **12** [1964] 1302, 1306).

Krystalle [aus E.] (*Fi. et al.*). F: 183° (*Na. et al.*), 182—183° [korr.; Zers.; bei schnellem Erhitzen] (*Fi. et al.*). [α]$_D^{16}$: −63,8° [W.; p = 10] (*Fi. et al.*); [α]$_D^{20}$: −68,0° [W.; c = 1] (*Na. et al.*).

(2R)-5t-Brom-2r-hydroxymethyl-6t-phenoxy-tetrahydro-pyran-3t,4c-diol, Phenyl-[2-brom-2-desoxy-α-D-glucopyranosid] $C_{12}H_{15}BrO_5$, Formel XII (R = H).

Diese Konfiguration wird der nachstehend beschriebenen Verbindung zugeordnet (*Hel-*

ferich, Iloff, Z. physiol. Chem. **221** [1933] 252, 256).

B. Beim Erwärmen von Phenyl-[tri-*O*-acetyl-2-brom-2-desoxy-α-D-gluco(?)pyranosid] (F: 104—106° [korr.] [s. u.]) mit Natriummethylat in Methanol (*He., Il.*).

Krystalle (aus W.); F: 122—124° [korr.]. $[\alpha]_D^{20}$: +88,2° [W.; p = 1].

IX   X   XI   XII

3,4-Diacetoxy-2-acetoxymethyl-5-brom-6-methoxy-tetrahydro-pyran $C_{13}H_{19}BrO_8$.

a) **(2R)-3t,4c-Diacetoxy-2r-acetoxymethyl-5t-brom-6c-methoxy-tetrahydro-pyran, Methyl-[tri-*O*-acetyl-2-brom-2-desoxy-β-D-glucopyranosid]** $C_{13}H_{19}BrO_8$, Formel X (R = CO-CH₃).

Diese Konstitution und Konfiguration kommt der nachstehend beschriebenen, von *Fischer et al.* (B. **53** [1920] 509, 532) als Triacetyl-methylglucosid-2-bromhydrin-I bezeichneten Verbindung zu (*Nakamura et al.*, Chem. pharm. Bl. **12** [1964] 1302, 1303; *Lemieux, Fraser-Reid*, Canad. J. Chem. **42** [1964] 532, 535).

B. Neben geringeren Mengen Methyl-[tri-*O*-acetyl-2-brom-2-desoxy-β-D-mannopyranosid] (s. u.) beim Behandeln von Tri-*O*-acetyl-1,5-anhydro-2-desoxy-D-*arabino*-hex-1-enit mit Brom in Tetrachlormethan und Schütteln des Reaktionsprodukts mit Methanol und Silbercarbonat (*Fi. et al.*, l. c. S. 528, 532; *Na. et al.*, l. c. S. 1305).

Krystalle; F: 139° [korr.; aus Acn. + PAe.] (*Fi. et al.*, l. c. S. 533), 138—139° [aus A.] (*Na. et al.*). Rhombisch (*Fi. et al.*, l. c. S. 533, 534). $[\alpha]_D^{18}$: +50,2° [1,1,2,2-Tetrachloräthan; p = 9] (*Fi. et al.*); $[\alpha]_D^{23}$: +39,0° [Acn.; c = 1] (*Na. et al.*).

b) **(2R)-3t,4c-Diacetoxy-2r-acetoxymethyl-5c-brom-6c-methoxy-tetrahydro-pyran, Methyl-[tri-*O*-acetyl-2-brom-2-desoxy-β-D-mannopyranosid]** $C_{13}H_{19}BrO_8$, Formel XI (R = CO-CH₃).

Diese Konstitution und Konfiguration kommt der nachstehend beschriebenen, von *Fischer et al.* (B. **53** [1920] 509, 534) als Triacetyl-methylglucosid-2-bromhydrin-II bezeichneten Verbindung zu (*Nakamura et al.*, Chem. pharm. Bl. **12** [1964] 1302, 1303; *Lemieux, Fraser-Reid*, Canad. J. Chem. **42** [1964] 532, 535).

B. s. bei dem unter a) beschriebenen Stereoisomeren.

Krystalle (aus A. bzw. Acn. + PAe.); F: 115—116° (*Na. et al.*, l. c. S. 1305; *Fi. et al.*, l. c. S. 534). Monoklin; $\beta = 99,87°$ (*Fi. et al.*, l. c. S. 534, 535). $[\alpha]_D^{16}$: −92,0° [1,1,2,2-Tetrachlor-äthan (p = 9) bzw. Acn. (c = 1)] (*Fi. et al.; Na. et al.*).

(2R)-3t,4c-Diacetoxy-2r-acetoxymethyl-5t-brom-6t-phenoxy-tetrahydro-pyran, Phenyl-[tri-*O*-acetyl-2-brom-2-desoxy-α-D-glucopyranosid] $C_{18}H_{21}BrO_8$, Formel XII (R = CO-CH₃).

Diese Konfiguration wird der nachstehend beschriebenen Verbindung zugeordnet (*Helferich, Iloff*, Z. physiol. Chem. **221** [1933] 252, 256).

B. Beim Behandeln von Tri-*O*-acetyl-1,5-anhydro-2-desoxy-D-*arabino*-hex-1-enit („Triacetylglucal") mit Brom in Essigsäure, Schütteln der Reaktionslösung mit Silberacetat und Erwärmen des Reaktionsprodukts mit Phenol und wenig Toluol-4-sulfonsäure (*He., Il.*).

Krystalle (aus Me.); F: 104—106° [korr.]. $[\alpha]_D^{21}$: +60,7° [CHCl₃; p = 3].

3,4-Diacetoxy-2-acetoxymethyl-6-benzoyloxy-5-brom-tetrahydro-pyran $C_{19}H_{21}BrO_9$.

a) **(2R)-3t,4c-Diacetoxy-2r-acetoxymethyl-6t-benzoyloxy-5t-brom-tetrahydro-pyran, O^3,O^4,O^6-Triacetyl-O^1-benzoyl-2-brom-2-desoxy-α-D-glucopyranose** $C_{19}H_{21}BrO_9$, Formel I (X = Br).

B. Neben O^3,O^4,O^6-Triacetyl-O^1-benzoyl-2-brom-2-desoxy-β-D-glucopyranose, O^3,O^4,O^6-Triacetyl-O^1-benzoyl-2-brom-2-desoxy-α-D-mannopyranose und geringen Mengen O^3,O^4,O^6-Triacetyl-O^1-benzoyl-2-brom-2-desoxy-β-D-mannopyranose beim Behandeln einer Lösung von Tri-*O*-acetyl-1,5-anhydro-2-desoxy-D-*arabino*-hex-1-enit („Triacetylglucal") in Benzol

oder Acetonitril mit Silberbenzoat und Brom in Benzol (*Hall, Manville*, Canad. J. Chem.
47 [1969] 361, 373, 374).
Krystalle (aus wss. A.); F: 112—113°; $[\alpha]_D^{25}$: +213° [CHCl$_3$; c = 1] (*Hall, Ma.*).

Die Identität eines von *Stanek, Schwarz* (Chem. Listy **48** [1954] 879; Collect. **20** [1955]
42, 44; C. A. **1955** 9513) unter ähnlichen Bedingungen erhaltenen Präparats (Krystalle
[aus A.], F: 140°; $[\alpha]_D^{18}$: +33,6° [CHCl$_3$]) ist ungewiss.

    b) (2*R*)-3*t*,4*c*-Diacetoxy-2*r*-acetoxymethyl-6*c*-benzoyloxy-5*t*-brom-tetrahydro-pyran,
O^3,*O*^{4},*O*^{6}-Triacetyl-*O*^{1}-benzoyl-2-brom-2-desoxy-β-D-glucopyranose C$_{19}$H$_{21}$BrO$_9$,
Formel II (X = Br).
B. s. bei dem unter a) beschriebenen Stereoisomeren.
Krystalle (aus wss. A.), F: 161—162°; $[\alpha]_D^{28}$: +15,3° [CHCl$_3$; c = 1] (*Hall, Manville,
Canad.* J. Chem. **47** [1969] 361, 374).

H$_3$C—CO—O—CH$_2$ H$_3$C—CO—O—CH$_2$

H$_3$C—CO—O·····   O—CO—   H$_3$C—CO—O·····   O—CO—

H$_3$C—CO—O   X   H$_3$C—CO—O   X

         I   II

    c) (2*R*)-3*t*,4*c*-Diacetoxy-2*r*-acetoxymethyl-6*t*-benzoyloxy-5*c*-brom-tetrahydro-pyran,
O^3,*O*^{4},*O*^{6}-Triacetyl-*O*^{1}-benzoyl-2-brom-2-desoxy-α-D-mannopyranose C$_{19}$H$_{21}$BrO$_9$,
Formel III (X = Br).
B. s. bei dem unter a) beschriebenen Stereoisomeren.
Krystalle (aus wss. A.); F: 168—169°; $[\alpha]_D^{28}$: +62,3° [CHCl$_3$; c = 2] (*Hall, Manville,
Canad.* J. Chem. **47** [1969] 361, 374).

(2*S*)-4*c*-Acetoxy-3*t*-jod-2*r*,5*c*-dimethoxy-6*t*-methoxymethyl-tetrahydro-pyran, Methyl-
[*O*^{3}-acetyl-2-jod-*O*^{4},*O*^{6}-dimethyl-2-desoxy-α-D-altropyranosid] C$_{11}$H$_{19}$IO$_6$, Formel IV.
B. In geringer Menge beim Behandeln von Methyl-[di-*O*-methyl-2,3-anhydro-α-D-allo⸗
pyranosid] mit Methylmagnesiumjodid in Äther und Behandeln der nach der Hydrolyse
(wss. Salzsäure) erhaltenen, in Wasser leicht löslichen Anteile des Reaktionsprodukts
mit Acetanhydrid und Pyridin (*Newth et al.*, Soc. **1950** 2356, 2361).
Öl; n_D^{21}: 1,4948. $[\alpha]_D^{22}$: +70° [CHCl$_3$; c = 1].

3,4-Diacetoxy-2-acetoxymethyl-6-benzoyloxy-5-jod-tetrahydro-pyran C$_{19}$H$_{21}$IO$_9$.

    a) (2*R*)-3*t*,4*c*-Diacetoxy-2*r*-acetoxymethyl-6*t*-benzoyloxy-5*t*-jod-tetrahydro-pyran,
O^3,*O*^{4},*O*^{6}-Triacetyl-*O*^{1}-benzoyl-2-jod-2-desoxy-α-D-glucopyranose C$_{19}$H$_{21}$IO$_9$,
Formel I (X = I).
In einem von *Stanek, Schwarz* (Chem. Listy **48** [1954] 879; Collect. **20** [1955] 42, 44;
C. A. **1955** 9513) unter dieser Konfiguration beschriebenen, beim Erwärmen von Tri-
O-acetyl-1,5-anhydro-2-desoxy-D-*arabino*-hex-1-enit mit Silberbenzoat und Jod in Benzol
erhaltenen Präparat (Krystalle [aus A.], F: 129—130°; $[\alpha]_D^{21}$: +21,7° [CHCl$_3$]) hat wahrscheinlich ein Gemisch von *O*^{3},*O*^{4},*O*^{6}-Triacetyl-*O*^{1}-benzoyl-2-jod-2-desoxy-β-D-glucopyr⸗
anose (s. u.) und *O*^{3},*O*^{4},*O*^{6}-Triacetyl-*O*^{1}-benzoyl-2-jod-2-desoxy-α-D-mannopyranose (S.
2630) vorgelegen (*Lemieux, Levine*, Canad. J. Chem. **40** [1962] 1926, 1928).

    b) (2*R*)-3*t*,4*c*-Diacetoxy-2*r*-acetoxymethyl-6*c*-benzoyloxy-5*t*-jod-tetrahydro-pyran,
O^3,*O*^{4},*O*^{6}-Triacetyl-*O*^{1}-benzoyl-2-jod-2-desoxy-β-D-glucopyranose C$_{19}$H$_{21}$IO$_9$,
Formel II (X = I).
B. Neben *O*^{3},*O*^{4},*O*^{6}-Triacetyl-*O*^{1}-benzoyl-2-jod-2-desoxy-α-D-mannopyranose und geringen Mengen *O*^{3},*O*^{4},*O*^{6}-Triacetyl-*O*^{1}-benzoyl-2-jod-2-desoxy-α-D-glucopyranose beim Behandeln von Tri-O-acetyl-1,5-anhydro-2-desoxy-D-*arabino*-hex-1-enit („Triacetylglucal")
mit Silberbenzoat und Jod in Benzol (*Lemieux, Levine*, Canad. J. Chem. **40** [1962]
1926, 1929, 1930; *Hall, Manville*, Canad. J. Chem. **47** [1969] 361, 374).
Krystalle; F: 150—151,5° [aus Me. oder A.] (*Le., Le.*), 150—151° (*Hall, Ma.*). Umwandlungspunkt: ca. 145° (*Le., Le.*). $[\alpha]_D$: +2,2° [CHCl$_3$; c = 2] (*Le., Le.*).

c) **(2R)-3t,4c-Diacetoxy-2r-acetoxymethyl-6t-benzoyloxy-5c-jod-tetrahydro-pyran,**
O^3,O^4,O^6-Triacetyl-O^1-benzoyl-2-jod-2-desoxy-α-D-mannopyranose $C_{19}H_{21}IO_9$, Formel III
(X = I).

B. s. bei dem unter b) beschriebenen Stereoisomeren.

Krystalle; F: 160—161° (*Hall, Manville*, Canad. J. Chem. **47** [1969] 361, 374), 159,5°
bis 160° [aus Me. oder A.] (*Lemieux, Levine*, Canad. J. Chem. **40** [1962] 1926, 1930).
Umwandlungspunkt: ca. 150° (*Le., Le.*). $[\alpha]_D$: +45,3° [CHCl$_3$; c = 2] (*Le., Le.*).

III   IV   V

2-Hydroxymethyl-6-methoxy-tetrahydro-pyran-3,5-diol $C_7H_{14}O_5$.

a) **(2R)-2r-Hydroxymethyl-6t-methoxy-tetrahydro-pyran-3t,5t-diol, Methyl-**
[α-D-*ribo*-3-desoxy-hexopyranosid], Methyl-[3-desoxy-α-D-glucopyranosid]
$C_7H_{14}O_5$, Formel V.

B. Neben geringeren Mengen Methyl-[α-D-*ribo*-3-desoxy-hexofuranosid] beim Erwärmen von α-D-*ribo*-3-Desoxy-hexose („3-Desoxy-D-glucose") mit Chlorwasserstoff enthaltendem Methanol (*Fouquey et al.*, Bl. **1959** 803, 805 Anm., 808). Bei der Hydrierung
von Methyl-[3-chlor-3-desoxy-α-D-glucopyranosid] an Palladium/Bariumsulfat in wss.
Natronlauge bei 38° (*Mukherjee, Srivastava*, Pr. Indian Acad. [A] **35** [1952] 178, 185).
Neben geringeren Mengen Methyl-[O^4,O^6-((*Ξ*)-cyclohexylmethylen)-α-D-*ribo*-3-desoxy-
hexopyranosid] (F: 95°; $[\alpha]_D^{13}$: +129° [CHCl$_3$]) bei der Hydrierung von Methyl-[O^4,O^6-
((*Ξ*)-benzyliden)-2,3-anhydro-α-D-allopyranosid] (F: 204°) an Raney-Nickel in Methanol
bei 110°/110 at (*Prins*, Helv. **29** [1946] 1, 5).

Öl; $[\alpha]_D^{21}$: +125,1° [W.; c = 2] (*Hedgley* [Diss. Birmingham 1956], zit. bei *Overend
et al.*, Soc. **1962** 3429, 3430).

Geschwindigkeitskonstante der Hydrolyse in wss. Schwefelsäure (1n) bei 100°: *Richards*, Chem. and Ind. **1955** 228.

Charakterisierung durch Überführung in Methyl-[O^4,O^6-((*Ξ*)-benzyliden)-α-D-*ribo*-3-des≈
oxy-hexopyranosid] (F: 191—192°; $[\alpha]_D^{14}$: +115,8° [CHCl$_3$]): *Pr.*, l. c. S. 6, 7; s. a. *Mu., Sr.*

b) **(2R)-2r-Hydroxymethyl-6c-methoxy-tetrahydro-pyran-3t,5t-diol, Methyl-**
[β-D-*ribo*-3-desoxy-hexopyranosid], Methyl-[3-desoxy-β-D-glucopyranosid]
$C_7H_{14}O_5$, Formel VI (R = CH$_3$).

B. Bei der Hydrierung von Methyl-[β-D-*ribo*-[3]hexulopyranosid] an Platin in wss.
Schwefelsäure (*Lindberg, Theander*, Acta chem. scand. **13** [1959] 1226, 1229, 1230).

Krystalle (aus Butanon); F: 94—96°. $[\alpha]_D^{20}$: −46° [W.; c = 2].

Geschwindigkeitskonstante der Hydrolyse in wss. Schwefelsäure (1n) bei 100°: *Li.,
Th.*, l. c. S. 1228.

c) **(2R)-2r-Hydroxymethyl-6t-methoxy-tetrahydro-pyran-3t,5c-diol, Methyl-**
[α-D-*arabino*-3-desoxy-hexopyranosid], Methyl-[3-desoxy-α-D-mannopyranosid]
$C_7H_{14}O_5$, Formel VII (R = H).

B. Beim Erwärmen von Methyl-[O^4,O^6-((*Ξ*)-benzyliden)-α-D-*arabino*-3-desoxy-hexo≈
pyranosid] (nicht charakterisiert) mit [4-Nitro-phenyl]-hydrazin-hydrochlorid in Methanol
(*Fouquey et al.*, C. r. **246** [1958] 2417, 2418; Bl. **1959** 803, 808). Beim Erwärmen von
Methyl-[O^4,O^6-((*Ξ*)-benzyliden)-3-brom-3-desoxy-α-D-altropyranosid] (F: 123—124°; $[\alpha]_D^{22}$:
+120° [CHCl$_3$]) oder von Methyl-[O^4,O^6-((*Ξ*)-benzyliden)-3-jod-3-desoxy-α-D-altropyr≈
anosid] (F: 163—163,5°; $[\alpha]_D^{22}$: +111° [CHCl$_3$]) mit Bariumcarbonat, Raney-Nickel und
wss. Äthanol (*Richards et al.*, Soc. **1956** 496, 500). Bei der Hydrierung von Methyl-
[O^4,O^6-((*Ξ*)-benzyliden)-2,3-anhydro-α-D-mannopyranosid] (F: 147°) an Raney-Nickel
in Methanol bei 90°/110 at (*Bolliger, Prins*, Helv. **29** [1946] 1061, 1065; *Richards*, Soc.
1954 4511, 4513).

Krystalle (aus Acn.); F: 123,5—124° (*Ri.; Ri. et al.*). $[\alpha]_D^{22}$: +134,6° [Me.; c = 2]

(*Ri. et al.*); $[\alpha]_D^{22}$: $+129,6°$ [Me.; c = 1] (*Ri.*). IR-Banden (Nujol; 10,3—12,3 μ): *Barker et al.*, Soc. **1954** 4211, 4213.

Geschwindigkeitskonstante der Hydrolyse in wss. Schwefelsäure (1n) bei 100°: *Richards*, Chem. and Ind. **1955** 228.

d) **(2R)-2r-Hydroxymethyl-6t-methoxy-tetrahydro-pyran-3c,5t-diol, Methyl-[α-D-*xylo*-3-desoxy-hexopyranosid]**, Methyl-[3-desoxy-α-D-gulopyranosid] $C_7H_{14}O_5$, Formel VIII.

B. Beim Erwärmen von Methyl-[O^4,O^6-((Ξ)-cyclohexylmethylen)-α-D-*xylo*-3-desoxy-hexopyranosid] (F: 122—123°; $[\alpha]_D^{18}$: $+89,0°$ [CHCl₃]) mit wss.-methanol. Schwefelsäure (*Huber, Reichstein*, Helv. **31** [1948] 1645, 1653). Als Hauptprodukt bei der Hydrierung von Methyl-[O^4,O^6-((Ξ)-benzyliden)-2,3-anhydro-α-D-gulopyranosid] (F: 174—175°) an Raney-Nickel in Methanol bei 100°/80 at (*Hu., Re.*, l. c. S. 1652).

Krystalle (aus Me. + Acn. + Ae.); F: 162—163° [korr.; Kofler-App.]. Bei 130°/0,01 Torr sublimierbar. $[\alpha]_D^{16}$: $+143,1°$ [Me.; c = 1].

e) **(2R)-2r-Hydroxymethyl-6t-methoxy-tetrahydro-pyran-3c,5c-diol, Methyl-[α-D-*lyxo*-3-desoxy-hexopyranosid]**, Methyl-[3-desoxy-α-D-idopyranosid] $C_7H_{14}O_5$, Formel IX.

B. Beim Erwärmen von Methyl-[O^4,O^6-((Ξ)-benzyliden)-α-D-*lyxo*-3-desoxy-hexopyranosid] (F: 107—109°) mit wss.-methanol. Schwefelsäure (*Huber, Reichstein*, Helv. **31** [1948] 1645, 1651). Neben Methyl-[O^4,O^6-((Ξ)-cyclohexylmethylen)-α-D-*lyxo*-3-desoxy-hexopyranosid] (F: 84—85°; $[\alpha]_D$: $+60,8°$ [CHCl₃]) und geringen Mengen Methyl-[O^4,O^6-((Ξ)-benzyliden)-α-D-*lyxo*-3-desoxy-hexopyranosid] (F: 106—108°) bei der Hydrierung von Methyl-[O^4,O^6-((Ξ)-benzyliden)-2,3-anhydro-α-D-talopyranosid] (F: 241—242°) an Raney-Nickel in Methanol bei 100°/100 at (*Hu., Re.*, l. c. S. 1649).

Öl; bei 125°/0,01 Torr destillierbar. $[\alpha]_D^{20}$: $+98,4°$ [Me.; c = 4].

VI   VII   VIII   IX

2-Hydroxymethyl-5,6-dimethoxy-tetrahydro-pyran-3-ol $C_8H_{16}O_5$.

a) **(2R)-2r-Hydroxymethyl-5c,6t-dimethoxy-tetrahydro-pyran-3t-ol, Methyl-[O^2-methyl-α-D-*arabino*-3-desoxy-hexopyranosid]** $C_8H_{16}O_5$, Formel VII (R = CH₃).

B. Neben geringen Mengen Methyl-[O^4,O^6-((Ξ)-cyclohexylmethylen)-O^2-methyl-α-D-*arabino*-3-desoxy-hexopyranosid] ($[\alpha]_D^{14}$: $+92,2°$ [CHCl₃]) bei der Hydrierung von Methyl-[O^4,O^6-((Ξ)-benzyliden)-O^2-methyl-α-D-*arabino*-3-desoxy-hexopyranosid] (F: 86—87°; $[\alpha]_D^{13}$: $+88,9°$ [CHCl₃]) an Raney-Nickel in Methanol bei 90°/110 at (*Bolliger, Prins*, Helv. **29** [1946] 1061, 1067, 1068).

Amorph. $[\alpha]_D^{14}$: $+110,6°$ [W.; c = 1].

b) **(2R)-2r-Hydroxymethyl-5c,6c-dimethoxy-tetrahydro-pyran-3c-ol, Methyl-[O^2-methyl-β-D-*lyxo*-3-desoxy-hexopyranosid]** $C_8H_{16}O_5$, Formel X.

B. Neben geringen Mengen Methyl-[O^4,O^6-((Ξ)-cyclohexylmethylen)-O^2-methyl-β-D-*lyxo*-3-desoxy-hexopyranosid] ($[\alpha]_D^{15}$: $-61,8°$ [CHCl₃]) bei der Hydrierung von Methyl-[O^4,O^6-((Ξ)-benzyliden)-O^2-methyl-β-D-*lyxo*-3-desoxy-hexopyranosid] (F: 144° bis 145°; $[\alpha]_D^{19}$: $-52,9°$ [CHCl₃]) an Raney-Nickel in Methanol bei 85°/100 at (*Gut et al.*, Helv. **30** [1947] 743, 749, 750).

$Kp_{0,007}$: 80°. $[\alpha]_D^{19}$: $-86,8°$ [Me.; c = 2].

2-Hydroxymethyl-6-phenoxy-tetrahydro-pyran-3,5-diol $C_{12}H_{16}O_5$.

a) **(2R)-2r-Hydroxymethyl-6t-phenoxy-tetrahydro-pyran-3t,5t-diol, Phenyl-[α-D-*ribo*-3-desoxy-hexopyranosid]**, Phenyl-[3-desoxy-α-D-glucopyranosid] $C_{12}H_{16}O_5$, Formel XI.

Isolierung aus einem Gemisch der beiden Phenyl-[D-*ribo*-3-desoxy-hexopyranoside]

(hergestellt aus Methyl-[α-D-*ribo*-3-desoxy-hexopyranosid): *Pratt, Richtmyer,* [1]Am. Soc. **79** [1957] 2597, 2600.
Krystalle (aus A. + Ae.); F: 136—138°. $[\alpha]_D^{20}$: +172° [W.].

X   XI   XII

b) **(2R)-2r-Hydroxymethyl-6c-phenoxy-tetrahydro-pyran-3t,5t-diol, Phenyl-
[β-D-ribo-3-desoxy-hexopyranosid]**, Phenyl-[3-desoxy-β-D-glucopyranosid]
$C_{12}H_{16}O_5$, Formel VI (R = C_6H_5).
B. In geringer Menge beim Behandeln von Methyl-[α-D-*ribo*-3-desoxy-hexopyranosid]
mit Acetanhydrid und Natriumacetat und anschliessend mit Acetanhydrid und Schwe=
felsäure, Erwärmen des Reaktionsprodukts mit Phenol und Toluol-4-sulfonsäure unter
vermindertem Druck und Behandeln des Reaktionsprodukts mit Natriummethylat in
Methanol[?] (*Pratt, Richtmyer,* Am. Soc. **79** [1957] 2597, 2599).
Krystalle (aus W.); F: 183—185°. $[\alpha]_D^{20}$: −94,0° [W.; c = 0,3].
Beim Erwärmen mit wss. Natronlauge ist β-D-*ribo*-1,6-Anhydro-3-desoxy-hexo=
pyranose erhalten worden.

3,5-Diacetoxy-2-acetoxymethyl-6-methoxy-tetrahydro-pyran $C_{13}H_{20}O_8$.

a) **(2R)-3t,5t-Diacetoxy-2r-acetoxymethyl-6t-methoxy-tetrahydro-pyran, Methyl-
[tri-O-acetyl-α-D-ribo-3-desoxy-hexopyranosid]** $C_{13}H_{20}O_8$, Formel XII.
B. Beim Behandeln von Methyl-[α-D-*ribo*-3-desoxy-hexopyranosid] mit Acetan=
hydrid und Pyridin (*Prins*, Helv. **29** [1946] 1, 5).
$Kp_{0,03}$: 110—112°. n_D^{16}: 1,4569. $[\alpha]_D^{14}$: +123,4° [CHCl$_3$; c = 2].

b) **(2R)-3t,5c-Diacetoxy-2r-acetoxymethyl-6t-methoxy-tetrahydro-pyran, Methyl-
[tri-O-acetyl-α-D-arabino-3-desoxy-hexopyranosid]** $C_{13}H_{20}O_8$, Formel I.
B. Beim Behandeln von Methyl-[α-D-*arabino*-3-desoxy-hexopyranosid] mit Acetan=
hydrid und Pyridin (*Bolliger, Prins,* Helv. **29** [1946] 1061, 1065, **32** [1949] 370).
Krystalle (aus Ae. + Pentan); F: 73—75°. $[\alpha]_D^{16}$: +68,6° [CHCl$_3$; c = 2] (*Bo., Pr.,*
Helv. **32** 370).

**(2S)-2r,3t,5t-Triacetoxy-6c-acetoxymethyl-tetrahydro-pyran, Tetra-O-acetyl-β-D-ribo-
3-desoxy-hexopyranose** $C_{14}H_{20}O_9$, Formel II.
B. Beim Erwärmen von D-*ribo*-3-Desoxy-hexose („3-Desoxy-D-glucose") mit Acet=
anhydrid und Natriumacetat (*Černý, Pacák,* Chem. Listy **49** [1955] 1848; C. A. **1956**
9298; Collect. **21** [1956] 1003; *Pratt, Richtmyer,* Am. Soc. **79** [1957] 2597, 2600; s. a.
Lindberg, Theander, Acta chem. scand. **13** [1959] 1226, 1230).
Krystalle; F: 130—131° [korr.] (*Li., Th.*), 129—130° [aus A.] (*Pr., Ri.*), 129—130°
[unkorr.; aus Ae. + Bzn.] (*Če., Pa.*). $[\alpha]_D^{20}$: −20,0° [CHCl$_3$; c = 1] (*Če., Pa.*); $[\alpha]_D^{20}$:
−19° [CHCl$_3$; c = 2] (*Li., Th.*); $[\alpha]_D^{20}$: −14° [CHCl$_3$; c = 1] (*Pr., Ri.*).

4-Chlor-2-hydroxymethyl-6-methoxy-tetrahydro-pyran-3,5-diol $C_7H_{13}ClO_5$.

a) **(2R)-4t-Chlor-2r-hydroxymethyl-6t-methoxy-tetrahydro-pyran-3t,5c-diol,
Methyl-[3-chlor-3-desoxy-α-D-altropyranosid]** $C_7H_{13}ClO_5$, Formel III (R = H).
B. Beim Erwärmen von Methyl-[O^4,O^6-((Ξ)-benzyliden)-2,3-anhydro-α-D-manno=
pyranosid] (F: 145—146°) mit Aceton und wss. Salzsäure (*Newth, Homer,* Soc. **1953**
989, 991).
Öl; $[\alpha]_D^{20}$: +103,5° [A.; c = 1] (über das Triacetyl-Derivat gereinigtes Präparat).
Hygroskopisch.
Charakterisierung als Triacetyl-Derivat (F: 98—99°; $[\alpha]_D^{20}$: +70,3° [CHCl$_3$]: *Ne., Ho.*

b) **(2R)-4t-Chlor-2r-hydroxymethyl-6c-methoxy-tetrahydro-pyran-3t,5c-diol,
Methyl-[3-chlor-3-desoxy-β-D-altropyranosid]** $C_7H_{13}ClO_5$, Formel IV.
B. Beim Erwärmen von Methyl-[3-chlor-3-desoxy-α-D-altropyranosid] mit Chlor=

wasserstoff enthaltendem Methanol (*Newth, Homer*, Soc. **1953** 989, 991, 992).
Krystalle (aus E.); F: 128—129°. $[\alpha]_D^{20}$: —111,8° [A.; c = 0,3].

I   II   III

c) (**2R**)-4*c*-Chlor-2*r*-hydroxymethyl-6*t*-methoxy-tetrahydro-pyran-3*t*,5*t*-diol,
Methyl-[3-chlor-3-desoxy-α-D-glucopyranosid] $C_7H_{13}ClO_5$, Formel V.
Konstitution und Konfiguration: *Newth et al.*, Soc. **1947** 10, 12.
B. Neben geringeren Mengen Methyl-[2-chlor-2-desoxy-α-D-altropyranosid] beim Er-
wärmen von Methyl-[O^4,O^6-((Ξ)-benzyliden)-2,3-anhydro-α-D-allopyranosid] (F: 200°;
$[\alpha]_D^{20}$: +140° [CHCl₃]) mit Aceton und wss. Salzsäure (*Robertson, Dunlop*, Soc. **1938**
472, 474; *Ne. et al.*; *Mukherjee, Srivastava*, Pr. Indian Acad. [A] **35** [1952] 178, 185).
Krystalle; F: 138° [aus Acn. + Ae.] (*Mu., Sr.*), 136—138° [aus E. bzw. aus Acn. +
Ae.] (*Ne. et al.*; *Ro., Du.*). $[\alpha]_D^{15}$: +157,2° [Me.; c = 2] (*Ro., Du.*); $[\alpha]_D^{20}$: +158,5° [Me.;
c = 1] (*Ne. et al.*).
Geschwindigkeit der Hydrolyse in wss. Schwefelsäure (25%ig) bei 100°: *Ne. et al.*,
l. c. S. 12, 15. Beim Behandeln mit Benzaldehyd und Zinkchlorid ist Methyl-[O^4,O^6-
((Ξ)-benzyliden)-3-chlor-3-desoxy-α-D-glucopyranosid] (F: 165°; $[\alpha]_D^{20}$: +50,9° [CHCl₃])
erhalten worden (*Ne. et al.*, l. c. S. 15).

d) (**2R**)-4*t*-Chlor-2*r*-hydroxymethyl-6*t*-methoxy-tetrahydro-pyran-3*c*,5*t*-diol,
Methyl-[3-chlor-3-desoxy-α-D-gulopyranosid] $C_7H_{13}ClO_5$, Formel VI.
Eine von *Labaton, Newth* (Soc. **1953** 992, 993, 996) ursprünglich unter dieser Konsti-
tution und Konfiguration beschriebene Verbindung (F: 113—114°; $[\alpha]_D^{18}$: +138,3° [W.])
ist als Methyl-[4-chlor-4-desoxy-α-D-glucopyranosid] (S. 2635) zu formulieren (*Buchanan*,
Chem. and Ind. **1954** 1484; Soc. **1958** 995, 997).
B. Neben geringeren Mengen Methyl-[4-chlor-4-desoxy-α-D-glucopyranosid] beim Er-
wärmen von Methyl-[3,4-anhydro-α-D-galactopyranosid] mit Aceton und wss. Salzsäure
(*Buchanan*, Soc. **1958** 2511, 2516).
Krystalle (aus E.); F: 142° [Zers.]; $[\alpha]_D^{25}$: +114,5° [W.; c = 1] (*Bu.*, Soc. **1958** 2516).

IV   V   VI   VII

(**2S**)-4*t*-Chlor-2*r*,5*c*-dimethoxy-6*t*-methoxymethyl-tetrahydro-pyran-3*c*-ol, **Methyl-
[3-chlor-O^4,O^6-dimethyl-3-desoxy-α-D-glucopyranosid]** $C_9H_{17}ClO_5$, Formel VII.
B. Beim Behandeln von Methyl-[O^4,O^6-dimethyl-2,3-anhydro-α-D-allopyranosid] mit
Kaliumchlorid enthaltender wss. Salzsäure (*Richards et al.*, Soc. **1956** 496, 500).
Krystalle (aus Ae. + PAe.); F: 77—78°. $[\alpha]_D^{25}$: +160° [CHCl₃; c = 1].

(**2R**)-3*t*,5*c*-Diacetoxy-2*r*-acetoxymethyl-4*t*-chlor-6*t*-methoxy-tetrahydro-pyran, **Methyl-
[tri-O-acetyl-3-chlor-3-desoxy-α-D-altropyranosid]** $C_{13}H_{19}ClO_8$, Formel III
(R = CO-CH₃).
B. Beim Behandeln von Methyl-[3-chlor-3-desoxy-α-D-altropyranosid] mit Acetan=
hydrid und Pyridin (*Newth, Homer*, Soc. **1953** 989, 991).
Krystalle (aus A.); F: 98—99°. $[\alpha]_D^{20}$: +70,3° [CHCl₃; c = 2].

(**2S**)-2*r*,3*t*,5*c*-Triacetoxy-6*c*-acetoxymethyl-4*t*-chlor-tetrahydro-pyran, **Tetra-O-acetyl-
3-chlor-3-desoxy-β-D-gulopyranose** $C_{14}H_{19}ClO_9$, Formel VIII, und (**2S**)-2*r*,3*t*,4*c*-Triacet=
oxy-6*c*-acetoxymethyl-5*t*-chlor-tetrahydro-pyran, **Tetra-O-acetyl-4-chlor-4-desoxy-
β-D-glucopyranose** $C_{14}H_{19}ClO_9$, Formel IX.
Diese beiden Formeln kommen für die nachstehend beschriebene Verbindung in Be-

tracht (vgl. die Bildung von Methyl-[3-chlor-3-desoxy-α-D-gulopyranosid] (S. 2633) und Methyl-[4-chlor-4-desoxy-α-D-glucopyranosid]   (S. 2635)   aus   Methyl-[3,4-anhydro-α-D-galactopyranosid]).

B. Beim Erwärmen von Methyl-[3,4-anhydro-β-D-galactopyranosid] (über diese Verbindung s. *Müller et al.*, B. **72** [1939] 745, 748) mit wss. Salzsäure und Erwärmen des Reaktionsprodukts mit Acetanhydrid und Natriumacetat (*Müller*, B. **67** [1934] 421, 423).

Krystalle (aus A.); F: 126°; $[\alpha]_D^{16}$: −21,2° [$CHCl_3$; p = 7] (*Mü.*).

VIII   IX   X

(2R)-4c-Brom-2r-hydroxymethyl-6t-methoxy-tetrahydro-pyran-3t,5t-diol, Methyl-[3-brom-3-desoxy-α-D-glucopyranosid] $C_7H_{13}BrO_5$, Formel X.

B. Neben geringen Mengen Methyl-[2-brom-2-desoxy-α-D-altropyranosid] und Methyl-[2-brom-O^3,O^4-isopropyliden-2-desoxy-α-D-altropyranosid] beim Erwärmen von Methyl-[O^4,O^6-((Ξ)-benzyliden)-2,3-anhydro-α-D-allopyranosid] (F: 200°; $[\alpha]_D^{20}$: +140° [$CHCl_3$]) mit Aceton und wss. Bromwasserstoffsäure (*Newth et al.*, Soc. **1947** 10, 16).

Krystalle (aus E.); F: 132−133°. $[\alpha]_D^{15}$: +109,8° [A.; c = 0,4].

Geschwindigkeit der Hydrolyse in wss. Schwefelsäure (25%ig) bei Siedetemperatur: *Ne. et al.*, l. c. S. 12, 17. Beim Behandeln mit Benzaldehyd und Zinkchlorid ist Methyl-[O^4,O^6-((Ξ)-benzyliden)-3-brom-3-desoxy-α-D-glucopyranosid]   (F: 174−175°; $[\alpha]_D^{16}$: +12,8° [$CHCl_3$]) erhalten worden (*Ne. et al.*, l. c. S. 17).

(2R)-2r-Hydroxymethyl-4c-jod-6t-methoxy-tetrahydro-pyran-3t,5t-diol, Methyl-[3-jod-3-desoxy-α-D-glucopyranosid] $C_7H_{13}IO_5$, Formel I.

B. Bei mehrtägigem Erwärmen einer Lösung von Methyl-[O^4,O^6-((Ξ)-benzyliden)-3-jod-3-desoxy-α-D-glucopyranosid] (F: 195−196°; $[\alpha]_D^{19}$: −8,0° [$CHCl_3$]) in Aceton mit wss. Oxalsäure (*Newth et al.*, Soc. **1950** 2356, 2361).

Krystalle (aus E.); F: 165°. $[\alpha]_D^{15}$: +136° [Dioxan; c = 1].

(2S)-4t-Jod-2r,5c-dimethoxy-6t-methoxymethyl-tetrahydro-pyran-3c-ol, Methyl-[3-jod-O^4,O^6-dimethyl-3-desoxy-α-D-glucopyranosid] $C_9H_{17}IO_5$, Formel II.

B. Aus Methyl-[O^4,O^6-dimethyl-2,3-anhydro-α-D-allopyranosid] beim Behandeln mit Magnesiumjodid in Äther (*Newth et al.*, Soc. **1950** 2356, 2362) sowie beim Behandeln mit Methylmagnesiumjodid in Äther und Behandeln des Reaktionsprodukts mit Eis und wss. Salzsäure (*Ne. et al.*, l. c. S. 2361, 2362).

Krystalle (aus Ae.); F: 112,5−113°; $[\alpha]_D^{17}$: +119,9° [$CHCl_3$; c = 1] (*Ne. et al.*, l. c. S. 2361).

I   II   III

(2R)-5t-Acetoxy-2r-hydroxymethyl-4c-jod-6t-methoxy-tetrahydro-pyran-3t-ol, Methyl-[O^2-acetyl-3-jod-3-desoxy-α-D-glucopyranosid] $C_9H_{15}IO_6$, Formel III.

B. Beim Erwärmen einer Lösung von Methyl-[O^2-acetyl-O^4,O^6-((Ξ)-benzyliden)-3-jod-3-desoxy-α-D-glucopyranosid] (F: 163−164°; $[\alpha]_D^{15}$: −16,4° [$CHCl_3$]) in Aceton mit wss. Oxalsäure (*Newth et al.*, Soc. **1950** 2356, 2362).

Krystalle (aus A. + Ae.); F: 132−132,5°. $[\alpha]_D^{16}$: +146° [A.; c = 0,5].

(2*S*)-3*c*-Acetoxy-4*t*-jod-2*r*,5*c*-dimethoxy-6*t*-methoxymethyl-tetrahydro-pyran, Methyl-
[*O*²-acetyl-3-jod-*O*⁴,*O*⁶-dimethyl-3-desoxy-α-D-glucopyranosid] $C_{11}H_{19}IO_6$, Formel IV.

B. Beim Behandeln von Methyl-[3-jod-*O*⁴,*O*⁶-dimethyl-3-desoxy-α-D-glucopyranosid]
mit Acetanhydrid und Pyridin (*Newth et al.*, Soc. **1950** 2356, 2362).

Krystalle (aus Bzn.); F: 66—67°. $[\alpha]_D^{19}$: +115° [CHCl₃; c = 1].

(2*S*)-5*c*-Chlor-6*t*-hydroxymethyl-2*r*-methoxy-tetrahydro-pyran-3*c*,4*t*-diol, Methyl-
[4-chlor-4-desoxy-α-D-glucopyranosid] $C_7H_{13}ClO_5$, Formel V.

Diese Konstitution und Konfiguration kommt auch einer von *Labaton, Newth* (Soc.
1953 992, 993, 996) als Methyl-[3-chlor-3-desoxy-α-D-gulopyranosid] beschriebenen Verbindung zu (*Buchanan*, Chem. and Ind. **1954** 1484; Soc. **1958** 995, 997, 2511, 2513);
eine von *Labaton, Newth* (l. c. S. 993, 996) als Methyl-[4-chlor-4-desoxy-α-D-glucopyr=
anosid] angesehene Verbindung (F: 124—126°; $[\alpha]_D^{18}$: +84° [W.]) ist als Methyl-[2-chlor-
2-desoxy-α-D-idopyranosid] (S. 2626) zu formulieren (*Bu.*, Chem. and Ind. **1954** 1484;
Soc. **1958** 996).

B. Neben grösseren Mengen Methyl-[3-chlor-3-desoxy-α-D-gulopyranosid] beim Erwärmen von Methyl-[3,4-anhydro-α-D-galactopyranosid] mit Aceton und wss. Salzsäure
(*Bu.*, Soc. **1958** 2516). Neben Methyl-[2-chlor-2-desoxy-α-D-idopyranosid] beim Erwärmen von Methyl-[*O*²,*O*³-dibenzoyl-*O*⁴-(toluol-4-sulfonyl)-*O*⁶-trityl-α-D-glucopyranosid] mit
wss. Natronlauge und Aceton und Erwärmen des Reaktionsprodukts (Gemisch von
Methyl-[*O*⁶-trityl-3,4-anhydro-α-D-galactopyranosid] und Methyl-[*O*⁶-trityl-2,3-anhydro-
α-D-gulopyranosid]) mit Aceton und wss. Salzsäure (*La., Ne.*, l. c. S. 994, 995; *Bu.*, Soc.
1958 999).

Krystalle (aus E.); F: 114—115° (*Bu.*, Soc. **1958** 999, 2516), 113—114° (*La., Ne.*).
$[\alpha]_D^{18}$: +138,3° [W.; c = 0,5] (*La., Ne.*); $[\alpha]_D^{21}$: +130,9° [W.; c = 1] (*Bu.*, Soc. **1958** 999).

Geschwindigkeitskonstante der Reaktion mit Natriumperjodat in wss. Lösung vom
pH 4,1 bei 25°: *Honeyman, Shaw*, Soc. **1959** 2454, 2459, 2464.

IV　　　　　　　　　　V　　　　　　　　　　VI

(2*R*)-3*c*-Chlor-4*c*,5*t*,6*c*-trimethoxy-2*r*-methoxymethyl-tetrahydro-pyran, Methyl-
[4-chlor-tri-*O*-methyl-4-desoxy-β-D-galactopyranosid] $C_{10}H_{19}ClO_5$, Formel VI.

Diese Konfiguration kommt vermutlich der nachstehend beschriebenen, von *Freuden-*
berg, Braun (A. **460** [1927] 288, 303) mit Vorbehalt als Methyl-[4-chlor-tri-*O*-
methyl-4-desoxy-D-glucopyranosid] formulierten Verbindung zu (vgl. *Jones*
et al., Canad. J. Chem. **38** [1960] 1122).

B. Beim Behandeln von Methyl-[*O*²,*O*³,*O*⁶-trimethyl-β(?)-D-glucopyranosid] (aus Tri-
O-methyl-cellulose hergestellt) mit Phosphor(V)-chlorid in Chloroform (*Fr., Br.*).

Kp₀,₁: 88—95°; $[\alpha]_D^{20}$: +16,4° [CHCl₃; c = 2] (*Fr., Br.*).

Beim Erhitzen mit wss. Salzsäure ist eine als 4-Chlor-*O*²,*O*³,*O*⁶-trimethyl-4-desoxy-
D-glucose angesehene, vermutlich aber als 4-Chlor-*O*²,*O*³,*O*⁶-trimethyl-4-desoxy-
D-galactose zu formulierende Verbindung $C_9H_{17}ClO_5$ (bei 140—150°/0,1 Torr destil-
lierbar; $[\alpha]_D^{20}$: +27,5° [CHCl₃; c = 5]) erhalten worden (*Fr., Br.*, l. c. S. 304).

3-Chlor-6-methoxy-4,5-bis-[toluol-4-sulfonyloxy]-2-[toluol-4-sulfonyloxymethyl]-
tetrahydro-pyran $C_{28}H_{31}ClO_{11}S_3$.

Bezüglich der Konfiguration der nachstehend beschriebenen Anomeren an dem das
Chlor tragenden C-Atom s. *Jones*, Canad. J. Chem. **38** [1960] 1122.

a) (2*R*)-3*c*-Chlor-6*t*-methoxy-4*c*,5*t*-bis-[toluol-4-sulfonyloxy]-2*r*-[toluol-4-sulfonyl=
oxymethyl]-tetrahydro-pyran, Methyl-[4-chlor-tris-*O*-(toluol-4-sulfonyl)-4-desoxy-
α-D-galactopyranosid] $C_{28}H_{31}ClO_{11}S_3$, Formel VII.

B. Beim Erwärmen von Methyl-α-D-glucopyranosid mit Toluol-4-sulfonylchlorid und

Pyridin (*Hess, Stenzel*, B. **68** [1935] 981, 986).

Krystalle (aus A.); F: 134—135°. $[\alpha]_D^{22}$: +42,7° [Bzl.; c = 0,6]; $[\alpha]_D^{19}$: +39,1° [CHCl$_3$; c = 1]; $[\alpha]_D^{22}$: +32,1° [Acn.; c = 1].

Beim Erwärmen mit Pyridin-hydrochlorid und Pyridin ist Methyl-[4,6-dichlor-bis-*O*-(toluol-4-sulfonyl)-4,6-didesoxy-α-D-galactopyranosid] erhalten worden (*Hess, St.*, l. c. S. 988). Reaktion mit Natriumjodid in Aceton bei 105° unter Bildung von Methyl-[4-chlor-6-jod-bis-*O*-(toluol-4-sulfonyl)-4,6-didesoxy-α-D-galactopyranosid]: *Hess, St.*

VII   VIII

b) (**2R**)-3c-Chlor-6c-methoxy-4c,5t-bis-[toluol-4-sulfonyloxy]-2r-[toluol-4-sulfonyl-oxymethyl]-tetrahydro-pyran, Methyl-[4-chlor-tris-*O*-(toluol-4-sulfonyl)-4-desoxy-β-D-galactopyranosid] $C_{28}H_{31}ClO_{11}S_3$, Formel VIII.

B. Beim Erwärmen von Methyl-β-D-glucopyranosid mit Toluol-4-sulfonylchlorid und Pyridin (*Hess, Stenzel*, B. **68** [1935] 981, 988).

Krystalle (aus Acn. + A.); F: 186—187°. $[\alpha]_D^{19}$: −31,8° [Bzl.; c = 1]; $[\alpha]_D^{18}$: −17,7° [CHCl$_3$; c = 1]; $[\alpha]_D^{20}$: −18,9° [Acn.; c = 0,5].

Beim Erwärmen mit Pyridin-hydrochlorid und Pyridin ist Methyl-[4,6-dichlor-bis-*O*-toluol-4-sulfonyl)-4,6-didesoxy-β-D-galactopyranosid] erhalten worden.

(**2S**)-5t-Chlor-6t-hydroxymethyl-2r-methoxy-4t-sulfooxy-tetrahydro-pyran-3c-ol, Methyl-[4-chlor-*O*³-sulfo-4-desoxy-α-D-galactopyranosid] $C_7H_{13}ClO_8S$, Formel IX.

Diese Konfiguration ist wahrscheinlich der nachstehend beschriebenen, von *Helferich et al.* (B. **58** [1925] 886, 888) als α-Methylglucosid-5-chlorhydrin-schwefelsäure bezeichneten Verbindung auf Grund ihrer Bildungsweise zuzuordnen (vgl. *Jones et al.*, Canad. J. Chem. **38** [1960] 1122, 1125).

B. Als Natrium-Salz (s. u.) beim Behandeln von Methyl-[4,6-dichlor-*O*²,*O*³-sulfonyl-4,6-didesoxy-α-D-galactopyranosid] mit Ammoniak in Methanol, Behandeln des erhaltenen Gemisches von Ammonium-Salzen mit wss. Natronlauge (1 Mol NaOH) und Behandeln der (vermutlich überwiegend aus dem Natrium-Salz des Methyl-[4,6-dichlor-*O*³-sulfo-4,6-didesoxy-α-D-galactopyranosids] bestehenden) krystallinen Anteile des Reaktionsprodukts mit wss. Natronlauge (*Helferich et al.*, B. **56** [1923] 1083, 1086; B. **58** 888).

Natrium-Salz $NaC_7H_{12}ClO_8S$. Krystalle (aus A.) mit 1 Mol H_2O vom F: 131° [Zers.], die bei 100°/15 Torr das Krystallwasser abgeben; das wasserfreie Salz schmilzt bei 135°; $[\alpha]_D^{20}$: +48,9° [W.; p = 3] [wasserfreies Salz] (*He. et al.*, B. **58** 888).

IX   X

(**2S**)-2r,3t,4c-Triacetoxy-6c-acetoxymethyl-5c-jod-tetrahydro-pyran, Tetra-*O*-acetyl-4-jod-4-desoxy-β-D-galactopyranose $C_{14}H_{19}IO_9$, Formel X.

Diese Konfiguration kommt wahrscheinlich der nachstehend beschriebenen, ursprünglich von (*Helferich, Gnüchtel*, B. **71** [1938] 712, 714) als Tetra-*O*-acetyl-4-jod-4-desoxy-β-D-glucopyranose formulierten Verbindung zu (vgl. *Jones et al.*, Canad. J. Chem. **38** [1960] 1122).

B. Bei mehrtägigem Erhitzen von *O*¹,*O*²,*O*³,*O*⁶-Tetraacetyl-*O*⁴-methansulfonyl-β-D-gluco=

pyranose mit Natriumjodid in Aceton auf 135° (*He., Gn.*, l. c. S. 718).

Krystalle (aus A.); F: 199—200° [nach Sintern bei 190°]; $[\alpha]_D^{20}$: +51,8° [Py.; p = 2] (*He., Gn.*).

2,5-Diacetoxy-3-acetoxymethyl-tetrahydro-pyran-3-ol $C_{12}H_{18}O_8$.

a) **(2R)-2r,5c-Diacetoxy-3t-acetoxymethyl-tetrahydro-pyran-3c-ol, 2-Acetoxy=methyl-O^1,O^4-diacetyl-α-D-erythro-3-desoxy-pentopyranose** $C_{12}H_{18}O_8$, Formel XI.

B. Neben dem unter b) beschriebenen Anomeren beim Erwärmen von sog. Isosaccharin=ose (2-Hydroxymethyl-D-*erythro*-3-desoxy-pentose) mit Acetanhydrid und Natriumacetat (*Schorigin, Makarowa-Semljanskaja*, B. **66** [1933] 387).

Krystalle (aus wss. A.); F: 98°. $[\alpha]_D^{20}$: +46,9° [Me.].

                XI   XII

b) **(2S)-2r,5t-Diacetoxy-3c-acetoxymethyl-tetrahydro-pyran-3t-ol, 2-Acetoxy=methyl-O^1,O^4-diacetyl-β-D-erythro-3-desoxy-pentopyranose** $C_{12}H_{18}O_8$, Formel XII.

B. s. bei dem unter a) beschriebenen Anomeren.

Krystalle (aus wss. A.), F: 85—86°; $[\alpha]_D^{20}$: −50° [Me.] (*Schorigin, Makarowa-Seml-janskaja*, B. **66** [1933] 387).   [*Weissmann*]

2-[1-Hydroxy-äthyl]-5-methoxy-tetrahydroxy-furan-3,4-diol $C_7H_{14}O_5$.

a) **(2R)-2r-[(R)-1-Hydroxy-äthyl]-5c-methoxy-tetrahydro-furan-3t,4t-diol, Methyl-[6-desoxy-β-D-allofuranosid]** $C_7H_{14}O_5$, Formel I.

Diese Konfiguration kommt wahrscheinlich der nachstehend beschriebenen Verbindung zu.

B. Beim Behandeln von Methyl-[O^2,O^3-isopropyliden-6-desoxy-β-D-allofuranosid] mit Benzoylchlorid und Pyridin, Erwärmen des Reaktionsprodukts mit Chlorwasserstoff ent-haltendem Methanol und Erwärmen des erhaltenen Methyl-[O^5-benzoyl-6-desoxy-ξ-D-allofuranosids] mit Butylamin enthaltendem Methanol (*Reist et al.*, Am. Soc. **80** [1958] 3962, 3964, 3965).

Krystalle (aus E.); F: 73—75°. $[\alpha]_D^{23}$: −74,4° [Me.; c = 2].

b) **(2S)-2r-[(S)-1-Hydroxy-äthyl]-5t-methoxy-tetrahydro-furan-3c,4c-diol, Methyl-[6-desoxy-α-L-mannofuranosid], Methyl-α-L-rhamnofuranosid** $C_7H_{14}O_5$, Formel II (R = H).

B. Neben Methyl-β-L-rhamnopyranosid beim Erwärmen von L-Rhamnose mit Chlor=wasserstoff enthaltendem Methanol (*Augestad, Berner*, Acta chem. scand. **10** [1956] 911, 915).

Krystalle (aus Bzl.); F: 62°. $[\alpha]_D^{18}$: −98,6° [W.; c = 4].

Geschwindigkeitskonstante der Hydrolyse in wss. Salzsäure (1 n) bei 10° und 20°: *Au., Be.*, l. c. S. 912.

c) **(2R)-2r-[(S)-1-Hydroxy-äthyl]-5c-methoxy-tetrahydro-furan-3t,4c-diol, Methyl-[6-desoxy-α-L-galactofuranosid], Methyl-α-L-fucofuranosid** $C_7H_{14}O_5$, Formel III.

B. s. bei dem unter d) beschriebenem Stereoisomeren.

Krystalle; F: 127—128° [aus Me.] (*Gardiner, Percival*, Soc. **1958** 1414, 1416), 126° [aus E.] (*Augestad, Berner*, Acta chem. scand. **10** [1956] 911, 914), 125—126° [aus E.] (*Watkins*, Soc. **1955** 2054). Trigonal; Raumgruppe $P\,3_1$; aus dem Röntgen-Diagramm er-mittelte Dimensionen der Elementarzelle: a = b = 9,21 Å; c = 8,98 Å; n = 3 (*Furberg, Hammer*, Acta chem. scand. **15** [1961] 1190). Dichte der Krystalle: 1,33 (*Fu., Ha.*). $[\alpha]_D^{18}$: −115° [Me.; c = 2]; $[\alpha]_D^{18}$: −108° [W.; c = 2] (*Ga., Pe.*); $[\alpha]_D^{20}$: −111,4° [W.; c = 3] (*Au., Be.*); $[\alpha]_D$: −108° [W.; c = 2] (*Wa.*).

Geschwindigkeitskonstante der Hydrolyse in wss. Salzsäure (1 n) bei 10° und 20°: *Au., Be.*, l. c. S. 912.

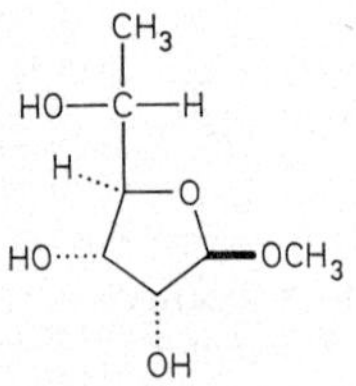

I 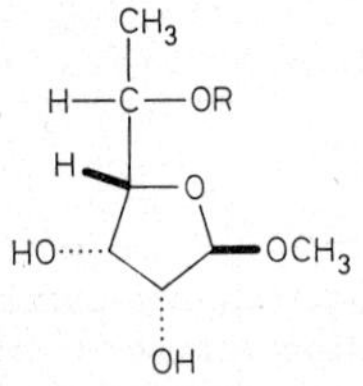 II 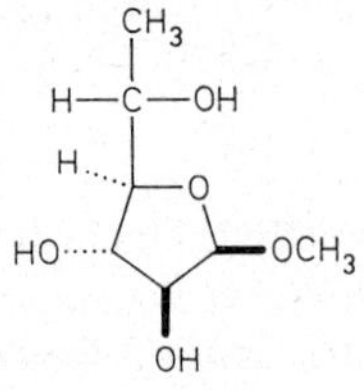 III 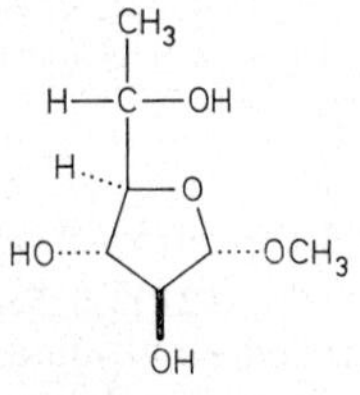 IV

d) **(2R)-2r-[(S)-1-Hydroxy-äthyl]-5t-methoxy-tetrahydro-furan-3t,4c-diol**,
Methyl-[6-desoxy-β-L-galactofuranosid], Methyl-β-L-fucofuranosid $C_7H_{14}O_5$, Formel IV.

B. Als Hauptprodukt neben Methyl-α-L-fucopyranosid, Methyl-β-L-fucopyranosid und
Methyl-α-L-fucofuranosid beim Behandeln von L-Fucose mit Chlorwasserstoff enthaltendem Methanol (*Watkins*, Soc. **1955** 2054; *Augestad, Berner*, Acta chem. scand. **10** [1956]
911, 914; *Gardiner, Percival*, Soc. **1958** 1414, 1416) oder mit Methanol in Gegenwart eines
Kationenaustauschers (*Ga., Pe.*).

Öl; $[\alpha]_D^{18}$: $+112°$ [W.; c = 7] (*Ga., Pe.*); $[\alpha]_D^{20}$: $+113°$ [W.; c = 2] (*Au., Be.*); $[\alpha]_D$:
$+113°$ [W.; c = 2] (*Wa.*).

Geschwindigkeitskonstante der Hydrolyse in wss. Salzsäure (1 n) bei 10° und 20°: *Au.,
Be.*, l. c. S. 912. Beim Erwärmen mit Silberoxid und Methyljodid und Erwärmen des
Reaktionsprodukts mit wss. Schwefelsäure sind O^2-Methyl-L-fucose (Hauptprodukt),
O^3-Methyl-L-fucose, O^2,O^3-Dimethyl-L-fucose und geringe Mengen O^5-Methyl-L-fucose,
bei wiederholtem Behandeln mit Silberoxid, Methyljodid und Dimethylformamid und
Erwärmen des Reaktionsprodukts mit wss. Schwefelsäure ist hingegen O^2,O^3,O^5-Tri-
methyl-L-fucose als Hauptprodukt erhalten worden (*Ga., Pe.*, l. c. S. 1417, 1418).

**(2R)-2r-Methoxy-5t-[(S)-1-methoxy-äthyl]-tetrahydro-furan-3t,4t-diol, Methyl-
[O^5-methyl-6-desoxy-α-L-mannofuranosid], Methyl-[O^5-methyl-α-L-rhamnofuranosid]**
$C_8H_{16}O_5$, Formel II (R = CH_3).

B. Beim Behandeln von O^5-Methyl-L-rhamnose mit Chlorwasserstoff enthaltendem
Methanol (*Levene, Compton*, J. biol. Chem. **114** [1936] 9, 16, 17).

Krystalle (aus PAe.); F: 59—60°. $[\alpha]_D^{23}$: $-89,2°$ [W.; c = 1].

**(3R)-2ξ,3r,4c-Trimethoxy-5t-[(R)-1-methoxy-äthyl]-tetrahydro-furan, Methyl-
[tri-O-methyl-6-desoxy-ξ-D-allofuranosid]** $C_{10}H_{20}O_5$, Formel V.

B. Beim Erwärmen von Methyl-[O^2,O^3-isopropyliden-O^5-methyl-6-desoxy-β-D-allo-
furanosid] mit wss. Schwefelsäure, Behandeln der erhaltenen O^5-Methyl-6-desoxy-
D-allose mit Chlorwasserstoff enthaltendem Methanol und wiederholtem Behandeln des
Reaktionsprodukts (Kp$_{0,3}$: 105—110°) mit Dimethylsulfat und wss. Natronlauge unter
Zusatz von Tetrachlormethan (*Levene, Compton*, J. biol. Chem. **116** [1936] 169, 186, 187).

Kp$_{0,3}$: 78—80°.

**(2R)-2r-Äthoxy-5t-[(S)-1-hydroxy-äthyl]-tetrahydro-furan-3t,4t-diol, Äthyl-
[6-desoxy-α-L-mannofuranosid], Äthyl-α-L-rhamnofuranosid** $C_8H_{16}O_5$, Formel VI
(vgl. H **31** 74).

B. In geringer Menge beim Behandeln von L-Rhamnose-diäthyldithioacetal mit Queck-
silber(II)-chlorid, Quecksilber(II)-oxid und Calciumsulfat in Äthanol (*Green, Pacsu*, Am.
Soc. **60** [1938] 2288).

Hygroskopische Krystalle (aus Ae. + PAe.); F: 54—56°. $[\alpha]_D^{20}$: $-95,5°$ [W.; c = 1].

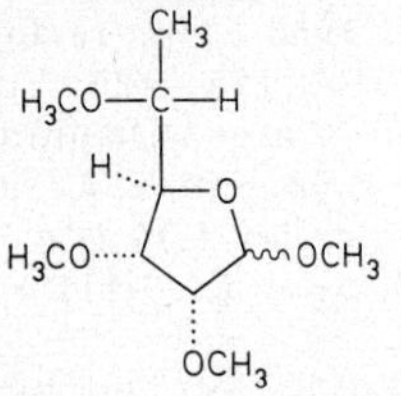

V 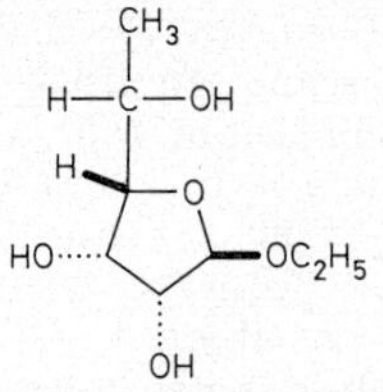 VI 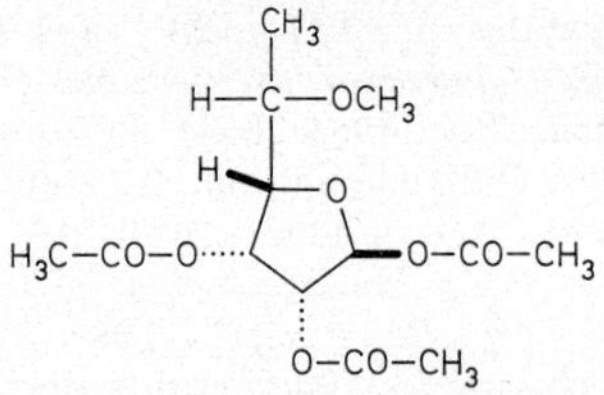 VII

2,3,4-Triacetoxy-5-[1-methoxy-äthyl]-tetrahydro-furan $C_{13}H_{20}O_8$.

a) O^1,O^2,O^3-**Triacetyl-O^5-methyl-6-desoxy-α-L-mannofuranose**, O^1,O^2,O^3-**Triacetyl-O^5-methyl-α-L-rhamnofuranose** $C_{13}H_{20}O_8$, Formel VII.

B. Neben geringeren Mengen O^1,O^2,O^3-Triacetyl-O^5-methyl-β-L-rhamnofuranose beim Behandeln von O^5-Methyl-L-rhamnose mit Acetanhydrid und Pyridin (*Levene, Compton,* J. biol. Chem. **114** [1936] 9, 15, 16).

Krystalle (aus Me.); F: 115—116°. $[\alpha]_D^{24}$: −76,3° [Me.; c = 2].

b) O^1,O^2,O^3-**Triacetyl-O^5-methyl-6-desoxy-β-L-mannofuranose**, O^1,O^2,O^3-**Triacetyl-O^5-methyl-β-L-rhamnofuranose** $C_{13}H_{20}O_8$, Formel VIII.

B. s. bei dem unter a) beschriebenen Anomeren.

$Kp_{0,8}$: 128—132°; $[\alpha]_D^{24}$: −13,6° [Me.; c = 3] (*Levene, Compton,* J. biol. Chem. **114** [1936] 9, 16).

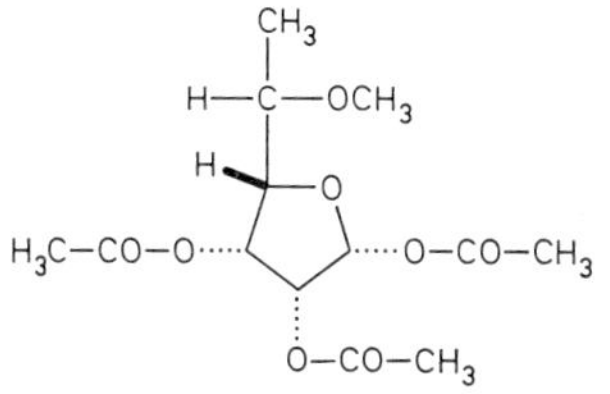

VIII 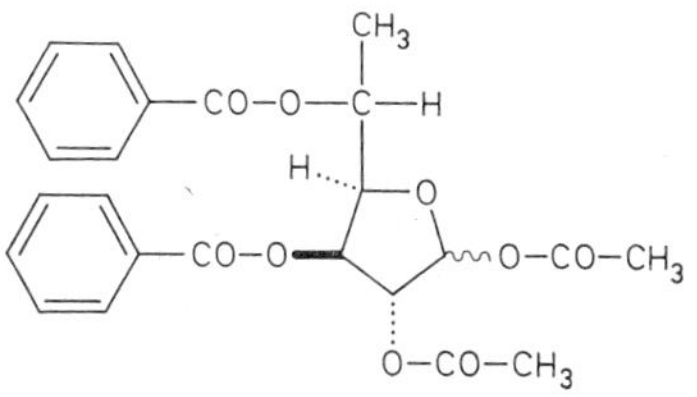   IX

(3R)-2ξ,3r-Diacetoxy-4t-benzoyloxy-5t-[(R)-1-benzoyloxy-äthyl]-tetrahydro-furan, O^1,O^2-**Diacetyl-O^3,O^5-dibenzoyl-6-desoxy-ξ-D-glucofuranose** $C_{24}H_{24}O_9$, Formel IX.

Ein Präparat (Öl; $[\alpha]_D^{25}$: − 67,0° [CHCl_3]), in dem vermutlich ein Gemisch der Anomeren vorgelegen hat, ist beim Behandeln von O^3,O^5-Dibenzoyl-O^1,O^2-isopropyliden-6-desoxy-α-D-glucofuranose mit Essigsäure, Acetanhydrid und Schwefelsäure erhalten worden (*Reist et al.,* J. org. Chem. **23** [1958] 1753, 1756).

2-Acetoxy-3,4-bis-benzoyloxy-5-[1-benzoyloxy-äthyl]-tetrahydro-furan $C_{29}H_{26}O_9$.

a) O^1-**Acetyl-O^2,O^3,O^5-tribenzoyl-6-desoxy-ξ-D-allofuranose** $C_{29}H_{26}O_9$, Formel X.

B. Beim Behandeln von Methyl-[O^2,O^3-isopropyliden-6-desoxy-β-D-allofuranosid] mit Benzoylchlorid und Pyridin, Erwärmen des Reaktionsprodukts mit Chlorwasserstoff enthaltendem Methanol, Behandeln des erhaltenen Methyl-[O^5-benzoyl-6-desoxy-ξ-D-allo≠furanosids] mit Benzoylchlorid und Pyridin und Behandeln des danach isolierten Methyl-[tri-O-benzoyl-6-desoxy-ξ-D-allofuranosids] mit Essigsäure, Acetanhydrid und Schwefel≠säure (*Reist et al.,* Am. Soc. **80** [1958] 3962, 3964, 3965).

Krystalle (aus Me.); F: 156—157°. $[\alpha]_D^{24}$: +39,6° [CHCl_3; c = 2].

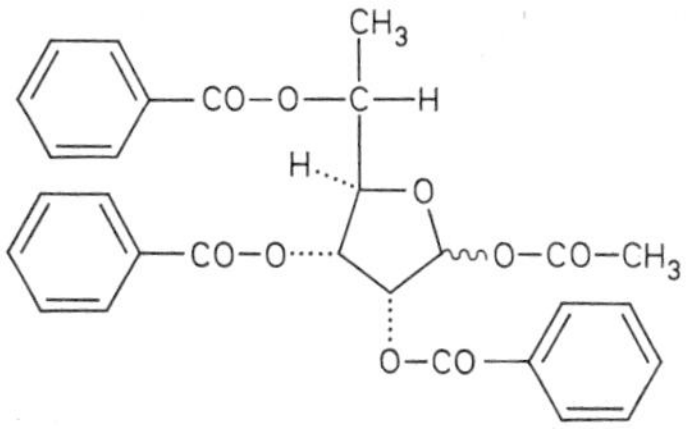

X 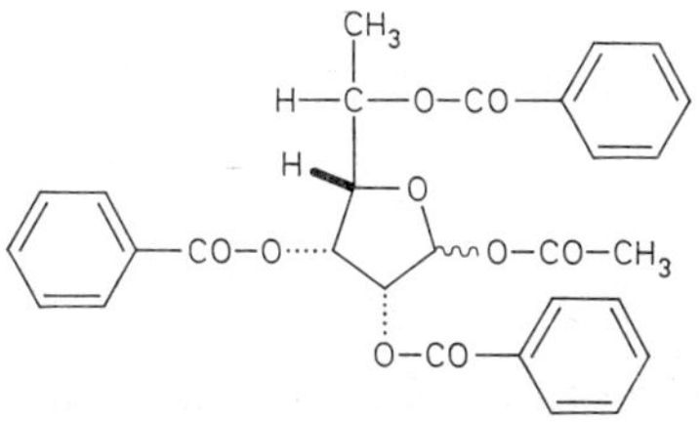   XI

b) O^1-**Acetyl-O^2,O^3,O^5-tribenzoyl-6-desoxy-ξ-L-mannofuranose**, O^1-**Acetyl-O^2,O^3,O^5-tribenzoyl-ξ-L-rhamnofuranose** $C_{29}H_{26}O_9$, Formel XI.

B. Beim Behandeln von O^5-Benzoyl-L-rhamnose (Rohprodukt; hergestellt durch Behandeln von O^2,O^3-Isopropyliden-L-rhamnose mit Benzoylchlorid und Pyridin und Erwärmen des gebildeten Esters mit wss. Essigsäure) mit Benzoylchlorid und Pyridin, Behandeln einer Lösung des Reaktionsprodukts in Dichlormethan mit Bromwasserstoff in Essigsäure, Behandeln der Reaktionslösung mit Wasser, wss. Natriumhydrogencarb≠onat-Lösung und anschliessend mit Silbercarbonat und wasserhaltigem Aceton und Behandeln der erhaltenen O^2,O^3,O^5-Tribenzoyl-L-rhamnose mit Acetanhydrid und Pyridin (*Baker, Hewson,* J. org. Chem. **22** [1957] 966, 969, 970).

Amorph. $[\alpha]_D^{27}$: $+61°$ [CHCl$_3$; c = 0,5].

c) O^1-**Acetyl-O^2,O^3,O^5-tribenzoyl-6-desoxy-ξ-L-talofuranose** $C_{29}H_{26}O_9$, Formel XII.

B. Beim Erwärmen von Methyl-[O^5-benzoyl-O^2,O^3-isopropyliden-6-desoxy-α-L-talo-furanosid] mit wss.-methanol. Salzsäure, Behandeln des Reaktionsprodukts mit Benzoyl-chlorid und Pyridin und Behandeln des erhaltenen Methyl-[tri-O-benzoyl-6-desoxy-ξ-L-talofuranosids] mit Essigsäure, Acetanhydrid und Schwefelsäure (*Reist et al.,* Am. Soc. **80** [1958] 5775, 5777, 5778).

Öl; $[\alpha]_D^{27}$: $+40°$ [CHCl$_3$; c = 0,6].

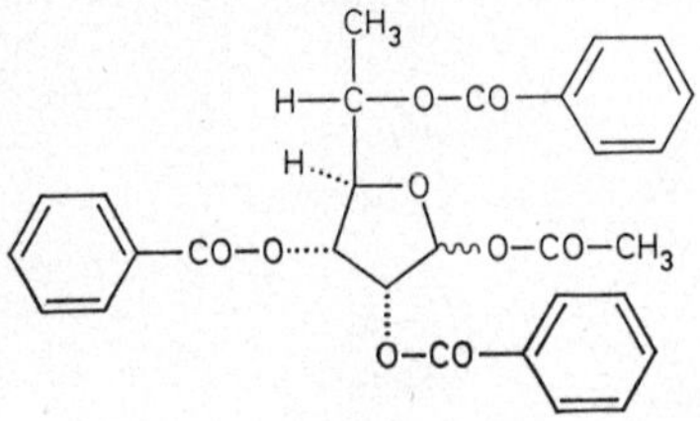

XII 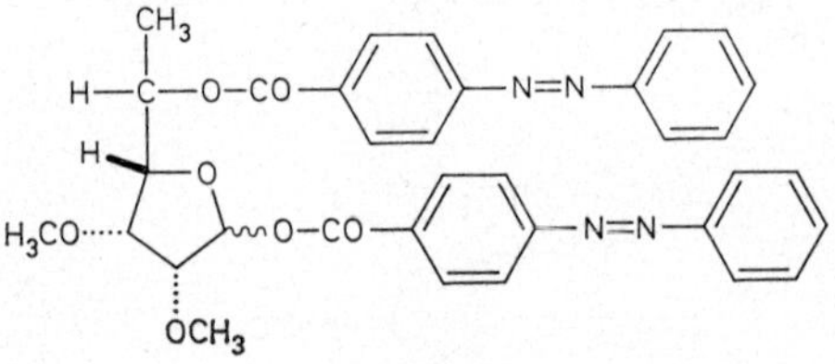   XIII

($3R$)-3r,4c-Dimethoxy-2ξ-[4-phenylazo-benzoyloxy]-5c-[(S)-1-(4-phenylazo-benzoyl-oxy)-äthyl]-tetrahydro-furan, O^2,O^3-Dimethyl-O^1,O^5-bis-[4-phenylazo-benzoyl]-6-desoxy-ξ-L-mannofuranose, O^2,O^3-Dimethyl-O^1,O^5-bis-[4-phenylazo-benzoyl]-ξ-L-rhamno-furanose $C_{34}H_{32}N_4O_7$, Formel XIII.

Für die beiden nachstehend beschriebenen Isomeren ist ausser dieser Konstitution und Konfiguration auch eine Formulierung als O^2,O^3-Dimethyl-O^1,O^4-bis-[4-phenyl-azo-benzoyl]-ξ-L-rhamnopyranose (Formel XIV) in Betracht zu ziehen.

a) Isomeres vom F: 241°.

B. Neben dem unter b) beschriebenen Isomeren beim Erwärmen von O^2,O^3-Dimethyl-L-rhamnose mit Azobenzol-4-carbonylchlorid und Pyridin (*Schmidt et al.,* B. **75** [1942] 579, 582).

Krystalle (aus E.); F: 241°. $[\alpha]_{625}^{20}$: $+33,7°$ [CHCl$_3$; c = 1]. In Aceton fast unlöslich.

b) Isomeres vom F: 165°.

B. s. o. bei dem unter a) beschriebenen Isomeren.

Krystalle (aus A.), F: 165°; $[\alpha]_{625}^{20}$: $-3,5°$ [CHCl$_3$; c = 1] (*Schmidt et al.,* B. **75** [1942] 579, 582). In Aceton löslich.

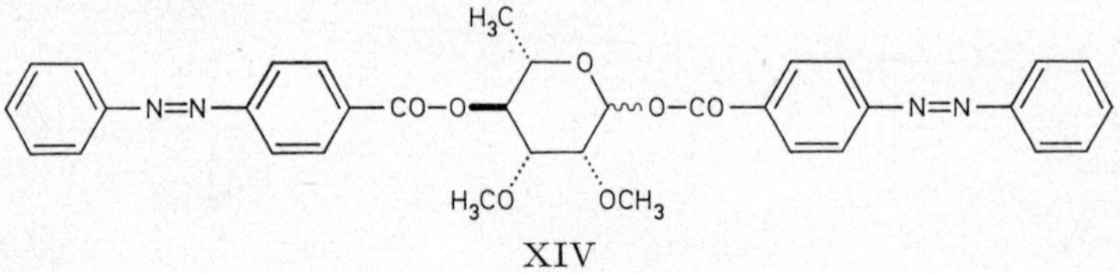

XIV

2-[1,2-Dihydroxy-äthyl]-tetrahydro-furan-3,4-diol $C_6H_{12}O_5$.

a) ($2R$)-2r-[(S)-1,2-Dihydroxy-äthyl]-tetrahydro-furan-3c,4c-diol, 3,6-Anhydro-D-glucit, Sorbitan $C_6H_{12}O_5$, Formel I (E I 122; dort als 3,6-Anhydro-d-sorbit bezeichnet).

B. Aus 3,6-Anhydro-D-glucose bei der Hydrierung an Raney-Nickel in Wasser bei 110—120°/100 at (*Montgomery, Wiggins,* Soc. **1946** 390, 392) sowie bei der Behandlung einer wss. Lösung mit Natrium-Amalgam unter Einleiten von Kohlendioxid (*Hockett et al.,* Am. Soc. **66** [1944] 472; vgl. E I 122).

Krystalle; F: 110—111° [aus Me.] (*Mo., Wi.*), 108—109° [aus E.] (*Ho. et al.,* Am. Soc. **66** 474). IR-Banden (Nujol; 10,2—12,8 μ): *Barker, Stephens,* Soc. **1954** 4550, 4552.

Beim Erhitzen mit wenig Schwefelsäure auf 280° bzw. auf 160° ist 1,4;3,6-Dianhydro-

D-glucit erhalten worden (*Mo., Wi.*; *Hockett et al.*, Am. Soc. **68** [1946] 927, 930). Geschwindigkeit der Reaktion mit Blei(IV)-acetat in Essigsäure bei 25°: *Hockett et al.*, Am. Soc. **66** 473, **68** [1946] 922, 923.

b) **(2R)-2r-[(R)-1,2-Dihydroxy-äthyl]-tetrahydro-furan-3c,4t-diol, 1,4-Anhydro-D-glucit, Arlitan** $C_6H_{12}O_5$, Formel II.

B. Beim Erhitzen von D-Glucit mit geringen Mengen wss. Schwefelsäure unter 15 Torr auf 140° (*Soltzberg et al.*, Am. Soc. **68** [1946] 919). Beim Erwärmen von Äthyl-[1-thio-α-D-glucofuranosid] mit Raney-Nickel in Äthanol (*Huebner, Link*, J. biol. Chem. **186** [1950] 387, 391). Beim Behandeln von D-Glucamin (1-Amino-1-desoxy-D-glucit) mit Natriumnitrit und wss. Essigsäure (*Bashford, Wiggins*, Soc. **1948** 299, 301).

Krystalle; F: 116—117° [korr.; aus A.] (*Dryselius et al.*, Acta chem. scand. **11** [1957] 663, 666), 115—118° [aus Isopropylalkohol] (*Hu., Link*), 115—116° [korr.; aus Isopropylalkohol] (*So. et al.*), 114—116° [aus A. + E.] (*Ba., Wi.*). $[\alpha]_D^{16}$: −22,2° [W.; c = 1] (*Ba., Wi.*); $[\alpha]_D^{20}$: −22° [W.; c = 2] (*Dr. et al.*); $[\alpha]_D^{25}$: −23,7° [W.; c = 1] (*Hu., Link*); $[\alpha]_D^{27}$: −21,9° [W.; c = 2] (*So. et al.*).

Beim Erhitzen mit wenig Schwefelsäure bis auf 170° ist 1,4;3,6-Dianhydro-D-glucit erhalten worden (*Hockett et al.*, Am. Soc. **68** [1946] 927, 930). Bildung von 2,5-Anhydro-L-xylose beim Behandeln mit Perjodsäure (1 Mol) in Wasser: *Hu., Link*, l. c. S. 390. Geschwindigkeit der Reaktion mit Natriumperjodat in Wasser bei 21°: *Huebner et al.*, Am. Soc. **68** [1946] 1621, 1622. Geschwindigkeit der Reaktion mit Blei(IV)-acetat in Essigsäure bei 25°: *Hockett et al.*, Am. Soc. **68** [1946] 922, 923. Beim Behandeln mit Chlorwasserstoff enthaltendem Benzaldehyd (*Hu., Link*, l. c. S. 390) oder mit Benzaldehyd und Zinkchlorid (*Ba., Wi.*; *Raymond, Schroeder*, Am. Soc. **70** [1948] 2785, 2790) ist O^3,O^5-[(Ξ)-Benzyliden]-1,4-anhydro-D-glucit (F: 154—155°; $[\alpha]_D^{30}$: +17° [E.]), beim Erhitzen mit Benzaldehyd auf Siedetemperatur sind hingegen ein O^x,O^x-Benzyliden-1,4-anhydro-D-glucit ($C_{13}H_{16}O_5$; Krystalle [aus Ae.]; F: 121—122°) und ein von *Bashford, Wiggins* (l. c. S. 300) als unreiner O^3,O^5-[(Ξ)-Benzyliden]-1,4-anhydro-D-glucit angesehenes Präparat (Krystalle [aus Me.], F: 136—140°; $[\alpha]_D$: +33,7° [A.]) erhalten worden (*So. et al.*).

I II III IV V

c) **(2R)-2r-[(R)-1,2-Dihydroxy-äthyl]-tetrahydro-furan-3c,4c-diol, 1,4-Anhydro-D-mannit, Mannitan** $C_6H_{12}O_5$, Formel III (H **1** 539; E I **1** 284; E II **17** 235).

Diese Verbindung hat auch in einem von *Brigl, Grüner* (B. **67** [1934] 1582, 1584) als 2,4-Anhydro-D-mannit angesehenen Präparat (F: 146°) vorgelegen (*Hockett et al.*, Am. Soc. **68** [1946] 930, 932).

B. In geringer Menge beim Erhitzen von D-Mannit mit wss. Salzsäure (*Wiggins*, Soc. **1945** 4, 7; *Foster, Overend*, Soc. **1951** 680, 682; vgl. H **1** 539). Beim Behandeln von O^2,O^6-Dibenzoyl-1,4-anhydro-D-mannit mit Ammoniak in Methanol (*Ho. et al.*, l. c. S. 934; *Reeves*, Am. Soc. **71** [1949] 2868). Beim Behandeln einer wss. Lösung von 3,6-Anhydro-D-mannose mit Natrium-Amalgam unter ständigem Neutralisieren mit wss. Schwefelsäure (*Valentin*, Collect. **8** [1936] 35, 39, 40).

Krystalle; F: 148° [nach Erweichen bei 145°; aus W. oder A.] (*Va.*), 146—147° [aus A. bzw. wss. A.] (*Ho. et al.*; *Fo., Ov.*), 146° [aus A.] (*Br., Gr.*, l. c. S. 1588), 145—147° [Fisher-Johns-App.] (*Re.*). $[\alpha]_D^{20}$: −26,2° [W.] (*Fo., Ov.*); $[\alpha]_D^{20}$: −23,7° [W.; c = 1] (*Ho. et al.*); $[\alpha]_D^{25}$: −24° [W.; c = 0,6] (*Re.*); $[\alpha]_D$: −24,2° [W.; c = 1] (*Br., Gr.*), −23,8° [W.; c = 8] (*Va.*); $[\alpha]_{436}^{25}$: −51° [W.; c = 0,6]; $[\alpha]_{436}^{25}$: −1580° [wss. Tetramminkupfer(II)-Salz-Lösung] (*Re.*). IR-Banden (Nujol; 10—12,8 μ): *Barker, Stephens*, Soc. **1954** 4550, 4552.

Beim Behandeln mit wss. Brom-Lösung unter Zusatz von Bariumbenzoat ist 3,6-Anhydro-D-mannose erhalten worden (*Va.*, l. c. S. 42). Geschwindigkeit der Reaktion mit Blei(IV)-acetat in Essigsäure bei 25°: *Ho. et al.*, l. c. S. 931. Reaktion mit Aceton in Gegenwart von Zinkchlorid und Polyphosphorsäure unter Bildung von $O^2,O^3;O^5,O^6$-Di=isopropyliden-1,4-anhydro-D-mannit: *Fo., Ov.*, l. c. S. 682, 683.

d) **(2S)-2r-[(R)-1,2-Dihydroxy-äthyl]-tetrahydro-furan-3t,4c-diol, D-1,4-Anhydro-galactit** $C_6H_{12}O_5$, Formel IV.

B. Beim Behandeln von Tetra-O-acetyl-β-D-galactofuranosylchlorid mit Lithiumalanat in Äther (*Ness et al.*, Am. Soc. **73** [1951] 3742).

Krystalle (aus Dioxan); F: 95—96°. $[\alpha]_D^{20}$: $-35,2°$ [A.; c = 2]; $[\alpha]_D^{20}$: $-18,0°$ [W.; c = 2].

e) **(2R)-2r-[(S)-1,2-Dihydroxy-äthyl]-tetrahydro-furan-3t,4c-diol, L-1,4-Anhydro-galactit** $C_6H_{12}O_5$, Formel V (in der Literatur auch als 3,6-Anhydro-D-dulcit bezeichnet).

B. Beim Behandeln von Methyl-[3,6-anhydro-α-D-galactopyranosid] mit wss. Schwefel=säure und Behandeln der mit wss. Natronlauge neutralisierten Reaktionslösung mit Natrium-Amalgam unter Einleiten von Kohlendioxid (*Hockett et al.*, Am. Soc. **68** [1946] 922, 925, 926).

Öl; $[\alpha]_D^{22}$: $+17,5°$ [W.; c = 1] (über das Tetraacetyl-Derivat [S. 2643] gereinigtes Präparat).

(2S)-2r-[(S)-2-Hydroxy-1-methoxy-äthyl]-4c-methoxy-tetrahydro-furan-3c-ol, O^2,O^5-Di=methyl-3,6-anhydro-D-glucit $C_8H_{16}O_5$, Formel VI.

B. Bei der Hydrierung von O^2,O^5-Dimethyl-3,6-anhydro-D-glucose an Raney-Nickel in Wasser bei 110°/100 at (*Montgomery, Wiggins*, Soc. **1946** 390, 392).

Hygroskopische Krystalle (aus Ae.); F: 70—71°. $[\alpha]_D^{22}$: $-15,6°$ [CHCl$_3$; c = 0,2].

(2R)-2r-[(R)-1,2-Dimethoxy-äthyl]-3c,4t-dimethoxy-tetrahydro-furan, Tetra-O-methyl-1,4-anhydro-D-glucit, Tetra-O-methyl-arlitan $C_{10}H_{20}O_5$, Formel VII (R = CH$_3$).

B. Beim Erhitzen von O^2,O^3,O^5,O^6-Tetramethyl-D-glucit mit wss. Schwefelsäure unter vermindertem Druck auf 135° (*Soltzberg et al.*, Am. Soc. **68** [1946] 919). Beim Erwärmen von 1,4-Anhydro-D-glucit in Wasser mit Dimethylsulfat in Tetrachlormethan und mit wss. Natronlauge (*So. et al.; Hockett et al.*, Am. Soc. **68** [1946] 922, 925).

Kp$_1$: 82—85° (*Ho. et al.*). D^{25}: 1,0828 (*Ho. et al.*). n_D^{25}: 1,4426 (*Ho. et al.*); n_D^{26}: 1,4427 (*So. et al.*). $[\alpha]_D^{23}$: $-37,5°$ [unverd.] (*So. et al.*); $[\alpha]_D^{25}$: $-38,7°$ [unverd.] (*Ho. et al.*). $[\alpha]_D^{23}$: $-43°$ [A.; c = 7] (*So. et al.*).

3,4-Diacetoxy-2-[1,2-diacetoxy-äthyl]-tetrahydro-furan $C_{14}H_{20}O_9$.

a) **(2R)-3c,4t-Diacetoxy-2r-[(R)-1,2-diacetoxy-äthyl]-tetrahydro-furan, Tetra-O-acetyl-1,4-anhydro-D-glucit** $C_{14}H_{20}O_9$, Formel VII (R = CO-CH$_3$).

B. Beim Behandeln von 1,4-Anhydro-D-glucit (S. 2641) mit Acetanhydrid und Pyridin (*Bachford, Wiggins*, Soc. **1948** 299, 301; *Fletcher, Sponable*, Am. Soc. **70** [1948] 3943).

Krystalle (aus Bzl. + Heptan), F: 52—54°; $[\alpha]_D^{20}$: $+47,5°$ [CHCl$_3$; c = 4] (*Fl., Sp.*). Öl; bei 195—200°/0,01 Torr destillierbar; n_D^{18}: 1,4549; $[\alpha]_D^{14,5}$: $+46,4°$ [CHCl$_3$; c = 3] bzw. n_D^{20}: 1,4559; $[\alpha]_D^{16}$: $+47,6°$ [CHCl$_3$; c = 2] [zwei Präparate] (*Ba., Wi.*, l. c. S. 301). $[\alpha]_D^{25}$: $+45,9°$ [A.; c = 4] (*Hockett et al.*, Am. Soc. **68** [1946] 922, 925).

VI   VII   VIII   IX

b) **(2R)-3c,4c-Diacetoxy-2r-[(R)-1,2-diacetoxy-äthyl]-tetrahydro-pyran, Tetra-O-acetyl-1,4-anhydro-D-mannit** $C_{14}H_{20}O_9$, Formel VIII (R = CO-CH$_3$).

B. Beim Behandeln von 1,4-Anhydro-D-mannit (S. 2641) mit Acetanhydrid und

Pyridin (*Foster, Overend*, Soc. **1951** 680, 682).
Öl; bei 170—175°/0,05 Torr destillierbar. n_D^{20}: 1,4545. $[\alpha]_D^{20}$: +19,5° [CHCl$_3$; c = 1].

c) **(2R)-3t,4c-Diacetoxy-2r-[(S)-1,2-diacetoxy-äthyl]-tetrahydro-pyran, Tetra-O-acetyl-L-1,4-anhydro-galactit** $C_{14}H_{20}O_9$, Formel IX.
B. Beim Behandeln von L-1,4-Anhydro-galactit (S. 2642) mit Acetanhydrid und Pyr≠
idin (*Hockett et al.*, Am. Soc. **68** [1946] 922, 926).
Öl. $[\alpha]_D^{22}$: −16,9° [A.; c = 5].

(2R)-4c-Benzoyloxy-2r-[(R)-2-benzoyloxy-1-hydroxy-äthyl]-tetrahydro-furan-3c-ol,
O^2,O^6-Dibenzoyl-1,4-anhydro-D-mannit $C_{20}H_{20}O_7$, Formel X (R = H).
Bezüglich der Konstitution der nachstehend beschriebenen, ursprünglich (*Brigl, Grü-ner*, B. **67** [1934] 1582, 1587) als 1,6-Dibenzoyl-2,4-anhydro-D-mannit angesehenen Ver≠
bindung s. *Reeves*, Am. Soc. **71** [1949] 2868; *Al-Jeboury et al.*, Chem. Commun. **1965**
222, 223.
B. Neben anderen Verbindungen beim Erhitzen von O^1,O^6-Dibenzoyl-D-mannit mit
wenig Toluol-4-sulfonsäure in 1,1,2,2-Tetrachlor-äthan (*Br., Gr.*, l. c. S. 1585; *Hockett
et al.*, Am. Soc. **68** [1946] 930, 933) oder in Xylol (*Ho. et al.*). Beim Behandeln von
1,4-Anhydro-D-mannit (S. 2641) mit Benzoylchlorid und Pyridin (*Br., Gr.*, l. c. S. 1588,
1589).
Krystalle; F: 147—149° [Fisher-Johns-App.; aus wss. A.] (*Re.*), 142—145° [aus A.]
(*Ho. et al.*, l. c. S. 933), 141—142° [aus A.] (*Br., Gr.*, l. c. S. 1588). $[\alpha]_D^{30}$: −2° [CHCl$_3$;
c = 2] (*Re.*); $[\alpha]_D$: −10,4° [Py.; c = 2] (*Br., Gr.*, l. c. S. 1588).
Eine von *Brigl, Grüner* (l. c. S. 1588) beim Erhitzen mit wenig Toluol-4-sulfonsäure
in 1,1,2,2-Tetrachlor-äthan erhaltene, ursprünglich als O^1,O^6-Dibenzoyl-2,4;3,5-di≠
anhydro-D-mannit angesehene Verbindung (F: 133°) ist als O^2,O^5-Dibenzoyl-1,4;3,6-di≠
anhydro-D-mannit zu formulieren (*Ho. et al.*, l. c. S. 930). Reaktion mit Benzaldehyd
in Gegenwart von Zinkchlorid unter Bildung von O^2,O^6-Dibenzoyl-O^3,O^5-[(S)-benz≠
yliden]-1,4-anhydro-D-mannit (bezüglich der Konstitution und Konfiguration dieser
Verbindung s. *Al.J et al.*): *Br., Gr.*, l. c. S. 1588; *Ho. et al.*, l. c. S. 934. Beim Behandeln
mit Acetanhydrid und Pyridin ist ein Acetyl-Derivat (F: 89°; $[\alpha]_D$: −49,5° [CHCl$_3$];
vermutlich O^3,O^5-Diacetyl-O^2,O^6-dibenzoyl-1,4-anhydro-D-mannit $C_{24}H_{24}O_9$) er≠
halten worden (*Br., Gr.*, l. c. S. 1585).

(2S)-4c-Benzoyloxy-2r-[(R)-1,2-bis-benzoyloxy-äthyl]-tetrahydro-furan-3c-ol,
O^2,O^5,O^6-Tribenzoyl-1,4-anhydro-D-mannit $C_{27}H_{24}O_8$, Formel X (R = CO-C$_6$H$_5$).
Diese Konstitution (und Konfiguration) ist wahrscheinlich der nachstehend beschrie-
benen Verbindung auf Grund ihrer Bildungsweise zuzuordnen.
B. Beim Erhitzen von O^1,O^2,O^6-Tribenzoyl-D-mannit mit wenig Toluol-4-sulfonsäure
in 1,1,2,2-Tetrachlor-äthan (*Brigl, Grüner*, B. **67** [1934] 1582, 1589). Beim Behandeln
von O^2,O^6-Dibenzoyl-1,4-anhydro-D-mannit (s. o.) mit Benzoylchlorid und Pyridin.
Krystalle (aus A.); F: 128°. $[\alpha]_D$: −61,7° [CHCl$_3$; c = 3].

X　　　　　　　　　　　XI　　　　　　　　　　　XII

3,4-Bis-benzoyloxy-2-[1,2-bis-benzoyloxy-äthyl]-tetrahydro-furan $C_{34}H_{28}O_9$.
a) **(2R)-3c,4c-Bis-benzoyloxy-2r-[(R)-1,2-bis-benzoyloxy-äthyl]-tetrahydro-furan,**
Tetra-O-benzoyl-1,4-anhydro-D-mannit $C_{34}H_{28}O_9$, Formel VIII (R = CO-C$_6$H$_5$).
B. Beim Behandeln von 1,4-Anhydro-D-mannit [S. 2641] (*Foster, Overend*, Soc. **1951**
680, 682; *Allerton, Fletcher*, Am. Soc. **76** [1954] 1757, 1760) oder von O^2,O^6-Dibenzoyl-

1,4-anhydro-D-mannit [S. 2643] (*Al., Fl.*) mit Benzoylchlorid und Pyridin.

Krystalle; F: 124—125° [korr.; aus A.] (*Al., Fl.*), 88—89° [aus Acn. + W. + A.] (*Fo., Ov.*). $[\alpha]_D^{20}$: −157,5° [CHCl$_3$; c = 1]; $[\alpha]_D^{20}$: −114,3° [A.; c = 0,3] (*Al., Fl.*); $[\alpha]_D$: −157° [CHCl$_3$; c = 2] (*Fo., Ov.*).

b) (2*S*)-3*t*,4*c*-Bis-benzoyloxy-2*r*-[(*R*)-1,2-bis-benzoyloxy-äthyl]-tetrahydro-furan, Tetra-*O*-benzoyl-D-1,4-anhydro-galactit $C_{34}H_{28}O_9$, Formel XI.

B. Beim Behandeln von D-1,4-Anhydro-galactit (S. 2642) mit Benzoylchlorid und Pyridin (*Ness et al.*, Am. Soc. **73** [1971] 3742).

Krystalle; F: 99—101° [korr.]. $[\alpha]_D^{20}$: +41,7° [CHCl$_3$; c = 1].

(2*R*)-2*r*-[(*R*)-1-Hydroxy-2-(toluol-4-sulfonyloxy)-äthyl]-tetrahydro-furan-3*c*,4*t*-diol, *O*^{6}-[Toluol-4-sulfonyl]-1,4-anhydro-D-glucit $C_{13}H_{18}O_7S$, Formel XII (R = H).

B. Beim Behandeln von 1,4-Anhydro-D-glucit (S. 2641) mit Toluol-4-sulfonylchlorid und Pyridin (*Raymond, Schroeder*, Am. Soc. **70** [1948] 2785, 2789).

Krystalle (aus W. oder 1,2-Dichlor-äthan), F: 110—111° [korr.]. $[\alpha]_D^{25}$: −3,2° [W.; c = 5] (*Ra., Sch.*).

Ein vermutlich nicht einheitliches Präparat (Öl; $[\alpha]_D^{18}$: +10,5° [CHCl$_3$]) ist beim Erwärmen von *O*^{3},*O*^{5}-[(*Ξ*)-Benzyliden]-*O*^{6}-[toluol-4-sulfonyl]-1,4-anhydro-D-glucit (F: 125,5°; $[\alpha]_D^{22}$: +9,1° [CHCl$_3$]) mit Oxalsäure in wss. Aceton erhalten worden (*Bashford, Wiggins*, Soc. **1948** 299, 302).

(2*R*)-3*c*,4*t*-Bis-benzoyloxy-2*r*-[(*R*)-1-benzoyloxy-2-(toluol-4-sulfonyloxy)-äthyl]-tetrahydro-furan, *O*^{2},*O*^{3},*O*^{5}-Tribenzoyl-*O*^{6}-[toluol-4-sulfonyl]-1,4-anhydro-D-glucit $C_{34}H_{30}O_{10}S$, Formel XII (R = CO-C$_6$H$_5$).

B. Beim Behandeln von *O*^{6}-[Toluol-4-sulfonyl]-1,4-anhydro-D-glucit mit Benzoylchlorid und Pyridin (*Raymond, Schroeder*, Am. Soc. **70** [1948] 2785, 2791).

Krystalle (aus A.), F: 106—107° [korr.]; $[\alpha]_D^{25}$: +47,2° [CHCl$_3$; c = 6] (*Ra., Sch.*, l. c. S. 2787, 2791).

Ein ebenfalls als *O*^{2},*O*^{3},*O*^{5}-Tribenzoyl-*O*^{6}-[toluol-4-sulfonyl]-1,4-anhydro-D-glucit beschriebenes Präparat (Krystalle [aus Bzl. + Isopentan], F: 161,5—163° [korr.]; $[\alpha]_D$: +35,1° [CHCl$_3$]) ist beim Behandeln von 1,4-Anhydro-D-glucit mit Toluol-4-sulfonylchlorid und Pyridin und anschliessend mit Benzoylchlorid erhalten worden (*Hockett et al.*, Am. Soc. **68** [1946] 922, 926).

(2*R*)-2*r*-[(*R*)-1,2-Bis-methansulfonyloxy-äthyl]-3*c*,4*t*-bis-methansulfonyloxy-tetrahydro-furan, Tetrakis-*O*-methansulfonyl-1,4-anhydro-D-glucit $C_{10}H_{20}O_{13}S_4$, Formel VII (R = SO$_2$-CH$_3$) auf S. 2642.

B. Beim Behandeln von 1,4-Anhydro-D-glucit (S. 2641) mit Methansulfonylchlorid und Pyridin (*Bashford, Wiggins*, Soc. **1948** 299, 301).

Krystalle (aus Acn. + A.); F: 122,5°. $[\alpha]_D^{19,5}$: −3,5° [Acn.; c = 2].

3,4-Diacetoxy-2-chlor-5-[1,2-diacetoxy-äthyl]-tetrahydro-furan $C_{14}H_{19}ClO_9$.

a) Tetra-*O*-acetyl-ξ-D-glucofuranosylchlorid, ξ-D-Acetochlorglucofuranose $C_{14}H_{19}ClO_9$, Formel I.

Die Identität einer von *Schlubach et al.* (B. **66** [1933] 1248, 1251) unter dieser Konstitution und Konfiguration beschriebenen Verbindung (Öl; $[\alpha]_D^{20}$: +46,5° [CHCl$_3$; c = 1]) ist ungewiss (vgl. diesbezüglich *Bock, Pedersen*, Acta chem. scand. [B] **28** [1974] 853).

b) Tetra-*O*-acetyl-β-D-galactofuranosylchlorid, β-D-Acetochlorgalactofuranose $C_{14}H_{19}ClO_9$, Formel II (H 31 307).

B. Beim Behandeln von Penta-*O*-acetyl-β-D-galactofuranose mit flüssigem Chlorwasserstoff (*Schlubach, Prochownick*, B. **63** [1930] 2298, 2300), mit Chlorwasserstoff enthaltender Essigsäure (*Ness et al.*, Am. Soc. **73** [1951] 3742) oder mit Aluminiumchlorid in Chloroform (*Korytnyk, Mills*, Soc. **1959** 636, 644).

Krystalle; F: 72—73° (*Ko., Mi.*), 71—73° [aus Ae. + Pentan] (*Ness et al.*). $[\alpha]_D^{20}$: −77,8° [CHCl$_3$; c = 4] (*Ness et al.*); $[\alpha]_D^{23}$: −78,7° [CHCl$_3$; c = 1] (*Ko., Mi.*).

O^5-Benzoyl-*O*^{2},*O*^{3},*O*^{6}-trimethyl-β-D-glucofuranosylchlorid $C_{16}H_{21}ClO_6$, Formel III. Über die Konfiguration an dem das Chlor tragenden C-Atom s. *Hess, Heumann*, B. **72** [1939] 1495, 1496.

B. Beim Behandeln von Methyl-[O^5-benzoyl-O^2,O^3,O^6-trimethyl-β-D-glucofuranosid] (*Hess, Heumann,* B. **72** [1939] 149, 156) oder eines Gemisches dieser Verbindung mit dem Anomeren (*Hess, Micheel,* A. **466** [1928] 100, 111) mit Chlorwasserstoff in Äther. Krystalle (aus Bzl. + PAe.), F: 122—123°; $[\alpha]_D^{19}$: —114,5° [CHCl$_3$; c = 1] (*Hess, Mi.*).

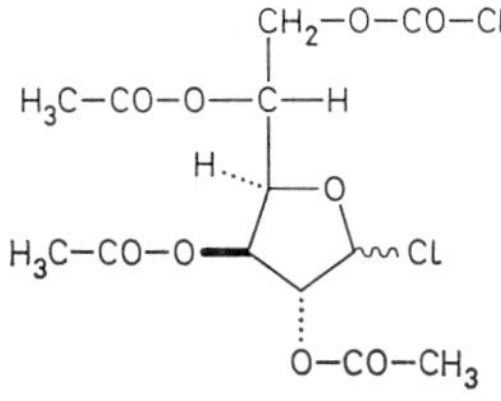

I 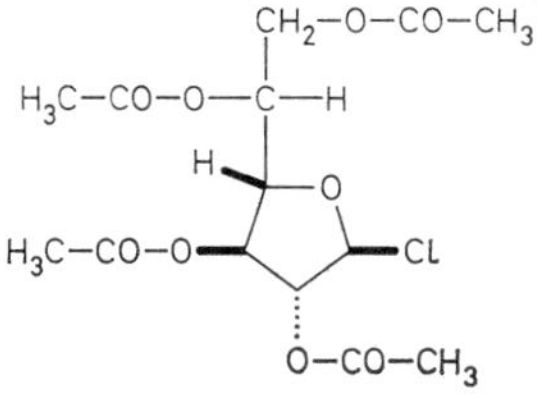   II 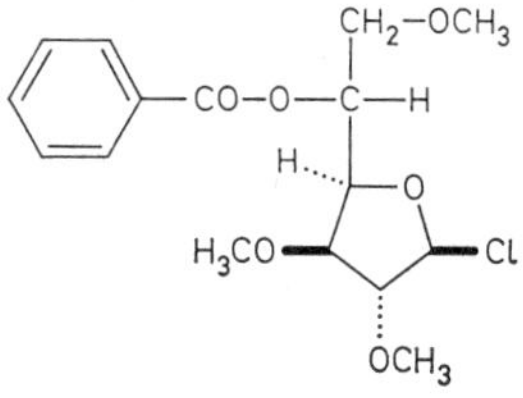   III

O^2,O^3,O^6-Trimethyl-O^5-[toluol-4-sulfonyl]-ξ-D-glucofuranosylchlorid C$_{16}$H$_{23}$ClO$_7$S, Formel IV.

Ölige Präparate (z. B. $[\alpha]_D^{20}$: +15,4° [CHCl$_3$] bzw. $[\alpha]_D^{20}$: +19,3° [CHCl$_3$]), in denen Gemische der Anomeren vorgelegen haben (vgl. *Hess, Heumann,* B. **72** [1939] 1495, 1498), sind beim Behandeln von Methyl-[O^2,O^3,O^6-trimethyl-O^5-(toluol-4-sulfonyl)-α-D-glucofuranosid] mit Chlorwasserstoff in Acetanhydrid sowie beim Behandeln von Methyl-[O^2,O^3,O^6-trimethyl-O^5-(toluol-4-sulfonyl)-β-D-glucofuranosid] mit flüssigem Chlor≠ wasserstoff, mit Chlorwasserstoff in Äther oder mit Chlorwasserstoff in Acetanhydrid erhalten worden (*Hess, Heumann,* B. **72** [1939] 149, 156, 157).

Tetra-O-acetyl-β-D-galactofuranosylbromid, β-D-Acetobromgalactofuranose C$_{14}$H$_{19}$BrO$_9$, Formel V.

B. Bei ¹/₄-stdg. Behandeln von Penta-O-acetyl-β-D-galactofuranose mit flüssigem Brom≠ wasserstoff (*Schlubach, Wagenitz,* Z. physiol. Chem. **213** [1932] 87). Krystalle (aus Ae.); F: 85—86°. $[\alpha]_D^{18}$: —122,7° [CCl$_4$; c = 1].

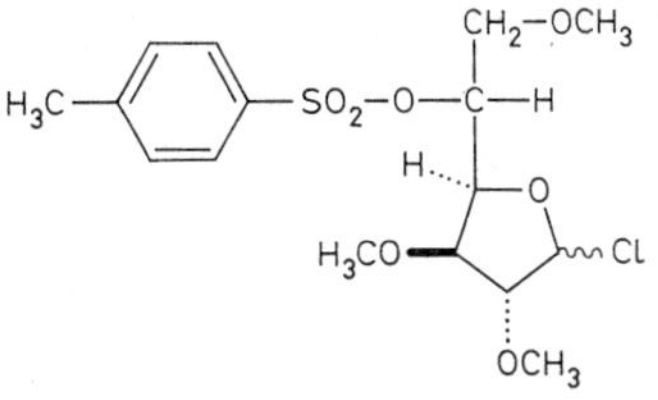

IV 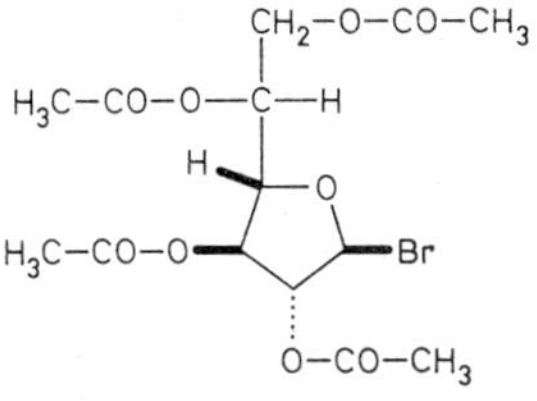   V 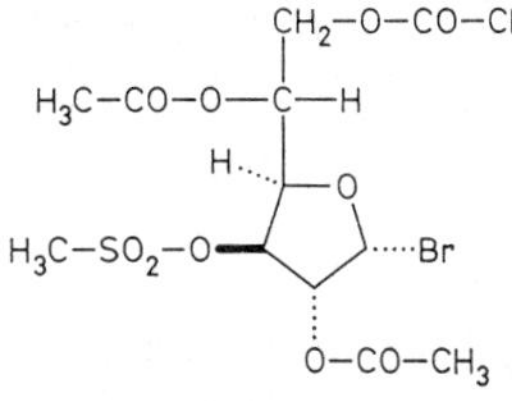   VI

O^2,O^5,O^6-Triacetyl-O^3-methansulfonyl-α-D-glucofuranosylbromid C$_{13}$H$_{19}$BrO$_{10}$S, Formel VI.

Konstitutionszuordnung: *Heyns et al.,* B. **99** [1966] 1183, 1188, 1189; s. a. *Helferich et al.,* J. pr. [2] **153** [1939] 285, 288, 298.

B. Beim Behandeln von O^5,O^6-Diacetyl-O^1,O^2-isopropyliden-O^3-methansulfonyl-α-D-gluco≠ furanose mit Bromwasserstoff in Essigsäure und wenig Acetanhydrid (*He. et al.,* l. c. S. 298; *Helferich, Jochinke,* B. **74** [1941] 719, 721). Krystalle (aus CHCl$_3$ + PAe.), F: 123—123,5° [korr.]; $[\alpha]_D^{19}$: +191,5° [CHCl$_3$; p = 1] (*He. et al.*).

O^2,O^5,O^6-Triacetyl-O^3-[toluol-4-sulfonyl]-α-D-glucofuranosylbromid C$_{19}$H$_{23}$BrO$_{10}$S, Formel VII.

B. Beim Behandeln von O^5,O^6-Diacetyl-O^1,O^2-isopropyliden-O^3-[toluol-4-sulfonyl]-α-D-glucofuranose mit Bromwasserstoff in Essigsäure (*Ohle, Erlbach,* B. **61** [1928] 1870, 1873, 1874; *Ohle, Marecek,* B. **63** [1930] 612, 627, 628). Krystalle; F: 140° (*Ohle, Ma.*). $[\alpha]_D^{20}$: +204,9° [CHCl$_3$] (*Ohle, Ma.*); $[\alpha]_D^{20}$: +198,9° [CHCl$_3$; c = 4] (*Ohle, Er.*).

Beim Erhitzen mit Blei(IV)-acetat in Essigsäure unter Durchleiten von Luft sind

O^1,O^2,O^5,O^6-Tetraacetyl-O^3-[toluol-4-sulfonyl]-α-D-glucofuranose ([α]$_D^{20}$: +24,4° [CHCl$_3$]; vermutlich nicht einheitliches Präparat) und geringere Mengen O^1,O^2,O^5,O^6-Tetraacetyl-O^3-[toluol-4-sulfonyl]-β-D-glucofuranose erhalten worden (*Ohle, Ma.*, l.c. S. 619, 620, 631).

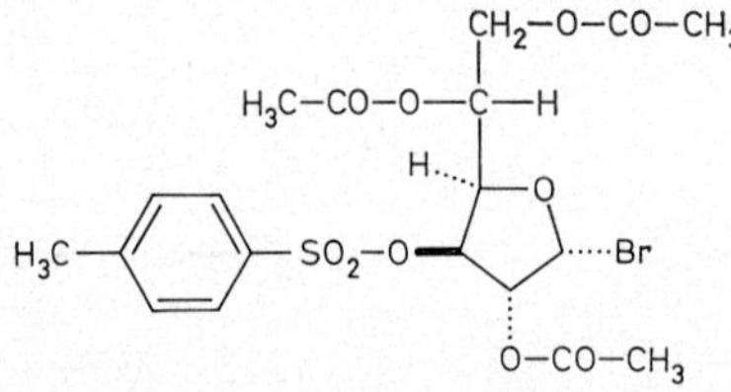

VII 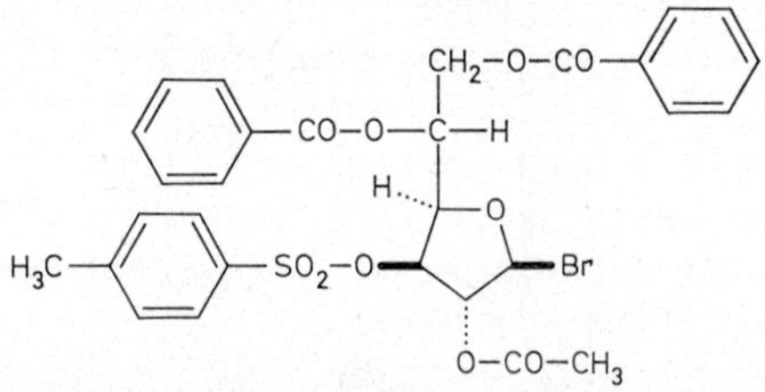   VIII

O^2-Acetyl-O^5,O^6-dibenzoyl-O^3-[toluol-4-sulfonyl]-β-D-glucofuranosylbromid $C_{29}H_{27}BrO_{10}S$, Formel VIII.

B. Beim Behandeln von O^5,O^6-Dibenzoyl-O^1,O^2-isopropyliden-O^3-[toluol-4-sulfonyl]-α-D-glucofuranose mit Bromwasserstoff in Essigsäure (*Ohle et al.*, B. **61** [1928] 1875, 1883; *Ohle, Wilcke*, B. **71** [1938] 2316, 2325).

Krystalle, die bei 123—135° [Zers.] schmelzen; [α]$_D^{20}$: −101° [CHCl$_3$] [Rohprodukt] (*Ohle, Wi.*). Wenig beständig; nicht umkrystallisierbar (*Ohle, Wi.*).

O^2-Acetyl-O^6-benzoyl-O^3,O^5-bis-[toluol-4-sulfonyl]-α-D-glucofuranosylbromid $C_{29}H_{29}BrO_{11}S_2$, Formel IX.

B. Beim Behandeln von O^6-Benzoyl-O^1,O^2-isopropyliden-O^3,O^5-bis-[toluol-4-sulfonyl]-α-D-glucofuranose mit Bromwasserstoff in Essigsäure (*Ohle et al.*, B. **61** [1928] 1875, 1883).

Krystalle (aus Bzl.); F: 159—160°. [α]$_D^{20}$: +156,6° [CHCl$_3$; c = 4].

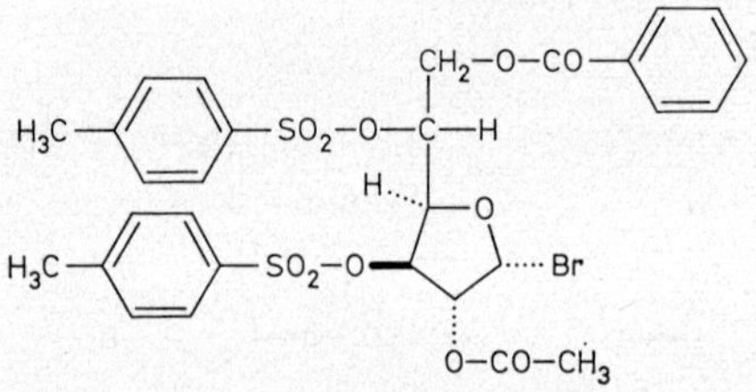

IX 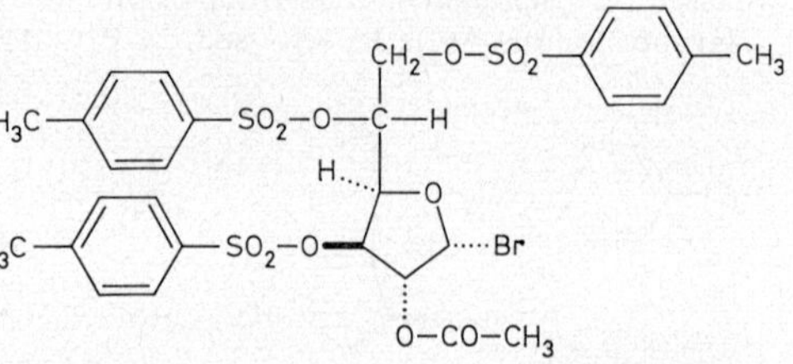   X

O^2-Acetyl-O^3,O^5,O^6-tris-[toluol-4-sulfonyl]-α-D-glucofuranosylbromid $C_{29}H_{31}BrO_{12}S_3$, Formel X.

B. Beim Behandeln von O^1,O^2-Isopropyliden-O^3,O^5,O^6-tris-[toluol-4-sulfonyl]-α-D-gluco⸗furanose mit Bromwasserstoff in Essigsäure (*Ohle et al.*, B. **61** [1928] 1875, 1881, 1882; *Ohle, Marecek*, B. **63** [1930] 612, 628) oder mit Bromwasserstoff in Acetanhydrid (*Heyns et al.*, B. **99** [1966] 1183, 1191).

Krystalle (aus Bzl. + PAe.), F: 124—125°; [α]$_D^{19}$: +124,5° [CHCl$_3$; c = 3] (*Ohle et al.*). F: 120—121°; [α]$_D$: +118° [CHCl$_3$; c = 5] (*He. et al.*). Krystalle (aus Bzl.) mit 1 Mol Benzol, F: 106,5—108° [Zers.]; [α]$_D^{20}$: +114,5° [CHCl$_3$; c = 5] (*Ohle et al.*).

2-[1,2-Dihydroxy-äthyl]-5-methoxy-tetrahydro-furan-3-ol $C_7H_{14}O_5$.

a) **(2S)-2r-[(R)-1,2-Dihydroxy-äthyl]-5t-methoxy-tetrahydro-furan-3c-ol, Methyl-[α-D-*arabino*-2-desoxy-hexofuranosid]**, Methyl-[2-desoxy-α-D-gluco⸗ furanosid] $C_7H_{14}O_5$, Formel XI.

B. Neben den beiden Methyl-[D-*arabino*-2-desoxy-hexopyranosiden] bei kurzem Behandeln von D-*arabino*-2-Desoxy-hexose („2-Desoxy-D-glucose") mit Chlorwasserstoff enthaltendem Methanol (*Hughes et al.*, Soc. **1949** 2846, 2848; *Bhat, Zorbach*, Carbohydrate Res. **1** [1965] 93, 6 [1968] 63, 68, 69). Isolierung über das Tris-[4-nitro-benzoyl]-Derivat ($C_{28}H_{23}N_3O_{14}$; Krystalle [aus Acn.], F: 142—144° und F: 168—169°; [α]$_D^{24}$:

−122,3° [CHCl$_3$; c = 1]): *Bhat, Zo.*

Krystalle (aus A. + Ae.), F: 80−81°; [α]$_D^{24}$: +117,1° [A.; c = 1] (*Bhat, Zo.*).

b) **(2S)-2r-[(R)-1,2-Dihydroxy-äthyl]-5ξ-methoxy-tetrahydro-furan-3c-ol,
Methyl-[ξ-D-*arabino*-2-desoxy-hexofuranosid]**, Methyl-[2-desoxy-ξ-D-glucofuran=
osid] C$_7$H$_{14}$O$_5$, Formel XII.

Ein unter dieser Konstitution und Konfiguration beschriebenes Präparat (Öl; n$_D^{19}$:
1,4931; [α]$_D^{20}$: +69,5° [A.]), in dem vermutlich ein Gemisch der Anomeren vorgelegen
hat, ist beim Schütteln von D-*arabino*-2-Desoxy-hexose-dibenzyldithioacetal mit Queck=
silber(II)-chlorid und Quecksilber(II)-oxid in Methanol und Behandeln der Reaktionslösung mit Pyridin erhalten worden (*Overend et al.*, Soc. **1949** 2841, 2844, 2845).

In einem von *Hughes et al.* (Soc. **1949** 2846, 2848) ebenfalls unter dieser Konstitution
und Konfiguration beschriebenen, aus D-*arabino*-2-Desoxy-hexose mit Hilfe von Chlor=
wasserstoff enthaltendem Methanol hergestellten Präparat (Öl; n$_D^{13,5}$: 1,483; [α]$_D^{20}$: +49°
[A.]; [α]$_D^{20}$: +43° [W.]) hat ein Gemisch von Methyl-[α-D-*arabino*-2-desoxy-hexo=
furanosid] (S. 2646) mit den beiden Methyl-[D-*arabino*-2-desoxy-hexopyranosiden] und
D-*arabino*-2-Desoxy-hexose vorgelegen (*Bhat, Zorbach*, Carbohydrate Res. **1** [1965] 93, 6
[1968] 63, 65, 66).

c) **(2R)-2r-[(R)-1,2-Dihydroxy-äthyl]-5ξ-methoxy-tetrahydro-furan-3t-ol,
Methyl-[ξ-D-*lyxo*-2-desoxy-hexofuranosid]**, Methyl-[2-desoxy-ξ-D-galacto=
furanosid] C$_7$H$_{14}$O$_5$, Formel XIII (R = CH$_3$).

Die folgenden Angaben beziehen sich auf Präparate von ungewisser konfigurativer Einheitlichkeit.

B. Beim Behandeln von D-*lyxo*-2-Desoxy-hexose („2-Desoxy-D-galactose") mit Chlor=
wasserstoff enthaltendem Methanol (*Overand et al.*, Soc. **1950** 671, 676, **1951** 994, 996).

Bei 170°/0,001 Torr destillierbar; n$_D^{22}$: 1,4830; [α]$_D^{21}$: −81,2° [Me.] (*Ov. et al.*, Soc. **1950**
676). Bei 180°/0,001 Torr destillierbar; [α]$_D^{17}$: −75° [Me.] (*Ov. et al.*, Soc. **1951** 996).

Überführung in Methyl-[tri-*O*-methyl-ξ-D-*lyxo*-2-desoxy-hexofuranosid]
(C$_{10}$H$_{20}$O$_5$; bei 130−135°/12 Torr destillierbar; n$_D^{22}$: 1,4421; [α]$_D^{21}$: −29,7° [W.]) durch wieder-
holtes Behandeln mit Natrium und flüssigem Ammoniak und anschliessend mit Methyl=
jodid: *Ov. et al.*, Soc. **1950** 677. Beim Erhitzen unter 12 Torr auf 230°, Behandeln des gebildeten Kondensationsprodukts ([α]$_D^{18}$: +11,4° [W.]) mit Natrium und flüssigem Am=
moniak und anschliessend mit Methyljodid, Erwärmen des Methylierungsprodukts mit
wss. Salzsäure und Behandeln des danach isolierten Reaktionsprodukts mit Chlorwas=
serstoff enthaltendem Methanol ist Methyl-[O^3,O^5-dimethyl-ξ-D-*lyxo*-2-desoxy-
hexofuranosid] C$_9$H$_{18}$O$_5$ (Kp$_{0,05}$: 110°; n$_D$: 1,4561) erhalten worden (*Ov. et al.*, Soc.
1951 996).

XI   XII   XIII   XIV

**(2R)-5ξ-Äthoxy-2r-[(R)-1,2-dihydroxy-äthyl]-tetrahydro-furan-3t-ol, Äthyl-
[ξ-D-*lyxo*-2-desoxy-hexofuranosid]**, Äthyl-[2-desoxy-ξ-D-galactofuranosid]
C$_8$H$_{16}$O$_5$, Formel XIII (R = C$_2$H$_5$).

Über ein beim Behandeln von D-*lyxo*-2-Desoxy-hexose („2-Desoxy-D-galactose") mit
Chlorwasserstoff enthaltendem Äthanol erhaltenes Präparat (Öl, [α]$_D^{20}$: −56° [A.]) von
ungewisser konfigurativer Einheitlichkeit s. *Foster et al.*, Soc. **1951** 974, 978.

**(3R)-5c-[(R)-1,2-Dihydroxy-äthyl]-2ξ-methoxy-tetrahydro-furan-3r-ol, Methyl-
[ξ-D-*xylo*-3-desoxy-hexofuranosid]**, Methyl-[3-desoxy-ξ-D-galactofuranosid]
C$_7$H$_{14}$O$_5$, Formel XIV.

Ein unter dieser Konstitution (und Konfiguration) beschriebenes Präparat (hygroskopisches Öl; bei 120−130°/0,01 Torr destillierbar; [α]$_D^{20}$: −53° [CHCl$_3$]) von ungewisser

konfigurativer Einheitlichkeit ist beim Erwärmen von D-*xylo*-3-Desoxy-hexose (,,3-Des=oxy-D-galactose") mit Chlorwasserstoff (0,2%) enthaltendem Methanol erhalten und durch Schütteln mit Benzaldehyd und Zinkchlorid in Methyl-[O^3,O^6-(($\varXi$)-benzyliden)-ξ-D-*xylo*-3-desoxy-hexofuranosid] (F: 208°; $[\alpha]_D^{20}$: $+21,1°$ [CHCl$_3$]) übergeführt worden (*Weygand, Wolz*, B. **85** [1952] 466, 468, 469).

(2*R*)-2*r*-[(2*S*)-3*c*,4*t*-Dihydroxy-2-hydroxymethyl-5*c*-methyl-tetrahydro-[2*r*]furyloxy]-6*t*-methyl-tetrahydro-pyran-3*c*,4*t*,5*c*-triol, [6-Desoxy-β-D-fructofuranosyl]-[6-desoxy-α-D-glucopyranosid] $C_{12}H_{22}O_9$, Formel I.

B. Beim Erwärmen von [O^1,O^6-Bis-(toluol-4-sulfonyl)-β-D-fructofuranosyl]-[O^6-(toluol-4-sulfonyl)-α-D-glucopyranosid] mit Lithiummalanat in Tetrahydrofuran (*Bragg, Jones,* Canad. J. Chem. **37** [1959] 575, 578).

Amorph. $[\alpha]_D^{19}$: $+49,7°$ [W.; c = 1].

I   II

(2*R*)-2*r*-[(2*S*)-3*c*,4*t*-Dihydroxy-5*c*-jodmethyl-2-methansulfonyloxymethyl-tetrahydro-[2*r*]furyloxy]-6*t*-jodmethyl-tetrahydro-pyran-3*c*,4*t*,5*c*-triol, [6-Jod-O^1-methansulfonyl-6-desoxy-β-D-fructofuranosyl]-[6-jod-6-desoxy-α-D-glucopyranosid] $C_{13}H_{22}I_2O_{11}S$, Formel II.

Über ein unter dieser Konstitution beschriebenes Präparat (amorphes Pulver [aus Acn. + CHCl$_3$]; $[\alpha]_D^{26}$: $+34,8°$ [W.]), das beim Behandeln von Saccharose mit Methansulfonyl=chlorid und Pyridin und Erwärmen des Reaktionsprodukts mit Natriumjodid in Aceton erhalten worden ist, s. *Searle & Co.*, U.S.P. 2365776 [1943].

(2*S*)-3*t*,4*c*-Diacetoxy-5*t*-jodmethyl-2*r*-[toluol-4-sulfonyloxymethyl]-2-[(2*R*)-3*c*,4*t*,5*c*-tri=acetoxy-6*t*-jodmethyl-tetrahydro-pyran-2*r*-yl]-tetrahydro-furan, [O^3,O^4-Diacetyl-6-jod-O^1-(toluol-4-sulfonyl)-6-desoxy-β-D-fructofuranosyl]-[tri-O-acetyl-6-jod-6-desoxy-α-D-glucopyranosid] $C_{29}H_{36}I_2O_{16}S$, Formel III (R = CO-CH$_3$).

B. Bei mehrtägigem Erwärmen von [O^3,O^4-Diacetyl-O^1,O^6-bis-(toluol-4-sulfonyl)-β-D-fructofuranosyl]-[O^3,O^4,O^5-triacetyl-O^6-(toluol-4-sulfonyl)-α-D-glucopyranosid] mit Natriumjodid in Aceton (*Suami et al.*, Carbohydrate Res. **19** [1971] 407, 409; s. a. *Bragg, Jones,* Canad. J. Chem. **37** [1959] 575, 578).

Amorphes Pulver (aus A.), F: 69—71°; $[\alpha]_D^{20}$: $+32,0°$ [CHCl$_3$; c = 0,7] (*Su. et al.*). ^{1}H-NMR-Absorption: *Su. et al.*

2,5-Bis-hydroxymethyl-tetrahydro-furan-3,4-diol $C_6H_{12}O_5$.

a) (2*S*)-2*r*,5*c*-Bis-hydroxymethyl-tetrahydro-furan-3*c*,4*t*-diol, 2,5-Anhydro-D-glucit $C_6H_{12}O_5$, Formel IV (R = H).

B. Als Hauptprodukt neben 1,4-Anhydro-D-mannit, 1,5-Anhydro-D-mannit und 1,4;3,6-Dianhydro-D-mannit beim Behandeln von D-Mannit mit geringen Mengen wss. Schwefelsäure, anfangs bei 180°, zuletzt bei 150°/30 Torr; Isolierung über das O^1,O^3-Iso=propyliden-Derivat [F: 96—97°; $[\alpha]_D^{25}$: $+27°$ [A.]] (*Atlas Chem. Ind.*, U.S.P. 3480651, 3484459 [1967]). Beim Behandeln von O^1,O^6-Dibenzoyl-2,5-anhydro-D-glucit mit Na=triummethylat in Methanol (*Hockett et al.*, Am. Soc. **68** [1946] 935) oder mit Barium=methylat in Methanol (*Reeves*, Am. Soc. **71** [1949] 212).

F: 56—59° (*Atlas Chem. Ind.*). Bei 170°/0,002 Torr destillierbar (*Re.*). $[\alpha]_D^{20}$: $+24,4°$ [W.] (*Atlas Chem. Ind.*, U.S.P. 3480651); $[\alpha]_D^{25}$: $+21°$ [W.; c = 1]; $[\alpha]_{436}^{25}$: $+48°$ [W.; c = 1]; $[\alpha]_{436}^{25}$: $-32°$ [wss. Tetramminkupfer(II)-Salz-Lösung; c = 0,4] (*Re.*).

Geschwindigkeit der Reaktion mit Blei(IV)-acetat in Essigsäure bei 25°: *Ho. et al.*

Ein ebenfalls als 2,5-Anhydro-D-glucit beschriebenes Präparat (Krystalle [aus A. + CHCl$_3$], F: 130—131°; $[\alpha]_D^{20}$: $-53°$ [W.; c = 4]; O^1,O^6-Bis-benzolsulfonyl-Derivat

$C_{18}H_{20}O_9S_2$: Krystalle [aus $CHCl_3$ + PAe.], F: 109—109,5°; $[\alpha]_D^{25}$: +21° [$CHCl_3$; c = 2])
ist beim Behandeln von O^1,O^6-Dibenzoyl-2,5-anhydro-D-glucit mit Bariummethylat in
Methanol erhalten worden (*Sugihara, Schmidt*, J. org. Chem. **26** [1961] 4612, 4614).

III   IV   V

b) **(2R)-2r,5t-Bis-hydroxymethyl-tetrahydro-furan-3t,4c-diol, 2,5-Anhydro-D-mannit**
$C_6H_{12}O_5$, Formel V (R = H).
B. Bei der Hydrierung von 2,5-Anhydro-D-mannose an Raney-Nickel in Wasser bei
100°/80 at bzw. bei 100°/40 at (*Akiya, Osawa*, J. pharm. Soc. Japan **74** [1954] 1259,
1261; C. A. **1955** 14649; *Bera et al.*, Soc. **1956** 4531, 4534).
Krystalle (aus A.), F: 100—101°; $[\alpha]_D^{20}$: +58,2° [W.; c = 1] (*Bera et al.*).

c) **(2S)-2r,5t-Bis-hydroxymethyl-tetrahydro-furan-3c,4t-diol, 2,5-Anhydro-L-idit**
$C_6H_{12}O_5$, Formel VI (R = H).
B. Als Hauptprodukt neben einem 2,5;x,x-Dianhydro-L-hexit $C_6H_{10}O_4$ (Öl, $[\alpha]_D^{20}$:
+12,3° [W.; c = 3]; vermutlich $O^1,O^4;O^2,O^5$-Dianhydro-L-altrit) beim Behandeln von
O^1-[Toluol-4-sulfonyl]-2,5-anhydro-L-idit (S. 2650) mit Natrium-Amalgam und wss.
Äthanol; Isolierung über das Tetra-*O*-acetyl-Derivat [s. u.] (*Vargha et al.*, Am. Soc. **70**
[1948] 261). Beim Behandeln von 2,5-Anhydro-L-idose mit Natriumboranat in Wasser
(*Dekker, Hashizume*, Arch. Biochem. **78** [1958] 348, 354).
Krystalle (aus A. + Ae.); F: 111—113°, $[\alpha]_D^{20}$: +12,6° [W.; c = 2] (*Va. et al.*).

**(2R)-2r,5t-Bis-trityloxymethyl-tetrahydro-furan-3t,4c-diol, O^1,O^6-Ditrityl-2,5-anhydro-
D-mannit** $C_{44}H_{40}O_5$, Formel V (R = $C(C_6H_5)_3$).
B. Beim Behandeln von 2,5-Anhydro-D-mannit mit Tritylchlorid und Pyridin (*Akiya,
Osawa*, J. pharm. Soc. Japan **74** [1954] 1259, 1261; C. A. **1955** 14649).
Krystalle (aus wss. A.); F: 149°. $[\alpha]_D^{24}$: +60,7° [Py.; c = 1].

**(2S)-3c,4t-Diacetoxy-2r,5t-bis-acetoxymethyl-tetrahydro-furan, Tetra-*O*-acetyl-
2,5-anhydro-L-idit** $C_{14}H_{20}O_9$, Formel VI (R = $CO-CH_3$).
B. Beim Behandeln von 2,5-Anhydro-L-idit mit Acetanhydrid und Pyridin (*Vargha
et al.*, Am. Soc. **70** [1948] 261).
Öl; bei 124—140°/0,003 Torr destillierbar. $[\alpha]_D^{20}$: —13,6° [$CHCl_3$; c = 2].

VI   VII

**(2S)-2r,5c-Bis-benzoyloxymethyl-tetrahydro-furan-3c,4t-diol, O^1,O^6-Dibenzoyl-
2,5-anhydro-D-glucit** $C_{20}H_{20}O_7$, Formel IV (R = $CO-C_6H_5$).
Diese Konstitution und Konfiguration kommt der nachstehend beschriebenen, ursprünglich (*Brigl, Grüner*, B. **66** [1933] 1945, 1947, **67** [1934] 1582, 1585) als O^1,O^6-Di=
benzoyl-2,5-anhydro-D-mannit angesehenen Verbindung zu (*Hockett et al.*, Am. Soc. **68**
[1946] 935; *Vargha, Kuszmann*, Carbohydrate Res. **8** [1968] 157, 159).
B. In geringer Menge neben anderen Verbindungen beim Erhitzen von O^1,O^6-Dibenzoyl-
D-mannit in 1,1,2,2-Tetrachlor-äthan unter Zusatz von Toluol-4-sulfonsäure (*Br., Gr.*
B. **67** 1585). Beim Behandeln von 2,5-Anhydro-D-glucit (Rohprodukt) mit Benzoyl=
chlorid (2 Mol) und Pyridin (*Va., Ku.*, l. c. S. 162).
Krystalle (aus Bzl.); F: 137—138° (*Br., Gr.*, B. **66** 1948), 135—137° (*Va., Ku.*). $[\alpha]_D$:
+0,9° [Py.; c = 3] (*Br., Gr.*, B. **67** 1588); $[\alpha]_D$: +3,2° [A.; c = 2] (*Br., Gr.*, B. **66** 1948);
$[\alpha]_D$: +1,2° [A.; c = 2] (*Va., Ku.*).

Beim Erwärmen mit Kaliumpermanganat in Aceton sind Benzoyloxyessigsäure und *meso*-3,3'-Bis-benzoyloxy-2,2'-oxy-di-propionsäure (E III **9** 863) erhalten worden (*Br.*, *Gr.*, B. **67** 1586). Geschwindigkeit der Bildung von *meso*-Bis-[β-benzoyloxy-β'-oxo-iso⸗ propyl]-äther beim Behandeln mit Blei(IV)-acetat in Essigsäure bei 25°: *Ho. et al.*, l. c. S. 935.

(2S)-2r-Hydroxymethyl-5t-[toluol-4-sulfonyloxymethyl]-tetrahydro-furan-3c,4t-diol, O^1-[Toluol-4-sulfonyl]-2,5-anhydro-L-idit $C_{13}H_{18}O_7S$, Formel VII.
Über die Konfiguration an dem die Hydroxymethyl-Gruppe tragenden C-Atom s. *Vargha*, *Puskás*, B. **76** [1943] 859, 861.
B. Beim Erwärmen von O^2,O^4-[(Ξ)-Benzyliden]-O^1-[toluol-4-sulfonyl]-5,6-anhydro-D-glucit (F: 137°; [α]$_D^{20}$: +4° [Py.]) mit wss. Essigsäure oder wss. Schwefelsäure (v. *Vargha*, B. **68** [1935] 1377, 1383).
Krystalle (aus W.), F: 146°; [α]$_D^{20}$: +3,8° [Py.; c = 3] (v. *Va.*).
Beim Behandeln mit Natrium-Amalgam und wss. Äthanol und Behandeln des Reaktionsprodukts mit Acetanhydrid und Pyridin sind Tetra-O-acetyl-2,5-anhydro-L-idit (S. 2649) und ein Di-O-acetyl-2,5;x,x-dianhydro-L-hexit ($C_{10}H_{14}O_6$; Öl; bei 108—124°/0,003 Torr destillierbar; [α]$_D^{20}$: +5,2° [CHCl$_3$]; vermutlich Di-O-acetyl-O^1,O^4;O^2,O^5-dianhydro-L-altrit) erhalten worden (*Vargha et al.*, Am. Soc. **70** [1948] 261).

VIII

(2S)-2r,5c-Bis-hydroxymethyl-3c,4t-bis-[toluol-4-sulfonyloxy]-tetrahydro-furan, O^3,O^4-Bis-[toluol-4-sulfonyl]-2,5-anhydro-D-glucit $C_{20}H_{24}O_9S_2$, Formel VIII (R = H).
B. Beim Behandeln einer Lösung von O^1,O^6-Dibenzoyl-O^3,O^4-bis-[toluol-4-sulfonyl]-2,5-anhydro-D-glucit in Chloroform mit Natriummethylat in Methanol (*Müller*, B. **67** [1934] 830, 832).
Krystalle (aus Ae. + PAe.); F: 129—130°. [α]$_D^{21}$: +38,2° [CHCl$_3$; p = 1,5].

IX

2,5-Bis-[toluol-4-sulfonyloxymethyl]-tetrahydro-furan-3,4-diol $C_{20}H_{24}O_9S_2$.

a) **(2R)-2r,5t-Bis-[toluol-4-sulfonyloxymethyl]-tetrahydro-furan-3t,4c-diol, O^1,O^6-Bis-[toluol-4-sulfonyl]-2,5-anhydro-D-mannit** $C_{20}H_{24}O_9S_2$, Formel IX.
B. Beim Behandeln von 2,5-Anhydro-D-mannit mit Toluol-4-sulfonylchlorid und Pyridin (*Akiya*, *Osawa*, J. pharm. Soc. Japan **74** [1954] 1259, 1261; C. A. **1955** 14649).
Krystalle (aus wss. A.); F: 133,5°. [α]$_D^{20}$: +9,6° [Py.; c = 2].

b) **(2S)-2r,5t-Bis-[toluol-4-sulfonyloxymethyl]-tetrahydro-furan-3c,4t-diol, O^1,O^6-Bis-[toluol-4-sulfonyl]-2,5-anhydro-L-idit** $C_{20}H_{24}O_9S_2$, Formel X.
B. Beim Behandeln von 2,5-Anhydro-L-idit [S. 2649] (*Dekker*, *Hashizume*, Arch. Biochem. **78** [1958] 348, 354, 355) oder von O^1-[Toluol-4-sulfonyl]-2,5-anhydro-L-idit [s. o.] (*Vargha*, *Puskás*, B. **76** [1943] 859, 861; *Defaye*, *Ratovelomanana*, Carbohydrate Res. **17** [1971] 57, 64) mit Toluol-4-sulfonylchlorid und Pyridin.
Krystalle (aus A. + W.); F: 151° (*Def.*, *Ra.*), 148—149,2° (*Dek.*, *Ha.*), 146° (*Va.*, *Pu.*). [α]$_D^{20}$: −6,7° [Py.; c = 2] (*Va.*, *Pu.*; s. dazu *Dekker*, *Hashizume*, Arch. Biochem. **78** [1958] 348, 350); [α]$_D^{25}$: −9° [Py.; c = 1] (*Def.*, *Ra.*).

X

(*2S*)-2*r*,5*c*-Bis-acetoxymethyl-3*c*,4*t*-bis-[toluol-4-sulfonyloxy]-tetrahydro-furan, *O*¹,*O*⁶-Di≠
acetyl-*O*³,*O*⁴-bis-[toluol-4-sulfonyl]-2,5-anhydro-D-glucit $C_{24}H_{28}O_{11}S_2$, Formel VIII
(R = CO-CH₃).

B. Beim Erwärmen von *O*³,*O*⁴-Bis-[toluol-4-sulfonyl]-2,5-anhydro-D-glucit mit Acet≠
anhydrid und Natriumacetat (*Müller*, B. **67** [1934] 830, 832).
Krystalle (aus A. + PAe.); F: 86°. [α]$_D^{18}$: +52,9° [CHCl₃; p = 6].

(*2S*)-2*r*,5*c*-Bis-benzoyloxymethyl-3*c*,4*t*-bis-[toluol-4-sulfonyloxy]-tetrahydro-furan,
*O*¹,*O*⁶-Dibenzoyl-*O*³,*O*⁴-bis-[toluol-4-sulfonyl]-2,5-anhydro-D-glucit $C_{34}H_{32}O_{11}S_2$,
Formel VIII (R = CO-C₆H₅).

B. Neben grösseren Mengen *O*¹,*O*⁶-Dibenzoyl-*O*²,*O*³,*O*⁴,*O*⁵-tetrakis-[toluol-4-sulfonyl]-
D-mannit beim Behandeln von *O*¹,*O*⁶-Dibenzoyl-D-mannit mit Toluol-4-sulfonylchlorid
und Pyridin (*Müller, v. Vargha*, B. **66** [1933] 1165, 1167). Bei mehrtägigem Erwärmen
von *O*¹,*O*⁶-Dibenzoyl-2,5-anhydro-D-glucit (S. 2649) mit Toluol-4-sulfonylchlorid und
Pyridin (*Brigl, Grüner*, B. **66** [1933] 1945, 1949).
Krystalle; F: 142° [aus A.] (*Br., Gr.*), 142° [aus E. + A.] (*Mü., v. Va.*). [α]$_D^{18}$: +56,1°
[CHCl₃; c = 3] (*Mü., v. Va.*); [α]$_D$: +57,9° [CHCl₃; c = 0,6] (*Br., Gr.*).
Beim Erwärmen mit wss.-äthanol. Natronlauge ist ein *O*-[Toluol-4-sulfonyl]-2,5;x,x-
dianhydro-D-hexit ($C_{13}H_{16}O_6S$; Krystalle [aus Bzl. + PAe.], F: 98—99°; [α]$_D^{20}$: −57,2°
[CHCl₃]; vermutlich *O*³-[Toluol-4-sulfonyl]-D-*O*¹,*O*⁴;*O*²,*O*⁵-dianhydro-galactit)
erhalten worden (*Mü., v. Va.*).

(*2S*)-3*c*,4*t*-Bis-[toluol-4-sulfonyloxy]-2*r*,5*c*-bis-[toluol-4-sulfonyloxymethyl]-tetrahydro-
furan, Tetrakis-*O*-[toluol-4-sulfonyl]-2,5-anhydro-D-glucit $C_{34}H_{36}O_{13}S_4$, Formel XI.
B. Beim Behandeln von *O*³,*O*⁴-Bis-[toluol-4-sulfonyl]-2,5-anhydro-D-glucit mit Toluol-
4-sulfonylchlorid und Pyridin (*Müller*, B. **67** [1934] 830, 832, 833).
Krystalle (aus Eg.); F: 170° [nach Sintern bei 168°]. [α]$_D^{21}$: +48° [CHCl₃; p = 4].

XI

Tetra-*O*-acetyl-α-D-fructofuranosylchlorid, α-D-Acetochlorfructofuranose
$C_{14}H_{19}ClO_9$, Formel XII (X = Cl).
Zwei ölige Präparate ([α]$_D$: +41° [CHCl₃] bzw. [α]$_D$: +50° [CHCl₃]), in denen wahrscheinlich diese Verbindung als Hauptbestandteil vorgelegen hat, sind beim Behandeln
von *O*¹,*O*³,*O*⁴,*O*⁶-Tetraacetyl-D-fructose mit Chlorwasserstoff enthaltendem Acetylchlorid
bzw. mit Thionylchlorid erhalten worden (*Klages, Niemann*, A. **529** [1937] 185, 199).
Über ein weiteres Präparat (Öl; bei 115—120°/0,0008 Torr destillierbar; [α]$_D$: +23,8°
[CHCl₃]) von ungewisser konfigurativer Einheitlichkeit s. *Bredereck, Höschele*, B. **86**
[1953] 47, 50.

XII

Tetra-*O*-acetyl-α-D-fructofuranosylbromid, α-D-Acetobromfructofuranose
$C_{14}H_{19}BrO_9$, Formel XII (X = Br).
Zwei ölige Präparate ([α]$_D$: +18° [CHCl₃] bzw. [α]$_D$: +20° [CHCl₃]), in denen wahr-
scheinlich diese Verbindung als Hauptbestandteil vorgelegen hat, sind beim Behandeln von
*O*¹,*O*³,*O*⁴,*O*⁶-Tetraacetyl-D-fructose mit Bromwasserstoff in Äther bzw. mit Bromwasserstoff
in Acetylbromid erhalten worden (*Klages, Niemann*, A. **529** [1937] 185, 199).

Tetrahydroxy-Verbindungen $C_7H_{14}O_5$

(2S)-3c,4c,5t-Triacetoxy-2r-[(S)-1-acetoxy-äthyl]-6t-chlor-tetrahydro-pyran, Tetra-O-acetyl-7-desoxy-α-L-*glycero*-L-*galacto*-heptopyranosylchlorid $C_{15}H_{21}ClO_9$, Formel I (X = Cl).

B. Beim Erwärmen von Tetra-O-acetyl-7-desoxy-α-L-*glycero*-L-*galacto*-heptopyranosyl= bromid mit Quecksilber(II)-chlorid in Benzol (*Jackson, Hudson,* Am. Soc. **75** [1953] 3000).

Krystalle (aus Ae. + PAe.); F: 106—107° [korr.]. $[\alpha]_D^{20}$: −208,3° [$CHCl_3$; c = 2].

(2S)-3c,4c,5t-Triacetoxy-2r-[(S)-1-acetoxy-äthyl]-6t-brom-tetrahydro-pyran, Tetra-O-acetyl-7-desoxy-α-L-*glycero*-L-*galacto*-heptopyranosylbromid $C_{15}H_{21}BrO_9$, Formel I (X = Br).

B. Beim Behandeln von Penta-O-acetyl-7-desoxy-β-L-*glycero*-L-*galacto*-heptopyranose mit Bromwasserstoff in Essigsäure (*Jackson, Hudson,* Am. Soc. **75** [1953] 3000).

Krystalle (aus Ae. + PAe.); F: 113—113,5° [korr.]. $[\alpha]_D^{20}$: −249,0° [$CHCl_3$; c = 2].

2,5-Dimethoxy-6,6-dimethyl-tetrahydro-pyran-3,4-diol $C_9H_{18}O_5$.

a) **(2R)-2r,5c-Dimethoxy-6,6-dimethyl-tetrahydro-pyran-3t,4t-diol, Methyl-[5,O^4-dimethyl-α-L-*lyxo*-6-desoxy-hexopyranosid], Methyl-α-noviosid** $C_9H_{18}O_5$, Formel II (R = H).

Über die Konfiguration am C-Atom 2 des Pyran-Ringes s. *Barker et al.,* Soc. **1963** 1538, 1541.

B. Beim Erwärmen von Methyl-[O^2-carbamoyl-5,O^4-dimethyl-α-L-*lyxo*-6-desoxy-hexo= pyranosid] oder von Methyl-[O^3-carbamoyl-5,O^4-dimethyl-α-L-*lyxo*-6-desoxy-hexopyran= osid] mit wss. Natronlauge (*Walton et al.,* Am. Soc. **82** [1960] 1489). Beim Behandeln von Methyl-[O^3-carbamoyl-5,O^4-dimethyl-α-L-*lyxo*-6-desoxy-hexopyranosid] mit Barium= hydroxid in Wasser (*Hinman et al.,* Am. Soc. **79** [1957] 3789, 3797, 3798).

Krystalle; F: 69,5—71° [aus PAe.] (*Wa. et al.*), 65—70° [aus Hexan] (*Hi. et al.*). $[\alpha]_D^{24}$: −63,6° [A. (c = 0,6) oder W. (c = 1)] (*Hi. et al.*); $[\alpha]_D^{25}$: −50° [W.; c = 1] (*Wa. et al.*).

Beim Behandeln mit Natriumperjodat in Wasser unter Zusatz von Strontiumhydroxid und Behandeln des Reaktionsprodukts mit Brom und Strontiumcarbonat in Wasser ist das Strontium-Salz der (S)-β-[(R)-Carboxy-methoxy-methoxy]-α-methoxy-isovalerian= säure erhalten worden (*Hi. et al.,* l. c. S. 3800).

I   II   III

b) **(2S)-2r,5t-Dimethoxy-6,6-dimethyl-tetrahydro-pyran-3c,4c-diol, Methyl-[5,O^4-dimethyl-β-L-*lyxo*-6-desoxy-hexopyranosid], Methyl-β-noviosid** $C_9H_{18}O_5$, Formel III (R = H).

Über die Konfiguration am C-Atom 2 des Pyran-Rings s. *Walton et al.,* Am. Soc. **82** [1960] 1489.

B. Beim Erwärmen von Methyl-[O^3-carbamoyl-5,O^4-dimethyl-β-L-*lyxo*-6-desoxy-hexo= pyranosid] mit wss. Natronlauge (*Wa. et al.*). Beim Behandeln von Methyl-[O^2,O^3-carb= onyl-5,O^4-dimethyl-β-L-*lyxo*-6-desoxy-hexopyranosid] mit Bariumhydroxid in Wasser (*Hinman et al.,* Am. Soc. **79** [1957] 3789, 3797).

Krystalle; F: 66—67,5° [aus PAe.] (*Wa. et al.*), 61—68° [Kofler-App.; aus Hexan] (*Hi. et al.*). $[\alpha]_D^{25}$: +113,8° [W.; c = 1] (*Hi. et al.*); $[\alpha]_D^{27}$: +106° [W.; c = 0,7] (*Wa. et al.*).

(3R)-4t,5t-Diacetoxy-3r,6c-dimethoxy-2,2-dimethyl-tetrahydro-pyran, Methyl-
[O^2,O^3-diacetyl-5,O^4-dimethyl-α-L-*lyxo*-6-desoxy-hexopyranosid] $C_{13}H_{22}O_7$, Formel II
(R = CO-CH₃).

B. Beim Behandeln von Methyl-[5,O^4-dimethyl-α-L-*lyxo*-6-desoxy-hexopyranosid]
mit Acetanhydrid und Pyridin (*Hinman et al.*, Am. Soc. **79** [1957] 3789, 3798; *Barker
et al.*, Soc. **1963** 1538, 1543).

Krystalle (aus Hexan); F: 62—64° [Kofler-App.]; [α]$_D^{24}$: —20,4° [A.; c = 1] (*Hi. et al.*);
F: 61—63°; [α]$_D^{19}$: —21° [A.; c = 1] (*Ba. et al.*).

4-Carbamoyloxy-2,5-dimethoxy-6,6-dimethyl-tetrahydro-pyran-3-ol $C_{10}H_{19}NO_6$.
Über die Konfiguration der beiden folgenden Anomeren am C-Atom 2 des Pyran-Ringes
s. *Walton et al.*, Am. Soc. **82** [1960] 1489.

a) **(2R)-4t-Carbamoyloxy-2r,5c-dimethoxy-6,6-dimethyl-tetrahydro-pyran-3t-ol,**
Methyl-[O^3-carbamoyl-5,O^4-dimethyl-α-L-*lyxo*-6-desoxy-hexopyranosid] $C_{10}H_{19}NO_6$,
Formel IV (R = H).

B. Beim Erwärmen von 7-[O^3-Carbamoyl-5,O^4-dimethyl-α-L-*lyxo*-6-desoxy-hexo≈
pyranosyloxy]-2,6-dimethyl-chromeno[3,4-*d*]oxazol-4-on mit Chlorwasserstoff enthaltendem Methanol (*Hinman et al.*, Am. Soc. **79** [1957] 3789, 3796). Neben dem unter b)
beschriebenen Anomeren, geringen Mengen Methyl-[O^2-carbamoyl-5,O^4-dimethyl-α-L-
lyxo-6-desoxy-hexopyranosid] und anderen Verbindungen beim Erwärmen von Novo≈
biocin (7-[O^3-Carbamoyl-5,O^4-dimethyl-α-L-*lyxo*-6-desoxy-hexopyranosyloxy]-4-hydroxy-
3-[4-hydroxy-3-(3-methyl-but-2-enyl)-benzoylamino]-8-methyl-cumarin) mit wss.-
methanol. Salzsäure (*Kaczka et al.*, Am. Soc. **78** [1956] 4125; *Walton et al.*, Am. Soc. **82**
[1960] 1489).

Krystalle; F: 194—195° [korr.; Kofler-App.; aus Acn. + Hexan] (*Hi. et al.*), 191—192°
[Kofler-App.; aus Acn.] (*Ka. et al.*), 191—192° [aus Acn.] (*Wa. et al.*). [α]$_D$: —24,7°
[A.; c = 1] (*Hi. et al.*); [α]$_D^{24}$: —24° [Me.; c = 1] (*Ka. et al.*); [α]$_D^{25}$: —28° [Me.; c = 1]
(*Wa. et al.*). IR-Banden (Nujol; 2,9—6,2 μ): *Wa. et al.*

Beim Erwärmen mit Chlorwasserstoff enthaltendem Methanol ist Methyl-[O^2,O^3-carb≈
onyl-5,O^4-dimethyl-β-L-*lyxo*-6-desoxy-hexopyranosid] (*Hi. et al.*, l. c. S. 3797), beim
Behandeln mit Chlorwasserstoff enthaltendem Äthanthiol ist O^3-Carbamoyl-5,O^4-dimethyl-
L-*lyxo*-6-desoxy-hexose-diäthyldithioacetal (*Shunk et al.*, Am. Soc. **78** [1956] 1770)
erhalten worden.

b) **(2S)-4c-Carbamoyloxy-2r,5t-dimethoxy-6,6-dimethyl-tetrahydro-pyran-3c-ol,**
Methyl-[O^3-carbamoyl-5,O^4-dimethyl-β-L-*lyxo*-6-desoxy-hexopyranosid] $C_{10}H_{19}NO_6$,
Formel III (R = CO-NH₂).

B. s. bei dem unter a) beschriebenen Anomeren.

Krystalle (aus CHCl₃); F: 155—157° und F: 117—118° (*Walton et al.*, Am. Soc. **82**
[1960] 1489); F: 117—118° (*Barker et al.*, Soc. **1963** 1538, 1543). [α]$_D$: +124° [A.;
c = 1] (*Ba. et al.*); [α]$_D^{26}$: +130° [Me.; c = 1] (*Wa. et al.*). IR-Banden (Nujol; 2,8—6,2 μ):
Wa. et al.

IV   V   VI

(3R)-5t-Carbamoyloxy-3r,6c-dimethoxy-2,2-dimethyl-tetrahydro-pyran-4t-ol, Methyl-
[O^2-carbamoyl-5,O^4-dimethyl-α-L-*lyxo*-6-desoxy-hexopyranosid] $C_{10}H_{19}NO_6$, Formel V.
Über die Konfiguration am C-Atom 6 des Pyran-Ringes s. *Walton et al.*, Am. Soc. **82**
[1960] 1489.

B. Beim Erwärmen von Isonovobiocin (7-[O^2-Carbamoyl-5,O^4-dimethyl-α-L-*lyxo*-
6-desoxy-hexopyranosyloxy]-4-hydroxy-3-[4-hydroxy-3-(3-methyl-but-2-enyl)-benzoyl≈
amino]-8-methyl-cumarin; aus Novobiocin [7-[O^3-Carbamoyl-5,O^4-dimethyl-α-L-*lyxo*-
6-desoxy-hexopyranosyloxy]-4-hydroxy-3-[4-hydroxy-(3-methyl-but-2-enyl)-benzoyl≈
amino]-8-methyl-cumarin] in alkal. wss. Lösung [pH 10] erhalten) mit Acetylchlorid

und Methanol (*Hinman et al.*, Am. Soc. **79** [1957] 5321). In geringer Menge beim Erwärmen von Novobiocin mit wss.-methanol Salzsäure (*Wa. et al.*).

Krystalle (aus Ae.), F: 208—211°; $[\alpha]_D^{26}$: —9,9° [Me.; c = 1] (*Wa. et al.*).

(2R)-2r-Äthoxy-4t-carbamoyloxy-5c-methoxy-6,6-dimethyl-tetrahydro-pyran-3t-ol, Äthyl-[O³-carbamoyl-5,O⁴-dimethyl-α-L-*lyxo*-6-desoxy-hexopyranosid] $C_{11}H_{21}NO_6$, Formel VI.

B. Beim Erwärmen von Novobiocin (s. im vorangehenden Artikel) mit wss.-äthanol. Salzsäure oder mit Acetylchlorid und Äthanol (*Hinman et al.*, Am. Soc. **79** [1957] 3789, 3794, 3795).

Krystalle (aus Acn. + Hexan); F: 173—175° [korr.; Kofler-App.]. $[\alpha]_D^{25}$: —36° [A.; c = 1].

5-Acetoxy-4-carbamoyloxy-3,6-dimethoxy-2,2-dimethyl-tetrahydro-pyran $C_{12}H_{21}NO_7$.

a) **(3R)-5t-Acetoxy-4t-carbamoyloxy-3r,6c-dimethoxy-2,2-dimethyl-tetrahydropyran, Methyl-[O²-acetyl-O³-carbamoyl-5,O⁴-dimethyl-α-L-*lyxo*-6-desoxy-hexopyranosid]** $C_{12}H_{21}NO_7$, Formel IV (R = CO-CH₃).

B. Beim Behandeln von Methyl-[O³-carbamoyl-5,O⁴-dimethyl-α-L-*lyxo*-6-desoxy-hexopyranosid] mit Acetanhydrid und Pyridin (*Hinman et al.*, Am. Soc. **79** [1957] 3789, 3797).

Krystalle (aus Hexan); F: 44—48°. $[\alpha]_D^{25}$: —14,0° [A.; c = 1].

b) **(3R)-5t-Acetoxy-4t-carbamoyloxy-3r,6t-dimethoxy-2,2-dimethyl-tetrahydropyran, Methyl-[O²-acetyl-O³-carbamoyl-5,O⁴-dimethyl-β-L-*lyxo*-6-desoxy-hexopyranosid]** $C_{12}H_{21}NO_7$, Formel VII.

B. Beim Behandeln von Methyl-[O³-carbamoyl-5,O⁴-dimethyl-β-L-*lyxo*-6-desoxy-hexopyranosid] mit Acetanhydrid und Pyridin (*Barker et al.*, Soc. **1963** 1538, 1543).

Krystalle (aus Hexan); F: 74—76°. $[\alpha]_D$: +87° [A.; c = 1].

VII   VIII   IX

(3R)-4t-Carbamoyloxy-5t-methansulfonyloxy-3r,6c-dimethoxy-2,2-dimethyl-tetrahydropyran, Methyl-[O³-carbamoyl-O²-methansulfonyl-5,O⁴-dimethyl-α-L-*lyxo*-6-desoxyhexopyranosid] $C_{11}H_{21}NO_8S$, Formel IV (R = SO₂-CH₃).

B. Beim Behandeln von Methyl-[O³-carbamoyl-5,O⁴-dimethyl-α-L-*lyxo*-6-desoxy-hexopyranosid] mit Methansulfonylchlorid, Pyridin und Chloroform (*Hinman et al.*, Am. Soc. **79** [1957] 3789, 3797).

Krystalle (aus W.); F: 149—151° [korr.; Kofler-App.].

(2S)-2r,5c-Dimethoxy-6t-methoxymethyl-4t-methyl-tetrahydro-pyran-3c-ol, Methyl-[3,O⁴,O⁶-trimethyl-3-desoxy-α-D-glucopyranosid] $C_{10}H_{20}O_5$, Formel VIII.

Ein unter dieser Konstitution und Konfiguration beschriebenes, möglicherweise Methyl-[2,O⁴,O⁶-trimethyl-2-desoxy-α-D-altropyranosid] (Formel IX) enthaltendes Präparat (Öl; bei 80°/0,02 Torr destillierbar; n_D^{22}: 1,4640; $[\alpha]_D^{23}$: +73,5° [CHCl₃]; über das Acetyl-Derivat $C_{12}H_{22}O_6$: Öl; bei 110°/0,02 Torr destillierbar; n_D^{18}: 1,4593; $[\alpha]_D^{20}$: +108,5° (CHCl₃)] isoliert) ist neben anderen Verbindungen beim Erwärmen von Methyl-[O⁴,O⁶-dimethyl-2,3-anhydro-α-D-allopyranosid] mit Methylmagnesiumjodid in Äther und Behandeln des Reaktionsgemisches mit Eis und anschliessend mit wss. Salzsäure erhalten und durch Behandlung mit Toluol-4-sulfonylchlorid und Pyridin in ein [Toluol-4-sulfonyl]-Derivat $C_{17}H_{26}O_7S$ (Öl; $[\alpha]_D^{18}$: +47,9° [CHCl₃]) übergeführt worden (*Newth et al.*, Soc. **1950** 2356, 2358, 2361, 2364).

(2R)-2r-Hydroxymethyl-6c-nitromethyl-tetrahydro-pyran-3t,4c,5t-triol, 1-Nitro-2,6-anhydro-1-desoxy-D-*glycero*-D-*gulo*-heptit $C_7H_{13}NO_7$, Formel X (R = H).

Über die Konfiguration an den C-Atomen 2 und 6 s. *Sowden et al.*, Chem. and Ind.

1962 1827.

B. Bei 2-tägigem Erhitzen einer wss. Lösung von 1-Nitro-1-desoxy-D-*glycero*-D-*gulo*-heptit [E III **1** 2408] (*So. et al.*). Beim Erhitzen von 5,7-[(*R*)-Benzyliden]-1-nitro-2,6-anhydro-1-desoxy-D-*glycero*-D-*gulo*-heptit (F: 211—212°) mit wss. Schwefelsäure (*Sowden, Fischer*, Am. Soc. **68** [1946] 1511).

Krystalle (aus A.); F: 177—177,5° [aus A.] (*So., Fi.*), 174—175° (*So. et al.*). $[\alpha]_D^{22}$: +8,2° [W.; c = 4] (*So., Fi.*); $[\alpha]_D$: +10° [W.] (*So. et al.*).

(2*R*)-3*t*,4*c*,5*t*-Triacetoxy-2*r*-acetoxymethyl-6*c*-nitromethyl-tetrahydro-pyran, Tetra-*O*-acetyl-1-nitro-2,6-anhydro-1-desoxy-D-*glycero*-D-*gulo*-heptit $C_{15}H_{21}NO_{11}$, Formel X (R = CO-CH₃).

B. Beim Behandeln der im vorangehenden Artikel beschriebenen Verbindung mit Acetanhydrid und wenig Schwefelsäure (*Sowden, Fischer*, Am. Soc. **68** [1946] 1511).

Krystalle (aus A.), F: 144—145°; $[\alpha]_D^{22}$: +4,2° [CHCl₃; c = 4] (*So., Fi.*). ¹H-NMR-Absorption: *Sowden et al.*, Chem. and Ind. **1962** 1827.

2,6-Bis-hydroxymethyl-tetrahydro-pyran-3,4-diol $C_7H_{14}O_5$.

In einem von *Rosenthal, Read* (Canad. J. Chem. **35** [1957] 788, 790) mit Vorbehalt als (2*R*)-2*r*,5*ξ*-Bis-hydroxymethyl-tetrahydro-pyran-3*c*,4*c*-diol ((5*Ξ*)-5-Hydroxy=methyl-D-*arabino*-2,6-anhydro-5-desoxy-hexit) beschriebenen Präparat (F: 158,5—159,5°; $[\alpha]_D^{21}$: +37,6° [W.]; Tetrabenzoyl-Derivat $C_{35}H_{30}O_9$: F: 106—107° [korr.]; $[\alpha]_D^{22}$: +43,5° [CHCl₃]; Tetrakis-[4-nitro-benzoyl]-Derivat $C_{35}H_{26}N_4O_{17}$: F: 205—206° [korr.]; $[\alpha]_D^{20}$: −8,7° [CHCl₃]) hat wahrscheinlich ein Gemisch der beiden folgenden Stereoisomeren vorgelegen (*Rosenthal, Abson*, Canad. J. Chem. **43** [1965] 1985, 1988).

a) **(2*R*)-2*r*,6*t*-Bis-hydroxymethyl-tetrahydro-pyran-3*c*,4*c*-diol, D-*altro*-2,6-Anhydro-5-desoxy-heptit** $C_7H_{14}O_5$, Formel XI.

B. Neben dem unter b) beschriebenen Stereoisomeren beim Behandeln von Tri-*O*-acetyl-D-galactal (Tri-*O*-acetyl-1,5-anhydro-2-desoxy-D-*lyxo*-hex-1-enit) mit Kohlenmonoxid und Wasserstoff in Gegenwart von Octacarbonyldikobalt und Benzol bei 135°/220 at (Anfangsdruck) und Behandeln des Reaktionsprodukts mit Natriummethylat in Methanol (*Rosenthal, Abson*, Canad. J. Chem. **43** [1965] 1985, 1987; s. a. *Rosenthal, Read*, Canad. J. Chem. **35** [1957] 788, 790).

Krystalle (aus Me. + Diisopropyläther), F: 168°; $[\alpha]_D^{27}$: +68° [W.; c = 1] (*Ro., Ab.*).

Charakterisierung durch Überführung in O^3,O^4-Isopropyliden-D-*altro*-2,6-anhydro-5-desoxy-heptit (F: 104—104,5°; $[\alpha]_D^{21}$: +12° [CHCl₃]): *Ro., Ab.*

X	XI	XII	XIII

b) **(2*R*)-2*r*,6*c*-Bis-hydroxymethyl-tetrahydro-pyran-3*c*,4*c*-diol, D-*galacto*-2,6-Anhydro-3-desoxy-heptit** $C_7H_{14}O_5$, Formel XII.

B. s. bei dem unter a) beschriebenen Stereoisomeren.

Krystalle (aus Me. + Diisopropyläther), F: 158—159°; $[\alpha]_D^{27}$: +24° [W.; c = 0,8] (*Rosenthal, Abson*, Canad. J. Chem. **43** [1965] 1585, 1588).

Charakterisierung als Tetrakis-[4-nitro-benzoyl]-Derivat $C_{35}H_{26}N_4O_{17}$ (Krystalle [aus E. + PAe.], F: 210—211°; $[\alpha]_D^{23}$: −12° [CHCl₃]): *Ro., Ab.*

(2*R*)-2*r*-[α-Hydroxy-isopropyl]-5*ξ*-methoxy-tetrahydro-furan-3*c*,4*c*-diol, Methyl-[5-methyl-6-desoxy-*ξ*-L-*lyxo*-hexofuranosid] $C_8H_{16}O_5$, Formel XIII.

Ein Präparat (Öl; bei 130—150°/0,25 Torr destillierbar; $[\alpha]_D^{26}$: −16° [Me.]), in dem vermutlich ein Gemisch der Anomeren vorgelegen hat, ist beim Erhitzen von Methyl-[O^2,O^3-isopropyliden-5-methyl-6-desoxy-α-L-*lyxo*-hexofuranosid] mit wss. Salzsäure und

Behandeln des Reaktionsprodukts mit Chlorwasserstoff enthaltendem Methanol erhalten worden (*Walton et al.*, Am. Soc. **80** [1958] 5168, 5171).

Tetrahydroxy-Verbindungen $C_8H_{16}O_5$

(*2R*)-3*t*,5*c*-Diacetoxy-2*r*-acetoxymethyl-4*t*-äthyl-6*t*-methoxy-tetrahydro-pyran, Methyl-[tri-*O*-acetyl-3-äthyl-3-desoxy-α-D-altropyranosid] $C_{15}H_{24}O_8$, Formel I.

B. Beim Erwärmen einer Lösung von Methyl-[3-äthyl-O^4,O^6-(($\varXi$)-benzyliden)-3-desoxy-α-D-altropyranosid] (F: 97—98°; $[\alpha]_D^{16}$: +113° [CHCl₃]) mit geringen Mengen wss. Oxal≠ säure und Behandeln des Reaktionsprodukts mit Acetanhydrid und Pyridin (*Foster et al.*, Soc. **1953** 3308, 3312).

Öl; $[\alpha]_D^{20}$: −15° [CHCl₃; c = 1].

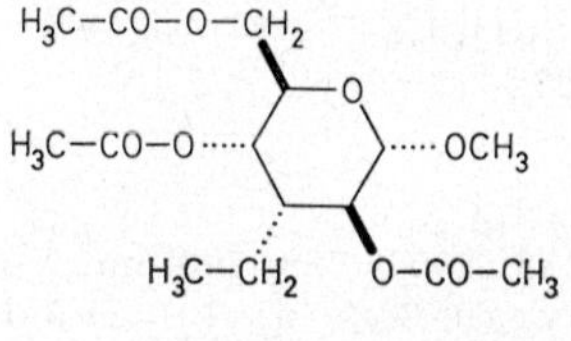

I 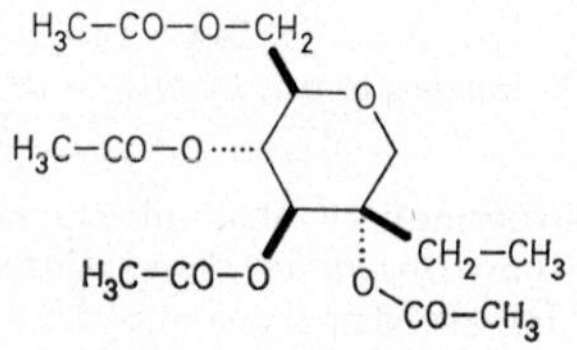   II

(*2R*)-3*t*,4*c*,5*t*-Triacetoxy-2*r*-acetoxymethyl-5*c*-äthyl-tetrahydro-pyran, Tetra-*O*-acetyl-2-äthyl-1,5-anhydro-D-glucit $C_{16}H_{24}O_9$, Formel II.

Ein Präparat (Öl; $[\alpha]_D^{26}$: +38,2° [CHCl₃]; $[\alpha]_{546}^{26}$: +47,0° [CHCl₃]), in dem wahrscheinlich diese Verbindung vorgelegen hat, ist bei der Hydrierung von Tetra-*O*-acetyl-2-äthinyl-1,5-anhydro-D-glucit (S. 2664) an Platin in Äthanol erhalten worden (*Zelinski, Meyer*, J. org. Chem. **23** [1958] 810, 812).

(*2R*)-3*t*,4*c*,5*t*-Triacetoxy-2*r*-acetoxymethyl-6*c*-äthyl-tetrahydro-pyran, Tetra-*O*-acetyl-D-*glycero*-D-*gulo*-3,7-anhydro-1,2-didesoxy-octit, (1*S*)-Tetra-*O*-acetyl-1-äthyl-1,5-anhydro-D-glucit $C_{16}H_{24}O_9$, Formel III.

B. In geringer Menge beim Behandeln von Tetra-*O*-acetyl-α-D-glucopyranosylbromid mit Äthylmagnesiumbromid in Äther und Behandeln der in Wasser löslichen Anteile des nach der Hydrolyse erhaltenen Reaktionsprodukts mit Acetanhydrid (*Zelinski, Meyer*, J. org. Chem. **23** [1958] 810, 813).

Krystalle (aus Diisopropyläther); F: 91,5—92,5°. $[\alpha]_D^{25}$: −9°; $[\alpha]_{546}^{26}$: −10,5° [jeweils in CHCl₃; c = 2].

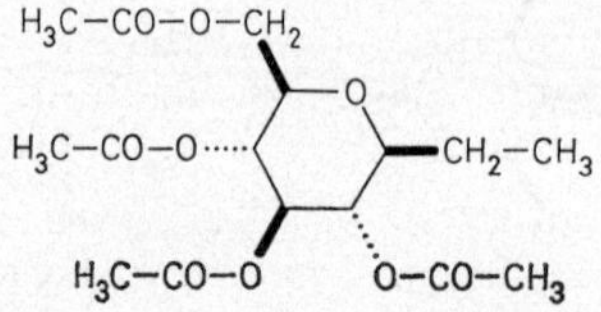

III 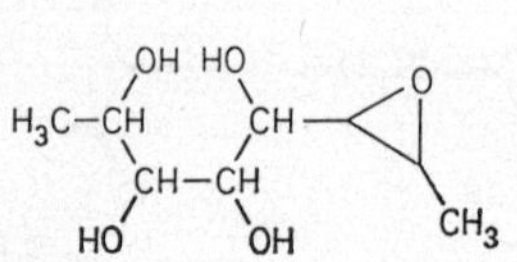   IV

*Opt.-inakt. 6,7-Epoxy-octan-2,3,4,5-tetraol $C_8H_{16}O_5$, Formel IV.

B. Neben 2,3;6,7-Diepoxy-octan-4,5-diol (F: 138—140°) beim Behandeln einer Lösung von opt.-inakt. Octa-2*t*,6*t*-dien-4,5-diol (Kp₁₁: 122—125°) in Petroläther mit Peroxy≠ benzoesäure in Äther (*Kögl, Veldstra*, A. **552** [1942] 1, 32).

Krystalle (aus Acn. + A.); F: 178°.

Tetrahydroxy-Verbindungen $C_9H_{18}O_5$

(*2R*)-3*t*,4*c*,5*t*-Triacetoxy-2*r*-acetoxymethyl-6ξ-[($\varXi$)-2,3-dibrom-propyl]-tetrahydro-pyran, (2$\varXi$,4$\varXi$)-Tetra-*O*-acetyl-1,2-dibrom-D-*gluco*-4,8-anhydro-1,2,3-tridesoxy-nonit, (1$\varXi$)-Tetra-*O*-acetyl-1-[($\varXi$)-2,3-dibrom-propyl]-1,5-anhydro-D-glucit $C_{17}H_{24}Br_2O_9$, Formel V.

B. Beim Behandeln von (*2R*)-3*t*,4*c*,5*t*-Triacetoxy-2*r*-acetoxymethyl-6ξ-allyl-tetrahydro-pyran (F: 74,5—75° [S. 2664]) mit Brom in Essigsäure (*Shdanow et al.*, Doklady Akad. S.S.S.R. **117** [1957] 990; Pr. Acad. Sci. U.S.S.R. Chem. Sect. **112–117** [1957] 1083, 1084).

Krystalle (aus Isopropylalkohol); F: 63,5—65°.

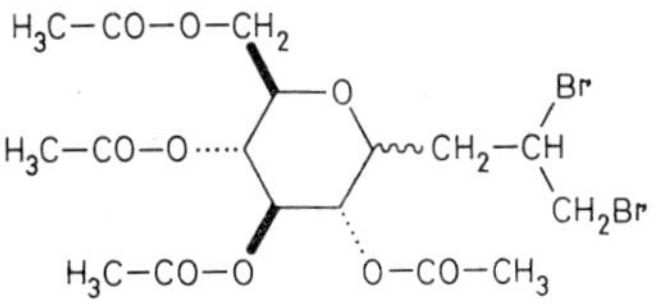

V 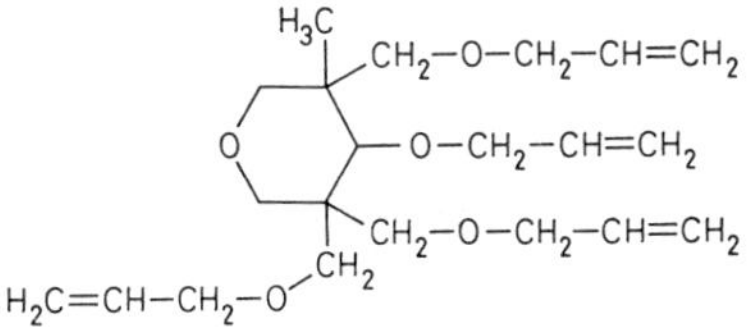   VI

*Opt.-inakt. 4-Allyloxy-3,3,5-tris-allyloxymethyl-5-methyl-tetrahydro-pyran $C_{21}H_{34}O_5$, Formel VI.

B. Als Hauptprodukt beim Behandeln von Butanon mit Paraformaldehyd und Calcium=
hydroxid in Wasser, Erwärmen des erhaltenen Öls mit Allylbromid und wss. Natronlauge und Behandeln der bei 95—170°/2 Torr destillierbaren Anteile des Reaktionsprodukts mit Allylbromid und Natrium (*Roach et al.*, Am. Soc. **69** [1947] 2651, 2654).

Kp$_{1,3}$: 150°. D^{25}: 0,9760. n$_D^{25}$: 1,4683.

Tetrahydro-Verbindungen $C_{10}H_{20}O_5$

(**2R**)-3*t*,4*c*,5*t*-Triacetoxy-2*r*-acetoxymethyl-6*t*-butyl-tetrahydro-pyran, Tetra-*O*-acetyl-
D-*glycero*-L-*gulo*-2,6-anhydro-7,8,9,10-tetradesoxy-decit, (1*R*)-Tetra-*O*-acetyl-
1-butyl-1,5-anhydro-D-glucit $C_{18}H_{28}O_9$, Formel VII.

B. Neben Tetra-*O*-acetyl-D-*glycero*-D-*gulo*-5,9-anhydro-1,2,3,4-tetrades=
oxy-decit ($C_{18}H_{28}O_9$; Formel VIII; [α]$_D^{20}$: +3,5° [CHCl$_3$] bzw. [α]$_D^{24}$: +10,2° [CHCl$_3$]; Präparate von ungewisser Einheitlichkeit) beim Behandeln von Tetra-*O*-acetyl-α-D-gluco=
pyranosylchlorid mit Butylmagnesiumbromid in Äther (*Hurd, Bonner*, Am. Soc. **67** [1945] 1972, 1976) bzw. beim Behandeln von Tetra-*O*-acetyl-α-D-glucopyranosylbromid mit But=
yllithium in Äther (*Hurd, Holysz*, Am. Soc. **72** [1950] 1735, 1738) und Erwärmen der in Wasser löslichen Anteile der nach der Hydrolyse erhaltenen Reaktionsprodukte mit Acetanhydrid und Natriumacetat.

F: 109—110° (*Hurd, Ho.*), 109—109,5° (*Hurd, Bo.*). [α]$_D^{20}$: +77,2° [CHCl$_3$; c = 1] (*Hurd, Bo.*).   [*Möhle*]

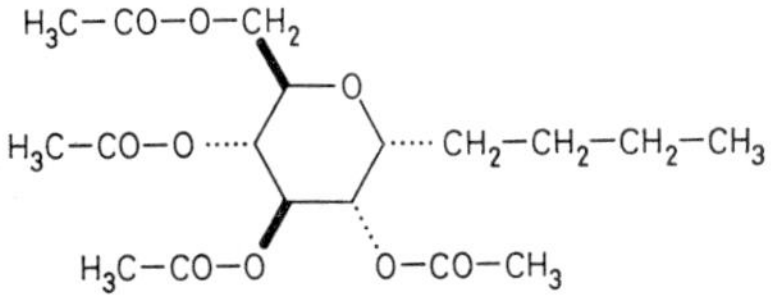

VII 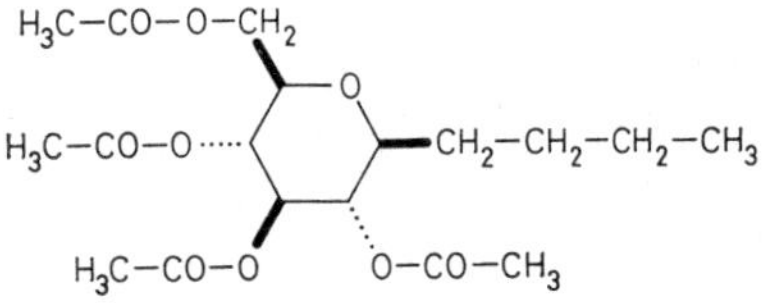   VIII

Tetrahydroxy-Verbindungen $C_nH_{2n-2}O_5$

Tetrahydroxy-Verbindungen $C_6H_{10}O_5$

(**2R**)-3*t*,4*c*,5-Trimethoxy-2*r*-methoxymethyl-3,4-dihydro-2*H*-pyran, Tetra-*O*-methyl-
1,5-anhydro-D-*arabino*-hex-1-enit, 2-Methoxy-tri-*O*-methyl-D-glucal $C_{10}H_{18}O_5$, Formel I (R = CH$_3$).

B. Beim Behandeln von Tetra-*O*-methyl-α-D-glucopyranosylbromid mit Natrium=
hydroxid in Äther und Dioxan unter Zusatz von Calciumsulfat (*Wolfrom, Husted*, Am. Soc. **59** [1937] 2559; *Wolfrom et al.*, Am. Soc. **64** [1942] 265, 267).

Krystalle; F: 13° (*Wo. et al.*), 12° (*Wo., Hu.*). Das Rohprodukt ist bei 99,2—99,5°/
4 Torr bzw. bei 55—60°/0,001 Torr destillierbar (*Wo., Hu.*). [α]$_D^{30}$: +4° [CHCl$_3$; c = 6]; +15° [W.; c = 2] (*Wo., Hu.*); [α]$_D^{32}$: +15° [W.; c = 4] (*Wo. et al.*).

Wenig beständig (*Wo. et al.*). Bei 1-stdg. Behandeln mit wss. Salzsäure (3n) und Behandeln der mit Bariumcarbonat neutralisierten Reaktionslösung mit Phenylhydrazin-hydrochlorid und Kaliumacetat ist (S)-5-Hydroxy-6-methoxy-2-phenylhydrazono-hex-3-enal-phenylhydrazon (F: 120,5—121,5°; $[\alpha]_D^{21}$: —9° [CHCl$_3$]), bei 8-stdg. Behandeln mit wss. Salzsäure (3n) ist hingegen 5-Methoxymethyl-furan-2-carbaldehyd erhalten worden (*Wo. et al.*).

3,4,5-Triacetoxy-2-acetoxymethyl-3,4-dihydro-2H-pyran $C_{14}H_{18}O_9$.

a) **(2R)-3t,4c,5-Triacetoxy-2r-acetoxymethyl-3,4-dihydro-2H-pyran, Tetra-O-acetyl-1,5-anhydro-D-*arabino*-hex-1-enit**, 2-Acetoxy-tri-O-acetyl-D-glucal $C_{14}H_{18}O_9$, Formel I (R = CO-CH$_3$) (E II 17 236).

Krystalle; F: 64—65° (*Tanaka*, Mem. Coll. Sci. Kyoto [A] **13** [1930] 239, 261), 61—62° (*Micheel, Micheel*, B. **63** [1930] 386, 390). Verbrennungswärme bei konstantem Volumen: 1533,5 kcal·mol^{-1} (*Ta.*, l. c. S. 251). $[\alpha]_D$: —19,8° [Bzl.] (*Ta.*, l. c. S. 248); $[\alpha]_D^{18}$: —31,6° [CHCl$_3$] (*Mi., Mi.*).

Überführung in (2Ξ)-2-Acetoxy-O^3,O^4,O^6-triacetyl-D-*arabino*-hcxose (,,Tetraacetyl-glu≠ coson-hydrat''; F: 151°; $[\alpha]_D^{20}$: +8,4° [wss. A.]) durch Behandlung mit Peroxybenzoe≠ säure in Äther: *Stacey, Turton*, Soc. **1946** 661, 664; *Blair* in R. L. *Whistler*, M. L. *Wolfrom*, Methods in Carbohydrate Chemistry, Bd. 2 [New York 1963] S. 411, 413, 414. Hydrierung an Platin in Methanol unter Bildung von Tetra-O-acetyl-1,5-anhydro-D-glucit: *Hockett, Conley*, Am. Soc. **66** [1944] 464. Beim Behandeln mit Ammoniak in Methanol (vgl. E II 236) und Behandeln des Reaktionsprodukts (1,5-Anhydro-D-fructose ⇌ 1,5-Anhydro-D-*arabino*-hex-1-enit) mit Phenylhydrazin und wss. Essigsäure ist bei Raumtemperatur (5S)-5r-Hydroxy-6t-hydroxymethyl-dihydro-pyran-3,4-dion-bis-phenylhydrazon, bei 95° hingegen eine als 6-Hydroxymethyl-pyran-3,4-dion-bis-phenylhydrazon angesehene Verbindung (F: 240—241°) erhalten worden (*Corbett*, Soc. **1959** 3213, 3215; s. a. *Bergmann, Zervas*, B. **64** [1931] 1434, 1437). Eine von *Maurer* (B. **62** [1929] 332, 335, 336) beim Erwärmen mit Phenylhydrazin und wss. Essigsäure (vgl. E II 236) erhaltene, ursprünglich als D-*arabino*-[2]Hexosulose-bis-phenylhydrazon (,,D-Glucose-phenylosazon'') angesehene Verbindung (F: 205°) ist als (S)-6-Acetoxymethyl-dihydro-pyran-3,4-dion-bis-phenyl≠ hydrazon ($C_{20}H_{22}N_4O_3$) zu formulieren (*Be., Ze.*, l. c. S. 1435; *Co.*, l. c. S. 3213). Bildung von (5S)-5r-Hydroxy-6t-hydroxymethyl-dihydro-pyran-3,4-dion-bis-[2,4-dinitro-phenyl≠ hydrazon] beim Behandeln einer Lösung in wss. Äthanol mit [2,4-Dinitro-phenyl]-hydrazin und wss. Salzsäure: *Co.*, l. c. S. 3215.

I   II   III

b) **(2R)-3c,4c,5-Triacetoxy-2r-acetoxymethyl-3,4-dihydro-2H-pyran, Tetra-O-acetyl-2,6-anhydro-D-*arabino*-hex-5-enit**, 2-Acetoxy-tri-O-acetyl-D-galactal $C_{14}H_{18}O_9$, Formel II.

B. Beim Erwärmen von Tetra-O-acetyl-α-D-galactopyranosylbromid mit Diäthylamin in Benzol (*Maurer, Mahn*, B. **60** [1927] 1316, 1320).

Krystalle (aus A., Ae. oder aus W.); F: 111° (*Maurer, Müller*, B. **63** [1930] 2069, 2071), 110° (*Ma., Mahn*). $[\alpha]_D^{18}$: —3,8° [CHCl$_3$; c = 2]; $[\alpha]_D^{18}$: —12,7° [1,1,2,2-Tetrachlor-äthan; c = 2]; $[\alpha]_D^{18}$: +5,0° [A.; c = 1] (*Ma., Mü.*); $[\alpha]_D^{21}$: —4,7° [A.; c = 1] (*Ma., Mahn*); $[\alpha]_D^{18}$: +9,9° [Me.; c = 0,5] (*Ma., Mü.*).

Beim Einleiten von Chlor in eine Lösung in Äther und Behandeln der Reaktionslösung mit Silbercarbonat und Wasser ist (2Ξ)-2-Acetoxy-O^3,O^4,O^6-triacetyl-D-*lyxo*-hexose (F: 96°) erhalten worden (*Ma., Mü.*, l. c. S. 2072). Eine von *Freudenberg, Rogers* (Am. Soc. **59** [1937] 1602, 1604) bei der Hydrierung an Palladium in Essigsäure erhaltene Verbindung (F: 108°; $[\alpha]_D^{22}$: —15,3° [CHCl$_3$]) ist als Tetra-O-acetyl-2,6-anhydro-D-altrit (S. 2581) zu formulieren (*Rosenfeld et al.*, Am. Soc. **70** [1948] 2201, 2203). In einem von *Maurer, Müller* beim Erwärmen mit Phenylhydrazin und wss. Essigsäure erhaltenen, als D-*lyxo*-

[2]Hexosulose-bis-phenylhydrazon („D-Galactose-phenylosazon") angesehenen Präparat (F: 190° [Rohprodukt]) hat wahrscheinlich unreines (S)-6-Acetoxymethyl-dihydro-pyran-3,4-dion-bis-phenylhydrazon vorgelegen (*Bergmann, Zervas*, B. **64** [1931] 1434, 1435, 1437).

(2R)-3t,4c,5-Tris-benzoyloxy-2r-benzoyloxymethyl-3,4-dihydro-2H-pyran, Tetra-O-benzoyl-1,5-anhydro-D-*arabino*-hex-1-enit, Tri-O-benzoyl-2-benzoyloxy-D-glucal $C_{34}H_{26}O_9$, Formel I (R = CO-C_6H_5).

B. Bei mehrtägigem Behandeln von Tetra-O-benzoyl-α-D-glucopyranosylbromid mit Diäthylamin in Benzol (*Maurer, Petsch*, B. **66** [1933] 995, 998).

Krystalle (aus A.); F: 123°. $[\alpha]_D$: $-77,0°$ [$CHCl_3$; c = 0,2] (*Ma., Pe.*).

Eine von *Maurer, Petsch* (l. c. S. 999) beim Einleiten von Chlor (1 Mol) in eine Lösung in Benzol und Erwärmen einer Lösung des Reaktionsprodukts in Benzol mit Natrium=hydrogencarbonat und wenig Wasser erhaltene, ursprünglich als (2Ξ)-Tri-O-benzoyl-2-benzoyloxy-1,2-anhydro-ξ-D-*arabino*-hexopyranose angesehene Verbindung (F: 132°; $[\alpha]_D^{20}$: $+7,1°$ [Acn.]) ist wahrscheinlich als (2R)-2r,4-Bis-benzoyloxy-6t-benzoyloxymethyl-6H-pyran-3-on zu formulieren (*Lundt, Pedersen*, Carbohydrate Res. **35** [1974] 187, 190).

(2R)-3t,4c,5-Triacetoxy-2r-[4-phenylazo-phenylcarbamoyloxy-methyl]-3,4-dihydro-2H-pyran, O^2,O^3,O^4-Triacetyl-O^6-[4-phenylazo-phenylcarbamoyl]-1,5-anhydro-D-*arabino*-hex-1-enit, 2-Acetoxy-O^3,O^4-diacetyl-O^6-[4-phenylazo-phenylcarbamoyl]-D-glucal $C_{25}H_{25}N_3O_9$, Formel III.

B. Beim Erwärmen von O^2,O^3,O^4-Triacetyl-O^6-[4-phenylazo-phenylcarbamoyl]-α-D-glu=copyranosylbromid mit Diäthylamin in Benzol (*Bredereck et al.*, B. **91** [1958] 2819, 2823).

Gelbbraune Krystalle (aus A. + W.); F: 158—159°. $[\alpha]_D^{20}$: $+43,4°$ [$CHCl_3$; c = 1].

(2R)-2r-Methoxy-6-methylen-tetrahydro-pyran-3t,4c,5t-triol, Methyl-[6-desoxy-β-D-*xylo*-hex-5-enopyranosid] $C_7H_{12}O_5$, Formel IV (R = H).

B. Beim Behandeln von Methyl-[tri-O-acetyl-6-desoxy-β-D-*xylo*-hex-5-enopyranosid] in Chloroform mit Natriummethylat in Methanol bei $-20°$ (*Helferich, Himmen*, B. **61** [1928] 1825, 1835; s. a. *Blair* in *R. L. Whistler, M. L. Wolfrom*, Methods in Carbohydrate Chemistry Bd. 2 [New York 1963] S. 415, 417, 418).

Krystalle (aus E.); F: 109—110° [korr.] (*He., Hi.*). $[\alpha]_D^{15}$: $-115,5°$ [W.; p = 6]; $[\alpha]_D^{22}$: $-114,5°$ [W.; p = 7] (*He., Hi.*).

O^6-[6-Desoxy-β-D-*xylo*-hex-5-enopyranosyl]-D-glucose $C_{12}H_{20}O_{10}$, Formel V, und cycli-sche Tautomere (in der Literatur auch als Gentiobioseen bezeichnet).

B. Beim Behandeln von O^1,O^2,O^3,O^4-Tetraacetyl-O^6-[tri-O-acetyl-6-desoxy-β-D-*xylo*-hex-5-enopyranosyl]-β-D-glucopyranose in Chloroform mit Natriummethylat in Methanol, anfangs bei $-10°$ (*Helferich et al.*, B. **63** [1930] 989, 994, 995).

Krystalle (aus W. + Acn.); F: 175° [korr.]. $[\alpha]_D^{20}$: $+2,1°$ (nach 10 min) $\rightarrow -2,5°$ (nach 20 min) $\rightarrow -19,6°$ (Endwert nach 7 h) [W.] (*He. et al.*).

(2R)-3t,5t-Diacetoxy-2r,4c-dimethoxy-6-methylen-tetrahydro-pyran, Methyl-[O^2,O^4-di=acetyl-O^3-methyl-6-desoxy-β-D-*xylo*-hex-5-enopyranosid] $C_{12}H_{18}O_7$, Formel VI (R = CH_3).

B. Beim Behandeln von Methyl-[O^2,O^4-diacetyl-6-jod-O^3-methyl-6-desoxy-β-D-gluco=

pyranosid] mit Silberfluorid und Pyridin (*Helferich, Lang*, J. pr. [2] **132** [1932] 321, 331). Krystalle (aus PAe.); F: 76,5—77,5°. $[\alpha]_D^{21}$: —54° [CHCl₃; p = 3].

3,4,5-Triacetoxy-2-methoxy-6-methylen-tetrahydro-pyran $C_{13}H_{18}O_8$.

a) **(2S)-3c,4t,5c-Triacetoxy-2r-methoxy-6-methylen-tetrahydro-pyran, Methyl-[tri-*O*-acetyl-6-desoxy-α-D-*xylo*-hex-5-enopyranosid]** $C_{13}H_{18}O_8$, Formel VII (R = CH₃).

B. Beim Behandeln von Methyl-[tri-*O*-acetyl-6-jod-6-desoxy-α-D-glucopyranosid] mit Silberfluorid und Pyridin (*Helferich, Himmen*, B. **61** [1928] 1825, 1832).

Krystalle (aus Me.) mit 0,5 Mol Methanol, F: 100—101° [korr.; nach Sintern bei 98°]; das Methanol wird beim Schmelzen abgegeben. $[\alpha]_D^{18}$: +123,8° [CHCl₃; p = 6] [lösungsmittelfreies Präparat]; $[\alpha]_D^{23}$: +116,9° [CHCl₃; p = 8] [Methanol enthaltendes Präparat].

b) **(2R)-3t,4c,5t-Triacetoxy-2r-methoxy-6-methylen-tetrahydro-pyran, Methyl-[tri-*O*-acetyl-6-desoxy-β-D-*xylo*-hex-5-enopyranosid]** $C_{13}H_{18}O_8$, Formel IV (R = CO-CH₃).

B. Beim Behandeln von Methyl-[tri-*O*-acetyl-6-brom-6-desoxy-β-D-glucopyranosid] (*Helferich, Himmen*, B. **62** [1929] 2136, 2138) oder von Methyl-[tri-*O*-acetyl-6-jod-6-desoxy-β-D-glucopyranosid] (*Helferich, Himmen*, B. **61** [1928] 1825, 1833) mit Silberfluorid und Pyridin.

Krystalle (aus Me. + W.); F: 92—93° (*He., Hi.*, B. **61** 1833, **62** 2138). $[\alpha]_D^{20}$: —34,8° [CHCl₃; p = 8] (*He., Hi.*, B. **61** 1834).

Beim Behandeln mit Blei(IV)-acetat (1 Mol; essigsäurefrei) in Benzol ist (5*Ξ*)-Methyl-[5-acetoxy-tetra-*O*-acetyl-β-D-*xylo*-hexopyranosid] (F: 146—149°; $[\alpha]_D^{20}$: —85,9° [CHCl₃]) erhalten worden (*Helferich, Bigelow*, Z. physiol. Chem. **200** [1931] 263, 267, 268). Bildung von geringen Mengen einer vermutlich als Methyl-[(5*Ξ*)-tri-*O*-acetyl-5,6-dichlor-6-desoxy-β-D-*xylo*-hexopyranosid] zu formulierenden Verbindung $C_{13}H_{18}Cl_2O_8$ (Krystalle [aus Me. + W.], F: 129,5—132° [korr.]) beim Behandeln mit Chlor in Tetrachlormethan: *He., Hi.*, B. **61** 1834.

VII   VIII

2,3,4,5-Tetraacetoxy-6-methylen-tetrahydro-pyran $C_{14}H_{18}O_9$.

a) **(2R)-2r,3c,4t,5c-Tetraacetoxy-6-methylen-tetrahydro-pyran, Tetra-*O*-acetyl-6-desoxy-α-D-*xylo*-hex-5-enopyranose** $C_{14}H_{18}O_9$, Formel VII (R = CO-CH₃).

B. Beim Behandeln von Tetra-*O*-acetyl-6-jod-6-desoxy-α-D-glucopyranose mit Silberfluorid und Pyridin (*Helferich, Himmen*, B. **61** [1928] 1825, 1830).

Krystalle (aus A.); F: 115—116° [korr.]. $[\alpha]_D^{23}$: +110,9° [CHCl₃; p = 3].

b) **(2S)-2r,3t,4c,5t-Tetraacetoxy-6-methylen-tetrahydro-pyran, Tetra-*O*-acetyl-6-desoxy-β-D-*xylo*-hex-5-enopyranose** $C_{14}H_{18}O_9$, Formel VI (R = CO-CH₃).

B. Beim Behandeln von Tetra-*O*-acetyl-6-jod-6-desoxy-β-D-glucopyranose mit Silberfluorid und Pyridin (*Helferich, Himmen*, B. **61** [1928] 1825, 1830).

F: 119° [korr.]. $[\alpha]_D^{22}$: —35,0° [CHCl₃; p = 7].

(2R)-3t,4c,5c-Tris-benzoyloxy-2r-methoxy-6-methylen-tetrahydro-pyran, Methyl-[tri-*O*-benzoyl-6-desoxy-α-L-*arabino*-hex-5-enopyranosid] $C_{28}H_{24}O_8$, Formel VIII.

Diese Konstitution und Konfiguration wird dem nachstehend beschriebenen Präparat zugeordnet (*Müller*, B. **64** [1931] 1820, 1825).

B. Beim Behandeln von Methyl-[tri-*O*-benzoyl-6-jod-6-desoxy-β-D-galactopyranosid] mit Silberfluorid und Pyridin (*Mü.*).

Amorphes Pulver (aus Me.); F: ca. 50°. $[\alpha]_D^{20}$: +101,1° [CHCl₃; p = 0,6] [1]).

---

[1]) Für das aus Methyl-[tri-*O*-benzoyl-6-jod-6-desoxy-α-D-altropyranosid] mit Hilfe von Silberfluorid und Pyridin erhaltene (enantiomere) Methyl-[tri-*O*-benzoyl-6-desoxy-α-D-*arabino*-hex-5-enopyranosid] (Formel IX) wird von *Takahashi, Nakajima* (Tetrahedron Letters **1967** 2285, 2286) $[\alpha]_D^{12}$: —4,8° [CHCl₃; c = 0,6] angegeben.

IX   X

Methyl-[O^2,O^3-diacetyl-O^4-(tri-O-acetyl-6-desoxy-β-D-$xylo$-hex-5-enopyranosyl)-6-desoxy-β-D-$xylo$-hex-5-enopyranosid] $C_{23}H_{30}O_{14}$, Formel X.

B. Bei 2-wöchigem Behandeln von Methyl-[O^2,O^3-diacetyl-6-jod-O^4-(tri-O-acetyl-6-jod-6-desoxy-β-D-glucopyranosyl)-6-desoxy-β-D-glucopyranosid] mit Silberfluorid und Pyridin (*Helferich et al.*, B. **63** [1930] 989, 998).

Krystalle (aus A.); F: 99—102° [korr.]. $[\alpha]_D^{21}$: −90,4° [CHCl$_3$; p = 3].

Bis-[(2R)-3c,4t,5c-triacetoxy-6-methylen-tetrahydro-pyran-2r-yl]-äther, Bis-[tri-O-acetyl-6-desoxy-α-D-$xylo$-hex-5-enopyranosyl]-äther, Hexa-O-acetyl-α,α-trehalosedien $C_{24}H_{30}O_{15}$, Formel XI.

B. Beim Behandeln von Bis-[tri-O-acetyl-6-jod-6-desoxy-α-D-glucopyranosyl]-äther mit Silberfluorid und Pyridin (*Bredereck*, B. **63** [1930] 959, 964).

Krystalle (aus A.); F: 205—207° [korr.]. $[\alpha]_D^{21}$: +107,5° [CHCl$_3$; p = 4].

XI   XII

(3S)-3r-Acetoxy-6t-methoxy-2-methylen-4t,5c-bis-[toluol-4-sulfonyloxy]-tetrahydro-pyran, Methyl-[O^4-acetyl-O^2,O^3-bis-(toluol-4-sulfonyl)-6-desoxy-β-D-$xylo$-hex-5-enopyranosid] $C_{23}H_{26}O_{10}S_2$, Formel XII.

B. Beim Behandeln von Methyl-[O^4-acetyl-6-jod-O^2,O^3-bis-(toluol-4-sulfonyl)-6-desoxy-β-D-glucopyranosid] mit Silberfluorid und Pyridin (*Hess et al.*, A. **507** [1933] 55, 60, 61).

Krystalle (aus A.); F: 79—80° [Zers.]. $[\alpha]_D^{20}$: −23,7° [Bzl.; c = 2]; $[\alpha]_D^{20}$: −24,2° [CHCl$_3$; c = 2]; $[\alpha]_D^{20}$: −42,3° [Acn.; c = 2].

Wenig beständig. Bei der Hydrierung an Platin in Äthanol ist eine mit Vorbehalt als Methyl-[O^4-acetyl-O^2,O^3-bis-(toluol-4-sulfonyl)-6-desoxy-β-D-glucopyranosid] formulierte Verbindung (F: 133—134°; $[\alpha]_D^{20}$: −9,4° [CHCl$_3$]) erhalten worden.

5,6-Epoxy-cyclohexan-1,2,3,4-tetraol $C_6H_{10}O_5$.

Zusammenfassende Darstellungen über Anhydroinosite: *Angyal, Anderson*, Adv. Carbohydrate Chem. **14** [1959] 135, 181—183; *Th. Posternak*, Les Cyclitols [Paris 1962] S. 177—180; *McCasland*, Adv. Carbohydrate Chem. **20** [1965] 11, 43, 44; *Anderson* in W. Pigman, D. Horton, The Carbohydrates, Bd. 1A [New York 1972] S. 551, 552.

a) **5c,6c-Epoxy-cyclohexan-1r,2c,3c,4c-tetraol, 1,2-Anhydro-cis-inosit** $C_6H_{10}O_5$, Formel I.

B. Beim Erwärmen von O^3,O^4;O^5,O^6-Diisopropyliden-1,2-anhydro-cis-inosit mit wss. Essigsäure (*Angyal, Gilham*, Soc. **1957** 3691, 3698; *McCasland et al.*, J. org. Chem. **28** [1963] 2096, 2099).

Krystalle (aus A.); F: 164—165° (*McC. et al.*).

b) **(1R)-5c,6c-Epoxy-cyclohexan-1r,2c,3t,4t-tetraol, (1S)-1,2-Anhydro-$allo$-inosit** $C_6H_{10}O_5$, Formel II.

B. Beim Erwärmen von (1R)-O^3,O^4;O^5,O^6-Diisopropyliden-1,2-anhydro-$allo$-inosit mit wss. Essigsäure (*Angyal, Gilham*. Soc. **1957** 3691, 3697)

Krystalle (aus wss. A.); F: ca. 200°. $[\alpha]_D^{25}$: $+153°$ [W.; c = 0,5].

Bildung von *neo*-Inosit und (R_p)-*asym*-Inosit (*laevo*-Inosit [E III 6 6925]) beim Behandeln mit wss. Schwefelsäure: *An.*, *Gi.*, l. c. S. 3694, 3697. Beim Behandeln mit wss. Bariumhydroxid (0,05n) bei 20° erfolgt partielle Umwandlung in (1*S*)-1,2-Anhydro-*neo*-inosit [S. 2663] (*An.*, *Gi.*, l. c. S. 3695); beim Erwärmen mit wss. Bariumhydroxid (0,5n) auf 100° sind *allo*-Inosit und *myo*-Inosit, beim Erwärmen mit Natriummethylat in Methanol sind (2*R*)-O^1-Methyl-*allo*-inosit und Sequoyit (O^5-Methyl-*myo*-inosit) erhalten worden (*An.*, *Gi.*, l. c. S. 3695, 3698).

c) (±)-5*c*,6*c*-Epoxy-cyclohexan-1*r*,2*c*,3*t*,4*t*-tetraol, (±)-1,2-Anhydro-*allo*-inosit, Condurit-E-epoxid $C_6H_{10}O_5$, Formel II + Spiegelbild.

B. Beim Behandeln einer Lösung von Condurit-E ((±)-Cyclohex-5-en-1*r*,2*c*,3*t*,4*t*-tetraol [E III 6 6648]) in wss. Essigsäure mit Peroxybenzoesäure in Chloroform (*Nakajima et al.*, B. **92** [1959] 173, 177).

Krystalle, Zers. bei 186—189°; Krystalle (aus wss. A.), Zers. bei 175—176°.

Beim Erwärmen mit wss. Schwefelsäure sind *neo*-Inosit und geringere Mengen *asym*-Inosit, beim Behandeln mit wss. Bariumhydroxid (0,5n) und Behandeln des Reaktionsprodukts mit Acetanhydrid und Pyridin sind Hexa-*O*-acetyl-*allo*-inosit und geringe Mengen Hexa-*O*-acetyl-*neo*-inosit und Hexa-*O*-acetyl-*asym*-inosit erhalten worden.

I   II   III   IV

d) 5*c*,6*c*-Epoxy-cyclohexan-1*r*,2*t*,3*t*,4*c*-tetraol, 2,3-Anhydro-*allo*-inosit, Condurit-A-epoxid $C_6H_{10}O_5$, Formel III.

Über die Konfiguration s. *Angyal*, *Gilham*, Soc. **1957** 3691, 3697.

B. Beim Behandeln einer Lösung von Condurit-A (Cyclohex-5-en-1*r*,2*t*,3*t*,4*c*-tetraol [E III 6 6649]) in Essigsäure mit Peroxybenzoesäure in Chloroform (*Schöpf*, *Arnold*, A. **558** [1947] 109, 123; *An.*, *Gi.*; *Nakajima et al.*, B. **92** [1959] 173, 175).

Krystalle; F: 130° (*Schöpf*, *Schmetterling*, Ang. Ch. **64** [1952] 591), 112° (*An.*, *Gi.*), 112° [aus A.] (*Sch.*, *Ar.*), 111—112° [aus A.] (*Na. et al.*).

Überführung in *meso*-2,3-Epoxy-succinaldehyd durch Behandlung mit wss. Natrium=perjodat-Lösung bei pH 5: *Sch.*, *Sch.* Beim Erwärmen mit Natriummethylat in Methanol und Behandeln des Reaktionsprodukts mit Acetanhydrid und Pyridin ist Penta-*O*-acetyl-pinit (O^1,O^2,O^3,O^5,O^6-Pentaacetyl-O^4-methyl-*asym*-inosit) erhalten worden (*An.*, *Gi.*, l. c. S. 3699).

e) 5*t*,6*t*-Epoxy-cyclohexan-1*r*,2*c*,3*c*,4*c*-tetraol, 5,6-Anhydro-*allo*-inosit $C_6H_{10}O_5$, Formel IV.

B. Beim Erwärmen von $O^1,O^2;O^3,O^4$-Diisopropyliden-5,6-anhydro-*allo*-inosit mit wss. Essigsäure (*Angyal*, *Gilham*, Soc. **1957** 3691, 3699).

Krystalle (aus E.), F: 120—122° [korr.]; F: 148—150° [korr.].

Beim Behandeln mit wss. Schwefelsäure ist *epi*-Inosit, beim Erwärmen mit Natrium=methylat in Methanol sind O^5-Methyl-*allo*-inosit und geringe Mengen O^4-Methyl-*myo*-inosit erhalten worden.

f) (±)-5*c*,6*c*-Epoxy-cyclohexan-1*r*,2*t*,3*c*,4*t*-tetraol, (±)-1,2-Anhydro-*myo*-inosit, Condurit-B-epoxid $C_6H_{10}O_5$, Formel V + Spiegelbild.

B. Beim Behandeln von Condurit-B ((±)-Cyclohex-5-en-1*r*,2*t*,3*c*,4*t*-tetraol [E III 6 6648]) in Essigsäure mit Peroxybenzoesäure in Chloroform (*Nakajima et al.*, B. **92** [1959] 173, 176).

Krystalle (aus A.); F: 154—155°.

Beim Behandeln mit wss. Schwefelsäure (0,5 n) und Behandeln des Reaktionsprodukts mit Acetanhydrid und Pyridin sind Hexa-*O*-acetyl-*asym*-inosit und geringe Mengen Hexa-*O*-acetyl-*scyllo*-inosit erhalten worden.

g) **(1R)-5t,6t-Epoxy-cyclohexan-1r,2c,3c,4t-tetraol, (1S)-1,2-Anhydro-neo-inosit** $C_6H_{10}O_5$, Formel VI (R = H).

B. Beim Behandeln von (1S)-1,2-Anhydro-*allo*-inosit mit wss. Bariumhydroxid [0,5 n] (*Angyal, Gilham*, Soc. **1957** 3691, 3698).

Krystalle (aus A.); F: 154° [korr.]. $[\alpha]_D^{25}$: +113° [W.; c = 1].

Beim Behandeln mit wss. Bariumhydroxid (0,05n) bei 20° erfolgt partielle Umwandlung in (1S)-1,2-Anhydro-*allo*-inosit [S. 2661] (*An., Gi.*, l. c. S. 3695). Beim Behandeln mit Natriummethylat in Methanol sind (2R)-O^1-Methyl-*allo*-inosit und geringere Mengen Sequoyit (O^5-Methyl-*myo*-inosit) erhalten worden (*An., Gi.*, l. c. S. 3694).

(1R)-1r,2c,3t-Triacetoxy-4t,5t-epoxy-6t-methoxy-cyclohexan, (1R)-O^1,O^5,O^6-Triacetyl-O^4-methyl-2,3-anhydro-allo-inosit $C_{13}H_{18}O_8$, Formel VII.

B. Beim Behandeln von (1S)-O^1,O^2,O^5,O^6-Tetraacetyl-O^4-methyl-O^3-[toluol-4-sulfonyl]-*asym*-inosit mit Natriummethylat in Methanol und Erwärmen des Reaktionsprodukts mit Acetanhydrid und Pyridin (*Angyal, Matheson*, Am. Soc. **77** [1955] 4343, 4345).

Krystalle (aus PAe.); F: 76°. $[\alpha]_D^{16}$: −63,8° [$CHCl_3$; c = 4].

Beim Erwärmen mit wss. Schwefelsäure (1 n) und Erwärmen des Reaktionsprodukts mit Acetanhydrid und Natriumacetat sind (1R)-O^1,O^2,O^3,O^4,O^5-Pentaacetyl-O^6-methyl-*asym*-inosit und geringere Mengen (+)-Penta-O-acetyl-pinit ((2R)-O^1,O^2,O^3,O^5,O^6-Pentaacetyl-O^4-methyl-*asym*-inosit) erhalten worden.

V   VI   VII   VIII

1,2,3,4-Tetraacetoxy-5,6-epoxy-cyclohexan $C_{14}H_{18}O_9$.

a) **(±)-1r,2c,3c,4t-Tetraacetoxy-5c,6c-epoxy-cyclohexan, (±)-Tetra-O-acetyl-1,2-anhydro-epi-inosit** $C_{14}H_{18}O_9$, Formel VIII + Spiegelbild.

B. Neben geringen Mengen Tetra-O-acetyl-1,2-anhydro-*neo*-inosit (s. u.) beim Behandeln von Condurit-C ((±)-Cyclohex-5-en-1r,2c,3c,4t-tetraol [E III **6** 6648]) in Essigsäure mit Peroxybenzoesäure in Chloroform und Behandeln der bei 130−131° schmelzenden Anteile des Reaktionsprodukts mit Acetanhydrid und Pyridin (*Nakajima et al.*, B. **92** [1959] 173, 176; *Nakajima, Kurihara*, B. **94** [1961] 515, 519, 520).

Krystalle (aus A.); F: 115,5−116,5° [unkorr.] (*Na., Ku.*). IR-Banden (Nujol; 10,5 bis 13 μ): *Na., Ku.*

b) **(±)-1r,2c,3c,4t-Tetraacetoxy-5t,6t-epoxy-cyclohexan, (±)-Tetra-O-acetyl-1,2-anhydro-neo-inosit** $C_{14}H_{18}O_9$, Formel VI (R = CO-CH$_3$) + Spiegelbild.

B. Als Hauptprodukt beim Behandeln von Condurit-C ((±)-Cyclohex-5-en-1r,2c,3c,4t-tetraol) in Essigsäure mit Peroxybenzoesäure in Chloroform und Behandeln der bei 138−140° schmelzenden Anteile des Reaktionsprodukts mit Acetanhydrid und Pyridin (*Nakajima et al.*, B. **92** [1959] 173, 176; *Nakajima, Kurihara*, B. **94** [1961] 515, 519, 520).

Krystalle; F: 114−115° (*Na., Ku.*). IR-Banden (Nujol; 10,4−13 μ): *Na., Ku.*

Tetrahydroxy-Verbindungen $C_8H_{14}O_5$

(2R)-3t,4c,5t-Triacetoxy-2r-acetoxymethyl-6c-vinyl-tetrahydro-pyran, Tetra-O-acetyl-3,7-anhydro-1,2-didesoxy-D-glycero-D-gulo-oct-1-enit, (1S)-Tetra-O-acetyl-1-vinyl-1,5-anhydro-D-glucit $C_{16}H_{22}O_9$, Formel IX.

B. Beim Erwärmen von Tetra-O-acetyl-α-D-glucopyranosylbromid mit Vinylmagnesiumbromid in Tetrahydrofuran und Erwärmen des nach der Hydrolyse (wss. Salzsäure) erhaltenen Reaktionsprodukts mit Acetanhydrid und Natriumacetat (*Schijan et al.*, Izv. Akad. S.S.S.R. Otd. chim. **22** [1973] 2386; engl. Ausg. S. 2335). Über ein nach dem gleichen Verfahren erhaltenes Präparat (F: 88−89°) von zweifelhafter konfigurativer Einheitlichkeit s. *Shdanow et al.*, Doklady Akad. S.S.S.R. **129** [1959] 1049, 1050; Pr. Acad. Sci. U.S.S.R. Chem. Sect. **124−129** [1959] 1101, 1102.

Krystalle (aus Ae. + PAe.), F: 102,5—103° [korr.]; [α]$_D^{20}$: +14° [CHCl$_3$; c = 1] [chromatographisch gereinigtes Präparat] (*Sch. et al.*). ^{1}H-NMR-Absorption: *Sch. et al.* IR-Banden (3,3—11 μ): *Sch. et al.*

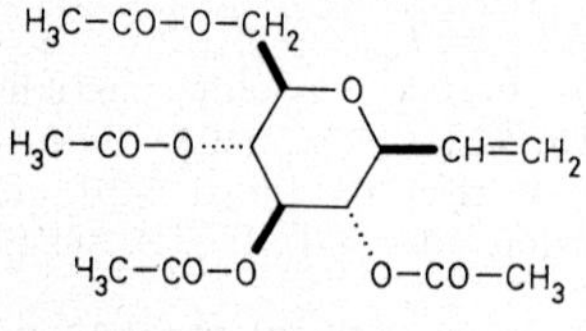

IX

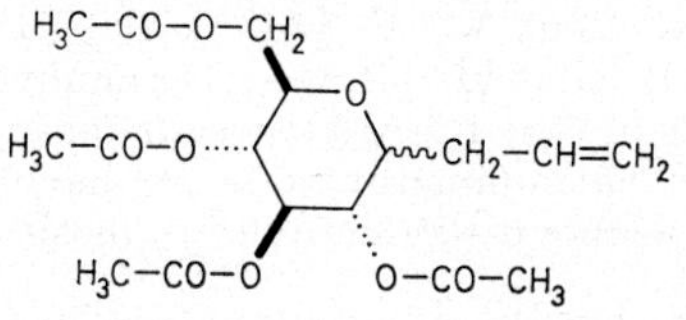

X

Tetrahydroxy-Verbindungen C$_9$H$_{16}$O$_5$

(2R)-3t,4c,5t-Triacetoxy-2r-acetoxymethyl-6ξ-allyl-tetrahydro-pyran, (4Ξ)-Tetra-O-acetyl-D-*gluco*-4,8-anhydro-1,2,3-tridesoxy-non-1-enit, (1Ξ)-Tetra-O-acetyl-1-allyl-1,5-anhydro-D-glucit C$_{17}$H$_{24}$O$_9$, Formel X.

B. Beim Behandeln von Tetra-O-acetyl-α-D-glucopyranosylchlorid mit Allylmagnesiumbromid in Äther und Erwärmen des nach der Hydrolyse (wss. Essigsäure) erhaltenen Reaktionsprodukts mit Acetanhydrid und Natriumacetat (*Shdanow et al.*, Doklady Akad. S.S.S.R. **83** [1952] 403, 405; C. A. **1953** 2710).

Krystalle (aus Isopropylalkohol); F: 74,5—75°.

Tetrahydroxy-Verbindungen C$_n$H$_{2n-4}$O$_5$

Tetrahydroxy-Verbindungen C$_4$H$_4$O$_5$

Tetrakis-[2-carboxy-phenylmercapto]-thiophen, 2,2',2'',2'''-Thiophentetrayltetramercapto-tetra-benzoesäure C$_{32}$H$_{20}$O$_8$S$_5$, Formel I.

B. Beim Erhitzen von Tetrajodthiophen mit 2-Mercapto-benzoesäure, Kaliumcarbonat und Kupfer(II)-acetat in Nitrobenzol (*Steinkopf et al.*, A. **527** [1937] 237, 262).

Zers. bei 320—322°.

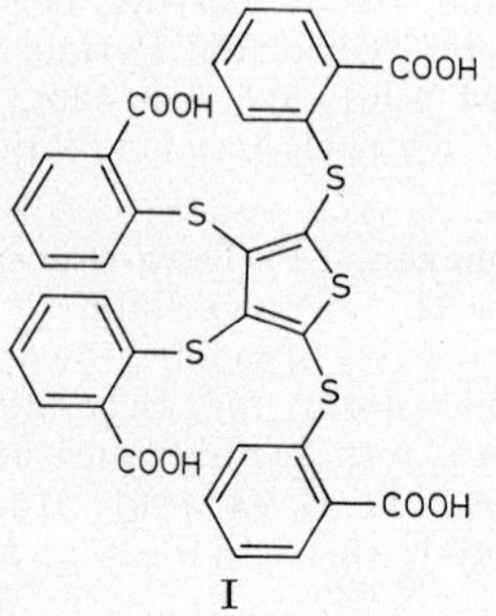

I

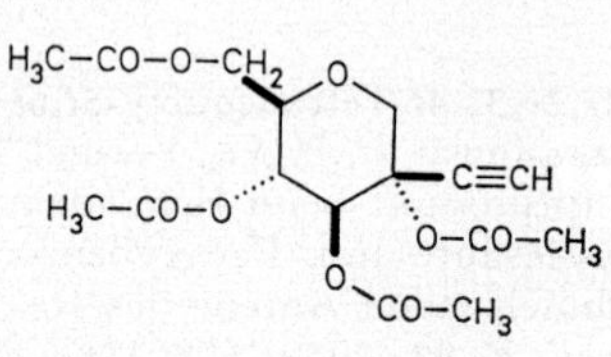

II

Tetrahydroxy-Verbindungen C$_8$H$_{12}$O$_5$

(2R)-3t,4c,5t-Triacetoxy-2r-acetoxymethyl-5c-äthinyl-tetrahydro-pyran, Tetra-O-acetyl-2-äthinyl-1,5-anhydro-D-glucit C$_{16}$H$_{20}$O$_9$, Formel II.

B. In geringer Menge beim Behandeln von Tetra-O-acetyl-α-D-glucopyranosylbromid mit Äthinylmagnesiumbromid in Tetrahydrofuran und Behandeln der in Wasser löslichen Anteile des Reaktionsprodukts mit Acetanhydrid und Pyridin (*Ogura, Ogiwara*, Chem. pharm. Bl. **20** [1972] 848).

Krystalle (aus A.); F: 184,5—185,5° [unkorr.] (*Og., Og.*). [α]$_D^{18}$: —64,5° [CHCl$_3$] (*Og., Og.*). ^{1}H-NMR-Spektrum (Deuteriochloroform und Deuterioaceton) sowie ^{1}H-^{1}H-Spin-Spin-Kopplungskonstanten: *Og., Og.* Massenspektrum: *Og., Og.*

Die gleiche Verbindung hat wahrscheinlich in einem Präparat (Krystalle [aus Isopro=
pylalkohol], F: 183—185,5°; $[\alpha]_D^{25}$: —68,8° [CHCl$_3$]) vorgelegen, das in geringer Menge
beim Behandeln von Tetra-O-acetyl-α-D-glucopyranosylbromid in Äther mit Natrium=
acetylenid in flüssigem Ammoniak und Erhitzen des Reaktionsprodukts mit Acetan=
hydrid und Natriumacetat erhalten worden ist (*Zelinski, Meyer,* J. org. Chem. **23** [1958]
810, 812).

Tetrakis-hydroxymethyl-furan C$_8$H$_{12}$O$_5$, Formel III.

B. Beim Erwärmen von Furantetracarbonsäure-tetraäthylester mit Lithiumalanat
in Äther (*Winslow et al.,* J. org. Chem. **23** [1958] 1383).

Krystalle (aus W.); F: 123—124° [unkorr.].

Tetrakis-hydroxymethyl-thiophen C$_8$H$_{12}$O$_4$S, Formel IV.

B. Beim Erwärmen von Thiophentetracarbonsäure-tetramethylester mit Lithium=
alanat in Äther (*Winslow et al.,* J. org. Chem. **23** [1958] 1383).

Krystalle; F: 102—103° [unkorr.].

III   IV   V   VI

Tetrahydroxy-Verbindungen C$_{15}$H$_{26}$O$_5$

**5,6-Epoxy-1-isopropyl-3a,6-dimethyl-4,8-bis-[2-methyl-crotonoyloxy]-decahydro-azulen-
1,3-diol** C$_{25}$H$_{38}$O$_7$, Formel V (R = CO-C(CH$_3$)=CH-CH$_3$).

Diese Konstitution kommt dem nachstehend beschriebenen **Isolaserpitin** zu (*Holub
et al.,* Collect. **24** [1959] 3926, 3928; M. **98** [1967] 1138, 1140).

Isolierung aus Wurzeln von Laserpitium latifolium: *Ho. et al.,* Collect. **24** 3929.

Krystalle (aus PAe.); F: 159°; $[\alpha]_D^{20}$: —28° [Me.] (*Ho. et al.,* Collect. **24** 3931; s. dazu
Ho. et al., M. **98** 1153). IR-Spektrum (CHCl$_3$; 3—12 μ): *Ho. et al.,* Collect. **24** 3927.

Überführung in Tetrahydroisolaserpitin (5,6-Epoxy-1-isopropyl-3a,6-di=
methyl-4,8-bis-[2-methyl-butyryloxy]-decahydro-azulen-1,3-diol C$_{25}$H$_{42}$O$_7$;
Formel V [R = CO-CH(CH$_3$)-CH$_2$-CH$_3$]; F: 135—136° [aus PAe.]) durch Hydrierung
an Platin in Essigsäure: *Ho. et al.,* Collect. **24** 3931.

Tetrahydroxy-Verbindungen C$_{20}$H$_{36}$O$_5$

(13 Ξ)-9,13-Epoxy-8βH-labdan-3β,15,16,18-tetraol[1]) C$_{20}$H$_{36}$O$_5$, Formel VI.

Diese Konstitution und Konfiguration kommt dem nachstehend beschriebenen **Lago=
chilin** zu (*Gafner et al.,* J. C. S. Chem. Commun. **1974** 249; s. a. *Tschishow et al.,* Izv.
Akad. S.S.S.R. **1970** 1983; engl. Ausg. S. 1866).

Isolierung aus Stengeln und Blättern von Lagochilus inebrians: *Abramow,* Ž. prikl.
Chim. **30** [1957] 653; engl. Ausg. S. 691; Doklady Akad. Uzbeksk. S.S.R. **1958** Nr. 3,
S. 41; C. A. **1959** 8093.

Krystalle; F: 157—158° (*Tsch. et al.*), 154—154,5° [aus W. oder wss. A.] (*Ab.,* Doklady
Akad. Uzbeksk. S.S.R. **1958** Nr. 3, S. 42). Krystalle mit 1 Mol H$_2$O; F: 115—116° (*Ab.,*
Doklady Akad. Uzbeksk. S.S.R. **1958** Nr. 3, S. 42), 115—117° (*Tsch. et al.*). $[\alpha]_D$: 0°
[A.] (*Tsch. et al.; Ab.,* Doklady Akad. Uzbeksk. S.S.R. **1958** Nr. 3, S. 42).

Beim Erhitzen mit wss. Salzsäure ist eine als **Lagochilidin** (**Inebrin**) bezeichnete
Verbindung C$_{20}$H$_{34}$O$_4$ (?) (F: 120—121°; Krystalle [aus wss. A.] mit 1 Mol H$_2$O, F:
97—98°; ohne erkennbares opt. Drehungsvermögen) erhalten worden (*Ab.,* Doklady

---

[1]) Stellungsbezeichnung bei von Labdan abgeleiteten Namen s. E III **5** 297; über die
Bezifferung der geminalen Methyl-Gruppen s. *Allard, Ourisson,* Tetrahedron **1** [1957]
277, 278.

Akad. Uzbeksk. S.S.R. **1958** Nr. 3, S. 42; s. dazu *Tsch. et al.*, l. c. S. 1985 Anm.). Überführung in Tetra-*O*-acetyl-lagochilin ((13Ξ)-3β,15,16,18-Tetraacetoxy-9,13-ep=
oxy-8βH-labdan $C_{28}H_{44}O_9$; Öl; bei 200—207°/2 Torr destillierbar; D^{20}: 1,1165; n_D^{20}:
1,4878) mit Hilfe von Acetanhydrid und Natriumacetat: *Ab.*, Doklady Akad. Uzbeksk.
S.S.R. **1958** Nr. 3, S. 41.

Tetrahydroxy-Verbindungen $C_n^z H_{2n-8} O_5^m$

Tetrahydroxy-Verbindungen $C_{11}H_{14}O_5$

3,4,5-Triacetoxy-2-[4-methoxy-phenyl]-tetrahydro-pyran $C_{18}H_{22}O_8$.

a) **(2S)-3t,4c,5t-Triacetoxy-2r-[4-methoxy-phenyl]-tetrahydro-pyran, D-(1S)-Tri-
O-acetyl-1-[4-methoxy-phenyl]-1,5-anhydro-xylit** $C_{18}H_{22}O_8$, Formel VII (R = CH$_3$).
Bezüglich der Konfigurationszuordnung vgl. *Bonner, Hurd*, Am. Soc. **73** [1951] 4290.
B. Beim Behandeln von Tri-*O*-acetyl-α-D-xylopyranosylchlorid (S. 2280) mit 4-Meth=
oxy-phenylmagnesium-bromid in Äther (*Shdanow, Schtscherbakowa*, Doklady Akad.
S.S.S.R. **90** [1953] 185, 186; C. A. **1954** 5114).
Krystalle (aus Isopropylalkohol); F: 129,5—130,5° (*Sh., Schtsch.*).

b) **(3S)-3r,4t,5t-Triacetoxy-2ξ-[4-methoxy-phenyl]-tetrahydro-pyran, (1Ξ)-Tri-
O-acetyl-1-[4-methoxy-phenyl]-1,5-anhydro-L-arabit** $C_{18}H_{22}O_8$, Formel VIII (R = CH$_3$).
B. Beim Behandeln von Tri-*O*-acetyl-β-L-arabinopyranosylchlorid (S. 2279) mit 4-Meth=
oxy-phenylmagnesium-bromid in Äther (*Shdanow, Dorofeenko*, Doklady Akad. S.S.S.R. **113**
[1957] 601, 602; Pr. Acad. Sci. U.S.S.R. Chem. Sect. **112**—**117** [1957] 271, 272).
Krystalle (aus Butan-1-ol); F: 153—154°.

VII   VIII

3,4,5-Triacetoxy-2-[4-äthoxy-phenyl]-tetrahydro-pyran $C_{19}H_{24}O_8$.

a) **(2S)-3t,4c,5t-Triacetoxy-2r-[4-äthoxy-phenyl]-tetrahydro-pyran, D-(1S)-Tri-
O-acetyl-1-[4-äthoxy-phenyl]-1,5-anhydro-xylit** $C_{19}H_{24}O_8$, Formel VII (R = C$_2$H$_5$).
Bezüglich der Konfigurationszuordnung vgl. *Bonner, Hurd*, Am. Soc. **73** [1951] 4290.
B. Beim Behandeln von Tri-*O*-acetyl-α-D-xylopyranosylchlorid (S. 2280) mit 4-Äthoxy-
phenylmagnesium-bromid in Äther (*Shdanow, Schtscherbakowa*, Doklady Akad. S.S.S.R. **90**
[1953] 185, 187; C. A. **1954** 5114).
Krystalle (aus PAe.); F: 130,5—131° (*Sh., Schtsch.*).

b) **(3S)-3r,4t,5t-Triacetoxy-2ξ-[4-äthoxy-phenyl]-tetrahydro-pyran, (1Ξ)-Tri-
O-acetyl-1-[4-äthoxy-phenyl]-1,5-anhydro-L-arabit** $C_{19}H_{24}O_8$, Formel VIII (R = C$_2$H$_5$).
B. Beim Behandeln von Tri-*O*-acetyl-β-L-arabinopyranosylchlorid (S. 2279) mit 4-Äth=
oxy-phenylmagnesium-bromid in Äther (*Shdanow, Dorofeenko*, Doklady Akad. S.S.S.R. **113**
[1957] 601, 602; Pr. Acad. Sci. U.S.S.R. Chem. Sect. **112**—**117** [1957] 271, 272).
Krystalle (aus Butan-1-ol); F: 126—127°.

3,4,5-Triacetoxy-2-[3(?)-chlor-4-methoxy-phenyl]-tetrahydro-pyran $C_{18}H_{21}ClO_8$.

a) **(2S)-3t,4c,5t-Triacetoxy-2r-[3(?)-chlor-4-methoxy-phenyl]-tetrahydro-pyran,
D-(1S)-Tri-*O*-acetyl-1-[3(?)-chlor-4-methoxy-phenyl]-1,5-anhydro-xylit** $C_{18}H_{21}ClO_8$,
vermutlich Formel IX (X = Cl).
Bezüglich der Konstitutionszuordnung vgl. *Shdanow et al.*, Doklady Akad. S.S.S.R.
83 [1952] 403; C. A. **1953** 2710.
B. Beim Behandeln von D-(1S)-Tri-*O*-acetyl-1-[4-methoxy-phenyl]-1,5-anhydro-xylit
(s. o.) mit Chlor in Tetrachlormethan (*Shdanow, Schtscherbakowa*, Doklady Akad. S.S.S.R.
90 [1953] 185, 187; C. A. **1954** 5114).
Krystalle (aus Isopropylalkohol); F: 151—153° (*Sh., Schtsch.*).

b) (3S)-3r,4t,5t-Triacetoxy-2ξ-[3(?)-chlor-4-methoxy-phenyl]-tetrahydro-pyran, (1Ξ)-Tri-*O*-acetyl-1-[3(?)-chlor-4-methoxy-phenyl]-1,5-anhydro-L-arabit C₁₈H₂₁ClO₈, vermutlich Formel X (X = Cl).

Bezüglich der Konstitutionszuordnung vgl. *Shdanow et al.*, Doklady Akad. S.S.S.R. **83** [1952] 403; C. A. **1953** 2710.

B. Beim Behandeln einer Lösung von (1Ξ)-Tri-*O*-acetyl-1-[4-methoxy-phenyl]-1,5-anhydro-L-arabit (S. 2666) in Tetrachlormethan mit Chlor (*Shdanow, Dorofeenko*, Doklady Akad. S.S.S.R. **113** [1957] 601, 603; Pr. Acad. Sci. U.S.S.R. Chem. Sect. **112–117** [1957] 271, 272).

Krystalle (aus Isopropylalkohol); F: 97—98° (*Sh., Do.*).

IX   X

3,4,5-Triacetoxy-2-[3(?)-brom-4-methoxy-phenyl]-tetrahydro-pyran C₁₈H₂₁BrO₈.

a) (2S)-3t,4c,5t-Triacetoxy-2r-[3(?)-brom-4-methoxy-phenyl]-tetrahydro-pyran, D-(1S)-Tri-*O*-acetyl-1-[3(?)-brom-4-methoxy-phenyl]-1,5-anhydro-xylit C₁₈H₂₁BrO₈, vermutlich Formel IX (X = Br).

Bezüglich der Konstitutionszuordnung vgl. *Shdanow et al.*, Doklady Akad. S.S.S.R. **83** [1952] 403; C. A. **1953** 2710.

B. Beim Behandeln von D-(1S)-Tri-*O*-acetyl-1-[4-methoxy-phenyl]-1,5-anhydro-xylit (S. 2666) mit Brom in Essigsäure (*Shdanow, Schtscherbakowa*, Doklady Akad. S.S.S.R. **90** [1953] 185, 187; C. A. **1954** 5114).

Krystalle (aus Isopropylalkohol); F: 159—160° (*Sh., Schtsch.*).

b) (3S)-3r,4t,5t-Triacetoxy-2ξ-[3(?)-brom-4-methoxy-phenyl]-tetrahydro-pyran, (1Ξ)-Tri-*O*-acetyl-1-[3(?)-brom-4-methoxy-phenyl]-1,5-anhydro-L-arabit C₁₈H₂₁BrO₈, vermutlich Formel X (X = Br).

Bezüglich der Konstitutionszuordnung vgl. *Shdanow et al.*, Doklady Akad. S.S.S.R. **83** [1952] 403; C. A. **1953** 2710.

B. Beim Behandeln von (1Ξ)-Tri-*O*-acetyl-1-[4-methoxy-phenyl]-1,5-anhydro-L-arabit (S. 2666) mit Brom in Essigsäure (*Shdanow, Dorofeenko*, Doklady Akad. S.S.S.R. **113** [1957] 601, 603; Pr. Acad. Sci. U.S.S.R. Chem. Sect. **112–117** [1957] 271, 273).

Krystalle (aus Butan-1-ol); F: 129—130° (*Sh., Do.*).

(2S)-3t,4c,5t-Triacetoxy-2r-[4-äthoxy-3,5-dibrom-phenyl]-tetrahydro-pyran, D-(1S)-Tri-*O*-acetyl-1-[4-äthoxy-3,5-dibrom-phenyl]-1,5-anhydro-xylit C₁₉H₂₂Br₂O₈, Formel XI.

B. Beim Behandeln von D-(1S)-Tri-*O*-acetyl-1-[4-äthoxy-phenyl]-1,5-anhydro-xylit (S. 2666) mit Brom in Essigsäure (*Shdanow et al.*, Doklady Akad. S.S.S.R. **117** [1957] 990; Pr. Acad. Sci. U.S.S.R. Chem. Sect. **112–117** [1957] 1083).

Krystalle (aus Isopropylalkohol); F: 80—81,5°.

(2S)-3t,4c,5t-Triacetoxy-2r-[4-methoxy-3(?)-nitro-phenyl]-tetrahydro-pyran, D-(1S)-Tri-*O*-acetyl-1-[4-methoxy-3(?)-nitro-phenyl]-1,5-anhydro-xylit C₁₈H₂₁NO₁₀, vermutlich Formel IX (X = NO₂).

Bezüglich der Konstitutionszuordnung vgl. *Shdanow et al.*, Doklady Akad. S.S.S.R. **83** [1952] 403; C. A. **1953** 2710.

B. Beim Behandeln von D-(1S)-Tri-*O*-acetyl-1-[4-methoxy-phenyl]-1,5-anhydro-xylit (S. 2666) mit Kupfer(II)-nitrat, Acetanhydrid und Essigsäure (*Shdanow, Schtscherbakowa*, Doklady Akad. S.S.S.R. **90** [1953] 185, 187; C. A. **1954** 5114).

Krystalle (aus Isopropylalkohol); F: 155,5—156,5° (*Sh., Schtsch.*).

(2S)-3t,4c,5t-Triacetoxy-2r-[4-äthoxy-3(?)-nitro-phenyl]-tetrahydro-pyran, D-(1S)-Tri-*O*-acetyl-1-[4-äthoxy-3(?)-nitro-phenyl]-1,5-anhydro-xylit C₁₉H₂₃NO₁₀, vermutlich Formel XII.

Bezüglich der Konstitutionszuordnung vgl. *Shdanow et al.*, Doklady Akad. S.S.S.R.

83 [1952] 403; C. A. **1953** 2710.

B. Beim Behandeln von D-(1*S*)-Tri-*O*-acetyl-1-[4-äthoxy-phenyl]-1,5-anhydro-xylit (S. 2666) mit Kupfer(II)-nitrat, Acetanhydrid und Essigsäure (*Shdanow, Schtscherbakowa,* Doklady Akad. S.S.S.R. **90** [1953] 185, 188; C. A. **1954** 5114).

Krystalle (aus Isopropylalkohol); F: 165,5—167,0° (*Sh., Schtsch.*).

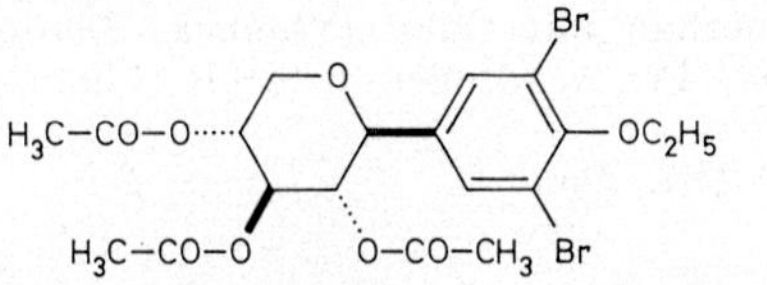

XI 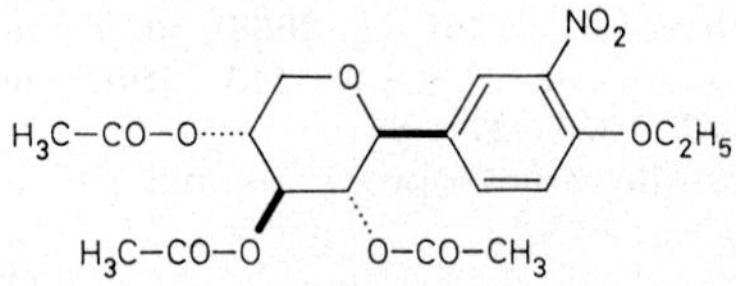   XII

(±)-**6,7-Dimethoxy-2,2-dimethyl-chroman-3***r*,**4***c*-**diol** $C_{13}H_{18}O_5$, Formel XIII + Spiegelbild.

B. Aus 6,7-Dimethoxy-2,2-dimethyl-2*H*-chromen beim Behandeln mit Osmium(VIII)-oxid in Äther und Pyridin (*Alertsen*, Acta chem. scand. **9** [1955] 1725; Acta polytech. scand. Chem. Ser. Nr. 13 [1961] 1, 16).

Krystalle; F: 129,5° [korr.]. UV-Absorptionsmaximum (Hexan): 293 nm.

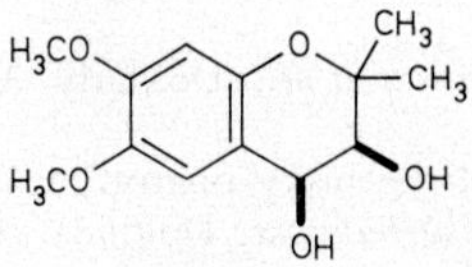

XIII 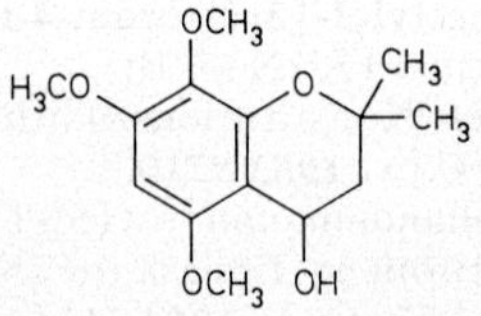   XIV

(±)-**5,7,8-Trimethoxy-2,2-dimethyl-chroman-4-ol** $C_{14}H_{20}O_5$, Formel XIV.

B. Aus 5,7,8-Trimethoxy-2,2-dimethyl-chroman-4-on beim Erwärmen mit Lithiumalanat in Äther (*Huls, Brunelle*, Bl. Soc. chim. Belg. **68** [1959] 325, 332).

Krystalle (aus PAe.); F: 89°. UV-Spektrum (Me.; 230—290 nm): *Huls, Br.*

Tetrahydroxy-Verbindungen $C_{12}H_{16}O_5$

(**3***R*)-**2***ξ*,**3***r*,**4***t*,**5***c*-**Tetraacetoxy-6***t*-**benzyl-tetrahydro-pyran, Tetra-*O*-acetyl-6-phenyl-6-desoxy-*ξ*-D-glucopyranose** $C_{20}H_{24}O_9$, Formel I.

Diese Konstitution (und Konfiguration) kommt möglicherweise der nachstehend beschriebenen Verbindung zu.

B. Beim Erwärmen von O^3-Benzyl-O^1,O^2-isopropyliden-5,6-anhydro-α-D-glucofuranose mit Phenyllithium in Äther, mehrtägigen Behandeln des Reaktionsprodukts mit Acetanhydrid, Essigsäure und Schwefelsäure, Erwärmen des danach isolierten Reaktionsprodukts mit einem Ionenaustauscher in wss. Äthanol und Behandeln der erhaltenen 6-Phenyl-6-desoxy-*ξ*-D-glucopyranose(?) mit Acetanhydrid und Pyridin (*English, Levy,* Am. Soc. **78** [1956] 2846).

Krystalle (aus CCl$_4$); F: 158—158,4°. $[\alpha]_D^{25}$: +98,2° [CHCl$_3$; c = 2].

(**2***R*)-**2***r*-**Hydroxymethyl-5***c*-**phenyl-tetrahydro-pyran-3***t*,**4***c*,**5***t*-**triol, 2-Phenyl-1,5-anhydro-D-glucit** $C_{12}H_{16}O_5$, Formel II.

B. Aus Tetra-*O*-acetyl-2-phenyl-1,5-anhydro-D-glucit beim Behandeln mit Natriummethylat in Methanol (*Hurd, Holysz*, Am. Soc. **72** [1950] 1735, 1737).

Krystalle (aus A.); F: 134,5—135,5°; $[\alpha]_D^{26}$: +13,9° [A.; c = 2] (*Hurd, Miles*, J. org. Chem. **29** [1964] 2976, 2978).

(**3***S*)-**4***t*,**5***c*-**Diacetoxy-6***t*-**acetoxymethyl-3-phenyl-tetrahydro-pyran-3***r*-**ol, O^3,O^4,O^6-Triacetyl-2-phenyl-1,5-anhydro-D-glucit** $C_{18}H_{22}O_8$, Formel III (R = H).

B. Beim Behandeln von 2-Phenyl-1,5-anhydro-D-glucit mit Acetanhydrid und Pyridin (*Hurd, Holysz,* Am. Soc. **72** [1950] 1735, 1737).

Krystalle (aus A.); F: 161,5—162°. $[\alpha]_D^{24}$: +49,3° [CHCl$_3$; c = 3].

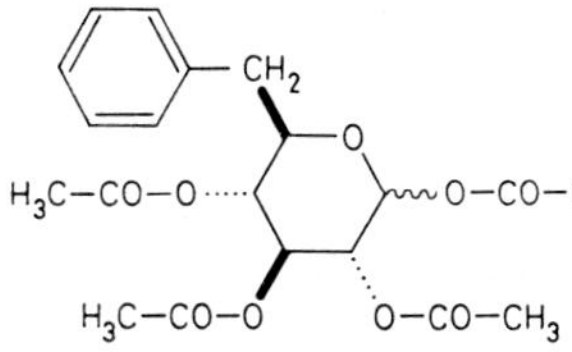

I 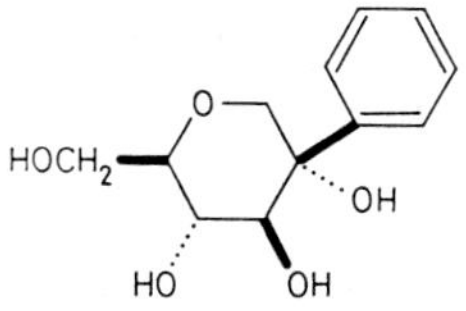   II 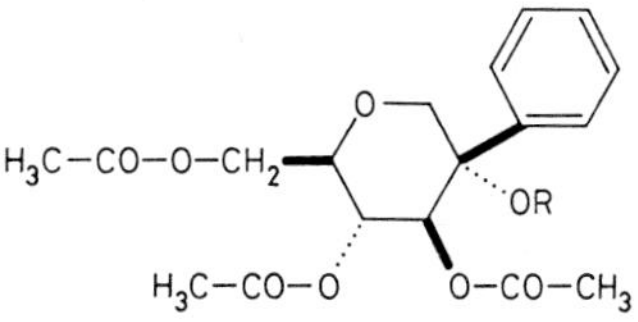   III

(**2R**)-3*t*,4*c*,5*t*-Triacetoxy-2*r*-acetoxymethyl-5*c*-phenyl-tetrahydro-pyran, **Tetra-*O*-acetyl-2-phenyl-1,5-anhydro-D-glucit** $C_{20}H_{24}O_9$, Formel III (R = CO-CH$_3$).

B. Neben (1*S*)-Tetra-*O*-acetyl-1-phenyl-1,5-anhydro-D-glucit bei der Behandlung von Tetra-*O*-acetyl-α-D-glucopyranosylchlorid mit Phenyllithium in Äther, Hydrolyse und anschliessenden Acetylierung (*Hurd, Holysz,* Am. Soc. **72** [1950] 1735, 1737; *Hurd, Miles,* J. org. Chem. **29** [1964] 2976, 2978).

Krystalle, F: 142−143°; [α]$_D^{24}$: −2,3° [CHCl$_3$; c = 3] (*Hurd, Ho.*).

(**2R**)-2*r*-Hydroxymethyl-6*t*-methoxy-5*t*-phenyl-tetrahydro-pyran-3*t*,4*c*-diol, **Methyl-[2-phenyl-2-desoxy-α-D-glucopyranosid]** $C_{13}H_{18}O_5$, Formel IV.

B. Beim Erwärmen von Methyl-[O^4,O^6-((Ξ)-benzyliden)-2-phenyl-2-desoxy-α-D-glucopyranosid] (über diese Verbindung s. a. *Dobinson et al.,* Tetrahedron Letters **1959** 1, 2) mit Chlorwasserstoff enthaltendem Äthanol (*Richards,* Soc. **1955** 2013, 2016).

Krystalle (aus E. + PAe.); F: 180,5−181,5°; [α]$_D^{18}$: +175° [A.; c = 0,5] (*Ri.*). UV-Absorptionsmaxima: 210 nm und 258 nm (*Ri.*).

2-Hydroxymethyl-6-phenyl-tetrahydro-pyran-3,4,5-triol $C_{12}H_{16}O_5$.

a) (**2R**)-2*r*-Hydroxymethyl-6*t*-phenyl-tetrahydro-pyran-3*t*,4*c*,5*t*-triol, (**1R**)-1-Phenyl-1,5-anhydro-D-glucit $C_{12}H_{16}O_5$, Formel V.

B. Beim Behandeln von (1*R*)-Tetra-*O*-acetyl-1-phenyl-1,5-anhydro-D-glucit mit Kaliummethylat in Methanol (*Bonner, Craig,* Am. Soc. **72** [1950] 3480, 3482).

Krystalle (aus Me.); F: 186,5−187°. [α]$_D^{26}$: +90,5° [Me.; c = 2].

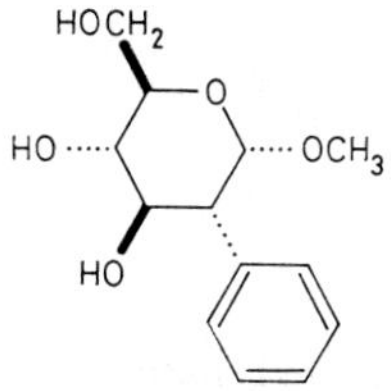

IV 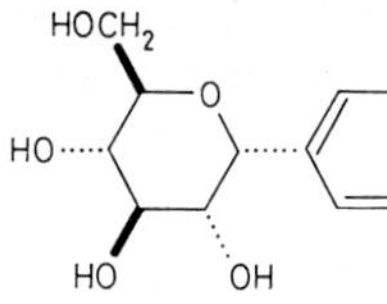   V 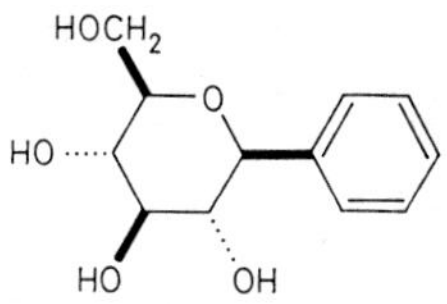   VI

b) (**2R**)-2*r*-Hydroxymethyl-6*c*-phenyl-tetrahydro-pyran-3*t*,4*c*,5*t*-triol, (**1S**)-1-Phenyl-1,5-anhydro-D-glucit $C_{12}H_{16}O_5$, Formel VI.

B. Beim Behandeln von (1*S*)-Tetra-*O*-acetyl-1-phenyl-1,5-anhydro-D-glucit mit Kaliummethylat bzw. Natriummethylat in Methanol (*Bonner, Koehler,* Am. Soc. **70** [1948] 314; *Hurd, Holysz,* Am. Soc. **72** [1950] 1735, 1737) oder mit Ammoniak in Methanol (*Shdanow et al.,* Doklady Akad. S.S.S.R. **129** [1959] 1049; Pr. Acad. Sci. U.S.S.R. Chem. Sect. **124−129** [1959] 1101).

Öl; [α]$_D^{26}$: +23,2° [Me.; c = 5] (*Hurd, Ho.*). Verbindung mit 1 Mol Methanol: Harz; [α]$_D^{23}$: +18,3° [W.; c = 3] (*Bo., Ko.*).

c) (**2R**)-2*r*-Hydroxymethyl-6*t*-phenyl-tetrahydro-pyran-3*t*,4*c*,5*c*-triol, (**1R**)-1-Phenyl-1,5-anhydro-D-mannit $C_{12}H_{16}O_5$, Formel VII (R = H).

B. Beim Behandeln von (1*R*)-Tetra-*O*-acetyl-1-phenyl-1,5-anhydro-D-mannit mit Natriummethylat in Methanol (*Hurd, Holysz,* Am. Soc. **72** [1950] 1732, 1734).

F: 184−185°. [α]$_D^{26}$: +65,2° [W.; c = 3].

d) (**2R**)-2*r*-Hydroxymethyl-6*c*-phenyl-tetrahydro-pyran-3*t*,4*c*,5*c*-triol, (**1S**)-1-Phenyl-1,5-anhydro-D-mannit $C_{12}H_{16}O_5$, Formel VIII (R = H).

B. Beim Behandeln von (1*S*)-Tetra-*O*-acetyl-1-phenyl-1,5-anhydro-D-mannit mit

Natriummethylat in Methanol (*Hurd, Holysz,* Am. Soc. **72** [1950] 1732, 1734).
F: 206—207°. $[\alpha]_D^{26}$: +60,0° [W.; c = 3].

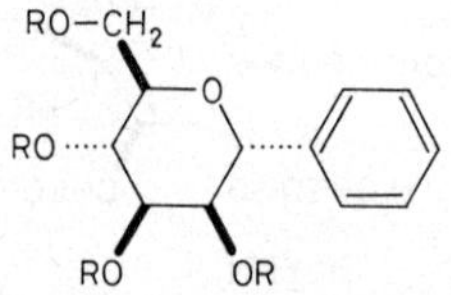

VII 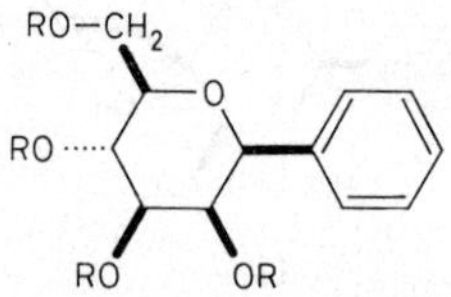   VIII 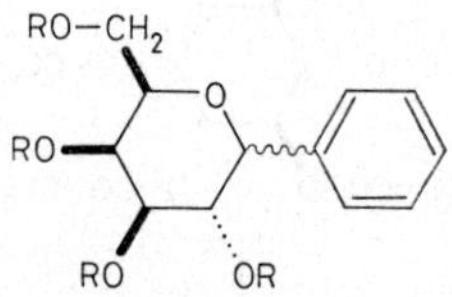   IX

e) **(2R)-2r-Hydroxymethyl-6ξ-phenyl-tetrahydro-pyran-3c,4c,5t-triol, (1Ξ)-1-Phenyl-D-1,5-anhydro-galactit** $C_{12}H_{16}O_5$, Formel IX (R = H).

B. Beim Behandeln von (1Ξ)-Tetra-*O*-acetyl-1-phenyl-D-1,5-anhydro-galactit (aus Tetra-*O*-acetyl-α-D-galactopyranosylchlorid und Phenylmagnesiumbromid in Äther erhalten [*Shdanow et al.,* Doklady Akad. S.S.S.R. **117** [1957] 990; Pr. Acad. Sci. U.S.S.R. Chem. Sect. **112–117** [1957] 1083]) mit Ammoniak in Methanol (*Shdanow et al.,* Doklady Akad. S.S.S.R. **128** [1959] 953; Pr. Acad. Sci. U.S.S.R. Chem. Sect. **124–129** [1959] 853; Doklady Akad. S.S.S.R. **143** [1962] 852; Pr. Acad. Sci. U.S.S.R. Chem. Sect. **142–147** [1962] 265).

Krystalle; F: 142—143° (*Sh. et al.,* Doklady Akad. S.S.S.R. **143** 853), 132° (*Sh. et al.,* Doklady Akad. S.S.S.R. **128** 954).

3,4,5-Trimethoxy-2-methoxymethyl-6-phenyl-tetrahydro-pyran $C_{16}H_{24}O_5$.

a) **(2R)-3t,4c,5t-Trimethoxy-2r-methoxymethyl-6t-phenyl-tetrahydro-pyran, (1R)-Tetra-*O*-methyl-1-phenyl-1,5-anhydro-D-glucit** $C_{16}H_{24}O_5$, Formel X (R = CH_3).

B. Beim Behandeln von (1*R*)-1-Phenyl-1,5-anhydro-D-glucit mit Dimethylsulfat und wss. Natronlauge und Behandeln des Reaktionsprodukts mit Methyljodid und Silber-oxid (*Bonner, Craig,* Am. Soc. **72** [1950] 3480, 3483).
Öl; $[\alpha]_D^{24}$: +93,2° [CHCl_3; c = 3].

b) **(2R)-3t,4c,5t-Trimethoxy-2r-methoxymethyl-6c-phenyl-tetrahydro-pyran, (1S)-Tetra-*O*-methyl-1-phenyl-1,5-anhydro-D-glucit** $C_{16}H_{24}O_5$, Formel XI (R = CH_3).

B. Neben (1*S*)-O^x,O^x,O^x-Trimethyl-1-phenyl-1,5-anhydro-D-glucit ($C_{15}H_{22}O_5$; wasserhaltige Krystalle [aus W.], F: 106—107°; $[\alpha]_D^{24}$: +36,3° [CHCl_3; c = 3]) beim Behandeln von (1*S*)-1-Phenyl-1,5-anhydro-D-glucit mit Dimethylsulfat und wss. Natron-lauge und Behandeln des Reaktionsprodukts mit Methyljodid und Silberoxid (*Bonner, Craig,* Am. Soc. **72** [1950] 3480, 3483).
$Kp_{0,1}$: 118—120°. $[\alpha]_D^{18}$: +18,0° [CHCl_3; c = 5].

(2S)-2r-Phenyl-6c-trityloxymethyl-tetrahydro-pyran-3t,4c,5t-triol, (1S)-1-Phenyl-O^6-trityl-1,5-anhydro-D-glucit $C_{31}H_{30}O_5$, Formel XII (R = C_6H_5).

B. Beim Behandeln von (1*S*)-1-Phenyl-1,5-anhydro-D-glucit mit Tritylchlorid und Pyridin (*Shdanow et al.,* Doklady Akad. S.S.S.R. **128** [1959] 953; Pr. Acad. Sci. U.S.S.R. Chem. Sect. **124–129** [1959] 853).
Krystalle (aus Me.); F: 110°.

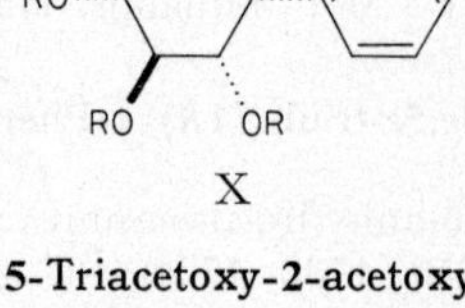

X 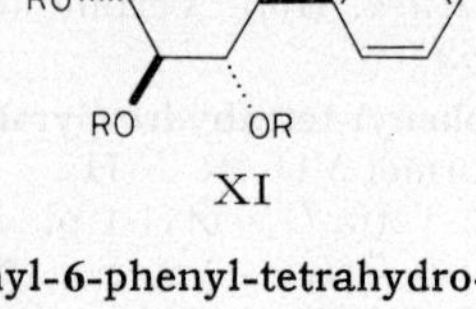   XI 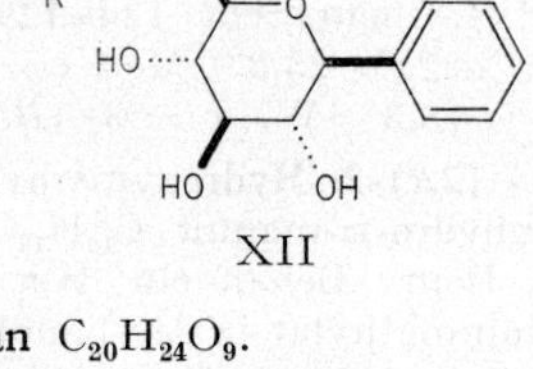   XII

3,4,5-Triacetoxy-2-acetoxymethyl-6-phenyl-tetrahydro-pyran $C_{20}H_{24}O_9$.

a) **(2R)-3t,4c,5t-Triacetoxy-2r-acetoxymethyl-6t-phenyl-tetrahydro-pyran, (1R)-Tetra-*O*-acetyl-1-phenyl-1,5-anhydro-D-glucit** $C_{20}H_{24}O_9$, Formel X (R = CO-CH_3).

B. Neben (1*S*)-Tetra-*O*-acetyl-1-phenyl-1,5-anhydro-D-glucit beim Erwärmen von Tetra-*O*-acetyl-α-D-glucopyranosylbromid mit Phenylmagnesiumbromid in Äther und

Behandeln des nach der Hydrolyse erhaltenen Reaktionsprodukts mit Acetanhydrid und Natriumacetat (*Bonner, Craig*, Am. Soc. **72** [1950] 3480, 3482; s. a. *Hurd, Bonner*, Am. Soc. **67** [1945] 1972, 1975).

Krystalle (aus Isopropylalkohol); F: 70—71°; $[\alpha]_D^{23}$: +95,1° [CHCl$_3$; c = 4] (*Bo., Cr.*).

b) **(2R)-3t,4c,5t-Triacetoxy-2r-acetoxymethyl-6c-phenyl-tetrahydro-pyran,**
(1S)-Tetra-O-acetyl-1-phenyl-1,5-anhydro-D-glucit C$_{20}$H$_{24}$O$_9$, Formel XI (R = CO-CH$_3$).

B. Neben geringeren Mengen (1*R*)-Tetra-*O*-acetyl-1-phenyl-1,5-anhydro-D-glucit beim Erwärmen von Tetra-*O*-acetyl-α-D-glucopyranosylchlorid oder Tetra-*O*-acetyl-α-D-gluco=pyranosylbromid mit Phenylmagnesiumbromid in Äther und Behandeln des nach der Hydrolyse erhaltenen Reaktionsprodukts mit Acetanhydrid und Natriumacetat (*Hurd, Bonner*, Am. Soc. **67** [1945] 1972, 1975; *Bonner, Craig*, Am. Soc. **72** [1950] 3480, 3482). Aus Tetra-*O*-acetyl-α-D-glucopyranosylchlorid bei der Behandlung mit Phenyllithium in Äther, anschliessenden Hydrolyse und Acetylierung (*Hurd, Holysz*, Am. Soc. **72** [1950] 1735, 1737) sowie beim Erwärmen mit Phenylzinkchlorid in Toluol oder mit Diphenyl=zink in Xylol und Benzol (*Shdanow et al.*, Doklady Akad. S.S.S.R. **119** [1958] 495; Pr. Acad. Sci. U.S.S.R. Chem. Sect. **118—123** [1958] 223). Beim Erwärmen von Tetra-*O*-acetyl-α-D-glucopyranosylbromid mit Diphenylcadmium in Toluol (*Hurd, Holysz*, Am. Soc. **72** [1950] 2005, 2007).

Krystalle (aus Isopropylalkohol); F: 156,5° (*Hurd, Bonner*, Am. Soc. **67** [1945] 1664, 1667), 153—154° (*Sh. et al.*). $[\alpha]_D^{20}$: —18,6° [CHCl$_3$; c = 2] (*Hurd, Bo.*, l. c. S. 1976); $[\alpha]_D^{25}$: —16,4° [CHCl$_3$; c = 1] (*Hurd, Bo.*, l. c. S. 1666). IR-Spektrum (3—15 μ): *Yoshimura et al.*, J. chem. Soc. Japan Pure Chem. Sect. **80** [1959] 1475, 1477; C. A. **1961** 5355.

Reaktion mit Chlor in Tetrachlormethan: *Shdanow, Dorofeenko*, Doklady Akad. S.S.S.R. **112** [1957] 433; Pr. Acad. Sci. U.S.S.R. Chem. Sect. **112—117** [1957] 65.

c) **(2R)-3t,4c,5c-Triacetoxy-2r-acetoxymethyl-6t-phenyl-tetrahydro-pyran,**
(1R)-Tetra-O-acetyl-1-phenyl-1,5-anhydro-D-mannit C$_{20}$H$_{24}$O$_9$, Formel VII
(R = CO-CH$_3$).

B. Aus Tetra-*O*-acetyl-α-D-mannopyranosylbromid beim Erhitzen mit Diphenyl=cadmium in Toluol (*Hurd, Holysz*, Am. Soc. **72** [1950] 2005, 2007), bei der Behandlung mit Phenyllithium in Äther, anschliessenden Hydrolyse und Acetylierung (*Hurd, Holysz*, Am. Soc. **72** [1950] 1735, 1738) sowie mit Hilfe von Phenylmagnesiumbromid (*Hurd, Holysz*, Am. Soc. **72** [1950] 1732, 1734).

F: 139,5—140° (*Hurd, Ho.*, l. c. S. 1734). $[\alpha]_D^{26}$: +53,6° [CHCl$_3$; c = 4] (*Hurd, Ho.*, l. c. S. 1734).

d) **(2R)-3t,4c,5c-Triacetoxy-2r-acetoxymethyl-6c-phenyl-tetrahydro-pyran,**
(1S)-Tetra-O-acetyl-1-phenyl-1,5-anhydro-D-mannit C$_{20}$H$_{24}$O$_9$, Formel VIII
(R = CO-CH$_3$).

B. Neben dem unter c) beschriebenen Stereoisomeren aus Tetra-*O*-acetyl-α-D-manno=pyranosylbromid mit Hilfe von Phenylmagnesiumbromid (*Hurd, Holysz*, Am. Soc. **72** [1950] 1732, 1734).

F: 107—108°. $[\alpha]_D^{27}$: —25,6° [CHCl$_3$; c = 3].

(2S)-2r-Phenyl-3t,4c,5t-tris-propionyloxy-6c-propionyloxymethyl-tetrahydro-pyran,
(1S)-1-Phenyl-tetra-O-propionyl-1,5-anhydro-D-glucit C$_{24}$H$_{32}$O$_9$, Formel XI
(R = CO-CH$_2$-CH$_3$).

B. Beim Behandeln von (1*S*)-1-Phenyl-1,5-anhydro-D-glucit mit Propionsäure=anhydrid und Pyridin (*Bonner, Koehler*, Am. Soc. **70** [1948] 314).

Krystalle (aus wss. Isopropylalkohol); F: 69,5°. $[\alpha]_D^{25}$: —14,1° [CHCl$_3$; c = 3].

3,4,5-Tris-benzoyloxy-2-benzoyloxymethyl-6-phenyl-tetrahydro-pyran C$_{40}$H$_{32}$O$_9$.

a) **(2R)-3t,4c,5t-Tris-benzoyloxy-2r-benzoyloxymethyl-6c-phenyl-tetrahydro-pyran,**
(1S)-Tetra-O-benzoyl-1-phenyl-1,5-anhydro-D-glucit C$_{40}$H$_{32}$O$_9$, Formel XI
(R = CO-C$_6$H$_5$).

B. Beim Behandeln von (1*S*)-1-Phenyl-1,5-anhydro-D-glucit mit Benzoylchlorid und Pyridin (*Bonner, Koehler*, Am. Soc. **70** [1948] 314).

Krystalle; F: 184,5—185,5°. $[\alpha]_D^{25}$: —22,9° [CHCl$_3$; c = 1].

b) **(2R)-3c,4c,5t-Tris-benzoyloxy-2r-benzoyloxymethyl-6ξ-phenyl-tetrahydro-pyran,**
(1Ξ)-Tetra-O-benzoyl-1-phenyl-D-1,5-anhydro-galactit $C_{40}H_{32}O_9$, Formel IX
(R = CO-C_6H_5) auf S. 2670.

B. Beim Behandeln von (1Ξ)-1-Phenyl-D-1,5-anhydro-galactit (S. 2670) mit Benzoyl=
chlorid und Pyridin (*Shdanow et al.*, Doklady Akad. S.S.S.R. **128** [1959] 953; Pr. Acad.
Sci. U.S.S.R. Chem. Sect. **124–129** [1959] 853).

Krystalle; F: 40°.

(2S)-2r-Phenyl-6c-[toluol-4-sulfonyloxymethyl]-tetrahydro-pyran-3t,4c,5t-triol,
(1S)-1-Phenyl-O^6-[toluol-4-sulfonyl]-1,5-anhydro-D-glucit $C_{19}H_{22}O_7S$, Formel I.

B. Beim Behandeln von (1S)-1-Phenyl-1,5-anhydro-D-glucit mit Toluol-4-sulfonyl=
chlorid und Pyridin (*Shdanow et al.*, Doklady Akad. S.S.S.R. **128** [1959] 953; Pr. Acad.
Sci. U.S.S.R. Chem. Sect. **124–129** [1959] 853).

Krystalle (aus A.); Zers. bei 165–170°.

I

II

(2R)-3t,4c,5t-Triacetoxy-2r-acetoxymethyl-6c-[4-chlor-phenyl]-tetrahydro-pyran,
(1S)-Tetra-O-acetyl-1-[4-chlor-phenyl]-1,5-anhydro-D-glucit $C_{20}H_{23}ClO_9$, Formel II.

B. Beim Behandeln von Tetra-O-acetyl-α-D-glucopyranosylchlorid mit 4-Chlor-phenyl=
magnesium-bromid in Äther (*Shdanow, Schtscherbakowa*, Doklady Akad. S.S.S.R. **90**
[1953] 185; C. A. **1954** 5114).

Krystalle; F: 145,5–146°.

(2R)-3t,4c,5t-Triacetoxy-2r-acetoxymethyl-6c-[3,4-dibrom-phenyl]-tetrahydro-pyran,
(1S)-Tetra-O-acetyl-1-[3,4-dibrom-phenyl]-1,5-anhydro-D-glucit $C_{20}H_{22}Br_2O_9$,
Formel III.

B. Beim Behandeln von (1S)-Tetra-O-acetyl-1-phenyl-1,5-anhydro-D-glucit mit Brom
unter Zusatz von Eisen(III)-chlorid und Behandeln des Reaktionsprodukts mit Acetan=
hydrid unter Zusatz von Schwefelsäure (*Craig, Bonner*, Am. Soc. **72** [1950] 4808).

Krystalle (aus Isopropylalkohol); F: 164,5–165°. $[\alpha]_D^{30}$: −29,0° [$CHCl_3$; c = 3].

III

IV

(2R)-2r-Hydroxymethyl-6c-[4-nitro-phenyl]-tetrahydro-pyran-3t,4c,5t-triol,
(1S)-1-[4-Nitro-phenyl]-1,5-anhydro-D-glucit $C_{12}H_{15}NO_7$, Formel IV (R = H).

B. Beim Behandeln von (1S)-Tetra-O-acetyl-1-[4-nitro-phenyl]-1,5-anhydro-D-glucit
mit Ammoniak in Methanol (*Craig, Bonner*, Am. Soc. **72** [1950] 4808).

Hellgelbe Krystalle (aus E.); F: 181,5–182,5°. $[\alpha]_D^{25}$: +22,6° [Me.; c = 1].

(2R)-3t,4c,5t-Triacetoxy-2r-acetoxymethyl-6c-[4-nitro-phenyl]-tetrahydro-pyran,
(1S)-Tetra-O-acetyl-1-[4-nitro-phenyl]-1,5-anhydro-D-glucit $C_{20}H_{23}NO_{11}$, Formel IV
(R = CO-CH_3).

B. Beim Erwärmen von (1S)-Tetra-O-acetyl-1-phenyl-1,5-anhydro-D-glucit mit Kup=
fer(II)-nitrat, Essigsäure und Acetanhydrid (*Craig, Bonner*, Am. Soc. **72** [1950] 4808).

Krystalle (aus Isopropylalkohol); F: 165–165,5° (*Cr., Bo.*). $[\alpha]_D^{28}$: −40,3° [$CHCl_3$;
c = 2] (*Cr., Bo.*). IR-Spektrum (3–15 µ): *Yoshimura et al.*, J. chem. Soc. Japan Pure
Chem. Sect. **80** [1959] 1475, 1477; C. A. **1961** 5355. UV-Spektrum (Me.; 220–310 nm;
λ_{max}: 264 nm): *Yo. et al.*, l. c. S. 1476.

Tetrahydroxy-Verbindungen $C_{13}H_{18}O_5$

(2R)-3t,4c,5t-Triacetoxy-2r-acetoxymethyl-6c-o-tolyl-tetrahydro-pyran, (1S)-Tetra-O-acetyl-1-o-tolyl-1,5-anhydro-D-glucit $C_{21}H_{26}O_9$, Formel V (X = H).

B. Beim Behandeln von Tetra-O-acetyl-α-D-glucopyranosylchlorid mit o-Tolylmagne=
siumbromid in Äther (*Shdanow, Dorofeenko,* Doklady Akad. S.S.S.R. **112** [1957] 433;
Pr. Acad. Sci. U.S.S.R. Chem. Sect. **112**—**117** [1957] 65).

Krystalle (aus Isopropylalkohol); F: 130—130,5°.

Beim Behandeln mit Chlor und wenig Jod in Tetrachlormethan unter Lichtausschluss
ist (1S)-Tetra-O-acetyl-1-[5-chlor-2-methyl-phenyl]-1,5-anhydro-D-glucit, beim Behandeln mit Chlor in Tetrachlormethan unter der Einwirkung von Sonnenlicht ist (1S)-Tetra-
O-acetyl-1-[2-chlormethyl-phenyl]-1,5-anhydro-D-glucit $C_{21}H_{25}ClO_9$ (Öl) erhalten worden.

(2R)-3t,4c,5t-Triacetoxy-2r-acetoxymethyl-6c-[5-chlor-2-methyl-phenyl]-tetrahydro-pyran, (1S)-Tetra-O-acetyl-1-[5-chlor-2-methyl-phenyl]-1,5-anhydro-D-glucit $C_{21}H_{25}ClO_9$, Formel V (X = Cl).

B. Beim Behandeln von (1S)-Tetra-O-acetyl-1-o-tolyl-1,5-anhydro-D-glucit mit Chlor
und wenig Jod in Tetrachlormethan unter Lichtausschluss (*Shdanow, Dorofeenko,* Doklady
Akad. S.S.S.R. **112** [1957] 433; Pr. Acad. Sci. U.S.S.R. Chem. Sect. **112**—**117** [1957]
65).

Krystalle (aus Isopropylalkohol); F: 116,5—117°.

(2R)-3t,4c,5t-Triacetoxy-2r-acetoxymethyl-6c-[5-brom-2-methyl-phenyl]-tetrahydro-pyran, (1S)-Tetra-O-acetyl-1-[5-brom-2-methyl-phenyl]-1,5-anhydro-D-glucit $C_{21}H_{25}BrO_9$, Formel V (X = Br).

B. Beim Behandeln von (1S)-Tetra-O-acetyl-1-o-tolyl-1,5-anhydro-D-glucit mit Brom
und wenig Jod in Tetrachlormethan unter Lichtausschluss (*Shdanow, Dorofeenko,* Doklady
Akad. S.S.S.R. **112** [1957] 433; Pr. Acad. Sci. U.S.S.R. Chem. Sect. **112**—**117** [1957] 65).

Krystalle (aus Isopropylalkohol); F: 109—110°.

V　　　　　　VI　　　　　　VII

**(2R)-2r-Hydroxymethyl-2-p-tolyl-tetrahydro-pyran-3t,4c,5c-triol, 5-p-Tolyl-1,5-an=
hydro-D-mannit** $C_{13}H_{18}O_5$, Formel VI.

Eine unter dieser Konstitution (und Konfiguration) beschriebene Verbindung (F: 123°)
ist aus D-Fructose und Toluol in Gegenwart von Fluorwasserstoff erhalten worden (*Universal Oil Prod. Co.,* U.S.P. 2798098 [1953], 2798100 [1954]).

(2R)-3t,4c,5t-Triacetoxy-2r-acetoxymethyl-6c-p-tolyl-tetrahydro-pyran, (1S)-Tetra-O-acetyl-1-p-tolyl-1,5-anhydro-D-glucit $C_{21}H_{26}O_9$, Formel VII.

B. Als Hauptprodukt neben (1R)-Tetra-O-acetyl-1-p-tolyl-1,5-anhydro-
D-glucit ($[α]_D^{20}$: +40° [CHCl₃] [Rohprodukt]) beim Erwärmen von Tetra-O-acetyl-
α-D-glucopyranosylchlorid mit p-Tolylmagnesiumbromid in Äther und Behandeln des
Reaktionsprodukts mit Acetanhydrid und Natriumacetat (*Hurd, Bonner,* Am. Soc. **67**
[1945] 1972, 1976).

Krystalle (aus Isopropylalkohol); F: 138,5°. $[α]_D^{20}$: −42,8° [CHCl₃; c = 1].

Tetrahydroxy-Verbindungen $C_{14}H_{20}O_5$

**(2R)-2r-Hydroxymethyl-6c-phenäthyl-tetrahydro-pyran-3t,4c,5t-triol, 1-Phenyl-
D-glycero-D-gulo-3,7-anhydro-1,2-didesoxy-octit,** (1S)-1-Phenäthyl-1,5-anhydro-
D-glucit $C_{14}H_{20}O_5$, Formel VIII (R = H).
B. Beim Erwärmen der im folgenden Artikel beschriebenen Verbindung mit Kalium=
methylat in Methanol (*Zelinski, Meyer*, J. org. Chem. **23** [1958] 810, 812).
$[\alpha]_D^{23}$: $-33,5°$; $[\alpha]_{546}^{23}$: $-39,6°$ [jeweils in W.; c = 2].

**(2R)-3t,4c,5t-Triacetoxy-2r-acetoxymethyl-6c-phenäthyl-tetrahydro-pyran, Tetra-
O-acetyl-1-phenyl-D-glycero-D-gulo-3,7-anhydro-1,2-didesoxy-octit,** (1S)-Tetra-
O-acetyl-1-phenäthyl-1,5-anhydro-D-glucit $C_{22}H_{28}O_9$, Formel VIII
(R = CO-CH$_3$).
B. Beim Behandeln von Tetra-O-acetyl-α-D-glucopyranosylbromid mit Phenäthyl=
magnesiumbromid in Äther und Erhitzen des Reaktionsprodukts mit Acetanhydrid und
Natriumacetat (*Zelinski, Meyer*, J. org. Chem. **23** [1958] 810, 812). Bei der Hydrierung
von (2R)-3t,4c,5t-Triacetoxy-2r-acetoxymethyl-6c-phenyläthinyl-tetrahydro-pyran an Pla=
tin in Äthanol (*Ze., Me.*, l. c. S. 812).
Krystalle (aus Isopropylalkohol); F: 111—112°. $[\alpha]_D^{27}$: $-26,3°$ [CHCl$_3$; c = 2].

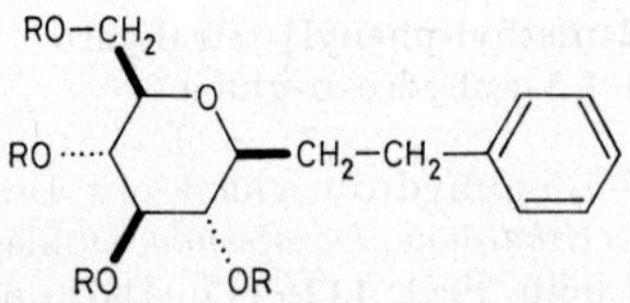

VIII 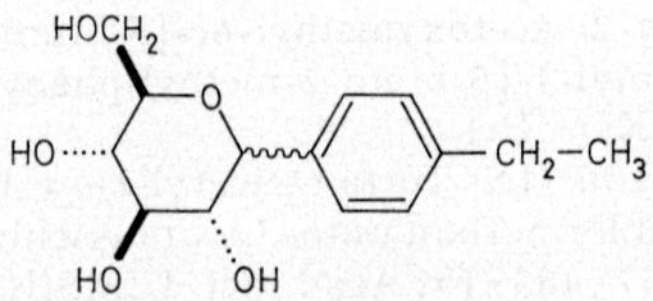   IX 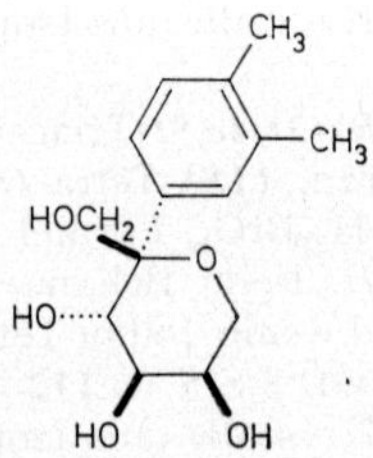   X

**(3R)-2ξ-[4-Äthyl-phenyl]-6t-hydroxymethyl-tetrahydro-pyran-3r,4t,5c-triol,
(1Ξ)-1-[4-Äthyl-phenyl]-1,5-anhydro-D-glucit** $C_{14}H_{20}O_5$, Formel IX.
B. Neben 1,1-Bis-[4-äthyl-phenyl]-1-desoxy-D-glucit beim Behandeln von D-Glucose
mit Äthylbenzol und Fluorwasserstoff (*Linn*, A. C. S. Meeting Div. Petr. Chem. Preprint
2 [1957] Nr. 3, S. 173, 178, 182; C. A. **1960** 22444).
Krystalle (aus Me. + Bzl.); F: 193—194°.

**(2R)-2r-[3,4-Dimethyl-phenyl]-2-hydroxymethyl-tetrahydro-pyran-3c,4t,5t-triol,
5-[3,4-Dimethyl-phenyl]-1,5-anhydro-D-mannit** $C_{14}H_{20}O_5$, Formel X.
Eine unter dieser Konstitution (und Konfiguration) beschriebene Verbindung (Krystalle
[aus Bzl.], F: 137—138°) ist aus D-Fructose und o-Xylol in Gegenwart von Fluorwasser=
stoff erhalten worden (*Universal Oil Prod. Co.*, U.S.P. 2798100 [1954]).

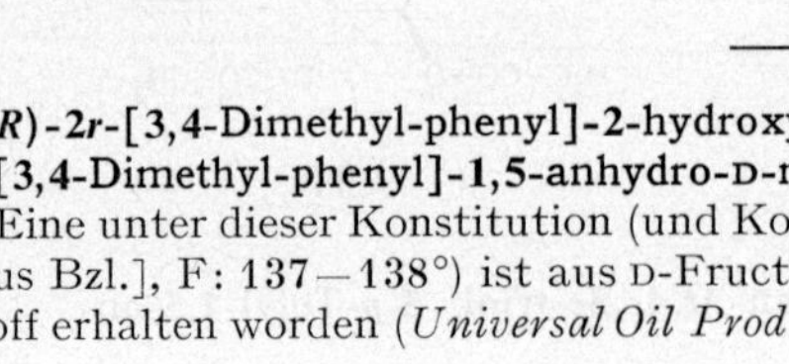

XI 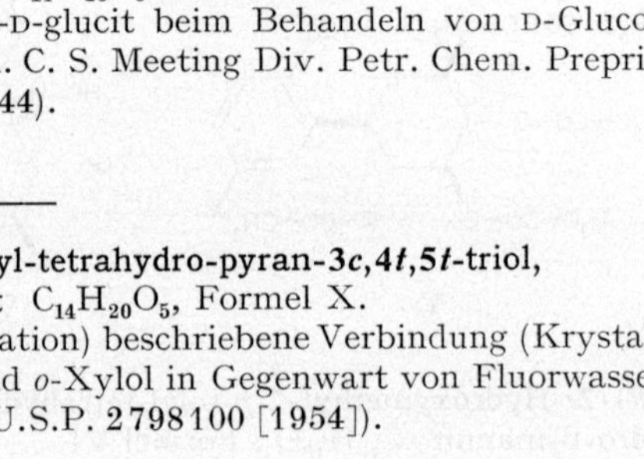   XII

Tetrahydroxy-Verbindungen $C_{19}H_{30}O_5$

3β,17β-Diacetoxy-8α(?),9α(?)-epoxy-5α-androstan-7ξ,11α-diol $C_{23}H_{34}O_7$, vermutlich Formel XI.

B. Bei mehrtägigem Behandeln von 3β,17β-Diacetoxy-5α-androst-8-en-7ξ,11α-diol (über die Konfiguration dieser Verbindung s. *Heusser et al.*, Helv. **35** [1952] 295, 298) mit Mono= peroxyphthalsäure in Dioxan und Äther unter Lichtausschluss (*CIBA*, U.S.P. 2743287 [1952]; D.B.P. 941124 [1953]).

Krystalle (aus Ae.); F: 186—187°; [α]$_D$: +10° [CHCl$_3$] (*CIBA*).

Tetrahydroxy-Verbindungen $C_{27}H_{46}O_5$

(24$\varXi$,25$\varXi$)-24,27-Epoxy-5β-cholestan-3α,7α,12α,26-tetraol $C_{27}H_{46}O_5$, Formel XII (R = H).

Diese Konstitution und Konfiguration kommt dem nachstehend beschriebenen **Anhydroscymnol** (früher als Scymnol [s. E III 6 6948] und als α-Scymnol bezeichnet) zu (*Cross*, Soc. **1961** 2817; *Bridgwater et al.*, Biochem. J. **82** [1962] 285).

B. Aus sog. α-Scymnolschwefelsäure ((24$\varXi$,25$\varXi$)-27-Sulfooxy-5β-cholestan-3α,7α,12α,= 24,26-pentaol [E III 6 6948]) beim Erhitzen mit Kaliumhydroxid oder Bariumhydroxid in Wasser (*Hammarsten*, Z. physiol. Chem. **24** [1898] 322, 340; *Windaus et al.*, Z. physiol. Chem. **189** [1930] 148, 151; *Ohta*, J. Biochem. Tokyo **29** [1939] 241, 242; *Ashikari*, J. Biochem. Tokyo **29** [1939] 319, 321).

Krystalle; F: 193° [aus E.] (*Ohta*), 192—193° [korr.; aus E.] (*Cook*, Nature **147** [1941] 388), 191—192° [aus A.] (*As.*), 187° [aus E.] (*Wi. et al.*). Wasserhaltige Krystalle (aus wss. Acn. oder wss. Me.); F: 115° (*Wi. et al.*). [α]$_D^{18}$: +39,4° [A.; c = 3] (*Cook*); [α]$_D^{18}$: +37,7° [A.; c = 1] (*Ohta*). Absorptionsspektrum (220—520 nm) einer Lösung in konz. Schwefelsäure: *Bandow*, Bio. Z. **301** [1939] 37, 47.

(24$\varXi$,25$\varXi$)-3α,7α,12α,26-Tetraacetoxy-24,27-epoxy-5β-cholestan $C_{35}H_{54}O_9$, Formel XII (R = CO-CH$_3$).

Diese Konstitution und Konfiguration kommt dem nachstehend beschriebenen **Tetra-*O*-acetyl-anhydroscymnol** zu.

B. Beim Erhitzen von Anhydroscymnol (s. o.) mit Acetanhydrid und Pyridin (*Windaus et al.*, Z. physiol. Chem. **189** [1930] 148, 151; *Ashikari*, J. Biochem. Tokyo **29** [1939] 319, 322).

Krystalle (aus Me.); F: 148° (*Wi. et al.*; *As.*).

(25R)-1β,2β,3α-Triacetoxy-5β,22ξH-furostan-26-ol $C_{33}H_{52}O_8$, Formel XIII.

Diese Konstitution und Konfiguration kommt dem nachstehend beschriebenen **Tri-*O*-acetyl-dihydrotokorogenin** zu.

B. Aus Tri-*O*-acetyl-tokorogenin ((25R)-1β,2β,3α-Triacetoxy-5β,22αO-spirostan) bei der Hydrierung in Essigsäure an Platin bei 70—80° (*Takeda et al.*, Tetrahedron **7** [1959] 62, 67).

Krystalle (aus Me.); F: 167—169° [unkorr.]. [α]$_D$: +37° [CHCl$_3$; c = 0,7].

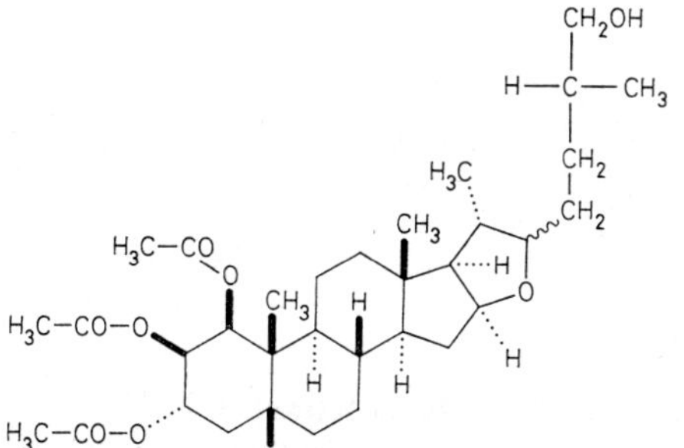

XIII

8-[4-Hydroxy-3-methyl-butyl]-4a,6a,7-trimethyl-octadecahydro-naphth[2′,1′;4,5]indeno=
[2,1-*b*]furan-2,3,6-triol $C_{27}H_{46}O_5$.

a) **(25*R*)-5β,22ξ*H*-Furostan-2β,3β,12β,26-tetraol** $C_{27}H_{46}O_5$, Formel XIV.

Diese Konstitution und Konfiguration kommt dem nachstehend beschriebenen **Tetra=**
hydromexogenin zu.

B. Bei der Hydrierung von Mexogenin ((25*R*)-2β,3β-Dihydroxy-5β,22α*O*-spirostan-
12-on) an Platin in Essigsäure bei 70° und Behandlung des Reaktionsprodukts mit
äthanol. Kalilauge (*Marker et al.*, Am. Soc. **69** [1947] 2167, 2195).

Krystalle (aus Acn.); F: 204—206°.

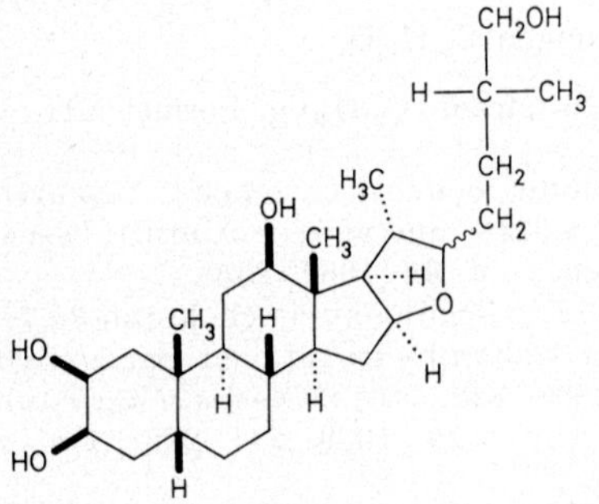

XIV 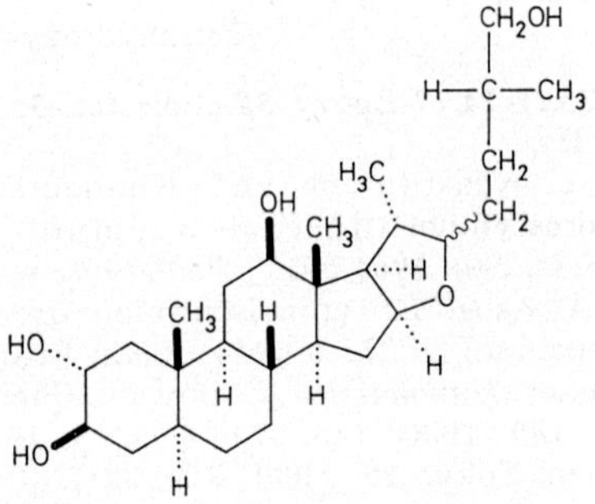   XV

b) **(25*R*)-5α,22ξ*H*-Furostan-2α,3β,12β,26-tetraol** $C_{27}H_{46}O_5$, Formel XV.

Diese Konstitution und Konfiguration kommt dem nachstehend beschriebenen **Di=**
hydroagavogenin zu.

B. Bei der Hydrierung von Manogenin ((25*R*)-2α,3β-Dihydroxy-5α,22α*O*-spirostan-
12-on) an Platin in Essigsäure bei 70° und Behandlung des Reaktionsprodukts mit
äthanol. Kalilauge (*Marker et al.*, Am. Soc. **69** [1947] 2167, 2182).

Krystalle (aus Acn.); F: 191—193°.

(25*R*)-5α,22ξ*H*-Furostan-2α,3β,15β,26-tetraol $C_{27}H_{46}O_5$, Formel XVI.

Diese Konstitution und Konfiguration kommt dem nachstehend beschriebenen **Di=**
hydrodigitogenin zu.

B. Bei der Hydrierung von Tri-*O*-acetyl-digitogenin ((25*R*)-2α,3β,15β-Triacetoxy-
5α,22α*O*-spirostan; über die Konstitution und Konfiguration dieser Verbindung s. *Djerassi*
et al., Am. Soc. **78** [1956] 3166) an Platin in Essigsäure bei 70° und Behandlung des Reaktionsprodukts mit äthanol. Kalilauge (*Marker, Rohrmann*, Am. Soc. **61** [1939] 2724).

Krystalle (aus Acn.); F: 184—186° (*Ma., Ro.*).

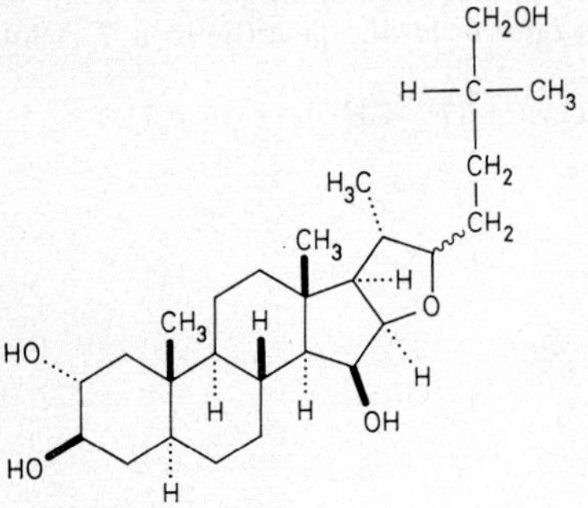

XVI 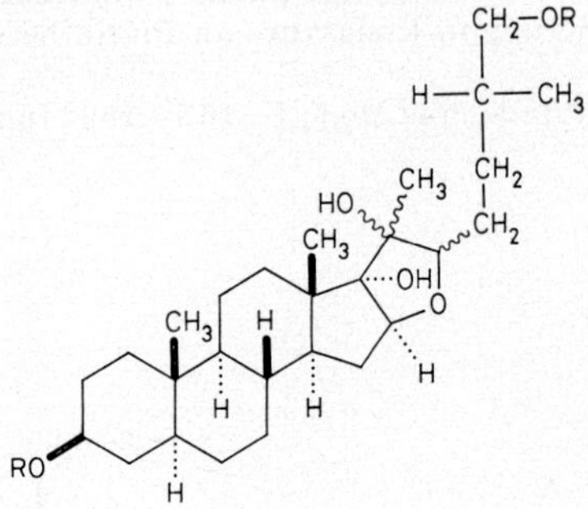   XVII

(25*R*)-5α,20ξ*H*,22ξ*H*-Furostan-3β,17,20,26-tetraol $C_{27}H_{46}O_5$, Formel XVII (R = H).

Diese Konstitution und Konfiguration kommt dem nachstehend beschriebenen **Di=**
hydronologenin zu.

B. Bei der Hydrierung von (25*R*)-3β,26-Diacetoxy-20ξ*H*,22ξ*H*-furost-5-en-17,20-diol

(S. 2681) an Platin in Essigsäure enthaltendem Äther und Behandlung des erhaltenen (25R)-3β,26-Diacetoxy-5α,20ξH,22ξH-furostan-17,20-diols   (Di-O-acetyl-di = hydronologenin $C_{31}H_{50}O_7$; Formel XVII [R = CO-CH₃]; Krystalle [aus Me.]; F: 175° bis 177°) mit äthanol. Kalilauge (*Marker, Lopez*, Am. Soc. **69** [1947] 2386, 2388). Krystalle (aus Me.); F: 255—257°.

Bei 1-stdg. bzw. 2-stdg. Erhitzen mit wss.-äthanol. Salzsäure ist (25R)-5α,22αO-Spiro = stan-3β,17-diol bzw. (25R)-3β,26-Dihydroxy-5α-cholestan-16,22-dion, bei 3-stdg. Erhitzen mit wss.-methanol. Salzsäure ist Dihydrobethogenin ((25R)-16-Methoxy-5α,22αO-spirostan-3β-ol) erhalten worden.

Tetrahydroxy-Verbindungen $C_nH_{2n-10}O_5$

Tetrahydroxy-Verbindungen $C_8H_6O_5$

5-Methoxy-benzofuran-3,4,6-triol $C_9H_8O_5$, Formel I (R = H), und **4,6-Dihydroxy-5-methoxy-benzofuran-3-on** $C_9H_8O_5$, Formel II (R = H).

B. Neben 7-Methoxy-benzofuran-3,4,6-triol (s. u.) beim Erhitzen von 2-Chlor-1-[2,4,6-trihydroxy-3-methoxy-phenyl]-äthanon-imin-hydrochlorid mit Wasser (*Shriner et al.*, Am. Soc. **61** [1939] 2322, 2324).
Krystalle (aus W.); F: 208,5—209,5°.

4,6-Dimethoxy-benzofuran-3,5-diol $C_{10}H_{10}O_5$, Formel III, und **5-Hydroxy-4,6-dimethoxy-benzofuran-3-on** $C_{10}H_{10}O_5$, Formel IV.

B. Beim Erwärmen von 2-Chlor-1-[3,6-dihydroxy-2,4-dimethoxy-phenyl]-äthanon mit Natriumacetat in wss. Äthanol (*Balakrishna et al.*, Pr. Indian Acad. [A] **33** [1951] 233).
Krystalle (aus Me.); F: 88—89°.

I   II   III   IV

4,5,6-Trimethoxy-benzofuran-3-ol $C_{11}H_{12}O_5$, Formel I (R = CH₃), und **4,5,6-Trimethoxy-benzofuran-3-on** $C_{11}H_{12}O_5$, Formel II (R = CH₃).

B. Beim Erwärmen von 2-Chlor-1-[6-hydroxy-2,3,4-trimethoxy-phenyl]-äthanon mit Natriumacetat in Äthanol (*Shriner et al.*, Am. Soc. **61** [1939] 2322, 2325). Beim Behandeln von 5-Methoxy-benzofuran-3,4,6-triol (s. o.) mit Diazomethan in Dioxan (*Sh. et al.*).
Krystalle (aus A.); F: 142,5—143,5° (*Sh. et al.*).

Ein unter den gleichen Konstitutionsformeln beschriebenes Präparat (Krystalle [aus A.], F: 108—109°) ist beim Erwärmen von 4,6-Dimethoxy-benzofuran-3,5-diol (s. o.) mit Dimethylsulfat und Kaliumcarbonat in Aceton sowie beim Erhitzen von 1-[6-Hydroxy-2,3,4-trimethoxy-phenyl]-2-methoxy-äthanon mit wss. Bromwasserstoffsäure und Erwärmen des Reaktionsprodukts mit Dimethylsulfat und Kaliumcarbonat in Aceton erhalten worden (*Balakrishna et al.*, Pr. Indian Acad. [A] **33** [1951] 233).

5,7-Dimethoxy-benzofuran-3,4-diol $C_{10}H_{10}O_5$, Formel V, und **4-Hydroxy-5,7-dimethoxy-benzofuran-3-on** $C_{10}H_{10}O_5$, Formel VI.

Eine unter diesen Konstitutionsformeln beschriebene Verbindung (Krystalle [aus PAe.]; F: 51—52°) ist beim Erwärmen einer als 1-[2-Hydroxy-3,5,6-trimethoxy-phenyl]-2-methoxy-äthanon angesehenen Verbindung (F: 88—89°) mit wss. Bromwasserstoff = säure erhalten worden (*Balakrishna et al.*, Pr. Indian Acad. [A] **29** [1949] 394, 402).

7-Methoxy-benzofuran-3,4,6-triol $C_9H_8O_5$, Formel VII (R = H), und **4,6-Dihydroxy-7-methoxy-benzofuran-3-on** $C_9H_8O_5$, Formel VIII (R = H).

B. Neben 5-Methoxy-benzofuran-3,4,6-triol (s. o.) beim Erhitzen von 2-Chlor-1-[2,4,6-

trihydroxy-3-methoxy-phenyl]-äthanon-imin-hydrochlorid mit Wasser (*Shriner et al.*, Am. Soc. **61** [1939] 2322, 2324).

Krystalle (aus W.); F: 177—178° (*Sh. et al.*).

Ein unter den gleichen Konstitutionsformeln beschriebenes Präparat (Krystalle [aus A.]; F: 251—252°) ist beim Erhitzen einer als 6-Benzyloxy-4,7-dimethoxy-benzofuran-3-ol angesehenen Verbindung (s. u.) mit Bromwasserstoff in Essigsäure erhalten worden (*Balakrishna et al.*, Pr. Indian Acad. [A] **29** [1949] 394, 401).

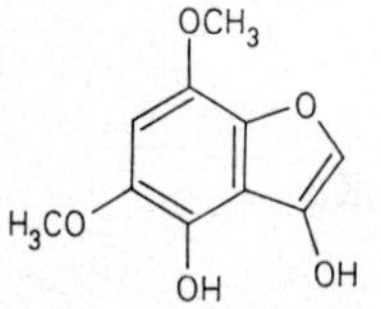

V 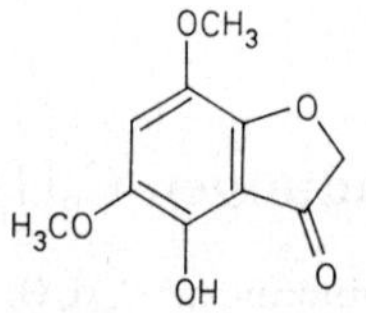   VI 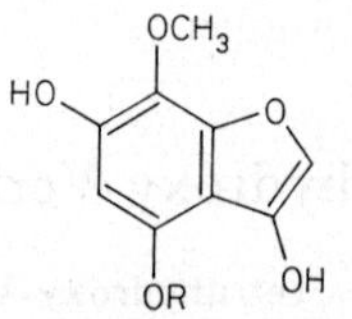   VII 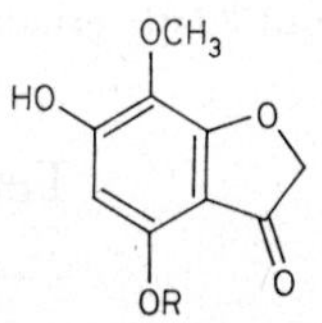   VIII

4,7-Dimethoxy-benzofuran-3,6-diol $C_{10}H_{10}O_5$, Formel VII (R = CH$_3$), und **6-Hydroxy-4,7-dimethoxy-benzofuran-3-on** $C_{10}H_{10}O_5$, Formel VIII (R = CH$_3$).

B. Beim Einleiten von Chlorwasserstoff in eine mit Chlorzink versetzte äther. Lösung von 2,5-Dimethoxy-resorcin und Chloracetonitril und Behandeln des Reaktionsprodukts mit wss. Natronlauge (*Dann, Illing*, A. **605** [1957] 146, 156) oder mit Kaliumacetat in Methanol (*Geissman, Halsall*, Am. Soc. **73** [1951] 1280, 1282). Beim Erwärmen von 2-Chlor-1-[2,4-dihydroxy-3,6-dimethoxy-phenyl]-äthanon mit Natriumacetat in Äthanol (*Shriner et al.*, Am. Soc. **61** [1939] 2322, 2325).

Krystalle; F: 181° [aus CHCl$_3$] (*Ge., Ha.*), 180—181° [Zers.; aus A.] (*Sh. et al.*).

6,7-Dimethoxy-benzofuran-3,4-diol $C_{10}H_{10}O_5$, Formel IX, und **4-Hydroxy-6,7-dimethoxy-benzofuran-3-on** $C_{10}H_{10}O_5$, Formel X.

B. Aus 1-[2-Hydroxy-3,4,6-trimethoxy-phenyl]-2-methoxy-äthanon beim Erwärmen mit wss. Bromwasserstoffsäure (*Balakrishna et al.*, Pr. Indian Acad. [A] **29** [1949] 394, 401).

Krystalle (aus wss. A.); F: 138—139°.

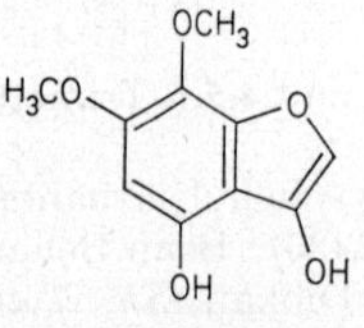

IX 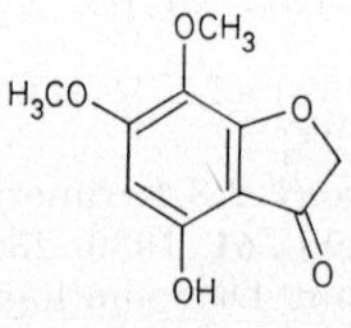   X 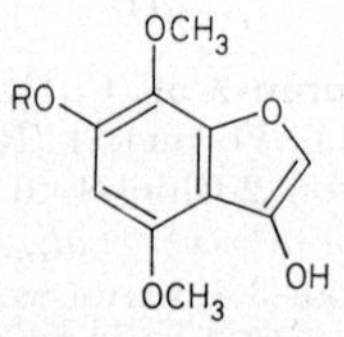   XI 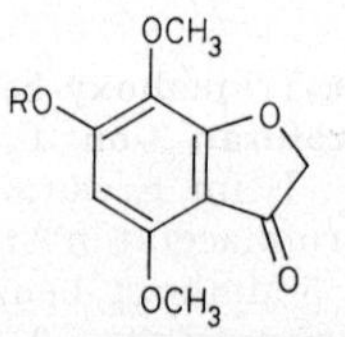   XII

4,6,7-Trimethoxy-benzofuran-3-ol $C_{11}H_{12}O_5$, Formel XI (R = CH$_3$), und **4,6,7-Trimethoxy-benzofuran-3-on** $C_{11}H_{12}O_5$, Formel XII (R = CH$_3$).

B. Beim Erwärmen von 2-Chlor-1-[2-hydroxy-3,4,6-trimethoxy-phenyl]-äthanon mit Natriumacetat in Äthanol (*Horton, Paul*, J. org. Chem. **24** [1959] 2000, 2002). Beim Behandeln von 7-Methoxy-benzofuran-3,4,6-triol (S. 2677) oder von 4,7-Dimethoxy-benzofuran-3,6-diol (s. o.) mit Diazomethan in Dioxan (*Shriner et al.*, Am. Soc. **61** [1939] 2322, 2325).

Krystalle (aus A.); F: 153—155° [korr.] (*Ho., Paul*), 153,5—154,5° (*Sh. et al.*).

6-Benzyloxy-4,7-dimethoxy-benzofuran-3-ol $C_{17}H_{16}O_5$, Formel XI (R = CH$_2$-C$_6$H$_5$), und **6-Benzyloxy-4,7-dimethoxy-benzofuran-3-on** $C_{17}H_{16}O_5$, Formel XII (R = CH$_2$-C$_6$H$_5$).

B. Beim Einleiten von Chlorwasserstoff in eine mit Zinkchlorid versetzte äther. Lösung von 1,3-Bis-benzyloxy-2,5-dimethoxy-benzol und Chloracetonitril und Behandeln des Reaktionsprodukts mit wss. Natronlauge (*Dann, Illing*, A. **605** [1957] 146, 157).

F: 123° [unkorr.] (*Dann, Il.*).

Ein unter den gleichen Konstitutionsformeln beschriebenes Präparat (Krystalle [aus A.], F: 153—154°) ist aus 1,3-Bis-benzyloxy-2,5-dimethoxy-benzol und Chloracetyl=

chlorid mit Hilfe von Aluminiumchlorid erhalten worden (*Balakrishna et al.*, Pr. Indian Acad. [A] **29** [1949] 394, 401).

3-Acetoxy-4,6,7-trimethoxy-benzofuran $C_{13}H_{14}O_6$, Formel I (R = CH_3).

B. Beim Erwärmen von 4,6,7-Trimethoxy-benzofuran-3-ol (S. 2678) mit Acetanhydrid und Pyridin (*Horton, Paul*, J. org. Chem. **24** [1959] 2000, 2002).
Krystalle (aus wss. A.); F: 97,4—98°.

3,6-Diacetoxy-4,7-dimethoxy-benzofuran $C_{14}H_{14}O_7$, Formel I (R = $CO\text{-}CH_3$).

B. Beim Erhitzen von 4,7-Dimethoxy-benzofuran-3,6-diol (S. 2678) mit Acetanhydrid und Acetylchlorid (*Gardner et al.*, J. org. Chem. **15** [1950] 841, 846) oder mit Acetanhydrid und Natriumacetat (*Geissman, Halsall*, Am. Soc. **73** [1951] 1280, 1283).
Krystalle; F: 108—109° [aus Acn. + PAe. oder PAe.] (*Ga. et al.*), 108° [aus wss. Me.] (*Ge., Ha.*).

I   II

Tetrahydroxy-Verbindungen $C_{14}H_{18}O_5$

(2S)-2r-[α-Hydroxy-isopropyl]-5-[3-hydroxy-*cis*(?)-propenyl]-4-methoxy-2,3-dihydro-benzofuran-3c-ol $C_{15}H_{20}O_5$, vermutlich Formel II.

Ein amorphes Präparat ($[\alpha]_D^{17}$: +59° [Me.]; $[\alpha]_D^{16}$: +84,5° [methanol. Natriummethylat-Lösung]; λ_{max}: 260 nm), in dem wahrscheinlich diese Verbindung als Hauptbestandteil vorgelegen hat, ist beim Behandeln von Athamantin (3c-[(2S)-4-Hydroxy-3c-isovaleryl=oxy-2r-(α-isovaleryloxy-isopropyl)-2,3-dihydro-benzofuran-5-yl]-acrylsäure-lacton; über diese Verbindung s. *Lemmich et al.*, Acta chem. scand. **24** [1970] 2893, 2897 Anm.) mit Lithiumalanat in Äther und Behandeln des Reaktionsprodukts mit Diazomethan in Äther erhalten worden (*Halpern et al.*, Helv. **40** [1957] 758, 765, 775).

Tetrahydroxy-Verbindungen $C_{21}H_{32}O_5$

8-[5-Hydroxy-4-methoxy-6-methyl-tetrahydro-pyran-2-yloxy]-3,5b,11c-trimethyl-Δ⁹ᵃ-hexadecahydro-naphth[2′,1′;4,5]indeno[7,1-bc]furan-1,5,7-triol $C_{28}H_{44}O_8$.

a) **12α,20α_F-Epoxy-3β-[O³-methyl-β-D-*arabino*-2,6-didesoxy-hexopyranosyloxy]-14β,17βH-pregn-5-en-2β,11ξ,15ξ-triol** $C_{28}H_{44}O_8$, Formel III (R = X = H).
Diese Konstitution und Konfiguration kommt dem nachstehend beschriebenen Tetra=hydrolanafoleinen zu (*Tschesche, Brügmann*, Tetrahedron **20** [1964] 1469, 1472).

1) **Tetrahydrolanafolein-A.** *B.* Neben Tetrahydrolanafolein-B (nicht charak-terisiert) beim Behandeln von Lanafolein (12α,20α_F-Epoxy-2β-hydroxy-3β-[O³-methyl-β-D-*arabino*-2,6-didesoxy-hexopyranosyloxy]-14β,17βH-pregn-5-en-11,15-dion mit Natri=umboranat in wss. Dioxan (*Tschesche, Buschauer*, A. **603** [1957] 59, 71; *Tsche-sche, Lipp*, A. **615** [1958] 210, 214, 219). — Charakterisierung als Tri-O-acetyl-Derivat $C_{34}H_{50}O_{11}$ (Krystalle [aus Ae. + PAe.], F: 216—222°; $[\alpha]_D^{18}$: —96° [Me.]; möglicherweise 2β,15ξ-Diacetoxy-3β-[O⁴-acetyl-O³-methyl-β-D-*arabino*-2,6-didesoxy-hexo=pyranosyloxy]-12α,20α_F-epoxy-14β,17βH-pregn-5-en-11ξ-ol; Formel III [R = X = CO-CH₃]) durch Behandlung mit Acetanhydrid und Pyridin: *Tsch., Bu.*

2) **Tetrahydrolanafolein-C.** *B.* Beim Behandeln von Lanafolein (s. o.) in Dioxan und wasserhaltigem Äther mit amalgamiertem Aluminium (*Tschesche, Lipp*, A. **615** [1958] 210, 220). — Krystalle (aus CHCl₃) mit 1 Mol Chloroform; F: 140° [nach Aufblähen bei 90°]. — Beim Behandeln mit Acetanhydrid und Pyridin sind ein Di-O-acetyl-Derivat $C_{32}H_{48}O_{10}$ (Krystalle [aus Acn. + PAe.], F: 209—211°; $[\alpha]_D^{23}$: —160° [Me.]; möglicher-weise 2β-Acetoxy-3β-[O⁴-acetyl-O³-methyl-β-D-*arabino*-2,6-didesoxy-hexo=pyranosyloxy]-12α,20α_F-epoxy-14β,17βH-pregn-5-en-11ξ,15ξ-diol; Formel III [R = CO-CH₃, X = H]) und ein Tri-O-acetyl-Derivat $C_{34}H_{50}O_{11}$ (Krystalle [aus Acn.

+ PAe.], F: 201—203°; $[\alpha]_D^{23}$: —168° [Me.]; möglicherweise $2\beta,15\xi$-Diacetoxy-3β-[O^4-acetyl-O^3-methyl-β-D-*arabino*-2,6-didesoxy-hexopyranosyloxy]-$12\alpha,20\alpha_F$-epoxy-$14\beta,17\beta H$-pregn-5-en-11ξ-ol; Formel III [R = X = CO-CH$_3$]) erhalten worden (*Tsch., Lipp*, l. c. S. 214, 220).

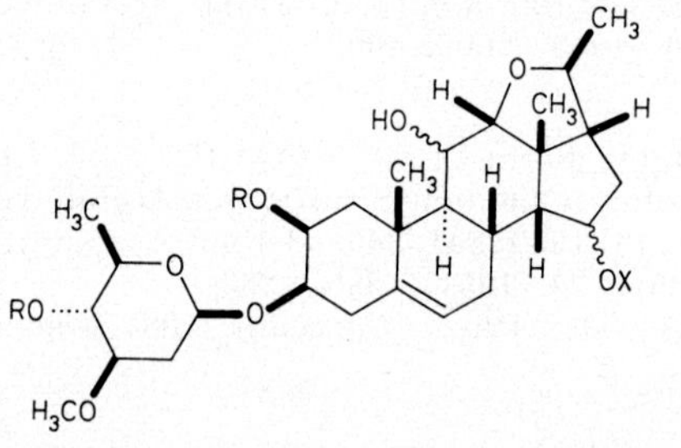

III 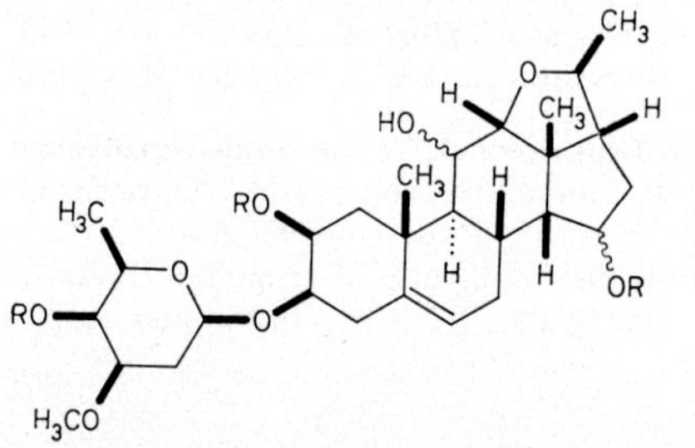   IV

b) **12α,20α_F-Epoxy-3β-[O^3-methyl-β-D-*lyxo*-2,6-didesoxy-hexopyranosyloxy]-14β,17βH-pregn-5-en-2β,11ξ,15ξ-triol, Tetrahydrodigifolein** C$_{28}$H$_{44}$O$_8$, Formel IV (R = H).

Diese Konstitution und Konfiguration kommt den nachstehend beschriebenen Tetra=hydrodigifoleinen zu (*Tschesche, Brügmann*, Tetrahedron **20** [1964] 1469, 1472).

1) **Tetrahydrodigifolein-A.** *B.* Neben Tetrahydrodigifolein-B beim Behandeln von Digifolein (12α,20α_F-Epoxy-2β-hydroxy-3β-[O^3-methyl-β-D-*lyxo*-2,6-didesoxy-hexo=pyranosyloxy]-14β,17βH-pregn-5-en-11,15-dion) mit Natriumboranat in wss. Dioxan (*Tschesche, Buschauer*, A. **603** [1957] 59, 70; *Tschesche, Lipp*, A. **615** [1958] 210, 218) oder in Methanol (*Shoppee et al.*, Soc. **1963** 3281, 3285). — Krystalle (aus Dioxan + Acn. + Ae.), F: 195—198° (*Sh. et al.*); F: 193—200° (*Tsch., Bu.*). $[\alpha]_D^{20}$: —10,5° [Me.; c = 1] (*Tsch., Bu.*). — Beim Behandeln mit Acetanhydrid und Pyridin ist ein Tri-O-acetyl-Derivat C$_{34}$H$_{50}$O$_{11}$ (Krystalle [aus Acn. + PAe.]; F: 217—220° (*Tsch., Lipp*, l. c. S. 213, 220) oder Krystalle [aus Ae.], F: 204—209° [korr.]; $[\alpha]_D^{18}$: —70,6° [Me.] (*Tsch., Bu.*); möglicherweise $2\beta,15\xi$-Diacetoxy-3β-[O^4-acetyl-O^3-meth=yl-β-D-*lyxo*-2,6-didesoxy-hexopyranosyloxy]-12α,20α_F-epoxy-14β,17βH-pregn-5-en-11ξ-ol; Formel IV [R = CO-CH$_3$]) erhalten worden.

2) **Tetrahydrodigifolein-B.** *B.* s. o. im Abschnitt Tetrahydrodigifolein-A. — Krystalle (aus Acn. + Cyclohexan), F: 219—221°; $[\alpha]_D^{25}$: —27° [Me.] (*Tschesche, Lipp*, A. **615** [1958] 210, 218).

Tetrahydroxy-Verbindungen C$_{27}$H$_{44}$O$_5$

(25R)-5β-Furost-20(22)-en-1β,2β,3α,26-tetraol, Pseudotokorogenin C$_{27}$H$_{44}$O$_5$, Formel V.

B. Beim Erhitzen von Tri-O-acetyl-tokorogenin ((25R)-1β,2β,3α-Triacetoxy-5β,22αO-spirostan) mit Acetanhydrid auf 200° und Erwärmen des Reaktionsprodukts mit äthanol. Kalilauge (*Nishikawa et al.*, J. pharm. Soc. Japan **74** [1954] 1165; C. A. **1955** 14785). Krystalle (aus A.) mit 1 Mol H$_2$O; F: 225—227°.

Überführung in 1β,2β,3α-Triacetoxy-5β-pregn-16-en-20-on mit Hilfe von Chrom(VI)-oxid in Essigsäure: *Ni. et al.*

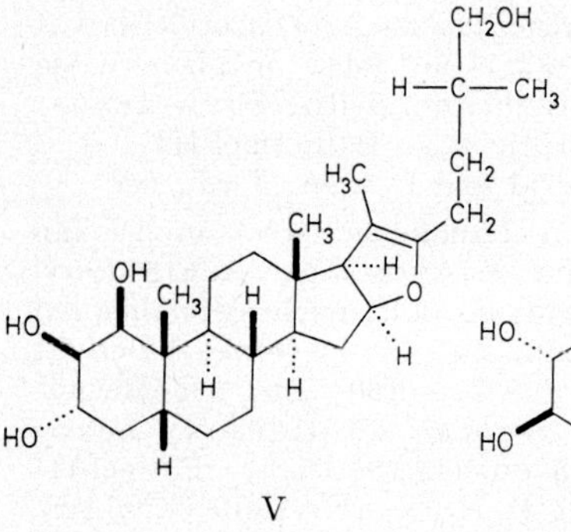

V 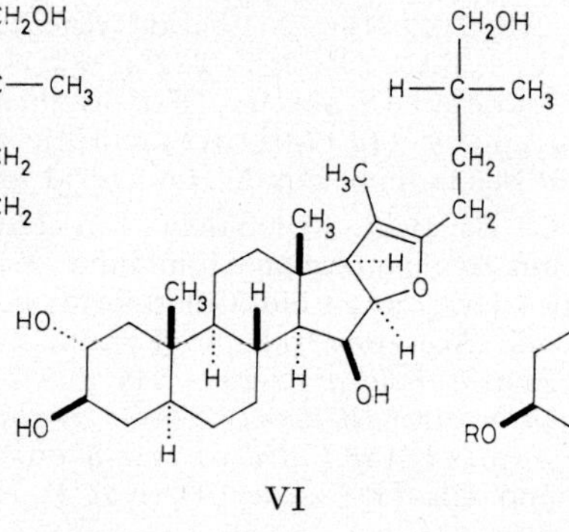   VI 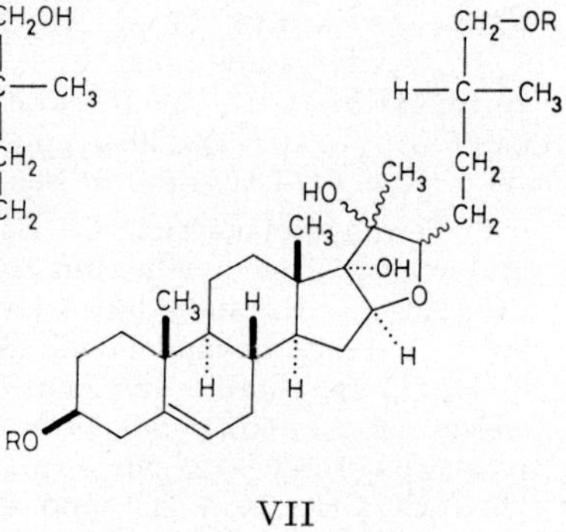   VII

(25R)-5α-Furost-20(22)-en-2α,3β,15β,26-tetraol, Pseudodigitogenin C₂₇H₄₄O₅, Formel VI.

B. Beim Erhitzen von Digitogenin ((25R)-5α,22αO-Spirostan-2α,3β,15β-triol) mit Acetanhydrid auf 190° und Erwärmen des Reaktionsprodukts mit methanol. Kalilauge (*Djerassi et al.*, Am. Soc. **78** [1956] 3166, 3171).

Krystalle (aus E.); F: 272—275° [unkorr.; evakuierte Kapillare]. [α]ᴅ: 0° [CHCl₃].

(25R)-20ξH,22ξH-Furost-5-en-3β,17,20,26-tetraol C₂₇H₄₄O₅, Formel VII (R = H).

Diese Konstitution und Konfiguration kommt dem nachstehend beschriebenen **Nolo-genin** zu (*Marker, Lopez*, Am. Soc. **69** [1947] 2386; *Marker*, Am. Soc. **69** [1947] 2395).

B. Beim Erhitzen von Nolonin (Glykosid aus Dioscorea mexicana) mit wss. Natron-lauge auf 250° (*Ma., Lo.*, l. c. S. 2386).

Krystalle; F: 268° [aus Ae.] (*Marker, Lopez*, Am. Soc. **69** [1947] 2380, 2382), 265—267° [aus Acn.] (*Ma., Lo.*, l. c. S. 2386).

Bei 1-stdg. bzw. 3-stdg. Erhitzen mit wss.-äthanol. Salzsäure ist (25R)-22αO-Spirost-5-en-3β,17-diol bzw. (25R)-3β,26-Dihydroxy-cholest-5-en-16,22-dion (*Ma., Lo.*, l. c. S. 2386; s. a. *Marker et al.*, Am. Soc. **69** [1947] 2167, 2209), bei 3-stdg. Erhitzen mit wss.-methanol. Salzsäure ist Bethogenin [(25R)-16-Methoxy-22αO-spirost-5-en-3β-ol] (*Ma., Lo.*, l. c. S. 2388) erhalten worden.

(25R)-3β,26-Diacetoxy-20ξH,22ξH-furost-5-en-17,20-diol C₃₁H₄₈O₇, Formel VII (R = CO-CH₃).

Diese Konstitution und Konfiguration kommt dem nachstehend beschriebenen **Di-O-acetyl-nologenin** zu.

B. Beim Erhitzen von Nologenin (s. o.) mit Acetanhydrid (*Marker et al.*, Am. Soc. **65** [1943] 1248, **69** [1947] 2167, 2209).

Krystalle; F: 180° (*Ma. et al.*, Am. Soc. **65** 1248), 179—180° [aus A.] (*Ma. et al.*, Am. Soc. **69** 2225).

Beim Erhitzen mit Acetanhydrid auf 200° und Behandeln des Reaktionsprodukts mit äthanol. Kalilauge ist (25R)-Furosta-5,16,20(22)-trien-3β,26-diol erhalten worden (*Parke, Davis & Co.*, U.S.P. 2408832 [1944]).   [*Rabien*]

Tetrahydroxy-Verbindungen CₙH₂ₙ₋₁₂O₅

Tetrahydroxy-Verbindungen C₁₄H₁₆O₅

(2R)-2r-Hydroxymethyl-6c-phenyläthinyl-tetrahydro-pyran-3t,4c,5t-triol, 1-Phenyl-3,7-anhydro-1,2-didesoxy-D-glycero-D-gulo-oct-1-init, (1S)-1-Phenyläthinyl-1,5-anhydro-D-glucit C₁₄H₁₆O₅, Formel VIII (R = H).

B. Beim Erwärmen der im folgenden Artikel beschriebenen Verbindung (wasserhaltiges Präparat) mit Methanol unter Eintragen von Kalium (*Zelinski, Meyer*, J. org. Chem. **23** [1958] 810).

Krystalle (aus A. + Ae.); F: 142—143°. [α]ᴅ²⁵: −5,6°; [α]₅₄₆²⁵: −6,9° [jeweils in W.; c = 2].

(2R)-3t,4c,5t-Triacetoxy-2r-acetoxymethyl-6c-phenyläthinyl-tetrahydro-pyran, Tetra-O-acetyl-1-phenyl-3,7-anhydro-1,2-didesoxy-D-glycero-D-gulo-oct-1-init, (1S)-Tetra-O-acetyl-1-phenyläthinyl-1,5-anhydro-D-glucit C₂₂H₂₄O₉, Formel VIII (R = CO-CH₃).

B. Beim Erwärmen von Tetra-O-acetyl-α-D-glucopyranosylbromid mit Phenyläthinyl-magnesiumbromid in Äther und Behandeln des Reaktionsprodukts mit Acetanhydrid und Pyridin (*Zelinski, Meyer*, J. org. Chem. **23** [1958] 810).

Krystalle (aus Bzl. + PAe.), F: 134—135°; Krystalle (aus wasserhaltigem Äthanol oder Isopropylalkohol) mit 0,25 Mol H₂O, F: 125—126°. [α]ᴅ²⁵: −28,7°; [α]₅₄₆²⁵: −33,4° [jeweils in CHCl₃; c = 2] (wasserfreies Präparat); [α]ᴅ²⁵: −27,4° [CHCl₃; c = 2] (wasser-haltiges Präparat).

VIII   IX   X

Tetrahydroxy-Verbindungen $C_{16}H_{20}O_5$

9b-[1,2-Dihydroxy-äthyl]-5-methoxy-1,2,3,3a,8,9,9a,9b-octahydro-phenanthro[4,5-*bcd*]-furan-3-ol, 1-[3-Hydroxy-5-methoxy-1,2,3,8,9,9a-hexahydro-3a*H*-phenanthro[4,5-*bcd*]-furan-9b-yl]-äthan-1,2-diol $C_{17}H_{22}O_5$.

a) (3a*R*)-9b-[(*Ξ*)-1,2-Dihydroxy-äthyl]-5-methoxy-(3a*r*,9a*c*,9b*c*)-1,2,3,3a,-8,9,9a,9b-octahydro-phenanthro[4,5-*bcd*]furan-3*c*-ol $C_{17}H_{22}O_5$, Formel IX (R = H).

B. Beim Behandeln von (3a*R*)-5-Methoxy-9b-vinyl-(3a*r*,9a*c*,9b*c*)-1,2,3,3a,8,9,9a,9b-octahydro-phenanthro[4,5-*bcd*]furan-3*c*-ol (S. 2165) mit Osmium(VIII)-oxid in Benzol und Pyridin und Erhitzen des Reaktionsprodukts mit Natriumhydrogensulfit in wss. Äthanol (*Rapoport*, *Payne*, Am. Soc. **74** [1952] 2630, 2635).

Krystalle (nach Sublimation bei 140°/0,005 Torr); F: 151—153° [korr.; nach Schmelzen bei 80—90° und Wiedererstarren bei weiterem Erhitzen]. $[\alpha]_D^{19}$: −63,0° [A.; c = 0,4].

b) (3a*R*)-9b-[(*Ξ*)-1,2-Dihydroxy-äthyl]-5-methoxy-(3a*r*,9a*c*,9b*c*)-1,2,3,3a,-8,9,9a,9b-octahydro-phenanthro[4,5-*bcd*]furan-3*t*-ol $C_{17}H_{22}O_5$, Formel X (R = H).

B. Beim Behandeln von (3a*R*)-5-Methoxy-9b-vinyl-(3a*r*,9a*c*,9b*c*)-1,2,3,3a,8,9,9a,9b-octa-hydro-phenanthro[4,5-*bcd*]furan-3*t*-ol (S. 2165) mit Osmium(VIII)-oxid in Benzol und Pyridin und Erhitzen des Reaktionsprodukts mit Natriumhydrogensulfit in wss. Äthanol (*Rapoport*, *Payne*, Am. Soc. **74** [1952] 2630, 2635).

Krystalle (aus A.); F: 214—216° [korr.]. $[\alpha]_D^{25}$: −70,2° [Dioxan; c = 1].

9b-[1,2-Dihydroxy-äthyl]-3,5-dimethoxy-1,2,3,3a,8,9,9a,9b-octahydro-phenanthro-[4,5-*bcd*]furan, 1-[3,5-Dimethoxy-1,2,3,8,9,9a-hexahydro-3a*H*-phenanthro[4,5-*bcd*]furan-9b-yl]-äthan-1,2-diol $C_{18}H_{24}O_5$.

a) (3a*R*)-9b-[(*Ξ*)-1,2-Dihydroxy-äthyl]-3*c*,5-dimethoxy-(3a*r*,9a*c*,9b*c*)-1,2,3,3a,-8,9,9a,9b-octahydro-phenanthro[4,5-*bcd*]furan $C_{18}H_{24}O_5$, Formel IX (R = CH$_3$).

B. Beim Behandeln von (3a*R*)-3*c*,5-Dimethoxy-9b-vinyl-(3a*r*,9a*c*,9b*c*)-1,2,3,3a,8,9,9a,9b-octahydro-phenanthro[4,5-*bcd*]furan (S. 2165) mit Osmium(VIII)-oxid in Benzol und Pyridin und Erhitzen des Reaktionsprodukts mit Natriumhydrogensulfit in wss. Äthanol (*Rapoport*, *Payne*, Am. Soc. **74** [1952] 2630, 2634).

Krystalle (aus W.); F: 155—157° [korr.]. $[\alpha]_D^{21}$: −53,5° [Dioxan; c = 1].

b) (3a*R*)-9b-[(*Ξ*)-1,2-Dihydroxy-äthyl]-3*t*,5-dimethoxy-(3a*r*,9a*c*,9b*c*)-1,2,3,3a,-8,9,9a,9b-octahydro-phenanthro[4,5-*bcd*]furan $C_{18}H_{24}O_5$, Formel X (R = CH$_3$).

B. Beim Behandeln von (3a*R*)-3*t*,5-Dimethoxy-9b-vinyl-(3a*r*,9a*c*,9b*c*)-1,2,3,3a,8,9,9a,9b-octahydro-phenanthro-[4,5-*bcd*]furan (S. 2165) mit Osmium(VIII)-oxid in Benzol und Pyridin und Erhitzen des Reaktionsprodukts mit Natriumhydrogensulfit in wss. Äthanol (*Rapoport*, *Payne*, Am. Soc. **74** [1952] 2630, 2633).

Krystalle (aus E.); F: 157—158° [korr.]. $[\alpha]_D^{25}$: −92,0° [A.; c = 1].

Tetrahydroxy-Verbindungen $C_{30}H_{48}O_5$

16α,21α-Epoxy-olean-12-en-3β,22α,24,28-tetraol [1]**, Äscigenin** $C_{30}H_{48}O_5$, Formel XI.

Über Konstitution und Konfiguration s. *Cainelli et al.*, Helv. **40** [1957] 2390, 2396, 2398; *Nakano et al.*, J. org. Chem. **34** [1969] 3135; *Yosioka et al.*, Chem. pharm. Bl. **19** [1971] 1200.

B. Beim Erwärmen von Äscin (Saponin-Gemisch aus Samen von Aesculus hippo-castanum) mit wss.-äthanol. Salzsäure (*van der Haar*, R. **45** [1926] 271, 274; *Ruzicka et al.*, Helv. **25** [1942] 1665, 1669). Reinigung über das Tetra-*O*-acetyl-Derivat (S. 2683): *Ruzicka et al.*, Helv. **32** [1949] 2057, 2061.

---

[1] Stellungsbezeichnung bei von Oleanan abgeleiteten Namen s. E III **5** 1341.

Krystalle (aus A.), F: 317—318° [korr.]; $[\alpha]_D^{20}$: +46° [A.; c = 2] (*Ru. et al.*, Helv. **32** 2061). UV-Spektrum (A.; 220—350 nm): *Ru. et al.*, Helv. **25** 1667. IR-Spektrum (KBr; 2—15 μ): *Neuwald, Overlach*, Ar. **293** [1960] 753, 755.

Beim Erhitzen mit Selen auf 350° sind 1-[2,5-Dimethyl-[1]naphthyl]-2-[2,7-dimethyl-[1]naphthyl]-äthan (*Zimmermann et al.*, Helv. **34** [1951] 1975), 1,2,5-Trimethyl-naphth≈alin, 2,7-Dimethyl-naphthalin, 1,2,6-Trimethyl-phenanthren, 1,2,5,6-Tetramethyl-naphthalin, 1,5,6-Trimethyl-[2]naphthol und 2,9-Dimethyl-picen (*Ru. et al.*, Helv. **32** 2062) erhalten worden. Bildung von 16α,21α-Epoxy-24-nor-olean-12-en-22α-ol und 16α,21α-Epoxy-olean-12-en-22α-ol beim Behandeln mit Chrom(VI)-oxid, Essigsäure und Benzol, Erwärmen des Reaktionsprodukts mit Hydrazin, Diäthylenglykol und Äthanol und Erhitzen des danach isolierten Reaktionsprodukts mit Kaliumhydroxid auf 200°: *Cainelli et al.*, Helv. **40** [1957] 2390, 2407. Bildung von geringen Mengen Oleana-12,15-di≈en-3β,21α,22α,24,28-pentaol beim Erwärmen mit Chlorwasserstoff enthaltendem Äthanol: *Hofer*, zit. bei *Ruzicka et al.*, Helv. **32** [1949] 2069, 2071 Anm. Reaktion mit Acetaldehyd bzw. mit Benzaldehyd in Gegenwart von Schwefelsäure unter Bildung von 3β,24;22α,28-Bis-äthylidendioxy-16α,21α-epoxy-olean-12-en (F: 270—271°) und 3β,24;22α,28-Bis-benzylidendioxy-16α,21α-epoxy-olean-12-en (F: 260—262°): *Ru. et al.*, Helv. **32** 2068.

XI   XII

3β,24-Diacetoxy-16α,21α-epoxy-olean-12-en-22α,28-diol $C_{34}H_{52}O_7$, Formel XII (R = X = H).

B. Beim Erwärmen einer Lösung von 3β,24-Diacetoxy-16α,21α-epoxy-22α,28-iso≈propylidendioxy-olean-12-en in Dichlormethan mit Schwefelsäure enthaltendem Meth≈anol (*Cainelli et al.*, Helv. **40** [1957] 2390, 2401).

Krystalle (aus CH_2Cl_2 + Me.); F: 234—235° [Kofler-App.; evakuierte Kapillare]. $[\alpha]_D$: +48° [CHCl₃; c = 1].

Beim Behandeln mit Chrom(VI)-oxid in Pyridin sind 3β,24-Diacetoxy-16α,21α-epoxy-22α-hydroxy-olean-12-en-28-al und 16α,21α-Epoxy-3β,22α,24-trihydroxy-olean-12-en-28-säure, beim Behandeln einer Lösung in Aceton mit Chrom(VI)-oxid und Schwefelsäure sind 3β,24-Diacetoxy-16α,21α-epoxy-22α-hydroxy-olean-12-en-28-säure und 3β,24-Di≈acetoxy-16α,21α-epoxy-22-oxo-olean-12-en-28-säure erhalten worden.

3β,22α,24-Triacetoxy-16α,21α-epoxy-olean-12-en-28-ol $C_{36}H_{54}O_8$, Formel XII (R = CO-CH₃, X = H).

B. Beim Behandeln einer Lösung von 3β,22α,24,28-Tetraacetoxy-16α,21α-epoxy-olean-12-en in Benzol mit methanol. Kalilauge (*Cainelli et al.*, Helv. **40** [1957] 2390, 2401).

Krystalle (aus Me.); F: 234—235° [Kofler-App.; evakuierte Kapillare]. $[\alpha]_D$: +51° [CHCl₃; c = 1].

Beim Behandeln mit Aceton in Gegenwart von Schwefelsäure ist 3β,24-Diacetoxy-16α,21α-epoxy-22α,28-isopropylidendioxy-olean-12-en erhalten worden.

3β,22α,24,28-Tetraacetoxy-16α,21α-epoxy-olean-12-en, Tetra-O-acetyl-äscigenin $C_{38}H_{56}O_9$, Formel XII (R = X = CO-CH₃).

B. Beim Behandeln von Äscigenin (S. 2682) mit Acetanhydrid und Pyridin (*Ruzicka et al.*, Helv. **25** [1942] 1665, 1670).

Krystalle (aus CH_2Cl_2 + PAe.); F: 207—208° [korr.] (*Ruzicka et al.*, Helv. **32** [1949] 2057, 2062). $[\alpha]_D^{20}$: +56,7° [CHCl₃; c = 2] (*Ru. et al.*, Helv. **32** 2062). IR-Spektrum (CCl₄; 2—16 μ): *Ruzicka et al.*, Helv. **32** [1949] 2069, 2070.

Überführung in 3β,22α,24,28-Tetraacetoxy-16α,21α-epoxy-olean-12-en-11-on durch Behandlung mit Chrom(VI)-oxid in Essigsäure: *Ru. et al.*, Helv. **32** 2067; *Thomson,* Tetrahedron **22** [1966] 351, 353, 363. Beim Erwärmen mit Peroxyessigsäure in Äthyl= acetat ist 3β,22α,24,28-Tetraacetoxy-16α,21α-epoxy-oleanan-12-on (F: 265—267°; [α]$_D^{20}$: +33° [CHCl₃]) erhalten worden (*Th.*, l. c. S. 362), das vermutlich auch in einem von *Ruzicka et al.* (Helv. **32** 2066) beim Behandeln mit Monoperoxyphthalsäure in Chloroform erhaltenen Präparat als Hauptbestandteil vorgelegen hat. Bildung von 3β,22α,24-Triacetoxy-16α,21α-epoxy-olean-12-en-28-ol beim Behandeln einer Lösung in Benzol mit methanol. Kalilauge: *Cainelli et al.*, Helv. **40** [1957] 2390, 2401. Beim Be= handeln mit Acetylchlorid und Aluminiumchlorid, beim Erwärmen mit Acetylchlorid und Zinkchlorid in Tetrachlormethan, beim Erhitzen mit Acetanhydrid und Toluol-4-sulfonsäure sowie beim Behandeln mit Acetanhydrid und dem Borfluorid-Äther-Addukt ist Penta-*O*-acetyl-isoäscigenin (3β,21α,22α,24,28-Pentaacetoxy-oleana-12,15-di= en) als Hauptprodukt erhalten worden (*Ru. et al.*, Helv. **32** 2075; s. a. *Th.*, l. c. S. 351, 360); über weitere, bei diesen Reaktionen isolierte Verbindungen s. *Ru. et al.*, Helv. **32** 2080, 2081.

Tetrahydroxy-Verbindungen C₃₁H₅₀O₅

(25R)-31ξ,32ξ-Bis-hydroxymethyl-16,22-äthano-5α,16ξH,22ξH-furost-17(20)-en-3β,26-diol C₃₁H₅₀O₅, Formel XIII.

B. Beim Erwärmen von (25R)-3β,26-Dihydroxy-16,22-äthano-5α,16ξH,22ξH-furost-17(20)-en-31ξ,32ξ-dicarbonsäure-anhydrid (aus Kryptogenin hergestellt) mit Lithium= alanat in Tetrahydrofuran (*Nussbaum et al.*, J. org. Chem. **17** [1952] 426, 430).

Krystalle; F: 261—263° [unkorr.]. [α]$_D^{20}$: +76° [CHCl₃].

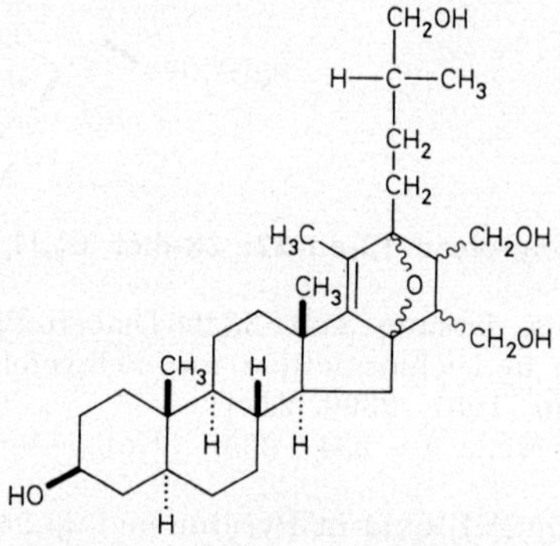

XIII

Tetrahydroxy-Verbindungen C$_n$H$_{2n-14}$O₅

Tetrahydroxy-Verbindungen C₁₆H₁₈O₅

3,4,5-Triacetoxy-2-acetoxymethyl-6-[1]naphthyl-tetrahydro-pyran C₂₄H₂₆O₉.

a) **(2R)-3t,4c,5t-Triacetoxy-2r-acetoxymethyl-6t-[1]naphthyl-tetrahydro-pyran,** **(1R)-Tetra-*O*-acetyl-1-[1]naphthyl-1,5-anhydro-D-glucit** C₂₄H₂₆O₉, Formel XIV (R = CO-CH₃).

B. s. bei dem unter b) beschriebenen Stereoisomeren.

Öl; [α]$_D^{20}$: +95,4° [CHCl₃] [konfigurativ nicht einheitliches Präparat] (*Hurd, Bonner,* Am. Soc. **67** [1945] 1972, 1976).

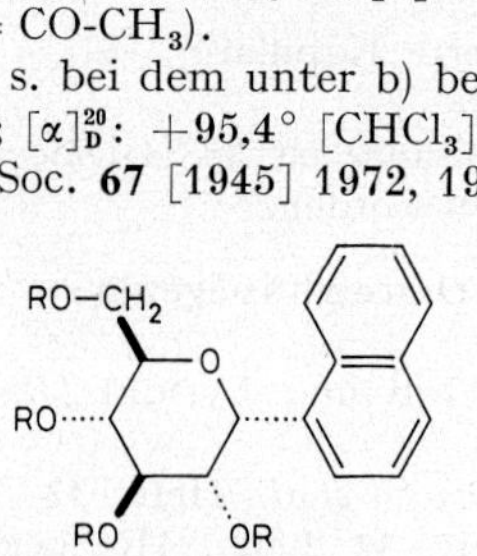

XIV 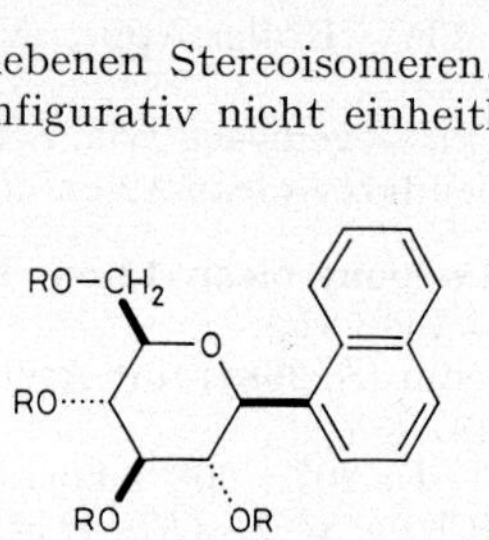   XV 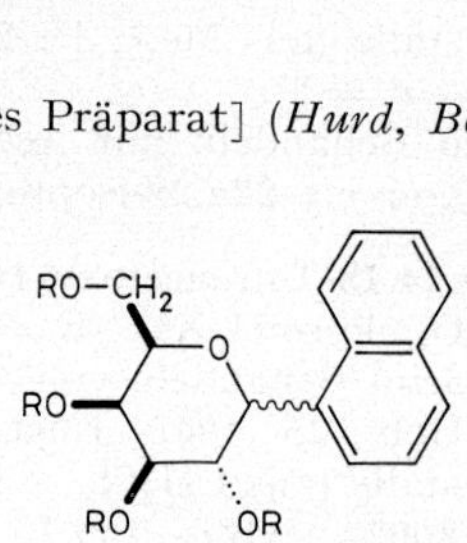   XVI

b) **(2R)-3t,4c,5t-Triacetoxy-2r-acetoxymethyl-6c-[1]naphthyl-tetrahydro-pyran,**
(1S)-Tetra-O-acetyl-1-[1]naphthyl-1,5-anhydro-D-glucit $C_{24}H_{26}O_9$, Formel XV
(R = CO-CH₃).

B. Als Hauptprodukt neben dem unter a) beschriebenen Stereoisomeren beim Erwärmen von Tetra-O-acetyl-α-D-glucopyranosylchlorid mit [1]Naphthylmagnesium⸗
bromid in Äther, anschliessenden Behandeln mit Wasser und Erwärmen der wasser-
löslichen Anteile des Reaktionsprodukts mit Acetanhydrid und Natriumacetat (*Hurd,*
Bonner, Am. Soc. **67** [1945] 1972, 1976).

Krystalle (aus Isopropylalkohol); F: 186,5—187°. $[\alpha]_D^{20}$: +1,3° [CHCl₃; c = 0,7].

c) **(2R)-3c,4c,5t-Triacetoxy-2r-acetoxymethyl-6ξ-[1]naphthyl-tetrahydro-pyran,**
(1Ξ)-Tetra-O-acetyl-1-[1]naphthyl-D-1,5-anhydro-galactit $C_{24}H_{26}O_9$, Formel XVI
(R = CO-CH₃).

B. Beim Behandeln von Tetra-O-acetyl-α(?)-D-galactopyranosylchlorid mit [1]Naphth⸗
ylmagnesiumbromid in Äther (*Shdanow, Dorofeenko,* Doklady Akad. S.S.S.R. **112** [1957]
433, 434; Pr. Acad. Sci. U.S.S.R. Chem. Sect. **112—117** [1957] 65).

F: 143—144° [aus Isopropylalkohol].   [*Jacobshagen*]

Tetrahydroxy-Verbindungen $C_nH_{2n-16}O_5$

Tetrahydroxy-Verbindungen $C_{12}H_8O_5$

Dibenzofuran-1,3,7,9-tetraol $C_{12}H_8O_5$, Formel I (R = H).
B. Aus 2,4,6,2',4',6'-Hexamethoxy-biphenyl beim Erwärmen mit wss. Jodwasserstoff⸗
säure (*Riedl,* A. **597** [1955] 148, 151).
Krystalle (aus W.); Zers. bei 320° [unreines Präparat] (*Ri.*). UV-Spektrum (A.;
270—300 nm): *Trippett,* Soc. **1957** 414, 416.

1,3,7,9-Tetramethoxy-dibenzofuran $C_{16}H_{16}O_5$, Formel I (R = CH₃).
B. Beim Erwärmen einer Lösung von 1,3,7,9-Tetraacetoxy-dibenzofuran in Methanol
mit Dimethylsulfat und wss. Kalilauge (*Riedl,* A. **597** [1955] 148, 152).
Krystalle; F: 118—119° [nach Sublimation bei 120—125°/0,01 Torr].

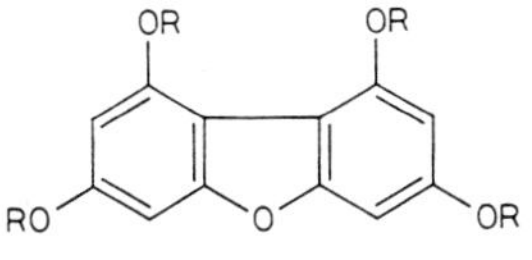

I 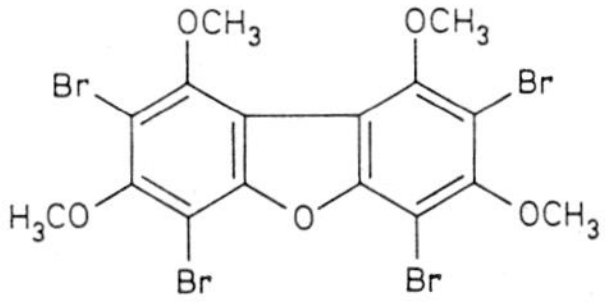   II

1,3,7,9-Tetraacetoxy-dibenzofuran $C_{20}H_{16}O_9$, Formel I (R = CO-CH₃).
B. Beim Erhitzen von Dibenzofuran-1,3,7,9-tetraol mit Acetanhydrid, Pyridin und
Zink-Pulver (*Riedl,* A. **597** [1955] 148, 152).
Krystalle (nach Sublimation bei 160—170°/0,01 Torr); F: 196—198°.

2,4,6,8-Tetrabrom-1,3,7,9-tetramethoxy-dibenzofuran $C_{16}H_{12}Br_4O_5$, Formel II.
B. Aus 1,3,7,9-Tetramethoxy-dibenzofuran und Brom in Chloroform (*Riedl,* A. **597**
[1955] 148, 152).
Krystalle (aus Me. oder nach Sublimation bei 160°/0,01 Torr); F: 167—168°.

3,7-Dimethoxy-dibenzofuran-2,8-diol $C_{14}H_{12}O_5$, Formel III (R = H).
B. Aus 4,4'-Dimethoxy-biphenyl-2,5,2',5'-tetraol beim Erhitzen mit Phosphorsäure
auf 180° (*Dean et al.,* Soc. **1955** 11, 12, 15).
Krystalle (aus Bzl. + Bzn.); F: 188°. UV-Absorptionsmaximum: 316 nm.

2,8-Bis-allyloxy-3,7-dimethoxy-dibenzofuran $C_{20}H_{20}O_5$, Formel III (R = CH₂-CH=CH₂).
B. Aus 3,7-Dimethoxy-dibenzofuran-2,8-diol und Allylbromid mit Hilfe von Kalium⸗

carbonat (*Dean et al.*, Soc. **1955** 11, 15).
Krystalle (aus wss. A.); F: 112—113°.

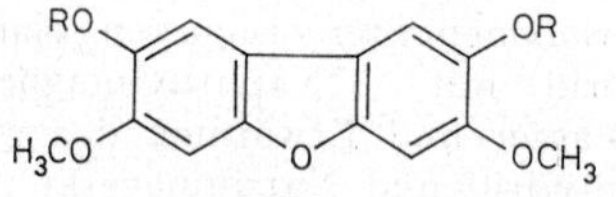

III 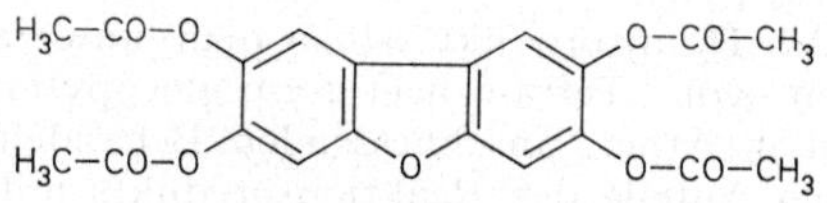   IV

2,8-Diacetoxy-3,7-dimethoxy-dibenzofuran $C_{18}H_{16}O_7$, Formel III (R = CO-CH$_3$).
B. Aus 3,7-Dimethoxy-dibenzofuran-2,8-diol (*Dean et al.*, Soc. **1955** 11, 15).
Krystalle (aus wss. A.); F: 200°.

2,3,7,8-Tetraacetoxy-dibenzofuran $C_{20}H_{16}O_9$, Formel IV.
B. Neben 2,4,5,2',4',5'-Hexaacetoxy-biphenyl beim Erhitzen von 2,5,2',5'-Tetra-
acetoxy-4,4'-dimethoxy-biphenyl mit wss. Bromwasserstoffsäure und Behandeln des
Reaktionsprodukts mit Acetanhydrid und Pyridin (*Erdtman*, Pr. roy. Soc. [A] **143**
[1934] 191, 214).
Krystalle (aus Eg. oder Acetanhydrid); F: 262°.

1-Chlor-3,7-dimethoxy-dibenzofuran-2,8-diol $C_{14}H_{11}ClO_5$, Formel V (R = H).
Konstitutionszuordnung: *Brown et al.*, Tetrahedron **29** [1973] 3059.
B. Beim Behandeln einer Lösung von Methoxy-[1,4]benzochinon oder von 2-[2,5-Di-
hydroxy-4-methoxy-phenyl]-5-methoxy-[1,4]benzochinon in Essigsäure mit wss. Salz-
säure (*Ioffe, Šuchina*, Ž. obšč. Chim. **23** [1953] 1370, 1375; engl. Ausg. S. 1433).
Krystalle (aus Eg.); F: 230—231° (*Io., Šu.*).

2,8-Diacetoxy-1-chlor-3,7-dimethoxy-dibenzofuran $C_{18}H_{15}ClO_7$, Formel V (R = CO-CH$_3$).
B. Beim Behandeln von 1-Chlor-3,7-dimethoxy-dibenzofuran-2,8-diol mit Acet-
anhydrid und Pyridin (*Ioffe, Šuchina*, Ž. obšč. Chim. **23** [1953] 1370, 1375; engl. Ausg.
S. 1433).
Krystalle (aus Eg.); F: 220—221°.

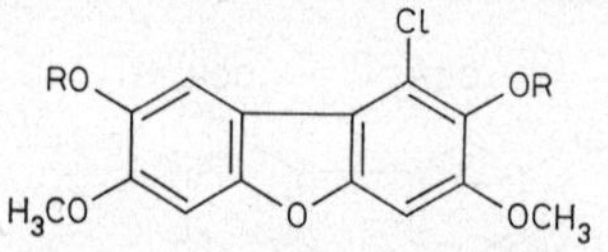

V 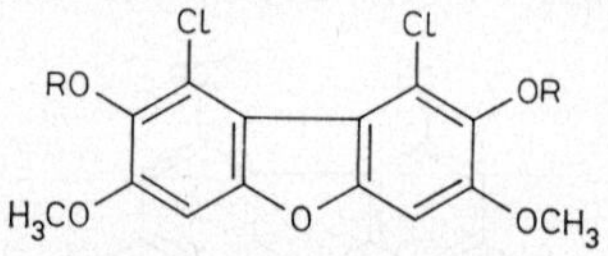   VI

1,9-Dichlor-3,7-dimethoxy-dibenzofuran-2,8-diol $C_{14}H_{10}Cl_2O_5$, Formel VI (R = H).
Konstitutionszuordnung: *Brown et al.*, Tetrahedron **29** [1973] 3059.
B. Beim Erhitzen einer Lösung von 4,4'-Dimethoxy-biphenyl-2,5;2',5'-dichinon (E III
8 4243) in Essigsäure mit wss. Salzsäure (*Ioffe, Šuchina*, Ž. obšč. Chim. **23** [1953] 1370,
1375; engl. Ausg. S. 1433).
Krystalle (aus wss. Eg.); F: 235—236° (*Io., Šu.*).

2,8-Diacetoxy-1,9-dichlor-3,7-dimethoxy-dibenzofuran $C_{18}H_{14}Cl_2O_7$, Formel VI
(R = CO-CH$_3$).
B. Beim Erwärmen der im vorangehenden Artikel beschriebenen Verbindung mit
Acetanhydrid und Pyridin (*Ioffe, Šuchina*, Ž. obšč. Chim. **23** [1953] 1370, 1375; engl.
Ausg. S. 1433).
Krystalle; F: 253° [aus Acetanhydrid] (*Erdtman*, Svensk kem. Tidskr. **44** [1932] 135,
143, 147; Pr. roy. Soc. [A] **143** [1934] 191, 213), 252—253° [aus Eg.] (*Io., Šu.*).

Tetrahydroxy-Verbindungen $C_{13}H_{10}O_5$

1,2,6,8-Tetramethoxy-xanthen $C_{17}H_{18}O_5$, Formel VII.
Konstitutionszuordnung: *Rivaille et al.*, Phytochemistry **8** [1969] 1533.

B. Aus 1,2,6,8-Tetramethoxy-xanthen-9-on beim Erwärmen mit Lithiumalanat in Äther (*Shah et al.*, J. scient ind. Res. India **13** B [1954] 186).

Krystalle (aus A.); F: 125—126° (*Shah et al.*, l. c. S. 187). UV-Spektrum (220—300 nm; λ_{max}: 254 nm, 276 nm und 290 nm): *Shah et al.*, J. scient. ind. Res. India **13** B [1954] 175.

Xanthen-1,3,5,6-tetraol $C_{13}H_{10}O_5$, Formel VIII (R = H).

B. Aus 1,3,5,6-Tetrahydroxy-xanthylium-chlorid bei der Hydrierung an Palladium/Kohle in Äthanol (*Tanase*, J. pharm. Soc. Japan **61** [1941] 341, 347).

Krystalle (aus wss. A.); F: 258°.

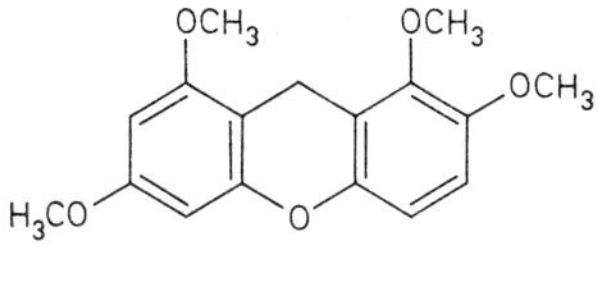

VII 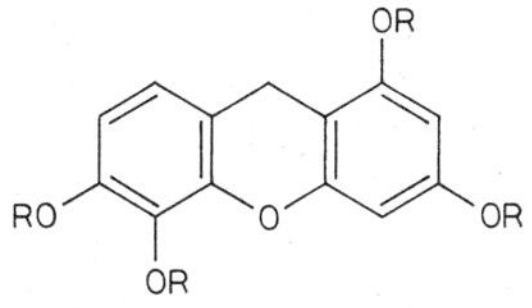   VIII 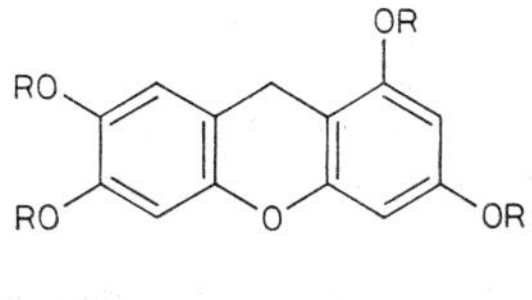   IX

1,3,5,6-Tetraacetoxy-xanthen $C_{21}H_{18}O_9$, Formel VIII (R = CO-CH$_3$).

B. Aus Xanthen-1,3,5,6-tetraol und Acetanhydrid (*Tanase*, J. pharm. Soc. Japan **61** [1941] 341, 347).

Krystalle (aus A.); F: 175°.

Xanthen-1,3,6,7-tetraol $C_{13}H_{10}O_5$, Formel IX (R = H).

B. Aus 1,3,6,7-Tetrahydroxy-xanthen-9-on bei der Hydrierung an Palladium/Kohle in Äthanol (*Tanase*, J. pharm. Soc. Japan **61** [1941] 341, 346).

Krystalle (aus Eg.); Zers. bei 263°.

1,3,6,7-Tetramethoxy-xanthen $C_{17}H_{18}O_5$, Formel IX (R = CH$_3$).

B. Beim Behandeln von Xanthen-1,3,6,7-tetraol mit Diazomethan in Aceton (*Tanase*, J. pharm. Soc. Japan **61** [1941] 341, 346).

Krystalle (aus A.); F: 135°.

1,3,6,7-Tetraacetoxy-xanthen $C_{21}H_{18}O_9$, Formel IX (R = CO-CH$_3$).

B. Aus Xanthen-1,3,6,7-tetraol und Acetanhydrid (*Iseda*, Bl. chem. Soc. Japan **30** [1957] 625, 629; *Tanase*, J. pharm. Soc. Japan **61** [1941] 341, 346).

Krystalle (aus A.); F: 177° [korr.] (*Is.*), 176° (*Ta.*).

Xanthen-1,3,6,8-tetraol $C_{13}H_{10}O_5$, Formel X (R = H).

B. Aus 1,3,6,8-Tetrahydroxy-xanthylium-chlorid beim Erhitzen mit Natriumdithionit und wss. Natronlauge unter Wasserstoff (*Roberts, Robinson*, Soc. **1934** 1650) sowie bei der Hydrierung an Palladium/Kohle in Äthanol (*Tanase*, J. pharm. Soc. Japan **61** [1941] 341, 348).

Krystalle (aus W.); Zers. oberhalb 100° (*Ro., Ro.*).

Beim Behandeln mit Brom in Essigsäure ist ein Tetrabrom-Derivat ($C_{13}H_6Br_4O_5$; Krystalle [aus A.]), beim Behandeln mit Brom in Essigsäure und anschliessenden Erhitzen ist eine wahrscheinlich als x,x,x-Tribrom-1,3,6,8-tetrahydroxy-xanthylium-bromid zu formulierende Verbindung $C_{13}H_6Br_4O_5$ (dunkelrote Krystalle [aus Eg.]) erhalten worden (*Ro., Ro.*).

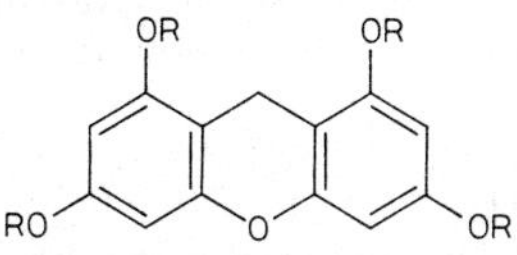

X 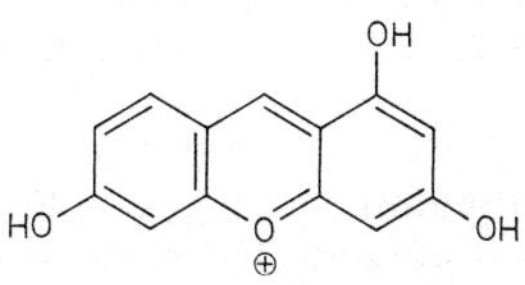   XI 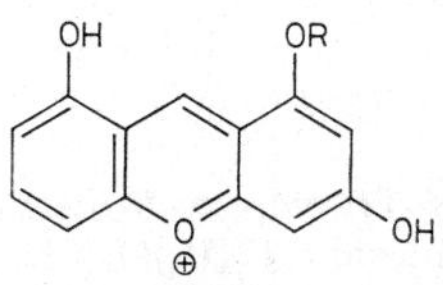   XII

1,3,6,8-Tetramethoxy-xanthen $C_{17}H_{18}O_5$, Formel X (R = CH$_3$).
B. Aus Xanthen-1,3,6,8-tetraol und Diazomethan (*Tanase*, J. pharm. Soc. Japan **61** [1941] 341, 348).
Krystalle (aus A.); F: 167°.

1,3,6,8-Tetraacetoxy-xanthen $C_{21}H_{18}O_9$, Formel X (R = CO-CH$_3$).
B. Aus Xan⁺hen-1,3,6,8-tetraol und Acetanhydrid (*Tanase*, J. pharm. Soc. Japan **61** [1941] 341, 348).
Krystalle (aus A.); F: 160,5°.

1,3,6-Trihydroxy-xanthylium $[C_{13}H_9O_4]^+$, Formel XI.
Chlorid $[C_{13}H_9O_4]$Cl. *B.* Bei kurzem Erhitzen von 2,4-Dihydroxy-benzaldehyd mit Phloroglucin, Essigsäure und wss. Salzsäure (*Hatsuda, Kuyama*, J. agric. chem. Soc. Japan **29** [1955] 14, 18; C. A. **1959** 16125). — Rotbraunes Pulver (aus wss. HCl enthaltender Eg.), das unterhalb 360° nicht schmilzt.

1,3,8-Trihydroxy-xanthylium $[C_{13}H_9O_4]^+$, Formel XII (R = H).
Chlorid $[C_{13}H_9O_4]$Cl. *B.* Beim Erhitzen von 2,6-Dihydroxy-benzaldehyd mit Phloroglucin, Essigsäure und Schwefelsäure (*Hatsuda et al.*, J. agric. chem. Soc. Japan **28** [1954] 992, 996; C. A. **1956** 15522). — Rote Krystalle (aus wss. HCl enthaltender Eg.); F: 288° [Zers.].

3,8-Dihydroxy-1-methoxy-xanthylium $[C_{14}H_{11}O_4]^+$, Formel XII (R = CH$_3$).
Chlorid $[C_{14}H_{11}O_4]$Cl. *B.* Beim Erhitzen von 2,6-Dihydroxy-benzaldehyd mit 5-Methoxy-resorcin in Essigsäure unter Zusatz von wss. Salzsäure (*Hatsuda et al.*, J. agric. chem. Soc. Japan **28** [1954] 998, 1000; C. A. **1956** 15522). — Rote Krystalle (aus wss. HCl enthaltender Eg.); Zers. ab 220°.

Tetrahydroxy-Verbindungen $C_{14}H_{12}O_5$

2,3,8,10-Tetramethoxy-5,7-dihydro-dibenz[c,e]oxepin $C_{18}H_{20}O_5$, Formel I.
B. Aus 6-Brom-3,5,4′,5′-tetramethoxy-diphensäure-dimethylester beim Erwärmen mit Lithiumalanat in Tetrahydrofuran (*Kondo, Takeda*, Ann. Rep. ITSUU Labor. Nr. 9 [1958] 33; Übers. S. 78, 84).
Krystalle (aus Me. + PAe.); F: 167°. IR-Spektrum (2—15 µ): *Ko., Ta.*

I   II

2,3,9,10-Tetramethoxy-5,7-dihydro-dibenz[c,e]oxepin $C_{18}H_{20}O_5$, Formel II.
B. Beim Erhitzen von 2,2′-Bis-chlormethyl-4,5,4′,5′-tetramethoxy-biphenyl mit wss. Essigsäure (*Matarasso-Tchiroukhine*, A. ch. [13] **3** [1958] 405, 425). Beim Erwärmen von 2,2′-Bis-brommethyl-4,5,4′,5′-tetramethoxy-biphenyl mit wss.-äthanol. Natronlauge (*Cromartie et al.*, Soc. **1958** 1982).
Krystalle (aus Bzl.); F: 256° (*Ma.-Tch.*), 249° (*Cr. et al.*). UV-Spektrum (CHCl$_3$; 240—330 nm): *Ma.-Tch.*, l. c. S. 423.
Beim Erhitzen mit 1 Mol Kaliumdichromat und wss. Essigsäure ist 4,5,4′,5′-Tetramethoxy-biphenyl-2,2′-dicarbaldehyd, beim Erhitzen mit überschüssigem Natriumdichromat und Essigsäure ist 2,3,6,7-Tetramethoxy-phenanthren-9,10-chinon erhalten worden (*Ma.-Tch.*, l. c. S. 433).

1,3,6-Trihydroxy-8-methyl-xanthylium $[C_{14}H_{11}O_4]^+$, Formel III.
Chlorid $[C_{14}H_{11}O_4]$Cl. *B.* Bei kurzem Erhitzen von 2,4-Dihydroxy-6-methyl-benzaldehyd mit Phloroglucin in Essigsäure unter Zusatz von wss. Salzsäure (*Asahina, Nogami,*

Bl. chem. Soc. Japan **17** [1942] 202, 206). — Rote Krystalle; Zers. bei 320° [nach Verfärbung von 260° an]. — Beim Behandeln mit wss. Natriumhydrogencarbonat-Lösung ist
1,6-Dihydroxy-8-methyl-xanthen-3-on erhalten worden.

III   IV   V

5,6,9-Triacetoxy-8-methoxy-2,4-dimethyl-naphtho[1,2-*b*]furan $C_{21}H_{20}O_8$, Formel IV.
Konstitutionszuordnung: *Hardegger et al.*, Helv. **47** [1964] 2031.

B. Beim Erwärmen von Anhydrojavanicin (5-Hydroxy-8-methoxy-2,4-dimethyl-
naphtho[1,2-*b*]furan-6,9-chinon) mit Acetanhydrid, Pyridin und Zink-Pulver (*Arnstein,
Cook*, Soc. **1947** 1021, 1023, 1027). Beim Erwärmen von *O*-Acetyl-anhydrojavanicin
(5-Acetoxy-8-methoxy-2,4-dimethyl-naphtho[1,2-*b*]furan-6,9-chinon) mit Acetanhydrid,
Natriumacetat und Zink-Pulver (*Weiss, Nord*, Arch. Biochem. **22** [1949] 288, 307).

Krystalle; F: 262—263° [Zers.; aus wss. Eg.] (*We., Nord*), 258° [Zers.; aus Acn. +
Bzl.] (*Ar., Cook*). UV-Spektrum (Dioxan; 225—350 nm): *Ar., Cook*, l. c. S. 1023.

2,8-Dimethyl-dibenzofuran-1,3,7,9-tetraol $C_{14}H_{12}O_5$, Formel V (R = H).
Diese Konstitution kommt dem nachstehend beschriebenen Didesisovalerylrhodo-
myrtoxin zu (*Anderson et al.*, Soc. [C] **1969** 2403).

B. Beim Erhitzen von Rhodomyrtoxin (2,6(oder 2,8)-Diisovaleryl-4,8(oder 4,6)-di-
methyl-dibenzofuran-1,3,7,9-tetraol) mit wss. Jodwasserstoffsäure (*Trippett*, Soc. **1957**
414, 418).

Krystalle (aus Ae. + PAe.); F: 300° (*Tr.*).

---

x,x,x-Trimethoxy-2,8-dimethyl-dibenzofuran-x-ol $C_{17}H_{18}O_5$ vom **F: 171—172°**, vermutlich **3,7,9-Trimethoxy-2,8-dimethyl-dibenzofuran-1-ol**, Formel V (R = CH_3).
B. Beim Behandeln der im vorangehenden Artikel beschriebenen Verbindung mit Diazomethan in Methanol und Äther (*Trippett*, Soc. **1957** 414, 418).

Krystalle (aus A.); F: 171—172°. UV-Absorptionsmaxima (A.): 235 nm, 283 nm und
290 nm (*Tr.*).

O-Acetyl-Derivat $C_{19}H_{20}O_6$, vermutlich 1-Acetoxy-3,7,9-trimethoxy-2,8-dimeth-
yl-dibenzofuran. Krystalle (aus Butan-1-ol); F: 204—205°.

4-Chlor-benzoyl-Derivat $C_{24}H_{21}ClO_6$, vermutlich 1-[4-Chlor-benzoyloxy]-3,7,9-tri-
methoxy-2,8-dimethyl-dibenzofuran. Krystalle (aus Butan-1-ol) F: 244—245°.

Verbindung mit 1,3,5(?)-Trinitro-benzol $C_{17}H_{18}O_5 \cdot C_6H_3N_3O_6$. Krystalle (aus
A.); F: 184—185°.

Verbindung mit Pikrinsäure $C_{17}H_{18}O_5 \cdot C_6H_3N_3O_7$. Krystalle (aus PAe.); F: 185°
bis 186° [Zers.].

1,3,7,9-Tetramethoxy-2,8-dimethyl-dibenzofuran $C_{18}H_{20}O_5$, Formel VI (R = CH_3).
B. Beim Erwärmen der im vorangehenden Artikel beschriebenen Verbindung mit
Methyljodid und Kaliumcarbonat in Aceton (*Trippett*, Soc. **1957** 414, 418).

Krystalle (aus Butan-1-ol); F: 203—204°. UV-Absorptionsmaxima (A.): 236 nm,
272 nm, 284 nm und 296 nm (*Tr.*).

Beim Behandeln mit Tetrahydrofuran, flüssigem Ammoniak und Natrium und Behandeln des Reaktionsprodukts mit Acetanhydrid ist x,x-Diacetoxy-x,x-dimeth-
oxy-2,8-dimethyl-dibenzofuran ($C_{20}H_{20}O_7$; Krystalle [aus Butan-1-ol], F: 224°;
λ_{max}: 230 nm, 262 nm und 300 nm) erhalten worden.

Verbindung mit 1,3,5(?)-Trinitro-benzol $C_{18}H_{20}O_5 \cdot C_6H_3N_3O_6$. Krystalle (aus
A.); F: 234—235°.

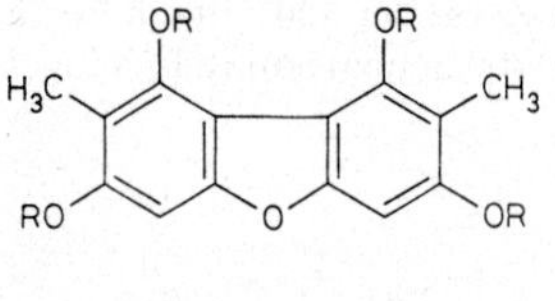

VI 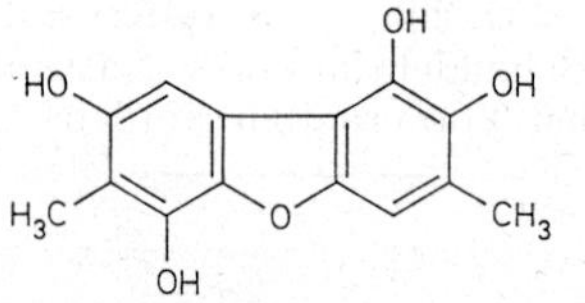   VII 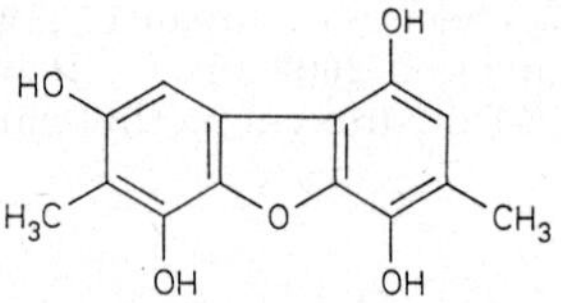   VIII

1,3,7,9-Tetraacetoxy-2,8-dimethyl-dibenzofuran $C_{22}H_{20}O_9$, Formel VI (R = CO-CH$_3$).

B. Aus 2,8-Dimethyl-dibenzofuran-1,3,7,9-tetraol [S. 2689] (*Trippett*, Soc. **1957** 414, 418).

Krystalle (aus Butan-1-ol); F: 197—199°. UV-Spektrum (A.; 240—300 nm): *Tr.*, l. c. S. 416.

3,7-Dimethyl-dibenzofuran-1,2,6,8-tetraol $C_{14}H_{12}O_5$, Formel VII, und **3,7-Dimethyl-dibenzofuran-1,4,6,8-tetraol** $C_{14}H_{12}O_5$, Formel VIII.

Diese beiden Konstitutionsformeln kommen für das nachstehend beschriebene **Anhydroleukoisophoenicin** in Betracht.

B. Beim Erhitzen von 4,4'-Dimethyl-biphenyl-2,3,5,2',3',6'-hexaol (E III **6** 6956) mit wss. Bromwasserstoffsäure (*Posternak et al.*, Helv. **26** [1943] 2031, 2033, 2041).

Krystalle (aus W.); F: 290—291° [Block].

Beim Behandeln mit Acetanhydrid unter Zusatz von Schwefelsäure ist ein Tetra(?)-*O*-acetyl-Derivat (F: 200°) erhalten worden.

Tetrahydroxy-Verbindungen $C_{15}H_{14}O_5$

7-Methoxy-2-[4-methoxy-phenyl]-chroman-3,4-diol $C_{17}H_{18}O_5$.

a) **(±)-7-Methoxy-2r-[4-methoxy-phenyl]-chroman-3t,4c-diol** $C_{17}H_{18}O_5$, Formel IX (R = H) + Spiegelbild.

B. Aus (±)-3t-Hydroxy-7-methoxy-2r-[4-methoxy-phenyl]-chroman-4-on beim Behandeln mit Lithiumalanat in Tetrahydrofuran (*Brown, MacBride*, Soc. **1964** 3822, 3828) sowie bei der Hydrierung an Platin in Methanol (*Saayman, Roux*, Biochem. J. **96** [1965] 36, 38).

Krystalle; F: 119—120° [unkorr.; aus wss. A.] (*Sa., Roux*), 116—118° [aus Me.] (*Br., MacB.*).

Di-*O*-acetyl-Derivat s. S. 2691.

Die gleiche Verbindung hat vermutlich als Hauptbestandteil in einem von *Phatak, Kulkarni* (Curr. Sci. **28** [1959] 328) als (±)-7-Methoxy-2r-[4-methoxy-phenyl]-chroman-3t,4t-diol angesehenen Präparat (F: 114—115°; Di-*O*-acetyl-Derivat: F: 132°) vorgelegen (*Br., MacB.; Sa., Roux*), das aus (±)-3t-Hydroxy-7-methoxy-2r-[4-methoxy-phenyl]-chroman-4-on mit Hilfe von Lithiumalanat oder Natriumboranat erhalten worden ist (*Ph., Ku.*). Ein von *Phatak, Kulkarni* als (±)-7-Methoxy-2r-[4-methoxy-phenyl]-chroman-3t,4c-diol beschriebenes Präparat (F: 136° [aus A.]; Di-*O*-benzoyl-Derivat: F: 159°) ist hingegen ein Stereoisomeren-Gemisch gewesen (*Br., MacB.*, l. c. S. 3824, 3828; *Sa., Roux*, l. c. S. 38, 40).

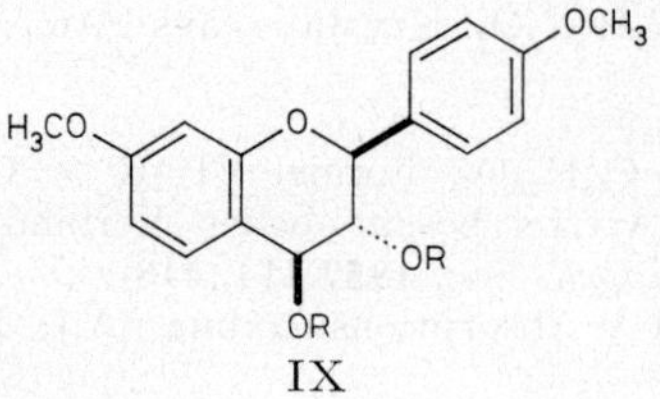

IX 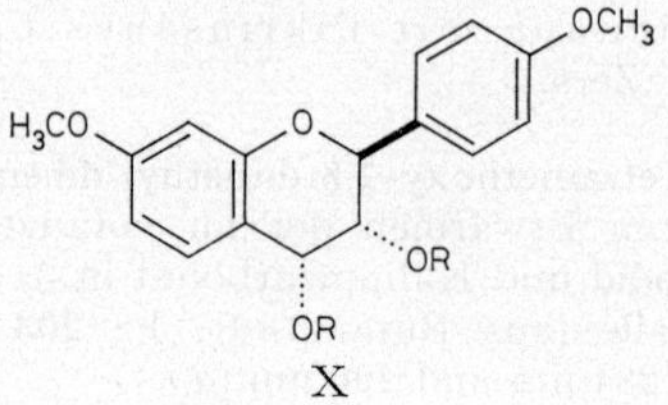   X

b) **(±)-7-Methoxy-2r-[4-methoxy-phenyl]-chroman-3t,4t-diol** $C_{17}H_{18}O_5$, Formel X (R = H) + Spiegelbild.

B. Aus (±)-3t-Hydroxy-7-methoxy-2r-[4-methoxy-phenyl]-chroman-4-on beim Behandeln mit Lithiumalanat und Aluminiumchlorid in Äther (*Brown, MacBride*, Soc. **1964** 3822, 3828).

Krystalle (aus CHCl$_3$ + Ae.); F: 165—165,5° (*Br., MacB.*).

Di-*O*-benzoyl-Derivat s. u.

Über ein von *Phatak, Kulkarni* (Curr. Sci. **28** [1959] 328) unter der gleichen Konstitution und Konfiguration beschriebenes Präparat s. bei dem unter a) beschriebenen Stereo‐isomeren.

(±)-3*t*,4*c*-Diacetoxy-7-methoxy-2*r*-[4-methoxy-phenyl]-chroman $C_{21}H_{22}O_7$, Formel IX (R = CO-CH₃) + Spiegelbild.

B. Beim Erwärmen von (±)-7-Methoxy-2*r*-[4-methoxy-phenyl]-chroman-3*t*,4*c*-diol mit Acetanhydrid und Pyridin (*Brown, MacBride*, Soc. **1964** 3822, 3828).

Krystalle (aus A.), F: 138—139,5°.

(±)-3*t*,4*t*-Bis-benzoyloxy-7-methoxy-2*r*-[4-methoxy-phenyl]-chroman $C_{31}H_{26}O_7$, Formel X (R = CO-C₆H₅) + Spiegelbild.

B. Beim Erwärmen von (±)-7-Methoxy-2*r*-[4-methoxy-phenyl]-chroman-3*t*,4*t*-diol mit Benzoylchlorid und Pyridin (*Brown, MacBride*, Soc. **1964** 3822, 3828).

Krystalle (aus A.); F: 161—163°.

(2*R*)-2*r*-[4-Hydroxy-phenyl]-chroman-3*c*,5,7-triol, (2*R*)-*cis*-Flavan-3,5,7,4′-tetraol, **(−)-Epiafzelechin** $C_{15}H_{14}O_5$, Formel XI (R = H).

Konfiguration: *Birch et al.*, Soc. **1957** 3586.

Isolierung aus dem Holz von Afzelia-Arten: *King et al.*, Soc. **1955** 2948, 2952.

Krystalle (aus wss. A.), F: 240—243° [Zers.]; [α]_D^{19}: −58,9° [A.] (*King et al.*). UV-Absorptionsmaxima (A.): 207 nm und 276 nm (*King et al.*).

5,7-Dimethoxy-2-[4-methoxy-phenyl]-chroman-3-ol $C_{18}H_{20}O_5$.

a) **(2*R*)-5,7-Dimethoxy-2*r*-[4-methoxy-phenyl]-chroman-3*c*-ol** $C_{18}H_{20}O_5$, Formel XII (R = H).

B. Beim Erwärmen von (−)-Epiafzelechin (s. o.) mit Dimethylsulfat und Kalium‐carbonat in Aceton (*King et al.*, Soc. **1955** 2948, 2953).

Krystalle; F: 112—113° (*Birch et al.*, Soc. **1957** 3586, 3592), 110° [aus Me.] (*King et al.*). [α]_D^{20}: −67,4° [A.; c = 2] (*King et al.*); [α]_D^{24}: −63° [A.; c = 2] (*Bi. et al.*). UV-Absorp‐tionsmaxima (A.): 208 nm und 274 nm (*King et al.*).

b) **(±)-5,7-Dimethoxy-2*r*-[4-methoxy-phenyl]-chroman-3*c*-ol** $C_{18}H_{20}O_5$, Formel XII (R = H) + Spiegelbild.

B. Aus 3-Hydroxy-5,7-dimethoxy-2-[4-methoxy-phenyl]-chromenylium-chlorid (Syst. Nr. 2568) bei der Hydrierung an Platin in Äthanol (*King et al.*, Soc. **1955** 2948, 2954).

Krystalle (aus wss. Me.); F: 105° [nach Erweichen bei 99°]. UV-Absorptionsmaxima (A.): 208 nm und 274 nm.

3-Acetoxy-5,7-dimethoxy-2-[4-methoxy-phenyl]-chroman $C_{20}H_{22}O_6$.

a) **(2*R*)-3*c*-Acetoxy-5,7-dimethoxy-2*r*-[4-methoxy-phenyl]-chroman** $C_{20}H_{22}O_6$, Formel XII (R = CO-CH₃).

B. Beim Erhitzen von (2*R*)-5,7-Dimethoxy-2*r*-[4-methoxy-phenyl]-chroman-3*c*-ol (s. o.) mit Acetanhydrid (*King et al.*, Soc. **1955** 2948, 2953).

Krystalle (aus A.); F: 133°. [α]_D^{21}: −73,8° [CHCl₃; c = 2].

b) **(±)-3*c*-Acetoxy-5,7-dimethoxy-2*r*-[4-methoxy-phenyl]-chroman** $C_{20}H_{22}O_6$, Formel XII (R = CO-CH₃) + Spiegelbild.

B. Aus (±)-5,7-Dimethoxy-2*r*-[4-methoxy-phenyl]-chroman-3*c*-ol (*King et al.*, Soc. **1955** 2948, 2955).

Krystalle (aus wss. Me.); F: 123°.

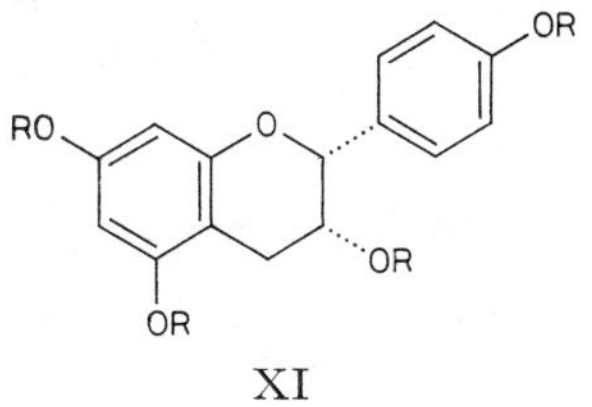

XI 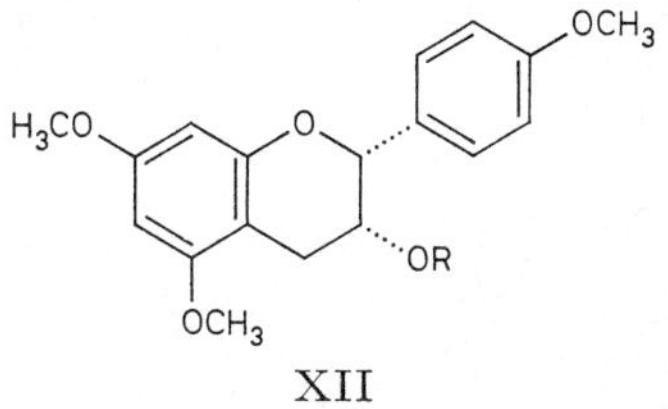   XII

(2R)-3c,5,7-Triacetoxy-2r-[4-acetoxy-phenyl]-chroman $C_{23}H_{22}O_9$, Formel XI
(R = CO-CH$_3$).

B. Beim Erhitzen von (2R)-2r-[4-Hydroxy-phenyl]-chroman-3c,5,7-triol mit Acet=
anhydrid und Natriumacetat (*King et al.*, Soc. **1955** 2948, 2953).

Krystalle (aus wss. Eg.); F: 126—127°.

(2R)-5,7-Dimethoxy-2r-[4-methoxy-phenyl]-3c-phenylglyoxyloyloxy-chroman $C_{26}H_{24}O_7$,
Formel XII (R = CO-CO-C$_6$H$_5$).

B. Beim Behandeln einer Lösung von (2R)-5,7-Dimethoxy-2r-[4-methoxy-phenyl]-
chroman-3c-ol in Benzol und Pyridin mit Phenylglyoxyloylchlorid in Benzol (*Birch et al.*,
Soc. **1957** 3586, 3594).

Krystalle (aus A.); F: 123—124°. [α]$_D^{20}$: —32,0° [CHCl$_3$; c = 5].

(2R)-5,7-Dimethoxy-2r-[4-methoxy-phenyl]-3c-[toluol-4-sulfonyloxy]-chroman
$C_{25}H_{26}O_7S$, Formel XII (R = SO$_2$-C$_6$H$_4$-CH$_3$).

B. Beim Erhitzen von (2R)-5,7-Dimethoxy-2r-[4-methoxy-phenyl]-chroman-3c-ol mit
Toluol-4-sulfonylchlorid und Pyridin (*King et al.*, Soc. **1955** 2948, 2953).

Krystalle (aus A.); F: 165° [orangefarbene Schmelze]. [α]$_D^{20}$: —8,7° [CHCl$_3$; c = 3].
An der Luft erfolgt Orangefärbung.

Beim Erhitzen mit Hydrazin auf 130° ist 5,7-Dimethoxy-2-[4-methoxy-phenyl]-
4H-chromen erhalten worden.

────────────

*Opt.-inakt. 5,7-Dimethoxy-2-[4-methoxy-phenyl]-chroman-4-ol $C_{18}H_{20}O_5$, Formel I
(R = H).

B. Aus (±)-5,7-Dimethoxy-2-[4-methoxy-phenyl]-chroman-4-on bei der Hydrierung
an Platin in Dioxan sowie bei der Behandlung mit Äthanol und Natrium-Amalgam
(*Geissman, Clinton*, Am. Soc. **68** [1946] 700, 705).

Krystalle (aus A.); F: 159—159,5° [korr.].

*Opt.-inakt. 4-Acetoxy-5,7-dimethoxy-2-[4-methoxy-phenyl]-chroman $C_{20}H_{22}O_6$, Formel I
(R = CO-CH$_3$).

B. Aus der im vorangehenden Artikel beschriebenen Verbindung (*Geissman, Clinton*,
Am. Soc. **68** [1946] 700, 705).

Krystalle (aus Bzl.); F: 128—128,5°.

────────────

2-[3,4-Dihydroxy-phenyl]-chroman-3,7-diol, Flavan-3,7,3′,4′-tetraol $C_{15}H_{14}O_5$.

Über die Konfiguration der folgenden Stereoisomeren s. *Weinges*, A. **627** [1959] 231;
Freudenberg, Weinges, Chem. and Ind. **1959** 486; *Drewes, Roux*, Chem. Commun. **1965**
500.

a) **(±)-2r-[3,4-Dihydroxy-phenyl]-chroman-3c,7-diol** $C_{15}H_{14}O_5$, Formel II (R = H)
+ Spiegelbild.

B. Beim Behandeln von (±)-3c,7-Diacetoxy-2r-[3,4-diacetoxy-phenyl]-chroman mit
Bariumhydroxid in Wasser (*Freudenberg, Maitland*, A. **510** [1934] 193, 195, 200).

Wasserhaltige Krystalle (aus W.); F: 93—96°.

Beim Erhitzen mit wss. Kaliumhydrogencarbonat-Lösung und Behandeln des Reaktionsprodukts mit Acetanhydrid und Pyridin sind 3c,7-Diacetoxy-2r-[3,4-diacetoxy-
phenyl]-chroman und 3t,7-Diacetoxy-2r-[3,4-diacetoxy-phenyl]-chroman erhalten worden.

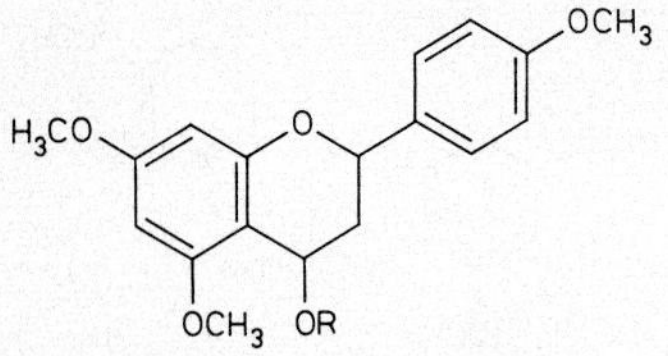

I 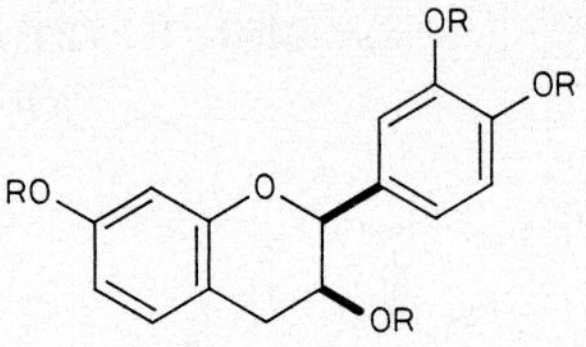   II

b) **(2R)-2r-[3,4-Dihydroxy-phenyl]-chroman-3t,7-diol**, **(–)-Fisetinidol** $C_{15}H_{14}O_5$,
Formel III.

B. Aus (2*R*)-2*r*-[3,4-Dihydroxy-phenyl]-chroman-3*t*,4*c*,7-triol bei der Hydrierung an
Palladium in Dioxan (*Roux, Paulus*, Biochem. J. **78** [1961] 120).

Krystalle (aus W.); F: 211—214° [unkorr.]. $[\alpha]_D^{23}$: −8,8° [wss. Acn.].

c) **(2S)-2r-[3,4-Dihydroxy-phenyl]-chroman-3t,7-diol**, **(+)-Fisetinidol** $C_{15}H_{14}O_5$,
Formel IV (R = H).

B. Aus (2*S*)-2*r*-[3,4-Dihydroxy-phenyl]-chroman-3*t*,4*c*,7-triol (über die Konfiguration
dieser Verbindung s. *Drewes, Roux*, Biochem. J. **90** [1964] 343) bei der Hydrierung an
Palladium in Dioxan (*Weinges*, A. **615** [1958] 203, 204, 206, **627** [1959] 229, 235).

Krystalle (aus W.); F: 208—211°. $[\alpha]_D^{25}$: +10,1° [wss. Acn.].

d) **(±)-2r-[3,4-Dihydroxy-phenyl]-chroman-3t,7-diol**, **(±)-Fisetinidol** $C_{15}H_{14}O_5$,
Formel IV (R = H) + Spiegelbild.

B. Aus (±)-2*r*-[3,4-Dihydroxy-phenyl]-chroman-3*t*,4*c*,7-triol bei der Hydrierung an
Palladium in Dioxan (*Weinges*, A. **627** [1959] 229, 235).

Krystalle (aus W.); F: 212—214°.

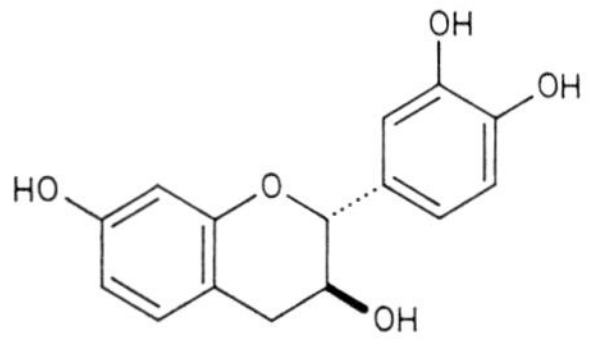

III 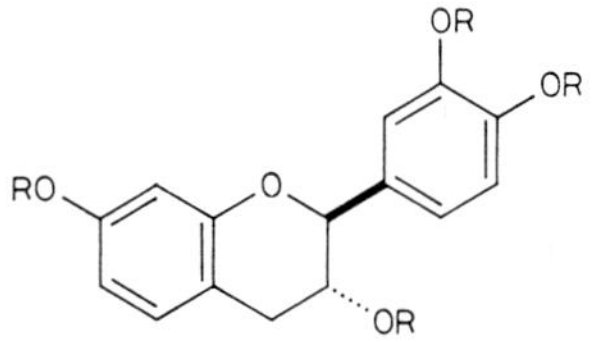   IV

2-[3,4-Dimethoxy-phenyl]-7-methoxy-chroman-3-ol $C_{18}H_{20}O_5$.

a) **(2R)-2r-[3,4-Dimethoxy-phenyl]-7-methoxy-chroman-3t-ol** $C_{18}H_{20}O_5$, Formel V
(R = H).

B. Aus (−)-Fisetinidol (s. o.) und Diazomethan in Methanol (*Roux, Paulus*, Biochem. J.
78 [1961] 120).

Krystalle (aus A. oder Me.); F: 121—123° [unkorr.]. $[\alpha]_D^{23}$: −32,1° [1,1,2,2-Tetra=
chlor-äthan; c = 1].

b) **(2S)-2r-[3,4-Dimethoxy-phenyl]-7-methoxy-chroman-3t-ol** $C_{18}H_{20}O_5$, Formel VI
(R = H).

B. Beim Behandeln einer Lösung von (+)-Fisetinidol (s. o.) in Methanol mit Dimethyl=
sulfat und wss. Kalilauge (*Weinges*, A. **615** [1958] 203, 204, 206).

Krystalle (aus Me.); F: 119—120°. $[\alpha]_D^{25}$: +30,5° [1,1,2,2-Tetrachlor-äthan; c = 2].

c) **(±)-2r-[3,4-Dimethoxy-phenyl]-7-methoxy-chromen-3t-ol** $C_{18}H_{20}O_5$, Formel VI
(R = H) + Spiegelbild.

B. Beim Behandeln von (±)-2*r*-[3,4-Dihydroxy-phenyl]-chroman-3*t*,7-diol mit Di=
methylsulfat und wss. Kalilauge (*Weinges*, A. **627** [1959] 229, 235).

Krystalle (aus Me.); F: 121—123°.

(2S)-2r-[3,4-Dimethoxy-phenyl]-3t,7-dimethoxy-chroman, (+)-Tetra-O-methyl-
fisetinidol $C_{19}H_{22}O_5$, Formel VI (R = CH₃).

B. Beim Behandeln einer Lösung von (2*S*)-2*r*-[3,4-Dimethoxy-phenyl]-7-methoxy-
chroman-3*t*-ol in Dimethylformamid mit Methyljodid und Silberoxid (*Weinges*, A. **615**
[1958] 203, 204, 207).

Krystalle (aus A. + W.); F: 80—82°. $[\alpha]_D^{25}$: +19,2° [1,1,2,2-Tetrachlor-äthan; c = 2].

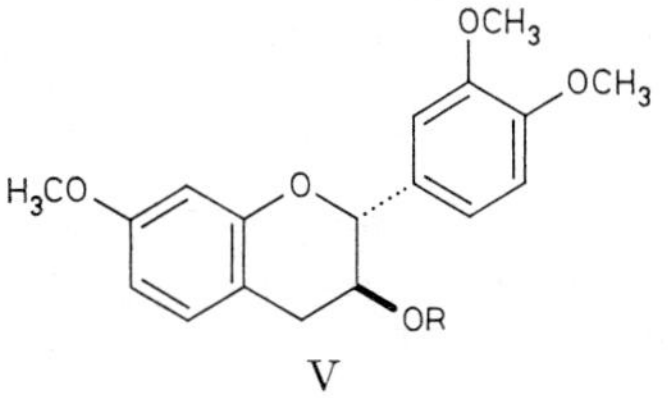

V 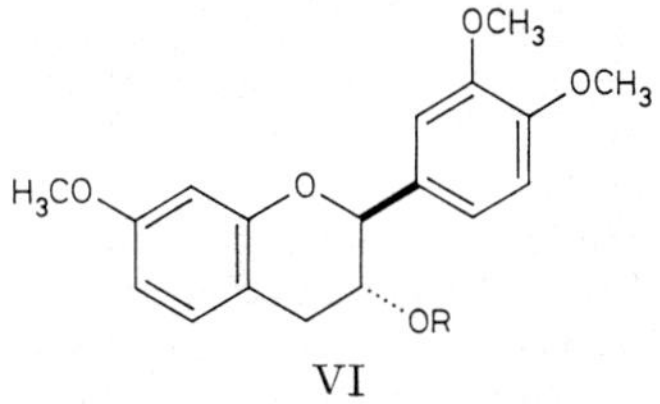   VI

3-Acetoxy-2-[3,4-dimethoxy-phenyl]-7-methoxy-chroman $C_{20}H_{22}O_6$.

a) **(2R)-3t-Acetoxy-2r-[3,4-dimethoxy-phenyl]-7-methoxy-chroman** $C_{20}H_{22}O_6$, Formel V (R = CO-CH₃).

B. Beim Behandeln von (2R)-2r-[3,4-Dimethoxy-phenyl]-7-methoxy-chroman-3t-ol mit Acetanhydrid und Pyridin (*Roux, Paulus*, Biochem. J. **78** [1961] 120).

Krystalle (aus A.); F: 95—97°. $[\alpha]_D^{23}$: −19,1° [1,1,2,2-Tetrachlor-äthan; c = 0,6].

b) **(2S)-3t-Acetoxy-2r-[3,4-dimethoxy-phenyl]-7-methoxy-chroman** $C_{20}H_{22}O_6$, Formel VI (R = CO-CH₃).

B. Beim Erwärmen von (2S)-2r-[3,4-Dimethoxy-phenyl]-7-methoxy-chroman-3t-ol mit Acetanhydrid und Pyridin (*Weinges*, A. **615** [1958] 203, 204, 207).

Krystalle (aus A.); F: 90—91°. $[\alpha]_D^{25}$: +20,4° [1,1,2,2-Tetrachlor-äthan; c = 2].

3,7-Diacetoxy-2-[3,4-diacetoxy-phenyl]-chroman $C_{23}H_{22}O_9$.

a) **(±)-3c,7-Diacetoxy-2r-[3,4-diacetoxy-phenyl]-chroman** $C_{23}H_{22}O_9$, Formel II (R = CO-CH₃) [auf S. 2692] + Spiegelbild.

B. Bei der Hydrierung von 2-[3,4-Dihydroxy-phenyl]-3,7-dihydroxy-chromenylium-chlorid (E II **18** 202) an Platin in Äthanol und Behandlung des Reaktionsprodukts mit Acetanhydrid und Pyridin (*Freudenberg, Maitland*, A. **510** [1934] 193, 195, 199).

Krystalle (aus Me.); F: 184—186°.

b) **(2S)-3t,7-Diacetoxy-2r-[3,4-diacetoxy-phenyl]-chroman,** (−)-Tetra-*O*-acetyl-fisetinidol $C_{23}H_{22}O_9$, Formel IV (R = CO-CH₃).

B. Aus (+)-Fisetinidol [S. 2693] (*Weinges*, A. **627** [1959] 229, 235).

Krystalle (aus A.); F: 96—98°. $[\alpha]_D^{25}$: −2,4° [1,1,2,2-Tetrachlor-äthan; c = 2].

c) **(±)-3t,7-Diacetoxy-2r-[3,4-diacetoxy-phenyl]-chroman** $C_{23}H_{22}O_9$, Formel IV (R = CO-CH₃) + Spiegelbild.

B. Beim Behandeln von (±)-2r-[3,4-Dihydroxy-phenyl]-chroman-3t,7-diol mit Acet≠ anhydrid und Pyridin (*Weinges*, A. **627** [1959] 229, 235). Beim Erhitzen von (±)-2r-[3,4-Dihydroxy-phenyl]-chroman-3c,7-diol mit wss. Kaliumhydrogencarbonat-Lösung auf 115° und Behandeln des Reaktionsprodukts mit Acetanhydrid und Pyridin (*Freuden-berg, Maitland*, A. **510** [1934] 193, 195, 200).

Krystalle (aus Me.); F: 145—146° (*We.*), 144—146° (*Fr., Ma.*).

(2S)-2r-[3,4-Dimethoxy-phenyl]-3t-methansulfonyloxy-7-methoxy-chroman $C_{19}H_{22}O_7S$, Formel VI (R = SO₂-CH₃).

B. Beim Behandeln von (2S)-2r-[3,4-Dimethoxy-phenyl]-7-methoxy-chroman-3t-ol mit Methansulfonylchlorid in Pyridin (*Weinges*, A. **615** [1958] 203, 204, 207).

Krystalle (aus Me.); F: 108—110°. $[\alpha]_D^{25}$: −14,2° [1,1,2,2-Tetrachlor-äthan; c = 2].

(2S)-2r-[3,4-Dimethoxy-phenyl]-7-methoxy-3t-[toluol-4-sulfonyloxy]-chroman $C_{25}H_{26}O_7S$, Formel VI (R = SO₂-C₆H₄-CH₃).

B. Beim Erwärmen von (2S)-2r-[3,4-Dimethoxy-phenyl]-7-methoxy-chroman-3t-ol mit Toluol-4-sulfonylchlorid und Pyridin (*Weinges*, A. **615** [1958] 203, 204, 207).

Krystalle (aus CHCl₃ + Me.); F: 129—130°. $[\alpha]_D^{25}$: −69,1° [1,1,2,2-Tetrachlor-äthan; c = 2].

---

*Opt.-inakt. 2-[3,4-Dimethoxy-phenyl]-8-methoxy-chroman-4-ol $C_{18}H_{20}O_5$, Formel VII (R = H).

B. Beim Erhitzen von (±)-2-[3,4-Dimethoxy-phenyl]-8-methoxy-chroman-4-on mit Aluminiumisopropylat in Isopropylalkohol; Reinigung über das *O*-Acetyl-Derivat (*Richtzenhain, Alfredsson*, B. **89** [1956] 378, 380, 382).

Krystalle vom F: 139°; nach dem Umkrystallieren aus Äthanol liegt der Schmelzpunkt bei 120—123°.

Beim Erhitzen mit wss. Calciumhydrogensulfit-Lösung auf 130° ist 1-[3,4-Dimethoxy-phenyl]-3-[2-hydroxy-3-methoxy-phenyl]-propan-1,3-disulfonsäure, beim Erhitzen mit wss. Natriumsulfit-Lösung ist 1-[3,4-Dimethoxy-phenyl]-3-[2-hydroxy-3-methoxy-phen≠ yl]-3-oxo-propan-1-sulfonsäure erhalten worden.

*Opt.-inakt. 4-Acetoxy-2-[3,4-dimethoxy-phenyl]-8-methoxy-chroman $C_{20}H_{22}O_6$,
Formel VII (R = CO-CH₃).

  B. Aus der im vorangehenden Artikel beschriebenen Verbindung, Acetanhydrid und Pyridin (*Richtzenhain, Alfredsson*, B. **89** [1956] 378, 382).

  Krystalle. F: 145°.

(±)-2-[3,4-Dihydroxy-phenyl]-chroman-5,7-diol, (±)-Flavan-5,7,3′,4′-tetraol,
$C_{15}H_{14}O_5$, Formel VIII (R = H).

  B. Aus (±)-2-[3,4-Dihydroxy-phenyl]-5,7-dihydroxy-chroman-4-on beim Behandeln mit amalgamiertem Zink, Essigsäure und wss. Salzsäure (*Hathway, Seakins*, Soc. **1957** 1562, 1566).

  Krystalle (aus W.) mit 1 Mol H_2O; F: 185°.

  Reaktion mit Sauerstoff in gepufferter wss.-methanol. Lösung vom pH 8 bei 35°: *Ha., Se.*

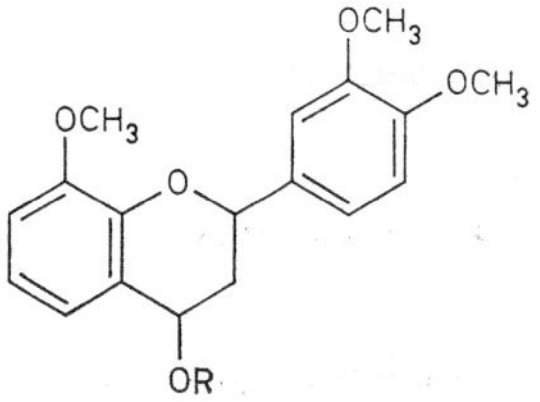

VII 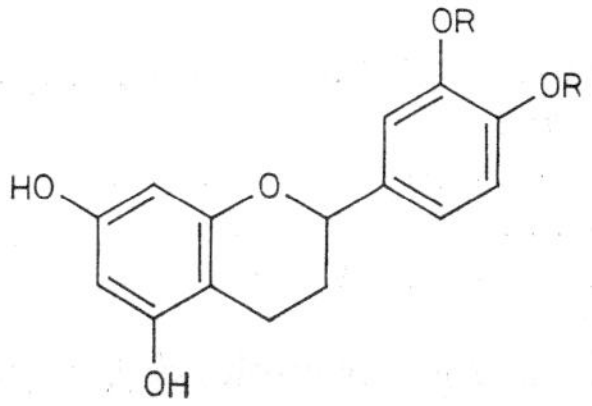   VIII

(±)-2-[3,4-Dimethoxy-phenyl]-chroman-5,7-diol $C_{17}H_{18}O_5$, Formel VIII (R = CH₃).

  B. Aus (±)-2-[3,4-Dimethoxy-phenyl]-5,7-dihydroxy-chroman-4-on beim Behandeln mit amalgamiertem Zink, Essigsäure und wss. Salzsäure (*Hathway, Seakins*, Soc. **1957** 1562, 1566).

  Krystalle (aus Xylol); F: 260°.

(±)-5,6,7-Trimethoxy-3-[4-methoxy-phenyl]-chroman $C_{19}H_{22}O_5$, Formel IX.

  B. Aus 5,6,7-Trimethoxy-3-[4-methoxy-phenyl]-chroman-4-on beim Erhitzen mit Zink-Pulver und Essigsäure unter Zusatz von wss. Salzsäure (*King et al.*, Soc. **1952** 100).

  Krystalle (aus Me.); F: 95—96°.

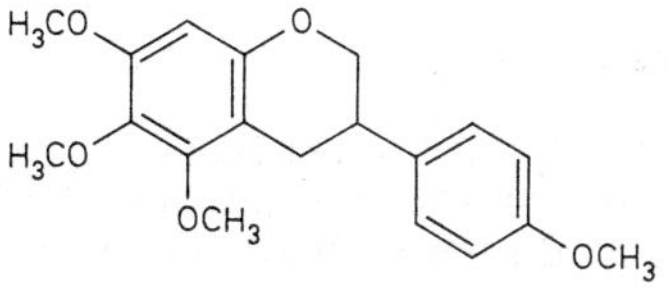

IX 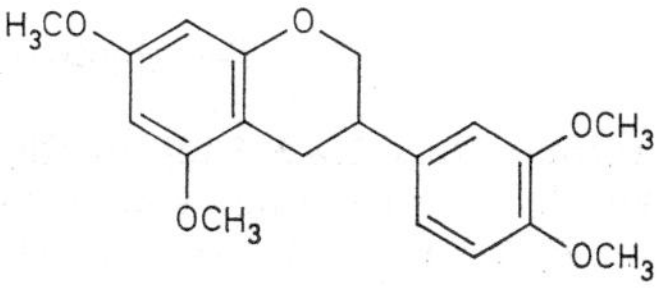   X

(±)-3-[3,4-Dimethoxy-phenyl]-5,7-dimethoxy-chroman $C_{19}H_{22}O_5$, Formel X.

  B. Aus 3-[3,4-Dimethoxy-phenyl]-5,7-dimethoxy-chromen-4-on bei der Hydrierung in Essigsäure an Palladium/Kohle bei 100° (*Robertson et al.*, Soc. **1949** 1571, 1574).

  Krystalle (aus A.); F: 134°.

(2S)-2r-Chlor-3t-[3,4-dimethoxy-phenyl]-5,7-dimethoxy-chroman $C_{19}H_{21}ClO_5$, Formel XI (E II 237; dort als 2-Chlor-5,7,3′,4′-tetramethoxy-isoflavan bezeichnet).

  Konfigurationszuordnung: *Weinges, Paulus*, A. **681** [1965] 154.

  Beim Behandeln mit wss. Aceton unter Zusatz von Calciumcarbonat ist (2R)-3t-[3,4-Dimethoxy-phenyl]-5,7-dimethoxy-chroman-2r-ol (E III **8** 4237) erhalten worden (*Freudenberg et al.*, A. **518** [1935] 37, 59). Reaktion mit Chlorwasserstoff in Äther unter Bildung von 3-[3,4-Dimethoxy-phenyl]-5,7-dimethoxy-chromenylium-chlorid: *Fr. et al.*, l. c. S. 61.

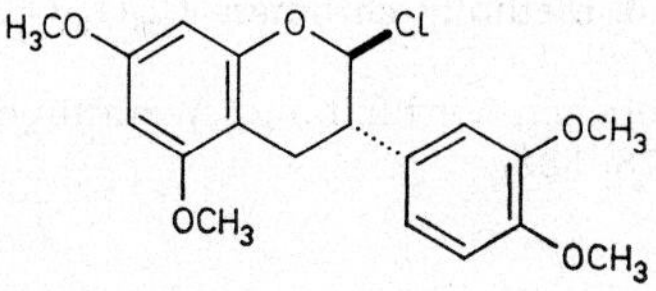

XI 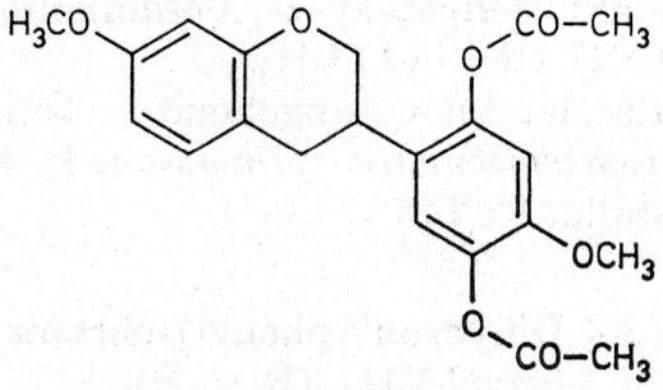 XII

(±)-3-[2,5-Diacetoxy-4-methoxy-phenyl]-7-methoxy-chroman $C_{21}H_{22}O_7$, Formel XII.

B. Beim Erhitzen von (±)-Dihydrohomopterocarpon ((±)-3-[3,6-Dioxo-4-methoxy-cyclohexa-1,4-dienyl]-7-methoxy-chroman) mit Acetanhydrid und Natriumacetat unter Zusatz von Zink-Pulver (*Leonhardt, Oechler*, Ar. **273** [1935] 447, 452).

Krystalle (aus wss. A.); F: 122—123°.

(±)-6-Methoxy-3-[2,4,6-trimethoxy-benzyl]-2,3-dihydro-benzofuran $C_{19}H_{22}O_5$, Formel XIII (X = H).

B. Aus 6-Methoxy-3-[2,4,6-trimethoxy-benzyl]-benzofuran bei der Hydrierung an Palladium/Kohle in Methanol (*Whalley, Lloyd*, Soc. **1956** 3213, 3220).

Krystalle (aus wss. Me.); F: 58°.

(±)-3-[3-Chlor-2,4,6-trimethoxy-benzyl]-6-methoxy-2,3-dihydro-benzofuran $C_{19}H_{21}ClO_5$, Formel XIII (X = Cl).

B. Aus 3-[3-Chlor-2,4,6-trimethoxy-benzyl]-6-methoxy-benzofuran bei der Hydrierung an Palladium/Kohle in Essigsäure oder an Raney-Nickel in Äthanol (*Lloyd, Whalley*, Soc. **1956** 3209, 3210).

Krystalle (aus Me.); F: 92°.

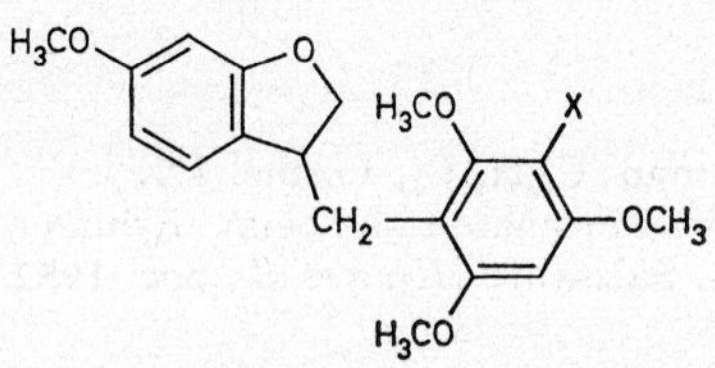

XIII 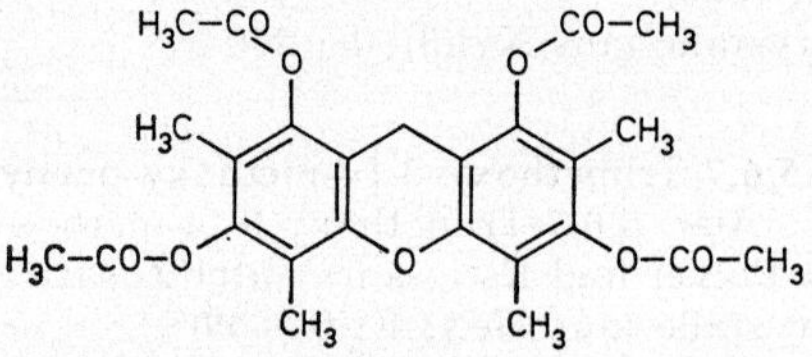 XIV

Tetrahydroxy-Verbindungen $C_{17}H_{18}O_5$

1,3,6,8-Tetraacetoxy-2,4,5,7-tetramethyl-xanthen $C_{25}H_{26}O_9$, Formel XIV.

B. Bei der Hydrierung von 1,3,6,8-Tetrahydroxy-2,4,5,7-tetramethyl-xanthylium-chlorid an Platin in Methanol und Behandeln des Reaktionsprodukts mit Acetanhydrid und Pyridin (*Freudenberg, Alonso de Lama*, A. **612** [1958] 78, 83, 90).

Krystalle (aus Acn.); Zers. bei 280—290°.

Tetrahydroxy-Verbindungen $C_{18}H_{20}O_5$

3,4,5-Triacetoxy-2-acetoxymethyl-6-biphenyl-4-yl-tetrahydro-pyran $C_{26}H_{28}O_9$.

a) **(2R)-3t,4c,5t-Triacetoxy-2r-acetoxymethyl-6c-biphenyl-4-yl-tetrahydro-pyran,**
(1S)-Tetra-O-acetyl-1-biphenyl-4-yl-1,5-anhydro-D-glucit $C_{26}H_{28}O_9$, Formel I (X = H).

B. Beim Erwärmen von Tetra-*O*-acetyl-α-D-glucopyranosylchlorid mit Biphenyl-4-yl=magnesiumbromid in Äther (*Shdanow et al.*, Doklady Akad. S.S.S.R. **107** [1956] 259; Pr. Acad. Sci. U.S.S.R. Chem. Sect. **106—111** [1956] 153).

Krystalle (aus Isopropylalkohol); F: 180°.

b) **(2R)-3c,4c,5t-Triacetoxy-2r-acetoxymethyl-6ξ-biphenyl-4-yl-tetrahydro-pyran,**
(1Ξ)-Tetra-O-acetyl-1-biphenyl-4-yl-D-1,5-anhydro-galactit $C_{26}H_{28}O_9$, Formel II.

B. Beim Erwärmen von Tetra-*O*-acetyl-α-D-galactopyranosylchlorid mit Biphenyl-

4-ylmagnesiumbromid in Äther (*Shdanow et al.*, Doklady Akad. S.S.S.R. **107** [1956] 259; Pr. Acad. Sci. U.S.S.R. Chem. Sect. **106–111** [1956] 153).

Krystalle (aus Isopropylalkohol); F: 156–157°.

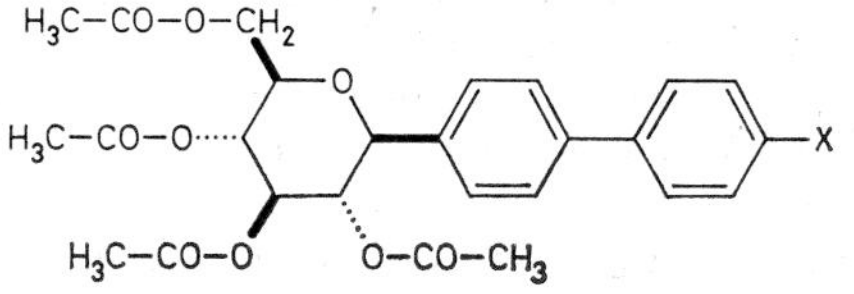

I 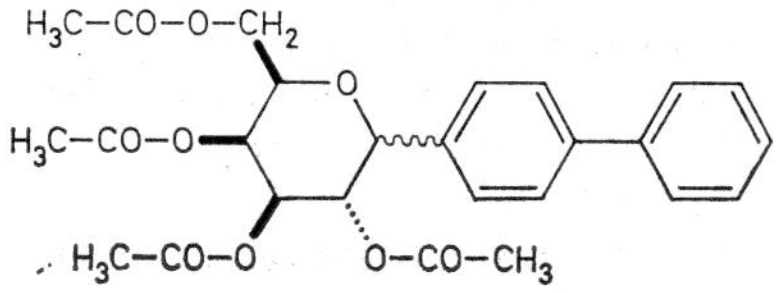   II

(2*R*)-3*t*,4*c*,5*t*-Triacetoxy-2*r*-acetoxymethyl-6*c*-[4′-brom-biphenyl-4-yl]-tetrahydro-pyran, (1*S*)-Tetra-*O*-acetyl-1-[4′-brom-biphenyl-4-yl]-1,5-anhydro-D-glucit C$_{26}$H$_{27}$BrO$_9$, Formel I (X = Br).

B. Beim Erwärmen von (1*S*)-Tetra-*O*-acetyl-1-biphenyl-4-yl-1,5-anhydro-D-glucit mit Brom in Schwefelkohlenstoff (*Shdanow et al.*, Doklady Akad. S.S.S.R. **107** [1956] 259; Pr. Acad. Sci. U.S.S.R. Chem. Sect. **106–111** [1956] 153).

Krystalle (aus Isopropylalkohol); F: 197°.

3,4-Divanillyl-tetrahydro-furan C$_{20}$H$_{24}$O$_5$.

a) (*R*)-*trans*-3,4-Divanillyl-tetrahydro-furan C$_{20}$H$_{24}$O$_5$, Formel III (R = H).

Konfigurationszuordnung: *Freudenberg, Weinges*, Tetrahedron **15** [1961] 115, 120.

B. Aus (–)-Liovil ((*R*)-*trans*-3,4-Bis-[(*Ξ*)-4,α-dihydroxy-3-methoxy-benzyl]-tetra‿hydro-furan) bei der Hydrierung an Palladium in Äthylacetat (*Freudenberg, Knof,* B. **90** [1957] 2857, 2860, 2868).

Krystalle (aus *tert*-Butylalkohol); F: 116–117°. [α]$_D^{25}$: –52,2° [Tetrahydrofuran; c = 1].

b) (*S*)-*trans*-3,4-Divanillyl-tetrahydro-furan C$_{20}$H$_{24}$O$_5$, Formel IV (R = H).

Über eine beim Abbau eines aus Leinsamen isolierten Glykosids erhaltene Verbindung (Krystalle, F: 111°; [α]$_D$: +59° [CHCl$_3$]), der vermutlich diese Konstitution und Kon‿figuration zukommt, s. *Bakke, Klosterman,* Pr. N. Dakota Acad. **10** [1956] 18.

3,4-Diveratryl-tetrahydro-furan C$_{22}$H$_{28}$O$_5$.

a) *cis*-3,4-Diveratryl-tetrahydro-furan C$_{22}$H$_{28}$O$_5$, Formel V.

B. Aus *meso*-2,3-Diveratryl-butan-1,4-diol beim Erhitzen mit Kaliumhydrogensulfat auf 180° (*Haworth, Wilson,* Soc. **1950** 71; *Schrecker,* Am. Soc. **79** [1957] 3823, 3825).

Krystalle (aus Me.); F: 120–120,4° [korr.] (*Sch.*), 114–115° (*Ha., Wi.*). IR-Spektrum (CHCl$_3$; 9–12,5 μ): *Sch.*

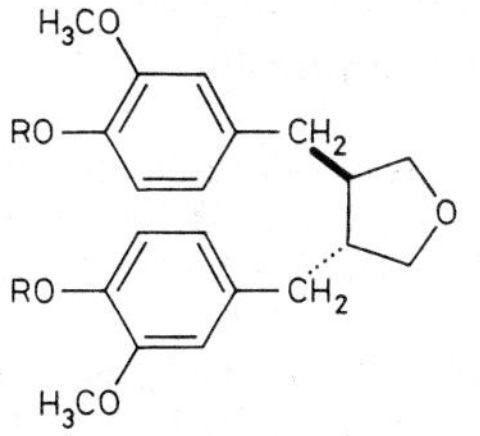

III 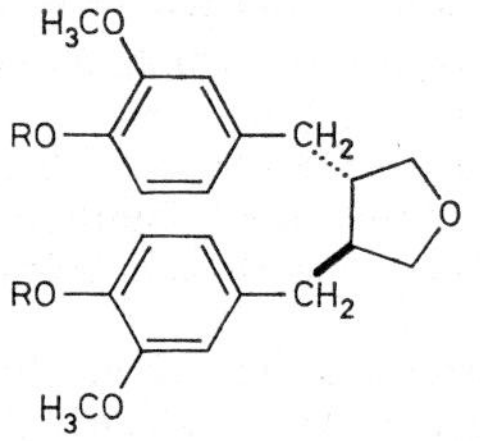   IV 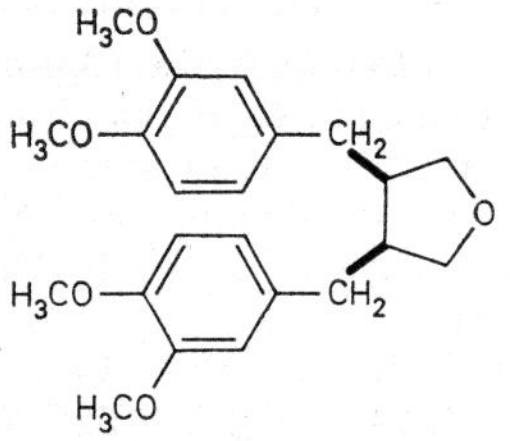   V

b) (*R*)-*trans*-3,4-Diveratryl-tetrahydro-furan C$_{22}$H$_{28}$O$_5$, Formel III (R = CH$_3$).

Konfigurationszuordnung: *Freudenberg, Weinges*, Tetrahedron **15** [1961] 115, 120.

B. Aus L$_g$-*threo*-2,3-Diveratryl-butan-1,4-diol (E III **6** 6961) beim Erhitzen mit Kalium‿hydrogensulfat auf 180° (*Haworth, Woodcock,* Soc. **1939** 1054, 1056) sowie beim Erhitzen mit Toluol-4-sulfonylchlorid und Pyridin (*Schrecker, Hartwell,* Am. Soc. **77** [1955] 432, 435). Beim Erwärmen von L$_g$-*threo*-2,3-Divanillyl-butan-1,4-diol mit Dimethylsulfat und Kaliumcarbonat in Aceton (*Briggs et al.,* Tetrahedron **7** [1959] 262, 267).

Krystalle; F: 120,5–121° [aus wss. Me.] (*Br. et al.*), 118,8–119,8° [korr.; aus Me.]

(*Sch., Ha.*), 118—119° [aus Me.] (*Ha., Wo.*). $[\alpha]_D^{17}$: $-58,9°$ [$CHCl_3$; c = 1] (*Ha., Wo.*); $[\alpha]_D^{21}$: $-46,0°$ [$CHCl_3$; c = 1] (*Sch., Ha.*).

c) **(S)-*trans*-3,4-Diveratryl-tetrahydro-furan** $C_{22}H_{28}O_5$, Formel IV (R = CH_3).

B. Aus $_D$-*threo*-2,3-Diveratryl-butan-1,4-diol (E III **6** 6961) beim Erhitzen mit Kaliumhydrogensulfat auf 180° (*Row et al.*, Tetrahydron **22** [1966] 2899, 2907).

Krystalle; F: 118° (*Bakke, Klosterman*, Pr. N. Dakota Acad. **10** [1956] 18, 19), 117° [unkorr.; aus Me.] (*Row et al.*). $[\alpha]_D^{30}$: $+50°$ [$CHCl_3$; c = 1] (*Row et al.*); $[\alpha]_D$: $+41°$ [$CHCl_3$] (*Ba., Kl.*).

d) **(±)-*trans*-3,4-Diveratryl-tetrahydro-furan** $C_{22}H_{28}O_5$, Formel IV (R = CH_3) + Spiegelbild.

B. Aus *racem.*-2,3-Diveratryl-butan-1,4-diol beim Erhitzen mit Kaliumhydrogensulfat (*Schrecker*, Am. Soc. **79** [1957] 3823, 3826).

Krystalle (aus Me.); F: 90—90,5°. IR-Spektrum ($CHCl_3$; 9—12,5 µ): *Sch.*, l. c. S. 3825.

2,5-Bis-[3,4-dimethoxy-phenyl]-3,4-dimethyl-tetrahydro-furan $C_{22}H_{28}O_5$.
Über die Konfiguration der folgenden Stereoisomeren s. *Blears, Haworth*, Soc. **1958** 1985; *Birch et al.*, Soc. **1958** 4471; *Perry et al.*, J. org. Chem. **37** [1972] 4371; s. a. *Freudenberg, Weinges*, Tetrahedron **15** [1961] 115.

a) **2r,5c-Bis-[3,4-dimethoxy-phenyl]-3c,4c-dimethyl-tetrahydro-furan** $C_{22}H_{28}O_5$, Formel VI (X = H).

B. Aus 2,5-Bis-[3,4-dimethoxy-phenyl]-3,4-dimethyl-furan bei der Hydrierung an Palladium/Kohle in Essigsäure und Methanol unter 30 at (*Blears, Haworth*, Soc. **1958** 1985, 1987).

Krystalle (aus Me.); F: 132—133°.

Bei $^1/_2$-stdg. Behandeln mit Perchlorsäure enthaltender Essigsäure ist das unter b) beschriebene Stereoisomere, bei 6-tägigem Behandeln mit Schwefelsäure oder Perchlor= säure enthaltender Essigsäure ist 1r-[3,4-Dimethoxy-phenyl]-6,7-dimethoxy-2t,3-di= methyl-1,2-dihydro-naphthalin erhalten worden.

b) **2r,5c-Bis-[3,4-dimethoxy-phenyl]-3t,4t-dimethyl-tetrahydro-furan, Galgravin** $C_{22}H_{28}O_5$, Formel VII (X = H).

Isolierung aus Himantandra belgraveana: *Hughes, Ritchie*, Austral. J. Chem. **7** [1954] 104, 111, 112.

B. Bei $^1/_2$-stdg. Behandeln des unter a) beschriebenen Stereoisomeren mit Perchlor= säure enthaltender Essigsäure (*Blears, Haworth*, Soc. **1958** 1985).

Krystalle; F: 121° [unkorr.; aus Me., A. oder Bzn.] (*Hu., Ri.*), 119,5° [aus Me.] (*Bl., Ha.*). IR-Spektrum (KBr; 3,3—9,8 µ): *Briggs et al.*, Anal. Chem. **29** [1957] 904, 908.

Beim Erhitzen mit Palladium/Kohle in Diphenyläther ist 1-[3,4-Dimethoxy-phenyl]-6,7-dimethoxy-2,3-dimethyl-naphthalin erhalten worden (*Hu., Ri.*). Überführung in 1r-[3,4-Dimethoxy-phenyl]-6,7-dimethoxy-2t,3-dimethyl-1,2-dihydro-naphthalin durch 6-tägiges Behandeln mit Schwefelsäure enthaltender Essigsäure: *Hu., Ri.*; *Bl., Ha.*

c) **(2S)-2r,5t-Bis-[3,4-dimethoxy-phenyl]-3t,4c-dimethyl-tetrahydro-furan, (−)-Galbelgin** $C_{22}H_{28}O_5$, Formel VIII.

B. Beim Erhitzen von (−)-Galbacin ((2S)-2r,5t-Bis-benzo[1,3]dioxol-5-yl-3t,4c-dimeth= yl-tetrahydro-furan) mit Natriummethylat in Methanol auf 180° und Behandeln des Reaktionsgemisches mit Dimethylsulfat (*Hughes, Ritchie*, Austral. J. Chem. **7** [1954] 104, 111).

Krystalle; F: 139—140° [unkorr.; aus Me.] (*Hu., Ri.*), 138° (*Birch et al.*, Soc. **1958** 4471, 4474). $[\alpha]_D^{20}$: $-102°$ [$CHCl_3$; c = 0,6] (*Hu., Ri.*); $[\alpha]_D$: $-102°$ [$CHCl_3$; c = 0,04] (*Bi. et al.*).

2,5-Bis-[4,5-dimethoxy-2-nitro-phenyl]-3,4-dimethyl-tetrahydro-furan $C_{22}H_{26}N_2O_9$.
Über die Konstitution der folgenden Stereoisomeren s. *McAlpine et al.*, Austral. J. Chem. **21** [1968] 2095.

a) **2r,5c-Bis-[4,5-dimethoxy-2-nitro-phenyl]-3c,4c-dimethyl-tetrahydro-furan** $C_{22}H_{26}N_2O_9$, Formel VI (X = NO_2).

B. Beim Behandeln von 2r,5c-Bis-[3,4-dimethoxy-phenyl]-3c,4c-dimethyl-tetrahydro-furan in Essigsäure mit Salpetersäure (*Blears, Haworth*, Soc. **1958** 1985).

Hellgelbe Krystalle (aus Me.); F: 182°.

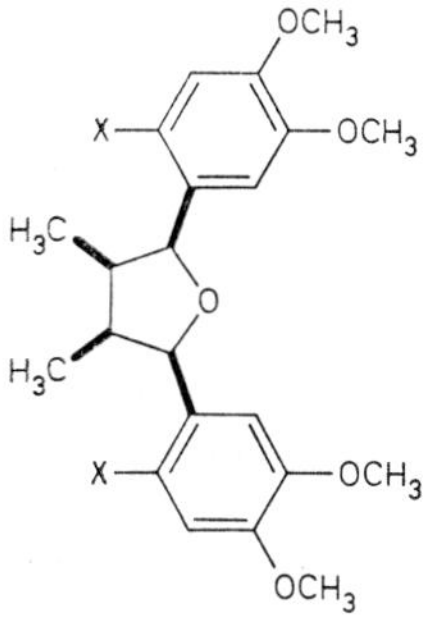

VI 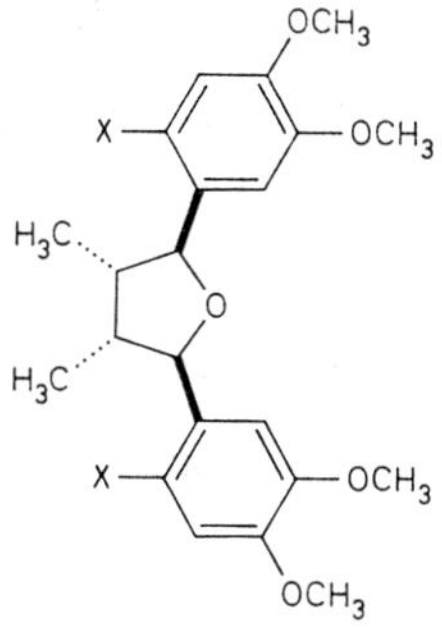 VII 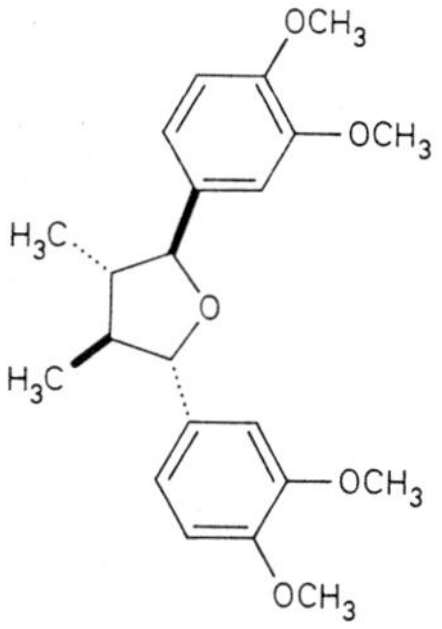 VIII

b) **2r,5c-Bis-[4,5-dimethoxy-2-nitro-phenyl]-3t,4t-dimethyl-tetrahydro-furan** $C_{22}H_{26}N_2O_9$, Formel VII (X = NO_2).

B. Beim Behandeln von Galgravin (S. 2698) in Essigsäure mit Salpetersäure (*Hughes, Ritchie*, Austral. J. Chem. **7** [1954] 104, 112; s. a. *Blears, Haworth*, Soc. **1958** 1985).

Hellgelbe Krystalle (aus A.); F: 162—163° (*Bl., Ha.*), 161—162° [unkorr.] (*Hu., Ri.*).

---

*Opt.-inakt. 4-Äthyl-1-[3,4-dimethoxy-phenyl]-6,7-dimethoxy-3-methyl-isochroman $C_{22}H_{28}O_5$, Formel IX (R = CH_3).

Präparate vom F: 108—109° (aus A.) bzw. vom F: 97—98° (bisweilen auch F: 104° bis 106°; aus wss. A.) sind bei der Hydrierung (±)-4-Äthyl-1-[3,4-dimethoxy-phenyl]-6,7-dimethoxy-3-methyl-1H-isochromen an Palladium/Kohle in Essigsäure bzw. bei der Hydrierung von (±)-2-[1-Äthyl-2-oxo-propyl]-4,5,3',4'-tetramethoxy-benzophenon (E III 8 4278) an Palladium/Kohle in Essigsäure erhalten und durch Behandlung mit Chrom(VI)-oxid und Essigsäure in 2-[1-Äthyl-2-oxo-propyl]-4,5,3',4'-tetramethoxy-benzophenon, durch Behandlung mit Essigsäure und Schwefelsäure in eine krystalline Verbindung vom F: 173° übergeführt worden (*Müller et al.*, J. org. Chem. **19** [1954] 1533, 1543).

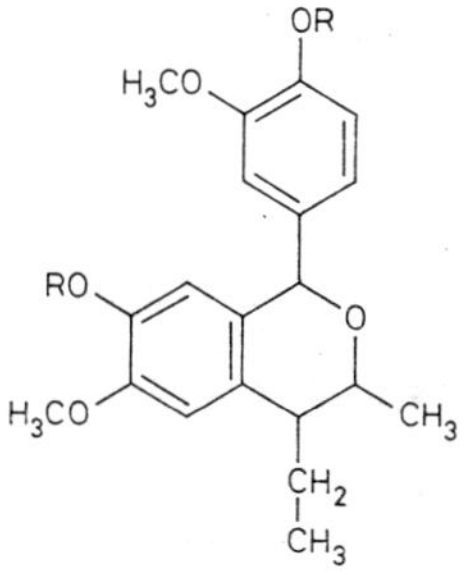

IX 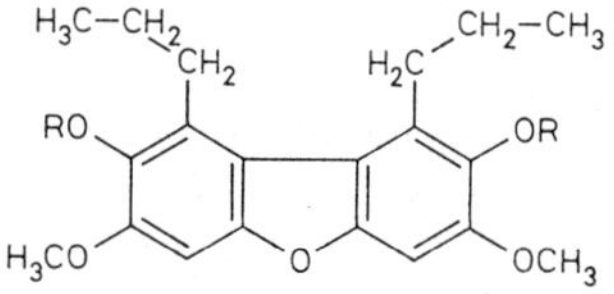 X

*Opt.-inakt. 7-Acetoxy-1-[4-acetoxy-3-methoxy-phenyl]-4-äthyl-6-methoxy-3-methyl-isochroman $C_{24}H_{28}O_7$, Formel IX (R = CO-CH_3).

B. Aus (±)-5,4'-Diacetoxy-2-[1-äthyl-2-oxo-propyl]-4,3'-dimethoxy-benzophenon (E III 8 4278) bei der Hydrierung an Palladium in Essigsäure (*Müller et al.*, J. org. Chem. **19** [1954] 1533, 1543).

Krystalle (aus A.); F: 114°.

3,7-Dimethoxy-1,9-dipropyl-dibenzofuran-2,8-diol $C_{20}H_{24}O_5$, Formel X (R = H).

B. Beim Behandeln von 2-Methoxy-6-propyl-[1,4]benzochinon mit 2-Methoxy-6-propyl-hydrochinon in Chloroform unter Einleiten von Chlorwasserstoff (*Dean et al.*, Soc. **1955** 11, 17).

Krystalle (aus Me. oder wss. Me.); F: 152°. Bei 170°/0,001 Torr sublimierbar. UV-Absorptionsmaxima: 227 nm und 312 nm.

2,8-Diacetoxy-3,7-dimethoxy-1,9-dipropyl-dibenzofuran $C_{24}H_{28}O_7$, Formel X
(R = CO-CH₃).

B. Aus 2,8-Diacetoxy-1,9-diallyl-3,7-dimethoxy-dibenzofuran bei der Hydrierung an Palladium/Kohle in Äthanol (*Dean et al.*, Soc. **1955** 11, 16). Aus 3,7-Dimethoxy-1,9-di=propyl-dibenzofuran-2,8-diol (*Dean et al.*).

Krystalle (aus A.); F: 169°.

Tetrahydroxy-Verbindungen $C_{19}H_{22}O_5$

*Opt.-inakt. **2,4-Diäthyl-5,7-dimethoxy-3-[4-methoxy-phenyl]-chroman-4-ol** $C_{22}H_{28}O_5$, Formel XI (R = H).

B. Beim Erwärmen von 5,7-Dimethoxy-3-[4-methoxy-phenyl]-chromen-4-on mit Äthylmagnesiumbromid in Benzol (*Lawson*, Soc. **1954** 4448).

Krystalle (aus A.); F: 80°.

*Opt.-inakt. **4-Acetoxy-2,4-diäthyl-5,7-dimethoxy-3-[4-methoxy-phenyl]-chroman** $C_{24}H_{30}O_6$, Formel XI (R = CO-CH₃).

B. Beim Erhitzen der im vorangehenden Artikel beschriebenen Verbindung mit Acet=anhydrid (*Lawson*, Soc. **1954** 4448).

Krystalle (aus A.); F: 109—110°.

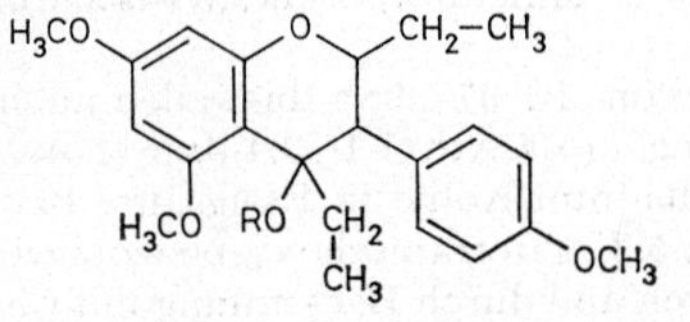

XI 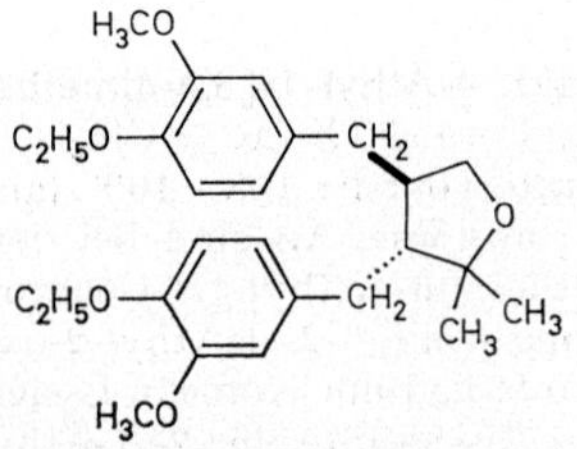   XII

Tetrahydroxy-Verbindungen $C_{20}H_{24}O_5$

(3R)-3r,4t-Bis-[4-äthoxy-3-methoxy-benzyl]-2,2-dimethyl-tetrahydro-furan $C_{26}H_{36}O_5$, Formel XII.

Diese Verbindung hat wahrscheinlich als Hauptbestandteil in dem nachstehend be-schriebenen Präparat vorgelegen.

B. Beim Erwärmen von (−)-Hinokinin ((3R)-*trans*-3,4-Dipiperonyl-dihydro-furan-2-on) mit Methylmagnesiumjodid (6 Mol) in Benzol oder Toluol und Erwärmen des Reaktionsprodukts ($Kp_{0,05}$: 230—235°) mit Dimethylsulfat und wss.-methanol. Kali=lauge (*Keimatsu*, *Ishiguro*, J. pharm. Soc. Japan **56** [1936] 103, 117; dtsch. Ref. S. 19, 23; C. A. **1937** 2208).

Öl; bei 225—235°/0,04 Torr destillierbar. $[\alpha]_D^{15}$: −57,4° [A.].

Beim Behandeln mit Essigsäure und Salpetersäure ist ein Dinitro-Derivat $C_{26}H_{34}N_2O_9$ (gelbe Krystalle [aus A.]; F: 148—152°) erhalten worden.

Tetrahydro-Verbindungen $C_{24}H_{32}O_5$

1,3,7,9-Tetraacetoxy-2,6-diisopentyl-4,8-dimethyl-dibenzofuran $C_{32}H_{40}O_9$, Formel XIII, und **1,3,7,9-Tetraacetoxy-2,8-diisopentyl-4,6-dimethyl-dibenzofuran** $C_{32}H_{40}O_9$, Formel XIV.

Diese beiden Konstitutionsformeln kommen für die nachstehend beschriebene Ver-bindung in Betracht (*Anderson et al.*, Soc. [C] **1969** 2403).

B. Aus Rhodomyrtoxin (2,6(oder 2,8)-Diisovaleryl-4,8(oder 4,6)-dimethyl-dibenzo=furan-1,3,7,9-tetraol) beim Erhitzen mit amalgamiertem Zink, wss. Salzsäure und Äthanol oder beim Hydrieren an Raney-Nickel in Äthanol bei 100°/80 at und Behan-deln des jeweiligen Reaktionsprodukts mit Acetanhydrid und Pyridin (*Trippett*, Soc. **1957** 414, 418).

Krystalle (aus A.); F: 172—174°. UV-Absorptionsmaxima (A.): 232 nm, 258 nm und 284 nm.

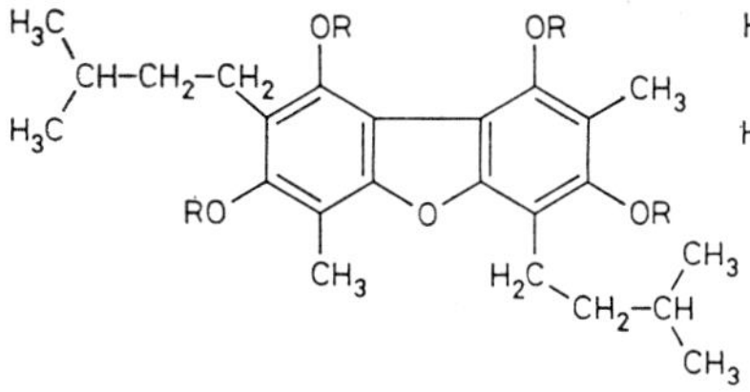

XIII 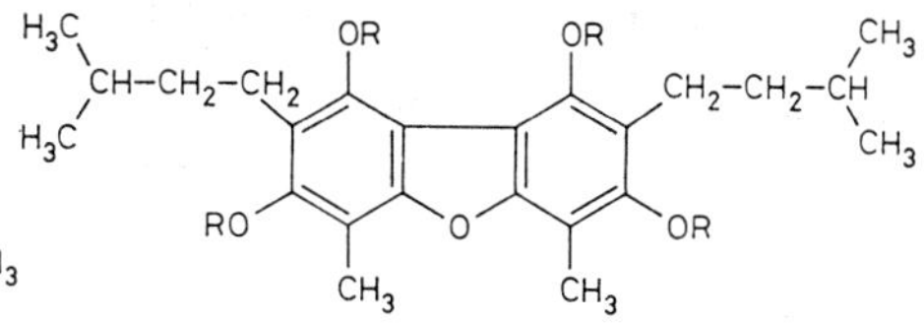   XIV

Tetrahydroxy-Verbindungen $C_nH_{2n-18}O_5$

Tetrahydroxy-Verbindungen $C_{14}H_{10}O_5$

2-[4-Methoxy-phenyl]-benzofuran-3,4,6-triol $C_{15}H_{12}O_5$, Formel I, und **4,6-Dihydroxy-2-[4-methoxy-phenyl]-benzofuran-3-on** $C_{15}H_{12}O_5$, Formel II.

B. Beim Behandeln von (±)-Benzoyloxy-[4-methoxy-phenyl]-acetonitril (E III **10** 1477) mit Phloroglucin in Chlorwasserstoff enthaltendem Äther und Erhitzen des Reaktionsprodukts mit wss. Salzsäure (*Baker*, Soc. **1930** 1015, 1017).

Krystalle (aus A.); F: 216—217°.

Beim Erhitzen mit Acetanhydrid unter Zusatz von Pyridin sind 3,4,6-Triacetoxy-2-[4-methoxy-phenyl]-benzofuran und 7-Acetoxy-2-[4-methoxy-phenyl]-2*H*-furo[4,3,2-*de*]chromen-4-on erhalten worden.

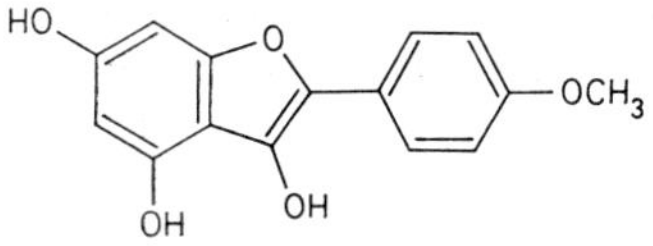

I 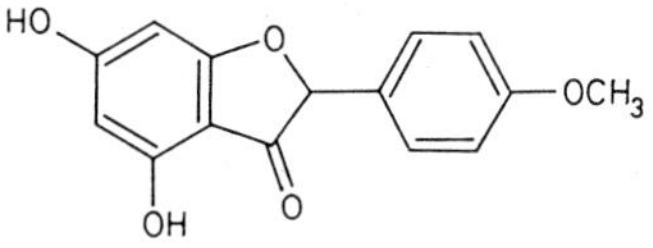   II

3,4,6-Triacetoxy-2-[4-methoxy-phenyl]-benzofuran $C_{21}H_{18}O_8$, Formel III.

B. Beim Erhitzen der im vorangehenden Artikel beschriebenen Verbindung mit Acetanhydrid unter Zusatz von Pyridin (*Baker*, Soc. **1930** 1015, 1018).

Krystalle (aus A.); F: 174—175°.

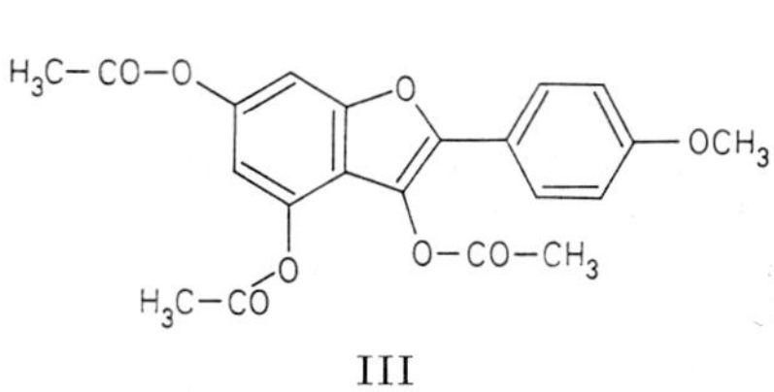

III 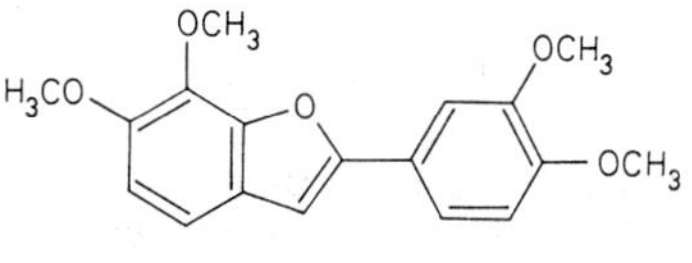   IV

2-[3,4-Dimethoxy-phenyl]-6,7-dimethoxy-benzofuran $C_{18}H_{18}O_5$, Formel IV.

B. Beim Behandeln von 2-Hydroxy-3,4-dimethoxy-benzaldehyd mit Chlor-[3,4-di=methoxy-phenyl]-essigsäure-äthylester und Kaliumcarbonat in Butanon und Erhitzen des nach der Hydrolyse erhaltenen Reaktionsprodukts mit Chinolin auf 240° (*Bottomley*, Chem. and Ind. **1956** 170). Bildung beim Behandeln von Tetra-*O*-methyl-melacacidin ((2*R*)-2*r*-[3,4-Dimethoxy-phenyl]-7,8-dimethoxy-chroman-3*c*,4*c*-diol) in Äthanol mit wss. Perjodsäure: *King, Bottomley*, Soc. **1954** 1399, 1402; *Bo.*

Krystalle; F: 104° (*Bo.*). UV-Absorptionsmaxima: 215 nm und 319 nm (*Bo.*).

7-Methoxy-2-[2,4,6-trimethoxy-phenyl]-benzofuran $C_{18}H_{18}O_5$, Formel V.

B. Aus [7-Methoxy-benzofuran-3-yl]-[2,4,6-trimethoxy-phenyl]-keton beim Erwärmen

mit wss.-methanol. Kalilauge und anschliessenden Ansäuern (*Whalley, Lloyd*, Soc. **1956** 3213, 3216, 3223).
Krystalle (aus Me.); F: 135°.

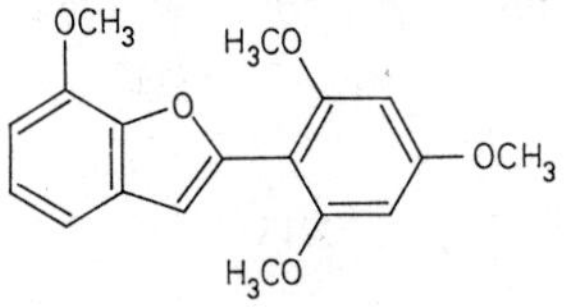

V 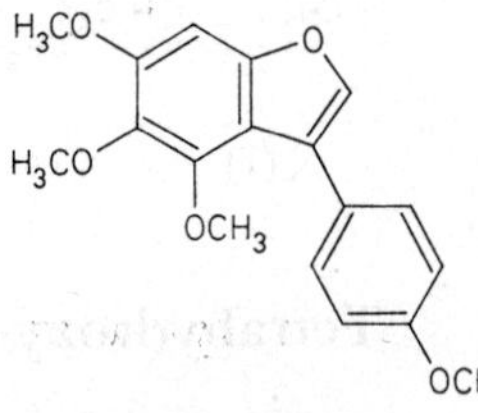   VI

4,5,6-Trimethoxy-3-[4-methoxy-phenyl]-benzofuran $C_{18}H_{18}O_5$, Formel VI.
B. Aus 1-[4-Methoxy-phenyl]-2-[3,4,5-trimethoxy-phenoxy]-äthanon beim Erwärmen mit Phosphor(V)-oxid in Benzol (*Baker et al.*, Soc. **1933** 374).
Krystalle (aus A.); F: 104—105°.

Tetrahydroxy-Verbindungen $C_{15}H_{12}O_5$

3,5,7-Trimethoxy-2-[4-methoxy-phenyl]-4H-chromen $C_{19}H_{20}O_5$, Formel VII.
Über die Konstitution s. *Gramshaw et al.*, Soc. **1958** 4040, 4041; s. a. *Marathe et al.*, Chem. and Ind. **1962** 1793.
B. Aus 3,5,7-Trimethoxy-2-[4-methoxy-phenyl]-chromenylium-chlorid (Syst. Nr. 2453) beim Behandeln mit Lithiumalanat in Tetrahydrofuran (*Karrer, Seyhan*, Helv. **33** [1950] 2209).
Krystalle (aus Ae.); F: 118—119°.

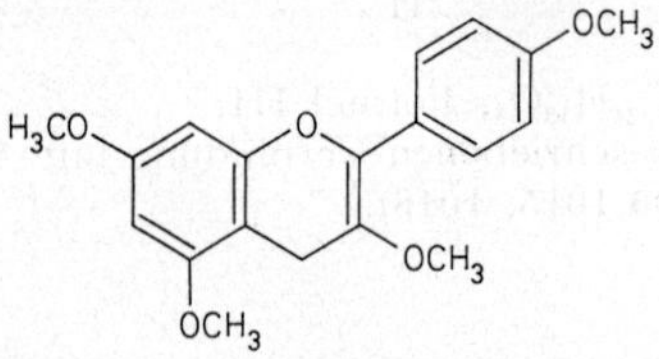

VII 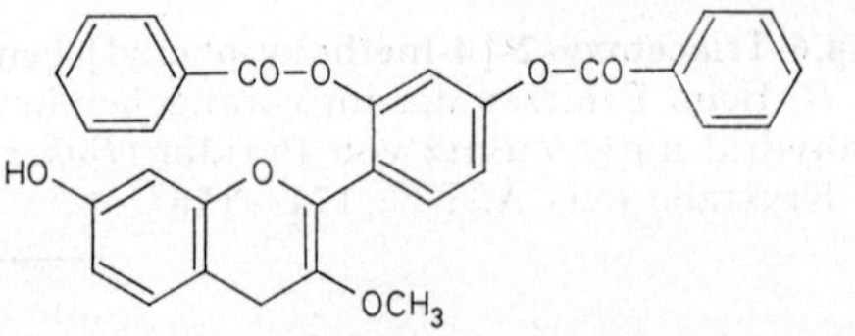   VIII

2-[2,4-Bis-benzoyloxy-phenyl]-3-methoxy-4H-chromen-7-ol $C_{30}H_{22}O_7$, Formel VIII.
B. Aus 2-[2,4-Bis-benzoyloxy-phenyl]-7-hydroxy-3-methoxy-chromenylium-chlorid (Syst. Nr. 2453) bei der Hydrierung in Essigsäure an Platin (*Fonseka*, Soc. **1947** 1683).
Krystalle (aus Ae. + PAe.) mit 1,5 Mol H_2O.

2-[3,4-Dimethoxy-phenyl]-5,7-dimethoxy-4H-chromen, Tetra-*O*-methyl-anhydroepicatechin $C_{19}H_{20}O_5$, Formel IX (E II 238).
B. Beim Behandeln von 2-[3,4-Dimethoxy-phenyl]-5,7-dimethoxy-chromenylium-chlorid (Syst. Nr. 2453) mit Lithiumalanat in Tetrahydrofuran, anfangs bei —70° (*Gramshaw et al.*, Soc. **1958** 4040, 4044).
Krystalle; F: 119,5° [nach Sublimation bei 105—107°/0,05 Torr]. UV-Absorptions-maxima (A.): 209 nm, 247 nm, 273 nm und 292 nm (*Gr. et al.*).
Bei 5-tägigem Behandeln mit Osmium(VIII)-oxid in Pyridin und Benzol unter Licht-ausschluss sowie beim Behandeln mit Monoperoxyphthalsäure (3 Mol) in Äther ist als Hauptprodukts 1-[3,4-Dimethoxy-phenyl]-2-hydroxy-3-[2-hydroxy-4,6-dimethoxy-phenyl]-propan-1-on, bei 21-tägigem Behandeln mit Monoperoxyphthalsäure (5 Mol) in Äther sind daneben zwei als 1-[3,4-Dimethoxy-phenyl]-3-hydroxy-3-[2-hydroxy-4,6-di=

methoxy-phenyl]-propan-1,2-dion und als [3,4-Dimethoxy-phenyl]-[2-hydroxy-4,6-di≠ methoxy-phenyl]-propantrion angesehene Verbindungen vom F: 175° bzw. vom F: 199° erhalten worden.

(±)-2,3,7-Trimethoxy-2-[4-methoxy-phenyl]-2H-chromen $C_{19}H_{20}O_5$, Formel X (R = CH$_3$).

B. Beim Erwärmen von 3,7-Dimethoxy-2-[4-methoxy-phenyl]-chromenylium-chlorid (s. u.) mit Methanol unter Zusatz von Natriumacetat (*Karrer, Trugenberger*, Helv. **28** [1945] 444).

Krystalle; F: 104°.

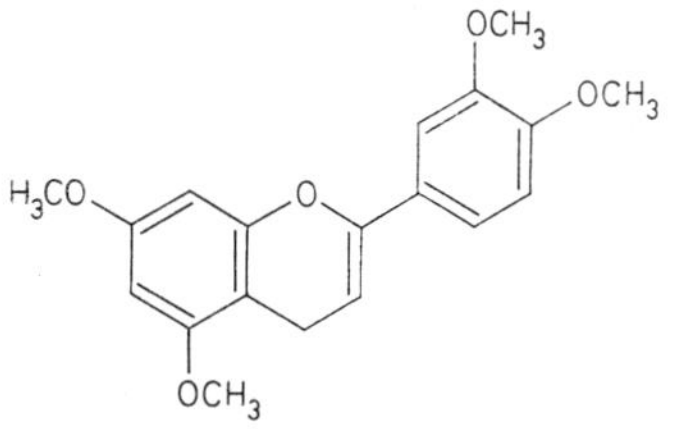

IX 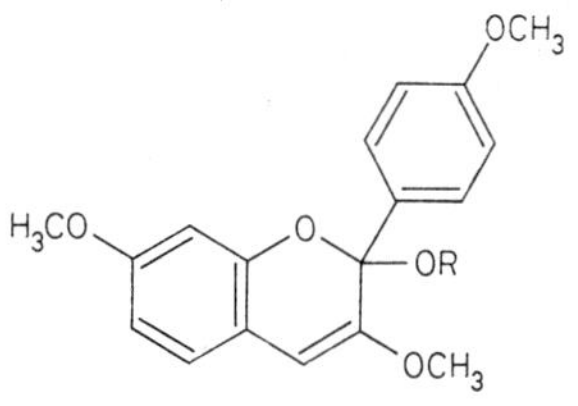   X

(±)-2-Äthoxy-3,7-dimethoxy-2-[4-methoxy-phenyl]-2H-chromen $C_{20}H_{22}O_5$, Formel X (R = C$_2$H$_5$).

B. Beim Erwärmen von 3,7-Dimethoxy-2-[4-methoxy-phenyl]-chromenylium-chlorid (s. u.) mit Äthanol unter Zusatz von Natriumacetat (*Karrer, Trugenberger*, Helv. **28** [1945] 444).

Krystalle (aus A.); F: 115°.

(±)-2(?),3,7-Triacetoxy-2-[4-acetoxy-phenyl]-2(?)H-chromen $C_{23}H_{20}O_9$, vermutlich Formel XI.

B. Beim Behandeln von 3,7-Dihydroxy-2-[4-hydroxy-phenyl]-chromenylium-chlorid (Syst. Nr. 2556) mit Acetanhydrid und Pyridin (*Freudenberg et al.*, A. **518** [1935] 37, 55).

Krystalle (aus Me.); F: 135—136°.

7-Hydroxy-3-methoxy-2-[4-methoxy-phenyl]-chromenylium $[C_{17}H_{15}O_4]^+$, Formel XII (R = H) (E II 239; dort als 7-Oxy-3-methoxy-2-[4-oxy-phenyl]-benzopyrylium bezeichnet).

Pikrat $[C_{17}H_{15}O_4]C_6H_2N_3O_7$. Orangerote Krystalle; F: 249° (*Dilthey, Höschen*, J. pr. [2] **138** [1933] 42, 49).

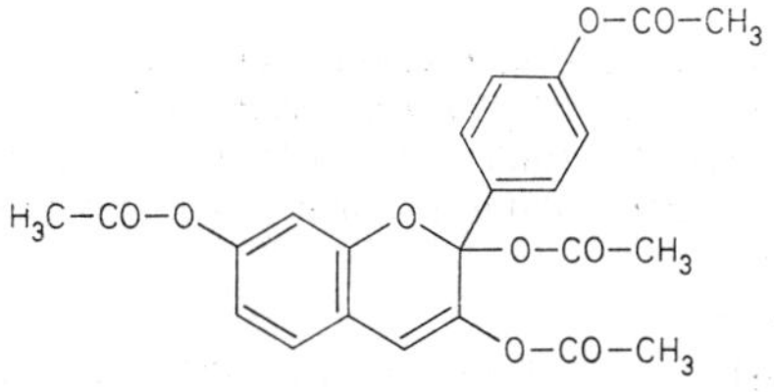

XI 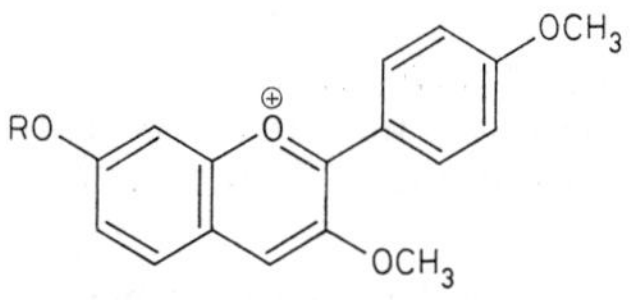   XII

3,7-Dimethoxy-2-[4-methoxy-phenyl]-chromenylium $[C_{18}H_{17}O_4]^+$, Formel XII (R = CH$_3$).

Chlorid. *B.* Beim Behandeln einer Lösung von 2-Hydroxy-4-methoxy-benzaldehyd und 2-Methoxy-1-[4-methoxy-phenyl]-äthanon in Essigsäure mit Chlorwasserstoff (*Karrer, Trugenberger*, Helv. **28** [1945] 444). — Rote Krystalle (aus wss. Salzsäure).

5,7-Dihydroxy-2-[2-methoxy-phenyl]-chromenylium $[C_{16}H_{13}O_4]^+$, Formel I.

Chlorid $[C_{16}H_{13}O_4]Cl$. *B.* Beim Behandeln von 5-Benzoyloxy-7-hydroxy-2-[2-methoxy-phenyl]-chromenylium-chlorid (s. u.) mit wss. Natronlauge unter Wasserstoff und Erwärmen des Reaktionsgemisches mit wss. Salzsäure (*Hayashi*, Acta phytoch. Tokyo **7** [1933] 143, 154). — Braune Krystalle (aus A.) mit 2 Mol H_2O. Absorptionsspektrum (220—600 nm) einer wss. Salzsäure enthaltenden Lösung in Äthanol: *Ha.*, l. c. S. 150.

5-Benzoyloxy-7-hydroxy-2-[2-hydroxy-phenyl]-chromenylium $[C_{22}H_{15}O_5]^+$, Formel II (R = H).

Chlorid $[C_{22}H_{15}O_5]Cl$. *B.* Beim Behandeln von 2-Benzoyloxy-4,6-dihydroxy-benzaldehyd mit 1-[2-Acetoxy-phenyl]-äthanon in Äthylacetat unter Einleiten von Chlorwasserstoff (*Hayashi*, Acta phytoch. Tokyo **7** [1933] 117, 127). — Braune Krystalle mit 2 Mol H_2O. Absorptionsspektrum (220—500 nm) einer wss. Salzsäure enthaltenden Lösung in Äthanol: *Ha.*, l. c. S. 122.

I   II   III

5-Benzoyloxy-7-hydroxy-2-[2-methoxy-phenyl]-chromenylium $[C_{23}H_{17}O_5]^+$, Formel II (R = CH₃).

Chlorid $[C_{23}H_{17}O_5]Cl$. *B.* Beim Behandeln von 2-Benzoyloxy-4,6-dihydroxy-benzaldehyd mit 1-[2-Methoxy-phenyl]-äthanon in Äthylacetat unter Einleiten von Chlorwasserstoff (*Hayashi*, Acta phytoch. Tokyo **7** [1933] 117, 128). — Rote Krystalle mit 2 Mol H_2O. Absorptionsspektrum (220—500 nm) einer wss. Salzsäure enthaltenden Lösung in Äthanol: *Ha.*, l. c. S. 122.

5,7-Dihydroxy-2-[3-hydroxy-phenyl]-chromenylium $[C_{15}H_{11}O_4]^+$, Formel III (R = H).

Chlorid $[C_{15}H_{11}O_4]Cl$. *B.* Beim Behandeln von 5-Benzoyloxy-7-hydroxy-2-[3-hydoxy-phenyl]-chromenylium-chlorid (s. u.) mit wss. Natronlauge unter Wasserstoff und Erwärmen des Reaktionsprodukts mit wss. Salzsäure (*Hayashi*, Acta phytoch. Tokyo **7** [1933] 143, 155). — Braunrote Krystalle (aus Chlorwasserstoff enthaltendem Methanol). Absorptionsspektrum (220—600 nm) einer wss. Salzsäure enthaltenden Lösung in Äthanol: *Ha.*, l. c. S. 149.

5-Benzoyloxy-7-hydroxy-2-[3-hydroxy-phenyl]-chromenylium $[C_{22}H_{15}O_5]^+$, Formel III (R = CO-C₆H₅).

Chlorid $[C_{22}H_{15}O_5]Cl$. *B.* Beim Behandeln von 2-Benzoyloxy-4,6-dihydroxy-benzaldehyd und mit 1-[3-Acetoxy-phenyl]-äthanon in Äthylacetat unter Einleiten von Chlorwasserstoff (*Hayashi*, Acta phytoch. Tokyo **7** [1933] 117, 131). — Braungelbe Krystalle mit 1 Mol H_2O. Absorptionsspektrum (220—500 nm) einer wss. Salzsäure enthaltenden Lösung in Äthanol: *Ha.*, l. c. S. 122.

5,7-Dihydroxy-2-[4-hydroxy-phenyl]-chromenylium $[C_{15}H_{11}O_4]^+$, Formel IV (R = H) (E II 240; dort als 5.7-Dioxy-2-[4-oxy-phenyl]-benzopyrylium bezeichnet).

Chlorid, Apigeninidin-chlorid $[C_{15}H_{11}O_4]Cl$ (E II 240). *B.* Beim Behandeln von 5-Benzoyloxy-7-hydroxy-2-[4-hydroxy-phenyl]-chromenylium-chlorid (S. 2705) mit wss. Natronlauge unter Wasserstoff und Erwärmen des Reaktionsgemisches mit Chlorwasserstoff enthaltendem Äthanol (*Robinson et al.*, Soc. **1934** 809, 810; *Hayashi*, Acta phytoch. Tokyo **7** [1933] 143, 155). — Absorptionsspektrum (220—600 nm) einer wss. Salzsäure enthaltenden Lösung in Äthanol: *Ha.*, l. c. S. 150. Absorptionsmaxima (methanol. HCl bzw. äthanol. HCl): 476 nm und 483 nm (*Harborne*, Biochem. J. **70** [1958] 22, 24).

IV V

5,7-Dihydroxy-2-[4-methoxy-phenyl]-chromenylium $[C_{16}H_{13}O_4]^+$, Formel IV (R = CH₃) (E II 240; dort als 5.7-Dioxy-2-[4-methoxy-phenyl]-benzopyrylium bezeichnet).

Chlorid, Acacetinidin-chlorid $[C_{16}H_{13}O_4]$Cl (E II 240). *B.* Beim Behandeln von 3-Chlor-1-[4-methoxy-phenyl]-propenon mit Phloroglucin, wss. Salzsäure und Essigsäure (*Nešmejanow et al.*, Doklady Akad. S.S.S.R. **93** [1953] 71, 74; C. A. **1955** 3953). — Orangefarbene Krystalle (*Ne. et al.*). Absorptionsspektrum (220—500 nm) einer wss. Salz= säure enthaltenden Lösung in Äthanol: *Hayashi*, Acta phytoch. Tokyo **7** [1933] 117, 124.

Perchlorat $[C_{16}H_{13}O_4]$ClO₄ (E II 241). *B.* Beim Erwärmen von 5,7-Dihydroxy-cumarin mit Zinkchlorid und Phosphorylchlorid und anschliessend mit Anisol und Erhitzen des Reaktionsprodukts mit wss. Perchlorsäure (*Freudenberg, Alonso de Lama*, A. **612** [1958] 78, 83, 88). — Dunkelrote Krystalle (aus Perchlorsäure enthaltender Essigsäure) (*Fr., Al. de Lama*).

5,7-Dimethoxy-2-[4-methoxy-phenyl]-chromenylium $[C_{18}H_{17}O_4]^+$, Formel V (R = CH₃) (E II 241; dort als 5.7-Dimethoxy-2-[4-methoxy-phenyl]-benzopyrylium bezeichnet).

Chlorid $[C_{18}H_{17}O_4]$Cl (E II 241). *B.* Beim Behandeln von 1-[4-Methoxy-phenyl]-prop= inon (E III **8** 1024) mit 3,5-Dimethoxy-phenol in Essigsäure unter Zusatz von Schwefel= säure und Behandeln des Reaktionsprodukts mit wss. Salzsäure (*Gramshaw et al.*, Soc. **1958** 4040, 4045). Beim Behandeln einer Chlorwasserstoff enthaltenden Lösung von 5,7-Dimethoxy-2-[4-methoxy-phenyl]-4*H*-chromen in Benzol und Chloroform mit Luft (*King et al.*, Soc. **1955** 2948, 2950, 2954). — Orangefarbene Krystalle (aus wss. Salzsäure) mit 5 Mol H₂O, F: 159—160° [Zers.] (*King et al.*); orangefarbene Krystalle (aus wss. Salzsäure) mit 2,5 Mol H₂O und 0,25 Mol HCl, F: 135—136° (*Gr. et al.*). Absorptions= maxima einer Lösung in Äthanol: 207 nm, 278 nm, 326 nm und 476 nm (*King et al.*); von Lösungen in wss.-äthanol. Salzsäure: 208 nm, 242 nm, 278 nm, 324 nm und 476 nm (*King et al.*), 205 nm, 242 nm, 277 nm, 325 nm und 474 nm (*Gr. et al.*).

Tetrachloroferrat(III) $[C_{18}H_{17}O_4]$FeCl₄ (E II 241). Absorptionsmaxima (A.): 204 nm, 242 nm, 277 nm, 326 nm und 475 nm (*Gr. et al.*, l. c. S. 4045).

5,7-Diacetoxy-2-[4-acetoxy-phenyl]-chromenylium $[C_{21}H_{17}O_7]^+$, Formel V (R = CO-CH₃). **Chlorid** $[C_{21}H_{17}O_7]$Cl. *B.* Beim Behandeln von 5,7-Dihydroxy-2-[4-hydroxy-phenyl]-chromenylium-chlorid (S. 2704) mit Acetylchlorid und Pyridin (*Sodi Pollares, Martinez Garza*, Arch. Biochem. **21** [1949] 377, 378). — Hellrot; amorph. In Äthanol und Methanol schwer löslich, in Pyridin und Aceton leicht löslich.

5-Benzoyloxy-7-hydroxy-2-[4-hydroxy-phenyl]-chromenylium $[C_{22}H_{15}O_5]^+$, Formel VI (R = H).

Chlorid $[C_{22}H_{15}O_5]$Cl. *B.* Beim Behandeln von 2-Benzoyloxy-4,6-dihydroxy-benz= aldehyd (E III **9** 809) mit 1-[4-Hydroxy-phenyl]-äthanon (*Robinson et al.*, Soc. **1934** 809, 810) oder mit 1-[4-Acetoxy-phenyl]-äthanon (*Hayashi*, Acta phytoch. Tokyo **7** [1933] 117, 127) in Äthylacetat unter Einleiten von Chlorwasserstoff. — Rote Krystalle (aus wss.-äthanol. Salzsäure) mit 0,5 Mol H₂O, Zers. bei 203° (*Ro. et al.*); rotbraune Krystalle mit 1 Mol H₂O (*Ha.*). Absorptionsspektrum (220—500 nm) einer wss. Salzsäure enthaltenden Lösung in Äthanol: *Ha.*, l. c. S. 122. In Äthanol mit orangegelber Farbe und schwacher grüner Fluorescenz löslich (*Ro. et al.*).

5-Benzoyloxy-7-hydroxy-2-[4-methoxy-phenyl]-chromenylium $[C_{23}H_{17}O_5]^+$, Formel VI (R = CH₃) (E II 241).

Absorptionsspektrum (220—500 nm) einer wss. Salzsäure enthaltenden Lösung in Äthanol: *Hayashi*, Acta phytoch. Tokyo **7** [1933] 117, 122.

6,7-Dihydroxy-2-[4-hydroxy-phenyl]-chromenylium $[C_{15}H_{11}O_4]^+$, Formel VII (R = H).
   Chlorid $[C_{15}H_{11}O_4]Cl$. *B.* Beim Behandeln von 2,4,5-Trihydroxy-benzaldehyd mit 1-[4-Hydroxy-phenyl]-äthanon in Äthylacetat und Äthanol bzw. in Äther unter Einleiten von Chlorwasserstoff (*Hayashi*, Acta phytoch. Tokyo **8** [1934/35] 179, 202; *Ponniah*, *Seshadri*, Pr. Indian Acad. [A] **37** [1953] 544, 548). — Rote wasserhaltige Krystalle (aus Chlorwasserstoff enthaltendem Methanol), F: 290° [Zers.; nach Sintern von 250° an] (*King et al.*, Soc. **1954** 1392, 1395); rotbraune bzw. orangerote Krystalle [aus wss. Salzsäure] (*Ha.*; *Po.*, *Se.*). Das wasserfreie Salz zersetzt sich bei 284° [nach Sintern von 250° an] (*Ha.*), bzw. bei 246–248° (*Po. Se.*). Absorptionsspektren in äthanol. Salzsäure und äthanol. Natronlauge: *Ha.*, l. c. S. 191. Beim Behandeln mit konz. Schwefelsäure werden gelbe, grün fluorescierende Lösungen erhalten (*Ha.*, l. c. S. 203).

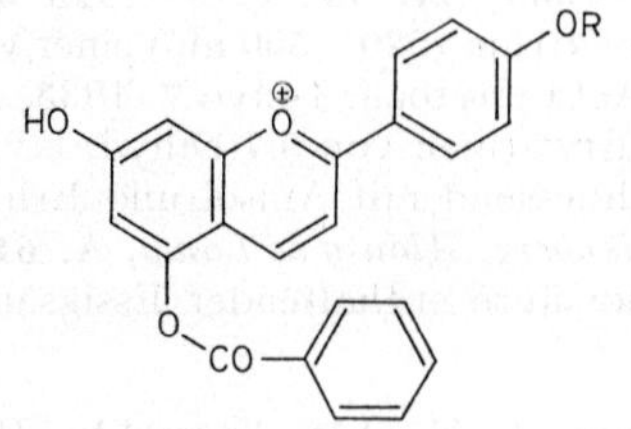

VI 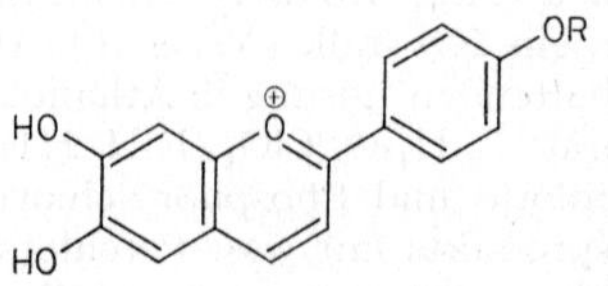   VII

6,7-Dihydroxy-2-[4-methoxy-phenyl]-chromenylium $[C_{16}H_{13}O_4]^+$, Formel VII (R = CH₃).
   Chlorid $[C_{16}H_{13}O_4]Cl$. *B.* Beim Behandeln von 2,4,5-Trihydroxy-benzaldehyd mit 1-[4-Methoxy-phenyl]-äthanon in Essigsäure unter Einleiten von Chlorwasserstoff (*Ponniah*, *Seshadri*, Pr. Indian Acad. [A] **37** [1953] 544, 548). — Rotbraune Krystalle (aus wss. Salzsäure) mit 1,5 Mol H₂O; das wasserfreie Salz zersetzt sich bei 241°.

6,7-Dimethoxy-2-[4-methoxy-phenyl]-chromenylium $[C_{18}H_{17}O_4]^+$, Formel VIII.
   Chlorid $[C_{18}H_{17}O_4]Cl$. *B.* Beim Behandeln von 6,7-Dimethoxy-cumarin mit 4-Methoxy-phenylmagnesium-bromid in Benzol und Behandeln des Reaktionsgemisches mit wss. Salzsäure (*King et al.*, Soc. **1954** 1392, 1395). — Orangefarbene Krystalle (aus wss. Salzsäure) mit 2 Mol H₂O; F: 158° [Zers.]. Lösungen in verdünnten wss. Säuren fluorescieren grün.

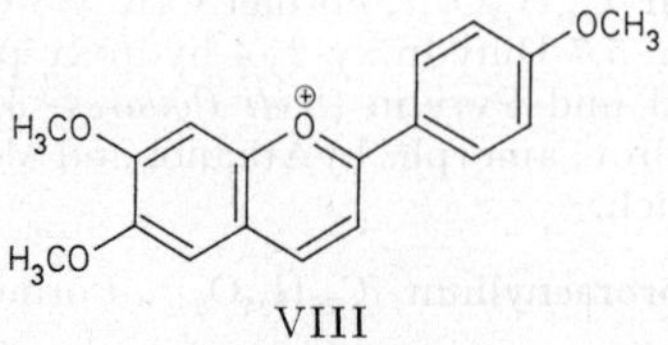

VIII 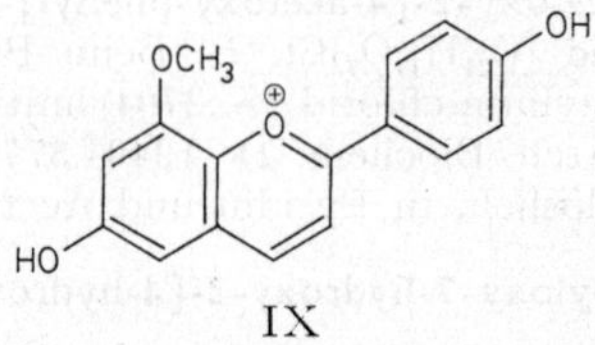   IX

6-Hydroxy-2-[4-hydroxy-phenyl]-8-methoxy-chromenylium $[C_{16}H_{13}O_4]^+$, Formel IX.
   Chlorid $[C_{16}H_{13}O_4]Cl$. *B.* Beim Behandeln von 2,5-Dihydroxy-3-methoxy-benzaldehyd mit 1-[4-Hydroxy-phenyl]-äthanon in Äthylacetat unter Einleiten von Chlorwasserstoff (*Ponniah*, *Seshadri*, Pr. Indian Acad. [A] **37** [1953] 544, 547). — Rote Krystalle mit 2 Mol H₂O (aus wss. Salzsäure). Beim Behandeln mit konz. Schwefelsäure werden grün fluorescierende Lösungen erhalten.

7,8-Dihydroxy-2-[4-hydroxy-phenyl]-chromenylium $[C_{15}H_{11}O_4]^+$, Formel X (R = H).
   Chlorid $[C_{15}H_{11}O_4]Cl$. *B.* Beim Behandeln von 2,3,4-Trihydroxy-benzaldehyd mit 1-[4-Hydroxy-phenyl]-äthanon in Äthylacetat unter Einleiten von Chlorwasserstoff (*Hayashi*, Acta phytoch. Tokyo **8** [1934/35] 179, 204). — Rotbraune Krystalle (aus wss.-methanol. Salzsäure) mit 1,5 Mol H₂O; Zers. bei 267°. Absorptionsspektrum einer wss. Salzsäure enthaltenden Lösung in Äthanol: *Ha.*, l. c. S. 190.

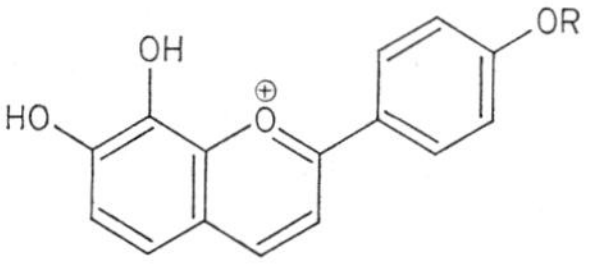

X 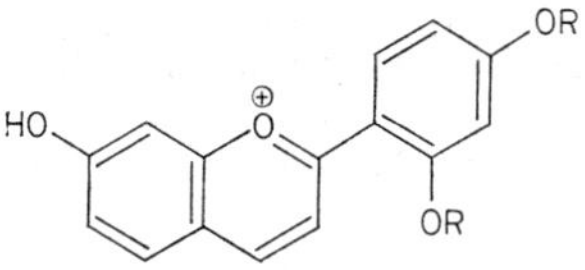   XI

7,8-Dihydroxy-2-[4-methoxy-phenyl]-chromenylium $[C_{16}H_{13}O_4]^+$, Formel X (R = CH₃).
Chlorid $[C_{16}H_{13}O_4]$Cl. *B.* Beim Behandeln von 2,3,4-Trihydroxy-benzaldehyd mit
1-[4-Methoxy-phenyl]-äthanon in Äthylacetat unter Einleiten von Chlorwasserstoff
(*Hayashi*, Acta phytoch. Tokyo 8 [1934/35] 179, 205; *Robinson, Vasey*, Soc. **1941** 660). —
Braune bzw. rotviolette Krystalle (aus Me. + wss. Salzsäure bzw. aus wss. Salzsäure) mit
1 Mol H₂O (*Ha.; Ro., Va.*); Zers. bei 193—194° [nach Sintern von 180° an] (*Ha.*). Absorptionsspektrum einer wss. Salzsäure enthaltenden Lösung in Äthanol: *Ha.*, l. c. S. 190.

2-[2,4-Dihydroxy-phenyl]-7-hydroxy-chromenylium $[C_{15}H_{11}O_4]^+$, Formel XI (R = H).
Perchlorat $[C_{15}H_{11}O_4]$ClO₄. *B.* Beim Erwärmen von 7-Hydroxy-cumarin mit Zink=
chlorid und Phosphorylchlorid und anschliessend mit Resorcin und Erhitzen des Reaktionsprodukts mit wss. Perchlorsäure (*Michaelidis, Wizinger*, Helv. **34** [1951] 1761,
1768). — Orangefarbene Krystalle; F: 280—282°. Absorptionsmaximum einer Perchlor=
säure enthaltenden Lösung in Äthanol: 490 nm (*Mi., Wi.*, l. c. S. 1764). Beim Behandeln
mit konz. Schwefelsäure werden gelbe, grün fluorescierende Lösungen erhalten.

2-[2,4-Dimethoxy-phenyl]-7-hydroxy-chromenylium $[C_{17}H_{15}O_4]^+$, Formel XI (R = CH₃).
Perchlorat $[C_{17}H_{15}O_4]$ClO₄. *B.* Beim Erwärmen von 7-Hydroxy-cumarin mit Zink=
chlorid und Phosphorylchlorid und anschliessend mit 1,3-Dimethoxy-benzol und Erhitzen des Reaktionsprodukts mit wss. Perchlorsäure (*Michaelidis, Wizinger*, Helv. **34**
[1951] 1761, 1768). — Rote Krystalle (aus Eg.); F: 223—225° [nach Sintern von 220° an].
Absorptionsmaximum einer Perchlorsäure enthaltenden Lösung in Äthanol: 484 nm (*Mi.,
Wi.*, l. c. S. 1764).

3-Chlor-2-[2-hydroxy-4-methoxy-phenyl]-7-methoxy-chromenylium $[C_{17}H_{14}ClO_4]^+$,
Formel XII.
Chlorid $[C_{17}H_{14}ClO_4]$Cl. *B.* Beim Behandeln von 2-Chlor-1-[2-hydroxy-4-methoxy-
phenyl]-äthanon (E I 8 615) mit 2-Hydroxy-4-methoxy-benzaldehyd in Äthylacetat
unter Einleiten von Chlorwasserstoff (*Bhalla, Rây*, Soc. **1933** 288). — Rote Krystalle (aus
Chlorwasserstoff enthaltendem Äthanol), die unterhalb 250° nicht schmelzen.

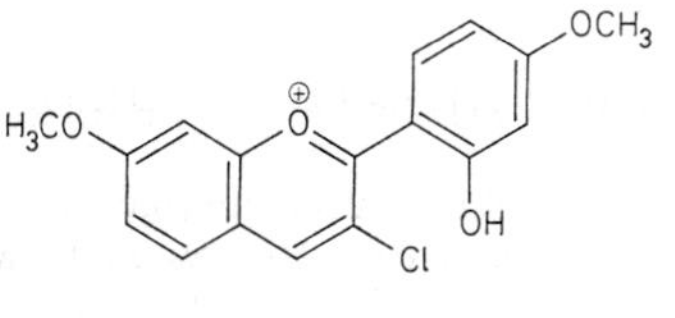

XII 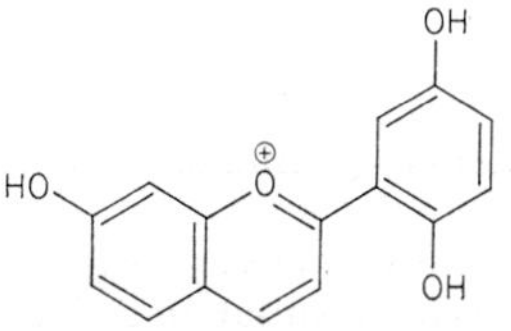   XIII 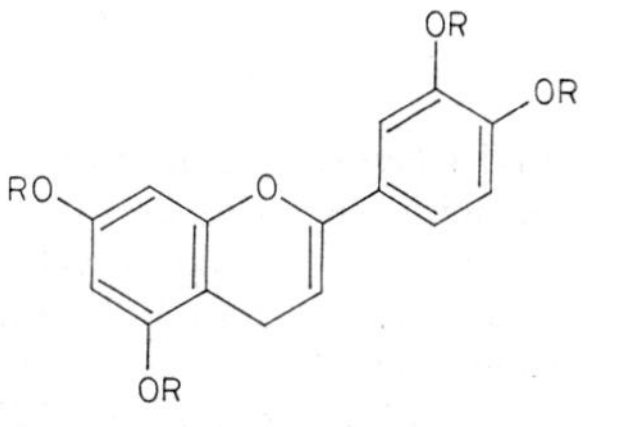   XIV

2-[2,5-Dihydroxy-phenyl]-7-hydroxy-chromenylium $[C_{15}H_{11}O_4]^+$, Formel XIII.
Chlorid $[C_{15}H_{11}O_4]$Cl. *B.* Beim Erwärmen einer äthanol. Lösung von 2,4,2′,5′-Tetrakis-
benzoyloxy-chalkon mit wss. Kalilauge unter Stickstoff und anschliessend mit wss. Salz=
säure (*Russell, Clark*, Am. Soc. **61** [1939] 2651, 2653, 2657). — Rote Krystalle (aus
Chlorwasserstoff enthaltendem Äthanol) mit 5,5 Mol H₂O; F: 190° [Zers.].

3-[3,4-Dimethoxy-phenyl]-5,7-dimethoxy-4H-chromen, Tetra-O-methyl-anhydro=
isocatechin $C_{19}H_{20}O_5$, Formel XIV (R = CH₃) (E II 243).
UV-Spektrum (A.; 230—360 nm): *Bradbury, White*, Soc. **1953** 871, 873.

2-Benzyl-6-methoxy-benzofuran-3,4,7-triol $C_{16}H_{14}O_5$, Formel I (R = H), und
(±)-2-Benzyl-4,7-dihydroxy-6-methoxy-benzofuran-3-on $C_{16}H_{14}O_5$, Formel II (R = H).

B. Beim Einleiten von Schwefeldioxid in eine äthanol. Lösung von 2-Benzyl-3-hydroxy-6-methoxy-benzofuran-4,7-chinon (*Balakrishna et al.*, Pr. Indian Acad. [A] **30** [1949] 163, 166, 170).

Gelbe Krystalle; F: 87—88°.

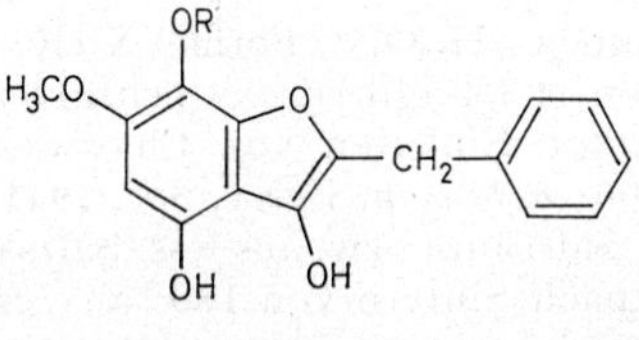

I 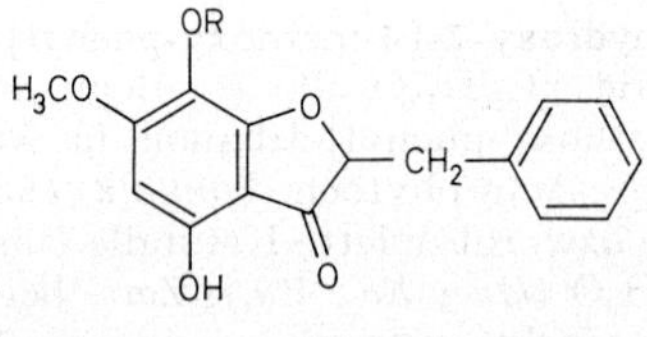   II

2-Benzyl-6,7-dimethoxy-benzofuran-3,4-diol $C_{17}H_{16}O_5$, Formel I (R = CH₃), und
(±)-2-Benzyl-4-hydroxy-6,7-dimethoxy-benzofuran-3-on $C_{17}H_{16}O_5$, Formel II
(R = CH₃).

B. Beim Behandeln von 1,2,3,5-Tetramethoxy-benzol mit (±)-2-Brom-3-phenyl-propionylchlorid und Aluminiumchlorid in Äther (*Balakrishna et al.*, Pr. Indian Acad. [A] **30** [1949] 163, 166, 170).

Krystalle (aus Me.); F: 97—98°.

2-[2-Hydroxy-4-methoxy-benzyl]-6-methoxy-benzofuran-3-ol $C_{17}H_{16}O_5$, Formel III,
und **(±)-2-[2-Hydroxy-4-methoxy-benzyl]-6-methoxy-benzofuran-3-on** $C_{17}H_{16}O_5$,
Formel IV.

B. Aus 2-[2-Hydroxy-4-methoxy-benzyliden]-6-methoxy-benzofuran-3-on bei der Hydrierung an Palladium/Kohle in Äthanol (*Desai, Ray*, J. Indian chem. Soc. **35** [1958] 83, 86).

Krystalle (aus wss. Me.) mit 1 Mol H_2O; F: 113—115°.

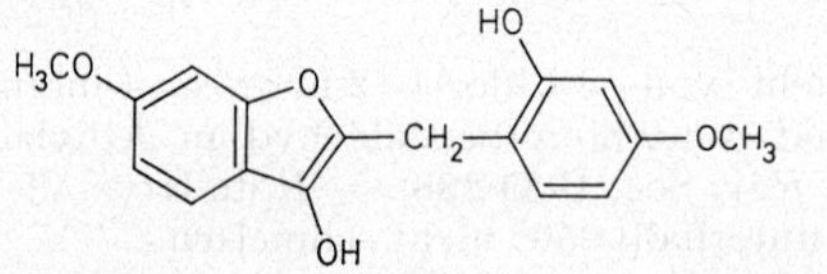

III 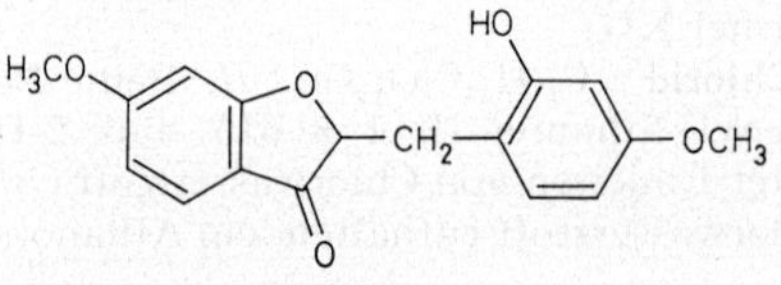   IV

(±)-[4-Hydroxy-3-methoxy-phenyl]-[7-methoxy-benzofuran-2-yl]-methanol $C_{17}H_{16}O_5$,
Formel V (R = H).

B. Aus [4-Benzyloxy-3-methoxy-phenyl]-[7-methoxy-benzofuran-2-yl]-methanol bei der Hydrierung an Palladium/Bariumsulfat in Äthanol (*Richtzenhain, Alfredsson*, B. **89** [1956] 378, 384).

Krystalle (aus A.); F: 125—126°. UV-Absorptionsmaxima: 251 nm und 278 nm (*Ri., Al.*).

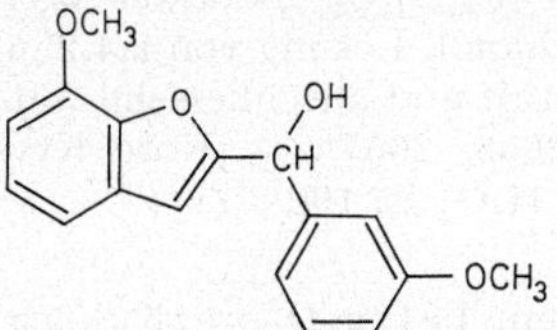

V 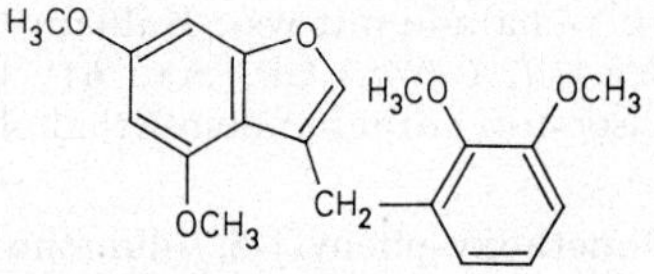   VI

(±)-[3,4-Dimethoxy-phenyl]-[7-methoxy-benzofuran-2-yl]-methanol $C_{18}H_{18}O_5$,
Formel V (R = CH_3).

B. Aus [3,4-Dimethoxy-phenyl]-[7-methoxy-benzofuran-2-yl]-keton beim Behandeln
mit Natriumboranat in Äthanol (*Richtzenhain, Alfredsson*, B. **89** [1956] 378, 383).
Krystalle (aus A.); F: 101—102°.

(±)-[4-Benzyloxy-3-methoxy-phenyl]-[7-methoxy-benzofuran-2-yl]-methanol
$C_{24}H_{22}O_5$, Formel V (R = CH_2-C_6H_5).

B. Aus [4-Benzyloxy-3-methoxy-phenyl]-[7-methoxy-benzofuran-2-yl]-keton beim
Behandeln mit Natriumboranat in Äthanol (*Richtzenhain, Alfredsson*, B. **89** [1956] 378,
384).
Krystalle (aus A.); F: 113—114,5°.

3-[2,3-Dimethoxy-benzyl]-4,6-dimethoxy-benzofuran $C_{19}H_{20}O_5$, Formel VI.

B. Neben [4,6,2′,3′-Tetramethoxy-α-oxo-bibenzyl-2-yloxy]-essigsäure-äthylester beim
Erwärmen von 2-Hydroxy-4,6,2′,3′-tetramethoxy-desoxybenzoin mit Bromessigsäure-
äthylester und Kaliumcarbonat in Aceton (*Whalley, Lloyd*, Soc. **1956** 3213, 3214, 3219).
Krystalle (aus Acn.); F: 115°.

4,6-Dimethoxy-3-veratryl-benzofuran $C_{19}H_{20}O_5$, Formel VII.

B. Bei mehrtägigem Erwärmen von 2-Hydroxy-4,6,3′,4′-tetramethoxy-desoxybenzoin
mit Bromessigsäure-äthylester und Kaliumcarbonat in Aceton (*Whalley, Lloyd*, Soc. **1956**
3213, 3219).
Krystalle (aus Acn.); F: 118°.

6-Methoxy-3-[2,4,6-trimethoxy-benzyl]-benzofuran $C_{19}H_{20}O_5$, Formel VIII (X = H).

B. Beim Erhitzen von [4,2′,4′,6′-Tetramethoxy-α-oxo-bibenzyl-2-yloxy]-essigsäure
mit Acetanhydrid und Natriumacetat (*Whalley, Lloyd*, Soc. **1956** 3213, 3220).
Krystalle (aus Me.); F: 96°.

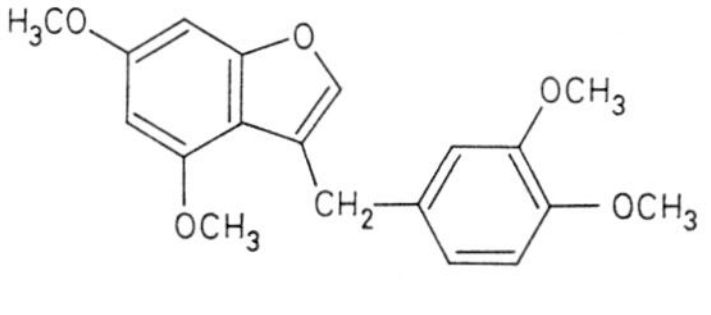

VII 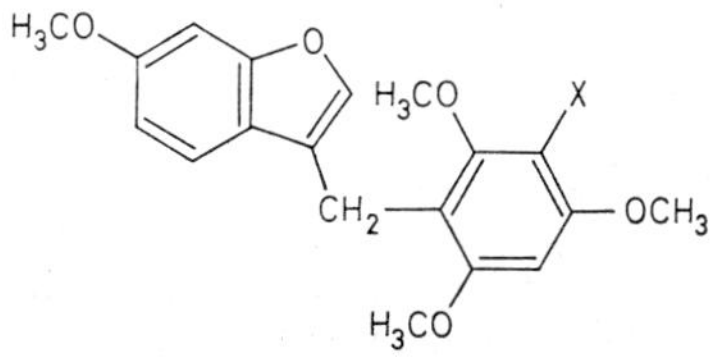   VIII

3-[3-Chlor-2,4,6-trimethoxy-benzyl]-6-methoxy-benzofuran $C_{19}H_{19}ClO_5$, Formel VIII
(X = Cl).

B. Beim Erhitzen von [3′-Chlor-4,2′,4′,6′-tetramethoxy-α-oxo-bibenzyl-2-yloxy]-essig=
säure mit Acetanhydrid und Natriumacetat (*Lloyd, Whalley*, Soc. **1956** 3209, 3210).
Krystalle (aus Me.); F: 131°.

Tetrahydroxy-Verbindungen $C_{16}H_{14}O_5$

2-[2,4-Dihydroxy-phenyl]-7-hydroxy-4-methyl-chromenylium $[C_{16}H_{13}O_4]^+$, Formel IX
(R = H) (H 193; dort als 7-Oxy-4-methyl-2-[2.4-dioxy-phenyl]-benzopyrylium
bezeichnet).

Perchlorat $[C_{16}H_{13}O_4]ClO_4$. B. Beim Erwärmen von 7-Hydroxy-4-methyl-cumarin mit
Phosphorylchlorid und Resorcin und Erhitzen des Reaktionsprodukts mit wss. Perchlor=
säure (*Michaelidis, Wizinger*, Helv. **34** [1951] 1770, 1773). — Rote Krystalle (aus Eg.);
Zers. bei 305°. Absorptionsmaximum einer Lösung in Perchlorsäure enthaltendem
Äthanol: 476 nm (*Mi., Wi.*, l. c. S. 1771). Beim Behandeln mit konz. Schwefelsäure
werden gelbe, grün fluorescierende Lösungen erhalten.

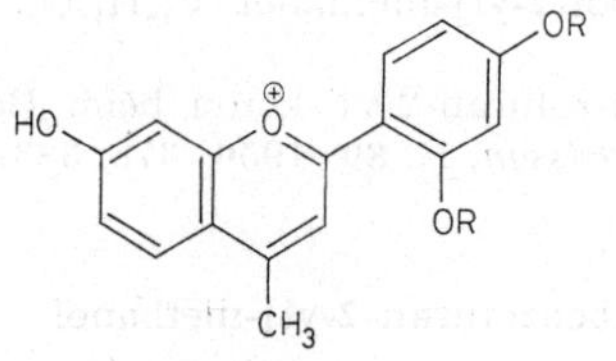

IX

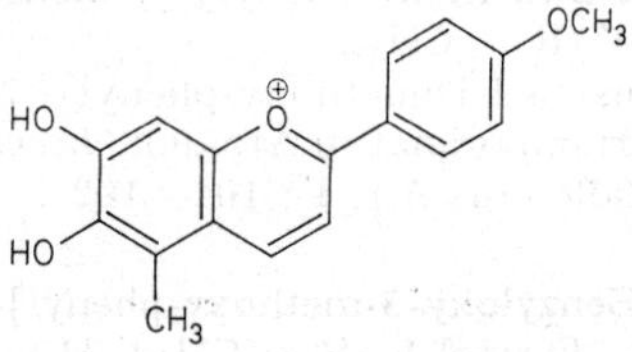

X

2-[2,4-Dimethoxy-phenyl]-7-hydroxy-4-methyl-chromenylium $[C_{18}H_{17}O_4]^+$, Formel IX ($R = CH_3$).

Perchlorat $[C_{18}H_{17}O_4]ClO_4$. *B.* Beim Erwärmen von 7-Hydroxy-4-methyl-cumarin mit Zinkchlorid und Phosphorylchlorid und anschliessend mit 1,3-Dimethoxy-benzol und Erhitzen des Reaktionsprodukts mit wss. Perchlorsäure und Essigsäure (*Michaelidis, Wizinger*, Helv. **34** [1951] 1770, 1773). — Rote Krystalle (aus Eg.); Zers. bei 250°. Absorptionsmaximum einer Lösung in Perchlorsäure enthaltendem Äthanol: 470 nm (*Mi., Wi.*, l. c. S. 1771). Beim Behandeln mit konz. Schwefelsäure werden gelbe, grün fluorescierende Lösungen erhalten.

6,7-Dihydroxy-2-[4-methoxy-phenyl]-5-methyl-chromenylium $[C_{17}H_{15}O_4]^+$, Formel X.

Chlorid $[C_{17}H_{15}O_4]Cl$. *B.* Bei 2-tägigem Behandeln von 3,4,6-Trihydroxy-2-methyl-benzaldehyd mit 1-[4-Methoxy-phenyl]-äthanon in Essigsäure unter Einleiten von Chlorwasserstoff (*Ponniah, Seshadri*, Pr. Indian Acad. [A] **38** [1953] 288, 291). — Orangerote Krystalle (aus wss. Salzsäure) mit 2 Mol H_2O; F: 223—224° [Zers.].

2-[2,5-Dihydroxy-phenyl]-7-hydroxy-5-methyl-chromenylium $[C_{16}H_{13}O_4]^+$, Formel XI.

Chlorid $[C_{16}H_{13}O_4]Cl$. *B.* Beim Erwärmen einer äthanol. Lösung von 2,4,2′,5′-Tetrakis-benzoyloxy-6-methyl-chalkon mit wss. Kalilauge unter Stickstoff und Ansäuern des Reaktionsgemisches mit wss. Salzsäure (*Russell, Clark*, Am. Soc. **61** [1939] 2651, 2657). — Krystalle (aus wss.-äthanol. Salzsäure) mit 1 Mol H_2O; F: 285—287° [Zers.].

5,7-Dimethoxy-2-[4-methoxy-phenyl]-8-methyl-chromenylium $[C_{19}H_{19}O_4]^+$, Formel XII ($R = CH_3$).

Tetrachloroferrat(III) $[C_{19}H_{19}O_4]FeCl_4$. *B.* Bei 2-tägigem Behandeln von 2-Hydroxy-4,6-dimethoxy-3-methyl-benzaldehyd mit 1-[4-Methoxy-phenyl]-äthanon in Äthylacetat unter Einleiten von Chlorwasserstoff und Behandeln des erhaltenen Chlorids mit Eisen(III)-chlorid in Äther (*Curd, Robertson*, Soc. **1933** 437, 439, 442). — Krystalle (aus Eg.); F: 196—197°.

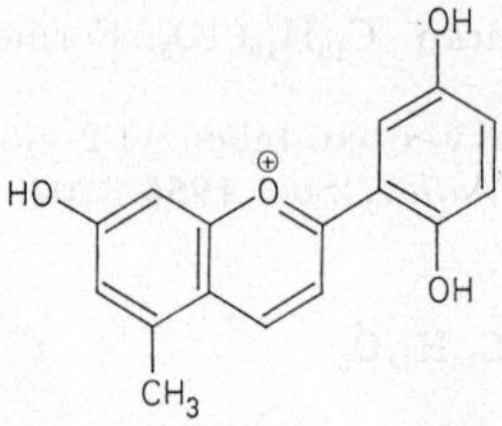

XI

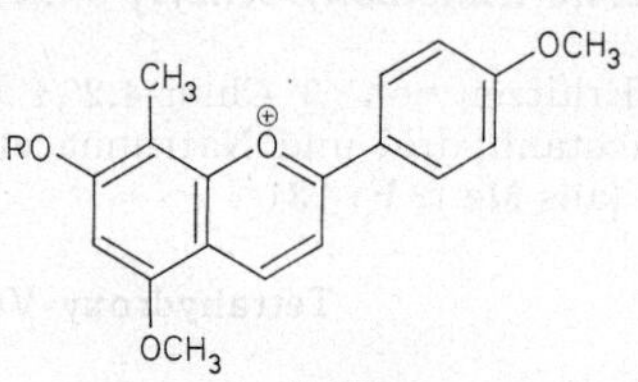

XII

7-Äthoxy-5-methoxy-2-[4-methoxy-phenyl]-8-methyl-chromenylium $[C_{20}H_{21}O_4]^+$, Formel XII ($R = C_2H_5$).

Tetrachloroferrat(III) $[C_{20}H_{21}O_4]FeCl_4$. *B.* Bei 2-tägigem Behandeln von 4-Äthoxy-2-hydroxy-6-methoxy-3-methyl-benzaldehyd mit 1-[4-Methoxy-phenyl]-äthanon in Äthylacetat unter Einleiten von Chlorwasserstoff und Behandeln des erhaltenen Chlorids mit Eisen(III)-chlorid in Äther (*Curd, Robertson*, Soc. **1933** 714, 716, 719). — Rote Krystalle (aus Eg.); F: 169—170°.

*Opt.-inakt. 3,4,9,10-Tetramethoxy-6,6a,7,11b-tetrahydro-indeno[2,1-c]chromen,
Tetra-O-methyl-desoxyhämatoxylin $C_{20}H_{22}O_5$, Formel XIII (E II 244).

B. Aus (±)-3,4,9,10-Tetramethoxy-6,7-dihydro-indeno[2,1-c]chromen-6ar,11bc-diol
(Syst. Nr. 2455) bei der Hydrierung an Palladium/Bariumsulfat in Essigsäure (*Pfeiffer et al.*, J. pr. [2] **150** [1938] 199, 231).

Krystalle (aus A.); F: 151°.

7,11b-Dihydro-indeno[2,1-c]chromen-3,6a,9,10-tetraol $C_{16}H_{14}O_5$.

a) **(+)-(6ar,11bc)-7,11b-Dihydro-indeno[2,1-c]chromen-3,6a,9,10-tetraol, Brasilin**
$C_{16}H_{14}O_5$, Formel XIV oder Spiegelbild (H 194; E II 244).

Konfiguration: *Craig et al.*, J. org. Chem. **30** [1965] 1573.

Herstellung aus dem unter b) beschriebenen Racemat mit Hilfe von [(1R)-Menthyl-oxy]-essigsäure: *Morsingh, Robinson*, Tetrahedron **26** [1970] 281, 285.

Krystalle (aus W.), F: 247—248°; $[\alpha]_D^{21,5}$: +121,5° [Me.; c = 1] (*Mo., Ro.*). Absorptionsspektrum (400—700 nm) von wss. Lösungen vom pH 6, 6,4 und 7: *Mannelli, Mancini*, Ann. Chimica **49** [1959] 1288, 1289.

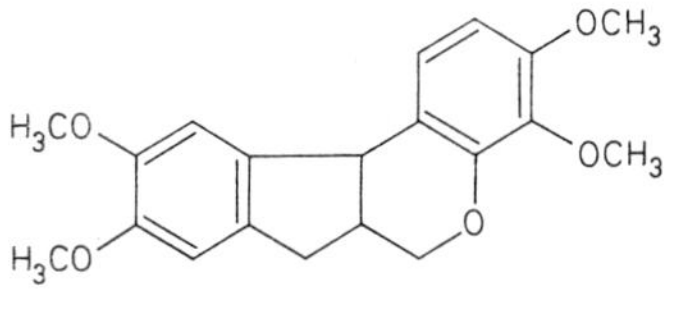

XIII 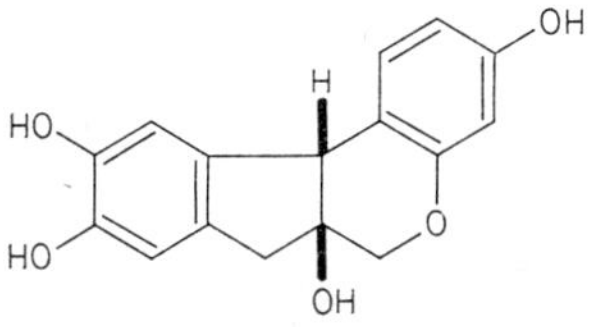   XIV

b) **(±)-(6ar,11bc)-7,11b-Dihydro-indeno[2,1-c]chromen-3,6a,9,10-tetraol** $C_{16}H_{14}O_5$,
Formel XIV + Spiegelbild.

Synthese: *Morsingh, Robinson*, Tetrahedron **26** [1970] 281.

Rote Krystalle (aus wss. A.); F: 150—155°. UV-Absorptionsmaximum: 290 nm (*Mo., Ro.*, l. c. S. 284).

Tetrahydroxy-Verbindungen $C_{17}H_{16}O_5$

5,7-Dihydroxy-2-[4-hydroxy-phenyl]-6,8-dimethyl-chromenylium $[C_{17}H_{15}O_4]^+$, Formel I
(R = H).

Perchlorat $[C_{17}H_{15}O_4]ClO_4$. *B.* Beim Einleiten von Chlorwasserstoff in eine Lösung von 2,4,6-Trihydroxy-3,5-dimethyl-benzaldehyd und 1-[4-Hydroxy-phenyl]-äthanon in Ameisensäure und Behandeln des Reaktionsprodukts mit heisser wss. Perchlorsäure (*Freudenberg, Alonso de Lama*, A. **612** [1958] 78, 83, 91). — Gelblichrote Nadeln und dunkelrote Prismen (aus Eg.); Zers. bei 280°.

5,7-Dihydroxy-2-[4-methoxy-phenyl]-6,8-dimethyl-chromenylium $[C_{18}H_{17}O_4]^+$, Formel I
(R = CH$_3$).

Perchlorat $[C_{18}H_{17}O_4]ClO_4$. *B.* Beim Einleiten von Chlorwasserstoff in eine Lösung von 2,4,6,α,α-Pentaacetoxy-mesitylen (2,4,6-Triacetoxy-3,5-dimethyl-benzylidendiacetat [H **8** 398]) und 1-[4-Methoxy-phenyl]-äthanon in Ameisensäure und Behandeln des Reaktionsprodukts in Ameisensäure mit wss. Perchlorsäure (*Freudenberg, Alonso de Lama*, A. **612** [1958] 78, 90). — Krystalle (aus Eg.); Zers. bei 270—280°.

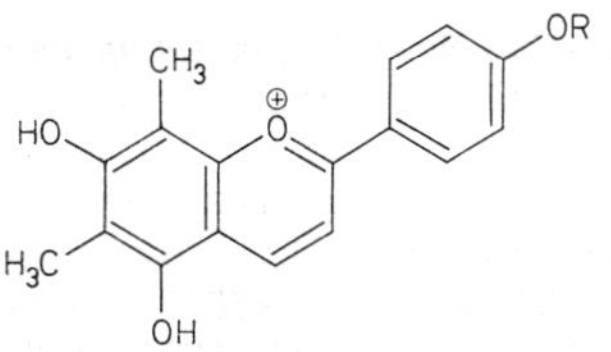

I 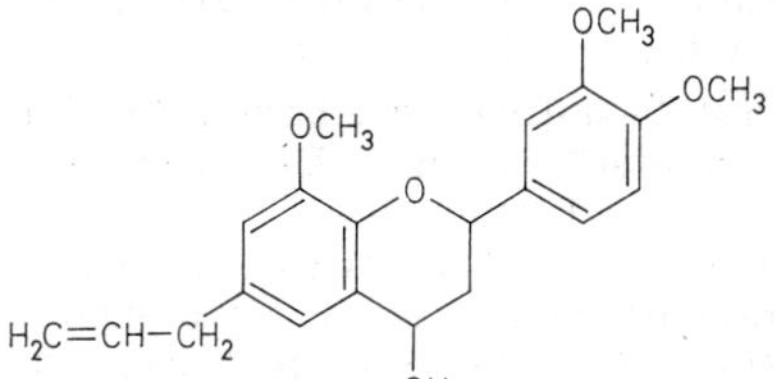   II

Tetrahydroxy-Verbindungen $C_{18}H_{18}O_5$

*Opt.-inakt. 6-Allyl-2-[3,4-dimethoxy-phenyl]-8-methoxy-chroman-4-ol $C_{21}H_{24}O_5$, Formel II.

B. Aus (±)-6-Allyl-2-[3,4-dimethoxy-phenyl]-8-methoxy-chroman-4-on beim Behandeln mit Borsäure und Natriumboranat in Äthanol (*Pew*, Am. Soc. **77** [1955] 2831). Krystalle (aus A.); F: 158—159° [korr.].

(±)-4-Äthyl-1-[3,4-dimethoxy-phenyl]-6,7-dimethoxy-3-methyl-1*H*-isochromen $C_{22}H_{26}O_5$, Formel III.

B. Aus 4-Äthyl-1-[3,4-dimethoxy-phenyl]-6,7-dimethoxy-3-methyl-isochromenylium-hydrogensulfat beim Behandeln mit Lithiumalanat in wasserhaltigem Äther (*Müller et al.*, J. org. Chem. **19** [1954] 1533, 1536, 1543). Krystalle (aus A.); F: 105°.

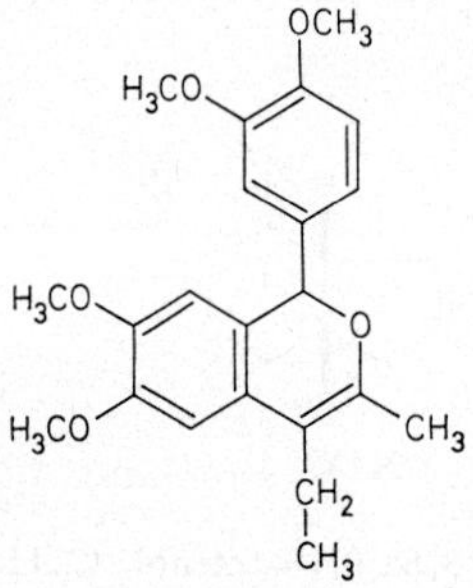

III 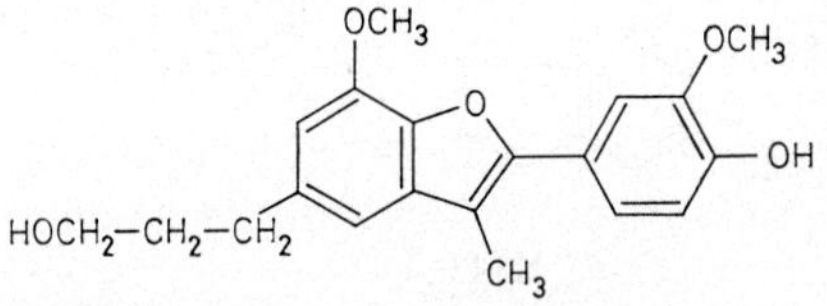   IV

2-[4-Hydroxy-3-methoxy-phenyl]-5-[3-hydroxy-propyl]-7-methoxy-3-methyl-benzo⸗ furan, 3-[2-(4-Hydroxy-3-methoxy-phenyl)-7-methoxy-3-methyl-benzofuran-5-yl]-propan-1-ol $C_{20}H_{22}O_5$, Formel IV.

B. Aus 2*r*-[4-Hydroxy-3-methoxy-phenyl]-3*t*-hydroxymethyl-5-[3-hydroxy-propyl]-7-methoxy-2,3-dihydro-benzofuran beim längeren Erwärmen mit Chlorwasserstoff enthaltendem Methanol sowie bei aufeinanderfolgendem Behandeln mit Bromwasserstoff in Chloroform und mit Natriumhydrogencarbonat in Wasser (*Adler, Stenemur*, B. **89** [1956] 291, 300).

F: 172—173°. UV-Spektrum (CHCl₃; 260—340 nm): *Ad., St.*

4-[3,4-Dimethoxy-phenyl]-6,7-dimethoxy-1,3,3a,4,9,9a-hexahydro-naphtho[2,3-c]furan $C_{22}H_{26}O_5$.

Über die Konfiguration der nachstehend beschriebenen Stereoisomeren s. *Cisney et al.*, Am. Soc. **76** [1954] 5083; *Kato*, Chem. pharm. Bl. **11** [1963] 823.

a) **(3aR)-4c-[3,4-Dimethoxy-phenyl]-6,7-dimethoxy-(3ar,9ac)-1,3,3a,4,9,9a-hexa⸗ hydro-naphtho[2,3-c]furan** $C_{22}H_{26}O_5$, Formel V.

B. Aus (1*S*)-1*r*-[3,4-Dimethoxy-phenyl]-2*t*,3*t*-bis-hydroxymethyl-6,7-dimethoxy-1,2,⸗ 3,4-tetrahydro-naphthalin (hergestellt aus Conidendrin) beim Erhitzen mit Kalium⸗ hydrogensulfat auf 160° (*Cisney et al.*, Am. Soc. **76** [1954] 5083, 5087).

Krystalle (aus Cyclohexan + Bzl.); F: 97—98,5°. $[\alpha]_D^{26}$: —29° [CHCl₃; c = 2]; $[\alpha]_D^{26}$: —33° [Acn.; c = 3].

b) **(3aR)-4c-[3,4-Dimethoxy-phenyl]-6,7-dimethoxy-(3ar,9at)-1,3,3a,4,9,9a-hexa⸗ hydro-naphtho[2,3-c]furan, Di-O-methyl-anhydroisolariciresinol** $C_{22}H_{26}O_5$, Formel VI (R = CH₃) (E II 245).

B. Aus (1*S*)-1*r*-[3,4-Dimethoxy-phenyl]-2*t*,3*c*-bis-hydroxymethyl-6,7-dimethoxy-1,2,⸗ 3,4-tetrahydro-naphthalin (E III **6** 6966) beim Erhitzen mit Kaliumhydrogensulfat auf 180° (*Haworth, Kelly*, Soc. **1937** 384, 390; *Haworth, Wilson*, Soc. **1950** 71) oder mit Toluol-4-sulfonylchlorid und Pyridin (*Schrecker, Hartwell*, Am. Soc. **77** [1955] 432, 436, 6725).

Krystalle (aus Me.); F: 149,2—150° [korr.] (*Sch.*, *Ha.*), 149,5° (*King et al.*, Soc. **1952** 17, 20). $[\alpha]_D^{20}$: −50,0° [CHCl$_3$; c = 2] (*Sch.*, *Ha.*, l. c. S. 436); $[\alpha]_D^{25}$: −52° [CHCl$_3$; c = 2] (*Ci. et al.*, l. c. S. 5086); $[\alpha]_D^{20}$: −35,2° [Acn.; c = 1] (*Sch.*, *Ha.*, l. c. S. 436); $[\alpha]_D^{23}$: −33,9° [Acn.; c = 0,4] (*Ha.*, *Wi.*).

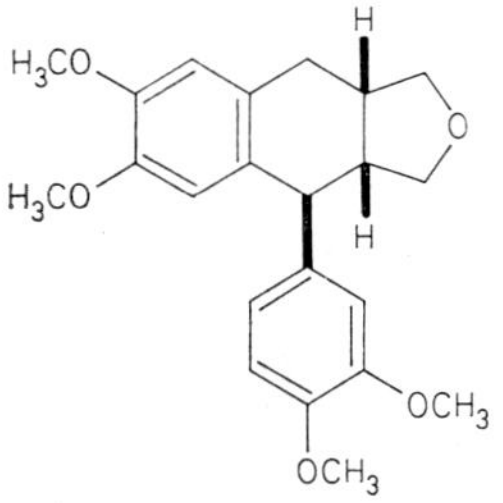

V 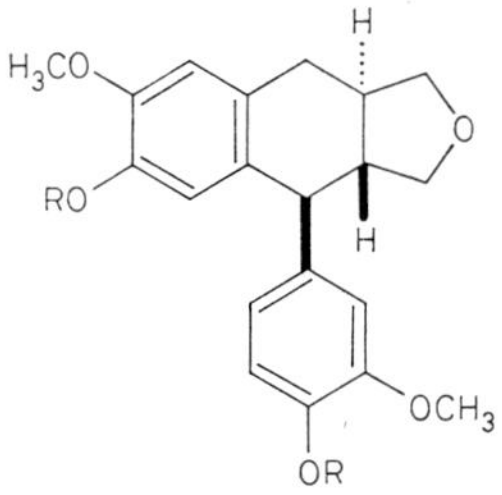   VI 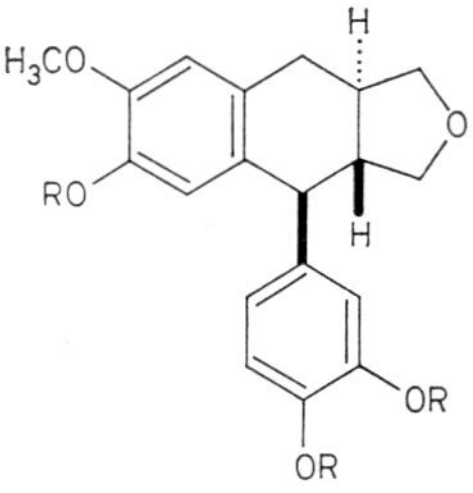   VII

c) Opt.-inakt. 4-[3,4-Dimethoxy-phenyl]-6,7-dimethoxy-1,3,3a,4,9,9a-hexahydro-naphtho[2,3-c]furan C$_{22}$H$_{26}$O$_5$ vom F: 127°.

B. Aus opt.-inakt. 1-[3,4-Dimethoxy-phenyl]-2,3-bis-hydroxymethyl-6,7-dimethoxy-1,2,3,4-tetrahydro-naphthalin (F: 158° [E III **6** 6967]) beim Erhitzen mit Kalium= hydrogensulfat auf 180° (*Haworth*, *Woodcock*, Soc. **1939** 1237, 1240).

Krystalle (aus Me.); F: 126—127°.

(3aR)-6-Äthoxy-4c-[4-äthoxy-3-methoxy-phenyl]-7-methoxy-(3ar,9at)-1,3,3a,4,9,9a-hexahydro-naphtho[2,3-c]furan, Di-O-äthyl-anhydroisolariciresinol C$_{24}$H$_{30}$O$_5$, Formel VI (R = C$_2$H$_5$).

B. Aus (1S)-7-Äthoxy-1r-[4-äthoxy-3-methoxy-phenyl]-2t,3c-bis-hydroxymethyl-6-methoxy-1,2,3,4-tetrahydro-naphthalin (E III **6** 6967) oder aus (2S)-4t-[4-Äthoxy-3-methoxy-benzyl]-2r-[4-äthoxy-3-methoxy-phenyl]-3t-hydroxymethyl-tetrahydro-furan beim Erhitzen mit Kaliumhydrogensulfat auf 180° (*Haworth*, *Kelly*, Soc. **1937** 384, 390).

Krystalle (aus Me.); F: 132—133°.

(3aR)-6-Äthoxy-4c-[3,4-diäthoxy-phenyl]-7-methoxy-(3ar,9at)-1,3,3a,4,9,9a-hexahydro-naphtho[2,3-c]furan, Tri-O-äthyl-anhydroisotaxiresinol C$_{25}$H$_{32}$O$_5$, Formel VII (R = C$_2$H$_5$).

Aus Tri-O-äthyl-isotaxiresinol ((1S)-7-Äthoxy-1r-[3,4-diäthoxy-phenyl]-2t,3c-bis-hydr= oxymethyl-6-methoxy-1,2,3,4-tetrahydro-naphthalin) beim Erhitzen mit Kaliumhydro= gensulfat auf 190° (*King et al.*, Soc. **1952** 17, 20).

Krystalle (aus wss. Me.); F: 122,5—123°.

Tetrahydroxy-Verbindungen C$_{19}$H$_{20}$O$_5$

(±)-2r-[4-Hydroxy-3-hydroxymethyl-5-methoxy-phenyl]-7-methoxy-3t-methyl-5-*trans*-propenyl-2,3-dihydro-benzofuran, (±)-2-Hydroxy-3-methoxy-5-[7-methoxy-3t-methyl-5-*trans*-propenyl-2,3-dihydro-benzofuran-2r-yl]-benzylalkohol C$_{21}$H$_{24}$O$_5$, Formel VIII + Spiegelbild.

B. Beim Erwärmen von (±)-2r-[4-Hydroxy-3-methoxy-phenyl]-7-methoxy-3t-methyl-5-*trans*-propenyl-2,3-dihydro-benzofuran (S. 2398) mit wss. Formaldehyd und wss. Natronlauge (*Ziegler*, *Junek*, M. **85** [1954] 597, 600).

Krystalle (aus Toluol oder wss. A.); F: 123—124°.

Tetrahydroxy-Verbindungen C$_{54}$H$_{90}$O$_5$

3β-Acetoxy-7ξ-[3β-acetoxy-7ξ-hydroxy-cholest-5-en-7ξ-yl]-5,6ξ-epoxy-5ξ-cholestan-7ξ-ol C$_{58}$H$_{94}$O$_7$, Formel IX.

B. Aus 3β,3′β-Diacetoxy-[7ξ,7′ξ]bicholest-5-enyl-7,7′-diol beim Behandeln mit Peroxy= benzoesäure (3h) in Dichlormethan (*Bladon et al.*, Soc. **1958** 863, 865, 870).

Krystalle (aus CH$_2$Cl$_2$ + Acn.); F: 230—233° [evakuierte Kapillare]; $[\alpha]_D$: −34,9° [CHCl$_3$; c = 1].

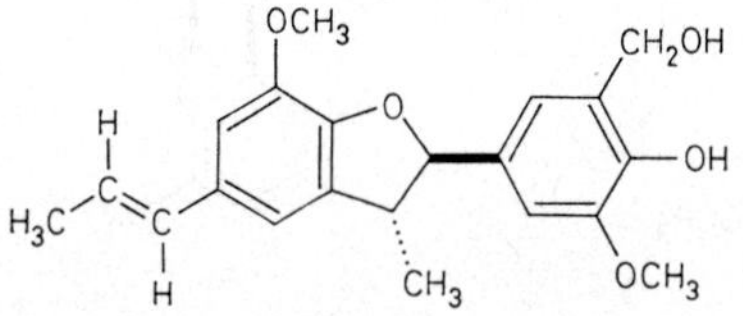

VIII 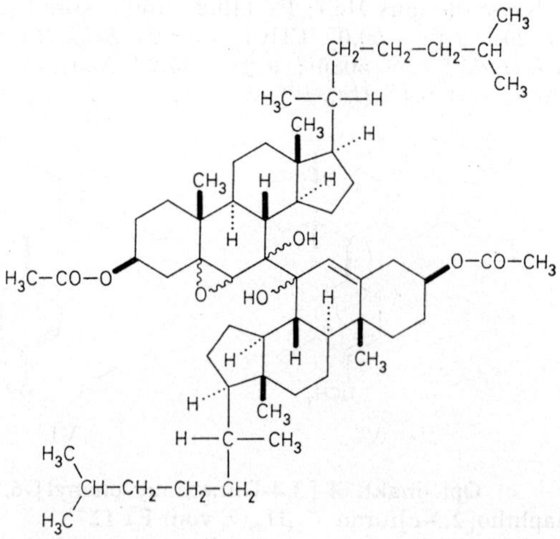   IX

Tetrahydroxy-Verbindungen $C_nH_{2n-20}O_5$

Tetrahydroxy-Verbindungen $C_{16}H_{12}O_5$

2,5-Bis-[3,4-dimethoxy-phenyl]-furan $C_{20}H_{20}O_5$, Formel I (R = CH$_3$).
B. Aus 1,4-Bis-[3,4-dimethoxy-phenyl]-butan-1,4-dion beim Erwärmen mit Chlor=
wasserstoff enthaltendem Methanol (*Haworth, Kelly*, Soc. **1937** 1645, 1648; *Traverso*,
G. **89** [1959] 1818, 1823) oder mit Schwefelsäure enthaltendem Acetanhydrid (*Tr.*).
Krystalle; F: 154—155° [aus CHCl$_3$ + Me.] (*Ha., Ke.*), 154—155° (*Tr.*).

2,5-Bis-[4-äthoxy-3-methoxy-phenyl]-furan $C_{22}H_{24}O_5$, Formel I (R = C$_2$H$_5$).
B. Aus 1,4-Bis-[4-äthoxy-3-methoxy-phenyl]-butan-1,4-dion beim Erwärmen mit
Chlorwasserstoff enthaltendem Methanol (*Traverso*, G. **88** [1958] 523, 531).
Krystalle (aus Me.); F: 126°.

3-Äthoxy-9,10-dimethoxy-7H-indeno[2,1-c]chromenylium $[C_{20}H_{19}O_4]^+$, Formel II.
Tetrachloroferrat(III) $[C_{20}H_{19}O_4]FeCl_4$. *B.* Beim Erhitzen von 1-[4-Äthoxy-2-hydroxy-
phenyl]-3-[3,4-dimethoxy-phenyl]-propan-1-on (E III **8** 4080) mit Ameisensäure und
Zinkchlorid und Behandeln des Reaktionsgemisches mit Eisen(III)-chlorid und wss.
Salzsäure (*Mićović, Robinson*, Soc. **1937** 43, 44). — Orangefarbene Krystalle (aus HCOOH
+ Eg.); F: 211—212° [Zers.]. In Wasser mit gelber Farbe und grüner Fluorescenz
löslich.

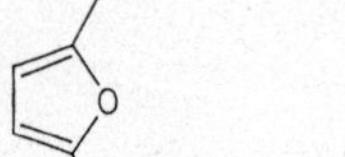

I 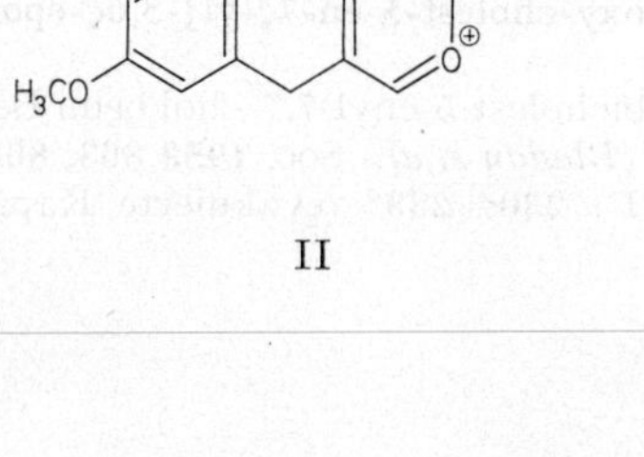   II 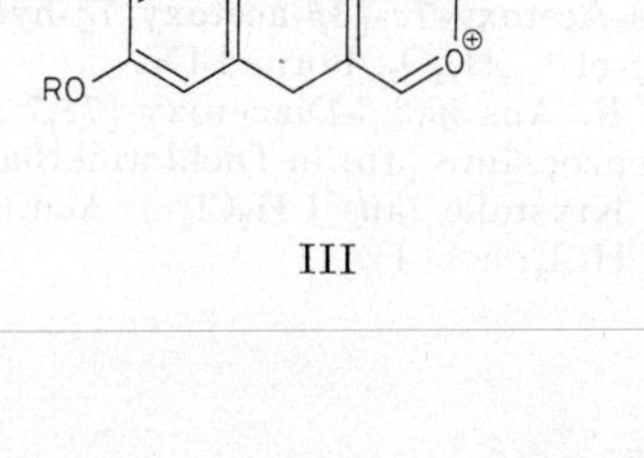   III

9-Äthoxy-3,10-dimethoxy-7H-indeno[2,1-c]chromenylium $[C_{20}H_{19}O_4]^+$, Formel III (R = C_2H_5).

Tetrachloroferrat(III) $[C_{20}H_{19}O_4]FeCl_4$. *B.* Beim Behandeln einer Lösung von 9-Äthoxy-3,10-dimethoxy-6,7-dihydro-indeno[2,1-c]chromen in Aceton mit einem Brom-Luft-Gemisch oder beim Erwärmen von 9-Äthoxy-3,6a,10-trimethoxy-6a,7-dihydro-6H-indeno=[2,1-c]chromen-11b-ol mit Schwefelsäure und Behandeln des jeweiligen Reaktionsprodukts mit Chlorwasserstoff in Äthanol und mit Eisen(III)-chlorid (*Mićović, Robinson,* Soc. **1937** 43, 45). — Orangebraune Krystalle (aus Eg.); F: 202—204° [Zers.; nach Sintern bei 198°]. In Wasser mit gelber Farbe und grüner Fluorescenz löslich.

Tetrahydroxy-Verbindungen $C_{17}H_{14}O_5$

2,5-Bis-[4-äthoxy-3-methoxy-phenyl]-3-methyl-furan $C_{23}H_{26}O_5$, Formel IV.
B. Aus 1,4-Bis-[4-äthoxy-3-methoxy-phenyl]-2-methyl-butan-1,4-dion beim Erwärmen mit Chlorwasserstoff enthaltendem Methanol (*Traverso,* G. **89** [1959] 1810, 1817). Aus 2,5-Bis-[4-äthoxy-3-methoxy-phenyl]-4-methyl-furan-3-carbonsäure beim Erhitzen mit Kupfer-Pulver unter 1 Torr auf 240° (*Tr.*).
Krystalle (aus Me.); F: 116°.

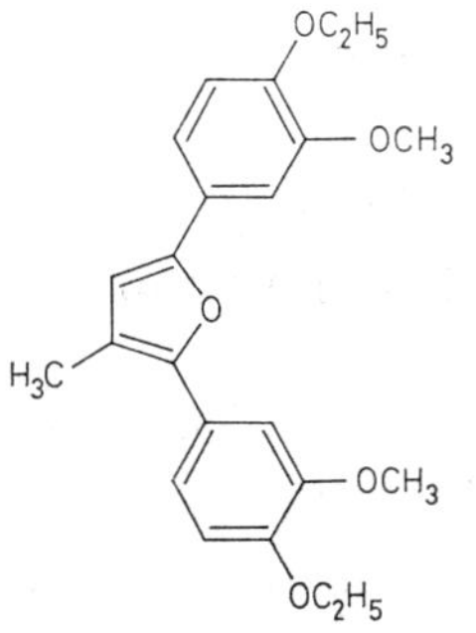

IV 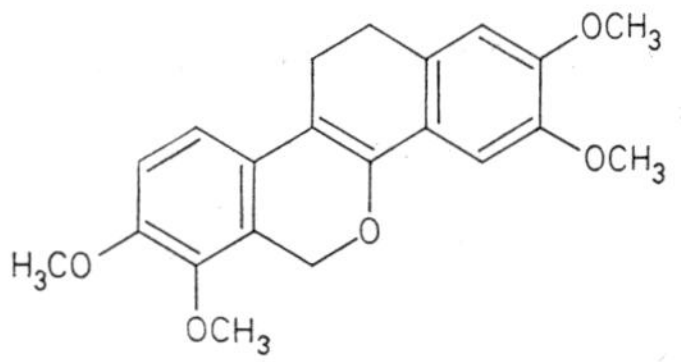   V

2,3,7,8-Tetramethoxy-11,12-dihydro-6H-dibenzo[c,h]chromen $C_{21}H_{22}O_5$, Formel V.
B. Aus 2,3,7,8-Tetramethoxy-11,12-dihydro-dibenzo[c,h]chromen-6-on beim Behandeln mit Lithiumalanat in Tetrahydrofuran (*Bailey, Worthing,* Soc. **1956** 4535, 4542).
Krystalle (aus Dioxan + A. oder aus Eg.); F: 175—176°. UV-Absorptionsmaxima (CHCl₃): 248 nm und 356 nm.

Tetrahydroxy-Verbindungen $C_{18}H_{16}O_5$

2,5-Bis-[4-hydroxy-3-methoxy-phenyl]-3,4-dimethyl-furan $C_{20}H_{20}O_5$, Formel VI (R = H).
Diese Konstitution kommt der nachstehend beschriebenen **α-Guajakonsäure** zu (*Kratochvil et al.,* Phytochemistry **10** [1971] 2529; s. a. *Auterhoff et al.,* Ar. 302 [1969] 545).
Isolierung aus Guajakharz: *Kr. et al.;* s. a. *Richter,* Ar. 244 [1906] 90.
Krystalle (aus Acn. + Eg. + W.); F: 149° (*Kr. et al.*). ¹H-NMR-Absorption (Hexa=deuterioaceton) und ¹H-¹H-Spin-Spin-Kopplungskonstanten: *Kr. et al.;* IR-Banden (KBr; 3440—682 cm⁻¹): *Kr. et al.;* UV-Absorptionsmaxima einer Lösung in Äthanol: 251 nm und 324 nm; einer Natriumäthylat enthaltenden Lösung in Äthanol: 275 nm und 342 nm (*Kr. et al.*).

2,5-Bis-[3,4-dimethoxy-phenyl]-3,4-dimethyl-furan $C_{22}H_{24}O_5$, Formel VI (R = CH₃).
B. Aus 1,4-Bis-[3,4-dimethoxy-phenyl]-2,3-dimethyl-butan-1,4-dion beim Erwärmen mit Chlorwasserstoff enthaltendem Methanol (*Atkinson, Haworth,* Soc. **1938** 1681, 1684).
Krystalle (aus Eg.); F: 169—170° (*At., Ha.*). In Benzol und Chloroform mit blauer Fluorescenz löslich (*At., Ha.*).
Bei der Hydrierung an Palladium in Essigsäure ist 1,4-Bis-[3,4-dimethoxy-phenyl]-

2,3-dimethyl-butan (F: 100°), bei der Hydrierung an Palladium/Kohle in Essigsäure und Methanol bei 30 at ist 2r,5c-Bis-[3,4-dimethoxy-phenyl]-3c,4c-dimethyl-tetrahydro-furan erhalten worden (*Blears, Haworth*, Soc. **1958** 1985, 1986).

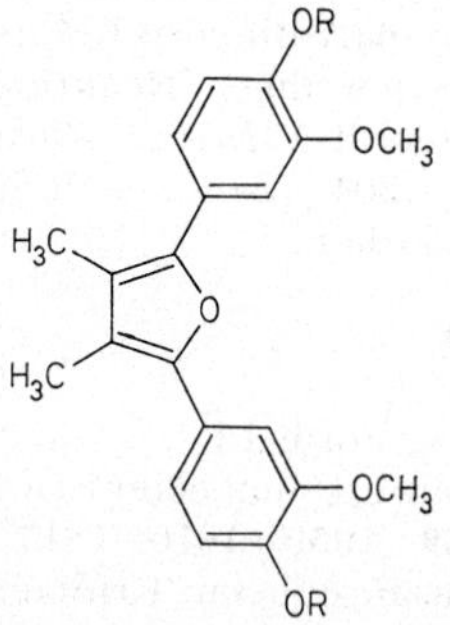

VI 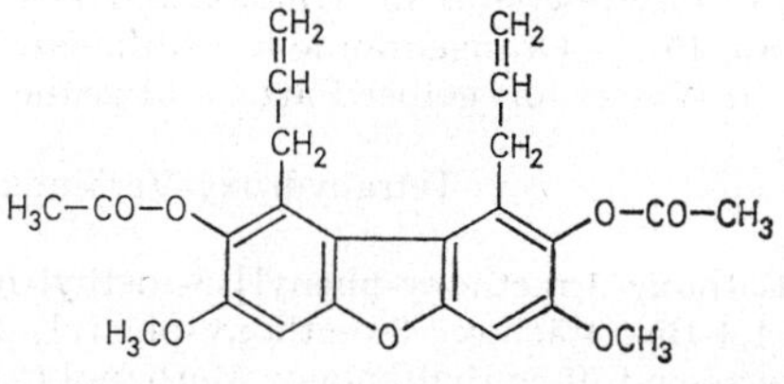   VII

2,8-Diacetoxy-1,9-diallyl-3,7-dimethoxy-dibenzofuran $C_{24}H_{24}O_7$, Formel VII.

B. Beim Erhitzen von 2,8-Bis-allyloxy-3,7-dimethoxy-dibenzofuran mit Acetanhydrid und *N,N*-Diäthyl-anilin unter Stickstoff auf 180° (*Dean et al.*, Soc. **1955** 11, 16). Krystalle (aus A.); F: 166°.

Tetrahydroxy-Verbindungen $C_{19}H_{18}O_5$

2-Äthyl-3-hydroxy-7,8-dimethoxy-1-methyl-10*H*-indeno[1,2-*b*]chromenylium $[C_{21}H_{21}O_4]^+$, Formel VIII.

Chlorid $[C_{21}H_{21}O_4]$Cl. *B.* Beim Behandeln von 3-Äthyl-4,6-dihydroxy-2-methyl-benz= aldehyd mit 5,6-Dimethoxy-indan-1-on in Äthylacetat unter Einleiten von Chlorwasser= stoff (*Shah, Mehta*, J. Indian chem. Soc. **13** [1936] 358, 364). — Rote Krystalle; Zers. oberhalb 300°.

Perchlorat $[C_{21}H_{21}O_4]ClO_4$. Orangefarbene Krystalle; Zers. oberhalb 260° (*Shah, Me.*).

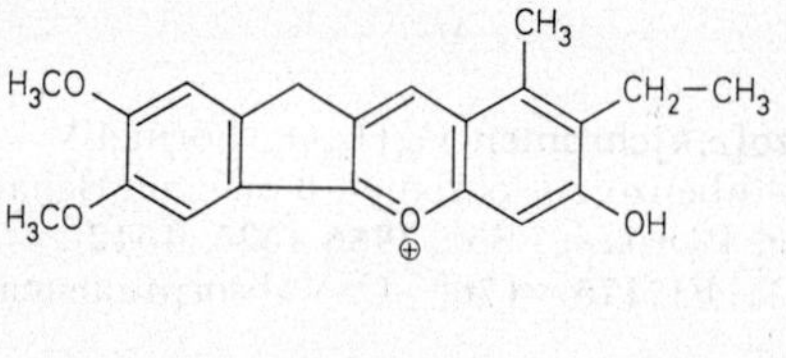

VIII 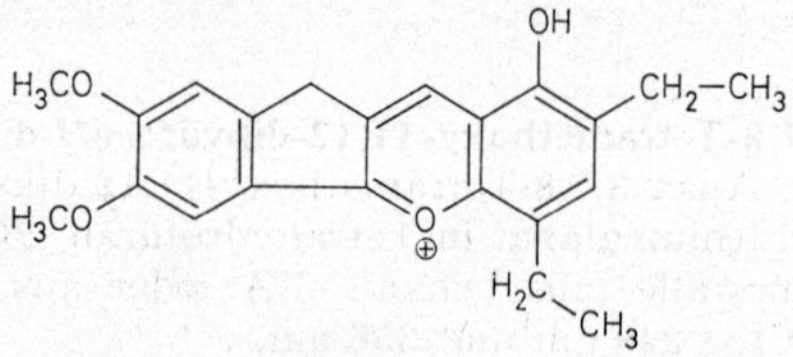   IX

Tetrahydroxy-Verbindungen $C_{20}H_{20}O_5$

2,4-Diäthyl-1-hydroxy-7,8-dimethoxy-10*H*-indeno[1,2-*b*]chromenylium $[C_{22}H_{23}O_4]^+$, Formel IX.

Chlorid $[C_{22}H_{23}O_4]$Cl. *B.* Beim Behandeln von 3,5-Diäthyl-2,6-dihydroxy-benzaldehyd mit 5,6-Dimethoxy-indan-1-on in Äthylacetat unter Einleiten von Chlorwasserstoff (*Shah, Mehta*, J. Indian chem. Soc. **13** [1936] 358, 362). — Orangefarbene Krystalle; F: 209° bis 210°.

Perchlorat $[C_{22}H_{23}O_4]ClO_4$. Rote Krystalle; F: 155—158° (*Shah, Me.*).

Tetrahydroxy-Verbindungen $C_{21}H_{22}O_5$

2,4-Diäthyl-1-hydroxy-7,8-dimethoxy-3-methyl-10*H*-indeno[1,2-*b*]chromenylium $[C_{23}H_{25}O_4]^+$, Formel X.

Chlorid $[C_{23}H_{25}O_4]$Cl. *B.* Beim Behandeln von 3,5-Diäthyl-2,6-dihydroxy-4-methyl-benzaldehyd mit 5,6-Dimethoxy-indan-1-on in Äthylacetat unter Einleiten von Chlor= wasserstoff (*Shah, Mehta*, J. Indian chem. Soc. **13** [1936] 358, 367). — Krystalle; F: 153—154°.

Perchlorat $[C_{23}H_{25}O_4]ClO_4$. Krystalle; F: 240—241° (*Shah, Me.*).

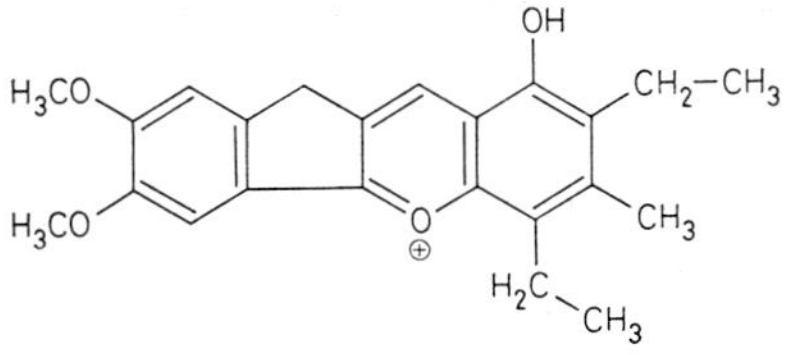

X 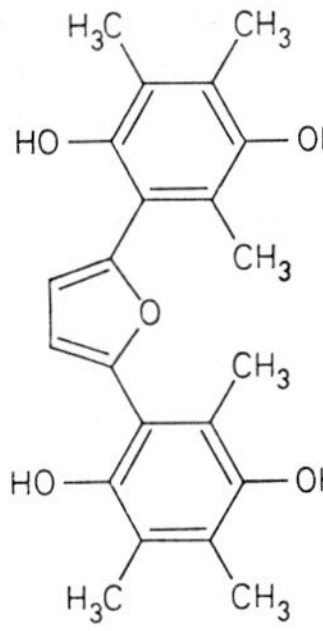   XI

Tetrahydroxy-Verbindungen $C_{22}H_{24}O_5$

2,5-Bis-[2,5-dihydroxy-3,4,6-trimethyl-phenyl]-furan $C_{22}H_{24}O_5$, Formel XI.

B. Beim Behandeln einer Lösung von 2,5-Bis-[2,4,5-trimethyl-3,6-dioxo-cyclohexa-1,4-dienyl]-furan in Benzol mit wss. Natriumhydrogensulfit-Lösung (*Smith, Holmes,* Am. Soc. **73** [1951] 3847, 3850).

Krystalle; F: 225—228° [unkorr.].

Tetrahydroxy-Verbindungen $C_nH_{2n-22}O_5$

Tetrahydroxy-Verbindungen $C_{16}H_{10}O_5$

3,4,8,9-Tetramethoxy-benzo[b]naphtho[2,3-d]furan $C_{20}H_{18}O_5$, Formel I.

B. Beim Erwärmen von 6,7-Dimethoxy-3-veratryl-benzofuran-2-carbaldehyd mit Phosphorsäure (*Chatterjea, Roy,* J. Indian chem. Soc. **34** [1957] 155, 159).

Krystalle (aus Eg.); F: 244° [unkorr.].

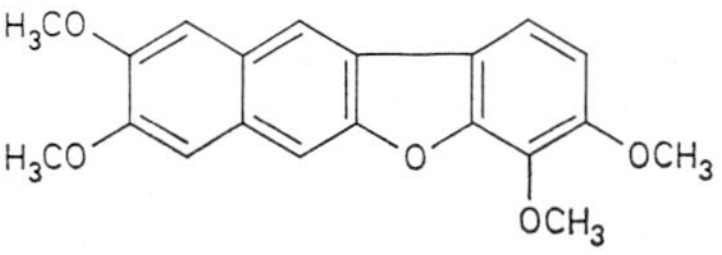

I 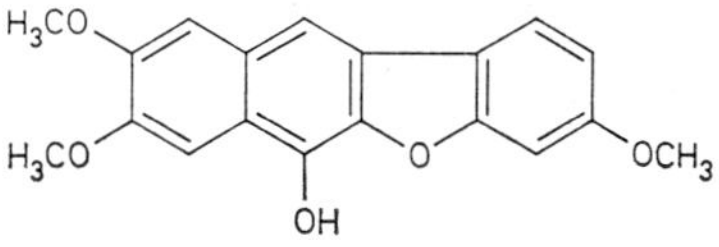   II

3,8,9-Trimethoxy-benzo[b]naphtho[2,3-d]furan-6-ol $C_{19}H_{16}O_5$, Formel II (H 203; dort als 4'-Oxy-3.6'.7'-trimethoxy-brasan und als β-Anhydrotrimethylbrasilon bezeichnet).

B. Beim Erwärmen von 6-Methoxy-3-veratryl-benzofuran-2-carbonsäure mit Phos=phor(V)-chlorid in Benzol und Behandeln des Reaktionsgemisches mit Aluminiumchlorid (*Bentley, Robinson,* Soc. **1950** 1353, 1355).

Krystalle (aus A.); F: 220°.

2,3,9-Trimethoxy-benzo[b]naphtho[1,2-d]furan-5-ol $C_{19}H_{16}O_5$, Formel III.

Eine von *Johnson, Robertson* (Soc. **1950** 2381, 2384) unter dieser Konstitution be=schriebene Verbindung ist nach *Chatterjea et al.* (Indian J. Chem. **11** [1973] 958) wahr=scheinlich als [3-(3,4-Dimethoxy-phenyl)-6-methoxy-benzofuran-2-yl]-essigsäure-[2,3,9-trimethoxy-benzo[b]naphtho[1,2-d]furan-5-ylester] (Syst. Nr. 2616) zu formulieren.

2,3,9-Trimethoxy-benzo[b]naphtho[1,2-d]furan-6-ol $C_{19}H_{16}O_5$, Formel IV (R = H) (H 204; dort als 3''-Oxy-5'.6'.7'-trimethoxy-[(benzo-1'.2':2.3)-naphtho-1''.2'':4.5)-furan] und als α-Anhydrotrimethylbrasilon bezeichnet).

B. Aus [4,5-Dimethoxy-2-(6-methoxy-benzofuran-3-yl)-phenyl]-essigsäure beim Be=handeln mit Schwefelsäure (*Johnson, Robertson,* Soc. **1950** 2381, 2388). In geringer

Menge beim Erwärmen von 1-[3-(3,4-Dimethoxy-phenyl)-6-methoxy-benzofuran-2-yl]-äthanon mit *N*-Brom-succinimid und Dibenzoylperoxid in Tetrachlormethan, anfangs unter Bestrahlung mit UV-Licht, und Erwärmen des Reaktionsprodukts mit Aluminium=chlorid in Benzol (*Bentley*, *Robinson*, Tetrahedron Letters **1959** Nr. 2 S. 11, 13).

Gelbe Krystalle (aus A.); F: 198° (*Jo.*, *Ro.*).

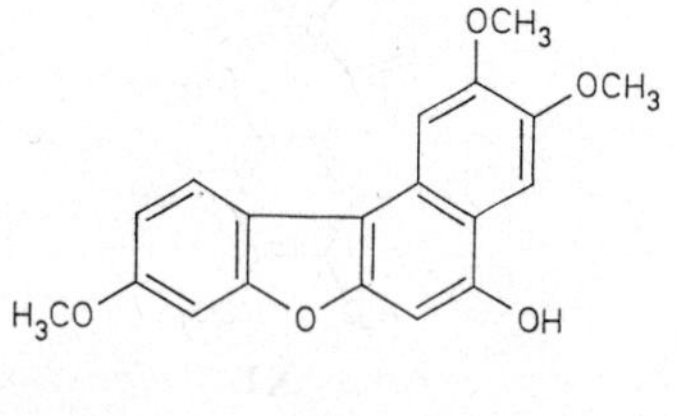

III 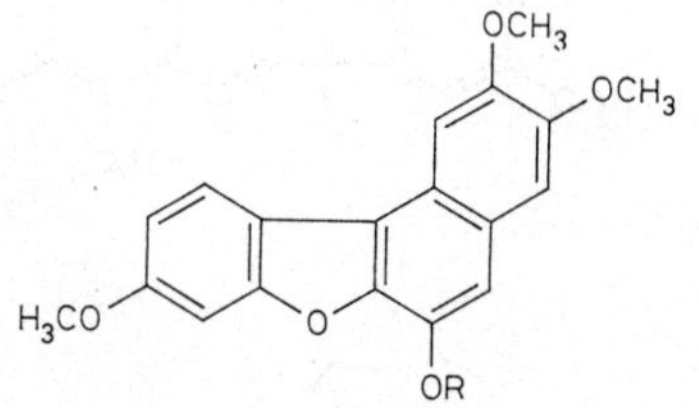   IV

2,3,9-Trimethoxy-6-[4-nitro-benzoyloxy]-benzo[*b*]naphtho[1,2-*d*]furan $C_{26}H_{19}NO_8$, Formel IV (R = CO-C$_6$H$_4$-NO$_2$).

B. Aus 2,3,9-Trimethoxy-benzo[*b*]naphtho[1,2-*d*]furan-6-ol (*Johnson*, *Robertson*, Soc. **1950** 2381, 2389).

Gelbe Krystalle (aus Eg.); F: 233—234°.

Tetrahydroxy-Verbindungen $C_{17}H_{12}O_5$

2,3,7,8-Tetramethoxy-6*H*-dibenzo[*c*,*h*]chromen $C_{21}H_{20}O_5$, Formel V.

B. Aus 2,3,7,8-Tetramethoxy-11,12-dihydro-6*H*-dibenzo[*c*,*h*]chromen bei kurzem Erhitzen mit Palladium/Kohle auf 220° (*Bailey*, *Worthing*, Soc. **1956** 4535, 4543).

Krystalle (aus 2-Methoxy-äthanol); F: 225—227° [Zers.]. UV-Absorptionsmaxima (CHCl$_3$): 244 nm, 285 nm, 307 nm und 324 nm.

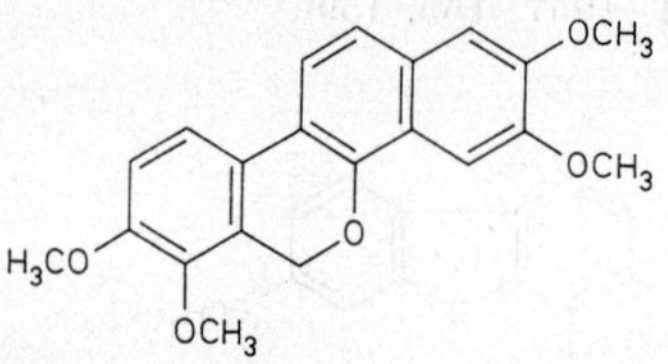

V 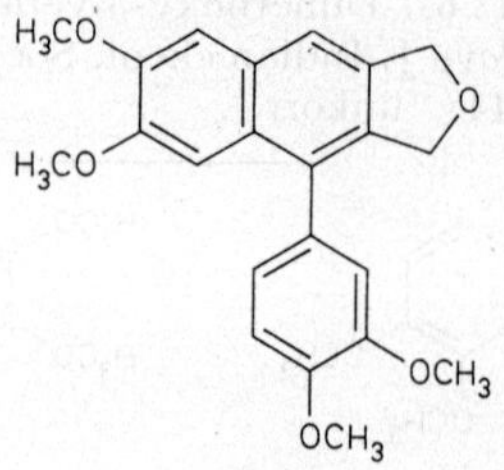   VI 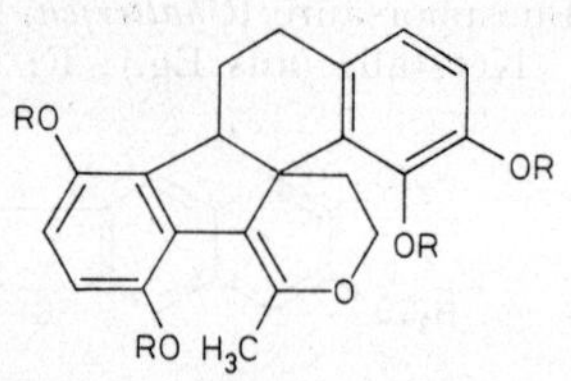   VII

Tetrahydroxy-Verbindungen $C_{18}H_{14}O_5$

4-[3,4-Dimethoxy-phenyl]-6,7-dimethoxy-1,3-dihydro-naphtho[2,3-*c*]furan, Di-*O*-methyl-dehydroanhydroisolariciresinol $C_{22}H_{22}O_5$, Formel VI.

B. Aus (3a*R*)-4*c*-[3,4-Dimethoxy-phenyl]-6,7-dimethoxy-(3a*r*,9a*t*)-1,3,3a,4,9,9a-hexa=hydro-naphtho[2,3-*c*]furan (S. 2712) mit Hilfe von Blei(IV)-acetat (*Haworth*, *Kelly*, Soc. **1937** 1645, 1647). Aus opt.-inakt. 4-[3,4-Dimethoxy-phenyl]-6,7-dimethoxy-1,3,3a,4,9,9a-hexahydro-naphtho[2,3-*c*]furan (S. 2713) beim Erwärmen mit Blei(IV)-acetat und Essig=säure (*Haworth*, *Woodcock*, Soc. **1939** 1237, 1240).

Krystalle (aus Me. + CHCl$_3$); F: 201—202° (*Ha.*, *Ke.*).

Tetrahydroxy-Verbindungen $C_{21}H_{20}O_5$

*Opt.-akt. 3,4,9,12-Tetramethoxy-8-methyl-5,6,13,14-tetrahydro-12b*H*-benzo[7,8]=fluoreno[9,8a-*c*]pyran $C_{25}H_{28}O_5$, Formel VII (R = CH$_3$).

Diese Konstitution kommt der nachstehend beschriebenen, ursprünglich (*Bentley et al.*, J. org. Chem. **22** [1957] 409, 412, 417) als 11-Acetyl-6-äthyl-1,2,7,10-tetramethoxy-6,6a-dihydro-5*H*-benzo[*a*]fluoren angesehenen Verbindung zu (*Bentley et al.*, J. C. S. Perkin I **1974** 682, 684).

B. Bei der Hydrierung von opt.-akt. 3,4,9,12-Tetramethoxy-8-methyl-5,6-dihydro-12b*H*-benzo[7,8]fluoreno[9,8a-*c*]pyran (S. 2721) an Platin in Essigsäure (*Be. et al.*, J. org. Chem. **22** 417).

Krystalle (aus A.), F: 152—153°; $[\alpha]_D^{19}$: −67,8° [CHCl$_3$; c = 1] (*Be. et al.*, J. org. Chem. **22** 417). UV-Absorptionsmaxima: 225 nm, 275 nm und 305 nm (*Be. et al.*, J. org. Chem. **22** 417).

Die beim Behandeln mit Chrom(VI)-oxid in Essigsäure oder mit Trifluor-peroxyessig‌säure in Dichlormethan erhaltene, ursprünglich (*Bentley, Ringe*, J. org. Chem. **22** [1957] 599, 601) als 11-Acetyl-6-äthyl-11,11a-epoxy-1,2,7,10-tetramethoxy-6,6a,11,11a-tetra‌hydro-5*H*-benzo[*a*]fluoren angesehene Verbindung ist als 7a-Acetyl-3,4,8,11-tetrameth‌oxy-5,6,7a,11b,12,13-hexahydro-benzo[7,8]fluoreno[9,8a-*b*]furan zu formulieren (*Be. et al.*, J. C. S. Perkin I **1974** 684).

Tetrahydroxy-Verbindungen C$_n$H$_{2n-24}$O$_5$

Tetrahydroxy-Verbindungen C$_{19}$H$_{14}$O$_5$

9-[2,4-Dihydroxy-phenyl]-xanthen-3,6-diol C$_{19}$H$_{14}$O$_5$, Formel VIII.

B. Beim Erhitzen von Resorcin mit 2,4-Dihydroxy-benzaldehyd und Zinkchlorid auf 165° (*Tu, Lollar*, J. Am. Leather Chemists Assoc. **45** [1950] 324, 327, 329).

Als Di-*O*-acetyl-Derivat C$_{23}$H$_{18}$O$_7$ (Zers. bei 220°) isoliert.

3,6-Diacetoxy-9-[4-acetoxy-3-methoxy-phenyl]-xanthen C$_{26}$H$_{22}$O$_8$, Formel IX (R = CO-CH$_3$).

B. Bei der Behandlung von Resorcin mit Vanillin und Zinkchlorid bei 160° und an‌schliessenden Acetylierung (*Tu, Lollar*, J. Am. Leather Chemists Assoc. **45** [1950] 324, 327, 329).

Krystalle; F: 174° [unkorr.; Zers. bei 221°].

3-[2,3,4-Trihydroxy-phenyl]-benzo[*f*]chromenylium [C$_{19}$H$_{13}$O$_4$]$^+$, Formel X (R = H).

Chlorid [C$_{19}$H$_{13}$O$_4$]Cl. *B.* Beim Erwärmen des im folgenden Artikel beschriebenen Chlorids mit Aluminiumchlorid in Chlorbenzol (*Russell, Speck*, Am. Soc. **63** [1941] 851). — Rote Krystalle (aus wss.-äthanol. Salzsäure). Zers. bei ca. 200°.

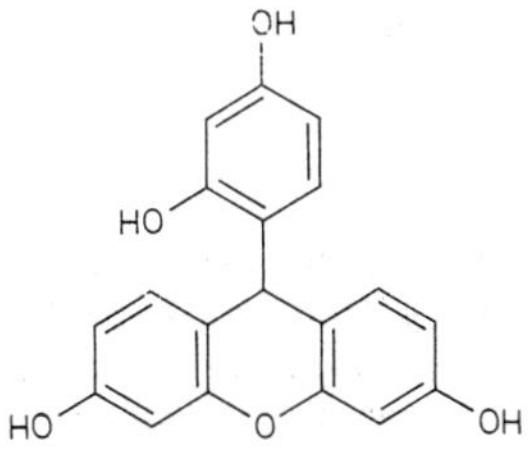

VIII 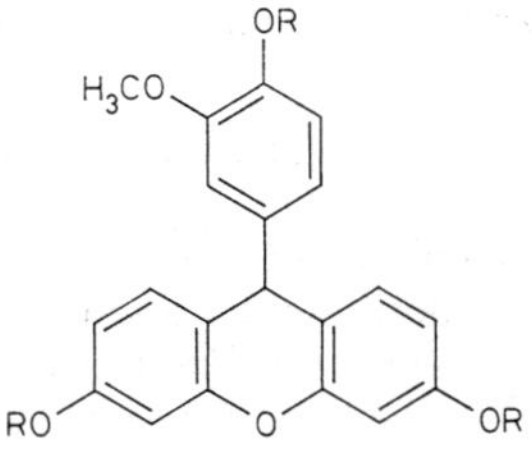   IX 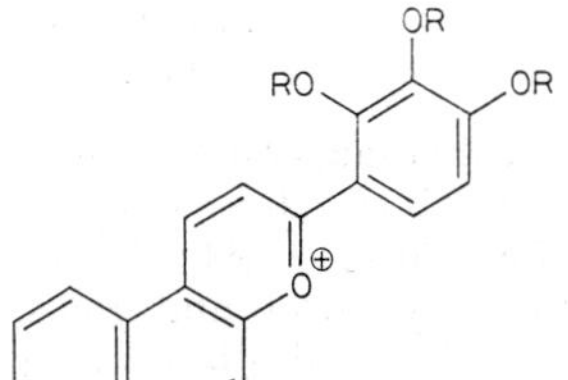   X

3-[2,3,4-Trimethoxy-phenyl]-benzo[*f*]chromenylium [C$_{22}$H$_{19}$O$_4$]$^+$, Formel X (R = CH$_3$).

Chlorid [C$_{22}$H$_{19}$O$_4$]Cl. *B.* Beim Behandeln von 1-[2,3,4-Trimethoxy-phenyl]-äthanon mit 2-Hydroxy-[1]naphthaldehyd in Essigsäure unter Einleiten von Chlorwasserstoff (*Russell, Speck*, Am. Soc. **63** [1941] 851). — Hellrote Krystalle (aus wss.-äthanol. Salz‌säure); Zers. bei 121°.

Tetrahydroxy-Verbindungen C$_{20}$H$_{16}$O$_5$

(±)-9-Äthoxy-1,4,8-trimethoxy-3-methyl-9-phenyl-xanthen C$_{25}$H$_{26}$O$_5$, Formel XI (R = C$_2$H$_5$).

B. Beim Erwärmen von 1,4,8-Trimethoxy-3-methyl-xanthen-9-on mit Phenylmagnesi‌umbromid in Benzol und Erwärmen des nach der Hydrolyse erhaltenen Reaktions‌produkts mit Äthanol (*Raistrick et al.*, Biochem. J. **30** [1936] 1303, 1311).

Krystalle; F: 166° [korr.].

7,8-Dihydroxy-2-[2-hydroxy-[1]naphthyl]-4-methyl-chromenylium $[C_{20}H_{15}O_4]^+$, Formel XII (R = H).

Perchlorat $[C_{20}H_{15}O_4]ClO_4$. *B.* Beim Erwärmen von 7,8-Dihydroxy-4-methyl-cumarin mit Zinkchlorid und Phosphorylchlorid und anschliessend mit [2]Naphthol und Erwärmen des Reaktionsprodukts mit wss. Perchlorsäure und Ameisensäure (*Michaelidis, Wizinger,* Helv. **34** [1951] 1770, 1774). — Rote Krystalle (aus Eg.); Zers. bei 249°. Absorptionsmaximum einer Lösung in Perchlorsäure enthaltendem Äthanol: 500 nm (*Mi., Wi.,* l. c. S. 1772).

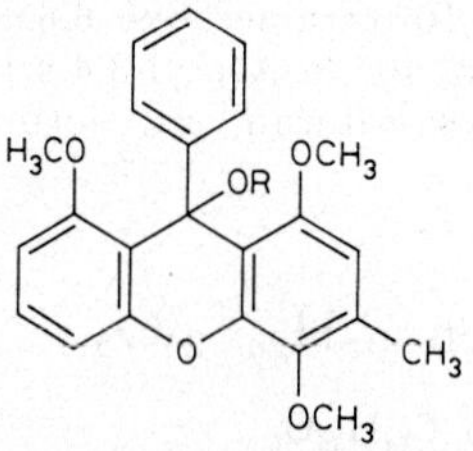

XI 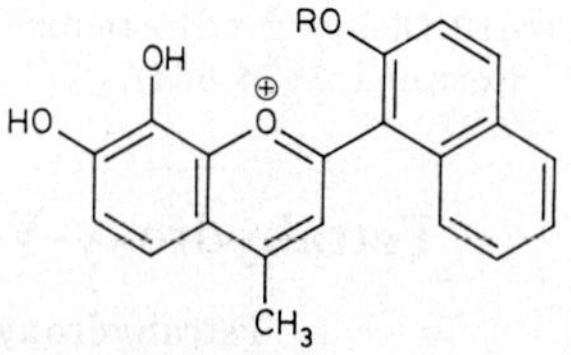   XII

7,8-Dihydroxy-2-[2-methoxy-[1]naphthyl]-4-methyl-chromenylium $[C_{21}H_{17}O_4]^+$, Formel XII (R = CH$_3$).

Perchlorat $[C_{21}H_{17}O_4]ClO_4$. *B.* Beim Erwärmen von 7,8-Dihydroxy-4-methyl-cumarin mit Zinkchlorid und Phosphorylchlorid und anschliessend mit 2-Methoxy-naphthalin und Erhitzen des Reaktionsprodukts mit wss. Perchlorsäure und Essigsäure (*Michaelidis, Wizinger,* Helv. **34** [1951] 1770, 1774). — Rote Krystalle (aus Eg.); Zers. bei 271°. Absorptionsmaximum einer Lösung in Perchlorsäure enthaltendem Äthanol: 492–494 nm (*Mi., Wi.,* l. c. S. 1771).

7,8-Dihydroxy-2-[4-hydroxy-[1]naphthyl]-4-methyl-chromenylium $[C_{20}H_{15}O_4]^+$, Formel XIII (R = H).

Perchlorat $[C_{20}H_{15}O_4]ClO_4$. *B.* Beim Erwärmen von 7,8-Dihydroxy-4-methyl-cumarin mit Zinkchlorid und Phosphorylchlorid und anschliessend mit [1]Naphthol und Erhitzen des Reaktionsprodukts mit wss. Perchlorsäure und Ameisensäure (*Michaelidis, Wizinger,* Helv. **34** [1951] 1770, 1775). — Rote Krystalle (aus HClO$_4$ + Eg.); Zers. bei 291°. Absorptionsmaximum einer Lösung in Perchlorsäure enthaltendem Äthanol: 516 nm (*Mi., Wi.,* l. c. S. 1772).

7,8-Dihydroxy-2-[4-methoxy-[1]naphthyl]-4-methyl-chromenylium $[C_{21}H_{17}O_4]^+$, Formel XIII (R = CH$_3$).

Perchlorat $[C_{21}H_{17}O_4]ClO_4$. *B.* Beim Erwärmen von 7,8-Dihydroxy-4-methyl-cumarin mit Zinkchlorid und Phosphorylchlorid und anschliessend mit 1-Methoxy-naphthalin und Erhitzen des Reaktionsprodukts mit wss. Perchlorsäure und Ameisensäure (*Michaelidis, Wizinger,* Helv. **34** [1951] 1770, 1775). — Rote Krystalle; Zers. bei 288°. Absorptionsmaximum einer Lösung in Perchlorsäure enthaltendem Äthanol: 502 nm (*Mi., Wi.,* l. c. S. 1772).

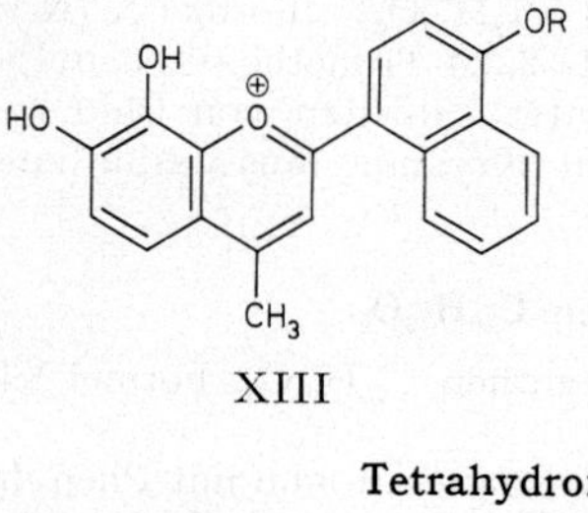

XIII 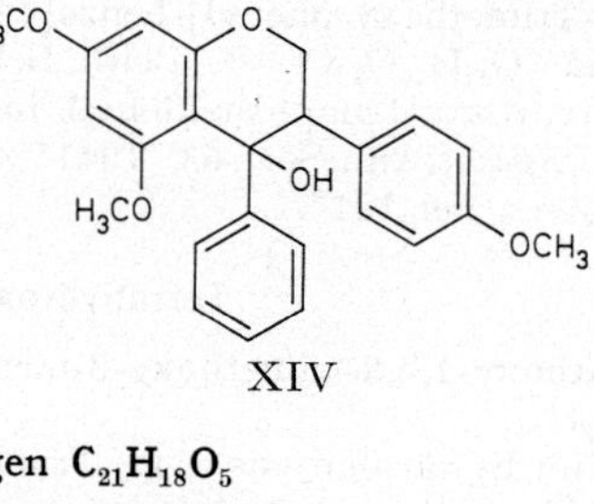   XIV

Tetrahydroxy-Verbindungen C$_{21}$H$_{18}$O$_5$

*Opt.-inakt. 5,7-Dimethoxy-3-[4-methoxy-phenyl]-4-phenyl-chroman-4-ol C$_{24}$H$_{24}$O$_5$, Formel XIV.

B. Beim Erwärmen von (±)-5,7-Dimethoxy-3-[4-methoxy-phenyl]-chroman-4-on mit

Phenylmagnesiumbromid in Benzol (*Lawson*, Soc. **1954** 4448).
    Krystalle (aus A. + E.); F: 168°.

---

*Opt.-akt. **3,4,9,12-Tetramethoxy-8-methyl-5,6-dihydro-12bH-benzo[7,8]fluoreno=
[9,8a-c]pyran** $C_{25}H_{26}O_5$, Formel XV (R = CH$_3$).
    Diese Konstitution kommt der nachstehend beschriebenen, ursprünglich (*Bentley et al.*, J. org. Chem. **22** [1957] 409, 411, 416) als 11-Acetyl-1,2,7,10-tetramethoxy-6-vinyl-6,6a-dihydro-5H-benzo[a]fluoren angesehenen Verbindung zu (*Bentley et al.*, J. C. S. Perkin I **1974** 682).
    B. In geringer Menge neben anderen Verbindungen beim Erhitzen von opt.-akt. Tri=
methyl-[2-(11-acetyl-1,2,7,10-tetramethoxy-5H,11H-benzo[a]fluoren-11a-yl)-äthyl]-am=
monium-jodid (F: 176°; aus Thebain hergestellt) mit Kaliumhydroxid, Cyclohexanol und Wasser unter Stickstoff (*Be. et al.*, J. org. Chem. **22** 411, 417; J. C. S. Perkin I **1974** 685).
    Krystalle (aus A.), F: 194°; $[\alpha]_D^{20}$: $-292,5°$ [CHCl$_3$; c = 2] (*Be. et al.*, J. org. Chem. **22** 416). UV-Absorptionsmaxima: 225 nm, 265 nm und 305 nm (*Be. et al.*, J. org. Chem. **22** 417).

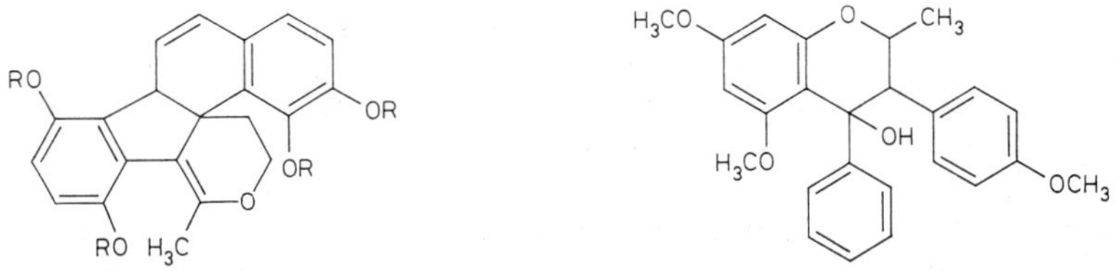

XV   XVI

Tetrahydroxy-Verbindungen $C_{22}H_{20}O_5$

*Opt.-inakt. **5,7-Dimethoxy-3-[4-methoxy-phenyl]-2-methyl-4-phenyl-chroman-4-ol**
$C_{25}H_{26}O_5$, Formel XVI.
    B. Beim Erwärmen von opt.-inakt. 5,7-Dimethoxy-3-[4-methoxy-phenyl]-2-methyl-chroman-4-on (F: 194—195°) mit Phenylmagnesiumbromid in Benzol (*Lawson*, Soc. **1954** 4448).
    Krystalle (aus A.); F: 136—137°.

Tetrahydroxy-Verbindungen $C_nH_{2n-26}O_5$

6-Hydroxy-5,7-dimethoxy-2,4-diphenyl-chromenylium $[C_{23}H_{19}O_4]^+$, Formel I.
    Pikrat $[C_{23}H_{19}O_4]C_6H_2N_3O_7$. *B.* Beim Behandeln von Chalkon mit 2,6-Dimethoxy-hydrochinon, Chloranil und Chlorwasserstoff enthaltendem Äthanol und Behandeln des Reaktionsprodukts mit Pikrinsäure in Äthanol (*Robinson*, *Walker*, Soc. **1935** 941, 946). — Rotbraune Krystalle (aus A.) mit 0,5 Mol H$_2$O; F: 220° [Zers.].

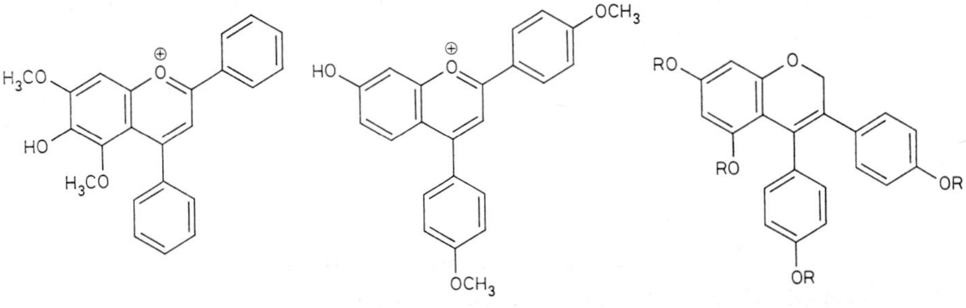

I   II   III

7-Hydroxy-2,4-bis-[4-methoxy-phenyl]-chromenylium $[C_{23}H_{19}O_4]^+$, Formel II.

Chlorid $[C_{23}H_{19}O_4]Cl$. *B.* Beim Behandeln von 4,4'-Dimethoxy-chalkon mit Resorcin, Chloranil und Chlorwasserstoff enthaltendem Äthanol (*Robinson, Walker*, Soc. **1934** 1435, 1438). — Orangefarbene Krystalle (aus Me.) mit 1 Mol H_2O. Lösungen in Schwefel= säure und in Essigsäure sind orangefarben und fluorescieren grün.

5,7-Dimethoxy-3,4-bis-[4-methoxy-phenyl]-2H-chromen $C_{25}H_{24}O_5$, Formel III ($R = CH_3$).

B. Beim Erwärmen von 5,7-Dimethoxy-3-[4-methoxy-phenyl]-chroman-4-on mit 4-Methoxy-phenylmagnesium-bromid in Äther und Benzol und Erhitzen des Reaktions= produkts unter vermindertem Druck auf 250° (*Bradbury*, Austral. J. Chem. **6** [1953] 447).

Krystalle (aus A.); F: 136° [korr.]. UV-Spektrum (A.; 220—360 nm): *Br.*

Tetrahydroxy-Verbindungen $C_nH_{2n-28}O_5$

Tetrahydroxy-Verbindungen $C_{23}H_{18}O_5$

2,4,6-Tris-[4-methoxy-phenyl]-pyrylium $[C_{26}H_{23}O_4]^+$, Formel IV ($R = H$) (E I 251; E II 251).

Perchlorat. *B.* Beim Erwärmen von 4-Methoxy-benzaldehyd mit 1-[4-Methoxy-phen= yl]-äthanon und Phosphorylchlorid und Behandeln einer Lösung des Reaktionsprodukts in Äthanol mit wss. Perchlorsäure (*Wizinger et al.*, Helv. **39** [1956] 5, 13). — Orangefar= bene Krystalle (aus Eg.); F: 256°. Absorptionsmaximum (A.): 420 nm (*Wi. et al.*, l. c. S. 7).

Tetrafluoroborat $[C_{26}H_{23}O_4]BF_4$. *B.* Beim Erwärmen von 4,4'-Dimethoxy-chalkon mit 1-[4-Methoxy-phenyl]-äthanon in Gegenwart von Borfluorid und anschliessenden Erhitzen auf 120° (*Dovey, Robinson*, Soc. **1935** 1389). — Orangefarbene Krystalle (aus Eg.); F: 345—347° (*Do., Ro.*), 303—305° (*Dimroth et al.*, B. **90** [1957] 1668, 1671). — Beim Erwärmen mit Nitromethan und Kalium-*tert*-butylat in *tert*-Butylalkohol ist 2,4,6-Tris-[4-methoxy-phenyl]-1-nitro-benzol erhalten worden (*Di. et al.*).

Hexachloroplatinat(IV) $[C_{26}H_{23}O_4]_2PtCl_6$. Krystalle; F: 261,5—263,5° [korr.; Zers.] (*Davis, Armstrong*, Am. Soc. **57** [1935] 1583).

Pikrat (E I 125). Krystalle (aus A.); F: 283—284° [korr.] (*Da., Ar.*).

2,4,6-Tris-[4-methoxy-phenyl]-thiopyrylium $[C_{26}H_{23}O_3S]^+$, Formel V.

Perchlorat $[C_{26}H_{23}O_3S]ClO_4$. *B.* Beim Behandeln von 2,4,6-Tris-[4-methoxy-phenyl]-pyrylium-perchlorat mit Natriumsulfid in wss. Aceton und anschliessend mit wss. Per= chlorsäure (*Wizinger, Ulrich*, Helv. **39** [1956] 207, 214). — Rote, rot fluorescierende Kry= stalle (aus Eg.); F: 292—293°. Absorptionsmaximum (Eg.): 448 nm. Lösungen in Essig= säure fluorescieren orangegelb.

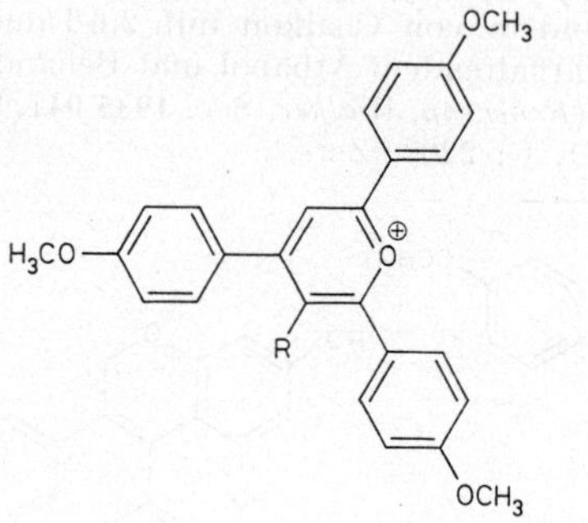

IV

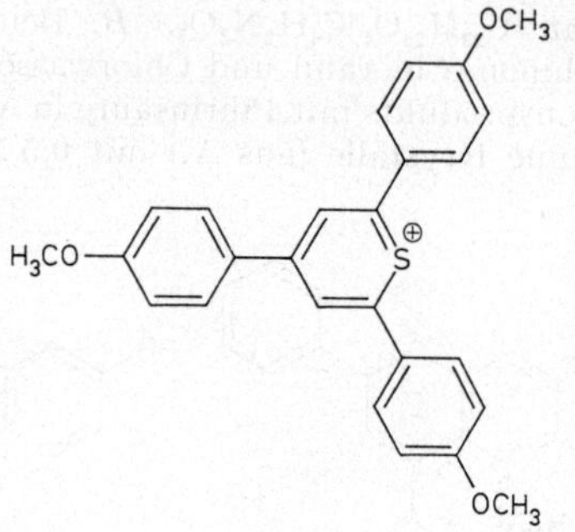

V

Tetrahydroxy-Verbindungen $C_{24}H_{20}O_5$

2,4,6-Tris-[4-methoxy-phenyl]-3-methyl-pyrylium $[C_{27}H_{25}O_4]^+$, Formel IV ($R = CH_3$).

Hexachloroplatinat(IV) $[C_{27}H_{25}O_4]_2PtCl_6$. *B.* Beim Behandeln von 4,4'-Dimethoxy-

chalkon mit 1-[4-Methoxy-phenyl]-propan-1-on, Eisen(III)-chlorid-hydrat und Acetan≠
hydrid, Behandeln des erhaltenen Chlorids mit wss. Alkalilauge und Behandeln einer Lösung des Reaktionsprodukts in Aceton mit Hexachloroplatin(IV)-säure (*Davis, Armstrong,*
Am. Soc. **57** [1935] 1583). — Krystalle; F: 239—240° [korr.; Zers.].
Pikrat $[C_{27}H_{25}O_4]C_6H_2N_3O_7$. Krystalle (aus A.); F: 190,4—195° [korr.] (*Da., Ar.*).

Tetrahydroxy-Verbindungen $C_nH_{2n-32}O_5$

Tetrahydroxy-Verbindungen $C_{26}H_{20}O_5$

Tetrakis-[4-methoxy-phenyl]-thiiran $C_{30}H_{28}O_4S$, Formel VI (E II 253; dort als Tetrakis-
[4-methoxy-phenyl]-äthylensulfid bezeichnet).
B. Beim Einleiten von Schwefelwasserstoff in eine warme äthanol. Lösung von Bis-
[4-methoxy-benzhydryliden]-hydrazin-*N*-oxid [E III **8** 2655] (*Schönberg, Barakat,* Soc.
1939 1074).
Krystalle; F: ca. 210°.

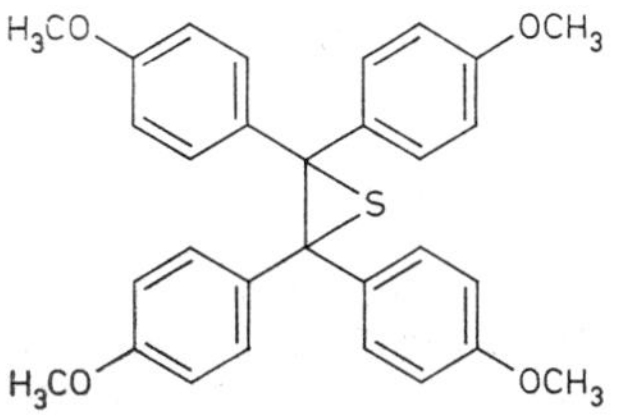

VI 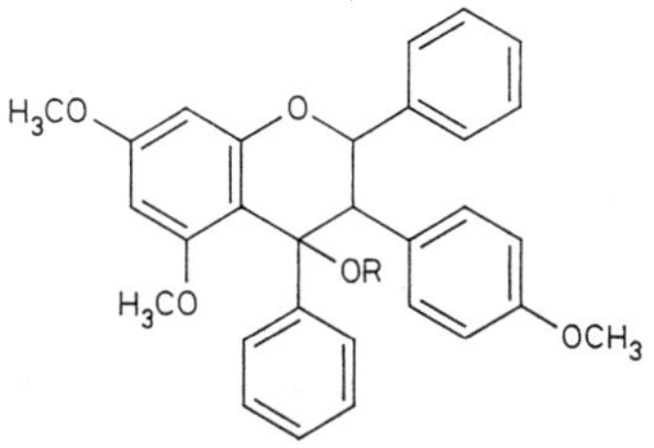   VII

Tetrahydroxy-Verbindungen $C_{27}H_{22}O_5$

*Opt.-inakt. **5,7-Dimethoxy-3-[4-methoxy-phenyl]-2,4-diphenyl-chroman-4-ol**
$C_{30}H_{28}O_5$, Formel VII (R = H).
B. Beim Erwärmen von 5,7-Dimethoxy-3-[4-methoxy-phenyl]-chromen-4-on mit
Phenylmagnesiumbromid in Benzol (*Lawson,* Soc. **1954** 4448).
Krystalle (aus A. + E.); F: 172—173°.

*Opt.-inakt. **4-Acetoxy-5,7-dimethoxy-3-[4-methoxy-phenyl]-2,4-diphenyl-chroman**
$C_{32}H_{30}O_6$, Formel VII (R = CO-CH$_3$).
B. Beim Erhitzen der im vorangehenden Artikel beschriebenen Verbindung mit
Acetanhydrid (*Lawson,* Soc. **1954** 4448).
F: 142—143°.

Tetrahydroxy-Verbindungen $C_{28}H_{24}O_5$

2,2,5,5-Tetrakis-[2-methoxy-phenyl]-tetrahydro-furan $C_{32}H_{32}O_5$, Formel VIII
(R = CH$_3$).
B. Aus 1,1,4,4-Tetrakis-[2-methoxy-phenyl]-butan-1,4-diol bei kurzem Erhitzen mit
Essigsäure (*Buchta, Schaeffer,* A. **597** [1955] 129, 136; vgl. *Baddar et al.,* Soc. **1955** 456,
458).
Krystalle; F: 287,5—288,5° [aus Nitrobenzol] (*Ba. et al.*), 280—281° [unkorr.; aus
Toluol] (*Bu., Sch.*). UV-Spektrum (CCl$_4$; 250—300 nm): *Baddar, Sawires,* Soc. **1955** 4469.

2,2,5,5-Tetrakis-[2-äthoxy-phenyl]-tetrahydro-furan $C_{36}H_{40}O_5$, Formel VIII (R = C$_2$H$_5$).
B. Neben anderen Verbindungen beim Behandeln von Bernsteinsäure-anhydrid mit
2-Äthoxy-phenylmagnesium-jodid in Äther und Erhitzen der neutralen Anteile des nach
der Hydrolyse erhaltenen Reaktionsprodukts mit Essigsäure (*Baddar et al.,* Soc. **1955**
456, 459).
Krystalle (aus Bzl. + Bzn.); F: 207,5—208,5° (*Ba. et al.*). UV-Spektrum (Eg. + A.;
250—350 nm): *Baddar, Sawires,* Soc. **1955** 4469.

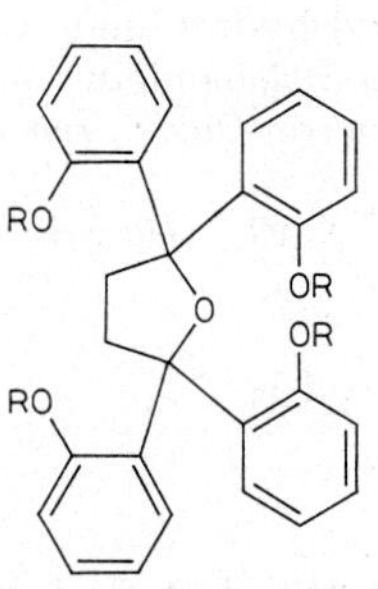

VIII 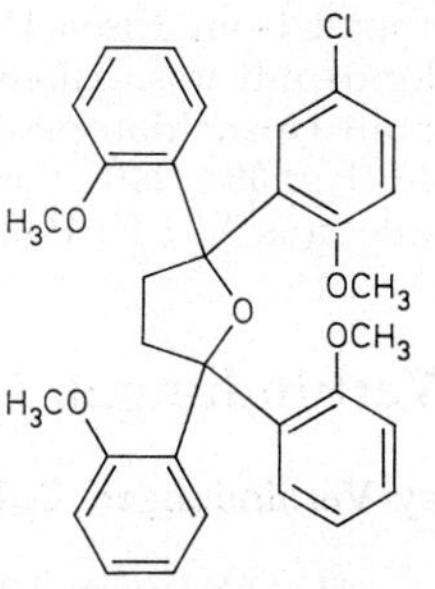   IX 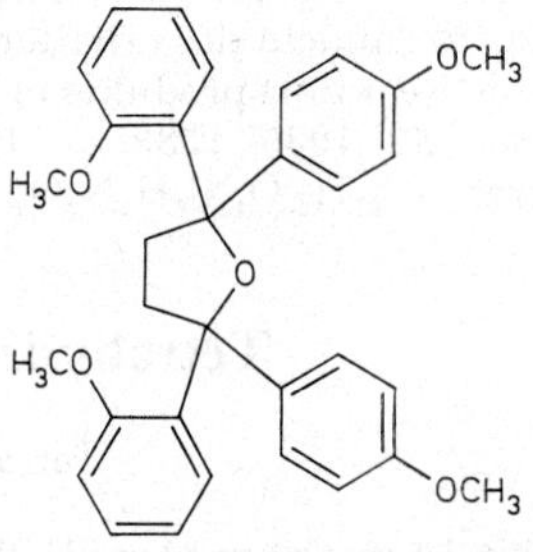   X

(±)-2-[5-Chlor-2-methoxy-phenyl]-2,5,5-tris-[2-methoxy-phenyl]-tetrahydro-furan
$C_{32}H_{31}ClO_5$, Formel IX.

B. Neben anderen Verbindungen beim Behandeln von 4-[5-Chlor-2-methoxy-phenyl]-4-oxo-buttersäure oder dem Methylester dieser Säure mit 2-Methoxy-phenylmagnesium-bromid in Äther (*Baddar et al.*, Soc. **1957** 1690, 1691, 1695).

Krystalle (aus Eg.); F: 250—251° (*Ba. et al.*, l. c. S. 1695). UV-Absorptionsmaxima (Eg. + A.): 274 nm und 278,5 nm (*Baddar et al.*, Soc. **1957** 1699).

---

*Opt.-inakt. 2,5-Bis-[2-methoxy-phenyl]-2,5-bis-[4-methoxy-phenyl]-tetrahydro-furan
$C_{32}H_{32}O_5$, Formel X.

B. Beim Erwärmen von 1,4-Bis-[4-methoxy-phenyl]-butan-1,4-dion mit 2-Methoxy-phenylmagnesium-bromid in Äther und Benzol und Erhitzen des nach der Hydrolyse erhaltenen Reaktionsprodukts mit Wasserdampf (*Buchta, Schaeffer*, A. **597** [1955] 129, 131, 137). Aus opt.-inakt. 1,4-Bis-[2-methoxy-phenyl]-1,4-bis-[4-methoxy-phenyl]-butan-1,4-diol (F: 143—150°) bei kurzem Erhitzen mit Essigsäure (*Bu., Sch.*).

Krystalle (aus Butan-1-ol); F: 201—202° [unkorr.].

2,2,5,5-Tetrakis-[3-methoxy-phenyl]-tetrahydro-furan $C_{32}H_{32}O_5$, Formel I.

B. Beim Erhitzen von 1,1,4,4-Tetrakis-[3-methoxy-phenyl]-butan-1,4-diol mit Essig=säure unter Zusatz von wss. Salzsäure (*Buchta, Schaeffer*, A. **597** [1955] 129, 137).

Krystalle (aus Eg.); F: 142—143° [unkorr.].

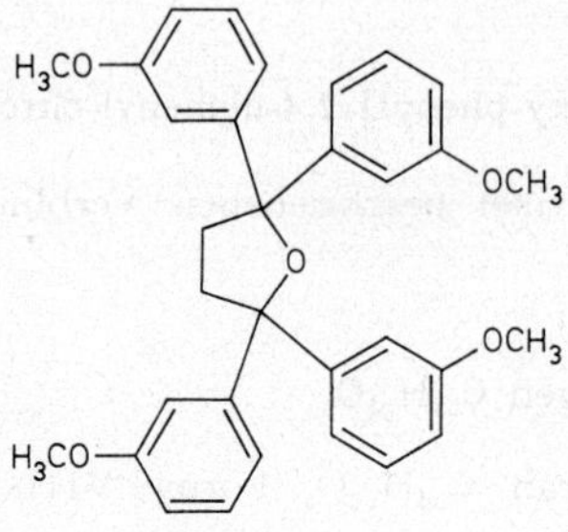

I 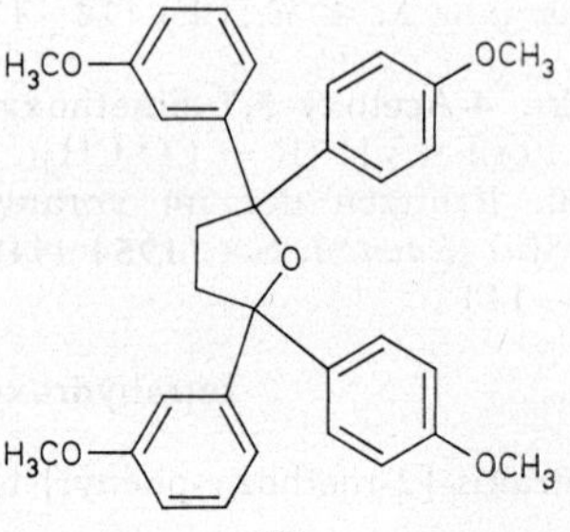   II

*Opt.-inakt. 2,5-Bis-[3-methoxy-phenyl]-2,5-bis-[4-methoxy-phenyl]-tetrahydro-furan
$C_{32}H_{32}O_5$, Formel II.

B. Aus opt.-inakt. 1,4-Bis-[3-methoxy-phenyl]-1,4-bis-[4-methoxy-phenyl]-butan-1,4-diol (F: 173—175°) bei kurzem Erhitzen mit Essigsäure (*Buchta, Schaeffer*, A. **597** [1955] 129, 131, 138).

Krystalle (aus Eg.); F: 166—169° [unkorr.; nach Sintern bei 162°].

Tetrahydroxy-Verbindungen $C_{29}H_{26}O_5$

(±)-2-[2-Methoxy-5-methyl-phenyl]-2,5,5-tris-[2-methoxy-phenyl]-tetrahydro-furan
$C_{33}H_{34}O_5$, Formel III.

B. Neben anderen Verbindungen beim Behandeln von 4-[2-Methoxy-5-methyl-phenyl]-

4-oxo-buttersäure oder dem Methylester dieser Säure mit 2-Methoxy-phenylmagnesium-bromid in Äther (*Baddar et al.*, Soc. **1957** 1690, 1691, 1695).

Krystalle (aus Eg.); F: 234—235° (*Ba. et al.*, l. c. S. 1695). UV-Absorptionsmaxima (Eg. + A.): 276 nm und 278 nm (*Baddar et al.*, Soc. **1957** 1699).

(±)-2,2,5,5-Tetrakis-[2-methoxy-phenyl]-3-methyl-tetrahydro-furan $C_{33}H_{34}O_5$, Formel IV.

B. Neben anderen Verbindungen beim Behandeln von (±)-Methylbernsteinsäure-anhydrid mit 2-Methoxy-phenylmagnesium-bromid in Äther und Erhitzen der neutralen Anteile des nach der Hydrolyse erhaltenen Reaktionsprodukts mit Essigsäure (*Baddar et al.*, Soc. **1957** 1690, 1697).

Krystalle (aus Bzl.); F: 222—223° (*Ba. et al.*, l. c. S. 1697). UV-Absorptionsmaxima (Eg. + A.): 274 nm und 277 nm (*Baddar et al.*, Soc. **1957** 1699).

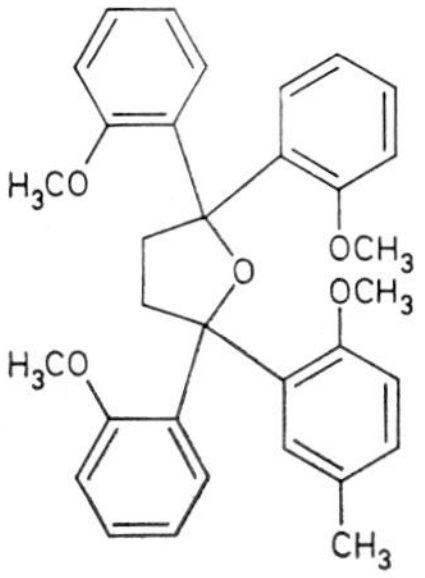

III 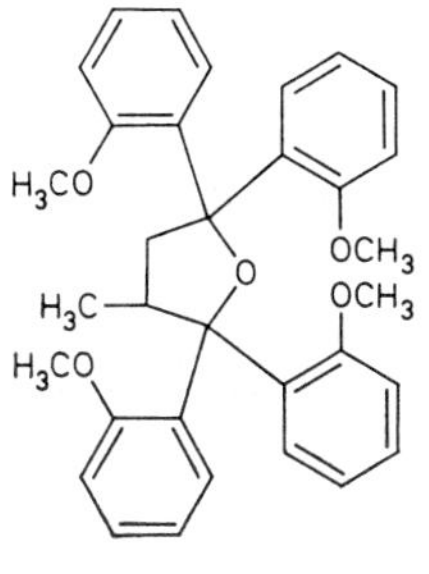   IV 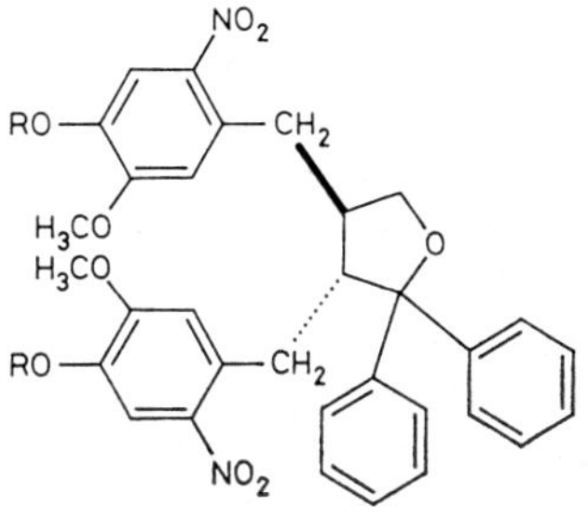   V

Tetrahydroxy-Verbindungen $C_{30}H_{28}O_5$

(3R)-3r,4t-Bis-[4-äthoxy-5-methoxy-2(?)-nitro-benzyl]-2,2-diphenyl-tetrahydro-furan $C_{36}H_{38}N_2O_9$, vermutlich Formel V (R = C_2H_5).

B. Beim Erhitzen von (3R)-2,2-Diphenyl-3r,4t-dipiperonyl-tetrahydro-furan (aus (−)-Hinokinin hergestellt) mit Methylmagnesiumjodid in Toluol auf 120°, Erwärmen des erhaltenen (3R)-3r,4t-Bis-[4-äthoxy-3-hydroxy-benzyl]-2,2-diphenyl-tetrahydro-furans mit Dimethylsulfat und wss.-methanol. Kalilauge und Behandeln des Reaktionsprodukts mit Essigsäure und Salpetersäure (*Keimatsu, Ishiguro*, J. pharm. Soc. Japan **56** [1936] 103, 118; dtsch. Ref. S. 19, 23; C. A. **1937** 2208).

Gelbe Krystalle (aus Eg.); F: 222—223°.

Tetrahydroxy-Verbindungen $C_nH_{2n-34}O_5$

Spiro[fluoren-9,9'-xanthen]-3',4',5',6'-tetraol $C_{25}H_{16}O_5$, Formel VI.

B. Beim Erwärmen von Fluorenon mit Pyrogallol auf 180° unter Durchleiten von Chlor-wasserstoff (*Mukherjee, Dutt*, Pr. Acad. Sci. Agra Oudh **5** [1935] 234, 238).

Gelbe Krystalle (aus W.); F: 181°.

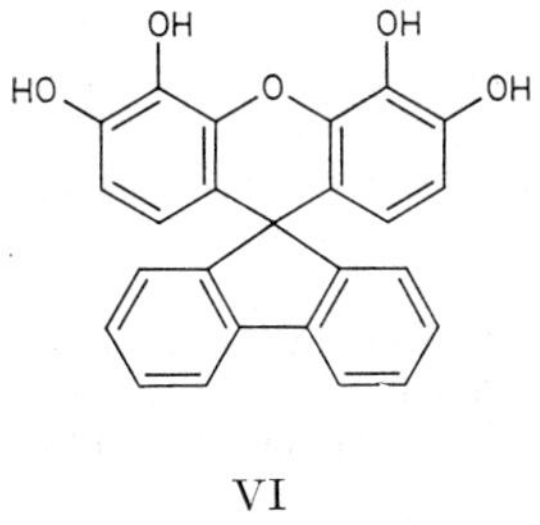

VI 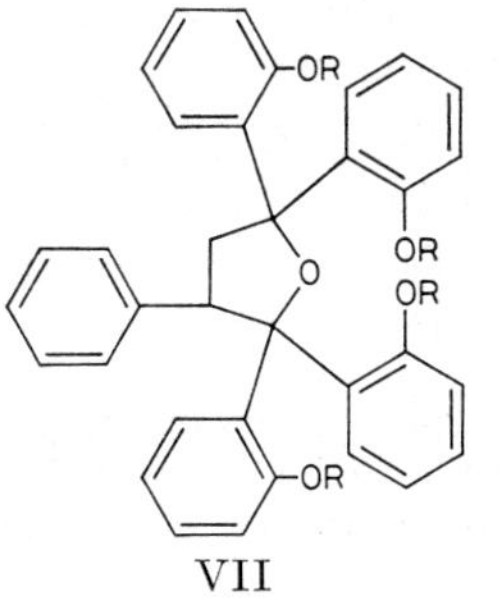   VII

Tetrahydroxy-Verbindungen $C_nH_{2n-40}O_5$

(±)-2,2,5,5-Tetrakis-[2-methoxy-phenyl]-3-phenyl-tetrahydro-furan $C_{38}H_{36}O_5$,
Formel VII (R = CH$_3$).

B. Neben anderen Verbindungen beim Behandeln von (±)-4-[2-Methoxy-phenyl]-4-oxo-2-phenyl-buttersäure mit 2-Methoxy-phenylmagnesium-bromid in Äther und Benzol und Erhitzen der neutralen Anteile des nach der Hydrolyse erhaltenen Reaktionsprodukts mit Essigsäure (*Akhnookh et al.*, Soc. **1959** 1013, 1014).

Krystalle (aus Eg.); F: 208°.

Tetrahydroxy-Verbindungen $C_nH_{2n-44}O_5$

10,11,16,17-Tetraacetoxy-trinaphthyleno[5,6-*bcd*]furan $C_{38}H_{24}O_9$, Formel VIII
(R = CO-CH$_3$).

Diese Konstitution kommt vermutlich der nachfolgend beschriebenen Verbindung zu (*Pummerer et al.*, B. **71** [1938] 2569, 2577, 2581).

B. Beim Erhitzen von 10,17(oder 16,17)-Dihydroxy-trinaphthyleno[5,6-*bcd*]furan-11,16(oder 10,11)-chinon (F: 382°) mit Acetanhydrid, Essigsäure, Zink-Pulver und Pyridin (*Rosenhauer et al.*, B. **70** [1937] 2281, 2293).

Gelbgrüne Krystalle (aus Chlorbenzol); Zers. oberhalb 300° (*Ro. et al.*).

10,11,16,17-Tetrakis-[2-chlor-benzoyloxy]-trinaphthyleno[5,6-*bcd*]furan $C_{58}H_{28}Cl_4O_9$,
Formel VIII (R = CO-C$_6$H$_4$-Cl).

B. Beim Erwärmen von 10,17(oder 16,17)-Dihydroxy-trinaphthyleno[5,6-*bcd*]furan-11,16(oder 10,11)-chinon (F: 382°) mit Natriumhydrogensulfit und wss. Natronlauge und Behandeln der Reaktionslösung mit 2-Chlor-benzoylchlorid und wss. Natronlauge (*Pummerer et al.*, B. **71** [1938] 2569, 2574).

Krystalle (aus 1,2-Dichlor-benzol); F: 325—350° [nach Sintern]. Am Licht erfolgt Dunkelfärbung.

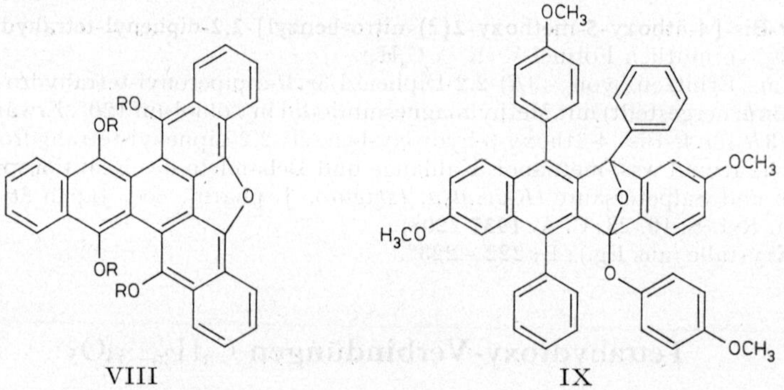

VIII   IX

Tetrahydroxy-Verbindungen $C_nH_{2n-48}O_5$

(±)-2,8-Dimethoxy-5-[4-methoxy-phenoxy]-11-[4-methoxy-phenyl]-6,12-diphenyl-5,12-dihydro-5,12-epoxido-naphthacen $C_{46}H_{36}O_6$, Formel IX.

B. Bei der Einwirkung von Sauerstoff auf eine Lösung von 2,8-Dimethoxy-5,11-bis-[4-methoxy-phenyl]-6,12-diphenyl-naphthacen in Essigsäure unter Belichtung (*Perronnet*, A. ch. [13] **4** [1959] 365, 393, 406).

Krystalle (aus Bzl.); F: 238—239° [Block] (*Pe.*, l. c. S. 406). UV-Spektrum (A.; 280—350 nm): *Pe.*, l. c. S. 395.

Beim Erhitzen mit wss. Essigsäure sind 12-Hydroxy-2,8-dimethoxy-11-[4-methoxy-phenyl]-6,12-diphenyl-12*H*-naphthacen-5-on und geringere Mengen 3,6,12-Trimethoxy-4b,10-diphenyl-4b*H*-indeno[1,2,3-*fg*]naphthacen-9-on, beim Erhitzen mit Essigsäure unter Zusatz von Schwefelsäure ist die zuletzt genannte Verbindung als Hauptprodukt erhalten worden (*Pe.*, l. c. S. 407). Bildung von 2,8-Dimethoxy-5-[4-methoxy-phenyl]-6,12-diphenyl-naphthacen beim Erwärmen mit Lithiumalanat in Tetrahydrofuran: *Pe.*, l. c. S. 406).

[*Kowol*]

Sachregister

Das Register enthält die Namen der in diesem Band abgehandelten Verbindungen mit Ausnahme von Salzen, deren Kationen aus Metallionen oder protonierten Basen bestehen, und von Additionsverbindungen.

Die im Register aufgeführten Namen („Registernamen") unterscheiden sich von den im Text verwendeten Namen im allgemeinen dadurch, dass Substitutionspräfixe und Hydrierungsgradpräfixe hinter den Stammnamen gesetzt („invertiert") sind, und dass alle zur Konfigurationskennzeichnung dienenden genormten Präfixe und Symbole (s. „Stereochemische Bezeichnungsweisen") weggelassen sind.

Der Registername enthält demnach die folgenden Bestandteile in der angegebenen Reihenfolge:

1. den Register-Stammnamen (in Fettdruck); dieser setzt sich zusammen aus
   a) dem Stammvervielfachungsaffix (z. B. Bi in [1,2']Binaphthyl),
   b) stammabwandelnden Präfixen[1]),
   c) dem Namensstamm (z. B. Hex in Hexan; Pyrr in Pyrrol),
   d) Endungen (z. B. -an, -en, -in zur Kennzeichnung des Sättigungszustandes von Kohlenstoff-Gerüsten; -ol, -in, -olin, -olidin usw. zur Kennzeichnung von Ringgrösse und Sättigungszustand bei Heterocyclen),
   e) dem Funktionssuffix zur Kennzeichnung der Hauptfunktion (z. B. -ol, -dion, -säure, -tricarbonsäure),
   f) Additionssuffixen (z. B. oxid in Äthylenoxid).
2. Substitutionspräfixe, d. h. Präfixe, die den Ersatz von Wasserstoff-Atomen durch andere Substituenten kennzeichnen (z. B. Äthyl-chlor in 1-Äthyl-2-chlornaphthalin; Epoxy in 1,4-Epoxy-p-menthan [vgl. dagegen das Brückenpräfix Epoxido].
3. Hydrierungsgradpräfixe (z. B. Tetrahydro in 1,2,3,4-Tetrahydro-naphthalin; Didehydro in 4,4'-Didehydro-β-carotin-3,3'-dion.
4. Funktionsabwandlungssuffixe (z. B. oxim in Aceton-oxim; dimethylester in Bernsteinsäure-dimethylester).

Beispiele:
Dibrom-chlor-methan wird registriert als **Methan**, Dibrom-chlor-;
$meso$-1,6-Diphenyl-hex-3-in-2,5-diol wird registriert als **Hex-3-in-2,5-diol**, 1,6-Diphenyl-;
4a,8a-Dimethyl-octahydro-1H-naphthalin-2-on-semicarbazon wird registriert als **Naphthalin-2-on**, 4a,8a-Dimethyl-octahydro-1H-, semicarbazon;
8-Hydroxy-4,5,6,7-tetramethyl-3a,4,7,7a-tetrahydro-4,7-äthano-inden-9-on wird registriert als **4,7-Äthano-inden-9-on**, 8-Hydroxy-4,5,6,7-tetramethyl-3a,4,7,7a-tetrahydro-.

---

[1]) Zu den stammabwandelnden Präfixen gehören:
Austauschpräfixe (z. B. Dioxa in 3,9-Dioxa-undecan; Thio in Thioessigsäure),
Gerüstabwandlungspräfixe (z. B. Cyclo in 2,5-Cyclo-benzocycloheptan; Bicyclo in Bicyclo[2.2.2]octan; Spiro in Spiro[4.5]octan; Seco in 5,6-Seco-cholestan-5-on),
Brückenpräfixe (nur zulässig in Namen, deren Stamm ein Ringgerüst ohne Seitenkette bezeichnet; z. B. Methano in 1,4-Methano-naphthalin; Epoxido in 4,7-Epoxido-inden [vgl. dagegen das Substitutionspräfix Epoxy]),
Anellierungspräfixe (z. B. Benzo in Benzocyclohepten; Cyclopenta in Cyclopenta[a]phenanthren),
Erweiterungspräfixe (z. B. Homo in D-Homo-androst-5-en),
Subtraktionspräfixe (z. B. Nor in A-Nor-cholestan; Desoxy in 2-Desoxy-glucose).

Besondere Regelungen gelten für Radikofunktionalnamen, d. h. Namen, die aus einer oder mehreren Radikalbezeichnungen und der Bezeichnung einer Funktionsklasse oder eines Ions zusammengesetzt sind:

Bei Radikofunktionalnamen von Verbindungen, deren Funktionsgruppe (oder ional bezeichnete Gruppe) mit nur einem Radikal unmittelbar verknüpft ist, umfasst der (in Fettdruck gesetzte) Register-Stammname die Bezeichnung dieses Radikals und die Funktionsklassenbezeichnung (oder Ionenbezeichnung) in unveränderter Reihenfolge; Präfixe, die eine Veränderung des Radikals ausdrücken, werden hinter den Stammnamen gesetzt.

Beispiele:
Äthylbromid, Phenylbenzoat, Phenyllithium und Butylamin werden unverändert registriert;
4'-Brom-3-chlor-benzhydrylchlorid wird registriert als **Benzhydrylchlorid**, 4'-Brom-3-chlor-;
1-Methyl-butylamin wird registriert als **Butylamin**, 1-Methyl-.

Bei Radikofunktionalnamen von Verbindungen mit einem mehrwertigen Radikal, das unmittelbar mit den Funktionsgruppen (oder ional bezeichneten Gruppen) verknüpft ist, umfasst der Register-Stammname die Bezeichnung dieses Radikals und die (gegebenenfalls mit einem Vervielfachungsaffix versehene) Funktionsklassenbezeichnung (oder Ionenbezeichnung), nicht aber weitere im Namen enthaltene Radikalbezeichnungen, auch wenn sie sich auf unmittelbar mit einer der Funktionsgruppen verknüpfte Radikale beziehen.

Beispiele:
Benzylidendiacetat, Äthylendiamin und Äthylenchlorid werden unverändert registriert;
1,2,3,4-Tetrahydro-naphthalin-1,4-diyldiamin wird registriert als **Naphthalin-1,4-diyldiamin**, Tetrahydro-;
N,N-Diäthyl-äthylendiamin wird registriert als **Äthylendiamin**, N,N-Diäthyl-.

Bei Radikofunktionalnamen, deren (einzige) Funktionsgruppe mit mehreren Radikalen unmittelbar verknüpft ist, besteht hingegen der Register-Stammname nur aus der Funktionsklassenbezeichnung (oder Ionenbezeichnung); die Radikalbezeichnungen werden sämtlich hinter dieser angeordnet.

Beispiele:
Benzyl-methyl-amin wird registriert als **Amin**, Benzyl-methyl-;
Äthyl-trimethyl-ammonium wird registriert als **Ammonium**, Äthyl-trimethyl-;
Diphenyläther wird registriert als **Äther**, Diphenyl-;
[2-Äthyl-1-naphthyl]-phenyl-keton-oxim wird registriert als **Keton**, [2-Äthyl-1-naphthyl]-phenyl-, oxim.

Massgebend für die alphabetische Anordnung von Verbindungsnamen sind in erster Linie der Register-Stammname (wobei die durch Kursivbuchstaben oder Ziffern repräsentierten Differenzierungsmarken in erster Näherung unberücksichtigt bleiben), in zweiter Linie die nachgestellten Präfixe, in dritter Linie die Funktionsabwandlungssuffixe.

Beispiele:
o-**Phenylendiamin**, 3-Brom- erscheint unter dem Buchstaben P nach m-**Phenylendiamin**, 2,4,6-Trinitro-;
Cyclopenta[b]naphthalin, 3-Brom- erscheint nach **Cyclopenta[a]naphthalin**, 3-Methyl-.

Von griechischen Zahlwörtern abgeleitete Namen oder Namensteile sind einheitlich mit c (nicht mit k) geschrieben.

Die Buchstaben i und j werden unterschieden.

Die Umlaute ä, ö und ü gelten hinsichtlich ihrer alphabetischen Einordnung als ae, oe bzw. ue.

A

Benzofuran-3,6-diol *(Fortsetzung)*
—, 4-Methoxy- 2352
—, 7-Methoxy- 2356
—, 2-Methyl- 2121
—, 5-Methyl- 2122
—, 5-Pentyl- 2133
—, 2-Propyl- 2128
—, 5-Propyl- 2129
Benzofuran-3,7-diol
—, 6-Methoxy- 2355
Benzofuran-4,6-diol
—, 7-[2-Diäthylamino-äthoxy]- 2357
—, 2,3-Dihydro- 2072
—, 2-Isopropyl- 2130
—, 2,3,5-Trimethyl- 2131
Benzofuran-6,7-diol 2120
—, 2,3-Dihydro- 2072
Benzofuran-3-ol
—, 5-Acetoxy- 2115
—, 6-Acetoxy- 2117
—, 6-Acetoxy-5-äthyl- 2124
—, 6-Acetoxy-5-brom- 2117
—, 4-Acetoxy-2-isopropyl- 2129
—, 5-Acetoxy-2-isopropyl-4,6,7-
trimethyl- 2135
—, 6-Acetoxy-2-[4-methoxy-phenyl]-
2384
—, 6-Acetoxy-5-methyl- 2123
—, 3-Allyl-6-methoxy-2,3-dihydro-
2129
—, 6-Benzoyloxy-4-methoxy- 2354
—, 2-Benzyl-4,6-dimethoxy- 2391
—, 2-Benzyl-5-methoxy- 2207
—, 2-Benzyl-6-methoxy- 2208
—, 6-Benzyloxy-4,7-dimethoxy- 2678
—, 7-Benzyloxy-6-methoxy- 2356
—, 4,6-Bis-benzoyloxy- 2354
—, 5-Brom-2-[5-brom-2-hydroxy-
phenyl]- 2200
—, 7-Brom-4,6-dimethoxy- 2355
—, 7-Chlor-4,6-dimethoxy- 2354
—, 4,6-Diacetoxy- 2354
—, 6,7-Diacetoxy- 2356
—, 4,6-Diacetoxy-2-methyl- 2358
—, 4,6-Diäthoxy- 2353
—, 4,6-Dimethoxy- 2353
—, 5,6-Dimethoxy- 2355
—, 4,6-Dimethoxy-2,5-dimethyl- 2359
—, 4,6-Dimethoxy-2-methyl- 2358
—, 4,6-Dimethoxy-5-methyl- 2358
—, 4,6-Dimethoxy-7-methyl- 2358
—, 5,6-Dimethoxy-2-methyl- 2358
—, 4,6-Dimethoxy-5-styryl- 2400
—, 4,6-Dimethoxy-7-styryl- 2400
—, 2-[α-Hydroxy-isopropyl]-5-
[3-hydroxy-propenyl]-4-methoxy-2,3-
dihydro- 2679
—, 2-[2-Hydroxy-4-methoxy-benzyl]-6-
methoxy- 2708

—, 2-[2-Hydroxy-[1]naphthylmethyl]-
6-methoxy- 2405
—, 2-[2-Hydroxy-5-nitro-phenyl]-5-
nitro-2,3-dihydro- 2180
—, 2-Isopropyl-4,6-dimethoxy- 2360
—, 2-Isopropyl-6-methoxy- 2130
—, 2-Isopropyl-5-methoxy-4,6,7-
trimethyl- 2135
—, 4-Methoxy- 2114
—, 5-Methoxy- 2115
—, 6-Methoxy- 2116
—, 7-Methoxy- 2118
—, 6-Methoxy-2-methyl- 2121
—, 6-Methoxy-2-salicyl- 2391
—, 4,5,6-Trimethoxy- 2677
—, 4,6,7-Trimethoxy- 2678
Benzofuran-4-ol
—, 2-[α-Hydroxy-isopropyl]- 2130
—, 2-[α-Hydroxy-isopropyl]-2,3-
dihydro- 2079
—, 6-Methoxy-3,5-dimethyl- 2125
Benzofuran-5-ol
—, 2-Äthoxy- 2114
—, 2-Äthoxy-4,6-dimethyl- 2126
—, 3-Äthyl-6-methoxy-2-methyl- 2131
Benzofuran-6-ol
—, 4-Äthoxy-2,3,5-trimethyl- 2132
—, 5-Äthyl-4,7-dimethoxy- 2359
—, 2,3-Bis-[4-methoxy-phenyl]- 2409
—, 4,7-Dimethoxy- 2357
—, 4,7-Dimethoxy-2,3-dihydro- 2338
—, 2-[4-Hydroxy-phenyl]- 2200
—, 2-[4-Hydroxy-phenyl]-2-methyl-
2,3-dihydro- 2188
—, 5-[3-Hydroxy-propenyl]-7-methoxy-
2364
—, 4-Methoxy- 2119
—, 4-Methoxy-2,3-dihydro- 2072
—, 7-Methoxy-3-methyl- 2122
—, 4-Methoxy-2,3,5-trimethyl- 2131
Benzofuran-3-on
—, 5-Acetoxy- 2115
—, 6-Acetoxy- 2117
—, 6-Acetoxy-5-äthyl- 2124
—, 6-Acetoxy-5-brom- 2117
—, 4-Acetoxy-2-isopropyl- 2129
—, 5-Acetoxy-2-isopropyl-4,6,7-
trimethyl- 2135
—, 6-Acetoxy-2-[4-methoxy-phenyl]- 2384
—, 6-Acetoxy-5-methyl- 2123
—, 4-Äthoxy-6-hydroxy- 2353
—, 5-Äthyl-6-hydroxy- 2124
—, 6-Benzoyloxy-4-methoxy- 2354
—, 2-Benzyl-4,7-dihydroxy-6-methoxy- 2708
—, 2-Benzyl-4,6-dimethoxy- 2391
—, 2-Benzyl-6-hydroxy- 2207
—, 2-Benzyl-4-hydroxy-6,7-dimethoxy-
2708
—, 2-Benzyl-5-methoxy- 2207

Benzol *(Fortsetzung)*
—, 4-[2,3-Epoxy-propyl]-1,2-
dimethoxy- 2073
Benzo[*b*]naphtho[1,2-*d*]furan
—, 9-Methoxy-6-[4-nitro-benzoyloxy]-
2230
—, 2,3,9-Trimethoxy-6-[4-nitro-
benzoyloxy]- 2718
Benzo[*b*]naphtho[2,3-*d*]furan
—, 6-Äthoxy-3,8,9-trimethoxy- 2403
—, 6,11-Diacetoxy- 2229
—, 6,11-Diacetoxy-7-methyl- 2230
—, 3,4,8,9-Tetramethoxy- 2717
—, 3,8,9-Trimethoxy- 2402
—, 3,8,9-Trimethoxy-6-methyl- 2402
Benzo[*b*]naphtho[2,3-*d*]furan-6,11-
diol 2229
Benzo[*b*]naphtho[1,2-*d*]furan-5-ol
—, 2,9-Dimethoxy- 2402
—, 3,9-Dimethoxy- 2402
—, 9-Methoxy-2-methyl- 2230
—, 2,3,9-Trimethoxy- 2717
Benzo[*b*]naphtho[1,2-*d*]furan-6-ol
—, 9-Methoxy- 2229
—, 2,3,9-Trimethoxy- 2717
Benzo[*b*]naphtho[2,3-*d*]furan-6-ol
—, 3-Methoxy- 2229
—, 3,8,9-Trimethoxy- 2717
Benzo[*d*]naphtho[1,2-*b*]pyran
s. Dibenzo[*c,h*]chromen
Benzo[*b*]naphtho[2,1-*d*]thiophen
—, 1,4-Diacetoxy-5,6-dihydro- 2224
Benzo[*b*]naphtho[2,3-*d*]thiophen
—, 6,11-Bis-benzoyloxy- 2229
7λ⁶-Benzo[*b*]naphtho[1,2-*d*]thiophen
—, 5,6-Diacetoxy-7,7-dioxo-5,6-
dihydro- 2224
Benzo[*b*]naphtho[2,1-*d*]thiophen-1,4-
diol
—, 5,6-Dihydro- 2224
7λ⁶-Benzo[*b*]naphtho[1,2-*d*]thiophen-
5,6-diol
—, 7,7-Dioxo-5,6,6a,11b-tetrahydro-
2213
Benzo[*b*]naphtho[2,1-*d*]thiophen-1,4-
dion
—, 4a,5,6,11b-Tetrahydro- 2224
Benzo[*b*]naphtho[1,2-*d*]thiophen-7,7-
dioxid
—, 5,6-Diacetoxy-5,6-dihydro- 2224
Benzo[6,7]pentapheno[13,14-*bcd*]furan
—, 5,10-Diacetoxy- 2265
Benzo[*a*]phenanthro[1,10,9-*jkl*]⸗
xanthenylium
—, 3-Benzoyloxy- 2265
—, 2-Methoxy- 2265
Benzo[*b*]pyran
s. Chromen

Benzo[*c*]pyran
s. Isochromen
1-Benzopyran
s. Chromen
2-Benzopyran
s. Isochromen
Benzo[*b*]pyrylium
s. Chromenylium
1-Benzopyrylium
s. Chromenylium
Benzo[*b*]selenophen
—, 4,7-Diacetoxy-3,6-dimethyl- 2126
—, 4,5,7-Triacetoxy-3,6-dimethyl-
2359
1-Benzoselenophen
s. Benzo[*b*]selenophen
Benzo[*b*]selenophen-4,7-diol
—, 3,6-Dimethyl- 2126
Benzo[*b*]selenophen-4,5,7-triol
—, 3,6-Dimethyl- 2359
Benzo[*b*]thiophen
—, 2,3-Bis-hydroxymethyl- 2125
—, 4,7-Diacetoxy- 2119
—, 4,5-Diacetoxy-6-brom- 2119
—, 6,7-Diacetoxy-3,5-dichlor-2-
phenyl- 2200
—, 4,7-Diacetoxy-5-methyl- 2123
—, 5,6-Dimethoxy- 2120
—, 5,6-Dimethoxy-2-[4-methoxy-
phenyl]- 2384
—, 5,6-Dimethoxy-3-methyl- 2122
—, 5,6-Dimethoxy-2-phenyl- 2199
—, 3-[2-Hydroxy-äthyl]-2-
hydroxymethyl- 2131
—, 4,5,7-Triacetoxy- 2356
1-Benzothiophen
s. Benzo[*b*]thiophen
Benzo[*b*]thiophen-4,5-diol
—, 6-Brom- 2119
Benzo[*b*]thiophen-4,7-diol 2119
Benzo[*b*]thiophen-5,6-diol 2120 ,
Benzo[*b*]thiophen-6,7-diol
—, 2,5-Dichlor-3-phenyl- 2200
—, 3,5-Dichlor-2-phenyl- 2200
Benzo[*b*]thiophen-3-ol
—, 6-Äthoxy- 2118
—, 6-[2-Äthoxy-äthoxy]- 2118
—, 5-Äthoxy-6-brom- 2116
—, 5-Äthoxy-6-chlor- 2116
—, 6-Äthoxy-5-chlor-4,7-dimethyl- **2128**
—, 6-Äthoxy-4,7-dichlor- 2118
—, 6-Äthoxy-4,7-dimethyl- 2127
—, 6-Brom-5-methoxy- 2116
—, 6-Brom-5-methoxy-4,7-dimethyl-
2127
—, 6-Chlor-4-methoxy- 2115
—, 6-Chlor-5-methoxy- 2115
—, 4-Chlor-5-methoxy-6,7-dimethyl-
2128

Cholestan

—, 3,7-Bis-benzoyloxy-5,6-epoxy- 2108
—, 3,16-Bis-[3,5-dinitro-benzoyloxy]-22,26-epoxy- 2099
—, 3-[6-Desoxy-glucopyranosyloxy]- 2531
—, 3,4-Diacetoxy-5,6-epoxy- 2107
—, 3,6-Diacetoxy-4,5-epoxy- 2106
—, 3,7-Diacetoxy-5,6-epoxy- 2107
—, 3,7-Diacetoxy-8,9-epoxy- 2108
—, 3,7-Diacetoxy-8,14-epoxy- 2109
—, 3,16-Diacetoxy-22,26-epoxy- 2098
—, 16,22-Epoxy- s. Furostan
—, 3,7,12,26-Tetraacetoxy-24,27-epoxy- 2675
—, 3-[Tri-O-acetyl-6-desoxy-glucopyranosyloxy]- 2546

Cholestan-3,4-diol

—, 5,6-Epoxy- 2107

Cholestan-3,6-diol

—, 4,5-Epoxy- 2106

Cholestan-3,7-diol

—, 5,6-Epoxy- 2107
—, 8,14-Epoxy- 2108

Cholestan-3,16-diol

—, 22,26-Epoxy- 2098

Cholestan-4-ol

—, 3-Acetoxy-5,6-epoxy- 2107

Cholestan-7-ol

—, 3-Acetoxy-7-[3-acetoxy-7-hydroxy-cholest-5-en-7-yl]-5,6-epoxy- 2713
—, 3-Acetoxy-8,9-epoxy- 2108
—, 3-Acetoxy-8,14-epoxy- 2109
—, 3-Benzoyloxy-5,6-epoxy- 2108

Cholestan-3,7,12,26-tetraol

—, 24,27-Epoxy- 2675

Cholest-5-en

—, 3-[6-Desoxy-glucopyranosyloxy]- 2532
—, 3-[Tri-O-acetyl-6-desoxy-glucopyranosyloxy]- 2546

Cholesterin

—, O-[6-Desoxy-glucopyranosyl]- 2532
—, O-[Tri-O-acetyl-6-desoxy-glucopyranosyl]- 2546

Chroman

—, 4-Acetoxy-2-[4-acetoxy-3-methoxy-phenyl]- 2375
—, 7-Acetoxy-2-[4-acetoxy-phenyl]- 2186
—, 7-Acetoxy-3-[4-acetoxy-phenyl]- 2188
—, 7-Acetoxy-2-[4-acetoxy-phenyl]-6,8-dichlor- 2186
—, 7-Acetoxy-6-[3-(2-acetoxy-phenyl)-1-(4-methoxy-phenyl)-propyl]-2-phenyl- 2420
—, 7-Acetoxy-2-äthoxy- 2075

—, 7-Acetoxy-2-äthoxy-2-methyl-4-phenyl- 2191
—, 3-Acetoxy-4-benzoyloxy-2-[4-methoxy-phenyl]-6-methyl- 2379
—, 4-Acetoxy-3-brom-2-[4-methoxy-phenyl]-6-methyl- 2194
—, 7-Acetoxy-2-[3,4-diacetoxy-phenyl]- 2375
—, 4-Acetoxy-2,4-diäthyl-5,7-dimethoxy-3-[4-methoxy-phenyl]- 2700
—, 3-Acetoxy-5,7-dimethoxy-2-[4-methoxy-phenyl]- 2691
—, 4-Acetoxy-5,7-dimethoxy-2-[4-methoxy-phenyl]- 2692
—, 4-Acetoxy-5,7-dimethoxy-3-[4-methoxy-phenyl]-2,4-diphenyl- 2723
—, 4-Acetoxy-3,8-dimethoxy-2-methyl- 2340
—, 3-Acetoxy-2-[3,4-dimethoxy-phenyl]-7-methoxy- 2694
—, 4-Acetoxy-2-[3,4-dimethoxy-phenyl]-8-methoxy- 2695
—, 6-Acetoxy-2,7-dimethyl-5,8-bis-methylmercapto-2-[4,8,12-trimethyl-tridecyl]- 2345
—, 6-Acetoxy-2,5-dimethyl-7-methylmercapto-2-[4,8,12-trimethyl-tridecyl]- 2097
—, 6-Acetoxy-2,5-dimethyl-8-methylmercapto-2-[4,8,12-trimethyl-tridecyl]- 2098
—, 6-Acetoxy-2,7-dimethyl-5-methylmercapto-2-[4,8,12-trimethyl-tridecyl]- 2097
—, 6-Acetoxy-2,8-dimethyl-5-methylmercapto-2-[4,8,12-trimethyl-tridecyl]- 2098
—, 3-Acetoxy-4-isopropoxy-2-[4-methoxy-phenyl]-6-methyl- 2379
—, 6-Acetoxy-5-methoxy-2,8-dimethyl-2-[4,8,12-trimethyl-tridecyl]- 2098
—, 6-Acetoxy-8-methoxy-2,5-dimethyl-2-[4,8,12-trimethyl-tridecyl]- 2098
—, 3-Acetoxy-4-methoxy-2-[4-methoxy-phenyl]-6-methyl- 2378
—, 4-Acetoxy-3-methoxy-2-[4-methoxy-phenyl]-6-methyl- 2378
—, 7-Acetoxy-2-methoxy-2-methyl-4-phenyl- 2191
—, 6-Acetoxy-5-methoxy-2-methyl-2-[4,8,12-trimethyl-tridecyl]- 2096
—, 6-Acetoxy-7-methoxy-2-methyl-2-[4,8,12-trimethyl-tridecyl]- 2096
—, 6-Acetoxy-8-methoxy-2-methyl-2-[4,8,12-trimethyl-tridecyl]- 2096
—, 7-Acetoxy-2-[4-methoxy-phenyl]- 2186

Decansäure *(Fortsetzung)*
—, 3-{3-[O²-(6-Desoxy-mannopyranosyl)-6-desoxy-mannopyranosyloxy]-decanoyloxy}- 2561
—, 3-[3-(O²-Rhamnopyranosyl-rhamnopyranosyloxy)-decanoyloxy]- 2561

Decarboxydihydrocitrinin 2080
—, Bis-O-[4-nitro-benzoyl]- 2080

Dec-5-in-3,4-diol
—, 7,8-Epoxy-4,7-dipropyl- 2067

Dec-5-in-3-ol
—, 4-Acetoxy-7,8-epoxy-4,7-dimethyl- 2062
—, 4-Acetoxy-7,8-epoxy-4,7-dipropyl- 2067

Dehydroanhydroisolariciresinol
—, Di-O-methyl- 2718

Dehydrodiisoeugenol 2398
—, O-[4-Benzoyloxy-3-methoxy-phenacyl]-dihydro- 2383
—, Dihydro- 2381
—, O-[3,4-Dimethoxy-phenacyl]-dihydro- 2382
—, O-[4-(3,4-Dimethoxy-phenacyloxy)-3-methoxy-phenacyl]-dihydro- 2382
—, O-[4-Hydroxy-3-methoxy-phenacyl]-dihydro- 2382
—, O-Methyl- 2399
—, O-Methyl-dihydro- 2382

6-Desoxy-allofuranose
—, O¹-Acetyl-O²,O³,O⁵-tribenzoyl- 2639

6-Desoxy-allofuranosid
—, Methyl- 2637
—, Methyl-[tri-O-methyl- 2638

6-Desoxy-allopyranose
—, O¹-Benzoyl- 2549
—, Tetra-O-acetyl- 2547

2-Desoxy-allopyranosid
—, Methyl- 2616

6-Desoxy-allopyranosid
—, Methyl- 2521
—, Methyl-[tri-O-methyl- 2527

6-Desoxy-altropyranose
—, O¹,O²,O⁴-Triacetyl-O³-methyl- 2542

2-Desoxy-altropyranosid
—, Methyl-[O³-acetyl-2-jod-O⁴,O⁶-dimethyl- 2629
—, Methyl-[2-brom- 2627
—, Methyl-[2-chlor- 2626
—, Methyl-[2,O⁴,O⁶-trimethyl- 2654

3-Desoxy-altropyranosid
—, Methyl-[3-chlor- 2632
—, Methyl-[tri-O-acetyl-3-äthyl- 2656
—, Methyl-[tri-O-acetyl-3-chlor- 2633

6-Desoxy-altropyranosid
—, Methyl- 2521
—, Methyl-[O³,O⁴-diacetyl-6-jod-O²-methyl- 2572
—, Methyl-[O²,O⁴-diacetyl-O³-methyl- 2538
—, Methyl-[6-jod- 2571
—, Methyl-[O²-methyl- 2526
—, Methyl-[O³-methyl- 2524
—, Methyl-[O³-methyl-O²,O⁴-bis-(toluol-4-sulfonyl)- 2563
—, Methyl-[tri-O-acetyl- 2540
—, Methyl-[tri-O-benzoyl- 2550
—, Methyl-[tri-O-benzoyl-6-brom- 2570
—, Methyl-[tri-O-benzoyl-6-jod- 2574

5-Desoxy-arabinofuranosid
—, Methyl- 2286
—, Methyl-[bis-O-(toluol-4-sulfonyl)- 2287
—, Methyl-[O²,O³-dimethyl- 2286
—, Methyl-[5-jod-bis-O-(toluol-4-sulfonyl)- 2288

2-Desoxy-arabinopyranosid
—, Methyl-[2-brom- 2274
—, Methyl-[2-chlor- 2274

Desoxybrasilin
—, Tri-O-methyl- 2395

2-Desoxy-fructopyranose
s. 1,5-Anhydro-mannit

1-Desoxy-galactit
—, O⁵-[6-Desoxy-galactopyranosyl]- 2533
—, O²,O³,O⁴,O⁶-Tetraacetyl-O⁵-[tri-O-acetyl-6-desoxy-galactopyranosyl]- 2546

2-Desoxy-galactofuranosid
—, Äthyl- 2647
—, Methyl- 2647

3-Desoxy-galactofuranosid
—, Methyl- 2647

6-Desoxy-galactofuranosid
—, Methyl- 2637

6-Desoxy-galactofuranosylbromid
—, Tri-O-acetyl-6-brom- 2320

4-Desoxy-galactopyranose
—, Tetra-O-acetyl-4-jod- 2636

6-Desoxy-galactopyranose
—, Tetra-O-acetyl- 2549
—, O¹,O²,O⁴-Triacetyl-O³-methyl- 2544

2-Desoxy-galactopyranosid
—, Äthyl- 2619
—, Methyl- 2617

4-Desoxy-galactopyranosid
—, Methyl-[4-chlor-O³-sulfo- 2636
—, Methyl-[4-chlor-tri-O-methyl- 2635

Ergosta-7,22-dien-3-ol
—, 5-Acetoxy-9,11-epoxy- 2160
Ergosta-7,22-dien-5-ol
—, 3-Acetoxy-9,11-epoxy- 2160
Ergosta-8,22-dien-7-ol
—, 3-Acetoxy-5,6-epoxy- 2159
Ergostan
—, 3-Acetoxy-5,8-epoxy-9,11-
sulfinyldioxy- 2352
—, 3,11-Diacetoxy-9,11-epoxy- 2111
—, 3,11-Diacetoxy-7,8-epoxy-9-
methyl- 2112
—, 3,7,11-Triacetoxy-22,23-dibrom-
8,9-epoxy- 2351
—, 3,7,11-Triacetoxy-22,23-dichlor-
8,9-epoxy- 2350
Ergostan-3,11-diol
—, 7,8-Epoxy-9-methyl- 2112
Ergostan-7,11-diol
—, 3-Acetoxy-22,23-dibrom-8,9-epoxy-
2351
—, 3-Acetoxy-2,2,23-dichlor-8,9-
epoxy- 2350
Ergostan-9,11-diol
—, 3-Acetoxy-5,8-epoxy- 2351
Ergostan-5-ol
—, 3-Acetoxy-14,15-epoxy- 2111
Ergostan-9-ol
—, 3,11-Diacetoxy-5,8-epoxy- 2351
Ergostan-3,7,11-triol
—, 22,23-Dibrom-8,9-epoxy- 2351
—, 22,23-Dichlor-8,9-epoxy- 2350
Ergost-7-en
—, 3,5-Diacetoxy-9,11-epoxy- 2143
Ergost-9(11)-en
—, 3,11-Diacetoxy-5,8-epoxy- 2143
Ergost-22-en
—, 3,7,11-Triacetoxy-8,9-epoxy- 2364
Ergost-7-en-3,5-diol
—, 9,11-Epoxy- 2143
Ergost-22-en-5,8-diol
—, 3-Acetoxy-9,11-epoxy- 2364
Ergost-22-en-7,11-diol
—, 3-Acetoxy-8,9-epoxy- 2363
Ergost-7-en-5-ol
—, 3-Acetoxy-9,11-epoxy- 2143
Ergost-22-en-11-ol
—, 3-Acetoxy-7,8-epoxy- 2143
Ergost-22-en-3,5,8-triol
—, 9,11-Epoxy- 2364
Ergost-22-en-3,7,11-triol
—, 8,9-Epoxy- 2363
Erythran 1994
Erythrit
—, O^2-Arabinopyranosyl- 2441
—, O^1,O^2,O^4-Tribenzoyl-O^3-[tri-
O-benzoyl-arabinopyranosyl]- 2466
—, O^1,O^2,O^4-Tribenzoyl-O^3-[tri-
O-benzoyl-xylopyranosyl]- 2466

—, O^2-Xylopyranosyl- 2441
Erythritan 1994
Erythrofuranosid
—, Methyl- 2269
—, Methyl-[bis-O-(4-nitro-benzoyl)-
2270
Essigsäure
—, [3-Hydroxy-4,6,7-trimethyl-
benzofuran-5-yloxy]- 2132
—, [4,6,7-Trimethyl-3-oxo-2,3-
dihydro-benzofuran-5-yloxy]- 2132

F

Fisetinidol 2693
—, Tetra-O-acetyl- 2694
—, Tetra-O-methyl- 2693
Flavan
s. Chroman, 2-Phenyl-
Flaven
s. Chromen, 2-Phenyl-
Flavoxanthin 2237
—, Di-O-acetyl- 2238
Flavylium
s. Chromenylium, 2-Phenyl-
Foliachrom 2407
Foliaxanthin 2407
Frangularol 2534
Frangularosid 2534
Frangulin 2535
Frangulin-A 2535
Frangulin-B 2535
Fructofuranosylbromid
—, Tetra-O-acetyl- 2651
Fructofuranosylchlorid
—, Tetra-O-acetyl- 2651
Fructopyranosylbromid
—, Tetra-O-acetyl- 2599
—, Tetra-O-benzoyl- 2599
—, O^1,O^4,O^5-Triacetyl-
O^3-methansulfonyl- 2600
Fructopyranosylchlorid
—, Tetra-O-acetyl- 2588
Fructopyranosylfluorid 2585
—, Tetra-O-acetyl- 2585
—, O^3,O^4,O^5-Triacetyl- 2585
—, O^1,O^4,O^5-Triacetyl-O^3-methyl-
2585
—, O^3,O^4,O^5-Triacetyl-O^1-methyl-
2585
Fucal 2037
—, Di-O-acetyl- 2039
Fucit
—, O^2-Fucopyranosyl- 2533
—, O^1,O^3,O^4,O^5-Tetraacetyl-O^2-
[tri-O-acetyl-fucopyranosyl]- 2546
Fucofuranosid
—, Methyl- 2637

Furan *(Fortsetzung)*

—, 3,4-Dichlor-2,5-dimethoxy-2,5-
diphenyl-2,5-dihydro- 2209

—, 2-[1,2-Dihydroxy-äthyl]-5-
[α-hydroxy-isopropyl]-2-methyl-
tetrahydro- 2326

—, 2,5-Diisopropoxy-2,5-dihydro-
2032

—, 2,5-Dimesityl-3,4-bis-
propionyloxy- 2227

—, 2-[1,2-Dimethoxy-äthyl]-3,4-
dimethoxy-tetrahydro- 2642

—, 2,5-Dimethoxy-2,5-dihydro- 2031

—, 2,5-Dimethoxy-2,5-dimethyl-2,5-
dihydro- 2040

—, 2,5-Dimethoxy-2-methoxymethyl-
2,5-dihydro- 2329

—, 2,5-Dimethoxy-2-methoxymethyl-
tetrahydro- 2289

—, 2,3-Dimethoxy-5-methoxymethyl-4-
[toluol-4-sulfonyloxy]-tetrahydro-
2511

—, 2,3-Dimethoxy-5-methyl-2,3-
dihydro- 2036

—, 2,5-Dimethoxy-2-methyl-2,5-
dihydro- 2036

—, 2,5-Dimethoxy-2-methyl-5-propyl-
2,5-dihydro- 2040

—, 2,3-Dimethoxy-5-methyl-
tetrahydro- 2008

—, 2,5-Dimethoxy-2-methyl-
tetrahydro- 2006

—, 3,4-Dimethoxy-2-[4-phenylazo-
benzoyloxy]-5-[1-(4-phenylazo-
benzoyloxy)-äthyl]-tetrahydro- 2640

—, 2,5-Dimethoxy-2-propyl-2,5-
dihydro- 2040

—, 2,5-Dimethoxy-2-propyl-
tetrahydro- 2023

—, 2,5-Dimethoxy-tetrahydro- 1993

—, 2,5-Dimethoxy-2,3,4,5-
tetraphenyl-2,5-dihydro- 2260

—, 2,3-Dimethoxy-4-trityloxy-5-
trityloxymethyl-tetrahydro- 2498

—, 2,3-Dimethyl-3,4-bis-[4-nitro-
benzoyloxy]-tetrahydro- 2018

—, 2,3-Dimethyl-5-[1-(4-nitro-
benzoyloxy)-äthyl]-2,5-bis-[4-nitro-
benzoyloxymethyl]-tetrahydro- 2327

—, 2-[3,5-Dinitro-benzoyloxy]-2-
[3,5-dinitro-benzoyloxymethyl]-
tetrahydro- 2008

—, 2,5-Dipropoxy-2,5-dihydro- 2032

—, 2,5-Dipropoxy-tetrahydro- 1994

—, 3,4-Divanillyl-tetrahydro- 2697

—, 3,4-Diveratryl-tetrahydro- 2697

—, 3,4-Epoxy-2,5-dimethyl-
tetrahydro- 2018

—, 5-[1-Hydroxy-äthyl]-2,5-bis-
hydroxymethyl-2,3-dimethyl-
tetrahydro- 2326

—, 2-Hydroxymethyl-2,5-dimethoxy-
2,5-dihydro- 2329

—, 2-Hydroxymethyl-2,5-dimethoxy-
tetrahydro- 2289

—, 2-Hydroxymethyl-5-methoxy- 2050

—, 2-Hydroxymethyl-5-methoxymethyl-
tetrahydro- 2020

—, 5-Hydroxymethyl-2-methoxy-2-
methyl-tetrahydro- 2019

—, 2-Hydroxymethyl-3,4,5-trimethoxy-
tetrahydro- 2493

—, 3-Isopropyl-2,5-dimethoxy-2,5-
dihydro- 2040

—, 3-Isopropyl-2,5-dimethoxy-
tetrahydro- 2024

—, 2-Jodmethyl-5-methoxy-3,4-bis-
[toluol-4-sulfonyloxy]-tetrahydro-
2288

—, 2-Methoxy-3,4-bis-[4-nitro-
benzoyloxy]-tetrahydro- 2270

—, 2-Methoxy-3,4-bis-[toluol-4-
sulfonyloxy]-5-[toluol-4-
sulfonyloxymethyl]-tetrahydro- 2516

—, 2-Methoxy-3,4-bis-[toluol-4-
sulfonyloxy]-5-vinyl-tetrahydro-
2335

—, 2-Methoxy-5-methoxymethyl-2-
methyl-tetrahydro- 2019

—, 2-Methoxy-5-methyl-3,4-bis-
[toluol-4-sulfonyloxy]-tetrahydro-
2287

—, 2-[2-Methoxy-5-methyl-phenyl]-
2,5,5-tris-[2-methoxy-phenyl]-
tetrahydro- 2724

—, 3-Methoxy-4-phenylcarbamoyloxy-
tetrahydro- 1997

—, 5-Methoxy-3-phosphonooxy-2-
phosphonooxymethyl-tetrahydro- 2298

—, 5-Methoxy-3-[toluol-4-
sulfonyloxy]-2-[toluol-4-
sulfonyloxymethyl]-tetrahydro- 2297

—, 5-Methoxy-3-*p*-toluoyloxy-2-
p-toluoyloxymethyl-tetrahydro- 2297

—, 3-Methoxy-4-vinyloxy-tetrahydro-
1996

—, 4-[1]Naphthylcarbamoyloxy-2-[[1]-
naphthylcarbamoyloxy-methyl]-
tetrahydro- 2009

—, 4-Phenylcarbamoyloxy-2-
[phenylcarbamoyloxy-methyl]-
tetrahydro- 2009

—, 2,2,5,5-Tetrakis-[2-äthoxy-
phenyl]-tetrahydro- 2723

—, Tetrakis-hydroxymethyl- 2665

—, 2,2,5,5-Tetrakis-[2-methoxy-
phenyl]-3-methyl-tetrahydro- 2725

M

Methanol *(Fortsetzung)*
—, [6-Äthoxy-tetrahydro-pyran-3-yl]-
 2016
—, [5-Äthylmercapto-[2]thienyl]-
 2050
—, [2-Benzyloxy-3-isopropyl-6-
 methyl-phenyl]-[2]furyl- 2148
—, [4-Benzyloxy-3-methoxy-phenyl]-
 [7-methoxy-benzofuran-2-yl]- 2709
—, [2-Benzyloxy-phenyl]-[2]furyl-
 2147
—, [4-Benzyloxy-phenyl]-[2]furyl-
 2147
—, [4-Butoxy-phenyl]-[2]furyl- 2146
—, [5-Butylmercapto-[2]thienyl]-
 2050
—, [3,4-Diäthoxy-phenyl]-[2]thienyl-
 2364
—, [3,4-Dimethoxy-phenyl]-
 [7-methoxy-benzofuran-2-yl]- 2709
—, [2]Furyl- s. Furfurylalkohol
—, [2]Furyl-[2-hydroxy-3-isopropyl-
 6-methyl-phenyl]- 2148
—, [2]Furyl-[2-hydroxy-phenyl]-
 2146
—, [2]Furyl-[4-hydroxy-phenyl]-
 2146
—, [2]Furyl-[4-methoxy-phenyl]-
 2146
—, [2]Furyl-[4-methoxy-phenyl]-
 phenyl- 2224
—, [2]Furyl-[4-pentyloxy-phenyl]-
 2146
—, [2]Furyl-[4-propoxy-phenyl]-
 2146
—, [7-Heptyl-6-hydroxy-2,2-dimethyl-
 chroman-8-yl]- 2082
—, [5-Heptylmercapto-[2]thienyl]-
 2051
—, [5-Hexylmercapto-[2]thienyl]-
 2051
—, [4-Hydroxy-3-methoxy-phenyl]-
 [7-methoxy-benzofuran-2-yl]- 2708
—, [2-Hydroxy-9-phenyl-xanthen-3-yl]-
 diphenyl- 2266
—, [5-Isobutylmercapto-[2]thienyl]-
 2050
—, [5-Isopentylmercapto-[2]thienyl]-
 2051
—, [5-Methoxy-1,2,3,8,9,9a-hexahydro-
 3aH-phenanthro[4,5-bcd]furan-9b-yl]-
 2148
—, [5-Methoxy-5-methyl-tetrahydro-
 [2]furyl]- 2019
—, [4-Methoxy-phenyl]-[2]thienyl-
 2147
—, [5-Methoxy-[2]thienyl]- 2050
—, [5-Pentylmercapto-[2]thienyl]-
 2050

—, [5-Propylmercapto-[2]thienyl]-
 2050
1,4-Methano-naphthalin
—, 5,8-Diacetoxy-2,3-epoxy-1,2,3,4-
 tetrahydro- 2147
—, 2,3-Epoxy-5,8-dimethoxy-1,2,3,4-
 tetrahydro- 2147
3,5a-Methano-naphth[2,1-b]oxepin
—, 9-Acetoxy-4-acetoxymethyl-
 3,8,8,11a-tetramethyl-dodecahydro-
 2071
3,5a-Methano-naphth[2,1-b]oxepin-9-ol
—, 4-Hydroxymethyl-3,8,8,11a-
 tetramethyl-dodecahydro- 2071
Methebenol 2224
Methyl-[3-desoxy-pentopyranosid]
 s. 3-Desoxy-pentopyranosid,
 Methyl-
Methyl-pentofuranosid
 s. Pentofuranosid, Methyl-
Methyl-tetrofuranosid
 s. Tetrofuranosid, Methyl-
Mexogenin
—, Tetrahydro- 2676
Moradioloxid
—, Di-O-acetyl- 2145
Muricatin-B 2561
Mutatoxanthin 2238
Mycaropyranosid
—, Methyl-[O⁴-isovaleryl- 2323

N

Naphthalin
—, 1-Äthyl-5-chlor-1,2-epoxy-7,8-
 dimethoxy-1,2,3,4-tetrahydro-
 2133
—, 1,2-Epoxy-5-methoxy-1-[2-methoxy-
 phenäthyl]-1,2,3,4-tetrahydro-
 2218
Naphthalin-1,2-diol
—, 4a,5-Epoxy-8-isopropyl-2,5-
 dimethyl-decahydro- 2065
Naphthalin-1,4-diol
—, 2,3-Epoxy-5-methoxy- 2367
—, 2,3-Epoxy-6-methoxy- 2367
Naphthalindion
 s. Naphthochinon
Naphth[2′,1′;4,5]indeno[1,2-b]
 chromenylium
—, 5,8-Dimethoxy-13H- 2418
Naphth[2′,1′;4,5]indeno[2,1-b]
 furan
—, 2-Acetoxy-8-[4-acetoxy-3-
 acetoxymethyl-butyl]-4a,6a,7-
 trimethyl-octadecahydro- 2350

Naphtho[2,3-*b*]pyran
 s. Benzo[g]chromen
Naphtho[2,3-*c*]pyran
 s. Benz[g]isochromen
Naphtho[2,1-*b*]pyrylium
 s. Benzo[f]chromenylium
1λ⁶-Naphtho[2,1-*f*]thiochromen-4,8-
diol
—, 2,10a-Dimethyl-1,1-dioxo-
 Δ¹⁰ᵇ-tetradecahydro- 2083
Naphtho[1,2-*b*]thiophen-3,7-diol
 2169
Naphtho[1,2-*b*]thiophen-3,8-diol
 2169
Naphtho[2,1-*b*]thiophen-1,7-diol
 2170
Naphtho[2,1-*b*]thiophen-1,8-diol
 2170
Naphtho[2,3-*b*]thiophen-4,9-diol
—, 4,9-Diphenyl-4,9-dihydro- 2254
Naphtho[1,2-*b*]thiophen-3-ol
—, 9-[4-Chlor-phenoxy]- 2169
—, 7-Methoxy- 2169
Naphtho[2,1-*b*]thiophen-1-ol
—, 5-Äthoxy-7-chlor- 2170
—, 8-Äthoxy-7-chlor- 2170
—, 6-Chlor-7-methoxy- 2170
—, 7-Chlor-5-methoxy- 2169
—, 8-Chlor-5-methoxy- 2170
—, 5,7-Diäthoxy- 2370
—, 5,7-Dimethoxy- 2370
—, 5,8-Dimethoxy- 2371
Naphtho[1,2-*b*]thiophen-3-on
—, 9-[4-Chlor-phenoxy]- 2169
—, 7-Hydroxy- 2169
—, 8-Hydroxy- 2169
—, 7-Methoxy- 2169
Naphtho[2,1-*b*]thiophen-1-on
—, 5-Äthoxy-7-chlor- 2170
—, 8-Äthoxy-7-chlor- 2170
—, 6-Chlor-7-methoxy- 2170
—, 7-Chlor-5-methoxy- 2169
—, 8-Chlor-5-methoxy- 2170
—, 5,7-Diäthoxy- 2370
—, 5,7-Dimethoxy- 2370
—, 5,8-Dimethoxy- 2371
—, 7-Hydroxy- 2170
—, 8-Hydroxy- 2170
Naphtho[3,2,1-*kl*]thioxanthen-9,13b-
diol
—, 9-Phenyl-9*H*- 2259
Naphthoxiren
 s. Naphthalin, Epoxy-
Neochrom 2407
Neotigogenin
—, O³-Acetyl-dihydro- 2103
—, Di-O-benzoyl-dihydro- 2105
—, Dihydro- 2102
Neoxanthin 2407, 2408

Nologenin 2681
—, Di-O-acetyl- 2681
—, Di-O-acetyl-dihydro- 2677
—, Dihydro- 2676
Nonan
—, 3,6,9-Triacetoxy-1-tetrahydro[2]≠
 furyl- 2327
—, 3,6,9-Tris-butyryloxy-1-
 tetrahydro[2]furyl- 2328
—, 3,6,9-Tris-decanoyloxy-1-
 tetrahydro[2]furyl- 2328
—, 3,6,9-Tris-hexanoyloxy-1-
 tetrahydro[2]furyl- 2328
—, 3,6,9-Tris-nonanoyloxy-1-
 tetrahydro[2]furyl- 2328
—, 3,6,9-Tris-octanoyloxy-1-
 tetrahydro[2]furyl- 2328
—, 3,6,9-Tris-propionyloxy-1-
 tetrahydro[2]furyl- 2327
Nonan-1,4,7-triol
—, 9-Tetrahydro[2]furyl- 2327
19-Nor-androstan
 s. Östran
24-Nor-card-8(14)-enolid
—, 21-Hydroxy-3-thevetopyranosyloxy-
 2558
24-Nor-chol-8(14)-en-23-säure
—, 3-[O³-Methyl-6-desoxy-
 glucopyranosyloxy]-21-oxo- 2558
—, 21-Oxo-3-thevetopyranosyloxy-
 2558
19-Nor-cholestan
—, 3,6-Diacetoxy-9,10-epoxy-5-
 methyl- 2110
19-Nor-cholestan-3,6-diol
—, 9,10-Epoxy-5-methyl- 2109
21-Nor-chol-20-in-3,17-diol
—, 5,6-Epoxy- 2154
—, 5,6-Epoxy-24-methyl- 2155
27-Nor-furostan
—, 3-Acetoxy-25-[toluol-4-
 sulfonyloxy]- 2097
27-Nor-furostan-25-ol
—, 3-Acetoxy- 2097
24-Nor-olean-12-en-22,28-diol
—, 16,21-Epoxy- 2160
21-Nor-pregnan
—, 3,17-Diacetoxy-5,6-epoxy- 2087
—, 3,20-Diacetoxy-14,15-epoxy- 2088
21-Nor-pregnan-3,17-diol
—, 5,6-Epoxy- 2087
21-Nor-pregnan-17-ol
—, 3-Acetoxy-5,6-epoxy- 2087
—, 5,6-Epoxy-3-propionyloxy- 2088
21-Nor-pregnan-20-säure
—, 19-Acetoxy-3-[O²,O⁴-diacetyl-
 O³-methyl-6-desoxy-
 glucopyranosyloxy]-,
 — methylester 2555

Phenanthro[1,2-*b*]furan
—, 10,11-Diacetoxy-1,6-dimethyl-
  2231
—, 10,11-Diacetoxy-1,6,6-trimethyl-
  1,2,6,7,8,9-hexahydro- 2198
—, 10,11-Diacetoxy-1,6,6-trimethyl-
  6,7,8,9-tetrahydro- 2219
—, 10,11-Dimethoxy-1,6-dimethyl- 2231
—, 10,11-Dimethoxy-1,6,6-trimethyl-
  6,7,8,9-tetrahydro- 2219
Phenanthro[2,1-*b*]furan
—, 5a,7-Bis-hydroxymethyl-9b-methyl-
  3b,4,5,5a,6,7,8,9,9a,9b,10,11-
  dodecahydro- 2136
Phenanthro[4,5-*bcd*]furan
—, 9b-Äthyl-3-[biphenyl-4-
  carbonyloxy]-5-methoxy-1,2,3,3a,8,9,⸗
  9a,9b-octahydro- 2151
—, 9b-Äthyl-3,5-dimethoxy-1,3a,8,9,⸗
  9a,9b-hexahydro- 2165
—, 9b-Äthyl-3,5-dimethoxy-1,2,3,3a,⸗
  8,9,9a,9b-octahydro- 2150
—, 9b-Äthyl-3-[3,5-dinitro-
  benzoyloxy]-5-methoxy-1,2,3,3a,8,9,⸗
  9a,9b-octahydro- 2150
—, 3-Biphenyl-4-carbonyloxy-5-
  methoxy-9b-vinyl-1,2,3,3a,9a,9b-
  hexahydro- 2196
—, 3-[Biphenyl-4-carbonyloxy]-5-
  methoxy-9b-vinyl-1,2,3,3a,8,9,9a,9b-
  octahydro- 2166
—, 1-Brom-3,5,6-trimethoxy- 2400
—, 9b-[1,2-Dihydroxy-äthyl]-3,5-
  dimethoxy-1,2,3,3a,8,9,9a,9b-
  octahydro- 2682
—, 9b-[1,2-Dihydroxy-äthyl]-5-
  methoxy-1,2,3,3a,8,9,9a,9b-
  octahydro- 2365
—, 3,5-Dimethoxy- 2220
—, 3,5-Dimethoxy-1,2,3,8,9,9a-
  hexahydro- 2162
—, 3,5-Dimethoxy-9b-vinyl-1,2,3,3a,⸗
  9a,9b-hexahydro- 2195
—, 3,5-Dimethoxy-9b-vinyl-1,3a,8,9,⸗
  9a,9b-hexahydro- 2195
—, 3,5-Dimethoxy-9b-vinyl-1,2,3,3a,⸗
  8,9,9a,9b-octahydro- 2165
—, 3,5-Dimethoxy-9b-vinyl-1,3a,9a,9b-
  tetrahydro- 2214
—, 3,5-Dimethoxy-9b-vinyl-2,3,3a,9b-
  tetrahydro- 2214
—, 3,5-Dimethoxy-9b-vinyl-3,3a,9a,9b-
  tetrahydro- 2214
—, 3-[2,4-Dinitro-benzoyloxy]-5-
  methoxy-9b-vinyl-1,2,3,3a,8,9,9a,9b-
  octahydro- 2166
—, 3-[2,4-Dinitro-benzoyloxy]-5-
  methoxy-9b-vinyl-3,3a,9a,9b-
  tetrahydro- 2214

—, 9b-Hydroxymethyl-5-methoxy-
  1,2,3,3a,8,9,9a,9b-octahydro- 2148
—, 2,3,5-Trimethoxy- 2400
Phenanthro[4,5-*bcd*]furan-3-ol
—, 9b-Äthyl-5-methoxy-3-methyl-
  1,2,3,3a,8,9,9a,9b-octahydro- 2151
—, 9b-Äthyl-5-methoxy-1,2,3,3a,8,9,⸗
  9a,9b-octahydro- 2150
—, 9b-[1,2-Dihydroxy-äthyl]-5-
  methoxy-1,2,3,3a,8,9,9a,9b-
  octahydro- 2682
—, 5-Methoxy-1,2,3,3a,8,9-hexahydro-
  2162
—, 5-Methoxy-3-methyl-9b-vinyl-
  1,2,3,3a,9a,9b-hexahydro- 2197
—, 5-Methoxy-9b-vinyl-1,2,3,3a,9a,9b-
  hexahydro- 2195
—, 5-Methoxy-9b-vinyl-1,2,3,3a,8,9,⸗
  9a,9b-octahydro- 2165
—, 5-Methoxy-9b-vinyl-2,3,3a,9b-
  tetrahydro- 2214
—, 5-Methoxy-9b-vinyl-3,3a,9a,9b-
  tetrahydro- 2213
Phenanthro[1,2-*d*]oxepin-5a-ol
—, 2-Hydroxymethyl-9-methoxy-2-methyl-
  1,2,4,5,6,7,11b,12,13,13a-decahydro-
  5b*H*- 2365
Phenanthro[4,5-*bcd*]pyran
  s. Naphtho[8,1,2-*cde*]chromen
Phenanthro[4,4a,4b-*bc*]pyran
  s. Naphtho[8a,1,2-*de*]chromen
Phenanthro[2,1-*b*]thiopyran
  s. Naphtho[2,1-*f*]thiochromen
Phenol
—, 4-Brom-2-[5-brom-3-methoxy-benzofuran-
  2-yl]- 2200
—, 2-[1,2-Epoxy-propyl]-6-methoxy-
  2074
—, 2-[2,3-Epoxy-propyl]-6-methoxy-
  2073
—, 4-[7-Methoxy-chroman-2-yl]- 2185
—, 5-Methoxy-2-[7-methoxy-chroman-3-
  yl]- 2375
—, 2-Methoxy-4-[7-methoxy-3-methyl-
  5-propenyl-2,3-dihydro-benzofuran-2-
  yl]- 2398
—, 2-Methoxy-4-[7-methoxy-3-methyl-5-
  propyl-2,3-dihydro-benzofuran-2-yl]- 2381
—, 2-Methoxy-4-[7-methoxy-3-methyl-
  5-propyl-benzofuran-2-yl]- 2398
—, 2-Methoxy-6-[3-methyl-oxiranyl]-
  2074
—, 2-Methoxy-6-oxiranylmethyl- 2073
Phenolphthalan 2234
Phenolphthalidin 2242
Phosphorsäure
  — [2-hydroxymethyl-5-methoxy-
  tetrahydro-furan-3,4-diylester]
  2518

Pregn-5-en-11-ol
—, 3-Acetoxy-12,20-epoxy- 2138
—, 2,15-Diacetoxy-3-[O⁴-acetyl-
O³-methyl-*arabino*-2,6-didesoxy-
hexopyranosyloxy]-12,20-epoxy- 2679
—, 2,15-Diacetoxy-3-[O⁴-acetyl-
O³-methyl-*lyxo*-2,6-didesoxy-
hexopyranosyloxy]-12,20-epoxy- 2680
Pregn-5-en-20-ol
—, 3-Acetoxy-16,17-epoxy-20-methyl-
2138
Pregn-5-en-2,11,15-triol
—, 12,20-Epoxy-3-[O³-methyl-
arabino-2,6-didesoxy-
hexopyranosyloxy]- 2679
—, 12,20-Epoxy-3-[O³-methyl-
lyxo-2,6-didesoxy-hexopyranosyloxy]-
2680
Pregn-5-en-11,15,20-trion
—, 3-Digitalopyranosyloxy-14-
hydroxy- 2535
—, 14-Hydroxy-3-[O³-methyl-6-desoxy-
galactopyranosyloxy]- 2535
—, 14-Hydroxy-3-[O³-methyl-
fucopyranosyloxy]- 2535
Pregn-20-in-3,17-diol
—, 5,6-Epoxy-21-methyl- 2153
Pregn-20-in-17-ol
—, 3-Acetoxy-5,6-epoxy- 2153
—, 3-Acetoxy-5,6-epoxy-21-methyl-
2154
—, 5,6-Epoxy-21-methyl-3-
propionyloxy- 2154
Primverose 2447
— phenylosazon 2448
Propan
—, 2-Äthoxy-1-[3,4-dimethoxy-phenyl]-
2,3-epoxy- 2339
—, 1,2-Bis-benzoyloxy-1-[2]furyl-
2058
—, 1,2-Diacetoxy-1-[2]furyl- 2058
—, 2,2-Diäthyl-1,3-bis-[3-hydroxy-2-
methyl-tetrahydro-pyran-2-yloxy]-
2012
—, 1-[3,4-Dimethoxy-phenyl]-2,3-
epoxy-2-methoxy- 2339
—, 1,2-Epoxy-1-methoxy-1-[4-methoxy-
phenyl]- 2074
—, 1-[2]Furyl-1,2-bis-[4-nitro-
benzoyloxy]- 2058
—, 1-[2]Furyl-1,2-bis-
phenylcarbamoyloxy- 2058
—, 1,2,3-Triacetoxy-1-oxiranyl- 2299
Propan-1,2-diol
—, 1-[2]Furyl- 2058
—, 1-[2,2,3-Trimethyl-2,3-dihydro-
benzofuran-5-yl]- 2081
Propan-1,3-diol
—, 1-[2]Furyl- 2058

—, 1-Phenyl-3-tetrahydro[2]furyl-
2081
Propan-1-ol
—, 2,3-Epoxy-1-[4-methoxy-phenyl]-
1,3-diphenyl- 2236
—, 2,3-Epoxy-3-[4-methoxy-phenyl]-
1,3-diphenyl- 2236
—, 3-[2]Furyl-3-methoxy-2-nitro-
2058
—, 3-[2-(4-Hydroxy-3-methoxy-phenyl)-
7-methoxy-3-methyl-benzofuran-5-yl]-
2712
Propan-2-ol
—, 1-[3-Äthyl-4-hydroxy-1,5-
dimethoxy-[2]naphthyl]- 2368
—, 2-[4-Benzyloxy-benzofuran-2-yl]-
2130
—, 2-[6-Benzyloxy-benzofuran-2-yl]-
2131
—, 2-[5-Brom-4,6-dimethoxy-2,3-
dihydro-benzofuran-2-yl]- 2342
—, 2-[7-Brom-4,6-dimethoxy-2,3-
dihydro-benzofuran-2-yl]- 2342
—, 2-[4,6-Dimethoxy-2,3-dihydro-
benzofuran-2-yl]- 2342
—, 2-[4-Hydroxy-benzofuran-2-yl]-
2130
—, 2-[4-Hydroxy-2,3-dihydro-
benzofuran-2-yl]- 2079
Propan-1-on
—, 2-Acetoxy-1-[3,5-dimethoxy-4-(tri-
O-acetyl-xylopyranosyloxy)-phenyl]-
2459
—, 2-Acetoxy-1-[3-methoxy-4-(tri-
O-acetyl-xylopyranosyloxy)-phenyl]-
2458
—, 3-[4-Acetoxy-phenyl]-1-
[2,4-diacetoxy-6-(tri-O-acetyl-
rhamnopyranosyloxy)-phenyl]- 2535
—, 1-[2-(6-Desoxy-mannopyranosyloxy)-
4,6-dihydroxy-phenyl]-3-[4-hydroxy-
phenyl]- 2535
—, 1-[2,4-Dihydroxy-6-
rhamnopyranosyloxy-phenyl]-3-
[4-hydroxy-phenyl]- 2535
—, 1-[3,5-Dimethoxy-4-
xylopyranosyloxy-phenyl]-2-hydroxy-
2446
—, 2-Hydroxy-1-[3-methoxy-4-
xylopyranosyloxy-phenyl]- 2442
Propenon
—, 1,3-Diphenyl-3-[2,3,4-triacetoxy-
phenyl]- 2411
—, 1,3-Diphenyl-3-[2,4,6-triacetoxy-
phenyl]- 2410
—, 1,3-Diphenyl-3-[2,4,6-tris-
benzoyloxy-phenyl]- 2410
Prothebenol 2224

Pyran *(Fortsetzung)*

—, 2-Äthoxy-3-[α-äthoxy-isopropyl]-
tetrahydro- 2025

—, 6-Äthoxy-3,4-bis-[4-nitro-
benzoyloxy]-2-[4-nitro-
benzoyloxymethyl]-tetrahydro- 2624

—, 6-Äthoxy-3,4-bis-[toluol-4-
sulfonyloxy]-2-[toluol-4-
sulfonyloxymethyl]-tetrahydro- 2625

—, 2-Äthoxy-3-[1,2-diäthoxy-äthyl]-
tetrahydro- 2321

—, 2-Äthoxy-5-hydroxymethyl-
tetrahydro- 2016

—, 2-Äthoxy-6-hydroxymethyl-
tetrahydro- 2014

—, 6-Äthoxy-2-jodmethyl-3-[toluol-4-
sulfonyloxy]-tetrahydro- 2013

—, 6-Äthoxy-3-jod-2-[toluol-4-
sulfonyloxymethyl]-3,6-dihydro-2H-
2037

—, 6-Äthoxy-3-methansulfonyloxy-2-
methansulfonyloxymethyl-3,6-dihydro-
2H- 2331

—, 6-Äthoxy-3-methansulfonyloxy-2-
methansulfonyloxymethyl-tetrahydro-
2318

—, 2-Äthoxy-6-
methansulfonyloxymethyl-tetrahydro-
2014

—, 6-Äthoxy-3-methansulfonyloxy-2-
methyl-tetrahydro- 2013

—, 3-Äthoxymethyl-2,6-dimethoxy-3,5-
dimethyl-tetrahydro- 2324

—, 6-Äthoxy-3-[4-nitro-benzoyloxy]-2-
[4-nitro-benzoyloxymethyl]-3,6-dihydro-
2H- 2331

—, 6-Äthoxy-3-[4-nitro-benzoyloxy]-
2-[4-nitro-benzoyloxymethyl]-
tetrahydro- 2317

—, 2-Äthoxy-3-phenoxy-3,4-dihydro-
2H- 2036

—, 2-Äthoxy-3-phenoxy-tetrahydro-
2001

—, 6-Äthoxy-3-[toluol-4-sulfonyloxy]-2-
[toluol-4-sulfonyloxymethyl]-3,6-
dihydro-2H- 2331

—, 6-Äthoxy-3-[toluol-4-sulfonyloxy]-
2-[toluol-4-sulfonyloxymethyl]-
tetrahydro- 2318

—, 4-Allyloxy-3,5-bis-
allyloxymethyl-3,5-dimethyl-
tetrahydro- 2326

—, 4-Allyloxy-3,3,5-tris-
allyloxymethyl-5-methyl-tetrahydro-
2657

—, 3-Benzoyloxy-2-benzoyloxymethyl-
2H- 2051

—, 4-Benzoyloxy-3-benzoyloxymethyl-
tetrahydro- 2015

—, 2,6-Bis-[2-äthyl-hexyloxy]-3-
methoxymethyl-3,5-dimethyl-
tetrahydro- 2325

—, 2,3-Bis-äthylmercapto-3,4-dihydro-
2H- 2036

—, 2,6-Bis-allyloxy-tetrahydro- 2003

—, 3,4-Bis-benzoyloxy-2,5-bis-
benzoyloxymethyl-tetrahydro- 2655

—, 3,4-Bis-benzoyloxy-2-
benzoyloxymethyl-6-brom-tetrahydro-
2316

—, 3,4-Bis-benzoyloxy-2-
benzoyloxymethyl-6-methoxy-
tetrahydro- 2623

—, 3,4-Bis-benzoyloxy-5-chlor-6-
chlormethyl-2-methoxy-tetrahydro-
2311

—, 2,3-Bis-benzoyloxy-tetrahydro- 2001

—, 3,4-Bis-benzoyloxy-tetrahydro-
2005

—, 3,5-Bis-[3,5-dinitro-benzoyloxy]-
2,4-dimethoxy-6-methyl-tetrahydro-
2550

—, 4,5-Bis-[3,5-dinitro-benzoyloxy]-
2-[3,5-dinitro-benzoyloxymethyl]-
tetrahydro- 2319

—, 3,6-Bis-[3,5-dinitro-benzoyloxy]-
4-methoxy-2,4-dimethyl-tetrahydro-
2323

—, 3,5-Bis-[3,5-dinitro-benzoyloxy]-
2-methoxy-tetrahydro- 2273

—, 2,3-Bis-[3,5-dinitro-benzoyloxy]-
tetrahydro- 2002

—, 2,6-Bis-hydroxymethyl-tetrahydro-
2023

—, 3,4-Bis-[4-nitro-benzoyloxy]-2,5-
bis-[4-nitro-benzoyloxymethyl]-
tetrahydro- 2655

—, 3,4-Bis-[4-nitro-benzoyloxy]-2,6-bis-
[4-nitro-benzoyloxymethyl]-tetrahydro-
2655

—, 4,5-Bis-[4-nitro-benzoyloxy]-2-
[4-nitro-benzoyloxymethyl]-
tetrahydro- 2318, 2319

—, 3,4-Bis-[4-nitro-benzoyloxy]-2-
propyl-tetrahydro- 2024

—, 4,5-Bis-phenylcarbamoyloxy-2-
[phenylcarbamoyloxy-methyl]-
tetrahydro- 2319

—, 3,4-Bis-phenylcarbamoyloxy-
tetrahydro- 2005

—, 2,6-Bis-[toluol-4-
sulfonyloxymethyl]-tetrahydro- 2023

—, 3,4-Bis-[toluol-4-sulfonyloxy]-
tetrahydro- 2005

—, 3,5-Bis-[toluol-4-sulfonyloxy]-4-
[3,4,5-trimethoxy-benzoyloxy]-2-
[3,4,5-trimethoxy-benzoyloxymethyl]-
tetrahydro- 2584

Pyran-3,4-diol *(Fortsetzung)*
—, 6-[4-Chlor-phenoxy]-2-
hydroxymethyl-tetrahydro- 2620
—, 3,4-Dihydro-2*H*- 2034
—, 5,6-Dimethoxy-tetrahydro- 2430
—, 2,5-Dimethoxy-6,6-dimethyl-
tetrahydro- 2652
—, 2,5-Dimethoxy-6-methyl-
tetrahydro- 2524
—, 5,6-Dimethoxy-2-methyl-
tetrahydro- 2526
—, 2,4-Dimethyl-tetrahydro- 2023
—, 2-Hydroxymethyl-3,4-dihydro-2*H*-
2332
—, 2-Hydroxymethyl-6-methoxy-5-
phenyl-tetrahydro- 2669
—, 2-Hydroxymethyl-6-methoxy-
tetrahydro- 2616
—, 2-Hydroxymethyl-6-[1]naphthyloxy-
tetrahydro- 2620
—, 2-Hydroxymethyl-6-[4-nitro-
phenoxy]-tetrahydro- 2620
—, 2-Hydroxymethyl-6-phenoxy-
tetrahydro- 2619
—, 2-Hydroxymethyl-tetrahydro- 2312
—, 6-Hydroxymethyl-tetrahydro- 2318
—, 2-Hydroxymethyl-5-[toluol-4-
sulfonyloxy]-tetrahydro- 2583
—, 2-Hydroxymethyl-6-*p*-tolyloxy-
tetrahydro- 2620
—, 5-Methansulfonyloxy-6-methoxy-
tetrahydro- 2479
—, 6-Methoxy-2,4-dimethyl-
tetrahydro- 2321
—, 6-Methoxy-2-methyl-tetrahydro-
2305
—, 2-Methoxy-tetrahydro- 2272
—, 6-Methoxy-tetrahydro- 2275
—, 6-Methoxy-2-[toluol-4-
sulfonyloxymethyl]-tetrahydro- 2624
—, 6-Methoxy-5-[toluol-4-
sulfonyloxy]-tetrahydro- 2479
—, 2-Methyl-3,4-dihydro-2*H*- 2037
—, 2-Methyl-tetrahydro- 2012
—, 2-Propyl-tetrahydro- 2024
—, Tetrahydro- 2003
—, 2-[Toluol-4-sulfonyloxy-methyl]-
tetrahydro- 2314
—, 2,4,6-Trimethyl-tetrahydro- 2025
—, 6-Trityloxymethyl-tetrahydro- 2318
Pyran-3,5-diol
—, 2-Äthoxy-4-methoxy-6-methyl-
tetrahydro- 2529
—, 4-Brom-2-hydroxymethyl-6-methoxy-
tetrahydro- 2634
—, 4-Brom-2-methoxy-tetrahydro-
2274
—, 4-Chlor-2-hydroxymethyl-6-
methoxy-tetrahydro- 2632

—, 4-Chlor-2-methoxy-tetrahydro-
2274
—, 2,4-Dimethoxy-6-methyl-
tetrahydro- 2524
—, 4-Galloyloxy-2-galloyloxymethyl-
tetrahydro- 2582
—, 2-Hydroxymethyl-4-jod-6-methoxy-
tetrahydro- 2634
—, 2-Hydroxymethyl-6-methoxy-
tetrahydro- 2630
—, 2-Hydroxymethyl-6-phenoxy-
tetrahydro- 2631
—, 2-[5-Hydroxy-1-methyl-
triacontyloxy]-6-methyl-tetrahydro-
2309
—, 2-Methoxy-4-nitro-tetrahydro-
2274
—, 2-Methoxy-tetrahydro- 2273
—, 4-[3,4,5-Trimethoxy-benzoyloxy]-
2-[3,4,5-trimethoxy-
benzoyloxymethyl]-tetrahydro- 2582
2λ⁴-Pyrano[4,3-*d*][1,3,2]dioxathiin
—, 2-Oxo-tetrahydro- 2015
**Pyrano[4,3-*d*][1,3,2]dioxathiin-2-
oxid**
—, Tetrahydro- 2015
Pyran-3-ol
—, 4-Acetoxy-6-brom-2-methyl-
tetrahydro- 2012
—, 5-Acetoxy-2-hydroxymethyl-4-jod-
6-methoxy-tetrahydro- 2634
—, 2-Äthoxy-4-carbamoyloxy-5-
methoxy-6,6-dimethyl-tetrahydro-
2654
—, 6-Äthoxy-2-hydroxymethyl-3,6-
dihydro-2*H*- 2330
—, 6-Äthoxy-2-hydroxymethyl-
tetrahydro- 2316
—, 6-Äthoxy-4-methoxy-2,4-dimethyl-
tetrahydro- 2322
—, 6-Äthylmercapto-4-methoxy-2,4-
dimethyl-tetrahydro- 2323
—, 2-Benzoyloxy-tetrahydro- 2001
—, 3,6-Bis-hydroxymethyl-2,5,6-
trimethyl-tetrahydro- 2326
—, 4,6-Bis-[4-hydroxy-phenyl]-
tetrahydro- 2380
—, 4-Carbamoyloxy-2,5-dimethoxy-6,6-
dimethyl-tetrahydro- 2653
—, 4-Chlor-2,5-dimethoxy-6-
methoxymethyl-tetrahydro- 2633
—, 5-Chlor-6-hydroxymethyl-2-
methoxy-4-sulfooxy-tetrahydro- 2636
—, 4,5-Diacetoxy-6-acetoxymethyl-2-
azido-tetrahydro- 2614
—, 4,5-Diacetoxy-6-acetoxymethyl-2-
chlor-tetrahydro- 2590
—, 4,5-Diacetoxy-6-acetoxymethyl-3-
phenyl-tetrahydro- 2668

Spiro[cyclohexan-1,9'-xanthen]
—, 3',6'-Bis-benzoyloxy- 2219
Spiro[cyclohexan-1,9'-xanthen]-
3',6'-diol 2219
—, x,x-Dibrom- 2219
Spiro[fluoren-9,9'-xanthen]
—, 3',6'-Bis-benzoyloxy- 2258
—, 4',5'-Bis-benzoyloxy- 2259
—, 3',6'-Bis-chloracetoxy- 2258
Spiro[fluoren-9,9'-xanthen]-3',6'-
diol 2258
—, 1',8'-Dimethyl- 2260
Spiro[fluoren-9,9'-xanthen]-4',5'-
diol 2258
Spiro[fluoren-9,9'-xanthen]-
3',4',5',6'-tetraol 2725
Spiro[inden-1,9'-xanthen]
—, 6-Methoxy-3-[4-methoxy-phenyl]-
2261
Spiro[naphthalin-1,2'-oxiran]
—, 5-Methoxy-3'-[2-methoxy-benzyl]-3,4-
dihydro-2H- 2218
Spiro[norbornan-2,9'-xanthen]
—, 3',6'-Bis-benzoyloxy-1,7,7-
trimethyl- 2227
Spiro[norbornan-2,9'-xanthen]-3',6'-diol
—, 1,7,7-Trimethyl- 2227
Styracit 2579
—, Tetra-O-acetyl- 2582
—, Tetrakis-O-methansulfonyl- 2584
—, Tetra-O-methyl- 2580
Sugiresinol 2380
Sulfid
—, Bis-[3,4,5-triacetoxy-6-brom-
tetrahydro-pyran-2-ylmethyl]- 2615
—, Bis-[tri-O-acetyl-1-brom-1,5-
anhydro-glucit-6-yl]- 2615
Sulfit
s. Schwefligsäure-ester
Sulfon
—, Bis-[tetra-O-acetyl-
glucopyranose-6-yl]- 2616
—, Bis-[3,4,5-triacetoxy-6-brom-
tetrahydro-pyran-2-ylmethyl]- 2616
—, Bis-[tri-O-acetyl-1-brom-1,5-
anhydro-glucit-6-yl]- 2616
—, Phenyl-[tri-O-acetyl-
arabinopyranosyl]- 2488
—, Phenyl-[tri-O-acetyl-
xylopyranosyl]- 2488
—, Phenyl-xylopyranosyl- 2487
Sulfoxid
—, Bis-[tetra-O-acetyl-
glucopyranose-6-yl]- 2616
—, Bis-[3,4,5-triacetoxy-6-brom-
tetrahydro-pyran-2-ylmethyl]- 2615
—, Bis-[tri-O-acetyl-1-brom-1,5-
anhydro-glucit-6-yl]- 2615

T

Talal
s. Galactal
Talopyranosylbromid
—, Tetra-O-acetyl- 2607
Talose
—, O^2-[6-Desoxy-galactopyranosyl]-
2536
—, O^2-Fucopyranosyl- 2536
Taraxanthin 2239
Tetradec-7-in-5-ol
—, 6-Acetoxy-9,10-epoxy-6,9-
dimethyl- 2066
Tetrahydrodigifolein 2680
Tetrahydrodigifolein-A 2680
Tetrahydrodigifolein-B 2680
Tetrahydroisolaserpitin 2665
Tetrahydrolanafolein-A 2679
Tetrahydrolanafolein-C 2679
Tetrahydromexogenin 2676
lin-Tetra[1→4]xylopyranose 2476
—, Deca-O-acetyl- 2478
Tetrofuranosid
s. Erythrofuranosid bzw.
Threofuranosid
Thebenan
—, Phenyl-6-methoxy- 2220
Thebendien
—, 6-Methoxy-x-methyl- 2196
—, rac.-Phenyl-6-methoxy- 2237
Thebenol 2224
—, O-Acetyl- 2224
Thebentrien
—, Phenyl-6-methoxy- 2249
Thevetal 2038
Thevetopyranose
—, Tri-O-acetyl- 2543
Thevetopyranosid
—, Äthyl- 2529
—, Methyl- 2525
Thiacyclohexan
s. Thiopyran, Tetrahydro-
Thiacyclopentan
s. Thiophen, Tetrahydro-
Thiacyclopropan
s. Thiiran
9-Thia-fluoren
s. Dibenzothiophen
Thian
s. Thiopyran, Tetrahydro-
$2\lambda^4,5\lambda^6$-Thieno[3,4][1,3,2]dioxathiol
—, 2,5,5-Trioxo-tetrahydro- 1998
Thieno[3,4][1,3,2]dioxathiol-2,5,5-
trioxid
—, Tetrahydro- 1998
Thietan
—, 3,3-Bis-hydroxymethyl- 2011

Formelregister

Im Formelregister sind die Verbindungen entsprechend dem System von *Hill* (Am. Soc. **22** [1900] 478)

1. nach der Anzahl der C-Atome,
2. nach der Anzahl der H-Atome,
3. nach der Anzahl der übrigen Elemente

in alphabetischer Reihenfolge angeordnet. Isomere sind in Form des „Registernamens" (s. diesbezüglich die Erläuterungen zum Sachregister) in alphabetischer Reihenfolge aufgeführt. Verbindungen unbekannter Konstitution finden sich am Schluß der jeweiligen Isomeren-Reihe.

C_4-Gruppe

$C_4H_4O_2S$
Thiophen-3,4-diol 2048
Thiophen-3-on, 4-Hydroxy- 2048

$C_4H_6N_2O_7$
1,4-Anhydro-erythrit, Di-O-nitro-
1997

$C_4H_6O_5S_2$
Thieno[3,4][1,3,2]dioxathiol-2,5,5-
trioxid, Tetrahydro- 1998

$C_4H_8OS_2$
Thiiran, 2-Hydroxymethyl-
3-mercaptomethyl- 2001

$C_4H_8O_2S$
Thiophen-3,4-diol, Tetrahydro-
1997, 1998

$C_4H_8O_2S_3$
$1\lambda^6$-Thiophen-3,4-dithiol, 1,1-Dioxo-
tetrahydro- 1999

$C_4H_8O_3$
1,4-Anhydro-erythrit 1994
2,3-Anhydro-erythrit 2000
1,4-Anhydro-threit 1995

$C_4H_8O_4S$
$1\lambda^6$-Thiophen-3,4-diol, 1,1-Dioxo-
tetrahydro- 1997

C_5-Gruppe

$C_5H_6N_4O_{13}$
Xylopyranose, Tetra-O-nitro- 2484

$C_5H_8N_2O_7$
Oxetan, 3,3-Bis-nitryloxymethyl-
2011

$C_5H_8OS_2$
2-Oxa-6,7-dithia-spiro[3.4]octan
2011

$C_5H_8O_3$
1,5-Anhydro-2-desoxy-*erythro*-pent-1-
enit 2034
1,5-Anhydro-2-desoxy-*threo*-pent-1-
enit 2034

$C_5H_8O_4S$
2,6,8-Trioxa-$7\lambda^4$-thia-spiro[3.5]nonan,
7-Oxo- 2011

$C_5H_8O_5S$
1,4-Anhydro-xylit, O^3,O^5-Sulfinyl-
2293

$C_5H_9ClO_3$
2,5-Anhydro-1-desoxy-xylit, 1-Chlor-
2006

$C_5H_9FO_4$
Xylopyranosylfluorid 2278

$C_5H_9N_3O_4$
Ribofuranosylazid 2295

$C_5H_9O_7P$
Ribofuranose, O^1,O^2-
Hydroxyphosphoryl- 2517

$C_5H_{10}O_2S$
Thietan, 3,3-Bis-hydroxymethyl- 2011

$C_5H_{10}O_3$
erythro-1,5-Anhydro-2-desoxy-pentit
2003
threo-1,5-Anhydro-2-desoxy-pentit
2004
1,4-Anhydro-erythrit, O^2-Methyl-
1995
1,4-Anhydro-threit, O^2-Methyl- 1995
Furan-3-ol, 5-Hydroxymethyl-
tetrahydro- 2009
Oxetan, 3,3-Bis-hydroxymethyl- 2010

$C_5H_{10}O_4$
1,4-Anhydro-arabit 2290
1,5-Anhydro-arabit 2277
2,5-Anhydro-arabit 2290
1,4-Anhydro-ribit 2290
1,5-Anhydro-ribit 2277
1,4-Anhydro-xylit 2291
1,5-Anhydro-xylit 2277
Erythrofuranosid, Methyl- 2269
Threofuranosid, Methyl- 2269

$C_5H_{10}O_4S$
$1\lambda^6$-Thiophen-3,4-diol, 3-Methyl-1,1-
dioxo-tetrahydro- 2009

$C_5H_{10}O_7S_4$
Oxetan, 3,3-Bis-[sulfomercapto-
methyl]- 2011

$C_5H_{10}O_{10}P_2$
Ribofuranose, O^1,O^2-Hydroxyphosphoryl-
O^5-phosphono- 2519

$C_5H_{11}O_7P$
erythro-2-Desoxy-
pentofuranose, O^1-Phosphono- 2298

$C_5H_{11}O_8P$
Arabinofuranose, O^1-Phosphono- 2518
Arabinopyranose, O^1-Phosphono- 2485
Ribofuranose, O^1-Phosphono- 2517
Ribopyranose, O^1-Phosphono- 2484
Xylopyranose, O^1-Phosphono- 2485

$C_5H_{12}O_{11}P_2$
Ribofuranose, O^1,O^5-Diphosphono-
2518

$C_5H_{13}O_{14}P_3$
Ribofuranose, O^5-Phosphono-
O^1-trihydroxydiphosphoryl- 2519

C_6-Gruppe

$C_6H_2N_2S_3$
Thiophen, 2,5-Dithiocyanato- 2046

$C_6H_6Br_2O_2S$
Thiophen, 3,4-Dibrom-2,5-bis-
hydroxymethyl- 2053

$C_6H_6N_2O_6S$
Thiophen, 3,4-Dimethoxy-2,5-dinitro-
2048

[C_6H_7OS]⁺
Pyrylium, 4-Methylmercapto- 2049
   [C_6H_7OS]I **2049**
Thiopyrylium, 4-Methoxy- 2049
   [C_6H_7OS]ClO_4 2049
[$C_6H_7O_2$]⁺
Pyrylium, 4-Methoxy- 2049
   [$C_6H_7O_2$]ClO_4 2049
$C_6H_8O_2S$
Thiophen, 2,5-Bis-hydroxymethyl-
   2053
—, 3,4-Dimethoxy- 2048
—, 2-Hydroxymethyl-5-methoxy- 2050
$C_6H_8O_3$
Furan, 2,5-Bis-hydroxymethyl- 2052
—, 3,4-Bis-hydroxymethyl- 2053
—, 2-Hydroxymethyl-5-methoxy- 2050
Furan-3-ol, 2-Methoxy-5-methyl- 2049
Furan-3-on, 2-Methoxy-5-methyl- 2049
7-Oxa-norborn-5-en-2,3-diol 2054
$C_6H_8S_3$
Thiophen, 2,5-Bis-methylmercapto-
   2046
$C_6H_9ClO_6S$
4-Desoxy-xylopyranosid, Methyl-[4-chlor-
   O^2,O^3-sulfonyl- 2272
$C_6H_{10}BrFO_4$
6-Desoxy-glucopyranosylfluorid,
   6-Brom- 2302
$C_6H_{10}Br_2O_3$
Furan, 3,4-Dibrom-2,5-dimethoxy-
   tetrahydro- 1994
$C_6H_{10}ClFO_4$
6-Desoxy-glucopyranosylfluorid,
   6-Chlor- 2300
$C_6H_{10}Cl_2O_3$
1,4-Anhydro-2,6-didesoxy-mannit,
   2,6-Dichlor- 2017
2,5-Anhydro-1,6-didesoxy-mannit,
   1,6-Dichlor- 2018
3,6-Anhydro-1,2-didesoxy-mannit,
   1,2-Dichlor- 2017
$C_6H_{10}I_2O_3$
2,5-Anhydro-1,6-didesoxy-idit,
   1,6-Dijod- 2019
$C_6H_{10}O_2$
Furan, 3,4-Epoxy-2,5-dimethyl-
   tetrahydro- 2018
$C_6H_{10}O_3$
1,5-Anhydro-2,6-didesoxy-*arabino*-hex-
   1-enit 2037
1,5-Anhydro-2,6-didesoxy-*ribo*-hex-1-
   enit 2037
1,5-Anhydro-2,6-didesoxy-*xylo*-hex-1-
   enit 2038
2,6-Anhydro-1,5-didesoxy-*arabino*-hex-
   5-enit 2037
Furan, 2,5-Dimethoxy-2,5-dihydro-
   2031

Pyran-3,4-diol, 2-Methyl-3,4-dihydro-
   2*H*- 2037
$C_6H_{10}O_4$
1,5-Anhydro-2-desoxy-*arabino*-hex-1-
   enit 2332
2,6-Anhydro-5-desoxy-*arabino*-hex-5-
   enit 2332
$O^1,O^4;O^2,O^5$-Dianhydro-altrit 2649
$C_6H_{10}O_4S$
Pyrano[4,3-*d*][1,3,2]dioxathiin-2-oxid,
   Tetrahydro- 2015
$C_6H_{10}O_5$
1,2-Anhydro-*allo*-inosit 2661
1,2-Anhydro-*cis*-inosit 2661
1,2-Anhydro-*myo*-inosit 2662
1,2-Anhydro-*neo*-inosit 2663
2,3-Anhydro-*allo*-inosit 2662
5,6-Anhydro-*allo*-inosit 2662
$C_6H_{11}BrO_4$
2-Desoxy-arabinopyranosid, Methyl-
   [2-brom- 2274
4-Desoxy-lyxopyranosid, Methyl-
   [4-brom- 2273
3-Desoxy-xylopyranosid, Methyl-
   [3-brom- 2274
$C_6H_{11}ClO_4$
1,4-Anhydro-6-desoxy-glucit, 6-Chlor-
   2320
2-Desoxy-arabinopyranosid, Methyl-
   [2-chlor- 2274
3-Desoxy-xylopyranosid, Methyl-
   [3-chlor- 2274
4-Desoxy-xylopyranosid, Methyl-
   [4-chlor- 2272
Furan-3-ol, 4-Chlor-2,5-dimethoxy-
   tetrahydro- 2271
$C_6H_{11}FO_5$
Fructopyranosylfluorid 2585
Galactopyranosylfluorid 2586
Glucopyranosylfluorid 2585
$C_6H_{11}IO_4$
1,4-Anhydro-6-desoxy-glucit, 6-Jod-
   2321
$C_6H_{11}NO_6$
3-Desoxy-ribopyranosid, Methyl-
   [3-nitro- 2274
3-Desoxy-xylopyranosid, Methyl-
   [3-nitro- 2274
$C_6H_{11}N_3O_5$
Glucopyranosylazid 2614
$C_6H_{11}O_7P$
Ribofuranosid, Methyl-
   [O^2,O^3-hydroxyphosphoryl- 2518
$C_6H_{12}O_2S$
Thiophen, 3,4-Bis-hydroxymethyl-
   tetrahydro- 2022
Thiopyran-4-ol, 3-Hydroxymethyl-
   tetrahydro- 2016

$C_6H_{12}O_3$

2,5-Anhydro-1-desoxy-arabit,
   3-Methyl- 2018
1,4-Anhydro-erythrit, O^2-Äthyl- 1996
1,4-Anhydro-threit, O^2-Äthyl- 1996
Butan, 1,2-Epoxy-3,4-dimethoxy- 2000
—, 2,3-Epoxy-1,4-dimethoxy- 2000
erythro-2,5-Didesoxy-pentofuranosid,
   Methyl- 2008
Furan, 2,5-Bis-hydroxymethyl-
   tetrahydro- 2019
—, 2,5-Dimethoxy-tetrahydro- 1993
Furan-3-ol, 5-[1-Hydroxy-äthyl]-
   tetrahydro- 2017
—, 5-Methoxymethyl-tetrahydro- 2009
Oxetan, 3-Methoxy-2-methoxymethyl-
   1999
Pyran-3,4-diol, 2-Methyl-tetrahydro-
   2012
Pyran-3-ol, 2-Hydroxymethyl-
   tetrahydro- 2013
—, 4-Hydroxymethyl-tetrahydro- 2016
Pyran-4-ol, 3-Hydroxymethyl-
   tetrahydro- 2014

$C_6H_{12}O_4$

2,5-Anhydro-1-desoxy-arabit,
   3-Hydroxymethyl- 2321
arabino-1,5-Anhydro-2-desoxy-hexit 2312
ribo-1,5-Anhydro-2-desoxy-hexit 2312
arabino-2,6-Anhydro-5-desoxy-hexit
   2313
1,4-Anhydro-fucit 2319
1,4-Anhydro-rhamnit 2319
1,5-Anhydro-rhamnit 2299
5-Desoxy-arbinofuranosid, Methyl-
   2286
erythro-2-Desoxy-pentofuranosid,
   Methyl- 2296
erythro-2-Desoxy-pentopyranosid,
   Methyl- 2275
erythro-3-Desoxy-pentopyranosid,
   Methyl- 2273
erythro-4-Desoxy-pentopyranosid,
   Methyl- 2272
5-Desoxy-ribofuranosid, Methyl- 2285
4-Desoxy-ribopyranosid, Methyl- 2272
Furan-3-ol, 2,5-Dimethoxy-tetrahydro-
   2270
Pyran-3,4-diol, 6-Hydroxymethyl-
   tetrahydro- 2318
Verbindung $C_6H_{12}O_4$ aus 1,5-Anhydro-
   2,6-didesoxy-*ribo*-hex-1-enit 2037

$C_6H_{12}O_4S$

1-Thio-arabinopyranosid, Methyl-
   2486
$1\lambda^6$-Thiophen-3,4-diol, 3,4-Dimethyl-
   1,1-dioxo-tetrahydro- 2021
$1\lambda^6$-Thiopyran-4-ol, 4-Hydroxymethyl-
   1,1-dioxo-tetrahydro- 2017

$C_6H_{12}O_5$

1,5-Anhydro-allit 2578
1,5-Anhydro-altrit 2578
2,6-Anhydro-altrit 2578
1,4-Anhydro-galactit 2642
1,5-Anhydro-galactit 2580
1,4-Anhydro-glucit 2641
1,5-Anhydro-glucit 2579
2,5-Anhydro-glucit 2648
2,6-Anhydro-glucit 2579
3,6-Anhydro-glucit 2640
2,5-Anhydro-idit 2649
1,4-Anhydro-mannit 2641
1,5-Anhydro-mannit 2579
2,5-Anhydro-mannit 2649
Arabinofuranosid, Methyl- 2491
Arabinopyranosid, Methyl- 2426
Furan-3,4-diol, 2,5-Dimethoxy-
   tetrahydro- 2424
Lyxofuranosid, Methyl- 2492
Lyxopyranosid, Methyl- 2429
Ribofuranosid, Methyl- 2491
Ribopyranosid, Methyl- 2425
Xylofuranosid, Methyl- 2492
Xylopyranosid, Methyl- 2428

$C_6H_{13}O_7P$

erythro-2-Desoxy-pentofuranosid, Methyl-
   [O^5-phosphono- 2298

$C_6H_{13}O_8P$

1,5-Anhydro-glucit, O^6-Phosphono-
   2584

$C_6H_{14}O_{10}P_2$

erythro-2-Desoxy-pentofuranosid, Methyl-
   [di-O-phosphono- 2298

$C_6N_4O_4S_3$

Thiophen, 3,4-Dinitro-2,5-
   dithiocyanato- 2047

C₇-Gruppe

$C_7H_8N_2OS_2$

Oxetan, 3,3-Bis-thiocyanatomethyl-
   2011

$C_7H_{10}Cl_2O_6S$

4,6-Didesoxy-galactopyranosid, Methyl-
   [4,6-dichlor-O^2,O^3-sulfonyl- 2311

$C_7H_{10}OS_2$

Thiophen, 2-Äthylmercapto-5-
   hydroxymethyl- 2050

$C_7H_{10}O_2S$

Äthanol, 2-[5-Methoxy-[2]thienyl]-
   2051

$C_7H_{10}O_3$

Äthanol, 2-[2]Furyl-2-methoxy- 2051
Furfurylalkohol, 5-Methoxymethyl-
   2051
Propan-1,2-diol, 1-[2]Furyl- 2058
Propan-1,3-diol, 1-[2]Furyl- 2058

C₇H₁₀O₆S
1,4-Anhydro-xylit, O²-Acetyl-
O³,O⁵-sulfinyl- 2293

C₇H₁₁N₃O₁₁
Xylopyranosid, Äthyl-[tri-O-nitro- 2484

C₇H₁₂Cl₂O₄
4,6-Didesoxy-galactopyranosid,
Methyl-[4,6-dichlor- 2310

C₇H₁₂O₃
1,5-Anhydro-2-desoxy-*threo*-pent-1-enit,
Di-O-methyl- 2034
1,5-Anhydro-2,6-didesoxy-*arabino*-hex-
1-enit, O³-Methyl- 2038
Furan, 2,3-Dimethoxy-5-methyl-2,5-
dihydro- 2036
—, 2,5-Dimethoxy-2-methyl-2,3-
dihydro- 2036
—, 3-Methoxy-4-vinyloxy-tetrahydro-
1996

C₇H₁₂O₄
1,5-Anhydro-2-desoxy-*arabino*-hex-1-enit,
O³-Methyl- 2333
5,6-Didesoxy-*arabino*-hex-5-enofuranosid,
Methyl- 2335
2,3-Didesoxy-*erythro*-hex-2-enopyranosid,
Methyl- 2330
Furfurylalkohol, 2,5-Dimethoxy-2,5-
dihydro- 2329
—, 4,5-Dimethoxy-4,5-dihydro- 2329

C₇H₁₂O₅
6-Desoxy-*xylo*-hex-5-enopyranosid,
Methyl- 2659

C₇H₁₃BrO₅
2-Desoxy-altropyranosid, Methyl-
[2-brom- 2627
2-Desoxy-glucopyranosid, Methyl-
[2-brom- 2627
3-Desoxy-glucopyranosid, Methyl-
[3-brom- 2634
6-Desoxy-glucopyranosid, Methyl-
[6-brom- 2566
2-Desoxy-mannopyranosid, Methyl-
[2-brom- 2627
Fucopyranosid, Methyl-[6-brom- 2567
Rhamnopyranosid, Methyl-[6-brom-
2567

C₇H₁₃ClO₅
2-Desoxy-altropyranosid, Methyl-
[2-chlor- 2626
3-Desoxy-altropyranosid, Methyl-
[3-chlor- 2632
2-Desoxy-glucopyranosid, Methyl-
[2-chlor- 2626
3-Desoxy-glucopyranosid, Methyl-
[3-chlor- 2633
4-Desoxy-glucopyranosid, Methyl-
[4-chlor- 2635
6-Desoxy-glucopyranosid, Methyl-
[6-chlor- 2565

3-Desoxy-gulopyranosid, Methyl-
[3-chlor- 2633
2-Desoxy-idopyranosid, Methyl-
[2-chlor- 2626

C₇H₁₃ClO₈S
4-Desoxy-galactopyranosid, Methyl-
[4-chlor-O³-sulfo- 2636

C₇H₁₃FO₅
6-Desoxy-glucopyranosid, Methyl-
[6-fluor- 2563
Fucopyranosid, Methyl-[6-fluor- 2563
Glucopyranosylfluorid, O²-Methyl- 2586

C₇H₁₃IO₅
6-Desoxy-altropyranosid, Methyl-
[6-jod- 2571
3-Desoxy-glucopyranosid, Methyl-
[3-jod- 2634
6-Desoxy-glucopyranosid, Methyl-
[6-jod- 2571

C₇H₁₃NO₇
2,6-Anhydro-1-desoxy-*glycero-
gulo*-heptit, 1-Nitro- 2654

[C₇H₁₃OS]⁺
1-Thionia-norbornan, 7-Hydroxymethyl-
2023
[C₇H₁₃OS]Br 2023

C₇H₁₄N₂O₆
Präparat C₇H₁₄N₂O₆ aus Tetra-
O-acetyl-glucopyranosylbromid 2603

C₇H₁₄O₂S
Äthan-1,2-diol,
1-Tetrahydrothiopyran-4-yl- 2023

C₇H₁₄O₃
Äthanol, 2-Methoxy-2-[tetrahydro-[2]
furyl]- 2020
Furan, 2,3-Dimethoxy-5-methyl-
tetrahydro- 2008
—, 2,5-Dimethoxy-2-methyl-tetrahydro-
2006
—, 2-Hydroxymethyl-5-methoxymethyl-
tetrahydro- 2020
—, 5-Hydroxymethyl-2-methoxy-2-
methyl-tetrahydro- 2019
Furan-3-ol, 4-Methoxy-2,5-dimethyl-
tetrahydro- 2018
Oxetan, 3-Äthoxymethyl-3-
hydroxymethyl- 2010
Pyran, 2,6-Bis-hydroxymethyl-
tetrahydro- 2023
—, 2,6-Dimethoxy-tetrahydro- 2003
Pyran-3,4-diol, 2,4-Dimethyl-
tetrahydro- 2023
Pyran-4-ol, 3-[2-Hydroxy-äthyl]-
tetrahydro- 2022
—, 2-Methoxy-4-methyl-tetrahydro-
2016

C₇H₁₄O₄
erythro-2-Desoxy-pentofuranosid,
Äthyl- 2296

C₈-Gruppe

$C_8H_{10}O_3$
But-3-en-1,2-diol, 1-[2]Furyl- 2068
$C_8H_{10}O_5$
Furan, 2,5-Diacetoxy-2,5-dihydro-
2033
$C_8H_{11}ClO_6$
Furan-3-ol, 2,5-Diacetoxy-4-chlor-
tetrahydro- 2272
$C_8H_{11}NO_5$
Propan-1-ol, 3-[2]Furyl-3-methoxy-2-
nitro- 2058
$[C_8H_{11}OS]^+$
Pyrylium, 2,6-Dimethyl-4-methylmercapto-
2055
$[C_8H_{11}OS]I$ 2055
$[C_8H_{11}OSe]^+$
Pyrylium, 2,6-Dimethyl-4-methylseleno-
2058
$[C_8H_{11}OSe]I$ 2058
$[C_8H_{11}O_2]^+$
Pyrylium, 4-Methoxy-2,6-dimethyl- 2054
$[C_8H_{11}O_2]ClO_4$ 2054
$[C_8H_{11}O_2]I$ 2054
$[C_8H_{11}SSe]^+$
Thiopyrylium, 2,6-Dimethyl-
4-methylseleno- 2058
$[C_8H_{11}SSe]I$ 2058
$[C_8H_{11}S_2]^+$
Thiopyrylium, 2,6-Dimethyl-4-methyl-
mercapto- 2058
$[C_8H_{11}S_2]I$ 2058
$C_8H_{12}OS_2$
Thiophen, 2-Hydroxymethyl-5-
propylmercapto- 2050
$C_8H_{12}O_2S$
Thiophen, 2,5-Bis-[2-hydroxy-äthyl]-
2058
—, 3,4-Bis-hydroxymethyl-2,5-
dimethyl- 2059
$C_8H_{12}O_3$
Butan-1,3-diol, 1-[2]Furyl- 2058
Furan, 3,4-Bis-methoxymethyl- 2053
7-Oxa-norborn-2-en,
5,6-Bis-hydroxymethyl- 2042
Verbindung $C_8H_{12}O_3$ aus Tri-O-acetyl-
1,5-anhydro-2-desoxy-arabino-hex-
1-enit 2334
$C_8H_{12}O_4S$
Thiophen, 3,4-Diacetoxy-tetrahydro-
1998
—, Tetrakis-hydroxymethyl- 2665
$C_8H_{12}O_4S_3$
Thiophen-1,1-dioxid,
3,4-Bis-acetylmercapto-tetrahydro-
1999
$C_8H_{12}O_5$
Furan, 2,5-Diacetoxy-tetrahydro-
1994
—, Tetrakis-hydroxymethyl- 2665

$C_8H_{12}O_6S$
Thiophen-1,1-dioxid, 3,4-Diacetoxy-
tetrahydro- 1998
$C_8H_{13}BrO_4$
ribo-2,6-Didesoxy-hexopyranosylbromid,
O^3-Acetyl- 2012
—, O^4-Acetyl- 2012
$C_8H_{14}Cl_2O_7S_2$
2,5-Anhydro-1,6-didesoxy-mannit,
1,6-Dichlor-O^3,O^4-bis-methansulfonyl-
2019
$C_8H_{14}O_3$
Cyclobutan-1,2-diol, 3,4-Epoxy-
1,2,3,4-tetramethyl- 2042
Furan, 2-Äthyl-2,5-dimethoxy-2,5-
dihydro- 2039
—, 2,5-Diäthoxy-2,5-dihydro- 2032
—, 2,5-Dimethoxy-2,5-dimethyl-2,5-
dihydro- 2040
Isobenzofuran-5,6-diol, Octahydro-
2041
7-Oxa-norbornan,
2,3-Bis-hydroxymethyl- 2042
$C_8H_{14}O_4$
Äthanol, 1-[2,5-Dimethoxy-2,5-
dihydro-[2]furyl]- 2335
2,3-Didesoxy-erythro-hex-2-enopyranosid,
Äthyl- 2330
Furan, 2,5-Dimethoxy-2-methoxymethyl-
2,5-dihydro- 2329
$C_8H_{14}O_6$
Arabinopyranosid, Methyl-[O^2-acetyl-
2448
$C_8H_{15}BrO_4$
Furan-3-ol, 2,5-Diäthoxy-4-brom-
tetrahydro- 2272
$C_8H_{15}ClO_4$
Furan-3-ol, 2,5-Diäthoxy-4-chlor-
tetrahydro- 2271
$C_8H_{15}FO_5$
Glucopyranosylfluorid, O^2,O^3-
Dimethyl- 2586
$C_8H_{15}IO_4$
ribo-2,6-Didesoxy-hexopyranosid, Methyl-
[6-jod-O^3-methyl- 2309
$C_8H_{15}IO_5$
Rhamnopyranosid, Methyl-[6-jod-
O^4-methyl- 2572
$C_8H_{16}O_2S$
Thiophen, 3,4-Diäthoxy-tetrahydro-
1998
$C_8H_{16}O_3$
Äthan, 1,2-Dimethoxy-1-[tetrahydro-
[2]furyl]- 2020
1,4-Anhydro-threit, O^2-Butyl- 1996
Butan-1,3-diol, 1-Tetrahydro[2]furyl-
2025
Furan, 2-Äthyl-2,5-dimethoxy-
tetrahydro- 2017

$C_8H_{16}O_5$ *(Fortsetzung)*
  Ribopyranosid, Methyl-
    [O^2,O^3-dimethyl- 2430
  —, Methyl-[O^2,O^4-dimethyl- 2431
  Xylofuranosid, Methyl-
    [O^2,O^3-dimethyl- 2493
  —, Methyl-[O^2,O^5-dimethyl- 2494
  —, Methyl-[O^3,O^5-dimethyl- 2494
  Xylopyranosid, Isopropyl- 2434
  —, Methyl-[O^2,O^3-dimethyl- 2430
  —, Methyl-[O^2,O^4-dimethyl- 2431
  —, Methyl-[O^3,O^4-dimethyl- 2432
  —, Propyl- 2434

$C_8H_{16}O_5S$
  3-Thio-altropyranosid, Methyl-
    [S-methyl- 2627

$C_8H_{16}O_7$
  Arabinofuranosid, [β,β'-Dihydroxy-
    isopropyl]- 2498
  Arabinopyranosid, [β,β'-Dihydroxy-
    isopropyl]- 2441
  Xylopyranosid, [β,β'-Dihydroxy-
    isopropyl]- 2441

C_9-Gruppe

$C_9H_7BrO_2S$
  Benzo[b]thiophen-3-ol, 6-Brom-5-
    methoxy- 2116
  Benzo[b]thiophen-3-on, 6-Brom-5-
    methoxy- 2116

$C_9H_7ClO_2S$
  Benzo[b]thiophen-3-ol, 6-Chlor-4-
    methoxy- 2115
  —, 6-Chlor-5-methoxy- 2115
  Benzo[b]thiophen-3-on, 6-Chlor-4-
    methoxy- 2115
  —, 6-Chlor-5-methoxy- 2115

$C_9H_8O_2S$
  Benzo[b]thiophen-3-ol, 5-Methoxy- 2115
  —, 6-Methoxy- 2117
  Benzo[b]thiophen-3-on, 5-Methoxy-
    2115
  —, 6-Methoxy- 2117

$C_9H_8O_3$
  Benzofuran-3,6-diol, 2-Methyl- 2121
  —, 5-Methyl- 2122
  Benzofuran-3-ol, 4-Methoxy- 2114
  —, 5-Methoxy- 2115
  —, 6-Methoxy- 2116
  —, 7-Methoxy- 2118
  Benzofuran-6-ol, 4-Methoxy- 2119
  Benzofuran-3-on, 6-Hydroxy-2-methyl-
    2121
  —, 6-Hydroxy-5-methyl- 2122
  —, 4-Methoxy- 2114
  —, 5-Methoxy- 2115
  —, 6-Methoxy- 2116
  —, 7-Methoxy- 2118

Furan-3,4-diol, 2-[Penta-2,4-
  diinyliden]-tetrahydro- 2120

$C_9H_8O_4$
  Benzofuran-3,4-diol, 6-Methoxy- 2353
  Benzofuran-3,6-diol, 4-Methoxy- 2352
  —, 7-Methoxy- 2356
  Benzofuran-3,7-diol, 6-Methoxy- 2355
  Benzofuran-3-on, 4,6-Dihydroxy-2-
    methyl- 2357
  —, 4-Hydroxy-6-methoxy- 2353
  —, 6-Hydroxy-4-methoxy- 2352
  —, 6-Hydroxy-7-methoxy- 2356
  —, 7-Hydroxy-6-methoxy- 2355
  Benzofuran-3,4,6-triol, 2-Methyl-
    2357

$C_9H_8O_5$
  Benzofuran-3-on, 4,6-Dihydroxy-5-
    methoxy- 2677
  —, 4,6-Dihydroxy-7-methoxy- 2677
  Benzofuran-3,4,6-triol, 5-Methoxy-
    2677
  —, 7-Methoxy- 2677

$C_9H_{10}O_3$
  Benzofuran-6-ol, 4-Methoxy-2,3-
    dihydro- 2072

$C_9H_{11}ClHgS_3$
  Chloromercurio-Derivat $C_9H_{11}ClHgS_3$
    aus 4-Methylmercapto-2-
    [2-methylmercapto-propenyl]-
    thiophen 2067

$[C_9H_{11}O_3]^+$
  Pyrylium, 4-Acetoxy-2,6-dimethyl- 2054
    [$C_9H_{11}O_3$]BF_4 2054

$C_9H_{12}ClFO_5$
  5-Desoxy-ribofuranosylchlorid, Di-
    O-acetyl-5-fluor- 2007

$C_9H_{12}ClIO_5$
  5-Desoxy-ribofuranosylchlorid, Di-
    O-acetyl-5-jod- 2007

$C_9H_{12}Cl_2O_5$
  Pyran, 4,5-Diacetoxy-2,3-dichlor-
    tetrahydro- 2006

$C_9H_{12}O_3$
  Pent-3-en-1,2-diol, 1-[2]Furyl- 2068

$C_9H_{12}O_5$
  1,5-Anhydro-2-desoxy-*erythro*-pent-1-enit,
    Di-O-acetyl- 2035
  1,5-Anhydro-2-desoxy-*threo*-pent-1-enit,
    Di-O-acetyl- 2035

$C_9H_{12}S_3$
  Thiophen, 4-Methylmercapto-2-
    [2-methylmercapto-propenyl]- 2067

$C_9H_{13}ClO_5$
  5-Desoxy-ribofuranosylchlorid, Di-
    O-acetyl- 2006

$[C_9H_{13}O_2]^+$
  Pyrylium, 4-Äthoxy-2,6-dimethyl- 2054
    [$C_9H_{13}O_2$]ClO_4 2054
    [$C_9H_{13}O_2$]BF_4 2054

$C_{10}H_{16}O_3$ *(Fortsetzung)*
Furan, 2,5-Bis-[3-hydroxy-propyl]- 2060
Isobenzofuran, 1,3-Dimethoxy-
1,3,3a,4,7,7a-hexahydro- 2059
$C_{10}H_{16}O_4S$
Thiophen, 3,4-Bis-acetoxymethyl-
tetrahydro- 2022
—, 2,5-Bis-[2-hydroxy-äthoxymethyl]-
2053
Thiopyran, 4-Acetoxy-3-acetoxymethyl-
tetrahydro- 2016
$C_{10}H_{16}O_5$
2,5-Anhydro-1,6-didesoxy-
mannit, O^3,O^4-Diacetyl- 2018
Furan, 2,5-Bis-acetoxymethyl-
tetrahydro- 2020
—, 2,5-Bis-propionyloxy-tetrahydro-
1994
Pyran, 3-Acetoxy-2-acetoxymethyl-
tetrahydro- 2014
—, 4-Acetoxy-3-acetoxymethyl-
tetrahydro- 2015
—, 3,4-Diacetoxy-2-methyl-tetrahydro-
2012
$C_{10}H_{16}O_6$
erythro-2-Desoxy-pentofuranosid, Methyl-
[di-O-acetyl- 2296
erythro-3-Desoxy-pentofuranosid, Methyl-
[di-O-acetyl- 2298
$C_{10}H_{16}O_6S$
Thiophen-1,1-dioxid,
3,4-Bis-acetoxymethyl-tetrahydro-
2022
—, 3,4-Diacetoxy-3,4-dimethyl-
tetrahydro- 2021
$C_{10}H_{16}O_7$
Crotonsäure, 3-Xylopyranosyloxy-,
methylester 2469
Furan, 3,4-Diacetoxy-2,5-dimethoxy-
tetrahydro- 2425
$C_{10}H_{17}IO_6$
6-Desoxy-glucopyranosid, Methyl-
[O^3-acetyl-6-jod-O^2-methyl- 2572
$C_{10}H_{18}O_3$
Furan, 2-Butyl-2,5-dimethoxy-2,5-
dihydro- 2040
—, 2,5-Diisopropoxy-2,5-dihydro- 2032
—, 2,5-Dimethoxy-2-methyl-5-propyl-
2,5-dihydro- 2040
—, 2,5-Dipropoxy-2,5-dihydro- 2032
p-Menthan-1,2-diol, 6,8-Epoxy- 2043
p-Menthan-1,4-diol, 2,3-Epoxy- 2043
p-Menthan-2,3-diol, 1,4-Epoxy- 2044
p-Menthan-2,6-diol, 1,8-Epoxy- 2045
Pyran, 2-Methoxy-3-methoxymethyl-3,5-
dimethyl-3,4-dihydro-2H- 2040
$C_{10}H_{18}O_4$
Hexan-2-ol, 3-Acetoxy-4,5-epoxy-3,5-
dimethyl- 2026

—, 5-Acetoxy-3,4-epoxy-3,5-dimethyl-
2026
$C_{10}H_{18}O_5$
Äther, Bis-[3-hydroxy-tetrahydro-
pyran-2-yl]- 2002
1,5-Anhydro-*arabino*-hex-1-enit, Tetra-
O-methyl- 2657
$C_{10}H_{18}O_6$
Rhamnopyranosid, Methyl-[O^3-acetyl-
O^4-methyl- 2538
$C_{10}H_{18}O_7$
Äther, Bis-[*erythro*-2-desoxy-
pentopyranosyl]- 2277
$C_{10}H_{18}O_8S_2$
2,3-Didesoxy-*erythro*-hex-2-enopyranosid,
Äthyl-[bis-O-methansulfonyl- 2331
Disulfid, Diarabinopyranosyl- 2490
—, Dixylopyranosyl- 2490
$C_{10}H_{18}O_9$
Äther, Diarabinopyranosyl- 2474
—, Dixylopyranosyl- 2474
Arabinose, O^3-Arabinofuranosyl- 2499
—, O^5-Arabinofuranosyl- 2499
—, O^3-Arabinopyranosyl- 2443
—, O^5-Arabinopyranosyl- 2444
—, O^2-Xylopyranosyl- 2442
—, O^3-Xylopyranosyl- 2443
—, O^5-Xylopyranosyl- 2444
Xylose, O^3-Xylopyranosyl- 2443
$C_{10}H_{19}BrO_5$
6-Desoxy-glucopyranosid, Methyl-[6-brom-
tri-O-methyl- 2567
Glucopyranosylbromid, Tetra-O-methyl-
2600
$C_{10}H_{19}ClO_4$
Furan-3-ol, 4-Chlor-2,5-diisopropoxy-
tetrahydro- 2272
$C_{10}H_{19}ClO_5$
4-Desoxy-galactopyranosid, Methyl-
[4-chlor-tri-O-methyl- 2635
4-Desoxy-glucopyranosid, Methyl-
[4-chlor-tri-O-methyl- 2635
Glucopyranosylchlorid, Tetra-
O-methyl- 2589
$C_{10}H_{19}ClO_{13}S_4$
Glucopyranosylchlorid, Tetrakis-
O-methansulfonyl- 2598
$C_{10}H_{19}FO_{11}S_3$
6-Desoxy-glucopyranosid, Methyl-
[6-fluor-tris-O-methansulfonyl-
2564
Fucopyranosid, Methyl-[6-fluor-tris-
O-methansulfonyl- 2564
$C_{10}H_{19}IO_5$
6-Desoxy-glucopyranosid, Methyl-[6-jod-
tri-O-methyl- 2572
$C_{10}H_{19}IO_{11}S_3$
6-Desoxy-glucopyranosid, Methyl-[6-jod-
tris-O-methansulfonyl- 2577

$C_{10}H_{19}NO_6$
lyxo-6-Desoxy-hexopyranosid, Methyl-
[O^2-carbamoyl-5,O^4-dimethyl- 2653
—, Methyl-[O^3-carbamoyl-
5,O^4-dimethyl- 2653

$C_{10}H_{19}NO_7$
6-Desoxy-glucopyranosid, Methyl-
[tri-O-methyl-6-nitro- 2578

$C_{10}H_{20}O_3$
Furan, 2-Äthoxy-3-[1-äthoxy-äthyl]-
tetrahydro- 2017
—, 2,5-Bis-äthoxymethyl-tetrahydro-
2020
—, 2,5-Bis-[3-hydroxy-propyl]-
tetrahydro- 2028
—, 2,5-Dipropoxy-tetrahydro- 1994
1-Oxa-cycloundecan-6,7-diol 2028
Pentan-1,5-diol, 2-Tetrahydropyran-2-yl-
2028
Pyran, 2-Methoxy-3-methoxymethyl-3,5-
dimethyl-tetrahydro- 2025

$C_{10}H_{20}O_3S$
1-Thio-*ribo*-2,6-didesoxy-hexopyranosid,
Äthyl-[3,O^3-dimethyl- 2323

$C_{10}H_{20}O_4$
Äthan-1,2-diol, 1-[5-(α-Hydroxy-
isopropyl)-2-methyl-tetrahydro-[2]-
furyl]- 2326
Cladinopyranosid, Äthyl- 2322
Furan, 5-[1-Hydroxy-äthyl]-2,5-bis-
hydroxymethyl-2,3-dimethyl-
tetrahydro- 2326
—, 2,3,5-Triäthoxy-tetrahydro- 2271
Octan-1,2,3-triol, 6,7-Epoxy-3,7-
dimethyl- 2326
Pyran-3-ol, 3,6-Bis-hydroxymethyl-
2,5,6-trimethyl-tetrahydro- 2326

$C_{10}H_{20}O_4S$
Furan-3-ol, 2,5-Diäthoxy-4-
äthylmercapto-tetrahydro- 2272

$C_{10}H_{20}O_5$
1,4-Anhydro-glucit, Tetra-O-methyl-
2642
1,5-Anhydro-glucit, Tetra-O-methyl-
2580
1,5-Anhydro-mannit, Tetra-O-methyl-
2580
6-Desoxy-allofuranosid, Methyl-
[tri-O-methyl- 2638
6-Desoxy-allopyranosid, Methyl-
[tri-O-methyl- 2527
2-Desoxy-altopyranosid, Methyl-
[2,O^4,O^6-trimethyl- 2654
3-Desoxy-glucopyranosid, Methyl-
[3,O^4,O^6-trimethyl- 2654
lyxo-2-Desoxy-hexofuranosid, Methyl-
[tri-O-methyl- 2647
arabino-2-Desoxy-hexopyranosid, Methyl-
[tri-O-methyl- 2619

lyxo-2-Desoxy-hexopyranosid, Methyl-
[tri-O-methyl- 2619
ribo-2-Desoxy-hexopyranosid, Methyl-
[tri-O-methyl- 2619
Fucopyranosid, Methyl-[tri-O-methyl-
2527
Furan-3,4-diol, 2,5-Diisopropoxy-
tetrahydro- 2424
—, 2,5-Dipropoxy-tetrahydro- 2424
Rhamnopyranosid, Methyl-[tri-
O-methyl- 2527
Xylopyranosid, Pentyl- 2435

$C_{10}H_{20}O_7S_2$
Furan, 3,4-Bis-methansulfonyloxy-
2,2,5,5-tetramethyl-tetrahydro-
2026

$C_{10}H_{20}O_8S_2$
erythro-2,3-Didesoxy-hexopyranosid,
Äthyl-[bis-O-methansulfonyl- 2318

$C_{10}H_{20}O_9$
Arabit, O^2-Xylopyranosyl- 2442

$C_{10}H_{20}O_{13}S_4$
1,4-Anhydro-glucit, Tetrakis-
O-methansulfonyl- 2644
1,5-Anhydro-mannit, Tetrakis-
O-methansulfonyl- 2584

C_{11}-Gruppe

$C_{11}H_8O_4$
Naphthalin-1,4-diol, 2,3-Epoxy-5-
methoxy- 2367
—, 2,3-Epoxy-6-methoxy- 2367
[1,4]Naphthochinon, 2,3-Epoxy-5-
methoxy-2,3-dihydro- 2367
—, 2,3-Epoxy-6-methoxy-2,3-dihydro-
2367

$C_{11}H_{10}Cl_6O_3$
4,7-Methano-isobenzofuran, 4,5,6,7,8,8-
Hexachlor-1,3-dimethoxy-1,3,3a,4,-
7,7a-hexahydro- 2068

$C_{11}H_{10}O_3$
Furan-3-ol, 5-Methyl-2-phenoxy- 2050
Furan-3-on, 5-Methyl-2-phenoxy- 2050
Methanol, [2]Furyl-[2-hydroxy-phenyl]-
2146
—, [2]Furyl-[4-hydroxy-phenyl]- 2146

$C_{11}H_{10}O_4$
Benzofuran, 6-Acetoxy-4-methoxy-
2119
Benzofuran-3-ol, 6-Acetoxy-5-methyl-
2123
Benzofuran-3-on, 6-Acetoxy-5-methyl-
2123
Furan-3-ol, 2-Benzoyloxy-2,3-dihydro-
2031

$C_{11}H_{11}BrO_2S$
Benzo[*b*]thiophen-3-ol, 6-Brom-5-
methoxy-4,7-dimethyl- 2127

C₁₁H₁₇BrO₉S

Glucopyranosylbromid, O^2,O^6-Diacetyl-O^3-methansulfonyl- 2611

C₁₁H₁₇IO₆

ribo-3,6-Didesoxy-hexopyranosid, Methyl-[di-O-acetyl-6-jod- 2310

C₁₁H₁₈OS₂

Thiophen, 2-Hexylmercapto-5-hydroxymethyl- 2051

C₁₁H₁₈O₃

Hexan-1,4-diol, 1-[2]Furyl-4-methyl- 2061

Pyran, 2,6-Bis-allyloxy-tetrahydro- 2003

C₁₁H₁₈O₄

Benzo[*c*][1,2]dioxin-3-ol, 8a-Methoxy-4,7-dimethyl-3,5,6,7,8,8a-hexahydro- 2060

Benzo[*c*][1,2]dioxin-8a-ol, 3-Methoxy-4,7-dimethyl-3,5,6,7-tetrahydro-8*H*- 2060

Benzofuran, 2-Hydroperoxy-7a-methoxy-3,6-dimethyl-2,4,5,6,7,7a-hexahydro- 2060

—, 7a-Hydroperoxy-2-methoxy-3,6-dimethyl-2,4,5,6,7,7a-hexahydro- 2060

C₁₁H₁₈O₅

Hexan, 3,4-Diacetoxy-2,3-epoxy-2-methyl- 2024

C₁₁H₁₈O₆

ribo-2,6-Didesoxy-hexopyranosid, Methyl-[di-O-acetyl- 2306

Pyran, 4-Acetoxy-3-[acetoxymethyl-methyl]-tetrahydro- 2015

—, 4-Acetoxymethoxy-3-acetoxymethyl-tetrahydro- 2015

C₁₁H₁₈O₇

Arabinofuranosid, Äthyl-[O^2,O^3-diacetyl- 2500

Xylopyranosid, Methyl-[O^3,O^4-diacetyl-O^2-methyl- 2448

C₁₁H₁₈O₉S

Arabinopyranosid, Methyl-[O^3,O^4-diacetyl-O^2-methansulfonyl- 2481

C₁₁H₁₉ClO₆

Glucopyranosylchlorid, O^4-Acetyl-O^2,O^3,O^6-trimethyl- 2590

C₁₁H₁₉IO₆

2-Desoxy-altropyranosid, Methyl-[O^3-acetyl-2-jod-O^4,O^6-dimethyl- 2629

3-Desoxy-glucopyranosid, Methyl-[O^2-acetyl-3-jod-O^4,O^6-dimethyl- 2635

C₁₁H₂₀O₃

Benzofuran-3,4-diol, 2-Isopropyl-octahydro- 2045

C₁₁H₂₀O₄

Heptan-3-ol, 6-Acetoxy-4,5-epoxy-4,6-dimethyl- 2027

Hexan-2-ol, 5-Acetoxy-3,4-epoxy-2,3,5-trimethyl- 2028

Octan-4-ol, 3-Acetoxy-2,3-epoxy-2-methyl- 2027

C₁₁H₂₀O₆

Rhamnopyranosid, Methyl-[O^2-acetyl-O^3,O^4-dimethyl- 2537

—, Methyl-[O^3-acetyl-O^2,O^4-dimethyl- 2538

C₁₁H₂₀O₉

Xylobiosid, Methyl- 2474

C₁₁H₂₀O₁₀

Galactose, O^6-Xylopyranosyl- 2448

Glucose, O^6-Arabinopyranosyl- 2447

—, O^6-Xylopyranosyl- 2447

C₁₁H₂₁NO₆

lyxo-6-Desoxy-hexopyranosid, Äthyl-[O^3-carbamoyl-5,O^4-dimethyl- 2654

C₁₁H₂₁NO₈S

lyxo-6-Desoxy-hexopyranosid, Methyl-[O^3-carbamoyl-O^2-methansulfonyl-5,O^4-dimethyl- 2654

C₁₁H₂₂O₃

Pyran, 2-Äthoxy-3-[1-äthoxy-äthyl]-tetrahydro- 2022

Verbindung $C_{11}H_{22}O_3$ aus 7-Acetoxy-5,6-epoxy-5,7-dimethyl-octan-4-ol 2029

C₁₁H₂₂O₄

Pyran, 2,6-Dimethoxy-3-methoxymethyl-3,5-dimethyl-tetrahydro- 2324

C₁₁H₂₂O₄S

1-Thio-arabinopyranosid, Hexyl- 2486

C₁₁H₂₂O₅

Xylopyranosid, Hexyl- 2435

C₁₂-Gruppe

C₁₂H₆Br₂O₃

Dibenzofuran-2,8-diol, 1,3-Dibrom- 2174

—, 1,7-Dibrom- 2174

Dibenzofuran-4,6-diol, 1,9-Dibrom- 2177

C₁₂H₈O₂S

Dibenzothiophen-2,8-diol 2174

Naphtho[1,2-*b*]thiophen-3,7-diol 2169

Naphtho[1,2-*b*]thiophen-3,8-diol 2169

Naphtho[2,1-*b*]thiophen-1,7-diol 2170

Naphtho[2,1-*b*]thiophen-1,8-diol 2170

Naphtho[1,2-*b*]thiophen-3-on, 7-Hydroxy- 2169

—, 8-Hydroxy- 2169

Naphtho[2,1-*b*]thiophen-1-on, 7-Hydroxy- 2170

—, 8-Hydroxy- 2170

C₁₂H₈O₃

Dibenzofuran-1,4-diol 2171

Dibenzofuran-1,7-diol 2171

$C_{12}H_{18}O_7S$
1-Thio-arabinopyranosid, Methyl-
[tri-O-acetyl- 2487
5-Thio-ribofuranose, Tri-O-acetyl-
S-methyl- 2521

$C_{12}H_{18}O_8$
1,5-Anhydro-
glucit, O^3,O^4,O^6-Triacetyl- 2581
Arabinopyranosid, Methyl-[tri-
O-acetyl- 2449
erythro-3-Desoxy-pentopyranose,
2-Acetoxymethyl-O^1,O^4-diacetyl-
2637
Lyxopyranosid, Methyl-[tri-O-acetyl-
2450
Xylopyranose, O^1,O^3,O^4-Triacetyl-
O^2-methyl- 2449
Xylopyranosid, Methyl-[tri-O-acetyl-
2449

$C_{12}H_{19}FO_7$
Glucopyranosylfluorid, O^4,O^6-Diacetyl-
O^2,O^3-dimethyl- 2587

$C_{12}H_{19}IO_7$
6-Desoxy-altropyranosid, Methyl-
[O^3,O^4-diacetyl-6-jod-O^2-methyl-
2572
6-Desoxy-glucopyranosid, Methyl-
[O^2,O^4-diacetyl-6-jod-O^3-methyl-
2573

$[C_{12}H_{19}N_2O_7S]^+$
Isothiuronium, S-[Tri-O-acetyl-arabino-
pyranosyl]- 2489
$[C_{12}H_{19}N_2O_7S]Br$ 2489
—, S-[Tri-O-acetyl-xylopyranosyl]- 2489
$[C_{12}H_{19}N_2O_7S]Cl$ 2489

$C_{12}H_{20}OS_2$
Thiophen, 2-Heptylmercapto-5-
hydroxymethyl- 2051

$C_{12}H_{20}O_2S$
1,6-Epoxido-naphthalin-4-ol,
5-Methyl-6-methylmercapto-
decahydro- 2061
1,7-Epoxido-naphthalin-4-ol,
8-Methyl-7-methylmercapto-
decahydro- 2061
Thiophen, 3,4-Bis-äthoxymethyl-2,5-
dimethyl- 2059
Thiopyran-4-ol, 4-[3-Hydroxy-3-
methyl-but-1-inyl]-2,2-dimethyl-
tetrahydro- 2062

$C_{12}H_{20}O_3$
1,4-Epoxido-naphthalin-6,7-diol,
4a,8a-Dimethyl-decahydro- 2063
1,6-Epoxido-naphthalin-4-ol,
6-Methoxy-5-methyl-decahydro-
2062
Oct-4-in-2,3-diol, 3,6-Diäthyl-6,7-
epoxy- 2063

Pyran-4-ol, 4-[3-Hydroxy-3-methyl-
but-1-inyl]-2,2-dimethyl-
tetrahydro- 2062

$C_{12}H_{20}O_4S_3$
Thiophen, 2,5-Bis-[2,2-dimethoxy-
äthylmercapto]- 2046

$C_{12}H_{20}O_5$
2,3-Anhydro-erythrit, Bis-
O-tetrahydro[3]furyl- 2000
Furan, 2,5-Bis-butyryloxy-tetrahydro-
1994
Hexan, 2,5-Diacetoxy-3,4-epoxy-2,4-
dimethyl- 2027

$C_{12}H_{20}O_6$
Cladinopyranose, Di-O-acetyl- 2322
erythro-2,3-Didesoxy-hexopyranosid,
Äthyl-[di-O-acetyl- 2317
threo-2,3-Didesoxy-hexopyranosid, Äthyl-
[di-O-acetyl- 2317

$C_{12}H_{20}O_6S$
2-Thio-arabinofuranosid, Methyl-[di-
O-acetyl-S-äthyl- 2519
3-Thio-xylofuranosid, Methyl-[di-
O-acetyl-S-äthyl- 2519

$C_{12}H_{20}O_7$
Arabinofuranosid, Äthyl-[O^2,O^3-diacetyl-
O^5-methyl- 2500
6-Desoxy-altropyranosid, Methyl-
[O^2,O^4-diacetyl-O^3-methyl- 2538
6-Desoxy-glucopyranosid, Methyl-
[O^2,O^4-diacetyl-O^3-methyl- 2538
6-Desoxy-idopyranosid, Methyl-
[O^2,O^4-diacetyl-O^3-methyl- 2539
Fucopyranosid, Methyl-[O^2,O^4-diacetyl-
O^3-methyl- 2539
Rhamnopyranosid, Methyl-[O^2,O^3-diacetyl-
O^4-methyl- 2539
—, Methyl-[O^3,O^4-diacetyl-O^2-methyl-
2538

$C_{12}H_{20}O_{10}$
Glucose, O^6-[6-Desoxy-xylo-hex-5-
enopyranosyl]- 2659

$C_{12}H_{21}BrO_{10}$
Glucose, O^6-[6-Brom-6-desoxy-
glucopyranosyl]- 2568

$C_{12}H_{21}NO_7$
lyxo-6-Desoxy-hexopyranosid, Methyl-
[O^2-acetyl-O^3-carbamoyl-5,O^4-dimethyl-
2654

$C_{12}H_{22}O_3$
Furan, 2,5-Dibutoxy-2,5-dihydro-
2032
Pyran-4-ol, 4-[3-Hydroxy-3-methyl-
but-1-enyl]-2,2-dimethyl-
tetrahydro- 2045

$C_{12}H_{22}O_4$
Octan-4-ol, 7-Acetoxy-5,6-epoxy-5,7-
dimethyl- 2029

C₁₃-Gruppe

C₁₃H₁₂O₄S
Benzo[b]thiophen, 4,7-Diacetoxy-5-
methyl- 2123
C₁₃H₁₂O₆
Benzofuran, 3,6-Diacetoxy-4-methoxy-
2354
Benzofuran-3-ol, 4,6-Diacetoxy-2-
methyl- 2358
Benzofuran-3-on, 4,6-Diacetoxy-2-
methyl- 2358
[C₁₃H₁₃OS]⁺
Pyrylium, 2-Methyl-4-methylmercapto-6-
phenyl- 2147
[C₁₃H₁₃OS]I 2147
[C₁₃H₁₃OS]ClO₄ 2148
[C₁₃H₁₃OSe]⁺
Pyrylium, 2-Methyl-4-methylseleno-6-
phenyl- 2148
[C₁₃H₁₃OSe]I 2148
[C₁₃H₁₃O₂]⁺
Pyrylium, 4-Methoxy-2-methyl-6-phenyl-
2147
[C₁₃H₁₃O₂]ClO₄ 2147
C₁₃H₁₄Cl₆O₃
4,7-Methano-isobenzofuran,
1,3-Diäthoxy-4,5,6,7,8,8-
hexachlor-1,3,3a,4,7,7a-hexahydro-
2069
C₁₃H₁₄O₃
Benzofuran, 6-Äthoxy-4-methoxy-5-
vinyl- 2145
Methanol, [4-Äthoxy-phenyl]-[2]furyl-
2146
1,4-Methano-naphthalin, 2,3-Epoxy-
5,8-dimethoxy-1,2,3,4-tetrahydro-
2147
C₁₃H₁₄O₄
Benzofuran, 4-Acetoxy-6-methoxy-3,5-
dimethyl- 2125
Benzofuran-3-ol, 4-Acetoxy-2-
isopropyl- 2129
Benzofuran-3-on, 4-Acetoxy-2-
isopropyl- 2129
C₁₃H₁₄O₅
Benzofuran, 3-Acetoxy-4,6-dimethoxy-
2-methyl- 2358
Benzol, 1,2-Diacetoxy-3-[2,3-epoxy-
propyl]- 2073
Chromen, 3-Acetoxy-6,7-dimethoxy-2H-
2357
Essigsäure, [3-Hydroxy-4,6,7-
trimethyl-benzofuran-5-yloxy]-
2132
—, [4,6,7-Trimethyl-3-oxo-2,3-
dihydro-benzofuran-5-yloxy]- 2132
C₁₃H₁₄O₆
Benzofuran, 3-Acetoxy-4,6,7-
trimethoxy- 2679

C₁₃H₁₅BrO₄
ribo-2,3,6-Tridesoxy-
hexopyranose, O¹-Benzoyl-3-brom-
2307
ribo-2,4,6-Tridesoxy-
hexopyranose, O¹-Benzoyl-4-brom-
2307
[C₁₃H₁₅O₃]⁺
Chromenylium, 5,7-Dimethoxy-2,4-
dimethyl- 2360
[C₁₃H₁₅O₃]C₆H₂N₃O₇ 2360
C₁₃H₁₆BrNO₇S
6-Desoxy-glucopyranosylbromid, Tri-
O-acetyl-6-thiocyanato- 2615
C₁₃H₁₆O₃
Benzofuran, 6-Äthoxy-5-äthyl-4-
methoxy- 2124
—, 3-Äthyl-5,6-dimethoxy-2-methyl-
2131
—, 4,6-Dimethoxy-2,3,5-trimethyl-
2131
—, 4,6-Dimethoxy-2,3,7-trimethyl-
2132
—, 2-Isopropyl-4,6-dimethoxy- 2130
Benzofuran-3,6-diol, 5-Pentyl- 2133
Benzofuran-6-ol, 4-Äthoxy-2,3,5-
trimethyl- 2132
Benzofuran-3-on, 6-Hydroxy-5-pentyl-
2133
Chromen, 5,7-Dimethoxy-2,2-dimethyl-
2H- 2128
—, 6,7-Dimethoxy-2,2-dimethyl-2H-
2128
Indeno[1,2-c]furan, 6,7-Dimethoxy-
3,3a,8,8a-tetrahydro-1H- 2132
Pyran, 2-Äthoxy-3-phenoxy-3,4-dihydro-
2H- 2036
Spiro[benzofuran-2,1'-cyclohexan]-3,4'-
diol, 3H- 2133
C₁₃H₁₆O₄
Benzofuran-3-ol, 2-Isopropyl-4,6-
dimethoxy- 2360
Benzofuran-3-on, 2-Isopropyl-4,6-
dimethoxy- 2360
Chroman, 7-Acetoxy-2-äthoxy- 2075
C₁₃H₁₆O₅
1,4-Anhydro-glucit, Oˣ,Oˣ-Benzyliden-
2641
C₁₃H₁₆O₆
Arabinopyranosid, Methyl-[O²-benzoyl-
2463
6-Desoxy-allopyranose, O¹-Benzoyl-
2549
Xylofuranosid, Methyl-[O²-benzoyl-
2503
C₁₃H₁₆O₆S
O¹,O⁴;O²,O⁵-Dianhydro-galactit,
O³-[Toluol-4-sulfonyl]- 2651

$C_{13}H_{16}O_7$
Benzoesäure, 2-Xylopyranosyloxy-,
methylester 2470

$C_{13}H_{16}O_8S$
Ribofuranose, O^1-Benzoyl-
O^5-methansulfonyl- 2512

$C_{13}H_{17}BrO_4$
Propan-2-ol, 2-[5-Brom-4,6-dimethoxy-
2,3-dihydro-benzofuran-2-yl]-
2342
—, 2-[7-Brom-4,6-dimethoxy-2,3-
dihydro-benzofuran-2-yl]- 2342

$C_{13}H_{17}Cl_3O_8$
6-Desoxy-glucopyranosid, Methyl-
[O^3,O^4-diacetyl-O^2-trichloracetyl-
2542

$C_{13}H_{17}NO_4$
1,4-Anhydro-erythrit, O^2-Äthyl-
O^3-phenylcarbamoyl- 1997

$C_{13}H_{17}NO_6$
Benzoesäure, 2-Arabinopyranosyloxy-,
methylamid 2470
—, 2-Xylopyranosyloxy-, methylamid
2470

$C_{13}H_{17}O_7P$
Ribofuranosid, Methyl-[O^5-benzyl-
O^2,O^3-hydroxyphosphoryl- 2518

$C_{13}H_{18}Cl_2O_8$
6-Desoxy-xylo-hexopyranosid, Methyl-
[tri-O-acetyl-5,6-dichlor- 2660

$C_{13}H_{18}O_3$
Chroman, 5,7-Dimethoxy-2,2-dimethyl-
2078
—, 6,7-Dimethoxy-2,2-dimethyl- 2078
Propan-1,3-diol, 1-Phenyl-3-
tetrahydro[2]furyl- 2081
Pyran, 2-Äthoxy-3-phenoxy-tetrahydro-
2001

$C_{13}H_{18}O_4$
Chroman-4-ol, 5,7-Dimethoxy-2,2-
dimethyl- 2341
—, 6,7-Dimethoxy-2,2-dimethyl- 2341
Phthalan, 4,5,6-Trimethoxy-1,1-
dimethyl- 2340
Propan, 2-Äthoxy-1-[3,4-dimethoxy-
phenyl]-2,3-epoxy- 2339
Propan-2-ol, 2-[4,6-Dimethoxy-2,3-
dihydro-benzofuran-2-yl]- 2342

$C_{13}H_{18}O_5$
1,5-Anhydro-mannit, 5-p-Tolyl- 2673
Chroman-3,4-diol, 6,7-Dimethoxy-2,2-
dimethyl- 2668
2-Desoxy-glucopyranosid, Methyl-
[2-phenyl- 2669
arabino-2-Desoxy-hexopyranosid,
p-Tolyl- 2620
Ribofuranosid, Methyl-[O^5-benzyl-
2496

$C_{13}H_{18}O_6S$
arabino-1,5-Anhydro-2-desoxy-
hexit, O^3-[Toluol-4-sulfonyl]- 2314
—, O^6-[Toluol-4-sulfonyl]- 2314

$C_{13}H_{18}O_7S$
1,4-Anhydro-glucit, O^6-[Toluol-4-
sulfonyl]- 2644
1,5-Anhydro-glucit, O^2-[Toluol-4-
sulfonyl]- 2583
2,5-Anhydro-idit, O^1-[Toluol-4-
sulfonyl]- 2650
Arabinofuranosid, Methyl-[O^5-(toluol-
4-sulfonyl)- 2511
Arabinopyranosid, Benzyl-
[O^2-methansulfonyl- 2481
—, Methyl-[O^2-(toluol-4-sulfonyl)-
2480
Lyxopyranosid, Methyl-[O^4-(toluol-4-
sulfonyl)- 2480
Ribopyranosid, Methyl-[O^2-(toluol-4-
sulfonyl)- 2479
Xylofuranosid, Methyl-[O^2-(toluol-4-
sulfonyl)- 2510

$C_{13}H_{18}O_8$
2,3-Anhydro-allo-
inosit, O^1,O^5,O^6-Triacetyl-
O^4-methyl- 2663
6-Desoxy-xylo-hex-5-enopyranosid,
Methyl-[tri-O-acetyl- 2660

$C_{13}H_{18}O_8S$
1-Thio-arabinopyranose, O^2,O^3,O^4,S-
Tetraacetyl- 2488
1-Thio-xylopyranose, O^2,O^3,O^4,S-
Tetraacetyl- 2489

$C_{13}H_{18}O_9$
Arabinofuranose, Tetra-O-acetyl-
2502
Arabinopyranose, Tetra-O-acetyl-
2460
Lyxofuranose, Tetra-O-acetyl- 2503
Lyxopyranose, Tetra-O-acetyl- 2462
Ribofuranose, Tetra-O-acetyl- 2502
Ribopyranose, Tetra-O-acetyl- 2459
Xylofuranose, Tetra-O-acetyl- 2503
Xylopyranose, Tetra-O-acetyl- 2461

$C_{13}H_{18}O_{13}$
Arabinopyranose, Tetrakis-
O-methoxycarbonyl- 2469
Xylopyranose, Tetrakis-
O-methoxycarbonyl- 2469

$C_{13}H_{19}BrO_8$
6-Desoxy-glucofuranosid, Methyl-
[tri-O-acetyl-6-brom- 2568
2-Desoxy-glucopyranosid, Methyl-
[tri-O-acetyl-2-brom- 2628
6-Desoxy-glucopyranosid, Methyl-
[tri-O-acetyl-6-brom- 2568
2-Desoxy-mannopyranosid, Methyl-
[tri-O-acetyl-2-brom- 2628

$C_{13}H_{18}O_6S$

Fucopyranosid, Methyl-[tri-O-acetyl-
6-brom- 2568

Glucopyranosylbromid, O^2,O^4,O^6-Triacetyl-
O^3-methyl- 2601

—, O^3,O^4,O^6-Triacetyl-O^2-methyl-
2600

Mannopyranosylbromid, O^2,O^3,O^6-
Triacetyl-O^4-methyl- 2601

Rhamnopyranosid, Methyl-[tri-
O-acetyl-6-brom- 2568

$C_{13}H_{19}BrO_{10}S$

Fructopyranosylbromid, O^1,O^4,O^5-
Triacetyl-O^3-methansulfonyl- 2600

Glucofuranosylbromid, O^2,O^5,O^6-
Triacetyl-O^3-methansulfonyl- 2645

Glucopyranosylbromid, O^2,O^3,O^4-
Triacetyl-O^6-methansulfonyl- 2612

—, O^2,O^4,O^6-Triacetyl-
O^3-methansulfonyl- 2611

$C_{13}H_{19}ClO_8$

3-Desoxy-altropyranosid, Methyl-
[tri-O-acetyl-3-chlor- 2633

6-Desoxy-glucofuranosid, Methyl-
[tri-O-acetyl-6-chlor- 2565

2-Desoxy-glucopyranosid, Methyl-
[tri-O-acetyl-2-chlor- 2627

6-Desoxy-glucopyranosid, Methyl-
[tri-O-acetyl-6-chlor- 2565

Xylopyranosid, [2-Chlor-äthyl]-
[tri-O-acetyl- 2451

$C_{13}H_{19}FO_8$

Fructopyranosylfluorid, O^1,O^4,O^5-
Triacetyl-O^3-methyl- 2585

—, O^3,O^4,O^5-Triacetyl-O^1-methyl-
2585

Glucopyranosylfluorid, O^3,O^4,O^6-Triacetyl-
O^2-methyl- 2587

$C_{13}H_{19}IO_8$

6-Desoxy-glucopyranosid, Methyl-
[tri-O-acetyl-6-jod- 2573

$C_{13}H_{19}N_3O_8$

6-Desoxy-glucopyranosid, Methyl-
[tri-O-acetyl-6-azido- 2578

$C_{13}H_{20}O_7$

Pyran, 3,4,5-Triacetoxy-2,2-dimethyl-
tetrahydro- 2321

$C_{13}H_{20}O_7S$

1-Thio-xylopyranosid, Äthyl-[tri-
O-acetyl- 2487

$C_{13}H_{20}O_8$

Arabinopyranosid, Äthyl-[tri-
O-acetyl- 2450

6-Desoxy-
altropyranose, O^1,O^2,O^4-Triacetyl-
O^3-methyl- 2542

6-Desoxy-altropyranosid, Methyl-
[tri-O-acetyl- 2540

6-Desoxy-
glucopyranose, O^1,O^2,O^4-Triacetyl-
O^3-methyl- 2543

6-Desoxy-glucopyranosid, Methyl-
[tri-O-acetyl- 2540

arabino-2-Desoxy-hexopyranosid, Methyl-
[tri-O-acetyl- 2620

lyxo-2-Desoxy-hexopyranosid, Methyl-
[tri-O-acetyl- 2620

arabino-3-Desoxy-hexopyranosid, Methyl-
[tri-O-acetyl- 2632

ribo-3-Desoxy-hexopyranosid, Methyl-
[tri-O-acetyl- 2632

Fucopyranose, O^1,O^2,O^4-Triacetyl-
O^3-methyl- 2544

Fucopyranosid, Methyl-[tri-O-acetyl-
2542

Rhamnofuranose, O^1,O^2,O^3-Triacetyl-
O^5-methyl- 2639

Rhamnopyranose, O^1,O^2,O^3-Triacetyl-
O^4-methyl- 2545

Rhamnopyranosid, Methyl-[tri-
O-acetyl- 2541

Xylopyranosid, Äthyl-[tri-O-acetyl-
2450

$C_{13}H_{22}I_2O_{11}S$

6-Desoxy-glucopyranosid, [6-Jod-
O^1-methansulfonyl-6-desoxy-
fructofuranosyl]-[6-jod- 2648

$C_{13}H_{22}O_2S$

Thiophen, 2-tert-Butyl-3,4-bis-
methoxymethyl-5-methyl- 2061

$C_{13}H_{22}O_3$

1,7-Epoxido-naphthalin-4-ol,
7-Äthoxy-8-methyl-decahydro- 2061

$C_{13}H_{22}O_5$

Pyran, 4-Acetoxy-2-acetoxymethyl-
2,4,6-trimethyl-tetrahydro- 2027

$C_{13}H_{22}O_7$

lyxo-6-Desoxy-hexopyranosid, Methyl-
[O^2,O^3-diacetyl-5,O^4-dimethyl- 2653

$C_{13}H_{24}O_3$

3-Oxa-bicyclo[3.3.1]nonan-9-ol,
2-Hydroxymethyl-2,6,6,9-
tetramethyl- 2045

Pyran, 2,3-Dibutoxy-3,4-dihydro-2H-
2036

$C_{13}H_{24}O_4$

Octan-4-ol, 7-Acetoxy-5,6-epoxy-
2,5,7-trimethyl- 2029

$C_{13}H_{24}O_5$

Mycaropyranosid, Methyl-
[O^4-isovaleryl- 2323

$C_{13}H_{24}O_9$

6-Desoxy-glucopyranosid, Methyl-[O^4-
(6-desoxy-glucopyranosyl)- 2560

$C_{13}H_{26}O_3$

Pyran, 2-Äthoxy-3-[1-äthoxy-butyl]-
tetrahydro- 2027

C$_{14}$H$_{18}$O$_4$ *(Fortsetzung)*
Chromen, 5,7,8-Trimethoxy-2,2-dimethyl-
2H- 2359
C$_{14}$H$_{18}$O$_5$
Chroman, 4-Acetoxy-3,8-dimethoxy-2-
methyl- 2340
erythro-2-Desoxy-pentofuranosid, Äthyl-
[O^5-benzoyl- 2296
C$_{14}$H$_{18}$O$_5$S
1-Thio-arabinofuranosid, Äthyl-
[O^5-benzoyl- 2520
C$_{14}$H$_{18}$O$_6$
Rhamnopyranosid, Methyl-[O^4-benzoyl-
2550
C$_{14}$H$_{18}$O$_7$
Äthanon, 1-[3-Methoxy-4-
xylopyranosyloxy-phenyl]- 2442
Benzaldehyd, 4-[6-Desoxy-
glucopyranosyloxy]-3-methoxy-
2534
Benzoesäure, 2-Rhamnopyranosyloxy-,
methylester 2552
C$_{14}$H$_{18}$O$_9$
1,5-Anhydro-*arabino*-hex-1-enit, Tetra-
O-acetyl- 2658
2,6-Anhydro-*arabino*-hex-5-enit, Tetra-
O-acetyl- 2658
1,2-Anhydro-*epi*-inosit, Tetra-
O-acetyl- 2663
1,2-Anhydro-*neo*-inosit, Tetra-
O-acetyl- 2663
6-Desoxy-*xylo*-hex-5-enopyranose, Tetra-
O-acetyl- 2660
C$_{14}$H$_{19}$BrO$_9$
6-Desoxy-glucopyranose, Tetra-
O-acetyl-6-brom- 2569
Fructofuranosylbromid, Tetra-
O-acetyl- 2651
Fructopyranosylbromid, Tetra-
O-acetyl- 2599
Galactofuranosylbromid, Tetra-
O-acetyl- 2645
Galactopyranosylbromid, Tetra-
O-acetyl- 2606
Glucopyranosylbromid, Tetra-O-acetyl-
2602
Mannopyranosylbromid, Tetra-O-acetyl-
2605
Talopyranosylbromid, Tetra-O-acetyl-
2607
C$_{14}$H$_{19}$ClO$_9$
Altropyranosylchlorid, Tetra-
O-acetyl- 2591
2-Desoxy-glucopyranose, Tetra-
O-acetyl-2-chlor- 2627
4-Desoxy-glucopyranose, Tetra-
O-acetyl-4-chlor- 2633
6-Desoxy-glucopyranose, Tetra-
O-acetyl-6-chlor- 2566

3-Desoxy-gulopyranose, Tetra-
O-acetyl-3-chlor- 2633
Fructofuranosylchlorid, Tetra-
O-acetyl- 2651
Fructopyranosylchlorid, Tetra-
O-acetyl- 2588
Galactofuranosylchlorid, Tetra-
O-acetyl- 2644
Galactopyranosylchlorid, Tetra-
O-acetyl- 2593
Glucofuranosylchlorid, Tetra-
O-acetyl- 2644
Glucopyranosylchlorid, Tetra-
O-acetyl- 2591
Mannopyranosylchlorid, Tetra-
O-acetyl- 2593
Rhamnopyranose, Tetra-O-acetyl-6-
chlor- 2566
Sorbopyranosylchlorid, Tetra-
O-acetyl- 2589
C$_{14}$H$_{19}$FO$_9$
6-Desoxy-glucopyranose, Tetra-
O-acetyl-6-fluor- 2564
Fructopyranosylfluorid, Tetra-
O-acetyl- 2585
Galactopyranosylfluorid, Tetra-
O-acetyl- 2588
Glucopyranosylfluorid, Tetra-
O-acetyl- 2587
Mannopyranosylfluorid, Tetra-
O-acetyl- 2587
C$_{14}$H$_{19}$IO$_9$
4-Desoxy-galactopyranose, Tetra-
O-acetyl-4-jod- 2636
4-Desoxy-glucopyranose, Tetra-
O-acetyl-4-jod- 2636
6-Desoxy-glucopyranose, Tetra-
O-acetyl-6-jod- 2573
Glucopyranosyljodid, Tetra-O-acetyl-
2613
Mannopyranosyljodid, Tetra-O-acetyl-
2613
C$_{14}$H$_{19}$NO$_4$
Benzofuran-4,6-diol,
7-[2-Diäthylamino-äthoxy]- 2357
C$_{14}$H$_{19}$NO$_6$
Benzoesäure, 2-Arabinopyranosyloxy-,
dimethylamid 2471
C$_{14}$H$_{19}$N$_3$O$_9$
Galactopyranosylazid, Tetra-O-acetyl-
2615
Glucopyranosylazid, Tetra-O-acetyl-
2614
C$_{14}$H$_{20}$Br$_2$O$_7$
xylo-4,8-Anhydro-1,2,3-tridesoxy-octit,
Tri-O-acetyl-1,2-dibrom- 2323
C$_{14}$H$_{20}$Br$_2$O$_8$
Xylopyranosid, [β,β'-Dibrom-isopropyl]-
[tri-O-acetyl- 2451

C₁₅-Gruppe

$C_{15}H_{12}O_3$ *(Fortsetzung)*
Benzofuran-3-on, 2-Benzyl-6-hydroxy-
2207
$C_{15}H_{12}O_4$
Benzofuran-3,6-diol, 7-Benzyloxy- 2356
Benzofuran-3-on, 7-Benzyloxy-6-
hydroxy- 2356
Dibenzofuran, 2-Acetoxy-8-methoxy-
2174
$C_{15}H_{12}O_5$
Benzofuran-3-on, 4,6-Dihydroxy-2-
[4-methoxy-phenyl]- 2701
Benzofuran-3,4,6-triol, 2-[4-Methoxy-
phenyl]- 2701
$C_{15}H_{13}BrO_3$
Dibenzofuran, 7-Brom-2,8-dimethoxy-1-
methyl- 2178
$C_{15}H_{13}ClO_4$
Dibenzofuran-2-ol, 6-Chlor-7,9-
dimethoxy-4-methyl- 2373
$[C_{15}H_{13}O_3]^+$
Xanthylium, 2,3-Dimethoxy- 2372
$[C_{15}H_{13}O_3]FeCl_4$ 2372
$[C_{15}H_{14}BrO_2S]^+$
Pyrylium, 4-[3-Brom-phenacylmercapto]-
2,6-dimethyl- 2056
$[C_{15}H_{14}BrO_2S]Br$ 2056
—, 4-[4-Brom-phenacylmercapto]-
2,6-dimethyl- 2056
$[C_{15}H_{14}BrO_2S]Br$ 2056
$[C_{15}H_{14}ClO_2S]^+$
Pyrylium, 4-[4-Chlor-phenacylmercapto]-
2,6-dimethyl- 2056
$[C_{15}H_{14}ClO_2S]Br$ 2056
$C_{15}H_{14}Cl_6O_3$
4,7-Methano-isobenzofuran,
1,3-Bis-allyloxy-4,5,6,7,8,8-
hexachlor-1,3,3a,4,7,7a-hexahydro-
2069
$[C_{15}H_{14}NO_4S]^+$
Pyrylium, 2,6-Dimethyl-4-[2-nitro-
phenacylmercapto]- 2056
$[C_{15}H_{14}NO_4S]Br$ 2056
—, 2,6-Dimethyl-4-[3-nitro-
phenacylmercapto]- 2056
$[C_{15}H_{14}NO_4S]Br$ 2056
—, 2,6-Dimethyl-4-[4-nitro-
phenacylmercapto]- 2056
$[C_{15}H_{14}NO_4S]Br$ 2056
$C_{15}H_{14}O_3$
Äthanol, 2-[4-Methoxy-dibenzofuran-1-
yl]- 2181
Benzofuran-6-ol, 2-[4-Hydroxy-phenyl]-
2-methyl-2,3-dihydro- 2188
Brenzcatechin, 4-Chroman-2-yl- 2186
Chroman-3,4-diol, 2-Phenyl- 2183
Chroman-5,7-diol, 2-Phenyl- 2184
Chroman-7-ol, 2-[4-Hydroxy-phenyl]-
2185

—, 3-[4-Hydroxy-phenyl]- 2186
Dibenzofuran, 2,8-Dimethoxy-1-methyl-
2178
Xanthen, 1,7-Dimethoxy- 2177
—, 2,3-Dimethoxy- 2177
Xanthen-3,6-diol, 9,9-Dimethyl- 2188
$C_{15}H_{14}O_4$
Brenzcatechin, 4-[7-Hydroxy-chroman-
2-yl]- 2375
Dibenzofuran, 3,4,6-Trimethoxy- 2371
—, 3,4,7-Trimethoxy- 2371
Dibenzofuran-2-ol, 7,9-Dimethoxy-4-
methyl- 2372
Frangularol 2534
Xanthen-9-ol, 1,7-Dimethoxy- 2372
—, 2,3-Dimethoxy- 2372
$C_{15}H_{14}O_5$
Chroman-3,7-diol, 2-[3,4-Dihydroxy-
phenyl]- 2692
Chroman-5,7-diol, 2-[3,4-Dihydroxy-
phenyl]- 2695
Chroman-3,5,7-triol, 2-[4-Hydroxy-
phenyl]- 2691
1,4-Methano-naphthalin,
5,8-Diacetoxy-2,3-epoxy-1,2,3,4-
tetrahydro- 2147
$C_{15}H_{15}BrO_5$
Ribopyranosid, [6-Brom-[2]naphthyl]-
2440
$[C_{15}H_{15}O_2S]^+$
Pyrylium, 2,6-Dimethyl-4-phenacyl-
mercapto- 2055
$[C_{15}H_{15}O_2S]ClO_4$ 2056
$[C_{15}H_{15}O_2S]Br$ 2056
$C_{15}H_{16}BrClO_5$
Valeriansäure, 4-Brom-, [7-chlor-4,6-
dimethoxy-benzofuran-3-ylester]
2355
$C_{15}H_{16}O_3$
Phenanthro[4,5-*bcd*]furan-3-ol,
5-Methoxy-1,2,3,3a,8,9-hexahydro-
2162
$C_{15}H_{16}O_4S$
1-Thio-arabinopyranosid, [2]Naphthyl-
2487
1-Thio-xylopyranosid, [2]Naphthyl-
2487
$C_{15}H_{16}O_5$
Benzofuran, 3,4-Diacetoxy-2-
isopropyl- 2129
—, 3,6-Diacetoxy-2-isopropyl- 2130
$C_{15}H_{18}N_2O_9$
arabino-1,5-Anhydro-2-desoxy-hexit,
O^4-[3,5-Dinitro-benzoyl]-
O^3,O^6-dimethyl- 2314
$C_{15}H_{18}N_2O_{10}$
ribo-2-Desoxy-hexopyranosid, Methyl-[O^6-
(3,5-dinitro-benzoyl)-O^3-methyl-
2624

$C_{15}H_{22}O_6$
Verbindung $C_{15}H_{22}O_6$ aus
Kessylglykol 2066

$C_{15}H_{22}O_6S$
arabino-1,5-Anhydro-2-desoxy-
hexit, O^3,O^6-Dimethyl-O^4-[toluol-
4-sulfonyl]- 2314
ribo-2,6-Didesoxy-hexopyranosid, Methyl-
[O^3-methyl-O^4-(toluol-4-sulfonyl)-
2308
xylo-2,6-Didesoxy-hexopyranosid, Methyl-
[O^3-methyl-O^4-(toluol-4-sulfonyl)-
2308

$C_{15}H_{22}O_7$
manno-4,8-Anhydro-1,2,3,9-tetradesoxy-
non-1-enit, Tri-O-acetyl- 2336

$C_{15}H_{22}O_7S$
Arabinopyranosid, Methyl-[O^3,O^4-dimethyl-
O^2-(toluol-4-sulfonyl)- 2481
Lyxopyranosid, Methyl-[O^2,O^3-dimethyl-
O^4-(toluol-4-sulfonyl)- 2481
Ribopyranosid, Methyl-[O^3,O^4-dimethyl-
O^2-(toluol-4-sulfonyl)- 2480
Xylofuranosid, Methyl-[O^2,O^5-dimethyl-
O^3-(toluol-4-sulfonyl)- 2511
—, Methyl-[O^3,O^5-dimethyl-O^2-(toluol-
4-sulfonyl)- 2512
Xylopyranosid, Methyl-[O^2,O^3-dimethyl-
O^4-(toluol-4-sulfonyl)- 2481
—, Methyl-[O^2,O^4-dimethyl-O^3-(toluol-
4-sulfonyl)- 2481
—, Methyl-[O^3,O^4-dimethyl-O^2-(toluol-
4-sulfonyl)- 2481

$C_{15}H_{23}NO_4$
Oxim $C_{15}H_{23}NO_4$ aus einem
Hydroxydiketon
$C_{15}H_{22}O_4$ s. bei Kessylglykol 2066

$C_{15}H_{24}O_2S$
Thiopyran-4-ol, 4-[1-Hydroxy-
cyclohexyläthinyl]-2,2-dimethyl-
tetrahydro- 2071

$C_{15}H_{24}O_3$
Azulen-4-ol, 8,8a-Epoxy-5-[β-hydroxy-
isopropyl]-3,8-dimethyl-1,3a,4,5,6,7,8,8a-
octahydro- 2071
Pyran-4-ol, 4-[1-Hydroxy-
cyclohexyläthinyl]-2,2-dimethyl-
tetrahydro- 2070

$C_{15}H_{24}O_4$
7,13-Cyclo-trichothecan-4,8,12-triol 2337

$C_{15}H_{24}O_8$
3-Desoxy-altropyranosid, Methyl-
[tri-O-acetyl-3-äthyl- 2656
Xylopyranosid, Butyl-[tri-O-acetyl- 2451
—, *tert*-Butyl-[tri-O-acetyl- 2451

$C_{15}H_{25}ClO_2$
Verbindung $C_{15}H_{25}ClO_2$ aus 1,5,8,8-
Tetramethyl-12-oxa-bicyclo[7.2.1]-
dodec-5-en-2,7-diol 2065

$C_{15}H_{26}O_3$
Bicyclo[7.2.0]undecan-2-ol,
5,6-Epoxy-2-hydroxymethyl-6,10,10-
trimethyl- 2065
Kessylglykol 2065
Naphthalin-1,2-diol, 4a,5-Epoxy-8-
isopropyl-2,5-dimethyl-decahydro-
2065
12-Oxa-bicyclo[7.2.1]dodec-5-en-2,7-
diol, 1,5,8,8-Tetramethyl- 2065

$C_{15}H_{26}O_5$
Octan, 2,5-Diacetoxy-3,4-epoxy-2,4,7-
trimethyl- 2029

$C_{15}H_{26}O_{13}$
Xylose, O^4-[O^3-Arabinofuranosyl-
xylopyranosyl]- 2510
—, O^4-[O^3-Xylopyranosyl-
xylopyranosyl]- 2475
Xylotriose 2475

$C_{15}H_{28}O_3$
Pyran-4-ol, 4-[2-(1-Hydroxy-
cyclohexyl)-äthyl]-2,2-dimethyl-
tetrahydro- 2046

$C_{15}H_{30}O_3$
Pyran, 2-Isobutoxy-3-[1-isobutoxy-
äthyl]-tetrahydro- 2022

$C_{15}H_{30}O_4$
Pyran, 2,6-Diäthoxy-3-[1-äthoxy-
butyl]-tetrahydro- 2325
—, 2,6-Diäthoxy-3-[α-äthoxy-isobutyl]-
tetrahydro- 2325
—, 2,6-Diisopropoxy-3-methoxymethyl-
3,5-dimethyl-tetrahydro- 2325

$C_{15}H_{30}O_5$
Xylopyranosid, Decyl- 2435

C_{16}-Gruppe

$C_{16}H_6Cl_6O_4S$
1λ^6-Thiophen-3,4-diol, 1,1-Dioxo-2,5-
bis-[2,4,5-trichlor-phenyl]- 2222

$C_{16}H_8Cl_4O_4S$
1λ^6-Thiophen-3,4-diol, 2,5-Bis-
[2,4-dichlor-phenyl]-1,1-dioxo- 2222

$C_{16}H_{10}Br_2O_4S$
1λ^6-Thiophen-3,4-diol, 2,5-Bis-
[4-brom-phenyl]-1,1-dioxo- 2223

$C_{16}H_{10}Br_2O_5$
Dibenzofuran, 2,8-Diacetoxy-1,3-
dibrom- 2174
—, 2,8-Diacetoxy-1,7-dibrom- 2174

$C_{16}H_{10}Cl_2O_4S$
1λ^6-Thiophen-3,4-diol, 2,5-Bis-
[2-chlor-phenyl]-1,1-dioxo- 2221
—, 2,5-Bis-[4-chlor-phenyl]-1,1-
dioxo- 2222

$C_{16}H_{10}O_3$
Benzo[*b*]naphtho[2,3-*d*]furan-6,11-
diol 2229

[C$_{16}$H$_{13}$O$_4$]$^+$ *(Fortsetzung)*
Chromenylıum, 2-[2,5-Dihydroxy-phenyl]-
　7-hydroxy-5-methyl- 2710
　[C$_{16}$H$_{13}$O$_4$]Cl 2710
—, 6-Hydroxy-2-[4-hydroxy-phenyl]-
　8-methoxy- 2706
　[C$_{16}$H$_{13}$O$_4$]Cl 2706
C$_{16}$H$_{14}$O$_2$S
Benzo[*b*]thiophen, 5,6-Dimethoxy-2-
　phenyl- 2199
C$_{16}$H$_{14}$O$_3$
Benzofuran, 6-Benzyloxy-4-methoxy- 2119
—, 2-[2,4-Dimethoxy-phenyl]- 2201
—, 4,6-Dimethoxy-3-phenyl- 2201
—, 5,6-Dimethoxy-3-phenyl- 2201
—, 6,7-Dimethoxy-3-phenyl- 2201
—, 6-Methoxy-3-[3-methoxy-phenyl]- 2201
—, 6-Methoxy-3-[4-methoxy-phenyl]-
　2202
Benzofuran-3-ol, 2-Benzyl-5-methoxy-
　2207
—, 2-Benzyl-6-methoxy- 2208
Benzofuran-3-on, 2-Benzyl-5-methoxy-
　2207
—, 2-Benzyl-6-methoxy- 2208
C$_{16}$H$_{14}$O$_4$
Benzofuran-3-ol, 7-Benzyloxy-6-
　methoxy- 2356
—, 6-Methoxy-2-salicyl- 2391
Benzofuran-3-on, 7-Benzyloxy-6-
　methoxy- 2356
—, 6-Methoxy-2-salicyl- 2391
C$_{16}$H$_{14}$O$_4$S
7λ^6-Benzo[*b*]naphtho[1,2-*d*]thiophen-5,6-
　diol, 7,7-Dioxo-5,6,6a,11b-
　tetrahydro- 2213
C$_{16}$H$_{14}$O$_5$
Benzofuran-3-on, 2-Benzyl-4,7-
　dihydroxy-6-methoxy- 2708
Benzofuran-3,4,7-triol, 2-Benzyl-6-
　methoxy- 2708
Indeno[2,1-*c*]chromen-3,6a,9,10-tetraol,
　7,11b-Dihydro- 2711
C$_{16}$H$_{15}$BrO$_3$
Dibenzofuran, 1-Äthyl-7-brom-2,8-
　dimethoxy- 2181
C$_{16}$H$_{15}$ClO$_4$
Dibenzofuran, 4-Chlor-1,3,8-
　trimethoxy-6-methyl- 2373
C$_{16}$H$_{16}$O$_3$
Chroman-3,4-diol, 3-Benzyl- 2190
Chroman-4-ol, 2-[4-Methoxy-phenyl]-
　2185
Chroman-5-ol, 7-Methoxy-2-phenyl- 2184
Chroman-6-ol, 7-Methoxy-2-phenyl-
　2185
Chroman-7-ol, 2-[4-Methoxy-phenyl]-
　2185
—, 3-[4-Methoxy-phenyl]- 2187

—, 5-Methoxy-2-phenyl- 2184
Dibenzofuran, 1-Äthyl-2,8-dimethoxy-
　2181
—, 2,8-Bis-[2-hydroxy-äthyl]- 2194
—, 1,7-Dimethoxy-3,9-dimethyl- 2181
—, 2,8-Dimethoxy-1,3-dimethyl- 2181
—, 2,8-Dimethoxy-1,7-dimethyl- 2181
—, 2,8-Dimethoxy-1,x-dimethyl- 2182
—, 2,8-Dimethoxy-3,7-dimethyl- 2183
—, 3,7-Dimethoxy-1,9-dimethyl- 2182
Dibenzofuran-3,7-diol, 1,4,6,9-
　Tetramethyl- 2194
Dibenz[*c,e*]oxepin, 2,10-
　Bis-hydroxymethyl-5,7-dihydro-
　2194
—, 1,11-Dimethoxy-5,7-dihydro- 2180
—, 2,10-Dimethoxy-5,7-dihydro- 2180
Oxiran, 2,2-Bis-[2-methoxy-phenyl]- 2179
—, 2,3-Bis-[2-methoxy-phenyl]- 2179
—, 2,3-Bis-[4-methoxy-phenyl]- 2179
Phenol, 4-[7-Methoxy-chroman-2-yl]-
　2185
C$_{16}$H$_{16}$O$_3$S
Naphtho[2,1-*b*]thiophen-1-ol,
　5,7-Diäthoxy- 2370
Naphtho[2,1-*b*]thiophen-1-on,
　5,7-Diäthoxy- 2370
C$_{16}$H$_{16}$O$_4$
Chroman-5,7-diol, 2-[4-Methoxy-
　phenyl]- 2374
Chroman-4-ol, 2-[4-Hydroxy-3-methoxy-
　phenyl]- 2374
Dibenzofuran, 1,3,8-Trimethoxy-6-
　methyl- 2372
Naphtho[1,2-*b*]furan, 5-Acetoxy-6-
　methoxy-2-methyl-2,3-dihydro- 2162
C$_{16}$H$_{16}$O$_5$
Dibenzofuran, 1,3,7,9-Tetramethoxy-
　2685
C$_{16}$H$_{16}$O$_6$Se
Benzo[*b*]selenophen, 4,5,7-Triacetoxy-
　3,6-dimethyl- 2359
[C$_{16}$H$_{17}$OS]$^+$
Pyrylium, 4-Cinnamylmercapto-2,6-
　dimethyl- 2055
　[C$_{16}$H$_{17}$OS]Br 2055
[C$_{16}$H$_{17}$O$_2$S]$^+$
Pyrylium, 2,6-Dimethyl-4-[4-methyl-
　phenacylmercapto]- 2056
　[C$_{16}$H$_{17}$O$_2$S]Br 2056
[C$_{16}$H$_{17}$O$_2$S$_2$]$^+$
Pyrylium, 2,6-Dimethyl-4-[4-
　methylmercapto-phenacylmercapto]-
　2057
　[C$_{16}$H$_{17}$O$_2$S$_2$]Br 2057
[C$_{16}$H$_{17}$O$_3$S]$^+$
Pyrylium, 4-[4-Methoxy-phenacyl-
　mercapto]-2,6-dimethyl- 2057
　[C$_{16}$H$_{17}$O$_3$S]Br 2057

$C_{16}H_{18}O_3$
Benzo[h]chromen-4-ol, 6-Methoxy-
2,2-dimethyl-3,4-dihydro-2H- 2162
Naphtho[1,2-b]furan-5-ol, 4-Äthyl-6-
methoxy-2-methyl-2,3-dihydro-
2163
Phenanthro[4,5-bcd]furan,
3,5-Dimethoxy-1,2,3,8,9,9a-
hexahydro- 2162

$C_{16}H_{18}O_5$
arabino-2-Desoxy-hexopyranosid,
[1]Naphthyl- 2620

$C_{16}H_{19}IO_6$
5-Desoxy-ribofuranosid, Benzyl-[di-
O-acetyl-5-jod- 2288

$C_{16}H_{20}N_2O_8$
Pyran, 4-[3,5-Dinitro-benzoyloxy]-2-
[2-methoxy-propyl]-tetrahydro- 2025

$C_{16}H_{20}N_2O_9$
Cladinopyranosid, Methyl-[O-(3,5-
dinitro-benzoyl)- 2322

$C_{16}H_{20}O_3$
Benzo[c]chromen-1,3-diol,
6,6,9-Trimethyl-7,8,9,10-tetrahydro-
6H- 2149
Methanol, [2]Furyl-[4-pentyloxy-
phenyl]- 2146
—, [5-Methoxy-1,2,3,8,9,9a-hexahydro-
3aH-phenanthro[4,5-bcd]furan-9b-yl]-
2148

$C_{16}H_{20}O_4$
Benzofuran-3-ol, 5-Acetoxy-2-
isopropyl-4,6,7-trimethyl- 2135
Benzofuran-3-on, 5-Acetoxy-2-
isopropyl-4,6,7-trimethyl- 2135

$C_{16}H_{20}O_5$
Chroman, 5,6-Diacetoxy-2,7,8-
trimethyl- 2079

$C_{16}H_{20}O_6$
erythro-2-Desoxy-pentofuranosid, Äthyl-
[O³-acetyl-O⁵-benzoyl- 2296

$C_{16}H_{20}O_9$
1,5-Anhydro-glucit, Tetra-O-acetyl-2-
äthinyl- 2664

$C_{16}H_{21}ClO_6$
Glucofuranosylchlorid, O⁵-Benzoyl-O²,O³,
O⁶-trimethyl- 2644

$[C_{16}H_{21}O_2S]^+$
Thiopyranium, 4,4-Bis-[4-hydroxy-phenyl]-
1-methyl-tetrahydro- 2196
[$C_{16}H_{21}O_2S$]I 2196

$C_{16}H_{22}O_3$
Benz[g]isochromen-10-ol, 5-Methoxy-1,3-
dimethyl-3,4,6,7,8,9-hexahydro-
1H- 2135

$C_{16}H_{22}O_9$
glycero-gulo-3,7-Anhydro-1,2-didesoxy-oct-
1-enit, Tetra-O-acetyl- 2663

Propan-1-on, 1-[3,5-Dimethoxy-4-
xylopyranosyloxy-phenyl]-2-
hydroxy- 2446

$C_{16}H_{22}O_9S_3$
1-Thio-arabinofuranosid, Äthyl-[O⁵-
benzoyl-O²,O³-bis-methansulfonyl- 2520

$C_{16}H_{22}O_{10}$
Crotonsäure, 3-[Tri-O-acetyl-
xylopyranosyloxy]-, methylester
2470

$C_{16}H_{22}O_{11}$
Aceton, 1-Acetoxy-3-[tri-O-acetyl-
arabinopyranosyloxy]- 2456
—, 1-Acetoxy-3-[tri-O-acetyl-
xylopyranosyloxy]- 2457

$C_{16}H_{23}BrO_{10}$
Glucopyranosylbromid, O³-[2-Acetoxy-
äthyl]-O²,O⁴,O⁶-triacetyl- 2601

$C_{16}H_{23}ClO_7S$
Galactopyranosylchlorid, O²,O⁴,O⁶-
Trimethyl-O³-[toluol-4-sulfonyl]-
2597
Glucofuranosylchlorid, O²,O³,O⁶-
Trimethyl-O⁵-[toluol-4-sulfonyl]-
2645

$C_{16}H_{24}O_5$
1,5-Anhydro-glucit, Tetra-O-methyl-1-
phenyl- 2670
Rhamnofuranosid, Methyl-[O⁵-benzyl-
O²,O³-dimethyl- 2531
Rhamnopyranosid, Methyl-[O⁴-benzyl-
O²,O³-dimethyl- 2531

$C_{16}H_{24}O_7S$
Arabinofuranosid, Äthyl-[O²,O³-dimethyl-
O⁵-(toluol-4-sulfonyl)- 2512
Fucopyranosid, Methyl-[O³,O⁴-dimethyl-
O²-(toluol-4-sulfonyl)- 2562
Rhamnopyranosid, Methyl-[O²,O³-
dimethyl-O⁴-(toluol-4-sulfonyl)- 2562

$C_{16}H_{24}O_9$
glycero-gulo-3,7-Anhydro-1,2-didesoxy-
octit, Tetra-O-acetyl- 2656
1,5-Anhydro-glucit, Tetra-O-acetyl-2-
äthyl- 2656

$C_{16}H_{25}N_3O_4$
Semicarbazon $C_{16}H_{25}N_3O_4$ aus einem
Hydroxydiketon $C_{15}H_{22}O_4$ s. bei
Kessylglykol 2066

$C_{16}H_{26}OS_2$
1,4-Epoxido-naphthalin, 4a,8a-Bis-
[äthylmercapto-methyl]-1,2,3,4,4a,
5,8,8a-octahydro- 2070

$C_{16}H_{26}O_5$
p-Menthan, 1,8-Epoxy-2,6-bis-
propionyloxy- 2045

$C_{16}H_{26}O_7$
Furan, 5-[1-Acetoxy-äthyl]-2,5-bis-
acetoxymethyl-2,3-dimethyl-
tetrahydro- 2327

$C_{16}H_{26}O_7$ *(Fortsetzung)*

Pyran, 5-Acetoxy-2,5-bis-acetoxymethyl-2,3,6-trimethyl-tetrahydro- 2326

Verbindung $C_{16}H_{26}O_7$ aus Bis-[5-hydroxy-2-methyl-tetrahydro-pyran-2-yl]-äther 2019

$C_{16}H_{26}O_7S_2$

1,4-Epoxido-naphthalin, 4a,8a-Bis-methansulfonyloxymethyl-6,7-dimethyl-1,2,3,4,4a,5,8,8a-octahydro- 2070

$C_{16}H_{26}O_8$

Xylopyranosid, Pentyl-[tri-O-acetyl- 2451

$C_{16}H_{28}O_2S$

Thiophen, 2,5-Di-*tert*-butyl-3,4-bis-methoxymethyl- 2064

$C_{16}H_{28}O_3$

Dec-5-in-3,4-diol, 7,8-Epoxy-4,7-dipropyl- 2067

$C_{16}H_{28}O_5$

Decan, 2,5-Diacetoxy-3,4-epoxy-2,4-dimethyl- 2031

$C_{16}H_{28}O_6S$

Thiophen-1,1-dioxid, 3,4-Diacetoxy-2,4-di-*tert*-butyl-tetrahydro- 2030

—, 3,4-Diacetoxy-3,4-di-*tert*-butyl-tetrahydro- 2030

$C_{16}H_{30}O_5$

Rhamnopyranosid, Menthyl- 2529

$C_{16}H_{30}O_9$

Äther, Bis-[O^2,O^3,O^5-trimethyl-lyxofuranosyl]- 2510

Arabinopyranosid, Methyl-[O^2,O^4-dimethyl-O^3-(tri-O-methyl-arabinopyranosyl)- 2474

Arabinose, O^2,O^3,O^4-Trimethyl-O^5-[tri-O-methyl-arabinopyranosyl]- 2445

—, O^2,O^3,O^5-Trimethyl-O^4-[tri-O-methyl-arabinopyranosyl]- 2445

—, O^2,O^4,O^5-Trimethyl-O^3-[tri-O-methyl-arabinopyranosyl]- 2444

—, O^2,O^3,O^4-Trimethyl-O^5-[tri-O-methyl-xylopyranosyl]- 2445

—, O^2,O^4,O^5-Trimethyl-O^3-[tri-O-methyl-xylopyranosyl]- 2444

Xylobiosid, Methyl-[penta-O-methyl- 2474

Xylose, O^2,O^3,O^5-Trimethyl-O^4-[tri-O-methyl-xylopyranosyl]- 2444

C_{17}-Gruppe

$[C_{17}H_{11}Cl_2O_2]^+$

Chromenylium, 6-Chlor-2-[5-chlor-2-hydroxy-styryl]- 2225

$[C_{17}H_{11}Cl_2O_2]ClO_4$ 2225

$C_{17}H_{12}O_3$

Benzo[*b*]naphtho[1,2-*d*]furan-6-ol, 9-Methoxy- 2229

Benzo[*b*]naphtho[2,3-*d*]furan-6-ol, 3-Methoxy- 2229

Benzo[*kl*]xanthen-1-ol, 6-Methoxy- 2230

$C_{17}H_{13}BrO_4$

Phenanthro[4,5-*bcd*]furan, 1-Brom-3,5,6-trimethoxy- 2400

$[C_{17}H_{14}ClO_4]^+$

Chromenylium, 3-Chlor-2-[2-hydroxy-4-methoxy-phenyl]-7-methoxy- 2707

$[C_{17}H_{14}ClO_4]Cl$ 2707

$C_{17}H_{14}N_2O_9S$

s. bei $[C_{11}H_{11}O_2]^+$

$C_{17}H_{14}O_3$

Chromen-5-on, 7-Methoxy-6-methyl-2-phenyl- 2394

Furan-3-ol, 5-Methoxy-2,4-diphenyl- 2220

Furan-3-on, 5-Methoxy-2,4-diphenyl- 2220

Thebenol 2224

$C_{17}H_{14}O_4$

Benzofuran, 6-Benzoyloxy-7-methoxy-3-methyl- 2122

Phenanthro[4,5-*bcd*]furan, 2,3,5-Trimethoxy- 2400

$C_{17}H_{14}O_5$

Benzo[*g*]chromen, 5,10-Diacetoxy-2*H*- 2178

Benzo[*h*]chromen, 5,6-Diacetoxy-2*H*- 2177

Benzofuran-3-ol, 6-Acetoxy-2-[4-methoxy-phenyl]- 2384

Benzofuran-3-on, 6-Acetoxy-2-[4-methoxy-phenyl]- 2384

Dibenzofuran, 1,7-Diacetoxy-3-methyl- 2179

$[C_{17}H_{15}O_2]^+$

Chromenylium, 5-Hydroxy-4,7-dimethyl-2-phenyl- 2216

$[C_{17}H_{15}O_2]Cl$ 2216

—, 6-Hydroxy-5,7-dimethyl-2-phenyl- 2216

$[C_{17}H_{15}O_2]Cl$ 2216

—, 7-Hydroxy-5,6-dimethyl-2-phenyl- 2216

$[C_{17}H_{15}O_2]ClO_4$ 2216

$[C_{17}H_{15}O_2]C_7HF_3N_3O_7$ 2216

—, 7-Hydroxy-5-methyl-2-*p*-tolyl- 2215

$[C_{17}H_{15}O_2]C_7HF_3N_3O_7$ 2215

—, 7-Methoxy-6-methyl-2-phenyl- 2210

$[C_{17}H_{15}O_2]Cl$ 2210

—, 6-Methoxy-2-*p*-tolyl- 2210

$[C_{17}H_{15}O_2]C_7HF_3N_3O_7$ 2210

—, 8-Methoxy-2-*p*-tolyl- 2210

$[C_{17}H_{15}O_2]FeCl_4$ 2210

$C_{17}H_{18}N_2O_5$
Xylopyranosid, [4-Phenylazo-phenyl]-
2473

$C_{17}H_{18}O_3$
Benzofuran, 6-Methoxy-2-[4-methoxy-
phenyl]-2-methyl-2,3-dihydro-
2188
Chroman, 2-[3,4-Dimethoxy-phenyl]-
2186
—, 5,7-Dimethoxy-2-phenyl- 2184
—, 7,8-Dimethoxy-2-phenyl- 2185
—, 7-Methoxy-2-[4-methoxy-phenyl]-
2185
—, 7-Methoxy-3-[4-methoxy-phenyl]-
2187
Chroman-3-ol, 2-[4-Methoxy-phenyl]-6-
methyl- 2191
Chroman-4-ol, 3-[3-Methoxy-benzyl]-
2190
—, 3-[4-Methoxy-benzyl]- 2190
—, 2-[4-Methoxy-phenyl]-6-methyl-
2192
Chroman-6-ol, 2-[4-Hydroxy-phenyl]-
5,7-dimethyl- 2196
Chroman-7-ol, 2-Methoxy-2-methyl-4-
phenyl- 2191
—, 5-Methoxy-8-methyl-2-phenyl- 2194
Dibenzofuran, 7-Äthyl-2,8-dimethoxy-
1-methyl- 2190
Oxetan, 3,3-Bis-phenoxymethyl- 2010
Phenanthro[4,5-bcd]furan-3-ol,
5-Methoxy-9b-vinyl-1,2,3,3a,9a,9b-
hexahydro- 2195
Xanthen, 3,6-Dimethoxy-9,9-dimethyl-
2189

$C_{17}H_{18}O_4$
Chroman-3,4-diol, 2-[4-Methoxy-
phenyl]-6-methyl- 2376
Phenol, 5-Methoxy-2-[7-methoxy-
chroman-3-yl]- 2375
Pyran-3-ol, 4,6-Bis-[4-hydroxy-
phenyl]-tetrahydro- 2380
Xanthen, 1,3,6-Trimethoxy-8-methyl-
2373

$C_{17}H_{18}O_5$
Chroman-3,4-diol, 7-Methoxy-2-
[4-methoxy-phenyl]- 2690
Chroman-5,7-diol, 2-[3,4-Dimethoxy-
phenyl]- 2695
Dibenzofuran-1-ol, 3,7,9-Trimethoxy-
2,8-dimethyl- 2689
Dibenzofuran-x-ol, x,x,x-Trimethoxy-
2,8-dimethyl- 2689
Xanthen, 1,2,6,8-Tetramethoxy- 2686
—, 1,3,6,7-Tetramethoxy- 2687
—, 1,3,6,8-Tetramethoxy- 2688

$C_{17}H_{18}O_5S_2$
Oxetan, 3,3-Bis-benzolsulfonylmethyl-
2011

$C_{17}H_{18}O_7$
1,5-Anhydro-2-desoxy-*arabino*-hex-1-enit,
O^3,O^4-Diacetyl-O^6-benzoyl- 2335
Benzofuran, 3,4,6-Triacetoxy-2-
isopropyl- 2360

$C_{17}H_{19}ClO_7$
1,5-Anhydro-xylit, Tri-O-acetyl-1-
[4-chlor-phenyl]- 2341

$C_{17}H_{19}ClO_8$
Xylopyranosid, [4-Chlor-phenyl]-
[tri-O-acetyl- 2453

$C_{17}H_{19}NO_7$
1,5-Anhydro-2-desoxy-*arabino*-hex-1-enit,
O^3,O^4-Diacetyl-O^6-phenylcarbamoyl-
2335

$C_{17}H_{19}NO_{10}$
Arabinopyranosid, [4-Nitro-phenyl]-
[tri-O-acetyl- 2453
Xylopyranosid, [4-Nitro-phenyl]-
[tri-O-acetyl- 2454

$C_{17}H_{20}BrIO_8S$
6-Desoxy-glucopyranosylbromid, O^3,O^4-
Diacetyl-6-jod-O^2-[toluol-4-sulfonyl]-
2304

$C_{17}H_{20}O_3$
Naphtho[1,2-*b*]furan, 4-Äthyl-5,6-
dimethoxy-2-methyl-2,3-dihydro-
2164
Phenanthro[4,5-*bcd*]furan-3-ol,
5-Methoxy-9b-vinyl-1,2,3,3a,8,9,9a,9b-
octahydro- 2165

$C_{17}H_{20}O_4$
Benz[g]isochromen-10-ol, 5,9-Dimethoxy-
1,3-dimethyl-3,4-dihydro-1H- 2368

$C_{17}H_{20}O_7$
1,5-Anhydro-arabit, Tri-O-acetyl-1-
phenyl- 2340
1,5-Anhydro-ribit, Tri-O-acetyl-1-
phenyl- 2340
1,5-Anhydro-xylit, Tri-O-acetyl-1-
phenyl- 2340

$C_{17}H_{20}O_7S$
1-Thio-arabinopyranosid, Phenyl-
[tri-O-acetyl- 2487
1-Thio-xylopyranosid, Phenyl-[tri-
O-acetyl- 2487

$C_{17}H_{20}O_8$
Arabinopyranosid, Phenyl-[tri-
O-acetyl- 2452
6-Desoxy-glucopyranose, O^3,O^4-Diacetyl-
O^1-benzoyl- 2550
Xylopyranosid, Phenyl-[tri-O-acetyl-
2453

$C_{17}H_{20}O_9S$
1,5-Anhydro-arabit, Tri-O-acetyl-1-
benzolsulfonyl- 2488
1,5-Anhydro-xylit, Tri-O-acetyl-1-
benzolsulfonyl- 2488

C₁₈-Gruppe

$C_{18}H_{10}Cl_2O_4S_3$
Thiophen, 3,4-Bis-[2-carboxy-phenylmercapto]-2,5-dichlor- 2049

$C_{18}H_{10}N_2O_{10}S_3$
Thiophen, 2,5-Bis-[2-carboxy-benzolsulfinyl]-3,4-dinitro- 2048

$C_{18}H_{11}ClO_2S$
Naphtho[1,2-*b*]thiophen-3-ol, 9-[4-Chlor-phenoxy]- 2169
Naphtho[1,2-*b*]thiophen-3-on, 9-[4-Chlor-phenoxy]- 2169

$C_{18}H_{11}ClO_4S_3$
Thiophen, 2,5-Bis-[2-carboxy-phenylmercapto]-3-chlor- 2047

$C_{18}H_{12}Cl_2O_4S$
Benzo[*b*]thiophen, 6,7-Diacetoxy-3,5-dichlor-2-phenyl- 2200

$C_{18}H_{12}N_4O_6S_3$
Thiophen, 2,5-Bis-[2-carbamoyl-phenylmercapto]-3,4-dinitro- 2048

$C_{18}H_{12}O_4S$
Thiophen, 3,4-Bis-benzoyloxy- 2048

$C_{18}H_{12}O_4S_3$
Thiophen, 2,5-Bis-[2-carboxy-phenylmercapto]- 2047
—, 3,4-Bis-[2-carboxy-phenylmercapto]- 2048

$C_{18}H_{12}O_6S_3$
Thiophen, 3,4-Bis-[2-carboxy-benzolsulfinyl]- 2049

$C_{18}H_{14}Br_2O_2S$
Thiophen, 3,4-Dibrom-2,5-bis-[α-hydroxy-benzyl]- 2225

$C_{18}H_{14}Cl_2O_4S$
Thiophen-1,1-dioxid, 2,5-Bis-[4-chlor-phenyl]-3,4-dimethoxy- 2222

$C_{18}H_{14}Cl_2O_7$
Dibenzofuran, 2,8-Diacetoxy-1,9-dichlor-3,7-dimethoxy- 2686

$C_{18}H_{14}N_2O_2S_3$
Thiophen, 2,5-Bis-[2-carbamoyl-phenylmercapto]- 2047

$C_{18}H_{14}N_2O_9$
1,4-Anhydro-erythrit, Bis-O-[4-nitro-benzoyl]- 1996
1,4-Anhydro-threit, Bis-O-[4-nitro-benzoyl]- 1996
Benzofuran, 3-Acetoxy-2-[2-acetoxy-5-nitro-phenyl]-5-nitro-2,3-dihydro- 2180

$C_{18}\overline{H_{14}O_2S}$
Anthracen-9,10-diol, 1-[2]Thienyl-1,4-dihydro- 2231
Anthrachinon, 1-[2]Thienyl-1,4,4a,9a-tetrahydro- 2231

$C_{18}H_{14}O_3$
Benzo[*b*]naphtho[1,2-*d*]furan-5-ol, 9-Methoxy-2-methyl- 2230

$C_{18}H_{14}O_4$
Benzo[*b*]naphtho[1,2-*d*]furan-5-ol, 2,9-Dimethoxy- 2402
—, 3,9-Dimethoxy- 2402

$C_{18}H_{14}O_5$
Dibenz[*b*,*f*]oxepin, 10,11-Diacetoxy- 2202
Furan, 2,5-Bis-benzoyloxy-2,5-dihydro- 2033

$C_{18}H_{15}ClO_7$
Dibenzofuran, 2,8-Diacetoxy-1-chlor-3,7-dimethoxy- 2686

$[C_{18}H_{15}O_3]^+$
Indeno[2,1-*c*]chromenylium, 9,10-Dimethoxy-7*H*- 2402
$[C_{18}H_{15}O_3]FeCl_4$ 2402

$C_{18}H_{16}Br_2O_3$
Spiro[cyclohexan-1,9'-xanthen]-3',6'-diol, x,x-Dibrom- 2219

$C_{18}H_{16}Cl_2O_3$
Furan, 3,4-Dichlor-2,5-dimethoxy-2,5-diphenyl-2,5-dihydro- 2209

$C_{18}H_{16}N_2O_8$
Chroman, 2-Äthoxy-7-[3,5-dinitro-benzoyloxy]- 2075

$C_{18}H_{16}O_2$
Chrysen-1,7-diol, 5,6,11,12-Tetrahydro- 2219

$C_{18}H_{16}O_2S$
Thiophen, 2,4-Bis-[4-hydroxy-phenyl]-3,5-dimethyl- 2225
—, 2,5-Bis-[4-hydroxy-phenyl]-3,4-dimethyl- 2226
—, 2,4-Bis-[4-methoxy-phenyl]- 2221
—, 2,5-Bis-[4-methoxy-phenyl]- 2223

$C_{18}H_{16}O_2Se$
Selenophen, 2,4-Bis-[4-methoxy-phenyl]- 2221

$C_{18}H_{16}O_3$
Indeno[2,1-*c*]chromen, 9,10-Dimethoxy-6,7-dihydro- 2224
Methanol, [2-Benzyloxy-phenyl]-[2]furyl- 2147
—, [4-Benzyloxy-phenyl]-[2]furyl- 2147
—, [2]Furyl-[4-methoxy-phenyl]-phenyl- 2224
Methebenol 2224
Phenol $C_{18}H_{16}O_3$ aus 1,2-Epoxy-5-methoxy-1-[2-methoxy-phenäthyl]-1,2,3,4-tetrahydro-naphthalin 2219

$C_{18}H_{16}O_4$
Benzofuran-3-ol, 4,6-Dimethoxy-5-styryl- 2400
—, 4,6-Dimethoxy-7-styryl- 2400
Benzofuran-3-on, 4,6-Dimethoxy-5-styryl- 2400
—, 4,6-Dimethoxy-7-styryl- 2400
Chromen, 2-Acetoxy-3-methoxy-2-phenyl-2*H*- 2203

$C_{18}H_{18}O_3$ *(Fortsetzung)*

Phenantro[4,5-*bcd*]furan, 3,5-Dimethoxy-9b-vinyl-3,3a,9a,9b-tetrahydro- 2214

Propan-2-ol, 2-[4-Benzyloxy-benzofuran-2-yl]- 2130

—, 2-[6-Benzyloxy-benzofuran-2-yl]- 2131

Spiro[cyclohexan-1,9'-xanthen]-3',6'-diol 2219

$C_{18}H_{18}O_4$

Benzofuran, 6-Methoxy-3-veratryl- 2391

—, 7-Methoxy-2-veratryl- 2391

Chroman, 7-Acetoxy-2-[4-methoxy-phenyl]- 2186

—, 2-[4-Acetoxy-phenyl]-7-methoxy- 2186

Chromen, 2,3-Dimethoxy-2-[4-methoxy-phenyl]-2H- 2387

—, 5,7-Dimethoxy-2-[4-methoxy-phenyl]-4H- 2385

—, 3,5,7-Trimethoxy-2-phenyl-2H- 2385

—, 3,5,7-Trimethoxy-2-phenyl-4H- 2385

$C_{18}H_{18}O_5$

Benzofuran, 2-[3,4-Dimethoxy-phenyl]-6,7-dimethoxy- 2701

—, 7-Methoxy-2-[2,4,6-trimethoxy-phenyl]- 2701

—, 4,5,6-Trimethoxy-3-[4-methoxy-phenyl]- 2702

Methanol, [3,4-Dimethoxy-phenyl]-[7-methoxy-benzofuran-2-yl]- 2709

$C_{18}H_{20}Br_2O_8$

Glucopyranosylbromid, O^2,O^3,O^4-Triacetyl-O^6-[4-brom-phenyl]- 2601

$C_{18}H_{20}O_3$

2,3-Anhydro-threit, Di-O-benzyl- 2000

Bibenzyl-4,4'-diol, α,α'-Diäthyl-α,α'-epoxy- 2197

Chroman-7-ol, 2-Äthoxy-2-methyl-4-phenyl- 2191

Furan, 2,2-Bis-[4-methoxy-phenyl]-tetrahydro- 2190

Naphtho[8a,1,2-*de*]chromen, 3,8-Dimethoxy-5,6,11,12-tetrahydro-2H- 2195

Phenanthro[4,5-*bcd*]furan, 3,5-Dimethoxy-9b-vinyl-1,2,3,3a,9a,9b-hexahydro- 2195

—, 3,5-Dimethoxy-9b-vinyl-1,3a,8,9,9a,9b-hexahydro- 2195

Phenanthro[4,5-*bcd*]furan-3-ol, 5-Methoxy-3-methyl-9b-vinyl-1,2,3,3a,9a,9b-hexahydro- 2197

Phthalan-4,5-diol, 1,1,3,3-Tetramethyl-7-phenyl- 2198

$C_{18}H_{20}O_4$

Chroman, 5,7-Dimethoxy-2-[4-methoxy-phenyl]- 2374

—, 3-[2,4-Dimethoxy-phenyl]-7-methoxy- 2375

—, 4-[3,4-Dimethoxy-phenyl]-7-methoxy- 2376

Chroman-5,7-diol, 2-[4-Methoxy-phenyl]-6,8-dimethyl- 2381

Chroman-3-ol, 4-Methoxy-2-[4-methoxy-phenyl]-6-methyl- 2378

Chroman-4-ol, 3-Methoxy-2-[4-methoxy-phenyl]-6-methyl- 2377

Naphtho[1,2-*b*]furan, 5-Acetoxy-4-äthyl-6-methoxy-2-methyl-2,3-dihydro- 2164

$C_{18}H_{20}O_5$

Benz[g]isochromen-10-ol, 5-Acetoxy-9-methoxy-1,3-dimethyl-3,4-dihydro-1H- 2369

Chroman-3-ol, 5,7-Dimethoxy-2-[4-methoxy-phenyl]- 2691

—, 2-[3,4-Dimethoxy-phenyl]-7-methoxy- 2693

Chroman-4-ol, 5,7-Dimethoxy-2-[4-methoxy-phenyl]- 2692

—, 2-[3,4-Dimethoxy-phenyl]-8-methoxy- 2694

Dibenzofuran, 1,3,7,9-Tetramethoxy-2,8-dimethyl- 2689

Dibenz[c,e]oxepin, 2,3,8,10-Tetramethoxy-5,7-dihydro- 2688

—, 2,3,9,10-Tetramethoxy-5,7-dihydro- 2688

$C_{18}H_{20}O_8S_3$

Thiophen-1,1-dioxid, 3,4-Bis-[toluol-4-sulfonyloxy]-tetrahydro- 1999

$C_{18}H_{20}O_9$

Ribofuranose, O^1,O^2,O^3-Triacetyl-O^5-benzoyl- 2503

Xylopyranose, O^2,O^3,O^4-Triacetyl-O^1-benzoyl- 2464

$C_{18}H_{20}O_9S_2$

2,5-Anhydro-glucit, O^1,O^6-Bis-benzolsulfonyl- 2648

$C_{18}H_{21}BrO_8$

1,5-Anhydro-arabit, Tri-O-acetyl-1-[3-brom-4-methoxy-phenyl]- 2667

1,5-Anhydro-xylit, Tri-O-acetyl-1-[3-brom-4-methoxy-phenyl]- 2667

2-Desoxy-glucopyranosid, Phenyl-[tri-O-acetyl-2-brom- 2628

6-Desoxy-glucopyranosid, Phenyl-[tri-O-acetyl-6-brom- 2569

Glucopyranosylbromid, O^2,O^3,O^4-Triacetyl-O^6-phenyl- 2601

$C_{18}H_{21}ClO_8$

1,5-Anhydro-arabit, Tri-O-acetyl-1-[3-chlor-4-methoxy-phenyl]- 2667

C₁₉-Gruppe

[C₁₉H₁₉O₄]⁺ → $[C_{19}H_{19}O_4]^+$

[C₁₉H₁₉O₄]⁺
Chromenylium, 5,7-Dimethoxy-
2-[4-methoxy-phenyl]-8-methyl- 2710
[C₁₉H₁₉O₄]FeCl₄ 2710

$C_{19}H_{20}N_2O_5$
threo-1,5-Anhydro-2-desoxy-pentit,
Bis-O-phenylcarbamoyl- 2005
Furan, 4-Phenylcarbamoyloxy-2-
[phenylcarbamoyloxy-methyl]-
tetrahydro- 2009

$C_{19}H_{20}O_3$
Benzo[c]chromen, 4,9-Dimethoxy-6-methyl-
1-propenyl-6H- 2216
Chroman-4-ol, 6-Allyl-8-methoxy-2-
phenyl- 2217
Chromen, 4-Äthyl-7-methoxy-3-
[4-methoxy-phenyl]-2H- 2215

$C_{19}H_{20}O_4$
Chroman, 7-Acetoxy-2-methoxy-2-
methyl-4-phenyl- 2191
—, 3-Acetoxy-2-[4-methoxy-phenyl]-6-
methyl- 2192
—, 4-Acetoxy-2-[4-methoxy-phenyl]-6-
methyl- 2193
Chromen, 2-Äthoxy-3-methoxy-2-
[4-methoxy-phenyl]-2H- 2387
Chromen-6-ol, 2,3-Dimethoxy-5,7-
dimethyl-2-phenyl-2H- 2397
Indeno[2,1-c]chromen, 3,9,10-
Trimethoxy-6,6a,7,11b-tetrahydro-
2395

$C_{19}H_{20}O_5$
Benzo[g]chromen, 5,10-Diacetoxy-2,2-
dimethyl-3,4-dihydro-2H- 2162
Benzo[h]chromen, 5,6-Diacetoxy-2,2-
dimethyl-3,4-dihydro-2H- 2163
Benzofuran, 3-[2,3-Dimethoxy-benzyl]-
4,6-dimethoxy- 2709
—, 4,6-Dimethoxy-3-veratryl- 2709
—, 6-Methoxy-3-[2,4,6-trimethoxy-
benzyl]- 2709
Chroman-4-ol, 3-Acetoxy-2-[4-methoxy-
phenyl]-6-methyl- 2378
—, 7-Acetoxy-3-[4-methoxy-phenyl]-2-
methyl- 2376
Chromen, 2-[3,4-Dimethoxy-phenyl]-5,7-
dimethoxy-4H- 2702
—, 3-[3,4-Dimethoxy-phenyl]-5,7-
dimethoxy-4H- 2707
—, 2,3,7-Trimethoxy-2-[4-methoxy-phenyl]-
2H- 2703
—, 3,5,7-Trimethoxy-2-[4-methoxy-phenyl]-
4H- 2702
Naphtho[1,2-b]furan, 4,5-Diacetoxy-
2,2,3-trimethyl-2,3-dihydro- 2164
—, 4,5-Diacetoxy-2,3,3-trimethyl-2,3-
dihydro- 2164
Naphtho[2,3-b]furan, 4,9-Diacetoxy-
2,2,3-trimethyl-2,3-dihydro- 2163

—, 4,9-Diacetoxy-2,3,3-trimethyl-2,3-
dihydro- 2163

$C_{19}H_{20}O_6$
Arabinopyranosid, Benzyl-[O²-benzoyl-
2464
Dibenzofuran, 1-Acetoxy-3,7,9-
trimethoxy-2,8-dimethyl- 2689

$C_{19}H_{21}BrO_9$
2-Desoxy-
glucopyranose, O³,O⁴,O⁶-Triacetyl-
O¹-benzoyl-2-brom- 2628
2-Desoxy-
mannopyranose, O³,O⁴,O⁶-Triacetyl-
O¹-benzoyl-2-brom- 2629
Glucopyranosylbromid, O²,O³,O⁴-Triacetyl-
O⁶-benzoyl- 2607
—, O²,O⁴,O⁶-Triacetyl-O³-benzoyl-
2607

$C_{19}H_{21}ClO_5$
Benzofuran, 3-[3-Chlor-2,4,6-
trimethoxy-benzyl]-6-methoxy-2,3-
dihydro- 2696
Chroman, 2-Chlor-3-[3,4-dimethoxy-
phenyl]-5,7-dimethoxy- 2695

$C_{19}H_{21}ClO_7S_2$
2,5-Anhydro-1-desoxy-xylit, 1-Chlor-bis-
O-[toluol-4-sulfonyl]- 2007

$C_{19}H_{21}ClO_9$
Glucopyranosylchlorid, O³,O⁴,O⁶-Triacetyl-
O²-benzoyl- 2596

$C_{19}H_{21}IO_9$
2-Desoxy-
glucopyranose, O³,O⁴,O⁶-Triacetyl-
O¹-benzoyl-2-jod- 2629
2-Desoxy-
mannopyranose, O³,O⁴,O⁶-Triacetyl-
O¹-benzoyl-2-jod- 2630

$C_{19}H_{22}BrNO_9$
Glucopyranosylbromid, O²,O³,O⁴-Triacetyl-
O⁶-phenylcarbamoyl- 2608

$C_{19}H_{22}Br_2O_8$
1,5-Anhydro-xylit, Tri-O-acetyl-1-
[4-äthoxy-3,5-dibrom-phenyl]-
2667

$C_{19}H_{22}O_3$
Benzo[c]chromen, 4,9-Dimethoxy-6-methyl-
1-propyl-6H- 2196
Chroman, 2-Äthoxy-7-methoxy-2-methyl-
4-phenyl- 2191
Pentan-2,4-diol, 2-Methyl-4-xanthen-
9-yl- 2198
Xanthen-2,7-diol, 1,3,4,5,6,8-
Hexamethyl- 2198

$C_{19}H_{22}O_4$
Chroman-7-ol, 6-Äthyl-2-
[3,4-dimethoxy-phenyl]- 2381
Dibenz[b,f]oxepin, 1-Äthyl-4,7,8-
trimethoxy-10,11-dihydro- 2380

$C_{19}H_{30}O_5$ *(Fortsetzung)*
  Kessylglykol, Di-O-acetyl- 2066
  12-Oxa-bicyclo[7.2.1]dodec-4-en,
    3,8-Diacetoxy-2,2,5,9-tetramethyl-
    2065
$C_{19}H_{32}O_7$
  Nonan, 3,6,9-Triacetoxy-1-tetrahydro-
    [2]furyl- 2327
$C_{19}H_{32}O_8$
  Xylopyranosid, Octyl-[tri-O-acetyl- 2452
$C_{19}H_{36}O_4$
  Decansäure-[6-isobutoxy-tetrahydro-
    pyran-2-ylester] 2003
$C_{19}H_{36}O_6$
  Pentan, 3,3-Bis-[3-hydroxy-2-methyl-
    tetrahydro-pyran-2-yloxymethyl]-
    2012
$C_{19}H_{38}O_5$
  Xylopyranosid, Tetradecyl- 2435

C_{20}-Gruppe

$C_{20}H_{10}Br_4O_3$
  Isobenzofuran, 1,3-Bis-[3,5-dibrom-4-
    hydroxy-phenyl]- 2243
$C_{20}H_{10}O_3$
  Perylo[1,12-*bcd*]furan-6,7-diol 2252
$C_{20}H_{14}Br_2O_3$
  Dibrom-Derivat $C_{20}H_{14}Br_2O_3$ aus
    9-Methyl-9-phenyl-xanthen-3,6-
    diol 2236
$C_{20}H_{14}O_3$
  Isobenzofuran, 1,3-Bis-[4-hydroxy-
    phenyl]- 2242
  Phenolphthalidin 2242
$C_{20}H_{14}O_5$
  Benzo[*b*]naphtho[2,3-*d*]furan,
    6,11-Diacetoxy- 2229
$C_{20}H_{15}NO_7S$
  s. bei $[C_{14}H_{11}O_2]^+$
$[C_{20}H_{15}O_2]^+$
  Benzo[*f*]chromenylium, 3-[2-Methoxy-
    phenyl]- 2233
    $[C_{20}H_{15}O_2]Cl$ 2233
  —, 3-[3-Methoxy-phenyl]- 2233
    $[C_{20}H_{15}O_2]ClO_4$ 2233
    $[C_{20}H_{15}O_2]FeCl_4$ 2233
  —, 3-[4-Methoxy-phenyl]- 2233
    $[C_{20}H_{15}O_2]Cl$ 2233
    $[C_{20}H_{15}O_2]FeCl_4$ 2233
  Chromenylium, 2-[2-Methoxy-
    [1]naphthyl]- 2234
    $[C_{20}H_{15}O_2]ClO_4$ 2234
  —, 2-[4-Methoxy-[1]naphthyl]- 2234
    $[C_{20}H_{15}O_2]ClO_4$ 2234
$[C_{20}H_{15}O_3]^+$
  Chromenylium, 7-Hydroxy-2-[2-hydroxy-
    [1]naphthyl]-4-methyl- 2406
    $[C_{20}H_{15}O_3]ClO_4$ 2406

  —, 7-Hydroxy-2-[4-hydroxy-[1]naphthyl]-
    4-methyl- 2406
    $[C_{20}H_{15}O_3]ClO_4$ 2406
  —, 7-Hydroxy-2-[2-methoxy-[1]naphthyl]-
    2405
    $[C_{20}H_{15}O_3]ClO_4$ 2405
$[C_{20}H_{15}O_4]^+$
  Chromenylium, 7,8-Dihydroxy-2-
    [2-hydroxy-[1]naphthyl]-4-methyl-
    2720
    $[C_{20}H_{15}O_4]ClO_4$ 2720
  —, 7,8-Dihydroxy-2-[4-hydroxy-
    [1]naphthyl]-4-methyl- 2720
    $[C_{20}H_{15}O_4]ClO_4$ 2720
$C_{20}H_{16}N_4O_{13}$
  Furan, 2,5-Bis-[3,5-dinitro-
    benzoyloxymethyl]-tetrahydro-
    2020
  Pyran, 3-[3,5-Dinitro-benzoyloxy]-2-
    [3,5-dinitro-benzoyloxymethyl]-
    tetrahydro- 2014
$C_{20}H_{16}N_4O_{14}$
  erythro-3-Desoxy-pentopyranosid, Methyl-
    [bis-O-(3,5-dinitro-benzoyl)-
    2273
$C_{20}H_{16}N_8O_8S_3$
  Thiophen, 2,5-Bis-[2-(2,4-dinitro-
    phenylhydrazono)-äthylmercapto]-
    2046
$C_{20}H_{16}O_3$
  Phthalan, 1,1-Bis-[4-hydroxy-phenyl]-
    2234
  Xanthen-3,6-diol, 9-Methyl-9-phenyl-
    2235
  Xanthen-3-ol, 9-[4-Hydroxy-phenyl]-7-
    methyl- 2235
  Xanthen-9-ol, 9-[α-Hydroxy-benzyl]-
    2235
$C_{20}H_{16}O_4$
  Benzofuran-3-ol, 2-[2-Hydroxy-[1]-
    naphthylmethyl]-6-methoxy- 2405
  Benzofuran-3-on, 2-[2-Hydroxy-[1]-
    naphthylmethyl]-6-methoxy- 2405
  Xanthen-1,9-diol, 9-[2-Methoxy-
    phenyl]- 2403
  Xanthen-3-ol, 9-[2,4-Dihydroxy-
    phenyl]-7-methyl- 2405
$C_{20}H_{16}O_4S$
  Benzo[*b*]naphtho[2,1-*d*]thiophen,
    1,4-Diacetoxy-5,6-dihydro- 2224
  Thiophen, 2,5-Bis-[4-acetoxy-phenyl]-
    2223
$C_{20}H_{16}O_4S_3$
  Thiophen, 3,4-Bis-[2-carboxy-
    phenylmercapto]-2,5-dimethyl-
    2052
$C_{20}H_{16}O_5$
  Furan, 2,5-Bis-benzoyloxymethyl-
    2052

$C_{20}H_{20}O_9S$
Ribofuranose, O^1,O^2-Dibenzoyl-
O^5-methansulfonyl- 2513
—, O^1,O^3-Dibenzoyl-O^5-methansulfonyl-
2513

$C_{20}H_{20}O_{13}$
1,5-Anhydro-glucit, O^3,O^6-Digalloyl-
2582

$[C_{20}H_{21}O_4]^+$
Chromenylium, 7-Äthoxy-5-methoxy-
2-[4-methoxy-phenyl]-8-methyl- 2710
$[C_{20}H_{21}O_4]FeCl_4$ 2710

$C_{20}H_{22}Br_2O_9$
1,5-Anhydro-glucit, Tetra-O-acetyl-1-
[3,4-dibrom-phenyl]- 2672

$C_{20}H_{22}N_2O_4S$
Thiopyran, 4-Phenylcarbamoyloxy-3-
[phenylcarbamoyloxy-methyl]-
tetrahydro- 2016

$C_{20}H_{22}N_2O_5$
Pyran, 4-Phenylcarbamoyloxy-3-
[phenylcarbamoyloxy-methyl]-
tetrahydro- 2015

$C_{20}H_{22}O_3$
Chromen, 4-Äthyl-7-methoxy-3-
[4-methoxy-phenyl]-2-methyl-2H- 2218
Naphthalin, 1,2-Epoxy-5-methoxy-1-
[2-methoxy-phenäthyl]-1,2,3,4-
tetrahydro- 2218
Spiro[naphthalin-1,2'-oxiran],
5-Methoxy-3'-[2-methoxy-benzyl]-3,4-
dihydro-2H- 2218

$C_{20}H_{22}O_4$
Chroman, 7-Acetoxy-2-äthoxy-2-methyl-
4-phenyl- 2191
Chromen, 4-Äthyl-5,7-dimethoxy-3-
[4-methoxy-phenyl]-2H- 2396
Chromen-6-ol, 2-Äthoxy-3-methoxy-5,7-
dimethyl-2-phenyl-2H- 2397
Phenol, 2-Methoxy-4-[7-methoxy-3-
methyl-5-propenyl-2,3-dihydro-
benzofuran-2-yl]- 2398
—, 2-Methoxy-4-[7-methoxy-3-methyl-5-
propyl-benzofuran-2-yl]- 2398

$C_{20}H_{22}O_5$
Chroman, 3-Acetoxy-4-methoxy-2-
[4-methoxy-phenyl]-6-methyl- 2378
—, 4-Acetoxy-3-methoxy-2-[4-methoxy-
phenyl]-6-methyl- 2378
Chromen, 2-Äthoxy-3,7-dimethoxy-2-
[4-methoxy-phenyl]-2H- 2703
Indeno[2,1-c]chromen, 3,4,9,10-
Tetramethoxy-6,6a,7,11b-
tetrahydro- 2711
Propan-1-ol, 3-[2-(4-Hydroxy-3-
methoxy-phenyl)-7-methoxy-3-
methyl-benzofuran-5-yl]- 2712

$C_{20}H_{22}O_6$
Chroman, 3-Acetoxy-5,7-dimethoxy-2-
[4-methoxy-phenyl]- 2691
—, 4-Acetoxy-5,7-dimethoxy-2-
[4-methoxy-phenyl]- 2692
—, 3-Acetoxy-2-[3,4-dimethoxy-phenyl]-
7-methoxy- 2694
—, 4-Acetoxy-2-[3,4-dimethoxy-phenyl]-
8-methoxy- 2695

$C_{20}H_{23}BrO_{10}$
Benzaldehyd, 3-Methoxy-4-[tri-
O-acetyl-6-brom-6-desoxy-
glucopyranosyloxy]- 2569
Glucopyranose, O^1,O^2,O^3,O^4-Tetraacetyl-
O^6-[4-brom-phenyl]- 2601

$C_{20}H_{23}ClO_9$
1,5-Anhydro-glucit, Tetra-O-acetyl-1-
[4-chlor-phenyl]- 2672

$C_{20}H_{23}ClO_{10}$
Benzaldehyd, 3-Methoxy-4-[tri-
O-acetyl-6-chlor-6-desoxy-
glucopyranosyloxy]- 2566

$C_{20}H_{23}FO_{10}$
Benzaldehyd, 3-Methoxy-4-[tri-
O-acetyl-6-fluor-6-desoxy-
glucopyranosyloxy]- 2564

$C_{20}H_{23}IO_8S_2$
5-Desoxy-arabinofuranosid, Methyl-
[5-jod-bis-O-(toluol-4-sulfonyl)-
2288
5-Desoxy-ribofuranosid, Methyl-[5-jod-
bis-O-(toluol-4-sulfonyl)- 2288
5-Desoxy-xylofuranosid, Methyl-[5-jod-
bis-O-(toluol-4-sulfonyl)- 2289

$C_{20}H_{23}IO_{10}$
Benzaldehyd, 3-Methoxy-4-[tri-
O-acetyl-6-jod-6-desoxy-
glucopyranosyloxy]- 2573

$C_{20}H_{23}NO_{11}$
1,5-Anhydro-glucit, Tetra-O-acetyl-1-
[4-nitro-phenyl]- 2672

$C_{20}H_{24}O_3$
Bibenzyl, α,α'-Diäthyl-α,α'-epoxy-
4,4-dimethoxy- 2197
Dibenzofuran-3,7-diol, 1-Pentyl-9-
propyl- 2199
Furan, 2,5-Bis-[4-methoxy-phenyl]-
2,5-dimethyl-tetrahydro- 2197

$C_{20}H_{24}O_4$
Chroman, 3-[3-Äthoxy-4-methoxy-
benzyl]-7-methoxy- 2376
Chroman-3-ol, 4-Isopropoxy-2-
[4-methoxy-phenyl]-6-methyl- 2378
Phenol, 2-Methoxy-4-[7-methoxy-3-
methyl-5-propyl-2,3-dihydro-
benzofuran-2-yl]- 2381

$C_{20}H_{24}O_5$
Dibenzofuran-2,8-diol, 3,7-Dimethoxy-
1,9-dipropyl- 2699

$C_{21}H_{25}BrO_9$
1,5-Anhydro-glucit, Tetra-O-acetyl-1-
[5-brom-2-methyl-phenyl]- 2673

$C_{21}H_{25}ClO_9$
1,5-Anhydro-glucit, Tetra-O-acetyl-1-
[2-chlormethyl-phenyl]- 2673
—, Tetra-O-acetyl-1-[5-chlor-2-
methyl-phenyl]- 2673

$C_{21}H_{25}NO_4$
Amin $C_{21}H_{25}NO_4$ s. bei
4,7,8-Trimethoxy-1-vinyl-dibenz=
[b,f]oxepin 2401

$C_{21}H_{26}O_3$
Dibenzofuran-3-ol, 7-Methoxy-1-
pentyl-9-propyl- 2199

$C_{21}H_{26}O_4$
Benzofuran, 2-[3,4-Dimethoxy-phenyl]-
7-methoxy-3-methyl-5-propyl-2,3-
dihydro- 2382
Chroman-4-ol, 2,4-Diäthyl-7-methoxy-
3-[4-methoxy-phenyl]- 2383
Furan, 2,3,5-Trimethoxy-2,3-dimethyl-
4,5-diphenyl-tetrahydro- 2381

$C_{21}H_{26}O_5$
Xylofuranosid, Methyl-[O³,O⁵-dibenzyl-
O²-methyl- 2496

$C_{21}H_{26}O_7S_2$
Pyran, 2,6-Bis-[toluol-4-
sulfonyloxymethyl]-tetrahydro-
2023

$C_{21}H_{26}O_8S_2$
arabino-5,6-Didesoxy-hexofuranosid,
Methyl-[bis-O-(toluol-4-sulfonyl)-
2319
xylo-2,6-Didesoxy-hexopyranosid, Methyl-
[bis-O-(toluol-4-sulfonyl)- 2308

$C_{21}H_{26}O_9$
1,5-Anhydro-glucit, Tetra-O-acetyl-1-
o-tolyl- 2673
—, Tetra-O-acetyl-1-p-tolyl- 2673

$C_{21}H_{26}O_9S_2$
ribo-2-Desoxy-hexopyranosid, Methyl-
[O⁴,O⁶-bis-(toluol-4-sulfonyl)- 2624
Xylopyranosid, Methyl-[O²-methyl-
O³,O⁴-bis-(toluol-4-sulfonyl)- 2483

$C_{21}H_{30}O_3$
Benzo[c]chromen-1-ol, 6,6,9-Trimethyl-3-
pentyloxy-7,8,9,10-tetrahydro-6H-
2149

$C_{21}H_{30}O_4$
Androst-2-en-17-carbonsäure,
14-Hydroxy-1-oxo-, methylester 2540
Phenanthro[1,2-d]oxepin-5a-ol,
2-Hydroxymethyl-9-methoxy-2-methyl-
1,2,4,5,6,7,11b,12,13,13a-decahydro-
5bH- 2365

$C_{21}H_{30}O_{14}$
Xylobiosid, Methyl-[penta-O-acetyl-
2475

$C_{21}H_{32}O_3$
Pregn-4-en-3,20-diol, 16,17-Epoxy-
2137
Pregn-5-en-3,11-diol, 12,20-Epoxy-
2138
Pregn-5-en-3,20-diol, 16,17-Epoxy-
2137
Verbindungen $C_{21}H_{32}O_3$ aus Verbindungen
$C_{25}H_{36}O_5$ s. bei 3,20-Diacetoxy-
16,17-epoxy-pregn-5-en 2137, 2138

$C_{21}H_{32}O_4$
Androstan-3-ol, 17-Acetoxy-4,5-epoxy-
2083
Androstan-17-ol, 3-Acetoxy-5,6-epoxy-
2084

$C_{21}H_{34}O_3$
D-Homo-androstan-3-ol, 17,17a-Epoxy-
17a-methoxy- 2086
Pregnan-3,11-diol, 12,20-Epoxy- 2095
Pregnan-3,17-diol, 20,21-Epoxy- 2089
Pregnan-3,20-diol, 4,5-Epoxy- 2093
—, 5,6-Epoxy- 2093
—, 11,12-Epoxy- 2094
Pregnan-3,21-diol, 17,20-Epoxy-
2091

$C_{21}H_{34}O_4$
Pregnan-3,11,15-triol, 12,20-Epoxy-
2344
Pregnan-3,20,21-triol, 5,6-Epoxy-
2344

$C_{21}H_{34}O_5$
Pyran, 4-Allyloxy-3,3,5-tris-
allyloxymethyl-5-methyl-
tetrahydro- 2657

$C_{21}H_{34}O_6$
Di-O-crotonoyl-Derivat $C_{21}H_{34}O_6$ aus
9-Tetrahydro[2]furyl-nonan-1,4,7-
triol 2327

$C_{21}H_{36}O_8$
Xylopyranosid, Decyl-[tri-O-acetyl-
2452

$C_{21}H_{42}O_5$
Xylopyranosid, Hexadecyl- 2435

C₂₂-Gruppe

$C_{22}H_{12}F_3N_3O_9$
s. bei $[C_{15}H_{11}O_2]^+$

$C_{22}H_{14}O_5$
Benzofuran, 3,4-Bis-benzoyloxy- 2114

$C_{22}H_{14}O_6$
Benzofuran-3-ol, 4,6-Bis-benzoyloxy-
2354
Benzofuran-3-on, 4,6-Bis-benzoyloxy-
2354

$[C_{22}H_{15}O_3]^+$
Dibenzo[c,h]xanthenylium, 5,9-Dihydroxy-
6-methyl- 2415
$[C_{22}H_{15}O_3]Cl$ 2415

[C₂₂H₁₅O₄]⁺

Chromenylium, 5-Benzoyloxy-7-hydroxy-2-phenyl- 2386

[C₂₂H₁₅O₄]Cl 2386

[C₂₂H₁₅O₅]⁺

Chromenylium, 5-Benzoyloxy-7-hydroxy-2-[2-hydroxy-phenyl]- 2704

[C₂₂H₁₅O₅]Cl 2704

—, 5-Benzoyloxy-7-hydroxy-2-[3-hydroxy-phenyl]- 2704

[C₂₂H₁₅O₅]Cl 2704

—, 5-Benzoyloxy-7-hydroxy-2-[4-hydroxy-phenyl]- 2705

[C₂₂H₁₅O₅]Cl 2705

[C₂₂H₁₆ClO₂]⁺

Xanthylium, 9-[5-Chlor-2-methoxy-styryl]- 2247

[C₂₂H₁₆ClO₂]ClO₄ 2247

C₂₂H₁₆O₄S

Anthra[1,2-*b*]benzo[*d*]thiophen-5,13-chinon, 1-Acetoxy-5a,6,12a,12b-tetrahydro- 2410

—, 4-Acetoxy-5a,6,12a,12b-tetrahydro-2410

Anthra[1,2-*b*]benzo[*d*]thiophen-5,13-diol, 1-Acetoxy-6,12a-dihydro- 2409

—, 4-Acetoxy-6,12a-dihydro- 2409

C₂₂H₁₇NO₄S₃

Benzoesäure, 2-[3-Hydroxy-benzo[*b*]thiophen-2-ylmercapto]-, [toluol-4-sulfonylamid] 2113

—, 2-[3-Oxo-benzo[*b*]thiophen-2-ylmercapto]-, [toluol-4-sulfonylamid] 2113

[C₂₂H₁₇O₂]⁺

Chromenylium, 5-Hydroxy-7-methyl-2,4-diphenyl- 2248

[C₂₂H₁₇O₂]Cl 2248

[C₂₂H₁₇O₂]ClO₄ 2248

—, 7-Hydroxy-5-methyl-2,4-diphenyl- 2247

[C₂₂H₁₇O₂]Cl 2247

—, 7-Methoxy-2,4-diphenyl- 2245

[C₂₂H₁₇O₂]C₆H₂N₃O₇ 2245

—, 2-[2-Methoxy-phenyl]-3-phenyl-2243

[C₂₂H₁₇O₂]ClO₄ 2243

—, 2-[3-Methoxy-phenyl]-3-phenyl-2243

[C₂₂H₁₇O₂]ClO₄ 2243

—, 2-[4-Methoxy-phenyl]-3-phenyl-2243

[C₂₂H₁₇O₂]ClO₄ 2243

Xanthylium, 9-[4-Methoxy-styryl]- 2247

[C₂₂H₁₇O₂]ClO₄ 2247

[C₂₂H₁₇O₃]⁺

Chromenylium, 5-Hydroxy-7-methoxy-2,4-diphenyl- 2411

—, 7-Hydroxy-5-methoxy-2,4-diphenyl-2411

[C₂₂H₁₇O₃]Cl 2411

[C₂₂H₁₇O₃]ClO₄ 2411

—, 7-Hydroxy-8-methoxy-2,4-diphenyl-2412

[C₂₂H₁₇O₃]C₆H₂N₃O₇ 2412

—, 7-Hydroxy-2-[4-methoxy-phenyl]-4-phenyl- 2412

[C₂₂H₁₇O₃]Cl 2412

—, 7-Hydroxy-4-[4-methoxy-phenyl]-2-phenyl- 2413

[C₂₂H₁₇O₃]Cl 2413

C₂₂H₁₈N₄O₁₃

Isobenzofuran, 5,6-Bis-[3,5-dinitro-benzoyloxy]-octahydro- 2041

C₂₂H₁₈O₃

Benzofuran, 2,3-Bis-[4-methoxy-phenyl]- 2242

—, 6-Methoxy-3-[4-methoxy-phenyl]-2-phenyl- 2242

Isobenzofuran, 1,3-Bis-[4-methoxy-phenyl]- 2242

C₂₂H₁₈O₃S₂

1λ⁶-Benzo[*b*]thiophen-3-ol, 5-Methyl-1,1-dioxo-2-[α-phenylmercapto-benzyl]- 2211

—, 6-Methyl-1,1-dioxo-2-[α-phenylmercapto-benzyl]- 2212

—, 7-Methyl-1,1-dioxo-2-[α-phenylmercapto-benzyl]- 2212

1λ⁶-Benzo[*b*]thiophen-3-on, 5-Methyl-1,1-dioxo-2-[α-phenylmercapto-benzyl]- 2211

—, 6-Methyl-1,1-dioxo-2-[α-phenylmercapto-benzyl]- 2212

—, 7-Methyl-1,1-dioxo-2-[α-phenylmercapto-benzyl]- 2212

C₂₂H₁₈O₄

Benzofuran-6-ol, 2,3-Bis-[4-methoxy-phenyl]- 2409

8,13-Epoxido-benzo[5,6]cycloocta[1,2,3-*de*]naphthalin, 8-Acetoxy-6-methoxy-8,13-dihydro-7*H*- 2234

C₂₂H₁₈O₄S

1λ⁶-Benzo[*b*]thiophen-3-ol, 2-[4-Methoxy-benzhydryl]-1,1-dioxo- 2246

1λ⁶-Benzo[*b*]thiophen-3-on, 2-[4-Methoxy-benzhydryl]-1,1-dioxo- 2246

C₂₂H₁₈O₅

Phenanthro[1,2-*b*]furan, 10,11-Diacetoxy-1,6-dimethyl-2231

Xanthen, 6-Acetoxy-9-[2,4-dihydroxy-phenyl]-2-methyl- 2405

C₂₂H₁₈O₇

Indeno[2,1-*c*]chromen, 3,9,10-Triacetoxy-6,7-dihydro- 2401

$C_{22}H_{19}ClO_6S$
Dibenzofuran, 4-Chlor-1,3-dimethoxy-
6-methyl-8-[toluol-4-sulfonyloxy]-
2373

$[C_{22}H_{19}O_4]^+$
Benzo[f]chromenylium, 3-[2,3,4-
Trimethoxy-phenyl]- 2719
$[C_{22}H_{19}O_4]Cl$ 2719

$C_{22}H_{20}N_2O_5$
But-1-en, 4-[2]Furyl-3,4-bis-
phenylcarbamoyloxy- 2068

$C_{22}H_{20}N_2O_{10}$
2,3-Didesoxy-$erythro$-hex-2-enopyranosid,
Äthyl-[bis-O-(4-nitro-benzoyl)-
2331

$C_{22}H_{20}N_4O_{14}$
Cladinopyranose, O^1,O^4-Bis-
[3,5-dinitro-benzoyl]- 2323

$C_{22}H_{20}N_4O_{15}$
6-Desoxy-idopyranosid, Methyl-[O^2,O^4-bis-
(3,5-dinitro-benzoyl)-O^3-methyl-
2550
Fucopyranosid, Methyl-[O^2,O^4-bis-(3,5-
dinitro-benzoyl)-O^3-methyl- 2550

$C_{22}H_{20}O_3$
Chroman-5-ol, 7-Benzyloxy-2-phenyl-
2185
Phthalan, 1,3-Bis-[4-methoxy-phenyl]-
2234
Propan-1-ol, 2,3-Epoxy-1-[4-methoxy-
phenyl]-1,3-diphenyl- 2236
—, 2,3-Epoxy-3-[4-methoxy-phenyl]-
1,3-diphenyl- 2236
Xanthen-9-ol, 9-[2-Äthoxymethyl-
phenyl]- 2235

$C_{22}H_{20}O_4$
Xanthen, 9-[2,4,6-Trimethoxy-phenyl]-
2404

$C_{22}H_{20}O_4S$
Thiophen, 2,4-Bis-[4-acetoxy-phenyl]-
3,5-dimethyl- 2226

$C_{22}H_{20}O_5$
Peroxid, [α-Hydroxy-benzyl]-[3-(4-
methoxy-phenyl)-3-phenyl-oxiranyl]-
2179

$C_{22}H_{20}O_9$
Dibenzofuran, 1,3,7,9-Tetraacetoxy-
2,8-dimethyl- 2690

$C_{22}H_{22}N_2O_4S$
Thiophen, 2,5-Bis-
[2-phenylcarbamoyloxy-äthyl]-
2058

$C_{22}H_{22}N_2O_9$
Pyran, 3,4-Bis-[4-nitro-benzoyloxy]-
2-propyl-tetrahydro- 2024

$C_{22}H_{22}N_2O_{10}$
$erythro$-2,3-Didesoxy-hexopyranosid,
Äthyl-[bis-O-(4-nitro-benzoyl)-
2317

$C_{22}H_{22}N_2O_{10}S$
2-Thio-arabinofuranosid, Methyl-
[S-äthyl-bis-O-(4-nitro-benzoyl)- 2520
3-Thio-xylofuranosid, Methyl-[S-äthyl-
bis-O-(4-nitro-benzoyl)- 2519

$C_{22}H_{22}O_5$
Dehydroanhydroisolariciresinol,
Di-O-methyl- 2718
Naphtho[2,3-c]furan,
4-[3,4-Dimethoxy-phenyl]-6,7-
dimethoxy-1,3-dihydro- 2718

$C_{22}H_{23}BrO_8$
Glucopyranosylbromid, O^2,O^3,O^4-Triacetyl-
O^6-[2]naphthyl- 2601

$[C_{22}H_{23}O_4]^+$
Indeno[1,2-b]chromenylium, 2,4-Diäthyl-
1-hydroxy-7,8-dimethoxy-10H-
2716
$[C_{22}H_{23}O_4]Cl$ 2716
$[C_{22}H_{23}O_4]ClO_4$ 2716

$C_{22}H_{24}BrIO_9S_2$
6-Desoxy-glucopyranosylbromid,
O^4-Acetyl-6-jod-O^2,O^3-bis-[toluol-
4-sulfonyl]- 2304

$C_{22}H_{24}N_2O_5$
7-Oxa-norbornan, 2,3-Bis-
[phenylcarbamoyloxy-methyl]- 2043

$C_{22}H_{24}O_3$
[1,2′]Binaphthyl, 1′,2′-Epoxy-6,6′-
dimethoxy-1,2,3,4,1′,2′,3′,4′-
octahydro- 2226
Furan, 2,5-Bis-[2-hydroxy-3,4,6-
trimethyl-phenyl]- 2227
Methanol, [2-Benzyloxy-3-isopropyl-6-
methyl-phenyl]-[2]furyl- 2148
Spiro[norbornan-2,9′-xanthen]-3′,6′-
diol, 1,7,7-Trimethyl- 2227

$C_{22}H_{24}O_5$
Benzofuran, 2-[4-Acetoxy-3-methoxy-
phenyl]-7-methoxy-3-methyl-5-
propyl- 2398
Bibenzyl, 4,4′-Diacetoxy-α,α'-diäthyl-
α,α'-epoxy- 2197
Furan, 2,5-Bis-[4-äthoxy-3-methoxy-
phenyl]- 2714
—, 2,5-Bis-[2,5-dihydroxy-3,4,6-
trimethyl-phenyl]- 2717
—, 2,5-Bis-[3,4-dimethoxy-phenyl]-
3,4-dimethyl- 2715
Phthalan, 4,5-Diacetoxy-1,1,3,3-
tetramethyl-7-phenyl- 2198

$C_{22}H_{24}O_6$
Chroman, 5,7-Diacetoxy-2-[4-methoxy-
phenyl]-6,8-dimethyl- 2381
$erythro$-2-Desoxy-pentofuranosid, Methyl-
[di-O-p-toluoyl]- 2297
Verbindung $C_{22}H_{24}O_6$ aus
6,7-Dimethoxy-3-methyl-
benzofuran 2122

C$_{22}$H$_{30}$O$_4$
5a,8-Methano-cyclohepta[5,6]naphtho=
[2,1-*b*]furan-7-ol,
7-Acetoxymethyl-10b-methyl-
3b,4,5,6,7,8,9,10,10a,10b,11,12-
dodecahydro- 2152

C$_{22}$H$_{30}$O$_{14}$S$_2$
Disulfid, Bis-[tri-O-acetyl-
arabinopyranosyl]- 2490
—, Bis-[tri-O-acetyl-xylopyranosyl]- 2490

C$_{22}$H$_{30}$O$_{15}$
Äther, Bis-[tri-O-acetyl-
arabinopyranosyl]- 2475
—, Bis-[tri-O-acetyl-xylopyranosyl]-
2476
—, [Tri-O-acetyl-xylopyranosyl]-
[tri-O-acetyl-xylopyranosyl]-
2476
Arabinose, O^2,O^4,O^5-Triacetyl-O^3-
[tri-O-acetyl-xylopyranosyl]-
2458
Xylopyranose, O^1,O^2,O^3-Triacetyl-
O^4-[tri-O-acetyl-xylopyranosyl]-
2476
Xylose, O^2,O^3,O^5-Triacetyl-O^4-[tri-
O-acetyl-xylopyranosyl]- 2458

C$_{22}$H$_{32}$O$_3$
Benzo[*c*]chromen-1-ol, 3-Hexyloxy-6,6,9-
trimethyl-7,8,9,10-tetrahydro-6*H*-
2149
Pregn-20-in-3,17-diol, 5,6-Epoxy-21-
methyl- 2153

C$_{22}$H$_{32}$O$_5$
Östran, 3,17-Diacetoxy-5,6-epoxy- 2082

C$_{22}$H$_{32}$O$_{13}$
Arabinopyranosid, Benzyl-
[O^3,O^4-dixylopyranosyl]- 2478

C$_{22}$H$_{34}$O$_3$
Pregn-5-en-3-ol, 18,20-Epoxy-20-
methoxy- 2137

C$_{22}$H$_{34}$O$_4$
Androstan, 3-Acetoxy-16,17-epoxy-15-
methoxy- 2085
Androstan-17-ol, 3-Acetoxy-5,6-epoxy-
17-methyl- 2087
D-Homo-androstan-17a-ol, 3-Acetoxy-
5,6-epoxy- 2086
5a,8-Methano-cyclohepta[5,6]naphtho=
[2,1-*b*]furan-7-ol,
7-Acetoxymethyl-10b-methyl-
hexadecahydro- 2089

C$_{22}$H$_{36}$O$_3$
Pregnan-3-ol, 18,20-Epoxy-20-methoxy-
2092

C$_{22}$H$_{38}$O$_7$
Nonan, 3,6,9-Tris-propionyloxy-1-
tetrahydro[2]furyl- 2327

C$_{22}$H$_{42}$O$_5$
Mono-O-palmitoyl-Derivat C$_{22}$H$_{42}$O$_5$ aus

6-Hydroxy-methyl-tetrahydro-
pyran-3,4-diol 2319

C$_{22}$H$_{44}$O$_3$
1-Oxa-cyclotricosan-12,13-diol 2031

C$_{23}$-Gruppe

C$_{23}$H$_{14}$F$_3$N$_3$O$_9$
s. bei [C$_{16}$H$_{13}$O$_2$]$^+$

C$_{23}$H$_{15}$Cl$_2$NO$_5$S$_3$
Benzoesäure, 2-[3-Acetoxy-5-chlor-benzo=
[*b*]thiophen-2-ylmercapto]-5-chlor-,
benzolsulfonylamid 2113

C$_{23}$H$_{17}$N$_3$O$_{10}$
s. bei [C$_{17}$H$_{15}$O$_3$]$^+$

C$_{23}$H$_{17}$N$_3$O$_{11}$
s. bei [C$_{17}$H$_{15}$O$_4$]$^+$

[C$_{23}$H$_{17}$O$_3$]$^+$
Chromenylium, 7-Acetoxy-2,4-diphenyl-
2246
[C$_{23}$H$_{17}$O$_3$]ClO$_4$ 2246
[C$_{23}$H$_{17}$O$_3$]C$_6$H$_2$N$_3$O$_7$ 2246
Dibenzo[*c,h*]xanthenylium, 7-Äthyl-5,9-
dihydroxy- 2416
[C$_{23}$H$_{17}$O$_3$]Cl 2416

[C$_{23}$H$_{17}$O$_5$]$^+$
Chromenylium, 5-Benzoyloxy-7-hydroxy-
2-[2-methoxy-phenyl]- 2704
[C$_{23}$H$_{17}$O$_5$]Cl 2704
—, 5-Benzoyloxy-7-hydroxy-
2-[4-methoxy-phenyl]- 2705

C$_{23}$H$_{18}$O$_7$
Di-O-acetyl-Derivat C$_{23}$H$_{18}$O$_7$ aus
9-[2,4-Dihydroxy-phenyl]-xanthen-
3,6-diol 2719

[C$_{23}$H$_{19}$O$_2$]$^+$
Chromenylium, 6-Äthyl-7-hydroxy-2,4-
diphenyl- 2249
[C$_{23}$H$_{19}$O$_2$]Cl 2249
[C$_{23}$H$_{19}$O$_2$]ClO$_4$ 2249
[C$_{23}$H$_{19}$O$_2$]FeCl$_4$ 2250
—, 8-Äthyl-7-hydroxy-2,4-diphenyl-
2250
[C$_{23}$H$_{19}$O$_2$]Cl 2250
[C$_{23}$H$_{19}$O$_2$]ClO$_4$ 2250
[C$_{23}$H$_{19}$O$_2$]FeCl$_4$ 2250

[C$_{23}$H$_{19}$O$_2$S]$^+$
Pyrylium, 2,6-Dimethyl-4-[2-oxo-2-[2]=
phenanthryl-äthylmercapto]- 2057
[C$_{23}$H$_{19}$O$_2$S]Br 2057

[C$_{23}$H$_{19}$O$_3$]$^+$
Chromenylium, 5,7-Dimethoxy-2,4-
diphenyl- 2411
[C$_{23}$H$_{19}$O$_3$]ClO$_4$ 2411
—, 7,8-Dimethoxy-2,4-diphenyl- 2412
[C$_{23}$H$_{19}$O$_3$]ClO$_4$ 2412
—, 5-Hydroxy-7-methoxy-6-methyl-
2,4-diphenyl- 2413
[C$_{23}$H$_{19}$O$_3$]ClO$_4$ 2413

[$C_{23}H_{25}O_4$]⁺

Indeno[1,2-b]chromenylium, 2,4-Diäthyl-1-
hydroxy-7,8-dimethoxy-3-
methyl-10H- 2716

[$C_{23}H_{25}O_4$]Cl 2716

[$C_{23}H_{25}O_4$]ClO₄ 2716

$C_{23}H_{26}O_5$

Furan, 2,5-Bis-[4-äthoxy-3-methoxy-
phenyl]-3-methyl- 2715

Phenanthro[1,2-b]furan,
10,11-Diacetoxy-1,6,6-trimethyl-
1,2,6,7,8,9-hexahydro- 2198

Xanthen, 2,7-Diacetoxy-1,3,4,5,6,8-
hexamethyl- 2198

$C_{23}H_{26}O_{10}S_2$

6-Desoxy-xylo-hex-5-enopyranosid,
Methyl-[O⁴-acetyl-O²,O³-bis-(toluol-4-
sulfonyl)- 2661

$C_{23}H_{26}O_{13}$

Äthanon, 1-[3,4-Diacetoxy-phenyl]-2-
[tri-O-acetyl-xylopyranosyloxy]-
2457

$C_{23}H_{27}ClO_{10}S_2$

6-Desoxy-glucopyranosid, Methyl-[O⁴-
acetyl-6-chlor-O²,O³-bis-(toluol-4-
sulfonyl)- 2566

$C_{23}H_{27}IO_{10}S_2$

6-Desoxy-glucopyranosid, Methyl-[O⁴-
acetyl-6-jod-O²,O³-bis-(toluol-4-
sulfonyl)- 2577

$C_{23}H_{28}O_{10}S_2$

6-Desoxy-glucopyranosid, Methyl-[O⁴-
acetyl-O²,O³-bis-(toluol-4-sulfonyl)-
2563

$C_{23}H_{28}O_{12}$

Propan-1-on, 2-Acetoxy-1-[3-methoxy-4-
(tri-O-acetyl-xylopyranosyloxy)-
phenyl]- 2458

$C_{23}H_{28}O_{13}$

Äthanon, 1-[4-Acetoxy-3,5-dimethoxy-
phenyl]-2-[tri-O-acetyl-
xylopyranosyloxy]- 2458

$C_{23}H_{30}N_4O_8$

arabino-[2]Hexosulose, O⁶-Xylopyranosyl-,
bis-phenylhydrazon 2448

$C_{23}H_{30}O_{14}$

6-Desoxy-xylo-hex-5-enopyranosid,
Methyl-[O²,O³-diacetyl-O⁴-(tri-O-
acetyl-6-desoxy-xylo-hex-5-
enopyranosyl)- 2661

$C_{23}H_{31}BrO_{15}$

Glucopyranosylbromid, O²,O³,O⁴-Triacetyl-
O⁶-[tri-O-acetyl-xylopyranosyl]-
2610

$C_{23}H_{31}ClO_{15}$

Glucopyranosylchlorid, O²,O³,O⁴-Triacetyl-
O⁶-[tri-O-acetyl-xylopyranosyl]-
2596

$C_{23}H_{32}Br_2O_{14}$

6-Desoxy-glucopyranosid, Methyl-
[O²,O⁴-diacetyl-6-brom-O³-(tri-
O-acetyl-6-brom-6-desoxy-
glucopyranosyl)- 2570

—, Methyl-[O³,O⁴-diacetyl-6-brom-O²-
(tri-O-acetyl-6-brom-6-desoxy-
glucopyranosyl)- 2570

$C_{23}H_{32}I_2O_{14}$

6-Desoxy-glucopyranosid, Methyl-
[O²,O³-diacetyl-6-jod-O⁴-(tri-
O-acetyl-6-jod-6-desoxy-
glucopyranosyl)- 2575

—, Methyl-[O²,O⁴-diacetyl-6-jod-O³-(tri-
O-acetyl-6-jod-6-desoxy-
glucopyranosyl)- 2571

—, Methyl-[O³,O⁴-diacetyl-6-jod-O²-(tri-
O-acetyl-6-jod-6-desoxy-
glucopyranosyl)- 2570

$C_{23}H_{32}O_4$

Pregn-20-in-17-ol, 3-Acetoxy-5,6-
epoxy- 2153

$C_{23}H_{32}O_5$

Androst-7-en, 3,17-Diacetoxy-9,11-
epoxy- 2136

$C_{23}H_{34}O_3$

Benzo[c]chromen-1-ol, 3-Heptyloxy-6,6,9-
trimethyl-7,8,9,10-tetrahydro-6H- 2150

21-Nor-chol-20-in-3,17-diol,
5,6-Epoxy- 2154

$C_{23}H_{34}O_4$

Pregn-5-en-11-ol, 3-Acetoxy-12,20-
epoxy- 2138

$C_{23}H_{34}O_5$

Androstan, 3,17-Diacetoxy-5,6-epoxy-
2084

—, 3,17-Diacetoxy-8,14-epoxy- 2084

—, 3,17-Diacetoxy-16,17-epoxy- 2085

$C_{23}H_{34}O_7$

Androstan-7,11-diol, 3,17-Diacetoxy-
8,9-epoxy- 2675

$C_{23}H_{34}O_{14}$

6-Desoxy-glucopyranosid, Methyl-
[O²,O³-diacetyl-O⁴-(tri-O-acetyl-
6-desoxy-glucopyranosyl)- 2560

$C_{23}H_{36}O_4$

Androstan-17-ol, 5,6-Epoxy-17-methyl-
3-propionyloxy- 2088

D-Homo-androstan, 3-Acetoxy-17,17a-
epoxy-17a-methoxy- 2086

Pregnan-11-ol, 3-Acetoxy-12,20-epoxy-
2095

Pregnan-17-ol, 3-Acetoxy-20,21-epoxy-
2090

Pregnan-21-ol, 3-Acetoxy-17,20-epoxy-
2091

$C_{23}H_{36}O_5$

Pregnan-11,15-diol, 3-Acetoxy-12,20-
epoxy- 2344

$C_{24}H_{22}O_4S_2$ *(Fortsetzung)*
—, 2-[4-Methoxy-α-*p*-tolylmercapto-
benzyl]-6-methyl-1,1-dioxo- 2395
—, 2-[4-Methoxy-α-*p*-tolylmercapto-
benzyl]-7-methyl-1,1-dioxo- 2395

$C_{24}H_{22}O_5$
Methanol, [4-Benzyloxy-3-methoxy-
phenyl]-[7-methoxy-benzofuran-2-
yl]- 2709

$C_{24}H_{22}O_5S$
$1\lambda^6$-Benzo[*b*]thiophen-3-ol, 2-[4,4'-
Dimethoxy-benzhydryl]-5-methyl-
1,1-dioxo- 2414
—, 2-[4,4'-Dimethoxy-benzhydryl]-6-
methyl-1,1-dioxo- 2414
—, 2-[4,4'-Dimethoxy-benzhydryl]-7-
methyl-1,1-dioxo- 2414
$1\lambda^6$-Benzo[*b*]thiophen-3-on, 2-[4,4'-
Dimethoxy-benzhydryl]-5-methyl-
1,1-dioxo- 2414
—, 2-[4,4'-Dimethoxy-benzhydryl]-6-
methyl-1,1-dioxo- 2414
—, 2-[4,4'-Dimethoxy-benzhydryl]-7-
methyl-1,1-dioxo- 2414

$C_{24}H_{23}BrO_9$
Glucopyranosylbromid, O^3,O^4-Diacetyl-
O^2,O^6-dibenzoyl- 2607

$C_{24}H_{23}NO_4$
Chroman, 3-[4-Methoxy-benzyl]-4-
phenylcarbamoyloxy- 2190

$C_{24}H_{24}N_2O_8$
Phenanthro[4,5-*bcd*]furan, 9b-Äthyl-3-
[3,5-dinitro-benzoyloxy]-5-
methoxy-1,2,3,3a,8,9,9a,9b-
octahydro- 2150

$C_{24}H_{24}N_2O_9$
p-Menthan, 1,4-Epoxy-2,3-bis-
[4-nitro-benzoyloxy]- 2045
Bis-O-[4-nitro-benzoyl]-Derivate
$C_{24}H_{24}N_2O_9$ s. bei 1,4-Epoxy-
p-menthan-2,3-diol 2044

$C_{24}H_{24}O_3$
Benzo[*c*]chromen, 4,9-Dimethoxy-6-methyl-
1-phenäthyl-6*H*- 2237

$C_{24}H_{24}O_4$
1,4-Anhydro-xylit, O^5-Trityl- 2291

$C_{24}H_{24}O_5$
Chroman-4-ol, 5,7-Dimethoxy-3-
[4-methoxy-phenyl]-4-phenyl- 2720
Ribofuranosid, Trityl- 2497

$C_{24}H_{24}O_7$
Dibenzofuran, 2,8-Diacetoxy-1,9-
diallyl-3,7-dimethoxy- 2716

$C_{24}H_{24}O_9$
1,4-Anhydro-mannit, O^3,O^5-Diacetyl-
O^2,O^6-dibenzoyl- 2643
6-Desoxy-glucofuranose, O^1,O^2-Diacetyl-
O^3,O^5-dibenzoyl- 2639

$C_{24}H_{26}BrO_{11}P$
Glucopyranosylbromid, O^2,O^3,O^4-Triacetyl-
O^6-diphenoxyphosphoryl- 2613

$C_{24}H_{26}ClO_{11}P$
Mannopyranosylchlorid, O^2,O^3,O^4-
Triacetyl-O^6-diphenoxyphosphoryl-
2599

$C_{24}H_{26}N_2O_9$
Pentan, 1,5-Bis-[4-nitro-benzoyloxy]-
2-tetrahydropyran-2-yl- 2028

$C_{24}H_{26}O_3$
1,4-Epoxido-naphthalin, 4a,8a-
Bis-hydroxymethyl-6,7-diphenyl-
1,2,3,4,4a,5,8,8a-octahydro- 2232

$C_{24}H_{26}O_5$
Benzo[*de*]chromen, 7,8-Diacetoxy-6,9-
dimethyl-3-[4-methyl-pent-3-enyl]-
2219
p-Menthan, 2,3-Bis-benzoyloxy-1,4-
epoxy- 2044

$C_{24}H_{26}O_9$
1,5-Anhydro-galactit, Tetra-O-acetyl-
1-[1]naphthyl- 2685
1,5-Anhydro-glucit, Tetra-O-acetyl-1-
[1]naphthyl- 2684

$C_{24}H_{27}BrO_{11}S_2$
Glucopyranosylbromid, O^3,O^4-Diacetyl-
O^2,O^6-bis-[toluol-4-sulfonyl]- 2612

$C_{24}H_{27}IO_9S$
6-Desoxy-glucopyranosid, Benzyl-
[O^2,O^3-diacetyl-6-jod-O^4-(toluol-
4-sulfonyl)- 2576

$C_{24}H_{27}IO_{11}S_2$
6-Desoxy-glucopyranose, O^1,O^4-Diacetyl-
6-jod-O^2,O^3-bis-[toluol-4-sulfonyl]-
2577

$C_{24}H_{28}N_2O_8$
Chroman, 5-[3,5-Dinitro-benzoyloxy]-
8-isopentyl-7-methoxy-2,2-
dimethyl- 2082

$C_{24}H_{28}O_3$
Chrysen-1-ol, 2-Furfuryliden-8-
methoxy-1,2,3,4,4a,4b,5,6,10b,11,-
12,12a-dodecahydro- 2228

$C_{24}H_{28}O_5$
Dibenzofuran, 3,7-Diacetoxy-1-pentyl-
9-propyl- 2199

$C_{24}H_{28}O_7$
Dibenzofuran, 2,8-Diacetoxy-3,7-
dimethoxy-1,9-dipropyl- 2700
Isochroman, 7-Acetoxy-1-[4-acetoxy-3-
methoxy-phenyl]-4-äthyl-6-methoxy-
3-methyl- 2699

$C_{24}H_{28}O_{11}S_2$
2,5-Anhydro-glucit, O^1,O^6-Diacetyl-
O^3,O^4-bis-[toluol-4-sulfonyl]- 2651

$C_{24}H_{30}N_2O_5$
Furan, 2,5-Bis-[3-phenylcarbamoyloxy-
propyl]-tetrahydro- 2028

C$_{24}$H$_{38}$O$_4$
Pregnan, 3-Acetoxy-18,20-epoxy-20-
methoxy- 2092

C$_{24}$H$_{38}$O$_5$
Pimaran, 3,17-Diacetoxy-8,16-epoxy-
2071

C$_{24}$H$_{40}$O$_3$
Cholan-3,24-diol, 9,11-Epoxy- 2096
Cholan-11,24-diol, 3,9-Epoxy- 2096

C$_{24}$H$_{40}$O$_4$
Cholan-3,7,12-triol, 22,23-Epoxy-
2345

C$_{25}$-Gruppe

C$_{25}$H$_{14}$Br$_2$O$_3$
Dibrom-Derivat C$_{25}$H$_{14}$Br$_2$O$_3$ aus
Spiro[fluoren-9,9'-xanthen]-3',6'-diol
2258
Dibrom-Derivat C$_{25}$H$_{14}$Br$_2$O$_3$ aus
Spiro[fluoren-9,9'-xanthen]-
4',5'-diol 2258

C$_{25}$H$_{16}$Br$_2$O$_3$
Dibrom-Derivat C$_{25}$H$_{16}$Br$_2$O$_3$ aus
9,9-Diphenyl-xanthen-3,6-diol
2256

C$_{25}$H$_{16}$O$_3$
Spiro[fluoren-9,9'-xanthen]-3',6'-
diol 2258
Spiro[fluoren-9,9'-xanthen]-4',5'-
diol 2258

C$_{25}$H$_{16}$O$_5$
Spiro[fluoren-9,9'-xanthen]-3',4',
5',6'-tetraol 2725

C$_{25}$H$_{18}$F$_3$N$_3$O$_9$
s. bei [C$_{18}$H$_{17}$O$_2$]$^+$

C$_{25}$H$_{18}$F$_3$N$_3$O$_{10}$
s. bei [C$_{18}$H$_{17}$O$_3$]$^+$

C$_{25}$H$_{18}$O$_3$
Xanthen-3,6-diol, 9,9-Diphenyl- 2256
Xanthen-9-ol, 9-[2-Phenoxy-phenyl]-
2232

C$_{25}$H$_{18}$O$_4$
Benzo[g]chromen-5,10-dion, 4-Hydroxy-
2,4-diphenyl-4a,10a-dihydro-4H-
2419
Benzo[g]chromen-4,5,10-triol,
2,4-Diphenyl-4H- 2419

C$_{25}$H$_{19}$N$_3$O$_{12}$
s. bei [C$_{19}$H$_{17}$O$_5$]$^+$

[C$_{25}$H$_{19}$O$_3$]$^+$
Pyrylium, 4-[2-Acetoxy-phenyl]-2,6-
diphenyl- 2251
[C$_{25}$H$_{19}$O$_3$]FeCl$_4$ 2251

C$_{25}$H$_{20}$N$_2$O$_9$
Chroman, 2,3-Dimethyl-7,8-bis-
[4-nitro-benzoyloxy]- 2079

C$_{25}$H$_{20}$O$_2$S
[9]Anthrol, 10-Methoxy-10-phenyl-9-
[2]thienyl-9,10-dihydro- 2254

C$_{25}$H$_{20}$O$_3$
[9]Anthrol, 9-[2]Furyl-10-methoxy-10-
phenyl-9,10-dihydro- 2253

C$_{25}$H$_{20}$O$_5$
Benzofuran, 3,4-Bis-benzoyloxy-2-
isopropyl- 2129
Chromen, 2,7-Diacetoxy-2,4-diphenyl-
2H- 2244

C$_{25}$H$_{20}$O$_7$
Xanthen, 3,6-Diacetoxy-9-[4-acetoxy-
phenyl]- 2404

[C$_{25}$H$_{21}$O$_2$S]$^+$
Thiopyrylium, 2,4-Bis-[4-methoxy-phenyl]-
6-phenyl- 2415
[C$_{25}$H$_{21}$O$_2$S]ClO$_4$ 2415
—, 2,6-Bis-[4-methoxy-phenyl]-4-phenyl-
2416
[C$_{25}$H$_{21}$O$_2$S]ClO$_4$ 2416

[C$_{25}$H$_{21}$O$_3$]$^+$
Dibenzo[c,h]xanthenylium, 5,9-Dihydroxy-
7-isobutyl- 2417
[C$_{25}$H$_{21}$O$_3$]Cl 2417
Pyrylium, 2,4-Bis-[4-methoxy-phenyl]-
6-phenyl- 2415
—, 2,6-Bis-[4-methoxy-phenyl]-4-
phenyl- 2416
—, 4-[2,4-Dimethoxy-phenyl]-2,6-diphenyl-
2416
[C$_{25}$H$_{21}$O$_3$]FeCl$_4$ 2416

C$_{25}$H$_{22}$N$_2$O$_5$
Benzofuran, 2-Isopropyl-3,4-bis-
phenylcarbamoyloxy- 2129

C$_{25}$H$_{22}$O$_4$
Chromen, 7-Acetoxy-2-äthoxy-2,4-
diphenyl-2H- 2244
—, 7-Acetoxy-4-äthoxy-2,4-diphenyl-
4H- 2244

C$_{25}$H$_{22}$O$_6$
Xanthen, 6-Acetoxy-9-[4-acetoxy-3-
methoxy-phenyl]-2-methyl- 2405

C$_{25}$H$_{22}$O$_{10}$
Anthrachinon, 1-[Tri-O-acetyl-
arabinopyranosyloxy]- 2457

C$_{25}$H$_{22}$O$_{11}$
Anthrachinon, 1-Hydroxy-8-[tri-
O-acetyl-arabinopyranosyloxy]-
2458

C$_{25}$H$_{24}$O$_4$
Chromen, 7-Methoxy-2,2-bis-[4-methoxy-
phenyl]-4-methyl-2H- 2413

C$_{25}$H$_{24}$O$_5$
Chromen, 5,7-Dimethoxy-3,4-bis-
[4-methoxy-phenyl]-2H- 2722

C$_{25}$H$_{25}$FO$_5$
Glucopyranosylfluorid, O^6-Trityl-
2586

$C_{25}H_{25}N_3O_9$
1,5-Anhydro-*arabino*-hex-1-
enit, O^2,O^3,O^4-Triacetyl-O^6-
[4-phenylazo-phenylcarbamoyl]- 2659

$C_{25}H_{26}BrN_3O_9$
Glucopyranosylbromid, O^2,O^3,O^4-Triacetyl-
O^6-[4-phenylazo-phenylcarbamoyl]-
2609

$C_{25}H_{26}O_4$
Pyran-3,4-diol, 6-Trityloxymethyl-
tetrahydro- 2318
Xanthen, 9-[2,4,6-Triäthoxy-phenyl]-
2404

$C_{25}H_{26}O_5$
Arabinofuranosid, Methyl-[O^5-trityl-
2497
Arabinopyranosid, Methyl-[O^2-trityl-
2440
—, Methyl-[O^3-trityl- 2440
Benzo[7,8]fluoreno[9,8a-*c*]pyran,
3,4,9,12-Tetramethoxy-8-methyl-
5,6-dihydro-12b*H*- 2721
Chroman-4-ol, 5,7-Dimethoxy-3-
[4-methoxy-phenyl]-2-methyl-4-
phenyl- 2721
Xanthen, 9-Äthoxy-1,4,8-trimethoxy-3-
methyl-9-phenyl- 2719

$C_{25}H_{26}O_7S$
Chroman, 5,7-Dimethoxy-2-[4-methoxy-
phenyl]-3-[toluol-4-sulfonyloxy]-
2692
—, 2-[3.4-Dimethoxy-phenyl]-7-
methoxy-3-[toluol-4-sulfonyloxy]-
2694

$C_{25}H_{26}O_9$
Xanthen, 1,3,6,8-Tetraacetoxy-
2,4,5,7-tetramethyl- 2696

$C_{25}H_{28}O_5$
Benzo[7,8]fluoreno[9,8a-*c*]pyran, 3,4,9,12-
Tetramethoxy-8-methyl-5,6,13,14-
tetrahydro-12b*H*- 2718

$C_{25}H_{30}N_2O_5$
Benzofuran, 2-Isopropyl-3,4-bis-
phenylcarbamoyloxy-octahydro-
2045

$C_{25}H_{32}Br_2O_{17}$
Kohlensäure-bis-[tri-O-acetyl-1-brom-
1.5-anhydro-glucit-6-ylester]
2608

$C_{25}H_{32}O_5$
Naphtho[2,3-*c*]furan, 6-Äthoxy-4-
[3,4-diäthoxy-phenyl]-7-methoxy-
1,3,3a,4,9,9a-hexahydro- 2713

$C_{25}H_{34}N_2O_9$
Galactose, O^2-Fucopyranosyl-,
[benzyl-phenyl-hydrazon] 2536

$C_{25}H_{36}O_4$
Pregn-20-in-17-ol, 5,6-Epoxy-21-
methyl-3-propionyloxy- 2154

$C_{25}H_{36}O_5$
Pregn-4-en, 3,20-Diacetoxy-16,17-
epoxy- 2137
Pregn-5-en, 3,20-Diacetoxy-16,17-
epoxy- 2137
Pregn-20-en, 3,20-Diacetoxy-16,17-
epoxy- 2138
Verbindungen $C_{25}H_{36}O_5$ aus
3,20-Diacetoxy-16,17-epoxy-pregn-
5-en 2137

$C_{25}H_{38}O_5$
Androstan, 5,6-Epoxy-3,17-bis-
propionyloxy- 2084
Pregnan, 3,20-Diacetoxy-1,2-epoxy- 2092
—, 3,20-Diacetoxy-4,5-epoxy- 2093
—, 3,20-Diacetoxy-5,6-epoxy- 2093
—, 3,20-Diacetoxy-11,12-epoxy- 2094
—, 3,20-Diacetoxy-16,17-epoxy- 2094
—, 3,20-Diacetoxy-17,20-epoxy- 2090
—, 3,20-Diacetoxy-20,21-epoxy- 2089
—, 3,21-Diacetoxy-17,20-epoxy- 2091

$C_{25}H_{38}O_6$
Pregnan-11-ol, 3,15-Diacetoxy-12,20-
epoxy- 2344
Pregnan-15-ol, 3,11-Diacetoxy-12,20-
epoxy- 2344

$C_{25}H_{38}O_7$
Azulen-1,3-diol, 5,6-Epoxy-1-
isopropyl-3a,6-dimethyl-4,8-bis-
[2-methyl-crotonoyloxy]-decahydro-
2665
Isolaserpitin 2665

$C_{25}H_{42}O_7$
Azulen-1,3-diol, 5,6-Epoxy-1-
isopropyl-3a,6-dimethyl-4,8-bis-
[2-methyl-butyryloxy]-decahydro-
2665

$C_{25}H_{42}O_{21}$
Xylopentaose 2477

$C_{25}H_{44}O_7$
Nonan, 3,6,9-Tris-butyryloxy-1-
tetrahydro[2]furyl- 2328

$C_{25}H_{44}O_8$
Xylopyranosid, Tetradecyl-[tri-
O-acetyl- 2452

$C_{25}H_{50}O_4$
Pyran, 2,6-Bis-[2-äthyl-hexyloxy]-3-
methoxymethyl-3,5-dimethyl-
tetrahydro- 2325

C_{26}-Gruppe

$[C_{26}H_{15}O_4]^+$
Acenaphtho[1,2-*b*]chromenylium,
11-Benzoyloxy-9-hydroxy- 2409
$[C_{26}H_{15}O_4]Cl$ 2409

$C_{26}H_{16}O_6S$
Dibenzothiophen-5,5-dioxid,
2,8-Bis-benzoyloxy- 2174

$C_{26}H_{18}O_2S$
Naphtho[3,2,1-kl]thioxanthen-9,13b-diol,
9-Phenyl-9H- 2259

$C_{26}H_{18}O_3$
9,10-Epoxido-anthracen-1,4-diol,
9,10-Diphenyl-9,10-dihydro- 2259
9,10-Epoxido-anthracen-1,4-dion,
9,10-Diphenyl-4a,9,9a,10-
tetrahydro- 2259

$C_{26}H_{18}O_7$
Dinaphtho[1,2-b;2',3'-d]furan, 5,7,12-
Triacetoxy- 2415

$C_{26}H_{19}NO_8$
Benzo[b]naphtho[1,2-d]furan,
2,3,9-Trimethoxy-6-[4-nitro-
benzoyloxy]- 2718

$C_{26}H_{19}N_3O_{13}$
$erythro$-2-Desoxy-
pentofuranose, Tris-O-[4-nitro-
benzoyl]- 2297

$[C_{26}H_{19}O_2]^+$
Benzo[f]chromenylium, 1-[4-Methoxy-
phenyl]-3-phenyl- 2256
$[C_{26}H_{19}O_2]ClO_4$ 2256
$[C_{26}H_{19}O_2]C_6H_2N_3O_7$ 2256

$[C_{26}H_{19}O_3]^+$
Naphth[2',1';4,5]indeno[1,2-b]chromenylium,
5,8-Dimethoxy-13H- 2418
$[C_{26}H_{19}O_3]FeCl_4$ 2418

$C_{26}H_{20}Cl_2Hg_2S_3$
Bis-chloromercurio-Derivat $C_{26}H_{20}Cl_2Hg_2S_3$
aus 4-Benzylmercapto-2-
[β-benzylmercapto-styryl]-thiophen
2161

$C_{26}H_{20}F_3N_3O_{10}$
s. bei $[C_{19}H_{19}O_3]^+$

$C_{26}H_{20}O_3$
Acenaphtho[1,2-d]dibenz[b,f]oxepin-
3b,12b-diol, 5,11-Dimethyl- 2257
Naphtho[2,1-b]furan, 1,2-Bis-
[2-methoxy-phenyl]- 2255
—, 1,2-Bis-[4-methoxy-phenyl]- 2256

$C_{26}H_{20}O_4$
Methan, [5-Hydroxymethyl-[2]furyl]-
bis-[4-hydroxy-[1]naphthyl]- 2419

$C_{26}H_{20}O_7$
1,5-Anhydro-$threo$-pent-1-enit, Tri-
O-benzoyl- 2329

$C_{26}H_{21}BrO_7$
Arabinofuranosylbromid, Tri-
O-benzoyl- 2295
Arabinopyranosylbromid, Tri-
O-benzoyl- 2384
Lyxopyranosylbromid, Tri-O-benzoyl-
2384
Ribopyranosylbromid, Tri-O-benzoyl-
2283
Xylopyranosylbromid, Tri-O-benzoyl-
2384

$C_{26}H_{21}ClO_7$
Ribofuranosylchlorid, Tri-O-benzoyl-
2294
Ribopyranosylchlorid, Tri-O-benzoyl-
2280

$C_{26}H_{21}N_3O_7$
Ribofuranosylazid, Tri-O-benzoyl-
2295

$[C_{26}H_{21}OS]^+$
Thiopyrylium, 2-[4-Methoxy-styryl]-
4,6-diphenyl- 2255
$[C_{26}H_{21}OS]ClO_4$ 2255

$[C_{26}H_{21}O_2]^+$
Pyrylium, 2-[4-Methoxy-styryl]-4,6-
diphenyl- 2254

$[C_{26}H_{21}O_4]^+$
Pyrylium, 4-[2-Acetoxy-4-methoxy-
phenyl]-2,6-diphenyl- 2416
$[C_{26}H_{21}O_4]FeCl_4$ 2416
—, 4-[2-Acetoxy-5-methoxy-phenyl]-
2,6-diphenyl- 2416
$[C_{26}H_{21}O_4]FeCl_4$ 2416

$C_{26}H_{22}N_2O_9$
Isochroman, 3,4,5-Trimethyl-6,8-bis-
[4-nitro-benzoyloxy]- 2080

$C_{26}H_{22}O_2S$
Anthracen, 9,10-Dimethoxy-9-phenyl-
10-[2]thienyl-9,10-dihydro- 2254

$C_{26}H_{22}O_3$
Anthracen, 9-[2]Furyl-9,10-dimethoxy-
10-phenyl-9,10-dihydro- 2253

$C_{26}H_{22}O_4S_3$
Thiophen, 4-[Toluol-α-sulfonyl]-
2-[β-(toluol-α-sulfonyl)-styryl]- 2161

$C_{26}H_{22}O_6$
Chromen, 5,7-Diacetoxy-2-methoxy-2,4-
diphenyl-2H- 2410

$C_{26}H_{22}O_7$
1,4-Anhydro-arabit, Tri-O-benzoyl-
2292
1,5-Anhydro-arabit, Tri-O-benzoyl-
2278
1,4-Anhydro-ribit, Tri-O-benzoyl-
2292
1,5-Anhydro-ribit, Tri-O-benzoyl-
2278
1,4-Anhydro-xylit, Tri-O-benzoyl-
2292
1,5-Anhydro-xylit, Tri-O-benzoyl-
2278
$erythro$-2-Desoxy-pentofuranose,
Tri-O-benzoyl- 2297
$erythro$-2-Desoxy-pentopyranose,
Tri-O-benzoyl- 2276

$C_{26}H_{22}O_8$
Arabinofuranose, O^1,O^3,O^5-Tribenzoyl-
2506
Ribofuranose, O^3,O^5-Dibenzoyl-
O^1,O^2-[α-hydroxy-benzyliden]- 2505

$C_{26}H_{22}O_8$ *(Fortsetzung)*
Ribofuranose, O^1,O^2,O^5-Tribenzoyl- 2506
—, O^1,O^3,O^5-Tribenzoyl- 2505
Ribose, O^2,O^3,O^5-Tribenzoyl- 2505
Xanthen, 3,6-Diacetoxy-9-[4-acetoxy-3-methoxy-phenyl]- 2719

$C_{26}H_{22}S_3$
Thiophen, 4-Benzylmercapto-2-[β-benzylmercapto-styryl]- 2161

$[C_{26}H_{23}O_2]^+$
Pyrylium, 4-[4-Methoxy-phenyl]-2,6-di-p-tolyl- 2252

$[C_{26}H_{23}O_3S]^+$
Thiopyrylium, 2,4,6-Tris-[4-methoxy-phenyl]- 2722
   $[C_{26}H_{23}O_3S]ClO_4$ 2722

$[C_{26}H_{23}O_4]^+$
Pyrylium, 2,4,6-Tris-[4-methoxy-phenyl]- 2722
   $[C_{26}H_{23}O_4]BF_4$ 2722
   $[C_{26}H_{23}O_4]_2PtCl_6$ 2722

$C_{26}H_{24}O_5$
Chromen, 2-Äthoxy-7-benzoyloxy-5-methoxy-6-methyl-2-phenyl-2H- 2393
—, 4-Äthoxy-7-benzoyloxy-5-methoxy-6-methyl-2-phenyl-4H- 2393

$C_{26}H_{24}O_6$
Chroman, 3-Acetoxy-4-benzoyloxy-2-[4-methoxy-phenyl]-6-methyl- 2379

$C_{26}H_{24}O_7$
Chroman, 5,7-Dimethoxy-2-[4-methoxy-pnenyl]-3-phenylglyoxyloyloxy-2692
Ribofuranosid, Benzyl-[O^3,O^5-dibenzoyl- 2504

$C_{26}H_{25}N_3O_7$
1,4-Anhydro-xylit, Tris-O-phenylcarbamoyl- 2292

$C_{26}H_{27}BrO_9$
1,5-Anhydro-glucit, Tetra-O-acetyl-1-[4'-brom-biphenyl-4-yl]- 2697

$C_{26}H_{27}IO_8S_2$
5-Desoxy-ribofuranosid, Benzyl-[5-jod-bis-O-(toluol-4-sulfonyl)- 2289

$C_{26}H_{28}O_5$
Fucopyranosid, Methyl-[O^2-trityl- 2532
Furan, 2,5-Bis-[2-acetoxy-3,4,6-trimethyl-phenyl]- 2227
—, 3,4-Diacetoxy-2,5-dimesityl- 2227

$C_{26}H_{28}O_9$
1,5-Anhydro-galactit, Tetra-O-acetyl-1-biphenyl-4-yl- 2696
1,5-Anhydro-glucit, Tetra-O-acetyl-1-biphenyl-4-yl- 2696

$C_{26}H_{28}O_9S_2$
Ribofuranosid, Benzyl-[O^2,O^5-bis-(toluol-4-sulfonyl)- 2515
—, Benzyl-[O^3,O^5-bis-(toluol-4-sulfonyl)- 2515

$C_{26}H_{28}O_{10}S_3$
2,5-Anhydro-arabit, Tris-O-[toluol-4-sulfonyl]- 2293
1,4-Anhydro-xylit, Tris-O-[toluol-4-sulfonyl]- 2293

$C_{26}H_{30}N_2O_8$
Xylopyranosid, [4-Phenylazo-phenyl]-[tri-O-propionyl- 2473

$C_{26}H_{30}O_4$
Chrysen, 1-Acetoxy-2-furfuryliden-8-methoxy-1,2,3,4,4a,4b,5,6,10b,11,12,12a-dodecahydro- 2228

$C_{26}H_{30}O_7S_2$
1,4-Epoxido-naphthalin, 4a,8a-Bis-methansulfonyloxymethyl-6,7-diphenyl-1,2,3,4,4a,5,8,8a-octahydro- 2232

$C_{26}H_{32}O_{13}$
1,5-Anhydro-glucit, O^3,O^6-Bis-[3,4,5-trimethoxy-benzoyl]- 2582

$C_{26}H_{34}N_2O_9$
Dinitro-Derivat $C_{26}H_{34}N_2O_9$ aus 3,4-Bis-[4-äthoxy-3-methoxy-benzyl]-2,2-dimethyl-tetrahydro-furan 2700

$C_{26}H_{36}O_5$
Furan, 3,4-Bis-[4-äthoxy-3-methoxy-benzyl]-2,2-dimethyl-tetrahydro-2700

$C_{26}H_{38}O_6$
23,24-Dinor-chol-5-en-17-ol, 3,21-Diacetoxy-20,22-epoxy- 2361

$C_{26}H_{38}O_{16}$
Fucit, O^1,O^3,O^4,O^5-Tetraacetyl-O^2-[tri-O-acetyl-fucopyranosyl]- 2546

$C_{26}H_{40}O_7$
Podocarpan, 3-Acetoxy-13-[1,2-diacetoxy-äthyl]-8,9-epoxy-13-methyl- 2338

$C_{26}H_{42}O_4$
Cholan-24-ol, 3-Acetoxy-16,22-epoxy-2095
O-Acetyl-Derivat $C_{26}H_{42}O_4$ aus 3,9-Epoxy-cholan-11,24-diol 2096

C_{27}-Gruppe

$C_{27}H_{17}N_3O_{10}$
s. bei $[C_{21}H_{15}O_3]^+$

$[C_{27}H_{17}O_2]^+$
Dibenzo[a,j]xanthenylium, 5-Hydroxy-14-phenyl- 2262
   $[C_{27}H_{17}O_2]ClO_4$ 2262
—, 14-[4-Hydroxy-phenyl]- 2263
   $[C_{27}H_{17}O_2]ClO_4$ 2263

$[C_{27}H_{17}O_3]^+$
Dibenzo[c,h]xanthenylium, 5,9-Dihydroxy-7-phenyl- 2421
   $[C_{27}H_{17}O_3]Cl$ 2421
   $[C_{27}H_{17}O_3]C_6H_2N_3O_7$ 2421

$C_{27}H_{18}N_6O_{19}$
Pyran, 4,5-Bis-[3,5-dinitro-
benzoyloxy]-2-[3,5-dinitro-
benzoyloxymethyl]-tetrahydro-
2319

$[C_{27}H_{19}O_2]^+$
Chromenylium, 2-Biphenyl-4-yl-7-
hydroxy-3-phenyl- 2259
$[C_{27}H_{19}O_2]Cl$ 2259
$[C_{27}H_{19}O_2]ClO_4$ 2259
$[C_{27}H_{19}O_2]FeCl_4$ 2259
$[C_{27}H_{19}O_2]C_6H_2N_3O_7$ 2259

$C_{27}H_{20}O_3$
Spiro[fluoren-9,9'-xanthen]-3',6'-diol,
1',8'-Dimethyl- 2260

$C_{27}H_{21}N_3O_{13}$
ribo-2,6-Didesoxy-
hexopyranose, Tris-O-[4-nitro-
benzoyl]- 2307
Pyran, 4,5-Bis-[4-nitro-benzoyloxy]-
2-[4-nitro-benzoyloxymethyl]-
tetrahydro- 2318, 2319

$[C_{27}H_{21}O_3]^+$
Benzo[f]chromenylium, 1,3-Bis-[4-methoxy-
phenyl]- 2419
$[C_{27}H_{21}O_3]ClO_4$ 2419
$[C_{27}H_{21}O_3]C_6H_2N_3O_7$ 2419

$C_{27}H_{22}O_2S$
Thioxanthen-9-ol, 9-Benzhydryl-2-
methoxy- 2257

$C_{27}H_{22}O_3$
Benzo[f]chromen, 1,3-Bis-[4-methoxy-
phenyl]-1H- 2256

$C_{27}H_{22}O_4$
Benzo[g]chromen-4-ol, 5,10-Dimethoxy-
2,4-diphenyl-4H- 2419

$C_{27}H_{22}O_5$
Dibenzo[c,h]xanthen, 5,9-Diacetoxy-6,8-
dimethyl-7H- 2252

$C_{27}H_{22}O_7$
Chromen, 2,5,7-Triacetoxy-2,4-diphenyl-
2H- 2410
—, 2,7,8-Triacetoxy-2,4-diphenyl-2H-
2411
—, 4,5,7-Triacetoxy-2,4-diphenyl-4H-
2410
Propenon, 1,3-Diphenyl-3-[2,3,4-
triacetoxy-phenyl]- 2411
—,1,3-Diphenyl-3-[2,4,6-triacetoxy-
phenyl]- 2410

$C_{27}H_{23}BrO_7$
arabino-2-Desoxy-hexopyranosylbromid,
Tri-O-benzoyl- 2316
Rhamnopyranosylbromid, Tri-O-benzoyl-
2301

$C_{27}H_{23}ClO_7$
Rhamnopyranosylchlorid, Tri-
O-benzoyl- 2300

$C_{27}H_{23}IO_7$
1,4-Anhydro-6-desoxy-glucit, Tri-
O-benzoyl-6-jod- 2321
2,6-Anhydro-1-desoxy-mannit, Tri-
O-benzoyl-1-jod- 2304
Rhamnopyranosyljodid, Tri-O-benzoyl-
2303

$C_{27}H_{24}N_2O_5$
Furan, 4-[1]Naphthylcarbamoyloxy-2-
[[1]naphthylcarbamoyloxy-methyl]-
tetrahydro- 2009

$C_{27}H_{24}N_2O_{13}S$
Arabinopyranosid, Methyl-[O³,O⁴-bis-(4-
nitro-benzoyl)-O²-(toluol-4-
sulfonyl)- 2482

$C_{27}H_{24}O_3$
Anthracen, 9-Äthoxy-9-[2]furyl-10-
methoxy-10-phenyl-9,10-dihydro-
2253

$C_{27}H_{24}O_7$
1,5-Anhydro-rhamnit, Tri-O-benzoyl-
2299
ribo-2,6-Didesoxy-hexopyranose,
Tri-O-benzoyl- 2307

$C_{27}H_{24}O_8$
1,4-Anhydro-
mannit, O²,O⁵,O⁶-Tribenzoyl- 2643
Arabinofuranosid, Methyl-[tri-
O-benzoyl- 2506
Arabinopyranosid, Methyl-[tri-
O-benzoyl- 2464
Ribopyranosid, Methyl-[tri-O-benzoyl-
2464
Xylopyranosid, Methyl-[tri-O-benzoyl-
2465

$C_{27}H_{24}O_{10}S$
Arabinofuranose, O¹,O³,O⁵-Tribenzoyl-
O²-methansulfonyl- 2514
Arabinopyranose, O¹,O³,O⁴-Tribenzoyl-
O²-methansulfonyl- 2482
Ribofuranose, O¹,O²,O³-Tribenzoyl-
O⁵-methansulfonyl- 2514
—, O¹,O³,O⁵-Tribenzoyl-
O²-methansulfonyl- 2514

$C_{27}H_{25}NO_7$
Benzofuran, 7-Methoxy-2-[3-methoxy-4-
(4-nitro-benzoyloxy)-phenyl]-3-
methyl-5-propenyl-2,3-dihydro-
2400

$[C_{27}H_{25}O_3]^+$
Dibenzo[c,h]xanthenylium, 7-Hexyl-5,9-
dihydroxy-2418
$[C_{27}H_{25}O_3]Cl$ 2418

$[C_{27}H_{25}O_4]^+$
Pyrylium, 2,4,6-Tris-[4-methoxy-phenyl]-3-
methyl- 2722
$[C_{27}H_{25}O_4]_2PtCl_6$ 2722
$[C_{27}H_{25}O_4]C_6H_2N_3O_7$ 2723

$C_{27}H_{27}N_3O_7$
Pyran, 4,5-Bis-phenylcarbamoyloxy-2-
[phenylcarbamoyloxy-methyl]-
tetrahydro- 2319

$C_{27}H_{27}N_3O_8$
Xylopyranosid, Methyl-[tris-
O-phenylcarbamoyl- 2469

$C_{27}H_{30}O_5$
Arabinofuranosid, Methyl-[O²,O³-dimethyl-
O⁵-trityl- 2497

$C_{27}H_{30}O_9S_2$
Xylofuranosid, Methyl-[O²,O³-bis-
methansulfonyl-O⁵-trityl- 2515

$C_{27}H_{30}O_{10}S_3$
1,4-Anhydro-fucit, Tris-O-[toluol-4-
sulfonyl]- 2320

$C_{27}H_{30}O_{11}S_3$
Arabinofuranosid, Methyl-[tris-O-
(toluol-4-sulfonyl)- 2516
Arabinopyranosid, Methyl-[tris-O-
(toluol-4-sulfonyl)- 2483
Ribofuranosid, Methyl-[tris-O-
(toluol-4-sulfonyl)- 2516
Ribopyranosid, Methyl-[tris-O-
(toluol-4-sulfonyl)- 2483
Xylofuranosid, Methyl-[tris-O-
(toluol-4-sulfonyl)- 2516
Xylopyranosid, Methyl-[tris-O-
(toluol-4-sulfonyl)- 2484

$C_{27}H_{34}O_2S$
Methan, Bis-[5-*tert*-butyl-4-hydroxy-
2-methyl-phenyl]-[2]thienyl- 2228

$C_{27}H_{36}N_4O_{11}$
threo-[2]Pentosulose, O⁴-[O⁴-Xylo-
pyranosyl-xylopyranosyl]-,
bis-phenylhydrazon 2475

$C_{27}H_{38}O_7$
Pregn-9(11)-en, 3,11,20-Triacetoxy-
17,20-epoxy- 2360

$C_{27}H_{40}O_3$
Furosta-5,16,20(22)-trien-3,26-diol
2167

$C_{27}H_{40}O_6$
Pregn-17(20)-en, 3,20,21-Triacetoxy- 2092

$C_{27}H_{40}O_7$
Pregnan, 3,11,20-Triacetoxy-17,20-
epoxy- 2344

$C_{27}H_{42}O_3$
Furosta-5,20(22)-dien-3,26-diol 2156
Furosta-7,20(22)-dien-3,26-diol 2156
Furosta-8(14),20(22)-dien-3,26-diol
2155
Furosta-16,20(22)-dien-3,26-diol 2155

$C_{27}H_{42}O_4$
Furosta-5,20(22)-dien-2,3,26-triol
2366

$C_{27}H_{44}D_2O_3$
Furostan-3,26-diol, 20,25-Dideuterio-
2102

$C_{27}H_{44}O_3$
Furost-5-en-3,26-diol 2139
Furost-20(22)-en-3,26-diol 2139
Furost-22-en-3,26-diol 2142

$C_{27}H_{44}O_4$
Furost-5-en-2,3,26-triol 2363
Furost-20(22)-en-1,3,26-triol 2362
Furost-20(22)-en-2,3,26-triol 2361
Furost-20(22)-en-3,6,26-triol 2362

$C_{27}H_{44}O_5$
Furost-5-en-3,17,20,26-tetraol 2681
Furost-20(22)-en-1,2,3,26-tetraol
2680
Furost-20(22)-en-2,3,15,26-tetraol
2681
Nologenin 2681
Pregnan-20-on, 3-Hydroxy-16-
[5-hydroxy-4-methyl-valeryloxy]-
2139
Verbindung $C_{27}H_{44}O_5$ aus Furostan-
3,26-diol 2100
Verbindung $C_{27}H_{44}O_5$ aus Furost-
20(22)-en-3,26-diol 2139

$C_{27}H_{45}DO_3$
Furostan-3,26-diol, 25-Deuterio-
2102

$C_{27}H_{46}O_3$
Cholestan-3,4-diol, 5,6-Epoxy- 2107
Cholestan-3,6-diol, 4,5-Epoxy- 2106
Cholestan-3,7-diol, 5,6-Epoxy- 2107
—, 8,14-Epoxy- 2108
Cholestan-3,16-diol, 22,26-Epoxy-
2098
Chroman-6-ol, 5-Methoxy-2-methyl-2-
[4,8,12-trimethyl-tridecyl]- 2096
—, 7-Methoxy-2-methyl-2-[4,8,12-
trimethyl-tridecyl]- 2096
—, 8-Methoxy-2-methyl-2-[4,8,12-
trimethyl-tridecyl]- 2096
Furostan-3,26-diol 2099
19-Nor-cholestan-3,6-diol,
9,10-Epoxy-5-methyl- 2109

$C_{27}H_{46}O_4$
Furostan-2,3,26-triol 2345
Furostan-3,6,26-triol 2348
Furostan-3,12,26-triol 2347
Furostan-3,17,26-triol 2347
Furostan-3,23,26-triol 2349
Furostan-3,25,26-triol 2349
Furostan-3,26,27-triol 2349

$C_{27}H_{46}O_5$
Agavogenin, Dihydro- 2676
Anhydroscymnol 2675
Cholestan-3,7,12,26-tetraol,
24,27-Epoxy- 2675
Digitogenin, Dihydro- 2676
Furostan-2,3,12,26-tetraol 2676
Furostan-2,3,15,26-tetraol 2676
Furostan-3,17,20,26-tetraol 2676

$C_{27}H_{46}O_5$ *(Fortsetzung)*
Mexogenin, Tetrahydro- 2676
Nologenin, Dihydro- 2676

$C_{27}H_{48}O_8$
Xylopyranosid, Hexadecyl-[tri-
O-acetyl- 2452

C_{28}-Gruppe

$C_{28}H_{16}N_2O_9$
Benzofuran, 6-[4-Nitro-benzoyloxy]-2-
[4-(4-nitro-benzoyloxy)-phenyl]-
2201

$[C_{28}H_{17}O_2]^+$
Benzo[*a*]phenanthro[1,10,9-*jkl*]xan‹
thenylium, 2-Methoxy- 2265
$[C_{28}H_{17}O_2]ClO_4$ 2265

$C_{28}H_{18}O_5$
Benzofuran, 6-Benzoyloxy-2-
[4-benzoyloxy-phenyl]- 2201

$C_{28}H_{19}N_3O_9$
s. bei $[C_{22}H_{17}O_2]^+$

$C_{28}H_{19}N_3O_{10}$
s. bei $[C_{22}H_{17}O_3]^+$

$[C_{28}H_{19}O_2]^+$
Dibenzo[*a,j*]xanthenylium, 14-[3-Methoxy-
phenyl]- 2262
$[C_{28}H_{19}O_2]ClO_4$ 2262
$[C_{28}H_{19}O_2]FeCl_4$ 2262

$[C_{28}H_{19}O_3]^+$
Chromenylium, 7-Benzoyloxy-2,4-
diphenyl- 2246
$[C_{28}H_{19}O_3]ClO_4$ 2246
Dibenzo[*c,h*]xanthenylium, 5,9-Dihydroxy-
7-*m*-tolyl- 2421
$[C_{28}H_{19}O_3]Cl$ 2421
$[C_{28}H_{19}O_3]C_6H_2N_3O_7$ 2421

$C_{28}H_{20}O_2S$
Hexa-2,4-diin-1,6-diol,
1,1,6-Triphenyl-6-[2]thienyl- 2263

$C_{28}H_{20}O_3$
Dibenzo[*a,j*]xanthen-14-ol,
14-[3-Methoxy-phenyl]-14*H*- 2262
—, 14-[4-Methoxy-phenyl]-14*H*- 2262

$C_{28}H_{20}O_4$
Dibenzo[*a,j*]xanthen-14-ylhydroperoxid,
14-[4-Methoxy-phenyl]-14*H*- 2262

$[C_{28}H_{21}O_2]^+$
Chromenylium, 2-Biphenyl-4-yl-7-
methoxy-3-phenyl- 2260
$[C_{28}H_{21}O_2]ClO_4$ 2260
—, 7-Methoxy-2,3,4-triphenyl- 2260
$[C_{28}H_{21}O_2]FeCl_4$ 2260
Xanthylium, 9-[2-(4-Methoxy-phenyl)-2-
phenyl-vinyl]- 2260
$[C_{28}H_{21}O_2]ClO_4$ 2260

$[C_{28}H_{21}O_3]^+$
Chromenylium, 2-Biphenyl-4-yl-7-
hydroxy-6-methoxy-3-phenyl- 2420

$[C_{28}H_{21}O_3]Cl$ 2420
$[C_{28}H_{21}O_3]ClO_4$ 2420
$[C_{28}H_{21}O_3]FeCl_4 \cdot HCl$ 2420

$C_{28}H_{22}O_3$
Benzofuran, 6-Benzyloxy-2-
[4-benzyloxy-phenyl]- 2200

$C_{28}H_{23}N_3O_{14}$
arabino-2-Desoxy-hexofuranosid,
Methyl-[tris-O-(4-nitro-benzoyl)-
2646

$[C_{28}H_{23}O_2]^+$
Pyrylium, 2-[4-(4-Methoxy-phenyl)-buta-
1,3-dien-yl]-4,6-diphenyl- 2257
$[C_{28}H_{23}O_2]ClO_4$ 2257

$C_{28}H_{24}O_3$
Acenaphtho[1,2-*d*]dibenz[*b,f*]oxepin-
3b,12b-diol, 5,7,9,11-Tetramethyl-
2257

$C_{28}H_{24}O_5$
Dibenzo[*c,h*]xanthen, 5,9-Diacetoxy-7-
propyl-7*H*- 2252

$C_{28}H_{24}O_6$
Dibenzo[*c,h*]xanthen-7-ol, 5,9-Diacetoxy-
7-propyl-7*H*- 2417

$C_{28}H_{24}O_8$
6-Desoxy-*arabino*-hex-5-enopyranosid,
Methyl-[tri-O-benzoyl- 2660

$C_{28}H_{24}O_9$
Arabinofuranose, O^2-Acetyl-
O^1,O^3,O^5-tribenzoyl- 2508
Ribofuranose, O^1-Acetyl-
O^2,O^3,O^5-tribenzoyl- 2507
—, O^2-Acetyl-O^1,O^3,O^5-tribenzoyl-
2508
Xylofuranose, O^1-Acetyl-
O^2,O^3,O^5-tribenzoyl- 2507

$C_{28}H_{25}BrO_8$
6-Desoxy-altropyranosid, Methyl-
[tri-O-benzoyl-6-brom- 2570
6-Desoxy-glucopyranosid, Methyl-
[tri-O-benzoyl-6-brom- 2570

$C_{28}H_{25}IO_8$
6-Desoxy-altropyranosid, Methyl-
[tri-O-benzoyl-6-jod- 2574
6-Desoxy-glucopyranosid, Methyl-
[tri-O-benzoyl-6-jod- 2574
Fucopyranosid, Methyl-[tri-O-benzoyl-
6-jod- 2574
Rhamnopyranosid, Methyl-[tri-
O-benzoyl-6-jod- 2574

$C_{28}H_{26}O_3$
Anthracen, 9,10-Diäthoxy-9-[2]furyl-
10-phenyl-9,10-dihydro- 2253
Benzo[*c*]xanthen-5-ol, 6-[2-Hydroxy-3,5-
dimethyl-benzyl]-9,11-dimethyl-
7*H*- 2255

$C_{28}H_{26}O_8$
6-Desoxy-altropyranosid, Methyl-
[tri-O-benzoyl- 2550

$C_{28}H_{26}O_8$ *(Fortsetzung)*
6-Desoxy-glucopyranosid, Methyl-
[tri-O-benzoyl- 2551
arabino-2-Desoxy-hexopyranosid, Methyl-
[tri-O-benzoyl- 2623
Rhamnopyranosid, Methyl-[tri-
O-benzoyl- 2551
Ribopyranosid, Äthyl-[tri-O-benzoyl-
2465

$C_{28}H_{27}IO_9S$
6-Desoxy-glucopyranosid, Methyl-
[O^2,O^3-dibenzoyl-6-jod-O^4-(toluol-
4-sulfonyl)- 2577

$C_{28}H_{28}O_6$
1,4-Anhydro-arabit, O^2,O^3-Diacetyl-
O^5-trityl- 2291
1,4-Anhydro-xylit, O^2,O^3-Diacetyl-
O^5-trityl- 2291

$C_{28}H_{31}ClO_{11}S_3$
4-Desoxy-galactopyranosid, Methyl-
[4-chlor-tris-(toluol-4-sulfonyl)-
2635

$C_{28}H_{31}IO_{11}S_3$
6-Desoxy-glucopyranosid, Methyl-[6-jod-
tris-O-(toluol-4-sulfonyl)- 2578

$C_{28}H_{32}O_5$
Furan, 2,5-Dimesityl-3,4-bis-
propionyloxy- 2227

$C_{28}H_{32}O_{11}S_3$
lyxo-2-Desoxy-hexopyranosid, Methyl-
[tris-O-(toluol-4-sulfonyl)- 2625
xylo-2-Desoxy-hexopyranosid, Methyl-
[tris-O-(toluol-4-sulfonyl)- 2625

$C_{28}H_{38}O_4$
Pregnan-17-ol, 3-Benzoyloxy-20,21-
epoxy- 2090

$C_{28}H_{38}O_7$
23,24-Dinor-chola-7,20-dien, 3,5,21-
Triacetoxy-9,11-epoxy- 2366

$C_{28}H_{38}O_{19}S$
Sulfoxid, Bis-[tetra-O-acetyl-
glucopyranose-6-yl]- 2616

$C_{28}H_{38}O_{20}S$
Sulfon, Bis-[tetra-O-acetyl-
glucopyranose-6-yl]- 2616

$C_{28}H_{40}O_9$
Pregn-5-en-11,15,20-trion, 14-Hydroxy-3-
[O^3-methyl-fucopyranosyloxy]-
2535

$C_{28}H_{44}O_3$
Ergosta-7,22-dien-3,5-diol,
9,11-Epoxy- 2159
Ergosta-8,22-dien-3,7-diol,
5,6-Epoxy- 2159
Furosta-5,20(22)-dien-3,26-diol,
6-Methyl- 2159

$C_{28}H_{44}O_5$
Cholan, 3,24-Diacetoxy-9,11-epoxy-
2096

$C_{28}H_{44}O_8$
21-Nor-pregnan-20-säure, 3-[O^3-Methyl-
6-desoxy-glucopyranosyloxy]-19-oxo-,
methylester 2557
—, 3-[O^3-Methyl-6-desoxy-
talopyranosyloxy]-1-oxo-,
methylester 2557
Pregn-5-en-2,11,15-triol, 12,20-Epoxy-3-
[O^3-methyl-*arabino*-2,6-didesoxy-
hexopyranosyloxy]- 2679
—, 12,20-Epoxy-3-[O^3-methyl-*lyxo*-2,6-
didesoxy-hexopyranosyloxy]- 2680

$C_{28}H_{44}O_9$
Lagochilin, Tetra-O-acetyl- 2666

$C_{28}H_{46}Br_2O_4$
Ergostan-3,7,11-triol, 22,23-Dibrom-
8,9-epoxy- 2351

$C_{28}H_{46}Cl_2O_4$
Ergostan-3,7,11-triol, 22,23-Dichlor-
8,9-epoxy- 2350

$C_{28}H_{46}O_3$
Ergost-7-en-3,5-diol, 9,11-Epoxy-
2143

$C_{28}H_{46}O_4$
Ergost-22-en-3,5,8-triol, 9,11-Epoxy-
2364
Ergost-22-en-3,7,11-triol, 8,9-Epoxy-
2363
27-Nor-furostan-25-ol, 3-Acetoxy-
2097

$C_{28}H_{46}O_7$
21-Nor-pregnan-20-säure, 3-[O^3-Methyl-
6-desoxy-glucopyranosyloxy]-,
methylester 2552

$C_{28}H_{46}O_8$
21-Nor-pregnan-20-säure, 19-Hydroxy-3-
[O^3-methyl-6-desoxy-
glucopyranosyloxy]-, methylester
2555

$C_{28}H_{48}O_2S$
Chroman-6-ol, 2,5-Dimethyl-8-
methylmercapto-2-[4,8,12-
trimethyl-tridecyl]- 2098
—, 2,8-Dimethyl-5-methylmercapto-2-
[4,8,12-trimethyl-tridecyl]- 2098

$C_{28}H_{48}O_3$
Chroman-6-ol, 5-Methoxy-2,8-dimethyl-
2-[4,8,12-trimethyl-tridecyl]-
2098
—, 8-Methoxy-2,5-dimethyl-2-[4,8,12-
trimethyl-tridecyl]- 2098
Furostan-3,26-diol, 22-Methyl- 2111

$C_{28}H_{52}O_{11}$
Hexadecansäure,
11-[O^4-Rhamnopyranosyl-
rhamnopyranosyloxy]- 2561
Muricatin-B 2561

C₂₉-Gruppe

C₂₉H₁₈Cl₂O₅
Spiro[fluoren-9,9′-xanthen],
3′,6′-Bis-chloracetoxy- 2258

C₂₉H₁₉N₃O₁₀
s. bei [C₂₃H₁₇O₃]⁺

C₂₉H₂₀N₂O₉
Chroman, 3,4-Bis-[4-nitro-benzoyloxy]-
2-phenyl- 2184

C₂₉H₂₁N₃O₁₁
s. bei [C₂₃H₁₉O₄]⁺

C₂₉H₂₂O₃
Spiro[inden-1,9′-xanthen], 6-Methoxy-
3-[4-methoxy-phenyl]- 2261
Xanthen, 9-[Bis-(4-methoxy-phenyl)-
vinyliden]- 2261

C₂₉H₂₂O₄
Chromen, 7-Benzoyloxy-2-methoxy-2,4-
diphenyl-2H- 2245
—, 7-Benzoyloxy-4-methoxy-2,4-diphenyl-
4H- 2245

C₂₉H₂₂O₅
Benzofuran, 6-Benzoyloxy-2-[4-benzoyloxy-
phenyl]-2-methyl-2,3-dihydro- 2188
Chroman, 7-Benzoyloxy-3-
[4-benzoyloxy-phenyl]- 2188
—, 3,4-Bis-benzoyloxy-2-phenyl- 2184
Xanthen, 3,6-Bis-benzoyloxy-9,9-
dimethyl- 2189

[C₂₉H₂₃O₃]⁺
Xanthylium, 9-[2,2-Bis-(4-methoxy-
phenyl)-vinyl]- 2421
[C₂₉H₂₃O₃]ClO₄ 2421

C₂₉H₂₅N₃O₁₄
arabino-2-Desoxy-hexopyranosid, Äthyl-
[tris-O-(4-nitro-benzoyl)- 2624

[C₂₉H₂₅O₃]⁺
Pyrylium, 2,6-Bis-[4-methoxy-styryl]-4-
phenyl- 2420
[C₂₉H₂₅O₃]ClO₄ 2420

C₂₉H₂₆O₉
6-Desoxy-allofuranose, O¹-Acetyl-
O²,O³,O⁵-tribenzoyl- 2639
6-Desoxy-talofuranose, O¹-Acetyl-
O²,O³,O⁵-tribenzoyl- 2640
Rhamnofuranose, O¹-Acetyl-
O²,O³,O⁵-tribenzoyl- 2639

C₂₉H₂₇BrO₁₀S
Glucofuranosylbromid, O²-Acetyl-O⁵,O⁶-
dibenzoyl-O³-[toluol-4-sulfonyl]- 2646

C₂₉H₂₈O₁₃
Tetra-O-acetyl-Derivat C₂₉H₂₈O₁₃ aus
Frangulin-A 2536

C₂₉H₂₉BrO₁₁S₂
Glucofuranosylbromid, O²-Acetyl-O⁶-
benzoyl-O³,O⁵-bis-[toluol-4-sulfonyl]-
2646

C₂₉H₃₀O₆
Pyran, 4,5-Diacetoxy-2-
trityloxymethyl-tetrahydro- 2318

C₂₉H₃₀O₇
Äthanon, 1-[4-Hydroxy-3-methoxy-
phenyl]-2-[2-methoxy-4-(7-methoxy-
3-methyl-5-propenyl-2,3-dihydro-
benzofuran-2-yl)-phenoxy]- 2399
Arabinopyranosid, Methyl-[O²,O⁴-diacetyl-
O³-trityl- 2448
Xylofuranosid, Methyl-[O²,O³-diacetyl-
O⁵-trityl- 2500
Xylopyranosid, Methyl-[Oˣ,Oˣ-diacetyl-
Oˣ-trityl- 2429

C₂₉H₃₁BrO₁₂S₃
Glucofuranosylbromid, O²-Acetyl-O³,O⁵,-
O⁶-tris-[toluol-4-sulfonyl]- 2646
Glucopyranosylbromid, O⁴-Acetyl-O²,O³,-
O⁶-tris-[toluol-4-sulfonyl]- 2613

C₂₉H₃₁ClO₁₂S₃
Glucopyranosylchlorid, O⁴-Acetyl-O²,O³,-
O⁶-tris-[toluol-4-sulfonyl]- 2598

C₂₉H₃₂O₇
Äthanon, 1-[4-Hydroxy-3-methoxy-
phenyl]-2-[2-methoxy-4-(7-methoxy-
3-methyl-5-propyl-2,3-dihydro-
benzofuran-2-yl)-phenoxy]- 2382

C₂₉H₃₄O₅
Kessylglykol, Di-O-benzoyl- 2066
12-Oxa-bicyclo[7.2.1]dodec-4-en,
3,8-Bis-benzoyloxy-2,2,5,9-
tetramethyl- 2065

C₂₉H₃₄O₁₁S₃
arabino-2-Desoxy-hexopyranosid, Äthyl-
[tris-O-(toluol-4-sulfonyl)- 2625

C₂₉H₃₆I₂O₁₆S
6-Desoxy-glucopyranosid, [O³,O⁴-Diacetyl-
6-jod-O¹-(toluol-4-sulfonyl)-6-desoxy-
fructofuranosyl]-[tri-O-acetyl-6-
jod- 2648

C₂₉H₄₆O₃
24-Nor-olean-12-en-22,28-diol,
16,21-Epoxy- 2160

C₂₉H₄₈N₂O₅
Chroman, 6-Allophanoyloxy-5-methoxy-
2-methyl-2-[4,8,12-trimethyl-
tridecyl]- 2096
—, 6-Allophanoyloxy-7-methoxy-2-
methyl-2-[4,8,12-trimethyl-
tridecyl]- 2096
—, 6-Allophanoyloxy-8-methoxy-2-
methyl-2-[4,8,12-trimethyl-
tridecyl]- 2096

C₂₉H₄₈O₃
Furost-5-en-3,26-diol, 22-Äthyl-
2144

C₂₉H₄₈O₄
Cholestan-4-ol, 3-Acetoxy-5,6-epoxy-
2107

$C_{29}H_{48}O_4$ *(Fortsetzung)*
Cholestan-7-ol, 3-Acetoxy-8,9-epoxy-
2108
—, 3-Acetoxy-8,14-epoxy- 2109
Chroman, 6-Acetoxy-5-methoxy-2-
methyl-2-[4,8,12-trimethyl-
tridecyl]- 2096
—, 6-Acetoxy-7-methoxy-2-methyl-2
[4,8,12-trimethyl-tridecyl]- 2096
—, 6-Acetoxy-8-methoxy-2-methyl-2-
[4,8,12-trimethyl-tridecyl]- 2096
Furostan-26-ol, 3-Acetoxy- 2103

$C_{29}H_{50}O_3$
Chroman-6-ol, 8-Methoxy-2,5,7-
trimethyl-2-[4,8,12-trimethyl-
tridecyl]- 2110
Ergostan-3,11-diol, 7,8-Epoxy-9-
methyl- 2112
Furostan-3,26-diol, 22-Äthyl- 2111

$C_{29}H_{50}O_4$
Furostan-3,26-diol, 22-Äthoxy- 2347

$C_{29}H_{50}O_8$
Xylopyranosid, Octadec-9-enyl-[tri-
O-acetyl- 2452

$C_{29}H_{52}O_8$
Xylopyranosid, Octadecyl-[tri-
O-acetyl- 2452

C_{30}-Gruppe

$C_{30}H_{14}Cl_6O_6S$
Thiophen-1,1-dioxid,
3,4-Bis-benzoyloxy-2,5-bis-[2,4,5-
trichlor-phenyl]- 2222

$C_{30}H_{16}Cl_4O_6S$
Thiophen-1,1-dioxid,
3,4-Bis-benzoyloxy-2,5-bis-
[2,4-dichlor-phenyl]- 2222

$C_{30}H_{18}Br_2O_6S$
Thiophen-1,1-dioxid,
3,4-Bis-benzoyloxy-2,5-bis-
[4-brom-phenyl]- 2223

$C_{30}H_{18}Cl_2O_6S$
Thiophen-1,1-dioxid,
3,4-Bis-benzoyloxy-2,5-bis-
[2-chlor-phenyl]- 2222

$C_{30}H_{18}O_4S$
Benzo[b]naphtho[2,3-d]thiophen,
6,11-Bis-benzoyloxy- 2229

$C_{30}H_{18}O_5$
Benzo[6,7]pentapheno[13,14-bcd]furan,
5,10-Diacetoxy- 2265

$C_{30}H_{20}O_3$
5,12-Epoxido-naphthacen-6,11-diol,
5,12-Diphenyl-5,12-dihydro- 2266
5,12-Epoxido-naphthacen-6,11-dion,
5,12-Diphenyl-5,5a,11a,12-
tetrahydro- 2266

$C_{30}H_{20}O_6S$
Thiophen-1,1-dioxid,
3,4-Bis-benzoyloxy-2,5-diphenyl- 2221

$C_{30}H_{22}O_4$
Dibenzo[a,j]xanthen, 5-Acetoxy-14-
[4-methoxy-phenyl]-14H- 2262

$C_{30}H_{22}O_7$
Chromen-7-ol, 2-[2,4-Bis-benzoyloxy-
phenyl]-3-methoxy-4H- 2702

$[C_{30}H_{23}O_2]^+$
Chromenylium, 4-[2-(4-Methoxy-phenyl)-
2-phenyl-vinyl]-2-phenyl- 2263
$[C_{30}H_{23}O_2]ClO_4$ 2263
Xanthylium, 9-[4-(4-Methoxy-phenyl)-4-
phenyl-buta-1,3-dienyl]- 2264
$[C_{30}H_{23}O_2]ClO_4$ 2264

$C_{30}H_{24}O_3$
Furan, 2,5-Bis-[α-hydroxy-benzyl]-
3,4-diphenyl- 2264
Furan-3-ol, 2-[α'-Hydroxy-bibenzyl-
α-yl]-4,5-diphenyl- 2264
Furan-3-on, 2-[α'-Hydroxy-bibenzyl-
α-yl]-4,5-diphenyl- 2264

$C_{30}H_{24}O_4$
Chromen, 2-Äthoxy-7-benzoyloxy-2,4-
diphenyl-2H- 2245
—, 4-Äthoxy-7-benzoyloxy-2,4-diphenyl-
4H- 2245

$C_{30}H_{26}N_2O_5$
7-Oxa-norborn-2-en, 5,6-Bis-[[1]≠
naphthylcarbamoyloxy-methyl]- 2042

$C_{30}H_{26}O_3$
Furan, 2,5-Dimethoxy-2,3,4,5-
tetraphenyl-2,5-dihydro- 2260

$C_{30}H_{26}O_4$
Phenanthro[4,5-bcd]furan, 3-Biphenyl-
4-carbonyloxy-5-methoxy-9b-vinyl-
1,2,3,3a,9a,9b-hexahydro- 2196

$C_{30}H_{28}N_2O_5$
7-Oxa-norbornan, 2,3-Bis-[[1]≠
naphthylcarbamoyloxy-methyl]-
2043

$C_{30}H_{28}O_4$
Phenanthro[4,5-bcd]furan,
3-[Biphenyl-4-carbonyloxy]-5-
methoxy-9b-vinyl-1,2,3,3a,8,9,9a,9b-
octahydro- 2166

$C_{30}H_{28}O_4S$
Thiiran, Tetrakis-[4-methoxy-phenyl]-
2723

$C_{30}H_{28}O_5$
Chroman-4-ol, 5,7-Dimethoxy-3-
[4-methoxy-phenyl]-2,4-diphenyl-
2723

$C_{30}H_{30}O_4$
Phenanthro[4,5-bcd]furan, 9b-Äthyl-3-
[biphenyl-4-carbonyloxy]-5-
methoxy-1,2,3,3a,8,9,9a,9b-
octahydro- 2151

C₃₁-Gruppe

C₃₁H₂₂O₅
Dibenzo[c,h]xanthen, 5,9-Diacetoxy-7-phenyl-7H- 2263

C₃₁H₂₂O₆
Dibenzo[c,h]xanthen-7-ol, 5,9-Diacetoxy-7-phenyl-7H- 2421

[C₃₁H₂₅O₃]⁺
Chromenylium, 4-[2,2-Bis-(4-methoxy-phenyl)-vinyl]-2-phenyl- 2422
[C₃₁H₂₅O₃]ClO₄ 2422
Xanthylium, 9-[4,4-Bis-(4-methoxy-phenyl)-buta-1,3-dienyl]- 2422
[C₃₁H₂₅O₃]ClO₄ 2422

C₃₁H₂₆O₆
Chroman, 3,4-Bis-benzoyloxy-2-[4-methoxy-phenyl]-6-methyl- 2380

C₃₁H₂₆O₇
Chroman, 3,4-Bis-benzoyloxy-7-methoxy-2-[4-methoxy-phenyl]- 2691

C₃₁H₂₉N₃O₁₃
Furan, 2,3-Dimethyl-5-[1-(4-nitro-benzoyloxy)-äthyl]-2,5-bis-[4-nitro-benzoyloxymethyl]-tetrahydro- 2327

C₃₁H₃₀O₄
Furan, 2,2,5-Tris-[2-methoxy-phenyl]-5-phenyl-tetrahydro- 2420

C₃₁H₃₀O₅
1,5-Anhydro-glucit, 1-Phenyl-O⁶-trityl- 2670

C₃₁H₃₀O₁₂
Ribofuranose, O¹-Acetyl-O²,O³,O⁵-tris-[4-methoxy-benzoyl]- 2510
—, O²-Acetyl-O¹,O³,O⁵-tris-[4-methoxy-benzoyl]- 2510

C₃₁H₃₁FO₈
Glucopyranosylfluorid, O²,O³,O⁴-Triacetyl-O⁶-trityl- 2587

C₃₁H₃₉NO₅
Spiro[benzofuran-2,1'-cyclohexan]-3-ol, 4'-[N-p-Menthan-3-yl-phthalamoyloxy]-3H- 2134

C₃₁H₄₂O₂₁
Xylotriose, Octa-O-acetyl- 2478

C₃₁H₄₄O₅
Furosta-5,16,20(22)-trien, 3,26-Diacetoxy- 2168

C₃₁H₄₆O₅
Furosta-5,20(22)-dien, 3,26-Diacetoxy- 2157
Furosta-16,20(22)-dien, 3,26-Diacetoxy- 2155

C₃₁H₄₆O₁₁
21-Nor-pregnan-20-säure, 3-[O²,O⁴-Diacetyl-O³-methyl-6-desoxy-talopyranosyloxy]-14-hydroxy-1-oxo- 2558

C₃₁H₄₈O₅
Furost-5-en, 3,26-Diacetoxy- 2139
Furost-20(22)-en, 3,26-Diacetoxy- 2141
Furost-22-en, 3,26-Diacetoxy- 2142

C₃₁H₄₈O₇
Furost-5-en-17,20-diol, 3,26-Diacetoxy- 2681
Nologenin, Di-O-acetyl- 2681

C₃₁H₅₀O₅
16,22-Äthano-furost-17(20)-en-3,26-diol, 31,32-Bis-hydroxymethyl- 2684
Cholestan, 3,4-Diacetoxy-5,6-epoxy- 2107
—, 3,6-Diacetoxy-4,5-epoxy- 2106
—, 3,7-Diacetoxy-5,6-epoxy- 2107
—, 3,7-Diacetoxy-8,9-epoxy- 2108
—, 3,7-Diacetoxy-8,14-epoxy- 2109
—, 3,16-Diacetoxy-22,26-epoxy- 2098
Furostan, 3,26-Diacetoxy- 2103
19-Nor-cholestan, 3,6-Diacetoxy-9,10-epoxy-5-methyl- 2110

C₃₁H₅₀O₆
Furostan-25-ol, 3,26-Diacetoxy- 2349

C₃₁H₅₀O₇
Furostan-17,20-diol, 3,26-Diacetoxy- 2677

C₃₁H₅₂N₂O₅
Chroman, 6-Allophanoyloxy-8-methoxy-2,5,7-trimethyl-2-[4,8,12-trimethyl-tridecyl]- 2110

C₃₁H₅₂O₃S₂
Chroman, 6-Acetoxy-2,7-dimethyl-5,8-bis-methylmercapto-2-[4,8,12-trimethyl-tridecyl]- 2345

C₃₁H₅₂O₄
Chroman, 6-Acetoxy-8-methoxy-2,5,7-trimethyl-2-[4,8,12-trimethyl-tridecyl]- 2110

C₃₁H₅₆O₇
Nonan, 3,6,9-Tris-hexanoyloxy-1-tetrahydro[2]furyl- 2328

C₃₂-Gruppe

C₃₂H₂₀O₃
Acenaphtho[1,2-d]dinaphth[2,1-b;1',2'-f]oxepin-3b,16c-diol 2267

C₃₂H₂₀O₈S₅
Thiophen, Tetrakis-[2-carboxy-phenylmercapto]- 2664

C₃₂H₂₁N₃O₉
s. bei [C₂₆H₁₉O₂]⁺

C₃₂H₂₄O₃
Xanthen-2-ol, 3-[α-Hydroxy-benzhydryl]-9-phenyl- 2266

$C_{32}H_{24}O_4S$
Thiophen, 2,5-Bis-[4-benzoyloxy-
phenyl]-3,4-dimethyl- 2226

$C_{32}H_{24}O_9$
Dibenz[c,e]oxepin, 2,10-Bis-
[2-carboxy-benzoyloxymethyl]-5,7-
dihydro- 2194

$[C_{32}H_{25}O_2]^+$
Pyrylium, 2-[2-(4-Methoxy-phenyl)-2-
phenyl-vinyl]-4,6-diphenyl- 2266
$[C_{32}H_{25}O_2]ClO_4$ 2266

$C_{32}H_{26}O_5$
Spiro[cyclohexan-1,9'-xanthen],
3',6'-Bis-benzoyloxy- 2219

$C_{32}H_{26}O_7$
1,5-Anhydro-xylit, Tri-O-benzoyl-1-
phenyl- 2341
Methan, [5-Acetoxymethyl-[2]furyl]-
bis-[4-acetoxy-[1]naphthyl]- 2419

$C_{32}H_{26}O_8$
Ribofuranosid, Phenyl-[tri-O-benzoyl-
2507

$C_{32}H_{30}O_3$
Furan, 2,5-Diäthoxy-2,3,4,5-
tetraphenyl-2,5-dihydro- 2260

$C_{32}H_{30}O_5$
Benzo[c]xanthen, 5-Acetoxy-6-[2-acetoxy-
3,5-dimethyl-benzyl]-9,11-dimethyl-
7H- 2255

$C_{32}H_{30}O_6$
Chroman, 4-Acetoxy-5,7-dimethoxy-3-
[4-methoxy-phenyl]-2,4-diphenyl-
2723
Xylofuranosid, Methyl-[O²-benzoyl-
O⁵-trityl- 2513

$C_{32}H_{31}ClO_5$
Furan, 2-[5-Chlor-2-methoxy-phenyl]-
2,5,5-tris-[2-methoxy-phenyl]-
tetrahydro- 2724

$C_{32}H_{32}O_3$
Furan-3,4-diol, 3,4-Diäthyl-2,2,5,5-
tetraphenyl-tetrahydro- 2258

$C_{32}H_{32}O_5$
Furan, 2,5-Bis-[2-methoxy-phenyl]-
2.5-bis-[4-methoxy-phenyl]-
tetrahydro- 2724
—, 2,5-Bis-[3-methoxy-phenyl]-2,5-
bis-[4-methoxy-phenyl]-tetrahydro-
2724
—, 2,2,5,5-Tetrakis-[2-methoxy-
phenyl]-tetrahydro- 2723
—, 2,2,5,5-Tetrakis-[3-methoxy-
phenyl]-tetrahydro- 2724

$C_{32}H_{40}O_9$
Dibenzofuran, 1,3,7,9-Tetraacetoxy-
2,6-diisopentyl-4,8-dimethyl-
2700
—, 1,3,7,9-Tetraacetoxy-2,8-
diisopentyl-4,6-dimethyl- 2700

$C_{32}H_{46}O_7$
Verbindung $C_{32}H_{46}O_7$ aus O¹,O²,O⁴-
Triacetyl-O³-methyl-6-desoxy-
glucopyranose 2543

$C_{32}H_{46}O_{10}$
21-Nor-pregn-14-en-20-säure,
3-[O²,O⁴-Diacetyl-O³-methyl-6-
desoxy-talopyranosyloxy]-1-oxo-,
methylester 2558
Verbindung $C_{32}H_{46}O_{10}$ s. bei
3-[O²,O⁴-Diacetyl-O³-methyl-6-
desoxy-glucopyranosyloxy]-14-
hydroxy-21-nor-pregnan-20-säure-
methylester 2555

$C_{32}H_{48}O_5$
Ergosta-7,22-dien, 3,5-Diacetoxy-
9,11-epoxy- 2160
Ergosta-8,22-dien, 3,7-Diacetoxy-5,6-
epoxy- 2159

$C_{32}H_{48}O_7$
Verbindung $C_{32}H_{48}O_7$ aus O¹,O²,O⁴-
Triacetyl-O³-methyl-6-desoxy-
glucopyranose 2543

$C_{32}H_{48}O_9$
21-Nor-pregn-14-en-20-säure,
3-[O²,O⁴-Diacetyl-O³-methyl-6-
desoxy-glucopyranosyloxy]-,
methylester 2553

$C_{32}H_{48}O_{10}$
21-Nor-pregnan-20-säure, 3-[O²,O⁴-
Diacetyl-O³-methyl-6-desoxy-
talopyranosyloxy]-1-oxo-,
methylester 2557
Pregn-5-en-11,15-diol, 2-Acetoxy-3-
[O⁴-acetyl-O³-methyl-arabino-2,6-
didesoxy-hexopyranosyloxy]-12,20-
epoxy- 2679

$C_{32}H_{48}O_{11}$
21-Nor-pregnan-20-säure, 3-[O²,O⁴-
Diacetyl-O³-methyl-6-desoxy-
talopyranosyloxy]-14-hydroxy-1-oxo-,
methylester 2559
Verbindung $C_{32}H_{48}O_{11}$ aus
3-[O²,O⁴-Diacetyl-O³-methyl-6-
desoxy-talopyranosyloxy]-21-
glyoxyloyloxy-14-hydroxy-pregnan-
1,20-dion 2540

$C_{32}H_{50}O_3$
Olean-13(18)-en, 3-Acetoxy-19,28-
epoxy- 2145

$C_{32}H_{50}O_5$
Ergost-7-en, 3,5-Diacetoxy-9,11-
epoxy- 2143
Ergost-9(11)-en, 3,11-Diacetoxy-5,8-
epoxy- 2143

$C_{32}H_{50}O_9$
21-Nor-pregnan-20-säure, 3-[O²,O⁴-
Diacetyl-O³-methyl-6-desoxy-
glucopyranosyloxy]-, methylester 2553

$C_{32}H_{50}O_{10}$
21-Nor-pregnan-20-säure, 3-[O^2,O^4-Diacetyl-O^3-methyl-6-desoxy-glucopyranosyloxy]-14-hydroxy-, methylester 2555

$C_{32}H_{52}O_5$
Ergostan, 3,11-Diacetoxy-9,11-epoxy- 2111

$C_{32}H_{52}O_6$
Ergostan-9-ol, 3,11-Diacetoxy-5,8-epoxy- 2351
Furostan, 3,26-Diacetoxy-22-methoxy- 2347

$C_{32}H_{58}O_{13}$
Decansäure, 3-[3-(O^2-Rhamnopyranosyl-rhamnopyranosyloxy)-decanoyloxy]- 2561

C_{33}-Gruppe

$C_{33}H_{19}N_3O_{10}$
s. bei $[C_{27}H_{17}O_3]^+$

$C_{33}H_{21}N_3O_9$
s. bei $[C_{27}H_{19}O_2]^+$

$C_{33}H_{23}N_3O_{10}$
s. bei $[C_{27}H_{21}O_3]^+$

$C_{33}H_{26}O_9$
Arabinofuranose, Tetra-O-benzoyl- 2508
Arabinopyranose, Tetra-O-benzoyl- 2467
Lyxopyranose, Tetra-O-benzoyl- 2468
Ribofuranose, Tetra-O-benzoyl- 2508
Ribopyranose, Tetra-O-benzoyl- 2467
Xylofuranose, Tetra-O-benzoyl- 2509
Xylopyranose, Tetra-O-benzoyl- 2468

$C_{33}H_{26}O_{21}$
Arabinopyranose, Tetra-O-galloyl- 2471

$C_{33}H_{27}N_3O_{11}$
s. bei $[C_{27}H_{25}O_4]^+$

$[C_{33}H_{27}O_2S]^+$
Thiopyrylium, 2-[2,2-Bis-(4-methoxy-phenyl)-vinyl]-4,6-diphenyl- 2423
$[C_{33}H_{27}O_2S]ClO_4$ 2423

$[C_{33}H_{27}O_3]^+$
Pyrylium, 2-[2,2-Bis-(4-methoxy-phenyl)-vinyl]-4,6-diphenyl- 2422
$[C_{33}H_{27}O_3]ClO_4$ 2422

$C_{33}H_{28}O_8$
Arabinopyranosid, Benzyl-[tri-O-benzoyl- 2466
Ribofuranosid, Benzyl-[tri-O-benzoyl- 2507
Ribopyranosid, Benzyl-[tri-O-benzoyl- 2465

$C_{33}H_{28}O_{10}S$
Ribofuranose, O^1,O^2,O^5-Tribenzoyl-O^3-[toluol-4-sulfonyl]- 2513

$C_{33}H_{32}O_8S$
Xylofuranosid, Methyl-[O^2-benzoyl-O^3-methansulfonyl-O^5-trityl- 2513

$C_{33}H_{34}O_5$
Furan, 2-[2-Methoxy-5-methyl-phenyl]-2,5,5-tris-[2-methoxy-phenyl]-tetrahydro- 2724
—, 2,2,5,5-Tetrakis-[2-methoxy-phenyl]-3-methyl-tetrahydro- 2725

$C_{33}H_{34}O_{11}S_3$
Ribofuranosid, Benzyl-[tris-O-(toluol-4-sulfonyl)- 2516

$C_{33}H_{36}O_{15}$
Propan-1-on, 3-[4-Acetoxy-phenyl]-1-[2,4-diacetoxy-6-(tri-O-acetyl-rhamnopyranosyloxy)-phenyl]- 2535

$C_{33}H_{48}O_6S$
Cholan, 3-Acetoxy-16,22-epoxy-24-[toluol-4-sulfonyloxy]- 2096

$C_{33}H_{48}O_7$
Furosta-5,20(22)-dien, 1,3,26-Triacetoxy- 2366
—, 2,3,26-Triacetoxy- 2366

$C_{33}H_{50}O_5$
Furosta-5,20(22)-dien, 3-Acetoxy-26-butyryloxy- 2158
—, 3,26-Bis-propionyloxy- 2157

$C_{33}H_{50}O_7$
Furost-20(22)-en, 2,3,26-Triacetoxy- 2361

$C_{33}H_{50}O_{12}$
21-Nor-pregnan-20-säure, 19-Acetoxy-3-[O^2,O^4-diacetyl-O^3-methyl-6-desoxy-glucopyranosyloxy]-14-hydroxy- 2556

$C_{33}H_{52}O_7$
Furostan, 2,3,26-Triacetoxy- 2346
—, 3,6,26-Triacetoxy- 2349
—, 3,26,27-Triacetoxy- 2350

$C_{33}H_{52}O_8$
Furostan-26-ol, 1,2,3-Triacetoxy- 2675
Tokorogenin, Tri-O-acetyl-dihydro- 2675

$C_{33}H_{54}O_5$
Ergostan, 3,11-Diacetoxy-7,8-epoxy-9-methyl- 2112
Furostan, 3,26-Diacetoxy-22-äthyl- 2112

$C_{33}H_{54}O_6$
Furostan, 3,26-Diacetoxy-22-äthoxy- 2348

$C_{33}H_{56}O_5$
6-Desoxy-glucopyranosid, Cholesteryl- 2532

$C_{33}H_{58}O_5$
6-Desoxy-glucopyranosid, Cholestan-3-yl-
2531

C_{34}-Gruppe

$[C_{34}H_{19}O_3]^+$
Benzo[a]phenanthro[1,10,9-jkl]xanthen⹀
ylium, 3-Benzoyloxy- 2265
$[C_{34}H_{19}O_3]ClO_4$ 2265

$C_{34}H_{20}O_5$
Trinaphthyleno[5,6-bcd]furan,
10,17-Diacetoxy- 2267

$C_{34}H_{21}N_3O_{10}$
s. bei $[C_{28}H_{19}O_3]^+$

$[C_{34}H_{21}O_3]^+$
Dibenzo[a,j]xanthenylium, 14-[4-
Benzoyloxy-phenyl]- 2263
$[C_{34}H_{21}O_3]ClO_4$ 2263

$C_{34}H_{22}O_4$
Dibenzo[a,j]xanthen-14-ol,
14-[4-Benzoyloxy-phenyl]-14H-
2262

$C_{34}H_{24}O_5$
Xanthen, 3,6-Bis-benzoyloxy-9-methyl-
9-phenyl- 2236

$[C_{34}H_{25}O_3]^+$
Chromenylium, 4-[2-(2-Hydroxy-
[1]naphthyl)-vinyl]-7-methoxy-2,3-
diphenyl- 2423
$[C_{34}H_{25}O_3]FeCl_4$ 2423

$C_{34}H_{26}O_5$
Furan, 3-Acetoxy-2-[α'-acetoxy-stilben-
α-yl]-4,5-diphenyl- 2265

$C_{34}H_{26}O_9$
1,5-Anhydro-arabino-hex-1-enit, Tetra-
O-benzoyl- 2659

$C_{34}H_{27}BrO_9$
Fructopyranosylbromid, Tetra-
O-benzoyl- 2599
Glucopyranosylbromid, Tetra-
O-benzoyl- 2608
Mannopyranosylbromid, Tetra-
O-benzoyl- 2608

$C_{34}H_{27}ClO_9$
Glucopyranosylchlorid, Tetra-
O-benzoyl- 2596
Mannopyranosylchlorid, Tetra-
O-benzoyl- 2596

$C_{34}H_{27}FO_9$
Glucopyranosylfluorid, Tetra-
O-benzoyl- 2588

$C_{34}H_{27}IO_9$
Glucopyranosyljodid, Tetra-O-benzoyl-
2614
Mannopyranosyljodid, Tetra-O-benzoyl-
2614

$C_{34}H_{28}O_9$
1,5-Anhydro-altrit, Tetra-O-benzoyl-
2582
1,4-Anhydro-galactit, Tetra-
O-benzoyl- 2644
1,5-Anhydro-glucit, Tetra-O-benzoyl-
2582
1,4-Anhydro-mannit, Tetra-O-benzoyl-
2643
arabino-2-Desoxy-hexopyranose, Tetra-
O-benzoyl- 2623
ribo-2-Desoxy-hexopyranose, Tetra-
O-benzoyl- 2623
Rhamnopyranose, Tetra-O-benzoyl-
2552

$C_{34}H_{30}O_5$
Furan, 3,4-Diacetoxy-2,5-diphenyl-2,5-
di-p-tolyl-2,5-dihydro- 2261

$C_{34}H_{30}O_{10}S$
1,5-Anhydro-galactit, O^2,O^3,O^4-Tribenzoyl-
O^6-[toluol-4-sulfonyl]- 2584
1,4-Anhydro-glucit, O^2,O^3,O^5-Tribenzoyl-
O^6-[toluol-4-sulfonyl]- 2644
1,5-Anhydro-mannit, O^2,O^3,O^4-Tribenzoyl-
O^6-[toluol-4-sulfonyl]- 2584

$C_{34}H_{32}N_4O_7$
Rhamnofuranose, O^2,O^3-Dimethyl-
O^1,O^5-bis-[4-phenylazo-benzoyl]-
2640
Rhamnopyranose, O^2,O^3-Dimethyl-
O^1,O^4-bis-[4-phenylazo-benzoyl]- 2640

$C_{34}H_{32}O_3$
Furan, 3,4-Bis-[α-hydroxy-2,4-
dimethyl-benzyl]-2,5-diphenyl-
2264

$C_{34}H_{32}O_{11}S_2$
2,5-Anhydro-glucit, O^1,O^6-Dibenzoyl-
O^3,O^4-bis-[toluol-4-sulfonyl]- 2651

$C_{34}H_{34}O_5$
Äther, Bis-[2-(4-methoxy-phenyl)-6-
methyl-chroman-4-yl]- 2193

$C_{34}H_{35}ClO_{13}S_4$
Glucopyranosylchlorid, Tetrakis-O-
[toluol-4-sulfonyl]- 2598

$C_{34}H_{36}O_{13}S_4$
2,5-Anhydro-glucit, Tetrakis-O-
[toluol-4-sulfonyl]- 2651

$C_{34}H_{44}O_{19}$
Arabinopyranosid, Benzyl-[O^3,O^4-bis-
(tri-O-acetyl-xylopyranosyl)-
2478

$C_{34}H_{48}O_{13}$
Pregnan-1,20-dion, 3-[O^2,O^4-Diacetyl-
O^3-methyl-6-desoxy-
talopyranosyloxy]-21-
glyoxyloyloxy-14-hydroxy- 2540

$C_{34}H_{50}O_4$
Cholestan-7-ol, 3-Benzoyloxy-5,6-
epoxy- 2108

$C_{34}H_{50}O_{11}$

21-Nor-pregn-14-en-20-säure, 19-Acetoxy-3-[O^2,O^4-diacetyl-O^3-methyl-6-desoxy-glucopyranosyloxy]-, methylester 2556

Pregn-5-en-11-ol, 2,15-Diacetoxy-3-[O^4-acetyl-O^3-methyl-*arabino*-2,6-didesoxy-hexopyranosyloxy]-12,20-epoxy- 2679, 2680

—, 2,15-Diacetoxy-3-[O^4-acetyl-O^3-methyl-*lyxo*-2,6-didesoxy-hexopyranosyloxy]-12,20-epoxy- 2680

$C_{34}H_{50}O_{12}$

Pregnan-1,20-dion, 21-Acetoxy-3-[O^2,O^4-diacetyl-O^3-methyl-6-desoxy-talopyranosyloxy]-14-hydroxy- 2540

$C_{34}H_{50}O_{13}$

Pregnan-1,20-dion, 3-[O^2,O^4-Diacetyl-O^3-methyl-6-desoxy-talopyranosyloxy]-21-glykoloyloxy-14-hydroxy- 2540

$C_{34}H_{52}Br_2O_7$

Ergostan, 3,7,11-Triacetoxy-22,23-dibrom-8,9-epoxy- 2351

$C_{34}H_{52}Cl_2O_7$

Ergostan, 3,7,11-Triacetoxy-22,23-dichlor-8,9-epoxy- 2350

$C_{34}H_{52}O_5S$

Furostan-3-ol, 26-[Toluol-4-sulfonyloxy]- 2106

$C_{34}H_{52}O_7$

Ergost-22-en, 3,7,11-Triacetoxy-8,9-epoxy- 2364

Olean-12-en-22,28-diol, 3,24-Diacetoxy-16,21-epoxy- 2683

$C_{34}H_{52}O_{11}$

21-Nor-pregnan-20-säure, 19-Acetoxy-3-[O^2,O^4-diacetyl-O^3-methyl-6-desoxy-glucopyranosyloxy]-, methylester 2555

$C_{34}H_{52}O_{12}$

21-Nor-pregnan-20-säure, 19-Acetoxy-3-[O^2,O^4-diacetyl-O^3-methyl-6-desoxy-glucopyranosyloxy]-14-hydroxy-, methylester 2556

$C_{34}H_{54}O_5$

Lanost-7-en, 3,7-Diacetoxy-9,11-epoxy- 2144

Lupan, 3,28-Diacetoxy-20,29-epoxy- 2145

Oleanan, 3,28-Diacetoxy-18,19-epoxy- 2145

C_{35}-Gruppe

$C_{35}H_{24}O_5$

Chromen, 2,7-Bis-benzoyloxy-2,4-diphenyl-2*H*- 2245

$C_{35}H_{26}N_4O_{17}$

galacto-2,6-Anhydro-3-desoxy-heptit, Tetrakis-O-[4-nitro-benzoyl]- 2655

Pyran, 3,4-Bis-[4-nitro-benzoyloxy]-2,5-bis-[4-nitro-benzoyloxymethyl]-tetrahydro- 2655

—, 3,4-Bis-[4-nitro-benzoyloxy]-2,6-bis-[4-nitro-benzoyloxymethyl]-tetrahydro- 2655

$[C_{35}H_{29}O_2S]^+$

Thiopyrylium, 4-[4,4-Bis-(4-methoxy-phenyl)-buta-1,3-dienyl]-2,6-diphenyl- 2423

$[C_{35}H_{29}O_2S]ClO_4$ 2423

$C_{35}H_{30}O_9$

Pyran, 3,4-Bis-benzoyloxy-2,5-bis-benzoyloxymethyl-tetrahydro- 2655

$C_{35}H_{34}O_6$

Chroman, 7-Acetoxy-6-[3-(2-acetoxy-phenyl)-1-(4-methoxy-phenyl)-propyl]-2-phenyl- 2420

$C_{35}H_{52}O_6S$

27-Nor-furostan, 3-Acetoxy-25-[toluol-4-sulfonyloxy]- 2097

$C_{35}H_{54}O_5$

Furosta-5,20(22)-dien, 3,26-Bis-butyryloxy- 2158

$C_{35}H_{54}O_7$

Sanguisorbin 2471

Ursa-12,19-dien-28-säure, 3-Arabinopyranosyloxy- 2471

$C_{35}H_{54}O_9$

Anhydroscymnol, Tetra-O-acetyl- 2675

Cholestan, 3,7,12,26-Tetraacetoxy-24,27-epoxy- 2675

$C_{35}H_{58}O_{29}$

Xyloheptaose 2477

C_{36}-Gruppe

$C_{36}H_{28}O_7S$

1-Thio-ribopyranosid, [2]Naphthyl-[tri-O-benzoyl- 2489

$[C_{36}H_{31}O_2]^+$

Pyrylium, 2-[12-(4-Methoxy-phenyl)-dodeca-1,3,5,7,9,11-hexaenyl]-4,6-diphenyl- 2267

$[C_{36}H_{31}O_2]ClO_4$ 2267

$C_{36}H_{32}O_5$

Spiro[norbornan-2,9'-xanthen], 3',6'-Bis-benzoyloxy-1,7,7-trimethyl- 2227

$C_{36}H_{34}O_5$

Furan, 3,4-Diacetoxy-2,2,5,5-tetra-*p*-tolyl-2,5-dihydro- 2261

$C_{36}H_{34}O_8$

Äthanon, 1-[4-Benzoyloxy-3-methoxy-phenyl]-2-[2-methoxy-4-(7-methoxy-3-methyl-5-propenyl-2,3-dihydro-benzofuran-2-yl)-phenoxy]- 2399

$C_{36}H_{35}BrO_{21}$
Glucopyranosylbromid, O^2,O^4-Diacetyl-
O^3,O^6-bis-[3,4,5-triacetoxy-benzoyl]-
2609

$C_{36}H_{36}O_8$
Äthanon, 1-[4-Benzoyloxy-3-methoxy-
phenyl]-2-[2-methoxy-4-(7-methoxy-
3-methyl-5-propyl-2,3-dihydro-
benzofuran-2-yl)-phenoxy]-
2383

$C_{36}H_{36}O_{21}$
Acertannin, Octa-O-acetyl- 2583

$C_{36}H_{38}N_2O_9$
Furan, 3,4-Bis-[4-äthoxy-5-methoxy-2-
nitro-benzyl]-2,2-diphenyl-
tetrahydro- 2725

$C_{36}H_{40}O_5$
Furan, 2,2,5,5-Tetrakis-[2-äthoxy-
phenyl]-tetrahydro- 2723

$C_{36}H_{48}O_5$
Furosta-5,20(22)-dien, 3-Acetoxy-26-
benzoyloxy- 2158

$C_{36}H_{54}O_6S$
Furostan, 3-Acetoxy-26-[toluol-4-
sulfonyloxy]- 2106

$C_{36}H_{54}O_7$
Olean-12-en, 3,22,24-Triacetoxy-
16,21-epoxy- 2367

$C_{36}H_{54}O_8$
Olean-12-en-28-ol, 3,22,24-
Triacetoxy-16,21-epoxy- 2683

$C_{36}H_{56}O_9$
Olean-12-en-27,28-disäure,
3-[6-Desoxy-glucopyranosyloxy]-
2557
Urs-12-en-27,28-disäure, 3-[6-Desoxy-
glucopyranosyloxy]- 2557

$C_{36}H_{58}O_{10}$
Cholan-24-säure, 3-[Tri-O-acetyl-6-
desoxy-glucopyranosyloxy]-
2553

$C_{36}H_{58}O_7$
Olean-12-en-28-säure, 3-[6-Desoxy-
glucopyranosyloxy]- 2554

C_{37}-Gruppe

$C_{37}H_{26}O_{17}$
Xylopyranose, Tetrakis-O-[2-carboxy-
benzoyl]- 2468

$C_{37}H_{68}O_7$
Nonan, 3,6,9-Tris-octanoyloxy-1-
tetrahydro[2]furyl- 2328

$C_{37}H_{74}O_5$
arabino-3,6-Didesoxy-hexopyranosid,
[5-Hydroxy-1-methyl-triacontyl]-
2309
—, [29-Hydroxy-1-methyl-triacontyl]-
2309

C_{38}-Gruppe

$C_{38}H_{24}O_9$
Trinaphthyleno[5,6-bcd]furan,
10,11,16,17-Tetraacetoxy- 2726

$C_{38}H_{32}O_6$
1,4-Anhydro-arabit, O^2,O^3-Dibenzoyl-
O^5-trityl- 2291

$C_{38}H_{32}O_7$
Xylofuranosid, Trityl-
[O^2,O^3-dibenzoyl- 2504

$C_{38}H_{36}O_5$
Furan, 2,2,5,5-Tetrakis-[2-methoxy-
phenyl]-3-phenyl-tetrahydro- 2726

$C_{38}H_{36}O_8S_2$
1,4-Anhydro-xylit, O^2,O^3-Bis-[toluol-4-
sulfonyl]-O^5-trityl- 2293

$C_{38}H_{56}O_9$
Olean-12-en, 3,22,24,28-Tetraacetoxy-
16,21-epoxy- 2683

$C_{38}H_{72}O_6$
Di-O-palmitoyl-Derivat $C_{38}H_{72}O_6$ aus
6-Hydroxy-methyl-tetrahydro-
pyran-3,4-diol 2319

C_{39}-Gruppe

$C_{39}H_{24}O_5$
Spiro[fluoren-9,9'-xanthen],
3',6'-Bis-benzoyloxy- 2258
—, 4',5'-Bis-benzoyloxy- 2259

$C_{39}H_{42}O_{10}$
Äthanon, 1-[4-(3,4-Dimethoxy-
phenacyloxy)-3-methoxy-phenyl]-2-
[2-methoxy-4-(7-methoxy-3-methyl-
5-propyl-2,3-dihydro-benzofuran-2-
yl)-phenoxy]- 2382

$C_{39}H_{62}O_8$
6-Desoxy-glucopyranosid, Cholesteryl-
[tri-O-acetyl- 2546

$C_{39}H_{64}O_8$
6-Desoxy-glucopyranosid, Cholestan-3-yl-
[tri-O-acetyl- 2546

$C_{39}H_{78}O_5$
arabino-3,6-Didesoxyhexopyranosid,
[31-Hydroxy-1-methyl-dotriacontyl]-
2309

C_{40}-Gruppe

$C_{40}H_{30}O_6$
Peroxid, Bis-[9-(4-methoxy-phenyl)-
xanthen-9-yl]- 2232

$C_{40}H_{32}O_3$
Dibenz[c,e]oxepin, 1,11-Dimethoxy-
5,5,7,7-tetraphenyl-5,7-dihydro- 2268

$C_{40}H_{32}O_9$
1,5-Anhydro-galactit, Tetra-
O-benzoyl-1-phenyl- 2672

C_{41}-Gruppe

C_{42}-Gruppe

C_{43}-Gruppe

C_{48}-Gruppe

$C_{48}H_{52}N_6O_{19}$
Furostan, 3,6,26-Tris-[3,5-dinitro-benzoyloxy]- 2349
$C_{48}H_{55}N_3O_{13}$
Furostan, 2,3,26-Tris-[4-nitro-benzoyloxy]- 2346

C_{49}-Gruppe

$C_{49}H_{64}O_{10}$
Chol-5-en-24-säure, 3-[Tri-O-acetyl-6-desoxy-glucopyranosyloxy]-, benzhydrylester 2554
$C_{49}H_{66}O_{33}$
Xylopentaose, Dodeca-O-acetyl- 2478

C_{51}-Gruppe

$C_{51}H_{42}O_{14}$
Erythrit, O^1,O^2,O^4-Tribenzoyl-O^3-[tri-O-benzoyl-arabinopyranosyl]- 2466
—, O^1,O^2,O^4-Tribenzoyl-O^3-[tri-O-benzoyl-xylopyranosyl]- 2466

C_{52}-Gruppe

$C_{52}H_{36}O_3$
Dianthra[9,1-*bc*;1′,9′-*ef*]oxepin-7,17-diol, 7,11b,12a,17-Tetraphenyl-7,11b,12a,17-tetrahydro- 2268
$C_{52}H_{76}O_{12}$
Lycopin-1,1′-diol, 2,2′-Bis-rhamnopyranosyloxy-3,4,3′,4′-tetradehydro-1,2,1′,2′-tetrahydro-2532
· Oscillaxanthin 2532

C_{55}-Gruppe

$C_{55}H_{74}O_{10}$
Olean-12-en-28-säure, 3-[Tri-O-acetyl-6-desoxy-glucopyranosyloxy]-, benzhydrylester 2554

C_{56}-Gruppe

$C_{56}H_{78}O_{39}$
Xylohexaose, Tetradeca-O-acetyl- 2479

C_{57}-Gruppe

$C_{57}H_{42}N_8O_9$
Arabinopyranose, Tetrakis-O-[4-phenylazo-benzoyl]- 2473
$C_{57}H_{46}O_7$
Arabinofuranosid, Trityl-[O^2,O^3-dibenzoyl-O^5-trityl- 2504

Xylofuranosid, Trityl-[O^2,O^3-dibenzoyl-O^5-trityl- 2504
$C_{57}H_{50}O_{33}$
Arabinopyranose, Tetrakis-O-[3,4,5-triacetoxy-benzoyl]- 2472

C_{58}-Gruppe

$C_{58}H_{28}Cl_4O_9$
Trinaphthyleno[5,6-*bcd*]furan, 10,11,16,17-Tetrakis-[2-chlor-benzoyloxy]- 2726
$C_{58}H_{51}BrO_{33}$
Glucopyranosylbromid, Tetrakis-O-[3,4,5-triacetoxy-benzoyl]- 2610
$C_{58}H_{94}O_7$
Cholestan-7-ol, 3-Acetoxy-7-[3-acetoxy-7-hydroxy-cholest-5-en-7-yl]-5,6-epoxy- 2713

C_{59}-Gruppe

$C_{59}H_{90}O_4$
Chromen-6-ol, 7,8-Dimethoxy-2,5-dimethyl-2-[4,8,12,16,20,24,28,32,36-nonamethyl-heptatriaconta-3,7,11,15,19,23,27,31,35-nonaenyl]-2*H*- 2418
Ubichromenol-50 2418

C_{62}-Gruppe

$C_{62}H_{52}O_5$
Ribofuranosid, Trityl-[O^2,O^5-ditrityl- 2498
—, Trityl-[O^3,O^5-ditrityl- 2498
$C_{62}H_{104}O_3$
Furan, 2,5-Di-*tert*-butyl-3,4-bis-[1-(3,3-dimethyl-but-1-inyl)-4,4-dimethyl-pent-2-inyliden]-2,5-bis-dodecyloxy-tetrahydro- 2229
3-Oxa-bicyclo[3.2.0]hept-1(5)-en, 2,4-Di-*tert*-butyl-6,6,7,7-tetrakis-[3,3-dimethyl-but-1-inyl]-2,4-bis-dodecyloxy- 2229

C_{64}-Gruppe

$C_{64}H_{54}O_6$
Ribofuranosid, Trityl-[O^2-acetyl-O^3,O^5-ditrityl- 2499
—, Trityl-[O^3-acetyl-O^2,O^5-ditrityl-2499
$C_{64}H_{88}O_{18}$
Lycopin-1,1′-diol, 2,2′-Bis-[tri-O-acetyl-rhamnopyranosyloxy]-3,4,3′,4′-tetradehydro-1,2,1′,2′-tetrahydro- 2533